2026 픽리멤버
▶ 무료동영상 제공

별책부록

토목기사 4주완성
PICK REMEMBER 720

별책부록 구성
- 국제단위계 변환규정
- SOLVE 기능 사용법
- Pick Remember 활용법
- Pick Remember 720선

동영상강좌 : www.inup.co.kr
샘플강의 : 토목기사 4주완성 OPEN

한솔아카데미

CBT 대비 별책부록

토목기사 4주완성
Pick REMEMBER 720

[CONTENTS]

- 국제단위계 변환규정 ·················· 2
- [계산기 $F_s\ 570$] SOLVE 기능 사용법 ··· 3
- 1Pick 120선 ························· 7
- 2Pick 120선 ························ 73
- 3Pick 120선 ······················· 145
- 4Pick 120선 ······················· 209
- 5Pick 120선 ······················· 283
- 6Pick 120선 ······················· 355

국제단위계 변환규정

■ 응력 또는 압력(단위면적당 하중)

- $1kgf/cm^2 = 9.8N/cm^2 = 10N/cm^2 = 0.1N/mm^2$
  $= 0.1MPa = 100kPa = 100kN/m^2$
- $1kN/mm^2 = 1GPa = 1000N/mm^2 = 1000MPa$
- $1kgf/cm^2 = 9.8N/m^2 = 10N/m^2 = 10Pa(pascal)$
- $1tf/m^2 = 9.8kN/m^2 = 10kN/m^2 = 10kPa$
- 탄성계수
  $E = 2.1 \times 10^5 kg/cm^2 \Rightarrow E = 2.1 \times 10^4 MPa$
  $E = 2.1 \times 10^4 MPa = 21 \times 10^3 N/mm^2$
  $E = 21 \times 10^3 MPa = 21kN/mm^2 = 21GPa$

■ 단위 부피당 하중(단위중량)

- $1kgf/cm^3 = 9.8N/cm^3 = 10N/cm^3$
- $1kgf/m^3 = 9.8N/m^3 = 10N/m^3$
- $1tf/m^3 = 9.8kN/m^2 = 10kN/m^3$
- $1t/m^3 = 1g/cm^3 = 9.8kN/m^3 = 10kN/m^3$
- 물의 단위중량 $\gamma_w = 9.8kN/m^3 = 9.81kN/m^3$
- 물의 밀도 $\rho_w = 1g/cm^3 = 1000kg/m^3$
- $1N/cm^2 = 10kN/m^2 = 0.010N/mm^2$

[계산기 F_s 570] SOLVE 기능 사용법

1 $R = \sqrt{P_1^2 + P_2^2 + 2P_1P_2\cos\theta}$

$87.297 = \sqrt{40^2 + 50^2 + 2 \times 40 \times 50\cos\theta}$

먼저 87.297 ☞ ALPHA ☞ SOLVE = ☞

$\sqrt{40^2 + 50^2 + 2 \times 40 \times 50\cos ALPHA\ X}$

SHIFT ☞ SOLVE ☞ = ☞ 잠시 기다리면

$X = 28.3345$ ∴ $\theta = 28.4°$

2 $Q = \dfrac{\pi D^2}{4} \times \dfrac{1}{0.012} \times \left(\dfrac{D}{4}\right)^{\frac{2}{3}} \times \left(\dfrac{1}{100}\right)^{\frac{1}{2}} = 1\,\mathrm{m^3/sec}$

먼저 1 ☞ ALPHA ☞ SOLVE = ☞ $1 = \dfrac{\pi}{4}$ ☞ ALPHA ☞

$X^2 \times \dfrac{1}{0.012} \times \left(\dfrac{1}{4}\ ALPHA\ ☞X\right)^{\frac{2}{3}} \times \left(\dfrac{1}{100}\right)^{\frac{1}{2}}$ ☞

SHIFT ☞ SOLVE ☞ = ☞ 잠시 기다리면

$X = 0.6991$ ∴ $D = 0.6991\mathrm{m} = 70\mathrm{cm}$

3 $100 = 2\mathrm{h}^2 \times \dfrac{1}{0.03} \times \left(\dfrac{\mathrm{h}}{2}\right)^{\frac{2}{3}} \times \left(\dfrac{1}{10000}\right)^{\frac{1}{2}} \mathrm{m^3/sec}$

먼저 100 ☞ ALPHA ☞ SOLVE − ☞ 100 − 2 ☞ ALPHA ☞

$X^2 \times \dfrac{1}{0.03} \times \left(\dfrac{1}{2}\ ALPHA\ ☞\ X\right)^{\frac{2}{3}} \times \left(\dfrac{1}{10000}\right)^{\frac{1}{2}}$ ☞

SHIFT ☞ SOLVE ☞ = ☞ 잠시 기다리면

$X = 7.786$ ∴ $h = 7.786\mathrm{m}$

4 $V_u = \dfrac{1}{2}\phi\left(\dfrac{1}{6}\lambda\sqrt{f_{ck}}\right)b_w d$

$60 \times 10^3 = \dfrac{1}{2} \times 0.75 \times \left(\dfrac{1}{6} \times 1 \times \sqrt{24}\right) \times 350 \times d$

먼저 60×10^3 ☞ ALPHA ☞ SOLVE = ☞

$\dfrac{1}{2} \times 0.75 \times \left(\dfrac{1}{6} \times 1 \times \sqrt{24}\right) \times 350 \times$ ☞ ALPHA X ☞ SHIFT

☞ SOLVE ☞ = ☞ 잠시 기다리면

X= 559.88   ∴ $d = 560\,\text{m}^3/\sec$

5 $1^3 = \left(\dfrac{1.0 \times Q^2}{9.8 \times 5^2}\right)$

먼저 1^3 ☞ ALPHA ☞ SOLVE = ☞

$\left(\dfrac{1.0 \times}{9.8 \times 5^2}\right.$ ☞ ALPHA X^2 ☞ $\left.\dfrac{1.0 \times X^2}{9.8 \times 5^2}\right)$

☞ SHIFT ☞ SOLVE ☞ = ☞ 잠시 기다리면

X= 15.65   ∴ $Q = 15.65\,\text{m}^3/\sec$

6 $\gamma_t = \dfrac{G_s + 0.20\,G_s}{1 + 0.20\,G_s} \times 9.81 = 20.03\,\text{kN}/\text{m}^3$

먼저 2.04 ☞ ALPHA ☞ SOLVE = ☞

$2.04 = \dfrac{ALPHA\ X + 0.20 \times ALPHA\ X}{1 + 0.20 \times ALPHA\ X} \times 9.81$ ☞ SHIFT

☞ SOLVE ☞ = ☞ 잠시 기다리면

X= 2.5757   ∴ $G_s = 2.58$

7 $P_n = P_o(1+r)^n$

$200{,}000 = 100{,}000(1+r)^{10}$

먼저 $200{,}000$ ☞ $ALPHA$ ☞ $SOLVE$ = ☞ $100{,}000(1+$ ☞ $ALPHA$ $X)^{10}$

☞ SHIFT ☞ SOLVE ☞ = ☞ 잠시 기다리면

$X = 0.07177$ ∴ $r = 0.07177$

8 $A_s = \dfrac{M_u}{\phi f_y \left(d - \dfrac{1}{2} \dfrac{A_s f_y}{\eta(0.85 f_{ck}) b} \right)}$

$A_s = \dfrac{200 \times 10^6}{0.85 \times 400 \left(500 - \dfrac{1}{2} \times \dfrac{A_s \times 400}{1 \times 0.85 \times 28 \times 300} \right)}$

먼저 $ALPHA$ ☞ X ☞ $ALPHA$ ☞ SOLVE = ☞

$\dfrac{200 \times 10^6}{0.85 \times 400 \times \left(500 - \dfrac{1}{2} \times \dfrac{ALPHA\ X \times 400}{1 \times 0.85 \times 28 \times 300} \right)}$

SHIFT ☞ SOLVE ☞ = ☞ 잠시 기다리면

$X = 1266.30$ ∴ $A_s = 1266.3 \text{mm}^2$

有備無患

Pick Remember 720선 활용법
시작이 빠르면 빠를수록 합격도 빠릅니다.

❶ **신분증 지참**은 반드시 필수입니다.

❷ **Pick Remember 720선**은 반드시 알아야 할 문제
- 늘 곁에 소지하세요.
- 수없이 반복하다보면 익숙해집니다.
- 외우려 하지 말고 자연스럽게 학습하세요.

❸ 문제를 **학습**하는 방법
- ☑☐☐ 틀린 문제를 확인합니다.
- ☑☑☐ 마킹된 문제를 확인합니다.
- ☑☑☑ 마킹된 문제를 최종 확인합니다.

❹ 본 교재 **토목기사 4주완성**
- 반복학습이 최선입니다.
- 최단시간에 마스터할 수 있습니다.
- 고득점으로 최단기 합격하시길 바랍니다.

Remember
1 Pick
120
선

01 응용역학

1Pick Remember 120선 CBT 대비

□□□ 기 84,08,11②,17①,22③

01 다음 그림과 같이 강선 A와 B가 서로 평형 상태를 이루고 있다. 이때 각도 θ의 값은?

① 47.2°
② 32.6°
③ 28.4°
④ 17.8°

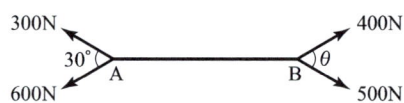

| 해답 | ③

A, B점에서 합력의 크기는 같아야 한다. (방향반대)
- 합력 $R = \sqrt{P_1^2 + P_2^2 + 2P_1P_2\cos\alpha}$
- $\sqrt{300^2 + 600^2 + 2 \times 300 \times 600 \cos 30°} = 872.79\,\text{N}$
  $= \sqrt{400^2 + 500^2 + 2 \times 400 \times 500 \cos\theta}$
∴ $\theta = 28.4°$

[참고] SOLVE 사용

□□□ 기 95,99,04,09,11

02 지름 20mm, 길이 1m 강봉을 40kN의 힘으로 인장할 경우 이 강봉의 변형량은? (단, 이 강봉의 탄성계수는 $E = 2.0 \times 10^5 \text{MPa}$이다.)

① 0.908mm   ② 0.808mm   ③ 0.737mm   ④ 0.637mm

| 해답 | ④

$$\Delta l = \frac{Pl}{EA} = \frac{(40 \times 10^3) \times (1 \times 10^3)}{(2.0 \times 10^5) \times \dfrac{\pi \times 20^2}{4}} = 0.637\,\text{mm}$$

□□□ 기 84,13,18①

03 다음과 같은 부정정보에서 A의 처짐각 θ_A는? (단, 보의 휨강성은 EI이다.)

① $\dfrac{1}{12} \cdot \dfrac{wl^3}{EI}$
② $\dfrac{1}{24} \cdot \dfrac{wl^3}{EI}$
③ $\dfrac{1}{36} \cdot \dfrac{wl^3}{EI}$
④ $\dfrac{1}{48} \cdot \dfrac{wl^3}{EI}$

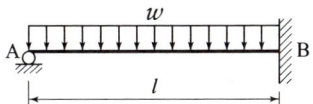

[해답] ④

공액보의 수직반력

θ_A = 공액보의 수직반력($R_A{'}$)
　　$= R_{A1}{'} + R_{A2}{'}$
　　$= -\dfrac{wl^2}{2EI} \times l \times \dfrac{1}{3} + \dfrac{3wl^2}{8EI} \times l \times \dfrac{1}{2}$
　　$= \dfrac{1}{48} \cdot \dfrac{wl^3}{EI}$

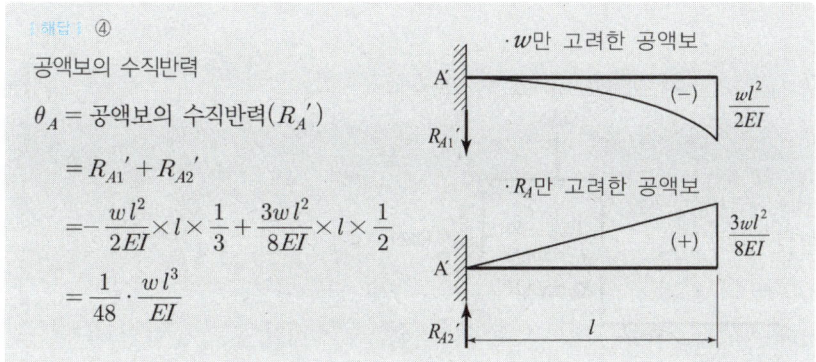

□□□ 기 13,15,17②,18①

04 체적탄성계수 K를 탄성계수 E와 포아송비 ν로 옳게 표시한 것은?

① $K = \dfrac{E}{3(1-2\nu)}$
② $K = \dfrac{E}{2(1-3\nu)}$
③ $K = \dfrac{2E}{3(1-2\nu)}$
④ $K = \dfrac{3E}{2(1-3\nu)}$

[해답] ①

- 전단탄성계수 $G = \dfrac{mE}{2(m+1)} = \dfrac{E}{2\left(1+\dfrac{1}{m}\right)} = \dfrac{E}{2(1+v)}$
- 포아송비 $\nu = \dfrac{1}{\text{포아송수}(m)}$
- 체적탄성계수 $K = \dfrac{mE}{3(m-2)} = \dfrac{E}{3\left(1-\dfrac{2}{m}\right)} = \dfrac{E}{3(1-2\nu)}$

□□□ 기 04,05,06,08,13①

05 그림의 보에서 G는 내부 힌지(hinge)이다. 지점 B에서의 휨모멘트로 옳은 것은?

① $-100kN \cdot m$
② $+200kN \cdot m$
③ $-400kN \cdot m$
④ $+500kN \cdot m$

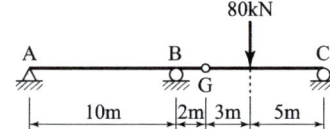

| 해답 | ①

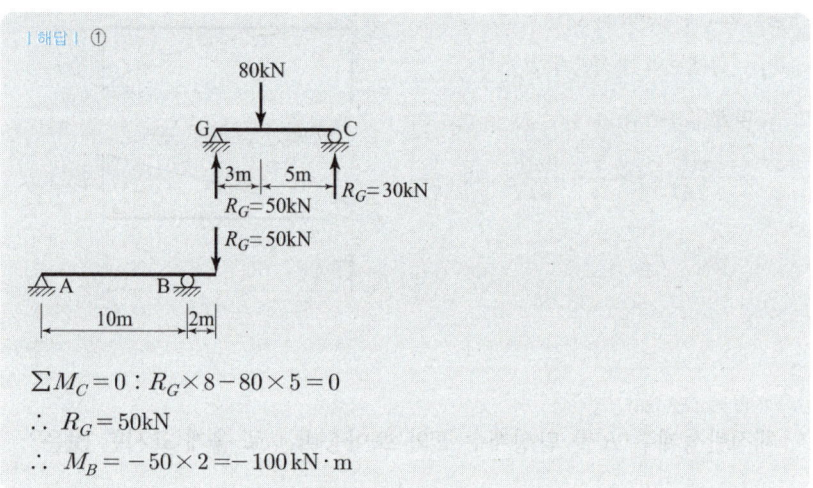

$\sum M_C = 0 : R_G \times 8 - 80 \times 5 = 0$

$\therefore R_G = 50kN$

$\therefore M_B = -50 \times 2 = -100 kN \cdot m$

□□□ 기 95,04②,08①,15④,19①

06 그림과 같은 트러스에서 부재 U의 부재력은?

① 1.0kN(압축)
② 1.2kN(압축)
③ 1.3kN(압축)
④ 1.5kN(압축)

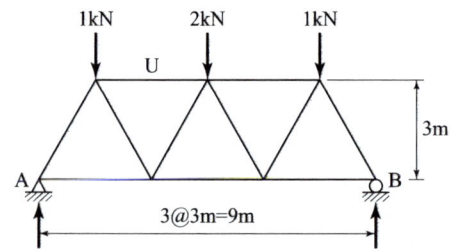

| 해답 | ④

반력 $R_A = R_B = \dfrac{1+2+1}{2} = 2\text{kN}(\because \text{대칭})$

$t-t$ 절단면에서
- $\sum M_C = 0$
  : $2 \times 3 - 1 \times 1.5 + U \times 3 = 0$
  $\therefore U = \dfrac{-2 \times 3 + 1 \times 1.5}{3}$
  $= -1.5\text{kN} = 1.5\text{kN}(압축)$

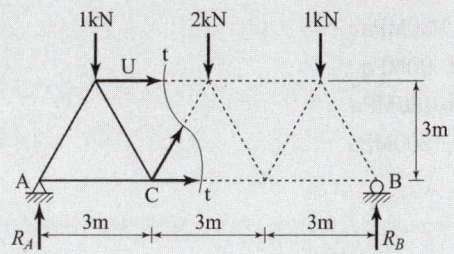

□□□ 기 99,00,04,11,13,14,16,18①

07 같은 재료로 만들어진 반경 r인 속이 찬 축과 외반경 r이고 내반경 $0.6r$인 속이 빈 축이 동일크기의 비틀림모멘트를 받고 있다. 최대비틀림응력의 비는?

① 1 : 1
② 1 : 1.15
③ 1 : 2
④ 1 : 2.15

| 해답 | ②

비틀림모멘트 T에 대한 전단응력
- $\tau_{\max} = \dfrac{T \cdot r}{I_P}$ ($\because$ 원의 단면 2차 극모멘트 $I_P = \dfrac{\pi d^4}{32}$)

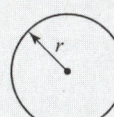 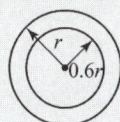

- $I_{P1} = \dfrac{\pi d^4}{32} = \dfrac{\pi (2r)^4}{32} = \dfrac{\pi r^4}{2}$

- $I_{P2} = \dfrac{\pi(d_1^4 - d_2^4)}{32} = \dfrac{\pi\{(2r)^4 - (1.2r)^4\}}{32} = \dfrac{13.92\pi r^4}{32}$

$\therefore \tau_1 : \tau_2 = \dfrac{T \cdot r}{I_{P1}} : \dfrac{T \cdot r}{I_{P2}} = \dfrac{1}{I_{P1}} : \dfrac{1}{I_{P2}} = \dfrac{1}{\frac{1}{2}} : \dfrac{1}{\frac{13.92}{32}} = 2 : \dfrac{32}{13.92} = 1 : 1.15$

□□□ 기 98,10④,13②,16

08 지름 $d=120$cm, 벽두께 $t=0.6$cm인 긴 강관이 $q=2$MPa의 내압을 받고 있다. 이 관벽 속에 발생하는 원환응력 σ의 크기는?

① 30MPa
② 90MPa
③ 180MPa
④ 200MPa

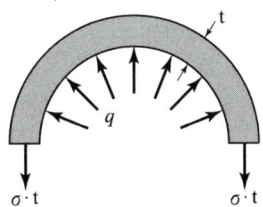

| 해답 | ④

원환응력 $\sigma = \dfrac{q \cdot r}{t} = \dfrac{2 \times 600}{6} = 200\text{N/mm}^2 = 200\text{MPa}$

□□□ 기 09,10②,14①,21①②

09 단면과 길이가 같으나 지지조건이 다른 그림과 같은 2개의 장주가 있다. 장주(a)가 30kN의 하중을 받을 수 있다면, 장주(b)가 받을 수 있는 하중은?

① 120kN
② 240kN
③ 360kN
④ 480kN

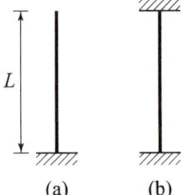

| 해답 | ④

$P_{cr} = \dfrac{n\pi^2 EI}{L^2}$

• 일단고정 타단고정 : $P_{cr} = \dfrac{1}{4}\left(\dfrac{\pi^2 EI}{L^2}\right) = 30\text{kN}$

  $\therefore \left(\dfrac{\pi^2 EI}{L^2}\right) = 120\text{kN}$

• 양단고정 : $P_{cr} = 4\left(\dfrac{\pi^2 EI}{L^2}\right) = 4 \times 120 = 480\text{kN}$

□□□ 기 93,99,03,07,11④,14④,17②

10 그림과 같은 강재(steel) 구조물이 있다. AC, BC 부재의 단면적은 각각 $10cm^2$, $20cm^2$이고 연직하중 $P=90kN$이 작용할 때 C점의 연직처짐을 구한 값은? (단, 강재의 종탄성계수는 $2.05 \times 10^5 MPa$이다.)

① 10.22mm
② 7.66mm
③ 5.18mm
④ 3.83mm

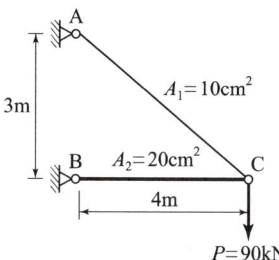

| 해답 | ②

C점의 처짐 $\delta_c = \sum \dfrac{S \cdot \overline{S} \cdot L}{EA}$

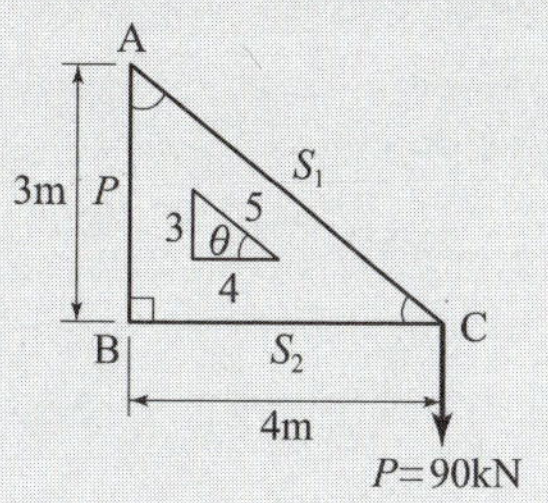

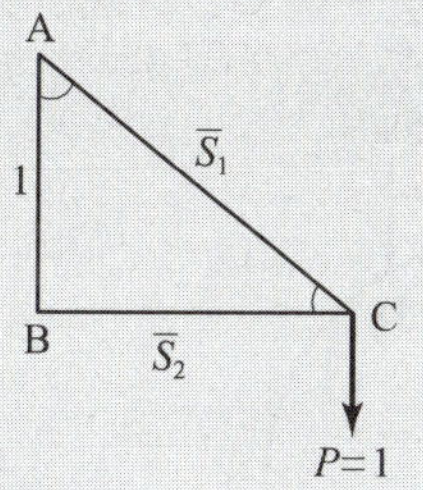

- $\sin\theta = \dfrac{P}{AC} = \dfrac{3}{5}$ ∴ $AC = \dfrac{5P}{3} = S_1$, $\overline{S_1} = \dfrac{5}{3}$, $L = 5m$

- $\tan\theta = \dfrac{P}{BC} = \dfrac{3}{4}$ ∴ $BC = \dfrac{4P}{3} = S_2$, $\overline{S_2} = \dfrac{4}{3}$, $L = 4m$

∴ $y_{AC} = \dfrac{\dfrac{5P}{3} \times \dfrac{5}{3} \times 5}{EA} = \dfrac{125P}{9EA} = \dfrac{125 \times 90 \times 10^3}{9 \times 2.05 \times 10^5 \times 10 \times 10^2}$
$= 0.006098m = 6.098mm$

∴ $y_{BC} = \dfrac{\dfrac{4P}{3} \times \dfrac{4}{3} \times 4}{EA} = \dfrac{64P}{9EA} = \dfrac{64 \times 90 \times 10^3}{9 \times 2.05 \times 10^5 \times 20 \times 10^2}$
$= 0.001561m = 1.567mm$

∴ $y_c = y_{AC} + y_{BC} = 6.098 + 1.567 = 7.665mm$

□□□ 기 11②,14①,16④,21③

11 다음 그림과 같은 $r=4m$인 3힌지 원호아치에서 지점 A에서 2m 떨어진 E점의 휨모멘트의 크기는 약 얼마인가?

① 6.13kN·m
② 7.32kN·m
③ 8.27kN·m
④ 9.16kN·m

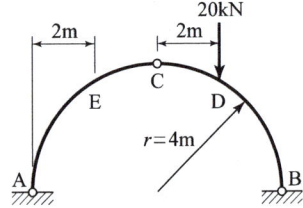

해설 ②

- $\sum M_B = 0 : V_A \times 8 - 20 \times 2 = 0$
  $\therefore V_A = 5\text{kN}(\uparrow)$
- $\sum M_C = 0$:
  $V_A \times 4 - H_A \times 4 = 0, \ 5 \times 4 - H_A \times 4 = 0$
  $\therefore H_A = 5\text{kN}(\rightarrow)$
  $\therefore M_E = 5 \times 2 - 5 \times \sqrt{4^2 - 2^2} = -7.32\text{kN} \cdot \text{m}$

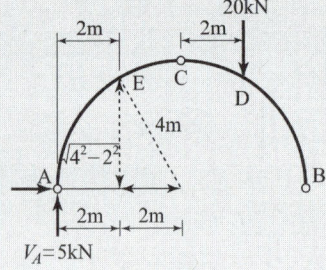

□□□ 기 04,08,14①,16④,19③,20③,21②

12 다음 연속보에서 B점의 지점 반력을 구한 값은?

① 100kN
② 150kN
③ 200kN
④ 250kN

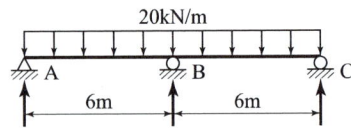

| 해답 | ②

$$R_B = \frac{5wl}{4} = \frac{5 \times 20 \times 6}{4} = 150\text{kN}$$

□□□ 기 07,10,11,15,17④

13 주어진 T형 단면의 캔틸레버보에서 최대전단응력은? (단, T형보 단면의 $I_{N.A} = 86.8\text{cm}^4$)

① 125.68MPa
② 166.36MPa
③ 207.95MPa
④ 243.32MPa

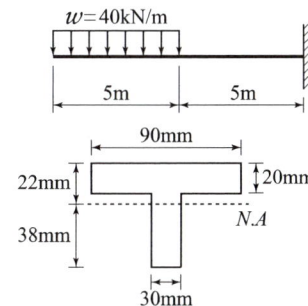

| 해답 | ②

$$\tau_{max} = \frac{G_{N.A} S}{I_{N.A} b}$$

- 지점에서의 반력 $R_B = 40 \times 5 = 200\text{kN}$
- 지점에서의 최대전단력 $S_B = 200\text{kN} = 200000\,\text{N}$
- $I_{N.A} = 86.8\text{cm}^4 = 86.8 \times 10^4 \text{mm}^4$
- $G_{N.A} = 30 \times 38 \times \frac{38}{2} = 21660\,\text{mm}^3$

$$\therefore \tau_{max} = \frac{21660 \times 200000}{86.8 \times 10^4 \times 30}$$
$$= 166.36\,\text{N/mm}^2 = 166.36\text{MPa}$$

□□□ 기 83,84,88,07,14①,18②

14 그림과 같이 세 개의 평행력이 작용할 때 합력 R의 위치 x는?

① 3.0m
② 3.5m
③ 4.0m
④ 4.5m

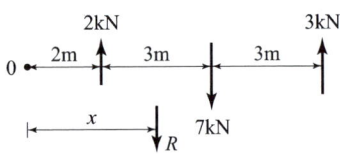

| 해답 | ②

- 합력 $R = -2+7-3 = 2\text{N}(\downarrow)$
- 작용위치 $\Sigma M_o = 0$
  $2x = -2 \times 2 + 7 \times (2+3) - 3 \times (2+3+3)$
  $\quad = 7\text{kN}$
  $\therefore\ x = 3.5\text{m}\,(\rightarrow)$

□□□ 기 08,09,11①②④,14①④,15①②,20④,21③,22②

15 그림과 같은 2축응력을 받고 있는 요소의 체적변형률은?
(단, 탄성계수 $E = 2 \times 10^5 \text{MPa}$, 포아송비 $\nu = 0.2$이다.)

① 1.8×10^{-4}
② 3.6×10^{-4}
③ 4.4×10^{-4}
④ 6.2×10^{-4}

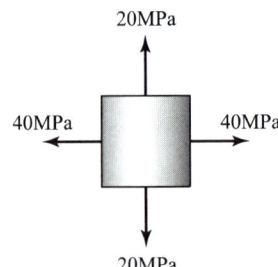

| 해답 | ①

2축응력의 체적변형률
$\epsilon_v = \dfrac{\Delta V}{V} = \dfrac{(1-2\nu)}{E}(\sigma_x + \sigma_y)$
$\quad = \dfrac{1-2 \times 0.2}{2 \times 10^5}(40+20) = 1.8 \times 10^{-4}$

□□□ 기 92,97,00,02,06,07,14,17②,22①,24①

16 그림과 같은 구조물에서 A지점에 일어나는 연직반력 R_A를 구한 값은?

① $\dfrac{1}{8}wl$

② $\dfrac{3}{8}wl$

③ $\dfrac{1}{4}wl$

④ $\dfrac{1}{3}wl$

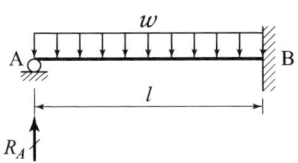

| 해답 | ②

$$R_A = \dfrac{3}{8}wl, \ R_B = \dfrac{5}{8}wl$$

□□□ 기 82,00,06,15,17②,18③,24②

17 다음 그림에서 블록 A를 뽑아내는 데 필요한 힘 P는 최소 얼마 이상이어야 하는가? (단, 블록과 접촉면과의 마찰계수 $\mu = 0.3$)

① 60N
② 90N
③ 150N
④ 180N

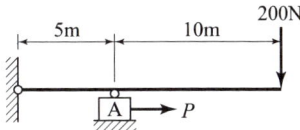

| 해답 | ④

- 마찰면에 작용하는 수직력 V
  $\sum M_B = -V_A \times 5 + 200 \times (5+10) = 0$
  $\therefore \ V_A = 600\,\text{N}$
- 힘 $P > V_A \cdot \mu = 600 \times 0.3 = 180\,\text{N}$ 이상

□□□ 기 91,99,03,07,09,16①

18 절점 O는 이동하지 않으며, 재단 A, B, C가 고정일 때 M_{CO}의 크기는 얼마인가? (단, K는 강비이다.)

① 25kN·m
② 30kN·m
③ 35kN·m
④ 40kN·m

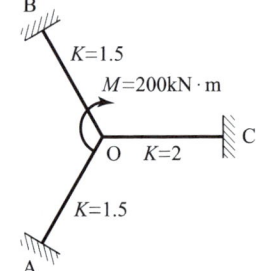

| 해답 | ④

도달모멘트 $M_{CO} = \dfrac{1}{2} M_{OC}$

• 분배율 $FD_{OC} = \dfrac{K_{OC}}{K_{OA} + K_{OB} + K_{OC}}$

$\qquad = \dfrac{2}{1.5 + 1.5 + 2} = 0.4$

• 분배모멘트 M_{OC} = 작용모멘트 × 분배율
$\qquad = 200 \times 0.4 = 80\,\text{kN} \cdot \text{m}$

∴ $M_{CO} = \dfrac{1}{2} M_{OC} = \dfrac{1}{2} \times 80 = 40\,\text{kN} \cdot \text{m}$

□□□ 기 97,00,01,03,11,12,13,16④,20④,24②

19 다음 그림과 같은 단순보에 이동하중이 작용하는 경우 절대 최대 휨모멘트는 얼마인가?

① 176.4kN
② 167.2kN
③ 162.0kN
④ 125.1kN

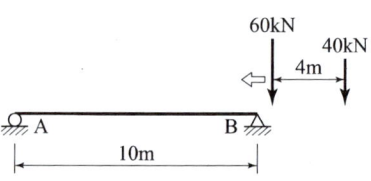

| 해답 | ①

절대최대모멘트 영향선도

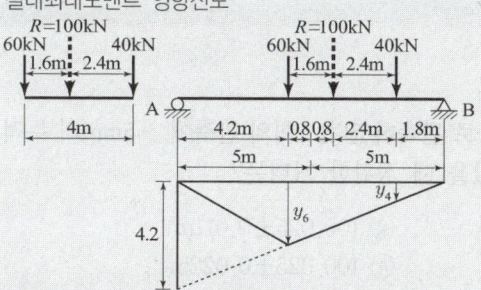

- 합력의 위치 : $100x = 40 \times 4$ ∴ $x = 1.6\,m$
- A점으로 부터의 거리 : $\dfrac{10}{2} - \dfrac{1.6}{2} = 4.2\,m$
- B점으로 부터의 60kN 거리 : $10 - 4.2 = 5.8\,m$
- B점으로 부터의 40kN 거리 : $5.8 - 4 = 1.8\,m$
- $10 : 4.2 = 5.8 : y_6$ ∴ $y_6 = \dfrac{4.2 \times 5.8}{10} = 2.436$
- $10 : 4.2 = 1.8 : y_4$ ∴ $y_4 = \dfrac{4.2 \times 1.8}{10} = 0.756$
- ∴ $M_{max} = P_1 \times y_4 + P_2 \times y_6 = 40 \times 0.756 + 60 \times 2.436 = 176.4\,kN \cdot m$

□□□ 기 03②, 12①, 17②, 20③, 22②, 25②

20 단면이 200mm×300mm인 압축부재가 있다. 부재의 길이가 2.9m일 때 이 압축부재의 세장비는 약 얼마인가? (단, 지지상태는 양단 힌지이다.)

① 33　　　② 50　　　③ 60　　　④ 100

| 해답 | ②

세장비 $\lambda = \dfrac{K \times \text{기둥의 길이}(l)}{\text{최소회전반지름}(r_{min})}$

- $r_{min} = \sqrt{\dfrac{I_{min}}{A}} = \sqrt{\dfrac{\dfrac{bh^3}{12}}{bh}} = \sqrt{\dfrac{\dfrac{300 \times 200^3}{12}}{200 \times 300}} = 57.7\,mm$ (∵ 직사각형)
- $\lambda = \dfrac{1.0 \times 2900}{57.7} = 50$ (∵ 양단힌지 $K = 1.0$)

02 측량학
1Pick Remember 120선 CBT 대비

□□□ 기 02,08,10,12,13①②,19③,24①

21 100m의 거리를 20m의 줄자로 관측하였다. 1회의 관측에 +5mm의 누적오차와 ±5mm의 우연오차가 있을 때 정확한 거리는?

① 100.015 ± 0.011m
② 100.025 ± 0.011m
③ 100.015 ± 0.022m
④ 100.025 ± 0.022m

| 해답 | ②

실제거리 = 관측거리 + 정오차 ± 우연오차

- 정오차 : $+5n = +5 \times \dfrac{100}{20} = +25$mm $= +0.025$m
- 우연오차 : $\pm 5\sqrt{n} = \pm 5\sqrt{\dfrac{100}{20}}$
  $= \pm 11$mm $= \pm 0.011$m

∴ 실제거리 $= 100$m $+ 0.025$m ± 0.011m
   $= 100.025 \pm 0.011$m

□□□ 기 80,02,06,10,13①②,19①③

22 철도의 궤도간격 $b=1.067$m, 곡선반지름 $R=600$m인 원곡선상을 열차가 100km/h로 주행하려고 할 때 캔트는?

① 100mm
② 140mm
③ 180mm
④ 220mm

| 해답 | ②

캔트 $C = \dfrac{bV^2}{gR}$

$= \dfrac{1.067 \times \left(\dfrac{100000}{60 \times 60}\right)^2}{9.8(\text{m/sec}^2) \times 600} = 0.140$m $= 140$mm

□□□ 기 01,04,07,14①,21①,22①

23 도로노선의 곡률반지름 $R=2000$m, 곡선길이 $L=245$m일 때, 클로소이드의 매개변수 A는?

① 500m   ② 600m
③ 700m   ④ 800m

| 해답 | ③

$A^2 = RL$ 에서
$A = \sqrt{RL} = \sqrt{2000 \times 245} = 700$m

□□□ 기 03,07,12,13②,20④

24 노선측량에서 교각 $I=40°$, 곡선반지름 $R=150$m, 중심말뚝간의 거리 $l=20$m이며 노선의 시점에서 교점까지의 추가거리가 240.70m일 때 시단현의 편각은?

① 1° 40′ 27″   ② 2° 39′ 17″
③ 3° 28′ 17″   ④ 0° 56′ 27″

| 해답 | ②

시단현 편각 $\delta_1 = \dfrac{90°}{\pi} \dfrac{l_1}{R}$

- 접선장 $T.L = R\tan\dfrac{I}{2}$
  $= 150\tan\dfrac{40°}{2} = 54.60$m
- $B.C = IP$의 거리 $- T.L$
  $= 240.70 - 54.60 = 186.1$m
- 시단현 길이 $l_1 = B.C$ 앞말뚝 $- B.C$
  $= 200 - 186.1 = 13.9$m

∴ 시단현의 편각 $\delta_1 = \dfrac{90°}{\pi} \times \dfrac{13.9}{150}$
  $= 2°39′17″$

□□□ 기 92,13

25 단곡선 측설에서 교각 $I=90°$, 반지름 $=100m$인 경우에 외할(E)은 몇 m인가?

① 39.22m
② 40.34m
③ 41.42m
④ 42.54m

| 해답 | ③

외할 $E = R\left(\sec\dfrac{I}{2} - 1\right)$

$= R\left(\dfrac{1}{\cos\dfrac{I}{2}} - 1\right) = 100\left(\dfrac{1}{\cos\dfrac{90°}{2}} - 1\right) = 41.42m$

□□□ 기 94,04,14

26 지구상의 △ABC를 측정한 결과, 두 변의 거리가 $a=30km$, $b=20km$이었고, 그 사잇각 80° 이었다면 이때 발생하는 구과량은? (단, 지구의 곡선반지름은 6400km로 가정한다.)

① 1.49″
② 1.62″
③ 2.04″
④ 2.24″

| 해답 | ①

구면삼각형 면적 $F = \dfrac{1}{2}ab\sin\alpha$

$= \dfrac{1}{2} \times 30 \times 20 \times \sin 80°$

$= 295.44 \, km^2$

∴ 구과량 $\epsilon = \dfrac{F}{r^2}\rho''$

$= \dfrac{295.44}{6400^2} \times 206265'' = 1.49''$

□□□ 기 99,02,08,14,15,19①

27 지구의 반지름이 6370km, 공기의 굴절계수가 0.14일 때, 거리 4km에 대한 양차는?

① 0.108m
② 0.216m
③ 1.080m
④ 2.160m

| 해답 | ③

양차 $= \dfrac{D^2(1-K)}{2R}$

$= \dfrac{4^2(1-0.14)}{2 \times 6370} = 1.080 \times 10^{-3} \text{km} = 1.080 \text{m}$

□□□ 기 13①,19③

28 고속도로 공사에서 각 측점의 단면적이 표와 같을 때, 측점 10에서 측점 12까지의 토량은? (단, 양단면평균법에 의해 계산한다.)

측점	단면적(m^2)	비고
NO.10	318	측점 간의 거리=20m
NO.11	512	
NO.12	682	

① 15120m^3
② 20160m^3
③ 20240m^3
④ 30240m^3

| 해답 | ③

양단면법 $V = \dfrac{A_1 + A_2}{2} \times L$

- $V_1 = \dfrac{318 + 512}{2} \times 20 = 8300 \text{m}^3$
- $V_2 = \dfrac{512 + 682}{2} \times 20 = 11940 \text{m}^3$
- $\therefore V = V_1 + V_2 = 8300 + 11940 = 20240 \text{m}^3$

□□□ 기 93,95,12,14,16,18①,20④,24①

29 축척 1 : 1500 지도상의 면적을 잘못하여 축척 1 : 1000으로 측정하였더니 10000m²가 나왔다면 실제면적은?

① 4444m²
② 6667m²
③ 15000m²
④ 22500m²

|해답| ④

$\dfrac{A_o}{A} = \left(\dfrac{M_o}{M}\right)^2$ 에서

$\therefore A_o = \left(\dfrac{M_o}{M}\right)^2 A = \left(\dfrac{1500}{1000}\right)^2 \times 10000 = 22500\text{m}^2$

□□□ 기 06,09,14②,19②,25①

30 그림과 같은 유심 삼각망에서 점조건, 조정식에 해당하는 것은?

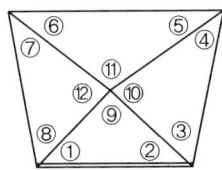

① (①+②+⑨) = 180°
② (①+②) = (⑤+⑥)
③ (⑨+⑩+⑪+⑫) = 360°
④ (①+②+③+④+⑤+⑥+⑦+⑧) = 360°

|해답| ③

측점조건 : 한 측점의 둘레에 있는 모든 각을 합한 것은 360°이다.

∴ (⑨+⑩+⑪+⑫) = 360°

□□□ 기 05,08,09,18①

31 직사각형의 가로, 세로의 거리가 그림과 같다. 면적 A의 표현으로 가장 적절한 것은?

① $7500\text{m}^2 \pm 0.67\text{m}^2$
② $7500\text{m}^2 \pm 0.41\text{m}^2$
③ $7500.9\text{m}^2 \pm 0.67\text{m}^2$
④ $7500.9\text{m}^2 \pm 0.41\text{m}^2$

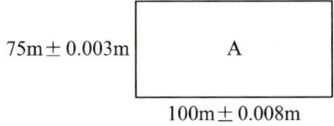

| 해답 | ①
- 면적 $A' = 75 \times 100 = 7500\text{m}^2$
- 면적오차 $R = \sqrt{(xdy)^2 + (ydx)^2}$
  $= \sqrt{(75 \times 0.008)^2 + (100 \times 0.003)^2}$
  $= \pm 0.67\text{m}^2$
- $\therefore A = A' \pm R = 7500\text{m}^2 \pm 0.67\text{m}^2$

□□□ 기 97,98,03,16,18①,22②

32 직사각형 토지를 줄자로 측정한 결과가 가로 37.8m, 세로 28.9m이었다. 이 줄자는 표준길이 30m당 4.7cm가 늘어 있었다면 이 토지의 면적 최대오차는?

① 0.03m^2
② 0.36m^2
③ 3.42m^2
④ 3.53m^2

| 해답 | ③
- $A_o = A\left(1 \pm \dfrac{e}{S}\right)^2$
  $= 37.8 \times 28.9 \left(1 + \dfrac{0.047}{30}\right)^2 = 1095.85\text{m}^2$
- 면적오차 $\Delta A = A_o - A$
  $= 1095.85 - 37.8 \times 28.9 = 3.43\text{m}^2$

□□□ 기 97,04,05,10,16②,19③

33 수면으로부터 수심(H)의 0.2H, 0.4H, 0.6H, 0.8H 지점의 유속 ($V_{0.2}$, $V_{0.4}$, $V_{0.6}$, $V_{0.8}$)을 관측하여 평균유속을 구하는 공식으로 옳지 않은 것은?

① $V = V_{0.6}$
② $V = \dfrac{1}{2}(V_{0.2} + V_{0.8})$
③ $V = \dfrac{1}{3}(V_{0.2} + V_{0.6} + V_{0.8})$
④ $V = \dfrac{1}{4}(V_{0.2} + 2V_{0.6} + V_{0.8})$

| 해답 | ③

- 1점법(V) = $V_{0.6}$
- 2점법(V) = $\dfrac{1}{2}(V_{0.2} + V_{0.8})$
- 3점법(V) = $\dfrac{1}{4}(V_{0.2} + 2V_{0.6} + V_{0.8})$
- 4점법(V) = $\dfrac{1}{5}\left\{(V_{0.2} + V_{0.4} + V_{0.6} + V_{0.8}) + \dfrac{1}{2}\left(V_{0.2} + \dfrac{1}{2}V_{0.8}\right)\right\}$

□□□ 기 06,12,14④,18②,19①②

34 A, B, C 각 점에서 P점까지 수준측량을 한 결과가 표와 같다. 거리에 대한 경중률을 고려한 P점의 표고 최확값은?

측량경로	거리	P점의 표고
A → P	1km	135.487m
B → P	2km	135.563m
C → P	3km	135.603m

① 135.529m
② 135.551m
③ 135.563m
④ 135.570m

| 해답 | ①

최확치 $H_P = \dfrac{P_A H_A + P_B H_B + P_C H_C}{P_A + P_B + P_C}$

• 경중률은 거리에 반비례한다.

$P_A : P_B : P_C = \dfrac{1}{1} : \dfrac{1}{2} : \dfrac{1}{3} = 6 : 3 : 2$

$\therefore H_P = 135 + \dfrac{6 \times 0.487 + 3 \times 0.563 + 2 \times 0.603}{6+3+2} = 135.529\,\text{m}$

□□□ 기 00,16,19②,22③

35 그림과 같은 도로 횡단면도의 단면적은?
(단, 0을 원점으로 하는 좌표(x, y)의 단위 : [m])

① 94m^2
② 98m^2
③ 102m^2
④ 106m^2

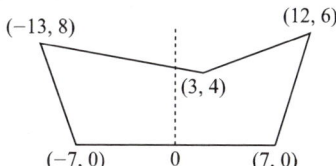

| 해답 | ③

측점순	x	y	$(x_{i-1} - x_{i+1})y$
1	0	0	$(7-(-7)) \times 0 = 0$
2	-7	0	$(0-(-13)) \times 0 = 0$
3	-13	8	$(-7-3) \times 8 = -80$
4	3	4	$(-13-12) \times 4 = -100$
5	12	6	$(3-7) \times 6 = -24$
6	7	0	$(12-0) \times 0 = 0$
계			-204

$\therefore A = \dfrac{|\text{배면적}|}{2} = \dfrac{|-204|}{2} = 102\,\text{m}^2$

□□□ 기 00,14

36 그림과 같은 삼각망에서 CD의 거리는?

① 1732m
② 1000m
③ 866m
④ 750m

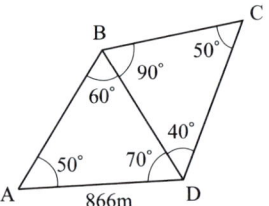

| 해답 | ②
sin법칙에 의해서

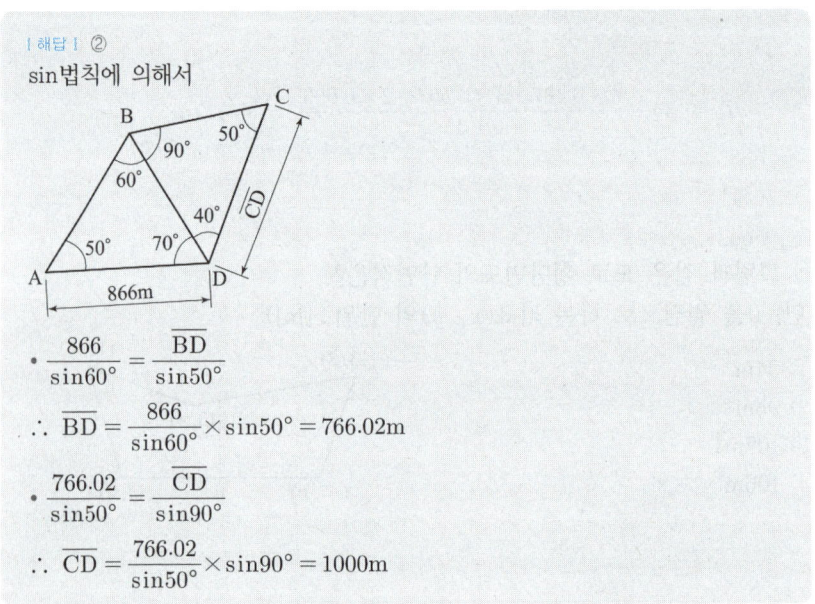

- $\dfrac{866}{\sin 60°} = \dfrac{\overline{BD}}{\sin 50°}$

∴ $\overline{BD} = \dfrac{866}{\sin 60°} \times \sin 50° = 766.02\text{m}$

- $\dfrac{766.02}{\sin 50°} = \dfrac{\overline{CD}}{\sin 90°}$

∴ $\overline{CD} = \dfrac{766.02}{\sin 50°} \times \sin 90° = 1000\text{m}$

□□□ 기 07,08,15,17②

37 거리측량의 정확도가 $\dfrac{1}{10000}$ 일 때, 같은 정확도를 가지는 각 관측오차는?

① 18.6″
② 19.6″
③ 20.6″
④ 21.6″

| 해답 | ③

$$\frac{\Delta l}{l} = \frac{\Delta \alpha''}{\rho''}$$ 에서

$$\therefore \Delta \alpha'' = \frac{\Delta l}{l} \rho'' = \frac{1}{10000} \times 206265'' = 20.6''$$

□□□ 기 88,06,12,15,16,20④

38 30m에 대하여 3mm 늘어나 있는 줄자로서 정사각형의 지역을 측정한 결과 80000m²이었다면 실제의 면적은?

① 80016m² ② 80008m²
③ 79984m² ④ 79992m²

| 해답 | ①

$$A_0 = A\left(1 + \frac{\Delta l}{l}\right)^2$$

$$= 80000\left(1 + \frac{0.003}{30}\right)^2 = 80016\,\text{m}^2$$

□□□ 기 01,11,15,16,21②

39 평균표고 730m인 지형에서 $\overline{AB}$ 측선의 수평거리를 측정한 결과 5000m 이었다면 평균해수면에서의 환산 거리는? (단, 지구의 반지름은 6370km)

① 5000.57m ② 5000.66m
③ 4999.34m ④ 4999.43m

| 해답 | ④

$$C_h = -\frac{D \cdot h}{R} = -\frac{5000 \times 730}{6370 \times 10^3} = -0.57\text{m}$$

$$\therefore L_o - C_h = 5000 - 0.57 = 4999.43\text{m}$$

측량학

□□□ 기 93,95,01,07,11,15

40 지구표면의 거리 35km까지를 평면으로 간주했다면 허용정밀도는 약 얼마인가? (단, 지구의 반지름은 6370km이다.)

① 1/300000
② 1/400000
③ 1/500000
④ 1/600000

|해답| ②

$$\frac{d-D}{D} = \frac{D^2}{12R^2} = \frac{1}{12}\left(\frac{D}{R}\right)^2 \text{에서}$$

$$\therefore \frac{d-D}{D} = \frac{1}{12}\left(\frac{35}{6370}\right)^2 = \frac{1}{397488} = \frac{1}{400000}$$

03 1Pick Remember 120선

수리학 및 수문학

CBT 대비

□□□ 기 94,99,13,16

41 폭이 2m, 높이가 9.8m인 평판이 정지수중에서 5m/sec의 속도로 움직일 때 항력계수가 $C_D = 0.2$라면 평판에 작용하는 항력(抗力)은?
(단, 무게 1kg=10N)

① 10kN(1t) ② 25kN(2.5t)
③ 30kN(3t) ④ 50kN(5t)

| 해답 | ④

$$D = C_D A \frac{wV^2}{2g}$$
$$= 0.2 \times (2 \times 9.8) \times \frac{1 \times 5^2}{2 \times 9.8}$$
$$= 5\,t = 5000\,kg = 50000\,N = 50\,kN$$

□□□ 기 03,13,17④,22①

42 두께 3m인 피압대수층에서 반지름 1m인 우물로 양수한 결과, 수면강하 10m일 때 정상상태로 되었다. 투수계수 0.3m/hr, 영향권 반지름 400m라면 이때의 양수량은?

① $2.6 \times 10^{-3} \, m^3/s$ ② $6.0 \times 10^{-3} \, m^3/s$
③ $9.4 \, m^3/s$ ④ $21.6 \, m^3/s$

| 해답 | ①

$$Q = \frac{2\pi ck(H-h_o)}{2.3\log\left(\frac{R}{r_o}\right)} = \frac{2 \times \pi \times 3 \times 0.3 \times 10}{2.3\log\left(\frac{400}{1}\right)}$$
$$= 9.4\,m^3/hr = 9.4 \times \frac{1}{60 \times 60} = 2.61 \times 10^{-3}\,m^3/s$$

□□□ 기 91,92,93,99,01,02,10,13,16①,19②,22①,24①

43 모래여과지에서 사층 두께 2.4m, 투수계수를 0.04cm/sec로 하고 여과수두를 50cm로 할 때 10000m³/day의 물을 여과시키는 경우 여과지 면적은?

① 1289m²
② 1389m²
③ 1489m²
④ 1589m²

| 해답 | ②

$Q = KIA$에서 $A = \dfrac{Q}{KI} = \dfrac{Q}{K \cdot \dfrac{\Delta h}{L}} = \dfrac{Q \cdot L}{K \cdot \Delta h}$

• 투수계수 $K = 0.04 \text{cm/sec} = 34.56 \text{m/day}$

∴ 면적 $A = \dfrac{10000 \times 2.4}{34.56 \times 0.50} = 1389 \text{m}^2$

□□□ 기 94,01,07,13,15,16

44 그림과 같은 액주계에서 수은면의 차가 10cm이었다면 A, B 점의 수압차는? (단, 수은의 비중 = 13.6, 무게 1kg = 9.8N)

① 133.5kPa
② 123.5kPa
③ 13.35kPa
④ 12.35kPa

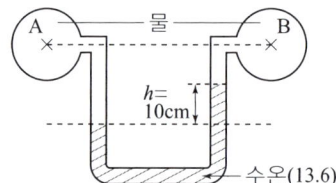

| 해답 | ④

$P_A + w(H+h) = P_B + wH + w_o h$에서
(∵ 관이 수평이므로 높이차만 고려함)
• $P_A + wh = P_B + w_o h$
$P_A + 1 \times 10 = P_B + 13.6 \times 10$
∴ $P_A - P_B = (13.6 - 1) \times 10$
$\qquad = 126 \text{g/cm}^2 = 0.126 \text{kg/cm}^2$
$\qquad = 0.126 \times 9.8 = 1.2348 \text{N/cm}^2 = 12.35 \text{kPa}$

□□□ 기 94,97,00,02,09,13,14②,19②,24③

45 도수가 일어나기 전후에서의 수심이 각각 1.5m, 9.24m이었다. 이 도수로 인한 수두손실은?

① 0.80m ② 0.83m
③ 8.36m ④ 16.7m

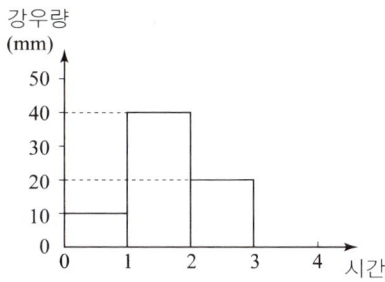

| 해답 | ③
도수에 의한 에너지 손실(수두)
$\Delta H_e = \dfrac{(h_2 - h_1)^3}{4h_1 h_2} = \dfrac{(9.24 - 1.5)^3}{4 \times 1.5 \times 9.24} = 8.36 \, \text{m}$

□□□ 기 96,04,15

46 어떤 유역에 70mm의 강우량이 그림과 같은 분포로 내렸을 때 유역의 직접유출량이 30mm이었다면 이때의 ϕ - index는?

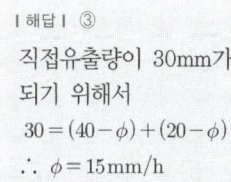

① 10mm/h   ② 12.5mm/h   ③ 15mm/h   ④ 20mm/h

| 해답 | ③
직접유출량이 30mm가 되기 위해서
$30 = (40 - \phi) + (20 - \phi)$
$\therefore \phi = 15 \, \text{mm/h}$
참고 SOLVE 사용

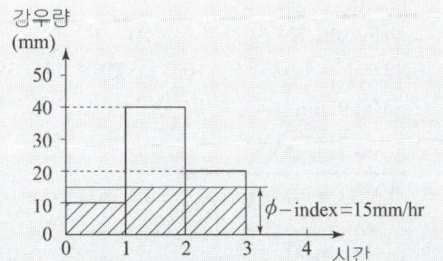

□□□ 기 93,00,08,11,14

47 수면표고가 18m인 정수장에서 직경 600mm인 강관 900m를 이용하여 수면표고 39m인 배수지로 양수하려고 한다. 유량이 $1.0\text{m}^3/\text{s}$이고 관로의 마찰손실계수가 0.03일 때 모터의 소요 동력은? (단, 마찰손실만 고려하며, 펌프 및 모터의 효율은 각각 80% 및 70%이다.)

① 520kW   ② 620kW
③ 780kW   ④ 870kW

| 해답 | ④

$$E = \frac{9.8\,Q(H+\Sigma h_L)}{\eta_1 \eta_2}$$

- $V = \dfrac{Q}{A} = \dfrac{1.0}{\dfrac{\pi \times 0.6^2}{4}} = 3.54\text{m/s}$

- $h_L = f\dfrac{l}{D}\dfrac{V^2}{2g} = 0.03 \times \dfrac{900}{0.6} \times \dfrac{3.54^2}{2 \times 9.8} = 28.77\text{m}$

∴ $E = \dfrac{9.8 \times 1.0 ((39-18) + 28.77)}{0.80 \times 0.70} = 870.98\text{kW}$

□□□ 기 98,99,04,14,15①,22①

48 비중 0.92의 빙산이 해수면에 떠 있다. 수면 위로 나온 빙산의 부피가 100m^3 빙산의 전체부피는? (단 해수의 비중 1.025)

① 976m^3 ② 1025m^3
③ 1114m^3 ④ 1125m^3

| 해답 | ①

Archimedes 원리(빙산의 전체부피 V)
$0.92 \times V = 1.025(V - 100)$ 참고 SOLVE 사용
∴ $V = 976\text{m}^3$

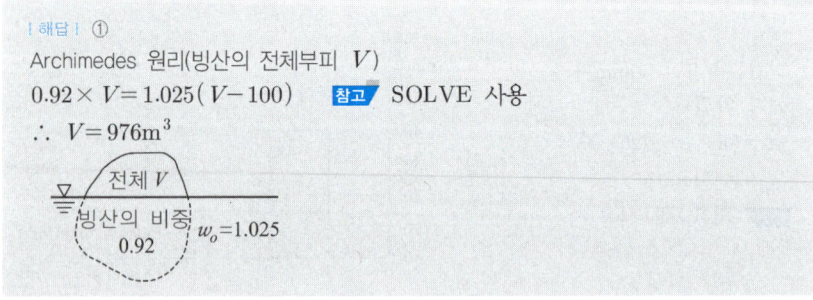

□□□ 기 92,96,14

49 사각형 단면의 광정위어에서 월류수심 $h=1\text{m}$, 수로폭 $b=2\text{m}$, 접근유속 $V_a=2\text{m/s}$일 때, 위어의 월류량은? (단, 유량계수 $C=0.65$이고, 에너지보정계수$=1.0$이다.)

① $1.76\text{m}^3/\text{s}$
② $2.21\text{m}^3/\text{s}$
③ $2.66\text{m}^3/\text{s}$
④ $2.92\text{m}^3/\text{s}$

| 해답 | ④

광정위어 $Q=1.7Cb(h+h_a)^{\frac{3}{2}}$

- $h_a = \alpha \dfrac{V_a^2}{2g} = 1 \times \dfrac{2^2}{2 \times 9.8} = 0.204\text{m}$

∴ $Q = 1.7 \times 0.65 \times 2 \times (1+0.204)^{\frac{3}{2}} = 2.92\text{m}^3/\text{s}$

□□□ 기 07,15

50 수위차가 3m인 2개의 저수지를 지름 50cm, 길이 80m의 직선관으로 연결하였을 때의 유량은? (단, 입구손실계수$=0.5$, 관의 마찰손실계수$=0.0265$, 출구손실계수$=1.0$, 이외의 손실은 없다고 한다.)

① $0.124\text{m}^3/\text{s}$
② $0.314\text{m}^3/\text{s}$
③ $0.628\text{m}^3/\text{s}$
④ $1.280\text{m}^3/\text{s}$

| 해답 | ③

유량 $Q=AV$

- $V = \sqrt{\dfrac{2gh}{f_i + f\dfrac{l}{D} + f_o}}$

$= \sqrt{\dfrac{2 \times 9.8 \times 3}{0.5 + 0.0265 \times \dfrac{80}{0.5} + 1.0}} = 3.20\text{m/sec}$

∴ $Q = \dfrac{\pi \times 0.5^2}{4} \times 3.20 = 0.628\text{m}^3/\text{sec}$

☐☐☐ 기 92,93,00,06,15①,19③,20②

51 평면상 x, y방향의 속도성분이 각각 $u = ky, v = kx$인 유선의 형태는?

① 원 ② 타원
③ 쌍곡선 ④ 포물선

| 해답 | ③

유선의 방정식 $\dfrac{dx}{u} = \dfrac{dy}{v}$ 에서 $u = ky, v = kx$을 대입하면

- $\dfrac{dx}{ky} = \dfrac{dy}{kx} \Rightarrow xdx = ydy$

- $\int xdx = \int ydy \Rightarrow \dfrac{1}{2}x^2 = \dfrac{1}{2}y^2 + C$

$\therefore x^2 - y^2 = C' (2C = C')$인 쌍곡선을 나타냄

Remember

- 원 $x^2 + y^2 = C$
- 타원 $\dfrac{x^2}{a} + \dfrac{y^2}{b} = 1 (a \neq b)$
- 쌍곡선 $x^2 - y^2 = C$ or $xy = C$
- 포물선 $y^2 = Cx$ or $x^2 = Cy$

☐☐☐ 기 92,95,00,03,09,10,12,14,17②,19①

52 수중에 설치된 오리피스의 수두차가 최대 4.9m이고 오리피스의 유량계수가 0.5일 때 오리피스 유량의 근사값은? (단, 오리피스의 단면적은 0.01m²이고, 접근유속은 무시한다.)

① 0.025m³/s ② 0.049m³/s
③ 0.098m³/s ④ 0.196m³/s

| 해답 | ②

$Q = C \cdot a \sqrt{2gH}$ (오리피스의 유량)
$= 0.5 \times 0.01 \times \sqrt{2 \times 9.80 \times 4.9} = 0.049 \, \text{m}^3/\text{sec}$

□□□ 기 96,00,01,14,15

53 직각삼각형 예연 위어의 월류수심이 30cm일 때 이 위어를 통과하여 1시간 동안 방출된 수량은? (단, 유량계수(C)=0.6)

① 0.069m³ ② 0.091m³
③ 251.3m³ ④ 318.8m³

| 해답 | ③

$$Q = \frac{8}{15} C \tan\frac{\theta}{2} \sqrt{2g}\, h^{5/2}$$

$$= \frac{8}{15} \times 0.6 \times \tan\frac{90°}{2} \times \sqrt{2 \times 9.8} \times 0.30^{5/2}$$

$$= 0.0699\,\text{m}^3/\text{sec} = 251.3\,\text{m}^3/\text{hr}$$

$$\therefore Q = 251.3\,\text{m}^3/\text{hr} \times 1\text{hr} = 251.3\,\text{m}^3$$

□□□ 기 96,00,12,15

54 원형댐의 월류량(Q_p)이 1000m³/s이고 수문을 개방하는 데 필요한 시간 (T_p)이 40초라 할 때 1/50 모형(模形)에서의 유량(Q_m)과 개방시간(T_m)은? (단, 중력가속도비(g_r)는 1로 가정한다.)

① $Q_m = 0.057$m³/s, $T_m = 5.657$s
② $Q_m = 1.623$m³/s, $T_m = 0.825$s
③ $Q_m = 56.56$m³/s, $T_m = 0.825$s
④ $Q_m = 115.00$m³/s, $T_m = 5.657$s

| 해답 | ①

Froude의 상사법칙 적용

- 유량 $Q_m = Q_p L_r^{5/2} = 1000 \times \left(\frac{1}{50}\right)^{5/2} = 0.057\,\text{m}^3/\text{sec}$

- 시간 $T_m = T_p L_r^{1/2} = 40 \times \left(\frac{1}{50}\right)^{1/2} = 5.657\,\text{sec}$

□□□ 기 01,12,15,21①

55 댐여수로내 물받이(apron)에서 시점수위가 3.0m이고, 폭이 50m, 방류량이 2000m³/s인 경우, 하류수심은?

① 2.5m   ② 8.0m
③ 9.0m   ④ 13.3m

| 해답 | ③

- $AV = Q$에서

$$\therefore V = \frac{Q}{A} = \frac{2000}{3 \times 50} = 13.33 \, \text{m/sec}$$

- 프루드수 $F_r = \frac{V}{\sqrt{gh}}$

$$= \frac{13.33}{\sqrt{9.8 \times 3}} = 2.46$$

- $\frac{h_2}{h_1} = \frac{1}{2}\left(-1 + \sqrt{1 + 8F_r^2}\right)$에서

$$\therefore 하류수심 \ h_2 = \frac{h_1}{2}\left(-1 + \sqrt{1 + 8F_r^2}\right)$$

$$= \frac{3}{2}\left(-1 + \sqrt{1 + 8 \times 2.46^2}\right)$$

$$= 9.0 \, \text{m}$$

□□□ 기 05,10,11,13,16

56 지름 D인 원관에 물이 반만 차서 흐를 때 경심은?

① $D/4$ ② $D/3$
③ $D/2$ ④ $D/5$

| 해답 | ①

$$경심 \ R = \frac{A}{P} = \frac{\frac{\pi D^2}{4} \times \frac{1}{2}}{\pi D \times \frac{1}{2}} = \frac{D}{4}$$

□□□ 기 96,99,00,03,06,15①,19②

57 직사각형 단면의 수로에서 단위폭당 유량이 $0.4\text{m}^3/\text{s/m}$이고 수심이 0.8m일 때, 비에너지는? (단, 에너지보정계수는 1.0으로 함.)

① 0.801m
② 0.813m
③ 0.825m
④ 0.837m

| 해답 | ②

$$H_e = h + \alpha \frac{v^2}{2g} = h + \alpha \frac{Q^2}{2gA^2}$$

- $v = \dfrac{Q}{A} = \dfrac{0.4}{1 \times 0.8} = 0.50 \text{m/s}$

$\therefore H_e = 0.8 + \dfrac{1.0 \times 0.50^2}{2 \times 9.8} = 0.813\text{m}$

□□□ 기 06,16

58 관로길이 100m, 안지름 30cm의 주철관에 $0.1\text{m}^3/\text{s}$의 유량을 송수할 때 손실수두는? (단, $v = C\sqrt{RI}$, $C = 63\text{m}^{\frac{1}{2}}/\text{s}$이다.)

① 0.54m
② 0.67m
③ 0.74m
④ 0.88m

| 해답 | ②

$$v = C\sqrt{RI} = C\sqrt{\frac{d}{4}\frac{h_l}{l}}$$

- 원형관의 동수반경 $R = \dfrac{D}{4}$, 동수경사 $I = \dfrac{h_l}{l}$

- $v = \dfrac{Q}{A} = \dfrac{0.1}{\dfrac{\pi \times 0.30^2}{4}} = 1.415\text{m/s}$

- $1.415 = 63\sqrt{\dfrac{0.30}{4}\dfrac{h_l}{100}}$

참고 SOLVE 사용 $\therefore h_L = 0.67\text{m}$

□□□ 기 94,09,16②,21②

59 폭이 1m인 직사각형 개수로에서 $0.5\text{m}^3/\text{s}$의 유량이 80cm의 수심으로 흐르는 경우, 이 흐름을 가장 잘 나타낸 것은? (단, 동점성계수는 $0.012\text{cm}^2/\text{s}$, 한계수심은 29.5cm이다.)

① 층류이며 상류
② 층류이며 사류
③ 난류이며 상류
④ 난류이며 사류

┃해답┃ ③

- $Q = AV$에서
  - $V = \dfrac{Q}{A} = \dfrac{0.5}{1 \times 0.8} = 0.625\,\text{m/sec} = 62.5\,\text{cm/sec}$
- 레이놀드 수 R_e
  - $R = \dfrac{A}{S} = \dfrac{1 \times 0.80}{1 + 0.8 \times 2} = 0.3077\,\text{m} = 30.77\,\text{cm}$
  - $R_e = \dfrac{V \cdot R}{\nu} = \dfrac{62.5 \times 30.77}{0.012} = 160260 > 500$ ∴ 난류
- 프루드수 F_r
  - $F_r = \dfrac{V}{\sqrt{gh}} = \dfrac{62.5}{\sqrt{980 \times 80}} = 0.223 < 1$ ∴ 상류
  - 또는 $h = 80\,\text{cm} > h_c = 29.5\,\text{cm}$ ∴ 상류

□□□ 기 91,16④,19②,21③

60 폭 35cm인 직사각형 위어(weir)의 유량을 측정하였더니 $0.03\text{m}^3/\text{s}$이었다. 월류수심의 측정에 1mm의 오차가 생겼다면, 유량에 발생하는 오차(%)는? (단, 유량계산은 프란시스(Francis) 공식을 사용하되 월류 시 단면수축은 없는 것으로 가정한다.)

① 1.84%
② 1.67%
③ 1.50%
④ 1.16%

┃해답┃ ④

$Q = 1.84bh^{3/2}$에서

$h = \left(\dfrac{Q}{1.84b}\right)^{\frac{2}{3}} = \left(\dfrac{0.03}{1.84 \times 0.35}\right)^{\frac{2}{3}} = 0.1295$

∴ $\dfrac{dQ}{Q} = \dfrac{3}{2} \dfrac{dh}{h} = \dfrac{3}{2} \times \dfrac{0.001}{0.1295} = 0.01158 = 1.16\%$

□□□ 기 94,03,10,11,12,13,14

61 길이가 3m인 캔틸레버보의 자중을 포함한 계수등분포하중이 100kN/m일 때 위험단면에서 전단철근이 부담해야 할 전단력은 약 얼마인가?
(단, $f_{ck} = 24$MPa, $f_y = 300$MPa, $b = 300$mm, $d = 500$mm)

① 185kN   ② 211kN
③ 227kN   ④ 239kN

| 해답 | ②
주의 : 계수전단력이 주어지지 않았음.

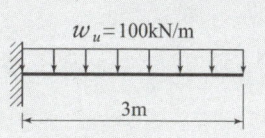
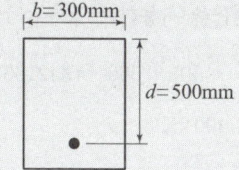

• 계수전단강도
$V_u = w_u(l - d_u) = 100(3 - 0.5) = 250$kN
• 콘크리트의 공칭전단강도
$V_c = \dfrac{1}{6}\lambda\sqrt{f_{ck}}\,b_w d$
$= \dfrac{1}{6} \times 1 \times \sqrt{24} \times 300 \times 500 = 122474$N
$= 122.5$kN
• 전단철근이 부담하는 전단강도
$V_u = \phi(V_c + V_s)$에서
$\therefore V_s = \dfrac{V_u}{\phi} - V_c = \dfrac{250}{0.75} - 122.5 = 211$kN

□□□ 기 97,00,01,03,04,08,10,12,13,15,22③

62 철근콘크리트 부재에서 전단철근이 부담해야 할 전단력이 400kN일 때 부재축에 직각으로 배치된 전단철근의 최대간격은? (단, $A_v = 700\text{mm}^2$, $f_y = 350\text{MPa}$, $f_{ck} = 21\text{MPa}$, $b_w = 400\text{mm}$, $d = 560\text{mm}$)

① 140mm
② 200mm
③ 300mm
④ 343mm

|해답| ①

■ 전단철근의 간격 제한
- $V_s \leq \dfrac{1}{3}\lambda\sqrt{f_{ck}}\,b_w d : s = \dfrac{d}{2}$ 이하, 600mm 이하
- $V_s > \dfrac{1}{3}\lambda\sqrt{f_{ck}}\,b_w d : s = \dfrac{d}{4}$ 이하, 300mm 이하

■ 부재축에 직각인 전단철근을 사용하는 경우

$$\dfrac{\lambda\sqrt{f_{ck}}}{3}b_w d = \dfrac{1 \times \sqrt{21}}{3} \times 400 \times 560 = 342166\,\text{N}$$

$$= 342\,\text{kN} \leq 400\,\text{kN}$$

- $s = \dfrac{A_v f_{yt} d}{V_s}$

  $= \dfrac{700 \times 350 \times 560}{400 \times 10^3} = 343\text{mm} \geq 300\text{mm}$

- $\dfrac{d}{4} = \dfrac{560}{4} = 140\text{mm} \leq 300\text{mm}$

∴ $s = 140\text{mm}$
(∵ 두 값 중 가장 작은 값)

□□□ 기 05,10,11,12,13,15,16,21①

63 길이가 4m인 캔틸레버보에서 처짐을 계산하지 않는 경우 보의 최소두께로 옳은 것은? (단, $f_{ck} = 28\text{MPa}$, $f_y = 350\text{MPa}$)

① 465mm
② 484mm
③ 500mm
④ 516mm

┃해답┃ ①

- 캔틸레버보의 최소두께 $h = \dfrac{l}{8}$
- $f_y = 400\text{MPa}$ 이외인 경우는 계산된 h값에 $\left(0.43 + \dfrac{f_y}{700}\right)$를 곱한다.

$$\therefore h = \dfrac{l}{8} \times \left(0.43 + \dfrac{f_y}{700}\right) = \dfrac{4000}{8} \times \left(0.43 + \dfrac{350}{700}\right)$$
$$= 465\text{mm}$$

□□□ 기 02,04,06,10②,18③,19①,21③,24②

64 그림과 같은 필릿용접에서 일어나는 응력으로 옳은 것은? (단, KDS 14 30 25 강구조 연결 설계기준(허용응력설계법)에 따른다.)

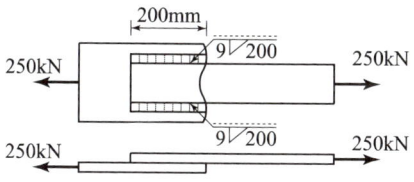

① 82.3MPa
② 95.05MPa
③ 109.02MPa
④ 130.25MPa

┃해답┃ ③

$$v = \dfrac{P}{\sum a \cdot l_e} = \dfrac{P}{\sum a \cdot (l - 2 \times \text{모살치수})}$$

- $a = 9 \times 0.7 = 6.3\text{mm}$, $l_e = 200 - 2 \times 9 = 182\text{mm}$

$$\therefore v = \dfrac{250 \times 10^3}{6.3 \times 2 \times 182} = 109.02\text{MPa}$$

(∵ 2면이 필릿용접)

□□□ 기 08,09,12,13④,20③

65 아래 그림과 같은 독립확대기초에서 1방향 전단에 대해 고려할 경우 위험단면의 계수전단력(V_u)는? (단, 계수하중 $P_u = 1500$kN이다.)

① 255kN
② 387kN
③ 897kN
④ 1210kN

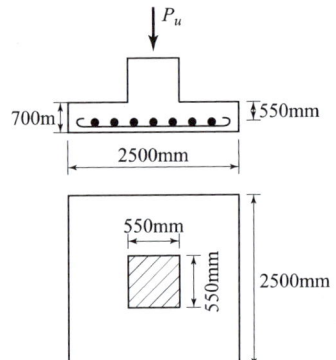

| 해답 | ①

$$V_u = q_u \left(\frac{L-t}{2} - d \right) S$$

- $q_u = \dfrac{P}{A_f} = \dfrac{1500}{2.5 \times 2.5} = 240 \text{kN/m}^2$
- $L = S = 2.5$m
- $t = 0.55$m, $d = 0.55$m

$\therefore V_u = 240 \left(\dfrac{2.5 - 0.55}{2} - 0.55 \right) \times 2.5 = 255$ kN

□□□ 기 04,05,09,12②,20③ [KDS 규정 적용 예]

66 강도설계법에서 $f_{ck} = 30$MPa, $f_y = 350$MPa일 때 단철근 직사각형 보의 균형철근비(ρ_b)는?

① 0.0351　② 0.0369　③ 0.0381　④ 0.0391

| 해답 | ③

균형철근비 $\rho_b = \dfrac{\eta(0.85 f_{ck}) \beta_1}{f_y} \cdot \dfrac{660}{660 + f_y}$

$f_{ck} = 30$MPa ≤ 40MPa일 때 $\eta = 1.0$, $\beta_1 = 0.80$, $\epsilon_{cu} = 0.003$

$\therefore \rho_b = \dfrac{1 \times 0.85 \times 30 \times 0.80}{350} \times \dfrac{660}{660 + 350} = 0.0381$

☐☐☐ 기 93,97,02,03,20②

67 부재의 순단면적을 계산할 경우 지름 22mm의 리벳을 사용하였을 때 리벳 구멍의 지름은 얼마인가?
(단, 강구조 연결 설계기준(허용응력설계법)을 적용한다.)

① 21.5mm   ② 22.5mm   ③ 23.5mm   ④ 24.5mm

| 해답 | ③

리벳의 구멍지름(mm)

리벳의 지름	리벳의 구멍지름
$d < 20$	$d + 1.0$
$d \geq 20$	$d + 1.5$

∴ $d = 22 \geq 20$; $22 + 1.5 = 23.5$mm

☐☐☐ 기 11①,19②,21③,22②

68 $b_w = 400$mm, $d = 700$mm인 보에 $f_y = 400$MPa인 D16 철근을 인장 주철근에 대한 경사각 $\alpha = 60°$인 U형 경사 스트럽으로 설치했을 때 전단철근에 의한 전단 강도(V_s)는? (단, 스터럽 간격 $s = 300$mm, D16 철근 1본의 단면적은 199mm²이다.)

① 253.7kN
② 321.7kN
③ 371.5kN
④ 507.4kN

| 해답 | ④

경사 스터럽을 전단철근으로 사용하는 경우의 단면의 공칭전단강도

$$V_s = \frac{A_v f_y (\sin\alpha + \cos\alpha) d}{s}$$

$$= \frac{2 \times 199 \times 400(\sin 60° + \cos 60°) \times 700}{300}$$

$$= 507432\text{N} = 507.4\text{kN}$$

□□□ 기 05,07,09,10,13,16,19③

69 휨을 받는 인장철근으로 4-D25 철근이 배치되어 있을 경우 그림과 같은 직사각형 단면 보의 기본 정착길이 l_{db}는 얼마인가? (단, 철근의 직경 $d_b = 25.4$mm, $f_{ck}=24$MPa, $f_y=400$MPa, D25 철근 1개의 단면적 $=507$mm^2)

① 905mm
② 1150mm
③ 1245mm
④ 1400mm

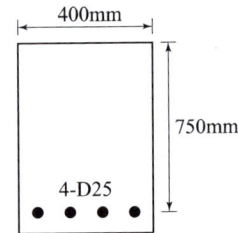

| 해답 | ③

$$l_{db} = \frac{0.6d_b f_y}{\lambda \sqrt{f_{ck}}} = \frac{0.6 \times 25.4 \times 400}{1 \times \sqrt{24}} = 1244.34\,\text{mm}$$

□□□ 기 92,96,98,00,02,03,08,11,12,13,17①,20③

70 그림과 같은 단면의 균열모멘트 M_{cr}은?
(단, $f_{ck}=24$MPa, $f_y=400$MPa)

① 30.8kN·m
② 38.6kN·m
③ 28.2kN·m
④ 22.4kN·m

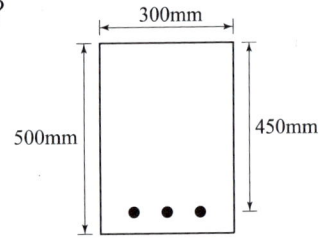

| 해답 | ②

균열모멘트 $M_{cr} = \dfrac{f_r}{y_t} I_g$

- $f_r = 0.63\lambda\sqrt{f_{ck}} = 0.63 \times 1 \times \sqrt{24} = 3.09\,\text{MPa}$
- $I_g = \dfrac{bh^3}{12} = \dfrac{300 \times 500^3}{12} = 31.25 \times 10^8\,\text{mm}^4$

$\therefore M_{cr} = \dfrac{3.09}{\dfrac{500}{2}} \times 31.25 \times 10^8$

$\quad = 38625000\,\text{N}\cdot\text{mm} = 38.6\,\text{kN}\cdot\text{m}$

$(\because\ \text{kN}\cdot\text{m} = 10^6\,\text{N}\cdot\text{mm})$

□□□ 기 04,06,07,08,10,13②,19②,20③

71 경간 $l=10m$인 대칭 T형보에서 양쪽 슬래브의 중심간격 2100mm, 슬래브의 두께(t) 100mm, 복부의 폭(b_w) 400mm일 때 플랜지의 유효폭은 얼마인가?

① 2000mm
② 2100mm
③ 2300mm
④ 2500mm

| 해답 | ①

T형보(대칭)의 유효폭(b_e) 결정
- $16t + b_w = 16 \times 100 + 400 = 2000mm$
- 양쪽 슬래브의 중심간 거리 : $b_c = 2100mm$
- 보의 경간 $\times \dfrac{1}{4} : 10000 \times \dfrac{1}{4} = 2500mm$

∴ $b_e = 2000mm$ (∵ 최소값)

□□□ 기 01,03,04,06,09,11,13,15,17①,19②,22②

72 보통중량콘크리트의 설계기준강도(f_{ck})가 35MPa이며 철근의 설계항복강도가 400MPa이면 직경이 25mm인 압축이형철근의 기본정착길이(l_{db})는 얼마인가?

① 227mm
② 358mm
③ 423mm
④ 430mm

| 해답 | ④

압축이형철근의 기본정착길이

$l_{db} = \dfrac{0.25 d_b f_y}{\lambda \sqrt{f_{ck}}} \geq 0.043 d_b f_y$

- $l_{db} = \dfrac{0.25 d_b f_y}{\lambda \sqrt{f_{ck}}} = \dfrac{0.25 \times 25 \times 400}{1 \times \sqrt{35}} = 423mm$
- $l_{db} \geq 0.043 d_b f_y = 0.043 \times 25 \times 400 = 430mm$

∴ $l_{db} = 430mm$ (∵ 두 값 중 큰 값)

□□□ 기 95,96,99,07,20④

73 그림과 같은 강재의 이음에서 $P=600\text{kN}$이 작용할 때 필요한 리벳의 수는? (단, 리벳의 지름은 19mm, 허용전단응력은 110MPa, 허용지압응력은 240MPa이다.)

① 6개
② 8개
③ 10개
④ 12개

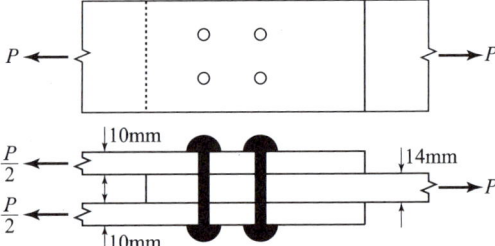

| 해답 | ③

리벳수 $n = \dfrac{P}{\rho}$ (ρ는 ρ_s와 ρ_b 중 작은 값 사용)

• 복전단 $\rho_s = V_a \cdot \dfrac{\pi d^2}{2} \cdot 2 = 110 \times \dfrac{\pi \times 19^2}{4} \times 2 = 62376\text{N}$
• 지압 강도 $\rho_b = f_b \cdot d \cdot t = 240 \times 19 \times 14 = 63840\text{N}$

∴ 리벳수 $n = \dfrac{600 \times 10^3}{62376} = 9.6 = 10$개

□□□ 기 07,09,10,12,13,15

74 다음과 같은 띠철근 단주 단면의 공칭 축하중 강도(P_n)는?
(단, 종방향 철근(A_{st}) = 4-D29 = 2570mm², $f_{ck} = 21\text{MPa}$, $f_y = 400\text{MPa}$)

① 3331.7kN
② 3070.5kN
③ 2499.3kN
④ 2187.2kN

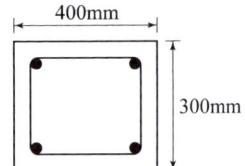

| 해답 | ③

$P_n = \alpha[0.85 f_{ck}(A_g - A_{st}) + f_y \cdot A_{st}]$
$= 0.80[0.85 \times 21(400 \times 300 - 2570) + 400 \times 2570]$
$= 2499300\text{N} = 2499.3\text{kN}$

□□□ 기 95,97,98,99,00,01,05,07,08,09,10,11,12,13,14,17①,20④,21②

75 다음 그림과 같은 맞대기 용접이음에서 이음의 응력을 구하면?

① 150.0MPa
② 106.1MPa
③ 200.0MPa
④ 212.1MPa

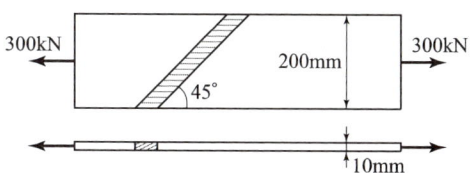

| 해답 | ①

$$f = \frac{P}{\sum a l_e}$$

- $a = 10\,\text{mm}$, $l_e = 200\,\text{mm}$

$$\therefore f = \frac{300 \times 10^3}{10 \times 200} = 150\,\text{MPa}$$

□□□ 기 93,96,02,03,05,06,07,09,11,14,18①,19③,20③

76 그림과 같이 긴장재를 포물선으로 배치하고 $P = 2500\text{kN}$으로 긴장했을 때 발생하는 등분포상향력을 등가하중의 개념으로 구한 값은?

① 10kN/m
② 15kN/m
③ 20kN/m
④ 25kN/m

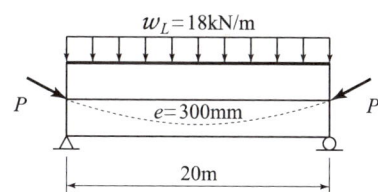

| 해답 | ②

- 긴장재를 포물선으로 배치한 경우

$$P \cdot s = \frac{u \cdot l^2}{8} \text{에서}$$

$$\therefore u = \frac{8P \cdot s}{l^2} = \frac{8 \times 2500 \times 0.3}{20^2} = 15\,\text{kN/m}$$

☐☐☐ 기 00,04,06,08,09,10,13,14,15,17②,18②,24①

77 직사각형보에서 계수전단력 $V_u = 70\text{kN}$을 전단철근 없이 지지하고자 할 경우 필요한 최소유효깊이 d는 약 얼마인가?
(단, $b_w = 400\text{mm}$, $f_{ck} = 21\text{MPa}$, $f_y = 350\text{MPa}$)

① $d = 426\text{mm}$ ② $d = 556\text{mm}$
③ $d = 611\text{mm}$ ④ $d = 751\text{mm}$

| 해답 | ③
전단철근이 없는 경우

- $V_u \leq \dfrac{1}{2}\phi V_c = \dfrac{1}{2}\phi\left(\dfrac{1}{6}\lambda\sqrt{f_{ck}}\right)b_w d$ 에서

$\therefore d = \dfrac{12 V_u}{\phi\lambda\sqrt{f_{ck}}\times b_w} = \dfrac{12\times 70\times 10^3}{0.75\times 1\times\sqrt{21}\times 400}$

$= 611\text{mm}$
 ($\because$ 전단력과 비틀림모멘트 $\phi = 0.75$)

참고 SOLVE 사용

☐☐☐ 기 92,95,97,01,02,03,07,10,14,18③,21①,22②

78 단면이 $400\text{mm}\times 500\text{mm}$이고 150mm^2의 PSC강선 4개를 단면 도심축에 배치한 프리텐션 PSC부재가 있다. 초기 프리스트레스가 1000MPa일 때 콘크리트의 탄성변형에 의한 프리스트레스 감소량의 값은? (단, $n = 6$)

① 22MPa   ② 20MPa
③ 18MPa   ④ 16MPa

| 해답 | ③

$\Delta f_p = n\dfrac{P_i}{A_c}$

$= 6\times\dfrac{(150\times 4)\times 1000}{400\times 500} = 18\text{MPa}$

($\because P_i = 150\times 4\times 1000 = 600000\text{N}$)

□□□ 기 05,06,08,09,11,12,16,17,19②,20④,21③

79 복철근 콘크리트 단면에 인장철근비는 0.02, 압축철근비는 0.01이 배근된 경우 순간처짐이 20mm일 때 6개월이 지난 후 총 처짐량은? (단, 작용하는 하중은 지속하중이다.)

① 26mm ② 36mm ③ 48mm ④ 68mm

해답 ②

- $\lambda = \dfrac{\xi}{1+50\rho'}$
- 5년 이상 $\xi = 1.2$ (12개월=1.4, 6개월=1.2, 3개월=1.0)
  $\therefore \lambda = \dfrac{1.2}{1+50\times 0.01} = 0.8$
- 장기처짐=순간처짐(탄성침하)×장기처짐계수(λ)=20×0.8=16mm
  $\therefore$ 총처짐량=순간 처짐+장기 처짐=20+16=36mm

□□□ 93,94,97,99,00,04,11,15①,19①,20④

80 그림과 같은 직사각형 단면의 프리텐션부재에 편심배치한 직선 PS강재를 760kN긴장했을 때 탄성수축으로 인한 프리스트레스의 감소량은?
(단, $I=2.5\times 10^9 \text{mm}$, $n=6$이다.)

① 43.67MPa
② 45.67MPa
③ 47.67MPa
④ 49.67MPa

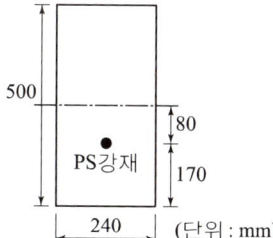
(단위 : mm)

해답 ④

- 긴장재를 편심배치한 경우
  $\Delta f_p = nf_c = n\left(\dfrac{P}{A_c} + \dfrac{M}{I}y\right) = n\left(\dfrac{P}{A_c} + \dfrac{P\cdot e_p}{I}e_p\right)$
- $P_i = 760\text{kN} = 760000\text{N}$
- $I = 2.5\times 10^9 \text{mm}^4$
- $e_p = 80\text{mm}$
  $\therefore \Delta f_{pe} = 6\times\left(\dfrac{760000}{240\times 500} + \dfrac{760000\times 80}{2.5\times 10^9}\times 80\right) = 49.67\text{MPa}$

토질 및 기초

1Pick Remember 120선

CBT 대비

□□□ 기 90, 08, 12②, 16②, 24③

81 수평방향투수계수가 0.12cm/sec이고, 연직방향투수계수가 0.03cm/sec 일 때 1일 침투유량은?

① 970m³/day/m
② 1080m³/day/m
③ 1220m³/day/m
④ 1410m³/day/m

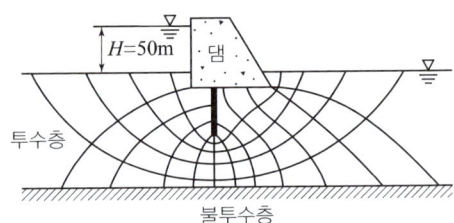

| 해답 | ②

$$Q = \sqrt{K_h K_v}\, H \frac{N_f}{N_d}$$

- $K = \sqrt{0.12 \times 0.03} = 0.060\,\text{cm/sec} = 0.0006\,\text{m/sec}$
- $H = 50\text{m}$
- $N_f = 5,\ N_d = 12$

$\therefore\ Q = 0.0006 \times 50 \times \dfrac{5}{12} \times 60 \times 60 \times 24$
$\quad = 1080\,\text{m}^3/\text{day/m}$

□□□ 기 00, 05, 08, 13①, 15④, 16④, 20②, 21④, 22②

82 크기가 1m×2m인 기초에 100kN/m²의 등분포하중이 작용할 때 기초 아래 4m인 점의 압력증가는 얼마인가? (단, 2:1 분포법을 이용한다.)

① 6.67kN/m²   ② 32.3kN/m²
③ 22.2kN/m²   ④ 11.1kN/m²

| 해답 | ①

$$\Delta\sigma_z = \frac{q_s BL}{(B+Z)(L+Z)}$$

$$= \frac{100 \times 1 \times 2}{(1+4)(2+4)} = 6.67\,\text{kN/m}^2$$

□□□ 기 97,98,04,06,12,14,20③,21③

83 아래 그림과 같은 지반의 A점에서 전응력 σ, 간극수압 u, 유효응력 σ' 을 구하면? (단, 물의 단위중량은 9.81kN/m^3이다.)

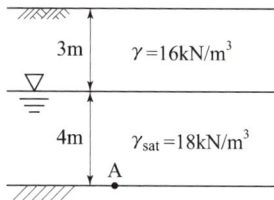

① $\sigma = 102\text{kN/m}^2$, $u = 39\text{kN/m}^2$, $\sigma' = 62\text{kN/m}^2$
② $\sigma = 102\text{kN/m}^2$, $u = 30\text{kN/m}^2$, $\sigma' = 72\text{kN/m}^2$
③ $\sigma = 120\text{kN/m}^2$, $u = 39\text{kN/m}^2$, $\sigma' = 81\text{kN/m}^2$
④ $\sigma = 120\text{kN/m}^2$, $u = 30\text{kN/m}^2$, $\sigma' = 90\text{kN/m}^2$

|해답| ③
- $\sigma = \gamma h_1 + \gamma_{sat} h_2 = 16 \times 3 + 18 \times 4 = 120\,\text{kN/m}^2$
- $u = \gamma_w h_2 = 9.81 \times 4 = 39\,\text{kN/m}^2$
- $\sigma' = \sigma - u = 120 - 39 = 81\,\text{kN/m}^2$

□□□ 기 93,99,03,05,13①

84 체적이 $V = 5.83\text{cm}^3$인 점토를 건조로에서 건조시킨 결과, 무게는 $W_s = 11.26\text{g}$이었다. 이 점토의 비중이 $G_s = 2.67$이라고 하면 이 점토의 수축한계 값은 약 얼마인가?

① 28%
② 24%
③ 14%
④ 8%

|해답| ③
- 수축비 $R = \dfrac{W_s}{V_o \rho_w} = \dfrac{11.26}{5.83 \times 1} = 1.93$
- 수축한계 $W_s = \left(\dfrac{1}{R} - \dfrac{1}{G_s}\right) \times 100(\%) = \left(\dfrac{1}{1.93} - \dfrac{1}{2.67}\right) \times 100 = 14.36\%$

□□□ 기 09,18①,20④,23③

85
어떤 점토의 압밀계수는 $1.92 \times 10^{-7} \text{m}^2/\text{s}$, 압축계수는 $2.86 \times 10^{-1} \text{m}^2/\text{kN}$이었다. 이 점토의 투수계수는? (단, 이 점토의 초기간극비는 0.8이고, 물의 단위중량은 9.81kN/m^3이다.)

① $0.99 \times 10^{-5} \text{cm/s}$
② $1.99 \times 10^{-5} \text{cm/s}$
③ $2.99 \times 10^{-5} \text{cm/s}$
④ $3.99 \times 10^{-5} \text{cm/s}$

| 해답 | ③

투수계수 $k = C_v \, m_v \, \gamma_w$

- 체적 변화 계수 $m_v = \dfrac{a_v}{1+e} = \dfrac{2.86 \times 10^{-1}}{1+0.8} = 1.589 \times 10^{-1} \text{m}^2/\text{kN}$

$\therefore k = C_v \, m_v \, \gamma_w$
$= 1.589 \times 10^{-1} \times 1.92 \times 10^{-3} \times 9.81 \times 10^{-2}$
$= 2.99 \times 10^{-5} \text{cm/sec}$

□□□ 기 09,11④,13④,19③,21③

86
현장다짐을 실시한 후 들밀도시험을 수행하였다. 파낸 흙의 체적과 무게가 각각 365.0cm^3, 745g이었으며, 함수비는 12.5%였다. 흙의 비중이 2.65이며, 실내 표준 다짐시 최대건조밀도가 1.90g/cm^3일 때 상대다짐도는?

① 88.7%
② 93.1%
③ 95.3%
④ 97.8%

| 해답 | ③

다짐도 $C_d = \dfrac{\rho_d}{\rho_{d\max}} \times 100$

- 습윤밀도 $\rho_t = \dfrac{W}{V} = \dfrac{745}{365} = 2.04 \text{g/cm}^3$

- 건조밀도 $\rho_d = \dfrac{\rho_t}{1+w} = \dfrac{2.04}{1+0.125}$
$= 1.81 \text{g/cm}^3$

$\therefore$ 다짐도 $C_d = \dfrac{1.81}{1.90} \times 100 = 95.3\%$

□□□ 10,14②,20③

87 모래지층 사이에 두께 6m의 점토층이 있다. 이 점토의 토질실험 결과가 아래 표와 같을 때, 이 점토층의 90% 압밀을 요하는 시간은 약 얼마인가? (단, 1년은 365일로 하고, 물의 단위중량(γ_w)은 9.81 kN/m³이다.)

① 50.7년
② 12.7년
③ 5.07년
④ 1.27년

- 간극비(e) = 1.5
- 압축계수(a_v) = 4×10^{-3} m²/kN
- 투수계수(k) = 3×10^{-7} cm/s

| 해답 | ④

압밀시간 $t_{90} = \dfrac{0.848 H^2}{C_v}$

- 체적변화계수 $m_v = \dfrac{a_v}{1+e} = \dfrac{4 \times 10^{-3}}{1+1.5} = 1.6 \times 10^{-3}$ m²/kN
- 투수계수 $k = C_v m_v \gamma_w$ 에서
- 압밀계수 $C_v = \dfrac{k}{m_v \gamma_w} = \dfrac{3 \times 10^{-7} \times 10^2}{1.6 \times 10^{-3} \times 9.81} = 1.911 \times 10^{-3}$ cm²/sec

$\therefore t_{90} = \dfrac{0.848 \times \left(\dfrac{600}{2}\right)^2}{1.911 \times 10^{-3}} \times \dfrac{1}{60 \times 60 \times 24 \times 365} = 1.27$ 년 ($\because$ 양면 배수)

□□□ 기 82,00,04,10②,12①,13①,15④,19③

88 함수비 15%인 흙 2300g이 있다. 이 흙의 함수비를 25%가 되도록 증가시키려면 얼마의 물을 가해야 하는가?

① 200g
② 230g
③ 345g
④ 575g

| 해답 | ①

- $W_w = \dfrac{w \cdot W}{100+w} = \dfrac{15 \times 2300}{100+15} = 300$ g
- 15% : 300 = (25-15) : x

$\therefore x = \dfrac{300 \times (25-15)}{15} = 200$ g

□□□ 기 82,93,95,98,00,06,13④,18③,19③,21②

89 그림과 같은 사면에서 활동에 대한 안전율은?

① 1.30
② 1.50
③ 1.70
④ 1.90

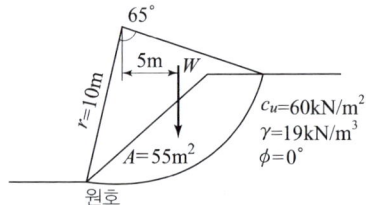

| 해답 | ①
유한사면의 안정해석 $\phi = 0$ 방법

• 안전율 $F_s = \dfrac{c_u \cdot L_a \cdot r}{W \cdot x}$

• 호의 길이 L_a

$360° : 2\pi r = 65° : L_a$

$L_a = \dfrac{2\pi \times 10 \times 65°}{360°} = 11.35\,\mathrm{m}$

• W = 면적 × 단위중량 = $55 \times 19 = 1045\,\mathrm{kN/m}$

∴ 안전율 $F_s = \dfrac{60 \times 11.35 \times 10}{1045 \times 5} = 1.30$

□□□ 기 93,96,97,00,02,05,08,09,15①,20②

90 점착력이 $8\,\mathrm{kN/m^2}$, 내부 마찰각이 $30°$, 단위중량 $16\,\mathrm{kN/m^3}$인 흙이 있다. 이 흙에 인장균열은 약 몇 m 깊이까지 발생할 것인가?

① 6.92m
② 3.73m
③ 1.73m
④ 1.00m

| 해답 | ③

$Z_c = \dfrac{2c}{\gamma_t} \tan\left(45° + \dfrac{\phi}{2}\right)$

$= \dfrac{2 \times 8}{16} \tan\left(45° + \dfrac{30°}{2}\right) = 1.73\,\mathrm{m}$

□□□ 기 12②,14①,19③

91 직경 30cm 콘크리트 말뚝을 단동식 증기해머로 타입하였을 때 엔지니어링 뉴스 공식을 적용한 말뚝의 허용지지력은? (단, 타격에너지=36kN·m, 해머 효율=0.8, 손실상수=0.25cm, 마지막 25mm 관입에 필요한 타격횟수=5)

① 640kN
② 1280kN
③ 1920kN
④ 3840kN

| 해답 | ①

$$Q_a = \frac{e_f W_h h}{F_s(s+C)} = \frac{e_f F}{F_s(s+C)}$$

• 작업효율 $e_f = 0.8$
  타격에너지 $F = 36\,\text{kN}\cdot\text{m} = 3600\,\text{kN}\cdot\text{cm}$
• 타격당 침하량 $s = \dfrac{2.5(\text{cm})}{5(\text{회})} = 0.5\text{cm}$
• 손실상수 $C = 0.25\text{cm}$

$$\therefore Q_a = \frac{0.8 \times 3600}{6(0.5+0.25)} = 640\,\text{kN}$$

□□□ 기 기 80,88,95,13,21②

92 단면적이 100cm², 길이가 30cm인 모래 시료에 대하여 정수두 투수시험을 실시하였다. 이때 수두차가 50cm, 5분 동안 집수된 물이 350cm³이었다면 이 시료의 투수계수는?

① 0.001cm/s
② 0.007cm/s
③ 0.01cm/s
④ 0.07cm/s

| 해답 | ②

정수위 투수시험

$Q = kiA = k\dfrac{h}{L}A$ 에서

$$\therefore k = \frac{Q \cdot L}{\Delta h \cdot A \cdot t} = \frac{350 \times 30}{50 \times 100 \times 5 \times 60}$$
$$= 0.007\,\text{cm/sec}$$

□□□ 기 91,00,10,12②,14①,17①

93 흐트러지지 않은 연약한 점토시료를 채취하여 일축압축시험을 실시하였다. 공시체의 직경이 35mm, 높이가 80mm이고 파괴시의 하중계의 읽음값이 20N, 축방향의 변형량이 12mm일 때 이 시료의 전단강도는?

① $4kN/m^2$
② $6kN/m^2$
③ $9kN/m^2$
④ $10kN/m^2$

| 해답 | ③

- $A = \dfrac{A_o}{1-\epsilon} = \dfrac{A_o}{1-\dfrac{\Delta h}{h}} = \dfrac{\dfrac{\pi \times 35^2}{4}}{1-\dfrac{12}{80}} = 1131.9 mm^2$

- $q_u = \dfrac{P}{A} = \dfrac{20}{1131.9} = 0.01767 N/mm^2$

∴ 전단강도 $S = \dfrac{q_u}{2} = \dfrac{0.01767}{2} = 0.009 N/mm^2$
$= 0.009 MPa = 9 kN/m^2$

□□□ 기 93,96,99,01,02,07,09,13④,16④,20②

94 Paper drain 설계시 Drain paper의 폭이 10cm, 두께가 0.3cm일 때 Drain paper의 등치 환산원의 지름이 얼마이면 Sand Drain과 동등한 값으로 볼 수 있는가? (단, 형상계수 : 0.75)

① 5cm
② 8cm
③ 10cm
④ 15cm

| 해답 | ①

$D = \alpha \dfrac{2A+2B}{\pi}$
$= 0.75 \times \dfrac{2 \times 10 + 2 \times 0.3}{\pi} = 4.92 cm$

∴ 5cm

□□□ 기 95,00,03,05,12④,14④,16①,17①,19④,20④,21①

95
중심간격이 2.0m, 지름 40cm인 말뚝을 가로 4개, 세로 5개씩 전체 20개의 말뚝을 박았다. 말뚝 한 개의 허용지지력이 150kN이라면 이 군항의 허용지지력은 약 얼마인가? (단, 군말뚝의 효율은 Converse – Labarre 공식을 사용)

① 4500kN
② 3000kN
③ 2415kN
④ 1145kN

| 해답 | ③

- $\phi = \tan^{-1}\dfrac{d}{S} = \tan^{-1}\dfrac{40}{200} = 11.3°$
- 효율 $E = 1 - \phi\left\{\dfrac{m(n-1)+n(m-1)}{90mn}\right\}$

  $= 1 - 11.3°\left\{\dfrac{4(5-1)+5(4-1)}{90 \times 4 \times 5}\right\} = 0.805$

∴ $R_{ag} = ENR_a = 0.805 \times 20 \times 150 = 2415\text{kN}$

□□□ 기 80,81,84,12②,13④,17②,22②

96
연약지반에 흙댐을 축조할 때에 어느 위치에서 공극수압의 변화를 측정하였다. 흙댐을 축조한 직후의 공극수압이 100kN/m²이었고 5년 후에 20kN/m²이었을 때 이 측점의 압밀도는?

① 80%
② 40%
③ 20%
④ 10%

| 해답 | ①

압밀도 $U = \dfrac{u_i - u_e}{u_i} \times 100 = \left(1 - \dfrac{u_e}{u_i}\right) \times 100$

$= \left(1 - \dfrac{20}{100}\right) \times 100 = 80\%$

□□□ 기 82,91,99,01,03,06,07,11①,13④,15②,16②,17①,19③

97 그림과 같은 점성토 지반의 토질시험 결과 내부마찰각 $\phi=30°$, 점착력 $c=15kN/m^2$일 때 A점의 전단강도는? (단, $\gamma_w=9.81kN/m^3$)

① $44.61kN/m^2$
② $53.43kN/m^2$
③ $68.69kN/m^2$
④ $70.41kN/m^2$

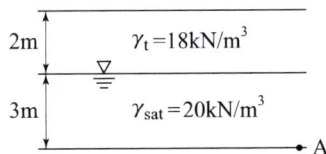

| 해답 | ②

전단강도 $\tau = c + \overline{\sigma}\tan\phi$
유효응력 $\overline{\sigma} = \gamma_t h_1 + (\gamma_{sat}-\gamma_w)h_2$
$\qquad = 18\times 2 + (20-9.81)\times 3 = 66.57 kN/m^2$
∴ 전단강도 $\tau = 15 + 66.57\tan 30° = 53.43 kN/m^2$

□□□ 기 98,03,08,10,14②,16

98 다음 그림에서 분사현상에 대한 안전율을 구하면?

① 1.01
② 1.33
③ 1.66
④ 2.01

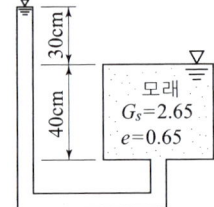

| 해답 | ②

한계동수구배
$i_c = \dfrac{G_s-1}{1+e} = \dfrac{2.65-1}{1+0.65} = 1, \quad i = \dfrac{h}{L} = \dfrac{30}{40} = 0.75$
∴ $F = \dfrac{i_c}{i} = \dfrac{1}{0.75} = 1.33$

□□□ 기 97,00,01,03,12①,14②,16④,23②

99 연약점성토층을 관통하여 철근콘크리트 파일을 박았을 때 부마찰력(Negative friction)은? (단, 이때 지반의 일축압축강도 $q_u = 20\text{kN/m}^2$, 파일 직경 $D = 50\text{cm}$, 관입깊이 $l = 10\text{m}$이다.)

① 157.1kN
② 185.3kN
③ 208.2kN
④ 242.4kN

| 해답 | ①

부마찰력 $R_{nf} = U \cdot l_c \cdot f_s$
- 말뚝의 주변장 $U = \pi \cdot D = \pi \times 0.5 = 1.571\text{m}$
- 평균마찰력 $f_s = \dfrac{q_u}{2} = \dfrac{20}{2} = 10\text{kN/m}^2$
∴ $R_{nf} = 1.571 \times 10 \times 10 = 157.1\text{kN}$

□□□ 기 97,98,01,05,07,11①,14①,18②,22③

100 다음 그림과 같이 점토질 지반에 연속기초가 설치되어 있다. Terzaghi 공식에 의한 이 기초의 허용지지력 q_a는 얼마인가? (단, $\phi = 0$이며, 폭 $B = 2\text{m}$, $N_c = 5.14$, $N_q = 1.0$, $N_r = 0$, 안전율 $F_s = 3$이다.)

① 64kN/m²
② 135kN/m²
③ 185kN/m²
④ 405kN/m²

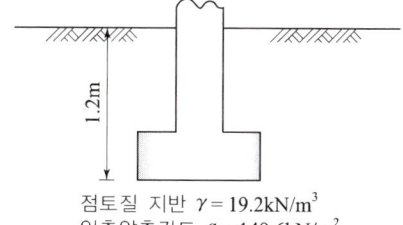

점토질 지반 $\gamma = 19.2\text{kN/m}^3$
일축압축강도 $q_u = 148.6\text{kN/m}^2$

| 해답 | ②

극한지지력 $q_u = \alpha c N_c + \beta \gamma_1 B N_r + \gamma_2 D_f N_q$
- 연속기초 : $\alpha = 1.0$, $\beta = 0.5$
- $\phi = 0$일 때, 점착력 $c = \dfrac{q_u}{2} = \dfrac{148.6}{2} = 74.3\text{kN/m}^2$
∴ $q_u = 1.0 \times 74.3 \times 5.14 + 0.5 \times 19.2 \times 2 \times 0 + 19.2 \times 1.2 \times 1.0$
$= 404.94\text{kN/m}^2$
- 허용지지력 $q_a = \dfrac{q_u}{F_s} = \dfrac{404.94}{3} = 135\text{kN/m}^2$

06 상하수도공학

1Pick Remember 120선 CBT 대비

□□□ 기 07,09,13,16②

101 인구 10만의 도시에 급수계획을 하려고 한다. 계획 1인 1일 최대급수량이 400L/인·일이라면 급수보급율을 90%라 할 때, 계획 1일 최대급수량은?

① 27000m^3/day
② 36000m^3/day
③ 40000m^3/day
④ 44000m^3/day

> 해답 ②
> 계획 1일 최대급수량
> = 계획 1인1일 최대급수량 × 계획급수인구 × 급수보급률
> = 400 × 100000 × 0.90
> = 36000000(l/day)
> = 36000m^3/day
> ∵ 1m^3 = 1000l

□□□ 기 97,06,08,15

102 동일한 조건에서 비중 2.5인 입자의 침전속도는 비중 2.0인 입자의 몇 배인가? (단, stoke's 법칙 기준)

① 1.25배
② 1.5배
③ 1.6배
④ 2.5배

> 해답 ②
> 침전속도 $V_s = \dfrac{g(\rho_o - \rho_w)d^2}{18\mu}$
> ∴ 침전속도비 $= \dfrac{\rho_{o1} - \rho_w}{\rho_{o2} - \rho_w} = \dfrac{2.5 - 1}{2.0 - 1} = 1.5$배

□□□ 기 06,13

103 "A"시의 2010년 인구는 588000명이며 연간 약 3.5%씩 증가하고 있다. 2016년도를 목표로 급수시설의 설계에 임하고자 한다. 1일 1인 평균급수량은 250L이고 급수율을 70%로 가정할 때 계획 1일 평균급수량은 약 얼마인가? (단, 인구추정식은 등비증가법으로 산정)

① 387000m³/day   ② 258000m³/day
③ 129000m³/day   ④ 126500m³/day

| 해답 | ④

계획 1일 평균급수량
= 1인 1일 평균급수량×계획 급수인구×급수 보급율
- $P_n = P_o(1+r)^n$
  $= 588000(1+0.035)^6$
  $= 722802.13$ 명
∴ 계획 1일 평균급수량 $= 250 \times 722802 \times 0.70$
  $= 126490350(L/day)$
  $= 126500m^3/day$
∵ $1m^3 = 1000L$

□□□ 기 97,98,01,08,11,13,14

104 수분 97%의 슬러지 15m³를 수분 70%로 농축하면 그 부피는? (단, 비중은 모두 1.0으로 가정)

① 0.5m³   ② 1.5m³
③ 2.5m³   ④ 3.5m³

| 해답 | ②

$\dfrac{V_1}{V_2} = \dfrac{100-W_2}{100-W_1}$ 에서

$V_2 = \dfrac{V_1(100-W_1)}{100-W_2} = \dfrac{15(100-97)}{100-70} = 1.5 m^3$

□□□ 기 03,07,13②,19③

105 원수의 알칼리도가 50ppm, 탁도가 500ppm일 때 황산알루미늄의 소비량은 60ppm이다. 이러한 원수가 48000m³/day로 흐를 때 6% 용액의 황산알루미늄의 1일 필요량은? (단, 액체의 비중을 1로 가정)

① 48.0m³/day
② 50.6m³/day
③ 53.0m³/day
④ 57.6m³/day

| 해답 | ①

황산알루미늄의 1일 필요량
= 원수량 × 황산알루미늄소비량

• 황산알루미늄소비량 = 60ppm = 60mg/L = 60×10^{-3} kg/m³

∴ 황산알루미늄의 1일 필요량 = $\dfrac{48000 \times 60 \times 10^{-3}}{0.06}$

= 48000 kg/day = 48.0 m³/day

∵ 1mg = 10^{-6} kg, 1L = 10^{-3} m³, 1m³ = 1000kg

□□□ 기 07,14

106 5일의 BOD값이 100mg/L인 오수의 최종 BOD_u 값은? (단, 탈산소계수 (자연대수) = 0.25 day^{-1})

① 약 140mg/L
② 약 349mg/L
③ 약 240mg/L
④ 약 340mg/L

| 해답 | ①

$BOD_5 = BOD_u(1 - e^{-k_1 \cdot t})$ 에서

최종 $BOD_u = \dfrac{BOD_5}{1 - e^{-k_1 \cdot t}}$

$= \dfrac{100}{1 - 2.72^{-0.25 \times 5}} = 140 \,\text{mg/L}$

(자연대수 $e = 2.71828$)

□□□ 기 00,10,12,13,16,17①,24①

107 유량이 5000m³/day이고 BOD가 150mg/L인 하수를 500m³의 유효용량을 가진 폭기조에서 처리할 경우, BOD 용적부하량은?

① $1.0kg/m^3 \cdot day$
② $1.5kg/m^3 \cdot day$
③ $2.0kg/m^3 \cdot day$
④ $2.5kg/m^3 \cdot day$

|해답| ②

BOD용적부하 = $\dfrac{BOD농도(kg/m^3) \times 유량(m^3/day)}{폭기조 용량(m^3)}$

• BOD농도 = $150(mg/L) \times 10^{-3} = 150 \times 10^{-3} kg/m^3$
• 유량 $Q = 5000 m^3/day$
• 폭기조 용량 $V = 500 m^3$

∴ BOD용적부하 = $\dfrac{150 \times 10^{-3} \times 5000}{500}$
$= 1.5 kg/m^3 \cdot day$

□□□ 기 08,14

108 어떤 상수원수의 Jar-test 실험결과 원수시료 200mL에 대해 0.1% PAC 용액 12mL를 첨가하는 것이 가장 응집효율이 좋았다. 이 경우 상수원수에 대해 PAC 용액 사용량은 몇 mg/L인가?

① 40mg/L
② 50mg/L
③ 60mg/L
④ 70mg/L

|해답| ③

PAC = $\dfrac{PAC 주입량}{원수량}$

• PAC 주입량 = $12(mL) \times 0.1(\%)$
$= 12000(mg) \times \dfrac{0.1}{100} = 12.0 mg$

∴ PAC = $\dfrac{12.0}{200 \times 10^{-3}} = 60 mg/L$

□□□ 기 98,03,09,14,18①②,19①,21③,23①

109 지름 15cm, 길이 50m인 주철관으로 유량 0.03m³/s의 물을 50m 양수하려고 한다. 양수시 발생되는 총손실수두가 5m이었다면 이 펌프의 소요축동력(kW)은? (단, 여유율은 0이며 펌프의 효율은 80%이다.)

① 20.2 kW
② 30.5 kW
③ 33.5 kW
④ 37.2 kW

| 해답 | ①

$$P = \frac{1000 Q H_p}{102 \eta} = \frac{1000 Q (h + \Sigma h_L)}{102 \eta}$$
$$= \frac{1000 \times 0.03 \times (50 + 5)}{102 \times 0.8} = 20.2 \text{kW}$$

□□□ 기 95,98,99,00,01,02,04,09,10,11,13,14,17①④,21②

110 배수면적 2km²인 유역내 강우의 하수관거 유입시간이 6분, 유출계수가 0.70일 때 하수관거내 유속이 2m/s인 1km 길이의 하수관에서 유출되는 우수량은? (단, 강우강도 $I = \frac{3500}{t+25}$ mm/h, t의 단위 : [분])

① 0.3m³/s
② 2.6m³/s
③ 34.6m³/s
④ 43.9m³/s

| 해답 | ③

우수량 $Q = \frac{1}{360} CIA$

• $t = t_1 + \frac{L}{V} = 6 + \frac{1000}{2 \times 60} = 14.33$분

• $I = \frac{3500}{t+25} = \frac{3500}{14.33+25} = 88.99 \text{mm/h}$

• $A = 2\text{km}^2 = 200\text{ha}$

∴ $Q = \frac{1}{360} \times 0.70 \times 88.99 \times 200 = 34.6 \text{m}^3/\text{s}$

□□□ 기 99,00,08,11,15

111 종말 침전지에서 유출되는 수량이 5000m³/day이다. 여기에 염소처리를 하기 위하여 유출수에 100 kg/day의 염소를 주입한 후 잔류염소의 농도를 측정하였더니 0.5mg/L이었다면 염소요구량(농도)은?
(단, 염소는 Cl_2 기준)

① 16.5mg/L ② 17.5mg/L
③ 18.5mg/L ④ 19.5mg/L

|해답| ④
염소요구량 = 염소 주입농도 − 잔류염소량
- 주입농도 = $\dfrac{염소의 양}{유량}$

  = $\dfrac{100(kg/day) \times 10^3(g/kg)}{5000(m^3/day)}$ = 20 mg/L

∴ 염소요구량 = 20 − 0.5 = 19.5mg/L

□□□ 기 03,15

112 MLSS농도 3000mg/L의 혼합액을 1L 매스실린더에 취해 30분간 정치했을 때 침강슬러지가 차지하는 용적이 440mL이었다면 이 슬러지의 슬러지밀도지수(SDI)는?

① 0.68 ② 0.97
③ 78.5 ④ 89.8

|해답| ①
슬러지밀도지수 SDI = $\dfrac{100}{SVI}$

- SVI = $\dfrac{30분 침전후의 슬러지 용적(mL/L)}{MLSS농도(mg/L)} \times 1000$

  = $\dfrac{440}{3000} \times 1000$ = 146.67

∴ SDI = $\dfrac{100}{146.67}$ = 0.68

□□□ 기 97,00,01,03,06,11,12,17,19②

113
80%의 전달효율을 가진 전동기에 의해서 가동되는 85% 효율의 펌프가 300L/s의 물을 25.0m 양수할 때 요구되는 전동기의 출력(kW)은? (단, 여유율은 $\alpha = 0$으로 가정)

① 60.0kW
② 73.3kW
③ 86.3kW
④ 107.9kW

|해답| ④

축동력 $P_s = \dfrac{1000QH_p}{102\eta}$

전동기 출력 $P = \dfrac{P_s(1+\alpha)}{\eta_b}$

- $Q = 300\,\text{L/sec} = 0.300\,\text{m}^3/\text{sec}$
- $\eta = 0.85$, $\eta_b = 0.80$

∴ 펌프의 축동력 : $P_s = \dfrac{1000 \times 0.300 \times 25}{102 \times 0.85} = 86.5\,\text{kW}$

∴ 전동기의 출력 : $P = \dfrac{86.5(1+0)}{0.80} = 108.1\,\text{kW}$

□□□ 기 95,99,01,15,18①③

114
인구 200000명인 도시에서 1인당 하루 300L를 급수할 경우, 급속여과지의 표면적은? (단, 여과속도는 150m/day이다.)

① 150m²
② 300m²
③ 400m²
④ 600m²

|해답| ③

$A = \dfrac{1인\ 1일\ 최대급수량 \times 계획급수인구}{여과속도}$

- 1인 1일 최대급수량 $= 300 \times 10^{-3}\,\text{m}^3/\text{day}$

∴ $A = \dfrac{300 \times 10^{-3} \times 200000}{150} = 400\,\text{m}^2$

□□□ 기 95,97,99,01,04,06,07,08,09,11,12④,17④,18①,20④,21①

115 펌프의 회전수 $N=3000\text{rpm}$, 양수량 $Q=1.7\text{m}^3/\text{min}$, 전양정 $H=300\text{m}$인 6단 원심펌프의 비교회전도 N_s는?

① 약 100회
② 약 150회
③ 약 170회
④ 약 210회

| 해답 | ④

비회전도 $N_s = N\dfrac{Q^{\frac{1}{2}}}{H^{\frac{3}{4}}}$

$\therefore N_s = 3000 \times \dfrac{1.7^{\frac{1}{2}}}{\left(\dfrac{300}{6}\right)^{\frac{3}{4}}} = 208$회

($\because$ 다단펌프의 경우에는 1단에 해당하는 양정)

□□□ 기 00,07,11,14

116 최초침전지의 표면적이 250m^2, 깊이가 3m인 직사각형 침전지가 있다. 하수 $350\text{m}^3/\text{h}$가 유입될 때 수면적 부하는?

① $30.6\text{m}^3/\text{m}^2\cdot\text{day}$
② $33.6\text{m}^3/\text{m}^2\cdot\text{day}$
③ $36.6\text{m}^3/\text{m}^2\cdot\text{day}$
④ $39.6\text{m}^3/\text{m}^2\cdot\text{day}$

| 해답 | ②

수면적 부하 $= \dfrac{\text{유입유량}(\text{m}^3/\text{day})}{\text{수면적}(\text{m}^2)} = \dfrac{Q}{A}$

- $Q = 350(\text{m}^3/\text{h}) \times 24(\text{hr})$
    $= 8400\,\text{m}^3/\text{day}$
- $A = 250\,\text{m}^2$

$\therefore$ 수면적 부하 $= \dfrac{8400}{250} = 33.60\,\text{m}^3/\text{m}^2\cdot\text{day}$

□□□ 기 07①,11④,15①,19②

117 BOD 200mg/L, 유량 600m³/day인 어느 식료품 공장폐수가 BOD 10mg/L, 유량 2m³/s인 하천에 유입한다. 폐수가 유입되는 지점으로부터 하류 15km 지점의 BOD(mg/L)는? (단, 다른 유입원은 없고, 하천의 유속 0.05m/s, 20℃ 탈산소계수(K_1)=0.1/day이고, 상용대수, 20℃기준이며 기타 조건은 고려하지 않음.)

① 4.79mg/L ② 7.21mg/L
③ 8.16mg/L ④ 4.39mg/L

| 해답 | ①

$L_t = L_a 10^{-k_1 \cdot t}$

- $L_a = C_m = \dfrac{Q_i C_i + Q_w C_w}{Q_i + Q_w}$

  $= \dfrac{600 \times 200 + 172800 \times 10}{600 + 172800} = 10.657 \, \text{mg/L}$

- $Q_w = 2\text{m}^3/\text{sec} = 172800 \text{m}^3/\text{day}$
- $V = 0.05 \, \text{m/s} = 0.05 \times 60 \times 60 \times 24 = 4320 \, \text{m/day}$
- $t = \dfrac{L}{V} = \dfrac{15000}{4320} = 3.47 \, \text{day}$

∴ $L_t = L_a 10^{-k_1 \cdot t} = 10.657 \times 10^{-0.1 \times 3.47} = 4.79 \, \text{mg/L}$

□□□ 기 06,11④,16④,19①,21③

118 반송슬러지의 SS농도가 6000mg/L이다. MLSS 농도를 2500mg/L로 유지하기 위한 슬러지 반송비는?

① 25% ② 55%
③ 71% ④ 100%

| 해답 | ③

$r = \dfrac{\text{MLSS농도} - \text{SS}}{\text{반송슬러지의 농도} - \text{MLSS농도}} \times 100$

$= \dfrac{2500 - 0}{6000 - 2500} \times 100 = 71\%$

□□□ 기 98,11,14,19②

119 하수처리장에서 480000L/day의 하수량을 처리한다. 펌프장의 습정(wet well)을 하수로 채우기 위하여 40분이 소요된다면 습정의 부피는 몇 m³인가?

① $13.3m^3$　　　　② $14.3m^3$
③ $15.3m^3$　　　　④ $16.3m^3$

|해답| ①

$V = Q \cdot T$

- $Q = 480000\,L/day = 480\,m^3/day$
- $T = 40(min) \times \dfrac{1}{60(min) \times 24(hr)} = 0.0278\,day$

$\therefore\ Q = 480 \times 0.0278 = 13.3\,m^3$

□□□ 기 14

120 표준활성슬러지법에서 F/M비 0.3kgBOD/kgMLSS·day, 포기조 유입 BOD 200mg/L인 경우에 포기시간을 8시간으로 하려면 MLSS 농도를 얼마로 유지하여야 하는가?

① 500mg/L　　　　② 1000mg/L
③ 1500mg/L　　　　④ 2000mg/L

|해답| ④

$F/M = \dfrac{BOD}{MLSS \cdot t}$

$\therefore\ MLSS = \dfrac{BOD}{(F/M) \cdot t} = \dfrac{200}{0.3 \times \dfrac{8}{24}} = 2000\,mg/L$

Remember

2 Pick

120

선

01 응용역학

2Pick Remember 120선 — CBT 대비

☐☐☐ 기 94②, 98②, 00②, 06④, 17②, 21②, 24②

01 그림과 같이 케이블(cable)에 5kN의 추가 매달려 있다. 이 추의 중심을 수평으로 3m 이동시키기 위해 케이블 길이 5m 지점인 A점에 수평력 P를 가하고자 한다. 이때 힘 P의 크기는?

① 3.75kN
② 4.00kN
③ 4.25kN
④ 4.50kN

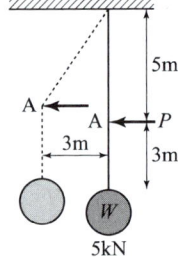

|해답| ①

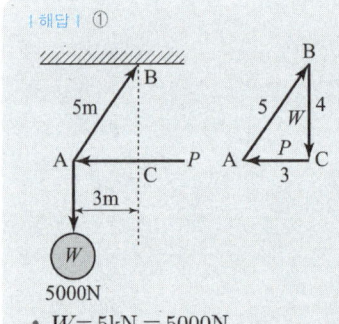

- $W = 5\text{kN} = 5000\text{N}$
- $\dfrac{\overline{AC}}{\sin \angle B} = \dfrac{\overline{BC}}{\sin \angle A}$ 에서

  $\sin \angle B = \dfrac{3}{5},\ \sin \angle A = \dfrac{4}{5}$

- $\dfrac{\overline{AC}}{\sin \angle B} = \dfrac{\overline{BC}}{\sin \angle A} = \dfrac{P}{\dfrac{3}{5}} = \dfrac{5000}{\dfrac{4}{5}}$

  $\therefore P = \dfrac{5000 \times \dfrac{3}{5}}{\dfrac{4}{5}} = 3750\text{N} = 3.75\text{kN}$

□□□ 기 07②, 08④, 15②, 16④, 21②③, 23②, 24①

02 그림과 같은 보에서 두 지점의 반력이 같게 되는 하중의 위치(x)는 얼마인가?

① 0.33m
② 1.33m
③ 2.33m
④ 3.33m

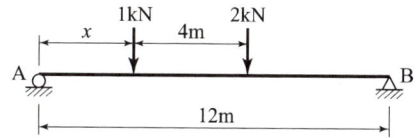

┃해답┃ ④

- $R_A = R_B$
- $\Sigma V = 0$
  $R_A + R_B = 1 + 2 = 3\text{kN}$
  $\therefore R_A = R_B = 1.5\text{kN}$
- $\Sigma M_A = 0$
  $1 \times x + 2 \times (4+x) - 1.5 \times 12 = 0$
  $x + 8 + 2x - 18 = 0$
  $\therefore x = 3.33\text{m}$

□□□ 기 12①, 16④, 19③, 21①, 24②

03 그림과 같은 라멘 구조물에서 A점의 수직반력(R_A)은?

① 30kN
② 45kN
③ 60kN
④ 90kN

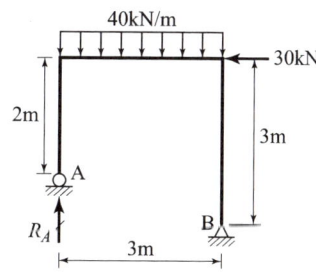

┃해답┃ ④

$\Sigma M_B = 0 : R_A \times 3 - 40 \times 3 \times \dfrac{3}{2} - 30 \times 3 = 0$
$\therefore R_A = 90\text{kN}(\uparrow)$

□□□ 기 97②, 01③, 02②, 03②, 04④, 09④, 11④, 15①, 21②

04 그림과 같은 3힌지 아치에서 A점의 수평반력(H_A)은?

① $\dfrac{wL^2}{16h}$

② $\dfrac{wL^2}{8h}$

③ $\dfrac{wL^2}{4h}$

④ $\dfrac{wL^2}{2h}$

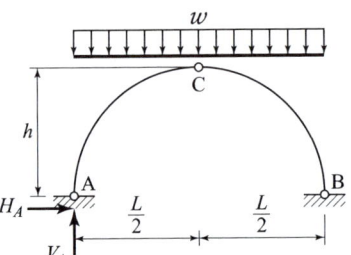

| 해답 | ②

- $\sum M_B = 0$

  $V_A \times L - (w \times L) \times \dfrac{L}{2} = 0$

  $\therefore V_A = \dfrac{wL}{2}$

- $\sum M_C = 0$ (좌)

  $V_A \times \dfrac{L}{2} - H_A \times h - \dfrac{wL}{2} \times \dfrac{L}{2} \times \dfrac{1}{2} = 0$

  $H_A \times h = \dfrac{wL}{2} \times \dfrac{L}{2} - \dfrac{wL^2}{8} = \dfrac{wL^2}{8}$

  $\therefore H_A = \dfrac{wL^2}{8h} (\rightarrow)$

□□□ 기 01②, 03②, 10①, 13①, 20④

05 그림과 같은 단면의 A−A축에 대한 단면 2차 모멘트는?

① $558b^4$
② $623b^4$
③ $685b^4$
④ $729b^4$

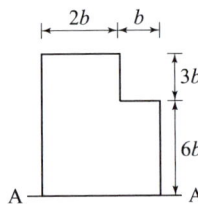

| 해답 | ①

$$I_A = \frac{BH^3}{12} + BH \times \left(\frac{H}{2}\right)^2 = \frac{BH^3}{3}$$

$$\therefore I_A = \frac{2b \times (3b+6b)^3}{3} + \frac{b \times (6b)^3}{3}$$

$$= \frac{2b \times 729b^3}{3} + \frac{b \times 216b^3}{3}$$

$$= \frac{1458b^4 + 216b^4}{3}$$

$$= \frac{1674b^4}{3} = 558b^4$$

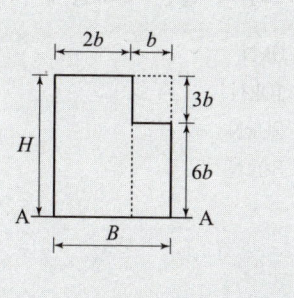

□□□ 기 85, 91④, 98②, 99④, 05①, 21②, 24①

06 그림과 같은 캔틸레버 보에서 B점의 처짐각은? (단, EI는 일정하다.)

① $\dfrac{wL^3}{3EI}$

② $\dfrac{wL^3}{6EI}$

③ $\dfrac{wL^3}{8EI}$

④ $\dfrac{2wL^3}{3EI}$

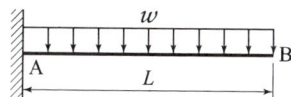

| 해답 | ②

• 공액보

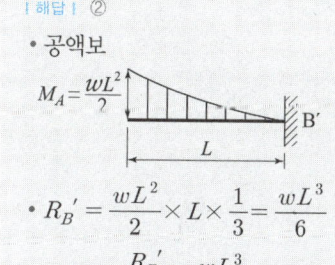

• $R_B' = \dfrac{wL^2}{2} \times L \times \dfrac{1}{3} = \dfrac{wL^3}{6}$

$\therefore \theta_B = \dfrac{R_B'}{EI} = \dfrac{wL^3}{6EI}$

07 그림과 같은 구조물에서 지점 A에서의 수직반력은?

① 0kN
② 10kN
③ 20kN
④ 30kN

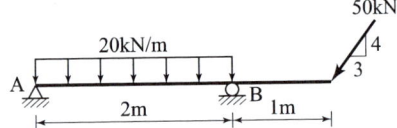

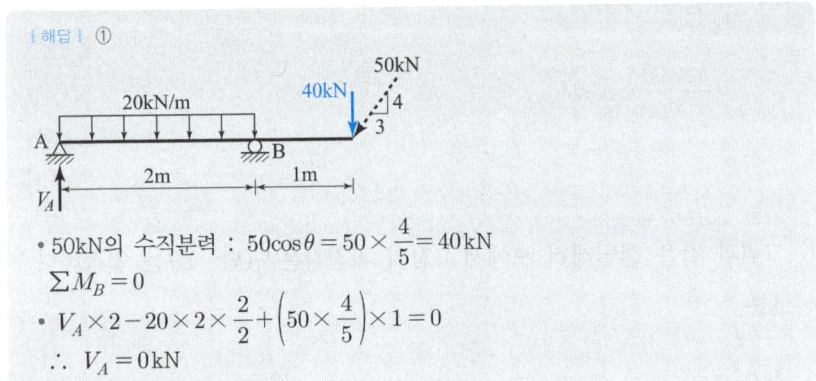

- 50kN의 수직분력 : $50\cos\theta = 50 \times \dfrac{4}{5} = 40\text{kN}$

$\sum M_B = 0$

- $V_A \times 2 - 20 \times 2 \times \dfrac{2}{2} + \left(50 \times \dfrac{4}{5}\right) \times 1 = 0$

$\therefore V_A = 0\text{kN}$

□□□ 기 83①,15④,17④,20④

08 지름 D인 원형 단면 보에 휨모멘트 M이 작용할 때 최대 휨응력은?

① $\dfrac{64M}{\pi D^3}$
② $\dfrac{32M}{\pi D^3}$
③ $\dfrac{16M}{\pi D^3}$
④ $\dfrac{8M}{\pi D^3}$

┊해답┊ ②

최대휨응력 $\sigma = \dfrac{M_{\max}}{Z}$

- 단면계수 $Z = \dfrac{\pi D^3}{32}$

$\therefore \sigma = \dfrac{M_{\max}}{Z} = \dfrac{M}{\dfrac{\pi D^3}{32}} = \dfrac{32M}{\pi D^3}$

□□□ 기 09④,12②,16①,17①,21①

09 그림과 같은 단순보에 등분포하중 w가 작용하고 있을 때 이 보에서 휨모멘트에 의한 탄성변형에너지는? (단, 보의 EI는 일정하다.)

① $\dfrac{w^2L^5}{384EI}$

② $\dfrac{w^2L^5}{240EI}$

③ $\dfrac{7w^2L^5}{384EI}$

④ $\dfrac{w^2L^5}{48EI}$

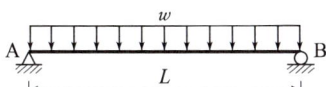

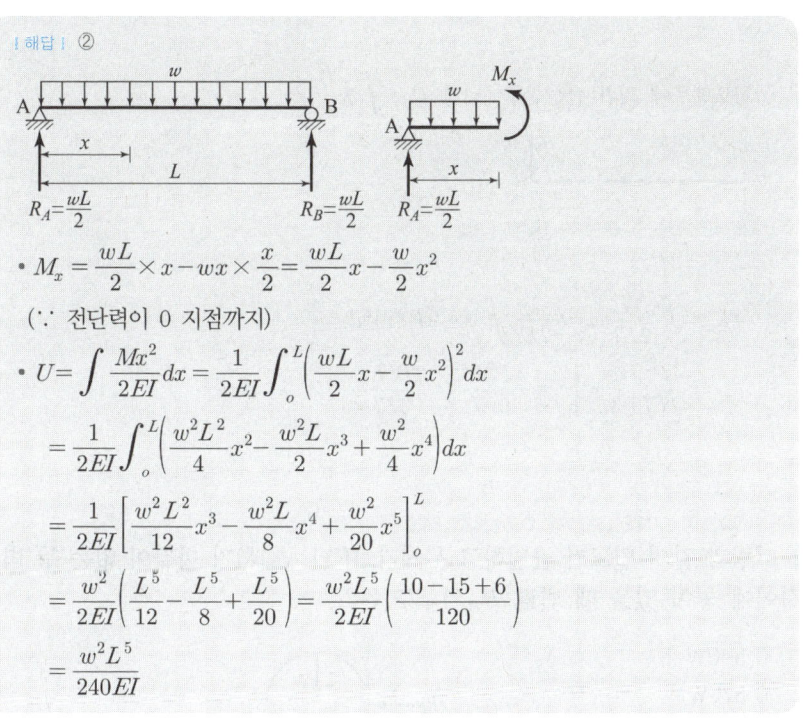

{ 해답 } ②

- $M_x = \dfrac{wL}{2} \times x - wx \times \dfrac{x}{2} = \dfrac{wL}{2}x - \dfrac{w}{2}x^2$

(∵ 전단력이 0 지점까지)

- $U = \int \dfrac{M_x^2}{2EI}dx = \dfrac{1}{2EI}\int_o^L \left(\dfrac{wL}{2}x - \dfrac{w}{2}x^2\right)^2 dx$

$= \dfrac{1}{2EI}\int_o^L \left(\dfrac{w^2L^2}{4}x^2 - \dfrac{w^2L}{2}x^3 + \dfrac{w^2}{4}x^4\right)dx$

$= \dfrac{1}{2EI}\left[\dfrac{w^2L^2}{12}x^3 - \dfrac{w^2L}{8}x^4 + \dfrac{w^2}{20}x^5\right]_o^L$

$= \dfrac{w^2}{2EI}\left(\dfrac{L^5}{12} - \dfrac{L^5}{8} + \dfrac{L^5}{20}\right) = \dfrac{w^2L^5}{2EI}\left(\dfrac{10-15+6}{120}\right)$

$= \dfrac{w^2L^5}{240EI}$

기 06①,14②,14④,18②,20③

10 그림과 같은 캔틸레버보에서 자유단에 집중하중 2P를 받고 있을 때 휨모멘트에 의한 탄성변형에너지는? (단, EI는 일정하고, 보의 자중은 무시한다.)

① $\dfrac{3P^2L^3}{2EI}$

② $\dfrac{2P^2L^3}{3EI}$

③ $\dfrac{P^2L^3}{3EI}$

④ $\dfrac{P^2L^3}{6EI}$

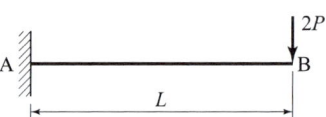

| 해답 | ②

굽힘모멘트에 의한 탄성변형에너지 $U = \int \dfrac{M_x^2}{2EI}dx$

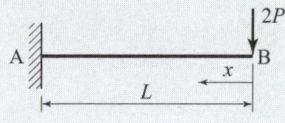

- $M_x = -2P \cdot x$

$\therefore U = \int \dfrac{M_x^2}{2EI}dx = \dfrac{1}{2EI}\int_0^L (-2P \cdot x)^2 dx$

$= \dfrac{4P^2}{2EI}\left[\dfrac{1}{3}x^3\right]_0^L = \dfrac{4P^2L^3}{6EI} = \dfrac{2P^2L^3}{3EI}$

기 92②,01②,08②,13②,17④,21①②,22②,24①

11 그림과 같이 밀도가 균일하고 무게가 W인 구(球)가 마찰이 없는 두 벽면 사이에 놓여 있을 때 반력 R_B의 크기는?

① 0.500W

② 0.577W

③ 0.866W

④ 1.155W

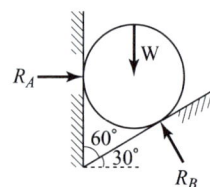

| 해답 | ④

[방법1]
- $\Sigma V = 0$
- $-W + R_B \times \cos 30° = 0$

$\therefore R_B = \dfrac{W}{\cos 30°} = 1.155\,W$

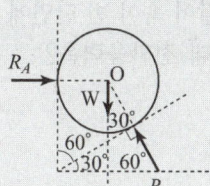

[방법2] 라미의 정리

$\dfrac{W}{\sin 120°} = \dfrac{R_B}{\sin 90°}$

$\therefore R_B = \dfrac{\sin 90°}{\sin 120°} \times W = 1.155\,W$

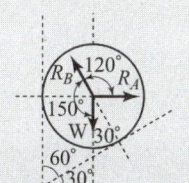

□□□ 기 08②, 10②, 14②, 20③

12
그림과 같은 직사각형 단면의 보가 최대휨모멘트 $M_{\max} = 20\,\text{kN} \cdot \text{m}$를 받을 때 a–a단면의 휨응력은?

① 2.25MPa
② 3.75MPa
③ 4.25MPa
④ 4.65MPa

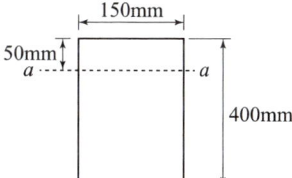

| 해답 | ②

휨응력 $\sigma = \dfrac{M}{I} y$

- $M_{\max} = 20\,\text{kN} \cdot \text{m} = 20 \times 10^6\,\text{N} \cdot \text{mm}$
- $I = \dfrac{bh^3}{12} = \dfrac{150 \times 400^3}{12} = 800000000\,\text{mm}^4$

$\therefore \sigma = \dfrac{20 \times 10^6}{800000000} \times (200 - 50)$

$= 3.75\,\text{N/mm}^2 = 3.75\,\text{MPa}$

□□□ 기 92③,11④,12①,16①,18③,20③

13 아래 그림과 같이 속이 빈 단면에 전단력 $V=150\text{kN}$이 작용하고 있다. 단면에 발생하는 최대 전단응력은?

① 9.9MPa
② 19.8MPa
③ 99MPa
④ 198MPa

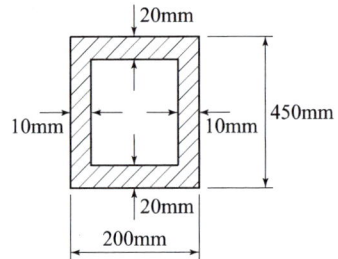

| 해답 | ②

$$\tau_{max} = \frac{G_x S}{I_x b}$$

- $G_x = A_1 y_1 - A_2 y_2$

$$= 200 \times 225 \times \frac{225}{2} - \left(180 \times 205 \times \frac{205}{2}\right)$$

$$= 1280250 \text{mm}^3$$

- $S = 150\text{kN} = 150000\text{N}, \ b = 10 \times 2 = 20\text{mm}$

- $I_x = \frac{BH^3}{12} - \frac{bh^3}{12}$

$$= \frac{200 \times 450^3}{12} - \frac{180 \times 410^3}{12} = 484935000 \text{mm}^4$$

$$\therefore \tau_{max} = \frac{1280250 \times 150000}{484935000 \times 20}$$

$$= 19.8 \text{N/mm}^2 = 19.8 \text{MPa}$$

□□□ 기 11②,15④,18①,20④

14 반지름이 25cm인 원형 단면을 가지는 단주에서 핵의 면적은 약 얼마인가?

① 122.7cm^2 ② 168.4cm^2
③ 254.4cm^2 ④ 336.8cm^2

|해답| ①

원형단면의 핵거리(반지름)

$$e = \frac{Z}{A} = \frac{\frac{\pi d^3}{32}}{\frac{\pi d^2}{4}} = \frac{d}{8} = \frac{25 \times 2}{8} = 6.25\text{cm}$$

$$\therefore A = \pi r^2 = \pi \times 6.25^2 = 122.7\text{cm}^2$$

□□□ 기 99③,00④,03①,10②,20③

15 그림과 같은 1/4 원 중에서 음영부분의 도심까지 위치 y_o는?

① 4.94cm
② 5.20cm
③ 5.84cm
④ 7.81cm

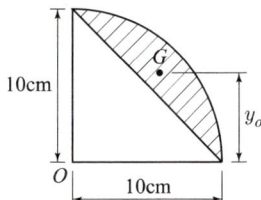

|해답| ③

$$y_o = \frac{G_x}{A} = \frac{A_1 x_1 - A_2 x_2}{A_1 - A_2}$$

• $A_1 = \pi r^2 \times \frac{1}{4} = \pi \times 10^2 \times \frac{1}{4} = 78.54\text{cm}^2$

  $x_1 = \frac{4r}{3\pi} = \frac{4 \times 10}{3\pi} = 4.24\text{cm}$

• $A_2 = r^2 \times \frac{1}{2} = \frac{1}{2} \times r^2 = \frac{1}{2} \times 10^2 = 50\text{cm}^2$

  $x_2 = \frac{r}{3} = \frac{10}{3} = 3.33\text{cm}$

$$\therefore y_o = \frac{G_x}{A} = \frac{A_1 x_1 - A_2 x_2}{A_1 - A_2} = \frac{78.54 \times 4.24 - 50 \times 3.33}{78.54 - 50} = 5.834\text{cm}$$

□□□ 기 94①,97①,03①,09①,14④,19③,21①

16 재질과 단면이 동일한 캔틸레버 보 A와 B에서 자유단의 처짐을 같게 하는 $\dfrac{P_2}{P_1}$ 의 값은?

① 0.129
② 0.216
③ 4.63
④ 7.72

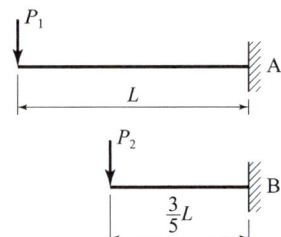

| 해답 | ③

$$y = \frac{PL^3}{3EI}$$

- $y_1 = y_2$: 자유단의 처짐이 같다.
- $y_1 = \dfrac{P_1 L^3}{3EI}$, $y_2 = \dfrac{P_2 \left(\dfrac{3L}{5}\right)^3}{3EI} = \dfrac{P_2 L^3 \left(\dfrac{3}{5}\right)^3}{3EI}$
- $P_1 = \left(\dfrac{3}{5}\right)^3 P_2$ $\left(\because \dfrac{L^3}{3EI} \text{는 공통}\right)$

$\therefore \dfrac{P_2}{P_1} = \dfrac{1}{\left(\dfrac{3}{5}\right)^3} = 4.63$

□□□ 기 09①,12②,13②,19②,20③

17 그림과 같은 3힌지 아치에서 B점의 수평반력(H_B)은?

① 20kN
② 30kN
③ 40kN
④ 60kN

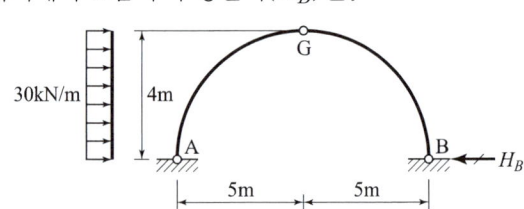

| 해답 | ②

- $\Sigma M_A = 0$
  $V_B \times 10 - (30 \times 4) \times \dfrac{4}{2} = 0$ $\therefore V_B = 24\,\mathrm{kN}(\uparrow)$
- $\Sigma M_G = 0(우)$
  $V_B \times 5 - H_B \times 4 = 0$
  $24 \times 5 - H_B \times 4 = 0$ $\therefore H_B = 30\,\mathrm{kN}$

□□□ 기 82, 98④, 00④, 07④, 16①, 20③

18 그림과 같은 캔틸레버보에서 최대 처짐각(θ_B)은? (단, EI는 일정하다.)

① $\dfrac{3wL^3}{48EI}$

② $\dfrac{5wL^3}{48EI}$

③ $\dfrac{7wL^3}{48EI}$

④ $\dfrac{9wL^3}{48EI}$

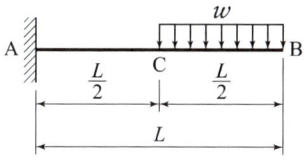

| 해답 | ③

$\theta_B = S_B' = R_B'$ 에서 모멘트 면적(공액보)

- $M_A = \dfrac{wL}{2} \times \left(\dfrac{L}{2} \times \dfrac{1}{2} + \dfrac{L}{2}\right) = \dfrac{3wL^2}{8}$, $M_C = \dfrac{wL}{2} \times \dfrac{L}{2} \times \dfrac{1}{2} = \dfrac{wL^2}{8}$

- $R_B' = \left(\dfrac{3wL^2}{8} + \dfrac{wL^2}{8}\right) \times \dfrac{1}{2} \times \dfrac{L}{2} + \dfrac{wL^2}{8} \times \dfrac{L}{2} \times \dfrac{1}{3}$

  $= \dfrac{wL^3}{8} + \dfrac{wL^3}{48} = \dfrac{7wL^3}{48}$

$\therefore \theta_B = \dfrac{R_B'}{EI} = \dfrac{7wL^3}{48EI}$

□□□ 기 05④,07①,13②,17②,20①

19 그림과 같은 단순보에서 B단에 모멘트 하중 M이 작용할 때 경간 AB 중에서 수직 처짐이 최대가 되는 곳의 거리 x는? (단, EI는 일정하다.)

① $x = 0.500L$
② $x = 0.577L$
③ $x = 0.667L$
④ $x = 0.750L$

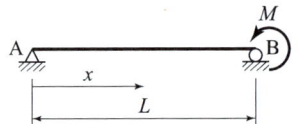

| 해답 | ②

휨모멘트도에 의한 공액보

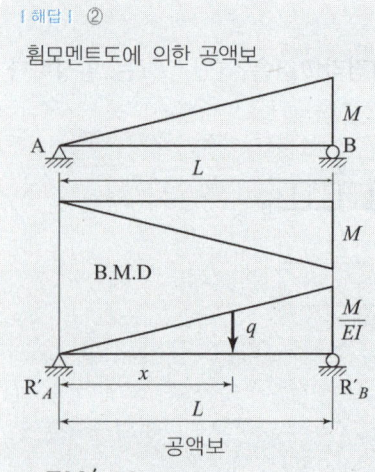

- $\Sigma M_B' = 0$

$$R_A' \times L - \left(\frac{M}{EI} \times L \times \frac{1}{2}\right)\left(\frac{L}{3}\right) = 0 \quad \therefore R_A' = \frac{ML}{6EI} = (\uparrow)$$

- $S_x = 0$인 곳에서 최대 처짐이 발생

$x : q = L : \dfrac{M}{EI}$ 로부터 $q = \dfrac{M}{EIL}x$

- $S_x' = \dfrac{ML}{6EI} - \dfrac{M}{EIL}x \times x \times \dfrac{1}{2}$

$= \dfrac{ML}{6EI} - \dfrac{Mx^2}{2EIL} = \dfrac{M}{EI}\left(\dfrac{L}{6} - \dfrac{x^2}{2L}\right) = 0$

- $\dfrac{L}{6} - \dfrac{x^2}{2L} = 0$ 일 때

$x^2 = \dfrac{2L^2}{6} \quad \therefore x = \dfrac{L}{\sqrt{3}} = 0.577L$

□□□ 기 08④,12①,12④,20③

20 지름 50mm, 길이 2m의 봉을 길이방향으로 당겼더니 길이가 2mm 늘어났다면, 이 때 봉의 지름은 얼마나 줄어드는가? (단, 이 봉의 포아송비는 0.3이다.)

① 0.015mm
② 0.030mm
③ 0.045mm
④ 0.060mm

| 해답 | ①

- 포아송비 $\nu = \dfrac{\beta}{\varepsilon} = \dfrac{\frac{\triangle d}{d}}{\frac{\triangle l}{l}} = \dfrac{l \cdot \triangle d}{d \cdot \triangle l}$ 에서

$\therefore \triangle d = \dfrac{d \cdot \triangle l \cdot \nu}{l} = \dfrac{50 \times 2 \times 0.3}{2000} = 0.015\,\text{mm}$

□□□ 기 14②, 20④

21 폐합트래버스 ABCD에서 각 측선의 경거, 위거가 표와 같을 때, $\overline{AD}$ 측선의 방위각은?

측선	위거		경거	
	+	−	+	−
AB	50		50	
BC		30	60	
CD		70		60
DA				

① 133°
② 135°
③ 137°
④ 145°

| 해답 | ②

- DA측선의 경위거
  - Σ위거$(L)=0$, Σ경거$(D)=0$
  - DA의 위거 $=(30+70-50)=+50$
  - DA의 경거 $=(60-50-60)=-50$

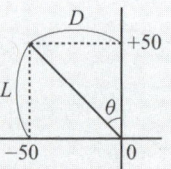

- DA측선의 방위각
  - DA의 방위 $\theta = \tan^{-1}\dfrac{경거(D)}{위거(L)} = \tan^{-1}\dfrac{-50}{+50} = 45°$ (4상한)
  - DA의 방위각 $= 360° - 45° = 315°$

- AD측선의 방위각
  - 방위각과 역방위각의 위상차는 180°이다.
  - 방위각의 값이 360°를 넘으면 그 값에서 360°를 빼주고 (−)각이 될 때는 360°를 더해준다.
  - ∴ AD측선의 방위각 $= 315° + 180° - 360° = 135°$

□□□ 기 95,00,12①,21②,22②

22 동일 구간에 대해 3개의 관측군으로 나누어 거리관측을 실시한 결과가 표와 같을 때, 이 구간의 최확값은?

관측군	관측값(m)	관측횟수
1	50.362	5
2	50.348	2
3	50.359	3

① 50.354m
② 50.356m
③ 50.358m
④ 50.362m

| 해답 | ③

■ 최확치 $M_o = \dfrac{P_A l_A + P_B l_B + P_C l_C}{P_A + P_B + P_C}$

• 경중률은 관측회수에 비례한다.
• $P_A : P_B : P_C = 5 : 2 : 3$

$\therefore M_o = 50 + \dfrac{5 \times 0.362 + 2 \times 0.348 + 3 \times 0.359}{5+2+3}$
$= 50.358 \text{m}$

□□□ 기 05,07,13④,21②

23 도로의 곡선부에서 확폭량(slack)을 구하는 식으로 옳은 것은? (단, L : 차량 앞면에서 차량의 뒤축까지의 거리, R : 차선 중심선의 반지름)

① $\dfrac{L}{2R^2}$
② $\dfrac{L^2}{2R^2}$
③ $\dfrac{L^2}{2R}$
④ $\dfrac{L}{2R}$

| 해답 | ③

확폭량(slack) $\epsilon = \dfrac{L^2}{2R}$

□□□ 기 85,02,03,09,11,14,16,21②
24 도로의 단곡선 설치에서 교각이 60°, 반지름이 150m이며, 곡선시점이 No.8+17m(20m×8+17m)일 때 종단현에 대한 편각은?

① 0° 02′ 45″
② 2° 41′ 21″
③ 2° 57′ 54″
④ 3° 15′ 23″

| 해답 | ②

- 종단현의 편각 $\delta_1 = \dfrac{90°}{\pi} \times \dfrac{l_2}{R} = 1718.87' \times \dfrac{l_2}{R}$

- 곡선장 $C.L = \dfrac{\pi}{180°} RI$

$\qquad = \dfrac{\pi}{180°} \times 150 \times 60 = 157.08\text{m}$

- 종점의 위치 $E.C = B.C + C.L$

$\qquad = (20 \times 8 + 17) + 157.08$

$\qquad = 334.08\text{m}$

$\qquad = \text{No}16(20 \times 16) + 14.08\text{m}$

$[\because 20 \times 16 + 14.08 = 320 + 14.08 = 334.08\text{m}]$

- 종단현의 길이 $l_2 = 334.08 - 320 = 14.08\text{m}$

$\therefore \delta_2 = 1718.87' \times \dfrac{14.08}{150} = 2°41'21''$

□□□ 기 05,08,13②,21①
25 교호수준측량의 결과가 아래와 같고, A점의 표고가 10m일 때 B점의 표고는?

① 8.753m
② 9.753m
③ 11.238m
④ 11.247m

| 레벨 P에서 A → B 관측 표고차 : -1.256m
| 레벨 Q에서 B → A 관측 표고차 : +1.238m

‡ 해답 ‡ ①

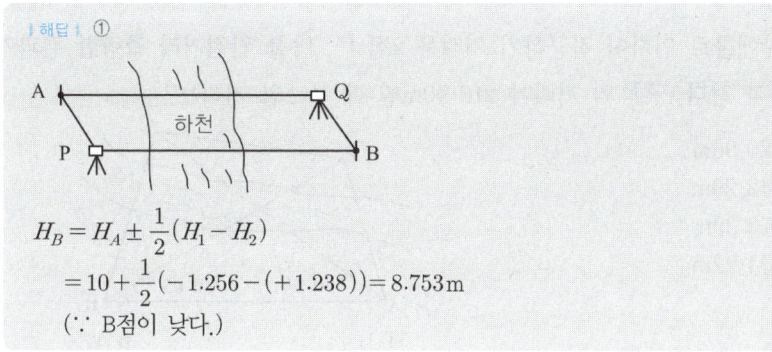

$H_B = H_A \pm \frac{1}{2}(H_1 - H_2)$
$= 10 + \frac{1}{2}(-1.256 - (+1.238)) = 8.753\text{m}$
(∵ B점이 낮다.)

□□□ 기 84 08,10①,15②,18①

26 다음은 폐합 트래버스의 측량성과이다. 측선CD의 배횡거는?

[단위 : m]

측선	위거	경거	배횡거
AB	+65.39	+83.57	
BC	-34.57	+19.68	
CD	-65.43	-40.60	?
DA	+34.61	-62.65	

① 60.25m
② 115.90m
③ 135.45m
④ 165.90m

‡ 해답 ‡ ④

배횡거
- 첫 측선의 배횡거=첫 측선의 경거
- 임의 측선의 배횡거=전 측선의 배횡거+전 측선의 경거+그 측선의 경거
- 마지막 측선의 배횡서=그 측선의 경거에 부호는 반대

측선	위거	경거	배횡거
AB	+65.39	+83.57	83.57
BC	-34.57	+19.68	83.57+83.57+19.68=186.82
CD	-65.43	-40.60	186.82+19.68-40.60=165.90
DA	+34.61	-62.65	165.90-40.60-62.65=62.65

□□□ 기 98,15①,21②

27 장애물로 인하여 접근하기 어려운 2점 P, Q를 간접거리 측량한 결과가 그림과 같다. $\overline{AB}$의 거리가 216.90m일 때 $\overline{PQ}$의 거리는?

① 120.96m
② 142.29m
③ 173.39m
④ 194.22m

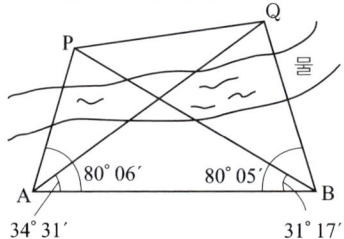

해답 : ③

$$PQ = \sqrt{(\overline{AP})^2 + (\overline{AQ})^2 - 2\overline{AP} \cdot \overline{AQ} \cos \angle PAQ}$$

• $\angle APB = 180° - (80°06' + 31°17') = 68°37'$
• $\angle AQB = 180° - (34°31' + 80°05') = 65°24'$
• $\dfrac{\overline{AP}}{\sin 31°17'} = \dfrac{216.90}{\sin 68°37'}$
  ∴ $\overline{AP} = 120.96$m
• $\dfrac{\overline{AQ}}{\sin 80°05'} = \dfrac{216.90}{\sin 65°24'}$
  ∴ $\overline{AQ} = 234.99$m
• $\angle PAQ = 80°06' - 34°31' = 45°35'$
  ∴ $PQ = \sqrt{(120.96)^2 + (234.99)^2 - 2 \times 120.96 \times 234.99 \cos 45°35'}$
  $= 173.39$m

□□□ 기 82,98,07,19③,24①

28 삼각점 C에 기계를 세울 수 없어서 2.5m를 편심하여 B에 기계를 설치하고 $T' = 31°15'40''$를 얻었다면 T는? (단, $\phi = 300°20'$, $S_1 = 2\text{km}$, $S_2 = 3\text{km}$)

① 31° 14′ 49″
② 31° 15′ 18″
③ 31° 15′ 29″
④ 31° 15′ 41″

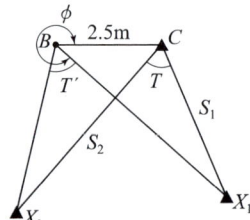

| 해답 | ①

$T = T' + x_2 - x_1$

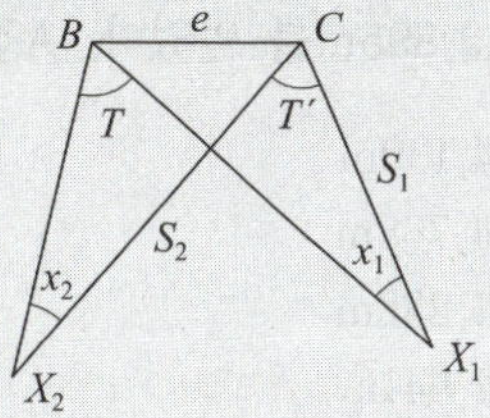

- $\triangle BX_1C$에서 $\dfrac{e}{\sin x_1} = \dfrac{S_1}{\sin(360° - \phi)}$

- $\triangle BX_2C$에서 $\dfrac{e}{\sin x_2} = \dfrac{S_2}{\sin(360° - \phi + T')}$

- $x_1 = \dfrac{e}{S_1} \sin(360° - \phi) \rho''$

  $= \dfrac{2.5}{2000} \sin(360° - 300°20') \times 206265'' = 3'43''$

- $x_2 = \dfrac{e}{S_2} \sin(360° - \phi + T') \rho''$

  $= \dfrac{2.5}{3000} \sin(360° - 300°20' + 31°15'40'') \times 206265''$

  $= 2'52''$

  $\therefore T = T' + x_2 - x_1$

  $= 31°15'40'' + 2'52'' - 3'43'' = 31°14'49''$

□□□ 기 96,99,04,08,11④,19③

29 1 : 50000 지형도의 주곡선 간격은 20m이다. 지형도에서 4% 경사의 노선을 선정하고자 할 때 주곡선 사이의 도상수평거리는?

① 5mm
② 10mm
③ 15mm
④ 20mm

| 해답 | ②

구배 $i = \dfrac{h}{D}$ 에서

- 수평거리 $D = \dfrac{h}{i} = \dfrac{20}{0.04} = 500\text{m}$

  $\therefore$ 도상수평거리 $= \dfrac{D}{m} = \dfrac{500}{50000} = 0.01\text{m} = 10\text{mm}$

□□□ 기 94,98,00,04,06,09,20④

30 교호수준측량을 한 결과로 $a_1 = 0.472\text{m}$, $a_2 = 2.656\text{m}$, $b_1 = 2.106\text{m}$, $b_2 = 3.895\text{m}$를 얻었다. A점의 표고가 66.204m일 때 B점의 표고는?

① 64.130m
② 64.768m
③ 65.238m
④ 67.641m

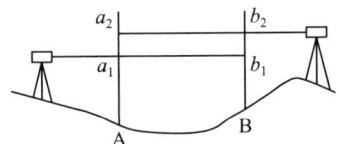

|해답| ②

- 고저차 $H = \dfrac{1}{2}[(a_1 - b_1) + (a_2 - b_2)]$
  $= \dfrac{1}{2}[(0.472 - 2.106) + (2.656 - 3.895)]$
  $= -1.4365\text{m}$
- B점의 지반고 $H_B = H_A + H$
  ∴ $H_B = 66.204 + (-1.4365) = 64.768\text{m}$

□□□ 기 12②,18③

31 지반고(h_A)가 123.6m인 A점에 토털스테이션을 설치하여 B점의 프리즘을 관측하여, 기계고 1.5m, 관측사거리(S) 150m, 수평선으로부터의 고저각(α) 30°, 프리즘고(P_h) 1.5m를 얻었다면 B의 지반고는?

① 198.0m
② 198.3m
③ 198.6m
④ 198.9m

|해답| ③

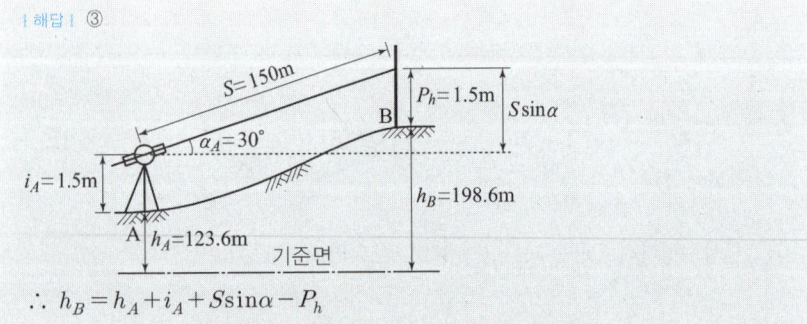

∴ $h_B = h_A + i_A + S\sin\alpha - P_h$
$= 123.6 + 1.5 + 150\sin 30° - 1.5 = 198.6\text{m}$

□□□ 기 07, 08, 17②, 20②③

32 다각측량에서 거리관측 및 각관측의 정밀도는 균형을 고려해야 한다. 거리관측의 허용오차가 $\pm\dfrac{1}{10000}$ 이라고 할 때 각관측의 허용오차는?

① $\pm 20''$
② $\pm 10''$
③ $\pm 5''$
④ $\pm 1'$

| 해답 | ①

$$\Delta\alpha = 206265'' \dfrac{\Delta l}{l}$$
$$= 206265'' \times \left(\pm\dfrac{1}{10000}\right) = \pm 20.63''$$

□□□ 기 97, 05, 06, 20③

33 그림과 같이 곡선반지름 $R=500$m인 단곡선을 설치할 때 교점에 장애물이 있어 $\angle ACD=150°$, $\angle CDB=90°$, $CD=100$m를 관측하였다. 이때 C점으로부터 곡선의 시점까지의 거리는?

① 530.27m
② 657.04m
③ 750.56m
④ 796.09m

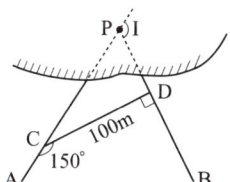

| 해답 | ③

- $\angle CPD = 180° - (90° + 30°) = 60°$
- $I = 90° + 30° = 120°$
- sin법칙에 의해서 $\dfrac{100}{\sin 60°} = \dfrac{\overline{CP}}{\sin 90°}$

  $\therefore \overline{CP} = \dfrac{\sin 90°}{\sin 60°} \times 100 = 115.47$m
- $T.L = R\tan\dfrac{I}{2} = 500\tan\dfrac{120°}{2} = 866.03$m

  $\therefore \overline{AC} = T.L - \overline{CP} = 866.03 - 115.47 = 750.56$m

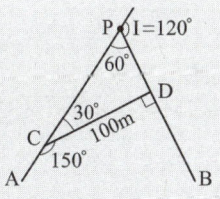

기 81,84,94,96,99,01,03,06④,10④,14②,19①

34 교각(I) 60°, 외선 길이(E) 15m인 단곡선을 설치할 때 곡선길이는?

① 85.2m
② 91.3m
③ 97.0m
④ 101.5m

| 해답 | ④

- 곡선길이 $C.L = \dfrac{\pi}{180} RI$
- 외선길이 $E = R\left(\sec\dfrac{\pi}{2} - 1\right) = 15\text{m}$ 에서
- $R = \dfrac{E}{\sec\dfrac{\pi}{2} - 1} = \dfrac{15}{\dfrac{1}{\cos\dfrac{60°}{2}} - 1} = 96.96\text{m}$

∴ $C.L = \dfrac{\pi}{180} \times 96.96 \times 60° = 101.5\text{m}$

기 88,07,13②,20③

35 폐합다각측량을 실시하여 위거 오차 30cm, 경거 오차 40cm를 얻었다. 다각측량의 전체 길이가 500m라면 다각형의 폐합비는?

① $\dfrac{1}{100}$
② $\dfrac{1}{125}$
③ $\dfrac{1}{1000}$
④ $\dfrac{1}{1250}$

| 해답 | ③

폐합오차

$E = \sqrt{(\text{위거오차량})^2 + (\text{경거오차량})^2}$
$= \sqrt{(E_L)^2 + (E_D)^2}$

- 폐합오차 : $E = \sqrt{(0.30)^2 + (0.40)^2} = 0.5\text{m}$
- 폐합비 : $R = \dfrac{E}{\Sigma l} = \dfrac{1}{m} = \dfrac{0.5}{500} = \dfrac{1}{1000}$

□□□ 기 96,99,11,16①,20③,24③

36 직사각형의 두 변의 길이를 $\frac{1}{100}$ 정밀도로 관측하여 면적을 산출할 경우 산출된 면적의 정밀도는?

① $\frac{1}{50}$
② $\frac{1}{100}$
③ $\frac{1}{200}$
④ $\frac{1}{300}$

| 해답 | ①

- $A = l^2 \Rightarrow dA = 2ldl$
- $\therefore$ 면적의 정도 $\frac{dA}{A} = \frac{2ldl}{l^2} = 2\frac{dl}{l}$

$$= 2 \times \frac{1}{100} = \frac{1}{50}$$

□□□ 기 08,11①,15④,20③

37 직접고저측량을 실시한 결과가 그림과 같을 때, A점의 표고가 10m라면 C점의 표고는? (단, 그림은 개략도로 실제 치수와 다를 수 있음)

① 9.57m
② 9.66m
③ 10.57m
④ 10.66m

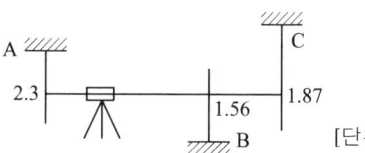

[단위:m]

| 해답 | ①

측점	후시	전시	기계고	지반고
A	−2.3		10−2.3=7.7	10m
B		1.56		7.7−1.56=6.14
C		−1.87		7.7−(−1.87)=9.57

- 스타프가 거꾸로 되어 있으므로 (−)로 기록한다.

□□□ 기 95,99,12④,20②

38 그림과 같은 토지의 $\overline{BC}$에 평행한 $\overline{XY}$로 m : n = 1 : 2.5의 비율로 면적을 분할하고자 한다. $\overline{AB}$ = 35m일 때 $\overline{AX}$는?

① 17.7m
② 18.1m
③ 18.7m
④ 19.1m

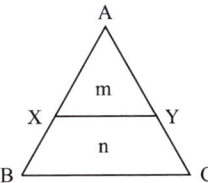

|해답| ③

$$AB^2 : AX^2 = (m+n) : m$$
$$AX = AB\sqrt{\frac{m}{m+n}} = 35\sqrt{\frac{1}{1+2.5}} = 18.7\text{m}$$

 기 12,14,19②

39 대상구역을 삼각형으로 분할하여 각 교점의 표고를 측량한 결과가 그림과 같을 때 토공량은?

① 98m³
② 100m³
③ 102m³
④ 104m³

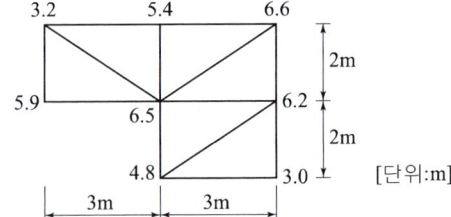

[단위:m]

|해답| ②

- $V = \dfrac{a \cdot b}{6}(\sum h_1 + 2\sum h_2 + 3\sum h_3 + 4\sum h_4 + 5\sum h_5 + 6\sum h_6)$
- $\sum h_1 = 5.9 + 3.0 = 8.9\text{m}$
- $\sum h_2 = 3.2 + 5.4 + 6.6 + 4.8 = 20\text{m}$
- $\sum h_3 = 6.2\text{m}$
- $\sum h_4 = 0\text{m}$
- $\sum h_5 = 6.5\text{m}$
- $\therefore V = \dfrac{2 \times 3}{6}(8.9 + 2 \times 20 + 3 \times 6.2 + 4 \times 0 + 5 \times 6.5) = 100\text{m}^3$

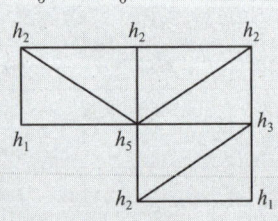

□□□ 기 19③

40 승강식 야장이 표와 같이 작성 되었다고 가정 할 때, 성과를 검산하는 방법으로 옳은 것은? (여기서, ⓐ-ⓑ는 두 값의 차를 의미한다.)

측점	후시	전시		승(+)	강(-)	지반고
		T.P.	I.P.			
BM	0.175					ㅂ
NO.1			0.154	---		---
NO.2	1.098	1.237			---	---
NO.3			0.948		---	---
NO.4		1.175			---	ㅅ
합계	㉠	㉡	㉢	㉣	㉤	

① ㅅ-ㅂ=㉠-㉡=㉣-㉤   ② ㅅ-ㅂ=㉠-㉢=㉣-㉤
③ ㅅ-ㅂ=㉠-㉡=㉣-㉤   ④ ㅅ-ㅂ=㉠-㉣=㉢-㉤

【해답】 ①

승강식 야장기입법

측점	후시	전시		승(+)	강(-)	지반고
		T.P.	I.P.			
BM	0.175					10.000
NO.1			0.154	0.021		10.021
NO.2	1.098	1.237			1.083	8.938
NO.3			0.948	0.150		9.088
NO.4		1.175			0.227	8.861
합계	1.273	2.412	1.102	0.171	1.310	1.139

- ㅅ-ㅂ : 8.861-10.000=-1.139
- ㉠-㉡ : 1.273-2.412=-1.139
- ㉣-㉤ : 0.171-1.310=-1.139

03 2Pick Remember 120선

수리학 및 수문학 · CBT 대비

□□□ 기 91,98,00,07,09,18,21①,24②

41 유역면적 10km², 강우강도 80mm/h, 유출계수 0.70일 때 합리식에 의한 첨두유량($Q_{\max}$)은?

① 155.6m³/s
② 560m³/s
③ 1.556m³/s
④ 5.6m³/s

|해답| ①

$Q_{\max} = 0.2778 CIA = 0.2778 \times 0.70 \times 80 \times 10$
$= 155.6 \mathrm{m^3/s}$

여기서, Q : 첨두유량(m³/sec)
　　　　C : 유출계수
　　　　I : 강우강도(mm/hr)
　　　　A : 유역면적(km²)

□□□ 기 81,87,90,16④,21②

42 폭 9m의 직사각형 수로에 16.2m³/s의 유량이 92cm의 수심으로 흐르고 있다. 장파의 전파속도 C와 비에너지 E는? (단, 에너지 보정계수 $\alpha = 1.0$)

① $C = 2.0$m/s, $E = 1.015$m
② $C = 2.0$m/s, $E = 1.115$m
③ $C = 3.0$m/s, $E = 1.015$m
④ $C = 3.0$m/s, $E = 1.115$m

|해답| ④

• 전파속도 $C = \sqrt{gh} = \sqrt{9.8 \times 0.92} = 3.00 \mathrm{m/sec}$
• 비에너지 $E = h + \dfrac{\alpha Q^2}{2gA^2}$
$= 0.92 + \dfrac{1.0 \times 16.2^2}{2 \times 9.8 \times (9 \times 0.92)^2} = 1.115 \mathrm{m}$

□□□ 기 07,13②,21①

43 축척이 1 : 50인 하천 수리모형에서 원형 유량 $10000\text{m}^3/\text{s}$에 대한 모형 유량은?

① $0.401\text{m}^3/\text{s}$
② $0.566\text{m}^3/\text{s}$
③ $14.142\text{m}^3/\text{s}$
④ $28.284\text{m}^3/\text{s}$

| 해답 | ②

$$Q_m = Q_p L_r^{5/2} \text{(모형 유량)}$$
$$= 10000 \times \left(\frac{1}{50}\right)^{5/2} = 0.566\,\text{m}^3/\text{sec}$$

□□□ 기 08,13①,21②

44 지름 1m의 원통 수조에서 지름 2cm의 관으로 물이 유출되고 있다. 관내의 유속이 2.0m/s일 때, 수조의 수면이 저하되는 속도는?

① 0.3cm/s
② 0.4cm/s
③ 0.06cm/s
④ 0.08cm/s

| 해답 | ④

$$A_1 V_1 = A_2 V_2 \text{에서 } V_1 = \frac{A_2}{A_1} V_2 = \frac{\frac{\pi d_2^2}{4}}{\frac{\pi d_1^2}{4}} V_2 = \left(\frac{d_2}{d_1}\right)^2 V_2 \quad \left(\because \frac{\pi}{4} : \text{공통}\right)$$

- $V_2 = 2.0\text{m/s} = 200\text{cm/s}$

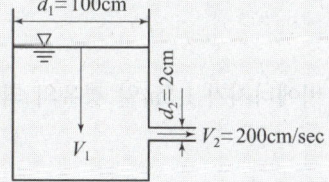

$$\therefore V_1 = \left(\frac{2}{100}\right)^2 \times 200 = 0.08\,\text{cm/sec}$$

□□□ 기 97,12,18②,21①

45 그림과 같은 노즐에서 유량을 구하기 위한 식으로 옳은 것은?
(단, 유량계수는 1.0으로 가정한다.)

① $\dfrac{\pi d^2}{4}\sqrt{2gh}$

② $\dfrac{\pi d^2}{4}\sqrt{\dfrac{2gh}{1-\left(\dfrac{d}{D}\right)^4}}$

③ $\dfrac{\pi d^2}{4}\sqrt{\dfrac{2gh}{1-\left(\dfrac{d}{D}\right)^2}}$

④ $\dfrac{\pi d^2}{4}\sqrt{\dfrac{2gh}{1+\left(\dfrac{d}{D}\right)^2}}$

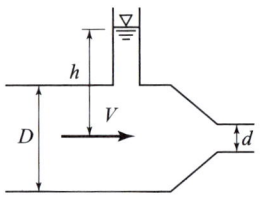

| 해답 | ②

$$Q = C \cdot a \sqrt{\dfrac{2gh}{1-\left(C\cdot\dfrac{a}{A}\right)^2}} = C \cdot a \sqrt{\dfrac{2gh}{1-\left(\dfrac{\frac{\pi d^2}{4}}{\frac{\pi D^2}{4}}\right)^2}}$$

(∵ 유량계수 $C=1$)

$$= \dfrac{\pi d^2}{4}\sqrt{\dfrac{2gh}{1-\left(\dfrac{d^2}{D^2}\right)^2}} = \dfrac{\pi d^2}{4}\sqrt{\dfrac{2gh}{1-\left(\dfrac{d}{D}\right)^4}}$$

□□□ 기 93,97,02,05,11①,18③,19③

46 수로 폭이 3m인 직사각형 개수로에서 비에너지가 1.5m일 경우의 최대유량은? (단, 에너지 보정계수는 1.0이다.)

① $9.39\text{m}^3/\text{s}$
② $11.50\text{m}^3/\text{s}$
③ $14.09\text{m}^3/\text{s}$
④ $17.25\text{m}^3/\text{s}$

| 해답 | ①

- 비에너지에 대한 한계수심
$$h_c = \frac{2}{3}H_c = \frac{2}{3} \times 1.5 = 1\text{m}$$

- 직사각형 단면의 한계수심
$$h_c = \left(\frac{\alpha Q^2}{gb^2}\right)^{\frac{1}{3}} \text{에서}$$
$$1 = \left(\frac{1.0 \times Q^2}{9.8 \times 3^2}\right)^{\frac{1}{3}} \quad \therefore Q = 9.39\text{m}^3/\text{sec}$$

☞ [계산기 f_x 570] SOLVE 사용법
먼저 1 ☞ ALPHA ☞ SOLVE = ☞
$\left(\frac{1.0 \times ALPHA\ X^2}{9.8 \times 3^2}\right)^{\frac{1}{3}}$ ☞ SHIFT ☞ SOLVE ☞ = ☞ 잠시 기다리면
$X = 9.391$ ∴ $Q = 9.39\text{m}^3/\text{sec}$

□□□ 기 91,97,13②,21②

47 Chezy의 평균유속 공식에서 평균유속계수 C를 Manning의 평균유속 공식을 이용하여 표현한 것으로 옳은 것은?

① $\dfrac{R^{1/2}}{n}$ ② $\dfrac{R^{1/6}}{n}$

③ $\sqrt{\dfrac{f}{8g}}$ ④ $\sqrt{\dfrac{8g}{f}}$

| 해답 | ②

- Chezy : $V = C\sqrt{RI}$
- Manning : $V = \dfrac{1}{n}R^{\frac{2}{3}}I^{\frac{1}{2}}$

$$\therefore C = \frac{V}{\sqrt{RI}} = \frac{R^{\frac{2}{3}}I^{\frac{1}{2}}}{n\sqrt{RI}}$$
$$= \frac{R^{\frac{2}{3}}I^{\frac{1}{2}}}{nR^{\frac{1}{2}}I^{\frac{1}{2}}} = \frac{R^{\frac{2}{3}}R^{-\frac{1}{2}}}{n} = \frac{R^{\frac{1}{6}}}{n}$$

□□□ 기 06,12④,19③

48 그림에서 손실수두가 $\dfrac{3V^2}{2g}$ 일 때 지름 0.1m의 관을 통과하는 유량은? (단, 수면은 일정하게 유지된다.)

① $0.0399\text{m}^3/\text{s}$
② $0.0426\text{m}^3/\text{s}$
③ $0.0798\text{m}^3/\text{s}$
④ $0.085\text{m}^3/\text{s}$

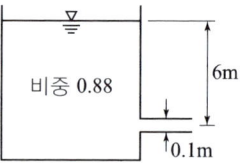

| 해답 | ②

- 베르누이 정리
$$\frac{V_1^2}{2g}+\frac{P_1}{w}+z_1=\frac{V^2}{2g}+\frac{P}{w}+z_2+h_L$$
- $z_1 = 6\,\text{m}$
- $h_L = \dfrac{3V^2}{2g}$
- $0+0+6 = \dfrac{V^2}{2g}+0+0+\dfrac{3V^2}{2g}$

$\therefore V = \sqrt{3g} = \sqrt{3\times 9.8} = 5.42\,\text{m/sec}$

$\therefore Q = AV = \dfrac{\pi\times 0.1^2}{4}\times 5.42 = 0.0426\,\text{m}^3/\text{sec}$

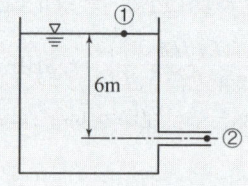

□□□ 기 93,96,00,12,13②,19③

49 $0.3\text{m}^3/\text{s}$의 물을 실양정 45m의 높이로 양수하는데 필요한 펌프의 동력은? (단, 마찰손실수두는 18.6m이다.)

① 186.98kW
② 196.98kW
③ 214.4kW
④ 224.4kW

| 해답 | ①

$E = 9.8\,Q(H+\Sigma h)$
$= 9.8\times 0.3\times(45+18.6) = 186.98\,\text{kW}$

□□□ 기 99,11②,18①

50 폭 4.8m, 높이 2.7m의 연직 직사각형 수문이 한쪽면에서 수압을 받고 있다. 수문의 밑면은 힌지로 연결되어 있고 상단은 수평체인(Chain)으로 고정되어 있을 때 이 체인에 작용하는 장력(張力)은? (단, 수문의 정상과 수면은 일치한다.)

① 29.23kN
② 57.15kN
③ 7.87kN
④ 0.88kN

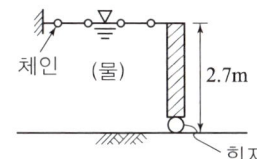

| 해답 | ②

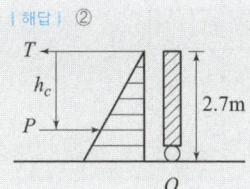

- 전수압 $P = wh_G A$
  $= 9.8 \times \dfrac{2.7}{2} \times (2.7 \times 4.8) = 171.46 \, \text{kN}$

  ($\because w = 9.8 \, \text{kN/m}^3$)

- 전수압의 작용점 $h_c = \dfrac{2}{3}h = \dfrac{2}{3} \times 2.7 = 1.8 \, \text{m}$

- 힌지점인 O에서 모멘트를 취하면
  $T \times 2.7 = P \times (2.7 - h_c)$
  $\therefore$ 장력 $T = \dfrac{P(2.7 - h_c)}{2.7}$
  $= \dfrac{171.46 \times (2.7 - 1.8)}{2.7} = 57.15 \, \text{kN}$

□□□ 기 95,00,10,17④,24③

51 Thiessen 다각형에서 각각의 면적이 20km², 30km², 50km²이고, 이에 대응하는 강우량이 각각 40mm, 30mm, 20mm일 때, 이 지역의 면적평균 강우량은 얼마인가?

① 25mm
② 27mm
③ 30mm
④ 32mm

| 해답 | ②

Thiessen의 가중법에 의한 평균강우량 산정

지배면적(km²)	20	30	50
강우량(mm)	40	30	20

$$P_m = \frac{A_A P_A + A_B P_B + A_C P_C}{A_A + A_B + A_C}$$
$$= \frac{20 \times 40 + 30 \times 30 + 50 \times 20}{20 + 30 + 50}$$
$$= 27\,\text{mm}$$

□□□ 기 94,99,00,03②,05④,07①,08②,11④,19①③

52 직사각형의 위어로 유량을 측정할 경우 수두 H를 측정할 때 1%의 측정오차가 있었다면 유량 Q에서 예상되는 오차는?

① 0.5%
② 1.0%
③ 1.5%
④ 2.5%

| 해답 | ③

구형 위어 $Q = kBH^{\frac{3}{2}}$에서

$$\frac{dQ}{Q} = \frac{3}{2}\frac{dH}{H}$$
$$= \frac{3}{2} \times 1 = 1.5\%$$

□□□ 기 92,99,02,04,16,19②

53 여과량이 2m³/s, 동수경사가 0.2, 투수계수가 1cm/s일 때 필요한 여과지 면적은?

① 1000m²
② 1500m²
③ 2000m²
④ 2500m²

| 해답 | ①

- $Q = AV = kiA$ 에서 $A = \dfrac{Q}{ki}$

$\therefore A = \dfrac{2}{\dfrac{1}{100} \times 0.2} = 1000\text{m}^2$

□□□ 기 82,16,19②,24③

54 그림과 같이 물 속에 수직으로 설치된 넓이 2m×3m의 수문을 올리는데 필요한 힘은? (단, 수문의 물 속 무게는 1960N이고, 수문과 벽면사이의 마찰계수는 0.25이다.)

① 5.45kN
② 53.4kN
③ 126.7kN
④ 271.2kN

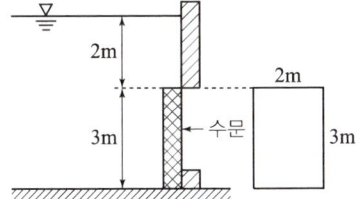

| 해답 | ②

$F = w_o h_G A \mu + W'$

- 수압 $P = w_o h_G A = 9.8 \times \left(2 + \dfrac{3}{2}\right) \times 2 \times 3 = 205.8\text{kN}$
- 수압에 의한 마찰력 : $205.8 \times 0.25 = 51.45\text{kN}$

$\therefore F = 51.45 + 1.960 = 53.41\text{kN}$

☐☐☐ 기 81,83,87,92,95,03,05,09,14①,19②,21①,22②

55 다음 표는 어느 지역의 40분간 집중 호우를 매 5분마다 관측한 것이다. 지속시간이 20분인 최대강우강도는?

시간(분)	우량(mm)
0～5	1
5～10	4
10～15	2
15～20	5
20～25	8
25～30	7
30～35	3
35～40	2

① $I=49$mm/hr
② $I=59$mm/hr
③ $I=69$mm/hr
④ $I=72$mm/hr

|해답| ③

20분간(15～35분)의 지속 최대강우량 : 5+8+7+3=23mm

∴ $I = N$지속시간 최대강우량 $\times \dfrac{60(\min)}{N\text{지속시간}}$

$= 23 \times \dfrac{60}{20} = 69$ mm/hr

☐☐☐ 기 10①,14①,19①

56 유량 147.6L/s를 송수하기 위하여 안지름 0.4m의 관을 700m의 길이로 설치하였을 때 흐름의 에너지 경사는? (단, 조도계수 $n=0.012$, Manning공식 적용)

① $\dfrac{1}{700}$
② $\dfrac{2}{700}$
③ $\dfrac{3}{700}$
④ $\dfrac{4}{700}$

| 해답 | ③

에너지경사 $I = \dfrac{h_L}{l}$

- $A = \dfrac{\pi D^2}{4} = \dfrac{\pi \times 0.4^2}{4} = 0.126 \, \text{m}^2$
- $V = \dfrac{Q}{A} = \dfrac{0.1476}{0.126} = 1.171 \, \text{m/sec}$
  ($\because 1000 \, \text{L/s} = 1 \, \text{m}^3/\text{s}$)
- $f = \dfrac{124.5 n^2}{D^{1/3}} = \dfrac{124.5 \times 0.012^2}{0.4^{1/3}} = 0.024$
- $h_L = f \dfrac{l}{D} \dfrac{V^2}{2g} = 0.024 \times \dfrac{700}{0.4} \dfrac{1.171^2}{2 \times 9.8} = 2.938 \, \text{m}$

$\therefore$ 에너지 경사 $I = \dfrac{2.938}{700} = \dfrac{3}{700}$

□□□ 83,87,90,98,02,09②,12①,18③,22③

57 대기의 온도 t_1, 상대습도 70%인 상태에서 증발이 진행되었다. 온도가 t_2로 상승하고 대기 중의 증기압이 20% 증가하였다면 온도 t_1 및 t_2에서의 증기압이 각각 10.0mHg 및 14.0mmHg라 할 때 온도 t_2에서의 상대습도는?

① 50% ② 60%
③ 70% ④ 80%

| 해답 | ②

상대습도 $h = \dfrac{\text{실제 증기압}(e)}{\text{포화 증기압}(e_s)} \times 100$

- $t_1 ℃$ 일 때 실제 증기압
  $e = \dfrac{h \cdot e_s}{100} = \dfrac{70 \times 10}{100} = 7 \, \text{mmHg}$
- $t_2 ℃$ 일 때 실제 증기압 $e = 7(1 + 0.20) = 8.4 \, \text{mmHg}$

$\therefore h = \dfrac{8.4}{14} \times 100 = 60\%$

□□□ 기 01,04,10②,17④,18②,24②

58 폭 2.5m, 월류수심 0.4m인 사각형 위어(weir)의 유량은? (단, Francis 공식 : $Q=1.84B_oh^{3/2}$에 의하며, B_o : 유효폭, h : 월류수심, 접근유속은 무시하며 양단수축이다.)

① $1.117m^3/sec$
② $1.126m^3/sec$
③ $1.145m^3/sec$
④ $1.164m^3/sec$

|해답| ②

$$Q=1.84\left(b-\frac{nh}{10}\right)h^{\frac{3}{2}} \text{(Francis 공식)}$$
$$=1.84\times\left(2.5-\frac{2\times0.4}{10}\right)\times0.4^{\frac{3}{2}}=1.126\,m^3/sec$$
(∵ 양단수축 $n=2$)

□□□ 기 92,98,02,05,06,09,18①

59 지름이 20cm인 관수로에 평균유속 5m/s로 물이 흐른다. 관의 길이가 50m일 때 5m의 손실수두가 나타났다면, 마찰속도(U_*)는?

① $U_*=0.022m/s$
② $U_*=0.22m/s$
③ $U_*=2.21m/s$
④ $U_*=22.1m/s$

|해답| ②

마찰속도 $U_*=\sqrt{gRI}$
• 중력가속도 $g=9.80\,m/s^2$
• 경심 $R=\dfrac{D}{4}=\dfrac{0.20}{4}=0.05m$
• 수면경사 $I=\dfrac{h_L}{l}=\dfrac{5}{50}=0.10$
∴ $U_*=\sqrt{9.8\times0.05\times0.10}=0.22\,m/s$

□□□ 기 07,15②,18②

60 Manning의 조도계수 $n=0.012$인 원관을 사용하여 $1m^3/sec$의 물을 동수경사 1/100로 송수하려 할 때 적당한 관의 자름은?

① 70cm ② 80cm
③ 90cm ④ 100cm

|해답| ①

$Q = AV$

$= A\dfrac{1}{n}R^{\frac{2}{3}}I^{\frac{1}{2}}$

$= A\dfrac{1}{n} \times \left(\dfrac{D}{4}\right)^{\frac{2}{3}} \times I^{\frac{1}{2}} \quad \left(\because R = \dfrac{D}{4}\right)$

$= \dfrac{\pi D^2}{4} \times \dfrac{1}{0.012} \times \left(\dfrac{D}{4}\right)^{\frac{2}{3}} \times \left(\dfrac{1}{100}\right)^{\frac{1}{2}} = 1\,m^3/sec$

참고 SOLVE 사용

∴ 지름 $D = 0.699m = 70cm$

□□□ 기 98,07,09,10,12,16④

61 주어진 T형 단면에서 전단에 대해 위험단면에서 $V_u d/M_u = 0.28$ 이었다. 휨철근 인장강도의 40% 이상의 유효 프리스트레스트 힘이 작용할 때 콘크리트의 공칭전단강도(V_c)는 얼마인가? (단, $f_{ck} = 45MPa$, V_u : 계수전단력, M_u : 계수휨모멘트, d : 압축측 표면에서 긴장재 도심까지의 거리)

① 185.7kN
② 230.5kN
③ 321.7kN
④ 462.7kN

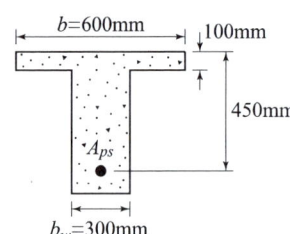

| 해답 | ②

$$V_c = \left(0.05\lambda\sqrt{f_{ck}} + 4.9\frac{V_u d}{M_u}\right)b_w d$$
$$= (0.05 \times 1 \times \sqrt{45} + 4.9 \times 0.28) \times 300 \times 450$$
$$= 230500 N = 230.5 kN$$

□□□ 기 93,97,05,09,11

62 강교의 경간이 15m일 때의 충격계수는 얼마인가?

① 0.23   ② 0.27
③ 0.30   ④ 0.36

| 해답 | ②

상부구조의 충격 계수
$$i = \frac{15}{40+L} = \frac{15}{40+15} = 0.27$$

□□□ 기 92,97,00,04,06,08,20②

63 아래 그림과 같은 직사각형 보를 강도설계이론으로 해석할 때 콘크리트의 등가사각형 깊이 a는? (단, $f_{ck}=21\text{MPa}$, $f_y=300\text{MPa}$이다.)

① 109.9mm
② 121.6mm
③ 129.9mm
④ 190.5mm

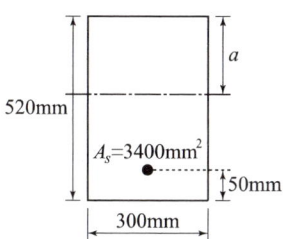

| 해답 | ④

$$a=\frac{A_s f_y}{\eta(0.85 f_{ck})b}$$

$f_{ck}=21\text{MPa} \leq 40\text{MPa}$일 때 $\eta=1.0$, $\beta_1=0.8$, $\epsilon_{cu}=0.0033$

$$\therefore a=\frac{3400\times 300}{1\times 0.85\times 21\times 300}=190.5\text{mm}$$

□□□ 기 06,09,20②

64 그림과 같은 2경간 연속보의 양단에서 PS강재를 긴장할 때 단 A에서 중간 B까지의 근사법으로 구한 마찰에 의한 프리스트레스의 감소율은?
(단, 각은 radian이며, 곡률마찰계수(μ)는 0.4, 파상마찰계수(k)는 0.0027이다.)

① 12.6%
② 18.2%
③ 10.4%
④ 15.8%

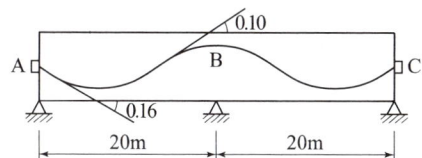

| 해답 | ④

$\Delta P_f = P_o(\mu\alpha + kl)$

- $\mu\alpha + kl = 0.4\times(0.16+0.1)+0.0027\times 20=0.158$
- $\Delta P_f = P_o(\mu\alpha+kl)=0.158 P_o$

$$\therefore 감소율 = \frac{\Delta P_f}{P_o}\times 100 = \frac{0.158 P_o}{P_o}\times 100 = 15.8\%$$

□□□ 기 00,15②,19②,21③,22③

65 그림과 같은 필릿용접의 유효목두께로 옳게 표시된 것은? (단, 강구조 연결 설계기준에 따름)

① S
② 0.9S
③ 0.7S
④ 0.5l

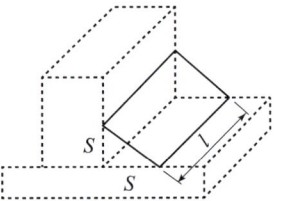

| 해답 | ③

용접부의 목두께(필릿용접)
• 필릿용접의 유효목두께(a)는 모살치수의 0.7배로 한다.
$a = 0.7s$
• 필릿용접의 유효길이(l_e)는 필릿용접의 총길이(l)에서 2배의 모살치수를 공제한 값으로 한다.
$l_e = l - 2 \times 모살치수$

□□□ 기 04,05,14②,20②

66 콘크리트의 설계기준압축강도(f_{ck})가 50MPa인 경우 콘크리트 탄성계수 및 크리프 계산에 적용되는 콘크리트의 평균 압축강도(f_{cu})는?

① 54MPa
② 55MPa
③ 56MPa
④ 57MPa

| 해답 | ②

평균압축강도 $f_{cu} = f_{ck} + \Delta f$
■ Δf 계산

f_{ck}(MPa)	40 이하	40 초과 60 미만	60 이상
Δf(MPa)	4	직선 보간	6

■ 평균압축강도 $f_{cu} = 50 + 5 = 55$MPa

□□□ 기 05,06,11,17④,21②,22③

67 폭(b)이 250mm이고, 전체높이(h)가 500mm인 직사각형 철근콘크리트 보의 단면에 균열을 일으키는 비틀림모멘트(T_{cr})는 약 얼마인가? (단, 보통중량콘크리트이며, $f_{ck}=28$MPa이다.)

① 9.8kN·m
② 11.3kN·m
③ 12.5kN·m
④ 18.4kN·m

{해답} ④

$$T_{cr} = \frac{1}{3}\lambda\sqrt{f_{ck}}\left(\frac{A_{cp}^2}{p_{cp}}\right) = \frac{1}{3}\lambda\sqrt{f_{ck}}\left\{\frac{(bh)^2}{2(b+h)}\right\}$$

- $A_{cp} = b \cdot h = 250 \times 500 = 125000 \text{mm}^2$
- $p_{cp} = 2(b+h) = 2(250+500) = 1500 \text{mm}$

$$\therefore T_{cr} = \frac{1}{3} \times 1 \times \sqrt{28} \times \frac{125000^2}{1500}$$
$$= 18373273 \text{N·mm}$$
$$= 18.4 \text{kN·m}$$

□□□ 기 07,14①,17①,20④

68 $b_w = 250$mm, $d = 500$mm인 직사각형 보에서 콘크리트가 부담하는 설계전단강도(ϕV_c)는? (단, $f_{ck}=21$MPa, $f_y=400$MPa, 보통중량 콘크리트이다.)

① 91.5kN
② 82.2kN
③ 76.4kN
④ 71.6kN

{해답} ④

$$\phi V_c = 0.75 \times \left(\frac{1}{6}\lambda\sqrt{f_{ck}}\,b_w d\right)$$
$$= 0.75 \times \frac{1}{6} \times 1 \times \sqrt{21} \times 250 \times 500$$
$$= 71602 \text{N} = 71.6 \text{kN}$$

□□□ 기 07,09,10,13,18①,24①

69 아래의 표와 같은 조건에서 경량콘크리트를 사용하고, 설계기준항복강도가 400MPa인 D25(공칭직경 : 25.4mm)철근을 인장철근으로 사용하는 경우 기본정착길이(l_{db})는?

① 1430mm
② 1515mm
③ 1535mm
④ 1575mm

【조 건】
• 콘크리트 설계기준 압축강도(f_{ck}) : 24MPa
• 콘크리트의 인장강도(f_{sp}) : 2.17MPa

| 해답 | ④

$$l_{db} = \frac{0.6 d_b f_y}{\lambda \sqrt{f_{ck}}}$$

• f_{sp}값이 주어진 경우

$$\lambda = \frac{f_{sp}}{0.56\sqrt{f_{ch}}} \leq 1.0 = \frac{2.17}{0.56\sqrt{24}} = 0.79 \leq 1.0$$

$$\therefore l_{db} = \frac{0.6 \times 25.4 \times 400}{0.79\sqrt{24}} = 1575\,\text{mm}$$

□□□ 기 13②,19②

70 1방향 철근 콘크리트 슬래브에서 설계기준 항복강도(f_y)가 450MPa인 이형철근을 사용한 경우 수축·온도철근 비는?

① 0.0016
② 0.0018
③ 0.0020
④ 0.0022

| 해답 | ②

설계기준강도가 400MPa 이상 초과하는 이형철근을 사용한 1방향 철근 슬래브의 수축온도철근비

$$\therefore \rho = 0.0020 \times \frac{400}{f_y} = 0.0020 \times \frac{400}{450} = 0.0018$$

□□□ 기 08,18②,21③
71 강도설계법에 대한 기본 가정으로 틀린 것은?

① 철근 및 콘크리트의 변형률은 중립축으로부터의 거리에 비례한다.
② 콘크리트의 인장강도는 철근 콘크리트 부재 단면의 축강도와 휨강도 계산에서 무시한다.
③ 철근의 응력이 설계기준항복강도 f_y 이하일 때 철근의 응력은 그 변형률에 관계없이 f_y와 같다고 가정한다.
④ 휨모멘트 또는 휨모멘트와 축력을 동시에 받는 부재의 콘크리트 압축연단의 극한변형률은 콘크리트의 설계기준압축강도가 40MPa 이하인 경우에는 0.0033으로 가정한다.

| 해답 | ③
철근의 응력이 설계기준항복강도 f_y 이하일 때 철근의 응력은 E_s를 곱한 값으로 하고, 철근의 변형률이 f_y에 대응하는 변형률보다 큰 경우 철근의 응력은 변형률에 관계없이 f_y로 하여야 한다.

□□□ 기 06,13④,19②
72 다음 그림의 고장력 볼트 마찰이음에서 필요한 볼트 수는 최소 몇 개인가? (단, 볼트는 M22(ϕ=22mm), F10T를 사용하며, 마찰이음의 허용력은 48kN 이다.)

① 3개
② 5개
③ 6개
④ 8개

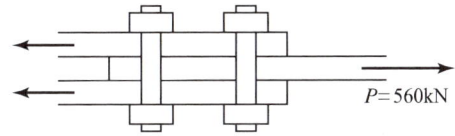

$P=560\text{kN}$

| 해답 | ③
$$n = \frac{P}{2\rho_a} = \frac{560}{2 \times 48} = 5.8 = 6개$$
(∵ 2면 마찰이므로)

□□□ 기 93,06,09,14①,15④,18②,20②,22①

73 그림과 같은 띠철근 기둥에서 띠철근의 최대 간격은? (단, D10의 공칭직경은 9.5mm, D32의 공칭직경은 31.8mm)

① 400mm
② 456mm
③ 500mm
④ 509mm

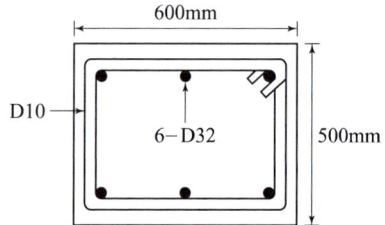

| 해답 | ②

띠철근의 수직간격(가장 작은 값)
• 축방향 철근지름의 16배 이하
  31.8×16 = 509mm 이하
• 띠철근 지름의 48배 이하
  9.5×48 = 456mm 이하
• 기둥단면의 최소 치수 이하
  500mm 이하
  ∴ 띠철근의 최대 간격 : 456mm

□□□ 기 03,10①,16①,19③

74 철골 압축재의 좌굴 안정성에 대한 설명 중 틀린 것은?

① 좌굴길이가 길수록 유리하다.
② 단면2차반지름이 클수록 유리하다.
③ 힌지지지보다 고정지지가 유리하다.
④ 단면2차모멘트 값이 클수록 유리하다.

| 해답 | ①

세장비 $\lambda = \dfrac{kl}{r}$: 세장비가 작을수록 안정한다. 즉 좌굴 길이(l)가 짧을수록 유리하다.

□□□ 기 12②,15①,18②,20④

75 그림과 같은 두께 13mm의 플레이트에 4개의 볼트구멍이 배치되어 있을 때 부재의 순단면적은? (단, 구멍의 지름은 24mm이다.)

① $4056mm^2$
② $3916mm^2$
③ $3775mm^2$
④ $3524mm^2$

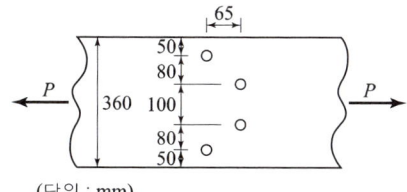

(단위 : mm)

| 해답 | ③

■ 순단면적 $A_n = b_n \cdot t$

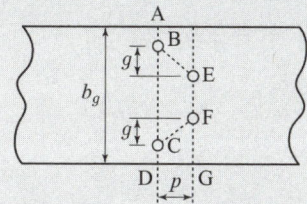

■ 순폭은 세 값 중 작은 값
- ABCD 단면 : $b_n = b_g - 2d = 360 - 2 \times 24 = 312\,mm$
- ABEFG 단면 : $b_n = b_g - 2d - \left(d - \dfrac{p^2}{4g}\right)$

$$= 360 - 2 \times 24 - \left(24 - \dfrac{65^2}{4 \times 80}\right)$$

$$= 301.20\,mm$$

- ABEFCD 단면 : $b_n = b_g - 2d - 2\left(d - \dfrac{p^2}{4g}\right)$

$$= 360 - 2 \times 24 - 2 \times \left(24 - \dfrac{65^2}{4 \times 80}\right) = 290.41\,mm$$

∴ 순폭 $b_n = 290.41\,mm$
∴ $A_n = 290.41 \times 13 = 3775\,mm^2$

□□□ 기 14,17①,20②,21②,22③

76
아래 그림과 같은 보의 단면에서 표피철근의 간격 s는 최대 얼마 이하로 하여야 하는가? (단, 건조환경에 노출되는 경우로서, 표피철근의 표면에서 부재 측면까지 최단거리(c_c)는 40mm, $f_{ck}=24\text{MPa}$, $f_y=350\text{MPa}$이다.)

① 330mm
② 340mm
③ 350mm
④ 360mm

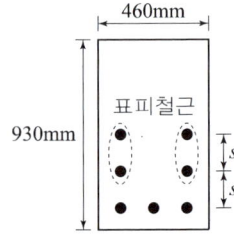

| 해답 | ③

$s = 375\left(\dfrac{k_{cr}}{f_s}\right) - 2.5c_c$, $s = 300\left(\dfrac{k_{cr}}{f_s}\right)$ 두 계산 값 중 작은 값 이하

- $k_{cr} = 210\,\text{MPa}$(습윤환경), $k_{cr} = 280\,\text{MPa}$(건조환경)
- 간략법 $f_s = \dfrac{2}{3}f_y = \dfrac{2}{3}\times 350 = 233.33\,\text{MPa}$

$s = 375\left(\dfrac{k_{cr}}{f_s}\right) - 2.5c_c = 375\left(\dfrac{280}{233.33}\right) - 2.5\times 40 = 350\,\text{mm}$

$s = 300\left(\dfrac{k_{cr}}{f_s}\right) = 300\times\dfrac{280}{233.33} = 360\,\text{mm}$ ∴ $s = 350\,\text{mm}$

□□□ 기 93,04,11①,15①,19①,20④

77
그림과 같은 직사각형 단면을 가진 프리텐션 단순보에 편심 배치한 긴장재를 820kN으로 긴장하였을 때 콘크리트 탄성 변형으로 인한 프리스트레스의 감소량은? (단, $I=3.125\times 10^9\,\text{mm}^4$, $n=6$이고, 자중에 의한 영향은 무시한다.)

① 44.5MPa
② 46.5MPa
③ 48.5MPa
④ 50.5MPa

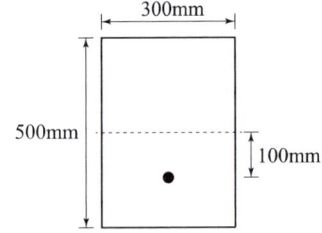

| 해답 | ③

$$\Delta f_p = nf_c = n\left(\frac{P}{A} + \frac{M}{I}y\right) = n\left(\frac{P}{A} + \frac{P \cdot e}{I}e\right)$$
$$= 6 \times \left(\frac{820000}{300 \times 500} + \frac{820000 \times 100}{3.125 \times 10^9} \times 100\right)$$
$$= 6 \times (5.47 + 2.62) = 48.5\text{MPa}$$

□□□ 기 02,05,07,09,11,14,17①④,19③,20③

78 순단면이 볼트의 구멍 하나를 제외한 단면(즉, A-B-C 단면)과 같도록 피치(s)를 결정하면? (단, 구멍의 지름은 22mm이다.)

① 114.9mm
② 90.6mm
③ 66.3mm
④ 50mm

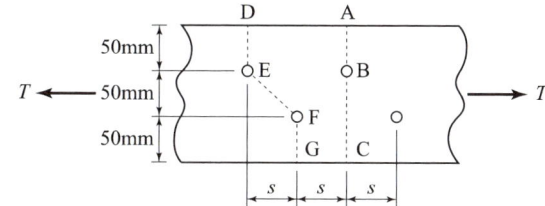

| 해답 | ③

• 단면 ABC의 순폭=단면 DEFG의 순폭
$$b_n = b_g - d - \left(d - \frac{s^2}{4g}\right) = b_g - d \text{ 에서}$$
$$d - \frac{s^2}{4g} = 0$$
$$d = 22\text{mm}$$
∴ 피치 $s = \sqrt{4gd} = \sqrt{4 \times 50 \times 22} = 66.3\text{mm}$

□□□ 기 94,02,05,10,11,13,16②,17②,18②,20②,21③

79 경간이 8m인 PSC보에 계수등분포하중(w)이 20kN/m 작용할 때 중앙 단면 콘크리트 하연에서의 응력이 0이 되려면 강재에 줄 프리스트레스 힘(P)은? (단, PS강재는 콘크리트 도심에 배치되어 있다.)

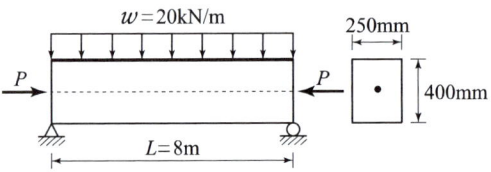

① $P = 2000$kN
② $P = 2200$kN
③ $P = 2400$kN
④ $P = 2600$kN

| 해답 | ③

[방법1]

■ $f_t = \dfrac{P}{A} - \dfrac{M}{I}y = 0$에서 $P = \dfrac{M}{I} \cdot A \cdot y$

• $M = \dfrac{wL^2}{8} = \dfrac{20 \times 8^2}{8} = 160$ kN·m

• $I = \dfrac{bh^3}{12} = \dfrac{250 \times 400^3}{12} = \dfrac{1.6 \times 10^{10}}{12}$ mm^4

• $y = \dfrac{h}{2} = \dfrac{400}{2} = 200$ mm

∴ $P = \dfrac{M}{I} \cdot A \cdot y$

$= \dfrac{160 \times 10^6}{\dfrac{1.6 \times 10^{10}}{12}} \times 250 \times 400 \times 200$

$= 2400000$ N $= 2400$ kN

[방법2]

$P = \dfrac{MAy}{I} = \left(\dfrac{wL^2}{8} \cdot bh \cdot \dfrac{h}{2}\right)\dfrac{12}{bh^3} = \dfrac{3wL^2}{4h}$

∴ $P = \dfrac{3 \times 20 \times 8^2}{4 \times 0.4} = 2400$ kN

□□□ 기 03,07,10,12,15②,21②

80 그림과 같은 단순지지 보에서 긴장재는 C점에 150mm의 편차에 직선으로 배치되고, 1000kN으로 긴장되었다. 보에는 120kN의 집중하중이 C점에 작용한다. 보의 고정하중은 무시할 때 C점에서의 휨모멘트는 얼마인가?
(단, 긴장재의 경사가 수평압축력에 미치는 영향 및 자중은 무시한다.)

① -150kN·m
② 90kN·m
③ 240kN·m
④ 390kN·m

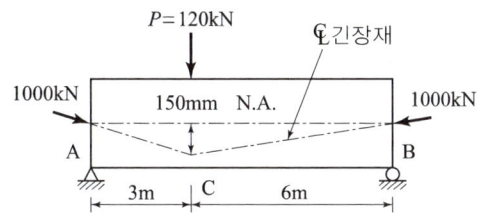

| 해답 | ②

$M_c = R_A \cdot a - P_t \times e$
- $\Sigma M_B = 0 \rightarrow R_A l - Pb = 0$

$R_A = \dfrac{P \cdot b}{l} = \dfrac{120 \times 6}{9} = 80\,\text{kN}$

$\therefore M_c = 80 \times 3 - \left(1000 \times \dfrac{0.15}{3}\right) \times 3 = 90\,\text{kN} \cdot \text{m}$

05 2Pick Remember 120선

토질 및 기초 / CBT 대비

□□□ 기 97,01,11,18④,21③
81 포화상태에 있는 흙의 함수비가 40%이고, 비중이 2.60이다. 이 흙의 간극비는?

① 0.65
② 0.065
③ 1.04
④ 1.40

|해답| ③

간극비 $e = \dfrac{G_s \cdot w}{S}$ ($\because S \cdot e = G_s \cdot w$)

• 포화상태에 있는 흙의 포화도 $S = 100\%$

$\therefore e = \dfrac{2.60 \times 40}{100} = 1.04$

($\because S \cdot e = G_s \cdot w$)

□□□ 기 02,04,06,08,10,17④,21②
82 흙 속에 있는 한 점의 최대 및 최소 주응력이 각각 200kN/m² 및 100kN/m²일 때 최대 주응력면과 30°를 이루는 평면상의 전단응력을 구한 값은?

① 10.5kN/m^2
② 21.5kN/m^2
③ 32.3kN/m^2
④ 43.3kN/m^2

|해답| ④

전단응력

$\tau = \dfrac{\sigma_1 - \sigma_3}{2} \sin 2\theta$

$= \dfrac{200 - 100}{2} \sin(2 \times 30°) = 43.3 \text{kN/m}^2$

□□□ 기 81,82,83,97,99,03,19①,20②

83 100% 포화된 흐트러지지 않은 시료의 부피가 20cm³이고 질량이 36g이었다. 이 시료를 건조로에서 건조시킨 후의 질량이 24g일 때 간극비는 얼마인가?

① 1.36　　　　　　② 1.50
③ 1.62　　　　　　④ 1.70

|해답| ②

- 물의 중량
  $W_w = W - W_s = 36 - 24 = 12\text{g}$
- 물의 부피
  $V_w = \dfrac{W_w}{\rho_w} = \dfrac{12}{1} = 12\,\text{cm}^3$
  $\left(\because \dfrac{W_w}{V_w} = \rho_w = 1\,\text{g/cm}^3\right)$
- 토립자의 부피 $V_s = V - V_v = 20 - 12 = 8\,\text{cm}^3$
  (100% 포화된 시료는 $V_w = V_v$ 이다.)
  $\therefore$ 간극비 $e = \dfrac{V_v}{V_s} = \dfrac{12}{8} = 1.50$

□□□ 기 97,14④,15②,19③,20③

84 $\Delta h_1 = 5$ 이고, $k_{v2} = 10 k_{v1}$ 일 때, k_{v3}의 크기는?

① $1.0 k_{v1}$
② $1.5 k_{v1}$
③ $2.0 k_{v1}$
④ $2.5 k_{v1}$

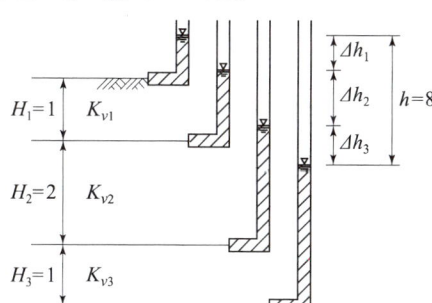

| 해답 | ④

각 층의 침투속도는 동일

- $v = ki = k_{v1}\dfrac{\Delta h_1}{H_1} = k_{v2}\dfrac{\Delta h_2}{H_2} = k_{v3}\dfrac{\Delta h_3}{H_3} = const$

- $k_{v1}\dfrac{\Delta h_1}{1} = 10k_{v1}\dfrac{\Delta h_2}{2} = k_{v3}\dfrac{\Delta h_3}{1}$ ($\because k_{v2} = 10k_{v1}$)

- $k_{v1}\Delta h_1 = 5k_{v1}\Delta h_2 = k_{v3}\Delta h_3$ ($\therefore \Delta h_1 = 5\Delta h_2$)

- $\Delta h_1 = 5$이면 $\Delta h_2 = 1$, $\Delta h_3 = 2$
  ($\because \Delta h_1 + \Delta h_2 + \Delta h_3 = 8$)

- $k_{v1}\Delta h_1 = k_{v3}\Delta h_3$에서
  $\therefore k_{v3} = k_{v1}\dfrac{\Delta h_1}{\Delta h_3} = \dfrac{5}{2}k_{v1} = 2.5k_{v1}$

□□□ 기 99,01,03,04,11,12,17,20④,24③

85 습윤단위중량이 19kN/m³, 함수비 25%, 비중이 2.7인 경우 건조단위중량과 포화도는? (단, 물의 단위중량은 9.81kN/m³이다.)

① 17.3kN/m³, 97.8% ② 17.3kN/m³, 90.9%
③ 15.2kN/m³, 97.8% ④ 15.2kN/m³, 90.9%

| 해답 | ④

- 건조단위중량 $\gamma_d = \dfrac{\gamma_t}{1 + \dfrac{w}{100}} = \dfrac{19}{1 + \dfrac{25}{100}} = 15.2\,\text{kN/m}^3$

- 간극비 $e = \dfrac{\gamma_w}{\gamma_d}G_s - 1 = \dfrac{9.81}{15.2} \times 2.7 - 1 = 0.743$
  $\left(\because \gamma_d = \dfrac{G_s}{1+e}\gamma_w\right)$

- 포화도 $S = \dfrac{G_s \cdot w}{e} = \dfrac{2.7 \times 25}{0.743} = 90.9\%$
  ($\because S \cdot e = G_s \cdot w$)

□□□ 기 18②, 21③

86
수조에 상방향의 침투에 의한 수두를 측정한 결과, 그림과 같이 나타났다. 이때, 수조 속에 있는 흙에 발생하는 침투력을 나타낸 식은? (단, 시료의 단면적은 A, 시료의 길이는 L, 시료의 포화단위중량은 γ_{sat}, 물의 단위중량은 γ_w이다.)

① $\Delta h \cdot \gamma_w \cdot A$
② $\Delta h \cdot \gamma_w \cdot \dfrac{A}{L}$
③ $\Delta h \cdot \gamma_{sat} \cdot A$
④ $\dfrac{\gamma_{sat}}{\gamma_w} \cdot A$

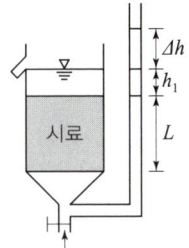

| 해답 | ①

단위면적당 침투수압 $F = i \cdot \gamma_w \cdot z$
∴ 침투력
$$F = (i\,\gamma_w\,z)A = \left(\dfrac{\Delta h}{L}\gamma_w L\right)A = \Delta h \cdot \gamma_w \cdot A$$

□□□ 기 10, 18③

87
아래 표와 같은 흙을 통일분류법에 따라 분류한 것으로 옳은 것은?

① GW
② GP
③ SW
④ SP

- No.4번체(4.75mm체) 통과율이 37.5%
- No.200번체(0.075mm체) 통과율이 2.3%
- 균등계수는 7.9
- 곡률계수는 1.4

| 해답 | ①

- 1단계 : No.200<50% (G나 S 조건)
- 2단계 : No.4체 통과량<50% (G조건)
- 3단계 : GW($C_u > 4$, $1 < C_g < 3$)이면 GW 아니면 GP
  - 균등계수 $C_u = 7.9 > 4$: 입도양호(W)
  - 곡률계수 $C_g = 1.4$: $1 < C_g < 3$: 입도양호(W)
  ∴ GW

□□□ 기 99,07,13①,17②,20③

88 $\gamma_t = 19\text{kN/m}^3$, $\phi = 30°$인 뒤채움 모래를 이용하여 8m 높이의 보강토 옹벽을 설치하고자 한다. 폭 75mm, 두께 3.69mm의 보강띠를 연직 방향 설치간격 $S_v = 0.5\text{m}$, 수평방향 설치간격 $S_h = 1.0\text{m}$로 시공하고자 할 때, 보강띠에 작용하는 최대 힘($T_{\max}$)의 크기는?

① 15.33kN
② 25.33kN
③ 35.33kN
④ 45.33kN

| 해답 | ②

$T_{\max} = \gamma_t H K_A S_v S_h$

• $K_A = \tan^2\left(45° - \dfrac{\phi}{2}\right) = \tan^2\left(45° - \dfrac{30°}{2}\right) = \dfrac{1}{3}$

∴ $T_{\max} = 19 \times 8 \times \dfrac{1}{3} \times 0.5 \times 1.0 = 25.33\,\text{kN}$

□□□ 기 94,03,08,10,11,18③,21②,22①②

89 그림과 같은 지반에 대해 수직방향 등가투수계수를 구하면?

① $3.89 \times 10^{-4}\text{cm/s}$
② $7.78 \times 10^{-4}\text{cm/s}$
③ $1.57 \times 10^{-3}\text{cm/s}$
④ $3.14 \times 10^{-3}\text{cm/s}$

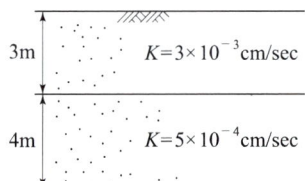

| 해답 | ②

수직방향의 평균 투수계수 K_v

$K_v = \dfrac{H_1 + H_2}{\dfrac{H_1}{K_1} + \dfrac{H_2}{K_2}}$

$= \dfrac{300 + 400}{\dfrac{300}{3.0 \times 10^{-3}} + \dfrac{400}{5.0 \times 10^{-4}}}$

$= 7.78 \times 10^{-4}\,\text{cm/sec}$

□□□ 기 95,07,15,18①,21①

90 포화단위중량(γ_{sat})이 19.62kN/m³인 사질토로 된 무한사면이 20°로 경사져 있다. 지하수위가 지표면과 일치하는 경우 이 사면의 안전율이 1 이상이 되기 위해서는 흙의 내부마찰각이 최소 몇 도 이상이어야 하는가? (단, 물의 단위중량은 9.81kN/m³이다.)

① 18.21°
② 20.52°
③ 36.06°
④ 45.47°

| 해답 | ③

반무한 사면에서 침투류가 지표면과 일치하는 경우(비점성토 $c=0$)

$F_s = \dfrac{\gamma_{sub}}{\gamma_{sat}} \cdot \dfrac{\tan\phi}{\tan i} \geq 1$ (∵ 사면이 안정하기 위해서는 $F_s \geq 1$ 이상)

$1 = \dfrac{(19.62-9.81)}{19.62} \dfrac{\tan\phi}{\tan 20°} = \dfrac{1}{2} \dfrac{\tan\phi}{\tan 20°}$

∴ $\phi = \tan^{-1}(2\tan 20°) = 36.06°$ 이상

□□□ 기 08②,11④,19③

91 어떤 흙에 대해서 직접 전단시험을 한 결과 수직응력이 1.0MPa일 때 전단저항이 0.5MPa이었고, 또 수직응력이 2.0MPa일 때에는 전단저항이 0.8MPa이었다. 이 흙의 점착력은?

① 0.2MPa
② 0.3MPa
③ 0.8MPa
④ 1.0MPa

| 해답 | ①

$\tau = c + \sigma\tan\phi$ 에서
$0.5 = c + 1.0\tan\phi$ ················ (1)
$0.8 = c + 2.0\tan\phi$ ················ (2)
(1)×2−(2)
$1 = 2c + 2.0\tan\phi$ ················ (1)′
$0.8 = c + 2.0\tan\phi$ ················ (2)′
(1)′−(2)′ 에서
∴ 점착력 $c = 0.2\,\text{MPa} = 0.2\,\text{N/mm}^2 = 200\,\text{kN/m}^2$

□□□ 기 96,00,07,13②,21①

92 그림에서 지표면으로부터 깊이 6m에서의 연직응력(σ_v)과 수평응력(σ_h)의 크기를 구하면? (단, 토압계수는 0.6이다.)

① $\sigma_v = 87.3 \text{kN/m}^2$, $\sigma_h = 52.4 \text{kN/m}^2$
② $\sigma_v = 95.2 \text{kN/m}^2$, $\sigma_h = 57.1 \text{kN/m}^2$
③ $\sigma_v = 112.2 \text{kN/m}^2$, $\sigma_h = 67.3 \text{kN/m}^2$
④ $\sigma_v = 123.4 \text{kN/m}^2$, $\sigma_h = 74.0 \text{kN/m}^2$

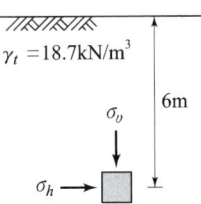

| 해답 | ③

- 연직응력 $\sigma_v = \gamma_t \cdot h = 18.7 \times 6 = 112.2 \text{kN/m}^2$
- 수평응력 $\sigma_h = K_0 \cdot \sigma_v = 0.6 \times 112.2 = 67.3 \text{kN/m}^2$

□□□ 기 17②,20②

93 얕은 기초에 대한 Terzaghi의 수정지지력 공식은 아래의 표와 같다. 4m× 5m의 직사각형 기초를 사용할 경우 형상계수 α와 β의 값으로 옳은 것은?

$$q_u = \alpha c N_c + \beta \gamma_1 B N_\gamma + \gamma_2 D_f N_q$$

① $\alpha = 1.18$, $\beta = 0.32$ ② $\alpha = 1.24$, $\beta = 0.42$
③ $\alpha = 1.28$, $\beta = 0.42$ ④ $\alpha = 1.32$, $\beta = 0.38$

| 해답 | ②

직사각형 형상계수

$\alpha = 1 + 0.3 \dfrac{B}{L} = 1 + 0.3 \times \dfrac{4}{5} = 1.24$

$\beta = 0.5 - 0.1 \dfrac{B}{L} = 0.5 - 0.1 \times \dfrac{4}{5} = 0.42$

□□□ 기 90,05,21①

94 상·하층이 모래로 되어 있는 두께 2m의 점토층이 어떤 하중을 받고 있다. 이 점토층의 투수계수가 5×10^{-7}cm/s, 체적변화계수(m_v)가 5.0cm²/kN일 때 90% 압밀에 요구되는 시간은? (단, 물의 단위중량은 9.81kN/m³이다.)

① 약 5.6일 ② 약 9.8일
③ 약 15.2일 ④ 약 47.2일

| 해답 | ②

$$t_{90} = \frac{T_{90}H^2}{C_v} = \frac{0.848H^2}{C_v}$$

- $C_v = \dfrac{k}{m_v \gamma_w} = \dfrac{5 \times 10^{-7}}{5.0 \times \left(\dfrac{1}{1000}\right) \times 9.81 \times \left(\dfrac{1000}{100^3}\right)} = \dfrac{5 \times 10^{-7} \times 100^3}{5.0 \times 9.81}$
  $= 0.010 \text{cm}^2/\text{sec}$

$$\therefore t_{90} = \frac{0.848 \times \left(\dfrac{200}{2}\right)^2}{0.010} \times \frac{1}{60 \times 60 \times 24} = 9.81 \text{일}$$

□□□ 기 08,15,17①,21②

95 연속 기초에 대한 Terzaghi의 극한지지력 공식은
$q_u = cN_c + 0.5\gamma_1 BN_\gamma + \gamma_2 D_f N_q$로 나타낼 수 있다. 아래 그림과 같은 경우 극한지지력 공식의 두 번째 항의 단위중량(γ_1)의 값은? (단, 물의 단위중량은 9.81kN/m³이다.)

① 14.48kN/m³
② 16.00kN/m³
③ 17.45kN/m³
④ 18.20kN/m³

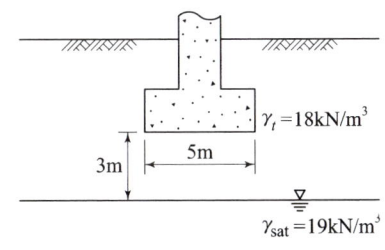

| 해답 | ①

$d < B$: 3m < 5m일 때 $\gamma_1 = \gamma_{sub} + \dfrac{d}{B}(\gamma_t - \gamma_{sub})$

- $\gamma_{sub} = \gamma_{sat} - \gamma_w = 19 - 9.81 = 9.19 \text{kN/m}^3$

$\therefore \gamma_1 = 9.19 + \dfrac{3}{5}(18 - 9.19) = 14.48 \text{kN/m}^3$

□□□ 기 12,21②

96 현장에서 채취한 흙 시료에 대하여 아래 조건과 같이 압밀시험을 실시하였다. 이 시료에 320kPa의 압밀압력을 가했을 때, 0.2cm의 최종 압밀침하가 발생되었다면 압밀이 완료된 후 시료의 간극비는?
(단, 물의 단위중량은 $9.81kN/m^3$이다.)

① 0.125
② 0.385
③ 0.500
④ 0.625

- 시료의 단면적(A) : $30cm^2$
- 시료의 초기 높이(H) : 2.6cm
- 시료의 비중(G_S) : 2.5
- 시료의 건조중량(W_S) : 1.18N

| 해답 | ③

- 공시체의 실질높이

$$H_s = \frac{W_s}{G_s \gamma_w A}$$

$$= \frac{1.18 \times 10^{-3}}{2.5 \times 9.81 \times 30 \times 10^{-4}} = 0.016m = 1.6cm$$

- 압밀이 완료된 후 시료의 높이
$H_v = H - H_s = 2.6 - 1.6 = 1.0cm$

- 최종 간극비
$e = \dfrac{H}{H_s} - 1 = \dfrac{2.6}{1.6} - 1 = 0.625$

- 압밀침하량 $\Delta H = \dfrac{e_o - e_n}{1 + e_o} H$

$0.2 = \dfrac{0.625 - e_o}{1 + 0.625} \times 2.6$

참고 SOLVE 사용
∴ 완료 후 간극비 $e_n = 0.500$

□□□ 기 94,21②

97 그림과 같은 지반에 재하순간 수주(水柱)가 지표면으로 부터 5m이었다. 20% 압밀이 일어난 후 지표면으로부터 수주의 높이는? (단, 물의 단위중량은 $9.81kN/m^3$이다.)

① 1m
② 2m
③ 3m
④ 4m

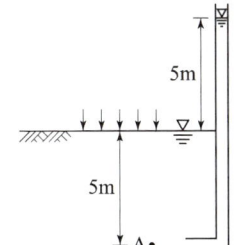

| 해답 | ④

- 현재의 과잉간극수압 $u_e = \gamma_w h$ 에서

$$h = \frac{u_e}{\gamma_w}$$

- 압밀도 $U = 1 - \frac{u_e}{u_i}$

- 초기과잉간극수압
  $u_i = \gamma_w h = 9.81 \times 5 = 49.05 \, kN/m^2$
- $u_e = u_i(1-U) = 49.05(1-0.20) = 39.24 \, kN/m^2$

$$\therefore h = \frac{39.24}{9.81} = 4m$$

□□□ 기 11②,19②,22②,24③

98 아래 그림과 같이 지표면에 집중하중이 작용할 때 A점에서 발생하는 연직응력의 증가량은?

① $206N/m^2$
② $244N/m^2$
③ $272N/m^2$
④ $303N/m^2$

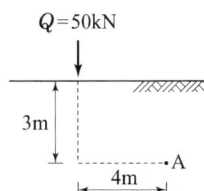

| 해답 | ①

$$\Delta \sigma_z = \frac{3Q}{2\pi} \times \frac{Z^3}{R^5}$$

- $R = \sqrt{3^2 + 4^2} = 5$

$$\therefore \Delta \sigma_z = \frac{3 \times 50}{2\pi} \times \frac{3^3}{5^5} = 0.2063 \text{kN/m}^2 = 206.3 \text{N/m}^2$$

□□□ 기 02,04,08,21①,23③

99 흙의 내부마찰각이 20°, 점착력이 50kN/m², 습윤단위중량이 17kN/m³, 지하수위 아래 흙의 포화단위중량이 19kN/m³일 때 3m×3m 크기의 정사각형 기초의 극한지지력을 Terzaghi의 공식으로 구하면? (단, 지하수위는 기초 바닥 깊이와 같으며 물의 단위중량은 9.81kN/m³이고, 지지력계수 $N_c = 18$, $N_r = 5$, $N_q = 7.5$이다.)

① 1231.24kN/m²
② 1337.31kN/m²
③ 1480.14kN/m²
④ 1540.42kN/m²

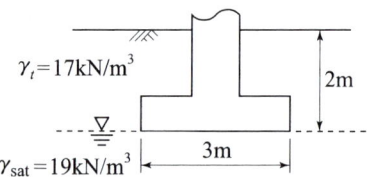

| 해답 | ③

- $q_u = \alpha c N_c + \beta \gamma_1 B N_r + \gamma_2 D_f N_q$

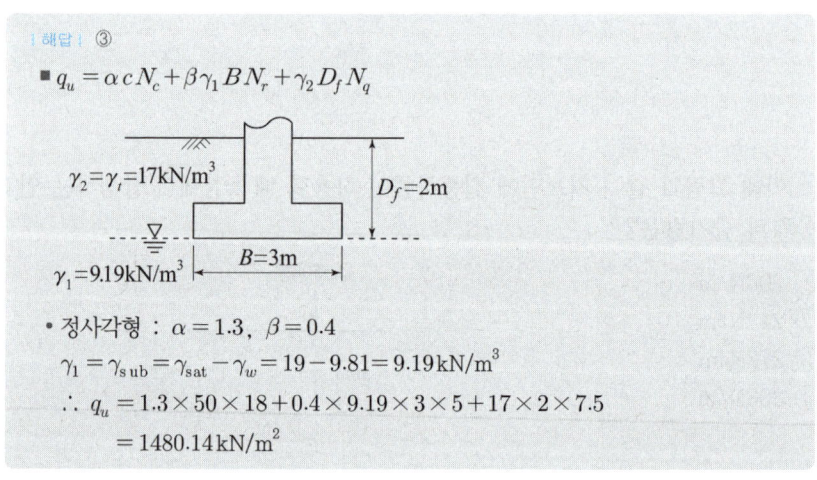

- 정사각형 : $\alpha = 1.3$, $\beta = 0.4$

$\gamma_1 = \gamma_{sub} = \gamma_{sat} - \gamma_w = 19 - 9.81 = 9.19 \text{kN/m}^3$

$\therefore q_u = 1.3 \times 50 \times 18 + 0.4 \times 9.19 \times 3 \times 5 + 17 \times 2 \times 7.5$
$= 1480.14 \text{kN/m}^2$

□□□ 기 06,09,15①,18①

100 어떤 흙에 대한 일축압축시험 결과 일축압축 강도가 0.1MPa이고, 이 시료의 파괴면과 수평면이 이루는 각은 50° 일 때 이 흙의 점착력(c_u)과 내부마찰각(ϕ)은?

① $c_u = 60\text{kN/m}^2$, $\phi = 10°$
② $c_u = 42\text{kN/m}^2$, $\phi = 50°$
③ $c_u = 60\text{kN/m}^2$, $\phi = 50°$
④ $c_u = 42\text{kN/m}^2$, $\phi = 10°$

| 해답 | ④

$\theta = 45° + \dfrac{\phi}{2}$ 에서

$\therefore \phi = 2\theta - 90° = 2 \times 50° - 90° = 10°$

$\therefore c_u = \dfrac{q_u}{2\tan\left(45° + \dfrac{\phi}{2}\right)} = \dfrac{0.1}{2\tan\left(45° + \dfrac{10°}{2}\right)}$

$= 0.042\text{MPa} = 0.042\text{N/mm}^2 = 42\text{kN/m}^2$

상하수도공학

06 2Pick Remember 120선   CBT 대비

□□□ 기 96,07,09,11,13,17④

101 인구 30만의 도시에 급수계획을 하고자 한다. 계획 1인 1일 최대 급수량을 350L로 하고 계획급수 보급률을 80%라 할 때 계획 1일 평균급수량은? (단, 이 도시는 중소도시로 계획첨두율은 1.5로 가정한다.)

① 126000m³/day ② 84000m³/day
③ 73500m³/day ④ 56000m³/day

| 해답 | ④

계획1일 평균급수량 = (계획급수인구 × 1인1일 평균급수량 × 급수보급률) ÷ 첨두율

$$= \frac{300000 \times 350 \times 0.80}{1.5}$$

$$= 56000000 \, L/day = 56000 \, m^3/day$$

(∵ $1m^3 = 1000L$)

□□□ 기 00,01,10

102 원형관의 내경이 80cm, 관길이 500m인 관에 물이 유속 2m/sec로 흐를 때 생기는 손실수두는 얼마인가? (단, 마찰손실계수는 0.003이다.)

① 3.8m ② 7.6m
③ 38cm ④ 76cm

| 해답 | ③

$$h_L = f \frac{l}{D} \cdot \frac{V^2}{2g}$$

$$= 0.003 \times \frac{50000}{80} \times \frac{200^2}{2 \times 980} = 38.27 \, cm$$

□□□ 기 99,00,09,10,20②

103 만류로 흐르는 수도관에서 조도계수 $n=0.01$, 동수경사 $I=0.001$, 관경 $D=5.08$m일 때 유량은? (단, Manning 공식을 적용 할 것)

① $25\text{m}^3/\text{sec}$
② $50\text{m}^3/\text{sec}$
③ $75\text{m}^3/\text{sec}$
④ $100\text{m}^3/\text{sec}$

| 해답 | ③

$$Q = A \cdot V = A \cdot \frac{1}{n} \cdot R^{2/3} \cdot I^{1/2}$$

- $A = \dfrac{\pi D^2}{4} = \dfrac{\pi \times 5.08^2}{4} = 20.27\,\text{m}^2$
- 경심 $R = \dfrac{D}{4} = \dfrac{5.08}{4}$
- $V = \dfrac{1}{0.01} \times \left(\dfrac{5.08}{4}\right)^{2/3} \times (0.001)^{1/2}$
  $= 3.71\,\text{m/sec}$
- $\therefore Q = 20.27 \times 3.71 = 75.20\,\text{m}^3/\text{sec}$

□□□ 기 99,03,08,13④,19③

104 하수처리장에 적용하는 활성슬러지 공법에서 MLSS개념 설명 중 가장 알맞는 것은?

① 유입하수중의 부유물질
② 폭기조 중의 부유물질
③ 반송슬러지 중의 부유물질
④ 방류수 중의 부유물질

| 해답 | ②

MLSS
폭기조 내의 혼합액 부유물질로서 폭기조 내의 미생물을 말한다.

□□□ 기 13,15,17①,20②

105 다음 생물학적 처리 방법 중 생물막 공법은?

① 산화구법
② 살수여상법
③ 접촉안정법
④ 계단식 폭기법

| 해답 | ②

생물막법은 대기, 하수 및 생물막의 상호 접촉양식에 따라 살수여상법, 회전원판법, 접촉산화법 및 침적여과형의 호기성여상법으로 분류된다.

□□□ 기 09,10,16①,21②

106 관의 길이가 1000m이고, 지름이 20cm인 관을 지름 40cm의 등치관으로 바꿀 때, 등치관의 길이는? (단, Hazen-Williams 공식을 사용한다.)

① 2924.2m
② 5924.2m
③ 19242.6m
④ 29242.6m

| 해답 | ④

$h_L = D_1^{-4.87} \times L_1 = D_2^{-4.87} \times L_2$ 에서

$L_2 = L_1 \times \left(\dfrac{D_1}{D_2}\right)^{-4.87} = L_1 \times \left(\dfrac{D_2}{D_1}\right)^{4.87}$

$= 1000 \times \left(\dfrac{0.20}{0.40}\right)^{-4.87} = 29242.6\,\text{m}$

□□□ 기 04,05,16

107 BOD_5가 155mg/L인 폐수에서 탈산소계수(K_1)가 0.2/day일 때 4일 후에 남아있는 BOD는? (단, 탈산소계수는 상용대수 기준)

① 27.3mg/L ② 56.4mg/L
③ 127.5mg/L ④ 172.2mg/L

| 해답 | ①

잔존 $BOD = BOD_u \times 10^{-k \cdot t}$

- $BOD_u = \dfrac{BOD_5}{1 - 10^{-k \cdot t}}$

  $= \dfrac{155}{1 - 10^{-0.2 \times 5}} = 172.22 \, mg/L$

∴ 잔존 $BOD = 172.22 \times 10^{-0.2 \times 4} = 27.3 \, mg/L$

□□□ 기 00,08

108 BOD_5가 250mg/L 이고 COD가 446mg/L인 경우, 생물학적으로 분해되지 않는 COD는? (단, 탈산소계수 $k_1 = 0.1/day$(밑수 10)임)

① 60mg/L ② 80mg/L
③ 100mg/L ④ 120mg/L

| 해답 | ②

- 분해 불가능 $COD = NBDCOD = COD - BOD_u$
- 최종 $BOD = BOD_u$

  $BOD_5 = BOD_u(1 - 10^{-k_1 \cdot t})$ 에서

  최종 $BOD = \dfrac{BOD_5}{1 - 10^{-k \times 5}}$

  $= \dfrac{250}{1 - 10^{-0.1 \times 5}} = 366 \, mg/L$

∴ $NBDCOD = COD - 최종BOD = 446 - 366 = 80 \, mg/L$

□□□ 기 95,98,99,00,12①

109 침전지의 수심이 4m이고 체류시간이 2시간일 때 이 침전지의 표면부하율(Surface loading rate)은?

① $12m^3/m^2 \cdot day$
② $24m^3/m^2 \cdot day$
③ $36m^3/m^2 \cdot day$
④ $48m^3/m^2 \cdot day$

|해답| ④

$$표면부하율 = \frac{유입유량(m^3/day)}{수면적(m^2)} = \frac{유효수심(m)}{체류시간(hr)}$$

$$= \frac{Q}{A} = \frac{h}{t} = \frac{4m}{2hr} = 2m/hr = 48m/day = 48m^3/m^2 \cdot day$$

□□□ 기 14,17②,20④,24①

110 어떤 지역의 강우지속시간(t)과 강우강도 역수($1/I$)와의 관계를 구해 보니 그림과 같이 기울기가 1/3000, 절편이 1/150이 되었다. 이 지역의 강우강도를 Talbot형$\left(I = \dfrac{a}{t+b}\right)$으로 표시한 것으로 옳은 것은?

① $\dfrac{3000}{t+20}$

② $\dfrac{20}{t+3000}$

③ $\dfrac{10}{t+1500}$

④ $\dfrac{1500}{t+10}$

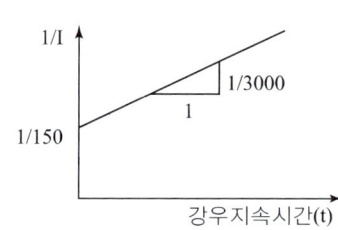

|해답| ①

강우강도 $I = \dfrac{a}{t+b}$

• $a = \dfrac{1}{기울기(I)} = \dfrac{1}{\frac{1}{3000}} = 3000$, $b = \dfrac{절편}{기울기} = \dfrac{\frac{1}{150}}{\frac{1}{3000}} = 20$

∴ 강우강도 $I = \dfrac{3000}{t+20}$

□□□ 기 99,00,03,17②,21①
111 유량이 100000m³/d이고 BOD가 2mg/L인 하천으로 유량 1000m³/d, BOD 100mg/L인 하수가 유입된다. 하수가 유입된 후 혼합된 BOD의 농도는?

① 1.97mg/L
② 2.97mg/L
③ 3.97mg/L
④ 4.97mg/L

|해답| ②

$$C_m = \frac{Q_1 C_1 + Q_w C_w}{Q_1 + Q_w} = \frac{100000 \times 2 + 1000 \times 100}{100000 + 1000} = 2.97 \, mg/L$$

□□□ 기 03,08,10
112 하수처리장의 1차 처리시설에서 BOD부하의 40%가 제거되고, 2차 처리시설에서 BOD부하의 90%가 제거되었다면 전체 BOD제거율은?

① 78%
② 89%
③ 94%
④ 96%

|해답| ③

$$\text{전체 BOD제거율} = 100 - (1-w_1)(1-w_2) \times 100$$
$$= 100 - (1-0.40)(1-0.90) \times 100 = 94\%$$

□□□ 기 00,08②,11①,12④,13①,14④,15④,19①
113 펌프의 비속도(비교회전도, Ns)에 대한 설명으로 틀린 것은?

① Ns가 작으면 유량이 많은 저양정의 펌프가 된다.
② 수량 및 전양정이 같다면 회전수가 클수록 Ns가 크게 된다.
③ 1m³/min의 유량을 1m 양수하는데 밀요힌 회진수를 의미한다.
④ Ns가 크게 되면 사류형으로 되고 계속 커지면 축류형으로 된다.

|해답| ①
• Ns 값이 적으면 유량(토출량)이 적은 고양정의 펌프로 된다.
• Ns 값이 클수록 유량(토출량)이 많은 저양정 펌프로 된다.

□□□ 기 95,15

114 1일 오수량 60000m³의 하수처리장에 침전지를 설계하고자 할 때 침전시간을 2시간으로 하고 유효수심을 2.5m로 하면 침전지의 필요면적은?

① 4800m² ② 3000m²
③ 2400m² ④ 2000m²

| 해답 | ④

$$V = \frac{Q}{A} = \frac{H}{\frac{t}{24}} \text{에서} \quad \therefore A = \frac{Q \cdot t}{24H} = \frac{60000 \times 2}{24 \times 2.5} = 2000 \, \text{m}^2$$

□□□ 기 95,96,98,04,08,17④,21①

115 펌프의 토출량이 0.94m³/min이고, 흡입구의 유속이 2m/s라 가정할 때 펌프의 흡입구경은?

① 100mm ② 200mm
③ 250mm ④ 300mm

| 해답 | ①

$$D = 146\sqrt{\frac{Q}{V}} = 146\sqrt{\frac{0.94}{2}} = 100.09 \, \text{mm}$$

□□□ 기 95,04,12

116 어느 도시의 장래 인구 증가 현황을 조사한 결과 현재인구가 90000명이고 연평균 인구 증가율이 2.5%일 때 25년 후의 예상 인구는?

① 약 167000명 ② 약 163000명
③ 약 160000명 ④ 약 156000명

| 해답 | ①

$$P_n = P_o(1+r)^n = 90000(1+0.025)^{25} = 166855 \, \text{명} ≒ 167,000 \, \text{명}$$

□□□ 기 96,02,04,06,13②,15②,18①②,22②
117 상수도 배수관망 중 격자식 배수관망에 대한 설명으로 틀린 것은?

① 물이 정체하지 않는다.
② 사고시 단수구역이 작아진다.
③ 수리계산이 복잡하다.
④ 제수 밸브가 적게 소요되며 시공이 용이하다.

| 해답 | ④

배수관망의 장·단점

구분	장점	단점
격자식	• 물이 정체하지 않는다. • 수압을 유지하기 쉽다. • 단수 구역이 좁아진다. • 화재 시 등 사용량의 변화에 대처하기가 쉽다.	• 관망의 수리계산이 복잡하다. • 관거의 포설시 건설비가 많이 소요된다.
수지상식	• 관망의 수리계산이 간단하다. • 제수 밸브가 적게 설치된다. • 시공이 쉽다.	• 수량을 서로 보충할 수 없다. • 관의 말단에 물이 정체하여 수질을 악화시킨다. • 관경이 커야 하므로 비경제적이다.

∴ 수지상식 : 제수 밸브가 적게 설치되며 시공이 용이하다.

□□□ 기 06,00,15①
118 하수관으로 폐수를 운반할 때 하수관의 직경이 0.5m에서 0.3m로 변환되었을 경우, 직경이 0.5m인 하수관 내의 유속이 2m/s이었다면 직경이 0.3m인 하수관내의 유속은?

① 0.72m/s
② 1.20m/s
③ 3.33m/s
④ 5.56m/s

| 해답 | ④

$A_1 V_1 = A_2 V_2$ 에서

$$\therefore V_2 = \frac{A_1}{A_2} V_1 = \frac{\frac{\pi d_1^2}{4}}{\frac{\pi d_2^2}{4}} V_1 = \frac{d_1^2}{d_2^2} V_1 = \left(\frac{d_1}{d_2}\right)^2 \times V_1 = \left(\frac{0.5}{0.3}\right)^2 \times 2 = 5.56 \, \text{m/s}$$

□□□ 기 97,09,16①,17④,19③

119 하수관로 설계 기준에 대한 설명으로 옳지 않은 것은?

① 관경은 하류로 갈수록 크게 한다.
② 유속은 하류로 갈수록 작게 한다.
③ 경사는 하류로 갈수록 완만하게 한다.
④ 오수관로의 유속은 0.6~3m/s가 적당하다.

| 해답 | ②
유속은 하류로 갈수록 점차 크게 설계한다.

□□□ 기 96,97,01,10

120 계획정수량 40000m³/day인 정수장에서 5개의 여과지를 설치하여 여과속도를 1.5×10^{-3}m/s로 할 경우 여과지 1개당 면적은 얼마로 하여야 하는가?

① 30m²
② 62m²
③ 309m²
④ 1481m²

| 해답 | ②

여과지 1개당 면적 $A = \dfrac{Q}{V \times n}$

- $V = 1.5 \times 10^{-3}$ m/s
  $= 1.5 \times 10^{-3} \times 60 \times 60 \times 24 = 129.60 \, \text{m}^3/\text{day}$

$\therefore A = \dfrac{Q}{V \times n} = \dfrac{40000}{129.6 \times 5(\text{개})} = 62 \, \text{m}^2$

Remember

3
Pick
120
선

01 3Pick Remember 120선   CBT 대비

□□□ 기 03,07,09,11,13②,14④,15①,17②,19③,21③

01 그림과 같은 단면에 전단력 $V = 600\text{kN}$이 작용할 때 최대 전단응력은 약 얼마인가?

① 12.71MPa
② 15.98MPa
③ 19.83MPa
④ 21.32MPa

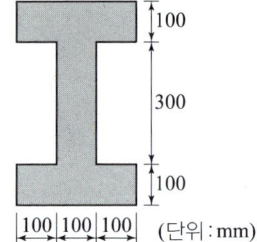

(단위:mm)

| 해답 | ②

$$\tau_{\max} = \frac{G_x S}{I_x b}$$

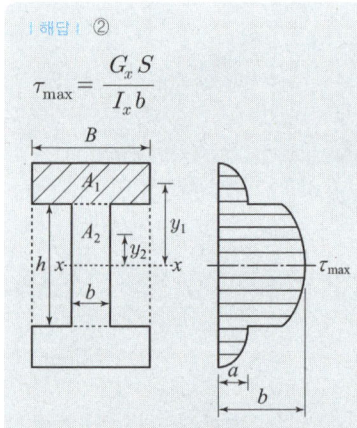

- $G_x = A_1 y_1 + A_2 y_2$

  $= 100 \times 300 \times (150 + 50) + 100 \times \frac{300}{2} \times \frac{150}{2} = 7125000\text{mm}^3$

- $S = 600 \times 10^3 \text{ N}$

- $I_x = \frac{BH^3}{12} - \frac{bh^3}{12} = \frac{300 \times 500^3}{12} - \frac{200 \times 300^3}{12} = 2675000000\text{mm}^4$

∴ $\tau_{\max} = \frac{G_x S}{I_x b} = \frac{7125000 \times 600000}{2675000000 \times 100} = 15.981\text{N/mm}^2 = 15.98\text{MPa}$

☐☐☐ 기 03④,05①,07②,13④,24①

02 다음 도형의 도심축에 관한 단면2차 모멘트를 I_g, 밑변을 지나는 축에 관한 단면2차 모멘트를 I_x라 하면 I_x/I_g 값은?

① 1
② 2
③ 3
④ 4

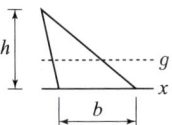

| 해답 | ③

- $I_g = \dfrac{bh^3}{36}$
- $I_x = \dfrac{bh^3}{36} + \dfrac{bh}{2} \times \left(\dfrac{h}{3}\right)^2 = \dfrac{bh^3}{12}$

$\therefore \dfrac{I_x}{I_g} = \dfrac{\frac{bh^3}{12}}{\frac{bh^3}{36}} = 3$

☐☐☐ 기 01②,07④,10①,12①,16②

03 평면응력을 받는 요소가 다음과 같이 응력을 받고 있다. 최대 주응력은?

① 64MPa
② 36MPa
③ 136MPa
④ 164MPa

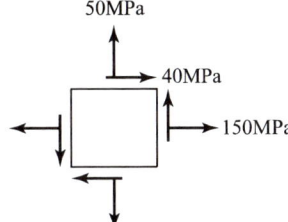

| 해답 | ④

$\sigma_{\max} = \dfrac{\sigma_x + \sigma_y}{2} + \sqrt{\left(\dfrac{\sigma_x - \sigma_y}{2}\right)^2 + \tau_{xy}^2}$

- $\sigma_x = 50\,\mathrm{MPa},\ \sigma_y = 150\,\mathrm{MPa},\ \tau_{xy} = 40\,\mathrm{MPa}$

$\therefore \sigma_{\max} = \dfrac{50 + 150}{2} + \sqrt{\left(\dfrac{150 - 50}{2}\right)^2 + 40^2}$
$= 100 + 64 = 164\,\mathrm{MPa}$

□□□ 기 95①②,98②,00④,06④,11①

04 그림과 같은 보에서 CD 구간의 곡률반경(曲率半徑)은 얼마인가?
(단, 이 보의 휨강도 $EI = 38000\,\text{kN}\cdot\text{m}^2$이다.)

① 924m
② 1056m
③ 1174m
④ 1283m

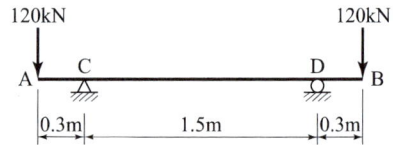

| 해답 | ②

곡률반경 $R = \dfrac{EI}{M}$

• C~D구간의 $M = 120 \times 0.3 = 36\,\text{kN}\cdot\text{m}$

∴ $R = \dfrac{38000}{36} = 1056\,\text{m}$

□□□ 기 94③,97①,99②,01④,04①

05 단면 300mm×400mm, 지간이 10m인 단순보가 6000kN/m의 등분포 하중을 받을 때 최대 전단응력은?

① 375MPa
② 475MPa
③ 250MPa
④ 350MPa

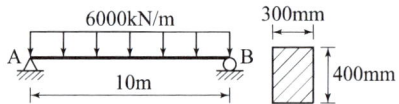

| 해답 | ①

구형단면 $\tau_{\max} = \dfrac{3}{2}\dfrac{S_{\max}}{A}$

• $S_{\max} = R_A = R_B = \dfrac{wl}{2} = \dfrac{6000 \times 10}{2} = 30000\,\text{kN}$

• $A = bh = 300 \times 400 = 120000\,\text{mm}^2$

∴ $\tau_{\max} = \dfrac{3}{2} \times \dfrac{30000 \times 10^3}{120000} = 375\,\text{N/mm}^2 = 375\,\text{MPa}$

□□□ 기 93③,97③,00③,04①④,07②
06 그림에서 P_1이 단순보의 C점에 작용하였을 때 C 및 D점의 수직 변위가 각각 0.4cm, 0.3cm이고 P_2가 D점에 단독으로 작용하였을 때 C, D점의 수직 변위는 0.2cm, 0.25cm였다. P_1과 P_2가 동시에 작용하였을 때 일 W는?

① $W=20.5\text{kN}\cdot\text{cm}$
② $W=14.5\text{kN}\cdot\text{cm}$
③ $W=28.5\text{kN}\cdot\text{cm}$
④ $W=19.0\text{kN}\cdot\text{cm}$

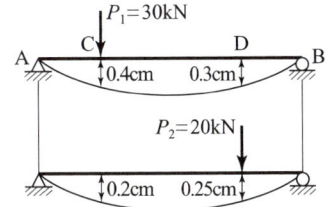

| 해답 | ②

$$W = \frac{1}{2}(P_1\delta_{11} + P_1\delta_{12}) + \frac{1}{2}(P_2\delta_{22} + P_2\delta_{21})$$
$$= \frac{1}{2}(30 \times 0.4 + 30 \times 0.2) + \frac{1}{2}(20 \times 0.25 + 20 \times 0.3)$$
$$= 14.5 \text{ kN} \cdot \text{cm}$$

□□□ 기 93③,00③,10④
07 그림과 같은 단주에 편심거리 e에 $P=8\text{kN}$이 작용할 때 단면에 인장력이 생기지 않기 위한 e의 한계는 다음 중 어느 것인가?

① 10cm
② 8cm
③ 9cm
④ 6cm

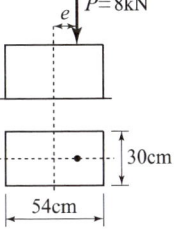

| 해답 | ③

$$\sigma = \frac{P}{A} - \frac{M}{Z} = \frac{P}{A} - \frac{P \cdot e}{\frac{bh^2}{6}} = 0 = \frac{8}{30 \times 54} - \frac{8 \times e}{\frac{30 \times 54^2}{6}} = 0$$

$\therefore e = 9\text{cm}$

참고 SOLVE 사용

또는 직사각형 단면 핵 $e = \dfrac{h}{6} = \dfrac{54}{6} = 9\text{cm}$

□□□ 기 01①, 06②, 10②, 18③

08 부양력 2kN인 기구가 수평선과 60°의 각으로 정지상태에 있을 때 기구의 끈에 작용하는 인장력(T)과 풍압(W)을 구하면?

① $T=2.21$kN, $w=1.05$kN
② $T=2.31$kN, $w=1.15$kN
③ $T=2.21$kN, $w=1.25$kN
④ $T=2.31$kN, $w=1.35$kN

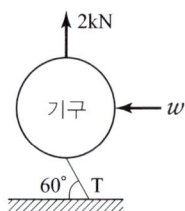

| 해답 | ②

sin법칙 : $\dfrac{T}{\sin 90°} = \dfrac{2}{\sin 60°} = \dfrac{w}{\sin 30°}$

• $T = \dfrac{\sin 90°}{\sin 60°} \times 2 = 2.31$kN

• $w = \dfrac{\sin 30°}{\sin 60°} \times 2 = 1.15$kN

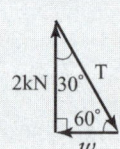

□□□ 기 98④, 00①, 10②

09 다음 그림과 같은 하중을 받는 트러스에서 A지점은 힌지(hinge), B지점은 롤러(roller)로 되어 있을 때 A점의 반력의 합력 크기는?

① 30kN
② 40kN
③ 50kN
④ 60kN

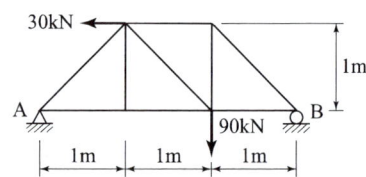

| 해답 | ③

• $\Sigma M_B = 0 : V_A \times 3 - 30 \times 1 - 90 \times 1 = 0$
  ∴ $V_A = 40$kN
• $\Sigma H = 0 : 30 - H_A = 0$
  ∴ $H_A = 30$kN
  ∴ $R_A = \sqrt{V_A + H_A} = \sqrt{40^2 + 30^2} = 50$kN

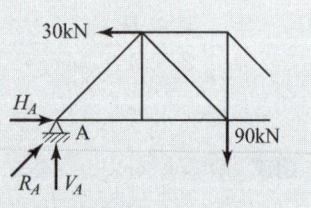

□□□ 기 88, 98③, 08①
10 그림과 같은 라멘에서 휨모멘트도(B.M.D)가 옳게 그려진 것은?

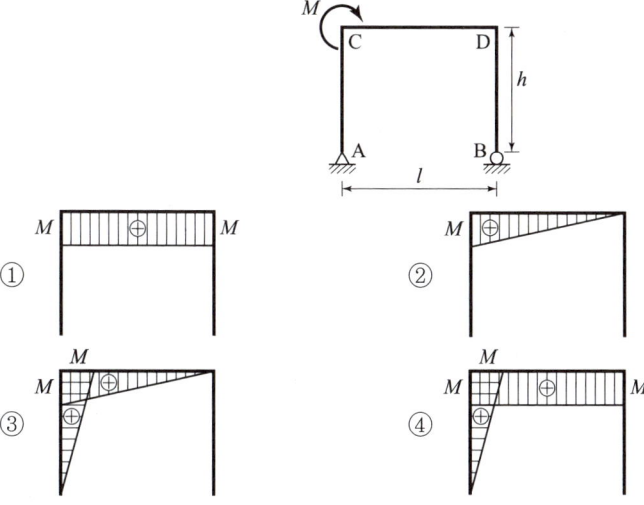

| 해답 | ②

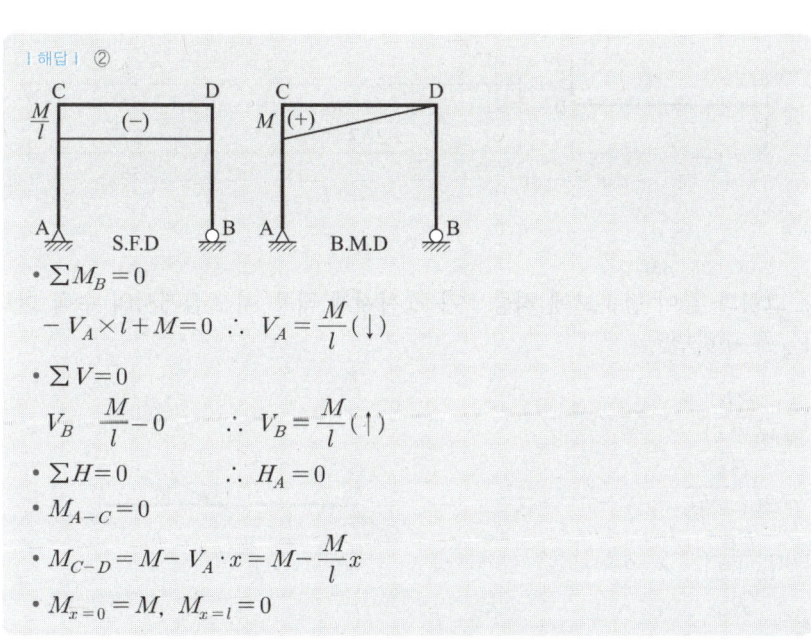

- $\sum M_B = 0$

  $-V_A \times l + M = 0$ ∴ $V_A = \dfrac{M}{l}(\downarrow)$

- $\sum V = 0$

  $V_B \quad \dfrac{M}{l} - 0$ ∴ $V_B = \dfrac{M}{l}(\uparrow)$

- $\sum H = 0$ ∴ $H_A = 0$
- $M_{A-C} = 0$
- $M_{C-D} = M - V_A \cdot x = M - \dfrac{M}{l}x$
- $M_{x=0} = M$, $M_{x=l} = 0$

☐☐☐ 기 99①,02④,03②,05②,07②,08②,13④

11 일정한 크기의 단면을 갖는 캔틸레버보의 자유단에 집중하중 P에 의한 처짐이 y일 때 처짐이 $8y$가 되도록 스팬을 길게 한다면 l의 몇 배가 되어야 하는가? (단, EI는 일정하다.)

① 5.0배
② 4.0배
③ 8.0배
④ 2.0배

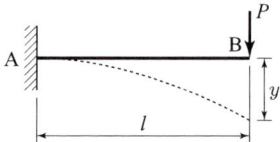

| 해답 | ④

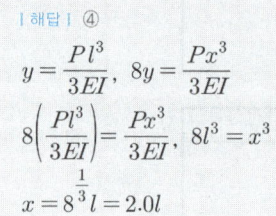

$y = \dfrac{Pl^3}{3EI}$

$1y : l^3 = 8y : x^3$

$x^3 = 8l^3$ ∴ $x = 2l$

Remember

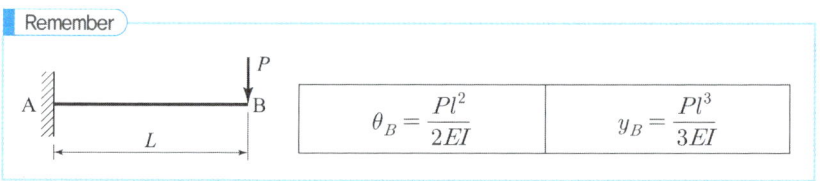

| $\theta_B = \dfrac{Pl^2}{2EI}$ | $y_B = \dfrac{Pl^3}{3EI}$ |

☐☐☐ 기 04④,06①,13④

12 그림과 같이 단순보에 하중 P가 경사지게 작용 시 A점에서의 수직 반력 V_A를 구하면?

① $\dfrac{Pb}{(a+b)}$
② $\dfrac{Pb}{2(a+b)}$
③ $\dfrac{Pa}{(a+b)}$
④ $\dfrac{Pa}{2(a+b)}$

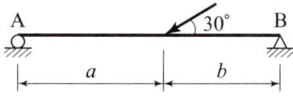

| 해답 | ②

$\Sigma M_B = 0(\curvearrowright)$

$V_A \times (a+b) - P\sin 30° \times b = 0$

$V_A \times (a+b) - \dfrac{Pb}{2} = 0$

$V_A = \dfrac{Pb}{2(a+b)}(\uparrow)$

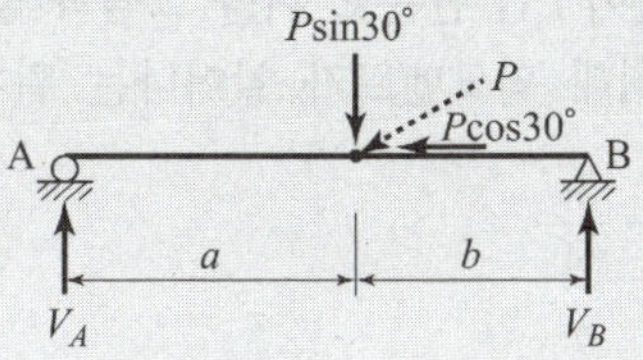

□□□ 기 04②,09④,12④

13 그림과 같은 단순보의 최대전단응력 τ_{max}를 구하면? (단, 보의 단면은 지름이 D인 원이다.)

① $\dfrac{wL}{2\pi D^2}$

② $\dfrac{9wL}{4\pi D^2}$

③ $\dfrac{3wL}{2\pi D^2}$

④ $\dfrac{2wL}{\pi D^2}$

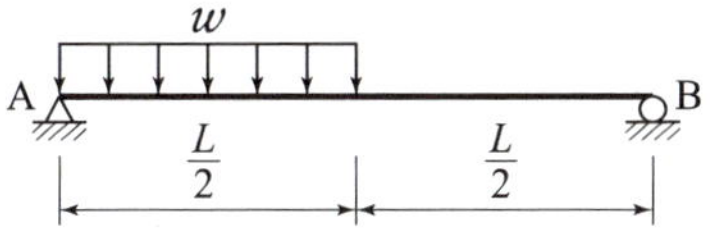

| 해답 | ④

원형단면 : $\tau_{max} = \dfrac{4}{3}\dfrac{S_{max}}{A}$

- $\Sigma M_B = 0(\curvearrowright)$

$R_A \times L - w \times \dfrac{L}{2} \times \left(\dfrac{L}{2} + \dfrac{L}{4}\right) = 0 \quad \therefore R_A = \dfrac{3wL}{8}$

- $S_{max} = R_A = \dfrac{3wL}{8}$

- $A = \dfrac{\pi D^2}{4}$

$\therefore \tau_{max} = \dfrac{4}{3}\dfrac{S_{max}}{A} = \dfrac{4}{3}\dfrac{\frac{3wL}{8}}{\frac{\pi D^2}{4}} = \dfrac{2wL}{\pi D^2}$

□□□ 기 98④,04①,06④

14 지간이 l인 단순보 위를 그림과 같이 이동하중이 통과할 때 지점 B로부터 절대 최대 휨모멘트가 일어나는 위치는 다음 중 어느 것인가?

① $\dfrac{l}{2} - \dfrac{3e}{4}$

② $\dfrac{l}{2} - \dfrac{e}{3}$

③ $\dfrac{l}{2} - \dfrac{e}{4}$

④ $\dfrac{l}{2} - \dfrac{e}{2}$

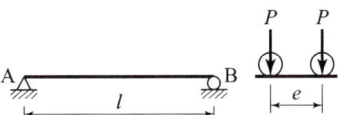

| 해답 | ③

절대최대 휨모멘트는 이동하중의 합력선과 가장 인접한 하중과의 중앙점이 보의 중앙점에 일치될 때 가장 인접한 하중 밑에서 생긴다.

∴ 절대최대휨모멘트는 B점으로부터 $\dfrac{l}{2} - \dfrac{e}{4}$ 위치에서 일어난다.

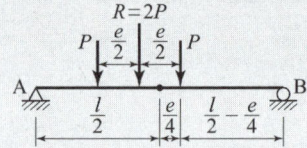

□□□ 기 78,85,97④

15 그림과 같은 양단 내민보에서 C점(중앙점)에서 휨모멘트가 0이 되기 위한 $\dfrac{a}{L}$는 얼마인가? (단, $P = wL$)

① $\dfrac{1}{2}$

② $\dfrac{1}{4}$

③ $\dfrac{1}{7}$

④ $\dfrac{1}{8}$

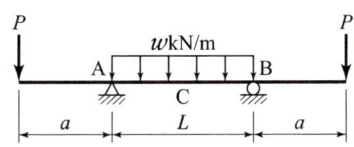

| 해답 | ④

- $R_A = P + \dfrac{w \cdot L}{2} = P + \dfrac{P}{2} = \dfrac{3}{2}P (\because P = wL)$

- $M_C = \dfrac{3}{2}P \times \dfrac{L}{2} - P\left(a + \dfrac{L}{2}\right) - \dfrac{w \cdot L}{2} \times \dfrac{L}{4} = 0$

  $= \dfrac{P}{8}(6L - 8a - 4L - L) = \dfrac{PL}{8} - Pa = 0$

  $= \dfrac{P}{8}(L - 8a) = 0, \ L - 8a = 0 (\because M_C = 0)$

  $\therefore \dfrac{a}{L} = \dfrac{1}{8}$

□□□ 기 04①, 06②, 12①, 15④, 22②

16 그림과 같은 구조물에서 하중이 작용하는 위치에서 일어나는 처짐의 크기는?

① $\dfrac{PL^3}{48EI}$ ② $\dfrac{PL^3}{96EI}$

③ $\dfrac{7PL^3}{384EI}$ ④ $\dfrac{11PL^3}{384EI}$

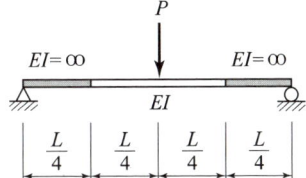

| 해답 | ③

- 탄성하중법 사용

  - 양지점에서 $\dfrac{L}{4}$ 까지는 $EI = \infty$ 이므로 휨강성이 매우 커서 처짐은 발생하지 않는다.

- D-C 부분의 면적을 구하여 P_1과 P_2로 표현하면

  - $P_1 = \dfrac{PL}{8EI} \times \dfrac{L}{4} \times \dfrac{1}{2} = \dfrac{PL^2}{64EI}$

  - $P_2 = \dfrac{PL}{8EI} \times \dfrac{L}{4} = \dfrac{PL^2}{32EI}$

  - $\therefore R_A' = \dfrac{PL^2}{64EI} + \dfrac{PL^2}{32EI} = \dfrac{3PL^2}{64EI}$

- $\delta_C = M_C = \left(\dfrac{3PL^2}{64EI}\right)\left(\dfrac{L}{2}\right) - \left(\dfrac{PL^2}{64EI}\right)\left(\dfrac{L}{4} \times \dfrac{1}{3}\right) - \left(\dfrac{PL^2}{32EI}\right)\left(\dfrac{L}{4} \times \dfrac{1}{2}\right) = \dfrac{7PL^3}{384EI}$

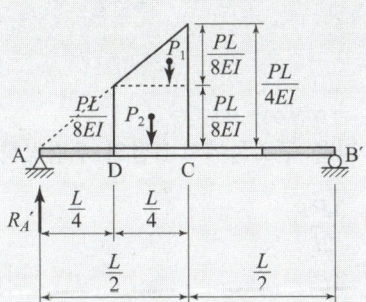

□□□ 기 95④, 02④, 11①

17 똑같은 휨모멘트 M을 받고 있는 두 보의 단면이 그림1 및 그림 2와 같다. 그림 2의 보의 최대휨응력은 그림 1의 보의 최대휨응력의 몇 배인가?

① $\sqrt{2}$ 배
② $2\sqrt{2}$ 배
③ $\sqrt{5}$ 배
④ $\sqrt{3}$ 배

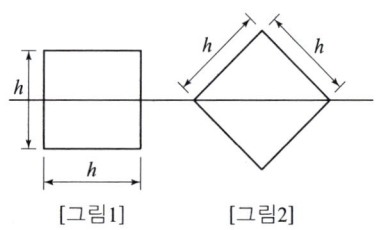

[그림1]   [그림2]

| 해답 | ①

- 만곡(휨)응력 $\sigma = \dfrac{M}{Z}$으로 단면계수 Z에 반비례 대칭
- 단면의 도심을 지나는 축에 대한 단면2차 모멘트(I)는 모두 같다.($I_1 = I_2$)
- $\sigma_a : \sigma_b = \dfrac{1}{Z_a} : \dfrac{1}{Z_b} = Z_b : Z_a$
- $Z_a = \dfrac{h^3}{6}$, $Z_b = \dfrac{I}{y} = \dfrac{\dfrac{h^4}{12}}{\dfrac{\sqrt{2}h}{2}} = \dfrac{h^3}{6\sqrt{2}}$

$\therefore \sigma_a : \sigma_b = Z_b : Z_a = \dfrac{h^3}{6\sqrt{2}} : \dfrac{h^3}{6} = \dfrac{1}{\sqrt{2}} : 1 = 1 : \sqrt{2}$

□□□ 기 07①, 09②, 11①, 14④

18 다음 구조물에서 B점의 수평방향반력 R_B를 구한 값은? (단, EI는 일정)

① $\dfrac{3Pa}{2l}$
② $\dfrac{3Pl}{2a}$
③ $\dfrac{2Pa}{3l}$
④ $\dfrac{2Pl}{3a}$

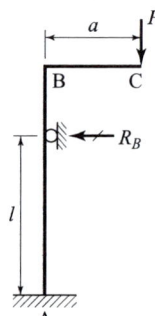

| 해답 | ①

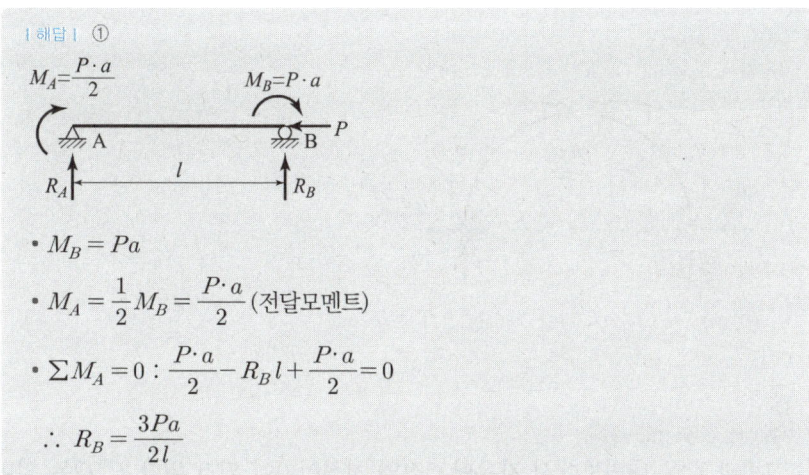

- $M_B = Pa$
- $M_A = \dfrac{1}{2}M_B = \dfrac{P \cdot a}{2}$ (전달모멘트)
- $\sum M_A = 0 : \dfrac{P \cdot a}{2} - R_B l + \dfrac{P \cdot a}{2} = 0$

  $\therefore R_B = \dfrac{3Pa}{2l}$

□□□ 기 99④, 01④, 03①, 25③

19 그림과 같이 3활절(滑節) 아치에 등분포 하중이 작용할 때 휨모멘트도 (B.M.D)로서 옳은 것은?

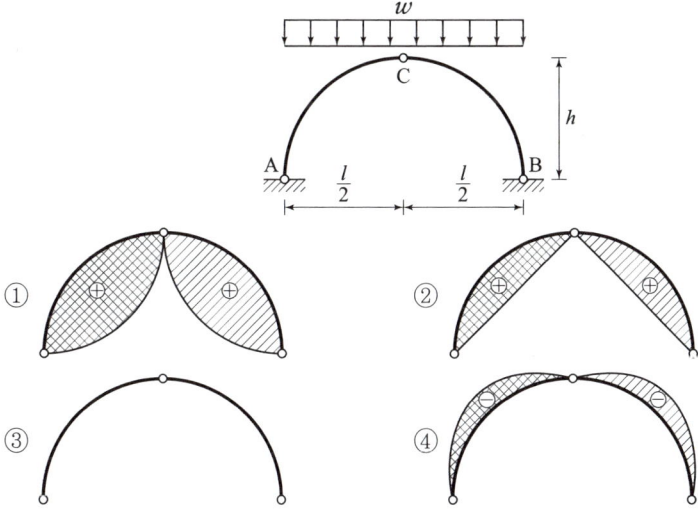

[해답] ④

3활절 등분포하중 아치의 휨모멘트도(B.M.D)

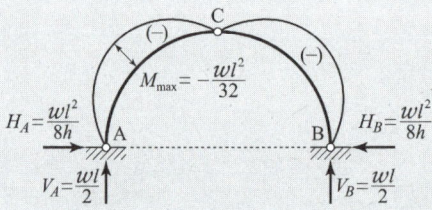

$H_A = \dfrac{wl^2}{8h}$, $H_B = \dfrac{wl^2}{8h}$

$V_A = \dfrac{wl}{2}$, $V_B = \dfrac{wl}{2}$

$M_{max} = -\dfrac{wl^2}{32}$

∴ $(0, 0)$ $\left(\dfrac{l}{2}, h\right)$ $(l, 0)$을 지나는 2차 포물선

□□□ 기 01②, 03④, 10④, 13①

20 그림과 같은 내민보에서 자유단 C점의 처짐이 0이 되기 위한 P/Q는 얼마인가? (단, EI는 일정하다.)

① 3
② 4
③ 5
④ 6

[해답] ②

중첩의 원리 적용

$\delta_{c1} = -\dfrac{Pl^3}{32EI}$, $\delta_{c2} = \dfrac{Ql^3}{8EI}$

$\delta_{c1} + \delta_{c2} = 0$; $-\delta_{c1} = \delta_{c2}$: $\dfrac{Pl^3}{32EI} = \dfrac{Ql^3}{8EI}$ ∴ $\dfrac{P}{Q} = \dfrac{32}{8} = 4$

| Remember |

$\delta_{c1} = \dfrac{Pl^3}{32EI}(\uparrow)$

$\delta_{c2} = \dfrac{Ql^3}{8EI}(\downarrow)$

02 측량학

3Pick Remember 120선 — CBT 대비

□□□ 기 81,89,95,97,13,17②,20③④

21 수준측량에서 전시와 후시의 거리를 같게 하여 소거할 수 있는 오차가 아닌 것은?

① 지구의 곡률에 의해 생기는 오차
② 기포관축과 시준축이 평행되지 않기 때문에 생기는 오차
③ 시준선상에 생기는 빛의 굴절에 의한 오차
④ 표척의 조정 불완전으로 인해 생기는 오차

| 해답 | ④

표척의 눈금이 정확하지 않을 때의 오차
• 고저차는 표척의 눈금 읽기에 의하여 관측되므로 고저차에 비례하여 증가한다.
• 따라서 수준점간의 비고(比高)에 비례하여 배분한다.

□□□ 기 96,99,11,12,15①,22①

22 트래버스 측량에서 측점 A의 좌표가 (100m, 100m)이고 측선 AB의 길이가 50m일 때 B점의 좌표는? (단, AB측선의 방위각은 195° 이다)

① (51.7m, 87.1m) ② (51.7m, 112.9m)
③ (148.3m, 87.1m) ④ (148.3m, 112.9m)

| 해답 | ①

• $X_B = X_A + \overline{AB}\cos\theta$
 $= 100 + 50\cos 195° = 51.7\text{m}$
• $Y_B = Y_A + \overline{AB}\sin\theta$
 $= 100 + 50\sin 195° = 87.1\text{m}$
∴ B점의 좌표(51.7, 87.1)

□□□ 기 92,13④,21①,22②

23 다각측량에서 각 측량의 기계적 오차 중 시준축과 수평축이 직교하지 않아 발생하는 오차를 처리하는 방법으로 옳은 것은?

① 망원경을 정위와 반위로 측정하여 평균값을 취한다.
② 배각법으로 관측을 한다.
③ 방향각법으로 관측을 한다.
④ 편심관측을 하여 귀심계산을 한다.

| 해답 | ①

각 측량의 기계적 오차

오차의 종류	원인	처리방향
시준축 오차	시준축과 수평축이 직교하지 않는다.	망원경 正·反으로 관측하여 평균한다.
수평축 오차	수평축이 연직축에 직교하지 않는다.	
외심 오차	회전축에 대하여 망원경의 위치가 편심되어 있다.	
연직축 오차	연직축이 정확히 연직선에 있지 않다.	어떤 방법으로 소거 되지 않는다.

□□□ 기 95,00,06,10,16

24 수평 및 수직거리를 동일한 정확도로 관측하여 육면체의 체적을 $3000m^3$로 구하였다. 체적계산의 오차를 $0.6m^3$ 이하로 하기 위한 수평 및 수직거리 관측의 최대 허용 정확도는?

① $\dfrac{1}{15000}$ ② $\dfrac{1}{20000}$
③ $\dfrac{1}{25000}$ ④ $\dfrac{1}{30000}$

| 해답 | ①

$V = a^3$ 에서 $\dfrac{dV}{V} = 3\dfrac{a^2}{a^3}da = 3\dfrac{da}{a}$

$\therefore \dfrac{dV}{3V} = \dfrac{da}{a} = \dfrac{0.6}{3 \times 3000} = \dfrac{1}{15000}$

□□□ 기 80,88,94,98,13,17②

25 측지학과 관련된 설명으로 옳은 것은? (단, N : 지구의 횡곡률 반지름, R : 지구의 자오선 곡률 반지름, a : 타원지구의 적도반지름, b : 타원지구의 극반지름)

① 측량의 원점에서의 평균 곡률반지름은 $\dfrac{a+2b}{3}$ 이다.
② 타원에 대한 지구의 곡률반지름은 $\dfrac{a-b}{a}$ 로 표시된다.
③ 지구의 편평률은 $\sqrt{N \cdot R}$ 로 표시된다.
④ 지구의 이심율(편심율)은 $\dfrac{\sqrt{a^2-b^2}}{a}$ 로 표시된다.

|해답| ④

- 3축반경 $R = \dfrac{2a+b}{3}$
- 지구의 편평률 : $P = \dfrac{a-b}{a}$
- 평균 곡률 반경 : $R = \sqrt{M \cdot N}$
- 지구의 편심률 : $e = \sqrt{\dfrac{a^2-b^2}{a^2}} = \dfrac{\sqrt{a^2-b^2}}{a}$

□□□ 기 91,92,93,98,03,11

26 레벨로부터 60m 떨어진 표척을 시준한 값이 1.258m이며 이때 기포가 1눈금 편위되어 있었다. 이것을 바로잡고 다시 시준하여 1.267m를 읽었다면 기포의 감도는?

① 약 25″ ② 약 27″
③ 약 29″ ④ 약 31″

|해답| ④

$$\rho'' = 206265'' \dfrac{l}{nD}$$
$$= 206265'' \times \dfrac{(1.267-1.258)}{1 \times 60} = 31''$$

□□□ 기 97,99,01,15

27 다음 중 물리학적 측지학에 해당되는 것은?

① 탄성파 관측 ② 면적 및 부피 계산
③ 구과량 계산 ④ 3차원 위치 결정

| 해답 | ①

측지학의 대상한도

물리학적 측지학	기하학적 측지학
• 중력측정 • 지자기의 관측 • 탄성파 관측 • 지각변동 및 균형 • 지구의 열측정 • 대륙의 부동 • 해양의 조류 • 지구의 조석측량 • 지구의 형상 해석 • 지구의 극운동 및 자전운동	• 3차원 위치결정 • 길이 및 시간의 측정 • 수평위치의 결정 • 높이의 결정 • 천문측량 • 사진측량 • 위성측지 • 하해측지 • 지도제작(지도학) • 면적 및 부피 계산

□□□ 기 98,03,16②,18①,22②

28 30m당 0.03m가 짧은 줄자를 사용하여 정사각형 토지의 한 변을 측정한 결과 150m이었다면 면적에 대한 오차는?

① 41m^2
② 43m^2
③ 45m^2
④ 47m^2

| 해답 | ③

$$A_o = A\left(1 - \frac{\Delta l}{l}\right)^2$$

• 면적 $A = 150 \times 150 = 22500\text{m}^2$
• $A_o = 22500\left(1 - \frac{0.03}{30}\right)^2 = 22455.0225\text{m}^2$
∴ 면적오차 $\Delta A = A - A_o = 22500 - 22455.02 = 44.98\text{m}^2 = 45\text{m}^2$

□□□ 기 94,98,01,05,11,21③

29 축척 1:500 도상에서 3변의 길이가 각각 20.5cm, 32.4cm, 28.5cm인 삼각형 지형의 실제면적은?

① 40.70m²
② 288.53m²
③ 6924.15m²
④ 7213.26m²

:해답: ④

- 헤론의 공식 적용
$$A = \sqrt{S(S-a)(S-b)(S-c)}$$
여기서, $S = \dfrac{a+b+c}{2}$

- $S = \dfrac{20.5 + 32.4 + 28.5}{2} = 40.7\text{cm}$
- $A = \sqrt{40.7(40.7-20.5)(40.7-32.4)(40.7-28.5)} = 288.53\text{cm}^2$

∴ $A_0 = A \cdot \text{m}^2 = 288.53 \times 500^2 \times \dfrac{1}{10000} = 7213.25\,\text{m}^2$

□□□ 기 92,98,02,03,04,22②

30 그림과 같은 구역을 심프슨 제1법칙으로 구한 면적은? (단, 각 구간의 지거는 1m로 동일하다.)

① 14.20m²
② 14.90m²
③ 15.50m²
④ 16.00m²

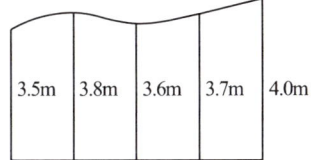

:해답: ②

$A_1 = \dfrac{d}{3}(y_1 + 4y_2 + y_3) = \dfrac{1}{3}(3.5 + 4 \times 3.8 + 3.6) = 7.43\,\text{m}^2$

$A_2 = \dfrac{d}{3}(y_3 + 4y_4 + y_5) = \dfrac{1}{3}(3.6 + 4 \times 3.7 + 4.0) = 7.47\,\text{m}^2$

∴ $A = A_1 + A_2 = 7.43 + 7.47 = 14.90\,\text{m}^2$

□□□ 기 83,96,98,01,22②

31 그림과 같은 지형에서 각 등고선에 쌓인 부분의 면적이 표와 같을 때 각주 공식에 의한 토량은? (단, 윗면은 평평한 것으로 가정한다.)

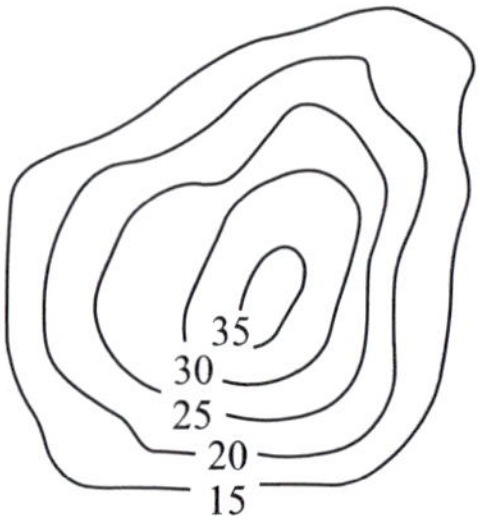

등고선(m)	면적(m²)
15	3800
20	2900
25	1800
30	900
35	200

① 11400m³
② 22800m³
③ 33800m³
④ 38000m³

| 해답 | ④

$V = V_1 + V_2$

- $V_1 = \dfrac{h}{3}(A_{35} + 4A_{30} + A_{25})$

  $= \dfrac{5}{3}(200 + 4 \times 900 + 1800) = 9333.33 \, \text{m}^3$

- $V_2 = \dfrac{h}{3}(A_{25} + 4A_{20} + A_{15})$

  $= \dfrac{5}{3}(1800 + 4 \times 2900 + 3800) = 28666.67 \, \text{m}^3$

∴ $V = 9333.33 + 28666.67 = 38000 \, \text{m}^3$

□□□ 기 94,99,05,07,13,18①

32 어떤 횡단면의 도상면적이 40.5cm² 이었다. 가로 축척이 1:20, 세로 축척이 1:60이었다면 실제면적은?

① 48.6m²
② 33.75m²
③ 4.86m²
④ 3.375m²

| 해답 | ③

$A = am_1m_2$
$= 40.5 \times 20 \times 60 = 48600 \text{cm}^2 = 4.86\text{m}^2$
$(\because 1\text{cm}^2 = 0.0001\text{m}^2)$

□□□ 기 95,96,98,12,15④,20④

33 수준망의 관측 결과가 표와 같을 때, 관측의 정확도가 가장 높은 것은?

구분	총거리(km)	폐합오차(mm)
I	25	±20
II	16 ±18
III	12	±15
IV	8	±13

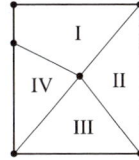

① I
② II
③ III
④ IV

| 해답 | ①

■ 정확도 : 거리 1km에 대한 수준 측량의 허용 오차 C의 값에 의하여 수준측량의 정확도를 비교할 수 있다.

• 수준측량의 오차 $E = C\sqrt{L}$ ⇒ 수준측량의 허용 오차 $C = \dfrac{E}{\sqrt{L}}$

• I구간 : $C = \pm \dfrac{20}{\sqrt{25}} = \pm 4.0$

• II구간 : $C = \pm \dfrac{18}{\sqrt{16}} = \pm 4.50$

• III구간 : $C = \pm \dfrac{15}{\sqrt{12}} = \pm 4.33$

• IV구간 : $C = \pm \dfrac{13}{\sqrt{8}} = \pm 4.60$

• 수준 측량의 허용 오차 C의 가장 작은 값이 정확도가 가장 높다.
∴ I구간의 정확도가 가장 높다.

□□□ 기 83,92,95,97,00,05,06,07,10

34 축척 1/1000의 도면에서 어느 지역의 토지를 측정하였더니 가로 2cm, 세로 1cm였다. 이 도면이 전체적으로 1% 수축되어 있었다면 이 토지의 실면적은 얼마인가?

① $204m^2$
② $20.4m^2$
③ $408m^2$
④ $40.8m^2$

| 해답 | ①

$$A_o = A \cdot m^2 (1 \pm \epsilon)^2 = (0.02 \times 0.01) \times 1000^2 \times \left(1 + \frac{1}{100}\right)^2 = 204.02\,m^2$$

[도면이 줄면 면적이 늘고(+), 도면이 늘면 면적이 준다.(−)]

□□□ 기 00,03,05,13,15,17,21①

35 등고선에 관한 설명으로 옳지 않은 것은?

① 높이가 다른 등고선은 절대 교차하지 않는다.
② 등고선간의 최단거리 방향은 최대경사 방향을 나타낸다.
③ 지도의 도면 내에서 폐합되는 경우에 등고선의 내부에는 산꼭대기 또는 분지가 있다.
④ 동일한 경사의 지표에서 등고선 간의 간격은 같다.

| 해답 | ①

높이가 다른 두 등고선은 동굴이나 절벽을 제외하고는 교차하지 않는다.

□□□ 기 99,04,05,15①,17②,19③

36 수애선의 기준이 되는 수위는?

① 평수위
② 평균수위
③ 최고수위
④ 최저수위

| 해답 | ①

수애선
수면과 하애와의 경계선으로 하천 수위의 변화에 따라 다르며 평수위에 의하여 결정된다.

□□□ 기 93,00,09,11,22②

37 그림과 같은 복곡선에서 $t_1 + t_2$의 값은?

① $R_1(\tan\Delta_1 + \tan\Delta_2)$
② $R_2(\tan\Delta_1 + \tan\Delta_2)$
③ $R_1 \tan\Delta_1 + R_2 \tan\Delta_2$
④ $R_1 \tan\dfrac{\Delta_1}{2} + R_2 \tan\dfrac{\Delta_2}{2}$

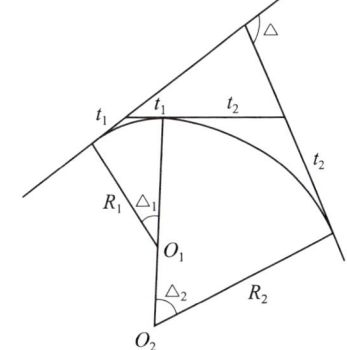

| 해답 | ④

- 복심곡선은 반경이 다른 2개의 원곡선이 1개의 공통점을 갖고 접선의 같은 쪽에서 연결하는 곡선이다.
- t_1과 t_2는 원의 접선장

$$t_1 + t_2 = R_1 \tan\dfrac{\Delta_1}{2} + R_2 \tan\dfrac{\Delta_2}{2}$$

□□□ 기 94,96,98,00,03,06,07,11,22②

38 그림과 같은 트래버스에서 AL의 방위각이 29° 40′ 15″, BM의 방위각이 320° 27′ 12″, 교각의 총합이 1190° 47′ 32″ 일 때 각관측 오차는?

① 45″
② 35″
③ 25″
④ 15″

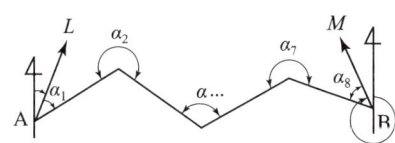

| 해답 | ②

$\Delta\alpha = W_a + [\alpha] - (n-3)180° - W_b$
$= 29°40′15″ + [1190°47′32″] - (8-3)180° - 320°27′12″$
$= 35″$

□□□ 기 93,02,08,16②,22①

39 그림과 같은 반지름=50m인 원곡선에서 $\overline{HC}$ 의 거리는? (단, 교각=60°, $\alpha = 20°$, ∠AHC=90°)

① 0.19m
② 1.98m
③ 3.02m
④ 3.24m

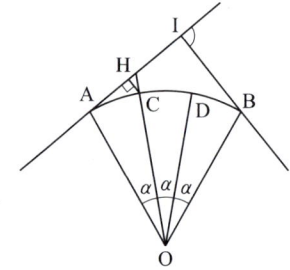

| 해답 | ③

$\overline{HC} = R - R\cos\alpha$
$= 50 - 50\cos 20° = 3.02m$

□□□ 기 93,05,05,06,11,14④,17②,19③,24③

40 시가지에서 25변형 트래버스 측량을 실시하여 2′ 50″ 의 각관측 오차가 발생하였다면 오차의 처리 방법으로 옳은 것은? (단, 시가지의 측각 허용범위 $= \pm 20″\sqrt{n} \sim 30″\sqrt{n}$, 여기서 n은 트래버스의 측점 수)

① 오차가 허용오차 이상이므로 다시 관측하여야 한다.
② 변의 길이의 역수에 비례하여 배분한다.
③ 변의 길이에 비례하여 배분한다.
④ 각의 크기에 따라 배분한다.

| 해답 | ①

$20\sqrt{25} \sim 30\sqrt{25}$ 초 $= 100″(1′ 40″) \sim 150″(2′ 30″) < 2′ 50″$
∴ 오차가 허용오차 이상이므로 다시 관측하여야 한다.

지형	허용 오차 범위
시가지	$20\sqrt{n} \sim 30\sqrt{n}$ 초
평지	$30\sqrt{n} \sim 60\sqrt{n}$ 초
산림지, 복잡한 지형	$90\sqrt{n}$ 초

수리학 및 수문학

03 3Pick Remember 120선   CBT 대비

☐☐☐ 기 95,00,08,10,17④

41 지름이 4cm인 원형관 속에 물이 흐르고 있다. 관로 길이 1.0m 구간에서 압력강하가 $0.1N/m^2$이었다면 관벽의 마찰응력은?

① $0.001N/m^2$
② $0.002N/m^2$
③ $0.01N/m^2$
④ $0.02N/m^2$

| 해답 | ①

$$\tau_o = \frac{w_o h_L r}{2l} = \frac{\Delta P \cdot r}{2l} = \frac{0.1 \times 0.02}{2 \times 1} = 1 \times 10^{-3} = 0.001 N/m^2$$

($\because r = 2cm = 0.02m$)

☐☐☐ 기 99,09,14,18②,21③

42 1차원 정류흐름에서 단위시간에 대한 운동량 방정식은?
(단, F : 힘, m : 질량, V_1 : 초속도, V_2 : 종속도, Δt : 시간의 변화량, S : 변위, w : 물의 중량)

① $F = w \cdot S$
② $F = m \cdot \Delta t$
③ $F = m \dfrac{V_2 - V_1}{S}$
④ $F = m(V_2 - V_1)$

| 해답 | ④

운동량 방정식

- $F = \dfrac{m}{\Delta t}(V_2 - V_1) = \dfrac{m}{\Delta t} \Delta V$
- $F \cdot \Delta t = m(V_2 - V_1) = m \cdot \Delta v$

∴ 단위 시간당(∵ 단위시간($\Delta t = 1sec$)에 대한 운동량 방정식
$F = m(V_2 - V_1) = m \cdot \Delta V$

□□□ 기 86,92,93,16④,24②

43 원형 단면의 수맥이 그림과 같이 곡면을 따라 유량 $0.018m^3/s$가 흐를 때 x방향의 분력은? (단, 관내의 유속은 9.8m/s, 마찰은 무시한다.)

① $-18.25N$
② $37.83N$
③ $-64.56N$
④ $17.64N$

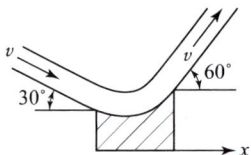

| 해답 | ③

$$F_x = \frac{wQ}{g}(V\cos\theta_2 - V\cos\theta_1)$$
$$= \frac{1 \times 0.018}{9.8} \times (9.8\cos 60° - 9.8\cos 30°)$$
$$= -6.588 \times 10^{-3}t$$
$$= -6.588kg = -6.588 \times 9.8N = -64.56N$$
$$(\because 1kg = 9.8N)$$

□□□ 기 92,94,97,14④,22②

44 지하수의 연직분포를 크게 통기대와 포화대로 나눌 때, 통기대에 속하지 않는 것은?

① 모관수대   ② 중간수대
③ 지하수대   ④ 토양수대

| 해답 | ③

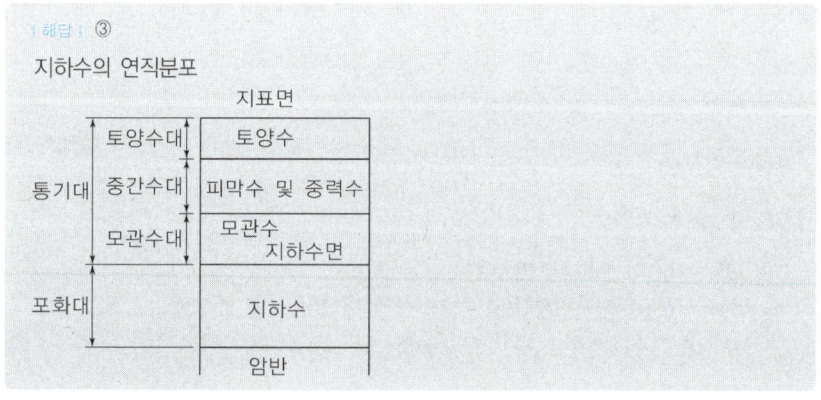

□□□ 기 84,96,99,00,03,04,09,20③

45 그림과 같은 개수로에서 수로경사 $S_0 = 0.001$, Manning의 조도계수 $n = 0.002$일 때 유량은?

① 약 $150\text{m}^3/\text{s}$
② 약 $320\text{m}^3/\text{s}$
③ 약 $480\text{m}^3/\text{s}$
④ 약 $540\text{m}^3/\text{s}$

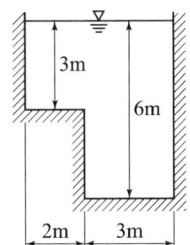

|해답| ③

- 경심 $R = \dfrac{A}{P}$
  - $A = 3 \times 2 + 6 \times 3 = 24\text{m}^2$
  - $P = 3 + 2 + 3 + 3 + 6 = 17\text{m}$
  - $\therefore R = \dfrac{24}{17}$
- 유량 $Q = AV$
  - $V = \dfrac{1}{n} R^{\frac{2}{3}} I^{\frac{1}{2}}$
    $= \dfrac{1}{0.002} \times \left(\dfrac{24}{17}\right)^{\frac{2}{3}} \times 0.001^{\frac{1}{2}} = 19.90 \, \text{m/sec}$
  - $\therefore Q = 24 \times 19.90 = 477.6 \, \text{m}^3/\text{sec}$

□□□ 기 00,01,14,18③,20②

46 다음 중 밀도를 나타내는 차원은?

① $[\text{FL}^{-4}\text{T}^2]$
② $[\text{FL}^4\text{T}^{-2}]$
③ $[\text{FL}^{-2}\text{T}^4]$
④ $[\text{FL}^{-2}\text{T}^{-4}]$

|해답| ①

밀도 $\rho = \dfrac{w_o}{g} = \dfrac{\text{kg/m}^3}{\text{m/sec}^2} = \text{kg} \cdot \text{sec}^2/\text{m}^4$

$\therefore [\text{FL}^{-4}\text{T}^2]$

□□□ 기 07,12④,14④,16①,20④,24②

47 도수(hydraulic jump) 전후의 수심 h_1, h_2의 관계를 도수 전의 Froude 수 Fr_1의 함수로 표시한 것으로 옳은 것은?

① $\dfrac{h_2}{h_1} = \dfrac{1}{2}(\sqrt{8Fr_1{}^2+1} - 1)$

② $\dfrac{h_1}{h_2} = \dfrac{1}{2}(\sqrt{8Fr_1{}^2+1} + 1)$

③ $\dfrac{h_2}{h_1} = \dfrac{1}{2}(\sqrt{8Fr_1{}^2+1} + 1)$

④ $\dfrac{h_1}{h_2} = \dfrac{1}{2}(\sqrt{8Fr_1{}^2+1} - 1)$

| 해답 | ①

도수 전·후의 수심을 h_1, h_2라 할 때 운동량 방정식에 의해 도수를 구한다.

$h_2 = -\dfrac{h_1}{2} + \dfrac{h_1}{2}(\sqrt{8F_{r1}+1})$

$\therefore \dfrac{h_2}{h_1} = \dfrac{1}{2}(\sqrt{8F_{r1}+1} - 1)$

□□□ 기 95,02,07,09,11②,19②,20②

48 오리피스(orifice)로부터의 유량을 측정한 경우 수두 H를 추정함에 1%의 오차가 있었다면 유량 Q에는 몇 %의 오차가 생기는가?

① 1%   ② 0.5%
③ 1.5% ④ 2%

| 해답 | ②

오리피스의 유량
$Q = CA\sqrt{2g}\,H^{1/2}$
$\therefore \dfrac{dQ}{Q} = \dfrac{1}{2}\dfrac{dh}{H} = \dfrac{1}{2} \times 1 = 0.5\%$

□□□ 기 86,96,00,03,12①,15②,19①
49 그림과 같은 굴착정(artesian well)의 유량을 구하는 공식은?
(단, R : 영향원의 반지름, K : 투수계수, m : 피압대수층의 두께)

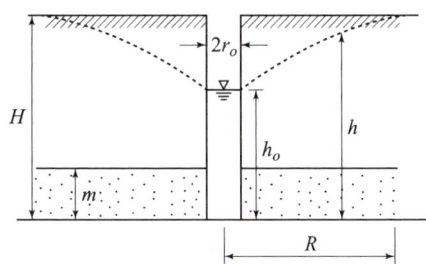

① $Q = \dfrac{2\pi mK(H+h_o)}{l_n(R/r_o)}$ ② $Q = \dfrac{2\pi mK(H+h_o)}{l_n(r_o/R)}$

③ $Q = \dfrac{2\pi mK(H-h_o)}{l_n(R/r_o)}$ ④ $Q = \dfrac{2\pi mK(H-h_o)}{l_n(r_o/R)}$

|해답| ③

굴착정	심정호(깊은 우물)
$Q = \dfrac{2\pi mK(H-h_o)}{l_n(R/r_o)}$	$Q = \dfrac{\pi K(H^2-h_o^2)}{l_n(R/r_o)}$

□□□ 20③
50 방파제 건설을 위한 해안지역의 수심이 5.0m, 입사파랑의 주기가 14.5초인 장파(long wave)의 파장(wave length)은? (단, 중력가속도 $g = 9.8\text{m/s}^2$)

① 49.5m   ② 70.5m
③ 101.5m   ④ 190.5m

|해답| ③
파장 $L = T\sqrt{g \cdot h}$
∴ $L = 14.5\sqrt{9.80 \times 5} = 101.5\text{m}$

□□□ 기 83,99,00,01,03,05,06,09,16,17①

51 우량관측소에서 측정된 5분단위 강우량 자료가 표와 같을 때 10분 지속 최대 강우강도는?

시각(분)	0	5	10	15	20
누가우량(mm)	0	2	8	18	25

① 17mm/hr ② 48mm/hr
③ 102mm/hr ④ 120mm/hr

| 해답 | ③

• 10분 지속 최대강우량은 15~20분 사이다.

시각(분)	0	5	10	15	20
우량(mm)	0	2	6	10	7

∴ 10분 지속 최대 강우량은 15~20분인 10+7=17mm 이다.
• 강우강도 $I = 17 \times \dfrac{60}{10} = 102\,mm/hr$

□□□ 기 87,92,99,06,07,09

52 내경 1800mm의 steel pipe 내로 압력수두 120m의 압력수를 흐르게 할 때 강재(鋼材)의 허용인장응력(許容引仗應力)이 1100kg/cm²라면 강관(鋼管)의 최소 두께는?

① 12cm ② 1.2cm
③ 98cm ④ 0.98cm

| 해답 | ④

소요두께 $t = \dfrac{P \cdot d}{2\sigma_{ta}}$

$P = \omega h = 1 \times 120 = 120\,t/m^2 = 12\,kg/cm^2$

∴ $t = \dfrac{12 \times 180}{2 \times 1100} = 0.98\,cm$

□□□ 기 85,88,93,97,04,13

53 3종의 강우강도 I_1, I_2 및 I_3의 대소(大小)관계로 옳은 것은?

구분	I_1	I_2	I_3
강우량(mm)	200	50	120
지속시간(min)	100	30	80

① $I_1 > I_2 > I_3$
② $I_1 > I_3 > I_2$
③ $I_1 = I_2 < I_3$
④ $I_1 < I_2 = I_3$

| 해답 | ①

강우강도 I의 단위는 mm/hr이므로 1시간(60분) 단위로 계산하면

- $I_1 = 200 \times \dfrac{60}{100} = 1200 \text{mm/hr}$
- $I_2 = 50 \times \dfrac{60}{30} = 100 \text{mm/hr}$
- $I_3 = 120 \times \dfrac{60}{80} = 90 \text{mm/hr}$

$\therefore I_1 > I_2 > I_3$

□□□ 기 98,04,06,12

54 폭이 10m이고 20m³/sec의 물이 흐르고 있는 직사각형 단면수로의 한계수심은? (단, 에너지 보정계수 $a = 1.1$이다.)

① 66.57cm
② 76.57cm
③ 86.57cm
④ 96.57cm

| 해답 | ②

$$h_c = \left(\dfrac{aQ^2}{gb^2}\right)^{\frac{1}{3}}$$
$$= \left(\dfrac{1.1 \times 20^2}{9.8 \times 10^2}\right)^{\frac{1}{3}} = 0.7657\text{m} \quad \therefore 76.57\text{cm}$$

□□□ 기 96,02,03,06,11④,22①

55 하폭이 넓은 완경사 개수로 흐름에서 물의 단위중량 $w = \rho g$, 수심 h, 하상 경사 S일 때 바닥 전단응력 τ_0는? (단, ρ : 물의 밀도, g : 중력가속도)

① $\rho h S$
② ghS
③ $\sqrt{\dfrac{hS}{\rho}}$
④ whS

| 해답 | ④
전단응력(소류력)
$\tau_o = wRS = whS$

□□□ 기 86,88,05,08,09②,14④,16②,17②,19③

56 DAD 해석에 관련된 것으로 옳은 것은?

① 수심– 단면적– 홍수기간
② 적설량– 분포면적– 적설일수
③ 강우깊이– 유역면적– 강우기간
④ 강우깊이– 유수단면적– 최대수심

| 해답 | ③
유역별로 평균강우깊이(Depth)–유역면적(Area)–지속기간(Duration)관계를 수립하는 작업을 DAD해석이라 한다.

□□□ 기 83,90,97,02,06,08,10,11,15,17①,21②

57 다음 중 유역의 면적 평균 강우량 산정법이 아닌 것은?

① 산술평균법(Arithmetic mean method)
② Thiessen 방법(Thiessen method)
③ 등우선법(Isohyetal method)
④ 매닝방법(Manning method)

| 해답 | ④
유역의 면적 평균 강우량 산정법
• 산술평균법
• Thiessen 방법
• 등우선법

□□□ 기 91,00,02,13④,18①,19③
58 단위 유량도(Unit hydrograph)를 작성함에 있어서 기본 가정에 해당되지 않는 것은?

① 비례 가정
② 중첩 가정
③ 직접 유출의 가정
④ 일정 기저시간의 가정

| 해답 | ③
단위 유량도 기본가정
• 일정 기저시간 가정   • 비례가정   • 중첩가정

□□□ 기 98,13,15,21②
59 빙산의 비중이 0.92이고 바닷물의 비중은 1.025일 때, 빙산이 바닷물 속에 잠겨 있는 부분의 부피는 수면 위에 나와 있는 부분의 약 몇 배인가?

① 10.8배
② 8.8배
③ 4.8배
④ 0.8배

| 해답 | ②
바닷물에 잠겨 있는 부피 V', 수면에 나와 있는 부피 V,
$0.92 \times (V + V') = 1.025 \times V'$
$0.92V + 0.92V' = 1.025V'$
$0.92V = (1.025 - 0.92)V'$
$\therefore \dfrac{V'}{V} = \dfrac{0.92}{1.025 - 0.92}$
$= 8.8$배

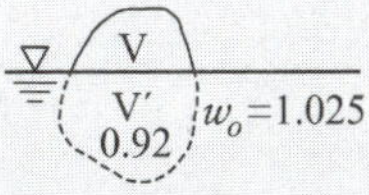

□□□ 기 93,97,99,20②

60 유역면적 20km² 지역에서 수공구조물의 축조를 위해 다음 아래의 수문곡선을 얻었을 때, 총 유출량은?

① 108m³
② 108×10⁴m³
③ 300m³
④ 300×10⁴m³

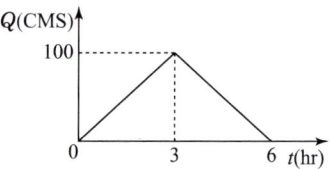

| 해답 | ②

총 유출량 $V = \frac{1}{2} Q(\text{m}^3/\text{s}) \cdot t(\text{sec})$

- $Q = 100 \text{m}^3/\text{sec}$
- $t = 6(\text{hr}) \times 60 \times 60 = 21600 \text{sec}$

$\therefore V = \frac{1}{2} \times 100 \times 21600$
$= 1080000 \text{m}^3 = 108 \times 10^4 \text{m}^3$

Remember

유출깊이

$h = \frac{V}{A}$

$= \frac{1080000}{20 \times 10^6} = 0.054 \text{m} = 54 \text{mm}$

($\because 1\text{km}^2 = 10^6 \text{m}^2$)

04 3Pick Remember 120선

철근콘크리트 및 강구조   CBT 대비

□□□ 기 16①,17④,19①③

61 설계기준압축강도(f_{ck})가 24MPa이고, 쪼갬인장강도(f_{sp})가 2.4MPa인 경량골재 콘크리트에 적용하는 경량콘크리트계수(λ)는?

① 0.75   ② 0.81
③ 0.87   ④ 0.93

| 해답 | ③

f_{sp}값이 주어진 경우

$$\lambda = \frac{f_{sp}}{0.56\sqrt{f_{ck}}} \leq 1.0$$
$$= \frac{2.4}{0.56\sqrt{24}} = 0.87 \leq 1.0$$

□□□ 기 88,01,03,04,07,09,20③,21②,22②

62 콘크리트와 철근이 일체가 되어 외력에 저항하는 철근콘크리트 구조에 대한 설명으로 틀린 것은?

① 콘크리트와 철근의 부착강도가 크다.
② 콘크리트와 철근의 탄성계수는 거의 같다.
③ 콘크리트 속에 묻힌 철근은 거의 부식하지 않는다.
④ 콘크리트와 철근의 열에 대한 팽창계수는 거의 같다.

| 해답 | ②

철근의 탄성계수 E_s는 콘크리트의 탄성계수 E_c보다 n배 크다.

즉 $n = \dfrac{E_s}{E_c}$, $nE_c = E_s$

□□□ 기 96,99,01,08,09,12,15②,21③

63 그림과 같은 단순 프리스트레스트 콘크리트보에서 등분포하중(자중포함) $w = 30\text{kN/m}$가 작용하고 있다. 프리스트레스에 의한 상향력과 이 등분포 하중이 평형을 이루기 위해서는 프리스트레스 힘(P)를 얼마로 도입해야 하는가?

① 900kN
② 1200kN
③ 1500kN
④ 1800kN

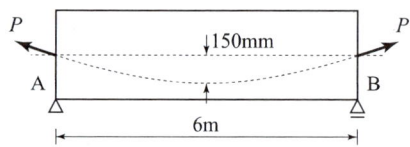

| 해답 | ①

$M = P \cdot s = \dfrac{wl^2}{8}$ 에서

$\therefore P = \dfrac{wl^2}{8s} = \dfrac{30 \times 6^2}{8 \times 0.15} = 900\,\text{kN}$

□□□ 기 04,09,12①,16④

64 강도설계법에 의해서 전단 철근을 사용하지 않고 계수 하중에 의한 전단력 $V_u = 50\text{kN}$을 지지하려면 직사각형 단면보의 최소 면적($b_w d$)은 약 얼마인가? (단, $f_{ck} = 28\text{MPa}$, 최소 전단철근도 사용하지 않은 경우)

① 151190mm²
② 123530mm²
③ 97840mm²
④ 49320mm²

| 해답 | ①

최소 전단철근을 사용하지 않는 경우

$V_u \le \dfrac{1}{2}\phi V_c = \dfrac{1}{2}\phi\left(\dfrac{1}{6}\lambda\sqrt{f_{ck}}\right)b_w d$ 에서

$\therefore b_w d = \dfrac{12 V_u}{\phi \lambda \sqrt{f_{ck}}} = \dfrac{12 \times 50 \times 10^3}{0.75 \times 1 \times \sqrt{28}} = 151186\,\text{mm}^2$

$\therefore$ 약 $151190\,\text{mm}^2$
($\because$ 전단력과 비틀림 모멘트 $\phi = 0.75$)

□□□ 기 05,08,14④,17②,18③,22①
65 철근콘크리트의 강도설계법을 적용하기 위한 설계 가정으로 틀린 것은?

① 철근 및 콘크리트의 변형률은 중립축으로부터의 거리에 비례한다.
② 인장 측 연단에서 철근의 극한변형률은 0.003으로 가정한다.
③ 콘크리트 압축연단의 극한 변형률은 콘크리트의 설계기준압축강도가 40MPa 이하인 경우에는 0.0033으로 가정한다.
④ 철근의 응력이 설계기준항복강도(f_y)이하일 때 철근의 응력은 그 변형률에 철근의 탄성계수(E_s)를 곱한 값으로 한다.

| 해답 | ②

- 인장측 변형률 $\epsilon_s = \dfrac{f_y}{E_s}$
- 휨모멘트 또는 휨모멘트와 축력을 동시에 받는 부재의 콘크리트 압축연단의 극한 변형률은 콘크리트의 설계기준압축강도가 40MPa 이하인 경우에는 0.0033으로 가정한다.

□□□ 기 22②
66 철근콘크리트 휨 부재에서 최소 철근량에 대한 설명으로 틀린 것은?

① 일반적인 휨 부재의 최소 철근량은 설계휨강도가 $\phi M_n \geq 1.2 M_{cr}$을 만족하여야 한다.
② 최소 철근량은 기능조건상 단면의 치수가 크게 설계되는 경우 너무 적은 철근이 배근되는 것을 막기 위함이다.
③ 해석상 요구되는 철근량보다 1/4 이상 인장철근이 더 배근된 경우에는 최소 철근량의 규정을 적용하지 않는다.
④ 두께가 균일한 구조용 슬래브와 기초판에 대하여 경간방향으로 보강되는 휨 철근의 단면적은 수축·온도철근 기준에 규정한 값 이상이어야 한다.

| 해답 | ③

해석상 요구되는 철근량보다 1/3 이상 인장철근이 더 배근된 경우에는 최소 철근량의 규정을 적용하지 않는다.

□□□ 기 11,12,14,17,18③,20③

67 아래 그림과 같은 단면을 가지는 직사각형 단철근 보의 설계휨강도를 구할 때 사용되는 강도감소계수(ϕ) 값은 약 얼마인가? (단, $A_s = 3176\text{mm}^2$, $f_{ck} = 35\text{MPa}$, $f_y = 400\text{MPa}$)

① 0.731
② 0.764
③ 0.817
④ 0.834

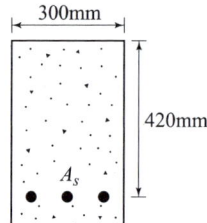

| 해답 | ③

$f_{ck} \leq 40\text{MPa}$ 일 때
$\eta = 1.0$, $\beta_1 = 0.80$, $\epsilon_c = 0.0033$

- $a = \dfrac{A_s f_y}{\eta(0.85 f_{ck})b} = \dfrac{3176 \times 400}{1 \times (0.85 \times 35) \times 300} = 142.34\text{mm}$

- $c = \dfrac{a}{\beta_1} = \dfrac{142.34}{0.80} = 177.93\text{mm}$

- $\epsilon_t = \dfrac{0.0033(d_t - c)}{c}$

  $= \dfrac{0.0033(420 - 177.93)}{177.93} = 0.0045 < 0.005$

$\therefore \phi = 0.65 + (0.0045 - 0.002)\dfrac{200}{3} = 0.817$

□□□ 기 07,12,14,21①

68 나선철근 압축부재 단면의 심부 지름이 300mm, 기둥 단면의 지름이 400mm인 나선철근 기둥의 나선철근비는 최소 얼마 이상이어야 하는가? (단, 나선철근의 설계기준항복강도(f_{yt})는 400MPa, 콘크리트의 설계기준압축강도(f_{ck})는 28MPa이다.)

① 0.0184
② 0.0201
③ 0.0225
④ 0.0245

[해답] ④

$$\rho_s = 0.45\left(\frac{A_g}{A_{ch}}-1\right)\frac{f_{ck}}{f_{yt}} = 0.45\left(\frac{d_g^2}{d_{ch}^2}-1\right)\frac{f_{ck}}{f_{yt}}$$
$$= 0.45\left(\frac{400^2}{300^2}-1\right)\frac{28}{400} = 0.0245$$

□□□ 기 01,07,12,17②,22②

69 그림과 같은 L형강에서 인장응력 검토를 위한 순폭계산에 대한 설명으로 틀린 것은?

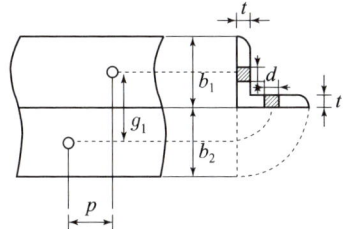

① 전개된 총 폭$(b) = b_1 + b_2 - t$이다.
② 리벳선간 거리$(g) = g_1 - t$이다.
③ $\frac{p^2}{4g} \geq d$인 경우 순폭$(b_n) = b - d$이다.
④ $\frac{p^2}{4g} < d$인 경우 순폭$(b_n) = b - d - \frac{p^2}{4g}$이다.

[해답] ④

- $\frac{p^2}{4g} < d$

  순폭 : $b_n = b - d - w = b - d - \left(d - \frac{p^2}{4g}\right)$
  $\qquad = b - 2d + \frac{p^2}{4g}$

- $\frac{p^2}{4g} \geq d$인 경우

  순폭 : $b_n = b - d$

□□□ 기 11,12,15②,17①,19②,22②

70 폭이 300mm, 유효깊이가 500mm인 단철근 직사각형 보에서 강도설계법으로 구한 균형 철근량은? (단, 등가 직사각형 압축응력블록을 사용하며, $f_{ck} = 35\text{MPa}$, $f_y = 350\text{MPa}$이다.)

① 5285mm^2
② 5890mm^2
③ 6665mm^2
④ 7235mm^2

| 해답 | ③

철근량 $A_s = \rho_b bd$

- $f_{ck} \leq 40\text{MPa}$일 때
  $\beta_1 = 0.80$, $\eta = 1.0$

- $\rho_b = \dfrac{\eta(0.85f_{ck})\beta_1}{f_y} \cdot \dfrac{660}{660+f_y}$

  $= \dfrac{1.0 \times 0.85 \times 35 \times 0.80}{350} \times \dfrac{660}{660+350} = 0.044436$

∴ $A_s = 0.044436 \times 300 \times 500 = 6665\,\text{mm}^2$

□□□ 기 06,08,12,14②,18③,22①

71 비틀림철근에 대한 설명으로 틀린 것은? (단, A_{oh}는 가장 바깥의 비틀림 보강철근의 중심으로 닫혀진 단면적(mm^2)이고, p_h는 가장 바깥의 횡방향 폐쇄스터럽 중심선의 둘레(mm)이다.)

① 횡방향 비틀림철근은 종방향 철근 주위로 135° 표준갈고리에 의해 정착하여야 한다.
② 비틀림모멘트를 받는 속빈 단면에서 횡방향 비틀림 철근의 중심선부터 내부 벽면까지의 거리는 $0.5A_{oh}/p_h$ 이상이 되도록 설계하여야 한다.
③ 횡방향 비틀림철근의 간격은 $p_h/6$보다 작아야 하고, 또한 400mm 보다 작아야 한다.
④ 종방향 비틀림철근은 양단에 정착하여야 한다.

| 해답 | ③

횡방향 비틀림철근의 간격은 $p_h/8$ 및 300mm 보다 작아야 한다.

□□□ 기 06,08,10,14①,16①,19②

72 그림과 같은 단면의 중간 높이에 초기 프리스트레스 900kN을 작용시켰다. 20%의 손실을 가정하여 하단 또는 상단의 응력이 영(零)이 되도록 이 단면에 가할 수 있는 모멘트의 크기는?

① 90kN·m
② 84kN·m
③ 72kN·m
④ 65kN·m

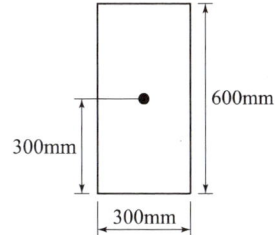

| 해답 | ③

$$f_t = \frac{P_e}{A} - \frac{M}{I}y = 0 \text{에서}$$

$$M = \frac{P_e \cdot I}{A \cdot y} = \frac{P_e bh^2}{6bh} = \frac{P_e \cdot h}{6} \left(\because \frac{I}{y} = Z = \frac{bh^2}{6} \right)$$

• $P_e = P_i - \Delta P = 900 - 900 \times 0.20 = 720 \text{kN}$

$$\therefore M = \frac{720 \times 0.6}{6} = 72 \text{kN} \cdot \text{m}$$

□□□ 기 02,10④,14④,18②

73 다음 중 필렛용접의 형상에서 $s = 9\text{mm}$일 때 목두께 a의 값으로 적당한 것은?

① 5.4mm
② 6.3mm
③ 7.2mm
④ 8.1mm

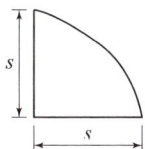

| 해답 | ②

목두께 $a = 0.7s = 0.7 \times 9 = 6.3\text{mm}$

□□□ 기 04,07,10,12,13,15,16,17②,20④

74 $b=300\text{mm}$, $d=500\text{mm}$, $A_s=3-\text{D25}=1520\text{mm}^2$가 1열로 배치된 단철근 직사각형 보의 설계 휨강도(ϕM_n)는? (단, $f_{ck}=28\text{MPa}$, $f_y=400\text{MPa}$이고, 과소철근보이다.)

① 132.5kN·m
② 183.3kN·m
③ 236.4kN·m
④ 307.7kN·m

해답 ③

$$M_d = \phi M_n = \phi f_y \cdot A_s \left(d - \frac{a}{2}\right)$$

- $f_{ck} \leq 40\text{MPa}$일 때
  $\eta = 1.0$, $\beta_1 = 0.80$, $\epsilon_c = 0.0033$

- $a = \dfrac{f_y \cdot A_s}{\eta(0.85 f_{ck})b} = \dfrac{400 \times 1520}{1 \times 0.85 \times 28 \times 300} = 85.15\text{mm}$

- $c = \dfrac{a}{\beta_1} = \dfrac{85.51}{0.80} = 106.44\text{mm}$

- $\epsilon_t = \dfrac{(d_t - c) \times 0.0033}{c}$

  $= \dfrac{(500 - 106.44) \times 0.0033}{106.44} = 0.01220 > 0.005$

  $\therefore \phi = 0.85$ (∵ 인장지배단면)

  $\therefore \phi M_n = 0.85 \times 400 \times 1520 \times \left(500 - \dfrac{85.15}{2}\right)$

  $= 236397240\text{N}\cdot\text{mm} = 236.4\text{kN}\cdot\text{m}$

□□□ 기 92,96,99,01①,20②

75 복전단 고장력 볼트(bolt)의 마찰이음에서 강판에 $P=350\text{kN}$이 작용할 때 볼트의 수는 최소 몇 개가 필요한가? (단, 볼트의 지름(d)은 20mm이고, 허용전단응력(τ_a)은 120MPa이다.)

① 3개
② 5개
③ 8개
④ 10개

| 해답 | ②

볼트의 전단강도

복전단 $\rho = \tau_a \cdot 2A = 120 \times 2 \times \dfrac{\pi \times 20^2}{4} = 75398.22\text{N}$

(∵ 복전단 고장력 볼트 : 2)

$n = \dfrac{P}{\rho} = \dfrac{350 \times 10^3}{75398.22} = 4.64$

∴ $n = 5$개

□□□ 기 01,03,04,05,08,11,12,17②

76 강도 설계법에서 그림과 같은 T형보의 응력 사각형블록의 깊이(a)는 얼마인가? (단, $A_s = 14 - \text{D}25 = 7094\text{mm}^2$, $f_{ck} = 21\text{MPa}$, $f_y = 300\text{MPa}$)

① 120mm
② 130mm
③ 140mm
④ 150mm

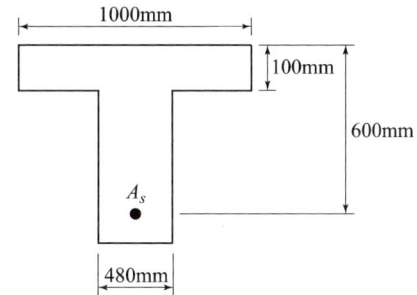

| 해답 | ③

■ T형보의 판별
- $f_{ck} \leq 40\text{MPa}$ 일 때
  $\eta = 1.0, \ \beta_1 = 0.80$
- $a = \dfrac{A_s f_y}{\eta(0.85 f_{ck}) b} = \dfrac{7094 \times 300}{1 \times 0.85 \times 21 \times 1000} = 119\text{mm} > t = 100\text{mm}$

  ∴ T형 보

■ 등가 깊이(a) 산정
- $A_{sf} = \dfrac{\eta(0.85 f_{ck})(b - b_w)t}{f_y} = \dfrac{1 \times 0.85 \times 21(1000 - 480) \times 100}{300} = 3094\text{mm}^2$

- $a = \dfrac{(A_s - A_{sf})f_y}{\eta \times (0.85 f_{ck}) b_w} = \dfrac{(7094 - 3094) \times 300}{1 \times 0.85 \times 21 \times 480} = 140\text{mm}$

□□□ 기 00,03,05,06,07,13②,19②

77 계수 하중에 의한 단면의 계수휨모멘트(M_u)가 350kN·m인 단철근 직사각형 보의 유효깊이(d)의 최솟값은? (단, $\rho=0.0135$, $b=300$mm, $f_{ck}=24$MPa, $f_y=300$MPa, 인장지배 단면이다.)

① 245mm
② 368mm
③ 490mm
④ 613mm

해답 ④

$$M_u = \phi M_n = \phi \rho f_y b d^2 \left(1 - 0.59\rho \frac{f_y}{f_{ck}}\right)$$

- $M_u = 350 \times 10^6 \text{N} \cdot \text{mm}$
- $\phi = 0.85$ (∵ 인장지배단면)

$$\therefore 350 \times 10^6 = 0.85 \times 0.0135 \times 300 \times 300 \times d^2 \times \left(1 - 0.59 \times 0.0135 \times \frac{300}{24}\right)$$

참고 SOLVE 사용

$X = 613.4930$

$\therefore d = 613$mm

□□□ 기 93,01,04,07,10,14,15,18②,21③

78 옹벽에서 T형보로 설계하여야 하는 부분은?

① 뒷부벽식 옹벽의 전면벽
② 뒷부벽식 옹벽의 뒷부벽
③ 앞부벽식 옹벽의 저판
④ 앞부벽식 옹벽의 앞부벽

해답 ②

- 뒷부벽은 T형보로 설계 : 뒷부벽 철근(tension tie)은 인장력을 받으므로 인장철근
- 앞부벽은 직사각형보로 설계 : 앞부벽 철근은 압축력을 받으므로 압축철근

□□□ 기 07,09,10,11②,16①,19①,20②,21①,22②

79 2방향 슬래브 설계 시 직접설계법을 적용하기 위해 만족하여야 하는 사항으로 틀린 것은?

① 각 방향으로 3경간 이상이 연속되어야 한다.
② 슬래브 판들은 단변 경간에 대한 장변 경간의 비가 2 이하인 직사각형이어야 한다.
③ 각 방향으로 연속한 받침부 중심간 경간 차이는 긴 경간의 1/3 이하이어야 한다.
④ 연속한 기둥 중심선을 기준으로 기둥의 어긋남은 그 방향 경간의 20% 이하이어야 한다.

| 해답 | ④
연속한 기둥 중심선을 기준으로 기둥의 어긋남은 그 방향 경간의 최대 10%까지 허용할 수 있다.

□□□ 기 05,07,08,11,18③,21③,24②

80 그림과 같은 나선철근 단주의 강도설계법에 의한 공칭축강도(P_n)는? (단, D32 1개의 단면적=794mm², $f_{ck}=24$MPa, $f_y=420$MPa)

① 2648kN
② 3254kN
③ 3797kN
④ 3972kN

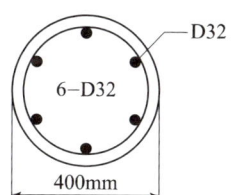

| 해답 | ③

$$P_n = \alpha[0.85f_{ck}(A_g - A_{st}) + f_y \cdot A_{st}]$$

- $A_g = \dfrac{\pi d^2}{4} = \dfrac{\pi \times 400^2}{4} = 125664 \text{mm}^2$
- $A_s = 794 \times 6 = 4764 \text{mm}^2$

∴ $P_n = 0.85[0.85 \times 24(125664 - 4764) + 420 \times 4764]$
    $= 3797154 \text{N} = 3797 \text{kN}$
(∵ 보정계수 : 나선철근(0.85), 띠철근(0.80))

05 3Pick Remember 120선

토질 및 기초 | CBT 대비

☐☐☐ 기 02,07,12①,19③

81 연약지반 처리공법 중 sand drain 공법에서 연직 및 수평 방향을 고려한 평균 압밀도 U는? (단, $U_v = 0.20$, $U_h = 0.71$이다.)

① 0.573
② 0.697
③ 0.712
④ 0.768

| 해답 | ④

$$U = 1 - (1 - U_v)(1 - U_h)$$
$$= 1 - (1 - 0.20)(1 - 0.71) = 0.768$$

☐☐☐ 기 기 01,12①,18②

82 어떤 지반에 대한 토질시험결과 점착력 $c = 0.05$ MPa, 흙의 단위중량 $\gamma = 20.0$ kN/m³이었다. 그 지반에 연직으로 7m를 굴착했다면 안전율은 얼마인가? (단, $\phi = 0$이다.)

① 1.43
② 1.51
③ 2.11
④ 2.61

| 해답 | ①

안전율 $F_s = \dfrac{H_c}{H}$

- 한계고 $H_c = \dfrac{4c}{\gamma} \tan\left(45° + \dfrac{\phi}{2}\right)$에서
- $H_c = \dfrac{4c}{\gamma} = \dfrac{4 \times 50}{20.0} = 10$ m ($\because \phi = 0$일 때)

$\therefore F_s = \dfrac{H_c}{H} = \dfrac{10}{7} = 1.43$

□□□ 기 95,02,05,08,18①,22②

83 그림과 같은 지반에서 하중으로 인하여 수직응력($\Delta\sigma_1$)이 $100kN/m^2$ 증가되고 수평응력($\Delta\sigma_3$)이 $50kN/m^2$ 증가되었다면 간극수압은 얼마나 증가되었는가? (단, 간극수압계수 $A=0.5$이고, $B=1$이다.)

① $50kN/m^2$
② $75kN/m^2$
③ $100kN/m^2$
④ $125kN/m^2$

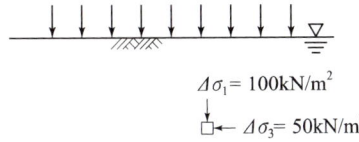

| 해답 | ②

간극 수압
$\Delta U = B[\Delta\sigma_3 + A(\Delta\sigma_1 - \Delta\sigma_3)]$
$= 1 \times [50 + 0.5(100-50)] = 75\,kN/m^2$

□□□ 기 85,99,03,06,11,17①,22②

84 간극비 $e_1=0.80$인 어떤 모래의 투수계수가 $k_1=8.5\times10^{-2} cm/s$일 때, 이 모래를 다져서 간극비를 $e_2=0.57$로 하면 투수계수 k_2는?

① $4.1\times10^{-1} cm/s$
② $8.1\times10^{-2} cm/s$
③ $3.5\times10^{-2} cm/s$
④ $8.5\times10^{-3} cm/s$

| 해답 | ③

$$k_1 : k_2 = \frac{e_1^3}{1+e_1} : \frac{e_2^3}{1+e_2}$$

$$\therefore k_2 = \frac{\dfrac{e_2^3}{1+e_2}}{\dfrac{e_1^3}{1+e_1}} \times k_1$$

$$= \frac{\dfrac{0.57^3}{1+0.57}}{\dfrac{0.80^3}{1+0.80}} \times 8.5\times10^{-2} = 0.035 = 3.5\times10^{-2} cm/sec$$

□□□ 기 08②,13②,18③,21②,22①②

85 표준관입시험(S.P.T) 결과 N값이 25이었고, 이때 채취한 교란시료로 입도시험을 한 결과 입자가 둥글고, 입도분포가 불량할 때 Dunham의 공식으로 구한 내부 마찰각(ϕ)은?

① 32.3°
② 37.3°
③ 42.3°
④ 48.3°

| 해답 | ①

Dunham 공식

토립자의 조건	내부 마찰각
• 토립자가 둥글고 입도분포가 불량(균일)	$\phi = \sqrt{12N} + 15$
• 토질입자가 둥글고 입도분포도가 양호 • 토립자가 모나고 입도분포가 불량(균일)	$\phi = \sqrt{12N} + 20$
• 토립자가 모나고 입도분포가 양호	$\phi = \sqrt{12N} + 25$

∴ 흙입자가 둥글고 입도분포가 불량
$\phi = \sqrt{12N} + 15 = \sqrt{12 \times 25} + 15 = 32.3°$

□□□ 기 81,82,90,96,00,04,15

86 어떤 흙의 변수위 투수시험을 한 결과 시료의 직경과 길이가 각각 5.0cm, 2.0cm이었으며, 유리관의 내경이 4.5mm, 1분 10초 동안에 수두가 40cm에서 20cm로 내렸다. 이 시료의 투수계수는?

① 4.95×10^{-4} cm/s
② 5.45×10^{-4} cm/s
③ 1.60×10^{-4} cm/s
④ 7.39×10^{-4} cm/s

| 해답 | ③

$$k = 2.3 \frac{\frac{\pi a^2}{4} \cdot L}{\frac{\pi A^2}{4} \cdot t} \log_{10} \frac{H_1}{H_2}$$

$$= 2.3 \frac{0.45^2 \times 2}{5^2 \times 70} \log_{10} \frac{40}{20} = 1.60 \times 10^{-4} \text{ cm/sec} \left(\because \frac{\pi}{4} \text{ 공통} \right)$$

☐☐☐ 기 12,13,14②,18②

87 다음 그림과 같이 피압수압을 받고 있는 2m두께의 모래층이 있다. 그 위의 포화된 점토층을 5m 깊이로 굴착하는 경우 분사현상이 발생하지 않기 위한 수심(h)는 최소 얼마를 초과하도록 하여야 하는가?

① 1.3m
② 1.5m
③ 1.9m
④ 2.4m

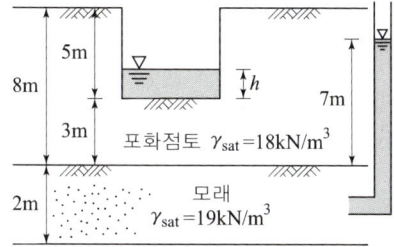

| 해답 | ②

모래층 상단을 A라고 하면
• 전응력 $\sigma_A = z\gamma_{sat} + h\gamma_w = 3 \times 18 + h \times 9.81 = 5.4 + 9.81h$
• 간극수압 $u_A = 7 \times 9.81 = 68.67 kN/m^2$
• 유효응력 $\sigma_A' \geq 0$일 때 분사현상이 일어남 참고 SOLVE 사용
  $\sigma_A' = \sigma_A - u_A = 54 + 9.81h - 68.67 \geq 0$ ∴ $h = 1.5m$

☐☐☐ 기 97,01,02,06,18

88 시료채취기(sampler)의 관입깊이가 100cm이고, 채취된 시료의 길이가 90cm이었다. 채취된 시료 중 길이가 10cm 이상인 시료의 합이 60cm, 길이가 9cm 이상인 시료의 합이 80cm 이었다면 회수율과 RQD는?

① 회수율=0.8, RQD=0.6
② 회수율=0.9, RQD=0.8
③ 회수율=0.9, RQD=0.6
④ 회수율=0.8, RQD=0.75

| 해답 | ③

• 회수율
  $T.C.R = \dfrac{회수된\ 시료의\ 길이}{관입\ 깊이} = \dfrac{90}{100} = 0.90$

• $R.Q.D = \dfrac{10cm\ 이상\ 회수된\ 부분의\ 길이\ 합}{관입\ 깊이} = \dfrac{60}{100} = 0.6$

□□□ 기 00,09,15④,16①,21④

89 현장 모래지반의 습윤단위중량을 측정한 결과 18kN/m³으로 얻어졌으며 동일한 모래를 채취하여 실내에서 가장 조밀한 상태의 간극비를 구한 결과 $e_{min} = 0.45$, 가장 느슨한 상태의 간극비를 구한 결과 $e_{max} = 0.92$를 얻었다. 현장상태의 상대밀도는 약 몇 %인가? (단, 물의 단위중량은 9.81kN/m³, 모래의 비중은 2.7이고, 현장상태의 함수비는 10%이다.)

① 44% ② 54%
③ 64% ④ 74%

|해답| ③

$$D_r = \frac{e_{max} - e}{e_{max} - e_{min}} \times 100$$

- $\gamma_d = \frac{\gamma_t}{1+e} = \frac{18}{1+0.10} = 16.36 \, \text{kN/m}^3$
- $e = \frac{\gamma_w G_s}{\gamma_d} - 1 = \frac{9.81 \times 2.7}{16.36} - 1 = 0.62$
- $\therefore D_r = \frac{0.92 - 0.62}{0.92 - 0.45} \times 100 = 64\%$

□□□ 기 01①,06①,09④,14①,18①,24③

90 크기가 30cm×30cm의 평판을 이용하여 사질토위에서 평판재하시험을 실시하고 극한 지지력 200kN/m²을 얻었다. 크기가 1.8m×1.8m인 정사각형 기초의 총 허용하중은 약 얼마인가? (단, 안전율 3을 사용)

① 220kN ② 660kN
③ 1296kN ④ 1500kN

|해답| ③

- $0.3 : 200 = 1.8 : x$ $\therefore x = \frac{1.8 \times 200}{0.3} = 1200 \, \text{kN/m}^2$
  (∵ 모래질의 지지력은 재하판의 폭에 비례한다.)
- 총 극하하중 $Q_u = q_t \cdot A = 1200 \times 1.8 \times 1.8 = 3888 \, \text{kN}$
- 총 허용하중 $Q_a = \frac{Q_u}{\text{안전율}} = \frac{3888}{3} = 1296 \, \text{kN}$

□□□ 기 99,03,08,14①,22①

91 모래시료에 대해서 압밀배수 삼축압축시험을 실시하였다. 초기 단계에서 구속응력(σ_3)은 100kN/m^2이고, 전단파괴시에 작용된 축차응력(σ_{df})은 200kN/m^2이었다. 이와 같은 모래시료의 내부마찰각(ϕ) 및 파괴면에 작용하는 전단응력(τ_f)의 크기는?

① $\phi = 30°$, $\tau_f = 115.47\text{kN/m}^2$
② $\phi = 40°$, $\tau_f = 115.47\text{kN/m}^2$
③ $\phi = 30°$, $\tau_f = 86.60\text{kN/m}^2$
④ $\phi = 40°$, $\tau_f = 86.60\text{kN/m}^2$

| 해답 | ③

$\sin\phi = \dfrac{\sigma_1 - \sigma_3}{\sigma_1 + \sigma_3}$ 에서 내부마찰각(ϕ)을 구한다.

- $\sigma_1 = \sigma_{df} + \sigma_3 = 200 + 100 = 300\,\text{kN/m}^2$

$\therefore \phi = \sin^{-1}\left(\dfrac{\sigma_1 - \sigma_3}{\sigma_1 + \sigma_3}\right) = \sin^{-1}\left(\dfrac{300 - 100}{300 + 100}\right) = 30°$

- 전단응력

$\tau = \dfrac{\sigma_1 - \sigma_3}{2}\cos\phi = \dfrac{300 - 100}{2}\cos 30° = 86.60\,\text{kN/m}^2$

□□□ 기 04,22②

92 도로의 평판 재하 시험에서 1.25mm 침하량에 해당하는 하중 강도가 250kN/m^2일 때 지반반력 계수는?

① 100MN/m^3
② 200MN/m^3
③ 1000MN/m^3
④ 2000MN/m^3

| 해답 | ②

지반반력 계수(지지력 계수)

$K = \dfrac{\text{하중강도}(q)}{\text{침하량}(y)} = \dfrac{250}{1.25 \times \dfrac{1}{1000}} = 200000\,\text{kN/m}^3 = 200\,\text{MN/m}^3$

($\because 1\text{MN} = 10^3\text{kN} = 10^6\text{N}$)

□□□ 기 97,02,11,14①,16④,22①

93 암반층 위에 5m 두께의 토층이 경사 15°의 자연사면으로 되어 있다. 이 토층의 강도정수 $c = 15\text{kN/m}^2$, $\phi = 30°$ 이며, 포화단위중량(γ_{sat})은 18kN/m^3이다. 지하수면은 토층의 지표면과 일치하고 침투는 경사면과 대략 평행이다. 이때 사면의 안전율은? (단, 물의 단위중량은 9.81kN/m^3이다.)

① 0.85
② 1.15
③ 1.65
④ 2.05

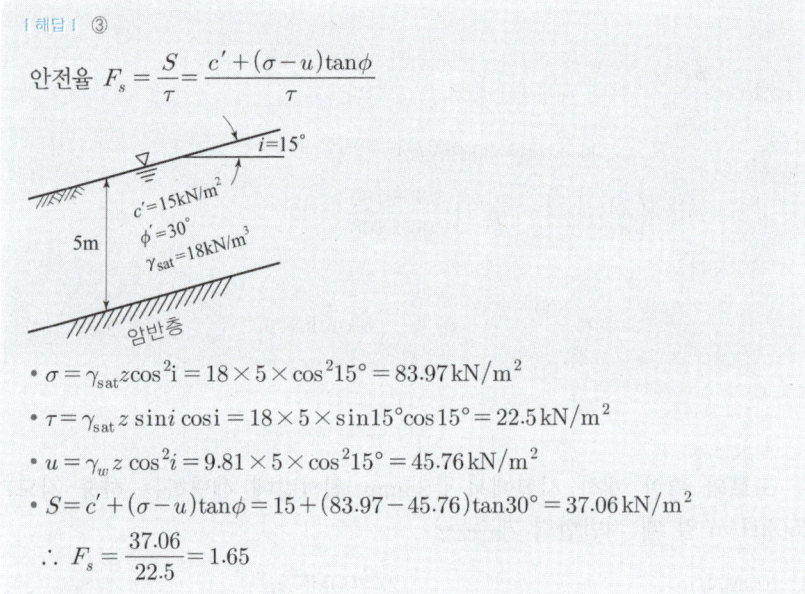

| 해답 | ③

안전율 $F_s = \dfrac{S}{\tau} = \dfrac{c' + (\sigma - u)\tan\phi}{\tau}$

- $\sigma = \gamma_{sat} z \cos^2 i = 18 \times 5 \times \cos^2 15° = 83.97\,\text{kN/m}^2$
- $\tau = \gamma_{sat} z \sin i \cos i = 18 \times 5 \times \sin 15° \cos 15° = 22.5\,\text{kN/m}^2$
- $u = \gamma_w z \cos^2 i = 9.81 \times 5 \times \cos^2 15° = 45.76\,\text{kN/m}^2$
- $S = c' + (\sigma - u)\tan\phi = 15 + (83.97 - 45.76)\tan 30° = 37.06\,\text{kN/m}^2$

$\therefore F_s = \dfrac{37.06}{22.5} = 1.65$

□□□ 기 09,15④,16④,21③

94 두께 2cm인 점토시료의 압밀시험 결과 전 압밀량의 90%에 도달하는데 1시간이 걸렸다. 만일 같은 조건에서 같은 점토로 이루어진 2m의 토층 위에 구조물을 축조한 경우 최종침하량의 90%에 도달하는데 걸리는 시간은?

① 약 250일
② 약 368일
③ 약 417일
④ 약 525일

[해답] ③

- $t_{90} = \dfrac{T_v H^2}{C_v}$ 에서 압밀 요소 시간(t)은 배수길이 H^2에 비례한다.

- $\dfrac{t_1}{t_2} = \dfrac{H_1^2}{H_2^2}$ 에서 $\dfrac{t_2}{t_1} = \dfrac{H_2^2}{H_1^2}$

$\therefore t_2 = \left(\dfrac{H_2}{H_1}\right)^2 \times t_1 = \left(\dfrac{200}{2}\right)^2 \times \dfrac{1}{24} = 417$ 일

□□□ 기 91,96,01,05,07,11④,16②

95 흙의 다짐에 있어 램머의 중량이 25N, 낙하고 30cm, 3층으로 각층 다짐 횟수가 25회일 때 다짐에너지는? (단, 몰드의 체적은 1000cm³이다.)

① $56.3\text{N}\cdot\text{cm/cm}^3$
② $59.6\text{N}\cdot\text{cm/cm}^3$
③ $104.5\text{N}\cdot\text{cm/cm}^3$
④ $6.6\text{N}\cdot\text{cm/cm}^3$

[해답] ①

$E_c = \dfrac{W \cdot H \cdot N_B \cdot N_L}{V} = \dfrac{25 \times 30 \times 25 \times 3}{1000} = 56.3\,\text{N}\cdot\text{cm/cm}^3$

□□□ 기 84,91,03,12①,20②

96 어느 모래층의 간극률이 35%, 비중이 2.66이다. 이 모래의 분사현상(Quick Sand)에 대한 한계동수경사는 얼마인가?

① 0.99
② 1.08
③ 1.16
④ 1.32

[해답] ②

간극비 $e = \dfrac{n}{1-n} = \dfrac{0.35}{1-0.35} = 0.54$

$\therefore i_c = \dfrac{G_s - 1}{1+e} = \dfrac{2.66 - 1}{1+0.54} = 1.08$

□□□ 기 84,01,03,07,13,18①,24③

97 그림과 같이 옹벽 배면의 지표면에 등분포하중이 작용할 때, 옹벽에 작용하는 전체 주동토압의 합력(P_a)와 옹벽 저면으로부터 합력의 작용점까지의 높이(h)는?

① $P_a = 28.5\text{kN/m}, \quad h = 1.26\text{m}$
② $P_a = 28.5\text{kN/m}, \quad h = 1.38\text{m}$
③ $P_a = 58.5\text{kN/m}, \quad h = 1.26\text{m}$
④ $P_a = 58.5\text{kN/m}, \quad h = 1.38\text{m}$

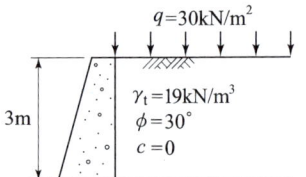

| 해답 | ③

■ 주동토압의 합력

$$P_a = P_{a1} + P_{a2} = qHK_a + \frac{1}{2}\gamma H^2 K_a$$

• $K_a = \tan^2\left(45° - \frac{30°}{2}\right) = \frac{1}{3}$

• $P_a = 30 \times 3 \times \frac{1}{3} + \frac{1}{2} \times 19 \times 3^2 \times \frac{1}{3} = 58.5 \text{ kN/m}$

■ 합력의 작용점 까지의 높이

$$\bar{y} = \frac{H}{3} \cdot \frac{3q + \gamma H}{2q + \gamma H} = \frac{3}{3} \times \frac{3 \times 30 + 19 \times 3}{2 \times 30 + 19 \times 3} = 1.26\text{m}$$

□□□ 기 90,97,98,07,08,11④,18②,19①

98 단동식 증기 해머로 말뚝을 박았다. 해머의 무게 25kN, 낙하고 3m, 타격당 말뚝의 평균 관입량 1cm, 안전율 6일 때 Engineering-News 공식으로 허용지력을 구하면?

① 2500kN
② 2000kN
③ 1000kN
④ 500kN

| 해답 | ③

$$Q_a = \frac{WH}{F_s(S+0.25)} = \frac{25 \times 300}{6(1+0.25)} = 1000\text{ kN}$$

□□□ 기 03,17①,21②
99 아래와 같은 조건에서 AASHTO분류법에 따른 군지수(GI)는?

- 흙의 액성한계 : 45%
- 흙의 소성한계 : 25%
- 200번체 통과율 : 50%

① 7　　　　② 10　　　　③ 13　　　　④ 16

| 해답 | ①

군지수 $GI = 0.2a + 0.005ac + 0.01bd$
- a = No.200체 통과량 $-35 = 50-35 = 15\%(0 \sim 40$의 정수$)$
- b = No.200체 통과량 $-15 = 50-15 = 35\%(0 \sim 40$의 정수$)$
- c = 액성 한계 $-40 = 45-40 = 5$
- d = 소성 지수 $-10 = (45-25)-10 = 10$

∴ $GI = 0.2 \times 15 + 0.005 \times 15 \times 5 + 0.01 \times 35 \times 10 = 6.88 ≒ 7$

* GI값은 가장 가까운 정수로 반올림한다.

□□□ 기 00,05,08,10,13,17④,20②,21①
100 시료채취 시 샘플러(sampler)의 외경이 6cm, 내경이 5.5cm일 때, 면적비는?

① 8.3%　　　　② 9.0%
③ 16%　　　　④ 19%

| 해답 | ④

면적비

$$A_a = \frac{D_w^2 - D_e^2}{D_e^2} \times 100 = \frac{6^2 - 5.5^2}{5.5^2} \times 100 = 19\%$$

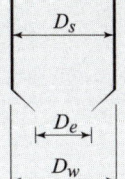

06 상하수도공학

3Pick Remember 120선 — CBT 대비

□□□ 기 98,10①,13②,19③,20④

101 지표수를 수원으로 하는 일반적인 상수도의 계통도로 옳은 것은?

① 취수탑 → 침사지 → 급속여과 → 보통침전지 → 소독 → 배수지 → 급수
② 침사지 → 취수탑 → 급속여과 → 응집침전지 → 소독 → 배수지 → 급수
③ 취수탑 → 침사지 → 보통침전지 → 급속여과 → 배수지 → 소독 → 급수
④ 취수탑 → 침사지 → 응집침전지 → 급속여과 → 소독 → 배수지 → 급수

| 해답 | ④

지표수 → 취수탑 → 침사지 → 응집 침전지 → 여과지 → 정수지 → 배수지 → 급수

□□□ 기 09

102 계획하수량 1.6m³/sec이 관경 1000mm, 동수경사 0.0024, 관길이 30m, 여유량 0.04m의 조건의 원형관을 흐를 때 관내의 역사이편 손실수두(H)는? (단, $H = i \cdot L + \beta \cdot \dfrac{V^2}{2g} \pm \alpha$ 를 이용하고 $\beta = 1.5$를 적용)

① 0.05m
② 0.06m
③ 0.318m
④ 0.430m

| 해답 | ④

$$H = i \cdot L + \beta \cdot \frac{V^2}{2g} + \alpha$$

- $V = \dfrac{Q}{A} = \dfrac{1.6}{\dfrac{\pi \times 1^2}{4}} = 2.037 \, \text{m/sec}$

∴ $H = 0.0024 \times 30 + 1.5 \times \dfrac{2.037^2}{2 \times 9.8} + 0.04 = 0.430 \, \text{m}$

□□□ 기 02②,20③
103 아래와 같이 구성된 지역의 총괄유출계수는?

【조 건】
- 주거지역 – 면적 : 4ha, 유출계수 : 0.6
- 상업지역 – 면적 : 2ha, 유출계수 : 0.8
- 녹지 – 면적 : 1ha, 유출계수 : 0.2

① 0.42
② 0.53
③ 0.60
④ 0.70

| 해답 | ③

평균유출계수 $C = \dfrac{\sum C_i \cdot A_i}{\sum A_i}$

$\therefore C = \dfrac{0.6 \times 4 + 0.8 \times 2 + 0.2 \times 1}{4 + 2 + 1} = 0.60$

□□□ 기 95,99,06④,09②,13①,15④,19①
104 호기성처리방법과 비교하여 혐기성 처리방법의 특징에 대한 설명으로 틀린 것은?

① 유용한 자원인 메탄이 생성된다.
② 동력비 및 유지관리비가 적게 든다.
③ 하수찌꺼기(슬러지) 발생량이 적다.
④ 운전조건의 변화에 적응하는 시간이 짧다.

| 해답 | ④
혐기성 처리방법의 특징
- 슬러지가 적게 발생한다.
- 영양소가 호기성보다 적게 소용된다.
- 운전조건의 변화에 적응하는 시간이 길다.
- 유기물 농도가 높은 하수의 처리에 적합하다.
- 최종물질로 생성되는 메탄은 유용한 물질이다.

□□□ 기 14②,16④,18①,20③,22②
105 하수처리계획 및 재이용계획을 위한 계획오수량에 대한 설명으로 옳은 것은?

① 지하수량은 계획1일 평균오수량의 10~20%로 한다.
② 계획1일 평균오수량은 계획1일 최대오수량의 70~80%를 표준으로 한다.
③ 합류식에서 우천 시 계획오수량은 원칙적으로 계획1일 평균오수량의 3배 이상으로 한다.
④ 계획1일 최대오수량은 계획시간 최대오수량을 1일의 수량으로 환산하여 1.3~1.8배를 표준으로 한다.

> |해답| ②
> - 지하수량은 1인 1일 최대오수량의 20% 이하로 한다.
> - 계획시간 최대오수량은 계획1일 최대오수량의 1시간당 수량의 1.3~1.8배를 표준으로 한다.
> - 계획1일 최대오수량은 1인1일 최대오수량에 계획인구를 곱한 후, 여기에 공장폐수량, 지하수량 및 기타 배수량을 더한 것으로 한다.
> - 합류식에서 우천시 계획오수량은 원칙적으로 계획시간최대오수량의 3배 이상으로 한다.

□□□ 기 99,00,08,11,15②
106 종말 침전지에서 유출되는 수량이 5000m³/day이다. 여기에 염소처리를 하기 위하여 유출수에 100kg/day의 염소를 주입한 후 잔류염소의 농도를 측정하였더니 0.5mg/L이었다면 염소요구량(농도)은? (단, 염소는 Cl_2 기준)

① 16.5mg/L
② 17.5mg/L
③ 18.5mg/L
④ 19.5mg/L

> |해답| ④
> 염소 요구량 = 염소 주입농도 − 잔류 염소량
> - 주입농도 = $\dfrac{\text{염소의 양}}{\text{유량}}$
> 　　　　 = $\dfrac{100(\text{kg/day}) \times 10^3(\text{g/kg})}{5000(\text{m}^3/\text{day})} = 20\text{g/m}^3 = 20\text{mg/L}$
> ∴ 염소 요구량 = 20 − 0.5 = 19.5mg/L

□□□ 기 95,96,99,03①,06④,09④,10④,11①④,13①④,15④,17①,19①,21③

107 하수의 배제방식에 대한 설명 중 옳지 않은 것은?

① 분류식은 관로오접의 철저한 감시가 필요하다.
② 합류식은 분류식보다 유량 및 유속의 변화폭이 크다.
③ 합류식은 2계통의 분류식에 비해 일반적으로 건설비가 많이 소요된다.
④ 분류식은 관거내의 퇴적이 적고 수세효과를 기대할 수 없다.

| 해답 | ③

합류식은 1계통으로 건설되어 오수관거와 우수관거의 2계통을 건설하는 분류식보다는 저렴하다.

Remember
하수의 배제방식

분류식	합류식
• 관내의 퇴적이 적다. • 수세효과는 기대할 수 없다	• 청전시에 수위가 낮고 유속이 적어 오물이 침전하기 쉽다.
• 우천시 월류가 없다.	• 일정량 이상이 되면 오수가 월류한다.
• 오수관거와 우수관거의 2계통을 부설하므로 비싸다.	• 1계통으로 부설하므로 저렴하다.
• 오수관거에서는 소구경관거에 의한 폐쇄의 우려가 있으나 청소는 비교적 용이하다.	• 폐쇄의 염려가 없다. • 검사와 수리가 비교적 유리 하다.
• 관거의 오접에 철저한 감시가 필요하다.	• 관거의 오접에 대해 감시가 필요 없다.

□□□ 기 95,96,97,98,01,06②,07④,09①,17②④,19①

108 하수도계획의 원칙적인 목표년도로 옳은 것은?

① 10년　　　　　　② 20년
③ 50년　　　　　　④ 100년

| 해답 | ②

하수도 계획의 목표년도는 원칙적으로 20년으로 한다.

□□□ 기 96,07,09,11,13,22②

109 어느 A시의 장래 2030년의 인구추정 결과 85000명으로 추산되었다. 계획년도의 1인 1일 평균급수량을 380L, 급수보급율을 95%로 가정할 때 계획년도의 계획 1일 평균 급수량은?

① $30685m^3/d$
② $31205m^3/d$
③ $31555m^3/d$
④ $32305m^3/d$

| 해답 | ①

계획 1일 평균급수량 = 계획 급수인구 × 1인1일 평균급수량 × 급수 보급율
  = 85000 × 380 × 0.95
  = 30685000L/day = 30685m^3/day

($\because$ 1m^3 = 1000L)

□□□ 기 07②,08①,12②,13②,14①④,19①,22①

110 수원의 구비요건으로 틀린 것은?

① 수질이 좋아야 한다.
② 수량이 풍부하여야 한다.
③ 가능한 한 낮은 곳에 위치하여야 한다.
④ 가능한 한 수돗물 소비지에서 가까운 곳에 위치하여야 한다.

| 해답 | ③

가능한 한 높은 곳에 위치해야 한다.

□□□ 기 95,09,12,13④,17②,22①

111 맨홀 설치 시 관경에 따라 맨홀의 최대 간격에 차이가 있다. 관로 직선부에서 관경 600mm 초과 1000mm 이하에서 맨홀의 최대 간격 표준은?

① 60m
② 75m
③ 90m
④ 100m

| 해답 | ④

맨홀의 관경별 최대간격

관경(mm)	600 이하	600 초과~1000 이하	1000 초과~1500 이하	1650 이상
최대간격	75m	100m	150m	200m

□□□ 기 96,98,99,01,19①

112 침전지의 유효수심이 4m, 1일 최대 사용수량 450m³, 침전시간이 12시간일 경우 침전지의 수면적은?

① 56.3m²
② 42.7m²
③ 30.1m²
④ 21.3m²

| 해답 | ①

$$A = \frac{Q(\text{m}^3/\text{day})}{H(\text{m})} = \frac{450 \times \frac{12(\text{hr})}{24(\text{hr})}}{4} = 56.3\,\text{m}^2$$

□□□ 기 03,06,10②,11④,20②

113 먹는 물에 대장균이 검출될 경우 오염수로 판정되는 이유로 옳은 것은?

① 대장균은 병원균이기 때문이다.
② 대장균은 반드시 병원균과 공존하기 때문이다.
③ 대장균은 번식 시 독소를 분비하여 인체에 해를 끼치기 때문이다.
④ 사람이나 동물의 체내에 서식하므로 병원성 세균의 존재 추정이 가능하기 때문이다.

| 해답 | ④

대장균군
• 소화기 계통의 전염병은 항상 대장균군과 함께 존재하며 검출이 쉽다.
• 인체의 배설물 중에 대량으로 존재하며 병원균보다 저항력이 강하다.
• 검사법이 다른 이화학적 검사법보다 간편하고 정확하다.

□□□ 기 95,97,98,00,01,02,03,07,09,10,11,18②,21②
114 호수의 부영양화에 대한 설명으로 틀린 것은?

① 부영양화는 정체성 수역의 상층에서 발생하기 쉽다.
② 부영양화된 수원의 상수는 냄새로 인하여 음료수로 부적당하다.
③ 부영양화로 식물성 플랑크톤의 번식이 증가되어 투명도가 저하된다.
④ 부영양화로 생물활동이 활발하여 깊은 곳의 용존산소가 풍부하다.

| 해답 | ④
부영양화된 호수에서는 사멸된 조류의 분해작용에 의해 성장이 왕성하여 수심이 깊은 곳(심층수)의 용존산소의 농도가 낮아진다.

□□□ 기 95,96,00,03,12④,18③,19③
115 하수도시설기준에 의한 우수관로 및 합류관로거의 표준 최소 관경은?

① 200mm ② 250mm
③ 300mm ④ 350mm

| 해답 | ②
최소관경

관거의 종류	최소 관경	최소 유속	최대유속
오수관거	200mm	0.6m/sec	3.0m/sec
우수 및 합류관거	250mm	0.8m/sec	3.0m/sec

□□□ 기 99,00,12,22②
116 침전지의 수심이 4m이고 체류시간이 1시간일 때 이 침전지의 표면부하율(Surface loading rate)은?

① $48m^3/m^2 \cdot d$ ② $72m^3/m^2 \cdot d$
③ $96m^3/m^2 \cdot d$ ④ $108m^3/m^2 \cdot d$

| 해답 | ③

$$V = \frac{Q}{A} = \frac{H}{t} = \frac{4}{1 \times \frac{1}{24}} = 96 \text{m}^3/\text{m}^2 \cdot \text{day}$$

□□□ 기 11,12①,16②,17①,18①,22①

117 주요 관로별 계획하수량으로서 틀린 것은?

① 오수관로 : 계획시간최대오수량
② 차집관로 : 우천 시 계획오수량
③ 우수관로 : 계획우수량 + 계획오수량
④ 합류식 관로 : 계획시간최대오수량 + 계획우수량

| 해답 | ③

우수관로의 계획하수량은 계획우수량으로 한다.

□□□ 기 03,08,09,15,17①

118 상수 취수시설인 집수매거에 관한 설명으로 틀린 것은?

① 철근콘크리트조의 유공관 또는 권선형 스크린관을 표준으로 한다.
② 집수매거의 경사는 수평 또는 흐름방향으로 향하여 완경사로 설치한다.
③ 집수매거의 유출단에서 매거내의 평균유속은 3m/s 이상으로 한다.
④ 집수매거는 가능한 직접 지표수의 영향을 받지 않도록 매설깊이는 5m 이상으로 하는 것이 바람직하다.

| 해답 | ③

집수매거
- 수평 또는 흐름방향으로 향하여 완경사로 한다.
- 집수매거의 유속은 집수매거의 크기와 집수개구부에서의 유입속도 등과의 관계로부터 집수매거의 유출단에서 평균유속은 1m/s 이하로 한다.
- 복류수를 취수하는 경우 집수경을 폐쇄시키지 않도록 유입속도를 3cm/sec 이하로 제한한다.

□□□ 기 99,00,09①,13①④,19①
119 하수도의 계획오수량에서 계획1일 최대오수량 산정식으로 옳은 것은?

① 계획배수인구+공장폐수량+지하수량
② 계획인구×1인1일 최대오수량+공장폐수량+지하수량+기타 배수량
③ 계획인구×(공장폐수량+지하수량)
④ 1인1일 최대오수량+공장폐수량+지하수량

| 해답 | ②

계획1일 최대오수량
계획인구×1인1일 최대오수량+공장폐수량+지하수량+기타 배수량

□□□ 기 96,11,15,17,19,21①
120 도수관을 설계할 때 자연유하식인 경우에 평균유속의 허용한도로 옳은 것은?

① 최소한도 0.3m/s, 최대한도 3.0m/s
② 최소한도 0.1m/s, 최대한도 2.0m/s
③ 최소한도 0.2m/s, 최대한도 1.5m/s
④ 최소한도 0.5m/s, 최대한도 1.0m/s

| 해답 | ①

도·송수관의 관내면 유속
- 모래 입자의 침전을 방지하기 위해서 최소유속은 0.3m/s 정도
- 도수관내에 마멸되지 않도록 가능한 평균 최대한도는 3.0m/s 정도

Remember

4
Pick

120

선

01 4Pick Remember 120선　　CBT 대비

응용역학

□□□ 기 92②, 95②, 98③, 99③, 00③, 04④, 07④, 20②

01 그림과 같은 삼각형 물체에 작용하는 힘 P_1, P_2를 AC 면에 수직한 방향의 성분으로 변환할 경우 힘 P의 크기는?

① 1000kN
② 1200kN
③ 1400kN
④ 1600kN

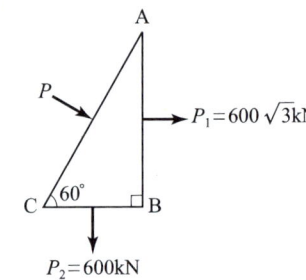

| 해답 | ②

- cos법칙을 이용

$$P = P_1 \cos\theta_1 + P_2 \cos\theta_2$$
$$= 600\sqrt{3} \times \cos 30° + 600 \times \cos 60°$$
$$= 1200 \,\text{kN}$$

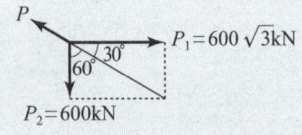

- 라미의 정리

$$\frac{P}{\sin 90°} = \frac{600\sqrt{3}}{\sin 120°}$$

$$\therefore P = \frac{\sin 90°}{\sin 120°} \times 600\sqrt{3} = 1200 \,\text{kN}$$

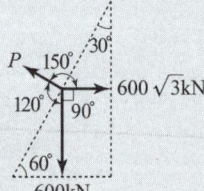

□□□ 기 00②,11④,12①,15①,19①,22②

02 그림과 같은 내민보에서 A점의 처짐은?
(단, $I=1.6 \times 10^8 \text{mm}^4$, $E=2.0 \times 10^5 \text{MPa}$이다.)

① 22.5mm
② 27.5mm
③ 32.5mm
④ 37.5mm

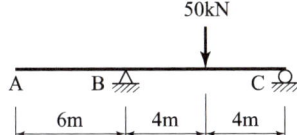

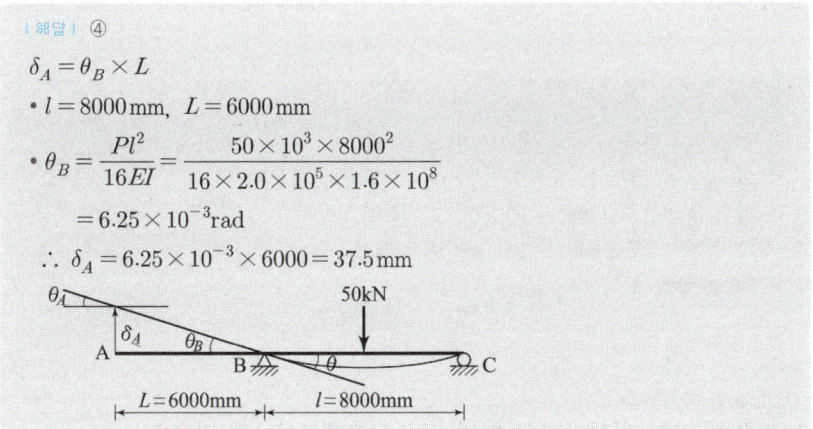

해답 ④

$\delta_A = \theta_B \times L$

• $l = 8000\text{mm}$, $L = 6000\text{mm}$

• $\theta_B = \dfrac{Pl^2}{16EI} = \dfrac{50 \times 10^3 \times 8000^2}{16 \times 2.0 \times 10^5 \times 1.6 \times 10^8}$
  $= 6.25 \times 10^{-3} \text{rad}$

∴ $\delta_A = 6.25 \times 10^{-3} \times 6000 = 37.5\text{mm}$

Remember

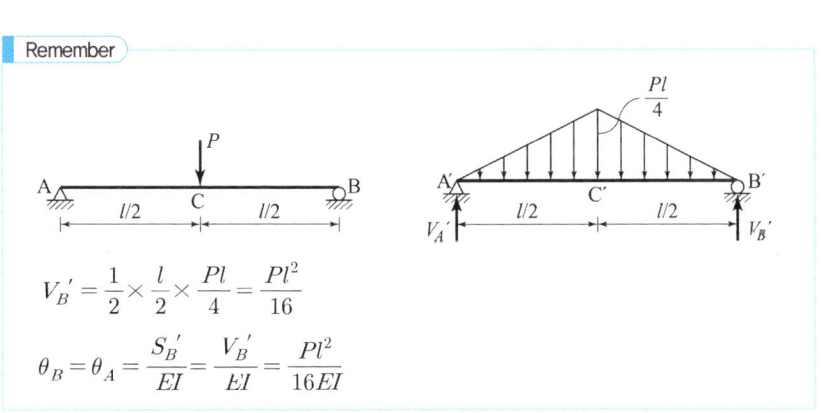

$V_B' = \dfrac{1}{2} \times \dfrac{l}{2} \times \dfrac{Pl}{4} = \dfrac{Pl^2}{16}$

$\theta_B = \theta_A = \dfrac{S_B'}{EI} = \dfrac{V_B'}{EI} = \dfrac{Pl^2}{16EI}$

□□□ 기 90,98,03,16①,18②

03 무게 10N의 물체를 두 끈으로 늘어 뜨렸을 때 한 끈이 받는 힘의 크기 순서가 옳은 것은?

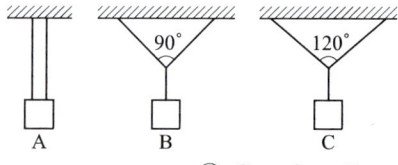

① B > A > C
② C > A > B
③ A > B > C
④ C > B > A

| 해답 | ④

한끈이 받는 힘을 T라 하면
• A의 경우 : $2T = 10$ ∴ $T = 5N$
• B의 경우 : $2T\cos 45° = 10$ ∴ $T = 7.07N$
• C의 경우 : $2T\cos 60° = 10$ ∴ $T = 10N$
∴ C > B > A

□□□ 기 96,97,16①,21②

04 지름이 D인 원형단면의 단면 2차 극모멘트(I_P)의 값은?

① $\dfrac{\pi D^4}{64}$
② $\dfrac{\pi D^4}{32}$
③ $\dfrac{\pi D^4}{16}$
④ $\dfrac{\pi D^4}{8}$

| 해답 | ②

원형단면의 도심에 대한 단면 2차 극모멘트
• $I_P = I_X + I_Y =$ constant (동일)

$I_X = I_Y = \dfrac{\pi D^4}{64}$

∴ $I_P = \dfrac{\pi D^4}{64} \times 2 = \dfrac{\pi D^4}{32}$

□□□ 기 98,10,13,16

05 평균지름 $d=1200mm$, 벽두께 $t=6mm$를 갖는 긴 강제수도관(鋼製水道管)이 $P=1MPa$의 내압을 받고 있다. 이 관벽 속에 발생하는 원환응력(圓環應力)의 크기는?

① 1.66MPa
② 45MPa
③ 90MPa
④ 100MPa

| 해답 | ④

원환응력(Barlow 공식)
수도관이나 내압을 받는 관에서 받는 응력

$$\sigma = \frac{q \cdot r}{t} = \frac{1 \times \frac{1200}{2}}{6} = 100N/mm^2 = 100MPa$$

□□□ 기 01④,08④,10②,21②

06 아래 그림에서 $A-A$축과 $B-B$축에 대한 음영 부분의 단면 2차 모멘트가 각각 $8 \times 10^8 mm^4$, $16 \times 10^8 mm^4$일 때 음영 부분의 면적은?

① $8.00 \times 10^4 mm^2$
② $7.52 \times 10^4 mm^2$
③ $6.06 \times 10^4 mm^2$
④ $5.73 \times 10^4 mm^2$

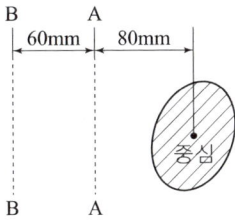

| 해답 | ③

$I_x = I_X + A \cdot r^2$
- $I_A = I_X + A \times 80^2 = 8 \times 10^8$
- $I_B = I_X + A \times 140^2 = 16 \times 10^8$
- $(x_2^2 - x_1^2)A = I_B - I_A$
  $\{(60+80)^2 - 80^2\}A = (16-8) \times 10^8$
  $\therefore A = 60606 = 6.06 \times 10^4 mm^2$

☐☐☐ 기 00②,03④,11④,15④,18③,22①

07 그림과 같은 라멘 구조물의 E점에서의 불균형 모멘트에 대한 부재 EA의 모멘트 분배율은?

① 0.167
② 0.222
③ 0.386
④ 0.441

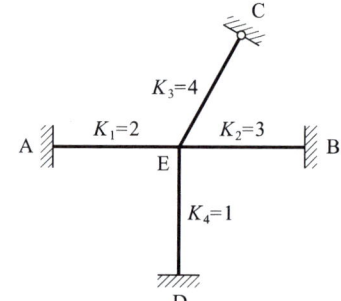

| 해답 | ②

- 힌지 C점에서 수정강도계수 : $\frac{3}{4} \times K_C$

- $DF_{EA} = \dfrac{K_A}{K_A + K_B + \frac{3}{4}K_C + K_D}$

  $= \dfrac{2}{2 + 3 + \frac{3}{4} \times 4 + 1} = \dfrac{2}{9} = 0.222$

☐☐☐ 기 92②,05④,08②,19①,21③,24①

08 그림과 같은 기둥에서 좌굴하중의 비 (a) : (b) : (c) : (d)는?
(단, EI와 기둥의 길이는 모두 같다.)

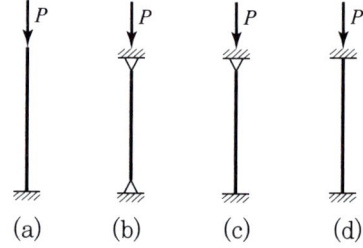

① 1 : 2 : 3 : 4
② 1 : 4 : 8 : 12
③ 1 : 4 : 8 : 16
④ 1 : 8 : 16 : 32

| 해답 | ③

- 좌굴하중 $P = \dfrac{n\pi^2 EI}{l^2}$ 에서 $\left(\dfrac{\pi^2 EI}{l^2}\right)$는 동일
- 양단 지지상태의 강도(n)

1단고정 타단자유	$n = \dfrac{1}{4}$	1
양단힌지	$n = 1$	4
일단힌지 타단고정	$n = 2$	8
양단고정	$n = 4$	16

∴ $\dfrac{1}{4} : 1 : 2 : 4 = 1 : 4 : 8 : 16$

□□□ 기 86,94,96,01,03,06,10①,14④,22③

09 다음 그림에서 처음에 P_1이 작용했을 때 자유단의 처짐 δ_1이 생기고, 다음에 P_2를 가했을 때 자유단의 처짐이 δ_2만큼 증가되었다고 한다. 이때 외력 P_1이 행한 일은?

① $\dfrac{1}{2} P_1 \delta_1 + P_1 \delta_2$

② $\dfrac{1}{2} P_1 \delta_1 + P_2 \delta_2$

③ $\dfrac{1}{2} (P_1 \delta_1 + P_1 \delta_2)$

④ $\dfrac{1}{2} (P_1 \delta_1 + P_2 \delta_2)$

| 해답 | ①

- 최초 P_1이 한 일 : $\dfrac{1}{2} P_1 \delta_1$
- P_2가 작용할 때 P_1이 한 일 : $P_1 \delta_2$

∴ P_1이 행한 일 $W = \dfrac{1}{2} P_1 \delta_1 + P_1 \delta_2$

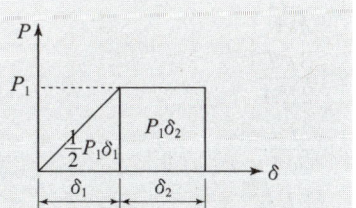

□□□ 기04④, 08①, 09④, 19②

10 다음의 부정정 구조물을 모멘트분배법으로 해석하고자 한다. C점이 롤러지점임을 고려한 수정강도계수에 의하여 B점에서 C점으로 분배되는 분배율 f_{BC}를 구하면?

① $\dfrac{1}{2}$ ② $\dfrac{3}{5}$

③ $\dfrac{4}{7}$ ④ $\dfrac{5}{7}$

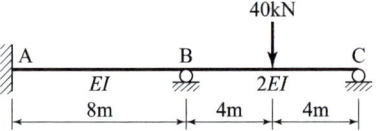

|해답| ②

분배율 $f_{BC} = \dfrac{K_{BC}}{K_{BA} + K_{BC}}$

• $K_{BA} = \dfrac{I}{l} = \dfrac{I}{8}$

• $K_{BC} = \dfrac{I}{l} = \dfrac{2I}{8}$

• 강도비 $K_{BA} : K_{BC} = 1 : 2$

∴ $f_{BC} = \dfrac{2 \times \dfrac{3}{4}}{1 + 2 \times \dfrac{3}{4}} = \dfrac{3}{5}$ (∵ 회전절점인 경우 $\dfrac{3}{4}K$)

□□□ 기 03④, 06②, 09④, 13①, 21③

11 그림과 같은 인장부재의 수직변위를 구하는 식으로 옳은 것은? (단, 탄성계수는 E이다.)

① $\dfrac{PL}{EA}$

② $\dfrac{3PL}{2EA}$

③ $\dfrac{2PL}{EA}$

④ $\dfrac{5PL}{2EA}$

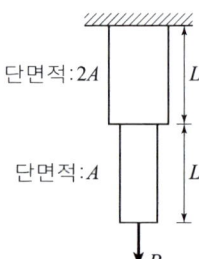

| 해답 | ②

수직변위 $\Delta L = \dfrac{PL}{EA}$

- $\Delta L_1 = \dfrac{PL}{2EA}$
- $\Delta L_2 = \dfrac{PL}{EA}$

$\therefore \Delta L = \Delta L_1 + \Delta L_2$
$= \dfrac{PL}{2EA} + \dfrac{PL}{EA}$
$= \dfrac{3PL}{2EA}$

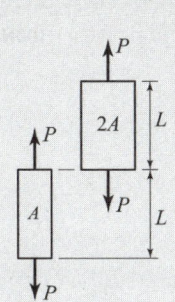

□□□ 기 92,11,12①,15②,16,21①,25①

12 그림과 같이 x, y축에 대칭인 빗금 친 단면에 비틀림우력 50kN·m가 작용할 때 최대전단응력은?

① 15.63MPa
② 17.81MPa
③ 31.25MPa
④ 35.61MPa

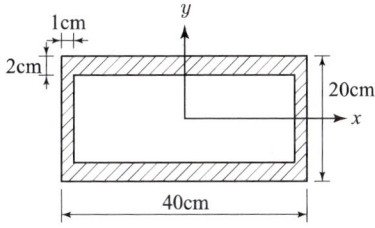

| 해답 | ④

직사각형 관의 비틀림전단응력

$\tau = \dfrac{T}{2t_1 A_m}$

- $T = 50\text{kN} \cdot \text{m} = 50 \times 10^6 \text{N} \cdot \text{mm}$
- $t_1 = 1\text{cm} = 10\text{mm}$
- $A_m = bh = \left(400 - \dfrac{10}{2} \times 2\right) \times \left(200 - \dfrac{20}{2} \times 2\right)$
  $= (400 - 10) \times (200 - 20) = 70200 \text{mm}^2$

(∵ 두께가 얇은 관에 대한 비틀림전단을 고려할 때 폭과 높이는 관 단면의 중심선으로 산정한다.)

$\therefore \tau = \dfrac{50 \times 10^6}{2 \times 10 \times 70200} = 35.61 \text{N/mm}^2 = 35.61 \text{MPa}$

□□□ 기 09①,10④,12④,15②,18①

13 그림과 같은 구조물에서 C점의 수직처짐을 구하면? (단, $EI=2\times10^{10}\text{N}\cdot\text{cm}^2$이며 자중은 무시한다.)

① 2.7mm
② 3.6mm
③ 5.4mm
④ 7.2mm

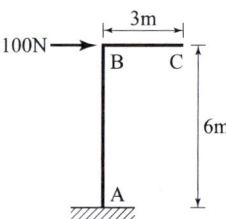

【해답】 ①

$\delta_C = \theta_B l$

- $\theta_B = \dfrac{Pl^2}{2EI} = \dfrac{100\times 600^2}{2\times 2\times 10^{10}} = 9.0\times 10^{-4}\text{rad}$
- $l = 3\text{m} = 300\text{cm}$
- $\therefore \delta_C = 9.0\times 10^{-4}\times 300 = 0.27\text{cm} = 2.7\text{mm}$

Remember

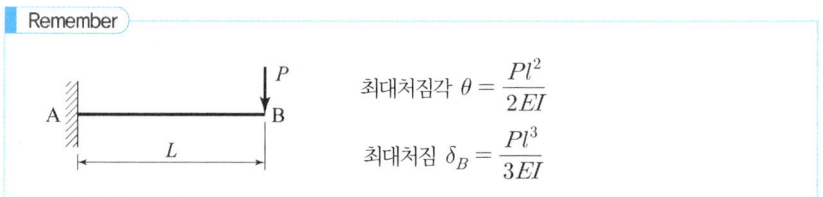

최대처짐각 $\theta = \dfrac{Pl^2}{2EI}$

최대처짐 $\delta_B = \dfrac{Pl^3}{3EI}$

□□□ 기 97,95③,04④,12①,19③

14 그림과 같이 두 개의 활차를 사용하여 물체를 매달 때 3개의 물체가 평형을 이루기 위한 θ값은? (단, 로프와 활차의 마찰은 무시한다.)

① 30°
② 45°
③ 60°
④ 120°

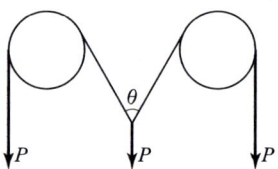

| 해답 | ④

O점에서 $\Sigma V = 0$면

$P\cos\dfrac{\theta}{2} + P\cos\dfrac{\theta}{2} - P = 0$에서

$2P\cos\dfrac{\theta}{2} = P \Rightarrow \cos\dfrac{\theta}{2} = \dfrac{1}{2}$

$\dfrac{\theta}{2} = \cos^{-1}\left(\dfrac{1}{2}\right) = 60° \quad \therefore \theta = 120°$

□□□ 기 00①, 06②, 09①, 17①, 19③, 25②

15 외반경 R_1, 내반경 R_2인 중공(中空)원형단면의 핵은? (단, 핵의 반경을 e로 표시함)

① $e = \dfrac{(R_1^2 + R_2^2)}{4R_1}$ ② $e = \dfrac{(R_1^2 + R_2^2)}{4R_1^2}$

③ $e = \dfrac{(R_1^2 - R_2^2)}{4R_1}$ ④ $e = \dfrac{(R_1^2 - R_2^2)}{4R_1^2}$

| 해답 | ①

핵의 반경 $e = \dfrac{Z}{A} = \dfrac{\frac{I}{y}}{A} = \dfrac{I}{A \cdot y}$

- $I = \dfrac{\pi D^4}{64} = \dfrac{\pi R^4}{4} = \dfrac{\pi}{4}(R_1^4 - R_2^4)$
- $R_1^4 - R_2^4 = (R_1^2 - R_2^2)(R_1^2 - R_2^2)$
- $A = \pi(R_1^2 - R_2^2)$
- $y - R_1$

$\therefore e = \dfrac{I}{A \cdot y} = \dfrac{\frac{\pi}{4}(R_1^4 - R_2^4)}{\pi(R_1^2 - R_2^2) \cdot R_1}$

$= \dfrac{\pi(R_1^2 - R_2^2)(R_1^2 + R_2^2)}{4\pi(R_1^2 - R_2^2)R_1} = \dfrac{(R_1^2 + R_2^2)}{4R_1}$

□□□ 기 98,10④,14①,16④,17④

16 아래 그림과 같은 단순보의 지점 A에 모멘트 M_a가 작용할 경우 A점과 B점의 처짐각비 $\left(\dfrac{\theta_a}{\theta_b}\right)$의 크기는?

① 1.5
② 2.0
③ 2.5
④ 3.0

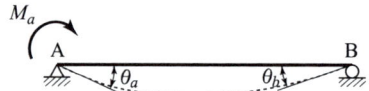

해답 ②

■ 공식에 의한 방법

• $\theta_a = \dfrac{L}{6EI}(2M_a + M_b) = \dfrac{L}{6EI}(2M_a + 0) = \dfrac{M_a L}{3EI}$

• $\theta_b = \dfrac{L}{6EI}(M_a + 2M_b) = \dfrac{L}{6EI}(M_a + 0) = \dfrac{M_a L}{6EI}$

∴ $\dfrac{\theta_a}{\theta_b} = \dfrac{\frac{1}{3}}{\frac{1}{6}} = 2.0$

■ 공액보에 의한 방법

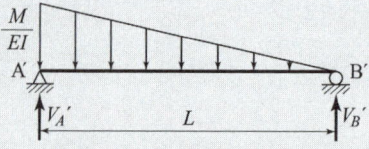

• $\theta_a = V'_A = \dfrac{M}{EI} \times L \times \dfrac{1}{2} \times \dfrac{2}{3} = \dfrac{ML}{3EI}$

• $\theta_b = V'_B = \dfrac{M}{EI} \times L \times \dfrac{1}{2} \times \dfrac{1}{3} = \dfrac{ML}{6EI}$

∴ $\dfrac{\theta_a}{\theta_b} = \dfrac{\frac{1}{3}}{\frac{1}{6}} = 2.0$

Remember

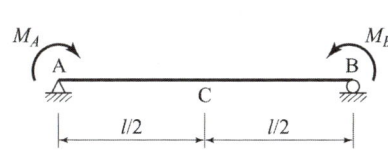

$$\theta_A = \frac{l}{6EI}(2M_A + M_B)$$

$$\theta_B = -\frac{l}{6EI}(2M_B + M_A)$$

$$y_C = \frac{l^2}{16EI}(M_A + M_B)$$

☐☐☐ 기 95③,10②,17④,22②

17 그림과 같은 단면의 단면 상승모멘트(I_{xy})는?

① 77500mm⁴
② 92500mm⁴
③ 122500mm⁴
④ 157500mm⁴

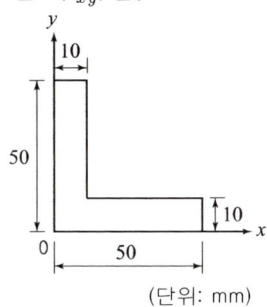

(단위: mm)

| 해답 | ③

단면상승모멘트 $I_{xy} = A_1 x_1 y_1 - A_2 x_2 y_2$

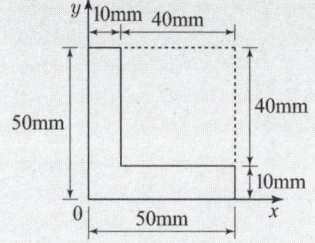

- $A_1 = 50 \times 50 = 2500\,mm^2$
  $x_1 = 25\,mm, \ y_1 = 25\,mm$
- $A_2 = 40 \times 40 = 1600\,mm^2$
  $x_2 = 30\,mm, \ y_2 = 30\,mm$
  ∴ $I_{xy} = A_1 x_1 y_1 - A_2 x_2 y_2$
  $= 2500 \times 25 \times 25 - 1600 \times 30 \times 30 = 122500\,mm^4$

□□□ 기 88,00,03,07,14②,17④,22①

18 그림과 같은 구조물에서 부재 AB가 받는 힘의 크기는?

① 3166.7kN
② 3274.2kN
③ 3368.5kN
④ 3485.4kN

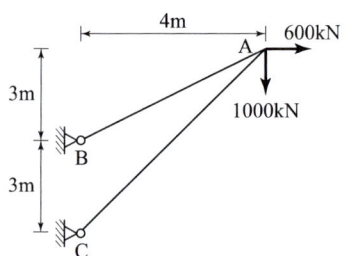

| 해답 | ①

[방법1] $\sum M_C = 0$

$$600 \times 6 + 1000 \times 4 - AB \times \frac{4}{5} \times 3 = 0$$

$$\therefore AB = 3166.7 \text{kN}$$

[방법2] A점에서 $\sum V = 0$, $\sum H = 0$를 취하면

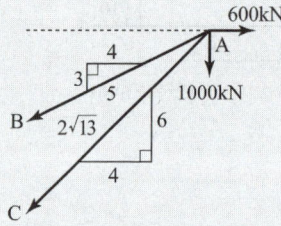

• $\sum V = 0$

$$1000 + \frac{3}{5}\overline{AB} - \frac{6}{2\sqrt{13}}\overline{AC} = 0 \quad \cdots\cdots (1)$$

• $\sum H = 0$

$$600 - \frac{4}{5}\overline{AB} + \frac{4}{2\sqrt{13}}\overline{AC} = 0 \quad \cdots\cdots (2)$$

• $(1) \times 4 + (2) \times 6$

$$4000 + 2.4\overline{AB} - 3.328\overline{AC} = 0 \quad \cdots\cdots (3)$$
$$3600 - 4.8\overline{AB} + 3.328\overline{AC} = 0 \quad \cdots\cdots (4)$$

$$\therefore \overline{AB} = \frac{7600}{2.4} = 3166.7 \text{kN}$$

□□□ 기 04,05,06,08,13①,22②

19 그림과 같은 게르버 보에서 A점의 반력은?

① 6kN(↓)
② 6kN(↑)
③ 30kN(↓)
④ 30kN(↑)

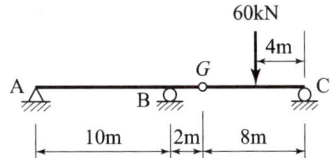

| 해답 | ①

■ 게르버보를 두 개의 보로 분리

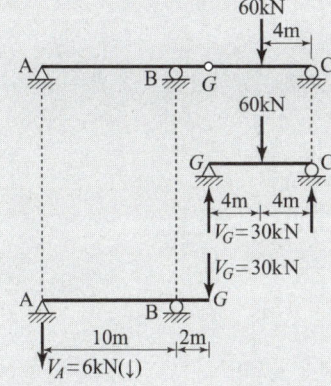

• GC 단순보에서
 $V_G = 30\,\text{kN}\,(\because 대칭보)$
• AG 내민보에서
 $\sum M_B = 0$
 $V_A \times 10 + 30 \times 2 = 0$
 $\therefore V_A = -\dfrac{60}{10} = -6\text{kN} = 6\text{kN}(\downarrow)$

20 정 6각형 틀의 각 절점에 그림과 같이 하중 P가 작용할 때 각 부재에 생기는 인장응력의 크기는?

① P
② $2P$
③ $\dfrac{P}{2}$
④ $\dfrac{P}{\sqrt{2}}$

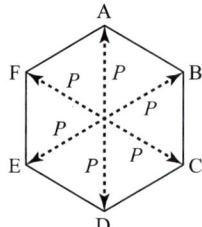

| 해답 | ①

[방법1] 힘의 다각형(정삼각형 6개)에서 모든 부재는 P의 인장력을 받는다.

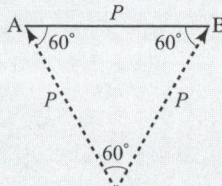

[방법2] A점에서 평형상태 $\sum V_A = 0$
- $P - \overline{\mathrm{AF}}\cos 60° - \overline{\mathrm{AB}}\cos 60° = 0$
  (∵ 내부의 6개 삼각형은 모두 60°의 정삼각형)
- $P = 0.5\overline{\mathrm{AF}} + 0.5\overline{\mathrm{AB}} = \overline{\mathrm{AF}} = \overline{\mathrm{AB}}$ (∵ $\overline{\mathrm{AF}} = \overline{\mathrm{AB}}$)
  ∴ 각 부재에는 인장하중 P가 작용

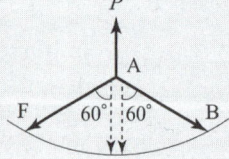

02 측량학

4Pick Remember 120선   CBT 대비

☐☐☐ 기 96,15②,19③

21 다각측량에서 어떤 폐합다각망을 측량하여 위거 및 경거의 오차를 구하였다. 거리와 각을 유사한 정밀도로 관측하였다면 위거 및 경거의 폐합오차를 배분하는 방법으로 가장 적합한 것은?

① 측선의 길이에 비례하여 분배한다.
② 각각의 위거 및 경거에 등분배한다.
③ 위거 및 경거의 크기에 비례하여 배분한다.
④ 위거 및 경거 절대값의 총합에 대한 위거 및 경거 크기에 비례하여 배분한다.

| 해답 | ①

- 트랜싯 법칙 : 각 측량의 정밀도가 거리측량의 정도보다 높을 때 이용되며, 위거 및 경거의 폐합오차를 각 측선의 위거 및 경거의 크기에 비례 배분하여 보정하는 방법
- 컴퍼스 법칙 : 각 측량과 거리 측량의 정밀도가 대략 같을 때 이용되며, 위거 및 경거의 폐합오차를 각 측선의 길이에 비례 배분하여 보정하는 방법

☐☐☐ 기 92,98,01,03,08,16②,17③,19①

22 지오이드(Geoid)에 대한 설명 중 옳지 않은 것은?

① 평균해수면을 육지까지 연장한 가상적인 곡면을 지오이드라 하며 이것은 지구타원체와 일치한다.
② 지오이드는 중력장의 등포텐셜면으로 볼 수 있다.
③ 실제로 지오이드면은 굴곡이 심하므로 측지 측량의 기준으로 채택하기 어렵다.
④ 지구타원체의 법선과 지오이드의 법선 간의 차이를 연직선 편차라 한다.

| 해답 | ①
지오이드는 준거 타원체와 거의 일치한다.

□□□ 기 95,03,20②

23 한 측선의 자오선(종축)과 이루는 각이 60° 00′이고 계산된 측선의 위거가 −60m, 경거가 −103.92m일 때 이 측선의 방위와 거리는?

① 방위=S60° 00′E, 거리=130m
② 방위=N60° 00′E, 거리=130m
③ 방위=N60° 00′W, 거리=120m
④ 방위=S60° 00′W, 거리=120m

해답 : ④
- 남북(NS)기준으로 한 선을 종축(자오선)이라 한다.
- 3상한이므로 방위는 S 60° W
- $OA = \sqrt{(-60)^2 + (-103.92)^2} = 120\text{m}$

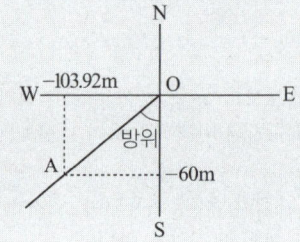

□□□ 기 93,02,11,13④,14,21①

24 레벨의 불완전 조정에 의하여 발생한 오차를 최소화하는 가장 좋은 방법은?

① 왕복 2회 측정하여 그 평균을 취한다.
② 기포를 항상 중앙에 오게 한다.
③ 시준선의 거리를 짧게 한다.
④ 전시, 후시의 표척거리를 같게 한다.

해답 : ④
레벨의 불완전 조정
즉 기포관축과 시준선이 평행하지 않기 때문에 생기는 오차제거는 전시와 후시의 표척거리를 같게 한다.

□□□ 기 11①, 17①, 22②

25 노선 설치 방법 중 좌표법에 의한 설치방법에 대한 설명으로 틀린 것은?

① 토털스테이션, GPS 등과 같은 장비를 이용하여 측점을 위치시킬 수 있다.
② 좌표법에 의한 노선의 설치는 다른 방법보다 지형의 굴곡이나 시통 등의 문제가 적다.
③ 좌표법은 평면곡선 및 종단곡선의 설치요소를 동시에 위치시킬 수 있다.
④ 평면적인 위치의 측설을 수행하고 지형표고를 관측하여 종단면도를 작성할 수 있다.

|해답| ③

좌표법에 의한 설치방법
- 좌표법에 의해 노선을 설치하는 경우 곡선의 시점, 종점 및 교점 등과 같은 곡선의 요소들을 입력하여야 한다.
- 좌표법은 평면곡선 및 종단곡선의 설치 요소를 동시에 위치시킬 수 가 없다.
- 평면적인 위치의 측설을 수행하고 지형표고를 관측하여 종단면도를 작성할 수 있다.
- 좌표법에 의한 노선의 설치는 다른 방법보다 지형의 굴곡이나 시통 등의 문제가 적다.

□□□ 기 82, 88, 95, 08, 13②, 22②, 24①

26 지구반지름이 6370km이고 거리의 허용오차가 $1/10^5$이면 평면측량으로 볼 수 있는 범위의 지름은?

① 약 69km ② 약 64km
③ 약 36km ④ 약 22km

|해답| ①

$$\frac{D^2}{12R^2} = \frac{\Delta D}{D} = \frac{1}{10^5} \text{ 에서 } \frac{D^2}{12 \times 6370^2} = \frac{1}{10^5}$$

$$\therefore D = \sqrt{\frac{12R^2}{10^5}} = \sqrt{\frac{12 \times 6370^2}{10^5}} = 69.78\text{km}$$

참고 SOLVE 사용

□□□ 기 93,06,12,16

27 그림과 같이 $\triangle P_1P_2C$는 동일 평면상에서 $\alpha_1 = 62°8'$, $\alpha_2 = 56°27'$, $B = 60.00$m이고 연직각 $v_1 = 20°46'$일 때 C로부터 P까지의 높이 H는?

① 24.23m
② 22.90m
③ 21.59m
④ 20.58m

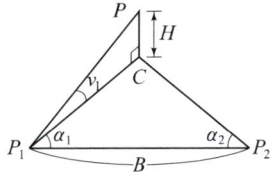

| 해답 | ③

$\triangle P_1P_2C$에서 sin법칙 적용

$$\frac{B}{\sin C} = \frac{\overline{P_1C}}{\sin \alpha_2}$$

$$= \frac{\overline{P_1P_2}}{\sin[180° - (\alpha_1 + \alpha_2)]} = \frac{B}{\sin(\alpha_1 + \alpha_2)}$$

$$\frac{\overline{P_1C}}{\sin 56°27'} = \frac{60}{\sin(62°8' + 56°27')}$$

∴ $\overline{P_1C} = 56.945$m

∴ $H = \overline{P_1C} \tan v_1 = 56.945 \tan 20°46' = 21.59$m

□□□ 기 89,05,12①,19①,21③

28 일반적으로 단열삼각망으로 구성하기에 가장 적합한 것은?

① 시가지와 같이 정밀을 요하는 골조측량
② 복잡한 지형의 골조측량
③ 광대한 지역의 지형측량
④ 하천조사를 위한 골조측량

| 해답 | ④

단열삼각망
하천 조사 측량의 골조측량(삼각측량, 다각측량)에 가장 많이 사용된다.

□□□ 기 85,02,03,09,11,14,16,21②

29 도로의 단곡선 설치에서 교각이 60°, 반지름이 150m이며, 곡선시점이 No.8+17m(20m×8+17m)일 때 종단현에 대한 편각은?

① 0° 02′ 45″
② 2° 41′ 21″
③ 2° 57′ 54″
④ 3° 15′ 23″

| 해답 | ②

- 종단현의 편각 $\delta_1 = \dfrac{90°}{\pi} \times \dfrac{l_2}{R} = 1718.87' \times \dfrac{l_2}{R}$
- 곡선장 $C.L = \dfrac{\pi}{180°}RI$
  $= \dfrac{\pi}{180°} \times 150 \times 60 = 157.08\text{m}$
- 종점의 위치 $E.C = B.C + C.L$
  $= (20 \times 8 + 17) + 157.08$
  $= 334.08\text{m}$
  $= \text{No}16(20 \times 16) + 14.08\text{m}$
  [∵ $20 \times 16 + 14.08 = 334.08\text{m}$]
- 종단현의 길이 $l_2 = 334.08 - 320 = 14.08\text{m}$
  ∴ $\delta_2 = 1718.87' \times \dfrac{14.08}{150} = 2°41'21''$

□□□ 기 80,96,10,12④,20③

30 삼각측량을 위한 삼각점의 위치선정에 있어서 피해야 할 장소와 가장 거리가 먼 것은?

① 측표를 높게 설치해야 되는 곳
② 나무의 벌목면적이 큰 곳
③ 편심관측을 해야 되는 곳
④ 습지 또는 하상인 곳

| 해답 | ③

삼각점의 선점 시 유의 사항
- 견고한 땅이어야 하고 위치의 이동이 없고 침하하지 않는 곳이 좋다.
- 많은 나무의 벌채를 요하거나 높은 측표를 요하는 기점을 가능한 한 피한다. 이때에는 편심관측이 유리하다.

측량학

□□□ 기 96,00,05,12,13②,19②,21①

31 해도와 같은 지도에 이용되며, 주로 하천이나 항만 등의 심천측량을 한 결과를 표시하는 방법으로 가장 적당한 것은?

① 채색법 ② 영선법
③ 점고법 ④ 음영법

[해답] ③

점고법
하천, 항만, 해양 등에서 심천측량을 한 측점에 숫자를 기입하여 높이를 표시하는 방법

Remember

채색법	등고선의 사이를 색으로 채색, 색채의 농도를 변화시켜 표고를 구분하는 방법
영선법	짧고 거의 평행한 선을 이용하여 경사가 급하면 굵고 짧게, 경사가 완만하면 가늘고 길게 표시하는 방법
점고법	하천, 항만, 해양측량에서 심천측량을 한 측점에 숫자로 기입하는 방법
음영법	태양광선이 서북쪽에서 45도 각도로 비친다고 가정하고 지표의 기복에 대하여 그 명암을 2~3색 이상으로 채색하여 기복의 모양을 표시하는 방법

□□□ 기 99,03,18①

32 교점(I.P)은 도로 기점에서 500m의 위치에 있고 교각 $I = 36°$ 일 때, 외선 길이(외할) S.L = 5.00m라면 시단현의 길이는 얼마인가? (단, 중심말뚝거리는 20m 이다.)

① 10.43m ② 11.57m
③ 12.36m ④ 13.25m

| 해답 | ②

- 외선길이 $E = R\left(\sec\dfrac{I}{2} - 1\right) = R\left(\dfrac{1}{\cos\dfrac{I}{2}} - 1\right)$ 에서

$$R = \dfrac{E}{\dfrac{1}{\cos\dfrac{I}{2}} - 1} = \dfrac{5.00}{\dfrac{1}{\cos\dfrac{36°}{2}} - 1} = 97.159\text{m}$$

- 접선길이 $T.L = R\tan\dfrac{I}{2}$

$$= 97.159\tan\dfrac{36°}{2} = 31.569\text{m}$$

- 곡선의 시점 위치
$B.C = I.P - T.L = IP - T.L$
$= 500 - 31.569 = 468.431\text{m}$
$= No.23\left(\dfrac{460}{20}\right) + 8.431\text{m}$

∴ 시단현의 길이 $l = 20 - 8.431 = 11.57\text{m}$

□□□ 기 93, 07, 10, 12

33 하천 양안의 고저차를 측정할 때 교호수준측량을 많이 이용하는 가장 큰 이유는 무엇인가?

① 개인오차를 제거하기 위하여
② 스타프(함척)를 세우기 편하게 하기 위하여
③ 기계오차를 소거하기 위하여
④ 과실에 의한 오차를 제거하기 위하여

| 해답 | ③

교호수준측량
- 목적 : 높은 정밀도를 필요로 할 경우
- 이유 : 하천을 횡단할 때 기계오차 및 광선의 굴절에 의한 오차를 소거하기 위하여

□□□ 기 04,08,10,14,17②④,20③

34 $100m^2$의 정사각형 토지면적을 $0.2m^2$까지 정확하게 구하기 위한 1변의 최대허용오차는?

① 2mm
② 4mm
③ 5mm
④ 10mm

해답 ④

$A = a^2$에서 $\dfrac{dA}{A} = 2\dfrac{da}{a}$

• 한 변의 길이 $a = \sqrt{100} = 10m$

$\therefore da = a\dfrac{dA}{2A}$

$= 10 \times \dfrac{0.2}{2 \times 100} = 0.01m = 10mm$

□□□ 기 01,11,14,17②

35 도로공사에서 거리 20m인 성토구간에 대하여 시작 단면 $A_1 = 72m^2$, 끝 단면 $A_2 = 182m^2$, 중앙 단면 $A_m = 132m^2$라고 할 때 각주공식에 의한 성토량은?

① $2540.0m^3$
② $2573.3m^3$
③ $2600.0m^3$
④ $2606.7m^3$

해답 ④

$V = \dfrac{h}{6}(A_1 + 4A_m + A_2)$

$= \dfrac{20}{6}(72 + 4 \times 132 + 182) = 2606.7m^3$

□□□ 기 00,03,13,17①,20③,22③

36 토적곡선(mass curve)을 작성하는 목적으로 가장 거리가 먼 것은?

① 토량의 배분
② 교통량 산정
③ 토공기계의 선정
④ 토량의 운반거리 산출

| 해답 | ②

토적곡선의 작성 목적
- 토량의 분배
- 평균운반거리 산출
- 토공기계의 선정
- 시공방법 결정

Remember

■ 유토곡선(토적곡선)의 성질
하향곡선＼(AC, EF)은 성토구간이며, 상향곡선／(OA, CF)은 절토구간이다.

□□□ 기 11,17②,19①,21①

37 삼각망 조정에 관한 설명으로 옳지 않은 것은?

① 임의의 한 변의 길이는 계산경로에 따라 달라질 수 있다.
② 검기선은 측정한 길이와 계산된 길이가 동일하다.
③ 1점 주위에 있는 각의 합은 360°이다.
④ 삼각형의 내각의 합은 180°이다.

| 해답 | ①

각관측 3조건
- 각조건 : 삼각망 중 각각 3각형 내각의 합은 180°가 될 것
- 변조건 : 삼각망 중에서 임의 한 변의 길이는 계산순서에 관계없이 동일할 것
- 점조건 : 한 측점 주위에 있는 모든 각의 총합은 360°가 될 것

□□□ 기 81,86,15②,17①,21③
38 완화곡선에 대한 설명으로 옳지 않은 것은?

① 완화곡선의 곡선반지름은 시점에서 무한대, 종점에서 원곡선의 반지름 R로 된다.
② 클로소이드의 형식에는 S형, 복합형, 기본형 등이 있다.
③ 완화곡선의 접선은 시점에서 원호에, 종점에서 직선에 접한다.
④ 모든 클로소이드는 닮은꼴이며 클로소이드 요소에는 길이의 단위를 가진 것과 단위가 없는 것이 있다.

| 해답 | ③

완화곡선의 성질
• 완화곡선의 접선은 시점에서 직선에, 종점에서 원호에 접한다.
• 클로소이드의 형식 : 기본형, S형, 복합형, 凸형, 유형
• 완화곡선의 반지름은 그 시점에서 무한대, 종점에서는 원곡선과 같다.
• 완화곡선에 연한 곡선반지름의 감소율은 캔트(cant)의 증가율과 같다.

□□□ 기 94,08,10,17
39 삼각수준측량에서 정밀도 10^{-5}의 수준차를 허용할 경우 지구곡률을 고려하지 않아도 되는 최대시준거리는? (단, 지구곡률반지름 $R=6370$km이고, 빛의 굴절계수는 무시)

① 35m
② 64m
③ 70m
④ 127m

| 해답 | ④

양차 $h = \dfrac{D^2}{2R}(1-K)$에서

$\dfrac{h}{D} = \dfrac{D}{2R}(1-K) \Rightarrow \dfrac{1}{100000} = \dfrac{(1-0)D}{2 \times 6370 \times 10^3}$

$\therefore D = \dfrac{2 \times 6370 \times 10^3}{100000} = 127.4\text{m}$

□□□ 기 98,00,10,17①,21②

40 등고선의 성질에 대한 설명으로 옳지 않은 것은?

① 등고선은 분수선(능선)과 평행하다.
② 등고선은 도면 내·외에서 폐합하는 폐곡선이다.
③ 지도의 도면 내에서 등고선이 폐합하는 경우에 등고선의 내부에는 산꼭대기 또는 분지가 있다.
④ 절벽에서 등고선은 서로 만날 수 있다.

| 해답 | ①
등고선은 분수선(능선)과 직각으로 만나다.

Remember

■ 등고선의 성질
- 등고선은 합수선과 직각으로 만난다.
- 등고선은 분수선(능선)과 직각으로 만난다.
- 동굴이나 절벽은 두 점에서 교차한다.
- 높이가 다른 두 등고선은 절벽이나 동굴의 지형을 제외하는 교차하거나 만나지 않는다.
- 지표면의 경사가 급한 곳에서는 각 등고선의 간격이 좁아지며, 완만한 경사에는 넓어진다.
- 도면 안에서 폐합하든지, 도면이 제한되어 있을 때는 도면 밖에서 폐합하게 되는 폐곡선이다.

수리학 및 수문학

03 4Pick Remember 120선 CBT 대비

□□□ 기 99,06,13②,18①

41 오리피스(orifice)의 이론유속 $V = \sqrt{2gh}$ 이 유도되는 이론으로 옳은 것은? (단, V : 유속, g : 중력가속도, h : 수두차)

① 베르누이(Bernoulli)의 정리
② 레이놀즈(Reynolds)의 정리
③ 벤츄리(Venturi)의 이론식
④ 운동량 방정식 이론

| 해답 | ①

유출할 때 에너지 손실을 무시하고 Bernoulli정리로부터 이론 유속 $V = \sqrt{2gh}$ 을 구한다.

□□□ 기 90,10,18④,21③

42 동점성계수와 비중이 각각 $0.0019\text{m}^2/\text{s}$와 1.2인 액체의 점성계수 μ는? (단, 물의 밀도는 1000kg/m^3)

① $1.9\text{kgf} \cdot \text{s/m}^2$
② $0.19\text{kgf} \cdot \text{s/m}^2$
③ $0.23\text{kgf} \cdot \text{s/m}^2$
④ $2.3\text{kgf} \cdot \text{s/m}^2$

| 해답 | ③

동점성계수$(\nu) = \dfrac{\text{점성계수}(\mu)}{\text{밀도}(\rho)}$ 에서

점성계수 $\mu = \rho \times \nu = \dfrac{w}{g} \times \nu$

$\therefore \mu = \dfrac{1.2 \times 1000\,(\text{kg/m}^3)}{9.8\,(\text{m/s})} \times 0.0019\,(\text{m}^2/\text{s})$

$= 0.23\,\text{kgf} \cdot \text{s/m}^2$

□□□ 기 00,08,12②,20③

43 20℃에서 지름 0.3mm인 물방울이 공기와 접하고 있다. 물방울 내부의 압력이 대기압보다 $10\text{gf}/\text{cm}^2$ 만큼 크다고 할 때 표면장력의 크기를 dyne/cm로 나타내면?

① 0.075
② 0.75
③ 73.50
④ 75.0

|해답| ③

$p \cdot d = 4T$ 에서

∴ 표면장력 $T = \dfrac{p \cdot d}{4}$

$= \dfrac{10 \times 0.03}{4} = 0.075\,\text{g}/\text{cm}$

$= 0.075 \times 980\,(\text{dyne}/\text{cm})$

$= 73.5\,\text{dyne}/\text{cm}$

참고 $1\,\text{g}/\text{cm} = 980\,\text{dyne}/\text{cm}$

□□□ 기 94,16,19②,21③

44 다음 중 부정류 흐름의 지하수를 해석하는 방법은?

① Theis 방법
② Dupuit 방법
③ Thiem 방법
④ Laplace 방법

|해답| ①

■ 지하수 흐름

층류 흐름	정류 흐름	부정류 흐름
Darcy 법칙	Laplace 방법	Theis 방법

■ 부정류 흐름의 지하수 해석방법 : Theis 방법, Jacob법, Chow법

□□□ 기 93,99,08,16

45 그림에서 A와 B의 압력차는?
(단, 수은의 비중 = 13.50)

① 32.85kN/m²
② 57.50kN/m²
③ 61.25kN/m²
④ 78.94kN/m²

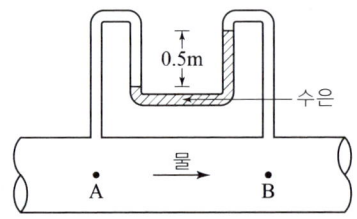

┃해답┃ ③

$P_A + w_w h = P_B + w_o h$ 에서
(∵ 액주계가 수평이므로 높이차만 고려함)
• $P_A + 1 \times 0.5 = P_B + 13.50 \times 0.5$
∴ $P_A - P_B = (13.55 - 1) \times 0.5$
$= 6.250 \, t/m^2 = 6250 \, kg/m^2$
$= 6250 \times 9.8 \, N/m^2 = 61250 \, N/m^2$
$= 61.25 \, kN/m^2$

□□□ 기 01,02,04,05,06,09,17①,22③

46 개수로 내 흐름에 있어서 한계수심에 대한 설명으로 옳은 것은?

① 상류쪽의 저항이 하류쪽의 조건에 따라 변한다.
② 유량이 일정할 때 비력이 최대가 된다.
③ 유량이 일정할 때 비에너지가 최소가 된다.
④ 비에너지가 일정할 때 유량이 최소가 된다.

┃해답┃ ③

한계수심
• 비에너지(H_e)가 최소일 때 수심(h_c)을 말한다.
• 유량이 일정할 때 비에너지가 최소가 되는 수심이다.
• 일정한 비에너지에서 최대 유량을 흐르게 할 수 있는 수심이다.

□□□ 기 98,03,08,14①,16④,24③

47 오리피스에서 C_c를 수축계수, C_v를 유속계수라 할 때 실체유량과 이론유량과의 비(C)는?

① $C = C_c$
② $C = C_v$
③ $C = C_c / C_v$
④ $C = C_c \cdot C_v$

> 해답 ④
>
> 유속 계수 $C = \dfrac{\text{실제유속}}{\text{이론유속}}$
> $= 수축계수(C_c) \times 유속계수(C_v)$

□□□ 기 94,10,13,16④,22③

48 x, y 평면이 수면에 나란하고, 질량력의 x, y, z축 방향성분을 X, Y, Z라 할 때, 정지평형상태에 있는 액체내부에 미소 육면체의 부피를 dx, dy, dz라 하면 등압면(等壓面)의 방정식은?

① $Xdx + Ydy + Zdz = 0$
② $\dfrac{X}{dx} + \dfrac{Y}{dy} + \dfrac{Z}{dz} = 0$
③ $\dfrac{dx}{X} + \dfrac{dy}{Y} + \dfrac{dz}{Z} = 0$
④ $\dfrac{X}{x}dx + \dfrac{Y}{y}dy + \dfrac{Z}{z}dz = 0$

> 해답 ①
>
> 액체의 평형조건
> • 정수역학의 기본식 : $dp = \rho(Xdx + Ydy + Zdz)$
> • 등압면의 방정식 : $Xdx + Ydy + Zdz = 0$

Remember

$dp = \rho(Xdx + Ydy + Zdz)$을 정수역학의 기본식이며, 압력이 같은 점을 연결한 면을 등압면이라 하여 등압면에서는 $p = \text{const}$이므로 $dp = 0$이다.

□□□ 기 92,93,00,06②,15①,19③,20②

49 유선 위 한 점의 x, y, z축에 대한 좌표를 (x, y, z), x, y, z축 방향 속도성분을 각각 u, v, w라 할 때 서로의 관계가 $\dfrac{dx}{u} = \dfrac{dy}{v} = \dfrac{dz}{w}$, $u = -ky$, $v = kx$, $w = 0$인 흐름에서 유선의 형태는?(단, k는 상수)

① 원
② 직선
③ 타원
④ 쌍곡선

| 해답 | ①

- 유선방정식 $\dfrac{dx}{u} = \dfrac{dy}{v} = \dfrac{dz}{w}$ 에서 x, y방향의

  2차원 흐름은 $\dfrac{dx}{u} = \dfrac{dy}{v}$ 이다.

- $\dfrac{dx}{-ky} = \dfrac{dy}{kx}$ ∴ $xdx + ydy = 0$

- 적분 $\int xdx + ydy = 0$ ∴ $x^2 + y^2 = \text{const}$(원의 형태)

- 유선은 원을 그리며 흐름은 원운동이다.

□□□ 기 93,10,13②,19①,22①,24②

50 댐의 상류부에서 발생되는 수면곡선으로 흐름방향으로 수심이 증가함을 뜻하는 곡선은?

① 배수 곡선
② 저하 곡선
③ 유사량 곡선
④ 수리특성 곡선

| 해답 | ①

배수 곡선
개수로의 흐름이 상류인 장소에 댐, 위어 또는 수문 등의 수리 구조물을 만들어 수면을 상승시키면 그 영향이 상류로 미치고 수면이 상승하는 현상을 배수라 하고 배수에 의해 생기는 곡선을 배수 곡선이라 한다.

□□□ 기 90,95,99,04,10,12

51 각 변의 길이가 2cm×3cm인 직4각형 단면의 매끈한 관에 평균유속 1.0m/s로 물이 흐른다. 관의 길이 100m 구간에서 발생하는 손실수두는? (단, 관의 마찰손실계수는 $f = 0.03$이다.)

① 3.2m ② 6.4m
③ 13.8m ④ 25.5m

| 해답 | ②

손실수두 $h_L = f \dfrac{l}{D} \dfrac{V^2}{2g}$

- 동수반경 $R_h = \dfrac{A}{P} = \dfrac{0.02 \times 0.03}{(0.02+0.03) \times 2} = 0.006\,\text{m}$
- 직경 $D = 4R_h = 4 \times 0.006 = 0.024\,\text{m}$

$\therefore h_L = 0.03 \times \dfrac{100}{0.024} \dfrac{1.0^2}{2 \times 9.8} = 6.4\,\text{m}$

□□□ 기 10,13,18①,21①

52 Darcy의 법칙에 대한 설명으로 옳지 않은 것은?

① 투수계수는 물의 점성계수에 따라서도 변화한다.
② Darcy의 법칙은 지하수의 흐름에 대한 공식이다.
③ Reynolds 수가 100 이상이면 안심하고 적용할 수 있다.
④ 평균유속이 동수경사와 비례관계를 가지고 있는 흐름에 적용될 수 있다.

| 해답 | ③

Darcy의 법칙
- Reynolds수 $R_e < 4$인 층류에서 적용된다.
- Darcy의 법칙은 지하수의 층류흐름에 대한 마찰저항공식이다.
- 지하수의 유속(V)은 동수경사(I)에 비례한다.
  ($V = KI$)

□□□ 기 95,06,07,14,16②
53 경심이 5m이고 동수경사가 1/200인 관로에서 Reynolds수가 1000인 흐름의 평균유속은?

① 0.70m/s ② 2.24m/s
③ 5.00m/s ④ 5.53m/s

| 해답 | ④

유속 $V = C\sqrt{RI} = \sqrt{\dfrac{8g}{f}} \times \sqrt{RI}$

• 층류 : $R_e < 2000$일 경우

$f = \dfrac{64}{Re} = \dfrac{64}{1000} = 0.064$

• 평균유속계수 $C = \sqrt{\dfrac{8g}{f}} = \sqrt{\dfrac{8 \times 9.8}{0.064}} = 35$

• 경심 $R = 5\mathrm{m}$, $I = \dfrac{1}{200}$

$\therefore V = 35 \times \sqrt{5 \times \dfrac{1}{200}} = 5.53\,\mathrm{m/s}$

□□□ 기 83,91,96,15,17④,19③
54 지하수의 투수계수와 관계가 없는 것은?

① 토사의 형상 ② 토사의 입도
③ 물의 단위중량 ④ 토사의 단위중량

| 해답 | ④

투수계수 $k = D_s^2 \dfrac{\rho \cdot g}{\mu} \cdot \dfrac{e^3}{1+e} C$

D_s : 흙의 입도, μ : 지하수의 점성계수
e : 간극비, ρ : 밀도
C : 토사의 형상
$\rho \cdot g = \gamma_w$ (물의 단위 중량)

□□□ 기 90,98,04,21①
55 개수로 내의 흐름에서 평균유속을 구하는 방법 중 2점법의 유속측정 위치로 옳은 것은?

① 수면과 전수심의 50% 위치
② 수면으로부터 수심의 10%와 90% 위치
③ 수면으로부터 수심의 20%와 80% 위치
④ 수면으로부터 수심의 40%와 60% 위치

해답 : ③

하천의 평균 유속(수면으로부터 수심)
- 표면법 : $V_m = 0.85 V_s$
- 2점법 : $V_m = \dfrac{V_{0.2} + V_{0.8}}{2}$
- 3점법 : $V_m = \dfrac{V_{0.2} + 2V_{0.6} + V_{0.8}}{4}$
- 4점법 : $V_m = \dfrac{1}{5}\left\{(V_{0.2} + V_{0.4} + V_{0.6} + V_{0.8}) + \dfrac{1}{2}\left(V_{0.2} + \dfrac{V_{0.8}}{2}\right)\right\}$

□□□ 기 86,91,92,04,14④,18①,22②
56 하천의 수리모형실험에 주로 사용되는 상사법칙은?

① Weber의 상사법칙
② Cauchy의 상사법칙
③ Froude의 상사법칙
④ Reynolds의 상사법칙

해답 : ③

특별상사 법칙
- Froude의 상사법칙 : 수심이 비교적 큰 자유수면을 가진 개수로(하천)의 중력이 흐름 지배
- Reynolds의 상사법칙 : 관수로의 유체가 흐르는 경우 점성력이 흐름 지배
- Weber의 상사법칙 : Weir의 월류수심이 극히 작을 때 표면장력이 흐름을 지배
- Cauchy의 상사법칙 : 압축성 유체가 유동할 때 탄성력이 흐름 지배

□□□ 기 93,95,98,09,12,16④

57 직경 10cm인 연직관 속에 높이 1m 만큼 모래가 들어있다. 모래면 위의 수위를 10cm로 일정하게 유지시켰더니 투수량 $Q = 4$L/hr이었다. 이 때 모래의 투수계수 k는?

① 0.4m/hr
② 0.5m/hr
③ 3.8m/hr
④ 5.1m/hr

| 해답 | ④

$Q = kiA = k \cdot \dfrac{h}{L} \cdot A$에서 $K = \dfrac{Q \cdot L}{A \cdot h}$

- $Q = 4\text{L/hr} = 4000\,\text{cm}^3/\text{hr}$
- $A = \dfrac{\pi d^2}{4} = \dfrac{\pi \times 10^2}{4} = 78.54\,\text{cm}^2$

$\therefore K = \dfrac{4000 \times 100}{10 \times 78.54} = 509.3\,\text{cm/hr} = 5.1\,\text{m/hr}$

□□□ 기 10①,13②,14②,17②,18①

58 측정된 강우량 자료가 기상학적 원인 이외에 다른 영향을 받았는지의 여부를 판단하는, 즉 일관성(consistency)에 대한 검사방법은?

① 순간단위 유량도법
② 합성단위 유량도법
③ 이중누가우량 분석법
④ 선행강수 지수법

| 해답 | ③

이중누가우량분석(double mass analysis)
어느 관측소의 우량계의 위치, 노출상태, 관측방법 및 주위환경에 변화가 생겼을 경우에 발생한 과거의 기록치를 보정하기 위하여 전반적인 자료의 일관성을 조사하려고 할 때 사용할 수 있는 가장 적절한 방법이다.

□□□ 기 81,85,88,92,97,11

59 어떤 유역내의 총강수량을 P, 지표수 유입량을 I, 지표수 유출량을 O, 지하수 유출입량을 U, 유역내 저류량의 변화량을 S라 할 때 물수지 원리에 의한 증발량 E를 구하는 방정식으로 옳은 것은?

① $E = P - I \pm U + O \pm S$
② $E = P + I - U - O + S$
③ $E = P + I \pm U - O \pm S$
④ $E = P + I + U + O - S$

| 해답 | ③

증발량(물수지방법)
$E = P + I \pm U - O \pm S$
= 총 강수량 + 지표유입량 ± 저하유출입량 − 지표유출량 ± 지표 및 지하저류량

□□□ 기 93,99,03,07,12④,20③

60 홍수유출에서 유역면적이 작으면 단시간의 강우에, 면적이 크면 장시간의 강우에 문제가 발생한다. 이와 같은 수문학적 인자 사이의 관계를 조사하는 DAD 해석에 필요 없는 인자는?

① 강우량
② 유역면적
③ 증발산량
④ 강우지속시간

| 해답 | ③

DAD 해석법
평균우량깊이(Depth) − 유역면적(Area) − 강우지속시간(Duration)간의 관계

04 4Pick Remember 120선 — 철근콘크리트 및 강구조   CBT 대비

□□□ 기 94,10,11,12,13,14,16

61 그림과 같은 캔틸레버보에 활하중 $w_L = 25\text{kN/m}$이 작용할 때 위험단면에서 전단철근이 부담해야 할 전단력은? (단, 콘크리트의 단위무게 = 25kN/m^3, $f_{ck} = 24\text{MPa}$, $f_y = 300\text{MPa}$이고, 하중계수와 하중조합을 고려하시오.)

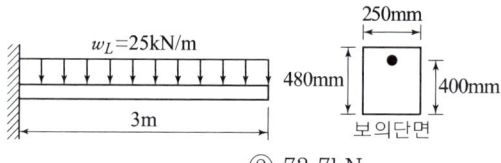

① 69.5kN
② 73.7kN
③ 84.8kN
④ 92.7kN

해답 ①

- 주의 : 계수전단력이 주어지지 않았음
- $w_u = 1.2 w_D + 1.6 w_L$
  $= 1.2 \times (25 \times 0.25 \times 0.48) + 1.6 \times 25$
  $= 43.6 \, \text{kN/m}$
- 계수전단강도 $V_u = w_u(l - d_u)$
  $= 43.6(3 - 0.4) = 113.36 \, \text{kN}$
- 콘크리트의 공칭전단강도
  $V_c = \dfrac{1}{6} \lambda \sqrt{f_{ck}} \, b_w d$
  $= \dfrac{1}{6} \times 1 \times \sqrt{24} \times 250 \times 400 = 81649.66 \, \text{N}$
  $= 81.65 \, \text{kN}$
- 전단철근이 부담하는 전단강도
  $V_u = \phi(V_c + V_s)$ 에서
  $\therefore V_s = \dfrac{V_u}{\phi} - V_c = \dfrac{113.36}{0.75} - 81.65 = 69.5 \, \text{kN}$

□□□ 기 03,10,13④,19③

62 그림과 같은 임의 단면에서 등가 직사각형 응력분포가 빗금 친 부분으로 나타났다면 철근량(A_s)은? (단, $f_{ck}=21$MPa, $f_y=400$MPa)

① 874mm^2
② 1028mm^2
③ 1543mm^2
④ 2109mm^2

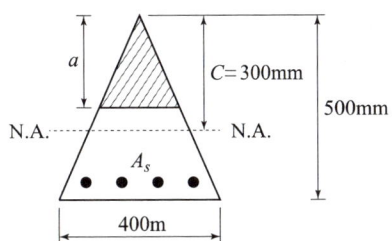

|해답| ②

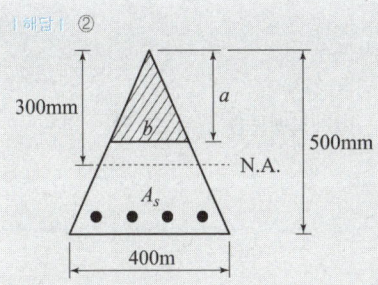

- a의 길이 계산
  - $f_{ck} \leq 40$MPa의 경우 $\beta_1 = 0.80$
  - $a = \beta_1 \cdot c = 0.80 \times 300 = 240$mm
  - $a : b = 500 : 400$
  $$\therefore b = \frac{400a}{500} = \frac{400 \times 240}{500} = 192\text{mm}$$

- $C = T$
  - $C = \eta(0.85f_{ck})\left(\frac{1}{2}ab\right)$
    $= 1 \times 0.85 \times 21 \times \left(\frac{1}{2} \times 240 \times 192\right) = 411264$
  - $T = A_s f_y = A_s \times 400 = 400A_s = 411264$
  $$\therefore A_s = \frac{411264}{400} = 1028\text{mm}^2$$

□□□ 기 08,10④,13①,14②,18②

63 복철근 보에서 압축철근에 대한 효과를 설명한 것으로 적절하지 못한 것은?

① 단면 저항모멘트를 크게 증대시킨다.
② 지속하중에 의한 처짐을 감소시킨다.
③ 파괴시 압축응력의 깊이를 감소시켜 연성을 증대시킨다.
④ 철근의 조립을 쉽게 한다.

| 해답 | ①

복철근으로 설계하는 이유
- 연성을 증대시키기 위한 경우
- 철근의 조립을 쉽게 하기 위한 경우
- 지속하중에 의한 처짐을 최소화하기 위한 경우
- 정(+), 부(-)모멘트가 한 단면에서 반복되는 경우
- 보의 높이가 제한되어 단철근 단면으로는 설계모멘트를 견딜 수 없는 경우

Remember

압축철근을 배치하는 이유
- 지속하중에 의한 처짐을 감소시킨다.
  압축철근을 배치하면 장기 처짐을 감소시킬 수 있다.
- 연성을 증가시킨다.
  압축철근을 배치하면 콘크리트의 압축응력블록의 깊이 a가 감소하여 파괴시 인장철근의 항복변형률이 증가하게 되어 큰 연성을 갖게 된다.
- 파괴모드를 압축파괴에서 인장파괴로 변화시킨다.
  인장철근비가 평형철근비보다 큰 경우에 보는 인장철근이 항복하기 전에 압축영역의 콘크리트가 분쇄하여 파괴된다. 이런 경우에 압축철근을 충분히 보강하면 콘크리트가 분쇄하기 전에 인장철근이 먼저 항복하여 연성파괴 모드를 갖게 된다.
- 철근의 배치가 쉽다.
  철근조립시, 통상적으로 스터럽을 거푸집 내의 제자리에 고정시키기 위해 모서리에 철근을 배치한다. 이런 철근에 의한 휨모멘트 강도의 효과는 적기 때문에 설계에서는 일반적으로 무시한다.

□□□ 기 82,96,99,02,04,08,10,11,12,14,16

64 그림과 같은 복철근 직사각형 단면에서 응력 사각형의 깊이 a의 값은 얼마인가? (단, $f_{ck}=24$MPa, $f_y=350$MPa, $A_s=5730$mm^2, $A_s'=1980$mm^2)

① 227.2mm
② 199.6mm
③ 217.4mm
④ 183.8mm

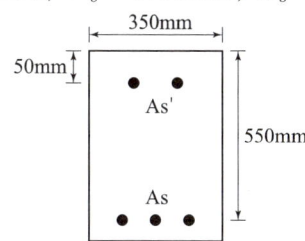

| 해답 | ④

$$a = \frac{f_y(A_s - A_s')}{\eta(0.85f_{ck}) \cdot b}$$
$$= \frac{350(5730-1980)}{1 \times 0.85 \times 24 \times 350} = 183.8\,\text{mm}$$

□□□ 기 12,14

65 부재의 최대모멘트 M_a와 균열모멘트 M_{cr}의 비(M_a/M_{cr})가 0.95인 단순보의 순간처짐을 구하려고 할 때 사용되는 유효단면 2차모멘트(I_e)의 값은? (단, 철근을 무시한 중립축에 대한 총단면의 단면2차모멘트는 $I_g=540000$cm^{4}이고, 균열단면의 단면2차모멘트 $I_{cr}=345080$cm^{4}이다.)

① 200738cm^4
② 345080cm^4
③ 540000cm^4
④ 570724cm^4

| 해답 | ③

유효단면 2차모멘트
$$I_e = \left(\frac{M_{cr}}{M_a}\right)^3 I_g + \left\{1 - \left(\frac{M_{cr}}{M_a}\right)^3\right\} I_{cr} < I_g$$
$$I_e = \left(\frac{1}{0.95}\right)^3 \times 540000 + \left\{1 - \left(\frac{1}{0.95}\right)^3\right\} \times 345080$$
$$= 572425\,\text{cm}^4 > I_g = 540000\,\text{cm}^4$$
$$\therefore\ I_e = I_g = 540000\,\text{cm}^4$$

□□□ 기 05,10,11,12②,13,15,16④,21①,22①

66 콘크리트 설계기준압축강도가 28MPa, 철근의 설계기준항복강도가 400MPa 로 설계된 길이가 7m인 양단 연속보에서 처짐을 계산하지 않는 경우 보의 최소두께는? (단, 보통중량콘크리트($m_c = 2300$kg/m³)이다.)

① 275mm
② 334mm
③ 379mm
④ 438mm

> 해답 ②

- 양단 연속보의 최소 두께 $h = \dfrac{l}{21}$
- $f_y = 400$MPa인 경우
  ∴ $h = \dfrac{l}{21} = \dfrac{7000}{21} = 334$mm

Remember

처짐을 계산하지 않는 경우의 최소두께

부재	단순지지	1단연속	양단연속	캔틸레버
1방향 슬래브	$\dfrac{l}{20}$	$\dfrac{l}{24}$	$\dfrac{l}{28}$	$\dfrac{l}{10}$
보 리브가 있는 1방향 슬래브	$\dfrac{l}{16}$	$\dfrac{l}{18.5}$	$\dfrac{l}{21}$	$\dfrac{l}{8}$

□□□ 기 02,05,09,11,15,19①,22①

67 그림과 같은 인장철근을 갖는 보의 유효깊이는? (단, D19철근의 공칭단면적은 287mm²이다.)

① 350mm
② 410mm
③ 440mm
④ 500mm

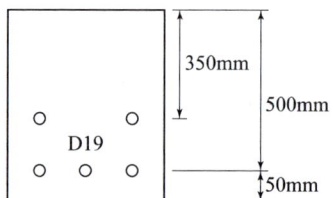

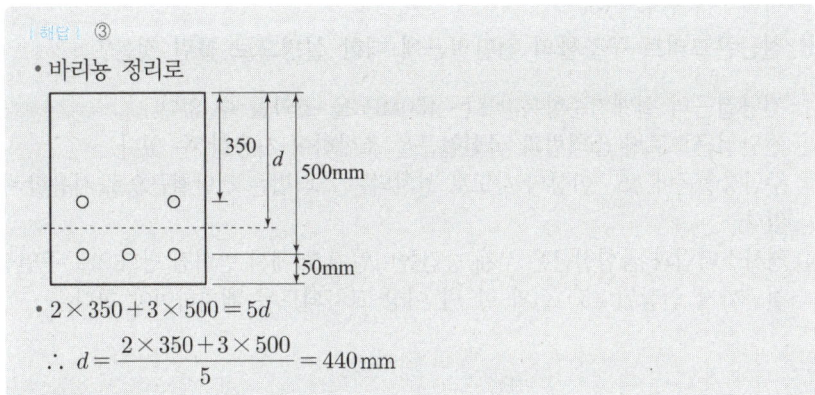

- 바리뇽 정리로
- $2 \times 350 + 3 \times 500 = 5d$

$$\therefore d = \frac{2 \times 350 + 3 \times 500}{5} = 440 \text{mm}$$

□□□ 기 14④,20②

68 아래에서 설명하는 부재 형태의 최대허용처짐은? (단, l은 부재 길이이다.)

| 과도한 처짐에 의해 손상되기 쉬운 비구조 요소를 지지 또는 부착한 지붕 또는 바닥구조 |

① $\dfrac{l}{180}$ ② $\dfrac{l}{240}$

③ $\dfrac{l}{360}$ ④ $\dfrac{l}{480}$

해답 ④

최대허용처짐

부재의 형태	처짐 한계
과도한 처짐에 의해 손상되기 쉬운 비구조 요소를 지지 또는 부착하지 않은 평지붕구조	$\dfrac{l}{180}$
과도한 처짐에 의해 손상되기 쉬운 비구조 요소 또는 부착하지 않은 바닥구조	$\dfrac{l}{300}$
과도한 처짐에 의해 손상되기 쉬운 비구조 요소를 지지 또는 부착한 지붕 또는 바닥구조	$\dfrac{l}{480}$
과도한 처짐에 의해 손상될 염려가 없는 비구조 요소를 지지 또는 부착한 지붕 또는 바닥구조	$\dfrac{l}{240}$

□□□ 기 09,10,11,17,18③,21③

69 철근콘크리트 구조물의 전단철근에 대한 설명으로 틀린 것은?

① 전단철근의 설계기준항복강도는 450MPa을 초과할 수 없다.
② 전단철근으로써 스터럽과 굽힘철근을 조합하여 사용할 수 있다.
③ 주인장철근에 45° 이상의 각도로 설치되는 스터럽은 전단철근으로 사용할 수 있다.
④ 경사스터럽과 굽힘철근은 부재 중간높이인 0.5d에서 반력점 방향으로 주인장 철근까지 연장된 45° 선과 한 번 이상 교차되도록 배치하여야 한다.

| 해답 | ①
- 전단철근의 설계기준항복강도는 500MPa을 초과할 수 없다.
- 다만, 벽체의 전단철근 또는 용접이형철망을 사용할 경우 전단철근의 설계기준 항복강도는 600MPa를 초과할 수 없다.

□□□ 기 08,14④,20④

70 그림과 같이 단순 지지된 2방향 슬래브에 등분포 하중 w가 작용할 때, ab 방향에 분배되는 하중은 얼마인가?

① $0.059w$
② $0.111w$
③ $0.889w$
④ $0.941w$

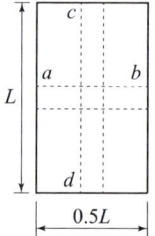

| 해답 | ④

$$w_{ab} = \frac{L^4}{L^4 + S^4} w$$
$$= \frac{L^4}{L^4 + (0.5L)^4} w = \frac{L^4}{L^4\left(1 + \frac{1}{16}\right)} w = 0.941w$$

□□□ 기 96,02,03,08,16②,19①,21③,22①

71 그림과 같은 맞대기 용접의 이음부에 발생하는 응력의 크기는? (단, $P=360kN$, 강판두께$=12mm$)

① 압축응력 $f_c = 14.4MPa$
② 인장응력 $f_t = 3000MPa$
③ 전단응력 $\tau = 150MPa$
④ 압축응력 $f_c = 120MPa$

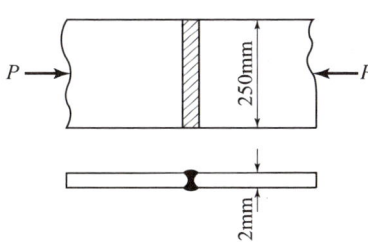

| 해답 | ④

$$f_c = \frac{P}{A}$$
$$= \frac{360 \times 10^3}{250 \times 12} = 120N/mm^2 = 120MPa$$

□□□ 기 11,13,14,15①,17④,18②,20④,21②,22①

72 프리스트레스를 도입할 때 일어나는 손실(즉시손실)의 원인은?

① 콘크리트의 크리프
② 콘크리트의 건조수축
③ 긴장재 응력의 릴랙세이션
④ 포스트텐션 긴장재와 덕트 사이의 마찰

| 해답 | ④

프리스트레스의 손실 원인

도입 시 손실=즉시 손실	도입 후 손실=시간적 손실
• 정착 장치의 활동 • 포스트텐션 긴장재와 덕트 사이의 마찰 • 콘크리트의 탄성수축	• 콘크리트의 크리프 • 콘크리트의 건조수축 • PC 강재(긴장재 응력)의 릴랙세이션 (relaxation)

□□□ 기 95,03,06,18③

73 4변에 의해 지지되는 2방향 슬래브 중에서 1방향 슬래브로 보고 해석할 수 있는 경우에 대한 기준으로 옳은 것은? (단, L : 2방향 슬래브의 장경간, S : 2방향 슬래브의 단경간)

① $\dfrac{L}{S}$가 2보다 클 때 ② $\dfrac{L}{S}$가 1일 때

③ $\dfrac{L}{S}$가 $\dfrac{3}{2}$ 이상일 때 ④ $\dfrac{L}{S}$가 3보다 작을 때

> |해답| ①
> • 1방향 슬래브 : $\dfrac{L}{S} \geq 2,\ \dfrac{S}{L} \leq 0.5$
> • 2방향 슬래브 : $1 \leq \dfrac{L}{S} < 2,\ 0.5 < \dfrac{S}{L} \leq 1.0$

□□□ 기 99,07,11,14,17①④,20②

74 유효깊이(d)가 910mm인 아래 그림과 같은 단철근 T형보의 설계휨강도 (ϕM_n)를 구하면? (단, 인장철근량(A_s)은 7652mm², f_{ck} = 21MPa, f_y = 350MPa, 인장지배단면으로 ϕ = 0.85, 경간은 3040mm이다.)

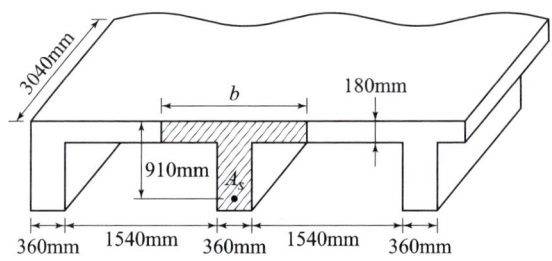

① 1845kN·m ② 1863kN·m
③ 1883kN·m ④ 1901kN·m

|해답| ①

- $\phi M_n = \phi \left\{ A_{sf} f_y \left(d - \dfrac{t}{2}\right) + (A_s - A_{sf}) f_y \left(d - \dfrac{a}{2}\right) \right\}$

■ T형보(대칭)의 유효 폭(b_e)결정
- $16t + b_w = 16 \times 180 + 360 = 3240\,\text{mm}$
- 양쪽 슬래브의 중심간 거리 : $b_c = 1540 + 360 = 1900\,\text{mm}$
- 보의 경간 $\times \dfrac{1}{4}$: $3040 \times \dfrac{1}{4} \fallingdotseq 760\,\text{mm}$

∴ $b_e = 760\,\text{mm}$(작은 값)

- T형보의 판별

$$a = \dfrac{A_s f_y}{\eta(0.85 f_{ck})b} = \dfrac{7{,}652 \times 350}{1 \times 0.85 \times 21 \times 760}$$

$= 197.42\,\text{mm} > t = 180\,\text{mm}$
$= 180\,\text{mm}$

∴ T형보로 해석

- 등가깊이(a) 산정

$$A_{sf} = \dfrac{\eta(0.85 f_{ck})(b - b_w)t}{f_y}$$

$= \dfrac{1 \times 0.85 \times 21 \times (760 - 360) \times 180}{350} = 3672\,\text{mm}^2$

$a = \dfrac{(A_s - A_{sf}) f_y}{\eta(0.85 f_{ck}) b_w} = \dfrac{(7652 - 3672) \times 350}{1 \times 0.85 \times 21 \times 360}$

$= 216.77\,\text{mm}$

- 공칭휨강도(M_n) 계산

$$\phi M_n = 0.85 \left[3672 \times 350 \times \left(910 - \dfrac{180}{2}\right) \right.$$
$$\left. + (7652 - 3672) \times 350 \times \left(910 - \dfrac{216.78}{2}\right) \right]$$

$= 0.85 (1053864000 + 1116642730)$
$= 1844930721\,\text{N} \cdot \text{mm}$
$= 1845\,\text{kN} \cdot \text{m}$

□□□ 기 96,98,04,05,10,12,15,16,19②,24③

75 그림과 같은 원형철근기둥에서 콘크리트구조설계기준에서 요구하는 최대 나선철근의 간격은 약 얼마인가? (단, $f_{ck} = 24\text{MPa}$, $f_{yt} = 400\text{MPa}$, D10 철근의 공칭단면적은 71.3mm^2이다.)

① 35mm
② 38mm
③ 42mm
④ 45mm

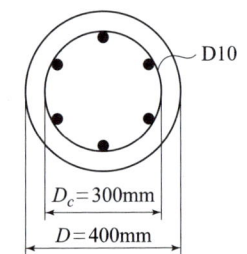

|해답| ④

$$\rho_s = \frac{\text{나선철근의 총체적}}{\text{심부 체적}}$$

$$= 0.45\left(\frac{A_g}{A_c} - 1\right)\frac{f_{ck}}{f_{yt}} = 0.45\left(\frac{D_g^2}{D_c^2} - 1\right)\frac{f_{ck}}{f_{yt}}$$

$$= 0.45\left(\frac{400^2}{300^2} - 1\right) \times \frac{24}{400} = 0.021$$

$$p = \frac{\pi D_c \cdot a_c}{\frac{\pi D_c^2}{4} \cdot \rho_s} = \frac{4a_c}{D_c \cdot \rho_s} \ (\because a_c : \text{나선철근 단면적})$$

$$\therefore \text{간격} \ p = \frac{4a_c}{D_c \cdot \rho_s} = \frac{4 \times 71.3}{300 \times 0.021} = 45\text{mm}$$

□□□ 기 91,99,01,03,08,19③

76 PS 강재응력 $f_{ps} = 1200\text{MPa}$, PS 강재 도심 위치에서 콘크리트의 압축응력 $f_c = 7\text{MPa}$일 때, 크리프에 의한 PS 강재의 인장응력 감소율은? (단, 크리프 계수는 2이고, 탄성계수비는 6이다.)

① 7% ② 8%
③ 9% ④ 10%

【해답】 ①

손실률 = $\dfrac{\Delta f_p}{f_{ps}} \times 100$

- $\Delta f_p = n f_c \psi_t = 6 \times 7 \times 2 = 84\,\text{MPa}$
- $f_{ps} = 1200\,\text{MPa}$

∴ 감소율 = $\dfrac{84}{1200} \times 100 = 7\%$

□□□ 기 04,10,12,13,16,21②

77 프리스트레스트 콘크리트(PSC)의 균등질보의 개념(homogeneous beam concept)을 설명한 것으로 옳은 것은?

① PSC는 결국 부재에 작용하는 하중의 일부 또는 전부를 미리 가해진 프리스트레스와 평행이 되도록 하는 개념
② PSC보를 RC보처럼 생각하여, 콘크리트는 압축력을 받고 긴장재는 인장력을 받게 하여 두 힘의 우력 모멘트로 외력에 의한 휨모멘트에 저항시킨다는 개념
③ 콘크리트에 프리스트레스가 가해지면 PSC부재는 탄성재료로 전환되고 이의 해석은 탄성이론으로 가능하다는 개념
④ PSC는 강도가 크기 때문에 보의 단면을 강재의 단면으로 가정하여 압축 및 인장을 단면전체가 부담할 수 있다는 개념

【해답】 ③

PSC의 기본개념
- 응력개념(등균질보의 개념) : 프리스트레스가 도입되면 콘크리트 부재를 탄성이론으로 해석할 수 있다는 개념
- 하중평형개념(등가하중개념) 프리스트레스에 의한 작용과 부재에 작용하는 하중을 평형이 되도록 하는 개념
- 강도개념(내력모멘트개념) : PSC보를 RC보처럼 생각하여 콘크리트는 압축력을 받고 긴장재는 인장력을 받게 하여 두 힘의 우력모멘트로 외력에 의한 휨모멘트에 저항시킨다는 개념

□□□ 기 15①, 20②

78 프리스트레스트 콘크리트의 경우 흙에 접하여 콘크리트를 친 후 영구히 흙에 묻혀 있는 콘크리트의 최소 피복두께는?

① 40mm
② 60mm
③ 75mm
④ 100mm

|해답| ③

프리스트레스하는 부재의 현장치기 콘크리트

철근의 외부조건			최소 피복두께
• 흙에 접하여 콘크리트를 친 후에 영구히 흙에 묻혀 있는 콘크리트			75mm
• 흙에 접하거나 옥외의 공기에 직접 노출되는 콘크리트	벽체, 슬래브, 장선구조		30mm
	기타 부재		40mm
• 옥외의 공기나 흙에 직접 접하지 않은 콘크리트	슬래브, 벽체, 장선		20mm
	보, 기둥	주철근	40mm
		띠철근, 스터럽, 나선철근	30mm

□□□ 기 91, 03, 06, 10①, 12①, 14②, 19③

79 부분 프리스트레싱(partial prestressing)에 대한 설명으로 옳은 것은?

① 부재단면의 일부에만 프리스트레스를 도입하는 방법
② 구조물에 부분적으로 프리스트레스트 콘크리트 부재를 사용하는 방법
③ 사용하중 작용 시 프리스트레스트 콘크리트 부재 단면의 일부에 인장응력이 생기는 것을 허용하는 방법
④ 프리스트레스트 콘크리트 부재 설계 시 부재 하단에만 프리스트레스를 주고 부재 상단에는 프리스트레스 하지 않는 방법

|해답| ③

부분 프리스트레싱
사용하중 재하 시 부재 내에 허용범위 내에서 인장응력의 발생을 허용하며, 인장 받는 부분에 철근을 사용하도록 설계하는 프리스트레싱 방법

□□□ 기 96,00,05,10,14④,21②

80 강합성 교량에서 콘크리트 슬래브와 강(鋼)주형 상부 플랜지를 구조적으로 일체가 되도록 결합시키는 요소는?

① 볼트
② 접착제
③ 전단연결재
④ 합성철근

| 해답 | ③

전단연결재
접합면의 수평전단응력에 저항하여 판형과 슬래브가 일체로 작용하도록 하기 위하여 설치한 것으로 판형의 상부 플랜지에 소요의 간격으로 용접하여 설치한다.

05 4Pick Remember 120선 CBT 대비

토질 및 기초

□□□ 기 06,17①,19④,20③
81 흐트러지지 않은 시료를 이용하여 액성한계 40%, 소성한계 22.3%를 얻었다. 정규압밀 점토의 압축지수(C_c) 값을 Terzaghi와 Peck이 발표한 경험식에 의해 구하면?

① 0.25
② 0.27
③ 0.30
④ 0.35

| 해답 | ②
Terzaghi와 Peck의 경험식(불교란 점토 시료)
압축 지수 $C_c = 0.009(W_L - 10)$
$= 0.009(40 - 10) = 0.27$

□□□ 기 98,07,12,15,23③
82 어느 점토의 체가름시험과 액·소성시험 결과 0.002mm(2μm) 이하의 입경이 전시료 중량의 90%, 액성한계 60%, 소성한계 20%이었다. 이 점토 광물의 주성분은 어느 것으로 추정되는가?

① Kaolinite
② Illite
③ Calcite
④ Montmorillonite

| 해답 | ①
- 활성도 $A = \dfrac{\text{소성지수 } I_P}{2\mu m \text{ 이하의 점토함유율(\%)}}$
$= \dfrac{60-20}{90} = 0.44$
- $A = 0.44 < 0.75$: Kaolinite

> **Remember**
>
> 활성도에 따른 점토의 분류
>
> | 명칭 | 활성도 A | 주성분 |
> |---|---|---|
> | 비활성 점토 | A<0.75 | Kaolinite |
> | 보통 점토 | 0.75~1.25 | Illite |
> | 활성 점토 | A>1.25 | Montmorillonite |

□□□ 기 00,01,03,04,06,09①,16④,19③

83 흙의 다짐에 대한 설명으로 틀린 것은?

① 최적함수비는 흙의 종류와 다짐 에너지에 따라 다르다.
② 일반적으로 조립토일수록 다짐곡선의 기울기가 급하다.
③ 흙이 조립토에 가까울수록 최적함수비가 커지며 최대건조단위중량은 작아진다.
④ 함수비의 변화에 따라 건조단위중량이 변하는데 건조단위중량이 가장 클 때의 함수비를 최적함수비라 한다.

> |해답| ③
>
> - 세립토(점성토)가 많을수록 최대 건조밀도는 감소하고 최적함수비(OMC)는 증가한다.
> - 조립토(모래질)가 많을수록 최대건조밀도는 증가하고 최적함수비(OMC)는 감소한다.

> **Remember**
>
> 다짐곡선의 특징
>
> | 조립도 | 세립토 |
> |---|---|
> | • 양입도
• 최적함수비(OMC)가 작아진다.
• 최대건조밀도($\gamma_{d\max}$)가 커진다.
• 다짐곡선의 기울기가 급하다.
• 다짐에너지가 커진다. | • 빈입도
• 최적함수비(OMC)가 커진다.
• 최대건조밀도($\gamma_{d\max}$)가 작아진다.
• 다짐곡선의 기울기가 완만하다.
• 다짐에너지가 작아진다. |

□□□ 기 95,96,99,19②,22①

84 두께 9m의 점토층에서 하중강도 P_1일 때 간극비는 2.0이고 하중강도를 P_2로 증가시키면 간극비는 1.8로 감소되었다. 이 점토층의 최종압밀침하량은?

① 20cm
② 30cm
③ 50cm
④ 60cm

|해답| ④

최종 침하량

$$\Delta H = \frac{e_1 - e_2}{1 + e_1} H = \frac{2.0 - 1.8}{1 + 2.0} \times 900 = 60\text{cm}$$

□□□ 기 02,10①,18①③,22②

85 4.75mm체(4번 체) 통과율이 90%, 0.075mm체(200번 체) 통과율이 4%이고, $D_{10} = 0.25$mm, $D_{30} = 0.6$mm, $D_{60} = 2$mm인 흙을 통일분류법으로 분류하면?

① GP
② GW
③ SP
④ SW

|해답| ③

- 1단계 : No.200(4%) < 50% (G나 S 조건)
- 2단계 : 4.75mm(No.4체)통과량(90%) > 50% (S조건)
- 3단계 : SW($C_u > 6$, $1 < C_g < 3$)이면 SW 아니면 SP

- 균등계수 $C_u = \dfrac{D_{60}}{D_{10}} = \dfrac{2}{0.25} = 8 > 6$: 입도양호(W)

- 곡률계수 $C_g = \dfrac{D_{30}^2}{D_{10} \times D_{60}} = \dfrac{0.6^2}{0.25 \times 2} = 0.72$:

$1 < C_g < 3$: 입도불량(P)

∴ SP(∵ SW에 해당되는 두 조건을 만족시키지 못함)

□□□ 기 02,06,08,10,11,17②,20③

86 다짐되지 않은 두께 2m, 상대밀도 40%의 느슨한 사질토 지반이 있다. 실내시험결과 최대 및 최소 간극비가 0.80, 0.40으로 각각 산출되었다. 이 사질토를 상대밀도 70%까지 다짐할 때 두께의 감소는 약 얼마나 되겠는가?

① 12.4cm
② 14.6cm
③ 22.7cm
④ 25.8cm

해답 ②

- 상대밀도 40%에 공극비

$$D_r = \frac{e_{max} - e_1}{e_{max} - e_{min}} \times 100$$

$$= \frac{0.80 - e_1}{0.80 - 0.40} \times 100 = 40\% \quad \therefore e_1 = 0.64$$

- 상대밀도 70%일 때의 공극비

$$D_r = \frac{e_{max} - e_2}{e_{max} - e_{min}} \times 100$$

$$= \frac{0.80 - e_2}{0.80 - 0.40} \times 100 = 70\%$$

참고 SOLVE 사용 $\therefore e_2 = 0.52$

$\therefore$ 두께감소량 $\Delta H = \dfrac{e_1 - e_2}{1 + e_1} H = \dfrac{0.64 - 0.52}{1 + 0.64} \times 200 = 14.6\text{cm}$

Remember

압밀과 공극비의 관계

$\dfrac{H_1}{1 + e_1} = \dfrac{H_2}{1 + e_2}$ 에서

$\dfrac{2}{1 + 0.64} = \dfrac{H_2}{1 + 0.52}$

$\therefore H_2 = \dfrac{1 + 0.5^2}{1 + 0.64} \times 2 = 1.854\,\text{m}$

$\therefore$ 두께의 감소량 $= 2 - 1.854 = 0.146\text{m} = 14.6\text{cm}$

□□□ 기 04,09,16①,20④,22③
87 사질토에 대한 직접 전단시험을 실시하여 다음과 같은 결과를 얻었다. 내부 마찰각은 약 얼마인가?

수직응력(kN/m^2)	30	60	90
최대전단응력(kN/m^2)	17.3	34.6	51.9

① 25° ② 30°
③ 35° ④ 40°

| 해답 | ②

[방법1] $\tau = c + \sigma \tan\phi$ 에서 ($\because$ 사질토 $c = 0$)
$\therefore$ 내부마찰각 $\phi = \tan^{-1}\left(\dfrac{\tau}{\sigma}\right) = \tan^{-1}\left(\dfrac{17.3}{30}\right) = 30°$

[방법2] [SOLVE] 사용 $1.73 = 3\tan\phi$
$\therefore$ 내부마찰각 $\phi = 30°$

□□□ 기 81,84,93,95,19②
88 흙 입자의 비중은 2.56, 함수비는 35%, 습윤단위중량은 $17.21 kN/m^3$일 때 간극률은 약 얼마인가? (단, 물의 단위중량 $\gamma_w = 9.81 kN/m^3$이다.)

① 32% ② 37%
③ 43% ④ 49%

| 해답 | ④

간극율 $n = \dfrac{e}{1+e} \times 100$

- $\gamma_d = \dfrac{\gamma_t}{1+w} = \dfrac{17.21}{1+0.35} = 12.75 \, kN/m^3$

- $e = \dfrac{\gamma_w \cdot G_s}{\gamma_d} - 1 = \dfrac{9.81 \times 2.56}{12.75} - 1 = 0.97$

$\left(\because \gamma_d = \dfrac{G_s}{1+e}\gamma_w\right)$

$\therefore n = \dfrac{0.97}{1+0.97} \times 100 = 49\%$

□□□ 기 13,16,19④,21③

89 4m×4m 크기인 정사각형 기초를 내부마찰각 $\phi = 20°$, 점착력 $c = 30\text{kN/m}^2$인 지반에 설치하였다. 흙의 단위중량 $\gamma = 19\text{kN/m}^3$이고, 안전율 (F_S)을 3으로 할 때 Terzaghi 지지력 공식으로 기초의 허용하중을 구하면? (단, 기초의 깊이는 1m이고, 전반전단파괴가 발생한다고 가정하며, 지지력계수 $N_c = 17.69$, $N_q = 7.44$, $N_r = 4.97$이다.)

① 3780kN ② 5239kN
③ 6750kN ④ 8140kN

| 해답 | ②

허용하중 $Q_a = \dfrac{Q_u}{F_s} = \dfrac{q_u \times A}{F_s}$

$q_u = \alpha c N_c + \beta \gamma_1 B N_r + \gamma_2 D_f N_q$
$= 1.3 \times 30 \times 17.69 + 0.4 \times 19 \times 4 \times 4.97 + 19 \times 1 \times 7.44$
$= 982.36 \text{kN/m}^2$

$\therefore Q_a = \dfrac{982.36 \times (4 \times 4)}{3} = 5239 \text{kN}$

□□□ 기 88,96,14④,17②,20②

90 말뚝지지력에 관한 여러 가지 공식 중 정역학적 지지력 공식이 아닌 것은?

① Dörr의 공식 ② Terzaghi의 공식
③ Meyerhof의 공식 ④ Engineering news 공식

| 해답 | ④

정역학적 공식	동역학적 공식
• Terzaghi 공식 • Meyerhof 공식 • Dörr의 공식 • Dunham 공식	• Hilley 공식 • Weisbach 공식 • Engineering-News 공식 • Sander 공식

□□□ 기 12②,14①,19③

91 직경 30cm 콘크리트 말뚝을 단동식 증기 해머로 타입하였을 때 엔지니어링 뉴스 공식을 적용한 말뚝의 허용지지력은? (단, 타격에너지=36kN·m, 해머효율=0.8, 손실상수=0.25cm, 마지막 25mm 관입에 필요한 타격횟수=5이다.)

① 640kN
② 1280kN
③ 1920kN
④ 3840kN

| 해답 | ①

$$Q_a = \frac{e_f W_h h}{F_s(s+C)} = \frac{e_f F}{F_s(s+C)}$$

- 작업효율 $e_f = 0.8$
- 타격에너지 $F = 36\,\text{kN}\cdot\text{m} = 3600\,\text{kN}\cdot\text{cm}$
- 타격당 침하량 $s = \dfrac{2.5(\text{cm})}{5(\text{회})} = 0.5\,\text{cm}$
- 손실상수 $C = 0.25\,\text{cm}$

$$\therefore Q_a = \frac{0.8 \times 3600}{6(0.5+0.25)} = 640\,\text{kN}$$

□□□ 기 93,98,00,05,09,17②,22②,24③

92 어떤 점토지반에서 베인시험을 실시하였다. 베인의 지름이 50mm, 높이가 100mm, 파괴 시 토크가 59N·m일 때 이 점토의 점착력은?

① $129\,\text{kN/m}^2$
② $157\,\text{kN/m}^2$
③ $213\,\text{kN/m}^2$
④ $276\,\text{kN/m}^2$

| 해답 | ①

$$C_u = \frac{M_{\max}}{\pi D^2\left(\dfrac{H}{2}+\dfrac{D}{6}\right)} = \frac{59\times 10^3}{\pi \times 50^2 \times \left(\dfrac{100}{2}+\dfrac{50}{6}\right)}$$
$$= 0.129\,\text{N/mm}^2 = 129\,\text{kN/m}^2$$

☐☐☐ 기 93,98,16①,19①,21②,22①
93 기초가 갖추어야 할 조건이 아닌 것은?

① 동결, 세굴 등에 안전하도록 최소한의 근입깊이를 가져야 한다.
② 기초의 시공이 가능하고 침하량이 허용치를 넘지 않아야 한다.
③ 상부로부터 오는 하중을 안전하게 지지하고 기초지반에 전달하여야 한다.
④ 미관상 아름답고 주변에서 쉽게 구득할 수 있는 재료로 설계되어야 한다.

| 해답 | ④

기초의 구비조건
- 최소 기초 깊이를 유지할 것
- 상부 하중을 안전하게 지지해야 한다.
- 침하가 허용치를 넘지 않을 것
- 기초의 시공이 가능할 것

☐☐☐ 기 99,07,09,13,15,16,21②
94 다음 중 사운딩 시험이 아닌 것은?

① 표준관입시험 ② 평판재하시험
③ 콘 관입시험 ④ 베인시험

| 해답 | ②

■ sounding의 분류

정적인 sounding	동적인 sounding
• 휴대용 원추관입시험 • 화란식 원추관입시험 • 스웨덴식 관입시험 • 이스키 메터 • 베인(Vane) 시험	• 동적 원추관입시험 • 표준관입시험(S.P.T)

■ 평판재하시험(PBT)
현장에서 지반의 지지력을 측정하기 위해 실시하는 실험으로 주로 강성 포장의 포장 설계를 위하여 지지력 계수K를 결정한다.

□□□ 기 80,81,86,91,92,94,04,06,07,17,19,20,22①

95 지반개량공법 중 주로 모래질 지반을 개량하는 데 사용되는 공법은?

① 프리로딩 공법
② 생석회 말뚝 공법
③ 페이퍼 드레인 공법
④ 바이브로플로테이션 공법

해답 : ④
바이브로플로테이션 공법
느슨한 모래지반을 개량하는 공법이다.

점성토지반 개량공법	사질토지반 개량공법
• 치환공법 • Pre-loading공법 • Sand drain공법 • Paper drain공법 • 전기침투공법 • 생석회 말뚝공법	• 다짐말뚝공법 • Compozer공법 • Vibro flotation공법 • 폭파다짐공법 • 전기충격공법 • 약액주입공법

□□□ 기 98,14②,16④

96 그림과 같이 6m 두께의 모래층 밑에 2m 두께의 점토층이 존재한다. 지하수면은 지표 아래 2m 지점에 존재한다. 이때, 지표면에 $\Delta P = 50 \text{kN/m}^2$의 등분포하중이 작용하여 상당한 시간이 경과한 후, 점토층의 중간높이 A점에 피에조미터를 세워 수두를 측정한 결과, $h = 4.0 \text{m}$로 나타났다면 A점의 압밀도는? (단, $\gamma_w = 9.81 \text{kN/m}^3$이다.)

① 22%
② 32%
③ 52%
④ 82%

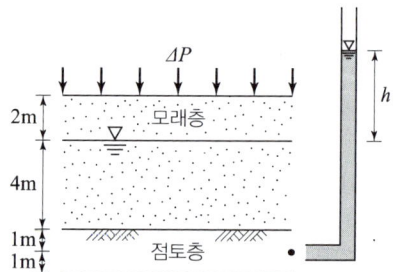

| 해답 | ①

$$u = \frac{u_i - u_e}{u_i} = \left(1 - \frac{u_e}{u_i}\right) \times 100$$

- 초기간극수압 $u_i = 50\,\text{kN/m}^2$
- 현재 과잉간극수압 $u_e = \gamma_w h = 9.81 \times 4 = 39.24\,\text{kN/m}^2$

∴ 압밀도 $u = \left(1 - \dfrac{39.24}{50}\right) \times 100 = 22\%$

□□□ 기 95,01,06,12①,16④

97 다음은 정규압밀점토의 삼축압축시험 결과를 나타낸 것이다. 파괴시의 전단응력 τ와 수직응력 σ를 구하면?

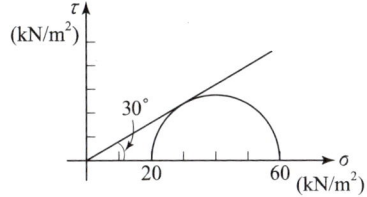

① $\tau = 17.3\,\text{kN/m}^2$, $\sigma = 25.0\,\text{kN/m}^2$
② $\tau = 14.1\,\text{kN/m}^2$, $\sigma = 30.0\,\text{kN/m}^2$
③ $\tau = 14.1\,\text{kN/m}^2$, $\sigma = 25.0\,\text{kN/m}^2$
④ $\tau = 17.3\,\text{kN/m}^2$, $\sigma = 30.0\,\text{kN/m}^2$

| 해답 | ④

- $\theta = 45° + \dfrac{\phi}{2} = 45° + \dfrac{30}{2} = 60°$
- $\tau = \dfrac{\sigma_1 - \sigma_3}{2} \sin 2\theta = \dfrac{60 - 20}{2} \sin(2 \times 60°)$
  $= 17.3\,\text{kN/m}^2$
- $\sigma = \dfrac{\sigma_1 + \sigma_3}{2} + \dfrac{\sigma_1 - \sigma_3}{2} \cos 2\theta$
  $= \dfrac{60 + 20}{2} + \dfrac{60 - 20}{2} \cos(2 \times 60°) = 30\,\text{kN/m}^2$

□□□ 기 00,02,08,16④,19③

98 직접전단 시험을 한 결과 수직응력이 $1200kN/m^2$일 때 전단저항이 $500kN/m^2$ 또 수직응력이 $2400kN/m^2$일 때에는 전단저항이 $700kN/m^2$이었다. 수직응력이 $3000kN/m^2$일 때의 전단저항은 약 얼마인가?

① $600kN/m^2$
② $800kN/m^2$
③ $1000kN/m^2$
④ $1200kN/m^2$

|해답| ②

$\tau = c + \sigma\tan\phi$ 에서
$500 = c + 1200\tan\phi$ ················· (1)
$700 = c + 2400\tan\phi$ ················· (2)
(1)과 (2)식에서 ∴ 점착력 $c = 300kN/m^2$
(1)식에서 [계산기 SOLVE 사용]
$500 = 300 + 1200\tan\phi$
∴ 내부 마찰각 $\phi = 9.46°$
∴ $\tau = 300 + 3000\tan9.46°$
  $= 800kN/m^2$

□□□ 기 93,17④,20②

99 성토나 기초지반에 있어 특히 점성토의 압밀완료 후 추가 성토 시 단기 안정문제를 검토하고자 하는 경우 적용되는 시험법은?

① 비압밀 비배수 시험
② 압밀 비배수 시험
③ 압밀 배수 시험
④ 일축압축시험

|해답| ②

시험	시험법 적용 조건
압밀 배수(CD) 시험	• 사질지반의 안정검토, 점토지반의 장기안정 검토
압밀비 배수(CU) 시험	• 점토지반에 Pre-loading공법을 적용한 후, 급속히 성토시공을 할 때의 안정검토 • 이미 안정된 성토제방에 추가로 급속히 성토시공을 할 때의 단기 안정검토
비압밀 비배수(UU) 시험	• 점토지반에 급속히 성토시공을 할 때의 안정검토

□□□ 기 99,03,06,10,19③,20②

100 Terzaghi는 포화점토에 대한 1차 압밀이론에서 수학적 해를 구하기 위하여 다음과 같은 가정을 하였다. 이 중 옳지 않은 것은?

① 흙은 균질하다.
② 흙은 완전히 포화되어 있다.
③ 흙 입자와 물의 압축성을 고려한다.
④ 흙 속에서의 물의 이동은 Darcy 법칙을 따른다.

| 해답 | ③

Terzaghi의 압밀 이론
• 흙은 균질하고 포화되어 있다.
• 흙입자와 물의 압축성은 무시한다.
• 흙의 압축은 1축 압축으로 행하여진다.
• 유효응력이 증가할수록 압축 토층의 간극비는 감소한다.
• 흙속의 물의 이동은 Darcy의 법칙에 따르며 투수계수는 일정하다.

06 상하수도공학

4Pick Remember 120선   CBT 대비

☐☐☐ 기 96,97,98,00,01,03,04,10,11,21②

101 수원으로부터 취수된 상수가 소비자까지 전달되는 일반적 상수도의 구성 순서로 옳은 것은?

① 도수 → 송수 → 정수 → 배수 → 급수
② 송수 → 정수 → 도수 → 급수 → 배수
③ 도수 → 정수 → 송수 → 배수 → 급수
④ 송수 → 정수 → 도수 → 배수 → 급수

| 해답 | ③

수원 − 취수 − 도수 − 정수 − 송수 − 배수 − 급수

☐☐☐ 기 96,00,09,16,20③

102 상수도 계통의 도수시설에 관한 설명으로 옳은 것은?

① 수원에서 취한 물을 정수장까지 운반하는 시설을 말한다.
② 정수 처리된 물을 수용가에서 공급하는 시설을 말한다.
③ 적당한 수질의 물을 수원지에서 모아서 취하는 시설을 말한다.
④ 정수장에서 정수 처리된 물을 배수지까지 보내는 시설을 말한다.

| 해답 | ①

- 취수시설 : 적당한 수질의 물을 수원지에서 모아서 취하는 시설
- 도수시설 : 수원에서 취수한 물을 정수장 까지 공급하는 시설
- 송수시설 : 정수장으로부터 배수지까지 정수를 수송하는 시설
- 배수시설 : 정수장에서 정수 처리된 물을 배수지까지 보내는 시설
- 급수시설 : 정수 처리된 물을 수용가에게 공급하는 시설
- 취수시설 $\xrightarrow{\text{도수시설}}$ 정수시설 $\xrightarrow{\text{송수시설}}$ 배수시설
  도수관   송수관

□□□ 기 88,07④,14②,19①
103 그림은 유효저수량을 결정하기 위한 유량누가곡선도이다. 이 곡선의 유효 저수용량을 의미하는 것은?

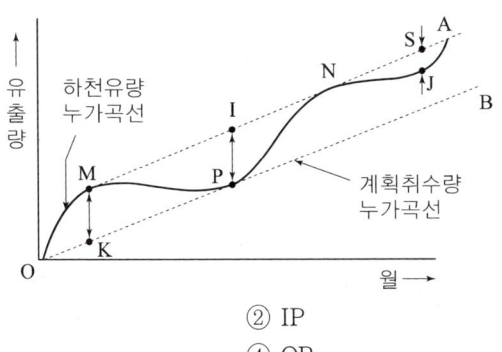

① MK
② IP
③ SJ
④ OP

| 해답 | ②

유효(필요)저수용량은 $\overline{IP}$ 이다.

□□□ 기 06,12①,15①,21②
104 배수관의 갱생공법으로 기존 관내의 세척(cleaning)을 수행하는 일반적인 공법으로 옳지 않은 것은?

① 제트(jet) 공법
② 실드(shield) 공법
③ 로터리(rotary) 공법
④ 스크레이퍼(scraper) 공법

| 해답 | ②

기존 관내의 세척을 수행하는 일반적인 공법
• 스크레이퍼(scraper) 공법
• 로터리(rotary) 공법
• 제트(jet) 공법
• 폴리피그(polly pig) 공법
• 에어샌드(air sand) 공법

□□□ 기 96,00,04,06,14
105 다음 지형도의 상수계통도에 관한 사항 중 옳은 것은?

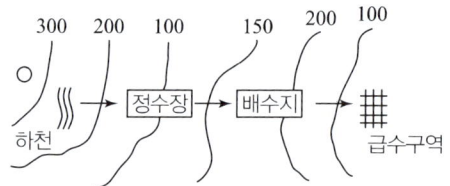

① 도수는 펌프가압식으로 해야 한다.
② 수질을 생각하여 도수로는 개수로를 택하여야 한다.
③ 정수장에서 배수지는 펌프가압식으로 송수한다.
④ 도수와 송수를 자연유하식으로 하여 동력비를 절감한다.

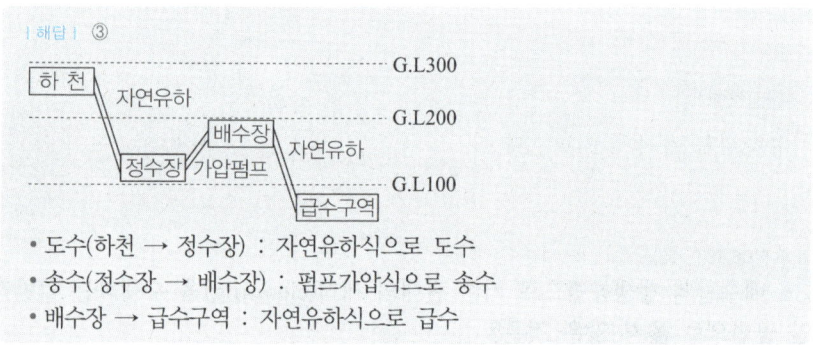

| 해답 | ③

• 도수(하천 → 정수장) : 자연유하식으로 도수
• 송수(정수장 → 배수장) : 펌프가압식으로 송수
• 배수장 → 급수구역 : 자연유하식으로 급수

□□□ 기 98,02②,07②,08①,09④,14①,18④,19①
106 관로별 계획하수량에 대한 설명으로 옳지 않은 것은?

① 오수관로에서는 계획시간 최대오수량으로 한다.
② 우수관로에서는 계획우수량으로 한다.
③ 합류식 관로는 계획시간 최대오수량에 계획우수량을 합한 것으로 한다.
④ 차집관로는 계획 1일 최대오수량에 우천 시 계획우수량을 합한 것으로 한다.

| 해답 | ④
합류식에서 하수의 차집관거는 우천시 계획오수량을 기준으로 계획한다.

☐☐☐ 기 99,06①,09④,14④,19①
107 정수과정에서 전염소처리의 목적과 거리가 먼 것은?

① 철과 망간의 제거
② 맛과 냄새의 제거
③ 트리할로메탄의 제거
④ 암모니아성 질소와 유기물의 처리

| 해답 | ③

■ 전염소처리로 제거할 수 있는 오염물질
- 세균제거 : 여과 전에 세균을 감소시켜 안전성을 높인다.
- 생물처리 : 조류, 소형동물, 철박테리아 등의 사멸과 번식 방지
- 철과 망간의 제거 : 불용해성 산화물로 존재 형태를 바꾸어 후속공정에서 제거
- 암모니아성질소와 유기물 등의 처리 : 암모니아성 질소, 아질산성질소, 황화수소, 페놀류, 기타 유기물 등을 산화
- 맛과 냄새의 제거 : 황화수소의 냄새, 하수의 냄새, 조류 등의 냄새 등을 제거

■ 트리할로메탄 : 정수처리나 폐수처리의 염소주입공정에서 발생하는 발암물질

☐☐☐ 기 97,00,08,15,17②,18②,24①
108 계획오수량 중 계획시간 최대오수량에 대한 설명으로 옳은 것은?

① 계획 1일 최대오수량의 1시간당 수량의 1.3~1.8배를 표준으로 한다.
② 계획 1일 최대오수량의 70~80%를 표준으로 한다.
③ 1인 1일 최대오수량의 10~20%로 한다.
④ 계획 1일 평균오수량의 3배 이상으로 한다.

| 해답 | ①

- 계획 1일 평균오수량은 계획 1일 최대오수량의 70~80%를 표준으로 한다.
- 지하수량은 1인 1일 최대오수량의 20% 이하로 한다.
- 계획시간 최대오수량은 계획 1일 최대오수량의 1시간당 수량의 1.3~1.8배를 표준으로 한다.

☐☐☐ 기 06,10,11,12,15,17①

109 상수도의 펌프설비에서 캐비테이션(공동현상)의 대책에 대한 설명으로 옳은 것은?

① 펌프의 설치위치를 높게 한다.
② 펌프의 회전속도를 낮게 선정한다.
③ 펌프를 운전할 때 흡입측 밸브를 완전히 개방하지 않도록 한다.
④ 동일한 토출량과 회전속도이면 한쪽흡입펌프가 양쪽흡입펌프보다 유리하다.

| 해답 | ②
캐비테이션현상의 방지 대책
• 펌프의 설치위치를 가능한 한 낮추어 가용 유효흡입수두를 크게 한다.
• 펌프의 회전속도를 낮게 선정하여 펌프의 필요 유효흡입수두를 작게 한다.
• 흡입관의 손실을 가능한 한 작게 하여 가용 유효흡입수두를 크게 한다.
• 동일한 토출량과 동일한 회전속도이면 일반적으로 양쪽흡입펌프가 한쪽흡입펌프보다 캐비테이션 현상에서 유리하다.
• 흡입측 밸브를 완전히 개방하고 펌프를 운전한다.

☐☐☐ 기 00,01,03,06,09,10,12,15②

110 하수 관거내에 황화수소(H_2S)가 존재하는 이유에 대한 설명으로 옳은 것은?

① 용존산소로 인해 유황이 산화하기 때문이다.
② 용존산소 결핍으로 박테리아가 메탄가스를 환원시키기 때문이다.
③ 용존산소 결핍으로 박테리아가 황산염을 환원시키기 때문이다.
④ 용존산소로 인해 박테리아가 메탄가스를 환원시키기 때문이다.

| 해답 | ③
관정부식(crown corrosion)
하수관내의 용존산소가 결핍되면 하수내 황화합물(S)이 혐기성미생물(박테리아) 상태에서 분해되어 생성되는 황화수소(H_2S)가 하수관내의 공기 중으로 솟아오르면서 호기성미생물에 의해 관정부의 물방울에 의해 녹아서 콘크리트관을 부식·파괴하는 현상

□□□ 기 96,97,01,10①,13①,20②
111 하수도 계획의 기본적 사항에 관한 설명으로 옳지 않은 것은?

① 계획구역은 계획목표년도까지 시가화 예상구역을 포함하여 광역적으로 정하는 것이 좋다.
② 하수도 계획의 목표년도는 시설의 내용년수, 건설 기간 등을 고려하여 50년을 원칙으로 한다.
③ 신시가지 하수도 계획의 수립시에는 기존시가지를 포함하여 종합적으로 고려해야 한다.
④ 공공수역의 수질보전 및 자연환경보전을 위하여 하수도 정비를 필요로 하는 지역을 계획구역으로 한다.

| 해답 | ②
하수도 계획의 목표연도는 시설의 내용년수, 건설 기간 등을 고려하여 20년을 원칙으로 한다.

□□□ 기 95,96,02,08,18③
112 펌프의 특성 곡선(characteristic curve)은 펌프의 양수량(토출량)과 무엇들과의 관계를 나타낸 것인가?

① 비속도, 공동지수, 총양정
② 총양정, 효율, 축동력
③ 비속도, 축동력, 총양정
④ 공동지수, 총양정, 효율

| 해답 | ②
펌프의 표준특성(양정, 축동력, 효율)곡선
- 총양정(H)곡선 : 비교회전도(N_s)가 적을 때는 수량의 변화에 대해 양정의 효율이 적다.
- 축동력(P)곡선 : N_s가 대체로 600 이하일 때는 유량이 적을수록 축동력이 떨어져 체질양정이 최소로 된다.
- 효율(η)곡선 : N_s가 작을수록 효율곡선은 완만하게 되고, 유량변화에 대해 효율변화의 비율이 적다.

□□□ 기 02,03,04,13,15,19②
113 수격현상(Water Hammer)의 방지대책으로 틀린 것은?

① 펌프의 급정지를 피한다.
② 가능한 한 관내 유속을 크게 한다.
③ 토출관쪽에 압력 조정용 수조(surge tank)를 설치한다.
④ 토출측 관로에 에어 챔버(air chamber)를 설치한다.

> | 해답 | ②
> 수격현상의 발생을 경감시키기 위해서는 관내의 유속을 경감시켜야 한다.
> ■ 부압(수주분리)발생의 방지법
> • 펌프에 플라이휠(fly-wheel)을 붙인다.
> • 토출측 관로에 조압수조(surge tank)를 설치한다.
> • 토출측 관로에 한방향 조압수조를 설치한다.
> • 압력수조(air-chamber)를 설치한다.
> ■ 압력상승 경감방법
> • 완폐식 체크밸브에 의한 방법
> • 급폐식 체크밸브에 의한 방법
> • 콘밸브 또는 니들밸브나 볼밸브에 의한 방법

□□□ 기 03,12,16①,20④
114 하천 및 저수지의 수질해석을 위한 수학적 모형을 구성하고자 할 때 가장 기본이 되는 수학적 방정식은?

① 질량보존의 식
② 에너지보존의 식
③ 운동량보존의 식
④ 난류의 운동방정식

> | 해답 | ①
> 호수 및 저수지 수리 모델
> 유량이 일정하고 오염물질의 감소는 일차반응식에 따른다고 보고 물질수지식을 세우기 위해 질량보존의 법칙을 적용한다.

□□□ 기 95,09,14,17②
115 우수조정지의 설치장소로 적당하지 않은 곳은?

① 토사의 이동이 부족한 장소
② 하수관거의 유하능력이 부족한 장소
③ 방류수로의 유하능력이 부족한 장소
④ 하류지역 펌프장 능력이 부족한 장소

> | 해답 | ①
> 우수조정지의 설치목적
> • 하류지역 펌프장 능력이 부족한 곳
> • 하류관거의 유하능력 부족한 곳
> • 방류수로 유하능력이 부족한 곳
> • 우수유출량의 증대로 침수방지가 필요한 곳
> • 분류식과 합류식 하수도에 설치

□□□ 기 03,06,09,14②,17②,19②
116 슬러지용량지표(SVI : sludge volume index)에 관한 설명으로 옳지 않은 것은?

① 정상적으로 운전되는 반응조의 SVI는 50~150 범위이다.
② SVI는 포기시간, BOD 농도, 수온 등에 영향을 받는다.
③ SVI는 슬러지 밀도지수(SDI)에 100을 곱한 값을 의미한다.
④ 반응조 내 혼합액을 30분간 정체한 경우 1g의 활성슬러지 부유물질이 포함하는 용적을 mL로 표시한 것이다.

> | 해답 | ③
> 슬러지 밀도지수 $SDI = \dfrac{100}{SVI}$
>
> ∴ 슬러지용량지표 $SVI = \dfrac{100}{SDI}$

□□□ 기 98,00,15,18③,21②,23①

117 하수관로의 접합 중에서 굴착 깊이를 얕게 하여 공사비용을 줄일 수 있으며, 수위상승을 방지하고 양정고를 줄일 수 있어 펌프로 배수하는 지역에 적합한 방법은?

① 관정접합
② 관저접합
③ 수면접합
④ 관중심접합

| 해답 | ②
관저접합
굴착깊이를 얕게 함으로 공사비용을 줄일 수 있으며 수위상승을 방지하고 양정고를 줄일 수 있어 펌프로 배수하는 지역에 적합하다.

Remember

관거의 접합

수면접합	수리학적으로 대개 계획수위를 일치시켜 접합시키는 것
관정접합	유수는 일정한 흐름이 되지만 굴착깊이가 증가됨으로 공사비가 증대된다.
관중심접합	수면접합과 관정접합의 중간적인 방법
관저접합	굴착깊이를 얕게 함으로 공사비용을 줄일 수 있다.
단차접합	지표의 경사가 급한 경우에 이용되는 방법
계단접합	통상 대구경관거 또는 현장타설관거에 설치

□□□ 기 97,99,00,09②,11①,17④,19①

118 도수 및 송수 관로 내의 최소 유속을 정하는 주요 이유는?

① 관로 내면의 마모를 방지하기 위하여
② 관로 내 침전물의 퇴적을 방지하기 위하여
③ 양정에 소모되는 전력비를 절감하기 위하여
④ 수격작용이 발생할 가능성을 낮추기 위하여

| 해답 | ②

도송수관의 관내면 유속
- 모래입자의 침전을 방지하기 위해서 최소유속은 0.3m/s로 한다.
- 도수관 내면이 마멸되지 않도록 가능한 평균 최대 한도는 3.0m/s 정도

□□□ 기 97,98,01,08,11,13,14④,24③

119 함수율 95%인 슬러지를 농축시켰더니 최초 부피의 1/3이 되었다. 농축된 슬러지의 함수율(%)은? (단, 농축 전후의 슬러지비중은 1로 가정한다.)

① 65　　　　　　　　② 70
③ 85　　　　　　　　④ 90

| 해답 | ③

$$\frac{V_1}{V_2} = \frac{100-W_2}{100-W_1} \text{에서}$$

$$W_2 = 100 - \frac{V_1(100-W_1)}{V_2} = 100 - \frac{1(100-95)}{\frac{1}{3}} = 85\%$$

□□□ 기 98,03,07,14②,18①②,19①

120 양수량이 15.5m³/min이고, 전양정이 24m일 때, 펌프의 축동력은? (단, 펌프의 효율은 80%로 가정한다.)

① 75.95kW　　　　　② 7.58kW
③ 4.65kW　　　　　 ④ 46.57kW

| 해답 | ①

축동력 $P = \dfrac{1000QH_p}{102\eta}$

- $Q = 15.5\,\text{m}^3/\text{min} = 0.258\,\text{m}^3/\text{sec}$

$$\therefore P = \frac{1000 \times 0.258 \times 24}{102 \times 0.8} = 75.88\,\text{kW}$$

Remember
5
Pick
120
선

□□□ 기 08,10,12②,24②

01 그림과 같이 원($D=400mm$)과 반원($r=40mm$)으로 이루어진 단면의 도심 거리 y값은?

① 175.8mm
② 179.8mm
③ 494.8mm
④ 446.5mm

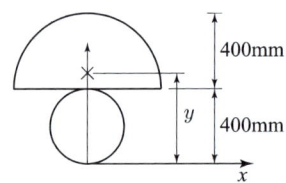

| 해답 | ④

$y = \dfrac{G_x}{A}$

- $G_x = A_1 y_1 + A_2 y_2$

$= \dfrac{\pi d^2}{4} \times \dfrac{d}{2} + \dfrac{\pi r^2}{2} \times \left(40 + \dfrac{4r}{3\pi}\right)$

$= \dfrac{\pi \times 400^2}{4} \times 200 + \dfrac{\pi \times 400^2}{2} \times \left(400 + \dfrac{4 \times 400}{3\pi}\right)$

$= 168330373 \, mm^3$

- $A = A_1 + A_2$

$= \dfrac{\pi d^2}{4} + \dfrac{\pi r^2}{2}$

$= \dfrac{\pi \times 400^2}{4} + \dfrac{\pi \times 400^2}{2}$

$= 125664 + 251327 = 376991 \, mm^2$

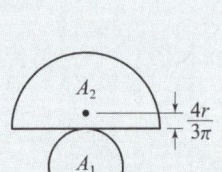

∴ $y = \dfrac{168330373}{376991} = 446.5 \, mm$

☐☐☐ 기 94③,01①,03②,09②,11①,21②

02 재료의 역학적 성질 중 탄성계수를 E, 전단탄성계수를 G, 포아송 수를 m이라 할 때 각 성질의 상호관계식으로 옳은 것은?

① $G = \dfrac{E}{2(m-1)}$
② $G = \dfrac{E}{2(m+1)}$
③ $G = \dfrac{mE}{2(m-1)}$
④ $G = \dfrac{mE}{2(m+1)}$

| 해답 | ④

$$G = \frac{E}{2(1+\nu)} = \frac{E}{2\left(1+\dfrac{1}{m}\right)} = \frac{E}{2\left(\dfrac{m+1}{m}\right)}$$
$$= \frac{mE}{2(m+1)}$$

• 포아송수 $m = \dfrac{1}{v(\text{포아송비})}$

☐☐☐ 기 05,12②,22①,23②,24③

03 직경 d인 원형단면 기둥의 길이가 4m이다. 세장비가 100이 되도록 하자면 이 기둥의 직경은?(지지상태는 양단 힌지로 가정한다.)

① 90mm
② 130mm
③ 160mm
④ 250mm

| 해답 | ③

원형단면 기둥(양단힌지 $k=1.0$)

• 세장비 $\lambda = \dfrac{l}{\sqrt{\dfrac{I}{A}}} = \dfrac{l}{\sqrt{\dfrac{\pi d^4/64}{\pi d^2/4}}} = \dfrac{l}{\dfrac{d}{4}} = 100$

• $\dfrac{d}{4} = \dfrac{l}{\lambda} = \dfrac{4000}{100}$

∴ $d = 160$mm

□□□ 기 83,84,86,18②,24①

04 그림 (b)는 그림 (a)와 같은 게르버보에 대한 영향선이다. 다음 설명 중 옳은 것은?

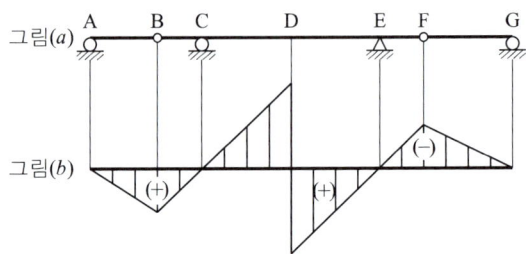

① 힌지점 B의 전단력에 대한 영향선이다.
② D점의 전단력에 대한 영향선이다.
③ D점의 휨모멘트에 대한 영향선이다.
④ C지점의 반력에 대한 영향선이다.

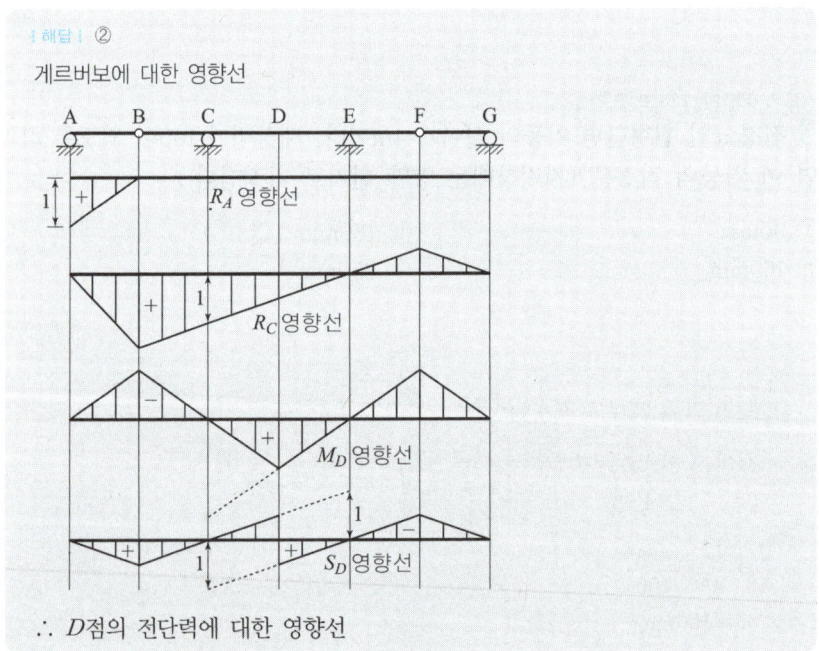

∴ D점의 전단력에 대한 영향선

기 08④,14②,20③
05 그림과 같은 3힌지 라멘의 휨모멘트도(BMD)는?

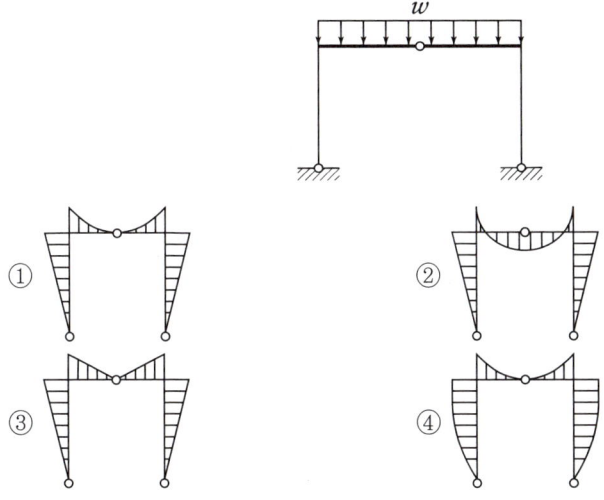

[해답] ①
3힌지 라멘의 휨모멘트도(BMD)

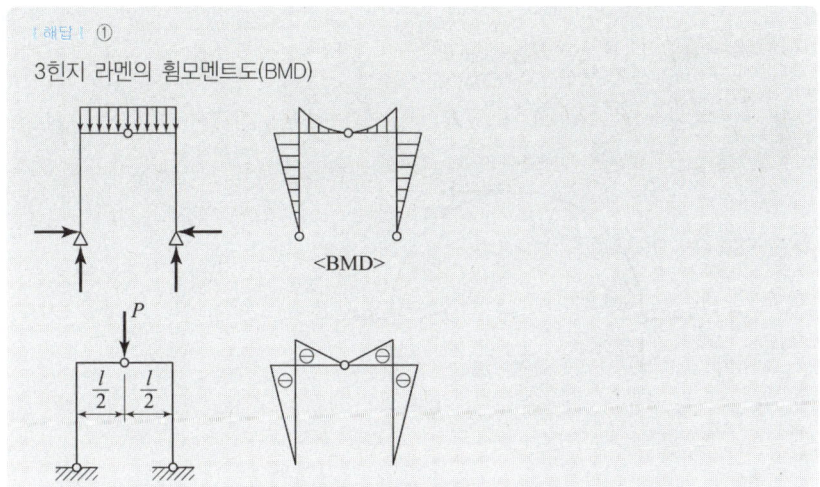

□□□ 기 99,14②,18②,22②

06 그림과 같은 3힌지 아치의 중간 힌지에 수평하중 P가 작용할 때 A지점의 수직반력과 수평반력은? (단, A지점의 반력은 그림과 같은 방향을 정(+)으로 한다.)

① $V_A = \dfrac{Ph}{l}$, $H_A = \dfrac{P}{2}$

② $V_A = \dfrac{Ph}{l}$, $H_A = -\dfrac{P}{2h}$

③ $V_A = -\dfrac{Ph}{l}$, $H_A = \dfrac{P}{2h}$

④ $V_A = -\dfrac{Ph}{l}$, $H_A = -\dfrac{P}{2}$

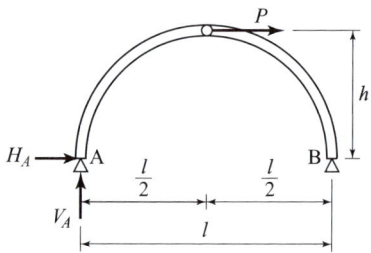

| 해답 | ④

- $\Sigma M_B = 0$: $V_A \times l + P \times h = 0$

  $\therefore V_A = -\dfrac{Ph}{l}(\downarrow)$

- $\Sigma M_C = 0$: $V_A \times \dfrac{l}{2} - H_A \times h = 0$

  $-\dfrac{Ph}{l} \times \dfrac{l}{2} - H_A \times h = 0$ $\therefore H_A = -\dfrac{P}{2} = \dfrac{P}{2}(\leftarrow)$

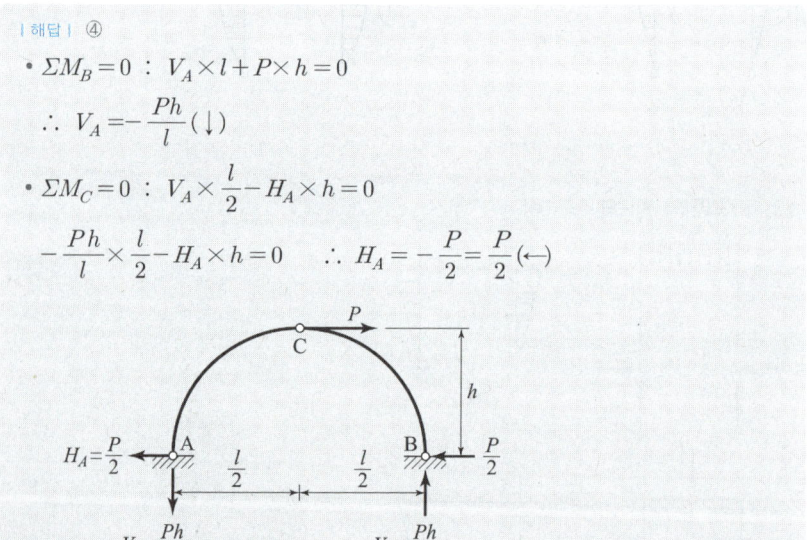

□□□ 기 09,12,17②,22②

07 그림과 같은 2경간 연속보에 등분포하중 $w = 4\text{kN/m}$가 작용할 때 전단력이 "0"이 되는 위치는 지점 A로부터 얼마의 거리(x)에 있는가?

① 0.75m
② 0.85m
③ 0.95m
④ 1.05m

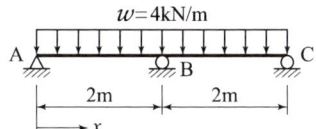

| 해답 | ①

- $M_B = -\dfrac{wl^2}{8} = -\dfrac{4 \times 2^2}{8} = -2\text{kN} \cdot \text{m}$

- A-B에서

- $\sum M_B = 0$: $V_A \times 2 - 4 \times 2 \times \dfrac{2}{2} + 2 = 0$

  $\therefore V_A = 3\text{kN}$

- 전단력 $S = 0$인 위치 : $S_x = 3 - 4 \times x = 0$

  $\therefore x = \dfrac{3}{4} = 0.75\text{m}$

Remember

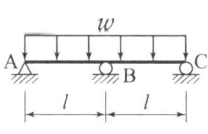

$M_B = -\dfrac{wl^2}{8}$

$R_B = \dfrac{5wl}{4}$

$R_A = R_C = \dfrac{3wl}{8}$

□□□ 기 90,19③,20③,24③

08 그림에서 합력 R과 P_1 사이의 각을 α라고 할 때 $\tan\alpha$를 나타낸 식으로 옳은 것은?

① $\tan\alpha = \dfrac{P_2\sin\theta}{P_1 + P_2\cos\theta}$

② $\tan\alpha = \dfrac{P_1\sin\theta}{P_1 + P_2\cos\theta}$

③ $\tan\alpha = \dfrac{P_2\cos\theta}{P_1 + P_2\sin\theta}$

④ $\tan\alpha = \dfrac{P_1\cos\theta}{P_1 + P_2\sin\theta}$

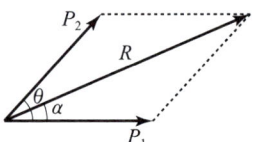

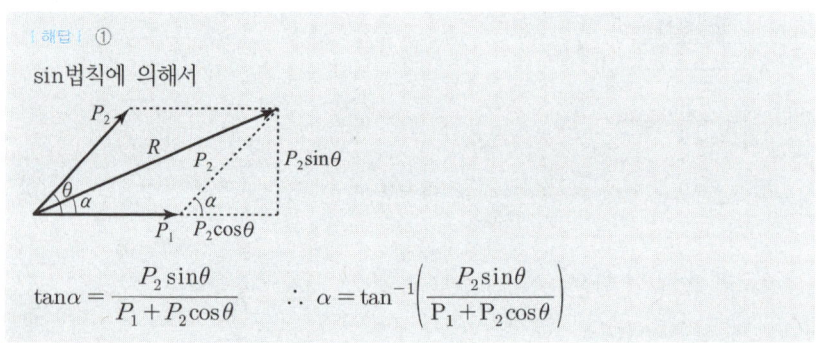

| 해답 | ①

sin법칙에 의해서

$\tan\alpha = \dfrac{P_2\sin\theta}{P_1 + P_2\cos\theta}$ ∴ $\alpha = \tan^{-1}\left(\dfrac{P_2\sin\theta}{P_1 + P_2\cos\theta}\right)$

□□□ 기 95①,03①,11④,21②,22①

09 단면 2차 모멘트가 I, 길이가 L인 균일한 단면의 직선상(直線狀)의 기둥이 있다. 기둥의 양단이 고정되어 있을 때 오일러(Euler) 좌굴하중은? (단, 이 기둥의 탄성계수는 E이다.)

① $\dfrac{4\pi^2 EI}{L^2}$

② $\dfrac{\pi^2 EI}{(0.7L)^2}$

③ $\dfrac{\pi^2 EI}{L^2}$

④ $\dfrac{\pi^2 EI}{4L^2}$

[해답] ①

$$P_{cr} = \frac{n \cdot \pi^2 E \cdot I}{L^2} = \frac{\pi^2 EI}{(KL)^2} = \frac{\pi^2 EI}{\left(\frac{1}{\sqrt{4}}L\right)^2} = \frac{4\pi^2 EI}{L^2}$$

일단고정 타단자유	$n = \frac{1}{4}$	$K = 2.0$
양단힌지	$n = 1$	$K = 1.0$
일단고정 타단힌지	$n = 2$	$K = \frac{1}{\sqrt{2}}$
양단고정	$n = 4$	$K = \frac{1}{\sqrt{4}}$

□□□ 기 15,17

10 그림과 같이 C점이 내부힌지로 구성된 게르버보에서 B지점에 발생하는 모멘트의 크기는?

① 90kN·m
② 60kN·m
③ 30kN·m
④ 10kN·m

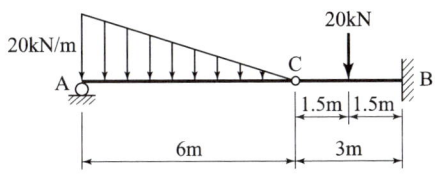

[해답] ①

내부힌지인 게르버보를 분해하면,

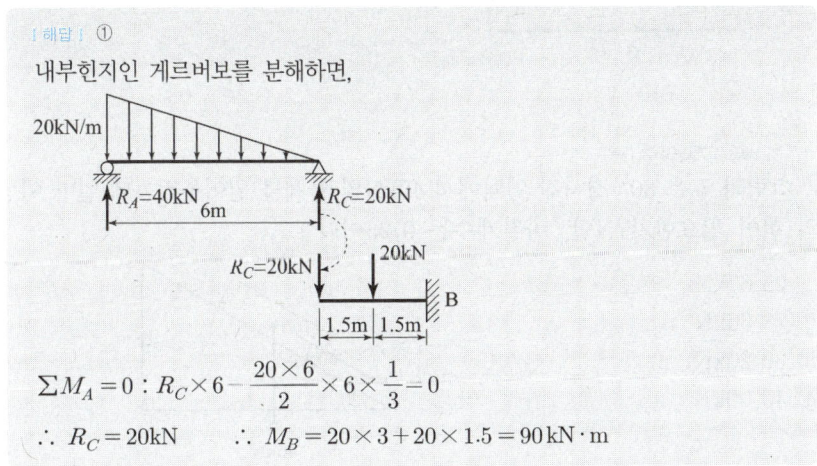

$\sum M_A = 0 : R_C \times 6 - \frac{20 \times 6}{2} \times 6 \times \frac{1}{3} = 0$

∴ $R_C = 20$kN   ∴ $M_B = 20 \times 3 + 20 \times 1.5 = 90$ kN·m

□□□ 기 94,97,22①

11 그림과 같은 모멘트 하중을 받는 단순보에서 B지점의 전단력은?

① -1.0kN
② -10kN
③ -5.0kN
④ -50kN

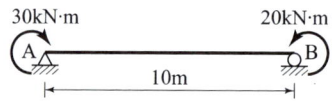

| 해답 | ①

$\sum M_A = R_B \times 10 + 20 - 30 = 0$

• $R_B = \dfrac{10}{10} = 1.0\text{kN}$

• 전단력 $S_B = -1.0\text{kN}$

$\sum M_B = R_A \times 10 + 30 - 20 = 0$

• $R_A = \dfrac{-10}{10} = -1.0\text{kN}$

• 전단력 $S_A = -1.0\text{kN}$

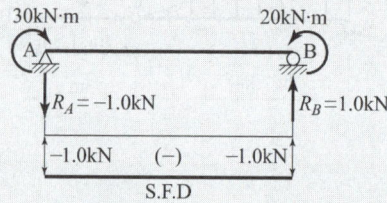

□□□ 기 94③,97④,02②,08①,21③

12 그림과 같은 30° 경사진 언덕에서 40kN의 물체를 밀어올리는데 얼마 이상의 힘이 필요한가? (단, 마찰계수는 0.25이다.)

① 25.67kN
② 28.66kN
③ 30.20kN
④ 40.00kN

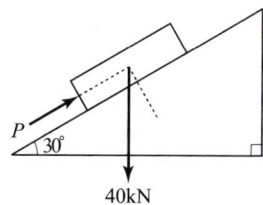

| 해답 | ②

$P > P_H + F$
- $P_V = W\cos\theta$
  $= 40\cos 30° = 34.64\text{kN}$
- $P_H = W\sin\theta$
  $= 40\sin 30° = 20\text{kN}$
- 마찰력 $F = P_V \cdot f$
  $= 34.64 \times 0.25 = 8.66\text{kN}$

∴ $P > P_H + F = 20 + 8.66 = 28.66\text{kN}$

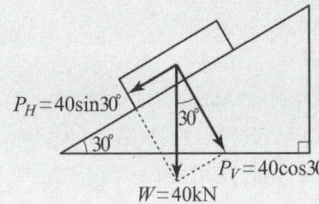

□□□ 기 92,07②,18②

13 정삼각형의 도심(G)을 지나는 여러 축에 대한 단면 2차 모멘트의 값에 대한 다음 설명 중 옳은 것은?

① $I_{y1} > I_{y2}$
② $I_{y2} > I_{y1}$
③ $I_{y3} > I_{y2}$
④ $I_{y1} = I_{y2} = I_{y3}$

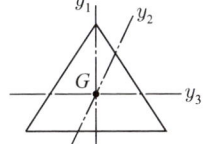

| 해답 | ④

정다각형(정삼각형, 정사각형)의 도심에 대한 2차 모멘트는 축의 방향에 관계없이 모두 같다.
∴ $I_{y1} = I_{y2} = I_{y3}$

□□□ 기 96④, 01①, 11④, 14④, 24①

14 다음 트러스에서 AB부재의 부재력으로 옳은 것은?

① 1.179P (압축)
② 2.357P (압축)
③ 1.179P (인장)
④ 2.357P (인장)

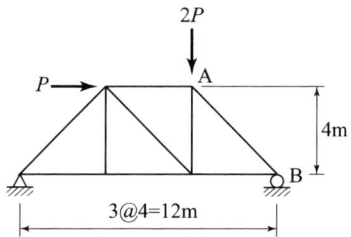

[해답] ②

- $\Sigma M_C = 0$: $R_B \times 12 - P \times 4 - 2P \times 8 = 0$

$\therefore R_B = \dfrac{4P+16P}{12} = \dfrac{20P}{12} = \dfrac{5P}{3}$

- $\Sigma V_B = 0$: $R_B + AB\sin 45° = 0$

$\therefore AB = -\dfrac{R_B}{\sin 45°} = -\dfrac{5P}{3\sin 45°} = -2.357P = 2.357P(압축)$

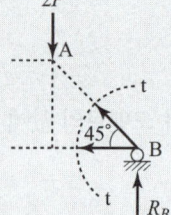 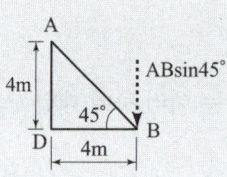

□□□ 기 86,88,06,09,21②

15 폭 20mm, 높이 50mm인 균일한 직사각형 단면의 단순보에 최대전단력이 10kN 작용할 때 최대전단응력은?

① 6.7MPa   ② 10MPa
③ 13.3MPa ④ 15MPa

[해답] ④

직사각형(구형) 단면의 최대전단응력

$\tau_{max} = \dfrac{3}{2}\dfrac{S}{A} = \dfrac{3}{2} \times \dfrac{10 \times 10^3}{20 \times 50} = 15\,N/mm^2 = 15MPa$

기 01,07,12①,14①,15④

16 그림과 같은 트러스의 C점에 3000N의 하중이 작용할 때, C점에서의 처짐을 계산하면? (단, $E = 2 \times 10^5$ MPa, 단면적 $= 1\text{cm}^2$)

① 0.158cm
② 0.315cm
③ 0.473cm
④ 0.630cm

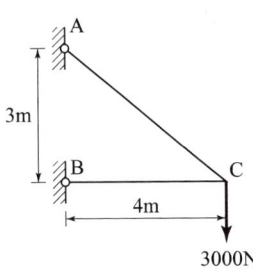

해답 ②

C점의 처짐 $\delta_c = \sum \dfrac{S \cdot \overline{S} \cdot L}{EA}$

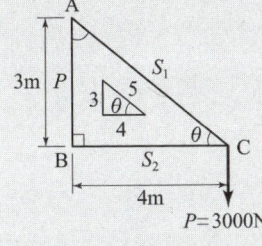

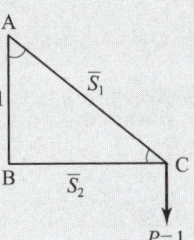

- $\sin\theta = \dfrac{P}{AC} = \dfrac{3}{5}$

  $\therefore AC = \dfrac{5P}{3} = S_1$, $\overline{S_1} = \dfrac{5}{3}$, $L = 5\text{m}$ (AC는 인장)

- $\tan\theta = \dfrac{P}{BC} = \dfrac{3}{4}$

  $\therefore BC = \dfrac{4P}{3} = S_2$, $\overline{S_2} = \dfrac{4}{3}$, $L = 4\text{m}$ (BC는 압축)

$\therefore \delta_c = \dfrac{\dfrac{5P}{3} \times \dfrac{5}{3} \times 5 + \left(-\dfrac{4P}{3}\right)\left(-\dfrac{4}{3}\right) \times 4}{EA} = \dfrac{21P}{EA}$

$= \dfrac{21 \times 3000}{2 \times 10^5 \times 100} = 0.00315\text{m} = 0.315\text{cm}$

□□□ 기 09④

17 그림과 같은 원형 및 정사각형 관이 동일재료로서 관의 두께(t) 및 둘레($4b = 2\pi r$)가 동일하고, 두 관의 길이가 일정할 비틀림 T에 의한 두 관의 전단응력의 비($\tau_{(a)}/\tau_{(b)}$)는 얼마인가?

① 0.683
② 0.785
③ 0.821
④ 0.859

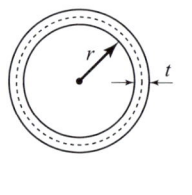
(a)

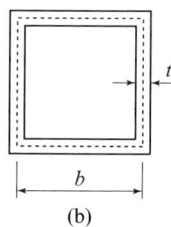
(b)

|해답| ②

- 원형관의 비틀림 전단응력
$$\tau_a = \frac{T}{2\pi r^2 t}$$

- 직사각형관의 비틀림 전단응력
$$\tau_b = \frac{T}{2b^2 t} = \frac{T}{2\left(\frac{\pi r}{2}\right)^2 t} = \frac{2T}{\pi^2 r^2 t} \left(\because b = \frac{2\pi r}{4} = \frac{\pi r}{2}\right)$$

$$\therefore \frac{\tau_a}{\tau_b} = \frac{\dfrac{T}{2\pi r^2 t}}{\dfrac{2T}{\pi^2 r^2 t}} = \frac{\pi}{4} = 0.785$$

□□□ 기 97③,14②,20④,24①

18 그림과 같은 단순보에 등분포하중(q)이 작용할 때 보의 최대처짐은? (단, EI는 일정하다.)

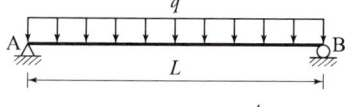

① $\dfrac{qL^4}{128EI}$
② $\dfrac{qL^4}{64EI}$
③ $\dfrac{qL^4}{38EI}$
④ $\dfrac{5qL^4}{384EI}$

| 해답 | ④

- $\delta_{max} = \delta_c = \dfrac{5wL^4}{384EI} = \dfrac{5qL^4}{384EI}$ • $\theta_A = \theta_B = \dfrac{wL^3}{24EI} = \dfrac{qL^3}{24EI}$

Remember

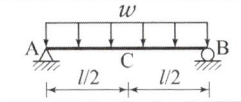

$\theta_A = \dfrac{wl^3}{24EI}$	$y_C = \dfrac{5wl^4}{384EI}$
$\theta_B = -\theta_A$	

□□□ 기 99,06,11

19 다음 라멘의 부정정의 차수는?

① 23차 부정정
② 28차 부정정
③ 32차 부정정
④ 36차 부정정

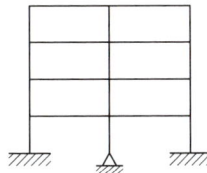

| 해답 | ①

$N = R + m + s - 2p$
- 반력수 $R = 8$
- 부재수 $m = 20$
- 강접합수 $s = 25$
- 절점수 $p = 15$

∴ $N = 8 + 20 + 25 - 2 \times 15 = 23$차

□□□ 기 98,00,08,10②,16①

20 다음 그림과 같은 보에서 휨모멘트에 의한 탄성변형 에너지를 구한 값은?

① $\dfrac{W^2 l^5}{8EI}$

② $\dfrac{W^2 l^5}{24EI}$

③ $\dfrac{W^2 l^5}{40EI}$

④ $\dfrac{W^2 l^5}{48EI}$

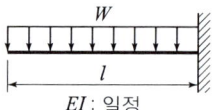

EI : 일정

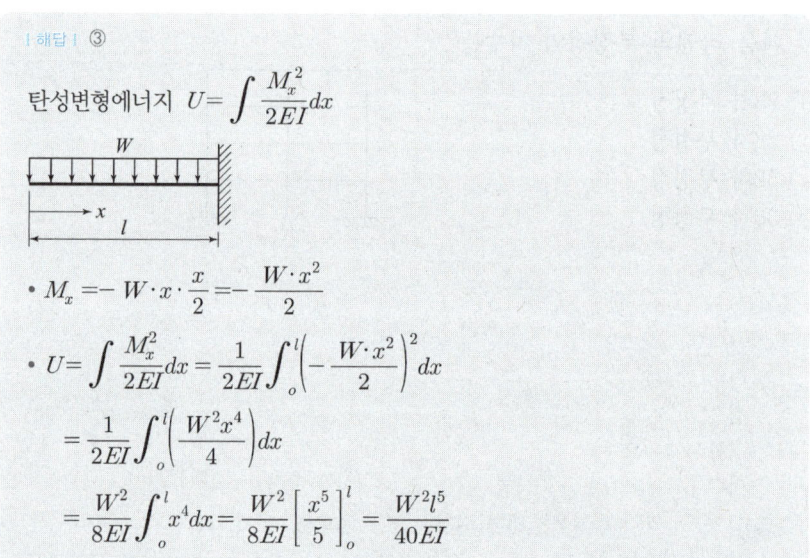

측량학

02 5Pick Remember 120선 CBT 대비

□□□ 기 07,13,16④,23②

21 A와 B의 좌표가 다음과 같을 때 측선 AB의 방위각은?

> A점의 좌표=(179847.1m, 76614.3m)
> B점의 좌표=(179964.5m, 76625.1m)

① 5°23′15″   ② 185°15′23″
③ 185°23′15″   ④ 5°15′22″

[해답] ④

AB의 방위

$$\theta = \tan^{-1}\frac{Y_B - Y_A}{X_B - X_A}$$
$$= \tan^{-1}\frac{76625.1 - 76614.3}{179964.5 - 179847.1} = \tan^{-1}\frac{10.8}{117.4}$$
$$= 5°15′22″ \ (\therefore 1\text{상한})$$

∴ AB의 방위각 = 5°15′22″

Remember

$\dfrac{y_B - y_X}{x_B - x_a}$ 의 부호	상한
$\dfrac{+}{+}$	제1상한
$\dfrac{+}{-}$	제2상한
$\dfrac{-}{-}$	제3상한
$\dfrac{-}{+}$	제4상한

□□□ 기 12②,16①,20②,23②,24②

22 삼각측량을 위한 삼각망 중에서 유심다각망에 대한 설명으로 틀린 것은?

① 농지측량에 많이 사용된다.
② 방대한 지역의 측량에 적합하다.
③ 삼각망 중에서 정확도가 가장 높다.
④ 동일측점 수에 비하여 포함면적이 가장 넓다.

> |해답| ③
> - 유심삼각망 : 광대한 지역의 측량에 적당하며, 단열삼각망보다 정도가 높다.
> - 사변형망 : 가장 높은 정밀도(정확도)를 얻을 수 있으며, 특별히 높은 정밀도를 필요로 하는 측량이나 기선 삼각망 등에 사용된다.

□□□ 기 07,15②,21①

23 조정계산이 완료된 조정각 및 기선으로부터 처음 신설하는 삼각점의 위치를 구하는 계산순서로 가장 적합한 것은?

① 편심조정 계산 → 삼각형 계산(변, 방향각) → 경위도 결정 → 좌표조정 계산 → 표고 계산
② 편심조정 계산 → 삼각형 계산(변, 방향각) → 좌표조정 계산 → 표고 계산 → 경위도 결정
③ 삼각형 계산(변, 방향각) → 편심조정 계산 → 표고 계산 → 경위도 결정 → 좌표조정 계산
④ 삼각형 계산(변, 방향각) → 편심조정 계산 → 표고 계산 → 좌표조정 계산 → 경위도 결정

> |해답| ②
> 편심조정 계산 → 삼각형 계산(변, 방향각) → 좌표조정 계산 → 표고 계산 → 경위도 계산

□□□ 기 06,11,19②

24 삼각망 조정계산의 경우에 하나의 삼각형에 발생한 각오차의 처리방법은? (단, 각관측 정밀도는 동일하다.)

① 각의 크기에 관계없이 동일하게 배분한다.
② 대변의 크기에 비례하여 배분한다.
③ 각의 크기에 반비례하여 배분한다.
④ 각의 크기에 비례하여 배분한다.

| 해답 | ①

허용범위 이내일 때
- 각 관측의 정밀도가 같을 경우는 오차를 각의 크기에 관계없이 등배분한다.
- 각 관측의 경중률이 다를 경우에는 오차를 경중률에 반비례하여 각각에 배분한다.
- 관측변 길이의 역수에 비례하여 각각에 배분한다.

□□□ 기 93,99,08,23①

25 폐합트래버스 측량에서 전체 측선 길이의 합이 900m일 때 폐합비를 1/5000로 하기 위해서는 축척 1/500의 도면에서 폐합오차는 얼마까지 허용되는가?

① 0.2mm
② 0.25mm
③ 0.3mm
④ 0.36mm

| 해답 | ④

- 축척(폐합비) $R = \dfrac{E}{\sum L} = \dfrac{1}{5000} = \dfrac{E}{900}$

 폐합오차 $F = \dfrac{900}{5000} = 0.18\text{m} = 180\text{mm}$

- 축척(폐합비) $= \dfrac{1}{500} = \dfrac{도상거리}{실제거리} = \dfrac{E}{180}$

 ∴ 폐합오차 $E = \dfrac{180}{500} = 0.36\text{mm}$

□□□ 기 89,92,94,96,11

26 그림과 같은 4변형 삼각망에서 조건식의 총수(K_1), 각조건식의 수(K_2), 변조건식의 수(K_3)로 옳은 것은?

① $K_1=8$, $K_2=4$, $K_3=4$
② $K_1=8$, $K_2=2$, $K_3=6$
③ $K_1=4$, $K_2=3$, $K_3=1$
④ $K_1=4$, $K_2=2$, $K_3=2$

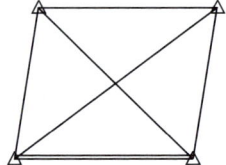

┃해답┃ ③

- 조건식의 총수 $K_1 = B+A-2P+3$
  $= 1+8-2\times4+3 = 4$
- 각 조건식의 수 $K_2 = L-P+1$
  $= 6-4+1 = 3$
- 변 방정식의 수 $K_3 = B+L-2P+2$
  $= 1+6-2\times4+2 = 1$

(B : 기선의 수, A : 관측각의 총수
 P : 삼각점의 총수, L : 변의 총수)

□□□ 기 97,06,16②,19①,24③

27 지오이드(Geoid)에 대한 설명으로 옳은 것은?

① 육지와 해양의 지형면을 말한다.
② 육지 및 해저의 요철(凹凸)을 평균한 매끈한 곡면이다.
③ 회전타원체와 같은 것으로서 지구의 형상이 되는 곡면이다.
④ 평균해수면을 육지내부까지 연장했을 때의 가상적인 곡면이다.

┃해답┃ ④

지오이드
정지된 평균해수면을 육지로 연장하여 지구 전체를 둘러싸고 있다고 가정한 곡면

□□□ 기 12②,21②,24①
28 그림과 같이 각 격자의 크기가 10m×10m로 동일한 지역의 전체 토량은?

① $877.5m^3$
② $893.6m^3$
③ $913.7m^3$
④ $926.1m^3$

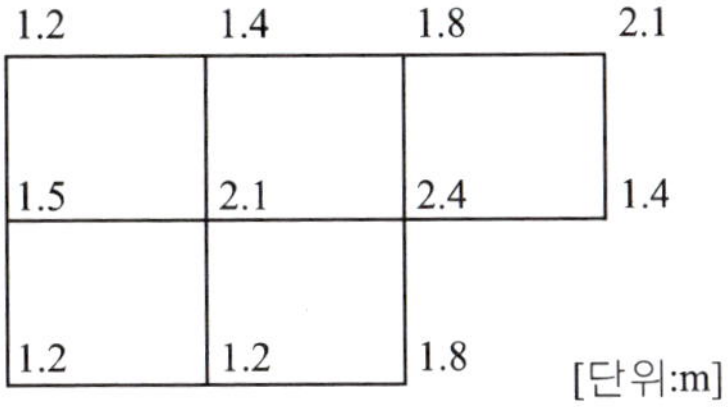

	1.2	1.4	1.8	2.1
	1.5	2.1	2.4	1.4
	1.2	1.2	1.8	

[단위:m]

[해답] ①

$$V = \frac{a \times b}{4}(\Sigma h_1 + 2\Sigma h_2 + 3\Sigma h_3 + 4\Sigma h_4)$$

- $\Sigma h_1 = 1.2 + 2.1 + 1.4 + 1.8 + 1.2 = 7.7m$
- $\Sigma h_2 = 1.4 + 1.8 + 1.2 + 1.5 = 5.9m$
- $\Sigma h_3 = 2.4m$
- $\Sigma h_4 = 2.1m$

$$\therefore V = \frac{10 \times 10}{4}(7.7 + 2 \times 5.9 + 3 \times 2.4 + 4 \times 2.1)$$
$$= 877.5m^3$$

□□□ 기 81,83,94,95,16②,21②
29 표고가 300m인 평지에서 삼각망의 기선을 측정한 결과 600m이었다. 이 기선에 대하여 평균해수면 상의 거리로 보정할 때 보정량은?
(단, 지구반지름 $R = 6370$km)

① $+2.83$cm
② $+2.42$cm
③ -2.42cm
④ -2.83cm

[해답] ④

평균해수면에 대한 보정 $C_h = -\frac{D \cdot h}{R}$

- $h = 600m = 0.600$km

$$\therefore C_h = -\frac{300 \times 0.600}{6370} = -0283m = -2.83cm$$

□□□ 기 86,04,07,13④,24①

30 A, B 두 점 간의 비고를 구하기 위해 (1), (2), (3)경로에 대하여 직접고저 측량을 실시하여 다음과 같은 결과를 얻었다. A, B 두 점간의 고저차의 최확 값은?

노선	관측값	노선길이
(1)	32.234m	2km
(2)	32.245m	1km
(3)	32.240m	1km

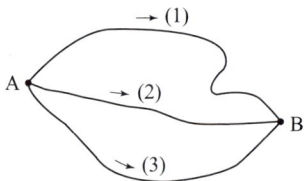

① 32.236m
② 32.238m
③ 32.241m
④ 32.243m

|해답| ③

최확값 $H_P = \dfrac{P_1 H_1 + P_2 H_2 + P_3 H_3}{P_1 + P_2 + P_3}$

• 직접수준측량의 경중률은 노선거리에 반비례한다.

$P_1 : P_2 : P_3 = \dfrac{1}{2} : \dfrac{1}{1} : \dfrac{1}{1} = 0.5 : 1 : 1$

∴ 최확값 $= 32.2 + \dfrac{0.5 \times 0.034 + 1 \times 0.045 + 1 \times 0.040}{0.5 + 1 + 1}$

$= 32.241 \text{m}$

(고저차는 최확치를 구하면 되고, 32.2은 공통)

□□□ 기 14①,17①,18①,21②

31 트래버스 측량의 작업순서로 알맞은 것은?

① 선점 – 계획 – 답사 – 조표 – 관측
② 계획 – 답사 – 선점 – 조표 – 관측
③ 답사 – 계획 – 조표 – 선점 – 관측
④ 조표 – 답사 – 계획 – 선점 – 관측

|해답| ②

계획 → 답사 → 선점 → 조표 → 관측 → 방위각 측정 → 계산 및 제도

□□□ 기 81,98,02,06,08,10

32 삼각수준측량의 관측값에서 대기의 굴절오차(기차)와 지구의 곡률오차(구차)의 조정방법으로 옳은 것은?

① 기차는 높게, 구차는 낮게 조정한다.
② 기차는 낮게, 구차는 높게 조정한다.
③ 기차와 구차를 함께 높게 조정한다.
④ 기차와 구차를 함께 낮게 조정한다.

| 해답 | ②

- 대기 때문에 생기는 오차는 기차 : $-\dfrac{KD^2}{2R}$
- 지구표면의 곡률 때문에 생기는 오차는 구차 : $+\dfrac{D^2}{2R}$

  ∴ 기차는 낮게(−), 구차는 높게(+) 조정한다.

□□□ 기 80,84,00,03,17②,23③,24③

33 도로 기점으로부터 교점(I.P)까지의 추가거리가 400m, 곡선반지름 R=200m, 교각 I=90°인 원곡선을 설치할 경우, 곡선시점(B.C)은?
(단, 중심말뚝거리=20m)

① NO.9　　　　　　② NO.9+10m
③ NO.10　　　　　　④ NO.10+10m

| 해답 | ③

곡선시점 B.C = I.P − T.L

- T.L = $R \tan \dfrac{I}{2}$

  = $200 \tan \dfrac{90°}{2}$ = 200m

  ∴ B.C = I.P − T.L = 400 − 200 = 200m

  = No.10$\left(\dfrac{200}{20}\right)$ + 0

□□□ 기 96,05,16②,20②

34 지형도의 이용법에 해당되지 않는 것은?

① 저수량 및 토공량 산정
② 유역면적의 도상 측정
③ 직접적인 지적도 작성
④ 등경사선 관측

| 해답 | ③

지형도의 이용
- 토목공사의 계획설계에 이용
- 종·횡단면도 제작에 이용
- 노선의 도면상 결정에 이용
- 저수량, 토공량 산출에 이용
- 하천의 유역면적 결정에 이용
- 등경사선의 관측
- 저수량의 관측, 체적 결정

□□□ 기 96,00,10①,19③

35 어느 각을 10번 관측하여 52°12′을 2번, 52°13′을 4번, 52°14′을 4번 얻었다면 관측한 각의 최확값은?

① 52°12′45″
② 52°13′00″
③ 52°13′12″
④ 52°13′45″

| 해답 | ③

관측횟수를 달리하였을 경우의 최확값 경중률은 관측횟수에 비례한다.

$$\therefore \mu = 52° + \frac{12′ \times 2 + 13′ \times 4 + 14′ \times 4}{2+4+4}$$
$$= 52° \ 13′ \ 12″$$

□□□ 기 03,16①,19③

36 기준면으로부터 어느 측점까지의 연직거리를 의미하는 용어는?

① 수준선(level line) ② 표고(elevation)
③ 연직선(plumb line) ④ 수평면(horizontal plane)

> 해답 : ②
>
> 표고(elevation)
> • 기준면으로부터 어느 측점까지의 연직거리(수직거리)
> • 어느 지점의 표고라 함은 지표상의 임의점에서 지구 중력방향으로 수준면에 이르는 수직거리

□□□ 기 04,20④,24③

37 삼변측량을 실시하여 길이가 각각 $a=1200m$, $b=1300m$, $c=1500m$이었다면 ∠ACB는?

① 73°31′02″
② 73°33′02″
③ 73°35′02″
④ 73°37′02″

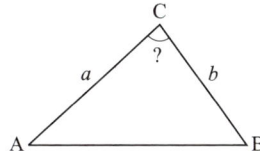

> 해답 : ④
>
> 코사인 제2법칙
> • $\cos C = \dfrac{a^2+b^2-c^2}{2ab}$
> ∴ $\angle C = \cos^{-1}\dfrac{1200^2+1300^2-1500^2}{2\times 1200\times 1300}$
> $= 73°37′2.39″$

측량학

> **Remember**
>
>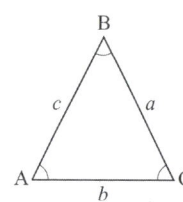
>
> 코사인 제2법칙
> $$\cos A = \frac{b^2+c^2-a^2}{2bc}$$
> $$\cos B = \frac{a^2+c^2-b^2}{2ac}$$
> $$\cos C = \frac{a^2+b^2-c^2}{2ab}$$

□□□ 기 99, 07, 11, 15, 22①, 24②

38 삼변측량에 대한 설명으로 틀린 것은?

① 전자파거리측량기(EDM)의 출현으로 그 이용이 활성화되었다.
② 관측값의 수에 비해 조건식이 많은 것이 장점이다.
③ 코사인 제2법칙과 반각공식을 이용하여 각을 구한다.
④ 조정방법에는 조건방정식에 의한 조정과 관측방정식에 의한 조정방법이 있다.

| 해답 | ②
관측값의 수에 비해 조건식이 적은 단점이 있다.

□□□ 기 06, 14①, 18①, 22②

39 지형측량을 할 때 기본삼각점만으로는 기준점이 부족하여 추가로 설치하는 기준점은?

① 방향전환점   ② 도근점
③ 이기점   ④ 중간점

| 해답 | ②
도근점(圖根點)
지형을 측정하기 위한 기준점이 부족할 때, 보조로 설치하는 기준점

☐☐☐ 기 83,95,96,97,01,08①,11①,19①

40 축척 1 : 500 지형도를 기초로 하여 축척 1 : 5000의 지형도를 같은 크기로 편찬하려 한다. 축척 1 : 5000 지형도의 1장을 만들기 위한 축척 1 : 500 지형도의 매수는?

① 50매
② 100매
③ 150매
④ 250매

| 해답 | ②

$$\frac{A_2}{A_1} = \left(\frac{M_2}{M_1}\right)^2 = \left(\frac{5000}{500}\right)^2 = 100 \text{매}$$

03 5Pick Remember 120선

수리학 및 수문학

CBT 대비

☐☐☐ 기 00,03,10

41 바닥으로부터 거리가 $y(\mathrm{m})$일 때의 유속이 $v = -4y^2 + y(\mathrm{m/s})$인 점성유체 흐름에서 전단력이 0이 되는 지점까지의 거리는?

① 0m
② $\frac{1}{4}$m
③ $\frac{1}{8}$m
④ $\frac{1}{12}$m

|해답| ③

$\frac{dv}{dy} = -8y + 1 = 0$ $\therefore y = \frac{1}{8}$m

☐☐☐ 기 05,13

42 직경 1mm인 모세관의 모관상승 높이는?
(단, 물의 표면장력은 74dyne/cm, 접촉각은 8°)

① 15mm
② 20mm
③ 25mm
④ 30mm

|해답| ④

$h_c = \frac{4T\cos\theta}{wd}$

• 1dyne = $\frac{1}{980}$g, 1g = 980dyne

$\therefore h_c = \dfrac{4 \times \dfrac{74}{980} \times \cos 8°}{1 \times 0.1} = 3\mathrm{cm} = 30\mathrm{mm}$

□□□ 기 93,97,14,21②,22②
43 유체 속에 잠긴 곡면에 작용하는 수평분력은?

① 곡면에 의해 배제된 액체의 무게와 같다.
② 곡면의 중심에서의 압력과 면적의 곱과 같다.
③ 곡면의 연직상방에 실려 있는 액체의 무게와 같다.
④ 곡면을 연직면상에 투영하였을 때 생기는 투영면적에 작용하는 힘과 같다.

| 해답 | ④

- 수평분력 P_H
  - 곡면을 연직면상에 투영하였을 때 생기는 투영면적에 작용하는 힘과 같다.
  - $P_H = w h_G A$
- 연직분력 P_V
  - 곡면을 밑면으로 하는 물기둥 체적의 무게와 같다.
  - $P_V = w V$

□□□ 기 95,96,21③
44 탱크 속에 깊이 2m의 물과 그 위에 비중 0.85의 기름이 4m 들어 있다. 탱크 바닥에서 받는 압력을 구한 값은? (단, 물의 단위중량은 9.81kN/m³이다.)

① 52.974kN/m²
② 53.974kN/m²
③ 54.974kN/m²
④ 55.974kN/m²

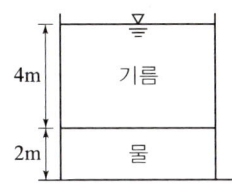

| 해답 | ①

$P = P_1 + P_2$
$\quad = w_1 h_1 + w_2 h_2$
- 기름의 단위중량 $w_2 = 0.85 \times 9.81 \text{kN/m}^3$
  $\therefore P = 9.81 \times 2 + (0.85 \times 9.81) \times 4 = 52.974 \text{kN/m}^3$

☐☐☐ 기 98,04,15②,22①

45 흐르는 유체 속의 한 점(x, y, z)의 각 축방향의 속도성분을 (u, v, w)라 하고 밀도를 ρ, 시간을 t로 표시할 때 가장 일반적인 경우의 연속방정식은?

① $\dfrac{\partial u}{\partial t}+\dfrac{\partial v}{\partial t}+\dfrac{\partial w}{\partial t}=0$

② $\dfrac{\partial \rho u}{\partial x}+\dfrac{\partial \rho v}{\partial y}+\dfrac{\partial \rho w}{\partial z}=0$

③ $\dfrac{\partial \rho}{\partial t}+\dfrac{\partial u}{\partial x}+\dfrac{\partial v}{\partial y}+\dfrac{\partial w}{\partial z}=0$

④ $\dfrac{\partial \rho}{\partial t}+\dfrac{\partial \rho u}{\partial x}+\dfrac{\partial \rho v}{\partial y}+\dfrac{\partial \rho w}{\partial z}=0$

| 해답 | ④

- 유체운동에 관한 연속방정식

  $\dfrac{\partial \rho}{\partial t}+\dfrac{\partial \rho \mu}{\partial x}+\dfrac{\partial \rho v}{\partial y}+\dfrac{\partial \rho w}{\partial z}=0$

- 비압축성 유체의 경우는 밀도 $\rho=\text{const}$이므로

  $\dfrac{\partial u}{\partial x}+\dfrac{\partial v}{\partial y}+\dfrac{\partial w}{\partial z}=0$

☐☐☐ 기 00,08,12

46 10℃의 물방울 지름이 3mm일 때, 그 내부와 외부의 압력차는?
(단, 10℃에서의 표면장력은 75dyne/cm이다.)

① 250dyne/cm^2
② 500dyne/cm^2
③ 1000dyne/cm^2
④ 2000dyne/cm^2

| 해답 | ③

표면장력 $T=\dfrac{p \cdot d}{4}$에서

$\therefore p=\dfrac{4T}{d}=\dfrac{4\times 75}{0.3}=1000\text{dyne/cm}^2$

☐☐☐ 기 94,97,99,03,07,20③

47 정상적인 흐름에서 1개 유선상의 유체입자에 대하여 그 속도수두를 $\dfrac{V^2}{2g}$, 위치수두를 Z, 압력수두를 $\dfrac{P}{\gamma_o}$라 할 때 동수경사는?

① $\dfrac{P}{\gamma_o}+Z$를 연결한 값이다.
② $\dfrac{V^2}{2g}+Z$를 연결한 값이다.
③ $\dfrac{V^2}{2g}+\dfrac{P}{\gamma_o}$를 연결한 값이다.
④ $\dfrac{V^2}{2g}+\dfrac{P}{\gamma_o}+Z$를 연결한 값이다.

| 해답 | ①

- 에너지선 : $\dfrac{V^2}{2g}+\dfrac{P}{\gamma_o}+Z$를 연결한 선이다.
- 동수경사선(수두경사선) : $\dfrac{P}{\gamma_o}+Z$을 연결한 선이다.

☐☐☐ 기 94,07,13,17①

48 정상류(steady flow)의 정의로 가장 적합한 것은?

① 수리학적 특성이 시간에 따라 변하지 않는 흐름
② 수리학적 특성이 공간에 따라 변하지 않는 흐름
③ 수리학적 특성이 시간에 따라 변하는 흐름
④ 수리학적 특성이 공간에 따라 변하는 흐름

| 해답 | ①

정상류
한 단면을 지나는 물이 시간에 따라 유동 특성(속도, 압력, 밀도 등)이 변하지 않는 흐름을 의미한다.

□□□ 기 99,14

49 수심에 비해 수로폭이 매우 큰 사각형 수로에 유량 Q가 흐르고 있다. 동수경사를 I, 평균유속계수를 C라고 할 때, Chezy 공식에 의한 수심은? (단, h : 수심, B : 수로폭)

① $h = \dfrac{3}{2}\left(\dfrac{Q}{C^2 B^2 I}\right)^{1/3}$ ② $h = \left(\dfrac{Q^2}{C^2 B^2 I}\right)^{1/3}$

③ $h = \left(\dfrac{Q}{C^2 B^2 I}\right)^{2/3}$ ④ $h = \left(\dfrac{Q^2}{C^2 B^2 I}\right)^{7/10}$

| 해답 | ②

- $Q = AV = AC\sqrt{RI} = AC\sqrt{hI}$ 에서
  (∵ 경심 $R ≒ h$ 이다.)
- $Q^2 = A^2 C^2 RI = B^2 h^2 C^2 hI = B^2 h^3 C^2 I$ 에서
  (∵ 양변을 제곱)
- $h^3 = \dfrac{Q^2}{C^2 B^2 I}$

  ∴ $h = \left(\dfrac{Q^2}{C^2 B^2 I}\right)^{1/3}$

□□□ 기 00,04,06

50 개수로의 흐름에 가장 지배적인 영향을 미치는 것은?

① 유체의 밀도 ② 관성력
③ 중력 ④ 점성력

| 해답 | ③

개수로 흐름의 원인
- 중력의 작용
- 수로의 경사 및 수면의 경사
- 자유수면을 가지고 흐르는 수로

□□□ 기 95,02,13,22①,24②
51 다음 사다리꼴 수로의 윤변은?

① 8.02m
② 7.02m
③ 6.02m
④ 9.02m

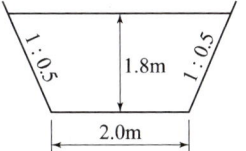

{ 해답 } ③
- 윤변(P) : 유수단면이 수로 주벽과 접하는 길이
- 경사면 길이
$$S = \sqrt{(nh)^2 + h^2}$$
$$= \sqrt{(0.5 \times 1.8)^2 + 1.8^2} = 2.01$$
∴ 윤변 $P = 2.01 + 2.0 + 2.01 = 6.02\text{m}$

□□□ 기 92,98,03,14
52 배수(back water)에 대한 설명 중 옳은 것은?

① 개수로의 어느 곳에 댐 등으로 인하여 흐름차단이 발생함으로써 수위 상승되는 영향이 상류쪽으로 미치는 현상을 말한다.
② 수자원 개발을 위하여 저수지에 물을 가두어 두었다가 용수부족시에 사용하는 물을 말한다.
③ 홍수시에 제내지에 만든 유수지의 수면이 상승되는 현상을 말한다.
④ 관수로내의 물을 급격히 차단할 경우 관내의 상승압력으로 인하여 습파가 생겨서 상류쪽으로 습파가 전달되는 현상을 말한다.

{ 해답 } ①
배수
상류의 흐름이 하류에 위치한 구조물의 영향으로 하류측으로부터 수심이 증가하여 점차 상류측으로 전달되는 현상을 말한다.

□□□ 기 05,08,09,14④,21①
53 피압 지하수를 설명한 것으로 옳은 것은?

① 하상 밑의 지하수
② 어떤 수원에서 다른 지역으로 보내지는 지하수
③ 지하수와 공기가 접해 있는 지하수면을 가지는 지하수
④ 두 개의 불투수층 사이에 끼어 있어 대기압보다 큰 압력을 받고 있는 대수층의 지하수

| 해답 | ④

피압지하수(confined water)
- 두 개의 불투수층 사이에 끼어 있는 지하수면이 없는 지하수를 말하며 이를 양수하는 우물을 굴착정이라 한다.
- 두 개의 불투수층 사이에 끼어 있어 대기압보다 큰 압력을 받고 있는 대수층의 지하수

□□□ 기 82,84,93,99,08,19①,20②,23②
54 수문에 관련한 용어에 대한 설명 중 옳지 않은 것은?

① 침투란 토양면을 통해 스며든 물이 중력에 의해 계속 지하로 이동하여 불투수층까지 도달하는 것이다.
② 증산(transpiration)이란 식물의 엽면(葉面)을 통해 물이 수증기의 형태로 대기 중에 방출되는 현상이다.
③ 강수(precipitation)란 구름이 응축되어 지상으로 떨어지는 모든 형태의 수분을 총칭한다.
④ 증발이란 액체상태의 물이 기체상태의 수증기로 바뀌는 현상이다.

| 해답 | ①

- 침루(percolation)란 물이 토양면을 통해 스며든 물이 중력에 의해 계속 지하로 이동하여 포화대인 지하수면 까지 도달하는 현상
- 침투(infiltration) : 물이 토양면을 통해 토양 속으로 스며드는 현상

□□□ 기 18③, 22①, 24②

55 수문자료 해석에 사용되는 확률분포형의 매개변수를 추정하는 방법이 아닌 것은?

① 모멘트법(method of moments)
② 회선적분법(convolution integral method)
③ 최우도법(method of maximum likelihood)
④ 확률가중모멘트법(method of probability weighted moments)

| 해답 | ②

확률분포형의 매개변수 추정방법
- 모멘트법 : 표본자료, 즉 관측자료의 모멘트와 모집단의 모멘트가 같다고 정하여 모집단의 모멘트로부터 관측자료의 매개변수를 추정하는 것
- 최우도법 : 매개변수를 추정하기 위해 광범위하게 사용되는 방법으로 기본개념은 관측된 표본에 가장 적합한 모집단의 매개변수를 구하는 것
- 확률가중 모멘트법 : 관측자료를 크기순으로 작은 것부터 큰 순서로 재배열하여 작은 값에는 작은 가중치를 큰 값에는 큰 가중치를 부여하여 매개변수를 추정하는 방법으로 최근에 많이 사용되는 방법
- L-모멘트법 : 매개변수 추정치는 앞에서 소개한 확률가중 모멘트법으로 추정하는 매개변수와 동일하다.

□□□ 기 04, 09, 13②, 15④, 21③

56 자연하천의 특성을 표현할 때 이용되는 하상계수에 대한 설명으로 옳은 것은?

① 최심하상고와 평형하상고의 비이다.
② 최대 유량과 최소 유량의 비를 나타낸다.
③ 개수 전과 개수 후의 수심변화량의 비를 말한다.
④ 홍수 전과 홍수 후의 하상변화량이 비를 말한다.

| 해답 | ②

$$하상계수(河狀係數) = \frac{최대 \ 유량}{최소 \ 유량}$$

□□□ 기 94,98,04,05,23①

57 용기에 물을 넣고 연직하향 방향으로 가속도 $\alpha = 4.9\text{m/sec}^2$ 만큼 작용했을 때, 용기내 깊이 2m에서 물에 작용하는 압력 P는? (단, 물의 단위중량은 9.81kN/m^3이다.)

① 4.9kPa
② 9.81kPa
③ 19.62kPa
④ 29.43kPa

| 해답 | ②

$$P = \omega_o h \left(1 - \frac{\alpha}{g}\right)$$
$$= 9.81 \times 2 \left(1 - \frac{4.9}{9.8}\right) = 9.81 \text{ kN/m}^2 = 9.81 \text{kPa}$$

(∵ 연직하향 : −)

□□□ 기 07,12,13,15

58 측정된 강우량 자료가 기상학적 원인 이외에 다른 영향을 받았는지의 여부를 판단하는 즉, 일관성(consistency)에 대한 검사방법은?

① 순간단위 유량도법
② 합성단위 유량도법
③ 이중누가 우량 분석법
④ 선행강수 지수법

| 해답 | ③

이중누가 우량 분석법(누가우량곡선 ; double mass analysis)
- 이중누가해석이란 주변에 있는 여러 개의 관측소의 연평균강우량의 누가값과 검증하고자 하는 관측소의 연평균강우량과를 비교한 곡선이다.
- 우량계의 위치, 노출상태, 관측방법 및 주위환경 등이 변화되었을 때 이들 변화요소가 자료에 직접적인 영향을 주어 전반적인 자료의 일관성(consistency)이 없어져 이를 교정하기 위해 사용되는 방법이다.

□□□ 기 86,93,98,01,05,18②

59 다음 중 유효 강수량과 가장 관계가 깊은 것은?

① 직접 유출량
② 기저 유출량
③ 지표면 유출량
④ 지표하 유출량

| 해답 | ①

유효 강수량(effective precipitation)
직접 유출수의 근원이 되는 강수

□□□ 기 06,14,17

60 면적 10km²인 저수지의 수면으로부터 2m 위에서 측정된 대기의 평균온도가 25℃, 상대습도가 65%, 풍속이 4m/s일 때 증발률이 1.44mm/day이었다면 저수지 수면에서 일증발량은?

① 9360m³/day
② 3600m³/day
③ 7200m³/day
④ 14400m³/day

| 해답 | ④

일증발량=증발률×수표면적
$E_{day} = 1.44 \times 10^{-3} \times 10 \times 10^6 = 14400 \text{m}^3/\text{day}$

04 5Pick Remember 120선

철근콘크리트 및 강구조

CBT 대비

☐☐☐ 기 15

61 아래 표의 조건에서 표준갈고리가 있는 인장이형철근의 기본정착길이(l_{hb})는 약 얼마인가?

- 보통중량골재를 사용한 콘크리트구조물
- 도막되지 않은 D35(공칭직경 34.9mm)철근으로 단부에 90° 표준갈고리가 있음.
- $f_{ck} = 28\text{MPa}$, $f_y = 400\text{MPa}$

① 635mm ② 660mm
③ 1130mm ④ 1585mm

| 해답 | ①

표준갈고리를 갖는 인장이형철근의 정착길이

$$l_{hb} = \frac{0.24\beta d_b f_y}{\lambda \sqrt{f_{ck}}}$$

- 도막되지 않은 철근 $\beta = 1.0$
- 보통중량콘크리트 $\lambda = 1.0$

$$\therefore l_{hb} = \frac{0.24 \times 1 \times 34.9 \times 400}{1 \times \sqrt{28}} = 633.17\text{mm}$$

Remember

정착길이

- 인장이형철근의 기본정착길이 : $l_{db} = \dfrac{0.6 d_b f_y}{\lambda \sqrt{f_{ck}}}$
- 압축이형철근의 기본정착길이 : $l_{db} = \dfrac{0.25 d_b f_y}{\lambda \sqrt{f_{ck}}} \geq 0.043 d_b f_y$ 중 큰 값

기 99,07,11,14,18,20④

62 강도설계법에서 그림과 같은 단철근 T형보의 공칭휨강도(M_n)는?
(단, $A_s = 5000\text{mm}^2$, $f_{ck} = 21\text{MPa}$, $f_y = 300\text{MPa}$, 그림의 단위는 mm이다.)

① 711.3kN·m
② 836.8kN·m
③ 947.5kN·m
④ 1084.6kN·m

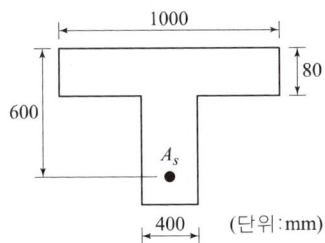

(단위:mm)

| 해답 | ②

■ $M_n = \left\{ A_{sf}f_y\left(d - \dfrac{t}{2}\right) + (A_s - A_{sf})f_y\left(d - \dfrac{a}{2}\right) \right\}$

• T형보의 판별
$f_{ck} = 21\text{MPa} \leq 40\text{MPa}$일 때 $\eta = 1.0$, $\beta_1 = 0.80$

$a = \dfrac{A_s f_y}{\eta(0.85 f_{ck})b} = \dfrac{5000 \times 300}{1 \times 0.85 \times 21 \times 1000}$

$= 84.03\text{mm} > t = 80\text{mm}$ ∴ T형보로 해석

• 등가 깊이(a) 산정

$A_{sf} = \dfrac{\eta(0.85 f_{ck})(b - b_w)t}{f_y}$

$= \dfrac{1 \times 0.85 \times 21 \times (1000 - 400) \times 80}{300} = 2856\text{mm}^2$

$a = \dfrac{(A_s - A_{sf})f_y}{\eta(0.85 f_{ck})b_w} = \dfrac{(5000 - 2856) \times 300}{1 \times 0.85 \times 21 \times 400}$

$= 90.08\text{mm}$

• 공칭 휨강도(M_n) 계산

$M_n = 2856 \times 300 \times \left(600 - \dfrac{80}{2}\right)$

$\quad + (5000 - 2856) \times 300 \times \left(600 - \dfrac{90.08}{2}\right)$

$= 479808000 + 356950272$

$= 836758272\text{N} \cdot \text{mm} = 836.8\text{kN} \cdot \text{m}$

☐☐☐ 기 18①,23③
63 다음 중 적합비틀림에 대한 설명으로 옳은 것은?

① 균열의 발생 후 비틀림모멘트의 재분배가 일어날 수 없는 비틀림
② 균열의 발생 후 비틀림모멘트의 재분배가 일어날 수 있는 비틀림
③ 균열의 발생 전 비틀림모멘트의 재분배가 일어날 수 없는 비틀림
④ 균열의 발생 전 비틀림모멘트의 재분배가 일어날 수 있는 비틀림

| 해답 | ②

적합비틀림(compatibility torsion)
• 균열의 발생 후 비틀림모멘트의 재분배가 일어날 수 있는 비틀림
• 재분배된 비틀림모멘트가 다른 하중 전달경로에 의하여 지지될 수 있는 경우를 가리킨다.

☐☐☐ 기 00,04,06,08,09,10,13,14,15,17②
64 계수전단력 $V_u = 75\text{kN}$에 대하여 규정에 의한 최소 전단철근을 배근하여야 하는 직사각형 철근콘크리트보가 있다. 이 보의 폭이 300mm일 경우 유효깊이(d)의 최소값은? (단, $f_{ck} = 24\text{MPa}$, $f_y = 350\text{MPa}$)

① 375mm ② 387mm
③ 394mm ④ 409mm

| 해답 | ④

전단철근이 있는 경우

• 계수전단력 $V_u = \phi V_c = \phi \frac{1}{6} \lambda \sqrt{f_{ck}} b_w d$에서

$$\therefore d = \frac{6V_u}{\phi \lambda \sqrt{f_{ck}} b_w} = \frac{6 \times 75 \times 10^3}{0.75 \times 1 \times \sqrt{24} \times 300}$$

$= 408.25\text{mm}$

(∵ 전단력과 비틀림모멘트 $\phi = 0.75$)

□□□ 기 93,96,02,03,05,07,09,11,14,16

65 경간 25m인 PS콘크리트보에 계수하중 40kN/m이 작용하고, $P=2500$kN 의 프리스트레스가 주어질 때 등분포상향력 u를 하중평형(Balanced Load) 개념에 의해 계산하여 이 보에 작용하는 순수하향 분포하중을 구하면?

① 26.5kN/m
② 27.3kN/m
③ 28.8kN/m
④ 29.6kN/m

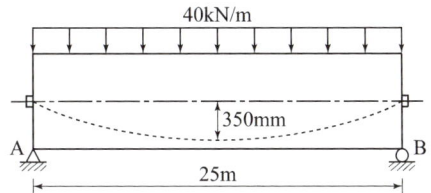

| 해답 | ③

- 상향력 $u = \dfrac{8Ps}{l^2}$

  $= \dfrac{8 \times 2500 \times 0.35}{25^2} = 11.2 \text{kN/m}$

- 순하향 하중 $= w - u = 40 - 11.2 = 28.8 \text{kN/m}$

□□□ 기 11,21①

66 아래에서 ( )안에 들어갈 수치로 옳은 것은?

보나 장선의 깊이 h가 ( )mm를 초과하면 종방향 표피철근을 인장연단 부터 $h/2$ 지점까지 부재 양쪽 측면을 따라 균일하게 배치하여야 한다.

① 700   ② 800
③ 900   ④ 1000

| 해답 | ③

종방향 표피 철근
보나 장선의 깊이 h가 900mm를 초과하면, 종방향 표피철근을 인장 연단으로부터 $h/2$ 지점까지 부재 양쪽 측면을 따라 균일하게 배치하여야 한다.

□□□ 기 12②④,20④,21③
67 표피철근의 정의로서 옳은 것은?

① 전체 깊이가 900mm를 초과하는 휨부재 복부의 양 측면에 부재 축방향으로 배치하는 철근
② 전체 깊이가 1200mm를 초과하는 휨부재 복부의 양 측면에 부재 축방향으로 배치하는 철근
③ 유효깊이가 900mm를 초과하는 휨부재 복부의 양 측면에 부재 축방향으로 배치하는 철근
④ 유효깊이가 1200mm를 초과하는 휨부재 복부의 양 측면에 부재 축방향으로 배치하는 철근

| 해답 | ①

표피철근(skin reinforcement)
- 전체 깊이가 900mm를 초과하는 휨부재 복부의 양 측면에 부재 축방향으로 배치하는 철근
- 주철근이 단면의 일부에 집중 배치된 경우일 때 부재의 측면에 발생 가능한 균열을 제어하기 위한 목적으로 주철근 위치에서부터 중립축까지의 표면 근처에 배치하는 철근

□□□ 기 03,16,17②
68 인장 이형철근의 정착길이 산정시 필요한 보정계수(α, β)에 대한 설명으로 틀린 것은?

① 피복두께가 $3d_b$ 미만 또는 순간격이 $6d_b$ 미만인 에폭시 도막철근일 때 철근 도막계수(β)는 1.5를 적용한다.
② 상부철근(정착길이 또는 겹침이음부 아래 300mm를 초과되게 굳지 않은 콘크리트를 친 수평철근)인 경우, 철근배치 위치계수(α)는 1.3을 사용한다.
③ 아연도금 철근은 철근 도막계수(β)를 1.0으로 적용한다.
④ 에폭시 도막철근이 상부철근인 경우 상부철근의 위치계수(α)와 철근 도막계수(β)의 곱, $\alpha\beta$가 1.6보다 크지 않아야 한다.

| 해답 | ④

에폭시 도막철근이 상부철근인 경우 상부철근의 위치계수(α)와 철근 도막계수 (β)의 곱, $\alpha\beta$가 1.7보다 클 필요는 없다.

> **Remember**
>
> 인장 이형철근의 보정계수
> - α = 철근배치 위치계수
>
> | | |
> |---|---|
> | 상부철근(정착길이 또는 겹침이음부 아래 300mm를 초과되게 굳지 않은 콘크리트를 친 수평철근 | $\alpha=1.3$ |
> | 기타 철근 | $\alpha=1.0$ |
>
> - β = 도막 계수
>
> | | |
> |---|---|
> | 피복두께가 $3d_b$ 미만 또는 순간격이 $6d_b$ 미만인 에폭시 도막 혹은 아연-에폭시 이중 도막 철근 또는 철선 | $\alpha=1.5$ |
> | 기타 에폭시 도막 혹은 아연-에폭시 이중 도막 철근 또는 철선 | $\alpha=1.2$ |
> | 아연도금 혹은 도막되지 않은 철근 또는 철선 | $\alpha=1.0$ |
>
> - 에폭시 도막 철근이 상부철근인 경우에 상부철근의 위치계수(α)와 도막계수(β)의 곱, $\alpha\beta$가 1.7 보다 클 필요는 없다.

☐☐☐ 기 94,07,10,13,17

69 플레이트 보(plate girder)의 경제적인 높이는 다음 중 어느 것에 의해 구해지는가?

① 전단력 ② 지압력
③ 휨모멘트 ④ 비틀림모멘트

| 해답 | ③

- 판형의 높이 $h = 1.1\sqrt{\dfrac{M}{f_a \cdot t}}$

  M : 최대휨모멘트, f_a : 허용휨응력, t : 복부판의 두께
- 경제적인 판형의 높이는 휨모멘트 M이 주어졌을 때 강재의 중량이 최소가 된다고 하는 조건이다.

□□□ 기 13④,24③

70 단면이 400mm×500mm인 직사각형이고, 길이가 6m인 철근콘크리트 부재가 있다. 철근은 단면 도심에 대하여 대칭으로 배치하였으며, 단면적은 $A_s = 2000\text{mm}^2$이다. 콘크리트의 건조수축으로 인한 콘크리트의 수축응력은? (단, 콘크리트의 건조수축률은 0.00015이고, 콘크리트 및 철근의 탄성계수는 각각 $E_c = 2.85 \times 10^4 \text{MPa}$, $E_s = 2.0 \times 10^5 \text{MPa}$이며, 이 부재의 변형은 구속되어 있지 않다.)

① 0.14MPa
② 0.28MPa
③ 14MPa
④ 28MPa

| 해답 | ②

건조수축에 의한 수축응력

$$f_{ct} = \frac{\epsilon_{sh} E_c}{1 + \dfrac{A_c}{nA_s}}$$

• $n = \dfrac{E_s}{E_c} = \dfrac{2.0 \times 10^5}{2.85 \times 10^4} = 7.0$

$\therefore f_{ct} = \dfrac{0.00015 \times 2.85 \times 10^4}{1 + \dfrac{400 \times 500}{7 \times 2000}}$

$= 0.28\,\text{MPa}$

□□□ 기 07,10,13,15,16

71 아래 그림과 같은 복철근 직사각형 보의 공칭 휨모멘트 강도 M_n은? (단, $f_{ck} = 28\text{MPa}$, $f_y = 350\text{MPa}$, $A_s = 4500\text{mm}^2$, $A_s' = 1800\text{mm}^2$이며, 압축, 인장 철근 모두 항복한다고 가정한다.)

① 724.3kN·m
② 765.9kN·m
③ 792.5kN·m
④ 831.8kN·m

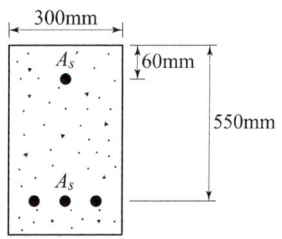

| 해답 | ②

$$M_n = (A_s - A_s')f_y\left(d - \frac{a}{2}\right) + A_s'f_y(d - d')$$

- $f_{ck} = 28\text{MPa} \leq 40\text{MPa}$일 때
  $\eta = 1.0, \ \beta_1 = 0.80$
- $a = \dfrac{(A_s - A_s')f_y}{\eta(0.85f_{ck})b} = \dfrac{(4500 - 1800) \times 350}{1 \times 0.85 \times 28 \times 300}$
  $= 132.35\text{mm}$

$\therefore M_n = (4500 - 1800) \times 350 \times \left(550 - \dfrac{132.35}{2}\right) + 1800 \times 350 \times (550 - 60)$

$\quad = 457214625 + 308700000$

$\quad = 765914625\text{N} \cdot \text{mm} = 765.9\text{kN} \cdot \text{m}$

$\quad (\because 1\text{kN} \cdot \text{m} = 10^6 \text{N} \cdot \text{mm})$

□□□ 기 94,04,09,11,13,20④

72 다음 중 전단철근으로 사용할 수 없는 것은?

① 스터럽과 굽힘철근의 조합
② 부재축에 직각으로 배치한 용접철망
③ 나선철근, 원형 띠철근 또는 후프철근
④ 주인장 철근에 30°의 각도로 설치되는 스터럽

| 해답 | ④

전단철근의 형태
- 전단철근의 형태
  - 부재축에 직각인 스터럽
  - 부재축에 직각으로 배치한 용접철망
  - 나선철근, 원형 띠철근 또는 후푸 철근
- 철근콘크리트 부재의 전단철근 형태
  - 주인장 철근에 45° 이상의 각도로 설치되는 스터럽
  - 주인장 철근에 30° 이상의 각도로 구부린 굽힘철근
  - 스터럽과 굽힘철근의 조합

□□□ 기 08,11,12,17,18,20,22①

73 슬래브와 보가 일체로 타설된 비대칭 T형보(반 T형보)의 유효폭은 얼마인가? (단, 플랜지 두께=100mm, 복부폭=300mm, 인접보와의 내측거리=1600mm, 보의 경간=6.0m)

① 800mm
② 900mm
③ 1000mm
④ 1100mm

| 해답 | ①

비대칭 T형보(반 T형보)의 유효폭(b_e)결정

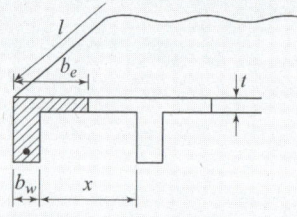

- $6t_f + b_w = 6 \times 100 + 300 = 900\text{mm}$
- 인접보와의 내측거리의
  $\dfrac{1}{2} + b_w = \dfrac{x}{2} + b_w = \dfrac{1600}{2} + 300 = 1100\text{mm}$
- 보 경간의
  $\dfrac{1}{12} + b_w = \dfrac{l}{12} + b_w = \dfrac{6000}{12} + 300 = 800\text{mm}$

  ∴ $b_e = 800\text{mm}$ (∵ 가장 작은 값)

□□□ 기 15①②,22②

74 아래에서 설명하는 용어는?

> 보나 지판이 없이 기둥으로 하중을 전달하는 2방향으로 철근이 배치된 콘크리트 슬래브

① 플랫 플레이트
② 플랫 슬래브
③ 리브쉘
④ 주열대

| 해답 | ①
- 플랫 플레이트 : 보나 지판이 없이 기둥으로 하중을 전달하는 2방향으로 철근이 배치된 콘크리트 슬래브
- 플랫 슬래브 : 보 없이 지판에 의해 하중이 기둥으로 전달되며, 2방향으로 철근이 배치된 콘크리트 슬래브
- 리브쉘 : 리브선을 따라 리브를 배치하고 그 사이를 얇은 슬래브로 채우거나 또는 비워 둔 쉘 구조물
- 주열대 : 2방향 슬래브에서 기둥과 기둥을 잇는 슬래브의 중심선에서 양측으로 각각 $0.25l_1$과 $0.25l_2$ 중에서 작은 값과 같은 폭을 갖는 설계대

□□□ 기 03,14④,20④

75 강도설계법에서 그림과 같은 띠철근 기둥의 최대 설계축강도($\phi P_{n(\max)}$)는? (단, 축방향 철근의 단면적 $A_{st} = 1865\text{mm}^2$, $f_{ck} = 28\text{MPa}$, $f_y = 300\text{MPa}$이고, 기둥은 중심축하중을 받는 단주이다.)

① 1998kN
② 2490kN
③ 2774kN
④ 3075kN

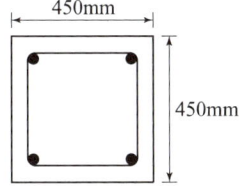

| 해답 | ③

- $\phi P_n = \phi\alpha\{0.85f_{ck}(A_g - A_{st}) + f_y \cdot A_{st}\}$
- $A_g = 450 \times 450 = 202500\,\text{mm}^2$
- $A_{st} = 1865\,\text{mm}^2$
- $\therefore \phi P_{n,\max} = 0.65 \times 0.80\{0.85 \times 28(202500 - 1865) + 300 \times 1865\}$
  $= 2773999\,\text{N} = 2774\,\text{kN}$

분류	보정계수 α	강도감소계수 ϕ
나선철근	0.85	0.70
띠철근	0.80	0.65

☐☐☐ 기 11,18①

76 주어진 T형 단면에서 부착된 프리스트레스트 보강재의 인장응력(f_{ps})은 얼마인가? (단, 긴장재의 단면적은 $A_{ps}=1290mm^2$이고, 프리스트레싱 긴장재의 종류에 따른 계수 $r_p=0.4$, 긴장재의 설계기준 인장강도 $f_{pu}=1900MPa$, $f_{ck}=35MPa$이다.)

① $f_{sp}=1900MPa$
② $f_{sp}=1861MPa$
③ $f_{sp}=1804MPa$
④ $f_{sp}=1752MPa$

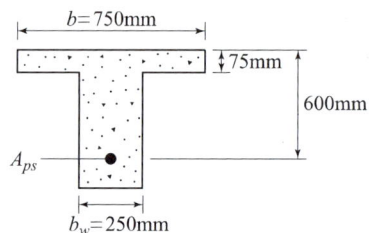

| 해답 | ④

인장응력
$$f_{ps}=f_{pu}\left[1-\frac{r_p}{\beta_1}\left\{\rho_p\times\frac{f_{pu}}{f_{ck}}+\frac{d}{d_p}\times(w-w')\right\}\right]$$

• $f_{ck}=35MPa \leq 40MPa$일 때
  $\beta_1=0.80$
• 프리스트레스 보강재비
  $\rho_p=\frac{A_{ps}}{bd_p}=\frac{1290}{750\times 600}=0.00287$
• 인장철근의 강재지수 $w=0$
• 압축철근의 강재지수 $w'=0$
∴ $\rho_s=1900\times\left\{1-\frac{0.4}{0.80}\left(0.00287\times\frac{1900}{35}+0\right)\right\}$
  $=1752MPa$

☐☐☐ 기 08,11②,18②,20③

77 다음 중 용접부의 결함이 아닌 것은?

① 오버랩(overlap)   ② 언더컷(undercut)
③ 스터드(stud)   ④ 균열(crack)

| 해답 | ③

- 오버랩 : 응집집중으로 발생된 균열이 오버랩 내부에 숨어 있을 수도 있기 때문에 매우 위험한 용접결함
- 언더컷 : 용접과정 중 모재가 함몰되어 생기는 표면결함으로 날카로운 형상을 가지고 있다.
- 균열 : 용접균열은 용접부에 생기는 결함 중에서 가장 치명적인 결함
- 스터드는 전단 연결재이다.

□□□ 기 09,14④,17①,22①

78 그림과 같은 단면을 갖는 지간 20m의 PSC보에 PS 강재가 200mm의 편심거리를 가지고 직선배치 되어 있다. 자중을 포함한 계수등분포하중 16kN/m가 보에 작용할 때 보 중앙단면의 콘크리트 상연응력은?
(단, 유효 프리스트레스 힘(P_e)은 2400kN이다.)

① 6MPa
② 9MPa
③ 12MPa
④ 15MPa

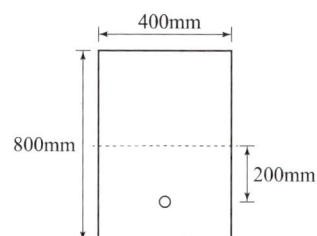

| 해답 | ④

$$f_c = \frac{P_e}{A} - \frac{P_e \cdot e}{I}y + \frac{M}{I}y = \frac{P_c}{A_c} - \frac{P_e \cdot e_p}{Z_c} + \frac{M}{Z_c}$$

- $P_e = 2400 \times 10^3$
- $A_c = 400 \times 800 = 32 \times 10^4 \text{mm}^2$
- $Z_c = \dfrac{bh^2}{6} = \dfrac{400 \times 800^2}{6} = 42666667 \text{mm}^3$
- $M = \dfrac{wl^2}{8} = \dfrac{16 \times 20000^2}{8} = 8 \times 10^8 \text{N} \cdot \text{mm}$

$\therefore f_c = \dfrac{2400 \times 10^3}{32 \times 10^4} - \dfrac{2400 \times 10^3 \times 200}{42666667} + \dfrac{8 \times 10^8}{42666667}$

$= 7.5 - 11.25 + 18.75 = 15 \text{MPa}$

□□□ 기 17

79 압축철근 D13(공칭직경 12.7mm)철근의 겹침 이음길이(l_s)는?
(단, 보통중량콘크리트를 사용하였으며, $f_{ck}=28\text{MPa}$, $f_y=400\text{MPa}$이다.)

① 300mm ② 366mm
③ 577mm ④ 684mm

[해답] ②

압축이형철근의 겹침이음길이

- $f_y \leq 400\text{MPa}$일 때

$$l_s = \left(\frac{1.4f_y}{\lambda\sqrt{f_{ck}}} - 52\right)d_b > l_s = 0.072d_bf_y \text{이면}$$

$l_s = 0.072d_bf_y$ 값을 사용한다.

- $l_s = \left(\dfrac{1.4 \times 400}{1\sqrt{28}} - 52\right) \times 12.7 = 684\text{mm}$

- $l_s = 0.072d_bf_y = 0.072 \times 12.7 \times 400 = 366\text{mm}$

∴ 겹침이음 길이 $l_s = 366\text{mm}$

Remember

압축이형철근의 이음길이

$f_{ck} \geq 21\text{MPa}$	$f_y \leq 400\text{MPa}$	$f_y > 400\text{MPa}$
$l_s = \left(\dfrac{1.4f_y}{\lambda\sqrt{f_{ck}}} - 52\right)d_b$	$l_s > 0.072d_bf_y$ 이면 $0.072d_bf_y$ 값 사용	$l_s > (0.13f_y - 24)d_b$ 이면 $(0.13f_y - 24)d_b$ 값 사용
	• 인장철근의 겹침이음길이 이하 • 300mm 이상	
$f_{ck} < 21\text{MPa}$	• 위에서 계산된 겹침이음길이를 $\dfrac{1}{3}$ 증가시킨다.	

□□□ 기 08,12,15,19③

80 옹벽의 구조해석에 대한 설명으로 틀린 것은?
(단, 기타 콘크리트구조 설계기준에 따른다.)

① 부벽식 옹벽의 전면벽은 2변 지지된 1방향 슬래브로 설계하여야 한다.
② 뒷부벽은 T형보로 설계하여야 하며, 앞부벽은 직사각형보로 설계하여야 한다.
③ 저판의 뒷굽판은 정확한 방법이 사용되지 않는 한, 뒷굽판 상부에 재하되는 모든 하중을 지지하도록 설계하여야 한다.
④ 캔틸레버식 옹벽의 저판은 전면벽과의 접합부를 고정단으로 간주한 캔틸레버로 가정하여 단면을 설계할 수 있다.

| 해답 | ①
부벽식 옹벽의 추가철근은 3변 지지된 2방향 슬래브로 설계하여야 한다.

05 5Pick Remember 120선

토질 및 기초 · CBT 대비

□□□ 기 98,00,03,05,12,17,21③

81 다음 그림에서 투수계수 $K=4.8\times10^{-3}$cm/sec일 때, Darcy의 유출속도 V와 실제 물의 속도(침투속도) V_s는?

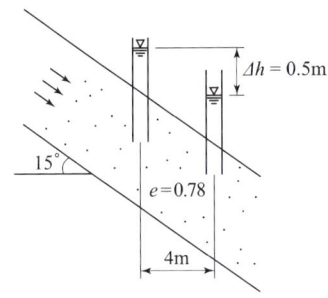

① $V=3.4\times10^{-4}$cm/sec, $V_s=5.6\times10^{-4}$cm/sec
② $V=3.4\times10^{-4}$cm/sec, $V_s=9.4\times10^{-4}$cm/sec
③ $V=5.8\times10^{-4}$cm/sec, $V_s=10.8\times10^{-4}$cm/sec
④ $V=5.8\times10^{-4}$cm/sec, $V_s=13.2\times10^{-4}$cm/sec

ㅣ해답ㅣ ④

- $V=Ki=K\dfrac{\Delta h}{l}=4.8\times10^{-3}\times\dfrac{50}{\left(\dfrac{400}{\cos15°}\right)}=5.8\times10^{-4}$cm/sec

- $V_s=\dfrac{V}{n}$ 에서

  $n=\dfrac{e}{1+e}=\dfrac{0.78}{1+0.78}=0.44$

  $V_s=\dfrac{5.8\times10^{-4}}{0.44}=1.32\times10^{-3}=13.2\times10^{-4}$cm/sec

□□□ 기 11,17,20④

82 두 개의 규소판 사이에 한 개의 알루미늄판이 결합된 3층 구조가 무수히 많이 연결되어 형성된 점토광물로서 각 3층 구조 사이에는 칼륨이온(K^+)으로 결합되어 있는 것은?

① 몬모릴로나이트(montmorillonite)
② 할로이사이트(halloysite)
③ 고령토(kaolinite)
④ 일라이트(illite)

| 해답 | ④

- 일라이트 : 3층 구조로 구조결합 사이에 칼륨이온(K^+)이 있어서 수축팽창은 거의 없지만 안정성은 중간 정도의 점토광물
- 몬모릴로나이트 : 3층 구조로 구조결합 사이에 치환성 양이온이 있어서 활성이 크고 시트 사이에 물이 들어가 팽창수축이 크고 공학적 안정성은 제일 약한 점토광물

□□□ 기 01,17②,22①

83 점토지반으로부터 불교란 시료를 채취하였다. 이 시료는 지름 5cm, 길이 10cm이고, 습윤무게는 350g이고, 함수비가 40%일 때 이 시료의 건조밀도는?

① 1.78g/cm^3
② 1.43g/cm^3
③ 1.27g/cm^3
④ 1.14g/cm^3

| 해답 | ③

- 건조밀도 $\rho_d = \dfrac{\rho_t}{1+\dfrac{w}{100}}$

- 습윤밀도 $\rho_t = \dfrac{W}{V} = \dfrac{350}{\dfrac{\pi \times 5^2}{4} \times 10} = 1.783\text{g/cm}^3$

$\therefore \rho_d = \dfrac{1.783}{1+\dfrac{40}{100}} = 1.27\text{g/cm}^3$

□□□ 기 01,04,16②

84 두께가 4m인 점토층이 모래층 사이에 끼어 있다. 점토층에 $30kN/m^2$의 유효응력이 작용하여 최종침하량이 10cm가 발생하였다. 실내압밀시험결과 측정된 압밀계수(C_v) = $2 \times 10^{-4} cm^2/sec$라고 할 때 평균압밀도 50%가 될 때까지 소요일수는?

① 288일
② 312일
③ 388일
④ 456일

| 해답 | ④

$$t_{50} = \frac{0.197 H^2}{C_v}$$

$$= \frac{0.197 \times \left(\frac{400}{2}\right)^2}{2.0 \times 10^{-4}} = 39400000 \sec = 456일$$

□□□ 기 04,07,12②

85 점토층의 두께 5m, 간극비 1.4, 액성한계 50%이고 점토층 위의 유효상재압력이 $100kN/m^2$에서 $140kN/m^2$으로 증가할 때의 침하량은?
(단, 압축지수는 흐트러지지 않은 시료에 대한 Terzaghi & Peck의 경험식을 사용하여 구한다.)

① 8cm
② 11cm
③ 24cm
④ 36cm

| 해답 | ②

침하량 $S = \frac{C_c \cdot H}{1+e_o} \log \frac{P_2}{P_1}$

- Terzaghi & Peck의 경험식(불교란 점토시료)
  압축지수 $C_c = 0.009(W_L - 10) = 0.009 \times (50-10) = 0.36$
  ∴ $S = \frac{0.36 \times 5}{1+1.4} \times \log \frac{140}{100} = 0.1095m = 11cm$

□□□ 기 10,12,21①

86 흙의 분류법인 AASHTO 분류법과 통일분류법을 비교·분석한 내용으로 틀린 것은?

① 통일분류법은 0.075mm체 통과율 35%를 기준으로 조립토와 세립토로 분류하는데 이것은 AASHTO 분류법보다 적합하다.
② 통일분류법은 입도분포, 액성한계, 소성지수 등을 주요 분류인자로 한 분류법이다.
③ AASHTO 분류법은 입도분포, 군지수 등을 주요 분류인자로 한 분류법이다.
④ 통일분류법은 유기질토 분류방법이 있으나 AASHTO 분류법은 없다.

| 해답 | ①

- 통일분류법
  0.075mm 통과율이 50% 미만이면 조립토, 그 이상이면 세립토이다.
- AASHTO 분류법
  0.075mm통과율이 35% 이하이면 조립토, 그 이상이면 세립토이다.

□□□ 기 96,00,09,14④,20④,22①

87 포화된 점토에 대하여 비압밀 비배수(UU) 시험을 하였을 때 결과에 대한 설명으로 옳은 것은? (단, ϕ : 내부마찰각, c : 점착력)

① ϕ와 c가 나타나지 않는다.
② ϕ와 c가 모두 "0"이 아니다.
③ ϕ는 "0"이 아니지만 c는 "0"이다.
④ ϕ는 "0"이고 c는 "0"이 아니다.

| 해답 | ④

비압밀 비배수 시험(UU-test)
- 포화된 점토 $S=100\%$인 경우 $\phi=0$이다.
- 내부마찰각 $\phi=0$인 경우 전단강도 $\tau_f=c_u$로 c는 0이 아니다.

□□□ 기 86,00,04②,08①,14①,19②

88 그림과 같이 모래층에 널말뚝을 설치하여 물막이공 내의 물을 배수하였을 때, 분사현상이 일어나지 않게 하려면 얼마의 압력(⇩)을 가하여야 하는가? (단, 모래의 비중은 2.65, 간극비는 0.65, 안전율은 3, 물의 단위중량 $\gamma_w = 9.81\text{kN/m}^3$이다.)

① 65kN/m^2
② 162kN/m^2
③ 230kN/m^2
④ 330kN/m^2

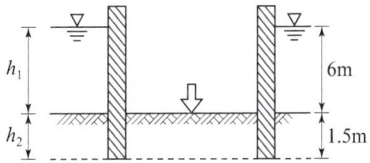

│해답│ ②

널말뚝 하단에서의 안전율

$$F_s = \frac{\text{유효응력}(\overline{\sigma}) + \Delta\sigma}{\text{침투압}(P)} = \frac{\gamma_{\text{sub}}h_2 + \Delta P}{\gamma_w h_1}$$

• 수중단위중량 $\gamma_{\text{sub}} = \dfrac{G_s - 1}{1 + e}\gamma_w$

$\qquad\qquad\qquad = \dfrac{2.65 - 1}{1 + 0.65} \times 9.81 = 9.81 \text{kN/m}^3$

• 유효응력 $\overline{\sigma} = \gamma_{\text{sub}}h_2 = 9.81 \times 1.5 = 14.715 \text{kN/m}^2$

• 침투압 $P = \gamma_w h_1 = 9.81 \times 6 = 58.86 \text{kN/m}^2$

• $3 = \dfrac{9.81 \times 1.5 + \Delta P}{9.81 \times 6}$

참고 SOLVE 사용 ∴ $\Delta P = 162 \text{kN/m}^2$

□□□ 기 84,97,98,09,11④,15②,18③,19②,20③,22①

89 유선망의 특징에 대한 설명으로 틀린 것은?

① 각 유로의 침투수량은 같다.
② 동수경사는 유선망의 폭에 비례한다.
③ 인접한 두 등수두선 사이의 수두손실은 같다.
④ 유선망을 이루는 사변형은 이론상 정사각형이다.

| 해답 | ②

유선망의 특성
• 각 유량의 침투유량은 같다.
• 유선과 등수두선은 서로 직교한다.
• 인접한 등수두선 간의 수두차는 모두 같다.
• 인접한 두 등수두선 사이의 수두손실은 같다.
• 유선망을 이루는 사각형은 이론상 정사각형이다. (폭과 길이는 같다.)
• 침투속도 및 동수경사는 유선망의 폭에 반비례한다.

□□□ 기 80, 84, 93, 97, 08, 12, 15
90 아래와 같은 흙의 입도분포곡선에 대한 설명으로 옳은 것은?

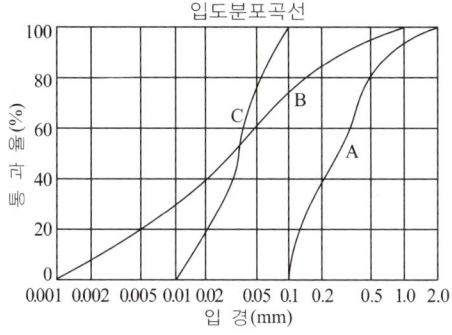

① A는 B보다 유효경이 작다.
② A는 B보다 균등계수가 작다.
③ C는 B보다 균등계수가 크다.
④ B는 C보다 유효경이 크다.

| 해답 | ②

• 유효입경(D_{10}) 입경가적곡선에서 통과율 10%에 해당하는 입경이므로 A는 B보다 크고, B는 C보다 작다.
• 균등계수는 급경사 일수록 작고 완경사 일수록 크다. 따라서 균등계수는 A는 B보다 작다.

□□□ 기 81,82,83,88,96,03,06,21
91 포화된 점성토 흙에 대한 일축압축시험 결과, 일축압축강도는 $100kN/m^2$ 이었다. 이 시료의 점착력은?

① $25kN/m^2$
② $33.3kN/m^2$
③ $50kN/m^2$
④ $100kN/m^2$

| 해답 | ③

$q_u = 2c\tan\left(45 + \dfrac{\phi}{2}\right)$ 에서

- 포화된 점성토 $\phi = 0$: $q_u = 2c$
- 일축압축강도 $q_u = 100\,kN/m^2$

∴ 점착력 $c = \dfrac{q_u}{2} = \dfrac{100}{2} = 50\,kN/m^2$

□□□ 기 91,14④,16①,20④
92 아래의 공식은 흙 시료에 삼축압력이 작용할 때 흙 시료 내부에 발생하는 간극수압을 구하는 공식이다. 이 식에 대한 설명으로 틀린 것은?

$$\Delta u = B[\Delta\sigma_3 + A(\Delta\sigma_1 - \Delta\sigma_3)]$$

① 포화된 흙의 경우 $B = 1$이다.
② 간극수압계수 A값은 언제나 (+)의 값을 갖는다.
③ 간극수압계수 A값은 삼축압축시험에서 구할 수 있다.
④ 포화된 점토에서 구속응력을 일정하게 두고 간극수압을 측정했다면, 축차응력과 간극수압으로부터 A값을 계산할 수 있다.

| 해답 | ②
- 정규압밀점토 : $A = 0.7 \sim 1.3$
- 심히 과압밀점토 : $A = -0.5 \sim 0.0$

□□□ 기 86,90,99,14,17④,21③,22②

93
Coulomb 토압에서 옹벽배면의 지표면 경사가 수평이고, 옹벽배면 벽체의 기울기가 연직인 벽체에서 옹벽과 뒤채움흙 사이의 벽면마찰각(δ)을 무시할 경우, Coulomb 토압과 Rankine 토압의 크기를 비교할 때 옳은 것은?

① Rankine 토압이 Coulomb 토압보다 크다.
② Coulomb 토압이 Rankine 토압보다 크다.
③ Rankine 토압과 Coulomb 토압의 크기는 항상 같다.
④ 주동토압은 Rankine 토압이 더 크고, 수동토압은 Coulomb 토압이 더 크다.

| 해답 | ③
Coulomb의 토압이론에서는 벽체와 흙 사이의 벽 마찰각 $\delta \neq 0$을 고려하였으나 연직벽 $\theta=0$, 지표면이 수평 $i=0$, 벽 마찰각 $\delta=0$이면 Coulomb 토압과 Rankine 토압은 항상 같다.

□□□ 기 10②,12②,18②

94
전단마찰각이 25°인 점토의 현장에 작용하는 수직응력이 50kN/m²이다. 과거 작용했던 최대하중이 100kN/m²이라고 할 때 대상지반의 정지토압계수를 추정하면?

① 0.40　　　　② 0.57
③ 0.82　　　　④ 1.14

| 해답 | ③
과압밀 점토에 대한 정지토압계수
$K_o = (1-\sin\phi) \times \sqrt{OCR}$

- $OCR = \sqrt{\dfrac{\text{선행압밀하중}}{\text{현재 작용하는 유효상재하중}}}$
  $= \sqrt{\dfrac{100}{50}} = \sqrt{2}$

$\therefore K_o = (1-\sin\phi) \times \sqrt{OCR}$
$= (1-\sin 25°) \times \sqrt{2} = 0.82$

☐☐☐ 기 14②,16④

95 흙의 내부마찰각(ϕ)은 20°, 점착력(c)이 24kN/m²이고, 단위중량(γ_t)은 19.3kN/m³인 사면의 경사각이 45°일 때 임계높이는 약 얼마인가? (단, 안정수 $m = 0.06$)

① 15m ② 18m
③ 21m ④ 24m

| 해답 | ③

임계높이 $H = \dfrac{c}{\gamma} N_s = \dfrac{c}{\gamma} \times \dfrac{1}{m} = \dfrac{c}{\gamma \cdot m}$

$= \dfrac{24}{19.3 \times 0.06} = 21\text{m}$

☐☐☐ 기 10②,11④,14②,17②

96 $\phi = 33°$인 사질토에 25° 경사의 사면을 조성하려고 한다. 이 비탈면의 지표까지 포화되었을 때 안전율을 계산하면? (단, 사면 흙의 $\gamma_{sat} = 18\text{kN/m}^3$, $\gamma_w = 9.81\text{kN/m}^3$이다.)

① 0.63 ② 0.70
③ 1.12 ④ 1.41

| 해답 | ①

침투류가 지표면과 일치하는 경우

$\therefore F_S = \dfrac{\gamma_{sub} \tan\phi}{\gamma_{sat} \tan i} = \dfrac{(18 - 9.81) \times \tan 33°}{18 \times \tan 25°} = 0.63$

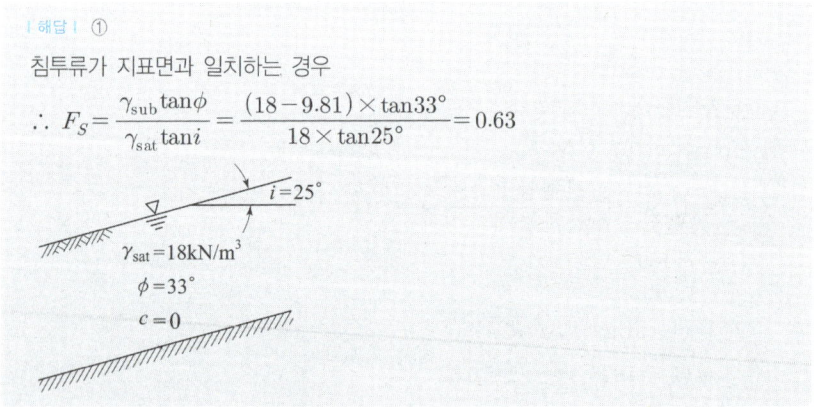

□□□ 기 99,05④,10②,18②,19①
97 Meyerhof의 일반지지력 공식에 포함되는 계수가 아닌 것은?

① 국부전단계수 ② 근입깊이계수
③ 경사하중계수 ④ 형상계수

|해답| ①

Meyerhof는 기초에 하중이 경사되어 재하될 때 다음 요소로 보완한다.
- 형상계수(De Beer에 의해 제안) : 구형 및 원형 기초의 지지력 계산을 위해
- 깊이계수(Hansen 제안) : 기초저면의 위, 흙의 파괴면을 따라 발생하는 전단저항에 대한 평가
- 경사계수(Meyerhof제안) : 하중 작용선이 수직선과 일정 각도로 경사진 기초의 지지력 계산을 위해

□□□ 기 81,89,90,02,21③
98 그림과 같은 지반에서 x – x′ 단면에 작용하는 유효응력은? (단, 물의 단위중량은 9.81kN/m^3이다.)

① 46.7kN/m^2
② 68.8kN/m^2
③ 90.5kN/m^2
④ 108kN/m^2

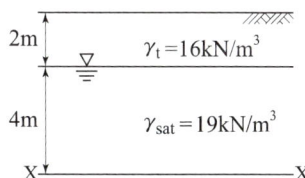

|해답| ②

[방법1]
- 전응력 $\sigma = \gamma_1 h_1 + \gamma_{sat} h_2$
  $= 16 \times 2 + 19 \times 4 = 108\text{kN/m}^2$
- 간극수압 $u = \gamma_w h_w = 9.81 \times 4 = 39.24\text{kN/m}^2$
- 유효응력 $\sigma' = \sigma - u$
  $= 108 - 39.24 = 68.8\text{kN/m}^2$

[방법2] $\sigma' = \gamma_1 h_1 + \gamma_{sub} h_w$
  $= 16 \times 2 + (19 - 9.81) \times 4 = 68.8\text{kN/m}^2$

□□□ 기 97,05,12①,18③

99 다음 그림과 같은 점성토지반의 굴착저면에서 바닥융기에 대한 안전율을 Terzaghi의 식에 의해 구하면? (단, $\gamma = 17.31 \text{kN/m}^3$, $c = 24 \text{kN/m}^2$ 이다.)

① 3.21
② 2.32
③ 1.64
④ 1.17

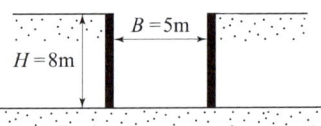

| 해답 | ③

$$F_s = \frac{5.7c}{\gamma \cdot H - \dfrac{c \cdot H}{0.7B}} = \frac{5.7 \times 24}{17.31 \times 8 - \dfrac{24 \times 8}{0.7 \times 5}} = 1.64$$

□□□ 기 00,06,14,16

100 암질을 나타내는 항목과 직접 관계가 없는 것은?

① N치
② RQD값
③ 탄성파속도
④ 균열의 간격

| 해답 | ①

■ 암반의 분류(RMR 분류)
• 암석강도
• 암질지수(RQD)
• 절리와 층리의 간격
• 절리상태
• 지하수
■ N치 : 흙의 성질을 판정
• 사질토 또는 점토지반에서 표준 관입시험 시 저항체를 30cm 관입할 때 타격 횟수

06 5Pick Remember 120선   CBT 대비

상하수도공학

□□□ 기 99,05,07,16
101 급수용 저수지의 필요수량을 결정하기 위한 유량누가곡선도에 대한 설명으로 틀린 것은?

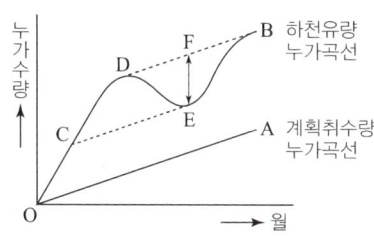

① 필요(유효)저수량은 $\overline{EF}$ 이다.
② 저수시작점은 C이다.
③ $\overline{DE}$ 구간에서는 저수지의 수위가 상승한다.
④ 이론적 산출방법으로 Ripple's method라 한다.

| 해답 | ③
$\overline{DE}$ 구간에서 유입 저수량이 계획취수량보다 적은 구간으로 저수지의 수위가 낮아진다.

□□□ 기 00,10①,16②,19③
102 상수도 관로시설에 대한 설명 중 옳지 않은 것은?

① 배수관 내의 최소동수압은 150kPa이다.
② 상수도의 송수방식에는 자연유하식과 펌프가압식이 있다.
③ 도수거가 하천이나 깊은 계곡을 횡단할 때는 수로교를 가설한다.
④ 급수관을 공공도로에 부설할 경우 다른 매설물과의 간격을 15cm 이상 확보한다.

| 해답 | ④
급수관을 공공도로에 부설할 경우 다른 매설물과의 간격을 30cm 이상 확보한다.

□□□ 기 98,08,18②
103 어느 도시의 인구가 10년 전 10만 명에서 현재는 20만 명이 되었다. 등비급수법에 의한 인구증가를 보였다고 하면 연평균 인구증가율은?

① 0.08947
② 0.07177
③ 0.06251
④ 0.03589

|해답| ②

$P_n = P_o(1+r)^n$ 에서
$200000 = 100000(1+r)^{10}$
$(1+r)^{10} = \dfrac{200000}{100000} = 2$
$\therefore r = 2^{\frac{1}{10}} - 1 = 0.07177$

■ [계산기 $f_x 570$ ES] SOLVE 사용법
$200000 = 100000(1+r)^{10}$
먼저 200000 ☞ ALPHA ☞ SOLVE = ☞
$100000(1 + ALPHA\ X)^{10}$
SHIFT ☞ SOLVE ☞ = ☞ 잠시 기다리면
$X = 0.07177$ $\therefore r = 0.07177$

□□□ 기 12①,17④,19①,20④
104 취수보의 취수구에서의 표준유입속도는?

① 0.3~0.6m/sec
② 0.4~0.8m/sec
③ 0.5~1.0m/sec
④ 0.6~1.2m/sec

|해답| ②

취수보의 취수구 유입속도
• 상수도에서 안전을 고려하여 0.4~0.8m/sec을 표준으로 한다.
• 농업용수의 유입속도는 일반적으로 0.6~1.0m/sec 정도이다.

□□□ 기 95,03①,15①,19②
105 수원(水源)에 관한 설명 중 틀린 것은?

① 심층수는 대지의 정화작용으로 인해 무균 또는 거의 이에 가까운 것이 보통이다.
② 용천수는 지하수가 자연적으로 지표로 솟아나온 것으로 그 성질은 대개 지표수와 비슷하다.
③ 복류수는 어느 정도 여과된 것이므로 지표수에 비해 수질이 양호하며, 대개의 경우 침전지를 생략할 수 있다.
④ 천층수는 지표면에서 깊지 않은 곳에 위치하여 공기의 투과가 양호하므로 산화작용이 활발하게 진행된다.

| 해답 | ②
용천수는 지하수의 일종으로 성질은 대체로 지하수와 비슷하다.

□□□ 기 96,09,13,19②,23②
106 다음 설명 중 옳지 않은 것은?

① BOD가 과도하게 높으면 DO는 감소하며 악취가 발생된다.
② BOD, COD는 오염의 지표로서 하수 중의 용존산소량을 나타낸다.
③ BOD는 유기물이 호기성 상태에서 분해·안정화되는 데 요구되는 산소량이다.
④ BOD는 보통 20℃에서 5일간 시료를 배양했을 때 소비된 용존산소량으로 표시된다.

| 해답 | ②
- 생화학적 산소요구량(BOD)은 유기물을 미생물에 의하여 호기성 상태에서 분해 안정화시키는 데 요구되는 산소량이다.
- 화학적 산소요구량(COD)는 유기물을 화학적으로 산화, 분해시킬 때 소요되는 산소량이다.
- BOD와 COD의 공통점은 소비된 산소의 양 측정으로 오염정도를 체크하는 방법이다.

□□□ 기 04,08,10,17
107 용존산소 부족곡선(DO Sag Curve)에서 산소의 복귀율(회복속도)이 최대로 되었다가 감소하기 시작하는 점은?

① 임계점　　　　　　　　② 변곡점
③ 오염 직후 점　　　　　④ 포화 직전 점

| 해답 | ②

- 변곡점 : 용존산소 복귀율이 최대로 되었다가 감소하기 시작하는 점
- 임계점 : 용존산소(DO)의 농도가 가장 부족한 지점

> **Remember**
> 용존산소 부족곡선

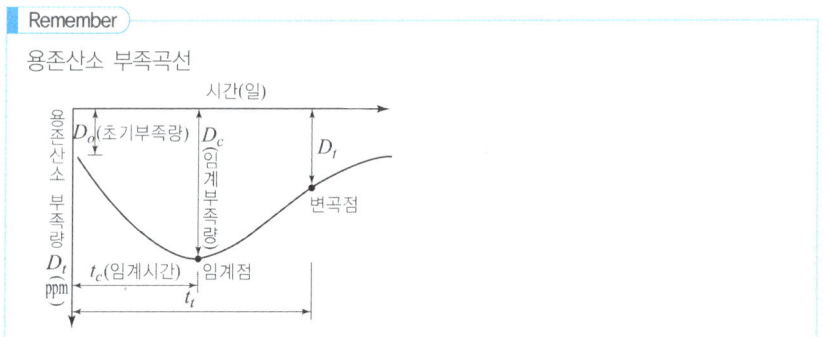

□□□ 기 97,08,10,12②,20②
108 하수도시설에 관한 설명으로 옳지 않은 것은?

① 하수 배제방식은 합류식과 분류식으로 대별할 수 있다.
② 하수도시설은 관로시설, 펌프장시설 및 처리장시설로 크게 구별할 수 있다.
③ 하수배제는 자연유하를 원칙으로 하고 있으며 펌프시설도 사용할 수 있다.
④ 하수처리장시설은 물리적 처리시설을 제외한 생물학적, 화학적 처리시설을 의미한다.

| 해답 | ④
하수처리장시설은 물리학적, 생물학적, 화학적 처리시설을 의미한다.

□□□ 기 99,00,03,09,10,20②

109 1/1000의 경사로 묻힌 지름 2400mm의 콘크리트 관 내에 20℃의 물이 만관상태로 흐를 때의 유량은? (단, Manning 공식을 적용하며, 조도계수 $n = 0.015$)

① $6.78 \text{m}^3/\text{s}$
② $8.53 \text{m}^3/\text{s}$
③ $12.71 \text{m}^3/\text{s}$
④ $20.57 \text{m}^3/\text{s}$

| 해답 | ①

$$Q = A \cdot V = A \cdot \frac{1}{n} \cdot R^{2/3} \cdot I^{1/2}$$

- $A = \dfrac{\pi D^2}{4} = \dfrac{\pi \times 2.4^2}{4} = 4.52 \text{m}^2$
- 경심 $R = \dfrac{D}{4} = \dfrac{2.4}{4}$
- 동수경사 $I = \dfrac{1}{1000}$

$\therefore Q = 4.52 \times \dfrac{1}{0.015} \times \left(\dfrac{2.4}{4}\right)^{2/3} \times \left(\dfrac{1}{1000}\right)^{1/2}$
$= 6.78 \text{m}^3/\text{sec}$

□□□ 기 07,09,13①,18①

110 Jar-Test는 적정 응집제의 주입량과 적정 pH를 결정하기 위한 시험이다. Jar-Test 시 응집제를 주입한 후 급속교반 후 완속교반을 하는 이유는?

① 응집제를 용해시키기 위해서
② 응집제를 고르게 섞기 위해서
③ 플록이 고르게 퍼지게 하기 위해서
④ 플록을 깨뜨리지 않고 성장시키기 위해서

| 해답 | ④

Jar-Test에서 약 3분간 100rpm로 급속교반 후 40rpm으로 약 15분간 완속교반하는 것은 플록을 손상시키지 않고 증가시켜 응집을 촉진시키기 위해서이다.

□□□ 기 03,09,15,17①,18③

111 집수매거(infiltration galleries)에 관한 설명 중 옳지 않은 것은?

① 집수매거는 하천부지의 하상 밑이나 구하천 부지 등의 땅속에 매설하여 복류수나 자유수면을 갖는 지하수를 취수하는 시설이다.
② 철근콘크리트조의 유공관 또는 권선형 스크린관을 표준으로 한다.
③ 집수매거 내의 평균유속은 유출단에서 1m/s 이하가 되도록 한다.
④ 집수매거의 집수개구부(공) 지름은 3~5cm를 표준으로 하고, 그 수는 관거 표면적 $1m^2$ 당 5~10개로 한다.

| 해답 | ④

집수매거의 집수개구의 공경은 10~20mm를 표준으로 하고, 그 수는 관거표면적 $1m^2$당 20~30개의 비율로 한다.

□□□ 기 97,04,06,15

112 염소 소독을 위한 염소투입량 시험결과가 그림과 같다. 결합염소(클로라민류)가 분해되는 구간과 파괴점(break point)으로 옳은 것은?

① AB, C
② BC, C
③ CD, D
④ AB, D

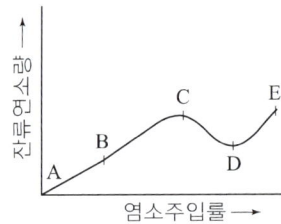

| 해답 | ③

- AB : 환원성 무기유기성분에 의한 염소 소비
- BC : 클로라민 형성(결합 잔류염소가 형성)
- CD : 클로라민 산화
- DE : 주입에 비례한 유리염소량의 증가
- D점 : 파괴점 또는 불연속점

□□□ 기 95,96,98,12,18③

113 부유물 농도 200mg/L, 유량 2000m³/day인 하수가 침전지에서 70% 제거된다. 이때 슬러지의 함수율이 95%, 비중 1.1일 때 슬러지의 양은?

① 4.9m³/day
② 5.1m³/day
③ 5.3m³/day
④ 5.5m³/day

| 해답 | ②

슬러지의 양 = $\dfrac{\text{오수량}(Q) \times \text{부유물 농도} \times SS\text{ 제거율}}{\text{비중}(1-w)}$

- $Q = 2000\,\text{m}^3/\text{day}$
- 부유물 농도 $SS = 200\,\text{mg/L} = 200 \times 10^6\,\text{g/m}^3$
- SS 제거율 $E = \dfrac{70}{100} = 0.70$
- 슬러지의 함수율 $w = 95\% = 0.95$

∴ 슬러지의 양 = $\dfrac{2000 \times 200 \times 10^{-6} \times 0.70}{1.1(1-0.95)}$
 = 5.1m³/day

□□□ 기 99,08,12②,18③,24③

114 $Q = \dfrac{1}{360}CIA$는 합리식으로서 첨두유량을 산정할 때 사용된다. 이 식에 대한 설명으로 옳지 않은 것은?

① C는 유출계수로 무차원이다.
② I는 도달시간 내의 강우강도로 단위는 mm/hr이다.
③ A는 유역면적으로 단위는 km²이다.
④ Q는 첨두유출량으로 단위는 m³/sec이다.

| 해답 | ③

A는 배수면적으로 단위는 ha이다.

□□□ 기 07,11,13①,21③
115 우수조정지의 구조형식으로 옳지 않은 것은?

① 댐식(제방높이 15m 미만) ② 월류식
③ 지하식 ④ 굴착식

| 해답 | ②
우수조정지의 구조 형식
• 댐식 • 굴착식 • 지하식 • 현지 저류식

□□□ 기 13,15,17①,20②
116 하수의 처리방법 중 생물막법에 해당되는 것은?

① 산화구법 ② 심층포기법
③ 회전원판법 ④ 순산소활성슬러지법

| 해답 | ③
생물막법은 대기, 하수 및 생물막의 상호 접촉양식에 따라 살수여상법, 회전원판법, 접촉산화법 및 침전여과형의 호기성 여상법으로 분류된다.

□□□ 기 99,12①,17④,20④
117 펌프대수 결정을 위한 일반적인 고려사항에 대한 설명으로 옳지 않은 것은?

① 펌프는 용량이 작을수록 효율이 높으므로 가능한 소용량의 것으로 한다.
② 펌프는 가능한 최고효율점 부근에서 운전하도록 대수 및 용량을 정한다.
③ 건설비를 절약하기 위해 예비는 가능한 대수를 적게 하고 소용량으로 한다.
④ 펌프의 설치대수는 유지관리상 가능한 적게 하고 동일용량의 것으로 한다.

| 해답 | ①
펌프는 용량이 클수록 효율이 높으므로 가능한 대용량의 것으로 한다.

□□□ 기 97,00,01,03,06①,11②,12①,17②,19②

118 양수량 15.5m³/min, 양정 24m, 펌프효율 80%, 여유율(α) 15%일 때 펌프의 전동기 출력은?

① 57.8kW
② 75.8kW
③ 78.2kW
④ 87.2kW

| 해답 | ④

축동력 $P_s = \dfrac{1000 QH_p}{102\eta}$,

전동기 출력 $P = \dfrac{P_s(1+\alpha)}{\eta_b}$

- $Q = 15.5\,\text{m}^3/\text{min} = 0.258\,\text{m}^3/\text{sec}$
- $\eta = 0.80$

∴ 펌프의 축동력

$P_s = \dfrac{1000 \times 0.258 \times 24}{102 \times 0.80} = 75.88\,\text{kW}$

∴ 전동기의 출력 $P = 75.88(1+0.15) = 87.26\,\text{kW}$

□□□ 기 97,99,06,14①,18②

119 콘크리트 하수관의 내부 천정이 부식되는 현상에 대한 대응책으로 틀린 것은?

① 방식재료를 사용하여 관을 방호한다.
② 하수 중의 유황 함수량을 낮춘다.
③ 관내의 유속을 감소시킨다.
④ 하수에 염소를 주입하여 박테리아 번식을 억제한다.

| 해답 | ③
관내의 유속을 증가시켜 하수관 내 유기물질의 퇴적을 방지한다.

□□□ 기 97,00,08,15,17,18②
120 계획오수량 산정시 고려 사항에 대한 설명으로 옳지 않은 것은?

① 지하수량은 1인1일최대오수량의 20% 이하로 한다.
② 계획1일평균오수량은 계획1일최대오수량의 70~80%를 표준으로 한다.
③ 계획시간최대오수량은 계획1일평균오수량의 1시간당 수량의 0.9~1.2배를 표준으로 한다.
④ 계획1일최대오수량은 1인1일최대오수량에 계획인구를 곱한 후 공장폐수량, 지하수량 및 기타 배수량을 더한 값으로 한다.

| 해답 | ③
계획시간 최대오수량은 계획 1일 최대오수량의 1시간당 수량의 1.3~1.8배를 표준으로 한다.

Remember
6
Pick
120
선

01 응용역학

6Pick Remember 120선   CBT 대비

□□□ 기 92③,93③,99②,05①,06④,16②,20②

01 그림과 같은 구조물에 하중 W가 작용할 때 P의 크기는? (단, $0° < a < 180°$이다.)

① $P = \dfrac{W}{2\cos\dfrac{\alpha}{2}}$

② $P = \dfrac{W}{2\cos\alpha}$

③ $P = \dfrac{W}{\cos\dfrac{\alpha}{2}}$

④ $P = \dfrac{2W}{\cos\dfrac{\alpha}{2}}$

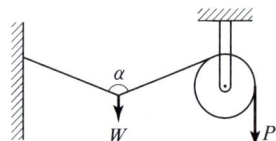

| 해답 | ①

$\sum V = 0 \ : \ -W + P \times \cos\dfrac{\alpha}{2} + P \times \cos\dfrac{\alpha}{2} = 0$

$W = 2P\cos\dfrac{\alpha}{2}$

$\therefore P = T = \dfrac{W}{2\cos\dfrac{\alpha}{2}} = \dfrac{W}{2}\sec\dfrac{\alpha}{2}$

$\left(\because \dfrac{1}{\cos\dfrac{\alpha}{2}} = \sec\dfrac{\alpha}{2}\right)$

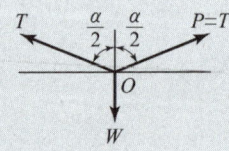

□□□ 기 93④,03②,07④,20③

02 그림은 정사각형 단면을 갖는 단주에서 단면의 핵을 나타낸 것이다. x의 거리는?

① 3cm
② 4.5cm
③ 6cm
④ 9cm

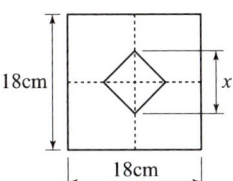

|해답| ③

- $\sigma = \dfrac{P}{A} - \dfrac{M}{Z} = \dfrac{P}{A} - \dfrac{P \cdot e}{\dfrac{hb^2}{6}} = \dfrac{P}{A} - \dfrac{6P \cdot e}{hb^2} = \dfrac{P}{A}\left(1 - \dfrac{6e}{b}\right) = 0$

- $1 - \dfrac{6e}{b} = 0$

∴ 핵거리 $e = \dfrac{b}{6} = \dfrac{18}{6} = 3\text{cm}$

∴ 단면의 핵 $x = 2e = 2 \times 3 = 6\text{cm}$

Remember

■ 단면의 핵

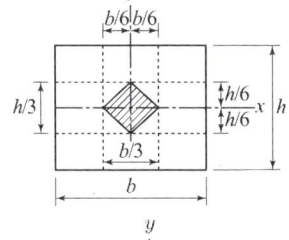

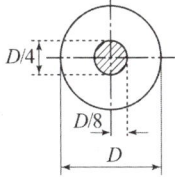

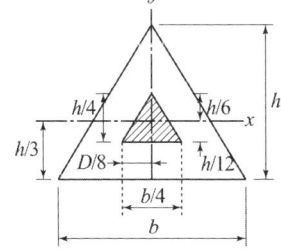

□□□ 기 00,11,15

03 그림과 같은 단면에서 외곽 원의 직경(D)이 60cm이고 내부 원의 직경 ($D/2$)은 30cm라면, 빗금 친 부분의 도심의 위치는 $X-X$축에서 얼마나 떨어진 곳인가?

① 33cm
② 35cm
③ 37cm
④ 39cm

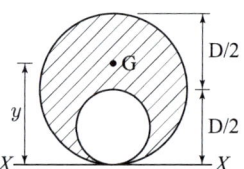

| 해설 | ②

$$y = \frac{G_x}{A}$$

- $G_x = A_1 y_1 - A_2 y_2$

$$= \frac{\pi D^2}{4} \times \frac{D}{2} - \frac{\pi\left(\frac{D}{2}\right)^2}{4} \times \frac{\frac{D}{2}}{2} = \frac{7\pi D^3}{64}$$

- $A = A_1 - A_2 = \frac{\pi D^2}{4} - \frac{\pi\left(\frac{D}{2}\right)^2}{4} = \frac{3\pi D^2}{16}$

$$\therefore y = \frac{G_x}{A} = \frac{\frac{7\pi D^3}{64}}{\frac{3\pi D^2}{16}} = \frac{7D}{12} = \frac{7 \times 60}{12} = 35\,\text{cm}$$

□□□ 기 88,94,97,11,14

04 직경 D인 원형 단면의 단면계수는?

① $\dfrac{\pi D^4}{64}$ ② $\dfrac{\pi D^3}{64}$

③ $\dfrac{\pi D^4}{32}$ ④ $\dfrac{\pi D^3}{32}$

| 해답 | ④

$$단면계수 \; Z = \frac{I_x}{y_0} = \frac{\frac{\pi D^4}{64}}{\frac{D}{2}} = \frac{\pi D^3}{32}$$

□□□ 기 11, 14, 17, 18①

05 그림과 같은 단주에 편심하중이 작용할 때 최대압축응력은?

① 13.875MPa
② 17.265MPa
③ 24.575MPa
④ 31.765MPa

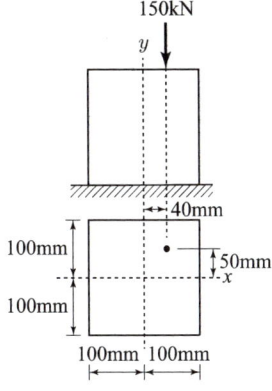

| 해답 | ①

$$\sigma_{max} = -\frac{P}{A} - \frac{P \cdot e_y}{Z_x} - \frac{P \cdot e_x}{Z_y}$$

- $P = 150 \, \text{kN} = 150 \times 10^3 \, \text{N}, \; Z = \frac{bh^2}{6}$

$$\therefore \sigma_{max} = -\frac{150 \times 10^3}{200 \times 200} - \frac{150 \times 10^3 \times 50}{\frac{200 \times 200^2}{6}} - \frac{150 \times 10^3 \times 40}{\frac{200 \times 200^2}{6}}$$

$$= 3.75 - 5.625 - 4.5$$
$$= -13.875 \, \text{N/mm}^2 (압축)$$

□□□ 기 01,13,17

06 그림과 같은 속이 찬 지름 6cm의 원형축이 비틀림 $T=4\text{kN}\cdot\text{m}$를 받을 때 단면에서 발생하는 최대전단응력은?

① 92.65MPa
② 93.26MPa
③ 94.31MPa
④ 95.02MPa

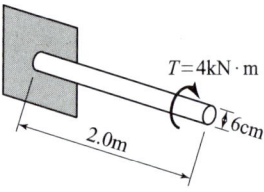

[해답] ③

비틀림 최대전단응력 $\tau_{\max} = \dfrac{T\cdot r}{I_P}$

- 비틀림 $T = 4\text{kN}\cdot\text{m} = 4\times 10^5 \text{N}\cdot\text{cm}$
- 반지름 $r = 3\text{cm}$
- $I_P = I_x + I_y = 2\times\left(\dfrac{\pi d^4}{64}\right) = 127.235\,\text{cm}^4$

$\therefore \tau_{\max} = \dfrac{T\cdot r}{I_P} = \dfrac{4\times 10^5 \times 3}{127.235} = 9431.37\,\text{N/cm}^2$
$= 94.31\,\text{N/mm}^2 = 94.31\,\text{MPa}$

□□□ 기 97②,99①②,01①,06②

07 12cm×8cm 단면에서 지름 2cm인 원을 떼어 버린다면 도심축 X에 관한 단면 2차 모멘트는?

① 556.4cm⁴
② 511.2cm⁴
③ 499.4cm⁴
④ 550.2cm⁴

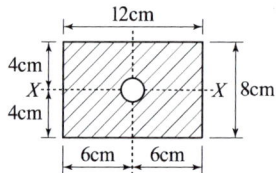

[해답] ②

$I_X = \dfrac{bh^3}{12} - \dfrac{\pi d^4}{64} = \dfrac{12\times 8^3}{12} - \dfrac{\pi\times 2^4}{64} = 511.2\,\text{cm}^4$

□□□ 기 01,05,09,11,14

08 그림과 같이 가운데가 비어 있는 직사각형 단면 기둥의 길이가 $L=10\text{m}$일 때, 이 기둥의 세장비는?

① 1.9
② 191.9
③ 2.2
④ 217.3

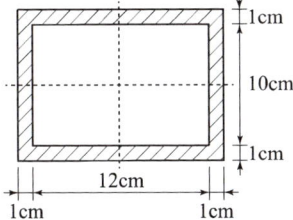

| 해답 | ④

세장비 $\lambda = \dfrac{\text{기둥의 길이}(l)}{\text{최소 회전반지름}(r_{\min})}$

- $I_{\min} = \dfrac{BH^3}{12} - \dfrac{bh^3}{12} = \dfrac{1}{12}(14 \times 12^3 - 12 \times 10^3)$
  $= 1016\,\text{cm}^4$
- $A = 14 \times 12 - 12 \times 10 = 48\,\text{cm}^2$
- $r_{\min} = \sqrt{\dfrac{I_{\min}}{A}} = \sqrt{\dfrac{1016}{48}} = 4.60\,\text{cm}$

∴ 세장비 $\lambda = \dfrac{1000}{4.60} = 217.39$

□□□ 기 00,05,11,15

09 『재료가 탄성적이고 Hooke의 법칙을 따르는 구조물에서 지점침하와 온도변화가 없을 때, 한 역계 P_n에 의해 변형되는 동안에 다른 역계 P_m이 하는 외적인 가상일은 P_m 역계에 의해 변형하는 동안에 P_n 역계가 하는 외적인 가상일과 같다.』 이것을 무엇이라 하는가?

① 가상일의 원리
② 카스틸리아노의 정리
③ 최소일의 정리
④ 베티의 법칙

| 해답 | ④

이를 베티(Betti)의 법칙이라 한다.
즉, Betti의 법칙 : $P_1 \delta_{12} = P_2 \delta_{21}$

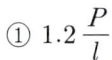기 02,07,08①,10④,15②

10 그림(a)와 (b)의 중앙점의 처짐이 같아지도록 그림(b)의 등분포하중 w를 그림(a)의 하중 P의 함수로 나타내면 얼마인가? (단, 재료는 같다.)

① $1.2\dfrac{P}{l}$

② $1.6\dfrac{P}{l}$

③ $2.0\dfrac{P}{l}$

④ $2.4\dfrac{P}{l}$

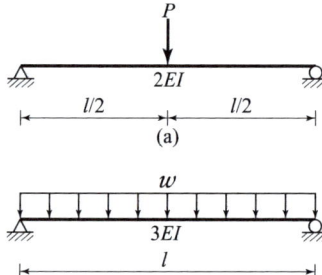

| 해답 | ④

- $y_a = \dfrac{Pl^3}{48EI} = \dfrac{Pl^3}{48 \times 2EI} = \dfrac{Pl^3}{96EI}$
- $y_b = \dfrac{5wl^4}{384EI} = \dfrac{5wl^4}{384 \times 3EI} = \dfrac{5wl^4}{1152EI}$
- $y_a = y_b$; $\dfrac{Pl^3}{96EI} = \dfrac{5wl^4}{1152EI}$

$\therefore w = \dfrac{1152Pl^3}{96 \times 5l^4} = \dfrac{1152Pl^3}{480l^4} = 2.4\dfrac{P}{l}$

Remember

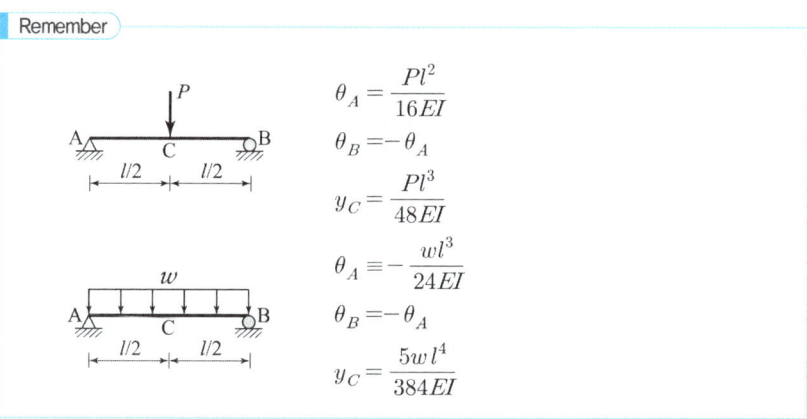

$\theta_A = \dfrac{Pl^2}{16EI}$

$\theta_B = -\theta_A$

$y_C = \dfrac{Pl^3}{48EI}$

$\theta_A = -\dfrac{wl^3}{24EI}$

$\theta_B = -\theta_A$

$y_C = \dfrac{5wl^4}{384EI}$

□□□ 기 01,08,14

11 강재에 탄성한도보다 큰 응력을 가한 후 그 응력을 제거한 후 장시간 방치하여도 얼마간의 변형이 남게 되는데 이러한 변형을 무엇이라 하는가?

① 탄성변형 ② 피로변형
③ 소성변형 ④ 취성변형

| 해답 | ③

- 이를 소성변형(plastic deformation)이라 한다.
- 탄성 변형 : 외력 또는 응력이 제거되면 다시 원형으로 되돌아가는 변형을 말한다.(예 고무줄)

□□□ 기 03,08,09,14

12 그림과 같은 내민보에서 C점의 휨모멘트가 영(零)이 되게 하기 위해서는 x가 얼마가 되어야 하는가?

① $x = \dfrac{l}{4}$

② $x = \dfrac{l}{3}$

③ $x = \dfrac{l}{2}$

④ $x = \dfrac{2l}{3}$

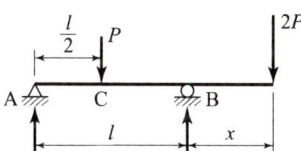

| 해답 | ①

$$\Sigma M_B = 0 : +(V_A)(l) - (P)\left(\dfrac{l}{2}\right) + (2P)(x) = 0$$

$$\therefore V_A = +\dfrac{P}{2} - \dfrac{2P}{l} \cdot x \,(\uparrow)$$

$$M_C = \left(\dfrac{P}{2} - \dfrac{2P}{l} \cdot x\right)\left(\dfrac{l}{2}\right) = 0 \text{이라는 조건에서}$$

$$\dfrac{P}{2} - \dfrac{2P}{l} \cdot x = 0 \text{ 이므로} \quad \therefore x = \dfrac{l}{4}$$

□□□ 기 08,10,15

13 상하단이 고정인 기둥에 그림과 같이 힘 P가 작용한다면 반력 R_A, R_B의 값은?

① $R_A = \dfrac{P}{2},\ R_B = \dfrac{P}{2}$

② $R_A = \dfrac{P}{3},\ R_B = \dfrac{2P}{3}$

③ $R_A = \dfrac{2P}{3},\ R_B = \dfrac{P}{3}$

④ $R_A = P,\ R_B = 0$

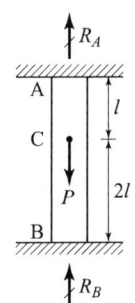

|해답| ③

$R_A = \dfrac{P \cdot b}{L}$

$= \dfrac{P \times 2l}{l + 2l} = \dfrac{2Pl}{3l} = \dfrac{2P}{3}$

$R_B = \dfrac{P \cdot a}{L}$

$= \dfrac{P \times l}{l + 2l} = \dfrac{Pl}{3l} = \dfrac{P}{3}$

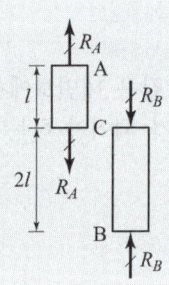

□□□ 기 95,05,13,17

14 다음 그림과 같은 3힌지 아치에 집중하중 P가 가해질 때 지점 B에서의 수평반력은?

① $\dfrac{Pa}{4R}$

② $\dfrac{P(R-a)}{2R}$

③ $\dfrac{P(R-a)}{4R}$

④ $\dfrac{Pa}{2R}$

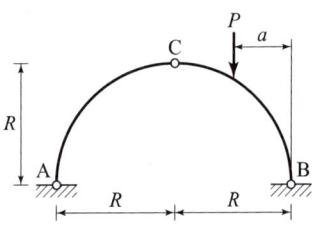

| 해답 | ④

- $\sum M_A = 0$: $R_B \times 2R - P \times (2R-a) = 0$

  $\therefore R_B = \dfrac{P(2R-a)}{2R}$

- $\sum M_C = 0$: $R_B \times R - P(R-a) - H_B \times R = 0$

  $\dfrac{PR(2R-a)}{2R} - P(R-a) = H_B R$

  $\dfrac{P(2R-a)}{2R} - \dfrac{P(R-a)}{R} = H_B$

  $\therefore H_B = \dfrac{2PR - Pa - 2PR + 2Pa}{2R} = \dfrac{Pa}{2R}$

□□□ 기 93,02,10,13,18①

15 다음 그림과 같은 T형 단면에서 도심축 C–C 축의 위치 x는?

① $2.5h$
② $3.0h$
③ $3.5h$
④ $4.0h$

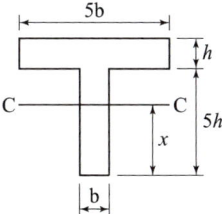

| 해답 | ④

$x = \dfrac{G_x}{A}$

- $G_x = (5b \times h) \times \left(5h + \dfrac{h}{2}\right) + (b \times 5h) \times \dfrac{5h}{2}$

  $= 40bh^2$

- $A = (5b \times h) + (b \times 5h) = 10bh$

  $\therefore x = \dfrac{40bh^2}{10bh} = 4.0h$

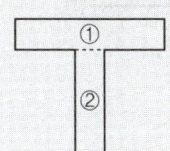

☐☐☐ 기 92①,06④,10①,12④,13①,17①,21③

16 그림과 같은 트러스에서 AC 부재의 부재력은?

① 인장 40kN
② 압축 40kN
③ 인장 80kN
④ 압축 80kN

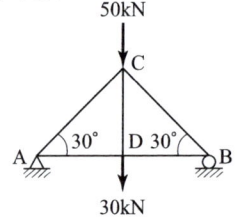

| 해답 | ④

- 반력 $R_A = R_B = \dfrac{50+30}{2} = 40\text{kN}$ (∵ 대칭이므로)
- $\sum M_A = 0$: $R_A + \overline{AC}\sin 30° = 0$ (또는 $R_A + \overline{AC}\cos 60° = 0$)

∴ $\overline{AC} = -\dfrac{R_A}{\sin 30°} = -\dfrac{40}{\sin 30°} = -80\text{kN} = 80\text{kN}$ (압축)

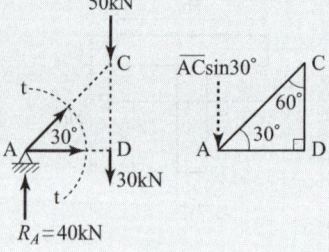

☐☐☐ 기 01②,04②,08④

17 단순보에 그림과 같이 하중이 작용 시 C점에서의 모멘트값은?

① $\dfrac{3PL}{20}$
② $-\dfrac{3PL}{20}$
③ $\dfrac{PL}{8}$
④ $-\dfrac{PL}{8}$

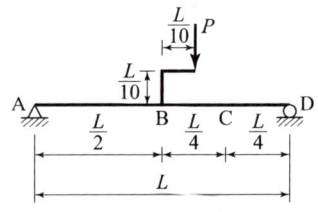

|해답| ①

- $\sum M_A = 0$
- $-R_D \times L + P \times \dfrac{L}{2} + M_B = 0$
- $M_B = P \times \dfrac{L}{10} = \dfrac{PL}{10}$
- $-R_D \times L + \dfrac{PL}{2} + \dfrac{PL}{10} = 0$

$\therefore R_D = \dfrac{3P}{5}$

$\therefore M_C = R_D \times \dfrac{L}{4} = \dfrac{3P}{5} \times \dfrac{L}{4} = \dfrac{3PL}{20}$

□□□ 기 06,09,12,14

18 평면응력상태하에서의 모어(Mohr)의 응력원에 대한 설명 중 옳지 않은 것은?

① 최대전단응력의 크기는 두 주응력의 차이와 같다.
② 모어원의 중심의 x 좌표값은 직교하는 두 축의 수직응력의 평균값과 같고 y 좌표값은 0이다.
③ 모어원이 그려지는 두 축 중 연직(y)축은 전단응력의 크기를 나타낸다.
④ 모어원으로부터 주응력의 크기와 방향을 구할 수 있다.

|해답| ①

최대전단응력 $\tau_{max} = \dfrac{1}{2}(\sigma_x - \sigma_y)$가 되므로, 이는 두 주응력 차의 $\dfrac{1}{2}$이다.

□□□ 기 04,10,13,18①

19 그림과 같은 게르버보에서 하중 P 만에 의한 C점의 처짐은? (단, EI는 일정하고 $EI=2.7\times10^{12}\mathrm{N\cdot cm^2}$이다.)

① 2.7cm
② 2.0cm
③ 1.0cm
④ 0.7cm

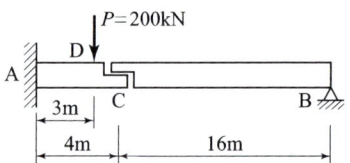

| 해답 | ③

AC 캔틸레버보(휨모멘트에 의한 공액보)

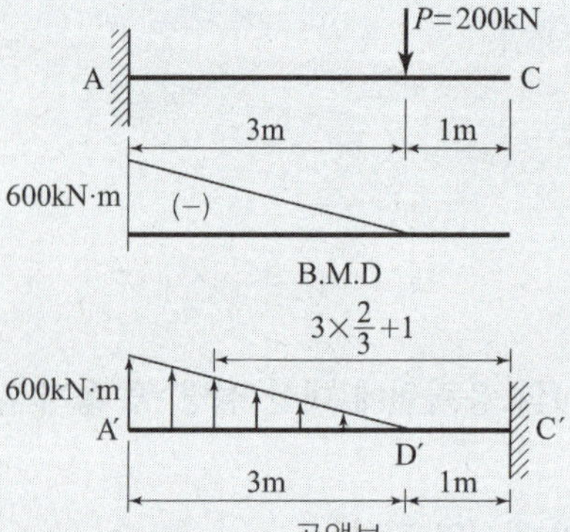

- $M_A = 200 \times 3 = 600\,\mathrm{kN\cdot m}(\curvearrowright)$
- $M_C' = 600 \times 3 \times \dfrac{1}{2} \times \left(3 \times \dfrac{2}{3} + 1\right) = 2700\,\mathrm{kN\cdot m^3}$

  $= 2700 \times 10^9\,\mathrm{N\cdot cm^3}$

∴ $\delta_C = \dfrac{M_C'}{EI} = \dfrac{2700 \times 10^9}{2.7 \times 10^{12}} = 1.0\,\mathrm{cm}$

□□□ 기 04①,10④,18③

20 다음 트러스의 부재력이 0인 부재는?

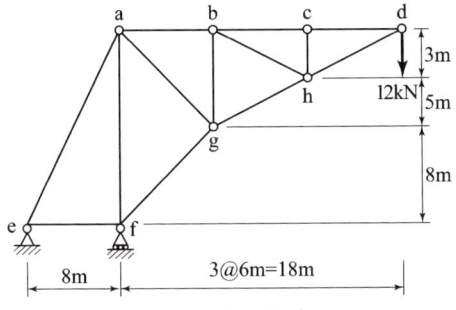

① 부재 a－e
③ 부재 b－g
② 부재 a－f
④ 부재 c－h

| 해답 | ④

• 절점법에 의해서 c절점에서 다음과 같이 절점한다.

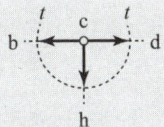

∴ 부재 c－h는 0이다.

02 6Pick Remember 120선 — 측량학 CBT 대비

□□□ 기 97,02,16

21 그림과 같은 복곡선(Compound Curve)에서 관계식으로 틀린 것은?

① $\Delta_1 = \Delta - \Delta_2$
② $t_2 = R_2 \tan \dfrac{\Delta_2}{2}$
③ $VG = (\sin \Delta_2)\left(\dfrac{GH}{\sin \Delta}\right)$
④ $VB = (\sin \Delta_2)\left(\dfrac{GH}{\sin \Delta}\right) + t_2$

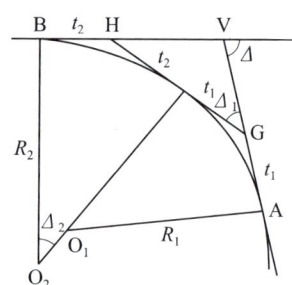

|해답| ④

$\Delta = \Delta_1 + \Delta_2$
$\therefore \Delta_1 = \Delta - \Delta_2$

$\triangle VHG$에서 sin법칙 적용

$\dfrac{VH}{\sin \Delta_1} = \dfrac{VG}{\sin \Delta_2} = \dfrac{GH}{\sin \Delta}$ 에서

$VH = \dfrac{\sin \Delta_1}{\sin \Delta} GH = \sin \Delta_1 \dfrac{GH}{\sin \Delta}$

$\therefore VB = VH + HB = \sin \Delta_1 \left(\dfrac{GH}{\sin \Delta}\right) + t_2$

□□□ 기 87,91,00,02,15,21③

22 곡선반지름 R, 교각 I인 단곡선을 설치할 때 사용되는 공식으로 틀린 것은?

① $T.L = R \tan \dfrac{I}{2}$
② $C.L = \dfrac{\pi}{180°} RI°$
③ $E = R\left(\sec \dfrac{I}{2} - 1\right)$
④ $M = R\left(1 - \sin \dfrac{I}{2}\right)$

| 해답 | ④

중앙종거 $M = R\left(1 - \cos\dfrac{I}{2}\right)$

> **Remember**
>
> - 접선장 $T.L = R\tan\dfrac{I}{2}$
> - 곡선장 $C.L = \dfrac{\pi}{180°}RI° = 0.01745RI°$
> - 외선장 $E = R\left(\sec\dfrac{I}{2} - 1\right) = R\left(\dfrac{1}{\cos\dfrac{I}{2}} - 1\right)$

□□□ 기 03,16①,20②,22③

23 그림과 같이 수준측량을 실시하였다. A점의 표고는 300m이고, B와 C 구간은 교호수준측량을 실시하였다면, D점의 표고는? (표고차 : A → B : +1.233m, B → C : +0.726m, C → B : −0.720m, C → D : −0.926m)

① 300.310m
② 301.030m
③ 302.153m
④ 302.882m

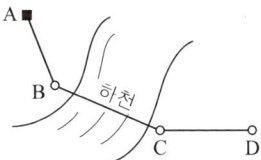

| 해답 | ②

$H_D = H_A + h_{AB} \pm \left(\dfrac{1}{2}(h_{BC} + h_{CB})\right) + h_{CD}$

- $H_A = 300\text{m}$, $h_{AB} = 1.233\text{m}$, $h_{CD} = -0.926\text{m}$
- BC구간의 교호수준측량을 하였을 때 고저차

  $h = \dfrac{1}{2}[0.726 - (-0.720)] = +0.723\text{m}$

- D점의 표고(H_D)

  ∴ $H_D = 300 + 1.233 + 0.723 - 0.926 = 301.030\text{m}$

측량학

□□□ 기 97,01,08②,11①,19①

24 다각측량 결과 측점 A, B, C의 합위거, 합경거가 표와 같다면 삼각형 A, B, C의 면적은?

측점	합위거(m)	합경거(m)
A	100.0	100.0
B	400.0	100.0
C	100.0	500.0

① 40000m²
② 60000m²
③ 80000m²
④ 120000m²

|해답| ②

측선	합위거(m)	합경거(m)	배면적$(X_{i-1}-X_{i+1}) \times Y_i$
A	100.0	100.0	$(100-400) \times 100 = -30000$
B	400.0	100.0	$(100-100) \times 100 = 0$
C	100.0	500.0	$(400-100) \times 500 = 150000$
			120000

$2A = -30000 + 0 + 150000 = 120000 \text{m}^2$

$\therefore A = \dfrac{120000}{2} = 60000 \text{m}^2$

□□□ 기 95,14,16

25 지구의 곡률에 의하여 발생하는 오차를 $1/10^6$까지 허용한다면 평면으로 가정할 수 있는 최대반지름은? (단, 지구곡률반지름 $R = 6370 \text{km}$)

① 약 5km
② 약 11km
③ 약 22km
④ 약 110km

|해답| ②

지구의 반지름$(R) = 6370 \text{km}$, 거리의 정도가 $\dfrac{1}{10^6}$의 측량이면 반지름 11km, 면적 약 380km²의 범위 내를 평면으로 본다.

□□□ 기 96,01,07,10,13,17④

26 도면에서 곡선에 둘러싸여 있는 부분의 면적을 구하기에 가장 적합한 방법은?

① 좌표법에 의한 방법
② 배횡거법에 의한 방법
③ 삼사법에 의한 방법
④ 구적기에 의한 방법

| 해답 | ④

면적 계산법

경계선이 직선	경계선이 곡선
• 삼사법 • 이변법 • 삼변법 • 좌표법 • 배횡거법	• 방안지법 • 띠선법 • 지거법 • 구적기(플래니미터) • 분할법

• 구적기(플래니미터) : 도면의 경계선이 불규칙한 곡선으로 되어 있든지, 기성 지도 위에서 손쉽게 면적을 구할 때 사용하는 기구이다.

□□□ 기 09,12,16,17④,20③

27 하천측량에 대한 설명으로 옳지 않은 것은?

① 수위관측소의 위치는 지천의 합류점 및 분류점으로서 수위의 변화가 일어나기 쉬운 곳이 적당하다.
② 하천측량에서 수준측량을 할 때의 거리표는 하천의 중심에 직각 방향으로 설치한다.
③ 심천측량은 하천의 수심 및 유수부분의 하저 상황을 조사하고 횡단면도를 제작하는 측량을 말한다.
④ 하천측량 시 처음에 할 일은 도상 조사로서 유로 상황, 지역면적, 지형, 토지 이용 상황 등을 조사하여야 한다.

| 해답 | ①

수위관측소의 위치는 지천의 합류점 및 분류점으로 특별한 수위 변화가 없는 곳이어야 한다.

□□□ 기 94,96,12,17①,19③,22①

28 측점 M의 표고를 구하기 위하여 수준점 A, B, C로부터 수준측량을 실시하여 표와 같은 결과를 얻었다면 M의 표고는?

측점	표고(m)	관측방향	고저차(m)	노선길이
A	11.03	A→M	+2.10	2km
B	13.60	B→M	−0.30	4km
C	11.64	C→M	+1.45	1km

① 13.09m ② 13.13m
③ 13.17m ④ 13.22m

| 해답 | ②

- 직접 수준측량의 경중률은 노선 거리에 반비례

$$P_A : P_B : P_C = \frac{1}{2} : \frac{1}{4} : \frac{1}{1} = 2 : 1 : 4$$

- M점의 표고
  A점으로부터 $D = 11.03 + 2.10 = 13.13\text{m}$
  B점으로부터 $D = 13.60 - 0.30 = 13.30\text{m}$
  C점으로부터 $D = 11.64 + 1.45 = 13.09\text{m}$

- 최확치 $H_M = \dfrac{P_A H_A + P_B H_B + P_C H_C}{P_A + P_B + P_C}$

  $= 13 + \dfrac{2 \times 0.13 + 1 \times 0.30 + 4 \times 0.09}{2 + 1 + 4} = 13.13\text{m}$

□□□ 기 08,10,16

29 지형을 표시하는 방법 중에서 짧은 선으로 지표의 기복을 나타내는 방법은?

① 점고법 ② 영선법
③ 단체법 ④ 등고선법

| 해답 | ②

우모법
짧은선으로 지표의 기복을 나타내는 것으로 영선법이라고도 한다.

□□□ 기 04,08,10,13,14,17②

30 $10000m^2$의 정사각형 토지의 면적을 측정한 결과, 오차가 $\pm 0.4m^2$이었다. 두 변의 길이가 동일한 정밀도로 측정되었다면, 거리 측정의 오차는?

① $\pm 0.000008m$
② $\pm 0.00008m$
③ $\pm 0.0028m$
④ $\pm 0.063m$

[해답] ③

$A = a^2$에서 $\dfrac{dA}{A} = 2\dfrac{da}{a}$

- $a = \sqrt{10000} = 100m$

$\therefore da = a\dfrac{dA}{2A}$

$= 100 \times \dfrac{0.4}{2 \times 10000} = 0.002m$

$\therefore E = \pm \sqrt{0.002^2 + 0.002^2} = \pm 0.0028m$

□□□ 기 97,01,13,19①, 22③

31 지형측량에서 지성선(地性線)에 대한 설명으로 옳은 것은?

① 등고선이 수목에 가려져 불명확할 때 이어 주는 선을 의미한다.
② 지모(地貌)의 골격이 되는 선을 의미한다.
③ 등고선에 직각방향으로 내려 그은 선을 의미한다.
④ 곡선(谷線)이 합류되는 점들을 서로 연결한 선을 의미한다.

[해답] ②

- 지성선 : 지모의 골격을 나타내는 선
- 지모를 나타내는 요소
  - 능선(凸선) : 지표면의 높은 곳을 연결한 선
  - 계곡선(凹선) : 지표면의 낮은 곳을 나타내는 선
  - 경사변환선 : 동일 방향의 경사면에서 경사의 크기가 다른 두 면의 접합선

□□□ 기 81,88,09,14

32 삼각점 A에 기계를 설치하였으나 삼각점 B가 시준이 되지 않아 점 P를 관측하여 $T' = 68°32'15''$를 얻었다. 보정각 T는? (단, $S=2km$, $e=5m$, $\phi = 302°56'$)

① $68°25'02''$
② $68°20'09''$
③ $68°15'02''$
④ $68°10'09''$

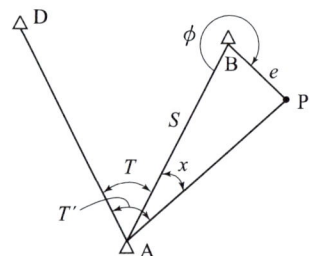

| 해답 | ①

$T = T' - x$

- $\dfrac{e}{\sin x} = \dfrac{S}{\sin(360° - \phi)}$ 에서

- $x = \dfrac{e}{S}\sin(360° - \phi) \times \rho''$

  $= \dfrac{5}{2000}\sin(360° - 302°56') \times 206265'' = 0°7'12.8''$

∴ $T = 68°32'15'' - 0°7'12.8''$
   $= 68°25'02''$

□□□ 기 87,88,93,11,15,16

33 지표면상의 A, B 간의 거리가 7.1km라고 하면 B점에서 A점을 시준할 때 필요한 측표(표척)의 최소높이로 옳은 것은? (단, 지구의 반지름은 6370km 이고, 대기의 굴절에 의한 요인은 무시한다.)

① 1m   ② 2m
③ 3m   ④ 4m

| 해답 | ④

구차 $h = \dfrac{D^2}{2R} = \dfrac{7.1^2}{2 \times 6370} = 0.004km = 4m$

□□□ 기 16④,19③

34 삼각수준측량에 의해 높이를 측정할 때 기지점과 미지점의 쌍방에서 연직각을 측정하여 평균하는 이유는?

① 연직축오차를 최소화하기 위하여
② 수평분도원의 편심오차를 제거하기 위하여
③ 연직분도원의 눈금오차를 제거하기 위하여
④ 공기의 밀도변화에 의한 굴절 오차의 영향을 소거하기 위하여

|해답| ④

삼각수준측량
• 직접수준측량에 비하여 비용 및 시간이 절약되지만 정확도는 훨씬 떨어진다.
• 주로 대기 중에서 광선의 굴절에 기인하기 때문이다.
• 아침 저녁은 공기 중의 굴절오차가 매우 많기 때문이다.
• 삼각수준측량으로 높이를 측정할 때 기지점과 미지점의 쌍방에서 연직각을 측정하여 평균하면 공기의 밀도변화에 의한 굴절 오차의 영향을 소거할 수 있다.

□□□ 기 81,02,09,18①

35 하천측량을 실시하는 주목적은 어디에 있는가?

① 하천 개수공사나 공작물의 설계, 시공에 필요한 자료를 얻기 위하여
② 유속 등을 관측하여 하천의 성질을 알기 위하여
③ 하천의 수위, 기울기, 단면을 알기 위하여
④ 평면도, 종단면도를 작성하기 위하여

|해답| ①

하천 측량의 목적
하천의 형상, 수위, 심천, 단면, 경사 등을 관측하여 하천의 평면도, 종단도를 작도함과 동시에 유속, 유량 등을 조사하여 하천 개수 공사를 하는데 필요한 자료를 얻는데 있다.

측량학

□□□ 기 05,09,12,16,21①

36 그림과 같은 유토곡선(mass curve)에서 하향구간이 의미하는 것은?

① 성토구간
② 전토구간
③ 운반토량
④ 운반거리

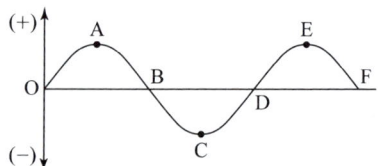

| 해답 | ①

유토곡선에서 하향곡선 \(AC, EF)은 성토구간이며,
상향곡선 /(OA, CE)은 절토구간이다.

□□□ 기 95,01,04,07,16,21③

37 노선에 곡선반지름 $R=600$m인 곡선을 설치할 때, 현의 길이 $L=20$m에 대한 편각은?

① 54′18″
② 55′18″
③ 56′18″
④ 57′18″

| 해답 | ④

편각 $\delta = 1718.87' \times \dfrac{l}{R}$

$= 1718.87' \times \dfrac{20}{600} = 57'18''$

□□□ 기 92,02,08,15,17④,20②

38 캔트가 C인 노선에서 설계속도와 반지름을 모두 2배로 하면 새로운 캔트 C'는 얼마인가?

① $\dfrac{C}{2}$
② $\dfrac{C}{4}$
③ $2C$
④ $4C$

| 해답 | ③

캔트 $C = \dfrac{bV^2}{gR} = \dfrac{b(2V)^2}{g(2R)} = \dfrac{4bV^2}{2gR} = 2\dfrac{bV^2}{gR}$

∴ 속도 V와 반지름 R을 2배로 하면 새로운 캔트는 $2C$가 된다.

□□□ 기 98,03,06,11,18①

39 축척 1 : 25000 지형도에서 거리가 6.73cm인 두 점 사이의 거리를 다른 축척의 지형도에서 측정한 결과 11.21cm이었다면 이 지형도의 축척은 약 얼마인가?

① 1 : 20000
② 1 : 18000
③ 1 : 15000
④ 1 : 13000

| 해답 | ③

$\dfrac{1}{25000} : 6.73 = \dfrac{1}{M} : 11.21$

$\dfrac{1}{M} = \dfrac{11.21}{6.73} \times \dfrac{1}{25000} = \dfrac{1}{15000}$

□□□ 기 85,10,19①

40 중력이상에 대한 설명으로 옳지 않은 것은?

① 중력이상에 의해 지표면 밑의 상태를 추정할 수 있다.
② 중력이상에 대한 취급은 물리학적 측지학에 속한다.
③ 중력이상이 양(+)이면 그 지점 부근에 무거운 물질이 있는 것으로 추정할 수 있다.
④ 중력식에 의한 계산값에서 실측값을 뺀 것이 중력이상이다.

| 해답 | ④

중력이상이 (+)이면 그 지점에 무거운 물질이 있다.
중력이상 = 중력의 실측값 – 계산값

03 수리학 및 수문학

6Pick Remember 120선 — CBT 대비

□□□ 기 98,13,15,18③

41 빙산(氷山)의 부피가 V, 비중이 0.92이고, 바닷물의 비중은 1.025라 할 때 빙산의 바닷물 속에 잠겨 있는 부분의 부피는?

① $0.92V$ ② $0.9V$
③ $0.82V$ ④ $0.8V$

| 해답 | ②

Archimedes 원리(빙산의 체적 V, 바닷물에 잠긴 체적 V')
$0.92 \times V = 1.025 \times V'$
$\therefore V' = \dfrac{0.92}{1.025} V = 0.90 V$

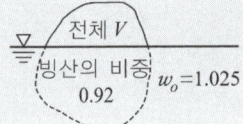

□□□ 기 01,06,08,15

42 자연하천에서 수위 – 유량관계곡선이 loop형을 이루게 되는 이유가 아닌 것은?

① 배수 및 저수 효과   ② 하도의 인공적 변화
③ 홍수시 수위의 급변화   ④ 조류 발생

| 해답 | ④

자연하천의 경우, 수위–유량곡선은 수위가 상승할 때와 하강할 때 다른 모양으로 loop형이 되는데, 그 이유는 준설, 세굴, 퇴적 등에 의한 하천의 변화, 하도의 인공적 변화, 배수 및 저하 효과, 홍수시 수위의 급상승 또는 하강 등의 효과 때문이다.

□□□ 기 82,97,11,15

43 보기의 가정 중 방정식 $\Sigma F_x = \rho Q(v_2 - v_1)$에서 성립되는 가정으로 옳은 것은?

> (1) 유속은 단면내에서 일정하다.
> (2) 흐름은 정류(定流)이다.
> (3) 흐름은 등류(等流)이다.
> (4) 유체는 압축성이며 비점성 유체이다.

① (1), (2) ② (1), (4)
③ (2), (4) ④ (3), (4)

|해답| ①

- 흐름은 정상류(Steady Flow)이다.
- 유체는 비압축성이다.
- 마찰이 있는 유체이다.
- 정상류에서 유관의 모든 단면을 지나는 질량 유량은 항상 일정하다.

□□□ 기 04,15,19①,20④

44 유출(流出)에 대한 설명으로 옳지 않은 것은?

① 비가 오기 전의 유출을 기저유출이라 한다.
② 우량은 그 전량이 하천으로 유출된다.
③ 일정기간에 하천으로 유출되는 수량의 합을 유출량(流出量)이라 한다.
④ 유출량과 그 기간의 강수량과의 비(比)를 유출계수 또는 유출률(流出率)이라 한다.

|해답| ②

- 유출(run off) : 강수의 일부분이 지표상의 각종 수로에 도달하여 하천수를 형성하는 현상
- 유출계수 = $\dfrac{\text{하천유량}}{\text{강수량}}$
- 우량의 일부는 지하로 침투되어 지하수를 형성한다.

□□□ 기 87,93,08,09,15

45 베르누이 정리가 성립하기 위한 조건으로 틀린 것은?

① 압축성 유체에 성립한다.
② 유체의 흐름은 정상류이다.
③ 개수로 및 관수로 모두에 적용된다.
④ 하나의 유선에 대하여 성립한다.

| 해답 | ①

베르누이 방정식의 기본 조건 및 가정 사항
• 유체의 흐름은 정상류이다.
• 유체는 비압축성 유체이다.
• 하나의 유선에 대해서 성립한다.
• 개수로 및 관수로 모두에 적용된다.
• 하나의 유선에 대해서는 총에너지가 일정하다.

□□□ 기 93,08,11④,19②

46 표고 20m인 저수지에서 물을 표고 50m인 지점까지 1.0m³/sec의 물을 양수하는 데 소요되는 펌프동력은? (단, 모든 손실수두의 합은 3.0m이고 모든 관은 동일한 지름과 수리학적 특성을 지니며, 펌프의 효율은 80%이다.)

① 248kW　② 330kW
③ 404kW　④ 650kW

| 해답 | ③

$E = \dfrac{9.8\,Q(H+\Sigma h)}{\eta}$

• $H = 50 - 20 = 30\,\text{m}$
• $\Sigma h = 3\,\text{m}$

$\therefore E = \dfrac{9.8 \times 1.0 \times (30+3)}{0.8} = 404\,\text{kW}$

☐☐☐ 기 81,84,95,97,98,01,07,12,13,15,17④,19②

47 단위중량 w 또는 밀도 ρ인 유체가 유속 V로서 수평방향으로 흐르고 있다. 직경 d, 길이 l인 원주가 유체의 흐름방향에 직각으로 중심축을 가지고 놓였을 때 원주에 작용하는 항력(D)은? (단, C : 항력계수, g : 중력가속도)

① $D = C \cdot \dfrac{\pi d^2}{4} \cdot \dfrac{wV^2}{2}$ ② $D = C \cdot d \cdot l \cdot \dfrac{\rho V^2}{2}$

③ $D = C \cdot \dfrac{\pi d^2}{4} \cdot \dfrac{\rho V^2}{2}$ ④ $D = C \cdot d \cdot l \cdot \dfrac{wV^2}{2}$

| 해답 | ②

항력 = 항력계수 × 투영단면적 × 동압력
$D = C \cdot A \cdot \dfrac{1}{2} \rho V^2 = C \cdot d \cdot l \cdot \dfrac{\rho V^2}{2}$

Remember

$$D = C_D A \dfrac{wV^2}{2g} = C_D A \dfrac{\rho g V^2}{2g} = C_D \cdot A \cdot \dfrac{1}{2} \rho V^2$$

☐☐☐ 기 90,06,11,15

48 수문을 갑자기 닫아서 물의 흐름을 막으면 상류(上流)쪽의 수면이 갑자기 상승하여 단상(段狀)이 되고, 이것이 상류로 향하여 전파되는 현상을 무엇이라 하는가?

① 장파(長波)   ② 단파(段波)
③ 홍수파(洪水波)   ④ 파상도수(波狀跳水)

| 해답 | ②

단파(hydraulic bore)
개수로 흐름에서 상류나 하류의 수문을 갑자기 열거나 닫아서 수면이 갑자기 높아지거나 저하되어 단상으로 흐름이 전파되는 현상이다.

□□□ 기 02,13,15

49 그림과 같은 부등류 흐름에서 y는 실제수심, y_c는 한계수심, y_n은 등류수심을 표시한다. 그림의 수로경사에 관한 설명과 수면형 명칭으로 옳은 것은?

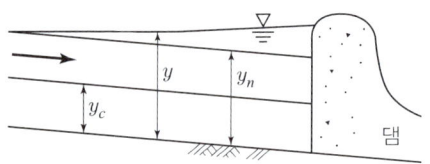

① 완경사 수로에서의 배수곡선이며 M_1 곡선
② 급경사 수로에서의 배수곡선이며 S_1 곡선
③ 완경사 수로에서의 배수곡선이며 M_2 곡선
④ 급경사 수로에서의 저하곡선이며 S_2 곡선

| 해답 | ①

완경사일 때 수면곡선
- 배수곡선 : $y > y_n > y_c$의 영역에서는 흐름방향으로 수심이 증가하는 배수곡선 M_1이 된다.
- 저하곡선 : $y_n > y > y_c$의 영역에서는 수심이 흐름방향을 따라 감소하는 저하곡선 M_2이 된다.

□□□ 기 85,05,08,15

50 단위유량도(Unit hydrograph)에서 강우자료를 유효우량으로 쓰게 되는 이유는?

① 기저유출이 포함되어 있기 때문에
② 손실우량을 산정할 수 없기 때문에
③ 직접유출의 근원이 되는 유량이기 때문에
④ 대상유역내 균일하게 분포하는 것으로 볼 수 있기 때문에

| 해답 | ③

단위유량도(단위도)에서 특정단위시간동안 균일한 강도로 유역 전반에 걸쳐 균등하게 내린 단위유효우량을 쓰는 이유는 직접유출의 근원이 되는 유량이기 때문이다.

☐☐☐ 기 87,92,18①

51 어떤 소유역의 면적이 20ha, 유수의 도달시간이 5분이다. 강수자료의 해석으로부터 얻어진 이 지역의 강우강도식이 아래와 같을 때 합리식에 의한 홍수량은? (단, 유역의 평균 유출계수는 0.6이다.)

> 강우강도식 : $I = \dfrac{6000}{(t+35)}$ [mm/hr]
> 여기서, t : 강우지속시간[분]

① $18.0 \text{m}^3/\text{sec}$
② $5.0 \text{m}^3/\text{sec}$
③ $1.8 \text{m}^3/\text{sec}$
④ $0.5 \text{m}^3/\text{sec}$

| 해답 | ②

강우강도 $I = \dfrac{6000}{t+35} = \dfrac{6000}{5+35} = 150 \text{mm/hr}$

$\therefore Q = 0.2778 CIA$
$= 0.2778 \times 0.6 \times 150 \times 0.2 = 5.0 \text{m}^3/\text{sec}$
($\because$ 유역면적 $A = 20 \text{ha} = 0.20 \text{km}^2$)

☐☐☐ 기 01,10②,19③

52 관수로에 물이 흐를 때 층류가 되는 레이놀즈수(Re, Reynolds Number)의 범위는?

① Re < 2000
② 2000 < Re < 3000
③ 3000 < Re < 4000
④ Re > 4000

| 해답 | ①

관수로의 레이놀즈(Reynolds)수
- 무차원의 수로 흐름상태를 구분하는 지표이다.
- Re < 2000 : 층류
- Re < 4000 : 난류
- 2000 < Re < 4000 : 천이영역

기 97,08,17

53 수심 H에 위치한 작은 오리피스(orifice)에서 물이 분출할 때 일어나는 손실수두(Δh)의 계산식으로 틀린 것은? (단, V_a는 오리피스에서 측정된 유속이며 C_v는 유속계수이다.)

① $\Delta h = H - \dfrac{V_a^2}{2g}$

② $\Delta h = H(1-C_v^2)$

③ $\Delta h = \dfrac{V_a^2}{2g}\left(\dfrac{1}{C_v^2}-1\right)$

④ $\Delta h = \dfrac{V_a^2}{2g}\left(\dfrac{1}{C_v^2+1}\right)$

| 해답 | ④

오리피스에서 일어나는 손실수두

• $V = \sqrt{2gH}$에서 실제 유속은 $V_a = C_v\sqrt{2gH}$이다.

• $V_a^2 = C_v^2 \cdot 2gH$에서 $H = \dfrac{1}{C_v^2}\dfrac{V^2}{2g}$

• 손실수두 = 전수두 − 유속수두

$\Delta h = H - \dfrac{V_a^2}{2g} = \dfrac{1}{C_v^2}\dfrac{V_o^2}{2g} - \dfrac{V_o^2}{2g} = \dfrac{V_o^2}{2g}\left(\dfrac{1}{C_v^2}-1\right)$

$= \left(\dfrac{1}{C_v^2}-1\right)\dfrac{C_v^2 \cdot 2gH}{2g}$

$= \dfrac{1-C_v^2}{C_v^2} \cdot \dfrac{C_v^2 \cdot 2gH}{2g}$

$= (1-C_v^2)H = H(1-C_v^2)$

기 83,90,97,02,06,08,10,11,13,15,17

54 강우계의 관측분포가 균일한 평야지역의 작은 유역에 발생한 강우에 적합한 유역 평균 강우량 산정법은?

① Thiessen의 가중법
② Talbot의 강도법
③ 산술평균법
④ 등우선법

| 해답 | ③

유역의 평균 강우량 산정법

산정 방법	특징
산술평균법	평야지역에서 강우분포가 균일
Thiessen 가중법	산악효과가 비교적 적음
등우선법	강우에 대한 산악의 영향을 고려

□□□ 기 86,90,97,18①,22②

55 3차원 흐름의 연속방정식을 아래와 같은 형태로 나타낼 때 이에 알맞은 흐름의 상태는?

$$\frac{\partial u}{\partial x} + \frac{\partial v}{\partial y} + \frac{\partial w}{\partial z} = 0$$

① 비압축성 정상류
② 비압축성 부정류
③ 압축성 정상류
④ 압축성 부정류

| 해답 | ①

■ 압축성 유체가 정류로 흐를 때의 연속방정식

- 1차원 : $\dfrac{\partial(\rho u)}{\partial x} = 0$

- 2차원 : $\dfrac{\partial(\rho u)}{\partial x} + \dfrac{\partial(\rho v)}{\partial y} = 0$

- 3차원 : $\dfrac{\partial(\rho u)}{\partial x} + \dfrac{\partial(\rho v)}{\partial y} + \dfrac{\partial(\rho w)}{\partial z} = 0$

■ 비압축성 유체가 정류로 흐를 때의 연속방정식

- 1차원 : $\dfrac{\partial u}{\partial x} = 0$

- 2차원 : $\dfrac{\partial u}{\partial x} + \dfrac{\partial v}{\partial y} = 0$

- 3차원 : $\dfrac{\partial u}{\partial x} + \dfrac{\partial v}{\partial y} + \dfrac{\partial w}{\partial z} = 0$

□□□ 기 93,97,02,05,11①,18③,19③
56 직사각형 단면수로의 폭이 5m이고 한계수심이 1m일 때의 유량은?
(단, 에너지 보정계수 $\alpha = 1.0$)

① $15.65\text{m}^3/\text{sec}$ ② $10.75\text{m}^3/\text{sec}$
③ $9.80\text{m}^3/\text{sec}$ ④ $3.13\text{m}^3/\text{sec}$

| 해답 | ①

$$h_c = \left(\frac{\alpha Q^2}{gb^2}\right)^{\frac{1}{3}} \text{에서 } h_c^3 = \left(\frac{\alpha Q^2}{gb^2}\right)$$

$$1^3 = \left(\frac{1.0 \times Q^2}{9.8 \times 5^2}\right) \quad \therefore Q = 15.65\,\text{m}^3/\text{sec}$$

Remember

■ [계산기 f_x 570] SOLVE 사용법

$$1^3 = \left(\frac{1.0 \times Q^2}{9.8 \times 5^2}\right)$$

먼저 1^3 ☞ ALPHA ☞ SOLVE = ☞ $\left(\frac{1.0 \times}{9.8 \times 5^2}\right)$

☞ ALPHA X^2 ☞ $\left(\frac{1.0 \times X^2}{9.8 \times 5^2}\right)$

☞ SHIFT ☞ SOLVE ☞ = ☞ 잠시 기다리면

$X = 15.65 \quad \therefore Q = 15.65\,\text{m}^3/\text{sec}$

□□□ 기 91,13,19①
57 물리량의 차원이 옳지 않은 것은?

① 에너지 : $[ML^{-2}T^{-2}]$ ② 동점성계수 : $[L^2T^{-1}]$
③ 점성계수 : $[ML^{-1}T^{-1}]$ ④ 밀도 : $[FL^{-4}T^2]$

| 해답 | ①
에너지 $E = FL = [MLT^{-2}][L] = [ML^2T^{-2}]$

☐☐☐ 기 94,02,18①

58 A저수지에서 200m 떨어진 B저수지로 지름 20cm, 마찰손실계수 0.035인 원형관으로 $0.0628m^3/sec$의 물을 송수하려고 한다. A저수지와 B저수지 사이의 수위차는? (단, 마찰손실, 단면급확대 및 급축소 손실을 고려한다.)

① 5.75m ② 6.94m
③ 7.14m ④ 7.45m

| 해답 | ④

수면차 $H = \left(f_i + f\dfrac{l}{D} + f_o\right)\dfrac{V^2}{2g}$

• 마찰손실 $f = 0.035$, 유입손실 $f_i = 0.5$
  유출손실 $f_o = 1.0$
• $Q = AV$에서
  $V = \dfrac{Q}{A} = \dfrac{0.0625}{\dfrac{\pi \times 0.2^2}{4}} = 2.0 m/sec$

∴ $H = \left(0.5 + 0.035 \times \dfrac{200}{0.2} + 1.0\right) \times \dfrac{2^2}{2 \times 9.8} = 7.45 m$

☐☐☐ 기 93,02,17,18①

59 흐르는 유체 속에 잠겨있는 물체에 작용하는 항력과 관계가 없는 것은?

① 유체의 밀도 ② 물체의 크기
③ 물체의 형상 ④ 물체의 밀도

| 해답 | ④

항력(drag)
• 유수 중의 물체에 작용하는 힘은 두 성분으로 나눌 수 있으며 흐름방향에 작용하는 힘을 항력이라 한다.
• 항력 $D = C_D A \dfrac{\rho V^2}{2}$
• 흐름방향의 물체 투영면적 A : 물체의 크기에 영향을 받는다.
• 저항계수 C_D : 물체의 형상, 유체의 밀도, 표면의 거칠기에 영향을 받는다.

□□□ 기 93,98,14②,18①

60 비력(special force)에 대한 설명으로 옳은 것은?

① 물의 충격에 의해 생기는 힘의 크기
② 비에너지가 최대가 되는 수심에서의 에너지
③ 한계수심으로 흐를 때 한 단면에서의 총에너지 크기
④ 개수로의 어떤 단면에서 단위중량당 운동량과 정수압의 합계

| 해답 | ④

비력(충력치)
개수로의 한 단면에서 운동량(동수압)과 정수압의 합을 물의 단위중량으로 나눈 값을 말한다.
$$\therefore M = \eta \frac{Q}{g} v + h_g A = \text{const}$$

04 6Pick Remember 120선

철근콘크리트 및 강구조

CBT 대비

☐☐☐ 기 93,02,04,10,11,14①,16②,18②,22①

61 인장응력 검토를 위한 L−150×90×12인 형강(angle)의 전개 총폭 b_g는 얼마인가?

① 228mm
② 232mm
③ 240mm
④ 252mm

|해답| ①

부등변 ㄴ형강

• 총폭 $b_g = b_1 + b_2 - t$
  $= 150 + 90 - 12$
  $= 228\text{mm}$

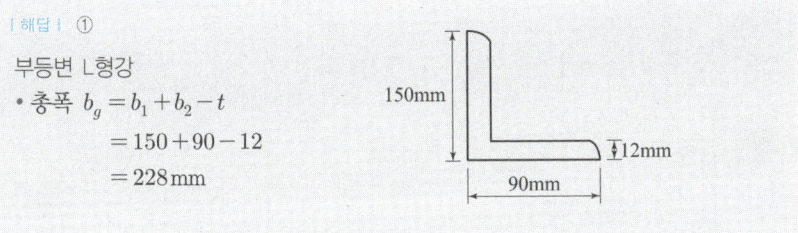

☐☐☐ 기 06,10,11,13,14,17②,22③

62 보의 활하중은 17kN/m, 자중은 11kN/m인 등분포하중을 받는 경간 12m인 단순 지지보의 계수 휨모멘트(M_u)는?

① 684kN/m
② 727kN/m
③ 749kN/m
④ 754kN/m

|해답| ②

계수휨모멘트 $M_u = \dfrac{w_u l^2}{8}$

$w_u = 1.2w_D + 1.6w_L$
$\quad = 1.2 \times 11 + 1.6 \times 17 = 40.4\text{kN/m}$

$\therefore M_u = \dfrac{40.4 \times 12^2}{8} = 727\text{kN/m}$

□□□ 기 06,09,10,14,16,19②

63 그림과 같은 단면의 중간 높이에 초기 프리스트레스 900kN을 작용시켰다. 20%의 손실을 가정하여 하단 또는 상단의 응력이 영(零)이 되도록 이 단면에 가할 수 있는 모멘트의 크기는?

① 90kN·m
② 84kN·m
③ 72kN·m
④ 65kN·m

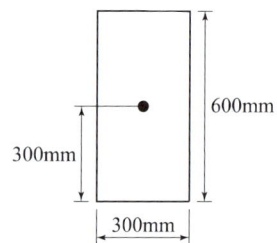

|해답| ③

$$f = \frac{P}{A} - \frac{M}{I}y = 0 \text{에서}$$

$$M = \frac{P_e \cdot I}{A \cdot y} = \frac{P_e b h^2}{6bh}$$

$$= \frac{P_e \cdot h}{6}$$

- $P_e = P_i - \Delta P = 900 - 900 \times 0.20 = 720 \text{kN}$

$$\therefore M = \frac{720 \times 0.6}{6} = 72 \text{kN} \cdot \text{m}$$

□□□ 기 92,97,00,02,19②③

64 철근콘크리트 보에서 스터럽을 배근하는 주목적으로 옳은 것은?

① 철근의 인장강도가 부족하기 때문에
② 콘크리트의 탄성이 부족하기 때문에
③ 콘크리트의 사인장강도가 부족하기 때문에
④ 철근과 콘크리트의 부착강도가 부족하기 때문에

|해답| ③

전단철근(스터럽, 절곡철근)을 두는 이유는 보의 사인장응력(전단응력)에 의한 균열을 막기 위해서이다.

□□□ 기 05,08,14②

65 그림과 같은 정사각형 독립확대 기초저면에 작용하는 지압력이 $q = 100\text{kPa}$일 때, 휨에 대한 위험단면의 휨모멘트강도는 얼마인가?

① 216kN·m
② 360kN·m
③ 260kN·m
④ 316kN·m

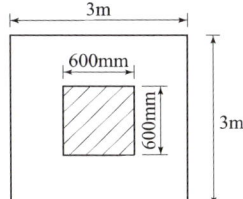

| 해답 | ①

$$M_a = q\left(\frac{L-t}{2}S\right)\left(\frac{L-t}{4}\right) = \frac{q \cdot S}{8}(L-t)^2$$
$$= \frac{100 \times 3}{8}(3-0.6)^2 = 216\,\text{kN}\cdot\text{m}$$

참고 $1\text{kPa} = 1\text{kN/m}^2$

□□□ 기 92,93,96,97,99,05,13,16

66 직사각형 단면(300mm×400mm)인 프리텐션 부재에 550mm2의 단면적을 가진 PS강선을 콘크리트 단면 도심에 일치하도록 배치하였다. 이때 1350MPa의 인장응력이 되도록 긴장한 후 콘크리트에 프리스트레스를 도입한 경우 도입직후 생기는 PS강선의 응력은? (단, $n=6$, 단면적은 총단면적 사용)

① 371MPa
② 398MPa
③ 1313MPa
④ 1321MPa

| 해답 | ③

$$f_{pe} = f_p - \Delta f_{pe} = f_p - n\frac{P}{A}$$
$$= 1350 - 6 \times \frac{1350 \times 550}{300 \times 400} = 1313\,\text{MPa}$$

□□□ 기 09,11,14,17①,18①, 25①

67 $M_u = 200 kN \cdot m$의 계수모멘트가 작용하는 단철근 직사각형보에서 필요한 철근량(A_s)은 약 얼마인가? (단, $b_w = 300mm$, $d = 500mm$, $f_{ck} = 28MPa$, $f_y = 400MPa$, $\phi = 0.85$)

① $1072.7mm^2$
② $1266.3mm^2$
③ $1524.6mm^2$
④ $1785.4mm^2$

해답 : ②

■ $A_s = \dfrac{M_u}{\phi f_y \left(d - \dfrac{a}{2}\right)}$, $a = \dfrac{A_s f_y}{\eta(0.85 f_{ck})b}$

• $A_s = \dfrac{M_u}{\phi f_y \left(d - \dfrac{1}{2} \dfrac{A_s f_y}{\eta(0.85 f_{ck})b}\right)}$

$A_s = \dfrac{200 \times 10^6}{0.85 \times 400 \left(500 - \dfrac{1}{2} \times \dfrac{A_s \times 400}{1 \times 0.85 \times 28 \times 300}\right)}$

■ [계산기 $f_x 570$ ES] SOLVE 사용법
먼저 ALPHA ☞ X ☞ ALPHA ☞ SOLVE = ☞

$\dfrac{200 \times 10^6}{0.85 \times 400 \times \left(500 - \dfrac{1}{2} \times \dfrac{ALPHA\ X \times 400}{1 \times 0.85 \times 28 \times 300}\right)}$

SHIFT ☞ SOLVE ☞ = ☞ 잠시 기다리면
$X = 1266.30$ ∴ $A_s = 1266.3 mm^2$

□□□ 기 04,09,14,17②

68 T형 PSC보에 설계하중을 작용시킨 결과 보의 처짐은 0이었으며, 프리스트레스 도입단계부터 부착된 계측장치로부터 상부 탄성변형률 $\varepsilon = 3.5 \times 10^{-4}$을 얻었다. 콘크리트 탄성계수 $E_c = 26000MPa$, T형보의 단면적 $A_g = 150000mm^2$, 유효율 $R = 0.85$일 때, 강재의 초기긴장력 P_i을 구하면?

① 1606kN
② 1365kN
③ 1160kN
④ 2269kN

| 해답 | ①

유효 프리스트레스 $P_e = R \cdot P_i$ 에서

• 초기긴장력 $P_i = \dfrac{P_e}{R}$

• $P_e = f \cdot A = A_g \cdot E_c \cdot \epsilon_c$
  $= 150000 \times 26000 \times 3.5 \times 10^{-4} = 1365000\,\text{N}$
  $= 1365\,\text{kN}$

∴ $P_i = \dfrac{1365}{0.85} = 1606\,\text{kN}$

(∵ $R = 0.85$)

□□□ 기 12①, 15④, 20②

69 $b_w = 350\text{mm}$, $d = 600\text{mm}$인 단철근 직사각형보에서 보통중량콘크리트가 부담할 수 있는 공칭전단강도(V_c)를 정밀식으로 구하면 약 얼마인가? (단, 전단력과 휨모멘트를 받는 부재이며, $V_u = 100\text{kN}$, $M_u = 300\text{kN} \cdot \text{m}$, $\rho_w = 0.016$, $f_{ck} = 24\text{MPa}$이다.)

① 164.2kN
② 171.5kN
③ 176.4kN
④ 182.7kN

| 해답 | ③

$$V_c = \left(0.16\lambda\sqrt{f_{ck}} + 17.6\rho_w\dfrac{V_u d}{M_u}\right)b_w d \leq 0.29\lambda\sqrt{f_{ck}}\,b_w d$$

$= \left(0.16 \times 1 \times \sqrt{24} + 17.6 \times 0.016 \times \dfrac{100 \times 0.6}{300}\right) \times 350 \times 600$

$= 176433\,\text{N} = 176.4\,\text{kN}$

■ 확인 : $0.29\lambda\sqrt{f_{ck}}\,b_w d$

$= 0.29 \times 1 \times \sqrt{24} \times 350 \times 600$

$= 298348\,\text{N} = 298\,\text{kN}$

∴ $176.4\,\text{kN} \leq 298\,\text{kN}$

□□□ 기 04,10,11,12,13,16

70 PS콘크리트의 균등질보의 개념(homogeneous beam concept)을 설명한 것으로 가장 적당한 것은?

① 콘크리트에 프리스트레스가 가해지면 PSC부재는 탄성재료로 전환되고 이의 해석은 탄성이론으로 가능하다는 개념
② PSC보를 RC보처럼 생각하여, 콘크리트는 압축력을 받고 긴장재는 인장력을 받게 하여 두 힘의 우력모멘트로 외력에 의한 휨모멘트에 저항시킨다는 개념
③ PS콘크리트는 결국 부재에 작용하는 하중의 일부 또는 전부를 미리 가해진 프리스트레스와 평형이 되도록 하는 개념
④ PS콘크리트는 강도가 크기 때문에 보의 단면을 강재의 단면으로 가정하여 압축 및 인장을 단면 전체가 부담할 수 있다는 개념

| 해답 | ①

PSC의 기본개념
- 응력개념(균등질보의 개념) : 프리스트레스가 도입되면 콘크리트 부재를 탄성이론으로 해석할 수 있다는 개념
- 하중평형개념(등가하중개념) : 프리스트레스에 의한 작용과 부재에 작용하는 하중을 평형이 되도록 하는 개념
- 강도개념(내력모멘트개념) : PSC보를 RC보처럼 생각하여 콘크리트는 압축력을 받고 긴장재는 인장력을 받게 하여 두 힘의 우력모멘트로 외력에 의한 휨모멘트에 저항시킨다는 개념

□□□ 기 94,97,00,15,18①,19①

71 용접작업 중 일반적인 주의사항에 대한 내용으로 옳지 않은 것은?

① 구조상 중요한 부분을 지정하여 집중용접한다.
② 용접은 수축이 큰 이음을 먼저 용접하고, 수축이 작은 이음은 나중에 한다.
③ 앞의 용접에서 생긴 변형을 다음 용접에서 제거할 수 있도록 진행시킨다.
④ 특히 비틀어지지 않게 평행한 용접은 같은 방향으로 할 수 있으며 동시에 용접을 한다.

| 해답 | ①
구조상 중요 부분을 지정하여 집중용접이 되지 않도록 한다.

> **Remember**
>
> 용접작업 중 일반적인 주의사항
> - 용접의 열을 될 수 있는 대로 균등하게 분포시킨다.
> - 평행한 용접은 같은 방향으로 동시에 용접하는 것이 좋다.
> - 구조상 중요 부분을 지정하여 집중용접이 되지 않도록 한다.
> - 용접은 중심에서 주변을 향하여 대칭으로 용접하는 것이 변형을 적게 한다.
> - 앞의 용접에서 생긴 변형을 다음 용접에서 제거할 수 있도록 진행시킨다.
> - 용접은 수축이 큰 이음을 먼저 용접하고, 수축이 작은 이음은 나중에 한다.
> - 특히 비틀어지지 않게 평행한 용접은 같은 방향으로 할 수 있으며 동시에 용접을 한다.
> - 용접부의 구속을 될 수 있는 대로 적게 하여 수축변형을 일으키더라도 해로운 변형이 남지 않도록 한다.

□□□ 기 05,10,12,17

72 그림과 같은 포스트텐션 보에서 마찰에 의한 B점의 프리스트레스 감소량(ΔP)의 크기는? (단, 긴장단에서 긴장재의 긴장력(P_{pj})=1000kN, 근사식을 사용하며, 곡률마찰계수(μ_p)=0.3/rad, 파상마찰계수(K)=0.004/m)

① 54.68kN
② 81.23kN
③ 118.17kN
④ 141.74kN

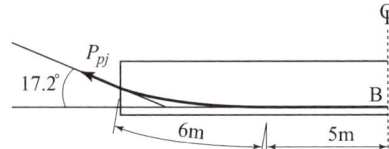

해답 ③

감소량 $\Delta P = P_{pj} - P_{px}$

- $Kl_{px} + \mu_p \alpha_{px} < 0.3$인 경우

  $0.004 \times 11 + 0.3 \times \left(17.2° \times \dfrac{\pi}{180°}\right) = 0.134 < 0.3$

- $P_{pj} = 1000 \, kN$

- $P_{px} = \dfrac{P_{pj}}{1 + Kl_{px} + \mu_p \alpha_{px}} = \dfrac{1000}{1 + 0.134} = 881.83 \, kN$

  $\therefore \Delta P = P_{pj} - P_{px} = 1000 - 881.83 = 118.17 \, kN$

□□□ 기 07,09,14②,19③

73 그림과 같이 $P=300kN$의 인장응력이 작용하는 판 두께 10mm인 철판에 $\phi 19mm$인 리벳을 사용하여 접합할 때 소요 리벳수는? (단, 허용전단응력= 110MPa, 허용지압응력=220MPa이다.)

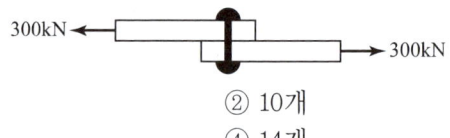

① 8개　　　　　　　　　② 10개
③ 12개　　　　　　　　　④ 14개

| 해답 | ②

리벳수 $n = \dfrac{P}{\rho}$

• 전단강도 $\rho_s = v_a \times \dfrac{\pi d^2}{4}$

$\quad\quad\quad\quad\quad = 110 \times \dfrac{\pi \times 19^2}{4} = 31188\,N = 31\,kN$

• 지압강도 $\rho_b = f_{ba}dt = 220 \times 19 \times 10 = 41800\,N$

$\quad\quad\quad\quad\quad = 42\,kN$

• 리벳강도 $\rho = 31\,N$ (작은 값)

$\therefore\ n = \dfrac{P}{\rho} = \dfrac{300}{31} = 9.68 = 10$개

□□□ 기 95,10,16

74 초기 프리스트레스가 1200MPa이고, 콘크리트의 건조수축변형률 $\epsilon_{sh} = 1.8 \times 10^{-4}$일 때 긴장재의 인장응력의 감소는? (단, PS강재의 탄성계수 $E_P = 2.0 \times 10^5 MPa$)

① 12MPa　　　　　　　　② 24MPa
③ 36MPa　　　　　　　　④ 48MPa

| 해답 | ③

$\Delta f_p = E_p \cdot \epsilon_p = 2.0 \times 10^5 \times 1.8 \times 10^{-4} = 36\,MPa$

□□□ 기 91, 06, 07, 12①, 13④, 17, 18①, 21②, 22①

75 강도설계법에서 구조의 안전을 확보하기 위해 사용되는 강도감소계수(ϕ) 값으로 틀린 것은?

① 인장지배 단면 : 0.85
② 포스트텐션 정착구역 : 0.70
③ 전단력과 비틀림모멘트를 받는 부재 : 075
④ 압축지배 단면 중 띠철근으로 보강된 철근콘크리트 부재 : 0.65

| 해답 | ②
포스트텐션 정착구역 : 0.85

Remember

강도감소계수 ϕ

부재			강도감소계수
인장지배단면			0.85
압축지배단면	나선철근으로 보강된 철근 콘크리트 부재		0.70
	그 외의 철근콘크리트 부재		0.65
	변화구간단면(전이구역)		0.65(0.70) ~ 0.85
전단력과 비틀림 모멘트			0.75
콘크리트의 지압력 (포스트텐션 정착부나 스트럿-타이 모델은 제외)			0.65
포스트텐션 정착구역			0.85
스트럿-타이 모델	스트럿, 절점부 및 지압부		0.75
	타이		0.85
무근콘크리트의 휨모멘트, 압축력, 전단력, 지압력			0.55

□□□ 기 82,96,99,02,04,08,10,11,12,13,14

76 복철근 직사각형보의 $A_s{'} = 1916\text{mm}^2$, $A_s = 4790\text{mm}^2$이다. 등가직사각형 블록의 응력깊이(a)는? (단, $f_{ck} = 21\text{MPa}$, $f_y = 300\text{MPa}$)

① 153mm
② 161mm
③ 176mm
④ 185mm

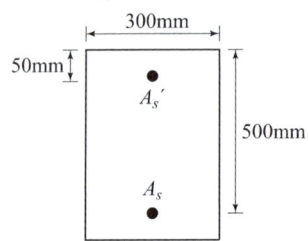

| 해답 | ②

$$a = \frac{(A_s - A_s{'})f_y}{\eta(0.85f_{ck})b} = \frac{(4790-1916) \times 300}{1 \times 0.85 \times 21 \times 300}$$
$$= 161 \text{ mm}$$

□□□ 기 93,00,21②

77 철근콘크리트 휨부재에서 최소철근비를 규정한 이유로 가장 적당한 것은?

① 부재의 시공 편의를 위해서
② 부재의 사용성을 증진시키기 위해서
③ 부재의 경제적인 단면 설계를 위해서
④ 부재의 급작스런 파괴를 방지하기 위해서

| 해답 | ④

철근비의 규정
콘크리트의 취성파괴보다는 철근의 연성파괴를 유도하여 휨부재의 갑작스런 파괴에 대한 안전 확보

□□□ 기 11,17

78 나선철근으로 둘러싸인 압축부재의 축방향 주철근의 최소 개수는?

① 3개 ② 4개 ③ 5개 ④ 6개

| 해답 | ④

압축부재의 축방향 주철근 최소 개수

기둥 종류	단면	주철근 최소 개수
나선철근 기둥	원형	6개
띠철근 기둥	사각형, 원형	4개
	삼각형	3개

□□□ 기 06,09,11,17,18①,19①

79 다음 그림과 같은 복철근보의 유효깊이(d)는?
(단, 철근 1개의 단면적은 250mm²이다.)

① 730mm
② 740mm
③ 760mm
④ 780mm

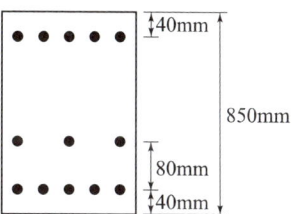

| 해답 | ④

압축 연단으로부터

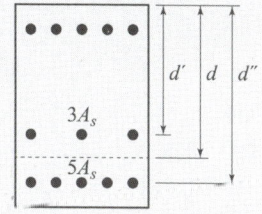

$$d = \frac{3A_s \times d' + 5A_s \times d''}{3A_s + 5A_s} = \frac{A_s(3d' + 5d'')}{A_s(3+5)}$$

$$= \frac{3d' + 5d''}{3+5} = \frac{3 \times (850-120) + 5 \times (850-40)}{3+5} = 780\,\text{mm}$$

□□□ 기 08, 09, 11②, 19②
80 철근콘크리트 부재의 피복두께에 관한 설명으로 틀린 것은?

① 최소 피복두께를 제한하는 이유는 철근의 부식방지, 부착력의 증대, 내화성을 갖도록 하기 위해서이다.
② 현장치기 콘크리트로서, 흙에 접하거나 옥외의 공기에 직접 노출되는 콘크리트의 최소 피복두께는 D19 이상의 철근의 경우 40mm이다.
③ 현장치기 콘크리트로서, 흙에 접하여 콘크리트를 친 후 영구히 흙에 묻혀 있는 콘크리트의 최소 피복두께는 75mm이다.
④ 콘크리트 표면과 그와 가장 가까이 배치된 철근 표면 사이의 콘크리트 두께를 피복두께라 한다.

┃해답┃ ②
프리스트레스하지 않는 부재의 현장치기 콘크리트

철근의 외부조건		최소피복
흙에 접하여 콘크리트를 친 후 영구히 흙에 묻혀 있는 콘크리트		75mm
흙에 접하거나 옥외의 공기에 직접 노출되는 콘크리트	D19 이상의 철근	50mm
	D16 이하의 철근, 지름 16mm 이하의 철선	40mm

∴ 현장치기 콘크리트로서, 흙에 접하거나 옥외의 공기에 직접 노출되는 콘크리트의 최소 피복두께는 D19 이상의 철근의 경우 50mm이다.

05 6Pick Remember 120선

토질 및 기초 / CBT 대비

☐☐☐ 기 10,14①,17①,20④
81 말뚝기초의 지반거동에 관한 설명으로 틀린 것은?

① 연약지반상에 타입되어 지반이 먼저 변형하고 그 결과 말뚝이 저항하는 말뚝을 주동말뚝이라 한다.
② 말뚝에 작용한 하중은 말뚝주변의 마찰력과 말뚝선단의 지지력에 의하여 주변지반에 전달된다.
③ 기성말뚝을 타입하면 전단파괴를 일으키며 말뚝주위의 지반은 교란된다.
④ 말뚝타입 후 지지력의 증가 또는 감소 현상을 시간효과(Time effect)라 한다.

| 해답 | ①
- 연약지반상에 타입되어 지반이 먼저 변형하고 그 결과 말뚝이 저항하는 말뚝을 수동말뚝이라 한다.
- 말뚝이 지표면에서 수평력을 받는 경우 말뚝이 변형함에 따라 지반이 저항하는 말뚝을 주동말뚝이라 한다.

☐☐☐ 기 04,06,14②
82 Jaky의 정지토압계수를 구하는 공식 $K_o = 1 - \sin\phi$ 가 가장 잘 성립하는 토질은?

① 과압밀점토
② 정규압밀점토
③ 사질토
④ 풍화토

| 해답 | ③
- 사질토 : $K_o = 1 - \sin\phi$
- 정규압밀점토 : $K_o = 0.95 - \sin\phi$
- 과압밀점토 : $K_o = (0.95 - \sin\phi)\sqrt{OCR}$

□□□ 기 14④,17①,19③,21①
83 베인전단시험(vane shear test)에 대한 설명으로 옳지 않은 것은?

① 현장 원위치 시험의 일종으로 점토의 비배수전단강도를 구할 수 있다.
② 십자형의 베인(vane)을 땅속에 압입한 후, 회전모멘트를 가해서 흙이 원통형으로 전단파괴될 때 저항모멘트를 구함으로써 비배수전단강도를 측정하게 된다.
③ 연약점토지반에 적용된다.
④ 베인전단시험으로부터 흙의 내부마찰각을 측정할 수 있다.

| 해답 | ④

베인전단시험(vane shear test)
• 연약점토지반의 비배수강도를 측정하는 데 이용
• 비배수조건하에서의 사면안정해석이나 구조물의 기초에서 지지력 산정에 이용
• Vane 시험시 회전모멘트를 측정하여 비배수강도를 구한다.

□□□ 기 10①,14④,20④
84 그림과 같이 $c=0$인 모래로 이루어진 무한사면이 안정을 유지(안전율 ≥ 1)하기 위한 경사각 β의 크기로 옳은 것은? (단, $\gamma_w = 9.81\text{kN/m}^3$)

① $\beta \leq 7.8°$
② $\beta \leq 15.9°$
③ $\beta \leq 31.3°$
④ $\beta \leq 35.6°$

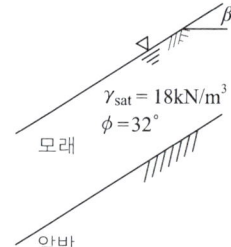

| 해답 | ②

점착력 $c=0$이고 침투류가 지표면과 일치되어 있을 때

$F = \dfrac{\gamma_{\text{sub}}}{\gamma_{\text{sat}}} \cdot \dfrac{\tan\phi'}{\tan\beta} \geq 1$ 에서

$F = \dfrac{18-9.81}{18} \cdot \dfrac{\tan 32°}{\tan\beta} \geq 1 \Rightarrow 0.284 \geq \tan\beta$

∴ $\beta \leq 15.9°$

□□□ 기 15①,18①

85 아래 그림과 같은 폭(B) 1.2m, 길이(L) 1.5m인 사각형 얕은 기초에 폭(B) 방향에 대한 편심이 작용하는 경우 지반에 작용하는 최대압축응력은?

① 292kN/m²
② 385kN/m²
③ 397kN/m²
④ 415kN/m²

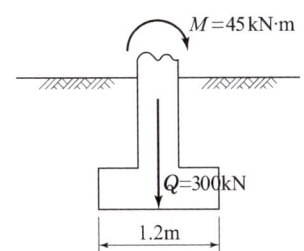

| 해답 | ①

편심거리 $e = \dfrac{M}{Q} = \dfrac{45}{300} = 0.15\text{m}$

$e \leq \dfrac{B}{6} = \dfrac{1.2}{6} = 0.20\text{m}$일 때

$q_{max} = \dfrac{Q}{B.L}\left(1 + \dfrac{6e}{1.2}\right) = \dfrac{300}{1.2 \times 1.5}\left(1 + \dfrac{6 \times 0.15}{1.2}\right)$
$= 292\text{kN/m}^2$

□□□ 기 84,94,13,14①,20②

86 압밀 시간 - 압축량 곡선으로부터 구할 수 없는 것은?

① 압밀계수(C_v)
② 압축지수(C_c)
③ 체적변화계수(m_v)
④ 투수계수(k)

| 해답 | ②

압밀시험에서 구할 수 있는 요소

시간-압축량(침하) 곡선	$e - \log p$ 곡선
• 압밀계수(C_v) • 체적변화계수(m_v) • 투수계수(k) • 1차 압밀비(γ)	• 압축계수(a_v) • 압축지수(C_c) • 선행압밀하중(P_o)

□□□ 기 93,03,07,11,15①,17④

87 아래 그림과 같은 지표면에 2개의 집중하중이 작용하고 있다. 30kN의 집중하중 작용점 하부 2m 지점 A에서의 연직하중의 증가량은 약 얼마인가? (단, 영향계수는 소수점 이하 넷째자리까지 구하여 계산하시오.)

① 3.71kN/m^2
② 8.90kN/m^2
③ 14.2kN/m^2
④ 19.4kN/m^2

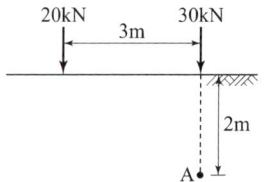

| 해답 | ①

$$\sigma_{z1} = \frac{3Q}{2\pi} \frac{Z^3}{R^5}$$

$$= \frac{3 \times 20}{2\pi} \times \frac{2^3}{\left(\sqrt{3^2+2^2}\right)^5} = 0.125 \text{kN/m}^2$$

$$\sigma_{z2} = \frac{3Q}{2\pi Z^2} = \frac{3 \times 30}{2\pi \times 2^2} = 3.581 \text{kN/m}^2$$

$$\therefore \sigma_z = \sigma_{z1} + \sigma_{z2} = 0.125 + 3.581 = 3.71 \text{kN/m}^2$$

□□□ 기 03,08,10①,15②

88 굳은 점토지반에 앵커를 그라우팅하여 고정시켰다. 고정부의 길이가 5m, 직경 20cm, 시추공의 직경은 10cm이었다. 점토의 비배수전단강도(c_u)= 0.1MPa, $\phi=0°$이라고 할 때 앵커의 극한지지력은?
(단, 표면마찰계수는 0.6으로 가정한다.)

① 94.4kN
② 157.4kN
③ 188.5kN
④ 313.3kN

| 해답 | ③

$$P_u = \pi dl C_a = \pi dl (\alpha \cdot c_u)$$
$$= \pi \times 0.20 \times 5 \times (0.6 \times 0.1 \times 1000) = 188.50 \text{kN}$$
$$(\because c_u = 0.1 \text{MPa} = 0.1 \times 1000 = 100 \text{kN/m}^2)$$

☐☐☐ 기 08,12,15

89 현장흙의 단위중량을 구하기 위해 부피 500cm³의 구멍에서 파낸 젖은 흙의 무게가 900g이고, 건조시킨 후의 무게가 800g이다. 건조한 흙 400g을 몰드에 가장 느슨한 상태로 채운 부피가 280cm³이고, 진동을 가하여 조밀하게 다진 후의 부피는 210cm³이다. 흙의 비중이 2.7일 때, 이 흙의 상대밀도는?

① 33%
② 38%
③ 43%
④ 48%

| 해답 | ③

상대밀도 $D_r = \dfrac{\rho_d - \rho_{d\min}}{\rho_{d\max} - \rho_{d\min}} \cdot \dfrac{\rho_{d\max}}{\rho_d} \times 100$

- $\rho_d = \dfrac{W_s}{V} = \dfrac{800}{500} = 1.60 \text{ g/cm}^3$
- $\rho_{d\min} = \dfrac{W_s}{V} = \dfrac{400}{280} = 1.429 \text{ g/cm}^3$
- $\rho_{d\max} = \dfrac{W_s}{V} = \dfrac{400}{210} = 1.905 \text{ g/cm}^3$

∴ $D_r = \dfrac{1.60 - 1.429}{1.905 - 1.429} \times \dfrac{1.905}{1.60} \times 100 = 43\%$

☐☐☐ 기 12②,15①,17①

90 직경 30cm의 평판재하시험에서 작용압력이 300kN/m²일 때 평판의 침하량이 30mm이었다면, 직경 3m의 실제 기초에 300kN/m²의 압력이 작용할 때의 침하량은? (단, 지반은 사질토지반이다.)

① 30mm
② 99.2mm
③ 187.4mm
④ 300mm

| 해답 | ②

$S_F = S_P \left(\dfrac{2B_F}{B_F + B_P} \right)^2 = 30 \times \left(\dfrac{2 \times 3}{3 + 0.3} \right)^2 = 99.2 \text{ mm}$

☐☐☐ 기 12②,14,15④,16④,20②

91 $\gamma_t = 18\text{kN/m}^3$, $c_u = 30\text{kN/m}^2$, $\phi = 0$의 점토지반을 수평면과 $50°$의 기울기로 굴착하려고 한다. 안전율을 2.0으로 가정하여 평면활동이론에 의해 굴착깊이를 결정하면?

① 2.80m ② 5.60m
③ 7.12m ④ 9.84m

| 해답 | ③

안정수 $N_s = \dfrac{c}{F_s \gamma H} = \dfrac{1}{4}\tan\left(\dfrac{\beta}{2}\right)$

$= \dfrac{1}{4}\tan\left(\dfrac{50°}{2}\right) = 0.117$

$\therefore H = \dfrac{c}{N_s \gamma F_s} = \dfrac{30}{0.117 \times 18 \times 2.0} = 7.12\text{m}$

☐☐☐ 기 04,07,10②,13④,16①,21②

92 내부마찰각이 $30°$, 단위중량이 18kN/m^3인 흙의 인장균열 깊이가 3m일 때 점착력은?

① 15.6kN/m^2 ② 16.7kN/m^2
③ 17.5kN/m^2 ④ 18.1kN/m^2

| 해답 | ①

$Z_c = \dfrac{2c}{\gamma}\tan\left(45° + \dfrac{\phi}{2}\right)$에서

$\therefore$ 점착력

$c = \dfrac{Z_c \cdot \gamma}{2\tan\left(45° + \dfrac{\phi}{2}\right)} = \dfrac{3 \times 18}{2\tan\left(45° + \dfrac{30°}{2}\right)}$

$= 15.6\text{kN/m}^2$

□□□ 기 03,09,15

93 그림과 같이 3층으로 되어 있는 성토층의 수평방향의 평균투수계수는?

① 2.97×10^{-4} cm/sec
② 3.04×10^{-4} cm/sec
③ 6.97×10^{-4} cm/sec
④ 4.04×10^{-4} cm/sec

| H_1=2.5m K_1=3.06×10^{-4}cm/sec |
| H_2=3.0m K_2=2.55×10^{-4}cm/sec |
| H_3=2.0m K_3=3.50×10^{-4}cm/sec |

| 해답 | ①

$$K_h = \frac{1}{H}(K_1H_1 + K_2H_2 + K_3H_3)$$
$$= \frac{1}{7.5}(3.06 \times 10^{-4} \times 2.5 + 2.55 \times 10^{-4} \times 3 + 3.50 \times 10^{-4} \times 2.0)$$
$$= 2.97 \times 10^{-4} \text{cm/sec}$$

□□□ 기 97,14④,15②,19③

94 아래의 그림에서 각층의 손실수두 Δh_1, Δh_2, Δh_3를 각각 구한 값으로 옳은 것은?

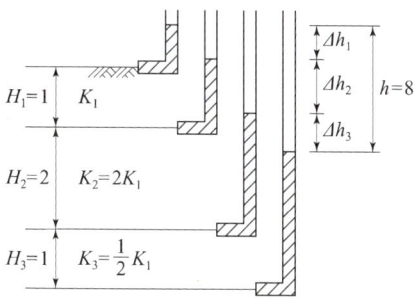

① $\Delta h_1 = 2$, $\Delta h_2 = 2$, $\Delta h_3 = 4$
② $\Delta h_1 = 2$, $\Delta h_2 = 3$, $\Delta h_3 = 3$
③ $\Delta h_1 = 2$, $\Delta h_2 = 4$, $\Delta h_3 = 2$
④ $\Delta h_1 = 2$, $\Delta h_2 = 5$, $\Delta h_3 = 1$

|해답| ①
각 층의 침투속도는 동일

$$V = Ki = K_1\frac{\Delta h_1}{l_1} = K_2\frac{\Delta h_2}{l_2} = K_3\frac{\Delta h_3}{l_3} = K_1\frac{\Delta h_1}{1} = 2K_1\frac{\Delta h_2}{2} = \frac{1}{2}K_1\frac{\Delta h_3}{1}$$

$$\therefore \Delta h_1 = \Delta h_2 = \frac{\Delta h_3}{2}$$

- $H = \Delta h_1 + \Delta h_2 + \Delta h_3 = 8$

  $\therefore \Delta h_1 = 2, \ \Delta h_2 = 2, \ \Delta h_3 = 4$

□□□ 기 94,08,12,15

95 Sand drain의 지배영역에 관한 Barron의 정삼각형 배치에서 샌드드레인의 간격을 d, 유효원의 직경을 d_e라 할 때 d_e를 구하는 식으로 옳은 것은?

① $d_e = 1.128d$
② $d_e = 1.028d$
③ $d_e = 1.050d$
④ $d_e = 1.50d$

|해답| ③
정삼각형 배치 : $d_e = 1.050d$
정사각형 배치 : $d_e = 1.128d ≒ 1.13d$

□□□ 기 96,04,08,14②,15④

96 무게 3200N인 드롭해머(drop hammer)로 2m의 높이에서 말뚝을 때려 박았더니 침하량이 2cm이었다. Sander의 공식을 사용할 때 이 말뚝의 허용지지력은?

① 10kN
② 20kN
③ 30kN
④ 40kN

|해답| ④

$$Q = \frac{W \cdot H}{8S} = \frac{3200 \times 200}{8 \times 2} = 40000\text{N} = 40\text{kN}$$

□□□ 기 12①,14②,17②

97 정규압밀점토에 대하여 구속응력 0.1MPa로 압밀배수 시험한 결과 파괴시 축차응력이 0.2MPa이었다. 이 흙의 내부마찰각은?

① 20°
② 25°
③ 30°
④ 40°

| 해답 | ③

내부마찰각 $\phi = \sin^{-1} \dfrac{\sigma_1 - \sigma_3}{\sigma_1 + \sigma_3}$

- $\sigma_1 = \sigma_{df} + \sigma_3 = 0.2 + 0.1 = 0.3 \text{MPa}$
- $\sigma_3 = 0.1 \text{MPa}$

$\therefore \phi = \sin^{-1}\left(\dfrac{0.3 - 0.1}{0.3 + 0.1}\right) = 30°$

□□□ 기 01,03,06,16④,17②

98 어느 지반에 30cm×30cm 재하판을 이용하여 평판재하시험을 한 결과, 항복하중이 50kN, 극한하중이 90kN이었다. 이 지반의 허용지지력은?

① 555.6kN/m²
② 277.8kN/m²
③ 100.0kN/m²
④ 333.3kN/m²

| 해답 | ②

- $q_t = \dfrac{\text{항복강도}(q_y)}{2}$

  $= \dfrac{50}{2} \times \dfrac{1}{0.3 \times 0.3} = 277.8 \text{kN/m}^2$

- $q_t = \dfrac{\text{극한강도}(q_u)}{3}$

  $= \dfrac{90}{3} \times \dfrac{1}{0.3 \times 0.3} = 333.3 \text{kN/m}^2$

$\therefore q_a = 277.8 \text{kN/m}^2 \text{(작은 값)}$

□□□ 기 97,98,03,10,15
99 도로의 평판재하시험이 끝나는 조건에 대한 설명으로 옳지 않은 것은?

① 하중강도가 그 지반의 항복점을 넘을 때
② 침하량이 15mm에 달할 때
③ 침하가 더 이상 일어나지 않을 때
④ 하중강도가 현장에서 예상되는 최대접지압력을 초과할 때

| 해답 | ③
평판재하시험의 끝나는 조건
• 하중강도가 그 지반의 항복점을 넘을 때
• 침하량이 15mm에 달할 때
• 하중강도가 예상되는 최대접지압력을 초과할 때

□□□ 기 03,04,08,09,12④,15④
100 그림과 같은 옹벽배면에 작용하는 토압의 크기를 Rankine의 토압공식으로 구하면?

① 32.2kN/m
② 36.7kN/m
③ 46.7kN/m
④ 52.0kN/m

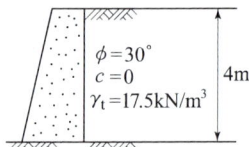

| 해답 | ③

$$P_A = \frac{1}{2}\gamma H^2 \tan^2\left(45° - \frac{\phi}{2}\right)$$
$$= \frac{1}{2} \times 17.5 \times 4^2 \times \tan^2\left(45° - \frac{30°}{2}\right) = 46.7 \text{ kN/m}$$

06 상하수도공학
6Pick Remember 120선 CBT 대비

□□□ 기 00,10,12,13,17①

101 BOD가 200mg/L인 하수를 1000m³의 유효용량을 가진 폭기조로 처리할 경우 유량이 10000m³/d이면 BOD용적부하량은?

① $1.0\text{kg/m}^3 \cdot d$
② $2.0\text{kg/m}^3 \cdot d$
③ $3.0\text{kg/m}^3 \cdot d$
④ $4.0\text{kg/m}^3 \cdot d$

|해답| ②

BOD 용적부하량

$$= \frac{\text{BOD 농도}(\text{kg/m}^3) \times \text{유량}(\text{m}^3/\text{day})}{\text{폭기조 용적}(\text{m}^3)}$$

• BOD 농도 $= 200(\text{mg/L}) \times 10^{-3} = 200 \times 10^{-3} \text{kg/m}^3$
• 유량 $Q = 10000 \text{m}^3/\text{day}$
• 폭기조 용량 $V = 1000 \text{m}^3$

$\therefore$ BOD 용적부하량 $= \dfrac{200 \times 10^{-3} \times 10000}{1000} = 2.0 \text{kg/m}^3 \cdot \text{day}$

□□□ 기 98,12,19②

102 완속여과지에 관한 설명으로 옳지 않은 것은?

① 넓은 부지면적을 필요로 한다.
② 응집제를 필수적으로 투입해야 한다.
③ 비교적 양호한 원수에 알맞은 방법이다.
④ 여과속도는 4~5m/d를 표준으로 한다

|해답| ②

• 완속여과지는 약품처리를 하지 않으면서 정화기능을 안정되게 얻을 수 있다.
• 급속여과의 전처리로서 약품침전을 행한다.

□□□ 기 06,12,17④

103 Ripple's method에 의하여 저수지 용량을 결정하려고 할 때, 그림에서 최대갈수량을 대비한 저수개시 시점은? (단, $\overline{AB}$, $\overline{CD}$, $\overline{EF}$, $\overline{GH}$ 직선은 $\overline{OX}$ 직선에 평행)

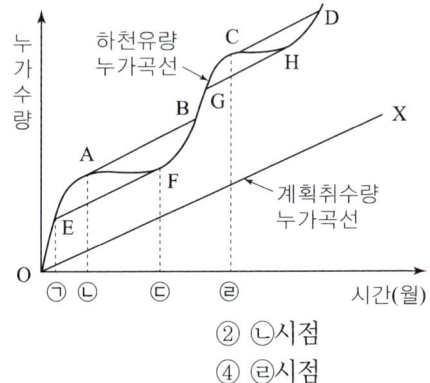

① ㉠시점
② ㉡시점
③ ㉢시점
④ ㉣시점

| 해답 | ①

E점 해당하는 날 ㉠시점은 저수하기 시작하는 때를 말하며, E점 결정시기는 F점에서 계획취수량누가곡선에 평행선을 그어 하천유량누가곡선과 만나는 점 E에 해당하는 날을 ㉠시점으로 정한다.

□□□ 기 08,12

104 Streeter-Phelps의 식을 설명한 것으로 가장 적합한 것은?

① 재폭기에 의한 DO를 구하는 식이다.
② BOD 극한값을 구하는 식이다.
③ 유하시간에 따른 DO 부족곡선식이다.
④ BOD 감소곡선식이다.

| 해답 | ③

Streeter-Phelps의 식은 오염물질 배출지점으로부터 하천을 따라서 DO 농도의 분포도를 작도한 것이 유하시간에 따른 용존산소 부족곡선(DO Sag Curve)이다.

☐☐☐ 기 98,00,13

105 침전지의 침전효율을 증가시키기 위한 설명으로 옳지 않은 것은?

① 표면부하율을 작게 하여야 한다.
② 침전지 표면적을 크게 하여야 한다.
③ 유량을 작게 하여야 한다.
④ 지내 수평속도를 크게 하여야 한다.

| 해답 | ④

$$E = \frac{V_s}{V_o} = \frac{V_s}{\frac{Q}{A}} = \frac{A}{Q} V_s$$

- 표면부하율 $\left(\frac{Q}{A}\right)$ 을 작게 하여야 한다.
- 침전지 표면적(A)을 크게 하여야 한다.
- 유량(Q)을 작게 하여야 한다.
- 침전지내의 유속을 너무 크게 하면 침전을 저해하거나 침전된 슬러지가 다시 떠오를 염려가 있으므로 경험적으로 침전지내 평균유속은 30cm/분 이하를 표준으로 한다.

☐☐☐ 기 08,11,17

106 계획급수인구를 추정하는 이론곡선식이 $y = \dfrac{K}{1+e^{a-bx}}$ 로 표현될 때, 식 중의 K가 의미하는 것은? (단, y : x년 후의 인구, x : 기준년부터의 경과년수, e : 자연대수의 밑, a, b : 상수)

① 현재인구
② 포화인구
③ 증가인구
④ 상주인구

| 해답 | ②

로지스틱 곡선법 $y = \dfrac{K}{1+e^{a-bx}}$

K : 포화인구(인구의 극한치)

□□□ 기 95,09,10,13①,19①
107 하수배제방식의 합류식과 분류식에 관한 설명으로 옳지 않은 것은?

① 분류식이 합류식에 비하여 일반적으로 관거의 부설비가 적게 든다.
② 분류식은 강우초기에 비교적 오염된 노면배수가 직접 공공수역에 방류될 우려가 있다.
③ 하수관거내의 유속의 변화폭은 합류식이 분류식보다 크다.
④ 합류식 하수관거는 단면이 커서 관거내 유지관리가 분류식보다 쉽다.

| 해답 | ①

합류식은 1계통으로 건설되어 오수관거와 우수관거의 2계통을 건설하는 분류식보다는 저렴하다.

Remember

구분	분류식	합류식
건설비	오수관거와 우수관거의 2계통을 건설하는 경우는 비싸다.	대구경 관거가 되면 1계통으로 건설되어 저렴하다.
강우 초기	노면의 오염물질이 포함된 세정수가 직접 공공수역에 방류된다.	우천시 관거내의 침전물이 일시에 유출되어 수질보전상 바람직하지 않다.
우천시 월류	없음.	일정량 이상이 되면 오수가 월류한다.
경사	오수관거는 소구경이기 때문에 합류식에 비해 경사가 급하다.	대구경이기 때문에 분류식에 비해 경사가 완만하다.
관거내 보수	소구경에 의한 폐쇄의 우려가 있으나 청소는 비교적 용이하다.	폐쇄의 염려가 없고, 검사 및 수리가 비교적 용이하다.

□□□ 기 16
108 분말활성탄과 입상활성탄의 비교 설명으로 틀린 것은?

① 분말활성탄은 재생사용이 용이하다.
② 분말활성탄은 기존시설을 사용하여 처리할 수 있다.
③ 입상활성탄은 누출에 의한 흑수현상(검은물 발생) 우려가 거의 없다.
④ 입상활성탄은 비교적 장기간 처리하는 경우에 유리하다.

| 해답 | ①
입상활성탄은 재생사용할 수 있어서 문제가 없다.

> **Remember**
>
> 활성탄법의 장단점
>
> | 분말활성탄 | 입상활성탄 |
> | --- | --- |
> | • 기존시설을 이용하여 처리할 수 있다.
• 필요량만 구입하므로 경제적이다.
• 경제성이 없으며 재생되지 않는다.
• 사용하고 버리므로 번식이 없다.
• 탄분을 포함한 흑생슬러지는 공해의 원인이다.
• 흑생현상이 특히 겨울철에 일어나기 쉽다.
• 주입작업을 수반한다. | • 처리시설인 여과지가 필요하다.
• 단기간 처리시 비경제적이다.
• 탄층을 두껍게 할 수 있으며 재생하여 사용할 수 있으므로 경제적이다.
• 원생동물이 번식할 우려가 있다.
• 재사용할 수 있어서 문제가 없다.
• 흑생현상에 대한 염려가 거의 없다.
• 특별한 처리관리의 문제가 없다. |

□□□ 기 04,13,17①,19②
109 상수도 시설 중 접합정에 관한 설명으로 옳은 것은?

① 상부를 개방하지 않은 수로시설
② 복류수를 취수하기 위해 매설한 유공관로 시설
③ 배수지 등의 유입수의 수위조절과 양수를 위한 시설
④ 관로의 도중에 설치하여 주로 관로의 수압을 조절할 목적으로 설치하는 시설

| 해답 | ④
■ 접합정(接合井 ; Junction well)
 • 2개 이상의 관로를 접합하기 위해 설치
 • 도수기의 분기점, 합류점, 굴곡점 및 관수로에서 변화가 있는 곳에 설치하는 시설
 • 관로의 수두를 분할해 적당한 수압을 유지하게 하여 관로의 흐름을 원활하게 하는데 이용
■ 집수매거 : 하천의 제내지나 제외지 또는 호수 부근에 매설되어 주로 복류수를 취수하기 위하여 집수매거를 매설한다.

□□□ 기 07,09,14,15④,22③
110 급수방식에 대한 설명으로 틀린 것은?

① 급수방식은 직결식과 저수조식으로 나누며 이를 병용하기도 한다.
② 저수조식은 급수관으로부터 수돗물을 일단 저수조에 받아서 급수하는 방식이다.
③ 배수관의 압력변동에 관계없이 상시 일정한 수량과 압력을 필요로 하는 경우는 저수조식으로 한다.
④ 재해시나 사고 등에 의한 수도의 단수나 감수 시에도 물을 반드시 확보해야 할 경우는 직결식으로 한다.

| 해답 | ④
저수조식의 적용이 바람직한 경우
• 재해시나 사고 등에 의한 수도의 단수나 감수 시에도 물을 반드시 확보해야 할 경우
• 배수관의 압력변동에 관계없이 상시 일정한 수량과 압력을 필요로 하는 경우
• 일시에 다량의 물을 사용할 경우 또는 사용수량의 변동이 클 경우 등 직결급수로 하면 배수관의 압력저하를 야기할 우려가 있는 경우
• 약품을 사용하는 공장 등으로부터 역류에 의하여 배수관의 수질을 오염시킬 우려가 있는 경우

□□□ 기 00,15④,19③
111 어느 하천의 자정작용을 나타낸 아래 용존 산소 곡선을 보고 어떤 물질이 하천으로 유입되었다고 보는 것 이 가장 타당한가?

① 생활하수
② 질산성질소
③ 농도가 매우 낮은 폐알칼리
④ 농도가 매우 낮은 폐산(廢酸)

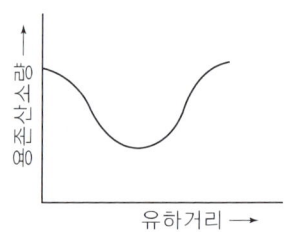

| 해답 | ①
용존부족곡선은 하천에서 DO농도가 생활하수의 흐름에 따라 변화하는가를 나타낸 곡선으로 하천에서는 유하거리와 경과시간은 거의 같다.

□□□ 기 00,01,02,03,04,05,07,10,12,15,17①,20②,22③

112 우수가 하수관거로 유입하는 시간이 4분, 하수관거에서의 유하시간이 15분, 이 유역의 유역면적이 $4km^2$, 유출계수는 0.6, 강우강도식 $I=\dfrac{6500}{t+40}$ mm/h 일 때 첨두유량은? (단, t의 단위 : [분])

① $73.4m^3/s$ ② $78.8m^3/s$
③ $85.0m^3/s$ ④ $98.5m^3/s$

| 해답 | ①

첨두유량 $Q=\dfrac{1}{360}CIA$

- $T=t+\dfrac{L}{V}=$ 유입시간 + 유하시간 $= 4+15 = 19$분
- $I=\dfrac{6500}{t+40}=\dfrac{6500}{19+40}=110.17$ mm
- $A=4km^2=400$ha

$\therefore Q=\dfrac{1}{360}\times 0.6 \times 110.17 \times 400 = 73.45 m^3/sec$

□□□ 기 06,12,15

113 관의 갱생공법으로 기존 관내의 세척(cleaning)을 수행하는 일반적인 공법이 아닌 것은?

① 제트(jet) 공법   ② 로터리(rotary) 공법
③ 스크레이퍼(scraper) 공법   ④ 실드(shield) 공법

| 해답 | ④

기존 관내의 세척을 수행하는 일반적인 공법
- 스크레이퍼(scraper) 공법
- 로터리(rotary) 공법
- 제트(jet) 공법
- 폴리피그(polly pig) 공법
- 에어샌드(air sand) 공법

☐☐☐ 기 07,15①,20④,24①
114 원형하수관에서 유량이 최대가 되는 때는?

① 수심비가 72~78% 차서 흐를 때
② 수심비가 80~85% 차서 흐를 때
③ 수심비가 92~94% 차서 흐를 때
④ 가득 차서 흐를 때

| 해답 | ③

원형하수관의 유속은 수심이 80%일 때 최대이며, 유량(통수량)은 수심이 94%일 때 최대가 된다.

☐☐☐ 기 98,12,19②
115 완속여과지에 관한 설명으로 옳지 않은 것은?

① 넓은 부지면적을 필요로 한다.
② 응집제를 필수적으로 투입해야 한다.
③ 비교적 양호한 원수에 알맞은 방법이다.
④ 여과속도는 4~5m/d를 표준으로 한다.

| 해답 | ②

- 완속여과지는 약품처리를 하지 않으면서 정화기능을 안정되게 얻을 수 있다.
- 급속여과의 전처리로서 약품침전을 행한다.

☐☐☐ 기 97,98,01,08,11,13,14
116 함수율 98%, 250m³의 하수슬러지를 탈수하여 함수율 75%로 감소시킬 경우 슬러지의 부피는? (단, 비중=1)

① 10m³   ② 20m³
③ 30m³   ④ 40m³

| 해답 | ②

$$V_2 = \frac{V_1(100-W_1)}{100-W_2} = \frac{250(100-98)}{100-75} = 20\,\text{m}^3$$

> Remember

$$\frac{V_1}{V_2} = \frac{100 - W_2}{100 - W_1}$$

□□□ 기 02,13
117 다층여과지에 대한 설명으로 옳지 않은 것은?

① 모래단층여과지에 비하여 여과속도를 크게 할 수 있다.
② 탁질억류량에 대한 손실수두가 적어서 여과지속시간이 길어진다.
③ 표면여과의 경향이 강하므로 여과층의 단위체적당 탁질억류량이 작다.
④ 수류방향에서 여재의 입경이 큰 것으로부터 작은 것으로 역입도의 여과층을 구성한다.

| 해답 | ③
내부여과의 경향이 강하므로 여과층의 단위체적당 탁질억류량이 크고 여과효율이 높다.

> Remember
>
> 다층여과층
> - 다층여과지는 밀도와 입경이 다른 여러 종류의 여재를 사용하여 수류방향에서 여재의 입경이 큰 것으로부터 작은 것으로 역입도의 여과층을 구성한다.
> - 다층여과지의 특징(모래단층여과지와 비교)
>   • 내부여과의 경향이 강하므로 여과층의 단위체적당 탁질억류량이 크고 여과효율이 높다.
>   • 탁질억류량에 대한 손실수두가 적어서 여과지속시간이 길어진다.
>   • 여과속도를 크게 할 수 있다.
>   • 여과수량에 대한 역세척수량의 비율이 작다.
>   • 고속여과로 여과면적을 작게 할 수 있다.
>   • 조류, 시네드라, 멜로시라 마이크로시스티스 등 응집침전으로 제거하기 어려운 것들에 대해서도 여과폐색을 일으키지 않는다.

☐☐☐ 기 96,97,16
118 상수도에서 배수지의 용량으로 기준이 되는 것은?

① 계획시간 최대급수량의 12시간분 이상
② 계획시간 최대급수량의 24시간분 이상
③ 계획 1일 최대급수량의 12시간분 이상
④ 계획 1일 최대급수량의 24시간분 이상

| 해답 | ③

배수지의 용량
계획 1일 최대급수량의 12시간분 이상을 표준으로 한다.

☐☐☐ 기 03,16②,19③
119 활성슬러지법의 여러 가지 변법 중에서 잉여슬러지량을 현저하게 감소시키고 슬러지 처리를 용이하게 하기 위해 개발된 방법으로서 포기시간이 16~24시간, F/M비가 0.03~0.05kgBOD/kgSS·day 정도의 낮은 BOD-SS부하로 운전하는 방식은?

① 장기포기법   ② 순산소포기법
③ 계단식 포기법   ④ 표준활성슬러지법

| 해답 | ①

장기 포기법의 특징
• 활성슬러지가 자산화되기 때문에 잉영슬러지의 발생량은 표준활성슬러지법에 비해 적다.
• 과잉 포기로 인하여 슬러지의 분산이 야기되거나 슬러지의 활성도가 저하되는 경우가 많다.
• 질산화가 진행되면서 pH의 저하가 발생한다.
• 기본적으로 표준 활성 슬러지법과 동일하지만 포기시간 16~24시간, F/M비 0.03~0.05kg/SS kg·day 정도의 낮은 BOD-SS부하로 운전하고, 슬러지 중의 미생물의 침전조에서 슬러지의 침강성이 좋지 않으므로 처리수질이 불량할 때가 많다.

□□□ 기 10,11④,15④,19①

120 도수 및 송수노선 선정시 고려할 사항으로 틀린 것은?

① 몇 개의 노선에 대하여 경제성, 유지관리의 난이도 등으로 비교·검토하여 종합적으로 판단하여 결정한다.
② 원칙적으로 공공도로 또는 수도용지로 한다.
③ 수평이나 수직방향의 급격한 굴곡은 피한다.
④ 관로상 어떤 지점도 동수경사선보다 항상 높게 위치하도록 한다.

| 해답 | ④
관로상 어떤 경우라도 최소동수경사선 이하가 되도록 노선을 선정한다.

별책부록

토목기사 4주완성

별책부록

저 자	이상도 · 고길용
	안광호 · 한웅규
	홍성협 · 김지우

발행인 이 종 권

2017年 1月   2日 초 판 발 행
2018年 1月   9日 2차개정1쇄발행
2018年 2月   2日 2차개정2쇄발행
2018年 11月 13日 3차개정발행
2020年 1月 20日 4차개정발행
2021年 1月   7日 5차개정발행
2022年 1月 10日 6차개정발행
2023年 1月 18日 7차개정1쇄발행
2023年 3月 29日 7차개정2쇄발행
2024年 1月   4日 8차개정1쇄발행
2024年 2月 21日 8차개정2쇄발행
2025年 1月   9日 9차개정1쇄발행
2026年 1月   7日 10차개정1쇄발행

發行處 (주) 한솔아카데미

(우)06775 서울시 서초구 마방로10길 25 트윈타워 A동 2002호
TEL : (02)575-6144/5   FAX : (02)529-1130
〈1998. 2. 19 登錄 第16-1608號〉

※ 본 교재의 내용 중에서 오타, 오류 등은 발견되는 대로 한솔아카데미 인터넷 홈페이지를 통해 공지하여 드리며 보다 완벽한 교재를 위해 끊임없이 최선의 노력을 다하겠습니다.

※ 파본은 구입하신 서점에서 교환해 드립니다.

www.inup.co.kr / www.bestbook.co.kr

ISBN 979-11-6654-746-1 13530

한솔아카데미가 답이다!
토목기사 인터넷 강좌

한솔과 함께하면 빠르게 합격 할 수 있습니다.

토목기사 필기 유료 동영상 강의

구 분	과 목	담당강사	강의시간	동영상	교 재
필 기	응용역학	고길용	약 17시간		
	측량학	고길용	약 14시간		
	수리학 및 수문학	한웅규	약 14시간		
	철근콘크리트 및 강구조	고길용	약 15시간		
	토질 및 기초	홍성협	약 18시간		
	상하수도공학	한웅규	약 11시간		

토목기사 실기 유료 동영상 강의

구 분	과 목	담당강사	강의시간	동영상	교 재
실 기	토목시공	홍성협	약 22시간		
	물량산출	김창원	약 6시간		
	공정관리	한웅규	약 6시간		

• 유료 동영상강의 수강방법 : www.inup.co.kr

2026년 대비 학습플랜

토목기사 4주완성
8단계 완전학습 커리큘럼

출제경향분석
출제경향, 출제빈도, 과목별 학습전략 및 공부계획표 방향 제시

과목별 스피드 마스터
과목별 출제문제 해설을 집중적·반복적으로 학습하여 연상법으로 문제해결 능력을 마스터

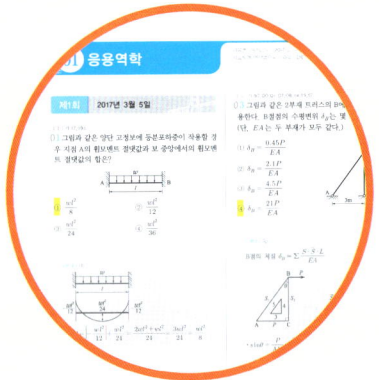

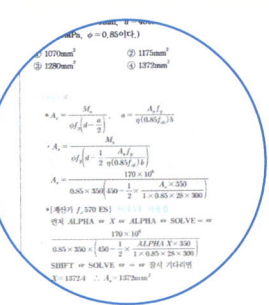

계산기(SOLVE기능)
[계산기 f_x 570 ES]를 활용하여 SOLVE 사용법을 수록하였다.

1 출제경향분석 **2** 핵심 스피드 마스터 **3** 과목별 스피드 마스터 **4** 과년도 실전 테스트

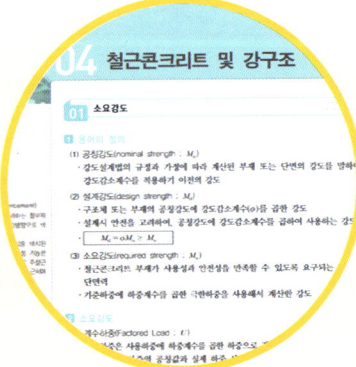

핵심 스피드 마스터
핵심이론 및 핵심문제를 연계하여 각 과목의 중요한 핵심이론을 마스터

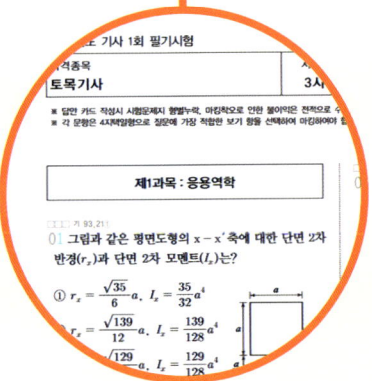

과년도 실전 테스트
전과목을 실전처럼 년도별로 일목요연하게 학습하여 총제적으로 실전 문제 마스터

한솔아카데미에서 제공하는 학습플랜 길잡이 — 200% 학습법

Pick Remember 720
빈출 문제를 분석하여 자주 나오는 문제 720제 수록, 합격 스피드 마스터

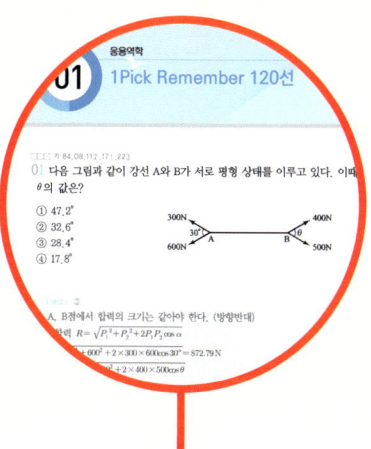

CBT모의고사
최근 기출문제를 홈페이지에서 실제시험처럼 자가진단 모의고사로 실시

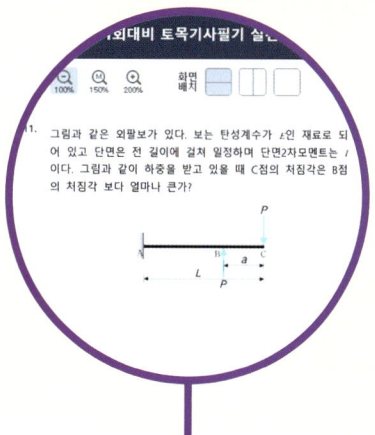

5 Pick Remember 720 **6** 동영상 강좌 **7** CBT모의고사 **8** 학습 Q&A

동영상 강좌
100% 저자 직강 유료강의 및 최근 4개년 기출문제 무료제공(3개월)

학습 Q&A
전용 홈페이지를 통한 365일 학습관리 시스템

본 도서를 구매하신 분께 드리는 혜택

본 도서를 구매하신 후 홈페이지에 회원등록을 하시면 아래와 같은
학습 관리시스템을 이용하실 수 있습니다.

01 365일 질의응답

본 도서 학습시 궁금한 사항은 전용 홈페이지를 통해 질문하시면 담당 교수님으로부터 365일 답변을 받아 볼 수 있습니다.

전용홈페이지(www.inup.co.kr) – 토목기사 학습게시판

02 무료 동영상 강좌

교재구매 회원께는 아래의 동영상강의 3개월 무료수강을 제공합니다.

① 토목기사 4주완성 출제경향분석 동영상강의 무료제공
② 토목기사 4주완성 4개년 기출문제 동영상강의 무료제공
③ Pick Remember 720선 동영상강의 무료제공

03 CBT대비 온라인 실전 테스트

수시로 CBT 테스트하여 자신의 풀이 능력을 실전에 대비합니다.

① CBT 실전 테스트 제1회 (2014년 제1회)
② CBT 실전 테스트 제2회 (2014년 제2회)
③ CBT 실전 테스트 제3회 (2014년 제3회)
④ CBT 실전 테스트 제4회 (2015년 제1회)
⑤ CBT 실전 테스트 제5회 (2015년 제2회)
⑥ CBT 실전 테스트 제6회 (2015년 제3회)
⑦ CBT 실전 테스트 제7회 (2016년 제1회)
⑧ CBT 실전 테스트 제8회 (2016년 제2회)
⑨ CBT 실전 테스트 제9회 (2016년 제3회)
⑩ CBT 실전 테스트 제10회 (2022년 제1회)
⑪ CBT 실전 테스트 제11회 (2022년 제2회)
⑫ CBT 실전 테스트 제12회 (2022년 제3회)
⑬ CBT 실전 테스트 제13회 (2023년 제1회)
⑭ CBT 실전 테스트 제14회 (2023년 제2회)
⑮ CBT 실전 테스트 제15회 (2023년 제3회)
⑯ CBT 실전 테스트 제16회 (2024년 제1회)
⑰ CBT 실전 테스트 제17회 (2024년 제2회)
⑱ CBT 실전 테스트 제18회 (2024년 제3회)
⑲ CBT 실전 테스트 제19회 (2025년 제1회)
⑳ CBT 실전 테스트 제20회 (2025년 제2회)
㉑ CBT 실전 테스트 제21회 (2025년 제3회)

04 전국모의고사

인터넷 홈페이지를 통한 전국모의고사를 실시하여 학습자의 객관적 평가 및 분석결과를 알려드림으로써 시험 전 부족한 부분에 대해 충분히 보완할 수 있도록 합니다.

• 시행일시 : 토목기사 시험일 2주 전 실시(세부일정은 인터넷 전용 홈페이지 참고)

| 등록 절차 |

도서구매 후 본권 뒤표지 회원등록 인증번호 확인

인터넷 홈페이지(www.inup.co.kr)에 인증번호 등록

교재 인증번호 등록을 통한 학습관리 시스템

❶ 365일 학습질의응답   ❷ 기출문제 및 720선 무료동영상
❸ CBT대비 온라인 실전 테스트   ❹ 전국모의고사 실시

 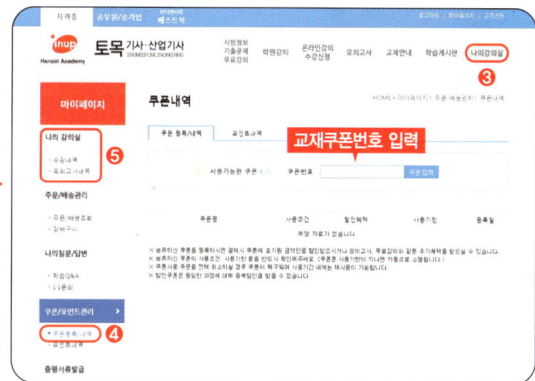

01 사이트 접속
인터넷 주소창에 https://www.inup.co.kr 을 입력하여 한솔아카데미 홈페이지에 접속합니다.

02 회원가입 로그인
홈페이지 우측 상단에 있는 **회원가입** 또는 아이디로 **로그인**을 한 후, [토목] 사이트로 접속을 합니다.

03 나의 강의실
나의강의실로 접속하여 왼쪽 메뉴에 있는 [쿠폰/포인트관리]-[쿠폰등록/내역]을 클릭합니다.

04 쿠폰 등록
도서에 기입된 **인증번호 12자리** 입력(-표시 제외)이 완료되면 [나의강의실]에서 학습가이드 관련 응시가 가능합니다.

■ 모바일 동영상 수강방법 안내

❶ QR코드 이미지를 모바일로 촬영합니다.
❷ 회원가입 및 로그인 후, 쿠폰 인증번호를 입력합니다.
❸ 인증번호 입력이 완료되면 [나의강의실]에서 강의 수강이 가능합니다.

※ 인증번호는 표지 뒷면에서 확인하시길 바랍니다.
※ QR코드를 찍을 수 있는 앱을 다운받으신 후 진행하시길 바랍니다.

책의 구성

01 핵심요약 및 핵심문제
- 학습길잡이 역할
- 각 과목별 각 단원마다 핵심이론과 핵심 문제를 연계하여 단원별 이론을 쉽게 이해할 수 있도록 하여 각 과목을 기초적이고 중요한 핵심이론을 마스터 하도록 하였다.

02 과목별 과년도 구성
- 반복적인 연상법
- 1단계에 이어 2단계에서는 과목별 과년도를 집중적이고 반복적으로 문제풀이를 학습하여 연상법으로 각 과목을 마스터 할 수 있도록 하였다.

03 전 과목 과년도 구성
- 총체적인 마스터
- 과목별 2단계를 마스터한 후 전 과목을 년도 순으로 다루어 실전처럼 전과목을 일목요연하게 학습하고 마스터하여 총체적으로 실전에 대비하도록 하였다.

▼ 1단계 : 핵심 스피드 마스터

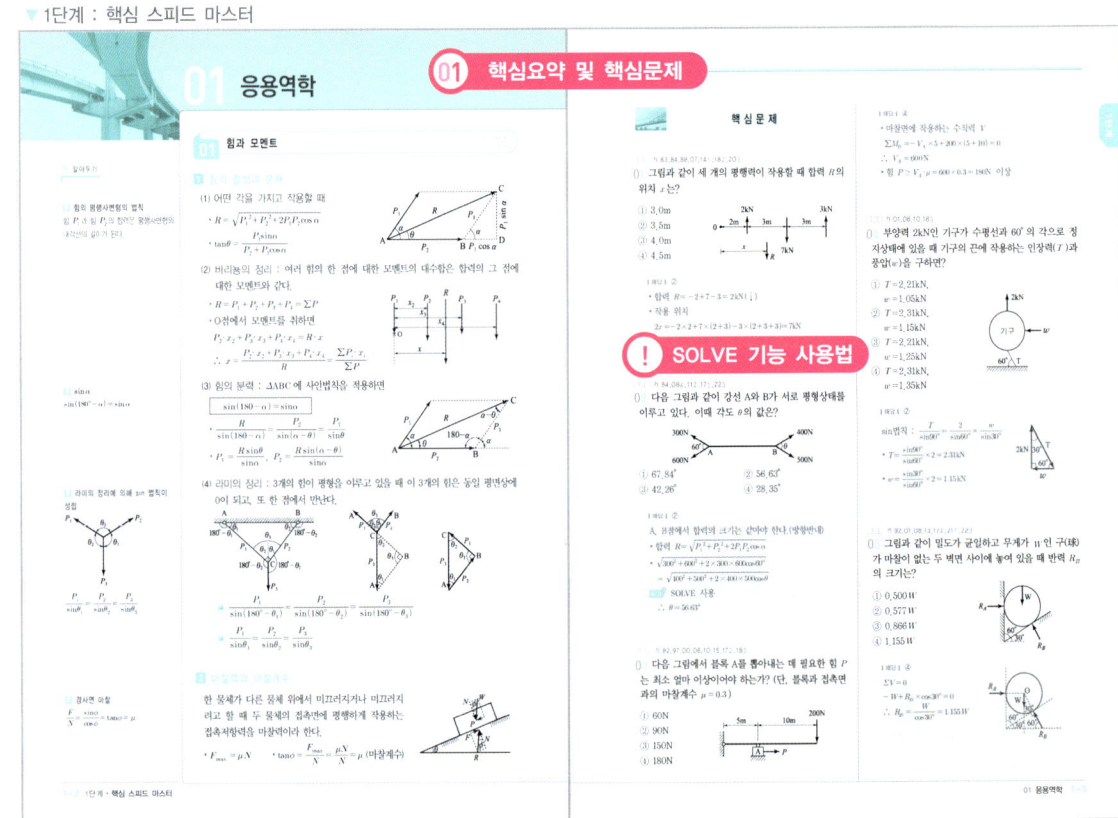

04 체크업과 출제연도

- ☐☐☐ 체크업을 활용
- 문제마다 "☐☐☐ 기10,19"를 두어 체크업을 두어 실력평가를 하도록 하였고, 출제 경향을 파악하여 사전·사후에 학습관리를 하도록 하였다.

05 즉석 즉답

- Speed Master하기
- 1단계와 2단계에서는 문제 하단에 해답을 두어 즉시 문제의 답을 확인 할 수 있도록 하여 스피드 마스터할 수 있도록 하였다.

06 핵심 Remember

- Remember를 숙지
- 반드시 기억하여 문제 풀이에 도움을 줄 수 있는 핵심은 ⬛ Remember 를 두어 문제 풀이를 간편하게 하여 시간을 절약할 수 있도록 하였다.

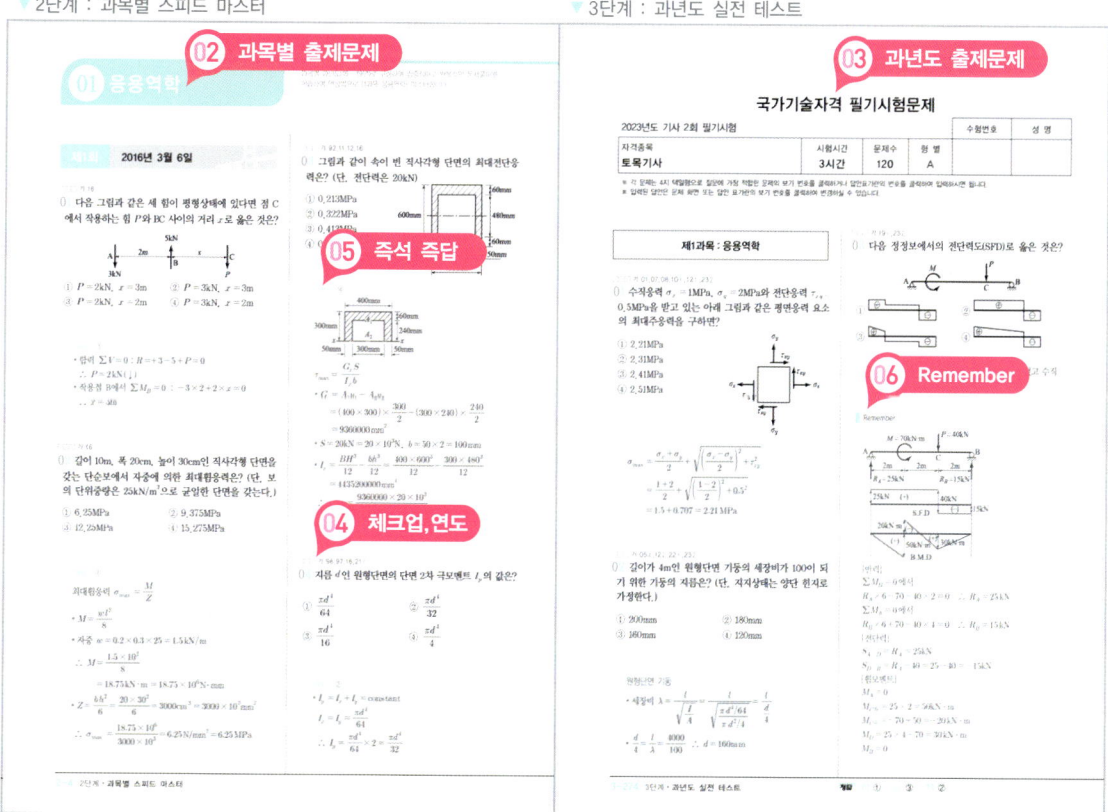

함께 편집했던 선배들의 조언

○○대학교 사회환경공학부 이○희

필기에서 실기까지 한솔책과 온라인 강의로 준비하여 합격하였어요! [재학생]

- 저는 4년제 대학교 4학년 1학기 재학 중인 학생입니다. 2025년도 토목기사 1회차 필기 평균 86.66점, 실기 82점으로 합격하였습니다. 필기와 실기 모두 온라인 강의 중 출제빈도가 높고 중요하다고 강조된 내용을 중심으로 필기 노트를 작성해가며 공부했고, 시험 직전에는 그 노트를 집중적으로 복습한 후 시험에 임했습니다.

❶ 필기 (평균 86.66점)

- 교재는 〈2025 토목기사필기 4주완성 핵심 및 과년도 문제해설〉을 사용하였습니다. 학습기간은 약 6주입니다. 필기시험을 준비할 때 방학 기간이다 보니, 낮에 여유 시간이 많아 평균적으로 6시간 이상씩 학습할 수 있었습니다.

과목별 특점	
과목	취득득점
응용역학	90
측량학	95
수리학및수문학	75
철근콘크리트및강구조	95
토질및기초	80
상하수도공학	85
평균	86.66
총점	520

- 1주차는 응용역학, 2주차는 철근콘크리트, 3주차는 토질 및 기초, 4주차는 수리학, 측량학, 상하수도공학, 5~6주차는 과년도 기출풀기 순서로 진행하였습니다. 1~3주차 응용역학, 철근콘크리트, 토질 및 기초의 경우 내용을 이해하는 것에 초점을 두고 공부를 진행하였으며, 4주차 측량학, 수리학, 상하수도는 암기 내용을 위주로 학습을 진행하였습니다. 이후 5~6주차는 약 10년치의 과년도 기출문제를 온라인 강의와 함께 우선 푼 뒤, 한솔아카데미의 랜덤 모의고사를 활용하여 지속적인 복습을 하였습니다. 〈PICK REMEMBER 600〉를 통해 공부한 내용이 많이 나와 도움이 많이 되었습니다.

❷ 실기 (82점)

- 교재는 〈2025토목기사실기(전3권)〉을 사용하였습니다. 학습기간은 약 7주입니다. 실기 준비 기간이 학기 중이라 하루 학습 시간이 일정하지는 않았으나 평균적으로 하루 4시간 정도 학습했었습니다.

- 1~3주 동안에는 공정관리, 물량산출 이론 내용을 온라인 강의를 통해 먼저 학습하였습니다. 문제를 풀기보다는 내용을 이해하는 데 집중했습니다. 이후에는 토목시공 파트를 이해와 암기를 병행하며 학습하였습니다. 4~7주 동안에는 약 10년치의 과년도 기출 문제를 위주로 학습하였습니다. 말따먹기 문제의 경우, 기출에서 자주 나오는 내용은 반복하면서 자연스럽게 외워졌고, 출제 빈도가 낮은 부분은 과감하게 학습 비중을 줄였습니다. 100점이 아닌 60점 이상 합격선을 목표로 했기 때문에, 암기보다 계산 문제에 더 많은 시간을 투자했습니다. 공정관리 물량산출 문제와 토목 시공 계산 문제는 과년도 기출문제를 직접 풀면서 풀이 방법을 익히고 반복 학습을 통해 실력을 다졌습니다.

❸ 결론

- 토목기사는 꾸준하게 공부하면 충분히 취득할 수 있는 자격증이라고 생각합니다. 공부 시간도 물론 중요하지만, 방향을 잘 잡고 효율적으로 반복하는 것이 더 중요하다고 느꼈습니다. 명확한 목표와 계획을 세우고 차근차근 준비한다면 누구나 합격할 수 있습니다. 시험을 준비하시는 모든 분들의 좋은 결과를 진심으로 응원합니다.

 **○○대학교 토목공학과 조○진** — 단 한권으로 6과목 단기간에 정리가 되어 좋았어요! [공무원]

- 자격증 시험을 준비할 때 처음 구입하게 되는 두꺼운 기본서와는 달리 4주 완성으로 구성된 이 책은 단순히 과년도 문제만으로 수록되어 있지 않고 각 단계별로 나누어져 있어서, 이 책으로 공부하는 수험자들이 시험 준비를 체계적이고 신속하게 끝낼 수 있게 하였고, 단권임에도 불구하고 내용도 알차게 구성되어 있습니다.
- 첫 번째 1단계는 과목별로 각 단원마다 간략히 요약된 핵심이론과 예제를 실어 이론을 보고 문제에 바로 적용시킴으로써 단원별 이해를 돕기 쉽게 구성되었습니다.
- 두 번째 2단계는 과목별로 과년도를 묶어 놔서 그 과목마다 흐름이 끊기지 않게 집중적인 문제풀이를 할 수 있게 구성되어 있습니다.
- 세 번째 3단계는 최근 출제된 문제들을 전과목 연도순으로 다루어 실전처럼 풀어 보게끔 구성되어 앞서 두 단계를 익힌 지식에 대한 점검은 물론이고, 최신 기출 경향을 익힐 수 있도록 구성되어 있습니다.
- 시험이 얼마 남지 않은 사람들은 기본서에 수록된 모든 예제문제와 출제문제를 처음부터 끝까지 풀면서 익히거나 모든 내용을 복습하기에는 시간이 턱없이 부족할 것입니다. 그래서 저는 '4주 완성'이라는 타이틀에 걸맞게 단 한 권에 6과목을 마스터할 내용을 담고 있는 이 책을 단기간에 정리 및 마무리를 하고 싶으신 분들께 이 책을 권하고 싶습니다.

 **○○대학교 토목공학과 고○민** — 시작부터 4주의 시간 투자로 60점 넘기! [LX 공사]

- 처음 공부를 시작하면 학습할 범위가 방대하므로 공부에 대한 의욕이 많이 떨어지게 됩니다. 저 또한 이로 인해 1주일 정도의 시간을 허비하였습니다. 그래서 저는 공부에 대한 의욕을 고취시키는 방법과 함께 공부 방법을 알려 드리고자 합니다.
- 먼저, 각 과목을 시작할 때 〈2단계〉 과목별 출제문제 1개년을 답을 체크하면서 읽듯이 풀어 나갑니다. 그 뒤에 〈1단계〉로 돌아와서 공부를 시작하시면 출제문제에서 봤던 문제들이 나오고 그 부분은 '공부=점수'라는 생각 때문에 훨씬 더 의욕 있게 공부하실 수 있습니다.
- 이때 오른쪽 페이지에 있는 핵심문제는 출제 빈도수가 높은 문제들을 모아 놓은 것이므로 필히 암기하시는 것이 중요합니다. 그 뒤에 나머지 〈2단계〉 과목별 출제문제를 푸시는 방법으로 과목별 공부를 마치시면 됩니다. '연습을 실전처럼'이라는 생각으로 처음부터 6개 과목을 동시에 공부하면 머릿속에 깊게 남는 것이 적어지므로 과목별로 집중적으로 공부하시는 게 좋습니다.
- 자격증은 조금이라도 더 높은 점수를 받기 위한 시험이 아닌 60점을 넘기는 시험입니다. 자격증 공부 외에도 해야 할 일이 많으므로 '토목기사필기 4주완성' 수험서를 구매하신 것이라 생각합니다. 그렇다면 수험서를 믿고 최대한 효율적으로 공부하시기 바랍니다.

2026 학습플랜 기본핵심문제 + 10개년 기출문제

토목기사 4주완성 완전학습플랜

4주 학습플랜 (30일 작전)

주차	일차	단계	중요 학습 내용	학습한 날	부족	완료
1주차	1일차	1단계	응용역학 01-11	월 일	☐	☐
	2일차		응용역학 12-23	월 일	☐	☐
	3일차		측량학 01-10	월 일	☐	☐
	4일차		측량학 11-19	월 일	☐	☐
	5일차		수리학 및 수문학 01-11	월 일	☐	☐
	6일차		수리학 및 수문학 12-23	월 일	☐	☐
	7일차		철근콘크리트 01-11	월 일	☐	☐
2주차	8일차		철근콘크리트 12-22	월 일	☐	☐
	9일차		토질 및 기초 01-11	월 일	☐	☐
	10일차		토질 및 기초 12-23	월 일	☐	☐
	11일차		상하수도공학 01-10	월 일	☐	☐
	12일차		상하수도공학 11-21	월 일	☐	☐
	13일차	2단계 기출문제 & 1단계 핵심문제 확인	응용역학 18년-19년	월 일	☐	☐
	14일차		응용역학 20년-21년	월 일	☐	☐
3주차	15일차		측량학 18년-19년	월 일	☐	☐
	16일차		측량학 20년-21년	월 일	☐	☐
	17일차		수리학 및 수문학 18년-19년	월 일	☐	☐
	18일차		수리학 및 수문학 20년-21년	월 일	☐	☐
	19일차		철근콘크리트 18년-19년	월 일	☐	☐
	20일차		철근콘크리트 20년-21년	월 일	☐	☐
	21일차		토질 및 기초 18년-19년	월 일	☐	☐
4주차	22일차		토질 및 기초 20년-21년	월 일	☐	☐
	23일차		상하수도공학 18년-19년	월 일	☐	☐
	24일차		상하수도공학 20년-21년	월 일	☐	☐
	25일차	3단계 테스트 100점 달성	2022년(1, 2, 3회차)	월 일	☐	☐
	26일차		2023년(1, 2, 3회차)	월 일	☐	☐
	27일차		2024년(1, 2, 3회차)	월 일	☐	☐
	28일차		2025년(1, 2, 3회차)	월 일	☐	☐
	29일차		CBT 실전 테스트	월 일	☐	☐
	30일차		☑☑☑ 총정리 문제확인	월 일	☐	☐

7주 학습플랜 (50일 작전)

주차	일차	과목	중요 학습 내용	학습한 날	부족	완료
1주차	1일차	응용역학	1단계 : 01-07	월 일	☐	☐
	2일차		1단계 : 08-15	월 일	☐	☐
	3일차		1단계 : 16-23	월 일	☐	☐
	4일차		2단계 : 18년-19년	월 일	☐	☐
	5일차		2단계 : 20년-21년	월 일	☐	☐
	6일차		1, 2단계 총정리	월 일	☐	☐
	7일차	측량학	1단계 : 01-06	월 일	☐	☐
2주차	8일차		1단계 : 07-12	월 일	☐	☐
	9일차		1단계 : 13-19	월 일	☐	☐
	10일차		2단계 : 18년-19년	월 일	☐	☐
	11일차		2단계 : 20년-21년	월 일	☐	☐
	12일차		1, 2단계 총정리	월 일	☐	☐
3주차	13일차	수리학 및 수문학	1단계 : 01-07	월 일	☐	☐
	14일차		1단계 : 08-15	월 일	☐	☐
	15일차		1단계 : 16-23	월 일	☐	☐
	16일차		2단계 : 18년-19년	월 일	☐	☐
	17일차		2단계 : 20년-21년	월 일	☐	☐
	18일차		1, 2단계 총정리	월 일	☐	☐
	19일차	철근 콘크리트 및 강구조	1단계 : 01-07	월 일	☐	☐
	20일차		1단계 : 08-14	월 일	☐	☐
	21일차		1단계 : 15-22	월 일	☐	☐
	22일차		2단계 : 18년-19년	월 일	☐	☐
	23일차		2단계 : 20년-21년	월 일	☐	☐
	24일차		1, 2단계 총정리	월 일	☐	☐
4주차	25일차	토질 및 기초	1단계 : 01-07	월 일	☐	☐
	26일차		1단계 : 08-15	월 일	☐	☐
	27일차		1단계 : 16-23	월 일	☐	☐
	28일차		2단계 : 18년-19년	월 일	☐	☐
	29일차		2단계 : 20년-21년	월 일	☐	☐
	30일차		1, 2단계 총정리	월 일	☐	☐
5주차	31일차	상하 수도 공학	1단계 : 01-07	월 일	☐	☐
	32일차		1단계 : 08-14	월 일	☐	☐
	33일차		1단계 : 15-21	월 일	☐	☐
	34일차		2단계 : 18년-19년	월 일	☐	☐
	35일차		2단계 : 20년-21년	월 일	☐	☐
	36일차		1, 2단계 총정리	월 일	☐	☐
6주차	37일차	3단계 평가	2022년(1, 2, 3회)	월 일	☐	☐
	38일차		2023년(1, 2, 3회)	월 일	☐	☐
	39일차		2024년(1, 2, 3회)	월 일	☐	☐
	40일차		2025년(1, 2, 3회)	월 일	☐	☐
	41일차		종합 총정리	월 일	☐	☐
	42일차	과목별 종합	응용역학(1, 2, 3단계)	월 일	☐	☐
	43일차		측량학(1, 2, 3단계)	월 일	☐	☐
	44일차		수리수문학(1, 2, 3단계)	월 일	☐	☐
	45일차		철근콘크리트(1, 2, 3단계)	월 일	☐	☐
7주차	46일차		토질(1, 2, 3단계)	월 일	☐	☐
	47일차		상하수도(1, 2, 3단계)	월 일	☐	☐
	48일차	Final	CBT 온라인 실전 테스트(7회분)	월 일	☐	☐
	49일차		CBT 온라인 실전 테스트(7회분)	월 일	☐	☐
	50일차		CBT 온라인 실전 테스트(7회분)	월 일	☐	☐

2026 CBT 10차개정판 시험대비

토목기사필기 필독서

Speed Master

토목기사 4주완성
핵심 및 과년도문제해설

이상도 · 고길용 · 안광호 · 한웅규 · 홍성협 · 김지우 공저

본 교재의 구성
1단계 핵심요약 핵심문제 스피드 마스터
2단계 과목별 과년도문제 스피드 마스터
3단계 전과목 과년도 실전 스피드 마스터
4단계 별책부록 PICK REMEMBER 720

동영상강좌 : www.inup.co.kr
샘플강의 : 토목기사 4주완성 OPEN

한솔아카데미

토목기사 4주완성 **학습안내**

有備無患
도전하면 합격한다

❶ **신분증** 지참은 반드시 필수입니다.
❷ **계산기**(SOLVE기능) 지참은 필수입니다.
❸ **[년도별·회별]** 표시로 출제빈도를 알 수 있습니다.
❹ **Remember** 는 문제해결에 필요한 사항을 기억하도록 하였습니다.

별책부록 — Pick Remember 720

- Pick Remember 720을 통하여 전과목을 단시간에 숙지할 수 있습니다.
- Pick Remember 720선은 각 과목에서 반드시 알아야 할 핵심문제입니다.

1단계 — 핵심 스피드 마스터

- 핵심이론 및 핵심문제를 서로 연계하여 이해하며 마스터합니다.
- 처음에는 완벽하게 하려지 말고 2단계를 풀면서 반복하면 됩니다.

2단계 — 과목별 스피드 마스터

- 2단계는 1단계 핵심이론을 오가며 집중적 반복적으로 학습하여 문제해결 능력을 마스터합니다.
- 1단계 핵심이론을 오가며 2단계를 많이 반복할수록 시험에 유리합니다.

3단계 — 과년도 실전 테스트

- 전과목을 연습용 OMR 답안지를 이용하여 수시로 실전테스트합니다.
- 홈페이지에서 일부 기출문제를 CBT 실전 테스트로 체험해 보세요.

4단계 — CBT 온라인 실전 테스트

- 과년도 기출문제 CBT 실전 테스트 합니다.(21회분)
- 홈페이지에서 과년도 기출문제를 테스트하여 실력을 파악합니다.

머리말

용기를 내어라
나다
두려워하지 말라

라이센스(license)의 꽃인 토목기사!

토목기사자격증을 취득하기 위한 방법은 여러 가지가 있습니다. 또한 다수의 출판사에서 출간된 수많은 수험서들이 서점에 준비되어 있습니다.

저자는 자격증의 필요성을 절실히 느끼고 있는 여러분들께 나아가야 할 방향을 명확히 제시하고 효과적이고 효율적인 방법으로 그 필요성을 채워 드려야 한다고 생각합니다.

그래서 토목기사 필기를 최단시간 내에 마스터하여 수험자의 최종 목적에 도달할 수 있도록 본서를 정성을 다해 기획하고 마지막까지 혼신의 힘을 기울여 편집하였습니다. 혹여 오류가 있다면 신속히 보완하여 더욱 좋은 책으로 거듭날 수 있도록 애정 어린 관심과 조언을 부탁드립니다.

부디, 이 수험서를 통하여 여러분의 목표가 반드시 이루어 내시기를 소망합니다.

앞으로도 꾸준히 라이센스(license)에 도전하십시오. "한솔아카데미가 답이다"와 함께하십시오. 반드시 계획했던 모든 꿈을 이루실 겁니다.

> **본 교재의 특징**
> - 출제경향에 따라 국제단위인 SI단위로 표기하였습니다.
> - 1단계는 출제경향에 의한 핵심요약 및 핵심문제로 구성하여 전 과목을 단시간에 숙지하도록 하였습니다.
> - 2단계는 과목별 출제문제 해설을 연상법으로 문제해결 능력을 기르도록 하였습니다.
> - 3단계는 전 과목을 실전 테스트하도록 하여 토목기사 전 과목을 스피드 마스터하도록 하였습니다.
> - Remember 에는 반드시 문제해결에 필요한 사항을 기억하도록 하였습니다.
> - 계산기 SOLVE사용법을 적용하였습니다.
> - Pick Remember 720선을 통해 핵심문제를 완전 정복합니다.

한 권의 책이 나올 수 있도록 바쁜 시간을 내어 최선을 다해 도와주신 여러 교수님, 대학교 동문, 후배님들께 진심으로 감사드립니다. 토목기사 자격증을 취득하는 과정에서 필요사항을 건의해 주고, 방향설정을 해 주신 조한진님, 고재민님께 감사드립니다. 그리고 실전모의 테스트에 임해 주신 김수연님께 감사드립니다.

무엇보다 한 권의 책을 완성할 수 있도록 인고의 시간을 함께해 주신 한솔아카데미 편집부 여러분, 이 책의 얼굴을 예쁘게 디자인 해주신 강수정 실장님, 묵묵히 수정과 교정을 하여 주신 안주현 부장님, 언제나 튼튼한 가교역할을 해 주시는 최상식 이사님, 그리고 항상 큰 그림을 그려 주시는 이종권 사장님, 사랑받는 수험서로 출판될 수 있도록 아낌없이 지원해 주신 한병천 대표님께 감사드립니다.

저자 드림

CONTENTS

1단계 핵심 스피드 마스터

CHAPTER 01 | 응용역학

- 01 힘과 모멘트 ·········· 1-2
- 02 구조물의 판별 ·········· 1-4
- 03 단면 1차 모멘트 ·········· 1-6
- 04 단면 2차 극모멘트 ·········· 1-8
- 05 변형률 및 탄성계수 ·········· 1-12
- 06 응력 ·········· 1-14
- 07 축하중 부재 ·········· 1-16
- 08 단순보 ·········· 1-18
- 09 캔틸레버보와 게르버보 ·········· 1-22
- 10 내민보 ·········· 1-24
- 11 보의 응력 ·········· 1-26
- 12 정정 라멘 ·········· 1-28
- 13 정정 아치 ·········· 1-30
- 14 기둥 ·········· 1-32
- 15 트러스 ·········· 1-34
- 16 트러스의 변위 ·········· 1-36
- 17 탄성변형에너지 ·········· 1-38
- 18 탄성변형의 정리 ·········· 1-40
- 19 보의 처짐각과 처짐해법 ·········· 1-42
- 20 보의 처짐각과 처짐공식 ·········· 1-44
- 21 3연 모멘트법 ·········· 1-46
- 22 처짐각법 ·········· 1-48
- 23 모멘트 분배법 ·········· 1-50
- 24 부정정 구조물의 기본공식 ·········· 1-52

CHAPTER 02 | 측량학

- 01 측량학 개론 ·········· 1-54
- 02 중력 측정과 좌표계 ·········· 1-56
- 03 국가기준점 ·········· 1-58
- 04 거리측량오차 ·········· 1-60
- 05 GNSS(위성측위시스템) ·········· 1-62
- 06 GPS ·········· 1-64
- 07 수준측량 ·········· 1-66
- 08 간접수준측량과 오차조정 ·········· 1-68
- 09 각관측 ·········· 1-70
- 10 다각 측량의 방법 ·········· 1-72
- 11 방위각 및 방위계산 ·········· 1-74
- 12 삼각측량 ·········· 1-76
- 13 삼각측량의 응용 ·········· 1-78
- 14 지형측량 ·········· 1-80
- 15 노선측량 ·········· 1-82
- 16 면적측량 ·········· 1-86
- 17 체적측량 ·········· 1-88
- 18 하천측량 ·········· 1-90
- 19 GIS ·········· 1-92

CHAPTER 03 | 수리학 및 수문학

- 01 유체의 기본적 성질 ·············· 1-94
- 02 정수압의 원리 ·················· 1-96
- 03 전수압 ························· 1-98
- 04 부력과 상대정지 ················ 1-100
- 05 동수역학의 흐름분류 ············ 1-102
- 06 연속방정식 ···················· 1-104
- 07 베르누이의 정리 ················ 1-106
- 08 역적-운동량 방정식 ············· 1-108
- 09 오리피스 ······················ 1-110
- 10 위어 ·························· 1-112
- 11 관수로 ························ 1-114
- 12 마찰손실 ······················ 1-116
- 13 관망과 동력 ···················· 1-118
- 14 개수로의 특성 ·················· 1-120
- 15 비에너지와 한계수심 ············ 1-122
- 16 도수와 비력 ···················· 1-124
- 17 지하수의 흐름 ·················· 1-126
- 18 수리학적 상사성 ················ 1-128
- 19 해안수리 ······················ 1-130
- 20 수문학 일반 ···················· 1-132
- 21 강수 ·························· 1-134
- 22 증발산과 침투 ·················· 1-136
- 23 유출과 수문 곡선 ················ 1-138

CHAPTER 04 | 철근콘크리트 및 강구조

- 01 소요강도 ······················ 1-140
- 02 설계강도 ······················ 1-142
- 03 구조해석일반 ·················· 1-144
- 04 콘크리트구조 휨 및 압축 설계기준
  (KDS 14 20 20 적용) ············ 1-146
- 05 단철근 직사각형보 ·············· 1-148
- 06 복철근 직사각형보 ·············· 1-150
- 07 T형 단면보 ···················· 1-152
- 08 처짐 ·························· 1-154
- 09 전단철근의 설계 ················ 1-156
- 10 전단철근에 의한 전단강도 ········ 1-158
- 11 비틀림 설계 ···················· 1-162
- 12 깊은 보에 대한 전단 설계 ········ 1-164
- 13 압축부재(기둥) ················ 1-166
- 14 철근의 정착 ···················· 1-168
- 15 철근의 이음 ···················· 1-170
- 16 철근 상세 ······················ 1-172
- 17 슬래브 ························ 1-174
- 18 확대기초와 옹벽 ················ 1-176
- 19 PSC의 기본개념 ················ 1-178
- 20 프리스트레스의 손실 ············ 1-180
- 21 강구조 : 리벳이음 ················ 1-182
- 22 강구조(인장부재) ·············· 1-184

CONTENTS

CHAPTER 05 | 토질 및 기초

01 흙의 구성 ···································· 1-186
02 흙의 단위중량 및 상대밀도 ············ 1-188
03 흙의 연경도 ································ 1-190
04 흙의 분류 ·································· 1-192
05 Darcy의 법칙 ······························ 1-194
06 흙의 투수계수 ····························· 1-196
07 유선망 ······································ 1-198
08 유효응력 ··································· 1-200
09 지반내의 응력 ····························· 1-202
10 흙의 압밀 ·································· 1-204
11 압밀곡선 ··································· 1-206
12 흙의 전단강도 ····························· 1-208
13 전단강도시험 ······························ 1-210
14 토압 ··· 1-212
15 사면의 안정 ······························· 1-214
16 흙의 다짐 ·································· 1-216
17 토질 조사 및 시험 ······················· 1-218
18 표준관입시험과 베인시험 ·············· 1-220
19 평판재하시험 ······························ 1-222
20 직접기초 ··································· 1-224
21 깊은기초 ··································· 1-226
22 연약지반 ··································· 1-228
23 흙의 구조와 동해 ························ 1-230

CHAPTER 06 | 상하수도 공학

01 상수도의 계획 ····························· 1-232
02 계획급수량 ································ 1-234
03 수원과 저수시설 ························· 1-236
04 수질오염 ··································· 1-238
05 수질의 변화현상 ························· 1-240
06 도·송수시설 ······························ 1-242
07 배수·급수시설 ··························· 1-244
08 침전법 ······································ 1-246
09 응집침전 ··································· 1-248
10 여과법 ······································ 1-250
11 살균법 ······································ 1-252
12 하수도기본계획 ··························· 1-254
13 하수관거시설 ······························ 1-256
14 하수도의 부속시설 ······················· 1-258
15 펌프장 시설 ······························· 1-260
16 펌프의 제반사항 ························· 1-262
17 펌프의 부대시설 ························· 1-264
18 하수처리 ··································· 1-266
19 활성슬러지법 ······························ 1-268
20 활성슬러지법의 변법 ···················· 1-270
21 슬러지계통도 ······························ 1-272

2단계 과목별 스피드 마스터

CHAPTER 01 | 응용역학

2018년 3월 4일 시행	2-4	2020년 6월 6일 시행	2-40
2018년 4월 28일 시행	2-10	2020년 8월 22일 시행	2-46
2018년 8월 19일 시행	2-16	2020년 9월 27일 시행	2-51
2019년 3월 3일 시행	2-22	2021년 3월 7일 시행	2-58
2019년 4월 27일 시행	2-28	2021년 5월 15일 시행	2-64
2019년 8월 4일 시행	2-34	2021년 8월 14일 시행	2-70

CHAPTER 02 | 측량학

2018년 3월 4일 시행	2-78	2020년 6월 6일 시행	2-104
2018년 4월 28일 시행	2-82	2020년 8월 22일 시행	2-108
2018년 8월 19일 시행	2-86	2020년 9월 27일 시행	2-113
2019년 3월 3일 시행	2-91	2021년 3월 7일 시행	2-118
2019년 4월 27일 시행	2-95	2021년 5월 15일 시행	2-122
2019년 8월 4일 시행	2-99	2021년 8월 14일 시행	2-126

CHAPTER 03 | 수리학 및 수문학

2018년 3월 4일 시행	2-132	2020년 6월 6일 시행	2-159
2018년 4월 28일 시행	2-136	2020년 8월 22일 시행	2-163
2018년 8월 19일 시행	2-141	2020년 9월 27일 시행	2-168
2019년 3월 3일 시행	2-146	2021년 3월 7일 시행	2-173
2019년 4월 27일 시행	2-150	2021년 5월 15일 시행	2-177
2019년 8월 4일 시행	2-154	2021년 8월 14일 시행	2-181

CONTENTS

CHAPTER 04 | 철근콘크리트 및 강구조

2018년 3월 4일 시행	2-188	2020년 6월 6일 시행	2-220
2018년 4월 28일 시행	2-194	2020년 8월 22일 시행	2-225
2018년 8월 19일 시행	2-199	2020년 9월 27일 시행	2-230
2019년 3월 3일 시행	2-204	2021년 3월 7일 시행	2-235
2019년 4월 27일 시행	2-209	2021년 5월 15일 시행	2-240
2019년 8월 4일 시행	2-214	2021년 8월 14일 시행	2-245

CHAPTER 05 | 토질 및 기초

2018년 3월 4일 시행	2-252	2020년 6월 6일 시행	2-279
2018년 4월 28일 시행	2-256	2020년 8월 22일 시행	2-283
2018년 8월 19일 시행	2-261	2020년 9월 27일 시행	2-287
2019년 3월 3일 시행	2-266	2021년 3월 7일 시행	2-292
2019년 4월 27일 시행	2-270	2021년 5월 15일 시행	2-296
2019년 8월 4일 시행	2-274	2021년 8월 14일 시행	2-301

CHAPTER 06 | 상하수도 공학

2018년 3월 4일 시행	2-308	2020년 6월 6일 시행	2-332
2018년 4월 28일 시행	2-312	2020년 8월 22일 시행	2-336
2018년 8월 19일 시행	2-316	2020년 9월 27일 시행	2-340
2019년 3월 3일 시행	2-320	2021년 3월 7일 시행	2-345
2019년 4월 27일 시행	2-324	2021년 5월 15일 시행	2-349
2019년 8월 4일 시행	2-328	2021년 8월 14일 시행	2-352

3단계 과년도 실전 테스트

- 연습용 OMR 답안지

2022년 3월 5일 시행 ········· 3-9	2024년 제1회 시행 ········· 3-161
2022년 4월 24일 시행 ········· 3-35	2024년 제2회 시행 ········· 3-188
2022년 제3회 시행 ········· 3-62	2024년 제3회 시행 ········· 3-217
2023년 제1회 시행 ········· 3-86	2025년 제1회 시행 ········· 3-245
2023년 제2회 시행 ········· 3-112	2025년 제2회 시행 ········· 3-272
2023년 제3회 시행 ········· 3-137	2025년 제3회 시행 ········· 3-298

별책부록 Pick Remember 720선

국제단위계 변환규정 ········· 2	1Pick 120선 ········· 7
[계산기 F_s 570] SOLVE 기능 사용법 ········· 3	2Pick 120선 ········· 73
	3Pick 120선 ········· 145
	4Pick 120선 ········· 209
	5Pick 120선 ········· 283
	6Pick 120선 ········· 355

온라인 CBT 실전테스트

CBT 시험을 대비하여 필기시험 문제를 한솔아카데미 홈페이지(www.inup.co.kr)에서 수시로 테스트하여 자신의 풀이 능력을 실전에 대비합니다.

- CBT 실전테스트 제1회(2014년 제1회)
- CBT 실전테스트 제2회(2014년 제2회)
- CBT 실전테스트 제3회(2014년 제3회)
- CBT 실전테스트 제4회(2015년 제1회)
- CBT 실전테스트 제5회(2015년 제2회)
- CBT 실전테스트 제6회(2015년 제3회)
- CBT 실전테스트 제7회(2016년 제1회)
- CBT 실전테스트 제8회(2016년 제2회)
- CBT 실전테스트 제9회(2016년 제3회)
- CBT 실전테스트 제10회(2022년 제1회)
- CBT 실전테스트 제11회(2022년 제2회)
- CBT 실전테스트 제12회(2022년 제3회)
- CBT 실전테스트 제13회(2023년 제1회)
- CBT 실전테스트 제14회(2023년 제2회)
- CBT 실전테스트 제15회(2023년 제3회)
- CBT 실전테스트 제16회(2024년 제1회)
- CBT 실전테스트 제17회(2024년 제2회)
- CBT 실전테스트 제18회(2024년 제3회)
- CBT 실전테스트 제19회(2025년 제1회)
- CBT 실전테스트 제20회(2025년 제2회)
- CBT 실전테스트 제21회(2025년 제3회)

[계산기 $f_x 570\ ES$] SOLVE 사용법

공학용계산기 기종 허용군

연번	제조사	허용기종군	[예] FX-570 ES PLUS 계산기
1	카시오(CASIO)	FX-901~999	
2	카시오(CASIO)	FX-501~599	
3	카시오(CASIO)	FX-301~399	
4	카시오(CASIO)	FX-80~120	
5	샤프(SHARP)	EL-501~599	
6	샤프(SHARP)	EL-5100, EL-5230, EL-5250, EL-5500	
7	유니원(UNIONE)	UC-600E, UC-400M	
8	캐논(Canon)	F-715SG, F-788SG, F-792SGA	

1 $R = \sqrt{P_1^2 + P_2^2 + 2P_1 P_2 \cos\theta}$

$87.297 = \sqrt{40^2 + 50^2 + 2 \times 40 \times 50 \cos\theta}$

먼저 87.297 ☞ ALPHA ☞ SOLVE = ☞

$\sqrt{40^2 + 50^2 + 2 \times 40 \times 50 \cos ALPHA\ X}$

SHIFT ☞ SOLVE ☞ = ☞ 잠시 기다리면

$X = 28.3345$ ∴ $\theta = 28.4°$

2 $P_n = P_o(1+r)^n$

$200000 = 100000(1+r)^{10}$

먼저 200000 ☞ ALPHA ☞ SOLVE = ☞ $100000(1+ $ ☞ ALPHA $X)^{10}$

☞ SHIFT ☞ SOLVE ☞ = ☞ 잠시 기다리면

$X = 0.07177$ ∴ $r = 0.07177$

3 $A_s = \dfrac{M_u}{\phi f_y \left(d - \dfrac{1}{2} \dfrac{A_s f_y}{0.85 f_{ck} b}\right)}$

$A_s = \dfrac{200 \times 10^6}{0.85 \times 400 \left(500 - \dfrac{1}{2} \times \dfrac{A_s \times 400}{0.85 \times 28 \times 300}\right)}$

먼저 ALPHA ☞ X ☞ ALPHA ☞ SOLVE = ☞

$\dfrac{200 \times 10^6}{0.85 \times 400 \times \left(500 - \dfrac{1}{2} \times \dfrac{ALPHA\ X \times 400}{0.85 \times 28 \times 300}\right)}$

SHIFT ☞ SOLVE ☞ = ☞ 잠시 기다리면

$X = 1266.30 \quad \therefore A_s = 1266.3 \text{mm}^2$

4 $M_u = \phi M_n = \phi \rho f_y b d^2 \left(1 - 0.59 \rho \dfrac{f_y}{f_{ck}}\right)$

$350 \times 10^6 = 0.85 \times 0.014 \times 350 \times 350 \times d^2 \left(1 - 0.59 \times 0.014 \times \dfrac{350}{21}\right)$

먼저 350×10^6 ☞ ALPHA ☞ SOLVE = ☞ $0.85 \times 0.014 \times 350 \times 350 \times$

☞ ALPHA X^2 ☞ $0.85 \times 0.014 \times 350 \times 350 \times X^2 \times \left(1 - 0.59 \times 0.014 \times \dfrac{350}{21}\right)$

☞ SHIFT ☞ SOLVE ☞ = ☞ 잠시 기다리면

$X = 527.66 \quad \therefore d = 528 \text{mm}$

5 $\gamma_t = \dfrac{G_s + 0.20 G_s}{1 + 0.20 G_s} \times 9.81 = 20.03 \text{kN/m}^3$

먼저 2.04 ☞ ALPHA ☞ SOLVE = ☞

$2.04 = \dfrac{ALPHA\ X + 0.20 \times ALPHA\ X}{1 + 0.20 \times ALPHA\ X} \times 9.81$

☞ SHIFT ☞ SOLVE ☞ = ☞ 잠시 기다리면

$X = 2.5757 \quad \therefore G_s = 2.58$

알 아 두 기

1 단위에 대해서

- N : newton 읽습니다.
- MPa : megapascal 읽습니다.
- kN는 힘의 단위이며, MPa는 강도의 단위입니다.
- $1kN = 10^3 N$
- $1MPa = N/mm^2$
- $1cc = 1mL$
- $1mL = 1000mg = 1g$
- $1m^3 = 1000l$
- $g/cm^3 = 1t/m^3$
- $g/mm^3 = 0.001g/cm^3$
- $1kg(f) = 9.8N$
- $1kg(f)/cm^2 = 9.8N/cm^2 = 98kPa$
- $1kN/mm^2 = 1GPa = 1000N/mm^2$
- $1PPM = 1mg/L = 1g/m^3 = 10^{-3}kg/m^3$
- $1m^3/day = 10^3 L/day$
- $1km^2 = 100ha$
- $\dfrac{90°}{\pi} = 1718.87''$
- $1radian = \dfrac{\pi}{180°} = 0.01745$
- $\sec\dfrac{I}{2} = \dfrac{1}{\cos\dfrac{I}{2}}$
- $\sin(180° - \theta) = \sin\theta$
- $k_o = (1 - \sin(25°)) \times \sqrt{2} = 0.82$ (계산기 사용 시 주의)

2 문제를 학습하는 방법

- ☑☐☐ 틀린문제를 확인한다.
- ☑☑☐ 마킹된 문제를 검토한다.
- ☑☑☑ 마킹된 문제를 최종확인한다.

1단계

핵심 스피드 마스터

01 응용역학
02 측량학
03 수리학 및 수문학
04 철근콘크리트 및 강구조
05 토질 및 기초
06 상하수도 공학

01 응용역학

알아두기

힘의 평행사변형의 법칙
힘 P_1과 힘 P_2의 합력은 평행사변형의 대각선의 길이가 된다.

$\sin \alpha$
$\sin(180°-\alpha) = \sin\alpha$

라미의 정리에 의해 sin 법칙이 성립

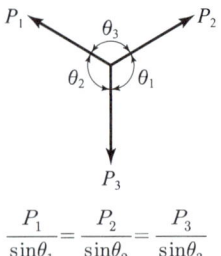

$$\frac{P_1}{\sin\theta_1} = \frac{P_2}{\sin\theta_2} = \frac{P_3}{\sin\theta_3}$$

경사면 마찰
$$\frac{F}{N} = \frac{\sin\phi}{\cos\phi} = \tan\phi = \mu$$

01 힘과 모멘트

1 힘의 합성과 분해

(1) 어떤 각을 가지고 작용할 때

- $R = \sqrt{P_1^2 + P_2^2 + 2P_1P_2\cos\alpha}$
- $\tan\theta = \dfrac{P_1\sin\alpha}{P_2 + P_1\cos\alpha}$

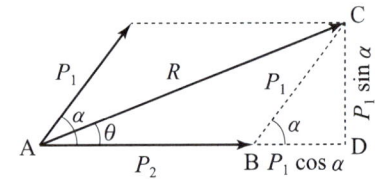

(2) 바리뇽의 정리 : 여러 힘의 한 점에 대한 모멘트의 대수합은 합력의 그 점에 대한 모멘트와 같다.

- $R = P_1 + P_2 + P_3 + P_4 = \sum P$
- O점에서 모멘트를 취하면

$P_2 \cdot x_2 + P_3 \cdot x_3 + P_4 \cdot x_4 = R \cdot x$

$\therefore x = \dfrac{P_2 \cdot x_2 + P_3 \cdot x_3 + P_4 \cdot x_4}{R} = \dfrac{\sum P_i \cdot x_i}{\sum P}$

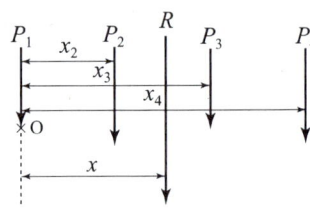

(3) 힘의 분력 : ΔABC에 사인법칙을 적용하면

$$\boxed{\sin(180-\alpha) = \sin\alpha}$$

- $\dfrac{R}{\sin(180-\alpha)} = \dfrac{P_2}{\sin(\alpha-\theta)} = \dfrac{P_1}{\sin\theta}$
- $P_1 = \dfrac{R\sin\theta}{\sin\alpha}$, $P_2 = \dfrac{R\sin(\alpha-\theta)}{\sin\alpha}$

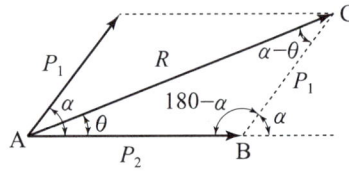

(4) 라미의 정리 : 3개의 힘이 평형을 이루고 있을 때 이 3개의 힘은 동일 평면상에 0이 되고, 또 한 점에서 만난다.

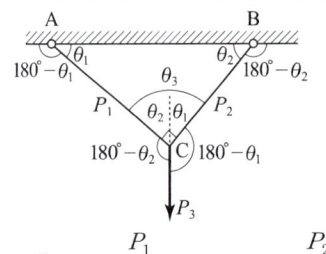 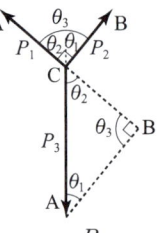 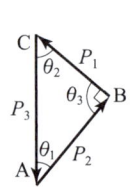

- $\dfrac{P_1}{\sin(180°-\theta_1)} = \dfrac{P_2}{\sin(180°-\theta_2)} = \dfrac{P_3}{\sin(180°-\theta_3)}$

- $\dfrac{P_1}{\sin\theta_1} = \dfrac{P_2}{\sin\theta_2} = \dfrac{P_3}{\sin\theta_3}$

2 마찰력과 마찰계수

한 물체가 다른 물체 위에서 미끄러지거나 미끄러지려고 할 때 두 물체의 접촉면에 평행하게 작용하는 접촉저항력을 마찰력이라 한다.

- $F_{\max} = \mu N$
- $\tan\phi = \dfrac{F_{\max}}{N} = \dfrac{\mu N}{N} = \mu$ (마찰계수)

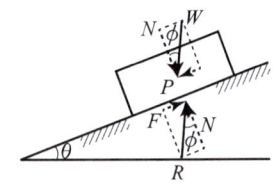

핵심문제

□□□ 기 83,84,88,07,14①,18②,20③

01 그림과 같이 세 개의 평행력이 작용할 때 합력 R의 위치 x는?

① 3.0m
② 3.5m
③ 4.0m
④ 4.5m

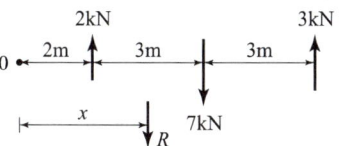

| 해답 | ②

- 합력 $R = -2 + 7 - 3 = 2\text{kN}(\downarrow)$
- 작용 위치
  $2x = -2 \times 2 + 7 \times (2+3) - 3 \times (2+3+3) = 7\text{kN}$
  $\therefore x = 3.5\text{m}(\rightarrow)$

□□□ 기 84,08④,11②,17①,22③

02 다음 그림과 같이 강선 A와 B가 서로 평형상태를 이루고 있다. 이때 각도 θ의 값은?

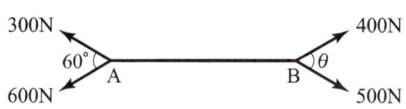

① 67.84°
② 56.63°
③ 42.26°
④ 28.35°

| 해답 | ②

A, B점에서 합력의 크기는 같아야 한다.(방향반대)
- 합력 $R = \sqrt{P_1^2 + P_2^2 + 2P_1P_2\cos\alpha}$
- $\sqrt{300^2 + 600^2 + 2 \times 300 \times 600\cos 60°}$
  $= \sqrt{400^2 + 500^2 + 2 \times 400 \times 500\cos\theta}$

참고 SOLVE 사용
$\therefore \theta = 56.63°$

□□□ 기 82,97,00,06,10,15,17②,18③,24②

03 다음 그림에서 블록 A를 뽑아내는 데 필요한 힘 P는 최소 얼마 이상이어야 하는가? (단, 블록과 접촉면과의 마찰계수 $\mu = 0.3$)

① 60N
② 90N
③ 150N
④ 180N

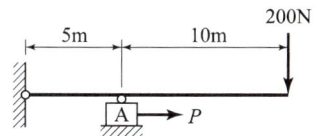

| 해답 | ④

- 마찰면에 작용하는 수직력 V
  $\sum M_B = -V_A \times 5 + 200 \times (5+10) = 0$
  $\therefore V_A = 600\text{N}$
- 힘 $P \geq V_A \cdot \mu = 600 \times 0.3 = 180\text{N}$ 이상

□□□ 기 01,06,10,18③

04 부양력 2kN인 기구가 수평선과 60°의 각으로 정지상태에 있을 때 기구의 끈에 작용하는 인장력(T)과 풍압(w)을 구하면?

① $T = 2.21\text{kN}$, $w = 1.05\text{kN}$
② $T = 2.31\text{kN}$, $w = 1.15\text{kN}$
③ $T = 2.21\text{kN}$, $w = 1.25\text{kN}$
④ $T = 2.31\text{kN}$, $w = 1.35\text{kN}$

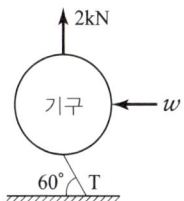

| 해답 | ②

sin법칙 : $\dfrac{T}{\sin 90°} = \dfrac{2}{\sin 60°} = \dfrac{w}{\sin 30°}$

- $T = \dfrac{\sin 90°}{\sin 60°} \times 2 = 2.31\text{kN}$
- $w = \dfrac{\sin 30°}{\sin 60°} \times 2 = 1.15\text{kN}$

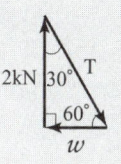

□□□ 기 92,01,08,13,17④,21①,22③,24①

05 그림과 같이 밀도가 균일하고 무게가 W인 구(球)가 마찰이 없는 두 벽면 사이에 놓여 있을 때 반력 R_B의 크기는?

① $0.500W$
② $0.577W$
③ $0.866W$
④ $1.155W$

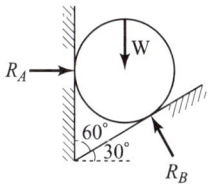

| 해답 | ④

$\sum V = 0$
$-W + R_B \times \cos 30° = 0$
$\therefore R_B = \dfrac{W}{\cos 30°} = 1.155W$

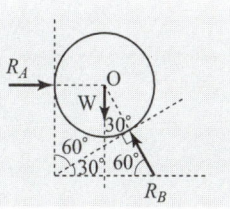

02 구조물의 판별

1 지점의 종류

- 이동지점 : 상하로 움직이지 않고 회전할 수 있고, 수평으로만 움직일 수 있는 지점
- 회전지점 : 상하좌우로 움직이지 않으며, 회전만 할 수 있는 지점
- 고정지점 : 상하좌우로 움직이지 않으며, 회전할 수 없는 지점

부재 종류		반력수
이동지점	V ↑ 반력수 (1개) 수직반력(1개)	■ 반력수 1개 • 수직반력(V)
회전지점	H → V ↑ 반력수 (2개) 수직반력(1개) 수평반력(1개)	■ 반력수 2개 • 수직반력(V) • 수평반력(H)
고정지점	M H → V ↑ 반력수 (3개) 수직반력(1개) 수평반력(1개) 모멘트반력(1개)	■ 반력수 3개 • 수직반력(V) • 수평반력(H) • 모멘트반력(M)

2 안정과 부정정

- 안정 : 어떤 외력을 받더라도 항상 비김상태에 있고 외력에 대해서 구조물 전체가 위치를 옮기지 않는 상태
- 불안정 : 외력을 받으면 구조물의 일부 또는 전체가 위치를 옮기는 상태
- 부정정 : 평형 3조건으로 해석할 수 없는 구조물

3 구조물의 판별식

(1) 구조물의 안정, 불안정, 정정·부정정을 판별하고, 부정정일 경우 몇 차 부정정인가를 구별하는 식
(2) 부정정 차수 : N = 미지 총 수 − 기지 총 수
(3) 구조물 종류별 간편식

- 보 : $N = R - 3 - h$
- 라멘, 트러스 : $N = R + m + S - 2P$

여기서, N : 부정정 차수, R : 반력수, h : 내부 힌지 절점의 수, m : 부재수, P : 결점수, S : 강접합수

핵 심 문 제

□□□ 기 18③
01 다음 그림과 같은 구조물의 부정정 차수는?

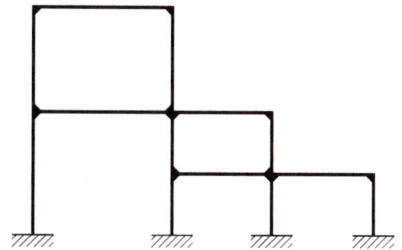

① 12차 부정정　　② 15차 부정정
③ 18차 부정정　　④ 21차 부정정

| 해답 | ②
$N = R + m + S - 2P$

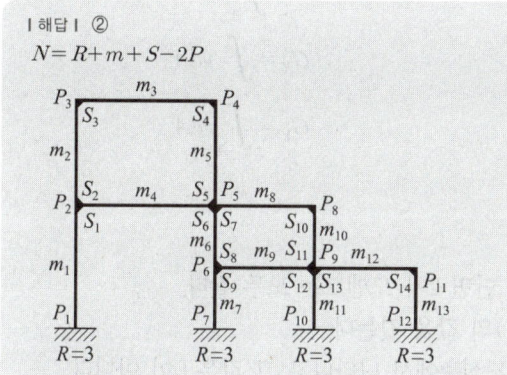

- 반력수 $R = 12$
- 부재수 $m = 13$
- 강접합수 $s = 14$
- 절점수 $P = 12$

  $\therefore N = 12 + 13 + 14 - 2 \times 12 = 15$차 부정정

□□□ 기 81, 90
02 그림과 같은 연속보에 대한 부정정 차수는?

① 1차 부정정　　② 2차 부정정
③ 3차 부정정　　④ 4차 부정정

| 해답 | ③
$N = R - 3 - h$

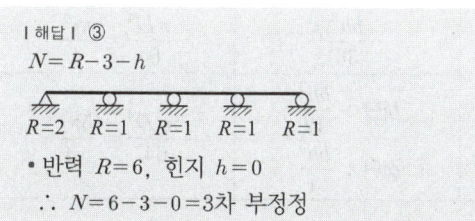

- 반력 $R = 6$, 힌지 $h = 0$
  $\therefore N = 6 - 3 - 0 = 3$차 부정정

□□□ 기 82, 88, 95①, 00①, 02④, 06①, 21①, 24②
03 그림과 같은 라멘의 부정정 차수는?

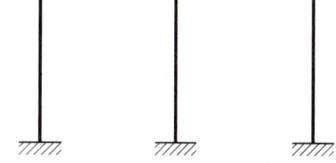

① 3차
② 5차
③ 6차
④ 7차

| 해답 | ③
$N = R + m + S - 2P$

- 반력수 $R = 9$
- 부재수 $m = 5$
- 강접합수 $S = 4$
- 절점수 $P = 6$
  $\therefore N = 9 + 5 + 4 - 2 \times 6 = 6$차 부정정

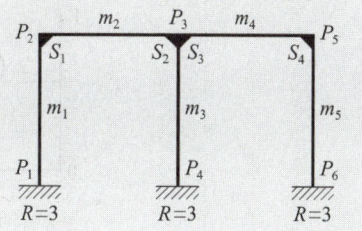

□□□ 기 94②, 09①, 21③
04 그림과 같은 구조물의 부정정 차수는?

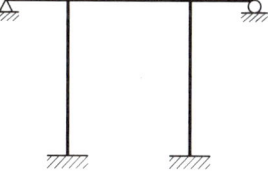

① 6차 부정정
② 5차 부정정
③ 4차 부정정
④ 3차 부정정

| 해답 | ①
$N = R + m + S - 2P$

- 반력수 $R = 9$
- 부재수 $m = 5$
- 강접합수 $s = 4$
- 절점수 $P = 6$
  $\therefore N = 9 + 5 + 4 - 2 \times 6 = 6$차 부정정

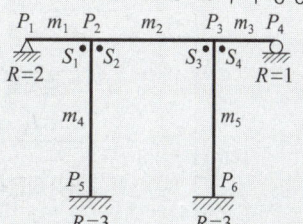

알아두기

도심
$$\bar{x} = \frac{G_Y}{A} = \frac{\sum A \cdot x}{A}$$
$$\bar{y} = \frac{G_X}{A} = \frac{\sum A \cdot y}{A}$$

용어해설
- I_x, I_y : x축 및 y축에 대한 단면 2차 모멘트
- I_X, I_Y : 도심축 X, Y축에 대한 단면 2차 모멘트

---

03 단면 1차 모멘트

1 단면 1차 모멘트

(1) G = 면적 × 거리(축에서 도심까지의 거리)
(2) 도심축에 대한 단면 1차 모멘트는 0이다.

■ 도심에 위치할 때

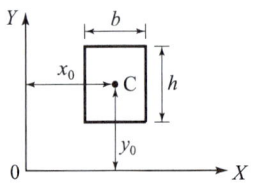

$A = bh$
$G_X = A \cdot y_o$
$G_Y = A \cdot x_o$

■ 불규칙한 도형의 도심에 위치할 때

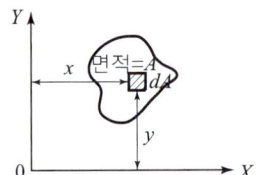

$$A = \int_A dA$$
$$G_X = \int_A y\,dA$$
$$G_Y = \int_A x\,dA$$

2 단면 2차 모멘트

(1) 대칭인 단면의 도심축에 대한 단면 2차 모멘트는 모두 같다.
(2) 단면 2차 모멘트는 항상 정(+)의 값을 갖는다.
(3) 단면 2차 모멘트의 최솟값은 도심축에서 나타나고 그 값은 0이 아니다.

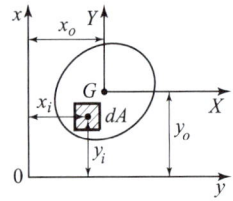

$$I_x = \int_A y_i^2 \cdot dA$$
$$= I_X + A \cdot y_o^2$$
$$I_y = \int_A x_i^2 \cdot dA$$
$$= I_Y + A \cdot x_o^2$$

■ 기본단면의 단면 2차 모멘트

단면	사각형	삼각형	원형
도형			
도심축 I_X	$\dfrac{bh^3}{12}$	$\dfrac{bh^3}{36}$	$\dfrac{\pi D^4}{64} = \dfrac{\pi r^4}{4}$
상·하단축 I_x	$\dfrac{bh^3}{3}$	하단 : $\dfrac{bh^3}{12}$ 상단 : $\dfrac{bh^3}{4}$	$\dfrac{5\pi D^4}{64} = \dfrac{5\pi r^4}{4}$

핵심문제

☐☐☐ 기 15

01 다음 삼각형의 X축에 대한 단면 1차 모멘트는?

① 126.6cm^3
② 136.6cm^3
③ 146.6cm^3
④ 156.6cm^3

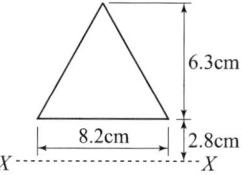

| 해답 | ①

$$G_X = Ay_0$$

- $A = \dfrac{bh}{2} = \dfrac{8.2 \times 6.3}{2} = 25.83\,\text{cm}^2$
- $y_o = y + \dfrac{1}{3}h = 2.8 + \dfrac{1}{3} \times 6.3 = 4.9\,\text{cm}$

$\therefore G_X = 25.83 \times 4.9 = 126.6\,\text{cm}^3$

☐☐☐ 기 14

02 다음 단면의 $X-X$축에 대한 단면 2차 모멘트는?

① $12880\,\text{cm}^4$
② $252349\,\text{cm}^4$
③ $47527\,\text{cm}^4$
④ $69429\,\text{cm}^4$

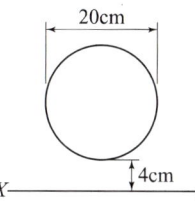

| 해답 | ④

$$I_X = I_x + A \cdot y^2$$
$$= \dfrac{\pi d^4}{64} + \dfrac{\pi d^2}{4} \times \left(4 + \dfrac{20}{2}\right)^2$$
$$= \dfrac{\pi \times 20^4}{64} + \dfrac{\pi \times 20^2}{4} \times 14^2$$
$$= 69429\,\text{cm}^4$$

☐☐☐ 기 01②, 03②, 10①, 13①, 20④

03 그림과 같은 단면의 A−A축에 대한 단면 2차 모멘트는?

① $558b^4$
② $623b^4$
③ $685b^4$
④ $729b^4$

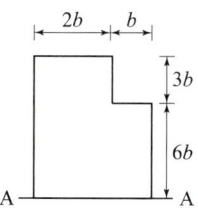

| 해답 | ①

$$I_A = \dfrac{bh^3}{12} + bh \times \left(\dfrac{h}{2}\right)^2 = \dfrac{bh^3}{3}$$

$$\therefore I_A = \dfrac{2b \times (3b+6b)^3}{3} + \dfrac{b \times (6b)^3}{3}$$
$$= \dfrac{2b \times 729b^3}{3} + \dfrac{b \times 216b^3}{3} = \dfrac{1458b^4 + 216b^4}{3}$$
$$= \dfrac{1674b^4}{3} = 558b^4$$

☐☐☐ 기 93, 02, 10, 13, 18①

04 다음 그림과 같은 T형 단면에서 도심축 $C-C$ 축의 위치 x는?

① $2.5h$
② $3.0h$
③ $3.5h$
④ $4.0h$

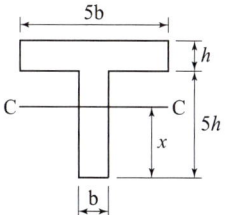

| 해답 | ④

$$x = \dfrac{G_x}{A}$$

- $G_x = (5b \times h) \times \left(5h + \dfrac{h}{2}\right) + (b \times 5h) \times \dfrac{5h}{2}$
  $= 40bh^2$
- $A = (5b \times h) + (b \times 5h)$
  $= 10bh$

$\therefore x = \dfrac{40bh^2}{10bh} = 4.0h$

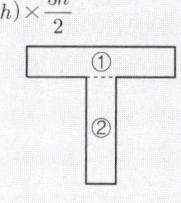

☐☐☐ 기 01④, 08④, 10②, 21②

05 아래 그림에서 $A-A$축과 $B-B$축에 대한 음영 부분의 단면 2차 모멘트가 각각 $8 \times 10^8\,\text{mm}^4$, $16 \times 10^8\,\text{mm}^4$일 때 음영부분의 면적은?

① $8.00 \times 10^4\,\text{mm}^2$
② $7.52 \times 10^4\,\text{mm}^2$
③ $6.06 \times 10^4\,\text{mm}^2$
④ $5.73 \times 10^4\,\text{mm}^2$

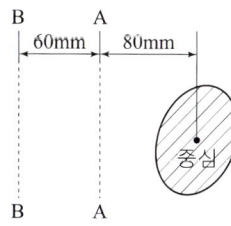

| 해답 | ③

$$I_x = I_X + A \cdot x^2$$

- $I_A = I_X + A \times 80^2 = 8 \times 10^8$
- $I_B = I_X + A \times 140^2 = 16 \times 10^8$
- $(x_2^2 - x_1^2)A = I_B - I_A$

$\{(60+80)^2 - 80^2\}A = (16-8) \times 10^8$

$\therefore A = 60606 = 6.06 \times 10^4\,\text{mm}^2$

더 알아두기

기본적인 단면 2차 극모멘트

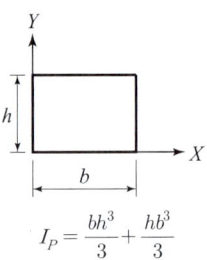

$$I_P = \frac{bh^3}{3} + \frac{hb^3}{3}$$

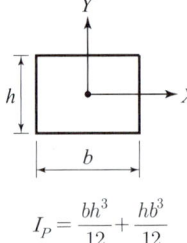

$$I_P = \frac{bh^3}{12} + \frac{hb^3}{12}$$

단면계수

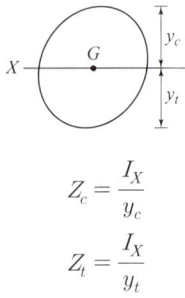

$$Z_c = \frac{I_X}{y_c}$$

$$Z_t = \frac{I_X}{y_t}$$

단면 2차 반지름

$$I_x = I_X + A \cdot y_o^2$$

$$\frac{I_x}{A} = \frac{I_X}{A} + y_o^2$$

$$r_x^2 = r_X^2 + y_o^2$$

$$\therefore r_x = \sqrt{r_X^2 + y_o^2}$$

---

04 단면 2차 극모멘트

1 단면 2차 극모멘트 <small>극관성모멘트</small>

$$I_P = \int_A r^2 dA \quad (r^2 = x^2 + y^2 \text{이므로})$$
$$= \int_A (x^2 + y^2) dA$$
$$= \int_A x^2 dA + \int_A y^2 dA$$
$$\therefore I_P = I_X + I_Y = I_Y + I_X$$

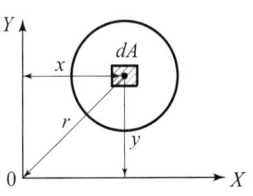

2 단면 상승모멘트 <small>관성상승모멘트</small>

$$I_{xy} = \int_A x_i \cdot y_i \cdot dA \text{(비대칭)}$$
$$= I_{XY} + A x_o y_o \text{(대칭)}$$

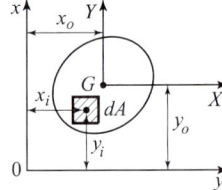

- 도심축에 대한 단면 상승모멘트는 0이다.
- 단면 상승모멘트는 정(+), 부(−)의 값을 가질 수 있다.

기본적인 단면계수

단면	![사각형]	![삼각형]	![원]
단면계수	$Z = \dfrac{I_X}{y} = \dfrac{\frac{bh^3}{12}}{\frac{h}{2}} = \dfrac{bh^2}{6}$	$Z_c = \dfrac{I_X}{y_c} = \dfrac{\frac{bh^3}{36}}{\frac{2h}{3}} = \dfrac{bh^2}{24}$ $Z_t = \dfrac{I_X}{y_t} = \dfrac{\frac{bh^3}{36}}{\frac{h}{3}} = \dfrac{bh^2}{12}$	$Z = \dfrac{I_X}{y} = \dfrac{\frac{\pi D^4}{64}}{\frac{D}{2}} = \dfrac{\pi D^3}{32}$

3 단면 2차 반지름 <small>회전 반지름</small>

- X 및 Y축에 대한 단면 2차 반지름

$$r_X = \sqrt{\frac{I_X}{A}}, \quad r_Y = \sqrt{\frac{I_Y}{A}}$$

- 평행축 정리에 의한 단면 2차 반지름

$$r_x = \sqrt{r_X^2 + y_o^2}$$

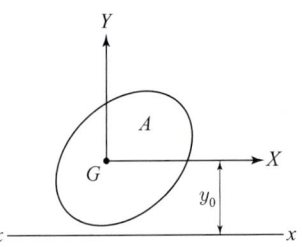

핵 심 문 제

□□□ 기 12,16②

01 그림과 같이 속이 빈 원형단면(빗금 친 부분)의 도심에 대한 극관성모멘트는?

① 460cm⁴
② 760cm⁴
③ 840cm⁴
④ 920cm⁴

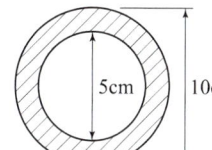

| 해답 | ④

- 단면 2차 극모멘트(극관성모멘트)는 좌표축의 회전에 관계없이 항상 일정하다.
- $I_p = I_x + I_y = 2I_x = \text{constant}$

$$\therefore I_p = 2\left(\frac{\pi d_1^4}{64} - \frac{\pi d_2^4}{64}\right) = 2\left(\frac{\pi \times 10^4}{64} - \frac{\pi \times 5^4}{64}\right)$$
$$= 920\,\text{cm}^4$$

□□□ 기 02,06,18①

02 다음 단면에서 y축에 대한 회전반지름은?

① 3.07cm
② 3.20cm
③ 3.81cm
④ 4.24cm

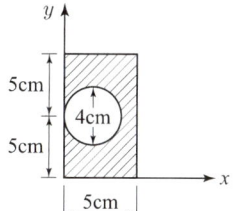

| 해답 | ①

회전반지름 $r_y = \sqrt{\dfrac{I_y}{A}}$

- $A = bh - \dfrac{\pi d^2}{4} = 5 \times 10 - \dfrac{\pi \times 4^2}{4} = 37.434\,\text{cm}^2$

- $I_y = \left\{\dfrac{bh^3}{12} + bh \times \left(\dfrac{h}{2}\right)^2\right\} - \left\{\dfrac{\pi d^4}{64} + \dfrac{\pi d^2}{4} \times \left(\dfrac{d}{2}\right)^2\right\}$
$= \dfrac{bh^3}{3} - \dfrac{5\pi d^4}{64} = \dfrac{10 \times 5^3}{3} - \dfrac{5 \times \pi \times 4^4}{64}$
$= 353.835\,\text{cm}^4$

$\therefore r_y = \sqrt{\dfrac{I_y}{A}} = \sqrt{\dfrac{353.835}{37.434}} = 3.07\,\text{cm}$

□□□ 기 00,06

03 폭 10cm, 높이 20cm인 직사각형 단면의 다음 x, y에 대한 상승모멘트값은?

① 10000cm⁴
② 20000cm⁴
③ 30000cm⁴
④ 40000cm⁴

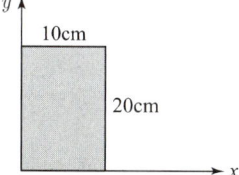

| 해답 | ①

단면 상승모멘트 $I_{xy} = A x_0 y_0$

- $A = 10 \times 20 = 200\,\text{cm}^2$, $x_0 = 5\,\text{cm}$, $y_0 = 10\,\text{cm}$

$\therefore I_{xy} = A x_0 y_0 = 200 \times 5 \times 10 = 10000\,\text{cm}^4$

□□□ 기 88,94,97,11,14

04 지름 D인 원형 단면의 단면계수는?

① $\dfrac{\pi D^4}{64}$
② $\dfrac{\pi D^3}{64}$
③ $\dfrac{\pi D^4}{32}$
④ $\dfrac{\pi D^3}{32}$

| 해답 | ④

단면계수 $Z = \dfrac{I_x}{y_0} = \dfrac{\dfrac{\pi D^4}{64}}{\dfrac{D}{2}} = \dfrac{\pi D^3}{32}$

□□□ 기 07,15①,16④,17②,20②④

05 다음 중 정(+)의 값 뿐 만 아니라 부(−)의 값도 갖는 것은?

① 단면계수
② 단면 2차 모멘트
③ 단면 2차 반지름
④ 단면 상승모멘트

| 해답 | ④

단면 상승모멘트

- 도면의 도심을 통과하는 축에 대한 상승모멘트 $I_{xy} = 0$이다.
- 도면의 도심축이 아닌 x, y에 대한 상승모멘트 $I_{xy} = A \cdot x_o \cdot y_o$는 x_o 또는 y_o가 (−)일 경우 상승모멘트는 (−)가 된다.

□□□ 기 93,21①

06 그림과 같은 평면도형의 x−x′축에 대한 단면 2차 반지름(r_x)과 단면 2차 모멘트(I_x)는?

① $r_x = \dfrac{\sqrt{35}}{6}a$, $I_x = \dfrac{35}{32}a^4$

② $r_x = \dfrac{\sqrt{139}}{12}a$, $I_x = \dfrac{139}{128}a^4$

③ $r_x = \dfrac{\sqrt{129}}{12}a$, $I_x = \dfrac{129}{128}a^4$

④ $r_x = \dfrac{\sqrt{11}}{12}a$, $I_x = \dfrac{11}{128}a^4$

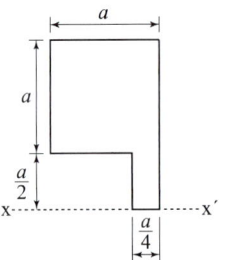

| 해답 | ①

■ x−x′축에 대한 단면 2차 모멘트

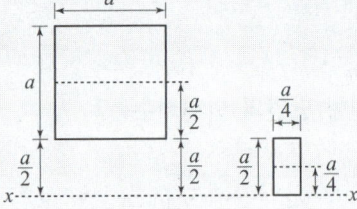

$$I_x = \dfrac{a^4}{12} + a^2\left(\dfrac{a}{2}+\dfrac{a}{2}\right)^2 + \dfrac{\dfrac{a}{4}\times\left(\dfrac{a}{2}\right)^3}{12} + \left(\dfrac{a}{2}\times\dfrac{a}{4}\right)\left(\dfrac{a}{4}\right)^2$$

$$= \dfrac{13a^4}{12} + \dfrac{a^4}{384} + \dfrac{a^4}{128} = \dfrac{35a^4}{32}$$

■ x−x′축에 대한 2차 반지름

• $r_x = \sqrt{\dfrac{I_x}{A}}$

• $A = a\times a + \dfrac{a}{2}\times\dfrac{a}{4} = \dfrac{9a^2}{8}$

∴ $r_x = \sqrt{\dfrac{\dfrac{35a^4}{32}}{\dfrac{9a^2}{8}}} = \sqrt{\dfrac{35a^2}{36}} = \dfrac{\sqrt{35}}{6}a$

□□□ 기 95②,07④,19①

07 지름이 d인 원형 단면의 회전반경은?

① $\dfrac{d}{2}$ ② $\dfrac{d}{3}$

③ $\dfrac{d}{4}$ ④ $\dfrac{d}{8}$

| 해답 | ③

회전반경 $r = \sqrt{\dfrac{I}{A}}$

• $I = \dfrac{\pi d^4}{64}$, $A = \dfrac{\pi d^2}{4}$ ⇒ $r = \sqrt{\dfrac{\dfrac{\pi d^4}{64}}{\dfrac{\pi d^2}{4}}} = \sqrt{\dfrac{d^2}{16}} = \dfrac{d}{4}$

□□□ 기 95③,10②,17④,22②

08 그림과 같은 단면의 단면 상승모멘트(I_{xy})는?

① $77500\,mm^4$
② $92500\,mm^4$
③ $122500\,mm^4$
④ $157500\,mm^4$

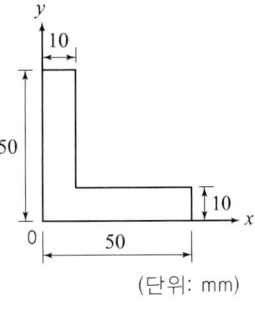

(단위: mm)

| 해답 | ③

단면상승모멘트 $I_{xy} = A_1 x_1 y_1 - A_2 x_2 y_2$

• $A_1 = 50\times 50 = 2500\,mm^2$
  $x_1 = 25\,mm$, $y_1 = 25\,mm$

• $A_2 = 40\times 40 = 1600\,mm^2$
  $x_2 = 30\,mm$, $y_2 = 30\,mm$

∴ $I_{xy} = A_1 x_1 y_1 - A_2 x_2 y_2$
$= 2500\times 25\times 25 - 1600\times 30\times 30$
$= 122500\,mm^4$

□□□ 기 96,97,16①,21②

09 지름이 D인 원형단면의 단면 2차 극모멘트(I_P)의 값은?

① $\dfrac{\pi D^4}{64}$ ② $\dfrac{\pi D^4}{32}$

③ $\dfrac{\pi D^4}{16}$ ④ $\dfrac{\pi D^4}{8}$

| 해답 | ②

원형단면의 도심에 대한 단면 2차 극모멘트

• $I_P = I_X + I_Y =$ constant (동일)

 $I_X = I_Y = \dfrac{\pi D^4}{64}$

∴ $I_P = \dfrac{\pi D^4}{64}\times 2 = \dfrac{\pi D^4}{32}$

□□□ 기 92①,10①,18③

10 다음 그림과 같은 T형 단면에서 $x-x$축에 대한 회전반지름(r)은?

① 227mm
② 289mm
③ 334mm
④ 376mm

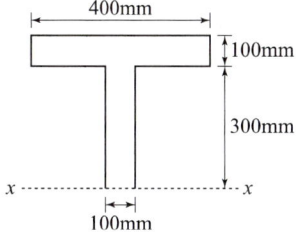

| 해답 | ②

$$r_x = \sqrt{\frac{I_x}{A}}$$

- $I_x = \frac{bh^3}{12} + Ay^2$

$$= \frac{400 \times 100^3}{12} + 400 \times 100 \times \left(300 + \frac{100}{2}\right)^2$$

$$+ \frac{100 \times 300^3}{12} + 100 \times 300 \times 150^2$$

$$= 4933333333 + 900000000$$

$$= 5833333333 \, mm^4$$

- $A = A_1 + A_2$

$$= 400 \times 100 + 300 \times 100 = 70000 \, mm^2$$

$$\therefore r_x = \sqrt{\frac{5833333333}{70000}} = 289 \, mm$$

□□□ 기 13④,19②,24①

11 그림과 같이 폭(b)과 높이(h)가 모두 12cm인 이등변삼각형의 x, y축에 대한 단면상승모멘트 I_{xy}는?

① 576cm^4
② 642cm^4
③ 768cm^4
④ 864cm^4

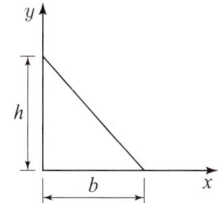

| 해답 | ④

2등변삼각형의 단면상승모멘트

$$I_{xy} = \frac{b^2 h^2}{24} = \frac{12^2 \times 12^2}{24} = 864 \, cm^4$$

□□□ 기 10,16④,21①

12 그림에서 직사각형의 도심축에 대한 단면상승모멘트 I_{xy}의 크기는?

① 576cm^4
② 256cm^4
③ 142cm^4
④ 0cm^4

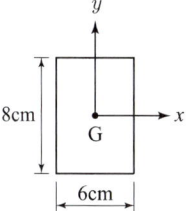

| 해답 | ④

단면상승모멘트 $I_{xy} = Axy = (8 \times 6) \times 0 \times 0 = 0$

∴ 도심축에 대한 단면상승모멘트는 항상 0이다.

□□□ 기 12①,20③

13 그림과 같은 도형에서 빗금 친 부분에 대한 x, y축의 단면 상승모멘트(I_{xy})는?

① 2cm^4
② 4cm^4
③ 8cm^4
④ 16cm^4

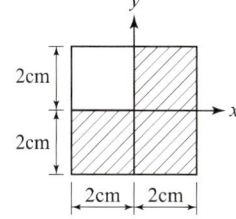

| 해답 | ②

상승모멘트 $I_{xy} = A \cdot x \cdot y$

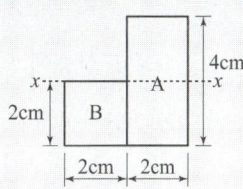

- A부분: $I_{xy} = (4 \times 2) \times 1 \times 0 = 0$
- B부분: $I_{xy} = (2 \times 2) \times (-1) \times (-1) = 4 \, cm^4$

$\therefore I_{xy} = 0 + 4 = 4 \, cm^4$

05 변형률 및 탄성계수

1 변형률

- 소성변형 : 강재에 탄성한도보다 큰 응력을 가한 후 그 응력을 제거한 후 장시간 방치하여도 얼마간의 변형이 남게 되는 변형

(1) 세로변형도 $\epsilon = \pm \dfrac{\Delta l}{l}$

(2) 가로변형도 $\beta = \pm \dfrac{\Delta d}{d}$

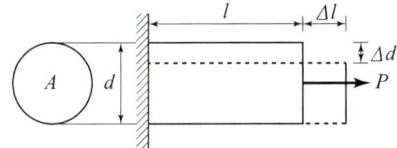

(3) 포아송비 $\nu = \dfrac{\beta}{\epsilon} = \dfrac{\dfrac{\Delta d}{d}}{\dfrac{\Delta l}{l}} = \dfrac{\Delta d \cdot l}{\Delta l \cdot d}$

- 포아송수 $m = \dfrac{1}{\nu} = \dfrac{\epsilon}{\beta} = \dfrac{\dfrac{\Delta l}{l}}{\dfrac{\Delta d}{d}} = \dfrac{d \cdot \Delta l}{l \cdot \Delta d}$

- 가로변형량 $\Delta d = \dfrac{d \cdot \Delta l \cdot \nu}{l} = d \cdot \nu \cdot \dfrac{\Delta l}{l} = d \cdot \nu \cdot \epsilon = d \cdot \nu \cdot \dfrac{\sigma}{E} = d \cdot \nu \dfrac{P}{E \cdot A}$

(4) 2축 응력의 체적변형률 : $\varepsilon_v = \dfrac{\Delta V}{V} = \dfrac{(1-2\nu)}{E}(\sigma_x + \sigma_y)$

2 탄성계수

(1) 탄성계수 : $E = \dfrac{\sigma}{\epsilon} = \dfrac{\dfrac{P}{A}}{\dfrac{\Delta l}{l}} = \dfrac{Pl}{A \Delta l}$

$$E = 2G(1+\nu) = 2G\left(1+\dfrac{1}{m}\right) = \dfrac{2G}{m}(m+1)$$

- 온도상승에 의한 응력 : $\sigma = E \cdot \epsilon = E \cdot \alpha \cdot (t_2 - t_1)$

(2) 전단탄성계수 $G = \dfrac{E}{2(1+\nu)}$

$$= \dfrac{E}{2\left(1+\dfrac{1}{m}\right)} = \dfrac{E}{2\left(\dfrac{m+1}{m}\right)} = \dfrac{mE}{2(m+1)}$$

- 전단응력 $\tau = \dfrac{S}{A} = G \cdot \gamma = G \dfrac{\lambda}{l}$

  - 전단변형률 $\gamma = \dfrac{전단응력}{전단탄성계수} = \dfrac{\tau}{G}$

  - 전단탄성계수 $G = \dfrac{\tau}{\gamma} = \dfrac{\dfrac{S}{A}}{\dfrac{\lambda}{l}} = \dfrac{S \cdot l}{A \cdot \lambda}$

  - 전단변형량 : $\lambda = \dfrac{S \cdot l}{G \cdot A}$

  여기서, S : 전단력, l : 부재의 길이, G : 전단탄성계수

(3) 체적탄성계수 $K = \dfrac{E}{3(1-2\nu)}$

알아두기

▶ 포아송비
$\nu = \dfrac{가로변형률}{세로변형률}$
$= \dfrac{\beta}{\epsilon}$

▶ 세로변형도
$\epsilon = \dfrac{\sigma}{E}$
$= \dfrac{P}{EA}$

▶ 용어와 단위
α : 선 팽창계수(/℃)
t : 온도변화량(℃)

▶ 포와송수
$m = \dfrac{1}{\nu(포아송비)}$

핵심문제

□□□ 기 07,08,09,15

01 지름 50mm의 강봉을 80kN로 당길 때 지름은 약 얼마나 줄어들겠는가? (단, $G=7.0\times10^4$MPa, 포아송비 $\nu=0.5$)

① 0.003mm ② 0.005mm
③ 0.007mm ④ 0.008mm

| 해답 | ②

$$\Delta d = \frac{d\cdot\Delta l\cdot\nu}{l} = d\cdot\nu\cdot\frac{\Delta l}{l} = d\cdot\nu\cdot\epsilon$$
$$= d\cdot\nu\cdot\frac{\sigma}{E} = d\cdot\nu\cdot\frac{P}{EA}$$

• $d=50$mm, 포아송비 $\nu=0.5$
• 전단탄성계수 $G=\dfrac{E}{2(1+\nu)}$에서

$$E = G\times2(1+\nu) = 7.0\times10^4\times2(1+0.5)$$
$$= 2.1\times10^5\text{MPa}$$

$$\therefore \Delta d = 50\times0.5\times\frac{80\times10^3}{2.1\times10^5\times\dfrac{\pi\times50^2}{4}}$$
$$= 4.85\times10^{-3}\text{mm} = 0.005\text{mm}$$

□□□ 기 08,09,11,14,15,19②,21③,22②

02 그림과 같이 이축응력(二軸應力)을 받고 있는 요소의 체적변형률은? (단, 탄성계수 $E=2\times10^5$MPa, 포아송비 $\nu=0.3$)

① 3.6×10^{-4}
② 4.0×10^{-4}
③ 4.4×10^{-4}
④ 4.8×10^{-4}

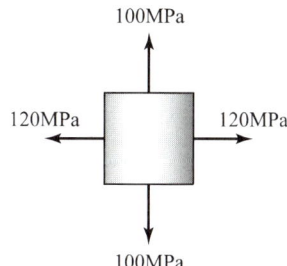

| 해답 | ③

2축응력의 체적변형률
$$\epsilon_v = \frac{\Delta V}{V} = \frac{(1-2\nu)}{E}(\sigma_x+\sigma_y)$$
$$= \frac{1-2\times0.3}{2\times10^5}(120+100)$$
$$= 4.4\times10^{-4}$$

□□□ 기 08,10,12

03 길이 50mm, 지름 10mm의 강봉을 당겼더니 5mm 늘어났다면 지름의 줄어든 값은 얼마인가? (단, 포아송비 $\nu=1/3$이다.)

① $\dfrac{1}{6}$mm ② $\dfrac{1}{5}$mm
③ $\dfrac{1}{3}$mm ④ $\dfrac{1}{2}$mm

| 해답 | ③

포아송비 $\nu = \dfrac{\beta}{\epsilon} = \dfrac{\dfrac{\Delta d}{d}}{\dfrac{\Delta l}{l}} = \dfrac{l\cdot\Delta d}{d\cdot\Delta l}$에서

$$\therefore \Delta d = \frac{d\cdot\Delta l\cdot\nu}{l} = \frac{10\times5\times\dfrac{1}{3}}{50} = \frac{1}{3}\text{mm}$$

□□□ 기 95,99,04,09,11

04 지름 20mm, 길이 1m 강봉을 40kN의 힘으로 인장할 경우 이 강봉의 변형량은? (단, 이 강봉의 탄성계수는 $E=2.0\times10^5$MPa이다.)

① 0.908mm ② 0.808mm
③ 0.737mm ④ 0.637mm

| 해답 | ④

$$\Delta l = \frac{Pl}{EA} = \frac{(40\times10^3)\times(1\times10^3)}{(2.0\times10^5)\times\dfrac{\pi\times20^2}{4}}$$
$$= 0.637\text{mm}$$

□□□ 기 10,14

05 길이 20cm, 단면 20cm×20cm인 부재에 1000kN의 전단력이 가해졌을 때 전단변형량은? (단, 전단탄성계수 $G=8000$MPa이다.)

① 0.0625cm ② 0.00625cm
③ 0.0725cm ④ 0.00725cm

| 해답 | ①

$\tau = \dfrac{S}{A} = G\cdot\gamma = G\dfrac{\lambda}{l}$에서

• 전단변형량은 $\lambda = \dfrac{Sl}{GA}$ (∵ 단위 MPa=N/mm² 통일)

$$\therefore \lambda = \frac{1000\times10^3\times200}{8000\times(200\times200)} = 0.625\text{mm} = 0.0625\text{cm}$$

06 응력

1 조합응력

- 탄성계수비 $n = \dfrac{E_s}{E_c}$

- 동선의 응력 $\sigma_c = \dfrac{P}{A_c + nA_s}$

- 철선의 응력 $\sigma_s = \dfrac{nP}{A_c + nA_s} = n\,\sigma_c$

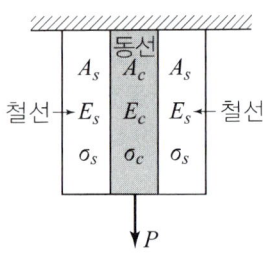

2 비틀림응력

- $\tau = \dfrac{T \cdot r}{I_P}$ (∵ 원의 단면 2차 극모멘트 $I_P = \dfrac{\pi d^4}{32}$)

$= \dfrac{T \cdot \dfrac{d}{2}}{\dfrac{\pi d^4}{32}} = \dfrac{16T}{\pi d^3}$

> **비틀림응력 τ**
> 반지름 r 인 원형단면의 축에 비틀림모멘트 T가 작용할 때 비틀림에 의한 전단응력

3 원환응력

원환응력 $\sigma = \dfrac{q \cdot r}{2t} = \dfrac{q \cdot r}{t}$

여기서, q : 원환내의 내부압력
       r : 반지름, t : 두께

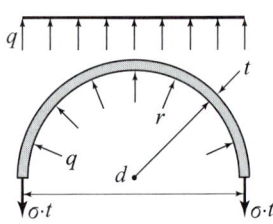

> **원환응력**
> - $2\sigma \cdot t = q \cdot d$
> - $2\sigma \cdot t = q \cdot 2r$

4 응력상태에 따른 수직응력과 전단응력

(1) 1축 응력상태

- 수직응력 $\sigma_n = \dfrac{P}{A}\cos^2\theta = \sigma_x \cos^2\theta$

- 전단응력 $\tau_n = \dfrac{P}{A}\sin\theta \cos\theta$

(2) 2축 응력상태

- 수직응력 $\sigma_\theta = \dfrac{\sigma_x + \sigma_y}{2} + \dfrac{\sigma_x - \sigma_y}{2}\cos 2\theta$

- 전단응력 $\tau_\theta = \dfrac{\sigma_x - \sigma_y}{2}\sin 2\theta$

5 경사면의 응력

(1) 수직응력 $\sigma_\theta = \dfrac{P}{A}\cos^2\theta = \sigma_x \cos^2\theta$

(2) 전단응력 $\tau_\theta = \dfrac{P}{A}\sin\theta\cos\theta = \dfrac{\sigma_x}{2}\sin 2\theta$

- 최대전단응력 $\tau_{\max} = \dfrac{P}{2A}\sin 2\theta$

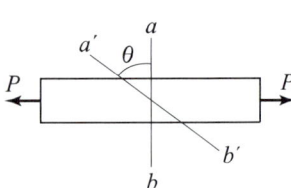

핵 심 문 제

□□□ 기 79,99,05,10,12

01 무게 30000N인 물체를 단면적이 2cm²인 1개의 동선과 양쪽에 단면적이 1cm²인 철선으로 매달았다면 철선과 동선의 인장응력 σ_s, σ_c는 얼마인가?
(단, 철선의 탄성계수 $E_s = 2.1 \times 10^5$ MPa, 동선의 탄성계수 $E_c = 1.05 \times 10^5$ MPa이다.)

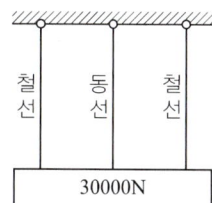

① $\sigma_s = 100$MPa, $\sigma_c = 100$MPa
② $\sigma_s = 100$MPa, $\sigma_c = 50$MPa
③ $\sigma_s = 50$MPa, $\sigma_c = 150$MPa
④ $\sigma_s = 50$MPa, $\sigma_c = 50$MPa

| 해답 | ②

- 탄성계수비 $n = \dfrac{E_s}{E_c} = \dfrac{2.1 \times 10^5}{1.05 \times 10^5} = 2$
- 동선의 응력 $\sigma_c = \dfrac{P}{A_c + nA_s} = \dfrac{30000}{2 \times 10^2 + 2 \times 1 \times 10^2 \times 2}$
  $= 50 \text{N/mm}^2 = 50 \text{MPa}$
- 철선의 응력 $\sigma_s = n\sigma_c = 2 \times 50 = 100$MPa

□□□ 기 84,98,10,13,16①

02 지름 $d = 120$cm, 벽두께 $t = 0.6$cm인 긴 강관이 $q = 2$MPa의 내압을 받고 있다. 이 관벽 속에 발생하는 원환응력 σ의 크기는?

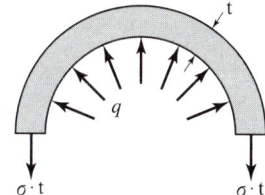

① 50MPa
② 100MPa
③ 150MPa
④ 200MPa

| 해답 | ④

원환응력 $\sigma = \dfrac{q \cdot r}{t} = \dfrac{2 \times \dfrac{1200}{2}}{6} = 200 \text{N/mm}^2 = 200$MPa

□□□ 기 83,99,00,04,11,13,14,16,18①

03 같은 재료로 만들어진 반경 r인 속이 찬 축과 외반경 r이고 내반경 $0.6r$인 속이 빈 축이 동일크기의 비틀림 모멘트를 받고 있다. 최대 비틀림 응력의 비는?

① 1 : 1
② 1 : 1.15
③ 1 : 2
④ 1 : 2.15

| 해답 | ②

비틀림 모멘트 T에 대한 전단응력

- $\tau_{\max} = \dfrac{T \cdot r}{I_P}$ ($\because$ 원의 단면 2차 극모멘트 $I_P = \dfrac{\pi d^4}{32}$)

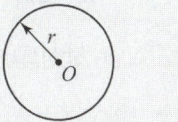 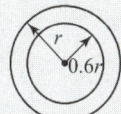

- $I_{P1} = \dfrac{\pi d^4}{32} = \dfrac{\pi (2r)^4}{32} = \dfrac{\pi r^4}{2}$

- $I_{P2} = \dfrac{\pi (d_1^4 - d_2^4)}{32} = \dfrac{\pi [(2r)^4 - (1.2r)^4]}{32} = \dfrac{13.92 \pi r^4}{32}$

$\therefore \tau_1 : \tau_2 = \dfrac{T \cdot r}{I_{P1}} : \dfrac{T \cdot r}{I_{P2}} = \dfrac{1}{I_{P1}} : \dfrac{1}{I_{P2}}$
$= \dfrac{1}{\dfrac{1}{2}} : \dfrac{1}{\dfrac{13.92}{32}} = 2 : \dfrac{32}{13.92} = 1 : 1.15$

□□□ 기 82,83,92,93,99,13④

04 단면적 20mm×20mm인 정사각형의 직선봉이 축방향력 $P = 20000$N을 받고 있다. 수직선에 대하여 30° 경사진 단면에서의 수직응력(σ_θ)은?

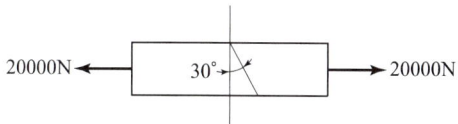

① 62.4MPa
② 56.7MPa
③ 42.5MPa
④ 37.5MPa

| 해답 | ④

$\sigma_\theta = \sigma_x \cos^2\theta$

- $\sigma_x = \dfrac{P}{A} = \dfrac{20000}{20 \times 20} = 50 \text{N/mm}^2 = 50$MPa

$\therefore \sigma_\theta = 50(\cos 30°)^2 = 37.5 \text{N/mm}^2$
$= 37.5 \text{MPa} = 37500 \text{kN/m}^2$

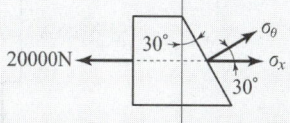

07 축하중 부재

1 강성도

(1) 강성도 : 구조물 해석 시 변위법의 기본이 된다.
- 후크의 법칙에서 $\Delta l = 1$일 때의 힘 P로서 단위변위를 발생시키는 데 소요되는 힘
- 구간별 변위 : $P = \dfrac{A \cdot E}{l}$

$$\Delta L_1 = \dfrac{PL_1}{E_1 A_1}, \quad \Delta L_2 = \dfrac{PL_2}{E_2 A_2}$$

$$\Delta L = \Delta L_1 + \Delta L_2 = \dfrac{PL_1}{E_1 A_1} + \dfrac{PL_2}{E_2 A_2}$$

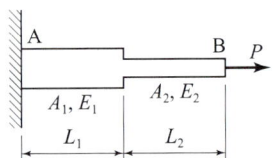

■ 강성도(鋼性度) : $\Delta L = 1$일 때의 힘 P이므로

$$\Delta L = \dfrac{PL_1}{E_1 A_1} + \dfrac{PL_2}{E_2 A_2} = 1$$

$$P\left(\dfrac{L_1}{E_1 A_1} + \dfrac{L_2}{E_2 A_2}\right) = 1, \quad P\left(\dfrac{L_1 E_2 A_2 + L_2 E_1 A_1}{E_1 A_1 E_2 A_2}\right) = 1$$

$$\therefore P = \dfrac{E_1 A_1 E_2 A_2}{L_1 E_2 A_2 + L_2 E_1 A_1} = \dfrac{A_1 A_2 E_1 E_2}{L_1 (A_2 E_2) + L_2 (A_1 E_1)}$$

(2) 유연도 : 구조물 해석 시 응력법의 기본이 된다.
- 후크의 법칙에서 $P = 1$일 때의 변위 Δl로서 단위힘을 발생시키는 변위
- 변위 $\Delta l = \dfrac{PL}{EA} = \dfrac{L}{E \cdot A}$

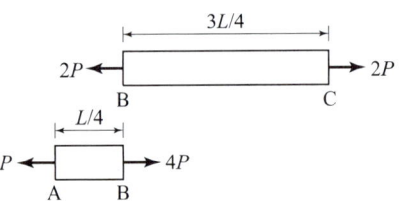

■ $\Delta L_{AB} = \dfrac{PL_{AB}}{EA} = \dfrac{4P \dfrac{L}{4}}{EA} = \dfrac{PL}{EA}, \quad \Delta L_{BC} = \dfrac{PL_{BC}}{EA} = \dfrac{2P \dfrac{3L}{4}}{EA} = \dfrac{3PL}{2EA}$

$$\therefore \Delta L = \Delta L_{AB} + \Delta L_{BC} = \dfrac{PL}{EA} + \dfrac{3PL}{2EA} = \dfrac{5PL}{2EA} = \dfrac{2.5PL}{EA}$$

2 축하중 부재의 수직변위

$\Delta L = \dfrac{PL}{EA}$

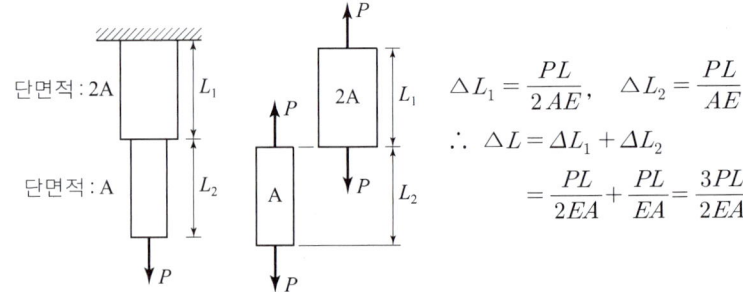

$\Delta L_1 = \dfrac{PL}{2AE}, \quad \Delta L_2 = \dfrac{PL}{AE}$

$\therefore \Delta L = \Delta L_1 + \Delta L_2$

$\quad = \dfrac{PL}{2EA} + \dfrac{PL}{EA} = \dfrac{3PL}{2EA}$

핵 심 문 제

□□□ 기 03,05,11,15

01 그림과 같이 길이 L인 부재에서 전체 길이의 변화량 ΔL은? (단, 보는 균일하며 단면적 A와 탄성계수 E는 일정)

① $\dfrac{2PL}{EA}$

② $\dfrac{2.5PL}{EA}$

③ $\dfrac{3PL}{EA}$

④ $\dfrac{3.5PL}{EA}$

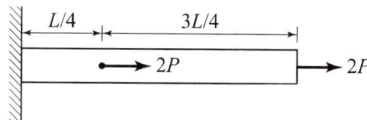

| 해답 | ②

$\Delta L = \dfrac{PL}{EA}$

• 자유물체도

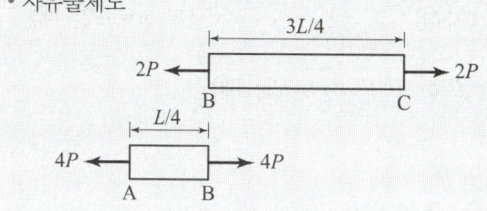

• $\Delta L_{AB} = \dfrac{PL}{EA} = \dfrac{4P\frac{L}{4}}{EA} = \dfrac{PL}{EA}$

• $\Delta L_{BC} = \dfrac{PL}{EA} = \dfrac{2P\frac{3L}{4}}{EA} = \dfrac{3L}{2EA}$

∴ $\Delta L = \Delta L_{AB} + \Delta L_{BC} = \dfrac{PL}{AE} + \dfrac{3PL}{2AE} = \dfrac{5PL}{2EA} = \dfrac{2.5PL}{EA}$

□□□ 기 06,09,11,14②③,24①

02 균질한 균일 단면봉이 그림과 같이 P_1, P_2, P_3의 하중을 B, C, D점에서 받고 있다. 각 구간의 거리 $a=1.0\text{m}$, $b=0.4\text{m}$, $c=0.6\text{m}$이고 $P_2=100\text{kN}$, $P_3=50\text{kN}$의 하중이 작용할 때 D점에서의 수직방향 변위가 일어나지 않기 위한 하중 P_1은 얼마인가?

① 50kN
② 60kN
③ 80kN
④ 240kN

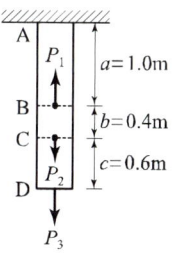

| 해답 | ④

$\Delta l_{AB} + \Delta l_{BC} + \Delta l_{CD} = 0$

• $-P_1 + P_2 + P_3 = P$, $-P_1 + 100 + 50 = P$

∴ $150 - P_1 = P$

• $\Delta l_{AB} = \dfrac{PL}{EA} = \dfrac{(150-P_1)\times 1.0}{EA} = \dfrac{150-P_1}{EA}$

• $\Delta l_{BC} = \dfrac{PL}{EA} = \dfrac{150 \times 0.4}{EA} = \dfrac{60}{EA}$

• $\Delta l_{CD} = \dfrac{P_3 L}{EA} = \dfrac{50 \times 0.6}{EA} = \dfrac{30}{EA}$

• $\dfrac{150-P_1}{EA} + \dfrac{60}{EA} + \dfrac{30}{EA} = 0$

∴ $P_1 = 240\text{kN}$

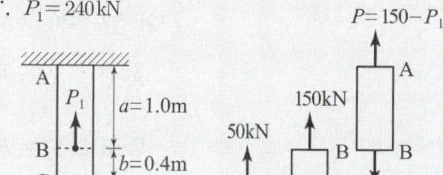

□□□ 기 08,10,14

03 다음 봉재의 단면적이 A이고 탄성계수가 E일 때 C점의 수직처짐은?

① $\dfrac{4PL}{EA}$

② $\dfrac{3PL}{EA}$

③ $\dfrac{2PL}{EA}$

④ $\dfrac{PL}{EA}$

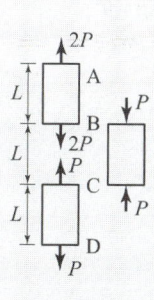

| 해답 | ④

수직처짐 $\Delta L = \dfrac{PL}{EA}$ 에서

$\Delta L_{AB} = \dfrac{2PL}{EA}$

$\Delta L_{BC} = -\dfrac{PL}{EA}$

∴ $\Delta L_C = \Delta L_{AB} + \Delta L_{BC}$

$= \dfrac{2PL}{EA} - \dfrac{PL}{EA}$

$= \dfrac{PL}{EA}$

08 단순보

1 집중하중이 작용하는 단순보

(1) 반력(reaction)

$\sum M_B = 0 : R_A \cdot l - P \cdot b = 0$

$\therefore R_A = \dfrac{P \cdot b}{l}$

$\sum M_A = 0 : R_B \cdot l - P \cdot a = 0$

$\therefore R_B = \dfrac{P \cdot a}{l}$

(2) 전단력(shear force)

A–C : $S_x = R_A = \dfrac{P \cdot b}{l}$

C–B : $S_x = R_A - P = \dfrac{-P \cdot a}{l}$

(3) 휨모멘트(bending moment)

$M_A = 0$

$M_x = R_A \cdot x = \dfrac{P \cdot b}{l} x$ (x에 관한 1차식) $\therefore M_C = \dfrac{P \cdot a \cdot b}{l}$ ($\because x = a$일 때)

$M_B = \dfrac{P \cdot b}{l} \times l - P(l-a) = P \cdot b - P \cdot b = 0$ ($\because x = l$일 때)

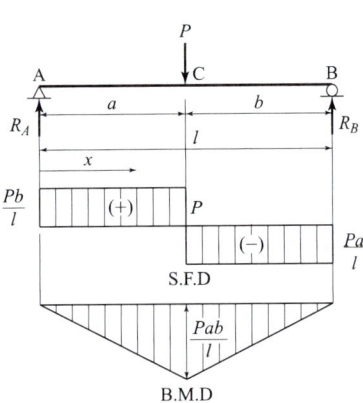

2 경사집중하중이 작용할 때

(1) 반력(reaction)

$\sum M_B = 0 : V_A \cdot l - P\sin\theta \cdot b = 0$

$\therefore V_A = \dfrac{P\sin\theta \cdot b}{l}$

$\sum V = 0 : V_A + V_B = P\sin\theta$

$\therefore V_B = \dfrac{P\sin\theta \cdot a}{l}$

$\sum H = 0 : H_A = -P\cos\theta$

(2) 전단력(shear force)

A–C : $S_x = V_A = \dfrac{P\sin\theta \cdot b}{l}$

C–B : $S_x = V_A - P\sin\theta = -\dfrac{P\sin\theta \cdot a}{l}$

(3) 휨모멘트(bending moment)

A–C : $M_x = V_A \cdot x = \dfrac{P\sin\theta \cdot b}{l} x$

$\therefore M_C = \dfrac{P\sin\theta \cdot a \cdot b}{l}$

C–B : $M_B = V_A x - P\sin\theta(x-a) = \dfrac{P\sin\theta \cdot b}{l} \times l - P\sin\theta \cdot b = 0$

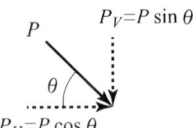

▼ P힘의 분해

▼ $\Sigma H = 0$
$H_A + P\cos\theta = 0$
$\therefore H_A = -P\cos\theta$

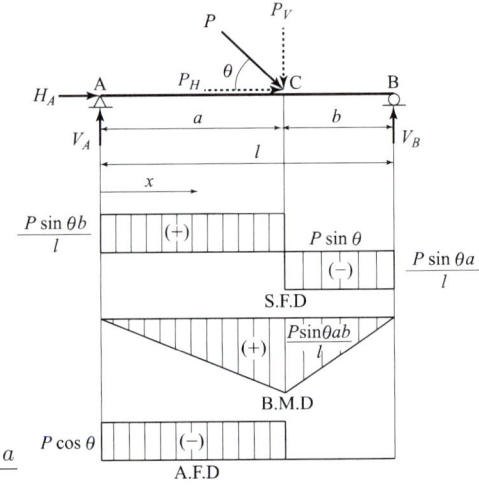

3 등분포하중이 작용할 때

(1) 반력(reaction)

$\sum M_B = 0 : R_A \cdot l - wl \cdot \dfrac{l}{2} = 0$

$\therefore R_A = \dfrac{w \cdot l}{2}$

$\sum V = 0 : R_A + R_B = w \cdot l$

$\therefore R_B = \dfrac{w \cdot l}{2}$

(2) 전단력(shear force)

$S_x = R_A - w \cdot x = \dfrac{w \cdot l}{2} - w \cdot x$ (x에 관한 1차식)

$\therefore S_A = \dfrac{w \cdot l}{2} = R_A, \quad S_B = -\dfrac{w \cdot l}{2} = -R_B$

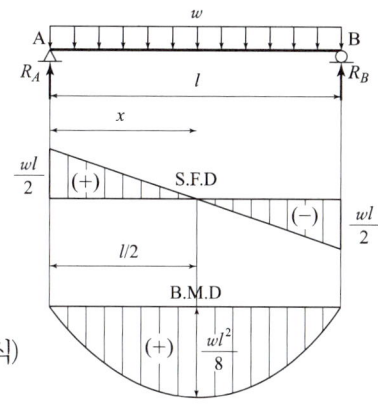

(3) 휨모멘트(bending moment)

$M_x = R_A \cdot x - (w \cdot x) \cdot \dfrac{x}{2} = \dfrac{w \cdot l}{2} x - \dfrac{w \cdot x^2}{2}$ (x에 관한 2차식)

$\therefore M_{\max} = R_A \cdot x - (w \cdot x) \cdot \dfrac{x}{2} = \dfrac{w \cdot l}{2} \cdot \dfrac{l}{2} - \dfrac{w \cdot \left(\dfrac{l}{2}\right)^2}{2} = \dfrac{w \cdot l^2}{8}$

4 등변분포하중이 작용할 때

(1) 반력(reaction)

$\sum M_B = 0 : R_A \cdot l - wl \times \dfrac{1}{2} \times \dfrac{l}{3} = 0$

$\therefore R_A = \dfrac{w \cdot l}{6}$

$\sum V = 0 : R_A + R_B = \dfrac{w \cdot l}{2}$

$\therefore R_B = \dfrac{w \cdot l}{3}$

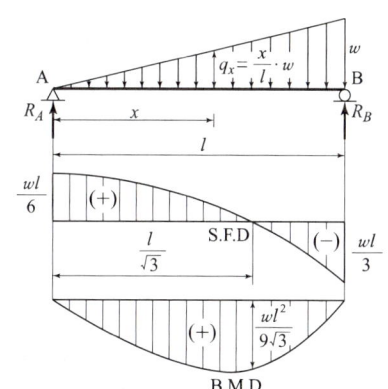

(2) 전단력(shear force)

$S_x = R_A - q_x \cdot \dfrac{x}{2} = \dfrac{wl}{6} - \dfrac{x}{l} \cdot w \cdot \dfrac{x}{2}$

$= \dfrac{wl}{6} - \dfrac{wx^2}{2l} = \dfrac{w}{2}\left(\dfrac{l}{3} - \dfrac{x^2}{l}\right)$ (x에 관한 2차식)

$\therefore S_A = \dfrac{wl}{6} = R_A, \quad S_B = \dfrac{w}{2}\left(\dfrac{l}{3} - l\right) = -\dfrac{wl}{3} = -R_B$

- 최대휨모멘트 발생지점 : 전단력이 0인 지점

- $S_x = \dfrac{w}{2}\left(\dfrac{l}{3} - \dfrac{x^2}{l}\right) = 0, \quad x^2 = \dfrac{l^2}{3} \quad \therefore x = \dfrac{l}{\sqrt{3}}$

(3) 휨모멘트(bending moment)

$M_x = \dfrac{wl}{6}x - \dfrac{wx^2}{2l} \cdot \dfrac{x}{3} = \dfrac{wl}{6}x - \dfrac{w}{6l}x^3 \quad (\because P_{A-x} = \dfrac{wx}{l} \cdot \dfrac{x}{2} = \dfrac{wx^2}{2l})$

- $M_{\max} = \dfrac{wl^2}{9\sqrt{3}} \quad (S_x = 0, \; x = \dfrac{l}{\sqrt{3}}$ 일 때)

5 지점에 모멘트 하중이 작용하는 경우($M_1 > M_2$)

(1) 반력(reaction)

$\sum M_B = 0 : R_A \cdot l - M_1 + M_2 = 0$

$\therefore R_A = \dfrac{M_1 - M_2}{l}$

$\sum M_A = 0 : R_B \cdot l + M_1 - M_2 = 0$

$\therefore R_B = \dfrac{-M_1 + M_2}{l}$

$\quad = \dfrac{M_2 - M_1}{l}$

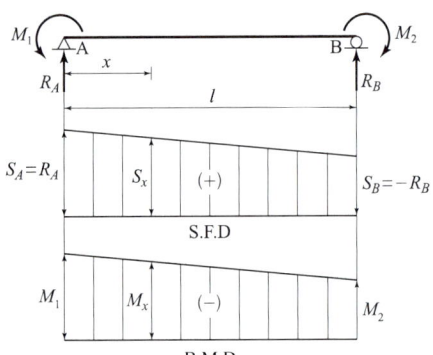

(2) 전단력(shear force)

$S_A = R_A, \quad S_B = -R_B$

(3) 휨모멘트(bending moment)

$M_x = R_A \cdot x - M_1 = \dfrac{M_1 - M_2}{l} x - M_1$

$M_A = -M_1, \quad M_B = \dfrac{M_1 - M_2}{l} l - M_1 = -M_2$

6 절대최대휨모멘트 absolute maximum bending moment

- 각 단면의 최대휨모멘트 중 가장 큰 휨모멘트를 절대최대모멘트라 한다.
- 절대최대휨모멘트는 전하중(R)의 합력의 작용선과 그와 가장 가까운 하중(P_2)과의 사이(x)가 보의 지간의 중앙($l/2$)인 O점에 의하여 2등분($x/2$)될 때 그 하중 바로 밑의 단면에서 생긴다.

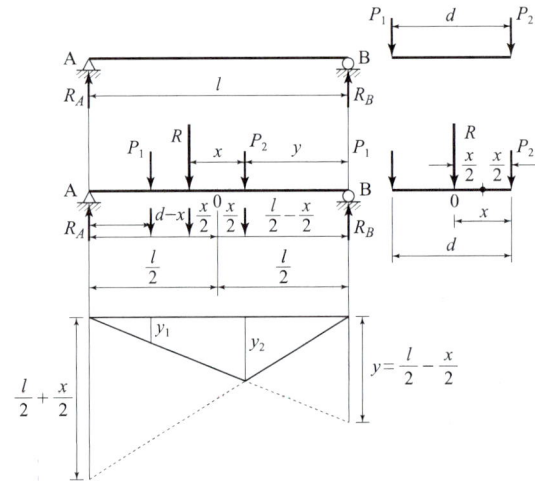

$M_{\max} = P_1 \cdot y_1 + P_2 \cdot y_2$

핵 심 문 제

□□□ 기 82,00,04,06,13④,18①,19②

01 그림과 같이 단순보에 하중 P가 경사지게 작용할 경우 A점에서의 수직반력 V_A를 구하면?

① $\dfrac{Pb}{(a+b)}$

② $\dfrac{Pb}{2(a+b)}$

③ $\dfrac{Pa}{(a+b)}$

④ $\dfrac{Pa}{2(a+b)}$

| 해답 | ②

$\Sigma M_B = 0 (\curvearrowright)$

$V_A \times (a+b) - P\sin 30° \times b = 0$

$V_A \times (a+b) - \dfrac{Pb}{2} = 0$

$V_A = \dfrac{Pb}{2(a+b)} (\uparrow)$

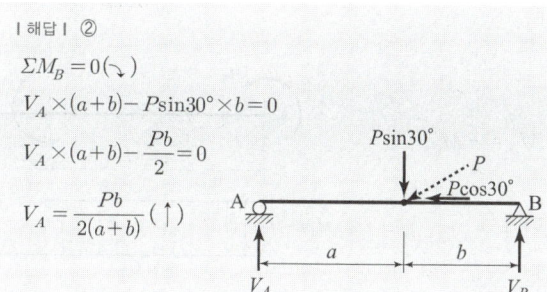

□□□ 기 92,96,10,11,14②

02 그림과 같은 단순보에서 AB 구간의 전단력 및 휨모멘트의 값은?

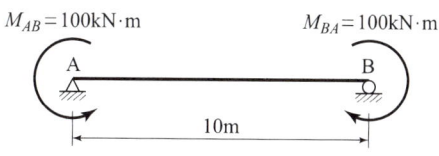

① $S=100$kN, $M=100$kN·m
② $S=100$kN, $M=200$kN·m
③ $S=0$, $M=-100$kN·m
④ $S=200$kN, $M=-100$kN·m

| 해답 | ③

$M_A = M_B = M$이면 지점반력, 전단력은 0

• $\Sigma M_B = 0$

$R_A \times 10 - 100 + 100 = 0$

∴ $R_A = 0$

• 전단력 $S_{A-B} = 0$

• 휨모멘트 $M_A = -100$ kN·m, $M_B = -100$ kN·m

∴ $M = -100$ kN·m

□□□ 기 97,00,01,03,09,11,12,13,19②,20④,22②,24②

03 다음 그림과 같은 단순보에 이동하중이 작용하는 경우 절대최대휨모멘트는 얼마인가?

① 176.4kN·m
② 167.2kN·m
③ 162.0kN·m
④ 125.1kN·m

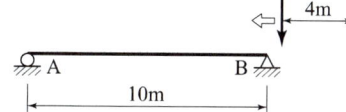

| 해답 | ①

절대최대모멘트 영향선도

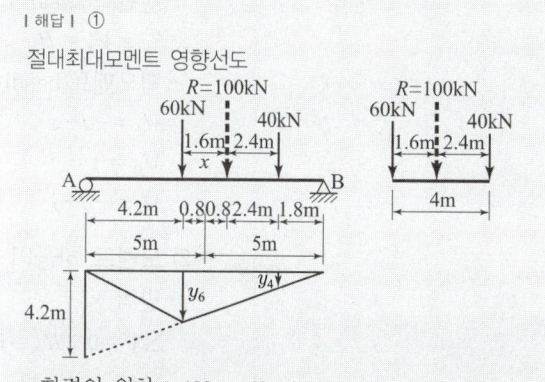

• 합력의 위치 : $100x = 40 \times 4$ ∴ $x = 1.6$m

• A점으로부터의 거리 : $\dfrac{10}{2} - \dfrac{1.6}{2} = 4.2$m

• B점으로부터의 60kN 거리 : $10 - 4.2 = 5.8$m

• B점으로부터의 40kN 거리 : $5.8 - 4 = 1.8$m

• $10 : 4.2 = 5.8 : y_6$ ∴ $y_6 = \dfrac{4.2 \times 5.8}{10} = 2.436$

• $10 : 4.2 = 1.8 : y_4$ ∴ $y_4 = \dfrac{4.2 \times 1.8}{10} = 0.756$

∴ $M_{\max} = P_1 \times y_4 + P_2 \times y_6$
$= 40 \times 0.756 + 60 \times 2.436 = 176.4$ kN

□□□ 기 07,08,10,11,12,15

04 그림과 같은 보에서 A점의 반력이 B점의 반력의 2배가 되도록 하는 거리 x는 얼마인가?

① 1.67m
② 2.67m
③ 3.67m
④ 4.67m

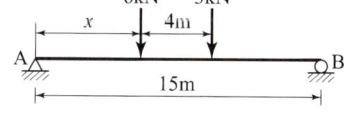

| 해답 | ③

• $R_A = 2R_B$

• $\Sigma V = 0$

$R_A + R_B = 2R_B + R_B = 3R_B = 3 \times 3 = 9$kN

∴ $R_B = 3$kN   ∴ $R_A = 2R_B = 2 \times 3 = 6$kN

• $\Sigma M_A = 0$

$6 \times x + 3 \times (4+x) - 3 \times 15 = 0$

$6x + 12 + 3x - 45 = 0$

$9x = 33$ ∴ $x = 3.67$m

09 캔틸레버보와 게르버보

더 알아두기

▶ 수직반력
$\sum V = 0$
$V_A - P = 0$
$\therefore V_A = P$

1 캔틸레버보

(1) 집중하중이 작용할 때
- 반력(reaction)
  $V_A = P$
- 전단력(shear force)
  $S_x = V_A = P$
- 휨모멘트(bending moment)
  $M_x = -P \cdot x$
  $M_B = 0$
  $M_A = -P \cdot l$

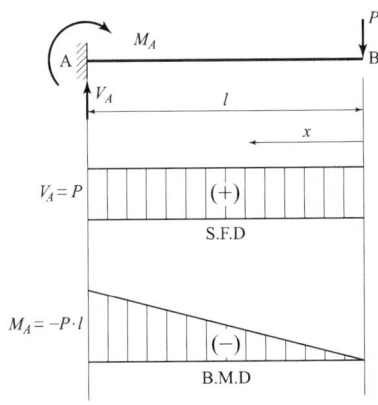

(2) 모멘트 하중이 작용할 때
- 반력
  $\sum V = 0 : R_A = 0$
  $\sum M_A = 0 : M_A + M = 0, \ M_A = -M$
- 전단력
  $S_x = 0$(수직력이 전혀 없다.)
- 휨모멘트
  $M_{A-C} = M_x = -M, \ M_{C-B} = M_x = 0$

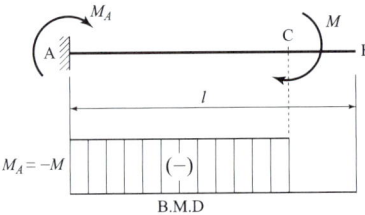

2 게르버보

(1) 반력
$\sum M_B = 0 : R_C \cdot 2l - P \cdot l = 0$
$\therefore R_C = \dfrac{P}{2}$
$R_A = P + \dfrac{P}{2} = \dfrac{3P}{2}, \ R_B = \dfrac{P}{2}$

(2) 전단력
$S_B = -R_B = -\dfrac{P}{2}, \ S_E = -\dfrac{P}{2} + P = \dfrac{P}{2}$
$S_D = \dfrac{P}{2}, \ S_A = R_A = \dfrac{P}{2} + P = \dfrac{3P}{2}$

(3) 휨모멘트
$M_E = \dfrac{P}{2} \cdot l = \dfrac{P \cdot l}{2}, \ M_C = 0$
$M_D = -\dfrac{P}{2} \cdot l = -\dfrac{P \cdot l}{2}$
$M_A = -P \cdot l - \dfrac{P}{2} \cdot 2l = -2P \cdot l$

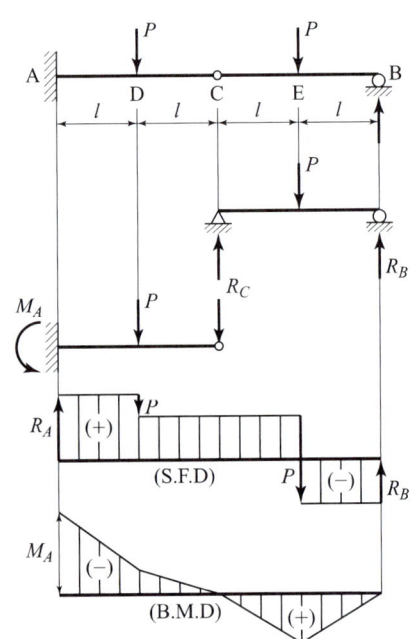

핵 심 문 제

□□□ 기 01,08,09④,20④,25①

01 다음과 같이 A점과 B점에 모멘트하중(M_o)이 작용할 때 생기는 전단력도의 모양은 어떤 형태인가?

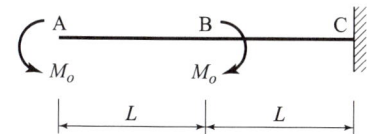

① 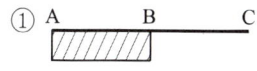 ②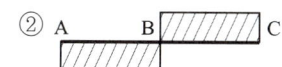

③ 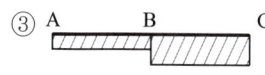 ④

| 해답 | ④

지점반력 $\Sigma V = 0$: $V_c = 0$

∴ 전단력 : $S_c = 0$

(∵ 캔틸레버의 모멘트 하중에 의한 수직력이 존재하지 않으므로 전단력은 0이다.)

□□□ 기 04,05,06,08,13

02 그림의 보에서 G는 내부 힌지(hinge)이다. 지점 B에서의 휨모멘트로 옳은 것은?

① $-100\,\text{kN}\cdot\text{m}$
② $+200\,\text{kN}\cdot\text{m}$
③ $-400\,\text{kN}\cdot\text{m}$
④ $+500\,\text{kN}\cdot\text{m}$

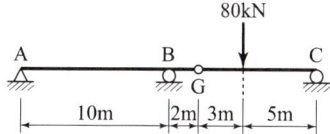

| 해답 | ①

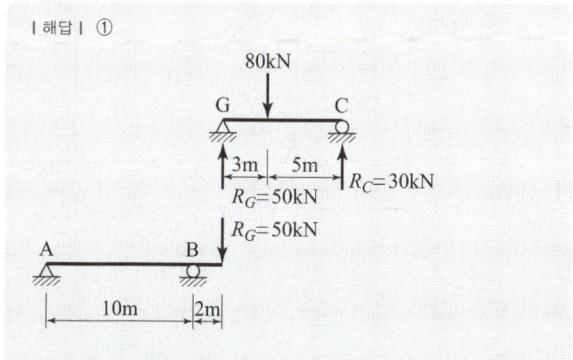

$\Sigma M_c = 0 : R_G \times 8 - 80 \times 5 = 0$

∴ $R_G = 50\,\text{kN}$

∴ $M_B = -50 \times 2 = -100\,\text{kN}\cdot\text{m}$

□□□ 기 09,13

03 그림과 같은 구조물에서 B지점의 휨모멘트는?

① $-3Pl$
② $-4Pl$
③ $-6Pl$
④ $-12Pl$

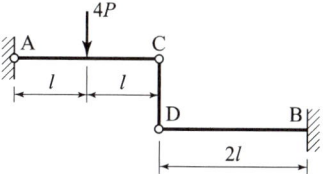

| 해답 | ②

구조물의 분해도

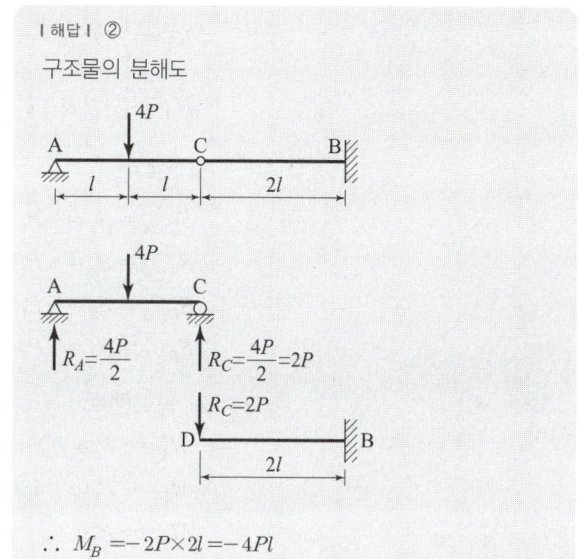

∴ $M_B = -2P \times 2l = -4Pl$

□□□ 기 95,15

04 다음 게르버보에서 E점의 휨모멘트값은?

① $M = 190\,\text{kN}\cdot\text{m}$
② $M = 240\,\text{kN}\cdot\text{m}$
③ $M = 310\,\text{kN}\cdot\text{m}$
④ $M = 710\,\text{kN}\cdot\text{m}$

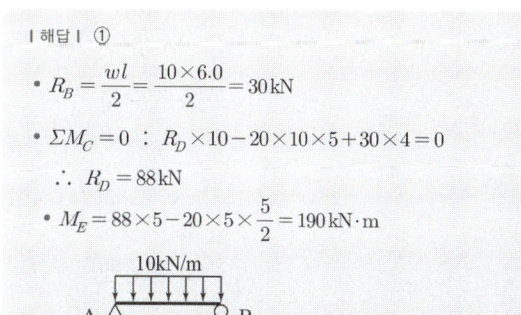

| 해답 | ①

- $R_B = \dfrac{wl}{2} = \dfrac{10 \times 6.0}{2} = 30\,\text{kN}$

- $\Sigma M_C = 0 : R_D \times 10 - 20 \times 10 \times 5 + 30 \times 4 = 0$

  ∴ $R_D = 88\,\text{kN}$

- $M_E = 88 \times 5 - 20 \times 5 \times \dfrac{5}{2} = 190\,\text{kN}\cdot\text{m}$

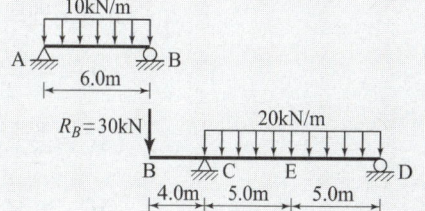

10 내민보

1 집중하중을 받는 내민보

(1) 반력

$$\sum M_B = 0$$
$$R_A \cdot l = P_1(l+a_1) + P \cdot b - P_2 \cdot b_1$$
$$R_A = \frac{1}{l}\{P_1(l+a_1) + P \cdot b - P_2 \cdot b_1\}$$
$$R_B = \frac{1}{l}\{P_2(l+b_1) + P \cdot a - P_1 \cdot a_1\}$$

(2) 전단력

$$S_{C-A} = S_x = -P_1$$
$$S_{A-D} = S_x = -P_1 + R_A$$
$$S_{D-B} = S_x = -P_1 + R_A - P$$
$$S_{B-E} = S_x = -P_1 + R_A - P + R_B$$

(3) 휨모멘트

$$M_A = -P_1 a_1$$
$$M_D = -P_1(a+a_1) + R_A \cdot a$$
$$M_B = -P_2 b_1$$

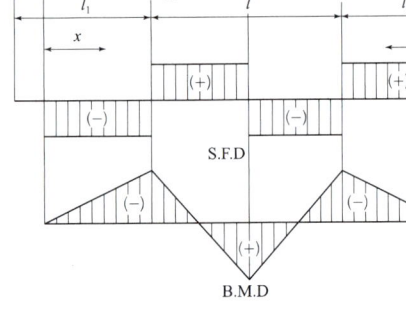

2 등분포하중을 받는 내민보

(1) 반력

$$\sum M_B = 0 : R_A l - w(l_1+l) \times \frac{(l_1+l)}{2} + w\frac{l_2^2}{2} = 0$$

$$\therefore R_A = \frac{wl}{2} + wl_1 + \frac{wl_1^2 - wl_2^2}{2l}$$

$$\therefore R_B = \frac{wl}{2} + wl_2 + \frac{wl_2^2 - wl_1^2}{2l}$$

$$\therefore R_A = R_B = w\left(\frac{l}{2}+l_1\right)(l_1 = l_2 \text{인 경우})$$

(2) 전단력

$$S_A = -wl_1, \quad S_B = -wl_2$$
$$S_x = w\left(\frac{l}{2}-x\right)(l_1 = l_2 \text{인 경우})$$

(3) 휨모멘트

$$M_A = -\frac{wl_1^2}{2}, \quad M_B = -\frac{wl_2^2}{2}$$

$$M_x = \frac{w}{2}\{(l-x)x - l_0^2\}(l_1 = l_2 = l_o \text{인 경우})$$

$$M_{\max} = M_{x=\frac{l}{2}} = \frac{w}{8}(l^2 - 4l_o^2)$$

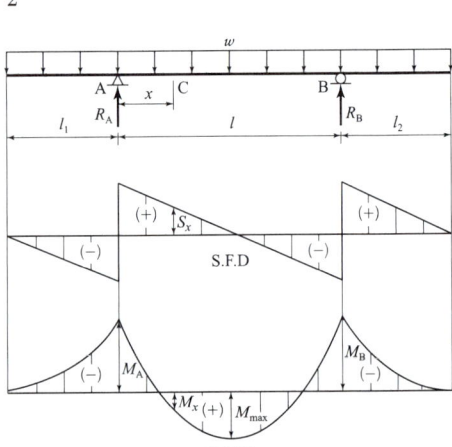

핵 심 문 제

기 03,11,16

01 다음 그림과 같은 보에서 B 지점의 반력이 2P가 되기 위해서 $\dfrac{b}{a}$는 얼마가 되어야 하는가?

① 0.50
② 0.75
③ 1.00
④ 1.25

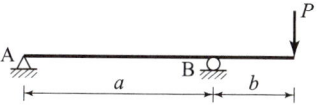

| 해답 | ③

$\Sigma M_A = 0 \,(\curvearrowright)$
$P(a+b) - R_B \cdot a = 0$
$P(a+b) - 2P \cdot a = 0$
$(\because R_B = 2P)$
$\therefore \dfrac{b}{a} = 1$

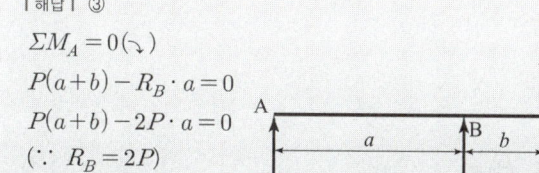

기 02,04,05,10,14,18

02 다음 내민보에서 B점의 모멘트와 C점의 모멘트의 절댓값의 크기를 같게 하기 위한 $\dfrac{L}{a}$의 값을 구하면?

① 6
② 4.5
③ 4
④ 3

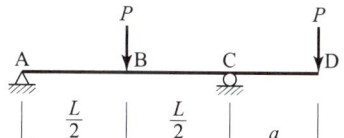

| 해답 | ①

• $\Sigma M_C = 0$
  $R_A \times L - P \times \dfrac{L}{2} + P \times a$
  $\therefore R_A = \dfrac{P}{2} - \dfrac{Pa}{L}$

• $M_B = R_A \times \dfrac{L}{2} = \left(\dfrac{P}{2} - \dfrac{Pa}{L}\right) \times \dfrac{L}{2} = \dfrac{PL}{4} - \dfrac{Pa}{2}$

• $M_C = R_A \times L - P \times \dfrac{L}{2} = \dfrac{PL}{2} - Pa - \dfrac{PL}{2} = -Pa$

• $|M_B| = |M_C|$
  $\dfrac{PL}{4} - \dfrac{Pa}{2} = Pa$
  $\therefore \dfrac{L}{a} = 6$

기 94,07,13,19

03 그림과 같이 단순지지된 보에 등분포하중 q가 작용하고 있다. 지점 C의 부모멘트와 보의 중앙에 발생하는 정모멘트의 크기를 같게 하여 등분포하중 q의 크기를 제한하려고 한다. 지점 C와 D는 보의 대칭거동을 유지하기 위하여 각각 A와 B로부터 같은 거리에 배치하고자 한다. 이때 보의 A점으로부터 지점 C의 거리 x는?

① $x = 0.207L$
② $x = 0.250L$
③ $x = 0.333L$
④ $x = 0.444L$

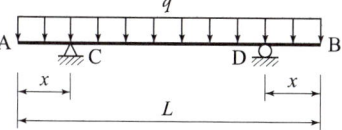

| 해답 | ①

• $M_C = M_D = -\dfrac{qx^2}{2}$, $M_E = \dfrac{ql_1^2}{8} - M_C$

• $|M_C| = |M_E|$
  $\dfrac{qx^2}{2} = \dfrac{ql_1^2}{8} - \dfrac{qx^2}{2} \rightarrow x^2 = \dfrac{l_1^2}{8}$ $\therefore x = \dfrac{l_1}{2\sqrt{2}}$

• $l_1 = 2\sqrt{2}\,x$, $l_1 = L - 2x$
  $2\sqrt{2}\,x = L - 2x \rightarrow (2+2\sqrt{2})x = L$
  $\therefore x = \dfrac{L}{2+2\sqrt{2}} = 0.207L$

기 15

04 아래 그림과 같은 내민보에서 D점의 휨모멘트 M_D는 얼마인가?

① 180kN·m
② 160kN·m
③ 140kN·m
④ 120kN·m

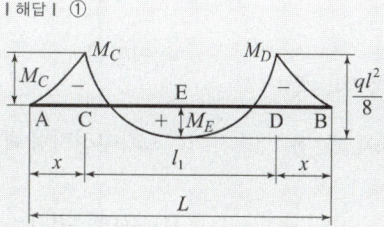

| 해답 | ③

$\Sigma M_B = 0$
$R_A \times 8 - 20 \times 4 \times 8 - 100 \times 4 - 80 \times 2 = 0$
$\therefore R_A = 150\,\text{kN}$
$\therefore M_D = 150 \times 2 - 20 \times 4 \times 2 = 140\,\text{kN·m}$

11 보의 응력

1 휨응력

- 휨응력 $\sigma = \dfrac{M}{I} y$

  곡률반지름 $R = \dfrac{EI}{M}$

- 최대휨응력 $\sigma_{max} = \dfrac{M_{max}}{I} y_{max} = \dfrac{M_{max}}{\dfrac{I}{y_{max}}} = \dfrac{M_{max}}{Z}$

  여기서, I : 중립축에 대한 단면 2차 모멘트, Z : 단면계수

2 전단응력

- 일반식 $\tau = \dfrac{S \cdot G}{I \cdot b}$

- 최대전단응력 $\tau_{max} = \dfrac{S_{max} \cdot G_{max}}{I \cdot b} = \alpha \dfrac{S_{max}}{A}$

(1) 구형단면 $\tau_{max} = \dfrac{3}{2} \cdot \dfrac{S}{bh} = \dfrac{3}{2} \cdot \dfrac{S}{A}$

(2) 원형단면 $\tau_{max} = \dfrac{4}{3} \cdot \dfrac{S}{\pi r^2} = \dfrac{4}{3} \cdot \dfrac{S}{A}$

(3) 삼각형 단면
- 중앙점에 대한 전단력 $\tau_{max} = \dfrac{12S}{bh^3}\left(\dfrac{h^2}{2} - \dfrac{h^2}{4}\right) = \dfrac{12}{4} \cdot \dfrac{S}{bh} = \dfrac{3}{2} \cdot \dfrac{S}{A}$
- 도심에 대한 전단력 $\tau_G = \dfrac{12S}{bh^3}\left(\dfrac{2h^2}{3} - \dfrac{4h^2}{9}\right) = \dfrac{24}{9} \cdot \dfrac{S}{bh} = \dfrac{4}{3} \cdot \dfrac{S}{A}$

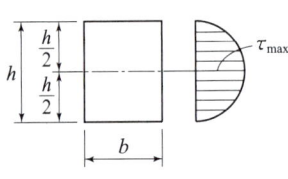
(a) 구형 단면

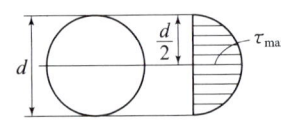
(b) 원형 단면

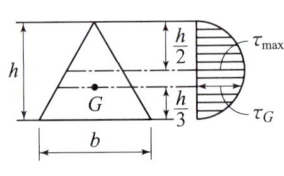
(c) 삼각형 단면

3 주응력

- 최대주응력 $\sigma_{max} = \dfrac{\sigma_x + \sigma_y}{2} + \sqrt{\left(\dfrac{\sigma_x - \sigma_y}{2}\right)^2 + \tau_{xy}^2}$

- 최소주응력 $\sigma_{min} = \dfrac{\sigma_x + \sigma_y}{2} - \sqrt{\left(\dfrac{\sigma_x - \sigma_y}{2}\right)^2 + \tau_{xy}^2}$

- 주전단응력 $\tau_{max\,min} = \pm \dfrac{1}{2}\sqrt{(\sigma_x - \sigma_y)^2 + 4\tau_{xy}}$

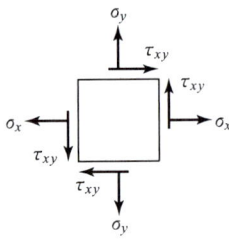

여기서
S : 부재단면의 전단력
G : 중립축에 대한 단면 1차 모멘트
I : 단면 2차 모멘트
b : 전단응력을 구하고자 하는 폭

T형단면
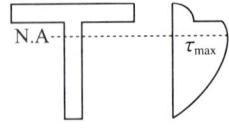

핵심문제

□□□ 기 95,98,00,06,11

01 그림과 같은 보에서 CD 구간의 곡률(曲率)반지름은 얼마인가? (단, 이 보의 휨강도 $EI=38000\text{kN}\cdot\text{m}^2$이다.)

① 924m
② 1056m
③ 1174m
④ 1283m

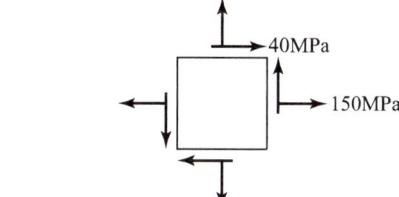

| 해답 | ②

곡률반지름 $R=\dfrac{EI}{M}$

- C~D구간의 $M=120\times0.3$
  $=36\text{kN}\cdot\text{m}$

$\therefore R=\dfrac{38000}{36}$
$=1056\text{m}$

□□□ 기 92,96,99,01,02,03,07,08,10,12

02 평면응력을 받는 요소가 다음과 같이 응력을 받고 있다. 최대주응력은?

① 64MPa
② 164MPa
③ 36MPa
④ 136MPa

| 해답 | ②

$\sigma_{\max}=\dfrac{\sigma_x+\sigma_y}{2}+\sqrt{\left(\dfrac{\sigma_x-\sigma_y}{2}\right)^2+\tau_{xy}^2}$

- $\sigma_x=150\text{MPa}$
  $\sigma_y=50\text{MPa}$
  $\tau_{xy}=40\text{MPa}$

$\therefore \sigma_{\max}=\dfrac{150+50}{2}+\sqrt{\left(\dfrac{150-50}{2}\right)^2+40^2}$
$=100+64.03$
$=164.03\text{MPa}=164.03\text{N/mm}^2$

■ $1\text{kg/cm}^2=0.1\text{N/mm}^2=0.1\text{MPa}=100\text{kN/m}^2=100\text{kPa}$
$1\text{t/m}^2=10\text{kN/m}^2$

□□□ 기 08,10,14②,20③

03 그림과 같은 직사각형 단면의 보가 최대휨모멘트 $M_{\max}=20\text{kN}\cdot\text{m}$를 받을 때 a–a단면의 휨응력은?

① 2.25MPa
② 3.75MPa
③ 4.25MPa
④ 4.65MPa

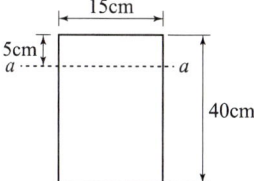

| 해답 | ②

휨응력 $\sigma=\dfrac{M}{I}y$

- $M_{\max}=20\text{kN}\cdot\text{m}=20\times10^6\text{N}\cdot\text{mm}$
- $I=\dfrac{bh^3}{12}=\dfrac{150\times400^3}{12}=8.0\times10^8\text{mm}^4$

$\therefore \sigma=\dfrac{20\times10^6}{8\times10^8}\times(200-50)$
$=3.75\text{N/mm}^2=3.75\text{MPa}$

□□□ 기 03,05,07,08,09,10,11,13,14,15,17②,18①

04 그림과 같은 단면에 15kN의 전단력이 작용할 때 최대전단응력의 크기는?

① 2.86MPa
② 3.52MPa
③ 4.74MPa
④ 5.95MPa

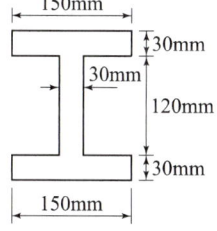

| 해답 | ②

$\tau_{\max}=\dfrac{G_x S}{I\,b}$

$S=15\text{kN}=15\times10^3\text{N},\ b=30\text{mm}$

- $G_x=A_1 y_1+A_2 y_2$
  $=150\times30\times75+30\times\dfrac{120}{2}\times\dfrac{60}{2}$
  $=391500\text{mm}^3$

- $I_x=\dfrac{BH^3}{12}-\dfrac{bh^3}{12}=\dfrac{150\times180^3}{12}-\dfrac{120\times120^3}{12}$
  $=55620000\text{mm}^4$

$\therefore \tau_{\max}=\dfrac{391500\times15\times10^3}{55620000\times30}$
$=3.52\text{N/mm}^2=3.52\text{MPa}$

더 알아두기

라멘
각 부재의 연결이 고정절점으로 되어 있어서 구조물이 외력을 받고 그 모양이 변하더라도 각 절점에서 이루고 있는 부재의 각은 변하지 않는다.

12 정정 라멘

1 집중하중을 받는 경우

- 반력
  $\sum M_B = 0 : P \cdot b - V_A \cdot l = 0$
  $V_A = \dfrac{P \cdot b}{l}, \quad V_B = \dfrac{P \cdot a}{l}$

- 전단력
  $S_{C-B} = V_A = \dfrac{P \cdot b}{l}, \quad S_{E-D} = -V_B = -\dfrac{P \cdot a}{l}$

- 휨모멘트
  $M_E = V_A \cdot a = \dfrac{P \cdot a \cdot b}{l}$

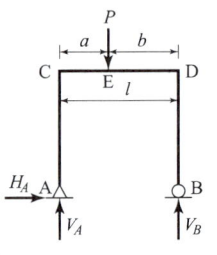
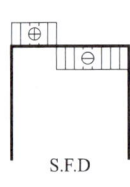
S.F.D

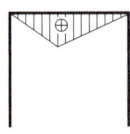
B.M.D
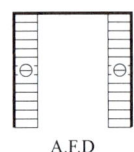
A.F.D

2 등분포하중을 받는 라멘

- 반력
  $R_A = R_B = \dfrac{wl}{2}$

- 전단력
  $S_C = R_A, \quad S_D = -R_B$

- 휨모멘트
  $M_{A-C} = 0, \quad M_{D-B} = 0$
  $M_{\max} = \dfrac{wl^2}{8}$

- 축방향력
  $S_{A-C} = -R_A, \quad S_{D-B} = -R_B$

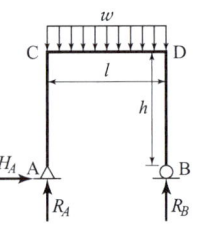

S.F.D

B.M.D
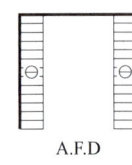
A.F.D

3 집중하중을 받는 3힌지 라멘

- 반력
  $V_A = \dfrac{P}{2}, \quad V_B = \dfrac{P}{2}$
  $H_A = \dfrac{Pl}{4h}, \quad H_B = \dfrac{Pl}{4h}$

- 전단력
  $S_{A-C} = -H_A = -\dfrac{Pl}{4h}, \quad S_{C-G} = V_A = \dfrac{P}{2}$
  $S_{G-D} = -V_A = -\dfrac{P}{2} \quad S_{D-B} = H_B = \dfrac{Pl}{4h}$

- 휨모멘트
  $M_A = M_G = M_B = 0, \quad M_C = M_D = -\dfrac{Pl}{4}$

축방향력
- $A_{A-C} = -V_A = -\dfrac{P}{2}$
- $A_{C-D} = -H_A = -H_B$
- $A_{D-B} = -V_B = -\dfrac{P}{2}$

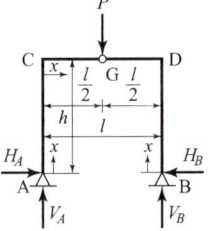
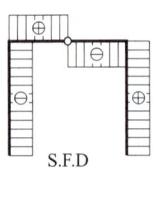
S.F.D

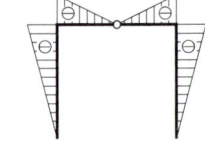
B.M.D
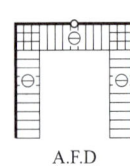
A.F.D

핵 심 문 제

□□□ 기 02,04,08,12,15④

01 아래 그림과 같은 정정 라멘에 분포하중 w가 작용 시 최대모멘트를 구하면?

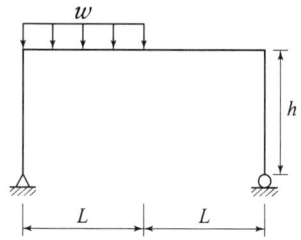

① $0.186wL^2$
② $0.219wL^2$
③ $0.250wL^2$
④ $0.281wL^2$

| 해답 | ④

- $\Sigma M_E = 0 : V_A \times 2L - w \times L \times \left(L + \dfrac{L}{2}\right) = 0$

  $\therefore V_A = \dfrac{3}{4}wL$

- $S_x = \dfrac{3wL}{4} - wx = 0$

  (∵ 최대휨모멘트는 전단력이 0인 곳)

  $\therefore x = \dfrac{3}{4}L$

- $M_{\max} = \dfrac{3wL}{4} \times \dfrac{3L}{4} - w \times \dfrac{3L}{4} \times \left(\dfrac{3L}{4} \times \dfrac{1}{2}\right)$

  $= \dfrac{9wL^2}{32} = 0.281wL^2$

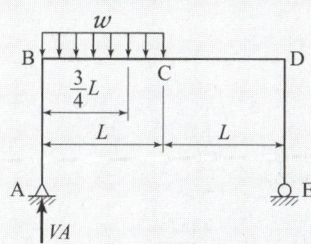

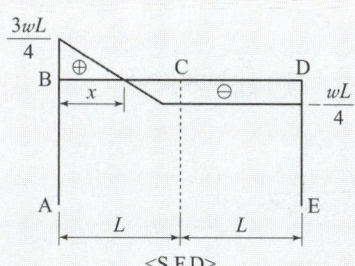

□□□ 기 12,19

02 아래 그림과 같은 라멘구조물에서 A점의 반력 R_A는?

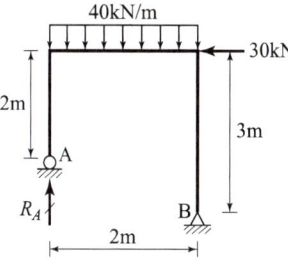

① 65kN
② 75kN
③ 85kN
④ 95kN

| 해답 | ③

$\Sigma M_B = 0 :$
$R_A \times 2 - 40 \times 2 \times \dfrac{2}{2} - 30 \times 3 = 0$
$\therefore R_A = 85\text{kN}(\uparrow)$

□□□ 기 08,14,17①,20③

03 그림과 같은 3힌지 라멘의 휨모멘트도(BMD)는?

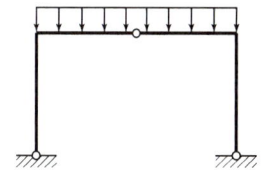

① ② ③ ④

| 해답 | ②

3힌지 라멘의 휨모멘트도(BMD)

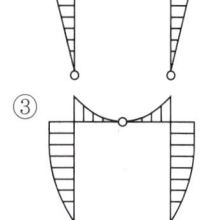

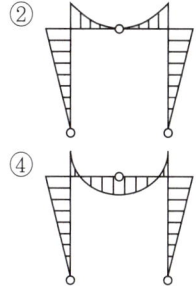

13 정정 아치

1 집중하중의 3활절 아치

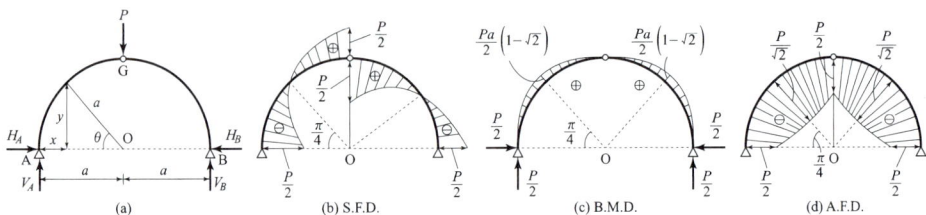

(a)   (b) S.F.D.   (c) B.M.D.   (d) A.F.D.

- 반력

$$\sum V = 0 : V_A + V_B = P \quad \therefore V_A = \frac{P}{2}, \quad V_B = \frac{P}{2}$$

- 전단력 $(0 < x < a)$

$$S_x = V_A \sin\theta - H_A \cos\theta = \frac{P}{2}(\sin\theta - \cos\theta)$$

- 휨모멘트 $(0 < x < a)$

$$M_x = \frac{Pa}{2}(1 - \sin\theta - \cos\theta)$$

$$M_{\theta = 45°} = \frac{Pa}{2}(1 - \sqrt{2}), \quad M_{\theta = 90} = \frac{Pa}{2}$$

축방향력

- $N_\theta = -(V_A \cos\theta + H_A \sin\theta)$
  $= -\frac{P}{2}(\cos\theta + \sin\theta)$
- $N_{\theta = \frac{\pi}{2}} = -\frac{P}{\sqrt{2}}$
- $N_{\theta = \pi} = -\frac{P}{2}$

2 등분포하중의 3활절 아치

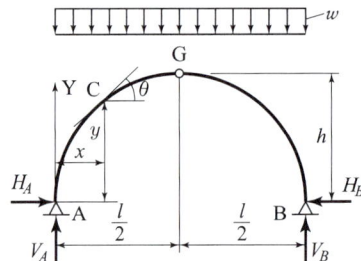

- 반력

$$\sum M_B = 0 : V_A \cdot l - \frac{wl^2}{2} = 0 \quad V_A = \frac{wl}{2}, \quad V_B = \frac{wl}{2}$$

$$\sum M_G = 0 : V_A \cdot \frac{l}{2} - H_A \cdot h - \frac{wl^2}{8} = 0, \quad H_A = H_B = \frac{wl^2}{8h}$$

- 전단력

$$S_x = (V_A - wx)\cos\theta - H_A \sin\theta = w\left\{\left(\frac{l}{2} - x\right) - \frac{l^2}{8h}\tan\theta\right\}\cos\theta$$

- 휨모멘트

$$M_x = V_A x - H_A y - \frac{wx^2}{2} = w\left(\frac{l-x}{2}x - \frac{l^2}{8h}y\right)$$

- 축방향력

$$A_x = -(V_A - wx)\sin\theta - H_A \cos\theta$$

핵심 문제

□□□ 기 11,15

01 그림과 같은 3활절 아치에서 A지점의 반력은?

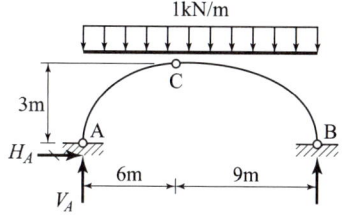

① $V_A = 7.5\text{kN}(\uparrow)$, $H_A = 9.0\text{kN}(\rightarrow)$
② $V_A = 6.0\text{kN}(\uparrow)$, $H_A = 6.0\text{kN}(\rightarrow)$
③ $V_A = 9.0\text{kN}(\uparrow)$, $H_A = 12.0\text{kN}(\rightarrow)$
④ $V_A = 6.0\text{kN}(\uparrow)$, $H_A = 12.0\text{kN}(\rightarrow)$

| 해답 | ①

- $\Sigma M_B = 0$

  $V_A \times 15 - (1 \times 15) \times \dfrac{15}{2} = 0$

  $\therefore V_A = 7.5\text{kN}(\uparrow)$

- $\Sigma M_C = 0(\text{좌})$

  $7.5 \times 6 - H_A \times 3 - 1 \times 6 \times \dfrac{6}{2} = 0$

  $\therefore H_A = 9.0\text{kN}(\rightarrow)$

□□□ 기 97,02,04,11,15①,16①,21①

02 그림과 같은 3활절 포물선 아치의 수평반력(H_A)은?

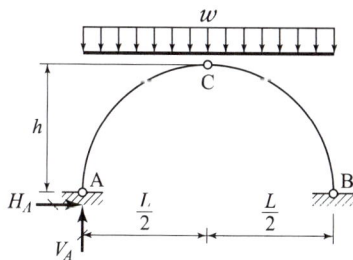

① $\dfrac{wL^2}{16h}$
② $\dfrac{wL^2}{8h}$
③ $\dfrac{wL^2}{4h}$
④ $\dfrac{wL^2}{2h}$

| 해답 | ②

- $\Sigma M_B = 0$

  $V_A \times L - (w \times L) \times \dfrac{L}{2} = 0$ $\therefore V_A = \dfrac{wL}{2}$

- $\Sigma M_C = 0(\text{좌})$

  $V_A \times \dfrac{L}{2} - H_A \times h - \dfrac{wL}{2} \times \dfrac{L}{2} \times \dfrac{1}{2} = 0$

  $H_A \times h = \dfrac{wL}{2} \times \dfrac{L}{2} - \dfrac{wL^2}{8} = \dfrac{wL^2}{8}$

  $\therefore H_A = \dfrac{wL^2}{8h}(\rightarrow)$

□□□ 기 00,04,08,14

03 그림과 같은 반지름이 r인 아치에서 D점의 축방향력 N_D의 크기는 얼마인가?

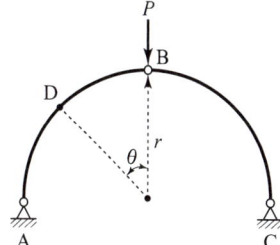

① $N_D = \dfrac{P}{2}(\cos\theta - \sin\theta)$
② $N_D = \dfrac{P}{2}(r\cos\theta - \sin\theta)$
③ $N_D = \dfrac{P}{2}(\cos\theta - r\sin\theta)$
④ $N_D = \dfrac{P}{2}(\sin\theta + \cos\theta)$

| 해답 | ④

- 수직반력 $V_A = V_C = \dfrac{P}{2}$ (∵ 대칭이므로)

- $\Sigma M_B = 0$

  $V_A \times r - H_A \times r = 0$

  $\therefore \dfrac{P}{2} \times r - H_A \times r = 0$ $\therefore H_A = \dfrac{P}{2}(\rightarrow)$

  $N_D = V_A \sin\theta + H_A \cos\theta$

  $= \dfrac{P}{2}\sin\theta + \dfrac{P}{2}\cos\theta = \dfrac{P}{2}(\sin\theta + \cos\theta)$

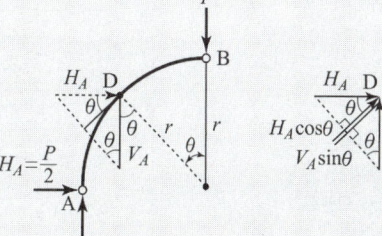

14 기둥

1 단주

(1) 한방향 편심하중이 작용하는 경우

$$\sigma_{max} = -\frac{P}{A} - \frac{M}{I_y}x = -\frac{P}{A} - \frac{P \cdot e_x}{I_y}x$$

$$= -\frac{P}{A} - \frac{M}{Z} = -\frac{P}{A} - \frac{P \cdot e_x}{Z}$$

$$\sigma_{min} = -\frac{P}{A} + \frac{M}{I_y}x = -\frac{P}{A} + \frac{P \cdot e_x}{I_y}x$$

$$= -\frac{P}{A} + \frac{M}{Z} = -\frac{P}{A} + \frac{P \cdot e_x}{Z}$$

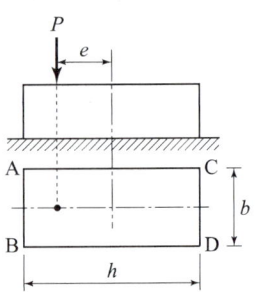

(2) 2축 편심축 하중이 작용하는 경우

$$\sigma_{max} = -\frac{P}{A} - \frac{P \cdot e_y}{Z_x} - \frac{P \cdot e_x}{Z_y}$$

$$\sigma_{min} = -\frac{P}{A} + \frac{P \cdot e_y}{Z_x} + \frac{P \cdot e_x}{Z_y}$$

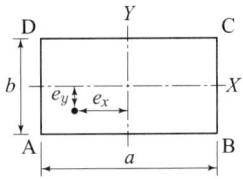

(3) 단주의 핵(빗금 친 부분이 핵)

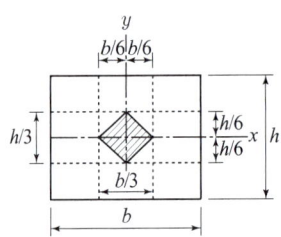 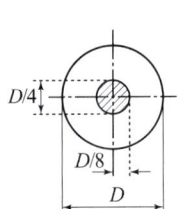 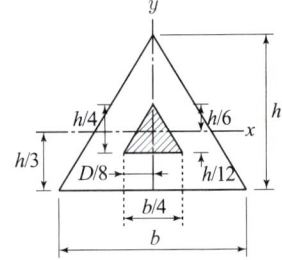

2 장주

■ 오일러 장주공식

- 좌굴하중(임계하중, Euler 하중) : $P_{cr} = \frac{n\pi^2 EI}{l^2} = \frac{\pi^2 EI}{(kl)^2}$

구분	1단고정 타단자유	양단힌지	1단고정 타단힌지	양단고정
양단지지상태	l	l	l	l
유효길이계수(k)	2	1	0.7	0.5
좌굴계수(n)	1/4	1	2	4
좌굴길이(kl)	$2l$	l	$\frac{1}{\sqrt{2}}l$	$\frac{1}{\sqrt{4}}l$

- 좌굴응력(임계응력) : $\sigma_{cr} = \frac{P_{cr}}{A} = \frac{n\pi^2 E}{(l/r)^2} = \frac{n\pi^2 E}{\lambda^2}$

알아두기

▣ 중심축에 하중이 작용하는 경우
- $\sigma_c = \frac{P}{A}$
- $\sigma_{max} = \sigma_A = \sigma_B$
- $\sigma_{min} = \sigma_C = \sigma_D$
- $\sigma = -\frac{P}{A} \pm \frac{M}{Z}$

▣ 4각형 단주의 핵거리

$$\sigma = \frac{P}{A} - \frac{M}{Z} = \frac{P}{A} - \frac{P \cdot e}{\frac{hb^2}{6}}$$

$$= \frac{P}{A} - \frac{6P \cdot e}{hb^2} = \frac{P}{A}\left(1 - \frac{6e}{b}\right) = 0$$

- $1 - \frac{6e}{b} = 0 \quad \therefore e = \frac{b}{6}$

▣ 원형단면의 핵거리(반지름)

$$e = \frac{Z}{A} = \frac{\frac{\pi d^3}{32}}{\frac{\pi d^2}{4}} = \frac{d}{8}$$

▣ 세장비

$$\lambda = \frac{kl}{r_{min}} = \frac{기둥유효길이}{최소회전반경}$$

$$r_{min} = \sqrt{\frac{I_{min}}{A}}$$

▣ 좌굴계수

$$n = \frac{1}{k^2}$$

▣ 장주의 용어
- E : 탄성계수
- I : 단면 2차 모멘트
- l : 기둥의 높이

핵 심 문 제

□□□ 기 94,04,06,11,13,14,21①

01 다음 그림과 같은 직사각형 기둥에서 $e=100mm$인 편심하중이 작용할 경우 발생하는 최대압축응력은? (단, 기둥은 단주로 간주한다.)

① 30MPa
② 35MPa
③ 40MPa
④ 60MPa

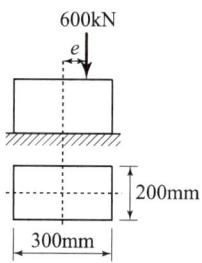

| 해답 | ①

$$\sigma_{max} = -\frac{P}{A} - \frac{P \cdot e_x}{Z_y} = -\frac{P}{A} - \frac{P \cdot e_x}{\frac{bh^2}{6}}$$

$$\therefore \sigma_{max} = -\frac{600 \times 10^3}{200 \times 300} - \frac{600 \times 10^3 \times 100}{\frac{200 \times 300^2}{6}}$$

$$= -10 - 20 = -30 N/mm^2 = 30MPa(압축)$$

□□□ 기 01,05,09,11,14

02 그림과 같이 가운데가 비어 있는 직사각형 단면 기둥의 길이가 $L=10m$일 때 이 기둥의 세장비는?

① 1.9
② 191.9
③ 2.2
④ 217.3

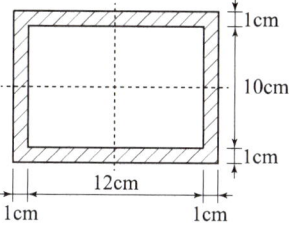

| 해답 | ④

세장비 $\lambda = \dfrac{기둥의 길이(l)}{최소회전반지름(r_{min})}$

- $I_{min} = \dfrac{BH^3}{12} - \dfrac{bh^3}{12} = \dfrac{1}{12}(14 \times 12^3 - 12 \times 10^3)$
  $= 1016 cm^3$
- $A = 14 \times 12 - 12 \times 10 = 48 cm^2$
- $r_{min} = \sqrt{\dfrac{I_{min}}{A}}$
  $= \sqrt{\dfrac{1016}{48}} = 4.60 cm$

$\therefore$ 세장비 $\lambda = \dfrac{1000}{4.60} = 217.39$

□□□ 기 11,15,18①,20④

03 반지름이 25cm인 원형단면을 가지는 단주에서 핵의 면적은 약 얼마인가?

① $122.7cm^2$
② $168.4cm^2$
③ $245.4cm^2$
④ $336.8cm^2$

| 해답 | ①

원형단면의 핵거리(반지름)

$e = \dfrac{Z}{A} = \dfrac{\frac{\pi d^3}{32}}{\frac{\pi d^2}{4}} = \dfrac{d}{8} = \dfrac{25 \times 2}{8} = 6.25 cm$

$\therefore A = \pi r^2 = \pi \times 6.25^2 = 122.7 cm^2$

□□□ 기 07,08,12,13,15,22①

04 단면이 100mm×200mm인 장주가 있다. 그 길이가 3m일 때 이 기둥의 좌굴하중은 약 얼마인가? (단, 기둥의 $E=2 \times 10^4 MPa$, 지지상태는 일단 고정, 타단자유이다.)

① 45.8kN
② 91.4kN
③ 182.8kN
④ 365.6kN

| 해답 | ②

$P_{cr} = \dfrac{n\pi^2 EI}{L^2} = \dfrac{\pi^2 EI}{(kL)^2}$

- $I_{min} = \dfrac{bh^3}{12} = \dfrac{200 \times 100^3}{12} = 16666667 mm^4$

$\therefore P_{cr} = \dfrac{\pi^2 \times 2 \times 10^4 \times 16666667}{(2 \times 3000)^2} = 91385N = 91.4kN$

□□□ 기 03,12,14,16④,17②,20③④,22②

05 15cm×30cm의 직사각형 단면을 가진 길이 5m인 양단힌지 기둥이 있다. 세장비 λ는?

① 57.7
② 74.5
③ 115.5
④ 149

| 해답 | ③

세장비 $\lambda = \dfrac{K \times 기둥의 길이(l)}{최소회전반지름(r_{min})}$

- $r_{min} = \sqrt{\dfrac{I_{min}}{A}} = \sqrt{\dfrac{\frac{bh^3}{12}}{bh}} = \sqrt{\dfrac{\frac{30 \times 15^3}{12}}{15 \times 30}}$
  $= 4.33 cm (\because 직사각형)$
- $\lambda = \dfrac{1 \times 500}{4.33} = 115.5 (\because 양단힌지 K=1.0)$

15 트러스

1 트러스의 해석상의 기본가정
- 격점을 연결하는 직선은 부재의 축과 일치한다(실제와 대체로 잘 맞음).
- 각 부재들은 양단에서 마찰이 전혀 없는 핀(Pin, hinge)으로 연결되어 있으므로, 1개의 축방향력(인장 및 압축)만 존재한다.
- 외력인 하중은 모두 격점에 집중하여 작용하므로 부재응력은 축력에만 생긴다.
- 트러스의 변형은 미소하여 이것을 무시할 수 있고, 하중이 작용한 후에도 격점의 위치에는 변화가 생기지 않는다.

2 트러스의 해법

(1) 격점법(절점법)
- 트러스의 각 절점을 중심으로 절단하였을 경우 절점의 외력과 부재의 응력이 평형을 이루고 있으므로 평형조건식으로 모든 부재력을 계산할 수 있다.

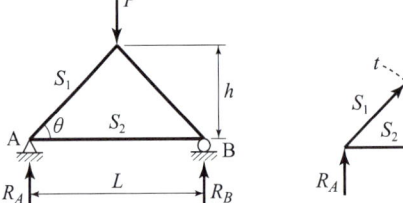
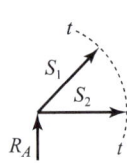

$\sum V = 0$에서
$S_1 \sin\theta + R_A = 0$
∴ 부재력 $S_1 = \dfrac{R_A}{\sin\theta}$

(2) 단면법(전단력법, 모멘트법)
- 구하고자 하는 부재를 포함하여 3개 이하의 부재를 절단한다.
- 절단한 한 면의 한쪽에 있는 외력과 절단된 부재의 응력을 힘의 평형조건식으로 계산한다.
- 전단력법 : 절단면 한쪽의 외력과 절단된 부재의 응력이 평형을 이룬다.
  $\sum V = 0$, $\sum H = 0$에 의해 수직재와 사재를 구한다.
- 모멘트법 : 절단된 부재 중에서 부재력을 구하고자 하는 부재 이외의 부재들이 만나는 점을 중심으로 $\sum M = 0$을 이용해서 상현재와 하현재 계산에 이용된다.

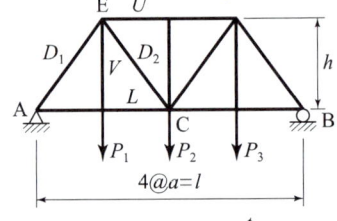

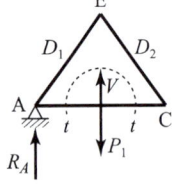

$\sum V = 0$에서
부재력 V를 구한다.

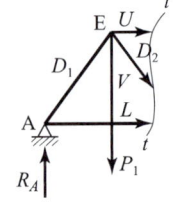

$\sum M_E = 0$에서
부재력 L을 구한다.

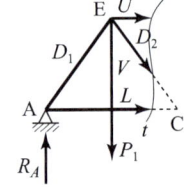

$\sum M_C = 0$에서
부재력 U를 구한다.

핵심문제

□□□ 기 05,11,15
01 트러스 해석 시 가정을 설명한 것 중 틀린 것은?

① 부재들은 양단에서 마찰이 없는 핀으로 연결되어진다.
② 하중과 반력은 모두 트러스의 격점에만 작용한다.
③ 부재의 도심축은 직선이며 연결핀의 중심을 지난다.
④ 하중으로 인한 트러스의 변형을 고려하여 부재력을 산출한다.

| 해답 | ④

트러스의 변형은 미소하여 이것을 무시할 수 있고, 하중이 작용한 후에도 격점의 위치에는 변화가 생기지 않는다.

□□□ 기 92,06,10,12,13,17①,21③
02 그림과 같은 트러스에서 AC부재의 부재력은?

① 인장 40kN
② 압축 40kN
③ 인장 80kN
④ 압축 80kN

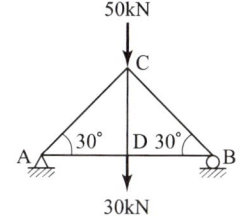

| 해답 | ④

- 반력 $R_A = R_B = \dfrac{50+30}{2} = 40\,\text{kN}$ (∵ 대칭이므로)
- $\Sigma V_A = 0$: $R_A + \overline{AC}\sin 30° = 0$
  (또는 $R_A + \overline{AC}\cos 60° = 0$)

  ∴ $\overline{AC} = -\dfrac{R_A}{\sin 30°}$

  $= -\dfrac{40}{\sin 30°} = -80\,\text{kN} = 80\,\text{kN}\,(압축)$

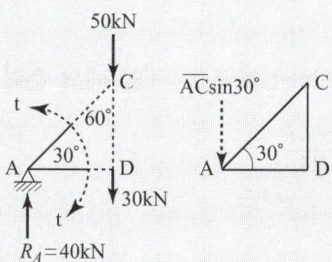

□□□ 기 82,83,11④,19②
03 아래 그림과 같은 트러스에서 U부재에 일어나는 부재내력은?

① 90kN(압축)
② 90kN(인장)
③ 150kN(압축)
④ 150kN(인장)

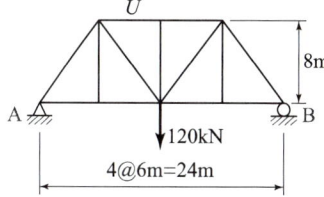

| 해답 | ①

- 상현재나 하현재는 단면법 중에서도 모멘트법을 이용
- $t-t$의 절단에서

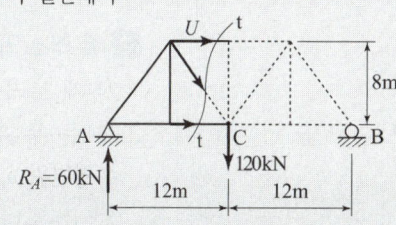

- $R_A = R_B = \dfrac{120}{2} = 60\,\text{kN}$ (∵ 대칭이므로)

  $\Sigma M_C = 0$; $60 \times 12 + U \times 8 = 0$

  ∴ $U = -90\,\text{kN} = 90\,\text{kN}\,(압축)$

□□□ 기 04,10,18③
04 다음 트러스의 부재력이 0인 부재는?

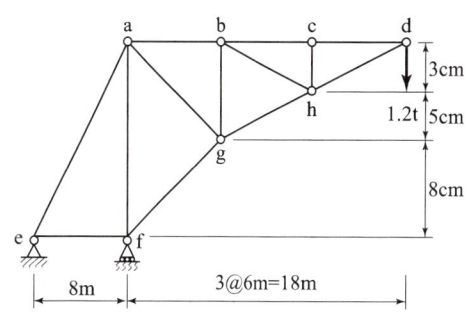

① 부재 a-e
② 부재 a-f
③ 부재 b-g
④ 부재 c-h

| 해답 | ④

- 절점법에 의해서 c절점에서 다음과 같이 절점한다.

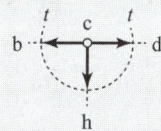

∴ 부재 c-h는 0이다.

16 트러스의 변위

1 트러스의 변위계산의 기본

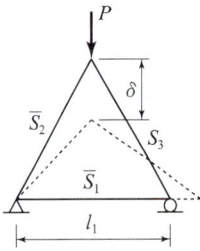 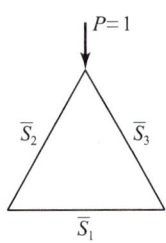

$$\Delta l_1 = \frac{S_1 l_1}{A_1 E}, \quad \Delta l_2 = \frac{S_2 l_2}{A_2 E}$$

$$\therefore \delta = \overline{S_1} \cdot \Delta l_1 + \overline{S_2} \cdot \Delta l_2$$

2 트러스의 변위계산 예

2부재 트러스의 B에 수평하중 P가 작용하고, EA는 두 부재가 모두 같을 때의 B절점의 수평변위 δ_B는 다음과 계산한다.

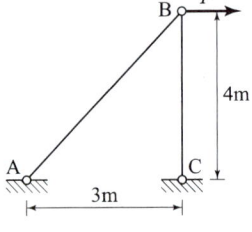

(1) 사인법칙에 의한 방법

$$\frac{P}{\sin \angle B} = \frac{\overline{AB}}{\sin \angle C} = \frac{\overline{BC}}{\sin \angle A} \text{ 에서}$$

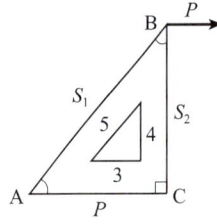 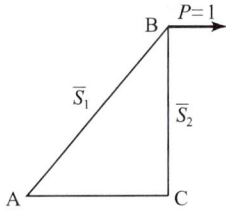 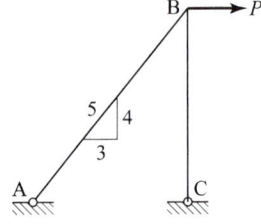

- $\overline{AB} = \dfrac{\sin \angle C}{\sin \angle B} P = \dfrac{\sin 90°}{\dfrac{3}{5}} \times P = \dfrac{5}{3} P$

- $\overline{BC} = \dfrac{\sin \angle A}{\sin \angle B} \times P = \dfrac{\dfrac{4}{5}}{\dfrac{3}{5}} \times P = \dfrac{4}{3} P$

(2) $y_B = \dfrac{l}{EA}(S \cdot \overline{S})$

- $y_{AB} = \dfrac{l}{EA}(S \cdot \overline{S})$ (∵ 가상일법에 의한 C점에 $P=1$일 때의 축력)

    $= \dfrac{l}{EA} \times \dfrac{5P}{3} \times \dfrac{5}{3} = \dfrac{25Pl}{9EA} = \dfrac{25 \times 5P}{9EA}$

- $y_{CB} = \dfrac{l}{EA}(S \cdot \overline{S})$

    $= \dfrac{l}{EA} \times \dfrac{4P}{3} \times \dfrac{4}{3} = \dfrac{16Pl}{9EA} = \dfrac{16 \times 4P}{9EA}$

$\therefore y_B = y_{AB} + y_{CB} = \dfrac{25 \times 5P}{9EA} + \dfrac{16 \times 4P}{9EA} = \dfrac{21P}{EA}$

알아두기:

▶ $\sum H = 0$

$P - \overline{AB} \times \dfrac{3}{5} = 0$

$\therefore \overline{AB} = S_1 = \dfrac{5}{3} P$

▶ $\sum V = 0$

$-\overline{AB} \times \dfrac{4}{5} + \overline{BC} = 0$

$\therefore \overline{BC} = S_2 = \overline{AB} \times \dfrac{4}{5}$

$= \dfrac{5}{3} P \times \dfrac{4}{5} = \dfrac{4}{3} P$

핵심문제

■■■ 기 93,99,03,07,11④,14④,17②

01 그림과 같은 강재(steel) 구조물이 있다. AC, BC 부재의 단면적은 각각 10cm^2, 20cm^2이고 연직하중 $P=90\text{kN}$이 작용할 때 C점의 연직처짐을 구한 값은? (단, 강재의 종탄성계수는 $2.05\times10^5\text{MPa}$이다.)

① 10.22mm
② 7.66mm
③ 5.18mm
④ 3.83mm

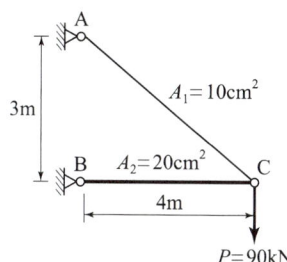

■■■ 기 96,01,02①,04,13②,14,24②

02 그림과 같은 트러스에서 A점에 연직하중 P가 작용할 때 A점의 연직처짐? (단, 부재의 축 강도는 모두 EA이고, 부재의 길이는 AB=$3l$, AC=$5l$이며, 지점 B와 C의 거리는 $4l$이다.)

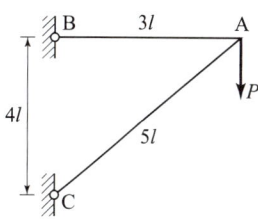

① $8.0\dfrac{Pl}{EA}$ ② $8.5\dfrac{Pl}{EA}$
③ $9.0\dfrac{Pl}{EA}$ ④ $9.5\dfrac{Pl}{EA}$

| 해답 | ②

C점의 처짐 $\delta_c=\sum\dfrac{S\cdot\overline{S}\cdot L}{EA}$

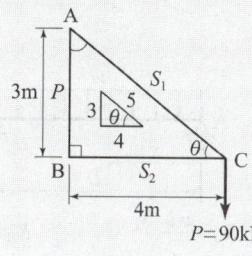 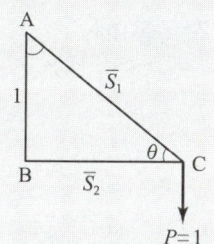

- $\sin\theta=\dfrac{P}{\text{AC}}=\dfrac{3}{5}$ ∴ $\text{AC}=\dfrac{5P}{3}=S_1$, $\overline{S_1}=\dfrac{5}{3}$, $L=5\text{m}$
- $\tan\theta=\dfrac{P}{\text{BC}}=\dfrac{3}{4}$ ∴ $\text{BC}=\dfrac{4P}{3}=S_2$, $\overline{S_2}=\dfrac{4}{3}$, $L=4\text{m}$

∴ $y_{AC}=\dfrac{\dfrac{5P}{3}\times\dfrac{5}{3}\times 5(\text{m})}{EA}=\dfrac{125P}{9EA}$

$=\dfrac{125\times 90\times 10^3(\text{m})}{9\times 2.05\times 10^5\times 10\times 10^2}$

$=0.006098\text{m}=6.098\text{mm}$

∴ $y_{BC}=\dfrac{\dfrac{4P}{3}\times\dfrac{4}{3}\times 4(\text{m})}{EA}=\dfrac{64P}{9EA}$

$=\dfrac{64\times 90\times 10^3(\text{m})}{9\times 2.05\times 10^5\times 20\times 10^2}$

$=0.001561\text{m}=1.561\text{mm}$

∴ $y_c=y_{AC}+y_{BC}=6.098+1.561=7.665\text{mm}$

| 해답 | ④

- A점의 처짐 $\delta_A=\sum\dfrac{S\cdot\overline{S}\cdot L}{EA}$

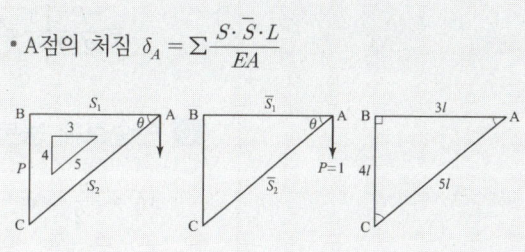

- $\tan\theta=\dfrac{P}{\text{AB}}=\dfrac{4}{3}$

∴ $\text{AB}=\dfrac{3P}{4}=S_1$, $\overline{S_1}=\dfrac{3}{4}$, $L=3l$ (AB 인장)

- $\sin\theta=\dfrac{P}{\text{AC}}=\dfrac{4}{5}$

∴ $\text{AC}=\dfrac{5P}{4}=S_2$, $\overline{S_2}=\dfrac{5}{4}$, $L=5l$ (AC 압축)

∴ $y_B=\sum\dfrac{\left(\dfrac{3P}{4}\right)\left(\dfrac{3}{4}\right)\times 3l+\left(-\dfrac{5P}{4}\right)\times\left(-\dfrac{5}{4}\right)\times 5l}{EA}$

$=\dfrac{125Pl+27Pl}{16EA}=\dfrac{152Pl}{16EA}=\dfrac{9.5Pl}{EA}$

17 탄성변형에너지

1 탄성변형에너지의 기본식

- 모멘트에 의한 탄성변형에너지(축방향력과 전단력 무시)

$$u = \int_0^L \frac{M^2}{2EI} dx$$

- 보에 의한 변형에너지

$$u = \int_0^L \frac{M^2}{2EI} dx + \int_0^L \frac{N^2}{2EA} dx + \int_0^L \frac{\alpha S^2}{2GA} dx$$

2 캔틸레버보에 직접 하중이 작용할 때

- $M_x = -P \cdot x$

$$U = \int \frac{M_x^2}{2EI} dx = \frac{1}{2EI} \int_0^L (-P \cdot x)^2 dx$$

$$= \frac{P^2}{2EI} \left[\frac{1}{3} x^3 \right]_0^L = \frac{P^2 L^3}{6EI}$$

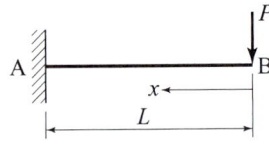

3 단순보에 등분포하중이 작용할 때

- $M_x = \dfrac{wL}{2} \times x - wx \times \dfrac{x}{2}$

$$= \frac{wL}{2} x - \frac{w}{2} x^2$$

- $U = \displaystyle\int \frac{M_x^2}{2EI} dx = \frac{1}{2EI} \int_o^L \left(\frac{wL}{2} x - \frac{w}{2} x^2 \right)^2 dx$

$$= \frac{1}{2EI} \int_o^L \left(\frac{w^2 L^2}{4} x^2 - \frac{w^2 L}{2} x^3 + \frac{w^2}{4} x^4 \right) dx$$

$$= \frac{1}{2EI} \left[\frac{w^2 L^2}{12} x^3 - \frac{w^2 L}{8} x^4 + \frac{w^2}{20} x^5 \right]_o^L$$

$$= \frac{w^2}{2EI} \left(\frac{L^5}{12} - \frac{L^5}{8} + \frac{L^5}{20} \right) = \frac{w^2 L^5}{2EI} \left(\frac{10 - 15 + 6}{120} \right) = \frac{w^2 L^5}{240 EI}$$

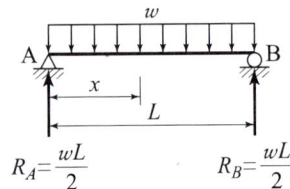

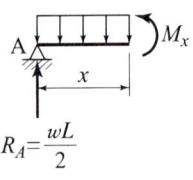

4 캔틸레버보에 등분포하중이 작용할 때

$$M_x = -wx \cdot \frac{x}{2} = -\frac{w \cdot x^2}{2}$$

$$U = \int \frac{M_x^2}{2EI} dx = \frac{1}{2EI} \int_o^L \left(-\frac{wx^2}{2} \right)^2 dx$$

$$= \frac{1}{2EI} \int_o^L \left(\frac{w^2 x^4}{4} \right) dx$$

$$= \frac{w^2}{8EI} \int_o^L x^4 dx = \frac{w^2}{8EI} \left[\frac{x^5}{5} \right]_o^L = \frac{w^2 L^5}{40 EI}$$

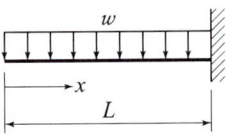

탄성변형에너지
외력을 받는 구조물에서 변형에 의해 구조물에 축적되는 에너지를 말한다.

정적분의 기본정리

$$\int_0^L x^2 dx = \left[\frac{1}{3} x^3 \right]_0^L = \frac{L^3}{3}$$

핵심문제

□□□ 기 01,06,07,14,18①,20④

01 그림과 같은 캔틸레버보에서 휨모멘트에 의한 탄성변형에너지는? (단, EI는 일정)

① $\dfrac{2P^2L^3}{3EI}$

② $\dfrac{P^2L^3}{3EI}$

③ $\dfrac{P^2L^3}{6EI}$

④ $\dfrac{P^2L^3}{2EI}$

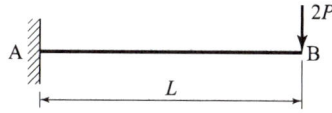

| 해답 | ①

굽힘모멘트에 의한 탄성변형에너지 $U=\int \dfrac{M_x^2}{2EI}dx$

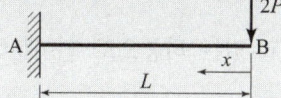

- $M_x = -2P \cdot x$

$\therefore U = \int \dfrac{M_x^2}{2EI}dx$
$= \dfrac{1}{2EI}\int_0^L (-2P \cdot x)^2 dx$
$= \dfrac{4P^2}{2EI}\left[\dfrac{1}{3}x^3\right]_0^L$
$= \dfrac{4P^2L^3}{6EI} = \dfrac{2P^2L^3}{3EI}$

□□□ 기 09,12,16①,17①,21①,22①

02 아래 그림과 같은 단순보에 등분포하중 w가 작용하고 있을 때 이 보에서 휨모멘트에 의한 변형에너지는? (단, 보의 EI는 일정하다.)

① $\dfrac{w^2 l^5}{384EI}$

② $\dfrac{w^2 l^5}{240EI}$

③ $\dfrac{7w^2 l^5}{384EI}$

④ $\dfrac{w^2 l^5}{48EI}$

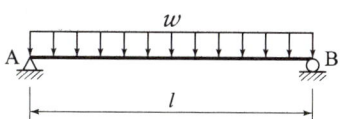

| 해답 | ②

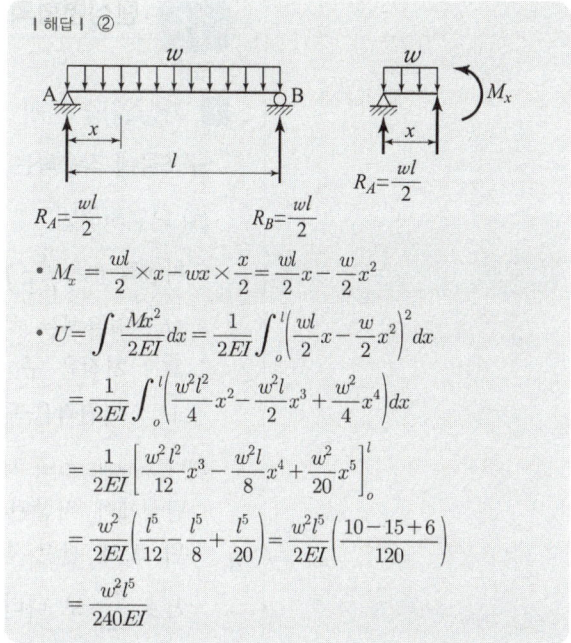

- $M_x = \dfrac{wl}{2}\times x - wx \times \dfrac{x}{2} = \dfrac{wl}{2}x - \dfrac{w}{2}x^2$

- $U = \int \dfrac{M_x^2}{2EI}dx = \dfrac{1}{2EI}\int_0^l \left(\dfrac{wl}{2}x - \dfrac{w}{2}x^2\right)^2 dx$
$= \dfrac{1}{2EI}\int_0^l \left(\dfrac{w^2l^2}{4}x^2 - \dfrac{w^2l}{2}x^3 + \dfrac{w^2}{4}x^4\right)dx$
$= \dfrac{1}{2EI}\left[\dfrac{w^2l^2}{12}x^3 - \dfrac{w^2l}{8}x^4 + \dfrac{w^2}{20}x^5\right]_0^l$
$= \dfrac{w^2}{2EI}\left(\dfrac{l^5}{12} - \dfrac{l^5}{8} + \dfrac{l^5}{20}\right) = \dfrac{w^2l^5}{2EI}\left(\dfrac{10-15+6}{120}\right)$
$= \dfrac{w^2l^5}{240EI}$

□□□ 기 98,00,08,10

03 다음 그림과 같은 보에서 휨모멘트에 의한 탄성변형에너지를 구한 값은?

① $\dfrac{w^2L^5}{8EI}$

② $\dfrac{w^2L^5}{24EI}$

③ $\dfrac{w^2L^5}{40EI}$

④ $\dfrac{w^2L^5}{48EI}$

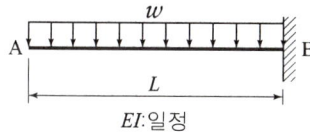

EI:일정

| 해답 | ③

탄성변형에너지 $U=\int \dfrac{M_x^2}{2EI}dx$

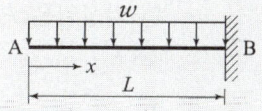

- $M_x = -wx \cdot \dfrac{x}{2} = -\dfrac{w \cdot x^2}{2}$

- $U = \int \dfrac{M_x^2}{2EI}dx = \dfrac{1}{2EI}\int_0^L \left(-\dfrac{wx^2}{2}\right)^2 dx$
$= \dfrac{1}{2EI}\int_0^L \left(\dfrac{w^2x^4}{4}\right)dx$
$= \dfrac{w^2}{8EI}\int_0^L x^4 dx = \dfrac{w^2}{8EI}\left[\dfrac{x^5}{5}\right]_0^L = \dfrac{w^2L^5}{40EI}$

18 탄성변형의 정리

1 가상일의 원리

구조물에 작용하는 힘이 평형하면 가상변위를 줄 때 생기는 가상일의 합은 0이다.

(1) 단위하중법

처짐각 $\theta = \dfrac{1}{EA} \int M \overline{\overline{M}} dx$, 처짐량 $y = \dfrac{1}{EA} \int M \overline{M} dx$

M : 작용하는 하중에 의한 휨 모멘트
$\overline{M}$: 처짐을 구하려는 점에 단위하중 $P=1$을 작용시켜 생기는 휨모멘트
$\overline{\overline{M}}$: 처짐각을 구하려는 점에 단위모멘트를 작용시켜 생기는 휨모멘트

(2) Castigliano의 제1정리

탄성체에 저장된 변형에너지 U를 변위의 함수로 나타내는 경우에, 임의의 변위 Δ_i에 관한 변형에너지 U의 1차편도함수는 대응되는 하중 P_i와 같다. 즉, $P_i = \dfrac{\partial U}{\partial \Delta_i}$로 나타낼 수 있다.

(3) Castigliano의 제2정리

탄성체가 가지고 있는 탄성변형에너지를 작용하고 있는 하중으로 편미분하면, 그 하중점에서 작용방향의 변위가 된다.

2 최소일의 원리

보의 탄성변형에서 내력이 한 일을 그 지점의 반력으로 1차 편미분한 것은 "0"이 된다는 정리

$\delta_i = \dfrac{\partial U}{\partial P_i} = 0$

3 상반작용의 정리

(1) 베티(Betti)의 법칙

재료가 탄성적이고 Hooke의 법칙을 따르는 구조물에서 지점침하와 온도 변화가 없을 때, 한 역계 P_n에 의해 변형되는 동안에 다른 역계 P_m이 하는 외적인 가상일은 P_m역계에 의해 변형하는 동안에 P_n역계가 하는 외적인 가상일과 같다.

$W_1 = \dfrac{1}{2} P_1 \delta_{11} + \dfrac{1}{2} P_2 \delta_{22} + P_1 \delta_{12}$

$W_2 = \dfrac{1}{2} P_2 \delta_{22} + \dfrac{1}{2} P_1 \delta_{11} + P_2 \delta_{21}$

$W_1 = W_2$

$\therefore P_1 \delta_{12} = P_2 \delta_{21}$

(2) 맥스웰(Maxwell)의 정리

베티(Betti)의 법칙에서 $P=1$로 할 때

$\delta_{12} = \delta_{21} (\because P_1 = P_2 = 1)$

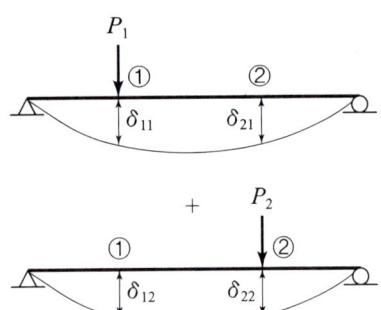

핵심문제

□□□ 기 91,00,10,13

01 그림과 같은 단순보의 B지점에 $M=20\text{kN}\cdot\text{m}$를 작용시켰더니 A 및 B지점에서의 처짐각이 각각 0.08rad과 0.12rad이었다. 만일 A지점에서 30kN·m 의 단모멘트를 작용시킨다면 B지점에서의 처짐각은?

① 0.08radian
② 0.10radian
③ 0.12radian
④ 0.15radian

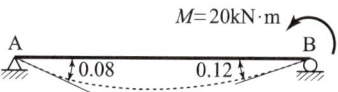

| 해답 | ③

Betti의 법칙 : $M_A \cdot \theta_{AB} = M_B \cdot \theta_{BA}$에서

$\therefore \theta_{BA} = \dfrac{M_A}{M_B}\theta_{AB} = \dfrac{30}{20}\times 0.08 = 0.12\,\text{radian}$

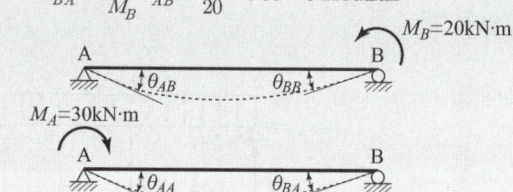

□□□ 기 15,16④,19③,21②

02 아래의 표에서 설명하는 것은?

> 탄성체에 저장된 변형에너지 U를 변위의 함수로 나타내는 경우에, 임의의 변위 Δ_i에 관한 변형에너지 U의 1차편도함수는 대응되는 하중 P_i와 같다.
> 즉, $P_i = \dfrac{\partial U}{\partial \Delta_i}$로 나타낼 수 있다.

① 중첩의 원리
② Castigliano의 제1정리
③ Betti의 정리
④ Maxwell의 정리

| 해답 | ②

- Castigliano의 제1정리 : 탄성체에 외력 또는 모멘트가 작용할 때 전체 변형에너지 u_i를 하중작용점에서 힘의 방향의 변위(처짐), 변위각(처짐각)으로 1차 편미분한 것은 그 점의 힘 또는 모멘트와 같다. $P_i = \dfrac{\partial U}{\partial \Delta_i}$
- Castigliano의 제2정리 : 탄성체가 가지고 있는 탄성변형에너지를 작용하고 있는 하중으로 편미분하면, 그 하중점에서 작용방향의 변위가 된다. $\delta_i = \dfrac{\partial U}{\partial P_i}$

□□□ 기 14

03 보의 탄성변형에서 내력이 한 일을 그 지점의 반력으로 1차 편미분한 것이 "0"이 된다는 정리는 다음 중 어느 것인가?

① 중첩의 원리
② 맥스웰베티의 상반원리
③ 최소일의 원리
④ 카스틸리아노의 제1정리

| 해답 | ③

최소일의 원리 : 구조물의 지지점이 반력의 방향으로 변형 또는 회전하였을 때 내력이 한 일은 그 지점의 반력으로 1차 편미분한 것은 "0"이다.

$\delta_i = \dfrac{\partial U}{\partial P_i} = 0$

□□□ 기 00,05,11,15

04 『재료가 탄성적이고 Hooke의 법칙을 따르는 구조물에서 지점침하와 온도변화가 없을 때, 한 역계 P_n에 의해 변형되는 동안에 다른 역계 P_m이 하는 외적인 가상일은 P_m 역계에 의해 변형하는 동안에 P_n 역계가 하는 외적인 가상일과 같다.』이것을 무엇이라 하는가?

① 가상일의 원리
② 카스틸리아노의 정리
③ 최소일의 정리
④ 베티의 법칙

| 해답 | ④

이를 베티(Betti)의 법칙이라 한다.

□□□ 기 08

05 단순보의 D점에 100kN의 하중이 작용할 때 C점의 처짐량이 0.5cm라 하면 아래 그림과 같은 경우 D점의 처짐량을 구하면?

① 0.2cm
② 0.3cm
③ 0.4cm
④ 0.5cm

| 해답 | ③

Betti의 원리 : $P_1 \delta_{12} = P_2 \delta_{21}$

- $P_C \delta_{CD} = P_D \delta_{DC}$
  $80 \times 0.5 = 100 \times \delta_D$
  $\therefore \delta_D = 0.4\text{cm}$

알아두기

처짐과 처짐각을 구하는 방법
- 이중적분법
- 공액보법
- 단위하중법
- 모멘트 면적법
- 탄성하중법
- 카스틸리아노의 제2정리

처짐각법(slope deflection method)
요각법이라고도 하며, 부정정 구조물 해법의 하나이다.

19 보의 처짐각과 처짐해법

1 단순보에 집중하중이 작용할 때

$$R_A{}' = \frac{1}{2} \cdot \frac{Pl}{4} \cdot \frac{l}{2} = \frac{Pl^2}{16} \text{ (좌우대칭)}$$

- 처짐각

$$\theta_A = \frac{S_A{}'}{EI} = \frac{Pl^2}{16} \times \frac{1}{EI} = \frac{Pl^2}{16EI}$$

- 처짐

$$M_C{}' = \frac{Pl^2}{16} \cdot \frac{l}{2} - \left(\frac{Pl}{4} \cdot \frac{l}{2} \cdot \frac{1}{2}\right) \frac{l}{2} \cdot \frac{1}{3} = \frac{Pl^3}{48}$$

$$y_C = M_C{}' \times \frac{1}{EI} = \frac{Pl^3}{48EI}$$

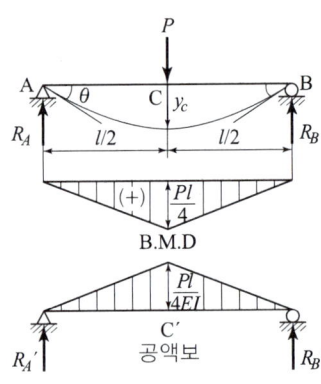

2 단순보에 등분포하중이 작용할 때

$$R_A{}' = \frac{l}{2} \times \frac{wl^2}{8} \times \frac{2}{3} = \frac{wl^3}{24} \text{ (좌우대칭)}$$

- 처짐각

$$\theta_A = \frac{S_A{}'}{EI} = \frac{wl^3}{24} \times \frac{1}{EI} = \frac{wl^3}{24EI}$$

- 처짐

$$y_C = M_C{}' \times \frac{1}{EI}$$

$$= \left\{R_A{}' \cdot \frac{l}{2} - A\left(\frac{l}{2} \cdot \frac{3}{8}\right)\right\} \frac{1}{EI}$$

$$= \left\{\frac{wl^3}{24} \cdot \frac{l}{2} - \frac{wl^3}{24}\left(\frac{l}{2} \cdot \frac{3}{8}\right)\right\} \frac{1}{EI} = \frac{5wl^4}{384EI}$$

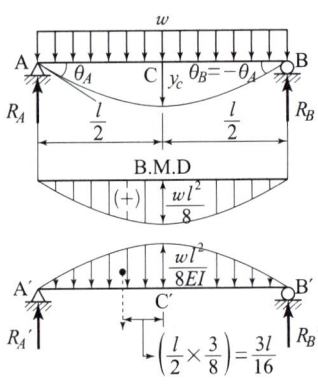

3 캔틸레버보에 집중하중이 작용할 때

$$M_A{}' = -Pl$$

- 처짐각

$$\theta_B = \frac{S_B{}'}{EI} = \left(\frac{1}{2} Pl \cdot l\right) \times \frac{1}{EI} = \frac{Pl^2}{2EI}$$

- 처짐

$$y_B = M_B{}' \times \frac{1}{EI} = \left\{\left(Pl \cdot \frac{l}{2}\right) \times \frac{2l}{3}\right\} \frac{1}{EI} = \frac{Pl^3}{3EI}$$

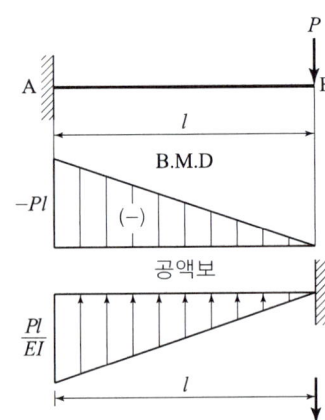

핵 심 문 제

□□□ 기 02,07,08,10,15,17①

01 그림 (a)와 (b)의 중앙점의 처짐이 같아지도록 그림 (b)의 등분포하중 w를 그림(a)의 하중 P의 함수로 나타내면 얼마인가? (단, 재료는 같다.)

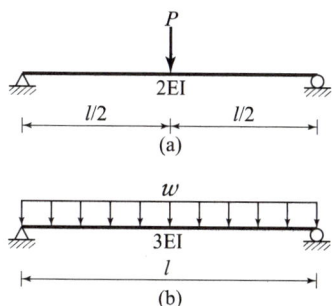

① $1.2\dfrac{P}{l}$ ② $1.6\dfrac{P}{l}$

③ $2.0\dfrac{P}{l}$ ④ $2.4\dfrac{P}{l}$

| 해답 | ④

- $y_a = \dfrac{Pl^3}{48EI} = \dfrac{Pl^3}{48 \times 2EI} = \dfrac{Pl^3}{96EI}$

- $y_b = \dfrac{5wl^4}{384EI} = \dfrac{5wl^4}{384 \times 3EI} = \dfrac{5wl^4}{1152EI}$

- $y_a = y_b$: $\dfrac{Pl^3}{96EI} = \dfrac{5wl^4}{1152EI}$

∴ $w = \dfrac{1152Pl^3}{96 \times 5l^4} = \dfrac{1152Pl^3}{480l^4} = 2.4\dfrac{P}{l}$

□□□ 기 99,02,03,05,07,08,13

02 그림과 같이 균일한 단면을 가진 캔틸레버보의 자유단에 집중하중 P가 작용한다. 보의 길이가 L일 때 자유단의 처짐이 Δ라면, 처짐이 4Δ가 되려면 보의 길이 L은 약 몇 배가 되어야 하는가? (단, EI는 일정하다.)

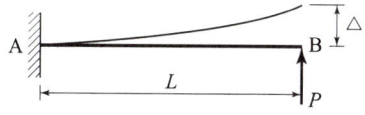

① 1.6배 ② 1.8배
③ 2.0배 ④ 2.2배

| 해답 | ①

$\Delta = \dfrac{PL^3}{3EI}$, $4\Delta = \dfrac{Px^3}{3EI}$

$4\left(\dfrac{PL^3}{3EI}\right) = \dfrac{Px^3}{3EI}$, $4L^3 = x^3$

$x = \sqrt[3]{4L^3} = \sqrt[3]{4}L = 1.6L$ ∴ 1.6배

□□□ 기 00,11,12,15

03 다음 그림과 같은 내민보에서 C점의 처짐은? (단, 전 구간의 $EI = 3.0 \times 10^7 \text{kN} \cdot \text{cm}^2$으로 일정하다.)

① 0.1cm
② 0.2cm
③ 1cm
④ 2cm

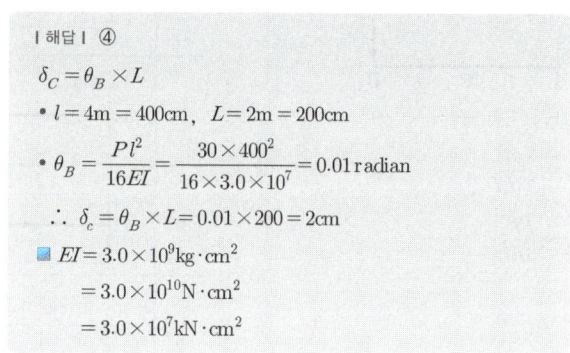

| 해답 | ④

$\delta_C = \theta_B \times L$

- $l = 4\text{m} = 400\text{cm}$, $L = 2\text{m} = 200\text{cm}$

- $\theta_B = \dfrac{Pl^2}{16EI} = \dfrac{30 \times 400^2}{16 \times 3.0 \times 10^7} = 0.01\,\text{radian}$

∴ $\delta_c = \theta_B \times L = 0.01 \times 200 = 2\text{cm}$

■ $EI = 3.0 \times 10^9 \text{kg} \cdot \text{cm}^2$
$= 3.0 \times 10^{10} \text{N} \cdot \text{cm}^2$
$= 3.0 \times 10^7 \text{kN} \cdot \text{cm}^2$

□□□ 기 97,14,20③,24①

04 그림과 같은 단순보에 등분포하중 q가 작용할 때 보의 최대처짐은? (단, EI는 일정하다.)

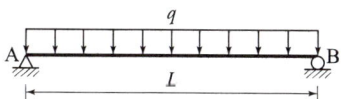

① $\dfrac{qL^4}{128EI}$ ② $\dfrac{qL^4}{64EI}$

③ $\dfrac{qL^4}{38EI}$ ④ $\dfrac{5qL^4}{384EI}$

| 해답 | ④

- $\delta_{\max} = \delta_c = \dfrac{5wL^4}{384EI} = \dfrac{5qL^4}{384EI}$

- $\theta_A = \theta_B = \dfrac{wL^3}{24EI} = \dfrac{qL^3}{24EI}$

20 보의 처짐각과 처짐공식

연번	하중상태	처짐각	처짐
1	단순보 중앙집중하중 P, 경간 l	$\theta_A = -\theta_B$ $\dfrac{Pl^2}{16EI}$	$y_{\max} = \dfrac{Pl^3}{48EI}$
2	단순보 집중하중 P, a, b	$\theta_A = \dfrac{Pb}{6EIl}(l^2 - b^2)$ $\theta_B = -\dfrac{Pa}{6EIl}(l^2 - a^2)$	$y_c = \dfrac{Pa^2b^2}{3EIl}$
3	단순보 등분포하중 w	$\theta_A = -\theta_B$ $\dfrac{wl^3}{24EI}$	$y_{\max} = \dfrac{5wl^4}{384EI}$
4	단순보 양단 모멘트 M_A, M_B	$\theta_A = \dfrac{l}{6EI}(2M_A + M_B)$ $\theta_B = -\dfrac{l}{6EI}(M_A + 2M_B)$	$M_A = M_B = M$ $y_{\max} = \dfrac{Ml^2}{8EI}$
5	캔틸레버 자유단 집중하중 P	$\theta_B = \dfrac{Pl^2}{2EI}$	$y_B = \dfrac{Pl^3}{3EI}$
6	캔틸레버 집중하중 P, a, b	$\theta_C = \theta_B = \dfrac{Pa^2}{2EI}$	$y_B = \dfrac{Pa^2}{6EI}(3l - a)$
7	캔틸레버 중앙 집중하중 P	$\theta_C = \theta_B = \dfrac{Pl^2}{8EI}$	$y_B = \dfrac{5Pl^3}{48EI}$ $y_C = \dfrac{Pl^3}{24EI}$
8	캔틸레버 등분포하중 w	$\theta_B = \dfrac{wl^3}{6EI}$	$y_B = \dfrac{wl^4}{8EI}$
9	캔틸레버 절반구간 등분포하중	$\theta_C = \theta_B = \dfrac{wl^3}{48EI}$	$y_B = \dfrac{7wl^4}{384EI}$
10	캔틸레버 자유단 모멘트 M	$\theta_B = \dfrac{Ml}{EI}$	$y_B = \dfrac{Ml^2}{2EI}$
11	캔틸레버 중앙 모멘트 M	$\theta_B = \dfrac{Ml}{2EI}$	$y_B = \dfrac{3Ml^2}{8EI}$
12	단순보 일단 모멘트 M_A	$\theta_A = \dfrac{M_A l}{3EI}$ $\theta_B = -\dfrac{M_A l}{6EI}$	
13	단순보 타단 모멘트 M_A	$\theta_A = -\dfrac{M_A l}{3EI}$ $\theta_B = \dfrac{M_A l}{6EI}$	

▶ 처짐

$\delta_C = \dfrac{5Pl^3}{48EI}$

$\delta_B = \dfrac{Pl^3}{3EI}$

▶ 처짐

$\delta_B = \dfrac{M \cdot a}{2EI}(l + b)$

▶ 처짐과 처짐각

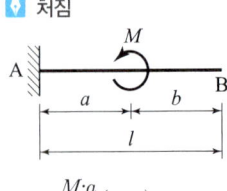

$y_B = \dfrac{41wl^2}{384EI}$

$\theta_B = \dfrac{7wl^2}{48EI}$

핵 심 문 제

□□□ 기 99,03,05,07,08,13

01 끝단에 하중 P가 작용하는 그림과 같은 보에서 최대처짐 δ가 발생하였다. 최대처짐이 4δ가 되려면 보의 길이는? (단, EI는 일정하다.)

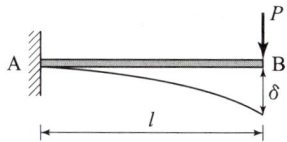

① l의 약 1.2배가 되어야 한다.
② l의 약 1.6배가 되어야 한다.
③ l의 약 2.0배가 되어야 한다.
④ l의 약 2.2배가 되어야 한다.

| 해답 | ②

$\delta = \dfrac{Pl^3}{3EI}$, $4\delta = \dfrac{Px^3}{3EI}$

$4\left(\dfrac{Pl^3}{3EI}\right) = \dfrac{Px^3}{3EI}$, $4l^3 = x^3$

$x = \sqrt[3]{4l^3} = \sqrt[3]{4}\,l = 1.6l$ ∴ 1.6배

□□□ 기 06,09

02 다음의 보에서 점 C의 처짐은?

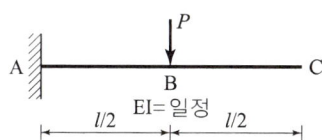

① $\dfrac{5Pl^3}{48EI}$ ② $\dfrac{Pl^3}{48EI}$

③ $\dfrac{Pl^3}{24EI}$ ④ $\dfrac{Pl^3}{12EI}$

| 해답 | ①

B.M.D에 의한 공액보

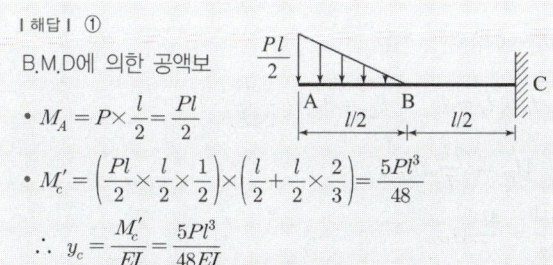

• $M_A = P \times \dfrac{l}{2} = \dfrac{Pl}{2}$

• $M_C' = \left(\dfrac{Pl}{2} \times \dfrac{l}{2} \times \dfrac{1}{2}\right) \times \left(\dfrac{l}{2} + \dfrac{l}{2} \times \dfrac{2}{3}\right) = \dfrac{5Pl^3}{48}$

∴ $y_C = \dfrac{M_C'}{EI} = \dfrac{5Pl^3}{48EI}$

□□□ 기 93,96,06,09,15

03 다음 그림과 같은 캔틸레버보에 휨모멘트 하중 M이 작용할 경우 최대처짐 δ_{max}의 값은? (단, 보의 휨강성은 EI 임.)

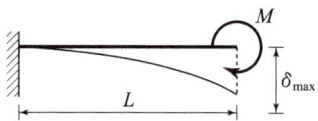

① $\dfrac{ML}{EI}$ ② $\dfrac{ML^2}{2EI}$

③ $\dfrac{M^2L}{2EI}$ ④ $\dfrac{ML^2}{6EI}$

| 해답 | ②

공액보에 의해서

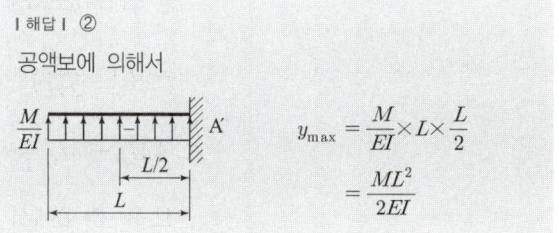

$y_{max} = \dfrac{M}{EI} \times L \times \dfrac{L}{2}$
$= \dfrac{ML^2}{2EI}$

□□□ 기 06,14,17①,22①

04 캔틸레버보의 끝 B점에 집중하중 P와 우력모멘트 M_o가 작용하고 있다. B점에서의 연직변위는 얼마인가? (단, 보의 EI는 일정하다.)

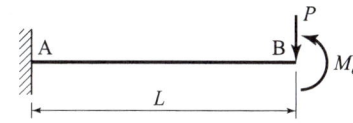

① $\delta_B = \dfrac{PL^3}{4EI} - \dfrac{M_oL^2}{2EI}$ ② $\delta_B = \dfrac{PL^3}{3EI} + \dfrac{M_oL^2}{2EI}$

③ $\delta_B = \dfrac{PL^3}{3EI} - \dfrac{M_oL^2}{2EI}$ ④ $\delta_B = \dfrac{PL^3}{4EI} + \dfrac{M_oL^2}{2EI}$

| 해답 | ③

• 집중하중에 의한 침하 $\delta_{BP} = \dfrac{PL^3}{3EI}(\downarrow)$

• 모멘트하중에 의한 처짐 $\delta_{BM_o} = \dfrac{M_oL^2}{2EI}(\uparrow)$

∴ $\delta_B = \delta_{BP} + \delta_{BM_o} = \dfrac{PL^3}{3EI} - \dfrac{M_oL^2}{2EI}$

21 3연 모멘트법

1 3연 모멘트

3연 모멘트
$M_A = M_D = 0$
$M_B = M_C = -\dfrac{wl^2}{10}$

- 보 A-B-C에서 3연 모멘트법을 적용하면 $M_A = 0$

$$\dfrac{l}{I}M_A + 2\left(\dfrac{l}{I}+\dfrac{l}{I}\right)M_B + \left(\dfrac{l}{I}\right)M_C$$
$$= 6E(\theta_{21}-\theta_{23})$$
$$= 0 + 2\left(\dfrac{l}{I}+\dfrac{l}{I}\right)M_B + \left(\dfrac{l}{I}\right)M_C$$
$$= 4\dfrac{l}{I}M_B + \dfrac{l}{I}M_C$$
$$= \dfrac{l}{I}(4M_B + M_C)$$
$$= 6E\left(-\dfrac{wl^3}{24EI}-\dfrac{wl^3}{24EI}\right) = 6E\left(-\dfrac{wl^3}{12EI}\right) = -\dfrac{wl^3}{2I}$$

$$4M_B + M_C = -\dfrac{wl^2}{2} \quad \cdots\cdots ①$$

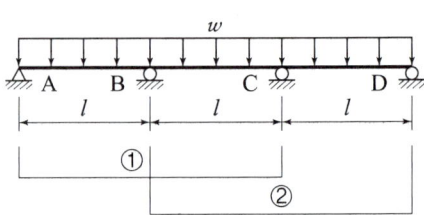

- 보 B-C-D에서 3연모멘트법을 적용하면 $M_D = 0$

$$\left(\dfrac{l}{I}\right)M_B + 2\left(\dfrac{l}{I}+\dfrac{l}{I}\right)M_C + \left(\dfrac{l}{I}\right)M_D = \left(\dfrac{l}{I}\right)M_B + 2\left(\dfrac{l}{I}+\dfrac{l}{I}\right)M_C + 0$$
$$= 4\dfrac{l}{I}M_C + \dfrac{l}{I}M_B = \dfrac{l}{I}(4M_C + M_B) = 6E(\theta_{21}-\theta_{23})$$
$$= 6E\left(-\dfrac{wl^3}{24EI}-\dfrac{wl^3}{24EI}\right) = 6E\left(-\dfrac{wl^3}{12EI}\right) = -\dfrac{wl^3}{2I}$$

$$M_B + 4M_C = -\dfrac{wl^2}{2} \quad \cdots\cdots ②$$

①과 ②를 연립하여 풀면 $M_B = -\dfrac{wl^2}{10}$, $M_C = \dfrac{wl^2}{10}$

2 2경간 연속보

2경간 연속보

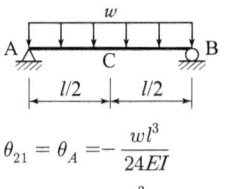

$\theta_{21} = \theta_A = -\dfrac{wl^3}{24EI}$
$\theta_{23} = \theta_B = \dfrac{wl^3}{24EI}$

$$\dfrac{l}{I}M_A + 2\left(\dfrac{l}{I}+\dfrac{l}{I}\right)M_B + \left(\dfrac{l}{I}\right)M_C = 6E(\theta_{21}-\theta_{23})$$

$M_A = M_C = 0$, $l_1 = l_2 = l$, $I_1 = I_2 = I$, $-\theta_{21} = \theta_{23} = \dfrac{wl^3}{24EI}$

$$0 + 2\left(\dfrac{l}{I}+\dfrac{l}{I}\right)M_B + 0 = 2\dfrac{2l}{I}M_B = \dfrac{4l}{I}M_B$$
$$= 6E\left(-\dfrac{wl^3}{24EI}-\dfrac{wl^3}{24EI}\right) = -\dfrac{wl^3}{2I} = \dfrac{4l}{I}M_B$$

$$\therefore M_B = -\dfrac{wl^3}{2I} \times \dfrac{I}{4l} = -\dfrac{wl^2}{8}$$

핵 심 문 제

□□□ 기 91,98,05,09,11,15

01 그림과 같은 3경간 연속보의 B점이 5cm 아래로 침하하고 C점이 3cm 위로 상승하는 변위를 각각 보였을 때 B점의 휨모멘트 M_B를 구한 값은?
(단, $EI = 8.0 \times 10^8 \text{kN} \cdot \text{cm}^2$로 일정)

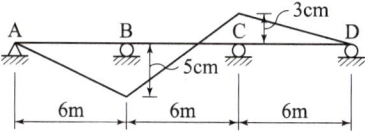

① $3.52 \times 10^4 \text{kN} \cdot \text{cm}$ ② $4.85 \times 10^4 \text{kN} \cdot \text{cm}$
③ $5.07 \times 10^4 \text{kN} \cdot \text{cm}$ ④ $5.60 \times 10^4 \text{kN} \cdot \text{cm}$

| 해답 | ④

3연 모멘트식을 적용

- $2M_B\left(\dfrac{l_1}{I_1} + \dfrac{l_2}{I_2}\right) + M_C\left(\dfrac{l_2}{I_2}\right) = 6E\left(\dfrac{\delta_B}{l} - \dfrac{\delta_C}{l}\right)$

$4M_B + M_C = \dfrac{6EI}{l^2}(\delta_B - \delta_C)$

(∵ 양변을 $\dfrac{I}{l}$로 곱하면)

$4M_B + M_C = \dfrac{6EI}{600^2}(5+8) = \dfrac{78EI}{36 \times 10^4}$ ……… (1)

- $M_B\left(\dfrac{l_1}{I_1}\right) + 2M_C\left(\dfrac{l_1}{I_1} + \dfrac{l_2}{I_2}\right) = 6E\left(-\dfrac{\delta_B}{l} - \dfrac{\delta_C}{l}\right)$ (부호 주의)

$M_B + 4M_C = \dfrac{6EI}{l^2}(-\delta_B - \delta_C)$

(∵ 양변을 $\dfrac{I}{l}$로 곱하면)

$M_B + 4M_C = \dfrac{6EI}{600^2}(-8-3) = -\dfrac{66EI}{36 \times 10^4}$ …… (2)

- (1)×4 − (2)

$16M_B + 4M_C = \dfrac{312EI}{36 \times 10^4}$

$-\ \underline{\ M_B + 4M_C = -\dfrac{66EI}{36 \times 10^4}\ }$

$15M_B = \dfrac{378EI}{36 \times 10^4}$

∴ $M_B = \dfrac{378EI}{36 \times 10^4 \times 15} = \dfrac{378 \times 8 \times 10^8}{36 \times 10^4 \times 15}$

$= 56000 \text{kN} \cdot \text{cm}$
$= 5.60 \times 10^4 \text{kN} \cdot \text{cm} = 5.60 \times 10^8 \text{N} \cdot \text{mm}$

■ $EI = 8 \times 10^{10} \text{kg} \cdot \text{cm}^2$
$= 8 \times 10^{11} \text{N} \cdot \text{cm}^2 = 8 \times 10^{13} \text{N} \cdot \text{mm}^2$
$= 8 \times 10^8 \text{kN} \cdot \text{cm}^2$

□□□ 기 15

02 다음 부정정보의 B지점에 침하가 발생하였다. 발생된 침하량이 1cm라면 이로 인한 B지점의 모멘트는 얼마인가? (단, $EI = 1 \times 10^7 \text{N} \cdot \text{cm}^2$)

① $167.5 \text{N} \cdot \text{cm}$
② $177.5 \text{N} \cdot \text{cm}$
③ $187.5 \text{N} \cdot \text{cm}$
④ $197.5 \text{N} \cdot \text{cm}$

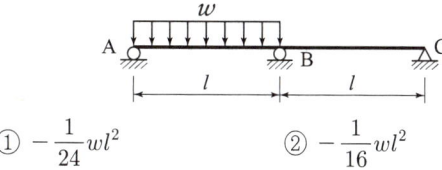

| 해답 | ③

$M_A = M_C = 0$

$2\left(\dfrac{l}{I}\right)M_B = 6E(\beta_m - 0) = 6E\left(\dfrac{\delta_B}{l}\right)$

∴ $M_B = 6E\dfrac{\delta_B}{l} \times \dfrac{1}{2\left(\dfrac{l}{I}\right)} = 3EI\dfrac{\delta_B}{l^2}$

$= 3 \times 1 \times 10^7 \times \dfrac{1}{400^2} = 187.5 \text{N} \cdot \text{cm} = 1875 \text{N} \cdot \text{mm}$

■ $EI = 1 \times 10^6 \text{kg} \cdot \text{cm}^2$
$= 1 \times 10^7 \text{N} \cdot \text{cm}^2 = 1 \times 10^9 \text{N} \cdot \text{mm}^2$
$= 1 \times 10^4 \text{kN} \cdot \text{cm}^2 = 1 \times 10^7 \text{N} \cdot \text{cm}^2$

□□□ 기 02,08,10,12

03 다음 그림과 같이 2경간 연속보의 첫 경간에 등분포하중이 작용한다. 중앙지점 B의 휨모멘트는?

① $-\dfrac{1}{24}wl^2$ ② $-\dfrac{1}{16}wl^2$
③ $-\dfrac{1}{12}wl^2$ ④ $-\dfrac{1}{8}wl^2$

| 해답 | ②

3연 모멘트법 적용

- 양단 A, C 지점에서의 휨모멘트 $M_A = M_C = 0$
- $\dfrac{l}{I}M_A + 2\left(\dfrac{l}{I} + \dfrac{l}{I}\right)M_B + \left(\dfrac{l}{I}\right)M_C = 6E(\theta_{BA} - \theta_{BC})$
- $M_A = M_C = 0$, $l_1 = l_2 = l$, $I_1 = I_2 = I$

$-\theta_{BA} = \dfrac{wl^3}{24EI}$, $\theta_{BC} = 0$

- $0 + 2\left(\dfrac{l}{I} + \dfrac{l}{I}\right)M_B + 0 = 2\dfrac{2l}{I}M_B = \dfrac{4l}{I}M_B$

$= 6E\left(-\dfrac{wl^3}{24EI}\right) = -\dfrac{wl^3}{4I} = \dfrac{4l}{I}M_B$

∴ $M_B = -\dfrac{wl^3}{4I} \times \dfrac{I}{4l} = -\dfrac{1}{16}wl^2$

알아두기

M_B 값

M_B의 값은 (-)이나 그림에서 방향을 (-)로 가정했으므로 (+)로 나타난다.

22 처짐각법

1 변형일치법

회전지점(이동지점 포함)은 상하로 움직이지 않으므로 처짐이 없고, 고정지점은 처짐 및 처짐각은 없다는 원리를 이용하여 부정정을 해석하는 방법

(a) 보의 B단에서 처짐각이 0이므로

$\theta_{B1} + \theta_{B2} = 0$

$\theta_{B1} = -\dfrac{wl^3}{24EI}, \quad \theta_{B2} = \dfrac{M_B l}{3EI}$

$-\dfrac{wl^3}{24EI} + \dfrac{M_B l}{3EI} = 0$

$\therefore M_B = \dfrac{wl^2}{8}$

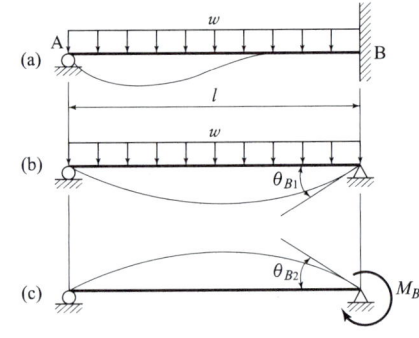

2 처짐각법 재단모멘트 방정식

(1) 양단이 절점인 경우 기본공식

$M_{AB} = 2EK_o k(2\theta_A + \theta_B - 3R) - C_{AB}$

$M_{BA} = 2EK_o k(2\theta_B + \theta_A - 3R) - C_{BA}$

(2) 일단고정 타단절점인 경우 기본식

$M_{AB} = 2EK_{AB}(\theta_B - 3R) - C_{AB}$

$M_{BA} = 2EK_{BA}(2\theta_B - 3R) - C_{BA}$

여기서, E : 탄성계수 K : 강도 $\left(\dfrac{I}{l}\right)$

R : 부재각 $\left(\dfrac{\delta}{l}\right)$ C_{AB}, C_{BA} : 하중항

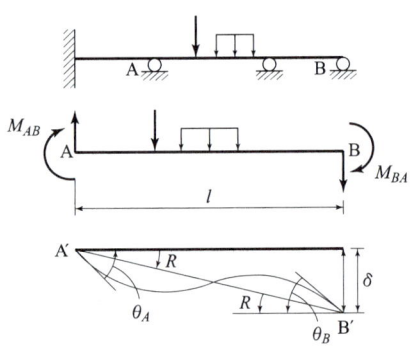

3 하중항

하중상태 \ 지점상태	C_{AB} (A고정 B고정)	C_{BA} (A고정 B고정)	H_{AB} (A고정 B이동)	H_{BA} (A이동 B고정)
P, a, b, l	$-\dfrac{Pab^2}{l^2}$	$\dfrac{Pa^2 b}{l^2}$	$-\dfrac{Pab}{2l^2}(l+b)$	$\dfrac{Pab}{2l^2}(l+a)$
P, l/2, l/2	$-\dfrac{Pl}{8}$	$\dfrac{Pl}{8}$	$-\dfrac{3}{16}Pl$	$\dfrac{3}{16}Pl$
w, l	$-\dfrac{wl^2}{12}$	$\dfrac{wl^2}{12}$	$-\dfrac{wl^2}{8}$	$\dfrac{wl^2}{8}$
w(삼각분포), l	$-\dfrac{wl^2}{30}$	$\dfrac{wl^2}{20}$	$-\dfrac{7wl^2}{120}$	$\dfrac{8wl^2}{120} = \dfrac{wl^2}{15}$
M, a, b	$\dfrac{M \cdot b}{l^2}(b-2a)$	$\dfrac{M \cdot a}{l^2}(a-2b)$	$\dfrac{M}{2l^2}(2b^3 - 3a^2 b - a^3)$	$\dfrac{M}{2l^2}(2a^3 - 3ab^2 - b^3)$

핵 심 문 제

□□□ 기 09,12,17②,22②

01 그림과 같은 2경간 연속보에 등분포하중 $w = 4\text{kN/m}$가 작용할 때 전단력이 "0"이 되는 지점 A로부터의 위치(x)는?

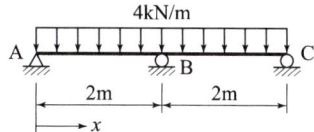

① 0.65m ② 0.75m
③ 0.85m ④ 0.95m

| 해답 | ②

- $M_B = -\dfrac{wl^2}{8} = -\dfrac{4 \times 2^2}{8} = -2\text{kN} \cdot \text{m}$

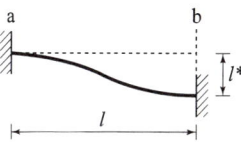

- $A - B$에서
- $\sum M_B = 0 : V_A \times 2 - 4 \times 2 \times \dfrac{2}{2} - (-2) = 0$
  $\therefore V_A = 3\text{kN}$
- 전단력 $S = 0$인 위치 : $S_x = 3 - 4 \times x = 0$
  $\therefore x = \dfrac{3}{4} = 0.75\text{m}$

□□□ 기 08

02 그림과 같은 구조물에서 A점의 휨모멘트의 크기는?

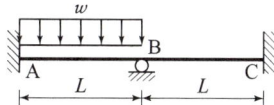

① $\dfrac{1}{12}wL^2$ ② $\dfrac{7}{24}wL^2$
③ $\dfrac{5}{48}wL^2$ ④ $\dfrac{11}{96}wL^2$

| 해답 | ③

- $A-B$에서 하중항 $C_A = -\dfrac{wL^2}{12}$, $C_B = +\dfrac{wL^2}{12}$
- B점에서의 분배모멘트 $M_B = -\dfrac{1}{2} \times \dfrac{wL^2}{12} = -\dfrac{wL^2}{24}$
- A점에서의 전달모멘트 $M_{BA} = -\dfrac{wL^2}{24} \times \dfrac{1}{2} = -\dfrac{wL^2}{48}$
  $\therefore M_A = -\dfrac{wL^2}{12} - \dfrac{wL^2}{48} = -\dfrac{5}{48}wL^2$

□□□ 기 09,13

03 부정정 구조물의 해석법에 대한 설명으로 옳지 않은 것은?

① 변위법은 변위를 미지수로 하고, 힘의 평형방정식을 적용하여 미지수를 구하는 방법으로 강성도법이라고도 한다.
② 부정정력을 구하는 방법으로 변위일치법과 3연 모멘트법은 응력법에 속하며, 처짐각법과 모멘트 분배법은 변위법으로 분류된다.
③ 3연 모멘트법은 부정정 연속보의 2경간 3개 지점에 대한 휨모멘트 관계방정식을 만들어 부정정을 해석하는 방법이다.
④ 처짐각법으로 해석할 때 축방향력과 전단력에 의한 변형은 무시하고, 절점에 모인 각 부재는 모두 강절점으로 가정한다.

| 해답 | ④
처짐각법의 절점은 강절점과 회전절점 어느 것으로도 해설할 수 있다.

□□□ 기 94,07,09,11

04 다음 부정정보의 b단이 l^*만큼 아래로 처졌다면 a단에 생기는 모멘트는? (단, $l^*/l = 1/600$이다.)

① $M_{ab} = +0.01\dfrac{EI}{l}$
② $M_{ab} = -0.01\dfrac{EI}{l}$
③ $M_{ab} = +0.1\dfrac{EI}{l}$
④ $M_{ab} = -0.1\dfrac{EI}{l}$

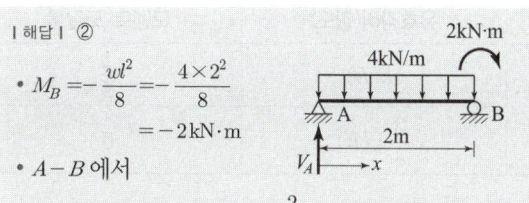

| 해답 | ②

- 처짐각법 $M_{ab} = 2EK_{ab}(2\theta_a + \theta_b - 3R) - C_{ab}$
- $K_{ab} = \dfrac{I}{l}$, $R = \dfrac{l^*}{l} = \dfrac{1}{600}$
- θ_a(고정지점) $= \theta_b$(고정지점) $= 0$
- $C_{ab} = 0$(하중이 작용하지 않으므로)
  $\therefore M_{ab} = 2EK_{ab}(-3R) = -6E\dfrac{I}{l}\dfrac{l^*}{l}$
  $= -\dfrac{6EI}{l}\left(\dfrac{l^*}{l}\right) = -\dfrac{6EI}{l} \times \dfrac{1}{600} = 0.01\dfrac{EI}{l}$

23 모멘트 분배법

1 강도(K) : 부재의 단면 2차 모멘트(I)를 부재길이로 나눈 것

$$K = \frac{\text{부재의 단면 2차 모멘트}}{\text{부재길이}} = \frac{I}{l}$$

> **표준강도 K_o**
> 여러 강도 중에서 기준을 삼기 위해 임의로 지정한 강도

2 강비(k) : 부재의 강도(K)를 임의의 기준강도(K_o)로 나눈 것

$$k = \frac{\text{부재강도}}{\text{표준강도}} = \frac{K}{K_o}$$

3 유효강비 : 부재의 양단이 고정된 경우를 기준으로 하여 상대 부재의 강비를 결정하여 분배를 계산에 이용한다.

부재의 조건	유효강비(강도)	모멘트 도달률
양단고정	$1k(K)$	$\frac{1}{2}$
일단고정, 타단힌지	$\frac{3}{4}k(K)$	0

4 분배율(DF) : $DF_i = \dfrac{\text{임의 강도}}{\text{전체 강도}} = \dfrac{K_i}{\sum K}$ 또는 $f = \dfrac{\text{부재 강비}}{\text{전체 강비}} = \dfrac{k}{\sum k}$

- $DF_{OA} = \dfrac{K_1}{K_1 + K_2 + \dfrac{3}{4}K_3}$

- $DF_{OB} = \dfrac{K_2}{K_1 + K_2 + \dfrac{3}{4}K_3}$

- $DF_{OC} = \dfrac{\dfrac{3}{4}K_3}{K_1 + K_2 + \dfrac{3}{4}K_3}$

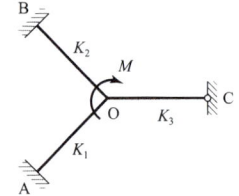
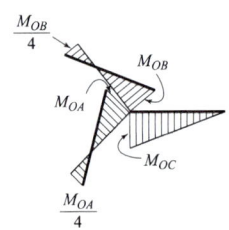

5 분배모멘트(DM) : $M = $ 불균형모멘트 × 분배율(f)

- $M_{OA} = M \times DF_{OA}$
- $M_{OB} = M \times DF_{OB}$
- $M_{OC} = M \times DF_{OC}$

6 전달모멘트(CM)

- $M_{AO} = \dfrac{1}{2} M_{OA}$
- $M_{BO} = \dfrac{1}{2} M_{OB}$
- $M_{CO} = 0$

핵심문제

□□□ 기 00,03,11,15,18③,22①

01 그림과 같은 라멘 구조물의 E점에서의 불균형 모멘트에 대한 부재 EA의 모멘트 분배율은?

① 0.222
② 0.1667
③ 0.2857
④ 0.40

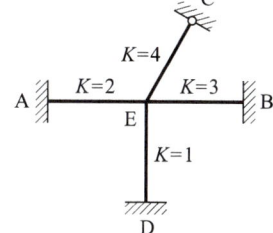

| 해답 | ①

- 힌지 C점에서 수정강도계수 : $\dfrac{3}{4} \times K_C$

- $DF_{EA} = \dfrac{K_A}{K_A + K_B + \dfrac{3}{4}K_C + K_D}$

  $= \dfrac{2}{2+3+\dfrac{3}{4}\times 4 + 1} = \dfrac{2}{9} = 0.222$

□□□ 기 91,99,03,07,09,16,20④

02 절점 O는 이동하지 않으며, 재단 A, B, C가 고정일 때 M_{CO}의 크기는 얼마인가? (단, K는 강비이다.)

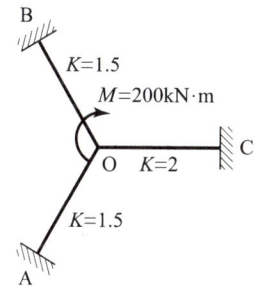

① 25kN·m   ② 30kN·m
③ 35kN·m   ④ 40kN·m

| 해답 | ④

도달모멘트 $M_{CO} = \dfrac{1}{2}M_{OC}$

- 분배율 $f_{OC} = \dfrac{K_{OC}}{K_{OA}+K_{OB}+K_{OC}}$

  $= \dfrac{2}{1.5+1.5+2} = 0.4$

- 분배모멘트 M_{OC} = 작용모멘트 × 분배율
  $= 200 \times 0.4 = 80 \text{kN·m}$

$\therefore M_{CO} = \dfrac{1}{2}M_{OC} = \dfrac{1}{2}\times 80 = 40 \text{kN·m}$

□□□ 기 04,08,09,19②

03 다음의 부정정 구조물을 모멘트 분배법으로 해석하고자 한다. C점이 롤러지점임을 고려한 수정강도계수에 의하여 B점에서 C점으로 분배되는 분배율 f_{BC}를 구하면?

① 1/2
② 3/5
③ 4/7
④ 5/7

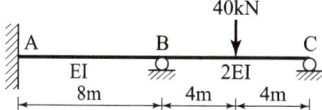

| 해답 | ②

분배율 $f_{BC} = \dfrac{K_{BC}}{K_{BA}+K_{BC}}$

- $K_{BA} = \dfrac{I}{l} = \dfrac{I}{8}$

- $K_{BC} = \dfrac{I}{l} = \dfrac{2I}{8}$

- 강도비 $K_{BA} : K_{BC} = 1 : 2$

$\therefore f_{BC} = \dfrac{2 \times \dfrac{3}{4}}{1 + 2\times \dfrac{3}{4}} = \dfrac{3}{5}$ (∵ 힌지지점인 경우 $\dfrac{3}{4}K$)

□□□ 기 93,99,12,14

04 다음 그림에서 A점의 모멘트 반력은? (단, 각 부재의 길이는 동일함)

① $M_A = \dfrac{wL^2}{12}$

② $M_A = \dfrac{wL^2}{24}$

③ $M_A = \dfrac{wL^2}{72}$

④ $M_A = \dfrac{wL^2}{66}$

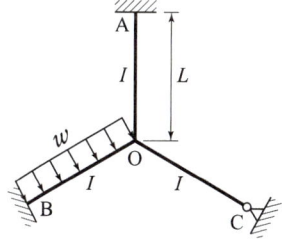

| 해답 | ④

$M_{AO} = \dfrac{1}{2}M_{OA}$

- $K_{OA} = K_{OB} = 1$

- 힌지 C점에서 수정강도계수 $K_{OC} = \dfrac{3}{4}$

- $DF_{OA} = \dfrac{K_{OA}}{\Sigma K} = \dfrac{1}{1+1+\dfrac{3}{4}} = \dfrac{4}{11}$

- 고정단 모멘트 $M_O = \dfrac{wL^2}{12}$

- $M_{OA} = M_O \times DF_{OA} = \dfrac{wL^2}{12} \times \dfrac{4}{11} = \dfrac{wL^2}{33}$

$\therefore M_{AO} = \dfrac{1}{2}M_{OA} = \dfrac{1}{2}\times \dfrac{wL^2}{33} = \dfrac{wL^2}{66}$

24 부정정 구조물의 기본공식

구조	반력	모멘트
A고정 B단순, 중앙 P, $l/2 + l/2$	$R_A = \dfrac{11}{16}P$ $R_B = \dfrac{5}{16}P$	$M_A = -\dfrac{3Pl}{16}$ $M_C = \dfrac{5Pl}{32}$
A고정 B단순, 등분포 w, 길이 l	$R_A = \dfrac{5wl}{8}$ $R_B = \dfrac{3wl}{8}$	$M_A = -\dfrac{wl^2}{8}$ $M_C = \dfrac{wl^2}{16}$ $M_{\max} = \dfrac{9wl^2}{128}$
A고정 B단순, P at a,b	$R_B = \dfrac{Pa^2(3l-a)}{2l^3}$	$M_A = -\dfrac{Pab(l+b)}{2l^2}$
양단고정, P at a,b	$R_A = \dfrac{Pb}{l}$ $R_B = \dfrac{Pa}{l}$	$M_A = -\dfrac{Pab^2}{l^2}$ $M_B = -\dfrac{Pa^2b}{l^2}$ $M_C = \dfrac{Pab}{2l}$
양단고정, 중앙 P	$R_A = R_B = \dfrac{P}{2}$	$M_A = M_B = -\dfrac{Pl}{8}$ $M_C = \dfrac{Pl}{8}$ $\delta_C = \dfrac{Pl^3}{192EI}$
양단고정, 등분포 w	$R_A = R_B = \dfrac{wl}{2}$	$M_A = M_B = -\dfrac{wl^2}{12}$ $M_C = \dfrac{wl^2}{24}$ $\delta_C = \dfrac{wl^4}{384EI}$
양단고정, 삼각분포 w	$R_A = \dfrac{3wl}{20}$ $R_B = \dfrac{7wl}{20}$	$M_A = -\dfrac{wl^2}{30}$ $M_B = -\dfrac{wl^2}{20}$
연속보 A-B-C, 등분포 w, $l+l$	$R_A = R_C = \dfrac{3wl}{8}$ $R_B = \dfrac{5wl}{4}$	$M_A = M_C = 0$ $M_B = -\dfrac{wl^2}{8}$ $M_{\max} = \dfrac{9wl^2}{128}$

핵 심 문 제

☐☐☐ 기 92,97,00,02,06,07,09,14,17②

01 그림과 같은 구조물에서 B점에 발생하는 수직반력 값은?

① 60kN
② 80kN
③ 100kN
④ 120kN

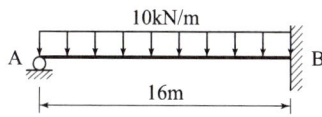

| 해답 | ③

$$V_B = \frac{5wl}{8} = \frac{5 \times 10 \times 16}{8} = 100 \text{kN}$$

☐☐☐ 기 96,00,05,15

02 길이 L인 양단고정보 중앙에 2kN의 집중하중이 작용하여 중앙점의 처짐이 5mm 이하가 되려면 L은 최대 얼마 이하이어야 하는가?
(단, $E = 2 \times 10^5 \text{MPa}$, $I = 100 \text{cm}^4$)

① 324.72cm
② 377.68cm
③ 457.89cm
④ 524.14cm

| 해답 | ③

$$\delta_C = \frac{PL^3}{192EI} = 5\text{mm}$$
$$= \frac{2 \times 10^3 \times L^3}{192 \times 2 \times 10^5 \times 100 \times 10^4} = 5 \text{에서}$$

참고 SOLVE 사용

∴ $L = 4578.86\text{mm} = 457.89\text{cm}$

☐☐☐ 기 98,06

03 다음 그림과 같은 양단 고정보에서 보 중앙의 휨모멘트는 얼마인가?

① 100N·m
② 200N·m
③ 300N·m
④ 400N·m

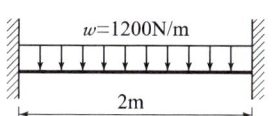

| 해답 | ②

$$M_C = \frac{wL^2}{24} = \frac{1200 \times 2^2}{24} = 200 \text{N·m}$$

☐☐☐ 기 04,08,14,19②

04 다음 연속보에서 B점의 지점반력을 구한 값은?

① 100kN
② 150kN
③ 200kN
④ 250kN

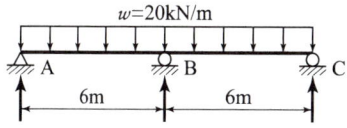

| 해답 | ②

$$R_B = \frac{5wl}{4} = \frac{5 \times 20 \times 6}{4} = 150 \text{kN}$$

☐☐☐ 기 11②,20②

05 그림과 같은 부정정보에 집중하중이 작용할 때 A점의 휨모멘트 M_A를 구한 값은?

① -57kN·m
② -36kN·m
③ -42kN·m
④ -26kN·m

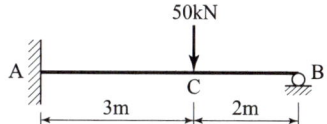

| 해답 | ③

$$R_B = \frac{Pa^2(3l-a)}{2l^3} = \frac{50 \times 3^2 \times (3 \times 5 - 3)}{2 \times 5^3} = 21.6 \text{kN}$$

∴ $M_A = R_B \times 5 - 50 \times 3 = 21.6 \times 5 - 150 = -42 \text{kN·m}$

또는 $M_A = -\frac{Pab(l+b)}{2l^2} = -\frac{50 \times 3 \times 2 \times (5+2)}{2 \times 5^2}$
$= -42 \text{kN·m}(↶)$

☐☐☐ 기 95,99,10

06 그림과 같이 양단 고정보의 중앙점 C에 집중하중 P가 작용한다. C점의 처짐 δ_C는?
(단, 보의 EI는 일정하다.)

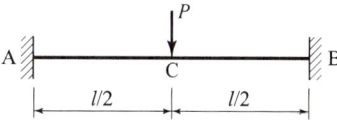

① $\delta_C = 0.00521 \dfrac{Pl^3}{EI}$
② $\delta_C = 0.00511 \dfrac{Pl^3}{EI}$
③ $\delta_C = 0.00501 \dfrac{Pl^3}{EI}$
④ $\delta_C = 0.00491 \dfrac{Pl^3}{EI}$

| 해답 | ①

$$\delta_C = \frac{Pl^3}{192EI} = 0.00521 \frac{Pl^3}{EI}$$

02 측량학

알아두기

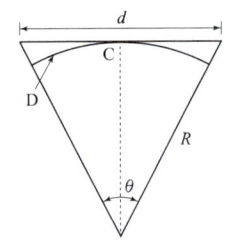

- d : 평면거리
- D : 구면거리

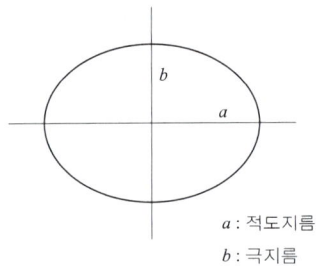

- a : 적도지름
- b : 극지름

항정선
자오선과 항상 일정한 각도를 유지하는 지표의 선

라플라스(Laplace)점
방위각 경도를 측정하여 측지망을 바로 잡는데 이 때의 관측점

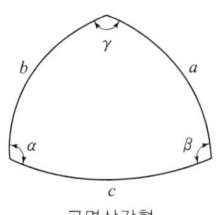
구면삼각형

01 측량학 개론

1 평면측량과 측지측량의 관계

평면측량과 측지측량과의 오차를 계산하여 보면 반지름 11km(지름 22km) 범위에서 약 1/1000000 정도의 정밀도를 나타낸다.

- 정밀도 : $\dfrac{\Delta l}{D} = \dfrac{d-D}{D} = \dfrac{D^2}{12R^2} = \dfrac{1}{M}$
- 거리오차 : $d - D = \dfrac{D^3}{12R^2}$

2 지구 타원체 earth ellipsoid

우리나라는 2002년 6월 29일부터 세계 측지계를 도입하여 GRS80 타원체를 기준 타원체로 사용하고 있다.

- 3축반지름 $R = \dfrac{2a+b}{3}$
- 지구의 편평률 : $P = \dfrac{a-b}{a}$
- 평균 곡률반지름 : $R = \sqrt{MN}$
- 지구의 편심률 : $e = \sqrt{\dfrac{a^2-b^2}{a^2}} = \dfrac{\sqrt{a^2-b^2}}{a}$

3 지오이드 geoid

- 평균해수면을 육지까지 연장한 가상적인 곡면을 지오이드라 하며 이것은 준거 타원체와 거의 일치한다.
- 지오이드는 물리적인 형상을 고려하여 만든 불규칙한 곡면이며, 높이 측정의 기준이 된다.
- 지하물질의 밀도가 작은 곳은 지오이드가 낮고, 산맥과 같이 지하물질의 밀도가 큰 지역은 볼록하게 중력에 따라 차이가 발생한다.

4 구면삼각형

구면삼각형은 지표면상의 세 점을 지나는 세 개의 대원의 호의 길이를 변으로 하는 삼각형으로 내각의 합이 180°를 넘게 되는데, 이 차이를 구과량이라 한다.

- 구면 삼각형 면적 $F = \dfrac{1}{2}ab\sin\alpha$
- 구과량 $\epsilon = \dfrac{F}{r^2}\rho''$

여기서, ϵ : 구과량 F : 구면삼각형의 면적
r : 구의 반지름 ρ'' : $\dfrac{180°}{\pi} = 206265''$

핵 심 문 제

□□□ 기 82,88,95,08,13,22②

01 지구반지름 $r=6370km$이고 거리의 허용오차가 $1/10^5$이면 지름 몇 km까지를 평면측량으로 볼 수 있는가?

① 약 69km ② 약 64km
③ 약 36km ④ 약 22km

| 해답 | ①

$$\frac{D^2}{12R^2}=\frac{\Delta D}{D}=\frac{1}{10^5}$$ 에서

$$\therefore D=\sqrt{\frac{12R^2}{10^5}}=\sqrt{\frac{12\times 6370^2}{10^5}}=69.78km$$

□□□ 기 93,95,01,07,11,15④

02 지구 표면의 거리 35km까지를 평면으로 간주했다면 허용정밀도는 약 얼마인가? (단, 지구의 반지름은 6370km이다.)

① 1/300000 ② 1/400000
③ 1/500000 ④ 1/600000

| 해답 | ②

$$\frac{d-D}{D}=\frac{D^2}{12R^2}=\frac{1}{12}\left(\frac{D}{R}\right)^2$$ 에서

$$\therefore \frac{d-D}{D}=\frac{1}{12}\left(\frac{35}{6370}\right)^2=\frac{1}{397488}≒\frac{1}{400000}$$

□□□ 기 92,98,01,03,08,17④,19①

03 지오이드(Geoid)에 대한 설명 중 옳지 않은 것은?

① 평균해수면을 육지까지 연장한 가상적인 곡면을 지오이드라 하며 이것은 지구타원체와 일치한다.
② 지오이드는 중력장의 등포텐셜면으로 볼 수 있다.
③ 실제로 지오이드면은 굴곡이 심하므로 측지 측량의 기준으로 채택하기 어렵다.
④ 지구타원체의 법선과 지오이드의 법선 간의 차이를 연직선 편차라 한다.

| 해답 | ①
지오이드는 준거 타원체와 거의 일치한다.

□□□ 기 80,88,94,98,13,17②

04 측지학과 관련된 설명으로 옳은 것은?
(단, N : 지구의 횡곡률 반지름, R : 지구의 자오선 곡률반지름, a : 타원지구의 적도반지름, b : 타원지구의 극반지름)

① 측량의 원점에서의 평균 곡률반지름은 $\frac{a+2b}{3}$이다.
② 타원에 대한 지구의 곡률반지름은 $\frac{a-b}{a}$로 표시된다.
③ 지구의 편평률은 $\sqrt{N\cdot R}$로 표시된다.
④ 지구의 이심률(편심률)은 $\frac{\sqrt{a^2-b^2}}{a}$로 표시된다.

| 해답 | ④

- 3축 반지름 : $R=\frac{2a+b}{3}$
- 지구의 편평률 : $P=\frac{a-b}{a}$
- 평균 곡률반지름 : $R=\sqrt{MN}$

□□□ 기 94,04,14,18③

05 지구상의 △ABC를 측정한 결과, 두 변의 거리가 $a=30km$, $b=20km$이었고, 그 사잇각 $80°$이었다면 이때 발생하는 구과량은? (단, 지구의 곡선반지름은 6400km로 가정한다.)

① 1.49″ ② 1.62″
③ 2.04″ ④ 2.24″

| 해답 | ①

$$E=\frac{1}{2}ab\sin\alpha$$
$$=\frac{1}{2}\times 30\times 20\sin 80°=295.44km^2$$

$$\therefore 구과량 \ \varepsilon=\frac{F}{r^2}\rho''=\frac{295.44}{6400^2}\times 206265''=1.49''$$

□□□ 기 11,16④

06 별을 이용한 천문측량 시 보정해야 할 사항이 아닌 것은?

① 부게보정 ② 시차보정
③ 기차보정 ④ 광행차보정

| 해답 | ①
부게보정
지오이드면과 높이 h인 면 사이의 물질을 고려하는 보정

02 중력 측정과 좌표계

1 중력 측정

(1) 중력이상
- 중력이상 = 중력 실측값 - 이론 실측값
- 중력이상에 대한 취급은 물리학적 측지학에 속한다.
- 중력이상의 주된 원인은 지하물질의 밀도가 고르게 분포되어 있지 않기 때문이다.

(2) 중력의 보정
- 고도보정 : 관측점의 중력값을 지오이드면까지 내리는 보정
- 지형보정 : 높은 곳은 깎고 낮은 곳은 채워서 평탄하게 하였을 때의 값으로 바꾸는 보정
- 부게보정 : 측정된 중력값에 물질의 영향을 빼 줌으로써 이 물질이 없는 상태의 중력값으로 보정

> **알아두기 — 중력이상**
> 중력이상이 양(+)이면 그 지점 부근에 무거운 물질이 있는 것으로 추정할 수 있다.

2 좌표계

(1) UTM 좌표계(Universal Transvers Mercator 좌표계)
- UTM 좌표계는 적도를 횡축으로, 자오선을 종축으로 하고, 중앙자오선과 적도의 교점을 원점으로 횡메르카토르도법으로 투영한 좌표계
- 경도 : 동경 180° 기준, 동쪽으로 6° 간격으로 60구분으로 나누고, 경도원점은 중앙자오선이다.
- 위도 : 남북위 80°까지 포함 8° 간격으로 20구분으로 나누고 위도원점은 적도상에 있다.

(2) TM 투영법
타원체에 원통을 둘러 씌우고, 타원체면을 원통면상에 투영한 후 원통을 펴 보면 평면이 얻어진다. 이러한 투영법을 TM 투영법이라 한다.

> **알아두기 — 좌표계**
> - 평면 직각좌표계 : 측량범위가 넓지 않은 일반 측량에서는 평면 직각좌표계가 널리 사용된다.
> - 경·위도 좌표계 : 지구상의 절대적 위치를 표시하는 데 일반적으로 널리 사용되는 좌표계이다.
> - 3차원 직각좌표계 : 원점은 지구 중심이고 적도면상에 X, Y축을 정하고 지구의 극축을 Z축으로 나타낸다.
> - 중앙자오선에서 축척계수는 0.9996이다.
> - 우리나라는 51구역(ZONE)과 52구역(ZONE)에 위치하고 있다.

3 측량의 원점

(1) 경·위도 원점
- 경도 : 동경 127° 03′ 14.8913″
- 위도 : 북위 37° 16′ 33.3659″
- 원방위각 : 165° 03′ 44.538″

(2) 평면 직각좌표의 원점
- 우리나라 지도제작에 채택된 2차원 직각좌표계를 말한다.
- 원점에서의 자오선을 X축으로 하고, 이에 직교하는 선을 Y축으로 하는 좌표계이다.
- 세계측지계 기준
  - 원점의 가산 수치
    $X = 600,000$m (제주지역 : 600,000m), $Y = 600,000$m

> **알아두기 — 경·위도 원점**
> 위치는 경기도 수원시 영통구 월드컵로 92 국토지리정보원 구내
>
> **원방위각**
> 원점으로부터 진북을 기준으로 오른쪽 방향으로 측정한 우주측지관측 센터에 있는 위성 기준점 안테나 참조점 중앙

핵심문제

□□□ 기 95,00,13
01 중력이상의 주된 원인은?

① 지하 물질의 밀도가 고르게 분포되어 있지 않다.
② 지하수의 흐름이 불규칙하기 때문이다.
③ 태양과 달의 인력 때문이다.
④ 화산폭발이 원인이다.

| 해답 | ①
- 중력이상 = 중력 실측값 − 이론 실측값
- 중력이상(+) : 질량이 여유 있는 지역
- 중력이상(−) : 질량이 부족한 지역
- 중력이상에 의해 지표 밑의 상태를 측정할 수 있다.

□□□ 기 85,10④,19①,20③
02 중력이상에 대한 설명으로 옳지 않은 것은?

① 중력이상에 의해 지표면 밑의 상태를 추정할 수 있다.
② 중력이상에 대한 취급은 물리학적 측지학에 속한다.
③ 중력이상이 양(+)이면 그 지점 부근에 무거운 물질이 있는 것으로 추정할 수 있다.
④ 중력식에 의한 계산값에서 실측값을 뺀 것이 중력이상이다.

| 해답 | ④
중력이상이 (+)이면 그 지점에 무거운 물질이 있다.
중력이상 = 중력의 실측값 − 계산값

□□□ 기 06,09,17②
03 다음 중 UTM 도법에 대한 설명으로 옳지 않은 것은?

① 중앙자오선에서 축척 계수는 0.9996이다.
② 좌표계 간격은 경도를 6°씩, 위도는 8°씩 나눈다.
③ 우리나라는 51구역(ZONE)과 52구역(ZONE)에 위치하고 있다.
④ 경도의 원점은 중앙자오선에 있으며 위도의 원점은 북위 38°이다.

| 해답 | ④
- 경도 : 동경 180° 기준 6° 간격으로 60구분으로 나누고 경도원점은 중앙자오선이다.
- 위도 : 8° 간격으로 20구분, 위도원점은 적도상에 있다.

□□□ 기 14,20②
04 우리나라는 TM 도법에 따른 평면직교좌표계를 사용하고 있는데 그중 동해원점의 경위도 좌표는?

① 129° 00′ 00″ E, 35° 00′ 00″ N
② 131° 00′ 00″ E, 35° 00′ 00″ N
③ 129° 00′ 00″ E, 38° 00′ 00″ N
④ 131° 00′ 00″ E, 38° 00′ 00″ N

| 해답 | ④
TM 도법에 따른 평면직교좌표계

명칭	경도	위도
서부 원점	125° 00′ 00″ E	38° 00′ 00″ N
중부 원점	127° 00′ 00″ E	38° 00′ 00″ N
동부 원점	129° 00′ 00″ E	38° 00′ 00″ N
동해 원점	131° 00′ 00″ E	38° 00′ 00″ N

□□□ 기 93,08,12
05 UTM 좌표(universal transverse mercator coordinates)에 대한 설명으로 옳은 것은?

① 적도를 횡축, 자오선을 종축으로 한다.
② 좌표계의 세로 간격(zone)은 경도 3° 간격이다.
③ 종 좌표(N)의 원점은 위도 38°이다.
④ 축척은 중앙자오선에서 멀어짐에 따라 작아진다.

| 해답 | ①
UTM 좌표
- 적도를 횡축, 자오선을 종축으로 하는 국제 평면 직각 좌표이다.
- 좌표계의 세로 간격(zone)은 경도 6° 간격이다.
- 종 좌표(경도)의 원점은 중앙 자오선이다.
- 축척은 중앙자오선에서 멀리 떨어짐에 따라 커진다.

03 국가기준점 (國家基準點 ; National Control Point)

1 국가기준점의 개요

(1) 국가기준점의 정의

측량의 정확도를 확보하고 효율성을 높이기 위하여 국토교통부장관 및 해양수산부장관이 전 국토를 대상으로 주요 지점마다 정한 측량의 기본이 되는 측량기준점으로 국토지리정보원에서 측량에 의해 설치한 위치와 표고 등이 표시된 점이다.

(2) 국가기준점의 역할
- 국토에 대한 측량의 정확도 확보 및 효율성 향상, 모든 측량의 기초가 된다.
- 국토의 위치를 영구히 현지에 보존, 표현하는 시설물이다.
- 측량성과의 통일과 측량의 중복 배제한다.
- 관계법령 : 공간정보의 구축 및 관리 등에 관한 법률 제7조 및 시행령 제8조

(3) 측량기준점 구분(제7조)
- 국가기준점 : 국토부장관(국토지리정보원장)이 전 국토를 대상으로 주요지점에 설치(삼각점, 수준점, 중력점, 지자기점 등)
- 공공기준점 : 공공측량 시행자가 국가기준점을 기준으로 설치(공공삼각점, 공공수준점)
- 지적기준점 : 시도지사 및 지적소관청이 설치(지적삼각점, 지적삼각보조점, 지적도근점)

2 국가기준점의 종류와 관리계획 범위

(1) 국가기준점
- 경위도 원점 : 우리나라의 지리학적 경위도 결정을 위한 기준(시점)이 되는 점
- 수준원점 : 우리나라의 수직적 높이 값을 결정을 위한 기준(시점)이 되는 점
- 우주측지기준점(VLBI) : 국가측지기준계를 정립하기 위하여 전 세계 초장거리간섭계와 연결하여 정한 기준점
- 위성기준점 : GNSS 측량장비로 인공위성의 신호를 받아 지구상의 위치(수평, 수직)를 결정한 기준점
- 통합기준점 : 공간적(3차원) 위치를 통합으로 관측하기 위하여 지구표면상의 수평위치, 수직위치(높이) 및 중력이 결정되어 있는 기준점
- 중력기준점 : 지구표면상에서 측정한 중력값이 결정되어 있는 기준점
- 지자기기준점 : 지구표면상에서 측정한 지자기값이 결정되어 있는 기준점

(2) 국가기준점의 관리계획 범위
- 국가기준점의 설치 및 운영
- 국가기준점의 정비 및 유지관리
- 그 밖에 국가기준점 관리에 필요한 사항 등

▶ 삼각점

▶ 수준점

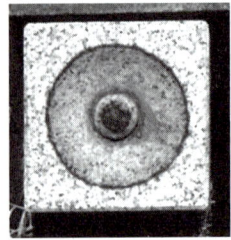

▶ 1등 삼각점

수평위치 측량을 위하여 지구표면상의 약 10~20km 간격으로 상호위치와 수평위치(좌표)가 결정되어 있는 기준점

▶ 2등 삼각점

수평위치 측량을 위하여 지구표면상의 약 2.5~5km 간격으로 상호위치와 수평위치가 결정되어 있는 기준점

▶ 1등 수준점

수평위치(높이) 측량(수준측량)을 위하여 수준원점을 기준으로 도로를 따라 약 4km 간격으로 높이 값이 결정되어 있는 기준점

▶ 2등 수준점

수평위치(높이) 측량(수준측량)을 위하여 수준원점을 기준으로 도로를 따라 약 2km 간격으로 높이 값이 결정되어 있는 기준점

핵 심 문 제

□□□ 기 80
01 우리나라에 설치되어 있는 수준점의 표고는?

① 삼각점으로 부터의 높이를 나타낸다.
② 도로의 높이를 나타낸다.
③ 만조면으로부터의 높이를 나타낸다.
④ 평균 해수면으로부터의 높이를 나타낸다.

| 해답 | ④
수준점의 표고 : 평균해수면으로부터의 높이를 나타낸다.

□□□ 예상
02 국토부장관(국토지리정보원장)이 전 국토를 대상으로 주요지점에 설치하는 점을 국가기준점이라 한다. 이 국가기준점에 속하지 않은 점은?

① 삼각점   ② 수준점
③ 지적삼각점   ④ 지자기점

| 해답 | ③
국가기준점 : 삼각점, 수준점, 중력점, 지자기점

□□□ 예상
03 국가측지기준계를 정립하기 위하여 전 세계 초장거리간섭계와 연결하여 정한 기준점이란 무엇인가?

① 중력기준점   ② VLBI
③ 위성기준점   ④ 지평선

| 해답 | ②
우주측지기준점(VLBI)이라 한다.

□□□ 예상
04 수평위치 측량을 위하여 지구표면상의 약 10~20km 간격으로 상호위치와 수평위치(좌표)가 결정되어 있는 기준점은?

① 1등 삼각점   ② 2등 삼각점
③ 1등 수준점   ④ 2등 수준점

| 해답 | ①
1등 삼각점의 정의이다.

□□□ 예상
05 국토지리정보원장은 국가기준점의 관리계획을 매년 수립하여야 하며, 그 범위에 해당하지 않는 것은?

① 국가기준점의 설치
② 국가기준점의 운영
③ 국가기준점의 유지관리
④ 국가기준점의 대여

| 해답 | ④
국토지리정보원장은 국가기준점의 관리계획 범위
• 국가기준점의 설치 및 운영
• 국가기준점의 정비 및 유지관리
• 그 밖의 국가기준점 관리에 필요한 사항

□□□ 예상
06 국가기준점과 관련된 용어에 대한 설명으로 틀린 것은?

① 우주측지기준점 : 공간적(3차원) 위치를 통합으로 관측하기 위하여 지구표면상의 수평위치, 수직위치(높이) 및 중력이 결정되어 있는 기준점
② 위성기준점 : GNSS 측량장비로 인공위성의 신호를 받아 지구상의 위치(수평, 수직)를 결정한 기준점
③ 지자기기준점 : 지구표면상에서 측정한 지자기값이 결정되어 있는 기준점
④ 중력기준점 : 지구표면상에서 측정한 중력값이 결정되어 있는 기준점

| 해답 | ①
• 우주측지기준점(VLBI) : 국가측지기준계를 정립하기 위하여 전 세계 초장거리 간섭계와 연결하여 정한 기준점
• 통합기준점 : 공간적(3차원) 위치를 통합으로 관측하기 위하여 지구표면상의 수평위치, 수직위치(높이) 및 중력이 결정되어 있는 기준점

□□□ 예상
07 GNSS 측량장비로 인공위성의 신호를 받아 지구상의 위치(수평, 수직)를 결정한 기준점은?

① 우주측지기준점   ② 위성기준점
③ 통합기준점   ④ 중력기준점

| 해답 | ②
위성기준점의 정의이다.

알아두기

경사지에서의 거리측량
- $D = \sqrt{L^2 - H^2}$
  $= L - \dfrac{H^2}{2L}$
- $C_h = -\dfrac{H^2}{2L}$

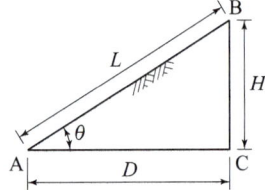

평균해수면에 대한 보정

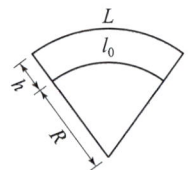

- $C_h = -\dfrac{L \cdot h}{R}$
- 평균해수면 : 지반의 높이를 비교할 때 사용하는 기준면

면적관측시 오차의 합

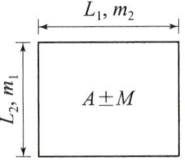

잔차 v
$[vv] = v_1^2 + v_2^2 + \cdots + v_n^2$

확률오차
$r_o = 0.6745 m_o$

1회 관측의 평균제곱근 오차
$m_o = \pm \sqrt{\dfrac{vv}{n-1}}$

04 거리측량오차

1 오차의 종류

(1) 정오차(누적오차, 누차)
- 일정한 크기와 일정한 방향으로 생기는 오차
- 오차의 원인이 분명하여 소거방법도 분명하다.
- 정오차는 측정횟수에 비례한다.
- 정오차 $M = e \cdot n$

(2) 우연오차(부정오차, 상차, 우차)
- 오차의 크기와 방향(부호)이 불규칙적으로 발생하고 확률론에 의해 추정할 수 있는 오차
- 최소제곱법의 원리로 오차를 배분하여 오차론에서 다루는 오차
- 우연오차는 측정횟수의 제곱근에 비례한다.
- 우연오차 $E = \pm \delta \sqrt{n}$

2 오차의 전파법칙

구간거리가 다르고 평균제곱근 오차가 다를 때	$L_0 = L \pm M$ • $L = L_1 + L_2 + L_3 + \cdots + L_n$ • $M = \pm \sqrt{m_1^2 + m_2^2 + m_3^2 + \cdots + m_n^2}$
평균제곱근 오차가 같다고 가정할 때	$L_0 = L \pm M$ • $L = L_1 + L_2 + L_3 + \cdots + L_n$ • $M = \pm \sqrt{m_1^2 + m_1^2 + m_1^2 + \cdots + m_1^2} = \pm m_1 \sqrt{n}$
면적관측 시 최확값 및 평균제곱근 오차의 합	$A_0 = A \pm M$ • $A = L_1 \times L_2$ • $M = \pm \sqrt{(L_1 \cdot m_2)^2 + (L_2 \cdot m_1)^2}$

3 정밀도

구분	경중률을 고려하지 않은 경우	경중률을 고려한 경우
최확값 L_o	$\dfrac{l_A + l_B + l_C}{n}$	$\dfrac{P_A l_A + P_B l_B + P_C l_C}{P_A + P_B + P_C}$
중등오차 m_o	$\pm \sqrt{\dfrac{[vv]}{n(n-1)}}$	$\pm \sqrt{\dfrac{[Pvv]}{P(n-1)}}$
확률오차 r_o	$\pm 0.6745 \sqrt{\dfrac{[vv]}{n(n-1)}}$	$\pm 0.6745 \sqrt{\dfrac{[Pvv]}{P(n-1)}}$
정밀도 $\dfrac{1}{M}$	$\dfrac{r_o}{L_o}$ 또는 $\dfrac{m_o}{L_o}$	$\dfrac{r_o}{L_o}$ 또는 $\dfrac{m_o}{L_o}$

핵 심 문 제

□□□ 기 13②,21③

01 상차라고도 하며 그 크기와 방향(부호)이 불규칙적으로 발생하고 확률론에 의해 추정할 수 있는 오차는?

① 착오 ② 정오차
③ 개인오차 ④ 우연오차

| 해답 | ④

우연오차
• 부정오차, 상차, 우차, 상쇄오차라 한다.
• 크기와 방향(부호)이 불규칙하게 발생한다.
• 오차의 발생 원인이 불분명하며 소거방법도 불분명하다.

□□□ 기 03,15④,20④

02 2000m의 거리를 50m씩 끊어서 40회 관측하였다. 관측결과 오차가 ±0.14m이었고, 40회 관측의 정밀도가 동일하다면, 50m 거리 관측의 오차는?

① ±0.022m ② ±0.019m
③ ±0.016m ④ ±0.013m

| 해답 | ①

우연오차 $M=\pm e\sqrt{n}$ 에서
$\therefore$ 거리 관측의 오차 $e = \dfrac{M}{\sqrt{n}} = \dfrac{\pm 0.14}{\sqrt{40}} = \pm 0.022$m

□□□ 기 02,10,12②,13①②,19③

03 80m의 측선을 20m 줄자로 관측하였다. 만약 1회의 관측에 +4mm의 정오차와 ±3mm의 부정오차가 있었다면 이 측선의 거리는?

① 80.006±0.006m ② 80.006±0.016m
③ 80.016±0.006m ④ 80.016±0.016m

| 해답 | ③

실제거리=관측거리+정오차±우연오차
• 정오차 : $+4n = +4 \times \dfrac{80}{20} = +16$mm $= +0.016$m
• 우연오차 : $\pm 3\sqrt{n} = \pm 3\sqrt{\dfrac{80}{20}} = \pm 6$mm $= \pm 0.006$m
$\therefore$ 실제거리 $= 80$m $+ 0.016$m ± 0.006m
$= 80.016 \pm 0.006$m

□□□ 기 93,99,06,09②,21①

04 어느 두 지점 사이의 거리를 A, B, C, D 네 사람이 각각 10회 측정한 결과가 다음과 같다. 가장 신뢰성이 높은 측정자는 누구인가? (단, 단위는 [m])

| A : 165.864±0.002 | B : 165.867±0.006 |
| C : 165.862±0.007 | D : 165.864±0.004 |

① A ② B
③ C ④ D

| 해답 | ①

정도의 분모가 클수록 신뢰도가 높다.
• 정도 $= \dfrac{\text{확률오차}}{\text{최확값}}$
• A $= \dfrac{0.002}{165.864} = \dfrac{1}{82932}$
• B $= \dfrac{0.006}{165.867} = \dfrac{1}{27644}$
• C $= \dfrac{0.007}{165.862} = \dfrac{1}{23695}$
• D $= \dfrac{0.004}{165.864} = \dfrac{1}{41466}$
$\therefore$ A $= \dfrac{0.002}{165.864} = \dfrac{1}{82932}$

□□□ 기 95,00,09,12,21②,22②

05 어떤 측선의 길이를 3인(A, B, C)이 관측하여 아래와 같은 결과를 얻었을 때 최확값은?

| A : 100.287m(5회 관측) |
| B : 100.376m(3회 관측) |
| C : 100.432m(2회 관측) |

① 100.298m ② 100.312m
③ 100.343m ④ 100.376m

| 해답 | ③

최확값 $M_o = \dfrac{P_A l_A + P_B l_B + P_C l_C}{P_A + P_B + P_C}$
• 경중률은 관측횟수에 비례한다.
• $P_a : P_b : P_c = 5 : 3 : 2$
$\therefore M_o = 100 + \dfrac{5 \times 0.287 + 3 \times 0.376 + 2 \times 0.432}{5+3+2}$
$= 100.343$m

알아두기

GNSS의 계통적인 오차 종류
- 위성의 시계오차
- 위성의 궤도오차
- 대기층 지연오차
- 전파적 잡음, 다중경로 오차

GNSS의 구성요소
- 우주 부문
- 제어 부문
- 사용자 부문

DOP(정밀도 저하율)
- 단독측위(독립측위) : GPS 수신기 1대에 의한 것으로 GPS 측위의 기본적인 방법
  - GDOP : 기하학적 정밀도 저하율
  - PDOP : 위치정밀도 저하율(3차원위치)
  - HDOP : 수평 정밀도 저하율(수평위치)
  - VDOP : 수직 정밀도 저하율(높이)
  - TDOP : 시간정밀도 저하율
- 상대측위 : RDOP ; 상대정밀도 저하율

05 GNSS (위성측위시스템)

1 GNSS

(1) 정의 : GNSS(Global Navigation Satellite System ; 위성항법시스템)은 인공위성을 이용한 범세계적 위치 결정의 체계로 정확히 위치를 알고 있는 위성에서 발사한 전파를 수신하여 관측점까지의 소요시간을 측정함으로써 관측점의 3차원 위치를 구하는 측량

(2) GNSS위성측량시스템 : 미국의 GPS, 러시아의 GLONASS, 유럽의 GALILEO, 일본의 QZSS, 중국의 COMPASS 등이 이에 속한다.

2 GNSS 측위

(1) 단독위치 결정방법
- 수신기 1대를 이용하여 위치를 결정하는 방법
- 3차원 위치 결정을 위해서는 3대의 위성으로부터 수신하면 된다.

(2) 상대위치 결정방법
- 위성과 수신기 간의 거리는 전파의 파장 개수를 이용하여 계산할 수 있다.
- 실시간 DGPS : 기본적으로 기준국과 기준국용 GPS 수신기, 그리고 사용자용 GPS 수신기로 구성되어 있다.
- 후처리 DGPS : 후처리 기법을 사용하여 측량점의 위치를 매우 정밀하게 결정하는 방법으로 측지 측량 분야 등에서 널리 이용된다.
  - 정지측량 : 기준점 측량에 주로 이용된다.
  - 이동측량 : 지형측량에 이용된다.
  - 신속정지 측량 : 지형 측량에 이용된다.
  - 실시간 이동측량(RTK) : 수신기를 이동시켜 실시간으로 위치를 파악하는 측량방법이다.
- VRS측위 : 2대 이상의 수신기를 동시에 사용하는 상대측위방식에 의하여 기지점의 좌표를 기준으로 미지점의 좌표를 결정하는 측량이다.

(3) GNSS 측량 시 고려해야 할 사항
- 임계고도각(앙각)은 15° 이상을 유지하는 것이 좋다.
- 3차원 위치결정을 위해서는 4개 이상의 위성신호를 관측하여야 한다.
- 철탑이나 대형구조물, 고압선의 아래 지점에서는 관측을 피하여야 한다.
- DOP는 지표에서 가장 좋은 배치상태일 때를 1로 하고, 5까지는 실용상 지장이 없으나 10 이상인 경우는 좋은 조건이 아니다.

(4) 다중경로(multipath)오차
- GNSS 위성으로부터 직접 수신된 전파 이외에 부가적으로 주위의 지형지물에 의하여 반사된 전파 때문에 발생하는 오차
- 주변의 구조물에 전파가 반사되어 수신기에 도달하는 것으로 실제거리보다 길게 측정된다.
- GNSS 측량에서 다중주파수(multi-frequency)를 채택하고 있는 가장 큰 이유는 전리층 지연오차 제거를 위해서다.

핵 심 문 제

□□□ 기 16②, 25①

01 GNSS 위성측량시스템으로 틀린 것은?

① GPS
② GSIS
③ QZSS
④ GALILEO

| 해답 | ②

GNSS 위성측량시스템
미국의 GPS, 러시아의 GLONASS, 유럽의 GALILEO, 일본의 QZSS 등이 이에 속한다.

□□□ 기 17④

02 GNSS 측량에 대한 설명으로 틀린 것은?

① 다양한 항법위성을 이용한 3차원 측위방법으로 GPS, GLONASS, Galileo 등이 있다.
② VRS 측위는 수신기 1대를 이용한 절대 측위방법이다.
③ 지구질량 중심을 원점으로 하는 3차원 직교좌표체계를 사용한다.
④ 정지측량, 신속정지측량, 이동측량 등으로 측위방법을 구분할 수 있다.

| 해답 | ②

VRS 측위는 2대 이상의 수신기를 동시에 사용하는 상대측위방식에 의하여 기지점의 좌표를 기준으로 미지점의 좌표를 결정하는 측량이다.

□□□ 예상

03 GNSS 위성전파가 장해물 등으로 인해 차단되거나 일순간 신호가 단절되어 위상측정이 중단되는 현상은?

① SA(Selective Availability)
② AS(Anti-Spoofing)
③ 사이클 슬립(Cycle Slip)
④ 멀티패스(Multipath)

| 해답 | ③

사이클 슬립
GNSS 안테나 주위의 지형·지물에 의한 신호 단절, 높은 신호 잡음, 낮은 신호강도, 낮은 위성의 고도각 등에 의하여 발생한다.

□□□ 기 18③, 22①

04 GNSS 상대측위 방법에 대한 설명으로 옳은 것은?

① 수신기 1대만을 사용하여 측위를 실시한다.
② 위성과 수신기 간의 거리는 전파의 파장 개수를 이용하여 계산할 수 있다.
③ 위상차의 계산은 단순차, 2중차, 3중차와 같은 차분기법으로는 해결하기 어렵다.
④ 전파의 위상차를 관측하는 방식이나 절대측위 방법보다 정확도가 낮다.

| 해답 | ②

• 절대측위는 수신기 1대만을 사용하여 측위를 실시한다.
• 위성과 수신기 간의 거리는 전파의 파장 개수를 이용하여 계산할 수 있다.
• 위상차의 계산은 단순차, 2중차, 3중차와 같은 차분기법으로는 해결한다.
• 전파의 위상차를 관측하는 방식이나 절대측위 방법보다 정확도가 높다.

□□□ 기 19①, 22②

05 GNSS가 다중주파수(multi-frequency)를 채택하고 있는 가장 큰 이유는?

① 데이터 취득 속도의 향상을 위해
② 대류권 지연 효과를 제거하기 위해
③ 다중경로오차를 제거하기 위해
④ 전리층 지연 효과의 제거를 위해

| 해답 | ④

다중주파수를 사용할 경우 GNSS 신호가 전리층을 지나며 발생하는 전파지연에 따른 오차제거(보정)가 가능하다.

□□□ 예상

06 GNSS의 특징에 대한 설명으로 틀린 것은?

① 날씨와 무관하게 측정이 가능하다.
② 24시간 연속적으로 측정이 가능하다.
③ 실내외에서 모두 측정이 가능하다.
④ 전 지구적으로 측정이 가능하다.

| 해답 | ③

실내에는 전파가 전달되지 않으므로 GNSS 측정이 불가능하다.

06 GPS

GPS는 정확한 위치를 알고 있는 위성에서 발사된 전파를 수신하여 측점 간의 시통이 불필요하고 24시간 상시 높은 정밀도로 3차원 위치측정이 가능하며, 실시간 측정이 가능하여 항법용으로도 활용되는 측량방법이다.

1 GPS의 일반적 특성

- 3차원 측량을 동시에 할 수 있다.
- 지구상 어느 곳에서나 이용할 수 있다.
- GPS를 이용하여 취득한 높이는 타원체고이다.
- 기선 결정의 경우 두 측점 간의 시통에 관계가 없다.
- 기상의 영향을 거의 받지 않으며 야간에도 측량이 가능하다.
- 측량거리에 비하여 상대적으로 높은 정확도를 지니고 있다.
- VRS(Virtual Reference Stations) 측량에서는 망조정이 필요 없다.
- GPS신호기는 전리층과 대기권을 통하여 전달되기에 GPS 위성신호를 지연시킨다.
- 세계 측지기준계(WGS84) 좌표계를 사용하므로, 지역기준계를 사용하는 사용자에게는 다소 번거로움이 있다.

2 GPS 측위방법

- DGPS(Differential GPS) : 좌표를 알고 있는 기지점에 고정용 수신기를 설치하여 보정자료를 생성하고 동시에 미지점에 또 다른 수신기를 설치하여 고정점에서 생성된 보정자료를 이용해 미지점의 관측자료를 보정함으로써 높은 정확도를 확보하는 GPS 측위방법
- 정지(STATIC) 측량 : VLBI의 보완 또는 대체 가능하며 수신완료 후 컴퓨터로 각 수신기의 위치, 거리 계산을 할 수 있다.
- 이동(KINEMATIC) 측량 : 이동차량 위치결정에 이용되고 공사측량 등에 응용이 가능하며 정도는 10cm~10m 정도이다.

3 GPS의 오차 3가지

(1) 구조적인 요인에 의한 오차(위치오차, 시간오차)
  - 위성에 탑재된 원자시계의 오차
  - 위성의 궤도 오차
  - 위성의 기하학적 위치에 따른 오차

(2) 측위환경에 따른 오차 : 위성의 배치상태에 따른 오차

(3) SA(Selective Availability)에 의한 오차 : 선택적 가용성에 의한 오차로 GPS 운영국가인 미국이 임의로 오차를 증가시키는 것을 말하며, 2000년 5월 1일 해체되었으며 DGPS나 RTK 등의 상대측량 방식으로 오차소거가 가능하다.

알아두기

GPS의 구성
- 우주 부분 : 위치계산을 위해 필요한 항법 메시지를 반송파를 사용자에게 연속적으로 전송하는 GPS 위성으로 구성
- 제어 부분 : 위성의 신호상태를 점검하고, 궤도 위치에 대한 정보를 모니터링하는 임무를 수행하는 부분
- 사용자 부분 : GPS 수신기와 이를 응용하여 각각의 특정한 목적을 달성하기 위해 개발된 다양한 장치

WGS84
지구의 질량 중심에 위치한 좌표원점과 X, Y, Z축으로 정의되는 좌표계

GPS 위성신호

신호	주파수(MHz)
L1 반송파	1575.42
L2 반송파	1227.60
L5 반송파	1176.45
P 코드	10.23
C/A 코드	1.023

핵 심 문 제

□□□ 기 15
01 GPS 위성측량에 대한 설명으로 옳은 것은?

① GPS를 이용하여 취득한 높이는 지반고이다.
② GPS에서 사용하고 있는 기준타원체는 GRS80 타원체이다.
③ 대기 내 수증기는 GPS 위성 신호를 지연시킨다.
④ VRS 측량에서는 망조정이 필요하다.

| 해답 | ③
- GPS를 이용하여 취득한 높이는 타원체고이다.
- GPS에서는 세계 측지 기준계(WGS84)좌표계를 사용하므로 지역 기준계를 사용하는 사용자에게는 다소 번거로움이 있다.
- GPS 신호기는 전리층과 대기권을 통하여 전달되기에 GPS 위성신호를 지연시킨다.
- VRS(Virtual Reference stations) 측량에서는 망조정이 필요 없다.

□□□ 기 08
02 범지구측위체계(GPS)를 이용한 측량의 특징으로 옳지 않은 것은?

① 3차원 공간 계측이 가능하다.
② 기상의 영향을 거의 받지 않으며 야간에도 측량이 가능하다.
③ Bessel 타원체에 기반한 경위도 좌표정보를 수집함으로 좌표정밀도가 높다.
④ 기선 결정의 경우 두 측점 간의 시통에 관계가 없다.

| 해답 | ③
GPS는 WGS84라고 하는 기준좌표계를 이용하며, 여러 가지 관측장비를 가지고 전 세계적으로 측정해 온 지구의 중력장과 지구 모양을 근거로 해서 만들어진 좌표이다.

□□□ 기 10, 22③
03 GPS 위성체계에서 이용하는 지구질량 중심을 원점으로 하는 좌표계는?

① 천문 좌표계
② TUM 좌표계
③ WGS84 좌표계
④ UPS 좌표계

| 해답 | ③
GPS는 WGS84라고 하는 기준좌표계를 이용하며, 여러 가지 관측장비를 가지고 전 세계적으로 측정해 온 지구의 중력장과 지구 모양을 근거로 해서 만들어진 좌표이다.

□□□ 기 15
04 GPS 측량에서 이용하지 않는 위성신호는?

① L1 반송파
② L2 반송파
③ L4 반송파
④ L5 반송파

| 해답 | ③
GPS 위성신호
L1 반송파, L2 반송파, L5 반송파

□□□ 기 15
05 좌표를 알고 있는 기지점에 고정용 수신기를 설치하여 보정자료를 생성하고 동시에 미지점에 또 다른 수신기를 설치하여 고정점에서 생성된 보정자료를 이용해 미지점의 관측자료를 보정함으로써 높은 정확도를 확보하는 GPS 측위방법은?

① KINEMATIC
② STATIC
③ SPOT
④ DGPS

| 해답 | ④
DGPS(differential GPS)
- 미지점의 위치를 기지점의 위치에 연관하여 결정하는 방법이다.
- 두 점 간의 거리, 즉 기선을 결정하는 데 목적이 있다.
- 단독위치 결정 방법에 비하여 위치 정확도를 상당히 개선시킴으로써 기준점 측량 등에 사용할 수 있게 되었다.

□□□ 예상
06 L_2 반송파의 주파수가 약 1.2GHz라고 할 때, L_2 반송파의 파장은? (단, 빛의 속도는 3.0×10^8m/s이다.)

① 5m
② 2.5m
③ 0.5m
④ 0.25m

| 해답 | ④
$$파장 = \frac{빛의\ 속도}{주파수} = \frac{3.0 \times 10^8}{1.2 \times 10^9} = 0.25m$$

알아두기

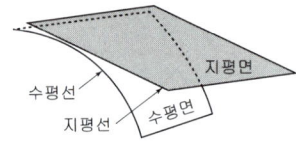

어느 지점의 표고
지표상의 임의점에서 지구 중력방향으로 수준면에 이르는 수직거리

여기서,
- n : 기포가 움직인 눈금의 개수
- L : 표척의 두 읽음값의 차이
- S : 1눈금의 간격
- D : 기계에서 표척을 세운 점까지의 수평거리

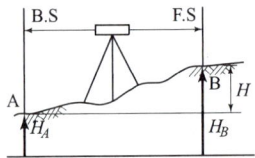

후시(B.S)
표고를 알고 있는 점 또는 기지점에 세운 표척을 읽은 값

전시(F.S)
표고를 알고자 하는 점에 표척을 세워 눈금을 읽은 값

기계고(I.H)
시준고라고도 하며, 망원경의 시준고 표고, 즉 기준면에서 기계 시준선까지의 높이

지반고(G.H)
기준면으로부터 기준점까지의 높이(표고)

기고식 야장
- 중간점이 많은 경우 편리
- 계산결과를 완전히 검산할 수 없다.

교호수준측량

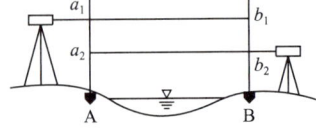

07 수준측량

1 수준측량의 용어

- 지평면 : 지구상의 한 점에서 중력방향에 90°를 이루고 있는 평면이다.
- 수평면 : 연직선에 직교하는 평면을 말하며, 어떤 점에서 수준면과 접하는 평면이다.
- 표고 : 기준면으로부터 어느 측점까지의 연직 거리
- 수준점의 표고는 26.6871m이며, 모든 표고의 기준이 된다.

2 레벨의 구조

(1) 기포관의 감도 : 기포관의 1눈금이 곡률 중심에 낀 각으로 감도를 표시한다.

$$\theta'' = 206265'' \times \frac{L}{nD}$$

(2) 곡률반지름

$$R = \frac{nSD}{L}$$

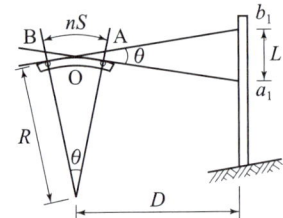

3 야장기입법

- 고차식 : 두 점 사이의 표고차만을 구하는 것이 주목적이다.
- 기고식 : 중간점(I.P)이 많을 때 사용하는 방법으로 완전한 검사를 할 수 없다.
- 승강식 : 정밀한 측량에 적당하며, 중간점이 많을 때에는 계산이 복잡하다.

4 직접수준측량

(1) 전시와 후시의 거리를 같게 하는 이유(기계오차 소거)
- 기포관 축과 시준축이 평행되지 않았을 때 생기는 오차
- 레벨 조정의 불안정으로 생기는 오차 소거(시준축 오차)
- 구차(지구의 곡률에 의한 오차) 소거
- 기차(광선의 굴절에 의한 오차) 소거

(2) 수준측량의 방법
- 표고 : $H_B = H_A + \Sigma$ 후시(B.S) $- \Sigma$ 전시(F.S)
- 표고(지반고) : 기준면으로부터 지표면까지의 연직거리를 말한다.
- 기계고=기지점 지반고(G.H)+후시(B.S)
- 지반고(G.H)=기계고(I.H)−전시(F.S)
- 두 점 간의 고저차 : $H = \Sigma B.S - \Sigma F.S$

(3) 교호수준 측량 : 두 점 간의 강, 호수, 하천 또는 협곡 등이 있어 그 두 점의 중간에 기계를 세울 수 없는 경우 실시하는 측량
- 기계적 오차인 구차, 기차, 시준축 오차를 제거할 수 있다.

$$H_B = H_A + \frac{(a_1-b_1)+(a_2-b_2)}{2} = H_A + \frac{(a_1+a_2)-(b_1+b_2)}{2}$$

핵 심 문 제

□□□ 기 93,97,11,15,17②,20③④

01 수준측량에서 전시와 후시의 시준거리를 같게 하면 소거가 가능한 오차가 아닌 것은?

① 관측자의 시차에 의한 오차
② 정준이 불안정하여 생기는 오차
③ 기포관 축과 시준축이 평행되지 않았을 때 생기는 오차
④ 지구의 곡률에 의하여 생기는 오차

| 해답 | ①

전시와 후시의 거리를 되도록 같게하면 시준선과 기포 관축이 평행하지 않을 때 생기는 오차, 기차 및 지구의 곡률 오차를 제거할 수 있다.

□□□ 기 08,11,15④,20③

02 직접고저측량을 실시한 결과가 그림과 같을 때, A점의 표고가 10m라면 C점의 표고는?
(단, 그림은 개략도로 실제 치수와 다를 수 있음.)

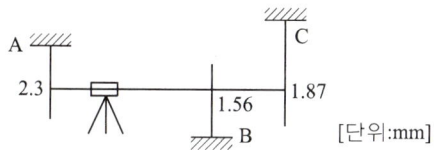

[단위:mm]

① 9.57m   ② 9.66m
③ 10.57m ④ 10.66m

| 해답 | ①

측점	후시	전시	기계고	표고(지반고)
A	−2.3		7.7	10m
B		1.56		6.14
C		−1.87		9.57

□□□ 기 93,98,03,09,11

03 레벨로부터 60m 떨어진 표척을 시준한 값이 1.258m이며 이때 기포가 1 눈금 편위되어 있었다. 이것을 바로 잡고 다시 시준하여 1.267m를 읽었다면 기포의 감도는?

① 25″   ② 27″
③ 29″   ④ 31″

| 해답 | ④

$$\theta'' = 206265'' \frac{l}{nD}$$
$$= 206265'' \times \frac{(1.267-1.258)}{1 \times 60} = 31''$$

□□□ 기 83,04,06,09,18③,20④,24②

04 교호 수준 측량을 하여 다음과 같은 결과를 얻었다. A점의 표고가 120.564m이면 B점의 표고는?

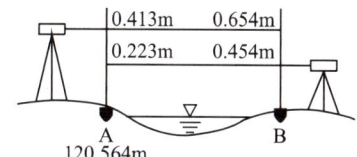

① 120.759m   ② 120.672m
③ 120.524m   ④ 120.328m

| 해답 | ④

- 고저차 $H = \frac{1}{2}[(a_1 - b_1) + (a_2 - b_2)]$
  $= \frac{1}{2}[(0.413 - 0.654) + (0.223 - 0.454)]$
  $= -0.236m$
- B점의 표고(지반고) $H_B = H_A + H$
  ∴ $H_B = 120.564 + (-0.236) = 120.328m$

□□□ 기 93,07,10,12

05 하천 양안의 고저차를 측정할 때 교호수준 측량을 많이 이용하는 가장 큰 이유는 무엇인가?

① 개인 오차를 제거하기 위하여
② 스타프(함척)를 세우기 편하게 하기 위하여
③ 기계오차를 소거히기 위하여
④ 과실에 의한 오차를 제거하기 위하여

| 해답 | ③

교호수준 측량
- 목적 : 높은 정밀도를 필요로 할 경우
- 이유 : 하천을 횡단할 때 기계오차 및 광선의 굴절에 의한 오차를 소거하기 위하여

08 간접수준측량과 오차조정

1 간접수준측량

(1) 양차를 고려한 간접수준측량

$H_B = H_A + i + D\tan\alpha - h_B + S$

- 양차 $S = \dfrac{(1-K)D^2}{2R}$

삼각수준측량

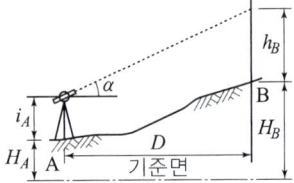

(2) 삼각수준측량
- 레벨을 사용하지 않고 트랜싯이나 데오돌라이트를 이용하여 두 점 간의 연직각과 거리를 관측하여 삼각법으로 고저차를 구한다.
- 직접수준측량에 비해 비용 및 시간은 절약되지만 정밀도는 낮다.
- $H_B = H_A + i_A + D\tan\alpha - h_B$ ($\overline{AB}$의 수평거리일 때)

여기서, H_A : 점 A의 표고, H_B : 점 B의 표고
i_A : 기계고, h_B : 점 B에 세운 표척을 읽음값
α : 시준점에 대한 연직각

수준측량의 허용오차범위
(L : 편도거리 km)

- 1등 수준측량
  2km를 왕복했을 때 ±5mm
  $E = \pm 2.5\sqrt{L}$ mm
- 2등 수준측량
  2km를 왕복했을 때 ±10mm
  $E = \pm 5.0\sqrt{L}$ mm

2 정밀도

오차는 노선거리의 제곱근에 비례한다.

$E = C\sqrt{L}$ ∴ $C = \dfrac{E}{\sqrt{L}}$

여기서, E : 수준측량 오차의 합, C : 1km에 대한 오차
L : 노선거리(km)

3 수준측량의 오차조정

- 경중률 : 경중률은 노선거리에 반비례한다.

$P_A : P_B : P_C = \dfrac{1}{l_1} : \dfrac{1}{l_2} : \dfrac{1}{l_3}$

- 최확값

$H_P = \dfrac{P_A H_A + P_B H_B + P_C H_C}{P_A + P_B + P_C}$

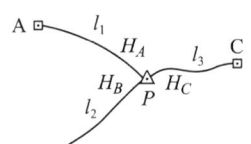

4 환폐합의 수준측량 오차조정

- 각 측점 간의 거리에 비례하여 배분한다.
- 각 측점의 조정량

$\dfrac{\text{조정할 측점까지의 추가거리}}{\text{총거리}} \times \text{폐합오차}$

- 각 측점의 최확값 = 각 측점의 관측값 ± 조정량

핵심문제

☐☐☐ 기 97,08,10

01 단일환의 수준망에서 관측 결과로 생긴 허용오차 이내의 폐합오차를 보정하는 방법으로 옳은 것은?

① 모든 점에 등배분한다.
② 출발 기준점으로부터의 거리에 비례하여 배분한다.
③ 출발 기준점으로부터의 거리에 반비례하여 배분한다.
④ 각 점의 표곳값 크기에 비례하여 배분한다.

| 해답 | ②

- 단일환 수준망의 경우 각 점의 오차는 노선거리에 비례하여 보정한다.
- 폐합 오차의 보정량 = $\dfrac{\text{그 측선까지의 거리}}{\text{측선 전체의 길이}} \times$ 폐합오차

☐☐☐ 기 99,06,09,12,14,19①③,22①

02 A, B, C 각 점에서 P점까지 수준측량을 한 결과가 표와 같다. 거리에 대한 경중률을 고려한 P점의 표고 최확값은?

측량경로	거리	P점의 표고
A → P	1km	135.487m
B → P	2km	135.563m
C → P	3km	135.603m

① 135.529m
② 135.551m
③ 135.563m
④ 135.570m

| 해답 | ①

최확값 $H_P = \dfrac{P_A H_A + P_B H_B + P_C H_C}{P_A + P_B + P_C}$

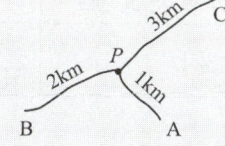

- 경중률은 거리에 반비례한다.

$P_A : P_B : P_C = \dfrac{1}{1} : \dfrac{1}{2} : \dfrac{1}{3} = 6 : 3 : 2$

$\therefore H_P = 135 + \dfrac{6 \times 0.487 + 3 \times 0.563 + 2 \times 0.603}{6+3+2}$

$= 135.529\text{m}$

☐☐☐ 기 86,04,13

03 A, B 두 점간의 비고를 구하기 위해 (1), (2), (3)경로에 대하여 직접고저측량을 실시하여 다음과 같은 결과를 얻었다. A, B 두 점간의 고저차의 최확값은?

노선	관측값	노선길이
(1)	32.234m	2km
(2)	32.245m	1km
(3)	32.240m	1km

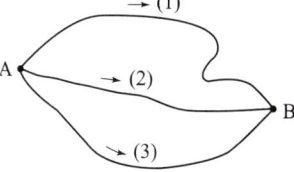

① 32.236m
② 32.238m
③ 32.241m
④ 32.243m

| 해답 | ③

직접 수준 측량의 경중률은 노선 거리에 반비례

$P_1 : P_2 : P_3 = \dfrac{1}{2} : \dfrac{1}{1} : \dfrac{1}{1} = 0.5 : 1 : 1$

$\therefore$ 최확값 $= 32.2 + \dfrac{0.5 \times 0.034 + 1 \times 0.045 + 1 \times 0.040}{0.5 + 1 + 1}$

$= 32.241\text{m}$

☐☐☐ 기 95,96,98,11,12,15

04 수준망의 관측 결과가 표와 같을 때, 정확도가 가장 높은 것은?

구분	총거리(km)	폐합오차(mm)
I	25	±20
II	16	±18
III	12	±15
IV	8	±13

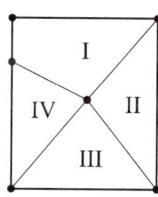

① I
② II
③ III
④ IV

| 해답 | ①

- 수준측량의 오차 $C = \dfrac{E}{\sqrt{L}}$
- I 구간 : $C = \pm \dfrac{20}{\sqrt{25}} = \pm 4.0$
- II 구간 : $C = \pm \dfrac{18}{\sqrt{16}} = \pm 4.50$
- III 구간 : $C = \pm \dfrac{15}{\sqrt{12}} = \pm 4.33$
- IV 구간 : $C = \pm \dfrac{13}{\sqrt{8}} = \pm 4.60$
- 수준 측량의 허용 오차 C의 가장 작은 값이 정확도가 가장 높다.

$\therefore$ I 구간의 정확도가 가장 높다.

알아두기

각의 종류
- 방위각 : 진북 방향과 측선이 이루는 우회각
- 방위각=방향각-진북 방향각
- 방향각 : 기준선과 측선이 이루는 우회각
- 배각법 : 트래버스 측량과 같이 한 측점에서 1개의 각을 높은 정밀도로 측정할 때 사용하며, 시준할 때의 오차를 줄일 수 있고 최소 눈금 미만의 정밀한 관측값을 얻을 수 있다.

조합각 관측법

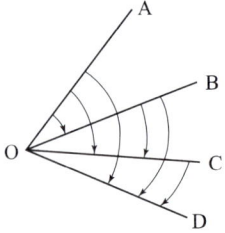

라디안

$1\text{Radian} = \dfrac{360°}{2\pi} = 57.3°$

방위각
- 방향각-진북 방향각
- 자북방위각-자침편차

측거오차

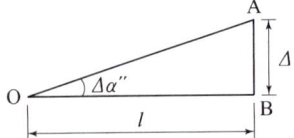

- 방향오차 $\Delta\alpha = 206265'' \dfrac{\Delta l}{l}$

  $\left(\dfrac{\Delta l}{l} = \dfrac{\Delta\alpha''}{\rho''}\right)$

- 측거오차 $\Delta l = \dfrac{\Delta\alpha''}{206265''} \times l$

- 허용오차 $M = \pm e\sqrt{n}$
  (e : 각오차, n : 측각횟수)

09 각관측

1 수평각 관측법

(1) 단측법(단각법) : 높은 정도를 요하지 않는 경우에 한 측점에서 1개의 각을 높은 정밀도로 측정할 때 사용한다.

(2) 배각법(반복법) : 한 각을 2회 이상 반복 측정하여 그 평균값을 구하는 방법으로 정밀한 측각을 할 경우에 사용한다.

(3) 방향각법 : 한 측점에서 여러 개의 수평각을 측정하는 3등 이하의 삼각측량에 많이 이용한다.

(4) 조합각 관측법 : 한 측점에서 모든 방향의 각을 전부 정·반위치에서 측정하는 방법으로서 1등 삼각측량에 주로 사용하며 가장 정확도가 높다.
- 대회수 n에 따라 초독의 위치를 $180°/n$씩 옮겨 읽는다.
- 각 관측의 수 $N = \dfrac{1}{2}n(n-1)$

2 수평각 관측 시의 오차

(1) 단각법의 각 관측오차 $m_s = \pm\sqrt{2(\alpha^2+\beta^2)}$

(2) 배각법에 의한 관측오차 $M = \pm\sqrt{\dfrac{2}{n}\left(\alpha^2+\dfrac{\beta^2}{n}\right)}$

(3) 방향각법의 오차
- 한 방향에 생기는 오차 $m = \pm\sqrt{\alpha^2+\beta^2}$
- n회 관측한 평균값에 의한 오차 $m = \pm\sqrt{\dfrac{2}{n}(\alpha^2+\beta^2)}$

  여기서, α : 시준오차, β : 읽기오차

3 각측량의 오차

오차의 종류	원 인	처리방법
시준축 오차	시준축과 수평축이 직교하지 않는다.	망원경 正·反으로 관측하여 평균한다.
수평축 오차	수평축이 연직축에 직교하지 않는다.	
외심 오차	회전축에 대하여 망원경의 위치가 편심하여 있다.	
연직축 오차	연직축이 정확히 연직선에 있지 않다.	어떤 방법으로도 소거되지 않는다.

4 각의 최확값

- 같은 각을 관측횟수를 달리하였을 경우의 최확값
- 경중률은 관측횟수에 비례

$M_o = \dfrac{P_1\alpha_1 + P_2\alpha_2 + P_3\alpha_3}{P_1+P_2+P_3} = \dfrac{\sum P\cdot\alpha}{\sum P}$

핵심문제

□□□ 기 85,95,96,00,10,12,17

01 A, B, C, 세 사람이 같은 조건에서 한 각을 측정하였다. A는 1회 측정에 45°20′37″, B는 4회 측정하여 평균 45°20′32″, C는 8회 측정하여 평균 45°20′33″를 얻었다. 이 각의 최확값은?

① 45°20′38″   ② 45°20′37″
③ 45°20′33″   ④ 45°20′30″

| 해답 | ③

관측횟수를 달리하였을 경우의 최확값 경중률은 관측횟수에 비례한다.

관측횟수	관측값
1	45°20′37″
4	45°20′32″
8	45°20′33″

$\therefore \mu = 45°20′ + \dfrac{37″ \times 1 + 32″ \times 4 + 33″ \times 8}{1+4+8} = 45°20′33″$

□□□ 기 15④,21①

02 그림과 같이 한 점 O에서 A, B, C 방향의 각관측을 실시한 결과가 다음과 같을 때 ∠BOC의 최확값은?

∠AOB 2회 관측 결과 40°30′25″
        3회 관측 결과 40°30′20″
∠AOC 6회 관측 결과 85°30′20″
        4회 관측 결과 85°30′25″

① 45°00′05″
② 45°00′02″
③ 45°00′03″
④ 45°00′00″

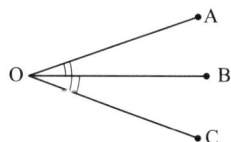

| 해답 | ④

- 같은 각을 관측횟수가 다르게 측정했으므로 경중률은 관측횟수에 비례한다.
- ∠AOB의 최확값
  $= 40°30′ + \dfrac{25″ \times 2 + 20″ \times 3}{2+3} = 40°30′22″$
- ∠AOC의 최확값
  $= 85°30′ + \dfrac{20″ \times 6 + 25″ \times 4}{6+4} = 85°30′22″$

$\therefore \angle BOC = \angle AOC - \angle AOB$
$= 85°30′22″ - 40°30′22″ = 45°00′00″$

□□□ 기 12,15,17④

03 수평각 관측법 중 가장 정확한 값을 얻을 수 있는 방법을 삼각측량에 이용되는 방법은?

① 조합각관측법   ② 방향각법
③ 배각법   ④ 단각법

| 해답 | ①

조합각관측법(각관측법)
수평각 관측법 중 가장 정확한 값을 얻을 수 있는 방법으로 1등 삼각측량에서 이용된다.

□□□ 기 88,98,05,13

04 각관측 방법 중 배각법에 관한 설명으로 옳지 않은 것은? (여기서, α : 시준오차, β : 읽기오차, n : 반복횟수)

① 방향각법에 비하여 읽기 오차의 영향을 적게 받는다.
② 수평각 관측법 중 가장 정확한 방법으로 1등 삼각 측량에 주로 이용된다.
③ 1각에 생기는 오차 $M = \pm \sqrt{\dfrac{2}{n}\left(\alpha^2 + \dfrac{\beta^2}{n}\right)}$ 이다.
④ 1개의 각을 2회 이상 반복 관측하여 관측한 각도를 모두 더하여 평균을 구하는 방법이다.

| 해답 | ②

각관측법(조합각관측법)
수평각 관측방법 중 가장 정확한 값을 얻을 수 있으며, 1등 삼각측량에 이용된다.

□□□ 기 07,08,15,17②,22③

05 거리측량의 정확도가 $\dfrac{1}{10000}$ 일 때 같은 정확도를 가지는 각 관측오차는?

① 18.6″   ② 19.6″
③ 20.6″   ④ 21.6″

| 해답 | ③

$\dfrac{\Delta l}{l} = \dfrac{\Delta \alpha″}{\rho″}$ 에서

$\therefore \Delta \alpha = \dfrac{\Delta l}{l} \rho″ = \dfrac{1}{10000} \times 206265″ = 20.6″$

알아두기

다각 측량의 작업순서
계획 → 답사 → 선점 → 조표 → 관측 → 방위각 측정 → 계산 및 제도

방위각법
한번 오차가 생기면 그 영향이 끝까지 미치므로 관측에 주의를 요한다.

측각오차의 허용범위

지 형	허용오차범위
시가지	$20\sqrt{n} \sim 30\sqrt{n}$ 초
평 지	$30\sqrt{n} \sim 60\sqrt{n}$ 초
산림지, 복잡한 지형	$90\sqrt{n}$ 초

- 허용범위이내 : 등배분
- 벗어나면 : 재측량

정밀도
$\dfrac{1}{M} = \dfrac{\Delta\alpha''}{\rho} = \dfrac{\Delta\alpha''}{206265''}$

10 다각(traverse) 측량의 방법

1 수평각 관측

(1) 교각법 : 서로 이웃하는 2개의 측선이 만드는 각을 측정해 나가는 방법
(2) 편각법 : 전측선의 연장선과 다음 측선과의 이루는 각을 관측하는 방법
(3) 방위각법 : 진북을 기준으로 어느 측선까지 시계방향으로 측정하는 방법

2 결합트래버스 측각오차

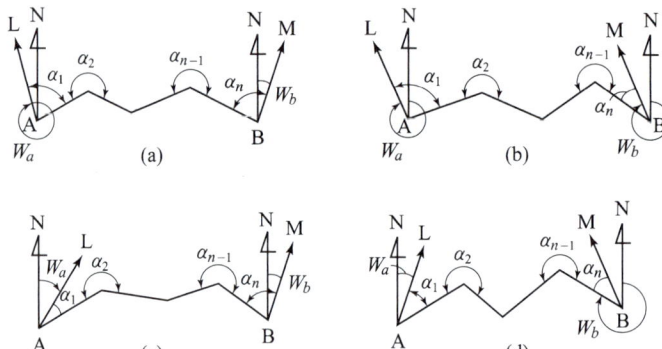

- L, M점이 자오선(N) 밖에 있을 때(그림 a)
  측각오차 $\Delta\alpha = W_a + [\alpha] - 180°(n+1) - W_b$
- L, M 한 점만 자오선(N) 밖에 있을 때(그림 b, c)
  측각오차 $\Delta\alpha = W_a + [\alpha] - 180°(n-1) - W_b$
- L, M점 모두 자오선(N) 안에 있을 때(그림 d)
  측각오차 $\Delta\alpha = W_a + [\alpha] - 180°(n-3) - W_b$
  여기서 W_a : AL의 방위각, W_b : BM의 방위각
  $[\alpha] : \alpha_1 + \alpha_2 + \cdots + \alpha_n$

3 폐합오차와 폐합비

- 폐합오차 $E = \sqrt{(\text{위거오차량})^2 + (\text{경거오차량})^2} = \sqrt{(E_L)^2 + (E_D)^2}$
- 폐합비 : $R = \dfrac{E}{\Sigma l} = \dfrac{1}{m}$

4 폐합오차의 조정

- 컴퍼스 법칙 : 각 관측의 정밀도가 거리관측 정밀도보다 작거나 같을 경우에 사용된다.

  $e = \dfrac{(\text{위거 또는 경거 오차})}{\text{거리의 총합}} \times \text{그 해당 측선의 거리}$

- 트랜싯 법칙 : 각 관측의 정밀도가 거리관측 정밀도보다 높을 경우에 사용된다.

  $e = \dfrac{(\text{위거 또는 경거 오차})}{(\text{위거 또는 경거})\text{의 절대합}} \times \text{그 해당 측선의 (위거 또는 경거)}$

핵심문제

□□□ 기 15

01 트래버스 측량에서 관측값의 계산은 편리하나 한번 오차가 생기면 그 영향이 끝까지 미치는 각관측 방법은?

① 교각법　　② 편각법
③ 협각법　　④ 방위각법

| 해답 | ④

방위각법
- 진북을 기준으로 어느 측선까지 시계방향으로 측정하는 방법
- 진북방향의 관측은 용이하지 않으므로 자북방향을 기준으로 할 때가 많다.
- 각 관측의 계산과 제도를 신속하게 할 수 있다.
- 한번 오차가 생기면 그 영향이 끝까지 미치므로 관측에 주의를 요한다.

□□□ 기 88,10,14

02 각의 정밀도가 ±20″인 각 측량기로 각을 관측할 경우, 각오차와 거리오차가 균형을 이루기 위한 줄자의 정밀도는?

① 약 $\frac{1}{10000}$　　② 약 $\frac{1}{50000}$
③ 약 $\frac{1}{100000}$　　④ 약 $\frac{1}{500000}$

| 해답 | ①

$$\frac{1}{M} = \frac{\Delta\alpha}{\rho} = \frac{20''}{206265''} = \frac{1}{10313} = 약 \frac{1}{10000}$$

□□□ 기 96,07,11,22②,25③

03 그림과 같은 트래버스에서 AL의 방위각이 19° 48′ 26″, BM의 방위각이 310° 36′ 43″, 관측한 교각의 총합이 1190° 47′ 22″일 때 측각오차의 크기는?

① 15″
② 25″
③ 47″
④ 55″

| 해답 | ④

$\Delta\alpha = W_a + [\alpha] - (n-3)180° - W_b$
$= 19°48′26″ + [1190°47′22″] - (8-3)180° - 310°36′43″$
$= 55″$

□□□ 기 93,05,06,11,14④,17②,19③

04 시가지에서 25변형 폐합트래버스측량을 한 결과 측각오차가 1′5″이었을 때, 이 오차의 처리는?
(단, 시가지에서의 허용오차 : $20''\sqrt{n} \sim 30''\sqrt{n}$, n : 트래버스의 측정 수, 각 측정의 정확도는 같다.)

① 오차를 각 내각에 균등배분 조정한다.
② 오차가 너무 크므로 재측(再測)을 하여야 한다.
③ 오차를 내각(內角)의 크기에 비례하여 배분 조정한다.
④ 오차를 내각(內角)의 크기에 반비례하여 배분 조정한다.

| 해답 | ①

$20\sqrt{25} \sim 30\sqrt{25}$ 초 $= 100''(1′40″) \sim 150''(2′30″)$
∴ 허용 오차보다 작으므로 경중률이 동일할 때 각의 크기에 관계없이 등배분하여 조정한다.

□□□ 기 88,07,13,17④,20③

05 트래버스 측량을 한 전체연장이 1.9km이고 위거오차가 +0.21m, 경거오차가 -0.29m이었다면 폐합비는?

① $\frac{1}{5156}$　　② $\frac{1}{5186}$
③ $\frac{1}{5307}$　　④ $\frac{1}{6168}$

| 해답 | ③

폐합오차 $E = \sqrt{(위거오차량)^2 + (경거오차량)^2}$
$= \sqrt{(E_L)^2 + (E_D)^2}$

- 폐합오차 : $E = \sqrt{(0.21)^2 + (0.29)^2} = 0.358\text{m}$
- 폐합비 : $R = \frac{E}{\Sigma l} = \frac{1}{m} = \frac{0.358}{1.9 \times 1000} = \frac{1}{5307}$

11 방위각 및 방위계산

1 방위각의 계산

- 방위각 : 진북(NS)을 기준으로 우회전했을 때 그 측선까지의 수평각
- 역방위각 = 방위각 + 180°

(1) 교각에서 방위각 계산
  어느 측선의 방위각 = 하나 앞 측선의 방위각 + 180° ± 그 측점의 교각

(2) 편각에서 방위각 계산
  어느 측선의 방위각 = 하나 앞 측선의 방위각 ± 그 측점의 편각

2 방위계산

- 방위 : 4개의 상한으로 나누어 NS선을 기준으로 90° 이하의 각도로 표시
- 역방위 : 방위에 180°를 더하며, 부호는 상대부호로 바뀐다.

상 한	방위각(α)	방위
제1상한	0° ~ 90°	NαE
제2상한	90° ~ 180°	S(180°－α)E
제3상한	180° ~ 270°	S(α－180°)W
제4상한	270° ~ 360°	N(360°－α)W

(1) 위거(L) : NS선에 투영된 거리(북쪽(N)+, 남쪽(S)－)
  $L = \overline{OA}\cos\alpha$

(2) 경거(D) : EW에 투영된 거리(동쪽(E)+, 서쪽(W)－)
  $D = \overline{OA}\sin\alpha$

(3) OA거리 : $\overline{OA} = \sqrt{(위거)L^2 + (경거)D^2} = \sqrt{(x_2-x_1)^2 + (y_2-y_1)^2}$

(4) 방위 : $\alpha = \tan^{-1}\dfrac{경거(D)}{위거(L)} = \dfrac{y_2-y_1}{x_2-x_1}$

3 좌표계산

- $X_B = X_A + \overline{AB}\cos\alpha$
- $Y_B = Y_A + \overline{AB}\sin\alpha$

4 배횡거

- 제1측선의 배횡거 = 그 측선의 경거
- 제2측선 이하의 배횡거 = 하나 앞 측선의 배횡거 + 하나 앞 측선의 경거 + 그 측선의 경거
- 마지막 측선의 배횡거 = 그 측선의 경거에 부호는 반대
- 배면적 = 배횡거 × 위거

방위각 계산시 주의점
- 어느 방위각이든 360°를 초과하면 －360°, －각이 나오면 +360°를 더한다.
- 방위각과 역방위각의 위상차는 180°이다.

교각에서 방위각 계산
- 진행방향의 우측에 교각 +
- 진행방향의 좌측에 교각 －

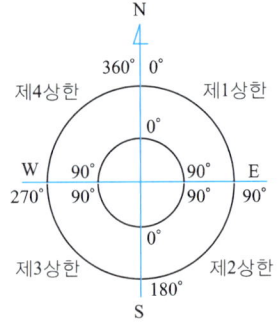

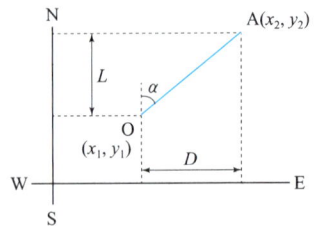

핵심 문제

□□□ 기 14

01 그림과 같은 트래버스에서 $\overline{CD}$ 측선의 방위는? (단, $\overline{AB}$ 의 방위 = N 82° 10′ E, ∠ABC = 98° 39′, ∠BCD = 67° 14′ 이다.)

① S 6° 17′ W
② S 83° 43′ W
③ N 6° 17′ W
④ N 83° 43′ W

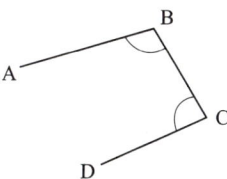

| 해답 | ④

측선	방위각	방위	상한
AB	82° 10′	N 82° 10′ E	1상한
BC	82° 10′ + 180° − 98° 39′ = 163° 31′	S 16° 29′ E	2상한
CD	163° 31′ + 180° − 67° 14′ = 276° 17′	N 83° 43′ W	4상한

∴ $\overline{CD}$ 측선의 방위 : N 360° − 276° 17′) W
= N 83° 43′ W

□□□ 기 84, 07, 13

02 A의 좌표가 $(x = 3120.26\text{m}, y = 4216.32\text{m})$ 이고 B의 좌표가 $(x = 1829.54\text{m}, y = 3833.82\text{m})$ 일 때 $\overline{BA}$ 의 방위각은?

① 16° 30′ 25″
② 163° 29′ 39″
③ 196° 30′ 25″
④ 343° 29′ 39″

| 해답 | ①

[방법1]

• $\overline{BA}$ 방위 $\theta = \tan^{-1}\dfrac{y_A - y_B}{x_A - x_B} = \tan^{-1}\dfrac{4216.32 - 3833.82}{3120.29 - 1829.54}$

$= \tan^{-1}\dfrac{+382.5}{+1290.72} = 16°30'25''$ (1상한)

∴ $\overline{BA}$ 방위각 = 16° 30′ 25″

[방법2]

• $\overline{AB}$ 방위 $\theta = \tan^{-1}\dfrac{y_B - y_A}{x_B - x_A} = \tan^{-1}\dfrac{3833.82 - 4216.32}{1829.54 - 3120.29}$

$= \tan^{-1}\dfrac{-1382.5}{-1290.72} = 16°30'25''$ (3상한)

$\overline{AB}$ 방위각 = 16° 30′ 25″ + 180° = 196° 30′ 25″

∴ $\overline{BA}$ 방위각 = 196° 30′ 25″ + 180° − 360°
= 16° 30′ 25″

□□□ 기 96, 99, 11, 12, 15④, 22①

03 트래버스 측점 A의 좌표가 (200, 200)이고, AB 측선의 길이가 50m일 때 B점의 좌표는? (단, AB의 방위각은 195° 이고, 좌표의 단위는 m이다.)

① (248.3, 187.1)
② (248.3, 212.9)
③ (151.7, 187.1)
④ (151.7, 212.9)

| 해답 | ③

• $X_B = X_A + \overline{AB}\cos\theta$
$= 200 + 50\cos 195° = 151.7\text{m}$

• $Y_B = Y_A + \overline{AB}\sin\theta$
$= 200 + 50\sin 195° = 187.1\text{m}$

∴ B점의 좌표(151.7, 187.1)

□□□ 기 84, 08, 10, 15②, 18①

04 트래버스 ABCD에서 각 측선에 대한 위거와 경거 값이 아래 표와 같을 때, 측선 BC의 배횡거는?

측선	위거(m)	경거(m)
AB	+75.39	+81.57
BC	−33.57	+18.78
CD	−61.43	−45.60
DA	+44.61	−52.75

① 81.57m
② 155.10m
③ 163.14m
④ 181.92m

| 해답 | ④

측선	경거(m)	배횡거(m)
AB	+81.57	81.57
BC	+18.78	81.57 + 81.57 + 18.78 = 181.92
CD	−45.60	181.92 + 18.78 − 45.60 = 155.10
DA	−52.65	155.10 − 45.60 52.75 − 52.75

□□□ 기 11, 22③

05 직선 AB의 방위각이 128° 30′ 30″ 이었다면 직선 BA의 방위각은?

① 128° 30′ 00″
② 51° 29′ 30″
③ 308° 30′ 30″
④ 358° 29′ 30″

| 해답 | ③

방위각과 역방위각은 180° 차이가 난다.

∴ BA의 방위각 : 128° 30′ 30″ + 180° = 308° 30′ 30″

> 알아두기

삼각측량의 목적
기준점의 위치를 결정하기 위해서이다.

12 삼각측량

1 삼각측량의 작업

(1) 삼각측량의 작업순서
편심조정 계산 → 삼각형 계산(변, 방향각) → 좌표조정 계산 → 표고 계산 → 경위도 계산

(2) 삼각점 선점
- 삼각형은 정삼각형에 가까울수록 변장계산에 미치는 영향이 가장 작다.
- 가능한 한 측점의 수를 적게 하고 세부측량에 이용가치가 커야 한다.
- 삼각점의 위치는 다른 삼각점과 시준이 잘 되어야 한다.

2 삼각망의 종류

(1) 단열 삼각망 : 하천조사 측량의 골조측량(삼각측량, 다각측량)에 가장 많이 사용된다.
(2) 사변형 삼각망 : 시간과 경비가 많이 소요되나 가장 정밀한 측량성과를 얻을 수 있는 삼각망이다.
(3) 유심 삼각망 : 광대한 지역의 측량에 적당하며, 단열 삼각망보다 정도가 높다.

3 기하학적 조건

(1) 측점조건 : 어느 한 측점에서 여러 방향의 협각을 관측했을 때 이들 여러 각 사이의 관계를 표시하는 조건을 측점조건이라 한다.
- 1측점에서 측정한 여러 각의 합은 그 전체를 한 각으로 관측한 각과 같다.

(2) 도형조건 : 삼각망의 도형이 폐합하기 위해 필요한 여러 각 사이의 상호관계는 다음과 같다.
- 각조건 : 삼각망 중 각각 3각형 내각의 합은 180°가 될 것
- 변조건 : 삼각망 중에서 임의 한 변의 길이는 계산순서에 관계없이 동일할 것
- 점조건 : 한 측점 주위에 있는 모든 각의 총합은 360°가 될 것

4 조건식의 계산

- 측점 방정식의 수 : $W-l+1$
- 각 조건식의 수 : $L-P+1$
- 변 방정식의 수 : $B+L-2P+2$
- 조건식의 총수 : $B+A-2P+3$

여기서, W : 한 측점 주위의 각 수, l : 한측점에서 나간 변의 수
L : 변의 총수, P : 삼각점 수
B : 기선 수, A : 관측각의 총수

핵심문제

| 해답 | ④

각관측 3조건
- 각조건 : 삼각망 중 각각 3각형 내각의 합은 180°가 될 것
- 변조건 : 삼각망 중에서 임의 한 변의 길이는 계산순서에 관계없이 동일할 것
- 점조건 : 한 측점 주위에 있는 모든 각의 총합은 360°가 될 것

□□□ 기 89,05,12

01 일반적으로 단열 삼각망으로 구성하기에 가장 적합한 것은?

① 시가지와 같이 정밀을 요하는 골조측량
② 복잡한 지형의 골조측량
③ 광대한 지역의 지형측량
④ 하천조사를 위한 골조측량

| 해답 | ④

단열 삼각망
하천조사 측량의 골조측량(삼각측량, 다각측량)에 가장 많이 사용된다.

□□□ 기 06,09,14②,19②,25①

04 그림과 같은 유심 삼각망에서 만족하여야 할 조건이 아닌 것은?

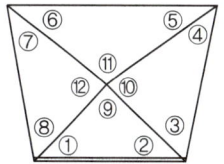

① ((①+②+⑨)-180°=0
② ((①+②)-(⑤+⑥)=0
③ (⑨+⑩+⑪+⑫)-360°=0
④ ((①+②+③+④+⑤+⑥+⑦+⑧)-360°=0

| 해답 | ②

- 측점조건 : 한 측점의 둘레에 있는 모든 각을 합한 것은 360°이다.
- 각조건 : 삼각형 내각의 합은 180°이다.
- ((①+②)-(⑤+⑥)≠0

□□□ 기 06,09,14

02 삼각측량에서 삼각점을 선점할 때 주의사항으로 틀린 것은?

① 삼각형은 정삼각형에 가까울수록 좋다.
② 가능한 한 측점의 수를 많게 하고 거리가 짧을수록 유리하다.
③ 미지점은 최소 3개, 최대 5개의 기지점에서 정·반 양방향으로 시통이 되도록 한다.
④ 삼각점의 위치는 다른 삼각점과 시준이 잘되어야 한다.

| 해답 | ②

삼각점은 될 수 있는 대로 측점의 수를 적게 하고, 트래버스 측량, 세부 측량 등 후속 측량에 이용 가치가 높은 점이어야 한다.

□□□ 기 80,96,10,12

05 삼각측량을 위한 삼각점의 위치 선정에 있어서 피해야 할 장소와 가장 거리가 먼 것은?

① 나무의 벌목면적이 큰 곳
② 습지 또는 하상인 곳
③ 측표를 높게 설치해야 되는 곳
④ 편심관측을 해야 되는 곳

| 해답 | ④

삼각점의 선점시 유의 사항
- 견고한 땅이어야 하고 위치의 이동이 없고 침하하지 않는 곳이 좋다.
- 많은 나무의 베어야 하거나 높은 측표를 요하는 기점을 가능한 피한다. 이때에는 편심 관측이 유리하다.

□□□ 기 03,07

03 삼각측량의 각 삼각점에 있어 모든 각의 관측 시 만족되어야 하는 조건이 아닌 것은?

① 하나의 측점을 둘러싸고 있는 각의 합은 360°가 되도록 한다.
② 삼각망 중에서 임의의 한 변의 길이는 계산의 순서에 관계없이 동일하도록 한다.
③ 삼각망 중 각각 삼각형 내각의 합은 180°가 되도록 한다.
④ 모든 삼각점의 포함면적은 각각 일정해야 한다.

알아두기

sin법칙

$$\frac{e}{\sin x_1} = \frac{S_1}{\sin(360°-\phi)}$$

$$\frac{e}{\sin x_2} = \frac{S_2}{\sin(360°-\phi+T')}$$

구차와 기차 조정
- 구차는 높게(+)
- 기차는 낮게(−)

삼변측량
삼각측량에서 수평각을 관측하는 대신에 삼변의 길이를 관측하여 삼각점의 위치를 구하는 측량이다.

---

13 삼각측량의 응용

1 편심관측의 방법

- $T + x_1 = T' + x_2$
  - $x_1 = \sin^{-1}\dfrac{e}{S_1}\sin(360°-\phi)$
  - $x_2 = \sin^{-1}\dfrac{e}{S_2}\sin(360°-\phi+T')$
  - $\therefore T = T' + x_2 - x_1$

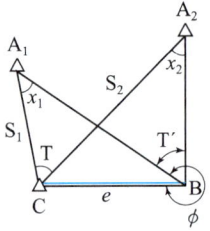

2 삼각수준측량

- 구차 : 지구의 곡률에 의한 오차(+ 높게) : $+\dfrac{D^2}{2R}$
- 기차 : 대기의 밀도에 대한 오차(− 낮게) : $-\dfrac{KD^2}{2R}$
- 양차 : 구차 + 기차 : $\dfrac{D^2(1-K)}{2R}$

  여기서, D : 거리
  R : 지구곡률반지름
  K : 굴절계수(0.12~0.14)

3 삼변측량

- 수평각 대신 코사인 제2법칙과 반각공식을 이용하여 각으로부터 변장을 관측하여 삼각점의 위치를 구하는 측량이다.

(1) 삼변측량의 특징
- 좌표계산이 편리하다.
- 조건식의 수가 적고, 관측값의 기상보정이 난해한 점이 있다.
- 수평각 대신 변장을 관측하여 삼각점의 위치를 구하는 측량이다.
- 전자파, 광파를 이용한 거리 측량기가 발달하여 높은 정밀도로 장거리를 측량할 수 있게 됨으로써 삼변측량법이 발달되었다.

(2) cosine 제2법칙

- $\cos\angle A = \dfrac{b^2+c^2-a^2}{2bc}$
- $\cos\angle B = \dfrac{a^2+c^2-b^2}{2ac}$
- $\cos\angle C = \dfrac{a^2+b^2-c^2}{2ab}$

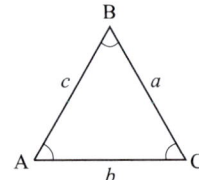

(3) 변장계산 sine법칙

$$\frac{a}{\sin\angle A} = \frac{b}{\sin\angle B} = \frac{c}{\sin\angle C}$$

$a = \dfrac{\sin\angle A}{\sin\angle B} \times b, \quad b = \dfrac{\sin\angle B}{\sin\angle A} \times a$

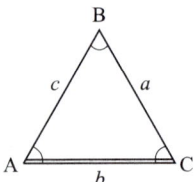

핵 심 문 제

☐☐☐ 기 81,98,02,06,08,10

01 삼각수준측량의 관측값에서 대기의 굴절오차(기차)와 지구의 곡률오차(구차)의 조정방법으로 옳은 것은?

① 기차는 높게, 구차는 낮게 조정한다.
② 기차는 낮게, 구차는 높게 조정한다.
③ 기차와 구차를 함께 높게 조정한다.
④ 기차와 구차를 함께 낮게 조정한다.

| 해답 | ②

- 대기 때문에 생기는 오차는 기차 : $-\dfrac{KD^2}{2R}$
- 지구표면의 곡률 때문에 생기는 오차는 구차 : $+\dfrac{D^2}{2R}$
∴ 기차는 낮게(-), 구차는 높게(+) 조정한다.

☐☐☐ 기 93,06,12,16①,25①

02 그림과 같이 △P_1P_2C는 동일 평면상에서 $\alpha_1=62°8'$, $\alpha_2=56°27'$, B=60.00m이고 연직각 $v_1=20°46'$일 때 C로부터 P까지의 높이 H는?

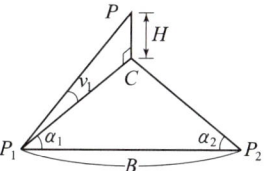

① 24.23m   ② 22.90m
③ 21.59m   ④ 20.58m

| 해답 | ③

△P_1P_2C에서 sin법칙 적용

$\dfrac{B}{\sin C}=\dfrac{\overline{P_1C}}{\sin\alpha_2}=\dfrac{\overline{P_1P_2}}{\sin[180°-(\alpha_1+\alpha_2)]}=\dfrac{B}{\sin(\alpha_1+\alpha_2)}$

$\dfrac{\overline{P_1C}}{\sin 56°27'}=\dfrac{60}{\sin(62°8'+56°27')}$

∴ $\overline{P_1C}=56.945$m
∴ $H=\overline{P_1C}\tan v_1$
$=56.945\tan 20°46'=21.59$m
∴ $\sin(180°-\alpha)=\sin\alpha$

☐☐☐ 기 97,99,10

03 다음 그림과 같은 편심 조정 계산에서 T값은?
(단, $\phi=300°$, $S_1=3$km, $S_2=2$km, $e=0.5$m, $t=45°30'$, $S_1≒S_1'$, $S_2≒S_2'$로 가정할 수 있음.)

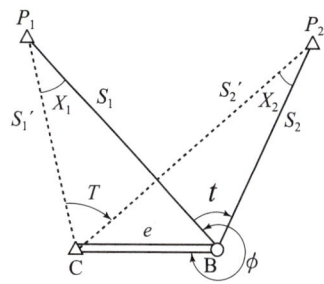

① 45°29′40″   ② 45°30′05″
③ 45°30′20″   ④ 45°31′05″

| 해답 | ③

sin법칙에 의하여 계산하면

- $\dfrac{e}{\sin x_1}=\dfrac{S_1≒S_1'}{\sin(360°-\phi)}$에서

  $x_1=\sin^{-1}\dfrac{e}{S_1}\sin(360°-\phi)$

  $=\sin^{-1}\dfrac{0.5}{3000}\sin(360°-300°)=29.77''$

- $\dfrac{e}{\sin x_2}=\dfrac{S_2≒S_2'}{\sin(360°-\phi+t)}$에서

  $x_2=\sin^{-1}\dfrac{e}{S_2}\sin(360°-\phi+t)$

  $=\sin^{-1}\dfrac{0.5}{2000}\sin(360°-300°+45°30')$

  $=49.69''$

- $x_1+T=x_2+t$에서
  ∴ $T=x_2+t-x_1=49.69''+45°30'-29.77''$
  $=45°30'20''$

☐☐☐ 기 13

04 삼변측량에서 △ABC에서 세 변의 길이가 $a=1200.00$m, $b=1600.00$m, $c=1442.22$m라면 변 c의 대각인 ∠C는?

① 45°   ② 60°
③ 75°   ④ 90°

| 해답 | ②

cosine 제2법칙

$\cos\angle C=\dfrac{a^2+b^2-c^2}{2ab}$

$\angle C=\cos^{-1}\dfrac{1200^2+1600^2-1442.2^2}{2\times1200\times1600}=60°$

알아두기

지형측량
지도를 작성하기 위한 측량

지형측량의 순서
① 측량계획 작성
↓
② 골조측량
↓
③ 세부측량
↓
④ 측량원도 작성

도근점
기본 삼각점만으로는 기준점이 부족하므로 삼각점을 기준으로 하여 지형측량에 설치하는 필요한 측점

등고선
- 동일 등고선상의 모든 점은 기준면으로부터 같은 높이에 있다.
- 높이가 다른 두 등고선은 절벽이나 동굴의 지형을 제외하고는 교차하거나 만나지 않는다.
- 등고선은 도면 내·외에서 폐합하는 폐곡선이다.

지성선
지표면이 다수의 평면으로 구성되었다고 할 때 평면간 접합부, 즉 접선을 말하며 지세선이라고도 한다.

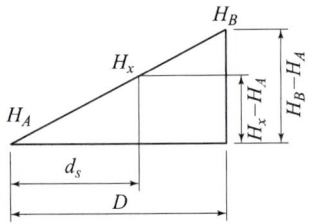

---

14 지형측량

1 지형도의 표시방법

(1) 자연적인 도법
- 우모법(영선법, 게바법) : 경사를 새털 모양으로 표시하는 방법
- 음영법(명암법) : 고저차가 크고 경사가 급한 곳에 주로 사용

(2) 부호적 도법
- 채색법 : 등고선의 지대에 같은 색을 칠하여 채색의 농도로 고저를 나타내는 방법
- 점고법 : 하천, 항만, 해양 등에서 심천측량을 1점에 숫자를 기입하여 높이를 표시하는 방법
- 등고선법 : 동일 표고의 점을 연결한 곡선, 즉 등고선에 의하여 지표를 표시하는 비교적 정확한 지표의 표현방법

2 등고선

(1) 등고선의 종류와 간격

종 류	표시방법(m)	1/1000	1/5000	1/10000	1/25000	1/50000
계곡선	굵은 실선	5	25	25	50	100
주곡선	가는 실선	1	5	5	10	20
간곡선	가는 긴 파선	0.5	2.5	2.5	5	10
조곡선	가는 짧은 파선	0.25	1.25	1.25	2.5	5

(2) 등고선의 성질
- 분수선(능선)과 합수선은 등고선에 직각으로 만난다.
- 동일한 경사의 지표에서 등고선 간의 수평거리는 같다.
- 등고선 간의 최단거리의 방향은 그 지표면의 최대경사의 방향을 가리킨다.
- 지도의 도면 내에서 폐합되는 경우 등고선의 내부에는 산꼭대기 또는 분지가 있다.

3 지성선

- 철(凸)선 : 지표면의 높은 점들을 연결한 선으로 능선 또는 분수선이라 한다.
- 계곡(凹)선 : 지표면의 낮은 점들을 연결한 선으로 凹선(합수선)이라 한다.
- 최대경사선 : 지표의 경사가 최대로 되는 방향을 표시한 선으로 유하선이라고 한다.
- 경사변환선 : 동일 방향의 경사면에서 경사의 크기가 다른 두 면의 접합선이다.

4 지형도의 이용

- 임의점까지의 수평거리
$$H_B - H_A : D = H_x - H_A : d_s \quad \therefore \ d_s = \frac{H_x - H_A}{H_B - H_A} \times D$$

핵심문제

□□□ 기 83,95,96,97,01,08,11①,19①

01 축척 1/500 지형도를 기초로 하여 축척 1/3000 지형도를 제작하고자 한다. 1/3000 도면 한 장에는 1/500 도면이 얼마나 포함되는가?

① 16매 ② 25매
③ 36매 ④ 49매

| 해답 | ③

$$\frac{A_2}{A_1} = \left(\frac{M_2}{M_1}\right)^2 = \left(\frac{3000}{500}\right)^2 = 36 \text{매}$$

□□□ 기 96,04,08,11,14,15,19③

02 축척 1 : 25000의 수치지형도에서 경사가 10%인 등경사 지형의 주곡선 간 도상거리는?

① 2mm ② 4mm
③ 6mm ④ 8mm

| 해답 | ②

• 경사 $i = \frac{h}{D} = 10\%$ 에서

• 수평거리 $D = \frac{h}{i} = \frac{10}{0.1} = 100\text{m}$

(∵ 1/25000지형도의 주곡선 간격은 10m이다.)

∴ 도상거리 $l = \frac{D}{m} = \frac{100}{25000} = 0.004\text{m} = 4\text{mm}$

□□□ 기 95,04,11,14

03 축척 1 : 50000 지형도상에서 주곡선 간의 도상 수평길이가 1cm이었다면 이 지형의 경사는?

① 4% ② 5%
③ 6% ④ 10%

| 해답 | ①

경사 $i = \frac{h}{D} \times 100(\%)$ 에서

• 축척 $\frac{1}{50000}$ 지형도상의 인접한 두 주곡선 간격

  h : 20m

• 실제거리 $D = 50000 \times 1 = 50000\text{cm} = 500\text{m}$

∴ $i = \frac{h}{D} = \frac{20}{500} \times 100 = 4\%$

□□□ 기 96,00,05,12,13②,21①

04 해도와 같은 지도에 이용되며, 주로 하천이나 항만 등의 심천측량을 한 결과를 표시하는 방법으로 가장 적당한 것은?

① 채색법 ② 영선법
③ 점고법 ④ 음영법

| 해답 | ③

점고법
하천, 항만, 해양 등에서 심천측량을 한 측점에 숫자를 기입하여 높이를 표시하는 방법

□□□ 기 00,03,05,15,17,21①

05 등고선에 관한 설명으로 옳지 않은 것은?

① 높이가 다른 등고선은 절대 교차하지 않는다.
② 등고선 간의 최단거리 방향은 최급경사 방향을 나타낸다.
③ 지도의 도면 내에서 폐합되는 경우 등고선의 내부에는 산꼭대기 또는 분지가 있다.
④ 동일한 경사의 지표에서 등고선 간의 수평거리는 같다.

| 해답 | ①

높이가 다른 두 등고선은 절벽이나 동굴의 지형을 제외하고는 교차하거나 만나지 않는다.

□□□ 기 97,01,13②,19①,22③

06 지형측량에서 지성선(地聲線)에 대한 설명으로 옳은 것은?

① 등고선이 수목에 가려져 불명확할 때 이어 주는 선을 의미한다.
② 지모(地貌)의 골격이 되는 선을 의미한다.
③ 등고선에 직각방향으로 내려 그은 선을 의미한다.
④ 곡선(谷線)이 합류되는 점들을 서로 연결한 선을 의미한다.

| 해답 | ②

■ 지성선 : 지모의 골격을 나타내는 선
■ 지모를 나타내는 3가지 요소
 • 능선(凸선) : 지표면의 높은 곳을 연결한 선
 • 계곡선(凹선) : 지표면의 낮은 곳을 나타내는 선

알아두기

노선측량의 순서
답사 → 중심선 측량 → 종·횡단 측량 → 공사 측량

sec와 cos의 관계
$\sec\theta = \dfrac{1}{\cos\theta}$

중앙종거법
1/4법으로 시가지의 곡선 설치, 보도 설치 및 도로, 철도 등의 기설곡선의 검사 또는 수정에 많이 사용된다.

완화곡선의 종류와 용도

종 류	용 도
클로소이드 곡선	고속도로 IC
렘니스케이트 곡선	지하철
3차 포물선	철도 이용
반파장 sin 체감곡선	고속철도

용어
A^2 : 매개변수
L : 클로소이드 길이
R : 곡률반지름

15 노선측량

1 단곡선의 각 명칭

- 접선길이(접선장) $T.L = R\tan\dfrac{I}{2}$
- 곡선길이 $C.L = \dfrac{\pi}{180°}RI = 0.0174533RI$
- 외선길이(외할) $E = R\left(\sec\dfrac{I}{2} - 1\right)$
- 중앙종거 $M = R\left(1 - \cos\dfrac{I}{2}\right)$
- 장현 $L = 2R\sin\dfrac{I}{2}$
- 편각 $\delta = \dfrac{180°}{\pi} \times \dfrac{l}{2R} = 1718.87'\dfrac{l}{R}$
- 시곡점(B.C) = 교점(I.P)거리 − 접선길이(T.L)
- 종곡선(E.C) = 시곡점(B.C) + 곡선길이(C.L)

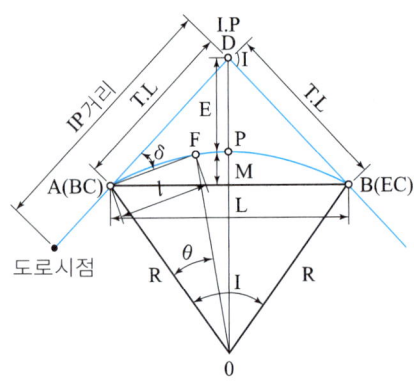

2 완화곡선

- 완화곡선의 접선길이 $T.L = \dfrac{L}{2} + (R + \Delta R)\tan\dfrac{I}{2}$

(1) 완화곡선의 성질
- 완화곡선의 접선은 시점에서 직선에, 종점에서 원호에 접한다.
- 완화곡선의 반지름은 그 시점에서 무한대, 종점에서는 원곡선의 반지름과 같다.
- 완화곡선에 연한 곡선반지름의 감소율은 캔트의 증가율과 같다.

(2) 클로소이드 곡선
- 클로소이드 곡선의 기본식 : $A^2 = R \cdot L$
- 클로소이드의 형식 : 기본형, S형, 복합형, 凸형, 유형
- 클로소이드는 곡률이 곡선길이에 비례하여 증가하는 곡선이다.
- 클로소이드는 나선의 일종이며 모든 클로소이드는 닮은꼴이다.
- 클로소이드의 중점좌표 x, y는 그 점의 접선각의 함수로 표시된다.
- 클로소이드에서 접선각 τ을 라디안으로 표시하면 $\tau = \dfrac{L}{2R}$이 된다.

(3) 캔트 : 곡선부를 통과하는 차량에 원심력이 발생하여 접선방향으로 탈선하는 것을 방지하기 위해 바깥쪽의 노면을 안쪽보다 높이는 정도이다.
- 캔트 $C = \dfrac{bV^2}{gR}$

(4) 확폭 : 곡선부분에서 차의 앞바퀴와 뒷바퀴가 항상 안쪽을 지나므로 내측을 넓게 하는 것이다.
- 확폭량 $\epsilon = \dfrac{L^2}{2R}$

핵심문제

□□□ 기 81,84,94,96,99,01,03,06,10,14②,19①

01 교각(I) 60°, 외선길이(E) 15m인 단곡선을 설치할 때 곡선길이는?

① 85.2m   ② 91.3m
③ 97.0m   ④ 101.5m

| 해답 | ④

곡선길이 $C.L = \dfrac{\pi}{180°}RI$

• 외선길이 $E = R\left(\sec\dfrac{I}{2} - 1\right) = 15\text{m}$ 에서

• $R = \dfrac{E}{\sec\dfrac{I}{2} - 1} = \dfrac{15}{\dfrac{1}{\cos\dfrac{60°}{2}} - 1} = 96.96\text{m}$

∴ $C.L = \dfrac{\pi}{180} \times 96.96 \times 60° = 101.5\text{m}$

□□□ 기 01,06,08

02 교점(I.P)의 위치가 기점으로부터 400m, 곡선반지름 $R = 200$m, 교각 $I = 90°$인 원곡선에서 기점으로부터 곡선시점(B.C)의 추가거리는?

① 180m   ② 190m
③ 200m   ④ 600m

| 해답 | ③

곡선시점의 위치 $B.C = I.P - TL$

$TL = R\tan\dfrac{I}{2} = 200\tan\dfrac{90°}{2} = 200\text{m}$

∴ $B.C = 400 - 200 = 200\text{m}$

□□□ 기 95,01,04,07,14

03 곡선반지름이 500m인 단곡선의 종단현이 15.343m 라면 이에 대한 편각은?

① 0° 31′ 37″   ② 0° 43′ 19″
③ 0° 52′ 45″   ④ 1° 04′ 26″

| 해답 | ③

$\delta = \dfrac{90°}{\pi} \times \dfrac{l}{R} = 1718.87' \times \dfrac{l}{R}$

$= 1718.87' \times \dfrac{15.343}{500} = 52'45''$

□□□ 기 95,04,09,13

04 원곡선에서 교각이 30°이고 곡선반지름이 500m 이며 곡선시점의 추가거리가 150m일 때, 곡선종점의 추가거리는?

① 404.675m   ② 411.799m
③ 426.743m   ④ 430.451m

| 해답 | ②

추가거리 = 곡선시점(B.C)의 추가거리 + C.L

• 곡선길이 $C.L = \dfrac{\pi}{180°}RI$

$= 0.01745 \times 500 \times 30°$

$= 261.799\text{m}$

∴ 추가거리 $= 150 + 261.799$
$= 411.799\text{m}$

□□□ 기 03,07,12,13,15②,17④,20②

05 노선측량에서 교각 $I = 40°$, 곡선반지름 $R = 150$m, 중심말뚝 간의 거리 $l = 20$m이며 노선의 시점에서 교점까지의 추가거리가 240.70m일 때 시단현의 편각은?

① 1° 40′ 27″   ② 2° 39′ 17″
③ 3° 28′ 17″   ④ 0° 56′ 27″

| 해답 | ②

시단현 편각 $\delta_1 = \dfrac{90°}{\pi} \dfrac{l_1}{R}$

• 접선길이 $T.L = R\tan\dfrac{I}{2} = 150\tan\dfrac{40°}{2} = 54.60\text{m}$

• $BC = IP$의 거리 $- TL = 240.70 - 54.60 = 186.1\text{m}$

• 시단현 길이 $l_1 = BC$ 앞말뚝 $- BC$
$= 200 - 186.1 = 13.9\text{m}$

∴ 시단현의 편각 $\delta_1 = \dfrac{90°}{\pi} \times \dfrac{13.9}{150} = 2°39'17''$

□□□ 기 01,04,07,14①,21①,22①

06 도로노선의 곡률반지름 $R = 2000$m, 곡선길이 $L = 245$m일 때, 클로소이드의 매개변수 A는?

① 500m   ② 600m
③ 700m   ④ 800m

| 해답 | ③

$A^2 = RL$에서

$A = \sqrt{RL} = \sqrt{2000 \times 245} = 700\text{m}$

□□□ 기 06,12
07 완화곡선의 성질에 대한 설명으로 옳지 않은 것은?

① 곡선반지름은 완화곡선의 시점에서 무한대이다.
② 완화곡선의 접선은 종점에서 원호에 접한다.
③ 곡선반지름의 감소율은 캔트의 증가율과 같다.
④ 종점에서의 캔트는 원곡선의 캔트와 역수관계이다.

> | 해답 | ④
> 완화곡선에 연한 곡선반지름의 감소율은 캔트의 증가율과 부호가 다른 동률로 된다.
> 그러므로 종점에서의 캔트는 원곡선의 캔트와 같다.

□□□ 기 04,06,08,10
08 클로소이드 곡선에서 $R=450\text{m}$, 매개변수 $A=300\text{m}$일 때 곡선의 시점으로부터 100m 지점의 곡률반지름은?

① 450m ② 900m
③ 1350m ④ 1800m

> | 해답 | ②
> • $A^2 = R \cdot L$에서
> $300^2 = 450 \times L$
>   ∴ 클로소이드의 길이 $L = 200\text{m}$
> • 곡률 반경 $\rho = R \cdot L \cdot \frac{1}{x}$
> $= 450 \times 200 \times \frac{1}{100} = 900\text{m}$

□□□ 기 12
09 교각$(I) = 52°50'$, 곡선반지름$(R) = 300\text{m}$인 기본형 대칭 클로소이드를 설치할 경우 클로소이드의 시점과 교점(I.P) 간의 거리(D)는?
(단, 원곡선의 중심(M)의 X좌표$(X_M) = 37.480\text{m}$, 이정량$(\triangle R) = 0.781\text{m}$이다.)

① 148.03m ② 149.42m
③ 185.51m ④ 186.90m

> | 해답 | ④
> 완화곡선의 접선길이
> $T.L = X_M + (R + \triangle R)\tan\frac{I}{2}$
> $= 37.480 + (300 + 0.781)\tan\frac{52°50'}{2} = 186.90\text{m}$

□□□ 기 81,86,99,06,11
10 완화곡선에 대한 설명으로 옳지 않은 것은?

① 완화곡선의 곡선반지름은 시점에서 무한대, 종점에서 완곡선의 반지름 R로 한다.
② 클로소이드의 형식에는 S형, 복합형, 기본형 등이 있다.
③ 완화곡선의 접선은 시점에서 원호에, 종점에서 직선에 접한다.
④ 모든 클로소이드는 닮은꼴이며 클로소이드 요소에는 길이의 단위를 가진 것과 단위가 없는 것이 있다.

> | 해답 | ③
> 완화 곡선의 접선은 시점에서 직선에, 종점에서 원호에 접한다.
> • 클로소이드의 형식 : 기본형, S형, 복합형, 凸형, 유형

□□□ 기 97,99,03,05,09,22②
11 다음 중 완화곡선의 종류가 아닌 것은?

① 렘니스케이트 곡선 ② 배향 곡선
③ 클로소이드 곡선 ④ 반파장 체감곡선

> | 해답 | ②
>
> | 완화곡선의 종류 | 용도 |
> |---|---|
> | 클로소이드 곡선 | 고속도로 IC |
> | 렘니스케이트 곡선 | 지하철 |
> | 3차 포물선 | 철도 이용 |
> | 반파장 sin 체감곡선 | 고속철도 |

□□□ 기 80,02,13①②,19①
12 곡선반지름이 700m인 원곡선을 70km/h의 속도로 주행하려 할 때(cant)는? (단, 궤간은 1.073m, 중력가속도는 9.8m/s²로 한다.)

① 57.14mm ② 58.14mm
③ 59.14mm ④ 60.14mm

> | 해답 | ③
> 캔트 $C = \frac{bV^2}{gR} = \frac{1.073 \times \left(\frac{70000}{60 \times 60}\right)^2}{9.8 \times 700}$
> $= 0.05914\text{m} = 59.14\text{mm}$
> ∴ 1m = 1000mm

□□□ 기 00,04,06,09,12

13 확폭량(ϵ)의 계산에서 차로 중심선의 곡선반지름(R)을 두 배로 하면 확폭량(ϵ')은 얼마가 되는가?

① $\epsilon' = \dfrac{1}{4}\epsilon$ ② $\epsilon' = \dfrac{1}{2}\epsilon$

③ $\epsilon' = 2\epsilon$ ④ $\epsilon' = 4\epsilon$

|해답| ②

확폭 $\epsilon = \dfrac{L^2}{2R}$

∴ $\epsilon' = \dfrac{L^2}{2(2R)} = \dfrac{L^2}{4R} = \dfrac{1}{2}\epsilon$

□□□ 기 93,02,08,16,22①

14 그림과 같은 반지름 = 50m인 원곡선을 설치하고자 할 때 접선거리 $\overline{AI}$상에 있는 $\overline{HC}$의 거리는?
(단, 교각 = 60°, α = 20°, ∠AHC = 90°)

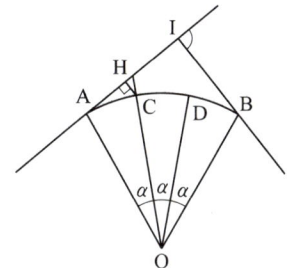

① 0.19m ② 1.98m
③ 3.02m ④ 3.24m

|해답| ③

■ 삼각형 $\triangle ACC'$에서 $\cos\alpha = \dfrac{\overline{HC}}{\overline{CC'}}$

 (∵ ∠CHC' = 90°, ∠HCC' = α)

• 거리 $\overline{HC} = \overline{CC'}\cos\alpha$

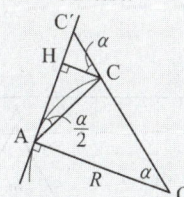

■ 삼각형 $\triangle AOC'$에서 $\cos\alpha = \dfrac{\overline{AO}}{\overline{OC'}}$

 (∵ ∠OAC = 90°)

• $\overline{OC'} = \dfrac{\overline{AO}}{\cos\alpha} = \dfrac{50}{\cos 20°} = 53.21$m

• $\overline{CC'} = \overline{OC'} - \overline{OC}(R) = 53.21 - 50 = 3.21$m

∴ $\overline{HC} = \overline{CC'}\cos\alpha = 3.21\cos 20° = 3.02$m

□□□ 기 04,06,15

15 도로의 종단곡선으로 주로 사용되는 곡선은?

① 2차 포물선 ② 3차 포물선
③ 클로소이드 ④ 렘니스케이트

|해답| ①

종단곡선 설치
• 원곡선과 포물선이 이용되고 있다.
• 철도에서는 주로 원곡선이 이용된다.
• 도로에서는 2차 포물선이 많이 이용된다.

□□□ 기 97,00,01,04,05,08,10,14

16 캔트(cant)의 크기가 C인 노선을 곡선의 반지름만 2배로 증가시키면 새로운 캔트 C'의 크기는?

① $0.5C'$ ② C'
③ $2C'$ ④ $4C'$

|해답| ①

캔트 $C = \dfrac{bV^2}{gR} \Rightarrow C' = \dfrac{bV^2}{2gR}$

∴ 반지름(R)이 2배로 증가하면 캔트(C)는 0.5배로 줄어든다.

□□□ 기 93,00,11,14④,22②

17 그림과 같은 복곡선에서 $t_1 + t_2$의 값은?

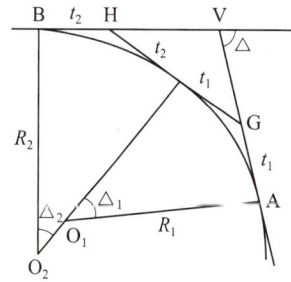

① $R_1(\tan\Delta_1 + \tan\Delta_2)$ ② $R_2(\tan\Delta_1 + \tan\Delta_2)$

③ $R_1\tan\Delta_1 + R_2\tan\Delta_2$ ④ $R_1\tan\dfrac{\Delta_1}{2} + R_2\tan\dfrac{\Delta_2}{2}$

|해답| ④

$t_1 = TL = R_1\tan\dfrac{\Delta_1}{2}$

$t_2 = TL = R\tan\dfrac{I}{2} = R_2\tan\dfrac{\Delta_2}{2}$

∴ $t_1 + t_2 = R_1\tan\dfrac{\Delta_1}{2} + R_2\tan\dfrac{\Delta_2}{2}$

알아두기

면적계산법
- 경계선이 직선인 경우
  - 삼사법
  - 이변법
  - 삼변법
  - 좌표법
  - 배횡거법
- 경계선이 곡선인 경우
  - 방안지법
  - 띠선법
  - 지거법
  - 구적기(플래니미터)
  - 분할법

용어해설
- M : 주어진 단위 단면의 축척 분모
- A : 주어진 단위면적
- M_0 : 구하는 단위 면적의 축척 분모
- A_0 : 구하는 단위면적

사다리꼴

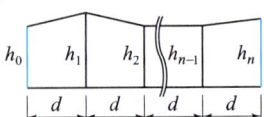

심프슨 1법칙

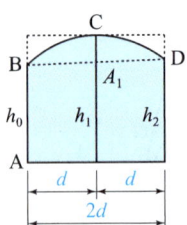

심프슨 2법칙

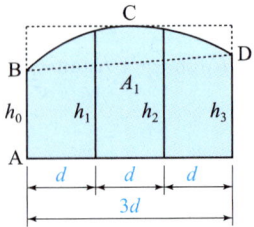

16 면적측량

1 실제면적

조건	면적계산
축척 1/m일 때	$A_o = A m^2$
줄자로 측정할 때	$A_0 = A\left(1 \pm \dfrac{\Delta l}{l}\right)^2$

2 축척과 단위면적의 관계

$$M_0^2 : A_0 = M^2 : A \qquad \therefore A_o = \left(\dfrac{M_o}{M}\right)^2 A$$

3 삼각형법

삼사법	이변법	삼변법
$A = \dfrac{1}{2}ah$	$A = \dfrac{1}{2}ab\sin\gamma$	$A = \sqrt{s(s-a)(s-b)(s-c)}$ 여기서, $s = \dfrac{1}{2}(a+b+c)$

4 심프슨법

심프슨 1법칙	심프슨 2법칙
$A_1 = \dfrac{d}{3}(h_o + 4h_1 + h_2)$	$A_1 = \dfrac{3d}{8}(h_1 + 3h_2 + 3h_3 + h_4)$

- 사다리꼴 공식 : $A = d\left(\dfrac{h_0 + h_n}{2} + y_1 + h_2 ... h_{n-1} + h_n\right)$

5 면적분할법

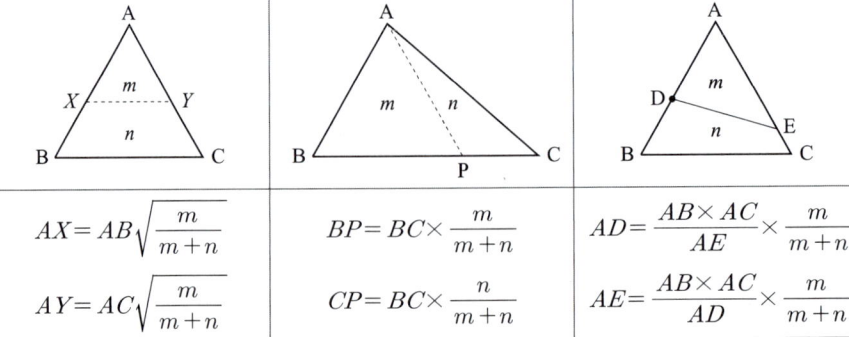

$AX = AB\sqrt{\dfrac{m}{m+n}}$	$BP = BC \times \dfrac{m}{m+n}$	$AD = \dfrac{AB \times AC}{AE} \times \dfrac{m}{m+n}$
$AY = AC\sqrt{\dfrac{m}{m+n}}$	$CP = BC \times \dfrac{n}{m+n}$	$AE = \dfrac{AB \times AC}{AD} \times \dfrac{m}{m+n}$

핵심문제

□□□ 기 88,06,12,15,16,21②

01 30m에 대하여 3mm 늘어나 있는 줄자로 정사각형의 지역을 측정한 결과 80000m²이었다면 실제의 면적은?

① 80016m² ② 80008m²
③ 79984m² ④ 79992m²

| 해답 | ①

$$A_0 = A\left(1 + \frac{\Delta l}{l}\right)^2$$
$$= 80000\left(1 + \frac{0.003}{30}\right)^2 = 80016\,m^2$$

□□□ 기 93,99,03,06,08,11,12,14,16①,18①,20③

02 축척이 1 : 600의 지도상에서 면적을 1 : 500 축척인 것으로 측정하여 38.675m²를 얻었다. 실제 면적은 얼마인가?

① 26.858m² ② 32.229m²
③ 46.410m² ④ 55.692m²

| 해답 | ④

$\frac{A_o}{A} = \left(\frac{M_o}{M}\right)^2$ 에서

$\therefore A_o = \left(\frac{M_o}{M}\right)^2 \cdot A = \left(\frac{600}{500}\right)^2 \times 38.675 = 55.692\,m^2$

□□□ 기 95,99,12,20②

03 그림과 같은 토지의 1변 BC에 평행하게 m : n = 1 : 2의 비율로 면적을 분할하고자 한다. $\overline{AB} = 30m$일 때 $\overline{AX}$는?

① 8.660m
② 17.321m
③ 25.981m
④ 34.641m

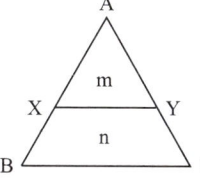

| 해답 | ②

$AB^2 : AX^2 = (m+n) : m$

$AX = AB\sqrt{\frac{m}{m+n}} = 30 \times \sqrt{\frac{1}{1+2}} = 17.321\,m$

□□□ 기 96,01,07,10,13,17,22③

04 도면에서 곡선에 둘러싸여 있는 부분의 면적을 구하기에 가장 적합한 방법은?

① 좌표법에 의한 방법
② 배횡거법에 의한 방법
③ 삼사법에 의한 방법
④ 구적기에 의한 방법

| 해답 | ④

구적기(플래니미터)
도면의 경계선이 불규칙한 곡선으로 되어 있을 때, 기성 지도 위에서 손쉽게 면적을 구할 때 사용하는 기구이다.

□□□ 기 95,00,06,10,16,22③

05 수평 및 수직 거리를 동일한 정확도로 관측하여 육면체의 체적을 2000m³로 구하였다. 체적계산의 오차를 0.5m³ 이내로 하기 위해서는 수평 및 수직 거리 관측의 최대 허용오차 정확도를 얼마로 해야 하는가?

① $\frac{1}{12000}$ ② $\frac{1}{8000}$
③ $\frac{1}{110}$ ④ $\frac{1}{35}$

| 해답 | ①

$V = a^3$에서 $\frac{dV}{V} = 3\frac{a^2}{a^3}da = 3\frac{da}{a}$

$\therefore \frac{dV}{3V} = \frac{da}{a} = \frac{0.5}{3 \times 2000} = \frac{1}{12000}$

□□□ 기 99,02,09,11,16,21③

06 대단위 신도시를 건설하기 위한 넓은 지형의 정지공사에서 토량을 계산하고자 할 때 가장 적당한 방법은?

① 점고법
② 양단면 평균법
③ 비례 중앙법
④ 각주공식에 의한 방법

| 해답 | ①

점고법
운동장이나 비행장 같은 건설부지의 정지, 토취장 및 토사장의 용량 측정과 같이 넓은 지역의 택지 공사 면적의 토량을 산정할 경우 적당하다.

알아두기

단면법
- 양단면법 $V = \dfrac{A_1 + A_2}{2} \times L$
- 각주공식 $V = \dfrac{h}{6}(A_1 + 4A_m + A_2)$

점고법
대단위 신도시를 건설하기 위한 넓은 지형의 정지공사에서 토량을 계산하고자 할 때 가장 적당한 방법

토적곡선의 작성 목적
- 토량의 분배
- 평균운반거리 산출
- 토공기계의 선정
- 시공방법 결정

17 체적측량

1 면적의 최소단위길이 및 정밀도

면적 $A = a \times a = a^2 \Rightarrow dA = 2a\,da$

- 면적의 최소단위길이 $da = \dfrac{dA}{2a}$
- 정밀도 $\dfrac{1}{M} = \dfrac{dA}{A} = \dfrac{2a\,da}{a^2} = 2\dfrac{da}{a}$

여기서, dA : 면적의 최소단위, a : 면적의 한 변의 길이

2 좌표에 의한 면적계산

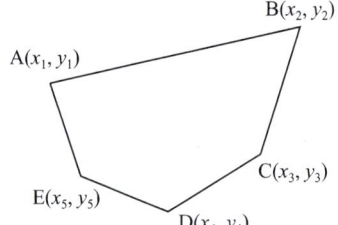

측점순	x	y	$(x_{i-1} - x_{i+1})y$
A	x_1	y_1	$(x_5 - x_2)y_1$
B	x_2	y_2	$(x_1 - x_3)y_2$
C	x_3	y_3	$(x_2 - x_4)y_3$
D	x_4	y_4	$(x_3 - x_5)y_4$
E	x_5	y_5	$(x_4 - x_1)y_5$
계			$\sum (x_{i-1} - x_{i+1})y$

면적 $A = \dfrac{|\sum (x_{i-1} - x_{i+1})|}{2}$

3 점고법

- 사분법
$$V = \dfrac{a \times b}{4}(\sum h_1 + 2\sum h_2 + 3\sum h_3 + 4\sum h_4)$$

- 삼분법
$$V = \dfrac{a \cdot b}{6}(\sum h_1 + 2\sum h_2 + 3\sum h_3 + 4\sum h_4 + 5\sum h_5 + 6\sum h_6)$$

4 체적의 허용오차 정확도

체적 $V = a^3$ ∴ 정확도 $\dfrac{1}{M} = \dfrac{dV}{V} = 3\dfrac{a^2}{a^3}da = 3\dfrac{da}{a}$

5 토적곡선 유토곡선, Mass Curve

도로공사나 철도공사 등에서 토량배분을 하기 위하여 절토량과 성토량을 누계하여 만든 곡선으로 유토곡선(mass curve)이라고도 한다.

(1) 유토곡선의 성질
- 하향곡선 ╲(AC, EF)은 성토구간
- 상향곡선 ╱(OA, CE)은 절토구간

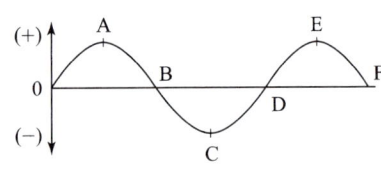

핵 심 문 제

□□□ 기 04,08,10,13,14,17②④

01 100m²의 정사각형 토지면적을 0.2m²까지 정확하게 구하기 위한 1변의 최대허용오차는?

① 2mm ② 4mm
③ 5mm ④ 10mm

| 해답 | ④

$A = a^2$에서 $\dfrac{dA}{A} = 2\dfrac{da}{a}$

• 한 변의 길이 $a = \sqrt{100} = 10\text{m}$

$\therefore da = a\dfrac{dA}{2A}$

$= 10 \times \dfrac{0.2}{2 \times 100} = 0.01\text{m} = 10\text{mm}$

□□□ 기 01,11,14,17

02 도로공사에서 거리 20m인 성토구간에 대하여 시작단면 $A_1 = 72\text{m}^2$, 끝단면 $A_2 = 182\text{m}^2$, 중앙단면 $A_m = 132\text{m}^2$라고 할 때 각주공식에 의한 성토량은?

① 2540.0m³ ② 2573.3m³
③ 2600.0m³ ④ 2606.7m³

| 해답 | ④

$V = \dfrac{h}{6}(A_1 + 4A_m + A_2)$

$= \dfrac{20}{6}(72 + 4 \times 132 + 182) = 2606.7\text{m}^3$

□□□ 기 05,09,12①,21①

03 다음 그림의 유토곡선(mass curve)에서 하향구간인 A – C, E – F 구간이 의미하는 것은?

① 운반토량
② 운반거리
③ 절토구간
④ 성토구간

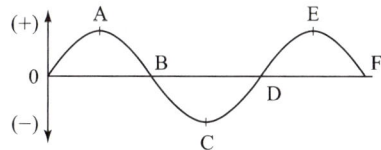

| 해답 | ④

유토곡선에서 하향곡선 \(AC, EF)은 성토구간이며, 상향곡선 /(OA, CE)은 절토구간이다.

□□□ 기 12,14,18①,19②

04 토공량을 계산하기 위해 대상구역을 삼각형으로 분할하여 각 교점의 점토고를 측량한 결과 그림과 같이 얻어졌다. 토공량은?

① 85m³
② 90m³
③ 95m³
④ 100m³

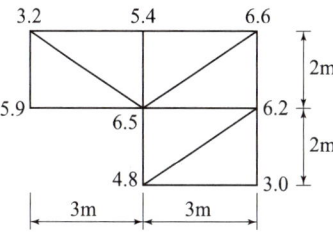

| 해답 | ④

$V = \dfrac{a \cdot b}{6}(\Sigma h_1 + 2\Sigma h_2 + 3\Sigma h_3 + 4\Sigma h_4 + 5\Sigma h_5 + 6\Sigma h_6)$

• $\Sigma h_1 = 5.9 + 3.0 = 8.9\text{m}$
• $\Sigma h_2 = 3.2 + 5.4 + 6.6 + 4.8 = 20\text{m}$
• $\Sigma h_3 = 6.2\text{m}$
• $\Sigma h_4 = 0\text{m}$
• $\Sigma h_5 = 6.5\text{m}$

$\therefore V = \dfrac{2 \times 3}{6}(8.9 + 2 \times 20 + 3 \times 6.2 + 4 \times 0 + 5 \times 6.5)$

$= 100\text{m}^3$

□□□ 기 82,00,01,08,16,18③

05 그림과 같은 도로 횡단면도의 단면적은?
(단, 0을 원점으로 하는 좌표(x, y)의 단위 : [m])

① 94m²
② 98m²
③ 102m²
④ 106m²

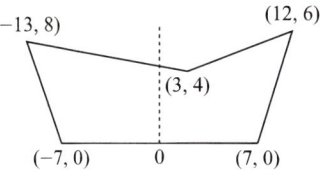

| 해답 | ③

측점순	x	y	$(x_{i-1} - x_{i+1})y$
1	0	0	$(7-(-7)) \times 0 = 0$
2	-7	0	$(0-(-13)) \times 0 = 0$
3	-13	8	$(-7-3) \times 8 = -80$
4	3	4	$(-13-12) \times 4 = -100$
5	12	6	$(3-7) \times 6 = -24$
6	7	0	$(12-0) \times 0 = 0$
계			-204

$\therefore A = \dfrac{|\text{배면적}|}{2} = \dfrac{|-204|}{2} = 102\text{m}^2$

더 알아두기

하천 측량의 목적
하천 개수공사나 공작물의 설계, 시공에 필요한 자료를 얻는데 있다.

하천측량에서 평면측량의 범위

유제부	제외지 및 제내지 하폭에 따라 50~500m 이내
무제부	계획 홍수위 이상까지

심천측량
하저의 고저를 구하는 측량으로 수위 변화가 적은 시기에 행한다.

표면부자
홍수 시 급하게 유속관측을 필요로 하는 경우에 편리하여 주로 이용

유속기호의 위치

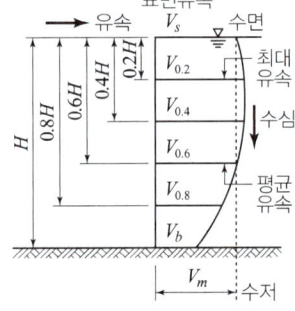

4점법
$$V = \frac{1}{5}\left\{(V_{0.2} + V_{0.4} + V_{0.6} + V_{0.8}) + \frac{1}{2}\left(V_{0.2} + \frac{1}{2}V_{0.8}\right)\right\}$$

수애선
수면과 하애와의 경계선으로 하천 수위의 변화에 따라 다르며 평수위에 의하여 결정된다.

해안선
해면이 약 최고 고조면에 달하였을 때의 육지와 해면의 경계(만조 시의 해안)로 표시한다.

---

18 하천측량

1 하천설계측량의 종류

측량작업명	측량의 종류	목적
기준점측량	설계기준점측량	기준점의 좌표설치
하천종단측량	종단측량	하천에 관한 계획 수립
하천횡단측량	횡단측량, 수심측량	하천에 관한 계획 수립
수준점측량	국가의 기준점(BM)으로부터 조사지역 내 중심	종횡단 및 지형현황 측량의 표고 결정기준

- 하천의 종횡단측량 간격은 하천 및 소하천의 하폭을 기준으로 한다.

2 양수표 설치장소

- 홍수 때 유실, 이동, 파손의 염려가 없는 곳
- 어떤 갈수 시에도 양수표로 수위측정이 가능한 장소
- 지천의 합류점 및 분류점으로 특별한 수위 변화가 없는 곳
- 유속의 대소가 적고 일정하며, 상하류 약 100m 정도 직선인 곳
- 상하류의 상당범위까지 하안 및 하상이 세굴이나 퇴적이 없는 안전한 곳

3 유속관측

(1) 부자에 의한 방법
- 높은 정도를 요하지 않고 유속이 빨라 유속계를 사용할 수 없는 경우에 이용 (횡단선수 : 2개소)
- 부자의 유하거리 : 원칙적으로 50m 이상으로 한다.(큰 하천 : 100~200m, 작은하천 : 20~50m)
- 직류부의 길이는 하천폭의 2배~3배

(2) 유속계 측정법에 의한 유량의 산출방법
- 유속계를 이용하는 경우 1점법, 2점법, 3점법 또는 구분단면을 이용하여 평균 유속을 구하고 횡단면적을 곱하여 유량을 산출한다.
- 1점법 $(V) = V_{0.6}$
- 2점법 $(V) = \frac{1}{2}(V_{0.2} + V_{0.8})$
- 3점법 $(V) = \frac{1}{4}(V_{0.2} + 2V_{0.6} + V_{0.8})$

4 하천의 유량과 수위

- 갈수량 : 1년을 통하여 355일은 이보다 많은 유량
- 저수유량 : 1년을 통하여 275일은 이보다 많은 유량
- 평균유량 : 1년을 통하여 185일은 이보다 많은 유량
- 평균최고수위(N.H.W) : 어떤 기간 내에 있어서 년, 월의 최고수위의 평균한 수위
- 평균고수위(M.H.W) : 수년간의 고수위를 평균한 수위

핵 심 문 제

□□□ 기 83,09,11,18③

01 하천측량에서 평면측량의 일반적인 측량 범위로 가장 적합한 것은?

① 유제부에서 제외지를 제외한 제내지 300m 이내, 무제부에서는 홍수가 영향을 주는 구역보다 약간 좁게 한다.
② 유제부에서 제외지 및 제내지 50~500m 이내, 무제부에서는 홍수가 영향을 주는 구역보다 약간 넓게 한다.
③ 유제부에서 제외지를 제외한 제내지 20m 이내, 무제부에서는 홍수가 영향을 주는 구역보다 약간 좁게 한다.
④ 유제부에서 제외지 및 제내지 20m 이내, 무제부에서는 홍수가 영향을 주는 구역보다 약간 넓게 한다.

| 해답 | ②

하천측량에서 평면측량의 범위

유제부	제외지 및 제내지 50~500m 이내
무제부	홍수가 영향을 주는 구역보다 약간 넓게

□□□ 기 99,04,05,15①,17②,19③

02 하천측량에서 수애선의 기준이 되는 수위는?

① 갈수위   ② 평수위
③ 저수위   ④ 고수위

| 해답 | ②

수애선
수면과 하애와의 경계선으로 하천 수위의 변화에 따라 다르며 평수위에 의하여 결정된다.

□□□ 기 06

03 어떤 기간에 있어서 평균수위 이상의 수위에 대한 평균값에 해당하는 수위는?

① 최고수위   ② 평균최고수위
③ 평균고수위   ④ 평수위

| 해답 | ③

• 평균최고수위(N.H.W) : 어떤 기간 내에 있어서 년, 월의 최고수위의 평균한 수위
• 평균고수위(M.H.W) : 수년간의 고수위를 평균한 수위

□□□ 기 97,00,01,11,13,14,15

04 양수표의 설치장소로 적합하지 않은 곳은?

① 상·하류 최소 50m 정도의 곡선인 장소
② 홍수 시 유실 또는 이동의 염려가 없는 장소
③ 수위가 교각 및 그 밖의 구조물에 의해 영향을 받지 않는 장소
④ 평상시는 물론 홍수 때에도 쉽게 양수표를 읽을 수 있는 장소

| 해답 | ①
상·하류 최소 50m 정도의 직선인 장소

□□□ 기 08,11,12,17①

05 홍수시 유속측정에 가장 알맞은 것은?

① 봉부자   ② 이중부자
③ 수중부자   ④ 표면부자

| 해답 | ④

표면부자
부자 일부분이 수면 밖으로 나오게 한 것으로 나무, 코르크 등 가벼운 것으로 만들어 이를 유하시켜 표면 유속을 측정하는 것으로 홍수 시 급히 유속을 결정해야 할 경우에 사용하는 방법이다.

□□□ 기 95,98,07,15,17①,18①,22①

06 수심이 h인 하천의 평균유속을 구하기 위하여 수면으로부터 $0.2h$, $0.6h$, $0.8h$가 되는 깊이에서 유속을 측량한 결과 초당 0.8m, 1.5m, 1.0m이었다. 3점법에 의한 평균유속은?

① 0.9m/s   ② 1.0m/s
③ 1.1m/s   ④ 1.2m/s

| 해답 | ④

3점법 : $V_m = \frac{1}{4}(V_{0.2} + 2V_{0.6} + V_{0.8})$

∴ $V_m = \frac{1}{4}(0.8 + 2 \times 1.5 + 1.0) = 1.2\text{m/sec}$

19 GIS

1 GIS Geographic Infromation System

컴퓨터를 이용하여 어느 지역에 대한 토지, 지리, 환경, 자원, 시설관리, 도시계획 등 공간요소에 연계된 속성정보와 공간정보를 지리적 공간 위치에 맞추어 일정한 형태로 수치화하여 입력하고 필요한 결과물을 출력할 수 있는 기능을 갖춘 종합적인 공간정보 관리시스템

> **시설물 관리체계(FMS ; Facility Management System)**
> 공공시설물이나 대규모 공장, 상하수도, 도로, 철도 등에 대한 지도 및 제반정보를 수치 입력하여 시설물에 대한 효율적 운영관리를 하는 종합적인 체계이다.

2 지형공간 정보의 분류

- 토지정보체계(LIS ; Land Information System) : 토지자원에 관련된 문제해결을 위한 정보 분석체계를 말한다.
- 도시정보체계(UIS ; Urban Information System) : 도시계획 및 도시화 현상에서 발생하는 인구, 자원, 교통관리, 건물면적 등의 자료를 다루는 체계를 말한다.

3 지형공간 정보체계의 자료처리체계

■ 자료입력 → 부호화 → 자료처리 → 자료출력

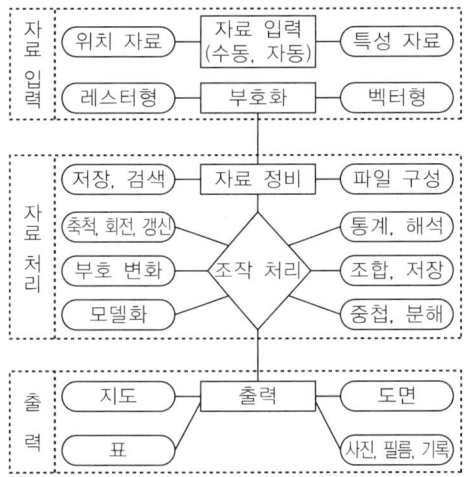

4 지형공간 정보체계

(1) 지형공간 정보체계의 주요 구성요소
- 조직과 인력 : 전문적인 기술을 요구
- 자료 : 자료의 입력과 관리
- 소프트웨어 : 통계, 문서 작성기, 그래프 작성기

> - 하드웨어 : 컴퓨터, 프린터, 플로터, 스캐너, 디지타이저 각종 주변장치

(2) 하드웨어 구성
- 자료입력 : 키보드, 마우스, 스캐너
- 자료 관리·분석 : 컴퓨터, 워크스테이션 네트워크

> - 자료출력 : CD, 프린터, 플로터

핵심문제

□□□ 기 08

01 점, 선, 면 또는 입체적 특성을 갖는 자료를 공간적 위치 기준에 맞추어 다양한 목적과 형태로서 분석, 처리할 수 있는 최신 정보체계는?

① DTM(Digital Terrain Model)
② GIS(Geographic Infromation System)
③ GPS(Global Positioning System)
④ WGS(World Geodetic System)

| 해답 | ②

- GIS : 컴퓨터를 이용하여 어느 지역에 대한 토지, 지리, 환경, 자원, 시설관리, 도시계획 등 공간요소에 연계된 속성정보와 공간정보를 지리적 공간 위치에 맞추어 일정한 형태로 수치화하여 입력하고 필요한 결과물을 출력할 수 있는 기능을 갖춘 종합적인 공간 정보 관리 시스템
- GPS : 정확한 위치를 알고 있는 인공위성에서 발사된 전파를 수신하여, 지상의 미지점에 대한 3차원 위치를 구하는 측량

□□□ 기 09

02 다음 중 지형공간 정보체계의 자료 처리 체계로 가장 적절하게 배열된 것은?

① 부호화 – 자료정비 – 자료입력 – 조작처리 – 출력
② 자료입력 – 부호화 – 자료정비 – 조작처리 – 출력
③ 자료입력 – 자료정비 – 부호화 – 조작처리 – 출력
④ 부호화 – 조작처리 – 자료정비 – 자료입력 – 출력

| 해답 | ②

지형공간 정보체계 자료 처리
자료입력 – 부호화 – 자료정비 – 조작처리 – 출력

□□□ 기 11,14

03 지형공간 정보체계의 활용분야 중 토목분야의 시설물을 관리하는 정보체계는?

① TIS   ② LIS
③ NDIS   ④ FMS

| 해답 | ④

시설물 관리체계(FMS ; Facility Management System) 공공시설물이나 대규모 공장, 상하수도, 도로, 철도 등에 대한 지도 및 제반정보를 수치 입력하여 시설물에 대한 효율적 운영관리를 하는 종합적인 체계이다.

□□□ 기 11

04 지형공간 정보체계(GIS)의 유형 중 하나로 토지에 대한 정보를 디지털화하고 효율적으로 관리하기 위해 구축하는 시스템을 무엇이라 하는가?

① AMS(Automated Mapping System)
② LIS(Land Information System)
③ UIS(Urban Information System)
④ FMS(Facility Management System)

| 해답 | ②

지형공간 정보의 분류
- 토지정보체계(LIS ; Land Information System) : 토지 자원에 관련된 문제 해결을 위한 정보 분석 체계를 말한다.
- 도시정보체계(UIS ; Urban Information System) : 도시 계획 및 도시화 현상에서 발생하는 인구, 자원, 교통관리, 건물 면적 등의 자료를 다루는 체계를 말한다.
- 시설물 관리체계(FMS ; Facility Management System) : 공공시설물이나 대규모 공장, 상하수도, 도로, 철도 등에 대한 지도 및 제반정보를 수치 입력하여 시설물에 대한 효율적 운영관리를 하는 종합적인 체계이다.

□□□ 기 10

05 DEM에 대한 설명으로 옳지 않은 것은?

① Digital Elevation Model(수치표고모델)의 약어이다.
② 균일한 간격의 격자점(X,Y)에 대해 높이값 Z를 가지고 있는 데이터이다.
③ DEM을 이용하여 등고선을 제작하기도 한다.
④ DEM에는 건물의 3차원 모델이 포함된다.

| 해답 | ④

DEM(Digital Elevation Model)은 대상물의 고도(표고 Z)를 수평좌표 X, Y의 함수로 표현한 것으로 수치고도자료의 유형으로는 여러 가지가 있으며, 지형 분석 및 등고선 생성 등에 이용된다.

03 수리학 및 수문학

알아두기

단위중량(kg/m³)

: $w = \dfrac{중량}{용적} = \dfrac{W}{V}$

밀도(kg·sec²/m⁴)

: $\rho = \dfrac{단위질량}{중력가속도} = \dfrac{w}{g}$

모세관 현상

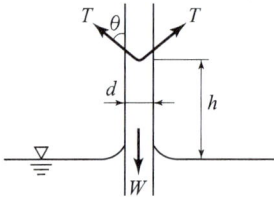

등가속도 운동

등가속도 운동을 하고 있는 유체는 유체(물)의 층 상호간에 상대적인 운동이 없어 마찰응력은 작용하지 않는다.

속도경사

$\dfrac{dv}{dy} = ay^n$

LMT(절대단위)계
- 길이(Length)
- 질량(Mass)
- 시간(Time)

LFT(공학단위)계
- 길이(Length)
- 힘(Force)
- 시간(Time)

절대단위계와 공학단위계
- $F = m\alpha$
- $F = MLT^{-2}$
- $M = FT^2L^{-1}$

---

01 유체의 기본적 성질

1 유체의 기본적 성질

(1) 밀도(density) : 단위체적이 갖는 유체의 질량, 비질량(比質量)이라고도 한다.

(2) 완전유체(이상유체) : 점성이 없고 밀도가 일정하다고 가정한 유체

(3) 실제유체(점성유체) : 유체의 점성 때문에 유체 분자 간 또는 유체의 경계면 사이에서 전단응력이 발생하게 되는 유체

(4) 표면장력 : 액체와 기체와의 경계면에 작용하는 분자인력에 의한 힘

- 물방울에 작용하는 표면장력 : $T = \dfrac{p \cdot d}{4}$

(5) 모세관 현상 : 부착력과 표면장력에 의해 액체가 가는 관을 따라 상승 또는 하강하는 현상

- 원형관의 상승고 : $h_a = \dfrac{4T\cos\theta}{w \cdot d}$

(6) 체적탄성계수 : 기압이 증가하면 압축률은 증가하고 체적탄성계수는 감소한다.

- 체적탄성계수 $E = \dfrac{dp}{\dfrac{dV}{V}} = \dfrac{1}{C}$

여기서, dp : 용기에 가해진 압력차, $\dfrac{dV}{V}$: 체적변화율, C : 압축률

(7) 점성(viscosity)

액체가 흐르고 있을 경우 어느 한 단면에 있어서 유속이 빠른 부분은 느린 부분의 물 입자를 앞으로 끌어당기게 하고, 유속이 느린 부분은 빠른 부분의 물 입자를 뒤로 잡아당기는 듯한 작용

- Newton의 점성법칙 $\tau = \mu\dfrac{dv}{dy}$

여기서, τ : 전단응력, μ : 비례상수(점성계수), $\dfrac{dv}{dy}$: 속도변화율

2 수리학에서 취급하는 주요 차원

물리량	공학단위	LMT계	LFT계
밀도	g/cm³	$[ML^{-3}]$	$[FL^{-4}T^2]$
힘	g·cm/sec²	$[MLT^{-2}]$	$[F]$
각속도	l/sec	$[T^{-1}]$	$[T^{-1}]$
점성계수	g/cm·sec	$[ML^{-1}T^{-1}]$	$[FL^{-2}T]$
동점성계수	cm²/sec	$[L^2T^{-1}]$	$[L^2T^{-1}]$
투수계수	cm/sec	$[LT^{-1}]$	$[LT^{-1}]$
운동량	g·cm/sec	$[MLT^{-1}]$	$[FT]$
표면장력	g/cm	$[MT^{-2}]$	$[FL^{-1}]$
에너지 E		$[ML^2T^{-2}]$	$[FL]$

핵 심 문 제

□□□ 기 82,88,95,08,13,18①

01 물의 점성계수를 μ, 동점성계수를 ν, 밀도를 ρ라 할 때 관계식으로 옳은 것은?

① $\nu = \rho\mu$
② $\nu = \dfrac{\rho}{\mu}$
③ $\nu = \dfrac{\mu}{\rho}$
④ $\nu = \dfrac{1}{\rho\mu}$

| 해답 | ③

동점성계수(ν) = $\dfrac{\text{점성계수}(\mu)}{\text{밀도}(\rho)}$

□□□ 기 05,13,18,25①

02 지름 1mm인 모세관의 모관상승 높이는?
(단, 물의 표면장력은 74dyne/cm, 접촉각은 8°)

① 15mm
② 20mm
③ 25mm
④ 30mm

| 해답 | ④

$h_c = \dfrac{4T\cos\theta}{wd}$

· 1dyne = $\dfrac{1}{980}$g, 1g = 980 dyne

$\therefore h_c = \dfrac{4 \times \dfrac{74}{980} \times \cos 8°}{1 \times 0.1} = 3\text{cm} = 30\text{mm}$

□□□ 기 90,21③

03 동점성계수와 비중이 각각 0.0019m²/s와 1.2인 액체의 점성계수 μ는? (단, 물의 밀도는 1000kg/m³)

① 1.9kgf·s/m²
② 0.19kgf·s/m²
③ 0.23kgf·s/m²
④ 2.3kgf·s/m²

| 해답 | ③

동점성계수(ν) = $\dfrac{\text{점성계수}(\mu)}{\text{밀도}(\rho)}$ 에서

점성계수 $\mu = \rho \times \nu = \dfrac{w}{g} \times \nu$

$\therefore \mu = \dfrac{1.2 \times 1000(\text{kg/m}^3)}{9.8(\text{m/s})} \times 0.0019(\text{m}^2/\text{s})$

$= 0.23 \text{kgf} \cdot \text{s/m}^2$

□□□ 기 87,90,15

04 액체와 기체와의 경계면에 작용하는 분자인력에 의한 힘은?

① 모관현상
② 점성력
③ 표면장력
④ 내부마찰력

| 해답 | ③

표면장력(surface tension) : 액체의 입자가 응집력에 의해 그 표면적을 최소로 하려는 힘

□□□ 기 00,08,12,13

05 10℃의 물방울 지름이 3mm일 때 그 내부와 외부의 압력차는? (단, 10℃에서의 표면장력은 75dyne/cm 이다.)

① 250dyne/cm²
② 500dyne/cm²
③ 1000dyne/cm²
④ 2000dyne/cm²

| 해답 | ③

표면장력 $T = \dfrac{p \cdot d}{4}$ 에서

$\therefore p = \dfrac{4T}{d} = \dfrac{4 \times 75}{0.3} = 1000 \text{dyne/cm}^2$

□□□ 기 98,01,07,14

06 다음 중 무차원이 아닌 것은?

① 프루드수
② 투수계수
③ 운동량 보정계수
④ 비중

| 해답 | ②

· 투수계수(K)의 단위는 cm/sec이다.
· 투수계수(K)의 차원은 [LT^{-1}]이다.

□□□ 기 91,13,18

07 물리량의 차원을 표시한 것으로 옳지 않은 것은?

① 각 가속도 : [T^{-2}]
② 힘 : [MLT^{-2}]
③ 점성계수 : [$ML^{-1}T^{-1}$]
④ 탄성계수 : [MLT^{-2}]

| 해답 | ④

탄성계수 : [$ML^{-1}T^{-2}$]

02 정수압의 원리

1 정수압의 강도

(1) 단위면적에 작용하는 압력의 크기로 표시한다.
(2) 정수 중 임의점에 작용하는 수압강도
  - 대기압 : 공기 중의 무게에 의하여 지구 표면이 받는 압력
  - 절대압력 : 완전진공을 0으로 하여 측정한 값
    $p = p_a + wh$
    ∴ 절대압력=대기압+계기압력
  - 계기압력 : 극소대기압을 0으로 하여 측정한 값
    $p = wh$

> **정수압**
> 물을 완전 유체로 가정하면 응집력, 부착력, 점성이 없이 물속에 작용하는 성질

2 파스칼의 원리

밀폐된 용기내 정수 중의 한 점에 압력을 가하면 그 압력은 물속의 모든 곳에 동일하게 전달되는 이론

$$\frac{P_1}{A_1} = \frac{P_2}{A_2}$$

$$\therefore P_2 = \frac{A_2}{A_1} P_1 = \left(\frac{d_2}{d_1}\right)^2 P_1$$

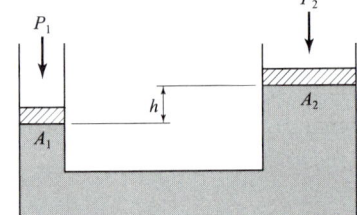

3 액주계 manometer

밀폐된 용기나 관내의 압력을 측정할 경우 액주계를 사용하면 편리하다.

(1) 시차 액주계
  - 두 용기 또는 두 관 속의 압력차를 구할 때는 U자형 액주계를 사용한다.
  - $P_A + w(H+h) = P_B + wH + w_o h$
    ∴ $P_A - P_B = (w_o - w)h$

> **액주계(manometer)**
> 수은주의 차로 수압강도를 측정

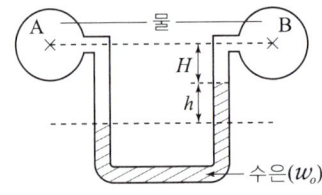

(2) U자형 액주계
  - 관 속의 압력이 클 때 사용하며 관의 길이를 줄이기 위해 비중이 큰 수은 등을 사용한다.
  - $P_B = P_A + w_1 h_1 = P_D + w_2 h_2$
  - $P_A + w_1 h_1 = P_D + w_2 h_2$
    ∴ $P_A - P_D = w_2 h_2 - w_1 h_1$

> **피에조미터(piezometer)**
> 관로의 벽을 뚫어 관(tube)을 끼워 연결한 장치로 관내의 압력을 측정

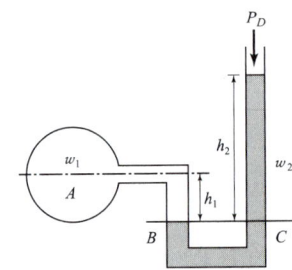

(3) 역U자형 액주계
  - 관 속의 압력차가 작을 때 사용
  - 비중이 물보다 작고 물과 잘 섞이지 않는 벤젠을 사용하여 수두차를 크게 한다.

핵 심 문 제

□□□ 기 94,99,03,12

01 그림에서 P_1과 평형을 이루도록 하기 위해 P_2에 작용시켜야 할 힘은?

① 44kN
② 54kN
③ 64kN
④ 74kN

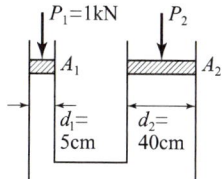

| 해답 | ③

Pascal의 원리

$\dfrac{P_1}{A_1} = \dfrac{P_2}{A_2}$ 에서

$P_2 = \dfrac{A_2}{A_1} \cdot P_1 = \left(\dfrac{d_2}{d_1}\right)^2 \cdot P_1$

$= \left(\dfrac{40}{5}\right)^2 \times 1 = 64\,\text{kN}$

□□□ 기 94,01,07,13,15④,16①

02 그림과 같은 액주계에서 수은면의 차가 10cm이었다면 A, B점의 수압차는? (단, 수은의 비중 = 13.6, 무게 1kg = 9.8N)

① 133.5kPa
② 123.5kPa
③ 13.35kPa
④ 12.35kPa

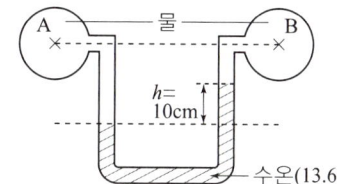

| 해답 | ④

$P_A + w(H+h) = P_B + wH + w_o h$ 에서
(∵ 관이 수평이므로 높이차만 고려함.)

• $P_A + wh = P_B + w_o h$

$P_A + 1 \times 10 = P_B + 13.6 \times 10$

∴ $P_A - P_B = (13.6 - 1) \times 10$

$= 126\,\text{g/cm}^2 = 0.126\,\text{kg/cm}^2$

$= 0.126 \times 9.8 = 1.2348\,\text{N/cm}^2 = 12.35\,\text{kPa}$

▶ **Remember**

$1\,\text{kg/cm}^2 = 9.8\,\text{N/cm}^2 = 98\,\text{kPa}$

□□□ 기 95,09

03 정수압의 이론은 다음 중 어느 경우에 적용되는가?

① 유체가 전혀 움직이지 않을 때에 한하여 적용된다.
② 유체가 움직여도 좋으나 유체입자 상호간의 상대적인 움직임이 없을 때 적용된다.
③ 유체의 흐름상태에는 관계없이 적용될 수 있다.
④ 층류(laminar flow)에 한하여 적용할 수 있다.

| 해답 | ②

정수압(hydrostatic pressure)

• 물을 완전유체로 가정하면 응집력, 부착력, 점성이 없이 물속에 작용하는 성질
• 유체가 움직여도 좋으나 유체입자 상호간의 상대적인 움직임이 없을 때 적용된다.
• 정수압은 수중의 가상면(임의의 면)에 항상 직각방향으로 작용한다.

□□□ 기 95,96,21③,25①

04 탱크 속에 깊이 2m의 물과 그 위에 비중 0.85의 기름이 4m 들어있다. 탱크 바닥에서 받는 압력을 구한 값은? (단, 물의 단위중량은 9.81kN/m³이다.)

① 52.974kN/m²
② 53.974kN/m²
③ 54.974kN/m²
④ 55.974kN/m²

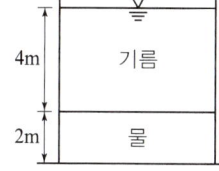

| 해답 | ①

$P = P_1 + P_2$
$= w_1 h_1 + w_2 h_2$

• 기름의 단위중량 $w_2 = 0.85 \times 9.81\,\text{kN/m}^3$

∴ $P = 9.81 \times 2 + (0.85 \times 9.81) \times 4 = 52.974\,\text{kN/m}^2$

□□□ 기 84,94

05 마노미터(manometer)와 피에조미터(piezometer)는 다음 어느 것을 측정하는가?

① 압력과 압력
② 압력과 유속
③ 수위와 유량
④ 유속과 유량

| 해답 | ①

• 액주계(manometer) : 수은주의 차로 수압강도를 측정
• 피에조미터(piezometer) : 관로의 벽을 뚫어 관(tube)을 끼워 연결한 장치로 관내의 압력을 측정

03 전수압

1 수평한 평면에 작용하는 전수압

전수압 $P = w h_G A$

여기서, w : 유체의 단위중량
h_G : 수면으로부터 물체 도심까지의 수직거리
A : 물체가 수압을 받고 있는 면적

알아두기

▶ 수평한 평면에 작용하는 전수압
평면을 밑면으로 하는 연직 물기둥의 무게와 같고($w h_G A$) 작용점은 평면의 도심이다.

2 연직 평면에 작용하는 전수압

- 전수압 $P = w h_G A$
- 전수압의 작용점 위치 $h_c = h_G + \dfrac{I_G}{h_G A}$

▶ 연직 평면에 작용하는 전수압
정수압은 수심에 비례하므로 수압강도는 삼각형 분포이므로 작용점의 위치는 삼각형의 도심이다.

3 경사평면에 작용하는 전수압

- 전수압 $P = w h_G A = w S_G \sin\theta A$
- 작용점 $S_c = S_G + \dfrac{I_G}{S_G A}$
- $h_c = h_G + \dfrac{I_G \sin^2\theta}{h_G A}$

▶ 용어해설
- h_G : 전수압의 작용점 위치까지의 깊이
- $h_G : S_G \sin\theta$

4 곡면에 작용하는 전수압

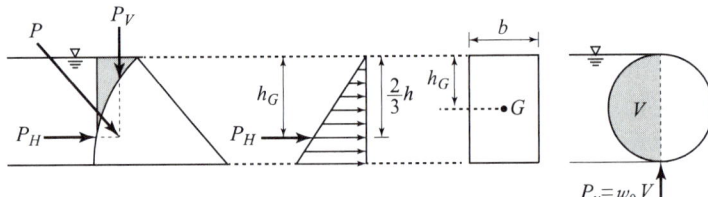

- 수평분력 : 연직투영면상에 작용하는 수압과 같고 작용선은 연직평면인 경우와 같다.
  $P_H = w h_G A$
- 연직분력 : 곡면을 밑면으로 하는 연직 물기둥의 중량과 같고 작용선은 물기둥의 중심을 통과하는 연직선이다. $P_V = w \cdot 면적 \cdot b = w \cdot V$
- 전수압 $P = \sqrt{P_H^2 + P_V^2}$

5 원관에 작용하는 수압

- 수압강도 $p = w \cdot h$
- 소요두께 $t = \dfrac{p \cdot D}{2\sigma_{ta}}$

여기서, w : 유체의 단위중량, h : 수심
D : 관의 지름, σ_{ta} : 허용인장응력

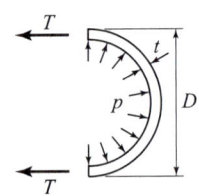

▶ 원관에 작용하는 수압
- $2T = p \cdot D \cdot l$
- $T = \sigma_{ta} \cdot t \cdot l$
- $\therefore t = \dfrac{p \cdot D}{2\sigma_{ta}}$

핵심문제

□□□ 기 95,06,14

01 그림과 같이 지름 3m, 길이 8m인 수문에 작용하는 전수압 수평분력 작용점까지의 수심은?

① 2.00m
② 2.12m
③ 2.34m
④ 2.43m

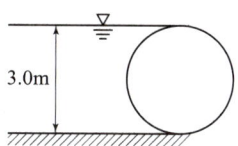

| 해답 | ①

- 작용점 $h_c = \dfrac{2}{3}h = \dfrac{2}{3} \times 3 = 2.0\text{m}$

또는

- $h_c = h_G + \dfrac{I}{h_G A} = h_G + \dfrac{\dfrac{bh^3}{12}}{h_G A}$

$= 1.5 + \dfrac{\dfrac{8 \times 3^3}{12}}{1.5 \times (8 \times 3)} = 2.0\text{m}$

□□□ 기 05,14

02 물속에 존재하는 임의의 면에 작용하는 정수압의 작용방향에 대한 설명으로 옳은 것은?

① 정수압은 수면에 대하여 수평방향으로 작용한다.
② 정수압은 수면에 대하여 수직방향으로 작용한다.
③ 정수압은 임의의 면에 직각으로 작용한다.
④ 정수압의 수직압은 존재하지 않는다.

| 해답 | ③

물체에 작용하는 정수압의 방향은 물체 표면에 직각으로 작용한다.

□□□ 기 87,92,99,09

03 내부반지름(r)이 100cm인 원형강철관 속에 작용하고 있는 수압(P)이 10kg/cm²이다. 강철관의 허용인장응력(σ_{ta})이 1000kg/cm²이라고 할 때 관의 소요두께는?

① 0.1cm
② 1.0cm
③ 10.0cm
④ 100.0cm

| 해답 | ②

소요두께 $t = \dfrac{p \cdot d}{2\sigma_{ta}} = \dfrac{10 \times 200}{2 \times 1000} = 1\text{cm}$

□□□ 기 93,97,14,21②,22②

04 유체 속에 잠긴 곡면에 작용하는 수평분력은?

① 곡면에 의해 배제된 액체의 무게와 같다.
② 곡면의 중심에서의 압력과 면적의 곱과 같다.
③ 곡면의 연직상방에 실려 있는 액체의 무게와 같다.
④ 곡면을 연직면상에 투영하였을 때 생기는 투영면적에 작용하는 힘과 같다.

| 해답 | ④

■ 수평분력 P_H
- 곡면을 연직면상에 투영하였을 때 생기는 투영면적에 작용하는 힘과 같다.
- $P_H = wh_G A$

■ 연직분력 P_V
- 곡면을 밑면으로 하는 물기둥 체적의 무게와 같다.
- $P_V = wV$

□□□ 기 99,11②,18①

05 폭 4.8m, 높이 2.7m의 연직 직사각형 수문이 한쪽 면에서 수압을 받고 있다. 수문의 밑면은 힌지로 연결되어 있고 상단은 수평체인(Chain)으로 고정되어 있을 때 이 체인에 작용하는 장력(張力)은? (단, 수문의 정상과 수면은 일치한다.)

① 29.23kN
② 57.15kN
③ 7.87kN
④ 0.88kN

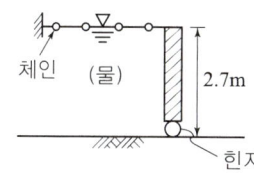

| 해답 | ②

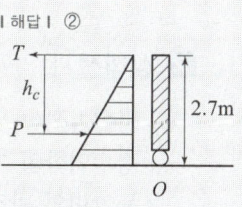

- 전수압 $P = wh_G A$

$= 9.8 \times \dfrac{2.7}{2} \times (2.7 \times 4.8) = 171.46\text{kN}$

($\because w = 9.8\text{kN/m}^3$)

- 전수압의 작용점 $h_c = \dfrac{2}{3}h = \dfrac{2}{3} \times 2.7 = 1.8\text{m}$

- 힌지점인 O에서 모멘트를 취하면

$T \times 2.7 = P \times (2.7 - h_c)$

$\therefore$ 장력 $T = \dfrac{P(2.7 - h_c)}{2.7}$

$= \dfrac{171.46 \times (2.7 - 1.8)}{2.7} = 57.15\text{kN}$

04 부력과 상대정지

1 부력 buoyancy

물체 표면에 작용하는 전수압을 말하며, 수중 부분의 체적만큼 물의 무게이다.

(1) 경심(傾心, M) : 수중에 뜬 물체가 경사할 때 부심(浮心)을 지나는 연직선과 부축(浮軸)과의 교점을 말한다.
  - 경심고 $\overline{MG} = \dfrac{Pl}{W\theta}$

(2) 부심(C) : 부체가 배제한 체적의 물의 무게중심을 통과하는 부력의 작용선

(3) 흘수(h) : 물체가 물에 떠서 정지하고 있을 때 그 물체의 맨 밑까지의 수심

(4) 부양면 : 부체의 일부가 수면 위에 떠 있을 때 수면에 절단되었다고 생각되는 단면

■ 부체의 안정판별

안정	M이 G보다 위에 있을 때	$\overline{MG} > 0$	$\dfrac{I_x}{V} > \overline{CG}$
불안정	M이 G보다 아래에 있을 때	$\overline{MG} < 0$	$\dfrac{I_x}{V} < \overline{CG}$
중립	M과 G가 일치할 때	$\overline{MG} = 0$	$\dfrac{I_x}{V} = \overline{CG}$

M : 경심, G : 중심, C : 부심, $\overline{MG}$: 경심고, I_x : 최소 단면의 2차 모멘트

(5) Archimedes 원리 : 유체 속에 잠겨진 물체는 그 물체에 의해서 배제된 유체의 무게만큼 부력을 받는다.

$$W' = W - B = W - wV$$

여기서, W : 물체의 공기 중의 무게 W' : 수중에서의 무게
  B : 부력 w : 유체의 단위중량
  V : 물체의 수중부분의 체적

2 상대정지

(1) 평형방정식 및 등압면방정식
  - 정수역학의 기본식 : $dp = \rho(Xdx + Ydy + Zdz)$
  - 등압면의 방정식 : $Xdx + Ydy + Zdz = 0$

(2) 연직 가속운동
  - 위로 작용할 때 : $P = w_o h \left(1 + \dfrac{\alpha}{g}\right)$
  - 아래로 작용할 때 : $P = w_o h \left(1 - \dfrac{\alpha}{g}\right)$

(3) 수평가속도

$\tan\theta = \dfrac{\alpha}{g} = \dfrac{b-h}{\dfrac{l}{2}}$ 에서

$\therefore$ 가속도 $\alpha = \dfrac{2g(b-h)}{l}$

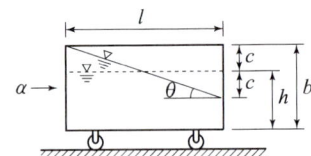

핵심문제

□□□ 기 98,99,04,14,15①,21①,22①,25②

01 비중이 0.9인 목재가 물에 떠 있다. 수면 위에 노출된 체적이 $1.0m^3$이라면 목재 전체의 체적은? (단, 물의 비중은 1.0이다.)

① $1.9m^3$ ② $2.0m^3$
③ $9.0m^3$ ④ $10.0m^3$

| 해답 | ④

Archimedes 원리(목재 전체의 체적 V)
$0.9 \times V = 1.0 \times (V-1)$
$\therefore V = 10m^3$

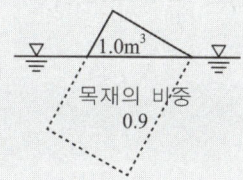

□□□ 기 04,18②,20④,20②

02 부체의 안정에 관한 설명으로 옳지 않은 것은?

① 경심(M)이 무게중심(G)보다 낮을 경우 안정하다.
② 무게중심(G)이 부심(B)보다 아래쪽에 있으면 안정하다.
③ 경심(M)이 무게중심(G)보다 높을 경우 복원모멘트가 작용한다.
④ 부심(B)과 무게중심(G)이 동일 연직선상에 위치할 때 안정을 유지한다.

| 해답 | ①

부체의 안정조건

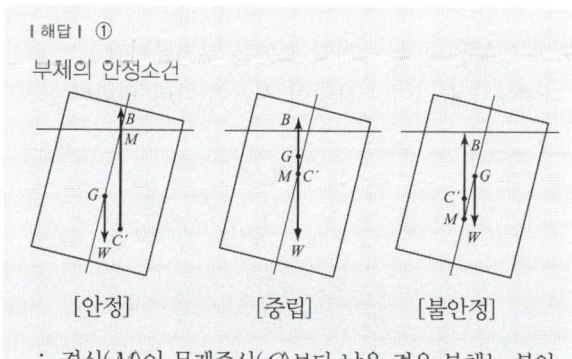

∴ 경심(M)이 무게중심(G)보다 낮을 경우 부체는 불안정하다.

□□□ 기 94,10,13①,16④,22③,25①

03 중력장에서 단위유체질량에 작용하는 외력 F의 x, y, z축에 대한 성분을 각각 X, Y, Z라고 할 때, 각 축방향의 증분을 dx, dy, dz라고 할 때 등압면의 방정식은?

① $\dfrac{dx}{X} + \dfrac{dy}{Y} + \dfrac{dz}{Z} = 0$
② $\dfrac{X}{dx} + \dfrac{Y}{dy} + \dfrac{Z}{dz} = 0$
③ $Xdx + Ydy + Zdz = 0$
④ $Xdx + Ydy + Zdz = dF$

| 해답 | ③

액체의 평형조건
• 정수역학의 기본식 : $dp = \rho(Xdx + Ydy + Zdz)$
• 등압면의 방정식 : $Xdx + Ydy + Zdz = 0$

□□□ 기 11,14

04 물이 담겨 있는 그릇을 정지 상태에서 가속도 α로 수평으로 잡아당겼을 때 발생되는 수면이 수평면과 이루는 각이 30°이었다면 가속도 α는? (단, 중력가속도 = $9.8m/s^2$)

① 약 $4.9m/s^2$ ② 약 $5.7m/s^2$
③ 약 $8.5m/s^2$ ④ 약 $17.0m/s^2$

| 해답 | ②

$\tan\theta = \dfrac{\alpha}{g} = \dfrac{b-h}{\dfrac{l}{2}}$ 에서

∴ 가속도 $\alpha = g\tan\theta = 9.8\tan 30° = 5.7m/s^2$

□□□ 기 98,13,15,18,21②

05 빙산의 비중이 0.92이고 바닷물의 비중은 1.025일 때, 빙산이 바닷물 속에 잠겨 있는 부분의 부피는 수면 위에 나와 있는 부분의 약 몇 배인가?

① 10.8배 ② 8.8배
③ 4.8배 ④ 0.8배

| 해답 | ②

바닷물에 잠겨 있는 부피 V', 수면에 나와 있는 부피 V,
$0.92 \times (V + V') = 1.025 \times V'$
$0.92V + 0.92V' = 1.025V'$
$0.92V = (1.025 - 0.92)V'$
$\therefore \dfrac{V'}{V} = \dfrac{0.92}{1.025 - 0.92} = 8.8$배

알아두기

유선
물 또는 다른 액체가 연속으로 운동할 때 어느 순간에 있어서 물 입자의 운동을 벡터로 나타낼 수 있으며 이 속도벡터가 접선되는 가상의 곡선을 말한다.

유선의 형태
- 원 : $x^2 + y^2 = C$
- 타원 : $\dfrac{x^2}{a} + \dfrac{y^2}{b} = 1 (a \neq b)$
- 쌍곡선 : $x^2 - y^2 = C$ or $xy = C$
- 포물선 : $y^2 = Cx$ or $x^2 = Cy$

정류와 등류
- 시간에 관련 : 정류, 부정류
- 거리에 관련 : 등류, 부등류

등류
정류 중에서 수심, 수로 폭이 어느 단면에서도 변하지 않는 흐름

부등류
- 수로 단면적이 불규칙할 때 유속은 일정하지 않는 흐름
- 홍수시의 하천과 같이 한 단면에서 유적이나 유량이 시간에 따라 변화하는 흐름

05 동수역학의 흐름분류

1 유선 stream line

- 정류의 흐름에서 유선과 유적선은 일치한다.
- 부정류의 흐름에서 유선과 유적선은 일치하지 않는다
- 하나의 유선은 다른 유선과 교차하지 않는다.
  - 유관 : 폐곡선 위를 통과하는 유선은 서로 교차하지 않으므로 하나의 관을 구성하는데 이 관을 유관이라 한다.
  - 유적선 : 흐름 중의 한 물 입자가 통과한 흔적의 연속적인 선

2 유선방정식

- 유선방정식 $\dfrac{dx}{u} = \dfrac{dy}{v} = \dfrac{dz}{w}$ 에서 x, y 방향의 2차원 흐름은 $\dfrac{dx}{\mu} = \dfrac{dy}{v}$ 이다.

  $\mu = -ky, \ v = kx$ 일 때 $\dfrac{dx}{-ky} = \dfrac{dy}{kx}$ ∴ $xdx + ydy = 0$

- 적분 $\displaystyle\int xdx + ydy = 0$ ∴ $x^2 + y^2 = \text{const}$

  유선은 원을 그리며 흐름은 원운동이다.

3 정류 정상류 ; steady flow

- 한 단면을 지나는 물이 시간에 따라 속도, 압력, 밀도 등 유동특성이 변하지 않는 흐름이다.
- 유선과 유적선이 일치하는 경우의 흐름이다.
- 일반적으로 하천의 흐름을 정류로 취급한다.
- 댐을 막아 올린 하천의 평상시의 흐름은 정류이다.
- 정류에서 유선은 서로 교차하지 않는다.

4 부정류 unsteady flow

- 홍수 때의 흐름, 조석(潮汐)의 영향을 받는 하천의 흐름은 부정류이다.
- 홍수시의 하천과 같이 한 단면에서 유적이나 유량이 시간에 따라 변화하는 흐름

수류의 종류	특 성
정상류	$\dfrac{\partial v}{\partial t} = 0, \ \dfrac{\partial Q}{\partial t} = 0, \ \dfrac{\partial \rho}{\partial t} = 0$
부정류	$\dfrac{\partial v}{\partial t} \neq 0, \ \dfrac{\partial Q}{\partial t} \neq 0, \ \dfrac{\partial \rho}{\partial t} \neq 0$
등류	$\dfrac{\partial v}{\partial t} = 0, \ \dfrac{\partial v}{\partial l} = 0$
부등류	$\dfrac{\partial v}{\partial t} = 0, \ \dfrac{\partial v}{\partial l} \neq 0$

핵심문제

□□□ 기 00,10,16

01 유선(stream line)에 대한 설명으로 옳지 않은 것은?

① 유선에 수직한 방향으로 속도 성분이 존재한다.
② 유선은 어느 순간의 속도 벡터에 접하는 곡선이다.
③ 흐름이 정상류일 때는 유선과 유적선이 일치한다.
④ 유선방정식은 $\dfrac{dx}{u}=\dfrac{dy}{v}=\dfrac{dz}{w}$ 이다.

| 해답 | ①

유선
물 또는 다른 액체가 연속으로 운동할 때 어느 순간에 있어서 물 입자의 운동을 벡터로 나타낼 수 있으며 이 속도 벡터가 접선되는 가상의 곡선을 말한다.

□□□ 기 03,06,15,20②

02 시간을 t, 유속을 v, 두 단면간의 거리를 l이라 할 때, 다음 조건 중 부등류인 경우는?

① $\dfrac{v}{t}=0$ ② $\dfrac{v}{t}\neq 0$
③ $\dfrac{v}{t}=0,\ \dfrac{v}{l}=0$ ④ $\dfrac{v}{t}=0,\ \dfrac{v}{l}\neq 0$

| 해답 | ④

부등류
정류 중에서 거리에 따라 유속과 유적이 변화하는 흐름을 의미한다.

등류	$\dfrac{v}{l}=0,\ \dfrac{v}{t}=0$
부등류	$\dfrac{v}{t}=0,\ \dfrac{v}{l}\neq 0$

□□□ 기 92,93,00,06②,15①,19③,20②

03 유선 위 한 점의 x, y, z축에 대한 좌표를 (x, y, z), x, y, z축 방향 속도성분을 각각 u, v, w라 할 때 서로의 관계가 $\dfrac{dx}{u}=\dfrac{dy}{v}=\dfrac{dz}{w}$, $u=-ky$, $v=kx$, $w=0$인 흐름에서 유선의 형태는? (단, k는 상수)

① 원 ② 타원
③ 쌍곡선 ④ 포물선

| 해답 | ①

• 유선방정식 $\dfrac{dx}{u}=\dfrac{dy}{v}=\dfrac{dz}{w}$에서 x, y방향의 2차원 흐름은 $\dfrac{dx}{u}=\dfrac{dy}{v}$이다.
• $\dfrac{dx}{-ky}=\dfrac{dy}{kx}$ ∴ $xdx+ydy=0$
• 적분 $\int xdx+ydy=0$
  ∴ $x^2+y^2=$ const (원의 형태)
• 유선은 원을 그리며 흐름은 원운동이다.

□□□ 기 94,07,13④,17①,20②

04 유체의 흐름에 대한 설명으로 옳지 않은 것은?

① 이상유체에서 점성은 무시된다.
② 유관(stream tube)은 유선으로 구성된 가상적인 관이다.
③ 점성이 있는 유체가 계속해서 흐르기 위해서는 가속도가 필요하다.
④ 정상류의 흐름상태는 위치변화에 따라 변화하지 않는 흐름을 의미한다.

| 해답 | ④

정상류
한 단면을 지나는 물이 시간에 따라 유동 특성(속도, 압력, 밀도 등)이 변하지 않는 흐름을 의미한다.

□□□ 기 13,21②

05 유체의 흐름에 관한 설명으로 옳지 않은 것은?

① 유체의 입자가 흐르는 경로를 유적선이라 한다.
② 부정류(不定流)에서는 유선이 시간에 따라 변화한다.
③ 정상류(定常流)에서는 하나의 유선이 다른 유선과 교차하게 된다.
④ 점성이나 압축성을 완전히 무시하고 밀도가 일정한 이상적인 유체를 완전유체라 한다.

| 해답 | ③

• 정상류 : 한 단면을 지나는 물이 시간에 따라 유동 특성 (속도, 압력, 밀도 등)이 변하지 않는 흐름을 의미한다.
• 정상류의 흐름에서 유선과 다른 유적선은 일치한다.
• 유적선 : 흐름 중의 한 물 입자가 통과한 흔적의 연속적인 선
• 부정류의 흐름에서 유선과 유적선은 일치하지 않는다.
• 정상류에서 하나의 유선은 다른 유선과 교차하지 않는다.

알아두기

연속방정식
질량불변의 법칙을 표시해 주는 방정식

운동량 방정식
이 방정식을 이용하여 극히 짧은 시간 사이에 유체가 어떤 면에 충돌하여 발생되는 반작용의 힘인 충격력을 구할 수 있다.

압축성 유체일 때
정류에서 유관의 모든 단면을 지나는 질량유량을 항상 일정

비압축성 유체일 때
$Q = A_1 V_1 = A_2 V_2$

---

06 연속방정식

1 연속방정식 equation of continuity

- 질량유량 : $\rho_1 A_1 V_1 = \rho_2 A_2 V_2$
- 중량유량 : $w_1 A_1 V_1 = w_2 A_2 V_2$
- 체적유량 : $Q = A_1 V_1 = A_2 V_2$

2 압축성 유체가 정류로 흐를 때의 연속방정식

- 1차원 : $\dfrac{\partial(\rho u)}{\partial x} = 0$
- 2차원 : $\dfrac{\partial(\rho u)}{\partial x} + \dfrac{\partial(\rho v)}{\partial y} = 0$
- 3차원 : $\dfrac{\partial(\rho u)}{\partial x} + \dfrac{\partial(\rho v)}{\partial y} + \dfrac{\partial(\rho w)}{\partial z} = 0$

3 비압축성 유체가 정류로 흐를 때의 연속방정식

- 1차원 : $\dfrac{\partial u}{\partial x} = 0$
- 2차원 : $\dfrac{\partial u}{\partial x} + \dfrac{\partial v}{\partial y} = 0$
- 3차원 : $\dfrac{\partial u}{\partial x} + \dfrac{\partial v}{\partial y} + \dfrac{\partial w}{\partial z} = 0$

■ 3차원 흐름의 연속방정식

구 분	압축성	비압축성
정상류	$\dfrac{\partial(\rho u)}{\partial x} + \dfrac{\partial(\rho v)}{\partial y} + \dfrac{\partial(\rho w)}{\partial z} = 0$	$\dfrac{\partial u}{\partial x} + \dfrac{\partial v}{\partial y} + \dfrac{\partial w}{\partial z} = 0$
부정류	$\dfrac{\partial(\rho u)}{\partial x} + \dfrac{\partial(\rho v)}{\partial y} + \dfrac{\partial(\rho w)}{\partial z} = \dfrac{\partial \rho}{\partial t}$	$\dfrac{\partial u}{\partial x} + \dfrac{\partial v}{\partial y} + \dfrac{\partial w}{\partial z} = -\dfrac{\partial \rho}{\partial t}$

4 에너지 보정계수와 운동량 보정계수

에너지 보정계수(α)와 운동량 보정계수(η)는 점성 유체의 흐름에 대한 실제 유체와 통상 사용되는 평균유속과의 관계를 보정해 주는 계수이다.

- 에너지 보정계수 $\alpha = \dfrac{1}{A} \int_A \left(\dfrac{V}{V_m}\right)^3 dA$ (무차원)

  에너지 보정계수(α) : 원관 내 층류 $\alpha = 2$, 난류 $\alpha = 1 \sim 1.1$

- 운동량 보정계수 $\eta = \dfrac{1}{A} \int_A \left(\dfrac{V}{V_m}\right)^2 dA$ (무차원)

  운동량 보정계수(η) : 원형관의 층류인 경우 $\eta = 4/3$, 난류인 경우 $\eta = 1.01 \sim 1.05$

핵 심 문 제

기 98,04,15②,22①

01 일반 유체운동에 관한 연속방정식은? (단, 유체의 밀도 ρ, 시간 t, x, y, z 방향의 속도는 u, v, w 이다.)

① $\frac{\partial \rho}{\partial t} + \frac{\partial u}{\partial x} + \frac{\partial v}{\partial y} + \frac{\partial w}{\partial z} = 0$

② $\frac{\partial \rho}{\partial t} + \frac{\partial \rho u}{\partial x} + \frac{\partial \rho v}{\partial y} + \frac{\partial \rho w}{\partial z} = 0$

③ $\frac{\partial \rho}{\partial t} + \frac{\partial u}{\partial \rho x} + \frac{\partial v}{\partial \rho y} + \frac{\partial w}{\partial \rho z} = 0$

④ $\frac{\partial u}{\partial x} + \frac{\partial v}{\partial y} + \frac{\partial w}{\partial z} = 0$

| 해답 | ②

3차원 흐름에 대한 연속방정식

• 압축성 부정류

$\frac{\partial \rho}{\partial t} + \frac{\partial \rho u}{\partial x} + \frac{\partial \rho v}{\partial y} + \frac{\partial \rho w}{\partial z} = 0$

• 비압축성 정류는 밀도 $\rho = \text{const}$ 이므로

$\frac{\partial u}{\partial x} + \frac{\partial v}{\partial y} + \frac{\partial w}{\partial z} = 0$

기 02,12,15

02 에너지 보정계수에 대한 설명으로 옳은 것은? (단, A : 흐름 단면적, v : 미소유관의 유속, V : 평균유속, dA : 미소유관의 흐름단면적)

① 연속방정식에 적용된다.
② 속도수두의 단위를 갖고 있다.
③ $\frac{1}{A} \int_A \left(\frac{v}{V}\right)^3 dA$ 로 표시된다.
④ $\frac{1}{A} \int_A \left(\frac{v}{V}\right)^2 dA$ 로 표시된다.

| 해답 | ③

■ 에너지 보정계수 α

• Bernoulli방정식이 적용된다.
• 이상유체에서 속도수두를 보정하기 위한 무차원의 상수이다.
• 에너지 보정계수 $\alpha = \frac{1}{A} \int_A \left(\frac{v}{V}\right)^3 dA$
■ 운동량 보정계수 $\eta = \frac{1}{A} \int_A \left(\frac{v}{V}\right)^2 dA$

기 04,19②

03 비압축성유체의 연속방정식을 표현한 것으로 가장 올바른 것은?

① $Q = \rho A V$ ② $\rho_1 A_1 = \rho_2 A_2$
③ $Q_1 A_1 V_1 = Q_2 A_2 V_2$ ④ $A_1 V_1 = A_2 V_2$

| 해답 | ④

비압축성유체의 연속방정식

$Q = A_1 V_1 = A_2 V_2$

기 86,90,97,18①,22②

04 3차원 흐름의 연속방정식을 아래와 같은 형태로 나타낼 때 이에 알맞은 흐름의 상태는?

$$\frac{\partial u}{\partial x} + \frac{\partial v}{\partial y} + \frac{\partial w}{\partial z} = 0$$

① 비압축성 정상류 ② 비압축성 부정류
③ 압축성 정상류 ④ 압축성 부정류

| 해답 | ①

■ 압축성 유체가 정류로 흐를 때의 연속방정식

• 3차원 : $\frac{\partial(\rho u)}{\partial x} + \frac{\partial(\rho v)}{\partial y} + \frac{\partial(\rho w)}{\partial z} = 0$

■ 비압축성 유체가 정류로 흐를 때의 연속방정식

• 3차원 : $\frac{\partial u}{\partial x} + \frac{\partial v}{\partial y} + \frac{\partial w}{\partial z} = 0$

기 12

05 에너지보정계수(α)와 운동량보정계수(β)에 대한 설명으로 옳지 않은 것은?

① α는 속도수두를 보정하기 위한 무차원 상수이다.
② β는 운동량을 보정하기 위한 무차원 상수이다.
③ 실제 유체흐름에서는 $\beta > \alpha > 1$ 이다.
④ 이상유체에서는 $\alpha = \beta = 1$ 이다.

| 해답 | ③

• α, β는 운동량을 보정하기 위한 무차원 상수이다.
• 관수로 내가 층류일 때, $\alpha = 2.0$, $\beta = \frac{4}{3}$ 정도이다.
• 관수로 내가 난류일 때, $\alpha = 1.01 \sim 1.05$, $\beta = 1.0 \sim 1.05$ 정도이다.
• 실용적인 계산일 때, $\alpha = 1.0$, $\beta = 1.0$ 정도이다.

알아두기

가정
- 흐름은 정류이다.
- 임의의 두 점은 같은 유선상에 있어야 한다.
- 마찰에 의한 에너지 손실이 없는 이상 유체의 흐름이다.

베르누이의 정리
에너지불변의 법칙을 기초로 만들어진 방정식

연속방정식
질량불변의 법칙을 기초로 만들어진 방정식

에너지선
기준면에서 전수두까지의 높이를 연결한 선

동수경사선
- 일반적으로 에너지선에서 유속수두 $\left(\dfrac{V^2}{2g}\right)$ 만큼 아래에 있다.
- 개수로에서는 수면과 일치

토리첼리의 정리
- 베르누이 정리를 이용하여 유도
- $V = \sqrt{2gh}$

벤츄리미터
$Q = C \dfrac{A_1 \times A_2}{\sqrt{A_1^2 - A_2^2}} \cdot \sqrt{2gH}$

07 베르누이의 정리

1 Bernoulli의 정리

비압축성 완전 유체에서 유선상의 장에 관계없이 액체의 단위체적이 갖는 전 에너지는 일정하다.

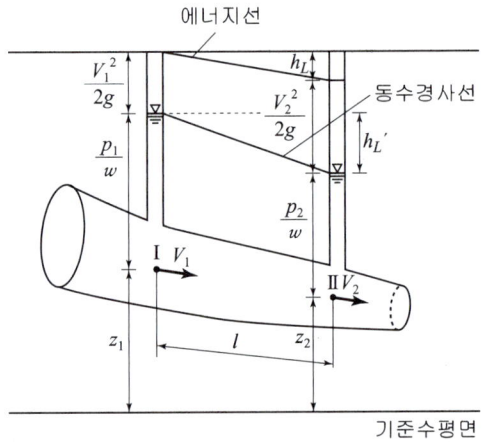

- 총수두 $H_t = \dfrac{V_1^2}{2g} + \dfrac{P_1}{w} + z_1 = \dfrac{V_2^2}{2g} + \dfrac{P_2}{w} + z_2 = \text{const}$ (일정)

  여기서, $\dfrac{V^2}{2g}$: 속도수두 $\dfrac{P}{w}$: 압력수두 z : 위치수두

- $H = \dfrac{V^2}{2g} + \dfrac{P}{w_o} + Z$ 에 w 를 곱하여 주면 ($\because w = \rho g$)

  $= \dfrac{wV^2}{2g} + P + wZ_1 = \dfrac{1}{2}\rho V^2 + P + \rho g Z$

  여기서, $\dfrac{wV^2}{2g} = \dfrac{1}{2}\rho V^2$: 동압력 P : 정압력 $\rho g Z$: 위치압력

(1) 에너지선 energy line

$\dfrac{V^2}{2g} + \dfrac{P}{w} + z = \text{const}$ (일정)

- 에너지 경사 : $I = \dfrac{h_L}{l}$

(2) 동수경사선

$\dfrac{P}{w} + z = \text{const}$ (일정)

- 동수경사 : $I = -\dfrac{h_L'}{l}$

2 베르누이 Bernoulli 정리의 응용

- Torricelli의 정리 : 1643년 Torricelli가 실험결과를 통해 Bernoulli의 정리보다 먼저 발표한 것이므로 Torricelli의 정리라 한다.
- 피토관(Pitot tube) : Bernoulli의 정리를 응용하여 유속을 측정하는 계기
- 벤츄리미터(Venturi meter) : 정상관로부분과 수축부의 압력차 h 를 측정하여 유량을 측정하는 계기

핵 심 문 제

□□□ 기 87,93,08,09,15

01 Bernoulli 정리가 성립하기 위한 조건으로 틀린 것은?

① 완전 유체의 하나의 유선에 대하여 성립한다.
② 흐름은 정류이다.
③ 압축성 유체에 성립한다.
④ 외력은 중력만 작용한다.

| 해답 | ③

베르누이 방정식의 기본조건 및 가정사항
• 유체의 흐름은 정상류이다.
• 유체는 비압축성 유체이다.
• 하나의 유선에 대해서만 성립한다.
• 개수로 및 관수로 모두에 적용된다.
• 하나의 유선에 대해서는 총 에너지가 일정하다.

□□□ 기 95,05,22①

02 베르누이(Bernoulli)의 정리에 관한 설명으로 틀린 것은?

① 회전류의 경우는 모든 영역에서 성립한다.
② Euler의 운동방정식으로부터 적분하여 유도할 수 있다.
③ 베르누이의 정리를 이용하여 Torricelli의 정리를 유도할 수 있다.
④ 이상유체 흐름에 대하여 기계적 에너지를 포함한 방정식과 같다.

| 해답 | ①

회전류의 경우는 동일한 유선상에서만 성립하고 비전류의 경우는 모든 영역에서 성립한다.

□□□ 기 91,98,01,21①

03 유속을 V, 물의 단위중량을 γ_w, 물의 밀도를 ρ, 중력가속도를 g라 할 때 동수압(動水壓)을 바르게 표시한 것은?

① $\dfrac{V^2}{2g}$ ② $\dfrac{\gamma_w V^2}{2g}$

③ $\dfrac{\gamma_w V}{2g}$ ④ $\dfrac{\rho V^2}{2g}$

| 해답 | ②

$H = \dfrac{V^2}{2g} + \dfrac{P}{\gamma_w} + Z$ 에 γ_w를 곱하여 주면 ($\because \gamma_w = \rho g$)

$= \dfrac{\gamma_w V^2}{2g} + P + \gamma_w Z = \dfrac{1}{2}\rho V^2 + P + \rho g Z$

여기서, $\dfrac{\gamma_w V^2}{2g} = \dfrac{1}{2}\rho V^2$: 동압력
P : 정압력
$\rho g Z$: 위치압력

□□□ 기 99,03,11,15,20

04 한 유선상에서의 속도수두를 $\dfrac{V^2}{2g}$, 압력수두를 $\dfrac{P}{w}$, 위치수두를 Z라 할 때 동수경사선(E)을 표시하는 식은? (단, V는 유속, P는 압력, w는 단위중량, g는 중력가속도, Z는 기준면으로부터의 높이이다.)

① $\dfrac{V^2}{2g} + \dfrac{P}{w} + Z = E$ ② $\dfrac{V^2}{2g} + \dfrac{P}{w} = E$

③ $\dfrac{V^2}{2g} + Z = E$ ④ $\dfrac{P}{w} + Z = E$

| 해답 | ④

• 에너지선 : $\dfrac{V^2}{2g} + \dfrac{P}{w} + Z = E$를 연결한 선이다
• 동수경사선(수두경사선) : $\dfrac{P}{w} + Z = E$를 연결한 선이다.

□□□ 기 96,12,20④

05 다음 중 베르누이의 정리를 응용한 것이 아닌 것은?

① 오리피스 ② 레이놀즈수
③ 벤츄리미터 ④ 토리첼리의 정리

| 해답 | ②

■ Bernoulli 정리는 에너지 불변의 법칙이며 위치, 압력, 운동에너지로부터 연속방정식을 이용하여 유도한다.
■ 베르누이 정리의 응용
• Torricelli의 정리 : 1643년 Torricelli가 실험결과를 통해 Bernoulli의 정리보다 먼저 발표한 것이므로 Torricelli의 정리라 한다.
• 피토관(Pitot tube) : Bernoulli의 정리를 응용하여 유속을 측정하는 계기
• 벤츄리미터(Venturi meter) : 정상관로부분과 수축부의 압력차 h를 측정하여 유량을 측정하는 계기
• 오리피스 : 위치수두를 속도수두로 변환

08 역적-운동량 방정식

1 운동량과 역적

1차원 정상류(steady Flow)의 흐름에서 짧은 시간 Δt 사이에 흐름의 유속이 V_1에서 V_2로 변했을 때 질량 m인 유체에 작용한 외력의 힘

$$F = \frac{m}{\Delta t} \Delta V = \frac{m}{\Delta t}(V_2 - V_1)$$

$$F \cdot \Delta t = m(V_2 - V_1) = m \cdot \Delta v$$

여기서, $F \cdot \Delta t$: 역적(impulse), $m \cdot \Delta V$: 운동량(momentum)

- 단위시간당 운동량방정식

$$F = \frac{w}{g}Q(V_2 - V_1)$$

여기서, V_1 : 유입속도, V_2 : 유출속도

2 정지판에 미치는 충격력

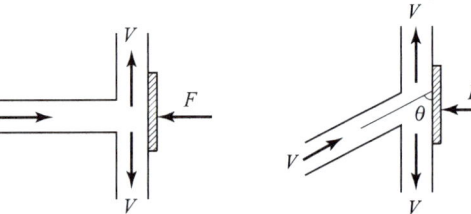

(a) 정지판에 직각   (b) 정지판에 경사   (c) 정지한 곡면

(1) 정지판에 직각으로 충돌하는 경우

$$F = \frac{w}{g}Q(V_1 - V_2) = \frac{w}{g}AV^2 = \frac{w}{g}AV(V-u)$$

(2) 정지판에 경사지게 충돌하는 경우

$$F = \frac{w}{g}QV\sin\theta = \frac{w}{g}AV^2\sin\theta$$

(3) 정지한 곡면에 작용하는 힘($\theta < 90°$)

$$F_x = \frac{wQ}{g}(V_1 - V_2\cos\theta), \quad F_y = \frac{wQ}{g}(V_2\sin\theta - V_1)$$

충격력 $F = \sqrt{P_x^2 + P_y^2}$

3 항력 drag force

유수 중의 물체에 작용하는 힘은 두 성분으로 나눌 수 있으며 흐름방향에 작용하는 힘을 항력이라 한다.

$$D = \frac{24}{R_e} \cdot A \cdot \frac{\rho V^2}{2} = C_D \cdot A \cdot \frac{\rho V^2}{2}$$

여기서, A : 흐름방향의 물체 투영면적, C_D : 항력계수, $\frac{\rho V^2}{2}$: 동압력

운동량
- 극히 짧은 시간에 유체가 어떤 면에 충돌하여 발생하는 반작용의 힘을 구하는 것을 말한다.
- 흐름은 정상류이다.

움직이는 판
- 같은 방향 : $V-u$
- 다른 방향 : $V+u$
- u : 판의 움직이는 속도

밀도
$\rho = \frac{w}{g} = \frac{단위질량}{중력가속도}$

핵 심 문 제

□□□ 기 82,97,11,15

01 역적 운동량(Impulse-Momentum) 방정식인 $\sum F_x = \rho Q(V_{x(in)} - V_{x(out)})$의 유도과정에서 설정된 가정으로 옳은 것은?

① 흐름은 정상류(Steady Flow)이다.
② 흐름은 등류(Uniform Flow)이다.
③ 압축성(Compressible) 유체이다.
④ 마찰이 없는 유체(Frictionless Fluid)이다.

| 해답 | ①
- 흐름은 정상류(Steady Flow)이다.
- 유체는 비압축성이다.
- 마찰이 있는 유체이다.
- 정상류에서 유관의 모든 단면을 지나는 질량 유량은 항상 일정하다.

□□□ 기 04,08,12

02 그림과 같이 유량이 Q, 유속이 V인 유관이 받는 외력 중에서 y축 방향의 힘(F_y)에 대한 계산식으로 맞는 것은? (단, ρ : 단위 밀도, θ_1 및 $\theta_2 \leq 90°$, 마찰력은 무시함.)

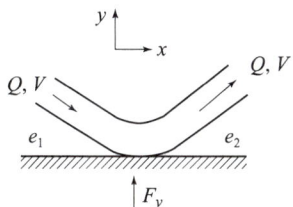

① $F_y = \rho Q V(\sin\theta_2 - \sin\theta_1)$
② $F_y = -\rho Q V(\sin\theta_2 - \sin\theta_1)$
③ $F_y = \rho Q V(\sin\theta_2 + \sin\theta_1)$
④ $F_y = -QV(\sin\theta_2 + \sin\theta_1)/\rho$

| 해답 | ③

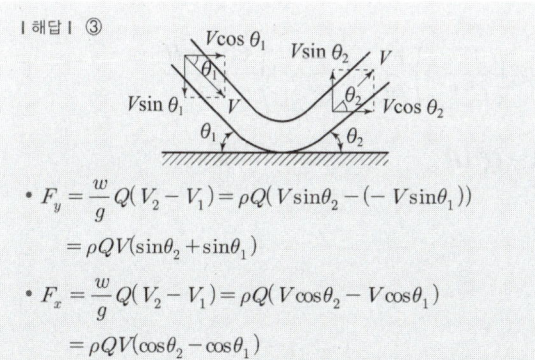

- $F_y = \dfrac{w}{g}Q(V_2 - V_1) = \rho Q(V\sin\theta_2 - (-V\sin\theta_1))$
  $= \rho QV(\sin\theta_2 + \sin\theta_1)$
- $F_x = \dfrac{w}{g}Q(V_2 - V_1) = \rho Q(V\cos\theta_2 - V\cos\theta_1)$
  $= \rho QV(\cos\theta_2 - \cos\theta_1)$

□□□ 기 81,84,95,97,98,01,10,12,15,17④,19②

03 지름 d의 구(球)가 밀도 ρ의 유체 속을 유속 V로 침강할 때 구(球)의 항력(D)은?
(단, C_D : 항력계수)

① $D = C_D \pi d^2 \dfrac{V^2}{2g}$
② $D = \dfrac{1}{4} C_D \cdot \pi d^2 \rho V^2$
③ $D = \dfrac{1}{8} C_D \pi d^2 \rho V^2$
④ $D = \dfrac{1}{16} C_D \pi d^2 \rho V^2$

| 해답 | ③

항력 = 항력계수 × 투영단면적 × 동압력

$\therefore D = C_D A \dfrac{1}{2}\rho V^2 = C_D \cdot \dfrac{\pi d^2}{4} \cdot \dfrac{1}{2}\rho \cdot V^2$
$= \dfrac{1}{8} C_D \pi d^2 \rho V^2$

□□□ 기 94,99,13,16

04 하천의 임의 단면에 교량을 설치하고자 한다. 원통형 교각 상류(전면)에 2m/s의 유속으로 물이 흘러간다면 교각에 가해지는 항력은? (단, 수심은 4m, 교각의 지름은 2m, 항력계수는 1.5이다.)

① 16kN
② 24kN
③ 43kN
④ 62kN

| 해답 | ②

$D = C_D A \dfrac{wV^2}{2g}$
$= 1.5 \times (4 \times 2) \times \dfrac{1 \times 2^2}{2 \times 9.8}$
$= 2.449 t = 2449 kg = 2449 \times 9.8 N$
$= 24000 N = 24 kN$
($\because$ 1kg = 9.8N)

□□□ 기 99,09,14,18②,21③

05 속도변화를 Δv, 질량을 m이라 할 때, Δt 시간에 외력 F가 작용할 때의 운동량 방정식은?

① $F \cdot \Delta v = m \cdot \Delta t$
② $F = m \cdot \Delta v \cdot \Delta t$
③ $F \cdot \Delta t = m \cdot \Delta v$
④ $\dfrac{F}{\Delta t} = m$

| 해답 | ③

운동량 방정식 $F = \dfrac{m}{\Delta t}(v_2 - v_1) = \dfrac{m}{\Delta t}\Delta v$

$\therefore F \cdot \Delta t = m(V_2 - V_1) = m \cdot \Delta v$

알아두기

오리피스

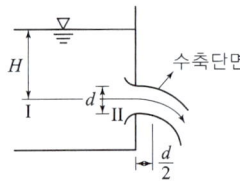

작은 오리피스
수심에 비해 지름이 작은 오리피스

수축계수
$C_a = \dfrac{a}{A} ≒ 0.612 \sim 0.72$ (보통 0.64)
여기서, A : 오리피스의 단면적
a : 수축단면의 단면적

오리피스(orifice)의 이론유속
$V = \sqrt{2gh}$ 은 유출할 때 에너지 손실을 무시하고 bernoulli 정리로부터 이론유속을 구한다.

유속계수
- 이론 유속 $V = \sqrt{2gH}$
- 실제 유속 $V_t = C_v\sqrt{2gH}$
- $C_v = \dfrac{V_t}{V} = 0.95 \sim 0.99$

---

09 오리피스

1 오리피스 orifice

(1) 작은 오리피스 : 오리피스 상하 끝의 압력차가 작은 상태이다.
 즉, $H > 5d$
 여기서, H : 오리피스 중심에서 수면까지의 수두
  d : 오리피스 지름

(2) 큰 오리피스 : 오리피스의 형상과 관계없이 오리피스 단면의 높이가 수두의 1/5($H < 5d$)보다 크면 큰 오리피스이다.

■ orifice

큰 오리피스	작은 오리피스
• $5d > H$	• $5d < H$
• 오리피스 상하단의 압력차 고려	• 오리피스 상하단의 압력차 무시

(3) 수축단면 : 오리피스로부터 약 $\dfrac{1}{2}d$인 지점에 유출수의 단면이 축소되었다가 다시 커져 낙하하게 될 때 이 축소된 단면을 수축단면(vena contracta)이라 한다.

2 오리피스 유량

- 유속 $V = C_v\sqrt{2gh}$
- 작은 오리피스 유량 $Q = C_a a\, C_v\sqrt{2gh} = Ca\sqrt{2gh}$
- 큰 오리피스 유량 $Q = \dfrac{2}{3}Cb\sqrt{2g}(H_2^{3/2} - H_1^{3/2})$

여기서, a : 오리피스 단면적, C_v : 유속계수, C_a : 수축계수, $C = C_a C_V$: 유량계수

- 완전 수중 오리피스 : $Q = Ca\sqrt{2g(h_1 - h_2)}$
- 관 오리피스와 관 노즐 : $Q = C \cdot a \sqrt{\dfrac{2gh}{1 - \left(C \cdot \dfrac{a}{A}\right)^2}} = C \cdot \dfrac{\pi d^2}{4}\sqrt{\dfrac{2gh}{1 - C^2\left(\dfrac{d}{D}\right)}}$
- 오리피스의 배수시간 : $T = \dfrac{2A}{C_a\sqrt{2g}}(\sqrt{h_1} - \sqrt{h_2})$
- 오리피스의 손실수두 :

$$\Delta h = H - \dfrac{v^2}{2g} = \dfrac{1}{C_v^2}\dfrac{v^2}{2g} - \dfrac{v^2}{2g} = \left(\dfrac{1}{C_v^2} - 1\right)\dfrac{v^2}{2g} = \left(\dfrac{1}{C_v^2} - 1\right)\dfrac{C_v^2 \cdot 2gH}{2g}$$

$$= \dfrac{1 - C_v^2}{C_v^2} \cdot \dfrac{C_v^2 \cdot 2gH}{2g} = (1 - C_v^2)H$$

- 오리피스의 유량오차
 $Q = CA\sqrt{2g}\,H^{1/2}$ 에서
 $\therefore \dfrac{dQ}{Q} = \dfrac{1}{2}\dfrac{dh}{H}$

핵 심 문 제

□□□ 기 04,07,15
01 오리피스(Orifice)의 이론과 가장 관계가 먼 것은?

① 토리첼리(Torricelli) 정리
② 베르누이(Bernoulli) 정리
③ 베나콘트랙타(Vena Contracta)
④ 모세관현상의 원리

| 해답 | ④
- 토리첼리 정리, 베르누이 정리, 베나콘트랙타는 오리피스 이론과 밀접한 관계가 있다.
- 모세관 현상의 원리 : 부착력과 표면장력에 의해 액체가 가는 관을 따라 상승 또는 하강하는 현상

□□□ 기 93,95,00,09,10,12,14,17,19①
02 단면적 $20cm^2$인 원형 오리피스(orifice)가 수면에서 3m의 깊이에 있을 때, 유출수의 유량은?
(단, 물통의 수면은 일정하고 유량계수는 0.6이라 한다.)

① $0.0014m^3/sec$ ② $0.0092m^3/sec$
③ $14.4400m^3/sec$ ④ $15.2400m^3/sec$

| 해답 | ②
$$Q = C \cdot a \sqrt{2gH}$$
$$= 0.6 \times \frac{20}{10000} \times \sqrt{2 \times 9.80 \times 3}$$
$$= 0.0092 m^3/sec$$

□□□ 기 91,95,98,03,08,12,14,16④,24③
03 작은 오리피스에서 단면수축계수 C_a, 유속계수 C_v, 유량계수 C의 관계가 옳게 표시된 것은?

① $C = \dfrac{C_v}{C_a}$ ② $C = \dfrac{C_a}{C_v}$
③ $C = C_v \cdot C_a$ ④ $C = C_a + C_v$

| 해답 | ③
유량계수 $C = \dfrac{실제 유량}{이론 유량}$
$= 유속계수(C_v) \times 수축계수(C_a)$

□□□ 기 96,00,15①
04 그림과 같이 일정한 수위가 유지되는 충분히 넓은 두 수조의 수중 오리피스에서 오리피스의 지름 $d = 20cm$일 때, 유출량 Q는? (단, 유량계수 $C=1$이다.)

① $0.314m^3/s$
② $0.628m^3/s$
③ $3.14m^3/s$
④ $6.28m^3/s$

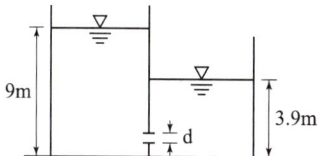

| 해답 | ①
완전 수중 오리피스 공식
$$Q = CA\sqrt{2g(h_1 - h_2)}$$
$$= 1 \times \frac{\pi \times 0.2^2}{4} \times \sqrt{2 \times 9.8 \times (9 - 3.9)}$$
$$= 0.314 m^3/sec$$

□□□ 기 95,02,07,09,11②,19②,20②
05 오리피스(orifice)에서의 유량 Q를 계산할 때 수두 H의 측정에 1%의 오차가 있으면 유량계산의 결과에는 얼마의 오차가 생기는가?

① 0.1% ② 0.5%
③ 1% ④ 2%

| 해답 | ②
$Q = Ca\sqrt{2g} H^{1/2}$ (오리피스 유량)
$\therefore \dfrac{dQ}{Q} = \dfrac{1}{2}\dfrac{dh}{H} = \dfrac{1}{2} \times 1 = 0.5\%$

□□□ 기 99,06,13,18
06 오리피스(orifice)의 이론유속 $V = \sqrt{2gh}$는 다음 중 어느 이론으로부터 유도되는 특수한 경우인가?
(단, V : 유속, g : 중력가속도, h : 수두차)

① 베르누이(Bernoulli)의 정리
② 레이놀즈(Reynolds)의 정리
③ 벤츄리(Venturi)의 이론식
④ 운동량 방정식 이론

| 해답 | ①
베르누이(Bernoulli)
유출할 때 에너지 손실을 무시하고 Bernoulli 정리로부터 이론 유속 $V = \sqrt{2gh}$를 구한다.

10 위어

1 위어 weir

(1) 위어(weir)의 사용목적
- 유량 측정 및 조정, 취수를 위한 수위 증가, 분수
- 개수로의 유량 측정, 취수를 위한 수위 증가 등의 목적으로 설치

(2) 위어의 특징
- 작은 유량을 측정할 경우 3각 위어가 효과적이다.
- 위어를 월류하는 흐름은 일반적으로 상류에서 사류로 변한다.
- 위어를 넘어서 흐르는 수맥이 사류가 되면 하류부의 영향을 받지 않으므로 유량은 월류수심에 의해서 결정된다.

2 위어의 유량

(1) 구형(사각형) 위어
$$Q = \frac{2}{3} Cb\sqrt{2g}\left(h_2^{\frac{3}{2}} - h_1^{\frac{3}{2}}\right) = \frac{2}{3} Cb\sqrt{2g}\, h^{\frac{3}{2}}$$

(2) 삼각형 위어
$$Q = \frac{8}{15} C\tan\frac{\theta}{2}\sqrt{2g}\, h^{5/2}$$

(3) Francis 공식
$$Q = 1.84\, b_o\, h^{\frac{3}{2}} = 1.84\left(b - \frac{nh}{10}\right)h^{\frac{3}{2}},\quad b_o = b - 0.1nh$$

(4) 광정 위어(H : 전수두$(h+ha)$)
$$Q = 1.7\, CbH^{3/2},\quad H = h + \alpha\frac{V^2}{2g}$$

(5) 위어의 월류유량
$$Q = CL(H+ha)^{3/2}$$

여기서, L : 월류폭, H : 상류수심
ha : 접근유속수두, C : 월류계수

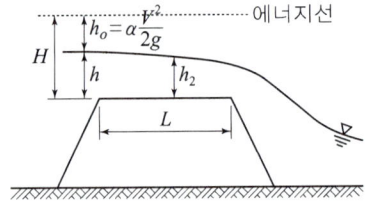

3 위어의 유량오차

종류	유량오차
오리피스	$\dfrac{dQ}{Q} = \dfrac{1}{2}\dfrac{dh}{h}$
사각형 위어	$\dfrac{dQ}{Q} = \dfrac{3}{2}\dfrac{dh}{h}$
삼각형 위어	$\dfrac{dQ}{Q} = \dfrac{5}{2}\dfrac{dh}{h}$

위어의 정의
규칙적인 모양을 가지며 물이 월류할 때 유량을 측정하는 장치이다.

구형 위어
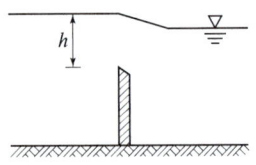

삼각형 위어
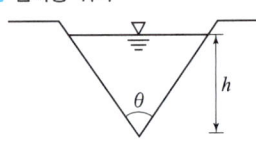

광정 위어
- 월류수심(h)에 비해 마루 폭(l)이 큰 위어($l > 0.7h$)
- 최대 월류량
  $h_2 = \dfrac{2}{3}H$ (h_2 : 한계 수심)
- 수중 위어
  $h_2 > \dfrac{2}{3}H$

핵심문제

□□□ 기 01,04,10,17④,18②

01 폭 2.5m, 월류수심 0.4m인 사각형 위어(weir)의 유량은? (단, Francis 공식 : $Q=1.84B_oh^{3/2}$에 의하며, B_o : 유효폭, h : 월류수심, 접근유속은 무시하며 양단수축이다.)

① 1.117m³/sec   ② 1.126m³/sec
③ 1.536m³/sec   ④ 1.557m³/sec

| 해답 | ②

$$Q=1.84\left(b-\frac{nh}{10}\right)h^{\frac{3}{2}} \text{ (Francis공식)}$$
$$=1.84\times\left(2.5-\frac{2\times0.4}{10}\right)\times0.4^{\frac{3}{2}}=1.126\text{m}^3/\text{sec}$$
(∵ 양단수축 $n=2$)

□□□ 기 96,00,01,14,15

02 직각삼각형 위어에 있어서 월류수심이 0.25m일 때 일반식에 의한 유량은? (단, 유량계수(C)는 0.6이고, 접근속도는 무시한다.)

① 0.0143m³/s   ② 0.0243m³/s
③ 0.0343m³/s   ④ 0.0443m³/s

| 해답 | ④

$$Q=\frac{8}{15}C\tan\frac{\theta}{2}\sqrt{2g}\,h^{5/2}$$
$$=\frac{8}{15}\times0.6\tan\frac{90°}{2}\times\sqrt{2\times9.8}\times0.25^{5/2}$$
$$=0.0443\text{m}^3/\text{sec}$$

□□□ 기 05,07,13

03 k가 엄격히 말하면 월류수심 h 등에 관한 함수이지만, 근사적으로 상수라 가정하면 직사각형 위어(Weir)의 유량 Q와 h의 일반적인 관계로 옳은 것은?

① $Q=k\cdot h^{1/2}$ ② $Q=k\cdot h^{2/3}$
③ $Q=k\cdot h$ ④ $Q=k\cdot h^{3/2}$

| 해답 | ④
구형(직사각형) 위어의 일반식 : $Q=k\cdot b\cdot h^{3/2}=k\cdot h^{3/2}$

□□□ 기 94,99,00,03,05,07,08,11④,19①③

04 직사각형 단면의 위어에서 수두(h)를 측정함에 있어서 2%의 오차가 발생했다면 유량(Q)은 몇 %의 오차가 있겠는가?

① 1%   ② 2%
③ 3%   ④ 4%

| 해답 | ③
구형 위어 $Q=kbh^{3/2}$에서
$$\frac{dQ}{Q}=\frac{3}{2}\frac{dh}{h}$$
$$=\frac{3}{2}\times2=3\%$$

□□□ 기 91,16④,19②,21③

05 폭 35cm인 직사각형 위어(weir)의 유량을 측정하였더니 0.03m³/s이었다. 월류수심의 측정에 1mm의 오차가 생겼다면, 유량에 발생하는 오차(%)는?
(단, 유량계산은 프란시스(Francis) 공식을 사용하되 월류 시 단면수축은 없는 것으로 가정한다.)

① 1.84%   ② 1.67%
③ 1.50%   ④ 1.16%

| 해답 | ④

$Q=1.84bh^{3/2}$에서
$$h=\left(\frac{Q}{1.84b}\right)^{\frac{2}{3}}=\left(\frac{0.03}{1.84\times0.35}\right)^{\frac{2}{3}}=0.1295$$
$$\therefore\frac{dQ}{Q}=\frac{3}{2}\frac{dh}{h}$$
$$=\frac{3}{2}\times\frac{0.001}{0.1295}=0.01158=1.16\%$$

□□□ 기 83,93,98,15④,22①

06 삼각 위어(weir)에 월류 수심을 측정할 때 2%의 오차가 있었다면 유량 산정시 발생하는 오차는?

① 2%   ② 3%
③ 4%   ④ 5%

| 해답 | ④
$$\frac{dQ}{Q}=\frac{5}{2}\frac{dh}{h}=\frac{5}{2}\times2=5\%$$

더 알아두기

관수로
관수로는 압력에 의해 흐름이 유지되며 유체 내부의 점성력의 영향이 크다.

개수로
흐름의 원인은 점성과 중력에 의한다.

원관 내 층류 흐름
- 중심선상의 유속 : $V_0 > V$
- 최대유속 : $V_0 = 2V_m$
- 관벽 전단응력 : $\tau_s > \tau_0$

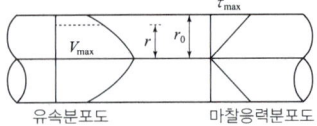

유속분포도　　마찰응력분포도

원통 수조

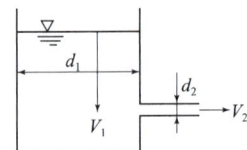

동수반경(R)
- 정사각형 동수반경
$$R_s = \frac{A}{S} = \frac{h^2}{4h} = \frac{h}{4}$$
- 원형 동수반경 $R_c = \frac{A}{S} = \frac{D}{4}$

Manning의 유속
$$V = \frac{1}{n} R^{\frac{2}{3}} I^{\frac{1}{2}}$$

---

11 관수로

1 관수로

(1) 관수로와 개수로 비교
- 개수로는 자유수면을 갖는다.
- 관수로는 점성과 압력에 의한 흐름이다.
- 개수로는 중력의 작용 및 수로의 경사 및 수면의 경사
- 개수로와 관수로는 마찰에 의한 에너지 손실이 발생한다.

(2) 마찰

■ 마찰속도 : $U_* = \sqrt{\dfrac{\tau_o}{\rho}} = V\sqrt{\dfrac{f}{8}} = \sqrt{gRI} = \sqrt{ghI}$

여기서, U_* : 마찰속도,　τ_0 : 관벽면의 마찰력,　ρ : 유체의 밀도
　　　　h : 수심,　　　I : 수면경사,　　　R : 동수반경

■ 마찰응력 : $\tau_o = \dfrac{\Delta p}{2l} r = \dfrac{w_o \cdot h_L \cdot r}{2l} = wRI = w\dfrac{D}{4}\dfrac{\Delta h}{l}$

2 유량과 유속

(1) 유량
- $Q = AV = A_1 V_1 = A_2 V_2 = \dfrac{\pi d_1^2}{4} \times V_1 = \dfrac{\pi d_2^2}{4} \times V_2$

$$\therefore V_1 = \left(\frac{d_2}{d_1}\right)^2 \times V_2$$

- $Q = AV = A\dfrac{1}{n} R^{\frac{2}{3}} I^{\frac{1}{2}}$

(2) Chezy의 평균유속 공식

- 유속 : $V = C\sqrt{RI} = C\sqrt{R\dfrac{h_L}{l}} = \dfrac{1}{n} R^{\frac{2}{3}} I^{\frac{1}{2}}$

- 평균유속계수 : $C = \sqrt{\dfrac{8g}{f}} = \dfrac{1}{n} R^{1/6}$

$$C = \frac{V}{\sqrt{RI}} = \frac{R^{\frac{2}{3}} I^{\frac{1}{2}}}{n\sqrt{RI}} = \frac{R^{\frac{2}{3}} I^{\frac{1}{2}}}{nR^{\frac{1}{2}} I^{\frac{1}{2}}} = \frac{R^{\frac{2}{3}} R^{-\frac{1}{2}}}{n} = \frac{1}{n} R^{\frac{1}{6}}$$

- 관마찰손실계수 : $f = \dfrac{64}{R_e} = \dfrac{8g}{C^2}$

$$f = \frac{8gn^2}{R^{1/3}} = \frac{8 \times 9.8 n^2}{\left(\dfrac{d}{4}\right)^{\frac{1}{3}}} = 124.5 n^2 d^{-1/3} = \frac{124.5 n^2}{d^{1/3}}$$

(3) Manning의 조도계수 n
- Chezy의 C 계수와는 $C = \dfrac{1}{n} R^{1/6}$의 관계가 성립한다.
- 조도계수는 표면의 거칠기 정도로 나타내므로 유리관보다 콘크리트관이 크다.

핵심문제

기 92,98,02,05,06,09,16①

01 유체의 밀도(ρ), 점성계수(μ), 벽면의 마찰력(τ_o), 평균유속(V)과 마찰속도(u_*)의 관계식으로 옳은 것은?

① $u_* = \mu \dfrac{V}{\rho}$ ② $u_* = \sqrt{\dfrac{\tau_o}{\rho}}$

③ $u_* = \dfrac{\tau_o}{\rho}$ ④ $u_* = \rho\sqrt{\dfrac{\tau_o}{\mu}}$

| 해답 | ②

마찰속도 $u_* = \sqrt{\dfrac{\tau_o}{\rho}} = V\sqrt{\dfrac{f}{8}}$

기 92,98,02,05,06,09,18①

02 지름이 20cm인 관수로에 평균유속 5m/s로 물이 흐른다. 관의 길이가 50m일 때 5m의 손실수두가 나타났다면, 마찰속도(U_*)는?

① $U_* = 0.022$m/s ② $U_* = 0.22$m/s
③ $U_* = 2.21$m/s ④ $U_* = 22.1$m/s

| 해답 | ②

마찰속도 $U_* = \sqrt{gRI}$
- 중력가속도 $g = 9.80$m/s²
- 경심 $R = \dfrac{D}{4} = \dfrac{0.20}{4} = 0.05$
- 수면경사 $I = \dfrac{h_L}{l} = \dfrac{5}{50} = 0.10$

∴ $U_* = \sqrt{9.8 \times 0.05 \times 0.10} = 0.22$m/s

기 05,10,13②,16④,22②

03 원 관내에 물이 반(半)만 차서 흐르고 있다. 관경(菅徑, 관지름)을 D라고 할 때 경심(동수반경)은?

① D ② $D/2$
③ $D/4$ ④ $D/8$

| 해답 | ③

경심 $R = \dfrac{A}{S} = \dfrac{\dfrac{\pi D^2}{4} \times \dfrac{1}{2}}{\dfrac{\pi D}{2}} = \dfrac{D}{4}$

기 95,00,08,10,17④

04 지름이 4cm인 원형관 속에 물이 흐르고 있다. 관로 길이 1.0m 구간에서 압력강하가 0.1N/m²이었다면 관벽의 마찰응력은?

① 0.001N/m² ② 0.002N/m²
③ 0.01N/m² ④ 0.02N/m²

| 해답 | ①

$\tau_o = \dfrac{\Delta p}{2l}r = wRI = w \cdot \dfrac{D}{4} \cdot \dfrac{\Delta h}{l}$

- $\Delta p = 0.1$N/m²
- $r = 2$cm $= 0.02$m, $l = 1.0$m

∴ $\tau_o = \dfrac{0.1}{2 \times 1.0} \times 0.02 = 0.001$N/m²

기 11④,17②,22②,24②

05 그림과 같이 원형관 중심에서 V의 유속으로 물이 흐르는 경우에 대한 설명으로 틀린 것은? (단, 흐름은 층류로 가정한다.)

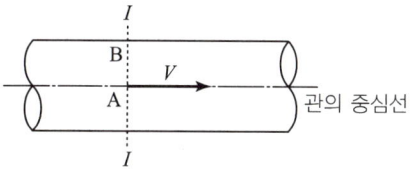

① A점에서의 유속은 단면 평균유속의 2배다.
② A점에서의 마찰력은 V^2에 비례한다.
③ A점에서 B점으로 갈수록 마찰력은 커진다.
④ 유속은 A점에서 최대인 포물선 분포를 한다.

| 해답 | ②

- 관의 A에서 유속 $V_A = 2V_m$
  (∵ V_m : 평균유속)
- 관의 최대유속(A점) $V_{max} = 2V_m$
- 관벽의 마찰력 $\tau = \dfrac{wh_L}{2l}r$
- 관벽(B점)에서 최대마찰력 $\tau_{max} = \dfrac{wh_L}{2l}r_o$

∴ 관의 A에서 마찰력 $\tau = 0$

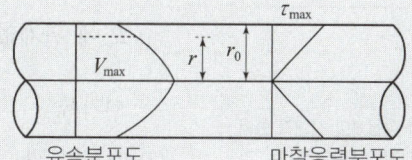

유속분포도 　　　　 마찰응력분포도

12 마찰손실

1 마찰손실수두

(1) 마찰손실수두의 성질

$$h_L = f \frac{l}{D} \frac{V^2}{2g} = \frac{64}{R_e} \frac{l}{D} \frac{V^2}{2g}$$

- 관수로의 길이에 비례한다.
- 레이놀즈수에 반비례한다.
- 관경(관지름)에 반비례한다.
- 관의 내면조도에 비례한다.
- 관내 유속의 n승에 비례한다.
- 물의 점성에 비례한다.

(2) 일반적인 손실수두

$$h_L = \left(f_e + f_o + f \frac{l}{D}\right) \frac{V^2}{2g}$$

- 단일관수로의 유속 $V = \sqrt{\dfrac{2gH}{f_e + f_o + f \dfrac{l}{D}}}$

- 일반적인 유속 $V = \sqrt{\dfrac{2gH}{1.5 + f \dfrac{l}{D}}}$

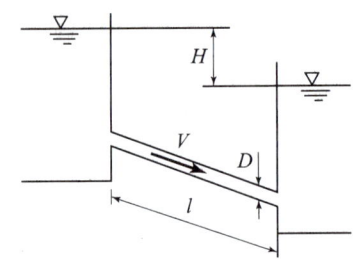

(3) 미소손실

$$h_n = f_n \left(\frac{V^2}{2g}\right)$$

- $\dfrac{l}{D} > 3000$: 관마찰손실 이외의 손실, 즉 미소손실을 무시한다.
- $\dfrac{l}{D} < 3000$: 전손실의 주요인자로 작용한다.

2 관수로의 마찰손실계수

(1) 레이놀즈수 : $R_e = \dfrac{V \cdot D}{\nu}$

- 층류 : $R_e < 2000$ 일 경우 ; $f = \dfrac{64}{R_e}$

  마찰손실계수 f는 R_e만의 함수이다.

- 난류 : $R_e > 4000$ 일 경우 ; $f = \phi''\left(\dfrac{1}{R_e}, \dfrac{e}{D}\right) = 0.316 R_e^{-\frac{1}{4}}$

(2) 상대조도가 큰 관이 완전 난류 흐름인 경우

- R_e에 관계없고 $\dfrac{e}{D}$만의 함수이다.

  여기서, e : 절대조도, $\dfrac{e}{D}$: 상대조도

(3) 매끈한 관

- 벽면의 요철(凹凸)의 높이가 층류저층의 두께보다 작은 경우

알아두기

▶ **병렬관**
병렬로 연결된 관수로의 수두손실은 관의 길이에 관계없이 일정하다.

▶ **병렬 관수로**
- 병렬 관수로에서 모든 관의 손실수두는 같다.
- 총유량은 병렬관의 유량을 합한 것과 같다.

▶ **미소손실**
관로에서 마찰 이외에 단면변화, 방향변화, 장애물 등에 의하여 일어나는 와류(vortex)에 의한 국부적인 손실로 에너지 손실은 속도수두에 비례한다.

▶ **Reynolds수의 흐름 분류**

- 관수로

층류	$R_e < 2000$
난류	$R_e > 4000$
천이영역	$2000 \leq R_e \leq 4000$

- 개수로

층류	$R_e < 500$
난류	$R_e > 2000$
천이영역	$500 \leq R_e \leq 2000$

▶ **상대조도 $\left(\dfrac{e}{D}\right)$**
- 관직경과 관벽면 요철과의 상대적 크기
- 절대조도(e)를 관지름(D)으로 나눈 것

핵심문제

기 01,07,15,17①④,24③

01 수위차가 3m인 2개의 저수지를 지름 50cm, 길이 80m의 직선관으로 연결하였을 때의 유량은? (단, 입구손실계수=0.5, 관의 마찰손실계수=0.0265, 출구손실계수=1.0, 이외의 손실은 없다고 한다.)

① $0.124 m^3/s$ ② $0.314 m^3/s$
③ $0.628 m^3/s$ ④ $1.280 m^3/s$

| 해답 | ③

유량 $Q = AV$

- $V = \sqrt{\dfrac{2gh}{f_i + f\dfrac{l}{D} + f_o}} = \sqrt{\dfrac{2 \times 9.8 \times 3}{0.5 + 0.0265 \times \dfrac{80}{0.5} + 1.0}}$

  $= 3.20 \, m/sec$

- $\therefore Q = \dfrac{\pi \times 0.5^2}{4} \times 3.20 = 0.628 \, m^3/sec$

기 10①,14①,19①

02 유량 147.6L/s를 송수하기 위하여 안지름 0.4m의 관을 700m의 길이로 설치하였을 때 흐름의 에너지 경사는? (단, 조도계수 $n=0.012$, Manning 공식 적용)

① $\dfrac{1}{700}$ ② $\dfrac{2}{700}$
③ $\dfrac{3}{700}$ ④ $\dfrac{4}{700}$

| 해답 | ③

에너지경사 $I = \dfrac{h_L}{l}$

- $A = \dfrac{\pi D^2}{4} = \dfrac{\pi \times 0.4^2}{4} = 0.126 \, m^2$

- $V = \dfrac{Q}{A} = \dfrac{0.1476}{0.126} = 1.171 \, m/sec$

  ($\because 1000 L/s = 1 m^3/s$)

- $f = \dfrac{124.5 n^2}{D^{1/3}} = \dfrac{124.5 \times 0.012^2}{0.4^{1/3}} = 0.024$

- $h_L = f\dfrac{l}{D}\dfrac{V^2}{2g} = 0.024 \times \dfrac{700}{0.4} \times \dfrac{1.171^2}{2 \times 9.8} = 2.938 \, m$

$\therefore$ 에너지 경사 $I = \dfrac{2.938}{700} = \dfrac{3}{700}$

기 00,13,14,20

03 관수로 내의 손실수두에 대한 설명 중 틀린 것은?

① 관수로 내의 모든 손실수두는 속도수두에 비례한다.
② 마찰손실 이외의 손실수두를 소손실(minor loss)이라 한다.
③ 물이 관수로 내에서 큰 수조로 유입할 때 출구의 손실수두는 속도수두와 같다고 가정할 수 있다.
④ 마찰손실수두는 모든 손실수두 가운데 가장 크며 이것은 마찰손실계수를 속도수두에 곱한 것이다.

| 해답 | ④

마찰손실수두 $h_L = f\dfrac{l}{D}\dfrac{V^2}{2g}$

$\therefore$ 마찰손실수두는 $\dfrac{l}{D}$과 속도수두 $\left(\dfrac{V^2}{2g}\right)$에 비례한다.

기 06,10

04 레이놀즈(Reynolds)수가 1000인 관에 대한 마찰손실계수(f)는?

① 0.032 ② 0.046
③ 0.052 ④ 0.064

| 해답 | ④

레이놀즈수 $R_e < 2000$인 층류 경우

$\therefore$ 마찰손실계수 $f = \dfrac{64}{R_e} = \dfrac{64}{1000} = 0.064$

기 96,98,11,12,15

05 원형 관수로 흐름에서 Manning식의 조도계수와 마찰계수와의 관계식은? (단, f는 마찰계수, n은 조도계수, d는 관의 지름, 중력가속도는 $9.8 m/s^2$이다.)

① $f = \dfrac{98.8 n^2}{d^{1/3}}$ ② $f = \dfrac{124.5 n^2}{d^{1/3}}$

③ $f = \sqrt{\dfrac{98.8 n^2}{d^{1/3}}}$ ④ $f = \sqrt{\dfrac{124.5 n^2}{d^{1/3}}}$

| 해답 | ②

유량계수 $C = \dfrac{1}{n} R^{1/6} = \sqrt{\dfrac{8g}{f}}$ 에서

- $C^2 = \left(\dfrac{1}{n} R^{1/6}\right)^2 = \dfrac{1}{n^2} R^{1/3} = \dfrac{8g}{f}$, $R = \dfrac{d}{4}$

$\therefore f = \dfrac{8gn^2}{R^{1/3}} = \dfrac{8 \times 9.8 n^2}{\left(\dfrac{d}{4}\right)^{\frac{1}{3}}} = 124.5 n^2 d^{-1/3} = \dfrac{124.5 n^2}{d^{1/3}}$

13 관망과 동력

1 관수로 현상

(1) 공동현상(cavitation)
- 유수 중에 국부적으로 저압 부분이 생겨 압력이 증기압 이하로 되어 물속에 있던 공기가 분리되어 공기덩어리가 생기는 현상
- 댐 여수로 설계 시 중요한 사항으로 국부적인 저압부가 발생하여 여수로 표면에 심각한 손상을 발생시키는 현상

(2) 수격작용(water hammer)
- 관수로에서 물이 흐를 때 밸브를 갑자기 닫거나 열면 수압은 현저히 상승하거나 저하하게 된다. 이와 같이 관로내의 물운동상태의 급변에 의한 큰 압력운동을 발생시키는 현상
- 수격압(water hammer pressure) : 관수로에서 물이 흐를 때 밸브를 급히 닫으면 수압은 상승하고 유속은 0이 되고 닫힌 밸브를 급히 열면 수압은 저하하는데 이와 같이 갑자기 증감하는 수압

(3) 서징(surging) 현상 : 관수로 안의 물을 급격히 차단할 경우 관내의 상승 압력으로 인하여 습파(襲波)가 생겨서 상류 쪽으로 습파가 전달되는 현상

2 Hardy-Cross법

■ Hardy-Cross의 가정조건
- 각 분기점 또는 합류점에 유입하는 수량은 그 점에서 정지하지 않고 전부 유출한다.
- 각 폐합관에서 시계방향 또는 반시계방향으로 흐르는 관로의 손실수두의 합은 흐름의 방향에 관계없이 0이다.
- 초기 유량을 가정하며 마찰손실만을 고려한다.
- 보정량은 +, − 값 모두를 갖는다.

> **Hardy-Cross법**
> 관망의 유량계산법으로 많이 사용하는 Hardy-Cross법은 각 폐합관에서 관로손실수두의 합이 0이라는 조건하에서 반복 계산하는 근사해법이다.

3 관수로의 유수에 의한 동력

(1) 수차의 출력
- $E = \dfrac{1000Q(H-\sum h_L)\eta}{102} = 9.8 QH_e \eta \,(\text{kW})$
- $E = \dfrac{1000Q(H-\sum h_L)\eta}{75} = 13.33 QH_e \eta \,(\text{HP})$

(2) 양수의 동력
- $E = \dfrac{1000Q(H+\sum h_L)}{102\eta} = \dfrac{9.8 QH_p}{\eta} \,(\text{kW})$
- $E = \dfrac{1000Q(H+\sum h_L)}{75\eta} = \dfrac{13.33 QH_p}{\eta} \,(\text{HP})$

여기서, $H_e = H - \sum h_L$, $H_p = H + \sum h_L$

핵 심 문 제

□□□ 기 83,91,98,15

01 관내에 유속 v로 물이 흐르고 있을 때 밸브의 급격한 폐쇄 등에 의하여 유속이 줄어들면 이에 따라 관내에 압력의 변화가 생기는데, 이것을 무엇이라 하는가?

① 수격압(水擊壓) ② 동압(動壓)
③ 정압(靜壓) ④ 정체압(停滯壓)

| 해답 | ①

수격압(water hammer pressure)
관수로에서 물이 흐를 때 밸브를 급히 닫으면 수압은 상승하고 유속은 0이 되고 닫힌 밸브를 급히 열면 수압은 저하하는데 이와 같이 갑자기 증감하는 수압

□□□ 기 96,01,09,20②

02 관망계산에 대한 설명 중 틀린 것은?

① 관망은 Hardy-Cross 방법으로 근사계산할 수 있다.
② 관망계산에서 시계방향과 반시계방향으로 흐를 때의 마찰손실수두의 합은 0이라고 가정한다.
③ 관망계산 시 각 관에서의 유량을 임의로 가정해도 결과는 같아진다.
④ 관망계산 시는 극히 작은 손실의 무시로도 결과에 큰 차를 가져올 수 있으므로 무시하여서는 안 된다.

| 해답 | ④

관망계산시 손실은 마찰손실만 고려한다. 즉 마찰이외의 손실은 무시한다.

□□□ 기 96,96,00,12,13,19③

03 $0.3m^3/sec$의 물을 실양정 45m의 높이로 양수하는데 필요한 펌프의 동력은?
(단, 마찰손실수두는 18.6m이다.)

① 186.98kW ② 196.98kW
③ 214.4kW ④ 224.4kW

| 해답 | ①

$E = 9.8\,Q(H + \Sigma h)$
$= 9.8 \times 0.3 \times (45 + 18.6) = 186.98 kW$

□□□ 기 93,00,08,11,14

04 수면표고가 18m인 정수장에서 지름 600mm인 강관 900m를 이용하여 수면표고 39m인 배수지로 양수하려고 한다. 유량이 $1.0m^3/s$이고 관로의 마찰손실계수가 0.03일 때 모터의 소요 동력은?
(단, 마찰손실만 고려하며, 펌프 및 모터의 효율은 각각 80% 및 70%이다.)

① 520kW ② 620kW
③ 780kW ④ 870kW

| 해답 | ④

$E = \dfrac{9.8\,Q(H+\Sigma h_L)}{\eta}$

• $V = \dfrac{Q}{A} = \dfrac{1.0}{\dfrac{\pi \times 0.6^2}{4}} = 3.54 m/s$

• $h_L = f\dfrac{l}{D}\dfrac{V^2}{2g} = 0.03 \times \dfrac{900}{0.6} \times \dfrac{3.54^2}{2 \times 9.8} = 28.77m$

∴ $E = \dfrac{9.8 \times 1.0 \times ((39-18)+28.77)}{0.80 \times 0.70} = 870.98 kW$

□□□ 기 13

05 댐 여수로 설계 시 중요한 사항으로 국부적인 저압부가 발생하여 여수로 표면에 심각한 손상을 발생시키는 현상을 무엇이라 하는가?

① 수격작용 ② 공동현상
③ 서어징(surging) ④ 도수현상

| 해답 | ②

공동현상
유수 중에 국부적으로 저압 부분이 생겨 압력이 증기압 상태가 되어 물속에 있던 공기가 분리되어 물속에 공기 덩어리가 생겨 여수로 부분에 손상을 발생시키는 현상

□□□ 기 16

06 관망(pipe network) 계산에 대한 설명으로 옳지 않은 것은?

① 관내의 흐름은 연속방정식을 만족한다.
② 가정 유량에 대한 보정을 통한 시산법(trial and error method)으로 계산한다.
③ 관내에서는 Darcy-Weisbach 공식을 만족한다.
④ 임의 두 점 간의 압력강하량은 연결하는 경로에 따라 다를 수 있다.

| 해답 | ④

임의 두 점 간의 압력강하량은 연결하는 경로가 일정하다.

알아두기

개수로의 흐름원인
- 중력의 작용
- 관성력의 영향
- 수로의 경사 및 수면의 경사

수심
일반적으로 개수로의 흐름에 있어서 자유표면에서 수로 바닥까지의 깊이를 수심이라 한다.

윤변
흐름방향에 수직한 단면과 물에 접하는 수로표면과의 교선의 길이를 말한다.

개수로의 등류와 부등류
- 개수로의 등류 : 정류 중에서 수로의 어느 구간에서도 유속, 수심 등 흐름상태가 일정한 흐름이다.
- 개수로의 부등류 : 유량이 일정하고 유속이 흐름방향으로 변화하는 흐름이며 수로의 단면, 경사가 변하는 경우에 생긴다.

통수능
투수계수 K는 단면형과 조도를 포함한 값이며 수로단면의 통수용량의 척도를 나타내는 값이다.
$$K_0 = \frac{1}{n} A_0 R_0^{\frac{2}{3}}$$

F_r 수에 의한 흐름의 분류
$$F_r = \frac{V}{\sqrt{gh}}$$

구분	흐름 분류
$F_r < 1$	상류
$F_r > 1$	사류
$F_r = 1$	한계류

수리학상 유리한 단면
수심 h를 갖는 반원이 수로에 내접할 때

14 개수로의 특성

1 개수로의 유량

구 분	관수로	개수로
상사법칙	Reynolds	Froude
흐름의 지배	점성력, 압력차	중력, 관성력

- 수리평균심(경심) : 유수단면적 A를 윤변 S로 나눈 값
$$R = \frac{A}{S}$$

- 특히 수심에 비해서 수로폭이 매우 넓은 구형 단면의 경심은 근사적으로 수심과 같다.
$$경심\ R = \frac{면적(A)}{윤변(S)} = \frac{bh}{b+2h} = \frac{h}{1+\frac{2h}{b}} ≒ h\ (\because b = \infty)$$

- 수리수심 : 유수단면적(A)을 수면폭(B)으로 나눈 값이 수리수심(D)이다.
$$수리수심\ D = \frac{A}{B}$$

- 한계류 계산을 위한 단면계수 : 유수단면적에 수리수심의 제곱근을 곱한 것이다.
$$Z = A\sqrt{D} = A\sqrt{\frac{A}{B}} = \sqrt{\frac{A^3}{B}}$$

- 유속 $V = \frac{1}{n} R^{\frac{2}{3}} I^{\frac{1}{2}}$

- 유량 $Q = A \frac{1}{n} R^{\frac{2}{3}} I^{\frac{1}{2}}$ (Manning 공식)

2 수리학적으로 유리한 단면

수리경사 I, 단면적 A, 조도계수 n이 주어졌을 때 유량 Q를 최대로 흐르게 하는 단면을 수리학적으로 유리한 단면이라 한다.
- 윤변(S)이 최소이거나 동수반경(경심 : R)이 최대인 단면
- 동일 단면에 최대유량이 흐를 수 있는 단면
- 구형의 경심 : $B = 2h$, $R = \frac{h}{2}$
- 사다리꼴 경심 : $R = \frac{h}{2}$
- 반원의 경심 $R = \frac{관의\ 단면적\ (A)}{윤변\ (S)} = \frac{D}{4}$
- 삼각형 단면의 경심

$$R = \frac{A}{S} = \frac{h^2 \tan\theta}{\frac{2h}{\cos\theta}}$$

$$= \frac{h \tan\theta \cos\theta}{2} = \frac{h}{2} \frac{\sin\theta}{\cos\theta} \cos\theta = \frac{h}{2} \sin\theta$$

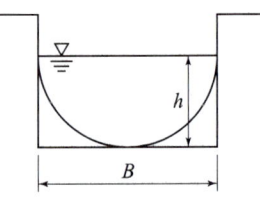

핵심문제

□□□ 기 07,10
01 다음 중 개수로 흐름에 관한 설명으로 옳은 것은?

① 수면 자체가 동수 경사선이 된다.
② 동수경사선은 항상 수면 위쪽에 위치한다.
③ 동수경사선은 항상 수면 아래에 위치한다.
④ 동수경사선은 일부분만이 수면 위쪽에 위치한다.

| 해답 | ①
개수로의 흐름에서 동수경사선은 자유수면(수면 자체)과 일치한다.

□□□ 기 00,03,04,09
02 거리가 50m일 때 손실수두가 1m인 직사각형 개수로의 유량을 Manning의 평균유속공식을 사용하여 구한 값은? (단, 수로폭=10m, 수심=2m, 수로의 조도계수=0.03)

① $120m^3/sec$
② $100m^3/sec$
③ $80m^3/sec$
④ $60m^3/sec$

| 해답 | ①

$Q = A \cdot V = A \cdot \frac{1}{n} R^{\frac{2}{3}} I^{\frac{1}{2}}$

• 경심 $R = \frac{A}{S} = \frac{bh}{b+2h} = \frac{10 \times 2}{10+2 \times 2} = 1.429 \, m$

• 유속 $V = \frac{1}{n} R^{\frac{2}{3}} I^{\frac{1}{2}}$
$= \frac{1}{0.03} \times 1.43^{\frac{2}{3}} \times \left(\frac{1}{50}\right)^{\frac{1}{2}} = 5.98 \, m/sec$

∴ 유량 $Q = (10 \times 2) \times 5.98 = 120 \, m^3/sec$

□□□ 기 00,04,06,24③
03 개수로의 흐름에 가장 지배적인 영향을 미치는 것은?

① 유체의 밀도
② 관성력
③ 중력
④ 점성력

| 해답 | ③
개수로
자유수면을 가지고 흐르는 흐름으로 중력에 의해서 흐름이 지배된다.

□□□ 기 95,02,10,13
04 그림과 같은 복단면(複斷面) 수로에 물의 흐를 때 윤변(潤邊)은?

① 18m
② 16m
③ 14m
④ 12m

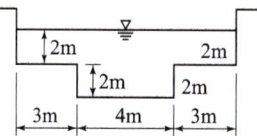

| 해답 | ①
윤변 : 유적 중에 유체가 벽에 접하고 있는 길이
∴ $P = 2+3+2+4+2+3+2 = 18m$

□□□ 기 04,12
05 개수로에서 수로 수심이 1.5m인 직사각형 단면일 때 수리적으로 유리한 단면으로 계산한 수로의 경심(동수반경)은?

① 0.75m
② 1.0m
③ 1.25m
④ 1.5m

| 해답 | ①
직사각형 단면의 수리상 유리한 단면
수면 폭 $B = 2h$, $R = \frac{h}{2}$
∴ 경심 $R = \frac{1.5}{2} = 0.75 \, m$

□□□ 기 98,11,13
06 조도계수 $n=0.03$, 수면경사 1/10000인 직사각형 수로에 유량이 $100m^3/sec$이 되게 하려고 할 때, 수리상 유리한 단면의 폭(B)은? (단, Manning의 평균 유속공식 적용)

① 8.48m
② 10.52m
③ 12.97m
④ 15.57m

| 해답 | ④
직사각형의 단면의 수리상 유리한 단면
$B = 2h$, 경심 $R = \frac{h}{2}$

• $Q = AV = bh \cdot \frac{1}{n} R^{\frac{2}{3}} I^{\frac{1}{2}} = 2h^2 \cdot \frac{1}{n} \left(\frac{h}{2}\right)^{\frac{2}{3}} I^{\frac{1}{2}}$

• $100 = 2h^2 \times \frac{1}{0.03} \times \left(\frac{h}{2}\right)^{\frac{2}{3}} \times \left(\frac{1}{10000}\right)^{\frac{1}{2}}$

참고 SOLVE 사용
∴ $h = 7.786m$, $B = 2h = 2 \times 7.786 = 15.57m$

알아두기

용어
- 상류 : 수심이 한계수심보다 큰 흐름을 상류라 부른다.
- 사류 : 수심이 한계수심보다 작은 흐름을 사류라 한다.
- 지배단면 : 상류에서 사류로 변할 때의 단면을 말한다.

한계경사에 의한 흐름의 분류

사류가 상류로 변하는 단면을 지배 단면이라 하고 이 단면에서의 경사를 한계 경사라 한다.

$$I_C = \frac{g}{\alpha C^2}$$

구분	흐름 분류
$I < \dfrac{g}{\alpha C^2}$	상류(완경사)
$I > \dfrac{g}{\alpha C^2}$	사류(급경사)

장파의 전파속도

$$V_c = \sqrt{\frac{gh_c}{\alpha}}$$

한계수심 h_c
- 비에너지가 최소일 때 수심
- 유량이 최대일 때 수심

$$h_c = \frac{2}{3}H_e, \quad h_c = \left(\frac{\alpha Q^2}{gb^2}\right)^{1/3}$$

---

15 비에너지와 한계수심

1 상류와 사류

- 비에너지 : 수로 바닥을 기준으로 한 수두를 비에너지라 한다.

$$H_e = h + \frac{\alpha V^2}{2g} = h + \frac{\alpha Q^2}{2gA^2}$$

- 한계경사 : 흐름이 상류에서 사류로 변할 때의 경사

$$I = \frac{g}{\alpha C^2}$$

여기서, C : Chezy의 평균유속계수, g : 중력가속도, α : 에너지 보정계수

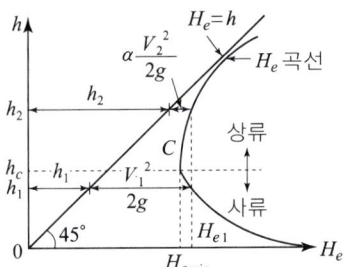

2 직사각형에 대한 한계수심

- 비에너지에 대한 한계수심 : $h_c = \dfrac{2}{3}H_e$

- 사각형 단면의 한계수심 $h_c = \left(\dfrac{\alpha Q^2}{gb^2}\right)^{1/3}$

- 한계수심 $h_c = \left(\dfrac{\alpha Q^2}{gb^2}\right)^{1/3}$에서 $h_c^3 = \dfrac{\alpha Q^2}{gb^2}$ (양변을 h_c^3로 나누면)

$$\therefore I = \frac{\alpha Q^2}{gb^2 h_c^3} = \frac{\alpha Q^2 b}{gb^3 h_c^3} = \frac{\alpha Q^2 b}{gA^3}$$

3 상류와 사류의 판별

- 레이놀즈수 : $R_e = \dfrac{VR}{\nu}$

여기서, $R_e \leq 500$: 층류, $R_e > 500$: 난류, $500 \leq R_e \leq 2000$: 천이영역

- Froude수 : $F_r = \dfrac{V}{\sqrt{gh}}$ ($\because$ 유속 $V = \dfrac{Q}{A}$)

여기서, $F_r < 1$: 상류, $F_r > 1$: 사류, $F_r = 1$: 한계류

- 상류와 사류의 조건

구분	상류	사류	공식
수심(h)	$h > h_c$	$h < h_c$	$h_c = \left(\dfrac{\alpha Q^2}{gb^2}\right)^{1/3}$
유속(V)	$V < V_c$	$V > V_c$	$V_c = \sqrt{\dfrac{gh_c}{\alpha}}$
Froude수(F_r)	$F_r < 1$	$F_r > 1$	$F_r = \dfrac{V}{\sqrt{gh}}$

핵 심 문 제

□□□ 기 04,05,06,13,18①

01 비에너지와 한계수심에 관한 설명으로 옳지 않은 것은?

① 비에너지가 일정할 때 한계수심으로 흐르면 유량이 최소가 된다.
② 유량이 일정할 때 비에너지가 최소가 되는 수심이 한계수심이다.
③ 비에너지는 수로 바닥을 기준으로 하는 흐름의 전 에너지이다.
④ 유량의 일정할 때 직사각형 단면 수로 내 한계수심은 최소 비에너지의 $\frac{2}{3}$이다.

| 해답 | ①

비에너지가 일정하면 한계수심으로 흐를 때 유량이 최대가 된다.

□□□ 기 05,08,13,16②,20③

02 수심이 10cm, 수로폭은 20cm인 직사각형의 실험 개수로에서 유량이 80cm³/sec로 흐를 때 이 흐름의 종류는?
(단, 물의 동점성계수(ν)=1.15×10^{-2}cm²/sec이다.)

① 층류, 상류 ② 층류, 사류
③ 난류, 상류 ④ 난류, 사류

| 해답 | ①

• $Q = AV$: $V = \frac{Q}{A} = \frac{80}{10 \times 20} = 0.4$ cm/sec

• 경심 $R = \frac{A}{S} = \frac{10 \times 20}{20 + 10 \times 2} = 5$ cm

• 레이놀즈수 $R_e = \frac{VR}{\nu} = \frac{0.4 \times 5}{1.15 \times 10^{-2}}$
  $= 173.91 < 500$
  ∴ 층류

• 프루드수 $F_r = \frac{V}{\sqrt{gh}} = \frac{0.4}{\sqrt{980 \times 10}}$
  $= 4.04 \times 10^{-3} < 1$
  ∴ 상류

□□□ 기 99,03,10,15,19②

03 직사각형 단면의 수로에서 단위폭당 유량이 0.4m³/s/m이고 수심이 0.8m일 때 비에너지는?
(단, 에너지 보정계수는 1.0으로 함.)

① 0.801m ② 0.813m
③ 0.825m ④ 0.837m

| 해답 | ②

$H_e = h + \alpha \frac{v^2}{2g} = h + \alpha \frac{Q^2}{2gA^2}$

• $v = \frac{Q}{A} = \frac{0.4}{1 \times 0.8} = 0.50$ m/s

∴ $H_e = 0.8 + \frac{1.0 \times 0.50^2}{2 \times 9.8} = 0.813$ m

□□□ 기 93,98,04,06,12,18③,19③

04 폭 10m의 직사각형 단면수로에 15m³/sec의 유량이 80cm의 수심으로 흐를 때 한계수심은?
(단, 에너지 보정계수 $\alpha = 1.1$이다.)

① 0.263m ② 0.352m
③ 0.523m ④ 0.632m

| 해답 | ④

$h_c = \left(\frac{aQ^2}{gb^2}\right)^{\frac{1}{3}} = \left(\frac{1.1 \times 15^2}{9.8 \times 10^2}\right)^{\frac{1}{3}} = 0.632$ m

□□□ 기 93,09,14,16④

05 주어진 유량에 대한 비에너지(specific energy)가 3m이면 한계수심은?

① 1m ② 1.5m
③ 2m ④ 2.5m

| 해답 | ③

• 한계수심 : 비에너지(H_e)가 최소일 때 수심(h_c)을 말한다.

∴ 한계수심 $h_c = \frac{2}{3}H_e = \frac{2}{3} \times 3 = 2$ m

알아두기

도수현상
사류에서 상류로 변할 때는 불연속적이고, 수심이 급격히 증대하여 큰 소용돌이가 생긴다. 이것은 상류수심이 상류에 영향을 줄 수 없기 때문이다. 이 현상을 도수(hydraulic jump)라 한다.

도수의 길이 산정 공식
- Safranez 공식 : $L = 4.5h_2$
- U.S.B.R 공식 : $L = 6.1h_2$
- Smetana 공식 : $L = 6(h_2 - h_1)$
- Lindquis 공식 : $L = 5(h_2 - h_1)$
- Bakhmeteff-Matzke 공식 : $L = 4.8h_2$
- Woycicki 공식 :
$L = \left(8 - 0.05\dfrac{h_2}{h_1}\right)(h_2 - h_1)$

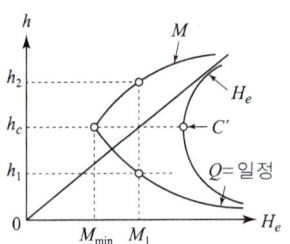

배수
개수로의 흐름이 상류인 장소에 댐, 위어 또는 수문 등의 수리구조물을 만들어 수면을 상승시키면 그 영향이 상류로 미치고 수면은 상승하는 현상

하상계수(河狀係數)
$= \dfrac{최대유량}{최소유량}$

16 도수와 비력

1 도수

- 도수 전후의 수심을 h_1, h_2라 할 때
$$\dfrac{h_2}{h_1} = \dfrac{1}{2}\left(-1 + \sqrt{1 + 8Fr_1^2}\right) = \dfrac{1}{2}\left(\sqrt{8Fr_1^2 + 1} - 1\right)$$

- 도수 후 수심 $h_2 = \dfrac{h_1}{2}\left(-1 + \sqrt{1 + 8F_{r1}^2}\right)$

- 도수로 인한 에너지 손실 : $\Delta H_e = \dfrac{(h_2 - h_1)^3}{4h_1 h_2}$

여기서, h_1 : 도수 전 수심, h_2 : 도수 후 수심

2 비력 충력치

- 개수로내 한 단면에서의 물의 단위무게당 정수압과 운동량을 말하며 도수 후에도 일정하다.
- 정류의 흐름에서 운동량과 정수압의 합을 물의 단위중량으로 나눈 값
- 충력치(비력) $M = \eta\dfrac{Q}{g}V_1 + h_{G1}A_1 = \eta\dfrac{Q}{g}V_2 + h_{G2}A_2 = \text{const}$

여기서, 제1항은 각 단면의 운동량을 물의 단위중량 w로 나눈 값
제2항은 정수압을 w로 나눈 값
제1항과 제2항의 합은 각 단면에 대해서 일정

3 부등류의 수면곡선

(1) 배수곡선 : 개수로의 흐름이 상류인 장소에 댐, 위어 또는 수로 등의 수리구조물을 만들어 수면을 상승시키면 그 영향이 상류로 미치고 수면은 상승하는 현상을 배수라 하고 배수에 의해 생기는 수면곡선을 배수곡선이라 한다.

(2) 저하곡선 : 수로 단면이 급히 크게 되거나 폭포와 같이 수면이 저하되어 그 영향이 상류에 까지 미치어 수면이 저하는 현상을 저하라 하고 저하에 의해 생기는 수면곡선을 저하곡선이라 한다.

- 상류의 경우에는 하류에서 상류로 향하여 계산해야 하며, 사류의 경우에는 상류에서 하류쪽을 향하여 계산해 나가야 한다.

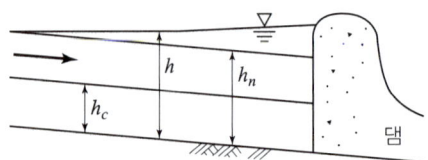

- 완경사인 경우 $h > h_n > h_c$의 영역에서는 흐름방향으로 수심이 증가하는 배수곡선 M_1이 된다.
- 완경사인 경우 $h_n > h > h_c$의 영역에서는 수심이 흐름방향을 따라 감소하는 저하곡선 M_2이 된다.

핵심문제

□□□ 기 07,12,14④,16①,20④

01 도수(hydraulic jump) 전후의 수심 h_1, h_2의 관계를 도수 전의 프루드수 F_{r1}의 함수로 표시한 것으로 옳은 것은?

① $\dfrac{h_1}{h_2} = \dfrac{1}{2}\left(\sqrt{8F_{r1}^2+1}-1\right)$ ② $\dfrac{h_1}{h_2} = \dfrac{1}{2}\left(\sqrt{8F_{r1}^2+1}+1\right)$

③ $\dfrac{h_2}{h_1} = \dfrac{1}{2}\left(\sqrt{8F_{r1}^2+1}-1\right)$ ④ $\dfrac{h_2}{h_1} = \dfrac{1}{2}\left(\sqrt{8F_{r1}^2+1}+1\right)$

| 해답 | ③

$$h_2 = -\dfrac{h_1}{2} + \dfrac{h_1}{2}\left(\sqrt{8F_{r1}^2+1}\right)$$
$$\therefore \dfrac{h_2}{h_1} = \dfrac{1}{2}\left(-1+\sqrt{8F_{r1}^2+1}\right) = \dfrac{1}{2}\left(\sqrt{8F_{r1}^2+1}-1\right)$$

□□□ 기 01,12,15,19③,21①

02 개수로에서 도수가 발생할 때 도수 전의 수심이 0.5m, 유속이 7m/sec이면 도수 후의 수심은?

① 2.5m ② 2.0m
③ 1.8m ④ 1.5m

| 해답 | ②

• 프루드수 $F_r = \dfrac{V}{\sqrt{gh}} = \dfrac{7}{\sqrt{9.8 \times 0.5}} = 3.16$

• 하류수심 $h_2 = \dfrac{h_1}{2}\left(-1+\sqrt{1+8F_r^2}\right)$
$= \dfrac{0.5}{2}\left(-1+\sqrt{1+8\times 3.16^2}\right) = 2.0\text{m}$

□□□ 기 92,98,03,14

03 배수(back water)에 대한 설명 중 옳은 것은?

① 개수로의 어느 곳에 댐 등으로 인하여 흐름차단이 발생함으로써 수위가 상승되는 영향이 상류 쪽으로 미치는 현상을 말한다.
② 수자원 개발을 위하여 저수지에 물을 가두어 두었다가 용수 부족 시에 사용하는 물을 말한다.
③ 홍수 시에 제내지에 만든 유수지의 수면이 상승되는 현상을 말한다.
④ 관수로 내의 물을 급격히 차단할 경우 관내의 상승압력으로 인하여 습파가 생겨서 상류 쪽으로 습파가 전달되는 현상을 말한다.

| 해답 | ①

• 배수 : 개수로의 흐름이 상류인 장소에 댐, 위어 또는 수문 등의 수리 구조물을 만들어 수면을 상승시키면 그 영향이 상류로 미치고 수면은 상승하는 현상
• 배수곡선 : 배수에 의해 생기는 수면곡선

□□□ 기 94,00,02,09,13,14,19②

04 도수 전후의 수심이 각각 1m, 3m일 때 에너지 손실은?

① $\dfrac{1}{3}$ m ② $\dfrac{1}{2}$ m
③ $\dfrac{2}{3}$ m ④ $\dfrac{4}{5}$ m

| 해답 | ③

$$\Delta H_e = \dfrac{(h_2-h_1)^3}{4h_1 h_2} = \dfrac{(3-1)^3}{4\times 1\times 3} = \dfrac{8}{12} = \dfrac{2}{3}\text{m}$$

□□□ 기 02,05,08,12,13,15

05 개수로에서 수면형(水面形)이 배수곡선으로 되는 수심 h의 범위를 나타내는 것은? (단, h_o : 등류수심, h_c : 한계수심, h : 고려하는 임의의 수심)

① $h_c > h_o > h$ ② $h_c > h > h_o$
③ $h > h_o > h_c$ ④ $h_o > h > h_c$

| 해답 | ③

완경사일 때의 수면곡선
• 배수곡선 : $h > h_o > h_c$
• 저하곡선 : $h_o > h > h_c$

□□□ 기 04,09,13,15,16,21③

06 자연하천의 특성을 표현할 때 이용되는 하상계수에 대한 설명으로 옳은 것은?

① 홍수 전과 홍수 후의 하상 변화량의 비를 말한다.
② 최심하상고와 평형하상고의 비이다.
③ 개수 전과 개수 후의 수심 변화량의 비를 말한다.
④ 최대유량과 최소유량의 비를 나타낸다.

| 해답 | ④

하상계수(河狀係數) $= \dfrac{\text{최대유량}}{\text{최소유량}}$

알아두기

지하수 용어
- 자유지하수 : 대기압이 작용하는 지하수면을 가지는 지하수
- 피압지하수 : 두 개의 불투수층 사이에 끼어 있어 지하 수면을 갖지 않고 대기압보다 큰 압력을 받고 있는 대수층의 지하수

지하수의 연직분포

	지표면	
통기대	토양수대	토양수
	중간수대	피막수 및 중력수
	모관수대	모관수
		지하수면
포화대		지하수
		암반

Darcy의 법칙
- 속도 $V = Ki = K\dfrac{h}{L}$
- 유량 $Q = KIA$
- 면적 $A = \dfrac{Q}{KI} = \dfrac{Q \cdot L}{K \cdot \Delta h}$

1Darcy
압력경사 1기압/cm하에 1centi poise의 점성을 가진 유체가 1cc/sec의 유량으로 1cm²의 단면을 통해서 흐를 때 투수계수를 말한다.

굴착정

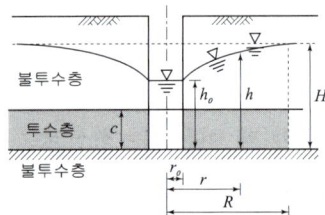

깊은 우물

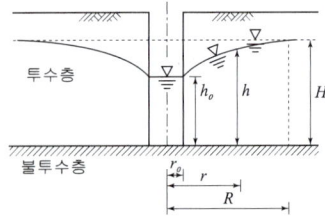

17 지하수의 흐름

1 지하수

(1) Darcy의 법칙 가정조건
- $R_e < 4$인 층류에서 적용된다.
- 흙은 균질이며 흐름은 정상이다.
- 난류가 되면 실측치와 일치하지 않는다.
- 대수층 내의 모관수대는 존재하지 않는다.

(2) 투수계수
- 투수계수 $k = D_s^2 \cdot \dfrac{\gamma_w}{\mu} \cdot \dfrac{e^3}{1+e} \cdot C = D_s^2 \cdot \dfrac{\rho \cdot g}{\mu} \cdot \dfrac{e^3}{1+e} \cdot C$

  여기서, D_s : 흙의 입경, μ : 유체의 점성계수
  e : 간극비, ρ : 밀도
  $\rho g = \gamma_w$ (물의 단위중량)

- 투수계수는 속도(cm/sec)의 차원 $[LT^{-1}]$이다

(3) 지하수 흐름
- 투수계수와 지하수의 유속관계 : $v = -k\dfrac{dh}{dx}$

  여기서, k : 투수계수, h : 전수두, x : 흐르는 방향의 거리

- 피압대수층(confined aquifer)에서 우물의 유량 : $Q = K2\pi rc\dfrac{dh}{dr}$

  여기서, c : 피압대수층의 두께

- 비피압대수층(unconfined aquifer)에서 우물의 유량 $Q = K2\pi rh\dfrac{dh}{dr}$

- 투수량 계수는 대수층의 두께와 투수계수의 곱으로 정의된다.

2 우물의 수리

(1) 굴착정 : 불투수층을 뚫고 내려가서 피압대수층의 물을 양수하는 우물이다.

- 굴착정(피압대수층) : $Q = \dfrac{2\pi ck(H-h_o)}{2.3\log\left(\dfrac{R}{r_o}\right)} = \dfrac{2\pi ck(H-h_o)}{\ln\left(\dfrac{R}{r_o}\right)}$

(2) 얕은 우물(천정) : 집수정 바닥이 불투수층까지 도달하지 않은 우물로 바닥과 측면으로 물이 유입한다.

(3) 깊은 우물(심정) : 우물 바닥이 불투수층까지 도달한 우물로 불투수층 위의 대수층 내에 자유지하수면을 가지는 자유지하수를 양수하는 우물

- 심정(깊은 우물)의 양수량 : $Q = \dfrac{\pi k(H^2 - h_o^2)}{\ln\left(\dfrac{R}{r_o}\right)}$

  $= \dfrac{\pi k(H^2 - h_o^2)}{2.3\log_{10}\left(\dfrac{R}{r_o}\right)}$

핵심문제

□□□ 기 86,91,97,07,11

01 지하수의 흐름에서 Darcy 법칙을 적용하는 레이놀즈수(R_e)의 일반적인 범위는?

① $R_e < 0.1$
② $R_e < 1 \sim 10$
③ $R_e < 500$
④ $R_e < 2000$

| 해답 | ②
지하수의 흐름에서 Darcy법칙은 일반적으로 $R_e < 4$ ($R_e < 1 \sim 10$)인 층류에서 적용된다.

□□□ 기 92,99,02,04,16①,19②,22①

02 여과량이 $2m^3/s$, 동수경사가 0.2, 투수계수가 1cm/s일 때 필요한 여과지 면적은?

① $1000m^2$
② $1500m^2$
③ $2000m^2$
④ $2500m^2$

| 해답 | ①
Darcy의 법칙 : $Q = kiA$에서
$\therefore A = \dfrac{Q}{ki} = \dfrac{2}{1 \times \dfrac{1}{100} \times 0.2} = 1000\,m^2$

□□□ 기 10,13,18①,21①

03 Darcy의 법칙에 대한 설명으로 옳지 않은 것은?

① 투수계수는 물의 점성계수에 따라서도 변화한다.
② Darcy의 법칙은 지하수의 흐름에 대한 공식이다.
③ Reynolds수가 100 이상이면 안심하고 적용할 수 있다.
④ 평균유속이 동수경사와 비례관계를 가지고 있는 흐름에 적용될 수 있다.

| 해답 | ③
Darcy의 법칙
• Reynolds수 $R_e < 4$인 층류에서 적용된다.
• Darcy의 법칙은 지하수의 층류흐름에 대한 마찰저항 공식이다.
• 지하수의 유속(V)은 동수경사(I)에 비례한다.
  ($V = KI$)

□□□ 기 05,06,08,14,19①

04 지하수에 대한 Darcy 법칙의 유속에 대한 설명으로 옳은 것은?

① 영향권의 반지름에 비례한다.
② 동수경사에 비례한다.
③ 동수반경에 비례한다.
④ 수심에 비례한다.

| 해답 | ②
Darcy의 법칙 : $V = KI = K\dfrac{h}{L}$
$\therefore$ 유속(V)은 동수경사(I)에 비례한다.

□□□ 기 91,92,93,99,01,02,10,13,22①

05 모래여과지에서 사층 두께 2.4m, 투수계수를 0.04cm/sec로 하고 여과수두를 50cm로 할 때 $10000m^3/day$의 물을 여과시키는 경우 여과지 면적은?

① $1289m^2$
② $1389m^2$
③ $1489m^2$
④ $1589m^2$

| 해답 | ②
$Q = KIA$에서 $A = \dfrac{Q}{KI} = \dfrac{Q \cdot L}{K \cdot \Delta h}$
• 투수계수 $K = 0.04cm/sec = 34.56m/day$
$\therefore$ 면적 $A = \dfrac{10000 \times 2.4}{34.56 \times 0.50} = 1389\,m^2$

□□□ 기 93,98,04,06,11,12,15,19①

06 자유수면을 가지고 있는 깊은 우물의 유량공식은? (단, R=영향권의 반지름, r_o=우물지름, h_o=우물수심, H=원 지하수위, K=투수계수)

① $Q = \dfrac{2\pi K(H+h_o)}{2.3\log\dfrac{R}{r_o}}$
② $Q = \dfrac{2\pi K(H-h_o)}{2.3\log\dfrac{R}{r_o}}$
③ $Q = \dfrac{\pi K(H^2+h_o^2)}{2.3\log\dfrac{R}{r_o}}$
④ $Q = \dfrac{\pi K(H^2-h_o^2)}{2.3\log\dfrac{R}{r_o}}$

| 해답 | ④
깊은 우물(심정)의 유량공식
$Q = \dfrac{\pi K(H^2-h_o^2)}{2.3\log\left(\dfrac{R}{r_o}\right)} = \dfrac{\pi K(H^2-h_o^2)}{\ln\left(\dfrac{R}{r_o}\right)}$

18 수리학적 상사성

1 특별상사법칙

(1) Froude의 상사법칙 : 중력과 관성력이 흐름을 지배하는 개수로, 하천 내의 흐름이다.

- 유량비 : $Q_r = \dfrac{모형\ Q_m}{원형\ Q_p} = \dfrac{\dfrac{L_m^3}{T_m}}{\dfrac{L_p^3}{T_p}} = L_r^3 \times \dfrac{1}{T_r} = L_r^{\frac{5}{2}}$ ($\therefore T_r = L_r^{\frac{1}{2}}$)

- 시간비 : $T_r = \dfrac{모형\ T_m}{원형\ T_p} = L_r^{\frac{1}{2}}$

(2) Reynolds의 상사법칙 : 관수로에 유체가 흐르는 경우 점성력이 흐름을 지배하는 흐름이다.
(3) Weber의 상사법칙 : 표면장력이 흐름을 지배하는 흐름에 적용한다.
(4) Cauchy의 상사법칙 : 탄성력이 흐름을 지배한다.

2 모형과 원형의 상사성

기하학적 상사성 (길이의 비가 일정)	• 원형과 모형의 길이의 비가 일정할 때 성립
운동학적 상사성 (속도의 비가 일정)	• 기하학적 상사 시에 유속(시간)의 비가 동일할 때 성립
동역학적 상사성 (힘, 질량의 비가 일정)	• 기학적, 운동학적 상사성이 성립하는 흐름에서 각 대응점의 힘의 비가 같고, 유체의 질량비가 같을 때 성립

3 소류력 전단응력

수류가 수로 바닥을 구성하고 있는 재료를 유하 이동시키려는 힘으로 유수가 수로의 윤변에 작용하는 마찰력을 소류력(전단응력)이라 한다.

(1) 소류력
유수가 수로의 윤변에 작용시키는 마찰력
$\tau_o = wRI = whI = \rho ghI$

여기서, w : 물의 단위중량($w = \rho g$), R : ($R ≒ h$)
I : 수면경사

(2) 토사의 침강속도
침강속도 $V = \dfrac{(\gamma_s - \gamma_w)gd^2}{18\eta}$

여기서, V : 침강속도(cm/sec), γ_s : 흙의 밀도(g/cm³)
γ_w : 물의 밀도(g/cm³), η : 물의 점성계수(g/cm·sec)
d : 흙입자의 지름(cm), g : 중력 가속도(m/sec²)

알아두기

수리학적 상사성
수리모형실험의 결과를 원형에 적용하려면 원형과 모형 사이에는 수리학적 상사가 성립되어야 한다.

한계소류력 구하는 공식
- Du-Boys 공식
- Schocklitsch 공식
- Indri 공식
- Krammer 공식
- krey 공식

시간비
$T_r = \dfrac{T_m}{T_p} = \sqrt{\dfrac{L_r}{g_r}}$
- L_r : 모형의 축척

유량비
$Q_r = \dfrac{Q_m}{Q_p} = \dfrac{L_r^3}{T_r} = L_r^{5/2}$

핵 심 문 제

□□□ 기 86,91,92,04,14④,18①,22②

01 하천의 모형실험에 주로 사용되는 상사법칙은?

① Froude의 상사법칙
② Reynolds의 상사법칙
③ Weber의 상사법칙
④ Cauchy의 상사법칙

| 해답 | ①

Froude의 상사법칙
중력과 관성력이 흐름을 지배하고 다른 힘들과 영향은 작아 무시하고 경우에 성립하므로 수심이 비교적 큰 자유표면을 가진 개수로 및 하천의 흐름

□□□ 기 05,14

02 수리학적 완전상사를 이루기 위한 조건이 아닌 것은?

① 기하학적 상사(geometric similarity)
② 운동학적 상사(kinematic similarity)
③ 동역학적 상사(dynamic similarity)
④ 대수학적 상사(algebraic similarity)

| 해답 | ④

■ 모형과 원형의 상사성
• 기하학적 상사
• 운동학적 상사
• 동역학적 상사
■ 모형과 원형 사이에 3가지 상사성이 있으면 모형과 원형은 수리학적으로 완전한 상사성이 성립된다.

□□□ 기 07,13②,21①

03 축척이 1 : 50인 하천 수리모형에서 원형 유량 10000m³/sec에 대한 모형 유량은?

① 0.401m³/sec ② 0.566m³/sec
③ 14.142m³/sec ④ 28.284m³/sec

| 해답 | ②

$Q_m = Q_p L_r^{5/2}$ (모형 유량)
$= 10000 \times \left(\dfrac{1}{50}\right)^{5/2} = 0.566 \text{m}^3/\text{sec}$

□□□ 기 96,00,12,15

04 원형 댐의 월류량(Q_p)이 1000m³/s이고 수문을 개방하는 데 필요한 시간(T_p)이 40초라 할 때 1/50 모형(模形)에서의 유량(Q_m)과 개방시간(T_m)은? (단, 중력가속도비(g_r)는 1로 가정한다.)

① $Q_m = 0.057$m³/s, $T_m = 5.657$s
② $Q_m = 1.623$m³/s, $T_m = 0.825$s
③ $Q_m = 56.56$m³/s, $T_m = 0.825$s
④ $Q_m = 115.00$m³/s, $T_m = 5.657$s

| 해답 | ①

Froude의 상사법칙 적용
• 유량 $Q_m = Q_p L_r^{5/2} = 1000 \times \left(\dfrac{1}{50}\right)^{5/2} = 0.057 \text{m}^3/\text{sec}$
• 시간 $T_m = T_p L_r^{1/2} = 40 \times \left(\dfrac{1}{50}\right)^{1/2} = 5.657 \text{sec}$

□□□ 기 90,93,11

05 물의 단위중량 w, 수면경사 I, 수리평균심 R이라 할 때, 등류 내에서의 유수의 소류력 τ를 구하는 식으로 옳은 것은?

① wRI ② $\dfrac{RI}{w}$
③ $\dfrac{I}{Rw}$ ④ $\dfrac{Rw}{I}$

| 해답 | ①

소류력 : 유수가 수로의 윤변에 작용시키는 마찰력
∴ $\tau = wRI = whI$
(∵ 수리평균심 R은 폭이 수심에 비해 아주 큰 경우 $R \fallingdotseq h$ 이다.)

□□□ 기 10

06 저수지의 물을 방류하는 데 1 : 225로 축소된 모형에서 4분이 소요되었다면 원형에서는 얼마나 소요 되겠는가?

① 60분   ② 120분
③ 900분   ④ 3375분

| 해답 | ①

$T_p = \dfrac{T_m}{T_r} = \dfrac{T_m}{\sqrt{\dfrac{L_r}{g_r}}} = \dfrac{4}{\sqrt{\dfrac{\dfrac{1}{225}}{1}}} = 60$분

19 해안수리

1 미소진폭파 small-amplitude wave

(1) 미소진폭파 이론
- 파고(H)와 파장(L)의 비 $\dfrac{H}{L}$를 파형경사라 하는데 이 값이 아주 작은 경우를 미소진폭파라 한다.
- 일정 수심 h의 해역을 전파하는 파장 L, 파고 H, 주기 T의 파랑일 때
  - 분산관계식은 L, h 및 T 사이의 관계를 나타낸다.
  - 파랑의 에너지는 H^2에 비례한다.
  ① 천해파 : 파장의 $\dfrac{L}{20}$이 수심 h 보다 클 때
  즉, $\dfrac{L}{20} > h \Rightarrow \dfrac{h}{L} < 0.05$ ∴ h/L이 0.05보다 작을 때, 천해파로 정의한다.
  ② 심해파 : 파장의 $\dfrac{L}{2}$이 수심 h 보다 작을 때
  즉, $\dfrac{L}{2} < h \Rightarrow \dfrac{h}{L} > 0.5$ ∴ h/L이 0.50보다 클 때, 심해파로 정의한다.

(2) 미소진폭파의 기본가정
- 파고는 파장과 수심에 비해서 매우 작다.
- 풍압은 없고 수면에서의 압력은 일정하다.
- 파는 파형을 변화시키지 않으며 전파한다.
- 유체(물)은 비압축성이고 밀도는 일정하다.
- 바닥(해저)은 수평한 고정상이고 불투수층이다.
- 파는 정지상태에서 어떤 원인으로 발생한다고 생각한다.
- 파봉선은 충분히 길고 현상은 2차원이다.

2 파동

(1) 파장
- 천해파 : $L = T\sqrt{g \cdot h}$, • 심해파 : $L_o = \dfrac{g \cdot T^2}{2\pi}$

(2) 파랑의 반사율 : 반사율 = $\dfrac{\text{반사파고(반사에너지)}}{\text{입사파고(입사에너지)}}$

(3) 파의 굴절 : h_1에서 h_2로 변화하는 경계선에서 파가 경사로 입사할 때 파의 굴절이 발생

$$\dfrac{\sin(\text{굴절각})}{\sin(\text{입사각})} = \dfrac{\text{굴절파속}}{\text{입사파속}} \Rightarrow \dfrac{\sin\beta_2}{\sin\beta_1} = \dfrac{C_2}{C_1}$$

(4) 대표파
- 최대파 : 파군 중 최대의 파고를 나타내는 파
- $H_{1/10}$파 : 파고가 큰 쪽에서 1/10까지 파고를 평균한 것
- 유의 파고($H_{1/3}$) : 특정시간 주기 내에서 일어나는 모든 파고 중 가장 높은 $\dfrac{1}{3}$에 해당하는 파고의 평균높이

방파제의 활동 안전율

안전율 $F_s = \dfrac{f \cdot W}{P_h}$

여기서, P_h : 수평력, W : 연직력,
f : 마찰계수

파장
여기서, g : 중력가속도, h : 수심
T : 파의 주기

파의 굴절

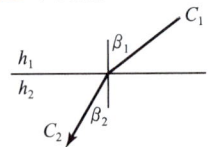

핵심문제

□□□ 기 17④,22③,25②

01 미소진폭파(small-amplitude wave) 이론을 가정할 때, 일정 수심 h의 해역을 전파하는 파장 L, 파고 H, 주기 T의 파랑에 대한 설명 중 틀린 것은?

① h/L이 0.05보다 작을 때, 천해파로 정의한다.
② h/L이 1.0보다 클 때, 심해파로 정의한다.
③ 분산관계식은 L, h 및 T 사이의 관계를 나타낸다.
④ 파랑의 에너지는 H^2에 비례한다.

| 해답 | ②

심해파 : 파장의 $\frac{L}{2}$이 수심 h보다 작을 때

즉, $\frac{L}{2} < h \Rightarrow \frac{h}{L} > 0.5$

∴ h/L이 0.50보다 클 때, 심해파로 정의한다.

□□□ 기 18③

02 미소진폭파(small-amplitude wave) 이론에 포함된 가정이 아닌 것은?

① 파장이 수심에 비해 매우 크다.
② 유체는 비압축성이다.
③ 바닥은 평평한 불투수층이다.
④ 파고는 수심에 비해 매우 작다.

| 해답 | ①

파고는 파장과 수심에 비해서 대단히 작다.

□□□ 기 17②

03 수심 10.0m에서 파속(C_1)이 50.0m/s인 파랑이 입사각(β_1) 30°로 늘어올 때, 수심 8.0m에서 굴절된 파랑의 입사각(β_2)은? (단, 수심 8.0m에서 파랑의 파속(C_2)=40.0m/s)

① 20.58° ② 23.58°
③ 38.68° ④ 46.15°

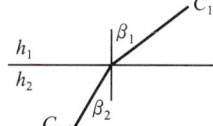

| 해답 | ②

$\frac{\sin(굴절각)}{\sin(입사각)} = \frac{굴절파속}{입사파속} \Rightarrow \frac{\sin\beta_2}{\sin\beta_1} = \frac{C_2}{C_1}$

∴ $\beta_2 = \sin^{-1}\left(\frac{C_2}{C_1}\sin\beta_1\right) = \sin^{-1}\left(\frac{40}{50}\sin 30°\right) = 23.58°$

□□□ 기 17①

04 컨테이너 부두 안벽에 입사하는 파랑의 입사파고가 0.8m이고, 안벽에서 반사된 파랑의 반사파고가 0.3m일 때 반사율은?

① 0.325 ② 0.375
③ 0.425 ④ 0.475

| 해답 | ②

반사율 = $\frac{반사파고(반사에너지)}{입사파고(입사에너지)} = \frac{0.3}{0.8} = 0.375$

□□□ 20③

05 방파제 건설을 위한 해안지역의 수심이 5.0m, 입사파랑의 주기가 14.5초인 장파(long wave)의 파장 (wave length)은? (단, 중력가속도 g=9.8m/s²)

① 49.5m ② 70.5m
③ 101.5m ④ 190.5m

| 해답 | ③

파장 $L = T\sqrt{g \cdot h}$

∴ $L = 14.5\sqrt{9.80 \times 5} = 101.5$ m

□□□ 기 18①

06 항만을 설계하기 위해 관측한 불규칙 파랑의 주기 및 파고가 다음 표와 같을 때, 유의파고($H_{1/3}$)는?

연번	파고(m)	주기(s)
1	9.5	9.8
2	8.9	9.0
3	7.4	8.0
4	7.3	7.4
5	6.5	7.5
6	5.8	6.5
7	4.2	6.2
8	3.3	4.3
9	3.2	5.6

① 9.0m ② 8.6m
③ 8.2m ④ 7.4m

| 해답 | ②

• 9개의 실측치에서 큰 순서로 $\frac{1}{3}$에 해당하는 파고의 평균 높이

∴ 유의 파고 $H_{1/3} = \frac{9.5+8.9+7.4}{3} = 8.6$m

20 수문학 일반

1 물의 순환

(1) 물의 순환과정 8가지 : 증발, 강수, 차단, 증산, 침투, 침루, 저류, 유출
(2) 물의 순환 : 강수량(P) ⇌ 유출량(R)+증발산량(E)+침투량(C)+저류량(S)
(3) 저류량 방정식 : $E = P + I \pm U - O \pm S$

여기서, E : 증발산량 P : 총강수량
I : 지표수 유입량 U : 지하 유·출입량
O : 지표수 유출량 S : 지표 및 지하 저류량의 변화량

2 수문기상

(1) 우리나라에 편서풍이 불고 열대지방에 무역풍이 부는 것은 대기권 내의 열순환에 의하여 지구의 대기순환이 일어나기 때문이다.
 • 일기 및 기후변화의 직접적인 원인은 지구의 자전과 공전이다.
(2) DAD 해석이란 최대우량깊이-유역면적-지속시간 사이의 관계를 분석하는 작업이다.
(3) 증발량은 증발접시에 의해 24시간 증발된 물의 깊이로 측정한다.
(4) 물의 순환은 지구상의 식물의 영향을 크게 받는다.
 • 지구상에 존재하는 수자원이 대기권을 통해 지표면에 공급되고, 지하로 침투하여 지하수를 형성하는 등 복잡한 반복과정이다.
 • 지표면 또는 바다로부터 증발된 물이 강수, 침투 및 침루, 유출 등의 과정을 거치는 물의 이동현상이다.
 • 물의 순환과정 중 강수 증발 및 증산은 수문기상학 분야이다.

3 수문기상의 성질

(1) 기상인자의 기온
 • 정상기온 : 특정 일, 월, 계절 또는 년에 대한 최근 30년간의 평균치
 • 월평균기온 : 해당 월의 월평균기온 중 최고 및 최저 기온을 산술평균한 기온
 • 정상일평균기온 : 특정 일의 30년간의 평균기온을 평균한 기온
 • 정상월평균기온 : 특정 월에 대한 장기간 동안의 월평균기온을 산술평균한 온도
 • 연평균기온 : 해당 년의 월평균기온을 평균한 기온

(2) 기상인자의 습도
 • 포화증기압 : 공기가 수증기로 포화되어 있을 때의 압력
 • 이슬점 : 일정한 압력과 수증기를 유지하면서 공기를 냉각시켰을 때 그 공간이 포화상태로 되는 온도
 • 상대습도 : $h = \dfrac{e}{e_S} \times 100(\%)$
  여기서, e : 실제 증기압, e_S : 포화증기압

알아두기

▶ **증발현상**
물의 표면 또는 습한 토양에 있는 물분자가 태양이 방사하는 열에너지를 얻어 액체상태에서 기체상태로 변화하는 과정을 말한다.

▶ **증발에 영향을 주는 인자**
온도, 바람, 상대습도, 수질, 증발면의 성질과 형상

핵심문제

01 다음 중 물의 순환과정에 대한 순서로 옳게 나열한 것은?

① 증발 → 강수 → 차단 → 증산 → 침투 → 침루 → 유출
② 증발 → 강수 → 증산 → 차단 → 침투 → 침루 → 유출
③ 증발 → 강수 → 차단 → 증산 → 침루 → 유출 → 침투
④ 증발 → 강수 → 증산 → 차단 → 침투 → 유출 → 침루

| 해답 | ①

물의 순환과정
증발 → 강수 → 차단 → 증산 → 침투 → 침루 → 저류 → 유출

02 어떤 유역 내의 총강수량을 P, 지표수 유입량을 I, 지표수 유출량을 O, 지하수 유출입량을 U, 유역 내 저류량의 변화량을 S라 할 때 물수지 원리에 의한 증발량 E를 구하는 방정식으로 옳은 것은?

① $E = P - I \pm U + O \pm S$
② $E = P + I - U - O + S$
③ $E = P + I \pm U - O \pm S$
④ $E = P + I + U + O - S$

| 해답 | ③

증발량(물수지 방법)
$E = P + I \pm U - O \pm S$
= 총강수량 + 지표유입량 ± 지하유출입량
  − 지표유출량 ± 지표 및 지하저류량

03 물의 순환에 대한 다음 수문사항 중 성립이 되지 않는 것은?

① 지하수 일부는 지표면으로 용출해서 다시 지표수가 되어 하천으로 유입한다.
② 지표면에 도달한 우수는 토양 중에 수분을 공급하고 나머지가 아래로 침투해서 지하수가 된다.
③ 땅속에 보류된 물과 지표하수는 토양면에서 증발하고 일부는 식물에 흡수되어 증산한다.
④ 지표에 강하한 우수는 지표면에 도달 전에 그 일부가 식물의 나무와 가지에 의하여 차단된다.

| 해답 | ③

증발현상
물의 표면 또는 습한 토양에 있는 물분자가 태양이 방사하는 열에너지를 얻어 액체상태에서 기체상태로 변화하는 과정을 말한다.

04 대기의 온도 t_1, 상대습도 70%인 상태에서 증발이 진행되었다. 온도가 t_2로 상승하고 대기 중의 증기압이 20% 증가하였다면 온도 t_1 및 t_2에서의 포화증기압이 각각 10.0mmHg 및 14.0mmHg라 할 때 온도 t_2에서의 상대습도는 약 얼마인가?

① 50%   ② 60%
③ 70%   ④ 80%

| 해답 | ②

상대습도 $h = \dfrac{\text{실제 증기압}(e)}{\text{포화 증기압}(e_s)} \times 100(\%)$

• t_1℃일 때 실제 증기압
$e = \dfrac{h \cdot e_s}{100} = \dfrac{70 \times 10}{100} = 7\text{mmHg}$

• t_2℃일 때 실제 증기압
$e = 7(1 + 0.2) = 8.4\text{mmHg}$

∴ $h = \dfrac{8.4}{14} \times 100 = 60\%$

05 다음 중 물의 순환에 관한 설명으로서 틀린 것은?

① 지구상에 존재하는 수자원이 대기권을 통해 지표면에 공급되고, 지하로 침투하여 지하수를 형성하는 등 복잡한 반복과정이다.
② 지표면 또는 바다로부터 증발된 물이 강수, 침투 및 침루, 유출 등의 과정을 거치는 물의 이동현상이다.
③ 물의 순환과정은 성분과정 간의 물의 이동이 일정률로 연속된다는 것을 의미한다.
④ 물의 순환과정 중 강수 증발 및 증산은 수문기상학 분야이다.

| 해답 | ③

• 물의 순환과정은 성분과정 간의 물의 이동이 일정률로 연속된다는 의미는 결코 아니다.
• 순환과정을 통한 물의 이동은 시간 및 공간적인 변동성을 가지는 것이 보통이다.

알아두기

강수
구름이 응축되어 지상으로 강하되는 모든 형태의 수분을 총칭

강우강도와 지속시간

강우강도	강우강도 공식	적용지역
Talbot형	$\dfrac{a}{t+b}$	광주
Sherman형	$\dfrac{c}{t^n}$	서울, 목포, 부산
Japanese형	$\dfrac{d}{\sqrt{t}+e}$	대구, 인천, 여수, 포항, 추풍령, 강릉

이중누가해석
주변에 있는 여러 개의 관측소의 연평균 강우량의 누갓값과 검증하고자 하는 관측소의 연평균 강우량과를 비교한 곡선이다.

유효강우량
강우량에서 손실유량을 뺀 부분으로 직접유출이 되는 강우량이다.

이중누가우량곡선 (double mass curve)
장기간 강우자료의 일관성을 검증하기 위한 방법이다.

DAD 해석법
최대평균우량깊이(Depth)－유역면적(Area)－강우지속시간(Duration) 간의 관계를 분석하는 작업이다.

가능 최대강우량(PMP)
어떤 지역에 태풍이나 호우 등 최악의 기상조건이 발생할 경우 유역에 내릴 수 있는 가상의 최대강우량이다.

---

21 강수

1 강수 결측 자료의 보완

(1) 단순비례법 : 인근에 관측점이 1개뿐일 때 사용
(2) 산술평균법 : 연강수량의 30년 이상의 평균값과 기록이 결측 지점의 값과 차이가 10% 이내일 때는 3개의 값을 산술평균하여 사용
(3) 정상연강수량 비율법 : 3개의 관측점 중에 1개라도 강수량의 차가 10% 이상 될 경우, 강수현상이 산악의 영향을 많이 받는 지역에서 효과적이다.

$$P_x = \frac{N_x}{3}\left(\frac{P_A}{N_A} + \frac{P_B}{N_B} + \frac{P_C}{N_C}\right)$$

여기서, N_x : 결측점의 연간 평균강우량(mm)

2 유역의 평균강우량 산정

(1) 산술평균법 : 평야지역의 강우분포가 균일하며 유역면적이 500km² 미만인 지역에 사용한다.
(2) Thiessen의 가중법 : 우량계의 분포상태를 고려한 방법으로 산악효과가 비교적 적은 유역면적 500~5000km²의 범위에 사용한다.

$$P_m = \frac{A_1 P_1 + A_2 P_2 + \cdots + A_n P_n}{A} = \frac{\Sigma A_i P_i}{\Sigma A}$$

(3) 등우선법 : 지역특성(산악영향)을 고려한 방법으로 강우에 대한 산악의 영향을 고려한 유역면적 5000km² 이상의 지역에 사용한다.

3 강우자료의 일관성 검증

(1) 누가우량곡선(rainfall mass curve) : 자기우량계에 의하여 기록지에 누가우량이 시간적 변화상태를 기록한 것이므로 강우가 클수록 곡선의 경사가 커진다.
(2) 이중누가우량곡선(double mass curve) : 우량계의 위치, 노출상태, 우량계의 형상, 관측방법 및 주위환경에 변화가 생겼을 경우에는 이들 변화 요소가 자료에 직접적인 영향을 주기 때문에 전반적인 자료의 일관성이 없어지며 무의미한 기록치가 될 수가 있기 때문에 이 자료의 일관성을 검증하기 위한 방법이다.

4 DAD 해석

(1) 유역별로 최대평균우량깊이－유역면적－지속기간의 관계를 수립하는 작업을 말한다.
(2) DAD 곡선 작성 시 대수눈금으로 되어 있는 횡좌표에 유역면적을 표시하고, 산술눈금으로 되어 있는 종좌표에 최대평균우량을 표시한다.
(3) 면적이 증가할수록 최대평균우량은 적어진다.
(4) 지속시간이 커질수록 최대평균우량은 증가한다.

핵심문제

□□□ 기 07,11,12,15
01 다음의 강수에 관한 설명 중 틀린 것은?

① 강수는 구름이 응축되어 지상으로 강하하는 모든 형태의 수분을 총칭한다.
② 일우량(24hr 우량)이 0.1mm 이하일 경우에는 무강우로 취급한다.
③ 누가우량곡선은 자기우량계에 의해 측정된 누가강우의 시간적 변화를 기록한 곡선이다.
④ 이중누가우량분석법은 강수량 자료의 결측치를 보완하는 방법이다.

| 해답 | ④
이중누가우량분석법
어느 관측소의 우량계의 위치, 관측방법 등의 변화가 있었음을 발견하여 관측우량을 교정하여 강수량 자료의 일관성을 검증하기 위하여 사용된다.

□□□ 기 08,13
02 얻어진 강우 기록으로부터 우량의 값, 유역면적 및 강우계속시간 등의 관계를 규명하는 것은?

① 유출함수법 ② DAD 해석
③ 단위도법   ④ 비우량해석

| 해답 | ②
DAD 해석법
평균우량깊이(Depth)-유역면적(Area)-강우지속시간(Duration)간의 관계를 분석하는 작업이다.

□□□ 기 86,88,05,08,09②,14④,16②,17②,19③,25①
03 DAD 해석에 관련된 것으로 옳은 것은?

① 수심 - 단면적 - 홍수기간
② 적설량 - 분포면적 - 적설일수
③ 강우깊이 - 유역면적 - 강우기간
④ 강우깊이 - 유수단면적 - 최대수심

| 해답 | ③
유역별로 평균강우깊이(Depth)-유역면적(Area)-지속기간(Duration) 관계를 수립하는 작업을 DAD 해석이라 한다.

□□□ 기 83,90,97,02,06,08,10,11,15,21②
04 유역의 평균 강우량 산정방법이 아닌 것은?

① 산술평균법   ② 등우선법
③ Thiessen 가중법 ④ 기하평균법

| 해답 | ④
평균 강우량 산정법
① 산술평균법 ② Thienssen법 ③ 등우선법

□□□ 기 06,09,14
05 강우강도에 대한 설명으로 틀린 것은?

① 강우깊이(mm)가 일정할 때 강우지속시간이 길면 강우강도는 커진다.
② 강우강도와 지속시간의 관계는 Talbot, Sherman, Japanese형 등의 경험공식에 의해 표현된다.
③ 강우강도식은 지역에 따라 다르며, 자기우량계의 우량자료로부터 그 지역의 특성 상수를 결정한다.
④ 강우강도식은 댐, 우수관거 등의 수공구조물의 중요도에 따라 그 설계 재현기간이 다르다.

| 해답 | ①
일반적으로 단기간의 강우에 대한 강우 강도가 장기간의 강우에 대한 강우강도보다 크다.

□□□ 기 09,10,17
06 어떤 유역 내에 5개의 우량관측소에서 표와 같은 지배면적에 우량이 측정되었을 때 Thiessen법으로 산정한 유역의 평균우량은?

우량관측소	A	B	C	D	E
지배면적(km²)	12	15	20	14	18
우량(mm)	32	27	25	36	40

① 31.81mm ② 32.00mm
③ 32.72mm ④ 33.04mm

| 해답 | ①
Thiessen의 가중법에 의한 평균강우량 산정
$$P_m = \frac{A_A P_A + A_B P_B + A_C P_C + A_D P_D + A_E P_E}{A_A + A_B + A_C + A_D + A_E}$$
$$= \frac{12 \times 32 + 15 \times 27 + 20 \times 25 + 14 \times 36 + 18 \times 40}{12 + 15 + 20 + 14 + 18}$$
$$= 31.81 \, mm$$

> **알아두기**
>
> **침루(percolation)**
> 물이 토양면을 통해 스며든 물이 중력에 의해 계속 지하로 이동하여 포화대인 지하수면까지 도달하는 현상
>
> **선행 강수지수**
> 토양의 초기 함수조건을 양적으로 표시하는 방법으로 총우량으로부터 유출량을 산정할 수 있다.

22 증발산과 침투

1 증발산

(1) 증발량 = 총강수량(P) + 지표유입량(I) ± 지하유출입량(u) − 지표유출량(O) ± 유역 내 저수량(S)
(2) Dalton 법칙에서 증발량은 증기압과 풍속의 함수이다.
(3) 증발산량 = 증발량 + 증산량
 • 일증발량 = 증발률 × 수표면적
(4) 소비수량 : 식생으로 피복된 지면으로부터의 증발량과 증산량을 말하며, 하천, 호수면에서의 증발량은 제외하며 증발산량과 같은 의미이다.
(5) 증발접시계수 = $\dfrac{\text{저수지의 증발량}}{\text{접시의 증발량}}$
(6) 증발량의 산정방법
 • 증발접시에 의한 방법
 • 경험공식에 의한 방법
 • 물수지 방정식에 의한 방법

2 침투능

(1) 침투능에 영향을 주는 요소
 • 토양의 종류
 • 지면 보유수의 깊이와 포화층의 두께
 • 토양의 함유수분
 • 토양의 다짐정도
 • 식생피복
 • 토양의 동결과 기온
(2) 침투(infiltration) : 물이 토양면을 통해 토양 속으로 스며드는 현상

3 침투능 측정방법

(1) 토양의 침투능 결정방법
 • 침투계에 의한 방법
 • 경험공식에 의한 방법(Horton 공식, Philip 공식)
 • 침투지수에 의한 방법(ϕ−index 법, w−index 법)
(2) ϕ−index 법 : 우량주상도에서 강우강도의 시간에 따른 변화를 총강우량과 손실량으로 구분하는 수평선의 크기로 강우강도를 나타낸다.
 • 총강우량 = 유출량 + 침투량
 • 침투량 = 총강우량 − 유출량
 • ϕ−index = $\dfrac{\text{총침투량}}{\text{침투시간}}$
(3) w−index 방법 : 강우강도가 침투능보다 큰 호우기간 동안의 평균침투율이다.

핵 심 문 제

☐☐☐ 기 09,15

01 다음 중 토양의 침투능(Infiltration Capacity) 결정 방법에 해당되지 않는 것은?

① 침투계에 의한 실측법
② 경험공식에 의한 계산법
③ 침투지수에 의한 방법
④ 물수지 원리에 의한 산정법

| 해답 | ④

- 토양의 침투능 결정방법
  - 침투계에 의한 방법
  - 경험공식에 의한 방법(Horton 공식, Philip공식)
  - 침투지수에 의한 방법(ϕ-index법, w-index법)
- 물수지 원리에 의한 산정법 : 증발량 산정법이다.

☐☐☐ 기 94,98,01,02,05,07,11

02 다음 중 침투능을 추정하는 방법은?

① N-day법
② ϕ-index법
③ DAD 해석법
④ Theis법

| 해답 | ②

침투능 측정방법
ϕ-index법, w-index법, SCS법

☐☐☐ 기 10,14

03 다음 중 증발량 산정방법이 아닌 것은?

① 에너지수지(energy budget) 방법
② 물수지(water budget) 방법
③ IDF 곡선방법
④ Penman 방법

| 해답 | ③

증발량 산정 방법
- 물수지(water budget) 방정식에 의한 방법
- 에너지수지(energy budget) 방법
- 공기동역학칙에 의한 방법
- 경험공식에 의한 방법
- Penman 이론방법

☐☐☐ 기 96,04,15,20④

04 어떤 유역에 70mm의 강우량이 그림과 같은 분포로 내렸을 때 유역의 직접유출량이 30mm이었다면 이때의 ϕ-index는?

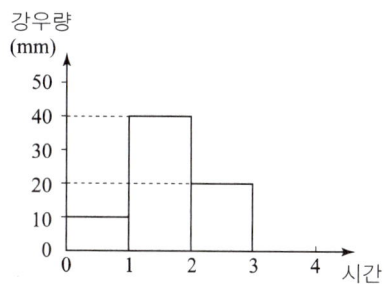

① 10mm/h
② 12.5mm/h
③ 15mm/h
④ 20mm/h

| 해답 | ③

직접유출량이 30mm가 되기 위해서

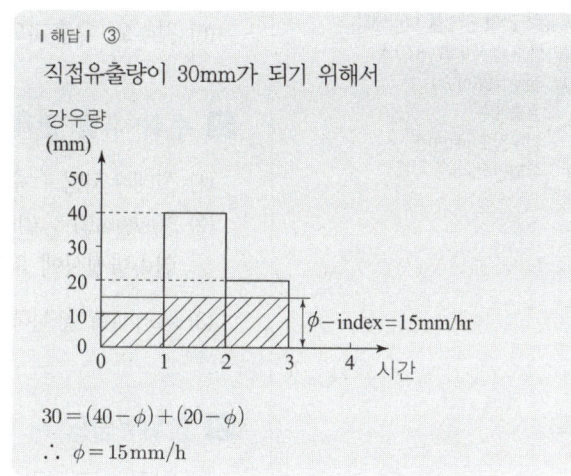

$30 = (40-\phi) + (20-\phi)$
$\therefore \phi = 15\text{mm/h}$

☐☐☐ 기 06,14,17④

05 수표면적이 10km² 되는 어떤 저수지 수면으로부터 2m 위에서 측정된 대기의 평균온도가 25℃, 상대습도가 65%이고, 저수지 수면 6m 위에서 측정한 풍속이 4m/s, 증발률(E_o)이 1.44mm/day이었다면 이 저수지 수면으로부터의 일증발량(E_{day})은?

① 42300m³/day
② 32900m³/day
③ 27300m³/day
④ 14400m³/day

| 해답 | ④

일증발량=증발률×수표면적
$E_{day} = 1.44 \times 10^{-3} \times 10 \times 10^6 = 14400\text{m}^3/\text{day}$

알아두기

직접유출량
- 지표 유출량
- 조기 지표하 유출량
- 복류수 유출량
- 수로상 강수

기저유출량
- 지하수 유출량
- 지체지표하 유출량

합리식
어떤 배수영역에 발생한 강우강도(I)와 첨두유량 간의 관계를 나타낸다.
- 합리식 : $Q = 0.2778 CIA$
- Q : 첨두유량(m³/s)
- C : 유출계수
- I : 강우강도(mm/hr)
- A : 유역면적(km²)

비례가정
일정기간 동안 n 배만큼 큰 강도의 비가 내리면 수문곡선의 종거는 n 배만큼 커진다.

합성단위도
강우-유출자료가 없는 지역에서 유역 및 하천 특성 인자들을 이용한 단위도

---

23 유출과 수문 곡선

1 유출의 지배인자

(1) 지상학적 인자
- 유역특성(유역면적, 유역의 경사, 유역의 방향성, 유역의 고도, 유역의 형상)
- 유로특성

(2) 기후학적 인자 : 강수, 차단, 증발 및 증산

(3) 유효강수량
- 직접유출의 근원이 되는 강수를 말한다.
- 유효강수량＝초과강수량＋조기 지표하 유출량

(4) 유출계수 $C = \dfrac{하천유량(Q)}{강수량(P)}$

(5) 최대홍수량 ＝ 비유량(q_o) × 면적(A)

(6) 강수와 유출과의 관계

2 수위-유량 관계곡선의 연장방법

(1) 전대수지법 : 수위에 해당하는 유량을 가정하는 방법 $Q = a(g-z)^b$

(2) Stevens법 : Chezy의 평균 유속공식을 이용하여 어떤 단면을 통과하는 유량을 연속방정식에 의하여 구한다. $Q = AC\sqrt{RI}$

(3) Manning 공식에 의한 방법 $Q = A\dfrac{1}{n}R^{2/3}I^{1/2}$

3 단위유량도 unit hydrograph의 가정

(1) 일정 기저시간 가정 : 동일 유역에서 균일한 강도로 강우가 발생한 경우 지속기간은 같으나 강도가 다른 각종 강우로 인한 유출량은 그 크기가 다를지라도 유하기간은 동일하다.

(2) 비례가정 : 동일 유역에서 균일한 강도로 강우가 발생한 경우 동일 지속기간을 가진 각종 강도의 강우량으로부터 결과되는 직접유출 수문곡선의 종거는 임의의 시간에 있어서 강우강도에 직접 비례한다.

(3) 중첩가정 : 일정기간 동안 균일한 강도를 가진 일련의 유효강우량에 의한 총유출은 각 기간의 유효강우량에 의한 각 유출량을 합산한 것과 동일하다.

4 합성단위 유량도

(1) Snyder 방법 : 단위도의 기저폭, 첨두유량, 유역의 지체시간 등 매개변수로서 단위도를 정의하는 방법

(2) SCS 방법 : 미토양보존국(SCS)에 의해 고안된 방법으로 유출량 자료 없이도 유역의 모양 특성과 식생 피복상태 등에 대한 상세한 자료만으로도 초기 강우량을 산정할 수 있다.

(3) Nakayasu의 합성단위도, Clark의 합성단위도

핵심문제

□□□ 기 86,93,13,14

01 유효강우량(effective rainfall)에 대한 설명으로 옳은 것은?

① 지표면 유출에 해당하는 강우량이다.
② 총유출에 해당하는 강우량이다.
③ 기저유출에 해당하는 강우량이다.
④ 직접유출에 해당하는 강우량이다.

| 해답 | ④

유효강우량
강우량에서 손실유량을 뺀 부분으로 직접유출이 되는 강우량이다.

□□□ 기 06,09,15

02 수위-유량 관계곡선의 연장 방법이 아닌 것은?

① 전 대수지법
② Stevens 방법
③ Manning 공식에 의한 방법
④ 유량 빈도 곡선법

| 해답 | ④

수위-유량 곡선의 연장방법
- 전 대수지법 : 수위에 해당하는 유량을 가정하는 방법 ; $Q=a(g-z)^b$
- Stevens 법 : Chezy의 평균 유속 공식을 이용하여 어떤 단면을 통과하는 유량을 연속 방정식에 의하여 구하는 방법 ; $Q=AC\sqrt{RI}$
- Manning 공식에 의한 방법 ; $Q=AV=A\frac{1}{n}R^{\frac{2}{3}}I^{\frac{1}{2}}$

□□□ 기 85,05,08,15

03 단위유량도(Unit hydrograph)에서 강우자료를 유효우량으로 쓰게 되는 이유는?

① 기저유출이 포함되어 있기 때문에
② 손실우량을 산정할 수 없기 때문에
③ 직접유출의 근원이 되는 유량이기 때문에
④ 대상유역 내 균일하게 분포하는 것으로 볼 수 있기 때문에

| 해답 | ③

단위유도도(단위도)는 특정단위시간동안 균일한 강도로 유역 전반에 걸쳐 균등하게 내린 단위 유효유량을 쓰는 이유는 직접유출의 근원이 되는 유량이기 때문이다.

□□□ 기 94,05,08,12④,18①,19①

04 단위도(단위 유량도)에 대한 설명으로 옳지 않은 것은?

① 단위도의 3가정은 일정 기저시간 가정, 비례가정, 중첩가정이다.
② 단위도는 기저유량과 직접유출량을 포함하는 수문곡선이다.
③ S-Curve를 이용하여 단위도의 단위시간을 변경할 수 있다.
④ Snyder는 합성단위도법을 연구 발표하였다.

| 해답 | ②

단위도(단위유량도)
- 단위유량도의 기본가정 : 일정 기저시간 가정, 비례가정, 중첩가정
- 단위도는 유역 전체에 내린 유효유량(1cm)으로 인한 직접유출수문곡선이다.
- 단위도 지속시간 변경방법 : 정수배, 자체-중첩방법, S-curve 방법
- 합성단위도법 : Snyder의 단위도법, SCS의 단위도법, Nakayasu의 단위도법, Clark의 단위도법
- 단위도 적용 : 임의 강우사상에 대한 유출수문곡선을 합성해 낼 수 있으며, 설계 홍수량을 산정하는 경우에 유용하게 이용

□□□ 기 00,13,14,18,21

05 유역면적 0.2km²인 어느 유역에 강우가 20mm/30min로 지속적으로 내렸을 때 유역출구에서의 관측된 첨두유출량이 1m³/sec이었다면 이 유역의 유출계수는? (단, 합리식으로 계산할 것)

① 0.15 ② 0.25
③ 0.35 ④ 0.45

| 해답 | ④

$Q=0.2778CIA$에서 $C=\dfrac{Q}{0.2778IA}$

- $I=\dfrac{20mm}{30min}=\dfrac{20mm}{0.5hr}=40mm/hr$

$\therefore C=\dfrac{1}{0.2778\times 40\times 0.2}=0.45$

04 철근콘크리트 및 강구조

01 소요강도

1 용어의 정의

(1) 공칭강도(nominal strength ; M_n)
- 강도설계법의 규정과 가정에 따라 계산된 부재 또는 단면의 강도를 말하며 강도감소계수를 적용하기 이전의 강도

(2) 설계강도(design strength ; M_d)
- 구조체 또는 부재의 공칭강도에 강도감소계수(ϕ)를 곱한 강도
- 설계 시 안전을 고려하여, 공칭강도에 강도감소계수를 곱하여 사용하는 강도
- $M_d = \phi M_n \geq M_u$

(3) 소요강도(required strength ; M_u)
- 철근콘크리트 부재가 사용성과 안전성을 만족할 수 있도록 요구되는 단면의 단면력
- 기준하중에 하중계수를 곱한 극한하중을 사용해서 계산한 강도

2 소요강도

(1) 계수하중(Factored Load ; U)
- 계수하중은 사용하중에 하중계수를 곱한 하중으로 강도설계법의 설계하중이다.
- 하중계수 : 하중의 공칭값과 실제 하중 사이의 불가피한 차이 및 하중을 작용외력으로 변환시키는 해석상의 불확실성, 환경작용 등의 변동을 고려하기 위한 안전계수이다.
- 고정하중(D) : 구조물의 수명기간 중 상시 작용하는 하중으로서 자중은 물론 벽, 바닥, 지붕, 계단 및 고정된 사용장비 등을 포함한 하중이다.
- 활하중(L) : 풍하중, 지진하중과 같은 환경하중이나 고정하중을 포함하지 않고 사용 및 점용에 의해 발생되는 하중으로서 사람, 가구, 창고의 저장물, 차량 등에 의한 하중이다.
- 계수하중 $U = 1.2D + 1.6L \geq 1.4D$

여기서, D : 고정하중 또는 이에 의해서 생기는 단면력
L : 활하중 또는 이에 의해서 생기는 단면력

(2) 계수모멘트
- $w_u(U) = 1.2w_d + 1.6w_l$

여기서, U : 계수하중
w_d : 고정하중모멘트
w_l : 활하중모멘트

- $M_u = M_{\max} = \dfrac{U \cdot l^2}{8}$

여기서, M_u : 계수모멘트, l : 지간

알아두기

철근콘크리트가 성립하는 이유
- 철근과 콘크리트의 부착강도가 크다.
- 철근은 인장강도가 강하고 콘크리트는 압축강도에 강하다.
- 콘크리트 속의 철근은 부식하지 않는다.
- 두 재료의 열팽창 계수는 거의 같다.
- 철근의 탄성계수는 콘크리트의 탄성계수의 n배이다.

표피철근(skin reinforcement)
- 전체깊이가 900mm를 초과하는 휨부재 복부의 양 측면에 부재 축방향으로 배치하는 철근
- 주철근이 단면의 일부에 집중 배치된 경우일 때 부재의 측면에 발생 가능한 균열을 제어하기 위한 목적으로 주철근 위치에서부터 중립축까지의 표면 근처에 배치하는 철근

하중계수
포스트텐션 정착부 설계에 있어서 최대 프리스트레싱 강재의 긴장력에 대하여 하중계수 1.2를 적용하여야 한다.

계수모멘트
- 고정하중 및 활하중

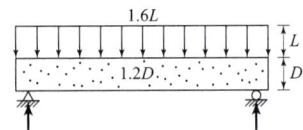

- 고정·활하중 모멘트

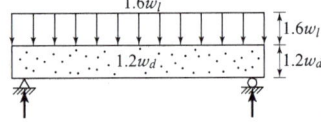

핵심문제

□□□ 기 11,15

01 강도설계법으로 휨부재를 해석할 때 고정하중모멘트 10kN·m, 활하중모멘트 20kN·m가 생긴다면 계수모멘트(M_u)는?

① 42kN·m
② 44kN·m
③ 46kN·m
④ 48kN·m

| 해답 | ②

$$M_u = 1.2M_D + 1.6M_L = 1.2 \times 10 + 1.6 \times 20 = 44\,kN \cdot m$$

□□□ 기 96,11,16

02 사용 고정하중(D)과 활하중(L)을 작용시켜서 단면에서 구한 휨모멘트는 각각 $M_D = 30\,kN \cdot m$, $M_L = 3\,kN \cdot m$이었다. 주어진 단면에 대해서 현행 콘크리트 구조설계기준에 따라 최대 소요강도를 구하면?

① 30kN·m
② 40.8kN·m
③ 42kN·m
④ 48.2kN·m

| 해답 | ③

$M_u = 1.2M_D + 1.6M_L$와 $M_u = 1.4M_D$ 두 값 중 큰 값
- $M_u = 1.2 \times 30 + 1.6 \times 3 = 40.8\,kN \cdot m$
- $M_u = 1.4 \times 30 = 42\,kN \cdot m$
∴ $M_u = 42\,kN \cdot m$

□□□ 기 06,10,11,13,14,17④

03 고정하중 50kN/m, 활하중 100kN/m를 지지해야할 지간 8m의 단순보에서 계수모멘트 M_u는?

① 1630kN·m
② 1760kN·m
③ 1870kN·m
④ 1960kN·m

| 해답 | ②

계수모멘트 $M_u = \dfrac{w_u l^2}{8}$

- $w_u = 1.2w_D + 1.6w_L$
  $= 1.2 \times 50 + 1.6 \times 100 = 220\,kN/m$

∴ $M_u = \dfrac{220 \times 8^2}{8} = 1760\,kN \cdot m$

□□□ 기 12,20④,21③

04 표피철근(skin reinforcement)에 대한 설명으로 옳은 것은?

① 상하 기둥 연결부에서 단면치수가 변하는 경우에 구부린 주철근이다.
② 비틀림모멘트가 크게 일어나는 부재에서 이에 저항하도록 배치되는 철근이다.
③ 건조수축 또는 온도변화에 의하여 콘크리트에 발생하는 균열을 방지하기 위한 목적으로 배치되는 철근이다.
④ 주철근이 단면의 일부에 집중 배치된 경우일 때 부재의 측면에 발생 가능한 균열을 제어하기 위한 목적으로 주철근 위치에서부터 중립축까지의 표면 근처에 배치하는 철근이다.

| 해답 | ④

표피철근(skin reinforcement)
- 전체깊이가 900mm를 초과하는 휨부재 복부의 양 측면에 부재 축방향으로 배치하는 철근
- 주철근이 단면의 일부에 집중 배치된 경우일 때 부재의 측면에 발생 가능한 균열을 제어하기 위한 목적으로 주철근 위치에서부터 중립축까지의 표면 근처에 배치하는 철근

□□□ 기 18②

05 다음 중 콘크리트구조물을 설계할 때 사용하는 하중인 "활하중(live load)"에 속하지 않는 것은?

① 건물이나 다른 구조물의 사용 및 점용에 의해 발생되는 하중으로서 사람, 기구, 이동칸막이 등의 하중
② 적설하중
③ 교량 등에서 차량에 의한 하중
④ 풍하중

| 해답 | ④

활하중(live load)
- 풍하중, 지진하중과 같은 환경하중이나 고정하중을 포함하지 않는다.
- 건물이나 다른 구조물의 사용 및 점용에 의해 발생되는 하중이다.
- 사람, 가구, 이동칸막이, 창고의 저장물, 설비기계 등의 하중이다.
- 적설하중 또는 교량 등에서 차량에 의한 하중이다.

02 설계강도

1 강도감소계수

(1) 강도감소계수의 목적
- 부정확한 설계방정식에 대비한 여유
- 주어진 하중조건에 대한 부재의 연성도와 소요신뢰도
- 구조물에서 차지하는 부재의 중요도
- 부재의 강도저하 확률에 대비한 여유

(2) 강도감소계수 ϕ

부재		강도감소계수
인장지배단면		0.85
압축지배단면	나선철근으로 보강된 철근 콘크리트 부재	0.70
	그 외의 철근콘크리트 부재	0.65
전단력과 비틀림모멘트		0.75
콘크리트의 지압력 (포스트텐션 정착부나 스트럿-타이 모델은 제외)		0.65
포스트텐션 정착구역		0.85
스트럿-타이 모델	스트럿, 절점부 및 지압부	0.75
	타이	0.85
무근콘크리트의 휨모멘트, 압축력, 전단력, 지압력		0.55

2 지배단면

$f_y = 400\text{MPa}$인 철근 및 긴장재에 대한 최외단 인장철근의 순인장변형률 ϵ_t와 $\dfrac{c}{d_t}$에 따른 ϕ값의 변화

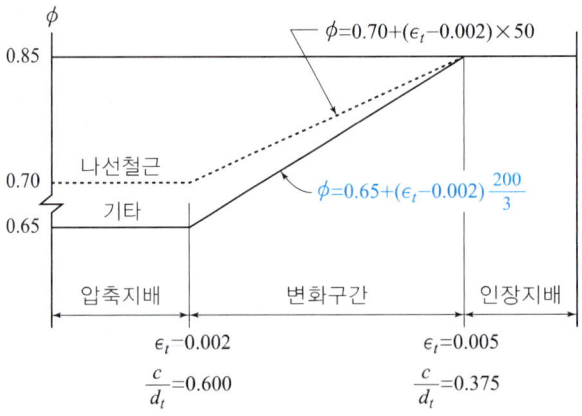

- 순인장변형률($f_{ck} \leq 40\text{MPa}$)

$$\epsilon_t = \frac{(d_t - c) \times 0.0033}{c}$$

여기서, c : 공칭강도에서 중립축의 깊이
d_t : 최외단 압축연단에서 최외단 인장철근까지의 거리

핵 심 문 제

□□□ 기 06,07,12,13,15③,21③
01 부재의 설계 시 적용되는 강도감수계수(ϕ)에 대한 설명 중 옳지 않은 것은?

① 압축지배단면에서 나선철근으로 보강된 철근콘크리트 부재의 강도감소계수는 0.70이다.
② 인장지배 단면에서의 강도감소계수는 0.85이다.
③ 공칭강도에서 최외단 인장철근의 순인장변형률(ϵ_t)이 압축지배와 인장지배단면 사이일 경우에는 ϵ_t가 압축지배변형률 한계에서 인장지배변형률 한계로 증가함에 따라 ϕ값을 압축지배단면에 대한 값에서 0.85까지 증가시킨다.
④ 포스트텐션 정착구역에서 강도감소계수는 0.80이다.

| 해답 | ④
포스트텐션 정착구역에서 강도감소계수는 0.85이다.

□□□ 기 91,06,07,12,13,17,18①,22①
02 강도설계법에서 사용하는 강도감소계수(ϕ)의 값으로 틀린 것은?

① 무근콘크리트의 휨모멘트 : $\phi=0.55$
② 전단력과 비틀림모멘트 : $\phi=0.75$
③ 콘크리트의 지압력 : $\phi=0.70$
④ 인장지배단면 : $\phi=0.85$

| 해답 | ③
콘크리트의 지압력 : $\phi=0.65$

□□□ 기 08,10,12,19①,21①
03 강도설계법에서 강도감소계수(ϕ)를 규정하는 목적이 아닌 것은?

① 부정확한 설계방정식에 대비한 여유를 반영하기 위해
② 구조물에서 차지하는 부재의 중요도 등을 반영하기 위해
③ 재료 강도와 치수가 변동할 수 있으므로 부재의 강도 저하 확률에 대비한 여유를 반영하기 위해
④ 하중의 변경, 구조 해석할 때의 가정 및 계산의 단순화로 인해 야기될지 모르는 초과 하중에 대비한 여유를 반영하기 위해

| 해답 | ④
강도감소계수를 사용하는 이유
• 부정확한 설계방정식에 대비한 이유
• 주어진 하중조건에 대한 부재의 연성도와 소요 신뢰도
• 구조물에서 차지하는 부재의 중요도 등을 반영하기 위해서
• 재료강도와 치수가 변동할 수 있으므로 부재의 강도저하 확률에 대비한 이유

□□□ 기 11,12,13,14,15,16
04 유효깊이(d)가 500mm인 직사각형 단면보에 $f_y=400$MPa인 인장철근이 1열로 배치되어 있다. 중립축(c)의 위치가 압축연단에서 200mm인 경우 강도감소계수(ϕ)는? (단, $f_{ck}=28$MPa)

① 0.804
② 0.817
③ 0.834
④ 0.847

| 해답 | ④
$$\phi=0.65+(\epsilon_t-0.002)\times\frac{200}{3}$$
• 최외단 인장철근의 순인장변형률
$$\epsilon_t=\frac{(d_t-c)\times 0.0033}{c}=\frac{(500-200)\times 0.0033}{200}=0.00495$$
$$\therefore \phi=0.65+(0.00495-0.002)\times\frac{200}{3}=0.847$$

□□□ 기 11,12,14,17①,18③,20③
05 아래 그림과 같은 단면을 가지는 단철근 직사각형보에서 최외단 인장철근의 순인장변형률(ϵ_t)이 0.0045일 때 설계휨강도를 구할 때 적용하는 강도감소계수(ϕ)는? (단, $f_{ck}=28$MPa, $f_y=400$MPa)

① 0.804
② 0.817
③ 0.826
④ 0.839

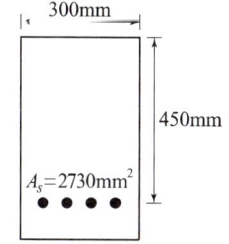

| 해답 | ②
$f_y=400$MPa인 철근에 대한 강도감소계수
$$\phi=0.65+(\epsilon_t-0.002)\frac{200}{3}$$
$$=0.65+(0.0045-0.002)\frac{200}{3}=0.817$$

알아두기

03 구조해석일반

1 T형보의 유효폭 b

T형보	반 T형보
• (양쪽으로 각각 내민 플랜지 두께의 8배씩)+b_w $16t_f + b_w$ • 양쪽 슬래브의 중심간 거리 • 보 경간의 $\frac{1}{4}$ 세 값 중 작은 값	• (한쪽으로 내민 플랜지 두께의 6배)+b_w • (보의 경간의 $\frac{1}{12}$)+b_w • (인접보와의 내측거리의 $\frac{1}{2}$)+b_w 세 값 중 작은 값

2 연속보 또는 1방향 슬래브의 만족조건

- 2경간 이상인 경우
- 인접 2경간의 차이가 짧은 경간의 20% 이하인 경우
- 등분포하중이 작용하는 경우
- 활하중이 고정하중의 3배를 초과하지 않는 경우
- 부재의 단면크기가 일정한 경우

3 연속 휨부재의 모멘트 재분배

- 어떠한 가정의 하중을 적용하여 탄성이론에 의하여 산정한 연속휨부재 받침부의 부모멘트는 20% 이내에서 $1000\epsilon_t$%만큼 증가 또는 감소시킬 수 있다.
- 경간내의 단면에 대한 휨모멘트의 계산은 수정된 부모멘트를 사용하여야 하며, 휨모멘트 재분배 이후에도 정적 평형은 유지되어야 한다.
- 휨모멘트 재분배는 휨모멘트를 감소시킬 단면에서 최외단 인장철근의 순인장변형률 ϵ_t 가 0.0075 이상인 경우에만 가능하다.

4 콘크리트의 할선탄성계수

$$E_c = 0.077 m_c^{1.5} \sqrt[3]{f_{cm}} = 8500 \sqrt[3]{f_{cm}}$$

- m_c : 콘크리트의 단위질량(2300kg/m^3인 경우)
- $f_{cm} = f_{ck} + \Delta f$

5 경량콘크리트계수 λ

(1) f_{sp}값이 규정되지 않은 경우
  - 전경량콘크리트 : $\lambda = 0.75$
  - 모래경량콘크리트 : $\lambda = 0.85$
  - 보통중량콘크리트 : $\lambda = 1.0$

(2) f_{sp}값이 주어진 경우
$$\lambda = \frac{f_{sp}}{0.56\sqrt{f_{ck}}} \leq 1.0$$

T형보

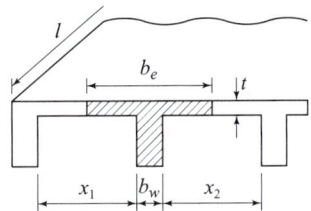

유효폭 b_e (세 값 중 작은 값)
- $b = 16t + b_w$
- $b = \frac{x_1 + x_2}{2} + b_w$
- $b = \frac{l}{4}$

반T형보

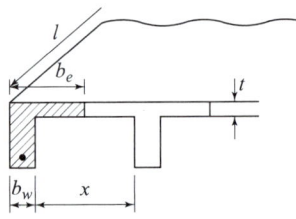

유효폭 b_e (세 값 중 작은 값)
- $b = 6t + b_w$
- $b = \frac{x}{2} + b_w$
- $b = \frac{l}{12} + b_w$

Δf 계산
- $f_{ck} = 40 \text{MPa}$ 이하이면
  $\Delta f = 4 \text{MPa}$
- $f_{ck} = 60 \text{MPa}$ 이상이면
  $\Delta f = 6 \text{MPa}$
- f_{ck}가 40MPa 초과 60MPa 미만이면 직선 보간

탄성계수
- 할선 탄성계수 : 철근 콘크리트의 단면결정이나 응력계산에 사용
- 초기접선 탄성계수 : 탄성변형(크리프변형)을 계산하기 위해 사용

f_{sp}
콘크리트의 인장강도

핵 심 문 제

□□□ 기 04,06,07,08,10,13②,21②

01 경간 $l=10$m인 대칭 T 형보에서 양쪽 슬래브의 중심간격 2100mm, 슬래브의 두께(t) 100mm, 복부의 폭(b_w) 400mm일 때 플랜지의 유효폭은 얼마인가?

① 2000mm ② 2100mm
③ 2300mm ④ 2500mm

| 해답 | ①

T형보(대칭)의 유효폭(b_e)결정
• $16t+b_w = 16\times 100 + 400 = 2000$mm
• 양쪽 슬래브의 중심간 거리 : $b_c = 2100$mm
• 보의 경간$\times\dfrac{1}{4}$: $10000 \times \dfrac{1}{4} = 2500$mm
∴ $b_e = 2000$mm (∵ 최솟값)

□□□ 기 08,10,12,13,17

02 연속 휨부재에 대한 해석 중에서 현행 콘크리트구조기준에 따라 부모멘트를 증가 또는 감소시키면서 재분배할 수 있는 경우는?

① 근사해법에 의해 휨모멘트를 계산한 경우
② 하중을 적용하여 탄성이론에 의하여 산정한 경우
③ 2방향 슬래브 시스템의 직접설계법을 적용하여 계산한 경우
④ 2방향 슬래브 시스템을 등가골조법으로 해석한 경우

| 해답 | ②

부모멘트의 증가나 감소는 탄성이론에 의해 산정한 경우에 한하여 적용이 가능하다.

□□□ 기 08②,16④,22①

03 연속보 또는 1방향 슬래브의 철근콘크리트 구조를 해석하고자 할 때 근사해법을 적용할 수 있는 조건에 대한 설명으로 틀린 것은?

① 부재의 단면 크기가 일정한 경우
② 인접 2경간의 차이가 짧은 경간의 50% 이하인 경우
③ 등분포 하중이 작용하는 경우
④ 활하중이 고정하중의 3배를 초과하지 않는 경우

| 해답 | ②

인접 2경간의 차이가 짧은 경간의 20% 이하인 경우

□□□ 기 04,05,14②,20②

04 콘크리트의 설계기준압축강도(f_{ck})가 50MPa인 경우 콘크리트 탄성계수 및 크리프 계산에 적용되는 콘크리트의 평균압축강도(f_{cu})는?

① 54MPa ② 55MPa
③ 56MPa ④ 57MPa

| 해답 | ②

평균압축강도 $f_{cu} = f_{ck} + \Delta f$

■ Δf 계산
• $f_{ck} = 40$MPa : $\Delta f = 4$MPa
• $f_{ck} = 60$MPa : $\Delta f = 6$MPa
∴ $f_{ck} = 50$MPa : $\Delta f = 5$MPa

■ 평균압축강도 $f_{cu} = 50 + 5 = 55$MPa

□□□ 기 16,17④,19①③

05 설계기준압축강도(f_{ck})가 24MPa이고, 쪼갬인장강도(f_{sp})가 2.4MPa인 경량골재콘크리트에 적용하는 경량콘크리트계수(λ)는?

① 0.75 ② 0.85
③ 0.87 ④ 0.92

| 해답 | ③

$\lambda = \dfrac{f_{sp}}{0.56\sqrt{f_{ck}}} = \dfrac{2.4}{0.56\sqrt{24}} = 0.87 \leq 1.0$

□□□ 기 08,11,12,17②,18②,20④,22①

06 슬래브와 보가 일체로 타설된 비대칭 T형보(반 T형보)의 유효폭은 얼마인가? (단, 플랜지 두께=100mm, 복부폭=300mm, 인접보와의 내측거리=1600mm, 보의 경간=6.0m)

① 800mm ② 900mm
③ 1000mm ④ 1100mm

| 해답 | ①

비대칭 T형보(반 T형보)의 유효폭(b_e)결정
• $6t_f + b_w = 6\times 100 + 300 = 900$mm
• 인접보와의 내측거리의 $\dfrac{x}{2}+b_w = \dfrac{1600}{2}+300 = 1100$mm
• 보 경간의 $\dfrac{l}{12}+b_w = \dfrac{6000}{12}+300 = 800$mm
∴ $b_e = 800$mm (∵ 가장 작은 값)

04 콘크리트구조 휨 및 압축 설계기준(KDS 14 20 20 적용)

1 설계가정

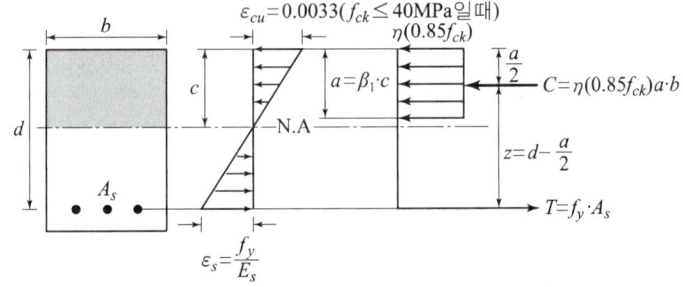

- 철근 및 콘크리트의 변형률은 중립축으로부터의 거리에 비례한다.
- 휨모멘트 또는 휨모멘트와 축력을 동시에 받는 부재의 콘크리트 압축연단의 극한변형률은 콘크리트의 설계기준압축강도가 40MPa 이하인 경우에는 0.0033으로 가정한다. 40MPa를 초과하는 경우는 매 10MPa의 강도 증가에 대하여 0.0001씩 감소시킨다.
- 철근의 응력이 설계기준항복강도 f_y 이하일 때 철근의 응력은 E_s를 곱한 값으로 하고, 철근의 변형률이 f_y에 대응하는 변형률보다 큰 경우 철근의 응력은 변형률에 관계없이 f_y로 하여야 한다.
- 콘크리트의 인장강도는 KDS 14 20 60(4.21)의 규정에 해당하는 경우를 제외하고는 철근콘크리트 부재 단면의 축강도와 휨(인장)강도 계산에서 무시할 수 있다.
- 콘크리트 압축응력의 분포와 콘크리트 변형률 사이의 관계는 직사각형, 사다리꼴, 포물선형 또는 강도의 예측에서 광범위한 실험의 결과와 실질적으로 일치하는 어떠한 형식으로도 가정할 수 있다.

2 깊이 $a = \beta_1 c$

- 포물선-직선 형상의 응력변형률 관계 대신에 다음에 정의되는 등가 직사각형 압축응력블록으로 나타낼 수 있다.
- 단면의 가장자리와 최대압축변형률이 일어나는 연단부터 $a=\beta_1 c$ 거리에 있고 중립축과 평행한 직선에 의해 이루어지는 등가압축영역에 $\eta(0.85f_{ck})$인 콘크리트 응력이 등분포하는 것으로 가정한다.
- 최대변형률이 발생하는 압축연단에서 중립축까지 거리 c는 중립축에 대해 직각방향으로 측정한 것으로 한다.
- 등가 직사각형 응력블록을 적용할 때에는 $0.85f_{ck}$에 응력블록의 크기를 나타내는 계수 η를 곱하여 응력의 크기를 구하고, 등가 직사각형 응력의 깊이는 중립축 깊이에 β_1을 곱하여 구한다.
- 계수 $\eta(0.85f_{ck})$와 β_1는 다음 값을 적용한다.

f_{ck}	≤40	50	60	70	80	90
η	1.00	0.97	0.95	0.91	0.87	0.84
β_1	0.80	0.80	0.76	0.74	0.72	0.70

깊이 a

$\eta(0.85f_{ck}) \cdot a \cdot b = A_s \cdot f_y$ 에서

$a = \dfrac{A_s \cdot f_y}{\eta(0.85f_{ck}) \cdot b}$

$= \beta_1 \cdot c$

$f_c = 40$MPa를 초과하는 경우

- $\epsilon_{co} = 0.002 + \left(\dfrac{f_{ck}-40}{100000}\right) \geq 0.002$
- $\epsilon_{cu} = 0.0033 - \left(\dfrac{f_{ck}-40}{100000}\right) \leq 0.0033$

깊이

$a = \beta_1 c$

여기서,
- c : 중립축으로부터 압축측 콘크리트 상단까지의 거리
- β_1 : 콘크리트의 압축강도에 따라서 변하는 계수

핵 심 문 제

□□□ 기 05,08,14④,17②,18③,22①

01 철근콘크리트의 강도설계법을 적용하기 위한 설계 가정으로 틀린 것은?

① 철근 및 콘크리트의 변형률은 중립축으로부터의 거리에 비례한다.
② 인장 측 연단에서 철근의 극한변형률은 0.003으로 가정한다.
③ 콘크리트 압축연단의 극한변형률은 콘크리트의 설계기준압축강도가 40MPa 이하인 경우에는 0.0033으로 가정한다.
④ 철근의 응력이 설계기준항복강도(f_y) 이하일 때 철근의 응력은 그 변형률에 철근의 탄성계수(E_s)를 곱한 값으로 한다.

| 해답 | ②

- 인장측 변형률 $\epsilon_s = \dfrac{f_y}{E_s}$
- 휨모멘트 또는 휨모멘트와 축력을 동시에 받는 부재의 콘크리트 압축연단의 극한 변형률은 콘크리트의 설계기준압축강도가 40MPa 이하인 경우에는 0.0033으로 가정한다.

□□□ 기 06,15

02 폭(b_w) 400mm, 유효깊이(d) 600mm인 보에서 압축연단으로부터 중립축까지의 거리가 250mm이고 f_{ck}=38MPa, f_y=300MPa일 때 등가응력사각형의 깊이는?

① 195mm
② 200mm
③ 212.5mm
④ 224.6mm

| 해답 | ②

- 등가응력사각형의 깊이
 $a = \beta_1 c$
- $f_{ck} = 38\text{MPa} \leq 40\text{MPa}$일 때
 ∴ $\beta_1 = 0.80$
- $c = 250\text{mm}$
 ∴ $a = 0.80 \times 250 = 200\text{mm}$

□□□ 예상

03 철근콘크리트 부재의 강도설계법 개념에 대한 설명으로 틀린 것은?

① 콘크리트의 응력은 중립축으로부터 떨어진 거리에 반비례한다.
② 철근의 응력이 설계기준항복강도 f_y 이하일 때 철근의 응력은 그 변형률에 E_s를 곱한 값으로 한다.
③ 콘크리트 압축응력의 분포와 콘크리트 변형률 사이의 관계는 직사각형, 사다리꼴, 포물선 또는 기타 어떤 형상으로도 가정할 수 있다.
④ 콘크리트의 인장강도는 KDS 14 20 60의 규정에 해당하는 경우를 제외하고는 철근콘크리트 부재 단면의 축강도와 휨강도 계산에서 무시할 수 있다.

| 해답 | ①

- 철근의 응력이 설계기준항복강도 f_y 이하일 때 철근의 응력은 E_s를 곱한 값으로 하고, 철근의 변형률이 f_y에 대응하는 변형률보다 큰 경우 철근의 응력은 변형률에 관계없이 f_y로 하여야 한다.
- 콘크리트 압축응력의 분포와 콘크리트 변형률 사이의 관계는 직사각형, 사다리꼴, 포물선형 또는 강도의 예측에서 광범위한 실험의 결과와 실질적으로 일치하는 어떠한 형식으로도 가정할 수 있다.
- 콘크리트의 인장강도는 철근콘크리트 부재 단면의 축강도와 휨강도 계산에서 무시한다.

□□□ 예상

04 콘크리트의 설계기준압축강도가 60MPa 이하인 경우, 휨모멘트를 받는 부재의 콘크리트 압축연단의 극한변형률은 얼마로 가정하는가?

① 0.0022
② 0.0031
③ 0.0033
④ 0.0034

| 해답 | ②

휨부재의 콘크리트 압축연단 극한변형률 ϵ_{cu}
- $f_{ck} \leq 40\text{MPa}$: 40MPa 이하인 경우 $\epsilon_{cu} = 0.0033$
- $f_{ck} > 40\text{MPa}$: 40MPa 초과 시 매 10MPa 증가에 0.0001씩 감소
- $f_{ck} > 90\text{MPa}$: 90MPa 초과 시는 성능시험값 적용

$$\epsilon_{cu} = 0.0033 - \left(\dfrac{f_{ck}-40}{100000}\right) \leq 0.0033$$
$$= 0.0033 - \left(\dfrac{60-40}{100000}\right) = 0.0031$$

05 단철근 직사각형보

1 단철근 직사각형보의 단면해석

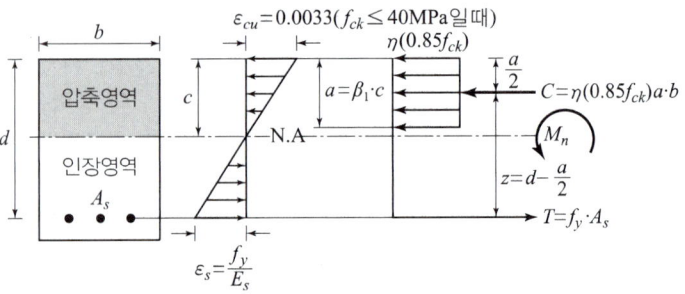

2 균형보의 단면설계

(1) 등가응력사각형의 깊이(a)

$$a = \frac{A_s \cdot f_y}{\eta(0.85f_{ck})b} = \frac{f_y \cdot \rho \cdot b \cdot d}{\eta(0.85f_{ck})b} = \frac{f_y \cdot \rho \cdot d}{\eta(0.85f_{ck})}$$

(2) 균형보의 중립축 위치(c_b)

$$c_b = \frac{0.0033}{0.0033 + \frac{f_y}{E_s}} \cdot d = \frac{660}{660 + f_y} \cdot d$$

(3) 균형철근비(ρ_b)

- 철근비 $\rho = \dfrac{A_s}{b \cdot d}$

- 균형철근비 $\rho_b = \dfrac{\eta(0.85f_{ck})\beta_1}{f_y} \cdot \dfrac{660}{660 + f_y}$

(4) 휨부재의 최소철근량

- 휨 부재의 최소 철근량은 설계휨강도가 $\phi M_n \geq 1.2 M_{cr}$ 을 더 만족하여야 한다.
- 해석상 요구되는 철근량보다 1/3 이상 인장철근을 더 배치하여 $\phi M_n \geq \dfrac{4}{3} M_u$ 를 만족하는 경우에 $\phi M_n \geq 1.2 M_{cr}$ 를 적용하지 않는다.
- 휨균열모멘트 $M_{cr} = \dfrac{f_r \cdot I_y}{y_t} = \dfrac{0.63\lambda\sqrt{f_{ck}} \cdot \dfrac{b \cdot h^3}{12}}{h/2}$

(5) 공칭휨강도(M_n) 및 설계휨강도(ϕM_n) 계산

- $M_n = \eta(0.85f_{ck})\,ab\left(d - \dfrac{a}{2}\right) = A_s f_y\left(d - \dfrac{a}{2}\right)$

- $M_u = \phi M_n = \phi \rho f_y b d^2\left(1 - 0.59\dfrac{\rho f_y}{\eta(f_{ck})}\right)$
  $= \phi \rho f_y b d^2 (1 - 0.59q)$
  $= \phi \eta(f_{ck}) b d^2 q (1 - 0.59q)$

단면설계
- 압축력 $C = \eta(0.85f_{ck}) \cdot a \cdot b$
- 철근량 $A_s = \rho_b \cdot b \cdot d$
- 중립축의 위치 $c = \dfrac{a}{\beta_1}$

휨부재의 허용값

철근의 설계기준 항복강도(f_y)	휨부재 허용값 최소 허용변형률	해당 철근비
300MPa	0.004	$0.658\rho_b$
350MPa	0.004	$0.692\rho_b$
400MPa	0.004	$0.726\rho_b$
500MPa	$0.005(2\epsilon_y)$	$0.699\rho_b$
600MPa	$0.006(2\epsilon_y)$	$0.677\rho_b$

q값
$q = \dfrac{\rho f_y}{\eta(f_{ck})}$

핵심문제 (KDS 적용)

□□□ 기 04,07,15④,22①

01 단철근 직사각형 균형보에서 $f_y = 400\text{MPa}$, $d = 700\text{mm}$일 때 압축연단에서 중립축까지의 거리(c_b)는?

① 410mm   ② 420mm
③ 436mm   ④ 440mm

| 해답 | ③

$$c_b = \frac{660}{660 + f_y}d = \frac{660}{660 + 400} \times 700 = 436\text{mm}$$

□□□ 기 92,95,97,00,03,04,06,08,20②,22②

02 단철근 직사각형보에서 폭 300mm, 유효높이 500mm, 인장철근단면적 1700mm²일 때 강도해석에 의한 직사각형 압축응력 분포도의 깊이는?
(단, $f_{ck} = 20\text{MPa}$, $f_y = 300\text{MPa}$)

① 50mm   ② 100mm
③ 200mm   ④ 400mm

| 해답 | ②

$$a = \frac{A_s f_y}{\eta(0.85 f_{ck})b} = \frac{1700 \times 300}{1 \times 0.85 \times 20 \times 300} = 100\text{mm}$$

□□□ 기 11,12,14,15②,17①,19②,20②,22②,24②

03 $b_w = 300\text{mm}$, $d = 450\text{mm}$인 단철근 직사각형보의 균형철근량은 약 얼마인가?
(단, $f_{ck} = 35\text{MPa}$, $f_y = 300\text{MPa}$)

① 7590mm²   ② 7363mm²
③ 7150mm²   ④ 7010mm²

| 해답 | ②

철근량 $A_s = \rho_b \cdot b \cdot d$, $\rho_b = \frac{\eta(0.85 f_{ck})\beta_1}{f_y} \cdot \frac{660}{660 + f_y}$

- $f_{ck} = 35\text{MPa} \leq 40\text{MPa}$이면
  $\therefore \eta = 1, \beta_1 = 0.80$
- $\rho_b = \frac{1 \times 0.85 \times 35 \times 0.8}{300} \times \frac{660}{660 + 300} = 0.05454$
  $\therefore A_s = 0.05454 \times 300 \times 450 = 7363\text{mm}^2$

□□□ 기 04,07,10,12,13,15,16,17②,20④

04 $b = 300\text{mm}$, $d = 500\text{mm}$, $A_s = 3 - \text{D25} = 1520\text{mm}^2$가 1열로 배치된 단철근 직사각형보의 설계휨강도(ϕM_n)는? (단, $f_{ck} = 28\text{MPa}$, $f_y = 400\text{MPa}$이고, 과소철근보이다.)

① 132.5kN·m   ② 183.3kN·m
③ 236.4kN·m   ④ 307.7kN·m

| 해답 | ③

- $M_d = \phi M_n = 0.85 f_y \cdot A_s \left(d - \frac{a}{2}\right)$
  $f_{ck} = 28\text{MPa} \leq 40\text{MPa}$일 때
  $\eta = 1.0, \beta_1 = 0.80$
- $a = \frac{f_y \cdot A_s}{\eta(0.85 f_{ck})b} = \frac{400 \times 1520}{1 \times 0.85 \times 28 \times 300} = 85.15\text{mm}$
- $c = \frac{a}{\beta_1} = \frac{85.15}{0.80} = 106.44\text{mm}$
- $\epsilon_t = \frac{(d-c) \times 0.0033}{c}$
  $= \frac{(500 - 106.44) \times 0.0033}{106.44} = 0.0122 > 0.005$
  (인장지배단면)
  $\therefore \phi = 0.85$
  $\therefore \phi M_n = 0.85 \times 400 \times 1520 \times \left(500 - \frac{85.15}{2}\right)$
  $= 236397240\text{N}\cdot\text{mm} = 236.4\text{kN}\cdot\text{m}$

□□□ 기 09,11②,14,17①,18①

05 $M_u = 200\text{kN}\cdot\text{m}$의 계수모멘트가 작용하는 단철근 직사각형보에서 필요한 철근량(A_s)은 약 얼마인가?
(단, $b_w = 300\text{mm}$, $d = 500\text{mm}$, $f_{ck} = 28\text{MPa}$, $f_y = 400\text{MPa}$, $\phi = 0.85$)

① 1072.7mm²   ② 1266.3mm²
③ 1524.6mm²   ④ 1785.4mm²

| 해답 | ②

- $A_s = \frac{M_u}{\phi f_y \left(d - \frac{a}{2}\right)}$, $a = \frac{A_s f_y}{\eta(0.85 f_{ck})b}$

- $A_s = \frac{M_u}{\phi f_y \left(d - \frac{1}{2} \frac{A_s f_y}{\eta(0.85 f_{ck})b}\right)}$

$$A_s = \frac{200 \times 10^6}{0.85 \times 400 \left(500 - \frac{1}{2} \times \frac{A_s \times 400}{1 \times 0.85 \times 28 \times 300}\right)}$$

[참고] SOLVE 사용 $\therefore A_s = 1266.3\text{mm}^2$

06 복철근 직사각형보

1 복철근 직사각형보의 단면해석

(1) 복철근 직사각형보로 설계하는 이유
- 처짐을 최소화하기 위한 경우
- 철근의 조립을 쉽게 하기 위해
- 정(+), 부(−) 휨모멘트가 한 단면에서 반복되는 경우
- 보의 높이가 제한되어 단철근 단면으로는 설계모멘트를 견딜 수 없는 경우

(2) 복철근 직사각형보의 단면해석

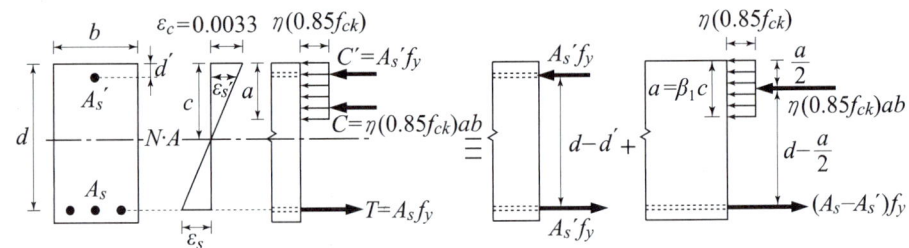

(3) 복철근보의 총응력
- 총압축력 : $C = \eta(0.85f_{ck})a \cdot b + f_y A_s'$
- 총인장력 : $T = f_y \cdot A_s$

2 복철근 직사각형보의 단면설계

(1) 기본원리
- $M_d = \phi M_n \geq M_u$

(2) 등가응력사각형의 깊이(a)
- $a = \dfrac{(A_s - A_s')f_y}{\eta(0.85f_{ck})b} = \dfrac{(\rho - \rho')df_y}{\eta(0.85f_{ck})}$

  여기서, $\rho = \dfrac{A_s}{bd}$, $\rho' = \dfrac{A_s'}{bd}$

(3) 공칭휨강도(M_n)
- $M_n = A_s' f_y(d-d') + (A_s - A_s')f_y\left(d - \dfrac{a}{2}\right)$

(4) 설계휨강도(M_d)
- $M_d = \phi M_n = \phi\left\{A_s' f_y(d-d') + (A_s - A_s')f_y\left(d - \dfrac{a}{2}\right)\right\}$

(5) 복철근보의 유효깊이
- $3A_s d' + 5A_s d'' = (3A_s + 5A_s)d$
- $d = \dfrac{3A_s \times d' + 5A_s \times d''}{3A_s + 5A_s}$
  $= \dfrac{A_s(d' + 5d'')}{A_s(3+5)} = \dfrac{3d' + 5d''}{3+5}$

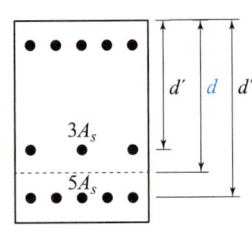

용어
M_u : 극한(소요) 휨강도
M_d : 설계 휨강도
M_n : 공칭 휨강도
ϕ : 강도 감소 계수

중립축의 위치
$c = \dfrac{a}{\beta_1}$
$= \dfrac{(A_s - A_s')f_y}{\eta(0.85f_{ck})b\beta_1}$

핵 심 문 제

□□□ 기 96,99,02,04,08,10,11,12,13,14,16④

01 그림과 같은 복철근 직사각형 단면에서 응력 사각형의 깊이 a값은 얼마인가? (단, $f_{ck}=24$MPa, $f_y=350$MPa, $A_s=5730$mm^2, $A_s'=1980$mm^2)

① 227.2mm
② 199.6mm
③ 217.4mm
④ 183.8mm

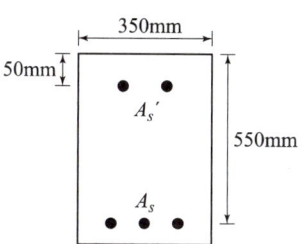

| 해답 | ④

$$a=\frac{f_y(A_s-A_s')}{\eta(0.85f_{ck})\cdot b}$$

$$=\frac{350(5730-1980)}{1\times 0.85\times 24\times 350}=183.82\text{mm}$$

□□□ 기 07,10,13,15,16

02 그림과 같은 복철근 직사각형보에서 공칭모멘트강도(M_n)는? (단, $f_{ck}=24$MPa, $f_y=350$MPa, $A_s=5730$mm^2, $A_s'=1980$mm^2)

① 947.7kN·m
② 886.5kN·m
③ 805.6kN·m
④ 725.3kN·m

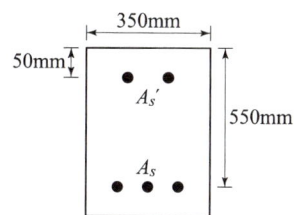

| 해답 | ①

$$M_n=(A_s-A_s')f_y\left(d-\frac{a}{2}\right)+A_s'f_y(d-d')$$

- $a=\dfrac{(A_s-A_s')f_y}{\eta(0.85f_{ck})b}$

$$=\frac{(5730-1980)\times 350}{1\times 0.85\times 24\times 350}=183.82\text{mm}$$

∴ $M_n=(5730-1980)\times 350\times\left(550-\dfrac{183.82}{2}\right)$
$\qquad +1980\times 350\times(550-50)$
$\qquad =601243125+346500000$
$\qquad =947743125\text{ N}\cdot\text{mm}=947.74\text{kN}\cdot\text{m}$
$\qquad (\because 1\text{kN}\cdot\text{m}=10^6\text{N}\cdot\text{mm})$

□□□ 기 00,07,10,13,15

03 $b=300$mm, $d=550$mm, $d'=50$mm, $A_s=4500$mm^2, $A_s'=2200$mm^{2}인 복철근 직사각형보가 연성파괴를 한다면 설계휨모멘트강도(ϕM_n)는 얼마인가? (단, $f_{ck}=21$MPa, $f_y=300$MPa, 인장지배단면이다.)

① 516.3kN·m
② 565.3kN·m
③ 599.3kN·m
④ 612.9kN·m

| 해답 | ②

$$M_d=\phi M_n=\phi\left\{(A_s-A_s')f_y\left(d-\frac{a}{2}\right)+A_s'f_y(d-d')\right\}$$

- $a=\dfrac{(A_s-A_s')f_y}{\eta(0.85f_{ck})b}=\dfrac{(4500-2200)\times 300}{1\times 0.85\times 21\times 300}$

$\qquad =128.85\text{mm}$

∴ $\phi M_n=0.85[(4500-2200)\times 300\times\left(550-\dfrac{128.85}{2}\right)$
$\qquad +2200\times 300\times(550-50)]$
$\qquad =0.85(335046750+330000000)$
$\qquad =565289738\text{ N}\cdot\text{mm}=565.3\text{kN}\cdot\text{m}$
$\qquad (\because 1\text{N}\cdot\text{mm}=10^{-6}\text{kN}\cdot\text{m})$

□□□ 기 06,09,11,17,18①,19①,22①,24②

04 다음 그림과 같은 복철근보의 유효깊이(d)는? (단, 철근 1개의 단면적은 250mm^{2}이다.)

① 730mm
② 740mm
③ 760mm
④ 780mm

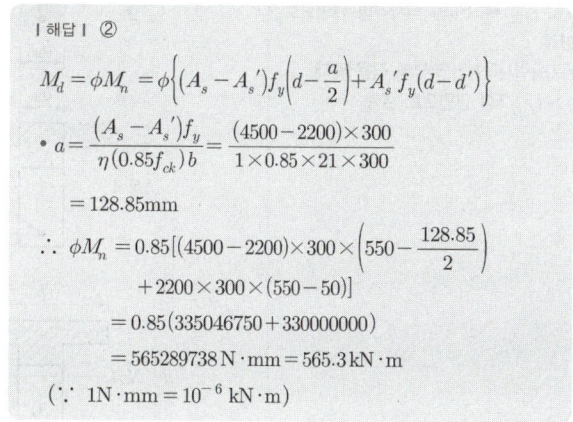

| 해답 | ④

압축 연단으로부터

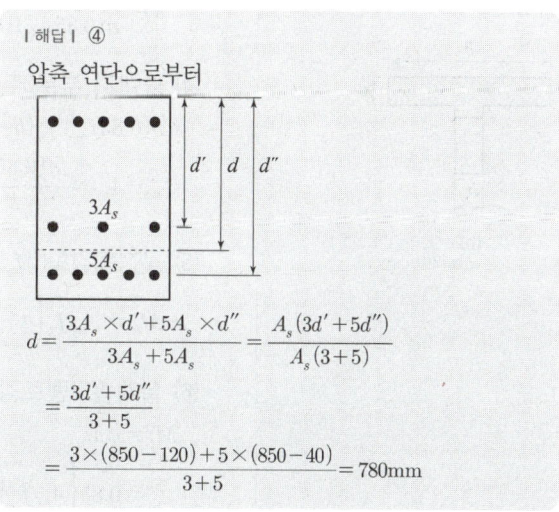

$$d=\frac{3A_s\times d'+5A_s\times d''}{3A_s+5A_s}=\frac{A_s(3d'+5d'')}{A_s(3+5)}$$

$$=\frac{3d'+5d''}{3+5}$$

$$=\frac{3\times(850-120)+5\times(850-40)}{3+5}=780\text{mm}$$

07 T형 단면보

1 T형보의 단면해석

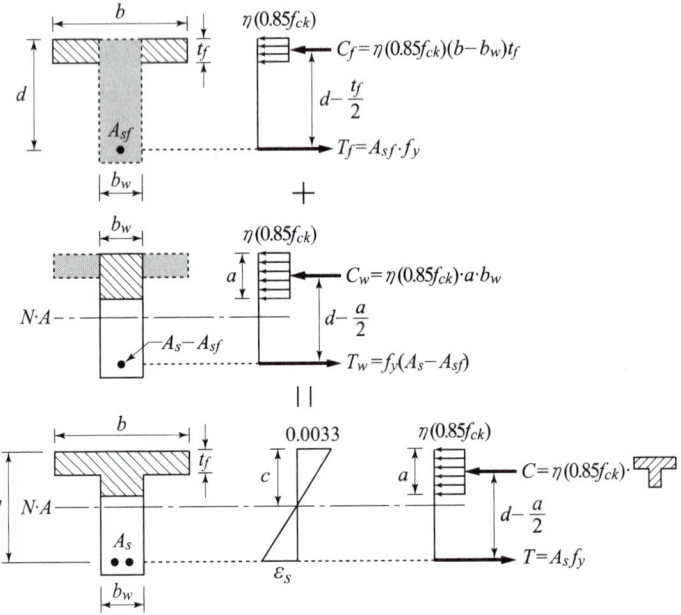

T형보의 판정

$$a = \frac{A_s f_y}{\eta(0.85 f_{ck}) b}$$

- 등가응력사각형이 플랜지 내에 있을 때
  $a \leq t_f$: 폭이 b인 직사각형 단면으로 설계
- 등가응력사각형이 복부에 작용할 때
  $a > t_f$: T형 단면으로 설계

단면의 판정

- 플랜지 내에 있을 때

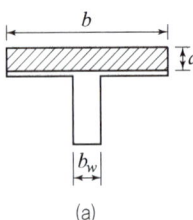
(a)

- 복부에 있을 때

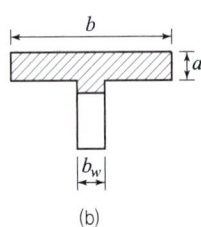
(b)

2 T형보의 단면설계

(1) 등가응력사각형이 플랜지 내에 있을 때
- $a \leq t_f$: 폭이 b인 직사각형 단면으로 설계

(2) 등가응력사각형이 복부에 있을 때
- $a > t_f$: T형 단면으로 설계

(3) 등가응력사각형의 깊이(a)
- $a = \dfrac{f_y(A_s - A_{st})}{\eta(0.85 f_{ck}) \cdot b_w}$

(4) 플랜지 부분에 해당하는 철근량
- $\eta(0.85 f_{ck}) f_y (b - b_w) = f_y A_{st}$

  $\therefore A_{sf} = \dfrac{\eta(0.85 f_{ck})(b - b_w) t_f}{f_y}$

(5) 공칭휨강도(M_n)
- $M_n = A_{sf} f_y \left(d - \dfrac{t_f}{2}\right) + (A_s - A_{sf}) f_y \left(d - \dfrac{a}{2}\right)$

(6) 설계휨모멘트강도(M_d)

$M_d = \phi M_n$
$= 0.85 \left\{ A_{sf} f_y \left(d - \dfrac{t_f}{2}\right) + f_y (A_s - A_{sf}) \left(d - \dfrac{a}{2}\right) \right\}$

핵심문제

□□□ 기 99,07,11,14,18①,20④

01 그림과 같은 T형 단면의 보에서 설계휨모멘트강도(ϕM_n)를 구하면? (단, 과소 철근보이고, $f_{ck}=21$ MPa, $f_y=400$MPa, $A_s=1926$mm^{2}이고, 인장지배 단면이다.)

① 152.3kN·m
② 178.6kN·m
③ 197.8kN·m
④ 215.2kN·m

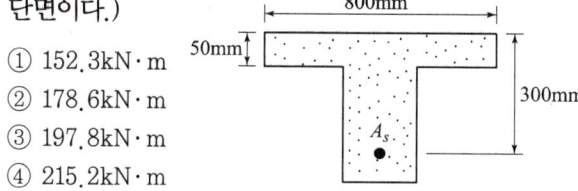

| 해답 | ②

$$M_n = \left\{A_{sf}f_y\left(d-\frac{t}{2}\right)+(A_s-A_{sf})f_y\left(d-\frac{a}{2}\right)\right\}$$

• T형보의 판별

$$a = \frac{A_s f_y}{\eta(0.85f_{ck})b} = \frac{1926 \times 400}{1 \times 0.85 \times 21 \times 800}$$
$$= 53.95\text{mm} > t = 50\text{mm}$$

∴ T형보로 해석

• 등가깊이(a) 산정

$$A_{sf} = \frac{\eta(0.85f_{ck})(b-b_w)t}{f_y}$$
$$= \frac{1 \times 0.85 \times 21 \times (800-200) \times 50}{400} = 1338.75\text{mm}^2$$

$$a = \frac{(A_s-A_{sf})f_y}{\eta(0.85f_{ck})b_w} = \frac{(1926-1338.75) \times 400}{1 \times 0.85 \times 21 \times 200} = 65.80\text{mm}$$

• 공칭 휨강도(M_n) 계산

$$M_n = 1338.75 \times 400 \times \left(300-\frac{50}{2}\right)$$
$$+ (1926-1338.75) \times 400 \times \left(300-\frac{65.8}{2}\right)$$
$$= 147262500 + 62741790 = 210004290\text{ N·mm}$$

∴ $M_d = \phi M_n = 0.85 \times 210004290$
$= 178503647\text{ N·mm} = 178.5\text{ kN·m}$

□□□ 기 01,03,05,07,09,13,15

02 아래 그림과 같은 단철근 T형보에서 등가압축응력의 깊이(a)는? (단, $f_{ck}=21$MPa, $f_y=300$MPa)

① 75mm
② 80mm
③ 90mm
④ 103mm

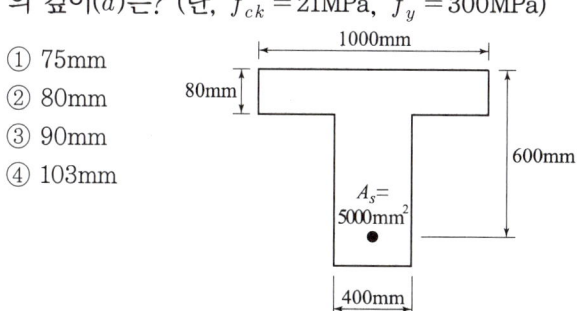

| 해답 | ③

• T형 판별

$$a = \frac{A_s f_y}{\eta(0.85f_{ck})b_w} = \frac{5000 \times 300}{1 \times 0.85 \times 21 \times 1000} = 84.03\text{mm}$$

$a = 84.03\text{mm} > t_f = 80\text{mm}$

∴ T형보

$$A_{sf} = \frac{\eta(0.85f_{ck}) \cdot t(b-b_w)}{f_y}$$
$$= \frac{1 \times 0.85 \times 21 \times 80(1000-400)}{300} = 2856\text{mm}^2$$

∴ $$a = \frac{f_y(A_s-A_{sf})}{\eta(0.85f_{ck})b_w} = \frac{300(5000-2856)}{1 \times 0.85 \times 21 \times 400} = 90\text{mm}$$

□□□ 기 10,15

03 강도설계법에서 그림과 같은 T형보에 압축연단에서 중립축까지의 거리(c)는 약 얼마인가?
(단, $A_s=14-D25=7094$mm^2, $f_{ck}=35$MPa, $f_y=400$MPa)

① 132mm
② 155mm
③ 165mm
④ 186mm

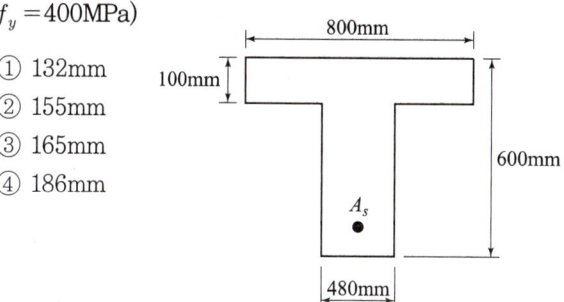

| 해답 | ③

■ T형보의 판별

• $$a = \frac{A_s f_y}{\eta(0.85f_{ck})b} = \frac{7094 \times 400}{1 \times 0.85 \times 35 \times 800}$$
$= 119\text{mm} > t = 100\text{mm}$

∴ T형보

■ 등가깊이(a) 산정

• $$A_{sf} = \frac{\eta(0.85f_{ck})(b-b_w)t}{f_y}$$
$$= \frac{1 \times 0.85 \times 35(800-480) \times 100}{400} = 2380\text{mm}^2$$

• $$a = \frac{(A_s-A_{sf})f_y}{\eta(0.85f_{ck})b_w}$$
$$= \frac{(7094-2380) \times 400}{1 \times 0.85 \times 35 \times 480} = 132\text{mm}$$

• β_1값 계산
$f_{ck}=35$MPa ≤ 40MPa일 때
$\eta=1$, $\beta_1=0.80$

∴ $$c = \frac{a}{\beta_1} = \frac{132}{0.80} = 165\text{mm}$$

> 알아두기

사용성 검토
균열, 처짐, 피로의 영향 등을 고려하여 이루어져야 한다.

08 처짐

1 1방향 구조

큰 처짐에 의하여 손상되기 쉬운 칸막이벽이나 기타 구조물을 지지하지 않는 1방향 구조물의 경우 표에서 정한 최솟값을 적용하여야 한다.

(1) 처짐을 계산하지 않는 경우의 보 또는 1방향 슬래브의 최소두께

부재	단순지지	1단연속	양단연속	캔틸레버
• 1방향 슬래브	$\dfrac{l}{20}$	$\dfrac{l}{24}$	$\dfrac{l}{28}$	$\dfrac{l}{10}$
• 보 • 리브가 있는 1방향 슬래브	$\dfrac{l}{16}$	$\dfrac{l}{18.5}$	$\dfrac{l}{21}$	$\dfrac{l}{8}$

- 보통중량콘크리트($m_c = 2300\,\mathrm{kg/m^3}$)와 설계기준항복강도 400MPa 철근을 사용한 부재에 대한 값이며, 다른 조건에 대해서는 다음과 같이 보정한 값을 사용하여야 한다.
- $f_y = 400\,\mathrm{MPa}$ 이외인 경우는 계산된 h 값에 $\left(0.43 + \dfrac{f_y}{700}\right)$을 곱한다.

(2) 연속부재인 경우에 정 및 부 모멘트에 대한 위험단면의 유효단면 2차 모멘트

$$I_e = \left(\dfrac{M_{cr}}{M_a}\right)^3 I_g + \left\{1 - \left(\dfrac{M_{cr}}{M_a}\right)^3\right\} I_{cr}$$

여기서, 균열 모멘트 $M_{cr} = \dfrac{f_r}{y_t} I_g$, $f_r = 0.63\lambda\sqrt{f_{ck}}$

2 처짐계산

(1) 탄성처짐(순간처짐) : 하중이 실리자마자 일어나는 처짐으로 부재가 탄성 거동을 한다고 보아서 역학적으로 계산한다.
(2) 장기처짐 : 콘크리트의 건조수축과 크리프로 인하여 시간의 경과와 더불어 진행되는 처짐이다.

- 장기처짐계수 $\lambda = \dfrac{\xi}{1 + 50\rho'}$

여기서, $\rho' = \dfrac{A_s'}{b \cdot d}$: 압축철근비

- 장기처짐 = 순간처짐(탄성침하) × 장기처짐계수(λ)
- 총처짐량 = 순간처짐(탄성침하) + 장기처짐

시간경과계수 ξ
5년 이상 : 2.0
12개월 : 1.4
6개월 : 1.2
3개월 : 1.0

3 최대허용처짐

부재의 형태	처짐한계
과도한 처짐에 의해 손상되기 쉬운 비구조요소를 지지 또는 부착하지 않은 평지붕구조	$\dfrac{l}{180}$
과도한 처짐에 의해 손상되기 쉬운 비구조요소 또는 부착하지 않은 바닥구조	$\dfrac{l}{300}$
과도한 처짐에 의해 손상되기 쉬운 비구조요소를 지지 또는 부착한 지붕 또는 바닥구조	$\dfrac{l}{480}$
과도한 처짐에 의해 손상될 염려가 없는 비구조요소를 지지 또는 부착한 지붕 또는 바닥구조	$\dfrac{l}{240}$

핵심문제

□□□ 기 96,00,02,03,11,13,14,17①,20③,21①

01 단철근 직사각형보의 폭이 300mm, 유효깊이가 500mm, 높이가 600mm일 때, 외력에 의해 단면에서 휨균열을 일으키는 휨모멘트(M_{cr})를 구하면?
(단, $f_{ck}=24$MPa, 콘크리트의 파괴계수 $f_r=0.63\sqrt{f_{ck}}$)

① 45.2kN·m ② 48.9kN·m
③ 52.1kN·m ④ 55.6kN·m

| 해답 | ④

$$M_{cr} = \frac{f_r}{y_t}I_g = \frac{f_r}{\frac{h}{2}} \times \frac{bh^3}{12} = f_r \frac{bh^2}{6}$$

- $f_r = 0.63\sqrt{f_{ck}} = 0.63\sqrt{24} = 3.09$MPa
  $= 3.09$N/mm$^2 = 3.09 \times 10^3$ kN/m^2
- $h = 600$mm $= 0.6$m

$\therefore M_{cr} = 3.09 \times 10^3 \times \dfrac{0.3 \times 0.6^2}{6}$
$= 55.62$kN·m

□□□ 기 12,14

02 부재의 최대모멘트 M_a와 균열모멘트 M_{cr}의 비 (M_a/M_{cr})가 0.95인 단순보의 순간처짐을 구하려고 할 때 사용되는 유효단면 2차 모멘트(I_e)의 값은? (단, 철근을 무시한 중립축에 대한 총 단면의 단면 2차 모멘트는 $I_g=540000$cm^{4}이고, 균열단면의 단면 2차 모멘트 $I_{cr}=345080$cm^{4}이다.)

① 200738cm^4 ② 345080cm^4
③ 540000cm^4 ④ 570724cm^4

| 해답 | ③
유효단면2차 모멘트

$$I_e = \left(\frac{M_{cr}}{M_a}\right)^3 I_g + \left\{1 - \left(\frac{M_{cr}}{M_a}\right)^3\right\}I_{cr} < I_g$$

$I_e = \left(\dfrac{1}{0.95}\right)^3 \times 540000 + \left\{1 - \left(\dfrac{1}{0.95}\right)^3\right\} \times 345080$
$= 572425$cm$^4 > I_g = 540000$cm^4
$\therefore I_e = I_g = 540000$cm^4

□□□ 기 05,10,11,12,13,15,16④,20④,21①,22①

03 길이 6m의 철근콘크리트 캔틸레버보의 처짐을 계산하지 않아도 되는 보의 최소두께는 얼마인가?
(단, $f_{ck}=21$MPa, $f_y=350$MPa)

① 612mm ② 653mm
③ 698mm ④ 731mm

| 해답 | ③

- 캔틸레버보의 최소두께 $h = \dfrac{l}{8}$
- $f_y=400$MPa 이외인 경우는 계산된 h 값에 $\left(0.43+\dfrac{f_y}{700}\right)$을 곱한다.

$\therefore h = \dfrac{l}{8} \times \left(0.43 + \dfrac{f_y}{700}\right) = \dfrac{6000}{8} \times \left(0.43 + \dfrac{350}{700}\right)$
$= 698$mm

□□□ 기 05,06,08,10,12,16,17,18①,20④,22①

04 $A_s=4000$mm^2, $A_s'=1500$mm^{2}로 배근된 그림과 같은 복철근 보의 탄성처짐이 15mm이다. 5년 이상의 지속 하중에 의해 유발되는 장기처짐은 얼마인가?

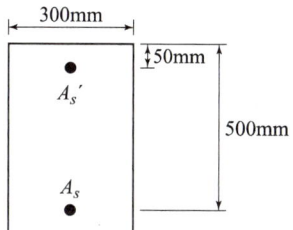

① 15mm ② 20mm
③ 25mm ④ 30mm

| 해답 | ②

- $\lambda = \dfrac{\xi}{1+50\rho'}$
- $\rho' = \dfrac{A_s'}{bd} = \dfrac{1,500}{300 \times 500} = 0.01$
- 5년 이상 $\xi=2.0$(12개월=1.4, 6개월=1.2, 3개월=1.0)

$\therefore \lambda = \dfrac{2.0}{1+50 \times 0.01} = 1.33$

$\therefore$ 장기처짐 = 순간처짐(탄성침하) × 장기처짐계수(λ)
$= 15 \times 1.33 = 19.95$mm $= 20$mm

참고 총처짐량 = 순간처짐 + 장기처짐
$= 15 + 20 = 35$mm

알아두기

용어
V_u : 단면에서 계수전단력
V_n : 단면의 공칭전단강도
V_c : 콘크리트에 의한 단면의 공칭전단강도
V_s : 전단철근에 의한 단면의 공칭전단강도

경량콘크리트계수 λ
- f_{sp}값이 규정되어 있지 않은 경우
  - $\lambda = 0.75$: 전경량콘크리트
  - $\lambda = 0.85$: 모래경량콘크리트
- f_{sp}값이 주어진 경우
  $\lambda = \dfrac{f_{sp}}{0.56\sqrt{f_{ck}}} \leq 1.0$

전단철근의 f_y
전단철근의 설계기준항복강도(f_y)는 500MPa을 초과할 수 없다.

f_{yt}
횡방향 철근의 설계기준항복강도(MPa)

09 전단철근의 설계

1 전단강도

(1) 전단설계원칙
- $V_u \leq \phi V_n$
- $V_n = V_c + V_s$
- $V_u = \phi V_n = \phi(V_c + V_s) = \phi V_c + \phi V_s$

(2) 콘크리트의 공칭전단강도
- 일반적인 전단강도를 구할 경우
  $V_c = \dfrac{1}{6}\lambda\sqrt{f_{ck}}\,b_w d$
- 정밀하게 전단강도를 구할 경우(전단력과 휨모멘트만을 받는 부재)
  $V_c = \left(0.16\lambda\sqrt{f_{ck}} + 17.6\rho_w\dfrac{V_u d}{M_u}\right)b_w d \leq 0.29\lambda\sqrt{f_{ck}}\,b_w d$

(3) 콘크리트의 설계전단강도
$\phi V_c = \phi\dfrac{1}{6}\lambda\sqrt{f_{ck}}\,b_w d$

(4) 전단철근의 전단강도
$V_u = \phi(V_c + V_s)$에서 $\therefore V_s = \dfrac{V_u}{\phi} - V_c$

- 전단강도 V_s는 $0.2\left(1 - \dfrac{f_{ck}}{250}\right)f_{ck}\,b_w d$ 이하로 하여야 한다.

(5) 프리스트레스트 콘크리트 부재에서 콘크리트에 의한 전단강도
- 휨철근 인장강도의 40% 이상의 유효 프리스트레스트 힘이 작용하는 부재
  $V_c = \left(0.05\lambda\sqrt{f_{ck}} + 4.9\dfrac{V_u d_p}{M_u}\right)b_w d$

2 계수전단력

(1) 전단철근이 없는 경우(휨모멘트에 대해서만 보강)
계수전단력 $V_u = \dfrac{1}{2}\phi V_c = \dfrac{1}{2}\phi\dfrac{1}{6}\lambda\sqrt{f_{ck}}\,b_w d$

(2) 전단철근이 있는 경우(수직스터럽의 경우)
계수전단력 $V_u = \phi V_n = \phi(V_c + V_s)$
- $V_c = \dfrac{1}{6}\lambda\sqrt{f_{ck}}\,b_w d$
- $V_s = \dfrac{A_v f_{yt} \cdot d}{s} \leq 0.2\left(1 - \dfrac{f_{ck}}{250}\right)f_{ck}\,b_w d$

(3) 위험단면인 경우
계수전단력 $V_u = \dfrac{w_u l}{2} - w_u d$

핵심문제

□□□ 기 94,10,11,12,13,16

01 그림과 같이 활하중(w_L)은 30kN/m, 고정하중(w_D)은 콘크리트의 자중(단위무게 23kN/m³)만 적용하고 있는 캔틸레버보가 있다. 이 보의 위험단면에서 전단철근이 부담해야 할 전단력은? (단, 하중은 하중조합을 고려한 소요강도(U)를 적용하고, $f_{ck}=24$MPa, $f_y=300$MPa이다.)

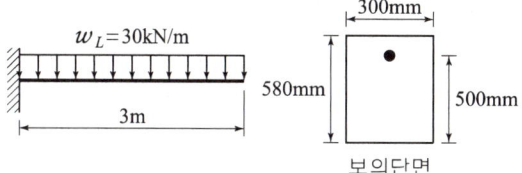
보의단면

① 88.7kN   ② 53.5kN
③ 21.3kN   ④ 9.5kN

| 해답 | ②

주의 : 계수전단력이 주어지지 않았음
- $w_u = 1.2w_D + 1.6w_L$
  $= 1.2 \times (23 \times 0.30 \times 0.58) + 1.6 \times 30$
  $= 52.80$ kN/m
- 계수전단강도
  $V_u = w_u(l-d_u) = 52.80(3-0.5) = 132$ kN
- 콘크리트의 공칭전단강도
  $V_c = \frac{1}{6}\lambda\sqrt{f_{ck}}b_w d$
  $= \frac{1}{6} \times 1 \times \sqrt{24} \times 300 \times 500 = 122474$ N
  $= 122.47$ kN
- 전단철근이 부담하는 전단강도
  $V_u = \phi(V_c + V_s)$에서
  $\therefore V_s = \frac{V_u}{\phi} - V_c = \frac{132}{0.75} - 122.47 = 53.5$ kN

□□□ 기 94,10,11,12,13

02 단면의 폭 400mm, 보의 유효깊이 600mm, 콘크리트의 설계기준 압축강도 25MPa로 설계된 전단 철근이 있는 보가 있다. 이 보에 계수전단력 $V_u = 300$kN이 작용할 경우, 전단철근이 부담하여야 할 전단력 V_s는?

① 75kN   ② 100kN
③ 150kN   ④ 200kN

| 해답 | ④

계수전단력이 주어졌음.
- 콘크리트의 전단 강도
  $V_c = \frac{1}{6}\lambda\sqrt{f_{ck}}b_w d = \frac{1}{6} \times 1 \times \sqrt{25} \times 400 \times 600 \times 10^{-3}$
  $= 200$ kN
- 전단철근의 전단강도
  $V_u = \phi(V_c + V_s)$에서
  $\therefore V_s = \frac{V_u}{\phi} - V_c = \frac{300}{0.75} - 200 = 200$ kN

□□□ 기 05,07,14①,17①,20④

03 $b_w = 250$mm, $d = 500$mm, $f_{ck} = 21$MPa, $f_y = 400$MPa인 직사각형보에서 콘크리트가 부담하는 설계전단강도(ϕV_c)는?

① 71.6kN   ② 76.4kN
③ 82.2kN   ④ 91.5kN

| 해답 | ①

콘크리트의 설계전단강도
$\phi V_c = \phi\frac{1}{6}\lambda\sqrt{f_{ck}}b_w d$
$= 0.75 \times \frac{1}{6} \times 1 \times \sqrt{21} \times 250 \times 500 = 71603$ N
$= 71.6$ kN

□□□ 기 98,07,09,10,12,16

04 주어진 T형 단면에서 전단에 대해 위험단면에서 $V_u d/M_u = 0.28$이었다. 휨철근 인장강도의 40% 이상의 유효 프리스트레스 힘이 작용할 때 콘크리트의 공칭전단강도(V_c)는 얼마인가?
(단, $f_{ck}=45$MPa, V_u : 계수전단력, M_u : 계수휨모멘트, d : 압축측 표면에서 긴장재 도심까지의 거리)

① 185.7kN
② 230.5kN
③ 321.7kN
④ 462.7kN

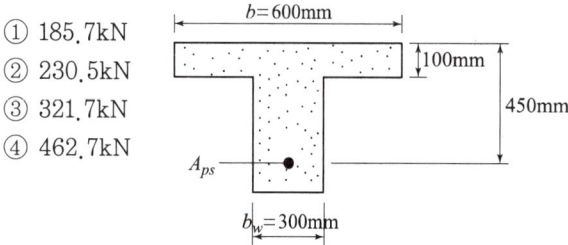

| 해답 | ②

$V_c = \left(0.05\lambda\sqrt{f_{ck}} + 4.9\frac{V_u d}{M_u}\right)b_w d$
$= (0.05 \times 1 \times \sqrt{45} + 4.9 \times 0.28) \times 300 \times 450$
$= 230500$ N $= 230.5$ kN

10 전단철근에 의한 전단강도

1 전단철근의 규정

(1) 전단철근(수직스터럽)의 간격제한
- 부재축에 직각으로 배치된 전단철근의 간격은 철근콘크리트 부재일 경우 $0.5d$ 이하
- 프리스트레스트 콘크리트 부재일 경우는 $0.75h$
- 어느 경우이든 600mm 이하로 하여야 한다.
- $V_s \leq \frac{1}{3}\lambda\sqrt{f_{ck}}\,b_w d$ 일 경우, 전단철근 간격(s)은 $\frac{d}{2}$ 이하, 600mm 이하
- $V_s > \frac{1}{3}\lambda\sqrt{f_{ck}}\,b_w d$ 일 경우, 전단철근 간격(s)은 $\frac{d}{4}$ 이하, 300mm 이하

(2) 최소전단철근량 규정
- $\frac{1}{2}\phi V_c < V_u \leq \phi V_c$ 인 경우
- $A_{v,\min} = 0.0625\sqrt{f_{ck}}\,\frac{b_w s}{f_y} \geq 0.35\frac{b_w s}{f_y}$

2 전단철근의 설계

(1) 부재축에 직각인 전단철근을 사용하는 경우
$$V_s = \frac{A_v f_{yt} d}{s}$$

(2) 경사스터럽을 전단철근으로 사용하는 경우
$$V_s = \frac{A_v f_{yt}(\sin\alpha + \cos\alpha)d}{s}$$

여기서, α : 경사스터럽과 부재축의 사잇각
s : 종방향 철근과 평행한 방향의 철근 간격

3 최소면적

(1) 전단철근을 사용하는 경우
$$V_u = \phi\left(\frac{1}{6}\lambda\sqrt{f_{ck}}\right)b_w d \text{에서} \quad \therefore b_w d = \frac{6V_u}{\phi\lambda\sqrt{f_{ck}}}$$

(2) 전단철근을 사용하지 않는 경우
$$V_u \leq \frac{1}{2}\phi V_c = \frac{1}{2}\phi\left(\frac{1}{6}\lambda\sqrt{f_{ck}}\right)b_w d \text{에서} \quad \therefore b_w d = \frac{12V_u}{\phi\lambda\sqrt{f_{ck}}}$$

4 유효깊이

(1) 전단철근이 있는 경우
$$V_u \leq \phi V_c = \phi\left(\frac{1}{6}\lambda\sqrt{f_{ck}}\right)b_w d \text{에서} \quad \therefore d = \frac{6V_u}{\phi\lambda\sqrt{f_{ck}}\times b_w}$$

(2) 전단철근이 없는 경우
$$V_u \leq \frac{1}{2}\phi V_c = \frac{1}{2}\phi\left(\frac{1}{6}\lambda\sqrt{f_{ck}}\right)b_w d \text{에서} \quad \therefore d = \frac{12V_u}{\phi\lambda\sqrt{f_{ck}}\times b_w}$$

알아두기

▶ 전단철근의 형태
- 부재축에 직각인 스터럽
- 부재축에 직각으로 배치한 용접철망
- 나선철근, 원형 띠철근 또는 후프철근

▶ 철근콘크리트 부재에 사용되는 전단철근의 형태
- 주인장 철근에 45° 이상의 각도로 설치되는 스터럽
- 주인장 철근에 30° 이상의 각도로 구부린 굽힘철근
- 스터럽과 굽힘철근의 조합

▶ 전단철근의 설계기준 항복강도
전단철근의 설계기준항복강도는 500MPa를 초과할 수 없다.

▶ 부재축에 직각인 전단철근을 사용하는 경우
$s = \frac{A_v f_{yt} d}{V_s}$, $s = \frac{d}{2} \leq 600mm$
(∵ 두 값 중 가장 작은 값)

▶ 부호
- A_v : 거리 s 내의 전단철근의 전체 단면적
- f_{yt} : 전단철근의 설계기준항복강도

▶ 스터럽

U형

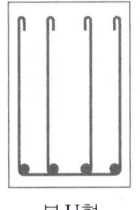
복 U형

▶ 스터럽을 배근하는 주목적
전단철근(스터럽, 절곡철근)을 두는 이유는 보의 사인장응력(전단응력)에 의한 균열을 막기 위해서이다.

핵심문제

□□□ 기 09,10,11,17,18③,21③

01 철근콘크리트 구조물의 전단철근에 대한 설명으로 틀린 것은?

① 전단철근의 설계기준항복강도는 450MPa을 초과할 수 없다.
② 전단철근으로서 스터럽과 굽힘철근을 조합하여 사용할 수 있다.
③ 주인장철근에 45° 이상의 각도로 설치되는 스터럽은 전단철근으로 사용할 수 있다.
④ 경사스터럽과 굽힘철근은 부재 중간높이인 0.5d에서 반력점 방향으로 주인장철근까지 연장된 45° 선과 한 번 이상 교차되도록 배치하여야 한다.

| 해답 | ①

- 전단철근의 설계기준항복강도는 500MPa을 초과할 수 없다.
- 다만, 벽체의 전단철근 또는 용접이형철망을 사용할 경우 전단철근의 설계기준항복강도는 600MPa를 초과할 수 없다.

□□□ 기 16④,21②

02 전단철근이 부담하는 전단력 $V_s = 150$kN일 때 수직스터럽으로 전단보강을 하는 경우 최대 배치간격은 얼마 이하인가? (단, 전단철근 1개 단면적 $= 125 \text{mm}^2$, 횡방향 철근의 설계기준항복강도(f_{yt}) $=400$MPa, $f_{ck} = 28$MPa, $b_w = 300$mm, $d = 500$mm, 보통중량콘크리트이다.)

① 167mm
② 250mm
③ 333mm
④ 600mm

| 해답 | ②

- $V_s \leq \frac{1}{3}\lambda\sqrt{f_{ck}}\,b_w d$ 인 경우

$$V_s \leq \frac{1}{3} \times 1 \times \sqrt{28} \times 300 \times 500 = 264575\text{N} = 265\text{kN}$$

- $s = \frac{d}{2} = \frac{500}{2} = 250\text{mm}$, $s = 600\text{mm}$ 이하
- $s = \frac{f_{yt} A_v d}{V_s} = \frac{400 \times 125 \times 2 \times 500}{150 \times 10^3} = 333\text{mm}$

∴ $s = 250$mm (∵ 세 값 중 최솟값 이하)

□□□ 기 11,19②,21③,22②

03 폭 350mm, 유효깊이가 500mm인 보에 설계기준 항복강도가 400MPa인 D13 철근을 인장 주철근에 대한 경사각(α)이 60°인 U형 경사 스터럽으로 설치했을 때 전단보강철근의 공칭강도(V_s)는? (단, 스터럽 간격 $s = 250$mm, D13 철근 1본의 단면적은 127mm^2이다.)

① 201.4kN
② 212.7kN
③ 243.2kN
④ 277.6kN

| 해답 | ④

경사 스터럽을 전단철근으로 사용하는 경우의 단면의 공칭전단강도

$$V_s = \frac{A_v f_y (\sin\alpha + \cos\alpha) d}{s}$$
$$= \frac{2 \times 127 \times 400 (\sin 60° + \cos 60°) \times 500}{250}$$
$$= 277576\text{N} = 277.6\text{kN}$$

□□□ 기 15

04 계수전단력 $V_u = 75$kN에 대하여 규정에 의한 최소 전단철근을 배근하여야 하는 직사각형 철근콘크리트 보가 있다. 이 보의 폭이 300mm일 경우 유효깊이(d)의 최솟값은? (단, $f_{ck} = 24$MPa, $f_y = 350$MPa)

① 375mm
② 387mm
③ 394mm
④ 409mm

| 해답 | ④

전단철근이 있는 경우

- 계수전단력 $V_u = \phi V_c = \phi \frac{1}{6}\lambda\sqrt{f_{ck}}\,b_w d$ 에서

∴ $d = \frac{6 V_u}{\phi \lambda \sqrt{f_{ck}}\,b_w} = \frac{6 \times 75 \times 10^3}{0.75 \times 1 \times \sqrt{24} \times 300} = 408.25\text{mm}$

(∵ 전단력과 비틀림 모멘트 $\phi = 0.75$)

□□□ 기 00,04,06,08,09,10,13,14,15,17②,18②

05 직사각형보에서 계수전단력 $V_u = 70$kN을 전단철근 없이 지지하고자 할 경우 필요한 최소 유효깊이 d는 약 얼마인가? (단, $b_w = 400$mm, $f_{ck} = 21$MPa, $f_y = 350$MPa)

① $d = 426$mm
② $d = 556$mm
③ $d = 611$mm
④ $d = 751$mm

| 해답 | ③

전단철근이 없는 경우

- $V_u \leq \frac{1}{2}\phi V_c = \frac{1}{2}\phi\left(\frac{1}{6}\lambda\sqrt{f_{ck}}\right)b_w d$ 에서

∴ $d = \frac{12 V_u}{\phi \lambda \sqrt{f_{ck}} \times b_w} = \frac{12 \times 70 \times 10^3}{0.75 \times 1 \times \sqrt{21} \times 400}$

$= 611$mm (∵ 전단력과 비틀림모멘트 $\phi = 0.75$)

□□□ 기 09,11,18③,21③
06 전단철근에 대한 설명으로 틀린 것은?

① 철근콘크리트 부재의 경우 주인장 철근에 45° 이상의 각도로 설치되는 스터럽을 전단철근으로 사용할 수 있다.
② 철근콘크리트 부재의 경우 주인장 철근에 30° 이상의 각도로 구부린 굽힘철근을 전단철근으로 사용할 수 있다.
③ 전단철근으로 사용하는 스터럽과 기타 철근 또는 철선은 콘크리트 압축연단부터 거리 d 만큼 연장하여야 한다.
④ 용접 이형철망을 사용할 경우 전단철근의 설계기준항복강도는 500MPa을 초과할 수 없다.

|해답| ④
전단철근의 설계기준항복강도
• 전단철근의 설계기준항복강도는 500MPa을 초과할 수 없다.
• 다만, 벽체의 전단철근 또는 용접 이형철망을 사용할 경우 전단철근의 설계기준항복강도는 600MPa을 초과할 수 없다.

□□□ 기 06,21①
07 철근콘크리트 부재에서 V_s가 $\frac{1}{3}\lambda\sqrt{f_{ck}}b_w d$를 초과하는 경우 부재축에 직각으로 배치된 전단철근의 간격 제한으로 옳은 것은? (단, b_w : 복부의 폭, d : 유효깊이, λ : 경량콘크리트 계수, V_s : 전단철근에 의한 단면의 공칭전단강도)

① $\frac{d}{2}$ 이하, 또 어느 경우이든 600mm 이하
② $\frac{d}{2}$ 이하, 또 어느 경우이든 300mm 이하
③ $\frac{d}{4}$ 이하, 또 어느 경우이든 600mm 이하
④ $\frac{d}{4}$ 이하, 또 어느 경우이든 300mm 이하

|해답| ④
전단철근의 간격 제한
• $V_s \leq \frac{1}{3}\lambda\sqrt{f_{ck}}b_w d$일 경우 전단철근 간격($s$)은 $\frac{d}{2}$ 이하, 600mm 이하
• $V_s > \lambda\frac{1}{3}\sqrt{f_{ck}}b_w d$일 경우 전단철근 간격($s$)은 $\frac{d}{4}$ 이하, 300mm 이하

□□□ 기 04,14④,18②
08 철근콘크리트 부재의 전단철근에 관한 다음 설명 중 옳지 않은 것은?

① 주인장철근에 30° 이상의 각도로 구부린 굽힘철근도 전단철근으로 사용할 수 있다.
② 전단철근의 설계기준항복강도는 300MPa을 초과할 수 없다.
③ 부재축에 직각으로 배치된 전단철근의 간격은 $d/2$ 이하, 600mm 이하로 하여야 한다.
④ 최소전단철근량은 $0.35\frac{b_w \cdot s}{f_{yt}}$ 보다 작지 않아야 한다.

|해답| ②
전단철근의 설계기준항복강도는 500MPa을 초과할 수 없다.

□□□ 기 01,05,06,09,12②,21①
09 계수하중에 의한 전단력 $V_u = 75$kN을 받을 수 있는 직사각형 단면을 설계하려고 한다. 기준에 의한 최소전단철근을 사용할 경우 필요한 보통중량콘크리트의 최소단면적($b_w d$)은? (단, $f_{ck} = 28$MPa, $f_y = 300$MPa이다.)

① 101090mm²
② 103073mm²
③ 106303mm²
④ 113390mm²

|해답| ④
$V_u \leq \phi \frac{1}{6}\lambda\sqrt{f_{ck}}b_w d$ 에서
$75 \times 10^3 = 0.75 \times \frac{1}{6} \times 1 \times \sqrt{28} b_w d$
|참고| SOLVE 사용 ∴ $b_w d = 113389$mm²

□□□ 기 92,97,00,02,19②
10 철근콘크리트 보에 스터럽을 배근하는 가장 중요한 이유로 옳은 것은?

① 주철근 상호간의 위치를 바르게 하기 위하여
② 보에 작용하는 사인장응력에 의한 균열을 제어하기 위하여
③ 콘크리트와 철근과의 부착강도를 높이기 위하여
④ 압축측 콘크리트의 좌굴을 방지하기 위하여

|해답| ②
전단철근(스터럽, 절곡철근)을 두는 이유는 보의 사인장응력(전단응력)에 의한 균열을 막기 위해서이다.

기 97,00,01,03,04,08,10,12,13,15

11 철근콘크리트 부재에서 전단철근이 부담해야 할 전단력이 300kN일 때 부재축에 직각으로 배치된 전단철근의 최대간격으로 옳은 것은?
(단, 간격(s)내의 전단철근의 단면적 $A_v=700\text{mm}^2$, $f_y=350\text{MPa}$, $f_{ck}=28\text{MPa}$, $b_w=400\text{mm}$, $d=560\text{mm}$)

① 560mm   ② 419mm
③ 280mm   ④ 140mm

|해답| ③

■ 전단철근의 간격 제한
- $V_s \leq \frac{1}{3}\lambda\sqrt{f_{ck}}\,b_w d$: $s=\frac{d}{2}$ 이하 또는 600mm 이하
- $V_s > \frac{1}{3}\lambda\sqrt{f_{ck}}\,b_w d$: $s=\frac{d}{4}$ 이하 또는 300mm 이하

■ 부재축에 직각인 전단철근을 사용하는 경우

$\frac{\lambda\sqrt{f_{ck}}}{3}b_w d = \frac{1\times\sqrt{28}}{3}\times 400\times 560 = 395099\text{N}$
$= 395\text{kN} > 300\text{kN}$

- $s = \frac{A_v f_{yt} d}{V_s} = \frac{700\times 350\times 560}{300\times 10^3}$
$= 457.33\text{mm} \leq 600\text{mm}$

- $\frac{d}{2} = \frac{560}{2} = 280\text{mm} \leq 600\text{mm}$

∴ $s = 280\text{mm}$ (∵ 두 값 중 가장 작은 값)

기 12①,15④,20②

12 $b_w=350\text{mm}$, $d=600\text{mm}$인 단철근 직사각형보에서 보통중량콘크리트가 부담할 수 있는 공칭전단강도(V_c)를 정밀식으로 구하면 약 얼마인가?
(단, 전단력과 휨모멘트를 받는 부재이며, $V_u=100\text{kN}$, $M_u=300\text{kN}\cdot\text{m}$, $\rho_w=0.016$, $f_{ck}=24\text{MPa}$이다.)

① 164.2kN   ② 171.5kN
③ 176.4kN   ④ 182.7kN

|해답| ③

$V_c = \left(0.16\lambda\sqrt{f_{ck}} + 17.6\rho_w\frac{V_u d}{M_u}\right)b_w d \leq 0.29\lambda\sqrt{f_{ck}}\,b_w d$

$= \left(0.16\times 1\times\sqrt{24} + 17.6\times 0.016\times\frac{100\times 0.6}{300}\right)\times 350\times 600$

$= 176433\text{N} = 176.4\text{kN}$

■ 확인 : $0.29\lambda\sqrt{f_{ck}}\,b_w d$
$= 0.29\times 1\times\sqrt{24}\times 350\times 600$
$= 298348\text{N} = 298\text{kN}$

∴ $176.4\text{kN} \leq 298\text{kN}$

기 97,00,01,03,04,08,10,12,13,15,22③

13 단철근 직사각형보에서 부재축에 직각인 전단 보강철근이 부담해야 할 전단력 V_s가 350kN이라 할 때 전단 보강 철근의 간격 s는 얼마 이하이어야 하는가?
(단, $A_v=253\text{mm}^2$, $f_y=400\text{MPa}$, $f_{ck}=28\text{MPa}$, $b_w=300\text{mm}$, $d=600\text{mm}$)

① 150mm   ② 173mm
③ 264mm   ④ 300mm

|해답| ①

전단철근의 간격제한
- $V_s \leq \frac{1}{3}\lambda\sqrt{f_{ck}}\,b_w d$: $s=\frac{d}{2}$ 이하 또는 600mm 이하
- $V_s > \frac{1}{3}\lambda\sqrt{f_{ck}}\,b_w d$: $s=\frac{d}{4}$ 이하 또는 300mm 이하
- $V_s = \frac{1}{3}\lambda\sqrt{f_{ck}}\,b_w d = \frac{1}{3}\times 1\times\sqrt{28}\times 300\times 600$
$= 317490\text{N} = 318\text{kN} < V_s = 350\text{kN}$

∴ $s = \frac{d}{4}$ 이하 또는 300mm 이하

- $s = \frac{d}{4} = \frac{600}{4} = 150\text{mm}$

- 부재축에 직각인 전단철근을 사용하는 경우 간격
$V_s = \frac{A_v f_y d}{s}$ 에서

- $s = \frac{A_v f_y d}{V_s} = \frac{253\times 400\times 600}{350\times 10^3} = 173.5\text{mm}$

∴ $s = 150\text{mm}$ (∵ 가장 작은 값)

기 94,04,09,11,13④,20④

14 다음 중 전단철근으로 사용할 수 없는 것은?

① 부재축에 직각으로 배치한 용접철망
② 주인장 철근에 30°의 각도로 설치되는 스터럽
③ 나선철근, 원형 띠철근, 또는 후프철근
④ 스터럽과 굽힘철근의 조합

|해답| ②

■ 전단철근의 형태
- 부재축에 직각인 스터럽
- 부재축에 직각으로 배치한 용접철망
- 나선철근, 원형 띠철근, 또는 후프철근

■ 철근콘크리트 부재의 전단철근 형태
- 주인장 철근에 45° 이상의 각도로 설치되는 스터럽
- 주인장 철근에 30° 이상의 각도로 구부린 굽힘철근
- 스터럽과 굽힘철근

11 비틀림 설계

1 계수 비틀림모멘트의 계산

- 균열에 의하여 내력의 재분배가 발생하여 비틀림모멘트가 감소할 수 있는 부정정구조물의 경우, 최대 계수 비틀림모멘트는 감소시킬 수 있다.

  $$T_u = \phi T_n = \phi \frac{1}{3} \lambda \sqrt{f_{ck}} \left(\frac{A_{cp}^2}{p_{cp}} \right)$$

  여기서, T_u : 계수 비틀림모멘트
  p_{cp} : 콘크리트 단면의 외부둘레 길이(mm)
  A_{cp} : 콘크리트 단면에서 외부둘레로 둘러싸인 면적(mm²)

- 정밀한 해석을 수행하지 않을 경우, 슬래브에 의해 전달되는 비틀림모멘트 하중은 전체 부재에 걸쳐 균등하게 분포하는 것으로 가정할 수 있다.
- 철근콘크리트 부재에서 받침부로부터 d 이내에서 집중된 비틀림모멘트가 작용하면 위험단면은 받침부의 내부면으로 하여야 한다.
- 프리스트레스트 부재에서 받침부로부터 $h/2$ 이내에 위치한 단면은 $h/2$에서 계산된 계수 비틀림모멘트(T_u)보다 작지 않은 비틀림모멘트에 대하여 설계하여야 한다.

2 비틀림강도 계산 및 철근 상세

(1) 비틀림철근량 산정

$$T_u \leq \phi T_n$$
$$T_n = \frac{T_u}{\phi} = \frac{2A_o A_t f_{yt}}{s} \cot\theta \text{ 에서}$$
$$\frac{A_t}{s} = \frac{T_u}{2(\phi A_{oh}) f_{yt} \cot\theta} = \frac{T_u}{\phi} \cdot \frac{\tan\theta}{2(0.85 X_o Y_o) f_{yt}}$$

(2) 비틀림철근의 상세
- 종방향 비틀림철근은 양단에 정착하여야 한다.
- 종방향 철근 주위로 135° 표준갈고리에 의하여 정착하여야 한다.
- 비틀림철근의 설계기준항복강도는 500MPa을 초과해서는 안 된다.
- 비틀림모멘트를 받는 속 빈 단면에서 횡방향 비틀림철근의 중심선으로부터 내부 벽면까지의 거리는 $0.5 A_{oh}/P_h$ 이상이 되도록 설계하여야 한다.

(3) 최소 비틀림철근량 및 간격
- 횡방향 비틀림철근의 간격은 $p_h/8$보다 작아야 하고, 또한 300mm보다 작아야 한다.
- 비틀림에 요구되는 종방향 철근은 폐쇄스터럽의 둘레를 따라 300mm 이하의 간격으로 분포시켜야 한다.
- 스터럽의 각 모서리에 최소한 하나의 종방향 철근이나 긴장재가 있어야 한다.
- 종방향 철근의 지름은 스터럽 간격의 1/24 이상이어야 하며, 또한 D10 이상의 철근이어야 한다.

비틀림 철근이 없는 비틀림강도

$$T_u = \phi T_n$$
$$= \phi \left(\frac{\lambda \sqrt{f_{ck}}}{12} \right) \frac{A_{cp}^2}{p_{cp}}$$

전단마찰철근

설계기준강도는 500MPa 이하로 하여야 한다.

핵심문제

□□□ 기 06,08,10,12,14②,18③,22①

01 비틀림철근에 대한 설명으로 틀린 것은?
(단, A_{oh}는 가장 바깥의 비틀림 보강철근의 중심으로 닫혀진 단면적이고, P_h는 가장 바깥의 횡방향 폐쇄 스터럽 중심선의 둘레이다.)

① 횡방향 비틀림철근은 종방향 철근 주위로 135° 표준 갈고리에 의해 정착하여야 한다.
② 비틀림모멘트를 받는 속 빈 단면에서 횡방향 비틀림 철근의 중심선으로부터 내부 벽면까지의 거리는 $0.5 A_{oh}/P_h$ 이상이 되도록 설계하여야 한다.
③ 횡방향 비틀림철근의 간격은 $P_h/6$ 및 400mm보다 작아야 한다.
④ 종방향 비틀림철근은 양단에 정착하여야 한다.

| 해답 | ③
횡방향 비틀림철근의 간격은 $P_h/8$ 보다 작아야 하고, 또한 300mm 보다 작아야 한다.

□□□ 기 10,13,20

02 콘크리트구조물에서 비틀림에 대한 설계를 하려고 할 때, 계수비틀림모멘트를 계산하는 방법에 대한 다음 설명 중 잘못된 것은? (단, d는 유효깊이)

① 균열에 의하여 내력의 재분배가 발생하여 비틀림모멘트가 감소할 수 있는 부정정구조물의 경우 최대 계수 비틀림모멘트를 감소시킬 수 있다.
② 철근콘크리트 부재에서 받침부로부터 d 이내에서 집중된 비틀림모멘트가 작용하면 위험단면은 받침부의 내부면으로 하여야 한다.
③ 프리스트레스트 부재에서 받침부로부터 d 이내에 위치한 단면은 d에서 계산된 계수 비틀림모멘트보다 작지 않은 비틀림모멘트에 대하여 설계하여야 한다.
④ 정밀한 해석을 수행하지 않을 경우, 슬래브에 의해 전달되는 비틀림모멘트 하중은 전체 부재에 걸쳐 균등하게 분포하는 것으로 가정할 수 있다.

| 해답 | ③
프리스트레스트 부재에서 받침부로부터 $h/2$ 이내에 위치한 단면은 $h/2$에서 계산된 계수비틀림모멘트(T_u)보다 작지 않은 비틀림모멘트에 대하여 설계하여야 한다.

□□□ 기 06,09,13

03 주어진 철근콘크리트보의 단면에서 비틀림철근 없이 저항할 수 있는 설계비틀림강도(ϕT_n)의 최솟값을 구하면? (단, $f_{ck}=28$MPa, $f_y=400$MPa)

① 7.35kN·m
② 7.42kN·m
③ 7.65kN·m
④ 7.73kN·m

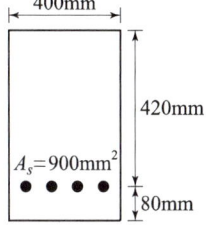

| 해답 | ①

■ 비틀림철근 없는 비틀림강도
$$T_u = \phi T_n = \phi\left(\frac{\lambda\sqrt{f_{ck}}}{12}\right)\frac{A_{cp}^2}{p_{cp}}$$

• 전단과 비틀림 : $\phi = 0.75$
• $A_{cp} = 400 \times 500 = 200000\,\text{mm}^2$
• 콘크리트 단면의 외부둘레 길이
  $p_{cr} = 2\times 400 + 2\times 500 = 1800\,\text{mm}$

$$\therefore\ \phi T_n = 0.75 \times \left(\frac{1\times\sqrt{28}}{12}\right) \times \frac{(200000)^2}{1800}$$
$$= 7349309\text{N}\cdot\text{mm} = 7.35\text{kN}\cdot\text{m}$$

□□□ 기 05,06,11,17④,21②

04 $b_w = 250$mm이고, $h=500$mm인 직사각형 철근콘크리트보의 단면에 균열을 일으키는 비틀림 모멘트 T_{cr}은 약 얼마인가? (단, $f_{ck}=28$MPa이다.)

① 9.8kN·m
② 11.3kN·m
③ 12.5kN·m
④ 18.4kN·m

| 해답 | ④

$$T_{cr} = \frac{1}{3}\lambda\sqrt{f_{ck}}\left(\frac{A_{cp}^2}{p_{cp}}\right) = \frac{1}{3}\sqrt{f_{ck}}\left(\frac{(bh)^2}{2(b+h)}\right)$$

• $A_{cp} = b\cdot h = 250 \times 500 = 125000\,\text{mm}^2$
• 콘크리트 단면의 외부둘레 길이
  $p_{cr} = 2(b+h) = 2(250+500) = 1500\,\text{mm}$

$$\therefore\ T_{cr} = \frac{1}{3}\times 1 \times \sqrt{28} \times \frac{(125000)^2}{1500} = 18373273\text{N}\cdot\text{mm}$$
$$= 18.4\text{kN}\cdot\text{m}$$

$\because\ 1\text{kN}\cdot\text{m} = 10^6\text{N}\cdot\text{mm}$

12 깊은 보에 대한 전단 설계

1 깊은 보의 설계

(1) 깊은보는 한쪽 면이 하중을 받고 반대쪽 면이 지지되어 하중과 받침부 사이에 압축대가 형성된 부재로 다음 부재에 해당된다.
- 순경간(l_n)이 부재깊이(h)의 4배 이하인 부재
- 받침부 내면에 부재깊이의 2배 이하인 위치에 집중하중이 작용하는 경우는 집중하중과 받침부 사이의 구간

(2) 깊은보의 최소휨인장철근량
- 휨부재의 최소철근량은 두 값 중 큰 값 이상
  - $M_d = \phi M_n \geq 1.2 M_{cr}$
  - $\phi M_n \geq \dfrac{4}{3} M_u$

2 깊은보의 전단설계

(1) 깊은보(deep beam)
- 순경간 l_n이 부재 깊이의 4배 이하이거나 하중이 받침부부터 부재깊이의 2배 거리 이내에 작용하고 하중의 작용점과 받침부가 서로 반대면에 있어서 하중작용점과 받침부 사이에 압축대가 형성될 수 있는 부재에 적용하여야 한다.

즉, $\dfrac{l_n}{h} \leq 4$

(2) 깊은보는 하중조건과 받침점 조건에 상관없이 스트럿-타이 모델을 이용하여 설계할 수 있다.

(3) 깊은보의 공칭전단강도 $V_n = \left(\dfrac{5\lambda \sqrt{f_{ck}}}{6}\right) b_w d$ 이하이어야 한다.

여기서, λ : 경량콘크리트계수
b_w : 복부의 폭
d : 유효깊이

3 최소철근량 산정 및 배치

(1) 휨인장철근과 직각인 수직전단철근의 단면적 A_v를 $0.0025 b_w s$ 이상으로 하여야 한다.
- s : 종방향 철근에 평행한 방향의 전단철근 간격
- s를 $d/5$ 이하 또는 300mm 이하로 하여야 한다.

(2) 휨인장철근과 평행한 수평전단철근의 단면적 A_{vh}를 $0.0015 b_w s_h$ 이상으로 하여야 한다.
- s_h : 종방향 철근에 수직방향으로 전단철근의 간격
- s_h를 $d/5$ 이하 또는 300mm 이하로 하여야 한다.

(3) 수직전단철근이 수평전단철근보다 전단보강 효과가 더 크다.

핵심문제

□□□ 기 03,06,21①

01 전단설계 시에 깊은보(deep beam)란 하중이 받침부로부터 부재깊이의 2배 거리 이내에 작용하는 부재로 l_n/h이 얼마 이하인 경우인가?
(단, l_n : 받침부 내면 사이의 순경간, h : 부재깊이)

① 2 ② 3
③ 4 ④ 5

| 해답 | ③

$$\frac{l_n}{h} \le 4$$

□□□ 기 09,13,18③

02 깊은보(deep beam)의 강도는 다음 중 무엇에 의해 지배되는가?

① 압축 ② 인장
③ 휨   ④ 전단

| 해답 | ④

깊은 보는 전단에 의해 지배되며, 보의 아치 작용에 발생한다.

□□□ 기 09,20③

03 철근콘크리트 깊은보에 대한 전단설계방법 중 잘못된 것은?

① 깊은보는 비선형변형률 분포를 고려하여 설계하거나 스트럿-타이 모델에 의하여 설계하여야 한다.
② 수직 전단철근의 간격은 $d/5$ 또한 300mm 이하로 하여야 한다.
③ 깊은보의 V_n은 $(2\lambda\sqrt{f_{ck}}/3)b_w d$ 이하이어야 한다.
④ 깊은보에서 수직 전단철근이 수평 전단철근보다 전단보강효과가 더 크다.

| 해답 | ③

- 깊은보의 공칭전단강도 $V_n = \left(\dfrac{5\lambda\sqrt{f_{ck}}}{6}\right)b_w d$ 이하이어 야 한다.
- 전단강도 V_s는 $0.2\left(1-\dfrac{f_{ck}}{250}\right)f_{ck} b_w d$ 이하로 하여야 한다.

□□□ 기 10,16

04 깊은보에 대한 전단설계의 규정 내용으로 틀린 것은?
(단, l_n : 받침부 내면 사이의 순경간,
λ : 경량콘크리트계수,
b_w : 복부의 폭,
d : 유효깊이,
s : 종방향 철근에 평행한 방향으로 전단철근의 간격,
s_h : 종방향 철근에 수직방향으로 전단철근의 간격)

① l_n이 부재 깊이의 3배 이상인 경우 깊은보로서 설계한다.
② 깊은보의 V_n은 $(5\lambda\sqrt{f_{ck}}/6)b_w d$ 이하이어야 한다.
③ 휨인장철근과 직각인 수직전단철근의 단면적 A_v를 $0.0025 b_w s$ 이상으로 하여야 한다.
④ 휨인장철근과 평행한 수평전단철근의 단면적 A_{vh}를 $0.0015 b_w s_h$ 이상으로 하여야 한다.

| 해답 | ①

순경간 l_n이 부재깊이 h의 4배 이하인 경우 깊은보로서 설계한다.
즉, $\dfrac{l_n}{h} \le 4$

□□□ 기 03,06,10,21①

05 다음에서 깊은보로 설계할 수 있는 것은?

① 한쪽 면이 하중을 받고 반대쪽 면이 지지되어 하중과 받침부 사이에 압축대가 형성되는 구조 요소로서, 순경간(l_n)이 부재깊이의 4배 이하인 부재
② 한쪽 면이 하중을 받고 반대쪽 면이 지지되어 하중과 받침부 사이에 압축대가 형성되는 구조 요소로서, 순경간(l_n)이 부재 깊이의 5배 이하인 부재
③ 받침부 내면에서 부재깊이의 2.5배 이하인 위치에 등분포 하중이 작용하는 경우 경간 중앙부의 최대 휨모멘트가 작용하는 구간
④ 받침부 내면에서 부재깊이의 2.5배 이하인 위치에 등분포 하중이 작용하는 경우 등분포 하중과 받침부 사이의 구간

| 해답 | ①

깊은보에 대한 전단설계
순경간(l_n)이 부재깊이의 4배 이하이거나 하중이 받침부로부터 부재깊이의 2배 거리 이내에 작용하고 하중의 작용점과 받침부가 서로 반대면에 있어서 하중 작용점과 받침부 사이에 압축대가 형성될 수 있는 부재에 적용하여야 한다.

13 압축부재 (기둥)

1 기둥의 좌굴하중

(1) 장주의 좌굴하중 : $P_c = \dfrac{\pi^2 EI}{(kl_u)^2}$

(2) 좌굴응력 : $f_{cr} = \dfrac{P_c}{A} = \dfrac{\pi^2 E}{\left(\dfrac{kl_u}{r}\right)^2}$

(3) 압축재의 좌굴안정성
- 힌지지지보다 고정지지가 유리하다.
- 단면 2차 모멘트값이 클수록 유리하다.
- 단면 2차 반지름이 클수록 유리하다.
- 세장비$\left(\lambda = \dfrac{kl}{r}\right)$가 작을수록 안정적이다. 즉, 좌굴길이($l$)가 짧을수록 유리하다.

2 나선철근 기둥

(1) 나선철근비

$$\rho_s = \dfrac{\text{나선철근의 총체적}}{\text{심부체적}} \geq 0.45\left(\dfrac{A_g}{A_{ch}} - 1\right)\dfrac{f_{ck}}{f_{yt}}$$

$$= 0.45\left(\dfrac{D_g^2}{D_{ch}^2} - 1\right)\dfrac{f_{ck}}{f_{yt}} = \dfrac{\pi D_c \cdot a_c}{\dfrac{\pi D_c^2}{4} \cdot p} = \dfrac{4a_c}{D_c \cdot p}$$

(2) 간격(pitch) $p = \dfrac{4a_c}{D_c \cdot \rho_s}$

3 단주의 설계

(1) 나선철근 기둥
- 압축부재의 설계축하중강도 : $P_d = \phi P_n$
- 공칭(압)축강도(P_n) : $P_n = \alpha 0.85 f_{ck}(A_g - A_{st}) + f_y \cdot A_{st}$
- 나선철근을 갖고 있는 부재 : $P_d = \phi P_n = \alpha\phi\{0.85 f_{ck}(A_g - A_{st}) + f_y \cdot A_{st}\}$

(2) 띠철근 기둥
- $\phi P_n = \alpha\phi\{0.85 f_{ck}(A_g - A_{st}) + f_y \cdot A_{st}\}$

분류	보정계수 α	강도감소계수 ϕ
나선철근	0.85	0.70
띠철근	0.80	0.65

- 나선철근과 띠철근 기둥에서 축방향 철근의 순간격
  - 40mm 이상
  - 철근지름의 1.5배 이상

더 알아두기

▶ 나선철근 기둥

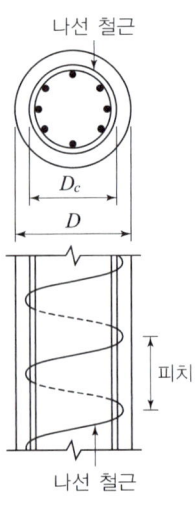

- a_c : 나선철근 단면적
- ϕ : 나선철근 지름

▶ 띠철근 부재

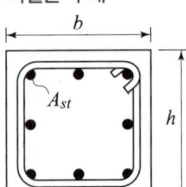

핵심문제

□□□ 기 03,10,16

01 철골 압축재의 좌굴 안정성에 대한 설명으로 틀린 것은?

① 좌굴길이가 길수록 유리하다.
② 힌지지지보다 고정지지가 유리하다.
③ 단면 2차 모멘트값이 클수록 유리하다.
④ 단면 2차 반지름이 클수록 유리하다.

| 해답 | ①

세장비 $\lambda = \dfrac{kl}{r}$: 세장비가 작을수록 안정적이다.
즉, 좌굴길이(l)가 짧을수록 유리하다.

□□□ 기 04,07,12,14,21①

02 나선철근 압축부재 단면의 심부지름이 400mm, 기둥단면 지름이 500mm인 나선철근 기둥의 나선철근 비는 최소 얼마 이상이어야 하는가? (단, 나선철근의 설계기준항복강도(f_{yt})=400MPa, f_{ck}=21MPa)

① 0.0133 ② 0.0201
③ 0.0248 ④ 0.0304

| 해답 | ①

$$\rho_s = 0.45\left(\dfrac{A_g}{A_{ch}}-1\right)\dfrac{f_{ck}}{f_{yt}}$$
$$= 0.45\left\{\left(\dfrac{d_g}{d_c}\right)^2-1\right\}\dfrac{f_{ck}}{f_{yt}}$$
$$= 0.45\left\{\left(\dfrac{500}{400}\right)^2-1\right\}\times\dfrac{21}{400} = 0.0133$$

□□□ 기 00,08,10,12,14,15,16

03 그림과 같은 나선철근 기둥에서 나선철근의 간격(pitch)으로 적당한 것은? (단, 소요나선철근비 $\rho_s=0.018$, 나선철근의 지름은 12mm이다.)

① 61mm
② 85mm
③ 93mm
④ 105mm

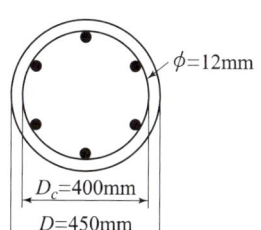

| 해답 | ①

간격 $p = \dfrac{4a_c}{D_c \cdot \rho_s} = \dfrac{4\times\dfrac{\pi\times12^2}{4}}{(400+12)\times0.018} = 61.0\text{mm}$

□□□ 기 05,07,08,11,18③,21③

04 그림과 같은 나선철근 단주의 설계축강도 ϕP_n을 구하면? (단, D32 1개의 단면적=794mm², $f_{ck}=24$MPa, $f_y=420$MPa)

① 2428kN
② 2538kN
③ 2658kN
④ 2748kN

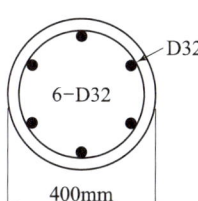

| 해답 | ③

$\phi P_n = \phi\alpha\{0.85 f_{ck}(A_g - A_{st}) + f_y \cdot A_{st}\}$
• 나선철근 : $\phi = 0.70$, $\alpha = 0.85$
• $A_g = \dfrac{\pi d^2}{4} = \dfrac{\pi\times400^2}{4} = 125664\text{mm}^2$
• $A_s = 794\times6 = 4764\text{mm}^2$
∴ $\phi P_n = 0.70\times0.85\{0.85\times24(125664-4764)$
     $+420\times4764\}$
   $= 2658008\text{N} = 2658\text{kN}$

□□□ 기 07,09,10,12,13,15,17④,20④

05 다음과 같은 띠철근 단주 단면의 공칭 축하중 강도(P_n)는? (단, 종방향 철근(A_{st})=4-D29=2570mm², $f_{ck}=21$MPa, $f_y=400$MPa)

① 3331.7kN
② 3070.5kN
③ 2499.3kN
④ 2187.2kN

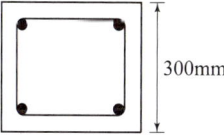

| 해답 | ③

$P_n = \alpha\{0.85 f_{ck}(A_g - A_{st}) + f_y \cdot A_{st}\}$
• 띠철근 : $\phi = 0.65$, $\alpha = 0.80$
• $A_g = 400\times300 = 120000\text{mm}^2$
• $A_{st} = 2570\text{mm}^2$
∴ $P_n = 0.80\{0.85\times21(120000-2570)+400\times2570\}$
   $= 2499300\text{N} = 2499.3\text{kN}$

14 철근의 정착

1 정착방법에 따른 기본정착길이

(1) 정착길이 = 기본정착길이 × 보정계수

정착 종류	기본정착길이	정착길이 조건
인장 이형철근의 정착	$l_{db} = \dfrac{0.6 d_b f_y}{\lambda \sqrt{f_{ck}}}$	$l_{db} \geq 300\,mm$ 이상
압축 이형철근의 정착	$l_{db} = \dfrac{0.25 d_b f_y}{\lambda \sqrt{f_{ck}}}$	$l_{db} \geq 0.043 d_b f_y$ 이상(큰 값) $l_{db} \geq 200\,mm$ 이상
표준갈고리를 갖는 인장 이형철근의 정착	$l_{hb} = \dfrac{0.24 \beta d_b f_y}{\lambda \sqrt{f_{ck}}}$	$l_{db} \geq 8 d_b$ 이상 및 $l_{db} \geq 150\,mm$ 이상

(2) 인장 이형철근의 보정계수

• α = 철근배치 위치계수

상부철근(정착길이 또는 겹침이음부 아래 300mm를 초과하게 굳지 않은 콘크리트를 친 수평철근	$\alpha = 1.3$
기타 철근	$\alpha = 1.0$

• β = 도막 계수

피복두께가 $3 d_b$ 미만 또는 순간격이 $6 d_b$ 미만인 에폭시 도막 혹은 아연-에폭시 이중 도막 철근 또는 철선	$\alpha = 1.5$
기타 에폭시 도막 혹은 아연-에폭시 이중 도막 철근 또는 철선	$\alpha = 1.2$
아연도금 혹은 도막되지 않은 철근 또는 철선	$\alpha = 1.0$

• 에폭시 도막 철근이 상부철근인 경우에 상부철근의 위치계수(α)와 도막계수(β)의 곱, $\alpha\beta$가 1.7보다 클 필요는 없다.

2 철근의 정착

(1) 표준갈고리를 갖는 인장 이형철근의 기본정착길이(l_{hb})에 대한 보정계수

• D35 이하 철근에서 갈고리 평면에 수직방향인 측면 피복 두께가 70mm 이상이며, 90° 갈고리에 대해서는 갈고리를 넘어선 부분의 철근 부피 두께가 50mm인 경우	0.7
• D35 이하 90° 갈고리 철근에서 정착길이 l_{dh} 구간을 $3 d_b$ 이하 간격으로 띠철근 또는 스터럽이 정착되어 철근을 수직으로 둘러싼 경우	0.8
• D35 이하 180° 갈고리 철근에서 정착길이 l_{dh} 구간을 $3 d_b$ 이하 간격으로 띠철근 또는 스터럽이 정착되는 철근을 둘러싼 경우	0.8
• 설계기준항복강도가 550MPa을 초과하는 철근을 사용하는 경우는 보정계수 0.8을 적용할 수 없다.	

(2) 정착철근의 상세
• 단순부재에서는 정모멘트철근의 1/3 이상, 연속부재에서는 정모멘트철근의 1/4 이상을 부재의 같은 면을 따라 받침부까지 연장하여야 한다.
• 휨철근을 정착할 때 절단점에서 V_u가 $\dfrac{2}{3}\phi V_n$을 초과하지 않을 경우 휨철근을 인장구역에서 절단할 수 없으며, 원칙적으로 전체 철근량의 50%를 초과하여 한 단면에서 절단할 수 없다.

알아두기

정착길이
위험단면부터 갈고리의 외측단부까지 거리

f_{sp}값이 주어진 경우
$\lambda = \dfrac{f_{sp}}{0.56\sqrt{f_{ch}}} \leq 1.0$

f_{sp}값이 규정되지 않을 때
• 전경량콘크리트 : $\lambda = 0.75$
• 모래경량콘크리트 : $\lambda = 0.85$

확대머리 이형철근의 정착
■ 최상층을 제외한 부재 접합부
$l_{dt} = 0.22\dfrac{\beta f_y d_b}{\psi \sqrt{f_{ck}}}$
• 순피복두께는 $1.35 d_b$ 이상
• 철근 순간격은 $2 d_b$ 이상
■ 압축이형철근의 보정계수
• 철근량이 소요철근량보다 초과하여 배치한 경우 : $\left(\dfrac{소요\ A_s}{소요\ A_S}\right)$
• 지름이 6mm 이상이고 나선 간격이 100mm 이하인 나선철근 : 0.75

다발철근의 정착
인장 또는 압축을 받는 하나의 다발철근 내에 있는 개개 철근의 정착길이 l_d는 다발철근이 아닌 경우의 각 철근의 정착길이보다 3개의 철근으로 구성된 다발철근에 대해서는 20%, 4개의 철근으로 구성된 다발철근에 대해서는 33%를 증가시켜야 한다.

복부철근의 정착
단일 U형 또는 다중 U형 스터럽의 단부는 D16 이하 철근 또는 지름 16mm 이하 철선으로 종방향 철근을 둘러싸는 표준갈고리로 정착하여야 한다.

정착에 대한 위험단면의 안전검토
• 휨부재에서 최대응력점
• 경간 내에서 인장철근이 끝나거나 절곡된 곳
• 모멘트 부호가 바뀌는 반곡점

핵심문제

□□□ 기 05,07,09,10,13,16②,18①,19③

01 강도설계법에서 인장철근 D29(공칭지름 d_b=28.6mm)를 정착시키는 데 소요되는 기본정착 길이는? (단, f_{ck}=24MPa, f_y=300MPa로 한다.)

① 682mm ② 785mm
③ 827mm ④ 1051mm

| 해답 | ④

$$l_{db} = \frac{0.6 d_b f_y}{\lambda \sqrt{f_{ck}}} = \frac{0.6 \times 28.6 \times 300}{1 \times \sqrt{24}} = 1051mm$$

□□□ 기 15

02 이형철근의 최소정착길이를 나타낸 것으로 틀린 것은? (단, d_b = 철근의 공칭지름)

① 표준갈고리가 있는 인장 이형철근 : $10d_b$, 또한 200mm
② 인장 이형철근 : 300mm
③ 압축 이형철근 : 200mm
④ 확대머리 인장 이형철근 : $8d_b$ 또한 150mm

| 해답 | ①

표준갈고리가 있는 인장 이형철근 : $8d_b$ 또한 150mm

□□□ 기 01,03,04,06,09,12,13,15,17①,22②

03 f_{ck}=28MPa, f_y=350MPa로 만들어지는 보에서 압축 이형철근으로 D29(공칭지름 28.6mm)를 사용한다면 기본정착길이는? (단, 보통중량콘크리트를 사용한 경우)

① 412mm ② 446mm
③ 473mm ④ 522mm

| 해답 | ③

압축 이형철근의 기본정착길이

- $l_{db} = \dfrac{0.25 d_b f_y}{\lambda \sqrt{f_{ck}}} \geq 0.043 d_b f_y$
- $l_{db} = \dfrac{0.25 \times 28.6 \times 350}{1 \times \sqrt{28}} = 473mm$
- $l_{db} \geq 0.043 d_b f_y = 0.043 \times 28.6 \times 350 = 430.43mm$

∴ l_{db} = 473mm (∵ 두 값 중 큰 값)

□□□ 기 15

04 아래 표의 조건에서 표준갈고리가 있는 인장 이형철근의 기본정착길이(l_{hb})는 약 얼마인가?

- 보통중량골재를 사용한 콘크리트 구조물
- 도막되지 않은 D35(공칭지름 34.9mm)철근으로 단부에 90° 표준갈고리가 있음
- f_{ck}=28MPa, f_y=400MPa

① 635mm ② 660mm
③ 1130mm ④ 1585mm

| 해답 | ①

표준갈고리를 갖는 인장 이형철근의 정착길이

$$l_{hb} = \frac{0.24 \beta d_b f_y}{\lambda \sqrt{f_{ck}}}$$

- 도막되지 않은 철근 β = 1.0
- 보통중량콘크리트 λ = 1.0

∴ $l_{hb} = \dfrac{0.24 \times 1 \times 34.9 \times 400}{1 \times \sqrt{28}} = 633.17mm$

□□□ 기 09,15

05 철근의 정착에 대한 다음 설명 중 옳지 않은 것은?

① 휨철근을 정착할 때 절단점에서 V_u가 (3/4)V_n을 초과하지 않을 경우 휨철근을 인장구역에서 절단해도 좋다.
② 갈고리는 압축을 받는 구역에서 철근정착에 유효하지 않은 것으로 보아야 한다.
③ 철근의 인장력을 부착만으로 전달할 수 없는 경우에은 표준갈고리를 병용한다.
④ 단순부재에서는 정모멘트 철근의 1/3 이상, 연속부재에서는 정모멘트 철근의 1/4 이상을 부재의 같은 면을 따라 받침부까지 연장하여야 한다.

| 해답 | ①

휨철근을 정착할 때 절단점에서 V_u가 (2/3)V_n을 초과하지 않을 경우 휨철근을 인장구역에서 절단할 수 없으며, 원칙적으로 전체 철근량의 50%를 초과하여 한 단면에서 절단할 수 없다.

15 철근의 이음

알아두기

이음방법
- 겹침이음 : D35 이하의 철근
- 용접이음 : D35 초과하는 철근
- 기계적 이음

겹침이음 규정
D35를 초과하는 철근은 겹침이음을 할 수 없다.

1 겹침이음 규정

- 다발철근의 겹침이음은 다발 내의 개개철근에 대한 겹침이음길이를 기본으로 하여 결정하여야 한다.
- 용접이음은 용접용 철근을 사용해야 하며 철근의 설계기준항복강도 f_y의 125% 이상을 발휘할 수 있는 완전 용접이어야 한다.
- 기계적 이음은 철근의 설계기준항복강도 f_y의 125% 이상을 발휘할 수 있는 완전 기계적 이음이어야 한다.
- 휨부재에서 서로 직접 접촉되지 않게 겹침이음된 철근은 횡방향으로 소요겹침이음길이의 1/5 또는 150mm 중 작은 값 이상 떨어지지 않아야 한다.

2 인장 이형철근의 이음

(1) 인장력을 받는 이형철근 및 이형철선의 겹침이음길이는 A급과 B급으로 분류하며 다음 값 이상 또는 300mm 이상이어야 한다.
- A급 이음($1.0l_d$) : 배치된 철근량이 이음부 전체 구간에서 해석결과 요구되는 소요철근량의 2배 이상이고 소요겹침이음길이 내 겹침이음된 철근량의 전체 철근량의 1/2 이하인 경우
- B급 이음($1.3l_d$) : A급 이음에 해당되지 않는 경우
- 인장겹침이음

배근 A_s / 소요 A_s	소요겹침이음길이 내의 이음된 철근 A_s의 최댓값(%)	
	50 이하	50 초과
2 이상	A급	B급
2 미만	B급	B급

(2) 서로 다른 크기의 철근을 인장 겹침이음하는 경우, 이음길이는 크기가 큰 철근의 정착길이와 크기가 작은 철근의 겹침이음길이 중 큰 값 이상이어야 한다.

3 압축 이형철근의 이음 길이

압축철근의 이음길이
- $f_y \leq 400\text{MPa}$일 때
  $l_s = 0.072 f_y \cdot d_b$ 이상
- $f_y > 400\text{MPa}$일 때
  $l_s = (0.13 f_y - 24) d_b$ 이상
- 최소 300mm 이상

단부 지압이음
폐쇄띠철근, 폐쇄스터럽 또는 나선철근을 배치한 압축부재에서만 사용하여야 한다.

$f_{ck} \geq 21\text{MPa}$	$f_y \leq 400\text{MPa}$	$f_y > 400\text{MPa}$
$l_s = \left(\dfrac{1.4 f_y}{\lambda \sqrt{f_{ck}}} - 52\right) d_b$	$l_s > 0.072 d_b f_y$이면 $0.072 d_b f_y$ 값 사용	$l_s > (0.13 f_y - 24) d_b$이면 $(0.13 f_y - 24) d_b$ 값 사용
	• 인장철근의 겹침이음길이 이하 • 300mm 이상	
$f_{ck} < 21\text{MPa}$	위에서 계산된 겹침이음길이를 $\dfrac{1}{3}$ 증가시킨다.	

- 서로 다른 크기의 철근을 압축부에서 겹침이음하는 경우, 이음길이는 크기가 큰 철근의 정착길이와 크기가 작은 철근의 겹침이음길이 중 큰 값 이상이어야 한다.
- D41과 D51철근은 D35 이하 철근과의 겹침이음을 할 수 있다.

핵심문제

기 03, 04, 20②

01 인장철근의 겹침이음에 대한 설명 중 틀린 것은?

① 다발철근의 겹침이음은 다발 내의 개개철근에 대한 겹침이음길이를 기본으로 결정되어야 한다.
② 겹침이음에는 A급, B급 이음이 있다.
③ 겹침이음된 철근량이 총철근량의 1/2 이하인 경우는 B급 이음이다.
④ 어떤 경우이든 300mm 이상 겹침이음한다.

| 해답 | ③

겹침이음의 분류
- A급 이음 : 배치된 철근량이 해석 결과 요구되는 소요철근량의 2배 이상이고 소요겹침이음 길이 내 겹침이음된 철근량이 전체 철근량의 1/2 이하인 경우
- B급 이음 : A급 이하에 해당되지 않는 경우

기 13④, 21③

02 철근의 이음방법에 대한 설명 중 옳지 않은 것은? (단, l_d는 정착길이)

① 인장을 받는 이형철근의 겹침이음길이는 A급 이음과 B급 이음으로 분류하며, A급 이음은 $1.0l_d$ 이상이며, B급 이음은 $1.3l_d$ 이상이며, 두 가지 경우 모두 300mm 이상이어야 한다.
② 인장 이형철근의 겹침이음에서 A급 이음은 배치된 철근량이 이음부 전체 구간에서 해석결과 요구되는 소요 철근량의 2배 이상이고, 소요 겹침이음길이 내 겹침이음된 철근량이 전체 철근량의 1/2 이하인 경우이다.
③ 서로 다른 크기의 철근을 압축부에서 겹침이음하는 경우, D41과 D51 철근은 D35 이하 철근과의 겹침이음은 허용할 수 있다.
④ 휨부재에서 서로 직접 접촉되지 않게 겹침이음된 철근은 횡방향으로 소요 겹침이음길이의 1/3 또는 200mm 중 작은 값 이상 떨어지지 않아야 한다.

| 해답 | ④

휨부재에서 서로 직접 접촉되지 않게 겹침이음된 철근은 횡방향으로 소요 겹침이음길이의 1/5 또는 150mm 중 작은 값 이상 떨어지지 않아야 한다.

기 12①, 18②, 20③

03 철근의 겹침이음에서 A급 이음의 조건에 대한 설명으로 옳은 것은?

① 배근된 철근량이 이음부 전체 구간에서 해석결과 요구되는 소요철근량의 2배 이상이고 소요겹침이음길이 내 겹침이음된 철근량이 전체 철근량의 1/2 이하인 경우
② 배근된 철근량이 이음부 전체 구간에서 해석결과 요구되는 소요철근량의 1.5배 이상이고 소요겹침이음길이 내 겹침이음된 철근량이 전체 철근량의 1/2 이상인 경우
③ 배근된 철근량이 이음부 전체 구간에서 해석결과 요구되는 소요철근량의 2배 이상이고 소요겹침이음길이 내 겹침이음된 철근량이 전체 철근량의 1/3 이하인 경우
④ 배근된 철근량이 이음부 전체 구간에서 해석결과 요구되는 소요철근량의 1.5배 이상이고 소요겹침이음길이 내 겹침이음된 철근량이 전체 철근량의 1/3 이상인 경우

| 해답 | ①

- A급 이음 : 배치된 철근량이 이음부 전체 구간에서 해석결과 요구되는 소요철근량의 2배 이상이고 소요겹침이음길이 내 겹침이음된 철근량이 전체 철근량의 1/2 이하인 경우
- B급 이음 : A급 이음에 해당되지 않는 경우

기 03

04 인장 이형철근을 겹침이음할 때 (배근 A_s/소요 A_s) <2.0이고 겹침이음된 철근량이 전체 철근량의 1/2를 넘는 경우 겹침이음길이는? (단, l_d : 규정에 의해 계산된 이형철근의 정착길이)

① $1.0l_d$ 이상
② $1.3l_d$ 이상
③ $1.5l_d$ 이상
④ $1.7l_d$ 이상

| 해답 | ②

인장이음철근에서 겹침이음의 분류
- A급 이음 : 배근된 철근량이 이음부 전체 구간에서 해석결과 요구되는 소요철근량의 2배 이상이고, 소요겹침이음길이 내 겹침이음된 철근량이 전체 철근량의 1/2 이하인 경우 ; $1.0l_d$ 이상
- B급 이음 : A급 이음에 해당되지 않은 경우 ; $1.3l_d$ 이상
∴ (배근 A_s/소요 A_s) < 2.0 이하이면 B급 이음

알아두기

다발철근의 규정
- 2개 이상의 철근을 묶어서 사용하는 다발철근은 이형철근으로 그 개수는 4개 이하이어야 한다.
- 다발철근은 스터럽이나 띠철근으로 둘러싸야 한다.
- 휨부재의 경간 내에서 끝나는 한 다발철근 내의 개개철근 $40d_b$ 이상 엇갈리게 끝나야 한다.
- 보에서 D35를 초과하는 철근은 다발로 사용할 수 없다.

프리스트레스하는 부재 현장치기 콘크리트
- 흙에 접하여 콘크리트를 친 후 영구히 흙에 묻혀 있는 콘크리트 : 75mm

나선철근의 이음
- 이형철근 또는 이형철선 : $48d_b$
- 원형철근 또는 원형철선 : $72d_b$

---

16 철근 상세

1 철근의 간격 제한

- 동일 평면에서 평행한 철근 사이의 수평 순간격은 25mm 이상, 철근의 공칭지름 이상
- 상단과 하단에 2단 이상으로 배치된 경우 상·하철근은 동일 연직면 내에 배치, 이때 상·하철근의 순간격은 25mm 이상
- 나선철근과 띠철근이 배근된 압축부재에서 축방향 철근의 순간격은 40mm 이상, 또한 철근 공칭지름의 1.5배 이상
- 벽체 또는 슬래브에서 휨 주철근의 간격은 벽체나 슬래브 두께의 3배 이하, 또한 450mm 이하

2 철근의 최소 피복두께 프리스트레스하지 않은 현장치기콘크리트의 경우 (콘크리트구조학회 기준)

철근의 외부조건			최소피복
• 수중에서 치는 콘크리트			100mm
• 흙에 접하여 콘크리트를 친 후 영구히 흙에 묻혀 있는 콘크리트			75mm
• 흙에 접하거나 옥외의 공기에 직접 노출되는 콘크리트	D19 이상의 철근		50mm
	D16 이하의 철근, 지름 16mm 이하의 철선		40mm
• 옥외의 공기나 흙에 직접 접하지 않는 콘크리트	슬래브, 벽체, 장선	D35 초과하는 철근	40mm
		D35 이하인 철근	20mm
	보, 기둥		40mm
	쉘, 절판부재		20mm

3 압축부재의 횡철근

(1) 압축부재에 사용되는 나선철근의 규정
- 현장치기 콘크리트 공사에서 나선철근 지름은 10mm 이상
- 나선철근의 순간격은 25mm 이상, 75mm 이하
- 나선철근의 정착은 나선철근의 끝에서 추가로 1.5회전만큼 더 확보한다.

(2) 압축부재에 사용되는 띠철근 규정
- D32 이하의 축방향 철근은 D10 이상의 띠철근으로, D35 이상의 축방향 철근과 다발철근은 D13 이상의 띠철근으로 둘러싸야 한다.
- 띠철근의 수직간격은 축방향 철근지름의 16배 이하, 띠철근이나 철선지름의 48배 이하, 또한 기둥단면의 최소치수 이하로 하여야 한다.
- $S_{\max} = \text{Min}[16d_b,\ 48d_b,\ B,\ H]$

4 오프셋굽힘철근 offset bent bar

- 상하기둥 연결부에서 단면치수가 변하는 경우에 구부린 주철근
- 오프셋굽힘철근의 굽힘부에서 기울기는 1/6을 초과할 수 없다.
- 수평지지로 띠철근이나 나선철근을 사용하는 경우에는 이들 철근을 굽힘점으로부터 150mm 이내에 배치

핵심문제

기 13,14,18①

01 철근콘크리트 구조물 설계 시 철근 간격에 대한 설명 중 옳지 않은 것은? (단, 굵은 골재의 최대치수에 관련된 규정은 만족하는 것으로 가정한다.)

① 동일 평면에서 평행한 철근 사이의 수평 순간격은 25mm 이상, 또한 철근의 공칭지름 이상으로 하여야 한다.
② 나선철근과 띠철근이 배근된 압축부재에서 축방향 철근의 순간격은 40mm 이상, 또한 철근 공칭지름의 1.5배 이상으로 하여야 한다.
③ 상단과 하단에 2단 이상으로 배치된 경우 상하철근은 동일 연직면 내에 배치되어야 하고, 이때 상하철근의 순간격은 40mm 이상으로 하여야 한다.
④ 벽체 또는 슬래브에서 휨 주철근의 간격은 벽체나 슬래브 두께의 3배 이하로 하여야 하고, 또한 450mm 이하로 하여야 한다.

| 해답 | ③

상단과 하단에 2단 이상으로 배치된 경우 상하철근은 동일 연직면 내에 배치되어야 하고, 이때 상하철근의 순간격은 25mm 이상으로 하여야 한다.

기 08,09,11,15①,19②,20②

02 철근콘크리트 부재의 피복두께에 관한 설명으로 틀린 것은?

① 최소 피복두께를 제한하는 이유는 철근의 부식 방지, 부착력의 증대, 내화성을 갖도록 하기 위해서이다.
② 현장치기콘크리트로써, 흙에 접하거나 옥외의 공기에 직접 노출되는 콘크리트의 최소 피복두께는 D19 이상의 철근의 경우 40mm이다.
③ 현장치기콘크리트로써, 흙에 접하여 콘크리트를 친 후 영구히 흙에 묻혀 있는 콘크리트의 최소 피복 두께는 75mm이다.
④ 콘크리트 표면과 그와 가장 가까이 배치된 철근표면 사이의 콘크리트 두께를 피복두께라 한다.

| 해답 | ②

현장치기콘크리트로써, 흙에 접하거나 옥외의 공기에 직접 노출되는 콘크리트의 최소 피복두께는 D19 이상의 철근의 경우 50mm이다.

기 03,09,13

03 철근콘크리트의 기둥에 관한 구조세목으로 틀린 것은?

① 비합성 압축부재의 축방향 주철근 단면적은 전체 단면적의 0.01배 이상, 0.08배 이하로 하여야 한다.
② 압축부재의 축방향 주철근의 최소 개수는 나선철근으로 둘러싸인 경우 6개로 하여야 한다.
③ 압축부재의 축방향 주철근의 최소 개수는 삼각형 띠철근으로 둘러싸인 경우 3개로 하여야 한다.
④ 띠철근의 수직간격은 축방향 철근지름의 48배 이하, 띠철근이나 철선지름의 16배 이하, 또한 기둥단면의 최대치수 이하로 하여야 한다.

| 해답 | ④

띠철근의 수직간격은 축방향 철근지름의 16배 이하, 띠철근이나 철선 지름의 48배 이하, 또한 기둥단면의 최소치수 이하로 하여야 한다.

기 06,09,14,15②,20②,22①

04 그림과 같은 띠철근 기둥에서 띠철근의 최대 간격으로 적당한 것은? (단, D10의 공칭지름은 9.5mm, D32의 공칭지름은 31.8mm)

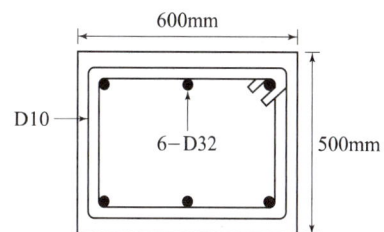

① 456mm
② 492mm
③ 500mm
④ 508mm

| 해답 | ①

띠철근의 수직간격은 축방향 철근지름의 16배 이하, 띠철근이나 철선지름의 48배 이하, 또한 기둥단면의 최소 치수 이하로 하여야 한다.
• 축철근 지름의 16배 이하 : $31.8 \times 16 = 509$mm 이하
• 띠철근 지름의 48배 이하 : $9.5 \times 48 = 456$mm 이하
• 기둥 단면의 최소치수 이하 : 500mm 이하
∴ 최대간격은 456mm 이하 (∵ 가장 작은 값)

참고) 건축물 콘크리트구조 설계기준
또한 기둥 단면의 최소 치수의 1/2 이하로 하여야 한다. 단, 200mm보다 좁을 필요는 없다.

17 슬래브

1 슬래브의 설계원칙

구분	슬래브의 설계원칙	전단력에 대한 위험단면
1방향 슬래브	$\dfrac{L}{S} \geq 2,\ \dfrac{S}{L} \leq 0.5$	받침부에서 d 만큼 떨어진 곳
2방향 슬래브	$1 \leq \dfrac{L}{S} < 2,\ 0.5 < \dfrac{S}{L} \leq 1.0$	받침부에서 $\dfrac{d}{2}$ 만큼 떨어진 곳

2 1방향 슬래브의 구조상세

(1) 1방향 슬래브의 두께는 최소 100mm 이상으로 한다.
(2) 슬래브의 정모멘트 철근 및 부모멘트 철근의 중심간격은 위험단면에서 슬래브 두께의 2배 이하, 300mm 이하로 한다. 기타의 단면에서는 슬래브 두께의 3배 이하이고, 450mm 이하로 한다.
(3) 슬래브 끝의 단순받침부에서도 내민슬래브에 의하여 부모멘트가 일어나는 경우에는 이에 상응하는 철근을 배치하여야 한다.
(4) 슬래브의 단변방향 보의 상부에 부모멘트로 인해 발생하는 균열을 방지하기 위하여 슬래브의 장방향으로 슬래브 상부에 철근을 배치하여야 한다.
(5) 1방향 슬래브의 수축·온도 철근 간격은 슬래브 두께의 5배 이하 또한 450mm 이하로 하여야 한다.

3 2방향 슬래브의 하중부담

구분	집중하중 P가 작용할 때	등분포하중 w가 작용할 때
긴 변(L)이 부담하는 하중	$P_L = \dfrac{S^3}{L^3+S^3}P$	$W_L = \dfrac{S^4}{L^4+S^4}W$
짧은 변(S)이 부담하는 하중	$P_S = \dfrac{L^3}{L^3+S^3}P$	$W_S = \dfrac{L^4}{L^4+S^4}W$

4 2방향 슬래브 설계 시 직접설계법의 제한사항

(1) 각 방향으로 3경간 이상이 연속되어야 한다.
(2) 슬래브판들은 단변경간에 대한 장변경간의 비가 2 이하인 직사각형이어야 한다.
(3) 각 방향으로 연속한 받침부 중심간 경간길이의 차이는 긴 경간의 1/3 이하이어야 한다.
(4) 연속한 기둥 중심선을 기준으로 기둥의 어긋남은 그 방향 경간의 10% 이하이어야 한다.
(5) 모든 하중은 슬래브판 전체에 걸쳐 등분포된 연직하중이어야 하며, 활하중은 고정하중의 2배 이하이어야 한다.

1방향 슬래브
- 대응하는 두 변으로만 지지된 경우와 4변이 지지되고 장변의 길이(L)가 단변의 길이(S)의 2배를 초과하는 경우를 말한다.
- 정모멘트 철근, 부모멘트 철근에 직각방향으로 수축·온도철근을 배치한다.
- 수축·온도철근 간격은 슬래브 두께의 5배 이하 또한 450mm 이하로 하여야 한다.

플랫 플레이트
보나 지판이 없이 기둥으로 하중을 전달하는 2방향으로 철근이 배치된 콘크리트 슬래브

부계수모멘트
$M = 0.65M_o$
M_o : 전체 정적계수 휨모멘트

정 및 부 계수휨모멘트
- 부계수 휨모멘트 : 0.65
- 정계수 휨모멘트 : 0.35

핵심문제

□□□ 기 07,09,10,11,16①,19①,20②,21①,22②

01 2방향 슬래브 설계 시 직접설계법을 적용할 수 있는 제한사항에 대한 설명으로 틀린 것은?

① 각 방향으로 3경간 이상 연속되어야 한다.
② 슬래브판들은 단변경간에 대한 장변경간의 비가 2 이하인 직사각형이어야 한다.
③ 연속한 기둥 중심선을 기준으로 기둥의 어긋남은 그 방향 경간의 15% 이하이어야 한다.
④ 각 방향으로 연속한 받침부 중심 간 경간 차이는 긴 경간의 1/3 이하이어야 한다.

| 해답 | ③
연속한 기둥 중심선을 기준으로 기둥의 어긋남은 그 방향 경간의 10% 이하이어야 한다.

□□□ 기 00,05,06,07,12

02 1방향 슬래브의 전단력에 대한 위험 단면은 다음 중 어느 곳인가?

① 슬래브의 중간
② 지점
③ 지점에서 $d/2$만큼 떨어진 곳
④ 지점에서 d만큼 떨어진 곳

| 해답 | ④
슬래브의 전단력에 대한 위험단면
• 1방향 슬래브 : 지점에서 d만큼 떨어진 곳
• 2방향 슬래브 : 지점에서 $\dfrac{d}{2}$만큼 떨어진 곳

□□□ 기 84,99,10,12,18②

03 슬래브의 단경간 $S=4m$, 장경간 $L=5m$에 집중하중 $P=150kN$이 슬래브의 중앙에 작용할 경우 장경간 L이 부담하는 하중은 얼마인가?

① 50.8kN
② 58.5kN
③ 91.5kN
④ 99.2kN

| 해답 | ①
$$P_L = \frac{S^3}{L^3+S^3}P = \frac{4^3}{5^3+4^3}\times 150 = 50.8kN$$

□□□ 기 08,14,20④

04 그림과 같이 단순 지지된 2방향 슬래브에 등분포 하중 w가 작용할 때, ab 방향에 분배되는 하중은 얼마인가?

① $0.941w$
② $0.059w$
③ $0.889w$
④ $0.111w$

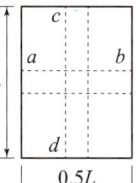

| 해답 | ①
$$w_{ab} = \frac{L^4}{L^4+S^4}w$$
$$= \frac{L^4}{L^4+(0.5L)^4}w = \frac{L^4}{L^4\left(1+\dfrac{1}{16}\right)}w = 0.941w$$

□□□ 기 15①②,22②

05 아래의 표에서 설명하는 것은?

> 보나 지판이 없이 기둥으로 하중을 전달하는 2방향으로 철근이 배치된 콘크리트 슬래브

① 플랫 슬래브
② 플랫 플레이트
③ 주열대
④ 리브 쉘

| 해답 | ②
플랫 플레이트(flat plate)의 정의

□□□ 기 07,09,10,11,15,21②

06 2방향 슬래브의 설계에서 직접설계법을 적용할 수 있는 제한조건으로 틀린 것은?

① 슬래브판들은 단변경간에 대한 장변경간의 비가 2 이하인 직사각형이어야 한다.
② 각 방향으로 3경간 이상이 연속되어야 한다.
③ 각 방향으로 연속한 받침부 중심간 경간길이의 차이는 긴 경간의 1/3 이하이어야 한다.
④ 모든 하중은 연직 하중으로 슬래브판 전체에 등분포이고, 활하중은 고정하중의 2배 이상이어야 한다.

| 해답 | ④
모든 하중은 슬래브판 전체에 걸쳐 등분포된 연직하중이어야 하며, 활하중은 고정하중의 2배 이하이어야 한다.

18 확대기초와 옹벽

1 확대기초

(1) 휨모멘트 계산
- $a-a$ 단면에 대한 휨모멘트
$$M_a = q_u\left(\frac{L-t}{2}S\right)\left(\frac{L-t}{4}\right) = \frac{q_u \cdot S}{8}(L-t)^2$$
- $b-b$ 단면에 대한 휨모멘트
$$M_b = q_u\left(\frac{S-t}{2}L\right)\left(\frac{S-t}{4}\right) = \frac{q_u \cdot L}{8}(S-t)^2$$

(2) 위험단면의 계수전단력
- 1방향의 경우
$$V_u = q_u S\left(\frac{L-t}{2}-d\right) = \frac{P_u}{A}S\left(\frac{L-t}{2}-d\right)$$
- 2방향의 경우
$$V_u = q_u\{L \cdot S - (t+d)^2\} = \frac{P_u}{A}\{L \cdot S - (t+d)^2\}$$

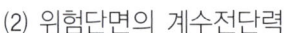
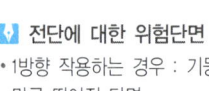

2 옹벽

(1) 옹벽의 안정조건
- 활동에 대한 저항력은 옹벽에 작용하는 수평력의 1.5배 이상이어야 한다.
- 전도 및 지반지지력에 대한 안전조건은 만족하지만, 활동에 대한 안정조건만을 만족하지 못할 경우에는 활동방지벽 혹은 횡방향 앵커 등을 설치하여 활동저항력을 증대시킬 수 있다.
- 전도에 대한 저항휨모멘트는 횡토압에 의한 전도모멘트의 2.0배 이상이어야 한다.
- 지반에 유발되는 최대지반반력은 지반의 허용지지력을 초과할 수 없다.

(2) 구조해석
① 전면벽
- 캔틸레버식 옹벽의 전면벽은 저판에 지지된 캔틸레버로 설계할 수 있다.
- 부벽식 옹벽의 전면벽은 3변 지지된 2방향 슬래브로 설계할 수 있다.
- 전면벽의 두께는 내력벽체의 최소두께 규정에 따라야 한다.
- 전면벽의 하부는 벽체로써 또는 캔틸레버로써도 작용하도록 연직방향으로 보강철근을 배치하여야 한다.

② 저판
- 저판의 뒷굽판은 정확한 방법이 사용되지 않는 한, 뒷굽판 상부에 재하되는 모든 하중을 지지하도록 설계하여야 한다.
- 캔틸레버식 옹벽의 저판은 전면벽과의 접합부를 고정단으로 간주한 캔틸레버로 가정하여 단면을 설계할 수 있다.
- 부벽식 옹벽의 저판은 정밀한 해석이 사용되지 않는 한, 부벽 사이의 거리를 경간으로 가정한 고정보 또는 연속보로 설계할 수 있다.

핵심문제

☐☐☐ 기 05,08,14

01 그림과 같은 정사각형 독립확대 기초 저면에 작용하는 지압력이 $q=100kPa$일 때 휨에 대한 위험단면의 휨모멘트 강도는 얼마인가?

① 216kN·m
② 360kN·m
③ 260kN·m
④ 316kN·m

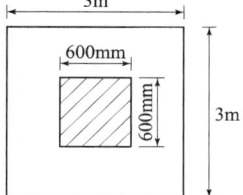

| 해답 | ①

$$M_a = q\left(\frac{L-t}{2}S\right)\left(\frac{L-t}{4}\right) = \frac{q \cdot S}{8}(L-t)^2$$
$$= \frac{100 \times 3}{8}(3-0.6)^2 = 216kN \cdot m$$

참고 $q = 100kPa = 100kN/m^2$

☐☐☐ 기 06,09,12,15,20③

02 그림과 같은 2방향 확대 기초에서 하중계수가 고려된 계수하중 P_u(자중 포함)가 그림과 같이 작용할 때 위험단면의 계수전단력(V_u)은 얼마인가?

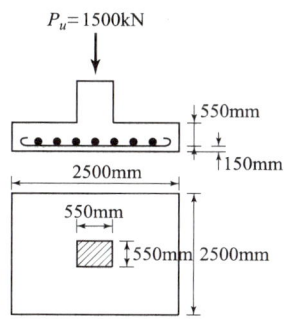

① 1151.4kN ② 1209.6kN
③ 1263.4kN ④ 1316.9kN

| 해답 | ②

- $V_u = q_u(S \cdot L - B^2)$
- $q_u = \frac{P_u}{A} = \frac{1500}{2.5 \times 2.5} = 240 kN/m^2$
- $S = L = 2500mm = 2.5m$
- $B = t + d = 550 + 550 = 1100mm = 1.1m$
∴ $V_u = 240(2.5 \times 2.5 - 1.1^2) = 1209.6kN$

☐☐☐ 기 12,15,19③,21③

03 옹벽의 설계 및 해석에 대한 설명으로 틀린 것은?

① 활동에 대한 저항력은 옹벽에 작용하는 수평력의 1.5배 이상이어야 한다.
② 전도에 대한 저항휨모멘트는 횡토압에 의한 전도모멘트의 2.0배 이상이어야 한다.
③ 저판의 뒷굽판은 정확한 방법이 사용되지 않는 한, 뒷굽판 상부에 재하되는 모든 하중을 지지하도록 설계하여야 한다.
④ 부벽식 옹벽의 뒷부벽은 3변 지지된 2방향 슬래브로 설계하여야 한다.

| 해답 | ④

부벽식 옹벽의 전면벽은 3변 지지된 2방향 슬래브로 설계하여야 한다.

☐☐☐ 기 93,01,04,07,10,14,15,18②,21③,24②

04 옹벽에서 T형보로 설계하여야 하는 부분은 어느 것인가?

① 앞부벽식 옹벽의 앞부벽
② 뒷부벽식 옹벽의 전면벽
③ 앞부벽식 옹벽의 저판
④ 뒷부벽식 옹벽의 뒷부벽

| 해답 | ④

뒷부벽식 및 앞부벽식 옹벽의 설계
- 뒷부벽식 옹벽의 뒷부벽은 T형보로 설계
- 앞부벽식 옹벽의 앞부벽은 직사각형 보로 설계

☐☐☐ 기 03,09,20②,21②

05 옹벽의 안정조건 중 전도에 대한 저항모멘트는 횡토압에 의한 전도모멘트의 최소 몇 배 이상이어야 하는가?

① 1.5배 ② 2.0배
③ 2.5배 ④ 3.0배

| 해답 | ②

- 전도에 대한 저항휨모멘트는 횡토압에 의한 전도모멘트의 2.0배 이상
- 활동에 대한 저항력은 옹벽에 작용하는 수평력의 1.5배 이상

19 PSC의 기본개념

1 응력개념 균등질보의 개념

콘크리트에 프리스트레스가 가해지면 PSC 부재는 탄성재료로 전환되고 이의 해석은 탄성이론으로 가능하다는 개념

(1) 긴장재를 직선으로 도심에 배치한 경우

$$f = \frac{P}{A} \pm \frac{M}{I}y$$

(2) 긴장재를 직선으로 편심에 배치한 경우

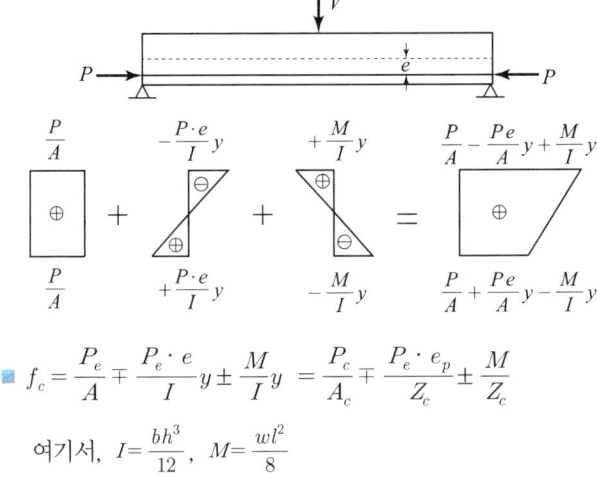

$$f_c = \frac{P_e}{A} \mp \frac{P_e \cdot e}{I}y \pm \frac{M}{I}y = \frac{P_c}{A_c} \mp \frac{P_e \cdot e_p}{Z_c} \pm \frac{M}{Z_c}$$

여기서, $I = \frac{bh^3}{12}$, $M = \frac{wl^2}{8}$

2 강도개념 내력모멘트 개념

PSC보를 RC보처럼 생각하여, 콘크리트는 압축력을 받고 긴장재는 인장력을 받게 하여 두 힘의 우력모멘트로 외력에 의한 휨모멘트에 저항시킨다는 개념

• 콘크리트의 응력 $f_c = \frac{P}{A} \mp \frac{P \cdot e'}{I}y$

3 하중평형 개념 등가하중 개념

프리스트레스에 의한 작용과 부재에 작용하는 하중을 평형이 되도록 하는 개념

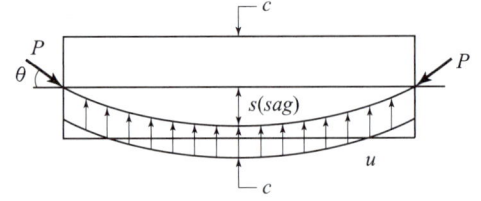

(a) 긴장력 P에 의한 상향력 u (b) C-C 단면의 하중

$$P \cdot s = \frac{u \cdot l^2}{8} \text{에서} \quad \therefore \text{상향력 } u = \frac{8P \cdot s}{l^2}$$

알아두기

PSC의 단점
• 내화성에서 불리하다.
• 변형이 크게 일어나고 진동하기 쉽다.
• 공사비가 많이 든다.

PSC의 콘크리트 설계기준강도
• 프리텐션 공법 : $f_{ck} > 35\text{MPa}$
• 포스트텐션 공법 : $f_{ck} \geq 30\text{MPa}$

부분 프리스트레싱
사용하중이 PC 부재에 작용할 때 부재 일부에 인장응력의 발생을 허용하는 방법

완전 프리스트레싱
사용하중이 작용 시 어느 부분에서도 인장응력이 발생하지 않도록 긴장하는 방법

프리스트레스 힘
$F = \frac{P}{2\sin\theta}$

핵심문제

□□□ 기 04,05,07,10,11,15,16②,17②,18②

01 경간 6m인 단순 직사각형 단면($b=300$mm, $h=400$mm)보에 계수하중 30kN/m가 작용할 때 PS 강재가 단면도심에서 긴장되며 경간 중앙에서 콘크리트 단면의 하연응력이 0이 되려면 PS 강재에 얼마의 긴장력이 작용되어야 하는가?

① 1805kN ② 2025kN
③ 3054kN ④ 3557kN

| 해답 | ②

$f_t = \dfrac{P}{A} - \dfrac{M}{I}y = 0$ 에서 $P = \dfrac{MAy}{I}$

• $M = \dfrac{wl^2}{8} = \dfrac{30 \times 6^2}{8} = 135\,\text{kN}\cdot\text{m}$

• $I = \dfrac{bh^3}{12} = \dfrac{0.3 \times 0.4^3}{12} = 0.0016\,\text{m}^4$

∴ $P = \dfrac{135 \times 0.3 \times 0.4 \times 0.2}{0.0016} = 2025\,\text{kN}$

□□□ 기 09,14④,17①,22①

02 그림과 같은 단면을 갖는 지간 20m의 PSC보에 PS 강재가 200mm의 편심거리를 가지고 직선배치 되어 있다. 자중을 포함한 계수등분포하중 16kN/m가 보에 작용할 때, 보 중앙단면 콘크리트 상연응력은 얼마인가? (단, 유효 프리스트레스 힘 $P_e = 2400$kN)

① 12MPa
② 13MPa
③ 14MPa
④ 15MPa

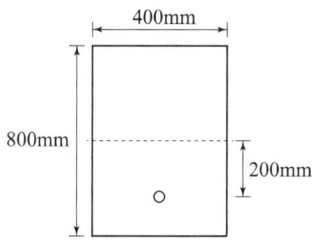

| 해답 | ④

$f_c = \dfrac{P_e}{A} - \dfrac{P_e \cdot e}{I}y + \dfrac{M}{I}y = \dfrac{P_c}{A_c} - \dfrac{P_e \cdot e_p}{Z_c} + \dfrac{M}{Z_c}$

• $P_e = 2400 \times 10^3$
• $A_c = 400 \times 800 = 32 \times 10^4\,\text{mm}^2$
• $Z_c = \dfrac{bh^2}{6} = \dfrac{400 \times 800^2}{6} = 42666667\,\text{mm}^3$
• $M = \dfrac{wl^2}{8} = \dfrac{16 \times 20000^2}{8} = 8 \times 10^8\,\text{N}\cdot\text{mm}$

∴ $f_c = \dfrac{2400 \times 10^3}{32 \times 10^4} - \dfrac{2400 \times 10^3 \times 200}{42666667} + \dfrac{8 \times 10^8}{42666667}$

$= 7.5 - 11.25 + 18.75 = 15\,\text{MPa}$

□□□ 기 04,07,11,13,15,16

03 프리스트레스트 콘크리트의 원리를 설명할 수 있는 기본개념으로 옳지 않은 것은?

① 균등질보의 개념 ② 내력 모멘트의 개념
③ 하중평형의 개념 ④ 변형도 개념

| 해답 | ④

PSC 기본개념
• 응력개념(균등질보의 개념)
• 강도개념(내력모멘트 개념)
• 하중평형개념(등가하중 개념)

□□□ 기 96,99,01,04,05,08,09,12,15②,21③

04 그림과 같은 단순 PSC보에서 계수등분포하중 $W=30$kN/m가 작용하고 있다. 프리스트레스에 의한 상향력과 이 등분포 하중이 비기기 위해서는 프리스트레스 힘 P를 얼마로 도입해야 하는가?

① 900kN
② 1200kN
③ 1500kN
④ 1800kN

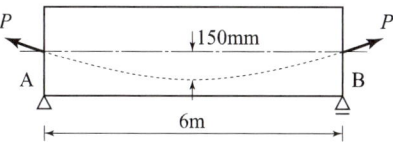

| 해답 | ①

$M = P \cdot s = \dfrac{wl^2}{8}$ 에서

∴ $P = \dfrac{wl^2}{8s} = \dfrac{30 \times 6^2}{8 \times 0.15} = 900\,\text{kN}$

□□□ 기 03,07,10,12,15②,21②

05 그림의 단순지지보에서 긴장재는 C점에 150mm의 편차에 직선으로 배치되고, 1000kN으로 긴장되었다. 보의 고정하중은 무시할 때 C점에서의 휨모멘트(M_c)는 얼마인가? (단, 긴장재의 경사가 수평압축력에 미치는 영향 및 자중은 무시한다.)

① 90kN·m
② −150kN·m
③ 240kN·m
④ 390kN·m

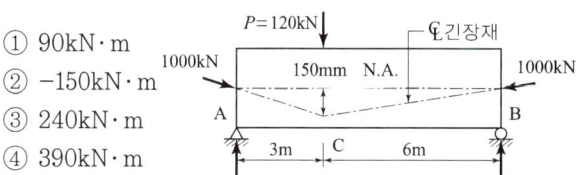

| 해답 | ①

$M_c = R_A \cdot a - P_t \times e$

• $\sum M_B = 0 \;\rightarrow\; R_A l - Pb = 0$

$R_A = \dfrac{P \cdot b}{l} = \dfrac{120 \times 6}{9} = 80\,\text{kN}$

∴ $M_c = 80 \times 3 - 1000 \times 0.150 = 90\,\text{kN}\cdot\text{m}$

알아두기

프리스트레스 도입 시 콘크리트의 압축강도
- 프리텐션 부재 : 30MPa 이상
- 포스트텐션 부재
  · 여러 개의 강연선 : 28MPa 이상
  · 단선 강연선이나 강봉 : 17MPa 이상

프리텐션 방식
콘크리트의 탄성변형률 ϵ_e 만큼의 PS 강재의 응력감소가 발생한다.

긴장력 총감소량
$\Delta P = A_p \cdot E_p \cdot \dfrac{\Delta l}{l}$

---

20 프리스트레스의 손실

1 프리스트레스의 손실

(1) 프리스트레스의 손실원인

도입 시 손실=즉시 손실	도입 후 손실=시간적 손실
• 정착장치의 활동 • 포스트텐션 긴장재와 덕트 사이의 마찰 • 콘크리트의 탄성수축	• 콘크리트의 크리프 • 콘크리트의 건조수축 • PS 강재(긴장재 응력)의 릴랙세이션

(2) 포스트텐션 긴장재의 마찰손실(근사식)

- $Kl_{px} + \mu_p \alpha_{px} < 0.3$ 인 경우
- $P_{px} = \dfrac{P_{pj}}{1 + Kl_{px} + \mu_p \alpha_{px}}$

(3) 탄성변형에 의한 손실

- 프리텐션 방식 : $\Delta f_p = E_p \epsilon_e = E_p \cdot \dfrac{f_c}{E_c} = nf_c = n\dfrac{P_i}{A_c}$

  여기서, E_p : PS 강재의 탄성계수($E_p = 2.0 \times 10^5$ MPa)
  　　　　n : 탄성계수비
  　　　　f_c : 프리스트레스 도입 후 강재 둘레 콘크리트의 응력
  　　　　P_i : 긴장력(초기 프리스트레싱)

- 포스트텐션 방식 : $\Delta f_p = \dfrac{1}{2} nf_c \dfrac{N-1}{N}$

  여기서, N : 긴장계수
  　　　　f_c : 프리스트레싱에 의한 긴장재 도심 위치에서의 콘크리트의 압축응력

(4) 활동에 의한 손실

① 프리텐션 방식은 고정지주의 정착장치에서 발생한다.
② 포스트텐션 방식의 경우
　• 1단 정착인 경우

　　$\Delta f_p = E_p \cdot \epsilon = E_p \cdot \dfrac{\Delta l}{l}$

　• 양단 정착인 경우

　　$\Delta f_p = E_p \cdot \epsilon = E_p \cdot \dfrac{2\Delta l}{l}$

　여기서, Δl : PS 강재의 활동량, l : 긴장재의 길이

2 유효율과 감소율

(1) 유효율 $R = \dfrac{\text{유효 긴장력}(P_e)}{\text{초기 긴장력}(P_i)} \times 100 = \dfrac{P_i - \Delta P}{P_i} \times 100$

(2) 감소(손실)율 $= \dfrac{\text{감소(손실)량}(\Delta P)}{\text{초기 긴장력}(P_i)} \times 100 = \dfrac{P_i - P_e}{P_i} = 1 - R$

핵심문제

□□□ 기 04,05,06,08,11,13,14,15,20,22①

01 프리스트레스의 손실원인은 그 시기에 따라 즉시 손실과 도입 후에 시간적인 경과 후에 일어나는 손실로 나눌 수 있다. 다음 중 손실 원인의 시기가 나머지와 다른 하나는?

① 콘크리트 creep
② 포스트텐션 긴장재와 시스 사이의 마찰
③ 콘크리트 건조수축
④ PS 강재의 relaxation

| 해답 | ②

프리스트레스의 손실 원인

도입 시 손실=즉시 손실	도입 후 손실=시간적 손실
• 정착장치의 활동 • 포스트텐션 긴장재와 덕트 사이의 마찰 • 콘크리트의 탄성수축	• 콘크리트의 크리프 • 콘크리트의 건조수축 • PC 강재(긴장재 응력)의 릴랙세이션(relaxation)

□□□ 기 96,99,01,04,05,08,09,12,15,21③

02 그림과 같은 단순 PSC보에서 계수등분포하중 $W=30$ kN/m가 작용하고 있다. 프리스트레스에 의한 상향력과 이 등분포 하중이 비기기 위해서는 프리스트레스 힘 P를 얼마로 도입해야 하는가?

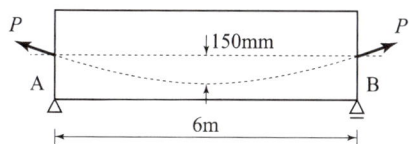

① 900kN
② 1200kN
③ 1500kN
④ 1800kN

| 해답 | ①

• 긴장재를 포물선으로 배치한 경우

$P \cdot s = \dfrac{u \cdot l^2}{8}$ 에서

$P = \dfrac{u \cdot l^2}{8s}$

$= \dfrac{30 \times 6^2}{8 \times 0.150} = 900$ kN

□□□ 기 92,95,97,01,02,03,07,10,14,18③,21①,22②

03 단면이 400×500 mm이고 150mm^{2}의 PSC 강선 4개를 단면 도심축에 배치한 프리텐션 PSC 부재가 있다. 초기 프리스트레스가 1000MPa일 때 콘크리트의 탄성변형에 의한 프리스트레스 감소량의 값은? (단, $n=6$)

① 22MPa
② 20MPa
③ 18MPa
④ 16MPa

| 해답 | ③

$\Delta f_p = n \dfrac{P_i}{A_c}$

$= 6 \times \dfrac{(150 \times 4) \times 1000}{400 \times 500} = 18$ MPa

($\because P_i = 150 \times 4 \times 1000 = 600000$ N)

□□□ 기 93,07,12,15④,22①

04 보의 길이가 20m, 활동량이 4mm, 긴장재의 탄성계수(E_p)가 200000MPa일 때 프리스트레스의 감소량(Δf_{an})은? (단, 일단정착이다.)

① 40MPa
② 30MPa
③ 20MPa
④ 15MPa

| 해답 | ①

$\Delta f_p = E_p \cdot \dfrac{\Delta l}{l} = 200000 \times \dfrac{4}{20000} = 40$ MPa

□□□ 기 91,99,01,03,08,19③

05 PS 강재응력 $f_{ps}=1200$MPa, PS 강재 도심 위치에서 콘크리트의 압축응력 $f_c=7$MPa일 때, 크리프에 의한 PS 강재의 인장응력 감소율은? (단, 크리프 계수는 2이고, 탄성계수비는 6이다.)

① 7%
② 8%
③ 9%
④ 10%

| 해답 | ①

감소율 = $\dfrac{\Delta f_p}{f_{ps}} \times 100$

• $\Delta f_p = n f_c \psi_t = 6 \times 7 \times 2 = 84$ MPa

$\therefore$ 감소율 = $\dfrac{84}{1200} \times 100 = 7\%$

알아두기

■ 리벳의 구멍지름(mm)

리벳의 지름	리벳의 구멍지름
$d < 20$	$d + 1.0$
$d \geq 20$	$d + 1.5$

■ 고장력 볼트구멍의 지름(mm)

고장력볼트의 지름	볼트구멍의 지름
$d \leq 24$	$d + 2.0$
$d > 24$	$d + 3.0$

■ 볼트의 지름(mm)

볼트의 지름	볼트구멍의 지름
모든 볼트	$d + 0.5$

■ 용접부의 목두께와 유효길이
- 용접부의 목두께
  $a = 0.7s$
- 유효길이
  $l_e = l - 2 \times$모살치수

■ 전단연결재

강합성 교량에서 콘크리트 슬래브와 강주형 상부 플랜지를 구조적으로 일체가 되도록 결합시키는 요소

■ 휨모멘트를 받는 이음부의 응력

$f = \dfrac{M}{I} y$

21 강구조 : 리벳이음

1 리벳이음

(1) 전단응력 및 강도계산

구분	응력상태	전단강도	지압강도
단전단 (1면 전단)		$\rho_{sa} = v_a A$ $= v_a \dfrac{\pi d^2}{4}$	$\rho_{ba} = f_{ba} \cdot d \cdot t$
복전단 (2면 전단)		$\rho_{sa} = 2 v_a A$ $= 2 \left(v_a \dfrac{\pi d^2}{4} \right)$	$\rho_{ba} = f_{ba} \cdot d \cdot t$

(2) 리벳 수 : $n = \dfrac{P}{\rho}$

여기서, 리벳값 ρ : 전단강도(ρ_{sa}), 지압강도(ρ_{ba}) 중에서 작은 값이 리벳값이다.

2 용접이음

(1) 용접부의 목두께(필렛용접)
- 필렛용접의 유효목두께(a)는 모살치수의 0.7배로 한다.
- 필렛용접의 유효길이(l_e)는 필렛용접의 총길이(l)에서 2배의 모살치수를 공제한 값으로 한다.
- 필렛용접의 유효면적은 유효길이에 유효목두께를 곱한 것으로 한다.
- 구멍모살과 슬로트필렛용접의 유효길이는 목두께의 중심을 잇는 용접중심선의 길이로 한다.

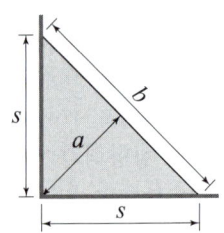

(2) 용접부의 유효길이

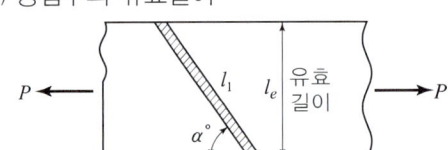

유효길이 $l_e = l_1 \sin\alpha$

(3) 용접부의 강도 및 응력 계산
- 용접부의 강도
  - 용접부의 강도=용접면적×허용응력
  - 용접부의 면적=목두께×유효길이
- 용접이음의 응력
  $f = \dfrac{P}{\sum a l_e}$

핵 심 문 제

□□□ 기 07,09,14②,19①

01 $P=300$kN의 인장응력이 작용하는 판 두께 10mm인 철판에 $\phi19$mm인 리벳을 사용하여 접합할 때의 소요 리벳 수는? (단, 허용전단응력=110MPa, 허용지압응력=220MPa)

① 8개 ② 10개
③ 12개 ④ 14개

| 해답 | ②

리벳수 $n = \dfrac{P}{\rho}$

- 전단강도 $\rho_s = v_a \times \dfrac{\pi d^2}{4}$
  $= 110 \times \dfrac{\pi \times 19^2}{4} = 31188\,N = 31\,kN$
- 지압강도 $\rho_b = f_{ba}dt = 220 \times 19 \times 10 = 41800\,N$
  $= 42\,kN$
- 리벳강도 $\rho = 31\,N$ (작은 값)
  $\therefore n = \dfrac{P}{\rho} = \dfrac{300}{31} = 9.68 = 10$개

□□□ 기 02,04,06,10②,18③,19①,21③

02 그림과 같은 필렛용접에서 일어나는 응력으로 옳은 것은? (단, KDS 14 30 25 강구조 연결 설계기준(허용응력설계법)에 따른다.

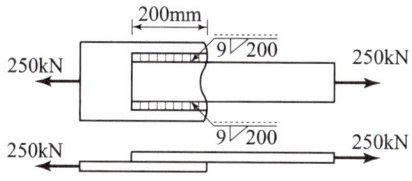

① 82.3MPa ② 95.05MPa
③ 109.02MPa ④ 130.25MPa

| 해답 | ③

$v = \dfrac{P}{\sum a \cdot l_e} = \dfrac{P}{\sum a \cdot (l - 2 \times 모살치수)}$

- $a = 9 \times 0.7 = 6.3\,mm$
- $l_e = 200 - 2 \times 9 = 182\,mm$
$\therefore v = \dfrac{250 \times 10^3}{6.3 \times 2 \times 182} = 109.02\,MPa$
(∵ 2면이 필렛용접)

□□□ 기 96,00,05,10,14④,21②

03 강합성 교량에서 콘크리트 슬래브와 강(鋼)주형 상부 플랜지를 구조적으로 일체가 되도록 결합시키는 요소는?

① 볼트 ② 접착제
③ 전단연결재 ④ 합성철근

| 해답 | ③

전단 연결재
접합면의 수평 전단 응력에 저항하여 판형과 슬래브가 일체로 작용하도록 하기 위하여 설치한 것으로 판형의 상부 플랜지에 소요의 간격으로 용접하여 설치한다.

□□□ 기 08,13

04 다음 그림의 고장력 볼트 마찰이음에서 필요한 볼트 수는 최소 몇 개인가? (단, 볼트는 M22($\phi=22$mm), F10T를 사용하며, 마찰이음의 허용력은 48kN이다.)

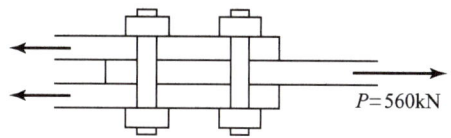

① 3개 ② 5개
③ 6개 ④ 8개

| 해답 | ③

$n = \dfrac{P}{2\rho_a} = \dfrac{560}{2 \times 48} = 5.8 = 6$개
(∵ 2면 마찰이므로)

□□□ 기 97,99,01,08,09,11,12,13,15,17,18,20②④,21②

05 그림과 같은 용접부의 응력은?

① 115MPa
② 110MPa
③ 100MPa
④ 94MPa

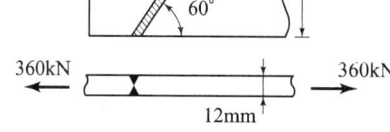

| 해답 | ③

$f = \dfrac{P}{\sum a l_e}$

- $a = 12\,mm$, $l_e = 300\,mm$
$\therefore f = \dfrac{360 \times 10^3}{12 \times 300} = 100\,MPa$

알아두기

판형의 높이

$h = 1.1\sqrt{\dfrac{M}{f_a \cdot t}}$

- M : 최대휨모멘트
- f_a : 허용휨응력
- t : 복부판의 두께

22 강구조 (인장부재)

1 순단면적 및 순폭

(1) 순단면적 : $A_n = b_n \cdot t$

(2) 순폭 : $b_n = b_g - n \cdot d$

여기서, b_g : 총폭
  n : 일직선으로 배치된 구멍의 수
  d : 리벳구멍의 지름(리벳지름 + 3mm)

2 순폭계산

(1) 리벳이 판형에 지그재그로 배치된 경우(이 중 최솟값)

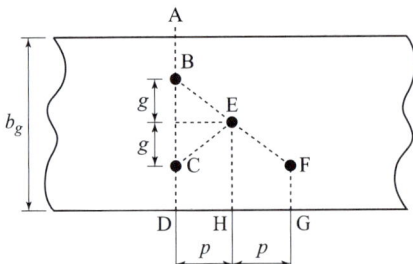

여기서, p : 리벳피치, g : 리벳선간 거리

- ABCD 단면 : $b_n = b_g - 2d$
- ABEH 단면 : $b_n = b_g - d - \left(d - \dfrac{p^2}{4g}\right)$
- ABECD 단면 : $b_n = b_g - d - 2\left(d - \dfrac{p^2}{4g}\right)$
- ABEFG 단면 : $b_n = b_g - d - 2\left(d - \dfrac{p^2}{4g}\right)$

(2) L형강의 경우

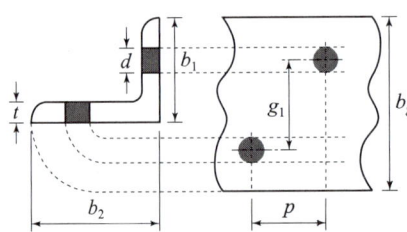

- $b_g = b_1 + b_2 - t$, $g = g_1 - t$
- $\dfrac{p^2}{4g} > d$인 경우 : $b_n = b_g - d$
- $\dfrac{p^2}{4g} < d$인 경우 : $b_n = b_g - d - w = b_g - d - \left(d - \dfrac{p^2}{4g}\right)$

여기서, t : L형강의 변 두께(mm)

L형강의 순폭

- $b_n = b_g - d$
- $b_n = b_g - d - \left(d - \dfrac{p^2}{4g}\right)$

두 값 중에서 작은 값 사용

핵심문제

□□□ 기 04,06,08,09,11,14

01 아래 그림과 같은 두께 19mm 평판의 순단면적을 구하면? (단, 볼트 체결을 위한 강판 구멍의 작은 지름은 25mm이다.)

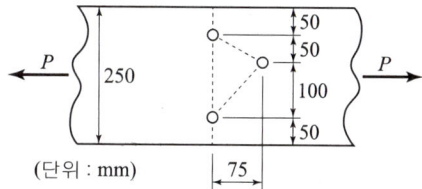

① 3270mm² ② 3800mm²
③ 3920mm² ④ 4530mm²

| 해답 | ②

- 순단면적 $A_n = b_n \cdot t$
- 순폭은 두 값 중 작은 값
  - $b_n = b_g - 2d = 250 - 2 \times 25 = 200\text{mm}$
  - $b_n = b_g - d - (w_1 + w_2) = b_g - d - \left(d - \dfrac{p^2}{4g_1} + d - \dfrac{p^2}{4g_2}\right)$
    $= 250 - 25 - \left(25 - \dfrac{75^2}{4 \times 50} + 25 - \dfrac{75^2}{4 \times 100}\right) = 217.19\text{mm}$
- ∴ 순폭 $b_n = 200\text{mm}$
- ∴ $A_n = 200 \times 19 = 3800\text{mm}^2$

□□□ 기 02,07,09,11,14,17①④,19③,20③

02 순단면이 볼트의 구멍 하나를 제외한 단면(즉, A-B-C 단면)과 같도록 피치(s)를 결정하면? (단, 구멍의 지름은 22mm이다.)

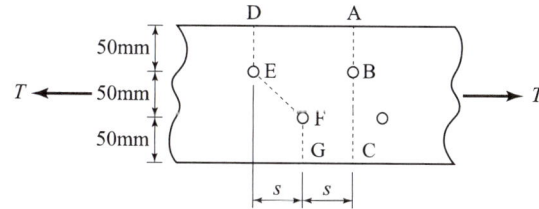

① 114.9mm ② 90.6mm
③ 66.3mm   ④ 50mm

| 해답 | ③

단면 ABC의 순폭 = 단면 DEFG의 순폭

$b_n = b_g - d - \left(d - \dfrac{s^2}{4g}\right) = b_g - d$ 에서 $d - \dfrac{s^2}{4g} = 0$

∴ 피치 $s = \sqrt{4gd} = \sqrt{4 \times 50 \times 22} = 66.3\text{mm}$

□□□ 기 05,07,08,10,12,15②,16④,18①,22②

03 아래 그림의 지그재그로 구멍이 있는 판에서 순폭을 구하면? (단, 구멍지름 = 25mm)

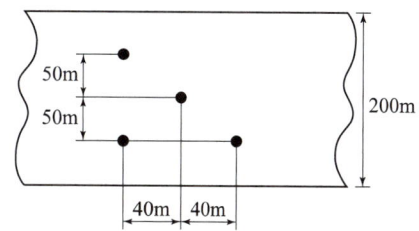

① $b_n = 187\text{mm}$ ② $b_n = 141\text{mm}$
③ $b_n = 137\text{mm}$ ④ $b_n = 125\text{mm}$

| 해답 | ②

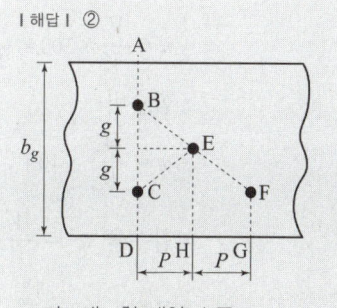

- 지그재그형 배열 순폭
  - $b_n = b_g - 2d = 200 - 2 \times 25 = 150\text{mm}$
  - $b_n = b_g - d - \left(d - \dfrac{p^2}{4g}\right)$
    $= 200 - 25 - \left(25 - \dfrac{40^2}{4 \times 50}\right) = 158\text{mm}$
  - $b_n = b_g - d - 2\left(d - \dfrac{p^2}{4g}\right)$
    $= 200 - 25 - 2\left(25 - \dfrac{40^2}{4 \times 50}\right) = 141\text{mm}$

∴ 순폭 $b_n = 141\text{mm}$ (∵ 세 값 중 작은 값)

□□□ 기 93,02,04,10,11,14①,16②,18③,22①

04 인장응력 검토를 위한 L-150×90×12인 형강(angle)의 전개 총폭 b_g는 얼마인가?

① 228mm ② 232mm
③ 240mm ④ 252mm

| 해답 | ①

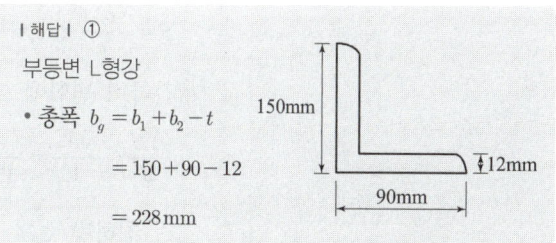

부등변 L형강

- 총폭 $b_g = b_1 + b_2 - t$
  $= 150 + 90 - 12$
  $= 228\text{mm}$

05 토질 및 기초

알아두기

흙의 삼상도
흙은 크게 토립자(soil), 물(water), 공기(air)의 세 가지 성분으로 구성되어 있으며, 이 중 물과 공기가 차지하는 부분을 공극(간극, void)이라 한다. 이 세 가지 성분을 흙의 삼상도라 한다.

01 흙의 구성

1 흙의 상대정수

- 간극비

$$e = \frac{V_v}{V_s} = \frac{n}{1-n} = \frac{\gamma_w G_s}{\gamma_d} - 1$$

$$= \frac{G_s \cdot w}{S}$$

- 간극률

$$n = \frac{V_v}{V} \times 100 = \frac{e}{1+e} \times 100$$

- 함수비

$$w = \frac{W_w}{W_s} \times 100$$

- 함수율 $w' = \frac{W_w}{W} \times 100$

- 포화도 $S = \frac{V_w}{V_v} \times 100 = \frac{w \cdot G_s}{e}$

- 흙의 비중 $G_s = \frac{W_s}{V_s \cdot \rho_w} = \frac{\gamma_d}{\gamma_w}(e+1)$

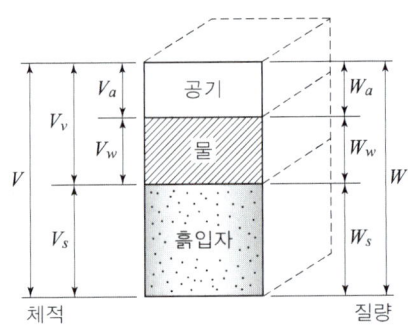

2 상대정수의 상호관계

- 간극비와 간극률과의 관계

$$e = \frac{n}{1-n}, \quad n = \frac{e}{1+e} \times 100$$

- 흙 전체의 중량(W)와 흙입자 중량(W_s)의 관계

$$W_s = \frac{100W}{100+w} = \frac{W}{1+\frac{w}{100}}$$

- 물 중량(W_w)와 흙 전체 중량(W)의 관계

$$W_w = \frac{w \cdot W}{100+w}$$

- 포화도와 비중의 상관관계

$$S \cdot e = G_S \cdot w$$

$$S = \frac{G_S \cdot w}{e}, \quad e = \frac{G_S \cdot w}{S}, \quad w = \frac{S \cdot e}{G_S}$$

- 간극비 변화에 따른 체적과 높이의 변화

$$\frac{\Delta H}{H} = \frac{\Delta V_v}{V} = \frac{\Delta V_v}{V_s + V_v} = \frac{\Delta e}{1+e_1} = \frac{e_1 - e_2}{1+e_1}$$

∴ 침하량 $\Delta H = \dfrac{e_1 - e_2}{1+e_1} H$

핵심문제

□□□ 기 17

01 간극비(e)와 간극률(n)의 관계를 옳게 나타낸 것은?

① $e = \dfrac{1-n/100}{n/100}$ ② $e = \dfrac{n/100}{1-n/100}$

③ $e = \dfrac{1+n/100}{n/100}$ ④ $e = \dfrac{1+n/100}{1-n/100}$

| 해답 | ②

$$e = \frac{V_v}{V_s} = \frac{V_v}{V-V_v} = \frac{\dfrac{V_v}{V}}{\dfrac{V}{V}-\dfrac{V_v}{V}} = \frac{n/100}{1-n/100} = \frac{n}{100-n}$$

□□□ 기 11,18④

02 어느 포화된 점토의 자연함수비는 45%이었고, 비중은 2.70이었다. 이 점토의 간극비(e)는?

① 1.22 ② 1.32
③ 1.42 ④ 1.52

| 해답 | ①

간극비 $e = \dfrac{G_s \cdot w}{S} = \dfrac{2.70 \times 45}{100} = 1.22$

(∵ 포화된 점토의 포화도는 100%)

□□□ 기 09,13

03 어떤 흙 1200g(함수비 20%)과 흙 2600g(함수비 30%)을 섞으면 그 흙의 함수비는 약 얼마인가?

① 21.1% ② 25.0%
③ 26.7% ④ 29.5%

| 해답 | ③

• 함수비 20%의 흙 입자 및 물

$W_{s1} = \dfrac{W}{1+w} = \dfrac{1200}{1+\dfrac{20}{100}} = 1000g$ ∴ $W_w = 200g$

• 함수비 30%의 흙 입자 및 물

$W_{s2} = \dfrac{W}{1+w} = \dfrac{2600}{1+\dfrac{30}{100}} = 2000g$ ∴ $W_w = 600g$

• 함수비

$w = \dfrac{W_w}{W_s} \times 100 = \dfrac{200+600}{1000+2000} \times 100 = 26.67\%$

□□□ 기 14④,22①

04 아래 그림과 같은 흙의 구성도에서 체적 V를 1로 했을 때의 간극의 체적은? (단, 간극률 n, 함수비 w, 흙입자의 비중 G_s, 물의 단위무게 γ_w)

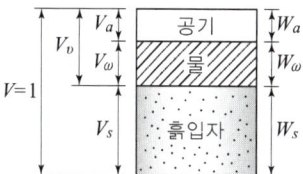

① n ② wG_s
③ $\gamma_w(1-n)$ ④ $[G_s - n(G_s-1)]\gamma_w$

| 해답 | ①

$n = \dfrac{V_v}{V} \times 100$ 에서

∴ 간극의 체적 $V_v = nV = n \times 1 = n$

□□□ 기 82,00,04,10,12,13,15,19①,20②,24②

05 함수비 15%인 흙 2300g이 있다. 이 흙의 함수비를 25%가 되도록 증가시키려면 얼마의 물을 가해야 하는가?

① 200g ② 230g
③ 345g ④ 575g

| 해답 | ①

$W_W = \dfrac{w \cdot W}{100+w} = \dfrac{15 \times 2300}{100+15} = 300g$

$15\% : 300 = (25-15) : x$ ∴ $x = \dfrac{300 \times (25-15)}{15} = 200g$

□□□ 기 82,95,99,03,19①

06 비중이 2.67, 함수비 35%이며, 두께 10m인 포화점토층이 압밀 후에 함수비가 25%로 되었다면, 이 토층 높이의 변화량은 얼마인가?

① 113cm ② 128cm
③ 135cm ④ 155cm

| 해답 | ③

높이 변화량 $\Delta H = \dfrac{e_1 - e_2}{1+e_1} H$

• $e_1 = \dfrac{G_s \cdot w}{S} = \dfrac{2.67 \times 35}{100} = 0.93$

• $e_2 = \dfrac{G_s \cdot w}{S} = \dfrac{2.67 \times 25}{100} = 0.67$

∴ $\Delta H = \dfrac{0.93 - 0.67}{1+0.93} \times 10 = 1.35m = 135cm$

02 흙의 단위중량 및 상대밀도

1 흙의 단위중량

■ $V_s = 1$로 한 주상도

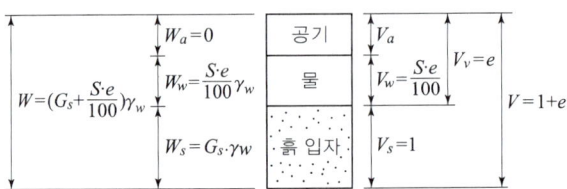

- 습윤단위중량 : $\gamma_t = \dfrac{W}{V} = \dfrac{W_s + W_w}{V_s + V_v} = \dfrac{G_s + \dfrac{S \cdot e}{100}}{1+e}\gamma_w = \dfrac{G_s + G_s \times \dfrac{w}{100}}{1+e}\gamma_w$

- 건조단위중량 : $\gamma_d = \dfrac{W_s}{V} = \dfrac{\gamma_t}{1 + \dfrac{w}{100}} = \dfrac{G_s}{1+e}\gamma_w$

- 포화단위중량 : $\gamma_{sat} = \dfrac{G_s + e}{1+e}\gamma_w$

- 수중단위중량 : $\gamma_{sub} = \gamma_{sat} - \gamma_w = \dfrac{G_s + e}{1+e}\gamma_w - \gamma_w = \dfrac{G_s - 1}{1+e}\gamma_w$

- 단위중량의 대소관계 : $\gamma_{sub} < \gamma_d < \gamma_t < \gamma_{sat}$

2 상대밀도

자연상태인 조립토의 느슨하고 조밀한 정도를 나타내는 것으로 사질토의 다짐 정도를 나타낸다.

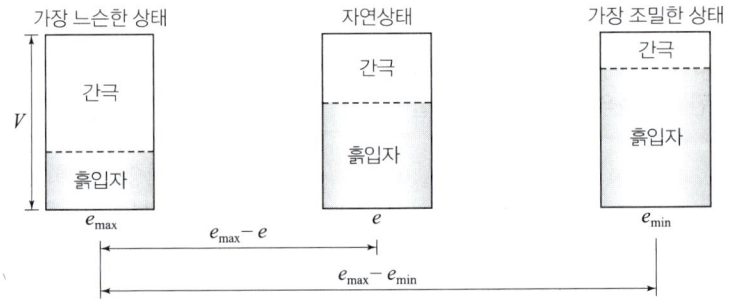

$$D_r = \dfrac{e_{max} - e}{e_{max} - e_{min}} \times 100$$

$$= \dfrac{\gamma_d - \gamma_{dmin}}{\gamma_{dmax} - \gamma_{dmin}} \cdot \dfrac{\gamma_{dmax}}{\gamma_d} \times 100 = \dfrac{\rho_d - \rho_{dmin}}{\rho_{dmax} - \rho_{dmin}} \cdot \dfrac{\rho_{dmax}}{\rho_d} \times 100$$

- 상대밀도는 100%에 가까울수록 밀도가 크고, 0%에 가까울수록 느슨하다.
- e_{min}에 가까워지면 안전하게 되어 상대밀도 D_r의 값이 커진다.
- e_{max}에 가까워지면 불안전하게 되어 상대밀도 D_r의 값이 작게 된다.

알아두기

흙의 단위중량
어떤 상태에 있는 흙덩이의 무게를 이에 대응하는 부피로 나눈 값을 흙의 단위중량이라 한다.

밀도의 표시
- 물의 밀도 $\rho_w = 1\text{g/cm}^3$
- 습윤 밀도 ρ_t
- 건조 밀도 ρ_d
- 포화 밀도 ρ_{sat}
- 수중 밀도 ρ_{sub}

물의 단위중량
$\gamma_w = 9.81\text{kN/m}^3$

상대밀도 용어
- e_{max} : 가장 느슨한 상태의 간극비
- e_{min} : 가장 조밀한 상태의 간극비
- e : 자연 상태의 간극비
- γ_{dmax} : 가장 조밀한 상태에서의 건조 단위중량
- γ_{dmin} : 가장 느슨한 상태에서의 건조 단위중량
- γ_d : 자연 상태의 건조 단위중량

상대밀도
- 단위 : %
- 상대밀도 범위 : 0~100%

핵 심 문 제

□□□ 기 02,06,08,10,11,17②,20

01 다짐되지 않은 두께 2m, 상대밀도 45%의 느슨한 사질토지반이 있다. 실내시험 결과 최대 및 최소 간극비가 0.85, 0.40으로 각각 산출되었다. 이 사질토를 상대 밀도 70%까지 다짐할 때 두께의 감소는 얼마나 되겠는가?

① 13.3cm ② 17.2cm
③ 21.0cm ④ 25.5cm

| 해답 | ①

- 상대밀도 45%에 간극비
$$D_r = \frac{e_{max} - e_1}{e_{max} - e_{min}} \times 100$$
$$= \frac{0.85 - e}{0.85 - 0.40} \times 100 = 45\%$$
$$\therefore e_1 = 0.65$$

- 상대밀도 70%일 때의 간극비
$$D_r = \frac{e_{max} - e_2}{e_{max} - e_{min}} \times 100$$
$$= \frac{0.85 - e}{0.85 - 0.40} \times 100 = 70\%$$
$$\therefore e_2 = 0.54$$

$\therefore$ 두께 감소량
$$\Delta H = \frac{e_1 - e_2}{1 + e_1} H$$
$$= \frac{0.65 - 0.54}{1 + 0.65} \times 200 = 13.3 \text{cm}$$

□□□ 기 99,04,14,18④

02 포화된 흙의 건조단위중량이 17.0kN/m³이고, 함수비가 20%일 때 비중은 얼마인가? (단, 물의 단위중량은 9.81kN/m³이다.)

① 2.58 ② 2.65
③ 2.78 ④ 2.88

| 해답 | ②

- $S = 100\%$에서 $e = wG_s = 0.20 G_s$ ($\because S \cdot e = w \cdot G_s$)
- $\gamma_t = \gamma_d(1+w) = 17.0(1+0.20) = 20.4 \text{kN/m}^3$
- $\gamma_t = \frac{G_s + S \cdot e}{1+e} \gamma_w = \frac{G_s + 0.20 G_s}{1 + 0.20 G_s} \times 9.81 = 20.4 \text{kN/m}^3$

$\therefore G_s = 2.65$

■ SOLVE 사용

□□□ 기 00,09,12,14,15,16,21

03 모래지반의 현장상태 습윤단위중량을 측정한 결과 18.0kN/m³으로 얻어졌으며 동일한 모래를 채취하여 실내에서 가장 조밀한 상태의 간극비를 구한 결과 $e_{min} = 0.45$, 가장 느슨한 상태의 간극비를 구한 결과 $e_{max} = 0.92$를 얻었다. 현장상태의 상대밀도는 약 몇 %인가? (단, 모래의 비중 $G_s = 2.7$이고, 현장상태의 함수비 $w = 10\%$, 물의 단위중량은 9.81kN/m³이다.)

① 44% ② 57%
③ 64% ④ 80%

| 해답 | ③

$$D_r = \frac{e_{max} - e}{e_{max} - e_{min}} \times 100$$

- $\gamma_d = \frac{\gamma_t}{1+w} = \frac{18.0}{1+0.10} = 16.4 \text{kN/m}^3$

- $e = \frac{\gamma_w G_s}{\gamma_d} - 1 = \frac{9.81 \times 2.7}{16.4} - 1 = 0.62$

$$\therefore D_r = \frac{0.92 - 0.62}{0.92 - 0.45} \times 100 = 64\%$$

□□□ 기 99,01,04,11,12,17

04 습윤단위중량이 19.62kN/m³, 함수비 20%, $G_s = 2.7$인 경우 포화도는? (단, 물의 단위중량은 9.81kN/m³이다.)

① 86.1% ② 87.1%
③ 95.6% ④ 100%

| 해답 | ②

포화도 $S = \frac{G_s \cdot w}{e}$

($\because S \cdot e = G_s \cdot w$)

- 건조단위중량
$$\gamma_d = \frac{\gamma_t}{1 + \frac{w}{100}}$$
$$= \frac{19.62}{1 + \frac{20}{100}} = 16.35 \text{kN/m}^3$$

- 간극비
$$e = \frac{G_s}{\gamma_d}\gamma_w - 1 = \frac{2.7}{16.35} \times 9.81 - 1 = 0.62$$

$$\left(\because \gamma_d = \frac{G_s}{1+e}\gamma_w\right)$$

$\therefore$ 포화도 $S = \frac{2.7 \times 20}{0.62} = 87.1\%$

03 흙의 연경도

1 흙의 연경도 Atterberg 한계

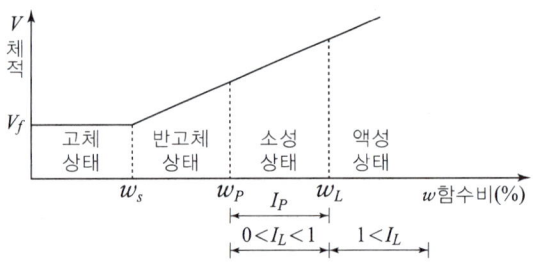

(1) 액성한계(w_L)

액체상태에서 소성상태로 변할 때의 함수비이다.

(2) 소성한계(w_P)

흙이 소성상태에서 반고체 상태로 옮겨지는 한계이다.

(3) 수축한계(w_S)

반고체 상태에서 고체상태로 변할 때의 함수비로 수은을 사용하여 노건조시료의 체적(V_o)을 구한다.

- 수축비 $R = \dfrac{W_o}{V_o \cdot \rho_w}$

- 수축한계 $w_s = w - \left\{ \dfrac{(V-V_0)\rho_w}{W_0} \times 100 \right\} = \left(\dfrac{1}{R} - \dfrac{1}{G_s} \right) \times 100$

여기서, w : 습윤토의 함수비(%)　　V : 습윤시료의 체적(cm³)
　　　　W_o : 노건조시료의 중량(g)　　V_o : 노건조시료의 체적(cm³)
　　　　G_s : 흙의 비중　　　　　　　ρ_w : 물의 밀도(g/cm³)

2 연경도 지수

- 수축지수 : $I_S = w_P - w_S$
- 소성지수 : $I_P = w_L - w_P$
- 액성지수(I_L, LI ; liquidity index)

$$I_L = \dfrac{w_n - w_P}{I_P} = \dfrac{w_n - w_P}{w_L - w_P}$$

- 연경지수(I_C ; consistency index)

$$I_C = \dfrac{w_L - w_n}{I_P} = \dfrac{w_L - w_n}{w_L - w_P}$$

- 유동지수(I_f ; flow index)

$$I_f = \dfrac{w_1 - w_2}{\log N_2 - \log N_1}$$

- 터프니스지수(I_t ; toughness index)

$$I_t = \dfrac{I_P}{I_f}$$

알아두기

■ Atterberg 한계시료
No.40(425㎛)체를 통과한 시료 사용

■ 수식
- w_n : 자연함수비

■ 흙의 연경지수
- 액성상태 : 1 < I_L이면 현장의 흙은 액체상태를 의미
- 소성상태 : 0 < I_L < 1이면 현장의 흙은 소성상태를 의미
- 고체상태 : I_L < 0이면 현장의 흙은 고체상태를 의미

핵심문제

기 94,19

01 어떤 흙의 자연함수비가 액성한계 보다 많으면 그 흙의 상태로 옳은 것은?

① 고체 상태에 있다.　② 반고체 상태에 있다.
③ 소성 상태에 있다.　④ 액체 상태에 있다.

| 해답 | ④

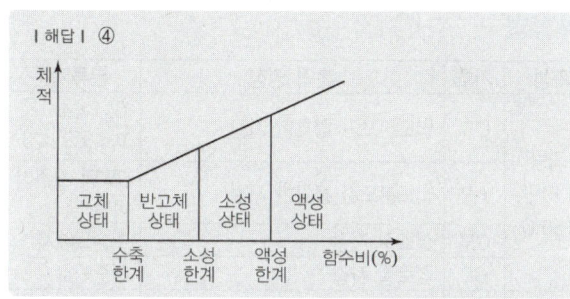

기 92,01

02 어떤 흙에 있어서 자연함수비 40%, 액성한계 60%, 소성한계 20%일 때, 이 흙의 액성 지수는?

① 200%　② 150%
③ 100%　④ 50%

| 해답 | ④

$$I_L = \frac{w_n - W_P}{W_L - W_P} = \frac{40-20}{60-20} = 0.5 = 50\%$$

기 07,16

03 흙의 연경도(Consistency)에 관한 설명으로 틀린 것은?

① 소성지수는 점성이 클수록 크다.
② 터프니스지수는 Colloid가 많은 흙일수록 값이 작다.
③ 액성한계시험에서 얻어지는 유동곡선의 기울기를 유동지수라 한다.
④ 액성지수와 컨시스턴시지수는 흙지반의 무르고 단단한 상태를 판정하는데 이용된다.

| 해답 | ②

터프니스 지수 $I_t = \dfrac{I_p}{I_f}$

터프니스 지수가 클수록 Colloid 함유율이 높다.

기 00,04

04 $I_L = \dfrac{w_n - W_p}{I_P}$ 식으로 나타내는 액성지수(Liquidity index)에 관한 다음 사항 중 옳지 않은 것은?

① 액성지수의 값은 일반적인 경우 0에서 1 사이이다.
② 액성지수의 값이 1에 가깝다는 것은 유동(流動)의 가능성을 뜻한다.
③ 액성지수의 값이 0에 가깝다는 것은 안정된 점토를 뜻한다.
④ 액성지수의 값은 흙의 투수계수를 추정하는 데 이용된다.

| 해답 | ④

액성 지수는 흙이 자연상태에서 함유하고 있는 함수비의 정도를 표시하는 지수로 흙의 안정성 파악에 이용한다.

기 95,02,06,19④

05 액성 지수가 1보다 큰 흙의 함수비는 다음 중 어떤 성상에 있는 흙인가?

① 고체상　② 반고체상
③ 소성상　④ 액체상

| 해답 | ④

반고체, 고체상태	소성 상태	액성 상태
$I_L < 0$	$0 < I_L < 1$	$1 < I_L$

기 94,98,14

06 다음 중 흙의 연경도(consistency)에 대한 설명 중 옳지 않은 것은?

① 액성한계가 큰 흙은 섬토분을 많이 포함하고 있다는 것을 의미한다.
② 소성한계가 큰 흙은 점토분을 많이 포함하고 있다는 것을 의미한다.
③ 액성한계나 소성 지수가 큰 흙은 연약 점토 지반이라고 볼 수 있다.
④ 액성한계와 소성 한계가 가깝다는 것은 소성이 크다는 것을 의미한다.

| 해답 | ④

액성한계와 소성한계가 가깝다는 것은 소성이 작다는 것을 의미한다.

04 흙의 분류

1 입도분포의 판정

(1) 균등계수(uniformity coefficient ; C_u) : $C_u = \dfrac{D_{60}}{D_{10}}$

(2) 곡률계수(coefficient of curvature ; C_g) : $C_g = \dfrac{D_{30}^2}{D_{10} \times D_{60}}$

2 통일분류법에 의한 분류방법

분류	토질	토질속성	기호	흙의 명칭	분류기준
조립토 $P_{\#200} < 50\%$	자갈(G)	#4체통과량이 50% 미만 (#4<50%)	GW	입도분포가 양호한 자갈	$C_u > 4$ $1 < C_g < 3$
			GP	입도분포가 불량한 자갈	GW의 조건이 아닐 때
			GM	실트질 자갈	소성도에서 이중기호
			GC	점토질 자갈	
	모래(S)	#4체통과량이 50% 이상 (#4≥50%)	SW	입도분포가 양호한 모래	$C_u > 6$ $1 < C_g < 3$
			SP	입도분포가 불량한 모래	SW의 조건이 아닐 때
			SM	실트질 모래, 모래 실트 혼합토	소성도에서 이중기호
			SC	점토질 모래, 모래 점토 혼합토	
세립토 $P_{\#200} \geq 50\%$	실트(M) 및 점토(C)	$W_L < 50$	ML	압축성이 낮은 실트, 무기질 실트	
			CL	압축성이 낮은 점토	
			OL	압축성이 낮은 유기질 점토	
		$W_L \geq 50$	MH	압축성이 높은 무기질 실트	
			CH	압축성이 높은 무기질 점토	
			OH	압축성이 높은 유기질 점토	
유기질토	이탄		P_t	이탄, 심한 유기질토	

3 AASHTO분류법

(1) 군지수(G.I) : No.200 통과율, 액성한계, 소성지수(액성한계 − 소성한계)로 군지수 계산

(2) 군지수 $GI = 0.2a + 0.005ac + 0.01bd$

4 통일분류법과 AASHTO 분류법 비교

(1) 두 분류법에서는 모두 입도분포와 소성(LL, PI)을 고려하여 흙을 분류한다.
(2) No.200체를 기준으로 조립토와 세립토로 구분하나 통과율에 있어서는 서로 다르다.
(3) 통일분류법 : No.200체 통과율 50% 기준 ; 소성도
(4) AASHTO 분류법 : No.200체 통과율 35% 기준, 군지수
(5) 모래(S), 자갈(G)의 입경구분이 서로 다르다.
  • 통일분류법 : No.4체(4.75mm)로 구분
  • AASHTO 분류법 : No.10체(2.00mm)로 구분

알아두기

유효입경(D_{10})
가적통과율 10%에 해당하는 입경

입경
- D_{10} : 통과백분율 10%에 대응하는 입경
- D_{30} : 통과백분율 30%에 대응하는 입경
- D_{60} : 통과백분율 60%에 대응하는 입경

양입도 조건
- 흙일 때 : $C_u > 10$, $1 < C_g < 3$
- 모래일 때 : $C_u > 6$, $1 < C_g < 3$
- 자갈일 때 : $C_u > 4$, $1 < C_g < 3$

제1문자

G	자갈(gravel)
S	모래(sand)
M	실트(silt)
C	점토(clay)
O	유기질토
P_t	이탄(peat)

제2문자

W	양입도(well)
P	빈입도(poor)
M	실트질(silty)
C	점토질(clayey)
L	저압축성
H	고압축성

Casagrande의 소성도

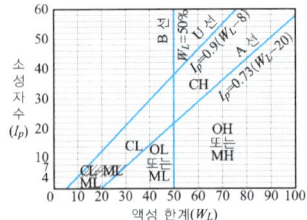

용어해설
- a = No.200체 통과량 − 35 : (0~40의 정수)
- b = No.200체 통과량 − 15 : (0~40의 정수)
- c = 액성한계 − 40 : (0~20의 정수)
- d = 소성지수 − 10 : (0~20의 정수)

분류법 비교
유기질 흙(OL, OH, P_t)에 대한 분류는 통일분류법에는 있으나 AASHTO 분류법에는 없다.

핵 심 문 제

□□□ 기 05,10,18①③,22②

01 입도분석시험 결과가 아래 표와 같다. 이 흙을 통일분류법에 의해 분류하면?

- 0.075mm 체 통과율 = 3%
- 2mm 체 통과율 = 40%
- 4.75mm 체 통과율 = 65%   · $D_{10} = 0.10$mm
- $D_{30} = 0.13$mm   · $D_{60} = 3.2$mm

① GW   ② GP
③ SW   ④ SP

| 해답 | ④

- 조립토 : #200(0.075)체 통과량이 50% 미만(3%)
- 모래(S) : #4(4.75)체 통과량이 50% 이상(65%)
- SP 조건
- #200체 통과량이 5% 이하(3%)
- $C_u = \dfrac{D_{60}}{D_{10}} = \dfrac{3.2}{0.10} = 32 > 6$ (∴ 균등계수 6 이상)
- $C_g = \dfrac{D_{30}^2}{D_{10} \times D_{60}} = \dfrac{0.13^2}{0.10 \times 3.2} = 0.05 < 1 \sim 3$

(∵ SW에 해당되는 두 조건을 만족시키지 못함)
∴ SP를 만족한다.

□□□ 기 10,12④,21①

02 흙의 분류법인 AASHTO 분류법과 통일분류법을 비교·분석한 내용으로 틀린 것은?

① AASHTO 분류법은 입도분포, 군지수 등을 주요 분류인자로 한 분류법이다.
② 통일분류법은 입도분포, 액성한계, 소성지수 등을 주요 분류 인자로 한 분류법이다.
③ 통일분류법은 0.075mm 체 통과율을 35%를 기준으로 조립토와 세립토로 분류하는데 이것은 AASHTO 분류법보다 적질하다.
④ 통일분류법은 유기질토 분류방법이 있으나 AASHTO 분류법은 없다.

| 해답 | ③

- 통일분류법 : No.200체(0.075mm) 통과율이 50% 미만이면 조립토, 그 이상이면 세립토이다.
- AASHTO 분류법 : 입도분석, 아터버그 한계, 군지수를 근거로 분류한다.

□□□ 기 01,08,14

03 통일분류법(統一分類法)에 의해 SP로 분류된 흙의 설명으로 옳은 것은?

① 모래질 실트를 말한다.
② 모래질 점토를 말한다.
③ 압축성이 큰 모래를 말한다.
④ 입도분포가 나쁜 모래를 말한다.

| 해답 | ④

- SP : 입도 분포가 불량한 모래(sand poor)

□□□ 기 03,17①,21②

04 아래와 같은 조건에서 AASHTO분류법에 따른 군지수(GI)는?

- 흙의 액성한계 : 45%
- 흙의 소성한계 : 25%
- 200번체 통과율 : 50%

① 7   ② 10
③ 13   ④ 16

| 해답 | ①

군지수 $GI = 0.2a + 0.005ac + 0.01bd$

- a = No.200체 통과량 $-35 = 50-35 = 15\%$
  (0~40의 정수)
- b = No.200체 통과량 $-15 = 50-15 = 35\%$
  (0~40의 정수)
- c = 액성 한계 $-40 = 45-40 = 5$
- d = 소성 지수 $-10 = (45-25) -10 = 10$

∴ $GI = 0.2 \times 15 + 0.005 \times 15 \times 5 + 0.01 \times 35 \times 10$
     $= 6.88 = 7$

참고 GI값은 가장 가까운 정수로 반올림한다.

□□□ 기 10,13①,20④

05 어떤 시료를 입도 분석한 결과, 0.075mm(No. 200) 체 통과량이 65%이었고, 애터버그 한계시험 결과 액성한계가 40%이었으며 소성 도표(Plasticity chart)에서 A선 위의 구역에 위치한다면 이 시료의 통일분류법(USCS)상 기호로서 옳은 것은?

① CL   ② SC
③ MH   ④ SM

| 해답 | ①

- A선 위의 빗금 부분 위 : CL
- A선 아래 : ML, OH, MH

알아두기

Darcy의 법칙
일반적으로 흙 속의 물의 속도가 느리기 때문에 속도수두는 무시한다. 전수두는 압력수두와 위치수두가 있으며, Darcy의 법칙은 층류에서 성립하는데, 지하수는 유속이 느리기 때문에 층류로 간주한다.

05 Darcy의 법칙

1 Darcy의 법칙에 의한 유속

- 단면적 A인 단위시간에 통과하는 유량 Q이고, 그 동수경사가 i일 때 동수경사(i)와 유속(v)의 관계를 Darcy의 법칙이라 한다.

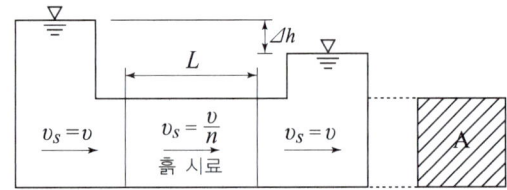

- $Q = vA = kiA = k\dfrac{\Delta h}{L}A$

여기서, Q : 단위시간당의 유량(cm³/sec) v : 물의 유속(cm/sec)
  A : 단면적 k : 투수계수
  i : 동수경사$\left(\dfrac{\Delta h}{L}\right)$ L : 두 점 간의 거리
  v_s : 실제 침투유속

2 유출속도와 침투속도

- 실제 침투유속 $v_s = \dfrac{v}{n}$으로 평균유속(v)보다도 크다.

$Q = A \cdot v = A_v \cdot v_s$

$v_s = \dfrac{A}{A_v} \cdot v = \dfrac{AL}{A_v L} v = v\left(\dfrac{v}{v_s}\right) = \dfrac{v}{n}$

$v_s > v$: n은 1보다 작으므로 항상 $v_s > v$이다.

여기서, v_s : 실제 침투유속, v : 유출속도
  A_v : 간극의 단면적, A : 시료의 전단면적
  n : 간극률$\left(\dfrac{v_v}{v}\right)$

3 평균유속

$v = \dfrac{Q}{A} = Ki = K\dfrac{\Delta h}{L}$

여기서, K : 투수계수, i : 동수경사

- 토질역학에서는 일반적으로 침투속도가 대단히 느리기 때문에 속도수두는 무시하고 위치수두와 압력수두에 의해 물이 흐른다.
- 시간 t 사이에 전단면적 A를 통과하는 전투수량

$Q = KiAt = K\left(\dfrac{\Delta h}{L}\right)At$

핵심문제

□□□ 기 99,02,04,10

01 단면적 20cm², 길이 10cm의 시료를 15cm의 수두차로 정수위 투수시험을 한 결과 2분 동안 150cm³의 물이 유출되었다. 이 흙의 $G_s=2.67$이고, 건조중량이 420g이었다. 공극을 통하여 침투하는 실제 침투유속 V_s는 약 얼마인가?

① 0.180cm/sec ② 0.296cm/sec
③ 0.376cm/sec ④ 0.434cm/sec

| 해답 | ②

- $V = \dfrac{Q}{A} = \dfrac{\frac{150}{2\times 60}}{20} = 0.063\,\text{cm/sec}$
- $\rho_d = \dfrac{W_S}{V} = \dfrac{420}{20\times 10} = 2.1\,\text{g/cm}^3 = 2.1\,\text{t/m}^3 = 21\,\text{kN/m}^3$
- $e = \dfrac{\rho_w G_s}{\rho_d} - 1 = \dfrac{1\times 2.67}{2.1} - 1 = 0.271$
  $\left(\because \rho_d = \dfrac{G_s}{1+e}\rho_w\right)$
- $n = \dfrac{e}{1+e} = \dfrac{0.271}{1+0.271} = 0.213$
- $\therefore V_s = \dfrac{V}{n} = \dfrac{0.063}{0.213} = 0.296\,\text{cm/sec}$

□□□ 기 13,16②,24②

02 다음 그림에서 C점의 압력수두 및 전수두 값은 얼마인가?

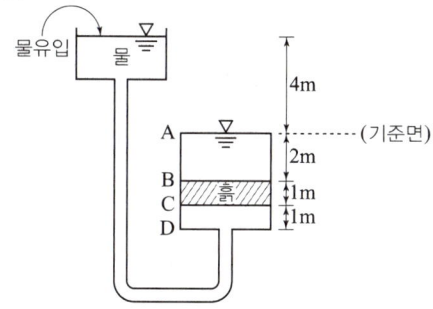

① 압력수두 3m, 전수두 2m
② 압력수두 7m, 전수두 0m
③ 압력수두 3m, 전수두 3m
④ 압력수두 7m, 전수두 4m

| 해답 | ④

- C점의 압력수두 $= 4+2+1 = 7\,\text{m}$
- C점의 위치수두 $= -(2+1) = -3\,\text{m}$
- $\therefore$ C점의 전수두 $= 7+(-3) = 4\,\text{m}$

□□□ 기 98,00,03,05,12,17④,21③

03 다음 그림에서 투수계수 $K=4.8\times 10^{-3}$cm/sec일 때 Darcy의 유출속도 V와 실제 물의 속도(침투속도) V_s는?

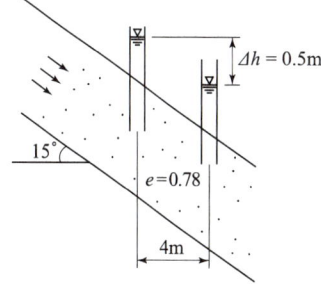

① $V=3.4\times 10^{-4}$cm/sec, $V_s=5.6\times 10^{-4}$cm/sec
② $V=3.4\times 10^{-4}$cm/sec, $V_s=9.4\times 10^{-4}$cm/sec
③ $V=5.8\times 10^{-4}$cm/sec, $V_s=10.8\times 10^{-4}$cm/sec
④ $V=5.8\times 10^{-4}$cm/sec, $V_s=13.2\times 10^{-4}$cm/sec

| 해답 | ④

$V = K\dfrac{\Delta h}{l} = 4.8\times 10^{-3} \times \dfrac{50}{\left(\frac{400}{\cos 15°}\right)} = 5.8\times 10^{-4}\,\text{cm/sec}$

$n = \dfrac{e}{1+e} = \dfrac{0.78}{1+0.78} = 0.44$

$V_s = \dfrac{5.8\times 10^{-4}}{0.44} = 1.32\times 10^{-3} = 13.2\times 10^{-4}\,\text{cm/sec}$

□□□ 기 97,14,15,19③,20③

04 $\Delta h_1 = 5$이고, $k_{v2} = 10k_{v1}$일 때, k_{v3}의 크기는?

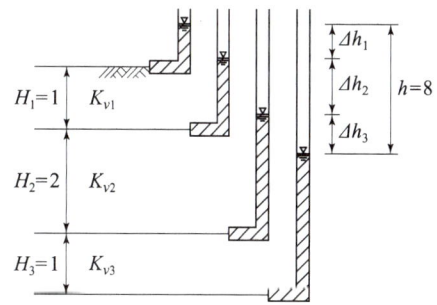

① $1.0k_{v1}$ ② $1.5k_{v1}$
③ $2.0k_{v1}$ ④ $2.5k_{v1}$

| 해답 | ④

- $k_{v1}\dfrac{\Delta h_1}{1} = 10k_{v1}\dfrac{\Delta h_2}{2} = k_{v3}\dfrac{\Delta h_3}{1}$ ($\because k_{v2}=10k_{v1}$)
- $k_{v1}\Delta h_1 = 5k_{v1}\Delta h_2 = k_{v3}\Delta h_3$ ($\therefore \Delta h_1 = 5\Delta h_2$)
- $\Delta h_1 = 5$이면 $\Delta h_2 = 1$, $\Delta h_3 = 2$
  ($\because \Delta h_1 + \Delta h_2 + \Delta h_3 = 8$)
- $k_{v1}\Delta h_1 = k_{v3}\Delta h_3$에서
- $\therefore k_{v3} = k_{v1}\dfrac{\Delta h_1}{\Delta h_3} = \dfrac{5}{2}k_{v1} = 2.5k_{v1}$

알아두기

▶ 모관수두
$$h_c = \frac{4T\cos\alpha}{D \cdot \gamma_w}$$
- T : 표면장력
- α : 접촉각
- D : 모세관의 지름
- γ_w : 물의 단위중량

▶ Hazen 공식
$$K = C \cdot D_{10}^2$$

▶ 용어해설
- Q : t시간 동안 유출된 유량
- A : 시료의 단면적
- t : 측정시간(sec)
- h : 수위차
- L : 시료의 길이
- a : 스탠드파이프의 단면적

▶ 성토층의 투수계수
성토지반의 투수계수(K)는 토층에 수평방향(K_h) 또는 연직방향(K_v)으로 지하수가 흐를 때 투수계수가 동일하지 않다.

▶ 수평방향 투수계수
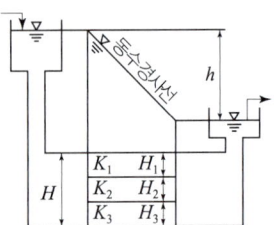

06 흙의 투수계수

1 흙의 모관성

(1) Hazen의 모관상승고의 근사식
$$h_c = \frac{C}{e \times D_{10}}$$
여기서, C : 정수, e : 간극비
D_{10} : 유효입경

(2) 투수계수의 영향
$$K = D_s^2 \cdot \frac{\gamma_w}{\mu} \cdot \frac{e^3}{1+e} \cdot C \text{ (Taylor 제안)}$$
여기서, D_s : 흙의 입경, γ_w : 물의 단위중량
μ : 물의 점성계수, e : 간극비
C : 합성 형성계수

(3) 간극비와의 관계
- $K_1 : K_2 = \dfrac{e_1^3}{1+e_1} : \dfrac{e_2^3}{1+e_2}$
- $K_2 = K_1 \times \left(\dfrac{e_2}{e_1}\right)^2$

2 투수계수 측정방법

- 정수위 투수시험
$$K = \frac{Q \cdot L}{h \cdot A \cdot t}$$

- 변수위 투수시험
$$K = 2.3 \frac{a \cdot L}{A \cdot t} \log \frac{h_1}{h_2}$$

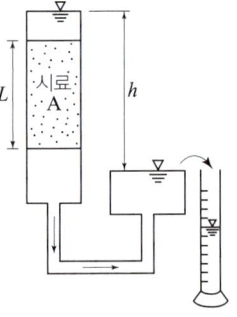
정수위 투수시험

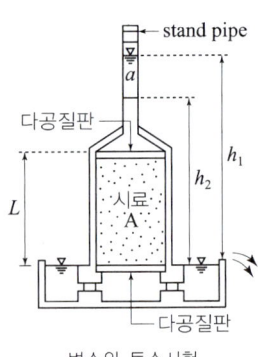
변수위 투수시험

3 성토층의 투수계수

- 등방성 투수계수
$$K = \sqrt{K_h \cdot K_v}$$
- 수평방향의 투수계수
$$K_h = \frac{1}{H}(K_1 H_1 + K_2 H_2 + \cdots + K_n H_n)$$
- 연직방향의 투수계수
$$K_v = \frac{H}{\dfrac{H_1}{K_1} + \dfrac{H_2}{K_2} + \cdots + \dfrac{H_n}{K_n}}$$

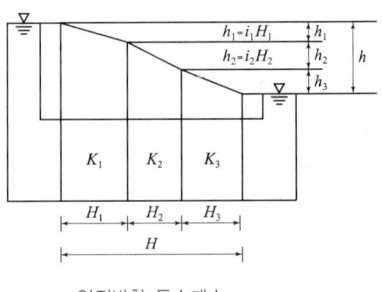
연직방향 투수계수

핵심문제

□□□ 기 86,98,00,02,06,15,18①

01 다음 중 투수계수를 좌우하는 요인이 아닌 것은?

① 토립자의 크기 ② 간극의 형상과 배열
③ 포화도   ④ 토립자의 비중

| 해답 | ④

- $K = D^2 \cdot \dfrac{\gamma_w}{\mu} \cdot \dfrac{e^3}{1+e} \cdot C$
- 투수계수 측정은 포화상태에서 실시하므로 포화도 (S)와 관계가 있다.
  ∴ 포화도(S)가 증가하면 투수계수는 증가한다.
- 투수계수(K)는 흙의 비중(G_s)과 관계없다.

□□□ 기 94,06,10,14,18②,21②,22①

02 그림과 같이 같은 두께의 3층으로 된 수평 모래층이 있을 때 모래층 전체의 연직 방향 평균 투수 계수는? (단, k_1, k_2, k_3는 각 층의 투수계수이다.)

① 2.38×10^{-3} cm/sec
② 3.01×10^{-4} cm/sec
③ 4.56×10^{-4} cm/sec
④ 3.36×10^{-5} cm/sec

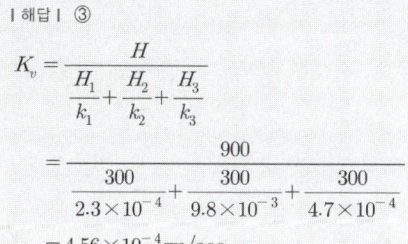

| 해답 | ③

$$K_v = \dfrac{H}{\dfrac{H_1}{k_1} + \dfrac{H_2}{k_2} + \dfrac{H_3}{k_3}}$$

$$= \dfrac{900}{\dfrac{300}{2.3 \times 10^{-4}} + \dfrac{300}{9.8 \times 10^{-3}} + \dfrac{300}{4.7 \times 10^{-4}}}$$

$$= 4.56 \times 10^{-4} \text{cm/sec}$$

□□□ 기 85,99,03,06,11,17①,22②

03 간극비가 $e_1=0.80$인 어떤 모래의 투수계수가 $k_1=8.5 \times 10^{-2}$ cm/sec일 때 이 모래를 다져서 간극비를 $e_2=0.57$로 하면 투수계수 k_2는?

① 8.5×10^{-3} cm/sec
② 3.5×10^{-2} cm/sec
③ 8.1×10^{-2} cm/sec
④ 4.1×10^{-1} cm/sec

| 해답 | ②

- $k_1 : k_2 = \dfrac{e_1^3}{1+e_1} : \dfrac{e_2^3}{1+e_2}$

- $k_2 = \dfrac{\dfrac{e_2^3}{1+e_2}}{\dfrac{e_1^3}{1+e_1}} \times k_1 = \dfrac{\dfrac{0.57^3}{1+0.57}}{\dfrac{0.80^3}{1+0.80}} \times 8.5 \times 10^{-2}$

  $= 3.5 \times 10^{-2}$ cm/sec

□□□ 기 03,06,09

04 그림과 같이 3층으로 되어 있는 성토층의 수평방향의 평균투수계수는?

H_1=2.5m	K_1=3.06×10⁻⁴cm/sec
H_2=3.0m	K_2=2.55×10⁻⁴cm/sec
H_3=2.0m	K_3=3.50×10⁻⁴cm/sec

① 2.97×10^{-4} cm/sec
② 3.04×10^{-4} cm/sec
③ 6.04×10^{-4} cm/sec
④ 4.04×10^{-4} cm/sec

| 해답 | ①

$$K_h = \dfrac{1}{H}(K_1 H_1 + K_2 H_2 + K_3 H_3)$$

$$= \dfrac{1}{7.5}(3.06 \times 10^{-4} \times 2.5 + 2.55 \times 10^{-4} \times 3 + 3.50 \times 10^{-4} \times 2.0)$$

$$= 2.97 \times 10^{-4} \text{cm/sec}$$

□□□ 기 96,00,04,15

05 어떤 흙의 변수위 투수시험을 한 결과 시료의 지름과 길이가 각각 5.0cm, 2.0cm이었으며, 유리관의 안지름이 4.5mm, 1분 10초 동안에 수두가 40cm에서 20cm로 내렸다. 이 시료의 투수계수는?

① 4.95×10^{-4} cm/s
② 5.45×10^{-4} cm/s
③ 1.60×10^{-4} cm/s
④ 7.39×10^{-4} cm/s

| 해답 | ③

$$K = 2.3 \dfrac{a \cdot l}{A \cdot t} \log \dfrac{h_1}{h_2}$$

$$= 2.3 \dfrac{\dfrac{\pi \times 0.45^2}{4} \times 2}{\dfrac{\pi \times 5^2}{4} \times 70} \log \dfrac{40}{20} = 1.60 \times 10^{-4} \text{cm/sec}$$

알아두기

유선망을 그리는 목적
침투유량, 임의점의 간극수압 및 동수경사를 결정하기 위해 작도

07 유선망

1 유선망의 경계조건

- 유선과 등수두선으로 이루어진 곡선군을 유선망(流線網 ; flow net)이라고 한다.
- 유선망은 침투유량, 임의점의 간극수압 및 동수경사 등 지하수의 흐름해석에 이용된다.

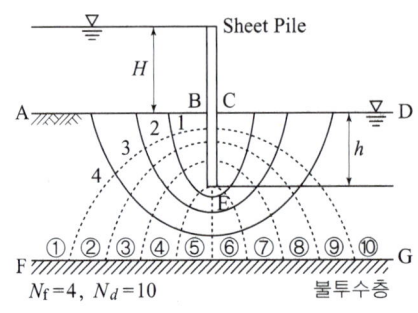

- $\overline{AB}$, $\overline{CD}$: 등수두선
- $\overline{BEC}$, $\overline{FG}$: 유선
- 유선의 수 : 5
- 유로의 수 : $N_f = 4$
- 등수두선의 수 : 11
- 등수두면의 수 : $N_d = 10$

■ 유선망의 특징
- 각 유로의 침투유량은 같다.
- 유선과 등수두선은 서로 직교한다.
- 유선망으로 이루어지는 사각형은 이론상 정사각형이다.
- 인접한 2개의 등수두선 사이의 수두손실은 같다.
- 침투속도 및 동수경사는 유선망의 폭에 반비례한다.
- 유선망 작도에 필요한 유로의 수는 4~6개가 필요하다.

유선망의 작도 목적
- 침투수량을 알기 위해
- 간극수압을 알기 위해

2 침투수량

- 등방성 흙($K_h = K_v$)

$$Q = KH\frac{N_f}{N_d}$$

- 이등방성 흙($K_h \neq K_v$)

$$Q = \sqrt{K_h K_v} \cdot H \cdot \frac{N_f}{N_d}$$

여기서, Q : 단위폭당 제체의 침투유량(cm³/sec), K : 투수계수(cm/sec)
H : 상하류의 수두차(cm), N_f : 유로의 수
N_d : 등수두면의 수

3 임의점에서의 간극수압

- 전수두 $h_t = \dfrac{n_d}{N_d} \cdot H$

여기서, n_d : 구하는 점에서의 등수두면 수

- 압력수두 h_p = 전수두(h_t) − 위치수두(h_e)
- 간극수압 $u_p = \gamma_w \times$압력수두(h_p)

핵 심 문 제

□□□ 기 92,01,07,13

01 침투유량(q) 및 B점에서의 간극수압(u_B)을 구한 값으로 옳은 것은? (단, 투수층의 투수계수는 3×10^{-1} cm/sec, 물의 단위중량은 9.81kN/m³이다.)

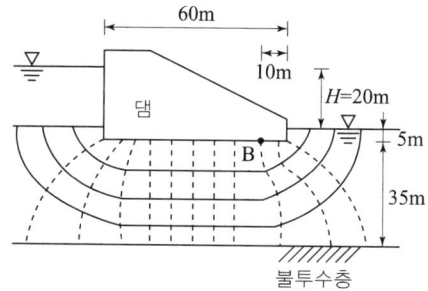

① $q = 100 \text{cm}^3/\text{sec/cm}$, $u_B = 49 \text{kN/m}^2$
② $q = 100 \text{cm}^3/\text{sec/cm}$, $u_B = 98 \text{kN/m}^2$
③ $q = 200 \text{cm}^3/\text{sec/cm}$, $u_B = 49 \text{kN/m}^2$
④ $q = 200 \text{cm}^3/\text{sec/cm}$, $u_B = 98 \text{kN/m}^2$

| 해답 | ④

- 침투유량 $q = kH \dfrac{N_f}{N_d} = 3.0 \times 10^{-1} \times 2000 \times \dfrac{4}{12}$
  $= 200 \text{cm}^3/\text{sec/cm}$

- B점의 간극수압
  - 전수두 $h_t = \dfrac{N_d'}{N_d} h = \dfrac{3}{12} \times 20 = 5\text{m}$
  - 위치수두 $h_e = -5\text{m}$
  - 압력수두 $h_p = h_t - h_e = 5 - (-5) = 10\text{m}$
  $\therefore u_B = \gamma_w h_p = 9.81 \times 10 = 98.1 \text{kN/m}^2$

□□□ 기 97,09,11④,15②,18①④,19②,20④,22①

02 유선망의 특징을 설명한 것으로 옳지 않은 것은?

① 각 유로의 침투유량은 같다.
② 유선과 등수두선은 서로 직교한다.
③ 유선망으로 이루어지는 사각형은 이론상 정사각형이다.
④ 침투속도 및 동수경사는 유선망의 폭에 비례한다.

| 해답 | ④

침투속도 및 동수경사는 유선망의 폭에 반비례한다.

□□□ 기 96,10,15,21①

03 그림의 유선망에 대한 설명 중 틀린 것은? (단, 흙의 투수계수는 2.5×10^{-3} cm/sec)

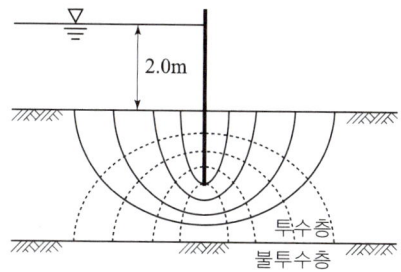

① 유선의 수 = 6
② 등수두선의 수 = 6
③ 유로의 수 = 5
④ 전침투유량 $Q = 0.278 \text{cm}^3/\text{sec}$

| 해답 | ②

- 유선의 수 = 6, 유로의 수 $N_f = 5$
- 등수두선의 수 = 10
- 등수두면의 수 $N_d = 9$
- $Q = kH \dfrac{N_f}{N_d} = 2.5 \times 10^{-3} \times 200 \times \dfrac{5}{9} = 0.278 \text{cm}^3/\text{sec}$

□□□ 기 90,08,12,16②,22③,24③

04 수평방향 투수계수가 0.12cm/sec이고, 연직방향 투수계수가 0.03cm/sec일 때 1일 침투유량은?

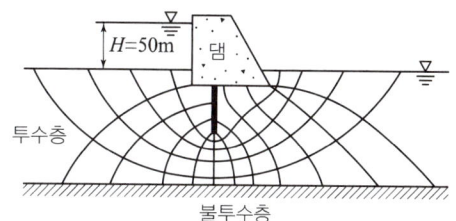

① 970m³/day/m
② 1080m³/day/m
③ 1220m³/day/m
④ 1410m³/day/m

| 해답 | ②

$$Q = \sqrt{K_h K_v}\, H \dfrac{N_f}{N_d}$$

- $K = \sqrt{0.12 \times 0.03} = 0.060 \text{cm/sec}$
- $H = 50\text{m} = 5000\text{cm}$
- $N_f = 5$, $N_d = 12$

$\therefore Q = 0.060 \times 5000 \times \dfrac{5}{12}$
$= 125.00 \text{cm}^3/\text{sec/cm} = 1080 \text{m}^3/\text{day/m}$

알아두기

전응력
전체 흙에 작용하는 단위면적당 수직응력을 전 응력이라 한다.

간극수압
간극을 채우고 있는 물이 부담하는 응력으로 중립응력이라고 한다.

유효응력
흙입자가 부담하는 응력으로 흙입자의 접촉점에서 발생하는 단위면적당 작용하는 힘을 말한다.

유효응력 증가
• 하향침투
• 모세관 현상

유효응력 감소
• 상향침투

분사현상
주로 사질토지반(모래)에 일어나는 현상으로 침투수압에 의해 모래가 물과 함께 유출하는 현상이다.

안전율
$F_s > 1$이면 분사현상이 발생하지 않는다.

---

08 유효응력

1 흙의 자중응력

- 연직응력
  $\sigma_v = \gamma \cdot Z$
  여기서, γ : 흙의 단위중량
- 수평응력
  $\sigma_h = K_0 \cdot \sigma_v = K_0 \cdot \gamma \cdot Z$
  여기서, K_0 : 토압계수

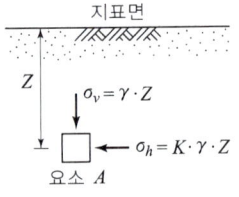

2 유효응력

- 전응력 $\sigma = h_1 \cdot \gamma_t + h_2 \cdot \gamma_{sat}$
- 간극수압 $u = \gamma_w \cdot h_2$
- 유효응력 $\bar{\sigma} = \sigma - u$
  $= (h_1 \cdot \gamma_t + h_2 \cdot \gamma_{sat}) - h_2 \cdot \gamma_w$
  $= h_1 \cdot \gamma_t + h_2(\gamma_{sat} - \gamma_w)$
  $= h_1 \cdot \gamma_t + h_2 \cdot \gamma_{sub}$

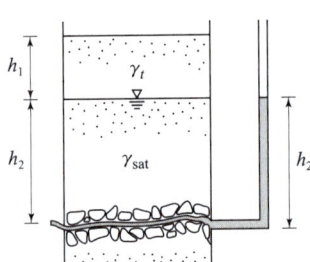

3 침투수압

- 단위체적당 침투수압
  $F = \dfrac{\text{침투력}}{\text{흙의 체적}} = \dfrac{\Delta h \cdot \gamma_w \cdot A}{z \cdot A} = i \cdot \gamma_w$
- 단위면적당 침투수압
  $F = i \gamma_w z$

4 분사현상

(1) 한계동수경사 : $i_{cr} = \dfrac{\gamma_{sub}}{\gamma_w} = \dfrac{\gamma_{sat} - \gamma_w}{\gamma_w} = \dfrac{G_s - 1}{1 + e}$

(2) 동수경사 : $i = \dfrac{\Delta h}{L}$

(3) 분사현상의 조건
- 분사현상이 일어나는 조건 : $i > \dfrac{G_s - 1}{1 + e}$
- 분사현상이 일어나지 않는 조건 : $i < \dfrac{G_s - 1}{1 + e}$
- 안전율 : $F_s = \dfrac{i_{cr}}{i} = \dfrac{\dfrac{G_s - 1}{1 + e}}{\dfrac{\Delta h}{L}}$

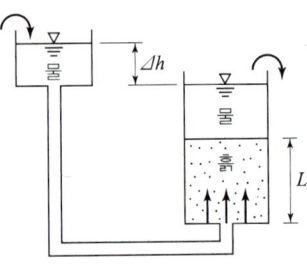

핵심문제

□□□ 기 97,98,04,06,12,14,20③,21②

01 아래 그림과 같은 지반의 A점에서 전응력 σ, 간극수압 u, 유효응력 σ'을 구하면? (단, 물의 단위중량은 $9.81kN/m^3$이다.)

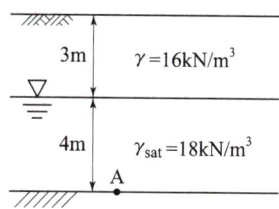

① $\sigma=102kN/m^2$, $u=39kN/m^2$, $\sigma'=62kN/m^2$
② $\sigma=102kN/m^2$, $u=30kN/m^2$, $\sigma'=72kN/m^2$
③ $\sigma=120kN/m^2$, $u=39kN/m^2$, $\sigma'=81kN/m^2$
④ $\sigma=120kN/m^2$, $u=30kN/m^2$, $\sigma'=90kN/m^2$

| 해답 | ③
- $\sigma = \gamma h_1 + \gamma_{sat} h_2 = 16 \times 3 + 18 \times 4 = 120 kN/m^2$
- $u = \gamma_w h_2 = 9.81 \times 4 = 39 kN/m^2$
- $\sigma' = \sigma - u = 120 - 39 = 81 kN/m^2$

□□□ 기 86,00,04,08,14①,19②

02 그림과 같이 모래층에 널말뚝을 설치하여 물막이공 내의 물을 배수하였을 때, 분사현상이 일어나지 않게 하려면 얼마의 압력을 가하여야 하는가? (단, 모래의 비중은 2.65, 간극비는 0.65, 안전율은 3, 물의 단위중량은 $9.81kN/m^3$이다)

① $65kN/m^2$
② $130kN/m^2$
③ $330kN/m^2$
④ $162kN/m^2$

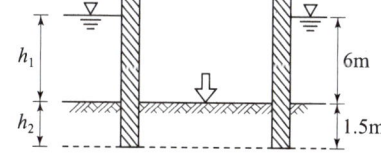

| 해답 | ④
- $e = 0.65$
- $\gamma_{sub} = \dfrac{G_s - 1}{1+e}\gamma_w = \dfrac{2.65-1}{1+0.65} \times 9.81 = 9.81 kN/m^3$
- $F_s = \dfrac{유효응력(\overline{\sigma}) + \Delta\sigma}{공극응력(u)} = \dfrac{\gamma_{sub} h_2 + \Delta\sigma}{\gamma_w h_1}$ 에서

$3 = \dfrac{9.81 \times 1.5 + \Delta\sigma}{9.81 \times 6}$

∴ $\Delta\sigma = 162 kN/m^2$ 참고 SOLVE 사용

□□□ 기 00,03,07,11,14,18③,19③

03 널말뚝을 모래지반에 5m 깊이로 박았을 때 상류와 하류의 수두차가 4m이었다. 이 때 모래지반의 포화단위중량이 $19.62kN/m^3$이다. 현재 이 지반의 분사현상에 대한 안전율은? (단, 물의 단위중량은 $9.81kN/m^3$이다.)

① 0.85
② 1.25
③ 1.85
④ 2.25

| 해답 | ②

$i_c = \dfrac{\gamma_{sub}}{\gamma_w} = \dfrac{19.62 - 9.81}{9.81} = 1$

$i = \dfrac{\Delta h}{L} = \dfrac{4}{5} = 0.80$

∴ 안전율 $F = \dfrac{i_c}{i} = \dfrac{1}{0.8} = 1.25$

□□□ 기 82,02,03,06,11,12,18②,20②

04 어떤 모래층의 간극률이 35%, 비중이 2.66이다. 이 모래의 Quick Sand에 대한 한계동수경사는 얼마인가?

① 1.14
② 1.08
③ 1.0
④ 0.99

| 해답 | ②

$e = \dfrac{n}{1-n} = \dfrac{0.35}{1-0.35} = 0.54$

∴ $i_{cr} = \dfrac{G_s - 1}{1+e} = \dfrac{2.66-1}{1+0.54} = 1.08$

□□□ 기 98,03,08,10,14,21④

05 다음 그림에서 분사현상에 대한 안전율을 구하면?

① 1.01
② 1.33
③ 1.66
④ 2.01

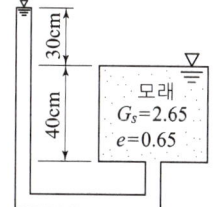

| 해답 | ②

- $i_c = \dfrac{G_s - 1}{1+e} = \dfrac{2.65-1}{1+0.65} = 1$
- $i = \dfrac{\Delta h}{L} = \dfrac{30}{40} = 0.75$

∴ $F = \dfrac{i_c}{i} = \dfrac{1}{0.75} = 1.33$

알아두기

영향계수 I_σ

$$I_\sigma = \frac{3Z^5}{2\pi R^5}$$

2:1 분포법

하중에 의한 지중응력이 2:1의 기울기로서 분포한다고 가정하여 그 분포면적으로 하중을 나누어 평균 지중응력을 구하는 방법이다.

중첩의 원리

모서리 이외의 점에 대한 연직응력을 구할 때는 중첩의 원리를 이용한다.

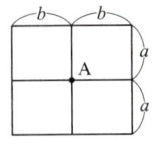 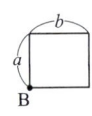

$\sigma_A = 4\sigma_B \qquad \sigma_B = \frac{1}{4}\sigma_A$

여기서, σ_A, σ_B : A, B의 지중응력

연성기초
- 점토지반

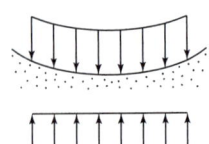

- 모래지반

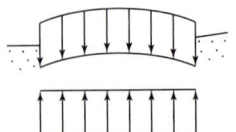

09 지반내의 응력

1 집중하중에 의한 응력증가

- $\Delta\sigma_{Z1} = \dfrac{3QZ^3}{2\pi R^5} = \dfrac{Q}{Z^2} I_\sigma$

  $R = \sqrt{r^2 + Z^2}$

- $\Delta\sigma_{Z2} = \dfrac{3Q}{2\pi R^2}$

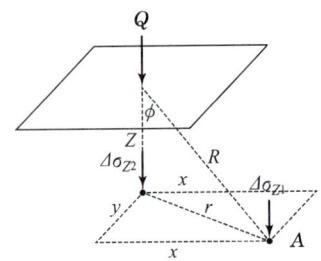

2 등분포하중에 의한 응력 증가

(1) 2 : 1 분포법

$$P = q_s \cdot B \cdot L = \Delta\sigma_z (B+Z)(L+Z)$$

$$\Delta\sigma_z = \frac{P}{(B+Z)(L+Z)} = \frac{q_s \cdot B \cdot L}{(B+Z)(L+Z)}$$

(2) 구형 등분포하중에 의한 지중응력

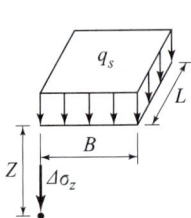

- **연직응력 증가량**
  - $\Delta\sigma_z = q_s \cdot I_\sigma$

- **영향계수**
  - $I_\sigma = f(m, n)$
  - $m = \dfrac{B}{Z}, \; n = \dfrac{L}{Z}$

3 접지압과 침하량 분포

(1) 완전히 강성인 footing(강성기초지반)

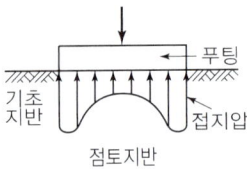 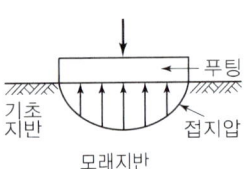

(2) 강성기초와 연성기초의 특징

		강성기초	연성기초
침하	모래지반	기초의 강성이 크므로 인해 균등하게 침하가 발생	기초의 중앙부에서 침하가 적고 양끝단에서는 침하가 크게 발생
	점토지반	균등하게 침하가 발생	기초의 중앙부에서 침하가 크게 발생
접지압	모래지반	모래의 강도가 크므로 중앙부에서 최대 응력이 발생	기초 전체에 걸쳐 균등하게 분포
	점토지반	기초의 양측면에서 중앙부보다 최대 응력이 발생	기초 전체에 걸쳐 균등하게 분포

핵심 문제

□□□ 기 84,86,91,93,00,08,09,12,15④,19③,22②,24①

01 접지압(또는 지반 반력)이 그림과 같이 되는 경우는?

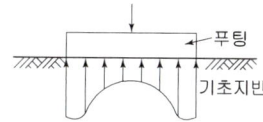

① 푸팅 : 강성, 기초지반 : 점토
② 푸팅 : 강성, 기초지반 : 모래
③ 푸팅 : 연성, 기초지반 : 점토
④ 푸팅 : 연성, 기초지반 : 모래

| 해답 | ①

완전히 강성인 footing(강성 기초 접지압)

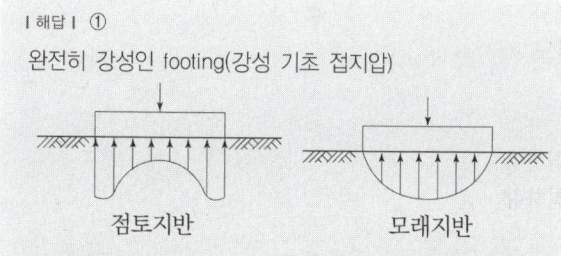

- 점토지반 접지압 분포 : 기초 모서리에서 최대응력이 발생
- 모래지반 접지압 분포 : 기초 중앙부에서 최대응력이 발생

□□□ 기 86,90,02,07,16

02 동일한 등분포 하중이 작용하는 그림과 같은 (A)와 (B) 두 개의 구형기초판에서 A와 B점의 수직 Z 되는 깊이에서 증가되는 지중응력을 각각 σ_A, σ_B라 할 때 다음 중 옳은 것은? (단, 지반 흙의 성질은 동일함.)

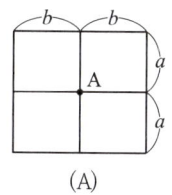 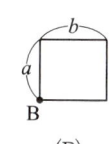

① $\sigma_A = \dfrac{1}{2}\sigma_B$ ② $\sigma_A = \dfrac{1}{4}\sigma_B$
③ $\sigma_A = 2\sigma_B$ ④ $\sigma_A = 4\sigma_B$

| 해답 | ④

중첩의 원리에 의해서 A점의 지중응력(σ_A)은 B점의 지중응력(σ_B)의 $\dfrac{1}{4}\sigma_A = \sigma_B$와 같다.
∴ $\sigma_A = 4\sigma_B$

□□□ 기 00,05,06,07,08,09,13,15,16,20②,21④,22②

03 2m×3m 크기의 직사각형 기초에 60kN/m²의 등분포하중이 작용할 때 기초 아래 10m 되는 깊이에서의 응력증가량을 2 : 1 분포법으로 구한 값은?

① 2.30kN/m²   ② 5.40kN/m²
③ 13.3kN/m²   ④ 18.3kN/m²

| 해답 | ①

$$\Delta \sigma_z = \dfrac{q_s \cdot B \cdot L}{(B+Z)(L+Z)} = \dfrac{60 \times 2 \times 3}{(2+10)(3+10)} = 2.30\,\text{kN/m}^2$$

□□□ 기 93,03,07,11,15,17④,19②,22②,24②

04 아래 그림과 같은 지표면에 2개의 집중하중이 작용하고 있다. 30kN의 집중하중 작용점 하부 2m 지점 A에서의 연직하중의 증가량은 약 얼마인가?
(단, 영향계수는 소수점 이하 넷째자리까지 구하여 계산하시오.)

① 3.71kN/m²   ② 8.90kN/m²
③ 14.2kN/m²   ④ 19.4kN/m²

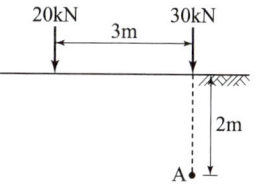

| 해답 | ①

$$\sigma_{z1} = \dfrac{3Q}{2\pi}\dfrac{Z^3}{R^5} = \dfrac{3\times 20}{2\pi} \times \dfrac{2^3}{(\sqrt{3^2+2^2})^5} = 0.125\,\text{kN/m}^2$$

$$\sigma_{z2} = \dfrac{3Q}{2\pi Z^2} = \dfrac{3\times 30}{2\pi \times 2^2} = 3.581\,\text{kN/m}^2$$

∴ $\sigma_z = \sigma_{z1} + \sigma_{z2} = 0.125 + 3.581 = 3.71\,\text{kN/m}^2$

□□□ 기 04,10,11,17②,18②,21②

05 점토지반의 강성기초의 접지압 분포에 대한 설명으로 옳은 것은?

① 기초 모서리 부분에서 최대응력이 발생한다.
② 기초 중앙 부분에서 최대응력이 발생한다.
③ 기초 밑면의 응력은 어느 부분이나 동일하다.
④ 기초 밑면에서의 응력은 토질에 관계없이 일정하다.

| 해답 | ①

강성기초의 접지압 분포
- 점토지반 : 기초의 모서리 부분에서 최대응력이 발생한다.
- 모래지반 : 기초의 중앙 부분에서 최대응력이 발생한다.

알아두기

압밀
지반 위에 유효상재하중으로 인하여 흙 속의 간극에서의 물이 배출되면서 오랜 시간에 걸쳐 압축(침하)되는 현상

압밀시험 성과표
- 시간침하곡선
  - 압축계수(a_v)
  - 압밀계수(c_v)
  - 1차 압밀비(r)
  - 투수계수(k)
  - 체적변화계수(m_v)
- $e - \log P$ 곡선
  - 압축지수(C_c)
  - 선행압밀하중(P_c)

하중에 의해 일어나는 압밀도
$$U = \frac{P-u}{P} \times 100 = \left(1 - \frac{u}{P}\right) \times 100$$
- P : 점토층에 가해진 압력

t시간 후의 압밀침하량
$$S_t = U \cdot S$$
여기서, U : 평균압밀도
S_t : 시간 t에서 발생된 압밀침하량
S : 1차 압밀침하량(최종 침하량)

10 흙의 압밀

1 흙의 압밀

(1) Terzaghi의 1차원 압밀이론에 대한 기본가정
- 흙은 균질하다.(투수계수는 동일)
- 흙의 간극은 완전히 포화되어 있다.(포화도 100%)
- 토립자와 물의 압축량은 무시한다.
- 흙속의 물의 이동은 Darcy의 법칙에 따르며 투수계수는 일정하다.
- 물의 흐름은 1방향(연직방향)으로만 발생한다.
- Darcy의 법칙이 성립한다.
- 간극비는 유효응력에 반비례한다.

(2) 흙의 압밀도
- 압밀침하량에 대한 압밀도
$$U = \frac{\Delta h}{\Delta H} \times 100$$
여기서, ΔH : 최종 압밀침하량
Δh : 현재 압밀침하량

- 간극수압에 의한 압밀도
$$U = \frac{u_i - u}{u_i} \times 100 = \left(1 - \frac{u}{u_i}\right) \times 100$$
여기서, U : 압밀도
u : 시간 t일 때의 간극수압
u_i : 초기의 간극수압

- 평균압밀도
$$U = 1 - \{(1 - U_v)(1 - U_h)\}$$
여기서, U_v : 연직방향 압밀도
U_h : 수평방향 압밀도

2 압밀침하량

(1) 최종 압밀침하량
$$\Delta H = \frac{e_1 - e_2}{1 + e_1} \cdot H = \frac{a_v}{1 + e} \cdot \Delta P \cdot H = m_v \cdot \Delta P \cdot H$$
$$= \frac{C_c \cdot H}{1 + e} \log \frac{P_o + \Delta P}{P_o} = \frac{C_c \cdot H}{1 + e} \log \frac{P_2}{P_1}$$

(2) 압밀시간과 배수거리의 관계
$$t_1 : t_2 = H_1^2 : H_2^2 \quad \therefore \quad t_2 = \left(\frac{H_2}{H_1}\right)^2 \times t_1$$

여기서, H : 배수거리(시료의 높이이며, 양면 배수이면 $\frac{H}{2}$, 일면 배수이면 H)
t_1와 H_1 : 시료의 압밀시간과 압밀층 두께
t_2와 H_2 : 현장 흙의 압밀시간과 압밀층 두께

핵 심 문 제

□□□ 기 85,09,15④,16④,21③,22①

01 두께 2cm인 점토시료의 압밀시험결과 전 압밀량의 90%에 도달하는 데 1시간이 걸렸다. 만일 같은 조건에서 같은 점토로 이루어진 2m의 토층 위에 구조물을 축조한 경우 최종침하량의 90%에 도달하는 데 걸리는 시간은?

① 약 250일 ② 약 368일
③ 약 417일 ④ 약 525일

| 해답 | ③

- $t_{90} = \dfrac{T_v H^2}{C_v}$ 에서

  압밀소요 시간(t)은 배수길이 H^2에 비례한다.

- $\dfrac{t_1}{t_2} = \dfrac{H_1^2}{H_2^2}$ 에서

  $t_2 = \left(\dfrac{H_2}{H_1}\right)^2 \times t_1 = \left(\dfrac{200}{2}\right)^2 \times \dfrac{1}{24} = 417$일

□□□ 기 98,14②,16④

02 그림과 같이 6m 두께의 모래층 밑에 2m 두께의 점토층이 존재한다. 지하수면은 지표 아래 2m 지점에 존재한다. 이때, 지표면에 $\Delta P = 50\text{kN/m}^2$의 등분포 하중이 작용하여 상당한 시간이 경과한 후, 점토층의 중간높이 A점에 피에조미터를 세워 수두를 측정한 결과, $h = 4.0$m로 나타났다면 A점의 압밀도는? (단, 물의 단위중량은 9.81kN/m^2이다.)

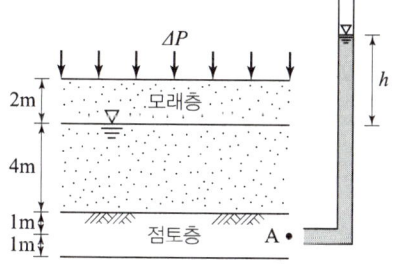

① 22% ② 32%
③ 52% ④ 82%

| 해답 | ①

- 초기과잉간극수압 $u_i = 50\text{kN/m}^2$
- 현재과잉간극수압 $u_e = \gamma_w h = 9.81 \times 4 = 39.24\text{kN/m}^2$
- ∴ 압밀도 $u = \left(1 - \dfrac{u_e}{u_i}\right) \times 100 = \left(1 - \dfrac{39.24}{50}\right) \times 100 = 22\%$

□□□ 기 80,81,84,12②,17②,22②

03 연약지반에 구조물을 축조할 때 피에조미터를 설치하여 과잉간극수압의 변화를 측정했더니 어떤 점에서 구조물 축조 직후 100kN/m^2이었지만, 4년 후는 20kN/m^2이었다. 이때의 압밀도는?

① 20% ② 40%
③ 60% ④ 80%

| 해답 | ④

$U = \left(1 - \dfrac{u_e}{u_i}\right) \times 100 = \left(1 - \dfrac{20}{100}\right) \times 100 = 80\%$

□□□ 기 02,09,16②,21④,24①

04 그림과 같은 지층단면에서 지표면에 가해진 50kN/m^2의 상재하중으로 인한 점토층(정규압밀점토)의 1차압밀 최종침하량(S)을 구하고, 침하량이 5cm일 때 평균압밀도(U)를 구하면?

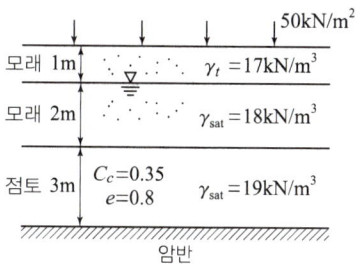

① $S = 18.3$cm, $U = 27\%$ ② $S = 14.7$cm, $U = 22\%$
③ $S = 18.3$cm, $U = 22\%$ ④ $S = 14.7$cm, $U = 27\%$

| 해답 | ①

- 점토층의 중앙부분에서 받고 있는 유효연직

  $P_o = \gamma_t H_1 + \gamma_{sub} H_2 + \gamma_{sub} \dfrac{H_3}{2}$

  $= 17 \times 1 + (18 - 9.81) \times 2 + (19 - 9.81) \times \dfrac{3}{2}$

  $= 47.17\text{kN/m}^2$

- ∴ 침하량 $S = \dfrac{C_c H}{1+e} \log\left(\dfrac{P_o + \Delta P}{P_o}\right)$

  $= \dfrac{0.35 \times 3}{1+0.8} \log\left(\dfrac{47.17 + 50}{47.17}\right)$

  $= 0.1831\text{m} = 18.3\text{cm}$

- 평균 압밀도(침하량 5cm일 때)

  $U = \dfrac{\text{임의시간 압밀침하량}}{\text{1차 압밀침하량}} \times 100 = \dfrac{S_t}{S} \times 100$

  $= \dfrac{5}{18.3} \times 100 = 27\%$

알아두기

압밀시험에서 구할 수 있는 요소

시간-침하곡선	$e-\log P$ 곡선
• 압밀계수	• 압축지수
• 압축계수	• 선행압밀하중
• 체적변화계수	
• 투수계수	
• 1차 압밀비	

압밀계수(C_v)
- 흙의 체적변화 속도에 관계되는 물리 정수로서 압밀이론에 사용되는 계수
- 단위 : cm²/sec

압축계수(a_v)
- 하중의 증가량에 대한 체적의 감소량을 말한다.
- 단위 : m²/kN

압축지수(C_c)
- $e-\log P$ 곡선의 직선부분의 기울기이다.
- 단위 : 무차원

W_L
액성한계(%)

11 압밀곡선

1 시간-침하곡선

(1) 압밀계수(C_v)

$$C_v = \frac{K}{m_v \gamma_w} = \frac{K(1+e)}{a_v \gamma_w} = \frac{T_v H^2}{t} \text{(cm}^2/\text{sec)}$$

여기서, K : 투수계수, T_v : 시간계수, a_v : 압축계수
H : 배수거리, t : 압밀시간

- $\sqrt{t}$ 방법 : $C_v = \dfrac{T_{90} H^2}{t_{90}} = \dfrac{0.848 H^2}{t_{90}}$

여기서, t_{90} : 압밀도 90%에 대한 시간

- $\log t$ 방법 : $C_v = \dfrac{T_{50} H^2}{t_{50}} = \dfrac{0.197 H^2}{t_{50}}$

여기서, t_{50} : 압밀도 50%에 대한 시간

(2) 압축계수(a_v)

$$a_v = \frac{e_1 - e_2}{P_2 - P_1} = \frac{\Delta e}{\Delta P} \text{(m}^2/\text{kN)}$$

(3) 체적변화계수 : $m_v = \dfrac{e_1 - e_2}{1 + e_1} \cdot \dfrac{1}{P_2 - P_1} = \dfrac{a_v}{1 + e_0}$ (m²/kN)

(4) 투수계수(K) : $K = C_v m_v \gamma_w = C_v \left(\dfrac{a_v}{1 + e_0}\right) \gamma_w$

여기서, C_v : 압밀계수, m_v : 체적변화계수
a_v : 압축계수, e_0 : 초기간극비

2 e-log P곡선

(1) 압축지수(C_c)

$$C_c = \frac{e_1 - e_2}{\log P_2 - \log P_1} = \frac{e_1 - e_2}{\log \dfrac{P_2}{P_1}} = \frac{e_1 - e_2}{\log \dfrac{P_1 + \Delta P}{P_1}}$$

여기서, P_1 : 초기유효연직응력, P_2 : $P_1 + \Delta P$
e_1 : 초기간극비, e_2 : 압밀종료 시의 간극비

(2) Skempton의 경험식 : 예민비가 작은 점토에 적용
- 불교란시료 : $C_c = 0.009(W_L - 10)$; Terzaghi와 Peak 발표
- 교란시료 : $C_c = 0.007(W_L - 10)$

(3) 과압밀비
- 과압밀비 $OCR = \dfrac{\text{선행압밀하중}(P_c)}{\text{현재의 유효연직압력}(P_o)}$

여기서, 정규압밀 상태 : OCR = 1, 과압밀 상태 : OCR > 1
압밀진행 중인 점토 : OCR < 1

핵심문제

□□□ 기 84,94,13,14,20②

01 압밀 시험 결과 시간 – 침하량 곡선에서 구할 수 없는 값은?

① 1차 압밀비(γ_p)   ② 초기 압축비
③ 선행압밀압력(P_c)   ④ 압밀계수(C_v)

| 해답 | ③

선행압밀압력(P_c)과 압축지수(C_c)는 간극비–하중 곡선 (e–log P)에서 얻어진다.

□□□ 기 09,18①,20④

02 어떤 점토의 압밀계수는 1.92×10^{-3} cm²/sec, 압축계수는 2.86×10^{-1} m²/kN이었다. 이 점토의 투수계수는? (단, 이 점토의 초기간극비는 0.8이고, $\gamma_w = 9.81$ kN/m³이다.)

① 1.05×10^{-5} cm/sec   ② 2.05×10^{-5} cm/sec
③ 2.99×10^{-5} cm/sec   ④ 4.05×10^{-5} cm/sec

| 해답 | ③

투수계수 $k = C_v\, m_v\, \gamma_w$

• 체적변화계수

$$m_v = \frac{a_v}{1+e} = \frac{2.86 \times 10^{-1}}{1+0.8} = 1.589 \times 10^{-1}\,\text{m}^2/\text{kN}$$

$$\therefore\ k = C_v\, m_v\, \gamma_w$$
$$= 1.589 \times 10^{-1} \times 1.92 \times 10^{-3} \times 9.81 \times 10^{-2}$$
$$= 2.99 \times 10^{-5}\,\text{cm/sec}$$

□□□ 기 01,04,16

03 두께가 4미터인 점토층이 모래층 사이에 끼어 있다. 점토층에 30kN/m²의 유효응력이 작용하여 최종 침하량이 10cm가 발생하였다. 실내압밀시험결과 측정된 압밀계수(C_v) = 2×10^{-4}cm²/sec라고 할 때 평균 압밀도 50%가 될 때까지 소요일수는?

① 288일   ② 312일
③ 388일   ④ 456일

| 해답 | ④

$$t_{50} = \frac{0.197 H^2}{C_v} = \frac{0.197 \times \left(\frac{400}{2}\right)^2}{2.0 \times 10^{-4}} \times \frac{1}{60 \times 60 \times 24} = 456\,\text{일}$$

□□□ 기 10,14②,20③

04 모래지층 사이에 두께 6m의 점토층이 있다. 이 점토의 토질실험 결과가 아래 표와 같을 때, 이 점토층의 90% 압밀을 요하는 시간은 약 얼마인가? (단, 1년은 365일로 하고, 물의 단위중량(γ_w)은 9.81 kN/m³이다.)

- 간극비(e) = 1.5
- 압축계수(a_v) = 4×10^{-3} m²/kN
- 투수계수(k) = 3×10^{-7} cm/s

① 50.7년   ② 12.7년
③ 5.07년   ④ 1.27년

| 해답 | ④

압밀시간 $t_{90} = \dfrac{0.848 H^2}{C_v}$

• 체적변화계수 $m_v = \dfrac{a_v}{1+e} = \dfrac{4 \times 10^{-3}}{1+1.5} = 1.6 \times 10^{-3}\,\text{m}^2/\text{kN}$

• 투수계수 $k = C_v\, m_v\, \gamma_w$ 에서

• 압밀계수 $C_v = \dfrac{k}{m_v \gamma_w} = \dfrac{3 \times 10^{-7} \times 10^2}{1.6 \times 10^{-3} \times 9.81}$
$= 1.911 \times 10^{-3}\,\text{cm}^2/\text{sec}$

$$\therefore\ t_{90} = \frac{0.848 \times \left(\frac{600}{2}\right)^2}{1.911 \times 10^{-3}} \times \frac{1}{60 \times 60 \times 24 \times 365}$$
$$= 1.27\,\text{년}\ (\because \text{양면 배수})$$

□□□ 기 04,07,12,17①,19④,20③

05 점토층의 두께 5m, 간극비 1.4, 액성한계 50%이고 점토층 위의 유효상재압력이 100kN/m²에서 140kN/m²으로 증가할 때의 침하량은?
(단, 압축지수는 흐트러지지 않은 시료에 대한 Terzaghi & Peck의 경험식을 사용하여 구한다.)

① 8cm   ② 11cm
③ 24cm   ④ 36cm

| 해답 | ②

Skempton의 경험식(불교란 점토 시료)

• $C_c = 0.009(W_L - 10)$
$= 0.009 \times (50 - 10) = 0.36$

$$\therefore\ \Delta H = \frac{C_C\, H}{1+e} \log \frac{P_2}{P_1}$$
$$= \frac{0.36 \times 5}{1+1.4} \times \log \frac{140}{100}$$
$$= 0.1095\,\text{m} = 11\,\text{cm}$$

더 알아두기

흙의 전단강도
흙입자 사이에 작용하는 점착력과 내부 마찰력으로 이루어진다.

12 흙의 전단강도

1 Mohr-coulomb의 파괴포락선

(1) 보통흙의 전단강도(a) : $\tau = c + \sigma\tan\phi$
(2) 사질토의 전단강도(b) : $\tau = \sigma\tan\phi$
(3) 점토의 전단강도(c) : $\tau = c$
   여기서, c : 점착력
   σ : 흙 중 어느 면에 작용하는 수직응력
   ϕ : 내부마찰각
(4) 간극수압이 발생할 때
   $\tau = c + (\sigma - u)\tan\phi = c + \overline{\sigma}\tan\phi$
   여기서, c : 점착력, $\overline{\sigma}$: 유효수직응력, ϕ : 내부마찰각

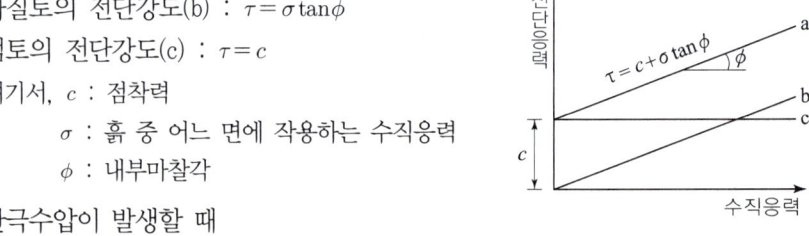

Mohr 원
Mohr 원이 Mohr 파괴포락선 아래에 존재한다면 그 흙은 안정하다.

2 Mohr의 응력원

중심이 $\left(\dfrac{\sigma_1 + \sigma_3}{2}\right)$이고 반경이 $\left(\dfrac{\sigma_1 - \sigma_3}{2}\right)$인 원의 방정식을 Mohr의 응력원이라 한다.

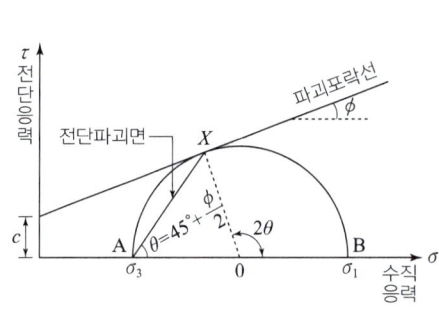

Mohr 원과 파괴포락선

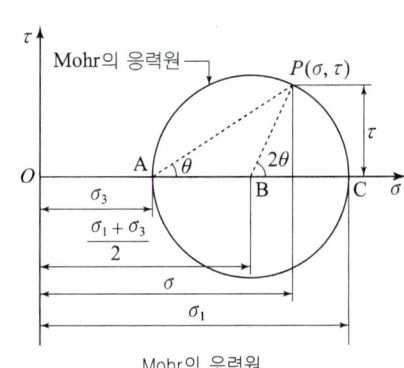

Mohr의 응력원

- 최대주응력면과 파괴면이 이루는 각 θ
  $\theta = 45° + \dfrac{\phi}{2} > 45°$
  ∴ 내부마찰각 $\phi = 2\theta - 90°$
- 최소주응력면과 파괴면이 이루는 각
  $\theta = 45° - \dfrac{\phi}{2}$
- 수직응력 : $\sigma = \dfrac{\sigma_1 + \sigma_3}{2} + \dfrac{\sigma_1 - \sigma_3}{2}\cos 2\theta$
- 최대수직응력은 $\theta = 45°$일 때 발생한다.
- 전단응력 : $\tau = \dfrac{\sigma_1 - \sigma_3}{2}\sin 2\theta$
- 중심좌표 $\left(\dfrac{\sigma_1 + \sigma_3}{2}, 0\right)$, 반지름 $\left(\dfrac{\sigma_1 - \sigma_3}{2}\right)$
- 축차응력 = 최대주응력 - 최소주응력
  $\Delta\sigma = \sigma_1 - \sigma_3$

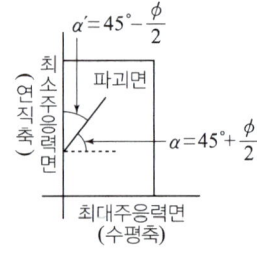

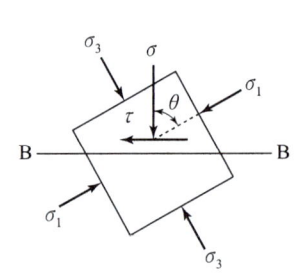

핵 심 문 제

□□□ 기 82,91,99,06,11,14,15,16,17①②,20③

01 내부마찰각 $\phi=30°$, 점착력 $c=0$인 그림과 같은 모래지반이 있다. 지표에서 6m 아래 지반의 전단강도는? (단, 물의 단위중량은 $9.81kN/m^3$이다.)

① $78kN/m^2$
② $98kN/m^2$
③ $45kN/m^2$
④ $65kN/m^2$

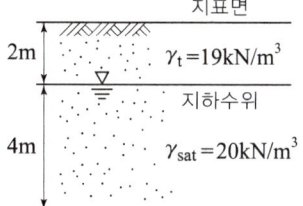

| 해답 | ③

- 전단강도 $\tau = c + \bar{\sigma}\tan\phi$
- 유효응력 $\bar{\sigma} = \gamma_t h_1 + (\gamma_{sat} - \gamma_w)h_2$
  $= 19 \times 2 + (20 - 9.81) \times 4$
  $= 78.76\ kN/m^2$
  $\therefore \tau = 0 + 78.76\tan30° = 45.47kN/m^2$

□□□ 기 95,01,06,12,16,17④,21②

02 다음은 정규 압밀점토의 삼축압축시험 결과를 나타낸 것이다. 파괴 시의 전단응력 τ와 수직응력 σ를 구하면?

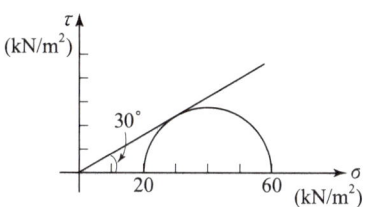

① $\tau = 17.3kN/m^2$, $\sigma = 25.0kN/m^2$
② $\tau = 14.1kN/m^2$, $\sigma = 30.0kN/m^2$
③ $\tau = 14.1kN/m^2$, $\sigma = 25.0kN/m^2$
④ $\tau = 17.3kN/m^2$, $\sigma = 30.0kN/m^2$

| 해답 | ④

- $\theta = 45° + \dfrac{\phi}{2} = 45° + \dfrac{30°}{2} = 60°$
- $\tau = \dfrac{\sigma_1 - \sigma_3}{2}\sin2\theta = \dfrac{60-20}{2}\sin(2 \times 60°) = 17.3kN/m^2$
- $\sigma = \dfrac{\sigma_1 + \sigma_3}{2} + \dfrac{\sigma_1 - \sigma_3}{2}\cos2\theta$
  $= \dfrac{60+20}{2} + \dfrac{60-20}{2}\cos(2 \times 60°) = 30kN/m^2$

□□□ 기 96,98,00,01,03,05,16,21②

03 최대주응력이 $100kN/m^2$, 최소주응력이 $40kN/m^2$일 때 최소주응력면과 45°를 이루는 평면에 일어나는 수직응력은?

① $70kN/m^2$
② $30kN/m^2$
③ $60kN/m^2$
④ $40\sqrt{2}\ kN/m^2$

| 해답 | ①

$\sigma = \dfrac{\sigma_1 + \sigma_3}{2} + \dfrac{\sigma_1 - \sigma_3}{2}\cos2\theta$
$= \dfrac{100+40}{2} + \dfrac{100-40}{2}\cos(2 \times 45°) = 70kN/m^2$

□□□ 기 08,11,19

04 어떤 흙에 대해서 직접 전단시험을 한 결과 수직응력이 1.0MPa일 때 전단저항이 0.5MPa이었고, 또 수직응력이 2.0MPa일 때에는 전단저항이 0.8MPa이었다. 이 흙의 점착력은?

① 0.2MPa
② 0.3MPa
③ 0.8MPa
④ 1.0MPa

| 해답 | ①

$\tau = c + \tan\phi$에서
$0.5 = c + 1.0\tan\phi$ ·········· (1)
$0.8 = c + 2.0\tan\phi$ ·········· (2)
- (1) × 2 - (2)
  $1 = 2c + 2.0\tan\phi$ ·········· (3)
  $0.8 = c + 2.0\tan\phi$ ·········· (4)
- (3) - (4)에서
  $\therefore$ 점착력 $c = 0.2MPa = 0.2N/mm^2 = 200kN/m^2$
  ■ $1N/mm^2 = 1MPa = 1000kN/m^2 = 1000kPa$

□□□ 기 88,99,13②,21②

05 토질 실험 결과 내부마찰각이 30°, 점착력이 $50kN/m^2$, 간극수압이 $800kN/m^2$, 파괴면에 작용하는 수직응력이 $3000kN/m^2$일 때 이 흙의 전단응력은?

① $1270kN/m^2$
② $1320kN/m^2$
③ $1580kN/m^2$
④ $1950kN/m^2$

| 해답 | ②

$\tau = c + (\sigma - u)\tan\phi$
$= 50 + (3000 - 800)\tan30° = 1320kN/m^2$

알아두기

전단시험의 종류

실내	직접전단	점착력, 내부마찰각
	일축압축	일축압축강도, 예민비
	3축압축	점착력, 내부마찰각, 간극수압
현장	베인전단	연약지반의 점착력
	원추관입	콘지지력
	표준관입	시차

$\phi=0$인 포화된 점토
- $\phi=0$일 때 일축압축강도
  : $q_u = 2c$
- $\phi=0$이면 비배수 전단강도
  : $\tau_f = c_u = \dfrac{q_u}{2} = \dfrac{N}{16}$

$\phi=0$인 포화된 점토 $q_u = \dfrac{N}{8}$

예민비
$$S_t = \dfrac{q_u}{q_{ur}}$$
- q_u : 불교란시료의 일축압축강도
- q_{ur} : 재성형한 시료의 일축압축강도

삼축압축시 간극수압
- $\Delta U = B[\Delta\sigma_3 + A(\Delta\sigma_1 - \Delta\sigma_3)]$
- A, B : skempton의 간극수압계수
$$A = \dfrac{\Delta u - \Delta\sigma_3}{\Delta\sigma_1 - \Delta\sigma_3} = \dfrac{\Delta u_d}{\Delta\sigma_d}$$
- 정규압밀점토 : $A = 0.7 \sim 1.3$
- 심한 과압밀토 : $A = -0.5 \sim 0.0$

CU 삼축압시험 결과
- $\sin\phi = \dfrac{\sigma_1 - \sigma_3}{\sigma_1 + \sigma_3}$ 에서
  내부마찰각 $\phi = \sin^{-1}\dfrac{\sigma_1 - \sigma_3}{\sigma_1 + \sigma_3}$
- $\theta = 45° + \dfrac{\phi}{2}$
- 전단응력
  $\tau = \dfrac{\sigma_1 - \sigma_3}{2}\sin 2\theta = \dfrac{\sigma_1 - \sigma_3}{2}\cos\phi$

여기서,
최대주응력 $\sigma_1 = \sigma_{dt} + \sigma_3$
σ_3 : 구속응력
σ_{dt} : 축차응력

---

13 전단강도시험

1 직접전단강도시험

(1) 전단강도시험의 특징
- 흙 시료의 전단 파괴면을 미리 정해놓고 흙의 강도를 구하는 시험이다.
- 건조 또는 포화 사질토에 대한 전단시험으로 많이 사용되고 있다.

(2) 전단응력
- 1면 전단응력 $\tau = \dfrac{S}{A}$
- 2면 전단응력 $\tau = \dfrac{S}{2A}$

2 일축압축강도시험

- 환산 단면적 $A = \dfrac{A_o}{1-\varepsilon} = \dfrac{A_o}{1-\dfrac{\Delta h}{h}}$
- 수평면과 파괴면과의 각도 $\theta = 45° + \dfrac{\phi}{2}$
- 일축압축강도 $q_u = 2c\tan\left(45° + \dfrac{\phi}{2}\right)$
- 점착력 $c = \dfrac{q_u}{2\tan\left(45° + \dfrac{\phi}{2}\right)} = \dfrac{q_u}{2}\tan\left(45° - \dfrac{\phi}{2}\right)$

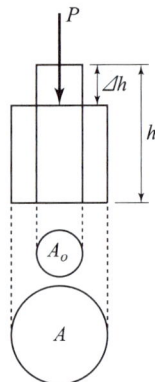

3 삼축압축강도시험

(1) 배수방법에 따른 분류

배수방법	적요
UU-test (비압밀 비배수)	• 포화점토가 성토직후 급속한 파괴가 예상될 때 • 점토의 단기간 안정 검토 시
CU-test (압밀 비배수)	• Pre-loading 후(압밀진행 후) 갑자기 파괴가 예상될 때 • 제방, 흙댐에서 수위가 급강하 할 때 안정 검토 시
CD-test (압밀 배수)	• 점토지반의 장기간 안정 검토 시 • 압밀이 서서히 진행되고 파괴도 완만하게 진행될 때

(2) UU 시험의 Mohr 응력원과 파괴포락선(포화된 점토)

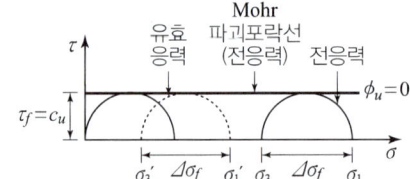

- 비배수 마찰각 $\phi_u = 0$
- 전단강도 $\tau_f = C_u = \dfrac{1}{2}(\Delta\sigma_f)$

여기서, C_u : 비배수 점착력
$\Delta\sigma_f$: 축차응력

(3) 점토의 강도증가율(C_u/P) 산정방법
- 소성지수에 의한 방법
- 압밀비배수 삼축압축시험에 의한 방법
- 비배수 전단강도에 의한 방법
- 액성한계에 의한 방법

핵심문제

□□□ 기 04,09,16①,20④,22③

01 사질토에 대한 직접전단시험을 실시하여 다음과 같은 결과를 얻었다. 내부마찰각은 약 얼마인가?

수직응력(kN/m^2)	30	60	90
최대전단응력(kN/m^2)	17.3	34.6	51.9

① 25° ② 30°
③ 35° ④ 40°

| 해답 | ②

$\tau = c + \sigma \tan\phi$ 에서 $17.3 = 30 \tan\phi$

$\therefore \phi = \tan^{-1}\dfrac{\tau}{\sigma} = \tan^{-1}\dfrac{17.3}{30} = 30°$

□□□ 기 06,09,15,18①

02 어떤 흙에 대한 일축압축시험 결과, 일축압축강도는 0.1MPa, 파괴면과 수평면이 이루는 각은 50°이었다. 이 시료의 점착력은?

① $36kN/m^2$ ② $42kN/m^2$
③ $50kN/m^2$ ④ $54kN/m^2$

| 해답 | ②

$\theta = 45° + \dfrac{\phi}{2}$ 에서

• $\phi = 2\theta - 90° = 2 \times 50° - 90° = 10°$

$\therefore c = \dfrac{q_u}{2\tan\left(45° + \dfrac{10°}{2}\right)} = \dfrac{0.1}{2\tan\left(45° + \dfrac{10°}{2}\right)}$

$= 0.042MPa = 0.042N/mm^2 = 42kN/m^2$

□□□ 기 99,03,08,14①,22①

03 모래시료에 대해서 압밀 배수 삼축 압축시험을 실시하였다. 초기단계에서 구속응력(σ_3)은 $100kN/m^2$이고, 전단파괴 시에 작용된 축차응력(σ_{df})은 $200kN/m^2$이었다. 이와 같은 모래시료의 내부마찰각(ϕ) 및 파괴면에 작용하는 전단응력(τ_f)의 크기는?

① $\phi = 30°$, $\tau_f = 115.47kN/m^2$
② $\phi = 40°$, $\tau_f = 115.47kN/m^2$
③ $\phi = 30°$, $\tau_f = 86.60kN/m^2$
④ $\phi = 40°$, $\tau_f = 86.60kN/m^2$

| 해답 | ③

• $\sigma_1 = \sigma_{df} + \sigma_3 = 200 + 100 = 300kN/m^2$

• $\phi = \sin^{-1}\left(\dfrac{\sigma_1 - \sigma_3}{\sigma_1 + \sigma_3}\right) = \sin^{-1}\left(\dfrac{300 - 100}{300 + 100}\right) = 30°$

• $\tau = \dfrac{\sigma_1 - \sigma_3}{2}\cos\phi = \dfrac{300 - 100}{2}\cos 30°$
$= 86.60kN/m^2$

□□□ 기 93,11,15,17④,20②

04 연약점토지반에 성토제방을 시공하고자 한다. 성토로 인한 재하속도가 과잉간극수압이 소산되는 속도보다 빠를 경우, 지반의 강도정수를 구하는 가장 적합한 시험방법은?

① 압밀 배수 시험   ② 압밀 비배수 시험
③ 비압밀 비배수 시험 ④ 직접전단 시험

| 해답 | ③

- 비압밀 비배수(UU) 시험
  과잉간극수압이 빠져나가는 속도보다 더 빨리 시공하는 경우에 적용된다.
- 압밀 비배수(CU) 시험
  점토지반을 프리-로딩(pre-loading) 공법 등으로 미리 압밀시킨 후에 급격히 재하할 때의 안정을 검토하는 경우에 적당한 시험
- 압밀 배수(CD) 시험
  성토된 하중에 의해 서서히 압밀이 되고 파괴도 완만하게 일어나 간극수압이 발생되지 않거나 측정이 곤란한 경우 실시하는 시험

□□□ 기 07,09,10,11,15,18

05 실내시험에 의한 점토의 강도증가율(C_u/P) 산정방법이 아닌 것은?

① 소성지수에 의한 방법
② 비배수 전단강도에 의한 방법
③ 압밀 비배수 삼축압축시험에 의한 방법
④ 직접전단시험에 의한 방법

| 해답 | ④

점토의 강도증가율(C_u/P) 산정방법

• 소성지수에 의한 방법
• 비배수 전단강도에 의한 방법
• 압밀 비배수 삼축 압축시험에 의한 방법
• 액성한계에 의한 방법

알아두기

토압의 크기

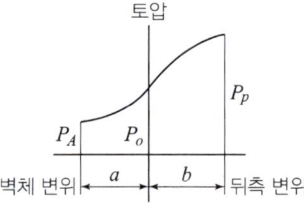

정지토압계수

$K_o = \dfrac{\sigma_h}{\sigma_v} = 1 - \sin\phi$

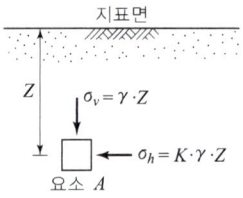

보강토 옹벽

최대힘 $T_{\max} = \gamma_t H K_A S_v S_h$

14 토압

1 토압계수

- 주동토압계수 : $K_a = \tan^2\left(45° - \dfrac{\phi}{2}\right) = \dfrac{1-\sin\phi}{1+\sin\phi}$

- 수동토압계수 : $K_p = \tan^2\left(45° + \dfrac{\phi}{2}\right) = \dfrac{1+\sin\phi}{1-\sin\phi}$

- 토압계수의 크기
  수동토압계수(K_P) > 정지토압계수(K_o) > 주동토압계수(K_A)

- 토압의 크기
  수동토압(P_p) > 정지토압(P_o) > 주동토압(P_a)

2 토압계산

(1) 뒤채움흙이 수평일 때 토압($c=0$)

- 주동토압 $P_A = \dfrac{1}{2}\gamma H^2 K_a$

- 수동토압 $P_P = \dfrac{1}{2}\gamma H^2 K_p$

- 작용점 $y = \dfrac{H}{3}$

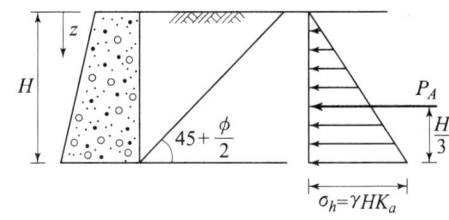

(2) 뒤채움흙이 수평이고 지하수위가 있는 경우의 토압($c=0$)

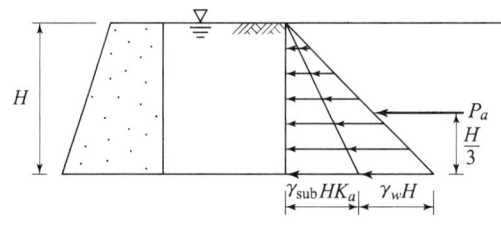

- 주동토압 $P_A = \dfrac{1}{2}\gamma_{\text{sub}} H^2 K_a + \dfrac{1}{2}\gamma_w H^2$

- 수동토압 $P_P = \dfrac{1}{2}\gamma_{\text{sub}} H^2 K_p + \dfrac{1}{2}\gamma_w H^2$

- 작용점 $y = \dfrac{H}{3}$

(3) 상재하중이 있을 때의 토압($c=0$)

- $P_A = qHK_a + \dfrac{1}{2}\gamma H^2 K_a$

- $P_P = qHK_p + \dfrac{1}{2}\gamma H^2 K_p$

- 작용점 $y = \dfrac{H}{3} \cdot \dfrac{3q + \gamma H}{2q + \gamma H}$

$= \dfrac{P_{A1} \times \dfrac{H}{2} + P_{A2} \times \dfrac{H}{3}}{P_{A1} + P_{A2}}$

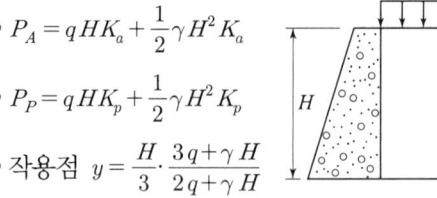

핵 심 문 제

□□□ 기 03,04,09,12,15

01 그림과 같은 옹벽배면에 작용하는 토압의 크기를 Rankine의 토압공식으로 구하면?

① 32.2kN/m
② 36.7kN/m
③ 46.7kN/m
④ 52.0kN/m

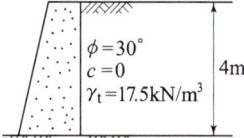

| 해답 | ③

$$P_A = \frac{1}{2}\gamma H^2 \tan^2\left(45° - \frac{\phi}{2}\right)$$
$$= \frac{1}{2} \times 17.5 \times 4^2 \tan^2\left(45° - \frac{30°}{2}\right) = 46.7\text{kN/m}$$

□□□ 기 84,01,03,07,13,18①,20④,24③

02 그림과 같이 옹벽배면의 지표면에 등분포 하중이 작용할 때, 옹벽에 작용하는 전체 주동토압의 합력(P_a)과 옹벽저면으로부터 합력의 작용점까지의 높이(h)는?

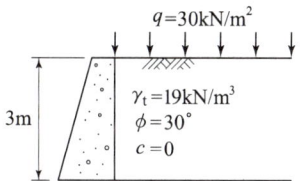

① $P_a = 28.5\text{kN/m}, \ h = 1.26\text{m}$
② $P_a = 28.5\text{kN/m}, \ h = 1.38\text{m}$
③ $P_a = 58.5\text{kN/m}, \ h = 1.26\text{m}$
④ $P_a = 28.5\text{kN/m}, \ h = 1.38\text{m}$

| 해답 | ③

■ $P_a = qHK_a + \frac{1}{2}\gamma H^2 K_a$

• $K_a = \tan^2\left(45° - \frac{30°}{2}\right) = \frac{1}{3}$

• $P_a = 30 \times 3 \times \frac{1}{3} + \frac{1}{2} \times 19 \times 3^2 \times \frac{1}{3} = 58.5\text{kN/m}$

■ $h = \frac{H}{3} \cdot \frac{3q + \gamma H}{2q + \gamma H}$

$= \frac{3}{3} \times \frac{3 \times 30 + 19 \times 3}{2 \times 30 + 19 \times 3} = 1.26\text{m}$

□□□ 기 98,01,06,09,10,12

03 그림과 같은 옹벽에 작용하는 주동토압의 합력은?
(단, $\gamma_{sat} = 18\text{kN/m}^3$, $\gamma_w = 9.81\text{kN/m}^3$, $\phi = 30°$, 벽마찰각 무시)

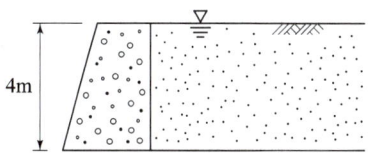

① 100.3kN/m
② 110.1kN/m
③ 137.7kN/m
④ 181.1kN/m

| 해답 | ①

• 토압 $P_a = \frac{1}{2}\gamma_{sub} H^2 \times \tan^2\left(45° - \frac{\phi}{2}\right)$
$= \frac{1}{2}(18 - 9.81) \times 4^2 \times \tan^2\left(45° - \frac{30°}{2}\right)$
$= 21.84\text{kN/m}$

• 수압 $P_w = \frac{1}{2}\gamma_w H^2 = \frac{1}{2} \times 9.81 \times 4^2 = 78.48\text{kN/m}$

∴ $P_A = P_a + P_w = 21.84 + 78.48 = 100.32\text{kN/m}$

□□□ 기 04,06,14②

04 Jaky의 정지토압계수를 구하는 공식 $K_o = 1 - \sin\phi$ 가 가장 잘 성립하는 토질은?

① 과압밀점토
② 정규압밀점토
③ 사질토
④ 풍화토

| 해답 | ③

• 사질토 : $K_o = 1 - \sin\phi$
• 정규압밀점토 : $K_o = 0.95 - \sin\phi$
• 과압밀점토 : $K_o = (0.95 - \sin\phi)\sqrt{OCR}$

□□□ 기 12,16

05 강도 정수가 $c = 0$, $\phi = 40°$ 인 사질토 지반에서 Rankine 이론에 의한 수동토압계수는 주동토압계수의 몇 배인가?

① 4.6
② 9.0
③ 12.3
④ 21.1

| 해답 | ④

$$\frac{수동토압계수}{주동토압계수} = \frac{\tan^2\left(45° + \frac{\phi}{2}\right)}{\tan^2\left(45° - \frac{\phi}{2}\right)} = \frac{\tan^2\left(45° + \frac{40°}{2}\right)}{\tan^2\left(45° - \frac{40°}{2}\right)} = 21.1$$

더 알아두기

응력

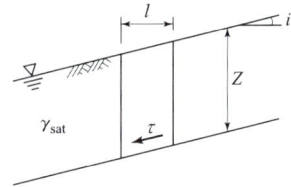

- 수직응력 $\sigma = \gamma Z \cos^2 i$
- 전단응력 $\tau = \gamma Z \cos i \sin i$
- 간극수압 $u = m Z \gamma_w \cos^2 i$
- 전단응력 $S = c' + (\sigma - u)\tan\phi'$
- 안전율 $F_s = \dfrac{c' + (\sigma - u)\tan\phi'}{\tau}$

질량법
- $\phi = 0$ 해석법 : 점토 지반의 비배수 강도만 고려한다.
- 마찰원 방법 : 점착력과 마찰각을 동시에 갖고 있는 균질한 지반에 적용

절편법(분할법)
- 가장 먼저 가상 활동면을 결정한다.
- 활동면위의 흙을 몇 개의 연직 평행한 절편으로 나누어 사면의 안정을 해석하는 방법

분할법의 안정해석 방법
- 비숍(Bishop)의 방법
- 펠레니우스(Fellenius) 방법
- Spencer 방법

L_a
$$L_a = 2\pi R \times \dfrac{\theta}{360°}$$

용어설명
- H_c : 한계고
- Z_c : 인장균열깊이
- q_u : 일축압축강도
- N_s : 안정계수 $\left(\dfrac{1}{안정수}\right)$
- H : 사면의 높이

댐 사면의 위험한 경우

상류측	하류측
• 시공 직후	• 만수위일 때
• 수위 급강하 시	• 정상 침투 시

---

15 사면의 안정

1 무한사면의 안전해석

안전율

- 점착력 $c \neq 0$ 이고, 지하수의 영향이 없을 때
$$F_s = \dfrac{c}{\gamma_{sat} Z \cos i \cdot \sin i} + \dfrac{\tan\phi}{\tan i}$$

- 점착력 $c = 0$(사질토)이고, 지하수의 영향이 없을 때
$$F_s = \dfrac{\tan\phi}{\tan i}$$

- 점착력 $c \neq 0$ 이고, 지하수위가 지표면과 일치되어 있을 때
$$F_s = \dfrac{c}{\gamma_{sat} Z \cos i \cdot \sin i} + \dfrac{\gamma_{sub} \tan\phi}{\gamma_{sat} \tan i}$$

- 점착력 $c = 0$ 이고, 지하수위가 지표면과 일치되어 있을 때
$$F_s = \dfrac{\gamma_{sub}}{\gamma_{sat}} \cdot \dfrac{\tan\phi}{\tan i} \fallingdotseq \dfrac{1}{2}\dfrac{\tan\phi}{\tan i}$$

2 유한사면의 안정해석 질량법

안전율 $F_s = \dfrac{c_u \cdot L_a \cdot r}{W \cdot d}$

여기서, c_u : 비배수강도
- 사면부분 중량 $W = A \cdot \gamma_t$
- 호의 길이 $L_a = 2\pi r \left(\dfrac{\theta}{360°}\right)$

r : 호의 반경
d : W의 중심거리

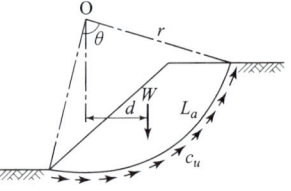

3 한계고

(1) 직립사면의 안정
$$H_c = 2Z_c = \dfrac{4c}{\gamma}\tan\left(45° + \dfrac{\phi}{2}\right) = \dfrac{2q_u}{\gamma}$$

(2) 단순사면의 안정($\phi = 0$ 인 점성토)

- $H_c = 2Z_c = \dfrac{4c}{\gamma} = \dfrac{2q_u}{\gamma}$, 점착력 $c = \dfrac{H_c \gamma}{4}$
- $H_c = \dfrac{N_s \cdot c}{\gamma_t}$ ($\phi = 0$ 일 때), 임계높이 $H = \dfrac{c}{\gamma \cdot m}$
- 안정수 $m = \dfrac{c}{F_s \gamma H} = \dfrac{1}{4}\tan\left(\dfrac{\beta}{2}\right)$, 안정계수 $N_s = \dfrac{1}{안정수(m)}$
- 안전율 $F_s = \dfrac{H_c}{H}$

(3) 점착고 : 인장균열깊이
$$Z_c = \dfrac{2c}{\gamma}\tan\left(45° + \dfrac{\phi}{2}\right)$$

핵 심 문 제

□□□ 기 95,07,15,18①,21①

01 포화단위중량(γ_{sat})이 19.62kN/m³인 사질토로 된 무한사면이 20°로 경사져 있다. 지하수위가 지표면과 일치하는 경우 이 사면의 안전율이 1 이상이 되기 위해서는 흙의 내부마찰각이 최소 몇 도 이상이어야 하는가? (단, 물의 단위중량은 9.81kN/m³이다.)

① 18.21°   ② 20.52°
③ 36.06°   ④ 45.47°

|해답| ③

반무한 사면에서 침투류가 지표면과 일치하는 경우
(비점성토 $c=0$)
$$F_s = \frac{\gamma_{sub}}{\gamma_{sat}} \cdot \frac{\tan\phi}{\tan i} \geq 1$$
(∵ 사면이 안정하기 위해서는 $F_s \geq 1$ 이상)
$$1 = \frac{(19.62-9.81)}{19.62} \cdot \frac{\tan\phi}{\tan 20°} = \frac{1}{2} \cdot \frac{\tan\phi}{\tan 20°}$$
$$\therefore \phi = \tan^{-1}(2\tan 20°) = 36.06° \text{ 이상}$$

□□□ 기 14②,16

02 흙의 내부마찰각(ϕ)은 20°, 점착력(c)이 24kN/m²이고, 단위중량(γ_t)은 19.3kN/m³인 사면의 경사각이 45°일 때 임계높이는 약 얼마인가?
(단, 안정수 $m = 0.06$)

① 15m   ② 18m
③ 21m   ④ 24m

|해답| ③

임계높이 $H = \frac{c}{\gamma \cdot m} = \frac{24}{19.3 \times 0.06} = 21m$

□□□ 기 04,12,15,18,21

03 활동면 위의 흙을 몇 개의 연직 평행한 절편으로 나누어 사면의 안정을 해석하는 방법이 아닌 것은?

① Fellenius 방법   ② 마찰원법
③ Spencer 방법   ④ Bishop의 간편법

|해답| ②

절편법의 종류 : Fellenius 방법, Bishop 간편법, Janbu 간편법, Spencer 방법(1967년)

□□□ 기 95,01,03,09,13,18③,19③,21②

04 흙의 포화단위중량이 20kN/m³인 포화 점토층을 45° 경사로 8m를 굴착하였다. 흙의 강도 계수 $c_u = 65.0$kN/m², $\phi_u = 0°$이다. 그림과 같은 파괴면에 대하여 사면의 안전율은? (단, ABCD의 면적은 70m²이고, O점에서 ABCD의 무게중심까지의 수직거리는 4.5m이다.)

① 4.72   ② 2.67
③ 4.21   ④ 2.36

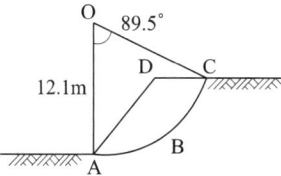

|해답| ④

• 호의 길이
$ABC = L_a$, $L_a : 89.5° = 2\pi R : 360°$
$$\therefore L_a = \frac{2\pi \times 12.10 \times 89.5°}{360°} = 18.90m$$

• ABCD 단면의 총중량
$W = $ 면적 $\times$ 단위 중량 $= 70 \times 20 = 1400$kN/m
$$\therefore F_s = \frac{L_a \cdot c_u \cdot R}{W \cdot x} = \frac{18.90 \times 65.0 \times 12.10}{1400 \times 4.5} = 2.36$$

□□□ 기 93,00,04,06,08,15①,20②

05 내부마찰각 30°, 점착력 15kN/m² 그리고 단위중량이 17kN/m³인 흙에 있어서 인장균열(tension crack)이 일어나기 시작하는 깊이는 약 얼마인가?

① 2.2m   ② 2.7m
③ 3.1m   ④ 3.5m

|해답| ③

$$Z_C = \frac{2c}{\gamma_t}\tan\left(45° + \frac{\phi}{2}\right) = \frac{2 \times 15}{17}\tan\left(45° + \frac{30°}{2}\right) = 3.1m$$

□□□ 기 09,10,15

06 어떤 점토의 토질실험 결과 일축압축강도 48kN/m², 단위중량 17kN/m³이었다. 이 점토의 한계고는?

① 6.34m   ② 4.87m
③ 9.24m   ④ 5.65m

|해답| ④

한계고 $H_c = \frac{2q_u}{\gamma_t} = \frac{2 \times 48}{17} = 5.65m$

■ $q_u = 48$kN/m² $= 0.048$MPa

알아두기

다짐곡선

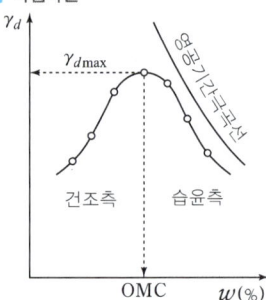

입경
- 조립토에서는 입도분포가 양호할수록 최대건조단위중량은 크고 최적함수비는 작다.
- 점성토에서는 소성이 클수록 최대건조단위중량은 감소하고 최적함수비는 증가한다.

흙의 종류에 따른 다짐곡선의 성질

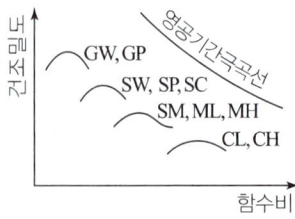

표준사를 사용하는 이유
모래치환법에 사용하는 모래는 흙을 파낸 시험구멍의 부피(V)를 측정하기 위해서 사용된다.

간극비
$$e = \frac{\gamma_w \cdot G_s}{\gamma_d} - 1$$
$$= \frac{\rho_w \cdot G_s}{\rho_d} - 1$$

16 흙의 다짐

1 다짐시험

(1) 다짐곡선의 특징
- 조립토(모래)일수록 최적함수비는 작고 최대건조단위중량($\gamma_{d\max}$)은 커서 경사가 급하다.
- 세립토(점토)일수록 최적함수비는 크고 최대건조단위중량은 작아 경사가 완만하다.
- 함수비가 최적함수비에 가까울수록 다짐이 잘 되어 건조단위중량은 증가한다.
- 일반적으로 흙의 강도 증가나 압축성 감소가 요구될 때에는 건조측 다짐을 실시한다.
- 흙댐의 심벽공사와 같이 흙의 투수성 감소가 요구될 때에는 습윤측 다짐을 실시한다.
- 양입도일수록 $\gamma_{d\max}$는 커지고, 빈입도일수록 $\gamma_{d\max}$는 작아진다.
- 입도분포가 좋은 사질토가 입도분포가 균등한 사질토보다 더 잘 다져진다.
- 점성토 지반을 다질 때는 탬핑롤러로 다지는 것이 가장 좋다.
- 점토에서 흙은 최적함수비보다 큰 함수비(습윤측)로 다지면 이산구조를 보이고, 작은함수비(건조측)로 다지면 면모구조를 보인다.

(2) 다짐도
$$C_d = \frac{\gamma_d}{\gamma_{d\max}} \times 100 = \frac{\rho_d}{\rho_{d\max}} \times 100$$

여기서, γ_d : 현장다짐에 의한 건조단위중량 (건조밀도 : ρ_d)
$\gamma_{d\max}$: 표준다짐에 의한 최대건조단위중량 (최대건조밀도 : $\rho_{d\max}$)

(3) 다짐에너지
- 다짐에너지가 증가하면 최대건조밀도($\gamma_{d\max}$)는 증가하고, 최적함수비(OMC)는 감소한다.
$$E_c = \frac{W_R H N_B N_L}{V}$$

여기서, E_c : 다짐에너지, W_R : 래머무게, N_B : 다짐횟수
H : 낙하고, N_L : 다짐층수, V : 몰드의 체적

2 들밀도시험

- 시험구멍의 체적 $V = \dfrac{W}{\gamma_{\text{sand}}}$
- 건조흙 무게 $W_s = \dfrac{W}{1+w}$

여기서, W : 시험구멍에서 파낸 흙의 질량, w : 함수비

- 습윤단위중량 $\gamma_t = \dfrac{W}{V}$, 습윤밀도 $\rho_t = \dfrac{W}{V}$
- 건조단위중량 $\gamma_d = \dfrac{\gamma_t}{1+w}$, 건조밀도 $\rho_d = \dfrac{\rho_t}{1+w}$

핵심문제

□□□ 기 90,94,97,99,04,05,12

01 흙의 종류에 따른 아래 그림과 같은 다짐곡선에서 해당하는 흙의 종류 중 옳은 것은?

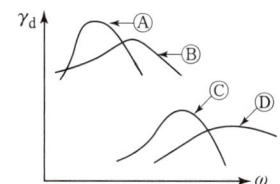

① Ⓐ : ML,　　　　Ⓒ : SM
② Ⓐ : SW,　　　　Ⓓ : CL
③ Ⓑ : MH,　　　　Ⓓ : GM
④ Ⓑ : GC　　　　Ⓒ : CH

| 해답 | ②

Ⓐ : SW, Ⓑ : MH, Ⓒ : SM, Ⓓ : CL

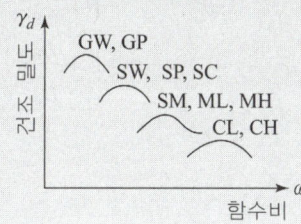

□□□ 기 93,99,06,09,10,11,19①

02 현장 도로 토공에서 모래치환법에 의한 흙의 밀도 시험을 하였다. 파낸 구멍의 체적이 $V=1960\text{cm}^3$, 흙의 질량이 3390g이고, 이 흙의 함수비는 10%이었다. 실험실에서 구한 최대 건조밀도가 1.65g/cm^3일 때, 다짐도는 얼마인가?

① 85.6%　　　　② 91.0%
③ 95.2%　　　　④ 98.7%

| 해답 | ③

$C_d = \dfrac{\rho_d}{\rho_{d\max}} \times 100$

• $\rho_t = \dfrac{W}{V} = \dfrac{3390}{1960} = 1.73\text{g/cm}^3$

• $\rho_d = \dfrac{\rho_t}{1+w} = \dfrac{1.73}{1+0.10} = 1.57\text{g/cm}^3$

∴ 다짐도 $C_d = \dfrac{1.57}{1.65} \times 100 = 95.2\%$

□□□ 기 91,96,97,01,05,07,11,16②

03 흙의 다짐에 있어 래머의 중량이 25N, 낙하고 30cm, 3층으로 각층 다짐횟수가 25회일 때 다짐에너지는? (단, 몰드의 체적은 1000cm^3이다.)

① $562.5\text{kN}\cdot\text{m/m}^3$　　② $596.5\text{kN}\cdot\text{m/m}^3$
③ $1045.5\text{kN}\cdot\text{m/m}^3$　　④ $0.665\text{kN}\cdot\text{m/m}^3$

| 해답 | ①

$E_c = \dfrac{W \cdot H \cdot N_B \cdot N_L}{V}$

• $W=25\text{N}$, $H_B=30\text{cm}$, $V=1000\text{cm}^3$

∴ $E_c = \dfrac{25 \times 30 \times 25 \times 3}{1000} = 56.25\text{N}\cdot\text{cm/cm}^3$

$= 56.25 \times 10^{-3} \times 10^4 = 562.5\text{kN}\cdot\text{m/m}^3$

□□□ 기 92,93,97,99,01,10

04 흙의 다짐에 관한 다음 설명 중 옳지 않은 것은?

① 일반적으로 흙의 건조밀도는 가하는 다짐 Energy가 클수록 크다.
② 모래질 흙은 진동 또는 진동을 동반하는 다짐방법이 유효하다.
③ 건조밀도-함수비 곡선에서 최적 함수비와 최대 건조밀도를 구할 수 있다.
④ 모래질을 많이 포함한 흙의 건조밀도-함수비 곡선의 경사는 완만하다.

| 해답 | ④

• 조립토(모래질) : 다짐곡선 급경사
• 세립토(점토질) : 다짐곡선 완경사

□□□ 기 10,14,17②,19③

05 흙의 다심에 관한 설명으로 틀린 것은?

① 다짐에너지가 클수록 최대건조단위중량($\gamma_{d\max}$)은 커진다.
② 다짐에너지가 클수록 최적함수비(w_{opt})는 커진다.
③ 점토를 최적함수비(w_{opt})보다 작은 함수비로 다지면 면모구조를 갖는다.
④ 투수계수는 최적함수비(w_{opt}) 근처에서 거의 최솟값을 나타낸다.

| 해답 | ②

다짐에너지가 증가되면 최대건조단위중량은 증가하고 최적함수비(w_{opt})는 감소한다.

알아두기

회전식(Rotary boring)
시간과 공사비가 많이 들지만 확실한 코어(core)를 채취할 수 있다.

충격식(percussion boring)
충격식은 굴진속도가 빠르고 비용도 싸지만 분말상의 교란된 시료만 얻어진다.

RQD와 암질의 관계

RQD(%)	암질
0~25	매우 불량
25~50	불량
50~75	보통
75~90	양호
90~100	우수

면적비
불교란시료 채취 시 샘플러의 두께를 얇게 하기 위하여 면적비를 10% 미만으로 하는데, 이의 가장 큰 이유는 샘플러 주위의 잉여토의 혼입을 막기 위해서이다.

피조콘(Piezocone)
피조콘은 기존의 더치콘을 개량하여 콘저항치와 마찰력을 측정하면서 간극수압 및 간극수압 소산이 동시 측정되는 연약지반 조사장비이다.

17 토질 조사 및 시험

1 보링조사

(1) 로터리 보링(rotary boring ; 회전식)
- 회수율(TCR : test core recovery)

$$회수율 = \frac{채취된\ 시료의\ 길이}{굴착암석의\ 관입깊이} \times 100$$

- 암질지수(RQD : rock quality designation)

$$RQD = \frac{10cm\ 이상\ 회수된\ 길이의\ 합}{굴착암석의\ 관입깊이} \times 100$$

(2) 암반의 분류(RMR 분류)
① 암석강도 ② 암질지수(RQD) ③ 절리와 층리의 간격
④ 절리상태 ⑤ 지하수

(3) 면적비

$$A_r = \frac{D_w^2 - D_e^2}{D_e^2} \times 100$$

여기서, A_r : 면적비
D_w : 샘플러의 바깥지름
D_e : 샘플러의 안지름

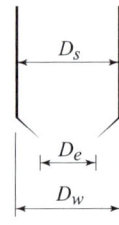

2 사운딩

(1) 정의
로드 선단의 저항체를 땅속에 넣어 관입, 회전, 인발 등의 저항으로 지반의 강도 및 밀도 등을 체크하는 방법의 원위치 시험을 사운딩(Sounding)이라 한다.

(2) 사운딩의 종류

구분	방식	종류	적용 토질
정적 사운딩	압입식	휴대용 원추관입시험기	연약한 토질
		더치 콘(Dutch Cone) 관입시험기	큰 자갈 이외의 일반적 흙
	회전관입	스웨덴식 관입시험기	큰 자갈, 조밀한 모래자갈 이외의 흙
	인발	이스키미터	연약한 점토
	완속회전	베인시험	연약한 점토, 예민한 점토
동적 사운딩	타입식	동적 원추관입시험	큰 자갈, 조밀한 모래, 자갈 이외의 흙에 사용
		표준관입시험(SPT)	사질토에 적합하고 점성토시험도 가능

(3) 사운딩의 특징
- 동적인 사운딩 방법은 주로 사질토에 유효하다.
- 정적인 사운딩은 주로 점성토에 많이 쓰인다.
- 베인(Vane) 시험은 정적인 사운딩이다.
- 표준관입시험(SPT)은 동적인 사운딩이다.
- 사운딩은 보링이나 시굴보다도 지반구성을 파악하기 곤란하다.

핵 심 문 제

□□□ 기 97,01,02,06,18④,20④

01 시료채취기(sampler)의 관입 깊이가 100cm이고, 채취된 시료의 길이가 90cm이었다. 길이가 10cm 이상인 시료의 합이 60cm, 길이가 9cm 이상인 시료의 합이 80cm이었다. 회수율과 RQD를 구하면?

① 회수율=0.8, RQD=0.6
② 회수율=0.9, RQD=0.8
③ 회수율=0.8, RQD=0.75
④ 회수율=0.9, RQD=0.6

| 해답 | ④

- 회수율 = $\dfrac{\text{채취된 시료의 길이}}{\text{관입깊이}} = \dfrac{90}{100} = 0.9$
- RQD = $\dfrac{\text{10cm 이상 회수된 부분의 길이 합}}{\text{관입 깊이}} = \dfrac{60}{100} = 0.6$

□□□ 기 00,05,08,10,14,17,20,21①

02 바깥지름(D_o) 50.8mm, 안지름(D_i) 34.9mm인 스플리트 스푼 샘플러의 면적비로 옳은 것은?

① 112%　② 106%
③ 53%　④ 46%

| 해답 | ①

면적비 $A_r = \dfrac{D_w^2 - D_e^2}{D_e^2} \times 100 = \dfrac{50.8^2 - 34.9^2}{34.9^2} \times 100 = 112\%$

□□□ 기 91,98,19①,21③

03 보링(boring)에 관한 설명으로 틀린 것은?

① 보링(boring)에는 회전식(rotary boring)과 충격식(percussion boring)이 있다.
② 충격식은 굴진속도가 빠르고 비용도 싸지만 분말상의 교란된 시료만 얻어진다.
③ 회전식은 시간과 공사비가 많이 들뿐만 아니라 확실한 코어(core)도 얻을 수 없다.
④ 보링은 지반의 상황을 판단하기 위해 실시한다.

| 해답 | ③

Rotary boring
시간과 공사비가 많이 들지만 확실한 코어(core)를 채취할 수 있다.

□□□ 기 03,07,15②,19②

04 Rod에 붙인 어떤 저항체를 지중에 넣어 관입, 인발 및 회전에 의해 흙의 전단강도를 측정하는 원위치 시험은?

① 보링(boring)　② 사운딩(sounding)
③ 시료채취(sampling)　④ 비파괴 시험(NDT)

| 해답 | ②

이를 Sounding이라 한다.

□□□ 기 99,07,09,13,15,17,21②,24①

05 다음 중 사운딩 시험이 아닌 것은?

① 표준관입시험　② 평판재하시험
③ 콘 관입시험　④ 베인시험

| 해답 | ②

평판재하시험(PBT)
현장에서 지반의 지지력을 측정하기 위해 실시하는 실험으로 주로 강성포장의 포장설계를 위하여 지지력 계수 K를 결정한다.

□□□ 기 83,93,96,01,09,14②,20②

06 다음은 주요한 Sounding(사운딩)의 종류를 나타낸 것이다. 이 가운데 사질토에 가장 적합하고 점성토에서도 쓰이는 조사법은?

① 더치 콘(Dutch Cone) 관입시험기
② 베인시험기(Vane tester)
③ 표준관입시험기
④ 이스키미터(Iskymeter)

| 해답 | ③

표준 관입시험기(SPT)
사질토에 가장 적합하나 점토지반의 N치에 의한 강도판정과 지지력을 계산할 수 있다.

□□□ 기 00,06,14,16

07 암질을 나타내는 항목과 직접 관계가 없는 것은?

① N치　② RQD값
③ 탄성파 속도　④ 균열의 간격

| 해답 | ①

N치 : 흙의 성질을 판정

18 표준관입시험과 베인시험

1 표준관입시험 S.P.T

(1) 표준관입시험의 특징
- 지름 5.1cm, 길이 81cm의 중공식 Split Spoon Sampler를 사용한다.
- 보링 구멍 밑면 흙이 보링에 의하여 흐트러져 불교란 지반에 도달시키기 위하여 15cm 관입 후부터 N값을 측정한다.
- 주로 사질토 지반에 사용되며 동적 사운딩 방법으로 교란된 시료 채취가 가능하다.

(2) N치와 ϕ의 관계(Dunham공식)

• 토질입자가 둥글고 균일한(불량한 입도) 경우	$\phi = \sqrt{12N} + 15$
• 토질입자가 둥글고 입도분포가 양호 • 토립자가 모가 나고 균일한(불량한 입도) 경우	$\phi = \sqrt{12N} + 20$
• 토립자가 모가 나고 입도분포가 좋을 때	$\phi = \sqrt{12N} + 25$

(3) N치와 상대밀도 및 콘시스턴시와의 관계

사질토		점질토	
N치	상대밀도	N치	consistency
0~4	대단히 느슨	< 2	대단히 연약
4~10	느슨	2~4	연약
10~30	중간	4~8	중간
30~50	조밀	8~15	견고
50 이상	매우 조밀	15~30	대단히 견고

(4) N치로부터 추정되는 사항

모래지반	점토지반
• 상대밀도 • 내부마찰각 • 침하에 대한 허용지력 • 지지력계수 • 탄성계수	• 콘시스턴시(연경도) • 일축압축강도 • 점착력 • 기초지반의 허용지지력 • 파괴에 대한 극한지지력

2 베인시험 vane test

(1) 정의
현장에서 직접 연약한 점토층의 비배수 전단강도를 측정하는 것으로 흙이 전단할 때의 회전저항모멘트를 측정하여 점토의 점착력(비배수 강도)을 측정하는 시험방법이다.

(2) 전단강도 산정
- 점착력 $c = \dfrac{M_{\max}}{\pi D^2 \left(\dfrac{H}{2} + \dfrac{D}{6}\right)}$
- 수정 계수 $\mu = 1.7 - 0.54\log(PI)$
- 수정 비배수강도 $c_u = \mu c$

알아두기

■ 표준관입시험의 정의
질량 (64±0.5)kg의 드라이브 해머를 (76±1)cm 자유낙하시키고 보링로드 머리부에 부착한 노킹블록을 타격하여 보링 앞 끝에 부착한 표준관입시험용 중공의 split spoon sampler를 지반에 30cm 박아 넣는 데 필요한 타격횟수를 N값이라고 한다.

■ 표준관입시험
Sounding의 종류에 있어서 사질토에 가장 적합하고 점성토에서도 쓰이는 조사법
- N값으로 모래지반의 상대밀도를 추정할 수 있으며, N치로 점토지반의 안정도에 관한 추정이 가능하다.
- N값이 클수록 지반의 강도는 크고 침하 가능성은 적다.

■ 강도정수
- 일축 압축강도 $q_u = \dfrac{N}{8}$
- 비배수 점착력 $c_u = \dfrac{q_u}{2} = \dfrac{N}{16}$

■ 여기서
$M_{\max}$: 우력 최대모멘트
D : vane 날개폭
H : vane 날개높이
PI : 소성지수

핵 심 문 제

□□□ 기 80,82,84,92,97,04,06,10,14,18③,19②,21②,22①②

01 토립자가 둥글고 입도분포가 나쁜 모래지반에서 표준관입시험을 한 결과 N치는 10이었다. 이 모래의 내부 마찰각을 Dunham의 공식으로 구하면?

① 21°　　　　② 26°
③ 31°　　　　④ 36°

| 해답 | ②

토립자가 둥글고 입도가 불량
$\phi = \sqrt{12N} + 15 = \sqrt{12 \times 10} + 15 = 26°$

□□□ 기 04,10,15

02 어떤 점토지반의 표준관입 시험 결과 N값이 2~4이었다. 이 점토의 consistency는?

① 대단히 견고　　　② 연약
③ 견고　　　　　　④ 대단히 연약

| 해답 | ②

점성토 : 연약(2~4), 중간(4~8), 견고(8~15)

□□□ 기 09,12,16

03 연약한 점성토의 지반 특성을 파악하기 위한 현장조사 시험 방법에 대한 설명 중 틀린 것은?

① 현장 베인시험은 연약한 점토층에서 비배수 전단강도를 직접 산정할 수 있다.
② 정적 콘 관입시험(CPT)은 콘 지수를 이용하여 비배수 전단 강도 추정이 가능하다.
③ 표준관입시험에서의 N값은 연약한 점성토지반 특성을 잘 반영해 준다.
④ 정적 콘 관입시험(CPT)은 연속적인 지층 분류 및 전단 강도 추정 등 연약점토 특성 분석에 매우 효과적이다.

| 해답 | ③

표준관입시험에서의 N값은 사질토에 적합하고 점성토 시험도 가능하다.

□□□ 기 12,14,17②,22②

04 포화 점토에 대해 베인전단시험을 실시하였다. 베인의 지름과 높이는 각각 75mm와 150mm이고, 시험 중 사용한 최대 회전모멘트는 25N·m이다. 점성토의 액성한계는 65%이고 소성한계는 30%이다. 설계에 이용할 수 있도록 수정 비배수 강도를 구하면? (단, 수정계수(μ)=1.7-0.54log(PI)를 사용하고, 여기서, PI는 소성지수이다.)

① $0.08 kN/m^2$　　　② $14.0 kN/m^2$
③ $18.2 kN/m^2$　　　④ $20.0 kN/m^2$

| 해답 | ②

- 점착력 $C_{uv} = \dfrac{M_{max}}{\pi D^2 \left(\dfrac{H}{2} + \dfrac{D}{6}\right)} = \dfrac{25 \times 10^3}{\pi \times 75^2 \times \left(\dfrac{150}{2} + \dfrac{75}{6}\right)}$
  $= 0.0162 \, N/mm^2 = 16.2 \, kN/m^2$

- 소성지수 $PI = W_L - W_P = 65 - 30 = 35\%$
  수정계수 $\mu = 1.7 - 0.54 \log(PI)$
  $= 1.7 - 0.54 \log(35) = 0.865$

- 수정 비배수 강도
  $C_u = \mu c_{uv}$
  $= 0.865 \times 16.2 = 14.0 \, kN/m^2$

□□□ 기 14④,17①,19③,21①

05 베인전단시험(vane shear test)에 대한 설명으로 옳지 않은 것은?

① 현장 원위치 시험의 일종으로 점토의 비배수 전단강도를 구할 수 있다.
② 십자형의 베인(vane)을 땅속에 압입한 후, 회전모멘트를 가해서 흙이 원통형으로 전단파괴될 때 저항모멘트를 구함으로써 비배수 전단강도를 측정하게 된다.
③ 연약점토지반에 적용된다.
④ 베인전단시험으로부터 흙의 내부마찰각을 측정할 수 있다.

| 해답 | ④

- 연약 점토지반의 비배수 강도를 측정하는 데 이용
- 비배수 조건하에서의 사면 안정 해석이나 구조물의 기초에서 지지력 산정에 이용
- Vane 시험 시 회전모멘트를 측정하여 비배수 강도를 구한다.

알아두기

지지력계수

$$K = \frac{하중강도(q)}{침하량(y)}$$

평판재하시험에 의한 침하량

- 점성토지반의 침하량 : $S = S_P \cdot \frac{B_F}{B_P}$
- 사질토 지반의 침하량

  : $S = S_P \left(\frac{2B_F}{B_F + B_P}\right)^2$

- S_P : 재하판의 침하량
- S_F : 기초판의 침하량

허용지내력

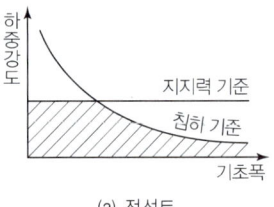

(a) 점성토

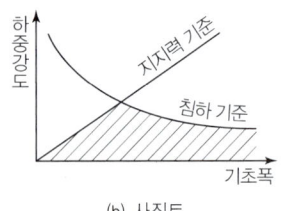

(b) 사질토

19 평판재하시험

1 평판재하시험 결과

(1) 재하판의 크기에 따른 지지력계수
- 지반지지력계수 $K_{30} = \frac{q}{y}$
- $K_{30} = 2.2 K_{75}$, $K_{40} = 1.7 K_{75}$

(2) 평판재하시험 결과 이용 시 유의 사항
- 시험한 지반의 토질 종단을 알아야 한다.
- 지하수위의 변동을 알아야 한다.
- 부등침하를 고려하여야 한다.
- 예민비를 고려하여야 한다.
- 재하판의 크기에 의한 영향(scale effect)을 고려하여야 한다.

■ 재하판의 크기에 의한 영향

구분	사질토지반	점토지반
지지력	재하판의 폭에 비례	재하판의 폭에 무관
침하량	재하판의 폭에 약간 증가	재하판의 폭에 비례

(3) 평판재하시험을 끝내는 조건
- 침하량이 15mm에 달할 때
- 하중강도가 그 지반의 항복점을 넘을 때
- 하중강도가 예상되는 최대접지압력을 초과할 때

2 재하시험에 의한 지지력

(1) 재하시험에 의한 허용지지력

- $q_t = \dfrac{항복강도(q_y)}{2} = \dfrac{1}{2} \cdot \dfrac{항복하중(P_a)}{재하판\ 크기(A)}$

- $q_t = \dfrac{극한강도(q_u)}{3} = \dfrac{1}{3} \cdot \dfrac{극한하중(P_u)}{재하판\ 크기(A)}$

∴ 둘 중 작은 값이 허용지지력(q_t)이다.

(2) 재하시험 결과에 의한 허용지지력
- 단기 허용지지력 : $q_a = 2q_t + \dfrac{1}{3} \gamma_t D_f N_q$
- 장기 허용지지력 : $q_a = q_t + \dfrac{1}{3} \gamma_t D_f N_q$

(3) 허용지내력
- 극한 지지력에 대해서 소정의 안전율을 갖고, 침하량도 허용값 이하가 되는 하중강도 중 최대의 것을 허용지내력이라 한다.
- 침하량을 기준으로 하면 흙의 종류에 관계없이 기초폭이 클수록 하중강도가 감소한다.

핵 심 문 제

☐☐☐ 기 04,22②

01 도로의 평판재하시험에서 1.25mm 침하량에 해당하는 하중 강도가 250kN/m²일 때 지반반력 계수는?

① 100MN/m³ ② 200MN/m³
③ 1000MN/m³ ④ 2000MN/m³

| 해답 | ②
지반반력 계수(지지력 계수)
$K = \dfrac{\text{하중강도}(q)}{\text{침하량}(y)} = \dfrac{250}{1.25 \times \dfrac{1}{1000}}$
$= 200000\,kN/m^3 = 200MN/m^3$ (∵ $1MN=10^3kN=10^6N$)

☐☐☐ 기 97,98,03,10,15,20④,21①

02 도로의 평판재하시험이 끝나는 조건에 대한 설명으로 옳지 않은 것은?

① 하중강도가 그 지반의 항복점을 넘을 때
② 침하량이 15mm에 달할 때
③ 침하가 더 이상 일어나지 않을 때
④ 하중강도가 현장에서 예상되는 최대 접지압력을 초과할 때

| 해답 | ③
평판재하시험의 끝나는 조건
• 침하량이 15mm에 달할 때
• 하중강도가 예상되는 최대 접지압력을 초과할 때
• 하중강도가 그 지반의 항복점을 넘을 때

☐☐☐ 기 84,95,05,08,10,12,15,20②,22①

03 평판재하시험에서 재하판의 크기에 의한 영향(scale effect)에 관한 설명으로 틀린 것은?

① 사질토지반의 지지력은 재하판의 폭에 비례한다.
② 점토지반의 지지력은 재하판의 폭에 무관하다.
③ 사질토지반의 침하량은 재하판의 폭이 커지면 약간 커지기는 하지만 비례하는 정도는 아니다.
④ 점토지반의 침하량은 재하판의 폭에 무관하다.

| 해답 | ④
점토지반의 침하량은 재하판의 폭에 비례한다.

☐☐☐ 기 12②,15①,17①

04 지름 30cm의 평판재하시험에서 작용압력이 300 kN/m²일 때 평판의 침하량이 30mm이었다면, 지름 3m의 실제 기초에 300kN/m²의 압력이 작용할 때의 침하량은? (단, 지반은 사질토 지반이다.)

① 30mm ② 99.2mm
③ 187.4mm ④ 300mm

| 해답 | ②
$S_F = S_P \left(\dfrac{2B_F}{B_F + B_P} \right)^2$
$= 30 \times \left(\dfrac{2 \times 3}{3+0.3} \right)^2 = 99.2mm$

☐☐☐ 기 03,10,14,19②,21④

05 모래지반에 30cm×30cm의 재하판으로 재하실험을 한 결과 100kN/m²의 극한지지력을 얻었다. 4m×4m의 기초를 설치할 때 기대되는 극한지지력은?

① 100kN/m² ② 1000kN/m²
③ 1333kN/m² ④ 1540kN/m²

| 해답 | ③
사질토에서 지지력은 재하판의 폭에 비례
$0.30 : 100 = 4 : q_u$
∴ $q_u = \dfrac{100 \times 4}{0.3} = 1333.33kN/m^2$

☐☐☐ 기 01,06,09,14,18①,19③,24③

06 크기가 30cm×30cm의 평판을 이용하여 사질토 위에서 평판재하시험을 실시하고 극한지지력 200kN/m²을 얻었다. 크기가 1.8m×1.8m인 정사각형 기초의 총 허용하중은 약 얼마인가? (단, 안전율 3을 사용)

① 220kN ② 660kN
③ 1296kN ④ 1500kN

| 해답 | ③
• 모래질의 지지력은 재하판의 폭에 비례한다.
  $0.3 : 200 = 1.8 : q_u$
• 극한 지지력 $q_u = \dfrac{1.8 \times 200}{0.3} = 1200kN/m^2$
• 극한하중 $Q_u = q_u \times A = 1200 \times 1.8 \times 1.8 = 3888kN$
∴ 총 허용하중 $Q_a = \dfrac{Q_u}{F_s} = \dfrac{3888}{3} = 1296kN$

알아두기

기초의 구비 조건
- 최소 기초 깊이를 유지할 것
- 상부 하중을 안전하게 지지할 것
- 침하가 허용치를 넘지 않을 것
- 기초의 시공이 가능할 것

직접기초
상부구조로부터 하중을 말뚝이나 피어 등을 쓰지 않고 기초판부터 직접 지반으로 전달하는 기초

직접기초의 종류
- 독립푸팅 기초
- 복합푸팅 기초
- 연속푸팅 기초
- 캔틸레버푸팅 기초
- 전면 기초

용어설명
- N_c, N_r, N_q : 지지력 계수(ϕ의 함수)
- c : 기초 저면 흙의 점착력
- γ_1 : 기초 저면 흙의 단위 중량
- γ_2 : 근입 깊이 흙의 단위 중량
- α, β : 기초의 형상 계수
- D_f : 근입 깊이

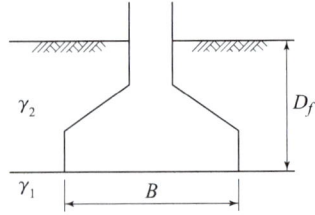

Meyerhof의 극한지지력
$$q_u = 3NB\left(1+\frac{D_f}{B}\right)$$
여기서, N : 표준관입시험치
B : footing의 폭
D_f : 기초의 근입깊이

기초지반의 파괴형태
- 전반전단파괴
- 국부전단파괴
- 관입전단파괴

---

20 직접기초

1 Terzaghi의 기초파괴 형태
- 전반전단(General shear)일 때의 파괴형상
- 영역 Ⅰ : 탄성영역
- 영역 Ⅱ : 방사 전단영역, 원호 전단영역
- 영역 Ⅲ : Rankine의 수동영역
- 영역 Ⅲ : 수평선과 $45°-\dfrac{\phi}{2}$ 의 각을 이룬다.
- 파괴순서는 Ⅰ → Ⅱ → Ⅲ

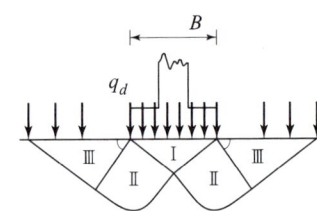

2 Terzaghi의 지지력 산정
(1) 극한지지력

Terzaghi는 기초의 형상 계수와 내부 마찰각에 따라 지지력 계수가 차이가 난다고 생각하여 수정 지지력 공식을 제안하였다.

$$q_u = \alpha c N_c + \beta \gamma_1 B N_r + \gamma_2 D_f N_q$$

■ 형상계수

구 분	연 속	원 형	정사각형	직사각형
α	1.0	1.3	1.3	$1+0.3\dfrac{B}{L}$
β	0.5	0.3	0.4	$0.5-0.1\dfrac{B}{L}$

단, B : 구형의 단변 길이, L : 구형의 장변 길이

(2) 전허용지지력 : $q_a = \dfrac{q_u}{F_s}$

(3) 순허용지지력 : $q_{a(net)} = \dfrac{q_{u(net)}}{F_s} = \dfrac{q_u - q}{F_s}$

(4) 순극한지지력 : $q_{a(net)} = q_u - q = q_u - \gamma D_f$

(5) 허용총하중 : $Q_{all} = q_a \cdot A$
여기서, A : 단면적

3 기초의 침하
(1) 탄성침하량 $S_i = q \cdot B \dfrac{1-\mu^2}{E} I_S$

여기서, q : 기초의 하중강도(kN/m²), B : 기초의 폭(m)
μ : 지반의 포아송비, E : 흙의 탄성계수
I_S : 침하에 의한 영향값

(2) 구조물의 침하
- 기초의 침하각도 $t = \sin^{-1}\left(\dfrac{s_1-s_2}{\dfrac{B}{2}-e}\right)$
- 부등침하 $\Delta\rho = \rho_{max} - \rho_{min}$
- 각변위 $= \dfrac{\Delta\rho}{l}$

핵심문제

□□□ 기 00,05,09,18④

01 다음 그림은 얕은 기초의 파괴 영역이다. 설명이 옳은 것은?

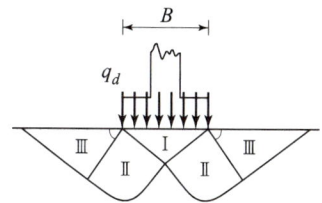

① 파괴순서는 Ⅲ → Ⅱ → Ⅰ 이다.
② 영역 Ⅲ에서 수평면과 $45° + \phi/2$의 각을 이룬다.
③ 영역 Ⅲ은 수동영역이다.
④ 국부 전단파괴의 형상이다.

| 해답 | ③

① 파괴 순서는 Ⅰ → Ⅱ → Ⅲ 으로 된다.
② 영역 Ⅲ에서 수평면과 $45° - \dfrac{\phi}{2}$의 각을 이룬다.
③ Ⅰ : 탄성영역
　Ⅱ : 방사방향의 전단영역
　Ⅲ : Rankine의 수동영역
④ 기초면이 거친 줄기초의 전반 전단파괴 형태이다.

□□□ 기 90,96,00,02,11,14②,24③

02 그림에서 정사각형 독립기초 2.5m×2.5m가 실트질 모래 위에 시공되었다. 이때 근입깊이가 1.50m인 경우 허용지지력은 약 얼마인가?
(단, $N_c = 35$, $N_\gamma = N_q = 20$, 안전율은 3)

① $250\,kN/m^2$
② $300\,kN/m^2$
③ $350\,kN/m^2$
④ $450\,kN/m^2$

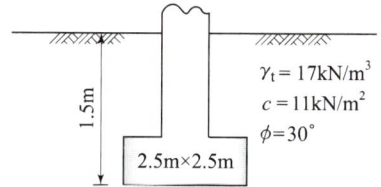

$\gamma_t = 17\,kN/m^3$
$c = 11\,kN/m^2$
$\phi = 30°$
2.5m×2.5m

| 해답 | ④

$q_u = \alpha c N_c + \beta \gamma_1 B N_\gamma + \gamma_2 D_f N_q$
• 정사각형 : $\alpha = 1.3$, $\beta = 0.4$
• $q_u = 1.3 \times 11 \times 35 + 0.4 \times 17 \times 2.5 \times 20 + 17 \times 1.50 \times 20$
　　$= 1350.5\,kN/m^2$

∴ 허용지지력 $q_a = \dfrac{q_u}{F_s} = \dfrac{1350.5}{3} = 450\,kN/m^2$

□□□ 기 93,98,16①,19①,21②,22①

03 일반적인 기초의 필요조건으로 틀린 것은?

① 침하를 허용해서는 안 된다.
② 지지력에 대해 안정해야 한다.
③ 사용성, 경제성이 좋아야 한다.
④ 동해를 받지 않는 최소한의 근입깊이를 가져야 한다.

| 해답 | ①

기초의 구비조건
• 최소 기초깊이를 유지할 것
• 상부하중을 안전하게 지지할 것
• 침하가 허용치를 넘지 않을 것
• 기초의 시공이 가능할 것

□□□ 기 17②,20②

04 얕은 기초에 대한 Terzaghi의 수정지지력 공식은 아래의 표와 같다. 4m×5m의 직사각형 기초를 사용할 경우 형상계수 α와 β의 값으로 옳은 것은?

$$q_u = \alpha c N_c + \beta \gamma_1 B N_\gamma + \gamma_2 D_f N_q$$

① $\alpha = 1.18$, $\beta = 0.32$
② $\alpha = 1.24$, $\beta = 0.42$
③ $\alpha = 1.28$, $\beta = 0.42$
④ $\alpha = 1.32$, $\beta = 0.38$

| 해답 | ②

직사각형 형상계수
$\alpha = 1 + 0.3 \dfrac{B}{L} = 1 + 0.3 \times \dfrac{4}{5} = 1.24$
$\beta = 0.5 - 0.1 \dfrac{B}{L} = 0.5 - 0.1 \times \dfrac{4}{5} = 0.42$

□□□ 기 99,06,10,15,16,19,21③

05 2m×2m 정방형 기초가 1.5m 깊이에 있다. 이 흙의 단위중량 $\gamma = 17\,kN/m^3$, 점착력 $c = 0$이며 $N_r = 19$, $N_q = 22$이다. Terzaghi의 공식을 이용하여 전허용하중(Q_{all})을 구한 값은? (단, 안전율 $F_s = 3$으로 한다.)

① 273kN
② 546kN
③ 819kN
④ 1093kN

| 해답 | ④

• $q_u = \alpha c N_c + \beta \gamma_1 B N_\gamma + \gamma_2 D_f N_q$
　$= 0 + 0.4 \times 17 \times 2 \times 19 + 17 \times 1.5 \times 22 = 819.4\,kN/m^2$
• $q_a = \dfrac{q_u}{F_s} = \dfrac{819.4}{3} = 273.13\,kN/m^2$
• $Q_{all} = q_a \cdot A = 273.13 \times 2 \times 2 = 1093\,kN$

알아두기

정역학적 지지력 상태

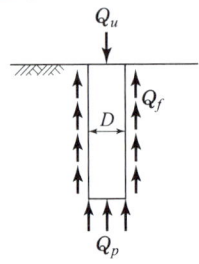

정역학적 공식
Dörr의 공식, Terzaghi 공식, Meyerhof 공식, Dunham 공식

동역학적 공식
Hiley 공식, Weisbach 공식, Engineering News 공식, Sander 공식

Hiley공식(말뚝의 허용지지력)

$$Q_a = \frac{e_f W_h h}{F_s(S+C)} = \frac{e_f F}{F_s(S+C)}$$

여기서,
$F_s = 6$: 엔지니어링 뉴스공식에서 불확실성을 고려하여 안전율은 6을 사용
e_f : 해머의 효율
F : 타격 에너지($W_h \times h$)
S : 타격당 말뚝의 관입량(cm)
C : 손실상수$\left(\frac{C_1+C_2+C_3}{2}\right)$

부마찰력
하향의 마찰력에 의해 말뚝을 아래방향으로 작용하는 힘으로 결국에는 말뚝의 지지력을 감소시킨다.

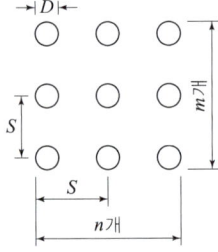

21 깊은기초

1 말뚝의 지지력

(1) 말뚝의 정역학적 지지력
- $Q_u = Q_p + Q_f$

(2) 말뚝의 동역학지지력

- Sander 공식 : $Q_a = \dfrac{W_h \cdot h}{F_s S}$, $F_s = 8$

- Engineering New 공식
  - 낙하식 해머 : $Q_a = \dfrac{W_h \cdot h}{F_s(S+2.5)}$, $F_s = 6$
  - 단동식 증기해머 : $Q_a = \dfrac{W_h \cdot h}{F_s(S+0.25)}$
  - 복동식 증기해머
    $$Q_a = \frac{(W_h + A_p \cdot P)h}{F_s(S+0.25)}$$

  여기서, W_r : 해머의 무게 h : 낙하고
  A_p : 피스톤의 면적 P : 해머에 작용하는 증기압
  F_s : 안전율 S : 타격당 말뚝의 평균관입량

2 부마찰력

(1) 부마찰력
$$R_{nf} = U \cdot l_c \cdot f_s$$

여기서, U : 말뚝의 주변장(πD), l_c : 관입깊이(m)
f_s : 말뚝의 평균마찰력 또는 일축 압축강도(q_u)의 $\dfrac{1}{2}$ $\left(f_s = \dfrac{q_u}{2}\right)$

(2) 부마찰력이 발생하는 원인
- 지반이 압밀진행 중인 연약 점토지반일 때
- 연약점토층 위에 사질토층이 놓여 점토층이 압밀될 때
- 말뚝이 타입된 사질층 위에 점성토층이 위치하여 압밀될 때
- 말뚝이 점토층에 타입되어 있고 지하수위면의 강하가 있을 때

3 군항과 단항

(1) 군항의 효율(Converse – Labarre의 저감식)
$$E = 1 - \frac{\phi}{90}\left(\frac{(n-1)m + (m-1)n}{mn}\right)$$

여기서, m : 각 열의 말뚝수, n : 말뚝의 열수, $\phi = \tan^{-1}\dfrac{D}{S}$ (도)
D : 말뚝 지름(m), S : 말뚝의 중심간격(m)

(2) 군항의 허용지지력
$$R_{ag} = R_a \cdot N \cdot E$$

여기서, R_a : 단항의 허용지지력, N : 말뚝 총수, E : 군항의 효율

핵심문제

□□□ 기 90,97,98,07,11,18②,19②

01 단동식 증기해머로 말뚝을 박았다. 해머의 무게 25kN, 낙하고 3m, 타격당 말뚝의 평균관입량 1cm, 안전율 6일 때 Engineering-News 공식으로 허용지지력을 구하면?

① 2500kN ② 2000kN
③ 1000kN ④ 500kN

| 해답 | ③

$$R_a = \frac{W \cdot H}{F_s(S+0.25)} = \frac{25 \times 300}{6(1+0.25)} = 1000 \text{kN}$$

□□□ 기 12,14①,19③

02 지름 30cm 콘크리트 말뚝을 단동식 증기해머로 타입하였을 때 엔지니어링 뉴스 공식을 적용한 말뚝의 허용지지력은? (단, 타격에너지=36kN·m, 해머 효율=0.8, 손실상수=0.25cm, 마지막 25mm 관입에 필요한 타격횟수=5)

① 640kN ② 1280kN
③ 1920kN ④ 3840kN

| 해답 | ①

$$Q_a = \frac{e_f W_h h}{F_s(S+C)} = \frac{e_f F}{F_s(S+C)} = \frac{0.8 \times 36 \times 100}{6\left(\frac{2.5}{5}+0.25\right)} = 640 \text{kN}$$

□□□ 기 97,00,01,03,12,14,16④

03 연약점성토층을 관통하여 철근콘크리트 파일을 박았을 때 부마찰력(Negative friction)은?
(단, 이때 지반의 일축 압축강도 $q_u = 20\text{kN/m}^2$, 파일 지름 $D=50\text{cm}$, 관입깊이 $l=10\text{m}$이다.)

① 157.1kN ② 185.3kN
③ 208.2kN ④ 242.4kN

| 해답 | ①

부마찰력 $R_{nf} = U \cdot l_c \cdot f_s$
- 말뚝의 주변장 $U = \pi \cdot D = \pi \times 0.5 = 1.571\text{m}$
- 평균 마찰력 $f_s = \frac{q_u}{2} = \frac{20}{2} = 10\text{kN/m}^2$
∴ $R_{nf} = 1.571 \times 10 \times 10 = 157.1\text{kN}$

□□□ 기 96,04,08,14,15④,24①

04 무게 3kN의 드롭해머로 3m 높이에서 말뚝을 타입할 때 1회 타격당 최종 침하량이 1.5cm 발생하였다. Sander 공식을 이용하여 산정한 말뚝의 허용지지력은?

① 75.0kN ② 86.1kN
③ 93.7kN ④ 156.7kN

| 해답 | ①

$$Q = \frac{W \cdot H}{8S} = \frac{3 \times 300}{8 \times 1.5} = 75.0\text{kN}$$

□□□ 기 96,08,13,18④,19②,22①

05 말뚝의 부주면마찰력에 대한 설명으로 틀린 것은?

① 연약한 지반에서 주로 발생한다.
② 말뚝 주변의 지반이 말뚝보다 더 침하될 때 발생한다.
③ 말뚝주면에 역청 코팅을 하면 부주면 마찰력을 감소시킬 수 있다.
④ 부주면마찰력의 크기는 말뚝과 흙 사이의 상대적인 변위속도와는 큰 연관성이 없다.

| 해답 | ④
부주면마찰력의 크기
- 흙의 종류와 말뚝의 재질뿐만 아니라 말뚝과 흙의 상대적인 변위 속도에 의존한다.
- 연약한 점토에서는 상대변위속도가 클수록 부마찰력이 크다.

□□□ 기 95,00,03,05,12,16,19④,21①

06 지름 $d=20\text{cm}$인 나무말뚝을 25본 박아서 기초 상판을 차지하고 있다. 말뚝의 배치를 5열로 하고 각 열은 등간격으로 5본씩 박혀 있다. 말뚝의 중심간격 $S=1\text{m}$이고 1본의 말뚝이 단독으로 100kN의 지지력을 가졌다고 하면 이 무리말뚝은 전체로 얼마의 하중을 견딜 수 있는가? (단, Converse Labbarre식을 사용한다.)

① 1000kN ② 2000kN
③ 3000kN ④ 4000kN

| 해답 | ②
- $\phi = \tan^{-1}\frac{d}{S} = \tan^{-1}\frac{20}{100} = 11.31°$
- 효율 $E = 1 - \phi\frac{m(n-1)+n(m-1)}{90mn}$

$E = 1 - 11.31° \times \frac{5(5-1)+5(5-1)}{90 \times 5 \times 5} = 0.799$

∴ $R_{ag} = ENR_a = 0.799 \times 25 \times 100 = 2000\text{kN}$

22 연약지반

1 Sand drain 공법

(1) 모래말뚝의 배치(Barron 배열)
- 정삼각형 배치 : $d_e = 1.050\,d$
- 정사각형 배치 : $d_e = 1.128\,d = 1.13\,d$

여기서, d : drain 간격

(2) 평균압밀도
$$U = 1 - (1 - U_V)(1 - U_H)$$

여기서, U_V : 연직방향의 압밀도, U_H : 방사선(수평) 방향의 압밀도

2 Paper drain 공법

(1) Paper drain 등치환산원
$$D = \alpha \frac{2A + 2B}{\pi} = \alpha \frac{2(A+B)}{\pi}$$

여기서, D : drain paper의 등치환산원의 지름
A, B : drain paper의 폭과 두께(cm)
α : 형상계수(=0.75)

(2) Paper drain 공법의 특징(Sand drain 공법에 비해)
- 횡방향력에 대한 저항력이 크다.
- 대량생산이 가능한 경우, 공사비가 절감된다.
- 타설에 의해서 주변지반을 교란하지 않는다.
- 장기간 사용 시 열화현상이 생겨 배수효과가 감소한다.
- 시공속도가 빠르고 drain의 단면이 일정하므로 배수효과가 좋다.

3 Geosynthetics

(1) Geosynthetics의 종류
- 지오텍스타일(geotextile)
- 지오멤브레인(geomembrane)
- 지오그리드(geogrid)
- 지오콤포지트(geocomposite)

(2) Geosynthetics의 기능
- 배수기능 : 투수성이 큰 토목섬유의 평면 내부를 따라서 물을 이동시키는 기능
- 여과기능 : 토립자의 이동을 막고 물만 통과시키는 기능
- 보강기능 : 토목섬유의 인장강도에 의해 토류구조물의 안정성을 증진시키는 기능
- 분리기능 : 점토, 실트 등의 세립토 사이에 설치되어서 이들 재료가 서로 혼합되는 것을 막아 주는 기능

알아두기

■ 점성토지반 개량공법의 종류
- 치환공법
- 침투압(MAIS) 공법
- 프리로딩(Pre-loading) 공법
- 샌드 드레인(Sand drain) 공법
- 페이퍼 드레인(Paper drain) 공법
- 생석회 말뚝공법
- 고결공법

■ 사질토지반 개량공법의 종류
- 다짐말뚝공법(sand compaction pile)
- 바이브로플로테이션(Vibro flotation) 공법
- 콤포저(compozer) 공법
- 폭파다짐공법
- 전기충격공법
- 약액주입공법
- 진동물다짐공법

■ 일시적 지반 개량공법
- Deep well 공법
- Well point 공법
- 대기압(진공) 공법
- 동결공법

■ 프리로딩 공법
구조물을 축조하기 전에 압밀에 의해 미리 침하를 끝나게 하여 지반강도를 증가시키는 점성토 개량공법

■ 치환공법
- 굴착 치환공법
- 폭파 치환공법
- 성토 자중에 의한 치환공법

핵심문제

□□□ 기 10,14

01 연약지반 개량공법 중 프리로딩 공법에 대한 설명으로 틀린 것은?

① 압밀침하를 미리 끝나게 하여 구조물에 잔류침하를 남기지 않게 하기 위한 공법이다.
② 도로의 성토나 항만의 방파제와 같이 구조물 자체의 일부를 상재하중으로 이용하여 개량 후 하중을 제거할 필요가 없을 때 유리하다.
③ 압밀계수가 작고 압밀토층의 두께가 큰 경우에 주로 적용한다.
④ 압밀을 끝내기 위해서는 많은 시간이 소요되므로, 공사기간이 충분해야 한다.

| 해답 | ③
Pre-loading 공법
압밀계수가 크고 점성토층의 두께가 얇은 경우에 채용

□□□ 기 02,07,12,18,19③

02 연약지반 처리공법 중 sand drain 공법에서 연직과 방사선 방향을 고려한 평균 압밀도 U는? (단, $U_v=0.20$, $U_h=0.71$이다.)

① 0.573
② 0.697
③ 0.712
④ 0.768

| 해답 | ④
$U = 1-(1-U_v)(1-U_h)$
$= 1-(1-0.20)(1-0.71) = 0.768$

□□□ 기 80,81,94,03,04,06,07,17,19,21②,22②

03 연약 점토 지반의 개량 공법으로서 다음 중 적절하지 않은 것은?

① 샌드 드레인 공법
② 페이퍼 드레인 공법
③ 프리로딩(preloading) 공법
④ 바이브로플로테이션(vibroflotation) 공법

| 해답 | ④
바이브로플로테이션 공법 : 사질토지반의 개량공법

□□□ 기 97,00,04,06,10,15

04 sand drain 공법에서 sand pile을 정삼각형으로 배치할 때 모래기둥의 간격은? (단, pile의 유효지름은 40cm이다.)

① 35cm
② 38cm
③ 42cm
④ 45cm

| 해답 | ②
$de = 1.05d$ 에서
$40 = 1.05d$ ∴ $d = 38$cm

□□□ 기 96,02,07,09,16②,20②,24②

05 폭 10cm, 두께 3mm인 Paper Drain설계 시 Sand drain의 지름과 동등한 값(등치환산원의 지름)으로 볼 수 있는 것은?

① 2.5cm
② 5.0cm
③ 7.5cm
④ 10.0cm

| 해답 | ②
$D = \alpha \dfrac{2(A+B)}{\pi} = 0.75 \times \dfrac{2(10+0.3)}{3.14} = 5.0$cm

□□□ 기 94,08,12,15,17④,21③

06 Sand drain의 지배영역에 관한 Barron의 정삼각형 배치에서 샌드 드레인의 간격을 d, 유효원의 지름을 d_e라 할 때 d_e를 구하는 식으로 옳은 것은?

① $d_e = 1.128d$
② $d_e = 1.028d$
③ $d_e = 1.050d$
④ $d_e = 1.50d$

| 해답 | ③
정삼각형 배치 : $d_e = 1.050d$, 정사각형 배치 : $d_e = 1.128d$

□□□ 기 90,97,03,06,16,17,20②,21④,22②

07 다음 중 일시적인 지반 개량공법에 속하는 것은?

① 다짐 모래말뚝 공법
② 약액주입 공법
③ 프리로딩 공법
④ 동결공법

| 해답 | ④
일시적인 지반 개량공법
Deep Well 공법, Well Point 공법, 진공공법(대기압공법), 동결공법

23 흙의 구조와 동해

1 흙의 구조

(1) 일라이트(illite) : 두 개의 규소판 사이에 한 개의 알루미늄판이 결합된 3층 구조가 무수히 많이 연결되어 형성된 점토광물로서 각 3층 구조 사이에는 칼륨이온(K^+)으로 결합되어 있는 점토광물

(2) 몬모릴로나이트(montmorillonite) : 3층 구조로 구조결합 사이에 치환성 양이온이 있어서 활성이 크고 시트 사이에 물이 들어가 팽창수축이 크고 공학적 안정성은 약한 점토광물

(3) 고령토(kaolinite) : 공학적으로 대단히 안정(팽창, 수축이 없다.)하고 활성(0.46)이 작다.

2 지하수위의 영향

지지력 공식에 사용되는 흙의 단위중량(γ)은 유효 단위중량이므로 기초부근에 지하수위가 존재한다면 지지력에 크게 영향을 미친다.

$$q_u = \alpha c N_c + \beta \gamma_1 B N_r + \gamma_2 D_f N_q$$

구 분	Ⅰ의 경우	Ⅱ의 경우	Ⅲ의 경우
위치	$0 \leq d \leq D_f$	$d < B$	$d \geq B$
첫째항	$\gamma_1 = \gamma_{sat} - \gamma_w = \gamma_{sub}$	$\gamma_1 = \gamma_{sub} + \dfrac{d}{B}(\gamma_t - \gamma_{sub})$	γ_1(원래와 동일)
둘째항	$\gamma_2 D_f = \gamma d_1 + \gamma_{sub} d_2$	$\gamma_2 = \gamma_t$	γ_2(원래와 동일)

3 동해

(1) 연화현상

동결된 지반이 해빙기에 융해되면서 얼음 렌즈가 녹은 물이 빨리 배수되지 않으면 흙의 함수비는 원래보다 훨씬 큰 값이 되어 지반의 강도가 감소하게 되는데 이러한 현상

(2) 동상량을 지배하는 주된 요소
• 동결심도 하단에서 지하수면까지의 거리가 모관 상승고보다 작을 때
• 동결온도의 계속기간
• 모관 상승고의 크기
• 흙의 투수계수성

(3) 동상현상에 대한 대책
• 모관수의 상승을 차단한다.
• 지표 부근에 단열 재료를 매립한다.
• 배수구를 설치하여 지하수위를 저하시키는 방법
• 지표의 흙을 화학 약품 처리하여 동결 온도를 낮춘다.
• 동결 심도 상부의 흙을 동결하기 어려운 재료(자갈, 쇄석)로 치환한다.

알아두기

점토의 활성도

$$A = \dfrac{\text{소성지수}(I_P)}{2\mu \text{ 이하의 점토함유율}(\%)}$$

명칭	활성도 A	주성분
비활성 점토	$A < 0.75$	kaolinite
보통 점토	$0.75 \sim 1.25$	illite
활성 점토	$A > 1.25$	Montmorillonite

지하수위의 영향

• 경우 Ⅰ
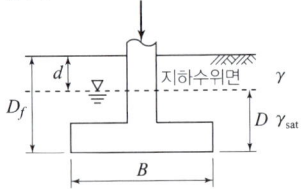

• 경우 Ⅱ
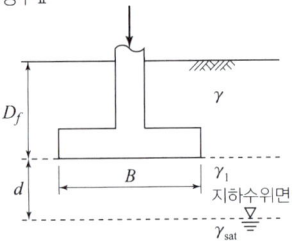

• 경우 Ⅲ
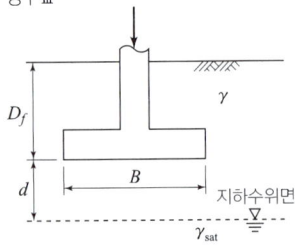

핵심문제

기11,17②,20④,22②,24①

01 두 개의 규소판 사이에 한 개의 알루미늄판이 결합된 3층 구조가 무수히 많이 연결되어 형성된 점토광물로서 각 3층 구조 사이에는 칼륨이온(K^+)으로 결합되어 있는 것은?

① 몬모릴로나이트(montmorillonite)
② 할로이사이트(halloysite)
③ 고령토(kaolinite)
④ 일라이트(illite)

| 해답 | ④

- 일라이트 : 3층구조로 구조결합 사이에 칼륨이온(K^+)이 있어서 수축팽창은 거의 없지만 안정성은 중간 정도의 점토광물
- 몬모릴로나이트 : 3층 구조로 구조결합 사이에 치환성 양이온이 있어서 활성이 크고 팽창수축이 크고 공학적 안정성은 제일 약한 점토광물

기98,00,04,07,12,15,20④

02 어느 점토의 체가름 시험과 액·소성시험 결과 0.002mm(2μm) 이하의 입경이 전시료 중량의 90%, 액성한계 60%, 소성한계 20%이었다. 이 점토광물의 주성분은 어느 것으로 추정되는가?

① Kaolinite
② Illite
③ Calcite
④ Montmorillonite

| 해답 | ①

- 활성도 $A = \dfrac{\text{소성지수} I_P}{2\mu m \text{이하의 점토 함유율(\%)}} = \dfrac{60-20}{90} = 0.44$
- $A = 0.44 < 0.75$: Kaolinite

기07,12,20④,24②

03 흙의 동상에 영향을 미치는 요소가 아닌 것은?

① 모관 상승고
② 흙의 투수계수
③ 흙의 전단강도
④ 동결온도의 계속시간

| 해답 | ③

흙의 전단강도는 동상에 영향이 미치지 않는다.

기08,15,17①,21②

04 연속 기초에 대한 Terzaghi의 극한지지력 공식은 $q_u = c \cdot N_c + 0.5\gamma_1 B \cdot N_\gamma + \gamma_2 D_f N_q$로 나타낼 수 있다. 아래 그림과 같은 경우 극한지지력 공식의 두 번째 항의 단위중량 γ_1의 값은? (단, 물의 단위중량은 9.81kN/m^3이다.)

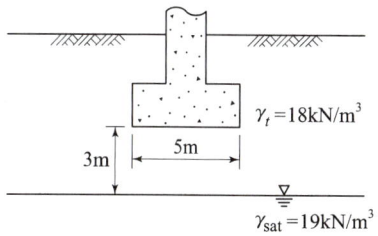

① 14.5kN/m^3
② 16.0kN/m^3
③ 17.4kN/m^3
④ 18.2kN/m^3

| 해답 | ①

$d = 3\text{m} < B = 5\text{m}$일 때

$\gamma_1 = \gamma_{sub} + \dfrac{d}{B}(\gamma_t - \gamma_{sub})$

- $\gamma_{sub} = \gamma_{sat} - \gamma_w = 19 - 9.81 = 9.19\text{kN/m}^3$

$\therefore \gamma_1 = 9.19 + \dfrac{3}{5}(18 - 9.19) = 14.48\text{kN/m}^3$

기19②

05 아래 그림과 같은 3m×3m 크기의 정사각형 기초의 극한지지력을 Terzaghi 공식으로 구하면? (단, 내부마찰각(ϕ)은 20°, 점착력(c)은 50kN/m², 지지력계수 $N_c = 18$, $N_r = 5$, $N_q = 7.5$, 물의 단위중량 $\gamma_w = 9.81\text{kN/m}^3$이다.)

① 1357.01kN/m^2
② 1495.74kN/m^2
③ 1572.06kN/m^2
④ 1743.08kN/m^2

| 해답 | ②

$q_u = \alpha c N_c + \beta \gamma_1 B N_r + \gamma_2 D_f N_q$

- $d < B$; $1 < 3$
- $\gamma_1 = \gamma_{sub} + \dfrac{d}{B}(\gamma_t - \gamma_{sub})$
- $\gamma_{sub} = \gamma_{sat} - \gamma_w = 19 - 9.81 = 9.19\text{kN/m}^3$
- $\gamma_1 = 9.19 + \dfrac{1}{3}(17 - 9.19) = 11.79\text{kN/m}^3$

$\therefore q_u = 1.3 \times 50 \times 18 + 0.4 \times 11.79 \times 3 \times 5 + 17 \times 2 \times 7.5$
$= 1495.74\text{kN/m}^2$

06 상하수도 공학

01 상수도의 계획

1 기본사항의 결정

(1) 상수의 공급과정 : 수원 – 취수 – 도수 – 정수 – 송수 – 배수 – 급수

- 취수시설 $\xrightarrow{\text{도수시설}}_{\text{도수관}}$ 정수시설 $\xrightarrow{\text{송수시설}}_{\text{송수관}}$ 배수시설

(2) 장래인구의 추계
- 연평균 인구 증감수와 증감률에 의한 방법
- 수정지수곡선식에 의한 방법
- 배기곡선식에 의한 방법
- 이론곡선식(logistic curve)에 의한 방법
- 생잔모형에 의한 조성법(Cohort method)

2 장래인구의 추정

(1) 등차 급수방법

추정인구 $P_n = P_o + nq$

단, P_n : n년 후의 추정인구, P_o : 현재인구

n : 현재로부터 계획연차까지의 경과연수 $n = \dfrac{P_n - P_o}{q}$

연평균 인구증가수 $q = \dfrac{P_o - P_t}{t}$

P_t : 현재로부터 t년 전의 인구

(2) 등비 급수방법

상당한 기간 같은 인구증가율을 보이는 발전적인 도시에 적용

$P_n = P_o(1+r)^n$

단, P_n : n년 후의 추정인구, P_o : 현재인구

n : 계획연차

연평균 인구증가율 $r = \left(\dfrac{P_o}{P_t}\right)^{\frac{1}{t}} - 1$

P_t : 현재부터 t년 전 인구

(3) 로지스틱 S방법
- 포화인구를 먼저 추정한 후 인구를 추정하는 방법
- 인구가 무한년 전에 0에서부터 무한년 후 포화에 이른다고 가정하에 인구를 추정하는 방법

$y = \dfrac{K}{1+e^{a-bx}}$

단, y : x년 후의 인구, K : 포화인구(인구의 극한치),
x : 기준년부터의 경과연수, e : 자연대수의 밑, a, b : 정수

알아두기

계획(목표)연도
기본계획에서 대상이 되는 기간으로 계획 수립부터 15~20년간을 표준으로 한다.

등차 급수방법
추정 인구가 과소평가 될 우려가 있으므로 발전이 거의 끝난 도시 또는 발전할 가능성이 없는 도시

핵심문제

□□□ 기 13,21①

01 상수도는 생활기반시설로서 연속성과 중요성을 가지고 있으므로 안정적이고 효율적으로 운영되어야 하며, 가능한 한 장기간으로 설정하는 것이 기본이다. 보통 상수도의 기본계획 시 계획(목표)연도는 계획수립 시부터 몇 년을 표준으로 하는가?

① 3~5년 ② 5~10년
③ 15~20년 ④ 25~30년

| 해답 | ③
계획(목표)연도
기본계획에서 대상이 되는 기간으로 계획 수립 시부터 15~20년간을 표준으로 한다.

□□□ 기 03,10,11,13,15,18①②,19②③,21①

02 수원으로부터 취수된 상수가 소비자까지 전달되는 일반적 상수도의 구성순서로 옳은 것은?

① 도수 – 송수 – 정수 – 배수 – 급수
② 송수 – 정수 – 도수 – 급수 – 배수
③ 도수 – 정수 – 송수 – 배수 – 급수
④ 송수 – 정수 – 도수 – 배수 – 급수

| 해답 | ③
수원–취수–도수–정수–송수–배수–급수

□□□ 기 08,11,17②,24②

03 계획 급수 인구를 추정하는 이론곡선식은 $y = \dfrac{K}{1+e^{a-bx}}$ 로 표현된다. 식 중의 K가 의미하는 것은? (단, y : x년 후의 인구, x : 기준년부터의 경과연수, e : 자연대수 밑, a, b : 정수)

① 현재 인구 ② 포화 인구
③ 증가 인구 ④ 상주 인구

| 해답 | ②
로지스틱 곡선법 $y = \dfrac{K}{1+e^{a-bx}}$
K : 포화 인구(인구의 극한치)

□□□ 기 95,04,12②,24①

04 어느 도시의 장래 인구 증가 현황을 조사한 결과 현재인구가 90000명이고 연평균 인구증가율이 2.5%일 때 25년 후의 예상인구는?

① 약 167000명 ② 약 163000명
③ 약 160000명 ④ 약 156000명

| 해답 | ①
$P_n = P_o(1+r)^n$
$= 90000(1+0.025)^{25} = 166855$명 ≒ 167000명

□□□ 기 98,08,18②

05 어떤 도시의 10년 전 인구는 25만 명, 현재의 인구는 50만 명이다. 현재의 인구가 도시인구의 추정방법 중 등비급수법에 의한 인구증가를 보였다고 가정하면 연평균 인구증가율(r)은 얼마인가?

① 0.072 ② 0.093
③ 1.064 ④ 1.085

| 해답 | ①
$P_n = P_o(1+r)^n$ 에서
$500000 = 250000(1+r)^{10}$ ∴ $r = 0.072$

□□□ 기 03,07,19②

06 어느 도시의 급수 인구 자료가 표와 같을 때 등비증가법에 의한 2020년도의 예상 급수 인구는?

연도	인구(명)
2005	7200
2010	8800
2015	10200

① 약 12000명 ② 약 15000명
③ 약 18000명 ④ 약 21000명

| 해답 | ①
- $P_n = P_o(1+r)^n$
- 연평균 인구증가율 $r = \left(\dfrac{P_o}{P_t}\right)^{\frac{1}{t}} - 1$
$= \left(\dfrac{10200}{7200}\right)^{\frac{1}{10}} - 1 = 0.035$
∴ $P_n = 10200(1+0.035)^5 = 12114$명

02 계획급수량

1 계획급수량

(1) 급수보급률

- 급수보급률 = $\dfrac{\text{급수인구}}{\text{총인구}} \times 100\,(\%)$

(2) 계획 1인 1일 평균급수량

- 인구가 많은 도시일수록 증가한다.
- 소도시는 대도시에 비해서 수량이 적다.
- 공업이 번성한 도시는 소도시보다 수량이 크다.
- 기온이 높은 지방이 추운 지방보다 수량이 크다.
- 계획 1인 1일 평균급수량 = $\dfrac{\text{1년간 총급수량}}{\text{급수인구} \times 365} = \dfrac{\text{계획 1인 1일 평균사용수량}}{\text{계획유효율}}$

(3) 계획 1일 평균급수량

- 1일 평균급수량 = $\dfrac{\text{1년간 총급수량}}{365}$
- 계획 1일 평균급수량 = 계획급수인구 × 1인 1일 평균급수량 × 급수보급률

(4) 계획 1인 1일 최대급수량

- 계획 1인 1일 최대급수량 = $\dfrac{\text{계획 1인 1일 평균급수량}}{\text{계획부하율}}$
- 계획 1일 최대급수량 = 계획 1인 1일 최대급수량 × 계획 급수인구
   = 계획 1일 평균급수량 × 계획첨두율

(5) 계획급수량의 설계기준

계획급수량	설계기준
1일 평균급수량	• 정수를 위한 약품, 전력 등의 사용량의 산정 • 유지관비, 수도요금의 산정 등의 수도 재정계획
계획 1일 최대급수량	• 취수, 도수, 송수, 정수시설의 용량산정에 기준이 되는 수량
계획시간 최대급수량	• 배수관 계산 설계에 사용

2 첨두율 peak factor

- 소규모 도시일수록 급수량의 변동폭이 커서 첨두율값이 커진다.
- 도시규모가 커짐에 따라 최대와 평균급수량의 변동폭이 작아져서 첨두율은 작아진다.
- 첨두율은 도시규모에 따라 변하는 외에 도시의 성격, 기상조건 등에 의해서도 좌우된다.
- 계획첨두율 = $\dfrac{\text{계획 1일 최대급수량}}{\text{계획 1일 평균급수량}}$

알아두기

■ 계획 1일 평균급수량
정수를 위한 약품, 전력 사용량의 산정이나 유지관리비, 상수도요금 산정 등의 수도 재정계획에 필요한 급수량

■ 계획 1일 평균급수량
= $\dfrac{\text{계획 1일 최대급수량}}{\text{계획첨두율}}$

핵 심 문 제

□□□ 기 95,97,08,09

01 다음 중 계획 1일 최대급수량을 기준으로 삼지 않는 시설은?

① 취수시설 ② 송수시설
③ 정수시설 ④ 배수시설

| 해답 | ④

계획 1일 최대급수량
취수, 도수, 정수, 송수시설 기준으로 하는 수량이다.

□□□ 기 96,09,11,13,16

02 계획인구 150000명인 도시의 수도계획에서 계획급수인구가 142500명일 때 1인 1일의 최대급수량을 450L로 하면 계획 1일 최대급수량은?

① 6750000m³/day ② 67500m³/day
③ 333333m³/day   ④ 64125m³/day

| 해답 | ④

계획 1일 최대급수량
= 계획 1인 1일 최대급수량 × 계획 급수인구
= $450 \times 10^{-3} \times 142500 = 64125 \, m^3/day$
(∴ $1m^3 = 1000L$, $1L = 10^{-3} m^3$)

□□□ 기 06,13②,22①

03 "A"시의 2021년 인구는 588000명이며 연간 약 3.5%씩 증가하고 있다. 2027년도를 목표로 급수시설의 설계에 임하고자 한다. 1일 1인 평균급수량은 250L이고 급수율을 70%로 가정할 때 계획1일평균급수량은? (단, 인구추정식은 등비증가법으로 산정한다.)

① 약 126500m³/day ② 약 129000m³/day
③ 약 258000m³/day ④ 약 387000m³/day

| 해답 | ①

• 계획 1일 평균급수량 = 1인 1일 평균급수량 × 계획 급수인구 × 급수 보급율
• $P_n = P_o(1+r)^n$
  $= 588000(1+0.035)^6 = 722802.13$ 명
∴ 계획 1일 평균급수량 = $250 \times 722802 \times 0.70$
  $= 126490350 \, (l/day)$
  $= 126500 \, m^3/day$

□□□ 기 97,16④,20②

04 계획급수량을 산정하는 식으로 옳지 않은 것은?

① 계획 1인 1일 평균급수량 = 계획 1인 1일 평균사용수량 / 계획첨두율
② 계획 1일 최대급수량 = 계획 1일 평균급수량 × 계획첨두율
③ 계획 1일 평균급수량 = 계획 1인 1일 평균급수량 × 계획 급수인구
④ 계획 1일 최대급수량 = 계획 1인 1일 최대급수량 × 계획 급수인구

| 해답 | ①

• 계획 1인 1일 평균급수량
$= \dfrac{1년간 \, 총 \, 급수량}{급수인구 \times 365}$
$= \dfrac{계획 \, 1인 \, 1일 \, 평균사용수량}{계획유효율}$
• 계획 1일 평균급수량은 계획 1인 1일 평균급수량에 계획급수인구를 곱해 산정한다.

□□□ 기 95,00,18①

05 어느 도시의 인구가 200000명, 상수보급률이 80%일 때 1인 1일 평균급수량이 380L/인·일이라면 연간 상수 수요량은?

① $11.096 \times 10^6 m^3$/년 ② $13.874 \times 10^6 m^3$/년
③ $22.192 \times 10^6 m^3$/년 ④ $27.742 \times 10^6 m^3$/년

| 해답 | ③

Q = 도시인구 × 1인 1일 연평균급수량 × 상수보급률
= 200000(명) × 380×10^{-3} × 365(년) × 0.8
= $22.192 \times 10^6 (m^3/년)$

□□□ 기 11②,17①,18②

06 1인 1일 평균급수량의 일반적인 증가·감소에 대한 설명으로 틀린 것은?

① 기온이 낮은 지방일수록 증가한다.
② 인구가 많은 도시일수록 증가한다.
③ 문명도가 낮은 도시일수록 감소한다.
④ 누수량이 증가하면 비례하여 증가한다.

| 해답 | ①

기온이 높은 지방이 추운 지방보다 1인 1일 평균급수량은 증가한다.

알아두기

수원의 종류
- 천수 : 우수, 눈, 우박
- 지표수 : 하천수, 호소수
- 지하수

03 수원과 저수시설

1 수원

(1) 수원의 구비요건
- 수량이 풍부할 것(수량 및 수질의 변동이 작아야 한다.)
- 수질이 좋을 것(가능한 한 오염원으로부터 멀어야 한다.)
- 가능한 한 높은 곳에 위치해야 한다.
- 수돗물 소비지에서 가까운 곳에 위치해야 한다.

(2) 지하수의 특징
- 복류수 : 어느 정도 여과된 것이므로 지표수에 비해 수질이 양호하며 정수공정에서 침전지를 생략하는 경우도 있다.
- 용천수 : 지하수가 자연적으로 지표로 솟아나온 것으로 그 성질은 대개 지하수와 비슷하다.
- 천층수 : 지표면에서 깊지 않은 곳에 위치하므로 공기의 투과가 양호하므로 산화작용이 활발하게 진행된다.
- 심층수 : 대지의 정화작용으로 무균 또는 거의 이에 가까운 것이 보통이다.

2 저수시설

(1) 지표수를 수원하는 배치순서
- 지표수 → 취수(취수탑) → 정수시설(침사지 → 응집 침전지 → 여과지) → 정수지 → 배수지 → 급수

(2) 취수지점의 선정
- 계획취수량을 안정적으로 취수할 수 있어야 한다.
- 장래에도 양호한 수질을 확보할 수 있어야 한다.
- 구조상의 안정을 확보할 수 있어야 한다.
- 하천관리시설 또는 다른 공작물에 근접하지 않아야 한다.
- 하천개수계획을 실시함에 따라 취수에 지장이 생기지 않아야 한다.

(3) 계획취수량
- 계획취수량은 계획 1일 최대급수량과 취수부에서부터 정수할 때까지의 손실수량을 고려하여 정한다.
- 계획 1일 최대급수량의 10% 정도 증가된 수량으로 계획취수량을 정하고 있다.

(4) 취수보의 취수구 유입속도
- 상수도에서 안전을 고려하여 $0.4 \sim 0.8 m/sec$을 표준으로 한다.
- 농업용수의 유입속도는 일반적으로 $0.6 \sim 1.0 m/sec$ 정도이다.

(5) 저수시설의 유효저수량 결정
- 계획기준년의 경우 : 물수지를 계산하여 결정
- 예비검토를 하는 경우 : 유량도표에 의한 방법, 유량누가곡선도표에 의한 방법(Ripple's method)

취수시설

취수탑	• 호소나 댐의 대량취수시설로써 많이 사용 • 저수지 등에서도 안정되게 취수할 수 있다.
취수틀	• 호소의 중소량 취수시설로 많이 사용 • 비교적 소량취수에 사용된다.
취수문	• 일반적으로 소규모 호소 등에 사용 • 수위변동이 작은 호소 등에 알맞다.

핵심문제

01 수원 선정 시 고려할 사항 중 옳지 않은 것은?
기 07,08,13,14①④,19①,22①

① 최대 갈수기에도 계획수량이 확보될 수 있어야 한다.
② 수질이 양호하여 경제적인 정수가 가능해야 한다.
③ 수돗물 소비지와 멀리 떨어져 수질을 확보해야 한다.
④ 건설비 및 유지관리비가 경제적이어야 한다.

| 해답 | ③
수돗물 소비지에서 가까운 곳에 위치해야 한다.

02 저수시설의 유효저수량 산정에 이용되는 방법은?
기 09,15

① Ripple법 ② Williams법
③ Manning법 ④ Kutter법

| 해답 | ①
산출방법으로 Ripple's method를 이용한다.

03 집수매거(infiltration galleries)에 관한 설명 중 옳지 않은 것은?
기 03,09,15,17①,18③

① 집수매거는 복류수의 흐름방향에 대하여 지형 등을 고려하여 가능한 한 직각으로 설치하는 것이 효율적이다.
② 집수매거의 매설깊이는 5m 이상으로 하는 것이 바람직하다.
③ 집수매거 내의 평균유속은 유출단에서 1m/s 이하가 되도록 한다.
④ 집수매거의 집수개구부(공) 지름은 3~5cm를 표준으로 하고, 그 수의 관거표면적 1m² 당 10~20개로 한다.

| 해답 | ④
집수매거의 집수개구부의 공경은 10~20mm를 표준으로 하고, 그 수는 관거 표면적 1m²당 20~30개의 비율로 한다.

04 호수·댐을 수원으로 하는 경우의 취수시설로 적당하지 않은 것은?
기 09,13

① 취수탑 ② 취수틀
③ 취수문 ④ 취수관거

| 해답 | ④
취수관거
유황이 안정되고 유량변화가 적은 하천에서의 취수에 알맞다.

05 지표수를 수원으로 하는 경우의 상수시설 배치순서로 가장 적합한 것은?
기 98,10,15

① 취수탑 - 침사지 - 응집침전지 - 여과지 - 배수지
② 집수매거 - 응집침전지 - 침사지 - 여과지 - 배수지
③ 취수문 - 여과지 - 보통침전지 - 배수탑 - 배수관망
④ 취수구 - 약품침전지 - 혼화지 - 여과지 - 배수지

| 해답 | ①
지표수 → 취수(취수탑) → 정수시설(침사지 → 응집 침전지 → 여과지) → 정수지 → 배수지 → 급수

06 급수용 저수지의 필요수량을 결정하기 위한 유량누가곡선도에 대한 설명으로 틀린 것은?
기 99,05,07,16,19①

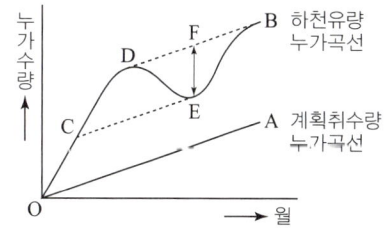

① 필요(유효)저수량은 $\overline{EF}$ 이다.
② 저수시작점은 C이다.
③ $\overline{DE}$ 구간에서는 저수지의 수위가 상승한다.
④ 이론적 산출방법으로 Ripple's method라 한다.

| 해답 | ③
$\overline{DE}$ 구간에서 유입 저수량이 계획취수량보다 적은 구간으로 저수지의 수위가 낮아진다.

알아두기

BOD
- BOD_5 : 20℃에서 5일간 시료를 배양했을 때의 소모된 산소량
- BOD_u : 20℃에서 5일간 시료를 배양했을 때의 BOD

자연대수
$e = 2.71828\cdots$

혼합농도
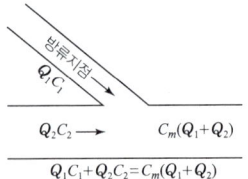

용존산소 부족곡선
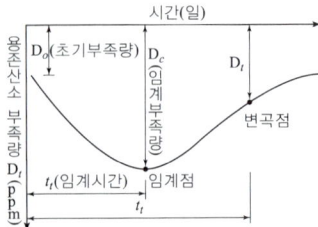

생활하수의 용존산소부족곡선
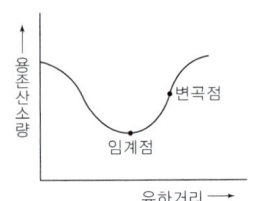

04 수질오염

1 생물학적 산소요구량 BOD : Biochemical Oxygen Demand

유기물질의 함량을 간접적으로 나타내는 하천의 수질오염 판정의 지표로 BOD가 높으면 유기물의 오염도가 높음을 의미한다.

(1) BOD 잔존량

$$L_t = L_a 10^{-k_1 \cdot t}, \quad L_t = L_a e^{-k_1 \cdot t}$$

여기서, L_t : t일 후의 잔존하는 BOD, L_a : 최초 BOD 또는 최종 BOD_u
k_1 : 탈산소 계수(day^{-1}), t : day

(2) BOD 소모량

$$y = L_a(1 - 10^{-k_1 \cdot t}) = L_a(1 - e^{-k_1 \cdot t})$$

여기서, y : t일 동안에 소비된 BOD, e : 자연대수($e = 2.718\cdots$)

(3) BOD 제거율

전체 BOD 제거율 $= 100 - (1-w_1)(1-w_2) \times 100$

여기서, w_1 : 1차 BOD 부하의 제거율, w_2 : 2차 BOD 부하의 제거율

(4) 혼합농도

■ BOD 혼합농도 $C_m = \dfrac{Q_1 C_1 + Q_2 C_2}{Q_1 + Q_2}$

여기서, Q_1 : 하천의 유량(m^3/day), Q_2 : 유입오수의 유량(m^3/day)
C_1 : 하천의 수질농도(mg/l), C_2 : 유입오수의 수질농도(mg/l)

2 화학적 산소요구량 COD : Chemical Oxygen Demand

(1) COD는 해양오염이나 공장폐수의 오염지표로 사용된다.
(2) 호수나 바닷물의 오염도를 BOD가 아닌 COD로 나타내는 큰 이유는 BOD는 조류가 다량으로 존재하기 쉬워 탄소 동화작용의 영향이 크기 때문이다.
(3) COD는 유기물을 화학적으로 산화·분해시킬 때 소요되는 산소량으로 BOD에 비해 짧은 시간에 측정이 가능하다.
(4) 생물분해 가능한 유기물도 COD로 측정할 수 있다.
(5) $NaNO_2$, SO_2는 COD값에 영향을 미친다.

3 용존산소 DO : Dissolved Oxygen

물의 오염상태를 나타내는 하나의 지표로서 물에 녹아 있는 산소량

(1) 수온이 떨어지면 DO 농도는 증가한다.
(2) 오염도가 높을수록 용존산소(DO)는 감소한다.
(3) 수압이 낮을수록 DO 농도가 증가한다.
(4) BOD가 과도로 높으면 용존산소(DO)가 감소한다.
■ 용존산소 부족곡선은 하천에서 DO 농도가 생활하수의 흐름에 따라 변화하는가를 나타낸 곡선으로 하천에서는 유하거리와 경과시간은 거의 같다.

핵심문제

□□□ 기 96,09,13
01 다음 설명 중 옳지 않은 것은?

① BOD가 과도하게 높으면 DO는 감소하며 악취가 발생한다.
② BOD, COD는 오염의 지표로서 하수 중의 용존산소량을 나타낸다.
③ BOD는 유기물의 호기성 상태에서 분해·안정화되는데 요구되는 산소량이다.
④ BOD는 보통 20°C에서 5일간 시료를 배양했을 때 소비된 용존산소량으로 표시된다.

| 해답 | ②
- 생화학적 산소요구량(BOD)은 유기물을 미생물에 의하여 호기성 상태에서 분해 안정화시키는데 요구되는 산소량이다.
- 화학적 산소요구량(COD)는 유기물을 화학적으로 산화시킬 때 소요되는 산소량이다.

□□□ 기 07,11,15,17①,19②,21①
02 BOD 200mg/L, 유량 600m³/day인 어느 식료품 공장폐수가 BOD 10mg/L, 유량 2m³/s인 하천에 유입한다. 폐수가 유입되는 지점으로부터 하류 15km 지점의 BOD(mg/L)는? (단, 다른 유입원은 없고, 하천의 유속 0.05m/s, 20°C 탈산소계수(K_1)=0.1/day이고, 상용대수, 20°C 기준이며 기타 조건은 고려하지 않음.)

① 4.79mg/L ② 7.21mg/L
③ 8.16mg/L ④ 4.39mg/L

| 해답 | ①
$L_t = L_a 10^{-k_1 \cdot t}$

- $L_a = C_m = \dfrac{Q_i C_i + Q_w C_w}{Q_i + Q_w}$
  $= \dfrac{600 \times 200 + 172800 \times 10}{600 + 172800} = 10.657 \text{mg/L}$

- $t = \dfrac{L}{V} = \dfrac{15000}{0.05 \times 60 \times 60 \times 24} = 3.47 \text{day}$

- $Q_w = 2\text{m}^3/\text{sec} = 172800 \text{m}^3/\text{day}$

$\therefore L_t = L_a 10^{-k \cdot t}$
$= 10.657 \times 10^{-0.1 \times 3.47} = 4.79 \text{mg/L}$

□□□ 기 97,07,14,15
03 5일의 BOD값이 100mg/L인 오수의 최종 BOD_u 값은? (단, 탈산소계수(자연대수)=0.25 day^{-1})

① 약 140mg/L ② 약 349mg/L
③ 약 240mg/L ④ 약 340mg/L

| 해답 | ①
$BOD_5 = BOD_u(1-e^{-k_1 \cdot t})$에서

최종 $BOD_u = \dfrac{BOD_5}{1-e^{-k_1 \times 5}}$
$= \dfrac{100}{1-2.72^{-0.25 \times 5}} = 140 \text{mg/L}$

(∵ 자연대수 $e = 2.71828 \cdots$)

□□□ 기 04,05,16
04 BOD_5가 155mg/L인 폐수에서 탈산소계수(K_1)가 0.2/day일 때 4일 후에 남아 있는 BOD는? (단, 탈산소계수는 상용대수 기준)

① 27.3mg/L ② 56.4mg/L
③ 127.5mg/L ④ 172.2mg/L

| 해답 | ①
잔존 $BOD = BOD_u \times 10^{-k_1 \cdot t}$

- $BOD_u = \dfrac{BOD_5}{1-10^{-k_1 \cdot t}}$
  $= \dfrac{155}{1-10^{-0.2 \times 5}} = 172.22 \text{mg/L}$

∴ 잔존 $BOD = 172.22 \times 10^{-0.2 \times 4} = 27.3 \text{mg/L}$

□□□ 기 03,08,10
05 하수도처리장의 1차 처리시설에서 BOD 부하의 40%가 제거되고 2차 처리시설에서 BOD 부하의 90%가 제거되었다면 전체 BOD 제거율은?

① 78% ② 89%
③ 94% ④ 96%

| 해답 | ③
전체 BOD 제거율 $= 100 - (1-w_1)(1-w_2) \times 100$
$= 100 - (1-0.40)(1-0.90) \times 100$
$= 94\%$

알아두기

탁도의 수질기준

수돗물	먹는 샘물	먹는 물 공동시설
1NTU	0.5NTU	0.5NTU

MPN(최확수)
검수 100mL 중 이론상 있을 수 있는 대장균군의 수

자정계수

자정계수 $f = \dfrac{\text{재폭기계수}(k_2)}{\text{탈산소계수}(k_1)}$

부영양화
수중의 질소(N), 인(P)과 같은 조류번식의 양분농도가 높아져서 식물성 플랑크톤인 조류가 대량 번식되어 수질이 악화되는 것을 말한다.

---

05 수질의 변화현상

1 대장균군 coliform group

(1) 대장균을 검사하는 이유 : 대장균은 인체에 유해하지 않으나 음료수에서 검출되면 병원성 세균의 존재 추정이 가능하다.

(2) 대장균군이 수질지표로 이용되는 이유
- 병원균보다 검출이 용이하고 검출속도가 빠르기 때문에 적합하다.
- 소화기 계통의 전염병은 항상 대장균군과 함께 존재하며 검출이 쉽다.

2 자정작용

(1) 하천의 자정작용은 미생물에 의한 생물학적 정화작용에 의한 정화가 주역할을 한다.

(2) 자정계수
- 유속이 클수록 수온이 낮을수록 그 값이 커진다.
- 저수지보다는 하천에서 그 값이 크게 나타낸다.

3 부영양화 eutrophication

(1) 부영양화된 호수에서는 사멸된 조류의 분해작용에 의해 수중 녹조류의 성장이 왕성하여 수심이 깊은 곳(심층수)의 용존산소의 농도가 낮아진다.

(2) 부영양화된 호수의 특징
- 조류의 이상증식으로 인하여 물의 투명도가 저하된다.
- 부영양화된 수원의 상수는 냄새로 인해 음료수로 부적당하다.
- 조류의 발생이 과다하면 정수공정에서 여과지를 폐색시킨다.

4 수질변화

(1) 호수 및 저수지 수리모델 : 유량이 일정하고 오염물질의 감소는 일차반응식에 따른다고 보고 물질수지식을 세우기 위해 질량보존의 법칙을 적용한다.

(2) 경수의 연수화법(water softening)
- 물속의 경도유발성분(Ca^{+2}, Mg^{+2})을 제거하여 경도를 연수로 바꾸는 단위공정
- 탄산경도(일시경도) 제거법 : 소석회($Ca(OH)_2$) 주입
- 비탄산경도(영구경도) 제거법 : 소다회(Na_2CO_3) 주입

(3) 미생물의 성장단계
- 감소성장단계 : 미생물의 증식과 사망이 일치할 때 성장단계
- 내호흡단계 : 미생물이 자기산화를 하여 침전율이 최고가 될 때 성장단계
- 대수성장단계 : 유기물 분해속도가 가장 빠른 성장단계와 침전성이 가장 양호한 성장단계

핵심문제

☐☐☐ 기 03,06,09,10,11,20②

01 대장균군(coliform group)이 수질지표로 이용되는 이유에 대한 설명으로 옳지 않은 것은?

① 소화기 계통의 전염병균이 대장균군과 같이 존재하기 때문에 적합하다.
② 병원균보다 검출이 용이하고 검출속도가 빠르기 때문에 적합하다.
③ 소화기 계통의 전염병균보다 저항력이 조금 약하므로 적합하다.
④ 시험이 간편하며 정확성이 보장되므로 적합하다.

| 해답 | ③
인체의 배설물 중에 대량으로 존재하며 병원균보다 저항력이 강하다.

☐☐☐ 기 01,13

02 미생물을 이용하여 하수처리를 실시할 때 유기물 분해속도가 가장 빠른 미생물의 성장단계는?

① 감소성장단계
② 내호흡단계
③ 대수성장단계
④ 대수 – 감소성장의 중간단계

| 해답 | ③
대수성장단계
유기물 분해속도가 최고에 도달하여 벌킹을 일으키는 성장단계

☐☐☐ 기 14

03 먹는 물의 수질기준에서 탁도의 기준단위는?

① ‰(permil)
② ppm(parts per million)
③ JTU(Jackson Turbidity Unit)
④ NTU(Nephelometric Turbidity Unit)

| 해답 | ④
탁도의 단위
NTU(Nephelometric Turbidity Unit)

☐☐☐ 기 03,12,16①,20④,24②

04 하천 및 저수지의 수질해석을 위한 수학적 모형을 구성하고자 할 때 가장 기본이 되는 수학적 방정식은?

① 에너지보전의 식
② 질량보존의 식
③ 운동량보존의 식
④ 난류의 운동방정식

| 해답 | ②
호수 및 저수지 수리모델
유량이 일정하고 오염물질의 감소는 일차반응식에 따른다고 보고 물질수지식을 세우기 위해 질량보존의 법칙을 적용한다.

☐☐☐ 기 00,04,13

05 하천의 자정계수(self-purification factor)에 대한 설명으로 옳은 것은?

① 유속이 클수록 그 값이 커진다.
② DO에 대한 BOD의 비로 표시된다.
③ [탈산소계수/재폭기계수]로 나타낸다.
④ 저수지보다는 하천에서 그 값이 작게 나타낸다.

| 해답 | ①
• 유속이 클수록 수온이 낮을 수록 그 값이 커진다.
• 저수지보다는 하천에서 그 값이 크게 나타난다.
• 자정계수 $f = \dfrac{재폭기계수}{탈산소계수}$

☐☐☐ 기 95,97,98,00,01,02,03,07,09,10,11,18②,21①

06 부영양화 현상에 대한 특징을 설명한 것으로 옳지 않은 것은?

① 사멸된 조류의 분해작용에 의해 표수층으로부터 용존산소가 줄어든다.
② 조류합성에 의한 유기물의 증가로 COD가 증가한다.
③ 일단 부영양화가 되면 회복되기 어렵다.
④ 영양 염류인 인(P), 질소(N) 등의 유입을 방지하면 이 현상을 최소화할 수 있다.

| 해답 | ①
부영양화된 호수에서는 사멸된 조류의 분해작용에 의해 성장이 왕성하여 수심이 깊은 곳(심층수)의 용존산소의 농도가 낮아진다.

알아두기

■ 도수
도수란 수원으로부터 정수장까지 원수를 수송하는 것을 말하며, 도수시설의 도수량은 계획취수량을 기준한다.

■ 도수 및 송수 방식
도수 및 송수 방식은 에너지의 공급원 및 지형에 따라 자연유하식과 펌프가압식으로 나눌 수 있다.

■ 최소 동수경사의 선정
도수관경은 시점의 저수위와 종점의 고수위를 기준으로 하여 최소 동수경사를 선정한다.

■ 접합정
물의 흐름을 원활히 하고 관로의 수압을 조절할 목적으로 수로의 분기, 합류 및 관수로로 변하는 곳에 설치하는 것

06 도·송수시설

1 도수노선의 선정
(1) 몇 개의 노선에 대하여 건설비 등의 경제성, 유지관리의 난이도 등을 비교 검토하고 종합적으로 판단하여 결정한다.
(2) 원칙적으로 공공도로 또는 수도용지로 한다.
(3) 수평이나 수직방향의 급격한 굴곡을 피하고, 어떤 경우라도 최소 동수경사선 이하가 되도록 노선을 선정한다.

2 도수관의 평균유속
(1) 자연유하식인 경우에는 허용최대한도를 3.0m/sec로 한다.
(2) 도수관의 평균유속의 최소한도는 모래입자가 침전하는 것을 방지하기 위해 0.3m/sec로 한다.

3 관수로의 유량
(1) Manning 공식

$$Q = A \cdot V = A \cdot \frac{1}{n} \cdot R^{2/3} \cdot I^{1/2}$$

여기서, 유속 $V = \frac{1}{n} R^{\frac{2}{3}} I^{\frac{1}{2}}$, 경심 $R = \frac{A}{P}$

(2) Hazen-Williams식

$$V = 0.84935 \, C \cdot R^{0.63} \cdot I^{0.54}, \quad Q = 0.27853 \, C D^{2.63} I^{0.54}$$

여기서, C : 유량계수, I : 동수경사, D : 관의 안지름

(3) 손실수두

$$h_L = f \frac{l}{D} \cdot \frac{V^2}{2g}$$

(4) 등치관

$$h_L = D_1^{-4.87} \times L_1 = D_2^{-4.87} \times L_2 에서 \quad \therefore \quad L_2 = \left(\frac{D_2}{D_1}\right)^{4.87} \times L_1 = \left(\frac{D_1}{D_2}\right)^{-4.87} \times L_1$$

4 접합정 接合井 ; Junction well
(1) 종류가 다른 관 또는 도랑의 연결부, 관 또는 도랑의 굴곡부 등의 수두를 감쇄하기 위하여 그 도중에 설치하는 시설
(2) 도수·송수관에서 관로의 물의 흐름을 원활히 하고 관로의 수압을 조절할 목적으로 수로의 분기, 합류 및 관수로로 변하는 곳에 접합정을 설치
(3) 유출관의 유출구 중심고는 저수위에서 관경(관지름)의 2배 이상 낮게 하는 것을 원칙으로 한다.

핵심문제

□□□ 기 96,03,05,14
01 상수의 도수 및 송수에 관한 설명 중 틀린 것은?

① 도수 및 송수방식은 에너지의 공급원 및 지형에 따라 자연유하식과 펌프가압식으로 나눌 수 있다.
② 송수관로는 개수로식과 관수로식으로 분류할 수 있다.
③ 수원이 급수구역과 가까울 때나 지하수를 수원으로 할 때는 펌프가압식이 더 효율적이다.
④ 자연유하식은 평탄한 지형에서 유리한 방식이다.

| 해답 | ④
자연유하식은 시점과 종점간의 유효낙차가 충분히 있는 경우에는 안정상 용이하며 동력비가 불필요한 점에서 유리한 방식이다.

□□□ 기 96,11,15,17④,19②,21①
02 도·송수관로내의 토사류 퇴적방지와 관내면의 마멸방지를 위한 평균유속의 허용한도로 옳은 것은?

① 최소한도 0.3m/s, 최대한도 3.0m/s
② 최소한도 0.1m/s, 최대한도 2.0m/s
③ 최소한도 0.2m/s, 최대한도 1.5m/s
④ 최소한도 0.5m/s, 최대한도 1.0m/s

| 해답 | ①
도송수관의 관내면 유속
• 관로내면이 마멸되지 않도록 가능한 평균 최대한도는 3.0m/s 정도
• 모래입자의 침전을 방지하기 위해서 최소유속은 0.3m/s로 한다.

□□□ 기 10,15
03 도수 및 송수노선 선정 시 고려할 사항으로 틀린 것은?

① 몇 개의 노선에 대하여 경제성, 유지관리의 난이도 등으로 비교·검토하여 종합적으로 판단하여 결정한다.
② 원칙적으로 공공도로 또는 수도용지로 한다.
③ 수평이나 수직방향의 급격한 굴곡은 피한다.
④ 관로상 어떤 지점도 동수경사선보다 항상 높게 위치하도록 한다.

| 해답 | ④
관로상 어떤 경우라도 최소동수경사선 이하가 되도록 노선을 선정한다.

□□□ 기 96,00,04,06,14,24③
04 다음 지형도의 상수계통도에 관한 사항 중 옳은 것은?

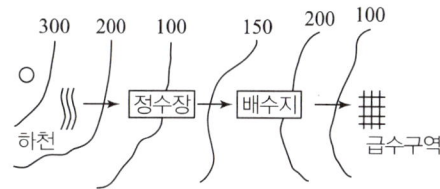

① 도수는 펌프가압식으로 해야 한다.
② 수질을 생각하여 도수로는 개수로를 택하여야 한다.
③ 정수장에서 배수지는 펌프가압식으로 송수한다.
④ 도수와 송수를 자연유하식으로 하여 동력비를 절감한다.

| 해답 | ③

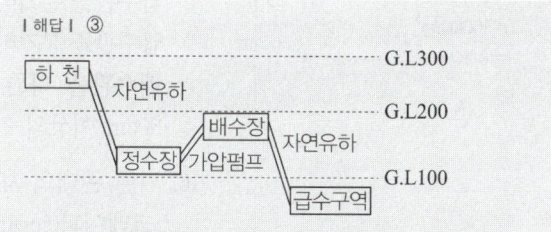

• 도수(하천 → 정수장) : 자연 유하식으로 도수
• 송수(정수장 → 배수장) : 펌프 가압식으로 송수
• 배수장 → 급수구역 : 자연 유하식으로 급수
• 수질을 생각하여 개수로보다 관수로를 택한다.

□□□ 기 09,10,16①,21②
05 관의 길이가 1000m이고, 지름 20cm인 관을 지름 40cm의 등치관으로 바꿀 때, 등치관의 길이는?
(단, Hazen – Williams 공식 사용)

① 2924.2m
② 5924.2m
③ 19242.6m
④ 29242.6m

| 해답 | ④
$h_L = D_1^{-4.87} \times L_1 = D_2^{-4.87} \times L_2$에서
$L_2 = \left(\dfrac{D_2}{D_1}\right)^{4.87} \times L_1 = \left(\dfrac{D_1}{D_2}\right)^{-1.87} \times L_1$
$= \left(\dfrac{0.40}{0.20}\right)^{4.87} \times 1000 = 29242.6m$

07 배수·급수시설

1 배수시설

(1) 계획배수량 : 원칙적으로 해당 배수구역의 계획시간 최대배수량으로 한다.
(2) 배수방식 : 자연유하식, 펌프가압식, 병용식
(3) 계획시간 최대배수량 : 그 배수구역 내의 계획급수인구가 그 시간대에 최대량의 물을 사용한다고 가정한다.
(4) 배수지
  - 배수지의 용량 : 계획 1일 최대급수량의 12시간분 이상을 표준으로 한다.
  - 배수지의 유효수심 : 3~6m 정도를 표준으로 한다.
  - 배수지의 유효용량 : 1일 최대급수량의 8~12시간분을 표준으로 한다.
  - 2개 이상의 배수계통으로 된 경우는 각 계통마다 배수지의 유효용량을 결정하여야 한다.
  - 도류벽(導流壁) : 배수지 내에서 물을 정체시키지 않고 흐르도록 하기 위하여 배수지 등의 내부에 설치하는 벽

(5) 배수관
  - 급수관을 분기하는 지점에서 배수관 내의 최소동수압은 150kPa 이상을 확보한다.
  - 급수관을 분기하는 지점에서 배수관 내의 최대정수압은 700kPa 이상을 확보한다.
  - 배수관을 다른 지하매설물과 교차 또는 인접하여 부설할 경우에는 적어도 30cm 이상의 간격을 두어야 한다.

(6) 기존 관내의 세척을 수행하는 일반적인 공법
  스크레이퍼(scraper) 공법, 로터리(rotary) 공법, 제트(jet) 공법, 폴리피그(poly pig) 공법, 에어샌드(air sand) 공법

(7) 배수관망의 장단점

구 분	장 점	단 점
격자식 배수관망	• 물이 정체하지 않는다. • 수압을 유지하기 쉽다. • 단수구역이 좁아진다. • 화재 시 등 사용량의 변화에 대처하기가 쉽다.	• 관망의 수리계산이 복잡하다. • 관거의 포설 시 건설비가 많이 소요된다. • 관로해석이 어렵고 복합하다.
수지상식 배수관망	• 관망의 수리계산이 간단하다. • 제수밸브가 적게 설치된다. • 시공이 쉽다.	• 수량을 서로 보충할 수 없다. • 관의 말단에 물이 정체하여 수질을 악화시킨다. • 관경(관지름)이 커야 하므로 비경제적이다.

2 Hardy Cross법의 기본가정

(1) 각 분기점 혹은 합류점에서 유입하는 유량은 그 점에 정지하지 않고 전부 유출한다.
(2) 각 폐합관에 대한 수두손실의 합은 흐름의 방향에 관계없이 0이다.
(3) 마찰 이외의 손실은 무시한다.

계획시간 최대배수량

$$q = K \times \frac{Q}{24}$$

- Q : 계획 1일 최대급량
- K : 시간계수

압력 SI 단위
- 100kPa = 0.1MPa
  = 100kN/m²
  = 0.1N/mm²

핵심문제

□□□ 기 10,13

01 배수지 내에 물의 정체부가 생기지 않도록 설치하는 것은?

① 측관　　　　　② 도류벽
③ 월류 weir　　　④ 검수구

| 해답 | ②

도류벽(導流壁)
배수지 내에서 물을 정체시키지 않고 흐르도록 하기 위하여 배수지 등의 내부에 설치하는 벽

□□□ 기 99,01,11,20③

02 배수시설에 대한 설명으로 옳지 않은 것은?

① 배수지의 유효용량은 계획 1일 최대급수량의 3시간분 이상을 표준으로 한다.
② 배수지의 유효수심은 3m~6m 정도를 표준으로 한다.
③ 배수시설에는 배수지, 배수탑, 고가탱크 등이 있다.
④ 배수지는 가능한 한 급수지역의 중앙 가까이 설치한다.

| 해답 | ①

배수지의 유효용량은 계획 1일 최대급수량의 12시간분 이상을 표준으로 한다.

□□□ 기 06,12,15①,21②

03 배수관의 갱생공법으로 기존 관내의 세척(cleaning)을 수행하는 일반적인 공법과 거리가 먼 것은?

① 제트(jet) 공법
② 로터리(rotary) 공법
③ 스크레이퍼(scraper) 공법
④ 실드(shield) 공법

| 해답 | ④

기존 관내의 세척을 수행하는 일반적인 공법
• 스크레이퍼(scraper) 공법
• 로터리(rotary) 공법
• 제트(jet) 공법
• 폴리피그(poly pig) 공법
• 에어샌드(air sand) 공법

□□□ 기 00,10,16

04 배수관을 다른 지하매설물과 교차 또는 인접하여 부설할 경우에는 최소 몇 cm 이상의 간격을 두어야 하는가?

① 10cm　　　② 30cm
③ 80cm　　　④ 100cm

| 해답 | ②

• 배수관과 다른 지하매설물과의 사이에 간격이 없으면 유지보수가 곤란하다.
• 사고발생을 방지하기 위하여 부설할 때는 적어도 30cm 이상의 간격을 두어야 한다.

□□□ 기 13,15,18①②

05 격자식 배수관망이 수지상식 배수관망에 비해 갖는 장점은?

① 단수구역이 좁아진다.
② 수리계산이 간단하다.
③ 관의 부설비가 작아진다.
④ 제수밸브를 적게 설치해도 된다.

| 해답 | ①

단수 시 그 대상지역이 좁아진다.

□□□ 기 97,12

06 물이 상수관망에서 한쪽 방향으로만 흐르도록 할 때 사용하는 밸브는?

① 공기밸브(air valve)
② 역지밸브(check valve)
③ 배수밸브(drain valve)
④ 안전밸브(safety valve)

| 해답 | ②

• 공기밸브 : 관거내부에 공기가 존재하면 물의 흐름을 방해하게 되므로 이 축척된 공기를 배출하기 위하여 설치한 밸브
• 역지밸브 : 배관에 설치되어 유체가 오직 한쪽방향으로만 흐르도록 하는 데 사용되는 밸브
• 안전밸브 : 배수펌프 또는 가압펌프의 출구나 기타 수격작용이 일어나기 쉬운 곳에 배수관의 손상을 막기 위해서 설치한다.

08 침전법

1 정수처리 계통도

(1) 계획정수량은 계획 1일 최대급수량을 기준으로 하고 여기에 작업용수와 기타 용수를 고려하여 결정한다.
(2) 수도시스템의 안정성을 위해 예비용량을 감안한 정수시설의 가동률은 75% 내외가 적정하다.
(3) 수돗물의 정수과정 순서는 크게 '침전→여과→살균'으로 구분할 수 있으며 일반적인 정수과정은 '침전(응집침전) → 여과(급속여과) → 살균(염소처리)'이다.

2 침전

(1) Stokes의 법칙

$$V_s = \frac{g(\rho_s - \rho)d^2}{18\mu} = \frac{(s-1)gd^2}{18\nu}$$

(2) 침강속도 : 침전지에서 100% 제거될 수 있는 입자의 침강속도

$$V_o = \frac{Q}{A} = \frac{h}{t}$$

(3) 침전효율

$$E = \frac{V_s}{V_o} \times 100 = \frac{V_s}{Q/A} \times 100 = \frac{V_s}{h/t}$$

여기서, V_s : 독립입자의 침전속도(m/day)
V_o : 최소입자 지름의 침강속도(m/day)
Q/A : 표면부하율(surface loading rate)
h : 유효수심(m)
t : 체류시간(hr)

(4) 체류시간

$$T(\text{day}) = \frac{\text{침전지의 용량}}{\text{유입수량}} = \frac{V(\text{m}^3)}{Q(\text{m}^3/\text{day})}$$

$$T(\text{hr}) = \frac{V(\text{m}^3)}{Q(\text{m}^3/\text{day})} \times 24(\text{hr/day})$$

(5) 수면적 부하(m³/m²·day) = 표면적 부하 = 표면침전율

$$V_o = \frac{\text{유입수량}(\text{m}^3/\text{day})}{\text{표면적}(\text{m}^2)} = \frac{Q}{A} = \frac{h}{t}$$

(6) 월류부하(m³/m·day) = $\frac{\text{유입수량}}{\text{weir의 길이}} = \frac{Q(\text{m}^3/\text{day})}{L(\text{m})}$

(7) 침전효율에 영향을 주는 인자
- 수온이 높을수록 점성도는 작으므로 침강속도는 빠르다.
- 침강속도는 입자 지름의 제곱에 비례한다.
- 입자의 밀도(ρ)가 클수록 침강속도는 빨라진다.
- 점성도(μ)가 낮을수록 침강속도는 빨라진다.

알아두기

▶ 정수방법의 선정조건
- 원수수질
- 정수시설의 규모
- 정수수질의 관리목표
- 정수시설의 운전제어와 유지관리기술의 수준

▶ 용어해설
- V_s : 독립 입자의 침강속도
- g : 중력가속도
- ρ_s : 독립입자의 비중
- ρ : 액체의 비중
- μ : 액체의 점성계수
- d : 독립입자의 지름

▶ 수면적 부하
침전지에서 입자가 100% 제거되기 위하여 요구되는 침전속도를 말한다.

핵심문제

□□□ 기 06,14
01 정수장 시설의 계획정수량 기준으로 옳은 것은?

① 계획 1일 평균급수량
② 계획 1일 최대급수량
③ 계획 1시간 최대급수량
④ 계획 1월 평균급수량

| 해답 | ②
계획정수량은 계획 1일 최대급수량을 기준으로 하고 여기에 정수장 내에서의 작업용수, 잡용수, 기타 손실수량을 고려하여 결정한다.

□□□ 기 99,11②,19③
02 일반적인 정수과정으로서 옳은 것은?

① 스크린→소독→여과→응집침전
② 스크린→응집침전→여과→소독
③ 여과→응집침전→스크린→소독
④ 응집침전→여과→소독→스크린

| 해답 | ②
상수의 정수과정
스크린→응집침전→여과→살균

□□□ 기 98,00,13
03 침전지의 침전효율을 증가시키기 위한 설명으로 옳지 않은 것은?

① 표면부하율을 작게 하여야 한다.
② 침전지 표면적을 크게 하여야 한다.
③ 유량을 작게 하여야 한다.
④ 지내 수평속도를 크게 하여야 한다.

| 해답 | ④
침전지 내의 유속을 너무 크게 하면 침전을 저해하거나 침전된 슬러지가 다시 떠오를 염려가 있으므로 경험적으로 침전지내 평균유속을 30cm/분 이하를 표준으로 한다.

□□□ 기 97,06,08,15,18③,20②
04 동일한 조건에서 비중 2.5인 입자의 침전속도는 비중 2.0인 입자의 몇 배인가? (단, stokes 법칙 기준)

① 1.25배
② 1.5배
③ 1.6배
④ 2.5배

| 해답 | ②
침전속도 $V_s = \dfrac{g(\rho_o - \rho_w)d^2}{18\mu}$ 에서

∴ 침전속도비 $= \dfrac{\rho_{o1} - \rho_w}{\rho_{o2} - \rho_w} = \dfrac{2.5-1}{2.0-1} = 1.5$ 배

□□□ 기 95,98,99,00,12,22②
05 침전지의 유효수심이 4m이고 체류시간이 5시간일 때 표면부하율은?

① $12.2 m^3/m^2 \cdot day$
② $16.2 m^3/m^2 \cdot day$
③ $19.2 m^3/m^2 \cdot day$
④ $22.2 m^3/m^2 \cdot day$

| 해답 | ③
$$\text{표면부하율} = \frac{\text{유입유량}(m^3/day)}{\text{수면적}(m^2)} = \frac{\text{유효수심}(m)}{\text{체류시간}(hr)}$$
$$= \frac{Q}{A} = \frac{h}{t}$$
$$= \frac{4m}{5hr} = 0.80 m/hr$$
$$= 19.2 m/day = 19.2 m^3/m^2 \cdot day$$

□□□ 기 00,07,11,14
06 최초 침전지의 표면적이 250m², 깊이가 3m인 직사각형 침전지가 있다. 하수 350m³/h가 유입될 때 수면적 부하는?

① $30.6 m^3/m^2 \cdot day$
② $33.6 m^3/m^2 \cdot day$
③ $36.6 m^3/m^2 \cdot day$
④ $39.6 m^3/m^2 \cdot day$

| 해답 | ②
$$\text{수면적 부하} = \frac{\text{유입유량}(m^3/day)}{\text{수면적}(m^2)} = \frac{Q}{A}$$

• $Q = 350(m^3/h) \times 24(hr)$
  $= 8400 m^3/day$
• $A = 250 m^2$

∴ 수면적 부하 $= \dfrac{8400}{250} = 33.60 m^3/m^2 \cdot day$

09 응집침전

1 침전형태의 분류

침전형태	침전형식	침전의 특성
Ⅰ형 침전	독립침전	• 독립 입자로서 침전하고 이웃 입자와의 간섭이 없음
Ⅱ형 침전	응결침전	• 침전하면서 응집하여 침전속도가 변함
Ⅲ형 침전	지역침전	• 뚜렷한 경계면 형성층을 이루어 침전
Ⅳ형 침전	압축침전	• 슬러지 침적층의 압축과 간극수의 상승분리

2 고속응집침전지

(1) 정수장에서 혼화, 플록형성, 침전이 하나의 반응조 내에서 이루어지는 침전지
(2) 응집의 효율을 도모하기 위하여 혼화, 플록형성, 침전의 3개의 기능을 1개의 조내에서 수행하는 침전지
(3) 고속응집침전지의 선택조건
 • 원수탁도는 10NTU 이상이어야 한다.
 • 최고탁도는 1000NTU 이하인 것이 바람직하다.
 • 탁도와 수온의 변동이 작아야 한다.
 • 처리수량의 변동이 작아야 한다.
 • 표면부하율은 40~60mm/min를 표준으로 한다.
 • 용량은 계획정수량의 1.5~2.0시간분으로 한다.

3 응집 교반시험 Jar-test

(1) Jar-Test에서 약 3분간 100rpm로 급속교반 후 40rpm으로 약 15분간 완속교반하는 것은 플록을 손상시키지 않고 증가시켜 응집을 촉진시키기 위해서이다.

(2) 폴리염화알루미늄 $PAC = \dfrac{PAC\ 주입량}{원수량}$

4 응집제

(1) 황산알루미늄($Al_2(SO_4)_3$) : 저렴, 무독성 때문에 대량첨가가 가능하여 거의 모든 수중 탁질에 적합하고 결정은 부식성, 자극성이 없고 취급이 용이하며, 최적의 pH 범위는 5.5~7.5이다.

$$황산알루미늄의\ 1일\ 필요량 = \dfrac{원수량 \times 황산알루미늄\ 소비량}{유효성분}$$

(2) 폴리염화알루미늄(PAC ; Poly Aluminum Chloride) : 소규모 시설과 한랭지의 상수도에 항시 사용

▶ 응집 교반시험
응집제와 응집보조제를 선택한 후 적정 pH를 찾고 그 pH값에서 최적주입량을 결정하는 시험이다.

▶ 기타 응집제
• 염화제1철(ferrous chloride, $FeCl_2$)
• 염화제2철(ferric chloride, $FeCl_3$)
• 황산제1철(ferrous sulfate, $FeSO_4$)
• 황산제2철(ferric sulfate, $Fe_2(SO_4)_3$)

핵 심 문 제

☐☐☐ 기 00,13

01 정수장에서 혼화, 플록형성, 침전이 하나의 반응조 내에서 이루어지는 침전지는?

① 고속응집 침전지   ② 약품 침전지
③ 보통 침천지   ④ 경사판 침전지

| 해답 | ①

고속응집 침전지
응집의 효율을 도모하기 위하여 혼화, 플록 형성, 침전의 3개의 기능을 1개의 조내에서 수행하는 침전지

☐☐☐ 기 03,07,13,19③

02 원수의 알칼리도가 50ppm, 탁도가 500ppm일 때 황산알루미늄의 소비량은 60ppm이다. 이러한 원수가 48000m³/day로 흐를 때 6% 용액의 황산알루미늄의 1일 필요량은? (단, 액체의 비중을 1로 가정)

① 48.0m³/day   ② 50.6m³/day
③ 53.0m³/day   ④ 57.6m³/day

| 해답 | ①

황산알루미늄의 1일 필요량
= 원수량 × 황산알루미늄소비량 ÷ 유효성분
• 황산알루미늄 소비량 = 60ppm = 60mg/L
  $= 60 \times 10^{-3} \, kg/m^3$
∴ 황산알루미늄의 1일 필요량 $= \dfrac{48000 \times 60 \times 10^{-3}}{0.06}$
  $= 48000 \, kg/day$
  $= 48.0 \, m^3/day$

☐☐☐ 기 10,20④

03 고속응집침전지를 선택할 때 고려하여야 할 사항으로 옳지 않은 것은?

① 원수 탁도는 10NTU 이상이어야 한다.
② 최고 탁도는 10000NTU 이하인 것이 바람직하다.
③ 탁도와 수온의 변동이 적어야 한다.
④ 처리수량의 변동이 적어야 한다.

| 해답 | ②

최고 탁도는 1000NTU 이하인 것이 바람직하다.

☐☐☐ 기 08,14

04 어떤 상수원수의 Jar-test 실험결과 원수시료 200mL에 대해 0.1% PAC 용액 12mL를 첨가하는 것이 가장 응집효율이 좋았다. 이 경우 상수원수에 대해 PAC 용액 사용량은 몇 mg/L인가?

① 40mg/L   ② 50mg/L
③ 60mg/L   ④ 70mg/L

| 해답 | ③

$PAC = \dfrac{PAC \; 주입량}{원수량}$

• PAC 주입량 $= 12(mL) \times 0.1(\%)$
  $= 12000(mg) \times \dfrac{0.1}{100} = 12.0 \, mg$

∴ $PAC = \dfrac{12.0}{200 \times 10^{-3}} = 60 \, mg/L$

☐☐☐ 기 07,09,13,18①

05 Jar-Test는 적정 응집제의 주입량과 적정 pH를 결정하기 위한 시험이다. Jar-Test시 응집제를 주입한 후 급속교반 후 완속교반을 하는 이유는?

① 응집제를 용해시키기 위해서
② 응집제를 고르게 섞기 위해서
③ 플록이 고르게 퍼지게 하기 위해서
④ 플록을 깨뜨리지 않고 성장시키기 위해서

| 해답 | ④

Jar-Test에서 약 3분간 100rpm으로 급속교반 후 40rpm 으로 약 15분간 완속 교반하는 것은 플록을 손상시키지 않고 증가시켜 응집을 촉진시키기 위해서이다.

☐☐☐ 기 03,15

06 1일 22000m³을 정수처리 하는 정수장에서 고형 황산알루미늄을 평균 25mg/L씩 주입할 때 필요한 응집제의 양은?

① 250kg/day   ② 320kg/day
③ 480kg/day   ④ 550kg/day

| 해답 | ④

응집제의 양 = 유량 × 황산알루미늄 주입량 농도
$= 22000 \times 25 \times 10^{-3} = 550 \, kg/day$

10 여과법

1 여과법의 이론

(1) 여과면적 : $A = \dfrac{Q}{V}$

여기서, A : 총여과면적(m^2), Q : 계획정수량(m^3/day)
V : 여과속도(m/day)

(2) 균등계수 $C_u = \dfrac{통과백분율\ 60\%의\ 입경}{통과백분율\ 10\%의\ 입경} = \dfrac{D_{60}}{D_{10}}$

(3) 완속여과와 급속여과의 비교

항목	완속여과	급속여과
여과속도	4~5m/day	120~150m/day
모래층 두께	70~90cm	60~70cm
모래유효경	0.3~0.45mm	0.45~1.0mm
균등계수	2.0 이하	1.7 이하
최대입경	2mm 이하	2mm 이내
세균제거율	98~99.5%	95~98%

2 급속여과지

(1) 급속여과지는 중력식과 압력식이 있으며 중력식을 표준으로 한다.
(2) 여과지 1지의 여과면적은 150m^2 이하로 한다.
(3) 급속여과는 응집에 고분자응집제를 사용하여 플록은 더욱 강해지므로 탁질누출현상(break through)은 일어나지 않는다.
(4) 다층여과지 : 밀도와 입경이 다른 여러 종류의 여재를 사용하여 수류방향에서 여재의 입경이 큰 것으로부터 작은 것으로 역입도의 여과층을 구성한다.
(5) 직접여과 : 저탁도 원수를 대상으로 하여 소량의 응집제를 주입한 후, 플록 형성과 침전처리를 하지 않고 여과하는 것

3 완속여과

(1) 구조와 형상
 • 여과지의 총깊이는 2.5~3.5m를 표준으로 한다.
 • 배치는 몇 개 여과지를 접촉시켜 1열이나 2열로 한다.
 • 주위벽 상단은 지반보다 15cm 이상 높인다.

(2) 완속여과법의 특징
 • 완속여과 : 표면여과, 급속여과 : 내부여과
 • 완속여과지의 정화기능은 생물여과막의 체분리 작용, 흡착 및 생물산화 등의 작용에 의하여 이루어진다.
 • 여과 지속기간은 손실수두 또는 여과수 수질에 의해 결정된다.

알아두기

▶ **다층여과지의 특징**
(모래단층여과지와 비교)
• 모래단층여과지에 비하여 여과속도를 크게 할 수 있다.
• 탁질억류량에 대한 손실수두가 적어서 여과지속시간이 길어진다.
• 내부여과의 경향이 강하므로 여과층의 단위체적당 탁질억류량이 크고 여과효율이 높다.
• 수류방향에서 여재의 입경이 큰 것으로부터 작은 것으로 역입도의 여과층을 구성한다.
• 고속여과로 여과면적을 작게 할 수 있다.
• 조류, 시네드라 등 응집침전으로 제거하기 어려운 것들에 대해서도 여과폐색을 일으키지 않는다.

▶ **막여과시설의 제거 가능한 물질**
• 무기물질 : 염산, 황산, 구연산, 옥살산, 산세제
• 유기물질 : 수산화나트륨, 치아염소산 나트륨, 알칼리세제

핵 심 문 제

☐☐☐ 기 96,97,01,10

01 계획정수량 40000m³/day인 정수장에서 5개의 여과지를 설치하여 여과속도를 1.5×10⁻³m/s로 할 경우 여과지 1개당 면적은 얼마로 하여야 하는가?

① 30m²
② 62m²
③ 309m²
④ 1481m²

| 해답 | ②

여과지 1개당 면적 $A = \dfrac{Q}{V \times n}$

- $V = 1.5 \times 10^{-3}$ m/s
  $= 1.5 \times 10^{-3} \times 60 \times 60 \times 24 = 129.60$ m/day
- $\therefore A = \dfrac{Q}{V \times n} = \dfrac{40000}{129.6 \times 5(개)} = 62\,\text{m}^2$

☐☐☐ 기 07,11,14

02 급속여과지에서 여과 시의 균등계수에 관한 설명으로 틀린 것은?

① 균등계수의 상한은 1.7이다.
② 입경분포의 균일한 정도를 나타낸다.
③ 균등계수가 1에 가까울수록 탁질억류가능량은 증가한다.
④ 입도가적곡선의 50% 통과지름과 5% 통과지름에 의해 구한다.

| 해답 | ④

균등계수 $C_u = \dfrac{D_{60}}{D_{10}}$

- D_{60} : 통과백분율 60%에 대응하는 입경
- D_{10} : 통과백분율 10%에 대응하는 입경

☐☐☐ 기 13,14,18②

03 급속여과 및 완속여과에 대한 설명으로 틀린 것은?

① 급속여과의 전처리로서 약품침전을 행한다.
② 완속여과는 미생물에 의한 처리효과를 기대할 수 없다.
③ 급속여과 시 여과속도는 120~150m/day를 표준으로 한다.
④ 완속여과가 급속여과보다 여과지 면적이 크게 소요된다.

| 해답 | ②

완속여과법

- 모래층과 모래층 표면에 증식하는 미생물군에 의하여 수중의 부유물질이나 용해성물질 등의 불순물을 포착하여 산화하고 분해하는 방법이다.
- 약품처리 등을 하지 않으면서 정화기능을 안정하게 얻을 수 있다.(장점)
- 넓은 부지면적을 필요로 한다.(단점)

☐☐☐ 기 02,13

04 다층여과지에 대한 설명으로 옳지 않은 것은?

① 모래단층여과지에 비하여 여과속도를 크게 할 수 있다.
② 탁질억류량에 대한 손실수두가 적어서 여과지속시간이 길어진다.
③ 표면여과의 경향이 강하므로 여과층의 단위체적당 탁질억류량이 작다.
④ 수류방향에서 여재의 입경이 큰 것으로부터 작은 것으로 역입도의 여과층을 구성한다.

| 해답 | ③

내부여과의 경향이 강하므로 여과층의 단위체적당 탁질억류량이 크고 여과효율이 높다.

☐☐☐ 기 17④,21①

05 완속여과지와 비교할 때, 급속여과지에 대한 설명으로 틀린 것은?

① 대규모처리에 적합하다.
② 세균처리에 있어 확실성이 적다.
③ 유입수가 고탁도인 경우에 적합하다.
④ 유지관리비가 적게 들고 특별한 관리기술이 필요치 않다.

| 해답 | ④

급속여과지

- 약품을 사용하므로 유지관리비가 많이 든다.
- 약품처리의 유무는 급속여과법에서는 필수조건이다.
- 완속여과는 관리기술이 별로 필요치 않으나 급속여과는 필요하다.

11 살균법

1 염소처리법

(1) 염소의 살균력은 차아염소산(HOCl) > 차아염소산이온(OCl⁻) > 클로라민(chloramine)

(2) 전 염소 처리의 목적
- 세균 제거
- 조류, 철박테리아 등의 제거
- 철과 망간의 제거
- 암모니아성 질소와 유기물 등의 처리
- 맛과 냄새의 제거

(3) 염소요구량 = 유량 × 염소주입농도 × $\dfrac{1}{순도}$

- 염소요구량 = 염소주입농도 − 잔류염소량
- 염소주입농도 = $\dfrac{염소의\ 양}{유량}$

> **알아두기**
>
> **염소처리법**
> 물의 맛·냄새의 제거방법으로 식물성 냄새, 생선비린내, 황화수소 냄새, 부패한 냄새의 제거에 효과가 있지만, 곰팡이 냄새 제거에는 효과가 없으며 페놀류는 분해할 수 있지만, 약품냄새 중에는 아민류와 같이 냄새를 강하게 할 수도 있으므로 주의가 필요한 처리방법
>
> **염소소독공정**
> 발암물질인 트리할로메탄(THM) 등의 유기염소화합물을 생성하며 특정물질과 반응하여 냄새를 유발하기도 한다.
>
> **중간염소처리**
> 정수처리 시 트리할로메탄 및 곰팡이 냄새의 생성을 최소화하기 위해 침전지와 여과지 사이에 염소제를 주입하는 방법

2 오염물질 처리방법

(1) 상수도의 오염물질별 처리방법

오염물질	처리방법
트리할로메탄	폭기처리나 입상활성탄처리, 약품침전
철, 망간 제거	폭기법
색도유발물질	응집침전처리나 활성탄처리, 오존처리
Cryptosporidium	막여과법

(2) 철, 망간 제거방법
- 산화법 : 포기법, 염소법, 접촉산화법, 여과법
- 이온교환법 : 산성 양이온, 교환수지, 염기성 음이온 교환수지, 폐수 중의 이온과의 사이에 이온교환이 이루어져 이온성 물질이 제거되는 것

3 고도정수처리

고도처리를 도입하는 이유	오존(O_3)처리의 특징
• 방류수역의 수질환경기준의 달성 • 폐쇄성 수역의 부영양화 방지 • 방류수역의 이용도 향상 • 처리수의 재이용	• 효과의 지속성이 없다. • 발생비용이 많이 든다. • 후염소 주입설비가 필요하다. • 수온이 높아지면 오존소비량이 증가한다.

> **해수담수화 3가지 방식**
> 증발법, 전기투석법, 역삼투법

4 상수의 배출수 처리

(1) 상수의 배출수 처리단계 : 조정 − 농축 − 탈수 − 처분 단계

(2) 농축조
- 고형물 부하 : 10~20kg/(m²·day)을 표준
- 용량 : 계획슬러지량의 24~48시간분을 표준

핵심문제

□□□ 기 97,14,22①

01 염소 소독 시 생성되는 염소성분 중 살균력이 가장 강한 것은?

① NH_2Cl
② OCl^-
③ $NHCl_2$
④ $HOCl$

| 해답 | ④
차아염소산($HOCl$) > 차아염소산이온(OCl^-) > 클로라민

□□□ 기 99,06,09,14,19①

02 정수과정의 전염소처리 목적과 거리가 먼 것은?

① 철과 망간의 제거
② 맛과 냄새의 제거
③ 트리할로메탄의 제거
④ 암모니아성 질소와 유기물의 처리

| 해답 | ③
트리할로메탄
정수처리나 폐수처리의 염소주입공정에서 발생하는 발암물질

□□□ 기 97,04,06,15④,25①

03 염소 소독을 위한 염소투입량 시험결과가 그림과 같다. 결합염소(클로라민류)가 분해되는 구간과 파괴점(break point)으로 옳은 것은?

① AB, C
② BC, C
③ CD, D
④ AB, D

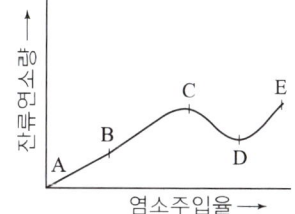

| 해답 | ③
- AB : 환원성 무기유기성분에 의한 염소 소비
- BC : 클로라민 형성 (결합 잔류염소가 형성)
- CD : 클로라민 산화
- DE : 주입에 비례한 유리염소량의 증가
- D점 : 파괴점 또는 불연속점

□□□ 기 99,00,08,11,15,22②

04 종말 침전지에서 유출되는 수량이 $5000m^3/day$이다. 여기에 염소처리를 하기 위하여 유출수에 100 kg/day의 염소를 주입한 후 잔류염소의 농도를 측정하였더니 0.5mg/L이었다면 염소요구량(농도)은? (단, 염소는 Cl_2 기준)

① 16.5mg/L
② 17.5mg/L
③ 18.5mg/L
④ 19.5mg/L

| 해답 | ④
염소 요구량 = 염소 주입농도 − 잔류 염소량

• 주입농도 = $\dfrac{염소의 양}{유량}$

$= \dfrac{100(kg/day) \times 10^3(g/kg)}{5000(m^3/day)} = 20mg/L$

∴ 염소 요구량 = 20 − 0.5 = 19.5mg/L

□□□ 기 10,13,16

05 트리할로메탄(Trihalomethane : THM)에 대한 설명으로 옳지 않은 것은?

① 전염소처리로 제거할 수 있다.
② 현탁성 THM 전구물질의 제거는 응집침전에 의한다.
③ 발암성 물질이므로 규제하고 있다
④ 생성된 THM은 활성탄 흡착으로 어느 정도 제거가 가능하다.

| 해답 | ①
전염소처리를 할 경우는 염소와 반응하여 잔류염소가 감소하나 트리할로메탄 제거는 불가능하다.

□□□ 기 14②,22①

06 상수도의 정수공정에서 염소소독에 대한 설명으로 틀린 것은?

① 염소 살균력은 $HOCl < OCl^-$ < 클로라민의 순서이다.
② 염소소독의 부산물로 생성되는 THM은 발암성이 있다.
③ 암모니아성질소가 많은 경우에는 클로라민이 형성된다.
④ 염소살균은 오존살균에 비해 가격이 저렴하다.

| 해답 | ①
차아염소산($HOCl$) > 차아염소산이온(OCl^-) > 클로라민

알아두기

계획총인구의 추정법
- 연평균 증가수에 의한 방법
- 연평균 증가율에 의한 방법
- 지수함수곡선식에 의한 방법
- Logistic 곡선식에 의한 방법
- 생잔모형에 의한 조성법(Cohort method)

하수도의 효과
- 토지이용 증대
- 공중위생의 효과
- 하천의 수질 보전
- 도시환경의 개선
- 우수에 의한 침수 범람 방지
- 도로 및 하천의 유지비 감소

강우강도
- Talbot형 : $I = \dfrac{a}{t+b}$
- sherman형 : $I = \dfrac{c}{t^n}$
- Japanese형 : $I = \dfrac{d}{\sqrt{t}+e}$

여기서, I : 강우강도(mm/h)
t : 지속 시간(min)
a, b, c, d, e, n : 상수

평균유출계수
$C = \dfrac{\sum C_i \cdot A_i}{\sum A_i}$

단위
- $1\text{km}^2 = 100\text{ha}$
- t : min(분)
- $t : t_1 + t_2$
- t_1 : 유입시간
- t_2 : 유하시간

유달시간
$T = t_1 + t_2 = t_1 + \dfrac{L}{V}$

여기서, t_1 : 유입시간(min)
L : 하수관거의 길이(m)
V : 관내의 평균유속(m/min)

12 하수도기본계획

1 하수도계획의 기본적 사항

(1) 계획목표연도 : 원칙적으로 20년으로 한다.

(2) 배제방식
① 분류식 : 오수와 우수를 별개의 관거계통으로 배제하는 방식
  - 우천 시에 오수를 수역으로 방류하는 일이 없으므로 수질오염방지상 유리하다.
  - 오수관거는 소구경이기 때문에 합류식에 비해 경사가 급해지고 매설깊이가 깊어지는 문제점이 있다.
② 합류식 : 동일 관거계통으로 배제하는 방식
  - 침수피해의 다발지역이나 우수배제시설이 정비되어 있지 않은 지역에서는 유리하다.
  - 분류식에 비해 시공이 용이하다.
  - 우천 시에 수질보전상 바람직하지 않은 문제점이 있다.

(3) 계획우수량 $Q = \dfrac{1}{360} CIA$

여기서, C : 유출계수로 무차원
I : 도달시간 내의 강우강도로 단위는 mm/hr
A : 배수면적으로 단위는 ha
Q : 첨두유출량으로 단위는 m³/sec

(4) 합류식 관거에 있어서는 계획우수량과 계획시간 최대오수량을 더한 값으로 한다.

2 계획오수량

(1) 오수관거는 계획시간 최대오수량을 기준으로 계획한다.
(2) 합류식에서 하수의 차집관거는 우천시 계획오수량을 기준으로 계획한다.
(3) 배제할 계획오수량
- 생활오수량 : 생활오수량의 1인 1일 최대오수량은 계획지역 내 상수도 계획상의 1인 1일 최대급수량을 감안하여 결정하며, 용도지별로 가정 오수량과 영업 오수량의 비율을 고려한다.
- 지하수량 : 일반적으로 1인 1일 최대오수량의 20% 이하를 원칙으로 한다.
- 계획 1일 최대오수량 : 1인 1일 최대오수량에 계획인구를 곱한 후, 여기에 공장배수량, 지하수량 및 기타 배수량을 더한 값으로 한다.
- 계획 1일 평균오수량 : 계획 1일 최대오수량의 70~80%를 표준으로 한다.
- 계획시간 최대오수량 : 계획 1일 최대오수량의 1시간당 수량의 1.3~1.8배를 표준으로 한다.
- 합류식에서 우천 시 계획오수량은 원칙적으로 계획시간 최대오수량의 3배 이상으로 한다.

핵심문제

□□□ 기 95,96,97,98,01,06,07,09,17①④,19①

01 하수도계획의 목표연도는 원칙적으로 몇 년 정도 인가?

① 10년 ② 20년
③ 30년 ④ 40년

| 해답 | ②

하수도 계획의 목표연도는 원칙적으로 20년으로 한다.

□□□ 기 95,96,99,03①,06④,09④,10④,11①④,13①④,15④,19①,21③

02 하수의 배제방식에 대한 설명 중 옳지 않은 것은?

① 분류식은 관로오접의 철저한 감시가 필요하다.
② 합류식은 분류식보다 유량 및 유속의 변화폭이 크다.
③ 합류식은 2계통의 분류식에 비해 일반적으로 건설비가 많이 소요된다.
④ 분류식은 관거내의 퇴적이 적고 수세효과를 기대할 수 없다.

| 해답 | ③

합류식은 1계통으로 건설되어 오수관거와 우수관거의 2계통을 건설하는 분류식 보다는 저렴하다.

□□□ 기 95,98,99,00,01,02,04,09,10,11,13,14,15,17,20,21

03 어떤 도시에서 재현기간 5년의 강우강도식이 $I = 225/t^{0.393}$(mm/h)이고, 배수면적은 $0.04km^2$이며, 유출계수는 0.6이다. 유역경계에서 우수거 입구까지 유입시간이 7분이고 우수거 하단까지의 유하시간이 9분이었다. 합리식에 의하여 우수거 하단에서의 최대 계획 우수유출량은? (단, 강우강도식 t의 단위=분)

① $0.5045m^3/s$ ② $1.816m^3/s$
③ $5.045m^3/s$ ④ $18.16m^3/s$

| 해답 | ①

우수유출량 $Q = \dfrac{1}{360} CIA$

- $T = t + \dfrac{L}{V} = 7 + 9 = 16$분
- $I = \dfrac{225}{t^{0.393}} = \dfrac{225}{16^{0.393}} = 75.68 mm/h$

∴ $Q = \dfrac{1}{360} \times 0.6 \times 75.68 \times 4 = 0.5045 m^3/s$

□□□ 기 99,09,11,14,17④,21①,25①

04 유출계수가 0.5인 계획구역의 배수면적이 $90km^2$ 이고 유달시간 내 평균 강우강도가 16mm/hr일 때 합리식에 의한 최대 계획 우수유출량은?

① $100m^3/sec$ ② $200m^3/sec$
③ $1000m^3/sec$ ④ $2000m^3/sec$

| 해답 | ②

$Q = \dfrac{1}{360} CIA$

- $A = 90km^2 = 9000 ha$

∴ $Q = \dfrac{1}{360} \times 0.5 \times 16 \times 9000 = 200 m^3/sec$

□□□ 기 15,16,17,18①

05 계획오수량을 결정하는 방법에 대한 설명으로 틀린 것은?

① 지하수량은 1일 1인 최대오수량의 20% 이하로 한다.
② 계획 1일 평균오수량은 계획 1일 최대오수량의 1.3~1.8배를 사용한다.
③ 생활오수량의 1일 1인 최대오수량은 1일 1인 최대급수량을 감안하여 결정한다.
④ 합류식에서 우천 시 계획오수량은 원칙적으로 계획시간 최대오수량의 3배 이상으로 한다.

| 해답 | ②

계획 시간최대오수량은 계획 1일 최대오수량의 1시간당 수량의 1.3~1.8배를 표준으로 한다.

□□□ 기 14②,17①④,22②

06 합류식과 분류식에 대한 설명으로 옳지 않은 것은?

① 분류식의 경우 관로 내 퇴적은 적으나 수세효과는 기대할 수 없다.
② 합류식의 경우 일정량 이상이 되면 우천 시 오수가 월류한다.
③ 합류식의 경우 관경이 커지기 때문에 2계통인 분류식보다 건설비용이 많이 든다.
④ 분류식의 경우 오수와 우수를 별개의 관로로 배제하기 때문에 오수의 배제계획이 합리적이다.

| 해답 | ③

분류식은 2계통을 건설하는 경우, 합류식에 비하여 일반적으로 관거의 건설비용이 많이 든다.

알아두기

관거시설
관거시설은 관거, 맨홀, 우수토실, 토구, 물받이 및 연결관 등을 포함한 시설이다.

하수관거의 확률연수
10~30년

원형하수관
유속은 수심이 80%일 때 최대이며, 유량(통수량)은 수심이 94%일 때 최대가 된다.

흄관(Hume Pipe)
재질은 철근콘크리트관과 유사하며 원심력에 의해 굳혀 강도가 뛰어나므로 하수관거용으로 가장 많이 사용되는 하수관

관거의 단면
관거의 단면형상에는 원형 또는 직사각형을 표준으로 하고, 소규모 하수도에서는 원형 또는 계란형을 표준으로 한다.

관거의 원형단면
공장제품이므로 접합부가 많아져 지하수의 침투량이 많아질 염려가 있다.

철근콘크리트관의 기초

극연약토	철근콘크리트기초, 말뚝기초
연약토	콘크리트기초
경질토/보통토	쇄석기초, 모래기초

경질염화비닐관

경질토	모래기초
연약토	모래기초 베드토목섬유기초 소일소멘트기초
극연약토	말뚝기초 베드토목섬유기초 소일시멘트기초

13 하수관거시설

1 하수관거시설

(1) 계획하수량
- 오수관거 : 계획시간 최대오수량
- 우수관거 : 계획우수량
- 합류관거 : 계획시간 최대오수량+계획우수량
- 차집관거 : 우천 시 계획오수량

(2) 유속 및 경사
- 오수관거 : 계획시간 최대오수량에 대하여 유속을 최소 0.6m/s, 최대 3.0m/s로 한다.
- 우수관거 및 합류관거 : 계획우수량에 대하여 유속을 최소 0.8m/s, 최대 3.0m/s로 한다.
- 오수관거, 우수관거 및 합류관거에서 이상적인 유속은 1.0~1.8m/s 정도이다.

(3) 관거의 단면
- 원형, 직사각형 : 단면형상의 표준으로 역학계산이 비교적 간단하다.
- 말굽형은 상반부의 아치작용에 의해 역학적으로 유리하다.
- 계란형은 유량이 적은 경우 원형거에 비해 수리학적으로 유리하다.

(4) 최소 관경(관지름)
- 오수관거 : 200mm를 표준으로 한다.
- 우수관거 및 합류관거 : 250mm를 표준으로 한다.

(5) 관거의 접합방법

수면접합	수리학적으로 대개 계획수위를 일치시켜 접합시키는 것
관정접합	유수는 일정한 흐름이 되지만 굴착깊이가 증가됨으로 공사비가 증대된다.
관중심접합	수면접합과 관정접합의 중간적인 방법
관저접합	토공량을 줄이기 위하여 평탄한 지형에 많이 이용되며 공사비를 줄일 수 있다.
단차접합	지표의 경사가 급한 경우에 이용되는 방법
계단접합	통상 대구경관거 또는 현장타설관거에 설치

2 관정부식 crown corrosion

(1) 황화합물(S)이 원인이 되어 관정부식이 발생한다.
(2) 하수관거 내에 황화수소(H_2S)가 존재하는 이유는 용존산소 결핍으로 박테리아가 황산염을 환원시키기 때문이다.
(3) 관정부식의 대한 대응책
- 하수 중의 유기물 농도를 낮춘다.
- 관 내부 벽면을 라이닝한다.
- 관내의 유속을 증가시킨다.
- 하수에 염소를 주입한다.

핵 심 문 제

□□□ 기 98,99,02,07,08,11,12,16,17①,18①
01 하수관거의 계획하수량을 결정할 때의 고려사항으로 잘못된 것은?

① 우수관거는 계획우수량으로 한다.
② 오수관거는 계획시간최대오수량으로 한다.
③ 차집관거는 우천 시 계획우수량으로 한다.
④ 합류식 관거에서는 계획시간 최대오수량에 계획우수량을 합한 것으로 한다.

| 해답 | ③
- 차집관거는 우천 시 계획오수량으로 한다.
- 합류식에서는 우천 시 하수량의 일부를 우천 시 계획오수량으로 하여 차집관거로 유하시켜야 한다.

□□□ 기 11,14,16①,17④,19③
02 하수관망 설계 기준에 대한 설명으로 옳지 않은 것은?

① 관경(관지름)은 하류로 갈수록 크게 한다.
② 오수관거의 유속은 0.6~3m/sec가 적당하다.
③ 유속은 하류로 갈수록 작게 한다.
④ 경사는 하류로 갈수록 완만하게 한다.

| 해답 | ③
- 하수 중의 오물이 차례로 관거에 침전되는 것을 막기 위하여 하류방향으로 내려감에 따라 유속을 점차 증가하도록 해야 한다.
- 경사는 하류로 갈수록 감소시켜야 한다.

□□□ 기 10,16
03 하수관거의 단면에 대한 설명으로 옳지 않은 것은?

① 계란형은 유량이 적은 경우 원형거에 비해 수리학적으로 유리하다.
② 말굽형은 상반부의 아치작용에 의해 역학적으로 유리하다.
③ 원형, 직사각형은 역학계산이 비교적 간단하다.
④ 원형은 주로 공장제품이므로 지하수의 침투를 최소화할 수 있다.

| 해답 | ④
원형은 공장제품이므로 접합부가 많아져 지하수의 침투량이 많아질 염려가 있다.

□□□ 기 09,11,15,20④,24①
04 원형 하수관에서 유량이 최대가 되는 때는?

① 수심이 72~78% 차서 흐를 때
② 수심이 80~85% 차서 흐를 때
③ 수심이 92~94% 차서 흐를 때
④ 가득차서 흐를 때

| 해답 | ③
원형 하수관의 최대유속은 수심이 80%일 때이며, 최대유량은 수심이 90~95%(93%)일 때가 된다.

□□□ 기 98,00,15,18③
05 하수관거의 접합 중에서 굴착 깊이를 얕게 함으로 공사비용을 줄일 수 있으며, 수위상승을 방지하고 양정고를 줄일 수 있어 펌프로 배수하는 지역에 적합한 방법은?

① 관정접합   ② 관저접합
③ 수면접합   ④ 관중심접합

| 해답 | ②
관저접합
관의 내부바닥을 일치시키는 접합방법으로 굴착깊이를 얕게함으로써 공사비용을 줄일 수 있다.

□□□ 기 00,01,03,06,09,10,12,15②,25②
06 하수관거 내에 황화수소(H_2S)가 존재하는 이유에 대한 설명으로 옳은 것은?

① 용존산소로 인해 유황이 산화하기 때문이다.
② 용존산소 결핍으로 박테리아가 메탄가스를 환원시키기 때문이다.
③ 용존산소 결핍으로 박테리아가 황산염을 환원시키기 때문이다.
④ 용존산소로 인해 박테리아가 메탄가스를 환원시키기 때문이다.

| 해답 | ③
관정부식(crown corrosion)
하수관 내의 용존산소가 결핍되면 하수 내 황화합물(S)이 혐기성 미생물(박테리아) 상태에서 분해되어 생성되는 황화수소(H_2S)가 하수관 내의 공기 중으로 솟아오르면서 호기성 미생물에 의해 관정부의 물방울에 의해 녹아서 콘크리트관을 부식 파괴하는 현상

알아두기

역사이펀 내의 유속
역사이펀 내의 유속은 토사나 슬러지가 퇴적되는 것을 방지하기 위하여 단면을 축소시켜 상류관거의 유속보다 20~30% 정도 증가시키도록 한다.

인버트(invert)
바닥에 인버트를 설치하면 하수의 흐름이 원활하고 유지관리가 편리하다.

역사이펀 손실수두
$H = i \cdot L + \beta_1 \dfrac{V^2}{2g} + \alpha$

관로의 최소 흙 두께
하수관로의 최소 흙 두께는 1m로 한다.

등공(lamp hole)
관거내에 등(燈)을 달아 부근의 맨홀에서 관거 내를 점검하고 그 주위에서 작업하는 사람에게 그 위치를 알리기 위하여 설치하는 구멍으로서 맨홀대용이 된다.

토구(吐口 ; outfall)
하수관거가 하수, 우수 등을 방류하는 유출구(流出口)를 말한다.

빗물받이
빗물받이는 도로 옆의 물이 모이기 쉬운 장소나 L형 측구의 유하방향 하단부에 반드시 설치한다.

---

14 하수도의 부속시설

1 맨홀

(1) 맨홀의 설치장소
- 관거의 기점
- 관거의 방향, 경사, 관경(관지름)이 변화하는 장소
- 단차가 발생하는 장소
- 관거가 합류하는 장소
- 관거의 유지관리상 필요한 장소

(2) 맨홀의 관경(관지름)별 최대간격

관경(mm)	600 이하	600 초과 ~1000 이하	1000 초과 ~1500 이하	1650 이상
최대간격	75m	100m	150m	200m

(3) 역사이펀
- 하천, 수로, 철도 및 이설이 불가능한 지하매설물의 아래에 하수관을 통과시킬 경우 필요한 하수관로 시설
- 관거 내의 유속은 상류측 관거내의 유속을 20~30% 증가시킨 것으로 한다.

2 빗물받이

(1) 빗물받이는 횡단보도, 버스정류장 및 가옥의 출입구 앞에는 가급적 설치하지 않는 것이 좋다.
(2) 빗물받이의 설치위치는 보도, 차도 구분이 있는 경우에는 그 경계에 설치한다.
(3) 빗물받이의 설치위치는 보도, 차도 구분이 없는 경우에는 도로와 사유지의 경계에 설치한다.

3 우수조정지(유수지)

(1) 우천 시 우수토실의 월류수 및 펌프장에서의 방류수를 저류하여 배수구역으로부터 방류되는 초기 우수의 오염부하량을 감소시키는 시설이다.
(2) 우수조정지의 설치목적
- 하류지역 펌프장 능력이 부족한 곳
- 하류관거의 유하능력이 부족한 곳
- 방류수로 유하능력이 부족한 곳
- 우수유출량의 증대로 침수방지가 필요한 곳
- 분류식과 합류식 하수도에 설치
(3) 우수조정지의 구조형식
- 댐식(제방 높이 15m 미만)
- 굴착식
- 지하식
- 현지 저류식

핵 심 문 제

□□□ 기 16,24②

01 하천, 수로, 철도 및 이설이 불가능한 지하매설물의 아래에 하수관을 통과시킬 경우 필요한 하수관로 시설은?

① 간선
② 관정접합
③ 맨홀
④ 역사이펀

| 해답 | ④

역사이펀
하수관거가 하천, 궤도, 지하철 등 이설이 불가능한 지하매설물을 횡단하는 경우 역사이펀이라 한다.

□□□ 기 95,09,12,13④,17②,22①

02 하수관거의 직선부에서 맨홀(Manhole)의 관경(관지름)에 대한 최대간격의 표준으로 옳지 않은 것은?

① 관경 600mm 이하의 경우 최대간격 50m
② 관경 600mm 초과 1000mm 이하의 경우 최대간격 100m
③ 관경 1000mm 초과 1500mm 이하의 경우 최대간격 150m
④ 관경 1650mm 이상의 경우 최대간격 200m

| 해답 | ①

맨홀의 관경(관지름)별 최대간격

관경 (mm)	600 이하	600 초과 ~1000 이하	1000 초과 ~1500 이하	1650 이상
최대간격	75m	100m	150m	200m

□□□ 기 95,10,11,13,17①②

03 우수조정지의 설치장소로 적당하지 않은 곳은?

① 토사의 이동이 부족한 장소
② 하류지역 펌프장 능력이 부족한 장소
③ 하수관거의 유하능력이 부족한 장소
④ 방류수로의 유하능력이 부족한 장소

| 해답 | ①

우수조정지의 설치 위치
• 하수관거의 유하능력이 부족한 곳
• 하류지역의 펌프장 능력이 부족한 곳
• 방류수역의 유하능력이 부족한 곳

□□□ 기 07,11,13,21③

04 다음 중 우수조정지의 구조형식이 아닌 것은? (단, 댐식은 제방높이 15m 미만으로 한다.)

① 댐식
② 굴착식
③ 계단식
④ 지하식

| 해답 | ③

우수조정지의 구조 형식
댐식, 굴착식, 지하식, 현지 저류식

□□□ 기 02,09

05 계획하수량 $1.6m^3/sec$이 관경(관지름) 1000mm, 동수경사 0.0024, 관길이 30m, 여유량 0.04m의 조건의 원형관을 흐를 때 관내의 역사이펀 손실수두(H)는? (단, $H = i \cdot L + \beta \cdot \dfrac{V^2}{2g} \pm \alpha$를 이용하고 $\beta = 1.5$를 적용)

① 0.05m
② 0.06m
③ 0.318m
④ 0.430m

| 해답 | ④

$$H = i \cdot L + \beta \cdot \dfrac{V^2}{2g} + \alpha$$

• $V = \dfrac{Q}{A} = \dfrac{1.6}{\dfrac{\pi \times 1^2}{4}} = 2.037 \, m/sec$

∴ $H = 0.0024 \times 30 + 1.5 \times \dfrac{2.037^2}{2 \times 9.8} + 0.04 = 0.430 \, m$

□□□ 기 97,16②,21③

06 맨홀에 인버트(invert)를 설치하지 않았을 때의 문제점이 아닌 것은?

① 맨홀 내에 퇴적물이 쌓이게 된다.
② 맨홀 내에 물기가 있어 작업이 불편하다.
③ 환기가 되지 않아 냄새가 발생한다.
④ 퇴적물이 부패되어 악취가 발생한다.

| 해답 | ③

인버트
바닥에 인버트를 설치하면 하수의 흐름이 원활하고 유지관리가 편리하다.

15 펌프장 시설

1 펌프시설

(1) 펌프의 설치대수는 계획오수량과 계획우수량에 대하여 각각 2~6대를 표준으로 한다.
  - 분류식의 경우, 오수펌프의 설치대수는 계획시간 최대오수량을 기준으로 정한다.
  - 합류식의 경우, 오수펌프의 설치대수는 강우시 계획오수량을 기준으로 정한다.
  - 빗물펌프는 예비기를 설치하지 않는 것을 원칙으로 하지만, 필요에 따라 설치를 검토한다.

(2) 계획수량과 펌프대수

오수펌프		우수펌프	
수량	설치대수	수량	설치대수
0.5m³/sec	2~4(예비 1대 포함)	3m³/sec 이하	2~3
0.5~1.5m³/sec	3~5(예비 1대 포함)	3~5m³/sec	3~4
1.5m³/sec 이상	4~6(예비 1대 포함)	5~10m³/sec	4~6

(3) 펌프의 흡입관
  - 흡입관은 펌프 1대당 하나로 한다.
  - 흡입관을 수평으로 부설하는 것은 피한다.
  - 흡입관에는 공기가 흡입되지 않도록 한다.
  - 충분한 흡입수두를 가질 수 있도록 한다.
  - 흡입관이 길 때에는 중간에 진동방지대를 설치할 수도 있다.

(4) 비교회전도

$$N_s = N \frac{Q^{1/2}}{H^{3/4}}$$

여기서, N : 펌프의 규정회전수(회/min)
  Q : 펌프의 규정토출량(m³/min)
  H : 펌프의 규정양정(m) (다단펌프의 경우에는 1단에 해당하는 양정)

(5) 펌프의 형식
  - 원심펌프 : 일반적으로 효율이 높고, 적용범위가 넓으며, 적은 유량을 가감하는 경우 소요동력이 적어도 운전에 지장이 없다.
  - 사류펌프 : 양정변화에 대하여 수량의 변동이 적고 또 수량변동에 대해 동력의 변화도 적으므로 우수용 펌프 등 수위변동이 큰 곳에 적합하다.
  - 축류펌프 : 회전수를 높게 할 수 있으므로, 소형으로 되며 전양정이 4m 이하인 경우에 경제적으로 유리하다.
  - 수중펌프 : 펌프와 전동기를 일체로 펌프흡입실 내에 설치하며, 유입수량이 적은 경우 및 펌프장의 크기에 제한을 받는 경우 등에 사용한다.

💡 펌프의 형식과 종류

형식	전양정	펌프구경
원심력펌프	4m 이상	100mm 이상
사류펌프	3~12m	200mm 이상
축류펌프	4m 이하	300mm 이상

💡 펌프의 규정 양정

다단양정의 경우에는 1단에 해당하는 양정

💡 각종 펌프의 N_s

펌프	비교회전도
터빈펌프	100~300
원심펌프	100~700
사류펌프	250~1200
축류펌프	1200~2000

핵심문제

□□□ 기 10,13,17①
01 하수도 시설에서 펌프의 계획수량에 대한 설명으로 옳지 않은 것은?

① 오수펌프의 용량은 분류식의 경우, 계획시간최대오수량으로 계획한다.
② 펌프의 설치대수는 계획오수량과 계획우수량에 대하여 각 2대 이하를 표준으로 한다.
③ 합류식의 경우, 오수펌프의 용량은 우천 시 계획오수량으로 계획한다.
④ 빗물펌프는 예비기를 설치하지 않는 것을 원칙으로 하지만, 필요에 따라 설치를 검토한다.

| 해답 | ②

펌프의 설치대수는 계획오수량과 계획우수량에 대하여 각각 2~6대를 표준으로 한다.

□□□ 기 10,16
02 펌프의 분류 중 원심펌프의 특징에 대한 설명으로 옳은 것은?

① 일반적으로 효율이 높고, 적용 범위가 넓으며, 적은 유량을 가감하는 경우 소요동력이 적어도 운전에 지장이 없다.
② 양정변화에 대하여 수량의 변동이 적고 또 수량변동에 대해 동력의 변화도 적으므로 우수용 펌프 등 수위변동이 큰 곳에 적합하다.
③ 회전수를 높게 할 수 있으므로, 소형으로 되며 전양정이 4m 이하인 경우에 경제적으로 유리하다.
④ 펌프와 전동기를 일체로 펌프흡입실 내에 설치하며, 유입수량이 적은 경우 및 펌프장의 크기에 제한을 받는 경우 등에 사용한다.

| 해답 | ①
① 원심펌프   ② 사류펌프
③ 축류펌프   ④ 수중펌프

■ 원심력 펌프의 특징
 • 일반적으로 효율이 높고 적용범위가 넓다.
 • 적은 유량을 가감하는 경우 소요 동력이 적어도 운전에 지장이 없다.

□□□ 기 00,07,12,15
03 펌프의 흡입관에 대한 설명으로 틀린 것은?

① 흡입관이 길 때에는 중간에 진동방지대를 설치할 수도 있다.
② 흡입관은 가능하면 수평으로 설치되도록 한다.
③ 흡입관에는 공기가 흡입되지 않도록 한다.
④ 흡입관은 펌프 1대당 하나로 한다.

| 해답 | ②

흡입관을 수평으로 부설하는 것은 피한다. 부득이 수평으로 부설해야 하는 경우에는 가능한 한 길이를 짧게 한다.

□□□ 기 00,08,11,13,14,15,19①
04 펌프의 비속도(N_s)에 대한 설명으로 옳은 것은?

① N_s가 작게 되면 사류형으로 되고 계속 작아지면 축류형으로 된다.
② N_s가 커지면 임펠러 바깥지름에 대한 임펠러의 폭이 작아진다.
③ N_s가 작으면 일반적으로 토출량이 적은 고양정의 펌프를 의미한다.
④ 토출량과 전양정이 동일하면 회전속도가 클수록 N_s가 작아진다.

| 해답 | ③
• N_s값이 적으면 유량(토출량)이 적은 고양정의 펌프로 된다.
• N_s값이 크면 유량(토출량)이 많은 저양정의 펌프로 된다.

□□□ 기 95,97,99,01,04,06,07,08,09,11,12,17,20④,21①
05 양수량 500m³/h, 전양정 10m, 회전수 1100rpm일 때 비교회전도(N_s)는 얼마인가?

① 362   ② 565
③ 614   ④ 809

| 해답 | ②

비교회전도 $N_s = N\dfrac{Q^{\frac{1}{2}}}{H^{\frac{3}{4}}}$

• $Q = 500\,\text{m}^3/\text{hr} = 500 \times \dfrac{1}{60} = 8.33\,\text{m}^3/\text{min}$

∴ $N_s = 1100 \times \dfrac{8.33^{\frac{1}{2}}}{10^{\frac{3}{4}}} = 565$

알아두기

펌프 선정 시 고려사항
- 펌프의 특성
- 펌프의 동력
- 펌프의 양정
- 펌프의 효율
- 펌프의 종류

펌프의 토출구경
- 펌프의 토출구경은 흡입구경, 전양정 및 비교회전도 등을 고려하여 정한다.

용어해설
- Q : 양수량
- H_p : 펌프의 전양정
- η : 펌프의 합성효율
- α : 여유율
- η_b : 전달효율

---

16 펌프의 제반사항

1 펌프구경

(1) 펌프의 흡입구경

$$D = 146\sqrt{\frac{Q}{V}}$$

여기서, Q : 펌프의 토출량(m^3/min)
V : 흡입구의 유속(m/s)

(2) 펌프의 전양정

$$H = h_a + \sum h_f + h_o$$
$$H = h_a + h_{pv} + h_o$$

여기서, h_a : 실양정(m)
h_{pv} : 흡입 및 토출관의 손실수두의 합(m)
h_o : 토출관 밑단의 잔류속도수두(m)

(3) Pump의 양수량(토출량) 조절방법
- 펌프의 회전수를 바꾸는 방법
- 펌프의 운전대수의 제어
- 펌프 토출밸브의 개폐제어
- 왕복펌프의 플랜지의 스트로크를 변경

2 펌프의 동력

(1) 축동력[kW] : $P_s = \dfrac{1000 Q H_p}{102\eta} = \dfrac{9.8 Q H_p}{\eta}$

(2) 동력의 마력(HP) : $P_s = \dfrac{1000 Q H_p}{75\eta} = \dfrac{13.33 Q H_p}{\eta}$

(3) 전동기 출력(kW) : $P = \dfrac{P_s(1+\alpha)}{\eta_b}$

3 펌프의 특성곡선

(1) 펌프의 특성곡선 : 양정(H), 효율(η), 축동력(P)이 펌프용량(Q)의 변화에 따라 변하는 관계를 각기의 최대효율점에 대한 비율로 나타낸 곡선

(2) 펌프의 표준특성(양정, 축동력, 효율) 곡선
- 총양정(H) 곡선 : 비교회전도(N_s)가 적을 때는 수량의 변화에 대해 양정의 효율이 낮다.
- 축동력(P) 곡선 : N_s가 대체로 600 이하일 때는 유량이 적을수록 축동력이 떨어져 체질양정이 최소로 된다.
- 효율(η) 곡선 : N_s가 적을수록 효율곡선은 완만하게 되고, 유량변화에 대해 효율변화의 비율이 작다.

핵심문제

□□□ 기 95,96,98,04,08,17,21①

01 양수량이 15m³/min일 때 적합한 펌프의 구경은 약 얼마인가? (단, 흡입구의 유속은 2m/sec로 가정한다.)

① 200mm ② 300mm
③ 400mm ④ 500mm

| 해답 | ③

$$D = 146\sqrt{\frac{Q}{V}} = 146\sqrt{\frac{15}{2}} = 400\,\text{mm}$$

□□□ 기 00,10,22①

02 운전 중에 있는 펌프의 토출량을 조절하는 방법으로 옳지 않은 것은?

① 펌프의 운전대수를 조절한다.
② 펌프의 흡입측 밸브를 조절한다.
③ 펌프의 회전수를 조절한다.
④ 펌프의 토출 측 밸브를 조절한다.

| 해답 | ②

운전 중인 펌프의 토출량을 조절하기 위하여 흡입측 밸브를 사용해서는 안 된다. 즉, 흡입측 밸브를 사용하면 공동 현상이 발생할 우려가 있다.

□□□ 기 98,03,12,14,18①②,19①

03 효율이 0.8인 펌프 2대를 이용하여 취수탑에서 100000m³/일 의 수량을 20m 높이에 있는 도수로에 끌어 올리려 한다. 펌프 한 대의 소요동력은?

① 90.6kW ② 113.2kW
③ 141.5kW ④ 283.0kW

| 해답 | ③

$$P_s = \frac{1000QH_p}{102\eta}$$

- $Q = 100000\,\text{m}^3/\text{day} = 1.157\,\text{m}^3/\text{sec}(2대)$
  $Q = 0.579\,\text{m}^3/\text{sec}(1대)$
- $\therefore P_s = \dfrac{1000 \times 0.579 \times 20}{102 \times 0.80} = 141.9\,\text{kW}$

□□□ 기 97,00,01,03,06,11,12,17②

04 90% 효율을 가진 전동기에 의해 가동되는 효율 80%의 펌프를 가지고 250L/sec의 물을 20m의 총수두로 퍼 올릴 때 요구되는 전동기의 출력은? (단, 여유율은 없는 것으로 가정한다.)

① 61.27kW ② 68.08kW
③ 82.23kW ④ 91.37kW

| 해답 | ②

$$P_s = \frac{1000QH_p}{102\eta}$$

- $Q = 250\,\text{L/sec} = 0.250\,\text{m}^3/\text{sec}$
- $\eta = \eta_1 \times \eta_2 = 0.90 \times 0.80$
- $\therefore P_s = \dfrac{1000 \times 0.250 \times 20}{102 \times 0.80 \times 0.90} = 68.08\,\text{kW}$

□□□ 기 95,96,02,08,18③

05 펌프의 특성 곡선(characteristic curve)은 펌프의 양수량(토출량)과 무엇들과의 관계를 나타낸 것인가?

① 비속도, 공동지수, 총양정
② 총양정, 효율, 축동력
③ 비속도, 축동력, 총양정
④ 공동지수, 총양정, 효율

| 해답 | ②

펌프의 특성곡선
양정(H), 효율(η), 축동력(P)이 펌프용량(Q)의 변화에 따라 변하는 관계를 각기의 최대효율점에 대한 비율로 나타낸 곡선

□□□ 기 07,16

06 그림은 펌프특성곡선이다. 펌프의 양정을 나타내는 곡선 형태는?

① A
② B
③ C
④ D

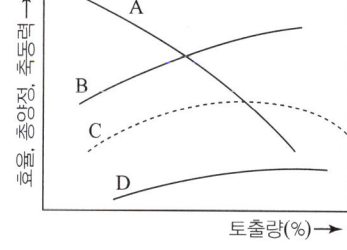

| 해답 | ①

A : 양정, B : 동력, C : 효율, D : BHP

17 펌프의 부대시설

1 펌프의 부대시설

(1) 중력식 침사지
- 형상과 치수 : 직사각형이나 정사각형 등으로 하고, 지수는 2지 이상을 원칙으로 한다.
- 구조 : 견고하고 수밀성 있는 철근콘크리트구조로 한다.
- 평균유속 : 침사지의 평균유속은 0.30m/sec를 표준으로 한다.
- 체류시간 : 체류시간은 30~60초를 표준으로 한다.
- 수심 : 수심은 유효수심에 모래퇴적부의 깊이를 더한 것으로 한다.
- 표면부하율 : 오수침사지 1800$m^3/m^2 \cdot d$ 정도, 우수침사지 3600$m^3/m^2 \cdot d$ 정도로 한다.

(2) 파쇄장치 설치 시의 유의사항
- 계획하수량은 계획시간 최대오수량으로 한다.
- 파쇄장치는 침사제거설비의 유출측 및 펌프설비 유입측에 설치하는 것을 원칙으로 한다.
- 파쇄장치에는 반드시 스크린이 설치된 바이패스관을 설치하여야 한다.
- 파쇄장치는 유지관리를 고려하여 유입 및 유출측에 수문 또는 stoplog를 설치하는 것을 표준으로 한다.
- 파쇄기는 원칙적으로 2대 이상으로 설치하며, 1대를 설치하는 경우 바이패스 수로를 설치한다.

2 펌프계통의 수격작용 water hammer

(1) 부압(수주분리)발생의 방지법
- 펌프에 플라이휠(fly-wheel)을 붙인다.
- 토출측 관로에 압력조정용수조(surge tank)를 설치한다.
- 토출측 관로에 한 방향 조압수조를 설치한다.
- 압력수조(air-chamber)를 설치한다.

(2) 압력상승 경감방법
- 완폐식 체크밸브에 의한 방법
- 급폐식 체크밸브에 의한 방법
- 콘밸브 또는 니들밸브나 볼밸브에 의한 방법

3 펌프의 공동현상 Cavitation

■ 공동현상 방지책
- 펌프의 회전수를 낮게 선정하여 필요유효흡입수두를 작게 한다.
- 흡입관의 손실을 가능한 한 작게 한다.
- 펌프의 설치위치를 가능한 한 낮추도록 한다.
- 흡입측 밸브를 완전히 개방하고 펌프를 운전한다.

모래퇴적부의 깊이
- 일반적으로 수심의 10~30%로 한다.
- 깊이는 최소 30cm 이상으로 한다.

수격현상
펌프의 관수로에서 정전에 의하여 펌프가 급정지하는 경우, 관로유속의 급격한 변화에 따라 관내 압력이 급상승하거나 급하강하는 현상

펌프의 공동현상
펌프의 임펠러 입구에서 정압이 그 수온에 상당하는 포화증기압 이하가 되면 그 부분의 물이 증발해서 공동이 생기거나 흡입관으로부터 공기가 흡입되어 공동이 생기는 현상

핵심문제

□□□ 기 18①

01 하수처리시설의 펌프장시설의 중력식 침사지에 관한 설명으로 틀린 것은?

① 체류시간은 30~60초를 표준으로 하여야 한다.
② 모래퇴적부의 깊이는 최소 50cm 이상이어야 한다.
③ 침사지의 평균유속은 0.3m/s를 표준으로 한다.
④ 침사지 형상은 정방형 또는 장방형 등으로 하고 지수는 2지 이상을 원칙으로 한다.

| 해답 | ②

모래퇴적부의 깊이
- 일반적으로 수심의 10~30%로 한다.
- 적어도 30cm 이상으로 하여야 한다.

□□□ 기 08,14

02 펌프장시설 중 오수침사지의 평균유속과 표면부하율의 설계기준은?

① 0.6m/s, 1800m³/m²·day
② 0.6m/s, 3600m³/m²·day
③ 0.3m/s, 1800m³/m²·day
④ 0.3m/s, 3600m³/m²·day

| 해답 | ③

침사지
- 침사지의 평균유속은 0.3m/s를 표준으로 한다.
- 표면부하율은 오수침사지의 경우 1800m³/m²·day 정도로 한다.

□□□ 기 06,12,15,17①,21③

03 공동현상(cavitation)의 방지책에 대한 설명으로 옳지 않은 것은?

① 마찰손실을 작게 한다.
② 펌프의 흡입 관경(관지름)을 작게 한다.
③ 임펠러(impeller) 속도를 작게 한다.
④ 흡입수두를 작게 한다.

| 해답 | ②

흡입관의 지름을 크게 하고 흡입관의 길이를 짧게 한다.

□□□ 기 06,11,12,15,21①

04 펌프의 공동현상(cavitation)에 대한 설명으로 틀린 것은?

① 공동현상이 발생하면 소음이 발생한다.
② 공동현상을 방지하려면 펌프의 회전수를 크게 해야 한다.
③ 펌프의 흡입양정이 너무 적고 임펠러 회전속도가 빠를 때 공동현상이 발생한다.
④ 공동현상은 펌프의 성능 저하의 원인이 될 수 있다.

| 해답 | ②

공동현상을 방지하려면 펌프의 회전수를 낮게 선정하여 필요 유효 흡입수두를 작게 한다.

□□□ 기 02,03,04,13,15,19②

05 수격현상(Water Hammer)의 방지 대책으로 틀린 것은?

① 펌프의 급정지를 피한다.
② 가능한 한 관내 유속을 크게 한다.
③ 토출관쪽에 압력조정용수조(surge tank)를 설치한다.
④ 토출 측 관로에 에어챔버(air chamber)를 설치한다.

| 해답 | ②

수격 현상의 발생을 경감시키기 위해서는 관내의 유속을 경감시켜야 한다.

□□□ 기 14

06 하수처리를 위한 펌프장시설에 파쇄장치를 설치하는 경우 유의사항에 대한 설명으로 틀린 것은?

① 파쇄장치에는 반드시 스크린이 설치된 바이패스(By-pass)관을 설치하여야 한다.
② 파쇄장치는 침사지의 상류 측 및 펌프설비의 하류 측에 설치하는 것을 원칙으로 한다.
③ 파쇄장치는 유지관리를 고려하여 유입 및 유출 측에 수문 또는 stop log를 설치하는 것을 표준으로 한다.
④ 파쇄기는 원칙적으로 2대 이상으로 설치하며, 1대를 설치하는 경우 바이패스 수로를 설치한다.

| 해답 | ②

파쇄장치는 침사제거설비의 유출측 및 펌프설비 유입 측에 설치하는 것을 원칙으로 한다.

18 하수처리

1 하수처리장 시설

(1) 하수처리장시설
- 물리적 처리시설 : 물리적 처리방법은 부유물질과 콜로이드질의 제거를 목적으로 하고 있다.
- 생물학적 처리시설 : 하수 중에 존재하는 유기물 중에서 생물학적으로 분해 가능한 유기물을 미생물(박테리아)을 이용하여 제거시키는 방법이다.
- 화학적 처리시설 : 주로 영양염류인 질소와 인의 제거, 하수 중의 부유물질의 응결성과 침전성 개선, 슬러지 개량 등을 위해서 사용한다.

(2) 하수처리방법
- 예비처리 : 굵은 부유물, 부상 고형물, 유지의 제거와 분리를 위해서 하수의 생물학적 처리와 슬러지의 소화 등을 하기 전에 하수를 고체와 액체로 분리하는 과정이다.
- 1차 처리 : 미세한 부유물의 제거로서 부유물의 제거와 BOD의 일부도 제거된다.
- 2차 처리 : 하수의 1차 처리 다음에 실시하는 것으로 하수 중에 남아 있는 유해성 유기물 또는 콜로이드성의 고형물을 미생물의 힘에 의하여 제거하는 생물학적 처리법이다.

2 침전지

(1) 1차 침전지
- 형상은 원형, 직사각형 또는 정사각형으로 한다.
- 직사각형의 경우 폭과 깊이의 비 1:3 이상으로 하고, 폭과 깊이의 비는 1:1 ~ 2.25:1
- 침전지 지수는 최소한 2지 이상
- 유효수심은 2.5 ~ 4m를 표준으로 한다.
- 침전시간은 계획 1일 최대오수량에 따라 정하며 2 ~ 4시간으로 한다.

(2) 2차 침전지
- 형상은 원형, 직사각형 또는 정사각형으로 한다.
- 직사각형의 경우 폭과 깊이의 비 1:3 이상으로 하고, 폭과 깊이의 비는 1:1 ~ 2.25:1
- 침전지 지수는 최소한 2지 이상
- 유효수심은 2.5 ~ 4m를 표준으로 한다.
- 침전시간은 계획 1일 최대오수량에 따라 정하며 3 ~ 5시간으로 한다.

(3) 침전지 수면(표면) 부하율 및 면적
- 수면부하율 $V = \dfrac{Q}{A} = \dfrac{H}{T}$, 면적 $A = \dfrac{Q \cdot t}{H}$
- 수면부하율 $V = \dfrac{Q(\mathrm{m^3/day})}{A(\mathrm{m^2})}$ [$\mathrm{m^3/m^2 \cdot day}$]

알아두기

하수처리방법의 선택 시 고려사항
- 유입하수량의 수질
- 처리수의 목표수질
- 처리장의 입지조건
- 유지관리의 용이성
- 법규 등에 의한 규제
- 처리수의 재이용계획
- 건설비 및 유지관리비 등 경제성
- 방류수역의 현재 및 장래 이용상황

2차 침전지
- 유효수심 2.5 ~ 4m
- 고형물부하율 : 40 ~ 125kg/m²·d
- 침전지 수면의 여유고 : 40 ~ 60m
- 표면부하율 : 계획 1일 최대오수량에 대하여 20 ~ 30m³/m²·d
- 침전시간 : 계획 1일 최대오수량에 따라 일반적으로 3 ~ 5시간

핵심문제

□□□ 기 10
01 하수처리방법의 선택 시 고려사항과 거리가 먼 것은?

① 처리수의 목표 수질
② 송수량과 관종
③ 처리장의 입지조건
④ 방류수역의 현재 및 장래 이용 상황

| 해답 | ②
송수량과 관종은 무관하다.

□□□ 기 95,15
02 1일 오수량 60000m³의 하수처리장에 침전지를 설계하고자 할 때 침전시간을 2시간으로 하고 유효수심을 2.5m로 하면 침전지의 필요면적은?

① 4800m²　　② 3000m²
③ 2400m²　　④ 2000m²

| 해답 | ④

$V = \dfrac{Q}{A} = \dfrac{H}{\dfrac{t}{24}}$ 에서

$\therefore A = \dfrac{Q \cdot t}{24H}$

$= \dfrac{60000 \times 2}{2.5 \times 24} = 2000\,\text{m}^2$

□□□ 기 00,14②,24③
03 유입수량이 50m³/min, 침전지 용량이 3000m³, 침전지 유효수심이 6m일 때 수면부하율(m³/m²·day)은?

① 115.2　　② 125.2
③ 144.0　　④ 154.0

| 해답 | ③

수면부하율 $V = \dfrac{Q(\text{m}^3)}{A(\text{m}^2)}$

$\therefore V = \dfrac{50}{\dfrac{3000}{6}} = 0.1\,\text{m}^3/\text{m}^2 \cdot \text{min}$

$= 144.0\,\text{m}^3/\text{m}^2 \cdot \text{day}$

□□□ 기 95,99,08,11
04 하수처리에 관한 설명으로 옳은 것은?

① 일반적인 하수처리는 생물학적 처리와 화학적 처리만을 의미한다.
② 침전과정은 다양한 하수처리 방법 중 주로 생략할 때가 많다.
③ 활성슬러지법은 주로 호기성 미생물에 의한 생물학적 하수처리방법이다.
④ 회전원판법은 일종의 스크린을 이용한 물리적 처리방법이다.

| 해답 | ③
- 하수처리장시설은 물리적, 생물학적, 화학적 처리시설로 대별할 수 있다.
- 침전과정은 하수 중의 침전가능한 물질을 제거하는 과정으로 생략하지 않는다.
- 회전 원판법은 생물막을 이용한 하수를 처리하는 방법이다.

□□□ 기 98,08,14④,22②
05 인구가 10000명인 A시에 폐수 배출시설 1개소가 있다. 이 폐수 배출시설의 유량은 200m³/day이고 평균 BOD 배출량이 500g/m³이다. 만약 A시에 하수종말처리장을 건설한다면 계획인구는? (단, 하수종말처리장 건설 시 1인 1일 BOD 부하량은 50gBOD/인·일로 한다.)

① 11000명　　② 12000명
③ 13000명　　④ 14000명

| 해답 | ②

폐수의 BOD량 = 농도 × 유량
$= 500 \times 200 = 100000\,\text{g/day}$

- BOD량당 인구수 $= \dfrac{\text{폐수의 BOD량}}{\text{1인 1일 BOD부하량}}$

$= \dfrac{100000}{50} = 2000\,\text{명}$

∴ 계획인구 = 10000명 + 2000명 = 12000명

19 활성슬러지법

1 표준활성슬러지 처리법

- 수리학적 체류시간(HRT) : 6~8시간을 표준으로 한다.
- MLSS 농도 : 1500~2500mg/L을 표준으로 한다.
- 폭기방식 : 전면폭기식, 선회류식, 미세기포 분사식, 수중교반식 등이 있다.
- 폭기조의 유효수심 : 표준식은 4.0~6.0m, 심층식은 10m를 표준으로 한다.

2 슬러지의 팽화 sludge bulking

- 슬러지의 팽화(sludge bulking) 여부를 확인하는 지표로 사용한다.
- 최종침전지에서 활성슬러지의 SVI가 크고 침강성이 악화되어 고액분리를 충분히 할 수 없는 경우를 슬러지 팽화라 한다.

■ 슬러지 팽화 현상의 원인

• 과대한 BOD 부하	• 영양물질의 불균형
• 유기물질의 과도한 부하	• 슬러지 배출량의 조절 불량
• 유입하수량 및 수질의 과도한 변동	• 부적절한 온도, 질소 혹은 인의 결핍

3 슬러지에 관련된 공식

(1) 슬러지 용량지표 SVI

- $SVI = \dfrac{\text{슬러지 용적}(SV\%) \times 10^4}{MLSS \text{ 농도}(mg/L)} = \dfrac{30\text{분 침전 후의 슬러지 부피}(mg/L)}{MLSS \text{ 농도}(mg/L)} \times 1000$
- 활성슬러지의 침강성을 나타내는 지표이다.
- SVI가 작을수록 슬러지가 농축되기 쉽다.

(2) 슬러지 밀도지수 : $SDI = \dfrac{100}{SVI}$

(3) 고형물 체류시간 : $SRT = \dfrac{V \cdot X}{X_r \cdot Q_w + (Q - Q_w)X_c} = \dfrac{X \cdot t}{SS}$

(4) F/M비 : $F/M비 = \dfrac{BOD \text{ 농도} \cdot Q}{MLSS \text{ 농도} \cdot V} = \dfrac{BOD \text{ 농도}}{MLSS \cdot t}$

(5) BOD 부하

$BOD \text{ 용적부하}(kgBOD/m^3 \cdot d)$
$= \dfrac{1일\ BOD\ 유입량(kgBOD/d)}{폭기조\ 부피(m^3)} = \dfrac{하수량 \times 하수의\ BOD}{폭기조\ 부피(V)} = \dfrac{BOD농도 \times 유량(Q)}{폭기조 용량(V)}$

(6) MLSS

- 폭기조내의 혼합액 부유물질로서 폭기조 내의 미생물을 말한다.
- $MLSS = \dfrac{BOD}{(F/M) \cdot t}$

핵심문제

□□□ 기 10,12

01 슬러지 팽화(bulking)의 지표가 되는 것은?

① MLSS　　　　② SVI
③ MLVSS　　　　④ VSS

| 해답 | ②

최종침전지에서 활성 슬러지의 SVI가 크고 침강성이 악화되어 고액분리를 충분히 할 수 없는 경우를 슬러지 팽화라 한다.

□□□ 기 03,06,09,12,14,17④,19②

02 슬러지 용적지수(SVI)에 관한 설명 중 옳지 않는 것은?

① 폭기조 내 혼합물을 30분간 정치한 후 침강한 1g의 슬러지가 차지하는 부피(mL)로 나타낸다.
② 정상적으로 운전되는 폭기조의 SVI는 50~150 범위이다.
③ SVI는 슬러지 밀도지수(SDI)에 100을 곱한 값을 의미한다.
④ SVI는 폭기시간, BOD 농도, 수온 등에 영향을 받는다.

| 해답 | ③

슬러지 밀도지수 $SDI = \dfrac{100}{SVI}$

□□□ 기 98,11,14,19②

03 하수처리장에서 480000L/day의 하수량을 처리한다. 펌프장의 습정(wet well)을 하수로 채우기 위하여 40분이 소요된다면 습정의 부피는 몇 m³인가?

① 13.3m³　　　　② 14.3m³
③ 15.3m³　　　　④ 16.3m³

| 해답 | ①

$V = Q \cdot T$
- $Q = 480000\,L/day = 480\,m^3/day$
- $T = 40(min) \times \dfrac{1}{60(min) \times 24(hr)} = 0.0278\,day$
- $\therefore Q = 480 \times 0.0278 = 13.3\,m^3$

□□□ 기 00,10,12,13,16,17①,22③

04 유량의 5000m³/day이고 BOD가 150mg/L인 하수를 500m³의 유효용량을 가진 폭기조에서 처리할 경우, BOD 용적부하량은?

① 1.0kg/m³·day　　　② 1.5kg/m³·day
③ 2.0kg/m³·day　　　④ 2.5kg/m³·day

| 해답 | ②

BOD 용적 부하(kgBOD/m³·d)
$= \dfrac{1일\ BOD유입량(kgBOD/d)}{폭기조\ 부피(m^3)}$
$= \dfrac{하수량 \times 하수의\ BOD}{폭기조\ 부피}$
$= \dfrac{5000 \times 150 \times 10^{-3}}{500} = 1.5\,kg/m^3 \cdot day$

□□□ 기 99,03,08,13

05 하수처리장에 적용하는 활성슬러지 공법에서 MLSS 개념 설명 중 가장 알맞는 것은?

① 유입하수중의 부유물질
② 폭기조 중의 부유물질
③ 반송슬러지 중의 부유물질
④ 방류수 중의 부유물질

| 해답 | ②

MLSS
폭기조 내의 혼합액 부유물질로서 폭기조 내의 미생물을 말한다.

□□□ 기 13

06 활성슬러지 공정의 설계에 있어 F/M비는 매우 유용하게 사용된다. 만일 유입수의 BOD가 2배 증가하고 반응조의 체류시간을 1.5배로 증가시키면 F/M비는?

① 50% 증가　　　　② 33% 증가
③ 25% 감소　　　　④ 33% 감소

| 해답 | ②

$F/M비 = \dfrac{BOD농도 \cdot Q}{MLSS농도 \cdot V} = \dfrac{BOD농도}{MLSS \cdot t}$
$= \dfrac{2}{1.5} \times 100 = 133.33\%$
∴ 33% 증가

알아두기

활성 슬러지의 변법의 종류
- 표준활성슬러지법
- 단계식 폭기법
- 접촉안정법
- 장기폭기법
- 산화구법
- 심층폭기법

20 활성슬러지법의 변법

1 장기폭기법

잉여 슬러지양을 크게 감소시키기 위한 방법으로 BOD-SS 부하를 아주 작게, 폭기시간을 길게 하여 내생 호흡상으로 유지되도록 하는 활성슬러지 변법

- **장기폭기법의 특징**
  - 기본적으로 표준활성슬러지법과 동일하다.
  - 질산화가 진행되면서 pH의 저하가 발생한다.
  - 활성슬러지가 자산화되기 때문에 잉여슬러지의 발생량은 표준활성슬러지법에 비해 적다.
  - 과잉폭기로 인하여 슬러지의 분산이 야기되거나 슬러지의 활성도가 저하되는 경우가 많다.

2 회전원판법 Rotating Biological Contactors

원판의 일부가 수면에 잠기도록 원판을 설치하여 이를 천천히 회전시키면서 원판 위에 자연적으로 발생하는 호기성 생물을 이용하여 하수를 처리하는 방식이다.

생물막법의 종류
- 살수여상법
- 회전원판법
- 접촉산화법
- 호기성 여상법

3 생물막법

생물막법은 대기, 하수 및 생물막의 상호 접촉양식에 따라 살수여상법, 회전원판법, 접촉산화법 및 침전여과형의 호기성 여상법으로 분류된다.

4 소화처리법

(1) 호기성 소화처리법의 장·단점

접촉산화법의 특징
- 초기건설비가 높다.
- 유지관리가 용이하다.
- 소규모시설에 적합하다.
- 미생물량과 영향인자를 정상상태로 유지하기 위한 조작이 어렵다.

장 점	단 점
• 초기투자비가 절감 • 처리수의 수질이 양호 • 소화슬러지의 악취발생이 감소 • 운전이 용이하다. • 상징수의 수질 양호	• 소화슬러지의 탈수성 불량 • 폭기에 드는 동력비 과다 • 저온 시의 효율 저하 • 유기물 감소율 저조 • 건설부지 과다 • 가치 있는 부산물이 생성되지 않음

(2) 혐기성 소화처리법의 장·단점

혐기성 소화 공정 인자
- 체류시간
- 온도
- 영향염류
- pH
- 독성물질
- 알칼리도

장 점	단 점
• 유효한 자원인 메탄이 생성된다. • 처리 후 슬러지 생성량이 적다. • 동력비 및 유지관리비가 적게 든다.	• 높은 온도를 요구한다. • 미생물의 성장속도가 느리다. • 상징액의 농도가 높다. • 암모니아에 의한 악취문제가 발생한다.

- 혐기성 소화 공정인자 : 체류시간, 온도, 영양염류, pH, 독성물질, 알칼리도

핵 심 문 제

□□□ 기 08,11,17④

01 활성슬러지법과 비교하여 생물막법의 특징으로 옳지 않은 것은?

① 운전조작이 간단하다.
② 하수량 증가에 대응하기 쉽다.
③ 반응조를 다단화하여 반응효율과 처리안정성 향상이 도모된다.
④ 생물종 분포가 단순하여 처리효율을 높일 수 있다.

| 해답 | ④
접촉산화법의 특징
• 생물종 분포가 다양하여 처리효율이 안정적이다.
• 발송슬러지가 불필요함에 따라 운전관리가 용이하다.
• 슬러지의 자산화로 잉여슬러지양이 감소된다.
• 수온변동에 강하다.

□□□ 기 11,12

02 하수의 생물학적 처리법 중 산화구법(oxidation ditch process)이 속하는 처리법은?

① 산화지법
② 소화법
③ 활성슬러지법
④ 살수여상법

| 해답 | ③
활성슬러지법의 변법
• 표준활성슬러지법   • 점감폭기법
• 순산소활성슬러지법 • 장기폭기법
• 산화구법   • 회분식활성슬러지법

□□□ 기 03,16②,19③

03 장기폭기법에 관한 설명으로 옳은 것은?

① F/M비가 크다.
② 슬러지 발생량이 적다.
③ 부지가 적게 소요된다.
④ 대규모 처리장에 많이 이용된다.

| 해답 | ②
활성슬러지가 자산화되기 때문에 잉여슬러지의 발생량은 표준활성슬러지법에 비해 적다.

□□□ 기 00,06,10①,11④,14②,18①

04 호기성 소화의 특징을 설명한 것으로 옳지 않은 것은?

① 처리된 소화 슬러지에서 악취가 나지 않는다.
② 상징수의 BOD 농도가 높다.
③ 폭기를 위한 동력 때문에 유지관리비가 많이 든다.
④ 수온이 낮을 때에는 처리 효율이 떨어진다.

| 해답 | ②
호기성 소화의 특징
• 최초 공사비가 낮다.
• 운영비가 비교적 간단하다.
• 상징수의 BOD 농도가 낮다.
• 처리된 슬러지에서 악취가 나지 않는다.

□□□ 기 10,14,17①

05 혐기성 소화법과 비교한 호기성 소화법의 장·단점으로 옳지 않은 것은?

① 운전이 용이
② 저온 시 효율 저하
③ 소화 슬러지의 탈수 용이
④ 상징수의 수질 양호

| 해답 | ③
소화슬러지의 탈수성 불량

■호기성 소화처리법의 장단점

장점	단점
• 초기투자비가 절감	• 소화슬러지의 탈수성 불량
• 처리수의 수질이 양호	• 포기에 드는 동력비 과다
• 소화슬러지의 악취발생이 감소	• 저온시의 효율저하
• 운전 용이	• 유기물 감소율 저조
• 상징수의 수질 양호	• 건설부지 과다
	• 가치 있는 부산물이 생성되지 않음

□□□ 기 13,15,17①,20②

06 다음 생물학적 처리방법 중 생물막 공법은?

① 산화구법
② 살수여상법
③ 접촉안정법
④ 계단식 폭기법

| 해답 | ②
생물막법은 대기, 하수 및 생물막의 상호 접촉양식에 따라 살수여상법, 회전원판법, 접촉산화법 및 침전여과형의 호기성여상법으로 분류된다.

> 알아두기

21 슬러지계통도

1 고도처리

(1) 고도처리를 도입하는 이유
- 방류수역의 수질환경의 달성
- 폐쇄성 수역의 부영양화 방지
- 방류수역의 이용도 향상
- 처리수의 재이용
- 수질환경기준 만족

(2) 생물학적인 질소, 인 동시제거공정
- 혐기무산소호기 조합법
- 응집제병용형 순환식 질산화탈진법
- 응집제병용형 질산화내생탈진법
- 반송슬러지 탈질탈인 질소인동시제거법
- 기타공법

(3) 혐기무산소호기 조합법
생물학적 인 제공정과 생물학적 질소 제거공정을 조합시킨 처리법으로, 활성슬러지 미생물에 의한 인 과잉섭취현상 및 질산화, 탈질반응을 이용한 것이다.

(4) 생물학적 질산화 – 탈질화방법
질소의 형태를 질산염으로 산화시켜 다시 질소가스로 환원시켜 제거하는 방법이다.

2 슬러지 처리계통도

(1) 슬러지 처리공정
생슬러지 – 농축 – 소화 – 개량 – 탈수 및 건조 – 연소 – 최종처리

(2) 슬러지 개량
슬러지의 개량방법으로는 세정, 열처리, 동결, 약품처리 등이 있다.

(3) 탈수방법

항 목	진공여과법	가압여과기	원심분리기
함수율	72~80%	55~65%	75~80%

(4) 함수율과 슬러지 부피의 관계

$$\frac{V_1}{V_2} = \frac{100 - W_2}{100 - W_1}$$

여기서, V_1, V_2 : 슬러지의 부피
W_1, W_2 : 슬러지의 함수율(%)

(5) 슬러지량

$$슬러지량 = \frac{오수량(Q) \times 부유물 농도(SS) \times SS 제거율(E)}{슬러지 비중(1-W)}$$

여기서, W : 슬러지의 함수량

고도처리에서 인 제거법
- 정석탈인법
- 혐기호기조합법
- 응집제첨가 활성슬러지법
- 반송슬러지 탈인제거 공정

질소 제거법
- 순환식 질산화 탈질법
- 질산화 내생탈질법
- 외부탄소원탈질법

인 제거공법

화학적 공정	생물학적 공정
응집제 첨가 활성슬러지법	혐기호기 활성슬러지법
정석탈인법	반송슬러지탈인 화학침전법

핵 심 문 제

□□□ 기 07,15,20④

01 하수고도처리 방법으로 질소, 인 동시제거 공정은?

① 혐기 무산소 호기 조합법
② 연속회분식 활성슬러지법
③ 정석탈인법
④ 혐기호기 활성슬러지법

| 해답 | ①

혐기 무산소 호기 조합법
생물학적 인제거공정과 생물학적 질소제거공정을 조합시킨 처리법으로 활성슬러지 미생물에 의한 인 과잉섭취현상 및 질산화, 탈진반응을 이용한 공정이다.

□□□ 기 99,07,16①,25②

02 슬러지의 처분에 관한 일반적인 계통도로 알맞은 것은?

① 생슬러지 – 개량 – 농축 – 소화 – 탈수 – 최종처분
② 생슬러지 – 농축 – 소화 – 개량 – 탈수 – 최종처분
③ 생슬러지 – 농축 – 탈수 – 개량 – 소각 – 최종처분
④ 생슬러지 – 농축 – 탈수 – 소각 – 개량 – 최종처분

| 해답 | ②

슬러지 처리공정
슬러지 – 농축 – 소화 – 개량 – 탈수 및 건조 – 연소 – 최종처리

□□□ 기 01,15,22②

03 슬러지 농축과 탈수에 대한 설명 중 틀린 것은?

① 농축은 자연의 중력에 의한 방법이 가장 간단하며 경제적인 처리방법이다.
② 농축은 매립이나 해양투기를 하기 전에 슬러지 용적을 감소시켜 준다.
③ 탈수는 기계적 방법으로 진공여과, 가압여과 및 원심탈수법이 있다.
④ 중력 농축의 슬러지 제거기기 설치시 바닥 기울기는 1/100 이상이다.

| 해답 | ④

중력 농축의 슬러지 제거기기 설치 시 바닥 기울기는 5/100 이상이 좋다.

□□□ 기 97,98,01,08,11,13,14,24③

04 함수율 98%, 250m³의 하수 슬러지를 탈수하여 함수율 75%로 감소시킬 경우 슬러지의 부피는? (단, 비중 =1)

① 10m³ ② 20m³
③ 30m³ ④ 40m³

| 해답 | ②

$$V_2 = \frac{V_1(100-W_1)}{100-W_2} = \frac{250(100-98)}{100-75} = 20\,m^3$$

□□□ 기 97,98,01,08,11,13,14,20②

05 함수율 95%인 슬러지를 농축시켰더니 최초 부피의 1/3이 되었다. 농축된 슬러지의 함수율(%)은? (단, 농축 전후의 슬러지 비중은 1로 가정한다.)

① 65 ② 70
③ 85 ④ 90

| 해답 | ③

$\dfrac{V_1}{V_2} = \dfrac{100-W_2}{100-W_1}$ 에서

$$W_2 = 100 - \frac{V_1(100-W_1)}{V_2}$$

$$= 100 - \frac{1(100-95)}{\frac{1}{3}} = 85\%$$

□□□ 기 95,96,98,12,18③,24③

06 부유물 농도 200mg/L, 유량 2000m³/day인 하수가 침전지에서 70% 제거된다. 이때 슬러지의 함수율이 95%, 비중 1.1일 때 슬러지의 양은?

① 4.9m³/day ② 5.1m³/day
③ 5.3m³/day ④ 5.5m³/day

| 해답 | ②

슬러지의 양 = $\dfrac{오수량(Q) \times 부유물농도 \times SS제거율}{비중(1-w)}$

• $Q = 2000\,m^3/day$
• 부유물 농도 $SS = 200\,mg/L = 200 \times 10^{-6}\,t/m^3$
• SS 제거율 $E = \dfrac{70}{100} = 0.70$
• 슬러지의 함수율 $w = 95\% = 0.95$
• ∴ 슬러지의 양 = $\dfrac{2000 \times 200 \times 10^{-6} \times 0.70}{1.1(1-0.95)}$

$= 5.1\,m^3/day$

| memo |

2단계 과목별 스피드 마스터

01 응용역학
02 측량학
03 수리학 및 수문학
04 철근콘크리트 및 강구조
05 토질 및 기초
06 상하수도 공학

토·목·기·사·필·기

2단계

과목별 스피드 마스터 01

응용역학

01	2018년	3월 4일 시행
		4월 28일 시행
		8월 19일 시행
02	2019년	3월 3일 시행
		4월 27일 시행
		8월 4일 시행
03	2020년	6월 6일 시행
		8월 22일 시행
		9월 27일 시행
04	2021년	3월 7일 시행
		5월 15일 시행
		8월 14일 시행

01 응용역학

과목별 과년도(18~21년)로 구성하여 집중적이고 반복적인 문제풀이를 학습하여 연상법으로 [1과목 응용역학] 마스터합니다.

제1회 2018년 3월 4일

□□□ 기 08,18①

01 다음 그림과 같이 A지점이 고정이고 B지점이 힌지(hinge)인 부정정보가 어떤 요인에 의하여 B지점이 B′로 Δ 만큼 침하하게 되었다. 이때 B′의 지점반력은?

① $\dfrac{3EI\Delta}{l^3}$

② $\dfrac{4EI\Delta}{l^3}$

③ $\dfrac{5EI\Delta}{l^3}$

④ $\dfrac{6EI\Delta}{l^3}$

| 해답 | ①

[방법1]
- 지점 B가 B′로 변위가 생긴만큼 수직하중(P)의 작용으로 생각할 수 있고, 이 값이 B′의 지점반력(R_B')과 같게 된다.
- 캔틸레버의 자유단에 수직하중이 작용할 때의 처짐

$$\Delta = \frac{Pl^3}{3EI} = \frac{R_B' l^3}{3EI}$$

$$\therefore R_B' = \frac{3EI\Delta}{l^3}$$

[방법2]

$$M_{AB} = \frac{3EI\Delta}{l^2}$$

$\Sigma M_A = 0$ 에서 $-\dfrac{3EI\Delta}{l^2} + R_B \cdot l = 0$

$$\therefore R_B' = \frac{3EI\Delta}{l^3}$$

Remember

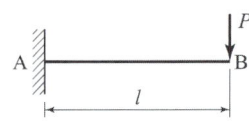

$\theta_B = \dfrac{Pl^2}{2EI}$

$y_B = \dfrac{Pl^3}{3EI}$

□□□ 기 18①,21①

02 그림과 같은 단순보에서 최대휨모멘트가 발생하는 위치 x(A점으로부터의 거리)와 최대휨모멘트 M_x는?

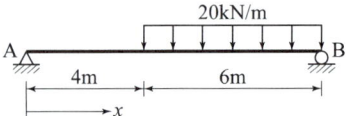

① $x = 4.0\text{m}$, $M_x = 180.2\text{kN}\cdot\text{m}$

② $x = 4.8\text{m}$, $M_x = 96\text{kN}\cdot\text{m}$

③ $x = 5.2\text{m}$, $M_x = 230.4\text{kN}\cdot\text{m}$

④ $x = 5.8\text{m}$, $M_x = 176.4\text{kN}\cdot\text{m}$

| 해답 | ④

■ 반력

$\Sigma M_B = 0$ 에서 $R_A \times 10 - 20 \times 6 \times \dfrac{6}{2} = 0$

$\therefore R_A = 36\text{kN}$

$\therefore R_B = 20 \times 6 - 36 = 84\text{kN}$

■ 전단력
- $S_{A-C} = 36\text{kN}$
- $S_B = -84\text{kN}$
- $S_0 = 36 - 20(x-4) = 0$

$\therefore x = 5.8\text{m}$

■ 휨모멘트
- $M_c = 36 \times 4 = 144\text{kN}\cdot\text{m}$
- $M_x = M_{max} = 36 \times 5.8 - 20 \times (5.8 - 4) \times \dfrac{5.8-4}{2}$

  $= 176.4\text{kN}\cdot\text{m}$

  또는 $M_{max} = 84 \times (10 - 5.8) - 20 \times \dfrac{(10-5.8)^2}{2}$

  $= 176.4\text{kN}\cdot\text{m}$

(∵ 전단력이 0인 지점에서 최대휨모멘트가 발생한다.)

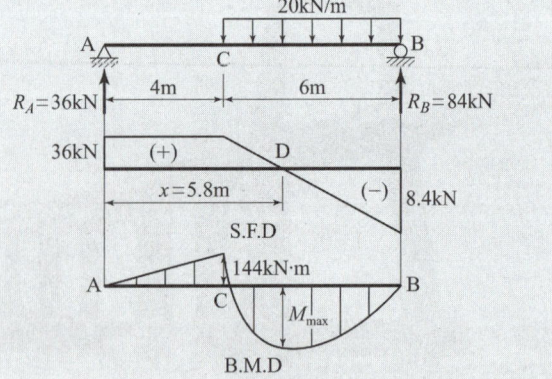

□□□ 기 99,04,09,18①

03 정 6각형 틀의 각 절점에 그림과 같이 하중 P가 작용할 때 각 부재에 생기는 인장응력의 크기는?

① P
② $2P$
③ $\dfrac{P}{2}$
④ $\dfrac{P}{\sqrt{2}}$

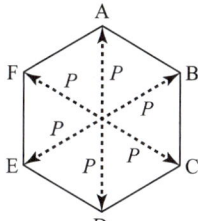

| 해답 | ①

A점에서 평형상태 $\sum V_A = 0$

- $P - \overline{AF}\cos 60° - \overline{AB}\cos 60° = 0$
 (∵ 내부의 6개 삼각형은 모두 60°의 정삼각형)
- $P = 0.5\overline{AF} + 0.5\overline{AB} = \overline{AF} = \overline{AB}$ (∵ $\overline{AF} = \overline{AB}$)
∴ 각 부재에는 인장하중 P가 작용

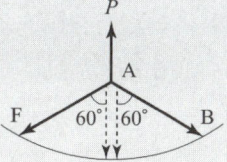

□□□ 기 02②,06④,18①,25③

04 다음 단면에서 y축에 대한 회전반지름은?

① 3.07cm
② 3.20cm
③ 3.81cm
④ 4.24cm

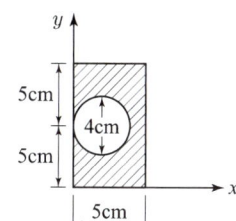

| 해답 | ①

회전반지름 $r_y = \sqrt{\dfrac{I_y}{A}}$

- $A = bh - \dfrac{\pi d^2}{4} = 5 \times 10 - \dfrac{\pi \times 4^2}{4} = 37.434 \text{cm}^2$
- $I_y = \left[\dfrac{bh^3}{12} + bh \times \left(\dfrac{h}{2}\right)^2\right] - \left[\dfrac{\pi d^4}{64} + \dfrac{\pi d^2}{4} \times \left(\dfrac{d}{2}\right)^2\right]$
$= \dfrac{bh^3}{3} + \dfrac{5\pi d^4}{64} = \dfrac{10 \times 5^3}{3} - \dfrac{5 \times \pi \times 4^4}{64}$
$= 353.835 \text{cm}^4$
∴ $r_y = \sqrt{\dfrac{I_y}{A}} = \sqrt{\dfrac{353.835}{37.434}} = 3.07 \text{cm}$

□□□ 기 04②,18①

05 그림과 같은 트러스의 상현재 U의 부재력은?

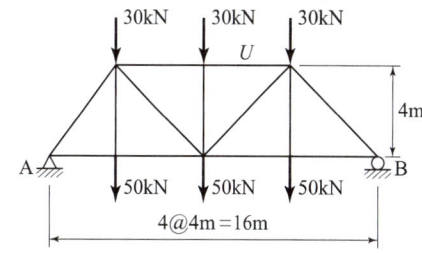

① 인장을 받으며 그 크기는 160kN이다.
② 압축을 받으며 그 크기는 160kN이다.
③ 인장을 받으며 그 크기는 120kN이다.
④ 압축을 받으며 그 크기는 120kN이다.

| 해답 | ②

- 반력 $V_A = V_B = \dfrac{30+50+30+50+30+50}{2}$
$= 120 \text{kN}$ (∵ 대칭이므로)
- U부재가 지나가도록 수직절단하여 우측을 고려한다.

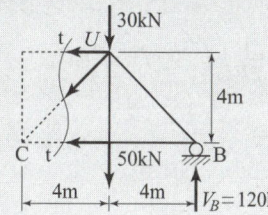

- $\sum M_C = 0 : -U \times 4 - V_B \times 8 + 30 \times 4 + 50 \times 4 = 0$
∴ $U = \dfrac{-V_B \times 8 + 30 \times 4 + 50 \times 4}{4}$
$= \dfrac{-120 \times 8 + 120 + 200}{4}$
$= -160 \text{kN} = 160 \text{kN}$ (압축)

□□□ 기 11,15,18①,20④

06 반지름이 25cm인 원형단면을 가지는 단주에서 핵의 면적은 약 얼마인가?

① 122.7cm²   ② 168.4cm²
③ 254.4cm²   ④ 336.8cm²

| 해답 | ①

원형단면의 핵거리(반지름)
$e = \dfrac{Z}{A} = \dfrac{\dfrac{\pi d^3}{32}}{\dfrac{\pi d^2}{4}} = \dfrac{d}{8} = \dfrac{25 \times 2}{8} = 6.25 \text{cm}$

∴ $A = \pi e^2 = \pi \times 6.25^2 = 122.7 \text{cm}^2$

☐☐☐ 기 01,06,07,14,18①

07 탄성변형에너지는 외력을 받는 구조물에서 변형에 의해 구조물에 축적되는 에너지를 말한다. 탄성체이며 선형거동을 하는 길이가 L인 캔틸레버보의 끝단에 집중하중 P가 작용할 때 굽힘모멘트에 의한 탄성변형에너지는? (단, EI는 일정)

① $\dfrac{P^2L^2}{6EI}$ ② $\dfrac{P^2L^2}{2EI}$

③ $\dfrac{P^2L^3}{6EI}$ ④ $\dfrac{P^2L^3}{2EI}$

[해답] ③

굽힘모멘트에 의한 탄성변형에너지 $U = \int \dfrac{M_x^2}{2EI}dx$

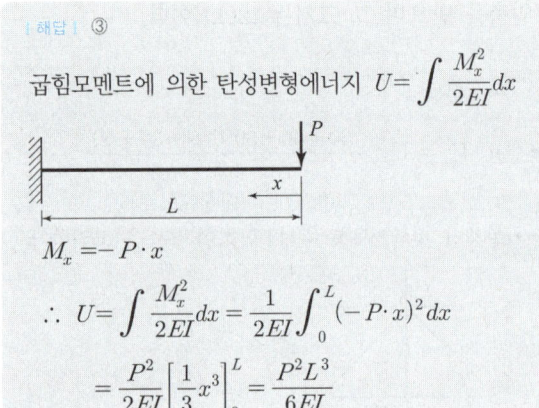

$M_x = -P \cdot x$

$\therefore U = \int \dfrac{M_x^2}{2EI}dx = \dfrac{1}{2EI}\int_0^L (-P \cdot x)^2 dx$

$= \dfrac{P^2}{2EI}\left[\dfrac{1}{3}x^3\right]_0^L = \dfrac{P^2L^3}{6EI}$

Remember

정적분의 기본정리 $\int_0^L x^2 dx = \left[\dfrac{1}{3}x^3\right]_0^L = \dfrac{L^3}{3}$

☐☐☐ 기 83,85,89,18①,22②

08 다음 그림과 같은 구조물의 BD부재에 작용하는 힘의 크기는?

① 100kN
② 125kN
③ 150kN
④ 200kN

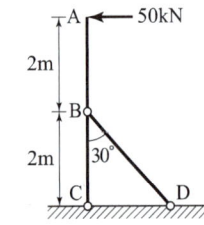

[해답] ④

C점에서 $\Sigma M_C = 0$면

$\Sigma M_C = -50 \times 4 + \overline{BD}\sin 30° \times 2 = 0$

$\therefore \overline{BD} = 200\text{kN}$

☐☐☐ 기 07,08,10,11,15,18①,21②

09 다음 그림과 같은 보에서 두 지점의 반력이 같게 되는 하중의 위치(x)를 구하면?

① 0.33m
② 1.33m
③ 2.33m
④ 3.33m

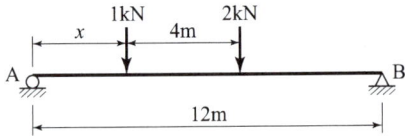

[해답] ④

- $R_A = R_B$
- $\Sigma V = 0$
  $R_A + R_B = 1 + 2 = 3\text{kN}$
  $\therefore R_A = R_B = 1.5\text{kN}$
- $\Sigma M_A = 0$
  $1 \times x + 2 \times (4+x) - 1.5 \times 12 = 0$
  $1x + 8 + 2x - 18 = 0$
  $3x = 10$
  $\therefore x = 3.33\text{m}$

☐☐☐ 기 09,10,12,15,18①

10 그림과 같은 구조물에서 C점의 수직처짐을 구하면? (단, $EI = 2 \times 10^{10} \text{N} \cdot \text{cm}^2$이며 자중은 무시한다.)

① 2.7mm
② 3.6mm
③ 5.4mm
④ 7.2mm

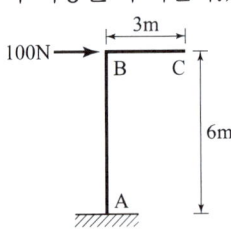

[해답] ①

$\delta_C = \theta_B l$

- $\theta_B = \dfrac{Pl^2}{2EI} = \dfrac{100 \times 600^2}{2 \times 2 \times 10^{10}} = 9.0 \times 10^{-4} \text{rad}$
- $l = 3\text{m} = 300\text{cm}$
  $\therefore \delta_C = 9.0 \times 10^{-4} \times 300$
  $= 0.27\text{cm} = 2.7\text{mm}$

Remember

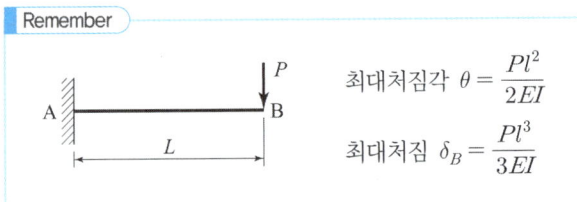

최대처짐각 $\theta = \dfrac{Pl^2}{2EI}$

최대처짐 $\delta_B = \dfrac{Pl^3}{3EI}$

기 93,02,10,13,18①

11 다음 그림과 같은 T형 단면에서 도심축 $C-C$ 축의 위치 x는?

① $2.5h$
② $3.0h$
③ $3.5h$
④ $4.0h$

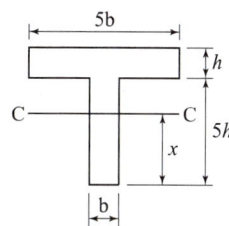

해답 ④

$x = \dfrac{G_x}{A}$

- $G_x = (5b \times h) \times \left(5h + \dfrac{h}{2}\right) + (b \times 5h) \times \dfrac{5h}{2}$
  $= 40bh^2$
- $A = (5b \times h) + (b \times 5h)$
  $= 10bh$

$\therefore x = \dfrac{40bh^2}{10bh} = 4.0h$

기 03,05,07,08,09,10,11,13,14,15,18①,25③

12 그림과 같은 단면에 10kN의 전단력이 작용할 때 최대전단응력의 크기는?

① 2.35MPa
② 2.84MPa
③ 3.52MPa
④ 4.33MPa

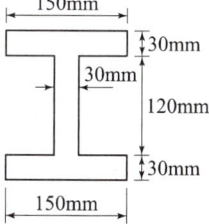

해답 ①

$\tau_{max} = \dfrac{G_x S}{I b}$

$S = 10\text{kN} = 10 \times 10^3 \text{N}, \ b = 30\text{mm}$

- $G_x = A_1 y_1 + A_2 y_2$
  $= 150 \times 30 \times 75 + 30 \times \dfrac{120}{2} \times \dfrac{60}{2} = 391500 \text{mm}^3$
- $I_x = \dfrac{BH^3}{12} - \dfrac{bh^3}{12} = \dfrac{150 \times 180^3}{12} - \dfrac{120 \times 120^3}{12}$
  $= 55620000 \text{mm}^4$

$\therefore \tau_{max} = \dfrac{391500 \times 10 \times 10^3}{55620000 \times 30}$
$= 2.35 \text{N/mm}^2$
$= 2.35 \text{MPa}$

기 11④,15①,18①

13 단면이 원형(반지름 r)인 보에 휨모멘트 M이 작용할 때 이 보에 작용하는 최대휨응력은?

① $\dfrac{2M}{\pi r^3}$
② $\dfrac{4M}{\pi r^3}$
③ $\dfrac{8M}{\pi r^3}$
④ $\dfrac{16M}{\pi r^3}$

해답 ②

$\sigma_{max} = \dfrac{M_{max}}{I} y$

- $I = \dfrac{\pi d^4}{64} = \dfrac{\pi (2r)^4}{64} = \dfrac{\pi 16 r^4}{64} = \dfrac{\pi r^4}{4}$

$\therefore \sigma_{max} = \dfrac{M}{\dfrac{\pi r^4}{4}} \times r = \dfrac{4M}{\pi r^3}$

기 11,18①

14 그림과 같은 보에서 다음 중 휨모멘트의 절댓값이 가장 큰 곳은?

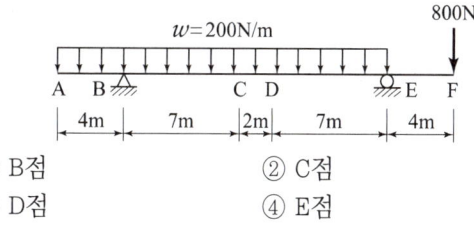

① B점
② C점
③ D점
④ E점

해답 ②

■ 반력계산

- $\Sigma M_E = 0 : V_B \times 16 - 200 \times 20 \times \dfrac{20}{2} + 800 \times 4 = 0$
  $\therefore R_B = 2300\text{N}(\uparrow)$
- $\Sigma V_B = 0 : 200 \times 20 + 800 - 2300 - V_E = 0$
  $\therefore V_E = 2500\text{N}(\uparrow)$

■ 각 점에서의 휨모멘트

- $M_B = -200 \times 4 \times 2 = -1600 \text{N}\cdot\text{m}$
- $M_C = -200 \times 11 \times \dfrac{11}{2} + 2300 \times 7 = 4000 \text{N}\cdot\text{m}$
- $M_D = -800 \times 11 - 200 \times 7 \times \dfrac{7}{2} + 2500 \times 7$
  $= 3800 \text{N}\cdot\text{m}$
- $M_E = -800 \times 4 = -3200 \text{N}\cdot\text{m}$

$\therefore |M_C| = 4000 \text{N}\cdot\text{m}$ 가 가장 크다.

□□□ 기 01②,06①,18①,20④

15 다음과 같은 3활절 아치에서 C점의 휨모멘트는?

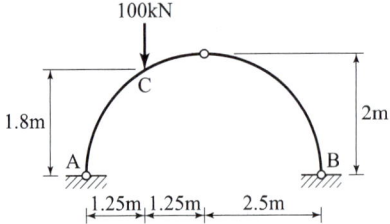

① 32.5kN·m ② 35.0kN·m
③ 37.5kN·m ④ 40.0kN·m

| 해답 | ③

- $\sum M_B = 0 : V_A \times 5 - 100 \times 3.75 = 0$
  $\therefore V_A = 75\text{kN}$
- $\sum M_{힌지} = 0 : V_A \times 2.5 - 100 \times 1.25 - H_A \times 2.0 = 0$
  $= 75 \times 2.5 - 100 \times 1.25 - H_A \times 2.0 = 0$
  $\therefore H_A = 31.25\text{kN}$
  $\therefore M_C = 75 \times 1.25 - 31.25 \times 1.8 = 37.5\text{kN}\cdot\text{m}$

□□□ 기 82,18①

16 다음과 같은 단면적 A, 탄성계수 E인 기둥에서 줄음량을 구한 값은?

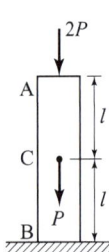

① $\dfrac{2Pl}{EA}$
② $\dfrac{3Pl}{EA}$
③ $\dfrac{4Pl}{EA}$
④ $\dfrac{5Pl}{EA}$

| 해답 | ④

줄음량 $\Delta l = \dfrac{Pl}{EA}$ 에서

$\therefore \Delta l = \dfrac{2Pl}{EA} + \dfrac{3Pl}{EA} = \dfrac{5Pl}{EA}$

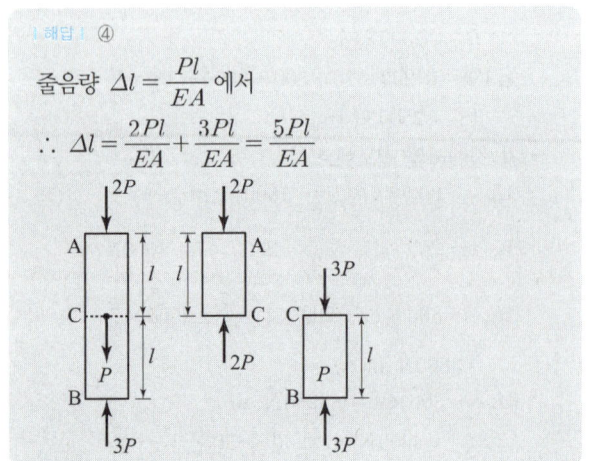

□□□ 기 99,00,04,11,13,14,16,18①

17 같은 재료로 만들어진 반경 r인 속이 찬 축과 외반경 r이고 내반경 $0.6r$인 속이 빈 축이 동일크기의 비틀림모멘트를 받고 있다. 최대비틀림응력의 비는?

① 1 : 1 ② 1 : 1.15
③ 1 : 2 ④ 1 : 2.15

| 해답 | ②

비틀림모멘트 T에 대한 전단응력

- $\tau_{\max} = \dfrac{T \cdot r}{I_P}$ ($\because$ 원의 단면 2차 극모멘트 $I_P = \dfrac{\pi d^4}{32}$)

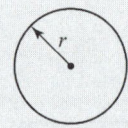 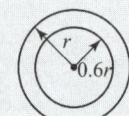

- $I_{P1} = \dfrac{\pi d^4}{32} = \dfrac{\pi (2r)^4}{32} = \dfrac{\pi r^4}{2}$

- $I_{P2} = \dfrac{\pi(d_1^4 - d_2^4)}{32} = \dfrac{\pi\{(2r)^4 - (1.2r)^4\}}{32} = \dfrac{13.92\pi r^4}{32}$

$\therefore \tau_1 : \tau_2 = \dfrac{T \cdot r}{I_{P1}} : \dfrac{T \cdot r}{I_{P2}} = \dfrac{1}{I_{P1}} : \dfrac{1}{I_{P2}}$

$= \dfrac{1}{\frac{1}{2}} : \dfrac{1}{\frac{13.92}{32}} = 2 : \dfrac{32}{13.92} = 1 : 1.15$

□□□ 기 15,18①

18 중공 원형강봉에 비틀림력 T가 작용할 때 최대전단변형율 $\tau_{\max} = 750 \times 10^{-6}\text{rad}$으로 측정되었다. 봉의 안지름은 60mm이고 바깥지름은 75mm일 때 봉에 작용하는 비틀림력 T를 구하면?
(단, 전단탄성계수 $G = 8.15 \times 10^4 \text{MPa}$)

① 299kN·cm ② 327kN·cm
③ 353kN·cm ④ 392kN·cm

| 해답 | ①

$\dfrac{T \cdot r}{I_P} = G \cdot \tau_{\max}$ 에서

($\because$ 원의 단면 2차 극모멘트 $I_P = \dfrac{\pi d^4}{32}$)

- $I_P = \dfrac{\pi d^4}{32} = \dfrac{\pi}{32}(75^4 - 60^4) = 1833966\text{mm}^4$

$\therefore T = \dfrac{G \cdot \tau_{\max} I_P}{r}$

$= \dfrac{8.15 \times 10^4 \times 750 \times 10^{-6} \times 1833966}{\dfrac{75}{2}}$

$= 2989365\text{N}\cdot\text{mm} = 299\text{kN}\cdot\text{cm}$

□□□ 기 04,10,13,18①

19 그림과 같은 게르버보에서 하중 P만에 의한 C점의 처짐은? (단, EI는 일정하고 $EI = 2.7 \times 10^{12} \text{N} \cdot \text{cm}^2$이다.)

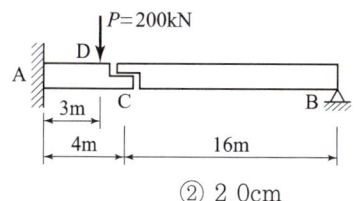

① 2.7cm ② 2.0cm
③ 1.0cm ④ 0.7cm

| 해답 | ③

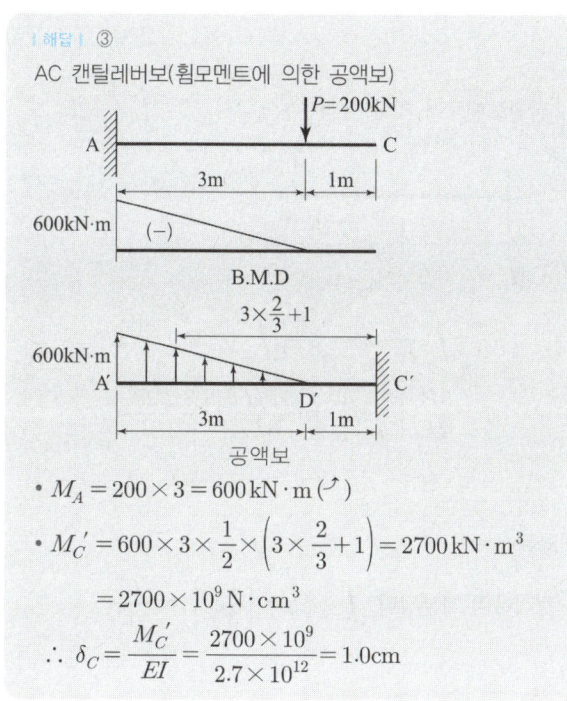

AC 캔틸레버보(휨모멘트에 의한 공액보)

- $M_A = 200 \times 3 = 600 \text{kN} \cdot \text{m}(\curvearrowright)$
- $M_C' = 600 \times 3 \times \dfrac{1}{2} \times \left(3 \times \dfrac{2}{3} + 1\right) = 2700 \text{kN} \cdot \text{m}^3$

  $= 2700 \times 10^9 \text{N} \cdot \text{cm}^3$

$\therefore \delta_C = \dfrac{M_C'}{EI} = \dfrac{2700 \times 10^9}{2.7 \times 10^{12}} = 1.0 \text{cm}$

□□□ 기 05,18①

20 그림과 같은 뼈대 구조물에서 C점의 수직반력(↑)을 구한 값은? (단, 탄성계수 및 단면은 전부재가 동일)

① $\dfrac{9Wl}{16}$
② $\dfrac{7Wl}{16}$
③ $\dfrac{Wl}{8}$
④ $\dfrac{Wl}{16}$

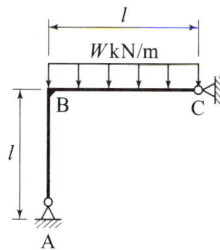

| 해답 | ②

- B점의 $M_B = \dfrac{Wl^2}{8}$
- $K_{BA} : K_{BC} = 1 : 1$

$\therefore$ 분배율 $f_{BC} = \dfrac{K_{BC}}{K_{BC} + K_{BA}} = \dfrac{1}{1+1} = \dfrac{1}{2}$

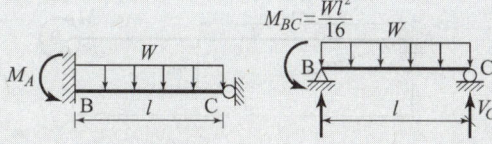

- $M_{BC} = f_{BC} \times M_B = \dfrac{1}{2} \times \dfrac{Wl^2}{8} = \dfrac{Wl^2}{16}$
- $\sum M_B = 0$; $-\dfrac{Wl^2}{16} + Wl \times \dfrac{l}{2} - V_C \times l = 0$

$\therefore V_C = \dfrac{Wl}{2} - \dfrac{Wl}{16} = \dfrac{7Wl}{16}$

> **Remember**
>
>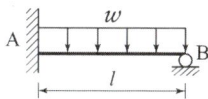
>
> - $M_A = -\dfrac{wl^2}{8}$
> - $V_B = \dfrac{3wl}{8}$

제2회   2018년 4월 28일

□□□ 기 05④,07①,13②,17②,18②

01 다음 구조물에서 최대처짐이 일어나는 위치까지의 거리 X_m을 구하면? (단, EI는 일정하다.)

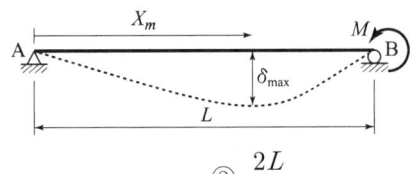

① $\dfrac{L}{2}$ ② $\dfrac{2L}{3}$

③ $\dfrac{L}{\sqrt{3}}$ ④ $\dfrac{2L}{\sqrt{3}}$

[해답] ③

휨모멘트도에 의한 공액보

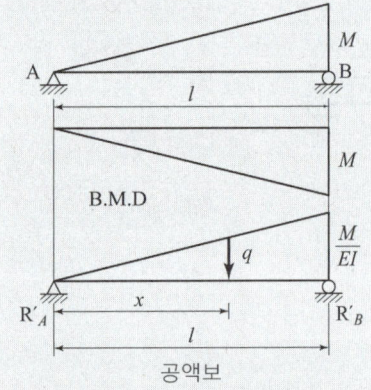

공액보

- $\sum M_B' = 0$

$R_A' \times L - \left(\dfrac{M}{EI} \times L \times \dfrac{1}{2}\right)\left(\dfrac{L}{3}\right) = 0$

$\therefore R_A' = \dfrac{ML}{6EI}(\uparrow)$

- $S_x = 0$인 곳에서 최대 처짐이 발생

$x : q = L : \dfrac{M}{EI}$ 로부터 $q = \dfrac{M}{EIL}x$

- $S_x' = \dfrac{ML}{6EI} - \dfrac{M}{EIL}x \times x \times \dfrac{1}{2}$

$= \dfrac{ML}{6EI} - \dfrac{Mx^2}{2EIL} = \dfrac{M}{EI}\left(\dfrac{L}{6} - \dfrac{x^2}{2L}\right) = 0$

$\dfrac{L}{6} - \dfrac{x^2}{2L} = 0$

$\therefore x = X_m = \dfrac{L}{\sqrt{3}} = 0.577L$

□□□ 기 06①,14②④,18②,19②,20③

02 아래 그림과 같은 캔틸레버보에서 휨모멘트에 의한 탄성변형에너지는? (단, EI는 일정)

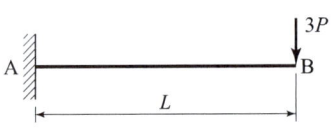

① $\dfrac{2P^2L^3}{3EI}$ ② $\dfrac{3P^2L^3}{2EI}$

③ $\dfrac{2P^2L^3}{9EI}$ ④ $\dfrac{9P^2L^3}{2EI}$

[해답] ②

굽힘모멘트에 의한 탄성변형에너지 $U = \int \dfrac{M_x^2}{2EI}dx$

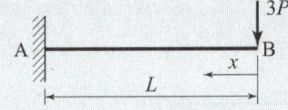

- $M_x = -3P \cdot x$

$\therefore U = \int \dfrac{M_x^2}{2EI}dx = \dfrac{1}{2EI}\int_0^L (-3P \cdot x)^2 dx$

$= \dfrac{9P^2}{2EI}\left[\dfrac{1}{3}x^3\right]_0^L = \dfrac{9P^2L^3}{6EI} = \dfrac{3P^2L^3}{2EI}$

Remember

정적분의 기본정리 $\int_0^L x^2 dx = \left[\dfrac{1}{3}x^3\right]_0^L = \dfrac{L^3}{3}$

□□□ 기 18②,21②

03 그림과 같은 단순보에서 C점의 휨모멘트는?

① 320kN·m
② 420kN·m
③ 480kN·m
④ 540kN·m

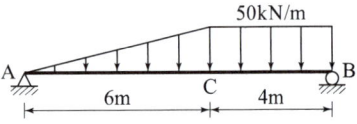

[해답] ③

$\sum M_A = 0$

$R_B \times 10 - 50 \times 4 \times \left(6 + \dfrac{4}{2}\right) - \dfrac{50 \times 6}{2} \times \left(6 \times \dfrac{2}{3}\right) = 0$

$\therefore R_B = 220\text{kN}$

$\therefore M_C = 220 \times 4 - 50 \times 4 \times \dfrac{4}{2} = 480\text{kN} \cdot \text{m}$

□□□ 기 11①,14②,17④,18②

04 그림과 같은 직사각형 단면의 단주에 편심 축하중 P가 작용할 때 모서리 A점의 응력은?

① 0.33MPa
② 3.0MPa
③ 3.86MPa
④ 7.0MPa

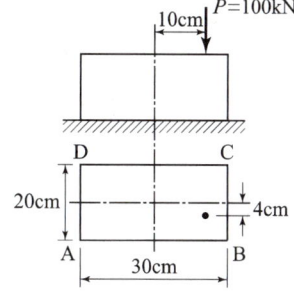

| 해답 | ①

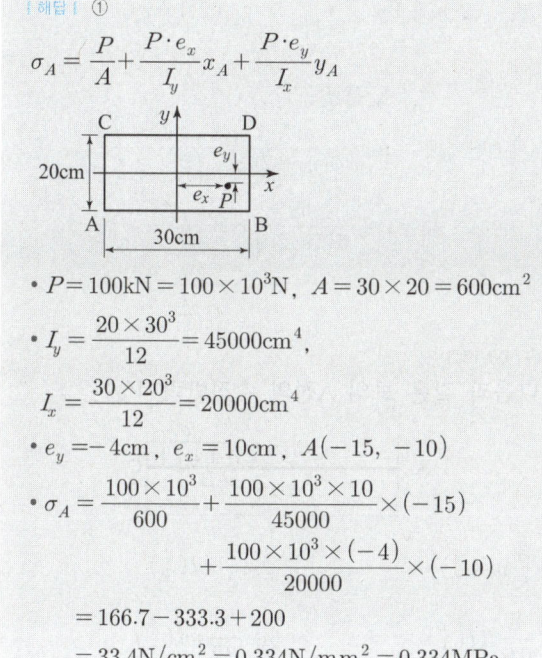

$$\sigma_A = \frac{P}{A} + \frac{P \cdot e_x}{I_y} x_A + \frac{P \cdot e_y}{I_x} y_A$$

- $P = 100\text{kN} = 100 \times 10^3 \text{N}$, $A = 30 \times 20 = 600\text{cm}^2$
- $I_y = \frac{20 \times 30^3}{12} = 45000\text{cm}^4$,

  $I_x = \frac{30 \times 20^3}{12} = 20000\text{cm}^4$
- $e_y = -4\text{cm}$, $e_x = 10\text{cm}$, $A(-15, -10)$
- $\sigma_A = \frac{100 \times 10^3}{600} + \frac{100 \times 10^3 \times 10}{45000} \times (-15)$

  $\quad + \frac{100 \times 10^3 \times (-4)}{20000} \times (-10)$

  $= 166.7 - 333.3 + 200$

  $= 33.4\text{N/cm}^2 = 0.334\text{N/mm}^2 = 0.334\text{MPa}$

□□□ 기 83,84,86,18②,24①

05 그림(b)는 그림(a)와 같은 게르버보에 대한 영향선이다. 다음 설명 중 옳은 것은?

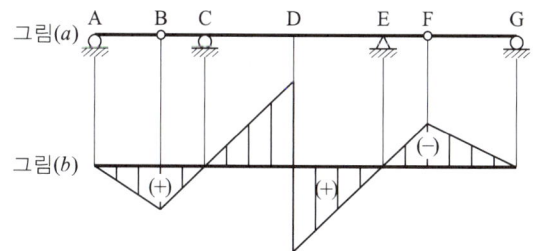

① 힌지점 B의 전단력에 대한 영향선이다.
② D점의 전단력에 대한 영향선이다.
③ D점의 휨모멘트에 대한 영향선이다.
④ C지점의 반력에 대한 영향선이다.

| 해답 | ②

게르버보에 대한 영향선

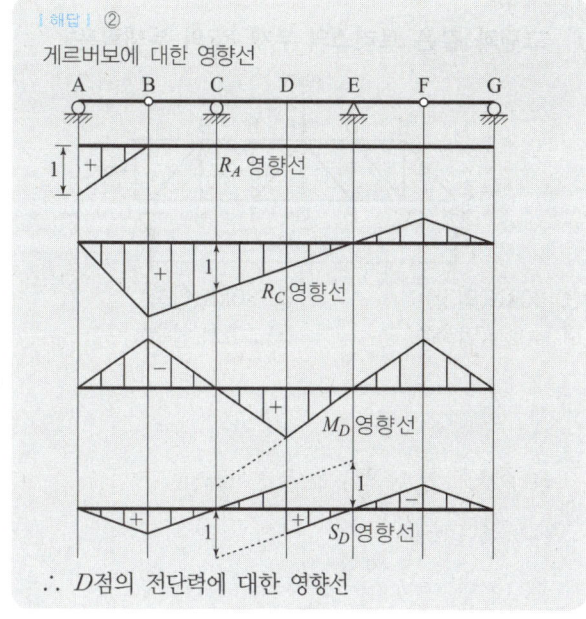

∴ D점의 전단력에 대한 영향선

□□□ 기 03②,18②

06 다음과 같은 부재에서 길이의 변화량(δ)은 얼마인가? (단, 보는 균일하며 단면적 A와 탄성계수 E는 일정하다.)

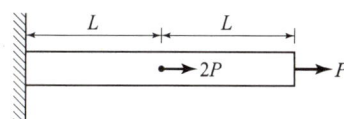

① $\frac{4PL}{EA}$
② $\frac{3PL}{EA}$
③ $\frac{1.5PL}{EA}$
④ $\frac{PL}{EA}$

| 해답 | ①

$$\delta = \frac{PL}{EA}$$

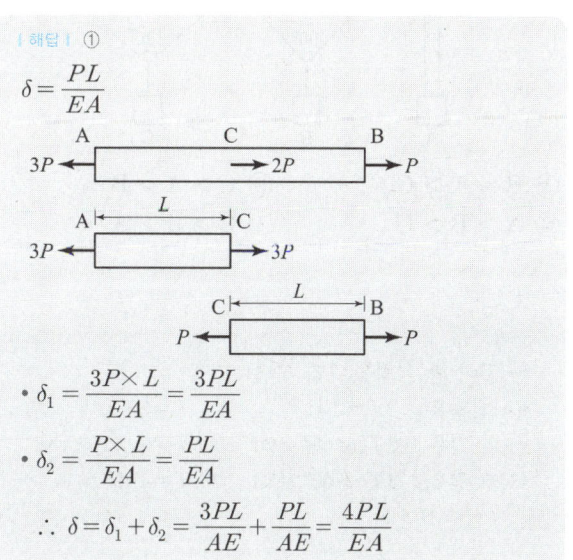

- $\delta_1 = \frac{3P \times L}{EA} = \frac{3PL}{EA}$
- $\delta_2 = \frac{P \times L}{EA} = \frac{PL}{EA}$

∴ $\delta = \delta_1 + \delta_2 = \frac{3PL}{AE} + \frac{PL}{AE} = \frac{4PL}{EA}$

□□□ 기 18②

07 그림과 같은 트러스의 부재 EF의 부재력은?

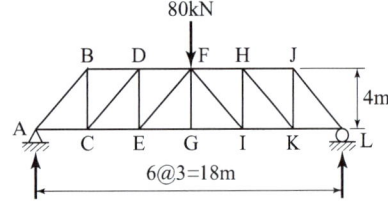

① 30kN(인장) ② 30kN(압축)
③ 40kN(압축) ④ 50kN(압축)

[해답] ④

반력 $R_A = R_L = \dfrac{80}{2} = 40\text{kN}$ (∵ 대칭)

$t-t$ 절단면에서

$\sum V = 0$;

$40 + \overline{EF}\sin\theta = 0$

$\overline{EF} = -\dfrac{40}{\sin\theta} = -\dfrac{40}{\frac{4}{5}} = -50\text{kN} = 50\text{kN}(압축)$

□□□ 기 90,98,03,16①,18②

08 무게 10N의 물체를 두 끈으로 늘어 뜨렸을 때 한 끈이 받는 힘의 크기 순서가 옳은 것은?

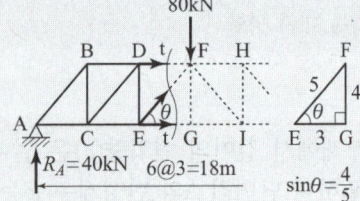

① B > A > C ② C > A > B
③ A > B > C ④ C > B > A

[해답] ④

한 끈이 받는 힘을 T라 하면
- A의 경우 : $2T = 10$ ∴ $T = 5\text{N}$
- B의 경우 : $2T\cos 45° = 10$ ∴ $T = 7.07\text{N}$
- C의 경우 : $2T\cos 60° = 10$ ∴ $T = 10\text{N}$

∴ C > B > A

□□□ 기 13,15,17,18②

09 체적탄성계수 K를 탄성계수 E와 포아송비 ν로 옳게 표시한 것은?

① $K = \dfrac{E}{3(1-2\nu)}$ ② $K = \dfrac{E}{2(1-3\nu)}$

③ $K = \dfrac{2E}{3(1-2\nu)}$ ④ $K = \dfrac{3E}{2(1-3\nu)}$

[해답] ①

- 전단탄성계수
$G = \dfrac{mE}{2(m+1)} = \dfrac{E}{2\left(1+\dfrac{1}{m}\right)} = \dfrac{E}{2(1+\nu)}$

- 포아송비 $\nu = \dfrac{1}{포아송수(m)}$

- 체적탄성계수 $K = \dfrac{mE}{3(m-2)} = \dfrac{E}{3\left(1-\dfrac{2}{m}\right)}$
$= \dfrac{E}{3(1-2\nu)}$

□□□ 기 03,18②

10 다음과 같은 보의 A점의 수직반력 V_A는?

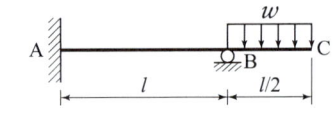

① $\dfrac{3}{8}wl(\downarrow)$ ② $\dfrac{1}{4}wl(\downarrow)$

③ $\dfrac{3}{16}wl(\downarrow)$ ④ $\dfrac{3}{32}wl(\downarrow)$

[해답] ③

■ 전달모멘트 : $M_A = \dfrac{1}{2}M_B$

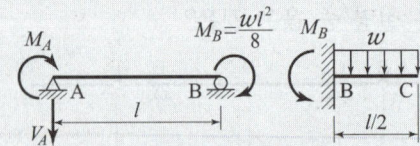

- $M_B = w \times \dfrac{l}{2} \times \left(\dfrac{l}{2} \times \dfrac{1}{2}\right) = \dfrac{wl^2}{8}$

∴ $M_A = \dfrac{1}{2}M_B = \dfrac{1}{2} \times \dfrac{wl^2}{8} = \dfrac{wl^2}{16}$

■ $\sum M_B = 0$

$= -V_A \cdot l + \dfrac{wl^2}{16} + \dfrac{wl^2}{8} = 0$

∴ $V_A = \dfrac{3}{16}wl(\downarrow)$

□□□ 기 86,91,92,18②

11 다음 T형 단면에서 X축에 관한 단면 2차 모멘트 값은?

① 413cm^4
② 446cm^4
③ 489cm^4
④ 513cm^4

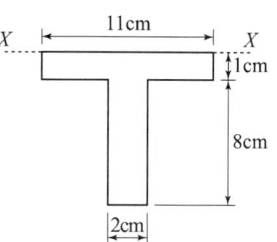

| 해답 | ③

$I_X = I_{x1} + I_{x2}$

- $I_{x1} = \dfrac{11 \times 1^3}{12} + 11 \times 1 \times 0.5^2 = 3.67\text{cm}^4$
- $I_{x2} = \dfrac{2 \times 8^3}{12} + 2 \times 8 \times (1+4)^2 = 485.33\text{m}^4$

$\therefore I_X = 3.67 + 485.33 = 489\text{cm}^4$

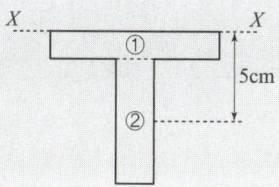

□□□ 기 91②,05①,07②,18②

12 지름이 d인 원형 단면의 단주에서 핵(core)의 지름은?

① $\dfrac{d}{2}$
② $\dfrac{d}{3}$
③ $\dfrac{d}{4}$
④ $\dfrac{d}{8}$

| 해답 | ③

원형단면의 핵거리(반지름)

$\sigma = \dfrac{P}{A} - \dfrac{M}{Z} = 0$

$= \dfrac{P}{A} - \dfrac{e \cdot P}{Z} = 0$

$e = \dfrac{Z}{A} = \dfrac{\dfrac{\pi d^3}{32}}{\dfrac{\pi d^2}{4}} = \dfrac{d}{8}$

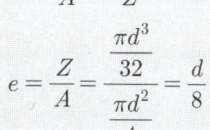

$\therefore$ 핵의 지름 $= \dfrac{d}{8} \times 2 = \dfrac{d}{4}$

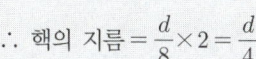

□□□ 기 84,13②,18②,21②

13 다음과 같은 부정정보에서 A의 처짐각 θ_A는? (단, 보의 휨강성은 EI이다.)

① $\dfrac{1}{12}\dfrac{wl^3}{EI}$
② $\dfrac{1}{24}\dfrac{wl^3}{EI}$
③ $\dfrac{1}{36}\dfrac{wl^3}{EI}$
④ $\dfrac{1}{48}\dfrac{wl^3}{EI}$

| 해답 | ④

공액보의 수직반력

· w만 고려한 공액보

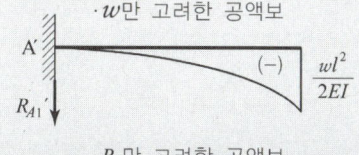

· R_A만 고려한 공액보

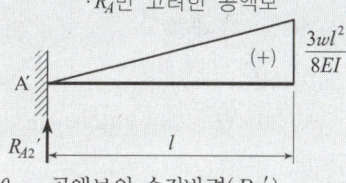

$\theta_A = $ 공액보의 수직반력$(R_A{}')$
$= R_{A1}{}' + R_{A2}{}'$
$= -\dfrac{wl^2}{2EI} \times l \times \dfrac{1}{3} + \dfrac{3wl^2}{8EI} \times l \times \dfrac{1}{2}$
$= -\dfrac{wl^3}{6EI} + \dfrac{3wl^3}{16EI} = \dfrac{wl^3}{48EI}$

□□□ 기 18②

14 구조해석의 기본원리인 겹침의 원리(principle of superposition)를 설명한 것으로 틀린 것은?

① 탄성한도 이하의 외력이 작용할 때 성립한다.
② 외력과 변형이 비선형 관계가 있을 때 성립한다.
③ 여러 종류의 하중이 실린 경우 이 원리를 이용하면 편리하다.
④ 부정정 구조물에서도 성립한다.

| 해답 | ②

겹침의 원리

- 정정 또는 부정정의 구조물에 많은 힘이 동시에 작용할 때 성립한다.
- 구조물의 미소 변형을 대상으로 한 탄성체인 경우에 성립한다.

□□□ 기 08,11,14②,16②,17①,18②

15 아래 그림과 같은 단순보의 단면에서 발생하는 최대 전단응력의 크기는?

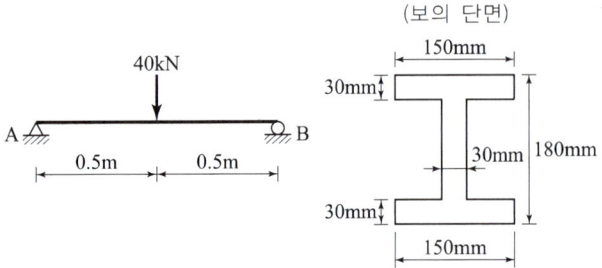

① 2.73MPa
② 3.52MPa
③ 4.69MPa
④ 5.42MPa

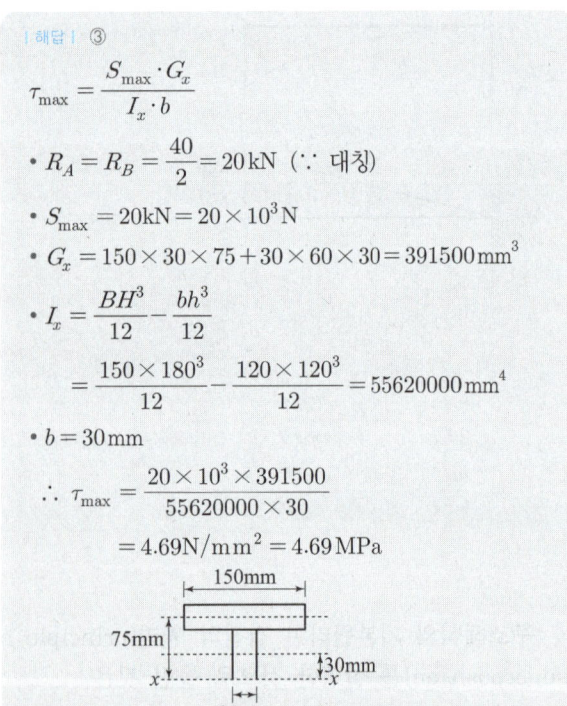

| 해답 | ③

$$\tau_{max} = \frac{S_{max} \cdot G_x}{I_x \cdot b}$$

- $R_A = R_B = \frac{40}{2} = 20\text{kN}$ (∵ 대칭)
- $S_{max} = 20\text{kN} = 20 \times 10^3 \text{N}$
- $G_x = 150 \times 30 \times 75 + 30 \times 60 \times 30 = 391500 \text{mm}^3$
- $I_x = \frac{BH^3}{12} - \frac{bh^3}{12}$
  $= \frac{150 \times 180^3}{12} - \frac{120 \times 120^3}{12} = 55620000 \text{mm}^4$
- $b = 30\text{mm}$
  ∴ $\tau_{max} = \frac{20 \times 10^3 \times 391500}{55620000 \times 30}$
  $= 4.69 \text{N/mm}^2 = 4.69 \text{MPa}$

□□□ 기 90,18②

16 아래 그림과 같이 게르비보에 연행하중이 이동할 때 지점 B에서 최대 휨모멘트는?

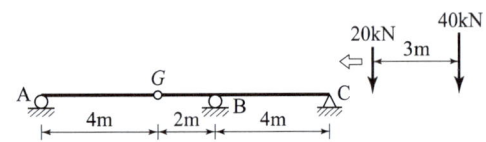

① −90kN·m
② −110kN·m
③ −130kN·m
④ −150kN·m

| 해답 | ①

- 이동하중은 40kN이 G점에 위치할 때 : G점에 최대 휨모멘트 발생
- 게르버보를 두 개의 보로 분리

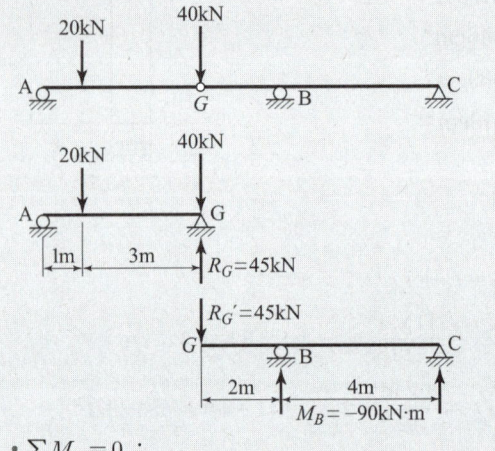

- $\sum M_A = 0$;
  $R_G \times 4 - 20 \times 1 - 40 \times 4 = 0$
  ∴ $R_G = 45\text{kN}$
  ∴ $M_B = R_G' \cdot l = -45 \times 2 = -90\text{kN} \cdot \text{m}$

□□□ 기 99,14②,18②,22②

17 그림과 같은 3힌지 아치의 중간 힌지에 수평하중 P가 작용할 때 A지점의 수직반력과 수평반력은?
(단, A지점의 반력은 그림과 같은 방향을 정(+)으로 한다.)

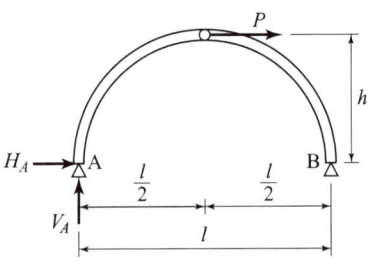

① $V_A = \frac{Ph}{l}$, $H_A = \frac{P}{2}$
② $V_A = \frac{Ph}{l}$, $H_A = -\frac{P}{2h}$
③ $V_A = -\frac{Ph}{l}$, $H_A = \frac{P}{2h}$
④ $V_A = -\frac{Ph}{l}$, $H_A = -\frac{P}{2}$

| 해답 | ④

- $\Sigma M_B = 0 : V_A \times l + P \times h = 0$
  $\therefore V_A = -\dfrac{Ph}{l}(\downarrow)$

- $\Sigma M_C = 0 : V_A \times \dfrac{l}{2} - H_A \times h = 0$
  $-\dfrac{Ph}{l} \times \dfrac{l}{2} - H_A \times h = 0 \quad \therefore H_A = -\dfrac{P}{2} = \dfrac{P}{2}(\leftarrow)$

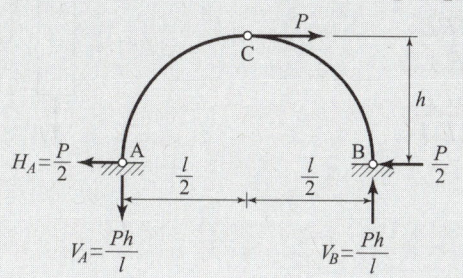

□□□ 기 92, 07②, 18②

18 정삼각형의 도심(G)을 지나는 여러 축에 대한 단면 2차 모멘트의 값에 대한 다음 설명 중 옳은 것은?

① $I_{y1} > I_{y2}$
② $I_{y2} > I_{y1}$
③ $I_{y3} > I_{y2}$
④ $I_{y1} = I_{y2} = I_{y3}$

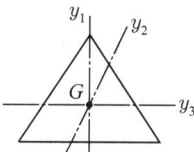

| 해답 | ④

정다각형(정삼각형, 정사각형)의 도심에 대한 2차 모멘트는 축의 방향에 관계없이 모두 같다.
$\therefore I_{y1} = I_{y2} = I_{y3}$

□□□ 기 83, 84, 88, 07②, 14①, 18②, 20③

19 그림과 같이 세 개의 평행력이 작용할 때 합력 R의 위치 x는?

① 3.0m
② 3.5m
③ 4.0m
④ 4.5m

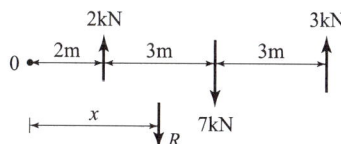

| 해답 | ②

- 합력 $R = -2 + 7 - 3 = 2\,\text{kN}(\downarrow)$
- 작용 위치
  $2x = -2 \times 2 + 7 \times (2+3) - 3 \times (2+3+3)$
  $\quad = 7\,\text{kN}$
  $\therefore x = 3.5\,\text{m}(\rightarrow)$

□□□ 기 83①, 15④, 18②, 24③

20 단면이 원형(반지름 R)인 보에 휨모멘트 M이 작용할 때 이 보에 작용하는 최대휨응력은?

① $\dfrac{4M}{\pi R^3}$ ② $\dfrac{12M}{\pi R^3}$
③ $\dfrac{16M}{\pi R^3}$ ④ $\dfrac{32M}{\pi R^3}$

| 해답 | ①

최대휨응력 $\sigma = \dfrac{M_{\max}}{Z}$

- 단면계수 $Z = \dfrac{\pi D^3}{32} = \dfrac{\pi(2R)^3}{32} = \dfrac{\pi R^3}{4}$

$\therefore \sigma = \dfrac{M_{\max}}{Z} = \dfrac{M}{\dfrac{\pi R^3}{4}} = \dfrac{4M}{\pi R^3}$

Remember

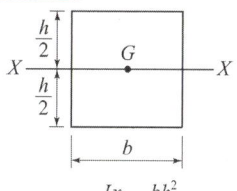 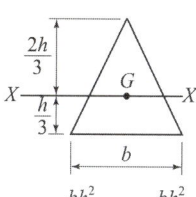

$Z = \dfrac{Ix}{y} = \dfrac{bh^2}{6}$ $Z_c = \dfrac{bh^2}{24}$, $Z_t = \dfrac{bh^2}{12}$

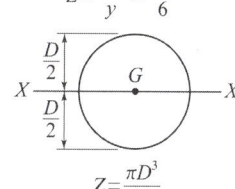

$Z = \dfrac{\pi D^3}{32}$

제3회 2018년 8월 19일

□□□ 기 09①, 18③

01 휨모멘트가 M인 다음과 같은 직사각형 단면에서 $A-A$에서의 휨응력은?

① $\dfrac{3M}{bh^2}$

② $\dfrac{3M}{4bh^2}$

③ $\dfrac{3M}{2bh^2}$

④ $\dfrac{M}{4b^2h^2}$

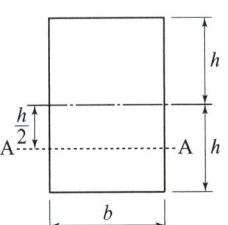

| 해답 | ②

$\sigma = \dfrac{M}{I}y$

• $I = \dfrac{bh^3}{12} = \dfrac{b(2h)^3}{12} = \dfrac{2bh^3}{3}$

∴ $\sigma = \dfrac{M}{I}y = \dfrac{M}{\dfrac{2bh^3}{3}} \times \dfrac{h}{2} = \dfrac{3M}{2bh^3} \times \dfrac{h}{2} = \dfrac{3M}{4bh^2}$

□□□ 기 95①, 11④, 18③

02 단면 2차 모멘트가 I이고 길이가 l인 균일한 단면의 직선상(直線狀)의 기둥이 있다. 지지상태가 1단 고정, 1단 자유인 경우 오일러(Euler) 좌굴하중(P_{cr})은? (단, 이 기둥의 영(Young)계수는 E이다.)

① $\dfrac{\pi^2 EI}{4l^2}$ ② $\dfrac{\pi^2 EI}{l^2}$

③ $\dfrac{2\pi^2 EI}{l^2}$ ④ $\dfrac{4\pi^2 EI}{l^2}$

| 해답 | ①

$P_{cr} = \dfrac{n \cdot \pi^2 E \cdot I}{l^2} = \dfrac{\pi^2 EI}{(kl)^2} = \dfrac{\pi^2 EI}{(2l)^2} = \dfrac{\pi^2 EI}{4l^2}$

일단고정 타단자유	$n = \dfrac{1}{4}$	$k = 2.0$
양단힌지	$n = 1$	$k = 1.0$
일단힌지 타단고정	$n = 2$	$k = \dfrac{1}{\sqrt{2}}$
양단고정	$n = 4$	$k = \dfrac{1}{\sqrt{4}}$

□□□ 기 03④, 06②, 09④, 13①, 18③

03 다음 인장부재의 수직변위를 구하는 식으로 옳은 것은? (단, 탄성계수는 E)

① $\dfrac{PL}{EA}$

② $\dfrac{3PL}{2EA}$

③ $\dfrac{2PL}{EA}$

④ $\dfrac{5PL}{2EA}$

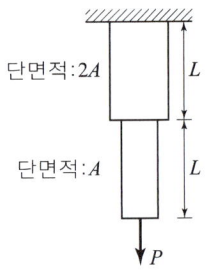

| 해답 | ②

수직변위 $\triangle L = \dfrac{PL}{EA}$

• $\triangle L_1 = \dfrac{PL}{2EA}$

• $\triangle L_2 = \dfrac{PL}{EA}$

∴ $\triangle L = \triangle L_1 + \triangle L_2$
$= \dfrac{PL}{2EA} + \dfrac{PL}{EA}$
$= \dfrac{3PL}{2EA}$

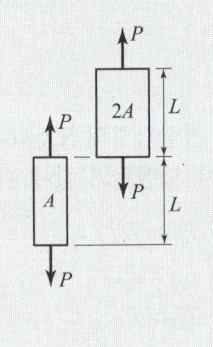

□□□ 기 93①, 02④, 10①, 18③

04 다음 그림과 같은 반원형 3힌지 아치에서 A점의 수평반력은?

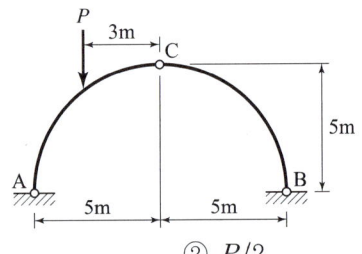

① P ② $P/2$

③ $P/4$ ④ $P/5$

| 해답 | ④

• $\sum M_B = 0$: $V_A \times 10 - P \times 8 = 0$ ∴ $V_A = 0.8P$

• $\sum M_C = 0$: $V_A \times 5 - P \times 3 - H_A \times 5 = 0$
$= 0.8P \times 5 - P \times 3 - H_A \times 5 = 0$ ∴ $H_A = \dfrac{P}{5}$

□□□ 기 09①,10④,12④,15②,18③

05 그림과 같은 구조물에서 C점의 수직처짐을 구하면? (단, $EI = 2 \times 10^{10} \text{N} \cdot \text{cm}^2$이며 자중은 무시한다.)

① 2.70mm
② 3.57mm
③ 6.24mm
④ 7.35mm

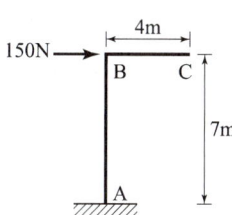

【해답】 ④

$\delta_C = \theta_B l$

- $\theta_B = \dfrac{Pl^2}{2EI} = \dfrac{150 \times 700^2}{2 \times 2 \times 10^{10}} = 1.8375 \times 10^{-3} \, rad$

∴ $\delta_C = 1.8375 \times 10^{-3} \times 400$
$= 0.735 \text{ cm} = 7.35 \text{ mm}$

Remember

최대처짐각 $\theta = \dfrac{Pl^2}{2EI}$

최대처짐 $\delta_B = \dfrac{Pl^3}{3EI}$

□□□ 기 82,84,08①,10①,15②,18③

06 상·하단이 고정인 기둥에 그림과 같이 힘 P가 작용한다면 반력 R_A, R_B 값은?

① $R_A = \dfrac{P}{2}$, $R_B = \dfrac{P}{2}$
② $R_A = \dfrac{P}{3}$, $R_B = \dfrac{2P}{3}$
③ $R_A = \dfrac{2P}{3}$, $R_B = \dfrac{P}{3}$
④ $R_A = P$, $R_B = 0$

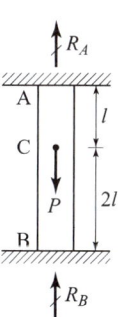

【해답】 ③

$R_A = \dfrac{P \cdot b}{L} = \dfrac{P \times 2l}{l + 2l}$
$= \dfrac{2Pl}{3l} = \dfrac{2P}{3}$

$R_B = \dfrac{P \cdot a}{L} = \dfrac{P \times l}{l + 2l}$
$= \dfrac{Pl}{3l} = \dfrac{P}{3}$

□□□ 기 82,00⑤,06①,15②,17②,18③

07 다음 그림에서 블록 A를 뽑아내는 데 필요한 힘 P는 최소 얼마 이상이어야 하는가? (단, 블록과 접촉면과의 마찰계수 $\mu = 0.3$)

① 60N
② 90N
③ 150N
④ 180N

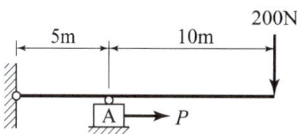

【해답】 ④

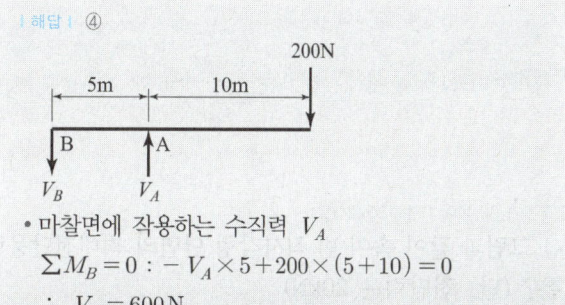

- 마찰면에 작용하는 수직력 V_A
$\sum M_B = 0 : -V_A \times 5 + 200 \times (5 + 10) = 0$
∴ $V_A = 600 \text{N}$
- 최대 마찰력 $F_{\max} = \mu V_A = 0.3 \times 600 = 180 \text{N}$
- 힘 $P_{\min} > F_{\max} = 180 \text{N}$ ∴ $P_{\min} = 180 \text{N}$ 이상

□□□ 기 06①,18③

08 그림과 같은 지름 d인 원형 단면에서 최대 단면계수를 갖는 직사각형 단면을 얻으려면 b/h는?

① 1
② $\dfrac{1}{2}$
③ $\dfrac{1}{\sqrt{2}}$
④ $\dfrac{1}{\sqrt{3}}$

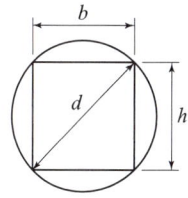

【해답】 ③

- 피타고라스의 정리
$d^2 = b^2 + h^2 \to h^2 = d^2 - b^2$
∴ $h = \sqrt{d^2 - b^2}$

- 단면계수 $Z = \dfrac{bh^2}{6} = \dfrac{1}{6}b(d^2 - b^2) = \dfrac{1}{6}(d^2 b - b^3)$

- $\dfrac{dZ}{db} = \dfrac{1}{6}(d^2 - 3b^2) = 0$ 일 때 b값
$b = \sqrt{\dfrac{1}{3}} d$, $h = \sqrt{\dfrac{2}{3}} d$, $b : h = \dfrac{1}{\sqrt{3}} : \sqrt{\dfrac{2}{3}}$

∴ $\dfrac{b}{h} = \dfrac{1}{\sqrt{2}}$

☐☐☐ 기 88,18③

09 어떤 재료의 탄성계수를 E, 전단 탄성계수를 G라 할 때 G와 E의 관계식으로 옳은 것은?
(단, 이 재료의 포아송비는 ν이다.)

① $G = \dfrac{E}{2(1-\nu)}$ ② $G = \dfrac{E}{2(1+\nu)}$

③ $G = \dfrac{E}{2(1-2\nu)}$ ④ $G = \dfrac{E}{2(1+2\nu)}$

| 해답 | ②

$E = 2G(1+\nu)$ 에서 $\therefore G = \dfrac{E}{2(1+\nu)}$

☐☐☐ 기 92,11④,12①,18③,20③

10 그림과 같이 속이 빈 직사각형 단면의 최대전단응력은? (단, 전단력은 20kN)

① 0.2125MPa
② 0.322MPa
③ 0.4125MPa
④ 0.422MPa

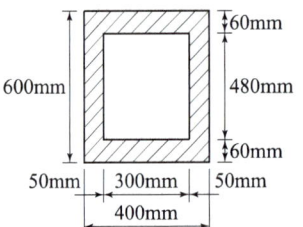

| 해답 | ④

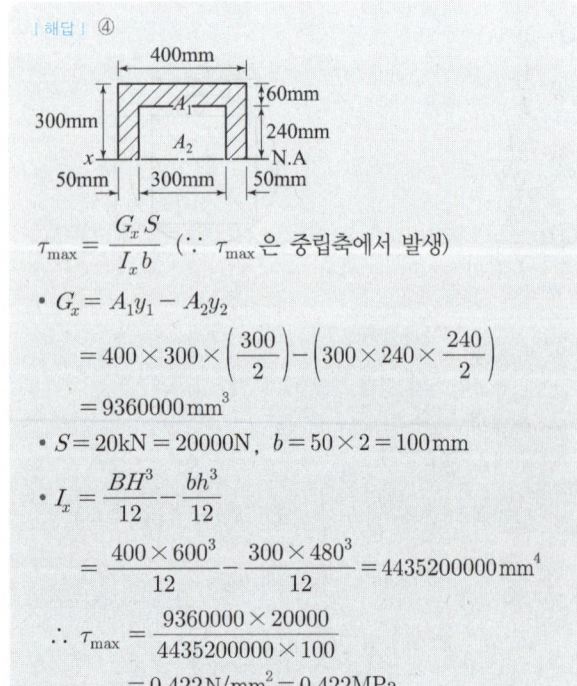

$\tau_{max} = \dfrac{G_x S}{I_x b}$ ($\because \tau_{max}$ 은 중립축에서 발생)

• $G_x = A_1 y_1 - A_2 y_2$
 $= 400 \times 300 \times \left(\dfrac{300}{2}\right) - \left(300 \times 240 \times \dfrac{240}{2}\right)$
 $= 9360000 \, mm^3$

• $S = 20kN = 20000N$, $b = 50 \times 2 = 100mm$

• $I_x = \dfrac{BH^3}{12} - \dfrac{bh^3}{12}$
 $= \dfrac{400 \times 600^3}{12} - \dfrac{300 \times 480^3}{12} = 4435200000 \, mm^4$

$\therefore \tau_{max} = \dfrac{9360000 \times 20000}{4435200000 \times 100}$
$= 0.422 N/mm^2 = 0.422 MPa$

☐☐☐ 기 01①,06①,14④,18③

11 아래 그림과 같은 캔틸레버보에 굽힘으로 인하여 저장된 변형에너지는? (단, EI는 일정하다.)

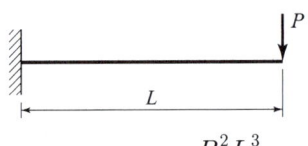

① $\dfrac{P^2 L^3}{6EI}$ ② $\dfrac{P^2 L^3}{48EI}$

③ $\dfrac{P^2 L^3}{12EI}$ ④ $\dfrac{P^2 L^3}{38EI}$

| 해답 | ①

굽힘모멘트에 의한 탄성변형에너지 $U = \int \dfrac{M_x^2}{2EI} dx$

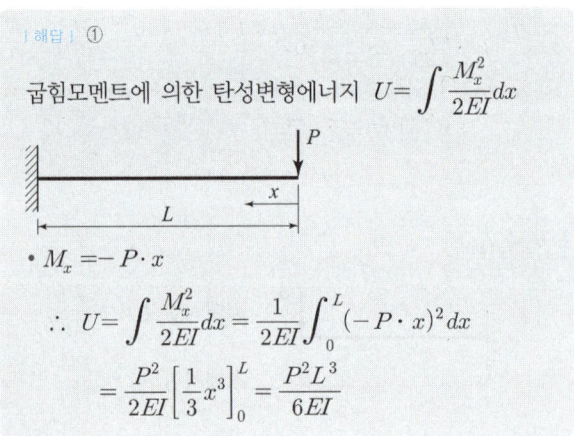

• $M_x = -P \cdot x$

$\therefore U = \int \dfrac{M_x^2}{2EI} dx = \dfrac{1}{2EI} \int_0^L (-P \cdot x)^2 dx$
$= \dfrac{P^2}{2EI} \left[\dfrac{1}{3} x^3\right]_0^L = \dfrac{P^2 L^3}{6EI}$

Remember

정적분의 기본정리 $\int_0^L x^2 dx = \left[\dfrac{1}{3} x^3\right]_0^L = \dfrac{L^3}{3}$

☐☐☐ 기 01①,06②,10②,18③,25③

12 부양력 2kN인 기구가 수평선과 60°의 각으로 정지상태에 있을 때 기구의 끈에 작용하는 인장력(T)과 풍압(W)을 구하면?

① $T = 2.21kN$, $W = 1.05kN$
② $T = 2.31kN$, $W = 1.15kN$
③ $T = 2.21kN$, $W = 1.25kN$
④ $T = 2.31kN$, $W = 1.35kN$

| 해답 | ②

sin법칙 : $\dfrac{T}{\sin 90°} = \dfrac{2}{\sin 60°} = \dfrac{W}{\sin 30°}$

• $T = \dfrac{\sin 90°}{\sin 60°} \times 2 = 2.31kN$

• $W = \dfrac{\sin 30°}{\sin 60°} \times 2 = 1.15kN$

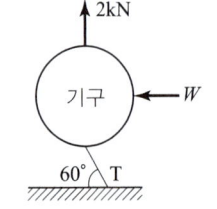

□□□ 기 02②,04①,05④,10①,14④,18③,24①

13 다음 내민보에서 B점의 모멘트와 C점의 모멘트의 절댓값의 크기를 같게 하기 위한 $\dfrac{L}{a}$의 값을 구하면?

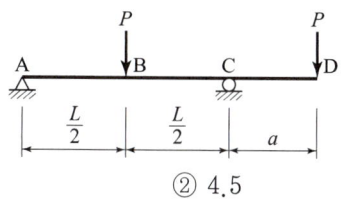

① 6
② 4.5
③ 4
④ 3

| 해답 | ①

- $\sum M_C = 0 (\curvearrowright)$

  $R_A \times L - P \times \dfrac{L}{2} + P \times a = 0$

  $\therefore R_A = \dfrac{P}{2} - \dfrac{Pa}{L}$

- $M_B = R_A \times \dfrac{L}{2} = \left(\dfrac{P}{2} - \dfrac{Pa}{L}\right) \times \dfrac{L}{2} = \dfrac{PL}{4} - \dfrac{Pa}{2}$

- $M_C = -Pa$

- $|M_B| = |M_C|$

  $\dfrac{PL}{4} - \dfrac{Pa}{2} = Pa \Rightarrow \dfrac{PL}{4} = \dfrac{3Pa}{2}$

  $\therefore \dfrac{L}{a} = 6$

□□□ 기 00②,03④,11④,15④,18③,22①,25③

14 그림과 같은 라멘 구조물의 E점에서의 불균형 모멘트에 대한 부재 EA의 모멘트 분배율은?

① 0.222
② 0.1667
③ 0.2857
④ 0.40

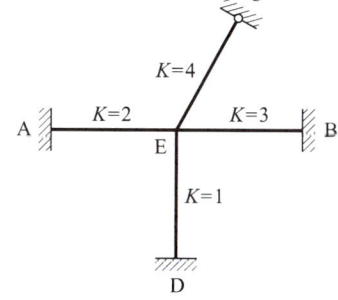

| 해답 | ①

- 힌지 C점에서 수정강도계수 : $\dfrac{3}{4} \times K_C$

- $DF_{EA} = \dfrac{K_A}{K_A + K_B + \dfrac{3}{4}K_C + K_D}$

  $= \dfrac{2}{2 + 3 + \dfrac{3}{4} \times 4 + 1} = \dfrac{2}{9} = 0.222$

□□□ 기 04①,10④,18③

15 다음 트러스의 부재력이 0인 부재는?

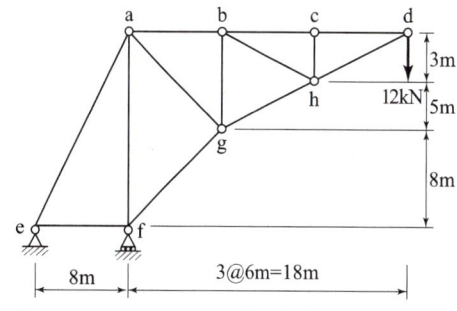

① 부재 a-e
② 부재 a-f
③ 부재 b-g
④ 부재 c-h

| 해답 | ④

- 절점법에 의해서 c절점에서 다음과 같이 절점한다.

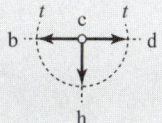

$\therefore$ 부재 c-h는 0이다.

□□□ 기 00②,11④,12①,15①,18③

16 다음 그림과 같은 내민보에서 C점의 처짐은?
(단, 전 구간의 $EI = 3.0 \times 10^{10} N \cdot cm^2$으로 일정하다.)

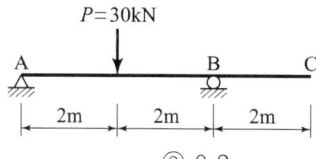

① 0.1cm
② 0.2cm
③ 1cm
④ 2cm

| 해답 | ④

- $\delta_C = \theta_B \times L$

- $l = 4m = 400cm$, $L = 2m = 200cm$

- $\theta_B = \dfrac{Pl^2}{16EI}$, $P = 30 \times 10^3 N$

  $\therefore \delta_C = \dfrac{Pl^2}{16EI} \times L = \dfrac{30 \times 10^3 \times 400^2}{16 \times 3.0 \times 10^{10}} \times 200 = 2cm$

| Remember

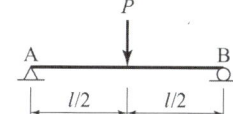

$\theta_A = \theta_B = \dfrac{Pl^2}{16EI}$

$y_{max} = \dfrac{Pl^3}{48EI}$

□□□ 기 18③

17 다음 그림과 같은 구조물의 부정정 차수는?

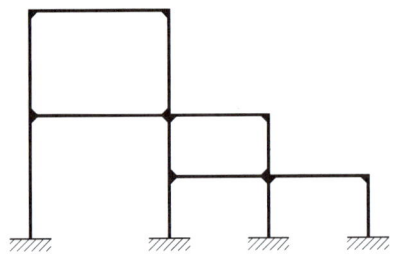

① 12차 부정정 ② 15차 부정정
③ 18차 부정정 ④ 21차 부정정

| 해답 | ②

$N = R + m + S - 2P$

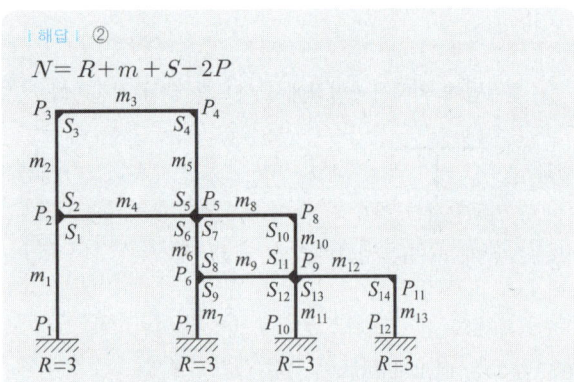

- 반력수 $R = 12$
- 부재수 $m = 13$
- 강접합수 $S = 14$
- 절점수 $P = 12$

∴ $N = 12 + 13 + 14 - 2 \times 12 = 15$차 부정정

□□□ 기 18③

18 그림과 같은 내민보에서 정(+)의 최대휨모멘트가 발생하는 위치 x(지점 A로부터의 거리)와 정(+)의 최대휨모멘트(M_x)는?

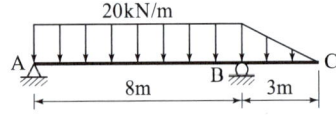

① $x = 2.821$m, $M_{\max} = 114.38$kN·m
② $x = 3.256$m, $M_{\max} = 175.47$kN·m
③ $x = 3.813$m, $M_{\max} = 145.35$kN·m
④ $x = 4.527$m, $M_{\max} = 190.63$kN·m

| 해답 | ③

- 반력
$\sum M_B = 0 (\curvearrowright)$
$R_A \times 8 - \left(20 \times 8 \times \dfrac{8}{2}\right) + \dfrac{1}{2} \times 20 \times 3 \times \dfrac{3}{3} = 0$
∴ $R_A = 76.25$ kN(↑)

- 전단력
$S_x = 76.25 - 20x = 0$
∴ $x = 3.813$m (A점으로 부터)

- 최대휨모멘트
∴ $M_{\max} = 76.25 \times 3.813 - 20 \times 3.813 \times \dfrac{3.813}{2}$
$= 145.35$ kN·m
(∴ 전단력 $S_x = 0$ 지점에서 최대휨모멘트가 발생)

□□□ 기 92①,10①,18③

19 다음 그림과 같은 T형 단면에서 $x-x$축에 대한 회전반지름(r)은?

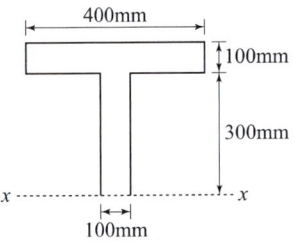

① 227mm
② 289mm
③ 334mm
④ 376mm

| 해답 | ②

$r_x = \sqrt{\dfrac{I_x}{A}}$

- $I_x = \dfrac{bh^3}{12} + Ay^2$
$= \dfrac{400 \times 100^3}{12} + 400 \times 100 \times \left(300 + \dfrac{100}{2}\right)^2$
$+ \dfrac{100 \times 300^3}{12} + 100 \times 300 \times 150^2$
$= 4933333333 + 900000000$
$= 5833333333$ mm^4

- $A = A_1 + A_2$
$= 400 \times 100 + 300 \times 100 = 70000$ mm^2

∴ $r_x = \sqrt{\dfrac{5833333333}{70000}} = 289$ mm

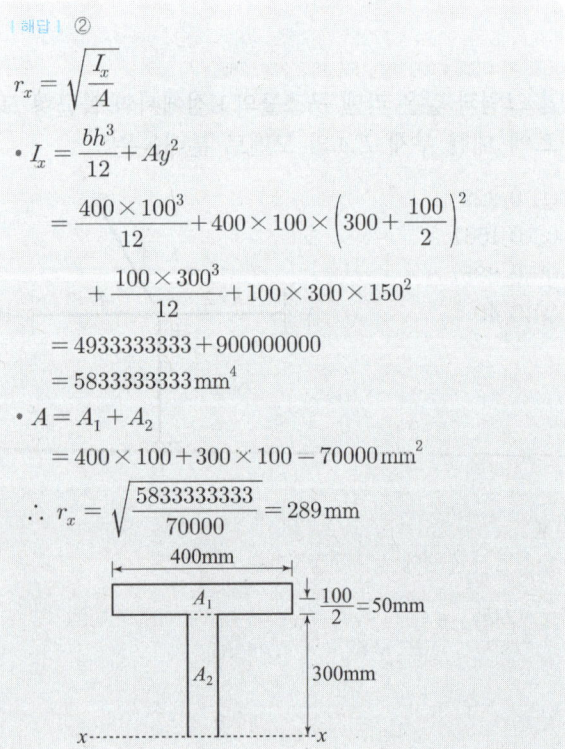

기 10④,12①,18③

20 그림과 같이 2개의 집중하중이 단순보 위를 통과할 때 절대최대휨모멘트의 크기($M_{\max}$)와 발생위치(x)는?

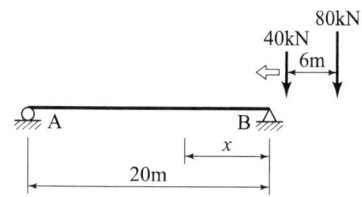

① $M_{\max} = 362\text{kN}\cdot\text{m}, \ x = 8\text{m}$
② $M_{\max} = 382\text{kN}\cdot\text{m}, \ x = 8\text{m}$
③ $M_{\max} = 486\text{kN}\cdot\text{m}, \ x = 9\text{m}$
④ $M_{\max} = 506\text{kN}\cdot\text{m}, \ x = 9\text{m}$

|해답| ③

절대최대모멘트 영향선도

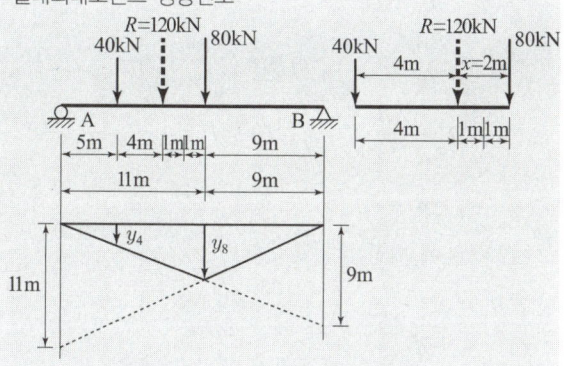

- 합력의 위치 : $120x = 40 \times 6$ ∴ $x = 2\text{m}$
- B점으로부터 절대최대모멘트 발생까지 거리
  : $x = \dfrac{20}{2} - \dfrac{2}{2} = 9\text{m}$
- A점으로부터 80kN까지 거리 : $20 - 9 = 11\text{m}$
- A점으로부터 40kN까지 거리 : $20 - (6+9) = 5\text{m}$
- $20 : 9 = 5 : y_4$ ∴ $y_4 = \dfrac{9 \times 5}{20} = 2.25$
- $20 : 9 = 11 : y_8$ ∴ $y_8 = \dfrac{9 \times 11}{20} = 4.95$

∴ $M_{\max} = P_4 \times y_4 + P_8 \times y_8$
$= 40 \times 2.25 + 80 \times 4.95 = 486\text{kN}\cdot\text{m}$

제1회 2019년 3월 3일

01 아래 그림과 같은 기둥에서 좌굴하중의 비 (a) : (b) : (c) : (d)는? (단, EI와 기둥의 길이(l)는 모두 같다.)

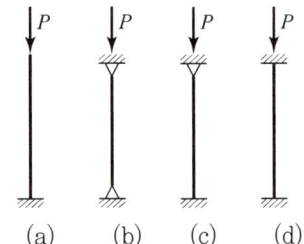

① 1 : 2 : 3 : 4
② 1 : 4 : 8 : 12
③ $\frac{1}{4}$: 2 : 4 : 8
④ 1 : 4 : 8 : 16

[해답] ④

좌굴하중 $P = \frac{n\pi^2 EI}{l^2}$ ($\frac{\pi^2 EI}{l^2}$ 는 동일)

양단지지 상태의 강도(n)

1단고정 타단자유	$n = \frac{1}{4}$	1
양단힌지	$n = 1$	4
일단힌지 타단고정	$n = 2$	8
양단고정	$n = 4$	16

∴ $\frac{1}{4}$: 1 : 2 : 4 = 1 : 4 : 8 : 16

02 지름이 d인 원형 단면의 회전반경은?

① $\frac{d}{2}$
② $\frac{d}{3}$
③ $\frac{d}{4}$
④ $\frac{d}{8}$

[해답] ③

회전반경 $r = \sqrt{\frac{I}{A}}$

・$I = \frac{\pi d^4}{64}$, $A = \frac{\pi d^2}{4}$

$= r = \sqrt{\frac{\frac{\pi d^4}{64}}{\frac{\pi d^2}{4}}} = \sqrt{\frac{d^2}{16}} = \frac{d}{4}$

03 다음에서 부재 BC에 걸리는 응력의 크기는?

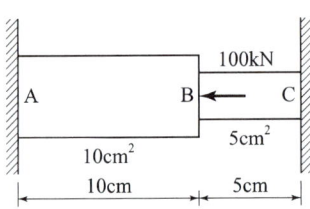

① $\frac{20}{3}$ kN/cm²
② 10 kN/cm²
③ $\frac{3}{2}$ kN/cm²
④ 20 kN/cm²

[해답] ②

평형방정식 $R_1 + R_2 = P$

・$R_1 = \frac{EA_1}{L_1}\delta_1 = \frac{5E}{5}\delta_1 = E\delta_1$

・$R_2 = \frac{EA_2}{L_2}\delta_2 = \frac{10E}{10}\delta_2 = E\delta_2$ ……… (1)

・$\frac{EA_1}{L_1}\delta_c + \frac{EA_2}{L_2}\delta_c = \delta_c(2E) = P$ ……… (2)

($\because \delta_1 = \delta_2 = \delta_c$) ∴ $\delta_c = \frac{P}{2E}$

(2)를 (1)에 대입

・$R_1 = E \times \frac{P}{2E} = \frac{P}{2} = \frac{100}{2} = 50$ kN

∴ $\sigma = \frac{R_1}{A_1} = \frac{50}{5} = 10$ kN/cm²

04 200mm×300mm인 단면의 저항모멘트는? (단, 재료의 허용휨응력은 7MPa이다)

① 21kN·m
② 30kN·m
③ 45kN·m
④ 60kN·m

[해답] ①

허용휨응력 $\sigma_a = \frac{M}{Z} = \frac{M}{\frac{bh^2}{6}}$ 에서

∴ $M = \sigma_a \cdot Z = \sigma_a \cdot \frac{bh^2}{6} = 7 \times \frac{200 \times 300^2}{6}$
$= 21000000$ N·mm $= 21$ kN·m

□□□ 기 11①,15①,19①

05 주어진 보에서 지점 A의 휨모멘트(M_A) 및 반력 (R_A)의 크기로 옳은 것은?

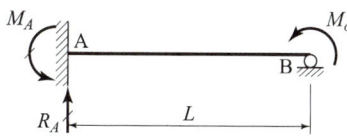

① $M_A = \dfrac{M_o}{2}$, $R_A = \dfrac{3M_o}{2L}$

② $M_A = M_o$, $R_A = \dfrac{M_o}{L}$

③ $M_A = \dfrac{M_o}{2}$, $R_A = \dfrac{5M_o}{2L}$

④ $M_A = M_o$, $R_A = \dfrac{2M_o}{L}$

| 해답 | ①

- 고정단 A에 $M_A = \dfrac{1}{2}M_o$ 모멘트가 전달되는 단순보와 같다.
- $M_A = \dfrac{1}{2}M_o$
- $\sum M_B = 0$

  $R_A \times L - \dfrac{M_o}{2} - M_o = 0$ ∴ $R_A = \dfrac{3M_o}{2L}(\uparrow)$

- $\sum M_A = 0$

  $-R_B \times L + \dfrac{M_o}{2} + M_o = 0$ ∴ $R_B = \dfrac{3M_o}{2L}(\downarrow)$

□□□ 기 19①

06 다음 그림과 같은 보에서 C점의 휨모멘트는?

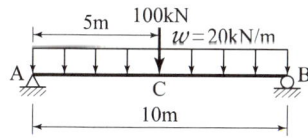

① 10kN·m   ② 400kN·m
③ 450kN·m   ④ 500kN·m

| 해답 | ④

$R_A = R_B = \dfrac{20 \times 10 + 100}{2} = 150\text{kN}$ (∵ 대칭)

∴ $M_C = 150 \times 5 - 20 \times 5 \times \dfrac{5}{2} = 500\text{kN·m}$

□□□ 기 11④,15①,19①

07 그림과 같은 내민보에서 자유단의 처짐은?
(단, $EI = 3.2 \times 10^9 \text{kN·cm}^2$)

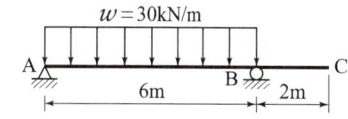

① 0.169cm   ② 16.9cm
③ 0.338cm   ④ 33.8cm

| 해답 | ①

$\delta_C = \theta_B \, l$ $\left[\tan\theta_B = \dfrac{\delta_C}{2} = \theta_B(\text{radian})\right]$

- $\theta_B = \dfrac{wl^3}{24EI} = \dfrac{(30 \times 10^{-2}) \times 600^3}{24 \times 3.2 \times 10^9}$

  $= 8.4375 \times 10^{-4}$ (radian)

- $l = 2\text{m} = 200\text{cm}$

  ∴ $\delta_C = 8.4375 \times 10^{-4} \times 200$

  $= 0.169\text{cm}$

Remember

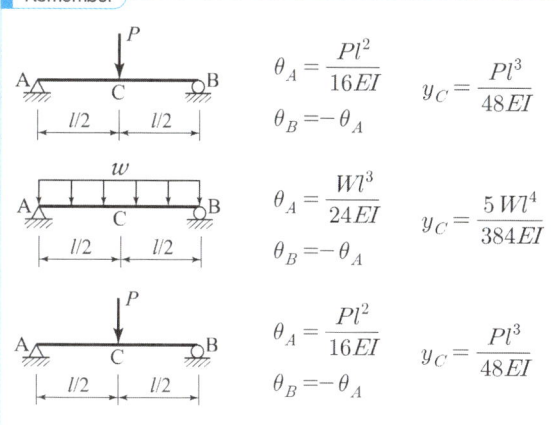

□□□ 기 19①

08 다음 중 단위변형을 일으키는 데 필요한 힘은?

① 강성도   ② 유연도
③ 축강도   ④ 포아송비

| 해답 | ①

- 강성도(stiffness) : 단위변형($\Delta l = 1$)을 일으키는 데 필요한 힘의 크기
- 유연도(flexibility) : 단위하중($P=1$)으로 인한 변형

□□□ 기 95,04②,08①,15④,19①

09 그림과 같은 트러스에서 부재 U의 부재력은?

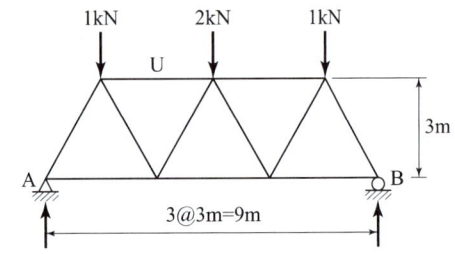

① 1.0kN(압축) ② 1.2kN(압축)
③ 1.3kN(압축) ④ 1.5kN(압축)

| 해답 | ④

반력 $R_A = R_B = \dfrac{1+2+1}{2} = 2\text{kN}(\because 대칭)$

$t-t$ 절단면에서

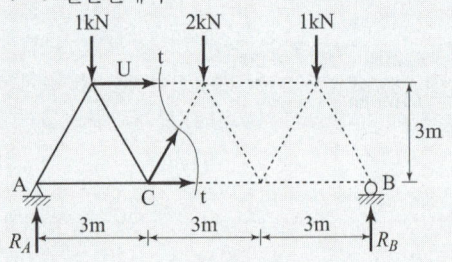

- $\sum M_c = 0 : 2 \times 3 - 1 \times 1.5 + U \times 3 = 0$

$\therefore U = \dfrac{-2 \times 3 + 1 \times 1.5}{3} = -1.5\text{kN} = 1.5\text{kN}(압축)$

□□□ 기 96,00,19①,25①

10 분포하중(W), 전단력(S) 및 굽힘모멘트(M) 사이의 관계가 옳은 것은?

① $W = \dfrac{dM}{dx} = \dfrac{d^2S}{dx^2}$ ② $W = \dfrac{dS}{dx} = \dfrac{d^2M}{dx^2}$

③ $-W = \dfrac{dS}{dx} = \dfrac{d^2M}{dx^2}$ ④ $-W = \dfrac{dM}{dx} = \dfrac{d^2S}{dx^2}$

| 해답 | ③

- 전단력(S)을 거리로 미분하면 (−)분포하중(−W)이 된다.
- 휨모멘트(M)를 거리로 미분하면 전단력(S)이 된다.
- 휨모멘트(M)를 거리로 두 번 미분하면 (−)분포하중(−W)이 된다.

$\therefore \dfrac{dS}{dx} = -W,\ \dfrac{dM}{dx} = S,\ \dfrac{d^2M}{dx^2} = -W,$

$\dfrac{dS}{dx} = \dfrac{d^2M}{dx^2} = -W$

□□□ 기 95,02④,08,19①,23①

11 다음 그림과 같은 구조물에서 C점의 수직처짐은? (단, AC 및 BC 부재의 길이는 L, 단면적은 A, 탄성계수는 E이다.)

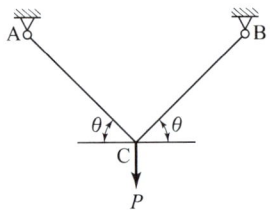

① $\dfrac{PL}{2AE\sin^2\theta}$ ② $\dfrac{PL}{2AE\cos^2\theta}$

③ $\dfrac{PL}{2AE\sin\theta\cos\theta}$ ④ $\dfrac{PL}{2AE\sin\theta}$

| 해답 | ①

- $\sum V_c = 0$

$-P + \text{AC}\sin\theta + \text{BC}\sin\theta = -P + L\sin\theta + L\sin\theta$
$= -P + 2L\sin\theta = 0$

$\therefore L = \dfrac{P}{2\sin\theta}$

- 가상일에 의한 AC 및 BC부재의 처짐
(S : 축력, $\overline{S}$: $P=1$일 때의 축력)

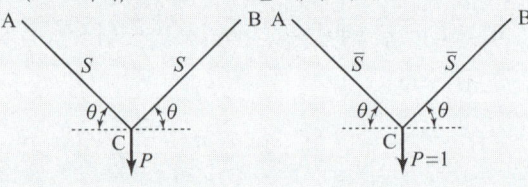

- $y_1 = y_2 = \sum \dfrac{L}{AE} S \cdot \overline{S}$

- $S = \dfrac{P}{2\sin\theta},\ \overline{S} = \dfrac{1}{2\sin\theta}$

- $y_1 = y_2 = \dfrac{L}{AE}\left(\dfrac{P}{2\sin\theta} \cdot \dfrac{1}{2\sin\theta}\right) = \dfrac{PL}{4AE\sin^2\theta}$

$\therefore \delta = y_1 + y_2$
$= \dfrac{PL}{4AE\sin^2\theta} + \dfrac{PL}{4AE\sin^2\theta} = \dfrac{PL}{2AE\sin^2\theta}$

□□□ 기 05①,13②,19①

12 단주에서 단면의 핵이란 기둥에서 인장응력이 발생되지 않도록 재하되는 편심거리로 정의된다. 지름 40cm인 원형단면의 핵의 지름은?

① 2.5cm ② 5.0cm
③ 7.5cm ④ 10.0cm

| 해답 | ④

단주의 핵은 응력이 0이 되는 점들을 연결한 선

$$\sigma = \frac{P}{A} - \frac{P \cdot e}{Z} = 0$$

$$= \frac{P}{\frac{\pi d^2}{4}} - \frac{P \cdot e}{\frac{\pi d^3}{32}} = 0$$

$$\therefore e = \frac{d}{8} \times 2 = \frac{40}{4} = 10 \text{cm}$$

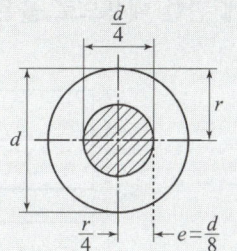

□□□ 기 01④,03②,09②,10④,11①,12①④,13②,19①,22②

13 그림과 같이 단순보에 이동하중이 재하될 때 절대 최대모멘트는 약 얼마인가?

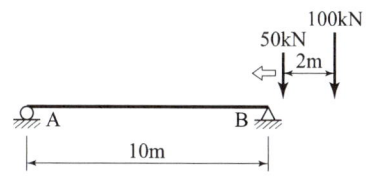

① 327kN·m　　② 347kN·m
③ 367kN·m　　④ 389kN·m

| 해답 | ①

■ 절대최대모멘트 영향선도

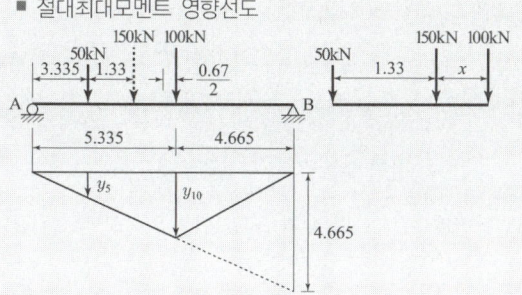

- 합력의 위치 : $150x = 50 \times 2$　∴ $x = 0.67$m
- B점으로부터의 거리 : $\frac{10}{2} - \frac{0.67}{2} = 4.665$
- A점으로부터의 100kN 거리 : $10 - 4.665 = 5.335$
- A점으로부터의 50kN 거리 : $5.335 - 2 = 3.335$
- $10 : 4.665 = 3.335 : y_5$

$$\therefore y_5 = \frac{4.665 \times 3.335}{10} = 1.556$$

- $10 : 4.665 = 5.335 : y_{10}$

$$\therefore y_{10} = \frac{4.665 \times 5.335}{10} = 2.489$$

$$\therefore M_{\max} = 50y_5 + 100y_{10}$$
$$= 50 \times 1.556 + 100 \times 2.489$$
$$= 326.7 \text{kN} \cdot \text{m}$$

□□□ 기 19①,24③

14 탄성계수 2.0×10^5MPa인 재료로 된 경간 10m의 캔틸레버보에 $w = 1200$N/m의 등분포하중이 작용할 때, 자유단의 처짐각은? (단, $I_N(\text{mm}^4)$: 중립축에 관한 단면 2차 모멘트)

① $\theta = \dfrac{10^2}{I_N}$　　② $\theta = \dfrac{10^3}{I_N}$

③ $\theta = 1.5 \times \dfrac{10^3}{I_N}$　　④ $\theta = \dfrac{10^6}{I_N}$

| 해답 | ④

■ 캔틸레버보

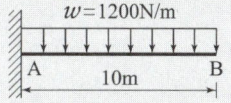

■ 자유단의 처짐각 $\theta_B = \dfrac{wl^3}{6EI_N}$

- $w = 1200$N/m $= 1.20$N/mm
- $l = 10$m $= 10000$mm

$$\therefore \theta_B = \frac{1.20 \times 10000^3}{6 \times 2.0 \times 10^5 \times I_N (\text{mm}^4)} = \frac{10^6}{I_N}$$

□□□ 기 85,95,96,05②,19①

15 직사각형 단면보의 단면적을 A, 전단력을 V라고 할 때 최대 전단응력 $\tau_{\max}$은?

① $\dfrac{2}{3}\dfrac{V}{A}$　　② $1.5\dfrac{V}{A}$

③ $3\dfrac{V}{A}$　　④ $2\dfrac{V}{A}$

| 해답 | ②

구형단면의 최대전단응력

$$\tau_{\max} = \frac{3}{2}\frac{V}{bh} = 1.5\frac{V}{A}$$

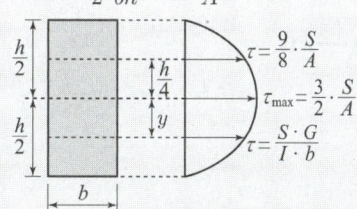

기 79,80,17①,19①

16 양단고정보에 등분포하중이 작용할 때 A점에 발생하는 휨모멘트는?

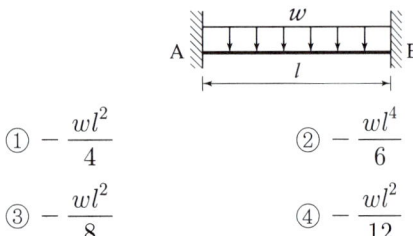

① $-\dfrac{wl^2}{4}$
② $-\dfrac{wl^4}{6}$
③ $-\dfrac{wl^2}{8}$
④ $-\dfrac{wl^2}{12}$

| 해답 | ④

A, B점은 고정단으로 처짐각이 없다는 것을 이용

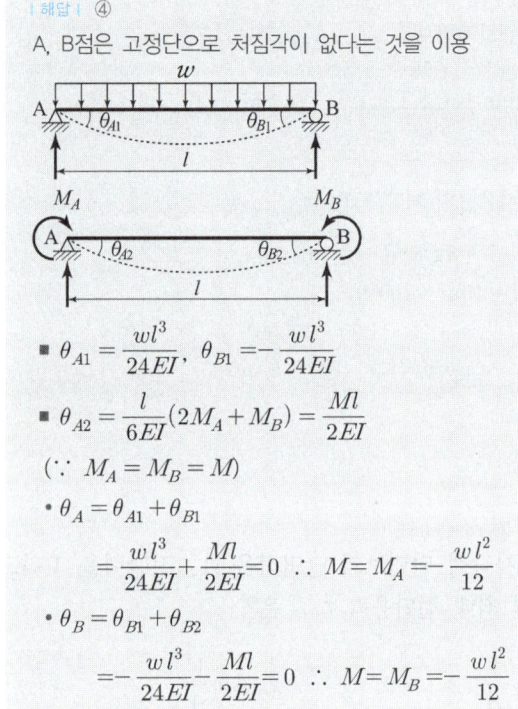

- $\theta_{A1} = \dfrac{wl^3}{24EI}$, $\theta_{B1} = -\dfrac{wl^3}{24EI}$
- $\theta_{A2} = \dfrac{l}{6EI}(2M_A + M_B) = \dfrac{Ml}{2EI}$

  ($\because M_A = M_B = M$)

- $\theta_A = \theta_{A1} + \theta_{A2}$

  $= \dfrac{wl^3}{24EI} + \dfrac{Ml}{2EI} = 0 \therefore M = M_A = -\dfrac{wl^2}{12}$

- $\theta_B = \theta_{B1} + \theta_{B2}$

  $= -\dfrac{wl^3}{24EI} - \dfrac{Ml}{2EI} = 0 \therefore M = M_B = -\dfrac{wl^2}{12}$

Remember

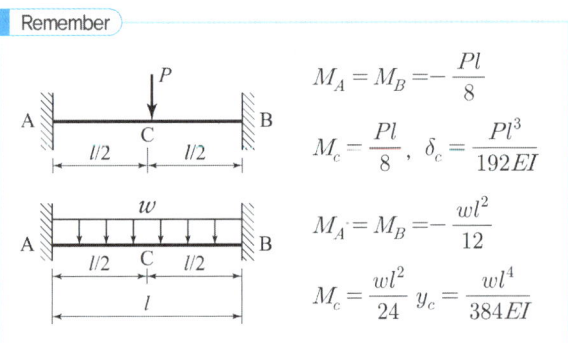

기02④,11①,19①

17 각 변의 길이가 a로 동일한 그림 A, B 단면의 성질에 관한 내용으로 옳은 것은?

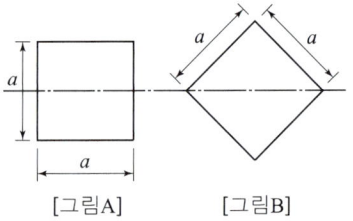

[그림A]   [그림B]

① 그림 A는 그림 B보다 단면계수는 작고, 단면 2차 모멘트는 크다.
② 그림 A는 그림 B보다 단면계수는 크고, 단면 2차 모멘트는 작다.
③ 그림 A는 그림 B보다 단면계수는 크고, 단면 2차 모멘트는 같다.
④ 그림 A는 그림 B보다 단면계수는 작고, 단면 2차 모멘트는 크다.

| 해답 | ③

[그림 A] : 단면 2차 모멘트 $I = \dfrac{a^4}{12}$

단면계수 $Z = \dfrac{a^4/12}{a/2} = \dfrac{a^3}{6}$

[그림 B] : 단면 2차 모멘트

$$I = \dfrac{\sqrt{2}\,a\left(\dfrac{a}{\sqrt{2}}\right)^3}{12} \times 2 = \dfrac{a^4}{12}$$

단면계수 $Z = \dfrac{a^4/12}{a/\sqrt{2}} = \dfrac{\sqrt{2}\,a^3}{12}$

∴ 단면계수는 [그림 A]가 크고, 단면 2차 모멘트는 같다.

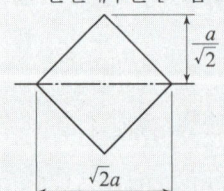

□□□ 기 06④,19①,22③

18 다음 정정보에서의 전단력도(SFD)로 옳은 것은?

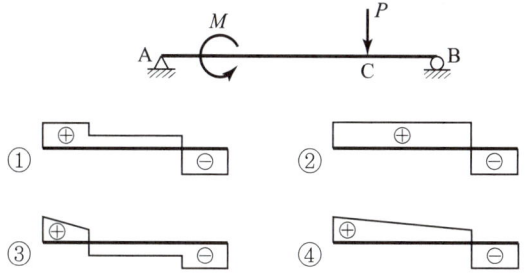

| 해답 | ②

전단력도(S.F.D)는 휨모멘트(M)에는 영향이 없고 수직하중(P)에 의해서만 작도한다.

Remember

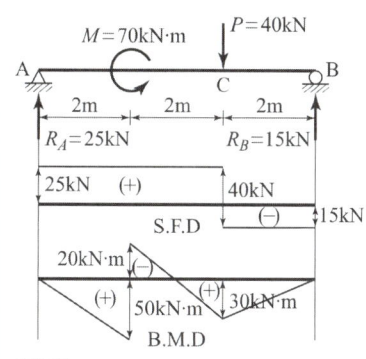

[반력]
$\sum M_B = 0$에서
$R_A \times 6 - 70 - 40 \times 2 = 0$ ∴ $R_A = 25\,\text{kN}$
$\sum M_A = 0$에서
$R_B \times 6 + 70 - 40 \times 4 = 0$ ∴ $R_B = 15\,\text{kN}$

[전단력]
$S_{A-D} = R_A = 25\,\text{kN}$
$S_{D-B} = R_A - 40 = 25 - 40 = -15\,\text{kN}$

[휨모멘트]
$M_A = 0$
$M_{C좌} = 25 \times 2 = 50\,\text{kN} \cdot \text{m}$
$M_{C우} = -70 + 50 = -20\,\text{kN} \cdot \text{m}$
$M_D = 25 \times 4 - 70 = 30\,\text{kN} \cdot \text{m}$
$M_B = 0$

□□□ 기 19①,25③

19 다음 라멘의 수직반력 R_B는?

① 20kN
② 30kN
③ 40kN
④ 50kN

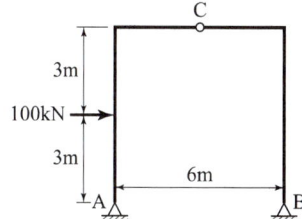

| 해답 | ④

$\sum M_A = 0$
$R_B \times 6 - 100 \times 3 = 0$ ∴ $R_B = 50\,\text{kN}(\uparrow)$

□□□ 기 92,14①,19①

20 아래에서 설명하는 정리는?

동일 평면상의 한 점에 여러 개의 힘이 작용하고 있는 경우에 이 평면상의 임의점에 관한 이들 힘의 모멘트의 대수합은 동일점에 관한 이들 힘의 합력의 모멘트와 같다.

① Lami의 정리 ② Green의 정리
③ Pappus의 정리 ④ Varignon의 정리

| 해답 | ④

바리뇽(Varignon)의 정리
여러 힘의 한 점에 대한 모멘트의 합은 합력의 그 점에 대한 모멘트와 같다.

제2회 2019년 4월 27일

□□□ 기 06①,08①,13②,19②

01 아래 그림과 같은 불규칙한 단면의 $A-A$축에 대한 단면 2차 모멘트는 $35 \times 10^6 \text{mm}^4$이다. 단면의 총 면적이 $1.2 \times 10^4 \text{mm}$이라면, $B-B$축에 대한 단면 2차 모멘트는? (단, $D-D$축은 단면의 도심을 통과한다.)

① $17 \times 10^6 \text{mm}^4$
② $1.58 \times 10^6 \text{mm}^4$
③ $17 \times 10^5 \text{mm}^4$
④ $1.58 \times 10^5 \text{mm}^4$

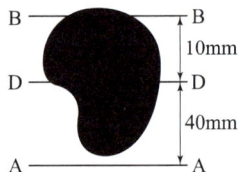

| 해답 | ①

- $B-B$축에 대한 단면2차모멘트
$I_{BB} = I_{DD} + A \cdot e_2^2 = I_{DD} + 1.2 \times 10^4 \times 10^2$
- $A-A$축에 대한 단면2차모멘트
$I_{AA} = I_{DD} + A \cdot e_2^2$
$35 \times 10^6 = I_{DD} + 1.2 \times 10^4 \times 40^2$
$\therefore I_{DD} = 1.58 \times 10^7 \text{mm}^4$
$\therefore I_{BB} = 1.58 \times 10^7 + 1.2 \times 10^4 \times 10^2$
$= 1.7 \times 10^7 \text{mm}^4 = 17 \times 10^6 \text{mm}^4$

□□□ 기 05④,12②,19②

02 길이가 4m인 원형단면 기둥의 세장비가 100이 되기 위한 기둥의 지름은? (단, 지지상태는 양단힌지로 가정한다.)

① 12cm
② 16cm
③ 18cm
④ 20cm

| 해답 | ②

세장비 $\lambda = \dfrac{\text{기둥의 길이}(l)}{\text{최소회전반지름}(r_{min})}$

- $r_{min} = \sqrt{\dfrac{I}{A}} = \sqrt{\dfrac{\frac{\pi D^4}{64}}{\frac{\pi D^2}{4}}} = \sqrt{\dfrac{D^2}{16}} = \dfrac{D}{4}$

- $\lambda = \dfrac{l}{\frac{D}{4}} = \dfrac{4l}{D} = \dfrac{4 \times 400}{D} = 100$

$\therefore D = 16\text{cm}$

□□□ 기 02②,06②,12②,19②

03 연속보를 삼연모멘트 방정식을 이용하여 B점의 모멘트 $M_B = -928\text{kN} \cdot \text{m}$을 구하였다. B점의 수직반력은?

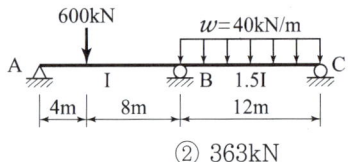

① 284kN
② 363kN
③ 517kN
④ 595kN

| 해답 | ④

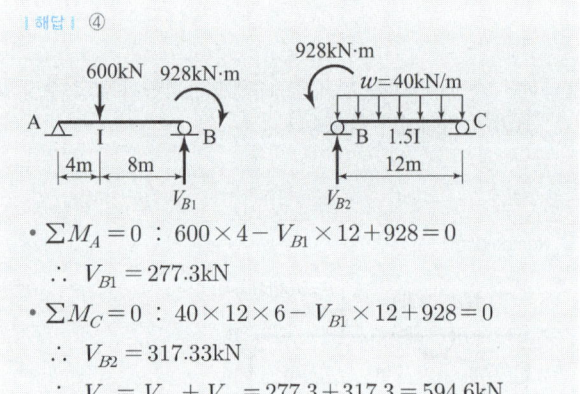

- $\Sigma M_A = 0$: $600 \times 4 - V_{B1} \times 12 + 928 = 0$
$\therefore V_{B1} = 277.3\text{kN}$
- $\Sigma M_C = 0$: $40 \times 12 \times 6 - V_{B1} \times 12 + 928 = 0$
$\therefore V_{B2} = 317.33\text{kN}$
$\therefore V_B = V_{B1} + V_{B2} = 277.3 + 317.3 = 594.6\text{kN}$

□□□ 기82,83,11④,19②

04 아래 그림과 같은 트러스에서 U 부재에 일어나는 부재내력은?

① 90kN(압축)
② 90kN(인장)
③ 150kN(압축)
④ 150kN(인장)

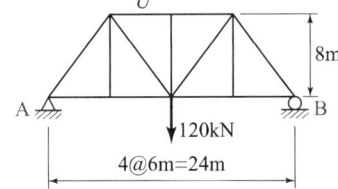

| 해답 | ①

$t-t$의 절단에서

- $R_A = R_B = \dfrac{120}{2} = 60\text{kN}$
$\Sigma M_C = 0$; $60 \times 12 + U \times 8 = 0$
$\therefore U = -90\text{kN} = 90\text{kN}(압축)$

□□□ 기 10④,17①,19②,25②

05 L이 10m인 그림과 같은 내민보의 자유단에 $P=$ 20kN의 연직하중이 작용할 때 지점 B와 중앙부 C점에 발생되는 모멘트는?

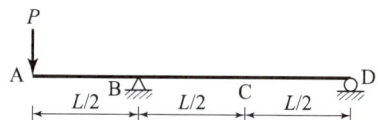

① $M_B = -80$kN·m, $M_C = -50$kN·m
② $M_B = -100$kN·m, $M_C = -40$kN·m
③ $M_B = -100$kN·m, $M_C = -50$kN·m
④ $M_B = -80$kN·m, $M_C = -40$kN·m

| 해답 | ③

- $M_B = -P \times \dfrac{L}{2} = -20 \times \dfrac{10}{2} = -100$ kN·m
- $\sum M_D = 0$
  $-20 \times 15 + R_B \times 10 = 0$ ∴ $R_B = 30$kN(↑)
- $M_C = -P \times \left(\dfrac{L}{2} + \dfrac{L}{2}\right) + R_B \times \dfrac{L}{2}$
  $= -20 \times \left(\dfrac{10}{2} + \dfrac{10}{2}\right) + 30 \times \dfrac{10}{2} = -50$ kN·m

□□□ 기 19②

06 그림과 같은 구조물에서 부재 AB가 60kN의 힘을 받을 때 하중 P의 값은?

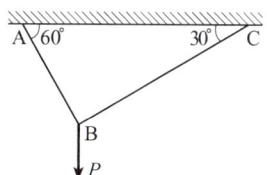

① 52.4kN
② 59.4kN
③ 62.7kN
④ 69.3kN

| 해답 | ④

sin법칙(라미의 정리)에 의해서

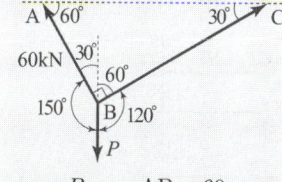

- $\dfrac{P}{\sin 90°} = \dfrac{AB}{\sin 120°} = \dfrac{60}{\sin 120°}$
  ∴ $P = \dfrac{60}{\sin 120°} \times \sin 90° = 69.3$kN

□□□ 기 07②,19②

07 아래 그림과 같은 보에서 A점의 반력이 B점의 반력의 두 배가 되는 거리 x는?

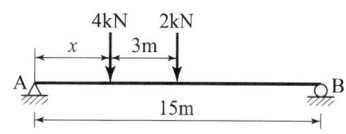

① 2.5m
② 3.0m
③ 3.5m
④ 4.0m

| 해답 | ④

- $R_A = 2R_B$
- $\sum V = 0$
  $R_A + R_B = 2R_B + R_B = 4 + 2 = 6$kN
  ∴ $R_B = 2$kN
  ∴ $R_A = 2R_B = 2 \times 2 = 4$kN
- $\sum M_A = 0$
  $4 \times x + 2 \times (3 + x) - 2 \times 15 = 0$
  $4x + 6 + 2x - 30 = 0$
  ∴ $x = 4.0$m

□□□ 기 06①,14②,14④,18②,19②,20③

08 아래 그림과 같은 캔틸레버보에서 휨에 의한 탄성변형에너지는? (단, EI는 일정하다.)

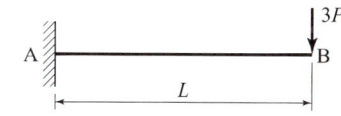

① $\dfrac{P^2 L^3}{3EI}$
② $\dfrac{P^2 L^3}{2EI}$
③ $\dfrac{2P^2 L^3}{3EI}$
④ $\dfrac{3P^2 L^3}{2EI}$

| 해답 | ④

굽힘모멘트에 의한 탄성변형에너지 $U = \int \dfrac{M_x^2}{2EI} dx$

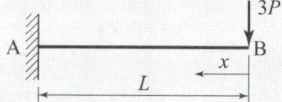

- $M_x = -3P \cdot x$

∴ $U = \int \dfrac{M_x^2}{2EI} dx = \dfrac{1}{2EI} \int_0^L (-3P \cdot x)^2 dx$
$= \dfrac{9P^2}{2EI} \left[\dfrac{1}{3}x^3\right]_0^L = \dfrac{9P^2 L^3}{6EI} = \dfrac{3P^2 L^3}{2EI}$

기04④,08①,09④,19②

09 다음의 부정정 구조물을 모멘트분배법으로 해석하고자 한다. C점이 롤러 지점임을 고려한 수정강도계수에 의하여 B점에서 C점으로 분배되는 분배율 f_{BC}를 구하면?

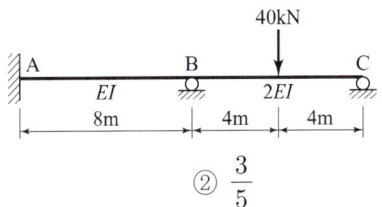

① $\dfrac{1}{2}$ ② $\dfrac{3}{5}$

③ $\dfrac{4}{7}$ ④ $\dfrac{5}{7}$

| 해답 | ②

분배율 $f_{BC} = \dfrac{K_{BC}}{K_{BA} + K_{BC}}$

- $K_{BA} = \dfrac{I}{l} = \dfrac{I}{8}$
- $K_{BC} = \dfrac{I}{l} = \dfrac{2I}{8}$
- 강도비 $K_{BA} : K_{BC} = 1 : 2$

$\therefore f_{BC} = \dfrac{2 \times \frac{3}{4}}{1 + 2 \times \frac{3}{4}} = \dfrac{3}{5}$ (∵ 회전절점인 경우 $\dfrac{3}{4}K$)

기 08②,09①,11①,15①②,19②,20④,21③

10 그림과 같이 이축응력을 받고 있는 요소의 체적변형률은? (단, 탄성계수 $E = 2 \times 10^5$ MPa, 포아송비 $\nu = 0.3$)

① 2.7×10^{-4}
② 3.0×10^{-4}
③ 3.7×10^{-4}
④ 4.0×10^{-4}

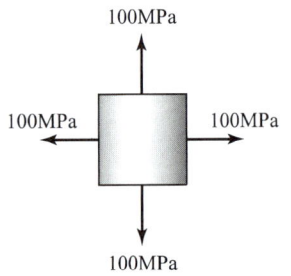

| 해답 | ④

2축응력의 체적변형률

$\varepsilon_v = \dfrac{\Delta V}{V} = \dfrac{(1-2\nu)}{E}(\sigma_x + \sigma_y)$

$= \dfrac{(1-2 \times 0.3)}{2 \times 10^5}(100+100) = 0.0004 = 4 \times 10^{-4}$

기 93②,03②,19②

11 그림과 같은 비대칭 3힌지 아치에서 힌지 C에 연직하중(P) 150kN이 작용한다. A지점의 수평반력 H_A는?

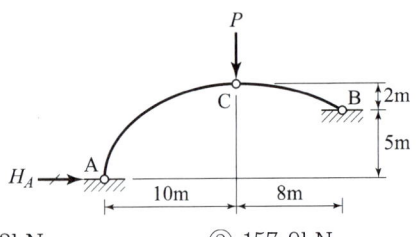

① 124.3kN ② 157.9kN
③ 184.2kN ④ 210.5kN

| 해답 | ②

- $\sum M_C = 0 : R_V \times 10 - H_A \times 7 = 0$
  $10R_V - 7H_A = 0$ (1)
- $\sum M_B = 0 : R_V \times 18 - H_A \times 5 - 150 \times 8 = 0$
  $18R_V - 5H_A = 1200$ (2)
- 연립방정식 : $(1) \times 9 - (2) \times 5$

$\begin{array}{r} 90R_V - 63H_A = 0 \\ -\,\underline{90R_V - 25H_A = 6000} \\ -38H_A = -6000 \end{array}$

$\therefore H_A = 157.9$ kN

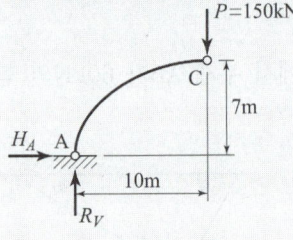

기 93④,11②,19②

12 그림과 같은 캔틸레버보에서 A점의 처짐은?
(단, AC 구간의 단면 2차 모멘트는 I이고 CB 구간은 $2I$이며, 탄성계수 E는 전 구간이 동일하다.)

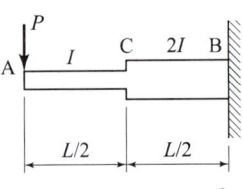

① $\dfrac{2PL^3}{15EI}$ ② $\dfrac{3PL^3}{16EI}$

③ $\dfrac{5PL^3}{18EI}$ ④ $\dfrac{7PL^3}{24EI}$

| 해답 | ②

공액보

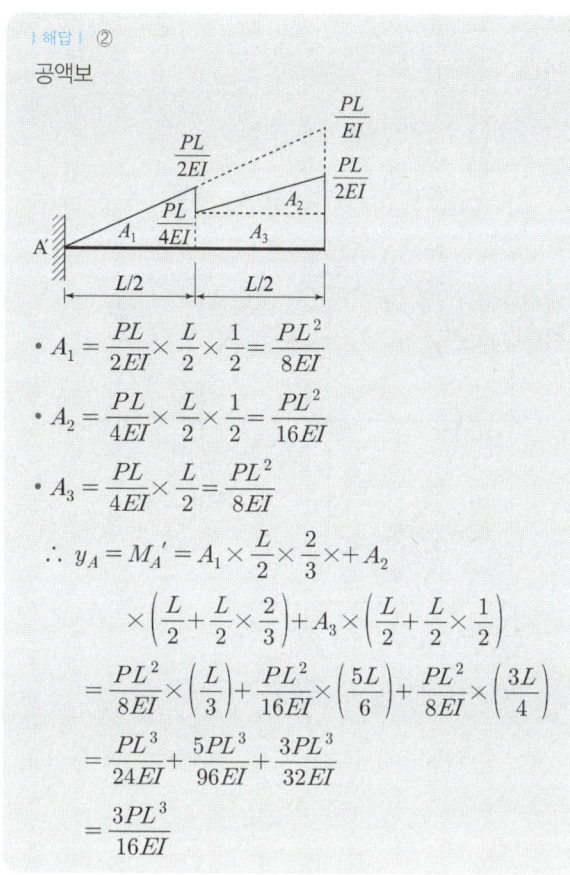

- $A_1 = \dfrac{PL}{2EI} \times \dfrac{L}{2} \times \dfrac{1}{2} = \dfrac{PL^2}{8EI}$
- $A_2 = \dfrac{PL}{4EI} \times \dfrac{L}{2} \times \dfrac{1}{2} = \dfrac{PL^2}{16EI}$
- $A_3 = \dfrac{PL}{4EI} \times \dfrac{L}{2} = \dfrac{PL^2}{8EI}$

$\therefore y_A = M_A' = A_1 \times \dfrac{L}{2} \times \dfrac{2}{3} + A_2$
$\qquad \times \left(\dfrac{L}{2} + \dfrac{L}{2} \times \dfrac{2}{3}\right) + A_3 \times \left(\dfrac{L}{2} + \dfrac{L}{2} \times \dfrac{1}{2}\right)$
$= \dfrac{PL^2}{8EI} \times \left(\dfrac{L}{3}\right) + \dfrac{PL^2}{16EI} \times \left(\dfrac{5L}{6}\right) + \dfrac{PL^2}{8EI} \times \left(\dfrac{3L}{4}\right)$
$= \dfrac{PL^3}{24EI} + \dfrac{5PL^3}{96EI} + \dfrac{3PL^3}{32EI}$
$= \dfrac{3PL^3}{16EI}$

□□□ 기 84,87,93③,94,00③,10④,19②

13 그림과 같은 단주에서 8000N의 연직하중(P)이 편심거리 e에 작용할 때 단면에 인장력이 생기지 않기 위한 e의 한계는?

① 5cm
② 8cm
③ 9cm
④ 10cm

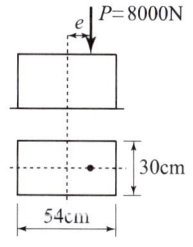

| 해답 | ③

[방법1]
$\sigma = \dfrac{P}{A} - \dfrac{M}{Z} = \dfrac{P}{A} - \dfrac{P \cdot e}{\dfrac{bh^2}{6}} = 0$

$= \dfrac{8000}{30 \times 54} - \dfrac{8000 \times e}{\dfrac{30 \times 54^2}{6}} = 0$

$\therefore e = 9\text{cm}$

[방법2]
직사각형 단면 핵 $e = \dfrac{h}{6} = \dfrac{54}{6} = 9\text{cm}$

□□□ 기 94③,01①,03②,09②,11①,19②

14 탄성계수 E, 전단탄성계수 G, 포아송수 m 사이의 관계가 옳은 것은?

① $G = \dfrac{m}{2(m+1)}$
② $G = \dfrac{F}{2(m-1)}$
③ $G = \dfrac{mE}{2(m+1)}$
④ $G = \dfrac{E}{2(m+1)}$

| 해답 | ③

$G = \dfrac{E}{2(1+\nu)} = \dfrac{E}{2\left(1+\dfrac{1}{m}\right)}$

$= \dfrac{E}{2\left(\dfrac{m+1}{m}\right)} = \dfrac{mE}{2(m+1)}$

$\left(\because \text{포아송수 } m = \dfrac{1}{\text{포아송비}\,\nu}\right)$

□□□ 기 95,03,19②

15 어떤 보 단면의 전단응력도를 그렸더니 아래의 그림과 같았다. 이 단면에 가해진 전단력의 크기는?
(단, 최대전단응력($\tau_{\max}$)은 0.60MPa이다.)

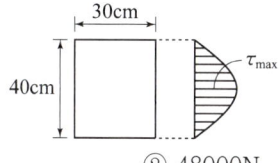

① 42000N
② 48000N
③ 54000N
④ 60000N

| 해답 | ②

$\tau_{\max} = \dfrac{3}{2} \dfrac{S}{A}$ 에서

$0.60 = \dfrac{3}{2} \times \dfrac{S}{300 \times 400}$

$\therefore S = 48000\text{N} = 48\text{kN}$

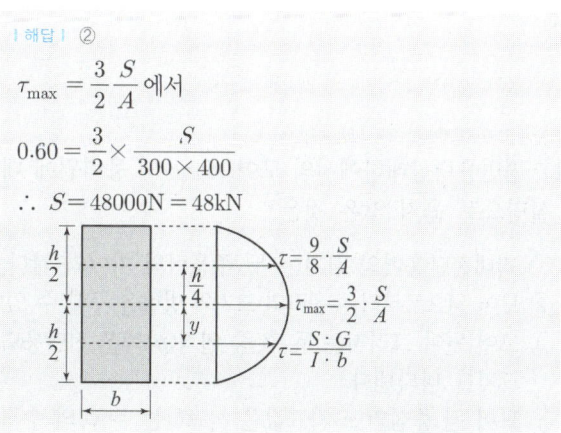

□□□ 기 13④,19②,24①

16 그림과 같이 폭(b)와 높이(h)가 모두 12cm인 이등변삼각형의 x, y축에 대한 단면상승모멘트 I_{xy}는?

① $576cm^4$
② $642cm^4$
③ $768cm^4$
④ $864cm^4$

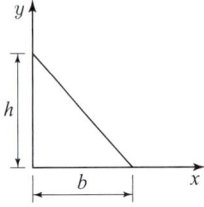

| 해답 | ④

2등변삼각형의 단면상승모멘트
$$I_{xy} = \frac{b^2h^2}{24} = \frac{12^2 \times 12^2}{24} = 864cm^4$$

Remember

x, y축에 대한 단면상승모멘트

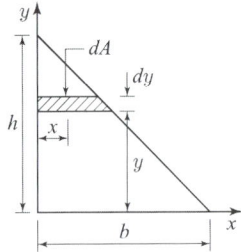

$$I_{xy} = \int_A xy\,dA$$
$$x = \frac{b(h-y)}{2h}$$
$$dA = 2x\,dy = \frac{b(h-y)}{h}dy$$
$$I_{xy} = \int_0^h \frac{b(h-y)}{2h} \cdot y \cdot \frac{b(h-y)}{h}dy$$
$$= \frac{b^2}{2h^2}\int_0^h (h-y)^2 \cdot y \cdot dy = \frac{h^2b^2}{24}$$

□□□ 기 06②,09②,12②,14④,19②

17 평면응력상태하에서의 모어(Mohr)의 응력원에 대한 설명으로 옳지 않은 것은?

① 최대전단응력의 크기는 두 주응력의 차와 같다.
② 모어 원으로부터 주응력의 크기와 방향을 구할 수 있다.
③ 모어 원이 그려지는 두 축 중 연직(y)축은 전단응력의 크기를 나타낸다.
④ 모어 원 중심의 x 좌표값은 직교하는 두 축의 수직응력의 평균값과 같고, y 좌표값은 0이다.

| 해답 | ①

Mohr의 원

• 중심 $\left(\frac{\sigma_x+\sigma_y}{2}, 0\right)$이고, 반지름 $\sqrt{\left(\frac{\sigma_x-\sigma_y}{2}\right)^2+(\tau_{xy})^2}$ 인 원이다.

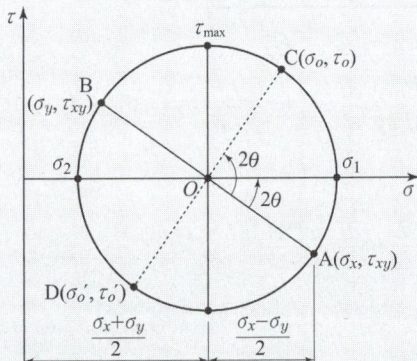

• 주응력 : $\sigma_{max} = \sigma_1$, $\sigma_{min} = \sigma_2$
• 최대전단응력 $\tau_{max} = \frac{\sigma_1-\sigma_2}{2}$

∴ 최대전단응력의 크기는 두 주응력의 차의 $\frac{1}{2}$이다.

□□□ 기 14①,19②,24③

18 다음 그림과 같은 단순보의 중앙점 C에 집중하중 P가 작용하여 중앙점의 처짐 δ가 발생했다. δ가 0이 되도록 양쪽지점에 모멘트 M을 작용시키려고 할 때, 이 모멘트의 크기 M을 하중 P와 지간 L로 나타낸 것으로 옳은 것은? (단, EI는 일정하다.)

① $M = \frac{PL}{2}$
② $M = \frac{PL}{4}$
③ $M = \frac{PL}{6}$
④ $M = \frac{PL}{8}$

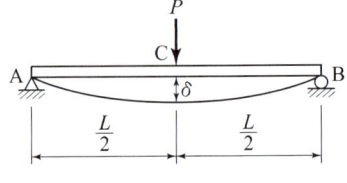

| 해답 | ③

$\delta_{c1} = \delta_{c2}$

• $\delta_{c1} = \frac{PL^3}{48EI}$, $\delta_{c2} = \frac{ML^2}{8EI}$ $\frac{PL^3}{48EI} = \frac{ML^2}{8EI}$ 에서

∴ $M = \frac{PL}{6}$

Remember

하중상태	처짐각	처짐
(그림: 단순보 중앙 집중하중 P, 경간 l)	$\theta_A = -\theta_B = \dfrac{Pl^2}{16EI}$	$y_{max} = \dfrac{Pl^3}{48EI}$
(그림: 양단 모멘트 M_A, M_B)	$\theta_A = \dfrac{l}{6EI}(2M_A+M_B)$ $\theta_B = \dfrac{l}{6EI}(M_A+2M_B)$	$M_A = M_B = M$ $y_{max} = \dfrac{Ml^2}{8EI}$

□□□ 기 10④,12①,12②,13②,16④,19②,20④,21②

19 그림과 같은 단순보에 이동하중이 작용할 때 절대 최대휨모멘트는?

① 387.2kN·m
② 423.2kN·m
③ 478.4kN·m
④ 531.7kN·m

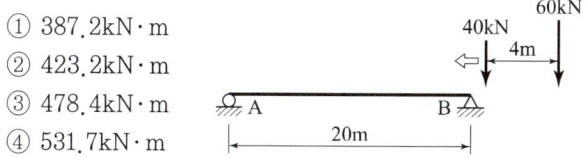

| 해답 | ②

■ 절대최대모멘트 영향선도

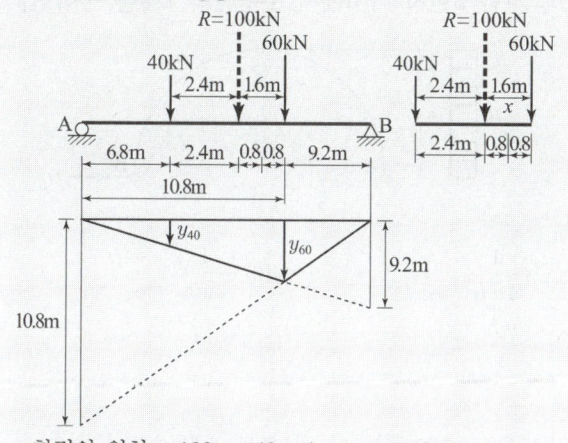

· 합력의 위치 : $100x = 40 \times 4$ ∴ $x = 1.6$m
· B점으로부터 절대최대모멘트 발생위치
  : $x = \dfrac{20}{2} - \dfrac{1.6}{2} = 9.2$m
· A점으로부터의 60kN 거리 : $20 - 9.2 = 10.8$m
· A점으로부터의 40kN 거리 : $20 - (4+9.2) = 6.8$m
· $20 : 9.2 = 6.8 : y_{40}$ ∴ $y_{40} = \dfrac{9.2 \times 6.8}{20} = 3.128$
· $20 : 9.2 = 10.8 : y_{60}$ ∴ $y_{60} = \dfrac{9.2 \times 10.8}{20} = 4.968$

∴ $M_{max} = P_{40} \times y_{40} + P_{60} \times y_{60}$
  $= 40 \times 3.128 + 60 \times 4.968 = 423.2$kN·m

□□□ 기 11④,19②,25③

20 내민보에 그림과 같이 지점 A에 모멘트가 작용하고, 집중하중이 보의 양 끝에 작용한다. 이 보에 발생하는 최대휨모멘트의 절댓값은?

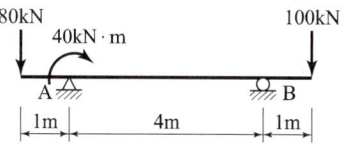

① 60kN·m
② 80kN·m
③ 100kN·m
④ 120kN·m

| 해답 | ③

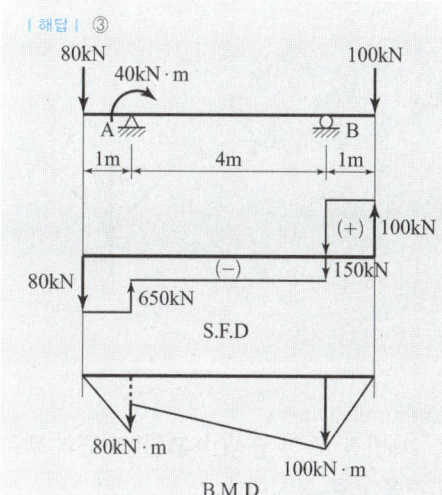

■ 반력
· $\sum M_B = 0 (\curvearrowright)$
  $-80 \times 5 + 40 + V_A \times 4 + 100 \times 1 = 0$
  ∴ $V_A = 65$kN(↑)
· $\sum M_A = 0 (\curvearrowright)$
  $100 \times (1+4) - V_B \times 4 + 40 - 80 \times 1 = 0$
  ∴ $V_B = 115$kN(↑)

■ 전단력
· $S_{A좌} = -80$kN, $S_{A우} = -80 + 65 = -15$kN
· $S_{B우} = +100$kN, $S_{B좌} = 100 - 115 = -15$kN

■ 휨모멘트
· $M_B = -100 \times 1 = -100$kN·m
  (∴ 전단력이 가장 작은 지점에서 최대휨모멘트가 발생)
· $M_A = -80 \times 1 + 40 = -40$kN·m
  ∴ $|M_B| = 100$kN·m

제3회 2019년 8월 4일

☐☐☐ 기 97, 95③, 04④, 12①, 19③

01 그림과 같이 두 개의 활차를 사용하여 물체를 매달 때 3개의 물체가 평형을 이루기 위한 θ값은? (단, 로프와 활차의 마찰은 무시한다.)

① 30°
② 45°
③ 60°
④ 120°

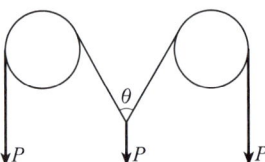

| 해답 | ④

O점에서 $\Sigma V = 0$면

$P\cos\dfrac{\theta}{2} + P\cos\dfrac{\theta}{2} - P = 0$ 에서

$2P\cos\dfrac{\theta}{2} = P \Rightarrow \cos\dfrac{\theta}{2} = \dfrac{1}{2}$

$\dfrac{\theta}{2} = \cos^{-1}\left(\dfrac{1}{2}\right) = 60°$ $\therefore \theta = 120°$

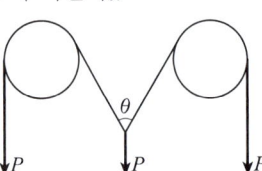

☐☐☐ 기 00①, 06②, 09①, 17①, 19③, 25②

02 외반경 R_1, 내반경 R_2인 중공(中空)원형단면의 핵은? (단, 핵의 반경을 e로 표시함.)

① $e = \dfrac{(R_1^2 + R_2^2)}{4R_1}$
② $e = \dfrac{(R_1^2 + R_2^2)}{4R_1^2}$
③ $e = \dfrac{(R_1^2 - R_2^2)}{4R_1}$
④ $e = \dfrac{(R_1^2 - R_2^2)}{4R_1^2}$

| 해답 | ①

핵의 반경 $e = \dfrac{Z}{A} = \dfrac{\frac{I}{y}}{A} = \dfrac{I}{A \cdot y}$

• $I = \dfrac{\pi D^4}{64} = \dfrac{\pi R^4}{4} = \dfrac{\pi}{4}(R_1^4 - R_2^4)$
• $R_1^4 - R_2^4 = (R_1^2 - R_2^2)(R_1^2 + R_2^2)$
• $A = \pi(R_1^2 - R_2^2)$
• $y = R_1$

$\therefore e = \dfrac{I}{A \cdot y} = \dfrac{\frac{\pi}{4}(R_1^4 - R_2^4)}{\pi(R_1^2 - R_2^2) \cdot R_1}$

$= \dfrac{\pi(R_1^2 - R_2^2)(R_1^2 + R_2^2)}{4\pi(R_1^2 - R_2^2)R_1} = \dfrac{(R_1^2 + R_2^2)}{4R_1}$

☐☐☐ 기 04②, 08②, 14①, 16④, 19③, 20③, 21②

03 다음의 그림에 있는 연속보의 B점에서의 반력을 구하면? (단, $E = 2.1 \times 10^5$ MPa, $I = 1.6 \times 10^4$ cm^4)

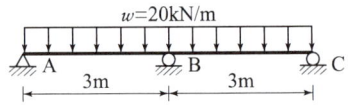

① 63kN
② 75kN
③ 97kN
④ 101kN

| 해답 | ②

$R_B = \dfrac{5wl}{4} = \dfrac{5 \times 20 \times 3}{4} = 75$kN

Remember

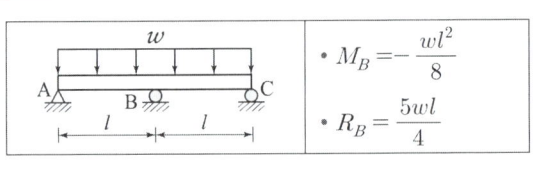

• $M_B = -\dfrac{wl^2}{8}$
• $R_B = \dfrac{5wl}{4}$

☐☐☐ 기 09①, 12②, 13, 19③, 20③

04 다음 3힌지 아치에서 수평반력 H_B를 구하면?

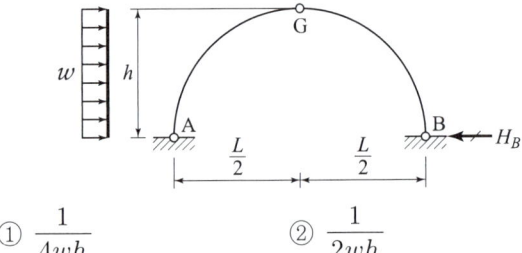

① $\dfrac{1}{4}wh$
② $\dfrac{1}{2}wh$
③ $\dfrac{wh}{4}$
④ $2wh$

| 해답 | ③

• $\Sigma M_A = 0$

$V_B \times L - (w \times h) \times \dfrac{h}{2} = 0$ $\therefore V_B = \dfrac{wh^2}{2L}$

• $\Sigma M_G = 0$(우)

$V_B \times \dfrac{L}{2} - H_B \times h = 0$

$\dfrac{wh^2}{2L} \times \dfrac{L}{2} - H_B \times h = 0$

$\therefore H_B = \dfrac{wh}{4}$

□□□ 기 94①,97①,03①,09①,14③,19③,21①

05 재질과 단면이 같은 다음 2개의 외팔보에서 자유단의 처짐을 같게 하는 $\dfrac{P_1}{P_2}$ 의 값은?

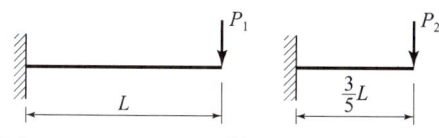

① 0.216
② 0.325
③ 0.437
④ 0.546

| 해답 | ①

$$y = \frac{PL^3}{3EI}$$

- $y_1 = y_2$: 자유단의 처짐이 같다.
- $y_1 = \dfrac{P_1 L^3}{3EI}$, $y_2 = \dfrac{P_2\left(\dfrac{3L}{5}\right)^3}{3EI}$
- $P_1 = \left(\dfrac{3}{5}\right)^3 P_2$ $\left(\because \dfrac{L^3}{3EI}\text{는 공통}\right)$
- $\therefore \dfrac{P_1}{P_2} = 0.216$

Remember

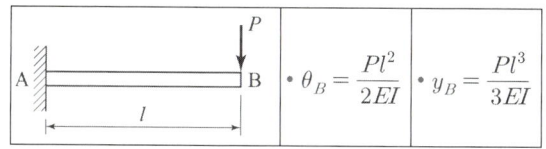

- $\theta_B = \dfrac{Pl^2}{2EI}$ · $y_B = \dfrac{Pl^3}{3EI}$

Remember

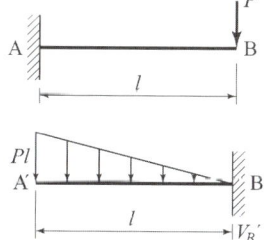

- $V_B' = \dfrac{1}{2} Pl \times l = \dfrac{Pl^2}{2}$

$\therefore \theta_B = \dfrac{S_B'}{EI} = \dfrac{V_B'}{EI} = \dfrac{Pl^2}{2EI}$

- $M_B' = \dfrac{1}{2} Pl \times l \times \dfrac{2}{3} l = \dfrac{Pl^3}{3}$

$\therefore y_B = \dfrac{M_B'}{EI} = \dfrac{Pl^3}{3EI}$

□□□ 기 01②,04②,07④,12①,19③

06 동일한 재료 및 단면을 사용한 다음 기둥 중 좌굴하중이 가장 큰 기둥은?

① 양단힌지의 길이가 L인 기둥
② 양단고정의 길이가 $2L$인 기둥
③ 일단자유 타단고정의 길이가 $0.5L$인 기둥
④ 일단힌지 타단고정의 길이가 $1.2L$인 기둥

| 해답 | ④

좌굴하중 $P_{cr} = \dfrac{\pi^2 EI}{(KL)^2}$ 에서 유효좌굴길이 $(KL)^2$ 값이 작을수록 좌굴하중이 크다.

- 양단힌지 : $(KL)^2 = (1 \times L)^2 = L^2$
- 양단고정 : $(KL)^2 = \left(\dfrac{1}{\sqrt{4}} \times 2L\right)^2 = L^2$
- 일단자유 타단고정 : $(KL)^2 = (2.0 \times 0.5L)^2 = L^2$
- 일단힌지 타단고정 :
  $(KL)^2 = \left(\dfrac{1}{\sqrt{2}} \times 1.2L\right)^2 = 0.72 L^2$

일단고정 타단자유	$n = \dfrac{1}{4}$	$K = 2.0$
양단힌지	$n = 1$	$K = 1.0$
일단고정 타단힌지	$n = 2$	$K = \dfrac{1}{\sqrt{2}}$
양단고정	$n = 4$	$K = \dfrac{1}{\sqrt{4}}$

□□□ 기 02①,05②,12①,19③

07 단면의 성질에 대한 다음 설명 중 잘못된 것은?

① 단면 2차 모멘트의 값은 항상 0보다 크다.
② 도심축에 관한 단면 1차 모멘트의 값은 항상 0이다.
③ 단면 상승모멘트의 값은 항상 0보다 크거나 같다.
④ 단면 2차 극모멘트의 값은 항상 극을 원점으로 하는 두 직교 좌표축에 대한 단면 2차 모멘트의 합과 같다.

| 해답 | ③

단면 상승모멘트
- 도면의 도심을 통과하는 축에 대한 상승모멘트 $I_{XY} = 0$ 이다.
- 도면의 도심축이 아닌 x, y에 대한 상승모멘트 $I_{xy} = A \cdot x_o \cdot y_o$는 x_o 또는 y_o가 $(-)$일 경우 상승모멘트는 $(-)$가 된다.

□□□ 기 10④,19③

08 길이 5m, 단면적 10cm²의 강봉을 0.5mm 늘이는데 필요한 인장력은? (단, 탄성계수 $E = 2 \times 10^5$ MPa)

① 20kN　　② 30kN
③ 40kN　　④ 50kN

| 해답 | ①

$$E = \frac{\sigma}{\epsilon} = \frac{\frac{P}{A}}{\frac{\Delta l}{l}} = \frac{Pl}{A \Delta l} \text{에서}$$

- $l = 5\text{m} = 5000\text{mm}$
- $A = 10\text{cm}^2 = 1000\text{mm}^2$

$$\therefore P = \frac{EA\Delta l}{l}$$
$$= \frac{2 \times 10^5 \times 1000 \times 0.5}{5000} = 20000\text{N} = 20\text{kN}$$

□□□ 기 19③,25②

09 자중이 4kN/m인 그림 (a)와 같은 단순보에 그림 (b)와 같은 차륜하중이 통과할 때 이 보에 일어나는 최대 전단력의 절댓값은?

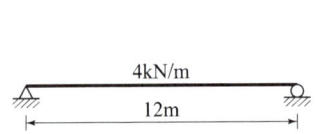

그림 (a)　　　　　　그림 (b)

① 74kN　　② 80kN
③ 94kN　　④ 104kN

| 해답 | ④

최대전단력은 재하된 하중 중에서 큰 하중이 지점에 실린 곳에서 발생된다.
∴ B지점에 60kN이 작용할 때

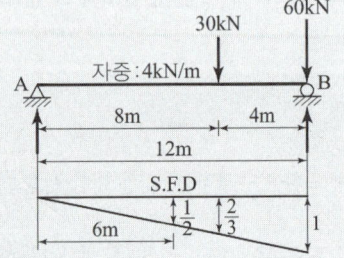

$$\therefore S_{max} = 60 \times 1 + 30 \times \frac{2}{3} + 4 \times 12 \times \frac{1}{2} = 104\text{kN}$$
(∵ 자중 4kN)

□□□ 기 90,19③

10 다음 그림에서 P_1과 R사이의 각 θ를 나타낸 것은?

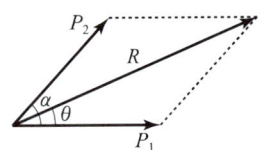

① $\theta = \tan^{-1}\left(\dfrac{P_2 \cos\alpha}{P_2 + P_1 \cos\alpha}\right)$

② $\theta = \tan^{-1}\left(\dfrac{P_2 \cos\alpha}{P_1 + P_2 \sin\alpha}\right)$

③ $\theta = \tan^{-1}\left(\dfrac{P_2 \sin\alpha}{P_1 + P_2 \cos\alpha}\right)$

④ $\theta = \tan^{-1}\left(\dfrac{P_2 \sin\alpha}{P_1 + P_2 \sin\alpha}\right)$

| 해답 | ③

sin법칙에 의해서

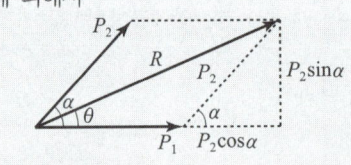

$$\tan\theta = \frac{P_2 \sin\alpha}{P_1 + P_2 \cos\alpha}$$

$$\therefore \theta = \tan^{-1}\left(\frac{P_2 \sin\alpha}{P_1 + P_2 \cos\alpha}\right)$$

□□□ 기 79,95,10②,19③

11 그림과 같은 단면의 단면상승모멘트 I_{xy}는?

① 3360000cm⁴
② 3520000cm⁴
③ 3840000cm⁴
④ 4000000cm⁴

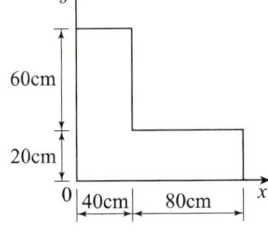

| 해답 | ③

단면상승모멘트 $I_{xy} = A_1 x_1 y_1 + A_2 x_2 y_2$

- $A_1 = 40 \times 80 = 3200\text{cm}^2$　$x_1 = 20\text{cm}$, $y_1 = 40\text{cm}$
- $A_2 = 80 \times 20 = 1600\text{cm}^2$　$x_2 = 80\text{cm}$, $y_2 = 10\text{cm}$

$$\therefore I_{xy} = A_1 x_1 y_1 + A_2 x_2 y_2$$
$$= 3200 \times 20 \times 40 + 1600 \times 80 \times 10$$
$$= 3840000\text{cm}^4$$

□□□ 기 15②,16④,19③,21②

12 아래의 표에서 설명하는 것은?

> 탄성체에 저장된 변형에너지 U를 변위의 함수로 나타내는 경우에, 임의의 변위 Δ_i에 관한 변형에너지 U의 1차 편도함수는 대응되는 하중 P_i와 같다. 즉, $P_i = \dfrac{\partial U}{\partial \Delta_i}$로 나타낼 수 있다.

① 중첩의 원리   ② Castigliano의 제1정리
③ Betti의 정리   ④ Maxwell의 정리

| 해답 | ②

- Castigliano의 제1정리 : 탄성체에 외력 또는 모멘트가 작용할 때 전체 변형에너지 u_i를 하중작용점에서 힘의 방향의 처짐, 처짐각으로 1차 편미분한 것은 그 점의 힘 또는 모멘트와 같다.
- Castigliano의 제2정리 : 탄성체가 가지고 있는 탄성변형에너지를 작용하고 있는 하중으로 편미분하면, 그 하중점에서 작용방향의 변위가 된다.

□□□ 기 78,85,97④,19③

13 그림과 같은 양단 내민보에서 C점(중앙점)에서 휨모멘트가 0이 되기 위한 $\dfrac{a}{L}$는 얼마인가? (단, $P = wL$)

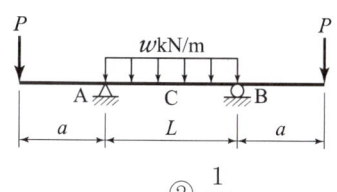

① $\dfrac{1}{2}$ ② $\dfrac{1}{4}$
③ $\dfrac{1}{7}$ ④ $\dfrac{1}{8}$

| 해답 | ④

- $R_A = R_B = P + \dfrac{w \cdot L}{2} = P + \dfrac{P}{2} = \dfrac{3}{2}P$ ($\because P = wL$)
- $M_C = \dfrac{3}{2}P \times \dfrac{L}{2} - P\left(a + \dfrac{L}{2}\right) - \dfrac{w \cdot L}{2} \times \dfrac{L}{4} = 0$

$= \dfrac{P}{8}(6L - 8a - 4L - L) = \dfrac{PL}{8} - Pa = 0$

$= \dfrac{P}{8}(L - 8a) = 0, \ L - 8a = 0$ ($\because M_C = 0$)

$\therefore \dfrac{a}{L} = \dfrac{1}{8}$

□□□ 기 11④,15②,19③,24①

14 그림과 같은 부정정보에서 지점 A의 휨모멘트값을 옳게 나타낸 것은? (단, EI는 일정)

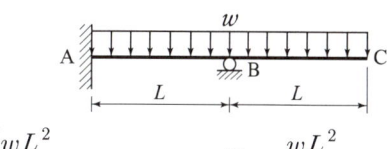

① $+\dfrac{wL^2}{8}$ ② $-\dfrac{wL^2}{8}$
③ $+\dfrac{3wL^2}{8}$ ④ $-\dfrac{3wL^2}{8}$

| 해답 | ①

$M_A = M_{A1} + M_{A2}$

- $M_B = wL \times \dfrac{L}{2} = \dfrac{wL^2}{2}$ (작용(분배)모멘트)
- $M_{A1} = \dfrac{M_B}{2} = \dfrac{1}{2} \times \dfrac{wL^2}{2} = \dfrac{wL^2}{4}$ (전달모멘트)
- AB 고정보에서 A점의 하중항(한쪽이 힌지일 때)

$H_{AB} = M_{A2} = -\dfrac{wL^2}{8}$

$\therefore M_A = M_{A1} + M_{A2} = \dfrac{wL^2}{4} - \dfrac{wL^2}{8} = \dfrac{wL^2}{8}$

Remember

하중상태	하중항
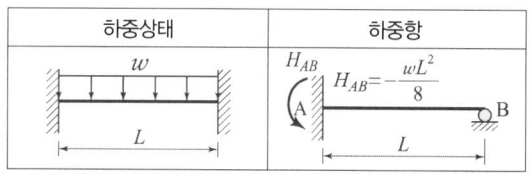	$H_{AB} = -\dfrac{wL^2}{8}$

□□□ 기 12①,16④,19③,21①,24②

15 아래 그림과 같은 라멘구조물에서 A점의 반력 R_A는?

① 65kN
② 75kN
③ 85kN
④ 95kN

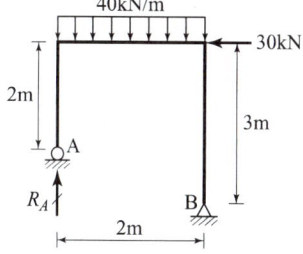

| 해답 | ③

$\Sigma M_B = 0$:

$R_A \times 2 - 40 \times 2 \times \dfrac{2}{2} - 30 \times 3 = 0$

$\therefore R_A = 85\text{kN}(\uparrow)$

□□□ 기 94①,07①,13①,19③,22②

16 그림과 같이 단순지지된 보에 등분포하중 q가 작용하고 있다. 지점 C의 부모멘트와 보의 중앙에 발생하는 정모멘트의 크기를 같게 하여 등분포하중 q의 크기를 제한하려고 한다. 지점 C와 D는 보의 대칭거동을 유지하기 위하여 각각 A와 B로부터 같은 거리에 배치하고자 한다. 이때 보의 A점으로부터 지점 C의 거리 x는?

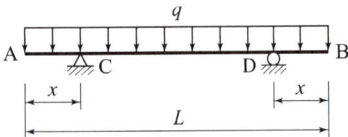

① $x = 0.207L$
② $x = 0.250L$
③ $x = 0.333L$
④ $x = 0.444L$

| 해답 | ①

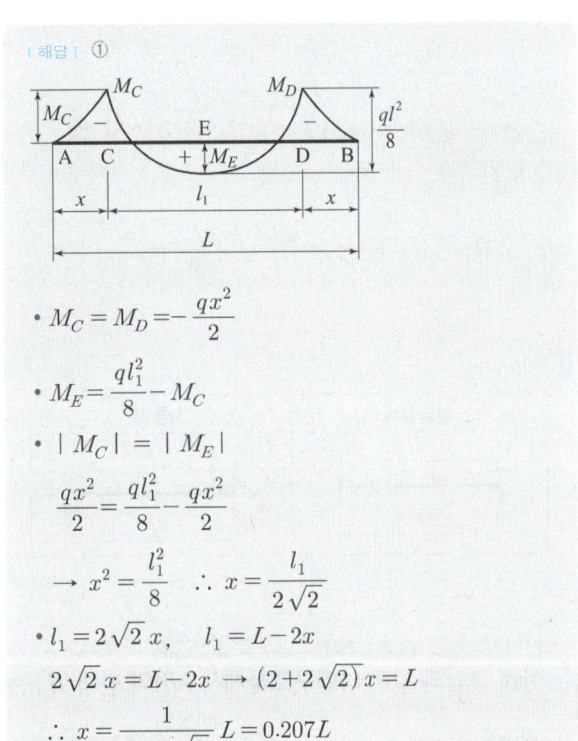

- $M_C = M_D = -\dfrac{qx^2}{2}$
- $M_E = \dfrac{ql_1^2}{8} - M_C$
- $|M_C| = |M_E|$

$\dfrac{qx^2}{2} = \dfrac{ql_1^2}{8} - \dfrac{qx^2}{2}$

$\rightarrow x^2 = \dfrac{l_1^2}{8}$ ∴ $x = \dfrac{l_1}{2\sqrt{2}}$

- $l_1 = 2\sqrt{2}\,x$, $l_1 = L - 2x$

$2\sqrt{2}\,x = L - 2x \rightarrow (2 + 2\sqrt{2})x = L$

∴ $x = \dfrac{1}{2 + 2\sqrt{2}}L = 0.207L$

□□□ 기 94,97,19③

17 그림과 같은 보에서 A점의 반력은?

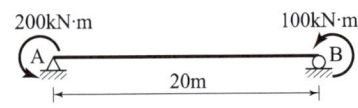

① 15kN
② 18kN
③ 20kN
④ 23kN

| 해답 | ①

$\Sigma M_B = 0$ 에서
$R_A \times 20 - 200 - 100 = 0$
∴ $R_A = \dfrac{300}{20} = 15\,\text{kN}$

□□□ 기 12①,16①,19③,25②

18 아래 그림과 같은 캔틸레버보에서 B점의 연직변위 (δ_B)는? (단, $M_o = 4\text{kN}\cdot\text{m}$, $P = 16\text{kN}$, $L = 2.4\text{m}$, $EI = 6000\text{kN}\cdot\text{m}^2$이다.)

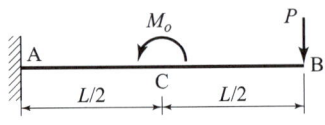

① 1.08cm(↓)
② 1.08cm(↑)
③ 1.37cm(↓)
④ 1.37cm(↑)

| 해답 | ①

- 집중하중 P에 의한 B점의 처짐

$\delta_{B1} = \dfrac{PL^3}{3EI} = \dfrac{16 \times 2.4^3}{3 \times 6000} = 0.01229\,\text{m} = 1.229\,\text{cm}(\downarrow)$

- 모멘트하중 M_0에 의한 B점의 처짐

$\delta_{B2} = \left(\dfrac{M_0}{EI} \cdot \dfrac{L}{2}\right) \times \dfrac{3L}{4} = \dfrac{3M_0 L^2}{8EI} = \dfrac{3 \times 4 \times 2.4^2}{8 \times 6000}$

$= 0.00144\,\text{m} = 0.144\,\text{cm}(\uparrow)$

∴ $\delta_B = \delta_{B1} + \delta_{B2} = 1.229 - 0.144 = 1.085\,\text{cm}(\downarrow)$

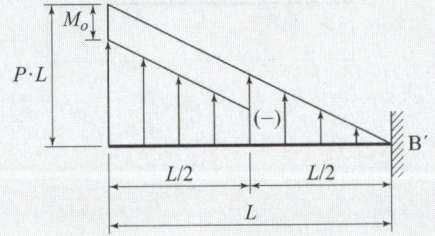

Remember

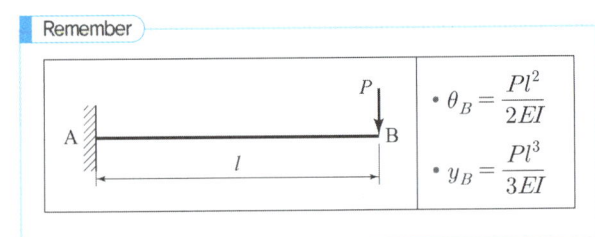

- $\theta_B = \dfrac{Pl^2}{2EI}$
- $y_B = \dfrac{Pl^3}{3EI}$

기 03①,05②,07④,08①,08④,09②,10④,11①,13②,14④,15①,19③

19 그림과 같은 단면에 15kN의 전단력이 작용할 때 최대전단응력의 크기는?

① 2.86MPa
② 3.52MPa
③ 4.74MPa
④ 5.95MPa

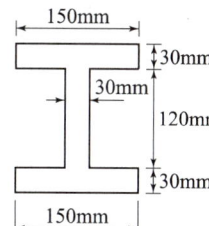

| 해답 | ②

$$\tau_{max} = \frac{G_x S}{Ib}$$

- $S = 15\,kN = 15 \times 10^3\,N$, $b = 30\,mm$
- $G_x = A_1 y_1 + A_2 y_2$
  $= 150 \times 30 \times 75 + 30 \times \frac{120}{2} \times \frac{60}{2} = 391500\,mm^3$
- $I_x = \frac{BH^3}{12} - \frac{bh^3}{12}$
  $= \frac{150 \times 180^3}{12} - \frac{120 \times 120^3}{12} = 55620000\,mm^4$

$$\therefore \tau_{max} = \frac{391500 \times 15 \times 10^3}{55620000 \times 30} = 3.52\,N/mm^2$$
$$= 3.52\,MPa$$

기04②,19③,22①

20 어떤 금속이 탄성계수 $E = 21 \times 10^4 MPa$이고, 전단탄성계수 $G = 8 \times 10^4 MPa$일 때 이 금속의 포아송비는?

① 0.3075
② 0.3125
③ 0.3275
④ 0.3325

| 해답 | ②

$G = \frac{E}{2(1+\nu)}$ 에서

$$\therefore \nu = \frac{E}{2G} - 1 = \frac{21 \times 10^4}{2 \times 8 \times 10^4} - 1 = 0.3125$$

제1·2회   2020년 6월 6일

□□□ 기 03④,11①,16①,20②

01 다음 그림과 같은 보에서 B 지점의 반력이 $2P$가 되기 위한 $\dfrac{b}{a}$는?

① 0.75
② 1.00
③ 1.25
④ 1.50

| 해답 | ②

$\Sigma M_A = 0 (\curvearrowright)$
$P(a+b) - R_B a = 0$
$P(a+b) - 2P \cdot a = 0 (\because R_B = 2P)$
$P \cdot a = P \cdot b \to a = b$
$\therefore \dfrac{b}{a} = 1.00$

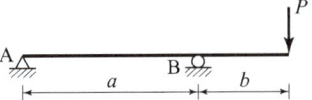

□□□ 기 91④,08④,20②

02 그림의 트러스에서 수직부재 V의 부재력은?

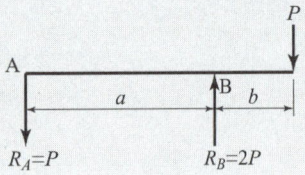

① 100kN(인장)
② 100kN(압축)
③ 50kN(인장)
④ 50kN(압축)

| 해답 | ②

100kN이 작용하는 절점을 중심으로
$\Sigma V_O = 0$
$100 + V = 0$
$\therefore V = -100$kN
$\quad = 100$kN(압축)

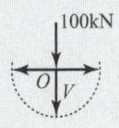

□□□ 기 93②,98①,03④,04②,06②,07④,10④,12②,13④,17④,20②

03 탄성계수 $E = 2.1 \times 10^5$MPa, 포와송비 $\nu = 0.25$일 때 전단탄성계수의 값으로 옳은 것은?

① 8.4×10^4MPa
② 9.8×10^4MPa
③ 1.7×10^6MPa
④ 2.1×10^6MPa

| 해답 | ①

$G = \dfrac{E}{2(1+\nu)} = \dfrac{2.1 \times 10^5}{2(1+0.25)}$
$\quad = 8.4 \times 10^4$ MPa

□□□ 기 05①,20②

04 길이 5m의 철근을 200MPa의 인장응력으로 인장하였더니 그 길이가 5mm만큼 늘어났다고 한다. 이 철근의 탄성계수는? (단, 철근의 지름은 20mm이다.)

① 2×10^4MPa
② 2×10^5MPa
③ 6.37×10^4MPa
④ 6.37×10^5MPa

| 해답 | ②

$E = \dfrac{\sigma}{\epsilon} = \dfrac{\dfrac{P}{A}}{\dfrac{\Delta l}{l}}$

$\quad = \dfrac{200}{\dfrac{5}{5000}} = 200000 = 2 \times 10^5$ MPa

□□□ 기 17②,20②,21③

05 다음 중 정(+)의 값뿐만 아니라 부(-)의 값도 갖는 것은?

① 단면계수
② 단면 2차 반지름
③ 단면 2차 모멘트
④ 단면 상승모멘트

| 해답 | ④

단면 상승모멘트(I_{xy})의 특징
• 도심축에 대한 상승모멘트 $I_{xy} = 0$이다.
• 도면의 도심축이 아닌 x, y에 대한 상승모멘트 $I_{xy} = A \cdot x_o \cdot y_o$는 x_o 또는 y_o가 (-)일 경우 상승모멘트는 (-)가 된다.

기 92③,93③,99②,05①,06④,16②,20②

06 그림과 같은 구조물에 하중 W가 작용할 때 P의 크기는? (단, $0° < \alpha < 180°$ 이다.)

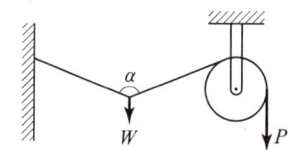

① $P = \dfrac{W}{2\cos\dfrac{\alpha}{2}}$ ② $P = \dfrac{W}{2\cos\alpha}$

③ $P = \dfrac{W}{\cos\dfrac{\alpha}{2}}$ ④ $P = \dfrac{2W}{\cos\dfrac{\alpha}{2}}$

[해답] ①

$\sum V = 0 : -W + P \times \cos\dfrac{\alpha}{2} + P \times \cos\dfrac{\alpha}{2} = 0$

$W = 2P\cos\dfrac{\alpha}{2}$

$\therefore P = T = \dfrac{W}{2\cos\dfrac{\alpha}{2}} = \dfrac{W}{2}\sec\dfrac{\alpha}{2}$

$\left(\because \dfrac{1}{\cos\dfrac{\alpha}{2}} = \sec\dfrac{\alpha}{2}\right)$

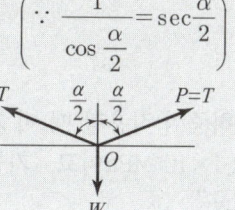

기 11②,15④,18①,20②

07 반지름이 30cm인 원형단면을 가지는 단주에서 핵의 면적은 약 얼마인가?

① 44.2cm^2 ② 132.5cm^2
③ 176.7cm^2 ④ 228.2cm^2

[해답] ③

원형단면의 핵거리(반지름)

$e = \dfrac{Z}{A} = \dfrac{\dfrac{\pi d^3}{32}}{\dfrac{\pi d^2}{4}} = \dfrac{d}{8} = \dfrac{30 \times 2}{8} = 7.5\text{cm}$

$\therefore A = \pi r^2 = \pi \times 7.5^2 = 176.7\text{cm}^2$

기 97③,99②,07④,20②

08 휨모멘트를 받는 보의 탄성에너지(Strain Energy)를 나타내는 식은?

① $U = \displaystyle\int_0^L \dfrac{M^2}{2EI}dx$ ② $U = \displaystyle\int_0^L \dfrac{2EI}{M^2}dx$

③ $U = \displaystyle\int_0^L \dfrac{EI}{2M^2}dx$ ④ $U = \displaystyle\int_0^L \dfrac{M^2}{EI}dx$

[해답] ①

• 보에 의한 변형에너지

$U = \displaystyle\int_0^L \dfrac{M^2}{2EI}dx + \displaystyle\int_0^L \dfrac{N^2}{2EA}dx + \displaystyle\int_0^L \dfrac{\alpha S^2}{2EA}dx$

• 모멘트에 의한 탄성변형(축방향력과 전단력 무시)

$U = \displaystyle\int_0^L \dfrac{M^2}{2EI}dx$

기 14④,20②

09 그림과 같은 단면을 갖는 부재(A)와 부재(B)가 있다. 동일조건의 보에 사용하고 재료의 강도도 같다면, 휨에 대한 강성을 비교한 설명으로 옳은 것은?

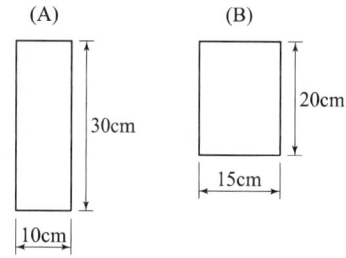

① 보(A)는 보(B) 보다 휨에 대한 강성이 2.0배 크다.
② 보(B)는 보(A) 보다 휨에 대한 강성이 2.0배 크다.
③ 보(A)는 보(B) 보다 휨에 대한 강성이 1.5배 크다.
④ 보(B)는 보(A) 보다 휨에 대한 강성이 1.5배 크다.

[해답] ③

재료의 강도도 같은 경우 휨에 대한 강성비교는 단면계수가 클수록 강성이 크다.

• $Z_A = \dfrac{bh^2}{6} = \dfrac{10 \times 30^2}{6} = 1500\text{cm}^3$

• $Z_B = \dfrac{bh^2}{6} = \dfrac{15 \times 20^2}{6} = 1000\text{cm}^3$

$\therefore \dfrac{Z_A}{Z_B} = \dfrac{1500}{1000} = 1.5$

10 단순보에서 그림과 같이 하중 P가 작용할 때 보의 중앙점의 단면 하단에 생기는 수직응력의 값은? (단, 보의 단면에서 높이는 h, 폭은 b이다.)

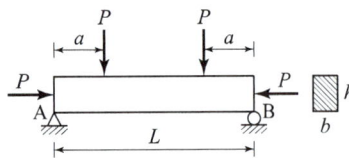

① $\dfrac{P}{bh^2}\left(1+\dfrac{6a}{h}\right)$ ② $\dfrac{P}{bh}\left(1-\dfrac{6a}{h}\right)$

③ $\dfrac{P}{b^2h^2}\left(1-\dfrac{6a}{h}\right)$ ④ $\dfrac{P}{b^2h}\left(1-\dfrac{a}{h}\right)$

[해답] ②

$$\sigma = \dfrac{P}{A} - \dfrac{M}{Z}$$

- $M = P \cdot a$
- 단면계수 $Z = \dfrac{bh^2}{6}$

$$\therefore \sigma = \dfrac{P}{A} - \dfrac{M}{Z} = \dfrac{P}{b\cdot h} - \dfrac{P\cdot a}{\dfrac{b\cdot h^2}{6}}$$

$$= \dfrac{P}{bh} - \dfrac{6P\cdot a}{bh^2} = \dfrac{P}{bh}\left(1 - \dfrac{6a}{h}\right)$$

11 그림과 같은 부정정보에 집중하중이 작용할 때 A점의 휨모멘트 M_A를 구한 값은?

① $-26\,\text{kN}\cdot\text{m}$
② $-36\,\text{kN}\cdot\text{m}$
③ $-42\,\text{kN}\cdot\text{m}$
④ $-57\,\text{kN}\cdot\text{m}$

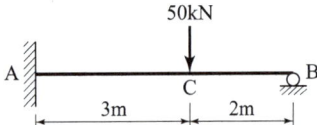

[해답] ③

$$R_B = \dfrac{Pa^2(3l-a)}{2l^3} = \dfrac{50\times 3^2(3\times 5 - 3)}{2\times 5^3}$$

$$= 21.6\,\text{kN}$$

$\therefore M_A = R_B \times 5 - 50 \times 3 = 21.6 \times 5 - 150$

$\quad\quad\quad = -42\,\text{kN}\cdot\text{m}$

또는 $M_A = \dfrac{Pab(l+b)}{2l^2} = \dfrac{50\times 3 \times 2 \times (5+2)}{2\times 5^2}$

$\quad\quad\quad = 42\,\text{kN}\cdot\text{m}(\curvearrowright)$

12 그림과 같은 3힌지 아치에서 A지점의 반력은?

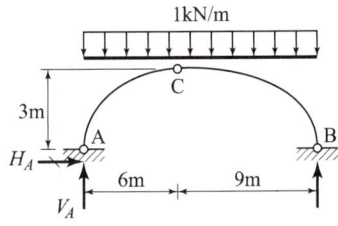

① $V_A = 6.0\,\text{kN}(\uparrow)$, $H_A = 9.0\,\text{kN}(\rightarrow)$
② $V_A = 6.0\,\text{kN}(\uparrow)$, $H_A = 12.0\,\text{kN}(\rightarrow)$
③ $V_A = 7.5\,\text{kN}(\uparrow)$, $H_A = 9.0\,\text{kN}(\rightarrow)$
④ $V_A = 7.5\,\text{kN}(\uparrow)$, $H_A = 12.0\,\text{kN}(\rightarrow)$

[해답] ③

- $\sum M_B = 0$

$V_A \times 15 - (1\times 15) \times \dfrac{15}{2} = 0$ $\therefore V_A = 7.5\,\text{kN}(\uparrow)$

- $\sum M_C = 0$ (좌)

$7.5 \times 6 - H_A \times 3 - 1 \times 6 \times \dfrac{6}{2} = 0$

$\therefore H_A = 9\,\text{kN}(\rightarrow)$

13 양단고정의 장주에 중심축하중이 작용할 때 이 기둥의 좌굴응력은? (단, $E = 2.1\times 10^5\,\text{MPa}$이고, 기둥은 지름이 4cm인 원형기둥이다.)

① 3.35 MPa
② 6.72 MPa
③ 12.95 MPa
④ 25.91 MPa

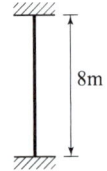

[해답] ③

$P_{cr} = \dfrac{n\pi^2 EI}{l^2}$ (양단고정 $n=4$)

- $I = \dfrac{\pi d^4}{64} = \dfrac{\pi \times 40^4}{64} = 40000\pi\,\text{mm}^4$
- $A = \dfrac{\pi d^2}{4} = \dfrac{\pi \times 40^2}{4} = 400\pi\,\text{mm}^2$
- $P_{cr} = \dfrac{4\times \pi^2 \times 2.1\times 10^5 \times 40000\pi}{8000^2} = 16278.30\,\text{N}$

$\therefore \sigma_{cr} = \dfrac{P_{cr}}{A} = \dfrac{16278.30}{400\pi} = 12.95\,\text{N/mm}^2$

$\quad = 12.95\,\text{MPa}$

□□□ 기 97,20②,25③

14 길이가 L인 양단고정보 AB의 왼쪽 지점이 그림과 같이 작은 각 θ만큼 회전할 때 생기는 반력(R_A, M_A)은? (단, EI는 일정하다.)

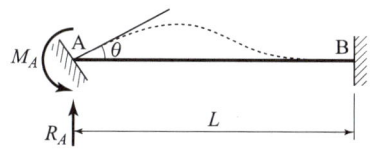

① $R_A = \dfrac{6EI\theta}{L^2}$, $M_A = \dfrac{4EI\theta}{L}$

② $R_A = \dfrac{12EI\theta}{L^3}$, $M_A = \dfrac{6EI\theta}{L^2}$

③ $R_A = \dfrac{4EI\theta}{L^2}$, $M_A = \dfrac{6EI\theta}{L}$

④ $R_A = \dfrac{2EI\theta}{L}$, $M_A = \dfrac{4EI\theta}{L^2}$

[해답] ①

- 고정단 B

  $M_B = \dfrac{1}{2}M_A$ 모멘트가 전달되는 단순보와 같다

- $\theta_A = \dfrac{L}{6EI}(2M_A - M_B)$

  $= \dfrac{L}{6EI}\left(2M_A - \dfrac{1}{2}M_A\right) = \dfrac{M_A L}{4EI}$

  $\therefore M_A = \dfrac{4EI\theta}{L}$

- $M_B = \dfrac{M_A}{2} = \dfrac{4EI\theta}{2L} = \dfrac{2EI\theta}{L}$

- $\Sigma M_B = 0$에서

  $-M_A + R_A \cdot L - M_B = 0$

  $\therefore R_A = \dfrac{M_A + M_B}{L} = \dfrac{1}{L}\left(\dfrac{4EI\theta}{L} + \dfrac{2EI\theta}{L}\right) = \dfrac{6EI\theta}{L^2}$

□□□ 기 08,11①,14①,17①,20②

15 그림과 같은 단순보의 단면에서 최대전단응력은?

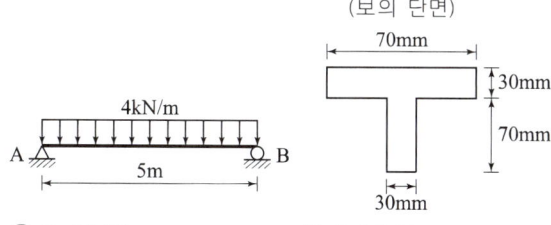

① 2.47MPa
② 2.96MPa
③ 3.64MPa
④ 4.95MPa

[해답] ④

$\tau = \dfrac{G_x \cdot S_{max}}{I \cdot b}$

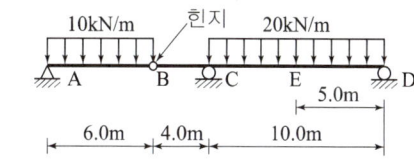

- 도심 $\bar{y} = \dfrac{G_x}{A} = \dfrac{70 \times 30 \times 85 + 30 \times 70 \times 35}{70 \times 30 + 30 \times 70}$

  $= 60\text{mm}$[밑변에서]

- $I = \dfrac{70 \times 30^3}{12} + 70 \times 30 \times 25^2 + \dfrac{30 \times 70^3}{12}$

  $+ 30 \times 70 \times \left(\dfrac{70}{2} - 10\right)^2 = 3640000\text{mm}^4$

- $G_x = 60 \times 30 \times \dfrac{60}{2} = 54000\text{mm}^3$

- $S_{max} = \dfrac{wl}{2} = \dfrac{4 \times 5}{2} = 10\text{kN} = 10000\text{N}$

$\therefore \tau = \dfrac{10000 \times 54000}{3640000 \times 30} = 4.95\text{N/mm}^2 = 4.95\text{MPa}$

□□□ 기 95③,15②,20②

16 다음 게르버보에서 E점의 휨모멘트 값은?

① $M = 190\text{kN} \cdot \text{m}$
② $M = 240\text{kN} \cdot \text{m}$
③ $M = 3100\text{kN} \cdot \text{m}$
④ $M = 710\text{kN} \cdot \text{m}$

[해답] ①

- $R_B = \dfrac{wl}{2} = \dfrac{10 \times 6}{2} = 30\text{kN}$

- $\Sigma M_C = 0$: $R_D \times 10 - 20 \times 10 \times 5 + 30 \times 4 = 0$

  $\therefore R_D = 88\text{kN}$

- $M_E = 88 \times 5 - 20 \times 5 \times \dfrac{5}{2} = 190\text{kN} \cdot \text{m}$

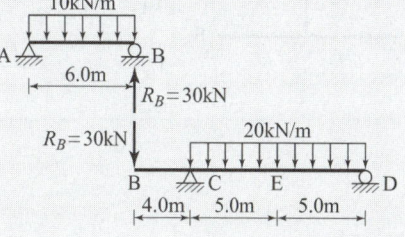

기 07②,17②,20②

17 지간 10m인 단순보 위를 1개의 집중하중 $P=200$kN이 통과할 때 이 보에 생기는 최대전단력(S)과 최대휨모멘트(M)는?

① $S=100$kN, $M=500$kN·m
② $S=100$kN, $M=1000$kN·m
③ $S=200$kN, $M=500$kN·m
④ $S=200$kN, $M=1000$kN·m

| 해답 | ③

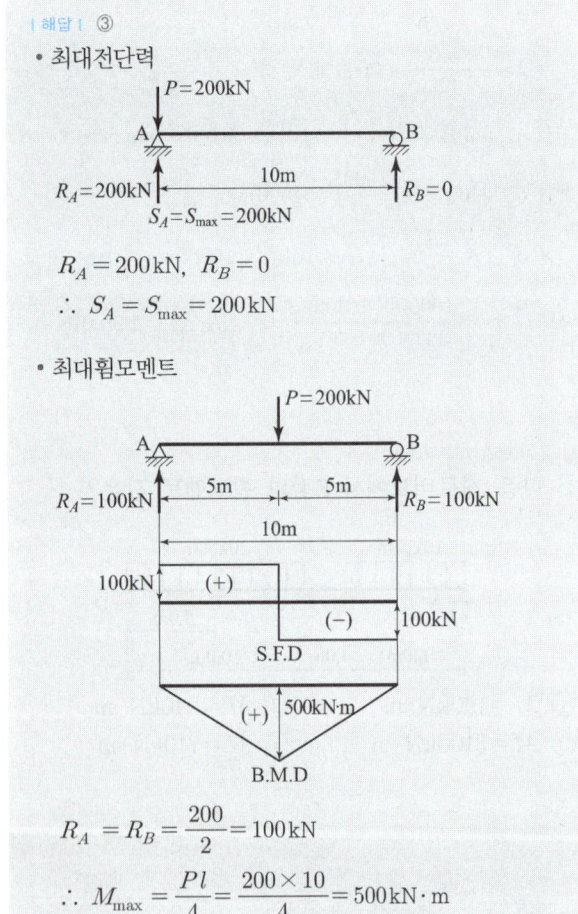

$R_A = R_B = \dfrac{200}{2} = 100$kN

$\therefore M_{max} = \dfrac{Pl}{4} = \dfrac{200 \times 10}{4} = 500$kN·m

Remember

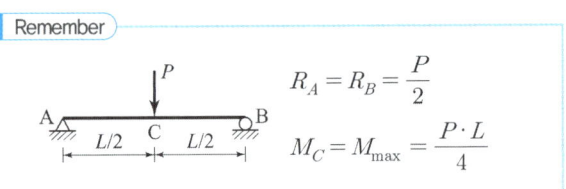

$R_A = R_B = \dfrac{P}{2}$

$M_C = M_{max} = \dfrac{P \cdot L}{4}$

기 05④,07①,13②,17②,20②

18 그림과 같은 단순보에서 B단에 모멘트 하중 M이 작용할 때 경간 AB 중에서 수직처짐이 최대가 되는 곳의 거리 x는? (단, EI는 일정하다.)

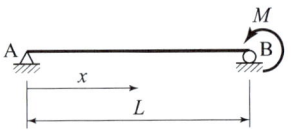

① $x=0.500L$
② $x=0.577L$
③ $x=0.667L$
④ $x=0.750L$

| 해답 | ②

휨모멘트도에 의한 공액보

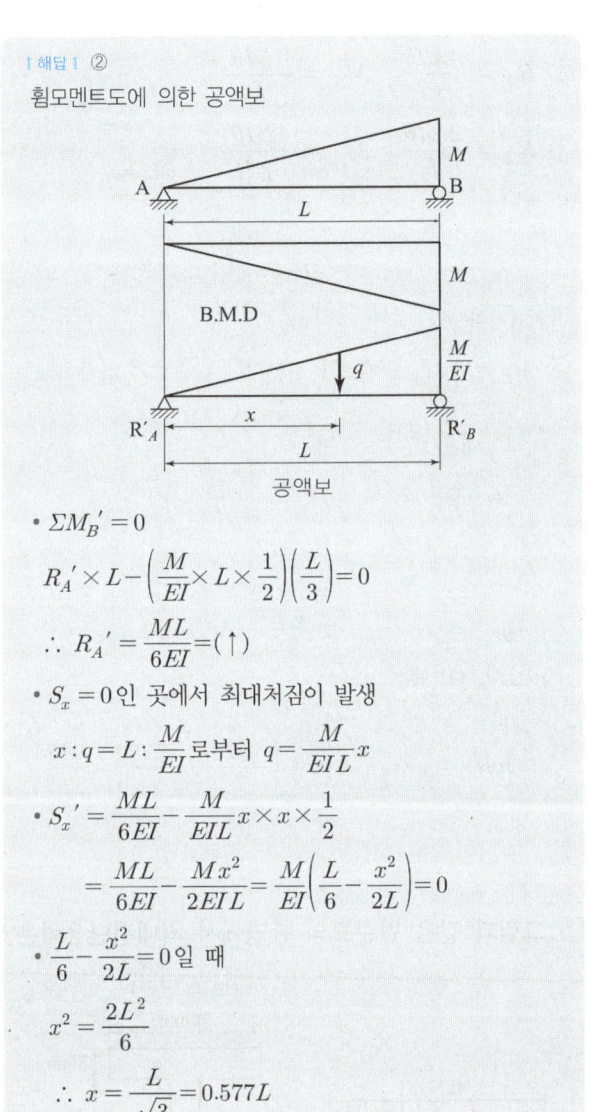

- $\Sigma M_B' = 0$

  $R_A' \times L - \left(\dfrac{M}{EI} \times L \times \dfrac{1}{2}\right)\left(\dfrac{L}{3}\right) = 0$

  $\therefore R_A' = \dfrac{ML}{6EI} = (\uparrow)$

- $S_x = 0$인 곳에서 최대처짐이 발생

  $x : q = L : \dfrac{M}{EI}$ 로부터 $q = \dfrac{M}{EIL}x$

- $S_x' = \dfrac{ML}{6EI} - \dfrac{M}{EIL}x \times x \times \dfrac{1}{2}$

  $= \dfrac{ML}{6EI} - \dfrac{Mx^2}{2EIL} = \dfrac{M}{EI}\left(\dfrac{L}{6} - \dfrac{x^2}{2L}\right) = 0$

- $\dfrac{L}{6} - \dfrac{x^2}{2L} = 0$일 때

  $x^2 = \dfrac{2L^2}{6}$

  $\therefore x = \dfrac{L}{\sqrt{3}} = 0.577L$

□□□ 기 20②

19 아래 그림의 캔틸레버보에서 C점, B점의 처짐비 ($\delta_C : \delta_B$)는? (단, EI는 일정하다.)

① 3 : 8
② 3 : 7
③ 2 : 5
④ 1 : 2

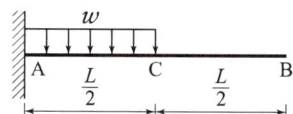

| 해답 | ②

공액보에 의해서

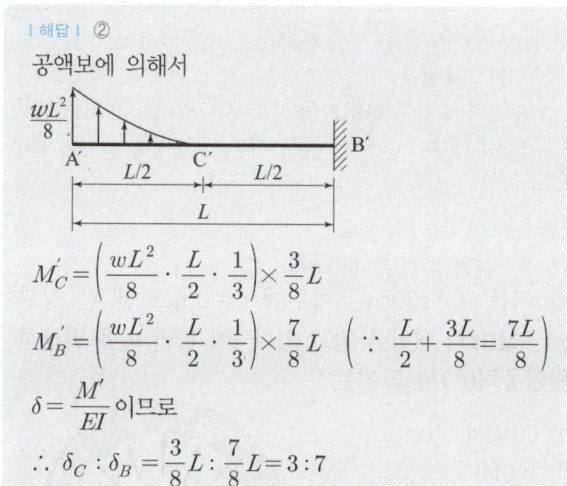

$$M'_C = \left(\frac{wL^2}{8} \cdot \frac{L}{2} \cdot \frac{1}{3}\right) \times \frac{3}{8}L$$

$$M'_B = \left(\frac{wL^2}{8} \cdot \frac{L}{2} \cdot \frac{1}{3}\right) \times \frac{7}{8}L \quad \left(\because \frac{L}{2} + \frac{3L}{8} = \frac{7L}{8}\right)$$

$\delta = \dfrac{M'}{EI}$ 이므로

$\therefore \delta_C : \delta_B = \dfrac{3}{8}L : \dfrac{7}{8}L = 3 : 7$

> **Remember**
> 2차 포물선의 중심거리
>
>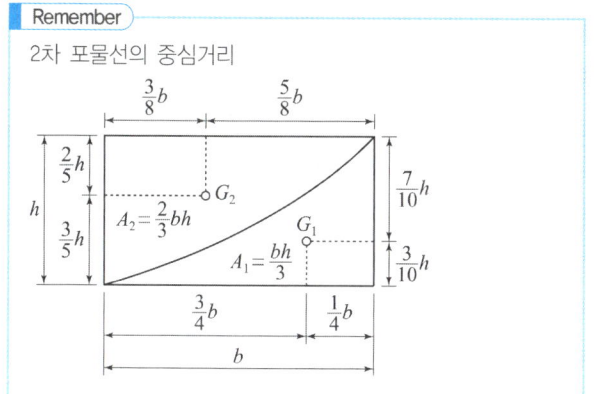

□□□ 기 92②, 95②, 98③, 99③, 00③, 04④, 07④, 20②

20 그림과 같은 삼각형 물체에 작용하는 힘 P_1, P_2를 AC 면에 수직한 방향의 성분으로 변환할 경우 힘 P의 크기는?

① 1000kN
② 1200kN
③ 1400kN
④ 1600kN

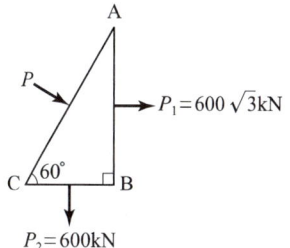

| 해답 | ②

■ cos법칙을 이용

$P = P_1 \cos\theta_1 + P_2 \cos\theta_2$
$\quad = 600\sqrt{3} \times \cos 30° + 600 \times \cos 60°$
$\quad = 1200\,\text{kN}$

■ 라미의 정리

$$\frac{P}{\sin 90°} = \frac{600\sqrt{3}}{\sin 120°}$$

$\therefore P = \dfrac{\sin 90°}{\sin 120°} \times 600\sqrt{3} = 1200\,\text{kN}$

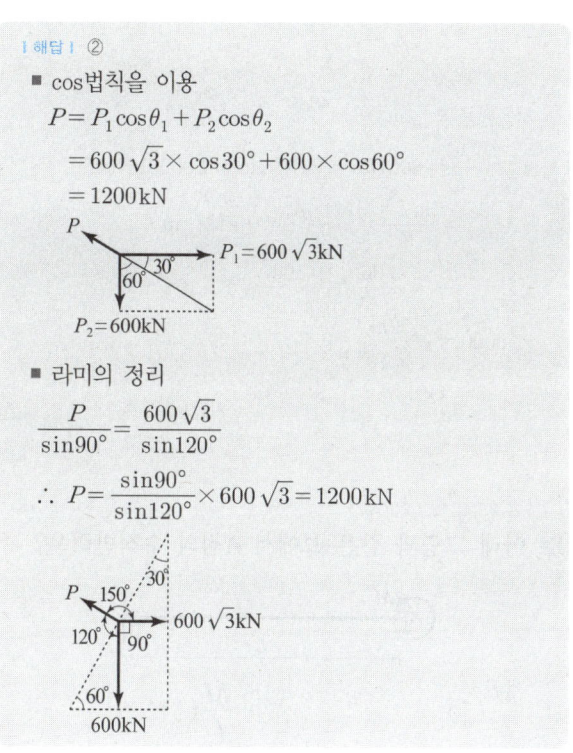

제3회 2020년 8월 22일

□□□ 기 20③

01 그림과 같은 보의 허용휨응력이 80MPa일 때 보에 작용할 수 있는 등분포 하중(w)은?

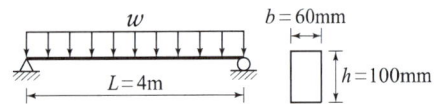

① 50kN/m
② 40kN/m
③ 5kN/m
④ 4kN/m

| 해답 | ④

허용휨응력

$\sigma_{ba} = \dfrac{M}{Z} = 80\text{MPa} = 80\text{N/mm}^2 = 80000\text{kN/m}^2$

- $M_{max} = \dfrac{wL^2}{8} = \dfrac{w \times 4^2}{8} = 2w\,\text{kN}\cdot\text{m}$
- $Z = \dfrac{bh^2}{6} = \dfrac{0.060 \times 0.100^2}{6} = 1 \times 10^{-4}\,\text{m}^3$
- $80000 = \dfrac{2w}{1 \times 10^{-4}}$

$\therefore w = 4\,\text{kN/m}$

□□□ 기 03,11,13,15,20③

02 아래 그림과 같은 보에서 A점의 수직반력은?

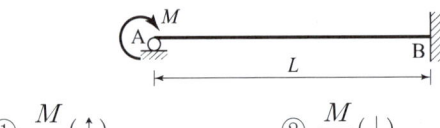

① $\dfrac{M}{L}(\uparrow)$　　② $\dfrac{M}{L}(\downarrow)$

③ $\dfrac{3M}{2L}(\uparrow)$　　④ $\dfrac{3M}{2L}(\downarrow)$

| 해답 | ④

고정단 B에 $M_A = \dfrac{1}{2}M$ 모멘트가 전달되는 단순보와 같다.

- $M_B = \dfrac{1}{2}M$
- $\sum M_B = 0$

$-R_A \times L + \dfrac{M}{2} + M = 0$　$\therefore R_A = \dfrac{3M}{2L}(\downarrow)$

□□□ 기 14②,20③,24③

03 전단중심(shear center)에 대한 설명으로 틀린 것은?

① 1축이 대칭인 단면의 전단중심은 도심과 일치한다.
② 1축이 대칭인 단면의 전단중심은 그 대칭축 선상에 있다.
③ 하중이 전단중심 점을 통과하지 않으면 보는 비틀린다.
④ 전단중심이란 단면이 받아내는 전단력의 합력점의 위치를 말한다.

| 해답 | ①

전단중심의 특성
- 양측에 대칭인 단면의 전단중심은 도심과 일치한다.
- 1축이 대칭인 단면의 전단중심은 그 대칭축 선상에 있다.

□□□ 기 84,98①,10④,13②,16①,20③

04 지름 $d = 120$cm, 벽두께 $t = 0.6$cm인 긴 강관이 $q = 2$MPa의 내압을 받고 있다. 이 관벽 속에 발생하는 원환응력(σ)의 크기는?

① 50MPa
② 100MPa
③ 150MPa
④ 200MPa

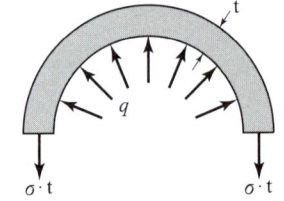

| 해답 | ④

원환응력 $\sigma = \dfrac{q \cdot r}{t} = \dfrac{2 \times 600}{6} = 200\,\text{MPa}$

□□□ 기 08④,12①,12④,20③

05 지름 50mm, 길이 2m의 봉을 길이방향으로 당겼더니 길이가 2mm 늘어났다면, 이때 봉의 지름은 얼마나 줄어드는가? (단, 이 봉의 포아송비는 0.3이다.)

① 0.015mm　　② 0.030mm
③ 0.045mm　　④ 0.060mm

| 해답 | ①

- 포아송비 $\nu = \dfrac{\beta}{\varepsilon} = \dfrac{\dfrac{\Delta d}{d}}{\dfrac{\Delta l}{l}} = \dfrac{l \cdot \Delta d}{d \cdot \Delta l}$ 에서

$\therefore \Delta d = \dfrac{d \cdot \Delta l \cdot \nu}{l} = \dfrac{50 \times 2 \times 0.3}{2000} = 0.015\,\text{mm}$

□□□ 기 92③,11④,12①,16①,18③,20③

06 아래 그림과 같이 속이 빈 단면에 전단력 $V=150kN$이 작용하고 있다. 단면에 발생하는 최대전단응력은?

① 9.9MPa
② 19.8MPa
③ 99MPa
④ 198MPa

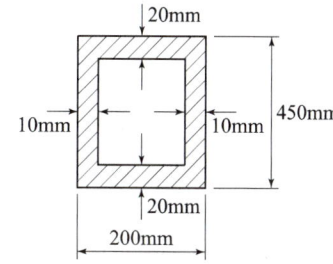

[해답] ②

$$\tau_{max} = \frac{G_x S}{I_x b}$$

- $G_x = A_1 y_1 - A_2 y_2$
  $= 200 \times 225 \times \frac{225}{2} - \left(180 \times 205 \times \frac{205}{2}\right)$
  $= 1280250 mm^3$
- $S = 150 kN = 150000 N$, $b = 10 \times 2 = 20 mm$
- $I_x = \frac{BH^3}{12} - \frac{bh^3}{12} = \frac{200 \times 450^3}{12} - \frac{180 \times 410^3}{12}$
  $= 484935000 mm^4$

$\therefore \tau_{max} = \frac{1280250 \times 150000}{484935000 \times 20} = 19.8 N/mm^2$
$= 19.8 MPa$

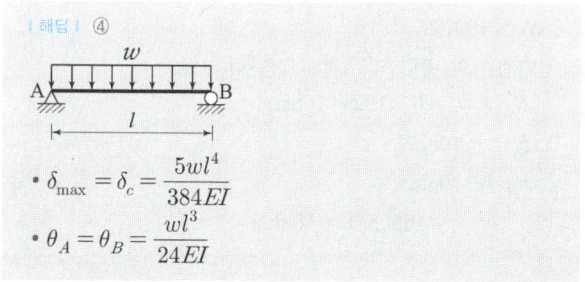

□□□ 기 97③,14②,20③

07 등분포하중을 받는 단순보에서 중앙점의 처짐을 구하는 공식은? (단, 등분포하중은 w, 보의 길이는 l, 보의 휨강성은 EI이다.)

① $\frac{wl^3}{24EI}$
② $\frac{wl^3}{48EI}$
③ $\frac{wl^4}{8EI}$
④ $\frac{5wl^4}{384EI}$

[해답] ④

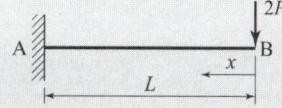

- $\delta_{max} = \delta_c = \frac{5wl^4}{384EI}$
- $\theta_A = \theta_B = \frac{wl^3}{24EI}$

□□□ 기 06①,14②,14④,18②,20③

08 그림과 같은 캔틸레버보에서 자유단에 집중하중 $2P$를 받고 있을 때 휨모멘트에 의한 탄성변형에너지는?(단, EI는 일정하고, 보의 자중은 무시한다.)

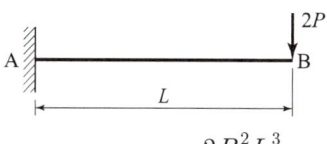

① $\frac{3P^2L^3}{2EI}$
② $\frac{2P^2L^3}{3EI}$
③ $\frac{P^2L^3}{3EI}$
④ $\frac{P^2L^3}{6EI}$

[해답] ②

굽힘모멘트에 의한 탄성변형에너지 $U = \int \frac{M_x^2}{2EI} dx$

- $M_x = -2P \cdot x$

$\therefore U = \int \frac{M_x^2}{2EI} dx = \frac{1}{2EI} \int_0^L (-2P \cdot x)^2 dx$
$= \frac{4P^2}{2EI} \left[\frac{1}{3}x^3\right]_0^L = \frac{4P^2 L^3}{6EI} = \frac{2P^2 L^3}{3EI}$

Remember

정적분의 기본정리 $\int_0^L x^2 dx = \left[\frac{1}{3}x^3\right]_0^L = \frac{L^3}{3}$

□□□ 기 93,97,12②,20③,21③

09 그림과 같은 크레인의 D_1 부재의 부재력은?

① 43kN
② 50kN
③ 75kN
④ 100kN

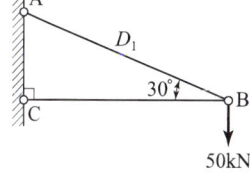

[해답] ④

$\frac{50}{\sin 30°} = \frac{D_1}{\sin 90°}$

$\therefore D_1 = \frac{\sin 90°}{\sin 30°} \times 50$
$= 100 kN (인장)$

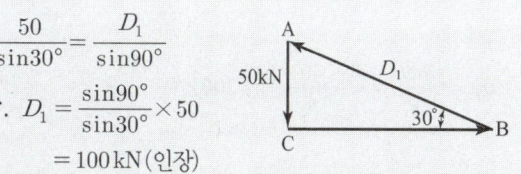

□□□ 기 08④,14②,20③
10 그림과 같은 3힌지 라멘의 휨모멘트도(BMD)는?

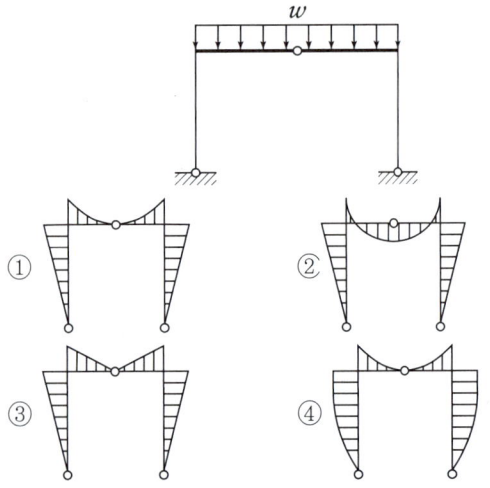

| 해답 | ①

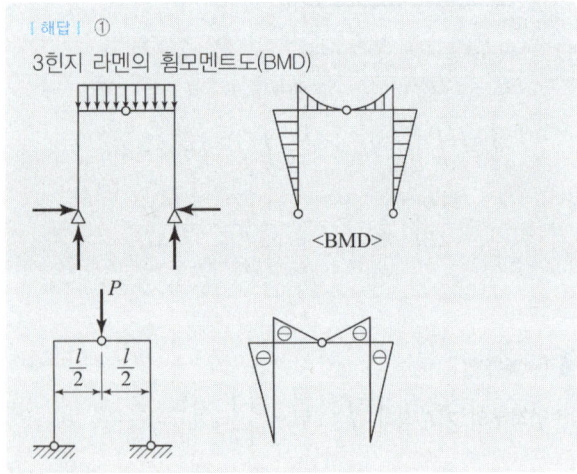

□□□ 기04②,08②,14①,20③
11 그림과 같은 연속보에서 B점의 지점 반력은?

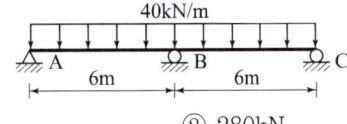

① 240kN ② 280kN
③ 300kN ④ 320kN

| 해답 | ③

$R_B = \dfrac{5wl}{4} = \dfrac{5 \times 40 \times 6}{4} = 300\,\text{kN}$

Remember

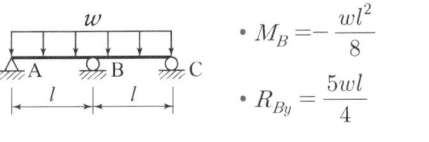

- $M_B = -\dfrac{wl^2}{8}$
- $R_{By} = \dfrac{5wl}{4}$

□□□ 기 20③
12 그림과 같이 단순보의 A점에 휨모멘트가 작용하고 있을 경우 A점에서 전단력의 절댓값은?

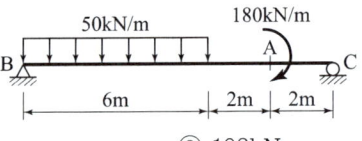

① 72kN ② 108kN
③ 126kN ④ 252kN

| 해답 | ②

- $\sum M_B = 0$
  $R_C \times 10 - 50 \times 6 \times 3 - 180 = 0$
  $\therefore R_C = 108\,\text{kN}$
- 전단력 $S_A = 108\,\text{kN}$
  ∵ 휨모멘트 $180\,\text{kN}\cdot\text{m}$는 전단력에 무관하다.

Remember

■ 전단력도

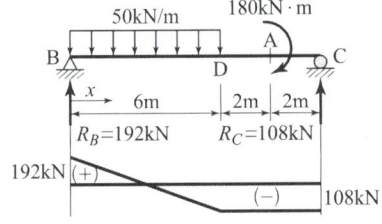

- $\sum M_C = 0$
  $R_B \times 10 - 50 \times 6 \times (3+4) + 180 = 0$
  $\therefore R_B = 192\,\text{kN}$
  또는 $R_B = 50 \times 6 - 108 = 192\,\text{kN}$
  $S_B = 192\,\text{kN}$
- 지점 C의 반력 및 A점의 전단력
  $R_C = 50 \times 6 - 192 = 108\,\text{kN}$
  $S_C = -108\,\text{kN}$
  $S_A = -108\,\text{kN}$
  $= |-108\,\text{kN}| = 108\,\text{kN}$

13 그림에서 합력 R과 P_1 사이의 각을 α라고 할 때 $\tan\alpha$를 나타낸 식으로 옳은 것은?

① $\tan\alpha = \dfrac{P_2\sin\theta}{P_1 + P_2\cos\theta}$

② $\tan\alpha = \dfrac{P_1\sin\theta}{P_1 + P_2\cos\theta}$

③ $\tan\alpha = \dfrac{P_2\cos\theta}{P_1 + P_2\sin\theta}$

④ $\tan\alpha = \dfrac{P_1\cos\theta}{P_1 + P_2\sin\theta}$

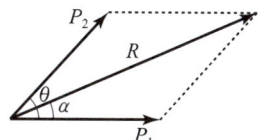

| 해답 | ①

sin법칙에 의해서

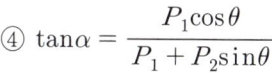

$\tan\alpha = \dfrac{P_2\sin\theta}{P_1 + P_2\cos\theta}$

$\therefore \alpha = \tan^{-1}\left(\dfrac{P_2\sin\theta}{P_1 + P_2\cos\theta}\right)$

14 그림과 같은 직사각형 단면의 보가 최대휨모멘트 $M_{\max} = 20\text{kN}\cdot\text{m}$를 받을 때 $a-a$ 단면의 휨응력은?

① 2.25MPa
② 3.75MPa
③ 4.25MPa
④ 4.65MPa

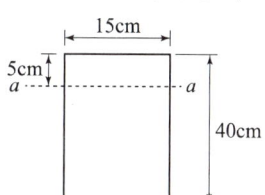

| 해답 | ②

휨응력 $\sigma = \dfrac{M}{I}y$

- $M_{\max} = 20\text{kN}\cdot\text{m} = 20\times10^6\text{N}\cdot\text{mm}$
- $I = \dfrac{bh^3}{12} = \dfrac{150\times400^3}{12} = 800000000\text{mm}^4$

$\therefore \sigma = \dfrac{20\times10^6}{800000000}\times(200-50)$
$= 3.75\text{N/mm}^2 = 3.75\text{MPa}$

15 그림과 같은 3힌지 아치에서 B점의 수평반력(H_B)은?

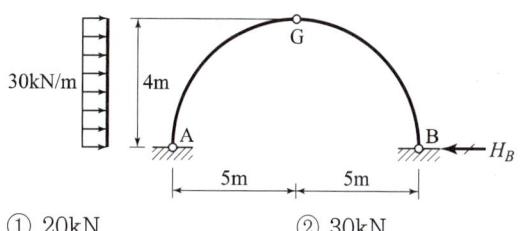

① 20kN
② 30kN
③ 40kN
④ 60kN

| 해답 | ②

- $\Sigma M_A = 0$
  $V_B\times10 - (30\times4)\times\dfrac{4}{2} = 0$
  $\therefore V_B = 24\text{kN}(\uparrow)$
- $\Sigma M_G = 0(우)$
  $V_B\times5 - H_B\times4 = 0$
  $24\times5 - H_B\times4 = 0$
  $\therefore H_B = 30\text{kN}$

16 그림과 같은 1/4 원 중에서 음영부분의 도심까지 위치 y_o는?

① 4.94cm
② 5.20cm
③ 5.83cm
④ 7.81cm

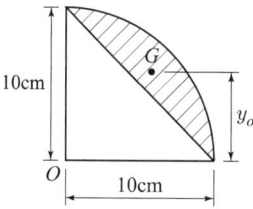

| 해답 | ③

$y_o = \dfrac{G_x}{A} = \dfrac{A_1x_1 - A_2x_2}{A_1 - A_2}$

- $A_1 = \pi r^2\times\dfrac{1}{4} = \pi\times10^2\times\dfrac{1}{4} = 78.54\text{cm}^2$

  $x_1 = \dfrac{4r}{3\pi} = \dfrac{4\times10}{3\pi} = 4.24\text{cm}$

- $A_2 = r^2\times\dfrac{1}{2} = \dfrac{r^2}{2} = \dfrac{1}{2}\times10^2 = 50\text{cm}^2$

  $x_2 = \dfrac{r}{3} = \dfrac{10}{3} = 3.33\text{cm}$

$\therefore y_o = \dfrac{G_x}{A} = \dfrac{A_1x_1 - A_2x_2}{A_1 - A_2}$

$= \dfrac{78.54\times4.24 - 50\times3.33}{78.54 - 50} = 5.834\text{cm}$

기 82④,98④,00④,07④,16①,20③

17 그림과 같은 캔틸레버보에서 최대처짐각(θ_B)은? (단, EI는 일정하다.)

① $\dfrac{3wL^3}{48EI}$

② $\dfrac{5wL^3}{48EI}$

③ $\dfrac{7wL^3}{48EI}$

④ $\dfrac{9wL^3}{48EI}$

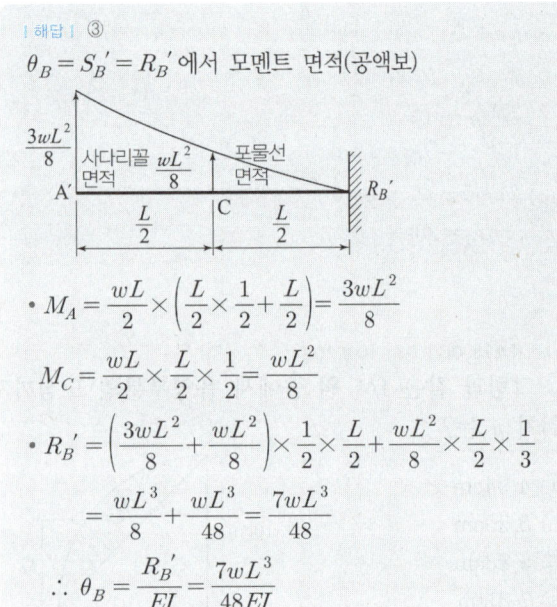

| 해답 | ③

$\theta_B = S_B' = R_B'$ 에서 모멘트 면적(공액보)

- $M_A = \dfrac{wL}{2} \times \left(\dfrac{L}{2} \times \dfrac{1}{2} + \dfrac{L}{2}\right) = \dfrac{3wL^2}{8}$

  $M_C = \dfrac{wL}{2} \times \dfrac{L}{2} \times \dfrac{1}{2} = \dfrac{wL^2}{8}$

- $R_B' = \left(\dfrac{3wL^2}{8} + \dfrac{wL^2}{8}\right) \times \dfrac{1}{2} \times \dfrac{L}{2} + \dfrac{wL^2}{8} \times \dfrac{L}{2} \times \dfrac{1}{3}$

  $= \dfrac{wL^3}{8} + \dfrac{wL^3}{48} = \dfrac{7wL^3}{48}$

  $\therefore \theta_B = \dfrac{R_B'}{EI} = \dfrac{7wL^3}{48EI}$

Remember

	$\theta_B = \dfrac{wl^3}{6EI}$	$y_B = \dfrac{wl^4}{8EI}$
	$\theta_C = \theta_B$ $= \dfrac{wl^3}{48EI}$	$y_B = \dfrac{7wl^4}{384EI}$ $y_C = \dfrac{3wl^4}{384EI}$
	$\theta_B = \dfrac{7wl^3}{48EI}$	$y_B = \dfrac{41wl^4}{384EI}$

기 93④,03②,07④,20③,25③

18 그림은 정사각형 단면을 갖는 단주에서 단면의 핵을 나타낸 것이다. x의 거리는?

① 3cm
② 4.5cm
③ 6cm
④ 9cm

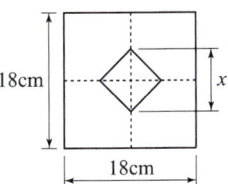

| 해답 | ③

- $\sigma = \dfrac{P}{A} - \dfrac{M}{Z} = \dfrac{P}{A} - \dfrac{P \cdot e}{\dfrac{hb^2}{6}}$

  $= \dfrac{P}{A} - \dfrac{6P \cdot e}{hb^2} = \dfrac{P}{A}\left(1 - \dfrac{6e}{b}\right) = 0$

- $1 - \dfrac{6e}{b} = 0$

  $\therefore$ 핵거리 $e = \dfrac{b}{6} = \dfrac{18}{6} = 3\text{cm}$

  $\therefore$ 단면의 핵 $x = 2e = 2 \times 3 = 6\text{cm}$

Remember

■ 단면의 핵

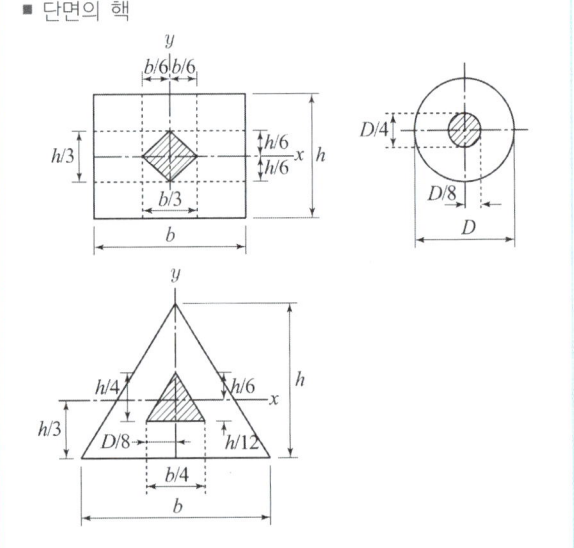

기 01④,03②,16④,17②,20③

19 길이가 3m이고 가로 200mm, 세로 300mm인 직사각형 단면의 기둥이 있다. 지지상태가 양단힌지인 경우 좌굴응력을 구하기 위한 이 기둥의 세장비는?

① 34.6　　② 43.3
③ 52.0　　④ 60.7

|해답| ③

세장비 $\lambda = \dfrac{\text{기둥의 길이}(l)}{\text{최소 회전반지름}(r_{\min})}$

- $r_{\min} = \sqrt{\dfrac{I_{\min}}{A}} = \sqrt{\dfrac{\frac{bh^3}{12}}{bh}} = \sqrt{\dfrac{\frac{30 \times 20^3}{12}}{20 \times 30}}$
 $= 5.77\text{cm}(\because \text{직사각형})$

$\therefore \lambda = \dfrac{300}{5.77} = 52.0$

기 12①,20③

20 그림과 같은 도형에서 빗금 친 부분에 대한 x, y축의 단면 상승모멘트(I_{xy})는?

① 2cm^4
② 4cm^4
③ 8cm^4
④ 16cm^4

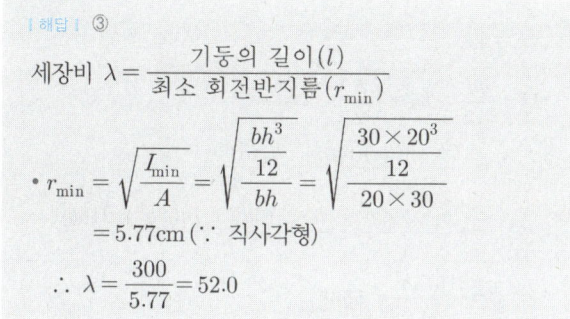

|해답| ②

상승모멘트 $I_{xy} = A \cdot x \cdot y$

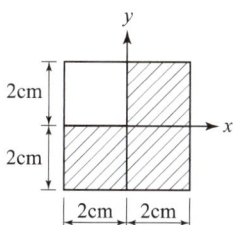

- A부분 : $I_{xy} = (4 \times 2) \times 1 \times 0 = 0$
- B부분 : $I_{xy} = (2 \times 2) \times (-1) \times (-1) = 4\text{cm}^4$

$\therefore I_{xy} = 0 + 4 = 4\text{cm}^4$

제4회 2020년 9월 27일

기 01①,02①,05①,08②,09④,20④

01 그림과 같이 A점과 B점에 모멘트하중(M_o)이 작용할 때 생기는 전단력도의 모양은 어떤 형태인가?

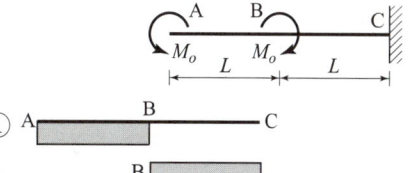

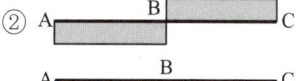

|해답| ④

지점반력 $\sum V = 0 : V_C = 0$

$\therefore$ 전단력 : $S_C = 0$

(∵ 캔틸레버의 모멘트 하중에 의한 수직력은 존재하지 않으므로 전단력은 0이다.)

기 01②,06①,18①,20④

02 그림과 같은 3힌지 아치에서 C점의 휨모멘트는?

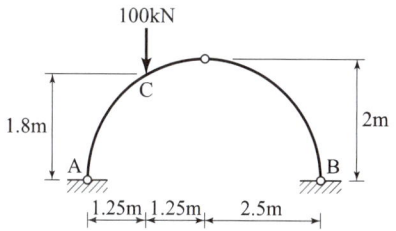

① $32.5\text{kN}\cdot\text{m}$　　② $35.0\text{kN}\cdot\text{m}$
③ $37.5\text{kN}\cdot\text{m}$　　④ $40.0\text{kN}\cdot\text{m}$

|해답| ③

- $\sum M_B = 0 : V_A \times 5 - 100 \times 3.75 = 0$
 $\therefore V_A = 75\text{kN}$
- $\sum M_{\text{힌지}} = 0 : V_A \times 2.5 - 100 \times 1.25 - H_A \times 2.0 = 0$
 $= 75 \times 2.5 - 100 \times 1.25 - H_A \times 2.0 = 0$

$\therefore H_A = 31.25\text{kN}$

$\therefore M_C = 75 \times 1.25 - 31.25 \times 1.8 = 37.5\text{kN}\cdot\text{m}$

□□□ 기 14①,20④

03 동일평면상의 한 점에 여러 개의 힘이 작용하고 있을 때, 여러 개의 힘의 어떤 점에 대한 모멘트의 합은 그 합력의 동일점에 대한 모멘트와 같다는 것은 무슨 정리인가?

① Mohr의 정리　　② Lami의 정리
③ Varignon의 정리　④ Castigliano의 정리

|해답| ③

바리뇽(Varignon)의 정리
여러 힘의 한 점에 대한 모멘트의 합은 합력의 그 점에 대한 모멘트와 같다.

□□□ 기 01①,06①,14④,20④,24②

04 탄성변형에너지는 외력을 받는 구조물에서 변형에 의해 구조물에 축적되는 에너지를 말한다. 탄성체이며 선형거동을 하는 길이 L인 캔틸레버보의 끝단에 집중하중 P가 작용할 때 굽힘모멘트에 의한 탄성변형에너지는? (단, EI는 일정하다.)

① $\dfrac{P^2L^2}{2EI}$　　② $\dfrac{P^2L^3}{2EI}$

③ $\dfrac{P^2L^2}{6EI}$　　④ $\dfrac{P^2L^3}{6EI}$

|해답| ④

굽힘모멘트에 의한 탄성변형에너지 $U=\int \dfrac{M_x^2}{2EI}dx$

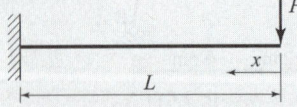

- $M_x = -P \cdot x$

$\therefore U = \int \dfrac{M_x^2}{2EI}dx = \dfrac{1}{2EI}\int_0^L (-P\cdot x)^2 dx$

$= \dfrac{P^2}{2EI}\left[\dfrac{1}{3}x^3\right]_0^L = \dfrac{P^2L^3}{6EI}$

> **Remember**
> 정적분의 기본정리 $\int_0^L x^2 dx = \left[\dfrac{1}{3}x^3\right]_0^L = \dfrac{L^3}{3}$

□□□ 기 01②,03②,10①,13①,20④

05 그림과 같은 단면의 A-A축에 대한 단면 2차 모멘트는?

① $558b^4$
② $623b^4$
③ $685b^4$
④ $729b^4$

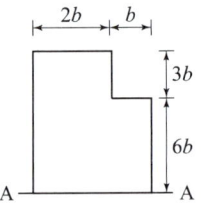

|해답| ①

$I_A = \dfrac{bh^3}{12} + bh \times \left(\dfrac{h}{2}\right)^2 = \dfrac{bh^3}{3}$

$\therefore I_A = \dfrac{2b \times (3b+6b)^3}{3} + \dfrac{b \times (6b)^3}{3}$

$= \dfrac{2b \times 729b^3}{3} + \dfrac{b \times 216b^3}{3} = \dfrac{1458b^4 + 216b^4}{3}$

$= \dfrac{1674b^4}{3} = 558b^4$

□□□ 기 97③,14②,20④,24①

06 그림과 같은 단순보에 등분포하중(q)이 작용할 때 보의 최대처짐은? (단, EI는 일정하다.)

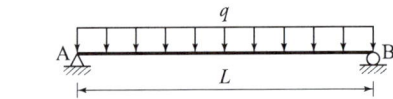

① $\dfrac{qL^4}{128EI}$　　② $\dfrac{qL^4}{64EI}$

③ $\dfrac{qL^4}{38EI}$　　④ $\dfrac{5qL^4}{384EI}$

|해답| ④

- $\delta_{\max} = \delta_c = \dfrac{5wL^4}{384EI} = \dfrac{5qL^4}{384EI}$

- $\theta_A = \theta_B = \dfrac{wL^3}{24EI} = \dfrac{qL^3}{24EI}$

> **Remember**
>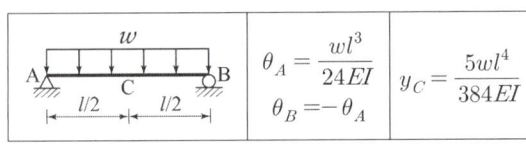
> $\theta_A = \dfrac{wl^3}{24EI}$　$y_C = \dfrac{5wl^4}{384EI}$
> $\theta_B = -\theta_A$

□□□ 기 05②,08②,10②,20④

07 그림과 같은 트러스의 사재 D의 부재력은?

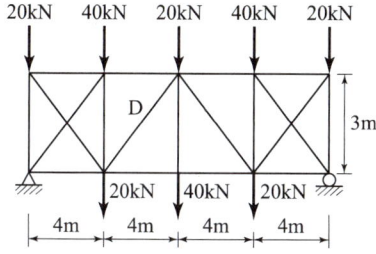

① 50kN(인장)   ② 50kN(압축)
③ 37.5kN(인장) ④ 37.5kN(압축)

[해답] ②

• 반력
$$V_A = V_B = \frac{20+40+20+40+20+20+40+20}{2}$$
$$= 110\,\text{kN}\,(\because \text{대칭이므로})$$

• $\Sigma V = 0$: $110 - 20 - 40 - 20 + D \times \frac{3}{5} = 0$

$\therefore D = -50\,\text{kN} = 50\,\text{kN}(압축)$

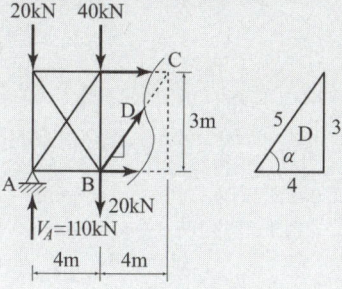

□□□ 기 83①,15④,17④,20④

08 지름 D인 원형 단면 보에 휨모멘트 M이 작용할 때 최대휨응력은?

① $\dfrac{64M}{\pi D^3}$ ② $\dfrac{32M}{\pi D^3}$

③ $\dfrac{16M}{\pi D^3}$ ④ $\dfrac{8M}{\pi D^3}$

[해답] ②

최대휨응력 $\sigma = \dfrac{M_{\max}}{Z}$

• 단면계수 $Z = \dfrac{\pi D^3}{32}$

$\therefore \sigma = \dfrac{M_{\max}}{Z} = \dfrac{M}{\dfrac{\pi D^3}{32}} = \dfrac{32M}{\pi D^3}$

□□□ 기 08②,09①,11①,15①②,20④,21③,22②

09 그림과 같이 이축응력(二軸應力)을 받는 정사각형 요소의 체적변형률은? (단, 이 요소의 탄성계수 $E = 2.0 \times 10^5$MPa, 포아송비 $\nu = 0.3$이다.)

① 3.6×10^{-4}
② 4.4×10^{-4}
③ 5.2×10^{-4}
④ 6.4×10^{-4}

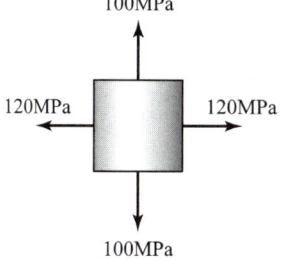

[해답] ②

2축응력의 체적변형률
$$\varepsilon_v = \frac{\Delta V}{V} = \frac{(1-2\nu)}{E}(\sigma_x + \sigma_y)$$
$$= \frac{(1-2\times 0.3)}{2\times 10^5}(120+100) = 4.4 \times 10^{-4}$$

□□□ 기 15④,20④

10 그림에 표시된 힘들의 x 방향의 합력으로 옳은 것은?

① 0.4kN(←)
② 0.7kN(→)
③ 1.0kN(→)
④ 1.3kN(←)

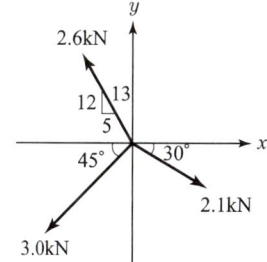

[해답] ④

$$R = +2.1\cos 30° - 3.0\cos 45° - 2.6\cos\alpha$$
$$= +2.1\cos 30° - 3.0\cos 45° - 2.6 \times \frac{5}{13}$$
$$= -1.30\,\text{kN} = 1.30\,\text{kN}(\leftarrow)$$

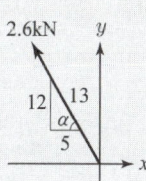

□□□ 기 97①,94③,99②,07①,20④

11 그림과 같은 캔틸레버보에서 집중하중(P)이 작용할 경우 최대처짐($\delta_{\max}$)은? (단, EI는 일정하다.)

① $\delta_{\max} = \dfrac{Pa^2}{3EI}(3L+a)$

② $\delta_{\max} = \dfrac{P^2a}{3EI}(3L-a)$

③ $\delta_{\max} = \dfrac{P^2a}{6EI}(3L+a)$

④ $\delta_{\max} = \dfrac{Pa^2}{6EI}(3L-a)$

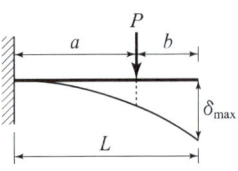

|해답| ④

■ 수직처짐(δ_{VB}) : BMD에 의한 공액보

$M_B' = \dfrac{1}{2}(P \cdot a \cdot a)\left(b + \dfrac{2}{3}a\right)$

$= \dfrac{P \cdot a^2}{6}(3b + 2a)$

$= \dfrac{P \cdot a^2}{6}(3L - a)$

$\therefore \delta_{VB} = \dfrac{M_B'}{EI} = \dfrac{P \cdot a^2}{6EI}(3L - a)$

■ 처짐각(θ_C)

$\theta_C = \dfrac{1}{2} \times \dfrac{Pa}{EI}a = \dfrac{Pa^2}{2EI}$

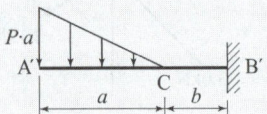

Remember

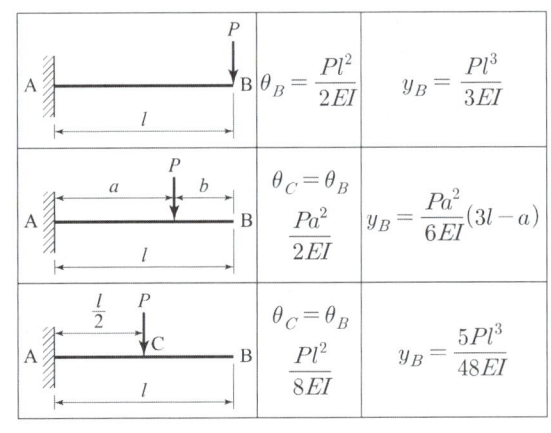

□□□ 기 97①,00①,01④,03②,11①,12④,12②,13②,16④,20④,22①,24②

12 그림과 같이 단순보에 이동하중이 작용하는 경우 절대최대휨모멘트는?

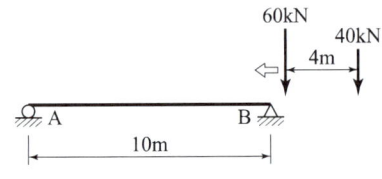

① 176.4kN·m ② 167.2kN·m
③ 162.0kN·m ④ 125.1kN·m

|해답| ①

■ 절대최대모멘트 영향선도

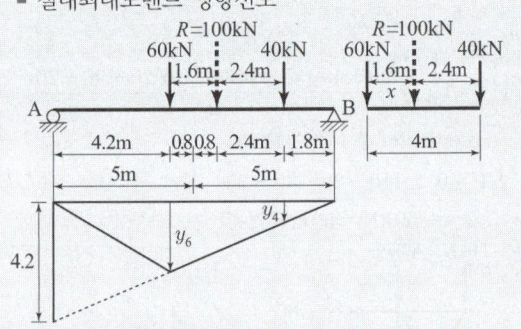

• 합력의 위치 : $100x = 40 \times 4$ $\therefore x = 1.6\text{m}$
• A점으로부터의 거리 : $\dfrac{10}{2} - \dfrac{1.6}{2} = 4.2\text{m}$
• B점으로부터의 60kN 거리 : $10 - 4.2 = 5.8\text{m}$
• B점으로부터의 40kN 거리 : $5.8 - 4 = 1.8\text{m}$
• $10 : 4.2 = 5.8 : y_6$ $\therefore y_6 = \dfrac{4.2 \times 5.8}{10} = 2.436$
• $10 : 4.2 = 1.8 : y_4$ $\therefore y_4 = \dfrac{4.2 \times 1.8}{10} = 0.756$
$\therefore M_{\max} = P_1 \times y_4 + P_2 \times y_6$
$= 40 \times 0.756 + 60 \times 2.436 = 176.4\text{kN} \cdot \text{m}$

□□□ 기 11②,15④,18①,20④,24①

13 반지름이 25cm인 원형 단면을 가지는 단주에서 핵의 면적은 약 얼마인가?

① 122.7cm² ② 168.4cm²
③ 254.4cm² ④ 336.8cm²

|해답| ①

원형단면의 핵거리(반지름)

$e = \dfrac{Z}{A} = \dfrac{\dfrac{\pi d^3}{32}}{\dfrac{\pi d^2}{4}} = \dfrac{d}{8} = \dfrac{25 \times 2}{8} = 6.25\text{cm}$

$\therefore A = \pi e^2 = \pi r^2 = \pi \times 6.25^2 = 122.7\text{cm}^2$

기 20④

14 그림과 같은 단순보에 일어나는 최대전단력은?

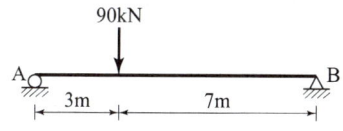

① 27kN ② 45kN
③ 54kN ④ 63kN

| 해답 | ④

- $\Sigma M_B = 0$
  - $R_A \times 10 - 90 \times 7 = 0$
  - $\therefore R_A = 63\,kN$
  - $R_B = 90 - 63 = 27\,kN$
- 전단력
  - $S_{A-C} = 63\,kN$
  - $S_{C-B} = 63 - 90 = -27\,kN$
  - $\therefore$ 최대전단력 $S_{max} = 63\,kN$

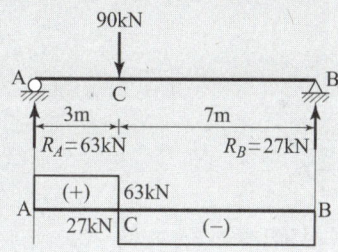

기 03②,03④,12①,14④,17①,20④

15 15cm×30cm의 직사각형 단면을 가진 길이가 5m인 양단힌지 기둥이 있다. 이 기둥의 세장비(λ)는?

① 57.7 ② 74.5
③ 115.5 ④ 149.0

| 해답 | ③

세장비 $\lambda = \dfrac{K \times 기둥의\ 길이(l)}{최소\ 회전반지름(r_{min})}$

- $r_{min} = \sqrt{\dfrac{I_{min}}{A}} = \sqrt{\dfrac{bh^3}{12}\Big/bh} = \sqrt{\dfrac{\dfrac{30 \times 15^3}{12}}{30 \times 15}}$
  $= 4.33\,cm$ ($\because$ 직사각형)
- $\lambda = \dfrac{1 \times 500}{4.33} = 115.5$ ($\because$ 양단힌지 $K = 1.0$)

기 86,90,99,00,20④

16 그림과 같이 단순보 위에 삼각형 분포하중이 작용하고 있다. 이 단순보에 작용하는 최대휨모멘트는?

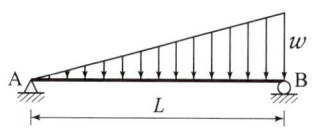

① $0.03214wL^2$ ② $0.04816wL^2$
③ $0.05217wL^2$ ④ $0.06415wL^2$

| 해답 | ④

$\Sigma M_B = 0$

- $R_A \cdot L - \dfrac{w \cdot L}{2} \times \dfrac{L}{3} = 0$

$\therefore R_A = \dfrac{w \cdot L}{6},\ R_B = \dfrac{w \cdot L}{3}$

- $w : L = q : x \quad \therefore q = w \cdot \dfrac{x}{L}$

$S_x = \dfrac{w \cdot L}{6} - \dfrac{q \cdot x}{2} = \dfrac{w \cdot L}{6} - \dfrac{w \cdot x^2}{2L}$

$S_x = 0$이 되는 점

$\dfrac{w \cdot L}{6} - \dfrac{w \cdot x^2}{2L} = 0 \quad \therefore x = \dfrac{L}{\sqrt{3}}$

$M_{max} = \dfrac{w \cdot L}{6} \times \dfrac{L}{\sqrt{3}} - \dfrac{q \cdot x}{2} \cdot \dfrac{x}{3}$

$= \dfrac{wL^2}{6\sqrt{3}} - \dfrac{w \cdot x}{L} \cdot \dfrac{x}{2} \cdot \dfrac{x}{3} = \dfrac{wL^2}{6\sqrt{3}} - \dfrac{w \cdot x^3}{6L}$

$= \dfrac{w \cdot L^2}{6\sqrt{3}} - \dfrac{w \cdot x^3}{6L} = \dfrac{wL^2}{6\sqrt{3}} - \dfrac{w}{6L}\left(\dfrac{L}{\sqrt{3}}\right)^3$

$= \dfrac{wL^2}{9\sqrt{3}} = 0.06415wL^2$

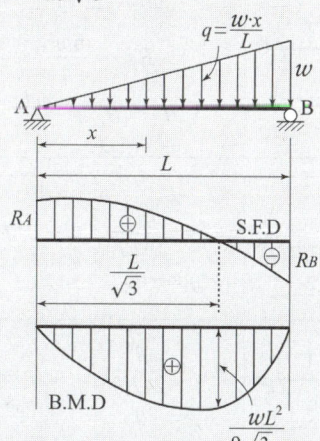

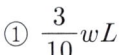 기 81,85,20④

17 그림과 같은 연속보에서 B점의 반력(R_B)은? (단, EI는 일정하다.)

① $\dfrac{3}{10}wL$

② $\dfrac{3}{8}wL$

③ $\dfrac{5}{8}wL$

④ $\dfrac{5}{4}wL$

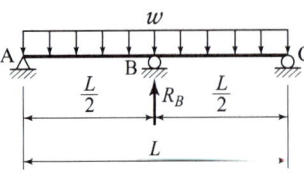

|해답| ③

$\delta_w = \delta_{R_B}$ (변형일치법)

• $\delta_w = \dfrac{5wL^4}{384EI} = \dfrac{5w\left(\dfrac{L}{2}\times 2\right)^4}{384EI} = \dfrac{5wL^4}{384EI}$

• $\delta_{R_B} = \dfrac{R_B L^3}{48EI} = \dfrac{R_B\left(\dfrac{L}{2}\times 2\right)^3}{48EI} = \dfrac{R_B L^3}{48EI}$

• $\dfrac{5wL^4}{384EI} = \dfrac{R_B L^3}{48EI}$ 에서

∴ $R_B = \dfrac{5wL^4}{384EI} \times \dfrac{48EI}{L^3} = \dfrac{5}{8}wL$

[주의] AB, BC 지간거리 $\dfrac{L}{2}$ 임

Remember

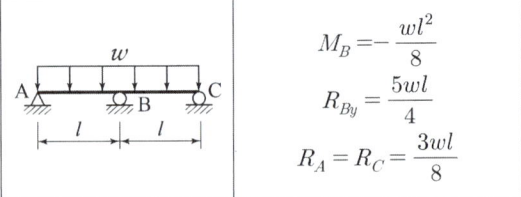

□□□ 기 13①,20④

18 그림과 같은 구조물에서 단부 A, B는 고정, C지점은 힌지일 때 OA, OB, OC 부재의 분배율로 옳은 것은?

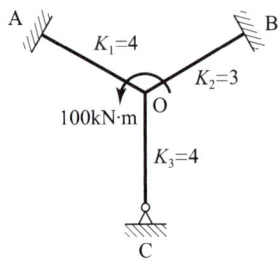

① $DF_{OA} = \dfrac{4}{10}$, $DF_{OB} = \dfrac{3}{10}$, $DF_{OC} = \dfrac{4}{10}$

② $DF_{OA} = \dfrac{4}{10}$, $DF_{OB} = \dfrac{3}{10}$, $DF_{OC} = \dfrac{3}{10}$

③ $DF_{OA} = \dfrac{4}{11}$, $DF_{OB} = \dfrac{3}{11}$, $DF_{OC} = \dfrac{4}{11}$

④ $DF_{OA} = \dfrac{4}{11}$, $DF_{OB} = \dfrac{3}{11}$, $DF_{OC} = \dfrac{3}{11}$

|해답| ②

$DF = \dfrac{K_n}{K_1 + K_2 + \dfrac{3}{4}K_3}$

• 힌지 C점에서 수정강도계수 : $\dfrac{3}{4}\times K_3$

• $DF_{OA} = \dfrac{K_1}{K_1+K_2+\dfrac{3}{4}K_3} = \dfrac{4}{4+3+4\times\dfrac{3}{4}} = \dfrac{4}{10}$

• $DF_{OB} = \dfrac{K_1}{K_1+K_2+\dfrac{3}{4}K_3} = \dfrac{3}{4+3+4\times\dfrac{3}{4}} = \dfrac{3}{10}$

• $DF_{OC} = \dfrac{\dfrac{3}{4}K_3}{K_1+K_2+\dfrac{3}{4}K_3} = \dfrac{4\times\dfrac{3}{4}}{4+3+4\times\dfrac{3}{4}} = \dfrac{3}{10}$

조건	등가강비	모멘트도달율
타단고정	K	$\dfrac{1}{2}$
타단힌지	$\dfrac{3}{4}K$	0

□□□ 기 17②,20②④,21③

19 다음 중 정(+)의 값뿐만 아니라 부(−)의 값도 갖는 것은?

① 단면계수
② 단면 2차 반지름
③ 단면 상승 모멘트
④ 단면 2차 모멘트

| 해답 | ③

단면상승모멘트(I_{xy})의 특징
• 도심축에 대한 상승모멘트 $I_{xy}=0$이다.
• 도면의 도심축이 아닌 x, y에 대한 상승모멘트 $I_{xy}=A \cdot x_o \cdot y_o$는
  x_o 또는 y_o가 (−)일 경우 상승모멘트는 (−)가 된다.

□□□ 기 94③,01①,03②,09②,11①,20④

20 탄성계수(E), 전단탄성계수(G), 포아송수(m) 간의 관계를 옳게 표시한 것은?

① $G = \dfrac{mE}{2(m+1)}$
② $G = \dfrac{m}{2(m+1)}$
③ $G = \dfrac{E}{2(m+1)}$
④ $G = \dfrac{E}{2(m-1)}$

| 해답 | ①

전단탄성계수
$G = \dfrac{E}{2(1+\nu)} = \dfrac{E}{2\left(1+\dfrac{1}{m}\right)} = \dfrac{mE}{2(m+1)}$

제1회 2021년 3월 7일

□□□ 기 82,88,95①,00①,02④,06①,21①,24②

01 그림과 같은 라멘의 부정정 차수는?

① 3차
② 5차
③ 6차
④ 7차

| 해답 | ③

$N = R + m + S - 2P$
- 반력수 $R = 9$
- 부재수 $m = 5$
- 강접합수 $S = 4$
- 절점수 $P = 6$

∴ $N = 9 + 5 + 4 - 2 \times 6 = 6$차 부정정

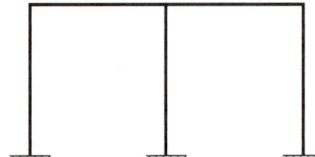

□□□ 기 82,06④,21①,24③

02 그림과 같은 3힌지 아치의 C점에 연직하중(P) 400kN이 작용한다면 A점에 작용하는 수평반력(H_A)은?

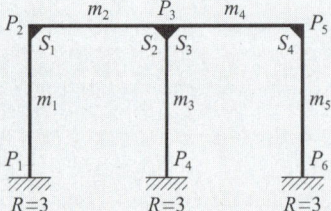

① 100kN ② 150kN
③ 200kN ④ 300kN

| 해답 | ④

- $V_A = V_B = \dfrac{P}{2}$ (∵ 대칭구조)

  ∴ $V_A = \dfrac{400}{2} = 200\text{kN}$

- $\sum M_C = 0$(C점의 좌측)

  $200 \times 15 - H_A \times 10 = 0$

  ∴ $H_A = 300\text{kN}$

□□□ 기 21①

03 그림과 같이 균일 단면 봉이 축인장력(P)을 받을 때 단면 $a-b$에 생기는 전단응력(τ)은? (단, 여기서 $m-n$은 수직단면이고, $a-b$는 수직단면과 $\phi = 45°$의 각을 이루고, A는 봉의 단면적이다.)

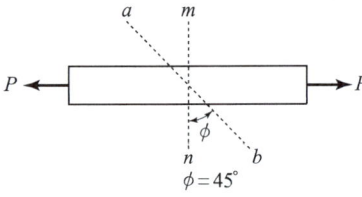

① $\tau = 0.5 \dfrac{P}{A}$ ② $\tau = 0.75 \dfrac{P}{A}$

③ $\tau = 1.0 \dfrac{P}{A}$ ④ $\tau = 1.5 \dfrac{P}{A}$

| 해답 | ①

경사단면의 접선응력(전단응력)

$\tau_\theta = \dfrac{T}{A'} = \dfrac{P\sin\theta}{\dfrac{A}{\cos\theta}} = \dfrac{P}{A}\sin\theta\cos\theta = \dfrac{P}{2A}\cdot\sin(2\phi)$

$= \dfrac{P}{2A}\cdot\sin(2\times45°) = \dfrac{P}{2A} = 0.5\dfrac{P}{A}$

Remember

경사면의 응력

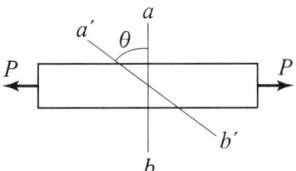

$\begin{cases} a-b \text{ 단면의 단면적 : } A \\ a'-b' \text{ 단면의 단면적 : } A' \end{cases}$

- 경사면의 법선응력(수직응력)

$\sigma_\theta = \dfrac{N}{A'} = \dfrac{P\cos\theta}{\dfrac{A}{\cos\theta}} = \dfrac{P}{A}\cos^2\theta = \sigma_x\cos^2\theta$

- 경사면의 접선응력(전단응력)

$\tau_\theta = \dfrac{T}{A'} = \dfrac{P\sin\theta}{\dfrac{A}{\cos\theta}} = \dfrac{P}{A}\sin\theta\cos\theta$

$= \dfrac{\sigma_x}{2}\cdot\sin(2\theta) = \dfrac{P}{2A}\cdot\sin(2\theta)$

- $\sigma_{\theta\max} = \dfrac{P}{A} = \sigma_x$ (∵ $\theta = 0°$)

- $\tau_{\theta\max} = \dfrac{P}{2A} = \dfrac{\sigma_x}{2}$ (∵ $\theta = 45°$)

□□□ 기 09④,12②,16①,17①,21①,22①,25③

04 그림과 같은 단순보에 등분포하중 w가 작용하고 있을 때 이 보에서 휨모멘트에 의한 탄성변형에너지는? (단, 보의 EI는 일정하다.)

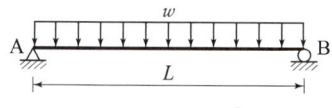

① $\dfrac{w^2L^5}{384EI}$ ② $\dfrac{w^2L^5}{240EI}$

③ $\dfrac{7w^2L^5}{384EI}$ ④ $\dfrac{w^2L^5}{48EI}$

| 해답 | ②

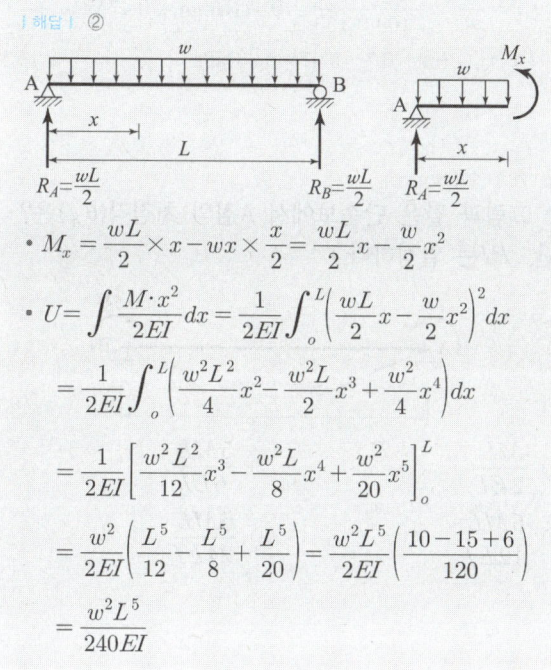

- $M_x = \dfrac{wL}{2} \times x - wx \times \dfrac{x}{2} = \dfrac{wL}{2}x - \dfrac{w}{2}x^2$

- $U = \int \dfrac{M \cdot x^2}{2EI}dx = \dfrac{1}{2EI}\int_o^L \left(\dfrac{wL}{2}x - \dfrac{w}{2}x^2\right)^2 dx$

  $= \dfrac{1}{2EI}\int_o^L \left(\dfrac{w^2L^2}{4}x^2 - \dfrac{w^2L}{2}x^3 + \dfrac{w^2}{4}x^4\right)dx$

  $= \dfrac{1}{2EI}\left[\dfrac{w^2L^2}{12}x^3 - \dfrac{w^2L}{8}x^4 + \dfrac{w^2}{20}x^5\right]_o^L$

  $= \dfrac{w^2}{2EI}\left(\dfrac{L^5}{12} - \dfrac{L^5}{8} + \dfrac{L^5}{20}\right) = \dfrac{w^2L^5}{2EI}\left(\dfrac{10-15+6}{120}\right)$

  $= \dfrac{w^2L^5}{240EI}$

Remember

정적분의 기본정리 $\int_0^L x^2 dx = \left[\dfrac{1}{3}x^3\right]_0^L = \dfrac{L^3}{3}$

□□□ 기 09②,09④,10②,14①,21①,25③

05 단면과 길이가 같으나 지지조건이 다른 그림과 같은 2개의 장주가 있다. 장주 (a)가 30kN의 하중을 받을 수 있다면, 장주 (b)가 받을 수 있는 하중은?

① 120kN
② 240kN
③ 360kN
④ 480kN

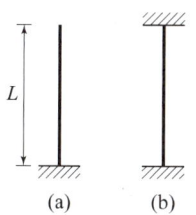

| 해답 | ④

$P_{cr} = \dfrac{n\pi^2 EI}{L^2}$

- 일단고정 타단자유 : $P_{cr} = \dfrac{1}{4}\left(\dfrac{\pi^2 EI}{L^2}\right) = 30\text{kN}$

  $\therefore \dfrac{\pi^2 EI}{L^2} = 4 \times 30 = 120\text{kN}$

- 양단고정 : $P_{cr} = 4\left(\dfrac{\pi^2 EI}{L^2}\right) = 4 \times 120 = 480\text{kN}$

일단고정 타단자유	$n=\dfrac{1}{4}$	$K=2.0$
양단힌지	$n=1$	$K=1.0$
일단고정 타단힌지	$n=2$	$K=\dfrac{1}{\sqrt{2}}$
양단고정	$n=4$	$K=\dfrac{1}{\sqrt{4}}$

□□□ 기 92②,01②,08②,13②,17④,21①,24①

06 그림과 같이 밀도가 균일하고 무게가 W인 구(球)가 마찰이 없는 두 벽면 사이에 놓여 있을 때 반력 R_B의 크기는?

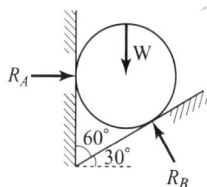

① 0.500W
② 0.577W
③ 0.866W
④ 1.155W

| 해답 | ④

[방법1]

- $\Sigma V = 0$

  $-W + R_B \times \cos 30° = 0$

  $\therefore R_B = \dfrac{W}{\cos 30°} = 1.155W$

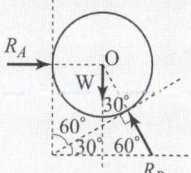

[방법2] 라미의 정리

$\dfrac{W}{\sin 120°} = \dfrac{R_B}{\sin 90°}$

$\therefore R_B = \dfrac{\sin 90°}{\sin 120°} \times W = 1.155W$

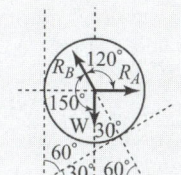

□□□ 기 94①,97①,03①,09①,14④,19③,21①

07 재질과 단면이 동일한 캔틸레버보 A와 B에서 자유단의 처짐을 같게 하는 $\dfrac{P_2}{P_1}$의 값은?

① 0.129
② 0.216
③ 4.63
④ 7.72

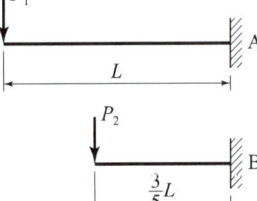

| 해답 | ③

$$y = \dfrac{PL^3}{3EI}$$

• $y_1 = y_2$: 자유단의 처짐이 같다.

• $y_1 = \dfrac{P_1 L^3}{3EI}$, $y_2 = \dfrac{P_2\left(\dfrac{3L}{5}\right)^3}{3EI} = \dfrac{P_2 L^3\left(\dfrac{3}{5}\right)^3}{3EI}$

• $P_1 = \left(\dfrac{3}{5}\right)^3 P_2$ $\left(\because \dfrac{L^3}{3EI} \text{는 공통}\right)$

$\therefore \dfrac{P_2}{P_1} = \dfrac{1}{\left(\dfrac{3}{5}\right)^3} = 4.63$

Remember

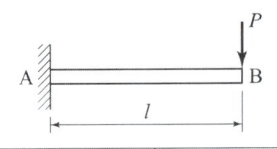

| $\theta_B = \dfrac{Pl^2}{2EI}$ | $y_B = \dfrac{Pl^3}{3EI}$ |

Remember

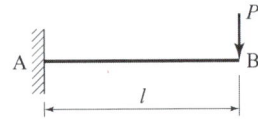

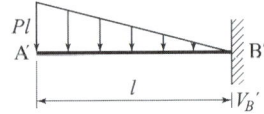

• $V_B' = \dfrac{1}{2} Pl \times l = \dfrac{Pl^2}{2}$

$\therefore \theta_B = \dfrac{S_B'}{EI} = \dfrac{V_B'}{EI} = \dfrac{Pl^2}{2EI}$

• $M_B' = \dfrac{1}{2} Pl \times l \times \dfrac{2}{3} l = \dfrac{Pl^3}{3}$

$\therefore y_B = \dfrac{M_B'}{EI} = \dfrac{Pl^3}{3EI}$

□□□ 기 21①

08 폭 100mm, 높이 150mm인 직사각형 단면의 보가 $S = 7$kN의 전단력을 받을 때 최대전단응력과 평균전단응력의 차이는?

① 0.13MPa
② 0.23MPa
③ 0.33MPa
④ 0.43MPa

| 해답 | ②

• $\tau_{max} = \dfrac{3}{2} \dfrac{S}{A} = \dfrac{3}{2} \times \dfrac{7 \times 10^3}{100 \times 150} = 0.7 \text{N/mm}^2$
$= 0.7 \text{MPa}$

• $\tau = \dfrac{S}{A} = \times \dfrac{7 \times 10^3}{100 \times 150} = 0.47 \text{N/mm}^2 = 0.47 \text{MPa}$

$\therefore \tau_{max} - \tau = 0.7 - 0.47 = 0.23 \text{MPa}$

□□□ 기 87,97,21①

09 그림과 같은 단순보에서 A점의 처짐각(θ_A)은? (단, EI는 일정하다.)

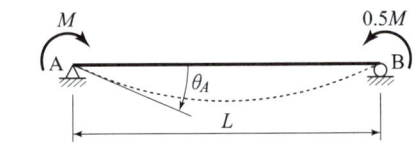

① $\dfrac{ML}{2EI}$
② $\dfrac{5ML}{6EI}$
③ $\dfrac{5ML}{12EI}$
④ $\dfrac{5ML}{24EI}$

| 해답 | ③

공식에 의한 방법
$\theta_A = \dfrac{L}{6EI}(2M_a + M_b)$
$= \dfrac{L}{6EI}(2M + 0.5M) = \dfrac{2.5ML}{6EI} = \dfrac{5ML}{12EI}$

Remember

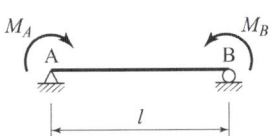

| $\theta_A = \dfrac{l}{6EI}(2M_A + M_B)$ | $M_A = M_B = M$ |
| $\theta_B = -\dfrac{l}{6EI}(M_A + 2M_B)$ | $y_{max} = \dfrac{Ml^2}{8EI}$ |

□□□ 기 02,07①,21①

10 그림에서 두 힘 P_1, P_2에 대한 합력(R)의 크기는?

① 60kN
② 70kN
③ 80kN
④ 90kN

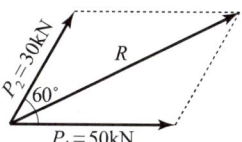

| 해답 | ②

$$R = \sqrt{P_1^2 + P_2^2 + 2P_1P_2\cos a}$$
$$= \sqrt{50^2 + 30^2 + 2 \times 50 \times 30 \times \cos 60°} = 70\text{kN}$$

□□□ 기 80,04,13④,21①

11 그림과 같은 직사각형 단면의 단주에서 편심하중이 작용할 경우 발생하는 최대압축응력은? (단, 편심거리(e)는 100mm이다.)

① 30MPa
② 35MPa
③ 40MPa
④ 60MPa

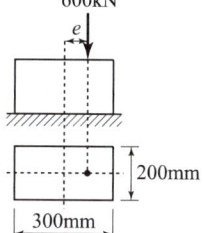

| 해답 | ①

$$\sigma_{\max} = -\frac{P}{A} - \frac{M}{Z} = -\frac{P}{A} - \frac{P \cdot e_x}{Z_y}$$

• $P = 600 \times 10^3 \text{kN}$, $Z_y = \dfrac{bh^2}{6}$

$$\therefore \sigma_{\max} = -\frac{600000}{200 \times 300} - \frac{600000 \times 100}{\frac{200 \times 300^2}{6}}$$
$$= -30\text{N/mm}^2 = 30\text{MPa}(압축)$$

□□□ 기 10④,16④,21①

12 그림에서 직사각형의 도심축에 대한 단면상승모멘트(I_{xy})의 크기는?

① 0cm^4
② 142cm^4
③ 256cm^4
④ 576cm^4

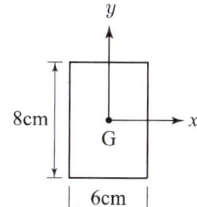

| 해답 | ①

$I_{xy} = Axy = (8 \times 6) \times 0 \times 0 = 0$

∴ 도심축에 대한 단면상승모멘트는 항상 0이다.

□□□ 기 18①,21①

13 그림과 같은 단순보에서 최대휨모멘트가 발생하는 위치 x(A점으로부터의 거리)와 최대휨모멘트 M_x는?

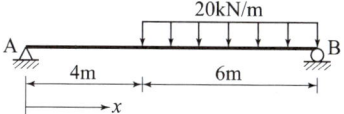

① $x = 5.2\text{m}$, $M_x = 230.4\text{kN} \cdot \text{m}$
② $x = 5.8\text{m}$, $M_x = 176.4\text{kN} \cdot \text{m}$
③ $x = 4.0\text{m}$, $M_x = 180.2\text{kN} \cdot \text{m}$
④ $x = 4.8\text{m}$, $M_x = 96\text{kN} \cdot \text{m}$

| 해답 | ②

■ 반력

$\Sigma M_B = 0$에서

$R_A \times 10 - 20 \times 6 \times \dfrac{6}{2} = 0$

∴ $R_A = 36\text{kN}$

∴ $R_B = 20 \times 6 - 36 = 84\text{kN}$

■ 전단력

• $S_{A-C} = 36\text{kN}$
• $S_B = 84\text{kN}$
• $S_D = 36 - 20(x-4) = 0$ ∴ $x = 5.8\text{m}$

■ 휨모멘트

• $M_c = 36 \times 4 = 144\text{kN} \cdot \text{m}$

• $M_x = M_{\max} = 36 \times 5.8 - 20 \times (5.8-4) \times \dfrac{5.8-4}{2}$

$= 176.4\text{kN} \cdot \text{m}$

또는

$M_{\max} = 84 \times (10-5.8) - 20 \times \dfrac{(10-5.8)^2}{2}$

$= 176.4\text{kN} \cdot \text{m}$

(∵ 전단력이 0인 지점에서 최대휨모멘트가 발생한다.)

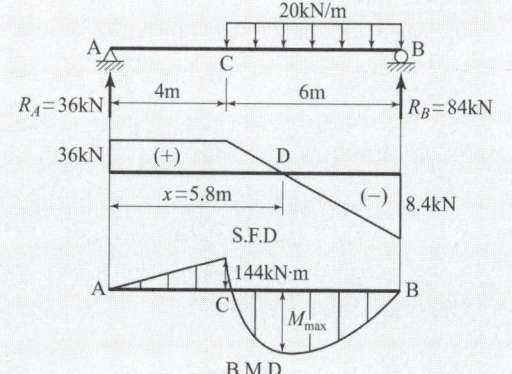

기 06②,21①

14 그림과 같이 단순보에 이동하중이 작용할 때 절대최대휨모멘트가 생기는 위치는?

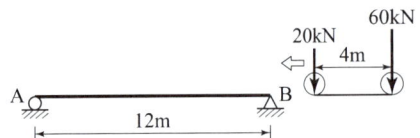

① A점으로부터 6m인 점에 20kN의 하중이 실릴 때 60kN의 하중이 실리는 점
② A점으로부터 7.5m인 점에 60kN의 하중이 실릴 때 20kN의 하중이 실리는 점
③ B점으로부터 5.5m인 점에 20kN의 하중이 실릴 때 60kN의 하중이 실리는 점
④ B점으로부터 9.5m인 점에 20kN의 하중이 실릴 때 60kN의 하중이 실리는 점

| 해답 | ④

■ 절대최대모멘트 영향선도

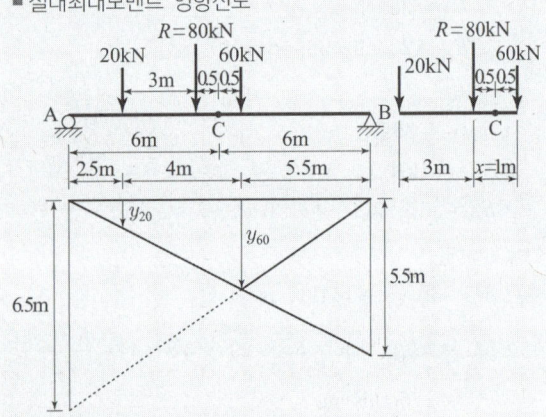

- 합력의 위치 : $80x = 20 \times 4$ ∴ $x = 1m$
- B점으로부터 절대최대모멘트 발생위치 :
  $x = \dfrac{12}{2} - \dfrac{1}{2} = 5.5m$
- B점으로부터의 60kN 거리 : 5.5m
- B점으로부터의 20kN 거리 : $12 - 2.5 = 9.5m$
- $12 : 5.5 = 2.5 : y_{20}$ ∴ $y_{20} = \dfrac{5.5 \times 2.5}{12} = 1.15$
- $12 : 5.5 = 6.5 : y_{60}$ ∴ $y_{60} = \dfrac{5.5 \times 6.5}{12} = 2.98$
- ∴ $M_{max} = P_{20} \times y_{20} + P_{60} \times y_{60}$
  $= 20 \times 1.15 + 60 \times 2.98 = 201.8 kN \cdot m$
- ∴ B점으로부터 9.5m인 점에 20kN의 하중이 실릴 때 60kN의 하중이 실리는 점

기 08,11,16,17①,20①,21①

15 그림과 같이 하중을 받는 단순보에 발생하는 최대전단응력은?

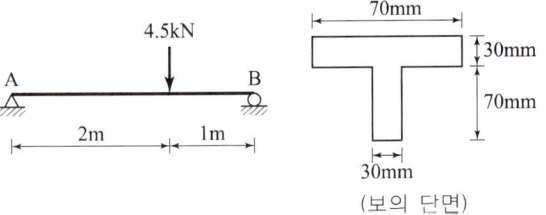

① 1.48MPa ② 2.48MPa
③ 3.48MPa ④ 4.48MPa

| 해답 | ①

$$\tau_{max} = \dfrac{S_{max} G}{I_x b}$$

- $G_x = A_1 y_1 + A_2 y_2$
  $= 70 \times 30 \times \left(\dfrac{30}{2} + 70\right) + 30 \times 70 \times \dfrac{70}{2}$
  $= 252000 mm^3$

- 도심 $\bar{y} = \dfrac{G_x}{A} = \dfrac{252000}{70 \times 30 + 30 \times 70} = 60mm$ (밑변에서)

- $I_x = \dfrac{b_1 h_1^3}{12} + A_1 y_1 + \dfrac{b_2 h_2^3}{12} + A_2 y_2$
  $= \dfrac{70 \times 30^3}{12} + (70 \times 30) \times \left\{\dfrac{30}{2} + (40-30)\right\}^2$
  $+ \dfrac{30 \times 70^3}{12} + (30 \times 70) \times \left(\dfrac{70}{2} - 10\right)^2$
  $= 157500 + 1312500 + 857500 + 1312500$
  $= 3640000 mm^4$

- $G = A\,y = 30 \times 60 \times \dfrac{70-10}{2} = 54000 mm^3$

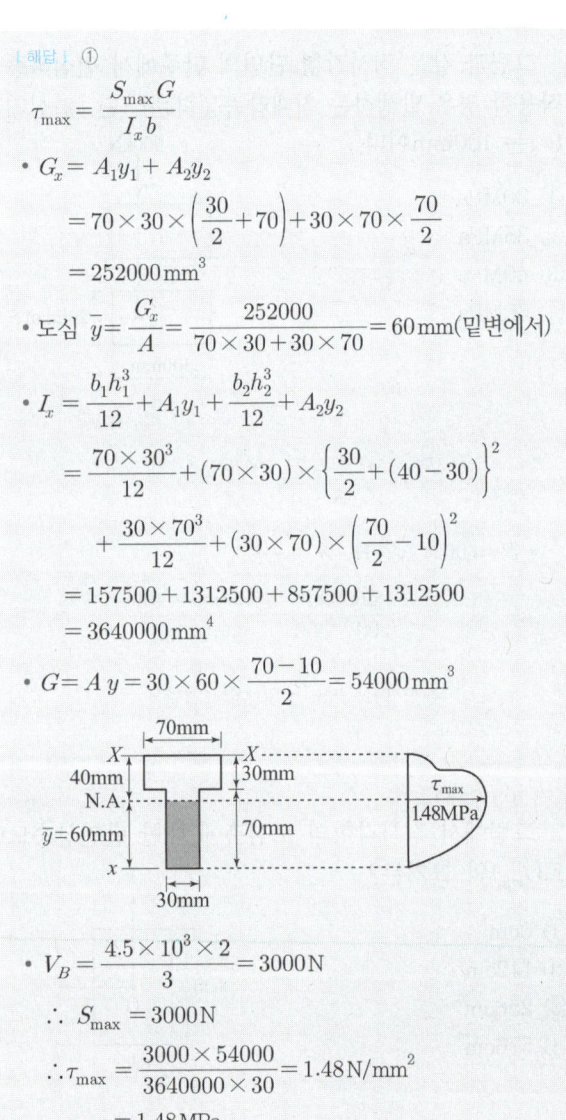

- $V_B = \dfrac{4.5 \times 10^3 \times 2}{3} = 3000N$
  ∴ $S_{max} = 3000N$
  ∴ $\tau_{max} = \dfrac{3000 \times 54000}{3640000 \times 30} = 1.48 N/mm^2$
  $= 1.48 MPa$

16 그림과 같이 x, y축에 대칭인 빗금 친 단면에 비틀림우력 50kN·m가 작용할 때 최대전단응력은?

① 15.63MPa
② 17.81MPa
③ 31.25MPa
④ 35.61MPa

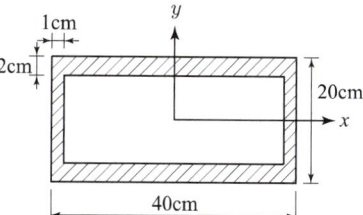

| 해답 | ④

직사각형 관의 비틀림전단응력

$$\tau = \frac{T}{2t_1 A_m}$$

• $T = 50\text{kN}\cdot\text{m} = 50 \times 10^6 \text{N}\cdot\text{mm}$
• $t_1 = 1\text{cm} = 10\text{mm}$
• $A_m = bh = \left(400 - \frac{10}{2} \times 2\right) \times \left(200 - \frac{20}{2} \times 2\right)$
  $= (400-10) \times (200-20) = 70200 \text{mm}^2$
  (∵ 두께가 얇은 관에 대한 비틀림전단을 고려할 때 폭과 높이는 관 단면의 중심선으로 산정한다.)

∴ $\tau = \dfrac{50 \times 10^6}{2 \times 10 \times 70200} = 35.61 \text{N/mm}^2 = 35.61\text{MPa}$

17 그림과 같은 구조물에서 지점 A에서의 수직반력은?

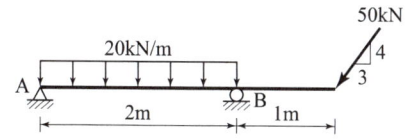

① 0kN   ② 10kN
③ 20kN   ④ 30kN

| 해답 | ①

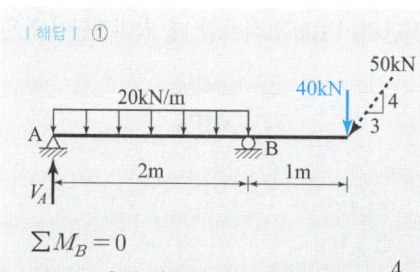

$\Sigma M_B = 0$

• 50kN의 수직분력: $50\cos\theta = 50 \times \dfrac{4}{5}$

• $V_A \times 2 - 20 \times 2 \times \dfrac{2}{2} + \left(50 \times \dfrac{4}{5}\right) \times 1 = 0$

∴ $V_A = 0\text{kN}$

18 그림과 같은 라멘 구조물에서 A점의 수직반력(R_A)은?

① 30kN
② 45kN
③ 60kN
④ 90kN

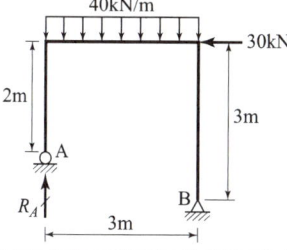

| 해답 | ④

$\Sigma M_B = 0 : R_A \times 3 - 40 \times 3 \times \dfrac{3}{2} - 30 \times 3 = 0$

∴ $R_A = 90\text{kN}(\uparrow)$

19 그림과 같은 평면도형의 $x-x'$축에 대한 단면 2차 반지름(r_x)과 단면 2차 모멘트(I_x)는?

① $r_x = \dfrac{\sqrt{35}}{6}a$, $I_x = \dfrac{35}{32}a^4$

② $r_x = \dfrac{\sqrt{139}}{12}a$, $I_x = \dfrac{139}{128}a^4$

③ $r_x = \dfrac{\sqrt{129}}{12}a$, $I_x = \dfrac{129}{128}a^4$

④ $r_x = \dfrac{\sqrt{11}}{12}a$, $I_x = \dfrac{11}{128}a^4$

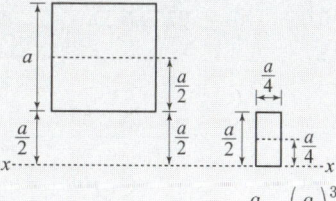

| 해답 | ①

■ $x-x'$축에 대한 단면 2차 모멘트

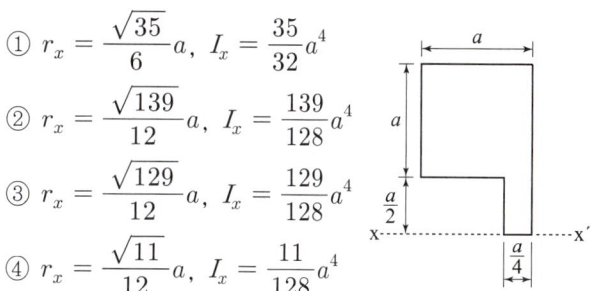

$I_x = \dfrac{a^4}{12} + a^2\left(\dfrac{a}{2} + \dfrac{a}{2}\right)^2 + \dfrac{\dfrac{a}{4} \times \left(\dfrac{a}{2}\right)^3}{12} + \left(\dfrac{a}{2} \times \dfrac{a}{4}\right)\left(\dfrac{a}{4}\right)^2$

$= \dfrac{13a^4}{12} + \dfrac{a^4}{384} + \dfrac{a^4}{128} = \dfrac{35a^4}{32}$

■ $x-x'$축에 대한 2차 반지름

• $r_x = \sqrt{\dfrac{I_x}{A}}$

• $A = a \times a + \dfrac{a}{2} \times \dfrac{a}{4} = \dfrac{9a^2}{8}$

∴ $r_x = \sqrt{\dfrac{\dfrac{35a^4}{32}}{\dfrac{9a^2}{8}}} = \sqrt{\dfrac{35a^2}{36}} = \dfrac{\sqrt{35}}{6}a$

□□□ 기 08④,10②,16④,21①

20 그림과 같은 보에서 지점 B의 휨모멘트 절댓값은? (단, EI는 일정하다.)

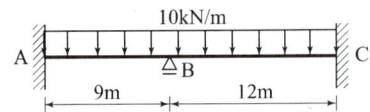

① $67.5\text{kN}\cdot\text{m}$
② $97.5\text{kN}\cdot\text{m}$
③ $120\text{kN}\cdot\text{m}$
④ $165\text{kN}\cdot\text{m}$

해답 ②

처짐각방정식

- $M_{BA} = 2E\left(\dfrac{I}{l}\right)(2\theta_B + \theta_A - 3R) + \dfrac{wl^2}{12}$

  $\theta_A = 0,\ \theta_C = 0,\ R = 0$

  $= 2E\left(\dfrac{I}{9}\right)(2\theta_B + \theta_A - 3R) + \dfrac{10\times 9^2}{12}$

  $= \dfrac{4}{9}EI\theta_B + 67.5$

- $M_{BC} = 2E\left(\dfrac{I}{l}\right)(2\theta_B + \theta_A - 3R) - \dfrac{wl^2}{12}$

  $= 2E\left(\dfrac{I}{12}\right)(2\theta_B + \theta_A - 3R) - \dfrac{10\times 12^2}{12}$

  $= \dfrac{4}{12}EI\theta_B - 120 = \dfrac{1}{3}EI\theta_B - 120$

- 절점방정식

  $M_B = M_{BA} + M_{BC} = \dfrac{28}{36}EI\theta_B - 52.5$

  $= \dfrac{7}{9}EI\theta_B - 52.5 = 0\quad \therefore\ EI\theta_B = 67.5$

  $\therefore\ M_{BA} = \dfrac{4}{9}\times 67.5 + 67.5 = 97.5\text{kN}\cdot\text{m}$

  $\therefore\ M_{BC} = \dfrac{1}{3}\times 67.5 - 120 = -97.5\text{kN}\cdot\text{m}$

Remember

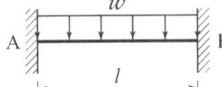

- $M_A = -\dfrac{wl^2}{12}$
- $M_B = M_A$

제2회 2021년 5월 15일

□□□ 기 97④,03①,13②,21②

01 그림과 같은 트러스에서 L_1U_1 부재의 부재력은?

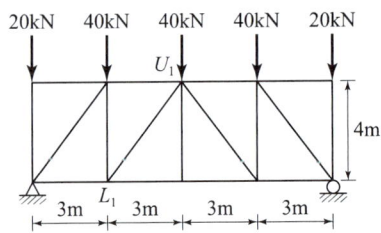

① 22kN(인장)
② 25kN(인장)
③ 22kN(압축)
④ 25kN(압축)

해답 ④

- 반력 $V_{좌} = V_{우} = \dfrac{20+40+40+40+20}{2}$

  $= 80\text{kN}\ (\because 대칭이므로)$

- L_1U_1 부재가 지나가도록 수직절단하여 좌측을 고려한다.

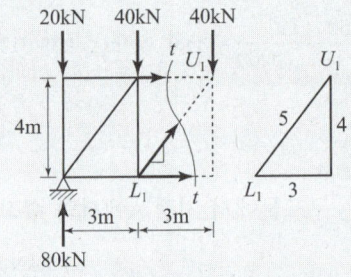

- $\Sigma V_{L_1} = 0\ :\ 80 - 20 - 40 + \overline{L_1U_1}\times\dfrac{4}{5} = 0$

  $\therefore\ \overline{L_1U_1} = -25\text{kN} = 25\text{kN}$(압축)

□□□ 기 86,88,06,09,21②

02 폭 20mm, 높이 50mm인 균일한 직사각형 단면의 단순보에 최대전단력이 10kN 작용할 때 최대전단응력은?

① 6.7MPa
② 10MPa
③ 13.3MPa
④ 15MPa

해답 ④

직사각형(구형) 단면의 최대전단응력

$\tau_{max} = \dfrac{3}{2}\dfrac{S}{A} = \dfrac{3}{2}\times\dfrac{10\times 10^3}{20\times 50}$

$= 15\text{N/mm}^2\text{N/mm}^2 = 15\text{MPa}$

기 94②,98②,00②,06④,17②,21②,24②

03 그림과 같이 케이블(cable)에 5kN의 추가 매달려 있다. 이 추의 중심을 수평으로 3m 이동시키기 위해 케이블 길이 5m 지점인 A점에 수평력 P를 가하고자 한다. 이때 힘 P의 크기는?

① 3.75kN
② 4.00kN
③ 4.25kN
④ 4.50kN

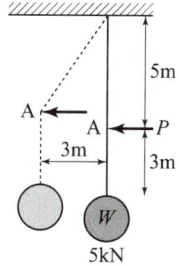

[해답] ①

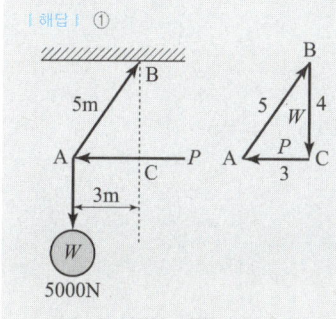

- $W = 5kN = 5000N$
- $\dfrac{\overline{AC}}{\sin \angle B} = \dfrac{\overline{BC}}{\sin \angle A}$ 에서

  $\sin \angle B = \dfrac{3}{5}$, $\sin \angle A = \dfrac{4}{5}$

- $\dfrac{\overline{AC}}{\sin \angle B} = \dfrac{\overline{BC}}{\sin \angle A} = \dfrac{P}{\dfrac{3}{5}} = \dfrac{5000}{\dfrac{4}{5}}$

  $\therefore P = \dfrac{5000 \times \dfrac{3}{5}}{\dfrac{4}{5}} = 3750N = 3.75kN$

기 10④,12①,12②,13②,16④,19②,21②

04 그림과 같이 2개의 집중하중이 단순보 위를 통과할 때 절대최대휨모멘트의 크기(M_{max})와 발생위치(x)는?

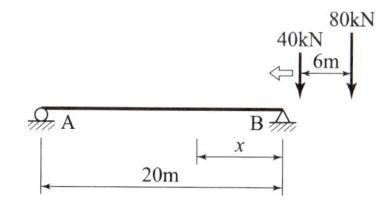

① $M_{max} = 362kN \cdot m$, $x = 8m$
② $M_{max} = 382kN \cdot m$, $x = 8m$
③ $M_{max} = 486kN \cdot m$, $x = 9m$
④ $M_{max} = 506kN \cdot m$, $x = 9m$

[해답] ③

■ 절대최대모멘트 영향선도

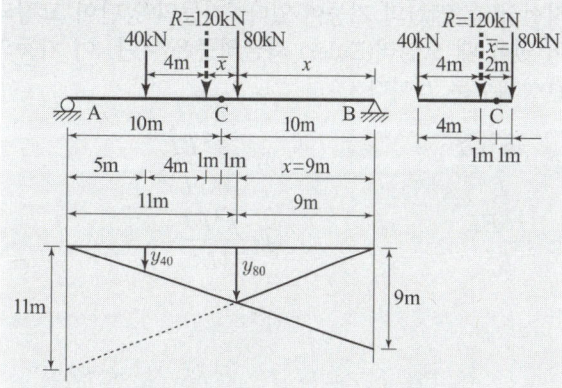

- 합력의 위치 : $120\overline{x} = 40 \times 6$ ∴ $\overline{x} = 2m$
- B점으로부터 절대최대모멘트 발생위치

  $x = \dfrac{20}{2} - \dfrac{2}{2} = 9m$

- A점으로부터의 80kN 거리 : $20 - 9 = 11m$
- A점으로부터의 40kN 거리 : $20 - (6+9) = 5m$
- $20 : 9 = 5 : y_{40}$ ∴ $y_{40} = \dfrac{9 \times 5}{20} = 2.25$
- $20 : 9 = 11 : y_{80}$ ∴ $y_{80} = \dfrac{9 \times 11}{20} = 4.95$

  $\therefore M_{max} = P_{40} \times y_{40} + P_{80} \times y_{80}$
  $= 40 \times 2.25 + 80 \times 4.95 = 486 kN \cdot m$

기 15②,16④,19③,21②

05 아래에서 설명하는 것은?

탄성체에 저장된 변형에너지 U를 변위의 함수로 나타내는 경우에, 임의의 변위 Δ_i에 관한 변형에너지 U의 1차 편도함수는 대응되는 하중 P_i와 같다. 즉, $P_i = \dfrac{\partial U}{\partial \Delta_i}$이다.

① Castigliano의 제1정리
② Castigliano의 제2정리
③ 가상일의 원리
④ 공액보법

[해답] ①

- Castigliano의 제1정리 : 탄성체에 외력 또는 모멘트가 작용할 때 전체 변형에너지 u_i를 하중작용점에서 힘의 방향의 처짐, 처짐각으로 1차 편미분한 것은 그 점의 힘 또는 모멘트와 같다.
- Castigliano의 제2정리 : 탄성체가 가지고 있는 탄성변형 에너지를 작용하고 있는 하중으로 편미분하면, 그 하중점에서 작용방향의 변위가 된다.

기 95①,03①,11④,21②,22①

06 단면 2차 모멘트가 I, 길이가 L인 균일한 단면의 직선상(直線狀)의 기둥이 있다. 기둥의 양단이 고정되어 있을 때 오일러(Euler) 좌굴하중은? (단, 이 기둥의 탄성계수는 E이다.)

① $\dfrac{4\pi^2 EI}{L^2}$ ② $\dfrac{\pi^2 EI}{(0.7L)^2}$

③ $\dfrac{\pi^2 EI}{L^2}$ ④ $\dfrac{\pi^2 EI}{4L^2}$

[해답] ①

$P_{cr} = \dfrac{n \cdot \pi^2 E \cdot I}{L^2} = \dfrac{\pi^2 EI}{(KL)^2} = \dfrac{\pi^2 EI}{\left(\dfrac{1}{\sqrt{4}}L\right)^2} = \dfrac{4\pi^2 EI}{L^2}$

일단고정 타단자유	$n = \dfrac{1}{4}$	$K = 2.0$
양단힌지	$n = 1$	$K = 1.0$
일단고정 타단힌지	$n = 2$	$K = \dfrac{1}{\sqrt{2}}$
양단고정	$n = 4$	$K = \dfrac{1}{\sqrt{4}}$

기 10①,21②

07 그림과 같은 집중하중이 작용하는 캔틸레버보에서 A점의 처짐은? (단, EI는 일정하다.)

① $\dfrac{14PL^3}{3EI}$

② $\dfrac{2PL^3}{EI}$

③ $\dfrac{8PL^3}{3EI}$

④ $\dfrac{10PL^3}{3EI}$

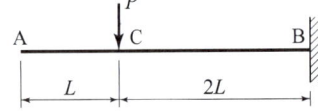

[해답] ①

B.M.D에 의한 공액보

$M_A' = 2PL \times 2L \times \dfrac{1}{2} \times \left(L + 2L \times \dfrac{2}{3}\right)$

$= 2PL^2 \times \dfrac{7L}{3} = \dfrac{14PL^3}{3}$

$\therefore \delta_A = \dfrac{M_A'}{EI} = \dfrac{14PL^3}{3EI}$

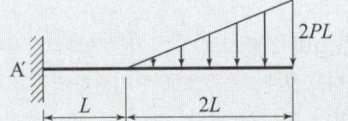

기 07②,08④,15②,16④,21②,23②,24③

08 그림과 같은 보에서 두 지점의 반력이 같게 되는 하중의 위치(x)는 얼마인가?

① 0.33m
② 1.33m
③ 2.33m
④ 3.33m

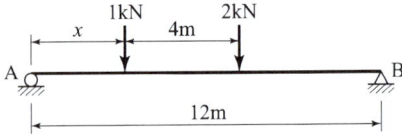

[해답] ④

- $R_A = R_B$
- $\sum V = 0$
  $R_A + R_B = 1 + 2 = 3\,\text{kN}$
  $\therefore R_A = R_B = 1.5\,\text{kN}$
- $\sum M_A = 0$
  $1 \times x + 2 \times (4 + x) - 1.5 \times 12 = 0$
  $x + 8 + 2x - 18 = 0$
  $\therefore x = 3.33\,\text{m}$

기 98②,12②,15①,21②

09 그림에 표시한 것과 같은 단면의 변화가 있는 AB 부재의 강성도(stiffness factor)는?

① $\dfrac{PL_1}{A_1 E_1} + \dfrac{PL_2}{A_2 E_2}$

② $\dfrac{A_1 E_1}{PL_1} + \dfrac{A_2 E_2}{PL_2}$

③ $\dfrac{A_1 E_1}{L_1} + \dfrac{A_2 E_2}{L_2}$

④ $\dfrac{A_1 A_2 E_1 E_2}{L_1(A_2 E_2) + L_2(A_1 E_1)}$

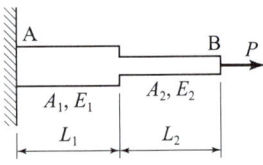

[해답] ④

- 구간별 변위
  $\Delta L_1 = \dfrac{PL_1}{E_1 A_1}$, $\Delta L_2 = \dfrac{PL_2}{E_2 A_2}$
  $\therefore \Delta L = \Delta L_1 + \Delta L_2 = \dfrac{PL_1}{E_1 A_1} + \dfrac{PL_2}{E_2 A_2}$

- 강성도(鋼性度)
  $\Delta L = 1$일 때의 힘 P이므로
  $\Delta L = \dfrac{PL_1}{E_1 A_1} + \dfrac{PL_2}{E_2 A_2} = 1$
  $P\left(\dfrac{L_1}{E_1 A_1} + \dfrac{L_2}{E_2 A_2}\right) = 1$ $P\left(\dfrac{L_1 E_2 A_2 + L_2 E_1 A_1}{E_1 A_1 E_2 A_2}\right) = 1$
  $\therefore P = \dfrac{E_1 A_1 E_2 A_2}{L_1 E_2 A_2 + L_2 E_1 A_1} = \dfrac{A_1 A_2 E_1 E_2}{L_1(A_2 E_2) + L_2(A_1 E_1)}$

□□□ 기 16②,21②,24②

10 그림과 같은 단순보의 최대전단응력($\tau_{\max}$)을 구하면? (단, 보의 단면은 지름이 D인 원이다.)

① $\dfrac{9WL}{4\pi D^2}$

② $\dfrac{3WL}{2\pi D^2}$

③ $\dfrac{2WL}{\pi D^2}$

④ $\dfrac{WL}{2\pi D^2}$

| 해답 | ③

$\tau_{\max} = \dfrac{4}{3}\dfrac{S_{\max}}{A}$ (원형단면의 최대전단응력)

• $\sum M_B = 0$

$R_A \times L - W \times \dfrac{L}{2}\left(\dfrac{L}{2} \times \dfrac{1}{2} + \dfrac{L}{2}\right) = 0$

$\therefore R_A = \dfrac{W}{2}\left(\dfrac{L}{4} + \dfrac{L}{2}\right) = \dfrac{3W \cdot L}{8}$

• 최대전단력 $S_{\max} = R_A$

$\therefore \tau_{\max} = \dfrac{4}{3}\dfrac{\frac{3WL}{8}}{\frac{\pi D^2}{4}} = \dfrac{2WL}{\pi D^2}$

Remember

단면의 최대전단응력 $\tau_{\max}$	
구형단면	원형단면
$\dfrac{3}{2}\dfrac{S}{A}$	$\dfrac{4}{3}\dfrac{S}{A}$

□□□ 기 18②,21②

11 그림과 같은 단순보에서 C점의 휨모멘트는?

① 320kN·m
② 420kN·m
③ 480kN·m
④ 540kN·m

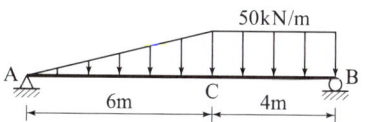

| 해답 | ③

$\sum M_A = 0$

$R_B \times 10 - 50 \times 4 \times \left(6 + \dfrac{4}{2}\right) - \dfrac{50 \times 6}{2} \times \left(6 \times \dfrac{2}{3}\right) = 0$

참고 SOLVE 사용 $\therefore R_B = 220$kN

$\therefore M_C = 220 \times 4 - 50 \times 4 \times \dfrac{4}{2} = 480$kN·m

□□□ 기 97②,02②,04④,09④,11④,15①,21②,25③

12 그림과 같은 3힌지 아치에서 A점의 수평반력(H_A)은?

① $\dfrac{wL^2}{16h}$

② $\dfrac{wL^2}{8h}$

③ $\dfrac{wL^2}{4h}$

④ $\dfrac{wL^2}{2h}$

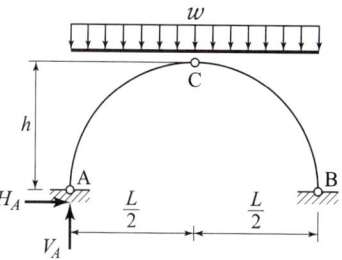

| 해답 | ②

• $\sum M_B = 0$

$V_A \times L - (w \times L) \times \dfrac{L}{2} = 0$

$\therefore V_A = \dfrac{wL}{2}$

• $\sum M_C = 0$ (좌)

$V_A \times \dfrac{L}{2} - H_A \times h - \dfrac{wL}{2} \times \dfrac{L}{2} \times \dfrac{1}{2} = 0$

$H_A \times h = \dfrac{wL}{2} \times \dfrac{L}{2} - \dfrac{wL^2}{8} = \dfrac{wL^2}{8}$

$\therefore H_A = \dfrac{wL^2}{8h} (\rightarrow)$

□□□ 기 85,91④,98②,99④,05①,21②,24①

13 그림과 같은 캔틸레버보에서 B점의 처짐각은? (단, EI는 일정하다.)

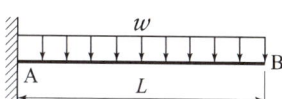

① $\dfrac{wL^3}{3EI}$ ② $\dfrac{wL^3}{6EI}$

③ $\dfrac{wL^3}{8EI}$ ④ $\dfrac{2wL^3}{3EI}$

| 해답 | ②

• 공액보

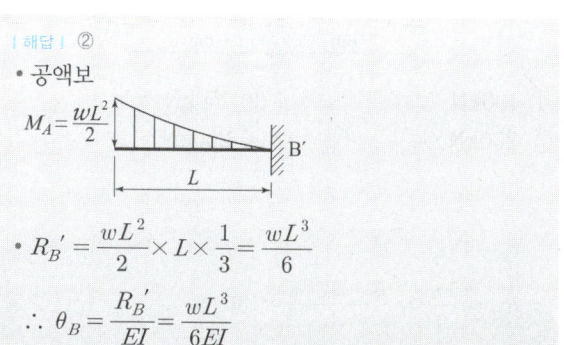

• $R_B' = \dfrac{wL^2}{2} \times L \times \dfrac{1}{3} = \dfrac{wL^3}{6}$

$\therefore \theta_B = \dfrac{R_B'}{EI} = \dfrac{wL^3}{6EI}$

□□□ 기 84,13②,18②,21②,24③

14 그림과 같은 부정정보에서 A점의 처짐각(θ_A)은? (단, 보의 휨강성은 EI이다.)

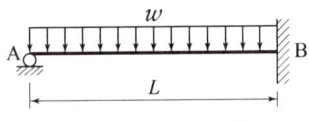

① $\dfrac{wL^3}{12EI}$ ② $\dfrac{wL^3}{24EI}$

③ $\dfrac{wL^3}{36EI}$ ④ $\dfrac{wL^3}{48EI}$

| 해답 | ④

공액보의 수직반력
· w만 고려한 공액보

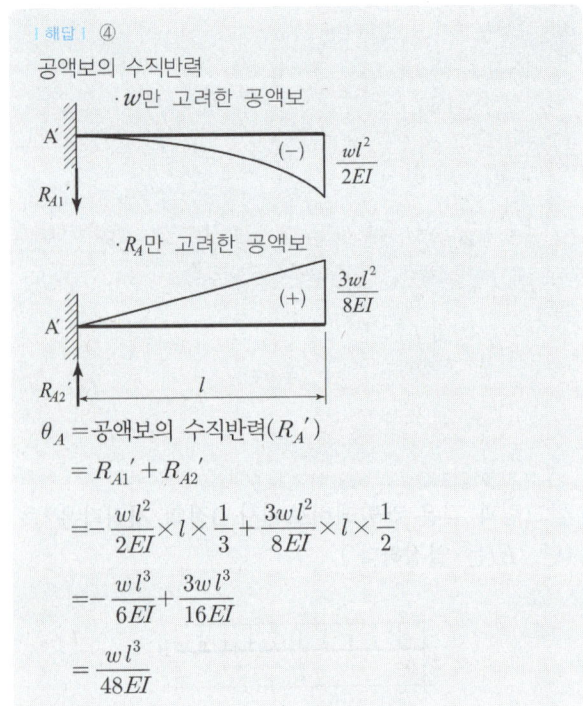

θ_A = 공액보의 수직반력(R_A')
$= R_{A1}' + R_{A2}'$
$= -\dfrac{wl^2}{2EI} \times l \times \dfrac{1}{3} + \dfrac{3wl^2}{8EI} \times l \times \dfrac{1}{2}$
$= -\dfrac{wl^3}{6EI} + \dfrac{3wl^3}{16EI}$
$= \dfrac{wl^3}{48EI}$

□□□ 기 04②,08②,14①,19③,20③,21②

15 그림과 같은 연속보에서 B점의 지점반력을 구한 값은?

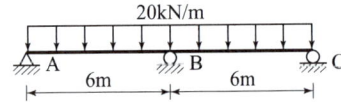

① 100kN   ② 150kN
③ 200kN   ④ 250kN

| 해답 | ②

$R_B = \dfrac{5wl}{4} = \dfrac{5 \times 20 \times 6}{4} = 150\,\text{kN}$

Remember

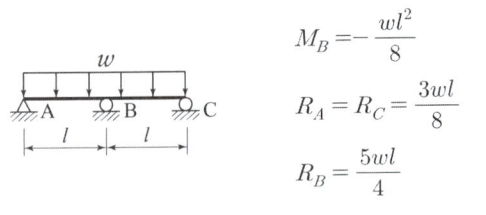

$M_B = -\dfrac{wl^2}{8}$

$R_A = R_C = \dfrac{3wl}{8}$

$R_B = \dfrac{5wl}{4}$

□□□ 기 96,97,16①,21②

16 지름이 D인 원형단면의 단면 2차 극모멘트(I_P)의 값은?

① $\dfrac{\pi D^4}{64}$ ② $\dfrac{\pi D^4}{32}$

③ $\dfrac{\pi D^4}{16}$ ④ $\dfrac{\pi D^4}{8}$

| 해답 | ②

원형단면의 도심에 대한 단면 2차 극모멘트
· $I_P = I_X + I_Y =$ constant (동일)

$I_X = I_Y = \dfrac{\pi D^4}{64}$

$\therefore I_P = \dfrac{\pi D^4}{64} \times 2 = \dfrac{\pi D^4}{32}$

□□□ 기 94③,01①,03②,09②,11①,21②

17 재료의 역학적 성질 중 탄성계수를 E, 전단탄성계수를 G, 포아송 수를 m이라 할 때 각 성질의 상호관계식으로 옳은 것은?

① $G = \dfrac{E}{2(m-1)}$ ② $G = \dfrac{E}{2(m+1)}$

③ $G = \dfrac{mE}{2(m-1)}$ ④ $G = \dfrac{mE}{2(m+1)}$

| 해답 | ④

$G = \dfrac{E}{2(1+\nu)} = \dfrac{E}{2\left(1+\dfrac{1}{m}\right)} = \dfrac{E}{2\left(\dfrac{m+1}{m}\right)}$

$= \dfrac{mE}{2(m+1)}$

· 포아송수 $m = \dfrac{1}{\nu(\text{포아송비})}$

□□□ 기 09②,09④,10②,14①,21②

18 길이가 같으나 지지조건이 다른 2개의 장주가 있다. 그림 (a)의 장주가 40kN에 견딜 수 있다면 그림 (b)의 장주가 견딜 수 있는 하중은? (단, 재질 및 단면은 동일하며 EI는 일정하다.)

① 40kN
② 160kN
③ 320kN
④ 640kN

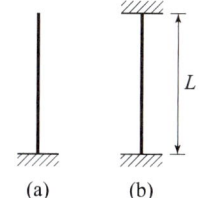

(a) (b)

| 해답 | ④

$$P_{cr} = \frac{n\pi^2 EI}{L^2}$$

• 일단고정 타단자유 : $P_{cr} = \frac{1}{4}\left(\frac{\pi^2 EI}{L^2}\right) = 40\,\text{kN}$

  $P_{cr} = \frac{\pi^2 EI}{L^2} = 4 \times 40 = 160\,\text{kN}$

• 양단고정 : $P_{cr} = 4\left(\frac{\pi^2 EI}{L^2}\right) = 4 \times 160 = 640\,\text{kN}$

일단고정 타단자유	$n = \frac{1}{4}$	$K = 2.0$
양단힌지	$n = 1$	$K = 1.0$
일단고정 타단힌지	$n = 2$	$K = \frac{1}{\sqrt{2}}$
양단고정	$n = 4$	$K = \frac{1}{\sqrt{4}}$

□□□ 기 01④,08④,10②,21②

19 아래 그림에서 $A-A$축과 $B-B$축에 대한 음영 부분의 단면 2차 모멘트가 각각 $8 \times 10^8 \text{mm}^4$, $16 \times 10^8 \text{mm}^4$일 때 음영부분의 면적은?

① $8.00 \times 10^4 \text{mm}^2$
② $7.52 \times 10^4 \text{mm}^2$
③ $6.06 \times 10^4 \text{mm}^2$
④ $5.73 \times 10^4 \text{mm}^2$

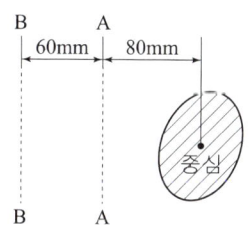

| 해답 | ③

$I_x = I_X + A \cdot x^2$

• $I_A = I_X + A \times 80^2 = 8 \times 10^8$
• $I_B = I_X + A \times 140^2 = 16 \times 10^8$
• $(x_2^2 - x_1^2)A = I_B - I_A$
  $\{(60+80)^2 - 80^2\}A = (16-8) \times 10^8$
  $\therefore A = 60606 = 6.06 \times 10^4 \text{mm}^2$

□□□ 기 92②,01②,08②,13②,21①②

20 그림과 같이 밀도가 균일하고 무게가 W인 구(球)가 마찰이 없는 두 벽면 사이에 놓여 있을 때 반력 R_A의 크기는?

① $0.500W$
② $0.577W$
③ $0.707W$
④ $0.866W$

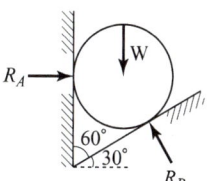

| 해답 | ②

[방법1] $\Sigma V = 0$
  $-W + R_B \times \cos 30° = 0$
  $\therefore R_B = \frac{W}{\cos 30°}$

• $\Sigma H = 0$
  $R_A - R_B \times \sin 30° = 0$
  $\therefore R_A = R_B \times \sin 30°$
  $= \frac{W}{\cos 30°} \times \sin 30° = 0.577\,W$

[방법2] 라미의 정리

$$\frac{W}{\sin 120°} = \frac{R_A}{\sin 150°}$$

$\therefore R_A = \frac{\sin 150°}{\sin 120°} \times W = 0.577\,W$

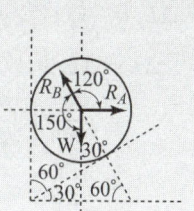

제3회 2021년 8월 14일

□□□ 기 03④,06②,09④,13①,21③

01 그림과 같은 인장부재의 수직변위를 구하는 식으로 옳은 것은? (단, 탄성계수는 E이다.)

① $\dfrac{PL}{EA}$

② $\dfrac{3PL}{2EA}$

③ $\dfrac{2PL}{EA}$

④ $\dfrac{5PL}{2EA}$

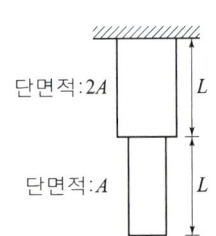

| 해답 | ②

수직변위 $\Delta L = \dfrac{PL}{EA}$

• $\Delta L_1 = \dfrac{PL}{2EA}$

• $\Delta L_2 = \dfrac{PL}{EA}$

∴ $\Delta L = \Delta L_1 + \Delta L_2$
$= \dfrac{PL}{2EA} + \dfrac{PL}{EA}$
$= \dfrac{3PL}{2EA}$

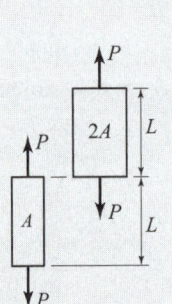

□□□ 기 01④,07④,21③

02 그림과 같은 단순보에서 C점에 30kN·m의 모멘트가 작용할 때 A점의 반력은 얼마인가?

① $\dfrac{10}{3}$kN(↓)

② $\dfrac{10}{3}$kN(↑)

③ $\dfrac{20}{3}$kN(↓)

④ $\dfrac{20}{3}$kN(↑)

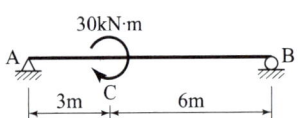

| 해답 | ①

$\sum M_B = 0 : R_A \times 9 + 30 = 0$

∴ $R_A = -\dfrac{30}{9} = -\dfrac{10}{3}$kN $= \dfrac{10}{3}$kN(↓)

□□□ 기 11②,14①,16④,21③

03 그림과 같은 $r = 4\text{m}$인 3힌지 원호 아치에서 지점 A에서 2m 떨어진 E점에 발생하는 휨모멘트의 크기는?

① 6.13kN·m

② 7.32kN·m

③ 8.27kN·m

④ 9.16kN·m

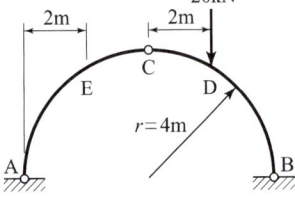

| 해답 | ②

■ $M_E = V_A \cdot x - H_A \cdot y$

• $\sum M_B = 0 ; V_A \times 8 - 20 \times 2 = 0$
  ∴ $V_A = 5\text{kN}(\uparrow)$

• $\sum M_C = 0 ; V_A \times 4 - H_A \times 4 = 0$
  $5 \times 4 - H_A \times 4 = 0$
  ∴ $H_A = 5\text{kN}(\rightarrow)$

• $y = \sqrt{4^2 - 2^2} = 3.464\text{m}$
  ∴ $M_E = 5 \times 2 - 5 \times 3.464 = -7.32\text{kN·m}$
  (∴ 가정방향과 반대)

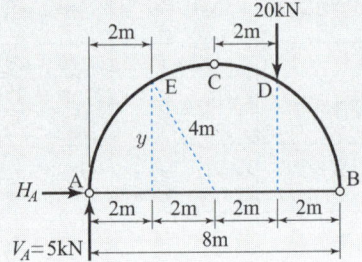

□□□ 기 08②,09①,11①,15①②,19②,20④,21③,22②

04 그림과 같이 이축응력(二軸應力)을 받고 있는 요소의 체적변형률은? (단, 이 요소의 탄성계수 $E = 2.0 \times 10^5 \text{MPa}$, 포아송 비 $\nu = 0.3$이다.)

① 3.6×10^{-4}

② 4.0×10^{-4}

③ 4.4×10^{-4}

④ 4.8×10^{-4}

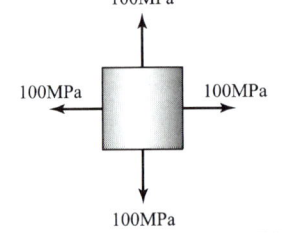

| 해답 | ②

2축응력의 체적변형률

$\varepsilon_v = \dfrac{\Delta V}{V} = \dfrac{(1-2\nu)}{E}(\sigma_x + \sigma_y)$

$= \dfrac{(1 - 2 \times 0.3)}{2.0 \times 10^5}(100 + 100) = 4.0 \times 10^{-4}$

| 기 03,07,09,11,17②,21③,24①

05 그림과 같은 단면에 600kN의 전단력이 작용할 때 최대전단응력의 크기는?

① 12.71MPa
② 15.98MPa
③ 19.83MPa
④ 21.32MPa

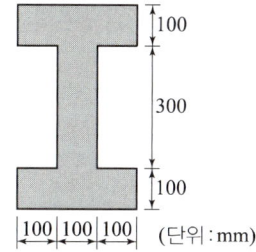

| 해답 | ②

최대전단응력

$$\tau_{max} = \frac{G_x S}{I_x b}$$

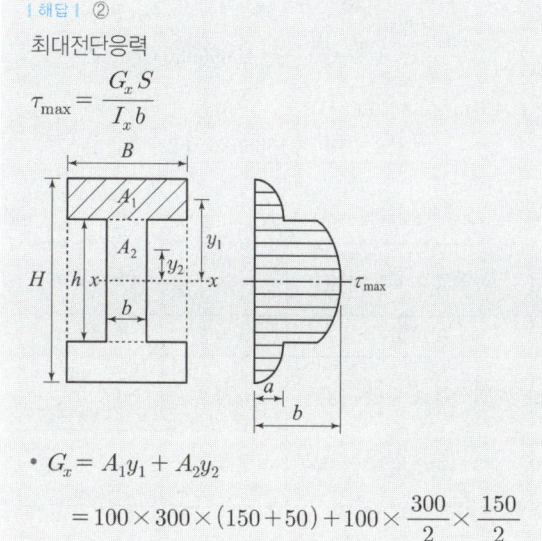

- $G_x = A_1 y_1 + A_2 y_2$
  $= 100 \times 300 \times (150+50) + 100 \times \frac{300}{2} \times \frac{150}{2}$
  $= 7125000 \, mm^3$
- $S = 600 \times 10^3 \, N$
- $I_x = \frac{BH^3}{12} - \frac{bh^3}{12} = \frac{300 \times 500^3}{12} - \frac{200 \times 300^3}{12}$
  $= 2675000000 \, mm^4$

$\therefore \tau_{max} = \frac{G_x S}{I_x b} = \frac{7125000 \times 600000}{2675000000 \times 100}$
$= 15.981 \, N/mm^2 = 15.98 MPa$

| 기 94③,97④,08①,21③

06 그림과 같은 30° 경사진 언덕에 40kN의 물체를 밀어 올릴 때 필요한 힘 P는 최소 얼마 이상이어야 하는가? (단, 마찰계수는 0.25이다.)

① 28.7kN
② 30.2kN
③ 34.7kN
④ 40.0kN

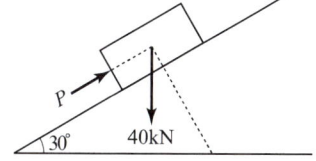

| 해답 | ①

$P > P_H + F$

- $P_V = W\cos\theta = 40\cos 30° = 34.64 \, kN$
- $P_H = W\sin\theta = 40\sin 30° = 20 \, kN$
- 마찰력 $F = P_V \cdot f = 34.64 \times 0.25 = 8.66 \, kN$

$\therefore P > P_H + F = 20 + 8.66 = 28.7 \, kN$

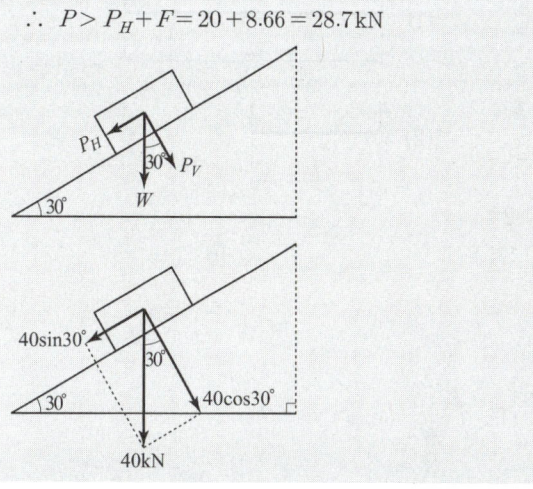

| 기 95②,01①,09④,21③

07 그림과 같은 부정정구조물에서 B지점의 반력의 크기는? (단, 보의 휨강도 EI는 일정하다.)

① $\frac{7}{3}P$
② $\frac{7}{4}P$
③ $\frac{7}{5}P$
④ $\frac{7}{6}P$

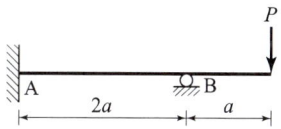

| 해답 | ②

$M_B = P \cdot a$

$M_A = \frac{M_B}{2} = \frac{P \cdot a}{2}$

$\Sigma M_A = R_B \times 2a - Pa - P \cdot 2a - \frac{P \cdot a}{2} = 0$

$\therefore R_B = \frac{1}{2a}\left(3P \cdot a + \frac{P \cdot a}{2}\right) = \frac{7P}{4}$

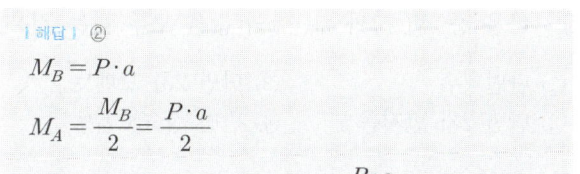

□□□ 기 13①,17②,21③

08 그림과 같은 2개의 캔틸레버보에 저장되는 변형에너지를 각각 $U_{(1)}$, $U_{(2)}$라고 할 때 $U_{(1)} : U_{(2)}$의 비는? (단, EI는 일정하다.)

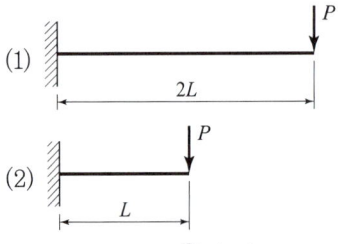

① 2 : 1
② 4 : 1
③ 8 : 1
④ 16 : 1

| 해답 | ③

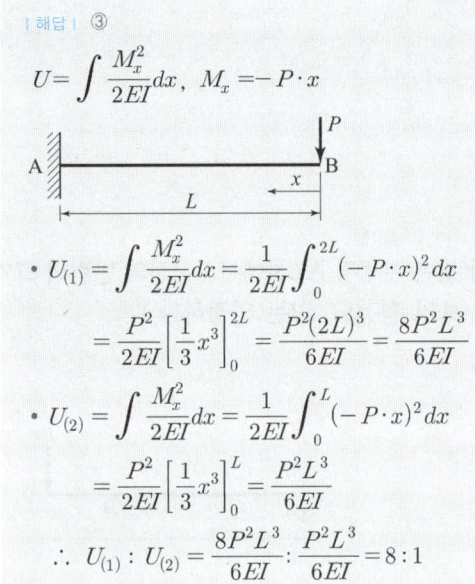

$$U = \int \frac{M_x^2}{2EI}dx, \quad M_x = -P \cdot x$$

- $U_{(1)} = \int \frac{M_x^2}{2EI}dx = \frac{1}{2EI}\int_0^{2L}(-P \cdot x)^2 dx$
  $= \frac{P^2}{2EI}\left[\frac{1}{3}x^3\right]_0^{2L} = \frac{P^2(2L)^3}{6EI} = \frac{8P^2L^3}{6EI}$

- $U_{(2)} = \int \frac{M_x^2}{2EI}dx = \frac{1}{2EI}\int_0^{L}(-P \cdot x)^2 dx$
  $= \frac{P^2}{2EI}\left[\frac{1}{3}x^3\right]_0^{L} = \frac{P^2 L^3}{6EI}$

$$\therefore U_{(1)} : U_{(2)} = \frac{8P^2L^3}{6EI} : \frac{P^2L^3}{6EI} = 8 : 1$$

□□□ 기 17②,20②④,21③

09 다음 중 정(+)과 부(−)의 값을 모두 갖는 것은?

① 단면계수
② 단면 2차 모멘트
③ 단면 2차 반지름
④ 단면 상승모멘트

| 해답 | ④

단면 상승모멘트(I_{xy})의 특징
- 도심축에 대한 상승모멘트 $I_{xy} = 0$이다.
- 도면의 도심축이 아닌 x축, y축의 상승모멘트 $I_{xy} = A \cdot x_o \cdot y_o$는
  x_o 또는 y_o가 (−)일 경우 상승모멘트는 (−)가 된다.

□□□ 기 12④,15④,21③,24①

10 단면이 100mm×200mm인 장주의 길이가 3m일 때 이 기둥의 좌굴하중은? (단, 기둥의 $E = 2.0 \times 10^4$MPa, 지지상태는 일단고정, 타단자유이다.)

① 45.8kN
② 91.4kN
③ 182.8kN
④ 365.6kN

| 해답 | ②

$$P_{cr} = \frac{n\pi^2 EI}{L^2} = \frac{\pi^2 EI}{(kL)^2}$$

- $I_{min} = \frac{bh^3}{12} = \frac{200 \times 100^3}{12} = 16666666.67 \text{mm}^4$
- $L = 3\text{m} = 3000\text{mm}$

$$\therefore P_{cr} = \frac{\pi^2 \times 2 \times 10^4 \times 16666666.67}{(2 \times 3000)^2}$$
$$= 91385\text{N} = 91.4\text{kN}$$

일단고정 타단자유	$n = \frac{1}{4}$	$k = 2.0$
양단힌지	$n = 1$	$k = 1.0$
일단힌지 타단고정	$n = 2$	$k = \frac{1}{\sqrt{2}}$
양단고정	$n = 4$	$k = \frac{1}{\sqrt{4}}$

□□□ 기 93,97,09,12②,20③,21③

11 그림과 같은 구조물의 C점에 연직하중이 작용할 때 AC 부재가 받는 힘은?

① 2.5kN
② 5.0kN
③ 8.7kN
④ 10.0kN

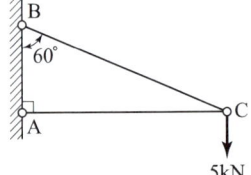

| 해답 | ③

라미의 정리

$$\frac{5}{\sin 30°} = \frac{AC}{\sin 60°}$$

$$\therefore AC = \frac{\sin 60°}{\sin 30°} \times 5 = 8.7\text{kN}$$

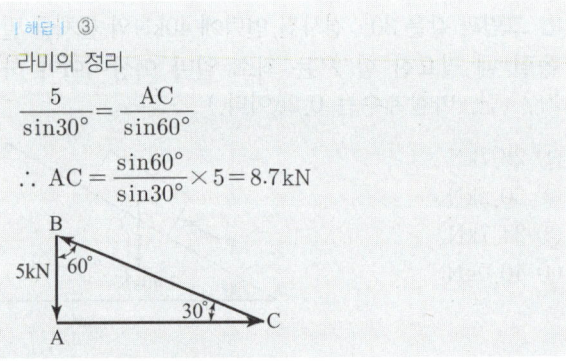

기 12④, 21③

12 그림과 같은 캔틸레버보에서 C점의 처짐은? (단, EI는 일정하다.)

① $\dfrac{PL^3}{24EI}$
② $\dfrac{5PL^3}{24EI}$
③ $\dfrac{PL^3}{48EI}$
④ $\dfrac{5PL^3}{48EI}$

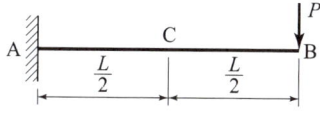

| 해답 | ④

B.M.D에 의한 공액보

$M_C' = \dfrac{PL}{2} \times \dfrac{L}{2} \times \left(\dfrac{L}{2} \times \dfrac{1}{2}\right)$
$\quad + \dfrac{PL}{2} \times \dfrac{L}{2} \times \dfrac{1}{2} \times \left(\dfrac{L}{2} \times \dfrac{2}{3}\right)$
$\quad = \dfrac{PL^3}{16} + \dfrac{PL^3}{24} = \dfrac{5PL^3}{48}$

$\therefore \delta_C = \dfrac{M_C'}{EI} = \dfrac{5PL^3}{48EI}$

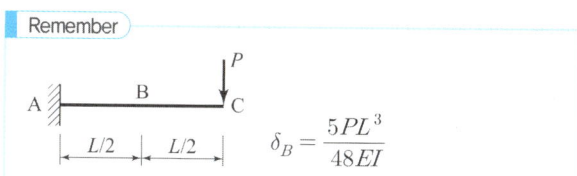

Remember

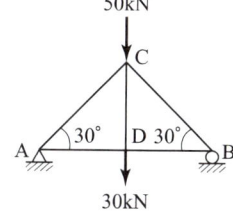

$\delta_B = \dfrac{5PL^3}{48EI}$

기 92①, 06④, 10①, 12④, 13①, 17①, 21③

13 그림과 같은 트러스에서 AC 부재의 부재력은?

① 인장 40kN
② 압축 40kN
③ 인장 80kN
④ 압축 80kN

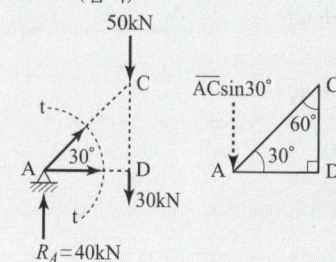

| 해답 | ④

• 반력 $R_A = R_B = \dfrac{50+30}{2} = 40\text{kN}$ (∵ 대칭이므로)

• $\sum M_A = 0 : R_A + \overline{AC} \sin 30° = 0$
(또는 $R_A + \overline{AC} \cos 60° = 0$)

$\therefore \overline{AC} = -\dfrac{R_A}{\sin 30°} = -\dfrac{40}{\sin 30°} = -80\text{kN}$
$\quad = 80\text{kN}$ (압축)

기 92②, 05④, 08②, 19①, 21③

14 그림과 같은 기둥에서 좌굴하중의 비 (a) : (b) : (c) : (d)는? (단, EI와 기둥의 길이는 모두 같다.)

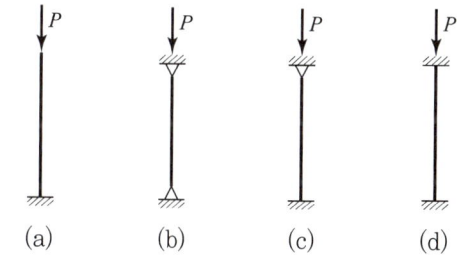

① 1 : 2 : 3 : 4
② 1 : 4 : 8 : 12
③ 1 : 4 : 8 : 16
④ 1 : 8 : 16 : 32

| 해답 | ③

• 좌굴하중 $P = \dfrac{n\pi^2 EI}{l^2}$ 에서 $\left(\dfrac{\pi^2 EI}{l^2}\right)$는 동일

• 양단 지지상태의 강도(n)

1단고정 타단자유	$n = \dfrac{1}{4}$	1
양단힌지	$n = 1$	4
일단힌지 타단고정	$n = 2$	8
양단고정	$n = 4$	16

$\therefore 1 : 4 : 8 : 16$

□□□ 기 17①,21③

15 그림과 같은 사다리꼴 단면에서 X – X′ 축에 대한 단면 2차 모멘트값은?

① $\dfrac{h^3}{12}(b+3a)$

② $\dfrac{h^3}{12}(b+2a)$

③ $\dfrac{h^3}{12}(3b+a)$

④ $\dfrac{h^3}{12}(2b+a)$

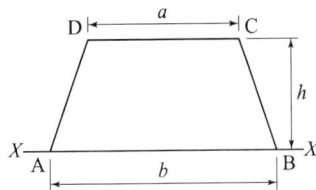

| 해답 | ①

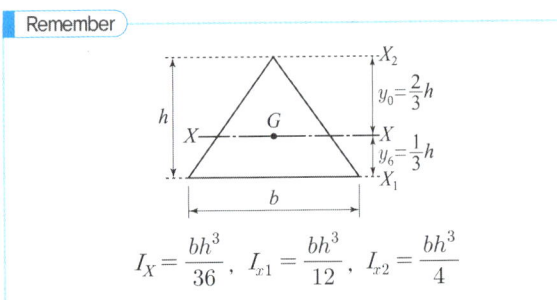

- ΔADB 하단의 단면2차 모멘트 : $I_X = \dfrac{bh^3}{12}$
- ΔCDB 하단의 단면2차 모멘트 : $I_X = \dfrac{ah^3}{4}$

$\therefore I_X = \dfrac{bh^3}{12} + \dfrac{ah^3}{4} = \dfrac{bh^3+3ah^3}{12} = \dfrac{h^3}{12}(b+3a)$

| Remember |

X_2, $y_0=\dfrac{2}{3}h$, $y_6=\dfrac{1}{3}h$

$I_X = \dfrac{bh^3}{36}$, $I_{x1} = \dfrac{bh^3}{12}$, $I_{x2} = \dfrac{bh^3}{4}$

□□□ 기 93,98,00,16④,21③

16 그림과 같은 단순보에서 B점에 모멘트 M_B가 작용할 때 A점에서의 처짐각(θ_A)은? (단, EI는 일정하다.)

① $\dfrac{M_B L}{2EI}$

② $\dfrac{M_B L}{3EI}$

③ $\dfrac{M_B L}{6EI}$

④ $\dfrac{M_B L}{8EI}$

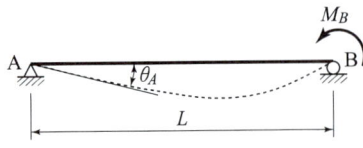

| 해답 | ③

[방법1] 공액보에서 처짐각 이용

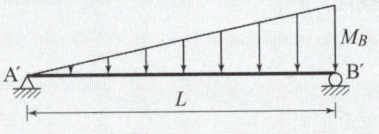

- $R_A' = \dfrac{M_B L}{6}$

$\therefore \theta_A = \dfrac{S_A'}{EI} = \dfrac{R_A'}{EI} = \dfrac{M_B L}{6EI}$

[방법2] 공식에 의한 방법

$\theta_A = \dfrac{L}{6EI}(2M_A + M_B)$ 에서

$= \dfrac{L}{6EI}(0 + M_B) = \dfrac{M_B L}{6EI}$

| Remember |

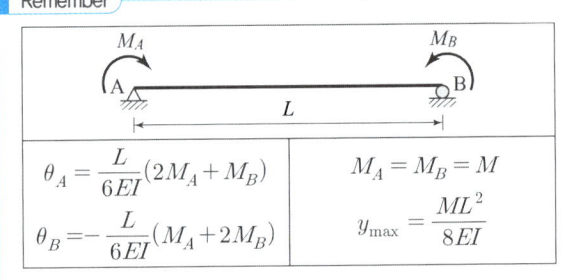

$\theta_A = \dfrac{L}{6EI}(2M_A + M_B)$	$M_A = M_B = M$
$\theta_B = -\dfrac{L}{6EI}(M_A + 2M_B)$	$y_{\max} = \dfrac{ML^2}{8EI}$

□□□ 기 94②,09①,21③

17 그림과 같은 구조물의 부정정 차수는?

① 6차 부정정
② 5차 부정정
③ 4차 부정정
④ 3차 부정정

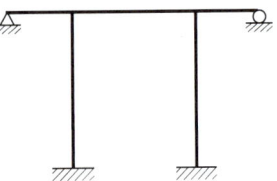

| 해답 | ①

$N = R + m + S - 2P$

- 반력수 $R = 9$
- 부재수 $m = 5$
- 강접합수 $s = 4$
- 절점수 $P = 6$

$\therefore N = 9 + 5 + 4 - 2 \times 6 = 6$차 부정정

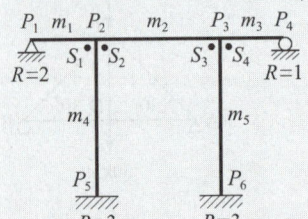

□□□ 기 21③

18 그림과 같은 단순보에서 C~D 구간의 전단력값은?

① P
② $2P$
③ $\dfrac{P}{2}$
④ 0

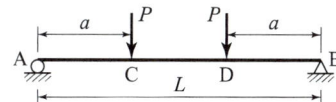

| 해답 | ④

- 반력
  $R_A = R_B = P$ (∵ 대칭)
- 전단력
  - AC 구간 전단력 : $S_{A-C} = +P$
  - CD 구간 전단력 : $S_{C-D} = +P - P = 0$
  - DB 구간 전단력 : $S_{D-B} = 0 - P = -P$
- 전단력도(S.F.D)

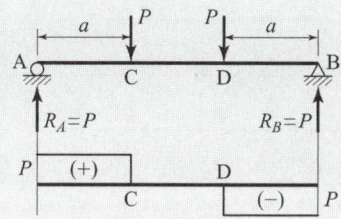

□□□ 기 07②,10①,11④,15②,21③

19 그림과 같은 단순보에서 A점의 반력이 B점의 반력의 2배가 되도록 하는 거리 x는? (단, x는 A점으로부터의 거리이다.)

① 1.67m
② 2.67m
③ 3.67m
④ 4.67m

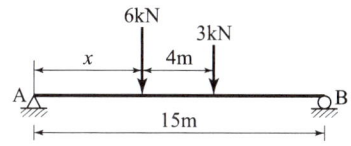

| 해답 | ③

- $R_A = 2R_B$
- $\Sigma V = 0$
  $R_A + R_B = 2R_B + R_B = 6 + 3 = 9\text{kN}$
  ∴ $R_B = 3\text{kN}$
  ∴ $R_A = 2R_B = 2 \times 3 = 6\text{kN}$
- $\Sigma M_A = 0$
  $6 \times x + 3 \times (4+x) - 3 \times 15 = 0$
  $6x + 12 + 3x - 45 = 0$
  ∴ $x = 3.67\text{m}$

□□□ 기 15④,21③

20 그림과 같은 하중을 받는 보의 최대전단응력은?

① $\dfrac{2}{3}\dfrac{wL}{bh}$
② $\dfrac{3}{2}\dfrac{wL}{bh}$
③ $\dfrac{2wL}{bh}$
④ $\dfrac{wL}{bh}$

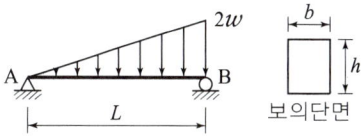

보의단면

| 해답 | ④

$\tau_{max} = \dfrac{3}{2}\dfrac{S_{max}}{A}$

- $S_{max} = R_B = \dfrac{wL}{3} = \dfrac{2w \times L}{3} = \dfrac{2wL}{3}$
- $A = bh$

∴ $\tau_{max} = \dfrac{3}{2} \times \dfrac{\frac{2wL}{3}}{bh} = \dfrac{wL}{bh}$

Remember

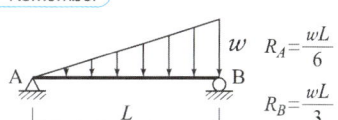

$R_A = \dfrac{wL}{6}$
$R_B = \dfrac{wL}{3}$

| memo |

2단계

과목별 스피드 마스터 02

측량학

01 2018년   3월 4일 시행
                       4월 28일 시행
                       8월 19일 시행

02 2019년   3월 3일 시행
                       4월 27일 시행
                       8월 4일 시행

03 2020년   6월 6일 시행
                       8월 22일 시행
                       9월 27일 시행

04 2021년   3월 7일 시행
                       5월 15일 시행
                       8월 14일 시행

02 측량학

제1회 2018년 3월 4일

01 축척 1 : 25000 지형도에서 거리가 6.73cm인 두 점 사이의 거리를 다른 축척의 지형도에서 측정한 결과 11.21cm이었다면 이 지형도의 축척은 약 얼마인가?

① 1 : 20000 ② 1 : 18000
③ 1 : 15000 ④ 1 : 13000

| 해답 | ③

$$\frac{1}{25000} : 6.73 = \frac{1}{M} : 11.21$$

$$\frac{1}{M} = \frac{11.21}{6.73} \times \frac{1}{25000} = \frac{1}{15000}$$

02 30m당 0.03m가 짧은 줄자를 사용하여 정사각형 토지의 한 변을 측정한 결과 150m이었다면 면적에 대한 오차는?

① $41m^2$ ② $43m^2$
③ $45m^2$ ④ $47m^2$

| 해답 | ③

$$A_o = A\left(1 - \frac{\Delta l}{l}\right)^2$$

- 면적 $A = 150 \times 150 = 22500m^2$
- $A_o = 22500\left(1 - \frac{0.03}{30}\right)^2 = 22455.0224m^2$

∴ 면적오차 $= 22500 - 22455.02 = 44.98m^2 ≒ 45m^2$

03 클로소이드 곡선에서 곡선반지름(R)=450m, 매개변수(A)=300m일 때 곡선길이(L)?

① 100m ② 150m
③ 200m ④ 250m

| 해답 | ③

$A^2 = RL$ 에서 ∴ $L = \frac{A^2}{R} = \frac{300^2}{450} = 200m$

04 다음 그림과 같이 4개의 수준점 A, B, C, D에서 각각 1km, 2km, 3km, 4km 떨어진 P점의 표고를 직접 수준측량한 결과가 다음과 같을 때 P점의 최확값은?

A→P=125.762m
B→P=125.750m
C→P=125.755m
D→P=125.771m

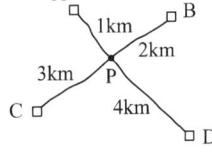

① 125.755m ② 125.759m
③ 125.762m ④ 125.765m

| 해답 | ②

- 직접수준측량의 경중률은 노선거리에 반비례
- $P_A : P_B : P_C : P_D = \frac{1}{S_A} : \frac{1}{S_B} : \frac{1}{S_C} : \frac{1}{S_D}$

$$= \frac{1}{1} : \frac{1}{2} : \frac{1}{3} : \frac{1}{4} = 1 : 0.5 : 0.33 : 0.25$$

$$H_P = \frac{P_A H_A + P_B H_B + P_C H_C + P_D H_D}{P_a + P_b + P_c + P_D}$$

$$= 125.7 + \frac{1 \times 0.062 + 0.5 \times 0.050 + 0.33 \times 0.055 + 0.25 \times 0.071}{1 + 0.5 + 0.33 + 0.25}$$

$$= 125.7 + 0.059 = 125.759m$$

05 트래버스측량(다각측량)에 관한 설명으로 옳지 않은 것은?

① 트래버스 중 가장 정밀도가 높은 것은 결합트래버스로서 오차점검이 가능하다.
② 폐합 오차 조정에서 각과 거리측량의 정확도가 비슷한 경우 트랜싯 법칙으로 조정하는 것이 좋다.
③ 오차의 배분은 각 관측의 정확도가 같을 경우 각의 대소에 관계없이 등분하여 배분한다.
④ 폐합트래버스에서 편각을 관측하면 편각의 총합은 언제나 360°가 되어야 한다.

| 해답 | ②

- 트랜싯 법칙 : 각 관측의 정도가 거리관측의 정도보다 높을 때
- 컴퍼스 법칙 : 각 관측의 정도와 거리관측의 정도가 같을 때

□□□ 기 18①
06 GNSS 관측성과로 틀린 것은?

① 지오이드 모델 ② 경도와 위도
③ 지구중심좌표 ④ 타원체고

| 해답 | ①
GNSS(위성항법시스템)
- 지구상의 위치를 결정하기 위한 위성과 이를 보강하기 위한 시스템 및 지역 보정시스템을 통칭한 것
- GNSS 높이 측량 : 표고를 알고 있는 기지점과 미지점인 공공수준점에서 동시에 관측한 GNSS 자료로 계산한 타원체고에 기지점의 표고와 합성지오이드모델을 적용하여 타원체고를 보정하여 공공수준점의 표고를 결정하기 위한 측량
- 기지점 1점의 측지좌표성과(위도, 경도)와 보정타원체고를 계산한다.
- 미지점의 지오이드고는 위도, 경도를 이용하여 합성지오이드 모델로 계산한다.

□□□ 기 84 08,10①,15②,18①
07 다음은 폐합트래버스의 측량성과이다. 측선 CD의 배횡거는?

[단위 : m]

측선	위거	경거	배횡거
AB	+65.39	+83.57	
BC	−34.57	+19.68	
CD	−65.43	−40.60	?
DA	+34.61	−62.65	

① 60.25m ② 115.90m
③ 135.45m ④ 165.90m

| 해답 | ④
배횡거
- 첫 측선의 배횡거=첫 측선의 경거
- 임의 측선의 배횡거=전 측선의 배횡거+전 측선의 경거+그 측선의 경거
- 마지막 측선의 배횡거=그 측선의 경거에 부호는 반대

측선	위거	경거	배횡거
AB	+65.39	+83.57	83.57
BC	−34.57	+19.68	83.57+83.57+19.68=186.82
CD	−65.43	−40.60	186.82+19.68−40.60=165.9
DA	+34.61	−62.65	165.9−40.60−62.65=62.65

□□□ 기 18①
08 지반의 높이를 비교할 때 사용하는 기준면은?

① 표고(elevation)
② 수준면(level surface)
③ 수평면(horizontal plane)
④ 평균해수면(mean sea level)

| 해답 | ④
- 표고 : 기준면으로부터 어느 측점까지의 연직거리를 표고라 한다.
- 수준면(level surface) : 연직선에 직교하는 모든 점을 잇는 곡면을 말한다.
- 수평면(horizontal surface) : 연직선에 직교하는 평면을 말하며, 어떤 점에서 수준면과 접하는 평면이다.
- 평균해수면(mean sea level) : 조석에 의해 생기는 다양한 모든 변화에 대한 해수면의 평균수면
∴ 평균해수면은 지반의 높이를 비교할 때 사용하는 기준면이다.

□□□ 기 99,03,18①
09 교점(I.P)은 도로 기점에서 500m의 위치에 있고 교각 $I=36°$ 일 때, 외선길이(외할) S.L=5.00m라면 시단현의 길이는 얼마인가? (단, 중심말뚝거리는 20m이다.)

① 10.43m ② 11.57m
③ 12.36m ④ 13.25m

| 해답 | ②
- 외선길이 $E = R\left(\sec\frac{I}{2} - 1\right) = R\left(\frac{1}{\cos\frac{I}{2}} - 1\right)$ 에서

$$R = \frac{E}{\frac{1}{\cos\frac{I}{2}} - 1} = \frac{5.00}{\frac{1}{\cos\frac{36°}{2}} - 1} = 97.159\text{m}$$

- 접선길이 $T.L = R\tan\frac{I}{2}$
$= 97.159\tan\frac{36°}{2} = 31.569\text{m}$

- 곡선의 시점 위치
$B.C = I.P - T.L = IP - T.L$
$= 500 - 31.569 = 468.431\text{m}$
$= \text{No.23}\left(\frac{460}{20}\right) + 8.431\text{m}$

∴ 시단현의 길이 $l = 20 - 8.431 = 11.57\text{m}$

□□□ 기 18①

10 중심말뚝의 간격이 20m인 도로구간에서 각 지점에 대한 횡단면적을 표시한 결과가 그림과 같을 때, 각주 공식에 의한 전체 토공량은?

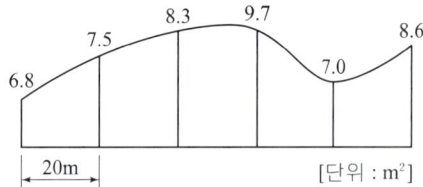

① 156m³
② 672m³
③ 817m³
④ 920m³

| 해답 | ③

$$V = \frac{h}{6}(A_1 + 4A_m + A_2)$$

• $V_1 = \frac{40}{6}(6.8 + 4 \times 7.5 + 8.3) = 300.666 \text{m}^3$
• $V_2 = \frac{40}{6}(8.3 + 4 \times 9.7 + 7.0) = 360.666 \text{m}^3$
• $V_3 = \frac{20}{2}(7.0 + 8.6) = 156 \text{m}^3$

∴ $V = 300.666 + 360.666 + 156 = 817.33 \text{m}^3$

□□□ 기 12,18①

11 토공량을 계산하기 위해 대상구역을 삼각형으로 분할하여 각 교점의 점토고를 측량한 결과 그림과 같이 얻어졌다. 토공량은? (단, 단위 m)

① 85m³
② 90m³
③ 95m³
④ 100m³

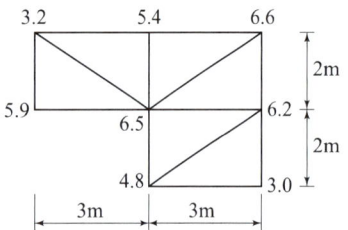

| 해답 | ④

$$V = \frac{a \cdot b}{6}(\Sigma h_1 + 2\Sigma h_2 + 3\Sigma h_3 + 4\Sigma h_4 + 5\Sigma h_5 + 6\Sigma h_6)$$

• $\Sigma h_1 = 5.9 + 3.0 = 8.9 \text{m}$
• $\Sigma h_2 = 3.2 + 5.4 + 6.6 + 4.8 = 20 \text{m}$
• $\Sigma h_3 = 6.2 \text{m}$
• $\Sigma h_4 = 0 \text{m}$
• $\Sigma h_5 = 6.5 \text{m}$

∴ $V = \frac{2 \times 3}{6}(8.9 + 2 \times 20 + 3 \times 6.2 + 4 \times 0 + 5 \times 6.5)$
  $= 100 \text{m}^3$

□□□ 기 00,13②,18①,25③

12 삼각망의 종류 중 유심삼각망에 대한 설명으로 옳은 것은?

① 삼각망 가운데 가장 간단한 형태이며 측량의 정확도를 얻기 위한 조건이 부족하므로 특수한 경우 외에는 사용하지 않는다.
② 가장 높은 정확도를 얻을 수 있으나 조정이 복잡하고 포함된 면적이 작으며 특히 기선을 확대할 때 주로 사용한다.
③ 거리에 비하여 측점수가 가장 적으므로 측량이 간단하며 조건식의 수가 적어 정도가 낮다.
④ 광대한 지역의 측량에 적합하며 정확도가 비교적 높은 편이다.

| 해답 | ④

유심삼각망
• 동일 측점수에 비하여 피복면적이 가장 넓기 때문에 광대한 지역의 측량에는 유심삼각망으로 한다.
• 넓은 지역에 적당하고, 정확도는 단열삼각망과 사변형삼각망의 중간 정도이다.

□□□ 기 81,02,09,18①

13 하천측량을 실시하는 주목적은 어디에 있는가?

① 하천 개수공사나 공작물의 설계, 시공에 필요한 자료를 얻기 위하여
② 유속 등을 관측하여 하천의 성질을 알기 위하여
③ 하천의 수위, 기울기, 단면을 알기 위하여
④ 평면도, 종단면도를 작성하기 위하여

| 해답 | ①

하천측량의 목적
하천의 형상, 수위, 심천, 단면, 경사 등을 관측하여 하천의 평면도, 종단도를 작도함과 동시에 유속, 유량 등을 조사하여 하천 개수공사를 하는 데 필요한 자료를 얻는 데 있다.

□□□ 기 00,18①

14 등고선의 성질을 설명한 것으로 옳지 않은 것은?

① 등고선은 도면 내·외에서 폐합하는 폐곡선이다.
② 등고선은 분수선과 직각으로 만난다.
③ 동굴 지형에서 등고선은 서로 만날 수 있다.
④ 등고선의 간격은 경사가 급할수록 넓어진다.

| 해답 | ④

- 도면 안에서 폐합하든지, 도면이 제한되어 있을 때는 도면 밖에서 폐합하게 되는 폐곡선이다.
- 지표면의 경사가 급한 곳에서는 각 등고선의 간격이 좁아지며, 완만한 경사에는 넓어진다.
- 높이가 다른 두 등고선은 절벽이나 동굴의 지형을 제외하는 교차하거나 만나지 않는다.
- 동굴이나 절벽은 두 점에서 교차한다.

□□□ 기 05,08,09,18①,25①

15 직사각형의 가로, 세로의 거리가 그림과 같다. 면적 A의 표현으로 가장 적절한 것은?

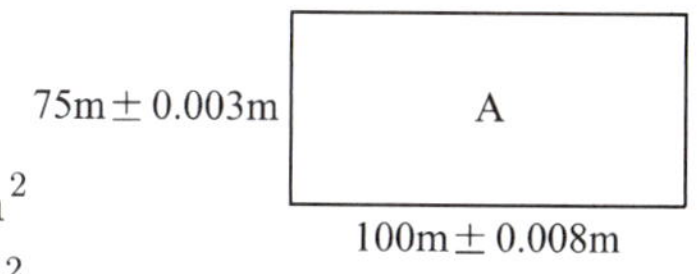

① $7500m^2 \pm 0.67m^2$
② $7500m^2 \pm 0.41m^2$
③ $7500.9m^2 \pm 0.67m^2$
④ $7500.9m^2 \pm 0.41m^2$

75m ± 0.003m

A

100m ± 0.008m

| 해답 | ①

- 면적 $A' = 75 \times 100 = 7500m^2$
- 면적오차 $R = \sqrt{(xdy)^2 + (ydx)^2}$
  $= \sqrt{(75 \times 0.008)^2 + (100 \times 0.003)^2}$
  $= \pm 0.67m^2$
- $\therefore A = A' \pm R = 7500m^2 \pm 0.67m^2$

□□□ 기 18①

16 노선측량에 대한 용어 설명 중 옳지 않은 것은?

① 교점 : 방향이 변하는 두 직선이 교차하는 점
② 중심말뚝 : 노선의 시점, 종점 및 교점에 설치하는 말뚝
③ 복심곡선 : 반지름이 서로 다른 두 개 또는 그 이상의 원호가 연결된 곡선으로 공통접선의 같은 쪽에 원호의 중심이 있는 곡선
④ 완화곡선 : 고속으로 이동하는 차량이 직선부에서 곡선부로 진입할 때 차량의 원심력을 완화하기 위해 설치하는 곡선

| 해답 | ②

중심말뚝
노선의 중심선을 따라 20m간격으로 설치하는 말뚝

□□□ 기 06,14①,18①,22②

17 지형측량을 할 때 기본 삼각점만으로는 기준점이 부족하여 추가로 설치하는 기준점은?

① 방향전환점
② 도근점
③ 이기점
④ 중간점

| 해답 | ②

도근점(圖根點)
지형을 측정하기 위한 기준점이 부족할 때, 보조로 설치하는 기준점

□□□ 기 08,18①

18 단일 삼각형에 대해 삼각측량을 수행한 결과 내각이 $\alpha = 54°25'32''$, $\beta = 68°43'23''$, $\gamma = 56°51'14''$이었다면 β의 각 조건에 의한 조정량은?

① $-4''$
② $-3''$
③ $+4''$
④ $+3''$

| 해답 | ②

- 각조건 : 삼각형 내각의 합은 180°이다.
- 각 오차 $= (\alpha + \beta + \gamma) - 180°$
  $= (54°25'32'' + 68°43'23'' + 56°51'14'') - 180°$
  $= +09''$
- 조정량 : $\dfrac{각오차}{각의 수} = -\dfrac{9''}{3} = -3''$
  (∵ 삼각형 내각의 합이 180°보다 크므로 -조정)

□□□ 기 95,98,07,18①,22①②

19 수심 H인 하천의 유속측정에서 수면으로부터 깊이 0.2H, 0.6H, 0.8H인 점의 유속이 각각 0.663m/sec, 0.532m/sec, 0.467m/sec이었다. 3점법으로 계산한 평균유속은?

① 0.565m/sec
② 0.554m/sec
③ 0.549m/sec
④ 0.543m/sec

| 해답 | ③

3점법 : $V_m = \dfrac{1}{4}(V_{0.2} + 2V_{0.6} + V_{0.8})$
$\therefore V_m = \dfrac{1}{4}(0.663 + 2 \times 0.532 + 0.467) = 0.549 m/sec$

기 94,99,05,07,13,18①

20 어떤 횡단면의 도상면적이 40.5cm²이었다. 가로 축척이 1:20, 세로 축척이 1:60이었다면 실제면적은?

① 48.6m²   ② 33.75m²
③ 4.86m²   ④ 3.375m²

| 해답 | ③

$A = am_1m_2$
$= 40.5 \times 20 \times 60 = 48600\text{cm}^2 = 4.86\text{m}^2$
$(\because 1\text{cm}^2 = 0.0001\text{m}^2)$

제2회 2018년 4월 28일

기 00,18②

01 그림에서 변 $\overline{AB}=500$m, 각 $\angle a = 71°33'54''$, 각 $\angle b_1 = 36°52'12''$, 각 $\angle b_2 = 39°05'38''$, 각 $\angle c = 85°36'05''$를 관측하였을 때 변 $\overline{BC}$의 거리는?

① 391m
② 412m
③ 422m
④ 427m

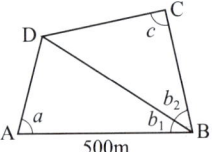

| 해답 | ②

■ sin법칙
• 삼각형 $\triangle ABD$
$$\frac{\overline{BD}}{\sin 71°33'54''} = \frac{\overline{AB}=500\text{m}}{\sin(180°-71°33'54''-36°52'12'')}$$
$$= \frac{500}{\sin(71°33'54''+36°52'12'')}$$
$\therefore \overline{BD} = 500\text{m}$

• 삼각형 $\triangle BCD$
$$\frac{500}{\sin 85°36'05''} = \frac{\overline{BC}}{\sin(180°-39°05'38''-85°36'05'')}$$
$$= \frac{\overline{BC}}{\sin(39°05'38''+85°36'05'')}$$
$\therefore \overline{BC} = 412.31\text{m}$

기 18②,25②

02 A, B 두 점 간의 거리를 관측하기 위하여 그림과 같이 세 구간으로 나누어 측량하였다. 측선 $\overline{AB}$의 거리는? (단, Ⅰ: 10m±0.01m Ⅱ: 20m±0.03m, Ⅲ: 30m±0.05m이다.)

① 60m±0.09m   ② 30m±0.06m
③ 60m±0.06m   ④ 30m±0.09m

| 해답 | ③

$\overline{AB} = L \pm M$
• 오차 전파 법칙
$M = \pm\sqrt{m_1^2 + m_2^2 + m_3^2}$
$= \pm\sqrt{0.01^2 + 0.03^2 + 0.05^2} = \pm 0.06\text{m}$
• $L = 10 + 20 + 30 = 60\text{m}$
$\therefore \overline{AB} = 60\text{m} \pm 0.06\text{m}$

03 지형측량에서 등고선의 성질에 대한 설명으로 옳지 않은 것은?

① 등고선은 절대 교차하지 않는다.
② 등고선은 지표의 최대경사선 방향과 직교한다.
③ 동일 등고선상에 있는 모든 점은 같은 높이이다.
④ 등고선 간의 최단거리의 방향은 그 지표면의 최대경사의 방향을 가리킨다.

| 해답 | ①

높이가 다른 두 등고선은 절벽이나 동굴의 지형을 제외하고는 교차하거나 만나지 않는다.

04 다각 측량성과에서 C점의 좌표는 얼마인가? (단, $\overline{AB} = \overline{BC} = 100m$ 이고, 좌표단위는 m이다.)

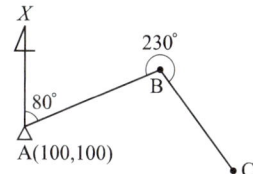

① $X = 48.27m$, $Y = 256.28m$
② $X = 53.08m$, $Y = 275.08m$
③ $X = 62.31m$, $Y = 281.31m$
④ $X = 69.49m$, $Y = 287.49m$

| 해답 | ②

- 방위각 계산
  AB = 80°
  BC = 80° + 180° + 230° = 490°
       = 490° − 360° = 130°
- B점의 위거 계산
  B점의 위거 = $l\cos\theta = 100\cos 80° = 17.36m$
  B점의 경거 = $l\sin\theta = 100\sin 80° = 98.48m$
- C점의 경거 계산
  C점의 위거 = $l\cos\theta = 100\cos 130° = -64.28m$
  C점의 경거 = $l\sin\theta = 100\sin 130° = 76.60m$
- 합위거 및 합경거

측점	위거	경거	합위거(X)	합경거(Y)
A			100	100
B	+17.36	+98.48	100+17.36 = 117.36	100+98.48 = 198.48
C	−64.28	+76.60	117.36−64.28 = 53.08	198.48+76.60 = 275.08

∴ C(53.08, 275.08)

05 수준점 A, B, C에서 수준측량을 하여 P점의 표고를 얻었다. 관측거리를 경중률로 사용한 P점 표고의 최확값은?

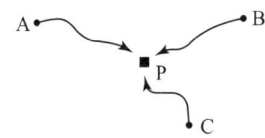

노선	P점 표곳값	노선거리
A → P	57.583m	2km
B → P	57.700m	3km
C → P	57.680m	4km

① 57.641m ② 57.649m
③ 57.654m ④ 57.706m

| 해답 | ①

- 최확값 $H_P = \dfrac{P_A H_A + P_B H_B + P_C H_C}{P_A + P_B + P_C}$

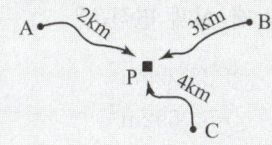

- 경중률은 거리에 반비례한다.
  $P_A : P_B : P_C = \dfrac{1}{2} : \dfrac{1}{3} : \dfrac{1}{4} = 6 : 4 : 3$

  $\therefore H_P = 57 + \dfrac{6 \times 0.583 + 4 \times 0.700 + 3 \times 0.680}{6+4+3}$
  $= 57.641m$

06 다각측량에 관한 설명 중 옳지 않은 것은?

① 각과 거리를 측정하여 점의 위치를 정한다.
② 근거리이고 조건식이 많아 삼각측량에서 구한 위치보다 정밀도가 높다.
③ 선로와 같이 좁고 긴 지역의 측량에 편리하다.
④ 삼각측량에 비해 시가지 또는 복잡한 장애물이 있는 곳의 측량에 적합하다.

| 해답 | ②

삼각측량은 다각측량 방법보다 관측작업량이 많으나 기하학적인 정확도는 우수하다.

□□□ 기 14①,17①,18②

07 기지의 삼각점을 이용하여 새로운 도근점들을 매설하고자 할 때 결합 트래버스측량(다각측량)의 순서는?

① 도상계획→답사 및 선점→조표→거리관측→각관측→거리 및 각의 오차 분배→좌표계산 및 측점전개
② 도상계획→조표→답사 및 선점→각관측→거리관측→거리 및 각의 오차 분배→좌표계산 및 측점전개
③ 답사 및 선점→도상계획→조표→각관측→거리관측→거리 및 각의 오차 분배→좌표계산 및 측점전개
④ 답사 및 선점→조표→도상계획→거리관측→각관측→좌표계산 및 측점전개→거리 및 각의 오차 분배

|해답| ①
도상계획→답사→선점→조표→(거리 및 각) 관측→방위각 측정→좌표계산 및 측점전개

□□□ 기 93,99,03,06,08,11①,12①,14④,18②,22③,24①

08 축척 1 : 600 지도상의 면적을 축척 1 : 500으로 계산하여 38.675m^2를 얻었을 때 실제 면적은?

① 26.858m^2
② 32.229m^2
③ 48.410m^2
④ 55.692m^2

|해답| ④
$\dfrac{A_o}{A} = \left(\dfrac{M_o}{M}\right)^2$ 에서

$\therefore A_o = \left(\dfrac{M_o}{M}\right)^2 A = \left(\dfrac{600}{500}\right)^2 \times 38.675 = 55.692\text{m}^2$

□□□ 기 18②

09 지형의 토공량 산정방법이 아닌 것은?

① 각주공식
② 양단면 평균법
③ 중앙단면법
④ 삼변법

|해답| ④
단면법
• 철도, 도로, 수로 등과 같이 긴 노선의 성토량, 절토량을 계산할 경우에 이용되는 방법
• 양단면 평균법, 중앙 단면법, 각주 공식에 의한 방법 등이 있다.

□□□ 기 11④,18②

10 A, B, C, D 네 사람이 각각 거리 8km, 12.5km, 18km, 24.5km의 구간을 왕복 수준측량하여 폐합차를 7mm, 8mm, 10mm, 12mm 얻었다면 4명 중에서 가장 정밀한 측량을 실시한 사람은?

① A
② B
③ C
④ D

|해답| ②
정밀도
거리 1km에 대한 수준 측량의 허용오차 C의 값에 의하여 수준측량의 정확도를 비교할 수 있다.

• 수준측량의 오차 $E = C\sqrt{L}$ ⇒ 수준측량의 허용오차 $C = \dfrac{E}{\sqrt{L}}$

• A : $C = \dfrac{7}{\sqrt{8 \times 2}} = 1.75$

• B : $C = \dfrac{8}{\sqrt{12.5 \times 2}} = 1.60$

• C : $C = \dfrac{10}{\sqrt{18 \times 2}} = 1.67$

• D : $C = \dfrac{12}{\sqrt{24.5 \times 2}} = 1.71$

• 수준 측량의 허용 오차 C의 가장 작은 값이 정밀도가 가장 높다.
∴ B 사람이 정밀도가 가장 높다.

□□□ 기 04,11①,18②,25③

11 도로 설계 시에 단곡선의 외할(E)은 10m, 교각은 60°일 때, 접선길이($T.L$)은?

① 42.4m
② 37.3m
③ 32.4m
④ 27.3m

|해답| ②
접선길이 $T.L = R\tan\dfrac{I}{2}$

• 외선길이(외할) $E = R\left(\sec\dfrac{I}{2} - 1\right)$에서

$R = \dfrac{E}{\sec\dfrac{I}{2} - 1} = \dfrac{10}{\dfrac{1}{\cos\dfrac{60°}{2}} - 1} = 64.641\text{m}$

$\therefore T.L = 64.641 \times \tan\dfrac{60}{2} = 37.3\text{m}$

□□□ 기 06,10④,18②,25②

12 그림과 같은 터널 내 수준측량의 관측결과에서 A점의 지반고가 20.32m일 때 C점의 지반고는? (단, 관측값의 단위는 m이다.)

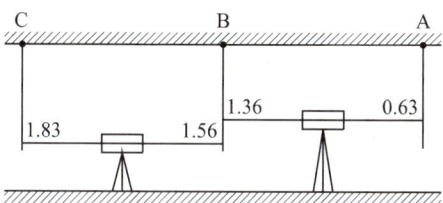

① 21.32m ② 21.49m
③ 16.32m ④ 16.49m

| 해답 | ①

측점	후시	전시	기계고	지반고
A	−0.63		19.69	20.32
B	−1.56	−1.36	19.49	21.05
C		−1.83		21.32

- 기계고(I.H) = 지반고 + 후시(B.S)
- 지반고(G.H) = 기계고 − 전시(F.S)
- 측점 A 기계고 : 20.32 + (−0.63) = 19.69m
- 측점 B 지반고 : 19.69 − (−1.36) = 21.05m
- 측점 B 기계고 : 21.05 + (−1.56) = 19.49m
- 측점 C 지반고 : 19.49 − (−1.83) = 21.32m
∴ 터널측량에서 표척의 읽음값은 (−)이다.

□□□ 기 81,86,15②,18②,20④

13 완화곡선에 대한 설명으로 옳지 않은 것은?

① 완화곡선은 모든 부분에서 곡률이 동일하지 않다.
② 완화곡선의 반지름은 무한대에서 시작한 후 점차 감소되어 원곡선의 반지름과 같게 된다.
③ 완화곡선의 접선은 시점에서 원호에 접한다.
④ 완화곡선에 연한 곡선 반지름의 감소율은 캔트의 증가율과 같다.

| 해답 | ③

완화곡선의 성질
- 완화곡선의 접선은 시점에서 직선에, 종점에서 원호에 접한다.
- 완화곡선의 반지름은 그 시점에서 무한대, 종점에서는 원곡선과 같다.

□□□ 기 99,04,05,18②

14 하천측량에 대한 설명으로 틀린 것은?

① 제방중심선 및 종단측량은 레벨을 사용하여 직접수준측량 방식으로 실시한다.
② 심천측량은 하천의 수심 및 유수부분의 하저상황을 조사하고 횡단면도를 제작하는 측량이다.
③ 하천의 수위경계선인 수애선은 평균수위를 기준으로 한다.
④ 수위 관측은 지천의 합류점이나 분류점 등 수위 변화가 생기지 않는 곳을 선택한다.

| 해답 | ③

수애선
수면과 하애와의 경계선으로 하천 수위의 변화에 따라 다르며 평수위에 의하여 결정된다.

□□□ 기 12②,18②

15 레벨을 이용하여 표고가 53.85m인 A점에 세운 표척을 시준하여 1.34m를 얻었다. 표고 50m의 등고선을 측정하려면 시준하여야 할 표척의 높이는?

① 3.51m ② 4.11m
③ 5.19m ④ 6.25m

| 해답 | ③

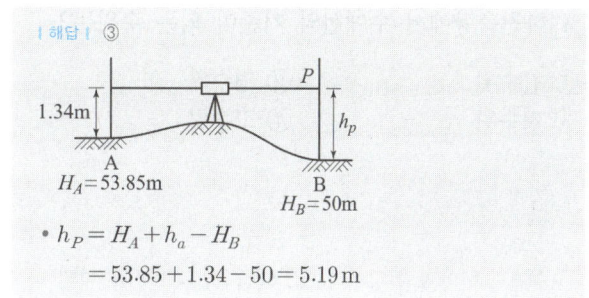

- $h_P = H_A + h_a - H_B$
  $= 53.85 + 1.34 - 50 = 5.19$m

□□□ 기 92,00,08①,18②

16 구하고자 하는 미지점에 평판을 세우고 3개의 기지점을 이용하여 도상에서 그 위치를 결정하는 방법은?

① 방사법 ② 계선법
③ 전방교회법 ④ 후방교회법

| 해답 | ④

후방교회법
- 도상의 미지점에 평판을 세우고 알고 있는 점을 시준하여 평판의 위치를 도면 위에 구하는 방법이다.
- 알고 있는 측점이 3개일 때 이를 3점 문제라 한다.

□□□ 기 01,18②,21③

17 지형의 표시법에서 자연적 도법에 해당하는 것은?

① 점고법　　② 등고선법
③ 영선법　　④ 채색법

| 해답 | ③
- 자연적 도법 : 영선법(우모법), 음영법
- 부호적 도법 : 채색법, 점고법, 등고선법

□□□ 기 96,18②,22③

18 지구상에서 50km떨어진 두 점의 거리를 지구곡률을 고려하지 않은 평면측량으로 수행한 경우의 거리오차는? (단, 지구의 지름은 6370km이다.)

① 0.257m　　② 0.138m
③ 0.069m　　④ 0.005m

| 해답 | ①

$$\Delta l = \frac{D^3}{12R^2} = \frac{50^3}{12 \times 6370^2} = 2.567 \times 10^{-4} \text{km} = 0.257\text{m}$$

□□□ 기 99,04,05,15①,17②,18②,19③

19 하천측량에서 수애선의 기준이 되는 수위는?

① 갈수위　　② 평수위
③ 저수위　　④ 고수위

| 해답 | ②
수애선
수면과 하안과의 경계선으로 하천수위의 변화에 따라 다르며 평수위(OWL)에 의하여 결정된다.

□□□ 기 04,08②,18②,22③

20 클로소이드(clothoid)의 매개변수(A)가 60m, 곡선 길이(L)가 30m일 때 반지름(R)은?

① 60m　　② 90m
③ 120m　　④ 150m

| 해답 | ③

매개변수 $A^2 = R \cdot L$에서
$$R = \frac{A^2}{L} = \frac{60^2}{30} = 120\text{m}$$

제3회　2018년 8월 19일

□□□ 기 93,02,11,13,16,18③

01 $\triangle ABC$의 꼭지점에 대한 좌표값이 (30, 50), (20, 90), (60, 100)일 때 삼각형 토지의 면적은? (단, 좌표의 단위 : m)

① 500m²　　② 750m²
③ 850m²　　④ 960m²

| 해답 | ③

측점순	x	y	$(x_{i-1}-x_{i+1})y$
1	30	50	(60−20)×50=2000
2	20	90	(30−60)×90=−2700
3	60	100	(20−30)×100=−1000
계			−1700

$$\therefore A = \frac{|배면적|}{2} = \frac{|-1700|}{2} = 850\text{m}^2$$

□□□ 기 84,08,10,15,18③

02 트래버스 ABCD에서 각 측선에 대한 위거와 경거 값이 아래 표와 같을 때, 측선 BC의 배횡거는?

측선	위거(m)	경거(m)
AB	+75.39	+81.57
BC	−33.57	+18.78
CD	−61.43	−45.60
DA	+44.61	−52.65

① 81.57m　　② 155.10m
③ 163.14m　　④ 181.92m

| 해답 | ④

측선	경거(m)	배횡거(m)
AB	+81.57	81.57
BC	+18.78	81.57+81.57+18.78=181.92

Remember
- 제1측선의 배횡거=그 측선의 경거
- 제2측선 이하의 배횡거=하나 앞 측선의 배횡거+하나 앞 측선의 경거+그 측선의 경거
- 마지막 측선의 배횡거=그 측선의 경거에 부호는 반대

□□□ 기 18③

03 DGPS를 적용할 경우 기지점과 미지점에서 측정한 결과로부터 공통오차를 상쇄시킬 수 있기 때문에 측량의 정확도를 높일 수 있다. 이때 상쇄되는 오차요인이 아닌 것은?

① 위성의 궤도정보오차 ② 다중경로오차
③ 전리층 신호지연 ④ 대류권 신호지연

[해답] ②

다중경로오차
- GPS 위성으로부터 직접 수신된 전파 이외에 부가적으로 주위의 지형 지물에 의해 반사된 전파로 인해 발생하는 오차
- GPS 측량의 정확도는 위성과 수신기 사이의 거리를 얼마나 정확하게 계산하는가로 결정된다.
- 다중경로가 발생하는 경우는 위성에서 송신된 신호가 수신기 주변의 물체를 거쳐 수신기로 들어오기 때문에 거리의 오차를 발생시키게 된다.

Remember

GPS 측위오차 원인
- 위성궤도 오차 : 전달되는 위성궤도 정보 오차
- 위성시계 오차 : 전달되는 위성시각 정보 오차
- 전리층 오차 : GPS 신호의 전리층 통과 시 전달시간 지연 오차
- 대류권 오차 : GPS 신호의 대류권 통과 시 전달시간 지연 오차
- 다중경로 오차 : GPS 신호의 다중경로에 의한 오차
- 수신기 오차 : 열 잡음, 안테나 위상 오차, 채널 간 간섭 오차, S/W 오차

□□□ 기 95,98,04,07,15④,17①,18③

04 수심이 h인 하천의 평균유속을 구하기 위하여 수면으로부터 $0.2h$, $0.6h$, $0.8h$가 되는 깊이에서 유속을 측량한 결과 0.8m/s, 1.5m/s, 1.0m/s이었다. 3점법에 의한 평균유속은?

① 0.9m/s ② 1.0m/s
③ 1.1m/s ④ 1.2m/s

[해답] ④

3점법 : $V_m = \dfrac{1}{4}(V_{0.2} + 2V_{0.6} + V_{0.8})$

∴ $V_m = \dfrac{1}{4}(0.8 + 2 \times 1.5 + 1.0) = 1.2 \text{m/s}$

□□□ 기 12②,18③

05 지반고(h_A)가 123.6m인 A점에 토털스테이션을 설치하여 B점의 프리즘을 관측하여, 기계고 1.5m, 관측사거리(S) 150m, 수평선으로부터의 고저각(α) 30°, 프리즘고(P_h) 1.5m를 얻었다면 B점의 지반고는?

① 198.0m ② 198.3m
③ 198.6m ④ 198.9m

[해답] ③

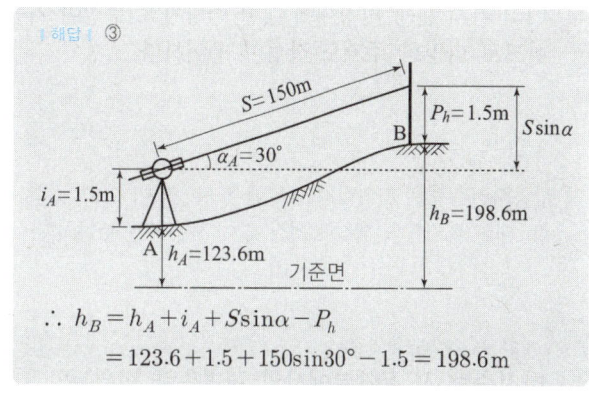

∴ $h_B = h_A + i_A + S\sin\alpha - P_h$
$= 123.6 + 1.5 + 150\sin30° - 1.5 = 198.6 \text{m}$

□□□ 기 98,05,18③

06 노선측량의 일반적 작업 순서로서 옳은 것은?

| A : 종·횡단측량 | B : 중심선 측량 |
| C : 공사측량 | D : 답사 |

① A→B→D→C ② D→B→A→C
③ D→C→A→B ④ A→C→D→B

[해답] ②

노선측량의 순서
답사(D) → 노선 선정 → 중심선 측량(B) → 지형 측량 → 종횡단측량(A) → 공사측량(C)

□□□ 기 10,18③,22③

07 GPS 위성체계에서 이용하는 지구질량 중심을 원점으로 하는 좌표계는?

① 천문 좌표계 ② TUM 좌표계
③ WGS84 좌표계 ④ UPS 좌표계

[해답] ③

GPS는 WGS84라고 하는 기준좌표계를 이용하며, 여러 가지 관측장비를 가지고 전 세계적으로 측정해 온 지구의 중력장과 지구모양을 근거로 해서 만들어진 좌표이다.

□□□ 기 18③
08 위성에 의한 원격탐사(Remote Sensing)의 특징으로 옳지 않은 것은?

① 항공사진측량이나 지상측량에 비해 넓은 지역의 동시 측량이 가능하다.
② 동일 대상물에 대해 반복측량이 가능하다.
③ 항공사진측량을 통해 지도를 제작하는 경우보다 대축척 지도의 제작에 적합하다.
④ 여러 가지 분광 파장대에 대한 측량자료 수집이 가능하므로 다양한 주제도 작성이 용이하다.

[해답] ③
항공사진측량은 기하학적으로 매우 안정되어 있어 중축척, 대축척 지도의 제작에 가장 많이 사용되는 분야이다.

□□□ 기 83,97,99,06,09,11,18③
09 하천측량 시 무제부에서의 평면측량 범위는?

① 홍수가 영향을 주는 구역보다 약간 넓게
② 계획하고자 하는 지역의 전체
③ 홍수가 영향을 주는 구역까지
④ 홍수영향 구역보다 약간 좁게

[해답] ①
하천측량에서 평면측량의 범위

유제부	제외지 및 제내지 50~500m 이내
무제부	홍수가 영향을 주는 구역보다 약간 넓게

□□□ 기 93,02,11,13,14,18③
10 수준측량에서 레벨의 조정이 불완전하여 시준선이 기포관축과 평행하지 않을 때 생기는 오차의 소거방법으로 옳은 것은?

① 정위, 반위로 측정하여 평균한다.
② 지반이 견고한 곳에 표척을 세운다.
③ 전시와 후시의 시준거리를 같게 한다.
④ 시작점과 종점에서의 표척을 같은 것을 사용한다.

[해답] ③
레벨의 불완전 조정, 즉 기포관축과 시준선이 평행하지 않기 때문에 생기는 오차제거는 전시와 후시의 거리를 같게 한다.

□□□ 기 14④,18③
11 삼각형의 토지면적을 구하기 위해 밑변 a와 높이 h를 구하였다. 토지의 면적과 표준오차는?
(단, $a=15\pm0.015\text{m}$, $h=25\pm0.025\text{m}$)

① $187.5\pm0.04\text{m}^2$ ② $187.5\pm0.27\text{m}^2$
③ $375.0\pm0.27\text{m}^2$ ④ $375.0\pm0.53\text{m}^2$

[해답] ②

• $A = \dfrac{1}{2}ah$
  $= \dfrac{1}{2}\times 15 \times 25 = 187.5\text{m}^2$

• $dA = \pm\sqrt{\left(\dfrac{a}{2}\right)^2 m_h^2 + \left(\dfrac{h}{2}\right)^2 m_a^2}$
  $= \pm\sqrt{\left(\dfrac{15}{2}\right)^2 \times 0.025^2 + \left(\dfrac{25}{2}\right)^2 \times 0.015^2}$
  $= \pm 0.27\text{m}^2$

□□□ 기 95,97,00,18③
12 지상 1km^2의 면적을 지도상에서 4cm^2로 표시하기 위한 축척으로 옳은 것은?

① 1/5000 ② 1/50000
③ 1/25000 ④ 1/250000

[해답] ②
실제 면적=도상면적×m^2에서
• 축척분모 $m = \sqrt{\dfrac{실제면적}{도상면적}} = \sqrt{\dfrac{1\times 10^6}{4\times 10^{-4}}} = 50000$
∴ $\dfrac{1}{m} = \dfrac{1}{50000}$

□□□ 기 18③
13 어떤 거리를 10회 관측하여 평균 2403.557m의 값을 얻고 잔차의 제곱의 합 8208mm^2을 얻었다면 1회 관측의 평균 제곱근 오차는?

① $\pm 23.7\text{mm}$ ② $\pm 25.5\text{mm}$
③ $\pm 28.3\text{mm}$ ④ $\pm 30.2\text{mm}$

[해답] ④
1회 관측의 평균 제곱근 오차
$m_o = \pm\sqrt{\dfrac{vv}{n-1}} = \pm\sqrt{\dfrac{8208}{10-1}} = \pm 30.2\text{mm}$

> **Remember**
> n개의 관측값에 대한 제곱근 오차
> $$m_o = \pm \sqrt{\frac{vv}{n(n-1)}} = \pm \sqrt{\frac{8208}{10(10-1)}} = \pm 9.55\,mm$$

□□□ 기 10,18③

14 측량성과표에 측점 A의 진북 방향각은 0° 6′ 17″이고, 측점 A에서 측점 B에 대한 평균 방향각은 263° 38′ 26″로 되어 있을 때에 측점 A에서 측점 B에 대한 역방위각은?

① 83° 32′ 09″ ② 83° 44′ 43″
③ 263° 32′ 09″ ④ 263° 44′ 43″

| 해답 | ①

- 방위각 : 진북 방향과 측선과 이루는 각
- 방위각과 역방위각은 180° 차가 난다.
- AB 방위각 = 방향각 − 진북 방향각
  = 263° 38′ 26″ − 0° 06′ 17″ = 263° 32′ 09″
- BA 방위각 = 263° 32′ 09″ + 180°
  = 443° 32′ 09″ − 360°
  = 83° 32′ 09″

□□□ 기 04,06,09,18③

15 교호수준측량에서 A점의 표고가 55.00m이고 $a_1 = 1.34m$, $b_1 = 1.14m$, $a_2 = 0.84m$, $b_2 = 0.56m$일 때 B점의 표고는?

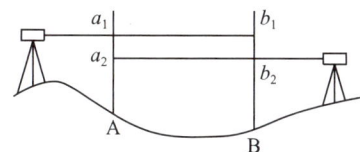

① 55.24m ② 56.48m
③ 55.22m ④ 56.42m

| 해답 | ①

- 고저차 $H = \frac{1}{2}[(a_1 - b_1) + (a_2 - b_2)]$
  $= \frac{1}{2}[(1.34 - 1.14) + (0.84 - 0.56)]$
  $= 0.24m$
- B점의 지반고 $H_B = H_A + H$
  ∴ $H_B = 55.00 + 0.24 = 55.24m$

□□□ 기 18③,22①

16 GNSS 상대측위 방법에 대한 설명으로 옳은 것은?

① 수신기 1대만을 사용하여 측위를 실시한다.
② 위성과 수신기 간의 거리는 전파의 파장 개수를 이용하여 계산할 수 있다.
③ 위상차의 계산은 단순차, 2중차, 3중차와 같은 차분기법으로는 해결하기 어렵다.
④ 전파의 위상차를 관측하는 방식이나 절대측위 방법보다 정확도가 낮다.

| 해답 | ②

- 절대측위는 수신기 1대만을 사용하여 측위를 실시한다.
- 위성과 수신기 간의 거리는 전파의 파장 개수를 이용하여 계산할 수 있다.
- 위상차의 계산은 단순차, 2중차, 3중차와 같은 차분기법으로도 해결한다.
- 전파의 위상차를 관측하는 방식이나 절대측위 방법보다 정확도가 높다.

□□□ 기 81,86,15,17①,18③

17 완화곡선에 대한 설명으로 옳지 않은 것은?

① 모든 클로소이드(clothoid)는 닮은 꼴이며 클로소이드 요소는 길이의 단위를 가진 것과 단위가 없는 것이 있다.
② 완화곡선의 접선은 시점에서 원호에, 종점에서 직선에 접한다.
③ 완화곡선의 반지름은 그 시점에서 무한대, 종점에서는 원곡선의 반지름과 같다.
④ 완화곡선에 연한 곡선반지름의 감소율은 캔트(cant)의 증가율과 같다.

| 해답 | ②

완화곡선의 성질
- 완화곡선의 접선은 시점에서 직선에, 종점에서 원호에 접한다.
- 완화곡선의 반지름은 그 시점에서 무한대, 종점에서는 원곡선의 반지름과 같다.
- 완화곡선에 연한 곡선반지름의 감소율은 캔트의 증가율과 같다.

□□□ 기 94,03,07,17②,18③

18 교각이 60°이고 반지름이 300m인 원곡선을 설치할 때 접선의 길이 (T.L)는?

① 81.603m   ② 173.205m
③ 346.412m   ④ 519.615m

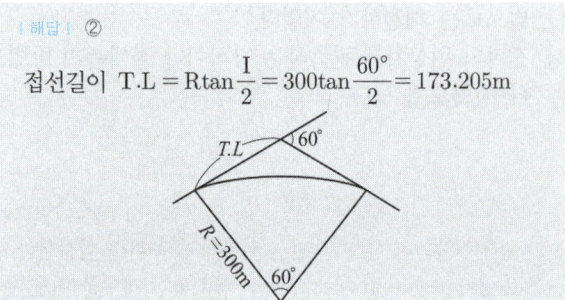

| 해답 | ②

접선길이 $T.L = R\tan\dfrac{I}{2} = 300\tan\dfrac{60°}{2} = 173.205m$

□□□ 기 15,18③

19 축척 1 : 5000 수치지형도의 주곡선 간격으로 옳은 것은?

① 5m   ② 10m
③ 15m   ④ 20m

| 해답 | ①

등고선의 종류

곡선의 종류	1/5000	1/10000	1/25000	1/50000
계곡선	25	25	50	100
주곡선	5	5	10	20
간곡선	2.5	2.5	5	10
조곡선	1.25	1.25	2.5	5

□□□ 기 99,07,11,15,18③,22①

20 삼변측량에 관한 설명 중 틀린 것은?

① 관측요소는 변의 길이뿐이다.
② 관측값에 비하여 조건식이 적은 단점이 있다.
③ 삼각형의 내각을 구하기 위해 cosine 제2법칙을 이용한다.
④ 반각공식을 이용하여 각으로부터 변을 구하여 수직위치를 구한다.

| 해답 | ④

삼변측량
수평각 대신 코사인 제2법칙과 반각공식을 이용하여 변으로부터 각을 구하여 삼각점의 위치를 구하는 측량이다.

제1회 2019년 3월 3일

□□□ 기 81,84,94,96,99,01,03,06④,10④,14②,19①,24①

01 교각(I) 60°, 외선길이(E) 15m인 단곡선을 설치할 때 곡선길이는?

① 85.2m ② 91.3m
③ 97.0m ④ 101.5m

| 해답 | ④

- 곡선길이 $C.L = \dfrac{\pi}{180}RI$
- 외선길이 $E = R\left(\sec\dfrac{\pi}{2} - 1\right) = 15m$ 에서
- $R = \dfrac{E}{\sec\dfrac{\pi}{2} - 1} = \dfrac{15}{\dfrac{1}{\cos\dfrac{60°}{2}} - 1} = 96.96m$

∴ $C.L = \dfrac{\pi}{180} \times 96.96 \times 60° = 101.5m$

□□□ 기 19①

02 위성측량의 DOP(Dilution of Precision)에 관한 설명 중 옳지 않은 것은?

① 기하학적 DOP(GDOP), 3차원 위치 DOP(PDOP), 수직위치 DOP(VDOP), 평면위치 DOP(HDOP), 시간 DOP(TDOP) 등이 있다.
② DOP는 측량할 때 수신 가능한 위성의 궤도정보를 항법메시지에서 받아 계산할 수 있다.
③ 위성측량에서 DOP가 작으면 클 때보다 위성의 배치상태가 좋은 것이다.
④ 3차원 위치 DOP(PDOP)는 평면위치 DOP(HDOP)와 수직위치 DOP(VDOP)의 합으로 나타난다.

| 해답 | ④

DOP(정밀도 저하율 ; Dilution of Precision)의 종류
- GDOP : 기하학적 정밀도 저하율
- PDOP : 위치정밀도 저하율(3차원 위치) : 3~5 정도가 적당
- HDOP : 수평위치 정밀도 저하율(수평위치) : 2.5 이하 적당
- VDOP : 수직위치 정밀도 저하율(높이)
- TDOP : 시간정밀도 저하율
- RDOP : 상대정밀도 저하율
  (∴ 3차원 위치 DOP는 PDOP(위치정밀도 저하율)로 나타낸다.)

□□□ 기 89,95,99,00,02,14④,19①②③,22①

03 A, B, C 세 점에서 P점의 높이를 구하기 위해 직접수준측량을 실시하였다. A, B, C점에서 구한 P점의 높이는 각각 325.13m, 325.19m, 325.02m이고, AP = BP = 1km, CP = 3km일 때 P점의 표고는?

① 325.08m ② 325.11m
③ 325.14m ④ 325.21m

| 해답 | ③

- 직접 수준 측량의 경중률은 노선 거리에 반비례

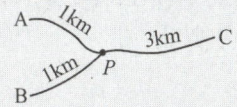

- $P_A : P_B : P_C = \dfrac{1}{1} : \dfrac{1}{1} : \dfrac{1}{3} = 3 : 3 : 1$
- P점의 표고

코스	거리	경중률	P의 표고
A→P	1km	3	325.13
B→P	1km	3	325.19
C→P	3km	1	325.02

- 최확값 $H_P = \dfrac{P_A H_A + P_B H_B + P_C H_C}{P_A + P_B + P_C}$

$= 325 + \dfrac{3 \times 0.13 + 3 \times 0.19 + 1 \times 0.02}{3 + 3 + 1}$

$= 325.14m$

□□□ 기 17①,19①

04 거리와 각을 동일한 정밀도로 관측하여 다각측량을 하려고 한다. 이때 각 측량기의 정밀도가 10″라면 거리측량기의 정밀도는 약 얼마 정도이어야 하는가?

① $\dfrac{1}{15000}$ ② $\dfrac{1}{18000}$
③ $\dfrac{1}{21000}$ ④ $\dfrac{1}{25000}$

| 해답 | ③

$\dfrac{\Delta l}{l} = \dfrac{\Delta \alpha}{206265″}$

$= \dfrac{10″}{206265″} = \dfrac{1}{20627} ≒ \dfrac{1}{21000}$

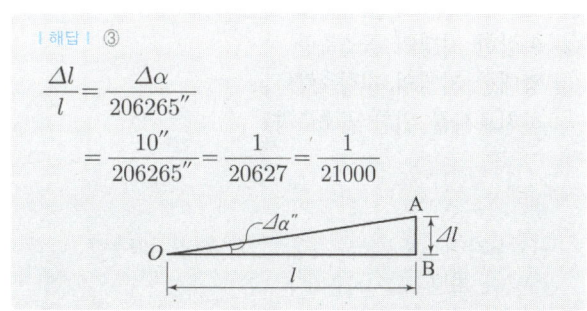

□□□ 기 03,11①,19①,22②
05 수준측량에서 발생하는 오차에 대한 설명으로 틀린 것은?

① 기계의 조정에 의해 발생하는 오차는 전시와 후시의 거리를 같게 하여 소거할 수 있다.
② 표척의 영눈금 오차는 출발점의 표척을 도착점에서 사용하여 소거할 수 있다.
③ 측지삼각수준측량에서 곡률오차와 굴절오차는 그 양이 미소하므로 무시할 수 있다.
④ 기포의 수평조정이나 표척면의 읽기는 육안으로 한계가 있으나 이로 인한 오차는 일반적으로 허용오차 범위 안에 들 수 있다.

| 해답 | ③
대지(측지)측량은 넓은 범위의 측량이므로 곡률오차와 굴절오차는 무시하지 않고 보정해야 한다.

□□□ 기 85,10,19①
06 중력이상에 대한 설명으로 옳지 않은 것은?

① 중력이상에 의해 지표면 밑의 상태를 추정할 수 있다.
② 중력이상에 대한 취급은 물리학적 측지학에 속한다.
③ 중력이상이 양(+)이면 그 지점 부근에 무거운 물질이 있는 것으로 추정할 수 있다.
④ 중력식에 의한 계산값에서 실측값을 뺀 것이 중력이상이다.

| 해답 | ④
중력이상이 (+)이면 그 지점에 무거운 물질이 있다.
중력이상=중력의 실측값−계산값

□□□ 기89,05,12①,19①,21③
07 일반적으로 단열삼각망으로 구성하기에 가장 적합한 것은?

① 시가지와 같이 정밀을 요하는 골조측량
② 복잡한 지형의 골조측량
③ 광대한 지역의 지형측량
④ 하천조사를 위한 골조측량

| 해답 | ④
단열삼각망 : 하천조사 측량의 골조측량(삼각측량, 다각측량)에 가장 많이 사용된다.

□□□ 기 03,07,19①,24③
08 삼각측량의 각 삼각점에 있어 모든 각의 관측 시 만족되어야 하는 조건이 아닌 것은?

① 하나의 측점을 둘러싸고 있는 각의 합은 360°가 되어야 한다.
② 삼각망 중에서 임의의 한 변의 길이는 계산의 순서에 관계없이 같아야 한다.
③ 삼각망 중 각각 삼각형 내각의 합은 180°가 되어야 한다.
④ 모든 삼각점의 포함면적은 각각 일정하여야 한다.

| 해답 | ④
각관측 3조건
• 각조건 : 삼각망 중 각각 3각형 내각의 합은 180°가 될 것
• 변조건 : 삼각망 중에서 임의의 한 변의 길이는 계산순서에 관계없이 동일할 것
• 점조건 : 한 측점 주위에 있는 모든 각의 총합은 360°가 될 것

□□□ 기 05,09,19①,25③
09 노선측량에서 단곡선 설치 시 필요한 교각 $I=95°30'$, 곡선반지름 $R=300\text{m}$일 때 장현(long chord : L)은?

① 222.065m   ② 298.619m
③ 444.131m   ④ 597.238m

| 해답 | ③
$$\text{장현 } L = 2R\sin\frac{I}{2} = 2 \times 300 \sin\frac{95°30'}{2} = 444.131\text{m}$$

□□□ 기 02,03,10④,19①,22③
10 비행장이나 운동장과 같이 넓은 지형의 정지공사 시에 토량을 계산하고자 할 때 적당한 방법은?

① 점고법   ② 등고선법
③ 중앙단면법   ④ 양단면 평균법

| 해답 | ①
점고법
운동장이나 비행장 같은 건설 부지의 정지공사 시 토량계산, 토취장 및 토사장의 용량측정과 같이 넓은 지역의 택지 공사 면적의 토량을 산정할 경우 적당하다.

□□□ 기 81,86,15,17①,19①,22③

11 완화곡선에 대한 설명으로 옳지 않은 것은?

① 곡선반지름은 완화곡선의 시점에서 무한대, 종점에서 원곡선의 반지름으로 된다.
② 완화곡선의 접선은 시점에서 직선에, 종점에서 원호에 접한다.
③ 완화곡선에 연한 곡선반지름의 감소율은 캔트의 증가율의 2배가 된다.
④ 완화곡선 종점의 캔트는 원곡선의 캔트와 같다.

|해답| ③

완화곡선에 연한 곡선반지름의 감소율은 캔트(cant)의 증가율과 같다.

□□□ 기 97,06,16②,19①,24③

12 지오이드(Geoid)에 대한 설명으로 옳은 것은?

① 육지와 해양의 지형면을 말한다.
② 육지 및 해저의 요철(凹凸)을 평균한 매끈한 곡면이다.
③ 회전타원체와 같은 것으로서 지구의 형상이 되는 곡면이다.
④ 평균해수면을 육지내부까지 연장했을 때의 가상적인 곡면이다.

|해답| ④

지오이드
정지된 평균해수면을 육지로 연장하여 지구 전체를 둘러싸고 있다고 가정한 곡면

□□□ 기 83,95,96,97,01,08①,11①,19①

13 축척 1:500 지형도를 기초로 하여 축척 1:5000의 지형도를 같은 크기로 편찬하려 한다. 축척 1:5000 지형도의 1장을 만들기 위한 축척 1:500 지형도의 매수는?

① 50매
② 100매
③ 150매
④ 250매

|해답| ②

$$\frac{A_2}{A_1} = \left(\frac{M_2}{M_1}\right)^2 = \left(\frac{5000}{500}\right)^2 = 100 \text{매}$$

□□□ 기 80,02,06,10④,13①②,19①

14 철도의 궤도간격 $b=1.067m$, 곡선반지름 $R=600m$인 원곡선상을 열차가 100km/hr로 주행하려고 할 때 cant는?

① 100mm
② 140mm
③ 180mm
④ 220mm

|해답| ②

$$\text{캔트 } C = \frac{bV^2}{gR}$$
$$= \frac{1.067 \times \left(\frac{100000}{60 \times 60}\right)^2}{9.8 \times 600} = 0.140m = 140mm$$

□□□ 기 98,03,05,19①

15 $100m^2$의 정사각형 토지의 면적을 $0.1m^2$까지 정확하게 구하고자 한다면 이에 필요한 거리관측의 정확도는?

① $\frac{1}{2000}$
② $\frac{1}{1000}$
③ $\frac{1}{500}$
④ $\frac{1}{300}$

|해답| ①

- 면적 $A = a \times a = a^2 \Rightarrow dA = 2ada$
- $\frac{dA}{A} = \frac{2ada}{a^2} = 2\frac{da}{a}$

$$\therefore \frac{1}{M} = \frac{da}{a} = \frac{dA}{2A} = \frac{0.1}{2 \times 100} = \frac{1}{2000}$$

□□□ 기 02,15②,19①

16 평야지대에서 어느 한 측점에서 중간 장애물이 없는 26km 떨어진 측점을 시준할 때 측점에 세울 표척의 최소높이는? (단, 굴절계수는 0.14이고 지구곡률반지름은 6370km이다.)

① 16m
② 26m
③ 36m
④ 46m

|해답| ④

$$\text{양차 } h = \frac{D^2(1-K)}{2R}$$
$$= \frac{26^2(1-0.14)}{2 \times 6370} = 0.046 \text{km} = 46m$$

□□□ 기 88,19①

17 수준측량의 야장기입법에 관한 설명으로 옳지 않은 것은?

① 야장기입법에는 고차식, 기고식, 승강식이 있다.
② 고차식은 단순히 출발점과 끝점의 표고차만 알고자 할 때 사용하는 방법이다.
③ 기고식은 계산과정에서 완전한 검산이 가능하여 정밀한 측량에 적합한 방법이다.
④ 승강식은 앞 측점의 지반고에 해당 측점의 승강을 합하여 지반고를 계산하는 방법이다.

| 해답 | ③

기고식
- 종단측량과 같이 중간점(I.P)이 많은 경우 편리한 방법이다.
- 계산결과를 완전히 검산할 수 없는 것이 단점이다.

□□□ 기 97,01,13②,19①,22③

18 지형측량에서 지성선(地性線)에 대한 설명으로 옳은 것은?

① 등고선이 수목에 가려져 불명확할 때 이어 주는 선을 의미한다.
② 지모(地貌)의 골격이 되는 선을 의미한다.
③ 등고선에 직각방향으로 내려 그은 선을 의미한다.
④ 곡선(谷線)이 합류되는 점들을 서로 연결한 선을 의미한다.

| 해답 | ②

- 지성선 : 지모의 골격을 나타내는 선
- 지모를 나타내는 3가지 요소
  - 능선(凸선) : 지표면의 높은 곳을 연결한 선
  - 계곡선(凹선) : 지표면의 낮은 곳을 나타내는 선
  - 경사변환선 : 동일 방향의 경사면에서 경사의 크기가 다른 두 면의 교선

□□□ 기 14②,19①

19 방위각 265°에 대한 측선의 방위는?

① S 85° W   ② E 85° W
③ N 85° E   ④ E 85° N

| 해답 | ①

■ 방위각과 방위

상한	방위각(α)	방위
제1상한	0° ~ 90°	NαE
제2상한	90° ~ 180°	S(180°−α)E
제3상한	180° ~ 270°	S(α−180°)W
제4상한	270° ~ 360°	N(360°−α)W

- 방위각이 265°이면 3상한
- 3상한은 방위는 SW가 된다.
- ∴ S(265°−180°)W = S 85° W

□□□ 기 97,01,08②,11①,19①

20 다각측량 결과 측점 A, B, C의 합위거, 합경거가 표와 같다면 삼각형 A, B, C의 면적은?

측점	합위거(m)	합경거(m)
A	100.0	100.0
B	400.0	100.0
C	100.0	500.0

① 40000m²   ② 60000m²
③ 80000m²   ④ 120000m²

| 해답 | ②

측선	합위거(m)	합경거(m)	배면적$(X_{i-1}-X_{i+1}) \times Y_i$
A	100.0	100.0	(100−400)×100 = −30000
B	400.0	100.0	(100−100)×100 = 0
C	100.0	500.0	(400−100)×500 = 150000
			120000

$2A = -30000 + 0 + 150000 = 120000 \text{m}^2$

$\therefore A = \dfrac{120000}{2} = 60000 \text{m}^2$

제2회 2019년 4월 27일

□□□ 기 14,19②

01 두 점 간의 고저차를 정밀하게 측정하기 위하여 A, B 두 사람이 각각 다른 레벨과 표척을 사용하여 왕복관측한 결과가 다음과 같다. 두 점 간 고저차의 최확값은?

- A의 결괏값 : 25.447m ± 0.006m
- B의 결괏값 : 25.609m ± 0.003m

① 25.621m ② 25.577m
③ 25.498m ④ 25.449m

[해답] ②

최확값 $H_o = \dfrac{P_A H_A + P_B H_B}{P_A + P_B}$

• 경중률은 측정오차의 제곱에 반비례한다.

$A : B = \dfrac{1}{(0.006)^2} : \dfrac{1}{(0.003)^2} = \dfrac{1}{6^2} : \dfrac{1}{3^2} = 1 : 4$

$\therefore H_o = 25 + \dfrac{1 \times 0.447 + 4 \times 0.609}{1 + 4}$
$= 25.577\text{m}$

□□□ 기 82,00,16④,19②,22③,24①

02 그림과 같은 단면의 면적은? (단, 좌표의 단위는 m이다.)

① 174m²
② 148m²
③ 104m²
④ 87m²

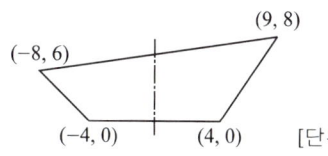

[해답] ④

배면적 계산

측점	합위거	합경거	배면적$(X_{i-1} - X_{i+1})Y_i$
A	-4	0	[4-(-8)]×0 = 0
B	-8	6	(-4-9)×6 = -78
C	9	8	(-8-4)×8 = -96
D	4	0	[9-(-4)]×0 = 0
계			-174m²

• 배면적 $2A = -174\text{m}^2$

$\therefore$ 면적 $A = \dfrac{|\text{배면적}|}{2} = \dfrac{|-174|}{2} = 87\text{m}^2$

□□□ 기 83,04,06,09,19②,21③,22②

03 그림과 같이 교호수준측량을 실시한 결과, $a_1 = 3.835\text{m}$, $b_1 = 4.264\text{m}$, $a_2 = 2.375\text{m}$, $b_2 = 2.812\text{m}$이었다. 이때 양안의 두 점 A와 B의 높이차는? (단, 양안에서 시준점과 표척까지의 거리 CA = DB)

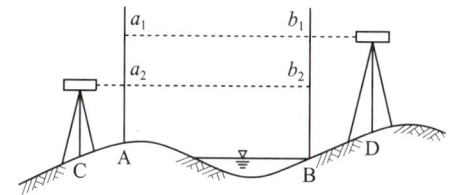

① 0.429m ② 0.433m
③ 0.437m ④ 0.441m

[해답] ②

고저차
$H = \dfrac{1}{2}\{(a_1 - b_1) + (a_2 - b_2)\}$
$= \dfrac{1}{2}\{(3.835 - 4.264) + (2.375 - 2.812)\} = -0.433\text{m}$

□□□ 기 12,14,19②,25③

04 대상구역을 삼각형으로 분할하여 각 교점의 표고를 측량한 결과가 그림과 같을 때 토공량은?

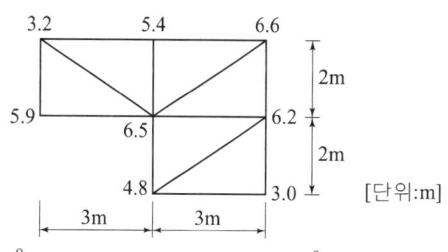

① 98m³ ② 100m³
③ 102m³ ④ 104m³

[해답] ②

■ $V = \dfrac{a \cdot b}{6}(\sum h_1 + 2\sum h_2 + 3\sum h_3 + 4\sum h_4 + 5\sum h_5 + 6\sum h_6)$

• $\sum h_1 = 5.9 + 3.0 = 8.9\text{m}$
• $\sum h_2 = 3.2 + 5.4 + 6.6 + 4.8 = 20\text{m}$
• $\sum h_3 = 6.2$
• $\sum h_4 = 0\text{m}$
• $\sum h_5 = 6.5\text{m}$

$\therefore V = \dfrac{2 \times 3}{6}(8.9 + 2 \times 20 + 3 \times 6.2 + 4 \times 0 + 5 \times 6.5) = 100\text{m}^3$

□□□ 기 19②

05 트래버스측량(다각측량)의 폐합오차 조정방법 중 컴퍼스 법칙에 대한 설명으로 옳은 것은?

① 각과 거리의 정밀도가 비슷할 때 실시하는 방법이다.
② 위거와 경거의 크기에 비례하여 폐합오차를 배분한다.
③ 각 측선의 길이에 반비례하여 폐합오차를 배분한다.
④ 거리보다는 각의 정밀도가 높을 때 활용하는 방법이다.

| 해답 | ①

- 컴퍼스 법칙 : 각 측량과 거리 측량의 정밀도가 대략 같을 때 이용되며, 위거 및 경거의 폐합오차를 각 측선의 길이에 비례배분하여 보정하는 방법
- 트랜싯 법칙 : 각 측량의 정밀도가 거리측량의 정도보다 높을 때 이용되며, 위거 및 경거의 폐합오차를 각 측선의 위거 및 경거의 크기에 비례배분하여 보정하는 방법

□□□ 기 97,00,01,04,05,08,10,14,19②

06 캔트(cant)의 크기가 C인 노선의 곡선반지름을 2배로 증가시키면 새로운 캔트 C'의 크기는?

① $0.5C$
② C
③ $2C$
④ $4C$

| 해답 | ①

캔트 $C = \dfrac{bV^2}{gR} \Rightarrow C' = \dfrac{bV^2}{2gR}$

∴ 반지름(R)이 2배로 증가하면 캔트(C)는 0.5배로 줄어든다.

□□□ 기 95,98,04,07,15④,17①,18③,19②,22②

07 수심 h인 하천의 수면으로부터 0.2h, 0.6h, 0.8h인 곳에서 각각의 유속을 측정한 결과 0.562m/s, 0.497m/s, 0.364m/s이었다. 3점법을 이용한 평균유속은?

① 0.45m/s
② 0.48m/s
③ 0.51m/s
④ 0.54m/s

| 해답 | ②

3점법 : $V_m = \dfrac{1}{4}(V_{0.2} + 2V_{0.6} + V_{0.8})$

∴ $V_m = \dfrac{1}{4}(0.562 + 2 \times 0.497 + 0.364) = 0.48 \, \text{m/s}$

□□□ 기 19②,22②

08 트래버스측량(다각측량)의 종류와 그 특징으로 옳지 않은 것은?

① 결합트래버스는 삼각점과 삼각점을 연결시킨 것으로 조정계산 정확도가 가장 높다.
② 폐합트래버스는 한 측점에서 시작하여 다시 그 측점에 돌아오는 관측형태이다.
③ 폐합트래버스는 오차의 계산 및 조정이 가능하나, 정확도는 개방트래버스보다 낮다.
④ 개방트래버스는 임의의 한 측점에서 시작하여 다른 임의의 한 점에서 끝나는 관측형태이다.

| 해답 | ③

폐합트래버스는 오차의 계산 및 조정이 가능하나, 정확도는 개방트래버스보다 높다.

□□□ 기 19②

09 종단수준측량에서는 중간점을 많이 사용하는 이유로 옳은 것은?

① 중심말뚝의 간격이 20m 내외로 좁기 때문에 중심말뚝을 모두 전환점으로 사용할 경우 오차가 더욱 커질 수 있기 때문이다.
② 중간점을 많이 사용하고 기고식 야장을 작성할 경우 완전한 검산이 가능하여 종단수준측량의 정확도를 높일 수 있기 때문이다.
③ B.M.점 좌우의 많은 점을 동시에 측량하여 세밀한 종단면도를 작성하기 위해서이다.
④ 핸드레벨을 이용한 작업에 적합한 측량방법이기 때문이다.

| 해답 | ①

종단수준측량(Profiling ; Profile Leveling)

- 일반적 건설작업에서는 대상지역에 중심선을 표시하는데, 대체로 20m 간격의 중심말뚝으로써 그 중심선을 표시한다.
- 중심말뚝의 간격이 20m 내외로 좁기 때문에 중심말뚝을 모두 전환점으로 사용할 경우 오차가 더욱 커질 수 있기 때문 중간점을 취하면 오차를 줄일 수 있다.
- 중심선 근처에 레벨을 세우고, 표척을 중심선을 따라 움직이면서 중심말뚝마다 표척눈금을 읽는다. 여기서 표척설치점은 야장기입에서는 중간점에 해당된다. 한 번의 레벨설치로 여러 곳의 표척을 읽고 지반고를 계산하고자 하는 측량이므로, 중간점(IP)이 많을 때 적합한 야장기입법인 기계식(기고식) 야장기입법이 적합하다.

☐☐☐ 기 92,94,96,98,01,03,19②

10 지오이드(Geoid)에 관한 설명으로 틀린 것은?

① 중력장 이론에 의한 물리적 가상면이다.
② 지오이드면과 기준타원체면은 일치한다.
③ 지오이드는 어느 곳에서나 중력방향과 수직을 이룬다.
④ 평균해수면과 일치하는 등포텐셜면이다.

| 해답 | ②

지오이드의 특징
- 지오이드의 등포텐셜면이다.
- 지오이드는 불규칙한 지형이다.
- 지오이드는 연직선 중력방향에 직교한다.
- 지오이드는 준거타원체와 거의 일치한다.

☐☐☐ 기 06,11,19②

11 삼각망 조정계산의 경우에 하나의 삼각형에 발생한 각오차의 처리방법은? (단, 각관측 정밀도는 동일하다.)

① 각의 크기에 관계없이 동일하게 배분한다.
② 대변의 크기에 비례하여 배분한다.
③ 각의 크기에 반비례하여 배분한다.
④ 각의 크기에 비례하여 배분한다.

| 해답 | ①

- 허용범위 이내일 때
  - 각 관측의 정밀도가 같을 경우는 오차를 각의 크기에 관계없이 등배분한다.
  - 각 관측의 경중률이 다를 경우에는 오차를 경중률에 반비례하여 각각에 배분한다.
  - 관측변 길이의 역수에 비례하여 각각에 배분한다.

☐☐☐ 기 88,10④,14①,19②

12 각의 정밀도가 ±20″인 각측량기로 각을 관측할 경우, 각오차와 거리오차가 균형을 이루기 위한 줄자의 정밀도는?

① 약 $\frac{1}{10000}$ ② 약 $\frac{1}{50000}$
③ 약 $\frac{1}{100000}$ ④ 약 $\frac{1}{500000}$

| 해답 | ①

$\frac{1}{M} = \frac{\Delta \alpha}{\rho} = \frac{20''}{206265''} = \frac{1}{10313} = 약 \frac{1}{10000}$

☐☐☐ 기 89,95,99,00,02,14④,19①②,22①

13 수준점 A, B, C에서 P점까지 수준측량을 한 결과가 표와 같다. 관측거리에 대한 경중률을 고려한 P점의 표고는?

측량경로	거리	P점의 표고
A→P	1km	135.487m
B→P	2km	135.563m
C→P	3km	135.603m

① 135.529m   ② 135.551m
③ 135.563m   ④ 135.570m

| 해답 | ①

- 직접수준측량의 경중률은 노선거리에 반비례
  - $P_A : P_B : P_C = \frac{1}{1} : \frac{1}{2} : \frac{1}{3} = 6 : 3 : 2$

- P점의 표고

코스	거리	경중률	P의 표고
A→P	1km	6	135.487
B→P	2km	3	135.563
C→P	3km	2	135.603

- 최확값 $H_P = \dfrac{P_A H_A + P_B H_B + P_C H_C}{P_A + P_B + P_C}$

$= 135 + \dfrac{6 \times 0.487 + 3 \times 0.563 + 2 \times 0.603}{6+3+2}$

$= 135.529m$

☐☐☐ 기 06,09,14②,19②

14 그림과 같은 유심삼각망에서 점조건, 조정식에 해당하는 것은?

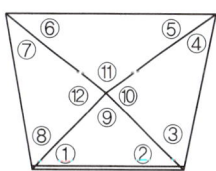

① (①+②+⑨)=180°
② (①+②)=(⑤+⑥)
③ (⑨+⑩+⑪+⑫)=360°
④ (①+②+③+④+⑤+⑥+⑦+⑧)=360°

| 해답 | ③

측점조건 : 한 측점의 둘레에 있는 모든 각을 합한 것은 360°이다.

∴ (⑨+⑩+⑪+⑫)=360°

15 GNSS가 다중주파수(multi-frequency)를 채택하고 있는 가장 큰 이유는?

① 데이터 취득속도의 향상을 위해
② 대류권 지연효과를 제거하기 위해
③ 다중경로오차를 제거하기 위해
④ 전리층 지연효과의 제거를 위해

해답 ④
다중주파수를 사용할 경우 GNSS 신호가 전리층을 지나며 발생하는 전파지연에 따른 오차제거(보정)가 가능하다.

16 축척 1:500 지형도를 기초로 하여 축척 1:3000 지형도를 제작하고자 한다. 축척 1:3000 도면 한 장에 포함되는 축척 1:500 도면의 매수는? (단, 1:500 지형도와 1:3000 지형도의 크기는 동일하다.)

① 16매
② 25매
③ 36매
④ 49매

해답 ③
$$\frac{A_2}{A_1} = \left(\frac{M_2}{M_1}\right)^2 = \left(\frac{3000}{500}\right)^2 = 36 \text{매}$$

17 완화곡선에 대한 설명으로 틀린 것은?

① 곡선반지름은 완화곡선의 시점에서 무한대, 종점에서 원곡선의 반지름이 된다.
② 완화곡선에 연한 곡선반지름의 감소율은 캔트의 증가율과 같다.
③ 완화곡선의 접선은 시점에서 원호에, 종점에서 직선에 접한다.
④ 종점에 있는 캔트는 원곡선의 캔트와 같게 된다.

해답 ③
완화곡선의 접선은 시점에서 직선에, 종점에서 원호에 접한다.

18 120m의 측선을 30m 줄자로 관측하였다. 1회 관측에 따른 우연오차가 ±3mm이었다면, 전체 거리에 대한 오차는?

① ±3mm
② ±6mm
③ ±9mm
④ ±12mm

해답 ②
우연오차 : 측정 횟수의 제곱근에 비례
$$E = \pm\delta\sqrt{n} = \pm 3\sqrt{\frac{120}{30}} = \pm 6 \text{mm}$$

19 노선의 곡선반지름이 100m, 곡선길이가 20m일 경우 클로소이드(clothoid)의 매개변수(A)는?

① 22m
② 40m
③ 45m
④ 60m

해답 ③
$A^2 = RL$에서
$A = \sqrt{RL} = \sqrt{100 \times 20} = 45 \text{m}$

20 표고 또는 수심을 숫자로 기입하는 방법으로 하천이나 항만 등에서 수심을 표시하는데 주로 사용되는 방법은?

① 영선법
② 채색법
③ 음영법
④ 점고법

해답 ④
점고법
하천, 항만, 해양 등에서 심천측량을 한 측점에 숫자를 기입하여 높이를 표시하는 방법

제3회 2019년 8월 4일

□□□ 기 94,96,12①,17①,19③,22①

01 측점 M의 표고를 구하기 위하여 수준점 A, B, C로부터 수준측량을 실시하여 표와 같은 결과를 얻었다면 M의 표고는?

구분	표고(m)	관측방향	고저차(m)	노선길이
A	13.03	A→M	+1.10	2km
B	15.60	B→M	−1.30	4km
C	13.64	C→M	+0.45	1km

① 14.13m ② 14.17m
③ 14.22m ④ 14.30m

[해답] ①

- 직접수준측량의 경중률은 노선거리에 반비례

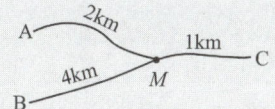

- $P_A : P_B : P_C = \dfrac{1}{2} : \dfrac{1}{4} : \dfrac{1}{1} = 2 : 1 : 4$

- M점의 표고
  A점으로부터 $D = 13.03 + 1.10 = 14.13$m
  B점으로부터 $D = 15.60 - 1.30 = 14.30$m
  C점으로부터 $D = 13.64 + 0.45 = 14.09$m

- 최확값 $H_M = \dfrac{P_A H_A + P_B H_B + P_C H_C}{P_A + P_B + P_C}$

  $= 14 + \dfrac{2 \times 0.13 + 1 \times 0.30 + 4 \times 0.09}{2 + 1 + 4}$

  $= 14.13$m

□□□ 기 03,16①,19③

02 기준면으로부터 어느 측점까지의 연직거리를 의미하는 용어는?

① 수준선(level line) ② 표고(elevation)
③ 연직선(plumb line) ④ 수평면(horizontal plane)

[해답] ②

표고(elevation)
- 기준면으로부터 어느 측점까지의 연직거리(수직거리)
- 어느 지점의 표고라 함은 지표상의 임의점에서 지구 중력방향으로 수준면에 이르는 수직거리

□□□ 기 13①,19③,25②

03 고속도로 공사에서 각 측점의 단면적이 표와 같을 때, 측점 10에서 측점 12까지의 토량은? (단, 양단면평균법에 의해 계산한다.)

측점	단면적(m²)	비고
NO.10	318	측점 간의 거리
NO.11	512	=20m
NO.12	682	

① 15120m³ ② 20160m³
③ 20240m³ ④ 30240m³

[해답] ③

양단면법 $V = \dfrac{A_1 + A_2}{2} \times L$

- $V_1 = \dfrac{318 + 512}{2} \times 20 = 8300$m³

- $V_2 = \dfrac{512 + 682}{2} \times 20 = 11940$m³

∴ $V = V_1 + V_2 = 8300 + 11940 = 20240$m³

□□□ 기 93,05,05,06,11,14④,17②,19③,24③

04 시가지에서 25변형 트래버스 측량을 실시하여 2′50″의 각관측 오차가 발생하였다면 오차의 처리방법으로 옳은 것은? (단, 시가지의 측각 허용범위 $= \pm 20″\sqrt{n} \sim 30″\sqrt{n}$, 여기서 n은 트래버스의 측점 수)

① 오차가 허용오차 이상이므로 다시 관측하여야 한다.
② 변의 길이의 역수에 비례하여 배분한다.
③ 변의 길이에 비례하여 배분한다.
④ 각의 크기에 따라 배분한다.

[해답] ①

$20\sqrt{25} \sim 30\sqrt{25}$ 초 $= 100″(1′40″) \sim 150″(2′30″) < 2′50″$

∴ 오차가 허용오차 이상이므로 다시 관측하여야 한다.

Remember

지형	허용오차 범위
시가지	$20\sqrt{n} \sim 30\sqrt{n}$ 초
평지	$30\sqrt{n} \sim 60\sqrt{n}$ 초
산림지, 복잡한 지형	$90\sqrt{n}$ 초

□□□ 기 82,98,07,19③,24①

05 삼각점 C에 기계를 세울 수 없어서 2.5m를 편심하여 B에 기계를 설치하고 $T' = 31°15'40''$를 얻었다면 T는? (단, $\phi = 300°20'$, $S_1 = 2km$, $S_2 = 3km$)

① $31°14'49''$
② $31°15'18''$
③ $31°15'29''$
④ $31°15'41''$

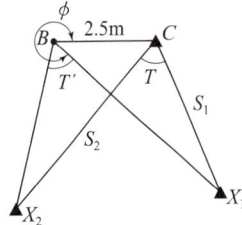

| 해답 | ①

- ΔBX_1C에서 $\dfrac{e}{\sin x_1} = \dfrac{S_1}{\sin(360° - \phi)}$
- ΔBX_2C에서 $\dfrac{e}{\sin x_2} = \dfrac{S_2}{\sin(360° - \phi + T')}$
- $x_1 = \dfrac{e}{S_1}\sin(360° - \phi)\rho''$
  $= \dfrac{2.5}{2000}\sin(360° - 300°20'') \times 206265'' = 3'43''$
- $x_2 = \dfrac{e}{S_2}\sin(360° - \phi + T')\rho''$
  $= \dfrac{2.5}{3000}\sin(360° - 300°20' + 31°15'40'')$
  $\times 206265''$
  $= 2'52''$
- $\therefore T = T' + x_2 - x_1$
  $= 31°15'40'' + 2'52'' - 3'43'' = 31°14'49''$

□□□ 기 97,02,08,10,12②,13①②,19③,24①

06 100m의 측선을 20m 줄자로 관측하였다. 1회의 관측에 +4mm의 정오차와 ±3mm의 부정오차가 있었다면 측선의 거리는?

① $100.010 \pm 0.007m$
② $100.010 \pm 0.015m$
③ $100.020 \pm 0.007m$
④ $100.020 \pm 0.015m$

| 해답 | ③

- 정오차는 측정횟수에 비례
  $\dfrac{100}{20} \times 4 = +20mm = +0.02m$
- 부정오차는 측정횟수의 제곱근에 비례
  $\pm 3 \times \sqrt{\dfrac{100}{20}} = \pm 6.71mm = \pm 0.007m$
- $\therefore L_0 = L + $ 정오차 $\pm$ 부정오차(우연오차, 상차)
  $= 100.020 \pm 0.007m$

□□□ 기 19③

07 승강식 야장이 표와 같이 작성되었다고 가정 할 때, 성과를 검산하는 방법으로 옳은 것은?
(여기서, ⓐ-ⓑ는 두 값의 차를 의미한다.)

측점	후시	전시 T.P.	전시 I.P.	승(+)	강(-)	지반고
BM	0.175					ⓑ
NO.1			0.154	---	---	---
NO.2	1.098	1.237			---	---
NO.3			0.948	---	---	---
NO.4		1.175			---	ⓐ
합계	㉠	㉡	㉢	㉣	㉤	

① ⓐ-ⓑ=㉠-㉡=㉣-㉤
② ⓐ-ⓑ=㉠-㉢=㉣-㉤
③ ⓐ-ⓑ=㉠-㉣=㉡-㉤
④ ⓐ-ⓑ=㉠-㉤=㉢-㉣

| 해답 | ①

승강식 야장기입법

측점	후시	전시 T.P.	전시 I.P.	승(+)	강(-)	지반고
BM	0.175					10.000
NO.1			0.154	0.021		10.021
NO.2	1.098	1.237			1.083	8.938
NO.3			0.948	0.150		9.088
NO.4		1.175			0.227	8.861
합계	1.273	2.412	1.102	0.171	1.310	1.139

- ⓐ-ⓑ : $8.861 - 10.000 = -1.139$
- ㉠-㉡ : $1.273 - 2.412 = -1.139$
- ㉣-㉤ : $0.171 - 1.310 = -1.139$

□□□ 기 17①,19③

08 삼각측량을 위한 기준점 성과표에 기록되는 내용이 아닌 것은?

① 점번호
② 도엽명칭
③ 천문경위도
④ 평면직각좌표

| 해답 | ③

삼각측량을 위한 기준점 성과표의 내용
- 기준점 성과표 : 삼각점의 위치 및 인접 삼각점과의 관계를 정리하여 수록한 표를 책자 또는 데이터베이스화 한 자료
- 내용 : 점번호, 도엽명칭, 각 삼각점의 경위도, 평면직각좌표, 표고, 진북 방향각 및 인접 삼각점에 대한 방향각, 거리 등이 기재되어 있다.

□□□ 기 97,04,05,10①,16②,19③,24①

09 하천의 평균유속(V_m)을 구하는 방법 중 3점법으로 옳은 것은? (단, V_2, V_4, V_6, V_8은 각각 수면으로부터 수심(h)의 $0.2h$, $0.4h$, $0.6h$, $0.8h$인 곳의 유속이다.)

① $V_m = \dfrac{V_2 + V_4 + V_8}{3}$

② $V_m = \dfrac{V_2 + V_6 + V_8}{3}$

③ $V_m = \dfrac{V_2 + 2V_4 + V_8}{4}$

④ $V_m = \dfrac{V_2 + 2V_6 + V_8}{4}$

| 해답 | ④

3점법
- 수심 0.2H, 0.6H, 0.8H가 되는 곳의 유속을 평균유속
- 3점법 $V_m = \dfrac{1}{4}(V_2 + 2V_6 + V_8)$

□□□ 기 96,99,04,08,11④,19③

10 1:50000 지형도의 주곡선 간격은 20m이다. 지형도에서 4% 경사의 노선을 선정하고자 할 때 주곡선 사이의 도상수평거리는?

① 5mm   ② 10mm
③ 15mm   ④ 20mm

| 해답 | ②

경사 $i = \dfrac{h}{D}$에서

- 수평거리 $D = \dfrac{h}{i} = \dfrac{20}{0.04} = 500\,\text{m}$

∴ 도상수평거리 $= \dfrac{D}{m} = \dfrac{500}{50000} = 0.01\,\text{m} = 10\,\text{mm}$

□□□ 기 16④,19③

11 삼각수준측량에 의해 높이를 측정할 때 기지점과 미지점의 쌍방에서 연직각을 측정하여 평균하는 이유는?

① 연직축오차를 최소화하기 위하여
② 수평분도원의 편심오차를 제거하기 위하여
③ 연직분도원의 눈금오차를 제거하기 위하여
④ 공기의 밀도변화에 의한 굴절오차의 영향을 소거하기 위하여

| 해답 | ④

삼각수준측량
- 직접수준측량에 비하여 비용 및 시간이 절약되지만 정확도는 훨씬 떨어진다.
- 주로 대기 중에서 광선의 굴절에 기인하기 때문이다.
- 아침 저녁은 공기 중의 굴절오차가 매우 많기 때문이다.
- 삼각수준측량으로 높이를 측정할 때 기지점과 미지점의 쌍방에서 연직각을 측정하여 평균하면 공기의 밀도변화에 의한 굴절 오차의 영향을 소거할 수 있다.

□□□ 기 14②,19①③

12 방위각 153°20′25″에 대한 방위는?

① E 63°20′25″S   ② E 26°39′35″S
③ S 26°39′35″E   ④ S 63°20′25″E

| 해답 | ③

■ 방위각과 방위

상 한	방위각(α)	방위
제1상한	0° ~ 90°	Nα E
제2상한	90° ~ 180°	S(180°−α)E
제3상한	180° ~ 270°	S(α−180°)W
제4상한	270° ~ 360°	N(360°−α)W

■ 방위각이 153°20′25″이면 2상한
- 2상한은 방위는 SE가 된다.

∴ S(180°−153°20′25″)E = S 26°39′35″E

□□□ 기 04,12④,19③

13 곡률이 급변하는 평면곡선부에서의 탈선 및 심한 흔들림 등의 불안정한 주행을 막기 위해 고려하여야 하는 사항과 가장 거리가 먼 것은?

① 완화곡선   ② 종단곡선
③ 캔트   ④ 슬랙

| 해답 | ②

완화곡선의 설치
- 열차나 자동차가 직선부에서 곡선부로 들어갈 때 도로의 곡률이 급격히 변화로 인해서 심한 흔들림이나 탈선을 일으키는 것을 방지하기 위해서 내외측 레일 사이에 높이차(cant)를 두거나 노면에 편경사를 둔다.
- 곡부를 주행하는 차의 뒷바퀴는 앞바퀴보다 항상 안쪽을 지나게 되므로 직선부보다 넓은 도로폭이 필요하게 되는데 이때 넓히는 것을 확폭(slack)이라 한다.

☐☐☐ 기 13①,19③

14 완화곡선 중 클로소이드에 대한 설명으로 옳지 않은 것은? (단, R : 곡선반지름, L : 곡선길이)

① 클로소이드는 곡률이 곡선길이에 비례하여 증가하는 곡선이다.
② 클로소이드는 나선의 일종이며 모든 클로소이드는 닮은꼴이다.
③ 클로소이드의 종점좌표 x, y는 그 점의 접선각의 함수로 표시된다.
④ 클로소이드에서 접선각 τ을 라디안으로 표시하면 $\tau = \dfrac{R}{2L}$이 된다.

| 해답 | ④
클로소이드에서 접선각 τ을 라디안으로 표시하면 $\tau = \dfrac{L}{2R}$이 된다.

☐☐☐ 기 88,19③,22②

15 지성선에 관한 설명으로 옳지 않은 것은?

① 철(凸)선을 능선 또는 분수선이라 한다.
② 경사변환선이란 동일 방향의 경사면에서 경사의 크기가 다른 두 변의 접합선이다.
③ 요(凹)선은 지표의 경사가 최대로 되는 방향을 표시한 선으로 유하선이라고 한다.
④ 지성선은 지표면이 다수의 평면으로 구성되었다고 할 때 평면간 접합부, 즉 접선을 말하며 지세선이라고도 한다.

| 해답 | ③
• 최대경사선은 경사가 지표의 임의의 1점에서 최대가 되는 방향을 나타내는 선으로 유하선(流下線)이라고 한다.
• 凹선은 지표면이 낮거나 움푹패인 점을 연결한 선으로 합수선(계곡선)이라 한다.

☐☐☐ 기 99,04,05,15①,17②,19③

16 수애선의 기준이 되는 수위는?

① 평수위   ② 평균수위
③ 최고수위 ④ 최저수위

| 해답 | ①
수애선
수면과 하애와의 경계선으로 하천수위의 변화에 따라 다르며 평수위에 의하여 결정된다.

☐☐☐ 기 96,00,10①,19③

17 어느 각을 10번 관측하여 52°12′을 2번, 52°13′을 4번, 52°14′을 4번 얻었다면 관측한 각의 최확값은?

① 52°12′45″   ② 52°13′00″
③ 52°13′12″   ④ 52°13′45″

| 해답 | ③
관측횟수를 달리하였을 경우의 최확값 경중률은 관측횟수에 비례한다.
$$\therefore \mu = 52° + \dfrac{12′ \times 2 + 13′ \times 4 + 14′ \times 4}{2+4+4}$$
$$= 52°13′12″$$

☐☐☐ 기 92,97,08,19③

18 축척 1:2000의 도면에서 관측한 면적이 2500m² 이었다. 이때 도면의 가로와 세로가 각각 1% 줄었다면 실제 면적은?

① 2451m²   ② 2475m²
③ 2525m²   ④ 2551m²

| 해답 | ④
$$A_o = A(1+\epsilon)^2 = 2500\left(1+\dfrac{1}{100}\right)^2 = 2550.25\text{m}^2$$
[도면이 줄면 면적이 늘고(+), 도면이 늘면 면적이 준다(−).]

☐☐☐ 기 80,02,06,10④,13①,19③,24③

19 곡선반지름이 400m인 원곡선을 설계속도 70km/h로 하려고 할 때 캔트(cant)는? (단, 궤간 $b=1.065$m)

① 73mm   ② 83mm
③ 93mm   ④ 103mm

| 해답 | ④
캔트 $C = \dfrac{bV^2}{gR}$
$$= \dfrac{1.065 \times \left(\dfrac{70000}{60\times60}\right)^2}{9.8 \times 400} = 0.103\text{m} = 103\text{mm}$$

□□□ 기 96,15②,19③
20 다각측량에서 어떤 폐합다각망을 측량하여 위거 및 경거의 오차를 구하였다. 거리와 각을 유사한 정밀도로 관측하였다면 위거 및 경거의 폐합오차를 배분하는 방법으로 가장 적합한 것은?

① 측선의 길이에 비례하여 분배한다.
② 각각의 위거 및 경거에 등분배한다.
③ 위거 및 경거의 크기에 비례하여 배분한다.
④ 위거 및 경거 절댓값의 총합에 대한 위거 및 경거 크기에 비례하여 배분한다.

[해답] ①
- 트랜싯 법칙 : 각 측량의 정밀도가 거리측량의 정도보다 높을 때 이용되며, 위거 및 경거의 폐합오차를 각 측선의 위거 및 경거의 크기에 비례배분하여 보정하는 방법
- 컴퍼스 법칙 : 각 측량과 거리 측량의 정밀도가 대략 같을 때 이용되며, 위거 및 경거의 폐합오차를 각 측선의 길이에 비례배분하여 보정하는 방법

제1·2회 2020년 6월 6일

01 종단점법에 의한 등고선 관측방법을 사용하는 가장 적당한 경우는?

① 정확한 토량을 산출할 때
② 지형이 복잡할 때
③ 비교적 소축척으로 산지 등의 지형측량을 행할 때
④ 정밀한 등고선을 구하려 할 때

| 해답 | ③

종단점법
지성선의 방향이나 주요한 방향의 여러 개의 측선에 대해서 기준점에서부터 필요한 점까지의 거리와 높이를 관측하여 등고선을 그리는 방법으로 비교적 소축척으로 산지 등의 측량에 이용된다.

02 삼변측량에서 △ABC에서 세 변의 길이가 $a=1200.00\text{m}$, $b=1600.00\text{m}$, $c=1442.22\text{m}$라면 변 c의 대각인 ∠C는?

① 45°
② 60°
③ 75°
④ 90°

| 해답 | ②

$$\cos \angle C = \frac{a^2+b^2-c^2}{2ab}$$

$$\angle C = \cos^{-1}\frac{1200^2+1600^2-1442.22^2}{2\times 1200 \times 1600} = 60°$$

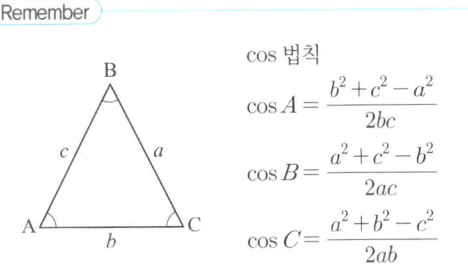

Remember
cos 법칙
$$\cos A = \frac{b^2+c^2-a^2}{2bc}$$
$$\cos B = \frac{a^2+c^2-b^2}{2ac}$$
$$\cos C = \frac{a^2+b^2-c^2}{2ab}$$

03 종단측량과 횡단측량에 관한 설명으로 틀린 것은?

① 종단도를 보면 노선의 형태를 알 수 있으나 횡단도를 보면 알 수 없다.
② 종단측량은 횡단측량보다 높은 정확도가 요구된다.
③ 종단도의 횡축척과 종축척은 서로 다르게 잡는 것이 일반적이다.
④ 횡단측량은 노선의 종단측량에 앞서 실시한다.

| 해답 | ④

횡단측량
- 노선의 종단측량후에 횡단측량을 실시한다.
- 종단면도는 종단측량에 의해서, 횡단면도는 횡단측량에 의해서 실시한다.
- 횡단측량의 축척은 종단면도의 종축척과 동일하게 하는 것을 표준으로 한다.

04 캔트(cant)의 계산에서 속도 및 반지름을 2배로 하면 캔트는 몇 배가 되는가?

① 2배
② 4배
③ 8배
④ 16배

| 해답 | ①

$$캔트\ C = \frac{bV^2}{gR} = \frac{b(2V)^2}{g(2R)} = 2\frac{bV^2}{gR}$$

∴ 속도 V와 반지름 R을 2배로 하면 캔트 C는 2배가 된다.

05 지표상 P점에서 9km 떨어진 Q점을 관측할 때 Q점에 세워야 할 측표의 최소높이는? (단, 지구 반지름 $R=6370$km이고, P, Q점은 수평면상에 존재한다.)

① 10.2m
② 6.4m
③ 2.5m
④ 0.6m

| 해답 | ②

$$구차\ h = \frac{D^2}{2R} = \frac{9^2}{2\times 6370} = 0.00636\text{km} = 6.4\text{m}$$

□□□ 기 95,03,20②

06 한 측선의 자오선(종축)과 이루는 각이 60° 00′이고 계산된 측선의 위거가 −60m, 경거가 −103.92m일 때 이 측선의 방위와 거리는?

① 방위=S60° 00′E, 거리=130m
② 방위=N60° 00′E, 거리=130m
③ 방위=N60° 00′W, 거리=120m
④ 방위=S60° 00′W, 거리=120m

| 해답 | ④

- 남북(NS)기준으로 한 선을 종축(자오선)이라 한다.
- 3상한이므로 방위는 S 60° W
- $OA = \sqrt{(-60)^2 + (-103.92)^2} = 120m$

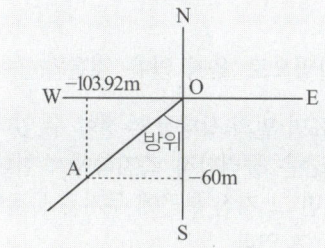

□□□ 기 03,16①,20②,22③,25①

07 그림과 같이 수준측량을 실시하였다. A점의 표고는 300m이고, B와 C구간은 교호수준측량을 실시하였다면, D점의 표고는?
(표고차 : A→B=+1.233m, B→C=+0.726m, C→B=−0.720m, C→D=−0.926m)

① 300.310m
② 301.030m
③ 302.153m
④ 302.882m

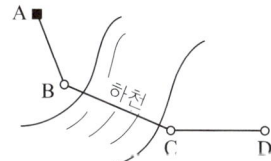

| 해답 | ②

$H_D = H_A + h_{AB} \pm \left(\frac{1}{2}(h_{BC} + h_{CB})\right) + h_{CD}$

- $H_A = 300m$, $h_{AB} = 1.233m$, $h_{CD} = -0.926m$
- BC 구간의 교호수준측량을 하였을 때 고저차
  $h = \frac{1}{2}\{0.726 - (-0.720)\} = +0.723m$
- D점의 표고(H_D)
  ∴ $H_D = 300 + 1.233 + 0.723 - 0.926 = 301.030m$

□□□ 기 20②,25③

08 아래 종단수준측량의 야장에서 ㉠, ㉡, ㉢에 들어갈 값으로 옳은 것은?

(단위 : m)

측점	후시	기계고	전시 전환점	전시 이기점	지반고
BM	0.175	㉠			37.133
No. 1				0.154	
No. 2				1.569	
No. 3				1.143	
No. 4	1.098	㉡	1.237		㉢
No. 5				0.948	
No. 6				1.175	

① ㉠ : 37.308, ㉡ : 37.169, ㉢ : 36.071
② ㉠ : 37.308, ㉡ : 36.071, ㉢ : 37.169
③ ㉠ : 36.958, ㉡ : 35.860, ㉢ : 37.097
④ ㉠ : 36.958, ㉡ : 37.097, ㉢ : 35.860

| 해답 | ①

- ㉠ 기계고=지반고+후시=37.133+0.175=37.308m
- ㉢ 지반고=기계고−전시=37.308−1.237=36.071m
- ㉡ 기계고=지반고+후시=36.071+1.098=37.169m

□□□ 기 14,20②

09 우리나라는 TM도법에 따른 평면직교좌표계를 사용하고 있는데, 그중 동해 원점의 경위도 좌표는?

① 129° 00′00″E, 35° 00′00″N
② 131° 00′00″E, 35° 00′00″N
③ 129° 00′00″E, 38° 00′00″N
④ 131° 00′00″E, 38° 00′00″N

| 해답 | ④

TM 도법에 따른 평면직교좌표계

명칭	경도	위도
서부 원점	125° 00′00″E	38° 00′00″N
중부 원점	127° 00′00″E	38° 00′00″N
동부 원점	129° 00′00″E	38° 00′00″N
동해 원점	131° 00′00″E	38° 00′00″N

☐☐☐ 기 12②,16①,20②,23②,24②

10 삼각측량을 위한 삼각망 중에서 유심다각망에 대한 설명으로 틀린 것은?

① 농지측량에 많이 사용된다.
② 방대한 지역의 측량에 적합하다.
③ 삼각망 중에서 정확도가 가장 높다.
④ 동일측점 수에 비하여 포함면적이 가장 넓다.

|해답| ③

유심 다각망의 특징
• 교차점을 측점으로 사용한다.
• 방대한 지역의 측량(농지측량)에 접합하다.
• 동일 측점수에 비해 피복 면적이 가장 넓다.
• 정도는 단열삼각망보다 높으나 사변형망보다 낮다.

☐☐☐ 기 93,99,20②,25①

11 토량 계산공식 중 양단면의 면적차가 클 때 산출된 토량의 일반적인 대소관계로 옳은 것은? (단, 중앙단면법 : A, 양단면평균법 : B, 각주공식 : C)

① A = C < B
② A < C = B
③ A < C < B
④ A > C > B

|해답| ③

각주공식	실제토량과 거의 근삿값
양단면 평균법	실제토량보다 크다.
중앙단면적법	실제토량보다 작다.

∴ A < C < B

☐☐☐ 기 95,99,12④,20②,24①

12 그림과 같은 토지의 $\overline{BC}$에 평행한 $\overline{XY}$로 m : n = 1 : 2.5의 비율로 면적을 분할하고자 한다. $\overline{AB}$ = 35m 일 때 $\overline{AX}$는?

① 17.7m
② 18.1m
③ 18.7m
④ 19.1m

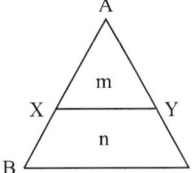

|해답| ③

$$AX = AB\sqrt{\frac{m}{m+n}} = 35\sqrt{\frac{1}{1+2.5}} = 18.7m$$

☐☐☐ 기 07,08,17②,20②

13 트래버스 측량에서 거리관측의 오차가 관측거리 100m에 대하여 ±1.0mm인 경우 이에 상응하는 각관측 오차는?

① ±1.1″
② ±2.1″
③ ±3.1″
④ ±4.1″

|해답| ②

$$\Delta \alpha = 206265''\frac{\Delta l}{l}$$
$$= 206265'' \times \frac{(\pm 1)}{100000} = \pm 0° 0' 2.1''$$

☐☐☐ 기 85,10④,20②

14 중력이상에 대한 설명으로 옳지 않은 것은?

① 중력이상에 의해 지표면 밑의 상태를 추정할 수 있다.
② 중력이상에 대한 취급은 물리학적 측지학에 속한다.
③ 중력이상이 양(+)이면 그 지점 부근에 무거운 물질이 있는 것으로 추정할 수 있다.
④ 중력식에 의한 계산값에서 실측값을 뺀 것이 중력이상이다.

|해답| ④

• 중력이상이 (+)이면 그 지점에 무거운 물질이 있다.
• 중력이상=중력의 실측값-중력식에 의한 계산값

☐☐☐ 기 09③,20②,24③

15 트래버스 측량에서 선점 시 주의하여야 할 사항이 아닌 것은?

① 트래버스의 노선은 가능한 폐합 또는 결합이 되게 한다.
② 결합 트래버스의 출발점과 결합점 간의 거리는 가능한 단거리로 한다.
③ 거리측량과 각측량의 정확도가 균형을 이루게 한다.
④ 측점 간 거리는 다양하게 선점하여 부정오차를 소거한다.

|해답| ④

측점 간의 거리는 될 수 있는 한 등거리로 하고 두 점 간에는 큰 고저차가 없게 해야 한다.

□□□ 기 20②,24③

16 위성측량의 DOP(Dilution of Precision)에 관한 설명으로 옳지 않은 것은?

① DOP는 위성의 기하학적 분포에 따른 오차이다.
② 일반적으로 위성들 간의 공간이 더 크면 위치정밀도가 낮아진다.
③ DOP를 이용하여 실제 측량 전에 위성측량의 정확도를 예측할 수 있다.
④ DOP값이 클수록 정확도가 좋지 않은 상태이다.

|해답| ②
위성측량의 DOP
• 위성의 기하학적 배치에 의한 GPS 위치측정 계산의 정확도에 직접적으로 영향을 주는 오차
• DOP값이 작을수록 정확하며, 지표에서 가장 좋은 배치상태를 1로 한다.
• DOP를 이용하여 실제 측량 전에 위성측량의 정확도를 예측할 수 있다.
• 일반적으로 위성들 간의 공간이 더 크면 위치정밀도가 양호해진다.
• 양호한 DOP

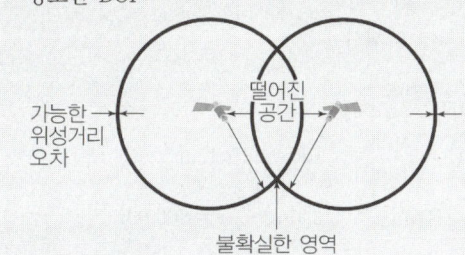

• 불량한 DOP

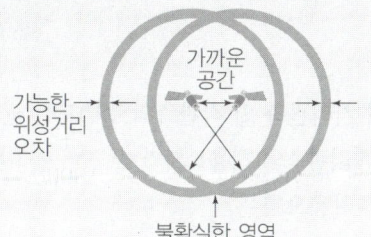

□□□ 기 96,05,16②,20②

17 지형도의 이용법에 해당되지 않는 것은?

① 저수량 및 토공량 산정
② 유역면적의 도상 측정
③ 직접적인 지적도 작성
④ 등경사선 관측

|해답| ③
지형도의 이용
• 토목공사의 계획설계에 이용
• 종·횡단면도 제작에 이용
• 노선의 도면상 결정에 이용
• 저수량, 토공량 산출에 이용
• 하천의 유역면적 결정에 이용
• 등경사선의 관측
• 저수량의 관측, 체적 결정

□□□ 기 94,04,14,20②

18 지구상의 △ABC를 측정한 결과, 두 변의 거리가 $a=30km$, $b=20km$이었고, 그 사잇각 80°이었다면 이때 발생하는 구과량은? (단, 지구의 곡선반지름은 6400km로 가정한다.)

① 1.49″ ② 1.62″
③ 2.04″ ④ 2.24″

|해답| ①
구면삼각형 면적 $F = \frac{1}{2}ab\sin\alpha$
$= \frac{1}{2} \times 30 \times 20 \times \sin 80°$
$= 295.44 \, km^2$
∴ 구과량 $\epsilon = \frac{F}{r^2}\rho'' = \frac{295.44}{6400^2} \times 206265'' = 1.49''$

□□□ 기 20②

19 종단곡선에 대한 설명으로 옳지 않은 것은?

① 철도에서는 원곡선을 도로에서는 2차 포물선을 주로 사용한다.
② 종단경사는 환경적, 경제적 측면에서 허용할 수 있는 범위 내에서 최대한 완만하게 한다.
③ 설계속도와 지형 조건에 따라 종단경사의 기준값이 제시되어 있다.
④ 지형의 상황, 주변 지장물 등의 한계가 있는 경우 10% 정도 증감이 가능하다.

|해답| ④
종단곡선
지형의 상황, 주변 지장물 및 경제성을 고려하여 불가피한 경우에는 종단경사 기준값에서 1% 더하여 적용할 수 있다.

□□□ 기 08②,15②,20②

20 노선측량에서 단곡선의 설치방법에 대한 설명으로 옳지 않은 것은?

① 중앙종거를 이용한 설치방법은 터널 속이나 삼림지대에서 벌목량이 많을 때 사용하면 편리하다.
② 편각설치법은 비교적 높은 정확도로 인해 고속도로나 철도에 사용할 수 있다.
③ 접선편거와 현편거에 의하여 설치하는 방법은 줄자만을 사용하여 원곡선을 설치할 수 있다.
④ 장현에 대한 종거와 횡거에 의하는 방법은 곡률반지름이 짧은 곡선일 때 편리하다.

| 해답 | ①

- 중앙종거법
  기설곡선의 검사 또는 조정에 편리하며 곡선반지름이나 곡선 길이가 짧은 시가지의 곡선 설치에 이용된다.

- 접선에 대한 지거법
  터널 내의 곡선설치나 산림지의 벌채량을 줄일 경우 적당한 방법이다.

제3회 2020년 8월 22일

□□□ 기 97,05,06,20③

01 그림과 같이 곡선반지름 $R=500\text{m}$인 단곡선을 설치할 때 교점에 장애물이 있어 $\angle ACD=150°$, $\angle CDB=90°$, $CD=100\text{m}$를 관측하였다. 이때 C점으로부터 곡선의 시점까지의 거리는?

① 530.27m
② 657.04m
③ 750.56m
④ 796.09m

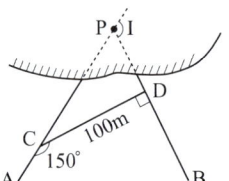

| 해답 | ③

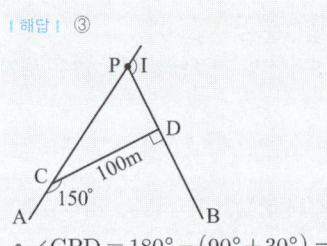

- $\angle CPD = 180° - (90° + 30°) = 60°$
- $I = 90° + 30° = 120°$
- sin법칙에 의해서

$$\frac{100}{\sin 60°} = \frac{\overline{CP}}{\sin 90°}$$

$$\therefore \overline{CP} = \frac{\sin 90°}{\sin 60°} \times 100 = 115.47\text{m}$$

- $T.L = R\tan\frac{I}{2} = 500\tan\frac{120°}{2} = 866.03\text{m}$

$$\therefore \overline{AC} = T.L - \overline{CP} = 866.03 - 115.47 = 750.56\text{m}$$

□□□ 기 07,08,17②,20②③

02 다각측량에서 거리관측 및 각관측의 정밀도는 균형을 고려해야 한다. 거리관측의 허용오차가 $\pm\frac{1}{10000}$이라고 할 때 각관측의 허용오차는?

① $\pm 20''$
② $\pm 10''$
③ $\pm 5''$
④ $\pm 1''$

| 해답 | ①

$$\Delta\alpha = 206265'' \frac{\Delta l}{l}$$

$$= 206265'' \times \left(\pm\frac{1}{10000}\right) = \pm 20.63''$$

□□□ 기 11②, 20③

03 축척 1 : 50000 지형도상에서 주곡선 간의 도상 길이가 1cm이었다면 이 지형의 경사는?

① 4% ② 5%
③ 6% ④ 10%

| 해답 | ①

- 경사 $i = \dfrac{h}{D} \times 100(\%)$ 에서
- 축척 $\dfrac{1}{50000}$ 지형도상의 인접한 두 주곡선 간격
  $h : 20m$
- 실제거리 $D = 50000 \times 1 = 50000cm = 500m$
  $\therefore i = \dfrac{h}{D} = \dfrac{20}{500} \times 100 = 4\%$

□□□ 기 13①, 20③

04 그림과 같은 편심측량에서 ∠ABC는?
(단, $\overline{AB}=2.0km$, $\overline{BC}=1.5km$, $e=0.5m$, $t=54°30'$, $\rho=300°30'$)

① 54°28′45″
② 54°30′19″
③ 54°31′58″
④ 54°33′14″

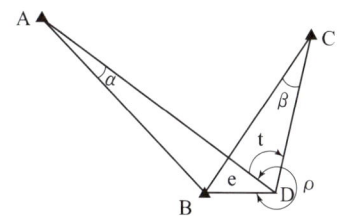

| 해답 | ②

- ∠ABC $= t - \alpha - \beta$
- $\dfrac{e}{\sin\theta_1} = \dfrac{S_1(\overline{AB})}{\sin(360°-\phi)}$ 에서
- $\alpha = \dfrac{e}{S_1(\overline{AB})}\sin(360°-\rho) \times \rho''$
  $= \dfrac{0.5}{2000}\sin(360°-300°30') \times 206265'' = 44.43''$
- $\dfrac{e}{\sin\theta_2} = \dfrac{S_2(\overline{BC})}{\sin(360°-\phi+r)}$ 에서
- $\beta = \dfrac{e}{S_2(\overline{BC})}\sin(360°-\rho+t) \times \rho''$
  $= \dfrac{0.5}{1500}\sin(360°-300°30'+54°30') \times 206265''$
  $= 1'2.81''$
  $\therefore$ ∠ABC $= 54°30' - 44.43'' + 1'2.81''$
  $= 54°30'19''$

□□□ 기 01, 10④, 20③

05 그림과 같이 $\widehat{A_0B_0}$의 노선을 $e=10m$만큼 이동하여 내측으로 노선을 설치하고자 한다. 새로운 반지름 R_N은? (단, $R_o=200m$, $I=60°$)

① 217.64m
② 238.26m
③ 250.50m
④ 264.64m

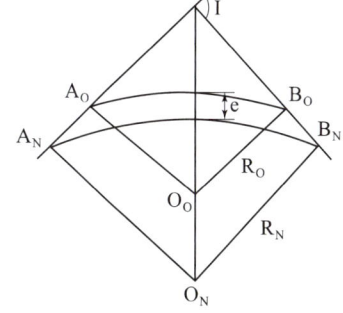

| 해답 | ④

- 외선길이 $E = R\left(\sec\dfrac{I}{2}-1\right) = R\left(\dfrac{1}{\cos\dfrac{I}{2}}-1\right)$
- $E_o = R_o\left(\dfrac{1}{\cos\dfrac{I}{2}}-1\right) = 200\left(\dfrac{1}{\cos\dfrac{60°}{2}}-1\right) = 30.94m$
- $E_N = E_o + 10 = 30.94 + 10 = 40.94m$
  $40.94 = R_N\left(\dfrac{1}{\cos\dfrac{60°}{2}}-1\right)$

참고 SOLVE 사용 $\therefore R_N = 264.64m$

□□□ 기 95, 01, 04, 20③

06 노선설치에서 곡선반지름 R, 교각 I인 단곡선을 설치할 때 곡선의 중앙종거(M)를 구하는 식으로 옳은 것은?

① $M = R\left(\sec\dfrac{I}{2}-1\right)$ ② $M = R\tan\dfrac{I}{2}$
③ $M = 2R\sin\dfrac{I}{2}$ ④ $M = R\left(1-\cos\dfrac{I}{2}\right)$

| 해답 | ④

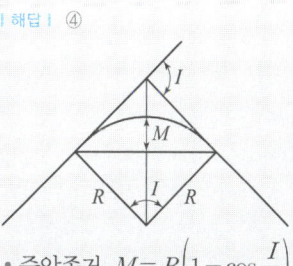

- 중앙종거 $M = R\left(1-\cos\dfrac{I}{2}\right)$
- 접선길이 $TL = R\tan\dfrac{I}{2}$
- 장현 $L = 2R\sin\dfrac{I}{2}$
- 외선길이 $E = R\left(\sec\dfrac{I}{2}-1\right)$

□□□ 기 20③

07 각관측 방법 중 배각법에 관한 설명으로 옳지 않은 것은?

① 방향각법에 비하여 읽기 오차의 영향을 적게 받는다.
② 수평각 관측법 중 가장 정확한 방법으로 정밀한 삼각측량에 주로 이용된다.
③ 시준할 때의 오차를 줄일 수 있고 최소 눈금 미만의 정밀한 관측값을 얻을 수 있다.
④ 1개의 각을 2회 이상 반복 관측하여 관측한 각도의 평균을 구하는 방법이다.

|해답| ②
- 조합각 관측법
  - 한 측점에서 모든 방향의 각을 전부 정·반위치에서 측정하는 방법으로서 1등 삼각측량에 주로 사용하며 정도가 가장 높다.
- 배각법
  - 트래버스 측량과 같이 한 측점에서 1개의 각을 높은 정밀도로 측정할 때 사용
  - 각을 여러 번 관측하여 시준할 때의 오차를 줄일 수 있다.
  - 최소 눈금 미만의 정밀한 관측값을 얻을 수 있는 방법이다.

□□□ 기 17②, 20③, 22③

08 수준측량에서 시준거리를 같게 함으로써 소거할 수 있는 오차에 대한 설명으로 틀린 것은?

① 기포관축과 시준선이 평행하지 않을 때 생기는 시준선 오차를 소거할 수 있다.
② 지구곡률오차를 소거할 수 있다.
③ 표척 시준 시 초점나사를 조정할 필요가 없으므로 이로 인한 오차인 시준오차를 줄일 수 있다.
④ 표척의 눈금 부정확으로 인한 오차를 소거할 수 있다.

|해답| ④
- 표척의 눈금이 정확하지 않을 때의 오차
  고저차는 표척의 눈금읽기에 의하여 관측되므로 고저차에 비례하여 증가한다. 따라서 수준점 간의 비고(比高)에 비례하여 배분한다.
- 전시와 후시의 거리를 되도록 같게 하면 시준선과 기포관축이 평행하지 않을 때 생기는 오차, 기차 및 지구의 곡률 오차를 제거할 수 있다.

□□□ 기 82, 86, 93, 20③

09 지형의 표시방법 중 하천, 항만, 해안측량 등에서 심천측량을 할 때 측점에 숫자로 기입하여 고저를 표시하는 방법은?

① 점고법   ② 음영법
③ 연선법   ④ 등고선법

|해답| ①
점고법
하천, 항만, 해안 측량에서 심천측량을 한 측점에 숫자로 기입하는 방법

□□□ 기 20③

10 하천측량에서 유속관측에 대한 설명으로 옳지 않은 것은?

① 유속계에 의한 평균유속 계산식은 1점법, 2점법, 3점법 등이 있다.
② 하천기울기(I)를 이용하여 유속을 구하는 식에는 Chezy식과 Manning식 등이 있다.
③ 유속관측을 위해 이용되는 부자는 표면부자, 2중부자, 봉부자 등이 있다.
④ 위어(weir)는 유량관측을 위해 직접적으로 유속을 관측하는 장비이다.

|해답| ④
위어는 규칙적인 모양을 가지며 물이 월류할 때 유량을 측정하는 장치이다.

□□□ 기 00, 03, 13, 17①, 20③, 22③

11 토적곡선(mass curve)을 작성하는 목적으로 가장 거리가 먼 것은?

① 토량의 배분   ② 교통량 산정
③ 토공기계의 선정   ④ 토량의 운반거리 산출

|해답| ②
토적곡선의 작성 목적
- 토량의 분배
- 평균운반거리 산출
- 토공기계의 선정
- 시공방법 결정

□□□ 기 96,02,06,20③

12 그림의 다각망에서 C점의 좌표는?
(단, $\overline{AB} = \overline{BC} = 100$m이다.)

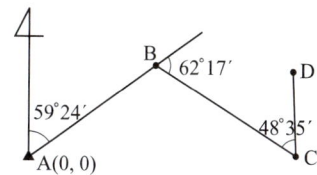

① $X_c = -5.31$m, $Y_c = 160.45$m
② $X_c = -1.62$m, $Y_c = 171.17$m
③ $X_c = -10.27$m, $Y_c = 89.25$m
④ $X_c = 50.90$m, $Y_c = 86.07$m

|해답| ②
- 방위각 계산
 AB = 59° 24′
 BC = 59° 24′ + 62° 17′ = 121° 41′
 CD = 121° 41′ + 180° + 48° 35′ = 350° 16′
- B점의 위거 계산
 B점의 위거 = $l\cos\theta = 100\cos 59° 24′ = 0.90$m
 B점의 경거 = $l\sin\theta = 100\sin 59° 24′ = 86.07$m
- C점의 경거 계산
 C점의 위거 = $l\cos\theta = 100\cos 121° 41′ = -52.52$m
 C점의 경거 = $l\sin\theta = 100\sin 121° 41′ = 85.10$m
- 합위거 및 합경거

측점	위거	경거	합위거(X)	합경거(Y)
A			0	0
B	+50.90	+86.07	0+50.90 =50.90	0+86.07 =86.07
C	98.56	-16.91	50.90-52.52 =-1.62	86.07+85.10 =171.17

□□□ 기 10④,20③

13 전자파거리측량기로 거리를 측량할 때 발생되는 관측오차에 대한 설명으로 옳은 것은?

① 모든 관측오차는 거리에 비례한다.
② 모든 관측오차는 거리에 비례하지 않는다.
③ 거리에 비례하는 오차와 비례하지 않는 오차가 있다.
④ 거리가 어떤 길이 이상으로 커지면 관측오차가 상쇄되어 길이에 대한 영향이 없어진다.

|해답| ③
전자파 거리 측량기(EDM) 오차

거리에 비례하는 오차	거리에 비례하지 않는 오차
• 광속도 오차	• 측정기의 정수 오차
• 변광조 주파수의 오차	• 위상차 측정오차
• 굴절률의 오차	• 반사경의 구심오차

□□□ 기 80,96,10,12④,20③

14 삼각측량을 위한 삼각점의 위치선정에 있어서 피해야 할 장소와 가장 거리가 먼 것은?

① 측표를 높게 설치해야 되는 곳
② 나무의 벌목면적이 큰 곳
③ 편심관측을 해야 되는 곳
④ 습지 또는 하상인 곳

|해답| ③
삼각점의 선점 시 유의사항
- 견고한 땅이어야 하고 위치의 이동이 없고 침하하지 않는 곳이 좋다.
- 많은 나무의 벌채를 요하거나 높은 측표를 요하는 기점을 가능한 한 피한다. 이때에는 편심관측이 유리하다.

□□□ 기 88,07,13②,20③

15 폐합다각측량을 실시하여 위거오차 30cm, 경거오차 40cm를 얻었다. 다각측량의 전체 길이가 500m라면 다각형의 폐합비는?

① $\dfrac{1}{100}$
② $\dfrac{1}{125}$
③ $\dfrac{1}{1000}$
④ $\dfrac{1}{1250}$

|해답| ③
폐합오차
$E = \sqrt{(\text{위거오차량})^2 + (\text{경거오차량})^2}$
$= \sqrt{(E_L)^2 + (E_D)^2}$
- 폐합오차 : $E = \sqrt{(0.30)^2 + (0.40)^2} = 0.5$m
- 폐합비 : $R = \dfrac{E}{\sum l} = \dfrac{1}{m} = \dfrac{0.5}{500} = \dfrac{1}{1000}$

□□□ 기 09,12,16,17④,20③,24①
16 하천측량에 대한 설명으로 옳지 않은 것은?

① 수위관측소의 위치는 지천의 합류점 및 분류점으로서 수위의 변화가 일어나기 쉬운 곳이 적당하다.
② 하천측량에서 수준측량을 할 때의 거리표는 하천의 중심에 직각방향으로 설치한다.
③ 심천측량은 하천의 수심 및 유수부분의 하저상황을 조사하고 횡단면도를 제작하는 측량을 말한다.
④ 하천측량 시 처음에 할 일은 도상조사로서 유로상황, 지역면적, 지형, 토지이용 상황 등을 조사하여야 한다.

| 해답 | ①
수위관측소의 위치는 지천의 합류점 및 분류점으로 특별한 수위변화가 없는 곳이어야 한다.

□□□ 기 96,99,11,16①,20③,22③
17 직사각형의 두 변의 길이를 $\frac{1}{100}$ 정밀도로 관측하여 면적을 산출할 경우 산출된 면적의 정밀도는?

① $\frac{1}{50}$
② $\frac{1}{100}$
③ $\frac{1}{200}$
④ $\frac{1}{300}$

| 해답 | ①
- $A = l^2 \Rightarrow dA = 2ldl$
∴ 면적의 정도 $\frac{dA}{A} = \frac{2ldl}{l^2}$, $\frac{dA}{A} = 2\frac{dl}{l}$
$= 2 \times \frac{1}{100} = \frac{1}{50}$

□□□ 기 80,20③
18 지반의 높이를 비교할 때 사용하는 기준면은?

① 표고(elevation)
② 수준면(level surface)
③ 수평면(horizontal plane)
④ 평균해수면(mean sea level)

| 해답 | ④
평균해수면
지반의 높이를 비교할 때 사용하는 기준면

□□□ 기 08,11①,15④,20③,23①
19 직접고저측량을 실시한 결과가 그림과 같을 때, A점의 표고가 10m라면 C점의 표고는?
(단, 그림은 개략도로 실제 치수와 다를 수 있음.)

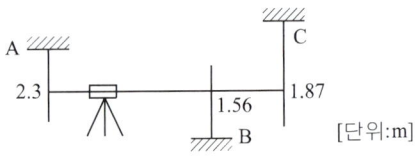

① 9.57m
② 9.66m
③ 10.57m
④ 10.66m

| 해답 | ①

측점	후시	전시	기계고	표고(m)
A	-2.3		7.7	10
B		1.56		6.14
C		-1.87		9.57

□□□ 기 20③,22③
20 다음 우리나라에서 사용되고 있는 좌표계에 대한 설명 중 옳지 않은 것은?

우리나라의 평면직각좌표는 ㉠ 4개의 평면직각좌표계(서부, 중부, 동부, 동해)를 사용하고 있다. 각 좌표계의 ㉡ 원점은 위도 38°선과 경도 125°, 127°, 129°, 131°선의 교점에 위치하며, ㉢ 투영법은 TM(Transverse Mercator)을 사용한다. 좌표의 음수 표기를 방지하기 위해 ㉣ 횡좌표에 200000m, 종좌표에 500000m를 가산한 가좌표를 사용한다.

① ㉠
② ㉡
③ ㉢
④ ㉣

| 해답 | ④
평면직각좌표에서는 횡좌표(Y축)에 200000m, 종좌표(X축)에 600000m를 가산한 가좌표를 사용한다.

제4회 2020년 9월 27일

□□□ 기 98,05,20①④,24③

01 노선 측량의 일반적인 작업 순서로 옳은 것은?

| A : 종·횡단측량 | B : 중심선 측량 |
| C : 공사측량 | D : 답사 |

① A→B→D→C ② A→C→D→B
③ D→B→A→C ④ D→C→A→B

| 해답 | ③

노선측량의 순서
답사(D)→노선 선정→중심선 측량(B)→지형측량→
종·횡단측량(A)→공사측량(C)

□□□ 기 15④,20④

02 2000m의 거리를 50m씩 끊어서 40회 관측하였다. 관측결과 총오차가 ±0.14m이었고, 40회 관측의 정밀도가 동일하다면, 50m 거리 관측의 오차는?

① ±0.022m ② ±0.019m
③ ±0.016m ④ ±0.013m

| 해답 | ①

우연오차 $M = \pm e\sqrt{n}$ 에서
∴ 거리 관측의 오차
$e = \dfrac{M}{\sqrt{n}} = \dfrac{\pm 0.14}{\sqrt{40}} = \pm 0.022\text{m}$

□□□ 기 97,99,03,05,09,20④

03 다음 중 완화곡선의 종류가 아닌 것은?

① 렘니스케이트 곡선 ② 배향 곡선
③ 클로소이드 곡선   ④ 반파장 체감곡선

| 해답 | ②

원곡선
단곡선, 복심곡선, 반향 곡선, 배향(머리핀) 곡선

□□□ 기 05,17④,20④

04 지형측량의 순서로 옳은 것은?

① 측량계획 – 골조측량 – 측량원도 작성 – 세부측량
② 측량계획 – 세부측량 – 측량원도 작성 – 골조측량
③ 측량계획 – 측량원도 작성 – 골조측량 – 세부측량
④ 측량계획 – 골조측량 – 세부측량 – 측량원도 작성

| 해답 | ④

지형측량의 순서
• 측량계획 작성(측량범위, 축척, 정확도, 자료수집)
• 골조측량(답사, 선점, 삼각측량, 트래버스 측량, 고저 측량)
• 세부측량(평판측량, 거리측량, 고저 측량)
• 측량원도 작성(등고선 측량, 원도 측량)

□□□ 기 20④

05 그림과 같은 횡단면의 면적은?

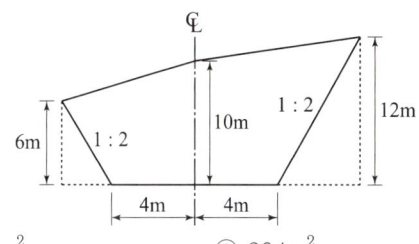

① 196m² ② 204m²
③ 216m² ④ 256m²

| 해답 | ④

사다리꼴 면적 $A = \dfrac{a+b}{2}h$

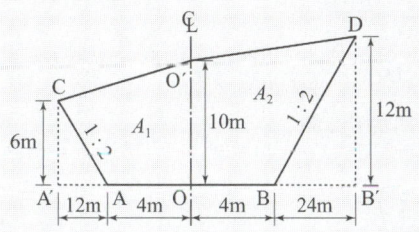

• $\overline{AA'} = n \cdot h = 2 \times 6 = 12\text{m}$
• $\overline{BB'} = n \cdot h = 2 \times 12 = 24\text{m}$
• $A_1 = \dfrac{6+10}{2} \times (12+4) - \dfrac{6 \times 12}{2} = 92\text{m}^2$
• $A_2 = \dfrac{10+12}{2} \times (4+24) - \dfrac{12 \times 24}{2} = 164\text{m}^2$
∴ $A = A_1 + A_2 = 92 + 164 = 256\text{m}^2$

06 수평각 관측을 할 때 망원경의 정위, 반위로 관측하여 평균하여도 소거되지 않는 오차는?

① 수평축 오차 ② 시준축 오차
③ 연직축 오차 ④ 편심 오차

|해답| ③

트랜싯 오차

오차의 종류	원 인	처리방향
시준축 오차	시준축과 수평축이 직교하지 않는다.	망원경 正·反으로 관측하여 평균한다.
수평축 오차	수평축이 연직축에 직교하지 않는다.	
외심 오차	회전축에 대하여 망원경의 위치가 편심하여 있다.	
연직축 오차	연직축이 정확히 연직선에 있지 않다.	어떤 방법으로도 소거되지 않는다.

---

07 삼변측량을 실시하여 길이가 각각 $a=1200m$, $b=1300m$, $c=1500m$이었다면 ∠ACB는?

① 73° 31′ 02″
② 73° 33′ 02″
③ 73° 35′ 02″
④ 73° 37′ 02″

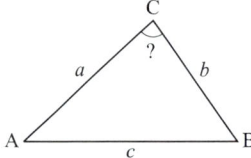

|해답| ④

코사인 제2법칙

• $\cos C = \dfrac{a^2+b^2-c^2}{2ab}$

∴ $\angle C = \cos^{-1} \dfrac{1200^2+1300^2-1500^2}{2 \times 1200 \times 1300}$

$= 73° 37′ 2.39″$

Remember

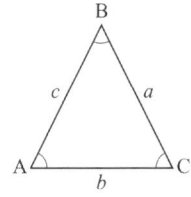

코사인 제2법칙

$\cos A = \dfrac{b^2+c^2-a^2}{2bc}$

$\cos B = \dfrac{a^2+c^2-b^2}{2ac}$

$\cos C = \dfrac{a^2+b^2-c^2}{2ab}$

---

08 수준망의 관측 결과가 표와 같을 때, 관측의 정확도가 가장 높은 것은?

구분	총거리(km)	폐합오차(mm)
I	25	±20
II	16	±18
III	12	±15
IV	8	±13

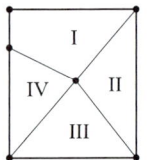

① I ② II
③ III ④ IV

|해답| ①

■ 정확도 : 거리 1km에 대한 수준측량의 허용오차 C의 값에 의하여 수준측량의 정확도를 비교할 수 있다.

• 수준측량의 오차 $E = C\sqrt{L}$ ⇒ 수준측량의 허용오차 $C = \dfrac{E}{\sqrt{L}}$

• I구간 : $C = \pm \dfrac{20}{\sqrt{25}} = \pm 4.0$

• II구간 : $C = \pm \dfrac{18}{\sqrt{16}} = \pm 4.50$

• III구간 : $C = \pm \dfrac{15}{\sqrt{12}} = \pm 4.33$

• IV구간 : $C = \pm \dfrac{13}{\sqrt{8}} = \pm 4.60$

• 수준측량의 허용오차 C의 가장 작은 값이 정확도가 가장 높다.

∴ I구간의 정확도가 가장 높다.

---

09 구면 삼각형의 성질에 대한 설명으로 틀린 것은?

① 구면 삼각형의 내각의 합은 180°보다 크다.
② 2점간 거리가 구면상에서는 대원의 호길이가 된다.
③ 구면 삼각형의 한 변은 다른 두 변의 합보다는 작고 차보다는 크다.
④ 구과량은 구 반지름의 제곱에 비례하고 구면 삼각형의 면적에 반비례한다.

|해답| ④

구과량 $\epsilon = \dfrac{A}{R^2}\rho″$

∴ 구과량(ϵ)은 구면삼각형 면적(A)에 비례하고 지구 반지름(R)의 제곱에 반비례한다.

□□□ 기 14②, 20④

10 폐합트래버스 ABCD에서 각 측선의 경거, 위거가 표와 같을 때, $\overline{AD}$ 측선의 방위각은?

측선	위거		경거	
	+	−	+	−
AB	50		50	
BC		30	60	
CD		70		60
DA				

① 133° ② 135°
③ 137° ④ 145°

| 해답 | ②

- DA 측선의 경위거
  - $\sum$위거$(L) = 0$, $\sum$경거$(D) = 0$
  - DA의 위거 = $(30 + 70 - 50) = +50$
  - DA의 경거 = $(60 - 50 - 60) = -50$
- DA 측선의 방위각
  - DA의 방위 $\theta = \tan^{-1}\dfrac{경거}{위거} = \tan^{-1}\dfrac{-50}{+50} = 45°$ (4상한)
  - DA의 방위각 $= 360° - 45° = 315°$
- AD 측선의 방위각
  - 방위각과 역방위각의 위상차는 180°이다.
  - 방위각의 값이 360°를 넘으면 그 값에서 360°를 빼 주고 (−)각이 될 때는 360°를 더해 준다.
  - ∴ AD 측선의 방위각 $= 315° + 180° - 360° = 135°$

□□□ 기 20④, 24①

11 GNSS 데이터의 교환 등에 필요한 공통적인 형식으로 원시데이터에서 측량에 필요한 데이터를 추출하여 보기 쉽게 표현한 것은?

① Bernese ② RINEX
③ Ambiguity ④ Binary

| 해답 | ②

RINEX
정지측량 시 기종이 서로 다른 GPS 수신기를 혼합하여 관측을 하였을 경우 어떤 종류의 후처리 소프트웨어를 사용하더라도 수집된 GPS 데이터의 기선 해석이 용이하도록 고안된 세계 표준의 GPS 데이터 포맷이다.

□□□ 기 88, 06, 12, 15①, 20④

12 30m에 대하여 3mm 늘어나 있는 줄자로써 정사각형의 지역을 측정한 결과 80000m²이었다면 실제의 면적은?

① 80016m² ② 80008m²
③ 79984m² ④ 79992m²

| 해답 | ①

$$A_0 = A\left(1 + \dfrac{\Delta l}{l}\right)^2$$
$$= 80000\left(1 + \dfrac{0.003}{30}\right)^2 = 80016\,\text{m}^2$$

□□□ 기 93, 99, 03, 06, 16①, 20④

13 축척 1 : 1500 지도상의 면적을 축척 1 : 1000으로 잘못 관측한 결과가 10000m²이었다면 실제 면적은?

① 4444m² ② 6667m²
③ 15000m² ④ 22500m²

| 해답 | ④

$\dfrac{A_o}{A} = \left(\dfrac{M_o}{M}\right)^2$에서

$A_o = \left(\dfrac{M_o}{M}\right)^2 \cdot A = \left(\dfrac{1500}{1000}\right)^2 \times 10000 = 22500\,\text{m}^2$

□□□ 기 96, 09, 20④

14 배각법에 의한 각 관측방법에 대한 설명 중 잘못된 것은?

① 방향각법에 비해 읽기오차의 영향이 작다.
② 많은 방향이 있는 경우는 적합하지 않다.
③ 눈금의 불량에 의한 오차를 최소로 하기 위하여 n회의 반복결과가 360°에 가깝게 해야 한다.
④ 내축과 외축의 연직선에 대한 불일치에 의한 오차가 자동 소거된다.

| 해답 | ④

내축과 외축을 이용하므로 내축과 외축의 연직선에 대한 불일치에 의하여 오차가 생기는 경우가 있다.

□□□ 기 94,98,00,04,06,09,20④,21③,22②

15 교호수준측량을 한 결과로 $a_1 = 0.472m$, $a_2 = 2.656m$, $b_1 = 2.106m$, $b_2 = 3.895m$를 얻었다. A점의 표고가 66.204m일 때 B점의 표고는?

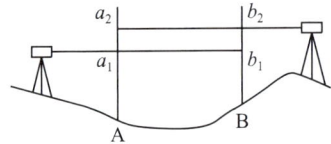

① 64.130m ② 64.768m
③ 65.238m ④ 67.641m

|해답| ②

- 고저차 $H = \frac{1}{2}\{(a_1 - b_1) + (a_2 - b_2)\}$
  $= \frac{1}{2}\{(0.472 - 2.106) + (2.656 - 3.895)\}$
  $= -1.4365m$
- B점의 지반고 $H_B = H_A + H$
  ∴ $H_B = 66.204 + (-1.4365) = 64.768m$

□□□ 기 20④

16 GPS 위성측량에 대한 설명으로 옳은 것은?

① GPS를 이용하여 취득한 높이는 지반고이다.
② GPS에서 사용하고 있는 기준타원체는 GRS80 타원체이다.
③ 대기 내 수증기는 GPS 위성신호를 지연시킨다.
④ GPS 측량은 별도의 후처리 없이 관측값을 직접 사용할 수 있다.

|해답| ③

- GPS에서 사용하고 있는 기준타원체는 WGS84 타원체이다.
- GPS 측량은 별도의 후처리 후에 관측값을 직접 사용할 수 있다.
- GPS의 신호가 전리층과 지구의 대기권을 통하여 전달되기에 지연이 따른다.
- GPS를 이용하여 취득한 높이는 타원체고이다.

□□□ 기 03,07,12①,13②,20④

17 도로의 노선측량에서 반지름(R) 200m인 원곡선을 설치할 때, 도로의 기점으로부터 교점(I.P)까지의 추가거리가 423.26m, 교각(I)가 42°20′일 때 시단현의 편각은? (단, 중심말뚝간격은 20m이다.)

① 0°50′00″ ② 2°01′52″
③ 2°03′11″ ④ 2°51′47″

|해답| ②

- 시단현 편각 $\delta_1 = \frac{90°}{\pi} \frac{l_1}{R}$
- $T.L = R\tan\frac{I}{2} = 200\tan\frac{42°20′}{2} = 77.44m$
- $BC = IP의 거리 - TL$
  $= 423.26 - 77.44 = 345.82m$
- 시단현 길이 $l_1 = BC 앞말뚝 - BC$
  $= 360 - 345.82 = 14.18m$
- ∴ 시단현 편각 $\delta_1 = \frac{90°}{\pi} \frac{14.18}{200} = 2°01′52″$

□□□ 기 81,86,15,18②,20④

18 완화곡선에 대한 설명으로 옳지 않은 것은?

① 완화곡선의 접선은 시점에서 원호에, 종점에서 직선에 접한다.
② 완화곡선에 연한 곡선반지름의 감소율은 캔트(cant)의 증가율과 같다.
③ 완화곡선의 반지름은 그 시점에서 무한대, 종점에서는 원곡선의 반지름과 같다.
④ 모든 클로소이드(clothoid)는 닮은 꼴이며 클로소이드 요소는 길이의 단위를 가진 것과 단위가 없는 것이 있다.

|해답| ①

완화곡선의 성질
- 완화곡선의 접선은 시점에서 직선에, 종점에서 원호에 접한다.
- 완화곡선의 반지름은 그 시점에서 무한대, 종점에서는 원곡선과 반지름과 같다.

□□□ 기 16①, 20④

19 트래버스 측량의 일반적인 사항에 대한 설명으로 옳지 않은 것은?

① 트래버스 종류 중 결합트래버스는 가장 높은 정확도를 얻을 수 있다.
② 각관측 방법 중 방위각법은 한번 오차가 발생하면 그 영향은 끝까지 미친다.
③ 폐합오차 조정방법 중 컴퍼스법칙은 각관측의 정밀도가 거리관측의 정밀도보다 높을 때 실시한다.
④ 폐합트래버스에서 편각의 총합은 반드시 360°가 되어야 한다.

|해답| ③

- 트랜싯 법칙 : 각 관측의 정도가 거리관측의 정도보다 높을 때
- 컴퍼스 법칙 : 각 관측의 정도와 거리관측의 정도가 같을 때

□□□ 기 81, 89, 95, 97, 13, 17②, 20③④

20 수준측량에서 전시와 후시의 거리를 같게 하여 소거할 수 있는 오차가 아닌 것은?

① 지구의 곡률에 의해 생기는 오차
② 기포관축과 시준축이 평행되지 않기 때문에 생기는 오차
③ 시준선상에 생기는 빛의 굴절에 의한 오차
④ 표척의 조정 불완전으로 인해 생기는 오차

|해답| ④
표척의 눈금이 정확하지 않을 때의 오차
고저차는 표척의 눈금 읽기에 의하여 관측되므로 고저차에 비례하여 증가한다. 따라서 수준점간의 비고(比高)에 비례하여 배분한다.

제1회  2021년 3월 7일

□□□ 기 96,00,05,12,13②,21①,24①

01 해도와 같은 지도에 이용되며, 주로 하천이나 항만 등의 심천측량을 한 결과를 표시하는 방법으로 가장 적당한 것은?

① 채색법
② 영선법
③ 점고법
④ 음영법

| 해답 | ③
점고법
하천, 항만, 해양 등에서 심천측량을 한 측점에 숫자를 기입하여 높이를 표시하는 방법

□□□ 기 05,12①,21①,23①,24①

02 그림과 같은 유토곡선(mass curve)에서 하향구간이 의미하는 것은?

① 성토구간
② 절토구간
③ 운반토량
④ 운반거리

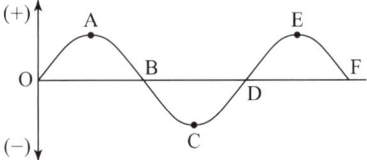

| 해답 | ①
유토곡선에서 하향곡선\(AC, EF)은 성토구간이며, 상향곡선/(OA, CE)은 절토구간이다.

□□□ 기 93,02,11,13④,14,21①

03 레벨의 불완전 조정에 의하여 발생한 오차를 최소화하는 가장 좋은 방법은?

① 왕복 2회 측정하여 그 평균을 취한다.
② 기포를 항상 중앙에 오게 한다.
③ 시준선의 거리를 짧게 한다.
④ 전시, 후시의 표척거리를 같게 한다.

| 해답 | ④
레벨의 불완전 조정
기포관축과 시준선이 평행하지 않기 때문에 생기는 오차 제거는 전시와 후시의 거리를 같게 한다.

□□□ 기 17①,21①,24①

04 원격탐사(remote sensing)의 정의로 옳은 것은?

① 지상에서 대상 물체에 전파를 발생시켜 그 반사파를 이용하여 측정하는 방법
② 센서를 이용하여 지표의 대상물에서 반사 또는 방사된 전자 스펙트럼을 측정하고 이들의 자료를 이용하여 대상물이나 현상에 관한 정보를 얻는 기법
③ 우주에 산재해 있는 물체의 고유스펙트럼을 이용하여 각각의 구성성분을 지상의 레이더망으로 수집하여 처리하는 방법
④ 우주선에서 찍은 중복된 사진을 이용하여 지상에서 항공사진의 처리와 같은 방법으로 판독하는 작업

| 해답 | ②
원격탐사(remote sensing ; 遠隔探査)
센서(senser)를 이용하여 지표의 대상물에서 반사 또는 방사된 전자 스펙트럼을 관측하고 이들의 자료를 이용하여 대상물이나 현상에 관한 정보를 얻는 기법

□□□ 기 93,99,06,09,21①

05 어느 두 지점 사이의 거리를 A, B, C, D 4명의 사람이 각각 10회 관측한 결과가 다음과 같다면 가장 신뢰성이 낮은 관측자는?

| A : 165.864±0.002m | B : 165.867±0.006m |
| C : 165.862±0.007m | D : 165.864±0.004m |

① A
② B
③ C
④ D

| 해답 | ③

정밀도 = $\dfrac{확률오차}{최확값}$

- A = $\dfrac{0.002}{165.864} = \dfrac{1}{82932}$
- B = $\dfrac{0.006}{165.867} = \dfrac{1}{27645}$
- C = $\dfrac{0.007}{165.862} = \dfrac{1}{23695}$
- D = $\dfrac{0.004}{165.864} = \dfrac{1}{41466}$

∴ 축척의 분모수가 클수록 신뢰성(정밀도)가 좋고(A), 축척의 분모수가 작을수록 신뢰성(정밀도) 낮다(C).

06 삼각망 조정에 관한 설명으로 옳지 않은 것은?

① 임의의 한 변의 길이는 계산경로에 따라 달라질 수 있다.
② 검기선은 측정한 길이와 계산된 길이가 동일하다.
③ 1점 주위에 있는 각의 합은 360° 이다.
④ 삼각형의 내각의 합은 180° 이다.

| 해답 | ①

각관측 3조건
- 각조건 : 삼각망 중 각각 3각형 내각의 합은 180°가 될 것
- 변조건 : 삼각망 중에서 임의 한 변의 길이는 계산순서에 관계없이 동일할 것
- 점조건 : 한 측점 주위에 있는 모든 각의 총합은 360°가 될 것

07 삼각측량과 삼변측량에 대한 설명으로 틀린 것은?

① 삼변측량은 변 길이를 관측하여 삼각점의 위치를 구하는 측량이다.
② 삼각측량의 삼각망 중 가장 정확도가 높은 망은 사변형삼각망이다.
③ 삼각점의 선점 시 기계나 측표가 동요할 수 있는 습지나 하상은 피한다.
④ 삼각점의 등급을 정하는 주된 목적은 표석설치를 편리하게 하기 위함이다.

| 해답 | ④

삼각점의 등급은 측량의 정도 높은 순서를 정하기 위해 (기준점을 효과적으로 배치하기 위해) 4등급으로 나뉘었다.

08 트래버스 측량에서 1회 각 관측의 오차가 ±10″라면 30개의 측점에서 1회씩 각 관측하였을 때의 총 각 관측 오차는?

① ±15″
② ±17″
③ ±55″
④ ±70″

| 해답 | ③

$M = \pm e\sqrt{n} = \pm 10″\sqrt{30} = \pm 55″$

09 원곡선에 대한 설명으로 틀린 것은?

① 원곡선을 설치하기 위한 기본요소는 반지름(R)과 교각(I)이다.
② 접선길이는 곡선반지름에 비례한다.
③ 원곡선은 평면곡선과 수직곡선으로 모두 사용할 수 있다.
④ 고속도로와 같이 고속의 원활한 주행을 위해서는 복심곡선 또는 반향곡선을 주로 사용한다.

| 해답 | ④

- 원곡선 : 단곡선, 복심곡선, 반향곡선, 머리핀(배향)곡선
- 접선길이 $T.L = R\tan\dfrac{I}{2}$
- 도로에 쓰이는 곡선은 평면(수평)곡선과 수직곡선으로 크게 나누고 평면곡선에는 원곡선과 완화곡선이 있고 수직곡선에는 종단곡선이 포함된다.
- 고속도로 자동차도로에서는 반향곡선의 중간에는 완화구간으로 직선을 삽입하도록 되어 있다.
- 고속도로 IC에서는 완화곡선인 클로소이드 곡선을 이용한다.

10 각관측 장비의 수평축이 연직축과 직교하지 않기 때문에 발생하는 측각오차를 최소화하는 방법으로 옳은 것은?

① 직교에 대한 편차를 구하여 더한다.
② 배각법을 사용한다.
③ 방향각법을 사용한다.
④ 망원경의 정·반위로 측정하여 평균한다.

| 해답 | ④

트랜싯 오차

오차의 종류	원 인	처리방향
시준축 오차	시준축과 수평축이 직교하지 않는다.	망원경 正·反으로 관측하여 평균한다.
수평축 오차	수평축이 연직축에 직교하지 않는다.	
외심 오차	회전축에 대하여 망원경의 위치가 편심하여 있다.	
연직축 오차	연직축이 정확히 연직선에 있지 않다.	어떤 방법으로도 소거되지 않는다.

□□□ 기 16,21①

11 정확도 1/5000을 요구하는 50m 거리 측량에서 경사 거리를 측정하여도 허용되는 두 점 간의 최대 높이차는?

① 1.0m ② 1.5m
③ 2.0m ④ 2.5m

| 해답 | ①

[방법1]

• 직선거리 $D = L - \dfrac{L}{m} = 50 - \dfrac{50}{5000} = 49.99\text{m}$

∴ 최대높이차 $h = \sqrt{L^2 - D^2}$
$= \sqrt{50^2 - 49.99^2} = 1.0\text{m}$

[방법2]

• 정확도 $= \dfrac{1}{5000} = \dfrac{C_h}{L} = \dfrac{\frac{h^2}{2L}}{L} = \dfrac{h^2}{2L^2}$

(∵ 경사 보정량 $C_h = \dfrac{h^2}{2L}$)

• $h^2 = \dfrac{2L^2}{5000}$

∴ 최대높이차 $h = \sqrt{\dfrac{2L^2}{5000}} = \sqrt{\dfrac{2 \times 50^2}{5000}} = 1.0\text{m}$

□□□ 기 05,08,13②,21①

12 교호수준측량의 결과가 아래와 같고, A점의 표고가 10m일 때 B점의 표고는?

레벨 P에서 A → B 관측 표고차 : -1.256m
레벨 Q에서 B → A 관측 표고차 : +1.238m

① 8.753m ② 9.753m
③ 11.238m ④ 11.247m

| 해답 | ①

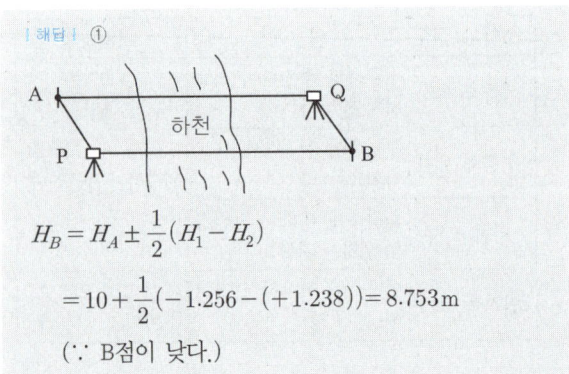

$H_B = H_A \pm \dfrac{1}{2}(H_1 - H_2)$

$= 10 + \dfrac{1}{2}(-1.256 - (+1.238)) = 8.753\text{m}$

(∵ B점이 낮다.)

□□□ 기 15④,21①,24①

13 그림과 같이 한 점 O에서 A, B, C 방향의 각관측을 실시한 결과가 다음과 같을 때 ∠BOC의 최확값은?

∠AOB 2회 관측 결과 40° 30′ 25″
    3회 관측 결과 40° 30′ 20″
∠AOC 6회 관측 결과 85° 30′ 20″
    4회 관측 결과 85° 30′ 25″

① 45° 00′ 05″
② 45° 00′ 02″
③ 45° 00′ 03″
④ 45° 00′ 00″

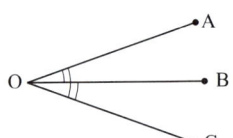

| 해답 | ④

• 같은 각을 관측횟수가 다르게 측정했으므로 경중률은 관측횟수에 비례한다.

• ∠AOB의 최확값
$= 40°30′ + \dfrac{25″ \times 2 + 20″ \times 3}{2+3} = 40°30′22″$

• ∠AOC의 최확값
$= 85°30′ + \dfrac{20″ \times 6 + 25″ \times 4}{6+4} = 85°30′22″$

∴ ∠BOC = ∠AOC - ∠AOB
$= 85°30′22″ - 40°30′22″ = 45°00′00″$

□□□ 기 07,15②,21①

14 조정계산이 완료된 조정각 및 기선으로부터 처음 신설하는 삼각점의 위치를 구하는 계산순서로 가장 적합한 것은?

① 편심조정 계산 → 삼각형 계산(변, 방향각) → 경위도 결정 → 좌표조정 계산 → 표고 계산
② 편심조정 계산 → 삼각형 계산(변, 방향각) → 좌표조정 계산 → 표고 계산 → 경위도 결정
③ 삼각형 계산(변, 방향각) → 편심조정 계산 → 표고 계산 → 경위도 결정 → 좌표조정 계산
④ 삼각형 계산(변, 방향각) → 편심조정 계산 → 표고 계산 → 좌표조정 계산 → 경위도 결정

| 해답 | ②

편심조정 계산 → 삼각형 계산(변, 방향각) → 좌표조정 계산 → 표고 계산 → 경위도 계산

□□□ 기 21①

15 직사각형 토지의 면적을 산출하기 위해 두 변 a, b의 거리를 관측한 결과가 $a = 48.25 \pm 0.04$m, $b = 23.42 \pm 0.02$m이었다면 면적의 정밀도($\Delta A/A$)는?

① $\dfrac{1}{420}$ ② $\dfrac{1}{630}$
③ $\dfrac{1}{840}$ ④ $\dfrac{1}{1080}$

| 해답 | ③

면적의 정밀도 $\dfrac{\Delta A}{A} = \dfrac{\sqrt{(b \cdot \Delta a)^2 + (a \cdot \Delta b)^2}}{a \cdot b}$

• $A = ab = 48.25 \times 23.42 = 1130.015 \text{m}^2$
• $\Delta A = \sqrt{(23.42 \times 0.04)^2 + (48.25 \times 0.02)^2}$
  $= 1.34492 \text{m}^2$

$\therefore \dfrac{\Delta A}{A} = \dfrac{1.3449}{1130.015} = \dfrac{1}{840}$

□□□ 기 01,04,07,14①,21①,22①

16 설계속도 80km/h의 고속도로에서 클로소이드 곡선의 곡선반지름이 360m, 완화곡선길이가 40m일 때 클로소이드 매개변수 A는?

① 100m ② 120m
③ 140m ④ 150m

| 해답 | ②

$A^2 = RL$에서
$\therefore A = \sqrt{RL} = \sqrt{360 \times 40} = 120$m

□□□ 기 97,05,21①

17 노선측량에서 단곡선 설치 시 필요한 교각이 $95°30'$, 곡선반지름이 200m일 때 장현(L)의 길이는?

① 296.087m ② 302.619m
③ 417.131m ④ 597.238m

| 해답 | ①

장현(현의 길이)
$L = 2R\sin\dfrac{I}{2}$
$= 2 \times 200 \sin\dfrac{95°30'}{2} = 296.087$m

□□□ 기 98,01,10④,21①,24①

18 기지점의 지반고가 100m이고, 기지점에 대한 후시는 2.75m, 미지점에 대한 전시가 1.40m일 때 미지점의 지반고는?

① 98.65m ② 101.35m
③ 102.75m ④ 104.15m

| 해답 | ②

어느 측점의 지반고 = 기지점의 지반고 + (Σ후시 − Σ전시)

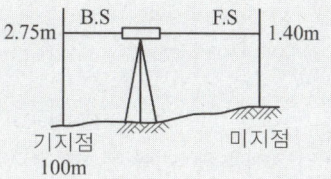

$\therefore$ 미지점 $G.H = 100 + 2.75 - 1.40 = 101.35$m

□□□ 기 95,21①

19 측지학에 관한 설명 중 옳지 않은 것은?

① 측지학이란 지구내부의 특성, 지구의 형상, 지구표면의 상호위치 관계를 결정하는 학문이다.
② 물리학적 측지학은 중력측정, 지자기측정 등을 포함한다.
③ 기하학적 측지학에는 천문측량, 위성측량, 높이의 결정 등이 있다.
④ 측지측량이란 지구의 곡률을 고려하지 않는 측량으로 11km 이내를 평면으로 취급한다.

| 해답 | ④

측지(대지)측량
지구의 곡률을 고려한 정밀한 측량으로서 곡률반지름 11km(지름 22km), 면적 약 400km² 이상으로 취급한다.

□□□ 기 00,03,05,13,15,17,21①

20 등고선에 관한 설명으로 옳지 않은 것은?

① 높이가 다른 등고선은 절대 교차하지 않는다.
② 등고선 간의 최단거리 방향은 최대경사 방향을 나타낸다.
③ 지도의 도면 내에서 폐합되는 경우에 등고선의 내부에는 산꼭대기 또는 분지가 있다.
④ 동일한 경사의 지표에서 등고선 간의 간격은 같다.

| 해답 | ①

높이가 다른 두 등고선은 동굴이나 절벽을 제외하고는 교차하지 않는다.

제2회 2021년 5월 15일

01 수로조사에서 간출지의 높이와 수심의 기준이 되는 것은?

① 약최고고저면
② 평균중등수위면
③ 수애면
④ 약최저저조면

| 해답 | ④

측량의 기준
- 수로조사에서 간출지(干出地)의 높이와 수심은 기본수준면(일정 기간 조석을 관측하여 분석한 결과 가장 낮은 해수면)을 기준으로 측량한다.
- 우리나라에서는 해도의 수심 또는 조위의 기준면으로서 해당지역의 약최저저조면(略最低低潮面)를 채택하고 있다.
- 해안선은 해수면이 약최고고조면(略最高高潮面 : 일정 기간 조석을 관측하여 분석한 결과 가장 높은 해수면)을 기준으로 측정한다.

02 그림과 같이 각 격자의 크기가 10m×10m로 동일한 지역의 전체 토량은?

① 877.5m³
② 893.6m³
③ 913.7m³
④ 926.1m³

| 해답 | ①

$$V = \frac{a \times b}{4}(\sum h_1 + 2\sum h_2 + 3\sum h_3 + 4\sum h_4)$$

- $\sum h_1 = 1.2 + 2.1 + 1.4 + 1.8 + 1.2 = 7.7\text{m}$
- $\sum h_2 = 1.4 + 1.8 + 1.2 + 1.5 = 5.9\text{m}$
- $\sum h_3 = 2.4\text{m}$
- $\sum h_4 = 2.1\text{m}$

$$\therefore V = \frac{10 \times 10}{4}(7.7 + 2 \times 5.9 + 3 \times 2.4 + 4 \times 2.1)$$
$$= 877.5\text{m}^3$$

03 동일 구간에 대해 3개의 관측군으로 나누어 거리관측을 실시한 결과가 표와 같을 때, 이 구간의 최확값은?

관측군	관측값(m)	관측횟수
1	50.362	5
2	50.348	2
3	50.359	3

① 50.354m
② 50.356m
③ 50.358m
④ 50.362m

| 해답 | ③

- 최확치 $M_o = \dfrac{P_A l_A + P_B l_B + P_C l_C}{P_A + P_B + P_C}$
- 경중률은 관측횟수에 비례한다.
- $P_A : P_B : P_C = 5 : 3 : 2$

$$\therefore M_o = 50 + \frac{5 \times 0.362 + 2 \times 0.348 + 3 \times 0.359}{5 + 2 + 3}$$
$$= 50.358\text{m}$$

04 최근 GNSS 측량의 의사거리 결정에 영향을 주는 오차와 거리가 먼 것은?

① 위성의 궤도오차
② 위성의 시계오차
③ 위성의 기하학적 위치에 따른 오차
④ SA(selective availability) 오차

| 해답 | ④

GNSS의 오차
- 구조적인 요인에 의한 오차(위치오차와 시간오차)
- 위성에 탑재된 원자시계의 오차
- 위성의 궤도 오차
- 위성의 기하학적 위치에 따른 오차
- 측위환경에 따른 오차
- 위성의 배치상태에 따른 오차
- SA(Selective Availability)에 의한 오차 : 선택적 가용성에 의한 오차로 GPS 운영국가인 미국이 임의로 오차를 증가시키는 것을 말하며, 2000년 5월 1일 해체되었으며 DGPS나 RTK 등의 상대측량방식으로 오차소거가 가능하다.

□□□ 기 21②

05 클로소이드 곡선(clothoid curve)에 대한 설명으로 옳지 않은 것은?

① 고속도로에 널리 이용된다.
② 곡률이 곡선의 길이에 비례한다.
③ 완화곡선의 일종이다.
④ 클로소이드 요소는 모두 단위를 갖지 않는다.

| 해답 | ④

- 클로소이드 곡선의 기본식 : $R \cdot L = A^2$
  - R : 곡선반지름
  - L : 곡선길이
  - A : 클로소이드의 매개변수
  ∴ 모든 클로소이드는 닮은꼴이며 클로소이드 요소에는 길이의 단위를 가진 것과 단위가 없는 것이 있다.
- 곡선의 길이 $L = \dfrac{1}{R}A^2$
  ∴ 곡률 $\left(\dfrac{1}{R}\right)$이 곡선의 길이에 비례한다.
- 완화곡선 종류와 용도

종류	용도
클로소이드 곡선	고속도로 IC
렘니스케이트 곡선	지하철
3차 포물선	철도 이용
반파장 sin 체감곡선	고속철도

□□□ 기 80,83,93,05,06,11,14,17,21②

06 평탄한 지역에서 9개 측선으로 구성된 다각측량에서 2'의 각관측 오차가 발생되었다면 오차의 처리 방법으로 옳은 것은? (단, 허용오차는 $60''\sqrt{N}$로 가정한다.)

① 오차가 크므로 다시 관측한다.
② 측선의 거리에 비례하여 배분한다.
③ 관측각의 크기에 역비례하여 배분한다.
④ 관측각에 같은 크기로 배분한다.

| 해답 | ④

- 허용오차 : $60''\sqrt{N} = 60''\sqrt{9} = 180''$
- 다각측량의 각오차 : $2' = 120''$
  $180'' > 120''$
  ∴ 허용오차보다 각오차가 작으므로 각의 크기에 관계없이 등배분하여 조정한다.

□□□ 기 85,02,03,09,11,14,16,21②

07 도로의 단곡선 설치에서 교각이 60°, 반지름이 150m이며, 곡선시점이 No.8+17m(20m×8+17m)일 때 종단현에 대한 편각은?

① 0° 02′ 45″   ② 2° 41′ 21″
③ 2° 57′ 54″   ④ 3° 15′ 23″

| 해답 | ②

- 종단현의 편각 $\delta_1 = \dfrac{90°}{\pi} \times \dfrac{l_2}{R} = 1718.87' \times \dfrac{l_2}{R}$
- 곡선길이 $C.L = \dfrac{\pi}{180°}RI$
  $= \dfrac{\pi}{180°} \times 150 \times 60 = 157.08m$
- 종점의 위치 $E.C = B.C + C.L$
  $= (20 \times 8 + 17) + 157.08$
  $= 334.08m$
  $= No.16(20 \times 16) + 14.08m$
  [∵ $20 \times 16 + 14.08 = 334.08m$]
- 종단현의 길이 $l_2 = 334.08 - 320 = 14.08m$
  ∴ $\delta_2 = 1718.87' \times \dfrac{14.08}{150} = 2° 41' 21''$

□□□ 기 21②

08 수치지형도(Digital Map)에 대한 설명으로 틀린 것은?

① 우리나라는 축척 1:5000 수치지형도를 국토기본도로 한다.
② 주로 필지정보와 표고자료, 수계정보 등을 얻을 수 있다.
③ 일반적으로 항공사진측량에 의해 구축된다.
④ 축척별 포함 사항이 다르다.

| 해답 | ②

수치지형도(Digital Map)
- 측량결과에 따라 지표면상의 위치와 지형 및 지명 등 여러 공간정보를 일정한 축척에 따라 기호나 문자, 속성 등으로 표시하여 정보시스템에서 분석, 편집 및 입력 출력할 수 있도록 제적된 것을 말한다.
- 우리나라는 축척 1:5000 수치지형도를 국토기본도로 한다.
- 일반적으로 항공사진측량에 의해 구축된다.
- 축척별 포함사항이 다르다.

□□□ 기 98,15①,21②

09 장애물로 인하여 접근하기 어려운 2점 P, Q를 간접거리 측량한 결과가 그림과 같다. $\overline{AB}$의 거리가 216.90m일 때 $\overline{PQ}$의 거리는?

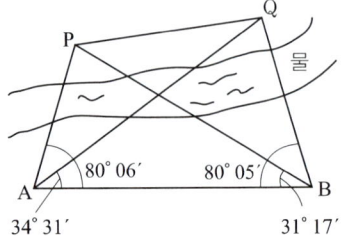

① 120.96m ② 142.29m
③ 173.39m ④ 194.22m

| 해답 | ③

$PQ = \sqrt{(\overline{AP})^2 + (\overline{AQ})^2 - 2\overline{AP}\cdot\overline{AQ}\cos\angle PAQ}$

- $\angle APB = 180° - (80°06' + 31°17') = 68°37'$
- $\angle AQB = 180° - (34°31' + 80°05') = 65°24'$
- $\dfrac{\overline{AP}}{\sin 31°17'} = \dfrac{216.90}{\sin 68°37'}$

  $\therefore \overline{AP} = 120.96\text{m}$
- $\dfrac{\overline{AQ}}{\sin 80°05'} = \dfrac{216.90}{\sin 65°24'}$

  $\therefore \overline{AQ} = 234.99\text{m}$
- $\angle PAQ = 80°06' - 34°31' = 45°35'$

  $\therefore PQ = $
  $\sqrt{(120.96)^2 + (234.99)^2 - 2\times 120.96 \times 234.99 \cos 45°35'}$
  $= 173.39\text{m}$

□□□ 기 81,83,94,95,16②,21②

10 표고가 300m인 평지에서 삼각망의 기선을 측정한 결과 600m이었다. 이 기선에 대하여 평균해수면 상의 거리로 보정할 때 보정량은? (단, 지구반지름 $R = 6370$km)

① +2.83cm ② +2.42cm
③ -2.42cm ④ -2.83cm

| 해답 | ④

평균해수면에 대한 보정 $C_h = -\dfrac{D\cdot h}{R}$

- $h = 600\text{m} = 0.600\text{km}$

  $\therefore C_h = -\dfrac{300\times 0.600}{6370} = -0283\text{m} = -2.83\text{cm}$

□□□ 기 21②

11 다각측량의 특징에 대한 설명으로 옳지 않는 것은?

① 삼각점으로부터 좁은 지역의 세부측량 기준점을 측설하는 경우에 편리하다.
② 삼각측량에 비해 복잡한 시가지나 지형의 기복이 심한 지역에는 알맞지 않다.
③ 하천이나 도로 또는 수로 등의 좁고 긴 지역의 측량에 편리하다.
④ 다각측량의 종류에는 개방, 폐합, 결합형 등이 있다.

| 해답 | ②

- 다각측량은 삼각측량에 비해 복잡한 시가지나 지형의 기복이 심하여 시준이 어려운 지역의 측량에 적합하다.
- 삼각측량은 다각측량 방법보다 관측 작업량이 많으나 기하학적인 정확도는 우수하다.

□□□ 기 98,00,10,17①,21②

12 등고선의 성질에 대한 설명으로 옳지 않은 것은?

① 등고선은 분수선(능선)과 평행하다.
② 등고선은 도면 내·외에서 폐합하는 폐곡선이다.
③ 지도의 도면 내에서 등고선이 폐합하는 경우에 등고선의 내부에는 산꼭대기 또는 분지가 있다.
④ 절벽에서 등고선은 서로 만날 수 있다.

| 해답 | ①

등고선은 분수선(능선)과 직각으로 만난다.

□□□ 기 05,07,13④,21②

13 도로의 곡선부에서 확폭량(slack)을 구하는 식으로 옳은 것은? (단, L : 차량 앞면에서 차량의 뒤축까지의 거리, R : 차선 중심선의 반지름)

① $\dfrac{L}{2R^2}$ ② $\dfrac{L^2}{2R^2}$
③ $\dfrac{L^2}{2R}$ ④ $\dfrac{L}{2R}$

| 해답 | ③

확폭량(slack) $\epsilon = \dfrac{L^2}{2R}$

□□□ 기 95,98,21②

14 그림과 같은 수준망에서 높이차의 정확도가 가장 낮은 것으로 추정되는 노선은? (단, 수준환의 거리 Ⅰ = 4km, Ⅱ = 3km, Ⅲ = 2.4km, Ⅳ(㈏㈐㈑) = 6km)

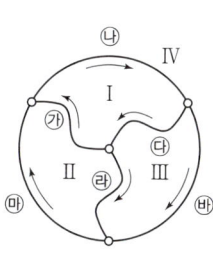

노선	높이차(m)
㉮	+3.600
㉯	+1.385
㉰	−5.023
㉱	+1.105
㉲	+2.523
㉳	−3.912

① ㉮ ② ㉯
③ ㉰ ④ ㉱

| 해답 | ①

■ 정확도 : 거리 1km에 대한 수준측량의 허용오차 C의 값에 의하여 수준측량의 정확도를 비교할 수 있다.
• 수준측량의 오차 $E = C\sqrt{L}$ ⇒ 수준측량의 허용오차 $C = \dfrac{E}{\sqrt{L}}$

Ⅰ노선	㉮+㉯+㉰ =3.600+1.385−5.023=−0.038m=38mm
Ⅱ노선	㉱+㉲−㉮ =1.105+2.523−3.600=0.028m=28mm
Ⅲ노선	㉱−㉲+㉰ =1.105+3.912−5.023=−0.006m=6mm

• Ⅰ구간 : $C = \dfrac{38}{\sqrt{4}} = 19.0$
• Ⅱ구간 : $C = \dfrac{28}{\sqrt{3}} = 16.17$
• Ⅲ구간 : $C = \dfrac{6}{\sqrt{2.4}} = 3.87$
• 수준측량의 허용오차 C의 가장 큰 값이 정확도가 낮다.
∴ Ⅰ노선과 Ⅱ노선의 공통인 ㉮를 재측해야 한다.

□□□ 기 80,96,10,12,21②

15 삼각측량을 위한 삼각점의 위치선정에 있어서 피해야 할 장소와 가장 거리가 먼 것은?

① 나무의 벌목면적이 큰 곳
② 습지 또는 하상인 곳
③ 측표를 높게 설치해야 되는 곳
④ 편심관측을 해야 되는 곳

| 해답 | ④
삼각점의 선점 시 유의사항
• 견고한 땅이어야 하고 위치의 이동이 없고 침하하지 않는 곳이 좋다.
• 많은 나무의 벌채를 요하거나 높은 측표를 요하는 기점을 가능한 한 피한다. 이때에는 편심관측이 유리하다.

□□□ 기 80,83,21②

16 수준측량야장에서 측점 3의 지반고는? [단위 : m]

측점	후시	전시 T.P	전시 I.P	지반고
1	0.95			10.00
2			1.03	
3	0.90	0.36		
4			0.96	
5		1.05		

① 10.59m ② 10.46m
③ 9.92m   ④ 9.56m

| 해답 | ①

• 측점 1의 기계고 = 지반고+후시
  = 10.00+0.95=10.95m
• 측점 3의 지반고 = 기계고−전시
  = 10.95−0.36=10.59m

□□□ 기 21②,24①

17 표척이 앞으로 3° 기울어져 있는 표척의 읽음값이 3.645m이었다면 높이의 보정량은?

① 5mm   ② −5mm
③ 10mm ④ −10mm

| 해답 | ②

높이의 보정량 Δh

• 3° 기울어진 표척의 읽음값 : $H = 3.645$m
• 표척의 실제 높이 $h = 3.645\cos 3° = 3.640$m
• 보정량 $\Delta h = h - H$
  ∴ $\Delta h = 3.640 - 3.645 = -0.005$m = −5mm

□□□ 기 14①,17①,18①,21②

18 트래버스 측량의 작업순서로 알맞은 것은?

① 선점 – 계획 – 답사 – 조표 – 관측
② 계획 – 답사 – 선점 – 조표 – 관측
③ 답사 – 계획 – 조표 – 선점 – 관측
④ 조표 – 답사 – 계획 – 선점 – 관측

|해답| ②

계획→답사→선점→조표→관측→방위각 측정→계산 및 제도

□□□ 기 88,06,12,21②

19 표준길이에 비하여 2cm 늘어난 50m 줄자로 사각형 토지의 길이를 측정하여 면적을 구하였을 때, 그 면적이 88m²이었다면 토지의 실제 면적은?

① 87.30m²
② 87.93m²
③ 88.07m²
④ 88.71m²

|해답| ③

$$A_o = \left(1 + \frac{e}{s}\right)^2 = 88\left(1 + \frac{0.02}{50}\right)^2 = 88.07\,\text{m}^2$$

(∵ 표준길이보다 길면 +, 짧으면 −)

□□□ 기 21②,25①

20 지오이드(Geoid)에 대한 설명으로 옳지 않은 것은?

① 평균해수면을 육지까지 연장하여 지구 전체를 둘러싼 곡면이다.
② 지오이드면은 등포텐셜면으로 중력방향은 이 면에 수직이다.
③ 지표 위 모든 점의 위치를 결정하기 위해 수학적으로 정의된 타원체이다.
④ 실제로 지오이드면은 굴곡이 심하므로 측지측량의 기준으로 채택하기 어렵다.

|해답| ③

- 회전타원체는 지구의 형상을 수학적으로 정의한 것이고, 어느 하나의 국가에 기준으로 채택한 타원체를 기준타원체라 한다.
- 지오이드는 물리적인 형상을 고려하여 만든 불규칙한 곡면이며, 높이 측정의 기준이 된다.

제3회 2021년 8월 14일

□□□ 기 96,02,21③

01 하천의 심천(측심)측량에 관한 설명이다. 틀린 것은?

① 심천측량은 하천의 수심으로부터 하저까지 깊이를 구하는 측량으로 횡단측량과 같이 행한다.
② 측심간(rod)에 의한 심천측량은 보통 수심 5m 정도의 얕은 곳에 사용한다.
③ 측심추(lead)로 관측이 불가능한 깊은 곳은 음향측심기를 사용한다.
④ 심천측량은 수위가 높은 장마철에 하는 것이 효과적이다.

|해답| ④

심천측량
하저의 고저를 구하는 측량으로 수위변화가 적은 시기에 행한다.

□□□ 기 94,98,00,04,06,09,19②,20④,21③,22②

02 A, B 두 점에서 교호수준측량을 실시하여 다음의 결과를 얻었다. A점의 표고가 67.104m일 때 B점의 표고는? (단, $a_1 = 3.756\text{m}$, $a_2 = 1.572\text{m}$, $b_1 = 4.995\text{m}$, $b_2 = 3.209\text{m}$)

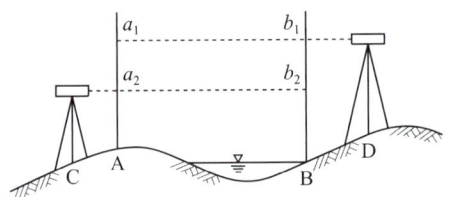

① 64.668m
② 65.666m
③ 68.542m
④ 69.089m

|해답| ②

- 고저차 $H = \frac{1}{2}\{(a_1 - b_1) + (a_2 - b_2)\}$

$$= \frac{1}{2}\{(3.756 - 4.995) + (1.572 - 3.209)\}$$

$$= -1.438\,\text{m}$$

- B점의 지반고 $H_B = H_A + H$

∴ $H_B = 67.104 + (-1.438) = 65.666\,\text{m}$

□□□ 기 87,91,00,02,15④,21③,24①

03 곡선반지름 R, 교각 I인 단곡선을 설치할 때 각 요소의 계산 공식으로 틀린 것은?

① $M = R\left(1 - \sin\dfrac{I}{2}\right)$ ② $T.L = R\tan\dfrac{I}{2}$

③ $C.L = \dfrac{\pi}{180°}RI$ ④ $E = R\left(\sec\dfrac{I}{2} - 1\right)$

| 해답 | ①

중앙종거 $M = R\left(1 - \cos\dfrac{I}{2}\right)$

Remember

- 접선길이 $T.L = R\tan\dfrac{I}{2}$
- 곡선길이 $C.L = \dfrac{\pi}{180°}RI = 0.01745RI°$
- 외선길이 $E = R\left(\sec\dfrac{I}{2} - 1\right) = R\left(\dfrac{1}{\cos\dfrac{I}{2}} - 1\right)$

□□□ 기 95,04,09,21③

04 축척 1 : 5000인 지형도에서 AB 사이의 수평거리가 2cm이면 AB선의 경사는?

① 10%
② 15%
③ 20%
④ 25%

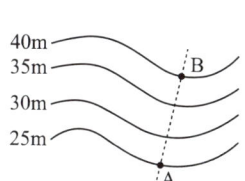

| 해답 | ②

경사 $i = \dfrac{h}{D} \times 100$

- $D = 5000 \times 0.02 = 100\,\text{m}$
- $h = 40 - 25 = 15\,\text{m}$

∴ $i = \dfrac{15}{100} \times 100 = 15\%$

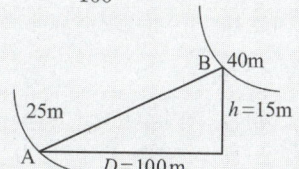

□□□ 기 16①,21③

05 수준측량과 관련된 용어에 대한 설명으로 틀린 것은?

① 수준면(level surface)은 각 점들이 중력방향에 직각으로 이루어진 곡면이다.
② 어느 지점의 표고(elevation)라 함은 그 지역 기준타원체로부터의 수직거리를 말한다.
③ 지구곡률을 고려하지 않는 범위에서는 수준면(level surface)을 평면으로 간주한다.
④ 지구의 중심을 포함한 평면과 수준면이 교차하는 선이 수준선(level line)이다.

| 해답 | ②

어느 지점의 표고(elevation)라 함은 지표상의 임의점에서 지구 중력방향으로 수준면에 이르는 수직거리

□□□ 기 81,86,15②,17①,21③,24②

06 완화곡선에 대한 설명으로 옳지 않은 것은?

① 완화곡선의 곡선 반지름은 시점에서 무한대, 종점에서 원곡선의 반지름 R로 된다.
② 클로소이드의 형식에는 S형, 복합형, 기본형 등이 있다.
③ 완화곡선의 접선은 시점에서 원호에, 종점에서 직선에 접한다.
④ 모든 클로소이드는 닮은꼴이며 클로소이드 요소에는 길이의 단위를 가진 것과 단위가 없는 것이 있다.

| 해답 | ③

완화곡선의 성질
- 완화곡선의 접선은 시점에서 직선에, 종점에서 원호에 접한다.
- 클로소이드의 형식 : 기본형, S형, 복합형, 凸형, 유형
- 완화곡선의 반지름은 그 시점에서 무한대, 종점에서는 원곡선과 같다.

□□□ 기 01,18②,21③

07 지형의 표시법에서 자연적 도법에 해당하는 것은?

① 점고법 ② 등고선법
③ 영선법 ④ 채색법

| 해답 | ③

- 자연적 도법 : 영선법(우모법), 음영법
- 부호적 도법 : 채색법, 점고법, 등고선법

☐☐☐ 기 17①, 21③

08 토털스테이션으로 각을 측정할 때 기계의 중심과 측점이 일치하지 않아 0.5mm의 오차가 발생하였다면 각 관측 오차를 2″ 이하로 하기 위한 관측 변의 최소길이는?

① 82.51m
② 51.57m
③ 8.25m
④ 5.16m

| 해답 | ②

$$l = \frac{206265''}{\Delta\alpha} \times \Delta l$$
$$= \frac{206265''}{2''} \times 0.5 = 51566\text{mm} = 51.57\text{m}$$

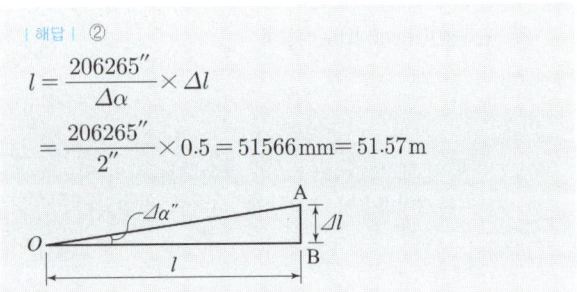

☐☐☐ 기 89, 05, 12①, 19①, 21③

09 일반적으로 단열삼각망으로 구성하기에 가장 적합한 것은?

① 시가지와 같이 정밀을 요하는 골조측량
② 복잡한 지형의 골조측량
③ 광대한 지역의 지형측량
④ 하천조사를 위한 골조측량

| 해답 | ④
단열삼각망
하천 조사 측량의 골조측량(삼각측량, 다각측량)에 가장 많이 사용된다.

☐☐☐ 기 13②, 21③

10 상차라고도 하며 그 크기와 방향(부호)이 불규칙적으로 발생하고 확률론에 의해 추정할 수 있는 오차는?

① 착오
② 정오차
③ 개인오차
④ 우연오차

| 해답 | ④
우연오차
• 부정오차, 상차, 우차, 상쇄오차라 한다.
• 크기와 방향(부호)이 불규칙하게 발생한다.
• 오차의 발생 원인이 불분명 하며 소거방법도 불분명하다.

☐☐☐ 기 83, 95, 07, 21③

11 평면측량에서 거리의 허용오차를 1/500000까지 허용한다면 지구를 평면으로 볼 수 있는 한계는 몇 km인가? (단, 지구의 곡률반지름은 6370km이다.)

① 22.07km
② 31.2km
③ 2207km
④ 3121km

| 해답 | ②

$$\frac{d-D}{D} = \frac{D^2}{12R^2} \text{에서}$$
$$\frac{1}{500000} = \frac{D^2}{12 \times 6370^2}$$

참고 SOLVE 사용

∴ 평면으로 볼 수 있는 한계 $D = 31.2$km

☐☐☐ 기 99, 02, 09, 11, 16④, 21③

12 대단위 신도시를 건설하기 위한 넓은 지형의 정지공사에서 토량을 계산하고자 할 때 가장 적합한 방법은?

① 점고법
② 비례중앙법
③ 양단면 평균법
④ 각주공식에 의한 방법

| 해답 | ①
점고법
운동장이나 비행장 같은 건설부지의 정치, 토취장 및 토사장의 용량 측정과 같이 넓은 지역의 택지 공사 면적의 토량을 산정할 경우 적당하다.

☐☐☐ 기 88, 07, 13②, 21③

13 폐합트래버스에서 위거의 합이 -0.17m, 경거의 합이 0.22m이고, 전 측선의 거리의 합이 252m일 때 폐합비는?

① 1/900
② 1/1000
③ 1/1100
④ 1/1200

| 해답 | ①

■ 폐합오차 $E = \sqrt{(위거오차량)^2 + (경거오차량)^2}$
$= \sqrt{(E_L)^2 + (E_D)^2}$

• 폐합오차 : $E = \sqrt{(-0.17)^2 + (0.22)^2} = 0.278$m

∴ 폐합비 : $R = \frac{E}{\Sigma l} = \frac{1}{m} = \frac{0.278}{252} = \frac{1}{906} = 1/900$

□□□ 기 12,17④,21③

14 측점 A에 토털스테이션을 정치하고 B점에 설치한 프리즘을 관측하였다. 이때 기계고 1.7m, 고저각 +15°, 시준고 3.5m, 경사거리가 2000m이었다면, 두 측점의 고저차는?

① 512.438m ② 515.838m
③ 522.838m ④ 534.098m

| 해답 | ②

$\Delta h = I + S\sin\alpha - h$
$= 1.7 + 2000\sin15° - 3.5 = 515.838$m

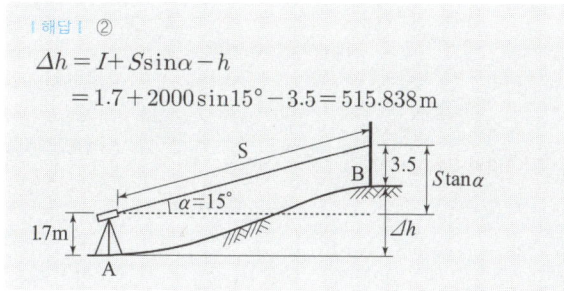

□□□ 기 21③

15 종단 및 횡단 수준측량에서 중간점이 많은 경우에 가장 편리한 야장기입법은?

① 고차식 ② 승강식
③ 기고식 ④ 간접식

| 해답 | ③

- 기고식 : 종단측량과 같이 중간점(I.P)이 많을 때 사용한다.
- 승강식 : 중간점이 많은 수준측량의 경우에는 계산이 복잡해지는 단점이 있다.
- 고차식 : 가장 간단한 방법으로 두 점 사이의 표고차만을 구하는 것이 주목적이다.

□□□ 기 95,01,04,07,14④,21③

16 곡선반지름이 500m인 단곡선의 종단현이 15.343m 이라면 종단현에 대한 편각은?

① 0°31′37″ ② 0°43′19″
③ 0°52′45″ ④ 1°04′26″

| 해답 | ③

$\delta = 1718.87' \times \dfrac{l}{R}$
$= 1718.87' \times \dfrac{15.343}{500} = 52'45''$

Remember

편각 $\delta = \dfrac{90°}{\pi} \times \dfrac{l}{R} = 1718.87' \times \dfrac{l}{R}$

□□□ 기 21③,24②

17 GNSS 측량에 대한 설명으로 옳지 않은 것은?

① 상대측위기법을 이용하면 절대측위보다 높은 측위정확도의 확보가 가능하다.
② GNSS 측량을 위해서는 최소 4개의 가시위성(visible satellite)이 필요하다.
③ GNSS 측량을 통해 수신기의 좌표뿐만 아니라 시계오차도 계산할 수 있다.
④ 위성의 고도각(elevation angle)이 낮은 경우 상대적으로 높은 측위정확도의 확보가 가능하다.

| 해답 | ④

낮은 위성 고도각
- 수평선을 기준으로 앙각 15° 미만에 배치된 낮은 고도각의 위성신호를 수신할 경우 정확도가 떨어지게 된다.
- 낮은 고도각의 위성신호는 전리층 통과시간이 길어지므로 오차가 증가한다.

□□□ 기 94,04,14

18 지구상의 △ABC를 측정한 결과, 두 변의 거리가 $a = 30$km, $b = 20$km이었고, 그 사잇각 80°이었다면 이때 발생하는 구과량은? (단, 지구의 곡선반지름은 6400km로 가정한다.)

① 1.49″ ② 1.62″
③ 2.04″ ④ 2.24″

| 해답 | ①

구면삼각형 면적 $F = \dfrac{1}{2}ab\sin\alpha$
$= \dfrac{1}{2} \times 30 \times 20 \times \sin80°$
$= 295.44$ km²

∴ 구과량 $\epsilon = \dfrac{F}{r^2}\rho''$
$= \dfrac{295.44}{6400^2} \times 206265'' = 1.49''$

□□□ 기 17④,21③
19 트래버스 측량의 각 관측방법 중 방위각법에 대한 설명으로 틀린 것은?

① 진북을 기준으로 어느 측점까지 시계방향으로 측정하는 방법이다.
② 방위각법에는 반전법과 부전법이 있다.
③ 각이 독립적으로 관측되므로 오차 발생 시, 개별 각의 오차는 이후의 측량에 영향이 없다.
④ 각 관측값의 계산과 제도가 편리하고 신속히 관측할 수 있다.

| 해답 | ③
방위각법
- 각 측선에 따라 진행하면서 방위각을 관측하므로 각관측값의 계산과 제도가 편리하고 신속히 관측할 수 있어 노선측량이나 지형측량에 널리 사용된다.
- 한번 오차가 생기면 그 영향은 끝까지 미치므로 관측에 주의를 요한다.
- 지형이 험준하고 복잡한 지역에서는 적합하지 않다.

□□□ 기 94,98,01,05,11,21③
20 축척 1 : 500 도상에서 3변의 길이가 각각 20.5cm, 32.4cm, 28.5cm인 삼각형 지형의 실제 면적은?

① 40.70m² ② 288.53m²
③ 6924.15m² ④ 7213.26m²

| 해답 | ④
- 헤론의 공식 적용
$A = \sqrt{S(S-a)(S-b)(S-c)}$
여기서, $S = \dfrac{a+b+c}{2}$

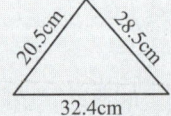

- $S = \dfrac{20.5+32.4+28.5}{2} = 40.7\,\text{cm}$
- $A = \sqrt{40.7(40.7-20.5)(40.7-32.4)(40.7-28.5)}$
  $= 288.53\,\text{cm}^2$

$\therefore A_0 = A \cdot m^2$
$= 288.53 \times 500^2 \times \dfrac{1}{10000} = 7213.25\,\text{m}^2$

2단계

과목별 스피드 마스터 03

수리학 및 수문학

01 2018년   3월 4일 시행
                    4월 28일 시행
                    8월 19일 시행

02 2019년   3월 3일 시행
                    4월 27일 시행
                    8월 4일 시행

03 2020년   6월 6일 시행
                    8월 22일 시행
                    9월 27일 시행

04 2021년   3월 7일 시행
                    5월 15일 시행
                    8월 14일 시행

03 수리학 및 수문학

과목별 과년도(18 ~ 21년)로 구성하여 집중적이고 반복적인 문제풀이를 학습하여 연상법으로 [3과목 수리학 및 수문학] 마스터합니다.

제1회 2018년 3월 4일

☐☐☐ 기 94,02,18①

01 A저수지에서 200m 떨어진 B저수지로 지름 20cm, 마찰손실계수 0.035인 원형관으로 0.0628m³/sec의 물을 송수하려고 한다. A저수지와 B저수지 사이의 수위차는? (단, 마찰손실, 단면급확대 및 급축소 손실을 고려한다.)

① 5.75m ② 6.94m
③ 7.14m ④ 7.45m

| 해답 | ④

수면차 $H = \left(f_i + f\dfrac{l}{D} + f_o\right)\dfrac{V^2}{2g}$

• 마찰손실 $f = 0.035$, 유입손실 $f_i = 0.5$,
  유출손실 $f_o = 1.0$
• $Q = AV$에서
  $V = \dfrac{Q}{A} = \dfrac{0.0625}{\dfrac{\pi \times 0.2^2}{4}} = 2.0\,\text{m/sec}$

  $\therefore H = \left(0.5 + 0.035 \times \dfrac{200}{0.2} + 1.0\right) \times \dfrac{2^2}{2 \times 9.8} = 7.45\,\text{m}$

☐☐☐ 기 04,05,06,13④,18①,24③

02 비에너지와 한계수심에 관한 설명으로 옳지 않은 것은?

① 비에너지가 일정할 때 한계수심으로 흐르면 유량이 최소가 된다.
② 유량이 일정할 때 비에너지가 최소가 되는 수심이 한계수심이다.
③ 비에너지는 수로바닥을 기준으로 하는 단위무게당 흐름에너지이다.
④ 유량이 일정할 때 직사각형단면 수로 내 한계수심은 최소 비에너지의 $\dfrac{2}{3}$ 이다.

| 해답 | ①

비에너지가 일정하면 한계수심으로 흐를 때 유량이 최대가 된다.

☐☐☐ 기 99,11②,18①

03 폭 4.8m, 높이 2.7m의 연직 직사각형 수문이 한쪽 면에서 수압을 받고 있다. 수문의 밑면은 힌지로 연결되어 있고 상단은 수평체인(Chain)으로 고정되어 있을 때 이 체인에 작용하는 장력(張力)은? (단, 수문의 정상과 수면은 일치한다.)

① 29.23kN
② 57.15kN
③ 7.87kN
④ 0.88kN

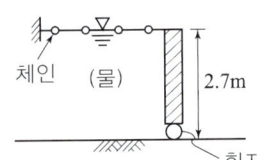

| 해답 | ②

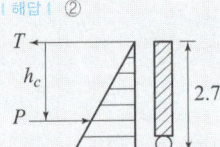

• 전수압 $P = wh_G A$
  $= 9.8 \times \dfrac{2.7}{2} \times (2.7 \times 4.8) = 171.46\,\text{kN}$
  $(\because w = 9.8\,\text{kN/m}^3)$
• 전수압의 작용점 $h_c = \dfrac{2}{3}h = \dfrac{2}{3} \times 2.7 = 1.8\,\text{m}$
• 힌지점인 O에서 모멘트를 취하면
  $T \times 2.7 = P \times (2.7 - h_c)$
  $\therefore$ 장력 $T = \dfrac{P(2.7 - h_c)}{2.7}$
  $= \dfrac{171.46 \times (2.7 - 1.8)}{2.7} = 57.15\,\text{kN}$

☐☐☐ 기 09,18①,25①

04 폭이 b인 직사각형 위어에서 접근유속이 작은 경우 월류수심이 h일 때 양단수축 조건에서 월류수맥에 대한 단수축 폭(b_o)은? (단, Francis 공식을 적용)

① $b_o = b - \dfrac{h}{5}$ ② $b_o = 2b - \dfrac{h}{5}$
③ $b_o = b - \dfrac{h}{10}$ ④ $b_o = 2b - \dfrac{h}{10}$

| 해답 | ①

$Q = 1.84 b_o h^{\frac{3}{2}} = 1.84\left(b - \dfrac{nh}{10}\right)h^{\frac{3}{2}}$ (Francis공식)

$\therefore b_o = b - \dfrac{2h}{10} = b - \dfrac{h}{5}$ (양단수축 $n = 2$)

05 항만을 설계하기 위해 관측한 불규칙 파랑의 주기 및 파고가 다음 표와 같을 때, 유의파고($H_{1/3}$)는?

연번	파고(m)	주기(s)
1	9.5	9.8
2	8.9	9.0
3	7.4	8.0
4	7.3	7.4
5	6.5	7.5
6	5.8	6.5
7	4.2	6.2
8	3.3	4.3
9	3.2	5.6

① 9.0m ② 8.6m
③ 8.2m ④ 7.4m

| 해답 | ②

- 유의파고($H_{1/3}$)
  특정시간 주기 내에서 일어나는 모든 파고 중 가장 높은 $\frac{1}{3}$에 해당하는 파고의 평균높이
- 9개의 실측치에서 $\frac{1}{3}$에 해당하는 파고 9.5, 8.9, 7.4
  ∴ 유의파고 $H_{1/3} = \frac{9.5+8.9+7.4}{3} = 8.6\,m$

06 레이놀즈(Reynolds)수에 대한 설명으로 옳은 것은?

① 중력에 대한 점성력의 상대적인 크기
② 관성력에 대한 점성력의 상대적인 크기
③ 관성력에 대한 중력의 상대적인 크기
④ 압력에 대한 탄성력의 상대적인 크기

| 해답 | ②

레이놀즈(Reynolds)수
- 관성에 의한 힘과 점성에 의한 힘의 비이다.
- 무차원의 수로 흐름상태를 구분하는 지표가 된다.
- 레이놀즈수에 의해 흐름상태가 층류, 천이영역, 난류로 분류할 수 있다.
- 레이놀즈수 $R_e = \dfrac{VD}{\nu}$

07 누가우량곡선(rainfall mass curve)의 특성으로 옳은 것은?

① 누가우량곡선의 경사가 클수록 강우강도가 크다.
② 누가우량곡선의 경사는 지역에 관계없이 일정하다.
③ 누가우량곡선으로부터 일정기간 내의 강우량을 산출할 수 없다.
④ 누가우량곡선은 자기우량 기록에 의하여 작성하는 것보다 보통 우량계의 기록에 의하여 작성하는 것이 더 정확하다.

| 해답 | ①

누가우량곡선
- 자기우량계에 의해 관측점별로 누가우량의 시간적 변화를 기록한 것이다.
- 강우량을 시간에 따라 누가시키므로 경사가 클수록 강우강도가 크다.

08 수리학에서 취급되는 다음 여러 가지 양에 대한 차원이 옳은 것은?

① 유량 = [L^3T^{-1}]   ② 힘 = [MLT^{-3}]
③ 동점성계수 = [L^3T^{-1}]   ④ 운동량 = [MLT^{-2}]

| 해답 | ①

- 힘 = [MLT^{-2}]
- 동점성계수 = [L^2T^{-1}]
- 운동량 = [MLT^{-1}]

09 다음 중 단위유량도 이론에서 사용하고 있는 기본 가정이 아닌 것은?

① 일정 기저시간 가정   ② 비례가정
③ 포아송 분포가정   ④ 중첩가정

| 해답 | ③

단위 유량도(unit hydrograph)의 가정
- 일정 기저시간 가정(principle of equal base time)
- 비례가정(principle of proportionality)
- 중첩가정(principle of superposition)

□□□ 기 86,90,97,18①,22②

10 3차원 흐름의 연속방정식을 아래와 같은 형태로 나타낼 때 이에 알맞은 흐름의 상태는?

$$\frac{\partial u}{\partial x}+\frac{\partial v}{\partial y}+\frac{\partial w}{\partial z}=0$$

① 비압축성 정상류 ② 비압축성 부정류
③ 압축성 정상류   ④ 압축성 부정류

| 해답 | ①

■ 압축성 유체가 정류로 흐를 때의 연속방정식
- 1차원 : $\frac{\partial(\rho u)}{\partial x}=0$
- 2차원 : $\frac{\partial(\rho u)}{\partial x}+\frac{\partial(\rho v)}{\partial y}=0$
- 3차원 : $\frac{\partial(\rho u)}{\partial x}+\frac{\partial(\rho v)}{\partial y}+\frac{\partial(\rho w)}{\partial z}=0$

■ 비압축성 유체가 정류로 흐를 때의 연속방정식
- 1차원 : $\frac{\partial u}{\partial x}=0$
- 2차원 : $\frac{\partial u}{\partial x}+\frac{\partial v}{\partial y}=0$
- 3차원 : $\frac{\partial u}{\partial x}+\frac{\partial v}{\partial y}+\frac{\partial w}{\partial z}=0$

□□□ 기 92,98,02,05,06,09,18①

11 지름이 20cm인 관수로에 평균유속 5m/s로 물이 흐른다. 관의 길이가 50m일 때 5m의 손실수두가 나타났다면, 마찰속도(U_*)는?

① $U_*=0.022$m/s ② $U_*=0.22$m/s
③ $U_*=2.21$m/s   ④ $U_*=22.1$m/s

| 해답 | ②

마찰속도 $U_*=\sqrt{gRI}$
- 중력가속도 $g=9.80$m/s^2
- 경심 $R=\frac{D}{4}=\frac{0.20}{4}=0.05$
- 수면경사 $I=\frac{h_L}{l}=\frac{5}{50}=0.10$

∴ $U_*=\sqrt{9.8\times0.05\times0.10}=0.22$m/s

□□□ 기 07,18①

12 토양면을 통해 스며든 물이 중력의 영향 때문에 지하로 이동하여 지하수면까지 도달하는 현상은?

① 침투(infiltration)
② 침투능(infiltration capacity)
③ 침투율(infiltration rate)
④ 침루(percolation)

| 해답 | ④

- 침투 : 물이 토양면을 통해 토양 속으로 스며드는 현상
- 침투능 : 어떤 토양에서 강우를 침투시키는 최대비율
- 침루 : 중력작용에 의하여 지하로 이동하여 지하수면까지 도달하는 현상

□□□ 기 07,18①

13 동력 20000kW, 효율 88%인 펌프를 이용하여 150m 위의 저수지로 물을 양수하려고 한다. 손실수두가 10m 일 때 양수량은?

① 15.5m^3/sec   ② 14.5m^3/sec
③ 11.2m^3/sec   ④ 12.0m^3/sec

| 해답 | ③

$E=\frac{9.8\,Q(H+\Sigma h)}{\eta}$
$=\frac{9.8\times Q(150+10)}{0.88}=20000\,\text{kW}$

∴ $Q=11.22$m^3/sec

□□□ 기 10,13②,18①,20①,24①

14 Darcy의 법칙에 대한 설명으로 옳지 않은 것은?

① Darcy의 법칙은 지하수의 흐름에 대한 공식이다.
② 투수계수는 물의 점성계수에 따라서도 변화한다.
③ Reynolds수가 클수록 안심하고 적용할 수 있다.
④ 평균유속이 동수경사와 비례관계를 가지고 있는 흐름에 적용될 수 있다.

| 해답 | ③

Darcy의 법칙
- Reynolds수 $R_e<4$인 층류에서 적용된다.
- Darcy의 법칙은 지하수의 층류흐름에 대한 마찰저항공식이다.

15
어떤 소유역의 면적이 20ha, 유수의 도달시간이 5분이다. 강수자료의 해석으로부터 얻어진 이 지역의 강우강도식이 아래와 같을 때 합리식에 의한 홍수량은? (단, 유역의 평균 유출계수는 0.6이다.)

$$강우강도식 : I = \frac{6000}{(t+35)} [mm/hr]$$

여기서, t : 강우지속시간[분]

① $18.0 m^3/sec$ ② $5.0 m^3/sec$
③ $1.8 m^3/sec$ ④ $0.5 m^3/sec$

| 해답 | ②

강우강도 $I = \frac{6000}{t+35} = \frac{6000}{5+35} = 150 mm/hr$

∴ $Q = 0.2778 CIA$
$= 0.2778 \times 0.6 \times 150 \times 0.2 = 5.0 m^3/sec$
(∵ 유역면적 $A = 20 ha = 0.20 km^2$)

16
배수곡선(backwater curve)에 해당하는 수면곡선은?

① 댐을 월류할 때의 수면곡선
② 홍수 시 하천의 수면곡선
③ 하천 단락부(段落部) 상류의 수면곡선
④ 상류 상태로 흐르는 하천에 댐을 구축했을 때 저수지의 수면곡선

| 해답 | ④

배수곡선
개수로의 흐름이 상류인 장소에 댐, 위어, 수문 등의 수리 구조물에 의해 수면을 상승시키면 상류의 수면이 상승하는 수면곡선을 말한다.

17
측정된 강우량 자료가 기상학적 원인 이외에 다른 영향을 받았는지의 여부를 판단하는, 즉 일관성(consistency)에 대한 검사방법은?

① 순간단위 유량도법 ② 합성단위 유량도법
③ 이중누가우량 분석법 ④ 선행강수 지수법

| 해답 | ③

이중누가우량분석(double mass analysis)
어느 관측소의 우량계의 위치, 노출상태, 관측방법 및 주위환경에 변화가 생겼을 경우에 발생한 과거의 기록치를 보정하기 위하여 전반적인 자료의 일관성을 조사하려고 할 때 사용할 수 있는 가장 적절한 방법이다.

18
비력(special force)에 대한 설명으로 옳은 것은?

① 물의 충격에 의해 생기는 힘의 크기
② 비에너지가 최대가 되는 수심에서의 에너지
③ 한계수심으로 흐를 때 한 단면에서의 총에너지 크기
④ 개수로의 어떤 단면에서 단위중량당 운동량과 정수압의 합계

| 해답 | ④

비력(충력치)
개수로의 한 단면에서 운동량(동수압)과 정수압의 합을 물의 단위중량으로 나눈 값을 말한다.

∴ $M = \eta \frac{Q}{g} v + h_g A = const$

19
하천의 모형실험에 주로 사용되는 상사법칙은?

① Reynolds의 상사법칙
② Weber의 상사법칙
③ Cauchy의 상사법칙
④ Froude의 상사법칙

| 해답 | ④

특별상사 법칙
• Froude의 상사법칙 : 수심이 비교적 큰 자유수면을 가진 개수로(하천)의 중력이 흐름 지배
• Reynolds의 상사법칙 : 관수로의 유체가 흐르는 경우 점성력이 흐름 지배
• Weber의 상사법칙 : Weir의 월류수심이 극히 작을 때 표면장력이 흐름 지배
• Cauchy의 상사법칙 : 압축성 유체가 유동할 때 탄성력이 흐름 지배

☐☐☐ 기 99,06,13②,18①

20 오리피스(orifice)의 이론유속 $V=\sqrt{2gh}$ 이 유도되는 이론으로 옳은 것은? (단, V : 유속, g : 중력가속도, h : 수두차)

① 베르누이(Bernoulli)의 정리
② 레이놀즈(Reynolds)의 정리
③ 벤츄리(Venturi)의 이론식
④ 운동량방정식 이론

| 해답 | ①

유출할 때 에너지 손실을 무시하고 Bernoulli 정리로부터 이론유속 $V=\sqrt{2gh}$ 을 구한다.

제2회 2018년 4월 28일

☐☐☐ 기 12④,18②

01 다음 중 물의 순환에 관한 설명으로서 틀린 것은?

① 지구상에 존재하는 수자원이 대기권을 통해 지표면에 공급되고, 지하로 침투하여 지하수를 형성하는 등 복잡한 반복과정이다.
② 지표면 또는 바다로부터 증발된 물이 강수, 침투 및 침루, 유출 등의 과정을 거치는 물의 이동현상이다.
③ 물의 순환과정에서 강수량은 지하수 흐름과 지표면 흐름의 합과 동일하다.
④ 물의 순환과정 중 강수, 증발 및 증산은 수문기상학 분야이다.

| 해답 | ③

- 물의 순환과정은 성분과정 간의 물의 이동이 일정률로 연속된다는 의미는 결코 아니다. 즉, 합과 동일하지는 않다.
- 순환과정을 통한 물의 이동은 시간 및 공간적인 변동성을 가지는 것이 보통이다.

☐☐☐ 기 97,12②,18②,21①

02 그림과 같은 노즐에서 유량을 구하기 위한 식으로 옳은 것은? (단, 유량계수는 1.0로 가정한다.)

① $\dfrac{\pi d^2}{4}\sqrt{\dfrac{2gh}{1-(d/D)^2}}$
② $\dfrac{\pi d^2}{4}\sqrt{\dfrac{2gh}{1-(d/D)^4}}$
③ $\dfrac{\pi d^2}{4}\sqrt{\dfrac{2gh}{1+(d/D)^2}}$
④ $\dfrac{\pi d^2}{4}\sqrt{2gh}$

| 해답 | ②

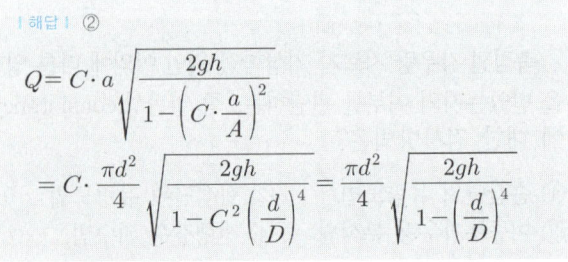

03 다음 중 평균 강우량 산정방법이 아닌 것은?

① 각 관측점과 강우량을 산술평균하여 얻는다.
② 각 관측점의 지배면적을 가중인자로 잡아서 각 강우량에 곱하여 합산한 후 전 유역면적으로 나누어서 얻는다.
③ 각 등우선 간의 면적을 측정하고 전 유역면적에 대한 등우선 간의 면적을 등우선 간의 평균 강우량에 곱하여 이들을 합산하여 얻는다.
④ 각 관측점의 강우량을 크기순으로 나열하여 중앙에 위치한 값을 얻는다.

| 해답 | ④

유역의 평균 강우량 산정법
- 산술평균법 : 유역 내 관측점의 강우량을 산출평균하여 얻는 방법
- Thiessen의 가중법 : 각 관측점별 지배면적을 가중인자로 이용한다.
- 등우선법 : 등우선을 작성하여 등우선 간의 면적을 구한 후 평균 강우량을 구한다.

04 Δt 시간 동안 질량 m 인 물체에 속도변화 Δv 가 발생할 때, 이 물체에 작용하는 외력 F 는?

① $\dfrac{m \cdot \Delta t}{\Delta v}$
② $m \cdot \Delta v \cdot \Delta t$
③ $\dfrac{m \cdot \Delta v}{\Delta t}$
④ $m \cdot \Delta t$

| 해답 | ③

운동량 방정식 $F = \dfrac{m}{\Delta t}(v_2 - v_1) = \dfrac{m \cdot \Delta v}{\Delta t}$

05 압력수두 P, 속도수두 V, 위치수두 Z 라고 할 때 정체압력수두 P_s 는?

① $P_s = P - V - Z$
② $P_s = P + V + Z$
③ $P_s = P - V$
④ $P_s = P + V$

| 해답 | ④

정체압력수두=압력수두+속도수두
즉 $P_s = P + V$

06 폭 2.5m, 월류수심 0.4m인 사각형 위어(weir)의 유량은? (단, Francis 공식 : $Q = 1.84 B_o h^{3/2}$ 에 의하며, B_o : 유효폭, h : 월류수심, 접근유속은 무시하며 양단수축이다.)

① $1.117 \text{m}^3/\text{sec}$
② $1.126 \text{m}^3/\text{sec}$
③ $1.145 \text{m}^3/\text{sec}$
④ $1.164 \text{m}^3/\text{sec}$

| 해답 | ②

$$Q = 1.84\left(b - \dfrac{nb}{10}\right)h^{\frac{3}{2}} \text{ (Francis 공식)}$$
$$= 1.84 \times \left(2.5 - \dfrac{2 \times 0.4}{10}\right) \times 0.4^{\frac{3}{2}} = 1.126 \, \text{m}^3/\text{sec}$$
($\because$ 양단수축 $n = 2$)

07 다음의 개수로 흐름에 관한 설명 중 틀린 것은?

① 사류에서 상류로 변하는 곳에 도수현상이 생긴다.
② 개수로 흐름은 중력이 원동력이 된다.
③ 비에너지는 수로 바닥을 기준으로 한 에너지이다.
④ 배수곡선은 수로가 단락(段落)이 되는 곳에 생기는 수면곡선이다.

| 해답 | ④

- 저하곡선은 긴 수로의 하단에 단락이 있거나 수로경사가 한계경사보다 급할 때 생기는 수면곡선이다.
- 배수곡선 : 개수로의 흐름이 상류인 장소에 댐, 위어, 수문 등의 수리구조물에 의해 수면을 상승시키면 상류의 수면이 상승하는 수면곡선이다.

Remember
- 도수현상 : 사류에서 상류로 변할 때는 불연속적이고, 수심이 급격히 증대하여 큰 소용돌이가 생긴다. 이를 도수현상이라 한다.
- 지배단면 : 상류에서 사류로 변화하는 흐름에서는 한계수심이 되는 단면에서 수심과 유량과의 관계가 일시적으로 정하여지므로 이 단면을 지배단면이라 한다.
- 비에너지 : 단위 수량이 갖고 있는 에너지를 수로 바닥을 기준면으로 하여 수두로 표시한다.

□□□ 기 08,10①,18②

08 흐름의 단면적과 수로경사가 일정할 때 최대 유량이 흐르는 조건으로 옳은 것은?

① 윤변이 최소이거나 동수반경이 최대일 때
② 윤변이 최대이거나 동수반경이 최소일 때
③ 수심이 최소이거나 동수반경이 최대일 때
④ 수심이 최대이거나 수로 폭이 최소일 때

| 해답 | ①

- $Q = AV = AC\sqrt{RI}$ 에서

최대유량 Q_{max}는 동수반경 $R = \dfrac{A}{P}$ 에서 최대 동수반경 R_{max} 이거나 최소윤변 P_{min} 일 때이다.

□□□ 기 18②

09 그림과 같이 단위폭당 자중이 $3.5 \times 10^6 \text{N/m}$인 직립식 방파제에 $1.5 \times 10^6 \text{N/m}$의 수평파력이 작용할 때, 방파제의 활동안전율은?
(단, 중력가속도 $= 10 \text{m/s}^2$, 방파제와 바다의 마찰계수 $= 0.7$, 해수의 단위중량 $= 10 \text{kN/m}^3$로 가정하며, 파랑에 의한 양압력은 무시하고, 부력은 고려한다.)

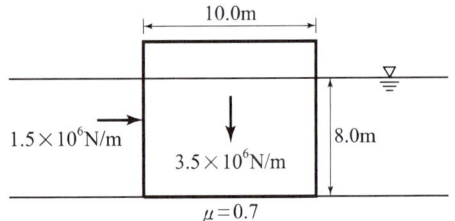

① 1.20
② 1.22
③ 1.24
④ 1.26

| 해답 | ④

안전율 $F_s = \dfrac{f \cdot W}{P_h}$

- 수평력 $P_h = $ 파압 × 케이슨 높이 $= 1.5 \times 10^6 \text{ N/m}$
- 연직력 $W = $ 케이슨의 자중 − 케이슨의 부력
  $= 3.5 \times 10^6 (\text{N/m}) - (8 \times 10 \text{m}^2) \times 10000 (\text{N/m}^3)$
  $= 3.5 \times 10^6 (\text{N/m}) - 800000 (\text{N/m})$
  $= 2700000 \text{N/m}$
  (∵ 해수의 비중 $= 1 = 1 \text{t/m}^3 = 10000 \text{N/m}^3$)

∴ 안전율 $F_s = \dfrac{0.7 \times 2700000}{1.5 \times 10^6} = 1.26$

□□□ 기 91,98,00,07,09①,18②,21②

10 유역면적이 4km^2이고 유출계수가 0.8인 산지하천에서 강우강도가 80mm/hr이다. 합리식을 사용한 유역출구에서의 첨두홍수량은?

① $35.5 \text{m}^3/\text{sec}$
② $71.1 \text{m}^3/\text{sec}$
③ $128 \text{m}^3/\text{sec}$
④ $256 \text{m}^3/\text{sec}$

| 해답 | ②

$Q = 0.2778 CIA$ (합리식)
  $= 0.2778 \times 0.8 \times 80 \times 4 = 71.1 \text{m}^3/\text{s}$

여기서, Q : 첨두유량(m^3/sec)
  C : 유출계수
  I : 강우강도(mm/hr)
  A : 유역면적(km^2)

□□□ 기 01,18②

11 관수로에서 관의 마찰손실계수가 0.02, 관의 지름이 40cm일 때, 관내 물의 흐름이 100m를 흐르는 동안 2m의 마찰손실수두가 발생하였다면 관내의 유속은?

① 0.3m/s
② 1.3m/s
③ 2.8m/s
④ 3.8m/s

| 해답 | ③

$h_L = f \dfrac{l}{D} \dfrac{V^2}{2g}$ 에서

$2 = 0.02 \times \dfrac{100}{0.40} \times \dfrac{V^2}{2 \times 9.8}$

참고 SOLVE 사용 ∴ $V = 2.8 \text{m/s}$

□□□ 기 18②

12 지하수의 투수계수에 관한 설명으로 틀린 것은?

① 같은 종류의 토사라 할지라도 그 간극률에 따라 변한다.
② 흙입자의 구성, 지하수의 점성계수에 따라 변한다.
③ 지하수의 유량을 결정하는 데 사용된다.
④ 지역 특성에 따른 무차원 상수이다.

| 해답 | ④

속도 $V = Ki$
∴ 투수계수(K)는 속도(V)과 같은 차원(cm/sec)이다.

□□□ 기 01,18②

13 관수로 흐름에서 레이놀즈수가 500보다 작은 경우의 흐름 상태는?

① 상류 ② 난류
③ 사류 ④ 층류

| 해답 | ④

레이놀즈(Reynolds)수
• 무차원의 수로 흐름상태를 구분하는 지표이다.
• Re < 2000 : 층류, Re < 4000 : 난류,
  2000 < Re < 4000 : 천이영역

Remember

레이놀즈수(R_e)에 의한 흐름의 분류

$R_e = \dfrac{V \cdot R}{\nu}$ 에서 동수반경 $R = \dfrac{D}{4}$

∴ $R_e = \dfrac{2000}{4} = 500$

• $R_e = \dfrac{V \cdot R}{\nu} < 500$: 층류
• $R_e = \dfrac{V \cdot R}{\nu} > 500$: 난류

□□□ 기 97,18②

14 광폭 직사각형 단면 수로의 단위폭당 유량이 $16 \text{m}^3/\text{s}$일 때, 한계경사는? (단, 수로의 조도계수 $n = 0.02$이다.)

① 3.27×10^{-3} ② 2.73×10^{-3}
③ 2.81×10^{-3} ④ 2.90×10^{-3}

| 해답 | ②

■ 광폭의 수로
• 한계경사 $I_c = \dfrac{g}{C^2}$
• 한계수심 $h_c = \left(\dfrac{q^2}{g}\right)^{\frac{1}{3}} = \left(\dfrac{16^2}{9.8}\right)^{\frac{1}{3}} = 2.967 \text{m}$
• 유속계수 $C = \dfrac{1}{n} R^{\frac{1}{6}} = \dfrac{1}{n} H_c^{\frac{1}{6}}$
  $= \dfrac{1}{0.02} \times 2.967^{\frac{1}{6}} = 59.936$
  (∵ 광폭 $R ≒ H_c$)
• 한계경사 $I_c = \dfrac{9.8}{59.936^2} = 2.73 \times 10^{-3}$

□□□ 기 95,10④,18②

15 물의 점성계수를 μ, 동점계수를 ν, 밀도를 ρ라 할 때 관계식으로 옳은 것은?

① $\nu = \rho\mu$ ② $\nu = \dfrac{\rho}{\mu}$
③ $\nu = \dfrac{\mu}{\rho}$ ④ $\nu = \dfrac{1}{\rho\mu}$

| 해답 | ③

동점성계수$(\nu) = \dfrac{\text{점성계수}(\mu)}{\text{밀도}(\rho)}$

□□□ 기 86,93,98,01,05,18②

16 다음 중 유효 강수량과 가장 관계가 깊은 것은?

① 직접 유출량 ② 기저 유출량
③ 지표면 유출량 ④ 지표하 유출량

| 해답 | ①

유효 강수량(effective precipitation)
직접 유출수의 근원이 되는 강수

□□□ 기 93,02,17①,18②

17 정지유체에 침강하는 물체가 받는 항력(drag force)의 크기와 관계가 없는 것은?

① 유체의 밀도 ② Froude수
③ 물체의 형상 ④ Reynolds수

| 해답 | ②

■ 항력(drag)
• 유수중의 물체에 작용하는 힘은 두 성분으로 나눌 수 있으며 흐름방향에 작용하는 힘을 항력이라 한다.
• 항력 $D = C_D A \dfrac{\rho V^2}{2}$
• 저항계수 C_D : 물체의 형상, 유체의 밀도, 표면의 거칠기에 영향을 받는다.
■ 레이놀즈(Reynolds)수
• 무차원의 수로 흐름상태를 구분하는 지표이다.
• 점성력의 흐름
  $R_e = \dfrac{V \cdot R}{\nu} = \dfrac{\rho V \cdot R}{\mu}$
■ Froude
• 중력과 관성력의 흐름
• $F_r = \dfrac{V}{\sqrt{gh}}$

기 07,15②,18②

18 Manning의 조도계수 $n=0.012$인 원관을 사용하여 $1\text{m}^3/\text{sec}$의 물을 동수경사 $1/100$로 송수하려 할 때 적당한 관의 지름은?

① 70cm
② 80cm
③ 90cm
④ 100cm

| 해답 | ①

$$Q = AV$$
$$= A\frac{1}{n}R^{\frac{2}{3}}I^{\frac{1}{2}}$$
$$= A\frac{1}{n}\times\left(\frac{D}{4}\right)^{\frac{2}{3}}\times I^{\frac{1}{2}} \quad (\because R=\frac{D}{4})$$
$$= \frac{\pi D^2}{4}\times\frac{1}{0.012}\times\left(\frac{D}{4}\right)^{\frac{2}{3}}\times\left(\frac{1}{100}\right)^{\frac{1}{2}} = 1\,\text{m}^3/\text{sec}$$

∴ 지름 $D=0.699\text{m}=70\text{cm}$

■ [계산기 $f_x 570\,\text{ES}$] **SOLVE 사용법**

먼저 1 ☞ ALPHA ☞ SOLVE = ☞

$$1 = \frac{\pi \times ALPHA\ X^2}{4}\times\frac{1}{0.012}$$
$$\times\left(\frac{ALPHA\ X}{4}\right)^{\frac{2}{3}}\times\left(\frac{1}{100}\right)^{\frac{1}{2}}$$

☞ SHIFT ☞ SOLVE ☞ = ☞ 잠시 기다리면

$X=0.699$ ∴ $D=0.699\text{m}=70\text{cm}$

기 04,18②,20④,24①

19 부체의 안정에 관한 설명 중 옳지 않은 것은?

① 경심(M)이 무게중심(G)보다 낮을 경우 안정하다.
② 무게중심(G)이 부심(B)보다 아래쪽에 있으면 안정하다.
③ 부심(B)과 무게중심(G)이 동일 연직선상에 위치할 때 안정을 유지한다.
④ 경심(M)이 무게중심(G)보다 높을 경우 복원 모멘트가 작용한다.

| 해답 | ①
경심(M)이 무게중심(G)보다 낮을 경우 부체는 불안정하다.

기 07,10①,14②,17②,18②,25③

20 강우자료의 일관성을 분석하기 위해 사용하는 방법은?

① 합리식
② DAD 해석법
③ 누가우량곡선법
④ SCS(Soil Conservation Service) 방법

| 해답 | ③
이중누가우량곡석법
우량계의 위치, 노출 상태, 관측 방법 및 주위 환경 변화가 생겼을 때 이들 자료의 일관성을 검사 및 교정하기 위한 방법이다.

제3회 2018년 8월 19일

□□□ 기 93,97,02,05,11③,18③,19③

01 직사각형 단면수로의 폭이 5m이고 한계수심이 1m일 때의 유량은? (단, 에너지 보정계수 $\alpha = 1.0$)

① $15.65 \text{m}^3/\text{sec}$ ② $10.75 \text{m}^3/\text{sec}$
③ $9.80 \text{m}^3/\text{sec}$ ④ $3.13 \text{m}^3/\text{sec}$

| 해답 | ①

$h_c = \left(\dfrac{\alpha Q^2}{gb^2}\right)^{\frac{1}{3}}$ 에서 $h_c^3 = \left(\dfrac{\alpha Q^2}{gb^2}\right)$

$1^3 = \left(\dfrac{1.0 \times Q^2}{9.8 \times 5^2}\right)$ ∴ $Q = 15.65 \text{m}^3/\text{sec}$

Remember

■ [계산기 f_x 570] SOLVE 사용법

$1^3 = \left(\dfrac{1.0 \times Q^2}{9.8 \times 5^2}\right)$

먼저 1^3 ☞ ALPHA ☞ SOLVE = ☞ $\left(\dfrac{1.0 \times}{9.8 \times 5^2}\right)$

☞ ALPHA X^2 ☞ $\left(\dfrac{1.0 \times X^2}{9.8 \times 5^2}\right)$

☞ SHIFT ☞ SOLVE ☞ = ☞ 잠시 기다리면

$X = 15.65$ ∴ $Q = 15.65 \text{m}^3/\text{sec}$

□□□ 기 91,14,18③

02 에너지선에 대한 설명으로 옳은 것은?

① 언제나 수평선이 된다.
② 동수경사선보다 아래에 있다.
③ 속도수두와 위치수두의 합을 의미한다.
④ 동수경사선보다 속도수두만큼 위에 위치하게 된다.

| 해답 | ④

• 에너지선 = 속도수두$\left(\dfrac{V^2}{2g}\right)$ + 압력수두$\left(\dfrac{P}{w}\right)$
  + 위치수두(z)
• 에너지선(E.L)은 동수경사선$\left(\dfrac{P}{w}+z\right)$보다 속도수두$\left(\dfrac{V^2}{2g}\right)$만큼 위에 위치한다.

□□□ 기 93,18③

03 유속이 3m/s인 유수 중에 유선형 물체가 흐름방향으로 향하여 $h=3\text{m}$ 깊이에 놓여 있을 때 정체압력(stagnation pressure)은?

① 0.46kN/m^2 ② 12.21kN/m^2
③ 33.90kN/m^2 ④ 102.35kN/m^2

| 해답 | ③

정체압력 = 정압력 + 동압력
$P_s = wh + \dfrac{wV^2}{2g}$

• 물의 단위중량 $w = 1\text{t/m}^3$
$P_s = 1 \times 3 + \dfrac{1 \times 3^2}{2 \times 9.8} = 3.459 \text{t/m}^2$
$= 3.459 \times 9.8 = 33.90 \text{kN/m}^2$
(∵ $1\text{t/m}^2 = 9.8 \text{kN/m}^2$)

□□□ 기 18③

04 다음 중 직접 유출량에 포함되는 것은?

① 지체지표하 유출량 ② 지하수 유출량
③ 기저 유출량   ④ 조기지표하 유출량

| 해답 | ④

유출량 구성
• 직접 유출량 : 지표 유출량, 조기지표하 유출량, 복류수 유출량, 수로상 강수
• 기저 유출량 : 지하수 유출량, 지체지표하 유출량

□□□ 기 93,08,18③,19①

05 개수로의 상류(subcritical flow)에 대한 설명으로 옳은 것은?

① 유속과 수심이 일정한 흐름
② 수심이 한계수심보다 작은 흐름
③ 유속이 한계유속보다 작은 흐름
④ Froude수가 1보다 큰 흐름

| 해답 | ③

개수로의 상류
• 상류의 유속은 한계 유속보다 작은 흐름이다.
• 상류의 수심은 한계 수심보다 크다.
• 상류의 수면곡선은 하류에서 상류로 향하여 계산한다.

06 단위유량도 이론의 가정에 대한 설명으로 옳지 않은 것은?

① 초과강우는 유효지속기간 동안에 일정한 강도를 가진다.
② 초과강우는 전 유역에 걸쳐서 균등하게 분포된다.
③ 주어진 지속기간의 초과강우로부터 발생된 직접 유출 수문곡선의 기저시간은 일정하다.
④ 동일한 기저시간을 가진 모든 직접유출 수문곡선의 종거들은 각 수문곡선에 의하여 주어진 총 직접유출 수문곡선에 반비례한다.

| 해답 | ④

동일한 기저시간을 가진 모든 직접유출 수문곡선의 종거들은 각 수문곡선에 의하여 주어진 총 직접유출 수문곡선에 비례한다.

07 관수로의 마찰손실공식 중 난류에서의 마찰손실계수 f는?

① 상대조도만의 함수이다.
② 레이놀즈수와 상대조도의 함수이다.
③ 프루드수와 상대조도의 함수이다.
④ 레이놀즈수만의 함수이다.

| 해답 | ②

난류에서 마찰손실계수는 Reynolds수(R_e)와 상대조도 $\left(\dfrac{e}{D}\right)$의 함수이다.

Remember

마찰손실계수

- 층류 : $R_e < 2000$일 경우 $f = \dfrac{64}{R_e}$
- 난류 : $R_e > 2000$일 경우 : $f = \phi''\left(\dfrac{1}{R_e}, \dfrac{e}{D}\right)$
  - 매끈한 관($\dfrac{e}{D}$ 작은 경우) : f는 R_e만의 함수이다.
  - 거친 관의 경우 : R_e에 관계없이 $\dfrac{e}{D}$만의 함수이다.

여기서, e : 절대조도, $\dfrac{e}{D}$: 상대조도

08 그림과 같이 높이 2m인 물통에 물이 1.5m만큼 담겨져 있다. 물통이 수평으로 4.9m/s²의 일정한 가속도를 받고 있을 때, 물통의 물이 넘쳐흐르지 않기 위한 물통의 길이(L)은?

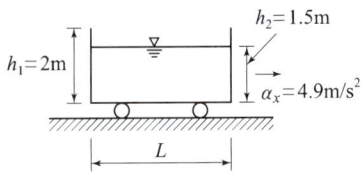

① 2.0m
② 2.4m
③ 2.8m
④ 3.0m

| 해답 | ①

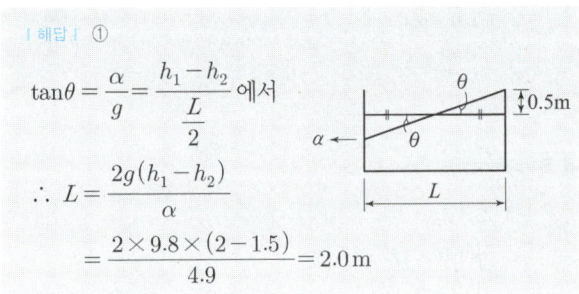

$\tan\theta = \dfrac{\alpha}{g} = \dfrac{h_1 - h_2}{\dfrac{L}{2}}$ 에서

$\therefore L = \dfrac{2g(h_1 - h_2)}{\alpha}$

$= \dfrac{2 \times 9.8 \times (2 - 1.5)}{4.9} = 2.0\,\text{m}$

09 지름 d인 구(球)가 밀도 ρ의 유체 속을 유속 V로 침강할 때 구의 항력 D는? (단, 항력계수는 C_D라 한다.)

① $\dfrac{1}{8} C_D \pi d^2 \rho V^2$
② $\dfrac{1}{2} C_D \pi d^2 \rho V^2$
③ $\dfrac{1}{4} C_D \pi d^2 \rho V^2$
④ $C_D \pi d^2 \rho V^2$

| 해답 | ①

항력 = 항력계수 × 투영단면적 × 동압력

$\therefore D = C_D A \dfrac{1}{2}\rho V^2 = C_D \cdot \dfrac{\pi d^2}{4} \cdot \dfrac{1}{2} \cdot \rho \cdot V^2$

$= \dfrac{1}{8} C_D \pi d^2 \rho V^2$

Remember

$D = C_D A \dfrac{wV^2}{2g} = C_D A \dfrac{\rho g V^2}{2g} = C_D \cdot A \cdot \dfrac{1}{2}\rho V^2$

□□□ 기 01,18③

10 표와 같은 집중호우가 자기기록지에 기록되었다. 지속기간 20분 동안의 최대강우강도를 구한 값은?

시간(분)	5	10	15	20	25	30	35	40
누가우량 (mm)	2	5	10	20	35	40	43	45

① 95mm/hr ② 105mm/hr
③ 115mm/hr ④ 135mm/hr

|해답| ②

- 20분 지속 최대강우량은 15∼30분 사이다.

시각(분)	5	10	15	20	25	30	35	40
우량(mm)	2	3	5	10	15	5	3	2

∴ 20분 지속 최대강우량은 15∼30분인
  5+10+15+5=35mm이다.
- 강우강도 $I = 35 \times \dfrac{60}{20} = 105 \text{mm/hr}$

□□□ 기 85,08,13,18③

11 우물에서 장기간 양수를 한 후에도 수면강하가 일어나지 않는 지점까지의 우물로부터 거리(범위)를 무엇이라 하는가?

① 용수효율권 ② 대수층권
③ 수류영역권 ④ 영향권

|해답| ④

영향권(원)
우물의 일정한 물을 양수하면 수면이 양수의 영향을 받지 않고 처음과 같은 수위를 갖는 점과 우물과의 사이의 범위

□□□ 기 14,18③

12 다음 물리량 중에서 차원이 잘못 표시된 것은?

① 동점성계수 : $[FL^2T]$ ② 밀도 : $[FL^{-4}T^2]$
③ 전단응력 : $[FL^{-2}]$ ④ 표면장력 : $[FL^{-1}]$

|해답| ①

동점성계수(cm^2/sec)
- LMT계 : $[L^2T^{-1}]$
- LFT계 : $[L^2T^{-1}]$

□□□ 기 18③,22①

13 수문자료의 해석에 사용되는 확률분포형의 매개변수를 추정하는 방법이 아닌 것은?

① 모멘트법(method of moments)
② 회선적분법(convolution integral method)
③ 확률가중모멘트법(method of probability weighted moments)
④ 최우도법(method of maximum likelihood)

|해답| ②

확률분포형의 매개변수 추정방법
- 모멘트법 : 표본자료, 즉 관측자료의 모멘트와 모집단의 모멘트가 같다고 정하여 모집단의 모멘트로부터 관측자료의 매개변수를 추정하는 것
- 최우도법 : 매개변수를 추정하기 위해 광범위하게 사용되는 방법으로 기본개념은 관측된 표본에 가장 적합한 모집단의 매개변수를 구하는 것
- 확률가중모멘트법 : 관측자료를 크기 순으로 작은 것부터 큰 순서로 재배열하여 작은 값에는 작은 가중치를, 큰 값에는 큰 가중치를 부여하여 매개변수를 추정하는 방법으로 최근에 많이 사용되는 방법
- L-모멘트법 : 매개변수 추정치는 앞에서 소개한 확률가중모멘트법으로 추정하는 매개변수와 동일하다.

□□□ 12①,18③,25①

14 대기의 온도 t_1, 상대습도 70%인 상태에서 증발이 진행되었다. 온도가 t_2로 상승하고 대기 중의 증기압이 20% 증가하였다면 온도 t_1 및 t_2에서의 증기압이 각각 10.0mHg 및 14.0mmHg라 할 때 온도 t_2에서의 상대습도는?

① 50% ② 60%
③ 70% ④ 80%

|해답| ②

상대습도 $h = \dfrac{\text{실제 증기압}(e)}{\text{포화 증기압}(e_s)} \times 100$

- t_1℃ 일 때 실제 증기압
  $e = \dfrac{h \cdot e_s}{100} = \dfrac{70 \times 10}{100} = 7 \text{mmHg}$
- t_2℃ 일 때 실제 증기압 $e = 7(1+0.2) = 8.4 \text{mmHg}$

∴ $h = \dfrac{8.4}{14} \times 100 = 60\%$

□□□ 기 18③

15 사각위어에서 유량산출에 쓰이는 Francis 공식에 대하여 양단수축이 있는 경우에 유량으로 옳은 것은?
(단, B : 위어 폭, h : 월류수심)

① $Q = 1.84(B-0.4h)h^{\frac{3}{2}}$
② $Q = 1.84(B-0.3h)h^{\frac{3}{2}}$
③ $Q = 1.84(B-0.2h)h^{\frac{3}{2}}$
④ $Q = 1.84(B-0.1h)h^{\frac{3}{2}}$

【해답】 ③

Francis 공식
$Q = 1.84 b_o h^{\frac{3}{2}} = 1.84\left(B - \frac{nh}{10}\right)h^{\frac{3}{2}} = 1.84\left(B - \frac{2h}{10}\right)h^{\frac{3}{2}}$
$= 1.84(B-0.2h)h^{\frac{3}{2}}$
(∵ 양단수축 $n=2$)

□□□ 기 04,05,18③

16 비에너지(specific energy)와 한계수심에 대한 설명으로 옳지 않은 것은?

① 비에너지는 수로의 바닥을 기준으로 한 단위무게의 유수가 가진 에너지이다.
② 유량이 일정할 때 비에너지가 최소가 되는 수심이 한계수심이다.
③ 비에너지가 일정할 때 한계수심으로 흐르면 유량이 최소가 된다.
④ 직사각형 단면에서 한계수심은 비에너지의 2/3가 된다.

【해답】 ③
비에너지가 일정할 때 한계수심으로 흐르면 유량이 최대가 된다.

□□□ 기 18③

17 미소진폭파(small-amplitude wave) 이론에 포함된 가정이 아닌 것은?

① 파장이 수심에 비해 매우 크다.
② 유체는 비압축성이다.
③ 바닥은 평평한 불투수층이다.
④ 파고는 수심에 비해 매우 작다.

【해답】 ①
• 파고는 파장과 수심에 비해서 매우 작다.
• 풍압은 없고 수면에서의 압력은 일정하다.
• 바닥(해저)은 수평한 고정상이고 불투수층이다.

□□□ 기 00,13,14,18③

18 관수로에 대한 설명 중 틀린 것은?

① 단면 점확대로 인한 수두손실은 단면 급확대로 인한 수두손실보다 클 수 있다.
② 관수로 내의 마찰손실수두는 유속수두에 비례한다.
③ 아주 긴 관수로에서는 마찰 이외의 손실수두를 무시할 수 있다.
④ 마찰손실수두는 모든 손실수두 가운데 가장 큰 것으로 마찰손실계수에 유속수두를 곱한 것과 같다.

【해답】 ④

마찰손실수두 $h_L = f\dfrac{l}{D}\dfrac{V^2}{2g} = \dfrac{64}{R_e}\dfrac{l}{D}\dfrac{V^2}{2g}$

• 마찰손실수두는 유속수두 $\left(\dfrac{V^2}{2g}\right)$에 비례한다.
• 마찰손실수두는 모든 손실수두 가운데 가장 큰 것으로 마찰손실계수(f)에 유속수두$\left(\dfrac{V^2}{2g}\right)$, 지름과 길이의 비 $\left(\dfrac{l}{D}\right)$를 곱한 것과 같다.
• 관수로에서 마찰 이외의 손실수두를 무시할 수 있는 경우는 $l/D > 3000$이다.

□□□ 기 82,95,07,18③,25③

19 수리실험에서 점성력이 지배적인 힘이 될 때 사용할 수 있는 모형법칙은?

① Reynolds 모형법칙 ② Froude 모형법칙
③ Weber 모형법칙 ④ Cauchy 모형법칙

【해답】 ①

수리모형법칙과 지배인자

모형법칙	지배인자
Cauchy 모형법칙	탄성력
Reynolds 모형법칙	점성력
Froude 모형법칙	중력이 흐름을 지배
Weber 모형법칙	표면장력이 흐름지배

□□□ 기 98,13,18③,24③

20 빙산(氷山)의 부피가 V, 비중이 0.92이고, 바닷물의 비중은 1.025라 할 때 바닷물 속에 잠겨 있는 빙산의 부피는?

① $1.1V$
② $0.9V$
③ $0.8V$
④ $0.7V$

| 해답 | ②

Archimedes원리(빙산의 체적 V, 바닷물에 잠긴 체적 V')

$0.92 \times V = 1.025 \times V'$

$\therefore V' = \dfrac{0.92}{1.025} V = 0.90 V$

제1회 2019년 3월 3일

□□□ 기 02④,19①

01 흐르지 않는 물에 잠긴 평판에 작용하는 전수압(全水壓)의 계산방법으로 옳은 것은? (단, 여기서 수압이란 단위면적당 압력을 의미)

① 평판도심의 수압에 평판면적을 곱한다.
② 단면의 상단과 하단 수압의 평균값에 평판면적을 곱한다.
③ 작용하는 수압의 최댓값에 평판면적을 곱한다.
④ 평판의 상단에 작용하는 수압에 평판면적을 곱한다.

| 해답 | ①

정지해 있는 평판에 작용하는 전수압
- $P = pA = wh_G A$
- 평판도심의 수압(wh_G)에 평판면적(A)을 곱한다.

□□□ 기 94,99,00,03②,05④,07①,08②,11④,19①,22③,25①

02 직사각형 단면의 위어에서 수두(h) 측정에 2%의 오차가 발생했을 때, 유량(Q)에 발생되는 오차는?

① 1% ② 2%
③ 3% ④ 4%

| 해답 | ③

- 구형위어 $Q = kbh^{3/2}$ 에서
$$\frac{dQ}{Q} = \frac{3}{2}\frac{dh}{h} = \frac{3}{2} \times 2 = 3\%$$

□□□ 기 12①,19①,24①

03 물체의 공기 중 무게가 750N이고 물속에서의 무게는 250N일 때 이 물체의 체적은? (단, 무게 1kg=10N)

① 0.05m³ ② 0.06m³
③ 0.50m³ ④ 0.60m³

| 해답 | ①

- 물체의 부력 B = 750 - 250 = 500N = 50kg = 0.05t
∴ 물체의 체적 $V = \dfrac{W}{w_o} = \dfrac{0.050\text{t}}{1\text{t/m}^3} = 0.05\text{m}^3$

□□□ 기 13④,19①

04 지름 200mm인 관로에 축소부 지름이 120mm인 벤츄리미터(venturimeter)가 부착되어 있다. 두 단면의 수두차가 1.0m, $C = 0.98$일 때의 유량은?

① 0.00525m³/sec ② 0.0525m³/sec
③ 0.525m³/sec ④ 5.250m³/sec

| 해답 | ②

$$Q = C\frac{A_1 A_2}{\sqrt{A_1^2 - A_2^2}}\sqrt{2gh}$$

- $A_1 = \dfrac{\pi d_1^2}{4} = \dfrac{\pi \times 0.20^2}{4} = 0.0314\text{m}^2$
- $A_2 = \dfrac{\pi d_2^2}{4} = \dfrac{\pi \times 0.12^2}{4} = 0.0113\text{m}^2$
- $\therefore Q = 0.98 \times \dfrac{0.0314 \times 0.0113}{\sqrt{(0.0314)^2 - (0.0113)^2}} \times \sqrt{2 \times 9.80 \times 1}$
$= 0.0525\text{m}^3/\text{sec}$

□□□ 기 10①,14①,19①

05 유량 147.6L/s를 송수하기 위하여 안지름 0.4m의 관을 700m의 길이로 설치하였을 때 흐름의 에너지 경사는? (단, 조도계수 $n = 0.012$, Manning공식 적용)

① $\dfrac{1}{700}$ ② $\dfrac{2}{700}$
③ $\dfrac{3}{700}$ ④ $\dfrac{4}{700}$

| 해답 | ③

에너지경사 $I = \dfrac{h_L}{l}$

- $A = \dfrac{\pi D^2}{4} = \dfrac{\pi \times 0.4^2}{4} = 0.126\text{m}^2$
- $V = \dfrac{Q}{A} = \dfrac{0.1476}{0.126} = 1.171\text{m/sec}$
  ($\because 1000\text{L/s} = 1\text{m}^3/\text{s}$)
- $f = \dfrac{124.5n^2}{D^{1/3}} = \dfrac{124.5 \times 0.012^2}{0.4^{1/3}} = 0.024$
- $h_L = f\dfrac{l}{D}\dfrac{V^2}{2g} = 0.024 \times \dfrac{700}{0.4} \times \dfrac{1.171^2}{2 \times 9.8} = 2.938\text{m}$

∴ 에너지 경사 $I = \dfrac{2.938}{700} = \dfrac{3}{700}$

□□□ 기 86,96,00,03,12①,15②,19①

06 그림과 같은 굴착정(artesian well)의 유량을 구하는 공식은? (단, R : 영향원의 반지름, K : 투수계수, m : 피압대수층의 두께)

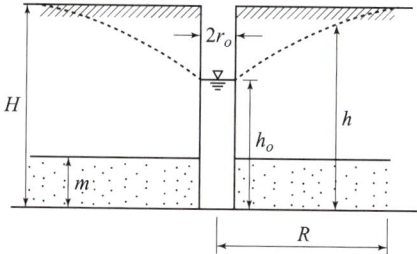

① $Q = \dfrac{2\pi mK(H+h_o)}{\ln(R/r_o)}$

② $Q = \dfrac{2\pi mK(H+h_o)}{\ln(r_o/R)}$

③ $Q = \dfrac{2\pi mK(H-h_o)}{\ln(R/r_o)}$

④ $Q = \dfrac{2\pi mK(H-h_o)}{\ln(r_o/R)}$

| 해답 | ③

굴착정	심정호(깊은 우물)
$Q = \dfrac{2\pi mK(H-h_o)}{\ln(R/r_o)}$	$Q = \dfrac{\pi K(H^2-h_o^2)}{\ln(R/r_o)}$

□□□ 기 95,96,99,19①,25③

07 대규모 수공구조물의 설계우량으로 가장 적합한 것은?

① 평균면적 우량
② 발생 가능 최대강수량(PMP)
③ 기록상의 최대우량
④ 재현기간 100년에 해당하는 강우량

| 해답 | ②

가능 최대강우량(PMP ; probable maximum precipitation)
• 어떤 지역에 태풍이나 호우 등 최악의 기상조건이 발생한 경우 유역에 내릴 수 있는 가상의 최대강우량이다.
• 대규모 수공구조물을 설계할 때 기준하는 우량이다.
• 발생 가능 최대강수량은 가능 최대홍수량을 결정하는 기준으로 사용된다.
• 강우-유출모형에서 홍수량을 환산하여 수공구조물의 크기를 결정한다.

□□□ 기 92,93,00,01,02,10②,12①②,14④,17②,19①

08 수조의 수면에서 2m 아래 지점에 지름 10cm의 오리피스를 통하여 유출되는 유량은? (단, 유량계수 $C=0.6$)

① $0.0152\text{m}^3/\text{s}$
② $0.0068\text{m}^3/\text{s}$
③ $0.0295\text{m}^3/\text{s}$
④ $0.0094\text{m}^3/\text{s}$

| 해답 | ③

$Q = Ca\sqrt{2gh}$
$= 0.6 \times \dfrac{\pi \times 0.10^2}{4} \times \sqrt{2 \times 9.80 \times 2}$
$= 0.0295 \text{ m}^3/\text{s}$

□□□ 기 94,05,08,12④,17①,19①,24③

09 단위도(단위 유량도)에 대한 설명으로 옳지 않은 것은?

① 단위도의 3가지 가정은 일정기저시간가정, 비례가정, 중첩가정이다.
② 단위도는 기저유량과 직접유출량을 포함하는 수문곡선이다.
③ S-Curve를 이용하여 단위도의 단위시간을 변경할 수 있다.
④ Snyder는 합성단위도법을 연구 발표하였다.

| 해답 | ②

단위도(단위유량도)
• 단위유량도의 기본가정 : 일정기저시간가정, 비례가정, 중첩가정
• 단위도는 유역 전체에 내린 유효우량(1cm)으로 인한 직접유출수문곡선이다.

□□□ 기 91,13,19①

10 물리량의 차원이 옳지 않은 것은?

① 에너지 : $[ML^{-2}T^{-2}]$
② 동점성계수 : $[L^2T^{-1}]$
③ 점성계수 : $[ML^{-1}T^{-1}]$
④ 밀도 : $[FL^{-4}T^2]$

| 해답 | ①

에너지 $E = FL = [MLT^{-2}][L] = [ML^2T^{-2}]$

☐☐☐ 기 82,84,93,99,08,19①,20②,23②

11 수문에 관련한 용어에 대한 설명 중 옳지 않은 것은?

① 침투란 토양면을 통해 스며든 물이 중력에 의해 계속 지하로 이동하여 불투수층까지 도달하는 것이다.
② 증산(transpiration)이란 식물의 엽면(葉面)을 통해 물이 수증기의 형태로 대기 중에 방출되는 현상이다.
③ 강수(precipitation)란 구름이 응축되어 지상으로 떨어지는 모든 형태의 수분을 총칭한다.
④ 증발이란 액체상태의 물이 기체상태의 수증기로 바뀌는 현상이다.

| 해답 | ①

- 침루(percolation)란 물이 토양면을 통해 스며든 물이 중력에 의해 계속 지하로 이동하여 포화대인 지하수면까지 도달하는 현상
- 침투(infiltration) : 물이 토양면을 통해 토양 속으로 스며드는 현상

☐☐☐ 기 93,10,13,19①,22①

12 댐의 상류부에서 발생되는 수면곡선으로 흐름방향으로 수심이 증가함을 뜻하는 곡선은?

① 배수 곡선　　② 저하 곡선
③ 수리특성 곡선　④ 유사량 곡선

| 해답 | ①

배수 곡선
개수로의 흐름이 상류인 장소에 댐, 위어 또는 수문 등의 수리구조물을 만들어 수면을 상승시키면 그 영향이 상류로 미치고 수면은 상승하는 현상을 배수라 하고 배수에 의해 생기는 곡선을 배수 곡선이라 한다.

☐☐☐ 기 15②,19①,20④

13 유출(run off)에 대한 설명으로 옳지 않는 것은?

① 비가 오기 전의 유출을 기저유출이라 한다.
② 우량은 별도의 손실 없이 그 전량이 하천으로 유출된다.
③ 일정기간에 하천으로 유출되는 수량의 합을 유출량(流出量)이라 한다.
④ 유출량과 그 기간의 강수량과의 비(比)를 유출계수 또는 유출률(流出率)이라 한다.

| 해답 | ②

유출(流出)
- 강수의 일부분이 지표상의 각종 수로에 도달하여 하천수를 형성하는 현상을 말한다.
- 유출현상을 양적으로 표시하기 위한 수단을 유출률 또는 유량이라 한다.
- 비가 오기 전의 건조 시 유출을 기저유출이라 한다.
- 기저유출은 지하수 유출과 지면 지표하 유출에 의해 형성된다.
- 유출계수 = $\dfrac{하천유량}{강수량}$

☐☐☐ 기 19①

14 층류와 난류(亂流)에 관한 설명으로 옳지 않은 것은?

① 층류란 유수(流水) 중에서 유선이 평행한 층을 이루는 흐름이다.
② 층류와 난류를 레이놀즈수에 의하여 구별할 수 있다.
③ 원관 내 흐름의 한계 레이놀즈수는 약 2000 정도이다.
④ 층류에서 난류로 변할 때의 유속과 난류에서 층류로 변할 때의 유속은 같다.

| 해답 | ④

- 관수로에서의 흐름 분류
$R_e = \dfrac{VR}{\nu}$, 층류 : $R_e \leq 2000$, 난류 : $R_e > 4000$
- 개수로에서 층류와 난류를 구분하는 한계 레이놀즈(Reynolds)수는 정확히 결정되어질 수 없으나 약 500 정도를 취한다.
- 층류에서 난류로 변할 때의 유속과 난류에서 층류로 변할 때의 유속은 다르다.

☐☐☐ 기 05,06,08,14②,19①

15 지하수에서 Darcy 법칙의 유속에 대한 설명으로 옳은 것은?

① 영향권의 반지름에 비례한다.
② 동수경사에 비례한다.
③ 동수반경(hydraulic radius)에 비례한다.
④ 수심에 비례한다.

| 해답 | ②

Darcy의 법칙 : $V = KI = K\dfrac{h}{L}$
∴ 유속(V)은 동수경사(I)에 비례한다.

□□□ 기 11①,19①
16 개수로의 흐름에서 비에너지의 정의로 옳은 것은?

① 단위중량의 물이 가지고 있는 에너지로 수심과 속도수두의 합
② 수로의 한 단면에서 물이 가지고 있는 에너지를 단면적으로 나눈 값
③ 수로의 두 단면에서 물이 가지고 있는 에너지를 수심으로 나눈 값
④ 압력에너지와 속도에너지의 비

| 해답 | ①

수로의 흐름에서 비에너지(H_e)의 정의
• 수로 바닥을 기준으로 한 단위무게의 유수가 가지는 에너지이다.
• 비에너지=수심+속도수두
$$\therefore H_e = h + \alpha \frac{v^2}{2g}$$

□□□ 기 93,08,18③,19①
17 상류(subcritical flow)에 관한 설명 중 틀린 것은?

① 하천의 유속이 장파의 전파속도보다 느린 경우이다.
② 관성력이 중력의 영향보다 더 큰 흐름이다.
③ 수심은 한계수심보다 크다.
④ 유속은 한계유속보다 작다.

| 해답 | ②

상류($F_r = \dfrac{V}{\sqrt{gh}} < 1$)일 때 관성력($V$)이 중력($g$)보다 작은 흐름이다.

□□□ 기 19①
18 관속에 흐르는 물의 속도수두를 10m로 유지하기 위한 평균유속은?

① 4.9m/s   ② 9.8m/s
③ 12.6m/s   ④ 14.0m/s

| 해답 | ④

속도수두 $\dfrac{V^2}{2g}$

$\dfrac{V^2}{2g} = 10\text{m} = \dfrac{V^2}{2 \times 9.80}$

∴ 평균유속 $V = 14.0\text{m/s}$

□□□ 기 19①,24②
19 그림과 같은 병렬관수로 ㉠, ㉡, ㉢에서 각관의 지름과 관의 길이를 각각 D_1, D_2, D_3, L_1, L_2, L_3라 할 때 $D_1 > D_2 > D_3$이고 $L_1 > L_2 > L_3$이면 A점과 B점 사이의 손실수두는?

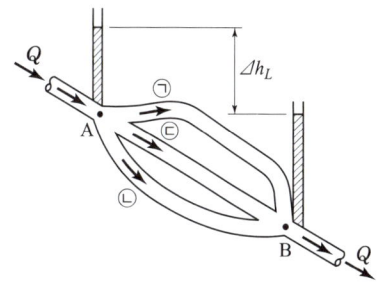

① ㉠의 손실수두가 가장 크다.
② ㉡의 손실수두가 가장 크다.
③ ㉢에서만 손실수두가 발생한다.
④ 모든 관의 손실수두가 같다.

| 해답 | ④

병렬관수로
• 연속방정식
$$Q_A = Q_㉠ + Q_㉡ + Q_㉢ = Q_B$$
• 베르누이방정식

$h_A = f_1 \dfrac{L_A}{D_A} \dfrac{V_A^2}{2g}$

$h_1 = f_1 \dfrac{L_1}{D_1} \dfrac{V_1^2}{2g}$

$h_2 = f_2 \dfrac{L_2}{D_2} \dfrac{V_2^2}{2g}$

$h_3 = f_3 \dfrac{L_3}{D_3} \dfrac{V_3^2}{2g}$

$h_B = f_B \dfrac{L_B}{D_B} \dfrac{V_B^2}{2g}$

$\therefore \sum h_L = h_A + h_1 + h_B = h_A + h_2 + h_B = h_A + h_3 + h_B$
($\because h_1 = h_2 = h_3$)
• 병렬관수로에서 모든 관의 손실수두는 같다.

□□□ 기 93,02,19①
20 개수로에서 한계수심에 대한 설명으로 옳은 것은?

① 사류 흐름의 수심
② 상류 흐름의 수심
③ 비에너지가 최대일 때의 수심
④ 비에너지가 최소일 때의 수심

| 해답 | ④

한계수심 : 비에너지(H_e)가 최소일 때의 수심(h_c)

제2회 2019년 4월 27일

01 다음 중 증발에 영향을 미치는 인자가 아닌 것은?

① 온도　　　　　② 대기압
③ 통수능　　　　④ 상대습도

| 해답 | ③

- 증발 : 액체상태의 물이 기체상태의 수증기로 바뀌는 현상
- 증발에 영향을 주는 인자 : 온도, 바람, 상대습도, 대기압, 수질, 증발면의 성질과 형상

02 오리피스(orifice)에서의 유량 Q를 계산할 때 수두 H의 측정에 1%의 오차가 있으면 유량계산의 결과에는 얼마의 오차가 생기는가?

① 0.1%　　　　② 0.5%
③ 1%　　　　　④ 2%

| 해답 | ②

$Q = CA\sqrt{2g}\,H^{1/2}$ (오리피스 유량)

$\therefore \dfrac{dQ}{Q} = \dfrac{1}{2}\dfrac{dh}{H} = \dfrac{1}{2} \times 1 = 0.5\%$

03 표고 20m인 저수지에서 물을 표고 50m인 지점까지 $1.0\text{m}^3/\text{sec}$의 물을 양수하는 데 소요되는 펌프동력은? (단, 모든 손실수두의 합은 3.0m이고 모든 관은 동일한 지름과 수리학적 특성을 지니며, 펌프의 효율은 80%이다.)

① 248kW　　　② 330kW
③ 404kW　　　④ 650kW

| 해답 | ③

$E = \dfrac{9.8\,Q(H+\Sigma h)}{\eta}$

- $H = 50 - 20 = 30\text{m}$
- $\Sigma h = 3\text{m}$

$\therefore E = \dfrac{9.8 \times 1.0 \times (30+3)}{0.8} = 404\text{kW}$

04 미계측 유역에 대한 단위유량도의 합성방법이 아닌 것은?

① SCS 방법　　　② Clark 방법
③ Horton 방법　　④ Snyder 방법

| 해답 | ③

합성단위유량도 작성법
- Snyder의 합성단위법
- SCS 합성단위도법
- Nakayasu의 합성단위도법
- Clark의 합성단위도법

05 유역면적이 15km^2이고 1시간에 내린 강우량이 150mm일 때 하천의 유출량이 $350\text{m}^3/\text{s}$이면 유출률은?

① 0.56　　　② 0.65
③ 0.72　　　④ 0.78

| 해답 | ①

$Q = 0.2778\,CIA$ 에서 유출률(유출계수)

$\therefore C = \dfrac{Q}{0.2778\,IA} = \dfrac{350}{0.2778 \times 150 \times 15} = 0.56$

06 폭 35cm인 직사각형 위어(weir)의 유량을 측정하였더니 $0.03\text{m}^3/\text{s}$이었다. 월류수심의 측정에 1mm의 오차가 생겼다면, 유량에 발생하는 오차는? (단, 유량계산은 프란시스(Francis) 공식을 사용하되 월류 시 단면수축은 없는 것으로 가정한다.)

① 1.16%　　　② 1.50%
③ 1.67%　　　④ 1.84%

| 해답 | ①

- $Q = 1.84\,bh^{3/2}$ 에서

$h = \left(\dfrac{Q}{1.84\,b}\right)^{2/3} = \left(\dfrac{0.03}{1.84 \times 0.35}\right)^{2/3} = 0.1295\text{m}$

$\therefore \dfrac{dQ}{Q} = \dfrac{3}{2}\dfrac{dh}{h} = \dfrac{3}{2} \times \dfrac{0.001}{0.1295} = 0.01158 = 1.16\%$

07 다음 물의 흐름에 대한 설명 중 옳은 것은?

① 수심은 깊으나 유속이 느린 흐름을 사류라 한다.
② 물의 분자가 흩어지지 않고 질서 정연히 흐르는 흐름을 난류라 한다.
③ 모든 단면에 있어 유적과 유속이 시간에 따라 변하는 것을 정류라 한다.
④ 에너지선과 동수 경사선의 높이의 차는 일반적으로 $\dfrac{V^2}{2g}$ 이다.

| 해답 | ④

- 사류 : 수심이 한계수심보다 작은 흐름
- 난류 : 유체의 흐름이 일정한 방향이 아니고 좌우방향으로 이동하면서 흐트러지는 흐름
- 정류 : 모든 점에서의 흐름 특성이 시간에 따라 변하지 않는 흐름
- 에너지선 : $\dfrac{V^2}{2g}+\dfrac{P}{w}+Z=E$ 를 연결한 선이다
- 동수경사선(수두경사선) : $\dfrac{P}{w}+Z=E$ 를 연결한 선이다.
- ∴ 동수경사선이 에너지선보다 유속수두 $\left(\dfrac{V^2}{2g}\right)$ 만큼 아래에 있다.

08 수리학상 유리한 단면에 관한 설명 중 옳지 않은 것은?

① 주어진 단면에서 윤변이 최소가 되는 단면이다.
② 직사각형 단면일 경우 수심이 폭의 1/2인 단면이다.
③ 최대유량의 소통을 가능하게 하는 가장 경제적인 단면이다.
④ 수심을 반지름으로 하는 반원을 외접원으로 하는 제형단면이다.

| 해답 | ④

수리학적으로 유리한 단면
- 유량 Q를 최대로 흐르게 하는 단면을 수리학적으로 유리한 단면
- 윤변(S)이 최소이거나 동수반경(경심 : R)이 최대인 단면
- 동일 단면에 최대유량이 흐를 수 있는 단면
- 수리학상 유리한 단면은 수심을 반경으로 하는 반원을 내접원으로 하는 제형 단면
- 구형의 경심 : $B=2h$, $R=\dfrac{h}{2}$

09 다음 표는 어느 지역의 40분간 집중호우를 매 5분마다 관측한 것이다. 지속시간이 20분인 최대강우강도는?

시간(분)	우량(mm)
0~5	1
5~10	4
10~15	2
15~20	5
20~25	8
25~30	7
30~35	3
35~40	2

① $I=49$mm/hr ② $I=59$mm/hr
③ $I=69$mm/hr ④ $I=72$mm/hr

| 해답 | ③

20분간(15~35분)의 지속 최대강우량 : $5+8+7+3=23$mm

∴ $I = N$지속시간 최대강우량$\times \dfrac{60(\min)}{N\text{지속시간}}$

$= 23 \times \dfrac{60}{20} = 69$mm/hr

10 그림과 같이 물속에 수직으로 설치된 넓이 2m×3m의 수문을 올리는 데 필요한 힘은?
(단, 수문의 물속 무게는 1960N이고, 수문과 벽면사이의 마찰계수는 0.25이다.)

① 5.45kN
② 53.4kN
③ 126.7kN
④ 271.2kN

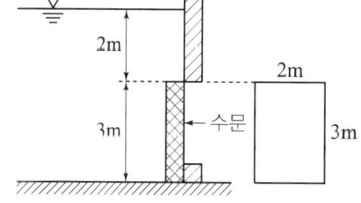

| 해답 | ②

$T = w_o h_G A \mu + W'$

- $P = w_o h_G A = 9.8 \times \left(2+\dfrac{3}{2}\right) \times 2 \times 3 = 205.8$kN
- 수압에 의한 마찰력 : $205.8 \times 0.25 = 51.45$kN

∴ $F = 51.45 + 1.960 = 53.41$kN

□□□ 기 81,97,01,12②,15④,17④,19②

11 단위중량 w, 밀도 ρ인 유체가 유속 V로서 수평방향으로 흐르고 있다. 지름 d, 길이 l인 원주가 유체의 흐름방향에 직각으로 중심축을 가지고 놓였을 때 원주에 작용하는 항력(D)은? (단, C는 항력계수이다.)

① $D = C \cdot \dfrac{\pi d^2}{4} \cdot \dfrac{wV^2}{2}$

② $D = C \cdot d \cdot l \cdot \dfrac{\rho V^2}{2}$

③ $D = C \cdot \dfrac{\pi d^2}{4} \cdot \dfrac{\rho V^2}{2}$

④ $D = C \cdot d \cdot l \cdot \dfrac{wV^2}{2}$

| 해답 | ②

- 항력 = 항력계수 × 투영단면적 × 동압력

∴ 항력 $D = CA\dfrac{1}{2}\rho V^2 = C \cdot d \cdot l \cdot \dfrac{\rho V^2}{2}$

□□□ 기 07,10,19②

12 개수로 내의 흐름에 대한 설명으로 옳은 것은?

① 에너지선은 자유표면과 일치한다.
② 동수경사선은 자유표면과 일치한다.
③ 에너지선과 동수경사선은 일치한다.
④ 동수경사선은 에너지선과 언제나 평행하다.

| 해답 | ②

개수로의 흐름에서 동수경사선은 자유수면과 일치한다.

□□□ 기 15④,19②

13 상대조도에 관한 사항 중 옳은 것은?

① Chezy의 유속계수와 같다.
② Manning의 조도계수를 나타낸다.
③ 절대조도를 관지름으로 곱한 것이다.
④ 절대조도를 관지름으로 나눈 것이다.

| 해답 | ④

흐름이 난류($R_e > 2000$)일 때 마찰손실계수 f
- 거친관일 때 f는 R_e에는 관계없고 상대조도 $\left(\dfrac{\text{절대조도}(e)}{\text{관지름}(D)}\right)$만의 함수이다.

∴ 절대조도를 관지름으로 나눈 것이다.

- 매끈한 관일 때 f는 R_e만의 함수이다.

□□□ 기 94,16,19②,21③,25①

14 다음 중 부정류 흐름의 지하수를 해석하는 방법은?

① Theis 방법
② Dupuit 방법
③ Thiem 방법
④ Laplace 방법

| 해답 | ①

■ 지하수 흐름

층류 흐름	정류 흐름	부정류 흐름
Darcy 법칙	Laplace 방법	Theis 방법

■ 부정류 흐름의 지하수 해석방법 : Theis 방법, Jacob법, Chow법

□□□ 기 11④,19②

15 부피 50m³인 해수의 무게(W)와 밀도(ρ)를 구한 값으로 옳은 것은? (단, 해수의 단위중량은 1.025t/m³)

① $W = 5\text{t}$, $\rho = 0.1046\text{kg} \cdot \text{sec}^2/\text{m}^4$
② $W = 5\text{t}$, $\rho = 104.6\text{kg} \cdot \text{sec}^2/\text{m}^4$
③ $W = 5.125\text{t}$, $\rho = 104.6\text{kg} \cdot \text{sec}^2/\text{m}^4$
④ $W = 51.25\text{t}$, $\rho = 104.6\text{kg} \cdot \text{sec}^2/\text{m}^4$

| 해답 | ④

밀도 $\rho = \dfrac{\text{해수의 단위질량}}{\text{중력 가속도}} = \dfrac{w_o}{g}$

- 해수의 무게 $W = V \cdot w_o = 50 \times 1.025 = 51.25\text{t}$
- 밀도 $\rho = \dfrac{1.025\text{t/m}^3}{9.8\text{m/sec}^2} = 0.1046\,\text{t} \cdot \text{sec}^2/\text{m}^4$
  $= 104.6\text{kg} \cdot \text{sec}^2/\text{m}^4$

□□□ 기 91,19②,24①

16 길이 13m, 높이 2m, 폭 3m, 무게 20ton인 바지선의 홀수는?

① 0.51m
② 0.56m
③ 0.58m
④ 0.46m

| 해답 | ①

무게 W = 부력 $B = w_o b d l$

∴ 홀수 $d = \dfrac{W}{w_o bl} = \dfrac{20}{1 \times 3 \times 13} = 0.51\text{m}$

☐☐☐ 기 96,97,00,10④,15①,19②

17 폭 8m의 구형단면 수로에 40m³/s의 물을 수심 5m로 흐르게 할 때, 비에너지는? (단, 에너지 보정계수 $\alpha=1.11$로 가정한다.)

① 5.06m ② 5.87m
③ 6.19m ④ 6.73m

| 해답 | ①

$$H_e = h + \alpha \frac{v^2}{2g} = h + \frac{\alpha Q^2}{2gA^2}$$
$$= 5 + \frac{1.11 \times 40^2}{2 \times 9.8 \times (8 \times 5)^2} = 5.06\text{m}$$

☐☐☐ 기 92,99,02,04,16,19②,22①

18 여과량이 2m³/s, 동수경사가 0.2, 투수계수가 1cm/s일 때 필요한 여과지 면적은?

① 1000m² ② 1500m²
③ 2000m² ④ 2500m²

| 해답 | ①

- $Q = AV = kiA$에서 $A = \dfrac{Q}{ki}$

$\therefore A = \dfrac{2}{\dfrac{1}{100} \times 0.2} = 1000\text{m}^2$

☐☐☐ 기 94,00,02,09,14②,19②,24③

19 도수 전후의 수심이 각각 2m, 4m일 때 도수로 인한 에너지 손실(수두)은?

① 0.1m ② 0.2m
③ 0.25m ④ 0.5m

| 해답 | ③

도수에 의한 에너지 손실(수두)
$$\Delta H_e = \frac{(h_2 - h_1)^3}{4h_1 h_2} = \frac{(4-2)^3}{4 \times 2 \times 4} = 0.25\text{m}$$

☐☐☐ 기 19②

20 비압축성유체의 연속방정식을 표현한 것으로 가장 올바른 것은?

① $Q = \rho AV$ ② $\rho_1 A_1 = \rho_2 A_2$
③ $Q_1 A_1 V_1 = Q_2 A_2 V_2$ ④ $A_1 V_1 = A_2 V_2$

| 해답 | ④

비압축성유체의 연속방정식
$Q = A_1 V_1 = A_2 V_2$

제3회 2019년 8월 4일

□□□ 기 19③, 산 11④

01 도수가 15m 폭의 수문 하류측에서 발생되었다. 도수가 일어나기 전의 깊이가 1.5m이고 그때의 유속은 18m/s였다. 도수로 인한 에너지 손실수두는? (단, 에너지 보정계수 $\alpha = 1$이다.)

① 3.24m ② 5.40m
③ 7.62m ④ 8.34m

| 해답 | ④

에너지 손실수두 $\Delta H_e = \dfrac{(h_2-h_1)^3}{4h_1h_2}$

■ 도수 : $\dfrac{h_2}{h_1} = \dfrac{1}{2}(-1+\sqrt{1+8F_{r1}})$

• $F_{r1} = \dfrac{V_1}{\sqrt{gh_1}} = \dfrac{18}{\sqrt{9.8\times1.5}} = 4.69$

• $h_2 = \dfrac{1.5}{2}(-1+\sqrt{1+8\times4.69^2}) = 9.23\text{m}$

∴ $\Delta H_e = \dfrac{(h_2-h_1)^3}{4h_1h_2} = \dfrac{(9.23-1.5)^3}{4\times1.5\times9.23} = 8.34\text{m}$

□□□ 기 93,00,19③

02 그림과 같이 뚜껑이 없는 원통 속에 물을 가득 넣고 중심축 주위로 회전시켰을 때 흘러넘친 양이 전체의 20%였다. 이때 원통 바닥면이 받는 전수압(全水壓)은?

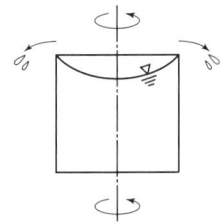

① 정지상태와 비교할 수 없다.
② 정지상태에 비해 변함이 없다.
③ 정지상태에 비해 20%만큼 증가한다.
④ 정지상태에 비해 20%만큼 감소한다.

| 해답 | ④

원통바닥이 받는 전수압은 원통 안의 물무게와 같다. 따라서 물의 흘러넘친 양이 전체의 20%이므로 바닥이 받는 전수압도 20%만큼 감소한다.

□□□ 기 06,12④,19③

03 그림에서 손실수두가 $\dfrac{3V^2}{2g}$일 때 지름 0.1m의 관을 통과하는 유량은? (단, 수면은 일정하게 유지된다.)

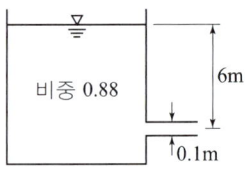

① 0.0399m³/s ② 0.0426m³/s
③ 0.0798m³/s ④ 0.085m³/s

| 해답 | ②

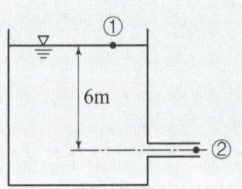

• 베르누이 정리
$\dfrac{V_1^2}{2g}+\dfrac{P_1}{w}+z_1 = \dfrac{V^2}{2g}+\dfrac{P}{w}+z_2+h_L$

• $z_1 = 6\text{m}$

• $h_L = \dfrac{3V^2}{2g}$

• $0+0+6 = \dfrac{V^2}{2g}+0+0+\dfrac{3V^2}{2g}$

∴ $V = \sqrt{\dfrac{6g}{2}} = \sqrt{\dfrac{6\times9.8}{2}} = 5.42\text{m/sec}$

∴ $Q = AV = \dfrac{\pi\times0.1^2}{4}\times5.42 = 0.0426\text{m}^3/\text{sec}$

□□□ 기 01,10②,19③,25③

04 관수로에 물이 흐를 때 층류가 되는 레이놀즈수(Re, Reynolds Number)의 범위는?

① Re < 2000
② 2000 < Re < 3000
③ 3000 < Re < 4000
④ Re > 4000

| 해답 | ①

레이놀즈(Reynolds)수
• 무차원의 수로 흐름상태를 구분하는 지표이다.
• Re<2000 : 층류
• Re<4000 : 난류
• 2000<Re<4000 : 천이영역

□□□ 기 08①,14②,19③,24②

05 오리피스에서 수축계수의 정의와 그 크기로 옳은 것은? (단, a_o : 수축단면적, a : 오리피스 단면적, V_o : 수축단면의 유속, V : 이론유속)

① $C_a = \dfrac{a_o}{a}$, 1.0~1.1

② $C_a = \dfrac{V_o}{V}$, 1.0~1.1

③ $C_a = \dfrac{a_o}{a}$, 0.6~0.7

④ $C_a = \dfrac{V_o}{V}$, 0.6~0.7

[해답] ③

수축계수 $C_a = \dfrac{a_o}{a} ≒ 0.612 \sim 0.72$(보통 0.64)

□□□ 기 93,97,02,05,11①,18③,19③

06 수로폭이 3m인 직사각형 개수로에서 비에너지가 1.5m일 경우의 최대유량은? (단, 에너지 보정계수는 1.0이다.)

① 9.39m³/s ② 11.50m³/s
③ 14.09m³/s ④ 17.25m³/s

[해답] ①

- 비에너지에 대한 한계수심
$h_c = \dfrac{2}{3}H_e = \dfrac{2}{3} \times 1.5 = 1\text{m}$

- 직사각형 단면의 한계수심
$h_c = \left(\dfrac{\alpha Q^2}{gb^2}\right)^{\frac{1}{3}}$ 에서

$1 = \left(\dfrac{1.0 \times Q^2}{9.8 \times 3^2}\right)^{\frac{1}{3}}$ ∴ $Q = 9.39\text{m}^3/\text{sec}$

☞[계산기 f_x 570] **SOLVE 사용법**
먼저 1 ☞ ALPHA ☞ SOLVE = ☞

$\left(\dfrac{1.0 \times ALPHA\ X^2}{9.8 \times 3^2}\right)^{\frac{1}{3}}$ ☞ SHIFT ☞ SOLVE ☞ = ☞

잠시 기다리면
$X = 9.391$ ∴ $Q = 9.39\text{m}^3/\text{sec}$

□□□ 기 19③

07 폭이 넓은 개수로($R ≒ h_c$)에서 Chezy의 평균유속 계수 $C=29$, 수로경사 $I = \dfrac{1}{80}$ 인 하천의 흐름상태는? (단, $\alpha = 1.11$)

① $I_c = \dfrac{1}{105}$ 로 사류 ② $I_c = \dfrac{1}{95}$ 로 사류

③ $I_c = \dfrac{1}{70}$ 로 상류 ④ $I_c = \dfrac{1}{50}$ 로 상류

[해답] ②

사류의 조건 : $I > I_c = \dfrac{g}{\alpha C^2}$

$I = \dfrac{1}{80} > I_c = \dfrac{g}{\alpha C^2} = \dfrac{9.8}{1.11 \times 29^2} = \dfrac{1}{95}$

∴ 사류

Remember

상류와 사류의 조건

구분	상류	사류	공식
수심 h	$h > h_c$	$h < h_c$	$h_c = \left(\dfrac{\alpha Q^2}{gb^2}\right)^{\frac{1}{3}}$
유속 V	$V < V_c$	$V > V_c$	$V_c = \sqrt{gh}$
경사 I	$I < I_c$	$I > I_c$	$I_c = \dfrac{g}{\alpha C^2}$
F_r	$F_r < 1$	$F_r > 1$	$F_r = \dfrac{V}{\sqrt{gh}}$

□□□ 기 83,91,96,15,17④,19③

08 지하수의 투수계수와 관계가 없는 것은?

① 토사의 형상 ② 토사의 입도
③ 물의 단위중량 ④ 토사의 단위중량

[해답] ④

투수계수 $k = D_s^2 \dfrac{\rho \cdot g}{\mu} \cdot \dfrac{e^3}{1+e} C$

D_s : 흙의 입도, μ : 지하수의 점성계수
e : 간극비, ρ : 밀도
C : 토사의 형상
$\rho \cdot g = \gamma_w$(물의 단위중량)

□□□ 기 82,92,94,04,19③

09 강우강도를 I, 침투능을 f, 총침투량을 F, 토양수분 미흡량을 D라 할 때, 지표유출은 발생하나 지하수위는 상승하지 않는 경우에 대한 조건식은?

① $I < f$, $F < D$
② $I < f$, $F > D$
③ $I > f$, $F < D$
④ $I > f$, $F > D$

| 해답 | ③

강우와 토양

$I > f$ $F < D$	• 지표면 유출이 시작된다. • 중간유출과 지하수 유출이 발생하지 않는다. • 지하수위는 상승하지 않는다.
$I < f$ $F > D$	• 지표면 유출은 발생하지 않는다. • 중간유출과 지하수 유출이 시작된다. • 지하수위 상승이 있다.

□□□ 기 86,88,05,08,09②,14④,16②,17②,19③,25①

10 DAD 해석에 관련된 것으로 옳은 것은?

① 수심 – 단면적 – 홍수기간
② 적설량 – 분포면적 – 적설일수
③ 강우깊이 – 유역면적 – 강우기간
④ 강우깊이 – 유수단면적 – 최대수심

| 해답 | ③

유역별로 평균 강우깊이(Depth)–유역면적(Area)–지속기간(Duration) 관계를 수립하는 작업을 DAD 해석이라 한다.

□□□ 기 95,98,06,19③

11 동수반지름(R)이 10m, 동수경사(I)가 1/200, 관로의 마찰손실계수(f)가 0.04일 때 유속은?

① 8.9m/s
② 9.9m/s
③ 11.3m/s
④ 12.3m/s

| 해답 | ②

• 평균유속계수 $C = \sqrt{\dfrac{8g}{f}} = \sqrt{\dfrac{8 \times 9.8}{0.04}} = 44.27$

• 유속 $V = C\sqrt{RI} = 44.27\sqrt{10 \times \dfrac{1}{200}} = 9.9\,\text{m/sec}$

□□□ 기 91,00,02,13④,18①,19③

12 단위유량도(Unit hydrograph)를 작성함에 있어서 기본 가정에 해당되지 않는 것은?

① 비례가정
② 중첩가정
③ 직접유출의 가정
④ 일정 기저시간의 가정

| 해답 | ③

단위유량도의 기본가정

• 일정 기저시간 가정 : 동일 유역에서 균일한 강도로 강우가 발생한 경우 지속기간은 같으나 강도가 다른 각종 강우로 인한 유출량은 그 크기가 다를지라도 유하기간은 동일하다.

• 비례가정 : 동일 유역에서 균일한 강도로 강우가 발생한 경우 동일 지속기간을 가진 각종 강도의 강우량으로부터 결과되는 직접유출 수문곡선의 종거는 임의의 시간에 있어서 강우 강도에 직접 비례한다. 즉 일정기간 동안 n배만큼 큰 강도의 비가 내리면 수문곡선의 종거는 n배만큼 커진다.

• 중첩가정 : 일정기간 동안 균일한 강도를 가진 일련의 유효강우량에 의한 총유출은 각 기간의 유효강우량에 의한 각 유출량을 합산한 것과 동일하다.

□□□ 기 92,19②③

13 수로의 경사 및 단면의 형상이 주어질 때 최대유량이 흐르는 조건은?

① 수심이 최소이거나 경심이 최대일 때
② 윤변이 최대이거나 경심이 최소일 때
③ 윤변이 최소이거나 경심이 최대일 때
④ 수로폭이 최소이거나 수심이 최대일 때

| 해답 | ③

수리학적으로 유리한 단면

• 유량 Q를 최대로 흐르게 하는 단면을 수리학적으로 유리한 단면

• 윤변(S)이 최소이거나 동수반경(경심 : R)이 최대인 단면

• 동일 단면에 최대유량이 흐를 수 있는 단면

• 수리학상 유리한 단면은 수심을 반경으로 하는 반원을 내접원으로 하는 제형 단면

• 구형의 경심 : $B = 2h$, $R = \dfrac{h}{2}$

□□□ 기 92,93,00,06②,15①,19③,20②,24②

14 유선 위 한 점의 x, y, z축에 대한 좌표를 (x, y, z), x, y, z축 방향 속도성분을 각각 u, v, w라 할 때 서로의 관계가 $\dfrac{dx}{u}=\dfrac{dy}{v}=\dfrac{dz}{w}$, $u=-ky$, $v=kx$, $w=0$인 흐름에서 유선의 형태는? (단, k는 상수)

① 원 ② 직선
③ 타원 ④ 쌍곡선

| 해답 | ①

- 유선방정식 $\dfrac{dx}{u}=\dfrac{dy}{v}=\dfrac{dz}{w}$에서 x, y 방향의 2차원 흐름은 $\dfrac{dx}{u}=\dfrac{dy}{v}$이다.
- $\dfrac{dx}{-ky}=\dfrac{dy}{kx}$ ∴ $xdx+ydy=0$
- 적분 $\int xdx+ydy=0$
  ∴ $x^2+y^2=$ const (원의 형태)
- 유선은 원을 그리며 흐름은 원운동이다.

Remember
- 원 : $x^2+y^2=C$
- 타원 : $\dfrac{x^2}{a}+\dfrac{y^2}{b}=1\,(a\neq b)$
- 쌍곡선 : $x^2-y^2=C$ or $xy=C$
- 포물선 : $y^2=Cx$ or $x^2=Cy$

□□□ 기 19③

15 정수 중의 평면에 작용하는 압력프리즘에 관한 성질 중 틀린 것은?

① 전수압의 크기는 압력프리즘의 면적과 같다.
② 전수압의 작용선은 압력프리즘의 도심을 통과한다.
③ 수면에 수평한 평면의 경우 압력프리즘은 직사각형이다.
④ 한쪽 끝이 수면에 닿는 평면의 경우에는 삼각형이다.

| 해답 | ①

전수압의 크기
$P=wh_G A$이므로
물의 단위중량(w)×도심(h_G)×압력프리즘의 면적(A)과 같다.

□□□ 기 94,99,00,03②,05④,07①,08②,11④,19①③

16 직사각형의 위어로 유량을 측정할 경우 수두 H를 측정할 때 1%의 측정오차가 있었다면 유량 Q에서 예상되는 오차는?

① 0.5% ② 1.0%
③ 1.5% ④ 2.5%

| 해답 | ③

구형위어 $Q=kBH^{\frac{3}{2}}$에서
$\dfrac{dQ}{Q}=\dfrac{3}{2}\dfrac{dH}{H}$
$=\dfrac{3}{2}\times 1=1.5\%$

□□□ 기 99,08,19③

17 단순 수문곡선의 분리방법이 아닌 것은?

① N-day법 ② S-curve법
③ 수평직선 분리법 ④ 지하수 감수곡선법

| 해답 | ②

ϕ-index법
- 우량 주상도에서 강우강도의 시간에 따른 변화를 총 강우량과 손실량으로 분리하는 수평선의 크기로 강우강도를 나타낸다.
- 수문곡선의 분리방법 : 지하수 감수곡선법, 수평직선 분리법, N-day법, 수정 N-day법

□□□ 기 08②,19③

18 밀도가 ρ인 액체에 지름 d인 모세관을 연직으로 세웠을 경우 이 모세관 내에 상승한 액체의 높이는? (단, T : 표면장력, θ : 접촉각)

① $h=\dfrac{4T\cos\theta}{\rho gd^2}$ ② $h=\dfrac{2T\cos\theta}{\rho gd}$
③ $h=\dfrac{2T\cos\theta}{\rho gd^2}$ ④ $h=\dfrac{4T\cos\theta}{\rho gd}$

| 해답 | ④

모세관고 $h=\dfrac{4T\cos\theta}{wd}=\dfrac{4T\cos\theta}{\rho gd}$

☐☐☐ 기 93,96,00,12,13②,19③

19 0.3m³/s의 물을 실양정 45m의 높이로 양수하는 데 필요한 펌프의 동력은? (단, 마찰손실수두는 18.6m이다.)

① 186.98kW
② 196.98kW
③ 214.4kW
④ 224.4kW

| 해답 | ①

$$E = 9.8\,Q(H+\Sigma h)$$
$$= 9.8 \times 0.3 \times (45+18.6) = 186.98\,\text{kW}$$

☐☐☐ 기 08,19③

20 지하수의 흐름에 대한 Darcy의 법칙은?
(단, V : 유속, Δh : 길이 ΔL에 대한 손실수두, k : 투수계수)

① $V = k\left(\dfrac{\Delta h}{\Delta L}\right)^2$
② $V = k\left(\dfrac{\Delta h}{\Delta L}\right)$
③ $V = k\left(\dfrac{\Delta h}{\Delta L}\right)^{-1}$
④ $V = k\left(\dfrac{\Delta h}{\Delta L}\right)^{-2}$

| 해답 | ②

Darcy 법칙 : $V = ki = k\dfrac{dh}{dl} = k\dfrac{\Delta h}{\Delta l}$

제1·2회 2020년 6월 6일

□□□ 기 14④, 20②

01 강우로 인한 유수가 그 유역 내의 가장 먼 지점으로부터 유역출구까지 도달하는 데 소요되는 시간을 의미하는 것은?

① 기저시간 ② 도달시간
③ 지체시간 ④ 강우지속시간

| 해답 | ②

- 도달시간(time of concentration) : 강우로 인한 유수가 그 유역 내의 가장 먼 지점으로부터 유역출구까지 도달하는 데 소요되는 시간
- 지체시간 : 유효우량주상도의 중심선에서 첨두유량이 발생하는 시간까지의 시간차
- 기저시간 : 직접유출이 시작되는 시간에서 끝나는 시간까지의 시간폭

□□□ 기 20②

02 밑변 2m, 높이 3m인 삼각형 형상의 판이 밑변을 수면과 맞대고 연직으로 수중에 있다. 이 삼각형판의 작용점 위치는? (단, 수면을 기준으로 한다.)

① 1m ② 1.33m
③ 1.5m ④ 2m

| 해답 | ③

$$h_c = h_G + \frac{I_X}{h_G A}$$

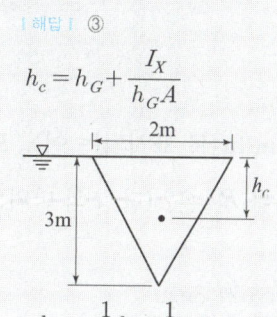

- $h_G = \frac{1}{3}h = \frac{1}{3} \times 3 = 1\,\text{m}$
- $I_X = \frac{bh^3}{36} = \frac{2 \times 3^3}{36} = 1.5\,\text{m}^4$
- $A = 2 \times 3 \times \frac{1}{2} = 3\,\text{m}^2$

$\therefore\ h_c = 1 + \frac{1.5}{1 \times 3} = 1.5\,\text{m}$

□□□ 기 92, 93, 00, 06, 15①, 19②, 20②

03 평면상 x, y방향의 속도성분이 각각 $u = ky$, $v = kx$인 유선의 형태는?

① 원 ② 타원
③ 쌍곡선 ④ 포물선

| 해답 | ③

유선의 방정식 $\frac{dx}{u} = \frac{dy}{v}$에서 $u = ky$, $v = kx$을 대입하면

- $\frac{dx}{ky} = \frac{dy}{kx} \Rightarrow \frac{dx}{y} = \frac{dy}{x}$

$\Rightarrow x\,dx = y\,dy$

- $\int x\,dx = \int y\,dy \Rightarrow \frac{1}{2}x^2 = \frac{1}{2}y^2 + C$

$\therefore\ x^2 - y^2 = C'\ (2C = C'$인 상수$)$인 쌍곡선을 나타냄.

Remember

- 원 $x^2 + y^2 = C$
- 타원 $\frac{x^2}{a} + \frac{y^2}{b} = 1\ (a \neq b)$
- 쌍곡선 $x^2 - y^2 = C$ or $xy = C$
- 포물선 $y^2 = Cx$ or $x^2 = Cy$

□□□ 기 20②

04 지하수 흐름에서 Darcy 법칙에 관한 설명으로 옳은 것은?

① 정상상태이면 난류영역에서도 적용된다.
② 투수계수(수리전도계수)는 지하수의 특성과 관계가 있다.
③ 대수층의 모세관 작용은 이 공식에 간접적으로 반영되었다.
④ Darcy 공식에 의한 유속은 공극 내 실제유속의 평균치를 나타낸다.

| 해답 | ②

Darcy 법칙 가정조건

- $R_e < 4$인 층류에서 적용된다.
- 흙은 균질이며 흐름은 정상류이다.
- 난류가 되면 실측치와 일치하지 않는다.
- 대수층 내의 모관수대는 존재하지 않는다.
- 유속은 입자 사이를 흐르는 평균이론유속이다.

05 관망계산에 대한 설명으로 틀린 것은?

① 관망은 Hardy-Cross 방법으로 근사계산할 수 있다.
② 관망계산 시, 각 관에서의 유량을 임의로 가정해도 결과는 같아진다.
③ 관망계산에서 반시계방향과 시계방향으로 흐를 때의 마찰손실수두의 합은 0이라고 가정한다.
④ 관망계산 시, 극히 작은 손실의 무시도 결과에 큰 차를 가져올 수 있으므로 무시하여서는 안 된다.

| 해답 | ④

관망계산 시 손실은 마찰손실만 고려한다. 즉 마찰이외의 손실은 무시한다.

06 다음 중 밀도를 나타내는 차원은?

① $[FL^{-4}T^2]$
② $[FL^4T^{-2}]$
③ $[FL^{-2}T^4]$
④ $[FL^{-2}T^{-4}]$

| 해답 | ①

밀도 $\rho = \dfrac{w_o}{g} = \dfrac{kg/m^3}{m/sec^2} = kg \cdot sec^2/m^4$

∴ $[FL^{-4}T^2]$

07 토리첼리(Torricelli) 정리는 다음 중 어느 것을 이용하여 유도할 수 있는가?

① 파스칼 원리
② 아르키메데스 원리
③ 레이놀즈 원리
④ 베르누이 정리

| 해답 | ④

• 토리첼리 정리 : $V = \sqrt{2gh}$
• 베르누이 정리 : $E = \dfrac{V^2}{2g} + \dfrac{P}{w_o} + Z$ 에서

압력수두 $\left(\dfrac{P}{w_o} = 0\right)$ 이면 $V = \sqrt{2gh}$ 가 된다.

• 토리첼리 정리는 베르누이 정리를 이용하여 유도할 수 있다.

08 주어진 유량에 대한 비에너지(specific energy)가 3m일 때, 한계수심은?

① 1m
② 1.5m
③ 2m
④ 2.5m

| 해답 | ③

한계수심 : 비에너지(H_e)가 최소일 때 수심(h_c)을 말한다.

∴ 한계수심 $h_c = \dfrac{2}{3}H_e = \dfrac{2}{3} \times 3 = 2m$

09 일반적인 수로단면에서 단면계수 Z_c와 수심 h의 상관식은 $Z_c^2 = Ch^M$으로 표시할 수 있는데 이 식에서 M은?

① 단면지수
② 수리지수
③ 윤변지수
④ 흐름지수

| 해답 | ②

수로단면의 통수능력과 수리지수
$Z_c^2 = C \cdot h^M$
• Z : 수심 h의 함수
• C : 형상 계수
• M : 등류수심을 구하기 위한 수리지수(hydraulic exponent)라 한다.

10 강우강도 $I = \dfrac{5000}{t+40}$ [mm/hr]로 표시되는 어느 도시에 있어서 20분간의 강우량 R_{20}은? (단, t의 단위는 분이다.)

① 17.8mm
② 27.8mm
③ 37.8mm
④ 47.8mm

| 해답 | ②

$I = \dfrac{5000}{t+40}$ [mm/hr] $= \dfrac{5000}{20+40} = 83.33$ mm/hr

∴ $R_{20} = 83.33 \times \dfrac{20}{60} = 27.8$ mm

□□□ 기 93,00,09,17①,20②

11 지하의 사질여과층에서 수두차가 0.5m이며 투과거리가 2.5m일 때 이곳을 통과하는 지하수의 유속은? (단, 투수계수는 0.3cm/s이다.)

① 0.03cm/s
② 0.04cm/s
③ 0.05cm/s
④ 0.06cm/s

|해답| ④

유속 $V = ki = k\dfrac{\Delta h}{L} = 0.3 \times \dfrac{0.5}{2.5} = 0.06\,\text{cm/sec}$

□□□ 기 06,11①,20②

12 그림과 같이 지름 3m, 길이 8m인 수로의 드럼게이트에 작용하는 전수압이 수문 $\widehat{ABC}$에 작용하는 지점의 수심은?

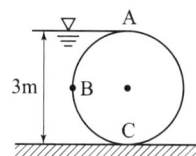

① 2.00m
② 2.25m
③ 2.43m
④ 2.68m

|해답| ③

[방법1] 수심 $h = \dfrac{d}{2} + y = R + y$

- $\tan\theta = \dfrac{h_c - R}{x} = \dfrac{2 - 1.5}{x} = \dfrac{0.5}{0.637}$
- $h_c = \dfrac{2}{3}H = \dfrac{2}{3} \times 3 = 2\,\text{m}$
- $R = \dfrac{3}{2} = 1.5\,\text{m}$
- $x = \dfrac{4R}{3\pi} = \dfrac{4 \times 1.5}{3\pi} = 0.637$
- $\therefore \theta = \tan^{-1}\dfrac{0.5}{0.637} = 38.13°$

- $\sin 38.13° = \dfrac{y}{R}$ 에서
  $y = R\sin 38.13° = 1.5\sin 38.13° = 0.926\,\text{m}$
- $\therefore$ 수심 $h = R + y = 1.5 + 0.926 = 2.43\,\text{m}$

[방법2] 수심 $h_c = \dfrac{d}{2} + y$

- 수평분력 $P_H = wh_G A' = 1 \times \dfrac{3}{2} \times (3 \times 8) = 36\,\text{t}$
- 연직분력 $P_V = 1 \times \left(\dfrac{\pi \times 3^2}{4} \times \dfrac{1}{2}\right) \times 8 = 9\pi\,\text{t}$
  (반원에 해당하는 물의 무게)
- 원의 중심(O)에서 x, y의 거리
  $\cos\theta = \dfrac{x}{\text{반지름}\left(=\dfrac{3}{2}\right)}$ $\therefore x = \dfrac{3}{2}\cos\theta$
  $\sin\theta = \dfrac{y}{\text{반지름}\left(=\dfrac{3}{2}\right)}$ $\therefore y = \dfrac{3}{2}\sin\theta$
- 원의 중심(O)에 대한 모멘트를 취하면
  $P_H \cdot y = P_V \cdot x$ 에서
  $36 \times \dfrac{3}{2}\sin\theta = 28.27 \times \dfrac{3}{2}\cos\theta$
  $\dfrac{\sin\theta}{\cos\theta} = \tan\theta = \dfrac{9\pi}{36} = \dfrac{\pi}{4}$
  $\therefore \theta = \tan^{-1}\dfrac{\pi}{4} = 38.15°$
- 수문 ABC 위 작용점까지의 수심
  $\therefore h_c = \dfrac{d}{2} + y = \dfrac{3}{2} + \dfrac{3}{2}\sin 38.15° = 2.43\,\text{m}$

□□□ 기 07,20②

13 다음 그림과 같은 사다리꼴 수로에서 수리상 유리한 단면으로 설계된 경우의 조건은?

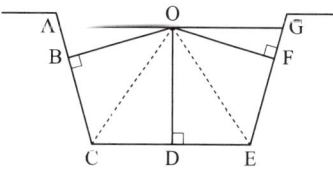

① OB=OD=OF
② OA=OD=OG
③ OC=OG+OA=OE
④ OA=OC=OE=OG

|해답| ①

사다리꼴 수로에서 수리상 유리한 단면
수심(OD)을 반지름(R)으로 하는 반원(OB=OD=OF)을 외접원으로 하는 제형 단면이다.

기 94,07,13④,17①,20②

14 유체의 흐름에 대한 설명으로 옳지 않은 것은?

① 이상유체에서 점성은 무시된다.
② 유관(stream tube)은 유선으로 구성된 가상적인 관이다.
③ 점성이 있는 유체가 계속해서 흐르기 위해서는 가속도가 필요하다.
④ 정상류의 흐름상태는 위치변화에 따라 변화하지 않는 흐름을 의미한다.

| 해답 | ④
정상류
한 단면을 지나는 물이 시간에 따라 유동특성(속도, 압력, 밀도 등)이 변하지 않는 흐름을 의미한다.

기 06,08,20②

15 광정 위어(weir)의 유량공식 $Q = 1.704\,Cb\,H^{\frac{3}{2}}$ 에 사용되는 수두(H)는?

① h_1
② h_2
③ h_3
④ h_4

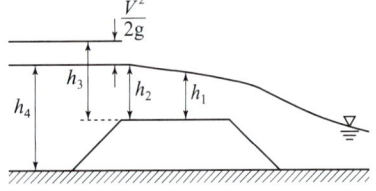

| 해답 | ③
광정 위어(weir)의 유량공식 $Q = 1.704\,Cb\,h^{\frac{3}{2}}$ 에서
$H = h_2 + \alpha \dfrac{V^2}{2g} = h_3 (\because 전수두)$

기 95,02,07,09,11②,19②,20②,24①

16 오리피스(orifice)로부터의 유량을 측정한 경우 수두 H를 추정함에 1%의 오차가 있었다면 유량 Q에는 몇 %의 오차가 생기는가?

① 1%
② 0.5%
③ 1.5%
④ 2%

| 해답 | ②
오리피스의 유량
$Q = CA\sqrt{2g}\,H^{1/2}$
$\therefore \dfrac{dQ}{Q} = \dfrac{1}{2}\dfrac{dh}{H} = \dfrac{1}{2} \times 1 = 0.5\%$

기 06,09,16④,20②

17 강우강도 공식에 관한 설명으로 틀린 것은?

① 자기우량계의 우량자료로부터 결정되며, 지역에 무관하게 적용 가능하다.
② 도시지역의 우수관로, 고속도로 암거 등의 설계 시 기본자료로서 널리 이용된다.
③ 강우강도가 커질수록 강우가 계속되는 시간은 일반적으로 작아지는 반비례 관계이다.
④ 강우강도(I)와 강우지속시간(D)과의 관계로서 Talbot, Sherman, Japanese형의 경험공식에 의해 표현될 수 있다.

| 해답 | ①
강우강도식은 지역에 따라 다르며, 자기우량계의 우량자료로부터 그 지역의 특성 상수를 결정한다.

기 93,97,99,20②,25③

18 유역면적 20km² 지역에서 수공구조물의 축조를 위해 다음 아래의 수문곡선을 얻었을 때, 총유출량은?

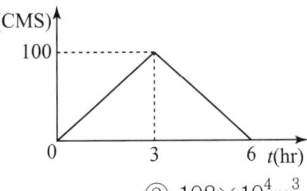

① 108m³
② 108×10⁴m³
③ 300m³
④ 300×10⁴m³

| 해답 | ②
총유출량 $V = \dfrac{1}{2}Q(\text{m}^3/\text{s}) \cdot t(\text{sec})$
• $Q = 100\,\text{m}^3/\text{sec}$
• $t = 6(\text{hr}) \times 60 \times 60 = 21600\,\text{sec}$
$\therefore V = \dfrac{1}{2} \times 100 \times 21600$
$= 1080000\,\text{m}^3 = 108 \times 10^4\,\text{m}^3$

Remember
유출깊이
$h = \dfrac{V}{A} = \dfrac{1080000}{20 \times 10^6} = 0.054\,\text{m} = 54\,\text{mm}$
$(\because 1\,\text{km}^2 = 10^6\,\text{m}^2)$

□□□ 기 06,20②

19 시간을 t, 유속을 v, 두 단면 간의 거리를 l이라 할 때, 다음 조건 중 부등류인 경우는?

① $\frac{v}{t}=0$　　② $\frac{v}{t}\neq 0$

③ $\frac{v}{t}=0,\ \frac{v}{l}=0$　　④ $\frac{v}{t}=0,\ \frac{v}{l}\neq 0$

| 해답 | ④

수류의 조건

수류의 종류	조건
정류	$\frac{v}{t}=0,\ \frac{Q}{l}=0,\ \frac{p}{t}=0$
부정류	$\frac{v}{t}\neq 0,\ \frac{Q}{l}\neq 0,\ \frac{p}{t}\neq 0$
등류	$\frac{v}{l}=0,\ \frac{v}{t}=0$
부등류	$\frac{v}{t}=0,\ \frac{v}{l}\neq 0$

□□□ 기 00,03,11,20②

20 그림과 같이 A에서 분기했다가 B에서 다시 합류하는 관수로에 물이 흐를 때 관Ⅰ과 Ⅱ의 손실수두에 대한 설명으로 옳은 것은? (단, 관Ⅰ의 지름 < 관Ⅱ의 지름이며, 관의 성질은 같다.)

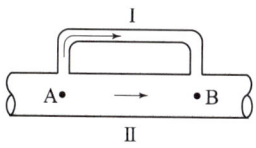

① 관Ⅰ의 손실수두가 크다.

② 관Ⅱ의 손실수두가 크다.

③ 관Ⅰ과 관Ⅱ의 손실수두는 같다.

④ 관Ⅰ과 관Ⅱ의 손실수두의 합은 0이다.

| 해답 | ③

- 관수로 도중에 수개의 관으로 나뉘어진 것이 하류에서 다시 합쳐서 하나의 관수로로 된 것을 병렬관수로라 한다.
- 병렬관수로에서 각각 관수로에 흐르는 유량의 비에 관계없이 관Ⅰ와 관Ⅱ의 손실수두는 같다.

제3회 2020년 8월 22일

□□□ 기 20③

01 그림과 같이 1m×1m×1m인 정육면체의 나무가 물에 떠 있을 때 부체(浮體)로서 상태로 옳은 것은? (단, 나무의 비중은 0.8이다.)

① 안정하다.

② 불안정하다.

③ 중립상태다.

④ 판단할 수 없다.

| 해답 | ①

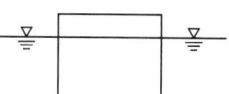

안정 : $\overline{MG}=\frac{I_x}{V}-\overline{GC}>0$

- $\frac{I_x}{V}=\frac{\frac{bh^3}{12}}{Ah}=\frac{\frac{1\times1^3}{12}}{1\times1\times0.8}=0.104\,\text{m}$
- $\overline{GC}=\frac{1\text{m}}{2}-\frac{0.8\text{m}}{2}=0.1\text{m}$
- $\overline{MG}=0.104-0.1=0.004>0$　∴ 안정하다.
  (∵ 바닥에서 중심까지의 거리 G : 0.5m
  바닥에서 부체까지의 거리 C : 0.4m)

□□□ 기 94,97,99,03,07,20③

02 정상적인 흐름에서 1개 유선상의 유체입자에 대하여 그 속도수두를 $\frac{V^2}{2g}$, 위치수두를 Z, 압력수두를 $\frac{P}{\gamma_o}$라 할 때 동수경사는?

① $\frac{P}{\gamma_o}+Z$를 연결한 값이다.

② $\frac{V^2}{2g}+Z$를 연결한 값이다.

③ $\frac{V^2}{2g}+\frac{P}{\gamma_o}$를 연결한 값이다.

④ $\frac{V^2}{2g}+\frac{P}{\gamma_o}+Z$를 연결한 값이다.

| 해답 | ①

- 에너지선 : $\frac{V^2}{2g}+\frac{P}{\gamma_o}+Z$를 연결한 선이다.
- 동수경사선(수두경사선) : $\frac{P}{\gamma_o}+Z$을 연결한 선이다.

기 84,96,99,00,03,04,09,20③

03 그림과 같은 개수로에서 수로경사 $S_0 = 0.001$, Manning의 조도계수 $n = 0.002$일 때 유량은?

① 약 $150\text{m}^3/\text{s}$
② 약 $320\text{m}^3/\text{s}$
③ 약 $480\text{m}^3/\text{s}$
④ 약 $540\text{m}^3/\text{s}$

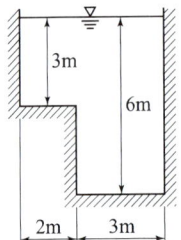

|해답| ③

- 경심 $R = \dfrac{A}{S}$
- $A = 3 \times 2 + 6 \times 3 = 24\text{m}^2$
- $S = 3 + 2 + 3 + 3 + 6 = 17\text{m}$
- $\therefore R = \dfrac{24}{17}$
- 유량 $Q = AV$
- $V = \dfrac{1}{n} R^{\frac{2}{3}} I^{\frac{1}{2}}$
  $= \dfrac{1}{0.002} \times \left(\dfrac{24}{17}\right)^{\frac{2}{3}} \times 0.001^{\frac{1}{2}}$
  $= 19.90\,\text{m/sec}$
- $\therefore Q = 24 \times 19.90 = 477.6\,\text{m}^3/\text{sec}$

기 96,20③

04 수중 오리피스(orifice)의 유속에 관한 설명으로 옳은 것은?

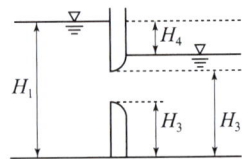

① H_1이 클수록 유속이 빠르다.
② H_2가 클수록 유속이 빠르다.
③ H_3이 클수록 유속이 빠르다.
④ H_4가 클수록 유속이 빠르다.

|해답| ④

- 유속 $V = \sqrt{2gH_4}$
- $\therefore$ 수위차 H_4가 클수록 유속이 빠르다.

기 98,99,02,20③,24①

05 배수면적이 500ha, 유출계수가 0.70인 어느 유역에 연평균강우량이 1300mm 내렸다. 이때 유역 내에서 발생한 최대유출량은?

① $0.1443\text{m}^3/\text{s}$ ② $12.64\text{m}^3/\text{s}$
③ $14.43\text{m}^3/\text{s}$ ④ $1264\text{m}^3/\text{s}$

|해답| ①

$Q = 0.2778\,CIA$
- $C = 0.70$
- $I = \dfrac{1300}{365 \times 24} = 0.1484\,\text{mm/hr}$
- $A = 500\,\text{ha} = 500 \times 10^{-2}\,\text{km}^2$
- $\therefore Q = 0.2778 \times 0.70 \times 0.1484 \times (500 \times 10^{-2})$
  $= 0.1443\,\text{m}^3/\text{sec}$

기 93,99,03,07,12④,20③

06 홍수유출에서 유역면적이 작으면 단시간의 강우에, 면적이 크면 장시간의 강우에 문제가 발생한다. 이와 같은 수문학적 인자 사이의 관계를 조사하는 DAD 해석에 필요 없는 인자는?

① 강우량 ② 유역면적
③ 증발산량 ④ 강우지속시간

|해답| ③

DAD 해석법
평균우량깊이(Depth) - 유역면적(Area) - 강우지속시간(Duration) 간의 관계

20③,24①

07 방파제 건설을 위한 해안지역의 수심이 5.0m, 입사 파랑의 주기가 14.5초인 장파(long wave)의 파장(wave length)은? (단, 중력가속도 $g = 9.8\text{m/s}^2$)

① 49.5m ② 70.5m
③ 101.5m ④ 190.5m

|해답| ③

파장 $L = T\sqrt{g \cdot h}$
$\therefore L = 14.5\sqrt{9.80 \times 5} = 101.5\,\text{m}$

□□□ 12①,20③

08 그림과 같은 유역(12km×8km)의 평균강우량을 Thiessen 방법으로 구한 값은? (단, 작은 사각형은 2km×2km의 정사각형으로서 모두 크기가 동일하다.)

관측점	1	2	3	4
강우량(mm)	140	130	110	100

① 120mm
② 123mm
③ 125mm
④ 130mm

| 해답 | ②

■ 평균강우량(Thiessen법) 작도순서
• 각 우량계 등을 연결하여 삼각형을 만든 후 각 변의 수직 이등분선을 그어 각 관측점의 주위에 다각형을 만들면 지배면적이 된다.

■ $P_m = \dfrac{\sum A_i P_i}{\sum A_i}$

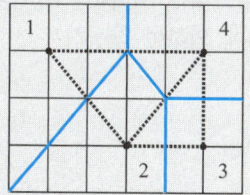

• $A_1 = 7.5 \times (2 \times 2) = 30 \text{km}^2$
• $A_2 = 7 \times (2 \times 2) = 28 \text{km}^2$
• $A_3 = 4 \times (2 \times 2) = 16 \text{km}^2$
• $A_4 = 5.5 \times (2 \times 2) = 22 \text{km}^2$

$\therefore P_m = \dfrac{30 \times 140 + 28 \times 130 + 16 \times 110 + 22 \times 100}{30+28+16+22}$
$= \dfrac{11800}{96} = 123 \text{mm}$

□□□ 기 99,20③

09 수조에서 수면으로부터 2m의 깊이에 있는 오리피스의 이론유속은?

① 5.26m/s   ② 6.26m/s
③ 7.26m/s   ④ 8.26m/s

| 해답 | ②

$V = \sqrt{2gh} = \sqrt{2 \times 9.8 \times 2} = 6.26 \text{m/sec}$

□□□ 기 94,05,08,09,13,16②,20③

10 수심이 10cm, 수로폭이 20cm인 직사각형 개수로에서 유량 $Q=80\text{cm}^3/\text{s}$가 흐를 때 동점성계수 $v=1.0\times10^{-2}\text{cm}^2/\text{s}$이면 흐름은?

① 난류, 사류   ② 층류, 사류
③ 난류, 상류   ④ 층류, 상류

| 해답 | ④

• $Q = AV$에서
$V = \dfrac{Q}{A} = \dfrac{80}{10 \times 20} = 0.4 \text{cm/sec}$

• $R = \dfrac{A}{S} = \dfrac{10 \times 20}{20 + 10 \times 2} = 5 \text{cm}$

• $R_e = \dfrac{V \cdot R}{\nu} = \dfrac{0.4 \times 5}{1.0 \times 10^{-2}} = 200 < 500 \quad \therefore 층류$

• $F_r = \dfrac{V}{\sqrt{gh}} = \dfrac{0.4}{\sqrt{980 \times 10}} = 4.04 \times 10^{-3} < 1 \quad \therefore 상류$

Remember

■ 레이놀즈수 : $R_e = \dfrac{V \cdot R}{\nu}$

• 경심 $R = \dfrac{면적(A)}{윤변(S)}$

$R_e < 500$: 층류, $R_e > 500$: 난류

• Froude수 : $F_r = \dfrac{V}{\sqrt{gh}}$

$F_r > 1$: 사류, $F_r < 1$: 상류

□□□ 기 09,20③

11 왜곡모형에서 Froude 상사법칙을 이용하여 물리량을 표시한 것으로 틀린 것은?
(단, X_r은 수평축척비, Y_r은 연직축척비이다.)

① 시간비 : $T_r = \dfrac{X_r}{Y_r^{1/2}}$

② 경사비 : $S_r = \dfrac{Y_r}{X_r}$

③ 유속비 : $V_r = \sqrt{Y_r}$

④ 유량비 : $Q_r = X_r Y_r^{5/2}$

| 해답 | ④

유량비 : $Q_r = X_r \cdot Y_r^{3/2}$

□□□ 기 98,01,06,20③

12 폭이 50m인 직사각형 수로의 도수 전 수위 $h_1 = 3m$, 유량 $Q = 2000m^3/s$일 때 대응수심은?

① 1.6m
② 6.1m
③ 9.0m
④ 도수가 발생하지 않는다.

| 해답 | ③

- 프루드수 $F_{r1} = \dfrac{V_1}{\sqrt{gh_1}} = \dfrac{\frac{2000}{50 \times 3}}{\sqrt{9.8 \times 3}} = 2.46$

- 도수 : $\dfrac{h_2}{h_1} = \dfrac{1}{2}(-1 + \sqrt{1 + 8F_{r1}^2})$에서

$\dfrac{h_2}{3} = \dfrac{1}{2}(-1 + \sqrt{1 + 8 \times 2.46^2})$

∴ $h_2 = 9.04\,m$

□□□ 기 93,97,00,12④,20③

13 비피압대수층 내 지름 $D = 2m$, 영향권의 반지름 $R = 1000m$, 원지하수의 수위 $H = 9m$, 집수정의 수위 $h_o = 5m$인 심정호의 양수량은?
(단, 투수계수 $k = 0.0038m/s$)

① $0.0415m^3/s$ ② $0.0461m^3/s$
③ $0.0968m^3/s$ ④ $1.8232m^3/s$

| 해답 | ③

$Q = \dfrac{\pi k(H^2 - h_o^2)}{2.3\log\dfrac{R}{r_o}}$

$= \dfrac{\pi \times 0.0038(9^2 - 5^2)}{2.3\log\left(\dfrac{1000}{1}\right)} = 0.09689\,m^3/sec$

□□□ 기 12②,20③

14 지름 25cm, 길이 1m의 원주가 연직으로 물에 떠 있을 때, 물속에 가라앉은 부분의 길이가 90cm라면 원주의 무게는? (단, 무게 1kgf = 9.8N)

① 253N   ② 344N
③ 433N   ④ 503N

| 해답 | ③

$W = B = wV$

φ25cm, 0.90m, 1m

- 물의 단위중량 $w_0 = 9.8\,kN/m^3$

∴ $W = 9.8 \times \dfrac{\pi \times 0.25^2}{4} \times 0.90$

$= 0.43295\,kN = 433\,N$

□□□ 기 85,87,91,95,02,18①,20③

15 누가우량곡선(rainfall mass curve)의 특성으로 옳은 것은?

① 누가우량곡선의 경사가 클수록 강우강도가 크다.
② 누가우량곡선의 경사는 지역에 관계없이 일정하다.
③ 누가우량곡선으로부터 일정기간 내의 강우량을 산출하는 것은 불가능하다.
④ 누가우량곡선은 자기우량기록에 의하여 작성하는 것보다 보통우량계의 기록에 의하여 작성하는 것이 더 정확하다.

| 해답 | ①

누가우량곡선의 경사가 클수록 강우강도가 크다.

□□□ 기 00,08,12②,20③

16 20℃에서 지름 0.3mm인 물방울이 공기와 접하고 있다. 물방울 내부의 압력이 대기압보다 $10gf/cm^2$만큼 크다고 할 때 표면장력의 크기를 dyne/cm로 나타내면?

① 0.075   ② 0.75
③ 73.50   ④ 75.0

| 해답 | ③

$p \cdot d = 4T$에서

∴ 표면장력 $T = \dfrac{p \cdot d}{4}$

$= \dfrac{10 \times 0.03}{4} = 0.075\,g/cm$

$= 0.075 \times 980\,(dyne/cm)$

$= 73.5\,dyne/cm$

참고 $1\,g/cm = 980\,dyne/cm$

17 관의 지름이 각각 3m, 1.5m인 서로 다른 관이 연결되어 있을 때, 지름 3m 관내에 흐르는 유속이 0.03m/s이라면 지름 1.5m 관내에 흐르는 유량은?

① 0.157m³/s ② 0.212m³/s
③ 0.378m³/s ④ 0.540m³/s

| 해답 | ②

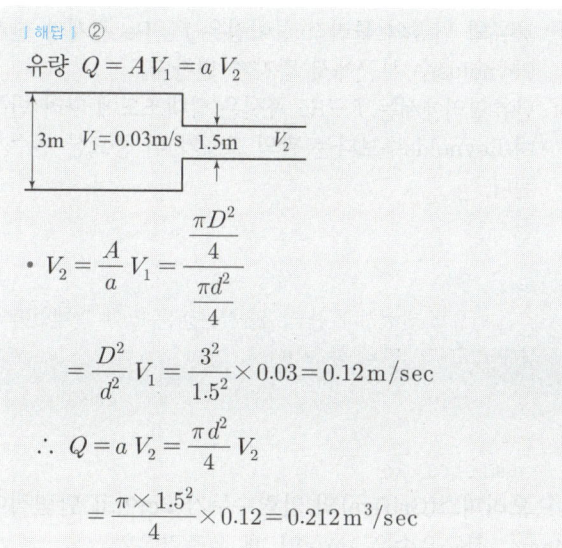

유량 $Q = AV_1 = aV_2$

- $V_2 = \dfrac{A}{a}V_1 = \dfrac{\dfrac{\pi D^2}{4}}{\dfrac{\pi d^2}{4}}V_1$

  $= \dfrac{D^2}{d^2}V_1 = \dfrac{3^2}{1.5^2} \times 0.03 = 0.12\,\text{m/sec}$

∴ $Q = aV_2 = \dfrac{\pi d^2}{4}V_2$

  $= \dfrac{\pi \times 1.5^2}{4} \times 0.12 = 0.212\,\text{m}^3/\text{sec}$

18 Hardy-Cross의 관망계산 시 가정조건에 대한 설명으로 옳은 것은?

① 합류점에 유입하는 유량은 그 점에서 1/2만 유출된다.
② 각 분기점에 유입하는 유량은 그 점에서 정지하지 않고 전부 유출한다.
③ 폐합관에서 시계방향 또는 반시계방향으로 흐르는 관로의 손실수두의 합은 0이 될 수 없다.
④ Hardy-Cross 방법은 관경에 관계없이 관수로의 분할 개수에 의해 유량분배를 하면 된다.

| 해답 | ②
Hardy-Cross의 가정조건
- 각 분기점 또는 합류점에 유입하는 수량은 그 점에서 정지하지 않고 전부 유출한다.
- 각 폐합관에서 시계방향 또는 반시계방향으로 흐르는 관로의 손실수두의 합은 흐름의 방향에 관계없이 0이다.
- 초기 유량을 가정하며 마찰손실만을 고려한다.
- 보정량은 +, - 값 모두를 갖는다.

19 아래 그림과 같이 지름 10cm인 원 관이 지름 20cm로 급확대되었다. 관의 확대 전 유속이 4.9m/s라면 단면 급확대에 의한 손실수두는?

① 0.69m
② 0.96m
③ 1.14m
④ 2.45m

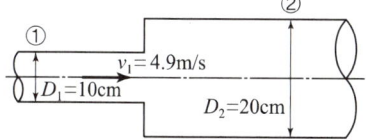

| 해답 | ①

손실수두 $h_{se} = \left(1 - \dfrac{a}{A}\right)^2 \times \dfrac{V^2}{2g}$

- $\left(1 - \dfrac{a}{A}\right)^2 = \left(1 - \dfrac{0.10^2}{0.20^2}\right)^2 = \dfrac{9}{16}$

  (∵ $\dfrac{\pi}{4}$는 면적 a와 면적 A 공통)

∴ $h_{se} = \dfrac{9}{16} \times \dfrac{4.9^2}{2 \times 9.8} = 0.69\,\text{m}$

20 관의 마찰 및 기타 손실수두를 양정고의 10%로 가정할 경우 펌프의 동력을 마력으로 구하면? (단, 유량은 $Q = 0.07\text{m}^3/\text{s}$이며, 효율은 100%로 가정한다.)

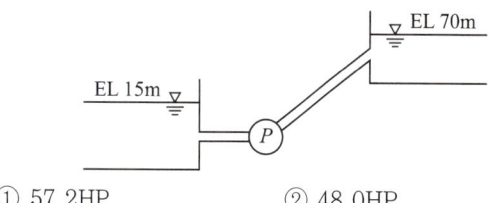

① 57.2HP ② 48.0HP
③ 51.3HP ④ 56.5HP

| 해답 | ④

$E = \dfrac{1000\,Q(H + \Sigma h)}{75\eta}$

$= \dfrac{1000 \times 0.07(70-15)(1+0.10)}{75 \times 1}$

$= 56.5\,\text{HP}$

제4회 2020년 9월 27일

기 07,12④,14④,16①,20④,24②

01 도수(hydraulic jump) 전후의 수심 h_1, h_2의 관계를 도수 전의 Froude 수 Fr_1의 함수로 표시한 것으로 옳은 것은?

① $\dfrac{h_2}{h_1} = \dfrac{1}{2}(\sqrt{8Fr_1^2+1} - 1)$

② $\dfrac{h_1}{h_2} = \dfrac{1}{2}(\sqrt{8Fr_1^2+1} + 1)$

③ $\dfrac{h_2}{h_1} = \dfrac{1}{2}(\sqrt{8Fr_1^2+1} + 1)$

④ $\dfrac{h_1}{h_2} = \dfrac{1}{2}(\sqrt{8Fr_1^2+1} - 1)$

| 해답 | ①

도수 전·후의 수심을 h_1, h_2라 할 때 운동량방정식에 의해 도수를 구한다.

- $\dfrac{h_2}{h_1} = \dfrac{1}{2}(\sqrt{8Fr_1^2+1} - 1)$
- $\dfrac{h_2}{h_1} = -\dfrac{1}{2}(1 - \sqrt{8Fr_1^2+1})$

기 90,98,20④

02 지름 0.3m, 수심 6m인 굴착정이 있다. 피압대수층의 두께가 3.0m라 할 때 5L/s의 물을 양수하면 우물의 수위는? (단, 영향원의 반지름은 500m, 투수계수는 4m/h이다.)

① 3.848m
② 4.063m
③ 5.920m
④ 5.999m

| 해답 | ②

굴착정 $Q = \dfrac{2\pi ck(H-h_o)}{2.3\log\left(\dfrac{R}{r_o}\right)}$ 에서

- 양수량 $Q = 5L/s = 5 \times 10^{-3}\,m^3/sec$
- 투수계수 $k = 4m/hr = \dfrac{4m}{3600sec} = 1.11 \times 10^{-3}\,m/sec$
- $5 \times 10^{-3} = \dfrac{2\pi \times 3 \times (1.11 \times 10^{-3}) \times (6-h_o)}{2.3\log\left(\dfrac{500}{0.15}\right)}$

참고 SOLVE 사용 ∴ $h_o = 4.0637m$

기 08,11②,20④

03 마찰손실계수(f)와 Reynolds수(Re) 및 상대조도(ϵ/d)의 관계를 나타낸 Moody 도표에 대한 설명으로 옳지 않은 것은?

① 층류영역에서는 관의 조도에 관계없이 단일 직선이 적용된다.
② 완전 난류의 완전히 거친 영역에서 f는 Re^n과 반비례하는 관계를 보인다.
③ 층류와 난류의 물리적 상이점은 $f - Re$ 관계가 한계 Reynolds수 부근에서 갑자기 변한다.
④ 난류영역에서는 $f - Re$ 곡선은 상대조도에 따라 변하며 Reynolds수보다는 관의 조도가 더 중요한 변수가 된다.

| 해답 | ②

완전 난류의 완전히 거친 영역에서는 f는 Re에 관계없이 상대조도(ϵ/d)만의 함수이다.

기 90,01,03,20④

04 오리피스(Orifice)의 압력수두가 2m이고 단면적이 4cm², 접근유속은 1m/s일 때 유출량은? (단, 유량계수 $C = 0.63$이다.)

① 1558cm³/s
② 1578cm³/s
③ 1598cm³/s
④ 1618cm³/s

| 해답 | ③

$Q = CA\sqrt{2g(H+h_a)}$

접근유속 $h_a = \dfrac{V_a^2}{2g} = \dfrac{1^2}{2 \times 9.80} = 0.0510m = 5.10cm$

∴ $Q = 0.63 \times 4 \times \sqrt{2 \times 980 \times (200+5.10)}$
  $= 1598\,cm^3/sec$

기 20④

05 수면 아래 30m 지점의 수압을 kN/m²으로 표시하면? (단, 물의 단위중량은 9.81kN/m³이다.)

① 2.94kN/m²
② 29.43kN/m²
③ 294.3kN/m²
④ 2943kN/m²

| 해답 | ③

$P = wh = 9.81 \times 30 = 294.3\,kN/m^2$

□□□ 기 92,20④

06 개수로 내의 흐름에서 비에너지(specific energy, H_e)가 일정할 때, 최대유량이 생기는 수심 h로 옳은 것은? (단, 개수로의 단면은 직사각형이고 $\alpha = 1$이다.)

① $h = H_e$
② $h = \dfrac{1}{2}H_e$
③ $h = \dfrac{2}{3}H_e$
④ $h = \dfrac{3}{4}H_e$

| 해답 | ③

비에너지(H_e)가 일정할 경우 최대유량($Q_{\max}$)은 한계수심(h_c)에서 발생한다.
즉 $h_c = \dfrac{2}{3}H_e$

□□□ 기 20④

07 수심이 50m로 일정하고 무한히 넓은 해역에서 주태양반일주조(S_2)의 파장은? (단, 주태양반일주조의 주기는 12시간, 중력가속도 $g = 9.81\text{m/s}^2$이다.)

① 9.56km
② 95.6km
③ 956km
④ 9560km

| 해답 | ③

파장 $L = T\sqrt{g \cdot h}$
∴ $L = 12 \times 60 \times 60 \times \sqrt{9.81 \times 50}$
$= 956761\text{m} = 956.76\text{km}$

□□□ 기 13①,19②,20④

08 합성단위 유량도(synthetic unit hydrograph)의 작성방법이 아닌 것은?

① Snyder 방법
② Nakayasu 방법
③ 순간 단위유량도법
④ SCS의 무차원 단위유량도 이용법

| 해답 | ③

합성단위유량도 작성법
• Snyder의 합성단위법
• SCS 합성단위도법
• Nakayasu의 합성단위도법
• Clark의 합성단위도법

□□□ 기 96,12,20④

09 다음 중 베르누이의 정리를 응용한 것이 아닌 것은?

① 오리피스
② 레이놀즈수
③ 벤츄리미터
④ 토리첼리의 정리

| 해답 | ②

• Bernoulli 정리는 에너지 불변의 법칙이며 위치, 압력, 운동에너지로부터 연속방정식을 이용하여 유도한다.
• 베르누이 정리의 응용
• Torricelli의 정리 : 1643년 Torricelli가 실험결과를 통해 Bernoulli의 정리 보다 먼저 발표한 것이므로 Torricelli의 정리라 한다.
• 피토관(Pitot tube) : Bernoulli의 정리를 응용하여 유속을 측정하는 계기
• 벤츄리미터(Venturi meter) : 정상관로부분과 수축부의 압력차 h를 측정하여 유량을 측정하는 계기
• 오리피스 : 위치수두를 속도수두로 변환

□□□ 기 11④,20④

10 양정이 5m일 때 4.9kW의 펌프로 0.03m³/s를 양수했다면 이 펌프의 효율은?

① 약 0.3
② 약 0.4
③ 약 0.5
④ 약 0.6

| 해답 | ①

$E = \dfrac{9.8Q(H + \Sigma h_L)}{\eta}$ 에서

∴ $\eta = \dfrac{9.8Q(H + \Sigma h_L)}{E}$
$= \dfrac{9.8 \times 0.03 \times 5}{4.9} = 0.3$

Remember

양수에 필요한 동력
$E = \dfrac{1000Q(H + \Sigma h_L)}{102\eta} = \dfrac{9.8QH_p}{\eta}$ (kW)
$E = \dfrac{1000Q(H + \Sigma h_L)}{75\eta} = \dfrac{13.33QH_p}{\eta}$ (HP)

☐☐☐ 기 93,97,14①,20④

11 위어(weir)에 물이 월류할 경우 위어의 정상을 기준으로 상류측 전수두를 H, 하류수위를 h라 할 때, 수중위어(submerged weir)로 해석될 수 있는 조건은?

① $h < \frac{2}{3}H$ ② $h < \frac{1}{2}H$

③ $h > \frac{2}{3}H$ ④ $h > \frac{1}{3}H$

| 해답 | ③

수중위어의 조건

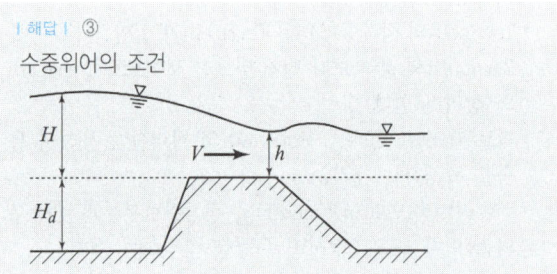

- $h > \frac{2}{3}H$ 일 때 : 수중위어 : 정부에 상류가 생기므로 유량은 하류의 영향을 받는다.
- $h < \frac{2}{3}H$ 일 때 : 완전월류, 정부가 사류이므로 유량은 하류의 영향을 받지 않는다.
- $h = \frac{2}{3}H$ 일 때 : 불완전월류, 하류의 물이 위어 정부의 수압분포에 다소 영향을 주므로 유량이 작아진다.

∴ $h > \frac{2}{3}H$

☐☐☐ 기 00,14①,20④

12 관수로에서의 마찰손실수두에 대한 설명으로 옳은 것은?

① Froude수에 반비례한다.
② 관수로의 길이에 비례한다.
③ 관의 조도계수에 반비례한다.
④ 관내 유속의 1/4 제곱에 비례한다.

| 해답 | ②

마찰손실수두

$h_L = f \frac{l}{D} \frac{V^2}{2g} = \frac{64}{R_e} \frac{l}{D} \frac{V^2}{2g}$

- 레이놀즈수에 반비례한다.
- 관의 내면조도계수에 비례한다.
- 마찰손실수두는 관수로의 길이(l)에 비례한다.
- 마찰손실수두는 관내의 유속 V의 2승에 반비례한다.

☐☐☐ 기 06,16①,20④

13 폭 4m, 수심 2m인 직사각형 단면 개수로에서 Manning 공식의 조도계수 $n = 0.017 m^{-\frac{1}{3}} \cdot s$, 유량 $Q = 15 m^3/s$ 일 때 수로의 경사(I)는?

① 1.016×10^{-3} ② 4.548×10^{-3}

③ 15.365×10^{-3} ④ 31.875×10^{-3}

| 해답 | ①

Manning 공식 $Q = AV = A \cdot \frac{1}{n} R^{\frac{2}{3}} I^{\frac{1}{2}}$ 에서

- $R = \frac{bh}{b+2h} = \frac{4 \times 2}{4+2 \times 2} = 1 m$
- $15 = (4 \times 2) \times \frac{1}{0.017} \times 1^{\frac{2}{3}} \times I^{\frac{1}{2}}$

참고 SOLVE 사용

∴ 경사 $I = 1.016 \times 10^{-3}$

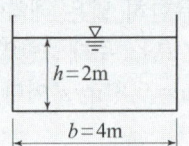

☐☐☐ 기 04,18②,20④,24②

14 부체의 안정에 관한 설명으로 옳지 않은 것은?

① 경심(M)이 무게중심(G)보다 낮을 경우 안정하다.
② 무게중심(G)이 부심(B)보다 아래쪽에 있으면 안정하다.
③ 경심(M)이 무게중심(G)보다 높을 경우 복원모멘트가 작용한다.
④ 부심(B)과 무게중심(G)이 동일 연직선상에 위치할 때 안정을 유지한다.

| 해답 | ①

부체의 안정조건

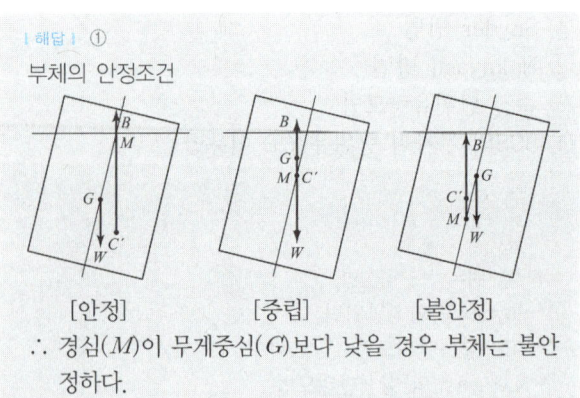

[안정] [중립] [불안정]

∴ 경심(M)이 무게중심(G)보다 낮을 경우 부체는 불안정하다.

15 DAD 해석에 관한 내용으로 옳지 않은 것은?

① DAD의 값은 유역에 따라 다르다.
② DAD 해석에서 누가우량곡선이 필요하다.
③ DAD 곡선은 대부분 반대수지로 표시된다.
④ DAD 관계에서 최대평균우량은 지속시간 및 유역면적에 비례하여 증가한다.

해답 | ④
DAD 관계에서 최대평균우량은 지속시간에 비례하여 증가하고 유역면적에 반비례하여 증가한다.

16 유출(流出)에 대한 설명으로 옳지 않은 것은?

① 총유출은 통상 직접유출(direct run off)과 기저유출(base flow)로 분류된다.
② 하천에 도달하기 전에 지표면 위로 흐르는 유수를 지표유하수(overland flow)라 한다.
③ 하천에 도달한 후 다른 성분의 유출수와 합친 유수량을 총유출수(total flow)라 한다.
④ 지하수유출은 토양을 침투한 물이 침투하여 지하수를 형성하나 총유출량에는 고려하지 않는다.

해답 | ④
지하수유출은 토양을 침투한 물이 침투하여 지하수를 형성하며 총 유출량에 포함된다.

Remember
유출구성

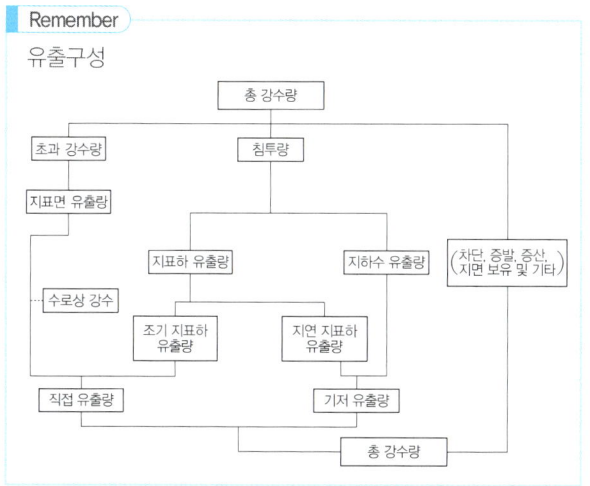

17 두 개의 수평한 판이 5mm 간격으로 놓여 있고, 점성계수 $0.01N\cdot s/cm^2$인 유체로 채워져 있다. 하나의 판을 고정시키고 다른 하나의 판을 2m/s로 움직일 때 유체 내에서 발생되는 전단응력은?

① $1N/cm^2$　　② $2N/cm^2$
③ $3N/cm^2$　　④ $4N/cm^2$

해답 | ④
$$\tau = \mu\frac{dv}{dy} = 0.01 \times \frac{200}{0.5} = 4\,N/cm^2$$

18 유역면적이 $2km^2$인 어느 유역에 다음과 같은 강우가 있었다. 직접유출용적이 $140000m^3$일 때, 이 유역에서의 $\phi-index$는?

시간(30min)	1	2	3	4
강우강도(mm/h)	102	51	152	127

① 36.5mm/h　　② 51.0mm/h
③ 73.0mm/h　　④ 80.3mm/h

해답 | ④
- 30(mm/min)에 대한 강우강도 계산

시간(30min)	1	2	3	4
강우강도(mm/h)	102	51	152	127
강우강도(mm/30min)	51	25.5	76	63.5

- 총침투량 $F = P - Q$
- 유출량 $Q = \dfrac{140000 \times 10^9 (mm^3)}{2 \times 10^6 \times 10^6 (mm^2)} = 70\,mm$
- 총강우량 $P = 51 + 25.5 + 76 + 63.5 = 216\,mm$
- 총침투량 $F = P - Q = 216 - 70 = 146\,mm$
- 30(min)에 대한 $\phi-index$
  총침투량 146mm에 구분하는 수평선에 대응하는
  $\phi-index = 40.167(mm/30min)$

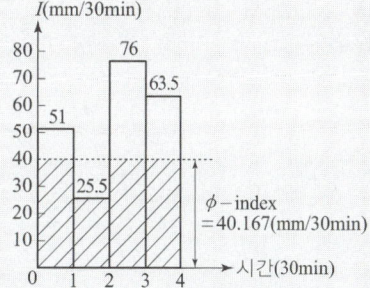

∴ mm/hr에 대한 $\phi-index$
$\phi-index = 40.167(mm/min) \times 2$
$= 80.33(mm/hr)$

☐☐☐ 기 95,11②,20④

19 흐르는 유체 속에 물체가 있을 때, 물체가 유체로부터 받는 힘은?

① 장력(張力) ② 충력(衝力)
③ 항력(抗力) ④ 소류력(掃流力)

| 해답 | ③

항력(drag)
- 유수 중의 물체에 작용하는 힘은 두 성분으로 나눌 수 있으며 흐름방향에 작용하는 힘을 항력(drag)이라 한다.
- 항력＝항력계수×투영단면적×동압력
- 항력 $D = C_D A \dfrac{1}{2}\rho V^2 = C_D \cdot \dfrac{\pi d^2}{4} \cdot \dfrac{1}{2}\rho \cdot V^2$
  $= \dfrac{1}{8} C_D \pi d^2 \rho V^2$

☐☐☐ 기 94,20④,25②

20 수리학적으로 유리한 단면에 관한 내용으로 옳지 않은 것은?

① 동수반경을 최대로 하는 단면이다.
② 구형에서는 수심이 폭의 반과 같다.
③ 사다리꼴에서는 동수반경이 수심의 반과 같다.
④ 수리학적으로 가장 유리한 단면의 형태는 이등변직각삼각형이다.

| 해답 | ④

수리학적으로 유리한 단면
- 윤변(S)이 최소이거나 동수반경(경심 : R)이 최대인 단면
- 동일 단면에 최대 유량이 흐를 수 있는 단면
- 반원에 외접한 단면
- 구형 : $B = 2h$, $R = \dfrac{h}{2}$
- 사다리꼴 : $R = \dfrac{h}{2}$

제1회 2021년 3월 7일

□□□ 기 82,84,93,99,08,21①

01 물의 순환에 대한 설명으로 옳지 않은 것은?

① 지하수 일부는 지표면으로 용출해서 다시 지표수가 되어 하천으로 유입한다.
② 지표에 강하한 우수는 지표면에 도달 전에 그 일부가 식물의 나무와 가지에 의하여 차단된다.
③ 지표면에 도달한 우수는 토양 중에 수분을 공급하고 나머지가 아래로 침투해서 지하수가 된다.
④ 침투란 토양면을 통해 스며든 물이 중력에 의해 계속 지하로 이동하여 불투수층까지 도달하는 것이다.

| 해답 | ④

- 침루(percolation)란 물이 토양면을 통해 스며든 물이 중력에 의해 계속 지하로 이동하여 포화대인 지하수면까지 도달하는 현상
- 침투(infiltration) : 물이 토양면을 통해 토양 속으로 스며드는 현상

□□□ 기 92,21①

02 수로 바닥에서의 마찰력 τ_0, 물의 밀도 ρ, 중력가속도 g, 수리평균수심 R, 수면경사 I, 에너지선의 경사 I_e 라고 할 때 등류(㉠)와 부등류(㉡)의 경우에 대한 마찰속도(u_*)는?

① ㉠ : $\rho R I_e$, ㉡ : $\rho R I$
② ㉠ : $\dfrac{\rho R I}{\tau_0}$, ㉡ : $\dfrac{\rho R I_e}{\tau_0}$
③ ㉠ : $\sqrt{gRI}$, ㉡ : $\sqrt{gRI_e}$
④ ㉠ : $\sqrt{\dfrac{gRI_e}{\tau_0}}$, ㉡ : $\sqrt{\dfrac{gRI}{\tau_0}}$

| 해답 | ③

- 마찰속도 $u_* = \sqrt{\dfrac{\tau_o}{\rho}} = \sqrt{\dfrac{wRI}{\rho}} = \sqrt{\dfrac{\rho g RI}{\rho}} = \sqrt{gRI}$
- 동수경사 I는 등류인 경우는 수면경사(I)이고, 부등류인 경우는 에너지선의 경사(I_e)를 의미한다.

  ∴ 등류일 때 : $u_* = \sqrt{gRI}$
  부등류일 때 : $u_* = \sqrt{gRI_e}$

□□□ 기 98,99,14,15,21①,22①

03 부력의 원리를 이용하여 그림과 같이 바닷물 위에 떠 있는 빙산의 전체적을 구한 값은?

① 550m³
② 890m³
③ 1000m³
④ 1100m³

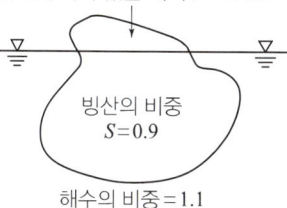

물 위에 나와 있는 체적 $V=100$m³
빙산의 비중 $S=0.9$
해수의 비중 $=1.1$

| 해답 | ①

Archimedes 원리(빙산의 전체 부피 V_o)
$0.9 \times V_o = 1.1(V_o - 100) \rightarrow 0.9V_o = 1.1(V_o - 100)$
∴ $V = 550$m³

참고 SOLVE 사용

□□□ 기 91,98,00,07,09,18,21①

04 유역면적 10km², 강우강도 80mm/h, 유출계수 0.70일 때 합리식에 의한 첨두유량(Q_{max})은?

① 155.6m³/s
② 560m³/s
③ 1.556m³/s
④ 5.6m³/s

| 해답 | ①

$Q_{max} = 0.2778 CIA = 0.2778 \times 0.70 \times 80 \times 10$
$= 155.6$m³/s

여기서, Q : 첨두유량(m³/sec)
C : 유출계수
I : 강우강도(mm/hr)
A : 유역면적(km²)

□□□ 기 03,21①

05 유속 3m/s로 매조 100L의 물이 흐르게 하는 데 필요한 관의 지름은?

① 153mm
② 206mm
③ 265mm
④ 312mm

| 해답 | ②

$Q = AV = \dfrac{\pi D^2}{4} \times V$

- $Q = 100$L/s $= 0.1$m³/s $= 0.1 \times 1000^3$mm³/s
- $V = 3$m/s $= 3000$mm/s

∴ $D = \sqrt{\dfrac{4Q}{\pi V}} = \sqrt{\dfrac{4 \times 0.1 \times 1000^3}{\pi \times 3000}} = 206$mm

기 97,12,18②,21①

06 그림과 같은 노즐에서 유량을 구하기 위한 식으로 옳은 것은? (단, 유량계수는 1.0으로 가정한다.)

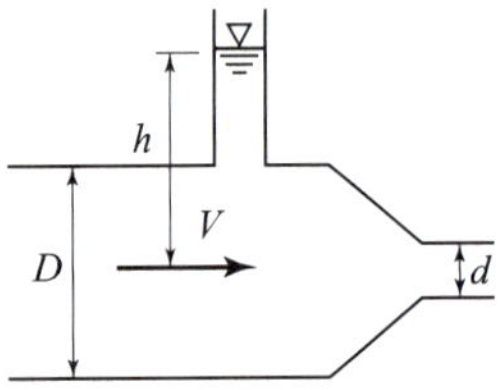

① $\dfrac{\pi d^2}{4}\sqrt{2gh}$

② $\dfrac{\pi d^2}{4}\sqrt{\dfrac{2gh}{1-\left(\dfrac{d}{D}\right)^4}}$

③ $\dfrac{\pi d^2}{4}\sqrt{\dfrac{2gh}{1-\left(\dfrac{d}{D}\right)^2}}$

④ $\dfrac{\pi d^2}{4}\sqrt{\dfrac{2gh}{1+\left(\dfrac{d}{D}\right)^2}}$

| 해답 | ②

$$Q = C\cdot a\sqrt{\dfrac{2gh}{1-\left(C\cdot\dfrac{a}{A}\right)^2}} = C\cdot a\sqrt{\dfrac{2gh}{1-\left(\dfrac{\pi d^2/4}{\pi D^2/4}\right)^2}}$$

$(\because C=1)$

$$= \dfrac{\pi d^2}{4}\sqrt{\dfrac{2gh}{1-\left(\dfrac{d^2}{D^2}\right)^2}} = \dfrac{\pi d^2}{4}\sqrt{\dfrac{2gh}{1-\left(\dfrac{d}{D}\right)^4}}$$

기 21①

07 관수로의 흐름에서 마찰손실계수를 f, 동수반경을 R, 동수경사를 I, Chezy 계수를 C라 할 때 평균 유속 V는?

① $V=\sqrt{\dfrac{8g}{f}}\sqrt{RI}$ ② $V=fC\sqrt{RI}$

③ $V=\dfrac{\pi d^2}{4}f\sqrt{RI}$ ④ $V=f\dfrac{\ell}{4R}\cdot\dfrac{V^2}{2g}$

| 해답 | ①

Chezy의 평균 유속 공식
- 유속 : $V=C\sqrt{RI}$
- 평균 유속계수 : $C=\sqrt{\dfrac{8g}{f}}$
- ∴ 평균 유속 $V=\sqrt{\dfrac{8g}{f}}\cdot\sqrt{RI}$

기 01,07,21①,25②

08 수두차가 10m인 두 저수지를 지름이 30cm, 길이가 300m, 조도계수가 0.013m$^{-1/3}$·s인 주철관으로 연결하여 송수할 때, 관을 흐르는 유량(Q)은? (단, 관의 유입손실계수 $f_e=0.5$, 유출손실계수 $f_c=1.0$이다.)

① 0.02m³/s   ② 0.08m³/s
③ 0.17m³/s   ④ 0.19m³/s

| 해답 | ③

- $f=\dfrac{124.5n^2}{D^{1/3}}$ (마찰손실계수)

$=\dfrac{124.5\times 0.013^2}{0.3^{1/3}}=0.0314$

- $V=\sqrt{\dfrac{2gh}{f_e+f\dfrac{l}{D}+f_c}}$

$=\sqrt{\dfrac{2\times 9.8\times 10}{0.5+0.0314\times\dfrac{300}{0.3}+1.0}}=2.441\,\text{m/sec}$

∴ 유량 $Q=AV=\dfrac{\pi\times 0.3^2}{4}\times 2.441=0.173\,\text{m}^3/\text{sec}$

기 98,21①

09 수로경사 1/10000인 직사각형 단면 수로에 유량 30m³/s를 흐르게 할 때 수리학적으로 유리한 단면은? (단, h : 수심, B : 폭이며, Manning 공식을 쓰고, $n=0.025$m$^{-1/3}$·s)

① $h=1.95$m, $B=3.9$m
② $h=2.0$m, $B=4.0$m
③ $h=3.0$m, $B=6.0$m
④ $h=4.63$m, $B=9.26$m

| 해답 | ④

- 직사각형 단면의 수리상 유리한 단면

$B=2h$, 경심 $R=\dfrac{h}{2}$

- $Q=AV=(2h)h\times\dfrac{1}{n}R^{2/3}I^{1/2}$

∴ $30=2h^2\cdot\dfrac{1}{0.025}\left(\dfrac{h}{2}\right)^{2/3}\left(\dfrac{1}{10000}\right)^{1/2}$

참고 SOLVE 사용 $h=4.63$m

∴ $B=2h=2\times 4.63=9.26$m

10 10m³/s의 유량이 흐르는 수로에 폭 10m의 단수축이 없는 위어를 설계할 때, 위어의 높이를 1m로 할 경우 예상되는 월류수심은? (단, Francis 공식을 사용하며, 접근유속은 무시한다.)

① 0.67m ② 0.71m
③ 0.75m ④ 0.79m

| 해답 | ①

Francis 공식

$Q = 1.84\left(b - \dfrac{nb}{10}\right)h^{\frac{3}{2}} = 1.84b_o h^{\frac{3}{2}}$ 에서

• $n = 0$: 수축이 없는 경우
• $10 = 1.84 \times 10 \times h^{\frac{3}{2}}$

참고 SOLVE 사용 ∴ $h = 0.6659 ≒ 0.67m$

---

11 단위유량도 이론에서 사용하고 있는 기본가정이 아닌 것은?

① 비례 가정 ② 중첩 가정
③ 포아송 분포 가정 ④ 일정 기저시간 가정

| 해답 | ③

단위도의 3가정
일정 기저시간 가정, 비례 가정, 중첩 가정이다.

---

12 피압 지하수를 설명한 것으로 옳은 것은?

① 하상 밑의 지하수
② 어떤 수원에서 다른 지역으로 보내지는 지하수
③ 지하수와 공기가 접해 있는 지하수면을 가지는 지하수
④ 두 개의 불투수층 사이에 끼어 있어 대기압보다 큰 압력을 받고 있는 대수층의 지하수

| 해답 | ④

피압지하수(confined water)
• 두 개의 불투수층 사이에 끼어 있는 지하수면이 없는 지하수를 말하며 이를 양수하는 우물을 굴착정이라 한다.
• 두 개의 불투수층 사이에 끼어 있어 대기압보다 큰 압력을 받고 있는 대수층의 지하수

---

13 수로 폭이 10m인 직사각형 수로의 도수 전수심이 0.5m, 유량이 40m³/s이었다면 도수 후의 수심(h_2)은?

① 1.96m ② 2.18m
③ 2.31m ④ 2.85m

| 해답 | ③

$\dfrac{h_2}{h_1} = \dfrac{1}{2}(-1 + \sqrt{1 + 8F_r^2})$ 에서

• $AV = Q$에서
  $(10 \times 0.5)V = 40m^3/s$ ∴ $V = 8m/sec$
• 프루드수 $F_r = \dfrac{V}{\sqrt{gh}} = \dfrac{8}{\sqrt{9.8 \times 0.5}} = 3.61$

∴ $h_2 = \dfrac{h_1}{2}(-1 + \sqrt{1 + 8F_r^2})$
$= \dfrac{0.5}{2}(-1 + \sqrt{1 + 8 \times 3.61^2}) = 2.31m$

---

14 Darcy의 법칙에 대한 설명으로 옳지 않은 것은?

① 투수계수는 물의 점성계수에 따라서도 변화한다.
② Darcy의 법칙은 지하수의 흐름에 대한 공식이다.
③ Reynolds수가 100 이상이면 안심하고 적용할 수 있다.
④ 평균유속이 동수경사와 비례관계를 가지고 있는 흐름에 적용될 수 있다.

| 해답 | ③

Darcy의 법칙
• Reynolds수 $R_e < 4$인 층류에서 적용된다.
• Darcy의 법칙은 지하수의 층류흐름에 대한 마찰저항공식이다.
• 지하수의 유속(V)은 동수경사(I)에 비례한다. ($V = KI$)

---

15 중량이 600N, 비중이 3.0인 물체를 물(담수) 속에 넣었을 때 물속에서의 중량은?

① 100N ② 200N
③ 300N ④ 400N

| 해답 | ④

$W' = W - B = 600 - \dfrac{600}{3.0} = 400N$

기 90,98,04,21①

16 개수로 내의 흐름에서 평균유속을 구하는 방법 중 2점법의 유속측정 위치로 옳은 것은?

① 수면과 전수심의 50% 위치
② 수면으로부터 수심의 10%와 90% 위치
③ 수면으로부터 수심의 20%와 80% 위치
④ 수면으로부터 수심의 40%와 60% 위치

| 해답 | ③

하천의 평균 유속(수면으로부터 수심)
- 표면법 : $V_m = 0.85 V_s$
- 2점법 : $V_m = \dfrac{V_{0.2} + V_{0.8}}{2}$
- 3점법 : $V_m = \dfrac{V_{0.2} + 2V_{0.6} + V_{0.8}}{4}$
- 4점법 :
$V_m = \dfrac{1}{5}\left\{(V_{0.2} + V_{0.4} + V_{0.6} + V_{0.8}) + \dfrac{1}{2}\left(V_{0.2} + \dfrac{V_{0.8}}{2}\right)\right\}$

기 07,13②,21①

17 축척이 1:50인 하천 수리모형에서 원형유량 10000m³/s에 대한 모형유량은?

① 0.401m³/s
② 0.566m³/s
③ 14.142m³/s
④ 28.284m³/s

| 해답 | ②

$Q_m = Q_p L_r^{5/2}$ (모형유량)
$= 10000 \times \left(\dfrac{1}{50}\right)^{5/2} = 0.566\,\text{m}^3/\text{sec}$

기 00,01,03,05,06,09,16①,17①,21①,22①②

18 어떤 유역에 표와 같이 30분간 집중호우가 발생하였다면 지속시간 15분인 최대강우강도는?

시간(분)	0~5	5~10	10~15
우량(mm)	2	4	6

시간(분)	15~20	20~25	25~30
우량(mm)	4	8	6

① 50mm/h
② 64mm/h
③ 72mm/h
④ 80mm/h

| 해답 | ③

- 15분 지속 최대강우량은 15~30분 사이다.
∴ 15분 지속 최대 강우량은 15~30분인 4+8+6 =18mm 이다.
- 강우강도 $I = 18 \times \dfrac{60}{15} = 72\,\text{mm/hr}$
($\because 15 : 18 = 60 : I$)

기 00,21①

19 액체 속에 잠겨 있는 경사평면에 작용하는 힘에 대한 설명으로 옳은 것은?

① 경사각과 상관없다.
② 경사각에 직접 비례한다.
③ 경사각의 제곱에 비례한다.
④ 무게중심에서의 압력과 면적의 곱과 같다.

| 해답 | ④

전수압 $P = w_o h_G A$
∴ 면의 무게중심에서의 압력($w_o h_G$)과 면적(A)의 곱과 같다.
여기서, w_o : 유체의 단위중량
h_G : 수면으로부터 물체 도심까지의 수직거리
A : 물체가 수압을 받고 있는 면적

기 91,98,01,21①,24②

20 유속을 V, 물의 단위중량을 γ_w, 물의 밀도를 ρ, 중력가속도를 g라 할 때 동수압(動水壓)을 바르게 표시한 것은?

① $\dfrac{V^2}{2g}$
② $\dfrac{\gamma_w V^2}{2g}$
③ $\dfrac{\gamma_w V}{2g}$
④ $\dfrac{\rho V^2}{2g}$

| 해답 | ②

$H = \dfrac{V^2}{2g} + \dfrac{P}{\gamma_w} + Z$에 γ_w를 곱하여 주면 ($\because \gamma_w = \rho g$)
$= \dfrac{\gamma_w V^2}{2g} + P + \gamma_w Z = \dfrac{1}{2}\rho V^2 + P + \rho g Z$

여기서, $\dfrac{\gamma_w V^2}{2g} = \dfrac{1}{2}\rho V^2$: 동수압(동압력)
P : 정압력(정수압)
$\rho g Z$: 위치압력

제2회 2021년 5월 15일

□□□ 기 91,98,00,07,09,18②,21②,24②

01 유역면적이 $4km^2$이고 유출계수가 0.8인 산지하천에서 강우강도가 80mm/h이다. 합리식을 사용한 유역 출구에서의 첨두홍수량은?

① $35.5m^3/s$
② $71.1m^3/s$
③ $128m^3/s$
④ $256m^3/s$

| 해답 | ②

$Q = 0.2778CIA$ (합리식)
$= 0.2778 \times 0.8 \times 80 \times 4 = 71.1 m^3/s$

여기서, Q : 첨두유량(m^3/sec)
C : 유출계수
I : 강우강도(mm/hr)
A : 유역면적(km^2)

□□□ 기 03,06,21②

02 수로경사 $I = \dfrac{1}{2500}$, 조도계수 $n = 0.013 m^{-1/3} \cdot s$인 수로에 아래 그림과 같이 물이 흐르고 있다면 평균 유속은? (단, Manning의 공식을 사용한다.)

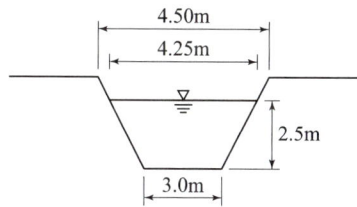

① 1.65m/s
② 2.16m/s
③ 2.65m/s
④ 3.16m/s

| 해답 | ①

평균 유속 $V = \dfrac{1}{n} R^{\frac{2}{3}} I^{\frac{1}{2}}$

• $R = \dfrac{h(b+mh)}{b + 2h\sqrt{1+m^2}}$
• $b = 3m$
• $m = 4.50 - 4.25 = 0.25$
• $h = 2.5m$
• $R = \dfrac{2.5(3 + 0.25 \times 2.5)}{3 + 2 \times 2.5\sqrt{1 + 0.25^2}} = 1.11m$

∴ $V = \dfrac{1}{0.013} \times 1.11^{\frac{2}{3}} \times \left(\dfrac{1}{2500}\right)^{\frac{1}{2}} = 1.65 m/s$

□□□ 기 08,13①,21②

03 지름 1m의 원통수조에서 지름 2cm의 관으로 물이 유출되고 있다. 관내의 유속이 2.0m/s일 때, 수조의 수면이 저하되는 속도는?

① 0.3cm/s
② 0.4cm/s
③ 0.06cm/s
④ 0.08cm/s

| 해답 | ④

$A_1 V_1 = A_2 V_2$에서 $V_1 = \left(\dfrac{d_2}{d_1}\right)^2 V_2$

• $V_2 = 2.0 m/s = 200 cm/s$

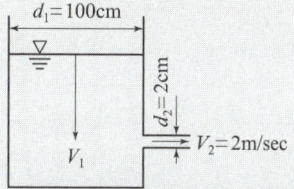

∴ $V_1 = \left(\dfrac{2}{100}\right)^2 \times 200 = 0.08 cm/sec$

Remember

$V_1 = \dfrac{A_2}{A_1} V_2 = \dfrac{\dfrac{\pi d_2^2}{4}}{\dfrac{\pi d_1^2}{4}} = \left(\dfrac{d_2}{d_1}\right)^2 \times V_2$

□□□ 기 12,16①,21②

04 강우강도(I), 지속시간(D), 생기빈도(F) 관계를 표현하는 식 $I = \dfrac{kT^x}{t^n}$에 대한 설명으로 틀린 것은?

① k, x, n은 지역에 따라 다른 값을 가지는 상수이다.
② T는 강우의 생기빈도를 나타내는 연수(年數)로서 재현기간(년)을 의미한다.
③ t는 강우의 지속시간(min)으로서, 강우지속시간이 길수록 강우강도(I)는 커진다.
④ I는 단위시간에 내리는 강우량(mm/h)인 강우강도이며, 각종 수문학적 해석 및 설계에 필요하다.

| 해답 | ③

t : 강우의 지속시간(min)으로서, 강우가 계속 지속될수록 강우강도(I)는 작아진다.

□□□ 기 91,97,13②,21②

05 Chezy의 평균유속 공식에서 평균유속계수 C를 Manning의 평균유속 공식을 이용하여 표현한 것으로 옳은 것은?

① $\dfrac{R^{1/2}}{n}$ ② $\dfrac{R^{1/6}}{n}$

③ $\sqrt{\dfrac{f}{8g}}$ ④ $\sqrt{\dfrac{8g}{f}}$

| 해답 | ②

- Chezy : $V = C\sqrt{RI}$
- Manning : $V = \dfrac{1}{n}R^{\frac{2}{3}}I^{\frac{1}{2}}$

$\therefore C = \dfrac{V}{\sqrt{RI}} = \dfrac{R^{\frac{2}{3}}I^{\frac{1}{2}}}{n\sqrt{RI}}$

$= \dfrac{R^{\frac{2}{3}}I^{\frac{1}{2}}}{nR^{\frac{1}{2}}I^{\frac{1}{2}}} = \dfrac{R^{\frac{2}{3}}R^{-\frac{1}{2}}}{n} = \dfrac{R^{\frac{1}{6}}}{n}$

□□□ 기 94,09,16②,21②

06 폭이 1m인 직사각형 수로에서 0.5m³/s의 유량이 80cm의 수심으로 흐르는 경우, 이 흐름을 가장 잘 나타낸 것은? (단, 동점성계수는 0.012cm²/s, 한계수심은 29.5cm이다.)

① 층류이며 상류 ② 층류이며 사류
③ 난류이며 상류 ④ 난류이며 사류

| 해답 | ③

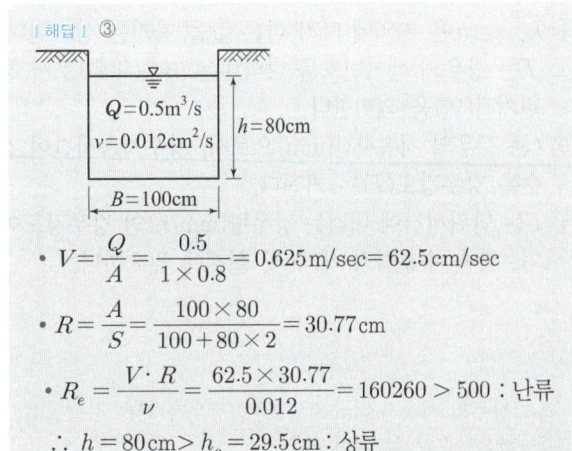

- $V = \dfrac{Q}{A} = \dfrac{0.5}{1 \times 0.8} = 0.625\,\text{m/sec} = 62.5\,\text{cm/sec}$
- $R = \dfrac{A}{S} = \dfrac{100 \times 80}{100 + 80 \times 2} = 30.77\,\text{cm}$
- $R_e = \dfrac{V \cdot R}{\nu} = \dfrac{62.5 \times 30.77}{0.012} = 160260 > 500$: 난류

$\therefore h = 80\,\text{cm} > h_c = 29.5\,\text{cm}$: 상류

Remember

- 레이놀즈수 $R_e = \dfrac{V \cdot R}{\nu}$
  층류 : $R_e < 500$, 난류 : $R_e > 500$
- 수심(h)
  상류 : $h > h_c$, 사류 : $h < h_c$
- 프루드수 $F_r = \dfrac{V}{\sqrt{gh}}$
  상류 : $F_r < 1$, 사류 : $F_r > 1$

□□□ 기 13,21②

07 유체의 흐름에 관한 설명으로 옳지 않은 것은?

① 유체의 입자가 흐르는 경로를 유적선이라 한다.
② 부정류(不定流)에서는 유선이 시간에 따라 변화한다.
③ 정상류(定常流)에서는 하나의 유선이 다른 유선과 교차하게 된다.
④ 점성이나 압축성을 완전히 무시하고 밀도가 일정한 이상적인 유체를 완전유체라 한다.

| 해답 | ③

- 정상류 : 한 단면을 지나는 물이 시간에 따라 유동 특성(속도, 압력, 밀도 등)이 변하지 않는 흐름을 의미한다.
- 정상류의 흐름에서 유선과 다른 유적선은 일치한다.
- 유적선 : 흐름 중의 한 물 입자가 통과한 흔적의 연속적인 선
- 부정류의 흐름에서 유선과 유적선은 일치하지 않는다.
- 정상류에서 하나의 유선은 다른 유선과 교차하지 않는다.

□□□ 기 83,90,97,02,06,08,10,11,15,21②

08 유역의 평균강우량 산정방법이 아닌 것은?

① 등우선법 ② 기하평균법
③ 산술평균법 ④ Thiessen의 가중법

| 해답 | ②

유역의 평균강우량 산정법

산정 방법	유역면적 km²	특 징
산술평균법	500	• 평야지역에서 강우분포가 균일
Thiessen 가중법	500 ~ 5000	• 산악효과가 비교적 적음
등우선법	5000 이상	• 강우에 대한 산악의 영향을 고려

기 02,21②

09 항력(Drag force)에 관한 설명으로 틀린 것은?

① 항력 $D = C_D A \dfrac{\rho V^2}{2}$으로 표현되며, 항력계수 C_D는 Froude의 함수이다.
② 형상항력은 물체의 형상에 의한 후류(Wake)로 인해 압력이 저하하여 발생하는 압력저항이다.
③ 마찰항력은 유체가 물체표면을 흐를 때 점성과 난류에 의해 물체표면에 발생하는 마찰저항이다.
④ 조파항력은 물체가 수면에 떠 있거나 물체의 일부분이 수면위에 있을 때에 발생하는 유체저항이다.

| 해답 | ①

- 항력 $D = C_D A \dfrac{\rho V^2}{2}$으로 표현된다.
- 항력계수 $C_D = \dfrac{24}{R_e}$ (단, $R_e < 1$일 때)
- 항력계수 C_D는 Reynolds의 함수이다.

기 93,97,14,21②,22②

10 유체 속에 잠긴 곡면에 작용하는 수평분력은?

① 곡면에 의해 배제된 액체의 무게와 같다.
② 곡면의 중심에서의 압력과 면적의 곱과 같다.
③ 곡면의 연직상방에 실려 있는 액체의 무게와 같다.
④ 곡면을 연직면상에 투영하였을 때 생기는 투영면적에 작용하는 힘과 같다.

| 해답 | ④

■ 수평분력 P_H
- 곡면을 연직면상에 투영하였을 때 생기는 투영면적에 작용하는 힘과 같다.
- $P_H = w h_G A$

■ 연직분력 P_V
- 곡면을 밑면으로 하는 물기둥 체적의 무게와 같다.
- $P_V = w V$

기 09,18①,21②,25②

11 레이놀즈(Reynolds)수에 대한 설명으로 옳은 것은?

① 관성력에 대한 중력의 상대적인 크기
② 압력에 대한 탄성력의 상대적인 크기
③ 중력에 대한 점성력의 상대적인 크기
④ 관성력에 대한 점성력의 상대적인 크기

| 해답 | ④

레이놀즈(Reynolds)수
- 관성에 의한 힘과 점성에 의한 힘의 비이다.
- 무차원의 수로 흐름상태를 구분하는 지표가 된다.
- 레이놀즈수에 의해 흐름상태가 층류, 천이영역, 난류로 분류할 수 있다.
- 레이놀즈수 $R_e = \dfrac{VD}{\nu}$로서 관성력에 대한 점성력의 상대적인 크기이다.

기 06,21②

12 월류수심 40cm인 전폭 위어의 유량을 Francis 공식에 의해 구한 결과 0.40m³/s였다. 이때 위어폭의 측정에 2cm의 오차가 발생했다면 유량의 오차는 몇 %인가?

① 1.16%   ② 1.50%
③ 2.00%   ④ 2.33%

| 해답 | ④

- Francis 공식 $Q = 1.84 b_o h^{\frac{3}{2}}$에서
$0.4 = 1.84 b_o \times 0.4^{\frac{3}{2}}$

참고 SOLVE 사용 ∴ $b_o = 0.86\text{m} = 86\text{cm}$

- 직사각형 위어의 유량오차와 폭오차와의 관계
- 유량의 오차 $\dfrac{dQ}{Q} = \dfrac{db_o}{b_o} = \dfrac{2}{86} \times 100 = 2.33\%$

기 21②

13 지하수(地下水)에 대한 설명으로 옳지 않은 것은?

① 자유 지하수를 양수(揚水)하는 우물을 굴착정(Artesian well)이라 부른다.
② 불투수층(不透水層) 상부에 있는 지하수를 자유지하수(自由地下水)라 한다.
③ 불투수층과 불투수층 사이에 있는 지하수를 피압지하수(被壓地下水)라 한다.
④ 흙입자 사이에 충만되어 있으며 중력의 작용으로 운동하는 물을 지하수라 부른다.

| 해답 | ①

굴착정이란 불투수층을 뚫고 내려가서 피압대수층의 물을 양수하는 우물이다.

□□□ 기 00,14,21②

14 단위유량도(unit hydrograph)를 작성함에 있어서 주요 기본가정(또는 원리)으로만 짝지어진 것은?

① 비례가정, 중첩가정, 직접유출의 가정
② 비례가정, 중첩가정, 일정기저시간의 가정
③ 일정기저시간의 가정, 직접유출의 가정, 비례가정
④ 직접유출의 가정, 일정기저시간의 가정, 중첩가정

| 해답 | ②

단위유량도의 주요 기본가정
비례가정, 중첩가정, 일정기저시간 가정

□□□ 기 21②

15 비압축성 이상유체에 대한 아래 내용 중 ( ) 안에 들어갈 알맞은 말은?

비압축성 이상유체는 압력 및 온도에 따른 ( )의 변화가 미소하여 이를 무시할 수 있다.

① 밀도   ② 비중
③ 속도   ④ 점성

| 해답 | ①

비압축성 이상유체
• 비점성, 비압축성 유체
• 점성이 없고 밀도가 일정하다고 가정한 유체
• 압력 및 온도에 따른 밀도의 변화가 미소하여 이를 무시할 수 있는 유체

□□□ 기 97,08,15④,21②

16 수온에 따른 지하수의 유속에 대한 설명으로 옳은 것은?

① 4℃에서 가장 크다.
② 수온이 높으면 크다.
③ 수온이 낮으면 크다.
④ 수온에는 관계없이 일정하다.

| 해답 | ②

지하수의 유속
온도가 높아지면 점성이 작아져서 투수계수가 커지고, 투수계수가 크면 유속이 빠르다.

□□□ 기 91,12,21②

17 오리피스의 지름이 2cm, 수축단면(Vena Contracta)의 지름이 1.6cm라면, 유속계수가 0.9일 때 유량계수는?

① 0.49   ② 0.58
③ 0.62   ④ 0.72

| 해답 | ②

유량계수 $C = $ 수축계수$(C_c) \times$ 유속계수(C_v)
• 유속계수 $C_v = 0.9$
• 수축계수 $C_a = \dfrac{a_o}{a} = \left(\dfrac{1.6}{2}\right)^2 = 0.64$
∴ $C = C_v C_a = 0.9 \times 0.64 = 0.58$

□□□ 기 98,13,15②,21②

18 빙산의 비중이 0.92이고 바닷물의 비중은 1.025일 때 빙산이 바닷물 속에 잠겨 있는 부분의 부피는 수면 위에 나와 있는 부분의 약 몇 배인가?

① 0.8배   ② 4.8배
③ 8.8배   ④ 10.8배

| 해답 | ③

• 바닷물에 잠겨 있는 부피적 V', 수면에 나와 있는 부피 V
$0.92 \times (V+V') = 1.025 \times V'$
$V' = \dfrac{0.92}{1.025-0.92}V = 8.8V$ ∴ 8.8배

□□□ 기 93,21②

19 지름 $D = 4$cm, 조도계수 $n = 0.01$cm$^{-1/3} \cdot$s인 원형관의 Chezy의 유속계수 C는?

① 10   ② 50
③ 100   ④ 150

| 해답 | ③

• Chezy의 평균유속 $V = C\sqrt{RI}$
경심 $R = \dfrac{D}{4} = \dfrac{4}{4} = 1$
• 유속계수 $C = \dfrac{1}{n}R^{\frac{1}{6}} = \dfrac{1}{0.01} \times (1)^{\frac{1}{6}} = 100$

□□□ 기 81,87,90,16④,21②

20 폭 9m의 직사각형 수로에 16.2m³/s의 유량이 92cm의 수심으로 흐르고 있다. 장파의 전파속도 C와 비에너지 E는? (단, 에너지 보정계수 $\alpha=1.0$)

① $C=2.0$m/s, $E=1.015$m
② $C=2.0$m/s, $E=1.115$m
③ $C=3.0$m/s, $E=1.015$m
④ $C=3.0$m/s, $E=1.115$m

| 해답 | ④

- 전파속도 $C=\sqrt{gh}=\sqrt{9.8\times0.92}=3.00$ m/sec
- 비에너지 $E=h+\dfrac{\alpha Q^2}{2gA^2}$

$\qquad =0.92+\dfrac{1.0\times16.2^2}{2\times9.8\times(9\times0.92)^2}=1.115$ m

제3회 2021년 8월 14일

□□□ 기 21③

01 압력 150kN/m²을 수은 기둥으로 계산한 높이는? (단, 수은의 비중은 13.57, 물의 단위중량은 9.81kN/m³이다.)

① 0.905m   ② 1.13m
③ 15m   ④ 203.5m

| 해답 | ②

압력 $P=w_o h$
$150=(13.57\times9.81)\times h$
∴ 높이 $h=\dfrac{150}{13.57\times9.81}=1.13$ m

□□□ 기 00,07,21③

02 폭이 무한히 넓은 개수로의 동수반경(Hydraulic Radius, 경심)은?

① 계산할 수 없다.   ② 개수로의 폭과 같다.
③ 개수로의 면적과 같다. ④ 개수로의 수심과 같다.

| 해답 | ④

경심 $R=\dfrac{면적(A)}{윤변(P)}=\dfrac{bh}{b+2h}=\dfrac{h}{1+\dfrac{2h}{b}}\fallingdotseq h$

($\because$ 무한히 넓은 폭 $b\to\infty$)

∴ 폭이 무한히 넓은 하천과 같은 개수로의 동수반경은 개수로의 수심과 같다.

□□□ 기 04,09,13②,15④,21③

03 자연하천의 특성을 표현할 때 이용되는 하상계수에 대한 설명으로 옳은 것은?

① 최심하상고와 평형하상고의 비이다.
② 최대유량과 최소유량의 비를 나타낸다.
③ 개수 전과 개수 후의 수심변화량의 비를 말한다.
④ 홍수 전과 홍수 후의 하상변화량의 비를 말한다.

| 해답 | ②

하상계수(河狀係數) = $\dfrac{최대\ 유량}{최소\ 유량}$

□□□ 기 99,09,14,18②,21③

04 1차원 정류흐름에서 단위시간에 대한 운동량 방정식은? (단, F : 힘, m : 질량, V_1 : 초속도, V_2 : 종속도, Δt : 시간의 변화량, S : 변위, W : 물의 중량)

① $F = W \cdot S$
② $F = m \cdot \Delta t$
③ $F = m \dfrac{V_2 - V_1}{S}$
④ $F = m(V_2 - V_1)$

| 해답 | ④

운동량방정식
- $F = \dfrac{m}{\Delta t}(V_2 - V_1) = \dfrac{m}{\Delta t}\Delta V$
- $F \cdot \Delta t = m(V_2 - V_1) = m \cdot \Delta V$
∴ 단위시간당(∵ 단위시간($\Delta t = 1\text{sec}$)에 대한 운동량 방정식
$F = m(V_2 - V_1) = m \cdot \Delta V$

□□□ 기 95,21③

05 물이 유량 $Q = 0.06\text{m}^3$로 $60°$의 경사평면에 충돌할 때 충돌 후의 유량 Q_1, Q_2는? (단, 에너지 손실과 평면의 마찰은 없다고 가정하고 기타 조건은 일정하다.)

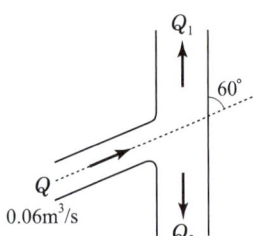

① Q_1 : $0.03\text{m}^3/\text{s}$, Q_2 : $0.03\text{m}^3/\text{s}$
② Q_1 : $0.035\text{m}^3/\text{s}$, Q_2 : $0.025\text{m}^3/\text{s}$
③ Q_1 : $0.040\text{m}^3/\text{s}$, Q_2 : $0.020\text{m}^3/\text{s}$
④ Q_1 : $0.045\text{m}^3/\text{s}$, Q_2 : $0.015\text{m}^3/\text{s}$

| 해답 | ④

$Q_1 = \dfrac{Q}{2}(1 + \cos\theta)$
$= \dfrac{0.06}{2}(1 + \cos 60°) = 0.045\text{m}^3/\text{s}$

$Q_2 = \dfrac{Q}{2}(1 - \cos\theta)$
$= \dfrac{0.06}{2}(1 - \cos 60°) = 0.015\text{m}^3/\text{s}$

□□□ 기 94,16,19②,21③

06 다음 중 부정류 흐름의 지하수를 해석하는 방법은?

① Theis 방법
② Dupuit 방법
③ Thiem 방법
④ Laplace 방법

| 해답 | ①

■ 지하수 흐름

층류 흐름	정류 흐름	부정류 흐름
Darcy 법칙	Laplace 방법	Theis 방법

■ 부정류 흐름의 지하수 해석방법 : Theis 방법, Jacob 법, Chow법

□□□ 기 07,09,21③

07 수로폭이 3m인 직사각형 수로에 수심이 50cm로 흐를 때 흐름이 상류(subcritical flow)가 되는 유량은?

① $2.5\text{m}^3/\text{sec}$
② $4.5\text{m}^3/\text{sec}$
③ $6.5\text{m}^3/\text{sec}$
④ $8.5\text{m}^3/\text{sec}$

| 해답 | ①

상류 : $F_r = \dfrac{V}{\sqrt{gh}} < 1$일 때
- $V = F_r\sqrt{gh} = 1 \times \sqrt{9.8 \times 0.5} = 2.214\text{m/sec}$
- $Q = AV = 3 \times 0.50 \times 2.214 = 3.32\text{m}^3/\text{sec}$보다 작아야 한다.
∴ $Q = 2.5\text{m}^3/\text{sec}$

□□□ 기 97,14④,21③

08 안지름 20cm인 관로에서 관의 마찰에 의한 손실수두가 속도수두와 같게 되었다면 이때 관로의 길이는? (단, 마찰저항 계수 $f = 0.04$이다.)

① 3m
② 4m
③ 5m
④ 6m

| 해답 | ③

$\dfrac{V^2}{2g} = f\dfrac{l}{d} \cdot \dfrac{V^2}{2g}$ 에서
$1 = f\dfrac{l}{d} = 0.04\dfrac{l}{0.20}$

참고 SOLVE 사용
∴ 관로의 길이 $l = 5\text{m}$

09
동점성계수와 비중이 각각 $0.0019\text{m}^2/\text{s}$와 1.2인 액체의 점성계수 μ는? (단, 물의 밀도는 1000kg/m^3)

① $1.9\text{kgf}\cdot\text{s/m}^2$
② $0.19\text{kgf}\cdot\text{s/m}^2$
③ $0.23\text{kgf}\cdot\text{s/m}^2$
④ $2.3\text{kgf}\cdot\text{s/m}^2$

해답 ③

동점성계수$(\nu) = \dfrac{\text{점성계수}(\mu)}{\text{밀도}(\rho)}$에서

점성계수 $\mu = \rho \times \nu = \dfrac{w}{g} \times \nu$

$\therefore \mu = \dfrac{1.2 \times 1000(\text{kg/m}^3)}{9.8(\text{m/s})} \times 0.0019(\text{m}^2/\text{s})$
$= 0.23\text{kgf}\cdot\text{s/m}^2$

10
지름 4cm, 길이 30cm인 시험원통에 대수층의 표본을 채웠다. 시험원통의 출구에서 압력수두를 15cm로 일정하게 유지할 때 2분 동안 12cm^3의 유출량이 발생하였다면 이 대수층 표본의 투수계수는?

① 0.008cm/s
② 0.016cm/s
③ 0.032cm/s
④ 0.048cm/s

해답 ②

$Q = KiA$에서

$\dfrac{12}{2 \times 60} = K \times \dfrac{15}{30} \times \dfrac{\pi \times 4^2}{4}$

참고 SOLVE 사용

$\therefore$ 투수계수 $K = 0.016\text{cm/s}$

11
탱크 속에 깊이 2m의 물과 그 위에 비중 0.85의 기름이 4m 들어 있다. 탱크 바닥에서 받는 압력을 구한 값은? (단, 물의 단위중량은 9.81kN/m^3이다.)

① 52.974kN/m^2
② 53.974kN/m^2
③ 54.974kN/m^2
④ 55.974kN/m^2

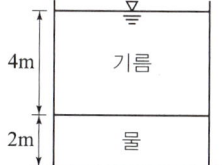

해답 ①

$P = P_1 + P_2$
$\quad = w_1 h_1 + w_2 h_2$

· 기름의 단위중량 $w_2 = 0.85 \times 9.81\text{kN/m}^3$

$\therefore P = 9.81 \times 2 + (0.85 \times 9.81) \times 4 = 52.974\text{kN/m}^3$

12
폭 35cm인 직사각형 위어(weir)의 유량을 측정하였더니 $0.03\text{m}^3/\text{s}$이었다. 월류수심의 측정에 1mm의 오차가 생겼다면, 유량에 발생하는 오차(%)는?
(단, 유량계산은 프란시스(Francis) 공식을 사용하고, 월류 시 단면수축은 없는 것으로 가정한다.)

① 1.16%
② 1.50%
③ 1.67%
④ 1.84%

해답 ①

직사각형 위어 유량오차 $\dfrac{dQ}{Q} = \dfrac{3}{2}\dfrac{dh}{h}$

· $Q = 1.84bh^{3/2}$에서

$h = \left(\dfrac{Q}{1.84b}\right)^{\frac{2}{3}} = \left(\dfrac{0.03}{1.84 \times 0.35}\right)^{\frac{2}{3}} = 0.1295$

$\therefore \dfrac{dQ}{Q} = \dfrac{3}{2}\dfrac{dh}{h} = \dfrac{3}{2} \times \dfrac{0.001}{0.1295} = 0.01158 = 1.16\%$

13
원형관 내 층류영역에서 사용 가능한 마찰손실계수의 식은? (단, R_e : Reynolds수)

① $\dfrac{1}{R_e}$
② $\dfrac{4}{R_e}$
③ $\dfrac{24}{R_e}$
④ $\dfrac{64}{R_e}$

해답 ④

· 층류영역의 마찰손실계수
$f = \dfrac{64}{R_e}$

· 난류영역의 마찰손실계수
$f = \phi\left(\dfrac{1}{R_e}, \dfrac{e}{D}\right)$

· Blausuis식 : $f = 0.316 R_e^{-1/4}$

☐☐☐ 기 16④,21③

14 개수로의 흐름에 대한 설명으로 옳지 않은 것은?

① 사류(supercritical flow)에서는 수면변동이 일어날 때 상류(上流)로 전파될 수 없다.
② 상류(subcritical flow)일 때는 Froude 수가 1보다 크다.
③ 수로경사가 한계경사보다 클 때 사류(supercritical flow)가 된다.
④ Reynolds 수가 500보다 커지면 난류(turbulent flow)가 된다.

[해답] ②

상류와 사류의 판별

• 프루드수 : $F_r = \dfrac{V}{\sqrt{gh}}$ (∵ 유속 $V = \dfrac{Q}{A}$)
• $Fr < 1$: 상류, $Fr > 1$: 사류, $Fr = 1$: 한계류
∴ 상류(subcritical flow)일 때는 Froude수가 1보다 작다.

Remember

상류와 사류의 조건

구분	상류	사류	공식
수심 h	$h > h_c$	$h < h_c$	$h_c = \left(\dfrac{\alpha Q^2}{gb^2}\right)^{\frac{1}{3}}$
유속 V	$V < V_c$	$V > V_c$	$V_c = \sqrt{gh}$
경사 I	$I < I_c$	$I > I_c$	$I_c = \dfrac{g}{\alpha C^2}$
Fr	$Fr < 1$	$Fr > 1$	$Fr = \dfrac{V}{\sqrt{gh}}$

☐☐☐ 기 21③

15 다음 중 도수(跳水 ; hydraulic jump)가 생기는 경우는?

① 사류(射流)에서 사류(射流)로 변할 때
② 사류(射流)에서 상류(常流)로 변할 때
③ 상류(常流)에서 상류(常流)로 변할 때
④ 상류(常流)에서 사류(射流)로 변할 때

[해답] ②

도수
흐름이 상류에서 사류로 변할 때는 수면이 연속적이지만 사류에서 상류로 변할 때는 수면이 불연속으로 뛰는 현상이다.

☐☐☐ 기 09,15②,21③

16 다음 중 토양의 침투능(Infiltration Capacity)결정 방법에 해당되지 않는 것은?

① Philip 공식
② 침투계에 의한 실측법
③ 침투지수에 의한 방법
④ 물수지 원리에 의한 산정법

[해답] ④

■ 토양의 침투능 결정방법
• 침투계에 의한 방법
• 경험공식에 의한 방법(Horton 공식, Philip 공식)
• 침투지수에 의한 방법($\phi-$index 법, $W-$index 법)
■ 물수지 원리에 의한 산정법 : 증발량 산정법이다.

☐☐☐ 기 01,21③

17 관수로에서 관의 마찰손실계수가 0.02, 관의 지름이 40cm일 때 관내 물의 흐름이 100m를 흐르는 동안 2m의 마찰손실수두가 발생하였다면 관내의 유속은?

① 0.3m/sec
② 1.3m/sec
③ 2.8m/sec
④ 3.8m/sec

[해답] ③

마찰손실수두 $h_L = f\dfrac{l}{D}\dfrac{V^2}{2g}$ 에서

$2 = 0.02 \times \dfrac{100}{0.40} \times \dfrac{V^2}{2 \times 9.80}$

[참고] SOLVE 사용 ∴ $V = 2.8$m/sec

☐☐☐ 기 21③

18 저수지에 설치된 나팔형 위어의 유량 Q와 월류수심 h와의 관계에서 완전 월류상태는 $Q \propto h^{3/2}$이다. 불완전 월류(수중위어) 상태에서의 관계는?

① $Q \propto h^{-1}$
② $Q \propto h^{1/2}$
③ $Q \propto h^{3/2}$
④ $Q \propto h^{-1/2}$

[해답] ②

나팔형 위어
• 완전월류 : $Q = 1.7Cbh^{3/2}$
∴ Q는 $h^{3/2}$에 비례한다.
• 수중위어 : $Q = C \cdot a \cdot h^{1/2}$
∴ Q는 $h^{1/2}$에 비례한다.

□□□ 기 95,99,21③

19 가능 최대 강우량(PMP)에 대한 설명으로 가장 적합한 것은?

① 홍수량 빈도해석에는 사용할 수 없다.
② 강우량의 장기 변동성향을 판단하는 데 사용된다.
③ 최대강우강도와 면적관계를 결정하는 데 사용된다.
④ 대규모 수공구조물의 설계 홍수량을 결정하는 데 사용된다.

| 해답 | ④

가능 최대 강우량(PMP : probable maximum precipitation)
- 어떤 지역에 태풍이나 호우 등 최악의 기상조건이 발생한 경우 유역에 내릴 수 있는 가상의 최대강우량이다.
- 가능 최대강수량은 가능 최대홍수량을 결정하는 기준으로 사용된다.
- 강우-유출모형에서 홍수량을 환산하여 수공구조물의 크기를 결정한다.
- 대규모 수공구조물을 설계할 때 기준하는 강우량이다.

□□□ 기 21③

20 1cm 단위도의 종거가 1, 5, 3, 1이다. 유효강우량이 10mm, 20mm 내렸을 때 직접 유출 수문 곡선의 종거는? (단, 모든 시간 간격은 1시간이다.)

① 1, 5, 3, 1, 1
② 1, 5, 10, 9, 2
③ 1, 7, 13, 7, 2
④ 1, 7, 13, 9, 2

| 해답 | ③

직접 유출 수문 곡선의 종거

10mm 단위도 종거	1	5	3	1	
20mm 단위도 종거		2	10	6	2
직접유출 수문 곡선 종거	1	7	13	7	2

- 1cm 단위도의 종거가 1, 5, 3, 1 이면
 10mm 단위도의 종거는 1, 5, 3, 1
 20mm 단위도의 종거는 2, 10, 6, 2
 [∵ (10mm 단위도의 종거)×2배]

| memo |

2단계

과목별 스피드 마스터 04
철근콘크리트 및 강구조

01 2018년   3월 4일 시행
                        4월 28일 시행
                        8월 19일 시행

02 2019년   3월 3일 시행
                        4월 27일 시행
                        8월 4일 시행

03 2020년   6월 6일 시행
                        8월 22일 시행
                        9월 27일 시행

04 2021년   3월 7일 시행
                        5월 15일 시행
                        8월 14일 시행

04 철근콘크리트 및 강구조

제1회 2018년 3월 4일

01 아래의 표와 같은 조건에서 경량콘크리트를 사용하고, 설계기준항복강도가 400MPa인 D25(공칭지름 : 25.4mm) 철근을 인장철근으로 사용하는 경우 기본정착길이(l_{db})는?

【조 건】
- 콘크리트 설계기준 압축강도(f_{ck}) : 24MPa
- 콘크리트의 인장강도(f_{sp}) : 2.17MPa

① 1430mm ② 1515mm
③ 1535mm ④ 1575mm

| 해답 | ④

$$l_{db} = \frac{0.6 d_b f_y}{\lambda \sqrt{f_{ck}}}$$

- f_{sp}값이 주어진 경우

$$\lambda = \frac{f_{sp}}{0.56\sqrt{f_{ck}}} = \frac{2.17}{0.56\sqrt{24}} = 0.79 \leq 1.0$$

$$\therefore l_{db} = \frac{0.6 \times 25.4 \times 400}{0.79\sqrt{24}} = 1575\text{mm}$$

02 프리스트레스의 감소원인 중 프리스트레스 도입 후 시간의 경과함에 따라 생기는 것이 아닌 것은?

① PS 강재의 릴랙세이션
② 콘크리트의 건조수축
③ 콘크리트의 크리프
④ 정착장치의 활동

| 해답 | ④

프리스트레스의 손실원인

도입 시 손실=즉시 손실	도입 후 손실=시간적 손실
• 정착장치의 활동 • 포스트텐션 긴장재와 덕트 사이의 마찰 • 콘크리트의 탄성수축	• 콘크리트의 크리프 • 콘크리트의 건조수축 • PS 강재(긴장재 응력)의 릴랙세이션(relaxation)

03 아래 그림과 같은 보통중량콘크리트 직사각형 단면의 보에서 균열모멘트(M_{cr})은?
(단, f_{ck}=24MPa이다.)

① 46.7kN·m
② 52.3kN·m
③ 56.4kN·m
④ 62.1kN·m

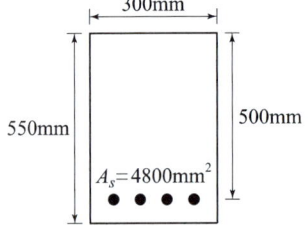

| 해답 | ①

[방법1] 균열모멘트 $M_{cr} = \dfrac{f_r}{y_t} I_g$

- $f_r = 0.63\lambda\sqrt{f_{ck}} = 0.63 \times 1 \times \sqrt{24} = 3.09$ MPa
- $I_g = \dfrac{bh^3}{12} = \dfrac{300 \times 550^3}{12} = 4159375 \times 10^3 \text{mm}^4$

$$\therefore M_{cr} = \frac{3.09}{\frac{550}{2}} \times 4159375 \times 10^3$$
$$= 46736250 \text{N·mm} = 46.7 \text{kN·m}$$
$$(\because 1\text{kN·m} = 10^6 \text{N·mm})$$

[방법2] $M_{cr} = \dfrac{f_r}{y_t} I_g = \dfrac{f_r}{\frac{h}{2}} \times \dfrac{bh^3}{12} = f_r \dfrac{bh^2}{6}$

$$= 3.09 \times \frac{300 \times 550^2}{6}$$
$$= 46736250 \text{N·mm} = 46.7 \text{kN·m}$$

04 그림과 같은 용접부의 응력은?

① 115MPa
② 110MPa
③ 100MPa
④ 94MPa

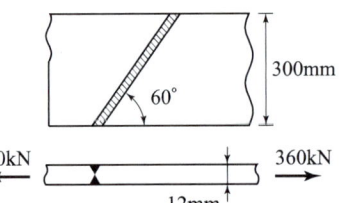

| 해답 | ③

$$f = \frac{P}{\sum a \cdot l_e} = \frac{360 \times 10^3}{12 \times 300}$$
$$= 100 \text{N/mm}^2 = 100 \text{MPa}$$

□□□ 기 04,09,10,11,13,18①

05 아래 그림과 같은 단철근 직사각형보에서 공칭 휨강도(M_n)에 도달할 때 인장철근의 변형률은 얼마인가? (단, 철근 D22 4개의 단면적 1548mm², f_{ck}=35MPa, f_y=400MPa)

① 0.0102
② 0.0138
③ 0.0186
④ 0.0198

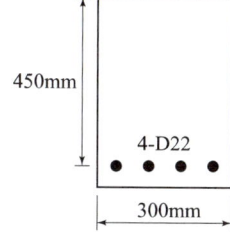

| 해답 | ②

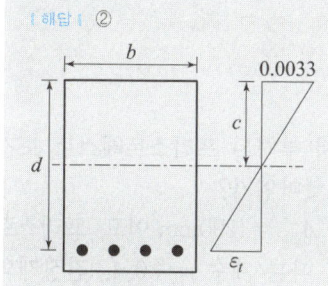

$$\epsilon_t = \frac{(d-c)\epsilon_{cu}}{c} \quad (\because c:\epsilon_c = (d-c):\epsilon_t)$$

- $f_{ck}=35\text{MPa}\leq 40\text{MPa}$일 때
  $\eta=1.0,\ \beta_1=0.80,\ \epsilon_{cu}=0.0033$

- $a = \dfrac{A_s f_y}{\eta(0.85f_{ck})b}$
  $= \dfrac{1548 \times 400}{1 \times 0.85 \times 35 \times 300} = 69.38\,\text{mm}$

  $c = \dfrac{a}{\beta_1} = \dfrac{69.38}{0.80} = 86.73\,\text{mm}$

  $\epsilon_t = \dfrac{(450-86.73)\times 0.0033}{86.73} = 0.0138$

□□□ 기 94,01,03,07,08,11,16,18①,19①③,20②,22①②

06 콘크리트의 강도설계법에서 등가직사각형 응력블록의 깊이 $a=\beta_1 c$로 표현할 수 있다. 이때 f_{ck}가 60MPa인 경우 β_1의 값은 얼마인가?

① 0.85   ② 0.760
③ 0.65   ④ 0.626

| 해답 | ②

$f_{ck}=60\text{MPa}\leq 60\text{MPa}$일 때
$\eta=0.95,\ \beta_1=0.760$

□□□ 기 02,16,18①

07 서로 다른 크기의 철근을 압축부에서 겹침이음하는 경우 이음길이에 대한 설명으로 옳은 것은?

① 이음길이는 크기가 큰 철근의 정착길이와 크기가 작은 철근의 겹침이음길이 중 큰 값 이상이어야 한다.
② 이음길이는 크기가 작은 철근의 정착길이와 크기가 큰 철근의 겹침이음길이 중 작은 값 이상이어야 한다.
③ 이음길이는 크기가 작은 철근의 정착길이와 크기가 큰 철근의 겹침이음길이 평균값 이상이어야 한다.
④ 이음길이는 크기가 큰 철근의 정착길이와 크기가 작은 철근의 겹침이음길이를 합한 값 이상이어야 한다.

| 해답 | ①

겹침이음
- 서로 다른 크기의 철근을 압축부에서 겹침이음하는 경우, 이음길이는 크기가 큰 철근의 정착길이와 크기가 작은 철근의 겹침이음길이 중 큰 값 이상이어야 한다.
- 서로 다른 크기의 철근을 인장 겹침이음하는 경우, 이음길이는 크기가 큰 철근의 정착길이와 크기가 작은 철근의 겹침이음길이 중 큰 값 이상이어야 한다.
- 인장철근의 겹침이음 길이는 압축철근의 겹침이음 길이보다 길게 하여야 한다.

□□□ 기 18①

08 다음 중 적합비틀림에 대한 설명으로 옳은 것은?

① 균열의 발생 후 비틀림모멘트의 재분배가 일어날 수 없는 비틀림
② 균열의 발생 후 비틀림모멘트의 재분배가 일어날 수 있는 비틀림
③ 균열의 발생 전 비틀림모멘트의 재분배가 일어날 수 없는 비틀림
④ 균열의 발생 전 비틀림모멘트의 재분배가 일어날 수 있는 비틀림

| 해답 | ②

적합비틀림(compatibility torsion)
- 균열의 발생 후 비틀림모멘트의 재분배가 일어날 수 있는 비틀림
- 재분배된 비틀림모멘트가 다른 하중 전달경로에 의하여 지지될 수 있는 경우를 가리킨다.

☐☐☐ 기 87,01,03,06,07,08,09,10,12,13,17②④,18①,20②

09 $A_s = 4000mm^2$, $A_s' = 1500mm^2$로 배근된 그림과 같은 복철근보의 탄성처짐이 15mm이다. 5년 이상의 지속하중에 의해 유발되는 장기처짐은 얼마인가?

① 15mm
② 20mm
③ 25mm
④ 30mm

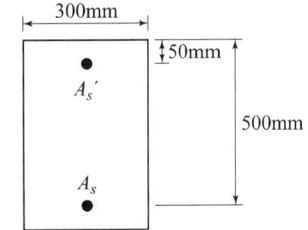

| 해답 | ②

$$\lambda = \frac{\xi}{1+50\rho'}$$

• $\rho' = \dfrac{A_s'}{bd} = \dfrac{1500}{300 \times 500} = 0.01$

• 5년 이상 $\xi = 2.0$
  (12개월=1.4, 6개월=1.2, 3개월=1.0)

$$\therefore \lambda = \frac{2.0}{1+50 \times 0.01} = 1.33$$

∴ 장기처짐 = 순간처짐(탄성침하) × 장기처짐계수(λ)
         = 15 × 1.33 = 19.95mm
∴ 20mm

☐☐☐ 기 14,18①

10 철근의 부착응력에 영향을 주는 요소에 대한 설명으로 틀린 것은?

① 경사인장균열이 발생하게 되면 철근이 균열에 저항하게 되고, 따라서 균열면 양쪽의 부착응력을 증가시키기 때문에 결국 인장철근의 응력을 감소시킨다.
② 거푸집 내에 타설된 콘크리트의 상부로 상승하는 물과 공기는 수평으로 놓인 철근에 의해 가로막히게 되며, 이로 인해 철근과 철근 하단에 형성될 수 있는 수막 등에 의해 부착력이 감소될 수 있다.
③ 전단에 의한 인장철근의 장부력(dowel force)은 부착에 의한 쪼갬 응력을 증가시킨다.
④ 인장부 철근이 필요에 의해 절단되는 불연속 지점에서는 철근의 인장력 변화 정도가 매우 크며 부착응력 역시 증가한다.

| 해답 | ①

콘크리트에 경사인장균열이 발생하게 되면 인장측의 콘크리트가 힘을 받지 못하게 되고 철근이 균열에 저항하게 된다. 이때 균열면 양쪽의 부착응력을 증가시키기 때문에 철근의 인장응력도 증가된다.

☐☐☐ 기 94,97,00,15,18①,19①

11 용접 시의 주의사항에 관한 설명 중 틀린 것은?

① 용접의 열을 될 수 있는 대로 균등하게 분포시킨다.
② 용접부의 구속을 될 수 있는 대로 적게 하여 수축변형을 일으키더라도 해로운 변형이 남지 않도록 한다.
③ 평행한 용접은 같은 방향으로 동시에 용접하는 것이 좋다.
④ 주변에서 중심으로 향하여 대칭으로 용접해 나간다.

| 해답 | ④

용접은 중심에서 주변을 향하여 대칭으로 용접하는 것이 변형을 적게 한다.

☐☐☐ 기 11,18①,25③

12 주어진 T형 단면에서 부착된 프리스트레스트 보강재의 인장응력(f_{ps})은 얼마인가?

(단, 긴장재의 단면적은 $A_{ps} = 1290mm^2$이고, 프리스트레싱 긴장재의 종류에 따른 계수 $r_p = 0.4$, 긴장재의 설계기준 인장강도 $f_{pu} = 1900MPa$, $f_{ck} = 35MPa$이다.)

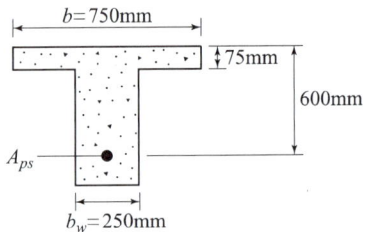

① $f_{sp} = 1900MPa$
② $f_{sp} = 1861MPa$
③ $f_{sp} = 1804MPa$
④ $f_{sp} = 1752MPa$

| 해답 | ④

인장응력

$$f_{ps} = f_{pu}\left[1 - \frac{r_p}{\beta_1}\left\{\rho_p \times \frac{f_{pu}}{f_{ck}} + \frac{d}{d_p} \times (w - w')\right\}\right]$$

• $f_{ck} = 35MPa \le 40MPa$일 때
  $\beta_1 = 0.80$

• 프리스트레스 보강재비
  $\rho_p = \dfrac{A_{ps}}{bd_p} = \dfrac{1290}{750 \times 600} = 0.00287$

• 인장철근의 강재지수 $w = 0$
• 압축철근의 강재지수 $w' = 0$

$$\therefore \rho_s = 1900 \times \left\{1 - \frac{0.4}{0.80}\left(0.00287 \times \frac{1900}{35} + 0\right)\right\}$$
$$= 1752MPa$$

□□□ 기 06,09,11,17,18①,19①

13 다음 그림과 같은 복철근보의 유효깊이(d)는? (단, 철근 1개의 단면적은 250mm²이다.)

① 810mm
② 780mm
③ 770mm
④ 730mm

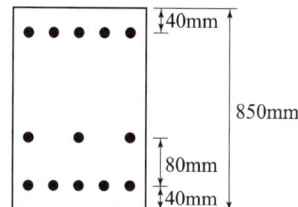

[해답] ②

압축연단으로부터

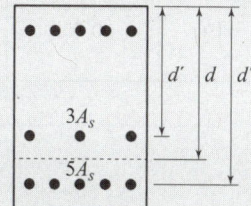

$$d = \frac{3A_s \times d' + 5A_s \times d''}{3A_s + 5A_s} = \frac{A_s(3d' + 5d'')}{A_s(3+5)}$$

$$= \frac{3d' + 5d''}{3+5}$$

$$= \frac{3 \times (850-120) + 5 \times (850-40)}{3+5} = 780\text{mm}$$

□□□ 기 93,96,02,03,05,06,07,09,11④,14④,18①,19③,20③

14 그림과 같은 PSC콘크리트보에서 PS강재를 포물선으로 배치하여 프리스트레스 $P=1000$kN이 작용할 때 프리스트레스의 상향력은? (단, 보 단면은 $b=300$mm, $h=600$mm이고, $s=250$mm이다.)

① 51.65kN/m
② 41.76kN/m
③ 31.25kN/m
④ 21.38kN/m

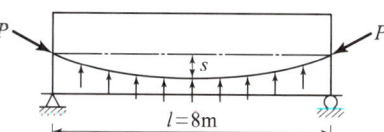

[해답] ③

• 긴장재를 곡선으로 배치한 경우

$P \cdot s = \dfrac{u \cdot l^2}{8}$ 에서

$\therefore u = \dfrac{8P \cdot s}{l^2} = \dfrac{8 \times 1000 \times 0.25}{8^2} = 31.25\text{kN/m}$

□□□ 기 02,07,09,15,17②,18①,20③

15 계수전단력(V_u)이 262.5kN일 때 아래 그림과 같은 보에서 가장 적당한 수직스터럽의 간격은? (단, 사용된 스터럽은 철근 D13을 사용하였으며, D13 철근의 단면적은 127mm², $f_{ck}=28$MPa, $f_y=400$MPa이다.)

① 195mm
② 201mm
③ 233mm
④ 265mm

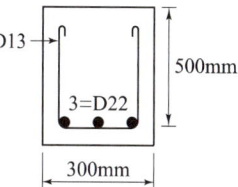

[해답] ③

■ 콘크리트의 공칭전단강도

$$V_c = \frac{1}{6}\lambda\sqrt{f_{ck}}b_w d$$

$$= \frac{1}{6} \times 1 \times \sqrt{28} \times 300 \times 500$$

$$= 132287.57\text{N} = 132.29\text{kN}$$

■ 전단철근이 부담하는 전단강도

$V_u = \phi(V_c + V_s)$ 에서

$\therefore V_s = \dfrac{V_u}{\phi} - V_c = \dfrac{262.5}{0.75} - 132.29 = 217.71\text{kN}$

■ 전단철근의 간격제한

• $V_s \leq \dfrac{1}{3}\lambda\sqrt{f_{ck}}b_w d$: $s = \dfrac{d}{2}$ 이하 또는 600mm 이하

• $V_s > \dfrac{1}{3}\lambda\sqrt{f_{ck}}b_w d$: $s = \dfrac{d}{4}$ 이하 또는 300mm 이하

• $V_s = \dfrac{1}{3}\lambda\sqrt{f_{ck}}b_w d$

$= \dfrac{1}{3} \times 1 \times \sqrt{28} \times 300 \times 500$

$= 264575.13\text{N} = 264.58\text{kN} \geq V_s = 217.71\text{kN}$

$\therefore s = \dfrac{d}{2}$ 이하 또는 600mm 이하

• $s = \dfrac{d}{4} = \dfrac{500}{4} = 250\text{mm}$

• 부재축에 직각인 전단철근을 사용하는 경우 간격

$V_s = \dfrac{A_v f_y d}{s}$ 에서

• $s = \dfrac{A_v f_y d}{V_s} = \dfrac{127 \times 2 \times 400 \times 500}{217.71 \times 10^3} = 233.34\text{mm}$

$\therefore$ 스터럽철근이 U형이므로 곱하기 2를 해줌

$\therefore s = 233.34\text{mm}$ (∵ 가장 작은 값)

16 그림의 T형보에서 $f_{ck}=28\text{MPa}$, $f_y=400\text{MPa}$일 때 공칭모멘트강도(M_n)를 구하면? (단, $A_s=5000\text{mm}^2$)

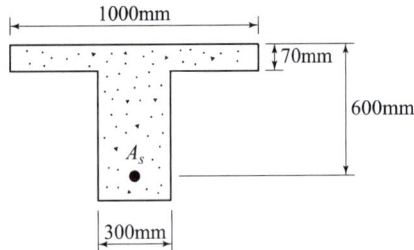

① 1110.5kN·m
② 1251.0kN·m
③ 1372.5kN·m
④ 1434.0kN·m

| 해답 | ①

$$M_n = \left\{A_{sf}f_y\left(d-\frac{t}{2}\right)+(A_s-A_{st})f_y\left(d-\frac{a}{2}\right)\right\}$$

- T형보의 판별

$$a = \frac{A_s f_y}{\eta(0.85f_{ck})b} = \frac{5000\times400}{1\times0.85\times28\times1000}$$
$$= 84.03\text{mm} > t = 70\text{mm} \quad (\because \eta=1.0)$$

∴ T형보로 해석

- 등가깊이(a) 산정

$$A_{sf} = \frac{\eta(0.85f_{ck})(b-b_w)t}{f_y}$$
$$= \frac{1\times0.85\times28\times(1000-300)\times70}{400}$$
$$= 2915.5\text{mm}^2$$

$$a = \frac{(A_s-A_{sf})f_y}{\eta(0.85f_{ck})b_w} = \frac{(5000-2915.5)\times400}{1\times0.85\times28\times300}$$
$$= 116.78\text{mm}$$

- 공칭휨강도(M_n) 계산

$$M_n = 2915.5\times400\times\left(600-\frac{70}{2}\right)$$
$$+ (5000-2915.5)\times400\times\left(600-\frac{116.78}{2}\right)$$
$$= 658903000+451594418$$
$$= 1110497418\text{N}\cdot\text{mm} = 1110.5\text{kN}\cdot\text{m}$$

17 강도설계법에서 사용하는 강도감소계수(ϕ)의 값으로 틀린 것은?

① 무근콘크리트의 휨모멘트 : $\phi=0.55$
② 전단력과 비틀림모멘트 : $\phi=0.75$
③ 콘크리트의 지압력 : $\phi=0.70$
④ 인장지배단면 : $\phi=0.85$

| 해답 | ③

콘크리트의 지압력 : $\phi=0.65$

Remember

강도감소계수 ϕ

부재		강도감소계수
인장지배단면		0.85
압축지배단면	나선철근으로 보강된 철근콘크리트 부재	0.70
	그 외의 철근콘크리트 부재	0.65
전단력과 비틀림모멘트		0.75
콘크리트의 지압력 (포스트텐션 정착부나 스트럿-타이 모델은 제외)		0.65

18 $M_u=200\text{kN}\cdot\text{m}$의 계수모멘트가 작용하는 단철근 직사각형보에서 필요한 철근량(A_s)은 약 얼마인가? (단, $b=300\text{mm}$, $d=500\text{mm}$, $f_{ck}=28\text{MPa}$, $f_y=400\text{MPa}$, $\phi=0.85$이다.)

① 1072.7mm²
② 1266.3mm²
③ 1524.6mm²
④ 1785.4mm²

| 해답 | ②

$$A_s = \frac{M_u}{\phi f_y\left(d-\frac{a}{2}\right)}, \quad a=\frac{A_s f_y}{\eta(0.85f_{ck})b}$$

- $A_s = \dfrac{M_u}{\phi f_y\left(d-\dfrac{1}{2}\dfrac{A_s f_y}{\eta(0.85f_{ck})b}\right)}$

$$A_s = \frac{200\times10^6}{0.85\times400\left(500-\dfrac{1}{2}\times\dfrac{A_s\times400}{1\times0.85\times28\times300}\right)}$$

- [계산기 f_x 570 ES] **SOLVE 사용법**

먼저 ALPHA ☞ X ALPHA ☞ SOLVE = ☞

$$\frac{200\times10^6}{0.85\times400\times\left(500-\dfrac{1}{2}\times\dfrac{ALPHA\,X\times400}{1\times0.85\times28\times300}\right)}$$

SHIFT ☞ SOLVE ☞ = ☞ 잠시 기다리면
$X=1266.30$ ∴ $A_s=1266.3\text{mm}^2$

□□□ 기 05,07,08,10①,12④,15②,16④,18①,22②

19 아래 그림의 지그재그로 구멍이 있는 판에서 순폭을 구하면? (단, 구멍지름 = 25mm)

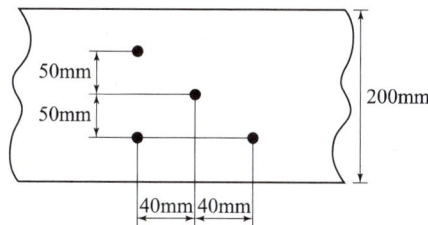

① 187mm
② 141mm
③ 137mm
④ 125mm

| 해답 | ②

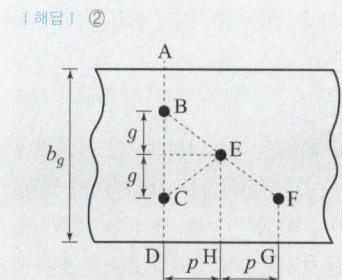

■ 지그재그형 배열 순폭
- ABCD 단면 : $b_n = b_g - 2d$
- ABEH 단면 : $b_n = b_g - d - \left(d - \dfrac{p^2}{4g}\right)$
- ABECD 단면 : $b_n = b_g - d - 2\left(d - \dfrac{p^2}{4g}\right)$
- ABEFG 단면 : $b_n = b_g - d - 2\left(d - \dfrac{p^2}{4g}\right)$

■ 순폭 계산
- $b_n = b_g - 2d = 200 - 2 \times 25 = 150\,\text{mm}$
- $b_n = b_g - d - \left(d - \dfrac{p^2}{4g}\right)$
  $= 200 - 25 - \left(25 - \dfrac{40^2}{4 \times 50}\right) = 158\,\text{mm}$
- $b_n = b_g - d - 2\left(d - \dfrac{p^2}{4g}\right)$
  $= 200 - 25 - 2\left(25 - \dfrac{40^2}{4 \times 50}\right) = 141\,\text{mm}$

∴ 순폭 $b_n = 141\,\text{mm}$ (∵ 세 값 중 작은 값)

□□□ 기 14,18①,22③

20 철근콘크리트보에 배치되는 철근의 순간격에 대한 설명으로 틀린 것은?

① 동일 평면에서 평행한 철근 사이의 수평순간격은 25mm 이상이어야 한다.
② 상단과 하단에 2단 이상으로 배치된 경우 상하철근의 순간격은 25mm 이상으로 하여야 한다.
③ 철근의 순간격에 대한 규정은 서로 접촉된 겹침이음 철근과 인접된 이음철근 또는 연속철근 사이의 순간격에도 적용하여야 한다.
④ 벽체 또는 슬래브에서 휨 주철근의 간격은 벽체나 슬래브 두께의 2배 이하로 하여야 한다.

| 해답 | ④

벽체 또는 슬래브에서 휨 주철근의 간격은 벽체나 슬래브 두께의 3배 이하로 하여야 한다. 또한 450mm 이하로 하여야 한다.

제2회 2018년 4월 28일

□□□ 기 00,04,06,08,10,13,14,15,17②,18②,25①

01 직사각형보에서 계수전단력 $V_u = 70\text{kN}$을 전단철근 없이 지지하고자 할 경우 필요한 최소 유효깊이 d는 약 얼마인가? (단, $b_w = 400\text{mm}$, $f_{ck} = 21\text{MPa}$, $f_y = 350\text{MPa}$)

① $d = 426\text{mm}$
② $d = 556\text{mm}$
③ $d = 611\text{mm}$
④ $d = 751\text{mm}$

| 해답 | ③

전단철근이 없는 경우

$V_u \leq \dfrac{1}{2}\phi V_c = \dfrac{1}{2}\phi\left(\dfrac{1}{6}\lambda\sqrt{f_{ck}}\right)b_w d$ 에서

$\therefore d = \dfrac{12 V_u}{\phi \lambda \sqrt{f_{ck}} \times b_w} = \dfrac{12 \times 70 \times 10^3}{0.75 \times 1 \times \sqrt{21} \times 400}$

$= 611\text{mm}$

($\because$ 전단력과 비틀림모멘트 $\phi = 0.75$)

■ [계산기 $f_x 570$ ES] **SOLVE 사용법**

$V_u = \dfrac{1}{2}\phi\left(\dfrac{1}{6}\lambda\sqrt{f_{ck}}\right)b_w d$

$70 \times 10^3 = \dfrac{1}{2} \times 0.75 \times \left(\dfrac{1}{6} \times 1 \times \sqrt{21}\right) \times 400 \times d$

먼저 70×10^3 ☞ ALPHA ☞ SOLVE = ☞
$\dfrac{1}{2} \times 0.75 \times \left(\dfrac{1}{6} \times 1 \times \sqrt{21}\right) \times 400 \times$
☞ ALPHA X ☞ SHIFT ☞ SOLVE ☞ =
☞ 잠시 기다리면
$X = 611.01$ $\therefore d = 611\text{mm}$

□□□ 기 04,14④,18②,25①

02 철근콘크리트 부재의 전단철근에 관한 다음 설명 중 옳지 않은 것은?

① 주인장철근에 30° 이상의 각도로 구부린 굽힘철근도 전단철근으로 사용할 수 있다.
② 부재축에 직각으로 배치된 전단철근의 간격은 $d/2$ 이하, 600mm 이하로 하여야 한다.
③ 최소 전단철근량은 $0.35\dfrac{b_w \cdot s}{f_{yt}}$ 보다 작지 않아야 한다.
④ 전단철근의 설계기준항복강도는 300MPa을 초과할 수 없다.

| 해답 | ④
전단철근의 설계기준항복강도는 500MPa을 초과할 수 없다.

□□□ 기 04,18②

03 PSC보의 휨강도 계산 시 긴장재의 응력 f_{ps}의 계산은 강재 및 콘크리트의 응력-변형률 관계로부터 정확히 계산할 수도 있으나 콘크리트 구조기준에서는 f_{ps}를 계산하기 위한 근사적 방법을 제시하고 있다. 그 이유는 무엇인가?

① PSC 구조물은 강재가 항복한 이후 파괴까지 도달함에 있어 강도의 증가량이 거의 없기 때문이다.
② PS 강재의 응력은 항복응력 도달 이후에도 파괴 시까지 점진적으로 증가하기 때문이다.
③ PSC보를 과보강 PSC보로부터 저보강 PSC보의 파괴상태로 유도하기 위함이다.
④ PSC 구조물은 균열에 취약하므로 균열을 방지하기 위함이다.

| 해답 | ②
• 휨부재의 설계휨강도 계산은 구조기준의 강도설계법에 따라 긴장재의 응력은 f_y 대신 f_{ps}를 사용하여야 한다.
• 콘크리트 구조설계기준에서는 f_{ps}를 계산하기 위한 근사적 방법을 제시하는 이유는 PS 강재의 응력은 항복응력 도달 이후에도 파괴 시까지 점진적으로 증가하기 때문이다.

□□□ 기 18②

04 다음 중 콘크리트구조물을 설계할 때 사용하는 하중인 "활하중(live load)"에 속하지 않는 것은?

① 건물이나 다른 구조물의 사용 및 점용에 의해 발생되는 하중으로서 사람, 기구, 이동칸막이 등의 하중
② 적설하중
③ 교량 등에서 차량에 의한 하중
④ 풍하중

| 해답 | ④
활하중(live load)
• 풍하중, 지진하중과 같은 환경하중이나 고정하중을 포함하지 않는다.
• 건물이나 다른 구조물의 사용 및 점용에 의해 발생되는 하중
• 사람, 가구, 이동칸막이, 창고의 저장물, 설비기계 등의 하중
• 적설하중 또는 교량 등에서 차량에 의한 하중

□□□ 기 12①,18②,20③

05 철근의 겹침이음 등급에서 A급 이음의 조건은 다음 중 어느 것인가?

① 배근된 철근량이 이음부 전체 구간에서 해석결과 요구되는 소요철근량의 3배 이상이고 소요겹침이음길이 내 겹침이음된 철근량이 전체 철근량의 1/3 이상인 경우
② 배근된 철근량이 이음부 전체 구간에서 해석결과 요구되는 소요철근량의 3배 이상이고 소요 겹침이음길이 내 겹침이음된 철근량이 전체 철근량의 1/2 이상인 경우
③ 배근된 철근량이 이음부 전체 구간에서 해석결과 요구되는 소요철근량의 2배 이상이고 소요겹침이음길이 내 겹침이음된 철근량이 전체 철근량의 1/3 이하인 경우
④ 배근된 철근량이 이음부 전체 구간에서 해석결과 요구되는 소요철근량의 2배 이상이고 소요겹침이음길이 내 겹침이음된 철근량이 전체 철근량의 1/2 이하인 경우

| 해답 | ④
- A급 이음 : 배치된 철근량이 이음부 전체 구간에서 해석결과 요구되는 소요철근량의 2배 이상이고 소요겹침이음길이 내 겹침이음된 철근량이 전체 철근량의 1/2 이하인 경우
- B급 이음 : A급 이음에 해당되지 않는 경우

□□□ 기 14①,18②

06 휨부재 설계 시 처짐계산을 하지 않아도 되는 보의 최소 두께를 콘크리트 구조기준에 따라 설명한 것으로 틀린 것은? (단, 보통중량콘크리트(m_c=2300kg/m³)와 f_y는 400MPa인 철근을 사용한 부재이며, l은 부재의 길이이다.)

① 단순지지된 보 : $l/16$
② 1단연속보 : $l/18.5$
③ 양단연속보 : $l/21$
④ 캔틸레버보 : $l/12$

| 해답 | ④

처짐을 계산하지 않는 경우의 최소두께

부재	단순지지	1단연속	양단연속	캔틸레버
1방향 슬래브	$\frac{l}{20}$	$\frac{l}{24}$	$\frac{l}{28}$	$\frac{l}{10}$
보 또는 리브가 있는 1방향 슬래브	$\frac{l}{16}$	$\frac{l}{18.5}$	$\frac{l}{21}$	$\frac{l}{8}$

- f_y = 400MPa 이외인 경우는 계산된 h 값에 $\left(0.43+\dfrac{f_y}{700}\right)$을 곱한다.

□□□ 기 08,11,12④,17②,18②,20④

07 다음 중 반 T형보의 유효폭(b)을 구할 때 고려하여야 할 사항이 아닌 것은? (단, b_w는 플랜지가 있는 부재의 복부폭)

① 양쪽 슬래브의 중심 간 거리
② (한쪽으로 내민 플랜지 두께의 6배)+b_w
③ (보의 경간의 1/12)+b_w
④ (인접 보와의 내측 거리의 1/2)+b_w

| 해답 | ①
- 비대칭 T형보(반 T형보)의 유효폭(b_e) 결정

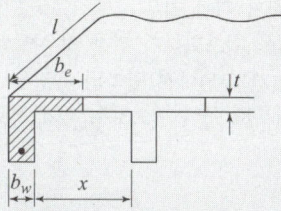

- 유효폭 b_e (세 값 중 작은 값)
- 한쪽으로 내민 플랜지 두께의 6배+b_w = $6t+b_w$
- 인접 보와의 내측거리의 $\dfrac{1}{2}+b_w = \dfrac{x}{2}+b_w$
- 보 경간의 $\dfrac{1}{12}+b_w = \dfrac{l}{12}+b_w$

□□□ 기 10②,18②,22②,24③

08 단순 지지된 2방향 슬래브의 중앙점에 집중하중 P가 작용할 때 경간비가 1:2라면 단변과 장변이 부담하는 하중비($P_S : P_L$)는? (단, P_S : 단변이 부담하는 하중, P_L : 장변이 부담하는 하중)

① 1 : 8
② 8 : 1
③ 1 : 16
④ 16 : 1

| 해답 | ②

$S : L = 1 : 2, \ L = 2S$

- $P_S = \dfrac{L^3}{L^3+S^3}P = \dfrac{L^3}{L^3+\left(\dfrac{L}{2}\right)^3}P = \dfrac{L^3}{\dfrac{9L^3}{8}}P = \dfrac{8}{9}P$

- $P_L = \dfrac{S^3}{L^3+S^3}P$
  $= \dfrac{S^3}{(2S)^3+S^3}P = \dfrac{S^3}{9S^3}P = \dfrac{1}{9}P$

∴ $P_S : P_L = \dfrac{8}{9}P : \dfrac{1}{9}P = 8 : 1$

□□□ 기 08,10④,13①,14②,18②,25②

09 복철근 보에서 압축철근에 대한 효과를 설명한 것으로 적절하지 못한 것은?

① 단면 저항모멘트를 크게 증대시킨다.
② 지속하중에 의한 처짐을 감소시킨다.
③ 파괴시 압축응력의 깊이를 감소시켜 연성을 증대시킨다.
④ 철근의 조립을 쉽게 한다.

| 해답 | ①

복철근으로 설계하는 이유
- 연성을 증대시키기 위한 경우
- 철근의 조립을 쉽게 하기 위한 경우
- 지속하중에 의한 처짐을 최소화하기 위한 경우
- 정(+), 부(-)모멘트가 한 단면에서 반복되는 경우
- 보의 높이가 제한되어 단철근 단면으로는 설계모멘트를 견딜 수 없는 경우

Remember

압축철근을 배치하는 이유
- 지속하중에 의한 처짐을 감소시킨다.
  압축철근을 배치하면 장기처짐을 감소시킬 수 있다.
- 연성을 증가시킨다.
  압축철근을 배치하면 콘크리트의 압축응력 블록의 깊이 a가 감소하여 파괴 시 인장철근의 항복변형률이 증가하게 되어 큰 연성을 갖게 된다.
- 파괴모드를 압축파괴에서 인장파괴로 변화시킨다.
  인장철근비가 평형철근비보다 큰 경우에 보는 인장철근이 항복하기 전에 압축영역의 콘크리트가 분쇄하여 파괴된다. 이런 경우에 압축철근을 충분히 보강하면 콘크리트가 분쇄하기 전에 인장철근이 먼저 항복하여 연성파괴 모드를 갖게 된다.
- 철근의 배치가 쉽다.
  철근조립 시, 통상적으로 스터럽을 거푸집 내의 제자리에 고정시키기 위해 모서리에 철근을 배치한다. 이런 철근에 의한 휨모멘트 강도의 효과는 적기 때문에 설계에서는 일반적으로 무시한다.

□□□ 기 04,05,06,08,11,13,14,15①,17④,18②,22①

10 PSC 부재에서 프리스트레스의 감소 원인 중 도입 후에 발생하는 시간적 손실의 원인에 해당하는 것은?

① 콘크리트의 크리프
② 정착장치의 활동
③ 콘크리트의 탄성수축
④ PS 강재와 시스사이의 마찰

| 해답 | ①

프리스트레스의 손실 원인

도입 시 손실 = 즉시 손실	도입 후 손실 = 시간적 손실
· 정착장치의 활동 · 포스트텐션 긴장재와 덕트 사이의 마찰 · 콘크리트의 탄성수축	· 콘크리트의 크리프 · 콘크리트의 건조수축 · PC 강재(긴장재 응력)의 릴랙세이션(relaxation)

□□□ 기 12②,15①,18②,20④,25③

11 그림과 같은 두께 13mm의 플레이트에 4개의 볼트 구멍이 배치되어 있을 때 부재의 순단면적은?
(단, 볼트구멍의 지름은 24mm이다.)

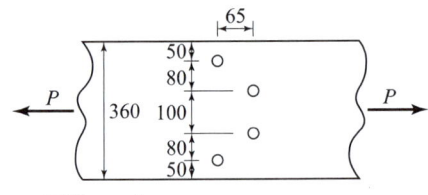

(단위 : mm)

① 4056mm²   ② 3916mm²
③ 3775mm²   ④ 3524mm²

| 해답 | ③

■ 순단면적 $A_n = b_n \cdot t$

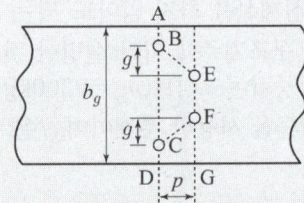

■ 순폭은 세 값 중 작은 값
- ABCD 단면 : $b_n = b_g - 2d = 360 - 2 \times 24 = 312\,\text{mm}$
- ABEFG 단면 : $b_n = b_g - 2d - \left(d - \dfrac{p^2}{4g}\right)$
  $= 360 - 2 \times 24 - \left(24 - \dfrac{65^2}{4 \times 80}\right) = 301.20\,\text{mm}$
- ABEFCD 단면 : $b_n = b_g - 2d - 2\left(d - \dfrac{p^2}{4g}\right)$
  $= 360 - 2 \times 24 - 2 \times \left(24 - \dfrac{65^2}{4 \times 80}\right) = 290.41\,\text{mm}$

∴ 순폭 $b_n = 290.41\,\text{mm}$
∴ $A_n = 290.41 \times 13 = 3775\,\text{mm}^2$

기 93,01,04,07,10④,14④,15②,16①,18②,21③

12 옹벽에서 T형보로 설계하여야 하는 부분은?

① 뒷부벽식 옹벽의 뒷부벽
② 뒷부벽식 옹벽의 전면벽
③ 앞부벽식 옹벽의 저판
④ 앞부벽식 옹벽의 앞부벽

| 해답 | ①

뒷부벽식 및 앞부벽식 옹벽의 설계
• 뒷부벽식 옹벽의 뒷부벽은 T형보로 설계
• 앞부벽식 옹벽의 앞부벽은 직사각형보로 설계

기 02,10④,14④,18②

13 다음 중 필렛용접의 형상에서 $s=9mm$일 때 목두께 a의 값으로 적당한 것은?

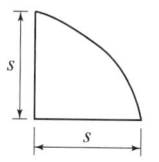

① 5.4mm
② 6.3mm
③ 7.2mm
④ 8.1mm

| 해답 | ②

목두께 $a = 0.7s = 0.7 \times 9 = 6.3mm$

기 01,08,09,18②,22③

14 철근콘크리트가 성립하는 이유에 대한 설명으로 잘못된 것은?

① 철근과 콘크리트와의 부착력이 크다.
② 콘크리트 속에 묻힌 철근은 녹슬지 않고 내구성을 갖는다.
③ 철근과 콘크리트의 무게가 거의 같고 내구성이 같다.
④ 철근과 콘크리트는 열에 대한 팽창계수가 거의 같다.

| 해답 | ③

• 철근과 콘크리트와의 부착력이 크다.
• 철근과 콘크리트의 열팽창계수가 거의 같다.
• 철근은 콘크리트 속에서 녹이 슬지 않는다.
• 철근과 콘크리트는 단위중량이 다르므로 무게가 다르다.

기 93,06,09,14①,15④,18②,20②,22①②

15 그림과 같은 띠철근 기둥에서 띠철근의 최대 간격은? (단, D10의 공칭지름은 9.5mm, D32의 공칭지름은 31.8mm)

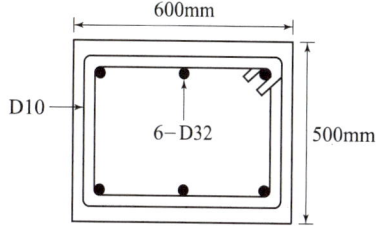

① 400mm
② 456mm
③ 500mm
④ 509mm

| 해답 | ②

띠철근의 수직간격(가장 작은 값)
• 축방향 철근지름의 16배 이하
  $31.8 \times 16 = 509mm$ 이하
• 띠철근 지름의 48배 이하
  $9.5 \times 48 = 456mm$ 이하
• 기둥단면의 최소치수 이하
  500mm 이하
∴ 띠철근의 최대간격 : 456mm

기 93,18②,20②,21③,22②

16 경간 6m인 단순 직사각형 단면($b=300mm$, $h=400mm$) 보에 계수하중 30kN/m가 작용할 때 PS 강재가 단면 도심에서 긴장되며 경간 중앙에서 콘크리트 단면의 하연응력이 0이 되려면 PS 강재에 얼마의 긴장력이 작용되어야 하는가?

① 1805kN
② 2025kN
③ 3054kN
④ 3557kN

| 해답 | ②

$\sigma = \dfrac{P}{A} - \dfrac{M}{Z} = 0 \Rightarrow P = \dfrac{M}{Z} \times A$

• $M = \dfrac{wl^2}{8} = \dfrac{30 \times 6^2}{8} = 135 kN \cdot m$

• $Z = \dfrac{bh^2}{6} = \dfrac{0.30 \times 0.40^2}{6} = 0.008 m^3$

• $A = 0.30 \times 0.40 = 0.12 m^2$

∴ $P = \dfrac{135}{0.008} \times 0.12 = 2025 kN$

17 철근콘크리트 보를 설계할 때 변화구간에서 강도감소계수(ϕ)를 구하는 식으로 옳은 것은?
(단, 나선철근으로 보강되지 않은 부재이며, ϵ_t는 최외단 인장철근의 순인장변형률이다.)

① $\phi = 0.65 + (\epsilon_t - 0.002)\dfrac{200}{3}$

② $\phi = 0.7 + (\epsilon_t - 0.002)\dfrac{200}{3}$

③ $\phi = 0.65 + (\epsilon_t - 0.002) \times 50$

④ $\phi = 0.7 + (\epsilon_t - 0.002) \times 50$

| 해답 | ①

- $f_y = 400\text{MP}$인 철근에 대한 강도감소계수
- 기타 : $\phi = 0.65 + (\epsilon_t - 0.002)\dfrac{200}{3}$
- 나선 : $\phi = 0.70 + (\epsilon_t - 0.002) \times 50$

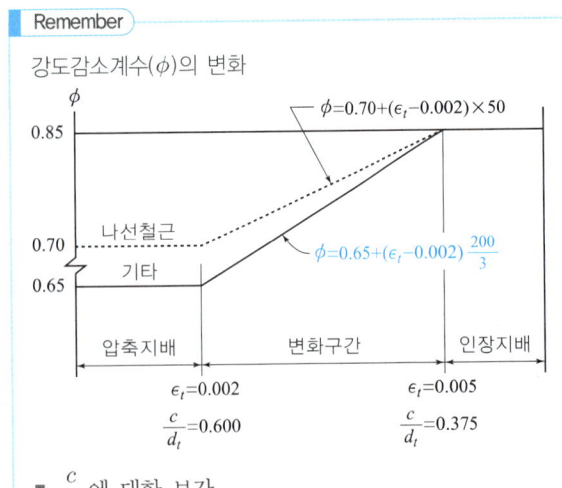

Remember

강도감소계수(ϕ)의 변화

- $\dfrac{c}{d_t}$에 대한 보간
- 기타 : $\phi = 0.65 + 0.20\left(\dfrac{1}{\frac{c}{d_t}} - \dfrac{5}{3}\right)$
- 나선 : $\phi = 0.70 + 0.15\left(\dfrac{1}{\frac{c}{d_t}} - \dfrac{5}{3}\right)$

18 다음 중 용접부의 결함이 아닌 것은?

① 오버랩(overlap) ② 언더컷(undercut)
③ 스터드(stud) ④ 균열(crack)

| 해답 | ③

- 오버랩 : 응집집중으로 발생된 균열이 오버랩 내부에 숨어 있을 수도 있기 때문에 매우 위험한 용접결함
- 언더컷 : 용접과정 중 모재가 함몰되어 생기는 표면결함으로 날카로운 형상을 가지고 있다.
- 균열 : 용접균열은 용접부에 생기는 결함 중에서 가장 치명적인 결함
- 스터드는 전단 연결재이다.

19 아래 그림과 같은 복철근 직사각형보에서 압축연단에서 중립축까지의 거리(c)는?
(단, $A_s = 4764\text{mm}^2$, $A_s' = 1284\text{mm}^2$, $f_{ck} = 38\text{MPa}$, $f_y = 400\text{MPa}$이다.)

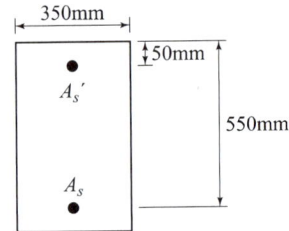

① 143.74mm ② 153.91mm
③ 168.62mm ④ 178.41mm

| 해답 | ②

$c = \dfrac{a}{\beta_1}$

- $f_{ck} = 38\text{MPa} \leq 40\text{MPa}$일 때
  $\eta = 1.0$, $\beta_1 = 0.80$
- $a = \dfrac{(A_s - A_s')f_y}{\eta(0.85f_{ck})b}$
  $= \dfrac{(4764 - 1284) \times 400}{1 \times 0.85 \times 38 \times 350}$
  $= 123.13\text{mm}$

$\therefore c = \dfrac{123.13}{0.80} = 153.91\text{mm}$

기 99,07,11,14②,18①②

20 아래 T형보에서 공칭모멘트강도(M_n)는?
(단, $f_{ck}=24\text{MPa}$, $f_y=400\text{MPa}$, $A_s=4764\text{mm}^2$)

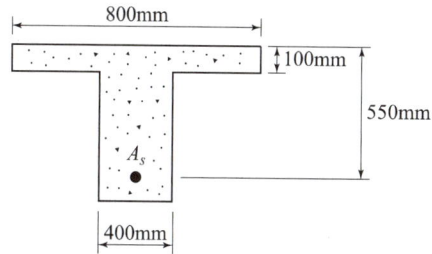

① 812.7kN·m　② 871.6kN·m
③ 912.4kN·m　④ 934.5kN·m

| 해답 | ④

- $M_n = \left\{ A_{sf}f_y\left(d-\dfrac{t}{2}\right) + (A_s - A_{sf})f_y\left(d-\dfrac{a}{2}\right) \right\}$

- T형보의 판별

$$a = \dfrac{A_s f_y}{\eta(0.85 f_{ck})b} = \dfrac{4764 \times 400}{1 \times 0.85 \times 24 \times 800}$$
$$= 116.76\text{mm} > t = 100\text{mm}$$
∴ T형보로 해석

- 등가깊이(a) 산정

$$A_{sf} = \dfrac{\eta(0.85 f_{ck})(b-b_w)t}{f_y}$$
$$= \dfrac{1 \times 0.85 \times 24 \times (800-400) \times 100}{400} = 2040\text{mm}^2$$

$$a = \dfrac{(A_s - A_{sf})f_y}{\eta(0.85 f_{ck})b_w} = \dfrac{(4764-2040) \times 400}{1 \times 0.85 \times 24 \times 400}$$
$$= 133.53\text{mm}$$

- 공칭휨강도(M_n) 계산

$$M_n = 2040 \times 400 \times \left(550-\dfrac{100}{2}\right) + (4764-2040)$$
$$\times 400 \times \left(550-\dfrac{133.53}{2}\right)$$
$$= 408000000 + 526532856$$
$$= 934532856\text{N·mm} = 934.5\text{kN·m}$$

제3회　2018년 8월 19일

기 05,07,08,11,18③,21③,24②

01 그림과 같은 나선철근단주의 설계축강도(P_n)을 구하면? (단, D32 1개의 단면적=794mm^2, $f_{ck}=24\text{MPa}$, $f_y=420\text{MPa}$)

① 2648kN
② 3254kN
③ 3797kN
④ 3972kN

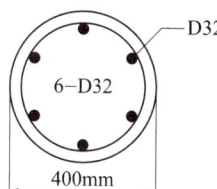

| 해답 | ③

$P_n = \alpha\{0.85 f_{ck}(A_g - A_{st}) + f_y \cdot A_{st}\}$

- $A_g = \dfrac{\pi d^2}{4} = \dfrac{\pi \times 400^2}{4} = 125664\text{mm}^2$
- $A_{st} = 794 \times 6 = 4764\text{mm}^2$

∴ $P_n = 0.85\{0.85 \times 24(125664-4764)$
$\qquad + 420 \times 4764\} = 3797158\text{N} = 3797\text{kN}$

분류	보정계수 α	강도감소계수 ϕ
나선철근	0.85	0.70
띠철근	0.80	0.65

기 06,18③,20③

02 옹벽의 구조해석에 대한 설명으로 틀린 것은?

① 저판의 뒷굽판은 정확한 방법이 사용되지 않는 한, 뒷굽판 상부에 재하되는 모든 하중을 지지하도록 설계하여야 한다.
② 부벽식 옹벽의 전면벽은 저판에 지지된 캔틸레버로 설계하여야 한다.
③ 부벽식 옹벽의 저판은 정밀한 해석이 사용되지 않는 한, 부벽 사이의 거리를 경간으로 가정한 고정보 또는 연속보로 설계할 수 있다.
④ 뒷부벽은 T형보로 설계하여야 하며, 앞부벽은 직사각형보로 설계하여야 한다.

| 해답 | ②

- 부벽식 옹벽의 전면벽은 3변 지지된 2방향 슬래브로 설계할 수 있다.
- 캔틸레버 옹벽의 전면벽은 저판에 지지된 캔틸레버로 설계할 수 있다.
- 뒷부벽은 T형보로 설계하여야 하며, 앞부벽은 직사각형보로 설계하여야 한다.

□□□ 기 11,12,14,16,17,18③,20③

03 그림에 나타난 직사각형 단철근 보의 설계휨강도(ϕM_n)를 구하기 위한 강도감소계수(ϕ)는 얼마인가? (단, $f_{ck}=28\text{MPa}$, $f_y=400\text{MPa}$)

① 0.85
② 0.82
③ 0.79
④ 0.76

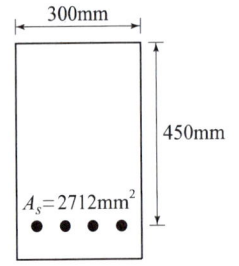

| 해답 | ②

- $f_y=400\text{MP}$인 철근에 대한 강도감소계수
$$\phi=0.65+(\epsilon_t-0.002)\frac{200}{3}$$
- $f_{ck}=28\text{MPa}\leq 40\text{MPa}$일 때 $\eta=1.0$, $\beta_1=0.80$
- $a=\dfrac{A_s f_y}{\eta(0.85f_{ck})b}=\dfrac{2712\times 400}{1\times 0.85\times 28\times 300}=151.93\text{mm}$
- $c=\dfrac{a}{\beta_1}=\dfrac{151.93}{0.80}=189.91\text{mm}$
- $\epsilon_t=\dfrac{0.0033(d_t-c)}{c}<0.005$
  $=\dfrac{0.0033(450-189.91)}{189.91}=0.0045<0.005$
- $\therefore \phi=0.65+(0.0045-0.002)\dfrac{200}{3}=0.82$

□□□ 기 05,08,14④,17②,18③,22①

04 강도설계법의 기본가정을 설명한 것으로 틀린 것은?

① 철근과 콘크리트의 변형률은 중립축에서의 거리에 비례한다고 가정한다.
② 휨모멘트 또는 휨모멘트와 축력을 동시에 받는 부재의 콘크리트 압축연단의 극한변형률은 콘크리트의 설계기준압축강도가 40MPa 이하인 경우에는 0.0033으로 가정한다.
③ 철근의 응력이 설계기준항복강도(f_y) 이상일 때 철근의 응력은 그 변형률에 E_s를 곱한 값으로 한다.
④ 콘크리트의 인장강도는 철근콘크리트의 휨계산에서 무시한다.

| 해답 | ③

- 철근의 변형률이 f_y에 대응하는 변형률보다 큰 경우 철근의 응력은 변형률에 관계없이 f_y로 한다.
- 철근의 응력이 설계기준항복강도 f_y 이하에서의 철근의 응력은 그 변형률의 E_s배로 취한다.

□□□ 기 09,11,18③,21③,24③

05 전단철근에 대한 설명으로 틀린 것은?

① 철근콘크리트 부재의 경우 주인장 철근에 45° 이상의 각도로 설치되는 스터럽을 전단철근으로 사용할 수 있다.
② 철근콘크리트 부재의 경우 주인장 철근에 30° 이상의 각도로 구부린 굽힘철근을 전단철근으로 사용할 수 있다.
③ 전단철근으로 사용하는 스터럽과 기타 철근 또는 철선은 콘크리트 압축연단부터 거리 d만큼 연장하여야 한다.
④ 용접 이형철망을 사용할 경우 전단철근의 설계기준항복강도는 500MPa을 초과할 수 없다.

| 해답 | ④

전단철근의 설계기준항복강도
- 전단철근의 설계기준항복강도는 500MPa을 초과할 수 없다.
- 다만, 벽체의 전단철근 또는 용접 이형철망을 사용할 경우 전단철근의 설계기준항복강도는 600MPa을 초과할 수 없다.

□□□ 기 05,10,11,13,16②,17②,18③,20②,21③

06 다음 그림과 같이 $W=40\text{kN/m}$일 때 PS 강재가 단면 중심에서 긴장되며 인장측의 콘크리트 응력이 "0"이 되려면 PS 강재에 얼마의 긴장력이 작용하여야 하는가?

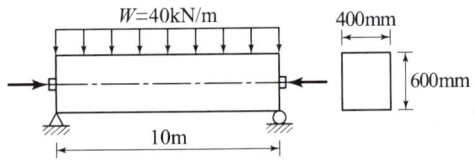

① 4605kN
② 5000kN
③ 5200kN
④ 5625kN

| 해답 | ②

- $f_t=\dfrac{P}{A}-\dfrac{M}{I}y=0$에서 $P=\dfrac{MAy}{I}$
- $M=\dfrac{wl^2}{8}=\dfrac{40\times 10^2}{8}=500\text{kN}\cdot\text{m}$
- $I=\dfrac{bh^3}{12}=\dfrac{0.4\times 0.6^3}{12}=0.0072\text{m}^4$
- $y=\dfrac{h}{2}=\dfrac{600}{2}=300\text{mm}=0.3\text{m}$
- $\therefore P=\dfrac{500\times 0.4\times 0.6\times 0.3}{0.0072}=5000\text{kN}$
- 또는 $P=\dfrac{MAy}{I}=\left(\dfrac{wl^2}{8}\cdot bh\cdot\dfrac{h}{2}\right)\dfrac{12}{bh^3}=\dfrac{3wl^2}{4h}$
- $P=\dfrac{3\times 40\times 10^2}{4\times 0.6}=5000\text{kN}$

□□□ 기 17①,18③

07 길이가 7m인 양단연속보에서 처짐을 계산하지 않는 경우 보의 최소두께로 옳은 것은?
(단, $f_{ck} = 28$MPa, $f_y = 400$MPa)

① 275mm　　② 334mm
③ 379mm　　④ 438mm

| 해답 | ②

양단연속보의 처짐

최소두께 $h = \dfrac{l}{21} = \dfrac{7000}{21} = 334$mm

Remember

처짐을 계산하지 않는 경우의 최소두께

부재	단순지지	1단연속	양단연속	캔틸레버
1방향 슬래브	$\dfrac{l}{20}$	$\dfrac{l}{24}$	$\dfrac{l}{28}$	$\dfrac{l}{10}$
보 또는 리브가 있는 1방향 슬래브	$\dfrac{l}{16}$	$\dfrac{l}{18.5}$	$\dfrac{l}{21}$	$\dfrac{l}{8}$

- $f_y = 400$MPa 이외인 경우는 계산된 h 값에 $\left(0.43 + \dfrac{f_y}{700}\right)$을 곱한다.

□□□ 기 06,08,12,14②,18③,22①

08 비틀림철근에 대한 설명으로 틀린 것은?
(단, A_{oh}는 가장 바깥의 비틀림 보강철근의 중심으로 닫혀진 단면적이고, P_h는 가장 바깥의 횡방향 폐쇄스터럽 중심선의 둘레이다.)

① 횡방향 비틀림철근은 종방향 철근 주위로 135° 표준갈고리에 의해 정착하여야 한다.
② 비틀림모멘트를 받는 속 빈 단면에서 횡방향 비틀림철근의 중심선으로부터 내부 벽면까지의 거리는 0.5 A_{oh}/P_h 이상이 되도록 설계하여야 한다.
③ 횡방향 비틀림철근의 간격은 $P_h/6$ 및 400mm보다 작아야 한다.
④ 종방향 비틀림철근은 양단에 정착하여야 한다.

| 해답 | ③

횡방향 비틀림철근의 간격은 $P_h/8$ 및 300mm보다 작아야 한다.

□□□ 기 00,06,10,13,14,17,18③,24①

09 계수전단강도 $V_u = 60$kN을 받을 수 있는 직사각형 단면이 최소전단철근 없이 견딜 수 있는 콘크리트의 유효깊이 d는 최소 얼마 이상이어야 하는가?
(단, $f_{ck} = 24$MPa, 단면의 폭(b) = 350mm)

① 560mm　　② 525mm
③ 434mm　　④ 328mm

| 해답 | ①

전단철근이 없는 경우

$V_u \leq \dfrac{1}{2}\phi V_c = \dfrac{1}{2}\phi\left(\dfrac{1}{6}\lambda\sqrt{f_{ck}}\right)b_w d$ 에서

$\therefore d = \dfrac{12 V_u}{\phi \lambda \sqrt{f_{ck}} \times b_w} = \dfrac{12 \times 60 \times 10^3}{0.75 \times 1 \times \sqrt{24} \times 350}$

$= 560$mm

($\because$ 전단력과 비틀림 모멘트 $\phi = 0.75$)

Remember

- [계산기 f_x 570] SOLVE 사용법

$V_u = \dfrac{1}{2}\phi\left(\dfrac{1}{6}\lambda\sqrt{f_{ck}}\right)b_w d$

$60 \times 10^3 = \dfrac{1}{2} \times 0.75 \times \left(\dfrac{1}{6} \times 1 \times \sqrt{24}\right) \times 350 \times d$

먼저 60×10^3 ☞ ALPHA ☞ SOLVE = ☞
$\dfrac{1}{2} \times 0.75 \times \left(\dfrac{1}{6} \times 1 \times \sqrt{24}\right) \times 350 \times$
☞ ALPHA X☞ SHIFT ☞
SOLVE☞ = ☞ 잠시 기다리면
X = 559.88　　$\therefore d = 560$mm

□□□ 기 92,97,01,02,03,07,10,14,18③,21①,22②

10 단면이 400×500mm이고 150mm²의 PSC 강선 4개를 단면 도심축에 배치한 프리텐션 PSC 부재가 있다. 초기 프리스트레스가 1000MPa일 때 콘크리트의 탄성변형에 의한 프리스트레스 감소량의 값은? (단, $n = 6$)

① 22MPa　　② 20MPa
③ 18MPa　　④ 16MPa

| 해답 | ③

$\Delta f_p = n\dfrac{P_i}{A_c}$

$= 6 \times \dfrac{(150 \times 4) \times 1000}{400 \times 500} = 18$MPa

($\because P_i = 150 \times 4 \times 1000 = 600000$N)

□□□ 기 04,10,18③,19①,21③,24②

11 다음 필렛용접의 전단응력은 얼마인가?

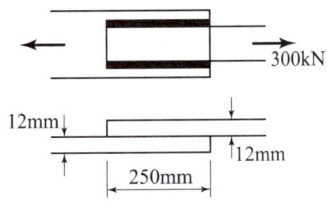

① 67.72MPa ② 79.01MPa
③ 72.72MPa ④ 75.72MPa

| 해답 | ②

$$v = \frac{P}{\sum a \cdot l_e} = \frac{P}{\sum a \cdot (l - 2 \times \text{모살치수})}$$

• $a = 12 \times 0.7(\text{배}) = 8.4\,mm$
  $l_e = 250 - 2 \times 12 = 226\,mm$

$$\therefore v = \frac{300 \times 10^3}{8.4 \times (2 \times 226)} \; (\because \text{2면이 필렛용접})$$
$$= 79.01\,MPa$$

□□□ 기 95,03,06,18③

12 4변에 의해 지지되는 2방향 슬래브 중에서 1방향 슬래브로 보고 해석할 수 있는 경우에 대한 기준으로 옳은 것은? (단, L : 2방향 슬래브의 장경간, S : 2방향 슬래브의 단경간)

① $\frac{L}{S}$가 2보다 클 때
② $\frac{L}{S}$가 1일 때
③ $\frac{L}{S}$가 $\frac{3}{2}$ 이상일 때
④ $\frac{L}{S}$가 3보다 작을 때

| 해답 | ①

• 1방향 슬래브 : $\frac{L}{S} \geq 2$, $\frac{S}{L} \leq 0.5$
• 2방향 슬래브 : $1 \leq \frac{L}{S} < 2$, $0.5 < \frac{S}{L} \leq 1.0$

□□□ 기 97,04,18③,25③

13 휨부재에서 철근의 정착에 대한 안전을 검토하여야 하는 곳으로 거리가 먼 것은?

① 최대응력점
② 경간 내에서 인장철근이 끝나는 곳
③ 경간 내에서 인장철근이 굽혀진 곳
④ 집중하중이 재하되는 점

| 해답 | ④

■ 정착에 대한 위험단면의 안전검토
  • 휨부재에서 최대응력점
  • 경간 내에서 인장철근이 끝나거나 굽혀진 곳
  • 모멘트 부호가 바뀌는 반곡점
■ 전단에 대한 위험단면
  • 지지점에서 $d/2$ 떨어진 단면

□□□ 기 09,13,18③

14 깊은보(deep beam)의 강도는 다음 중 무엇에 의해 지배되는가?

① 압축 ② 인장
③ 휨   ④ 전단

| 해답 | ④

• 깊은보에 대한 전단설계 : 하중이 보의 상부에 작용하고, 하부면에 의해 지지되는 연직하중을 받는 보통의 깊은 보 $\left(\frac{l_n}{d} \leq 4\right)$에만 적용된다.
• 깊은보는 전단에 의해 지배되며, 보의 아치작용에 발생한다.

□□□ 기 18③

15 폭 400mm, 유효깊이 600mm인 단철근 직사각형 보의 단면에서 콘크리트구조기준에 의한 최대 인장철근량은?(단, $f_{ck} = 28MPa$, $f_y = 400MPa$)

① $4552\,mm^2$ ② $4877\,mm^2$
③ $5165\,mm^2$ ④ $5526\,mm^2$

| 해답 | ③

■ $A_{s\,max} = \rho_{max} \cdot b \cdot d$
■ $\rho_{max} = \frac{\eta(0.85f_{ck})\beta_1}{f_y} \cdot \frac{\epsilon_c}{\epsilon_c + \epsilon_{t.min}}$

• $\beta_1 = 0.80 \; (\because f_{ck} \leq 40MPa)$
• $\epsilon_{t.min} = 0.004 \, (f_y \leq 400MPa)$

$$\therefore \rho_{max} = \frac{1 \times 0.85 \times 28 \times 0.80}{400} \cdot \frac{0.0033}{0.0033 + 0.004}$$
$$= 0.02152$$

$$\therefore A_{s\,max} = 0.02152 \times 400 \times 600$$
$$= 5165\,mm^2$$

□□□ 기 02,18③

16 그림과 같은 직사각형 단면의 보에서 인장철근은 D22철근 3개가 윗부분에, D29 철근 3개가 아랫부분에 2열로 배치되었다. 이 보의 공칭휨강도(M_n)는? (단, 철근 D22 3본의 단면적은 1161mm², 철근 D29 3본의 단면적은 1927mm², f_{ck} = 24MPa, f_y = 350MPa)

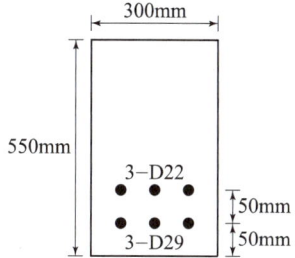

① 396.2kN·m ② 424.6kN·m
③ 467.3kN·m ④ 512.4kN·m

| 해답 | ②

- $M_n = T \cdot z$
  $= f_y \cdot \left\{ A_{s1}\left(d_1 - \dfrac{a}{2}\right) + A_{s2}\left(d_2 - \dfrac{a}{2}\right) \right\}$
- $a = \dfrac{f_y \cdot A_s}{\eta(0.85f_{ck})b} = \dfrac{350 \times (1161+1927)}{1 \times 0.85 \times 24 \times 300}$
  $= 176.60\,\text{mm}$
- $d_1 = 550 - (50+50) = 450\,\text{mm}$
- $d_2 = 550 - 50 = 500\,\text{mm}$
- $\therefore M_n = 350 \times \left\{ 1161\left(450 - \dfrac{176.60}{2}\right) \right.$
  $\left. + 1927\left(500 - \dfrac{176.60}{2}\right) \right\}$
  $= 424647860\,\text{N}\cdot\text{mm} = 424.6\,\text{kN}\cdot\text{m}$

□□□ 기 07,11,15,18③

17 프리스트레스트 콘크리트의 원리를 설명할 수 있는 기본개념으로 옳지 않은 것은?

① 균등질보의 개념   ② 내력모멘트의 개념
③ 하중평형의 개념   ④ 변형도 개념

| 해답 | ④

PSC 기본개념
- 응력개념(균등질보의 개념)
- 강도개념(내력모멘트 개념)
- 하중평형 개념(등가하중 개념)

□□□ 기 96,04,13,18③,21②

18 강판형(Plate girder) 복부(web) 두께의 제한이 규정되어 있는 가장 큰 이유는?

① 시공상의 난이   ② 공비의 절약
③ 자중의 경감   ④ 좌굴의 방지

| 해답 | ④

복부판이 너무 얇으면 지간 중앙부에서 휨모멘트가 커져 이에 따라 큰 압축응력이 생기므로 복부판이 좌굴할 우려가 있다.

□□□ 기 93,02,04,10,11,14,16,18③,22①

19 인장응력 검토를 위한 L-150×90×12인 형강(angle)의 전개 총 폭(b_g)은 얼마인가?

① 228mm   ② 232mm
③ 240mm   ④ 252mm

| 해답 | ①

$b_g = b_1 + b_2 - t$
$= 150 + 90 - 12 = 228\,\text{mm}$

□□□ 기 18③,22①

20 콘크리트의 강도설계법에서 f_{ck} = 38MPa일 때 직사각형 응력분포의 깊이를 나타내는 β_1의 값은 얼마인가?

① 0.78   ② 0.92
③ 0.80   ④ 0.75

| 해답 | ③

$f_{ck} = 38\,\text{MPa} \leq 40\,\text{MPa}$일 때
$\beta_1 = 0.80$

제1회 2019년 3월 3일

□□□ 기 02, 05①, 06, 09, 11, 15, 16, 19①, 22①

01 그림과 같은 인장철근을 갖는 보의 유효깊이는?
(단, D19 철근의 공칭단면적은 287mm²이다.)

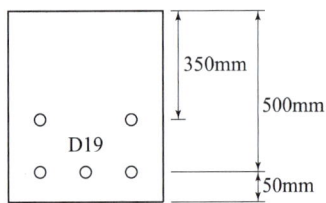

① 350mm ② 410mm
③ 440mm ④ 500mm

| 해답 | ③

[방법1]
• 바리농의 정리로

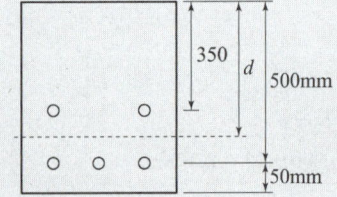

유효깊이 $\bar{d} = \dfrac{(n_1 A_s)d_1 + (n_2 A_s)d_2}{n_1 A_s + n_2 A_s}$

$= \dfrac{A_s(n_1 \cdot d_1 + n_2 \cdot d_2)}{A_s(n_1 + n_2)}$

$= \dfrac{n_1 \cdot d_1 + n_2 \cdot d_2}{n_1 + n_2}$

• $n_1 = 2$, $d_1 = 350$mm
• $n_2 = 3$, $d_2 = 500$mm

∴ $\bar{d} = \dfrac{2 \times 350 + 3 \times 500}{2 + 3} = 440$mm

[방법2]
유효깊이 $\bar{d} = \dfrac{A_{s1} \cdot d_1 + A_{s2} \cdot d_2}{A_{s1} + A_{s2}}$

• $A_{s1} = 287 \times 2 = 574$mm², $d_1 = 350$mm
• $A_{s2} = 287 \times 3 = 861$mm², $d_2 = 500$mm

∴ $\bar{d} = \dfrac{574 \times 350 + 861 \times 500}{574 + 861} = 440$mm

□□□ 기 19①

02 다음 중 철근콘크리트보에서 사인장철근이 부담하는 주된 응력은?

① 부착응력 ② 전단응력
③ 지압응력 ④ 휨인장응력

| 해답 | ②

전단응력(shear stress)
• 보에 하중이 작용하면 단면에 전단력에 의하여 생기는 응력을 전단응력이라 한다.
• 철근콘크리트보에서 저항한 전단응력 이상을 사인장철근으로 부담시킨다.

□□□ 기 05, 10, 11, 12, 13, 15, 16②, 19①, 21①, 25①

03 길이 6m의 단순지지 보통중량 철근콘크리트보의 처짐을 계산하지 않아도 되는 보의 최소두께는?
(단, $f_{ck} = 21$MPa, $f_y = 350$MPa인 경우)

① 349mm ② 356mm
③ 375mm ④ 403mm

| 해답 | ①

• 단순지지보의 최소두께 $h = \dfrac{l}{16}$
• $f_y = 400$MPa 이외인 경우는 계산된 h 값에 $\left(0.43 + \dfrac{f_y}{700}\right)$을 곱한다.

∴ $h = \dfrac{l}{16} \times \left(0.43 + \dfrac{f_y}{700}\right) = \dfrac{6000}{16} \times \left(0.43 + \dfrac{350}{700}\right)$
$= 349$mm

Remember

처짐을 계산하지 않는 경우의 최소두께

부재	단순지지	1단연속	양단연속	캔틸레버
1방향 슬래브	$\dfrac{l}{20}$	$\dfrac{l}{24}$	$\dfrac{l}{28}$	$\dfrac{l}{10}$
보 또는 리브가 있는 1방향 슬래브	$\dfrac{l}{16}$	$\dfrac{l}{18.5}$	$\dfrac{l}{21}$	$\dfrac{l}{8}$

• $f_y = 400$MPa 이외인 경우는 계산된 h 값에 $\left(0.43 + \dfrac{f_y}{700}\right)$을 곱한다.

기 94,19①

04 그림과 같은 캔틸레버 옹벽의 최대지반 반력은?

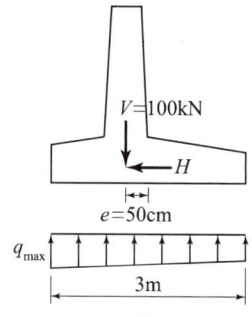

① $102 kN/m^2$
② $205 kN/m^2$
③ $66.7 kN/m^2$
④ $33.3 kN/m^2$

| 해답 | ③

최대지반 반력 $q_{max} = \dfrac{V}{B}\left(1 + \dfrac{6e}{B}\right)$

• $e = \dfrac{B}{6} = \dfrac{3}{6} = 0.5 m$

$\therefore q_{max} = \dfrac{100}{3}\left(1 + \dfrac{6 \times 0.5}{3}\right) = 66.7 kN/m^2$

93,94,97,99,00,04,11,15①,19①,20④

05 그림과 같은 직사각형 단면의 프리텐션 부재에 편심배치한 직선 PS 강재를 760kN로 긴장했을 때 탄성수축으로 인한 프리스트레스의 감소량은?
(단, $I = 2.5 \times 10^9 mm$, $n = 6$이다.)

① 43.67MPa
② 45.67MPa
③ 47.67MPa
④ 49.67MPa

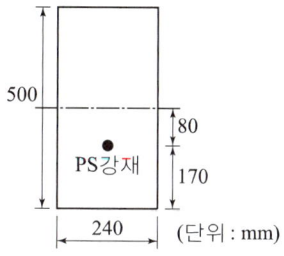

| 해답 | ④

• 긴장재를 편심배치한 경우
$\Delta f_p = nf_c = n\left(\dfrac{P}{A_c} + \dfrac{M}{I}y\right) = n\left(\dfrac{P}{A_c} + \dfrac{P \cdot e_p}{I}e_p\right)$
• $P_i = 760 kN = 760000 N$
• $I = 2.5 \times 10^9 mm^4$
• $e_p = 80 mm$
$\therefore \Delta f_{pe} = 6 \times \left(\dfrac{760000}{240 \times 500} + \dfrac{760000 \times 80}{2.5 \times 10^9} \times 80\right)$
$= 49.67 MPa$

기 97,00,03,19①,22②,25③

06 다음 그림과 같은 직사각형 단면의 단순보에 PS 강재가 포물선으로 배치되어 있다. 보의 중앙단면에서 일어나는 상연응력(㉠) 및 하연응력(㉡)은?
(단, PS강재의 긴장력은 3300kN이고, 자중을 포함한 작용하중은 27kN/m이다.)

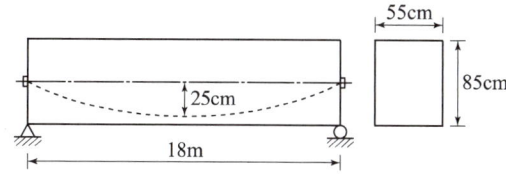

① ㉠ : $f_t = 21.21 MPa$, ㉡ : $f_b = 1.8 MPa$
② ㉠ : $f_t = 12.07 MPa$, ㉡ : $f_b = 0 MPa$
③ ㉠ : $f_t = 8.6 MPa$, ㉡ : $f_b = 2.45 MPa$
④ ㉠ : $f_t = 11.11 MPa$, ㉡ : $f_b = 3.00 MPa$

| 해답 | ④

$f = \dfrac{P_e}{A} \mp \dfrac{P_e \cdot e}{I}y \pm \dfrac{M}{I}y = \dfrac{P_c}{A_c} \mp \dfrac{P_e \cdot e_p}{Z_c} \pm \dfrac{M}{Z_c}$

• $P_e = 3300 kN$
• $A_c = bh = 0.55 \times 0.85 = 0.4675 m^2$
• $Z_c = \dfrac{bh^2}{6} = \dfrac{0.55 \times 0.85^2}{6} = 0.06623 m^3$
• $M = \dfrac{wl^2}{8} = \dfrac{27 \times 18^2}{8} = 1093.5 kN \cdot m$

$f = \dfrac{3300}{0.4675} \mp \dfrac{3300 \times 0.25}{0.06623} \pm \dfrac{1093.5}{0.06623}$
$= (7,058.82 \mp 12,456.59 \pm 16,510.64) kN/m^2$
$= (7.059 \mp 12.457 \pm 16.511) N/mm^2$

$\therefore f_{상} = 7.059 - 12.457 + 16.511 = 11.11 MPa$
$\therefore f_{하} = 7.059 + 12.453 - 16.511 = 3.00 MPa$

기 94,01,03,04,07,08,11,16,18①,19①③,20②,22①

07 강도설계법에 의한 휨부재의 등가사각형 압축응력분포에서 $f_{ck} = 40 MPa$일 때 β_1의 값은?

① 0.76
② 0.80
③ 0.83
④ 0.85

| 해답 | ②

$f_{ck} = 40 MPa \leq 40 MPa$일 때
$\beta_1 = 0.80$

□□□ 기 07①,09③,10,11②,16①,19①,20③,21①,22②

08 콘크리트 슬래브 설계 시 직접설계법을 적용할 수 있는 제한사항에 대한 설명 중 틀린 것은?

① 각 방향으로 3경간 이상 연속되어야 한다.
② 각 방향으로 연속한 받침부 중심 간 경간 차이는 긴 경간의 1/3 이하이어야 한다.
③ 슬래브판들은 단변경간에 대한 장변경간의 비가 2 이하인 직사각형이어야 한다.
④ 연속한 기둥 중심선을 기준으로 기둥의 어긋남은 그 방향 경간의 15% 이하이어야 한다.

| 해답 | ④
연속한 기둥 중심선을 기준으로 기둥의 어긋남은 그 방향 경간의 10% 이하이어야 한다.

Remember
콘크리트 슬래브 설계 시 직접설계법을 적용할 수 있는 제한사항
- 각 방향으로 3경간 이상 연속되어야 한다.
- 각 방향으로 연속한 받침부 중심 간 경간 차이는 긴 경간의 1/3 이하이어야 한다.
- 슬래브판들은 단변경간에 대한 장변경간의 비가 2 이하인 직사각형이어야 한다.
- 연속한 기둥 중심선을 기준으로 기둥의 어긋남은 그 방향 경간의 10% 이하이어야 한다.
- 모든 하중은 연직하중으로서 슬래브판 전체에 등분포되어야 한다.

□□□ 기 95,06,19①

09 철근콘크리트 구조물의 균열에 관한 설명으로 옳지 않은 것은?

① 하중으로 인한 균열의 최대폭은 철근응력에 비례한다.
② 인장측에 철근을 잘 분배하면 균열폭을 최소로 할 수 있다.
③ 콘크리트 표면의 균열폭은 철근에 대한 피복두께에 반비례한다.
④ 많은 수의 미세한 균열보다는 폭이 큰 몇 개의 균열이 내구성에 불리하다.

| 해답 | ③
콘크리트 표면의 균열 폭은 콘크리트에 대한 피복두께에 비례한다.

□□□ 기 94,97,00,15,18①,19①

10 용접작업 중 일반적인 주의사항에 대한 내용으로 옳지 않은 것은?

① 구조상 중요한 부분을 지정하여 집중용접한다.
② 용접은 수축이 큰 이음을 먼저 용접하고, 수축이 작은 이음은 나중에 한다.
③ 앞의 용접에서 생긴 변형을 다음 용접에서 제거할 수 있도록 진행시킨다.
④ 특히 비틀어지지 않게 평행한 용접은 같은 방향으로 할 수 있으며 동시에 용접을 한다.

| 해답 | ①
구조상 중요 부분을 지정하여 집중용접이 되지 않도록 한다.

Remember
용접작업 중 일반적인 주의사항
- 용접의 열을 될 수 있는 대로 균등하게 분포시킨다.
- 평행한 용접은 같은 방향으로 동시에 용접하는 것이 좋다.
- 구조상 중요 부분을 지정하여 집중용접이 되지 않도록 한다.
- 용접은 중심에서 주변을 향하여 대칭으로 용접하는 것이 변형을 적게 한다.
- 앞의 용접에서 생긴 변형을 다음 용접에서 제거할 수 있도록 진행시킨다.
- 용접은 수축이 큰 이음을 먼저 용접하고, 수축이 작은 이음은 나중에 한다.
- 특히 비틀어지지 않게 평행한 용접은 같은 방향으로 할 수 있으며 동시에 용접을 한다.
- 용접부의 구속을 될 수 있는 대로 적게 하여 수축변형을 일으키더라도 해로운 변형이 남지 않도록 한다.

□□□ 기 87,02,04,19①,24③

11 철근콘크리트에서 콘크리트의 탄성계수로 쓰이며, 철근콘크리트 단면의 결정이나 응력을 계산할 때 쓰이는 것은?

① 전단 탄성계수
② 할선 탄성계수
③ 접선 탄성계수
④ 초기접선 탄성계수

| 해답 | ②
탄성계수
- 할선 탄성계수 : 철근콘크리트의 단면결정이나 응력계산에 사용
- 초기접선 탄성계수 : 탄성변형(크리프변형)을 계산하기 위해 사용

□□□ 기 96,02,03,08,19①,21③,22①,24②

12 아래와 같은 맞대기이음부에 발생하는 응력의 크기는? (단, $P=360kN$, 강판두께 : 12mm)

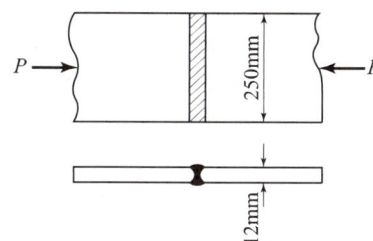

① 압축응력 : $f_c = 14.4MPa$
② 인장응력 : $f_t = 3000MPa$
③ 전단응력 : $\tau = 150MPa$
④ 압축응력 : $f_c = 120MPa$

|해답| ④

$$f_c = \frac{P}{A} = \frac{360 \times 10^3}{250 \times 12} = 120 N/mm^2 = 120 MPa$$

□□□ 기 08,10,12,19①,21①

13 강도설계법에서 강도감소계수(ϕ)를 규정하는 목적이 아닌 것은?

① 부정확한 설계방정식에 대비한 여유를 반영하기 위해
② 구조물에서 차지하는 부재의 중요도 등을 반영하기 위해
③ 재료 강도와 치수가 변동할 수 있으므로 부재의 강도 저하 확률에 대비한 여유를 반영하기 위해
④ 하중의 변경, 구조 해석할 때의 가정 및 계산의 단순화로 인해 야기될지 모르는 초과하중에 대비한 여유를 반영하기 위해

|해답| ④

■ 강도감소계수를 사용하는 이유
• 부정확한 설계방정식에 대비한 이유
• 주어진 하중조건에 대한 부재의 연성도와 소요신뢰도
• 구조물에서 차지하는 부재의 중요도 등을 반영하기 위해서
• 재료강도와 치수가 변동할 수 있으므로 부재의 강도 저하 확률에 대비한 이유

■ 하중계수를 사용하는 이유
• 하중의 변경, 구조 해석할 때의 가정 및 계산의 단순화로 인해 야기될지 모르는 초과하중에 대비한 여유를 반영하기 위해

□□□ 기 06②,08②,12①,14②,18③,19①,22①

14 철근콘크리트 부재의 비틀림철근의 상세에 대한 설명으로 틀린 것은? (단, P_h : 가장 바깥의 횡방향 폐쇄스터럽 중심선의 둘레(mm)이다.)

① 종방향 비틀림철근은 양단에 정착되어야 한다.
② 횡방향 비틀림철근의 간격은 $P_h/4$보다 작아야 하고, 또한 200mm보다 작아야 한다.
③ 종방향 철근의 지름은 스터럽 간격의 1/24 이상이어야 하며, 또한 D10 이상의 철근이어야 한다.
④ 비틀림에 요구되는 종방향 철근은 폐쇄스터럽의 둘레를 따라 300mm 이하의 간격으로 분포시켜야 한다.

|해답| ②

횡방향 비틀림철근의 간격은 $P_h/8$보다 작아야 하고, 또한 300mm보다 작아야 한다.

Remember

철근콘크리트 부재의 비틀림철근 상세
• 종방향 비틀림철근은 양단에 정착되어야 한다.
• 비틀림철근의 설계기준항복강도는 500MPa을 초과해서는 안 된다.
• 횡방향 비틀림 철근의 간격은 $P_h/8$보다 작아야 하고, 또한 300mm보다 작아야 한다.
• 횡방향 비틀림철근은 종방향 철근 주위로 135° 표준갈고리에 의해 정착하여야 한다.
• 종방향 철근의 지름은 스터럽 간격의 1/24 이상이어야 하며, D10 이상의 철근이어야 한다.
• 비틀림에 요구되는 종방향 철근은 폐쇄스터럽의 둘레를 따라 300mm 이하의 간격으로 분포시켜야 한다.
• 비틀림모멘트를 받는 속 빈 단면에서 횡방향 비틀림철근의 중심선으로부터 내부 벽면까지의 거리는 $0.5A_{oh}/P_h$ 이상이 되도록 설계하여야 한다.
• 스터럽의 각 모서리에 최소한 하나의 종방향 철근이나 긴장재가 있어야 한다.
• 종방향 철근의 지름은 스터럽 간격의 1/24 이상이어야 하며, 또한 D10 이상의 철근이어야 한다.
• 계수비틀림모멘트 $T_n = \frac{T_u}{\phi} = \frac{2A_o A_t f_{yt}}{s}\cot\theta$ 에서

$$\frac{A_t}{s} = \frac{T_u}{2(\phi A_{oh})f_{yt}\cot\theta} = \frac{T_u}{\phi} \cdot \frac{\tan\theta}{2(0.85X_o Y_o)f_{yt}}$$

☐☐☐ 기 03,05,06,07,13,19①

15 단철근 직사각형보의 설계휨강도를 구하는 식으로 옳은 것은? (단, $q = \dfrac{\rho f_y}{\eta(f_{ck})}$)

① $\phi M_n = \phi[\eta(f_{ck})bd^2 q(1-0.59q)]$
② $\phi M_n = \phi[\eta(f_{ck})bd^2(1-0.59q)]$
③ $\phi M_n = \phi[\eta(f_{ck})bd^2(1+0.59q)]$
④ $\phi M_n = \phi[\eta(f_{ck})bd^2 q(1+0.59q)]$

| 해답 | ①

설계휨강도 계산
$M_u = \phi M_n = \phi \rho f_y bd^2 \left(1 - 0.59 \dfrac{\rho f_y}{\eta(f_{ck})}\right)$
$= \phi \rho f_y bd^2 (1-0.59q)$: $\left(q = \dfrac{\rho f_y}{\eta(f_{ck})}\text{일 때}\right)$
$= \phi \eta(f_{ck}) bd^2 q(1-0.59q)$

☐☐☐ 기 06,11,12,14①,19①

16 옹벽의 구조해석에 대한 내용으로 틀린 것은?

① 부벽식 옹벽의 전면벽은 3변 지지된 2방향 슬래브로 설계할 수 있다.
② 캔틸레버식 옹벽의 전면벽은 저판에 지지된 캔틸레버로 설계할 수 있다.
③ 뒷부벽은 T형보로 설계하여야 하며, 앞부벽은 직사각형보로 설계하여야 한다.
④ 부벽식 옹벽의 저판은 정밀한 해석이 사용되지 않는 한, 부벽의 높이를 경간으로 가정한 고정보 또는 연속보로 설계할 수 있다.

| 해답 | ④

부벽식 옹벽의 저판은 정밀한 해석이 사용되지 않는 한, 부벽 사이의 거리를 경간으로 가정한 고정보 또는 연속보로 설계할 수 있다.

☐☐☐ 기 92,95,97,00,03,04,06,08,19①

17 단철근 직사각형보에서 폭 300mm, 유효높이 500mm, 인장철근단면적 1700mm²일 때 강도해석에 의한 직사각형 압축응력 분포도의 깊이(a)는? (단, $f_{ck}=20$MPa, $f_y=300$MPa이다.)

① 50mm
② 100mm
③ 200mm
④ 400mm

| 해답 | ②

$a = \dfrac{A_s f_y}{\eta(0.85 f_{ck})b} = \dfrac{1700 \times 300}{1 \times 0.85 \times 20 \times 300} = 100\,\text{mm}$

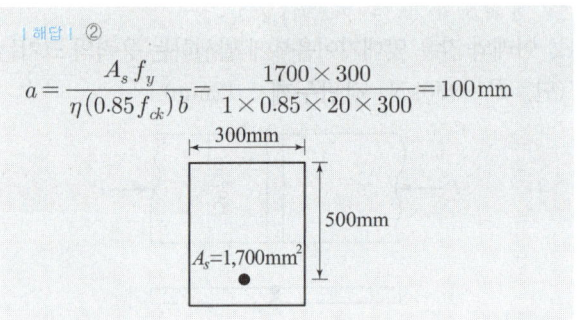

☐☐☐ 기 02,04,06,10②,18③,19①,21③

18 그림과 같은 필렛 용접에서 일어나는 응력으로 옳은 것은? (단, KDS 14 30 25 강구조 연결 설계기준(허용응력설계법)에 따른다.)

① 82.3MPa
② 95.05MPa
③ 109.02MPa
④ 130.25MPa

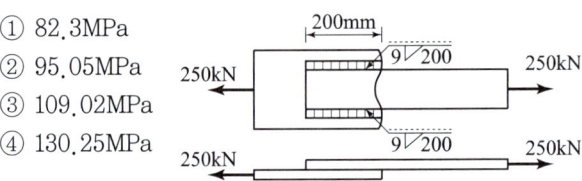

| 해답 | ③

$v = \dfrac{P}{\sum a \cdot l_e} = \dfrac{P}{\sum a \cdot (l - 2 \times \text{모살치수})}$

- $a = 9 \times 0.7 = 6.3\,\text{mm}$, $l_e = 200 - 2 \times 9 = 182\,\text{mm}$
- $\therefore v = \dfrac{250 \times 10^3}{6.3 \times 2 \times 182} = 109.02\,\text{MPa}$

(∵ 2면이 필렛용접)

☐☐☐ 기 03,19①,24①

19 캔틸레버식 옹벽(역T형 옹벽)에서 뒷굽판의 길이를 결정할 때 가장 주가 되는 것은?

① 전도에 대한 안정
② 침하에 대한 안정
③ 활동에 대한 안정
④ 지반지지력에 대한 안정

| 해답 | ③

캔틸레버식 옹벽(역T형 옹벽)
- 저판의 뒷굽판(heel)은 주로 저판 위의 활하중, 흙의 자중에 의해서 설계한다.
- 옹벽의 뒷면에서 작용하는 횡토압의 수평력에 의하여 활동하려고 한다.
  이 활동에 저항하는 힘은 옹벽 밑면에서 마찰과 점착력으로 형성된다.
- 활동에 대한 저항력은 옹벽에 작용하는 수평력의 1.5배 이상이어야 한다.

기 03,19①

20 표준갈고리를 갖는 인장 이형철근의 정착에 대한 설명으로 옳지 않은 것은?
(단, d_b는 철근의 공칭지름이다.)

① 갈고리는 압축을 받는 경우 철근정착에 유효하지 않은 것으로 본다.
② 정착길이는 위험단면부터 갈고리의 외측단까지 길이로 나타낸다.
③ f_{sp}값이 규정되어 있지 않은 경우 모래경량콘크리트의 경량콘크리트계수 λ는 0.7이다.
④ 기본정착길이에 보정계수를 곱하여 정착길이를 계산하는데 이렇게 구한 정착길이는 항상 $8d_b$이상, 또한 150mm 이상이어야 한다.

| 해답 | ③

f_{sp}값이 규정되어 있지 않은 경우 경량콘크리트계수 λ
- $\lambda = 0.75$: 전경량콘크리트
- $\lambda = 0.85$: 모래경량콘크리트

제2회 2019년 4월 27일

기 02,19②

01 $b = 300\text{mm}$, $d = 600\text{mm}$, $A_s = 3-\text{D}35 = 2870\text{mm}^2$인 직사각형 단면보의 파괴 양상은? (단, 강도설계법에 의한 $f_y = 300\text{MPa}$, $f_{ck} = 21\text{MPa}$이다.)

① 취성파괴
② 연성파괴
③ 균형파괴
④ 파괴되지 않는다.

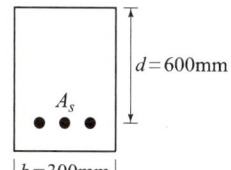

| 해답 | ②

- 평형 철근비균형철근비
$f_{ck} = 21\text{MPa} \leq 40\text{MPa}$일 때
$\eta = 1.0$, $\beta_1 = 0.80$
$$\rho_b = \frac{\eta(0.85f_{ck})\beta_1}{f_y} \cdot \frac{660}{660+f_y}$$
$$= \frac{1 \times 0.85 \times 21 \times 0.80}{300} \cdot \frac{660}{660+300} = 0.0327$$
- 철근비 $\rho = \dfrac{A_s}{bd} = \dfrac{2370}{300 \times 600} = 0.0132$
- $\rho_b > \rho$
∴ 연성파괴가 일어난다.

기 01,03,04,06,09,11①,13④,17①,19②, 산 09

02 보통중량콘크리트의 설계기준강도가 35MPa, 철근의 항복강도가 400MPa로 설계된 부재에서 공칭지름이 25mm인 압축이형철근의 기본정착길이는?

① 425mm   ② 430mm
③ 1010mm ④ 1015mm

| 해답 | ②

압축이형철근의 기본정착길이
$$l_{db} = \frac{0.25d_b f_y}{\lambda\sqrt{f_{ck}}} \geq 0.043d_b f_y$$

- $l_{db} = \dfrac{0.25d_b f_y}{\lambda\sqrt{f_{ck}}} = \dfrac{0.25 \times 25 \times 400}{1 \times \sqrt{35}} = 423\text{mm}$
- $l_{db} \geq 0.043d_b f_y = 0.043 \times 25 \times 400 = 430\text{mm}$
∴ $l_{db} = 430\text{mm}$

□□□ 기 11①,16①,19②,25②

03 아래의 그림과 같은 두께 12mm 평판의 순단면적은? (단, 구멍의 지름은 23mm이다.)

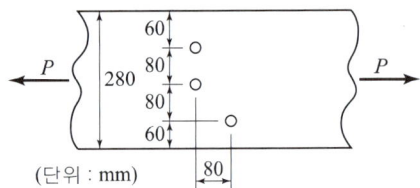

① 2310mm²
② 2440mm²
③ 2772mm²
④ 2928mm²

| 해답 | ③

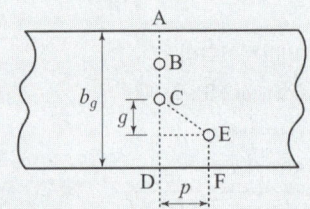

- 순단면적 $A_n = b_n t$
- 지그재그형 배열 순폭
  - 순폭(b_n) : 두 값 중 작은 값
  - ABCD 단면 $b_n = b_g - 2d = 280 - 2 \times 23 = 234$ mm
  - ABCEF 단면 $b_n = b_g - 2d - \left(d - \dfrac{p^2}{4g}\right)$
  $$= 280 - 2 \times 23 - \left(23 - \dfrac{80^2}{4 \times 80}\right)$$
  $$= 231 \text{ mm}$$

∴ $A_n = b_n t = 231 \times 12 = 2772$ mm²

□□□ 기 13②,19②

04 1방향 철근콘크리트 슬래브에서 설계기준항복강도(f_y)가 450MPa인 이형철근을 사용한 경우 수축·온도 철근 비는?

① 0.0016
② 0.0018
③ 0.0020
④ 0.0022

| 해답 | ②

설계기준강도가 400MPa 이상 초과하는 이형철근을 사용한 1방향 철근 슬래브의 수축온도철근비

∴ $\rho = 0.0020 \times \dfrac{400}{f_y} = 0.0020 \times \dfrac{400}{450} = 0.0018$

□□□ 기 19②

05 철근콘크리트 부재에서 처짐을 방지하기 위해서는 부재의 두께를 크게 하는 것이 효과적인데, 구조상 가장 두꺼워야 될 순서대로 나열된 것은? (단, 동일한 부재 길이(l)를 갖는다고 가정)

① 캔틸레버 > 단순지지 > 일단연속 > 양단연속
② 단순지지 > 캔틸레버 > 일단연속 > 양단연속
③ 일단연속 > 양단연속 > 단순지지 > 캔틸레버
④ 양단연속 > 일단연속 > 단순지지 > 캔틸레버

| 해답 | ①

처짐을 계산하지 않는 경우의 보 또는 1방향 슬래브의 최소두께

부재	단순지지	일단연속	양단연속	캔틸레버
• 1방향 슬래브	$\dfrac{l}{20}$	$\dfrac{l}{24}$	$\dfrac{l}{28}$	$\dfrac{l}{10}$
• 보 또는 리브가 있는 1방향 슬래브	$\dfrac{l}{16}$	$\dfrac{l}{18.5}$	$\dfrac{l}{21}$	$\dfrac{l}{8}$

∴ 캔틸레버 > 단순지지 > 일단연속 > 양단연속

□□□ 산 02, 기 06,08,11,12,15,19②,22①

06 복철근 콘크리트 단면에 인장철근비는 0.02, 압축철근비는 0.01이 배근된 경우 순간처짐이 20mm일 때 6개월이 지난 후 총처짐량은? (단, 작용하는 하중은 지속하중이며 6개월 재하기간에 따르는 계수 ξ는 1.2이다.)

① 56mm
② 46mm
③ 36mm
④ 26mm

| 해답 | ③

$$\lambda = \dfrac{\xi}{1 + 50\rho'}$$

- 6개월 이상
  $\xi = 1.2$ (12개월=1.4, 6개월=1.2, 3개월=1.0)
- 압축철근비 $\rho' = 0.01$

∴ $\lambda = \dfrac{1.2}{1 + 50 \times 0.01} = 0.8$

- 장기처짐 = 순간처짐(탄성침하) × 장기처짐계수(λ)
  $= 20 \times 0.8 = 16$ mm

∴ 총처짐량 = 순간처짐 + 장기처짐
  $= 20 + 16 = 36$ mm

□□□ 기 08,09,11②,19②

07 철근콘크리트 부재의 피복두께에 관한 설명으로 틀린 것은?

① 최소 피복두께를 제한하는 이유는 철근의 부식방지, 부착력의 증대, 내화성을 갖도록 하기 위해서이다.
② 현장치기 콘크리트로서, 흙에 접하거나 옥외의 공기에 직접 노출되는 콘크리트의 최소 피복두께는 D19 이상의 철근의 경우 40mm이다.
③ 현장치기 콘크리트로서, 흙에 접하여 콘크리트를 친 후 영구히 흙에 묻혀 있는 콘크리트의 최소 피복두께는 75mm이다.
④ 콘크리트 표면과 그와 가장 가까이 배치된 철근 표면 사이의 콘크리트 두께를 피복두께라 한다.

| 해답 | ②

프리스트레스하지 않는 부재의 현장치기 콘크리트

철근의 외부조건		최소피복
흙에 접하여 콘크리트를 친 후 영구히 흙에 묻혀 있는 콘크리트		75mm
흙에 접하거나 옥외의 공기에 직접 노출되는 콘크리트	D19 이상의 철근	50mm
	D16 이하의 철근, 지름 16mm 이하의 철선	40mm

∴ 현장치기 콘크리트로서, 흙에 접하거나 옥외의 공기에 직접 노출되는 콘크리트의 최소 피복두께는 D19 이상의 철근의 경우 50mm이다.

□□□ 기 11,12,15,17①,19②,22②

08 폭이 400mm, 유효깊이가 500mm인 단철근 직사각형보 단면에서, 강도설계법에 의한 균형철근량은 약 얼마인가? (단, $f_{ck}=35$MPa, $f_y=400$MPa)

① 6135mm²
② 6623mm²
③ 7409mm²
④ 7841mm²

| 해답 | ③

철근량 $A_s = \rho_b bd$

• $f_{ck} = 35$MPa ≤ 40MPa 일 때
  $\eta = 1.0$, $\beta_1 = 0.80$

• $\rho_b = \dfrac{\eta(0.85f_{ck})\beta_1}{f_y} \cdot \dfrac{660}{660+f_y}$
  $= \dfrac{1 \times 0.85 \times 35 \times 0.80}{400} \times \dfrac{660}{660+400} = 0.037047$

∴ $A_s = 0.037047 \times 400 \times 500 = 7409$mm²

□□□ 기 00,03,05,06,07,13②,19②

09 계수하중에 의한 단면의 계수휨모멘트(M_u)가 350kN·m인 단철근 직사각형보의 유효깊이(d)의 최솟값은? (단, $\rho=0.0135$, $b=300$mm, $f_{ck}=24$MPa, $f_y=300$MPa, 인장지배 단면이다.)

① 245mm
② 368mm
③ 490mm
④ 613mm

| 해답 | ④

$M_u = \phi M_n = \phi \rho f_y bd^2 \left(1 - 0.59\rho \dfrac{f_y}{\eta(f_{ck})}\right)$ 에서

• $d = \sqrt{\dfrac{\phi M_n}{\phi b \eta(f_{ck}) q(1-0.59q)}}$

• $q = \rho \dfrac{f_y}{\eta(f_{ck})} = 0.0135 \times \dfrac{300}{1 \times 24} = 0.169$

∴ $d = \sqrt{\dfrac{350}{0.85 \times 300 \times 1 \times 24 \times 0.169(1-0.59 \times 0.169)}}$
  $= 0.613$m $= 613$mm

■ [계산기 f_x 570 ES] SOLVE 사용법

$M_u = \phi M_n = \phi \rho f_y bd^2 \left(1 - 0.59\rho \dfrac{f_y}{\eta(f_{ck})}\right)$

$350 \times 10^6 = 0.85 \times 0.0135 \times 300 \times 300 \times d^2$
$\times \left(1 - 0.59 \times 0.0135 \times \dfrac{300}{1 \times 24}\right)$

먼저 350×10^6 ☞ ALPHA ☞ SOLVE = ☞
$0.85 \times 0.0135 \times 300 \times 300 \times$
☞ ALPHA X^2 ☞ $0.85 \times 0.0135 \times 300 \times 300 \times X^2 \times$
$\left(1 - 0.59 \times 0.0135 \times \dfrac{300}{1 \times 24}\right)$
☞ SHIFT ☞ SOLVE ☞ = ☞ 잠시 기다리면
$X = 613.493$ ∴ $d = 613$mm

□□□ 기 92,97,00,02,19②

10 철근콘크리트 보에 스터럽을 배근하는 가장 중요한 이유로 옳은 것은?

① 주철근 상호간의 위치를 바르게 하기 위하여
② 보에 작용하는 사인장응력에 의한 균열을 제어하기 위하여
③ 콘크리트와 철근과의 부착강도를 높이기 위하여
④ 압축측 콘크리트의 좌굴을 방지하기 위하여

| 해답 | ②

전단철근(스터럽, 절곡철근)을 두는 이유는 보의 사인장 응력(전단응력)에 의한 균열을 막기 위해서이다.

□□□ 기 10,12④,15①,19②

11 그림과 같은 나선철근 기둥에서 나선철근의 간격(pitch)으로 적당한 것은? (단, 소요나선철근비(ρ_s)는 0.018, 나선철근의 지름은 12mm, D_c는 나선철근의 바깥지름)

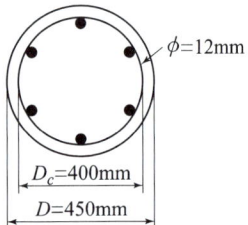

① 61mm ② 85mm
③ 93mm ④ 105mm

| 해답 | ①

$$\rho_s = \frac{나선철근의\ 총체적}{심부\ 체적}$$
$$= \frac{\pi D_c \cdot a_c}{\frac{\pi D_c^2}{4} \cdot p} = \frac{4a_c}{D_c \cdot p} \quad (\because a_c : 나선철근\ 단면적)$$

$$\therefore 간격\ p = \frac{4a_c}{D_c \cdot \rho_s} = \frac{4 \times \frac{\pi \times 12^2}{4}}{(400+12) \times 0.018} = 61.0\text{mm}$$

□□□ 기 00,15②,19②,21③,22③

12 그림과 같은 필렛용접의 유효목두께로 옳게 표시된 것은? (단, 강구조 연결 설계기준에 따름)

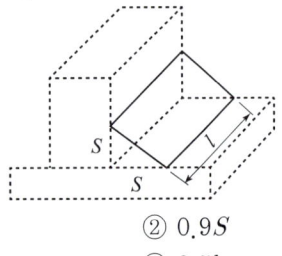

① S ② $0.9S$
③ $0.7S$ ④ $0.5l$

| 해답 | ③

용접부의 목두께(필렛용접)
- 필렛용접의 유효목두께(a)는 모살치수의 0.7배로 한다.
  $a = 0.7S$
- 필렛용접의 유효길이(l_e)는 필렛용접의 총길이(l)에서 2배의 모살치수를 공제한 값으로 한다.
  $l_e = l - 2 \times$ 모살치수

□□□ 기 06,08,10,14①,16①,19②,25③

13 그림과 같은 단면의 중간 높이에 초기 프리스트레스 900kN을 작용시켰다. 20%의 손실을 가정하여 하단 또는 상단의 응력이 영(零)이 되도록 이 단면에 가할 수 있는 모멘트의 크기는?

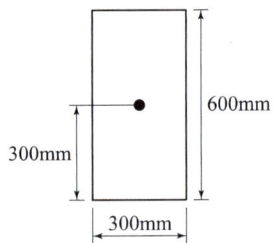

① 90kN·m ② 84kN·m
③ 72kN·m ④ 65kN·m

| 해답 | ③

- $f_t = \dfrac{P_e}{A} - \dfrac{M}{I}y = 0$ 에서

  $M = \dfrac{P_e \cdot I}{A \cdot y} = \dfrac{P_e bh^2}{6bh} = \dfrac{P_e \cdot h}{6}$

- $P_e = P_i - \Delta P = 900 - 900 \times 0.20 = 720\text{kN}$

$\therefore M = \dfrac{720 \times 0.6}{6} = 72\text{kN}\cdot\text{m}$

□□□ 기 07,09,19②,25①

14 옹벽의 토압 및 설계일반에 대한 설명 중 옳지 않은 것은?

① 활동에 대한 저항력은 옹벽에 작용하는 수평력의 1.5배 이상이어야 한다.
② 뒷부벽식 옹벽의 저판은 정밀한 해석이 사용되지 않는 한, 3변 지지된 2방향 슬래브로 설계하여야 한다.
③ 뒷부벽은 T형보로 설계하여야 하며, 앞부벽은 직사각형보로 설계하여야 한다.
④ 지반에 유발되는 최대 지반반력이 지반의 허용지지력을 초과하지 않아야 한다.

| 해답 | ②

- 부벽식 옹벽의 저판은 정밀한 해석이 사용하지 않는 한, 부벽 사이의 거리를 경간으로 가정한 고정보 또는 연속보로 설계할 수 있다.
- 부벽식 옹벽의 전면벽은 3변 지지된 2방향 슬래브로 설계할 수 있다.

15 폭 350mm, 유효깊이 500mm인 보에 설계기준항복강도가 400MPa인 D13 철근을 인장 주철근에 대한 경사각(α)이 60°인 U형 경사 스터럽으로 설치했을 때 전단보강철근의 공칭강도(V_s)는? (단, 스터럽 간격 $s=250$mm, D13 철근 1본의 단면적은 127mm²이다.)

① 201.4kN ② 212.7kN
③ 243.2kN ④ 277.6kN

| 해답 | ④

경사 스터럽을 전단철근으로 사용하는 경우의 단면의 공칭전단강도
$$V_s = \frac{A_v f_y (\sin\alpha + \cos\alpha) d}{s}$$
$$= \frac{2 \times 127 \times 400(\sin 60° + \cos 60°) \times 500}{250}$$
$$= 277576\text{N} = 277.6\text{kN}$$

16 다음 그림의 고장력 볼트 마찰이음에서 필요한 볼트 수는 최소 몇 개인가? (단, 볼트는 M22($\phi=22$mm), F10T를 사용하며, 마찰이음의 허용력은 48kN이다.)

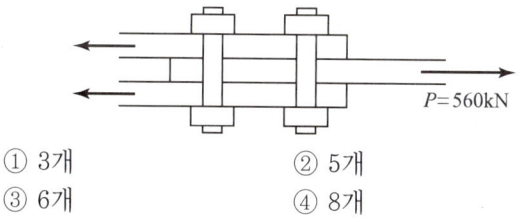

① 3개 ② 5개
③ 6개 ④ 8개

| 해답 | ③

$$n = \frac{P}{2\rho_a} = \frac{560}{2 \times 48} = 5.8 = 6개$$
(∵ 2면 마찰이므로)

17 프리스트레스의 도입 후 일어나는 손실의 원인이 아닌 것은?

① 콘크리트의 크리프
② PS 강재와 시스 사이의 마찰
③ 콘크리트의 건조수축
④ PS강재의 릴랙세이션

| 해답 | ②

프리스트레스의 감소

도입 시 손실	도입 후 손실
• 정착장치의 활동 • PC 강재와 시스 사이의 마찰 • 콘크리트의 탄성 수축	• 콘크리트의 크리프 • 콘크리트의 건조수축 • PC 강재의 릴랙세이션

18 다음은 프리스트레스트 콘크리트에 관한 설명이다. 옳지 않은 것은?

① 프리캐스트를 사용할 경우 거푸집 및 동바리공이 불필요하다.
② 콘크리트 전 단면을 유효하게 이용하여 RC부재보다 경간을 길게 할 수 있다.
③ RC에 비해 단면이 작아서 변형이 크고 진동하기 쉽다.
④ RC보다 내화성에 있어서 유리하다.

| 해답 | ④

고강도 강재는 고온에 접하면 강도가 갑자기 감소되므로 RC보다 내화성에서 불리하다.

19 경간 $l=10$m인 대칭 T형보에서 양쪽 슬래브의 중심간 거리 2100mm, 슬래브의 두께(t) 100mm, 복부의 폭(b_w) 400mm일 때 플랜지의 유효폭은 얼마인가?

① 2000mm ② 2100mm
③ 2300mm ④ 2500mm

| 해답 | ①

■T형보(대칭)의 유효폭(b_e)결정
• $16t + b_w = 16 \times 100 + 400 = 2000$mm
• 양쪽 슬래브의 중심간 거리 : $b_c = 2100$mm
• 보의 경간 $\times \frac{1}{4}$: $10000 \times \frac{1}{4} = 2500$mm

∴ $b_e = 2000$mm (∵ 최솟값)

□□□ 기 09,10,11,13,18①,19②,25③

20 그림과 같은 철근콘크리트 보 단면이 파괴 시 인장 철근의 변형률은? (단, $f_{ck}=28\text{MPa}$, $f_y=350\text{MPa}$, $A_s=1520\text{mm}^2$)

① 0.004
② 0.008
③ 0.011
④ 0.015

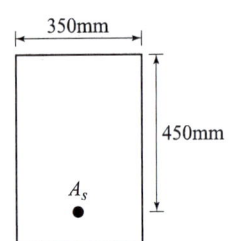

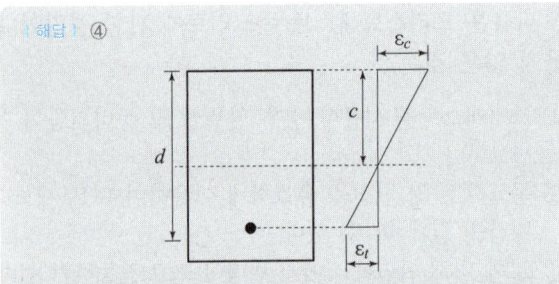

| 해답 | ④

$c:\epsilon_c=(d-c):\epsilon_t$ 에서 변형률 $\epsilon_t=\dfrac{(d-c)\times 0.0033}{c}$

- $a=\dfrac{A_s f_y}{\eta(0.85f_{ck})b}=\dfrac{1520\times 350}{1\times 0.85\times 28\times 350}=64\text{mm}$
- $c=\dfrac{a}{\beta_1}=\dfrac{64}{0.80}=80\text{mm}$

$\therefore \epsilon_t=\dfrac{(450-80)\times 0.0033}{80}=0.015$

제3회 2019년 8월 4일

□□□ 기 02,05,07,09,11②,14④,17①④,19③,20③

01 순단면이 볼트의 구멍 하나를 제외한 단면(즉, A-B-C 단면)과 같도록 피치(s)를 결정하면? (단, 구멍의 지름은 18mm이다.)

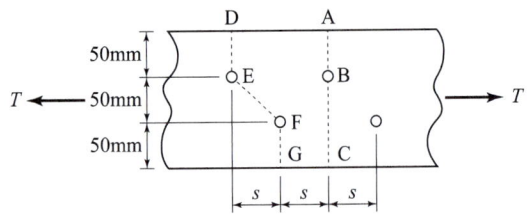

① 50mm ② 55mm
③ 60mm ④ 65mm

| 해답 | ③

- 단면 ABC의 순폭=단면 DEFG의 순폭

$b_n=b_g-d-\left(d-\dfrac{s^2}{4g}\right)=b_g-d$ 에서

$d-\dfrac{s^2}{4g}=0$

$\therefore$ 피치 $s=\sqrt{4gd}=\sqrt{4\times 50\times 18}=60\text{mm}$

□□□ 기 05,07,09,10,13①②,16②,19③

02 휨을 받는 인장 이형철근으로 4-D25 철근이 배치되어 있을 경우 그림과 같은 직사각형 단면 보의 기본정착길이(l_{db})는? (단, 철근의 공칭지름=25.4mm, D25 철근 1개의 단면적=507mm², $f_{ck}=24\text{MPa}$, $f_y=400\text{MPa}$, 보통중량콘크리트이다.)

① 519mm
② 1150mm
③ 1245mm
④ 1400mm

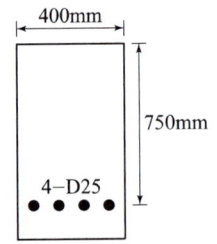

| 해답 | ③

$l_{db}=\dfrac{0.6 d_b f_y}{\lambda\sqrt{f_{ck}}}=\dfrac{0.6\times 25.4\times 400}{1\times \sqrt{24}}=1244.34\text{mm}$

□□□ 기 07,09,14②,19③

03 그림과 같이 $P=300kN$의 인장응력이 작용하는 판 두께 10mm인 철판에 $\phi 19mm$인 리벳을 사용하여 접합할 때 소요 리벳수는? (단, 허용전단응력=110MPa, 허용지압응력=220MPa이다.)

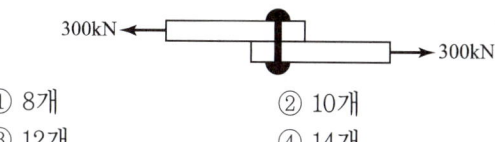

① 8개
② 10개
③ 12개
④ 14개

| 해답 | ②

리벳수 $n = \dfrac{P}{\rho}$

• 전단강도 $\rho_s = v_a \times \dfrac{\pi d^2}{4}$

$= 110 \times \dfrac{\pi \times 19^2}{4} = 31188\,N = 31\,kN$

• 지압강도 $\rho_b = f_{ba} dt = 220 \times 19 \times 10 = 41800\,N$
$= 42\,kN$

• 리벳강도 $\rho = 31\,N$ (작은 값)

$\therefore n = \dfrac{P}{\rho} = \dfrac{300}{31} = 9.68 = 10$개

□□□ 기 08,12,15,19③,25②

04 옹벽의 구조해석에 대한 설명으로 틀린 것은? (단, 기타 콘크리트구조 설계기준에 따른다.)

① 부벽식 옹벽의 전면벽은 2변 지지된 1방향 슬래브로 설계하여야 한다.
② 뒷부벽은 T형보로 설계하여야 하며, 앞부벽은 직사각형보로 설계하여야 한다.
③ 저판의 뒷굽판은 정확한 방법이 사용되지 않는 한, 뒷굽판 상부에 재하되는 모든 하중을 지지하도록 설계하여야 한다.
④ 캔틸레버식 옹벽의 저판은 전면벽과의 접합부를 고정단으로 간주한 캔틸레버로 가정하여 단면을 설계할 수 있다.

| 해답 | ①

부벽식 옹벽의 추가철근은 3변 지지된 2방향 슬래브로 설계하여야 한다.

□□□ 기 94,01,03,08,11①,16④,18①,19③,20②,22①②

05 단철근 직사각형보에서 $f_{ck}=32MPa$이라면 등가직사각형 응력블록과 관계된 계수 β_1은?

① 0.85
② 0.83
③ 0.82
④ 0.80

| 해답 | ④

$f_{ck}=32MPa \leq 40MPa$일 때
$\eta=1.0,\ \beta_1=0.80$

□□□ 기 91,99,01,03,08,19③

06 PS 강재응력 $f_{ps}=1200MPa$, PS 강재 도심 위치에서 콘크리트의 압축응력 $f_c=7MPa$일 때, 크리프에 의한 PS 강재의 인장응력 감소율은? (단, 크리프 계수는 2이고, 탄성계수비는 6이다.)

① 7%
② 8%
③ 9%
④ 10%

| 해답 | ①

감소율 $= \dfrac{\Delta f_p}{f_{ps}} \times 100$

• $\Delta f_p = n f_c \psi_t = 6 \times 7 \times 2 = 84\,MPa$

$\therefore$ 감소율 $= \dfrac{84}{1200} \times 100 = 7\%$

□□□ 기 03,10①,16①,19③,25②

07 철골 압축재의 좌굴안정성에 대한 설명 중 틀린 것은?

① 좌굴길이가 길수록 유리하다.
② 단면 2차 반지름이 클수록 유리하다.
③ 힌지지지보다 고정지지가 유리하다.
④ 단면 2차 모멘트값이 클수록 유리하다.

| 해답 | ①

세장비 $\lambda = \dfrac{kl}{r}$: 세장비가 작을수록 안정한다.
즉, 좌굴길이(l)가 짧을수록 유리하다.

08
설계기준압축강도(f_{ck})가 24MPa이고, 쪼갬인장강도(f_{sp})가 2.4MPa인 경량골재 콘크리트에 적용하는 경량콘크리트계수(λ)는?

① 0.75 ② 0.81
③ 0.87 ④ 0.93

| 해답 | ③

f_{sp}값이 주어진 경우

$\lambda = \dfrac{f_{sp}}{0.56\sqrt{f_{ck}}} \leq 1.0$

$= \dfrac{2.4}{0.56\sqrt{24}} = 0.87 \leq 1.0$

Remember

경량콘크리트계수 λ

- f_{sp}값이 규정되어 있지 않은 경우
  - $\lambda = 0.75$: 전경량콘크리트
  - $\lambda = 0.85$: 모래경량콘크리트
- f_{sp}값이 주어진 경우
  - $\lambda = \dfrac{f_{sp}}{0.56\sqrt{f_{ck}}} \leq 1.0$

09
부분 프리스트레싱(partial prestressing)에 대한 설명으로 옳은 것은?

① 부재단면의 일부에만 프리스트레스를 도입하는 방법
② 구조물에 부분적으로 프리스트레스트 콘크리트 부재를 사용하는 방법
③ 사용하중 작용 시 프리스트레스트 콘크리트 부재 단면의 일부에 인장응력이 생기는 것을 허용하는 방법
④ 프리스트레스트 콘크리트 부재 설계 시 부재 하단에만 프리스트레스를 주고 부재 상단에는 프리스트레스하지 않는 방법

| 해답 | ③

부분 프리스트레싱
사용하중 재하 시 부재 내에 허용범위 안에서 인장응력의 발생을 허용하며, 인장받는 부분에 철근을 사용하도록 설계하는 프리스트레싱 방법

10
다음 중 최소전단철근을 배치하지 않아도 되는 경우가 아닌 것은? (단, $\dfrac{1}{2}\phi V_c < V_u$인 경우이며, 콘크리트구조 전단 및 비틀림 설계기준에 따른다.)

① 슬래브와 기초판
② 전체깊이가 450mm 이하인 보
③ 교대 벽체 및 날개벽, 옹벽의 벽체, 암거 등과 같이 휨이 주거동인 판부재
④ 전단철근이 없어도 계수휨모멘트와 계수전단력에 저항할 수 있다는 것을 실험에 의해 확인할 수 있는 경우

| 해답 | ②

최소전단철근을 배제하는 경우
- 슬래브와 기초판
- 전체깊이가 250mm 이하인 보
- 교대 벽체 및 날개벽, 옹벽의 벽체, 암거 등과 같이 휨이 주거동인 판부재
- 전단철근이 없어도 계수휨모멘트와 계수전단력에 저항할 수 있다는 것을 실험에 의해 확인할 수 있는 경우
- 순단면의 깊이가 315mm를 초과하지 않는 속 빈 부재에 작용하는 계수전단력이 $0.5\phi V_{cw}$를 초과하지 않는 경우

11
T형 보에서 주철근이 보의 방향과 같은 방향일 때 하중이 직접적으로 플랜지에 작용하게 되면 플랜지가 아래로 휘면서 파괴될 수 있다. 이 휨 파괴를 방지하기 위해서 배치하는 철근은?

① 연결철근 ② 표피철근
③ 종방향 철근 ④ 횡방향 철근

| 해답 | ④

횡방향 철근
- 콘크리트를 구속시키고, 축방향 철근의 항복이 예상되는 부위에서 축방향 철근을 횡지하는 데 주로 사용된다.
- T형보에서 주철근이 보의 방향과 같은 방향일 때 하중이 직접적으로 플랜지에 작용하게 되면 플랜지가 아래로 휘면서 파괴될 때 이 휨파괴를 방지하기 위해서 배치하는 철근이다.

□□□ 기 03,10,13④,19③

12 그림과 같은 임의 단면에서 등가 직사각형 응력분포가 빗금 친 부분으로 나타났다면 철근량(A_s)은? (단, $f_{ck}=21\text{MPa}$, $f_y=400\text{MPa}$)

① 874mm²
② 1028mm²
③ 1543mm²
④ 2109mm²

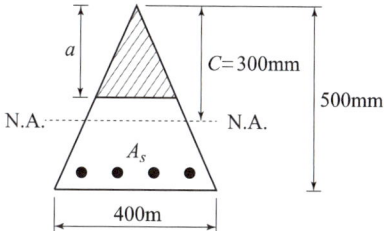

|해답| ②

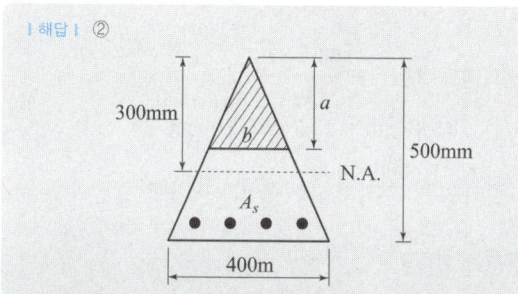

■ a의 길이 계산
- $f_{ck} \leq 40\text{MPa}$의 경우 $\beta_1 = 0.80$
- $a = \beta_1 \cdot c = 0.80 \times 300 = 240\text{mm}$
- $a:b = 500:400$
  $\therefore b = \dfrac{400a}{500} = \dfrac{400 \times 240}{500} = 192\text{mm}$

■ $C = T$
- $C = \eta(0.85f_{ck})\left(\dfrac{1}{2}ab\right)$
  $= 1 \times 0.85 \times 21 \times \left(\dfrac{1}{2} \times 240 \times 192\right) = 411264$
- $T = A_s f_y = A_s \times 400 = 400A_s = 411264$
  $\therefore A_s = \dfrac{411264}{400} = 1028\text{mm}^2$

□□□ 기 92,97,00,02,19②③

13 철근콘크리트 보에서 스터럽을 배근하는 주목적으로 옳은 것은?

① 철근의 인장강도가 부족하기 때문에
② 콘크리트의 탄성이 부족하기 때문에
③ 콘크리트의 사인장강도가 부족하기 때문에
④ 철근과 콘크리트의 부착강도가 부족하기 때문에

|해답| ③

전단철근(스터럽, 절곡철근)을 두는 이유는 보의 사인장응력(전단응력)에 의한 균열을 막기 위해서이다.

□□□ 기 07①,09③,10,11②,16①,19①③,25①

14 2방향 슬래브 설계에 사용되는 직접설계법의 제한사항으로 틀린 것은?

① 각 방향으로 2경간 이상 연속되어야 한다.
② 각 방향으로 연속한 받침부 중심간 경간 차이는 긴 경간의 1/3 이하이어야 한다.
③ 연속한 기둥 중심선을 기준으로 기둥의 어긋남은 그 방향 경간의 10% 이하이어야 한다.
④ 모든 하중은 슬래브판 전체에 걸쳐 등분포된 연직하중이어야 하며, 활하중은 고정하중의 2배 이하이어야 한다.

|해답| ①

각 방향으로 3경간 이상이 연속되어야 한다.

Remember

콘크리트 슬래브 설계 시 직접설계법을 적용할 수 있는 제한사항
- 각 방향으로 3경간 이상 연속되어야 한다.
- 각 방향으로 연속한 받침부 중심간 경간 차이는 긴 경간의 1/3 이하이어야 한다.
- 슬래브판들은 단변경간에 대한 장변경간의 비가 2 이하인 직사각형이어야 한다.
- 연속한 기둥 중심선을 기준으로 기둥의 어긋남은 그 방향 경간의 10% 이하이어야 한다.
- 모든 하중은 연직 하중으로서 슬래브판 전체에 등분포되어야 한다.

□□□ 기 19③

15 다음 중 공칭축강도에서 최외단 인장철근의 순인장변형률 ϵ_t를 계산하는 경우에 제외되는 것은? (단, 콘크리트구조 해석과 설계 원칙에 따른다.)

① 활하중에 의한 변형률
② 고정하중에 의한 변형률
③ 지붕활하중에 의한 변형률
④ 유효프리스트레스 힘에 의한 변형률

|해답| ④

공칭축강도에서 최외단 인장철근의 순인장변형률(ϵ_t) 계산에서 프리스트레스, 크리프, 건조수축, 온도변화에 의한 변형률은 제외한다.

16 그림과 같은 T형 단면을 강도설계법으로 해석할 경우, 플랜지 내민 부분의 압축력과 균형을 이루기 위한 철근 단면적(A_{sf})은? (단, $f_{ck}=21\text{MPa}$, $f_y=400\text{MPa}$ 이다.)

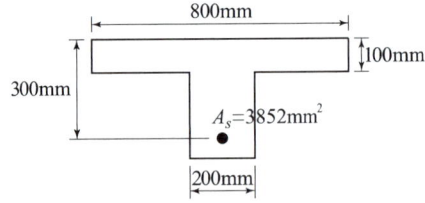

① 1175.2mm² ② 1275.0mm²
③ 1375.8mm² ④ 2677.5mm²

| 해답 | ④

$C=T$에서
$\eta(0.85f_{ck})(b-b_w)t_f = f_y A_{sf}$
$\therefore A_{sf} = \dfrac{\eta(0.85f_{ck})\cdot t(b-b_w)}{f_y}$
$= \dfrac{1\times 0.85 \times 21 \times 100(800-200)}{400}$
$= 2677.5\text{mm}^2$

17 그림과 같이 긴장재를 포물선으로 배치하고, $P=2500\text{kN}$으로 긴장했을 때 발생하는 등분포 상향력을 등가하중의 개념으로 구한 값은?

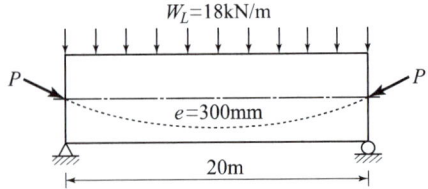

① 10kN/m ② 15kN/m
③ 20kN/m ④ 25kN/m

| 해답 | ②

$P\cdot s = \dfrac{u\cdot l^2}{8}$에서 $u=\dfrac{8Ps}{l^2}$
$s=300\text{mm}=0.3\text{m}$
$\therefore u = \dfrac{8\times 2500 \times 0.3}{20^2} = 15\text{kN/m}$

18 단면이 300mm×300mm인 철근콘크리트 보의 인장부에 균열이 발생할 때의 모멘트(M_{cr})가 13.9kN·m이다. 이 콘크리트의 설계기준압축강도(f_{ck})는? (단, 보통중량콘크리트이다.)

① 18MPa ② 21MPa
③ 24MPa ④ 27MPa

| 해답 | ③

$M_{cr} = \dfrac{f_r}{y_t}I_g$, $f_r = 0.63\lambda\sqrt{f_{ck}}$

균열모멘트 $M_{cr} = \dfrac{0.63\lambda\sqrt{f_{ck}}}{y_t}I_g$

• $M_{cr} = 13.9\text{kN}\cdot\text{m} = 13.9\times 10^6 \text{N}\cdot\text{mm}$
• $I_g = \dfrac{bh^3}{12} = \dfrac{300\times 300^3}{12} = 675\times 10^6 \text{mm}^4$
• $y_t = \dfrac{h}{2} = \dfrac{300}{2} = 150\text{mm}$

$\therefore 13.9\times 10^6 = \dfrac{0.63\times 1\times \sqrt{f_{ck}}}{150}\times 675\times 10^6$

☞ [계산기 f_x 570] **SOLVE 사용법**

먼저 13.9×10^6 ☞ ALPHA ☞ SOLVE = ☞
$\dfrac{0.63\times 1\times \sqrt{ALPHA\,X}}{150}\times 675\times 10^6$
☞ SHIFT ☞ SOLVE ☞ = ☞ 잠시 기다리면
$X = 24.039$
$\therefore f_{ck} = 24.0\text{N/mm}^2 = 24.0\text{MPa}$

19 다음 설명 중 옳지 않은 것은?

① 과소철근 단면에서는 파괴 시 중립축은 위로 조금 올라간다.
② 과다철근 단면인 경우 강도설계에서 철근의 응력은 철근의 변형률에 비례한다.
③ 과소철근 단면인 보는 철근량이 적어 변형이 갑자기 증가하면서 취성파괴를 일으킨다.
④ 과소철근 단면에서는 계수하중에 의해 철근의 인장응력이 먼저 항복강도에 도달된 후 파괴된다.

| 해답 | ③

과소철근 단면에서는 철근량이 적어 먼저 항복하게 되지만 철근은 연성이 크기 때문에 파괴는 단계적으로 일어나는 연성파괴를 일으킨다.

□□□ 기 02,04,07,08,13②,15④,19③

20 단철근 직사각형보가 균형단면이 되기 위한 압축연단에서 중립축까지 거리는? (단, $f_{ck}=38\text{MPa}$, $f_y=300\text{MPa}$, $d=600\text{mm}$이며 강도설계법에 의한다.)

① 494mm ② 413mm
③ 390mm ④ 293mm

| 해답 | ②

$$c = \frac{660}{660+f_y}d$$
$$= \frac{660}{660+300}\times 600 = 413\text{mm}$$

제1·2회 2020년 6월 6일

□□□ 기 14④,20②

01 아래에서 설명하는 부재 형태의 최대허용처짐은? (단, l은 부재길이이다.)

> 과도한 처짐에 의해 손상되기 쉬운 비구조 요소를 지지 또는 부착한 지붕 또는 바닥구조

① $\dfrac{l}{180}$ ② $\dfrac{l}{240}$

③ $\dfrac{l}{360}$ ④ $\dfrac{l}{480}$

| 해답 | ④

최대허용처짐

부재의 형태	처짐 한계
과도한 처짐에 의해 손상되기 쉬운 비구조 요소를 지지 또는 부착하지 않은 평지붕구조	$\dfrac{l}{180}$
과도한 처짐에 의해 손상되기 쉬운 비구조 요소 또는 부착하지 않은 비닥구조	$\dfrac{l}{300}$
과도한 처짐에 의해 손상되기 쉬운 비구조 요소를 지지 또는 부착한 지붕 또는 바닥구조	$\dfrac{l}{480}$
과도한 처짐에 의해 손상될 염려가 없는 비구조 요소를 지지 또는 부착한 지붕 또는 바닥구조	$\dfrac{l}{240}$

□□□ 기 92,96,99,01①,20②

02 복전단 고장력 볼트(bolt)의 마찰이음에서 강판에 $P=350$kN이 작용할 때 볼트의 수는 최소 몇 개가 필요한가? (단, 볼트의 지름(d)은 20mm이고, 허용전단응력(τ_a)은 120MPa이다.)

① 3개 ② 5개
③ 8개 ④ 10개

| 해답 | ②

볼트의 전단강도

· 복전단 $\rho = \tau_a \cdot 2A = 120 \times 2 \times \dfrac{\pi \times 20^2}{4} = 75398.22$ N

(∵ 복전단 고장력 볼트 : 2)

$n = \dfrac{P}{\rho} = \dfrac{350 \times 10^3}{75398.22} = 4.64$

∴ $n = 5$개

□□□ 기 14④,17①,20②,21②,22③

03 아래 그림과 같은 보의 단면에서 표피철근의 간격 s는 약 얼마인가? (단, 습윤환경에 노출되는 경우로서, 표피철근의 표면에서 부재 측면까지 최단거리(c_c)는 50mm, $f_{ck}=28$MPa, $f_y=400$MPa이다.)

① 170mm
② 200mm
③ 230mm
④ 260mm

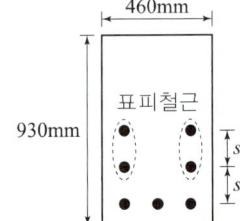

| 해답 | ①

$s = 375\left(\dfrac{k_{cr}}{f_s}\right) - 2.5c_c$
$s = 300\left(\dfrac{k_{cr}}{f_s}\right)$ 두 계산 값 중 작은 값 이하

· $k_{cr} = 210$MPa(습윤환경), $k_{cr} = 280$MPa(건조환경)

· 간략법 $f_s = \dfrac{2}{3}f_y = \dfrac{2}{3} \times 400 = 266.67$MPa

· $s = 375\left(\dfrac{k_{cr}}{f_s}\right) - 2.5c_c$
 $= 375\left(\dfrac{210}{266.67}\right) - 2.5 \times 50 = 170$mm

· $s = 300\left(\dfrac{k_{cr}}{f_s}\right) = 300 \times \dfrac{210}{266.67} = 236.25$mm

∴ $s = 170$mm

□□□ 기 93,97,02,03,20②

04 부재의 순단면적을 계산할 경우 지름 22mm의 리벳을 사용하였을 때 리벳구멍의 지름은 얼마인가? (단, 강구조 연결 설계기준(허용응력설계법)을 적용한다.)

① 21.5mm ② 22.5mm
③ 23.5mm ④ 24.5mm

| 해답 | ③

리벳의 구멍지름(mm)

리벳의 지름	리벳의 구멍지름
$d < 20$	$d + 1.0$
$d \geq 20$	$d + 1.5$

∴ $d = 22 \geq 20$; $22 + 1.5 = 23.5$mm

□□□ 기 06,09,20②

05 그림과 같은 2경간 연속보의 양단에서 PS 강재를 긴장할 때 단 A에서 중간 B까지의 근사법으로 구한 마찰에 의한 프리스트레스의 감소율은?
(단, 각은 radian이며, 곡률마찰계수(μ)는 0.4, 파상 마찰계수(k)는 0.0027이다.)

① 12.6%
② 18.2%
③ 10.4%
④ 15.8%

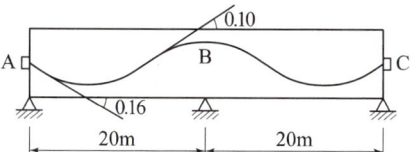

| 해답 | ④

$\Delta P_f = P_o(\mu\alpha + kl)$

- $\mu\alpha + kl = 0.4 \times (0.16 + 0.1) + 0.0027 \times 20 = 0.158$
- $\Delta P_f = P_o(\mu\alpha + kl) = 0.158 P_o$

$\therefore$ 감소율 $= \dfrac{\Delta P_f}{P_o} \times 100 = \dfrac{0.158 P_o}{P_o} \times 100 = 15.8\%$

□□□ 기 12①,15④,20②

06 $b_w = 350\text{mm}$, $d = 600\text{mm}$인 단철근 직사각형보에서 보통중량콘크리트가 부담할 수 있는 공칭전단강도(V_c)를 정밀식으로 구하면 약 얼마인가?
(단, 전단력과 휨모멘트를 받는 부재이며, $V_u = 100\text{kN}$, $M_u = 300\text{kN}\cdot\text{m}$, $\rho_w = 0.016$, $f_{ck} = 24\text{MPa}$이다.)

① 164.2kN
② 171.5kN
③ 176.4kN
④ 182.7kN

| 해답 | ③

$V_c = \left(0.16\lambda\sqrt{f_{ck}} + 17.6\rho_w\dfrac{V_u d}{M_u}\right)b_w d$

$\leq 0.29\lambda\sqrt{f_{ck}}\,b_w d$

$= \left(0.16 \times 1 \times \sqrt{24} + 17.6 \times 0.016 \times \dfrac{100 \times 0.6}{300}\right)$

$\times 350 \times 600$

$= 176433\text{N} = 176.4\text{kN}$

■ 확인 : $0.29\lambda\sqrt{f_{ck}}\,b_w d$

$= 0.29 \times 1 \times \sqrt{24} \times 350 \times 600$

$= 298348\text{N} = 298\text{kN}$

$\therefore 176.4\text{kN} \leq 298\text{kN}$

□□□ 기 99,07,11,14,17①④,20②

07 유효깊이(d)가 910mm인 아래 그림과 같은 단철근 T형보의 설계휨강도(ϕM_n)를 구하면? (단, 인장철근량(A_s)은 7652mm², $f_{ck} = 21\text{MPa}$, $f_y = 350\text{MPa}$, 인장지배단면으로 $\phi = 0.85$, 경간은 3040mm이다.)

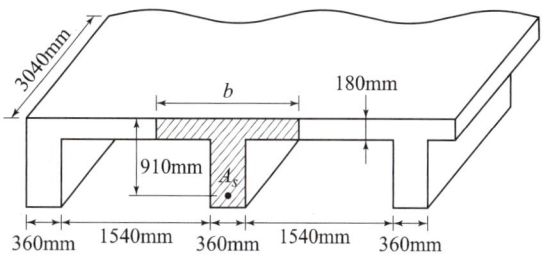

① 1845kN·m
② 1863kN·m
③ 1883kN·m
④ 1901kN·m

| 해답 | ①

■ $\phi M_n = \phi\left\{A_{sf}f_y\left(d - \dfrac{t}{2}\right) + (A_s - A_{sf})f_y\left(d - \dfrac{a}{2}\right)\right\}$

■ T형보(대칭)의 유효 폭(b_e) 결정
- $16t + b_w = 16 \times 180 + 360 = 3240\text{mm}$
- 양쪽 슬래브의 중심간 거리 : $b_c = 1540 + 360 = 1900\text{mm}$
- 보의 경간 $\times \dfrac{1}{4}$: $3040 \times \dfrac{1}{4} = 760\text{mm}$

$\therefore b_e = 760\text{mm}$(작은 값)

- T형보의 판별

$a = \dfrac{A_s f_y}{\eta(0.85 f_{ck})b} = \dfrac{7652 \times 350}{1 \times 0.85 \times 21 \times 760}$

$= 197.42\text{mm} > t = 180\text{mm}$

$= 180\text{mm}$

$\therefore$ T형보로 해석

- 등가깊이(a) 산정

$A_{sf} = \dfrac{\eta(0.85 f_{ck})(b - b_w)t}{f_y}$

$= \dfrac{1 \times 0.85 \times 21 \times (760 - 360) \times 180}{350} = 3672\text{mm}^2$

$a = \dfrac{(A_s - A_{sf})f_y}{\eta(0.85 f_{ck})b_w} = \dfrac{(7652 - 3672) \times 350}{1 \times 0.85 \times 21 \times 360}$

$= 216.77\text{mm}$

- 공칭휨강도(M_n) 계산

$\phi M_n = 0.85\left\{3672 \times 350 \times \left(910 - \dfrac{180}{2}\right)\right.$

$\left. + (7652 - 3672) \times 350 \times \left(910 - \dfrac{216.78}{2}\right)\right\}$

$= 0.85(1053864000 + 1116642730)$

$= 1844930721\text{N}\cdot\text{mm}$

$= 1845\text{kN}\cdot\text{m}$

□□□ 기 13①,20②

08 철근콘크리트 구조물에서 연속 휨부재의 모멘트 재분배를 하는 방법에 대한 설명으로 틀린 것은?

① 근사해법에 의하여 휨모멘트를 계산한 경우에는 연속 휨부재의 모멘트 재분배를 할 수 없다.
② 어떠한 가정의 하중을 적용하여 탄성이론에 의하여 산정한 연속 휨부재 받침부의 부모멘트는 10% 이내에서 $800\varepsilon_t\%$ 만큼 증가 또는 감소시킬 수 있다.
③ 경간 내의 단면에 대한 휨모멘트의 계산은 수정된 부모멘트를 사용하여야 한다.
④ 휨모멘트를 감소시킬 단면에서 최외단 인장철근의 순인장변형률 ε_t가 0.0075 이상인 경우에만 가능하다.

| 해답 | ②
연속휨부재의 부모멘트 재분해
근사해법에 의해 휨모멘트를 계산한 경우를 제외하고, 어떠한 가정의 하중을 적용하여 탄성이론에 의하여 산정한 연속 휨부재 받침부의 부모멘트는 20% 이내에서 $1000\varepsilon_t\%$ 만큼 증가 또는 감소시킬 수 있다.

□□□ 기 10①,13④,20②

09 콘크리트 구조물에서 비틀림에 대한 설계를 하려고 할 때, 계수비틀림모멘트(T_u)를 계산하는 방법에 대한 설명으로 틀린 것은?

① 균열에 의하여 내력의 재분배가 발생하여 비틀림 모멘트가 감소할 수 있는 부정정구조물의 경우, 최대 계수비틀림모멘트를 감소시킬 수 있다.
② 철근콘크리트 부재에서, 받침부에서 d 이내에 위치한 단면은 d에서 계산된 T_u보다 작지 않은 비틀림모멘트에 대하여 설계하여야 한다.
③ 프리스트레스트 콘크리트 부재에서, 받침부에서 d 이내에 위치한 단면을 설계할 때 d에서 계산된 T_u보다 작지 않은 비틀림모멘트에 대하여 설계하여야 한다.
④ 정밀한 해석을 수행하지 않은 경우, 슬래브에 의해 전달되는 비틀림 하중은 전체 부재에 걸쳐 균등하게 분포하는 것으로 가정할 수 있다.

| 해답 | ③
프리스트레스트 부재에서 받침부로부터 $h/2$ 이내에 위치한 단면은 $h/2$에서 계산된 계수비틀림모멘트(T_u)보다 작지 않은 비틀림모멘트에 대하여 설계하여야 한다.

□□□ 기 92,97,00,04,06,08,20②,22②,25①

10 아래 그림과 같은 직사각형보를 강도설계이론으로 해석할 때 콘크리트의 등가사각형 깊이 a는? (단, $f_{ck}=21\text{MPa}$, $f_y=300\text{MPa}$이다.)

① 109.9mm
② 121.6mm
③ 129.9mm
④ 190.5mm

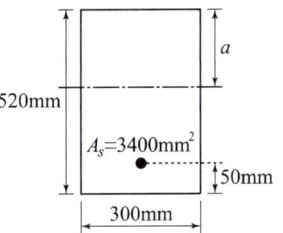

| 해답 | ④

$$a=\frac{A_s f_y}{\eta(0.85f_{ck})b}=\frac{3400\times300}{1\times0.85\times21\times300}=190.5\text{mm}$$

□□□ 기 03,20②

11 옹벽의 안정조건 중 전도에 대한 저항휨모멘트는 횡토압에 의한 전도모멘트의 최소 몇 배 이상이어야 하는가?

① 1.5배
② 2.0배
③ 2.5배
④ 3.0배

| 해답 | ②
• 활동에 대한 저항력은 옹벽에 작용하는 수평력의 1.5배 이상이어야 한다.
• 전도에 대한 저항모멘트는 횡토압에 의한 전도모멘트의 2.0배 이상이어야 한다.

□□□ 기 04,05,14②,20②,23②

12 콘크리트의 설계기준압축강도(f_{ck})가 50MPa인 경우 콘크리트 탄성계수 및 크리프 계산에 적용되는 콘크리트의 평균압축강도(f_{cu})는?

① 54MPa
② 55MPa
③ 56MPa
④ 57MPa

| 해답 | ②
평균압축강도 $f_{cu}=f_{ck}+\Delta f$

■ Δf 계산

f_{ck}(MPa)	40 이하	40 초과 60 미만	60 이상
Δf(MPa)	4	직선 보간	6

■ 평균압축강도 $f_{cu}=50+5=55\text{MPa}$

□□□ 기 94,02,05,10,11,13,16②,17②,18②,20②,21②,22②

13 경간이 8m인 PSC보에 계수등분포하중(w)이 20kN/m 작용할 때 중앙 단면 콘크리트 하연에서의 응력이 0이 되려면 강재에 줄 프리스트레스 힘(P)은?
(단, PS 강재는 콘크리트 도심에 배치되어 있다.)

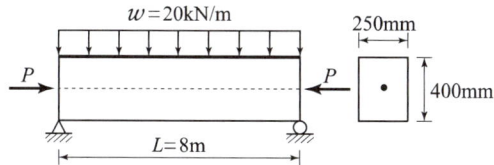

① $P=2000$kN ② $P=2200$kN
③ $P=2400$kN ④ $P=2600$kN

| 해답 | ③

[방법1]
■ $f_t = \dfrac{P}{A} - \dfrac{M}{I}y = 0$에서 $P = \dfrac{MAy}{I}$

• $M = \dfrac{wl^2}{8} = \dfrac{20 \times 8^2}{8} = 160$kN·m

• $I = \dfrac{bh^3}{12} = \dfrac{250 \times 400^3}{12} = \dfrac{1.6 \times 10^{10}}{12}$mm^4

• $y = \dfrac{h}{2} = \dfrac{400}{2} = 200$mm

∴ $P = \dfrac{M}{I} \cdot A \cdot y$

$= \dfrac{160 \times 10^6}{\dfrac{1.6 \times 10^{10}}{12}} \times 250 \times 400 \times 200$

$= 2400000$N $= 2400$kN

[방법2]
$P = \dfrac{MAy}{I} = \left(\dfrac{wl^2}{8} \cdot bh \cdot \dfrac{h}{2}\right)\dfrac{12}{bh^3} = \dfrac{3wl^2}{4h}$

∴ $P = \dfrac{3 \times 20 \times 8^2}{4 \times 0.4} = 2400$kN

□□□ 기 94,01,03,07,08,11①,16④,18①,19①③,20②,22①

14 단철근 직사각형보에서 설계기준압축강도 $f_{ck} = 58$MPa일 때 계수 β_1은? (단, 등가 직사각응력블록의 깊이 $a = \beta_1 c$이다.)

① 0.78 ② 0.76
③ 0.65 ④ 0.64

| 해답 | ②
$f_{ck} = 58$MPa ≤ 60MPa일 때
$\beta_1 = 0.76$

□□□ 기 10,12②,17④,18①,20②

15 $A_s = 3600$mm^2, $A_s' = 1200$mm^{2}로 배근된 그림과 같은 복철근보의 탄성처짐이 12mm라 할 때 5년 후 지속하중에 의해 유발되는 추가 장기처짐은 얼마인가?

① 6mm
② 12mm
③ 18mm
④ 36mm

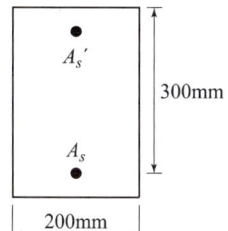

| 해답 | ②

■ $\lambda = \dfrac{\xi}{1 + 50\rho'}$

• $\rho' = \dfrac{A_s'}{bd} = \dfrac{1200}{200 \times 300} = 0.02$

• 5년 이상 $\xi = 2.0$(12개월=1.4, 6개월=1.2, 3개월=1.0)

∴ $\lambda = \dfrac{2.0}{1 + 50 \times 0.02} = 1.0$

∴ 장기처짐=순간처짐(탄성침하)×장기처짐계수(λ)
$= 12 \times 1.0 = 12.0$mm

□□□ 기 15①,20②

16 프리스트레스트 콘크리트의 경우 흙에 접하여 콘크리트를 친 후 영구히 흙에 묻혀 있는 콘크리트의 최소 피복두께는?

① 40mm ② 60mm
③ 75mm ④ 100mm

| 해답 | ③

프리스트레스하는 부재의 현장치기 콘크리트

철근의 외부조건			최소 피복두께
흙에 접하여 콘크리트를 친 후에 영구히 흙에 묻혀 있는 콘크리트			75mm
흙에 접하거나 옥외의 공기에 직접 노출되는 콘크리트	벽체, 슬래브, 장선구조		30mm
	기타 부재		40mm
옥외의 공기나 흙에 직접 접하지 않은 콘크리트	슬래브, 벽체, 장선		20mm
	보, 기둥	주철근	40mm
		띠철근, 스터럽, 나선철근	30mm

☐☐☐ 기 93,06,09,14①,15④,18②,20②,22①②

17 그림과 같은 띠철근 기둥에서 띠철근의 최대 수직간격으로 적당한 것은? (단, D10의 공칭지름은 9.5mm, D32의 공칭지름은 31.8mm이다.)

① 456mm
② 472mm
③ 500mm
④ 509mm

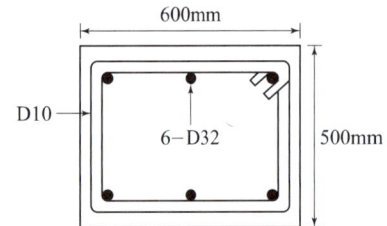

| 해답 | ①

- 띠철근의 수직간격은 축방향 철근지름의 16배 이하, 띠철근이나 철선지름의 48배 이하, 또한 기둥단면의 최소치수 이하로 하여야 한다.
- 축방향 철근지름의 16배 이하 : $31.8 \times 16 = 509$mm 이하
- 띠철근 지름의 48배 이하 : $9.5 \times 48 = 456$mm 이하
- 기둥 단면의 최소치수 이하 : 500mm 이하
∴ 최대간격은 456mm 이하 (∵ 가장 작은 값)

☐☐☐ 기 03,04,20②

18 인장철근의 겹침이음에 대한 설명으로 틀린 것은?

① 다발철근의 겹침이음은 다발 내의 개개철근에 대한 겹침이음길이를 기본으로 결정되어야 한다.
② 어떤 경우이든 300mm 이상 겹침이음한다.
③ 겹침이음에는 A급, B급 이음이 있다.
④ 겹침이음된 철근량이 전체 철근량의 1/2 이하인 경우는 B급이음이다.

| 해답 | ④

- 인장력을 받는 이형철근의 겹침이음
- A급 및 B급으로 나눈다.
- 어떤 경우이든 300mm 이상 겹침이음한다.
- 인장이음철근에서 겹침이음의 분류
- A급 이음 : 배근된 철근량이 이음부 전체 구간에서 해석결과 요구되는 소요철근량의 2배 이상이고, 소요 겹침이음길이 내 겹침이음된 철근량이 전체 철근량의 1/2 이하인 경우
- B급 이음 : A급 이음에 해당되지 않는 경우

☐☐☐ 기 83,86,89,95,97,98,99,01,08,11④,12①,13①,15②,17④,18①,20②,21①

19 강판을 그림과 같이 용접이음할 때 용접부의 응력은?

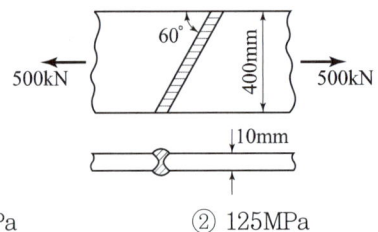

① 110MPa
② 125MPa
③ 250MPa
④ 722MPa

| 해답 | ②

$$f = \frac{P}{\sum a \cdot l_e}$$

- $a = 10$mm, $l_e = 400$mm

$$\therefore f = \frac{500 \times 10^3}{10 \times 400} = 125\,\text{N/mm}^2 = 125\,\text{MPa}$$

☐☐☐ 기 07①,09③,10,11②,16①,19①,20②,21①,22②

20 2방향 슬래브의 직접설계법을 적용하기 위한 제한사항으로 틀린 것은?

① 각 방향으로 3경간 이상이 연속되어야 한다.
② 슬래브판들은 단변경간에 대한 장변경간의 비가 2 이하인 직사각형이어야 한다.
③ 모든 하중은 슬래브판 전체에 걸쳐 등분포된 연직하중이어야 한다.
④ 연속한 기둥 중심선을 기준으로 기둥의 어긋남은 그 방향 경간의 최대 20%까지 허용할 수 있다.

| 해답 | ④
연속한 기둥 중심선을 기준으로 기둥의 어긋남은 그 방향 경간의 최대 10%까지 허용할 수 있다.

Remember
제한 사항
- 각 방향으로 3경간 이상이 연속되어야 한다.
- 슬래브판들은 단변경간에 대한 장변경간의 비가 2 이하인 직사각형이어야 한다.
- 각 방향으로 연속한 받침부 중심간 경간 길이의 차이는 긴 경간의 1/3 이하이어야 한다.
- 연속한 기둥 중심선을 기준으로 기둥의 어긋남은 그 방향 경간의 10% 이하이어야 한다.
- 모든 하중은 슬래브판 전체에 걸쳐 등분포된 연직하중이어야 하며, 활하중은 고정하중의 2배 이하이어야 한다.

제3회 2020년 8월 22일

□□□ 기 12①,18②,20③

01 철근의 겹침이음에서 A급 이음의 조건에 대한 설명으로 옳은 것은?

① 배근된 철근량이 이음부 전체 구간에서 해석결과 요구되는 소요철근량의 2배 이상이고 소요겹침이음길이 내 겹침이음된 철근량이 전체 철근량의 1/2 이하인 경우
② 배근된 철근량이 이음부 전체 구간에서 해석결과 요구되는 소요철근량의 1.5배 이상이고 소요겹침이음길이 내 겹침이음된 철근량이 전체 철근량의 1/2 이상인 경우
③ 배근된 철근량이 이음부 전체 구간에서 해석결과 요구되는 소요철근량의 2배 이상이고 소요겹침이음길이 내 겹침이음된 철근량이 전체 철근량의 1/3 이하인 경우
④ 배근된 철근량이 이음부 전체 구간에서 해석결과 요구되는 소요철근량의 1.5배 이상이고 소요겹침이음길이 내 겹침이음된 철근량이 전체 철근량의 1/3 이상인 경우

| 해답 | ①
- A급 이음 : 배치된 철근량이 이음부 전체 구간에서 해석결과 요구되는 소요철근량의 2배 이상이고 소요겹침이음길이 내 겹침이음된 철근량이 전체 철근량의 1/2 이하인 경우
- B급 이음 : A급 이음에 해당되지 않는 경우

□□□ 기 08,11,18②,20③

02 다음 중 용접부의 결함이 아닌 것은?

① 오버랩(Overlap)   ② 언더컷(Undercut)
③ 스터드(Stud)   ④ 균열(Crack)

| 해답 | ③
- 오버랩 : 응집집중으로 발생된 균열이 오버랩 내부에 숨어 있을 수도 있기 때문에 매우 위험한 용접결함이다.
- 언더컷 : 용접과정중 모재가 함몰되어 생기는 표면 결함으로 날카로운 형상을 가지고 있다.
- 균열 : 용접균열은 용접부에 생기는 결합중에서 가장 치명적인 결함
- 스터드는 전단 연결재이다.

□□□ 기 88,01,04,07,09,20③,21②,22②

03 콘크리트 속에 묻혀 있는 철근이 콘크리트와 일체가 되어 외력에 저항할 수 있는 이유로 틀린 것은?

① 철근과 콘크리트 사이의 부착강도가 크다.
② 철근과 콘크리트의 탄성계수가 거의 같다.
③ 콘크리트 속에 묻힌 철근은 부식하지 않는다.
④ 철근과 콘크리트의 열팽창계수가 거의 같다.

| 해답 | ②
$$n = \frac{E_s}{E_c}, \text{ 즉 } nE_c = E_s$$
∴ 철근의 탄성계수(E_s)는 콘크리트의 탄성계수(E_c)의 n배이다.

□□□ 기 11,12,14,17,18③,20③

04 아래 그림과 같은 단면을 가지는 직사각형 단철근보의 설계휨강도를 구할 때 사용되는 강도감소계수(ϕ) 값은 약 얼마인가? (단, $A_s = 3176mm^2$, $f_{ck} = 38MPa$, $f_y = 400MPa$)

① 0.731
② 0.764
③ 0.817
④ 0.850

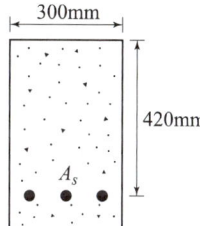

| 해답 | ④
- $f_y = 400MP$인 철근에 대한 강도감소계수
$$\phi = 0.65 + (\epsilon_t - 0.002)\frac{200}{3}$$
- $a = \dfrac{A_s f_y}{\eta(0.85 f_{ck})b} = \dfrac{3176 \times 400}{1 \times 0.85 \times 38 \times 300} = 131.10mm$
- $f_{ck} = 38MPa \leq 40MPa$일 때
  $\eta = 1.0$, $\beta_1 = 0.80$, $\epsilon_{cu} = 0.0033$
- $c = \dfrac{a}{\beta_1} = \dfrac{131.10}{0.80} = 163.88mm$
- 순인장변형률 $\epsilon_t = \dfrac{0.0033(d_t - c)}{c} < 0.005$
  $\epsilon_t = \dfrac{0.0033(420 - 163.88)}{163.88} = 0.0052 > 0.005$
  ∴ 인장지배단면 (∵ $\phi = 0.85$)
  ∴ $\phi = 0.85$

□□□ 기 12②,20③

05 프리스트레스트 콘크리트의 원리를 설명하는 개념 중 아래의 표에서 설명하는 개념은?

> PSC보를 RC보처럼 생각하여, 콘크리트는 압축력을 받고 긴장재는 인장력을 받게 하여 두 힘의 우력 모멘트로 외력에 의한 휨모멘트에 저항시킨다는 개념

① 균등질보의 개념 ② 하중평형의 개념
③ 내력 모멘트의 개념 ④ 허용응력의 개념

| 해답 | ③
PSC의 기본개념
- 응력개념(등균질보의 개념) : 프리스트레스가 도입되면 콘크리트 부재를 탄성이론으로 해석할 수 있다는 개념
- 하중평형개념(등가하중개념) : 프리스트레스에 의한 작용과 부재에 작용하는 하중을 평형이 되도록 하는 개념
- 강도개념(내력모멘트개념) : PSC보를 RC보처럼 생각하여 콘크리트는 압축력을 받고 긴장재는 인장력을 받게 하여 두 힘의 우력모멘트로 외력에 의한 휨모멘트에 저항시킨다는 개념

□□□ 기 02,05,07,09,11,14,17①④,19③,20③,25①

06 순단면이 볼트의 구멍 하나를 제외한 단면(즉, A-B-C 단면)과 같도록 피치(s)를 결정하면? (단, 구멍의 지름은 22mm이다.)

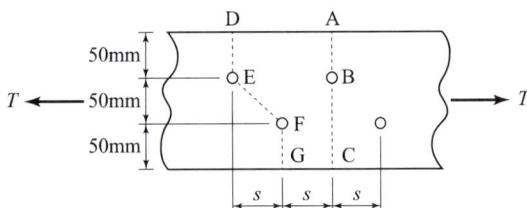

① 114.9mm ② 90.6mm
③ 66.3mm ④ 50mm

| 해답 | ③
- 단면 ABC의 순폭=단면 DEFG의 순폭
$b_n = b_g - d - \left(d - \dfrac{s^2}{4g}\right) = b_g - d$ 에서
$d - \dfrac{s^2}{4g} = 0$
$d = 22\text{mm}$
∴ 피치 $s = \sqrt{4gd} = \sqrt{4 \times 50 \times 22} = 66.3\text{mm}$

□□□ 기 08,09,12,13④,20③,25①

07 아래 그림과 같은 독립확대기초에서 1방향 전단에 대해 고려할 경우 위험단면의 계수전단력(V_u)는? (단, 계수하중 $P_u = 1500\text{kN}$이다.)

① 255kN
② 387kN
③ 897kN
④ 1210kN

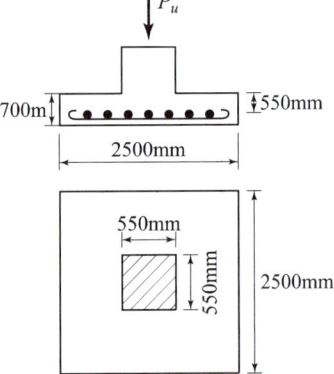

| 해답 | ①
$V_u = q_u\left(\dfrac{L-t}{2} - d\right)S$
- $q_u = \dfrac{P}{A_f} = \dfrac{1500}{2.5 \times 2.5} = 240\text{kN/m}^2$
- $L = S = 2.5\text{m}$
- $t = 0.55\text{m},\ d = 0.55\text{m}$
∴ $V_u = 240\left(\dfrac{2.5 - 0.55}{2} - 0.55\right) \times 2.5 = 255\text{kN}$

□□□ 기 06,18,20③,21②

08 옹벽의 구조해석에 대한 설명으로 틀린 것은?

① 뒷부벽은 직사각형보로 설계하여야 하며, 앞부벽은 T형보로 설계하여야 한다.
② 저판의 뒷굽판은 정확한 방법이 사용되지 않는 한, 뒷굽판 상부에 재하되는 모든 하중을 지지하도록 설계하여야 한다.
③ 캔틸레버식 옹벽의 저판은 전면벽과의 접합부를 고정단으로 간주한 캔틸레버로 가정하여 단면을 설계할 수 있다.
④ 부벽식 옹벽의 전면벽은 3변 지지된 2방향 슬래브로 설계할 수 있다.

| 해답 | ①
뒷부벽식 및 앞부벽식 옹벽의 설계
- 뒷부벽식 옹벽의 뒷부벽은 T형보로 설계
- 앞부벽식 옹벽의 앞부벽은 직사각형 보로 설계

09 보의 경간이 10m이고, 양쪽 슬래브의 중심간 거리가 2.0m인 대칭형 T형보에 있어서 플랜지 유효폭은? (단, 부재의 복부폭(b_w)은 500mm, 플랜지의 두께(t_f)는 100mm이다.)

① 2000mm ② 2100mm
③ 2500mm ④ 3000mm

| 해답 | ①

T형보(대칭)의 유효 폭(b_e)결정
- $16t + b_w = 16 \times 100 + 500 = 2100 \, mm$
- 양쪽 slab의 중심간 거리 = 2000mm
- 보 경간의 $\frac{1}{4} = \frac{10 \times 10^3}{4} = 2500 \, mm$
- ∴ $b_e = 2000 \, mm$ (∵ 최솟값)

10 그림과 같은 맞대기 용접의 용접부에 발생하는 인장응력은?

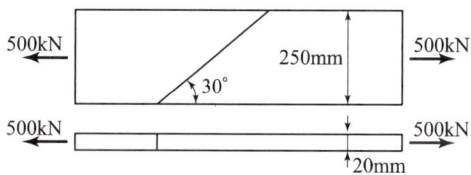

① 100MPa ② 150MPa
③ 200MPa ④ 220MPa

| 해답 | ①

$$f = \frac{P}{\sum a l_e}$$

- $a = 20 \, mm, \; l_e = 250 \, mm$
- ∴ $f = \frac{500 \times 10^3}{20 \times 250} = 100 \, MPa$

11 강도설계법에서 $f_{ck} = 30 \, MPa$, $f_y = 350 \, MPa$일 때 단철근 직사각형보의 균형철근비(ρ_b)는?

① 0.0351 ② 0.0369
③ 0.0381 ④ 0.0391

| 해답 | ③

균형철근비 $\rho_b = \dfrac{\eta(0.85 f_{ck})\beta_1}{f_y} \cdot \dfrac{660}{660 + f_y}$

$f_{ck} = 30 \, MPa \leq 40 \, MPa$ 일 때
$\eta = 1.0, \; \beta_1 = 0.80, \; \varepsilon_{cu} = 0.0033$

∴ $\rho_b = \dfrac{1 \times 0.85 \times 30 \times 0.80}{350} \times \dfrac{660}{660 + 350} = 0.0381$

12 부분적 프리스트레싱(Partial Prestressing)에 대한 설명으로 옳은 것은?

① 구조물에 부분적으로 PSC 부재를 사용하는 것
② 부재단면의 일부에만 프리스트레스를 도입하는 것
③ 설계하중의 일부만 프리스트레스에 부담시키고 나머지는 긴장재에 부담시키는 것
④ 설계하중이 작용할 때 PSC 부재 단면의 일부에 인장응력이 생기는 것

| 해답 | ④

- 부분 프리스트레싱 : 사용하중이 PC 부재에 작용할 때 부재 일부에 인장응력의 발생을 허용하는 방법
- 완전 프리스트레싱 : 사용하중이 작용 시 어느 부분에서도 인장응력이 발생하지 않도록 긴장하는 방법

13 깊은보의 전단 설계에 대한 구조세목의 설명으로 틀린 것은?

① 휨인장철근과 직각인 수직전단철근의 단면적 A_v를 $0.0025 b_w s$ 이상으로 하여야 한다.
② 휨인장철근과 직각인 수직전단철근의 간격 s를 $d/5$ 이하, 또한 300mm 이하로 하여야 한다.
③ 휨인장철근과 평행한 수평전단철근의 단면적 A_{vh}를 $0.0015 b_w s_h$ 이상으로 하여야 한다.
④ 휨인장철근과 평행한 수평전단철근의 간격 S_h를 $d/4$ 이하, 또한 350mm 이하로 하여야 한다.

| 해답 | ④

휨인장철근과 평행한 수평전단철근의 간격 S_h를 $d/5$ 이하 또한 300mm 이하로 하여야 한다.

□□□ 기 92,96,98,00,02,03,11,13,16④,20③,25①

14 그림과 같은 단면의 균열모멘트 M_{cr}은? (단, $f_{ck}=$ 24MPa, $f_y=400$MPa, 보통중량콘크리트이다.)

① 22.46kN·m
② 28.24kN·m
③ 30.81kN·m
④ 38.58kN·m

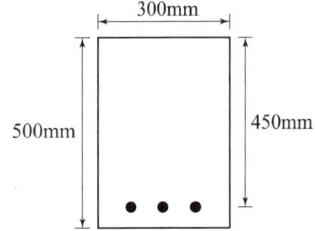

| 해답 | ④

균열모멘트 $M_{cr} = \dfrac{f_r}{y_t} I_g$

• $f_r = 0.63\lambda\sqrt{f_{ck}}$
  $= 0.63 \times 1 \times \sqrt{24} = 0.63\sqrt{24}$ MPa

• $I_g = \dfrac{bh^3}{12} = \dfrac{300 \times 500^3}{12} = 3125 \times 10^6$ mm^4

∴ $M_{cr} = \dfrac{0.63\sqrt{24}}{\dfrac{500}{2}} \times 3125 \times 10^6$

$= 38579463$ N·mm $= 38.58$ kN·m

(∵ kN·m $= 10^6$ N·mm)

□□□ 기 10,12②④,18①,20③,21③,22②

15 $A_s' = 1500$mm^2, $A_s = 1800$mm^{2}로 배근된 그림과 같은 복철근 보의 순간처짐이 10mm일 때, 5년 후 지속하중에 의해 유발되는 장기처짐은?

① 14.1mm
② 13.3mm
③ 12.7mm
④ 11.5mm

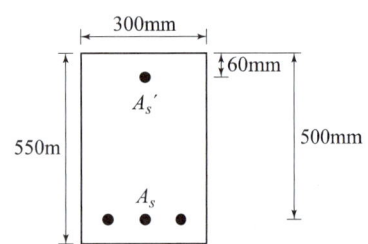

| 해답 | ②

• $\lambda = \dfrac{\xi}{1 + 50\rho'}$

• $\rho' = \dfrac{A_s'}{bd} = \dfrac{1500}{300 \times 550} = 0.01$

• 5년 이상 $\xi = 2.0$(12개월=1.4, 6개월=1.2, 3개월=1.0)

∴ $\lambda = \dfrac{2.0}{1 + 50 \times 0.01} = 1.33$

∴ 장기처짐 = 순간처짐(탄성침하) × 장기처짐계수(λ)
$= 10 \times 1.33 = 13.3$mm

□□□ 기 93,96,02,03,11④,14④,18①,19①,20③

16 PS 강재를 포물선으로 배치한 PSC보에서 상향의 등분포력(u)의 크기는 얼마인가? (단, $P = 2600$kN, 단면의 폭(b)은 50cm, 높이(h)는 80cm, 지간 중앙에서 PS 강재의 편심(s)은 20cm이다.)

① 8.50kN/m
② 16.25kN/m
③ 19.65kN/m
④ 35.60kN/m

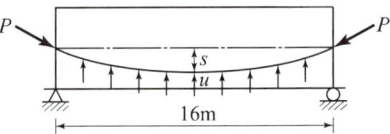

| 해답 | ②

$P \cdot s = \dfrac{u \cdot l^2}{8}$ 에서

$u = \dfrac{8Ps}{l^2}$

$s = 20$cm $= 0.20$m

∴ $u = \dfrac{8 \times 2600 \times 0.20}{16^2} = 16.25$ kN/m

□□□ 기 09②,20③

17 균형철근량보다 적고 최소철근량보다 많은 인장철근을 가진 과소철근보가 휨에 의해 파괴될 때의 설명으로 옳은 것은?

① 인장측 철근이 먼저 항복한다.
② 압축측 콘크리트가 먼저 파괴된다.
③ 압축측 콘크리트와 인장측 철근이 동시에 항복한다.
④ 중립축이 인장측으로 내려오면서 철근이 먼저 파괴된다.

| 해답 | ①

• 일반적으로 철근비가 균형철근비보다 작으면 보의 파괴는 인장측 철근의 항복으로 시작된다.
• 철근이 균형철근보다 많을 경우 철근이 항복하기 전에 콘크리트가 압축파괴를 일으키면서 보는 파괴된다.
• 연성파괴를 어느 정도 보장하기 위해서는 사용 철근량을 균형 철근비의 $\dfrac{0.003 + \epsilon_y}{0.007}$ 이하로 사용하도록 규정하고 있다.

□□□ 기 02,07,09,15②,18①,20③,25①

18 그림의 보에서 계수전단력 $V_u = 262.5\text{kN}$에 대한 가장 적당한 스터럽 간격은?
(단, 사용된 스터럽은 D13철근이다. 철근 D13의 단면적은 127mm^2, $f_{ck} = 24\text{MPa}$, $f_{yt} = 350\text{MPa}$이다.)

① 125mm
② 195mm
③ 210mm
④ 250mm

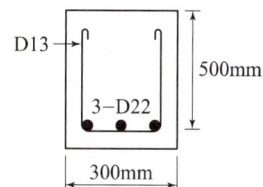

| 해답 | ②

■ 콘크리트의 공칭전단강도
$$V_c = \frac{1}{6}\lambda\sqrt{f_{ck}}\,b_w d = \frac{1}{6} \times 1 \times \sqrt{24} \times 300 \times 500$$
$$= 122474.49\text{N} = 122.47\text{kN}$$

■ 전단철근이 부담하는 전단강도
$V_u = \phi(V_c + V_s)$에서
$$\therefore V_s = \frac{V_u}{\phi} - V_c = \frac{262.5}{0.75} - 122.47 = 227.53\text{kN}$$

■ 전단철근의 간격제한
- $V_s \leq \frac{1}{3}\lambda\sqrt{f_{ck}}\,b_w d : s = \frac{d}{2}$ 이하 또는 600mm 이하
- $V_s > \frac{1}{3}\lambda\sqrt{f_{ck}}\,b_w d : s = \frac{d}{4}$ 이하 또는 300mm 이하
- $V_s = \frac{1}{3}\lambda\sqrt{f_{ck}}\,b_w d$
$$= \frac{1}{3} \times 1 \times \sqrt{24} \times 300 \times 500$$
$$= 244949\text{N} = 245\text{kN} \geq V_s = 227.53\text{kN}$$
$\therefore s = \frac{d}{2}$ 이하 또는 600mm 이하
- $s = \frac{d}{2} = \frac{500}{2} = 250\text{mm}$

■ 부재축에 직각인 전단철근을 사용하는 경우 간격
$V_s = \frac{A_v f_y d}{s}$에서
$$s = \frac{A_v f_y d}{V_s} = \frac{127 \times 2 \times 350 \times 500}{227.53 \times 10^3} = 195.36\text{mm}$$
$\therefore s = 195\text{mm}$ (∵ 가장 작은 값)

□□□ 기 07,09,10,11②,16①,19①,20②

19 2방향 슬래브 직접설계법의 제한사항으로 틀린 것은?

① 각 방향으로 3경간 이상 연속되어야 한다.
② 슬래브판들은 단변경간에 대한 장변경간의 비가 2 이하인 직사각형이어야 한다.
③ 각 방향으로 연속한 받침부 중심간 경간 차이는 긴 경간의 1/3 이하이어야 한다.
④ 연속한 기둥 중심선을 기준으로 기둥의 어긋남은 그 방향 경간의 20% 이하이어야 한다.

| 해답 | ④

연속한 기둥 중심선을 기준으로 기둥의 어긋남은 그 방향 경간의 최대 10%까지 허용할 수 있다.

□□□ 기 93,20③

20 강도설계법의 설계가정으로 틀린 것은?

① 콘크리트의 인장강도는 KDS 14 20 60의 규정에 해당하는 경우를 제외하고는 철근콘크리트 부재 단면의 축강도와 휨(인장)강도 계산에서 무시할 수 있다.
② 콘크리트의 변형률은 중립축으로부터 거리에 비례한다.
③ 콘크리트의 압축응력의 크기는 $0.80f_{ck}$로 균등하고, 이 응력은 최대 압축변형률이 발생하는 단면에서 $a = \beta_1 \cdot c$까지의 부분에 등분포한다.
④ 사용 철근의 응력이 설계기준항복강도 f_y 이하일 때 철근의 응력은 그 변형률에 E_s를 곱한 값으로 취한다.

| 해답 | ③

단면의 가장자리와 최대 압축변형률이 일어나는 연단부터 $a = \beta_1 c$ 거리에 있고 중립축과 평행한 직선에 의해 이루어지는 등가 압축영역에 $\eta(0.85f_{ck})$인 콘크리트 응력이 등분포하는 것으로 가정한다.

제3회 2020년 9월 27일

□□□ 기 15,16,20④

01 슬래브의 구조 상세에 대한 설명으로 틀린 것은?

① 1방향 슬래브의 두께는 최소 100mm 이상으로 하여야 한다.
② 1방향 슬래브의 정모멘트 철근 및 부모멘트 철근의 중심 간격은 위험단면에서는 슬래브 두께의 2배 이하이어야 하고, 또한 300mm 이하로 하여야 한다.
③ 1방향 슬래브의 수축·온도철근의 간격은 슬래브 두께의 3배 이하, 또한 400mm 이하로 하여야 한다.
④ 2방향 슬래브의 위험단면에서 철근 간격은 슬래브 두께의 2배 이하, 또한 300mm 이하로 하여야 한다.

| 해답 | ③

- **1방향 슬래브의 구조상세**
- 1방향 슬래브의 두께는 100mm 이상이어야 한다.
- 1방향 슬래브의 정철근 및 부철근의 중심간격은 최대 휨모멘트가 일어나는 단면에서 슬래브 두께의 2배 이하, 300mm 이하이어야 한다.
- 1방향 슬래브에서는 정모멘트 철근 부모멘트 철근에 직각방향으로 수축 온도철근을 배치한다.
- 1방향 슬래브의 수축·온도 철근의 간격은 슬래브 두께의 5배 이하, 또한 450mm 이하로 하여야 한다.
- **2방향 슬래브의 구조상세**
- 위험단면에서 철근의 간격은 슬래브 두께의 2배 이하, 또한 300mm 이하이어야 한다.
- 전단에 대한 위험단면은 집중하중이나 집중반력을 받는 면의 주변에서 $\frac{d}{2}$ 만큼 떨어진 주변 단면이다.

□□□ 기 07,14①,17①,20④

02 $b_w = 250mm$, $d = 500mm$인 직사각형 보에서 콘크리트가 부담하는 설계전단강도(ϕV_c)는? (단, $f_{ck} = 21MPa$, $f_y = 400MPa$, 보통중량콘크리트이다.)

① 91.5kN ② 82.2kN
③ 76.4kN ④ 71.6kN

| 해답 | ④

$$\phi V_c = 0.75 \times \left(\frac{1}{6}\lambda\sqrt{f_{ck}}\,b_w d\right)$$
$$= 0.75 \times \frac{1}{6} \times 1 \times \sqrt{21} \times 250 \times 500$$
$$= 71602N = 71.6kN$$

□□□ 기 01,02,20④

03 강도설계법에서 보의 휨 파괴에 대한 설명으로 틀린 것은?

① 보는 취성파괴보다는 연성파괴가 일어나도록 설계되어야 한다.
② 과소철근보는 인장철근이 항복하기 전에 압축연단 콘크리트의 변형률이 극한변형률에 먼저 도달하는 보이다.
③ 균형철근보는 인장철근이 설계기준항복강도에 도달함과 동시에 압축연단콘크리트의 변형률이 극한변형률에 도달하는 보이다.
④ 과다철근보는 인장철근량이 많아서 갑작스런 압축파괴가 발생하는 보이다.

| 해답 | ②

과소철근보
- 과소철근보는 철근이 먼저 항복하게 되지만 철근은 연성이 크기 때문에 파괴는 단계적으로 일어난다.
- 과소철근보는 인장철근이 항복하기 전에 압축측 콘크리트의 변형률이 0.0033에 도달하는 보이다.
- 인장철근은 매우 적게 배근하면 콘크리트에 균열이 발생하는 순간 보에는 급작스러운 파괴가 일어날 수 있다. 이러한 압축으로 인한 콘크리트의 취성파괴를 최소철근비를 두어 규제하고 있다.
- 취성파괴 : 철근비가 균형철근비보다 클 때, 보의 파괴가 압축측 콘크리트의 파쇄로 시작되는 파괴형태이다.

□□□ 기 04,07,10,12,13,15,16,17②,20④

04 $b = 300mm$, $d = 500mm$, $A_s = 3-D25 = 1520mm^2$가 1열로 배치된 단철근 직사각형보의 설계휨강도(ϕM_n)는? (단, $f_{ck} = 28MPa$, $f_y = 400MPa$이고, 인장지배단면이다.)

① 132.5kN·m ② 183.3kN·m
③ 236.4kN·m ④ 307.7kN·m

| 해답 | ③

$$M_d = \phi M_n = 0.85 f_y \cdot A_s\left(d - \frac{a}{2}\right)$$
$$a = \frac{f_y \cdot A_s}{\eta(0.85 f_{ck})b} = \frac{400 \times 1520}{1 \times 0.85 \times 28 \times 300} = 85.15mm$$
$$\therefore \phi M_n = 0.85 \times 400 \times 1520 \times \left(500 - \frac{85.15}{2}\right)$$
$$= 236397240N\cdot mm = 236.4kN\cdot m$$

□□□ 기 05,06,08,09,11,12,16,17,20④

05 복철근 콘크리트 단면에 인장철근비는 0.02, 압축철근비는 0.01이 배근된 경우 순간처짐이 20mm일 때 6개월이 지난 후 총처짐량은? (단, 작용하는 하중은 지속하중이다.)

① 26mm ② 36mm
③ 48mm ④ 68mm

| 해답 | ②

- $\lambda = \dfrac{\xi}{1+50\rho'}$
- 5년 이상 $\xi = 1.2$
  (12개월=1.4, 6개월=1.2, 3개월=1.0)
  $\therefore \lambda = \dfrac{1.2}{1+50\times 0.01} = 0.8$
- 장기처짐 = 순간처짐(탄성침하) × 장기처짐계수(λ)
  $= 20 \times 0.8 = 16$mm
  $\therefore$ 총처짐량 = 순간처짐 + 장기처짐
  $= 20+16 = 36$mm

□□□ 기 95,96,99,07,20④

06 그림과 같은 강재의 이음에서 $P=600$kN이 작용할 때 필요한 리벳의 수는? (단, 리벳의 지름은 19mm, 허용전단응력은 110MPa, 허용지압응력은 240MPa이다.)

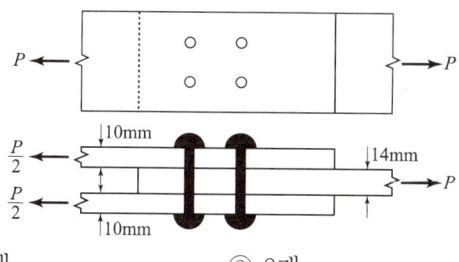

① 6개 ② 8개
③ 10개 ④ 12개

| 해답 | ③

리벳수 $n = \dfrac{P}{\rho}$ (ρ는 ρ_s와 ρ_b 중 작은 값 사용)

- 복전단 $\rho_s = V_a \cdot \dfrac{\pi d^2}{2} \cdot 2$
  $= 110 \times \dfrac{\pi \times 19^2}{4} \times 2 = 62376$N
- 지압 강도 $\rho_b = f_b \cdot d \cdot t = 240 \times 19 \times 14 = 63840$N
  $\therefore$ 리벳수 $n = \dfrac{600\times 10^3}{62376} = 9.6 = 10$개

□□□ 기 03,14④,20④

07 강도설계법에서 그림과 같은 띠철근 기둥의 최대 설계축강도($\phi P_{n(\max)}$)는? (단, 축방향 철근의 단면적 $A_{st}=1865$mm^2, $f_{ck}=28$MPa, $f_y=300$MPa이고, 기둥은 중심축하중을 받는 단주이다.)

① 1998kN
② 2490kN
③ 2774kN
④ 3075kN

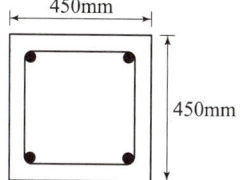

| 해답 | ③

- $\phi P_n = \phi\alpha\{0.85f_{ck}(A_g - A_{st}) + f_y \cdot A_{st}\}$
- $A_g = 450 \times 450 = 202500$mm^2
- $A_{st} = 1865$mm^2
  $\therefore \phi P_{n,\max} = 0.65 \times 0.80\{0.85 \times 28(202500-1865)$
  $+ 300 \times 1865\}$
  $= 2773999$N $= 2774$kN

분류	보정계수 α	강도감소계수 ϕ
나선철근	0.85	0.70
띠철근	0.80	0.65

□□□ 기 93,04,11①,15①,19①,20④,25③

08 그림과 같은 직사각형 단면을 가진 프리텐션 단순보에 편심 배치한 긴장재를 820kN으로 긴장하였을 때 콘크리트 탄성 변형으로 인한 프리스트레스의 감소량은? (단, $I=3.125\times 10^9$mm^4, 탄성계수비 $n=6$이고, 자중에 의한 영향은 무시한다.)

① 44.5MPa
② 46.5MPa
③ 48.5MPa
④ 50.5MPa

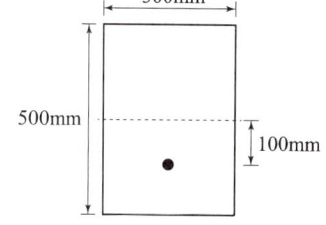

| 해답 | ③

$\Delta f_p = nf_c = n\left(\dfrac{P}{A} + \dfrac{M}{I}y\right) = n\left(\dfrac{P}{A} + \dfrac{P\cdot e}{I}e\right)$
$= 6 \times \left(\dfrac{820000}{300\times 500} + \dfrac{820000\times 100}{3.125\times 10^9}\times 100\right)$
$= 6 \times (5.47 + 2.62) = 48.5$MPa

□□□ 기 12②,15①,18②,20④

09 그림과 같은 두께 13mm의 플레이트에 4개의 볼트 구멍이 배치되어 있을 때 부재의 순단면적은? (단, 구멍의 지름은 24mm이다.)

① 4056mm²
② 3916mm²
③ 3775mm²
④ 3524mm²

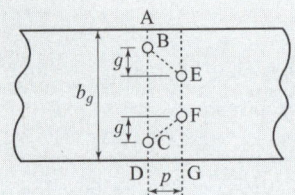
(단위 : mm)

| 해답 | ③

■ 순단면적 $A_n = b_n \cdot t$

■ 순폭은 세 값 중 작은 값
- ABCD 단면 : $b_n = b_g - 2d = 360 - 2 \times 24 = 312\,mm$
- ABEFG 단면 : $b_n = b_g - 2d - \left(d - \dfrac{p^2}{4g}\right)$
  $= 360 - 2 \times 24 - \left(24 - \dfrac{65^2}{4 \times 80}\right)$
  $= 301.20\,mm$
- ABEFCD 단면 : $b_n = b_g - 2d - 2\left(d - \dfrac{p^2}{4g}\right)$
  $= 360 - 2 \times 24 - 2 \times \left(24 - \dfrac{65^2}{4 \times 80}\right) = 290.41\,mm$

∴ 순폭 $b_n = 290.41\,mm$
∴ $A_n = 290.41 \times 13 = 3775\,mm^2$

□□□ 기 08,14④,20④

10 그림과 같이 단순 지지된 2방향 슬래브에 등분포하중 w가 작용할 때, ab 방향에 분배되는 하중은 얼마인가?

① $0.059w$
② $0.111w$
③ $0.889w$
④ $0.941w$

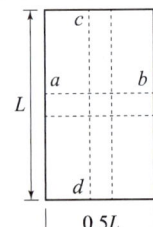

| 해답 | ④

$w_{ab} = \dfrac{L^4}{L^4 + S^4}w$
$= \dfrac{L^4}{L^4 + (0.5L)^4}w = \dfrac{L^4}{L^4\left(1 + \dfrac{1}{16}\right)}w = 0.941w$

□□□ 기 12②④,20④,21③

11 표피철근의 정의로서 옳은 것은?

① 전체 깊이가 900mm를 초과하는 휨부재 복부의 양 측면에 부재 축방향으로 배치하는 철근
② 전체 깊이가 1200mm를 초과하는 휨부재 복부의 양 측면에 부재 축방향으로 배치하는 철근
③ 유효깊이가 900mm를 초과하는 휨부재 복부의 양 측면에 부재 축방향으로 배치하는 철근
④ 유효깊이가 1200mm를 초과하는 휨부재 복부의 양 측면에 부재 축방향으로 배치하는 철근

| 해답 | ①

표피철근(skin reinforcement)
- 전체 깊이가 900mm를 초과하는 휨부재 복부의 양 측면에 부재 축방향으로 배치하는 철근
- 주철근이 단면의 일부에 집중 배치된 경우일 때 부재의 측면에 발생 가능한 균열을 제어하기 위한 목적으로 주철근 위치에서부터 중립축까지의 표면 근처에 배치하는 철근

□□□ 기 11,12,13,16④,20④

12 처짐을 계산하지 않는 경우 단순지지된 보의 최소두께(h)는? (단, 보통중량콘크리트($m_c = 2300\,kg/m^3$) 및 $f_y = 300\,MPa$인 철근을 사용한 부재이며, 길이가 10m인 보이다.)

① 429mm
② 500mm
③ 537mm
④ 625mm

| 해답 | ③

- 단순지지보의 최소두께 $h = \dfrac{l}{16}$
- $f_y = 400\,MPa$ 이외인 경우는 계산된 h값에 $\left(0.43 + \dfrac{f_y}{700}\right)$을 곱한다.

∴ $h = \dfrac{l}{16} \times \left(0.43 + \dfrac{f_y}{700}\right)$
$= \dfrac{10000}{16} \times \left(0.43 + \dfrac{300}{700}\right)$
$= 537\,mm$

□□□ 기 15,20④
13 옹벽설계에서 안정조건에 대한 설명으로 틀린 것은?

① 전도에 대한 저항휨모멘트는 횡토압에 의한 전도모멘트의 1.5배 이상이어야 한다.
② 옹벽의 활동에 대한 저항력은 옹벽에 작용하는 수평력의 1.5배 이상이어야 한다.
③ 지반에 유발되는 최대지반반력은 지반의 허용지지력을 초과하지 않아야 한다.
④ 전도 및 지반지지력에 대한 안정조건은 만족하지만, 활동에 대한 안정조건만을 만족하지 못할 경우 활동방지벽 혹은 횡방향 앵커 등을 설치하여 활동저항력을 증대시킬 수 있다.

| 해답 | ①

전도에 대한 저항휨모멘트는 횡토압에 의한 전도모멘트의 2.0배 이상이어야 한다.

□□□ 기 11,13,14,20④,22①
14 프리스트레스의 손실원인은 그 시기에 따라 즉시 손실과 도입 후에 시간적인 경과 후에 일어나는 손실로 나눌 수 있다. 다음 중 손실원인의 시기가 나머지와 다른 하나는?

① 콘크리트의 크리프
② 콘크리트의 건조수축
③ 긴장재 응력의 릴랙세이션
④ 포스트텐션 긴장재와 덕트 사이의 마찰

| 해답 | ④
프리스트레스의 손실원인

도입 시 손실=즉시 손실	도입 후 손실=시간적 손실
• 정착장치의 활동 • 포스트텐션 긴장재와 덕트 사이의 마찰 • 콘크리트의 탄성수축	• 콘크리트의 크리프 • 콘크리트의 건조수축 • PC 강재(긴장재 응력)의 릴랙세이션(relaxation)

□□□ 기 04,12,13,16,20④
15 PSC보를 RC보처럼 생각하여, 콘크리트는 압축력을 받고 긴장재는 인장력을 받게 하여 두 힘의 우력모멘트로 외력에 의한 휨모멘트에 저항시킨다는 개념은?

① 응력개념
② 강도개념
③ 하중평형개념
④ 균등질 보의 개념

| 해답 | ②
PSC의 기본개념
• 응력개념(등균질보의 개념) : 프리스트레스가 도입되면 콘크리트 부재를 탄성이론으로 해석할 수 있다는 개념
• 하중평형개념(등가하중개념) 프리스트레스에 의한 작용과 부재에 작용하는 하중을 평형이 되도록 하는 개념
• 강도개념(내력모멘트개념) : PSC보를 RC보처럼 생각하여 콘크리트는 압축력을 받고 긴장재는 인장력을 받게 하여 두 힘의 우력모멘트로 외력에 의한 휨모멘트에 저항시킨다는 개념

□□□ 기 94,04,09,11,13,20④
16 다음 중 전단철근으로 사용할 수 없는 것은?

① 스터럽과 굽힘철근의 조합
② 부재축에 직각으로 배치한 용접철망
③ 나선철근, 원형 띠철근 또는 후프철근
④ 주인장 철근에 30°의 각도로 설치되는 스터럽

| 해답 | ④
전단철근의 형태
■ 전단철근의 형태
• 부재축에 직각인 스터럽
• 부재축에 직각으로 배치한 용접철망
• 나선철근, 원형 띠철근 또는 후프 철근
■ 철근콘크리트 부재의 전단철근 형태
• 주인장 철근에 45° 이상의 각도로 설치되는 스터럽
• 주인장 철근에 30° 이상의 각도로 구부린 굽힘철근
• 스터럽과 굽힘철근의 조합

□□□ 기 05,20④
17 압축 이형철근의 정착에 대한 설명으로 틀린 것은?

① 정착길이는 항상 200mm 이상이어야 한다.
② 정착길이는 기본정착길이에 적용 가능한 모든 보정계수를 곱하여 구하여야 한다.
③ 해석결과 요구되는 철근량을 초과하여 배치한 경우의 보정계수는 $\left(\dfrac{\text{소요}\,A_s}{\text{배근}\,A_s}\right)$이다.
④ 지름이 6mm 이상이고 나선간격이 100mm 이하인 나선철근으로 둘러싸인 압축 이형철근의 보정계수는 0.8이다.

| 해답 | ④
지름이 6mm 이상이고 나선 간격이 100mm 이하인 나선철근으로 둘러싸인 압축 이형철근의 보정계수는 0.75이다.

 기 83,86,89,95,97,98,99,01,08,11,12,13,15②,16④,18①,20④

18 그림과 같은 용접이음에서 이음부의 응력은?

① 140MPa
② 152MPa
③ 168MPa
④ 180MPa

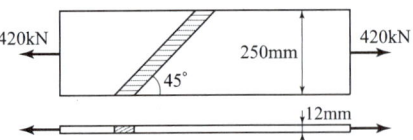

| 해답 | ①

$$f = \frac{P}{\sum a l_e}$$

- $a = 12\text{mm}, \ l_e = 250\text{mm}$

$$\therefore f = \frac{420 \times 10^3}{12 \times 250} = 140\text{MPa}$$

기 08,11,12,17②,18②,20④,22①

19 다음 중 반 T형보의 유효폭을 구할 때 고려하여야 할 사항이 아닌 것은? (단, b_w는 플랜지가 있는 부재의 복부폭이다.)

① 양쪽 슬래브의 중심간 거리
② (한쪽으로 내민 플랜지 두께의 6배)$+b_w$
③ $\left(\text{보의 경간의 } \dfrac{1}{12}\right) + b_w$
④ $\left(\text{인접 보와의 내측거리의 } \dfrac{1}{2}\right) + b_w$

| 해답 | ①

■ 비대칭 T형보(반 T형보)의 유효폭(b_e)결정

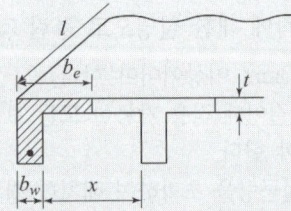

■ 유효폭 b_e (세 값 중 작은 값)
- 한쪽으로 내민 플랜지 두께의 6배$+b_w = 6t + b_w$
- 인접보와의 내측거리의 $\dfrac{1}{2} + b_w = \dfrac{x}{2} + b_w$
- 보 경간의 $\dfrac{1}{12} + b_w = \dfrac{l}{12} + b_w$

기 99,07,11,14,18,20④,25①

20 강도설계법에서 그림과 같은 단철근 T형보의 공칭 휨강도(M_n)는? (단, $A_s = 5000\text{mm}^2$, $f_{ck} = 21\text{MPa}$, $f_y = 300\text{MPa}$, 그림의 단위는 mm이다.)

① 711.3kN·m
② 836.8kN·m
③ 947.5kN·m
④ 1084.6kN·m

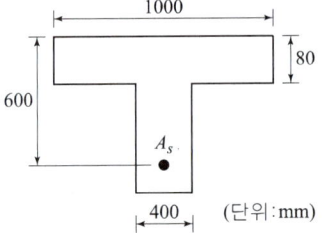

| 해답 | ②

■ $M_n = \left\{ A_{sf} f_y \left(d - \dfrac{t}{2}\right) + (A_s - A_{sf}) f_y \left(d - \dfrac{a}{2}\right) \right\}$

- T형보의 판별

$$a = \frac{A_s f_y}{\eta(0.85 f_{ck})b} = \frac{5000 \times 300}{1 \times 0.85 \times 21 \times 1000}$$

$$= 84.03\text{mm} > t = 80\text{mm}$$

∴ T형보로 해석

- 등가깊이(a) 산정

$$A_{sf} = \frac{\eta(0.85 f_{ck})(b - b_w)t}{f_y}$$

$$= \frac{1 \times 0.85 \times 21 \times (1000 - 400) \times 80}{300}$$

$$= 2856\text{mm}2$$

$$a = \frac{(A_s - A_{sf})f_y}{\eta(0.85 f_{ck})b_w} = \frac{(5000 - 2856) \times 300}{1 \times 0.85 \times 21 \times 400}$$

$$= 90.08\text{mm}$$

- 공칭휨강도(M_n) 계산

$$M_n = 2856 \times 300 \times \left(600 - \frac{80}{2}\right)$$

$$+ (5000 - 2856) \times 300 \times \left(600 - \frac{90.08}{2}\right)$$

$$= 479808000 + 356950272$$

$$= 836758272\text{N·mm} = 836.8\text{kN·m}$$

제1회 2021년 3월 7일

01 아래 그림과 같은 철근콘크리트 보-슬래브 구조에서 대칭 T형보의 유효폭(b)은?

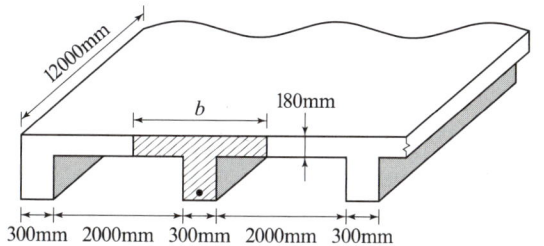

① 2000mm ② 2300mm
③ 3000mm ④ 3180mm

| 해답 | ②

T형보(대칭)의 유효폭(b_e)결정
- $16t + b_w = 16 \times 180 + 300 = 3180$mm
- 양쪽 슬래브의 중심간 거리 :
  $b_c = 300 + 1000 + 1000 = 2300$mm
- 보의 경간 $\times \frac{1}{4}$: $12000 \times \frac{1}{4} = 3000$mm

∴ $b_e = 2300$mm (∵ 가장 작은 값)

02 그림과 같은 맞대기 용접의 용접부에 생기는 인장응력은?

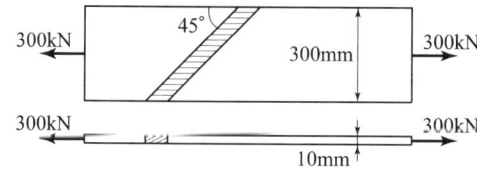

① 50MPa ② 70.7MPa
③ 100MPa ④ 141.4MPa

| 해답 | ③

$f = \dfrac{P}{\Sigma a l_e}$
- $a = 10$mm, $l_e = 300$mm

∴ $f = \dfrac{300 \times 10^3}{10 \times 300} = 100\,N/mm^2 = 100$MPa

03 아래 그림과 같은 인장재의 순단면적은 약 얼마인가? (단, 구멍의 지름은 25mm이고, 강판두께는 10mm이다.)

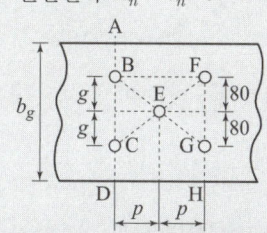

① 2323mm²
② 2439mm²
③ 2500mm²
④ 2595mm²

| 해답 | ②

■ 순단면적 $A_n = b_n \cdot t$

■ 순폭은 세 값 중 작은 값
- ABCD 단면 $b_n = b_g - 2d = 300 - 2 \times 25 = 250$mm
- ABECD(ABFEGH) 단면
  $b_n = b_g - d - 2\left(d - \dfrac{p^2}{4g}\right)$
  $= 300 - 25 - 2\left(25 - \dfrac{55^2}{4 \times 80}\right) = 243.91$mm
- ABEGH단면
  $b_n = b_g - d - 2\left(d - \dfrac{p^2}{4g}\right)$
  $= 300 - 25 - 2 \times \left(25 - \dfrac{55^2}{4 \times 80}\right) = 243.91$mm

∴ 순폭 $b_n = 243.91$mm
∴ $A_n = 243.91 \times 10 = 2439.1$mm²

04 용접이음에 관한 설명으로 틀린 것은?

① 내부 검사(X-선 검사)가 간단하지 않다.
② 작업의 소음이 적고 경비와 시간이 절약된다.
③ 리벳구멍으로 인한 단면 감소가 없어서 강도저하가 없다.
④ 리벳이음에 비해 약하므로 응력집중 현상이 일어나지 않는다.

| 해답 | ④

리벳이음에 비해 강하므로 응력집중 현상이 일어나기 쉽다.

□□□ 기 96,00,02,03,11,13,14,17①,21①,25②

05 단철근 직사각형보의 폭이 300mm, 유효깊이가 500mm, 높이가 600mm일 때, 외력에 의해 단면에서 휨균열을 일으키는 휨모멘트(M_{cr})는? (단, $f_{ck}=28$MPa, 보통중량콘크리트이다.)

① 58kN·m ② 60kN·m
③ 62kN·m ④ 64kN·m

[해답] ②

[방법1] 균열모멘트 $M_{cr} = \dfrac{f_r}{y_t} I_g$

• $f_r = 0.63\lambda\sqrt{f_{ck}} = 0.63 \times 1 \times \sqrt{28} = 3.33$ MPa

• $I_g = \dfrac{bh^3}{12} = \dfrac{300 \times 600^3}{12} = 54 \times 10^8$ mm^4

∴ $M_{cr} = \dfrac{3.33}{\dfrac{600}{2}} \times 54 \times 10^8$
$= 59940000$ N·mm $= 60.0$ kN·m

[방법2] $M_{cr} = \dfrac{f_r}{y_t}I_g = \dfrac{f_r}{\dfrac{h}{2}} \times \dfrac{bh^3}{12} = f_r \dfrac{bh^2}{6}$
$= 3.33 \times \dfrac{300 \times 600^2}{6}$
$= 59940000$ N·mm $= 60.0$ kN·m

□□□ 기 03,06,21①

06 깊은보는 한쪽 면이 하중을 받고 반대쪽 면이 지지되어 하중과 받침부 사이에 압축대가 형성되는 구조요소로서 아래의 (가) 또는 (나)에 해당하는 부재이다. 아래의 (   ) 안에 들어갈 ⊙, ⓒ으로 옳은 것은?

(가) 순경간 l_n이 부재깊이의 (⊙)배 이하인 부재
(나) 받침부 내면에서 부재깊이의 (ⓒ)배 이하인 위치에 집중하중이 작용하는 경우는 집중하중과 받침부 사이의 구간

① ⊙ : 4, ⓒ : 2 ② ⊙ : 3, ⓒ : 2
③ ⊙ : 2, ⓒ : 4 ④ ⊙ : 2, ⓒ : 3

[해답] ①

깊은보(deep beam)
순경간 l_n이 부재깊이의 4배 이하이거나 하중이 받침부로부터 부재깊이의 2배 이내에 작용하고 하중의 작용점과 받침부가 서로 반대면에 있어야 한다.

□□□ 기 05,10,11,12,13,15,21①,22①

07 콘크리트 설계기준압축강도가 28MPa, 철근의 설계기준항복강도가 350MPa로 설계된 길이가 4m인 캔틸레버 보가 있다. 처짐을 계산하지 않는 경우의 최소두께는? (단, 보통중량콘크리트($m_c=2300$kg/m^3)이다.)

① 340mm ② 465mm
③ 512mm ④ 600mm

[해답] ②

• 캔틸레버보의 최소두께 $h = \dfrac{l}{8}$

• $f_y = 400$MPa 이외인 경우는 계산된 h값에 $\left(0.43 + \dfrac{f_y}{700}\right)$을 곱한다.

∴ $h = \dfrac{l}{8} \times \left(0.43 + \dfrac{f_y}{700}\right) = \dfrac{4000}{8} \times \left(0.43 + \dfrac{350}{700}\right)$
$= 465$ mm

Remember

처짐을 계산하지 않는 경우의 최소두께

부재	단순지지	1단연속	양단연속	캔틸레버
1방향 슬래브	$\dfrac{l}{20}$	$\dfrac{l}{24}$	$\dfrac{l}{28}$	$\dfrac{l}{10}$
보 또는 리브가 있는 1방향 슬래브	$\dfrac{l}{16}$	$\dfrac{l}{18.5}$	$\dfrac{l}{21}$	$\dfrac{l}{8}$

□□□ 기 07,12,14,21①

08 나선철근 압축부재 단면의 심부 지름이 300mm, 기둥 단면의 지름이 400mm인 나선철근 기둥의 나선철근비는 최소 얼마 이상이어야 하는가? (단, 나선철근의 설계기준항복강도(f_{yt})는 400MPa, 콘크리트의 설계기준압축강도(f_{ck})는 28MPa이다.)

① 0.0184 ② 0.0201
③ 0.0225 ④ 0.0245

[해답] ④

$\rho_s = 0.45\left(\dfrac{A_g}{A_{ch}} - 1\right)\dfrac{f_{ck}}{f_{yt}} = 0.45\left(\dfrac{d_g^2}{d_{ch}^2} - 1\right)\dfrac{f_{ck}}{f_{yt}}$
$= 0.45\left(\dfrac{400^2}{300^2} - 1\right)\dfrac{28}{400} = 0.0245$

□□□ 기 15②,21①
09 포스트텐션 긴장재의 마찰손실을 구하기 위해 아래와 같은 근사식을 사용하고자 할 때 근사식을 사용할 수 있는 조건으로 옳은 것은?

$$P_{px} = \frac{P_{pj}}{(1 + Kl_{px} + \mu_p \alpha_{px})}$$

P_{px} : 임의점 x에서 긴장재의 긴장력(N)
P_{pj} : 긴장단에서 긴장재의 긴장력(N)
K : 긴장재의 단위길이 1m당 파상마찰계수
l_{px} : 정착단부터 임의의 지점 x까지 긴장재의 길이(m)
μ_p : 곡선부의 곡률마찰계수
α_{px} : 긴장단부터 임의점 x까지 긴장재의 전체 회전각 변화량(라디안)

① P_{pj}의 값이 5000kN 이하인 경우
② P_{pj}의 값이 5000kN 초과하는 경우
③ $(Kl_{px} + \mu_p \alpha_{px})$값이 0.3 이하인 경우
④ $(Kl_{px} + \mu_p \alpha_{px})$값이 0.3 초과인 경우

| 해답 | ③
근사식의 사용 조건
$(Kl_{px} + \mu_p \alpha_{px})$값이 0.3 이하($\leq 0.3$)인 경우

□□□ 기 21①
10 철근의 정착에 대한 설명으로 틀린 것은?

① 인장 이형철근 및 이형철선의 정착길이(l_d)는 항상 300mm 이상이어야 한다.
② 압축 이형철근의 정착길이(l_d)는 항상 400mm 이상이어야 한다.
③ 갈고리는 압축을 받는 경우 철근정착에 유효하지 않은 것으로 보아야 한다.
④ 단부에 표준갈고리가 있는 인장 이형철근의 정착길이(l_{dh})는 항상 철근의 공칭지름(d_b)의 8배 이상, 또한 150mm 이상이어야 한다.

| 해답 | ②
압축 이형철근의 정착길이(l_d)는 항상 200mm 이상이어야 한다.

□□□ 기 06,21①
11 철근콘크리트 부재에서 V_s가 $\frac{1}{3}\lambda\sqrt{f_{ck}}b_w d$를 초과하는 경우 부재축에 직각으로 배치된 전단철근의 간격 제한으로 옳은 것은? (단, b_w : 복부의 폭, d : 유효깊이, λ : 경량콘크리트 계수, V_s : 전단철근에 의한 단면의 공칭전단강도)

① $\frac{d}{2}$ 이하, 또 어느 경우이든 600mm 이하
② $\frac{d}{2}$ 이하, 또 어느 경우이든 300mm 이하
③ $\frac{d}{4}$ 이하, 또 어느 경우이든 600mm 이하
④ $\frac{d}{4}$ 이하, 또 어느 경우이든 300mm 이하

| 해답 | ④
전단철근의 간격 제한
• $V_s \leq \frac{1}{3}\lambda\sqrt{f_{ck}}b_w d$일 경우 전단철근 간격($s$)은 $\frac{d}{2}$ 이하, 600mm 이하
• $V_s > \lambda\frac{1}{3}\sqrt{f_{ck}}b_w d$일 경우 전단철근 간격($s$)은 $\frac{d}{4}$ 이하, 300mm 이하

□□□ 기 08,12,16,17,21①,22②
12 옹벽의 설계에 대한 일반적인 설명으로 틀린 것은?

① 뒷부벽은 캔틸레버로 설계하여야 하며, 앞부벽은 T형보로 설계하여야 한다.
② 활동에 대한 저항력은 옹벽에 작용하는 수평력의 1.5배 이상이어야 한다.
③ 전도에 대한 저항휨모멘트는 횡토압에 의한 전도모멘트의 2.0배 이상이이야 한다.
④ 저판의 뒷굽판은 정확한 방법이 사용되지 않는 한, 뒷굽판 상부에 재하되는 모든 하중을 지지하도록 설계하여야 한다.

| 해답 | ①
• 뒷부벽은 T형보로 설계 : 뒷부벽 철근(tension tie)은 인장력을 받으므로 인장철근
• 앞부벽은 직사각형보로 설계 : 앞부벽 철근은 압축력을 받으므로 압축철근

□□□ 기 92,97,01,02,07,10,14②,18,21①,22②

13 단면이 300×400mm이고, 150mm²의 PS 강선 4개를 단면도심축에 배치한 프리텐션 PS 콘크리트 부재가 있다. 초기 프리스트레스 1000MPa일 때 콘크리트의 탄성수축에 의한 프리스트레스의 손실량은?
(단, 탄성계수비(n)는 6.0이다.)

① 30MPa　　② 34MPa
③ 42MPa　　④ 52MPa

| 해답 | ①

$$\Delta f_p = n\frac{P_i}{A_c}$$
$$= 6 \times \frac{(150 \times 4) \times 1000}{300 \times 400} = 30\text{MPa}$$
$$(\because P_i = 150 \times 4 \times 1000 = 600000\text{N})$$

□□□ 기 11,21①

14 아래에서 ( )안에 들어갈 수치로 옳은 것은?

> 보나 장선의 깊이 h 가 ( )mm를 초과하면 종방향 표피철근을 인장연단부터 $h/2$ 지점까지 부재 양쪽 측면을 따라 균일하게 배치하여야 한다.

① 700　　② 800
③ 900　　④ 1000

| 해답 | ③

종방향 표피 철근
보나 장선의 깊이 h 가 900mm를 초과하면, 종방향 표피 철근을 인장 연단으로부터 $h/2$ 지점까지 부재 양쪽 측면을 따라 균일하게 배치하여야 한다.

□□□ 기 00,21①

15 그림과 같은 단면의 도심에 PS 강재가 배치되어 있다. 초기 프리스트레스 1800kN을 작용시켰다. 30%의 손실을 가정하여 콘크리트의 하연응력이 0이 되기 위한 휨모멘트값은? (단, 자중은 무시한다.)

① 120kN·m
② 126kN·m
③ 130kN·m
④ 150kN·m

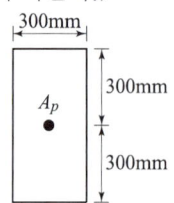

| 해답 | ②

하연응력 $f_b = \frac{P}{A} + \frac{P \cdot e}{I}y - \frac{M}{I}y$

• $P = P_t(1-\Delta P) = 1800(1-0.30) = 1260\text{kN}$
• $I = \frac{bh^3}{12} = \frac{0.3 \times 0.6^3}{12} = 0.0054\text{m}^4$

$\therefore f_b = \frac{1260}{0.30 \times 0.60} + 0 - \frac{M}{0.0054} \times 0.30 = 0$

참고 SOLVE 사용
$\therefore M = 126\text{kN} \cdot \text{m}$

□□□ 기 01,21①

16 계수하중에 의한 전단력 $V_u = 75$kN을 받을 수 있는 직사각형 단면을 설계하려고 한다. 기준에 의한 최소 전단철근을 사용할 경우 필요한 보통중량콘크리트의 최소 단면적($b_w d$)은? (단, $f_{ck} = 28$MPa, $f_y = 300$MPa이다.)

① 101090mm²　　② 103073mm²
③ 106303mm²　　④ 113390mm²

| 해답 | ④

$V_u \leq \phi\frac{1}{6}\lambda\sqrt{f_{ck}}\,b_w d$ 에서
$75 \times 10^3 = 0.75 \times \frac{1}{6} \times 1 \times \sqrt{28}\,b_w d$

참고 SOLVE 사용
$\therefore b_w d = 113389\text{mm}^2$

□□□ 기 07①,09③,10,11②,16①,19①,20②,21①,22②

17 2방향 슬래브의 설계에서 직접설계법을 적용할 수 있는 제한사항으로 틀린 것은?

① 각 방향으로 3경간 이상 연속되어야 한다.
② 슬래브판들은 단변경간에 대한 장변경간의 비가 2 이하인 직사각형이어야 한다.
③ 각 방향으로 연속한 받침부 중심간 경간 차이는 긴 경간의 1/3 이하이어야 한다.
④ 연속한 기둥 중심선을 기준으로 기둥의 어긋남은 그 방향 경간의 20% 이하이어야 한다.

| 해답 | ④

연속한 기둥 중심선을 기준으로 기둥의 어긋남은 그 방향 경간의 최대 10%까지 허용할 수 있다.

□□□ 기 08④,10④,12①,19①,21①

18 강도감소계수(ϕ)를 규정하는 목적으로 옳지 않은 것은?

① 부정확한 설계방정식에 대비한 여유
② 구조물에서 차지하는 부재의 중요도를 반영
③ 재료 강도와 치수가 변동할 수 있으므로 부재의 강도 저하 확률에 대비한 여유
④ 하중의 공칭값과 실제 하중 간의 불가피한 차이 및 예기치 않은 초과하중에 대비한 여유

| 해답 | ④

강도감소계수를 사용하는 이유
- 부정확한 설계방정식에 대비한 여유
- 주어진 하중조건에 대한 부재의 연성도와 소요 신뢰도
- 구조물에서 차지하는 부재의 중요도 등을 반영하기 위해서
- 재료강도와 치수가 변동할 수 있으므로 부재의 강도 저하 확률에 대비한 여유
■ 하중계수 : 하중의 공칭값과 설계하중 간의 불가피한 차이 및 예기치 않은 초과하중에 대비한 여유

□□□ 기 21①

19 아래는 슬래브의 직접설계법에서 모멘트 분배에 대한 내용이다. 아래의 ( ) 안에 들어갈 ㉠, ㉡으로 옳은 것은?

내부 경간에서는 전체 정적 계수휨모멘트 M_o를 다음과 같은 비율로 분배하여야 한다.
- 부계수휨모멘트 ·················· (㉠)
- 정계수휨모멘트 ·················· (㉡)

① ㉠ : 0.65, ㉡ : 0.35
② ㉠ : 0.55, ㉡ : 0.45
③ ㉠ : 0.45, ㉡ : 0.55
④ ㉠ : 0.35, ㉡ : 0.65

| 해답 | ①

정 및 부 계수휨모멘트
- 부계수휨모멘트 : 0.65
- 정계수휨모멘트 : 0.35

□□□ 기 97,01,03,06,07,08,09,11,12,21①

20 복철근 콘크리트보 단면에 압축철근비 $\rho' = 0.01$이 배근되어 있다. 이 보의 순간처짐이 20mm일 때 1년간 지속하중에 의해 유발되는 전체 처짐량은?

① 38.7mm
② 40.3mm
③ 42.4mm
④ 45.6mm

| 해답 | ①

■ $\lambda = \dfrac{\xi}{1+50\rho'}$

- 12개월 이상 $\xi=1.4$(5년 이상 $\xi=2.0$, 12개월=1.4, 6개월=1.2, 3개월=1.0)

$\therefore \lambda = \dfrac{1.4}{1+50\times 0.01} = 0.933$

- 장기처짐 = 순간처짐(탄성침하)×장기처짐계수(λ)
  = 20×0.933 = 18.66mm

$\therefore$ 총처짐량 = 순간처짐+장기처짐
  = 20+18.66 = 38.7mm

제2회 2021년 5월 15일

기 08④,12④,17①,21②

01 옹벽의 구조해석에 대한 설명으로 틀린 것은?

① 뒷부벽식 옹벽의 뒷부벽은 직사각형보로 설계하여야 한다.
② 캔틸레버식 옹벽의 전면벽은 저판에 지지된 캔틸레버로 설계할 수 있다.
③ 저판의 뒷굽판은 정확한 방법이 사용되지 않는 한, 뒷굽판 상부에 재하되는 모든 하중을 지지하도록 설계하여야 한다.
④ 부벽식 옹벽 저판은 정밀한 해석이 사용되지 않는 한, 부벽 사이의 거리를 경간으로 가정한 고정보 또는 연속보로 설계할 수 있다.

| 해답 | ①

- 뒷부벽은 T형보로 설계 : 뒷부벽 철근(tension tie)은 인장력을 받으므로 인장철근
- 앞부벽은 직사각형보로 설계 : 앞부벽 철근은 압축력을 받으므로 압축철근

기 16④,21②

02 전단철근이 부담하는 전단력 V_s =150kN일 때 수직스터럽으로 전단보강을 하는 경우 최대 배치간격은 얼마 이하인가? (단, 전단철근 1개 단면적=125mm², 횡방향 철근의 설계기준항복강도(f_{yt})=400MPa, f_{ck} = 28MPa, b_w =300mm, d =500mm, 보통중량콘크리트이다.)

① 167mm   ② 250mm
③ 333mm   ④ 600mm

| 해답 | ②

- $V_s \le \frac{1}{3}\lambda\sqrt{f_{ck}}b_w d$ 인 경우

  $V_s \le \frac{1}{3} \times 1 \times \sqrt{28} \times 300 \times 500 = 264575\,N$
  $= 265\,kN$

- $s = \frac{d}{2} = \frac{500}{2} = 250\,mm$, $s = 600\,mm$ 이하

- $s = \frac{f_{yt}A_v d}{V_s} = \frac{400 \times 125 \times 2 \times 500}{150 \times 10^3} = 333\,mm$

  ∴ $s = 250\,mm$ (∵ 세 값 중 최솟값 이하)

기 08,10,13,21②

03 경간이 12m인 대칭 T형보에서 양쪽의 슬래브 중심간 거리가 2.0m, 플랜지의 두께가 300mm, 복부의 폭이 400mm일 때 플랜지의 유효폭은?

① 2000mm   ② 2500mm
③ 3000mm   ④ 5200mm

| 해답 | ①

T형보(대칭)의 유효 폭(b_e)결정

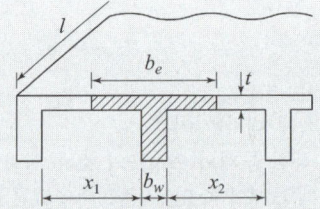

- $16t + b_w = 16 \times 300 + 400 = 5200\,mm$
- 양쪽 슬래브의 중심간 거리
  : $b_e = \frac{x_1 + x_2}{2} + b_w = 2000\,mm$
- 보의 경간 $\times \frac{1}{4}$: $12000 \times \frac{1}{4} = 3000\,mm$

∴ $b_e = 2000\,mm$ (∵ 작은 값)

기 05,06,11,17④,21②,24②

04 폭(b)이 250mm이고, 전체높이(h)가 500mm인 직사각형 철근콘크리트보의 단면에 균열을 일으키는 비틀림모멘트(T_{cr})는 약 얼마인가? (단, 보통중량콘크리트이며, f_{ck} = 28MPa이다.)

① 9.8kN·m   ② 11.3kN·m
③ 12.5kN·m   ④ 18.4kN·m

| 해답 | ④

$T_{cr} = \frac{1}{3}\lambda\sqrt{f_{ck}}\left(\frac{A_{cp}^2}{p_{cp}}\right) = \frac{1}{3}\lambda\sqrt{f_{ck}}\left\{\frac{(bh)^2}{2(b+h)}\right\}$

- $A_{cp} = b \cdot h = 250 \times 500 = 125000\,mm^2$
- $p_{cp} = 2(b+h) = 2(250+500) = 1500\,mm$

∴ $T_{cr} = \frac{1}{3} \times 1 \times \sqrt{28} \times \frac{(125000)^2}{1500}$
$= 18373273\,N \cdot mm$
$= 18.4\,kN \cdot m$

□□□ 기 04,10,12,13,16,21②

05 프리스트레스트 콘크리트(PSC)의 균등질보의 개념(homogeneous beam concept)을 설명한 것으로 옳은 것은?

① PSC는 결국 부재에 작용하는 하중의 일부 또는 전부를 미리 가해진 프리스트레스와 평행이 되도록 하는 개념
② PSC보를 RC보처럼 생각하여, 콘크리트는 압축력을 받고 긴장재는 인장력을 받게 하여 두 힘의 우력모멘트로 외력에 의한 휨모멘트에 저항시킨다는 개념
③ 콘크리트에 프리스트레스가 가해지면 PSC부재는 탄성재료로 전환되고 이의 해석은 탄성이론으로 가능하다는 개념
④ PSC는 강도가 크기 때문에 보의 단면을 강재의 단면으로 가정하여 압축 및 인장을 단면전체가 부담할 수 있다는 개념

| 해답 | ③

PSC의 기본개념
- 응력개념(등균질보의 개념) : 프리스트레스가 도입되면 콘크리트 부재를 탄성이론으로 해석할 수 있다는 개념
- 하중평형개념(등가하중개념) 프리스트레시에 의한 작용과 부재에 작용하는 하중을 평형이 되도록 하는 개념
- 강도개념(내력모멘트개념) : PSC보를 RC보처럼 생각하여 콘크리트는 압축력을 받고 긴장재는 인장력을 받게 하여 두 힘의 우력모멘트로 외력에 의한 휨모멘트에 저항시킨다는 개념

□□□ 기 03,07,10,12,15②,21②

06 그림과 같은 단순지지 보에서 긴장재는 C점에 150mm의 편차에 직선으로 배치되고, 1000kN으로 긴장되었다. 보에는 120kN의 집중하중이 C점에 작용한다. 보의 고정하중은 무시할 때 C점에서의 휨모멘트는 얼마인가? (단, 긴장재의 경사가 수평압축력에 미치는 영향 및 자중은 무시한다.)

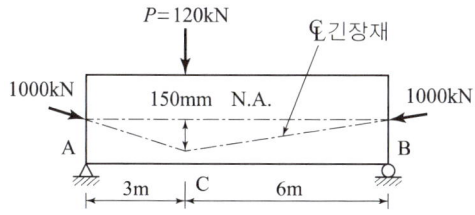

① $-150\text{kN}\cdot\text{m}$
② $90\text{kN}\cdot\text{m}$
③ $240\text{kN}\cdot\text{m}$
④ $390\text{kN}\cdot\text{m}$

| 해답 | ②

$M_C = R_A \cdot a - P_t \times e$

- $\sum M_B = 0 \rightarrow R_A l - Pb = 0$

$R_A = \dfrac{P \cdot b}{l} = \dfrac{120 \times 6}{9} = 80\text{kN}$

$\therefore M_C = 80 \times 3 - \left(1000 \times \dfrac{0.15}{3}\right) \times 3 = 90\text{kN}\cdot\text{m}$

□□□ 기 08,11,16④,21②

07 지름 450mm인 원형단면을 갖는 중심축하중을 받는 나선철근 기둥에서 강도설계법에 의한 축방향 설계축강도(ϕP_n)는 얼마인가? (단, 이 기둥은 단주이고, $f_{ck}=27\text{MPa}$, $f_y=350\text{MPa}$, $A_{st}=8-\text{D}22=3096\text{mm}^2$, 압축지배단면이다.)

① 1166kN
② 1299kN
③ 2425kN
④ 2774kN

| 해답 | ④

압축부재의 설계축강도(나선철근)
$\phi P_n = 0.85\phi\{0.85f_{ck}(A_g - A_{st}) + f_y A_{st}\}$

- $A_g = \dfrac{\pi d^2}{4} = \dfrac{\pi \times 450^2}{4} = 159043\text{mm}^2$
- 나선철근 $\phi = 0.70$

$\therefore \phi P_n = 0.85 \times 0.70 \times \{0.85 \times 27(159043 - 3096) + 350 \times 3096\}$
$= 0.85 \times 0.70 \times 4662584$
$= 2774237\text{N} = 2774\text{kN}$

Remember

압축부재의 설계축하중
- $\phi P_n = \alpha\phi\{0.85f_{ck}(A_g - A_{st}) + f_y A_{st}\}$
- 압축부재의 설계축강도(나선철근)
  $\phi P_n = 0.85\phi\{0.85f_{ck}(A_g - A_{st}) + f_y A_{st}\}$
- 압축부재의 설계축강도(띠철근)
  $\phi P_n = 0.80\phi\{0.85f_{ck}(A_g - A_{st}) + f_y A_{st}\}$
- 계숫값

분류	보정계수 α	강도감소계수 ϕ
나선철근	0.85	0.70
띠철근	0.80	0.65

□□□ 기 00,06,21②
08 콘크리트의 크리프에 대한 설명으로 틀린 것은?

① 고강도 콘크리트는 저강도 콘크리트보다 크리프가 크게 일어난다.
② 콘크리트가 놓이는 주위의 온도가 높을수록 크리프 변형은 크게 일어난다.
③ 물-시멘트비가 큰 콘크리트는 물-시멘트비가 작은 콘크리트보다 크리프가 크게 일어난다.
④ 일정한 응력이 장시간 계속하여 작용하고 있을 때 변형이 계속 진행되는 현상을 말한다.

|해답| ①
고강도 콘크리트는 저강도 콘크리트보다 크리프가 적게 일어난다.

Remember
- 크리프가 큰 경우
- 재하기간이 길수록
- 재하 응력이 클수록
- 콘크리트의 온도가 높을수록
- 물-시멘트비가 큰 콘크리트일수록
- 배합이 나쁠수록
- 시멘트량이 많을수록
- 부재의 단면적에 비하여 표면적이 큰 것일수록
- 보통 콘크리트보다 인공경량골재 콘크리트
- 크리프가 작은 경우
- 재령이 클수록
- 고강도 콘크리트일수록
- 습도가 높을수록
- 보통시멘트보다 조강시멘트
- 다짐을 실시한 콘크리트
- 고온증기 양생하면

□□□ 기 94,17④,21②
09 리벳으로 연결된 부재에서 리벳이 상·하 두 부분으로 절단되었다면 그 원인은?

① 리벳의 압축파괴 ② 리벳의 전단파괴
③ 연결부의 인장파괴 ④ 연결부의 지압파괴

|해답| ②
- 리벳의 전단파괴 : 리벳이 절단되는 파괴
- 리벳의 지압파괴 : 리벳이 강재편에 먹히는 파괴

□□□ 기 21②
10 압축 이형철근의 겹침이음길이에 대한 설명으로 옳은 것은? (단, d_b는 철근의 공칭지름)

① 어느 경우에나 압축 이형철근의 겹침이음길이는 200mm 이상이어야 한다.
② 콘크리트의 설계기준압축강도가 28MPa 미만인 경우는 규정된 겹침이음길이를 1/5 증가시켜야 한다.
③ f_y가 500MPa 이하인 경우는 $0.72f_y d_b$ 이상, f_y가 500MPa을 초과할 경우는 $(1.3f_y - 24)d_b$ 이상이어야 한다.
④ 서로 다른 크기의 철근을 압축부에서 겹침이음하는 경우, 이음길이는 크기가 큰 철근의 정착길이와 크기가 작은 철근의 겹침이음길이 중 큰 값 이상이어야 한다.

|해답| ④
압축 이형철근의 겹침이음길이
- 어느 경우에나 압축 이형철근의 겹침이음길이는 300mm 이상이어야 한다.
- 콘크리트의 설계기준압축강도가 21MPa 미만인 경우는 겹침이음길이를 1/3 증가시켜야 한다.
- f_y가 400MPa 이하인 경우는 $f_s = \left(\dfrac{1.4f_y}{\lambda\sqrt{f_{ck}}} - 52\right)d_b$ 와 $0.72f_y d_b$ 중 작은 값보다 커야 한다.
- f_y가 400MPa을 초과할 경우는 $f_s = \left(\dfrac{1.4f_y}{\lambda\sqrt{f_{ck}}} - 52\right)d_b$ 와 $(1.3f_y - 24)d_b$ 중 작은 값보다 커야 한다.
- 서로 다른 크기의 철근을 압축부에서 겹침이음하는 경우, 이음길이는 크기가 큰 철근의 정착길이와 크기가 작은 철근의 겹침이음길이 중 큰 값 이상이어야 한다.

□□□ 기 11,13,14,20④,21②,22①
11 프리스트레스 손실 원인 중 프리스트레스 도입 후 시간의 경과에 따라 생기는 것이 아닌 것은?

① 콘크리트의 크리프 ② 콘크리트의 건조수축
③ 정착 장치의 활동 ④ 긴장재 응력의 릴랙세이션

|해답| ③
프리스트레스의 손실원인

도입 시 손실=즉시 손실	도입 후 손실=시간적 손실
• 정착장치의 활동 • 포스트텐션 긴장재와 덕트 사이의 마찰 • 콘크리트의 탄성 수축	• 콘크리트의 크리프 • 콘크리트의 건조수축 • PC 강재(긴장재 응력)의 릴랙세이션(relaxation)

□□□ 기 11,12,13,21②,22①

12 강도설계에 있어서 강도감소계수(ϕ)의 값으로 틀린 것은?

① 전단력 : 0.75
② 비틀림모멘트 : 0.75
③ 인장지배단면 : 0.85
④ 포스트텐션 정착구역 : 0.75

| 해답 | ④
포스트텐션 정착구역 : 0.85

Remember

강도감소계수 ϕ

부재		강도감소계수
인장지배단면		0.85
압축지배단면	나선철근으로 보강된 철근콘크리트 부재	0.70
	그 외의 철근콘크리트 부재	0.65
	변화구간단면(전이구역)	0.65(0.70)~0.85
전단력과 비틀림 모멘트		0.75
콘크리트의 지압력 (포스트텐션 정착부나 스트럿-타이 모델은 제외)		0.65
포스트텐션 정착구역		0.85
스트럿-타이 모델	스트럿, 절점부 및 지압부	0.75
	타이	0.85
무근콘크리트의 휨모멘트, 압축력, 전단력, 지압력		0.55

□□□ 기 96,00,05,10,14④,21②,24①

13 강합성 교량에서 콘크리트 슬래브와 강(鋼)주형 상부 플랜지를 구조적으로 일체가 되도록 결합시키는 요소는?

① 볼트
② 접착제
③ 전단연결재
④ 합성철근

| 해답 | ③
전단연결재
접합면의 수평전단응력에 저항하여 판형과 슬래브가 일체로 작용하도록 하기 위하여 설치한 것으로 판형의 상부 플랜지에 소요의 간격으로 용접하여 설치한다.

□□□ 기 14,17①,20②,21②

14 아래 그림과 같은 보의 단면에서 표피철근의 간격 s는 최대 얼마 이하로 하여야 하는가? (단, 건조환경에 노출되는 경우로서, 표피철근의 표면에서 부재 측면까지 최단거리(c_c)는 40mm, $f_{ck}=24$MPa, $f_y=350$MPa이다.)

① 330mm
② 340mm
③ 350mm
④ 360mm

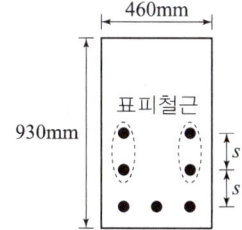

| 해답 | ③

$s = 375\left(\dfrac{k_{cr}}{f_s}\right) - 2.5c_c$, $s = 300\left(\dfrac{k_{cr}}{f_s}\right)$ 두 계산 값 중 작은 값 이하

- $k_{cr} = 210$MPa(습윤환경), $k_{cr} = 280$MPa(건조환경)
- 간략법 $f_s = \dfrac{2}{3}f_y = \dfrac{2}{3} \times 350 = 233.33$MPa

$s = 375\left(\dfrac{k_{cr}}{f_s}\right) - 2.5c_c = 375\left(\dfrac{280}{233.33}\right) - 2.5 \times 40$
$= 350$mm

$s = 300\left(\dfrac{k_{cr}}{f_s}\right) = 300 \times \dfrac{280}{233.33} = 360$mm

∴ $s = 350$mm

□□□ 기 05,09,21②

15 2방향 슬래브의 설계에서 직접설계법을 적용할 수 있는 제한조건으로 틀린 것은?

① 각 방향으로 3경간 이상이 연속되어야 한다.
② 슬래브판들은 단변경간에 대한 장변경간의 비가 2 이하인 직사각형이어야 한다.
③ 각 방향으로 연속한 받침부 중심간 경간 차이는 긴 경간의 1/3 이하이어야 한다.
④ 모든 하중은 연직하중으로 슬래브판 전체에 등분포이고, 활하중은 고정하중의 3배 이상이어야 한다.

| 해답 | ④
모든 하중은 연직하중으로 슬래브판 전체에 등분포이고, 활하중은 고정하중의 2배 이상이어야 한다.

□□□ 기 13②,21②

16 철근콘크리트 구조물 설계 시 철근간격에 대한 설명으로 틀린 것은? (단, 굵은 골재의 최대치수에 관련된 규정은 만족하는 것으로 가정한다.)

① 동일 평면에서 평행한 철근 사이의 수평 순간격은 25mm 이상, 또한 철근의 공칭지름 이상으로 하여야 한다.
② 벽체 또는 슬래브에서 휨 주철근의 간격은 벽체나 슬래브 두께의 3배 이하로 하여야 하고, 또한 450mm 이하로 하여야 한다.
③ 나선철근 또는 띠철근이 배근된 압축 부재에서 축방향 철근의 순간격은 40mm 이상, 또한 철근 공칭지름의 1.5배 이상으로 하여야 한다.
④ 상단과 하단에 2단 이상으로 배치된 경우 상하 철근은 동일 연직면 내에 배치되어야 하고, 이때 상하 철근의 순간격은 40mm 이상으로 하여야 한다.

| 해답 | ④

상단과 하단에 2단 이상으로 배치된 경우 상하철근은 동일 연직면 내에 배치되어야 하고, 이때 상하철근의 순간격은 25mm 이상으로 하여야 한다.

□□□ 기 96,04,13①,18③,21②

17 강판형(Plate girder) 복부(web) 두께의 제한이 규정되어 있는 가장 큰 이유는?

① 시공상의 난이   ② 좌굴의 방지
③ 공비의 절약   ④ 자중의 경감

| 해답 | ②

복부판이 너무 얇으면 지간 중앙부에서 휨모멘트가 커져 이에 따라 큰 압축응력이 생기므로 복부판이 좌굴할 우려가 있다.

□□□ 기 03,21②

18 옹벽의 활동에 대한 저항력은 옹벽에 작용하는 수평력의 최소 몇 배 이상이어야 하는가?

① 1.5배   ② 2배
③ 2.5배   ④ 3배

| 해답 | ①

• 활동에 대한 저항력은 옹벽에 작용하는 수평력의 1.5배 이상이어야 한다.
• 전도에 대한 저항모멘트는 횡토압에 의한 전도모멘트의 2.0배 이상이어야 한다.

□□□ 기 88,01,03,04,07,09,20③,21②,22②

19 철근콘크리트가 성립되는 조건으로 틀린 것은?

① 철근과 콘크리트 사이의 부착강도가 크다.
② 철근과 콘크리트의 탄성계수가 거의 같다.
③ 철근은 콘크리트 속에서 녹이 슬지 않는다.
④ 철근과 콘크리트의 열팽창계수가 거의 같다.

| 해답 | ②

$n = \dfrac{E_s}{E_c}$, 즉 $nE_c = E_s$

∴ 철근의 탄성계수(E_s)는 콘크리트의 탄성계수(E_c)의 n배이다.

□□□ 기 93,00,21②

20 철근콘크리트 휨부재에서 최소철근비를 규정한 이유로 가장 적당한 것은?

① 부재의 시공 편의를 위해서
② 부재의 사용성을 증진시키기 위해서
③ 부재의 경제적인 단면 설계를 위해서
④ 부재의 급작스런 파괴를 방지하기 위해서

| 해답 | ④

철근비의 규정
콘크리트의 취성파괴보다는 철근의 연성파괴를 유도하여 휨부재의 갑작스런 파괴에 대한 안전 확보

제3회 2021년 8월 14일

□□□ 기 06,15②,19②,21③,22③

01 그림과 같은 필렛용접의 유효목두께로 옳게 표시된 것은? (단, KDS 14 30 25 강구조 연결설계 기준(허용응력설계법)에 따른다.)

① S
② 0.9S
③ 0.7S
④ 0.5L

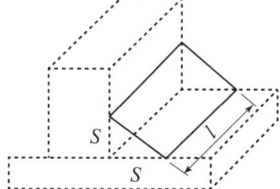

| 해답 | ③

필렛용접(KDS 14 20 25 강구조 연결설계 기준)
• 필렛용접의 유효목두께는 모살치수의 0.7배로 한다.
∴ $a = 0.7S$

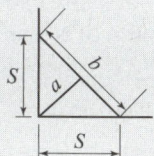

□□□ 기 05,07,08,11,18③,21③,24③

02 그림과 같은 나선철근 단주의 강도설계법에 의한 공칭축강도(P_n)는? (단, D32 1개의 단면적=794mm², $f_{ck}=24$MPa, $f_y=400$MPa)

① 2648kN
② 3254kN
③ 3716kN
④ 3972kN

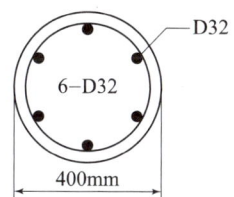

| 해답 | ③

- $P_n = \alpha\{0.85f_{ck}(A_g - A_{st}) + f_y \cdot A_{st}\}$
- $A_g = \dfrac{\pi d^2}{4} = \dfrac{\pi \times 400^2}{4} = 125664 \text{mm}^2$
- $A_s = 794 \times 6 = 4764 \text{mm}^2$
∴ $P_n = 0.85\{0.85 \times 24(125664 - 4764) + 400 \times 4764\}$
    $= 3716166\text{N} = 3716\text{kN}$

분류	보정계수 α	강도감소계수 φ
나선철근	0.85	0.70
띠철근	0.80	0.65

□□□ 기 12,20④,21③

03 표피철근(skin reinforcement)에 대한 설명으로 옳은 것은?

① 상하 기둥 연결부에서 단면치수가 변하는 경우에 구부린 주철근이다.
② 비틀림모멘트가 크게 일어나는 부재에서 이에 저항하도록 배치되는 철근이다.
③ 건조수축 또는 온도변화에 의하여 콘크리트에 발생하는 균열을 방지하기 위한 목적으로 배치되는 철근이다.
④ 주철근이 단면의 일부에 집중 배치된 경우일 때 부재의 측면에 발생 가능한 균열을 제어하기 위한 목적으로 주철근 위치에서부터 중립축까지의 표면 근처에 배치하는 철근이다.

| 해답 | ④

표피철근(skin reinforcement)
• 전체 깊이가 900mm를 초과하는 휨부재 복부의 양 측면에 부재 축방향으로 배치하는 철근
• 주철근이 단면의 일부에 집중 배치된 경우일 때 부재의 측면에 발생 가능한 균열을 제어하기 위한 목적으로 주철근 위치에서부터 중립축까지의 표면 근처에 배치하는 철근

□□□ 기 09,10,11,17,18③,21③

04 철근콘크리트 구조물의 전단철근에 대한 설명으로 틀린 것은?

① 전단철근의 설계기준항복강도는 450MPa을 초과할 수 없다.
② 전단철근으로써 스터럽과 굽힘철근을 조합하여 사용할 수 있다.
③ 주인장철근에 45° 이상의 각도로 설치되는 스터럽은 전단철근으로 사용할 수 있다.
④ 경사스터럽과 굽힘철근은 부재 중간높이인 0.5d에서 반력점 방향으로 수인장철근까지 연장된 45° 선과 한 번 이상 교차되도록 배치하여야 한다.

| 해답 | ①

• 전단철근의 설계기준항복강도는 500MPa을 초과할 수 없다.
• 다만, 벽체의 전단철근 또는 용접이형철망을 사용할 경우 전단철근의 설계기준항복강도는 600MPa을 초과할 수 없다.

□□□ 기 21③, 25②

05 강도설계법에 의한 콘크리트구조 설계에서 변형률 및 지배단면에 대한 설명으로 틀린 것은?

① 인장철근의 설계기준항복강도 f_y에 대응하는 변형률에 도달하고 동시에 압축콘크리트가 가정된 극한변형률에 도달할 때, 그 단면이 균형변형률 상태에 있다고 본다.
② 압축연단 콘크리트가 가정된 극한변형률에 도달할 때 최외단 인장철근의 순인장변형률에 도달할 때 최외단 인장철근의 순인장변형률 ϵ_t가 0.0025의 인장지배변형률 한계 이상인 단면을 인장지배단면이라고 한다.
③ 압축연단 콘크리트가 가정된 극한변형률에 도달할 때 최외단 인장철근의 순인장변형률 ϵ_t가 압축지배변형률 한계 이하인 단면을 압축지배단면이라고 한다.
④ 순인장변형률 ϵ_t가 압축지배변형률 한계와 인장지배변형률 한계 사이인 단면은 변화구간 단면이라고 한다.

|해답| ②
압축연단 콘크리트가 가정된 극한변형률에 도달할 때 최외단 인장철근의 순인장변형률에 도달할 때 최외단 인장철근의 순인장변형률 ϵ_t가 0.005의 인장지배변형률 한계 이상인 단면을 인장지배단면이라고 한다.

□□□ 기 08, 18②, 21③

06 강도설계법에 대한 기본가정으로 틀린 것은?

① 철근 및 콘크리트의 변형률은 중립축으로부터의 거리에 비례한다.
② 콘크리트의 인장강도는 철근콘크리트 부재 단면의 축강도와 휨강도 계산에서 무시한다.
③ 철근의 응력이 설계기준항복강도 f_y 이하일 때 철근의 응력은 그 변형률에 관계없이 f_y와 같다고 가정한다.
④ 휨모멘트 또는 휨모멘트와 축력을 동시에 받는 부재의 콘크리트 압축연단의 극한변형률은 콘크리트의 설계기준압축강도가 40MPa 이하인 경우에는 0.0033으로 가정한다.

|해답| ③
철근의 응력이 설계기준항복강도 f_y 이하일 때 철근의 응력은 E_s를 곱한 값으로 하고, 철근의 변형률이 f_y에 대응하는 변형률보다 큰 경우 철근의 응력은 변형률에 관계없이 f_y로 하여야 한다.

□□□ 기 94, 02, 14①, 18③, 20②, 21③, 22②

07 경간이 8m인 단순 프리스트레스트 콘크리트보에 등분포하중(고정하중과 활하중의 합)이 $w=30\text{kN/m}$ 작용할 때 중앙 단면 콘크리트 하연에서의 응력이 0이 되려면 PS 강재에 작용되어야 할 프리스트레스 힘(P)은? (단, PS 강재는 단면 중심에 배치되어 있다.)

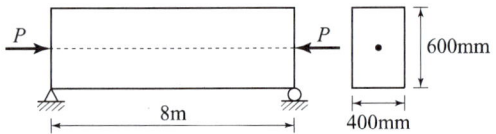

① $P=2400\text{kN}$
② $P=3500\text{kN}$
③ $P=4000\text{kN}$
④ $P=4920\text{kN}$

|해답| ①

$f_c = \dfrac{P}{A} - \dfrac{M}{I}y = 0$ 에서 $P = \dfrac{M}{I} \cdot A \cdot y$

$M = \dfrac{wl^2}{8} = \dfrac{30 \times 8^2}{8} = 240\text{kN} \cdot \text{m} = 240 \times 10^6 \text{N} \cdot \text{mm}$

$I = \dfrac{bh^3}{12} = \dfrac{400 \times 600^3}{12} = 7200000000\text{mm}^4$

$\therefore P = \dfrac{M}{I} \cdot A \cdot y$
$= \dfrac{240 \times 10^6}{7200000000} \times 400 \times 600 \times \dfrac{600}{2}$
$= 2400000\text{N} = 2400\text{kN}$

□□□ 기 11①, 19②, 21③, 22②

08 $b_w=400\text{mm}$, $d=700\text{mm}$인 보에 $f_y=400\text{MPa}$인 D16 철근을 인장 주철근에 대한 경사각 $\alpha=60°$인 U형 경사 스터럽으로 설치했을 때 전단철근에 의한 전단강도(V_s)는? (단, 스터럽 간격 $s=300\text{mm}$, D16 철근 1본의 단면적은 199mm^2이다.)

① 253.7kN
② 321.7kN
③ 371.5kN
④ 507.4kN

|해답| ④
경사 스터럽을 전단철근으로 사용하는 경우의 단면의 공칭전단강도
$V_s = \dfrac{A_v f_y (\sin\alpha + \cos\alpha)d}{s}$
$= \dfrac{2 \times 199 \times 400(\sin 60° + \cos 60°) \times 700}{300}$
$= 507432\text{N} = 507.4\text{kN}$

□□□ 기 13④, 21③

09 철근의 이음방법에 대한 설명으로 틀린 것은? (단, l_d는 정착길이)

① 인장을 받는 이형철근의 겹침이음길이는 A급 이음과 B급 이음으로 분류하며, A급 이음은 $1.0l_d$ 이상이며, B급 이음은 $1.3l_d$ 이상이며, 두 가지 경우 모두 300mm 이상이어야 한다.
② 인장 이형철근의 겹침이음에서 A급 이음은 배치된 철근량이 이음부 전체 구간에서 해석결과 요구되는 소요철근량의 2배 이상이고, 소요겹침이음길이 내 겹침이음된 철근량이 전체 철근량의 1/2 이하인 경우이다.
③ 서로 다른 크기의 철근을 압축부에서 겹침이음하는 경우, D41과 D51 철근은 D35 이하 철근과의 겹침이음은 허용할 수 있다.
④ 휨부재에서 서로 직접 접촉되지 않게 겹침이음된 철근은 횡방향으로 소요겹침이음길이의 1/3 또는 200mm 중 작은 값 이상 떨어지지 않아야 한다.

| 해답 | ④
휨부재에서 서로 직접 접촉되지 않게 겹침이음된 철근은 횡방향으로 소요겹침이음길이의 1/5 또는 150mm 중 작은 값 이상 떨어지지 않아야 한다.

□□□ 기 00, 08, 21③

10 나선철근 기둥의 설계에 있어서 나선철근비(ρ_s)를 구하는 식으로 옳은 것은? (단, A_g : 기둥의 총 단면적, A_{ch} : 나선철근 기둥의 심부단면적, f_{yt} : 나선철근의 설계기준 항복강도, f_{ck} : 콘크리트의 설계기준압축강도)

① $0.45\left(\dfrac{A_g}{A_{ch}}-1\right)\dfrac{f_{yt}}{f_{ck}}$ ② $0.45\left(\dfrac{A_g}{A_{ch}}-1\right)\dfrac{f_{ck}}{f_{yt}}$
③ $0.45\left(1-\dfrac{A_g}{A_{ch}}\right)\dfrac{f_{ck}}{f_{yt}}$ ④ $0.85\left(\dfrac{A_{ch}}{A_g}-1\right)\dfrac{f_{ck}}{f_{yt}}$

| 해답 | ②
• 나선철근비 ρ_s는 다음 값 이상이어야 한다.
$\rho_s = \dfrac{\text{나선철근의 총체적}}{\text{심부 체적}}$
$= 0.45\left(\dfrac{A_g}{A_{ch}}-1\right)\dfrac{f_{ck}}{f_{yt}} = 0.45\left(\dfrac{D_g^2}{D_{ch}^2}-1\right)\dfrac{f_{ck}}{f_{yt}}$
• 나선철근의 설계기준항복강도 f_{yt}는 700MPa 이하로 하여야 한다.

□□□ 기 21③, 22③

11 균형철근량보다 적고 최소철근량보다 많은 인장철근을 가진 과소철근보가 휨에 의해 파괴될 때의 설명으로 옳은 것은?

① 인장측 철근이 먼저 항복한다.
② 압축측 콘크리트가 먼저 파괴된다.
③ 압축측 콘크리트와 인장측 철근이 동시에 항복한다.
④ 중립축이 인장측으로 내려오면서 철근이 먼저 파괴된다.

| 해답 | ①
과소철근보
• 인장측 철근이 먼저 항복한다.
• 과소철근보는 철근이 먼저 항복하게 되지만 철근은 연성이 크기 때문에 파괴는 단계적으로 일어난다.

□□□ 기 06, 11, 12, 16②, 21③

12 압축철근비가 0.01이고, 인장철근비가 0.003인 철근콘크리트보에서 장기 추가처짐에 대한 계수(λ_Δ)의 값은? (단, 하중재하기간은 5년 6개월이다.)

① 0.66 ② 0.80
③ 0.93 ④ 1.33

| 해답 | ④
계수 $\lambda_\Delta = \dfrac{\xi}{1+50\rho'}$
• 시간경과계수 ξ : 2.0(5년 이상)
• 압축철근비 ρ' : 0.01
$\therefore \lambda_\Delta = \dfrac{2.0}{1+50\times 0.01} = 1.33$

□□□ 기 05, 07, 08, 09, 10, 11, 12, 13, 16②, 19①, 21③, 22①

13 그림과 같은 맞대기 용접의 인장응력은?

① 25MPa
② 125MPa
③ 250MPa
④ 1250MPa

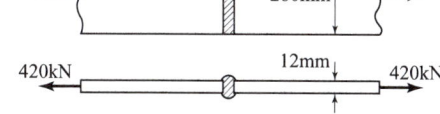

| 해답 | ②
$f = \dfrac{P}{\sum a\cdot l_e} = \dfrac{420\times 10^3}{12\times 280} = 125\text{N/mm}^2 = 125\text{MPa}$

□□□ 기 02,04,06,10②,18③,19①,21③

14 그림과 같은 필렛용접에서 일어나는 응력으로 옳은 것은? (단, KDS 14 30 25 강구조 연결 설계기준(허용응력설계법)에 따른다.)

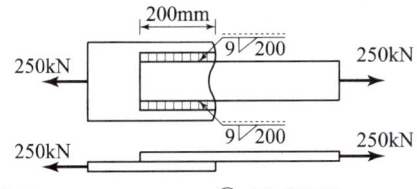

① 82.3MPa   ② 95.05MPa
③ 109.02MPa   ④ 130.25MPa

| 해답 | ③

$$v = \frac{P}{\sum a \cdot (l - 2 \times 모살치수)}$$

• $a = 9 \times 0.7 = 6.3mm$, $l_e = 200 - 2 \times 9 = 182mm$

$$\therefore v = \frac{250 \times 10^3}{6.3 \times 2 \times 182} = 109.02MPa$$

(∵ 2면이 필렛용접)

Remember

필렛용접
• 필렛용접의 유효목두께는 모살치수의 0.7배로 한다.
  $a = 0.7s$
• 필렛용접의 유효길이는 필렛용접의 총길이에서 2배의 모살치수를 공제한 값으로 한다.
  $l_e = l - 2 \times 모살치수$
• 필렛용접의 유효면적은 유효길이에 유효목두께를 곱한 것으로 한다.
  $A_e = a \times (l - 2 \times 모살치수)$
• 구멍모살과 슬로트필렛용접의 유효길이는 목두께의 중심을 잇는 용접중심선의 길이로 한다.

□□□ 기 08,16,19②,21③

15 프리스트레스트 콘크리트(PSC)에 대한 설명으로 틀린 것은?

① 프리캐스트를 사용할 경우 거푸집 및 동바리공이 불필요하다.
② 콘크리트 전 단면을 유효하게 이용하여 철근콘크리트(RC) 부재보다 경간을 길게 할 수 있다.
③ 철근콘크리트(RC)에 비해 단면이 작아서 변형이 크고 진동하기 쉽다.
④ 철근콘크리트(RC)보다 내화성에 있어서 유리하다.

| 해답 | ④

고강도 강재는 고온에 접하면 강도가 갑자기 감소되므로 철근콘크리트(RC)보다 내화성에서 불리하다.

□□□ 기 06,07,12,13,15②,21③

16 부재의 설계 시 적용되는 강도감수계수(ϕ)에 대한 설명으로 틀린 것은?

① 인장지배 단면에서의 강도감소계수는 0.85이다.
② 포스트텐션 정착구역에서 강도감소계수는 0.80이다.
③ 압축지배단면에서 나선철근으로 보강된 철근콘크리트 부재의 강도감소계수는 0.70이다.
④ 공칭강도에서 최외단 인장철근의 순인장 변형률(ϵ_t)이 압축지배와 인장지배단면 사이일 경우에는 ϵ_t가 압축지배변형률 한계에서 인장지배변형률 한계로 증가함에 따라 ϕ값을 압축지배단면에 대한 값에서 0.85까지 증가시킨다.

| 해답 | ②

포스트텐션 정착구역에서 강도감소계수는 0.85이다.

Remember

강도감소계수 ϕ

부재		ϕ
인장지배단면		0.85
공칭강도에서 최외단 인장철근의 순인장 변형률(ϵ_t)이 압축지배와 인장지배단면 사이일 경우에는 ϵ_t가 압축지배변형률 한계에서 인장지배변형률 한계로 증가함에 따라 ϕ값을 압축지배단면에 대한 값에서 0.85까지 증가시킨다.		0.85
압축지배단면	나선철근으로 보강된 철근콘크리트 부재	0.70
	ㄱ 외의 철근콘크리트 부재	0.65
전단력과 비틀림모멘트		0.75
포스트텐션 정착구역		0.85
콘크리트의 지압력 (포스트텐션 정착부나 스트럿-타이 모델은 제외)		0.65

17 직접설계법에 의한 2방향 슬래브 설계에서 전체 정적계수 휨모멘트(M_o)가 340kN·m로 계산되었을 때, 내부 경간의 부계수휨모멘트는?

① 102kN·m
② 119kN·m
③ 204kN·m
④ 221kN·m

| 해답 | ④
부계수 모멘트 $= 0.65 M_0 = 0.65 \times 340 = 221 \text{kN·m}$

Remember
정 및 부 계수휨모멘트
- 부계수휨모멘트 : 0.65
- 정계수휨모멘트 : 0.35

18 옹벽에서 T형보로 설계하여야 하는 부분은?

① 뒷부벽식 옹벽의 전면벽
② 뒷부벽식 옹벽의 뒷부벽
③ 앞부벽식 옹벽의 저판
④ 앞부벽식 옹벽의 앞부벽

| 해답 | ②
뒷부벽식 및 앞부벽식 옹벽의 설계
- 뒷부벽식 옹벽의 뒷부벽은 T형보로 설계
- 앞부벽식 옹벽의 앞부벽은 직사각형보로 설계

19 그림과 같은 단순 프리스트레스트 콘크리트보에서 등분포하중(자중포함) $w=30$kN/m가 작용하고 있다. 프리스트레스에 의한 상향력과 이 등분포하중이 평형을 이루기 위해서는 프리스트레스 힘(P)를 얼마로 도입해야 하는가?

① 900kN
② 1200kN
③ 1500kN
④ 1800kN

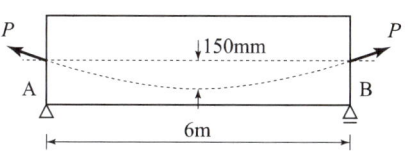

| 해답 | ①
$M = P \cdot s = \dfrac{wl^2}{8}$ 에서
$\therefore P = \dfrac{wl^2}{8s} = \dfrac{30 \times 6^2}{8 \times 0.15} = 900 \text{kN}$

20 옹벽의 설계에 대한 설명으로 틀린 것은?

① 무근콘크리트 옹벽은 부벽식 옹벽의 형태로 설계하여야 한다.
② 활동에 대한 저항력은 옹벽에 작용하는 수평력의 1.5배 이상이어야 한다.
③ 저판의 뒷굽판은 정확한 방법이 사용되지 않는 한, 뒷굽판 상부에 재하되는 모든 하중을 지지하도록 설계하여야 한다.
④ 부벽식 옹벽의 저판은 정밀한 해석이 사용되지 않는 한 부벽 사이의 거리를 경간으로 가정한 고정보 또는 연속보로 설계할 수 있다.

| 해답 | ①
무근콘크리트 옹벽은 자중에 의하여 저항력을 발휘하는 중력식 형태로 설계하여야 한다.

| memo |

2단계

과목별 스피드 마스터 05

토질 및 기초

01 2018년   3월 4일 시행
                        4월 28일 시행
                        8월 19일 시행

02 2019년   3월 3일 시행
                        4월 27일 시행
                        8월 4일 시행

03 2020년   6월 6일 시행
                        8월 22일 시행
                        9월 27일 시행

04 2021년   3월 7일 시행
                        5월 15일 시행
                        8월 14일 시행

05 토질 및 기초

제1회 2018년 3월 4일

기 13①,18①

01 포화된 지반의 간극비를 e, 함수비를 w, 간극률을 n, 비중을 G_s라 할 때 다음 중 한계 동수경사를 나타내는 식으로 적절한 것은?

① $\dfrac{G_s+1}{1+e}$ ② $\dfrac{e-w}{w(1+e)}$

③ $(1+n)(G_s-1)$ ④ $\dfrac{G_s(1-w+e)}{(1+G_s)(1+e)}$

| 해답 | ②

한계동수경사 $i = \dfrac{G_s-1}{1+e}$ 에서

- 비중 $G_s = \dfrac{S \cdot e}{w}$
- 포화도 $S = 100\%$

$\therefore i = \dfrac{G_s-1}{1+e} = \dfrac{\dfrac{S \cdot e}{w} - \dfrac{w}{w}}{1+e}$

$= \dfrac{S \cdot e - w}{w(1+e)} = \dfrac{e-w}{w(1+e)}$

기 11,18①

02 아래 그림에서 토압계수 $K=0.5$일 때 응력경로는 어느 것인가?

① 가
② 나
③ 다
④ 라

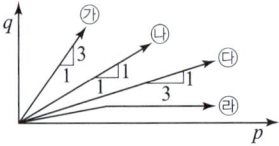

| 해답 | ③

1차 압밀시험의 응력경로는 항상 K선상에 위치하고 선은 원점을 지나고 기울기 $\beta = \dfrac{q}{p} = \dfrac{1-K}{1+K}$ 인 직선을 나타낸다.

$\therefore$ 기울기 $\beta = \dfrac{q}{p} = \dfrac{1-K}{1+K} = \dfrac{1-0.5}{1+0.5} = \dfrac{1}{3}$

기 15①,18①

03 아래 그림과 같은 폭(B) 1.2m, 길이(L) 1.5m인 사각형 얕은 기초에 폭(B) 방향에 대한 편심이 작용하는 경우 지반에 작용하는 최대압축응력은?

① 292kN/m^2
② 385kN/m^2
③ 397kN/m^2
④ 415kN/m^2

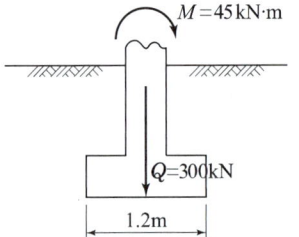

| 해답 | ①

편심거리 $e = \dfrac{M}{Q} = \dfrac{45}{300} = 0.15\text{m}$

$e \leq \dfrac{B}{6} = \dfrac{1.2}{6} = 0.20\text{m}$일 때

$q_{max} = \dfrac{Q}{B \cdot L}\left(1 + \dfrac{6e}{B}\right) = \dfrac{300}{1.2 \times 1.5}\left(1 + \dfrac{6 \times 0.15}{1.2}\right)$

$= 292\text{kN/m}^2$

기 82,12④,18①

04 표준관입시험에서 N치가 20으로 측정되는 모래지반에 대한 설명으로 옳은 것은?

① 내부마찰각이 약 30° ~ 40° 정도인 모래이다.
② 유효상재 하중이 200kN/m²인 모래이다.
③ 간극비가 1.2인 모래이다.
④ 매우 느슨한 상태이다.

| 해답 | ①

N치와 내부마찰각의 관계

N치	모래의 상태	내부마찰각	
		Pcck	Mcyrhof
0~4	대단히 느슨	28.5° 이하	30° 이하
4~10	느슨	28.5~30°	30~35°
10~30	중간	30~36°	30~40°
30~50	조밀	36~41°	40~45°
50 이상	대단히 조밀	41° 이상	45° 이상

$\therefore$ 중간에 내부마찰각 $\phi = 30~40°$ 정도인 모래

□□□ 기 84,01,03,07,13②,18①,24③

05 그림과 같이 옹벽 배면의 지표면에 등분포 하중이 작용할 때, 옹벽에 작용하는 전체 주동토압의 합력(P_a)과 옹벽 저면으로부터 합력의 작용점까지의 높이(h)는?

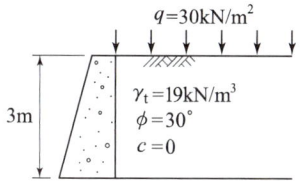

① $P_a = 28.5$kN/m, $h = 1.26$m
② $P_a = 28.5$kN/m, $h = 1.38$m
③ $P_a = 58.5$kN/m, $h = 1.26$m
④ $P_a = 58.5$kN/m, $h = 1.38$m

| 해답 | ③

■ 주동토압의 합력
$$P_a = qHK_a + \frac{1}{2}\gamma_t H^2 K_a$$
- $K_a = \tan^2\left(45° - \frac{30°}{2}\right) = \frac{1}{3}$
- $P_a = 30 \times 3 \times \frac{1}{3} + \frac{1}{2} \times 19 \times 3^2 \times \frac{1}{3} = 58.5$ kN/m

■ 합력의 작용점까지의 높이
$$h = \frac{H}{3} \cdot \frac{3q + \gamma_t H}{2q + \gamma_t H}$$
$$= \frac{3}{3} \times \frac{3 \times 30 + 19 \times 3}{2 \times 30 + 19 \times 3} = 1.26\text{m}$$

□□□ 기 09,18①,20④

06 어떤 점토의 압밀계수는 1.92×10^{-3}cm²/sec, 압축계수는 2.86×10^{-1} m²/kN이었다. 이 점토의 투수계수는? (단, 이 점토의 초기간극비는 0.8, $\gamma_w = 9.81$kN/m³)

① 1.05×10^{-5}cm/sec
② 2.05×10^{-5}cm/sec
③ 2.99×10^{-5}cm/sec
④ 4.05×10^{-5}cm/sec

| 해답 | ③

투수계수 $k = C_v \, m_v \, \gamma_w$
- 체적변화계수
$$m_v = \frac{a_v}{1+e} = \frac{2.86 \times 10^{-1}}{1+0.8} = 1.589 \times 10^{-1} \text{m}^2/\text{kN}$$
∴ $k = C_v \, m_v \, \gamma_w$
$= 1.589 \times 10^{-1} \times 1.92 \times 10^{-3} \times 9.81 \times 10^{-2}$
$= 2.99 \times 10^{-5}$ cm/sec

□□□ 기 05,18①

07 흙의 다짐시험에서 다짐에너지를 증가시킬 때 일어나는 결과는?

① 최적함수비는 증가하고, 최대건조단위중량은 감소한다.
② 최적함수비는 감소하고, 최대건조단위중량은 증가한다.
③ 최적함수비와 최대건조단위중량이 모두 감소한다.
④ 최적함수비와 최대건조단위중량이 모두 증가한다.

| 해답 | ②

다짐 에너지를 증가시키면 최적 함수비(OMC)는 감소하고 최대건조단위중량($\gamma_{d\max}$)은 증가한다.

□□□ 기 11①,18①

08 흙 시료의 전단파괴면을 미리 정해 놓고 흙의 강도를 구하는 시험은?

① 직접전단시험
② 평판재하시험
③ 일축압축시험
④ 삼축압축시험

| 해답 | ①

직접전단시험
상하로 분리된 전단상자 속에 시료를 넣고 수직하중을 가한 상태로 수평력을 가하여 전단상자 상하단부의 분리면을 따라 강제로 파괴를 일으켜서 지반의 강도정수를 결정할 수 있는 방법이다.

□□□ 기 95,02,05,08,18①,22②

09 그림과 같은 지반에서 하중으로 인하여 수직응력($\Delta\sigma_1$)이 100kN/m² 증가되고 수평응력($\Delta\sigma_3$)이 50kN/m² 증기되었다면 간극수압은 얼마나 증가되었는가? (단, 간극수압계수 $A = 0.5$이고, $B = 1$이다.)

① 50kN/m²
② 75kN/m²
③ 100kN/m²
④ 125kN/m²

| 해답 | ②

간극 수압
$\Delta U = B\{\Delta\sigma_3 + A(\Delta\sigma_1 - \Delta\sigma_3)\}$
$= 1 \times \{50 + 0.5(100 - 50)\} = 75$ kN/m²

□□□ 기 01,06,09,14①,18①

10 크기가 30cm×30cm의 평판을 이용하여 사질토 위에서 평판재하시험을 실시하고 극한지지력 200kN/m²을 얻었다. 크기가 1.8m×1.8m인 정사각형 기초의 총 허용하중은 약 얼마인가? (단, 안전율 3을 사용)

① 220kN ② 660kN
③ 1296kN ④ 1500kN

| 해답 | ③

- 모래질의 지지력은 재하판의 폭에 비례한다.
  $0.3 : 200 = 1.8 : q_u$
  ∴ 극한지지력 $q_u = \dfrac{1.8 \times 200}{0.3} = 1200\,kN/m^2$
- 극한하중 $Q_u = q_u \times A = 1200 \times 1.8 \times 1.8 = 3888\,kN$
  ∴ 총허용하중 $Q_a = \dfrac{Q_u}{F_s} = \dfrac{3888}{3} = 1296\,kN$

□□□ 기 92,94,13,18①,20④

11 Terzaghi의 극한지지력 공식에 대한 설명으로 틀린 것은?

① 기초의 형상에 따라 형상계수를 고려하고 있다.
② 지지력계수 N_c, N_q, N_r은 내부마찰각에 의해 결정된다.
③ 점성토에서의 극한지지력은 기초의 근입깊이가 깊어지면 증가된다.
④ 극한지지력은 기초의 폭에 관계없이 기초하부의 흙에 의해 결정된다.

| 해답 | ④

$q_u = \alpha c N_c + \beta \gamma_1 B N_\gamma + \gamma_2 D_1 N_q$: 극한지지력은 기초폭과 근입깊이(D_f)에 따라 증가하고 흙의 상태에 따라 변화한다.

□□□ 기12,18①

12 피에조콘(piezocone) 시험의 목적이 아닌 것은?

① 지층의 연속적인 조사를 통하여 지층분류 및 지층변화 분석
② 연속적인 원지반 전단강도의 추이 분석
③ 중간 점토내 분포한 sand seam 유무 및 발달 정도 확인
④ 불교란 시료 채취

| 해답 | ④

- 피에조콘(piezocone) : 콘 저항값과 마찰력을 측정하면서 간극수압 및 간극수압 소산이 동시에 측정되는 연약지반 조사장비로 샘플러가 없으므로 시료채취는 불가능하다.
- 피에조콘(piezocone)의 특징
  - 연속적인 지층 주상 또는 강도 파악
  - 점성토층 내에 분포하는 sand seam 층 파악 가능
  - 지반 개량 전후의 강도 기준치 설정

□□□ 기 93,18①

13 반무한 지반의 지표상에 무한길이의 선하중 q_1, q_2가 다음의 그림과 같이 작용할 때 A점에서의 연직응력 증가는?

① 30.3N/m²
② 121.2N/m²
③ 151.5N/m²
④ 181.8N/m²

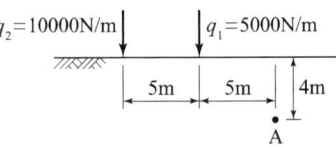

| 해답 | ③

선하중에 의한 연직응력의 크기

$\sigma_{z1} = \dfrac{2q_1 Z^3}{\pi(x^2+Z^2)^2} = \dfrac{2 \times 5000 \times 4^3}{\pi(5^2+4^2)^2} = 121.189\,N/m^2$

$\sigma_{z1} = \dfrac{2q_1 Z^3}{\pi(x^2+Z^2)^2} = \dfrac{2 \times 10000 \times 4^3}{\pi(10^2+4^2)^2} = 30.28\,N/m^2$

∴ $\sigma_z = \sigma_{z1} + \sigma_{z2} = 121.19 + 30.28$
$= 151.47\,N/m^2 = 0.15147\,kN/m^2$

□□□ 기 05,18①

14 다음 중 부마찰력이 발생할 수 있는 경우가 아닌 것은?

① 매립된 생활쓰레기 중에 시공된 관측정
② 붕적토에 시공된 말뚝기초
③ 성토한 연약점토지반에 시공된 말뚝기초
④ 다짐된 사질지반에 시공된 말뚝기초

| 해답 | ④

- 말뚝이 점토층 위에 타입되어 있고 성토층이 압밀될 때 부마찰력이 발생한다.
- 다짐된 사질토지반에 시공된 말뚝기초는 부마찰력이 발생하지 않는다.

□□□ 기 09,18①

15 깊은 기초의 지지력 평가에 관한 설명 중 잘못된 것은?

① 현장타설 콘크리트 말뚝 기초는 동역학적 방법으로 지지력을 추정한다.
② 말뚝항타분석기(PDA)는 말뚝의 응력분포, 경사효과 및 해머효율을 파악할 수 있다.
③ 정역학적 지지력 추정방법은 논리적으로 타당하나 강도정수를 추정하는 데 한계성을 내포하고 있다.
④ 동역학적 방법은 항타장비, 말뚝과 지반 조건이 고려된 방법으로 해머효율의 측정이 필요하다.

| 해답 | ①

현장타설 콘크리트 말뚝 기초는 정역학적 방법으로 지지력을 추정한다.

□□□ 기 95,07,15②,18①,21①

16 $\gamma_{sat} = 19.62 \text{kN/m}^3$인 사질토가 20°로 경사진 무한사면이 있다. 지하수위가 지표면과 일치하는 경우 이 사면의 안전율이 1 이상이 되기 위해서는 흙의 내부마찰각이 최소 몇 도 이상이어야 하는가?
(단, $\gamma_w = 9.81 \text{kN/m}^3$)

① 18.21° ② 20.52°
③ 36.06° ④ 45.47°

| 해답 | ③

반무한사면에서 침투류가 지표면과 일치하는 경우(비점성토 $c = 0$)

$F_s = \dfrac{\gamma_{sub}}{\gamma_{sat}} \cdot \dfrac{\tan\phi}{\tan i} \geq 1$

(∵ 사면이 안정하기 위해서는 $F_s \geq 1$ 이상)

$1 = \dfrac{(19.62-9.81)}{19.62} \cdot \dfrac{\tan\phi}{\tan 20°} = \dfrac{1}{2} \cdot \dfrac{\tan\phi}{\tan 20°}$

∴ $\phi = \tan^{-1}(2\tan 20°) = 36.06°$ 이상

□□□ 기 02,10,18①③,22②

17 4.75mm(#4체) 통과율 90%, 0.075mm(#200체) 통과율 4%이고, $D_{10} = 0.25\text{mm}$, $D_{30} = 0.6\text{mm}$, $D_{60} = 2\text{mm}$인 흙을 통일분류법으로 분류하면?

① GW ② GP
③ SW ④ SP

| 해답 | ④

■ 1단계 : No.200<50% (G나 S 조건)
■ 2단계 : No.4체 통과량>50% (S조건)
■ 3단계 : SW($C_u > 6$, $1 < C_g < 3$)이면 SW 아니면 SP

• 균등계수 $C_u = \dfrac{D_{60}}{D_{10}} = \dfrac{2}{0.25} = 8 > 6$: 입도양호(W)

• 곡률계수 $C_g = \dfrac{D_{30}^2}{D_{10} \times D_{60}} = \dfrac{0.6^2}{0.25 \times 2} = 0.72$

 : $1 < C_g < 3$: 입도불량(P)

∴ SP (∵ SW에 해당되는 두 조건을 만족시키지 못함.)

□□□ 기 06,09,15①,18①

18 어떤 흙에 대한 일축압축시험 결과 일축압축 강도가 0.1MPa이고, 이 시료의 파괴면과 수평면이 이루는 각은 50°일 때 이 흙의 점착력(c_u)과 내부마찰각(ϕ)은?

① $c_u = 60\text{kN/m}^2$, $\phi = 10°$
② $c_u = 42\text{kN/m}^2$, $\phi = 50°$
③ $c_u = 60\text{kN/m}^2$, $\phi = 50°$
④ $c_u = 42\text{kN/m}^2$, $\phi = 10°$

| 해답 | ④

$\theta = 45° + \dfrac{\phi}{2}$에서

∴ $\phi = 2\theta - 90° = 2 \times 50° - 90° = 10°$

∴ $c_u = \dfrac{q_u}{2\tan\left(45° + \dfrac{\phi}{2}\right)} = \dfrac{0.1}{2\tan\left(45° + \dfrac{10°}{2}\right)}$

$= 0.042\text{MPa} = 0.042\text{N/mm}^2 = 42\text{kN/m}^2$

□□□ 기 86,98,00,02,06,15①,18①

19 다음 중 투수계수를 좌우하는 요인이 아닌 것은?

① 토립자의 비중 ② 토립자의 크기
③ 포화도 ④ 간극의 형상과 배열

| 해답 | ①

• $K = D_s^2 \cdot \dfrac{\gamma_w}{\mu} \cdot \dfrac{e^3}{1+e} \cdot C$

• 투수계수 측정은 포화상태에서 실시하므로 포화도(S)와 관계가 있다.
 ∴ 포화도(S)가 증가하면 투수계수(K)는 증가한다.
• 투수계수(K)는 흙의 비중(G_s)과 관계없다.

기 97,06,09,15,18①

20 유선망(Flow Net)의 성질에 대한 설명으로 틀린 것은?

① 유선과 등수두선은 서로 직교한다.
② 동수경사(i)는 등수두선의 폭에 비례한다.
③ 유선망으로 되는 사각형은 이론상 정사각형이다.
④ 인접한 두 유선 사이, 즉 유로를 흐르는 침투유량은 동일하다.

| 해답 | ②

침투속도 및 동수경사(i)는 등수두선의 폭에 반비례한다.

제2회 2018년 4월 28일

기 99,04,11①,18②

01 어떤 시료에 대해 액압 0.1MPa를 가해 각 수직변위에 대응하는 수직하중을 측정한 결과가 아래 표와 같다. 파괴 시의 축차응력은?
(단, 피스톤의 지름과 시료의 지름은 같다고 보며, 시료의 단면적 $A_o = 18\text{cm}^2$, 길이 $L = 14\text{cm}$이다.)

ΔL (1/100 mm)	0	…	1000	1100	1200	1300	1400
P(N)	0	…	540	580	600	590	580

① 0.305MPa ② 0.255MPa
③ 0.205MPa ④ 0.155MPa

| 해답 | ①

축차응력 $\sigma_1 - \sigma_3 = \dfrac{P}{A}$

• 최대수직하중 $P_{max} = 600\text{N}$일 때 시료의 변위량
$\Delta L = 1200 \times \dfrac{1}{100} = 12\text{mm} = 1.2\text{cm}$이다.

• 파괴 시 단면적 $A = \dfrac{A_o}{1 - \dfrac{\Delta L}{L}} = \dfrac{18}{1 - \dfrac{1.2}{14}} = 19.69\text{cm}^2$

∴ 축차응력 $\sigma_1 - \sigma_3 = \dfrac{600}{19.69 \times 10^2}$
$= 0.305\text{MPa} = 305\text{kN/m}^2$

기 09,18②

02 노건조한 흙 시료의 부피가 1000cm³, 무게가 1700g, 비중이 2.65이었다면 간극비는?

① 0.71 ② 0.43
③ 0.65 ④ 0.56

| 해답 | ④

간극비 $e = \dfrac{G_s \cdot \rho_w}{\rho_d} - 1$

• 건조밀도 $\rho_d = \dfrac{W_s}{V} = \dfrac{1700}{1000} = 1.70\text{g/cm}^3$

∴ $e = \dfrac{2.65 \times 1}{1.70} - 1 = 0.56$

□□□ 기 18②

03 다음 중 임의 형태 기초에 작용하는 등분포하중으로 인하여 발생하는 지중응력 계산에 사용하는 가장 적합한 계산법은?

① Boussinesq법 ② Osterberg법
③ Newmark 영향원법 ④ 2 : 1 간편법

| 해답 | ③

- Newmark의 영향원법 : Newmark는 Boussinesq의 해를 기초로 하여 지표면에 등분포하중 q가 임의 형태로 작용할 때 지반 내의 어떤 점에서의 연직응력을 구할 때 매우 유용하게 활용하는 계산법을 고안하였다.
- 2 : 1 간편법 : 깊이에 따른 연직응력의 증가량을 계산하는 가장 간단한 방법
- Boussinesq법 : 무한히 큰 균질, 등방성, 탄성인 매체의 표면에 집중하중이 작용할 때 매체 내에 발생하는 응력의 증가량을 계산하는 방법
- Osterberg법 : 성토하중과 같은 대상하중에 대한 집중응력을 구하는 방법

□□□ 기 90,97,98,08,11④,18②,19②

04 무게 30kN 단동식 증기 hammer를 사용하여 낙하고 1.2m에서 pile을 타입할 때 1회 타격당 최종침하량이 2cm이었다. Engineering News 공식을 사용하여 허용지지력을 구하면 얼마인가?

① 133kN ② 267kN
③ 808kN ④ 1600kN

| 해답 | ②

허용지지력 $Q_a = \dfrac{WH}{F_s(S+0.25)}$

- 낙하고 $H = 1.2\text{m} = 120\text{cm}$
- 최종침하량 $S = 2\text{cm}$
- 안전율 $F_s = 6$

$\therefore Q_a = \dfrac{30 \times 120}{6(2+0.25)} = 267\text{kN}$

Remember

동역학적 지지력 공식의 안전율

공식	안전율 F_s
Sander 공식	8
Engineering News 공식	6

□□□ 기 12②,13②,18②,14②

05 다음 그림과 같이 피압수압을 받고 있는 2m 두께의 모래층이 있다. 그 위의 포화된 점토층을 5m 깊이로 굴착하는 경우 분사현상이 발생하지 않기 위한 수심(h)는 최소 얼마를 초과하도록 하여야 하는가?

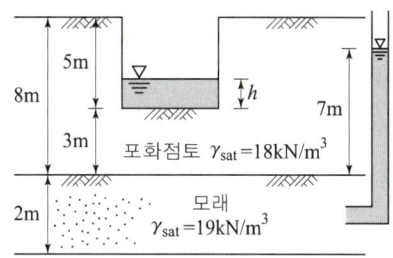

① 1.3m ② 1.5m
③ 1.9m ④ 2.4m

| 해답 | ②

모래층 상단을 A라고 하면
- 전응력 $\sigma_A = z\gamma_{sat} + h\gamma_w$
  $= 3 \times 18 + h \times 9.81 = 54 + 9.81h$
- 간극수압 $u_A = 7 \times 9.81 = 68.67\text{kN/m}^2$
- 유효응력 $\sigma_A' \geq 0$일 때 분사현상이 일어남
  $\sigma_A' = \sigma_A - u_A = 54 + 9.81h - 68.67 \geq 0$

참고 SOLVE 사용 $\therefore h = 1.5\text{m}$

□□□ 기 04,10④,11④,17②,18②,21②

06 점성지반의 강성기초의 접지압 분포에 대한 설명으로 옳은 것은?

① 기초 모서리 부분에서 최대응력이 발생한다.
② 기초 중앙 부분에서 최대응력이 발생한다.
③ 기초 밑면의 응력은 어느 부분이나 동일하다.
④ 기초 밑면에서의 응력은 토질에 관계없이 일정하다.

| 해답 | ①

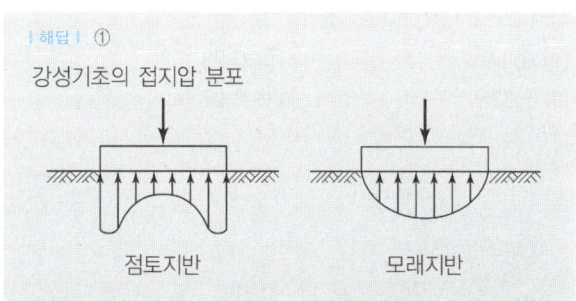

- 점토지반 : 기초의 모서리 부분에서 최대응력이 발생
- 모래지반 : 기초의 중앙 부분에서 최대응력이 발생

□□□ 기 01,03,09,18②

07 내부마찰 $\phi_u = 0$, 점착력 $c_u = 45\text{kN/m}^2$, 단위 중량이 19kN/m^3되는 포화된 점토층에 경사각 45°로 높이 8m인 사면을 만들었다. 그림과 같은 하나의 파괴면을 가정했을 때 안전율은?
(단, ABCD의 면적은 70m²이고, ABCD의 무게중심은 O점에서 4.5m 거리에 위치하며, 호 AC의 길이는 20m이다.)

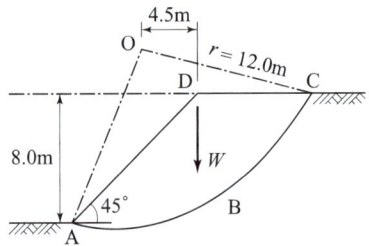

① 1.2
② 1.8
③ 2.5
④ 3.2

| 해답 | ②

$\phi_u = 0$일 때 사면의 안전율

$$F_s = \frac{L_a \cdot c_u \cdot r}{W \cdot x}$$

• $W =$ 면적×단위중량 $= 70 \times 19 = 1330\text{kN/m}$

$$\therefore F_s = \frac{20 \times 45 \times 12.0}{1330 \times 4.5} = 1.80$$

□□□ 기 12④,18②

08 0.2MPa의 구속응력을 가하여 시료를 완전히 압밀시킨 다음, 축차응력을 가하여 비배수 상태로 전단시켜 파괴 시 축변형률 $\epsilon_f = 10\%$, 축차응력 $\Delta\sigma_f = 0.28\text{MPa}$, 간극수압 $\Delta u_f = 0.21\text{MPa}$을 얻었다. 파괴 시 간극수압계수 A를 구하면?
(단, 간극수압계수 B는 1.0이다.)

① 0.44
② 0.75
③ 1.33
④ 2.27

| 해답 | ②

간극수압계수

$$A = \frac{\Delta u - \Delta\sigma_3}{\Delta\sigma_1 - \Delta\sigma_3} = \frac{\Delta u_f}{\Delta\sigma_f} = \frac{0.21}{0.28} = 0.75$$

□□□ 기 97,98,01,05,07,11①,14①,18②,22③

09 다음 그림과 같이 점토질지반에 연속기초가 설치되어 있다. Terzaghi 공식에 의한 이 기초의 허용 지지력 q_a은? (단, $\phi = 0$이며, 폭(B) = 2m, $N_c = 5.14$, $N_q = 1.0$, $N_r = 0$, 안전율 $F_s = 3$이다.)

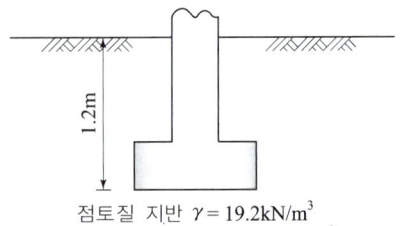

① 64kN/m^2
② 135kN/m^2
③ 185kN/m^2
④ 405kN/m^2

| 해답 | ②

극한지지력 $q_u = \alpha c N_c + \beta\gamma_1 B N_r + \gamma_2 D_f N_q$

• $\phi = 0$일 때

$$c = \frac{\text{일축압축강도}(q_u)}{2} = \frac{148.6}{2} = 74.3\text{kN/m}^2$$

• 연속기초 $\alpha = 1.0$, $\beta = 0.5$

• $q_u = 1.0 \times 74.3 \times 5.14 + 0.5 \times 19.2 \times 2 \times 0$
  $+ 19.2 \times 1.2 \times 1.0$
  $= 404.94\text{kN/m}^2$

$$\therefore \text{허용지지력 } q_a = \frac{404.94}{3} = 135\text{kN/m}^2$$

□□□ 기 10②,12②,18②

10 전단마찰각이 25°인 점토의 현장에 작용하는 수직응력이 50kN/m^2이다. 과거 작용했던 최대하중이 100kN/m^2이라고 할 때 대상지반의 정지토압계수를 추정하면?

① 0.40
② 0.57
③ 0.82
④ 1.14

| 해답 | ③

과압밀 점토에 대한 정지토압계수

$$K_o = (1 - \sin\phi) \times \sqrt{OCR}$$

• $OCR = \sqrt{\dfrac{\text{선행압밀하중}}{\text{현재 작용하는 유효상재하중}}}$
  $= \sqrt{\dfrac{100}{50}} = \sqrt{2}$

$\therefore K_o = (1 - \sin\phi) \times \sqrt{OCR}$
  $= (1 - \sin 25°) \times \sqrt{2} = 0.82$

□□□ 기 18②, 21③

11 수조에 상방향의 침투에 의한 수두를 측정한 결과, 그림과 같이 나타났다. 이때 수조 속에 있는 흙에 발생하는 침투력을 나타낸 식은?
(단, 시료의 단면적은 A, 시료의 길이는 L, 시료의 포화단위중량은 γ_{sat}, 물의 단위중량은 γ_w 이다.)

① $\Delta h \cdot \gamma_w \cdot \dfrac{A}{L}$

② $\Delta h \cdot \gamma_w \cdot A$

③ $\Delta h \cdot \gamma_{sat} \cdot A$

④ $\dfrac{\gamma_{sat}}{\gamma_w} \cdot A$

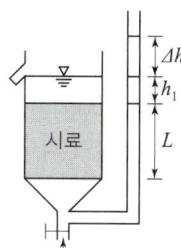

| 해답 | ②

• 단위면적당 침투수압 $F = i\gamma_w z$

∴ 침투력 $P = (i\gamma_w z)A = \left(\dfrac{\Delta h}{L}\gamma_w L\right)A = \Delta h \cdot \gamma_w \cdot A$

□□□ 기 01, 12①, 18②

12 어떤 지반에 대한 토질시험결과 점착력 $c = 0.05$ MPa, 흙의 단위중량 $\gamma = 20.0 \text{kN/m}^3$이었다. 그 지반에 연직으로 7m를 굴착했다면 안전율은 얼마인가? (단, $\phi = 0$이다.)

① 1.43   ② 1.51
③ 2.11   ④ 2.61

| 해답 | ①

안전율 $F_s = \dfrac{H_c}{H}$

• 한계고 $H_c = \dfrac{4c}{\gamma}\tan\left(45° + \dfrac{\phi}{2}\right)$에서

• $H_c = \dfrac{4c}{\gamma} = \dfrac{4 \times 50}{20.0} = 10\text{m} (\because \phi = 0$일 때)

∴ $F_s = \dfrac{H_c}{H} = \dfrac{10}{7} = 1.43$

□□□ 기 18②

13 흙의 공학적 분류방법 중 통일분류법과 관계없는 것은?

① 소성도   ② 액성한계
③ No.200체 통과율   ④ 군지수

| 해답 | ④

■ 통일분류법 : 소성도
• 조립토에 함유된 자갈과 모래로 분류 No.200체 통과율
• 소성지수의 A선상에 표기 $PI = 0.73(W_L - 20)$
■ AASHTO 분류법 : 군지수

□□□ 기 80, 93, 02, 04, 18②

14 입경이 균일한 포화된 사질지반에 지진이나 진동 등 동적하중이 작용하면 지반에서는 일시적으로 전단강도를 상실하게 되는데, 이러한 현상을 무엇이라 하는가?

① 분사(quick sand) 현상
② 틱소트로피(Thixotropy) 현상
③ 히빙(heaving) 현상
④ 액상화(Liquefaction) 현상

| 해답 | ④

• 액상화(Liquefaction) 현상의 정의이다.
• 틱소트로피(Thixotropy) : 흙의 전단특성에서 교란된 흙은 시간이 지남에 따라 손실된 강도의 일부를 회복하는 현상
• 분사(quick sand) 현상 : 침투수압이 흙의 유효응력보다 크게 되는 경우 내부의 토사가 솟아나오는 현상

□□□ 기 12②, 18②

15 다음 시료채취에 사용되는 시료기(sampler) 중 불교란 시료채취에 사용되는 것만 고른 것으로 옳은 것은?

(1) 분리형 원통 시료기(split spoon sampler)
(2) 피스톤 튜브 시료기(piston tube sampler)
(3) 얇은 관 시료기(thin wall tube sampler)
(4) Laval 시료기(Laval sampler)

① (1), (2), (3)   ② (1), (2), (4)
③ (1), (3), (4)   ④ (2), (3), (4)

| 해답 | ④

• 분리형 원통 시료기 : 분할되는 스푼시료 채취기로 현장에서 교란된 시료를 얻기 위해 현장에서 사용
• 불교란 시료 채취용 : 피스톤 튜브 시료기, 얇은 관 시료기, Laval 시료기

□□□ 기 99,05,10②,18②,19①

16 Meyerhof의 극한지지력 공식에서 사용하지 않는 계수는?

① 형상계수 ② 깊이계수
③ 시간계수 ④ 하중 경사계수

| 해답 | ③

- 형상계수(De Beer에 의해 제안) : 구형 및 원형 기초의 지지력 계산을 위해
- 깊이계수(Hansen 제안) : 기초저면의 위, 흙의 파괴면을 따라 발생하는 전단 저항에 대한 평가
- 경사계수(Meyerhof제안) : 하중 작용선이 수직선과 일정각도로 경사진 기초의 지지력 계산을 위해

□□□ 가 00,08,18②

17 포화단위 중량이 $17.66kN/m^3$인 흙에서의 한계동수 경사는 얼마인가? (단, $\gamma_w = 9.81kN/m^3$)

① 0.8 ② 1.0
③ 1.8 ④ 2.0

| 해답 | ①

한계동수경사 $i_c = \dfrac{G_s-1}{1+e} = \dfrac{\gamma_{sub}}{\gamma_w} = \dfrac{\gamma_{sat}-\gamma_w}{\gamma_w}$

- $\gamma_{sub} = \gamma_{sat} - \gamma_w = 17.66 - 9.81 = 7.85$

$\therefore i_c = \dfrac{\gamma_{sub}}{\gamma_w} = \dfrac{7.85}{9.81} = 0.8$

□□□ 기 10②,18②

18 토질조사에 대한 설명 중 옳지 않은 것은?

① 사운딩(Sounding)이란 지중에 저항체를 삽입하여 토층의 성상을 파악하는 현장시험이다.
② 불교란 시료를 얻기 위해서 Foil Sampler, Thin wall tube sampler 등이 사용된다.
③ 표준관입시험은 로드(Rod)의 길이가 길어질수록 N치가 작게 나온다.
④ 베인시험은 정적인 사운딩이다.

| 해답 | ③

로드(rod)의 길이가 길어지면 타격에너지 손실로 실제보다 크게 나오기 때문에 로드길이에 대해 수정을 해야 한다.

□□□ 기 11②,18②

19 점토의 다짐에서 최적함수비보다 함수비가 적은 건조측 및 함수비가 많은 습윤측에 대한 설명으로 옳지 않은 것은?

① 다짐의 목적에 따라 습윤측 및 건조측으로 구분하여 다짐계획을 세우는 것이 효과적이다.
② 흙의 강도 증가가 목적인 경우, 건조측에서 다지는 것이 유리하다.
③ 습윤측에서 다지는 경우, 투수계수 증가 효과가 크다.
④ 다짐의 목적이 차수를 목적으로 하는 경우, 습윤측에서 다지는 것이 유리하다.

| 해답 | ③

건조측이 투수계수가 더 크며 OMC보다 약간 습윤측에서 최소투수계수가 나타난다.

□□□ 기 95,01,06,10①,11④,14①,18②,21②,22①②

20 아래 그림과 같이 3개의 지층으로 이루어진 지반에서 수직방향 등가투수계수는?

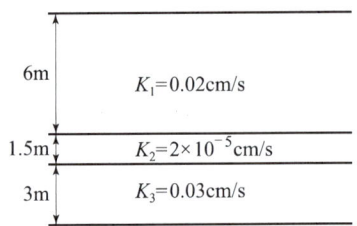

① 2.516×10^{-6} cm/s ② 1.274×10^{-5} cm/s
③ 1.393×10^{-4} cm/s ④ 2.0×10^{-2} cm/s

| 해답 | ③

$K_v = \dfrac{H}{\dfrac{H_1}{K_1} + \dfrac{H_2}{K_2} + \dfrac{H_3}{K_3}}$

$= \dfrac{600+150+300}{\dfrac{600}{0.02} + \dfrac{150}{2\times10^{-5}} + \dfrac{300}{0.03}}$

$= 1.393 \times 10^{-4}$ cm/sec

제3회 2018년 8월 19일

기 11,18③

01 흙의 투수계수에 영향을 미치는 요소들로만 구성된 것은?

```
㉮ 흙입자의 크기
㉯ 간극비
㉰ 간극의 모양과 배열
㉱ 활성도
㉲ 물의 점성계수
㉳ 포화도
㉴ 흙의 비중
```

① ㉮, ㉯, ㉱, ㉳
② ㉮, ㉯, ㉰, ㉲, ㉳
③ ㉮, ㉯, ㉱, ㉲, ㉴
④ ㉯, ㉰, ㉲, ㉴

| 해답 | ②

$$k = D_s^2 \cdot \frac{\gamma_w}{\mu} \cdot \frac{e^3}{1+e} \cdot C$$

- 흙입자의 크기 : 형상 및 배열
- 지반의 간극비 : 간극비가 클수록 투수계수는 증가한다.
- 지반의 포화도 : 포화도가 클수록 투수계수는 증가한다.
- 점토의 구조 : 면모구조가 이산구조보다 투수계수가 크다.
- 물의 점성계수 : 점성계수(μ)가 클수록 투수계수는 작아진다.
- 물의 밀도 : 밀도가 클수록 투수계수는 증가한다.
- 물의 온도 : 온도가 높을수록 투수계수는 증가한다.
∴ 투수계수 k와 비중 G_s와는 관계없다.

기 88,18③

02 흙의 다짐에 대한 일반적인 설명으로 틀린 것은?

① 다진 흙의 최대건조밀도와 최적함수비는 어떻게 다짐하더라도 일정한 값이다.
② 사질토의 최대건조밀도는 점성토의 최대건조밀도보다 크다.
③ 점성토의 최적함수비는 사질토보다 크다.
④ 다짐에너지가 크면 일반적으로 밀도는 높아진다.

| 해답 | ①

흙의 종류와 다짐 방법에 따라 최대 건조밀도와 최적 함수비(OMC) 값은 다르다.

기 18③,24③

03 점성토를 다지면 함수비의 증가에 따라 입자의 배열이 달라진다. 최적함수비의 습윤측에서 다짐을 실시하면 흙은 어떤 구조로 되는가?

① 단립구조
② 봉소구조
③ 이산구조
④ 면모구조

| 해답 | ③

- 점성토에서 흙은 최적함수비보다 큰 함수비로 다지면 이산구조를 보이고 작은 함수비로 다지면 면모구조를 보인다.
- 점토를 최적함수비의 습윤측에서 다짐을 실시하면 이산구조를 가지게 된다.
- 점토를 최적함수비보다 약간 건조측의 함수비로 다지면 면모구조를 가지게 된다.

기 97,05,12①,18③

04 다음 그림과 같은 점성토지반의 굴착저면에서 바닥 융기에 대한 안전율을 Terzaghi의 식에 의해 구하면? (단, $\gamma = 17.31 \text{kN/m}^3$, $c = 24 \text{kN/m}^2$ 이다.)

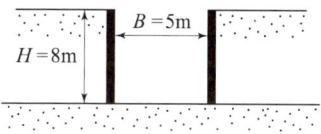

① 3.21
② 2.32
③ 1.64
④ 1.17

| 해답 | ③

$$F_s = \frac{5.7c}{\gamma \cdot H - \dfrac{c \cdot H}{0.7B}} = \frac{5.7 \times 24}{17.31 \times 8 - \dfrac{24 \times 8}{0.7 \times 5}} = 1.64$$

기 08,18③,21②,22①②

05 토립자가 둥글고 입도분포가 양호한 모래지반에서 N치를 측정한 결과 $N=19$가 되었을 경우, Dunham의 공식에 의한 이 모래의 내부마찰각 ϕ는?

① 20°
② 25°
③ 30°
④ 35°

| 해답 | ④

흙입자가 둥글고 입도가 양호
$\phi = \sqrt{12N} + 20 = \sqrt{12 \times 19} + 20 = 35°$

□□□ 기 07,09,11,18③

06 실내시험에 의한 점토의 강도증가율(Cu/P) 산정방법이 아닌 것은?

① 소성지수에 의한 방법
② 비배수 전단강도에 의한 방법
③ 압밀 비배수 삼축압축시험에 의한 방법
④ 직접전단시험에 의한 방법

| 해답 | ④

점토의 강도증가율(Cu/P) 산정방법
• 소성지수에 의한 방법
• 비배수 전단강도에 의한 방법
• 압밀 비배수 삼축압축시험에 의한 방법
• 액성한계에 의한 방법

□□□ 기 04,18③

07 포화된 흙의 건조단위중량이 $16.70 kN/m^3$이고, 함수비가 20%일 때 비중은 얼마인가?

① 2.58
② 2.68
③ 2.78
④ 2.88

| 해답 | ①

$S \cdot e = G_s \cdot w$
• 포화된 흙 S=100%
  $100e = 20G_s$ ∴ $e = 0.20G_s$
• $\gamma_t = (1+w)\gamma_d = (1+0.20) \times 16.70 = 20.04 kN/m^3$

$\gamma_t = \dfrac{G_s + S \cdot e}{1+e}\gamma_w$

$= \dfrac{G_s + 0.20G_s}{1+0.20G_s} \times 9.81 = \dfrac{11.772 G_s}{1+0.20G_s}$

$= 20.04 kN/m^3$에서
$11.772 G_s = 20.04(1+0.20G_s)$
$7.764 G_s = 20.04$ ∴ $G_s = 2.58$

■ [계산기 $f_x 570 ES$] **SOLVE 사용법**

$\gamma_t = \dfrac{G_s + 0.20G_s}{1+0.20G_s} \times 1 = 20.04 kN/m^3$

먼저 20.04 ☞ ALPHA ☞ SOLVE = ☞

$20.04 = \dfrac{ALPHA\ X + 0.20 \times ALPHA\ X}{1+0.20 \times ALPHA\ X} \times 9.81$

☞ SHIFT ☞ SOLVE = ☞ 잠시 기다리면
$X = 2.5811$ ∴ $G_s = 2.58$

□□□ 기 96,08,13①,18③,19②,22①

08 말뚝의 부마찰력(Negative Skin Friction)에 대한 설명 중 틀린 것은?

① 말뚝의 허용지지력을 결정할 때 세심하게 고려해야 한다.
② 연약지반에 말뚝을 박은 후 그 위에 성토를 한 경우 일어나기 쉽다.
③ 연약한 점토에 있어서는 상대변위의 속도가 느릴수록 부마찰력은 크다.
④ 연약지반을 관통하여 견고한 지반까지 말뚝을 박은 경우 일어나기 쉽다.

| 해답 | ③

연약한 점토에서 부마찰력은 상대변위의 속도가 느릴수록 적고, 빠를수록 크다.

□□□ 기 84,86,95,99,08,12,18③

09 다음 그림의 파괴포락선 중에서 완전포화된 점토를 UU(비압밀 비배수) 시험했을 때 생기는 파괴포락선은?

① ㉮
② ㉯
③ ㉰
④ ㉱

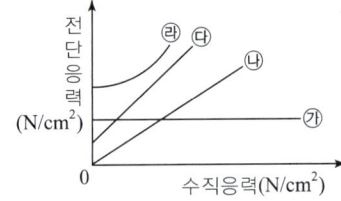

| 해답 | ①

완전히 포화된($S=100\%$) 점토에 대한 비압밀 비배수 (UU) 시험을 행하면 전 응력 Mohr원의 파괴포락선은 ㉮와 같이 수평선이 되는데 이를 $\phi_u = 0$해석이라 한다. 즉, 전단응력(τ)=점착력(c_u)이다.

□□□ 기 99,13②,18③

10 토질실험 결과 내부마찰각(ϕ)=30°, 점착력 c=0.05MPa, 간극수압이 0.8MPa이고 파괴면에 작용하는 수직응력이 3MPa일 때 이 흙의 전단응력은?

① 1.27MPa
② 1.32MPa
③ 1.58MPa
④ 1.95MPa

| 해답 | ②

$\tau = c + (\sigma - u)\tan\phi = 0.05 + (3-0.8)\tan 30°$
$= 1.32 MPa$

□□□ 기 18③

11 얕은기초 아래의 접지압력 분포 및 침하량에 대한 설명으로 틀린 것은?

① 접지압력의 분포는 기초의 강성, 흙의 종류, 형태 및 깊이 등에 따라 다르다.
② 점성토지반에 강성기초 아래의 접지압 분포는 기초의 모서리 부분이 중앙 부분보다 작다.
③ 사질토지반에서 강성기초인 경우 중앙 부분이 모서리 부분보다 큰 접지압을 나타낸다.
④ 사질토지반에서 유연성 기초인 경우 침하량은 중심부보다 모서리 부분이 더 크다.

| 해답 | ②

- 강성기초의 접지압 분포
- 점성토지반 : 중앙부분에서 침하가 크게 발생하므로 기초의 모서리 부분에서 최대응력이 발생한다.
- 사질토지반 : 기초의 모서리 부분에서 침하가 크게 발생하므로 기초의 중앙에서 최대응력이 발생한다.
- 완전히 강성인 footing(강성기초지반)

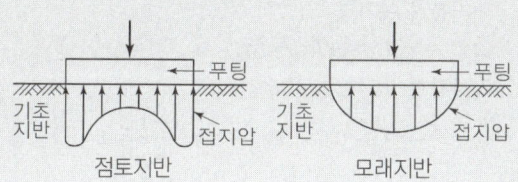

□□□ 기 12,18③

12 얕은기초의 지지력 계산에 적용하는 Terzaghi의 극한지지력 공식에 대한 설명으로 틀린 것은?

① 기초의 근입깊이가 증가하면 지지력도 증가한다.
② 기초의 폭이 증가하면 지지력도 증가한다.
③ 기초지반이 지하수에 의해 포화되면 지지력은 감소한다.
④ 국부선단파괴가 일어나는 지반에서 내부마찰각(ϕ')은 $\dfrac{2}{3}\phi$를 적용한다.

| 해답 | ④

지반이 연약한 국부전단파괴의 수정

- 수정 점착력 $c' = \dfrac{2}{3}c$

  ∴ 국부전단인 경우 점착력은 $\dfrac{2}{3}$배 값을 사용한다.

- 전단저항각 $\phi' = \tan^{-1}\left(\dfrac{2}{3}\tan\phi\right)$

□□□ 기 95,13①④,18③,19③,21②

13 아래 그림에서 활동에 대한 안전율은?

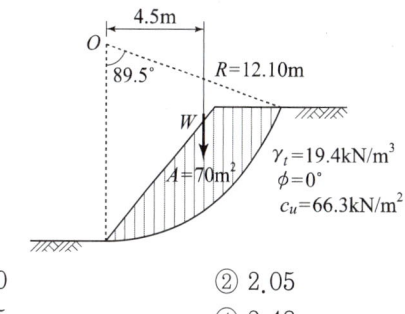

① 1.30   ② 2.05
③ 2.15   ④ 2.48

| 해답 | ④

$\phi_u = 0$일 때 사면의 안전율

$$F_s = \dfrac{L_a \cdot c_u \cdot R}{W \cdot x}$$

- W = 면적 × 단위중량 = $70 \times 19.4 = 1358\,\text{kN/m}$
- L_a : $89.5° = 2\pi R : 360°$

  $L_a = \dfrac{2\pi \times 12.10 \times 89.5°}{360°} = 18.90\,\text{m}$

  ∴ $F_s = \dfrac{18.90 \times 66.3 \times 12.10}{1358 \times 4.5} = 2.48$

□□□ 기 10,18①③,22②

14 아래 표와 같은 흙을 통일분류법에 따라 분류한 것으로 옳은 것은?

- No.4번체(4.75mm체) 통과율이 37.5%
- No.200번체(0.075mm체) 통과율이 2.3%
- 균등계수는 7.9
- 곡률계수는 1.4

① GW   ② GP
③ SW   ④ SP

| 해답 | ①

- 1단계 : No.200<50% (G나 S 조건)
- 2단계 : No.4체 통과량<50% (G 조건)
- 3단계 : GW($C_u > 4$, $1 < C_g < 3$)이면 GW 아니면 GP
- 균등계수 $C_u = 7.9 > 4$: 입도양호(W)
- 곡률계수 $C_g = 1.4$: $1 < C_g < 3$: 입도양호(W)
  ∴ GW

기 89,00,03,07,18③

15 간극률이 50%, 함수비가 40%인 포화토에 있어서 지반의 분사현상에 대한 안전율이 3.5라고 할 때 이 지반에 허용되는 최대동수경사는?

① 0.21 ② 0.51
③ 0.61 ④ 1.00

해답 ①

- $e = \dfrac{n}{100-n} = \dfrac{50}{100-50} = 1.0$
- $G_s = \dfrac{S \cdot e}{w} = \dfrac{100 \times 1}{40} = 2.5$
- $i_c = \dfrac{G_s - 1}{1+e} = \dfrac{2.50-1}{1+1} = 0.75$
- $F_s = \dfrac{i_c}{i} = \dfrac{0.75}{i} = 3.5$ ∴ $i = 0.21$

기 00,04,18③

16 표준관입시험에 대한 설명으로 틀린 것은?

① 질량(63.5±0.5)kg인 해머를 사용한다.
② 해머의 낙하높이는 (760±10)mm이다.
③ 고정 piston 샘플러를 사용한다.
④ 샘플러를 지반에 300mm 박아 넣는 데 필요한 타격 횟수를 N값이라고 한다.

해답 ③

바깥지름 51mm, 안지름 35mm인 분할되는 중공식 스푼 시료 채취기(split spoon sampler)로 현장에서 교란된 시료를 얻기 위해 사용한다.

기 18③

17 연약점토지반에 압밀촉진공법을 적용한 후, 전체 평균압밀도가 90%로 계산되었다. 압밀촉진공법을 적용하기 전, 수직방향의 평균압밀도가 20%였다고 하면 수평방향의 평균압밀도는?

① 70% ② 77.5%
③ 82.5% ④ 87.5%

해답 ④

$U_{hr} = 1 - (1-U_h)(1-U_v)$
$0.90 = 1 - (1-U_h)(1-0.20) = 1 - 0.80(1-U_h)$
∴ $U_h = 0.875 = 87.5\%$

기 11④,18③,22①,24①

18 다음 그림과 같이 2m×3m 크기의 기초에 $100kN/m^2$의 등분포하중이 작용할 때, A점 아래 4m 깊이에서의 연직응력 증가량은?
(단, 아래 표의 영향계수값을 활용하여 구하며, $m = \dfrac{B}{z}$, $n = \dfrac{L}{z}$이고, B는 직사각형 단면의 폭, L은 직사각형 단면의 길이, z는 토층의 깊이이다.)

【영향계수(I) 값】

m	0.25	0.5	0.5	0.5
n	0.5	0.25	0.75	1.0
I	0.048	0.048	0.115	0.122

① $6.7kN/m^2$
② $7.4kN/m^2$
③ $12.2kN/m^2$
④ $17.0kN/m^2$

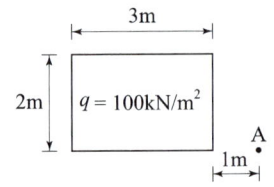

해답 ②

- 연직응력 증가량
$\Delta\sigma_z = q \cdot I_\sigma = q(I\sigma_1 - I\sigma_2)$
- 직사각형 {(3+1)m×2m}
$m = \dfrac{B}{z} = \dfrac{2}{4} = 0.5$, $n = \dfrac{L}{z} = \dfrac{3+1}{4} = 1$
∴ $I_\sigma(m,n) = 0.122$ (∵ 표에서 찾음)
- 직사각형 (1m×2m)에서
$m = \dfrac{B}{z} = \dfrac{1}{4} = 0.25$, $n = \dfrac{L}{z} = \dfrac{2}{4} = 0.5$
∴ $I_\sigma(m,n) = 0.048$ (∵ 표에서 찾음)
$\Delta\sigma_v = 100 \times (0.122 - 0.048) = 7.4kN/m^2$

기 94,03,08,10,11,18③,21②,22①

19 그림과 같은 지반에 대해 수직방향 등가투수계수를 구하면?

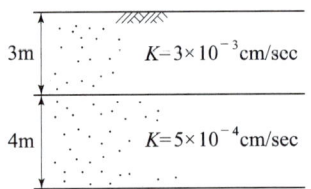

① 3.89×10^{-4}cm/sec ② 7.78×10^{-4}cm/sec
③ 1.57×10^{-3}cm/sec ④ 3.14×10^{-3}cm/sec

| 해답 | ②

$$K_v = \frac{H}{\frac{H_1}{K_1} + \frac{H_2}{K_2}} = \frac{300+400}{\frac{300}{3.0\times 10^{-3}} + \frac{400}{5.0\times 10^{-4}}}$$
$$= 7.78 \times 10^{-4} \text{cm/sec}$$

□□□ 기 18③

20 고성토의 제방에서 전단파괴가 발생되기 전에 제방의 외측에 흙을 돋우어 활동에 대한 저항모멘트를 증대시켜 전단파괴를 방지하는 공법은?

① 프리로딩공법　　② 압성토공법
③ 치환공법　　　　④ 대기압공법

| 해답 | ②

압성토공법
기존의 제체 외측에 하중으로 작용하는 작은 제체를 축조하여 기초지반의 활동파괴에 대해 활동에 저항모멘트를 증가시켜 활동파괴를 방지하는 공법

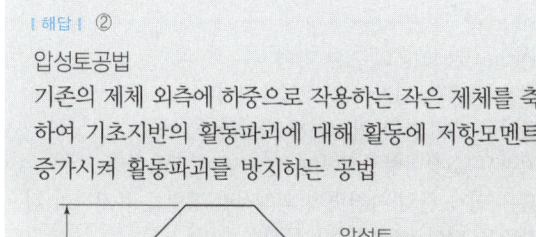

제1회 2019년 3월 3일

□□□ 기 81,83,99,06②,19①

01 흙이 동상을 일으키기 위한 조건으로 가장 거리가 먼 것은?

① 아이스 렌즈를 형성하기 위한 충분한 물의 공급이 있을 것
② 양(+)이온을 다량 함유할 것
③ 0℃ 이하의 온도가 오랫동안 지속될 것
④ 동상이 일어나기 쉬운 토질일 것

| 해답 | ②

동상을 일으키기 위한 조건
• 동상을 일어나기 쉬운 토질일 것
• 0℃ 이하의 온도가 오랫동안 지속될 것
• 아이스 렌즈를 형성하기 위한 충분한 물의 공급이 있을 것
• 동결심도 하단에서 지하수면까지의 거리가 모관 상승고보다 작을 것
• 음(−)이온을 다량 함유한 흙

□□□ 기 98,19①

02 어떤 사질 기초지반의 평판재하시험 결과 항복강도가 600kN/m², 극한강도가 1000kN/m²이었다. 그리고 그 기초는 지표에서 1.5m 깊이에 설치될 것이고 그 기초지반의 단위중량이 18kN/m³일 때 지지력계수 $N_q = 5$이었다. 이 기초의 장기허용지지력은?

① 247kN/m² ② 269kN/m²
③ 300kN/m² ④ 345kN/m²

| 해답 | ④

• 재하시험에 의한 허용지지력(두 값 중 작은 값)
$$q_t = \frac{q_y}{2} = \frac{600}{2} = 300\,\text{kN/m}^2$$
$$q_t = \frac{q_u}{3} = \frac{1000}{3} = 333.3\,\text{kN/m}^2$$
∴ $q_t = 300\,\text{kN/m}^2$

• 장기허용지지력
$$q_a = q_t + \frac{1}{3}\gamma D_f N_q = 300 + \frac{1}{3}\times 18 \times 1.5 \times 5$$
$$= 345\,\text{kN/m}^2$$

□□□ 기 03,19①

03 다음 중 Rankine 토압이론의 기본가정에 속하지 않는 것은?

① 흙은 비압축성이고 균질의 입자이다.
② 지표면은 무한히 넓게 존재한다.
③ 옹벽과 흙과의 마찰을 고려한다.
④ 토압은 지표면에 평행하게 작용한다.

| 해답 | ③

• 옹벽과 흙과의 마찰각은 무시한다.
• 흙 입자는 입자간의 마찰력에 의해서만 평형을 유지하며 점착력은 없다.

Remember

Rankine 토압이론의 기본 가정
• 흙은 균질한 입자이고 비압축성이다.
• 토압은 지표면에 평행하게 작용한다.
• 지반은 소성변형상태이며, 중력만이 작용한다.
• 흙은 입자 간의 마찰력에 의해서만 평형을 유지하며 점착력은 없다.(벽 마찰각 무시)
• 지표면은 무한히 넓게 존재하며, 지표면에 작용하는 하중은 등분포하중이다.
• 파괴면은 2차원적인 평면이다.

□□□ 기 93,98,16①,19①,21②,22①

04 기초가 갖추어야 할 조건이 아닌 것은?

① 동결, 세굴 등에 안전하도록 최소의 근입깊이를 가져야 한다.
② 기초의 시공이 가능하고 침하량이 허용치를 넘지 않아야 한다.
③ 상부로부터 오는 하중을 안전하게 지지하고 기초지반에 전달하여야 한다.
④ 미관상 아름답고 주변에서 쉽게 구득할 수 있는 재료로 설계되어야 한다.

| 해답 | ④

기초의 구비조건
• 최소 기초깊이를 유지할 것
• 상부하중을 안전하게 지지할 것
• 침하가 허용치를 넘지 않을 것
• 기초의 시공이 가능할 것

□□□ 기 91,98,19①,21③
05 보링(boring)에 관한 설명으로 틀린 것은?

① 보링(boring)에는 회전식(rotary boring)과 충격식(percussion boring)이 있다.
② 충격식은 굴진속도가 빠르고 비용도 싸지만 분말상의 교란된 시료만 얻어진다.
③ 회전식은 시간과 공사비가 많이 들 뿐만 아니라 확실한 코어(core)도 얻을 수 없다.
④ 보링은 지반의 상황을 판단하기 위해 실시한다.

| 해답 | ③
Rotary boring
시간과 공사비가 많이 들지만 확실한 코어(core)를 채취할 수 있다.

□□□ 기 00,19①
06 다음의 투수계수에 대한 설명 중 옳지 않은 것은?

① 투수계수는 간극비가 클수록 크다.
② 투수계수는 흙의 입자가 클수록 크다.
③ 투수계수는 물의 온도가 높을수록 크다.
④ 투수계수는 물의 단위중량에 반비례한다.

| 해답 | ④
- 투수계수(k)는 물의 단위중량(γ_w)에 비례한다.
- 물의 온도가 높을수록 점성계수(μ)는 작기 때문에 투수계수(k)는 크다.

□□□ 기 16①,19①
07 시료가 점토인지 아닌지 알아보고자 할 때 가장 거리가 먼 사항은?

① 소성지수 ② 소성도표 A선
③ 포화도   ④ 200체 통과량

| 해답 | ③
- 입도에 따른 흙의 분류 : 자갈(2.00mm 이상), 모래(0.05~2.00mm), clay(0.005~0.001mm)
- Casagrande의 소성도표 : 액성한계(종축), 소성지수(횡축)
- 세립토 No.200(0.075mm)체 통과량이 50% 이상이고 액성한계가 50% 이하인 경우

□□□ 기 99,05④,10②,18②,19①
08 Meyerhof의 일반지지력 공식에 포함되는 계수가 아닌 것은?

① 국부전단계수 ② 근입깊이계수
③ 경사하중계수 ④ 형상계수

| 해답 | ①
Meyerhof는 기초에 하중이 경사되어 재하될 때 다음 요소로 보완한다.
- 형상계수(De Beer에 의해 제안) : 구형 및 원형 기초의 지지력 계산을 위해
- 깊이계수(Hansen 제안) : 기초저면의 위, 흙의 파괴면을 따라 발생하는 전단저항에 대한 평가
- 경사계수(Meyerhof제안) : 하중 작용선이 수직선과 일정 각도로 경사진 기초의 지지력 계산을 위해

□□□ 기 12④,16①,19①,21③
09 유효응력에 관한 설명 중 옳지 않은 것은?

① 포화된 흙인 경우 전응력에서 간극수압을 뺀 값이다.
② 항상 전응력값보다는 작은 값이다.
③ 점토지반의 압밀에 관계되는 응력이다.
④ 건조한 지반에서는 전응력과 같은 값으로 본다.

| 해답 | ②
- 전응력 σ = 유효응력($\overline{\sigma}$) + 간극수압(u)
- 유효응력 $\overline{\sigma}$ = 전응력(σ) - 간극수압(u)
  ∴ 유효응력은 흙입자만을 통해 받는 압력이다.
- 모관상승영역에서의 간극수압은 (-)압력이 작용한다.
  즉, 유효응력 $\overline{\sigma}$ = 전응력 - (-간극수압)
  ∴ 유효응력 $\overline{\sigma}$ = 전응력(σ) + 간극수압(u)

□□□ 기 97,09,15②,19①
10 유선망의 특징을 설명한 것으로 옳지 않은 것은?

① 각 유로의 투수량은 같다.
② 인접한 두 등수두선 사이의 수두손실은 같다.
③ 유선망을 이루는 사변형은 이론상 정사각형이다.
④ 동수경사는 유선망의 폭에 비례한다.

| 해답 | ④
침투속도 및 동수경사는 유선망의 폭에 반비례한다.

□□□ 기 81,82,83,97,99,19①,20②

11 100% 포화된 흐트러지지 않은 시료의 부피가 20.5 cm³이고 무게는 34.2g이었다. 이 시료를 오븐(Oven)에 건조시킨 후에 무게는 22.6g이었다. 간극비는?

① 1.3　　② 1.5
③ 2.1　　④ 2.6

| 해답 | ①

- 물의 중량
  $W_w = W - W_s = 34.2 - 22.6 = 11.6g$
- 물의 부피
  $V_w = \dfrac{W_w}{\rho_w} = \dfrac{11.6}{1} = 11.6 cm^3$
  $(\because \dfrac{W_w}{V_w} = \rho_w = 1g/cm^3)$
- 토립자의 부피 $V_s = V - V_v = 20.5 - 11.6 = 8.9 cm^3$
  (100% 포화된 시료는 $V_w = V_v$이다.)
  $\therefore$ 간극비 $e = \dfrac{V_v}{V_s} = \dfrac{11.6}{8.9} = 1.30$

□□□ 기 82,88,91,99,01,06,07,11①,14①,19①,20②③

12 아래 그림과 같은 모래지반에서 깊이 4m 지점에서의 전단강도는? (단, 모래의 내부마찰각 $\phi = 30°$이며 점착력 $c = 0$, 물의 단위중량 $\gamma_w = 9.81 kN/m^3$이다.)

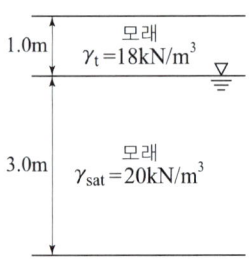

① $45.0 kN/m^2$　　② $28.0 kN/m^2$
③ $23.2 kN/m^2$　　④ $18.6 kN/m^2$

| 해답 | ②

전단강도 $\tau = c + \sigma \tan\phi$
- 수직응력
  $\sigma = \gamma_t h_1 + (\gamma_{sat} - \gamma_w) h_2 = \gamma_t h_1 + \gamma_{sub} h_2$
  $= 18 \times 1 + (20 - 9.81) \times 3 = 48.57 kN/m^2$
  $\therefore \tau = 0 + 48.57 \tan 30° = 28.0 kN/m^2$

□□□ 기 93,07,19①

13 흙의 강도에 대한 설명으로 틀린 것은?

① 점성토에서는 내부마찰각이 작고 사질토에서는 점착력이 작다.
② 일축압축시험은 주로 점성토에 많이 사용한다.
③ 이론상 모래의 내부마찰각은 0이다.
④ 흙의 전단응력은 내부마찰각과 점착력의 두 성분으로 이루어진다.

| 해답 | ③

이론상 순수한 모래는 점착력이 0이고 순수한 점토에서는 내부마찰각이 0이다.

□□□ 기 81,85,92,19①

14 말뚝에서 부마찰력에 관한 설명 중 옳지 않은 것은?

① 아래쪽으로 작용하는 마찰력이다.
② 부마찰력이 작용하면 말뚝의 지지력은 증가한다.
③ 압밀층을 관통하여 견고한 지반에 말뚝을 박으면 일어나기 쉽다.
④ 연약지반에 말뚝을 박은 후 그 위에 성토를 하면 일어나기 쉽다.

| 해답 | ②

말뚝에 부마찰력이 발생하면 말뚝의 지지력은 감소한다.

□□□ 기 82,95,99,03,19①

15 비중이 2.67, 함수비 35%이며, 두께 10m인 포화점토층이 압밀 후에 함수비가 25%로 되었다면, 이 토층 높이의 변화량은 얼마인가?

① 113cm　　② 128cm
③ 135cm　　④ 155cm

| 해답 | ③

높이 변화량 $\Delta H = \dfrac{e_1 - e_2}{1 + e_1} H$

- $e_1 = \dfrac{G_s \cdot w}{S} = \dfrac{2.67 \times 35}{100} = 0.93$
  $\therefore$ 포화점토층은 $S = 100\%$
- $e_2 = \dfrac{G_s \cdot w}{S} = \dfrac{2.67 \times 25}{100} = 0.67$

$\therefore \Delta H = \dfrac{0.93 - 0.67}{1 + 0.93} \times 10 = 1.35m = 135cm$

□□□ 기 95,00,05,19①

16 흙의 다짐시험을 실시한 결과 다음과 같았다. 이 흙의 건조밀도는 얼마인가?

> ① 몰드 + 젖은 시료 무게 : 3612g
> ② 몰드 무게 : 2143g
> ③ 젖은 흙의 함수비 : 15.4%
> ④ 몰드의 체적 : 944cm³

① 1.35g/cm³ ② 1.56g/cm³
③ 1.31g/cm³ ④ 1.42g/cm³

| 해답 | ①

건조밀도 $\rho_d = \dfrac{\rho_t}{1+w}$

- 습윤밀도 $\rho_t = \dfrac{W}{V} = \dfrac{3612-2143}{944} = 1.556\,g/cm^3$

$\therefore \rho_d = \dfrac{1.556}{1+0.154} = 1.35\,g/cm^3$

$= 1.35\,t/m^3 = 13.5\,kN/m^3$

참고 $1g/cm^3 = 1t/m^3 = 10kN/m^3$

□□□ 기 83,90,19①

17 흙댐에서 상류면 사면의 활동에 대한 안전율이 가장 저하되는 경우는?

① 만수된 물의 수위가 갑자기 저하할 때이다.
② 흙댐에 물을 담는 도중이다.
③ 흙댐이 만수되었을 때이다.
④ 만수된 물이 천천히 빠져나갈 때이다.

| 해답 | ①

- 만수 때의 수위를 갑자기 강하시키면 흙댐의 안정이 위태로워지기 때문에 안전율이 가장 저하된다.
- 흙댐이 위험한 경우

상류측	시공 직후, 수위 급감 시
하류측	시공 직후, 정상 침투 시

□□□ 기 80,81,94,06,07,17④,19①,20④

18 다음 지반 개량공법 중 연약한 점토지반에 적당하지 않은 것은?

① 샌드드레인 공법 ② 프리로딩 공법
③ 치환 공법 ④ 바이브로플로테이션 공법

| 해답 | ④

바이브로플로테이션 공법 : 느슨한 모래지반을 개량하는 공법이다.

□□□ 기 86,90,19①

19 세립토를 비중계법으로 입도분석을 할 때 반드시 분산제를 쓴다. 다음 설명 중 옳지 않은 것은?

① 입자의 면모화를 방지하기 위하여 사용한다.
② 분산제의 종류는 소성지수에 따라 달라진다.
③ 현탁액이 산성이면 알칼리성의 분산제를 쓴다.
④ 시험 도중 물의 변질을 방지하기 위하여 분산제를 사용한다.

| 해답 | ④

분산제 사용 이유
입자의 면모화를 방지하고 이산화를 촉진시키기 위해 소성지수(I_p) 20을 기준으로 분산제(규산 나트륨, 과산화수소)를 사용한다.

□□□ 기 84,95,96,00,05,10①,13①,19①

20 연약점토지반에 성토제방을 시공하고자 한다. 성토로 인한 재하속도가 과잉간극수압이 소산되는 속도보다 **빠를** 경우, 지반의 강도정수를 구하는 가장 적합한 시험방법은?

① 압밀 배수 시험 ② 압밀 비배수 시험
③ 비압밀 비배수 시험 ④ 직접전단시험

| 해답 | ③

비압밀 비배수 시험(UU)의 이용
- 구조물의 시공속도가 과잉간극수압의 소산속도보다 **빠른** 경우, 안전계산에 이용
- 포화점토가 성토 직후에 급속한 파괴가 예상될 때 이용
- 점토지반에 성토나 구조물 등의 하중을 급격히 재하는 경우의 단기간 안정성 검토에 이용
- 최근에 매립된 포화 점성토지반 위에 구조물을 시공한 직후의 초기안정 검토에 필요한 지반 강도정수 결정에 이용

제2회 2019년 4월 27일

□□□ 기 81,84,93,95,19②

01 흙 입자의 비중은 2.56, 함수비는 35%, 습윤단위중량은 17.21kN/m³일 때 간극률은 약 얼마인가? (단, 물의 단위중량 $\gamma_w = 9.81\text{kN/m}^3$이다.)

① 32% ② 37%
③ 43% ④ 49%

| 해답 | ④

간극률 $n = \dfrac{e}{1+e} \times 100$

- $\gamma_d = \dfrac{\gamma_t}{1+w} = \dfrac{17.21}{1+0.35} = 12.75\,\text{kN/m}^3$
- $e = \dfrac{\gamma_w \cdot G_s}{\gamma_d} - 1 = \dfrac{9.81 \times 2.56}{12.75} - 1 = 0.97$

  $\left(\because \gamma_d = \dfrac{G_s}{1+e}\gamma_w\right)$

  $\therefore n = \dfrac{0.97}{1+0.97} \times 100 = 49\%$

□□□ 기 19②

02 표준압밀실험을 하였더니 하중강도가 0.24MPa에서 0.36MPa로 증가할 때 간극비는 1.8에서 1.2로 감소하였다. 이 흙의 최종침하량은 약 얼마인가? (단, 압밀층의 두께는 20m이다.)

① 428.57cm ② 214.29cm
③ 642.86cm ④ 285.71cm

| 해답 | ①

최종침하량 $\Delta H = \dfrac{a_v H}{1+e_1}\Delta P$

- 압축계수 $a_v = \dfrac{e_1 - e_2}{P_2 - P_1}$

  $= \dfrac{1.8 - 1.2}{0.36 - 0.24} = 5\,\text{mm}^2/\text{N}$

- $\Delta P = 0.36 - 0.24 = 0.12\,\text{MPa}$

  $\therefore \Delta H = \dfrac{5 \times 20000}{1+1.8} \times 0.12$

  $= 4285.7\,\text{mm} = 428.57\,\text{cm}$

□□□ 기 96,08,09,13①,18③,19②

03 말뚝의 부마찰력에 대한 설명 중 틀린 것은?

① 부마찰력이 작용하면 지지력이 감소한다.
② 연약지반에 말뚝을 박은 후 그 위에 성토를 한 경우 일어나기 쉽다.
③ 부마찰력은 말뚝 주변 침하량이 말뚝의 침하량보다 클 때 아래로 끌어내리는 마찰력을 말한다.
④ 연약한 점토에 있어서는 상대변위의 속도가 느릴수록 부마찰력은 크다.

| 해답 | ④

연약한 점토에서 부마찰력은 상대변위의 속도가 느릴수록 적고, 빠를수록 크다.

□□□ 기 80,81,86,92,94,06②,07②,17④,19②,20④

04 다음 중 점성토지반의 개량공법으로 거리가 먼 것은?

① paper drain 공법
② vibro-flotation 공법
③ chemico pile 공법
④ sand compaction pile 공법

| 해답 | ②

vibro-flotation 공법 : 느슨한 모래지반을 개량하는 공법이다.

□□□ 기 84,97,98,09,11④,15②,18③,19②,20③,22①

05 유선망의 특징을 설명한 것 중 옳지 않은 것은?

① 각 유로의 침투유량은 같다.
② 유선과 등수두선은 서로 직교한다.
③ 유선망으로 이루어지는 사각형은 이론상 정사각형이다.
④ 침투속도 및 동수경사는 유선망의 폭에 비례한다.

| 해답 | ④

유선망의 특성
- 각 유량의 침투유량은 같다.
- 유선과 등수두선은 서로 직교한다.
- 인접한 등수두선 간의 수두차는 모두 같다.
- 인접한 두 등수두선 사이의 수두손실은 같다.
- 유선망을 이루는 사각형은 이론상 정사각형이다. (폭과 길이는 같다.)
- 침투속도 및 동수경사는 유선망의 폭에 반비례한다.

□□□ 기 01,05,19②

06 예민비가 큰 점토란 어느 것인가?

① 입자의 모양이 날카로운 점토
② 입자가 가늘고 긴 형태의 점토
③ 다시 반죽했을 때 강도가 감소하는 점토
④ 다시 반죽했을 때 강도가 증가하는 점토

| 해답 | ③

- 예민비

$$S_t = \frac{흐트러지\ 지않은\ 시료의\ 일축압축강도(q_u)}{흙을\ 다시\ 이겼을\ 때의\ 일축압축강도(q_{ur})}$$

- 예민비가 큰 점토는 흙을 다시 반죽했을 때의 일축압축 강도가 감소하는 점토
- 예민비는 점성토에 이용되며 흐트러진 시료의 일축압 축강도가 감소하는 성질관계의 감소비를 말한다. 예민 비가 클수록 강도의 변화가 크므로 공학적 성질이 나쁘다.

□□□ 기 03,10①,14②,19②

07 모래지반에 30cm×30cm의 재하판으로 재하실험을 한 결과 100kN/m²의 극한지지력을 얻었다. 4m×4m의 기초를 설치할 때 기대되는 극한지지력은?

① 100kN/m²
② 1000kN/m²
③ 1333kN/m²
④ 1540kN/m²

| 해답 | ③

- 사질토에서 지지력은 재하판의 폭에 비례
  $0.30 : 100 = 4 : q_u$
  $q_u = \frac{4}{0.30} \times 100 = 1333 \text{kN/m}^2$

□□□ 기 80,82,84,92,97,04,06,10①,14②,19②,21②,22①

08 토립자가 둥글고 입도분포가 나쁜 모래지반에서 표준관입시험을 한 결과 N치는 10이었다. 이 모래의 내부마찰각을 Dunham의 공식으로 구하면?

① 21°
② 26°
③ 31°
④ 36°

| 해답 | ②

- 토립자가 둥글고 입도가 불량
  $\phi = \sqrt{12N} + 15 = \sqrt{12 \times 10} + 15 = 26°$

□□□ 기 19②

09 아래 그림과 같은 3m×3m 크기의 정사각형 기초의 극한지지력을 Terzaghi 공식으로 구하면? (단, 내부마찰각(ϕ)은 20°, 점착력(c)은 50kN/m², 지지력계수 $N_c = 18$, $N_r = 5$, $N_q = 7.5$, 물의 단위중량 $\gamma_w = 9.81$kN/m³이다.)

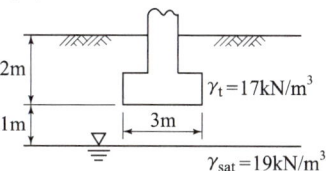

① 1357.01kN/m²
② 1495.74kN/m²
③ 1572.06kN/m²
④ 1743.08kN/m²

| 해답 | ②

$q_u = \alpha c N_c + \beta \gamma_1 B N_r + \gamma_2 D_f N_q$

- $d < B$; $1 < 3$
- $\gamma_1 = \gamma_{sub} + \frac{d}{B}(\gamma_t - \gamma_{sub})$
- $\gamma_{sub} = \gamma_{sat} - \gamma_w = 19 - 9.81 = 9.19 \text{kN/m}^3$
- $\gamma_1 = 9.19 + \frac{1}{3}(17 - 9.19) = 11.79 \text{kN/m}^3$

$\therefore q_u = 1.3 \times 50 \times 18 + 0.4 \times 11.79 \times 3 \times 5 + 17 \times 2 \times 7.5 = 1495.74 \text{kN/m}^2$

□□□ 기 11②,19②,22②,24③

10 아래 그림과 같이 지표면에 집중하중이 작용할 때 A점에서 발생하는 연직응력의 증가량은?

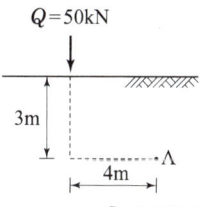

① 206N/m²
② 244N/m²
③ 272N/m²
④ 303N/m²

| 해답 | ①

$\Delta\sigma_z = \frac{3Q}{2\pi} \times \frac{Z^3}{R^5}$

- $R = \sqrt{3^2 + 4^2} = 5$

$\therefore \Delta\sigma_z = \frac{3 \times 50}{2\pi} \times \frac{3^3}{5^5}$
$= 0.2063 \text{kN/m}^2 = 206.3 \text{N/m}^2$

□□□ 기 19②

11 어떤 종류의 흙에 대해 직접전단(일면전단) 시험을 한 결과 아래 표와 같은 결과를 얻었다. 이 값으로부터 점착력(c)을 구하면? (단, 시료의 단면적은 $10cm^2$이다.)

수직하중(N)	100	200	300
전단력(N)	247.85	255.70	263.55

① 0.30MPa ② 0.27MPa
③ 0.24MPa ④ 0.19MPa

| 해답 | ③

- 수직응력 $\sigma = \dfrac{P}{A}$ MPa, 전단응력 $\tau = \dfrac{S}{A}$ MPa

  $A = 10cm^2 = 1000mm^2$

- $\tau_{10} = \dfrac{S}{A} = \dfrac{247.85}{1000} = 0.24785$ MPa

  $\sigma_{10} = \dfrac{P}{A} = \dfrac{100}{1000} = 0.10$ MPa

- $\tau_{20} = \dfrac{S}{A} = \dfrac{255.70}{1000} = 0.2557$ MPa

  $\sigma_{20} = \dfrac{P}{A} = \dfrac{200}{1000} = 0.20$ MPa

- $\tau = c + \sigma \tan\phi$
- $0.24785 = c + 0.10\tan\phi$ ············· (1)
- $0.2557 = c + 0.20\tan\phi$ ············· (2)

  $(1) \times 2 - (2)$
- $0.4957 = 2c + 0.20\tan\phi$ ············· (3)
- $0.2557 = c + 0.20\tan\phi$ ············· (4)

  $\therefore c = 0.24$ MPa

□□□ 기 06,09,19②

12 모래의 밀도에 따라 일어나는 전단특성에 대한 다음 설명 중 옳지 않은 것은?

① 다시 성형한 시료의 강도는 작아지지만 조밀한 모래에서는 시간이 경과됨에 따라 강도가 회복된다.
② 내부마찰각(ϕ)은 조밀한 모래일수록 크다.
③ 직접 전단시험에 있어서 전단응력과 수평변위 곡선은 조밀한 모래에서는 peak가 생긴다.
④ 조밀한 모래에서는 전단변형이 계속 진행되면 부피가 팽창한다.

| 해답 | ①

다시 성형한 시료의 강도는 작아지지만 조밀한 점토에서는 시간이 경과됨에 따라 강도가 회복된다.

□□□ 기 86,00,04②,08①,14①,19②

13 그림과 같이 모래층에 널말뚝을 설치하여 물막이공 내의 물을 배수하였을 때, 분사현상이 일어나지 않게 하려면 얼마의 압력($\Downarrow$)을 가하여야 하는가? (단, 모래의 비중은 2.65, 간극비는 0.65, 안전율은 3, 물의 단위중량 $\gamma_w = 9.81kN/m^3$이다.)

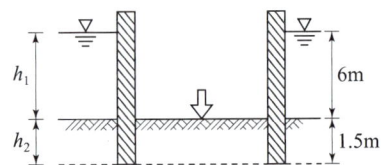

① $65kN/m^2$ ② $162kN/m^2$
③ $230kN/m^2$ ④ $330kN/m^2$

| 해답 | ②

널말뚝 하단에서의 안전율

$F_s = \dfrac{\text{유효응력}(\overline{\sigma}) + \Delta\sigma}{\text{침투압}(P)} = \dfrac{\gamma_{sub}h_2 + \Delta P}{\gamma_w h_1}$

- 수중단위중량 $\gamma_{sub} = \dfrac{G_s - 1}{1+e}\gamma_w$

  $= \dfrac{2.65-1}{1+0.65} \times 9.81 = 9.81 kN/m^3$

- 유효응력 $\overline{\sigma} = \gamma_{sub}h_2 = 9.81 \times 1.5 = 14.715 kN/m^2$
- 침투압 $P = \gamma_w h_1 = 9.81 \times 6 = 58.86 N/m^2$
- $3 = \dfrac{9.81 \times 1.5 + \Delta P}{9.81 \times 6}$

참고 SOLVE 사용 $\therefore \Delta P = 162 kN/m^2$

□□□ 기 80,19②

14 사면의 안정에 관한 다음 설명 중 옳지 않은 것은?

① 임계활동면이란 안전율이 가장 크게 나타나는 활동면을 말한다.
② 안전율이 최소로 되는 활동면을 이루는 원을 임계원이라 한다.
③ 활동면에 발생하는 전단응력이 흙의 전단강도를 초과할 경우 활동이 일어난다.
④ 활동면은 일반적으로 원형활동면으로 가정한다.

| 해답 | ①

임계활동면(critical surface)
안전율의 값이 최소인 활동면으로 가장 불안전한 활동면을 말한다.

15 다음은 전단시험을 한 응력경로이다. 어느 경우인가?

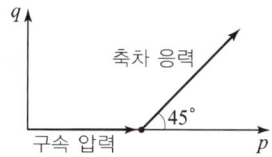

① 초기단계의 최대주응력과 최소주응력이 같은 상태에서 시행한 삼축압축시험의 전응력 경로이다.
② 초기단계의 최대주응력과 최소주응력이 같은 상태에서 시행한 일축압축시험의 전응력 경로이다.
③ 초기단계의 최대주응력과 최소주응력이 같은 상태에서 $K_o = 0.5$인 조건에서 시행한 삼축압축시험의 전응력 경로이다.
④ 초기단계의 최대주응력과 최소주응력이 같은 상태에서 $K_o = 0.7$인 조건에서 시행한 일축압축시험의 전응력 경로이다.

| 해답 | ①

초기단계의 최대주응력과 최소주응력이 같은 상태에서 시행한 삼축압축시험의 전응력 경로이다.

16 토압에 대한 다음 설명 중 옳은 것은?

① 일반적으로 정지토압계수는 주동토압계수보다 작다.
② Rankine 이론에 의한 주동토압의 크기는 Coulomb 이론에 의한 값보다 작다.
③ 옹벽, 흙막이벽체, 널말뚝 중 토압분포가 삼각형 분포에 가장 가까운 것은 옹벽이다.
④ 극한 주동상태는 수동상태보다 훨씬 더 큰 변위에서 발생한다.

| 해답 | ③

• 토압계수의 크기 : 수동토압계수 > 정지토압계수 > 주동토압계수
• Rankine 이론에 의한 주동토압의 크기는 Coulomb 이론에 의한 값보다 10% 크다.
• 마찰각 $\phi = 0°$, 지표면이 수평 $i = 0$인 경우 연직 옹벽에서 Coulomb의 토압과 Rankine의 토압은 같다.
• 주동토압에 도달하는 데는 0.5%H 만큼의 매우 작은 변형률이, 완전수동상태에 도달하는 데는 25%H 정도의 큰 변형률이 발생한다.

17 단동식 증기해머로 말뚝을 박았다. 해머의 무게 25kN, 낙하고 3m, 타격당 말뚝의 평균관입량 1cm, 안전율 6일 때 Engineering-News 공식으로 허용지지력을 구하면?

① 2500kN
② 2000kN
③ 1000kN
④ 500kN

| 해답 | ③

$$Q_a = \frac{WH}{F_s(S+0.25)} = \frac{25 \times 300}{6(1+0.25)} = 1000\text{kN}$$

18 다음과 같이 널말뚝을 박은 지반의 유선망을 작도하는 데 있어서 경계조건에 대한 설명으로 틀린 것은?

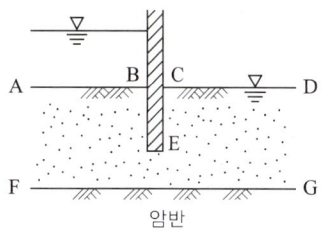

① $\overline{AB}$는 등수두선이다.
② $\overline{CD}$는 등수두선이다.
③ $\overline{FG}$는 유선이다.
④ $\overline{BEC}$는 등수두선이다.

| 해답 | ④

$\overline{FG}$, $\overline{BEC}$는 유선이다.

19 흙의 다짐효과에 대한 설명 중 틀린 것은?

① 흙의 단위중량 증가
② 투수계수 감소
③ 전단강도 저하
④ 지반의 지지력 증가

| 해답 | ③

흙을 다지면 흙의 단위중량이 증대되어 전단강도와 지지력이 증대되고, 공극이 감소되어 투수성은 낮아진다.

□□□ 기 03,07,15②,19②

20 Rod에 붙인 어떤 저항체를 지중에 넣어 관입, 인발 및 회전에 의해 흙의 전단강도를 측정하는 원위치 시험은?

① 보링(boring) ② 사운딩(sounding)
③ 시료채취(sampling) ④ 비파괴 시험(NDT)

| 해답 | ②

이를 Sounding이라 한다.

제3회 2019년 8월 4일

□□□ 기 14④,17①,19③,24②

01 예민비가 매우 큰 연약점토지반에 대해서 현장의 비배수 전단강도를 측정하기 위한 시험방법으로 가장 적합한 것은?

① 압밀 비배수 시험 ② 표준관입시험
③ 직접전단시험 ④ 현장베인시험

| 해답 | ④

베인전단시험(vane shear test)
• 연약점토지반의 비배수 강도를 측정하는 데 이용
• 비배수 조건하에서의 사면안정해석이나 구조물의 기초에서 지지력 산정에 이용
• Vane 시험 시 회전모멘트를 측정하여 비배수 강도를 구한다.

□□□ 기 97,14④,15②,19③,20③

02 $\Delta h_1 = 5$이고, $k_{v2} = 10k_{v1}$ 일 때, k_{v3}의 크기는?

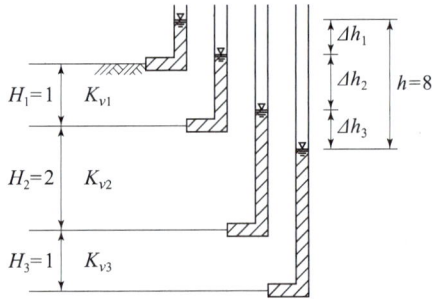

① $1.0k_{v1}$ ② $1.5k_{v1}$
③ $2.0k_{v1}$ ④ $2.5k_{v1}$

| 해답 | ④

각 층의 침투속도는 동일

• $v = ki = k_{v1}\dfrac{\Delta h_1}{H_1} = k_{v2}\dfrac{\Delta h_2}{H_2} = k_{v3}\dfrac{\Delta h_3}{H_3} = const$

• $k_{v1}\dfrac{\Delta h_1}{1} = 10k_{v1}\dfrac{\Delta h_2}{2} = k_{v3}\dfrac{\Delta h_3}{1}$ (∵ $k_{v2} = 10k_{v1}$)

• $k_{v1}\Delta h_1 = 5k_{v1}\Delta h_2 = k_3\Delta h_3$ (∴ $\Delta h_1 = 5\Delta h_2$)

• $\Delta h_1 = 5$이면 $\Delta h_2 = 1$, $\Delta h_3 = 2$
  (∵ $\Delta h_1 + \Delta h_2 + \Delta h_3 = 8$)

• $k_{v1}\Delta h_1 = k_{v3}\Delta h_3$ 에서

∴ $k_{v3} = k_{v1}\dfrac{\Delta h_1}{\Delta h_3} = \dfrac{5}{2}k_{v1} = 2.5k_{v1}$

□□□ 기 12②,14①,19③

03 지름 30cm 콘크리트 말뚝을 단동식 증기해머로 타입하였을 때 엔지니어링 뉴스 공식을 적용한 말뚝의 허용지지력은? (단, 타격에너지=36kN·m, 해머효율=0.8, 손실상수=0.25cm, 마지막 25mm 관입에 필요한 타격횟수=5이다.)

① 640kN ② 1280kN
③ 1920kN ④ 3840kN

| 해답 | ①

$$Q_a = \frac{e_f W_h h}{F_s(S+C)} = \frac{e_f F}{F_s(S+C)}$$

- 작업효율 $e_f = 0.8$
- 타격에너지 $F = 36 kN \cdot m = 3600 kN \cdot cm$
- 타격당 침하량 $S = \frac{2.5(cm)}{5(회)} = 0.5 cm$
- 손실상수 $C = 0.25 cm$

$$\therefore Q_a = \frac{0.8 \times 3600}{6(0.5+0.25)} = 640 kN$$

□□□ 기 95,13①,18③,19③,21②

04 그림과 같은 사면에서 활동에 대한 안전율은?

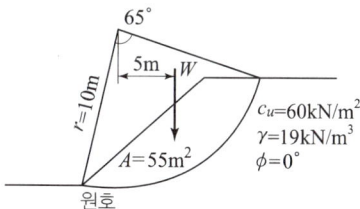

① 1.30 ② 1.50
③ 1.70 ④ 1.90

| 해답 | ①

$\phi_u = 0$일 때 사면의 안전율

$$F_s = \frac{L_a \cdot c_u \cdot r}{W \cdot x}$$

- W = 면적 × 단위중량 = 55 × 19 = 1045 kN/m
- $L_a : 65° = 2\pi r : 360°$

$$L_a = \frac{2\pi \times 10 \times 65°}{360°} = 11.35 m$$

$$\therefore F_s = \frac{11.35 \times 60 \times 10}{1045 \times 5} = 1.30$$

□□□ 기 19③

05 점성토 지반굴착 시 발생할 수 있는 Heaving 방지 대책으로 틀린 것은?

① 지반개량을 한다.
② 지하수위를 저하시킨다.
③ 널말뚝의 근입 깊이를 줄인다.
④ 표토를 제거하여 하중을 작게 한다.

| 해답 | ③

Heaving 현상의 방지 대책
- 연약지반을 개량한다.
- 설계계획을 변경한다.
- 굴착면에 하중을 가한다.
- 표토를 제거하여 하중을 작게 한다.
- 흙막이 벽의 관입깊이를 깊게 한다.
- Trench cut 공법 또는 부분굴착을 한다.
- Caisson 공법, Island 공법을 고려한다.

□□□ 기 02,07,12①,19③

06 연약지반 처리공법 중 Sand drain 공법에서 연직 및 수평 방향을 고려한 평균압밀도 U는? (단, $U_v = 0.20$, $U_h = 0.71$이다.)

① 0.573 ② 0.697
③ 0.712 ④ 0.768

| 해답 | ④

$$U = 1 - (1 - U_v)(1 - U_h)$$
$$= 1 - (1 - 0.20)(1 - 0.71) = 0.768$$

□□□ 기 19③

07 흙 시료의 일축압축시험 결과 일축압축강도가 0.3MPa이었다. 이 흙의 점착력은? (단, $\phi = 0$인 점토)

① 0.1MPa ② 0.15MPa
③ 0.3MPa ④ 0.6MPa

| 해답 | ②

점착력 $c = \dfrac{q_u}{2\tan\left(45 + \dfrac{\phi}{2}\right)}$ 에서 $\phi = 0$이면

$$\therefore c = \frac{q_u}{2} = \frac{0.3}{2} = 0.15 MPa$$

□□□ 기 08②,11④,19③

08 어떤 흙에 대해서 직접 전단시험을 한 결과 수직응력이 1.0MPa일 때 전단저항이 0.5MPa이었고, 또 수직응력이 2.0MPa일 때에는 전단저항이 0.8MPa이었다. 이 흙의 점착력은?

① 0.2MPa ② 0.3MPa
③ 0.8MPa ④ 1.0MPa

| 해답 | ①

$\tau = c + \sigma \tan\phi$ 에서
$0.5 = c + 1.0\tan\phi$ ············ (1)
$0.8 = c + 2.0\tan\phi$ ············ (2)
$(1) \times 2 - (2)$
$1 = 2c + 2.0\tan\phi$ ············ (1)′
$0.8 = c + 2.0\tan\phi$ ············ (2)′
(1)′ − (2)′ 에서
∴ 점착력 $c = 0.2\text{MPa} = 0.2\text{N/mm}^2$
$\qquad = 200\text{kN/m}^2$

□□□ 기 88,96,00,02,19③

09 통일분류법에 의해 흙이 MH로 분류되었다면, 이 흙의 공학적 성질로 가장 옳은 것은?

① 액성한계가 50% 이하인 점토이다.
② 액성한계가 50% 이상인 실트이다.
③ 소성한계가 50% 이하인 실트이다.
④ 소성한계가 50% 이상인 점토이다.

| 해답 | ②

- M : 실트, C : 점토, O : 유기질토
- H : 액성한계가 50% 이상인 흙
- L : 액성한계가 50% 이하인 흙
- MH : 액성한계가 50% 이상인 실트
- ML : 액성한계가 50% 이하인 실트

□□□ 기 09,10②,11④,16①,19③

10 모래치환법에 의한 밀도 시험을 수행한 결과 파낸 흙의 체적과 질량이 각각 365.0cm³, 745g이었으며, 함수비는 12.5%였다. 흙의 비중이 2.65이며, 실내표준다짐 시 최대건조밀도가 1.90g/cm³ 일 때 상대다짐도는?

① 88.7% ② 93.1%
③ 95.3% ④ 97.8%

| 해답 | ③

다짐도 $C_d = \dfrac{\rho_d}{\rho_{d\max}} \times 100$

- $\rho_t = \dfrac{W}{V} = \dfrac{745}{365.0} = 2.04\text{g/cm}^3$
  $\qquad = 2.04\text{t/m}^3 = 20.4\text{kN/m}^3$
- $\rho_d = \dfrac{\rho_t}{1+w} = \dfrac{2.04}{1+0.125} = 1.81\text{g/cm}^3$

∴ 다짐도 $C_d = \dfrac{1.81}{1.90} \times 100 = 95.3\%$

□□□ 기 11④,14④,19③

11 널말뚝을 모래지반에 5m 깊이로 박았을 때 상류와 하류의 수두차가 4m이었다. 이때 모래지반의 포화단위중량이 19.62kN/m³이다. 현재 이 지반의 분사현상에 대한 안전율은? (단, 물의 단위중량은 9.81kN/m³이다.)

① 0.85 ② 1.25
③ 1.85 ④ 2.25

| 해답 | ②

$i_c = \dfrac{\gamma_{\text{sub}}}{\gamma_w} = \dfrac{19.62 - 9.81}{9.81} = 1$

$i = \dfrac{h}{L} = \dfrac{4}{5} = 0.80$

∴ 안전율 $F = \dfrac{i_c}{i} = \dfrac{1}{0.8} = 1.25$

□□□ 기 82,89,03①,19③

12 지표면에 집중하중이 작용할 때, 지중연직 응력 증가량($\Delta\sigma_z$)에 관한 설명 중 옳은 것은?
(단, Boussinesq 이론을 사용)

① 탄성계수 E 에 무관하다.
② 탄성계수 E 에 정비례한다.
③ 탄성계수 E 의 제곱에 정비례한다.
④ 탄성계수 E 의 제곱에 반비례한다.

| 해답 | ①

Boussinesq의 지중연직응력

$$\Delta\sigma_z = \dfrac{3P}{2\pi Z^2} \dfrac{1}{\left\{1+\left(\dfrac{r}{Z}\right)^2\right\}^{5/2}}$$

∴ 지중연직응력의 증가는 탄성계수(E)를 고려하지 않는다.

□□□ 기 84,86,91,93,00,08,09,12④,15④,19③,22②

13 접지압(또는 지반반력)이 그림과 같이 되는 경우는?

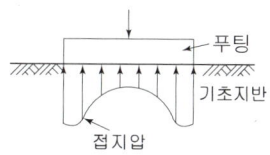

① 푸팅 : 강성, 기초지반 : 점토
② 푸팅 : 강성, 기초지반 : 모래
③ 푸팅 : 연성, 기초지반 : 점토
④ 푸팅 : 연성, 기초지반 : 모래

| 해답 | ①

완전히 강성인 footing(강성 기초지반)

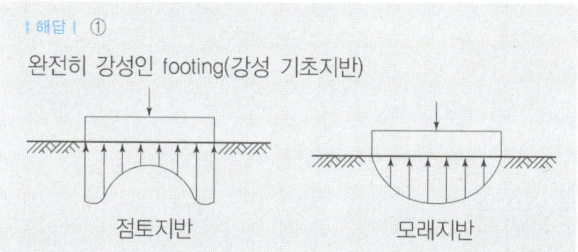

□□□ 기 92,97,98,00,02,06,09,15,19③

14 흙의 투수계수(k)에 관한 설명으로 옳은 것은?

① 투수계수(k)는 물의 단위중량에 반비례한다.
② 투수계수(k)는 입경의 제곱에 반비례한다.
③ 투수계수(k)는 형상계수에 반비례한다.
④ 투수계수(k)는 점성계수에 반비례한다.

| 해답 | ④

투수계수 $k = D_s^2 \cdot \dfrac{\gamma_w}{\mu} \cdot \dfrac{e^3}{1+e} \cdot C$

• 투수계수(k)는 물의 단위중량(γ_w)에 비례한다.
• 투수계수(k)는 입경(D_s)의 제곱에 비례한다.
• 투수계수(k)는 형상계수(C)에 비례한다.
• 투수계수(k)는 점성계수(μ)에 반비례한다.

□□□ 기 99,03,06,10,19③,20②,24②

15 Terzaghi는 포화점토에 대한 1차 압밀이론에서 수학적 해를 구하기 위하여 다음과 같은 가정을 하였다. 이 중 옳지 않은 것은?

① 흙은 균질하다.
② 흙은 완전히 포화되어 있다.
③ 흙 입자와 물의 압축성을 고려한다.
④ 흙 속에서의 물의 이동은 Darcy 법칙을 따른다.

| 해답 | ③

Terzaghi의 압밀이론
• 흙은 균질하고 포화되어 있다.
• 흙입자와 물의 압축성은 무시한다.
• 흙의 압축은 1축 압축으로 행하여진다.
• 유효응력이 증가할수록 압축토층의 간극비는 감소한다.
• 흙 속의 물의 이동은 Darcy의 법칙에 따르며 투수계수는 일정하다.

□□□ 기 00,01,03,04,06,09①,16④,19③

16 흙의 다짐에 대한 설명으로 틀린 것은?

① 최적함수비는 흙의 종류와 다짐에너지에 따라 다르다.
② 일반적으로 조립토일수록 다짐곡선의 기울기가 급하다.
③ 흙이 조립토에 가까울수록 최적함수비가 커지며 최대건조단위중량은 작아진다.
④ 함수비의 변화에 따라 건조단위중량이 변하는데 건조단위중량이 가장 클 때의 함수비를 최적함수비라 한다.

| 해답 | ③

• 세립토(점성토)가 많을수록 최대건조밀도는 감소하고 최적함수비(OMC)는 증가한다.
• 조립토(모래질)가 많을수록 최대건조밀도는 증가하고 최적 함수비(OMC)는 감소한다.

□□□ 기 03,09,16②,19③

17 연약점토지반에 말뚝을 시공하는 경우, 말뚝을 타입 후 어느 정도 기간이 경과한 후에 재하시험을 하게 된다. 그 이유로 가장 적합한 것은?

① 말뚝에 부마찰력이 발생하기 때문이다.
② 말뚝에 주면마찰력이 발생하기 때문이다.
③ 말뚝 타입 시 교란된 점토의 강도가 원래대로 회복하는 데 시간이 걸리기 때문이다.
④ 말뚝 타입 시 말뚝 자체가 받는 충격에 의해 두부의 손상이 발생할 수 있어 안정화에 시간이 걸리기 때문이다.

| 해답 | ③

연약점토지반에 말뚝을 타입하면 지반이 교란되어 강도가 저하되므로 이 강도가 회복(thixotrophy)되는 20일 이상 지난 후 말뚝재하시험을 실시한다.

□□□ 기 82,00,04,10②,12①,13①,15④,19③

18 함수비 15%인 흙 2300g이 있다. 이 흙의 함수비를 25%가 되도록 증가시키려면 얼마의 물을 가해야 하는가?

① 200g　② 230g
③ 345g　④ 575g

| 해답 | ①

- $W_W = \dfrac{w \cdot W}{100+w} = \dfrac{15 \times 2300}{100+15} = 300\,g$
- $15\% : 300 = (25-15) : x$
  $\therefore x = \dfrac{300 \times (25-15)}{15} = 200\,g$

□□□ 기 99,04,06,08,19③

19 토질조사에 대한 설명 중 옳지 않은 것은?

① 표준관입시험은 정적인 사운딩이다.
② 보링의 깊이는 설계의 형태 및 크기에 따라 변한다.
③ 보링의 위치와 수는 지형조건 및 설계형태에 따라 변한다.
④ 보링구멍은 사용 후에 흙이나 시멘트 그라우트로 메워야 한다.

| 해답 | ①

표준관입시험(SPT)
- 동적인 사운딩이다.
- 사질토에 가장 적합하나 점토지반의 N치에 의한 강도 판정과 지지력을 계산할 수 있다.

□□□ 기 09,16②,19③,22③

20 Mohr 응력원에 대한 설명 중 옳지 않은 것은?

① 임의 평면의 응력상태를 나타내는 데 매우 편리하다.
② σ_1과 σ_3의 차의 벡터를 반지름으로 해서 그린 원이다.
③ 한 면에 응력이 작용하는 경우 전단력이 0이면, 그 연직응력을 주응력으로 가정한다.
④ 평면기점(O_p)은 최소주응력이 표시되는 좌표에서 최소주응력면과 평행하게 그은 선이 Mohr 원과 만나는 점이다.

| 해답 | ②

Mohr 응력원
σ_1과 σ_3의 차를 지름으로 해서 그린 원이다.

제1·2회 2020년 6월 6일

□□□ 기 00,05,08,09,13①,15④,16④,20②

01 지표면에 설치된 2m×2m의 정사각형 기초에 100kN/m²의 등분포 하중이 작용하고 있을 때 5m 깊이에 있어서의 연직응력 증가량을 2:1 분포법으로 계산한 값은?

① 0.83kN/m² ② 8.16kN/m²
③ 19.75kN/m² ④ 28.57kN/m²

| 해답 | ②

$$\Delta\sigma_z = \frac{q_s BL}{(B+Z)(L+Z)}$$
$$= \frac{100 \times 2 \times 2}{(2+5)(2+5)} = 8.16\,\text{kN/m}^2$$

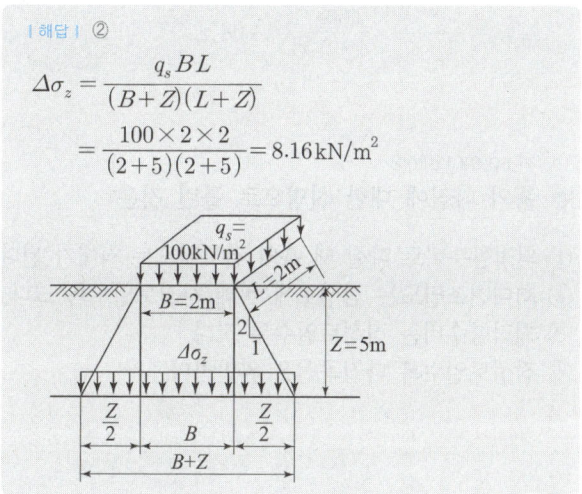

□□□ 기 93,17④,20②

02 성토나 기초지반에 있어 특히 점성토의 압밀완료 후 추가 성토 시 단기 안정문제를 검토하고자 하는 경우 적용되는 시험법은?

① 비압밀 비배수 시험 ② 압밀 비배수 시험
③ 압밀 배수 시험 ④ 일축압축 시험

| 해답 | ②

시험	시험법 적용조건
압밀 배수(CD) 시험	• 사질지반의 안정검토, 점토지반의 장기 안정 검토
압밀 비배수(CU) 시험	• 점토지반에 Pre-loading 공법을 적용한 후, 급속히 성토시공을 할 때의 안정검토 • 이미 안정된 성토제방에 추가로 급속히 성토시공을 할 때의 단기 안정검토
비압밀 비배수 (UU) 시험	• 점토지반에 급속히 성토시공을 할 때의 안정검토

□□□ 기 17②,20②

03 얕은 기초에 대한 Terzaghi의 수정지지력 공식은 아래의 표와 같다. 4m×5m의 직사각형 기초를 사용할 경우 형상계수 α와 β의 값으로 옳은 것은?

$$q_u = \alpha c N_c + \beta \gamma_1 B N_\gamma + \gamma_2 D_f N_q$$

① $\alpha = 1.18$, $\beta = 0.32$ ② $\alpha = 1.24$, $\beta = 0.42$
③ $\alpha = 1.28$, $\beta = 0.42$ ④ $\alpha = 1.32$, $\beta = 0.38$

| 해답 | ②

직사각형 형상계수

$\alpha = 1 + 0.3\dfrac{B}{L} = 1 + 0.3 \times \dfrac{4}{5} = 1.24$

$\beta = 0.5 - 0.1\dfrac{B}{L} = 0.5 - 0.1 \times \dfrac{4}{5} = 0.42$

Remember

형상계수 α, β

구분	연속	정사각형	직사각형	원형
α	1.0	1.3	$1+0.3\dfrac{B}{L}$	1.3
β	0.5	0.4	$0.5-0.1\dfrac{B}{L}$	0.3

단, B : 구형의 단변길이, L : 구형의 장변길이

□□□ 기 20②

04 그림과 같은 점토지반에서 안정수(m)가 0.1인 경우 높이 5m의 사면에 있어서 안전율은?

① 1.0
② 1.25
③ 1.50
④ 2.0

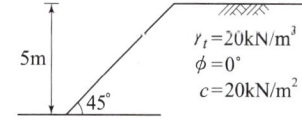

| 해답 | ④

안전율 $F_s = \dfrac{H_c}{H}$

• $H = 5\,\text{m}$

• $H_c = \dfrac{c}{\gamma m} = \dfrac{20}{20 \times 0.1} = 10\,\text{m}$

∴ $F_s = \dfrac{10}{5} = 2.0$

□□□ 기 81,82,83,97,99,03,19①,20②

05 100% 포화된 흐트러지지 않은 시료의 부피가 $20cm^3$이고 질량이 36g이었다. 이 시료를 건조로에서 건조시킨 후의 질량이 24g일 때 간극비는 얼마인가?

① 1.36 ② 1.50
③ 1.62 ④ 1.70

| 해답 | ②

- 물의 중량
  $W_w = W - W_s = 36 - 24 = 12g$
- 물의 부피
  $V_w = \dfrac{W_w}{\rho_w} = \dfrac{12}{1} = 12cm^3$
  $(\because \dfrac{W_w}{V_w} = \rho_w = 1g/cm^3)$
- 토립자의 부피 $V_s = V - V_v = 20 - 12 = 8cm^3$
  (100% 포화된 시료는 $V_w = V_v$이다.)
  $\therefore$ 간극비 $e = \dfrac{V_v}{V_s} = \dfrac{12}{8} = 1.50$

□□□ 기 84,95,05,08,10,15②,20②

06 평판재하시험에서 재하판의 크기에 의한 영향(scale effect)에 관한 설명으로 틀린 것은?

① 사질토지반의 지지력은 재하판의 폭에 비례한다.
② 점토지반의 지지력은 재하판의 폭에 무관하다.
③ 사질토지반의 침하량은 재하판의 폭이 커지면 약간 커지기는 하지만 비례하는 정도는 아니다.
④ 점토지반의 침하량은 재하판의 폭에 무관하다.

| 해답 | ④
점토지반의 침하량은 재하판의 폭에 비례한다.

Remember

재하판의 크기에 의한 영향

항목	침하량	지지력
점토지반	재하판의 폭에 비례	재하판의 폭에 무관
사질토지반	재하판의 폭에 약간 증가	재하판의 폭에 비례

□□□ 기 84,91,03,12①,13②,20②

07 어느 모래층의 간극률이 35%, 비중이 2.66이다. 이 모래의 분사현상(Quick Sand)에 대한 한계동수경사는 얼마인가?

① 0.99 ② 1.08
③ 1.16 ④ 1.32

| 해답 | ②

간극비 $e = \dfrac{n}{100-n} = \dfrac{35}{100-35} = 0.54$

$\therefore i_c = \dfrac{G_s - 1}{1+e} = \dfrac{2.66-1}{1+0.54} = 1.08$

□□□ 기 80,03,12,20②

08 흙의 다짐에 대한 설명으로 틀린 것은?

① 최적함수비로 다질 때 흙의 건조밀도는 최대가 된다.
② 최대건조밀도는 점성토에 비해 사질토일수록 크다.
③ 최적함수비는 점성토일수록 작다.
④ 점성토일수록 다짐곡선은 완만하다.

| 해답 | ③
다짐방법이 일정하면 사질토에서는 최적함수비(OMC)가 적고 점성토에서는 최적함수비가 크다.

□□□ 기 03,20②

09 어떤 흙의 입경가적곡선에서 $D_{10} = 0.05mm$, $D_{30} = 0.09mm$, $D_{60} = 0.15mm$이었다. 균등계수(C_u)와 곡률계수(C_g)의 값은?

① 균등계수=1.7, 곡률계수=2.45
② 균등계수=2.4, 곡률계수=1.82
③ 균등계수=3.0, 곡률계수=1.08
④ 균등계수=3.5, 곡률계수=2.08

| 해답 | ③

- 균등계수 $C_u = \dfrac{D_{60}}{D_{10}} = \dfrac{0.15}{0.05} = 3.0$
- 곡률계수 $C_g = \dfrac{D_{30}^2}{D_{10} \times D_{60}} = \dfrac{0.09^2}{0.05 \times 0.15} = 1.08$

기 96,02,07,09,16④,20②,22③

10 Paper drain 설계 시 Drain paper의 폭이 10cm, 두께가 0.3cm일 때 Drain paper의 등치환산원의 지름이 약 얼마이면 Sand drain과 동등한 값으로 볼 수 있는가? (단, 형상계수(α)는 0.75이다.)

① 5cm ② 8cm
③ 10cm ④ 15cm

| 해답 | ①

$$D = \alpha \frac{2(A+B)}{\pi}$$
$$= 0.75 \times \frac{2 \times (10+0.3)}{\pi} = 5\text{cm}$$

기 90,97,03,06,09,13②,16④,17①,20②,21④,22②

11 다음 중 일시적인 지반 개량공법에 속하는 것은?

① 동결공법 ② 프리로딩 공법
③ 약액주입 공법 ④ 모래다짐말뚝 공법

| 해답 | ①

일시적인 지반 개량공법
Deep Well 공법, Well Point 공법, 진공공법(대기압공법), 동결공법

기 84,94,13①,14①,20②

12 압밀시험결과 시간-침하량 곡선에서 구할 수 없는 값은?

① 초기압축비 ② 압밀계수
③ 1차 압밀비 ④ 선행압밀압력

| 해답 | ④

압밀시험 성과표

하중단계	그래프 곡선	구하는 계수
각 하중 단계	시간-침하 곡선	압밀계수(C_v)
		일차 압밀비(γ)
		체적 변화계수(m_v)
		투수계수(K)
전 하중 단계	e-logP 곡선	압축지수(C_c)
		선행압밀하중(P_o)

기 83,93,96,01,14②,20②

13 사운딩(Sounding)의 종류에서 사질토에 가장 적합하고 점성토에서도 쓰이는 시험법은?

① 표준관입시험
② 베인전단시험
③ 더치콘 관입시험
④ 이스키미터(Iskymeter)

| 해답 | ①

표준관입시험기(SPT)
사질토에 가장 적합하나 점토지반의 N치에 의한 강도판정과 지지력을 계산할 수 있다.

기 84,97,98,02,20②,24②

14 흙의 투수성에서 사용되는 Darcy의 법칙 $\left(Q = k \cdot \frac{\Delta h}{L} \cdot A\right)$에 대한 설명으로 틀린 것은?

① Δh는 수두차이다.
② 투수계수(k)의 차원은 속도의 차원(cm/s)과 같다.
③ A는 실제로 물이 통하는 공극부분의 단면적이다.
④ 물의 흐름이 난류인 경우에는 Darcy의 법칙이 성립하지 않는다.

| 해답 | ③

• A는 시료의 전체 단면적이다.
• Darcy의 법칙은 층류일 때만 성립한다.

기 93,96,97,00,02,05,08,09,15①,20②

15 점착력이 8kN/m², 내부마찰각이 30°, 단위중량 16kN/m³인 흙이 있다. 이 흙에 인장균열은 약 몇 m 깊이까지 발생할 것인가?

① 6.92m ② 3.73m
③ 1.73m ④ 1.00m

| 해답 | ③

$$Z_c = \frac{2c}{\gamma_t} \tan\left(45° + \frac{\phi}{2}\right)$$
$$= \frac{2 \times 8}{16} \tan\left(45° + \frac{30°}{2}\right) = 1.73\text{m}$$

□□□ 기 99,03,06,10,19③,20②

16 Terzaghi의 1차원 압밀이론에 대한 가정으로 틀린 것은?

① 흙은 균질하다.
② 흙은 완전 포화되어 있다.
③ 압축과 흐름은 1차원적이다.
④ 압밀이 진행되면 투수계수는 감소한다.

| 해답 | ④

흙 속의 물의 이동은 Darcy의 법칙에 따르며 투수계수는 일정하다.

□□□ 기 88,96,14④,17②,20②

17 말뚝지지력에 관한 여러 가지 공식 중 정역학적 지지력 공식이 아닌 것은?

① Dörr의 공식
② Terzaghi의 공식
③ Meyerhof의 공식
④ Engineering news 공식

| 해답 | ④

정역학적 공식	동역학적 공식
• Terzaghi 공식 • Meyerhof 공식 • Dörr의 공식 • Dunham 공식	• Hilley 공식 • Weisbach 공식 • Engineering-News 공식 • Sander 공식

□□□ 기 00,05,08,10,13①,14④,17④,20②,21①

18 바깥지름이 50.8mm, 안지름이 34.9mm인 스플릿 스푼 샘플러의 면적비는?

① 112%
② 106%
③ 53%
④ 46%

| 해답 | ①

면적비
$$A_a = \frac{D_w^2 - D_e^2}{D_e^2} \times 100$$
$$= \frac{50.8^2 - 34.9^2}{34.9^2} \times 100 = 112\%$$

□□□ 기 82,88,91,99,01,03,06,07,11,13,15②,16②,17①②,20②

19 그림에서 A점 흙의 강도정수가 $c' = 30 \text{kN/m}^2$, $\phi' = 30°$ 일 때, A점에서의 전단강도는? (단, 물의 단위중량은 9.81kN/m³이다.)

① 69.31kN/m²
② 74.32kN/m²
③ 96.97kN/m²
④ 103.92kN/m²

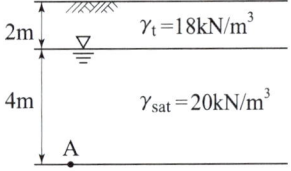

| 해답 | ②

전단강도 $\tau = c + \overline{\sigma} \tan \phi$

• 유효응력
$$\overline{\sigma} = \gamma_t h_1 + \gamma_{sub} h_2$$
$$= 18 \times 2 + (20 - 9.81) \times 4 = 76.76 \text{kN/m}^2$$
∴ $\tau = 30 + 76.76 \tan 30° = 74.32 \text{kN/m}^2$

□□□ 기 97,98,04,06,12,14,20②

20 아래 그림과 같은 지반의 A점에서 전응력(σ), 간극수압(u), 유효응력(σ')을 구하면? (단, 물의 단위중량은 9.81kN/m³이다.)

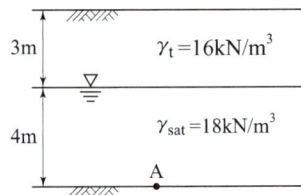

① $\sigma = 100 \text{kN/m}^2$, $u = 9.8 \text{kN/m}^2$, $\sigma' = 90.2 \text{kN/m}^2$
② $\sigma = 100 \text{kN/m}^2$, $u = 29.4 \text{kN/m}^2$, $\sigma' = 70.6 \text{kN/m}^2$
③ $\sigma = 120 \text{kN/m}^2$, $u = 19.6 \text{kN/m}^2$, $\sigma' = 100.4 \text{kN/m}^2$
④ $\sigma = 120 \text{kN/m}^2$, $u = 39.2 \text{kN/m}^2$, $\sigma' = 80.8 \text{kN/m}^2$

| 해답 | ④

• $\sigma = h_1 \cdot \gamma_t + h_2 \cdot \gamma_{sat} = 3 \times 16 + 4 \times 18 = 120 \text{kN/m}^2$
• $u = h_2 \cdot \gamma_w = 4 \times 9.18 = 39.2 \text{kN/m}^2$
• $\sigma' = \sigma - u = 120 - 39.24 = 80.8 \text{kN/m}^2$

제3회 2020년 8월 22일

□□□ 기 91,93,20③

01 다음 중 흙댐(dam)의 사면안정 검토 시에 가장 위험한 상태는?

① 상류사면의 경우 시공 중과 만수위 때
② 상류사면의 경우 시공 직후와 수위 급강할 때
③ 하류사면의 경우 시공 직후와 수위 급강할 때
④ 하류사면의 경우 시공 중과 만수위 때

| 해답 | ②

상류측이 위험한 경우	하류측이 위험한 경우
• 수위 급강하 시 • 시공 직후	• 만수위일 때 • 제체 내의 흐름이 정상 침투 시

□□□ 기 02,06,08,10,11,17②,20③

02 다짐되지 않은 두께 2m, 상대밀도 40%의 느슨한 사질토지반이 있다. 실내시험결과 최대 및 최소 간극비가 0.80, 0.40으로 각각 산출되었다. 이 사질토를 상대밀도 70%까지 다짐할 때 두께는 얼마나 감소되겠는가?

① 12.41cm
② 14.63cm
③ 22.71cm
④ 25.83cm

| 해답 | ②

• 상대밀도 40%에 공극비

$$D_r = \frac{e_{max} - e_1}{e_{max} - e_{min}} \times 100$$
$$= \frac{0.80 - e_1}{0.80 - 0.40} \times 100 = 40\%$$

[참고] SOLVE 사용 ∴ $e_1 = 0.64$

• 상대밀도 70%일 때의 공극비

$$D_r = \frac{e_{max} - e}{e_{max} - e_{min}} \times 100 = \frac{0.80 - e_2}{0.80 - 0.40} \times 100 = 70\%$$

∴ $e_2 = 0.52$

∴ 두께감소량

$$\Delta H = \frac{e_1 - e_2}{1 + e_1} H = \frac{0.64 - 0.52}{1 + 0.64} \times 200$$
$$= 14.63 cm$$

□□□ 기 97,14,20③

03 아래의 그림에서 각 층의 손실수두 Δh_1, Δh_2, Δh_3를 각각 구한 값으로 옳은 것은?

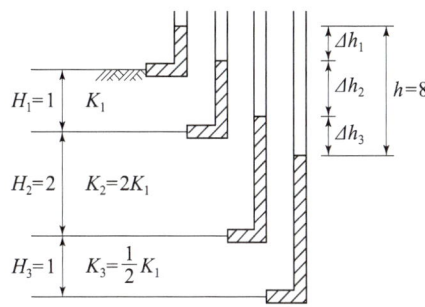

① $\Delta h_1 = 2$, $\Delta h_2 = 2$, $\Delta h_3 = 4$
② $\Delta h_1 = 2$, $\Delta h_2 = 3$, $\Delta h_3 = 3$
③ $\Delta h_1 = 2$, $\Delta h_2 = 4$, $\Delta h_3 = 2$
④ $\Delta h_1 = 2$, $\Delta h_2 = 5$, $\Delta h_3 = 1$

| 해답 | ①

• 각 층의 침투속도는 동일

$$V = Ki = K_1 \frac{\Delta h_1}{l_1} = K_2 \frac{\Delta h_2}{l_2} = K_3 \frac{\Delta h_3}{l_3}$$
$$= K_1 \frac{\Delta h_1}{1} = 2K_1 \frac{\Delta h_2}{2} = \frac{1}{2} K_1 \frac{\Delta h_3}{1}$$

∴ $\Delta h_1 = \Delta h_2 = \frac{\Delta h_3}{2}$

$H = \Delta h_1 + \Delta h_2 + \Delta h_3 = 8$

∴ $\Delta h_1 = 2$, $\Delta h_2 = 2$, $\Delta h_3 = 4$

□□□ 기 96,00,09,14,20③

04 포화된 점토에 대하여 비압밀비 배수(UU) 시험을 하였을 때의 결과에 대한 설명 중 옳은 것은?
(단, ϕ는 내부마찰각이고, c는 점착력이다.)

① ϕ와 c가 나타나지 않는다.
② ϕ와 c가 모두 "0"이 아니다.
③ ϕ는 "0"이고 c는 "0"이 아니다.
④ ϕ는 "0"이 아니지만 c는 "0"이다.

| 해답 | ③

비압밀 비배수 시험(UU-test)
• 포화된 점토 $S=100\%$인 경우 $\phi=0$이다.
• 내부마찰각 $\phi=0$인 경우 전단강도 $\tau_f = c_u$로 c는 0이 아니다.

05 그림과 같이 수평지표면 위에 등분포하중 q가 작용할 때 연직옹벽에 작용하는 주동토압의 공식으로 옳은 것은? (단, 뒤채움흙은 사질토이며, 이 사질토의 단위중량을 γ, 내부마찰각을 ϕ라 한다.)

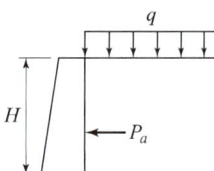

① $P_a = \left(\frac{1}{2}\gamma H^2 + qH\right)\tan^2\left(45° - \frac{\phi}{2}\right)$

② $P_a = \left(\frac{1}{2}\gamma H^2 + qH\right)\tan^2\left(45° + \frac{\phi}{2}\right)$

③ $P_a = \left(\frac{1}{2}\gamma H^2 + qH\right)\tan^2\phi$

④ $P_a = \left(\frac{1}{2}\gamma H^2 + q\right)\tan^2\phi$

| 해답 | ①

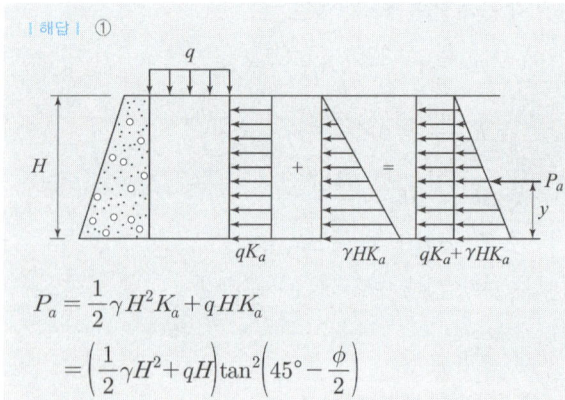

$P_a = \frac{1}{2}\gamma H^2 K_a + qHK_a$
$= \left(\frac{1}{2}\gamma H^2 + qH\right)\tan^2\left(45° - \frac{\phi}{2}\right)$

06 흐트러지지 않은 시료를 이용하여 액성한계 40%, 소성한계 22.3%를 얻었다. 정규압밀 점토의 압축지수(C_c) 값을 Terzaghi와 Peck이 발표한 경험식에 의해 구하면?

① 0.25 ② 0.27
③ 0.30 ④ 0.35

| 해답 | ②

Terzaghi와 Peck의 경험식(불교란 점토 시료)
압축 지수 $C_c = 0.009(W_L - 10) = 0.009(40-10)$
$= 0.27$

07 기초의 구비조건에 대한 설명 중 틀린 것은?

① 상부하중을 안전하게 지지해야 한다.
② 기초 깊이는 동결깊이 이하여야 한다.
③ 기초는 전체침하나 부등침하가 전혀 없어야 한다.
④ 기초는 기술적, 경제적으로 시공 가능하여야 한다.

| 해답 | ③

기초의 구비조건
• 최소 기초깊이를 유지할 것
• 상부하중을 안전하게 지지할 것
• 침하가 허용치를 넘지 않을 것
• 기초의 시공이 가능할 것

08 모래지층 사이에 두께 6m의 점토층이 있다. 이 점토의 토질실험 결과가 아래 표와 같을 때, 이 점토층의 90% 압밀을 요하는 시간은 약 얼마인가? (단, 1년은 365일로 하고, 물의 단위중량(γ_w)은 9.81kN/m³이다.)

• 간극비(e) = 1.5
• 압축계수(a_v) = 4×10^{-3} m²/kN
• 투수계수(k) = 3×10^{-7} cm/s

① 50.7년 ② 12.7년
③ 5.07년 ④ 1.27년

| 해답 | ④

압밀시간 $t_{90} = \dfrac{0.848H^2}{C_v}$

• 체적변화계수
$m_v = \dfrac{a_v}{1+e} = \dfrac{4 \times 10^{-3}}{1+1.5} = 1.6 \times 10^{-3}$ m²/kN

• 투수계수 $k = C_v m_v \gamma_w$에서

• 압밀계수 $C_v = \dfrac{k}{m_v \gamma_w} = \dfrac{3 \times 10^{-7} \times 10^2}{1.6 \times 10^{-3} \times 9.81}$
$= 1.911 \times 10^{-3}$ cm²/sec

$\therefore t_{90} = \dfrac{0.848 \times \left(\dfrac{600}{2}\right)^2}{1.911 \times 10^{-3}} \times \dfrac{1}{60 \times 60 \times 24 \times 365}$
$= 1.27$년 ($\because$ 양면배수)

□□□ 기 99,04,13,20③,24②

09 그림에서 흙의 단면적이 40cm²이고 투수계수가 0.1cm/sec일 때 흙 속을 통과하는 유량은?

① 1m³/hr
② 1cm³/s
③ 100m³/hr
④ 100cm³/s

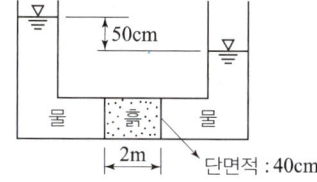

| 해답 | ②

$$Q = kiA = k\frac{h}{L}A$$
$$= 0.1 \times \frac{50}{200} \times 40 = 1\,cm^3/sec$$

□□□ 기 97,98,03②,10①,20③

10 도로의 평판재하시험방법(KS F 2310)에서 시험을 끝낼 수 있는 조건이 아닌 것은?

① 재하응력이 현장에서 예상할 수 있는 가장 큰 접지압력의 크기를 넘으면 시험을 멈춘다.
② 재하응력이 그 지반의 항복점을 넘을 때 시험을 멈춘다.
③ 침하가 더 이상 일어나지 않을 때 시험을 멈춘다.
④ 침하량이 15mm에 달할 때 시험을 멈춘다.

| 해답 | ③

평판재하시험의 끝나는 조건
• 침하량이 15mm에 달할 때
• 하중강도가 예상되는 최대 접지압력을 초과할 때
• 하중강도가 그 지반의 항복점을 넘을 때

□□□ 기 07,12,20③

11 흙의 동상에 영향을 미치는 요소가 아닌 것은?

① 모관 상승고
② 흙의 투수계수
③ 흙의 전단강도
④ 동결온도의 계속시간

| 해답 | ③

동상량을 지배하는 주된 요소
• 동결심도 하단에서 지하수면까지의 거리가 모관 상승고보다 작을 때
• 동결온도의 계속기간
• 모관 상승고의 크기
• 흙의 투수계수

□□□ 기 90,00,20③

12 흙의 활성도에 대한 설명으로 틀린 것은?

① 점토의 활성도가 클수록 물을 많이 흡수하여 팽창이 많이 일어난다.
② 활성도는 2μm 이하의 점토함유율에 대한 액성지수의 비로 정의된다.
③ 활성도는 점토광물의 종류에 따라 다르므로 활성도로부터 점토를 구성하는 점토광물을 수정할 수 있다.
④ 흙입자의 크기가 작을수록 비표면적이 커져 물을 많이 흡수하므로, 흙의 활성은 점토에서 뚜렷이 나타난다.

| 해답 | ②

활성도(A)는 소성지수(I_P)를 2μm 이하의 점토함유율(%)로 나눈 값으로 정의된다.

$$\therefore A = \frac{소성지수(I_P)}{2\mu m\,이하의\,점토함유율(\%)}$$

□□□ 기 88,94,95,01,06,13,20③,21①

13 모래나 점토같은 입상재료를 전단할 때 발생하는 다일러턴시(dilatancy) 현상과 간극수압의 변화에 대한 설명으로 틀린 것은?

① 정규압밀점토에서는 (−) 다일러턴시에 (+)의 간극수압이 발생한다.
② 과압밀점토에서는 (+) 다일러턴시에 (−)의 간극수압이 발생한다.
③ 조밀한 모래에서는 (+) 다일러턴시가 일어난다.
④ 느슨한 모래에서는 (+) 다일러턴시가 일어난다.

| 해답 | ④

• Dilatancy : 조밀한 모래에서 전단이 진행됨에 따라 부피가 증가되는 현상

구 분	Dilatancy
느슨한 모래	−
조밀한 모래	+
정규 압밀 점토	−
과압밀 점토	+

• 느슨한 모래에서는 (−)의 다일러턴시가 일어난다.

□□□ 기 95,00,03,05,12,14,17①,20③

14 중심간격이 2.0m, 지름 40cm인 말뚝을 가로 4개, 세로 5개씩 전체 20개의 말뚝을 박았다. 말뚝 한 개의 허용지지력이 150kN이라면 이 군항의 허용지지력은 약 얼마인가? (단, 군말뚝의 효율은 Converse-Labarre 공식을 사용)

① 4500kN   ② 3000kN
③ 2415kN   ④ 1215kN

| 해답 | ③

- $\phi = \tan^{-1}\dfrac{d}{S} = \tan^{-1}\dfrac{40}{200} = 11.3°$
- 효율 $E = 1 - \phi\left(\dfrac{m(n-1)+n(m-1)}{90mn}\right)$
  $= 1 - 11.3°\left(\dfrac{4(5-1)+5(4-1)}{90 \times 4 \times 5}\right) = 0.805$
- $\therefore R_{ag} = ENR_a = 0.805 \times 20 \times 150 = 2415$kN

□□□ 기 12,20③

15 흙의 다짐에 관한 설명 중 틀린 것은?

① 일반적으로 흙의 건조밀도는 가하는 다짐에너지가 클수록 크다.
② 모래질 흙은 진동 또는 진동을 동반하는 다짐방법이 유효하다.
③ 건조밀도-함수비 곡선에서 최적함수비와 최대건조밀도를 구할 수 있다.
④ 모래질을 많이 포함한 흙의 건조밀도-함수비 곡선의 경사는 완만하다.

| 해답 | ④
모래질이 많이 내포된 흙은 점성토보다도 다짐곡선의 기울기가 급하다.

□□□ 기 84,91,94,97,17,20③

16 Terzaghi의 얕은 기초에 대한 수정지지력 공식에서 형상계수에 대한 설명 중 틀린 것은?

① 연속 기초에서 $\alpha = 1$, $\beta = 0.5$
② 원형 기초에서 $\alpha = 1.3$, $\beta = 0.6$
③ 정방형 기초에서 $\alpha = 1.3$, $\beta = 0.4$
④ 직사각형 기초에서 $\alpha = 1 + 0.3\dfrac{B}{L}$, $\beta = 0.5 - 0.1\dfrac{B}{L}$

| 해답 | ②
Terzaghi의 수정공식에서 형상계수

구분	연속	정사각형	원형	직사각형
α	1.0	1.3	1.3	$1 + 0.3\dfrac{B}{L}$
β	0.5	0.4	0.3	$0.5 - 0.1\dfrac{B}{L}$

□□□ 기 94,03,12,20③

17 표준관입시험(SPT)을 할 때 처음 150mm 관입에 요하는 N값은 제외하고 그 후 300mm 관입에 요하는 타격수로 N값을 구한다. 그 이유로 가장 타당한 것은?

① 흙은 보통 150mm 밑부터 그 흙의 성질을 가장 잘 나타낸다.
② 관입봉의 길이가 정확히 450mm이므로 이에 맞도록 관입시키기 위함이다.
③ 정확히 300mm를 관입시키기가 어려워서 150mm 관입에 요하는 N값을 제외한다.
④ 보링구멍 밑면 흙이 보링에 의하여 흐트러져 150mm 관입 후부터 N값을 측정한다.

| 해답 | ④
보링 구멍 밑면 흙이 보링에 의하여 흐트러져 불교란 지반에 도달시키기 위하여 150mm 관입 후부터 N값을 측정한다.

□□□ 기 05,14,20③

18 다음 연약지반 개량공법에 관한 사항 중 옳지 않은 것은?

① 샌드 드레인 공법은 2차 압밀비가 높은 점토와 이탄 같은 유기질 흙에 큰 효과가 있다.
② 화학적 변화에 의한 흙의 강화공법으로는 소결 공법, 전기화학적 공법 등이 있다.
③ 동압밀공법 적용 시 과잉간극 수압의 소산에 의한 강도 증가가 발생한다.
④ 장기간에 걸친 배수공법은 샌드 드레인이 페이퍼 드레인보다 유리하다.

| 해답 | ①
페이퍼 드레인공법은 2차 압밀비가 높은 점토와 이탄과 같은 유기질 흙에는 효과가 크다.

□□□ 기 82,91,99,03,06,07,11,13,15,16,17①②,20③,24③

19 그림과 같은 지반에서 유효응력에 대한 점착력 및 마찰각이 각각 $c'=10kN/m^2$, $\phi'=20°$ 일 때, A점에서의 전단강도는?
(단, 물의 단위중량은 $9.81kN/m^3$이다.)

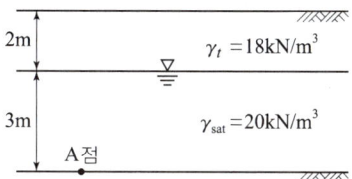

① $34.23kN/m^2$ ② $44.94kN/m^2$
③ $54.25kN/m^2$ ④ $66.17kN/m^2$

| 해답 | ①

전단강도 $\tau = c' + \overline{\sigma}\tan\phi$
- $\overline{\sigma} = \gamma_t h_1 + \gamma_{sub} h_2$
  $= 18 \times 2 + (20-9.81) \times 3 = 66.57 kN/m^2$
- $\therefore \tau = 10 + 66.57\tan 20° = 34.23 kN/m^2$

□□□ 기 82,97,02,04,06,08,13,16,20③

20 5m×10m의 장방형 기초 위에 $q=60kN/m^2$의 등분포하중이 작용할 때, 지표면 아래 10m에서의 수직응력을 2 : 1법으로 구한 값은?

① $10kN/m^2$ ② $20kN/m^2$
③ $30kN/m^2$ ④ $40kN/m^2$

| 해답 | ①

$$\Delta\sigma_z = \frac{q_s \cdot B \cdot L}{(B+Z)(L+Z)}$$
$$= \frac{60 \times 5 \times 10}{(5+10)(10+10)} = 10 kN/m^2$$

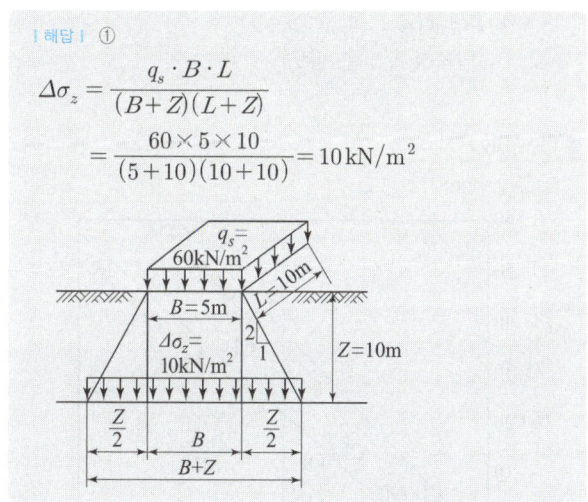

제4회 2020년 9월 27일

□□□ 기 04,09,16①,20④,22③

01 사질토에 대한 직접 전단시험을 실시하여 다음과 같은 결과를 얻었다. 내부마찰각은 약 얼마인가?

수직응력(kN/m²)	30	60	90
최대전단응력(kN/m²)	17.3	34.6	51.9

① 25°   ② 30°
③ 35°   ④ 40°

| 해답 | ②

[방법1] $\tau = c + \sigma\tan\phi$에서 (∵ 사질토 $c=0$)
$\therefore$ 내부마찰각 $\phi = \tan^{-1}\left(\frac{\tau}{\sigma}\right) = \tan^{-1}\left(\frac{17.3}{30}\right) = 30°$

[방법2] [SOLVE 사용] $1.73 = 3\tan\phi$
$\therefore$ 내부마찰각 $\phi = 30°$

□□□ 기 14②,20④

02 단위중량(γ_t)=$19kN/m^3$, 내부마찰각(ϕ)=$30°$, 정지토압계수(K_o)=0.5인 균질한 사질토지반이 있다. 이 지반의 지표면 아래 2m 지점에 지하수위면이 있고 지하수위면 아래의 포화 단위중량(γ_{sat})=$20kN/m^3$이다. 이때 지표면 아래 4m 지점에서 지반 내 응력에 대한 설명으로 틀린 것은? (단, 물의 단위중량은 $9.81kN/m^3$이다.)

① 연직응력(σ_v)은 $80kN/m^2$이다.
② 간극수압(u)은 $19.62kN/m^2$이다.
③ 유효연직응력(σ_v')은 $58.38kN/m^2$이다.
④ 유효수평응력(σ_h')은 $29.19kN/m^2$이다.

| 해답 | ①

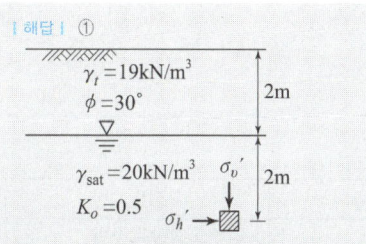

- $\sigma_v = \gamma_w h_1 + \gamma_{sat} h_2 = 19 \times 2 + 20 \times 2 = 78 kN/m^2$
- $u = \gamma_w h_2 = 9.81 \times 2 = 19.62 kN/m^2$
- $\sigma_v' = \sigma_v - u = 78 - 19.62 = 58.38 kN/m^3$
- $\sigma_h' = K_o \sigma_v' = 0.5 \times 58.38 = 29.19 kN/m^3$

□□□ 기 09,16①,20④,24①

03 그림과 같은 모래시료의 분사현상에 대한 안전율을 3.0 이상이 되도록 하려면 수두차 h를 최대 얼마 이하로 하여야 하는가?

① 12.75cm
② 9.75cm
③ 4.25cm
④ 3.25cm

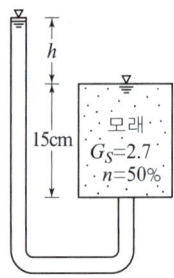

| 해답 | ③

$$F_s = \frac{\dfrac{G_s - 1}{1 + e}}{\dfrac{h}{15}}$$

• 간극비 $e = \dfrac{n}{100-n} = \dfrac{50}{100-50} = 1.0$

• 한계동수 경사 $i_c = \dfrac{G_s - 1}{1 + e} = \dfrac{2.7 - 1}{1 + 1.0} = 0.85$

• $F_s = \dfrac{0.85}{\dfrac{h}{15}} = 3$ ∴ $h = 4.25$cm

□□□ 기 80,81,86,92,94,06,07,17,19,20④

04 다음 지반 개량공법 중 연약한 점토지반에 적당하지 않은 것은?

① 프리로딩 공법
② 샌드 드레인 공법
③ 생석회 말뚝 공법
④ 바이브로 플로테이션 공법

| 해답 | ④

Vibro-flotation 공법 : 느슨한 모래지반을 개량하는 공법이다.

| Remember |

지반 개량공법

점성토지반	사질토지반
• 치환공법	• 다짐모래말뚝공법
• Pre-loading 공법	• Compozer 공법
• Sand drain 공법	• Vibro flotation 공법
• Paper drain 공법	• 폭파다짐공법
• 전기침투공법	• 전기충격공법
• 생석회 말뚝공법	• 약액주입공법

□□□ 기 99,07,17②,20③

05 $\gamma_t = 19$kN/m³, $\phi = 30°$인 뒤채움 모래를 이용하여 8m 높이의 보강토 옹벽을 설치하고자 한다. 폭 75mm, 두께 3.69mm의 보강띠를 연직 방향 설치간격 $S_v = 0.5$m, 수평방향 설치간격 $S_h = 1.0$m로 시공하고자 할 때, 보강띠에 작용하는 최대힘($T_{\max}$)의 크기는?

① 15.33kN
② 25.33kN
③ 35.33kN
④ 45.33kN

| 해답 | ②

$T_{\max} = \gamma_t H K_A S_v S_h$

• $K_A = \tan^2\left(45° - \dfrac{\phi}{2}\right) = \tan^2\left(45° - \dfrac{30°}{2}\right) = \dfrac{1}{3}$

∴ $T_{\max} = 19 \times 8 \times \dfrac{1}{3} \times 0.5 \times 1.0 = 25.33$kN

□□□ 기 10,13①,20④

06 어떤 시료를 입도분석한 결과, 0.075mm체 통과율이 65%이었고, 애터버그한계 시험결과 액성한계가 40%이었으며 소성도표(Plasticity chart)에서 A선 위의 구역에 위치한다면 이 시료의 통일분류법(USCS)상 기호로서 옳은 것은? (단, 시료는 무기질이다.)

① CL
② ML
③ CH
④ MH

| 해답 | ①

• $P_{\#200} = 65\% > 50\%$: 세립토(실트 M, 점토 C)

• $W_L = 40\% < 50\%$: 저압축성 L(ML, CL)

• A선 위에 위치 : CL, CL-ML

∴ CL(압축성이 낮은 점토)

| Remember |

Casagrande의 소성도

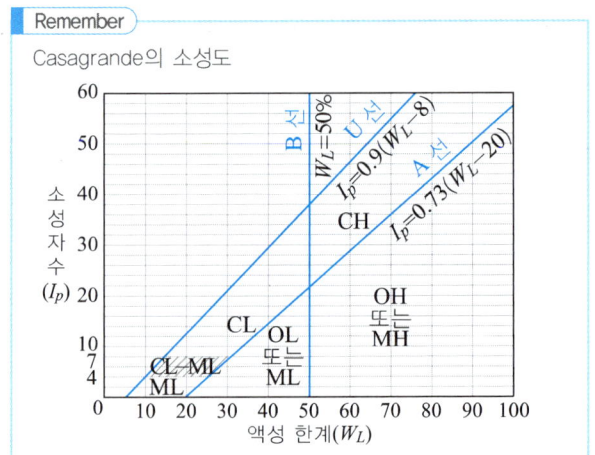

□□□ 기 04,06,10,20④
07 동상 방지대책에 대한 설명으로 틀린 것은?

① 배수구 등을 설치하여 지하수위를 저하시킨다.
② 지표의 흙을 화학약품으로 처리하여 동결온도를 내린다.
③ 동결깊이보다 깊은 흙을 동결하지 않는 흙으로 치환한다.
④ 모관수의 상승을 차단하기 위해 조립의 차단층을 지하수위보다 높은 위치에 설치한다.

| 해답 | ③
동결심도 내에 있는 흙을 동결하지 않는 흙으로 치환한다.

□□□ 기 04,10,11,17②,20④
08 사질토지반에 축조되는 강성기초의 접지압 분포에 대한 설명으로 옳은 것은?

① 기초 모서리 부분에서 최대응력이 발생한다.
② 기초에 작용하는 접지압 분포는 토질에 관계없이 일정하다.
③ 기초의 중앙 부분에서 최대응력이 발생한다.
④ 기초 밑면의 응력은 어느 부분이나 동일하다.

| 해답 | ③
강성기초
- 사질토지반 : 기초의 몸서리 부분에서 침하가 크게 발생하므로 기초의 중앙에서 최대응력이 발생한다.
- 점토질지반 : 중앙부분에서 침하가 크게 발생하므로 기초의 모서리 부분에서 최대응력이 발생한다.

□□□ 기 10,14①,17①,20④
09 말뚝기초의 지반서동에 대한 설명으로 틀린 것은?

① 연약지반상에 타입되어 지반이 먼저 변형하고 그 결과 말뚝이 저항하는 말뚝을 주동말뚝이라 한다.
② 말뚝에 작용한 하중은 말뚝주변의 마찰력과 말뚝선단의 지지력에 의하여 주변 지반에 전달된다.
③ 기성말뚝을 타입하면 전단파괴를 일으키며 말뚝 주위의 지반은 교란된다.
④ 말뚝 타입 후 지지력의 증가 또는 감소 현상을 시간효과(time effect)라 한다.

| 해답 | ①
- 연약지반상에 타입되어 지반이 먼저 변형하고 그 결과 말뚝이 저항하는 말뚝을 수동말뚝이라 한다.
- 말뚝이 지표면에서 수평력을 받는 경우 말뚝이 변형함에 따라 지반이 저항하는 말뚝을 주동말뚝이라 한다.

□□□ 기 84,97,98,09,11,15,18,19,20④,22①
10 유선망의 특징에 대한 설명으로 틀린 것은?

① 각 유로의 침투유량은 같다.
② 유선과 등수두선은 서로 직교한다.
③ 인접한 유선 사이의 수두감소량(head loss)은 동일하다.
④ 침투속도 및 동수경사는 유선망의 폭에 반비례한다.

| 해답 | ③
유선망의 특성
- 각 유량의 침투유량은 같다.
- 유선과 등수두선은 서로 직교한다.
- 인접한 등수두선 간의 수두차는 모두 같다.
- 인접한 2개의 등수두선 사이의 수두손실은 서로 동일하다.
- 유선망을 이루는 사각형은 이론상 정사각형이다.(폭과 길이는 같다.)
- 침투속도 및 동수경사는 유선망의 폭에 반비례한다.

□□□ 기 09,18①,20④
11 어떤 점토의 압밀계수는 $1.92 \times 10^{-7} \text{m}^2/\text{s}$, 압축계수는 $2.86 \times 10^{-1} \text{m}^2/\text{kN}$이었다. 이 점토의 투수계수는? (단, 이 점토의 초기간극비는 0.8이고, 물의 단위중량은 9.81kN/m^3이다.)

① $0.99 \times 10^{-5} \text{cm/s}$
② $1.99 \times 10^{-5} \text{cm/s}$
③ $2.99 \times 10^{-5} \text{cm/s}$
④ $3.99 \times 10^{-5} \text{cm/s}$

| 해답 | ③
투수계수 $k = C_v m_v \gamma_w$
- 체적 변화 계수
$$m_v = \frac{a_v}{1+e} = \frac{2.86 \times 10^{-1}}{1+0.8} = 1.589 \times 10^{-1} \text{m}^2/\text{kN}$$
$\therefore k = C_v m_v \gamma_w$
$= 1.589 \times 10^{-1} \times 1.92 \times 10^{-3} \times 9.81 \times 10^{-2}$
$= 2.99 \times 10^{-5} \text{cm/sec}$

☐☐☐ 기 03,20④,24③

12 습윤단위중량이 19kN/m³, 함수비 25%, 비중이 2.7인 경우 건조단위중량과 포화도는? (단, 물의 단위중량은 9.81kN/m³이다.)

① 17.3kN/m³, 97.8% ② 17.3kN/m³, 90.9%
③ 15.2kN/m³, 97.8% ④ 15.2kN/m³, 90.9%

| 해답 | ④

- 건조밀도 $\gamma_d = \dfrac{\gamma_t}{1+\dfrac{w}{100}} = \dfrac{19}{1+\dfrac{25}{100}} = 15.2 \text{kN/m}^3$
- 간극비 $e = \dfrac{\gamma_w}{\gamma_d} G_s - 1 = \dfrac{9.81}{15.2} \times 2.7 - 1 = 0.743$
  $\left(\because \gamma_d = \dfrac{G_s}{1+e}\gamma_w\right)$
- 포화도 $S = \dfrac{G_s \cdot w}{e} = \dfrac{2.7 \times 25}{0.743} = 90.9\%$
  $(\because S \cdot e = G_s \cdot w)$

☐☐☐ 기 14④,20④

13 두께 H인 점토층에 압밀하중을 가하여 요구되는, 압밀도에 달할 때까지 소요되는 기간이 단면배수일 경우 400일이었다면 양면배수일 때는 며칠이 걸리겠는가?

① 800일 ② 400일
③ 200일 ④ 100일

| 해답 | ④

$H^2 : 400 = \left(\dfrac{H}{2}\right)^2 : x$ $\therefore x = 100$일

☐☐☐ 기 97,01,02,03,05,06,20④

14 전체 시추코어 길이가 150cm이고 이 중 회수된 코어길이의 합이 80cm이었으며, 10cm 이상인 코어길이의 합이 70cm이었을 때 코어의 회수율(TCR)은?

① 56.67% ② 53.33%
③ 46.67% ④ 43.33%

| 해답 | ②

$\text{TCR} = \dfrac{\text{회수된 코어의 길이}}{\text{관입깊이}}$
$= \dfrac{80}{150} \times 100 = 53.33\%$

☐☐☐ 기 10①,14④,20④,24④

15 그림과 같이 $c=0$인 모래로 이루어진 무한사면이 안정을 유지(안전율 ≥ 1)하기 위한 경사각(β)의 크기로 옳은 것은? (단, 물의 단위중량은 9.81kN/m³이다.)

① $\beta \leq 7.94°$
② $\beta \leq 15.87°$
③ $\beta \leq 23.79°$
④ $\beta \leq 31.76°$

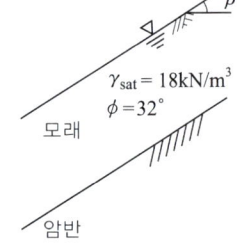

$\gamma_{sat} = 18\text{kN/m}^3$
$\phi = 32°$
모래
암반

| 해답 | ②

점착력 $c=0$이고 침투류가 지표면과 일치되어 있을 때
$F = \dfrac{\gamma_{sub}}{\gamma_{sat}} \cdot \dfrac{\tan\phi'}{\tan\beta} \geq 1$에서
$= \dfrac{18-9.81}{18} \cdot \dfrac{\tan 32°}{\tan\beta} \geq 1$
$\Rightarrow 0.2843 \geq \tan\beta$
$\beta = \tan^{-1}(0.2843) = 15.87°$
$\therefore \beta \leq 15.87°$

☐☐☐ 기 11②,17②,20④

16 두 개의 규소판 사이에 한 개의 알루미늄판이 결합된 3층 구조가 무수히 많이 연결되어 형성된 점토광물로서 각 3층 구조 사이에는 칼륨이온(K^+)으로 결합되어 있는 것은?

① 일라이트(illite)
② 카올리나이트(kaolinite)
③ 할로이사이트(halloysite)
④ 몬모릴로나이트(montmorillonite)

| 해답 | ①

- 일라이트 : 3층구조로 구조결합 사이에 칼륨이온(K^+)이 있어서 수축팽창은 거의 없지만 안정성은 중간 정도의 점토광물
- 몬모릴로나이트 : 3층 구조로 구조결합 사이에 치환성 양이온이 있어서 활성이 크고 시트 사이에 물이 들어가 팽창수축이 크고 공학적 안정성은 제일 약한 점토광물

□□□ 기 92,94,13②,18①,20④

17 Terzaghi의 극한지지력 공식에 대한 설명으로 틀린 것은?

① 기초의 형상에 따라 형상계수를 고려하고 있다.
② 지지력계수 N_c, N_q, N_r는 내부마찰각에 의해 결정된다.
③ 점성토에서의 극한지지력은 기초의 근입깊이가 깊어지면 증가된다.
④ 사질토에서의 극한지지력은 기초의 폭에 관계없이 기초 하부의 흙에 의해 결정된다.

| 해답 | ④
$q_u = \alpha c N_c + \beta \gamma_1 B N_r + \gamma_2 D_f N_q$: 극한지지력은 기초폭(B)와 근입깊이(D_f)에 따라 증가하고 흙의 상태에 따라 변화한다.

□□□ 기 15①,20④

18 사운딩에 대한 설명으로 틀린 것은?

① 로드 선단에 지중저항체를 설치하고 지반 내 관입, 압입, 또는 회전하거나 인발하여 그 저항치로부터 지반의 특성을 파악하는 지반조사방법이다.
② 정적사운딩과 동적사운딩이 있다.
③ 압입식 사운딩의 대표적인 방법은 Standard Penetration Test(SPT)이다.
④ 특수사운딩 중 측압사운딩의 공내 횡방향 재하시험은 보링공을 기계적으로 수평으로 확장시키면서 측압과 수평변위를 측정한다.

| 해답 | ③
압입식 사운딩의 대표적인 방법은 콘관입시험(CPT ; Cono Penetration Test)이다.

□□□ 기 89,93,96,99,02,03,04,07,20④

19 현장 흙의 밀도시험 중 모래치환법에서 모래는 무엇을 구하기 위하여 사용하는가?

① 시험구멍에서 파낸 흙의 중량
② 시험구멍의 체적
③ 지반의 지지력
④ 흙의 함수비

| 해답 | ②
들밀도 시험
No.10체를 통과하고 No.200체에 남는 모래를 물로 씻어 건조시킨 후 사용하여 시험구멍의 부피를 구하는 방법이다.

□□□ 기 91,14④,16①,20④

20 아래의 공식은 흙 시료에 삼축압력이 작용할 때 흙 시료 내부에 발생하는 간극수압을 구하는 공식이다. 이 식에 대한 설명으로 틀린 것은?

$$\Delta u = B[\Delta \sigma_3 + A(\Delta \sigma_1 - \Delta \sigma_3)]$$

① 포화된 흙의 경우 $B=1$이다.
② 간극수압계수 A값은 언제나 (+)의 값을 갖는다.
③ 간극수압계수 A값은 삼축압축시험에서 구할 수 있다.
④ 포화된 점토에서 구속응력을 일정하게 두고 간극수압을 측정했다면, 축차응력과 간극수압으로부터 A값을 계산할 수 있다.

| 해답 | ②
• 정규압밀점토 : $A = 0.7 \sim 1.3$
• 심히 과압밀점토 : $A = -0.5 \sim 0.0$

제1회   2021년 3월 7일

☐☐☐ 기 95,07,15,18①,21①

01 포화단위중량(γ_{sat})이 19.62kN/m³인 사질토로 된 무한사면이 20°로 경사져 있다. 지하수위가 지표면과 일치하는 경우 이 사면의 안전율이 1 이상이 되기 위해서는 흙의 내부마찰각이 최소 몇 도 이상이어야 하는가? (단, 물의 단위중량은 9.81kN/m³이다.)

① 18.21° ② 20.52°
③ 36.06° ④ 45.47°

| 해답 | ③

반무한 사면에서 침투류가 지표면과 일치하는 경우
(비점성토 $c=0$)
$$F_s = \frac{\gamma_{sub}}{\gamma_{sat}} \cdot \frac{\tan\phi}{\tan i} \geq 1$$
(∵ 사면이 안정하기 위해서는 $F_s \geq 1$ 이상)
$$1 = \frac{(19.62-9.81)}{19.62}\frac{\tan\phi}{\tan 20°} = \frac{1}{2}\frac{\tan\phi}{\tan 20°}$$
∴ $\phi = \tan^{-1}(2\tan 20°) = 36.06°$ 이상

☐☐☐ 기 88,94,95,01,06,13④,20③,21①

02 흙 시료의 전단시험 중 일어나는 다일러턴시(Dilatancy) 현상에 대한 설명으로 틀린 것은?

① 흙이 전단될 때 전단면 부근의 흙입자가 재배열되면서 부피가 팽창하거나 수축하는 현상을 다일러턴시라 부른다.
② 사질토 시료는 전단 중 다일러턴시가 일어나지 않는 한계의 간극비가 존재한다.
③ 정규압밀 점토의 경우 정(+)의 다일러턴시가 일어난다.
④ 느슨한 모래는 보통 부(−)의 다일러턴시가 일어난다.

| 해답 | ③

• Dilatancy : 조밀한 모래에서 전단이 진행됨에 따라 부피가 증가되는 현상

구분	Dilatancy
느슨한 모래	−
조밀한 모래	+
정규압밀 점토	−
과압밀 점토	+

• 정규압밀 점토에서는 (−)의 다일러턴시가 일어난다.

☐☐☐ 기 82,84,17②,21①

03 연약지반 위에 성토를 실시한 다음, 말뚝을 시공하였다. 시공 후 발생될 수 있는 현상에 대한 설명으로 옳은 것은?

① 성토를 실시하였으므로 말뚝의 지지력은 점차 증가한다.
② 말뚝을 암반층 상단에 위치하도록 시공하였다면 말뚝의 지지력에는 변함이 없다.
③ 압밀이 진행됨에 따라 지반의 전단강도가 증가되므로 말뚝의 지지력은 점차 증가된다.
④ 압밀로 인해 부주면마찰력이 발생되므로 말뚝의 지지력은 감소된다.

| 해답 | ④

• 성토로 인하여 시간이 지남에 따라 말뚝의 지지력은 크게 감소한다.
• 연약지반을 관통하여 암반까지 말뚝을 박은 경우 부마찰력이 발생하여 지지력은 감소한다.
• 압밀이 진행되므로 연약지반이 팽창하여 말뚝의 지지력은 크게 감소한다.
• 압밀로 인하여 부마찰력이 발생하여 말뚝의 지지력은 크게 감소한다.

☐☐☐ 기 10,12,21①

04 흙의 분류법인 AASHTO 분류법과 통일분류법을 비교·분석한 내용으로 틀린 것은?

① 통일분류법은 0.075mm체 통과율 35%를 기준으로 조립토와 세립토로 분류하는데 이것은 AASHTO 분류법보다 적합하다.
② 통일분류법은 입도분포, 액성한계, 소성지수 등을 주요 분류인자로 한 분류법이다.
③ AASHTO 분류법은 입도분포, 군지수 등을 주요 분류인자로 한 분류법이다.
④ 통일분류법은 유기질토 분류방법이 있으나 AASHTO 분류법은 없다.

| 해답 | ①

• 통일분류법
0.075mm 통과율이 50% 미만이면 조립토, 그 이상이면 세립토이다.
• AASHTO 분류법
0.075mm 통과율이 35% 이하이면 조립토, 그 이상이면 세립토이다.

□□□ 기 02,04,08,21①

05 흙의 내부마찰각이 20°, 점착력이 50kN/m², 습윤단위중량이 17kN/m³, 지하수위 아래 흙의 포화단위중량이 19kN/m³일 때 3m×3m 크기의 정사각형 기초의 극한지지력을 Terzaghi의 공식으로 구하면?
(단, 지하수위는 기초바닥 깊이와 같으며 물의 단위중량은 9.81kN/m³이고, 지지력계수 $N_c=18$, $N_r=5$, $N_q=7.5$이다.)

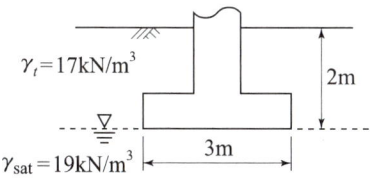

① 1231.24kN/m²
② 1337.31kN/m²
③ 1480.14kN/m²
④ 1540.42kN/m²

| 해답 | ③

■ $q_u = \alpha c N_c + \beta \gamma_1 B N_r + \gamma_2 D_f N_q$

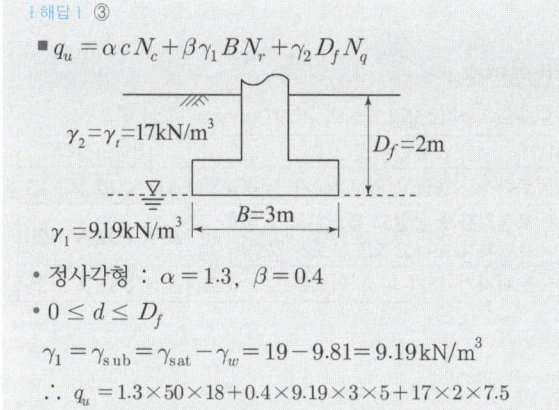

- 정사각형 : $\alpha=1.3$, $\beta=0.4$
- $0 \leq d \leq D_f$
- $\gamma_1 = \gamma_{sub} = \gamma_{sat} - \gamma_w = 19 - 9.81 = 9.19$ kN/m³
∴ $q_u = 1.3 \times 50 \times 18 + 0.4 \times 9.19 \times 3 \times 5 + 17 \times 2 \times 7.5$
$= 1480.14$ kN/m²

□□□ 기 02,21①

06 다짐에 대한 설명으로 틀린 것은?

① 다짐에너지는 래머(rammer)의 중량에 비례한다.
② 입도배합이 양호한 흙에서는 최대건조 단위중량이 높다.
③ 동일한 흙일지라도 다짐기계에 따라 다짐효과는 다르다.
④ 세립토가 많을수록 최적함수비가 감소한다.

| 해답 | ④
- 세립토(점성토)가 많을수록 최대건조밀도는 감소하고 최적함수비(OMC)는 증가한다.
- 조립토(모래질)가 많을수록 최대건조밀도는 증가하고 최적함수비(OMC)는 감소한다.

□□□ 기 94,99,06,21①

07 그림과 같은 지반내의 유선망이 주어졌을 때 폭 10m에 대한 침투유량은? (단, 투수계수(K)는 2.2×10⁻² cm/s이다.)

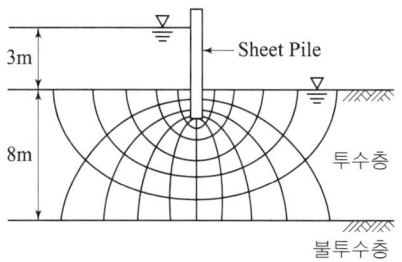

① 3.96cm³/s
② 39.6cm³/s
③ 396cm³/s
④ 3960cm³/s

| 해답 | ④

$Q = KH\dfrac{N_f}{N_d}L$

- 유로(流路)수 $N_f = 6$개
- 등수두선의 간격수 $N_d = 10$개
- 폭 10m = 1000cm

$Q = 2.2 \times 10^{-2} \times 300 \times \dfrac{6}{10} \times 1000 = 3960$ cm³/sec

---

□□□ 기 96,10①,13①,17②,21①

08 아래와 같은 상황에서 강도정수 결정에 적합한 삼축압축시험의 종류는?

> 최근에 매립된 포화 점성토지반 위에 구조물을 시공한 직후의 초기 안정 검토에 필요한 지반 강도정수 결정

① 비압밀 비배수(UU) 시험
② 비압밀 배수(UD) 시험
③ 압밀 비배수(CU) 시험
④ 압밀 배수(CD) 시험

| 해답 | ①

비압밀 비배수 시험(UU-test)
- 점토지반에 제방을 쌓거나 기초를 설치할 때에 초기의 안정해석이나 지지력 계산에 적합한 시험
- 최근에 매립된 지반 위에 구조물을 시공한 직후의 초기 안정검토에 필요한 지반 강도정수 결정에 필요한 시험 방법

□□□ 기 90,05,21①

09 상·하층이 모래로 되어 있는 두께 2m의 점토층이 어떤 하중을 받고 있다. 이 점토층의 투수계수가 $5×10^{-7}$ cm/s, 체적변화계수(m_v)가 $5.0cm^2/kN$일 때 90% 압밀에 요구되는 시간은? (단, 물의 단위중량은 $9.81kN/m^3$이다.)

① 약 5.6일 ② 약 9.8일
③ 약 15.2일 ④ 약 47.2일

| 해답 | ②

$$t_{90} = \frac{T_{90}H^2}{C_v} = \frac{0.848H^2}{C_v}$$

• $C_v = \frac{k}{m_v \gamma_w} = \frac{5×10^{-7}}{5.0×\left(\frac{1}{1000}\right)×9.81×\left(\frac{1000}{100^3}\right)}$

$= \frac{5×10^{-7}×100^3}{5.0×9.81} = 0.010 cm^2/sec$

∴ $t_{90} = \frac{0.848×\left(\frac{200}{2}\right)^2}{0.010} × \frac{1}{60×60×24} = 9.81$ 일

□□□ 기 00,14,17①,19③,21①

10 베인전단시험(vane shear test)에 대한 설명으로 틀린 것은?

① 베인전단시험으로부터 흙의 내부마찰각을 측정할 수 있다.
② 현장 원위치 시험의 일종으로 점토의 비배수 전단강도를 구할 수 있다.
③ 연약하거나 중간 정도의 점성토지반에 적용된다.
④ 십자형의 베인(vane)을 땅속에 압입한 후, 회전모멘트를 가해서 흙이 원통형으로 전단파괴될 때 저항모멘트를 구함으로써 비배수 전단강도를 측정하게 된다.

| 해답 | ①
베인전단시험(vane shear test)
• 연약점토지반의 비배수 강도를 측정하는 데 이용
• 비배수 조건하에서의 사면안정해석이나 구조물의 기초에서 지지력 산정에 이용
• Vane 시험 시 회전모멘트를 측정하여 흙의 점착력을 측정할 수 있다.

□□□ 기 99,21①

11 어떤 지반에 대한 흙의 입도분석결과 곡률계수(C_g)는 1.5, 균등계수(C_u)는 15이고 입자는 모난 형상이었다. 이때 Dunham의 공식에 의한 흙의 내부마찰각(ϕ)의 추정치는? (단, 표준관입시험 결과 N치는 10이었다.)

① 25° ② 30°
③ 36° ④ 40°

| 해답 | ③

• 흙의 입도분석결과
  $C_g = 1.5 (C_g = 1 \sim 3)$, $C_u = 15 > 10$
  ∴ 입도분포가 양호
• 토립자가 모나고 입도가 양호
  $\phi = \sqrt{12N} + 25$
  $= \sqrt{12×10} + 25 = 35°\ 57' ≒ 36°$

Remember

모래의 내부마찰각과 N의 관계(Dunham 공식)

토립자의 조건	내부마찰각
• 토립자가 둥글고 입도분포가 불량(균일)	$\phi = \sqrt{12N} + 15$
• 토질입자가 둥글고 입도분포가 양호 • 토립자가 모나고 입도분포가 불량(균일)	$\phi = \sqrt{12N} + 20$
• 토립자가 모가 나고 입도분포가 양호	$\phi = \sqrt{12N} + 25$

□□□ 기 80,81,86,91,92,94,04,06,07,17,19,21①

12 연약지반 개량공법 중 점성토지반에 이용되는 공법은?

① 전기충격 공법
② 폭파다짐 공법
③ 생석회말뚝 공법
④ 바이브로플로테이션 공법

| 해답 | ③

연약지반 공법

점성토 지반 개량	사질토 지반 개량
• sand drain 공법	• vibroflotation 공법
• paper drain 공법	• 폭파다짐 공법
• preloading 공법	• 전기충격 공법
• 침투압공법	• compozer 공법
• 전기 침투공법	• 다짐 말뚝공법
• 생석회 말뚝공법	• 약액주입 공법

□□□ 기 96,00,01,08,11,21①

13 그림에서 $a-a'$면 바로 아래의 유효응력은? (단, 흙의 간극비(e)는 0.4, 비중(G_s)은 2.65, 물의 단위중량은 9.81kN/m³이다.)

① 68.2kN/m²
② 82.1kN/m²
③ 97.4kN/m²
④ 102.1kN/m²

| 해답 | ②

유효응력 $\bar{\sigma} = \sigma - u$

- $\gamma_d = \dfrac{G_s}{1+e}\gamma_w = \dfrac{2.65}{1+0.4} \times 9.81 = 18.57\,\text{kN/m}^3$
- $\sigma = \gamma_d h = 18.57 \times 4 = 74.28\,\text{kN/m}^2$
- $u = -\gamma_w h_c S = -9.81 \times 2 \times \dfrac{40}{100} = -7.85\,\text{kN/m}^2$

$\left(\because \text{부분적으로 포화된 흙의 모관포텐셜} \right.$
$\left. u = -\gamma_w \cdot h_c \cdot \dfrac{S}{100} \right)$

$\therefore \bar{\sigma} = \sigma - u = 74.28 - (-7.85) = 82.13\,\text{kN/m}^2$

□□□ 기 07,21①

14 압밀시험에서 얻은 $e - \log P$ 곡선으로 구할 수 있는 것이 아닌 것은?

① 선행압밀압력
② 팽창지수
③ 압축지수
④ 압밀계수

| 해답 | ④

압밀시험 성과표

시간-압축량(침하) 곡선	$e - \log P$ 곡선
• 초기압축비	• 압축지수(C_c)
• 압밀계수(C_v)	• 압축계수(a_v)
• 1차 압밀비(γ_p)	• 선행압밀하중(P_c)
• 체적변화계수(m_v)	• 팽창지수(C_s)
• 투수계수(k)	

• 압밀계수 C_v : 시간-침하 곡선인 $\sqrt{t}$ 방법, $\log t$법에서 구한다.

□□□ 기 96,00,07,13②,21①

15 그림에서 지표면으로부터 깊이 6m에서의 연직응력(σ_v)과 수평응력(σ_h)의 크기를 구하면? (단, 토압계수는 0.6이다.)

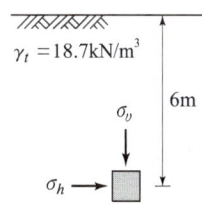

① $\sigma_v = 87.3\,\text{kN/m}^2,\ \sigma_h = 52.4\,\text{kN/m}^2$
② $\sigma_v = 95.2\,\text{kN/m}^2,\ \sigma_h = 57.1\,\text{kN/m}^2$
③ $\sigma_v = 112.2\,\text{kN/m}^2,\ \sigma_h = 67.3\,\text{kN/m}^2$
④ $\sigma_v = 123.4\,\text{kN/m}^2,\ \sigma_h = 74.0\,\text{kN/m}^2$

| 해답 | ③

- 연직응력 $\sigma_v = \gamma_t \cdot h = 18.7 \times 6 = 112.2\,\text{kN/m}^2$
- 수평응력 $\sigma_h = K_0 \cdot \sigma_v = 0.6 \times 112.2 = 67.3\,\text{kN/m}^2$

□□□ 기 05,21①

16 어떤 모래층의 간극비(e)는 0.2, 비중(G_s)은 2.60이었다. 이 모래가 분사현상(Quick Sand)이 일어나는 한계동수경사(i_c)는?

① 0.56
② 0.95
③ 1.33
④ 1.80

| 해답 | ③

한계동수경사
$i_c = \dfrac{G_s - 1}{1+e} = \dfrac{2.60-1}{1+0.2} = 1.33$

□□□ 기 86,01,08,13②,19④,21①

17 20개의 무리말뚝에 있어서 효율이 0.75이고, 단항으로 계산된 말뚝 한 개의 허용지지력이 150kN일 때 무리말뚝의 허용지지력은?

① 1125kN
② 2250kN
③ 3000kN
④ 4000kN

| 해답 | ②

$R_{ag} = ENR_a = 0.75 \times 20 \times 150 = 2250\,\text{kN}$

□□□ 기 97,98,03②,10①,20④,21①

18 도로의 평판재하 시험에서 시험을 멈추는 조건으로 틀린 것은?

① 완전히 침하가 멈출 때
② 침하량이 15mm에 달할 때
③ 재하응력이 지반의 항복점을 넘을 때
④ 재하응력이 현장에서 예상할 수 있는 가장 큰 접지 압력의 크기를 넘을 때

| 해답 | ①

평판재하시험의 끝나는 조건
• 침하량이 15mm에 달할 때
• 하중강도가 예상되는 최대접지압력을 초과할 때
• 하중강도가 그 지반의 항복점을 넘을 때

□□□ 기 95,04,21①,22①

19 주동토압을 P_A, 수동토압을 P_P, 정지토압을 P_O라 할 때 토압의 크기를 비교한 것으로 옳은 것은?

① $P_A > P_P > P_O$ ② $P_P > P_O > P_A$
③ $P_P > P_A > P_O$ ④ $P_O > P_A > P_P$

| 해답 | ②

수동토압(P_p) > 정지토압(P_o) > 주동토압(P_A)

□□□ 기 00,05,08,10,13,17④,20②,21①

20 시료채취 시 샘플러(sampler)의 바깥지름이 6cm, 안지름이 5.5cm일 때, 면적비는?

① 8.3%   ② 9.0%
③ 16%   ④ 19%

| 해답 | ④

면적비
$$A_a = \frac{D_w^2 - D_e^2}{D_e^2} \times 100 = \frac{6^2 - 5.5^2}{5.5^2} \times 100 = 19\%$$

제2회 2021년 5월 15일

□□□ 기 95,13①,18③,19③,21②

01 흙의 포화단위중량이 20kN/m³인 포화점토층을 45° 경사로 8m를 굴착하였다. 흙의 강도정수 $c_u = 65\text{kN/m}^2$, $\phi = 0°$ 이다. 그림과 같은 파괴면에 대하여 사면의 안전율은? (단, ABCD의 면적은 70m²이고 O점에 ABCD의 무게중심까지의 수직거리는 4.5m이다.)

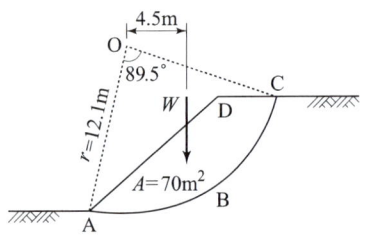

① 4.72   ② 4.21
③ 2.67   ④ 2.36

| 해답 | ④

$\phi_u = 0$일 때의 사면의 안전율
$$F_s = \frac{L_a \cdot c_u \cdot r}{W \cdot x}$$

• 호의 길이 $ABC = L_a$
$L_a : 89.5° = 2\pi \cdot r : 360°$
$$L_a = \frac{89.5° \times 2\pi \times 12.1}{360°} = 18.89\text{m}$$

• ABCD단면의 총중량
$W = 70 \times 20 = 1400\text{kN/m}$

$\therefore F_s = \frac{18.89 \times 65 \times 12.1}{1400 \times 4.5} = 2.36$

□□□ 기 04,06,10,20④,21②

02 다음 중 동상에 대한 대책으로 틀린 것은?

① 모관수의 상승을 차단한다.
② 지표부근에 단열재료를 매립한다.
③ 배수구를 설치하여 지하수위를 낮춘다.
④ 동결심도 상부의 흙을 실트질 흙으로 치환한다.

| 해답 | ④

동결심도 상부의 흙을 비동결성 흙(자갈, 쇄석)으로 치환한다.

□□□ 기 94,21②

03 그림과 같은 지반에 재하순간 수주(水柱)가 지표면으로부터 5m이었다. 20% 압밀이 일어난 후 지표면으로부터 수주의 높이는? (단, 물의 단위중량은 $9.81kN/m^3$이다.)

① 1m
② 2m
③ 3m
④ 4m

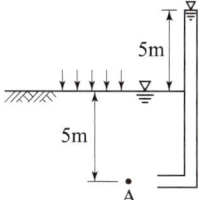

【해답】 ④

- 현재의 과잉간극수압 $u_e = \gamma_w h$에서
  $$h = \frac{u_e}{\gamma_w}$$
- 압밀도 $U = 1 - \dfrac{u_e}{u_i}$
- 초기과잉간극수압
  $u_i = \gamma_w h = 9.81 \times 5 = 49.05 kN/m^2$
- $u_e = u_i(1-U) = 49.05(1-0.20) = 39.24 kN/m^2$

$\therefore h = \dfrac{39.24}{9.81} = 4m$

□□□ 기 94,03,08,10,11,18③,21②,22①②

04 그림과 같은 지반에 대해 수직방향 등가투수계수를 구하면?

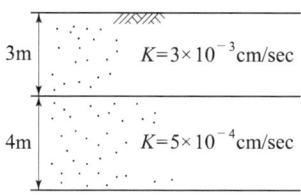

① 3.89×10^{-4}cm/s
② 7.78×10^{-4}cm/s
③ 1.57×10^{-3}cm/s
④ 3.14×10^{-3}cm/s

【해답】 ②

수직방향의 평균투수계수 K_v

$$K_v = \frac{H_1 + H_2}{\dfrac{H_1}{K_1} + \dfrac{H_2}{K_2}}$$

$$= \frac{300 + 400}{\dfrac{300}{3.0 \times 10^{-3}} + \dfrac{400}{5.0 \times 10^{-4}}}$$

$$= 7.78 \times 10^{-4} cm/sec$$

□□□ 기 95,98,02,16①,21②

05 점토층 지반위에 성토를 급속히 하려 한다. 성토 직후에 있어서 이 점토의 안정성을 검토하는 데 필요한 강도정수를 구하는 합리적인 시험은?

① 비압밀 비배수 시험(UU-test)
② 압밀 비배수 시험(CU-test)
③ 압밀 배수 시험(CD-test)
④ 투수시험

【해답】 ①

- 비압밀 비배수 시험(UU-test) : 점토지반의 단기간 안정검토
- 압밀 배수 시험(CD-test) : 점토지반의 장기간 안정검토

배수방법	적요
비압밀 비배수 시험 UU-test	• 포화점토가 성토 직후 급속한 파괴가 예상될 때 • 점토의 단기간 안정검토 시
압밀 비배수 시험 CU-test	• Pre-loading후(압밀진행 후) 갑자기 파괴 예상될 때 • 제방, 흙댐에서 수위가 급강하할 때 안정검토 시
압밀 배수 시험 CD-test	• 점토지반의 장기간 안정검토 시 • 압밀이 서서히 진행되고 파괴도 완만하게 진행될 때

□□□ 기 08②,18③,21②,22①②,24②

06 토립자가 둥글고 입도분포가 양호한 모래지반에서 N치를 측정한 결과 $N=19$가 되었을 경우, Dunham의 공식에 의한 이 모래의 내부마찰각(ϕ)은?

① 20°
② 25°
③ 30°
④ 35°

【해답】 ④

Dunham 공식

토립자의 조건	내부 마찰각
• 토립자가 둥글고 입도분포가 불량(균일)	$\phi = \sqrt{12N} + 15$
• 토질입자가 둥글고 입도분포가 양호 • 토립자가 모나고 입도분포가 불량(균일)	$\phi = \sqrt{12N} + 20$
• 토립자가 모가 나고 입도분포가 양호	$\phi = \sqrt{12N} + 25$

$\therefore$ 흙입자가 둥글고 입도분포가 양호

$\phi = \sqrt{12N} + 20 = \sqrt{12 \times 19} + 20 = 35°$

☐☐☐ 기 12,21②

07 현장에서 채취한 흙 시료에 대하여 아래 조건과 같이 압밀시험을 실시하였다. 이 시료에 320kPa의 압밀압력을 가했을 때, 0.2cm의 최종 압밀침하가 발생되었다면 압밀이 완료된 후 시료의 간극비는?
(단, 물의 단위중량은 9.81kN/m³이다.)

- 시료의 단면적(A) : 30cm²
- 시료의 초기 높이(H) : 2.6cm
- 시료의 비중(G_S) : 2.5
- 시료의 건조중량(W_S) : 1.18N

① 0.125
② 0.385
③ 0.500
④ 0.625

|해답| ③

- 공시체의 실질 높이
$$H_s = \frac{W_s}{G_s \gamma_w A}$$
$$= \frac{1.18 \times 10^{-3}}{2.5 \times 9.81 \times 30 \times 10^{-4}} = 0.016m = 1.6cm$$

- 압밀이 완료된 후 시료의 높이
$H_v = H - H_s = 2.6 - 1.6 = 1.0cm$

- 최종 간극비
$$e = \frac{H}{H_s} - 1 = \frac{2.6}{1.6} - 1 = 0.625$$

- 압밀침하량 $\Delta H = \frac{e_o - e_n}{1 + e_o} H$
$$0.2 = \frac{0.625 - e_o}{1 + 0.625} \times 2.6$$

[참고] SOLVE 사용
∴ 완료 후 간극비 $e_n = 0.500$

☐☐☐ 기 01,03,09,16,21②

08 흙의 다짐곡선은 흙의 종류나 입도 및 다짐에너지 등의 영향으로 변한다. 흙의 다짐 특성에 대한 설명으로 틀린 것은?

① 세립토가 많을수록 최적함수비는 증가한다.
② 점토질 흙은 최대건조단위중량이 작고 사질토는 크다.
③ 일반적으로 최대건조단위중량이 큰 흙일수록 최적함수비도 커진다.
④ 점성토는 건조측에서 물을 많이 흡수하므로 팽창이 크고 습윤측에서는 팽창이 작다.

|해답| ③

- 세립토(점성토)가 많을수록 최대 건조단위중량은 감소하고 최적 함수비(OMC)는 증가한다.
- 조립토(모래질)가 많을수록 최대건조단위중량은 증가하고 최적 함수비(OMC)는 감소한다.

☐☐☐ 기 08,15,17①,21②

09 연속기초에 대한 Terzaghi의 극한지지력 공식은 $q_u = cN_c + 0.5\gamma_1 BN_\gamma + \gamma_2 D_f N_q$로 나타낼 수 있다. 아래 그림과 같은 경우 극한지지력 공식의 두 번째 항의 단위중량(γ_1)의 값은? (단, 물의 단위중량은 9.81kN/m³이다.)

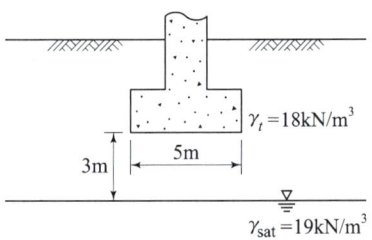

① 14.48kN/m³
② 16.00kN/m³
③ 17.45kN/m³
④ 18.20kN/m³

|해답| ①

$d < B$: 3m < 5m일 때
$$\gamma_1 = \gamma_{sub} + \frac{d}{B}(\gamma_t - \gamma_{sub})$$

- $\gamma_{sub} = \gamma_{sat} - \gamma_w = 19 - 9.81 = 9.19kN/m^3$

∴ $\gamma_1 = 9.19 + \frac{3}{5}(18 - 9.19) = 14.48kN/m^3$

☐☐☐ 기 14②,21②

10 통일분류법에 의한 분류기호와 흙의 성질을 표현한 것으로 틀린 것은?

① SM : 실트 섞인 모래
② GC : 점토 섞인 자갈
③ CL : 소성이 큰 무기질 점토
④ GP : 입도분포가 불량한 자갈

|해답| ③

- CL : 압축성이 낮은 점토
- C : 점토
- L : 액성한계가 50% 이하인 흙으로 압축성 낮음

□□□ 기 03,17①,21②
11 아래와 같은 조건에서 AASHTO 분류법에 따른 군지수(GI)는?

- 흙의 액성한계 : 45%
- 흙의 소성한계 : 25%
- 200번체 통과율 : 50%

① 7
② 10
③ 13
④ 16

| 해답 | ①

군지수 $GI = 0.2a + 0.005ac + 0.01bd$
- $a = $ No.200체 통과량 $- 35 = 50 - 35 = 15\%$
  (0~40의 정수)
- $b = $ No.200체 통과량 $- 15 = 50 - 15 = 35\%$
  (0~40의 정수)
- $c = $ 액성한계 $- 40 = 45 - 40 = 5$
- $d = $ 소성지수 $- 10 = (45 - 25) - 10 = 10$
- $\therefore GI = 0.2 \times 15 + 0.005 \times 15 \times 5 + 0.01 \times 35 \times 10$
  $= 6.88 ≒ 7$

참고 GI값은 가장 가까운 정수로 반올림한다.

□□□ 기 88,99,13②,21②
12 토질시험 결과 내부마찰각이 30°, 점착력이 50kN/m², 간극수압이 800kN/m², 파괴면에 작용하는 수직응력이 3000kN/m²일 때 이 흙의 전단응력은?

① 1270kN/m²
② 1320kN/m²
③ 1580kN/m²
④ 1950kN/m²

| 해답 | ②

전단응력
$\tau = c + (\sigma - u)\tan\phi$
$= 50 + (3000 - 800)\tan 30°$
$= 1320 \text{kN/m}^2$

□□□ 기 93,98,16①,19①,21②,22①
13 일반적인 기초의 필요조건으로 틀린 것은?

① 침하를 허용해서는 안 된다.
② 지지력에 대해 안정해야 한다.
③ 사용성, 경제성이 좋아야 한다.
④ 동해를 받지 않는 최소한의 근입깊이를 가져야 한다.

| 해답 | ①

기초의 구비조건
- 최소 기초 깊이를 유지할 것
- 상부하중을 안전하게 지지할 것
- 침하가 허용치를 넘지 않을 것
- 기초의 시공이 가능할 것

□□□ 기 80,81,94,03,21②,22②
14 다음 중 연약점토지반 개량공법이 아닌 것은?

① 프리로딩(Pre-loading) 공법
② 샌드 드레인(Sand drain) 공법
③ 페이퍼 드레인(Paper drain) 공법
④ 바이브로플로테이션(Vibro flotation) 공법

| 해답 | ④

연약지반 공법

점토질지반 개량	사질토지반 개량
Sand drain 공법	Vibroflotation 공법
Paper drain 공법	폭파다짐 공법
Preloading 공법	전기충격 공법
침투압공법	Compozer 공법
전기침투공법	다짐말뚝공법
생석회 말뚝공법	약액주입공법

- 바이브로플로테이션 공법 : 사질토 지반의 개량 공법

□□□ 기 99,07,09,13,15,16,21②
15 다음 중 사운딩 시험이 아닌 것은?

① 표준관입시험
② 평판재하시험
③ 콘 관입시험
④ 베인시험

| 해답 | ②

■ sounding의 분류

정적인 sounding	동적인 sounding
휴대용 원추관입시험	동적 원추관입시험
화란식 원추관입시험	표준관입시험(S.P.T)
스웨덴식 관입 시험	
이스키미터	
베인(Vane) 시험	

■ 평판재하시험(PBT) : 현장에서 지반의 지지력을 측정하기 위해 실시하는 실험으로 주로 강성 포장의 포장 설계를 위하여 지지력 계수 K를 결정한다.

□□□ 기 04,07,10,16,21②

16 내부마찰각이 30°, 단위중량이 18kN/m³인 흙의 인장 균열 깊이가 3m일 때 점착력은?

① 15.6kN/m² ② 16.7kN/m²
③ 17.5kN/m² ④ 18.1kN/m²

| 해답 | ①

$$Z_c = \frac{2c}{\gamma_t}\tan\left(45° + \frac{\phi}{2}\right)$$ 에서

참고 SOLVE 사용

$$3 = \frac{2c}{18}\tan\left(45° + \frac{30°}{2}\right)$$

∴ 점착력 $c = 15.6\,\text{kN/m}^2$

□□□ 기 02,04,06,08,10,17④,21②

17 흙 속에 있는 한 점의 최대 및 최소 주응력이 각각 200kN/m² 및 100kN/m²일 때 최대주응력면과 30°를 이루는 평면상의 전단응력을 구한 값은?

① 10.5kN/m² ② 21.5kN/m²
③ 32.3kN/m² ④ 43.3kN/m²

| 해답 | ④

$$\tau = \frac{\sigma_1 - \sigma_3}{2}\sin 2\theta$$
$$= \frac{200 - 100}{2}\sin(2 \times 30°) = 43.3\,\text{kN/m}^2$$

□□□ 기 80,88,95,13,21②

18 단면적이 100cm², 길이가 30cm인 모래 시료에 대하여 정수두 투수시험을 실시하였다. 이때 수두차가 50cm, 5분 동안 집수된 물이 350cm³이었다면 이 시료의 투수계수는?

① 0.001cm/s ② 0.007cm/s
③ 0.01cm/s ④ 0.07cm/s

| 해답 | ②

정수위 투수시험

$$Q = kiA = k\frac{h}{L}A$$ 에서

$$\therefore k = \frac{Q \cdot L}{\Delta h \cdot A \cdot t} = \frac{350 \times 30}{50 \times 100 \times 5 \times 60} = 0.007\,\text{cm/sec}$$

□□□ 기 04,10,11,17,18②,21②

19 점토지반에 있어서 강성기초의 접지압 분포에 대한 설명으로 옳은 것은?

① 접지압은 어느 부분이나 동일하다.
② 접지압은 토질에 관계없이 일정하다.
③ 기초의 모서리 부분에서 접지압이 최대가 된다.
④ 기초의 중앙 부분에서 접지압이 최대가 된다.

| 해답 | ③

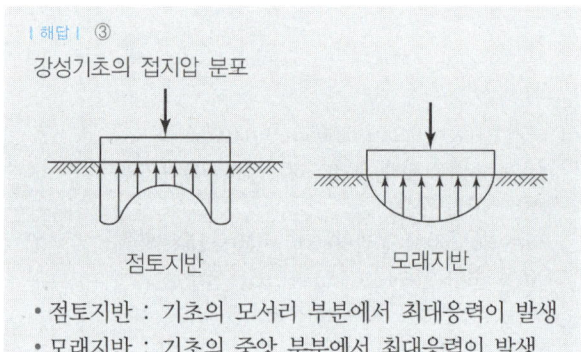

강성기초의 접지압 분포
점토지반 / 모래지반

- 점토지반 : 기초의 모서리 부분에서 최대응력이 발생
- 모래지반 : 기초의 중앙 부분에서 최대응력이 발생

□□□ 기 21②

20 노상토 지지력비(CBR)시험에서 피스톤 2.5mm 관입될 때와 5.0mm 관입될 때를 비교한 결과, 관입량 5.0mm에서 CBR이 더 큰 경우 CBR 값을 결정하는 방법으로 옳은 것은?

① 그대로 관입량 5.0mm일 때의 CBR값으로 한다.
② 2.5mm 값과 5.0mm 값의 평균을 CBR값으로 한다.
③ 5.0mm 값을 무시하고 2.5mm 값을 표준으로 하여 CBR값으로 한다.
④ 새로운 공시체로 재시험을 하며, 재시험 결과도 5.0mm 값이 크게 나오면 관입량 5.0mm일 때의 CBR 값으로 한다.

| 해답 | ④

$CBR_{5.0} > CBR_{2.5}$의 경우 재시험한 결과도 $CBR_{5.0}$가 $CBR_{2.5}$보다 크게 나오면 $CBR_{5.0}$값을 CBR값으로 한다.

제3회 2021년 8월 14일

□□□ 기 81,89,90,02,21③

01 그림과 같은 지반에서 x - x′ 단면에 작용하는 유효응력은? (단, 물의 단위중량은 9.81kN/m³이다.)

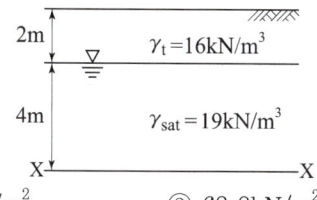

① 46.7kN/m² ② 68.8kN/m²
③ 90.5kN/m² ④ 108kN/m²

| 해답 | ②

[방법1]
- 전응력 $\sigma = \gamma_1 h_1 + \gamma_{sat} h_2$
  $= 16 \times 2 + 19 \times 4 = 108 \text{kN/m}^2$
- 간극수압 $u = \gamma_w h_w = 9.81 \times 4 = 39.24 \text{kN/m}^2$
- 유효응력 $\sigma' = \sigma - u$
  $= 108 - 39.24 = 68.8 \text{kN/m}^2$

[방법2] $\sigma' = \gamma_1 h_1 + \gamma_{sub} h_w$
  $= 16 \times 2 + (19 - 9.81) \times 4 = 68.8 \text{kN/m}^2$

□□□ 기 09,15④,16④,21③

02 두께 2cm인 점토시료의 압밀시험 결과 전 압밀량의 90%에 도달하는 데 1시간이 걸렸다. 만일 같은 조건에서 같은 점토로 이루어진 2m의 토층 위에 구조물을 축조한 경우 최종침하량의 90%에 도달하는데 걸리는 시간은?

① 약 250일 ② 약 368일
③ 약 417일 ④ 약 525일

| 해답 | ③

- $t_{90} = \dfrac{T_v H^2}{C_v}$ 에서

  압밀소요시간(t)은 배수길이 H^2에 비례한다.
- $\dfrac{t_1}{t_2} = \dfrac{H_1^2}{H_2^2}$ 에서 $\dfrac{t_2}{t_1} = \dfrac{H_2^2}{H_1^2}$

  $\therefore t_2 = \left(\dfrac{H_2}{H_1}\right)^2 \times t_1 = \left(\dfrac{200}{2}\right)^2 \times \dfrac{1}{24} = 417$ 일

□□□ 기 92,21③

03 하중이 완전히 강성(剛性)인 푸팅(Footing) 기초판을 통하여 지반에 전달되는 경우의 접지압(또는 지반반력) 분포로 옳은 것은?

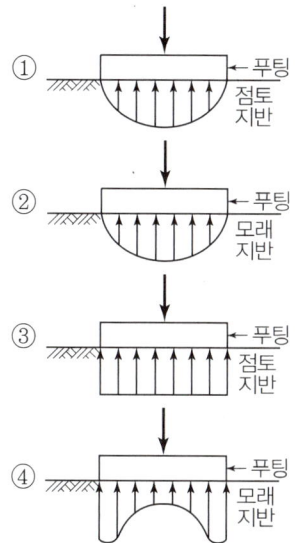

| 해답 | ②

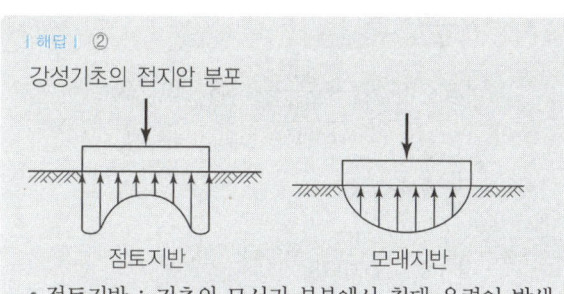

강성기초의 접지압 분포

- 점토지반 : 기초의 모서리 부분에서 최대 응력이 발생
- 모래지반 : 기초의 중앙 부분에서 최대 응력이 발생

□□□ 기 97,01,11,18④,21③

04 포화상태에 있는 흙의 함수비가 40%이고, 비중이 2.60이다. 이 흙의 간극비는?

① 0.65   ② 0.065
③ 1.04   ④ 1.40

| 해답 | ③

간극비 $e = \dfrac{G_s \cdot w}{S}$ ($\because S \cdot e = G_s \cdot w$)

- 포화상태에 있는 흙의 포화도 $S = 100\%$

  $\therefore e = \dfrac{2.60 \times 40}{100} = 1.04$

  ($\because S \cdot e = G_s \cdot w$)

기 98,00,03,05,12,17④,21③

05 아래 그림에서 투수계수 $K=4.8\times10^{-3}$cm/sec일 때, Darcy의 유출속도(v)와 실제 물의 속도(침투속도 v_s)는?

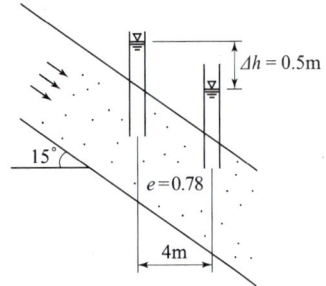

① $v=3.4\times10^{-4}$cm/sec, $v_s=5.6\times10^{-4}$cm/sec
② $v=3.4\times10^{-4}$cm/sec, $v_s=9.4\times10^{-4}$cm/sec
③ $v=5.8\times10^{-4}$cm/sec, $v_s=10.8\times10^{-4}$cm/sec
④ $v=5.8\times10^{-4}$cm/sec, $v_s=13.2\times10^{-4}$cm/sec

|해답| ④

- $v=K\dfrac{\Delta h}{l}$
  $=4.8\times10^{-3}\times\dfrac{50}{\dfrac{400}{\cos15°}}=5.8\times10^{-4}$cm/sec

- $v_s=\dfrac{v}{n}$ 에서
  · $n=\dfrac{e}{1+e}=\dfrac{0.78}{1+0.78}=0.44$
  · $v_s=\dfrac{5.8\times10^{-4}}{0.44}$
  $=1.32\times10^{-3}$cm/sec $=13.2\times10^{-4}$cm/sec

기 18②,21③

06 수조에 상방향의 침투에 의한 수두를 측정한 결과, 그림과 같이 나타났다. 이때 수조 속에 있는 흙에 발생하는 침투력을 나타낸 식은? (단, 시료의 단면적은 A, 시료의 길이는 L, 시료의 포화단위중량은 γ_{sat}, 물의 단위중량은 γ_w이다.)

① $\Delta h \cdot \gamma_w \cdot A$
② $\Delta h \cdot \gamma_w \cdot \dfrac{A}{L}$
③ $\Delta h \cdot \gamma_{sat} \cdot A$
④ $\dfrac{\gamma_{sat}}{\gamma_w} \cdot A$

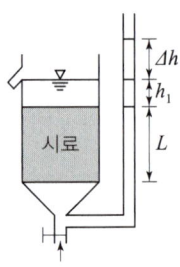

|해답| ①

단위면적당 침투수압 $F=i\cdot\gamma_w\cdot z$
∴ 침투력
$P=(i\gamma_w z)A=\left(\dfrac{\Delta h}{L}\gamma_w L\right)A=\Delta h\cdot\gamma_w\cdot A$

기 96,04,08,17①,21③

07 표준관입시험에 대한 설명으로 틀린 것은?

① 표준관입시험의 N값으로 모래지반의 상대밀도를 추정할 수 있다.
② 표준관입시험의 N값으로 점토지반의 연경도를 추정할 수 있다.
③ 지층의 변화를 판단할 수 있는 시료를 얻을 수 있다.
④ 모래지반에 대해서 흐트러지지 않은 시료를 얻을 수 있다.

|해답| ④

표준관입시험기(SPT)
· 모래질에 가장 적합하나 점토지반의 N치에 의한 강도 판정과 지지력을 계산할 수 있다.
· 모래지반에 대해서는 교란시료를 얻을 수 있다.
· 주로 사질토지반의 지지력 추정에 쓰인다.
· 점성토에 대한 시험치는 신뢰도가 낮다.

기 86,90,99,14,17④,21③,22②

08 Coulomb 토압에서 옹벽배면의 지표면 경사가 수평이고, 옹벽배면 벽체의 기울기가 연직인 벽체에서 옹벽과 뒤채움흙 사이의 벽면마찰각(δ)을 무시할 경우, Coulomb 토압과 Rankine 토압의 크기를 비교할 때 옳은 것은?

① Rankine 토압이 Coulomb 토압보다 크다.
② Coulomb 토압이 Rankine 토압보다 크다.
③ Rankine 토압과 Coulomb 토압의 크기는 항상 같다.
④ 주동토압은 Rankine 토압이 더 크고, 수동토압은 Coulomb 토압이 더 크다.

|해답| ③

Coulomb의 토압이론에서는 벽체와 흙 사이의 벽 마찰각 $\delta\neq0$을 고려하였으나 연직벽 $\theta=0$, 지표면이 수평 $i=0$, 벽 마찰각 $\delta=0$ 이면 Coulomb 토압과 Rankine 토압은 항상 같다.

기 94,11④,13②,21③

09 그림과 같은 지반에서 재하순간 수주(水柱)가 지표면(지하수위)으로부터 5m이었다. 40% 압밀이 일어난 후 A점에서의 전체 간극수압은? (단, 물의 단위중량은 9.81kN/m³이다.)

① 19.62kN/m²
② 29.43kN/m²
③ 49.05kN/m²
④ 78.48kN/m²

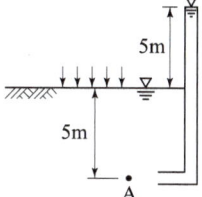

[해답] ④

압밀도 $U = \dfrac{P-u}{P} = 0.40$

• $P = \gamma_w h = 9.81 \times 5 = 49.05 \, kN/m^2$

• 압밀도 $U = \dfrac{49.05 - u}{49.05} = 0.40$

참고 SOLVE 사용 ∴ $u = 29.43 \, kN/m^2$

∴ A점의 전체 간극수압
 $u = $ 정수압 + 과잉간극수압
 $u_A = P + u = 49.05 + 29.43 = 78.48 \, kN/m^2$

기 13,16,19④,21③

10 4m×4m 크기인 정사각형 기초를 내부마찰각 $\phi = 20°$, 점착력 $c = 30kN/m^2$인 지반에 설치하였다. 흙의 단위중량 $\gamma = 19kN/m^3$이고, 안전율(F_S)을 3으로 할 때 Terzaghi 지지력 공식으로 기초의 허용하중을 구하면? (단, 기초의 깊이는 1m이고, 전반전단파괴가 발생한다고 가정하며, 지지력계수 $N_c = 17.69$, $N_q = 7.44$, $N_r = 4.97$이다.)

① 3780kN ② 5239kN
③ 6750kN ④ 8140kN

[해답] ②

허용하중 $Q_a = \dfrac{Q_u}{F_s} = \dfrac{q_u \times A}{F_s}$

$q_u = \alpha c N_c + \beta \gamma_1 B N_r + \gamma_2 D_f N_q$
 $= 1.3 \times 30 \times 17.69 + 0.4 \times 19 \times 4 \times 4.97 + 19 \times 1 \times 7.44$
 $= 982.36 \, kN/m^2$

∴ $Q_a = \dfrac{982.36 \times (4 \times 4)}{3} = 5239 \, kN$

기 07,21③,24①

11 다짐곡선에 대한 설명으로 틀린 것은?

① 다짐에너지를 증가시키면 다짐곡선은 왼쪽 위로 이동하게 된다.
② 사질성분이 많은 시료일수록 다짐곡선은 오른쪽 위에 위치하게 된다.
③ 점성분이 많은 흙일수록 다짐곡선은 넓게 퍼지는 형태를 가지게 된다.
④ 점성분이 많은 흙일수록 오른쪽 아래에 위치하게 된다.

[해답] ②

사질성분이 많이 내포된 흙은 점성토보다도 다짐곡선의 기울기가 급하여 다짐곡선은 왼쪽에 위치하여 최대건조밀도는 증가하고 최적함수비(OMC)는 감소한다.

기 81,85,92,21③

12 말뚝에서 부주면마찰력에 대한 설명으로 틀린 것은?

① 아래쪽으로 작용하는 마찰력이다.
② 부면마찰력이 작용하면 말뚝의 지지력은 증가한다.
③ 압밀층을 관통하여 견고한 지반에 말뚝을 박으면 일어나기 쉽다.
④ 연약지반에 말뚝을 박은 후 그 위에 성토를 하면 일어나기 쉽다.

[해답] ②

말뚝에 부주면마찰력이 발생하면 말뚝의 지지력은 감소한다.

기 16②,21③

13 다음 중 사면의 안정해석 방법이 아닌 것은?

① 마찰원법
② 비숍(Bishop)의 방법
③ 펠레니우스(Fellenius) 방법
④ 테르자기(Terzaghi)의 방법

[해답] ④

• 해석법은 크게 마찰원법과 분할법으로 나눌 수 있다.
• Bishop 방법은 주로 장기안정해석에 이용된다.
• Fellenius 방법으로 주로 단기안정해석에 이용된다.
• Terzaghi 방법은 기초의 지지력을 구하는데 이용된다.

기 18④, 21③

14 포화된 점토지반에 성토하중으로 어느 정도 압밀된 후 급속한 파괴가 예상될 때, 이용해야 할 강도정수를 구하는 시험은?

① CU-test
② UU-test
③ UC-test
④ CD-test

| 해답 | ①

압밀 비배수 시험(CU시험)
• 압밀진행속도가 시공속도보다 빨라 배수가 허용되는 경우
• 점토가 어느 정도 압밀된 상태에서 안정검토하는 경우
• 성토하중에 의해 압밀된 후 다시 추가하중을 재하한 직후의 안정검토하는 경우

기 91, 98, 19①, 21③

15 보링(boring)에 대한 설명으로 틀린 것은?

① 보링(boring)에는 회전식(rotary boring)과 충격식(percussion boring)이 있다.
② 충격식은 굴진속도가 빠르고 비용도 싸지만 분말상의 교란된 시료만 얻어진다.
③ 회전식은 시간과 공사비가 많이 들 뿐만 아니라 확실한 코어(core)도 얻을 수 없다.
④ 보링은 기초의 상황을 판단하기 위해 실시한다.

| 해답 | ③

회전식(rotary boring)
시간과 공사비가 많이 들지만 확실한 코어(core)를 채취할 수 있다.

기 06, 10, 16, 21③

16 현장 도로 토공에서 모래치환법에 의한 흙의 밀도 시험 결과 흙을 파낸 구멍의 체적과 파낸 흙의 질량은 각각 1800cm³, 3950g이었다. 이 흙의 함수비는 11.2%이고, 흙의 비중은 2.65이다. 실내시험으로부터 구한 최대건조밀도가 2.05g/cm³일 때 다짐도는?

① 92%
② 94%
③ 96%
④ 98%

| 해답 | ③

$$C_D = \frac{\rho_d}{\rho_{d\max}} \times 100$$

• $\rho_t = \dfrac{W}{V} = \dfrac{3950}{1800} = 2.19\,\text{g/cm}^3$

• $\rho_d = \dfrac{\rho_t}{1+w} = \dfrac{2.19}{1+0.112} = 1.97\,\text{g/cm}^3$

∴ 다짐도 $C_D = \dfrac{1.97}{2.05} \times 100 = 96.1\%$

기 12, 16, 19①, 21③

17 유효응력에 대한 설명으로 틀린 것은?

① 항상 전응력값보다는 작은 값이다.
② 점토지반의 압밀에 관계되는 응력이다.
③ 건조한 지반에서는 전응력과 같은 값으로 본다.
④ 포화된 흙인 경우 전응력에서 간극수압을 뺀 값이다.

| 해답 | ①

• 전응력 σ = 유효응력($\overline{\sigma}$) + 간극수압(u)
• 유효응력 $\overline{\sigma}$ = 전응력(σ) - 간극수압(u)
∴ 유효응력은 흙입자만을 통해 받는 압력이다.
• 모관상승영역에서의 간극수압은 (-) 압력이 작용한다.
즉, 유효응력 $\overline{\sigma}$ = 전응력 - (-간극수압)
∴ 유효응력 $\overline{\sigma}$ = 전응력(σ) + 간극수압(u)

기 80, 81, 86, 92, 94, 06②, 07②, 17④, 19①, 21③

18 지반개량공법 중 연약한 점성토지반에 적당하지 않은 것은?

① 치환 공법
② 침투압 공법
③ 폭파다짐 공법
④ 샌드 드레인 공법

| 해답 | ③

연약지반 개량공법

점성토지반 개량	사질토지반 개량
• 치환공법	• Vibroflotation 공법
• Sand drain 공법	• 폭파다짐공법
• Preloading 공법	• 전기충격공법
• 침투압공법	• Compozer 공법
• 전기침투공법	• 다짐말뚝공법
• 생석회 말뚝공법	• 약액주입공법

□□□ 기 81,82,83,88,21③

19 포화된 점토에 대한 일축압축강도시험에서 파괴 시 축응력이 0.2MPa일 때, 이 점토의 점착력은?

① 0.1MPa ② 0.2MPa
③ 0.4MPa ④ 0.6MPa

| 해답 | ①

$q_u = 2c\tan\left(45 + \dfrac{\phi}{2}\right)$ 에서

- 포화된 점토 $\phi = 0$: $q_u = 2c$
- 일축압축강도 $q_u = 0.2\,\text{MPa}$

∴ 점착력 $c = \dfrac{q_u}{2} = \dfrac{0.2}{2} = 0.1\,\text{MPa} = 100\,\text{kN/m}^2$

□□□ 기 84,97,08,17④,21③

20 자연상태의 모래지반을 다져 $e_{\min}$에 이르도록 했다면 이 지반의 상대밀도는?

① 0% ② 50%
③ 75% ④ 100%

| 해답 | ④

상대밀도 $= \dfrac{e_{\max} - e}{e_{\max} - e_{\min}} = \dfrac{e_{\max} - e_{\min}}{e_{\max} - e_{\min}} \times 100 = 100\%$

(∵ $e = e_{\min}$이 되기 때문이다.)

- $e_{\min}$에 가까워지면 안전하게 되어 상대밀도 D_r의 값이 커진다.
- $e_{\max}$에 가까워지면 불안전하게 되어 상대밀도 D_r의 값이 작게 된다.

| memo |

2단계

과목별 스피드 마스터 06

상하수도 공학

01	2018년	3월 4일 시행
		4월 28일 시행
		8월 19일 시행
02	2019년	3월 3일 시행
		4월 27일 시행
		8월 4일 시행
03	2020년	6월 6일 시행
		8월 22일 시행
		9월 27일 시행
04	2021년	3월 7일 시행
		5월 15일 시행
		8월 14일 시행

06 상하수도 공학

제1회 2018년 3월 4일

□□□ 기 96,97,98,00,01,03,04,10,11①,13④,15②,18①,19②

01 일반적인 상수도 계통도를 바르게 나열한 것은?

① 수원 및 저수시설 – 취수 – 배수 – 송수 – 정수 – 도수 – 급수
② 수원 및 저수시설 – 취수 – 도수 – 정수 – 급수 – 배수 – 급수
③ 수원 및 저수시설 – 취수 – 도수 – 정수 – 송수 – 배수 – 급수
④ 수원 및 저수시설 – 취수 – 배수 – 정수 – 급수 – 도수 – 송수

| 해답 | ③

수원 및 저수시설 – 취수 – 도수 – 정수 – 송수 – 배수 – 급수

□□□ 기 97,00,08,15①,16④,17②④,18①,22②

02 하수처리계획·재이용계획을 위한 계획오수량에 대한 설명 중 옳은 것은?

① 계획 1일 최대오수량은 계획시간 최대오수량을 1일의 수량으로 환산하여 1.3~1.8배를 표준으로 한다.
② 합류식에서 우천 시 계획오수량은 원칙적으로 계획 1일 평균오수량의 3배 이상으로 한다.
③ 계획 1일 평균오수량은 계획 1일 최대오수량의 70~80%를 표준으로 한다.
④ 지하수량은 계획 1일 평균오수량의 10~20%로 한다.

| 해답 | ③

- 계획시간 최대오수량은 계획 1일 최대오수량의 1시간당 수량의 1.3~1.8배를 표준으로 한다.
- 합류식에서 우천 시 계획오수량은 원칙적으로 계획시간 최대오수량의 3배 이상으로 한다.
- 계획 1일 평균오수량은 계획 1일 최대오수량의 70~80%를 표준으로 한다.
- 지하수량은 1일 1인 최대오수량의 20% 이하로 한다.

□□□ 기 14①,18①

03 계획시간 최대배수량의 식 $q = K \times \dfrac{Q}{24}$ 에 대한 설명으로 틀린 것은?

① 계획시간 최대배수량은 배수구역 내의 계획급수인구가 그 시간대에 최대량의 물을 사용한다고 가정하여 결정한다.
② Q는 계획 1일 평균급수량으로 단위는 $[m^3/day]$이다.
③ K는 시간계수로 주·야간의 인구변동, 공장, 사업소 등에 의한 사용형태, 관광지 등의 계절적 인구이동에 의하여 변한다.
④ 시간계수 K는 1일 최대급수량이 클수록 작아지는 경향이 있다.

| 해답 | ②

- 계획시간 최대배수량은 그 배수구역 내의 계획급수인구가 그 시간대에 최대량의 물을 사용한다고 가정한다.
- $q = K \times \dfrac{Q}{24}$

  여기서, q : 계획시간 최대배수량(m^3/h)
  Q : 계획 1일 최대급수량(m^3/d)
  $\dfrac{Q}{24}$: 시간평균배수량(m^3/h)
  K : 시간계수(계획시간 최대배수량의 시간평균배수량에 대한 비율)

□□□ 기 95,99,01,15④,18①

04 계획급수인구가 5000명, 1인 1일 최대급수량을 150L/(인·day), 여과속도는 150m/day로 하면 필요한 급속여과지의 면적은?

① $5.0m^2$　　② $10m^2$
③ $15.0m^2$　　④ $20.0m^2$

| 해답 | ①

- $A = \dfrac{\text{1인 1일 최대급수량} \times \text{계획급수인구}}{\text{여과속도}}$
- 1인 1일 최대급수량 $= 150L/$인·day
  $= 150 \times 10^{-3} \ m^3/$인·day
- $\therefore A = \dfrac{150 \times 10^{-3} \times 5000}{150} = 5.0 m^2$

□□□ 기 98,18①
05 하수도의 목적에 관한 설명으로 가장 거리가 먼 것은?

① 하수도는 도시의 건전한 발전을 도모하기 위한 필수시설이다.
② 하수도는 공중위생의 향상에 기여한다.
③ 하수도는 공공용 수역의 수질을 보전함으로써 국민의 건강보호에 기여한다.
④ 하수도는 경제발전과 산업기반의 정비를 위하여 건설된 시설이다.

| 해답 | ④
- 하수도는 지속발전 가능한 도시구축에 기여한다.
- 경제발전과 산업기반의 정비를 위한 건설된 시설과는 거리가 멀다.

□□□ 기 14④,18①
06 고도처리를 도입하는 이유와 거리가 먼 것은?

① 잔류 용존유기물의 제거
② 잔류염소의 제거
③ 질소의 제거
④ 인의 제거

| 해답 | ②
고도처리
- 통상 유기물 제거를 주목적으로 하는 2차 처리에서 얻어지는 처리수질 이상의 수질을 얻기 위하여 행하는 처리이다.
- 잔류 SS 및 잔류 용존유기물 제거공정이다.
- 질소(N), 인(P) 등은 제거에 이용한다.

□□□ 기 95,00,18①
07 어느 도시의 인구가 200000명, 상수보급률이 80%일 때 1인 1일 평균 급수량이 380L/인·일이라면 연간 상수 수요량은?

① $11.096 \times 10^6 m^3/년$
② $13.874 \times 10^6 m^3/년$
③ $22.192 \times 10^6 m^3/년$
④ $27.742 \times 10^6 m^3/년$

| 해답 | ③
Q = 도시인구 × 1인 1일 연평균급수량 × 상수보급률
= $200000(명) \times 380 \times 10^{-3} \times 365(년) \times 0.8$
= $22.192 \times 10^6 (m^3/년)$

□□□ 기 00,06,10①,11④,14②,18①
08 호기성 소화의 특징을 설명한 것으로 옳지 않은 것은?

① 처리된 소화 슬러지에서 악취가 나지 않는다.
② 상징수의 BOD 농도가 높다.
③ 폭기를 위한 동력 때문에 유지관리비가 많이 든다.
④ 수온이 낮을 때에는 처리효율이 떨어진다.

| 해답 | ②
호기성 소화의 특징
- 최초 공사비가 낮다.
- 운영비가 비교적 간단하다.
- 상징수의 BOD 농도가 낮다.
- 처리된 슬러지에서 악취가 나지 않는다.

□□□ 기 08,11②,18①,24①
09 정수장으로부터 배수지까지 정수를 수송하는 시설은?

① 도수시설
② 송수시설
③ 정수시설
④ 배수시설

| 해답 | ②
- 송수시설 : 정수장에서 정수된 물을 배수지까지 송수하는 시설
- 취수시설 →(도수관) 도수시설 → 정수시설 →(송수관) 송수시설 → 배수시설

□□□ 기 15②,18①
10 합류식 하수도에 대한 설명으로 옳지 않은 것은?

① 청천 시에는 수위가 낮고 유속이 적어 오물이 침전하기 쉽다.
② 우천 시에 저리장으로 다량의 토사가 유입되어 침전지에 퇴적된다.
③ 소규모 강우 시 강우 초기에 도로나 관로 내에 퇴적된 오염물이 그대로 강으로 합류할 수 있다.
④ 단일관로로 오수와 우수를 배제하기 때문에 침수 피해의 다발 지역이나 우수배제 시설이 정비되지 않은 지역에서는 유리한 방식이다.

| 해답 | ③
분류식은 강우초기에 비교적 오염된 노면배수가 우수관거를 통해 직접 공공수역에 방류된다.

☐☐☐ 기 07,09,13①,18①

11 Jar-Test는 적정 응집제의 주입량과 적정 pH를 결정하기 위한 시험이다. Jar-Test 시 응집제를 주입한 후 급속교반 후 완속교반을 하는 이유는?

① 응집제를 용해시키기 위해서
② 응집제를 고르게 섞기 위해서
③ 플록이 고르게 퍼지게 하기 위해서
④ 플록을 깨뜨리지 않고 성장시키기 위해서

| 해답 | ④

Jar-Test에서 약 3분간 100rpm로 급속교반 후 40rpm으로 약 15분간 완속교반하는 것은 플록을 손상시키지 않고 증가시켜 응집을 촉진시키기 위해서이다.

☐☐☐ 기 18①,21②

12 정수지에 대한 설명으로 틀린 것은?

① 정수지란 정수를 저류하는 탱크로 정수시설로는 최종단계의 시설이다.
② 정수지 상부는 반드시 복개해야 한다.
③ 정수지의 유효수심은 3~6m를 표준으로 한다.
④ 정수지의 바닥은 저수위보다 1m 이상 낮게 해야 한다.

| 해답 | ④

정수지의 바닥
- 정수지의 바닥은 저수위보다 15cm 이상 낮게 해야 한다.
- 오랜 기간이 지나면 물때가 끼거나 침전물이 쌓이므로 바닥으로부터 15cm까지의 수량은 사용하지 않기 위하여 최하단 높이를 결정한다.

☐☐☐ 기 98,03,14②,18①②,19①,21③,22①

13 지름 15cm, 길이 50m인 주철관으로 유량 $0.03m^3/s$의 물을 50m 양수하려고 한다. 양수 시 발생되는 총손실수두가 5m이었다면 이 펌프의 소요축동력(kW)은? (단, 여유율은 0이며 펌프의 효율은 80%이다.)

① 20.2kW
② 30.5kW
③ 33.5kW
④ 37.2kW

| 해답 | ①

$$P = \frac{1000QH_p}{102\eta} = \frac{1000 \times 0.03 \times (50+5)}{102 \times 0.8} = 20.2kW$$

☐☐☐ 기 95,97,99,01,04,06,07,08,09,11,12④,17④,18①,20,21①

14 펌프의 회전수 $N=3000rpm$, 양수량 $Q=1.7m^3/min$, 전양정 $H=300m$인 6단 원심펌프의 비교회전도 N_s는?

① 약 100회
② 약 150회
③ 약 170회
④ 약 210회

| 해답 | ④

$$비교회전도\ N_s = N\frac{Q^{\frac{1}{2}}}{H^{\frac{3}{4}}}$$

$$\therefore N_s = 3000 \times \frac{1.7^{\frac{1}{2}}}{\left(\frac{300}{6}\right)^{\frac{3}{4}}} = 208회$$

(∵ 다단펌프의 경우에는 1단에 해당하는 양정)

☐☐☐ 기 11,12①,16②,17①,18①,22①

15 주요 관로별 계획하수량으로서 틀린 것은?

① 우수관로 : 계획우수량+계획오수량
② 합류식 관로 : 계획시간 최대오수량+계획우수량
③ 차집관로 : 우천 시 계획오수량
④ 오수관로 : 계획시간 최대오수량

| 해답 | ①

- 우수관로 : 계획우수량으로 한다.
- 오수관로 : 계획시간 최대오수량으로 한다.

☐☐☐ 기 18①

16 계획하수량을 수용하기 위한 관로의 단면과 경사를 결정함에 있어 고려할 사항으로 틀린 것은?

① 우수관로는 계획우수량에 대하여 유속을 최소 0.8m/s, 최대 3.0m/s로 한다.
② 오수관로의 최소관경은 200mm를 표준으로 한다.
③ 관로의 단면은 수리적 특성을 고려하여 선정하되 원형 또는 직사각형을 표준으로 한다.
④ 관로경사는 하류로 갈수록 점차 급해지도록 한다.

| 해답 | ④

관로의 유속과 경사
- 유속은 하류방향으로 흐름에 따라 점차 커지도록 한다.
- 관거경사는 하류로 갈수록 점차 작아지도록 한다.

□□□ 기 18①
17 하수처리시설의 펌프장시설의 중력식 침사지에 관한 설명으로 틀린 것은?

① 체류시간은 30 ~ 60초를 표준으로 하여야 한다.
② 모래퇴적부의 깊이는 최소 50cm 이상이어야 한다.
③ 침사지의 평균유속은 0.3m/s를 표준으로 한다.
④ 침사지 형상은 정방형 또는 장방형 등으로 하고 지수는 2지 이상을 원칙으로 한다.

| 해답 | ②
모래퇴적부의 깊이
• 일반적으로 수심의 10 ~ 30%로 한다.
• 적어도 30cm 이상으로 하여야 한다.

| Remember |
침사지의 구조
• 표면부하율 : 200 ~ 500mm/min을 표준
• 지내평균유속 : 2 ~ 7cm/sec
• 지의 길이 : 폭의 3 ~ 8배를 표준
• 지의 유효수심 : 3 ~ 4m
• 퇴사심도 : 0.5 ~ 1m
• 체류시간 : 10 ~ 20분

□□□ 기 12①,18①
18 하수도시설의 일차침전지에 대한 설명으로 옳지 않은 것은?

① 침전지 형상은 원형, 직사각형 또는 정사각형으로 한다.
② 직사각형 침전지의 폭과 길이의 비는 1 : 3 이상으로 한다.
③ 유효수심은 2.5 ~ 4m를 표준으로 한다.
④ 침전시간은 계획 1일 최대오수량에 대하여 일반적으로 12시간 정도로 한다.

| 해답 | ④
일차침전지의 침전시간은 계획 1일 최대오수량에 대하여 일반적으로 2 ~ 4시간 정도로 한다.

□□□ 기 18①
19 상수시설 중 가장 일반적인 장방형 침사지의 표면부하율의 표준으로 옳은 것은?

① 50 ~ 150mm/min
② 200 ~ 500mm/min
③ 700 ~ 1000mm/min
④ 1000 ~ 1250mm/min

| 해답 | ②
침사지의 표면부하율은 200 ~ 500mm/min을 표준으로 한다.

□□□ 기 05,08,13②,18①,24①
20 배수관망의 구성방식 중 격자식과 비교한 수지상식의 설명으로 틀린 것은?

① 수리계산이 간단하다.
② 사고 시 단수구간이 크다.
③ 제수밸브를 많이 설치해야 한다.
④ 관의 말단부에 물이 정체되기 쉽다.

| 해답 | ③
제수밸브를 적게 설치해도 된다.

| Remember |
배수관망의 장단점

구 분	장점	단점
격자식	• 물이 정체하지 않는다. • 수압을 유지하기 쉽다. • 단수구역이 좁아진다. • 화재 시 등 사용량의 변화에 대처하기가 쉽다.	• 관망의 수리계산이 복잡하다. • 관거의 포설 시 건설비가 많이 소요된다.
수지상식	• 관망의 수리계산이 간단하다. • 제수밸브가 적게 설치된다. • 시공이 쉽다.	• 수량을 서로 보충할 수 없다. • 관의 말단에 물이 정체하여 수질을 악화시킨다. • 관경이 커야 하므로 비경제적이다.

제2회 2018년 4월 28일

□□□ 기 96,00,09,16②,18②

01 도수(conveyance of water)시설에 대한 설명으로 옳은 것은?

① 상수원으로부터 원수를 취수하는 시설이다.
② 원수를 음용 가능하게 처리하는 시설이다.
③ 배수지로부터 급수관까지 수송하는 시설이다.
④ 취수원으로부터 정수시설까지 보내는 시설이다.

> **해답** ④
> - 도수시설 : 취수원에서 취수한 물을 정수장까지 공급하는 시설
> - 취수시설 $\xrightarrow{\text{도수시설}}_{\text{도수관}}$ 정수시설 $\xrightarrow{\text{송수시설}}_{\text{송수관}}$ 배수시설
> - 송수시설 : 정수장에서 배수지까지 송수하는 시설

□□□ 기 18②

02 일반적인 하수처리장의 2차 침전지에 대한 설명으로 옳지 않은 것은?

① 표면부하율은 표준활성슬러지의 경우, 계획 1일 최대오수량에 대하여 $20 \sim 30\,\mathrm{m^3/m^2 \cdot d}$로 한다.
② 유효수심은 2.5~4m를 표준으로 한다.
③ 침전시간은 계획 1일 평균오수량에 따라 정하며 5~10시간으로 한다.
④ 수면의 여유고는 40~60m 정도로 한다.

> **해답** ③
> 침전시간은 계획 1일 최대오수량에 따라 정하며 일반적으로 3~5시간으로 한다.

> **Remember**
> 하수처리의 2차 침전지
> - 유효수심 2.5~4m
> - 고형물 부하율 : 40~125kg/m²·d
> - 침전지 수면의 여유고 : 40~60m
> - 표면부하율 : 계획 1일 최대오수량에 대하여 $20 \sim 30\,\mathrm{m^3/m^2 \cdot d}$
> - 침전시간 : 계획 1일 최대오수량에 따라 일반적으로 3~5시간

□□□ 기 98,03,14②,18②,19①,22①

03 양수량 50m³/min이고 전양정이 8m일 때 펌프의 축동력은 약 얼마인가? (단, 펌프의 효율(η)=0.8)

① 65.2kW
② 73.6kW
③ 81.5kW
④ 92.4kW

> **해답** ③
> 축동력 $P = \dfrac{1000 Q H_p}{102 \eta}$
> - $Q = 50\,\mathrm{m^3/min} = 0.833\,\mathrm{m^3/sec}$
> $\therefore P = \dfrac{1000 \times 0.833 \times 8}{102 \times 0.8} = 81.7\,\mathrm{kW}$

□□□ 기 97,00,08,15,17,18②,24①

04 계획오수량 중 계획시간 최대오수량에 대한 설명으로 옳은 것은?

① 계획 1일 최대오수량의 1시간당 수량의 1.3~1.8배를 표준으로 한다.
② 계획 1일 최대오수량의 70~80%를 표준으로 한다.
③ 1인 1일 최대오수량의 10~20%로 한다.
④ 계획 1일 평균오수량의 3배 이상으로 한다.

> **해답** ①
> - 계획 1일 평균오수량은 계획 1일 최대오수량의 70~80%를 표준으로 한다.
> - 지하수량은 1인 1일 최대오수량의 20% 이하를 원칙으로 한다.
> - 계획시간 최대오수량은 계획 1일 최대오수량의 1시간당 수량의 1.3~1.8배를 표준으로 한다.

□□□ 기 13②,18②,20④

05 수질오염 지표항목 중 COD에 대한 설명으로 옳지 않은 것은?

① COD는 해양오염이나 공장폐수의 오염지표로 사용된다.
② 생물분해 가능한 유기물도 COD로 측정할 수 있다.
③ $NaNO_2$, SO_2^-는 COD값에 영향을 미친다.
④ 유기물 농도값은 일반적으로 COD > TOD > TOC > BOD이다.

> **해답** ④
> 유기물 농도값의 크기 : TOD > COD > TOC > BOD

□□□ 기 96,02,04,06,13②,15②,18①②

06 상수도 배수관망 중 격자식 배수관망에 대한 설명으로 틀린 것은?

① 물이 정체하지 않는다.
② 사고 시 단수구역이 작아진다.
③ 수리계산이 복잡하다.
④ 제수밸브가 적게 소요되며 시공이 용이하다.

|해답| ④

배수관망의 장·단점

구분	장점	단점
격자식	• 물이 정체하지 않는다. • 수압을 유지하기 쉽다. • 단수구역이 좁아진다. • 화재 시 등 사용량의 변화에 대처하기가 쉽다.	• 관망의 수리계산이 복잡하다. • 관거의 포설 시 건설비가 많이 소요된다.
수지상식	• 관망의 수리계산이 간단하다. • 제수밸브가 적게 설치된다. • 시공이 쉽다.	• 수량을 서로 보충할 수 없다. • 관의 말단에 물이 정체하여 수질을 악화시킨다. • 관경이 커야 하므로 비경제적이다.

∴ 수지상식 : 제수밸브가 적게 설치되며 시공이 용이하다.

□□□ 기 96,03,13④,18②

07 하수 배제방식의 특징에 관한 설명으로 틀린 것은?

① 분류식은 합류식에 비해 우천 시 월류의 위험이 크다.
② 합류식은 분류식(2계통 건설)에 비해 건설비가 저렴하고 시공이 용이하다.
③ 합류식은 단면적이 크기 때문에 검사, 수리 등에 유리하다.
④ 분류식은 강우초기에 노면의 오염물질이 포함된 세정수가 직접 하천 등으로 유입된다.

|해답| ①
• 합류식의 경우 일정량 이상이 되면 우천 시 오수가 월류한다.
• 분류식은 우천 시 월류의 위험이 없다.

□□□ 기 11④,18②

08 다음 중 하수슬러지 개량방법에 속하지 않는 것은?

① 세정   ② 열처리
③ 동결   ④ 농축

|해답| ④
슬러지의 개량방법으로는 세정, 열처리, 동결, 약품처리 등이 있다.

□□□ 기 18②

09 완속여과와 급속여과의 비교 설명으로 틀린 것은?

① 원수가 고농도의 현탁물일 때는 급속여과가 유리하다.
② 여과속도가 다르므로 용지면적의 차이가 크다.
③ 여과의 손실수두는 급속여과보다 완속여과가 크다.
④ 완속여과는 약품처리 등이 필요하지 않으나 급속여과는 필요하다.

|해답| ③

항목	완속여과	급속여과
모래층 두께	70~90cm	60~120cm
용지면적	크다	작다
손실수두	작다	크다
여과속도	4~5m/day	120~150m/day

∴ 급속여과는 억류탁질량이 적고 머드볼 생성이 쉬우며 손실수두가 빨리 증가하는 단점이 있다.

□□□ 기, 95,97,98,00,01,02,03,07,09,10①,11①,18②

10 호수의 부영양화에 대한 설명 중 틀린 것은?

① 부영양화는 정체성 수역의 상층에서 발생하기 쉽다.
② 부영양화된 수원의 상수는 냄새로 인하여 음료수로 부적당하다.
③ 부영양화로 식물성 플랑크톤의 번식이 증가되어 투명도가 저하된다.
④ 부영양화로 생물활동이 활발하여 깊은 곳의 용존산소가 풍부하다.

|해답| ④
부영양화된 호수에서는 사멸된 조류의 분해작용에 의해 성장이 왕성하여 수심이 깊은 곳(심층수)의 용존산소의 농도가 낮아진다.

□□□ 기 98,08,18②

11 어느 도시의 인구가 10년 전 10만 명에서 현재는 20만 명이 되었다. 등비급수법에 의한 인구증가를 보였다고 하면 연평균 인구증가율은?

① 0.08947
② 0.07177
③ 0.06251
④ 0.03589

| 해답 | ②

$P_n = P_o(1+r)^n$ 에서
$200000 = 100000(1+r)^{10}$
$(1+r)^{10} = \dfrac{200000}{100000} = 2$
$\therefore r = 2^{\frac{1}{10}} - 1 = 0.07177$

■ [계산기 f_x 570 ES] SOLVE 사용법
$200000 = 100000(1+r)^{10}$
먼저 200000 ☞ ALPHA ☞ SOLVE = ☞
$100000(1 + ALPHA\ X)^{10}$
SHIFT ☞ SOLVE ☞ = ☞ 잠시 기다리면
$X = 0.07177 \quad \therefore r = 0.07177$

□□□ 기 96,97,98,00,01,03,04,10④,11①,13④,15②,18①②,19②,21

12 상수도 계통에서 상수의 공급과정으로 옳은 것은?

① 취수 → 정수 → 도수 → 배수 → 송수 → 급수
② 취수 → 도수 → 정수 → 송수 → 배수 → 급수
③ 취수 → 배수 → 정수 → 도수 → 급수 → 송수
④ 취수 → 정수 → 송수 → 배수 → 도수 → 급수

| 해답 | ②

수원 – 취수 – 도수 – 정수 – 송수 – 배수 – 급수

□□□ 기 14②,18②,22②

13 우수관거 및 합류관거 내에서의 부유물 침전을 막기 위하여 계획우수량에 대하여 요구되는 최소유속은?

① 0.3m/s
② 0.6m/s
③ 0.8m/s
④ 1.2m/s

| 해답 | ③

• 우수관거 및 합류관거는 계획우수량에 대하여 유속을 최소 0.8m/s, 최대 3.0m/s로 한다.
• 오수관거 : 계획시간 최대오수량에 대하여 유속을 최소 0.6m/s, 최대 3.0m/s로 한다.

□□□ 기 18②,22②

14 정수처리 시 트리할로메탄 및 곰팡이 냄새의 생성을 최소화하기 위해 침전지와 여과지 사이에 염소제를 주입하는 방법은?

① 전염소처리
② 중간염소처리
③ 후염소처리
④ 이중염소처리

| 해답 | ②

중간염소처리 방법
• 침전지와 여과지 사이에서 염소제를 주입하는 방법
• 응집과 침전으로 부식질을 어느 정도 제거한 다음 중간 염소처리를 하는 것이 좋다.
• 정수처리 시 트리할로메탄 및 곰팡이 냄새의 생성을 최소화하기 위해 채택한다.

□□□ 기 11②,17①,18②

15 1인 1일 평균급수량의 일반적인 증가·감소에 대한 설명으로 틀린 것은?

① 기온이 낮은 지방일수록 증가한다.
② 인구가 많은 도시일수록 증가한다.
③ 문명도가 낮은 도시일수록 감소한다.
④ 누수량이 증가하면 비례하여 증가한다.

| 해답 | ①

기온이 높은 지방이 추운 지방보다 1인 1일 평균급수량은 증가한다.

□□□ 기 97,99,06,14①,18②

16 콘크리트 하수관의 내부 천정이 부식되는 현상에 대한 대응책으로 틀린 것은?

① 방식재료를 사용하여 관을 방호한다.
② 하수 중의 유황 함수량을 낮춘다.
③ 관내의 유속을 감소시킨다.
④ 하수에 염소를 주입하여 박테리아 번식을 억제한다.

| 해답 | ③

관내의 유속을 증가시켜 하수관 내 유기물질의 퇴적을 방지한다.

□□□ 기 18②,22③

17 하수 고도처리에서 인을 제거하기 위한 방법이 아닌 것은?

① 응집제 첨가 활성슬러지법
② 활성탄 흡착법
③ 정석 탈인법
④ 혐기호기 조합법

| 해답 | ②

하수 고도처리에서 인제거 방법
• 응집제 첨가 활성슬러지법
• 정석 탈인법
• 혐기호기 조합법
• 반송슬러지 탈인제거 공정

□□□ 기 00,18②,21①

18 하수도용 펌프 흡입구의 유속에 대한 설명으로 옳은 것은?

① 0.3~0.5m/sec를 표준으로 한다.
② 1.0~1.5m/sec를 표준으로 한다.
③ 1.5~3.0m/sec를 표준으로 한다.
④ 5.0~10.0m/sec를 표준으로 한다.

| 해답 | ③

펌프 흡입구의 유속은 1.5~3.0m/sec를 표준으로 하나 원동기의 회전수가 클 경우에는 유속을 크게 하고 회전수가 작을 때는 작게 한다.

□□□ 기 96,18②

19 합리식을 사용하여 우수량을 산정할 때 필요한 자료가 아닌 것은?

① 강우강도
② 유출계수
③ 지하수의 유입
④ 유달시간

| 해답 | ③

합리식의 우수량 $Q = \dfrac{1}{360} CIA$

• 유출계수 : C, 유역(배수)면적 : A
• 강우강도 $I = \dfrac{a}{t+b}$, 유달시간 $t = t_1 + \dfrac{L}{V}$

□□□ 기 18②

20 고형물 농도가 30mg/L인 원수를 Alum 25mg/L를 주입하여 응집 처리하고자 한다. 1000m³/day 원수를 처리할 때 발생 가능한 이론적 최종슬러지($Al(OH)_3$)의 부피는?
(단, $Alum = Al_2(SO_4)_3 \cdot 18H_2O$, 최종슬러지 고형물 농도=2%, 고형물 비중=1.2)

[반응식]
$Al_2(SO_4)_3 \cdot 18H_2O + 3Ca(HCO_3)_2 \to$
$2Al(OH)_3 + 3CaSO_4 + 18H_2O + 6CO_2$

[분자량]
$Al_2(SO_4)_3 \cdot 18H_2O = 0.666$
$Ca(HCO_3)_2 = 162$
$Al(OH)_3 = 78$, $CaSO_4 = 136$

① 1.1m³/day
② 1.5m³/day
③ 2.1m³/day
④ 2.5m³/day

| 해답 | ②

■ 고형물 질량
$1000(m^3/day) \times 30(mg/L) \times 10^3(L/m^3)$
$= 3 \times 10^7 (mg/day)$

■ Alum 주입량
$3 \times 10^7 (mg/day) \times \dfrac{25(mg/L)}{30mg/L}$
$= 2.5 \times 10^7 mg/day$

■ 최종슬러지($Al(OH)_3$)의 양

2.5×10^7 mg/day	1mg mole Alum	2mg mole Al(OH)₃	78mg mole Al(OH)₃
	666mg Alum	1mg mole Alum 반응 시	1mg mole Al(OH)₃

$\therefore Al(OH)_3$ 양 $= \dfrac{2.5 \times 10^7 \times 1 \times 2 \times 78}{666 \times 1 \times 1}$
$= 5.86 \times 10^6 mg/day$

■ 최종슬러지 부피
초기 고형물 + 생성 $Al(OH)_3$ = 최종슬러지
$3 \times 10^7 (mg/day) + 0.586 \times 10^7 (mg/day)$
$= 3.586 \times 10^7 mg/day$

3.586×10^7 mg/day	1kg	1m³ (슬러지)	1m³ (원수 슬러지)
	10⁶ mg	1.2×10³ kg (슬러지)	0.02m³ (고형물)

$\therefore$ 최종슬러지 부피 $= \dfrac{3.586 \times 10^7 \times 1 \times 1 \times 1}{10^6 \times 1.2 \times 10^3 \times 0.02}$
$= 1.49 ≒ 1.5 m^3/day$

제3회   2018년 8월 19일

□□□ 기 08,11,18①②③

01 정수시설로부터 배수시설의 시점까지 정화된 물, 즉 상수를 보내는 것을 무엇이라 하는가?

① 도수   ② 송수
③ 정수   ④ 배수

| 해답 | ②

- 송수시설 : 정수장에서 정수된 물을 배수지 까지 수송하는 시설
- 취수시설 →(도수시설/도수관)→ 정수시설 →(송수시설/송수관)→ 배수시설

□□□ 기 18③

02 그림은 Hardy-cross 방법에 의한 배수관망의 도해법이다. 그림에 대한 설명으로 틀린 것은?
(단, Q는 유량, H는 손실수두를 의미한다.)

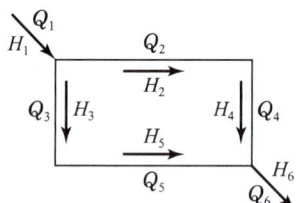

① Q_1과 Q_6은 같다.
② Q_2의 방향은 +이고, Q_3의 방향은 -이다.
③ $H_2+H_4+H_3+H_5$는 0이다.
④ H_1은 H_6과 같다.

| 해답 | ④

- Hardy-Cross 방법에 의해 상수 배수관망을 해석할 때에 각 폐합관의 마찰손실수두 $H=kQ^{1.85}$ (Hazen-Williams 식 사용 시)
- Hardy Cross법의 기본가정
  - 각 분기점 또는 합류점에 유입하는 수량은 그 점에서 정지하지 않고 전부 유출한다.
  - 각 폐합관에서 시계방향 또는 반시계방향으로 흐르는 관로의 손실수두의 합은 흐름의 방향에 관계없이 0이다.
  - 초기 유량을 가정하며 마찰손실만을 고려한다.
  - 보정량은 +, - 값 모두를 갖는다.

□□□ 기 98,00,15,18③

03 하수관로의 접합 중에서 굴착깊이를 얕게 하여 공사비용을 줄일 수 있으며, 수위상승을 방지하고 양정고를 줄일 수 있어 펌프로 배수하는 지역에 적합한 방법은?

① 관정접합   ② 관저접합
③ 수면접합   ④ 관중심접합

| 해답 | ②

관저접합 : 굴착깊이를 얕게 함으로 공사비용을 줄일 수 있으며 수위상승을 방지하고 양정고를 줄일 수 있어 펌프로 배수하는 지역에 적합하다.

Remember

관거의 접합

수면접합	수리학적으로 대개 계획수위를 일치시켜 접합시키는 것
관정접합	유수는 일정한 흐름이 되지만 굴착깊이가 증가됨으로 공사비가 증대된다.
관중심접합	수면접합과 관정접합의 중간적인 방법
관저접합	굴착깊이를 얕게 함으로 공사비용을 줄일 수 있다.
단차접합	지표의 경사가 급한 경우에 이용되는 방법
계단접합	통상대구경관거 또는 현장타설관거에 설치

□□□ 기 95,96,98,12,18③,24③

04 부유물 농도 200mg/L, 유량 3000m³/day인 하수가 침전지에서 70% 제거된다. 이때 슬러지의 함수율이 95%, 비중 1.1일 때 슬러지의 양은?

① 5.9m³/day   ② 6.1m³/day
③ 7.6m³/day   ④ 8.5m³/day

| 해답 | ③

슬러지의 양
$$=\frac{오수량(Q)\times 부유물농도(SS)\times SS제거율(E)}{비중(1-w)}$$

- $Q=3000\,\text{m}^3/\text{day}$
- 부유물농도 $SS=200\,\text{mg/L}=200\times 10^{-6}\,\text{t/m}^3$
- SS제거율 $E=\dfrac{70}{100}=0.70$
- 슬러지의 함수율 $w=95\%=0.95$

$$\therefore \frac{3000(\text{m}^3/\text{day})\times 200\times 10^{-6}(\text{t/m}^3)\times 0.70}{1.1\times(1-0.95)}$$
$$=7.64\,\text{t/day}=7.64\,\text{m}^3/\text{day}$$

($\because$ 1mg/L = 1g/m³ = 10^{-3}kg/m³ = 10^{-6}t/m³
1ton = 1m³)

□□□ 기 95,96,02,08,18③

05 펌프의 특성 곡선(characteristic curve)은 펌프의 양수량(토출량)과 무엇들과의 관계를 나타낸 것인가?

① 비속도, 공동지수, 총양정
② 총양정, 효율, 축동력
③ 비속도, 축동력, 총양정
④ 공동지수, 총양정, 효율

| 해답 | ②

펌프의 표준특성(양정, 축동력, 효율) 곡선
- 총양정(H) 곡선 : 비교회전도(Ns)가 적을 때는 수량의 변화에 대해 양정의 효율이 적다.
- 축동력(P) 곡선 : Ns가 대체로 600 이하일 때는 유량이 적을수록 축동력이 떨어져 체질양정이 최소로 된다.
- 효율(η) 곡선 : Ns가 작을수록 효율곡선은 완만하게 되고, 유량변화에 대해 효율변화의 비율이 적다.

□□□ 기 99,08,12②,18③,24③

06 $Q = \frac{1}{360}CIA$는 합리식으로서 첨두유량을 산정할 때 사용된다. 이 식에 대한 설명으로 옳지 않은 것은?

① C는 유출계수로 무차원이다.
② I는 도달시간 내의 강우강도로 단위는 mm/hr이다.
③ A는 유역면적으로 단위는 km^2이다.
④ Q는 첨두유출량으로 단위는 m^3/sec이다.

| 해답 | ③

A는 배수면적으로 단위는 ha이다.

□□□ 기 07,18③

07 혐기성 소화공정에서 소화가스 발생량이 저하될 때 그 원인으로 적합하지 않은 것은?

① 소화슬러지의 과잉배출 ② 조내 퇴적토사의 배출
③ 소화조 내 온도의 저하 ④ 소화가스의 누출

| 해답 | ②

소화가스 발생량 저하의 원인
- 소화슬러지 과잉배출
- 저농도 슬러지 유입
- 소화조 내 온도 저하
- 소화가스의 누출
- 과다한 산생성

□□□ 기 09,18③

08 다음 중 일반적으로 정수장의 응집처리 시 사용되지 않는 것은?

① 황산칼륨   ② 황산알루미늄
③ 황산제1철   ④ 폴리염화알루미늄(PAC)

| 해답 | ①

응집제
- 황산알루미늄($Al_2(SO_4)_3$) : 대부분의 탁질에 유효
- 염화제1철($FeCl_2$)
- 염화제2철(ferric chloride, $FeCl_3$) : 해수담수화의 전처리를 위한 응집제
- 황산제1철(ferrous sulfate, $FeSO_4$)
- 황산제2철($Fe_2(SO_4)_3$)
- 폴리염화알루미늄(PACl : Poly Aluminum Chloride) : 소규모 시설과 한랭지의 상수도에 항시 사용

□□□ 기 98,02,18③

09 수원 선정 시의 고려사항으로 가장 거리가 먼 것은?

① 갈수기의 수량
② 갈수기의 수질
③ 장래 예측되는 수질의 변화
④ 홍수 시의 수량

| 해답 | ④

수원은 최대 갈수기에도 취수가 가능하고, 수질면에서도 현재뿐 아니라 장래에도 양호해야 한다.

□□□ 기 15①,18③,22①

10 정수방법 선정 시의 고려사항(선정조건)으로 가장 거리기 먼 것은?

① 원수의 수질
② 도시발전 상황과 물 사용량
③ 정수수질의 관리목표
④ 정수시설의 규모

| 해답 | ②

정수방법의 선정조건
- 원수수질
- 정수수질의 관리목표
- 정수시설의 규모
- 정수시설의 운전제어와 유지관리기술의 수준

☐☐☐ 기 98,09,14,18③,19①

11 하수도의 관로계획에 대한 설명으로 옳은 것은?

① 오수관로는 계획 1일 평균오수량을 기준으로 계획한다.
② 관로의 역사이펀을 많이 설치하여 유지관리 측면에서 유리하도록 계획한다.
③ 합류식에서 하수의 차집관로는 우천 시 계획오수량을 기준으로 계획한다.
④ 오수관로와 우수관로가 교차하여 역사이펀을 피할 수 없는 경우는 우수관로를 역사이펀으로 하는 것이 바람직하다.

|해답| ③

- 오수관거 : 계획시간 최대오수량을 기준으로 한다.
- 오수관거와 우수관거가 교차하여 역사이펀을 피할 수 없는 경우에는 오수관거를 역사이펀으로 하는 것이 바람직하다.
- 하수도관리상 지장이 많으므로 관거의 역사이펀은 가능한 한 피하도록 한다.

☐☐☐ 기 11,18③

12 대장균군의 수를 나타내는 MPN(최확수)에 대한 설명으로 옳은 것은?

① 검수 1mL 중 이론상 있을 수 있는 대장균군의 수
② 검수 10mL 중 이론상 있을 수 있는 대장균군의 수
③ 검수 50mL 중 이론상 있을 수 있는 대장균군의 수
④ 검수 100mL 중 이론상 있을 수 있는 대장균군의 수

|해답| ④

MPN(최확수) : 검수 100mL 중 이론상 있을 수 있는 대장균군의 수

☐☐☐ 기 18③,24③

13 침전지 내에서 비중이 0.7인 입자의 부상속도를 V라 할 때, 비중이 0.4인 입자의 부상속도는? (단, 기타의 모든 조건은 같다.)

① $0.5V$ ② $1.25V$
③ $1.75V$ ④ $2V$

|해답| ④

$$\frac{V_{0.4}}{V} = \frac{(1-\rho_{0.4})}{(1-\rho_{0.7})} \quad \therefore V_{0.4} = \frac{1-0.4}{1-0.7}V = 2V$$

☐☐☐ 기 13,18③

14 펌프의 비교회전도(specific speed)에 대한 설명으로 옳은 것은?

① 임펠러(impeller)가 배출량 $1m^3/min$을 전양정 1m로 운전 시 회전수
② 임펠러(impeller)가 배출량 $1m^3/sec$을 전양정 1m로 운전 시 회전수
③ 작은 비회전도값에 대한 대유량, 저양정의 정도
④ 큰 비회전도값에 대한 소유량, 대양정의 정도

|해답| ①

비교회전도(Ns ; specific speed)란 유량 $1m^3/min$을 1m 양수하는 데 필요한 회전수로 펌프의 특성 및 형식을 나타내는 지표로 비속도라고도 한다.

☐☐☐ 기 03,09,15,17①,18③

15 집수매거(infiltration galleries)에 관한 설명 중 옳지 않은 것은?

① 집수매거는 하천부지의 하상 밑이나 구하천 부지 등의 땅속에 매설하여 복류수나 자유수면을 갖는 지하수를 취수하는 시설이다.
② 철근콘크리트조의 유공관 또는 권선형 스크린관을 표준으로 한다.
③ 집수매거 내의 평균유속은 유출단에서 1m/s 이하가 되도록 한다.
④ 집수매거의 집수개구부(공) 지름은 3~5cm를 표준으로 하고, 그 수는 관거표면적 $1m^2$ 당 5~10개로 한다.

|해답| ④

집수매거의 집수개구의 공경은 10~20mm를 표준으로 하고, 그 수는 관거표면적 $1m^2$당 20~30개의 비율로 한다.

☐☐☐ 기 99,18③

16 상수도의 구성이나 계통에서 상수원의 부영양화가 가장 큰 영향을 미칠 수 있는 시설은?

① 취수시설 ② 정수시설
③ 송수시설 ④ 배·급수시설

|해답| ②

부영양화 영향으로 정수장의 여과지를 폐쇄시켜 정수작업을 곤란하게 한다.

☐☐☐ 기 95,96,00,03,12④,18③,19③

17 하수관로에 대한 설명으로 옳지 않은 것은?

① 관로의 최소 흙두께는 원칙적으로 1m로 하나, 노반두께, 동결심도 등을 고려하여 적절한 흙두께로 한다.
② 관로의 단면은 단면형상에 따른 수리적 특성을 고려하여 선정하되 원형 또는 직사각형을 표준으로 한다.
③ 우수관로의 최소관경은 200mm를 표준으로 한다.
④ 합류관로의 최소관경은 250mm를 표준으로 한다.

> |해답| ③
>
> · 오수관로의 최소관경은 200mm를 표준으로 한다.
> · 우수관로 및 합류관로의 최소관경은 250mm를 표준으로 한다.

☐☐☐ 기 95,99,01,15,18①③

18 계획급수인구 50000인, 1인 1일 최대급수량 300L, 여과속도 100m/day로 설계하고자 할 때, 급속여과지의 면적은?

① 150m²
② 300m²
③ 1500m²
④ 3000m²

> |해답| ①
>
> $A = \dfrac{\text{1인 1일 최대급수량} \times \text{계획급수인구}}{\text{여과속도}}$
>
> · 1인 1일 최대급수량
> $= 300\text{L/인}\cdot\text{day} = 300 \times 10^{-3}\,\text{m}^3/\text{인}\cdot\text{day}$
>
> $\therefore A = \dfrac{300 \times 10^{-3} \times 50000}{100} = 150\,\text{m}^2$

☐☐☐ 기 07,18③,21③

19 하수 중의 질소와 인을 동시에 제거할 때 이용될 수 있는 고도처리시스템은?

① 혐기호기조합법
② 3단 활성슬러지법
③ Phostrip법
④ 혐기무산소 호기조합법

> |해답| ④
>
> 혐기무산소 호기조합법
> 생물학적 인제거 공정과 생물학적 질소제거 공정을 조합시킨 처리법으로, 활성슬러지 미생물에 의한 인 과잉섭취현상 및 질산화, 탈질반응을 이용한 것이다.

☐☐☐ 기 09,14,18③,19①

20 하수배제 방식에 대한 설명 중 틀린 것은?

① 분류식 하수관거는 청천 시 관로 내 퇴적량이 합류식 하수관거에 비하여 많다.
② 합류식 하수배제 방식은 폐쇄의 염려가 없고 검사 및 수리가 비교적 용이하다.
③ 합류식 하수관거에서는 우천 시 일정유량 이상이 되면 하수가 직접 수역으로 방류될 수 있다.
④ 분류식 하수배제 방식은 강우초기에 도로 위의 오염물질이 직접 하천으로 유입되는 단점이 있다.

> |해답| ①
>
> 합류식 하수관거는 청천 시(晴天時) 관거 내 퇴적량이 분류식 하수관거에 비하여 많다.

제1회 2019년 3월 3일

01 정수과정에서 전염소처리의 목적과 거리가 먼 것은?

① 철과 망간의 제거
② 맛과 냄새의 제거
③ 트리할로메탄의 제거
④ 암모니아성 질소와 유기물의 처리

| 해답 | ③

■ 전염소처리로 제거할 수 있는 오염물질
• 세균제거 : 여과 전에 세균을 감소시켜 안전성을 높인다.
• 생물처리 : 조류, 소형동물, 철박테리아 등의 사멸과 번식 방지
• 철과 망간의 제거 : 불용해성 산화물로 존재 형태를 바꾸어 후속공정에서 제거
• 암모니아성질소와 유기물 등의 처리 : 암모니아성질소, 아질산성질소, 황화수소, 페놀류, 기타 유기물 등을 산화
• 맛과 냄새의 제거 : 황화수소의 냄새, 하수의 냄새, 조류 등의 냄새 등을 제거
■ 트리할로메탄 : 정수처리나 폐수처리의 염소주입공정에서 발생하는 발암물질

02 하수도계획의 원칙적인 목표연도로 옳은 것은?

① 10년
② 20년
③ 30년
④ 40년

| 해답 | ②
하수도계획의 목표연도는 원칙적으로 20년으로 한다.

03 도수 및 송수관로 계획에 대한 설명으로 옳지 않은 것은?

① 비정상적 수압을 받지 않도록 한다.
② 수평 및 수직의 급격한 굴곡을 많이 이용하여 자연유하식이 되도록 한다.
③ 가능한 한 단거리가 되도록 한다.
④ 가능한 한 적은 공사비가 소요되는 곳을 택한다.

| 해답 | ②
수평 및 수직의 급격한 굴곡을 피하도록 한다.

04 취수보에 설치된 취수구의 구조에서 유입속도의 표준으로 옳은 것은?

① 0.5~1.0cm/s
② 3.0~5.0cm/s
③ 0.4~0.8m/s
④ 2.0~3.0m/s

| 해답 | ③

취수보의 취수구 유입속도
• 상수도에서 안전을 고려하여 0.4~0.8m/sec을 표준으로 한다.
• 농업용수의 유입속도는 일반적으로 0.6~1.0m/sec 정도이다.

05 하수의 배제방식에 대한 설명 중 옳지 않은 것은?

① 합류식은 2계통의 분류식에 비해 일반적으로 건설비가 많이 소요된다.
② 합류식은 분류식보다 유량 및 유속의 변화폭이 크다.
③ 분류식은 관거 내의 퇴적이 적고 수세효과를 기대할 수 없다.
④ 분류식은 관로오접의 철저한 감시가 필요하다.

| 해답 | ①

합류식은 1계통으로 건설되어 오수관거와 우수관거의 2계통을 건설하는 분류식보다는 저렴하다.

06 호기성 처리방법과 비교하여 혐기성 처리방법의 특징에 대한 설명으로 틀린 것은?

① 유용한 자원인 메탄이 생성된다.
② 동력비 및 유지관리비가 적게 든다.
③ 하수찌꺼기(슬러지) 발생량이 적다.
④ 운전조건의 변화에 적응하는 시간이 짧다.

| 해답 | ④

혐기성 처리방법의 특징
• 슬러지가 적게 발생한다.
• 영양소가 호기성보다 적게 소요된다.
• 운전조건의 변화에 적응하는 시간이 길다.
• 유기물 농도가 높은 하수의 처리에 적합하다.
• 최종물질로 생성되는 메탄은 유용한 물질이다.

□□□ 기 98,02②,07②,08①,09④,14①,18④,19①

07 관로별 계획하수량에 대한 설명으로 옳지 않은 것은?

① 오수관로에서는 계획시간 최대오수량으로 한다.
② 우수관로에서는 계획우수량으로 한다.
③ 합류식 관로는 계획시간 최대오수량에 계획우수량을 합한 것으로 한다.
④ 차집관로는 계획 1일 최대오수량에 우천 시 계획우수량을 합한 것으로 한다.

| 해답 | ④

합류식에서 하수의 차집관거는 우천 시 계획오수량을 기준으로 계획한다.

□□□ 기 88,07④,14②,19①

08 그림은 유효저수량을 결정하기 위한 유량누가곡선도이다. 이 곡선의 유효저수용량을 의미하는 것은?

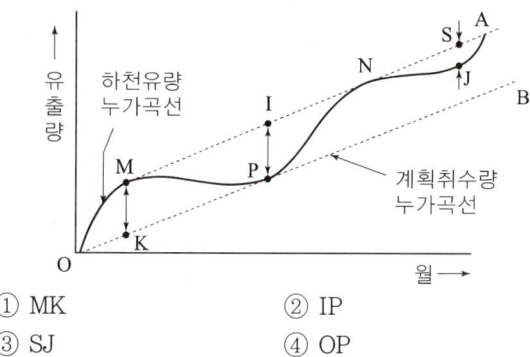

① MK ② IP
③ SJ ④ OP

| 해답 | ②

유효(필요)저수용량은 $\overline{IP}$ 이다.

□□□ 기 98,03,07,14②,18①②,19①,25②

09 양수량이 15.5m³/min이고, 전양정이 24m일 때, 펌프의 축동력은? (단, 펌프의 효율은 80%로 가정한다.)

① 75.88kW ② 7.58kW
③ 4.65kW ④ 46.57kW

| 해답 | ①

축동력 $P = \dfrac{1000 Q H_p}{102 \eta}$

• $Q = 15.5 \, m^3/min = 0.258 \, m^3/sec$

∴ $P = \dfrac{1000 \times 0.258 \times 24}{102 \times 0.8} = 75.88 \, kW$

□□□ 기 95,12①,19①

10 계획수량에 대한 설명으로 옳지 않은 것은?

① 송수시설의 계획송수량은 원칙적으로 계획 1일 최대급수량을 기준으로 한다.
② 계획취수량은 계획 1일 최대급수량을 기준으로 하며, 기타 필요한 작업용수를 포함한 손실수량 등을 고려한다.
③ 계획배수량은 원칙적으로 해당 배수구역의 계획 1일 최대급수량으로 한다.
④ 계획정수량은 계획 1일 최대급수량을 기준으로 하고, 여기에 정수장 내 사용되는 작업용수와 기타용수를 합산·고려하여 결정한다.

| 해답 | ③

계획배수량은 원칙적으로 해당 배수구역의 계획시간 최대배수량으로 한다.

□□□ 기 06②,11④,16④,19①,21③

11 반송찌꺼기(슬러지)의 SS 농도가 6000mg/L이다. MLSS 농도를 2500mg/L로 유지하기 위한 찌꺼기(슬러지) 반송비는?

① 25% ② 55%
③ 71% ④ 100%

| 해답 | ③

$r = \dfrac{\text{MLSS 농도} - \text{SS}}{\text{반송슬러지의 농도} - \text{MLSS 농도}} \times 100$

$= \dfrac{2500 - 0}{6000 - 2500} \times 100 = 71\%$

□□□ 기 99,00,09①,13①④,19①

12 하수도의 계획오수량에서 계획 1일 최대오수량 산정식으로 옳은 것은?

① 계획배수인구 + 공장폐수량 + 지하수량
② 계획인구 × 1인 1일 최대오수량 + 공장폐수량 + 지하수량 + 기타 배수량
③ 계획인구 × (공장폐수량 + 지하수량)
④ 1인 1일 최대오수량 + 공장폐수량 + 지하수량

| 해답 | ②

계획 1일 최대오수량
계획인구 × 1인 1일 최대오수량 + 공장폐수량 + 지하수량 + 기타 배수량

13. 1개의 반응조에 반응조와 이차침전지의 기능을 갖게 하여 활성슬러지에 의한 반응과 혼합액의 침전, 상징수의 배수, 침전찌꺼기(슬러지)의 배출공정 등을 반복해 처리하는 하수처리공법은?

① 수정식폭기조법
② 장시간폭기법
③ 접촉안정법
④ 연속회분식활성슬러지법

[해답] ④

■ 연속회분식활성슬러지법의 정의
- 1개의 반응조에 반응조와 이차침전지의 기능을 갖게 하여 활성슬러지에 의한 반응과 혼합액의 침전, 상징수의 배수, 침전찌꺼기(슬러지)의 배출공정 등을 반복해서 처리하는 하수처리공법
- 유입수량변동의 영향을 받기 쉬우므로 관리를 용이하게 하기 위해서는 유량조정조가 필요하다.
- 일차침전지가 필요 없으므로 반응조 내의 큰 고형물의 축적이나 스컴부상 등을 방지하기 위해 반응조 유입수에 스크린 등을 설치하는 것을 고려하여야 한다.

■ 연속회분식활성슬러지법의 특징
- 유입오수의 부하변동이 규칙성을 갖는 경우 비교적 안정된 처리를 행할 수 있다.
- 오수의 양과 질에 따라 포기시간과 침전시간을 비교적 자유롭게 설정할 수 있다.
- 활성슬러지 혼합액을 이상적인 정치상태에서 침전시켜 고액분리가 원활히 행해진다.
- 단일 반응조 내에서 1주기 중에 호기-무산소-혐기의 조건을 설정하여 질산화 및 탈질반응을 도모할 수 있다.
- 고부하형의 경우 다른 처리방식과 비교하여 적은 부지면적에 시설을 건설할 수 있다.
- 운전방식에 따라 사상균 벌킹을 방지할 수 있다.
- 침전 및 배출공정은 포기가 이루어지지 않은 상황에서 이루어짐으로 보통의 연속침전지와 비교해 스컴 등의 잔류가능성이 높다.

14. 수원의 구비요건에 대한 설명으로 옳지 않은 것은?

① 수량이 풍부해야 한다.
② 수질이 좋아야 한다.
③ 가능하면 낮은 곳에 위치해야 한다.
④ 상수 소비자에서 가까운 곳에 위치해야 한다.

[해답] ③

가능한 한 높은 곳에 위치해야 한다.

15. 정수장으로 유입되는 원수의 수역이 부영양화되어 녹색을 띠고 있다. 정수방법에서 고려할 수 있는 최우선적인 방법으로 적합한 것은?

① 침전지의 깊이를 깊게 한다.
② 여과사의 입경을 작게 한다.
③ 침전지의 표면적을 크게 한다.
④ 마이크로스트레이너로 전처리한다.

[해답] ④

마이크로스트레이너(microstrainer)
- 조류(부영양화)의 농도가 높은 원수의 부유물질량(SS) 제거용이다.
- 생물학적 처리를 거친 후의 2차 침전지 유출수 중의 SS의 추가 제거용으로 사용한다.

16. 도수 및 송수 관로 내의 최소유속을 정하는 주요 이유는?

① 관로 내면의 마모를 방지하기 위하여
② 관로 내 침전물의 퇴적을 방지하기 위하여
③ 양정에 소모되는 전력비를 절감하기 위하여
④ 수격작용이 발생할 가능성을 낮추기 위하여

[해답] ②

도송수관의 관내면 유속
- 모래입자의 침전을 방지하기 위해서 최소유속은 0.3 m/s로 한다.
- 도수관 내면이 마멸되지 않도록 가능한 평균 최대 한도는 3.0m/s 정도

17. 침전지의 유효수심이 4m, 1일 최대사용수량 450m³, 침전시간이 12시간일 경우 침전지의 수면적은?

① 56.3m²
② 42.7m²
③ 30.1m²
④ 21.3m²

[해답] ①

$$A = \frac{Q(\text{m}^3/\text{day})}{H(\text{m})} = \frac{450 \times \frac{12(\text{hr})}{24(\text{hr})}}{4} = 56.3\,\text{m}^2$$

기 00,13②,19①

18 어느 지역에 비가 내려 배수구역 내 가장 먼 지점에서 하수거의 입구까지 빗물이 유하하는 데 5분이 소요되었다. 하수거의 길이가 1200m, 관내 유속이 2m/s일 때 유달시간은?

① 5분 ② 10분
③ 15분 ④ 20분

[해답] ③

유달시간 $T = t + \dfrac{L}{V}$

- $V = 2\,\text{m/sec} = 120\,\text{m/min}$

$\therefore T = 5 + \dfrac{1200}{120} = 15$분

기 00,08②,11①,12④,13①,14④,15④,19①,24②

19 펌프의 비속도(비교회전도, Ns)에 대한 설명으로 틀린 것은?

① Ns가 작으면 유량이 많은 저양정의 펌프가 된다.
② 수량 및 전양정이 같다면 회전수가 클수록 Ns가 크게 된다.
③ 1m³/min의 유량을 1m 양수하는데 필요한 회전수를 의미한다.
④ Ns가 크게 되면 사류형으로 되고 계속 커지면 축류형으로 된다.

[해답] ①

- Ns값이 작으면 유량(토출량)이 적은 고양정의 펌프로 된다.
- Ns 값이 클수록 유량(토출량)이 많은 저양정의 펌프로 된다.

기 09④,19①

20 수격작용(Water Hammer)의 방지 또는 감소 대책에 대한 설명으로 틀린 것은?

① 펌프의 토출구에 완만히 닫을 수 있는 역지밸브를 설치하여 압력상승을 적게 한다.
② 펌프 설치위치를 높게 하고 흡입양정을 크게 한다.
③ 펌프에 플라이휠(fly wheel)을 붙여 펌프의 관성을 증가시켜 급격한 압력강하를 완화한다.
④ 토출측 관로에 압력조절수조를 설치한다.

[해답] ②

펌프 설치위치를 낮게 하고 흡입양정을 적게 하여 압력강하를 완화시켜 준다.

제2회 2019년 4월 27일

□□□ 기 98,12②,19②

01 완속여과지에 관한 설명으로 옳지 않은 것은?

① 응집제를 필수적으로 투입해야 한다.
② 여과속도는 4~5m/d를 표준으로 한다.
③ 비교적 양호한 원수에 알맞은 방법이다.
④ 급속여과지에 비해 넓은 부지면적을 필요로 한다.

| 해답 | ①

- 완속여과지는 약품처리를 하지 않으면서 정화기능을 안정되게 얻을 수 있다.
- 급속여과의 여과면적 : $150m^2$ 이하로 한다.
- 완속여과의 면적 : 큰 것($4000 \sim 5000m^2$)

□□□ 기 98,11①,14①,19②

02 하수처리장에서 480000L/day의 하수량을 처리한다. 펌프장의 습정(wet well)을 하수로 채우기 위하여 40분이 소요된다면 습정의 부피는?

① $13.3m^3$
② $14.3m^3$
③ $15.3m^3$
④ $16.3m^3$

| 해답 | ①

$V = Q \cdot T$

- $Q = 480000L/day = 480 m^3/day$
- $T = 40(min) \times \dfrac{1}{60(min) \times 24(hr)} = 0.0278 day$
- $\therefore Q = 480 \times 0.0278 = 13.3 m^3$

□□□ 기 11②,19②

03 합류식에서 하수 차집관로의 계획하수량 기준으로 옳은 것은?

① 계획시간 최대오수량 이상
② 계획시간 최대오수량의 3배 이상
③ 계획시간 최대오수량과 계획시간 최대우수량의 합 이상
④ 계획우수량과 계획시간 최대오수량의 합의 2배 이상

| 해답 | ②

합류식에서 하수 차집관거의 계획하수량은 계획시간 최대오수량의 3배 이상이다.

□□□ 기 19②

04 전양정 4m, 회전속도 100rpm, 펌프의 비교회전도가 920일 때 양수량은?

① $677m^3/min$
② $834m^3/min$
③ $975m^3/min$
④ $1134m^3/min$

| 해답 | ①

비교회전도 $N_s = N \dfrac{Q^{1/2}}{H^{3/4}}$

- $920 = 100 \times \dfrac{Q^{1/2}}{4^{3/4}}$
- $Q^{1/2} = 920 \times 4^{3/4} \times \dfrac{1}{100} = 26.02$
- $\therefore Q = 677.12 m^3/min$

■ [계산기 f_x 570 ES] **SOLVE 사용법**

$920 = 100 \times \dfrac{Q^{1/2}}{4^{3/4}}$

먼저 920 ☞ ALPHA ☞ SOLVE ☞ =

☞ $920 = 100 \times \dfrac{ALPHA\ X^{\frac{1}{2}}}{4^{\frac{3}{4}}}$

SHIFT ☞ SOLVE ☞ = ☞ 잠시 기다리면
$X = 677.12$ ∴ $Q = 677 m^3/min$

□□□ 기 03,07,19②

05 어느 도시의 급수 인구 자료가 표와 같을 때 등비증가법에 의한 2020년도의 예상 급수 인구는?

연도	인구(명)
2005	7200
2010	8800
2015	10200

① 약 12000명
② 약 15000명
③ 약 18000명
④ 약 21000명

| 해답 | ①

- $P_n = P_o(1+r)^n$
- 연평균 인구증가율 $r = \left(\dfrac{P_o}{P_t}\right)^{\frac{1}{t}} - 1$

$= \left(\dfrac{10200}{7200}\right)^{\frac{1}{10}} - 1 = 0.035$

$\therefore P_n = 10200(1+0.035)^5 = 12114$명

□□□ 기 01,19②

06 혐기성 상태에서 탈질산화(denitrification) 과정으로 옳은 것은?

① 아질산성 질소 → 질산성 질소 → 질소가스(N_2)
② 암모니아성 질소 → 질산성 질소 → 아질산성 질소
③ 질산성 질소 → 아질산성 질소 → 질소가스(N_2)
④ 암모니아성 질소 → 아질산성 질소 → 질산성 질소

| 해답 | ③
③ 혐기성 탈질산화 과정, ④ 호기성 질산화 과정

□□□ 기 19②

07 활성탄처리를 적용하여 제거하기 위한 주요항목으로 거리가 먼 것은?

① 질산성 질소
② 냄새유발물질
③ THM 전구물질
④ 음이온 계면활성제

| 해답 | ①
• 질산성 질소를 다량으로 함유한 경우에는 질산성 질소를 제거하기 위하여 이온교환처리, 생물처리, 막처리 등을 한다.
• 맛과 냄새의 제거방법은 폭기, 염소처리, 분말 또는 입상활성탄처리, 오존처리 등이 있다.
• 염소처리에서 생성되는 것이 발암성 물질인 현탁성 THM 전구물질이 생성되며, 오존, 이산화염소, 활성탄 흡착으로 제거가 가능하다.
• 음이온 계면활성제를 다량으로 함유한 경우에는 음이온 계면활성제를 제거하기 위하여 활성탄처리나 생물처리를 한다.

□□□ 기 96,97,98,00,01,03,04,10④,11①,13④,15②,18①②,19②

08 수원지에서부터 각 가정까지의 상수도 계통도를 나타낸 것으로 옳은 것은?

① 수원 – 취수 – 도수 – 배수 – 정수 – 송수 – 급수
② 수원 – 취수 – 배수 – 정수 – 도수 – 송수 – 급수
③ 수원 – 취수 – 도수 – 정수 – 송수 – 배수 – 급수
④ 수원 – 취수 – 도수 – 송수 – 정수 – 배수 – 급수

| 해답 | ③
수원 및 배수시설 – 취수 – 도수 – 정수 – 송수 – 배수 – 급수

□□□ 기 03,06,09,14②,19②

09 슬러지용량지표(SVI ; sludge volume index)에 관한 설명으로 옳지 않은 것은?

① 정상적으로 운전되는 반응조의 SVI는 50~150 범위이다.
② SVI는 포기시간, BOD 농도, 수온 등에 영향을 받는다.
③ SVI는 슬러지 밀도지수(SDI)에 100을 곱한 값을 의미한다.
④ 반응조 내 혼합액을 30분간 정체한 경우 1g의 활성슬러지 부유물질이 포함하는 용적을 mL로 표시한 것이다.

| 해답 | ③

슬러지밀도지수 $SDI = \dfrac{100}{SVI}$

∴ 슬러지용량지표 $SVI = \dfrac{100}{SDI}$

□□□ 기 97,00,01,03,06,11,12,17②,19②

10 양수량 15.5m³/min, 양정 24m, 펌프효율 80%, 여유율(α) 15%일 때 펌프의 전동기 출력은?

① 57.8kW
② 75.8kW
③ 78.2kW
④ 87.2kW

| 해답 | ④

축동력 $P_s = \dfrac{1000QH_p}{102\eta}$, 전동기 출력 $P = \dfrac{P_s(1+\alpha)}{\eta_b}$

• $Q = 15.5\,\text{m}^3/\text{min} = 0.258\,\text{m}^3/\text{sec}$
• $\eta = 0.80$

∴ 펌프의 축동력

$P_s = \dfrac{1000 \times 0.258 \times 24}{102 \times 0.80} = 75.88\,\text{kW}$

∴ 전동기의 출력 $P = 75.88(1+0.15) = 87.26\,\text{kW}$

□□□ 기 19②

11 하수관로 매설 시 관로의 최소 흙두께는 원칙적으로 얼마로 하여야 하는가?

① 0.5m
② 1.0m
③ 1.5m
④ 2.0m

| 해답 | ②
관거의 최소 흙두께는 원칙적으로 1m로 한다.

□□□ 기 07,11④,15①,19②

12 BOD 200mg/L, 유량 600m³/day인 어느 식료품 공장폐수가 BOD 10mg/L, 유량 2m³/s인 하천에 유입한다. 폐수가 유입되는 지점으로부터 하류 15km 지점의 BOD는? (단, 다른 유입원은 없고, 하천의 유속은 0.05m/s, 20℃ 탈산소계수(K_1)=0.1/day이고, 상용대수, 20℃ 기준이며 기타조건은 고려하지 않음.)

① 4.79mg/L ② 5.39mg/L
③ 7.21mg/L ④ 8.16mg/L

[해답] ①

$L_t = L_a 10^{-k_1 \cdot t}$

- $L_a = C_m = \dfrac{Q_i C_i + Q_w C_w}{Q_i + Q_w}$

- $Q_w = 2\,m^3/sec = 172800\,m^3/day$)

  $\therefore L_a = \dfrac{600 \times 200 + 172800 \times 10}{600 + 172800} = 10.657\,mg/L$

- $t = \dfrac{L}{V} = \dfrac{15000}{0.05 \times 60 \times 60 \times 24} = 3.472\,day$

  $\therefore L_t = L_a 10^{-k_1 \cdot t}$
  $= 10.657 \times 10^{-0.1 \times 3.472} = 4.79\,mg/L$

□□□ 기 96,09,13,19②,23②

13 다음 설명 중 옳지 않은 것은?

① BOD가 과도하게 높으면 DO는 감소하며 악취가 발생된다.
② BOD, COD는 오염의 지표로서 하수 중의 용존산소량을 나타낸다.
③ BOD는 유기물이 호기성 상태에서 분해·안정화되는 데 요구되는 산소량이다.
④ BOD는 보통 20℃에서 5일간 시료를 배양했을 때 소비된 용존산소량으로 표시된다.

[해답] ②

- 생화학적 산소요구량(BOD)은 유기물을 미생물에 의하여 호기성 상태에서 분해 안정화시키는 데 요구되는 산소량이다.
- 화학적 산소요구량(COD)는 유기물을 화학적으로 산화, 분해시킬 때 소요되는 산소량이다.
- BOD와 COD의 공통점은 소비된 산소의 양 측정으로 오염정도를 체크하는 방법이다.

□□□ 기 97,98,99,04,19②

14 도수 및 송수관을 자연유하식으로 설계할 때 평균유속의 허용최대한도는?

① 0.3m/s ② 3.0m/s
③ 13.0m/s ④ 30.0m/s

[해답] ②

도송수관의 관내면 유속
- 도수관 내면이 마멸되지 않는 가능한 평균 최대한도는 3.0m/s 정도이다.
- 모래입자의 침전을 방지하기 위해서 최소유속은 0.3m/s로 한다.

□□□ 기 19②,24③

15 호수나 저수지에 대한 설명으로 틀린 것은?

① 여름에는 성층을 이룬다.
② 가을에는 순환(turn over)을 한다.
③ 성층은 연직방향의 밀도차에 의해 구분된다.
④ 성층현상이 지속되면 하층부의 용존산소량이 증가한다.

[해답] ④

- 성층현상은 표수층과 저층의 온도차가 심한 겨울과 여름에 일어나며 특히 여름철에는 현저한 성층현상이 나타낸다.
- 성층현상이 지속되면 하층부의 용존산소량이 감소한다.

□□□ 기 19②

16 정수처리의 단위조작으로 사용되는 오존처리에 관한 설명으로 틀린 것은?

① 유기물질의 생분해성을 증가시킨다.
② 염소주입에 앞서 오존을 주입하면 염소의 소비량을 감소시킨다.
③ 오존은 자체의 높은 산화력으로 염소에 비하여 높은 살균력을 가지고 있다.
④ 인의 제거능력이 뛰어나고 수온이 높아져도 오존 소비량은 일정하게 유지된다.

[해답] ④

- 질소(N), 인(P) 등은 제거에 고도처리를 이용한다.
- 수온이 높아지면 오존 소비량이 증가하는 단점이 있다.

□□□ 기 95,03①,15①,19②

17 수원(水源)에 관한 설명 중 틀린 것은?

① 심층수는 대지의 정화작용으로 인해 무균 또는 거의 이에 가까운 것이 보통이다.
② 용천수는 지하수가 자연적으로 지표로 솟아나온 것으로 그 성질은 대개 지표수와 비슷하다.
③ 복류수는 어느 정도 여과된 것이므로 지표수에 비해 수질이 양호하며, 대개의 경우 침전지를 생략할 수 있다.
④ 천층수는 지표면에서 깊지 않은 곳에 위치하여 공기의 투과가 양호하므로 산화작용이 활발하게 진행된다.

| 해답 | ②

용천수는 지하수의 일종으로 성질은 대체로 지하수와 비슷하다.

□□□ 기 03,15①,19②

18 수격현상(water hammer)의 방지 대책으로 틀린 것은?

① 펌프의 급정지를 피한다.
② 가능한 한 관내 유속을 크게 한다.
③ 토출측 관로에 에어 챔버(air chamber)를 설치한다.
④ 토출관 측에 압력 조정용 수조(surge tank)를 설치한다.

| 해답 | ②

수격현상 방지방법
• 펌프에 플라이휠(fly wheel)을 붙여 펌프의 급격한 속도변화를 막고 급격한 압력강하를 완화한다.
• 토출측 관로에 압력조정수조를 설치해서 부압발생 장소에 물을 보급하여 부압을 방지함과 아울러 압력상승도 흡수한다.

□□□ 기 19②,24②

19 하수 슬러지처리 과정과 목적이 옳지 않은 것은?

① 소각 – 고형물의 감소, 슬러지 용적의 감소
② 소화 – 유기물과 분해하여 고형물 감소, 질적 안정화
③ 탈수 – 수분제거를 통해 함수율 85% 이하로 양의 감소
④ 농축 – 중간 슬러지 처리공정으로 고형물 농도의 감소

| 해답 | ④

농축
함수율을 감소시켜 고형물 농도를 증가시킴으로써 부피를 감소시키는 방법

□□□ 기 04,13,17①,19②

20 상수도 시설 중 접합정에 관한 설명으로 옳은 것은?

① 상부를 개방하지 않은 수로시설
② 복류수를 취수하기 위해 매설한 유공관로 시설
③ 배수지 등의 유입수의 수위조절과 양수를 위한 시설
④ 관로의 도중에 설치하여 주로 관로의 수압을 조절할 목적으로 설치하는 시설

| 해답 | ④

■ 접합정(接合井 ; Junction well)
• 2개 이상의 관로를 접합하기 위해 설치
• 도수거의 분기점, 합류점, 굴곡점 및 관수로에서 변화가 있는 곳에 설치하는 시설
• 관로의 수두를 분할해 적당한 수압을 유지하게 하여 관로의 흐름을 원활하게 하는 데 이용
■ 집수매거 : 하천의 제내지나 제외지 또는 호수 부근에 매설되어 주로 복류수를 취수하기 위하여 집수매거를 매설한다.

제3회 2019년 8월 4일

□□□ 기 98,10①,13②,19③

01 지표수를 수원으로 하는 경우의 상수시설 배치순서로 가장 적합한 것은?

① 취수탑 → 침사지 → 응집침전지 → 여과지 → 배수지
② 취수구 → 약품침전지 → 혼화지 → 여과지 → 배수지
③ 집수매거 → 응집침전지 → 침사지 → 여과지 → 배수지
④ 취수문 → 여과지 → 보통침전지 → 배수탑 → 배수관망

| 해답 | ①

지표수 → 취수 → 침사지 → 응집침전지 → 여과지 → 정수지 → 배수지 → 급수

□□□ 기 95,96,00,03,12④,18③,19③

02 하수도시설기준에 의한 우수관로 및 합류관로거의 표준 최소 관경(관지름)은?

① 200mm   ② 250mm
③ 300mm   ④ 350mm

| 해답 | ②

최소 관경(관지름)

관거의 종류	최소관경	최소유속	최대유속
오수관거	200mm	0.6m/sec	3.0m/sec
우수 및 합류 관거	250mm	0.8m/sec	3.0m/sec

□□□ 기 19③

03 관로별 계획하수량에 대한 설명으로 옳지 않은 것은?

① 우수관로는 계획우수량으로 한다.
② 차집관로는 우천 시 계획오수량으로 한다.
③ 오수관로의 계획오수량은 계획 1일 최대오수량으로 한다.
④ 합류식 관로에서는 계획시간 최대오수량에 계획우수량을 합한 것으로 한다.

| 해답 | ③

• 오수관로 : 계획시간 최대오수량으로 한다.
• 합류식에서 우천 시 계획오수량은 원칙적으로 계획시간 최대오수량의 3배 이상으로 한다.

□□□ 기 99,13②,15④,19③

04 계획오수량을 생활오수량, 공장폐수량 및 지하수량으로 구분할 때, 이것에 대한 설명으로 옳지 않은 것은?

① 지하수량은 1인 1일 최대오수량의 20% 이하로 한다.
② 계획 1일 평균오수량은 계획 1일 최대오수량의 70~80%를 표준으로 한다.
③ 합류식에서 우천 시 계획오수량은 원칙적으로 계획시간 최대오수량의 2배 이상으로 한다.
④ 계획 1일 최대오수량은 1인 1일 최대오수량에 계획인구를 곱한 후, 여기에 공장폐수량, 지하수량 및 기타 배수량을 더한 것으로 한다.

| 해답 | ③

합류식에서 우천 시 계획오수량은 원칙적으로 계획시간 최대오수량의 3배 이상으로 한다.

□□□ 기 03,10④,11①,13④,15②,19③,21①

05 상수도의 계통을 올바르게 나타낸 것은?

① 취수 → 송수 → 도수 → 정수 → 급수 → 배수
② 취수 → 도수 → 정수 → 송수 → 배수 → 급수
③ 취수 → 정수 → 도수 → 급수 → 배수 → 송수
④ 도수 → 취수 → 정수 → 송수 → 배수 → 급수

| 해답 | ②

취수 − 도수 − 정수 − 송수 − 배수 − 급수

□□□ 기 08,16④,19③,21③

06 일반적으로 적용하는 펌프의 특성곡선에 포함되지 않는 것은?

① 토출량 − 양정 곡선
② 토출량 − 효율 곡선
③ 토출량 − 축동력 곡선
④ 토출량 − 회전도 곡선

| 해답 | ④

펌프의 특성곡선
양정(H), 효율(η), 축동력(P)이 펌프용량(Q)의 변화에 따라 변하는 관계를 각기의 최대효율점에 대한 비율로 나타낸 곡선

□□□ 기 14②,19③
07 정수장 배출수 처리의 일반적인 순서로 옳은 것은?

① 농축→조정→탈수→처분
② 농축→탈수→조정→처분
③ 조정→농축→탈수→처분
④ 조정→탈수→농축→처분

| 해답 | ③
상수의 배출수 처리단계
조정 - 농축 - 탈수 - 처분 단계

□□□ 기 03,07,13②,19③
08 원수의 알칼리도가 50ppm, 탁도가 500ppm일 때 황산알루미늄의 소비량은 60ppm이다. 이러한 원수가 48000m³/day로 흐를 때 6% 용액의 황산알루미늄의 1일 필요량은? (단, 액체의 비중을 1로 가정한다.)

① 48.0m³/day ② 50.6m³/day
③ 53.0m³/day ④ 57.6m³/day

| 해답 | ①
황산알루미늄의 1일 필요량
$= \dfrac{원수량 \times 황산알루미늄\ 소비량}{유효성분}$

• 황산알루미늄 소비량
$= 60ppm = 60mg/L = 60 \times 10^{-3} kg/m^3$
∴ 황산알루미늄의 1일 필요량
$= \dfrac{48000 \times 60 \times 10^{-3}}{0.06}$
$= 48000 kg/day = 48.0 t/day$
∴ $\dfrac{48(t/day)}{1t/m^3} = 48 m^3/day$

□□□ 기 99,11②,19③
09 일반적인 정수과정으로서 옳은 것은?

① 스크린→소독→여과→응집침전
② 스크린→응집침전→여과→소독
③ 여과→응집침전→스크린→소독
④ 응집침전→여과→소독→스크린

| 해답 | ②
상수의 정수과정
스크린→응집침전→여과→살균

□□□ 기 16②,19③
10 막여과시설의 약품세척에서 무기물질 제거에 사용되는 약품이 아닌 것은?

① 염산   ② 황산
③ 구연산   ④ 차아염소산나트륨

| 해답 | ④
제거 가능한 물질
• 무기물질 : 염산, 황산, 구연산, 옥살산, 산세제
• 유기물질 : 수산화나트륨, 차아염소산나트륨, 알칼리세제

□□□ 기 00,15④,19③
11 어느 하천의 자정작용을 나타낸 아래 용존산소곡선을 보고 어떤 물질이 하천으로 유입되었다고 보는 것이 가장 타당한가?

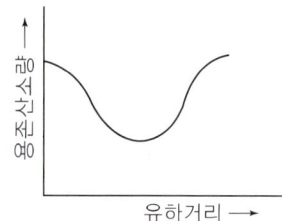

① 생활하수
② 질산성질소
③ 농도가 매우 낮은 폐알칼리
④ 농도가 매우 낮은 폐산(廢酸)

| 해답 | ①
용존부족곡선은 하천에서 DO 농도가 생활하수의 흐름에 따라 변화하는가를 나타낸 곡선으로 하천에서는 유하거리와 경과시간은 거의 같다.

□□□ 기 97,09,16①,17④,19③
12 하수관로 설계기준에 대한 설명으로 옳지 않은 것은?

① 관경은 하류로 갈수록 크게 한다.
② 유속은 하류로 갈수록 작게 한다.
③ 경사는 하류로 갈수록 완만하게 한다.
④ 오수관로의 유속은 0.6~3m/s가 적당하다.

| 해답 | ②
유속은 하류로 갈수록 점차 크게 설계한다.

□□□ 기 96,19③

13 지름 300mm의 주철관을 설치할 때, 40kgf/cm²의 수압을 받는 부분에서는 주철관의 두께는 최소한 얼마로 하여야 하는가?
(단, 허용인장응력 σ_{ta} =1400kgf/cm²이다.)

① 3.1mm ② 3.6mm
③ 4.3mm ④ 4.8mm

| 해답 | ③

소요두께 $t = \dfrac{pd}{2\sigma_{ta}} = \dfrac{40 \times 300}{2 \times 1400} = 4.3\text{mm}$

□□□ 기 01,19③

14 관로를 개수로와 관수로로 구분하는 기준은?

① 자유수면 유무 ② 지하매설 유무
③ 하수관과 상수관 ④ 콘크리트관과 주철관

| 해답 | ①

수리학적으로 수로의 자유수면 여부에 따라서 개수로식과 관수로식으로 분류된다.

□□□ 기 03,16②,19③

15 활성슬러지법의 여러 가지 변법 중에서 잉여슬러지량을 현저하게 감소시키고 슬러지 처리를 용이하게 하기 위해 개발된 방법으로서 포기시간이 16~24시간, F/M비가 0.03~0.05kgBOD/kgSS·day 정도의 낮은 BOD-SS부하로 운전하는 방식은?

① 장기포기법 ② 순산소포기법
③ 계단식 포기법 ④ 표준활성슬러지법

| 해답 | ①

장기포기법의 특징
• 활성슬러지가 자산화되기 때문에 잉여슬러지의 발생량은 표준활성슬러지법에 비해 적다.
• 과잉포기로 인하여 슬러지의 분산이 야기되거나 슬러지의 활성도가 저하되는 경우가 많다.
• 질산화가 진행되면서 pH의 저하가 발생한다.
• 기본적으로 표준활성슬러지법과 동일하지만 포기시간 16~24시간, F/M비 0.03~0.05kg/SS kg·day 정도의 낮은 BOD-SS부하로 운전하고, 슬러지 중의 미생물의 침전조에서 슬러지의 침강성이 좋지 않으므로 처리수질이 불량할 때가 많다.

□□□ 기 99,03,08,13④,19③

16 활성슬러지법에서 MLSS가 의미하는 것은?

① 폐수 중의 부유물질
② 방류수 중의 부유물질
③ 포기조 내의 부유물질
④ 반송슬러지의 부유물질

| 해답 | ③

MLSS
포기조 내의 혼합액 부유물질로써 포기조 내의 미생물을 말한다.

□□□ 기 19③

17 먹는 물의 수질기준 항목인 화학물질과 분류항목의 조합이 옳지 않은 것은?

① 황산이온 – 심미적
② 염소이온 – 심미적
③ 질산성질소 – 심미적
④ 트리클로로에틸렌 – 건강

| 해답 | ③

• 건강 : 질산성질소, 트리클로로에틸렌, 납, 수은, 카드뮴
• 심미적 : 황산이온, 염소이온, 탁도, 색도, 경도, 수소이온농도

□□□ 기 00,10①,16②,19③

18 상수도 관로시설에 대한 설명 중 옳지 않은 것은?

① 배수관 내의 최소동수압은 150kPa이다.
② 상수도의 송수방식에는 자연유하식과 펌프가압식이 있다.
③ 도수거가 하천이나 깊은 계곡을 횡단할 때는 수로교를 가설한다.
④ 급수관을 공공도로에 부설할 경우 다른 매설물과의 간격을 15cm 이상 확보한다.

| 해답 | ④

급수관을 공공도로에 부설할 경우 다른 매설물과의 간격을 30cm 이상 확보한다.

□□□ 기 16①,19③,24③

19 호수의 부영양화에 대한 설명으로 옳지 않은 것은?

① 부영양화의 주된 원인물질은 질소와 인이다.
② 조류의 이상증식으로 인하여 물의 투명도가 저하된다.
③ 조류의 발생이 과다하면 정수공정에서 여과지를 폐색시킨다.
④ 조류제거 약품으로는 일반적으로 황산알루미늄을 사용한다.

| 해답 | ④
황산알루미늄($Al_2(SO_4)_3$)은 응집처리를 위한 응집제이다.

□□□ 19③

20 다음과 같은 조건으로 입자가 복합되어 있는 플록의 침강속도를 Stokes의 법칙으로 구하면 전체가 흙 입자로 된 플록의 침강속도에 비해 침강속도는 몇 % 정도인가? (단, 비중이 2.5인 흙 입자의 전체부피 중 차지하는 부피는 50%이고, 플록의 나머지 50% 부분의 비중은 0.9이며, 입자의 지름은 10mm이다.)

① 38%
② 48%
③ 58%
④ 68%

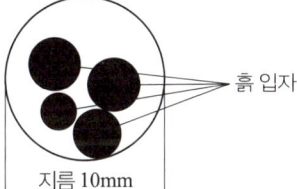
흙 입자
지름 10mm

| 해답 | ④
침강속도의 비
침강속도비는 비중의 비(比)
$$V = \frac{V_{50}}{V_{전체}}$$
$$= \frac{2.5 \times 0.5 + 0.9 \times 0.5}{2.5} = 0.68 = 68\%$$

제1·2회 2020년 6월 6일

□□□ 기 96,97,01,10①,13①,20②

01 하수도 계획의 기본적 사항에 관한 설명으로 옳지 않은 것은?

① 계획구역은 계획목표연도까지 시가화 예상구역을 포함하여 광역적으로 정하는 것이 좋다.
② 하수도 계획의 목표연도는 시설의 내용연수, 건설 기간 등을 고려하여 50년을 원칙으로 한다.
③ 신시가지 하수도 계획의 수립 시에는 기존시가지를 포함하여 종합적으로 고려해야 한다.
④ 공공수역의 수질보전 및 자연환경보전을 위하여 하수도 정비를 필요로 하는 지역을 계획구역으로 한다.

| 해답 | ②
하수도 계획의 목표연도는 시설의 내용연수, 건설기간 등을 고려하여 20년을 원칙으로 한다.

□□□ 기 13②,15②,17①,20②

02 다음 생물학적 처리방법 중 생물막 공법은?

① 산화구법　　② 살수여상법
③ 접촉안정법　　④ 계단식 폭기법

| 해답 | ②
생물막공법은 대기, 하수 및 생물막의 상호 접촉양식에 따라 살수여상법, 회전원판법, 접촉산화법 및 침전여과형의 호기성 여상법으로 분류된다.

□□□ 기 14②,20②

03 금속이온 및 염소이온(염화나트륨 제거율 93% 이상)을 제거할 수 있는 막여과공법은?

① 역삼투법　　② 나노여과법
③ 정밀여과법　　④ 한외여과법

| 해답 | ①
역삼투법
반투막과 삼투압을 이용하여 해수에 용해되어 있는 염분을 제거하여 순도가 높은 담수를 얻는 프로세스이다.

□□□ 기 16①,20②,24③

04 저수시설의 유효저수량 결정방법이 아닌 것은?

① 합리식
② 물수지계산
③ 유량도표에 의한 방법
④ 유량누가곡선도표에 의한 방법

| 해답 | ①
저수시설의 유효저수량 결정
• 계획기준년의 경우 : 물수지를 계산하여 결정
• 예비검토를 하는 경우 : 유량도표에 의한 방법, 유량누가곡선도표에 의한 방법(Ripple's method)

□□□ 기 03,06,10②,11④,20②,25②

05 먹는 물에 대장균이 검출될 경우 오염수로 판정되는 이유로 옳은 것은?

① 대장균은 병원균이기 때문이다.
② 대장균은 반드시 병원균과 공존하기 때문이다.
③ 대장균은 번식 시 독소를 분비하여 인체에 해를 끼치기 때문이다.
④ 사람이나 동물의 체내에 서식하므로 병원성 세균의 존재 추정이 가능하기 때문이다.

| 해답 | ④
대장균군
• 소화기 계통의 전염병은 항상 대장균군과 함께 존재하며 검출이 쉽다.
• 인체의 배설물 중에 대량으로 존재하며 병원균보다 저항력이 강하다.
• 검사법이 다른 이화학적 검사법보다 간편하고 정확하다.

□□□ 기 12①,20②

06 정수처리에서 염소소독을 실시할 경우 물이 산성일수록 살균력이 커지는 이유는?

① 수중의 OCl 감소　　② 수중의 OCl 증가
③ 수중의 HOCl 감소　　④ 수중의 HOCl 증가

| 해답 | ④
염소소독을 실시할 경우 수중의 물이 산성일수록 HOCl이 증가하여 살균력이 커진다.

□□□ 기 07,11①,20②

07 함수율 95%인 슬러지를 농축시켰더니 최초부피의 1/3이 되었다. 농축된 슬러지의 함수율은? (단, 농축 전후의 슬러지 비중은 1로 가정)

① 65% ② 70%
③ 85% ④ 90%

| 해답 | ③

$V_1(100 - W_1) = V_2(100 - W_2)$ 에서

$$\frac{V_1}{V_2} = \frac{100 - W_2}{100 - W_1}$$

$$\frac{1}{\frac{1}{3}} = \frac{100 - W_2}{100 - 95}$$

참고 SOLVE 사용 ∴ $W_2 = 85\%$

□□□ 기 02,20②

08 정수장의 약품침전을 위한 응집제로서 사용되지 않는 것은?

① PACl ③ 황산철
③ 활성탄 ④ 황산알루미늄

| 해답 | ③

- 정수장의 약품 응집제
  황산알루미늄, 폴리염화알루미늄(PACl), 황산철(제1철, 제2철)
- 활성탄 : 이취미, 페놀류, 유기물, 색도, THM 제거, 합성 세제의 제거 등에 사용된다.

□□□ 기 97,20②

09 원형침전지의 처리유량이 $10200m^3/day$, 위어의 월류부하가 $169.2m^3/m-day$라면 원형침전지의 지름은?

① 18.2m ② 18.5m
③ 19.2m ④ 20.5m

| 해답 | ③

월류부하$(m^3/m \cdot day) = \dfrac{\text{유입유량}(m^3/day)}{\text{월류위어의 길이}(m)}$

- 월류위어의 길이 $L = \dfrac{10200}{169.2} = 60.28m$
- $L = \pi D$에서 ∴ $D = \dfrac{L}{\pi} = \dfrac{60.28}{\pi} = 19.2m$

□□□ 기 95,20②

10 송수에 필요한 유량 $Q = 0.7m^3/s$, 길이 $l = 100m$, 지름 $d = 40cm$, 마찰손실계수 $f = 0.03$인 관을 통하여 높이 30m에 양수할 경우 필요한 동력(HP)은? (단, 펌프의 합성효율은 80%이며, 마찰 이외의 손실은 무시한다.)

① 122HP ② 244HP
③ 489HP ④ 978HP

| 해답 | ③

$$P_s = \frac{13.33 \, Q H_p}{\eta}$$

- $V = \dfrac{Q}{A} = \dfrac{0.7}{\dfrac{\pi \times 0.4^2}{4}} = 5.57 m/sec$

- $h_L = f \dfrac{L}{D} \cdot \dfrac{V^2}{2g}$

  $= 0.03 \times \dfrac{100}{0.4} \cdot \dfrac{5.57^2}{2 \times 9.8} = 11.87m$

- $H_P = 30 + 11.87 = 41.87m$

  ∴ $P_s = \dfrac{13.33 \times 0.7 \times 41.87}{0.80} = 489 HP$

□□□ 기 99,00,03,09,10,20②

11 1/1000의 경사로 묻힌 지름 2400mm의 콘크리트 관 내에 20℃의 물이 만관상태로 흐를 때의 유량은? (단, Manning 공식을 적용하며, 조도계수 $n = 0.015$)

① $6.78m^3/s$ ② $8.53m^3/s$
③ $12.71m^3/s$ ④ $20.57m^3/s$

| 해답 | ①

$$Q = A \cdot V = A \cdot \frac{1}{n} \cdot R^{2/3} \cdot I^{1/2}$$

- $A = \dfrac{\pi D^2}{4} = \dfrac{\pi \times 2.4^2}{4} = 4.52m^2$

- 경심 $R = \dfrac{D}{4} = \dfrac{2.4}{4}$

- 동수경사 $I = \dfrac{1}{1000}$

∴ $Q = 4.52 \times \dfrac{1}{0.015} \times \left(\dfrac{2.4}{4}\right)^{2/3} \times \left(\dfrac{1}{1000}\right)^{1/2}$

$= 6.78 m^3/sec$

□□□ 기 97,20②

12 정수장 침전지의 침전효율에 영향을 주는 인자에 대한 설명으로 옳지 않은 것은?

① 수온이 낮을수록 좋다.
② 체류시간이 길수록 좋다.
③ 입자의 지름이 클수록 좋다.
④ 침전지의 수표면적이 클수록 좋다.

| 해답 | ①

침강속도 $V_s = \dfrac{g(\rho_s - \rho)d^2}{18\mu}$

- 수온이 높을수록 점성도는 작으므로 침강속도는 빠르다.
- 점성도(μ)가 낮을수록 침강속도는 빨라진다.
- 침강속도는 입자 직경의 제곱에 비례한다.
- 입자의 밀도(ρ)가 클수록 침강속도는 빨라진다.

□□□ 기 20②

13 대기압이 10.33m, 포화수증기압이 0.238m, 흡입관 내의 전 손실수두가 1.2m, 토출관의 전 손실수두가 5.6m, 펌프의 공동현상계수(σ)가 0.8이라 할 때, 공동현상을 방지하기 위하여 펌프가 흡입수면으로부터 얼마의 높이까지 위치할 수 있겠는가?

① 약 0.8m까지
② 약 2.4m까지
③ 약 3.4m까지
④ 약 4.5m까지

| 해답 | ②

$h_{SV} = H_a \times \sigma - \dfrac{(H_p - H_s + h_1)}{\sigma}$

$= 10.33 \times 0.80 - \left(\dfrac{0.238 - 1.2 + 5.6}{0.8}\right) = 2.47\,\text{m}$

□□□ 기 00,01,02,03,04,05,07,10,12,15①,17①,20②,24①

14 우수가 하수관로로 유입하는 시간이 4분, 하수관로에서의 유하시간이 15분, 이 유역의 유역면적이 4km², 유출계수는 0.6, 강우강도식 $I = \dfrac{6500}{t+40}$ mm/h일 때 첨두유량은? (단, t의 단위 : [분])

① 73.4m³/s
② 78.8m³/s
③ 85.0m³/s
④ 98.5m³/s

| 해답 | ①

- 첨두유량 $Q = \dfrac{1}{360}CIA$
- $T = t + \dfrac{L}{V}$ = 유입시간 + 유하시간 = 4 + 15 = 19분
- $I = \dfrac{6500}{t+40} = \dfrac{6500}{19+40} = 110.17\,\text{mm}$
- $A = 4\,\text{km}^2 = 400\,\text{ha}$

∴ $Q = \dfrac{1}{360} \times 0.6 \times 110.17 \times 400 = 73.45\,\text{m}^3/\text{sec}$

□□□ 기 97,08,10,12②,20②

15 하수도시설에 관한 설명으로 옳지 않은 것은?

① 하수 배제방식은 합류식과 분류식으로 대별할 수 있다.
② 하수도시설은 관로시설, 펌프장시설 및 처리장시설로 크게 구별할 수 있다.
③ 하수배제는 자연유하를 원칙으로 하고 있으며 펌프시설도 사용할 수 있다.
④ 하수처리장시설은 물리적 처리시설을 제외한 생물학적, 화학적 처리시설을 의미한다.

| 해답 | ④

하수처리장시설은 물리학적, 생물학적, 화학적 처리시설을 의미한다.

□□□ 기 97,00,08,15①,16④,20②,22①

16 계획오수량에 대한 설명으로 옳지 않은 것은?

① 오수관로의 설계에는 계획시간 최대오수량을 기준으로 한다.
② 계획오수량의 산정에서는 일반적으로 지하수의 유입량은 무시할 수 있다.
③ 계획 1일 평균오수량은 계획 1일 최대오수량의 70~80%를 표준으로 한다.
④ 계획시간 최대오수량은 계획 1일 최대오수량의 1시간당 수량의 1.3~1.8배를 표준으로 한다.

| 해답 | ②

계획 오수량은 생활하수량(가정오수량 및 영업오수량), 공장 폐수량 및 지하수 유입량을 포함한다.

□□□ 기 08,12④,16④,20②

17 배수 및 급수시설에 관한 설명으로 틀린 것은?

① 배수본관은 시설의 신뢰성을 높이기 위해 2개열 이상으로 한다.
② 배수지의 건설에는 토압, 벽체의 균열, 지하수의 부상, 환기 등을 고려한다.
③ 급수관 분기지점에서 배수관 내의 최대정수압은 1000kPa 이상으로 한다.
④ 관로공사가 끝나면 시공의 적합 여부를 확인하기 위하여 수압시험 후 통수한다.

| 해답 | ③

배수관의 수압
• 급수관을 분기하는 지점에서 배수관 내의 최소동수압은 150kPa 이상을 확보한다.
• 급수관을 분기하는 지점에서 배수관 내의 최대정수압은 700kPa을 초과하지 않아야 한다.

□□□ 기 09,15①,20②

18 상수도 취수시설 중 침사지에 관한 시설기준으로 틀린 것은?

① 길이는 폭의 3~8배를 표준으로 한다.
② 침사지의 체류시간은 계획취수량의 10~20분을 표준으로 한다.
③ 침사지의 유효수심은 3~4m를 표준으로 한다.
④ 침사지 내의 평균유속은 20~30cm/s를 표준으로 한다.

| 해답 | ④

침사지 제원

구분	기준
체류시간	10~20분
평균유속	2~7cm/sec
유효수심	3~4m
침사지 길이	폭의 3~8배
퇴사층	0.5~1.0m

∴ 침사지 내에서의 유속은 2~7cm/sec가 되도록 한다.

□□□ 기 20②

19 하수관로의 매설방법에 대한 설명으로 틀린 것은?

① 실드공법은 연약한 지반에 터널을 시공할 목적으로 개발되었다.
② 추진공법은 실드공법에 비해 공사기간이 짧고 공사비용도 저렴하다.
③ 하수도 공사에 이용되는 터널공법에는 개착공법, 추진공법, 실드공법 등이 있다.
④ 추진공법은 중요한 지하매설물의 횡단공사 등으로 개착공법으로 시공하기 곤란할 때 가끔 채용된다.

| 해답 | ③

연약한 지반에서 터널(tunnel)을 만드는 데 적합한 공법은 실드공법이다.

□□□ 기 97,16④,20②

20 계획급수량을 산정하는 식으로 옳지 않은 것은?

① 계획 1인 1일 평균급수량= 계획 1인 1일 평균사용수량/계획첨두율
② 계획 1일 최대급수량= 계획 1일 평균급수량×계획첨두율
③ 계획 1일 평균급수량= 계획 1인 1일 평균급수량×계획급수인구
④ 계획 1일 최대급수량= 계획 1인 1일 최대급수량×계획급수인구

| 해답 | ①

• 계획 1인 1일 평균급수량
$$= \frac{1년간\ 총급수량}{급수인구 \times 365}$$
$$= \frac{계획\ 1인\ 1일\ 평균사용수량}{계획유효율}$$
• 계획 1일 평균급수량은 계획 1인 1일 평균급수량에 계획급수인구를 곱해 산정한다.
• 계획 1일 평균급수량
$$= \frac{계획\ 1일\ 최대급수량}{계획첨두율}$$

제3회 2020년 8월 22일

□□□ 기 08,12,20③

01 하수관로의 유속 및 경사에 대한 설명으로 옳은 것은?

① 유속은 하류로 갈수록 점차 작아지도록 설계한다.
② 관로의 경사는 하류로 갈수록 점차 커지도록 설계한다.
③ 오수관로는 계획 1일 최대오수량에 대하여 유속을 최소 1.2m/s로 한다.
④ 우수관로 및 합류식관로는 계획우수량에 대하여 유속을 최대 3.0m/s로 한다.

| 해답 | ④

- 유속은 하류로 갈수록 점차 증가시켜야 한다.
- 관로의 경사는 하류로 갈수록 점차 감소시켜야 한다.
- 오수관거는 계획시간최대 오수량에 대하여 유속을 최소 0.6m/sec, 최대 3.0m/sec로 한다.
- 우수관거 및 합류관거는 계획우수량에 대하여 유속을 최소 0.8m/sec, 최대 3.0m/sec로 한다.

□□□ 기 96,00,09,16,20③

02 상수도 계통의 도수시설에 관한 설명으로 옳은 것은?

① 수원에서 취한 물을 정수장까지 운반하는 시설을 말한다.
② 정수 처리된 물을 수용가에서 공급하는 시설을 말한다.
③ 적당한 수질의 물을 수원지에서 모아서 취하는 시설을 말한다.
④ 정수장에서 정수 처리된 물을 배수지까지 보내는 시설을 말한다.

| 해답 | ①

- 취수시설 : 적당한 수질의 물을 수원지에서 모아서 취하는 시설
- 도수시설 : 수원에서 취수한 물을 정수장까지 공급하는 시설
- 송수시설 : 정수장으로부터 배수지까지 정수를 수송하는 시설
- 배수시설 : 정수장에서 정수 처리된 물을 배수지까지 보내는 시설
- 급수시설 : 정수 처리된 물을 수용가에게 공급하는 시설
- 취수시설 →(도수시설/도수관)→ 정수시설 →(송수시설/송수관)→ 배수시설

□□□ 기 20③

03 배수지의 적정 배치와 용량에 대한 설명으로 옳지 않은 것은?

① 배수상 유리한 높은 장소를 선정하여 배치한다.
② 용량은 계획1일최대급수량의 18시간분 이상을 표준으로 한다.
③ 시설물의 배치에는 가능한 한 안정되고 견고한 지반의 장소를 선정한다.
④ 가능한 한 비상시에도 단수 없이 급수할 수 있도록 배수지 용량을 설정한다.

| 해답 | ②

배수지의 유효용량
계획 1일 최대급수량의 12시간분 이상을 표준으로 한다.

□□□ 기 20③

04 다음 중 오존처리법을 통해 제거할 수 있는 물질이 아닌 것은?

① 철
② 망간
③ 맛·냄새물질
④ 트리할로메탄(THM)

| 해답 | ④

■ 오존처리법의 효과
- 철, 망간의 제거능력이 크다.
- 맛, 냄새물질과 색도제거의 효과가 우수하다.

■ 염소소독공정에서 발암물질인 트리할로메탄(THM) 등의 유기염소화합물을 생성한다.

□□□ 기 14,20③

05 급수량에 관한 설명으로 옳은 것은?

① 시간최대급수량은 일최대급수량보다 작게 나타난다.
② 계획 1일 평균급수량은 시간최대급수량에 부하율을 곱해 산정한다.
③ 소화용수는 일최대급수량에 포함되므로 별도로 산정하지 않는다.
④ 계획 1일 최대급수량은 계획 1일 평균급수량에 계획첨두율을 곱해 산정한다.

| 해답 | ④

계획 1일 최대급수량은 계획 1인 1일 최대급수량에 계획급수인구를 곱하여 결정할 수 있다.

□□□ 기 08,20③

06 하수 고도처리 중 하나인 생물학적 질소 제거 방법에서 질소의 제거 직전 최종 형태(질소제거의 최종 산물)는?

① 질소가스(N_2)
② 질산염(NO_3^-)
③ 아질산염(NO_2^-)
④ 암모니아성 질소(NH_4^+)

| 해답 | ①
생물학적 질산화－탈질화방법
질소의 형태를 질산염으로 산화시켜 다시 질소가스(N_2)로 환원시켜 제거하는 방법이다.

□□□ 기 14,17①,20③

07 오수 및 우수의 배제방식인 분류식과 합류식에 대한 설명으로 틀린 것은?

① 합류식은 관의 단면적이 크기 때문에 폐쇄의 염려가 적다.
② 합류식은 일정량 이상이 되면 우천 시 오수가 월류할 수 있다.
③ 분류식은 별도의 시설 없이 오염도가 높은 초기우수를 처리장으로 유입시켜 처리한다.
④ 분류식은 2계통을 건설하는 경우, 합류식에 비하여 일반적으로 관거의 부설비가 많이 든다.

| 해답 | ③
분류식은 강우초기의 노면 세정수는 노면의 오염물질이 포함된 세정수로 직접 하천 등으로 유입된다.

□□□ 기 95,99,01,20③

08 조류(algae)가 많이 유입되면 여과지를 폐쇄시키거나 물에 맛과 냄새를 유발시키기 때문에 이를 제거해야 하는데, 조류제거에 흔히 쓰이는 대표적인 약품은?

① $CaCO_3$
② $CuSO_4$
③ $KMnO_4$
④ $K_2Cr_2O_7$

| 해답 | ②
조류에는 황산동($CuSO_4$)이 효과적이며, 약효의 지속성이 좋아 식물성 플랑크톤의 제거에 적합하다.

□□□ 기 98,20③

09 구형수로가 수리학상 유리한 단면을 얻으려 할 경우 폭이 28m라면 경심(R)은?

① 3m
② 5m
③ 7m
④ 9m

| 해답 | ③
직사각형 단면
• 수로폭 B가 수심 h의 2배가 되는 단면이 수리상 유리한 단면이다. 즉, $B=2h$, $h=\dfrac{B}{2}$이다.

• 경심 $R=\dfrac{면적(A)}{윤변(S)}$

$h=\dfrac{B}{2}=\dfrac{28}{2}=14m$

∴ $R=\dfrac{14\times 28}{14\times 2+28}=7m$

□□□ 기 20③

10 다음 중 계획 1일 최대급수량을 기준으로 하지 않는 시설은?

① 배수시설
② 송수시설
③ 정수시설
④ 취수시설

| 해답 | ①
• 계획 1일 최대급수량
취수시설, 도수시설, 정수시설, 송수시설 기준
• 계획 1시간 최대급수량
배수시설 기준이 된다.

Remember
• 계획 1일 최대급수량
＝계획 1인 1일 최대급수량×계획급수인구
＝계획 1일 평균급수량×계획첨두율
• 계획 1일 평균급수량
＝$\dfrac{계획\ 1일\ 최대급수량}{계획첨두율}$

☐☐☐ 기 16④,20③,22②

11 하수처리수 재이용 기본계획에 대한 설명으로 틀린 것은?

① 하수처리 재이용수는 용도별 요구되는 수질기준을 만족하여야 한다.
② 하수처리수 재이용지역은 가급적 해당지역 내의 소규모 지역 범위로 한정하여 계획한다.
③ 하수처리 재이용수의 용도는 생활용수, 공업용수, 농업용수, 유지용수를 기본으로 계획한다.
④ 하수처리수 재이용량은 해당지역 물 재이용 관리계획과에서 제시된 재이용량을 참고하여 계획하여야 한다.

| 해답 | ②
하수처리 재이용지역은 해당지역뿐만 아니라 인근지역을 포함하는 광역적 범위로 검토·계획한다.

☐☐☐ 기 02②,20③

12 아래와 같이 구성된 지역의 총괄유출계수는?

- 주거지역 – 면적 : 4ha, 유출계수 : 0.6
- 상업지역 – 면적 : 2ha, 유출계수 : 0.8
- 녹지 – 면적 : 1ha, 유출계수 : 0.2

① 0.42
② 0.53
③ 0.60
④ 0.70

| 해답 | ③

평균유출계수 $C = \dfrac{\sum C_i \cdot A_i}{\sum A_i}$

$\therefore C = \dfrac{0.6 \times 4 + 0.8 \times 2 + 0.2 \times 1}{4+2+1} = 0.60$

☐☐☐ 20③,24①

13 알칼리도가 30mg/L의 물에 황산알루미늄을 첨가했더니 20mg/L의 알칼리도가 소비되었다. 여기에 $Ca(OH)_2$를 주입하여 알칼리도를 15mg/L로 유지하기 위해 필요한 $Ca(OH)_2$는?
(단, $Ca(OH)_2$ 분자량 74, $CaCO_3$ 분자량 100)

① 1.2mg/L
② 3.7mg/L
③ 6.2mg/L
④ 7.4mg/L

| 해답 | ②

$Ca(CH)_2$
= (소비된 알칼리도 − 주입된 알칼리도) × $\dfrac{Ca(OH)_2}{CaCO_3}$
= $(20-15) \times \dfrac{74}{100} = 3.7\,mg/L$

☐☐☐ 기 17④,20③,25②

14 다음 상수도관의 관종 중 내식성이 크고 중량이 가벼우며 손실수두가 적으나 저온에서 강도가 낮고 열이나 유기용제에 약한 것은?

① 흄관
② 강관
③ PVC관
④ 석면 시멘트관

| 해답 | ③

경질폴리염화비닐(PVC)관
■ 장점
- 내식성, 내전식성이 크다.
- 가볍고 시공이 용이하다.
- 가격이 저렴하다.

■ 단점
- 강도가 낮다.
- 충격에 약하다.
- 유기용제, 열, 자외선에 약하다.

☐☐☐ 기 20③

15 하수처리계획 및 재이용계획의 계획오수량에 대한 설명 중 옳지 않은 것은?

① 계획 1일 최대오수량은 1인 1일 최대오수량에 계획인구를 곱한 후, 공장폐수량, 지하수량 및 기타 배수량을 더한 것으로 한다.
② 계획오수량은 생활오수량, 공장폐수량 및 지하수량으로 구분한다.
③ 지하수량은 1인 1일 최대오수량의 20% 이하로 한다.
④ 계획시간 최대오수량은 계획 1일 평균오수량의 1시간당 수량의 2~3배를 표준으로 한다.

| 해답 | ④
합류식에서 우천 시 계획오수량은 원칙적으로 계획시간 최대오수량의 3배 이상으로 한다.

□□□ 기 17④, 20③

16 활성탄흡착 공정에 대한 설명으로 옳지 않은 것은?

① 활성탄 흡착을 통해 소수성의 유기물질을 제거할 수 있다.
② 분말활성탄의 흡착능력이 떨어지면 재생공정을 통해 재활용한다.
③ 활성탄은 비표면적이 높은 다공성의 탄소질 입자로, 형상에 따라 입상활성탄과 분말활성탄으로 구분된다.
④ 모래여과 공정 전단에 활성탄흡착 공정을 두게 되면, 탁도부하가 높아져서 활성탄 흡착효율이 떨어지거나 역세척을 자주 해야 할 필요가 있다.

|해답| ②
분말활성탄은 장기처리하는 경우 경제성이 없으며 재생되지 않는다.

□□□ 기 01, 20③

17 다음 펌프 중 가장 큰 비교회전도(N_s)를 나타내는 것은?

① 사류펌프　② 원심펌프
③ 축류펌프　④ 터빈펌프

|해답| ③
각종 펌프의 N_s

펌프	비교회전도
터빈펌프	100~300
볼트류펌프	120~700
사류펌프	250~1200
축류펌프	1200~2000

□□□ 기 07, 08, 13, 14, 20③

18 상수도의 수원으로서 요구되는 조건이 아닌 것은?

① 수질이 좋을 것
② 수량이 풍부할 것
③ 상수 소비지에서 가까울 것
④ 수원이 도시 가운데 위치할 것

|해답| ④
수돗물은 소비지에서 가까운 곳에 위치해야 건설비와 운영비면에서 경제적이다.

□□□ 기 20③

19 하수처리에 관한 설명으로 틀린 것은?

① 하수처리 방법은 크게 물리적, 화학적, 생물학적 처리 공정으로 분류된다.
② 화학적 처리공정은 소독, 중화, 산화 및 환원, 이온교환 등이 있다.
③ 물리적 처리공정은 여과, 침사, 활성탄 흡착, 응집침전 등이 있다.
④ 생물학적 처리공정은 호기성 분해와 혐기성 분해로 크게 분류된다.

|해답| ③
• 물리적 처리공정은 여과, 침전 등 물리적인 작용에 의하여 처리하는 공정이며 생물처리나 약품 등에 의한 화학적 처리와 구분된다.
• 물리적 처리는 혼합, 희석, 스크린(screening), 침전, 부상, 여과 등이다.
• 화학적 처리는 확산, 흡착, 산화, 환원, 이온교환 등이 해당된다.

□□□ 기 16②, 20③

20 장기 포기법에 관한 설명으로 옳은 것은?

① F/M비가 크다.
② 슬러지 발생량이 적다.
③ 부지가 적게 소요된다.
④ 대규모 하수처리장에 많이 이용된다.

|해답| ②
장기 포기법의 특징
• 산소 소비량이 크며, 포기조의 용적이 크다.
• F/M비가 0.03~0.05kgBOD/kgSS·day 정도로 낮다.
• 미생물의 자기분해로 잉여슬러지의 발생량이 적다.
• 운전비가 많이 들고, 소규모 하수처리장에 많이 이용된다.

제4회 2020년 9월 27일

01 경도가 높은 물을 보일러 용수로 사용할 때 발생되는 주요 문제점은?

① Cavitation
② Scale 생성
③ Priming 생성
④ Foaming 생성

| 해답 | ②

- 수중의 경도성분인 Ca^{++}이나 Mg^{++} 화합물이 관내면에 부착하여 Slime을 형성하고 Slime이 경화되어 Scale이 형성된다.
- Slime이나 Scale은 관의 통수단면적을 감소시키고 보일러의 열전도율을 저하시킨다.

02 여과면적이 1지당 120m²인 정수장에서 역세척과 표면세척을 6분/회씩 수행할 경우 1지당 배출되는 세척수량은? (단, 역세척 속도는 5m/분, 표면세척 속도는 4m/분이다.)

① 1080m³/회
② 2640m³/회
③ 4920m³/회
④ 6480m³/회

| 해답 | ④

- 1회당 세척속도 $V = (5+4) \times 6 = 54$ m/회
- 세척수량 $Q = A \cdot V = 120 \times 54 = 6480$ m³/회

03 하천 및 저수지의 수질해석을 위한 수학적 모형을 구성하고자 할 때 가장 기본이 되는 수학적 방정식은?

① 질량보존의 식
② 에너지보존의 식
③ 운동량보존의 식
④ 난류의 운동방정식

| 해답 | ①

호수 및 저수지 수리 모델
유량이 일정하고 오염물질의 감소는 일차반응식에 따른다고 보고 물질수지식을 세우기 위해 질량보존의 법칙을 적용한다.

04 고속응집침전지를 선택할 때 고려하여야 할 사항으로 옳지 않은 것은?

① 처리수량의 변동이 적어야 한다.
② 탁도와 수온의 변동이 적어야 한다.
③ 원수 탁도는 10NTU 이상이어야 한다.
④ 최고 탁도는 10000NTU 이하인 것이 바람직하다.

| 해답 | ④

최고 탁도는 1000NTU 이하인 것이 바람직하다.

Remember

고속응집침전지의 선택조건
- 원수 탁도는 10NTU 이상이어야 한다.
- 최고 탁도는 1000NTU 이하인 것이 바람직하다.
- 탁도와 수온의 변동이 적어야 한다.
- 처리수량의 변동이 적어야 한다.
- 표면부하율은 40~60mm/min를 표준으로 한다.
- 용량은 계획정수량의 1.5~2.0시간분으로 한다.

05 도수관로에 관한 설명으로 틀린 것은?

① 도수거 동수경사의 통상적인 범위는 1/1000~1/3000이다.
② 도수관의 평균유속은 자연유하식인 경우에 허용최소한도를 0.3m/s로 한다.
③ 도수관의 평균유속은 자연유하식인 경우에 최대한도를 3.0m/s로 한다.
④ 관경(관지름)의 산정에 있어서 시점의 고수위, 종점의 저수위를 기준으로 동수경사를 구한다.

| 해답 | ④

- 도수관거의 관경(관지름)은 시점의 저수위와 종점의 고수위를 기준으로 하여 동수경사를 산정한다.
- 자연유하식인 경우에는 도수관의 평균유속의 최소한도는 0.3m/s로 한다.
- 자연유하식 도수관거의 평균유속의 허용최대한도를 3.0m/s로 한다.
- 도수거는 일정한 동수경사(통상, 1/1000~1/3000)로 도수하는 시설이다.

□□□ 기 98,10①,13②,19③,20④

06 지표수를 수원으로 하는 일반적인 상수도의 계통도로 옳은 것은?

① 취수탑 → 침사지 → 급속여과 → 보통침전지 → 소독 → 배수지 → 급수
② 침사지 → 취수탑 → 급속여과 → 응집침전지 → 소독 → 배수지 → 급수
③ 취수탑 → 침사지 → 보통침전지 → 급속여과 → 배수지 → 소독 → 급수
④ 취수탑 → 침사지 → 응집침전지 → 급속여과 → 소독 → 배수지 → 급수

| 해답 | ④

지표수 → 취수탑 → 침사지 → 응집침전지 → 여과지 → 정수지 → 배수지 → 급수

□□□ 기 14④,17②,20④

07 어떤 지역의 강우지속시간(t)과 강우강도 역수($1/I$)와의 관계를 구해 보니 그림과 같이 기울기가 1/3000, 절편이 1/150이 되었다. 이 지역의 강우강도(I)를 Talbot형 $\left(I = \dfrac{a}{t+b}\right)$으로 표시한 것으로 옳은 것은?

① $\dfrac{3000}{t+20}$

② $\dfrac{10}{t+1500}$

③ $\dfrac{1500}{t+10}$

④ $\dfrac{20}{t+3000}$

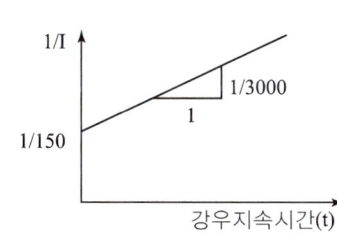

| 해답 | ①

강우강도 $I = \dfrac{a}{t+b}$

• $a = \dfrac{1}{\frac{1}{3000}} = 3000$

• $b = \dfrac{\frac{1}{150}}{\frac{1}{3000}} = 20$

∴ 강우강도 $I = \dfrac{3000}{t+20}$

□□□ 기 07,15②,20④

08 하수고도처리 방법으로 질소, 인을 동시제거 가능한 공법은?

① 정석탈인법
② 혐기 호기 활성슬러지법
③ 혐기 무산소 호기 조합법
④ 연속 회분식 활성슬러지법

| 해답 | ③

혐기 무산소 호기 조합법
생물학적 인제거공정과 생물학적 질소제거공정을 조합시킨 처리법으로 활성슬러지 미생물에 의한 인 과잉섭취현상 및 질산화, 탈진반응을 이용한 공정이다.

Remember

생물학적인 질소, 인 동시제거공정
혐기 무산소 호기 조합법
응집제 병용형 순환식 질산화탈진법
응집제 병용형 질산화내생탈진법
반송슬러지 탈질탈인 질소인동시제거법
기타공법

□□□ 기 95,97,99,01,04,06,07②,08①,09②,11④,12④,17④,20④,21①

09 양수량이 500m³/h, 전양정이 10m, 회전수가 1100rpm일 때 비교회전도(N_s)는?

① 362
② 565
③ 614
④ 809

| 해답 | ②

비교회전도 $N_s = N \dfrac{Q^{\frac{1}{2}}}{H^{\frac{3}{4}}}$

• $Q = 500 \times \dfrac{1}{60} = 8.33 \, \text{m}^3/\text{min}$

∴ $N_s = 1100 \times \dfrac{(8.33)^{\frac{1}{2}}}{10^{\frac{3}{4}}} = 565$

☐☐☐ 기 99,11④,14①,20④

10 유출계수 0.6, 강우강도 2mm/min, 유역면적 2km² 인 지역의 우수량을 합리식으로 구하면?

① 0.007m³/s ② 0.4m³/s
③ 0.667m³/s ④ 40m³/s

| 해답 | ④

$$Q = \frac{1}{360} C \cdot I \cdot A$$

- $I = 2mm/min = 120mm/hr$
- $A = 2km^2 = 200\,ha$

$$\therefore Q = \frac{1}{360} \times 0.6 \times 120 \times 200 = 40\,m^3/sec$$

☐☐☐ 기 15④,20④

11 하수관로의 배제방식에 대한 설명으로 틀린 것은?

① 합류식은 청천 시 관내 오물이 침전하기 쉽다.
② 분류식은 합류식에 비해 부설비용이 많이 든다.
③ 분류식은 우천 시 오수가 월류하도록 설계한다.
④ 합류식 관로는 단면이 커서 환기가 잘되고 검사에 편리하다.

| 해답 | ③

분류식의 경우 우천 시의 월류의 위험이 없고, 하수처리장에 유입하는 하수의 수질 변동이 비교적 작다.

Remember

하수의 배제방식

분류식	합류식
• 관내의 퇴적이 적다. • 수세효과는 기대할 수 없다.	• 청천시에 수위가 낮고 유속이 적어 오물이 침전하기 쉽다.
• 우천 시 월류가 없다.	• 일정량 이상이 되면 오수가 월류한다.
• 오수관거와 우수관거의 2계통을 부설하므로 비싸다.	• 1계통으로 부설하므로 저렴하다.
• 오수관거에서는 소구경관거에 의한 폐쇄의 우려가 있으나 청소는 비교적 용이하다.	• 폐쇄의 염려가 없다. • 검사와 수리가 비교적 유리하다.
• 관거의 오접에 철저한 감시가 필요하다.	• 관거의 오접에 대해 감시가 필요 없다.

☐☐☐ 기 95,20④

12 잉여슬러지 양을 크게 감소시키기 위한 방법으로 BOD-SS 부하를 아주 작게, 포기시간을 길게 하여 내생호흡상으로 유지되도록 하는 활성슬러지 변법은?

① 계단식 포기법(Step Aeration)
② 점감식 포기법(Tapered Aeration)
③ 장시간 포기법(Extended Aeration)
④ 완전혼합 포기법(Complete Mixing Aeration)

| 해답 | ③

장기 폭기법
폭기시간이 길고 슬러지 생산량이 상당히 적고 최초 침전지가 없다.

☐☐☐ 기 07,15①,20④,24①

13 원형하수관에서 유량이 최대가 되는 때는?

① 수심비가 72~78% 차서 흐를 때
② 수심비가 80~85% 차서 흐를 때
③ 수심비가 92~94% 차서 흐를 때
④ 가득 차서 흐를 때

| 해답 | ③

원형하수관의 유속은 수심이 80%일 때 최대이며, 유량(통수량)은 수심이 94%일 때 최대가 된다.

☐☐☐ 기 20④

14 혐기성 소화공정을 적절하게 운전 및 관리하기 위하여 확인해야 할 사항으로 옳지 않은 것은?

① COD 농도 측정   ② 가스발생량 측정
③ 상징수의 pH 측정 ④ 소화슬러지의 성상 파악

| 해답 | ①

- 운전상태 및 소화의 진행상태 파악을 위해 유입슬러지량, 소화슬러지량, 상징수량 및 가스발생량을 측정한다.
- 유입슬러지, 소화슬러지, 소화조 내의 슬러지 성상을 파악하기 위해 온도, TS, VS, pH, 휘발산 및 알칼리도를 측정한다.
- 상징수의 TS, VS, pH 등을 측정하고 하수처리계통에 미치는 영향을 파악하기 위해 BOD, 질소, 인 농도를 측정한다.

□□□ 기 13①, 20④

15 도수관에서 유량을 Hazen-Williams 공식으로 다음과 같이 나타내었을 때 a, b의 값은?
(단, C : 유속계수, D : 관의 지름, I : 동수경사)

$$Q = 0.84935 \cdot C \cdot D^a \cdot I^b$$

① $a = 0.63$, $b = 0.54$
② $a = 0.63$, $b = 2.54$
③ $a = 2.63$, $b = 2.54$
④ $a = 2.63$, $b = 0.54$

| 해답 | ④

$Q = AV$

- $V = 0.84935 \, C \cdot R^{0.63} \cdot I^{0.54}$
- $Q = \dfrac{\pi D^2}{4} \times 0.84935 \, C \cdot \left(\dfrac{D}{4}\right)^{0.63} \cdot I^{0.54}$

$= 4\pi \left(\dfrac{D}{4}\right)^2 \times 0.84935 \, C \cdot \left(\dfrac{D}{4}\right)^{0.63} \cdot I^{0.54}$

$= 4\pi \times 0.84935 \, C \cdot \left(\dfrac{D}{4}\right)^{2.63} \cdot I^{0.54}$

$= 0.27853 \, CD^{2.63} I^{0.54}$

∴ $a = 2.63$, $b = 0.54$

Remember

Hazen-Williams식
- $V = 0.84935 \, C \cdot R^{0.63} \cdot I^{0.54}$
- $Q = 0.27853 \, CD^{2.63} I^{0.54}$
- 경심 $R = \dfrac{D}{4}$

□□□ 기 13②, 18②, 20④

16 수질오염 지표항목 중 COD에 대한 설명으로 옳지 않은 것은?

① $NaNO_2$, SO_2^-는 COD값에 영향을 미친다.
② 생물분해 가능한 유기물도 COD로 측정할 수 있다.
③ COD는 해양오염이나 공장폐수의 오염지표로 사용된다.
④ 유기물 농도값은 일반적으로 COD > TOD > TOC > BOD이다.

| 해답 | ④
유기물 농도값의 크기 : TOD > COD > TOC > BOD

□□□ 기 11, 20④, 24②

17 오수 및 우수관로의 설계에 대한 설명으로 옳지 않은 것은?

① 우수 관경(관지름)의 결정을 위해서는 합리식을 적용한다.
② 오수관로의 최소관경은 200mm를 표준으로 한다.
③ 우수관로 내의 유속은 가능한 사류상태가 되도록 한다.
④ 오수관로의 계획하수량은 계획시간 최대오수량으로 한다.

| 해답 | ③
- 우수관로 내의 유속은 가능한 한 상류(常流) 상태가 되도록 한다.
- 우수관로 내의 유속을 0.8~3.0cm/sec를 표준으로 한다.
- 오수관로 내의 유속을 0.6~3.0cm/sec를 표준으로 한다.

□□□ 기 99, 12, 17④, 20④

18 펌프대수 결정을 위한 일반적인 고려사항에 대한 설명으로 옳지 않은 것은?

① 펌프는 용량이 작을수록 효율이 높으므로 가능한 한 소용량의 것으로 한다.
② 펌프는 가능한 한 최고효율점 부근에서 운전하도록 대수 및 용량을 정한다.
③ 건설비를 절약하기 위해 예비는 가능한 한 대수를 적게 하고 소용량으로 한다.
④ 펌프의 설치대수는 유지관리상 가능한 한 적게 하고 동일용량의 것으로 한다.

| 해답 | ①
펌프는 용량이 클수록 효율이 높으므로 가능한 한 대용량의 것으로 한다.

□□□ 기 12①, 17④, 19①, 20④

19 취수보의 취수구에서의 표준 유입속도는?

① 0.3~0.6m/s
② 0.4~0.8m/s
③ 0.5~1.0m/s
④ 0.6~1.2m/s

| 해답 | ②
취수보의 취수구 유입속도
- 상수도에서 안전을 고려하여 0.4~0.8m/sec를 표준으로 한다.
- 농업용수의 유입속도는 일반적으로 0.6~1.0m/sec 정도이다.

□□□ 기 13①, 20④

20 침전지의 침전효율을 크게 하기 위한 조건과 거리가 먼 것은?

① 유량을 작게 한다.
② 체류시간을 작게 한다.
③ 침전지 표면적을 크게 한다.
④ 플록의 침강속도를 크게 한다.

|해답| ②

침전효율 $E = \dfrac{V_s}{V_0} = \dfrac{V_s}{\frac{Q}{A}} = \dfrac{A}{Q}V_s$

- 유량(Q)을 작게 하면 효율이 크다.
- 플록의 침강속도(V_s)를 크게 한다.
- 침전지 표면적(A)을 크게 하여야 한다.
- 표면부하율$\left(\dfrac{Q}{A}\right)$을 작게 하여야 한다.
- 체류시간을 크게 하면 효율은 높아진다.

제1회 2021년 3월 7일

□□□ 기 17④,21①,24①

01 완속여과지와 비교할 때, 급속여과지에 대한 설명으로 틀린 것은?

① 대규모처리에 적합하다.
② 세균처리에 있어 확실성이 적다.
③ 유입수가 고탁도인 경우에 적합하다.
④ 유지관리비가 적게 들고 특별한 관리기술이 필요치 않다.

| 해답 | ④
급속여과지
• 약품을 사용하므로 유지관리비가 많이 든다.
• 약품처리의 유무는 급속여과법에서는 필수조건이다.
• 완속여과는 관리기술이 별로 필요치 않으나 급속여과는 필요하다.

□□□ 기 21①

02 지하의 사질(砂質) 여과층에서 수두차 h가 0.5m이며 투과거리 l이 2.5m인 경우 이곳을 통과하는 지하수의 유속은? (단, 투수계수는 0.3cm/s)

① 0.06cm/s ② 0.015cm/s
③ 1.5cm/s   ④ 0.375cm/s

| 해답 | ①
Darcy의 법칙 : $V = KI = K\dfrac{h}{L}$
∴ $V = 0.3 \times \dfrac{0.5 \times 100}{2.5 \times 100} = 0.06\,\text{cm/s}$

□□□ 기 15②,16②,21①

03 혐기성 소화 공정의 영향인자가 아닌 것은?

① 온도   ② 메탄함량
③ 알칼리도 ④ 체류시간

| 해답 | ②
혐기성 소화 공정 인자
체류시간, 온도, 영향염류, pH, 독성물질, 알칼리도

□□□ 기 99,00,03,17②,21①

04 유량이 100000m³/d이고 BOD가 2mg/L인 하천으로 유량 1000m³/d, BOD 100mg/L인 하수가 유입된다. 하수가 유입된 후 혼합된 BOD의 농도는?

① 1.97mg/L ② 2.97mg/L
③ 3.97mg/L ④ 4.97mg/L

| 해답 | ②
$$C_m = \dfrac{Q_1 C_1 + Q_w C_w}{Q_1 + Q_w}$$
$$= \dfrac{100000 \times 2 + 1000 \times 100}{100000 + 1000} = 2.97\,\text{mg/L}$$

□□□ 기 21①

05 자연수 중 지하수의 경도(硬度)가 높은 이유는 어떤 물질이 지하수에 많이 함유되어 있기 때문인가?

① O_2 ② CO_2
③ NH_3 ④ Colloid

| 해답 | ②
이산화탄소(CO_2)
• 자연수 중 지하수의 경도(硬度)가 높은 이유는 CO_2(이산화탄소)가 지하수에 많이 함유되어 있기 때문이다.
• 식물의 탄소 동화 작용을 돕고, 청량음료, 소화제, 냉동제 따위를 만드는 데 쓰인다.
• 빗물이 pH 7 보다 낮은 이유도 CO_2 때문이다.

□□□ 기 06,11,12,15④,21①

06 펌프의 공동현상(cavitation)에 대한 설명으로 틀린 것은?

① 공동현상이 발생하면 소음이 발생한다.
② 공동현상은 펌프의 성능 저하의 원인이 될 수 있다.
③ 공동현상을 방지하려면 펌프의 회전수를 크게 해야 한다.
④ 펌프의 흡입양정이 너무 작고 임펠러 회전속도가 빠를 때 공동현상이 발생한다.

| 해답 | ③
공동현상을 방지하려면 펌프의 회전수를 낮게 선정하여 필요유효흡입수두를 작게 한다.

□□□ 기 21①

07 일반 활성슬러지 공정에서 다음 조건과 같은 반응조의 수리학적 체류시간(HRT) 및 미생물 체류시간(SRT)을 모두 올바르게 배열한 것은? (단, 처리수 SS를 고려한다.)

【조 건】
- 반응조 용량(V) : $10000m^3$
- 반응조 유입수량(Q) : $40000m^3/d$
- 반응조로부터의 잉여슬러지량(Q_W) : $400m^3/d$
- 반응조 내 SS 농도(X) : 4000mg/L
- 처리수의 SS 농도(X_e) : 20mg/L
- 잉여슬러지농도(X_W) : 10000mg/L

① HRT : 0.25일, SRT : 8.35일
② HRT : 0.25일, SRT : 9.53일
③ HRT : 0.5일, SRT : 10.35일
④ HRT : 0.5일, SRT : 11.53일

| 해답 | ①
- 수리학적 체류시간(HRT)
  $$\therefore t = \frac{V}{Q} = \frac{10000}{40000} = 0.25\,일$$
- 미생물 체류시간
  $$SRT = \frac{V \cdot X}{X_r \cdot Q_w + (Q - Q_w)X_c}$$
- $V = 10000m^3$, $Q_w = 400m^3$, $X_c = 20mg/L$
- $Q = 40000m^3/d$
  $$\therefore SRT = \frac{10000 \times 4000}{10000 \times 400 + (40000 - 400) \times 20}$$
  $$= 8.35\,일$$

□□□ 기 00,18②,21①

08 하수도용 펌프 흡입구의 표준유속으로 옳은 것은? (단, 흡입구의 유속은 펌프의 회전수 및 흡입실 양정 등을 고려한다.)

① 0.3∼0.5m/s   ② 1.0∼1.5m/s
③ 1.5∼3.0m/s   ④ 5.0∼10.0m/s

| 해답 | ③
펌프 흡입구의 유속은 1.5∼3.0m/sec를 표준으로 하나 원동기의 회전수가 클 경우에는 유속을 크게 하고 회전수가 작을 때는 작게 한다.

□□□ 기 95,96,98,04,08,17,21①

09 펌프의 흡입구경(口徑)을 결정하는 식으로 옳은 것은? (단, Q : 펌프의 토출량(m^3/min), V : 흡입구의 유속(m/s))

① $D = 146\sqrt{\dfrac{Q}{V}}$ (mm)

② $D = 186\sqrt{\dfrac{Q}{V}}$ (mm)

③ $D = 273\sqrt{\dfrac{Q}{V}}$ (mm)

④ $D = 357\sqrt{\dfrac{Q}{V}}$ (mm)

| 해답 | ①

흡입구경 $D = 146\sqrt{\dfrac{Q}{V}}$ mm

□□□ 기 16④,21①

10 정수시설에 관한 사항으로 틀린 것은?

① 착수정의 용량은 체류시간을 5분 이상으로 한다.
② 고속응집침전지의 용량은 계획정수량의 1.5∼2.0시간분으로 한다.
③ 정수지의 용량은 첨두수요대처용량과 소독접촉시간 용량을 고려하여 최소 2시간분 이상을 표준으로 한다.
④ 플록형성지에서 플록형성시간은 계획정수량에 대하여 20∼40분간을 표준으로 한다.

| 해답 | ①
착수정의 용량은 체류시간을 1.5분 이상으로 하고 수심은 3∼5m 정도로 한다.

□□□ 기 15②,21①

11 송수시설의 계획송수량은 원칙적으로 무엇을 기준으로 하는가?

① 연평균급수량   ② 시간최대급수량
③ 계획 1일 평균급수량   ④ 계획 1일 최대급수량

| 해답 | ④
송수시설의 계획송수량은 원칙적으로 계획 1일 최대급수량을 기준으로 한다.

□□□ 기 03,10④,11①,13④,15②,19③,21①

12 일반적인 상수도 계통도를 올바르게 나열한 것은?

① 수원 및 저수 시설 → 취수 → 배수 → 송수 → 정수 → 도수 → 급수
② 수원 및 저수 시설 → 취수 → 도수 → 정수 → 송수 → 배수 → 급수
③ 수원 및 저수 시설 → 취수 → 배수 → 정수 → 급수 → 도수 → 송수
④ 수원 및 저수 시설 → 취수 → 도수 → 정수 → 급수 → 배수 → 송수

| 해답 | ②

수원 및 저수 시설 → 취수 → 도수 → 정수 → 송수 → 배수 → 급수

□□□ 기 95,97,99,01,04,06,07②,08①,09②,11④,12④,17④,20④,21①

13 양수량이 8m³/min, 전양정이 4m, 회전수 1160rpm인 펌프의 비교회전도는?

① 316   ② 985
③ 1160   ④ 1436

| 해답 | ③

비교회전도 $N_s = N \dfrac{Q^{\frac{1}{2}}}{H^{\frac{3}{4}}}$

∴ $N_s = 1160 \times \dfrac{8^{\frac{1}{2}}}{4^{\frac{3}{4}}} = 1160$

□□□ 기 21①

14 정수장에서 응집제로 사용하고 있는 폴리염화알루미늄(PACl)의 특성에 관한 설명으로 틀린 것은?

① 탁도제거에 우수하며 특히 홍수 시 효과가 탁월하다.
② 최적 주입율의 폭이 크며, 과잉으로 주입하여도 효과가 떨어지지 않는다.
③ 물에 용해되면 가수분해가 촉진되므로 원액을 그대로 사용하는 것이 바람직하다.
④ 낮은 수온에 대해서도 응집효과가 좋지만 황산알루미늄과 혼합하여 사용해야 한다.

| 해답 | ④

폴리염화알루미늄(PACl ; Poly Aluminum Chloride)
• 저수온 고탁도 시에도 응집효과가 우수하여 응집보조제가 불필요하다.
• 응집 및 플록형성이 황산알루미늄보다 현저히 빠르며 모든 탁질에 매우 유효하다.

□□□ 기 95,98,99,00,01,02,04,09,10,11,13,14,17④,21①

15 배수면적이 2km²인 유역 내 강우의 하수관로 유입 시간이 6분, 유출계수가 0.70일 때 하수관로 내 유속이 2m/s인 1km 길이의 하수관에서 유출되는 우수량은? (단, 강우강도 $I = \dfrac{3500}{t+25}$ mm/h, t의 단위 : [분])

① 0.3m³/s   ② 2.6m³/s
③ 34.6m³/s   ④ 43.9m³/s

| 해답 | ③

우수량 $Q = \dfrac{1}{360} CIA$

• $T = t_1 + \dfrac{L}{V} = 6 + \dfrac{1000}{2 \times 60} = 14.33$ 분
• $I = \dfrac{3500}{t+25} = \dfrac{3500}{14.33+25} = 88.99$ mm/h
• $A = 2$ km² $= 200$ ha

∴ $Q = \dfrac{1}{360} \times 0.70 \times 88.99 \times 200 = 34.6$ m³/s

□□□ 기 21①

16 활성슬러지의 SVI가 현저하게 증가되어 응집성이 나빠져 최종 침전지에서 처리수의 분리가 곤란하게 되었다. 이것은 활성슬러지의 어떤 이상현상에 해당되는가?

① 활성슬러지의 부패   ② 활성슬러지의 상승
③ 활성슬러지의 팽화   ④ 활성슬러지의 해체

| 해답 | ③

슬러지의 팽화(sludge bulking)
• 슬러지의 팽화(sludge bulking) 여부를 확인하는 지표(SVI)로 사용한다.
• 최종침전지에서 활성슬러지의 SVI가 크고 침강성이 악화되어 고액분리를 충분히 할 수 없는 경우를 슬러지 팽화라 한다.

□□□ 기 03,21①
17 하수도 시설에 손상을 주지 않기 위하여 설치되는 전처리(primary treatment) 공정을 필요로 하지 않는 폐수는?

① 산성 또는 알칼리성이 강한 폐수
② 대형 부유물질만을 함유하는 폐수
③ 침전성 물질을 다량으로 함유하는 폐수
④ 아주 미세한 부유물질만을 함유하는 폐수

| 해답 | ④
- 예비처리 : 굵은 부유물, 부상 고형물, 유지의 제거와 분리를 위해서 하수의 생물학적 처리와 슬러지의 소화 등을 하기 전에 하수를 고체와 액체로 분리하는 과정이다.
- 1차 처리 : 미세한 부유물의 제거로서 부유물의 제거와 BOD의 일부도 제거된다.
- 2차 처리 : 하수의 1차 처리 다음에 실시하는 것으로 하수 중에 남아 있는 유해성 유기물 또는 콜로이드성의 고형물을 미생물의 힘에 의하여 제거하는 생물학적 처리법이다.
- 전처리공정 : 스크린, 침사지 등으로 이루어진다.

□□□ 기 21①
18 분류식 하수도의 장점이 아닌 것은?

① 오수관 내 유량이 일정하다.
② 방류장소 선정이 자유롭다.
③ 사설 하수관에 연결하기가 쉽다.
④ 모든 발생오수를 하수처리장으로 보낼 수 있다.

| 해답 | ③
관로의 오접합의 문제가 발생할 수 있다.

□□□ 기 13,21①,24③
19 보통 상수도의 기본계획에서 대상이 되는 기간인 계획(목표)연도는 계획수립 시부터 몇 년간을 표준으로 하는가?

① 3~5년간
② 5~10년간
③ 15~20년간
④ 25~30년간

| 해답 | ③
계획(목표)연도
기본계획에서 대상이 되는 기간으로 계획 수립 시부터 15~20년간을 표준으로 한다.

□□□ 기 96,11,15,17,19,21①
20 도수관을 설계할 때 자연유하식인 경우에 평균유속의 허용한도로 옳은 것은?

① 최소한도 0.3m/s, 최대한도 3.0m/s
② 최소한도 0.1m/s, 최대한도 2.0m/s
③ 최소한도 0.2m/s, 최대한도 1.5m/s
④ 최소한도 0.5m/s, 최대한도 1.0m/s

| 해답 | ①
도·송수관의 관내면 유속
- 모래입자의 침전을 방지하기 위해서 최소유속은 0.3m/s 정도
- 도수관 내면이 마멸되지 않도록 가능한 평균 최대한도는 3.0m/s 정도

제2회 2021년 5월 15일

□□□ 기 96,21②

01 먹는 물의 수질기준항목에서 다음 특성을 갖고 있는 수질기준항목은?

- 수질기준은 10mg/L를 넘지 아니할 것
- 하수, 공장폐수, 분뇨 등과 같은 오염물의 유입에 의한 것으로 물의 오염을 추정하는 지표항목
- 유아에게 청색증 유발

① 불소 ② 대장균군
③ 질산성질소 ④ 과망간산칼륨 소비량

| 해답 | ③

질산성질소(NO_3-N)에 대한 설명이다.

□□□ 기 96,97,98,00,01,03,04,10,11,21②

02 수원으로부터 취수된 상수가 소비자까지 전달되는 일반적 상수도의 구성순서로 옳은 것은?

① 도수 → 송수 → 정수 → 배수 → 급수
② 송수 → 정수 → 도수 → 급수 → 배수
③ 도수 → 정수 → 송수 → 배수 → 급수
④ 송수 → 정수 → 도수 → 배수 → 급수

| 해답 | ③

수원 - 취수 - 도수 - 정수 - 송수 - 배수 - 급수

□□□ 기 21②

03 병원성미생물에 의하여 오염되거나 오염될 우려가 있는 경우, 수도꼭지에서의 유리잔류염소는 몇 mg/L 이상 되도록 하여야 하는가?

① 0.1mg/L ② 0.4mg/L
③ 0.6mg/L ④ 1.8mg/L

| 해답 | ②

수도꼭지에서의 유리잔류염소는 0.2mg/L도 가능하지만 오염될 우려가 있을 경우는 0.4mg/L 이상 되도록 하여야 한다.

□□□ 기 15④,21②

04 하수관의 접합방법에 관한 설명으로 틀린 것은?

① 관중심접합은 관의 중심을 일치시키는 방법이다.
② 관저접합은 관의 내면하부를 일치시키는 방법이다.
③ 단차접합은 지표의 경사가 급한 경우에 이용되는 방법이다.
④ 관정접합은 토공량을 줄이기 위하여 평탄한 지형에 많이 이용되는 방법이다.

| 해답 | ④

- 관정접합 : 굴착깊이가 증가됨으로 공사비가 증대된다.
- 관저접합 : 토공량을 줄이기 위하여 평탄한 지형에 많이 이용되는 방법

Remember

관거의 접합

수면접합	• 수리학적으로 대개 계획수위를 일치시켜 접합시키는 것
관정접합	• 유수는 일정한 흐름이 되지만 굴착깊이가 증가됨으로 공사비가 증대된다.
관중심접합	• 수면접합과 관정접합의 중간인 방법이다.
관저접합	• 굴착깊이를 얕게 함으로 공사비용을 줄일 수 있다.
단차접합	• 지표의 경사가 급한 경우에 이용되는 방법이다.
계단접합	• 통상대구경관거 또는 현장타설관거에 설치하는 방법이다.

□□□ 기 11,14①,21②

05 유출계수가 0.6이고, 유역면적 2km²에 강우강도 200mm/h의 강우가 있다면 유출량은? (단, 합리식을 사용한다.)

① 24.0m³/s ② 66.7m³/s
③ 240m³/s ④ 667m³/s

| 해답 | ②

$Q = \dfrac{1}{360}CIA$

- $A = 2km^2 = 200ha$

$\therefore Q = \dfrac{1}{360} \times 0.6 \times 200 \times 200 = 66.67 m^3/sec$

06 하수관로시설의 유량을 산출할 때 사용하는 공식으로 옳지 않은 것은?

① Kutter 공식 ② Janssen 공식
③ Manning 공식 ④ Hazen-Williams 공식

| 해답 | ②
하수관로시설의 유량을 산출할 때 사용하는 공식
• 쿠터(Kutter)공식
• 매닝(Manning)공식
• 하젠-윌리엄스(Hazen-Williams)공식

07 호수의 부영양화에 대한 설명으로 틀린 것은?

① 부영양화는 정체성 수역의 상층에서 발생하기 쉽다.
② 부영양화된 수원의 상수는 냄새로 인하여 음료수로 부적당하다.
③ 부영양화로 식물성 플랑크톤의 번식이 증가되어 투명도가 저하된다.
④ 부영양화로 생물활동이 활발하여 깊은 곳의 용존산소가 풍부하다.

| 해답 | ④
부영양화된 호수에서는 사멸된 조류의 분해작용에 의해 성장이 왕성하여 수심이 깊은 곳(심층수)의 용존산소의 농도가 낮아진다.

08 관의 길이가 1000m이고, 지름이 20cm인 관을 지름 40cm의 등치관으로 바꿀 때, 등치관의 길이는? (단, Hazen-Williams 공식을 사용한다.)

① 2924.2m ② 5924.2m
③ 19242.6m ④ 29242.6m

| 해답 | ④

$h_L = D_1^{-4.87} \times L_1 = D_2^{-4.87} \times L_2$ 에서

$L_2 = L_1 \times \left(\dfrac{D_1}{D_2}\right)^{-4.87} = L_1 \times \left(\dfrac{D_2}{D_1}\right)^{4.87}$

$= 1000 \times \left(\dfrac{0.20}{0.40}\right)^{-4.87} = 29242.6m$

09 계획오수량을 결정하는 방법에 대한 설명으로 틀린 것은?

① 지하수량은 1일 1인 최대오수량의 20% 이하로 한다.
② 생활오수량의 1일1인최대오수량은 1일 1인 최대급수량을 감안하여 결정한다.
③ 계획 1일 평균오수량은 계획 1일 최소오수량의 1.3~1.8배를 사용한다.
④ 합류식에서 우천 시 계획오수량은 원칙적으로 계획시간 최대오수량의 3배 이상으로 한다.

| 해답 | ③
• 계획 1일 평균오수량은 계획 1일 최대오수량의 70~80%를 표준으로 한다.
• 계획시간 최대오수량은 계획 1일 최대오수량의 1시간당 수량의 1.3~1.8배를 표준으로 한다.

10 하수 배제방식의 특징에 관한 설명으로 틀린 것은?

① 분류식은 합류식에 비해 우천 시 월류의 위험이 크다.
② 합류식은 단면적이 크기 때문에 검사, 수리 등에 유리하다.
③ 합류식은 분류식(2계통 건설)에 비해 건설비가 저렴하고 시공이 용이하다.
④ 분류식은 강우초기에 노면의 오염물질이 포함된 세정수가 직접 하천 등으로 유입된다.

| 해답 | ①
• 분류식은 우천 시 월류할 수 없다.
• 합류식은 일정량 이상이 되면 우천 시 오수가 월류할 수 있다.

11 합류식 관로의 단면을 결정하는 데 중요한 요소로 옳은 것은?

① 계획우수량 ② 계획 1일 평균오수량
③ 계획시간 최대오수량 ④ 계획시간 평균오수량

| 해답 | ①
계획우수량은 합류식 관로의 단면을 결정하는 데 중요한 요소이다.

□□□ 기 10,14②,21②

12 혐기성 소화법과 비교할 때, 호기성 소화법의 특징으로 옳은 것은?

① 최초시공비 과다
② 유기물 감소율 우수
③ 저온시의 효율 향상
④ 소화슬러지의 탈수 불량

| 해답 | ④

- 호기성 소화 처리법의 장단점

장 점	단 점
• 초기 투자비가 절감 • 처리수의 수질이 양호 • 소화슬러지의 악취 발생이 감소 • 운전이 용이하다. • 상징수의 수질 양호	• 소화슬러지의 탈수성 불량 • 포기에 드는 동력비 과다 • 저온 시의 효율저하 • 유기물 감소율 저조 • 건설부지 과다 • 가치 있는 부산물이 생성되지 않음

- 소화 슬러지의 탈수성 불량

□□□ 기 99,04,06,07,21②

13 폭기조의 MLSS 농도 2000mg/L, 30분간 정치시킨 후 침전된 슬러지 체적이 300mL/L일 때 SVI는?

① 100
② 150
③ 200
④ 250

| 해답 | ②

슬러지 용량지표

$$SVI = \frac{30분\ 침전\ 후의\ 슬러지\ 부피}{MLSS농도} \times 1000$$
$$= \frac{300}{2000} \times 1000 = 150$$

□□□ 기 01,11,21②

14 정수처리 시 염소소독 공정에서 생성될 수 있는 유해 물질은?

① 유기물
② 암모니아
③ 환원성 금속이온
④ THM(트리할로메탄)

| 해답 | ④

염소소독공정은 발암물질인 트리할로메탄(THM) 등의 유기염소화합물을 생성하며 특정물질과 반응하여 냄새를 유발하기도 한다.

□□□ 기 06,12①,15①,21②

15 배수관의 갱생공법으로 기존 관내의 세척(cleaning)을 수행하는 일반적인 공법으로 옳지 않은 것은?

① 제트(jet) 공법
② 실드(shield) 공법
③ 로터리(rotary) 공법
④ 스크레이퍼(scraper) 공법

| 해답 | ②

기존 관내의 세척을 수행하는 일반적인 공법
- 스크레이퍼(scraper) 공법
- 로터리(rotary) 공법
- 제트(jet) 공법
- 폴리피그(poly pig) 공법
- 에어샌드(air sand) 공법

□□□ 기 17④,21②

16 하수처리장 유입수의 SS 농도는 200mg/L이다. 1차 침전지에서 30% 정도가 제거되고, 2차 침전지에서 85%의 제거효율을 갖고 있다. 하루 처리용량이 3000m³/d일 때 방류되는 총 SS량은?

① 63kg/d
② 2800g/d
③ 6300kg/d
④ 6300mg/d

| 해답 | ①

방류되는 총 SS량
= 처리용량×SS 농도×(1－1차 제거효율)
　×(1－2차 제거효율)
= $3000 \times 200 \times 10^{-3} \times (1-0.3) \times (1-0.85)$
= 63kg/day

□□□ 기 21②

17 상수도관의 관종 선정 시 기본으로 하여야 하는 사항으로 틀린 것은?

① 매설조건에 적합해야 한다.
② 매설환경에 적합한 시공성을 지녀야 한다.
③ 내압보다는 외압에 대하여 안전해야 한다.
④ 관 재질에 의하여 물이 오염될 우려가 없어야 한다.

| 해답 | ③

내압과 외압에 대하여 안전해야 한다.

□□□ 기 98,00,07,21②
18 하수도 계획에서 계획우수량 산정과 관계가 없는 것은?

① 배수면적   ② 설계강우
③ 유출계수   ④ 집수관로

| 해답 | ④
계획우수량 산정 시 고려사항
- 우수유출량의 산정식(합리식, 실험식)
- 유출계수   • 확률년
- 유달시간   • 배수면적
- 설계강우

□□□ 기 13①,21②
19 정수시설 내에서 조류를 제거하는 방법 중 약품으로 조류를 산화시켜 침전처리 등으로 제거하는 방법에 사용되는 것은?

① Zeolite   ② 황산구리
③ 과망간산칼륨 ④ 수산화나트륨

| 해답 | ②
정수시설 내의 조류제거 방법
- 약품처리 후 침전처리 등으로 제거하는 방법 : 염소제, 황산구리 등의 살조제로 처리하는 방법
- 여과로 제거하는 방법 : 그물눈이 작은 그물망을 친 마이크로 스트레이너로 조류를 기계적으로 여과하여 제거하는 방법, 침전처리수에 응집제를 주입하여 여과층에서 제거하는 방법

□□□ 기 18①,21②
20 정수지에 대한 설명으로 틀린 것은?

① 정수지 상부는 반드시 복개해야 한다.
② 정수지의 유효수심은 3~6m를 표준으로 한다.
③ 정수지의 바닥은 저수위보다 1m 이상 낮게 해야 한다.
④ 정수지란 정수를 저류하는 탱크로 정수시설로는 최종 단계의 시설이다.

| 해답 | ③
정수지의 바닥
- 정수지의 바닥은 저수위보다 15cm 이상 낮게 해야 한다.
- 오랜 기간이 지나면 물때가 끼거나 침전물이 쌓이므로 바닥으로부터 15cm까지의 수량은 사용하지 않기 위하여 최하단 높이를 결정한다.

제3회 2021년 8월 14일

□□□ 기 21③
01 간이공공하수처리시설에 대한 설명으로 틀린 것은?

① 계획구역이 작으므로 유입하수의 수량 및 수질의 변동을 고려하지 않는다.
② 용량은 우천 시 계획오수량과 공공하수처리 시설의 강우 시 처리가능량을 고려한다.
③ 강우 시 우수처리에 대한 문제가 발생할 수 있으므로 강우 시 3Q 처리가 가능하도록 계획한다.
④ 간이공공하수처리시설은 합류식 지역 내 500m^3/일 이상 공공하수처리장에 설치하는 것을 원칙으로 한다.

| 해답 | ①
간이공공하수처리시설
- 강우로 인하여 공공하수처리시설에 유입되는 하수가 일시적으로 늘어날 경우 하수를 신속히 처리하여 하천, 바다, 그 밖의 공유수면에 방류하기 위하여 지방자치단체가 설치 또는 관리하는 처리시설과 이를 보완하는 시설이다.
- 합류식 지역 내 500m^3/일 이상 공공하수처리장에 설치하는 것을 원칙으로 한다.

□□□ 기 04,13,17①,19②,21③
02 상수도 시설 중 접합정에 관한 설명으로 옳지 않은 것은?

① 철근콘크리트조의 수밀구조로 한다.
② 안지름은 점검이나 모래반출을 위해 1m 이상으로 한다.
③ 접합정의 바닥을 얕은 우물 구조로 하여 집수하는 예도 있다.
④ 지표수나 오수가 침입하지 않도록 맨홀을 설치하지 않는 것이 일반적이다.

| 해답 | ④
■ 접합정(接合井 ; Junction well)
- 철근 콘크리트조의 수밀구조로 한다.
- 안지름은 점검이나 모래반출을 위해 1m 이상으로 한다.
- 접합정의 바닥을 얕은 우물 구조로 하여 집수하는 예도 있다.
■ 맨홀 : 지표수나 오수가 침입하지 않도록 맨홀을 설치하는 것이 일반적이다.

□□□ 기 14,21③

03 하수관로의 개·보수 계획 시 불명수량 산정방법 중 일평균하수량, 상수사용량, 지하수사용량, 오수전환율 등을 주요 인자로 이용하여 산정하는 방법은?

① 물사용량 평가법
② 일최대유량 평가법
③ 야간생활하수 평가법
④ 일최대-최소유량 평가법

| 해답 | ①
관거 내의 침입수 산정방법 주요인자
- 물사용량 평가법 : 일평균 하수량, 상수사용량, 지하수사용량, 오수전환율
- 일최대유량 평가법 : 일최소하수량
- 야간생활하수 평가법 : 일최소하수량, 야간발생하수량, 공장폐수량
- 일최대-최소유량 평가법 : 일최대하수량, 공장폐수량

□□□ 기 97,16②,21③,24①

04 맨홀에 인버트(invert)를 설치하지 않았을 때의 문제점이 아닌 것은?

① 맨홀 내에 퇴적물이 쌓이게 된다.
② 환기가 되지 않아 냄새가 발생한다.
③ 퇴적물이 부패되어 악취가 발생한다.
④ 맨홀 내에 물기가 있어 작업이 불편하다.

| 해답 | ②
- 인버트 : 바닥에 인버트를 설치하면 하수의 흐름이 원활하고 유지관리가 편리하다.
- 맨홀 : 관거 내의 점검, 청소 및 장해물의 제거, 보수를 위한 기계 및 사람의 출입을 가능하게 하고, 악취, 부패성 가스의 환기 등을 위해 필요할 뿐 아니라 관거의 접합을 위해 반드시 설치한다.

□□□ 기 06,12,21③

05 공동현상(cavitation)의 방지책에 대한 설명으로 옳지 않은 것은?

① 마찰손실을 작게 한다.
② 흡입양정을 작게 한다.
③ 펌프의 흡입관경을 작게 한다.
④ 임펠러(Impeller) 속도를 작게 한다.

| 해답 | ③
흡입관의 지름을 크게 하고 흡입관의 길이를 짧게 한다.

□□□ 기 95,03,10,21③

06 호소의 부영양화에 관한 설명으로 옳지 않은 것은?

① 부영양화의 원인물질은 질소와 인 성분이다.
② 부영양화는 수심이 낮은 호소에서도 잘 발생된다.
③ 조류의 영향으로 물에 맛과 냄새가 발생되어 정수에 어려움을 유발시킨다.
④ 부영양화된 호소에서는 조류의 성장이 왕성하여 수심이 깊은 곳까지 용존산소 농도가 높다.

| 해답 | ④
부영양화된 호수에서는 조류의 성장이 왕성하여 수심이 깊은 곳(심층수)의 용존산소의 농도가 낮아진다.

□□□ 기 21③

07 상수도에서 많이 사용되고 있는 응집제인 황산알루미늄에 대한 설명으로 옳지 않은 것은?

① 가격이 저렴하다.
② 독성이 없으므로 다량으로 주입할 수 있다.
③ 결정은 부식성이 없어 취급이 용이하다.
④ 철염에 비하여 플록의 비중이 무겁고 적정 pH의 폭이 넓다.

| 해답 | ④
황산알루미늄의 장점
- 다른 응집제에 비해 가격이 저렴하다.
- 독성이 없으므로 다량으로 주입할 수 있다.
- 결정은 부식성과 자극성이 없어 취급이 용이하다.
- 플록 생성 시 적정 pH 범위는 5.5~7.5으로 좁다.

□□□ 기 21③

08 비교회전도(N_s)의 변화에 따라 나타나는 펌프의 특성곡선의 형태가 아닌 것은?

① 양정곡선
② 유속곡선
③ 효율곡선
④ 축동력곡선

| 해답 | ②
펌프의 특성곡선
- 토출량 – 양정곡선
- 토출량 – 효율곡선
- 토출량 – 축동력곡선

□□□ 기 07,11,13①,21③
09 우수조정지의 구조형식으로 옳지 않은 것은?

① 댐식(제방높이 15m 미만)
② 월류식
③ 지하식
④ 굴착식

| 해답 | ②
우수조정지의 구조 형식
• 댐식   • 굴착식   • 지하식   • 현지 저류식

□□□ 기 03,21③
10 계획우수량 산정에 필요한 용어에 대한 설명으로 옳지 않은 것은?

① 강우강도는 단위시간 내에 내린 비의 양을 깊이로 나타낸 것이다.
② 유하시간은 하수관거로 유입한 우수가 하수관 깊이 L을 흘러가는 데 필요한 시간이다.
③ 유출계수는 배수구역 내로 내린 강우량에 대하여 증발과 지하로 침투하는 양의 비율이다.
④ 유입시간은 우수가 배수구역의 가장 원거리 지점으로부터 하수관로로 유입하기까지의 시간이다.

| 해답 | ③
유출계수
유달시간 내의 평균 강우량에 대한 최대 우수 유출량의 비율을 유출계수라 한다.

□□□ 기 98,03,14②,18①,21③
11 지름 15cm, 길이 50m인 주철관으로 유량 $0.03\text{m}^3/\text{s}$의 물을 50m 양수하려고 한다. 양수 시 발생되는 총손실수두가 5m이었다면 이 펌프의 소요축동력(kW)은? (단, 여유율은 0이며 펌프의 효율은 80%이다.)

① 20.2 kW   ② 30.5 kW
③ 33.5 kW   ④ 37.2 kW

| 해답 | ①
$$P = \frac{1000QH_p}{102\eta} = \frac{1000 \times 0.03 \times (50+5)}{102 \times 0.8} = 20.2\text{kW}$$

□□□ 기 06②,11④,16④,19①,21③
12 다음 그림은 포기조에서 부유물질의 물질수지를 나타낸 것이다. 포기조 내 MLSS를 3000mg/L로 유지하기 위한 슬러지의 반송비는?

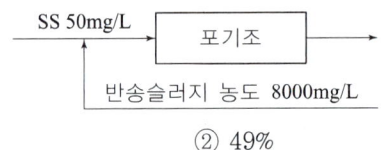

① 39%   ② 49%
③ 59%   ④ 69%

| 해답 | ③
슬러지의 반송비
$$r = \frac{\text{MLSS 농도} - \text{SS}}{\text{반송슬러지의 농도} - \text{MLSS 농도}} \times 100$$
$$= \frac{3000 - 50}{8000 - 3000} \times 100 = 59\%$$

□□□ 기 96,11,21③
13 급수보급률 90%, 계획 1인 1일 최대급수량 440L/인, 인구 12만의 도시에 급수계획을 하고자 한다. 계획 1일 평균급수량은? (단, 계획유효율은 0.85로 가정한다.)

① 33915m^3/d   ② 36660m^3/d
③ 38600m^3/d   ④ 40392m^3/d

| 해답 | ④
• 계획 1일 평균급수량=1인 1일 평균급수량×계획 급수인구×급수보급율×계획유효율
$= 440 \times 120000 \times 0.90 \times 0.85$
$= 40392000(\text{L/day})$
$= 40392\text{m}^3/\text{day}$

□□□ 기 00,07,21③
14 하수도의 효과에 대한 설명으로 적합하지 않은 것은?

① 도시환경의 개선   ② 토지이용의 감소
③ 하천의 수질보전   ④ 공중위생상의 효과

| 해답 | ②
토지이용의 증대
하수도로 인한 지하수위를 저하시켜 양호한 토지로 개량하여 도시의 발전을 촉진한다.

□□□ 기 95,96,99,03①,06④,09④,10④,11①④,13①④,15④,19①,21③

15 하수의 배제방식에 대한 설명 중 옳지 않은 것은?

① 분류식은 관로오접의 철저한 감시가 필요하다.
② 합류식은 분류식보다 유량 및 유속의 변화폭이 크다.
③ 합류식은 2계통의 분류식에 비해 일반적으로 건설비가 많이 소요된다.
④ 분류식은 관거 내의 퇴적이 적고 수세효과를 기대할 수 없다.

| 해답 | ③

합류식은 1계통으로 건설되어 오수관거와 우수관거의 2계통을 건설하는 분류식 보다는 저렴하다.

Remember
하수의 배제방식

분류식	합류식
• 관내의 퇴적이 적다. • 수세효과는 기대할 수 없다.	• 청천시에 수위가 낮고 유속이 적어 오물이 침전하기 쉽다.
• 우천 시 월류가 없다.	• 일정량 이상이 되면 오수가 월류한다.
• 오수관거와 우수관거의 2계통을 부설하므로 비싸다.	• 1계통으로 부설하므로 저렴하다.
• 오수관거에서는 소구경 관거에 의한 폐쇄의 우려가 있으나 청소는 비교적 용이하다.	• 폐쇄의 염려가 없다. • 검사와 수리가 비교적 유리하다.
• 관거의 오접에 철저한 감시가 필요하다.	• 관거의 오접에 대해 감시가 필요 없다.

□□□ 기 21③

16 상수슬러지의 함수율이 99%에서 98%로 되면 슬러지의 체적은 어떻게 변하는가?

① 1/2로 증대
② 1/2로 감소
③ 2배로 증대
④ 2배로 감소

| 해답 | ②

$$\frac{V_1}{V} = \frac{100-W}{100-W_1} = \frac{100-99}{100-98} = \frac{1}{2}$$

$\therefore V_1 = \frac{1}{2}V$로 감소

□□□ 기 96,12④,21③

17 정수시설 중 배출수 및 슬러지처리시설에 대한 아래 설명 중 ㉠, ㉡에 알맞은 것은?

농축조의 용량은 계획슬러지량의 (㉠)시간분, 고형물부하는 (㉡)kg/($m^2 \cdot d$)을 표준으로 하되, 원수의 종류에 따라 슬러지의 농축특성에 큰 차이가 발생할 수 있으므로 처리대상 슬러지의 농축특성을 조사하여 결정한다.

① ㉠ 12~24, ㉡ 5~10
② ㉠ 12~24, ㉡ 10~20
③ ㉠ 24~48, ㉡ 5~10
④ ㉠ 24~48, ㉡ 10~20

| 해답 | ④

농축조의 용량은 계획슬러지량의 24~48시간분, 고형물부하는 10~20kg/($m^2 \cdot d$)을 표준으로 하되, 원수의 종류에 따라 슬러지의 농축특성에 큰 차이가 발생할 수 있으므로 처리대상 슬러지의 농축특성을 조사하여 결정한다.

□□□ 기 11,16①,21③

18 수중의 질소화합물의 질산화 진행과정으로 옳은 것은?

① $NH_3-N \rightarrow NO_2-N \rightarrow NO_3-N$
② $NH_3-N \rightarrow NO_3-N \rightarrow NO_2-N$
③ $NO_2-N \rightarrow NH_3-N \rightarrow NO_3-N$
④ $NO_3-N \rightarrow NO_2-N \rightarrow NO_3-N$

| 해답 | ①

수중의 질소화합물의 질산화 진행과정
• 수중의 NH_3-N, NO_2-N, NO_3-N은 공장폐수, 분뇨 등의 오염물의 혼합한 것으로 "유기물 → $NH_3-N \rightarrow NO_2-N \rightarrow NO_3-N$"의 변화과정을 거친다.
• NH_3-N은 비료로서 토양 중 식물로 흡수되어 식물의 성장을 촉진시킨다.
• NH_3-N은 다시 산화되어 NO_2-N으로, NO_2-N은 다시 NO_3-N의 안정한 상태의 최종생성물로 되어 식물에 흡수되는 등의 반복순환이 계속되는 것이다.

□□□ 기 15②,16②,21①③
19 혐기성 소화 공정의 영향인자가 아닌 것은?

① 독성물질　　② 메탄함량
③ 알칼리도　　④ 체류시간

| 해답 | ②
혐기성 소화 공정 인자
체류시간, 온도, 영향염류, pH, 독성물질, 알칼리도

□□□ 기 95,21③
20 우리나라 먹는 물 수질기준에 대한 내용으로 틀린 것은?

① 색도는 2도를 넘지 아니할 것
② 페놀은 0.005mg/L를 넘지 아니할 것
③ 암모니아성 질소는 0.5mg/L 넘지 아니할 것
④ 일반세균은 1mL 중 100CFU을 넘지 아니할 것

| 해답 | ①
색도는 5도를 넘지 아니할 것

3 단계
과년도 실전 테스트

00   연습용 OMR 답안지
01   2022년 과년도 출제문제
02   2023년 과년도 출제문제
03   2024년 과년도 출제문제
04   2025년 과년도 출제문제

【CBT 필기복원문제 실전 테스트】

CBT 시험을 대비하여 최근 필기시험 문제를 홈페이지(www.inup.co.kr)에서 실전 테스트할 수 있습니다.

- CBT 실전테스트 제1회(2014년 제1회)
- CBT 실전테스트 제2회(2014년 제2회)
- CBT 실전테스트 제3회(2014년 제3회)
- CBT 실전테스트 제4회(2015년 제1회)
- CBT 실전테스트 제5회(2015년 제2회)
- CBT 실전테스트 제6회(2015년 제3회)
- CBT 실전테스트 제7회(2016년 제1회)
- CBT 실전테스트 제8회(2016년 제2회)
- CBT 실전테스트 제9회(2016년 제3회)
- CBT 실전테스트 제10회(2022년 제1회)
- CBT 실전테스트 제11회(2022년 제2회)
- CBT 실전테스트 제12회(2022년 제3회)
- CBT 실전테스트 제13회(2023년 제1회)
- CBT 실전테스트 제14회(2023년 제2회)
- CBT 실전테스트 제15회(2023년 제3회)
- CBT 실전테스트 제16회(2024년 제1회)
- CBT 실전테스트 제17회(2024년 제2회)
- CBT 실전테스트 제18회(2024년 제3회)
- CBT 실전테스트 제19회(2025년 제1회)
- CBT 실전테스트 제20회(2025년 제2회)
- CBT 실전테스트 제21회(2025년 제3회)

토목기사 연습용 OMR답안지

토목기사 연습용 OMR답안지

토목기사 연습용 OMR답안지

토목기사 연습용 OMR답안지

토목기사 연습용 OMR답안지

토목기사 연습용 OMR답안지

국가기술자격 필기시험문제

2022년도 기사 1회 필기시험				수험번호	성 명
자격종목	시험시간	문제수	형 별		
토목기사	3시간	120	A		

※ 각 문제는 4지 택일형으로 질문에 가장 적합한 문제의 보기 번호를 클릭하거나 답안표기란의 번호를 클릭하여 입력하시면 됩니다.
※ 입력된 답안은 문제 화면 또는 답안 표기란의 보기 번호를 클릭하여 변경하실 수 있습니다.

제1과목 : 응용역학

기 05④, 12②, 22①

01 길이가 4m인 원형단면 기둥의 세장비가 100이 되기 위한 기둥의 지름은? (단, 지지상태는 양단힌지로 가정한다.)

① 200mm ② 180mm
③ 160mm ④ 120mm

원형단면 기둥(양단힌지 $k=1.0$)
- 세장비 $\lambda = \dfrac{l}{\sqrt{\dfrac{I}{A}}} = \dfrac{l}{\sqrt{\dfrac{\pi d^4/64}{\pi d^2/4}}} = \dfrac{l}{\dfrac{d}{4}} = 100$
- $\dfrac{d}{4} = \dfrac{l}{\lambda} = \dfrac{4000}{100}$ ∴ $d = 160\text{mm}$

기 15④, 17①, 22①

02 단면 2차 모멘트의 특성에 대한 설명으로 틀린 것은?

① 단면 2차 모멘트의 최솟값은 도심에 대한 것이며 "0"이다.
② 정삼각형, 정사각형 등과 같이 대칭인 단면의 도심 축에 대한 단면 2차 모멘트값은 모두 같다.
③ 단면 2차 모멘트는 좌표축에 상관없이 항상 양(+)의 부호를 갖는다.
④ 단면 2차 모멘트가 크면 휨 강성이 크고 구조적으로 안전하다.

- 단면 1차 모멘트의 최솟값은 도심에 대한 것이며 그 값은 "0"이다.
- 단면 2차 모멘트의 최솟값은 도심축에서 나타나고 그 값은 "0"이 아니다.

기 95①, 03①, 11④, 21②, 22①

03 단면 2차 모멘트가 I이고 길이가 L인 균일한 단면의 직선상(直線狀)의 기둥이 있다. 지지상태가 일단고정, 타단자유인 경우 오일러(Euler) 좌굴하중(P_{cr})은? (단, 이 기둥의 영(Young)계수는 E이다.)

① $\dfrac{4\pi^2 EI}{L^2}$ ② $\dfrac{2\pi^2 EI}{L^2}$
③ $\dfrac{\pi^2 EI}{L^2}$ ④ $\dfrac{\pi^2 EI}{4L^2}$

$$P_{cr} = \dfrac{n \cdot \pi^2 EI}{L^2} = \dfrac{\pi^2 EI}{(KL)^2} = \dfrac{\pi^2 EI}{(2.0L)^2} = \dfrac{\pi^2 EI}{4L^2}$$

일단고정 타단자유	$n = \dfrac{1}{4}$	$K = 2.0$
양단힌지	$n = 1$	$K = 1.0$
일단힌지 타단고정	$n = 2$	$K = \dfrac{1}{\sqrt{2}}$
양단고정	$n = 4$	$K = \dfrac{1}{\sqrt{4}}$

기 22①, 24①

04 전단탄성계수(G)가 81000MPa, 전단응력(τ)이 81MPa이면 전단변형률(γ)의 값은?

① 0.1 ② 0.01
③ 0.001 ④ 0.0001

전단응력 $\tau = \dfrac{S}{A} = G \cdot \gamma$

전단변형률 $\gamma = \dfrac{\text{전단응력}}{\text{전단탄성계수}} = \dfrac{\tau}{G}$

∴ $\gamma = \dfrac{81}{81000} = 1 \times 10^{-3} = 0.001$

정답 01 ③ 02 ① 03 ④ 04 ③

□□□ 기 85,95,96,22①

05 직사각형 단면보의 단면적을 A, 전단력을 V라고 할 때 최대전단응력(τ_{max})은?

① $\dfrac{2}{3}\dfrac{V}{A}$ ② $1.5\dfrac{V}{A}$

③ $3\dfrac{V}{A}$ ④ $2\dfrac{V}{A}$

- 직사각형 단면의 최대전단응력
  $\tau_{max} = \dfrac{3}{2}\dfrac{V}{A}$
- 최대전단응력은 평균전단응력$\left(\dfrac{V}{A}\right)$의 1.5배이다.

Remember

단면의 최대전단응력 τ_{max}	
구형단면	원형단면
$\dfrac{3}{2}\dfrac{S}{A}$	$\dfrac{4}{3}\dfrac{S}{A}$

□□□ 기 94,97,22①

06 그림과 같은 모멘트 하중을 받는 단순보에서 B지점의 전단력은?

① -1.0kN
② -10kN
③ -5.0kN
④ -50kN

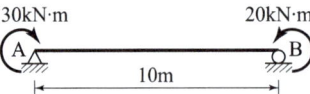

$\sum M_A = R_B \times 10 + 20 - 30 = 0$
- $R_B = \dfrac{10}{10} = 1.0\text{kN}$
- 전단력 $S_B = -1.0\text{kN}$

$\sum M_B = R_A \times 10 + 30 - 20 = 0$
- $R_A = \dfrac{-10}{10} = -1.0\text{kN}$
- 전단력 $S_A = -1.0\text{kN}$

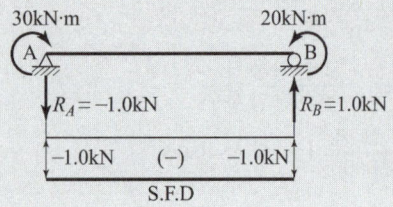

□□□ 기 06②,14②,17①,22①

07 그림과 같이 캔틸레버보의 B점에 집중하중 P와 우력모멘트 M_o가 작용할 때 B점에서의 연직변위(δ_B)는? (단, EI는 일정하다.)

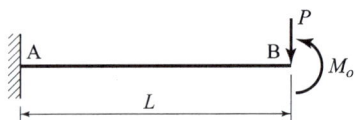

① $\dfrac{PL^3}{4EI} + \dfrac{M_oL^2}{2EI}$ ② $\dfrac{PL^3}{4EI} - \dfrac{M_oL^2}{2EI}$

③ $\dfrac{PL^3}{3EI} + \dfrac{M_oL^2}{2EI}$ ④ $\dfrac{PL^3}{3EI} - \dfrac{M_oL^2}{2EI}$

- 집중하중(P)에 의한 침하 $\delta_{BP} = \dfrac{PL^3}{3EI}(\downarrow)$
- 모멘트하중에 의한 처짐 $\delta_{BM_o} = \dfrac{M_oL^2}{2EI}(\uparrow)$

$\therefore \delta_B = \delta_{BP} + \delta_{BM_o} = \dfrac{PL^3}{3EI} - \dfrac{M_oL^2}{2EI}$

Remember

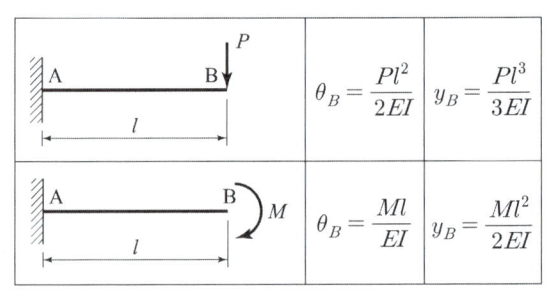

□□□ 기 04②,19③,22①,25③

08 어떤 금속의 탄성계수(E)가 21×10^4MPa이고, 전단탄성계수(G)가 8×10^4MPa일 때, 금속의 포아송비는?

① 0.3075 ② 0.3125
③ 0.3275 ④ 0.3325

$G = \dfrac{E}{2(1+\nu)}$ 에서

$\therefore \nu = \dfrac{E}{2G} - 1 = \dfrac{21 \times 10^4}{2 \times 8 \times 10^4} - 1 = 0.3125$

정답 05 ② 06 ① 07 ④ 08 ②

09 그림과 같이 지간(span) 8m인 단순보에 연행하중이 작용할 때 절대최대휨모멘트는 어디에서 생기는가?

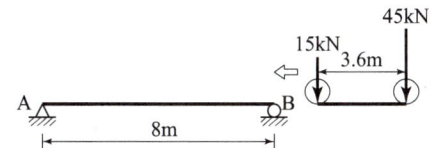

① 45kN의 재하점이 A점으로부터 4m인 곳
② 45kN의 재하점이 A점으로부터 4.45m인 곳
③ 15kN의 재하점이 B점으로부터 4m인 곳
④ 합력의 재하점이 B점으로부터 3.35m인 곳

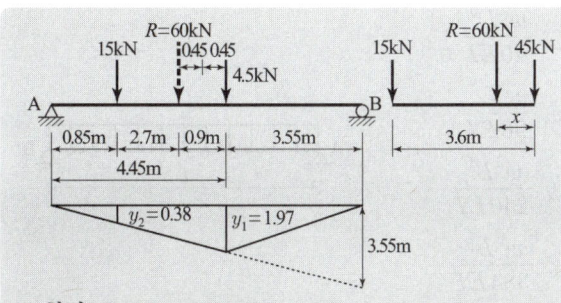

- 합력 $R = 15 + 45 = 60\,\text{kN}$
- 합력위치 : $60x = 15 \times 3.6$ ∴ $x = 0.9\,\text{m}$
- B점으로부터의 거리 : $\dfrac{8}{2} - \dfrac{0.9}{2} = 3.55\,\text{m}$
  ∴ B지점에서 왼쪽으로 3.55m 되는 점에 45kN의 재하점, 즉 A지점에서 왼쪽으로 4.45m(8−3.55) 되는 점에 45kN의 재하점

10 그림과 같은 3힌지 아치에서 A점의 수평반력(H_A)은?

① P
② $\dfrac{P}{2}$
③ $\dfrac{P}{4}$
④ $\dfrac{P}{5}$

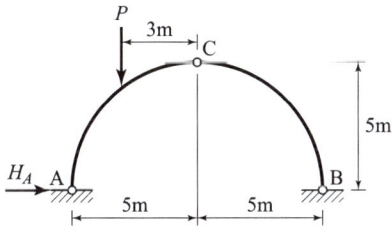

- $\Sigma M_B = 0$; $V_A \times 10 - P \times 8 = 0$ ∴ $V_A = \dfrac{4P}{5}$
- $\Sigma M_C = 0$; $\dfrac{4P}{5} \times 5 - H_A \times 5 - P \times 3 = 0$
  ∴ 수평반력 $H_A = \dfrac{P}{5}$

11 그림과 같은 라멘 구조물의 E점에서의 불균형 모멘트에 대한 부재 EA의 모멘트 분배율은?

① 0.167
② 0.222
③ 0.386
④ 0.441

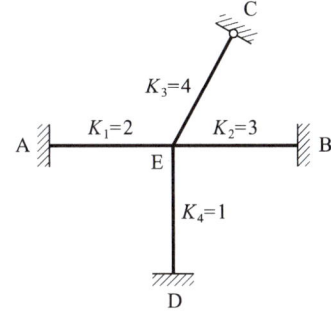

- 힌지 C점에서 수정강도계수 : $\dfrac{3}{4} \times K_C$
- $DF_{EA} = \dfrac{K_A}{K_A + K_B + \dfrac{3}{4}K_C + K_D}$
  $= \dfrac{2}{2 + 3 + \dfrac{3}{4} \times 4 + 1} = \dfrac{2}{9} = 0.222$

12 그림과 같은 구조에서 절댓값이 최대로 되는 휨모멘트의 값은?

① 80kN·m
② 50kN·m
③ 40kN·m
④ 30kN·m

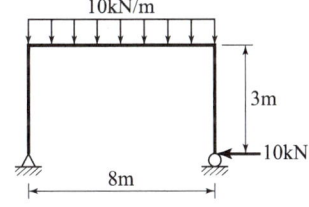

$\Sigma M_A = 0$: $V_B \times 8 - 10 \times 8 \times \dfrac{8}{2} = 0$
∴ $V_B = 40\,\text{kN}(\uparrow)$

- 우측으로부터 전단력 $S_x = 0$인 곳이 최대휨모멘트가 발생

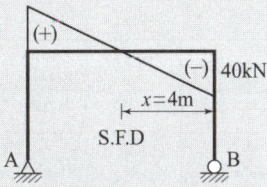

$S_{우측} = -40 + 10x = 0$
∴ $x = 4\,\text{m}$(중앙점에서 최대휨모멘트 발생)

- 최대휨모멘트
  $M_{\max} = 40 \times 4 - 10 \times 4 \times \dfrac{4}{2} - 10 \times 3 = 50\,\text{kN·m}$

기 98,07④,22①

13 그림과 같이 양단 내민보에 등분포하중(W)이 1kN/m가 작용할 때 C점의 전단력은?

① 0kN
② 5kN
③ 10kN
④ 15kN

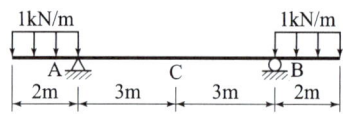

하중이 좌우대칭이므로
- $V_A = V_B = 1 \times 2 = 2$kN
- $S_A = -1 \times 2 + 2 = 0$
- $S_B = 1 \times 2 - 2 = 0$
- ∴ A—B 구간은 순수 휨모멘트만 생기므로 C점의 전단력 $S_C = 0$kN이다.

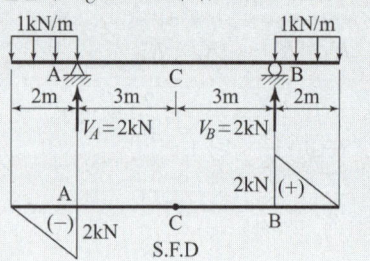

기 92,97,00,02,06,07,14①,17②,22①

14 그림과 같은 부정정보에서 B점의 반력은?

① $\dfrac{3}{4}wL(\uparrow)$
② $\dfrac{3}{8}wL(\uparrow)$
③ $\dfrac{3}{16}wL(\uparrow)$
④ $\dfrac{5}{16}wL(\uparrow)$

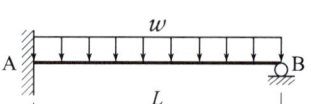

A점의 처짐은 0이다.
- $y_A = y_{A1} + y_{A2} = 0$

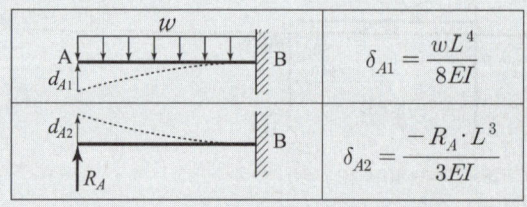

- $y_{A1} = \dfrac{wL^4}{8EI}$, $y_{A2} = \dfrac{-R_A L^3}{3EI}$
- $y_A = \dfrac{wL^4}{8EI} - \dfrac{R_A L^3}{3EI} = 0$ ∴ $R_A = \dfrac{3}{8}wL$

Remember

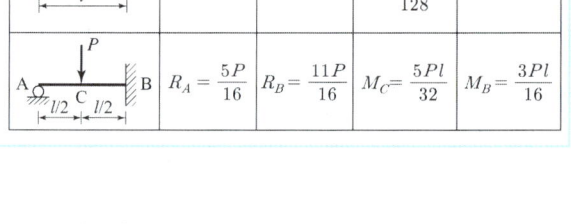

기 09④,12②,16①,17①,21①,22①,25③

15 그림과 같은 단순보에서 휨모멘트에 의한 탄성변형에너지는? (단, EI는 일정하다.)

① $\dfrac{w^2L^5}{40EI}$
② $\dfrac{w^2L^5}{96EI}$
③ $\dfrac{w^2L^5}{240EI}$
④ $\dfrac{w^2L^5}{384EI}$

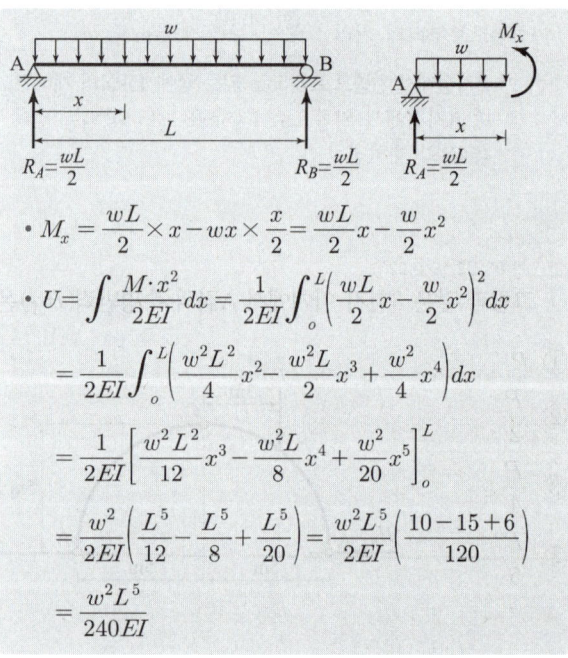

- $M_x = \dfrac{wL}{2} \times x - wx \times \dfrac{x}{2} = \dfrac{wL}{2}x - \dfrac{w}{2}x^2$
- $U = \int \dfrac{M \cdot x^2}{2EI}dx = \dfrac{1}{2EI}\int_o^L \left(\dfrac{wL}{2}x - \dfrac{w}{2}x^2\right)^2 dx$

$= \dfrac{1}{2EI}\int_o^L \left(\dfrac{w^2L^2}{4}x^2 - \dfrac{w^2L}{2}x^3 + \dfrac{w^2}{4}x^4\right)dx$

$= \dfrac{1}{2EI}\left[\dfrac{w^2L^2}{12}x^3 - \dfrac{w^2L}{8}x^4 + \dfrac{w^2}{20}x^5\right]_o^L$

$= \dfrac{w^2}{2EI}\left(\dfrac{L^5}{12} - \dfrac{L^5}{8} + \dfrac{L^5}{20}\right) = \dfrac{w^2L^5}{2EI}\left(\dfrac{10-15+6}{120}\right)$

$= \dfrac{w^2L^5}{240EI}$

Remember

정적분의 기본정리 $\int_0^L x^2 dx = \left[\dfrac{1}{3}x^3\right]_0^L = \dfrac{L^3}{3}$

정답 13 ① 14 ② 15 ③

□□□ 기 88,00,03,07,14②,17④,22①

16 그림과 같은 구조물에서 부재 AB가 받는 힘의 크기는?

① 3166.7kN
② 3274.2kN
③ 3368.5kN
④ 3485.4kN

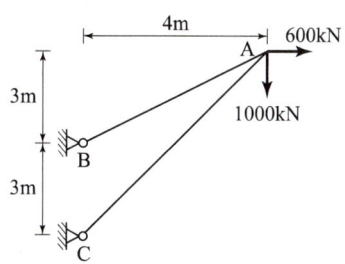

[방법1] $\sum M_C = 0$

$$600 \times 6 + 1000 \times 4 - AB \times \frac{4}{5} \times 3 = 0$$

$$\therefore AB = 3166.7 \text{kN}$$

[방법2] A점에서 $\sum V = 0$, $\sum H = 0$를 취하면

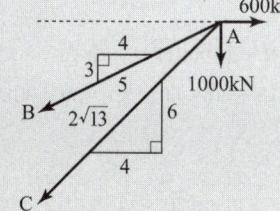

- $\sum V = 0$

$$1000 + \frac{3}{5}\overline{AB} - \frac{6}{2\sqrt{13}}\overline{AC} = 0 \quad \cdots \cdots (1)$$

- $\sum H = 0$

$$600 - \frac{4}{5}\overline{AB} + \frac{4}{2\sqrt{13}}\overline{AC} = 0 \quad \cdots \cdots (2)$$

- $(1) \times 4 + (2) \times 6$

$$4000 + 2.4\overline{AB} - 3.328\overline{AC} = 0 \quad \cdots \cdots (3)$$

$$3600 - 4.8\overline{AB} + 3.328\overline{AC} = 0 \quad \cdots \cdots (4)$$

$$\therefore \overline{AB} = \frac{7600}{2.4} = 3166.7 \text{kN}$$

□□□ 기 97,22①

17 그림과 같은 직사각형보에서 중립축에 대한 단면계수 값은?

① $\dfrac{bh^2}{6}$
② $\dfrac{bh^2}{12}$
③ $\dfrac{bh^3}{6}$
④ $\dfrac{bh}{4}$

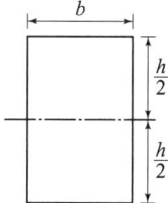

직사각형 단면의 단면계수

$$Z = \frac{I_X}{y} = \frac{\dfrac{bh^3}{12}}{\dfrac{h}{2}} = \frac{bh^2}{6}$$

□□□ 기 11④,22①

18 내민보에 그림과 같이 지점 A에 모멘트가 작용하고, 집중하중이 보의 양끝에 작용한다. 이 보에 발생하는 최대휨모멘트의 절댓값은?

① 60kN·m
② 80kN·m
③ 100kN·m
④ 120kN·m

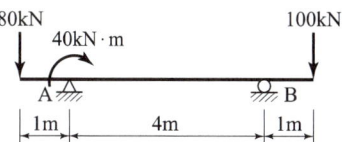

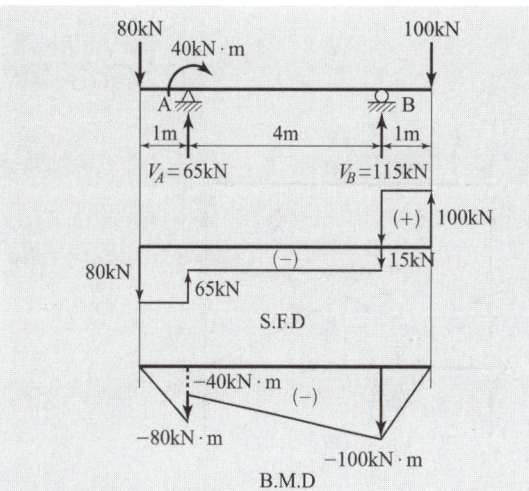

■ 반력
- $\sum M_B = 0 (\curvearrowright)$

$$-80 \times 5 + 40 + V_A \times 4 + 100 \times 1 = 0$$

$$\therefore V_A = 65 \text{kN}(\uparrow)$$

- $\sum M_A = 0 (\curvearrowright)$

$$100 \times (1+4) - V_B \times 4 + 40 - 80 \times 1 = 0$$

$$\therefore V_B = 115 \text{kN}(\uparrow)$$

■ 전단력
- $S_{A좌} = -80 \text{kN}$, $S_{A우} = -80 + 65 = -15 \text{kN}$
- $S_{B우} = +100 \text{kN}$, $S_{B좌} = 100 - 115 = -15 \text{kN}$

■ 휨모멘트
- $M_B = -100 \times 1 = -100 \text{kN·m}$
  (∴ 전단력이 가장 작은 지점에서 최대휨모멘트가 발생)
- $M_A = -80 \times 1 + 40 = -40 \text{kN·m}$

$$\therefore |M_B| = 100 \text{kN·m}$$

정답 16 ① 17 ① 18 ③

기 17④,22①

19 그림과 같이 중앙에 집중하중 P를 받는 단순보에서 지점 A로부터 $\frac{L}{4}$인 지점(점 D)의 처짐각(θ_D)과 처짐량(δ_D)은? (단, EI는 일정하다.)

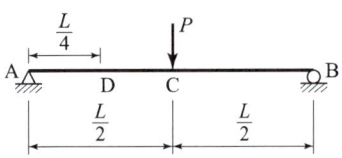

① $\theta_D = \dfrac{3PL^2}{128EI}$, $\delta_D = \dfrac{11PL^3}{384EI}$

② $\theta_D = \dfrac{3PL^2}{128EI}$, $\delta_D = \dfrac{5PL^3}{384EI}$

③ $\theta_D = \dfrac{5PL^2}{64EI}$, $\delta_D = \dfrac{3PL^3}{768EI}$

④ $\theta_D = \dfrac{3PL^2}{64EI}$, $\delta_D = \dfrac{11PL^3}{768EI}$

- 공액보

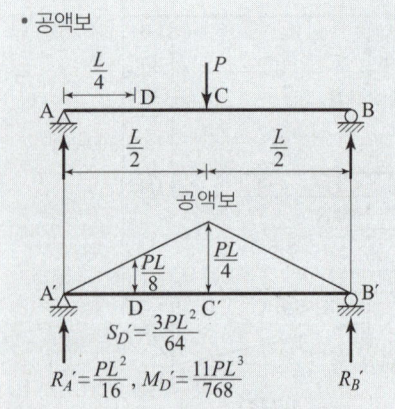

$R_A' = \dfrac{PL^2}{16}$, $M_D' = \dfrac{11PL^3}{768}$

- D점의 처짐각 θ_D : 공액보에서

$S_D' = \dfrac{PL^2}{16} - \dfrac{L}{4} \times \dfrac{PL}{8} \times \dfrac{1}{2} = \dfrac{3PL^2}{64}$

$\therefore \theta_D = \dfrac{S_D'}{EI} = \dfrac{3PL^2}{64EI}$

- D점의 처짐량 δ_D : 공액보에서

$M_D' = \dfrac{PL^2}{16} \times \dfrac{L}{4} - \dfrac{L}{4} \times \dfrac{PL}{8} \times \dfrac{1}{2} \times \dfrac{L}{4} \times \dfrac{1}{3}$

$= \dfrac{PL^3}{64} - \dfrac{PL^3}{768} = \dfrac{11PL^3}{768}$

$\therefore \delta_D = \dfrac{M_D'}{EI} = \dfrac{11PL^3}{768EI}$

기 14②,16,17①,18①,21①,22①

20 그림과 같은 단순보의 단면에서 발생하는 최대전단응력의 크기는?

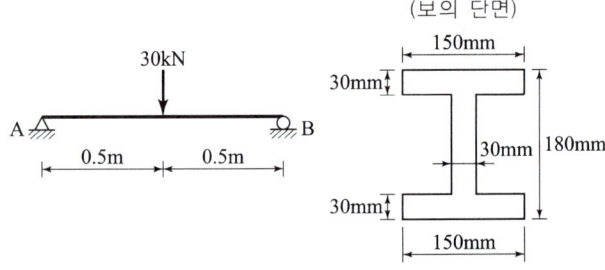

① 3.52MPa ② 3.86MPa
③ 4.45MPa ④ 4.93MPa

$\tau_{max} = \dfrac{S_{max} \cdot G_x}{I_x \cdot b}$

- $S_{max} = R_A = 15\,\text{kN} = 15000\,\text{N}$ (∵ 대칭)
- $G_x = 150 \times 30 \times 75 + 30 \times 60 \times 30 = 391500\,\text{mm}^3$
- $I_x = \dfrac{BH^3}{12} - \dfrac{bh^3}{12}$

$= \dfrac{150 \times 180^3}{12} - \dfrac{120 \times 120^3}{12} = 55620000\,\text{mm}^4$

- $b = 30\,\text{mm}$

$\therefore \tau_{max} = \dfrac{15000 \times 391500}{55620000 \times 30}$

$= 3.52\,\text{N/mm}^2 = 3.52\,\text{MPa}$

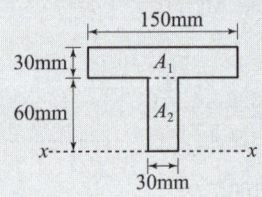

제2과목 : 측량학

기 01,04,07,14①,21①,22①

21 도로노선의 곡률반지름 $R = 2000\,\text{m}$, 곡선길이 $L = 245\,\text{m}$일 때, 클로소이드의 매개변수 A는?

① 500m ② 600m
③ 700m ④ 800m

$A^2 = RL$에서
$A = \sqrt{RL} = \sqrt{2000 \times 245} = 700\,\text{m}$

정답 19 ④   20 ①   21 ③

22 노선거리 2km의 결합 트래버스 측량에서 폐합비를 1/5000로 제한한다면 허용폐합오차는?

① 0.1m ② 0.4m
③ 0.8m ④ 1.2m

축척(폐합비) $\frac{1}{M} = \frac{도상거리}{실제거리} = \frac{1}{5000} = \frac{E}{2000}$

∴ 폐합오차 $E = \frac{2000}{5000} = 0.4m$

23 다음 설명 중 옳지 않은 것은?

① 측지선은 지표상 두 점 간의 최단거리선이다.
② 라플라스점은 중력측정을 실시하기 위한 점이다.
③ 항정선은 자오선과 항상 일정한 각도를 유지하는 지표의 선이다.
④ 지표면의 요철을 무시하고, 적도반지름과 극반지름으로 지구의 형상을 나타내는 가상의 타원체를 지구타원체라고 한다.

• 라플라스(Laplace)점 : 방위각 경도를 측정하여 측지망을 바로잡는데 이때의 관측점을 Laplace점이라 한다.
• 중력점 : 중력측정을 목적으로 설치되는 점

24 동일한 정확도로 3변을 관측한 직육면체의 체적을 계산한 결과가 1200m³이었다. 거리의 정확도를 1/10000까지 허용한다면 체적의 허용오차는?

① 0.08m³ ② 0.12m³
③ 0.24m³ ④ 0.36m³

$V = a^3$에서
• $\frac{dV}{V} = 3\frac{a^2}{a^3}da = 3\frac{da}{a}$
• $\frac{dV}{3V} = \frac{da}{a} = \frac{dV}{3 \times 1200} = \frac{1}{10000}$

∴ 체적의 허용오차
$dV = \frac{1}{10000} \times 3 \times 1200 = 0.36m^3$

25 그림과 같은 반지름 = 50m인 원곡선에서 $\overline{HC}$의 거리는? (단, 교각 = 60°, α = 20°, ∠AHC = 90°)

① 0.19m
② 1.98m
③ 3.02m
④ 3.24m

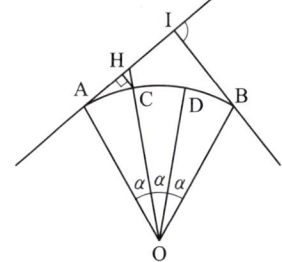

[방법1]
$\overline{HC} = R - R\cos\alpha$
$= 50 - 50\cos 20° = 3.02m$

[방법2]
■ 삼각형 $\Delta ACC'$에서 $\cos\alpha = \frac{\overline{HC}}{\overline{CC'}}$
(∵ ∠CHC' = 90°, ∠HCC' = α)
• 거리 $\overline{HC} = \overline{CC'}\cos\alpha$

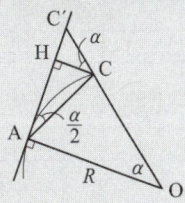

■ 삼각형 $\Delta AOC'$에서 $\cos\alpha = \frac{\overline{AO}}{\overline{OC'}}$
(∵ ∠OAC' = 90°)
• $\overline{OC'} = \frac{\overline{AO}}{\cos\alpha} = \frac{50}{\cos 20°} = 53.21m$
• $\overline{CC'} = \overline{OC'} - \overline{OC}(R)$
  $= 53.21 - 50 = 3.21m$
∴ $\overline{HC} = \overline{CC'}\cos\alpha = 3.21\cos 20° = 3.02m$

26 삼변측량에 대한 설명으로 틀린 것은?

① 전자파거리측량기(EDM)의 출현으로 그 이용이 활성화되었다.
② 관측값의 수에 비해 조건식이 많은 것이 장점이다.
③ 코사인 제2법칙과 반각공식을 이용하여 각을 구한다.
④ 조정방법에는 조건방정식에 의한 조정과 관측방정식에 의한 조정방법이 있다.

관측값의 수에 비해 조건식이 적은 단점이 있다.

□□□ 기 22①, 24①

27 어떤 노선을 수준측량하여 작성된 기고식 야장의 일부 중 지반고 값이 틀린 측점은? (단, 단위 : m)

측점	B.S	F.S T.P	F.S I.P	기계고	지반고
0	3.121				123.567
1			2.586		124.102
2	2.428	4.065			122.623
3			−0.664		124.387
4		2.321			122.730

① 측점 1
② 측점 2
③ 측점 3
④ 측점 4

지반고 계산

측점	B.S	F.S T.P	F.S I.P	기계고	지반고
0	3.121			126.688	123.567
1			2.586		124.102
2	2.428	4.065		125.051	122.623
3			−0.664		125.715
4		2.321			122.730

• 측점 0의 기계고=123.567+3.121=126.688
• 측점 1의 지반고=126.688−2.586=124.102
• 측점 2의 기계고=122.623+2.428=125.051
• 측점 2의 지반고=126.688−4.065=122.623
• 측점 3의 지반고=125.051−(−0.664)=125.715
• 측점 4의 지반고=125.051−2.321=122.730

□□□ 기 94,22①

28 지형측량에서 등고선의 성질에 대한 설명으로 옳지 않은 것은?

① 등고선의 간격은 경사가 급한 곳에서는 넓어지고, 완만한 곳에는 좁아진다.
② 등고선은 지표의 최대경사선 방향과 직교한다.
③ 동일 등고선상에 있는 모든 점은 같은 높이이다.
④ 등고선 간의 최단거리 방향은 그 지표면의 최대경사 방향을 가리킨다.

등고선은 경사가 급한 곳에서는 간격이 좁아지고 완만한 경사에서는 넓어진다.

□□□ 기 22①, 25①

29 지형의 표시법에 대한 설명으로 틀린 것은?

① 영선법은 짧고 거의 평행한 선을 이용하여 경사가 급하면 가늘고 길게, 경사가 완만하면 굵고 짧게 표시하는 방법이다.
② 음영법은 태양광선이 서북쪽에서 45도 각도로 비친다고 가정하고 지표의 기복에 대하여 그 명암을 2~3색 이상으로 채색하여 기복의 모양을 표시하는 방법이다.
③ 채색법은 등고선의 사이를 색으로 채색, 색채의 농도를 변화시켜 표고를 구분하는 방법이다.
④ 점고법은 하천, 항만, 해양측량 등에서 수심을 나타낼 때 측점에 숫자를 기입하여 수심 등을 나타내는 방법이다.

영선법은 짧고 거의 평행한 선을 이용하여 경사가 급하면 굵고 짧게, 경사가 완만하면 가늘고 길게 표시하는 방법이다.

□□□ 기 95,04,22①

30 교각 $I=90°$, 곡선반지름 $R=150m$인 단곡선에서 교점(I.P)의 추가거리가 1139.250m일 때 곡선종점(E.C)까지의 추가거리는?

① 875.375m
② 989.250m
③ 1224.869m
④ 1374.825m

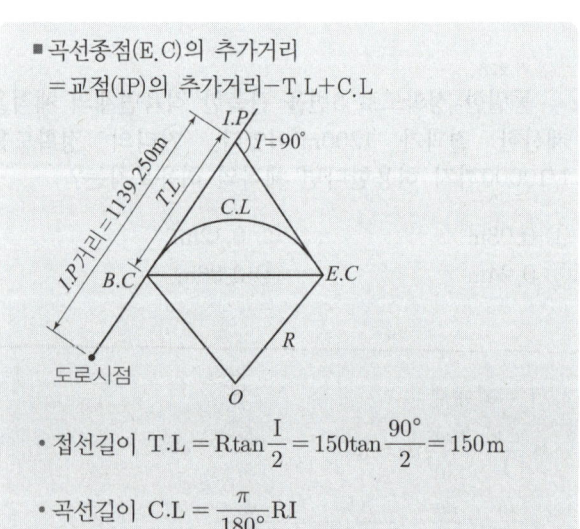

■ 곡선종점(E.C)의 추가거리
 =교점(IP)의 추가거리−T.L+C.L

• 접선길이 $T.L = R\tan\dfrac{I}{2} = 150\tan\dfrac{90°}{2} = 150m$

• 곡선길이 $C.L = \dfrac{\pi}{180°}RI$
  $= \dfrac{\pi}{1800} \times 150 \times 90° = 235.619m$

∴ 추가거리=1139.250−150+235.619=1224.869m

정답 27 ③　28 ①　29 ①　30 ③

☐☐☐ 기 07,08,11,22①

31 △ABC의 꼭지점에 대한 좌푯값이 (30, 50), (20, 90), (60, 100)일 때 삼각형 토지의 면적은?(단, 좌표의 단위 : m)

① 500m²
② 750m²
③ 850m²
④ 960m²

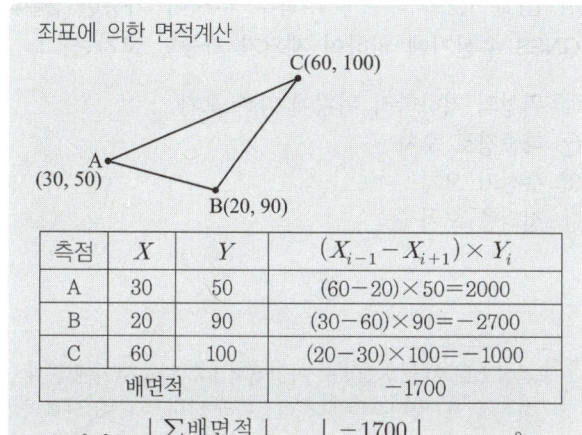

좌표에 의한 면적계산

측점	X	Y	$(X_{i-1}-X_{i+1}) \times Y_i$
A	30	50	$(60-20) \times 50 = 2000$
B	20	90	$(30-60) \times 90 = -2700$
C	60	100	$(20-30) \times 100 = -1000$
배면적			-1700

∴ 면적 = $\dfrac{|\sum 배면적|}{2} = \dfrac{|-1700|}{2} = 850m^2$

☐☐☐ 기 99,06,09,00,12,14①,17①,19①②③,22①,25②

32 수준점 A, B, C에서 P점까지 수준측량을 한 결과가 표와 같다. 관측거리에 대한 경중률을 고려한 P점의 표고는?

측량경로	거리	P점의 표고
A→P	1km	135.487m
B→P	2km	135.563m
C→P	3km	135.603m

① 135.529m
② 135.551m
③ 135.563m
④ 135.570m

- 직접수준측량의 경중률은 노선거리에 반비례

$P_A : P_B : P_C = \dfrac{1}{1} : \dfrac{1}{2} : \dfrac{1}{3} = 6:3:2$

- P점의 표고

$H_P = \dfrac{P_A H_A + P_B H_B + P_C H_C}{P_A + P_B + P_C}$

$= 135 + \dfrac{0.487 \times 6 + 0.563 \times 3 + 0.603 \times 2}{6+3+2}$

$= 135.529m$

☐☐☐ 기 18③,22①

33 GNSS 상대측위 방법에 대한 설명으로 옳은 것은?

① 수신기 1대만을 사용하여 측위를 실시한다.
② 위성과 수신기 간의 거리는 전파의 파장 개수를 이용하여 계산할 수 있다.
③ 위상차의 계산은 단순차, 2중차, 3중차와 같은 차분기법으로는 해결하기 어렵다.
④ 전파의 위상차를 관측하는 방식이나 절대측위 방법보다 정확도가 떨어진다.

- 절대측위는 수신기 1대만을 사용하여 측위를 실시한다.
- 위성과 수신기 간의 거리는 전파의 파장 개수를 이용하여 계산할 수 있다.
- 위상차의 계산은 단순차, 2중차, 3중차와 같은 차분기법으로는 해결한다.
- 전파의 위상차를 관측하는 방식이나 절대측위 방법보다 정확도가 높다.

☐☐☐ 기 06,15④,22①

34 노선측량에서 실시설계측량에 해당하지 않는 것은?

① 중심선 설치
② 지형도 작성
③ 다각측량
④ 용지측량

- 노선측량
  노선선정 → 계획조사측량 → 실시설계측량 → 세부측량 → 용지측량 → 공사측량 측설하는 것이다.
- 실시설계측량의 순서
  지형도 작성 → 중심선 선정 → 중심선 설치(도상) → 다각측량 → 중심선 설치(현지) → 고저측량

☐☐☐ 기 22①

35 줄자로 거리를 관측할 때 한 구간 20m의 거리에 비례하는 정오차가 +2mm라면 전 구간 200m를 관측하였을 때 정오차는?

① +0.2mm
② +0.63mm
③ +6.3mm
④ +20mm

정오차는 측정횟수(n)에 비례

∴ 정오차 $E = +\delta n = +2 \times \dfrac{200}{20} = +20mm$

□□□ 기 17④,22①
36 수준측량의 부정오차에 해당되는 것은?

① 기포의 순간이동에 의한 오차
② 기계의 불완전 조정에 의한 오차
③ 지구곡률에 의한 오차
④ 표척의 눈금오차

> ■ 수준측량의 부정오차
> • 일광직사로 인한 오차
> • 진동, 지진에 의한 오차
> • 대물경의 출입에 의한 오차
> • 기포 이동(민감) 및 기포관 곡률에 의한 오차
> • 십자선의 굵기 및 시차(시준불안전)에 의한 오차
>
> ■ 수준측량의 정오차
> • 표척눈금에 의한 오차
> • 표척침하에 의한 오차
> • 지구곡률에 의한 오차
> • 빛의 굴절에 의한 오차
> • 온도변화에 대한 표척의 신축
> • 기계의 불완전 조정에 의한 오차

□□□ 기 96,99,11,12①,15①,22①
37 트래버스 측량에서 측점 A의 좌표가 (100m, 100m)이고 측선 AB의 길이가 50m일 때 B점의 좌표는? (단, AB측선의 방위각은 195°이다.)

① (51.7m, 87.1m)　　② (51.7m, 112.9m)
③ (148.3m, 87.1m)　　④ (148.3m, 112.9m)

> • $X_B = X_A + \overline{AB}\cos\theta$
> 　　　$= 100 + 50\cos 195° = 51.7\text{m}$
> • $Y_B = Y_A + \overline{AB}\sin\theta$
> 　　　$= 100 + 50\sin 195° = 87.1\text{m}$
> ∴ B점의 좌표 (51.7, 87.1)

□□□ 기 85,95,98,07,17①,18①,22①
38 수심 H인 하천의 유속측정에서 수면으로부터 깊이 0.2H, 0.4H, 0.6H, 0.8H인 지점의 유속이 각각 0.663m/s, 0.556m/s, 0.532m/s, 0.466m/s이었다면 3점법에 의한 평균유속은?

① 0.543m/s　　② 0.548m/s
③ 0.559m/s　　④ 0.560m/s

> 3점법
> $$V_m = \frac{1}{4}(V_{0.2} + 2V_{0.6} + V_{0.8})$$
> $$= \frac{1}{4}(0.663 + 2 \times 0.532 + 0.466) = 0.548\text{m/sec}$$

□□□ 기 22①,24①
39 L1과 L2의 두 개 주파수 수신이 가능한 2주파 GNSS 수신기에 의하여 제거가 가능한 오차는?

① 위성의 기하학적 위치에 따른 오차
② 다중경로 오차
③ 수신기 오차
④ 전리층 오차

> 전리층 오차
> • 지상으로부터 약 50km 이상에서 1000km 사이에 존재하는 전자·양이온층을 전리층이라 하며, GNSS 신호의 전리층 통과 시 전달시간 지연오차이다.
> • 전리층 오차인 전리층 굴절문제는 L1, L2 두 개의 주파수를 사용하여 제거할 수 있다.

□□□ 기 19②,22①
40 트래버스 측량의 종류와 그 특징으로 옳지 않은 것은?

① 결합트래버스는 삼각점과 삼각점을 연결시킨 것으로 조정계산 정확도가 가장 좋다.
② 폐합트래버스는 한 측점에서 시작하여 다시 그 측점에 돌아오는 관측형태이다.
③ 폐합트래버스는 오차의 계산 및 조정이 가능하나, 정확도는 개방트래버스보다 좋지 못하다.
④ 개방트래버스는 임의의 한 측점에서 시작하여 다른 임의의 한 점에서 끝나는 관측형태이다.

> • 폐합트래버스는 오차의 계산 및 조정이 가능하나, 정확도는 개방트래버스보다 높다.
> • 개방트래버스는 측량결과의 검사나 오차의 계산 및 조정이 안 되기 때문에 정확도는 폐합트래버스보다 낮다.

정답　36 ①　37 ①　38 ②　39 ④　40 ③

제3과목 : 수리학 및 수문학

□□□ 기 96,02,03,06,11④,22①

41 하폭이 넓은 완경사 개수로 흐름에서 물의 단위중량 $W = \rho g$, 수심 h, 하상경사 S일 때 바닥 전단응력 τ_0는? (단, ρ : 물의 밀도, g : 중력가속도)

① $\rho h S$
② $g h S$
③ $\sqrt{\dfrac{hS}{\rho}}$
④ WhS

전단응력(소류력)
$\tau_o = WRS = WhS$

□□□ 기 95,05,22①

42 베르누이(Bernoulli)의 정리에 관한 설명으로 틀린 것은?

① 회전류의 경우는 모든 영역에서 성립한다.
② Euler의 운동방정식으로부터 적분하여 유도할 수 있다.
③ 베르누이의 정리를 이용하여 Torricelli의 정리를 유도할 수 있다.
④ 이상유체 흐름에 대하여 기계적 에너지를 포함한 방정식과 같다.

회전류의 경우는 동일한 유선상에서만 성립하고 비전류의 경우는 모든 영역에서 성립한다.

□□□ 기 83,93,98,15④,22①

43 삼각 위어(weir)에 월류수심을 측정할 때 2%의 오차가 있었다면 유량 산정시 발생하는 오차는?

① 2%
② 3%
③ 4%
④ 5%

$\dfrac{dQ}{Q} = \dfrac{5}{2}\dfrac{dh}{h} = \dfrac{5}{2} \times 2 = 5\%$

Remember
삼각 위어 $Q = \dfrac{8}{15} C \tan\dfrac{\theta}{2} \sqrt{2g} h^{5/2}$

□□□ 기 93,20③,22①

44 그림과 같이 수조 A의 물을 펌프에 의해 수조 B로 양수한다. 연결관의 단면적 200cm², 유량 0.196m³/s, 총손실수두는 속도수두의 3.0배에 해당할 때 펌프의 필요한 동력(HP)은? (단, 펌프의 효율은 98%이며, 물의 단위중량은 9.81kN/m³, 1HP는 735.75N·m/s, 중력가속도는 9.8m/s²)

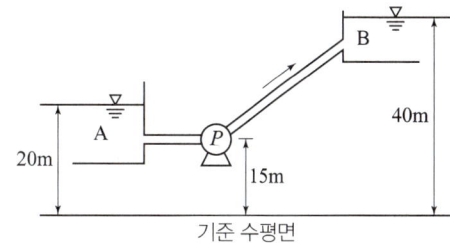

① 92.5HP
② 101.6HP
③ 105.9HP
④ 115.2HP

$E = \dfrac{1000\, Q(H + \Sigma h)}{75\eta}$

• $V = \dfrac{Q}{A} = \dfrac{0.196}{200 \times \left(\dfrac{1}{100}\right)^2} = 9.8\,\text{m/s}$

• 속도수두 $h = \dfrac{V^2}{2g} = \dfrac{9.8^2}{2 \times 9.8} = 4.9\,\text{m}$

• 총손실수두 $\Sigma h = 4.9 \times 3 = 14.7\,\text{m}$

$\therefore E = \dfrac{1000 \times 0.196 [(40-20) + (4.9 \times 3)]}{75 \times 0.98}$
$= 92.5\,\text{HP}$

□□□ 기 03,13,17④,22①

45 두께가 10m인 피압대수층에서 우물을 통해 양수한 결과, 50m 및 100m 떨어진 두 지점에서 수면강하가 각각 20m 및 10m로 관측되었다. 정상상태를 가정할 때 우물의 양수량은? (단, 투수계수는 0.3m/h)

① $7.6 \times 10^{-2}\,\text{m}^3/\text{s}$
② $6.0 \times 10^{-3}\,\text{m}^3/\text{s}$
③ $9.4\,\text{m}^3/\text{s}$
④ $21.6\,\text{m}^3/\text{s}$

$Q = \dfrac{2\pi c k (H - h_o)}{2.3\log\left(\dfrac{R}{r_o}\right)} = \dfrac{2 \times \pi \times 10 \times 0.3 \times (20 - 10)}{2.3\log\left(\dfrac{100}{50}\right)}$
$= 272.2\,\text{m}^3/\text{hr}$
$= 272.2 \times \dfrac{1}{60 \times 60} = 7.6 \times 10^{-2}\,\text{m}^3/\text{s}$

정답 41 ④ 42 ① 43 ④ 44 ① 45 ①

□□□ 기 95,02,13,22①,24②

46 다음 사다리꼴 수로의 윤변은?

① 8.02m
② 7.02m
③ 6.02m
④ 9.02m

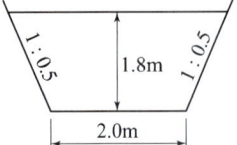

- 윤변(P) : 유수단면이 수로 주벽과 접하는 길이
- 경사면 길이
$S = \sqrt{(nh)^2 + h^2}$
$= \sqrt{(0.5 \times 1.8)^2 + 1.8^2} = 2.01$
∴ 윤변 $P = 2.01 + 2.0 + 2.01 = 6.02\text{m}$

□□□ 기 92,19②,22①

47 수리학적으로 유리한 단면에 관한 설명으로 옳지 않은 것은?

① 주어진 단면에서 윤변이 최소가 되는 단면이다.
② 직사각형 단면일 경우 수심이 폭의 1/2인 단면이다.
③ 최대유량의 소통을 가능하게 하는 가장 경제적인 단면이다.
④ 사다리꼴 단면일 경우 수심을 반지름으로 하는 반원을 외접원으로 하는 사다리꼴 단면이다.

수리학상 유리한 단면은 수심을 반경으로 하는 반원을 내접원으로 하는 사다리꼴(제형) 단면이다.

□□□ 기 97,22①

48 동수반경에 대한 설명으로 옳지 않은 것은?

① 원형관의 경우, 지름의 1/4이다.
② 유수단면적을 윤변으로 나눈 값이다.
③ 폭이 넓은 직사각형수로의 동수반경은 그 수로의 수심과 거의 같다.
④ 동수반경이 큰 수로는 동수반경이 작은 수로보다 마찰에 의한 수두손실이 크다.

동수반경이 큰 수로는 동수반경이 작은 수로보다 마찰에 의한 수두손실이 적다.

□□□ 기 22①

49 수심이 1.2m인 수조의 밑바닥에 길이 4.5m, 지름 2cm인 원형관이 연직으로 설치되어 있다. 최초에 물이 배수되기 시작할 때 수조의 밑바닥에서 0.5m 떨어진 연직관 내의 수압은? (단, 물의 단위중량은 9.81kN/m³이며, 손실은 무시한다.)

① 49.05kN/m²
② −49.05kN/m²
③ 39.24kN/m²
④ −39.24kN/m²

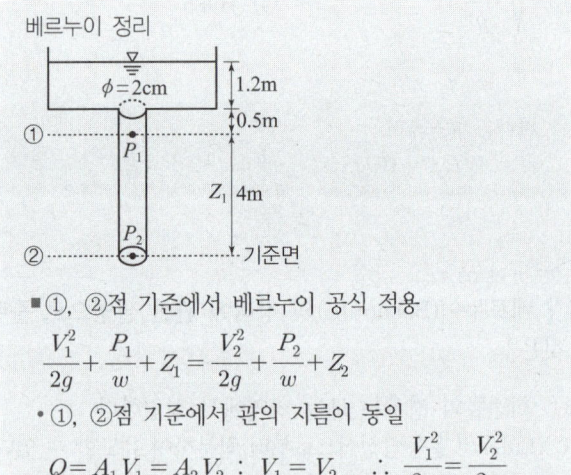

■ ①, ②점 기준에서 베르누이 공식 적용
$$\frac{V_1^2}{2g} + \frac{P_1}{w} + Z_1 = \frac{V_2^2}{2g} + \frac{P_2}{w} + Z_2$$

- ①, ②점 기준에서 관의 지름이 동일
$Q = A_1 V_1 = A_2 V_2 : V_1 = V_2 \quad \therefore \frac{V_1^2}{2g} = \frac{V_2^2}{2g}$

- ②점 기준에서 : $\frac{P_2}{w} = 0, \ Z_2 = 0$
$\frac{P_1}{w} + Z_1 = \frac{P_2}{w} + Z_2 = 0 + 0 = 0$

∴ $P_1 = -Z_1 \times w = -4 \times 9.81 = -39.24\text{kN/m}^2$

□□□ 기 10,22①

50 그림과 같은 모양의 분수(噴水)를 만들었을 때 분수의 높이(H_v)는? (단, 유속계수 C_v : 0.96, 중력가속도 g : 9.8m/s², 다른 손실은 무시한다.)

① 9.00m
② 9.22m
③ 9.62m
④ 10.00m

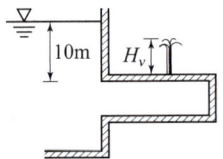

$H_v = \frac{V^2}{2g}$

- $V = C_v\sqrt{2gH}$ 에서
$V^2 = 2C_v^2 gH$

- 분수 높이 $H_v = \frac{V^2}{2g} = \frac{2C_v^2 gH}{2g} = C_v^2 H$

∴ $H_v = 0.96^2 \times 10 = 9.22\text{m}$

정답 46 ③ 47 ④ 48 ④ 49 ④ 50 ②

51 흐르는 유체 속의 한 점(x, y, z)의 각 축방향의 속도성분을 (u, v, w)라 하고 밀도를 ρ, 시간을 t로 표시할 때 가장 일반적인 경우의 연속방정식은?

① $\dfrac{\partial u}{\partial t} + \dfrac{\partial v}{\partial t} + \dfrac{\partial w}{\partial t} = 0$

② $\dfrac{\partial \rho u}{\partial x} + \dfrac{\partial \rho v}{\partial y} + \dfrac{\partial \rho w}{\partial z} = 0$

③ $\dfrac{\partial \rho}{\partial t} + \dfrac{\partial u}{\partial x} + \dfrac{\partial v}{\partial y} + \dfrac{\partial w}{\partial z} = 0$

④ $\dfrac{\partial \rho}{\partial t} + \dfrac{\partial \rho u}{\partial x} + \dfrac{\partial \rho v}{\partial y} + \dfrac{\partial \rho w}{\partial z} = 0$

- 유체운동에 관한 연속방정식
$\dfrac{\partial \rho}{\partial t} + \dfrac{\partial \rho u}{\partial x} + \dfrac{\partial \rho v}{\partial y} + \dfrac{\partial \rho w}{\partial z} = 0$
- 비압축성 유체의 경우는 밀도 ρ = const 이므로
$\dfrac{\partial u}{\partial x} + \dfrac{\partial v}{\partial y} + \dfrac{\partial w}{\partial z} = 0$

52 여과량이 $2\text{m}^3/\text{s}$, 동수경사가 0.2, 투수계수가 1cm/s일 때 필요한 여과지 면적은?

① 1000m^2 ② 1500m^2
③ 2000m^2 ④ 2500m^2

Darcy의 법칙 : $Q = kiA$에서
$\therefore A = \dfrac{Q}{ki} = \dfrac{2}{1 \times \dfrac{1}{100} \times 0.2} = 1000\text{m}^2$

53 강우자료의 일관성을 분석하기 위해 사용하는 방법은?

① 합리식
② DAD 해석법
③ 누가우량곡선법
④ SCS(Soil Conservation Service) 방법

이중누가우량곡선법은 강수자료의 일관성을 검증할 때 사용하는 방법

54 비중이 0.9인 목재가 물에 떠 있다. 수면 위에 노출된 체적이 1.0m^3이라면 목재 전체의 체적은? (단, 물의 비중은 1.0이다.)

① 1.9m^3 ② 2.0m^3
③ 9.0m^3 ④ 10.0m^3

W(목재의 전체 무게) = B(부력)에서
$W = wV$, $B = w_0(V-1)$
$0.9V = 1.0(V-1)$
참고 SOLVE 사용
$\therefore$ 목재의 전체체적 $V = 10\text{m}^3$

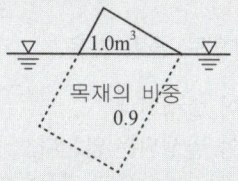

55 첨두홍수량 계산에 있어서 합리식의 적용에 관한 설명으로 옳지 않은 것은?

① 하수도 설계 등 소유역에만 적용될 수 있다.
② 우수 도달시간은 강우 지속시간보다 길어야 한다.
③ 강우강도는 균일하고 전유역에 고르게 분포되어야 한다.
④ 유량이 점차 증가되어 평형상태일 때의 첨두유출량을 나타낸다.

우수 도달시간은 강우 지속시간보다 짧아야 한다.

56 일반적인 물의 성질로 틀린 것은?

① 물의 비중은 기름의 비중보다 크다.
② 물은 일반적으로 완전유체로 취급한다.
③ 해수(海水)도 담수(淡水)와 같은 단위중량으로 취급한다.
④ 물의 밀도는 보통 1g/cc = 1000kg/m^3 = 1t/m^3를 쓴다.

- 해수 단위중량 : $w' = 1.025\text{t/m}^3$
- 담수 단위중량 : $w = 1.00\text{t/m}^3$

□□□ 기 93,10,13②,19①,22②
57 댐의 상류부에서 발생되는 수면곡선으로 흐름방향으로 수심이 증가함을 뜻하는 곡선은?

① 배수곡선
② 저하곡선
③ 유량 곡선
④ 수리특성 곡선

> **배수곡선**
> 개수로의 흐름이 상류인 장소에 댐, 위어 또는 수문 등의 수리구조물을 만들어 수면을 상승시키면 그 영향이 상류로 미치고 수면이 상승하는 현상을 배수라 하고 배수에 의해 생기는 곡선을 배수곡선이라 한다.

□□□ 기 00,22①
58 정수역학에 관한 설명으로 틀린 것은?

① 정수 중에는 전단응력이 발생된다.
② 정수 중에는 인장응력이 발생되는 않는다.
③ 정수압은 항상 벽면에 직각방향으로 작용한다.
④ 정수 중의 한 점에 작용하는 정수압은 모든 방향에서 균일하게 작용한다.

> 정수 중에는 마찰력 또는 전단응력이 작용하지 않는다.

□□□ 기 83,99,00,01,03,05,06,09,16①,17①,21①,22①
59 어느 유역에 1시간 동안 계속되는 강우기록이 아래 표와 같을 때 10분 지속 최대강우강도는?

시간(분)	0	0~10	10~20	20~30	30~40	40~50	50~60
우량(mm)	0	3.0	4.5	7.0	6.0	4.5	6.0

① 5.1mm/h
② 7.0mm/h
③ 30.6mm/h
④ 42.0mm/h

> 10분 지속 최대강우량은 7.0mm이다.
> 강우강도 $I = 7 \times \dfrac{60}{10} = 42.0 \, mm/hr$
> (∵ 10 : 7 = 60 : I)

□□□ 기 18③,22①,24②
60 수문자료 해석에 사용되는 확률분포형의 매개변수를 추정하는 방법이 아닌 것은?

① 모멘트법(method of moments)
② 회선적분법(convolution integral method)
③ 최우도법(method of maximum likelihood)
④ 확률가중모멘트법(method of probability weighted moments)

> **확률분포형의 매개변수 추정방법**
> • 모멘트법 : 표본자료, 즉 관측자료의 모멘트와 모집단의 모멘트가 같다고 정하여 모집단의 모멘트로부터 관측자료의 매개변수를 추정하는 것
> • 최우도법 : 매개변수를 추정하기 위해 광범위하게 사용되는 방법으로 기본개념은 관측된 표본에 가장 적합한 모집단의 매개변수를 구하는 것
> • 확률가중모멘트법 : 관측자료를 크기 순으로 작은것부터 큰 순서로 재배열하여 작은 값에는 작은 가중치를 큰 값에는 큰 가중치를 부여하여 매개변수를 추정하는 방법으로 최근에 많이 사용되는 방법
> • L-모멘트법 : 매개변수 추정치는 앞에서 소개한 확률가중모멘트법으로 추정하는 매개변수와 동일하다.

제4과목 : 철근콘크리트 및 강구조

□□□ 기 00,01,21①,22①
61 직사각형 단면의 보에서 계수전단력 $V_u = 40kN$을 콘크리트만으로 지지하고자 할 때 필요한 최소유효깊이(d)는? (단, 보통중량콘크리트이며, $f_{ck} = 25MPa$, $b_w = 300mm$이다.)

① 320mm
② 348mm
③ 384mm
④ 427mm

> 전단철근을 사용하지 않는 경우
> $V_u \leq \dfrac{1}{2}\phi V_c = \dfrac{1}{2}\phi \left(\dfrac{1}{6} \lambda \sqrt{f_{ck}} \right) b_w d$ 에서
> $40 \times 10^3 = \dfrac{1}{2} \times 0.75 \times \dfrac{1}{6} \times 1 \times \sqrt{25} \times 300 d$
> 참고 SOLVE 사용
> ∴ $d = 427mm$

□□□ 기 05,10,11,12②,13,15,16④,21①,22①

62 콘크리트 설계기준압축강도가 28MPa, 철근의 설계기준항복강도가 400MPa로 설계된 길이가 7m인 양단 연속보에서 처짐을 계산하지 않는 경우 보의 최소두께는? (단, 보통중량콘크리트(m_c=2300kg/m³)이다.)

① 275mm ② 334mm
③ 379mm ④ 438mm

- 양단 연속보의 최소 두께 $h = \dfrac{l}{21}$
- $f_y = 400\text{MPa}$인 경우
  $\therefore h = \dfrac{l}{21} = \dfrac{7000}{21} = 334\text{mm}$

Remember

처짐을 계산하지 않는 경우의 최소두께

부재	단순지지	1단연속	양단연속	캔틸레버
1방향 슬래브	$\dfrac{l}{20}$	$\dfrac{l}{24}$	$\dfrac{l}{28}$	$\dfrac{l}{10}$
보 또는 리브가 있는 1방향 슬래브	$\dfrac{l}{16}$	$\dfrac{l}{18.5}$	$\dfrac{l}{21}$	$\dfrac{l}{8}$

□□□ 기 22①,24②

63 표준갈고리를 갖는 인장이형철근의 정착에 대한 설명으로 틀린 것은? (단, d_b은 철근의 공칭지름이다.)

① 갈고리는 압축을 받는 경우 철근정착에 유효하지 않은 것으로 보아야 한다.
② 정착길이는 위험단면부터 갈고리의 외측단부까지 거리를 나타낸다.
③ D35 이하 180° 갈고리 철근에서 정착길이 구간을 $3d_b$ 이하 간격으로 띠철근 또는 스터럽이 정착되는 철근을 수직으로 둘러싼 경우에 보정계수는 0.7이다.
④ 기본정착길이에 보정계수를 곱하여 정착길이를 계산하는 데 이렇게 구한 정착길이는 항상 $8d_b$ 이상, 또한 150mm 이상이어야 한다.

표준갈고리를 갖는 인장이형철근의 기본정착길이 D35 이하 180° 갈고리 철근에서 정착길이 구간을 $3d_b$이하 간격으로 띠철근 또는 스터럽이 정착되는 철근을 수직으로 둘러싼 경우에 보정계수는 0.8이다.

□□□ 기 94,01,03,08,11①,16④,18①④,19③,22①

64 단철근 직사각형보에서 f_{ck} = 38MPa인 경우, 콘크리트 등가 직사각형 압축응력블록의 깊이를 나타내는 계수 β_1은?

① 0.74 ② 0.76
③ 0.80 ④ 0.85

$f_{ck} \leq 40\text{MPa}$일 때
$\beta_1 = 0.80$

□□□ 기 11,13,14,15①,17④,18②,20④,21②,22①

65 프리스트레스를 도입할 때 일어나는 손실(즉시손실)의 원인은?

① 콘크리트의 크리프
② 콘크리트의 건조수축
③ 긴장재 응력의 릴랙세이션
④ 포스트텐션 긴장재와 덕트 사이의 마찰

프리스트레스의 손실 원인

도입 시 손실=즉시 손실	도입 후 손실=시간적 손실
• 정착장치의 활동 • 포스트텐션 긴장재와 덕트 사이의 마찰 • 콘크리트의 탄성수축	• 콘크리트의 크리프 • 콘크리트의 건조수축 • PC 강재(긴장재 응력)의 릴랙세이션(relaxation)

□□□ 기 08②,16④,22①

66 연속보 또는 1방향 슬래브의 휨모멘트와 전단력을 구하기 위해 근사해법을 적용할 수 있다. 근사해법을 적용하기 위해 만족하여야 하는 조건으로 틀린 것은?

① 등분포하중이 작용하는 경우
② 부재의 단면 크기가 일정한 경우
③ 활하중이 고정하중의 3배를 초과하는 경우
④ 인접 2경간의 차이가 짧은 경간의 20% 이하인 경우

연속보 또는 1방향 슬래브에서 근사해법을 적용하는 조건
• 2경간 이상인 경우
• 인접 2경간의 차이가 짧은 경간의 20% 이하인 경우
• 등분포하중이 작용하는 경우
• 활하중이 고정하중의 3배를 초과하지 않는 경우
• 부재의 단면 크기가 일정한 경우

☐☐☐ 기 05,08,14④,17②,18③,22①,24②

67 철근콘크리트의 강도설계법을 적용하기 위한 설계 가정으로 틀린 것은?

① 철근 및 콘크리트의 변형률은 중립축으로부터의 거리에 비례한다.
② 인장 측 연단에서 철근의 극한변형률은 0.003으로 가정한다.
③ 콘크리트 압축연단의 극한변형률은 콘크리트의 설계기준압축강도가 40MPa 이하인 경우에는 0.0033으로 가정한다.
④ 철근의 응력이 설계기준항복강도(f_y) 이하일 때 철근의 응력은 그 변형률에 철근의 탄성계수(E_s)를 곱한 값으로 한다.

- 인장측 변형률 $\epsilon_s = \dfrac{f_y}{E_s}$
- 휨모멘트 또는 휨모멘트와 축력을 동시에 받는 부재의 콘크리트 압축연단의 극한변형률은 콘크리트의 설계기준압축강도가 40MPa 이하인 경우에는 0.0033으로 가정한다.

☐☐☐ 기 04,07,08,15④,22①

68 유효깊이가 600mm인 단철근 직사각형 보에서 균형단면이 되기 위한 압축연단에서 중립축까지의 거리는? (단, $f_{ck}=28$MPa, $f_y=300$MPa, 강도설계법에 의한다.)

① 494.5mm ② 412.5mm
③ 390.5mm ④ 293.5mm

$f_{ck} \leq 40$MPa일 때
$c = \dfrac{660}{660+f_y}d = \dfrac{660}{660+300}\times 600 = 412.5$mm

☐☐☐ 기 93,07,12,15④,22①

69 보의 길이가 20m, 활동량이 4mm, 긴장재의 탄성계수(E_p)가 200000MPa일 때 프리스트레스의 감소량(Δf_{an})은? (단, 일단 정착이다.)

① 40MPa ② 30MPa
③ 20MPa ④ 15MPa

$\Delta f_p = E_p \cdot \dfrac{\Delta l}{l} = 200000 \times \dfrac{4}{20000} = 40$MPa

☐☐☐ 기 09,14④,17①,22①

70 그림과 같은 단면을 갖는 지간 20m의 PSC보에 PS강재가 200mm의 편심거리를 가지고 직선배치 되어 있다. 자중을 포함한 계수등분포하중 16kN/m가 보에 작용할 때 보중앙단면의 콘크리트 상연응력은? (단, 유효 프리스트레스 힘(P_e)은 2400kN이다.)

① 6MPa
② 9MPa
③ 12MPa
④ 15MPa

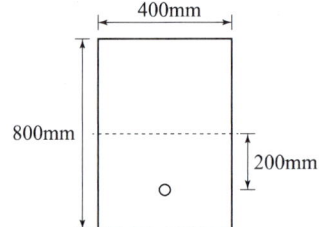

$f_c = \dfrac{P_e}{A} - \dfrac{P_e \cdot e}{I}y + \dfrac{M}{I}y = \dfrac{P_c}{A_c} - \dfrac{P_e \cdot e_p}{Z_c} + \dfrac{M}{Z_c}$

- $P_e = 2400 \times 10^3$
- $A_c = 400 \times 800 = 32 \times 10^4 \text{mm}^2$
- $Z_c = \dfrac{bh^2}{6} = \dfrac{400 \times 800^2}{6} = 42666667 \text{mm}^3$
- $M = \dfrac{wl^2}{8} = \dfrac{16 \times 20000^2}{8} = 8 \times 10^8 \text{N}\cdot\text{mm}$
- $\therefore f_c = \dfrac{2400\times 10^3}{32\times 10^4} - \dfrac{2400\times 10^3 \times 200}{42666667} + \dfrac{8\times 10^8}{42666667}$
  $= 7.5 - 11.25 + 18.75 = 15$MPa

☐☐☐ 기 05,06,08,09,11,12,16①,22①,24②

71 순간처짐이 20mm 발생한 캔틸레버보에서 5년 이상의 지속하중에 의한 총처짐은? (단, 보의 인장 철근비는 0.02, 받침부의 압축철근비는 0.01이다.)

① 26.7mm ② 36.7mm
③ 46.7mm ④ 56.7mm

- $\lambda = \dfrac{\xi}{1+50\rho'}$
- 5년 이상 $\xi = 2.0$
  (12개월=1.4, 6개월=1.2, 3개월=1.0)
- 압축철근비 $\rho' = 0.01$
- $\therefore \lambda = \dfrac{2.0}{1+50\times 0.01} = 1.333$
- 장기처짐 = 순간처짐(탄성침하)×장기처짐계수(λ)
  $= 20 \times 1.333 = 26.7$mm
- $\therefore$ 총처짐량 = 순간처짐+장기처짐
  $= 20 + 26.7 = 46.7$mm

정답 67 ② 68 ② 69 ① 70 ④ 71 ③

□□□ 기 91,06,07,12①,13④,17,18①,21②,22①

72 강도설계법에서 구조의 안전을 확보하기 위해 사용되는 강도감소계수(ϕ) 값으로 틀린 것은?

① 인장지배 단면 : 0.85
② 포스트텐션 정착구역 : 0.70
③ 전단력과 비틀림모멘트를 받는 부재 : 075
④ 압축지배 단면 중 띠철근으로 보강된 철근콘크리트 부재 : 0.65

포스트텐션 정착구역 : 0.85

Remember

강도감소계수 ϕ

부재		강도감소계수
인장지배단면		0.85
압축지배단면	나선철근으로 보강된 철근 콘크리트 부재	0.70
	그 외의 철근콘크리트 부재	0.65
	변화구간단면 (전이구역)	0.65(0.70) ~0.85
전단력과 비틀림 모멘트		0.75
콘크리트의 지압력 (포스트텐션 정착부나 스트럿-타이 모델은 제외)		0.65
포스트텐션 정착구역		0.85
스트럿-타이 모델	스트럿, 절점부 및 지압부	0.75
	타이	0.85
무근콘크리트의 휨모멘트, 압축력, 전단력, 지압력		0.55

□□□ 기 93,06,09,14①,15④,18②,20②,22①

73 그림과 같은 띠철근 기둥에서 띠철근의 최대 수직간격은? (단, D10의 공칭지름은 9.5mm, D32의 공칭직경은 31.8mm이다.)

① 400mm
② 456mm
③ 500mm
④ 509m

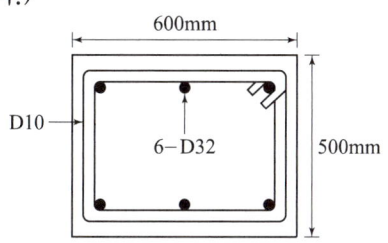

띠철근의 수직간격(가장 작은 값)
• 축방향 철근지름의 16배 이하
31.8×16＝509mm 이하
• 띠철근 지름의 48배 이하
9.5×48＝456mm 이하
• 기둥단면의 최소치수 이하
500mm 이하
∴ 띠철근의 최대간격 : 456mm

□□□ 기 96,02,03,08,16②,19①,21③,22①

74 그림과 같은 맞대기 용접의 이음부에 발생하는 응력의 크기는? (단, P＝360kN, 강판두께＝12mm)

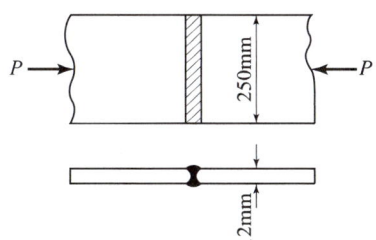

① 압축응력 f_c ＝14.4MPa
② 인장응력 f_t ＝3000MPa
③ 전단응력 τ＝150MPa
④ 압축응력 f_c ＝120MPa

$$f_c=\frac{P}{A}$$
$$=\frac{360\times10^3}{250\times12}=120\,\mathrm{N/mm^2}=120\,\mathrm{MPa}$$

□□□ 기 93,02,04,10,11,14①,16②,18③,22①,24①

75 인장응력 검토를 위한 $L-150\times90\times12$인 형강(angle)의 전개한 총폭(b_g)은?

① 228mm
② 232mm
③ 240mm
④ 252mm

부등변 L형강
$b_g=b_1+b_2-t$
$=150+90-12=228\,\mathrm{mm}$

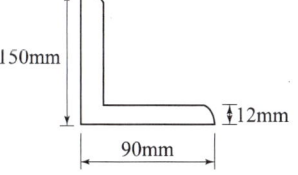

□□□ 기 08,11,12,17②,22①

76 슬래브와 보가 일체로 타설된 비대칭 T형보(반 T형보)의 유효폭은? (단, 플랜지 두께=100mm, 복부 폭=300mm, 인접보와의 내측거리=1600mm, 보의 경간=6.0m)

① 800mm ② 900mm
③ 1000mm ④ 1100mm

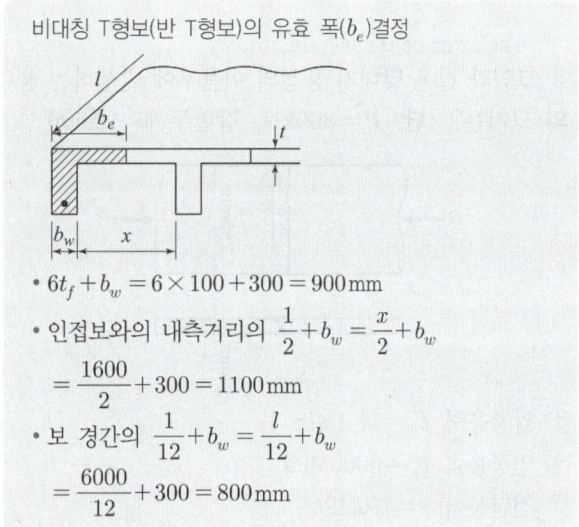

- $6t_f + b_w = 6 \times 100 + 300 = 900\,mm$
- 인접보와의 내측거리의 $\frac{1}{2} + b_w = \frac{x}{2} + b_w$
  $= \frac{1600}{2} + 300 = 1100\,mm$
- 보 경간의 $\frac{1}{12} + b_w = \frac{l}{12} + b_w$
  $= \frac{6000}{12} + 300 = 800\,mm$

∴ $b_e = 800\,mm$ (∵ 가장 작은 값)

□□□ 기 02,05,09,11,15,19①,22①

77 그림과 같은 인장철근을 갖는 보의 유효깊이는? (단, D19철근의 공칭단면적은 287mm²이다.)

① 350mm
② 410mm
③ 440mm
④ 500mm

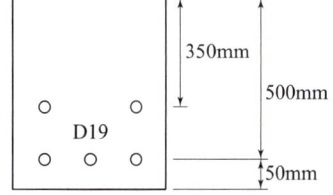

- 바리뇽의 정리로

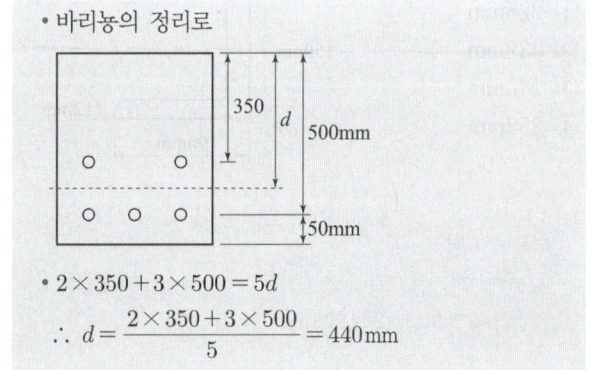

- $2 \times 350 + 3 \times 500 = 5d$

∴ $d = \frac{2 \times 350 + 3 \times 500}{5} = 440\,mm$

□□□ 기 95,02,22①

78 강판을 리벳(Rivet)이음할 때 지그재그로 리벳을 체결한 모재의 순폭은 총폭으로부터 고려하는 단면의 최초의 리벳구멍에 대하여 그 지름을 공제하고 이하 순차적으로 다음 식을 각 리벳구멍으로 공제하는데 이때의 식은? (단, g : 리벳 선간의 거리, d : 리벳구멍의 지름, p : 리벳피치)

① $d - \frac{p^2}{4g}$ ② $d - \frac{g^2}{4p}$
③ $d - \frac{4p^2}{g}$ ④ $d - \frac{4g^2}{p}$

- 순단면 $b_n = b - d - 2\left(d - \frac{p^2}{4g}\right)$
- 순폭은 생각하고 있는 단면의 최초 리벳구멍에서는 그 지름을 빼고 이하 순차적으로 $d - \frac{p^2}{4g}$ 를 뺀다.

□□□ 기 06,08,12,14②,18③,19①,22①

79 비틀림철근에 대한 설명으로 틀린 것은?
(단, A_{oh}는 가장 바깥의 비틀림 보강철근의 중심으로 닫혀진 단면적(mm²)이고, p_h는 가장 바깥의 횡방향 폐쇄스터럽 중심선의 둘레(mm)이다.)

① 횡방향 비틀림철근은 종방향 철근 주위로 135° 표준 갈고리에 의해 정착하여야 한다.
② 비틀림모멘트를 받는 속 빈 단면에서 횡방향 비틀림철근의 중심선부터 내부 벽면까지의 거리는 $0.5\,A_{oh}/p_h$ 이상이 되도록 설계하여야 한다.
③ 횡방향 비틀림철근의 간격은 $p_h/6$ 보다 작아야 하고, 또한 400mm 보다 작아야 한다.
④ 종방향 비틀림철근은 양단에 정착하여야 한다.

횡방향 비틀림철근의 간격은 $p_h/8$ 및 300mm보다 작아야 한다.

□□□ 기 95,02,11,22①

80 뒷부벽식 옹벽에서 뒷부벽을 어떤 보로 설계하여야 하는가?

① T형보 ② 단순보
③ 연속보 ④ 직사각형보

정답 76 ① 77 ③ 78 ① 79 ③ 80 ①

뒷부벽식 및 앞부벽식 옹벽의 설계
- 뒷부벽식 옹벽의 뒷부벽은 T형보로 설계
- 앞부벽식 옹벽의 앞부벽은 직사각형 보로 설계

제5과목 : 토질 및 기초

81 점토지반으로부터 불교란 시료를 채취하였다. 이 시료의 지름이 50mm, 길이가 100mm, 습윤 질량이 350g, 함수비가 40%일 때 이 시료의 건조밀도는?

① 1.78g/cm³
② 1.43g/cm³
③ 1.27g/cm³
④ 1.14g/cm³

건조밀도 $\rho_d = \dfrac{\rho_t}{1+w}$

- $V = \dfrac{\pi d^2}{4}h = \dfrac{\pi \times 5^2}{4} \times 10 = 196.35\,cm^3$
- $\rho_t = \dfrac{W}{V} = \dfrac{350}{196.35} = 1.78\,g/cm^3$
- $\therefore \rho_d = \dfrac{1.78}{1+0.40} = 1.27\,g/cm^3$

82 지반개량공법 중 주로 모래질 지반을 개량하는 데 사용되는 공법은?

① 프리로딩 공법
② 생석회 말뚝 공법
③ 페이퍼 드레인 공법
④ 바이브로플로테이션 공법

바이브로플로테이션 공법
느슨한 모래지반을 개량하는 공법이다.

점성토지반 개량공법	사질토지반 개량공법
• 치환공법	• 다짐말뚝공법
• Pre-loading 공법	• Compozer 공법
• Sand drain 공법	• Vibro flotation 공법
• Paper drain 공법	• 폭파다짐공법
• 전기침투공법	• 전기충격공법
• 생석회 말뚝공법	• 약액주입공법

83 그림과 같이 폭이 2m, 길이가 3m인 기초에 100kN/m²의 등분포하중이 작용할 때, A점 아래 4m 깊이에서의 연직응력 증가량은? (단, 아래 표의 영향계수값을 활용하여 구하며, $m = \dfrac{B}{z}$, $n = \dfrac{L}{z}$이고, B는 직사각형 단면의 폭, L은 직사각형 단면의 길이, z는 토층의 깊이이다.)

【영향계수(I) 값】

m	0.25	0.5	0.5	0.5
n	0.5	0.25	0.75	1.0
I	0.048	0.048	0.115	0.122

① 6.7kN/m²
② 7.4kN/m²
③ 12.2kN/m²
④ 17.0kN/m²

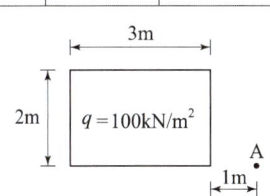

- 연직응력 증가량
  $\Delta \sigma_z = q \cdot I_\sigma = q(I\sigma_1 - I\sigma_2)$
- 직사각형 [(3+1)m × 2m]
  $m = \dfrac{B}{z} = \dfrac{2}{4} = 0.5$
  $n = \dfrac{L}{z} = \dfrac{3+1}{4} = 1$
  $\therefore I_\sigma(m,n) = 0.122$ (∵ 표에서 찾음)
- 직사각형 [1m × 2m]에서
  $m = \dfrac{B}{z} = \dfrac{1}{4} = 0.25$
  $n = \dfrac{L}{z} = \dfrac{2}{4} = 0.5$
  $\therefore I_\sigma(m,n) = 0.048$ (∵ 표에서 찾음)
  $\therefore \Delta\sigma_v = 100 \times (0.122 - 0.048) = 7.4\,kN/m^2$

84 말뚝기초에 대한 설명으로 틀린 것은?

① 군항은 전달되는 응력이 겹쳐지므로 말뚝 1개의 지지력에 말뚝 개수를 곱한 값보다 지지력이 크다.
② 동역학적 지지력 공식 중 엔지니어링 뉴스 공식의 안전율(F_s)은 6이다.
③ 부주면마찰력이 발생하면 말뚝의 지지력은 감소한다.
④ 말뚝기초는 기초의 분류에서 깊은 기초에 속한다.

군항(무리말뚝)은 전달되는 응력이 겹쳐지므로 말뚝 1개의 지지력에 말뚝 개수를 곱한 값보다 지지력이 작다.

정답 81 ③ 82 ④ 83 ② 84 ①

□□□ 기 95,96,99,19②,22①

85 두께 9m의 점토층에서 하중강도 P_1일 때 간극비는 2.0이고 하중강도를 P_2로 증가시키면 간극비는 1.8로 감소되었다. 이 점토층의 최종압밀침하량은?

① 20cm ② 30cm
③ 50cm ④ 60cm

> 최종 침하량
> $$\Delta H = \frac{e_1 - e_2}{1 + e_1} H = \frac{2.0 - 1.8}{1 + 2.0} \times 900 = 60\text{cm}$$

□□□ 기 96,00,09,14④,20④,22①

86 포화된 점토에 대하여 비압밀 비배수(UU) 시험을 하였을 때 결과에 대한 설명으로 옳은 것은?
(단, ϕ : 내부마찰각, c : 점착력)

① ϕ와 c가 나타나지 않는다.
② ϕ와 c가 모두 "0"이 아니다.
③ ϕ는 "0"이 아니지만 c는 "0"이다.
④ ϕ는 "0"이고 c는 "0"이 아니다.

> 비압밀 비배수 시험(UU-test)
> • 포화된 점토 $S=100\%$인 경우 $\phi=0$이다.
> • 내부마찰각 $\phi=0$인 경우 전단강도 $\tau_f = c_u$로 c는 0이 아니다.

□□□ 기 96,08,13,18④,19②,22①

87 말뚝의 부주면마찰력에 대한 설명으로 틀린 것은?

① 연약한 지반에서 주로 발생한다.
② 말뚝 주변의 지반이 말뚝보다 더 침하될 때 발생한다.
③ 말뚝주면에 역청 코팅을 하면 부주면마찰력을 감소시킬 수 있다.
④ 부주면마찰력의 크기는 말뚝과 흙 사이의 상대적인 변위속도와는 큰 연관성이 없다.

> 부주면마찰력의 크기
> • 흙의 종류와 말뚝의 재질뿐만 아니라 말뚝과 흙의 상대적인 변위속도에 의존한다.
> • 연약한 점토에서는 상대변위속도가 클수록 부마찰력이 크다.

□□□ 기 93,98,16①,19①,21②,22①

88 기초가 갖추어야 할 조건이 아닌 것은?

① 동결, 세굴 등에 안전하도록 최소한의 근입깊이를 가져야 한다.
② 기초의 시공이 가능하고 침하량이 허용치를 넘지 않아야 한다.
③ 상부로부터 오는 하중을 안전하게 지지하고 기초지반에 전달하여야 한다.
④ 미관상 아름답고 주변에서 쉽게 구득할 수 있는 재료로 설계되어야 한다.

> 기초의 구비조건
> • 최소 기초 깊이를 유지할 것
> • 상부하중을 안전하게 지지할 것
> • 침하가 허용치를 넘지 않을 것
> • 기초의 시공이 가능할 것

□□□ 기 84,95,00,01,22①

89 평판재하시험에 대한 설명으로 틀린 것은?

① 순수한 점토지반의 지지력은 재하판 크기와 관계없다.
② 순수한 모래지반의 지지력은 재하판의 폭에 비례한다.
③ 순수한 점토지반의 침하량은 재하판의 폭에 비례한다.
④ 순수한 모래지반의 침하량은 재하판의 폭에 관계없다.

> 순수한 모래지반의 침하량은 재하판의 폭이 커지면 약간 증가한다.

□□□ 기 04,22①

90 비교적 가는 모래와 실트가 물속에서 침강하여 고리 모양을 이루며 작은 아치를 형성한 구조로 단립구조보다 간극비가 크고 충격과 진동에 약한 흙의 구조는?

① 봉소구조 ② 낱알구조
③ 분산구조 ④ 면모구조

> 봉소구조(벌집구조)
> 아주 가는 모래와 실트가 아치형태로 결합되어 있어 비교적 충격에 약하며, 실트나 clay가 물 속에 침강할 때 생기는 구조

정답 85 ④ 86 ④ 87 ④ 88 ④ 89 ④ 90 ①

□□□ 기 01,03,15④,16④,21③,22①

91 두께 2cm의 점토시료에 대한 압밀시험 결과 50%의 압밀을 일으키는 데 6분이 걸렸다. 같은 조건하에서 두께 3.6m의 점토층 위에 축조한 구조물이 50%의 압밀에 도달하는 데 며칠이 걸리는가?

① 1350일 ② 270일
③ 135일   ④ 27일

$$t_{50} = \frac{T_{50}H^2}{C_v}$$

두께의 제곱(H^2)은 시간(t_{50})에 비례한다.
$H_1^2 : t_1 = H_2^2 : t_2 \rightarrow 2^2 : 6분 = 360^2 : t_{50}$

$$\therefore t_2 = \frac{H_2^2}{H_1^2} \times t_1 = \frac{360^2}{2^2} \times 6(분) = 194400분 = 135일$$

□□□ 기 14④,22①

92 아래 그림과 같은 흙의 구성도에서 체적 V를 1로 했을 때의 간극의 체적은? (단, 간극률은 n, 함수비는 w, 흙입자의 비중은 G_s, 물의 단위중량은 γ_w)

① n
② wG_s
③ $\gamma_w(1-n)$
④ $[G_s - n(G_s - 1)]\gamma_w$

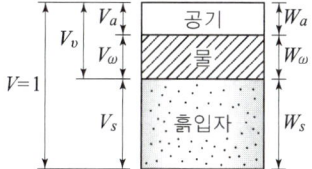

$n = \frac{V_v}{V} \times 100$ 에서

∴ 간극의 체적 $V_v = nV = n \times 1 = n$

□□□ 기 92,15②,22①

93 응력경로(stress path)에 대한 설명으로 틀린 것은?

① 응력경로는 특성상 전응력으로만 나타낼 수 있다.
② 응력경로란 시료가 받는 응력의 변화과정을 응력공간에 궤적으로 나타낸 것이다.
③ 응력경로는 Mohr의 응력원에서 전단응력이 최대인 점을 연결하여 구한다.
④ 시료가 받는 응력상태에 대한 응력경로는 직선 또는 곡선으로 나타난다.

응력경로는 전응력 및 유효응력으로 표시할 수 있다.

□□□ 기 84,97,98,09,11④,15②,18③,19②,20③,22①

94 유선망의 특징에 대한 설명으로 틀린 것은?

① 각 유로의 침투수량은 같다.
② 동수경사는 유선망의 폭에 비례한다.
③ 인접한 두 등수두선 사이의 수두손실은 같다.
④ 유선망을 이루는 사변형은 이론상 정사각형이다.

유선망의 특성
• 각 유량의 침투유량은 같다.
• 유선과 등수두선은 서로 직교한다.
• 인접한 등수두선 간의 수두차는 모두 같다.
• 인접한 두 등수두선 사이의 수두손실은 같다.
• 유선망을 이루는 사각형은 이론상 정사각형이다. (폭과 길이는 같다.)
• 침투속도 및 동수경사는 유선망의 폭에 반비례한다.

□□□ 기 97,02,11,14①,16④,22①

95 암반층 위에 5m 두께의 토층이 경사 15°의 자연사면으로 되어 있다. 이 토층의 강도정수 $c = 15\text{kN/m}^2$, $\phi = 30°$ 이며, 포화단위중량(γ_{sat})은 18kN/m³이다. 지하수면은 토층의 지표면과 일치하고 침투는 경사면과 대략 평행이다. 이때 사면의 안전율은?
(단, 물의 단위중량은 9.81kN/m³이다.)

① 0.85   ② 1.15
③ 1.65   ④ 2.05

$$F_s = \frac{S}{\tau} = \frac{c' + (\sigma - u)\tan\phi}{\tau}$$

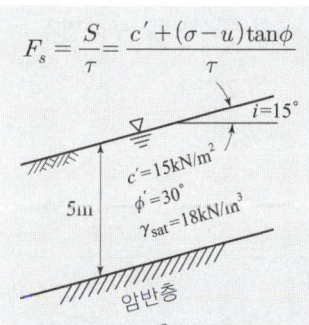

• $\sigma = \gamma_{sat} z \cos^2 i = 18 \times 5 \times \cos^2 15° = 83.97\text{kN/m}^2$
• $\tau = \gamma_{sat} z \sin i \cos i$
  $= 18 \times 5 \times \sin 15° \cos 15° = 22.5\text{kN/m}^2$
• $u = \gamma_w z \cos^2 i = 9.81 \times 5 \times \cos^2 15° = 45.76\text{kN/m}^2$
• $S = c' + (\sigma - u)\tan\phi$
  $= 15 + (83.97 - 45.76)\tan 30° = 37.06\text{kN/m}^2$

$$\therefore F_s = \frac{37.06}{22.5} = 1.65$$

정답 91 ③ 92 ① 93 ① 94 ② 95 ③

□□□ 기 99,03,08,14①,22①

96 모래시료에 대해서 압밀배수 삼축압축시험을 실시하였다. 초기단계에서 구속응력(σ_3)은 100kN/m²이고, 전단파괴 시에 작용된 축차응력(σ_{df})은 200kN/m² 이었다. 이와 같은 모래시료의 내부마찰각(ϕ) 및 파괴면에 작용하는 전단응력(τ_f)의 크기는?

① $\phi = 30°$, $\tau_f = 115.47\text{kN/m}^2$
② $\phi = 40°$, $\tau_f = 115.47\text{kN/m}^2$
③ $\phi = 30°$, $\tau_f = 86.60\text{kN/m}^2$
④ $\phi = 40°$, $\tau_f = 86.60\text{kN/m}^2$

$\sin\phi = \dfrac{\sigma_1 - \sigma_3}{\sigma_1 + \sigma_3}$ 에서 내부마찰각(ϕ)을 구한다.

- $\sigma_1 = \sigma_{df} + \sigma_3 = 200 + 100 = 300\text{kN/m}^2$
- $\phi = \sin^{-1}\left(\dfrac{\sigma_1 - \sigma_3}{\sigma_1 + \sigma_3}\right) = \sin^{-1}\left(\dfrac{300-100}{300+100}\right) = 30°$

[방법1]
$\tau = \dfrac{\sigma_1 - \sigma_3}{2}\cos\phi = \dfrac{300-100}{2}\cos 30° = 86.60\text{kN/m}^2$

[방법2]
$\tau = \dfrac{\sigma_1 - \sigma_3}{2}\sin 2\theta = \dfrac{300-100}{2}\sin 2\left(45° + \dfrac{30°}{2}\right)$
$= 86.60\text{kN/m}^2$

□□□ 기 08②,14②,18③,19②,21②,22①

97 토립자가 둥글고 입도분포가 나쁜 모래지반에서 표준관입시험을 한 결과 N값은 10이었다. 이 모래의 내부마찰각(ϕ)을 Dunham의 공식으로 구하면?

① 21°
② 26°
③ 31°
④ 36°

Dunham 공식

토립자의 조건	내부마찰각
• 토립자가 둥글고 입도분포가 불량 (균일)	$\phi = \sqrt{12N} + 15$
• 토질입자가 둥글고 입도분포가 양호 • 토립자가 모나고 입도분포가 불량 (균일)	$\phi = \sqrt{12N} + 20$
• 토립자가 모가 나고 입도분포가 양호	$\phi = \sqrt{12N} + 25$

∴ 흙입자가 둥글고 입도분포가 나쁜(불량) 모래
$\phi = \sqrt{12N} + 15 = \sqrt{12 \times 10} + 15 = 26°$

□□□ 기 95,01,06,10,11,14①,18②,21②,22①

98 그림과 같이 3개의 지층으로 이루어진 지반에서 토층에 수직한 방향의 평균투수계수(K_v)는?

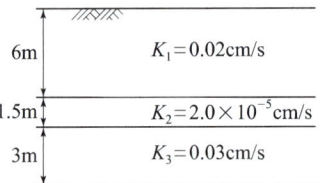

① 2.516×10^{-6}cm/s
② 1.274×10^{-5}cm/s
③ 1.393×10^{-4}cm/s
④ 2.0×10^{-2}cm/s

$K_v = \dfrac{H}{\dfrac{H_1}{K_1} + \dfrac{H_2}{K_2} + \dfrac{H_3}{K_3}}$

$= \dfrac{600 + 150 + 300}{\dfrac{600}{0.02} + \dfrac{150}{2.0 \times 10^{-5}} + \dfrac{300}{0.03}}$

$= 1.393 \times 10^{-4}\text{cm/sec}$

□□□ 기 95,04,21①,22①

99 벽체에 작용하는 주동토압을 P_a, 수동토압을 P_p, 정지토압을 P_o라 할 때 크기의 비교로 옳은 것은?

① $P_a > P_p > P_o$
② $P_p > P_o > P_a$
③ $P_p > P_a > P_o$
④ $P_o > P_a > P_p$

수동토압(P_p) > 정지토압(P_o) > 주동토압(P_A)

□□□ 기 05,18,22①

100 흙의 다짐시험에서 다짐에너지를 증가시킬 때 일어나는 결과는?

① 최적함수비는 증가하고, 최대건조단위중량은 감소한다.
② 최적함수비는 감소하고, 최대건조단위중량은 증가한다.
③ 최적함수비와 최대건조단위중량이 모두 감소한다.
④ 최적함수비와 최대건조단위중량이 모두 증가한다.

다짐에너지를 증가시키면 최적함수비(OMC)은 감소하고 최대건조단위중량($\gamma_{d\max}$)은 증가한다.

정답 96 ③ 97 ② 98 ③ 99 ② 100 ②

제6과목 : 상하수도공학

101 수평으로 부설한 지름 400mm, 길이 1500m의 주철관으로 20000m³/day의 물이 수송될 때 펌프에 의한 송수압이 53.95N/cm²이면 관수로 끝에서 발생되는 압력은? (단, 관의 마찰손실계수 $f=0.03$, 물의 단위중량 $\gamma=9.81kN/m^3$, 중력가속도 $g=9.8m/s^2$)

① $3.5 \times 10^5 N/m^2$
② $4.5 \times 10^5 N/m^2$
③ $5.0 \times 10^5 N/m^2$
④ $5.5 \times 10^5 N/m^2$

- $V = \dfrac{Q}{A} = \dfrac{20000}{\dfrac{\pi \times 0.40^2}{4} \times 60 \times 60 \times 24} = 1.84 m/s$
- $h_L = f \dfrac{l}{D} \dfrac{V^2}{2g} = 0.03 \times \dfrac{1500}{0.40} \times \dfrac{1.84^2}{2 \times 9.8} = 19.43 m$
- 마찰력 $p = wh_L = 9.81 \times 19.43 = 190.61 kN/m^2$
  $= 190608 N/m^2$
- 송수압 $P = 53.95 N/cm^2 = 539500 kN/m^2$
  ∴ 압력 = 송수압 − 마찰력
  $= 539500 - 190608 = 348892 kN/m^2$
  $= 3.5 \times 10^5 kN/m^2$

102 "A"시의 2021년 인구는 588000명이며 연간 약 3.5%씩 증가하고 있다. 2027년도를 목표로 급수시설의 설계에 임하고자 한다. 1일 1인 평균급수량은 250L이고 급수율을 70%로 가정할 때 계획1일평균급수량은? (단, 인구추정식은 등비증가법으로 산정한다.)

① 약 126500m³/day
② 약 129000m³/day
③ 약 258000m³/day
④ 약 387000m³/day

- 계획 1일 평균급수량 = 1인 1일 평균급수량 × 계획 급수인구 × 급수 보급율
- $P_n = P_o(1+r)^n$
  $= 588000(1+0.035)^6 = 722802.13$ 명
  ∴ 계획 1일 평균급수량 $= 250 \times 722802 \times 0.70$
  $= 126490350 (l/day)$
  $= 126500 m^3/day$

103 하수도의 계획오수량 산정 시 고려할 사항이 아닌 것은?

① 계획오수량 산정 시 산업폐수량을 포함하지 않는다.
② 오수관로는 계획시간 최대오수량을 기준으로 계획한다.
③ 합류식에서 하수의 차집관로는 우천 시 계획오수량을 기준으로 계획한다.
④ 우천 시 계획오수량 산정 시 생활오수량 외 우천 시 오수관로에 유입되는 빗물의 양과 지하수의 침입량을 추정하여 합산한다.

계획오수량은 생활오수량(가정오수량 및 영업오수량), 공장폐수량 및 지하수량으로 구분한다.

104 상수도의 정수공정에서 염소소독에 대한 설명으로 틀린 것은?

① 염소살균은 오존살균에 비해 가격이 저렴하다.
② 염소소독의 부산물로 생성되는 THM은 발암성이 있다.
③ 암모니아성질소가 많은 경우에는 클로라민이 형성된다.
④ 염소요구량은 주입염소량과 유리 및 결합잔류염소량의 합이다.

염소주입량 = 염소요구량 + 잔류염소량
∴ 염소요구량 = 염소주입량 − 잔류염소량

105 원수수질 상황과 정수수질 관리목표를 중심으로 정수방법을 선정할 때 종합적으로 검토하여야 할 사항으로 틀린 것은?

① 원수수질
② 원수시설의 규모
③ 정수시설의 규모
④ 정수수질의 관리목표

정수방법의 선정조건
- 원수수질
- 정수수질의 관리목표
- 정수시설의 규모
- 정수시설의 운전제어와 유지관리기술의 수준

□□□ 기 22①
106 집수매거(infiltration galleries)에 관한 설명으로 옳지 않은 것은?

① 철근콘크리트조의 유공관 또는 권선형 스크린관을 표준으로 한다.
② 집수매거 내의 평균유속은 유출단에서 1m/s 이하가 되도록 한다.
③ 집수매거의 부설방향은 표류수의 상황을 정확하게 파악하여 위수할 수 있도록 한다.
④ 집수매거는 하천부지의 하상 밑이나 구하천부지 등의 땅속에 매설하여 복류수나 자유수면을 갖는 지하수를 취수하는 시설이다.

> 집수매거의 부설 방향은 복류수의 상황을 정확하게 파악하여 효율적으로 취수할 수 있도록 한다.

□□□ 기 96,97,99,22①
107 하수처리시설의 2차 침전지에 대한 내용으로 틀린 것은?

① 유효수심은 2.5~4m를 표준으로 한다.
② 침전지 수면의 여유고는 40~60cm 정도로 한다.
③ 직사각형인 경우 길이와 폭의 비는 3:1 이상으로 한다.
④ 표면부하율은 계획 1일 최대오수량에 대하여 25~40m³/m²·day로 한다.

> 표면부하율은 표준활성슬러지의 경우, 계획1일최대오수량에 대하여 20~30m³/m²·day로 한다.

□□□ 기 99,09①,22①
108 아래 펌프의 표준특성 곡선에서 양정을 나타내는 것은? (단, N_s : 100~250)

① A
② B
③ C
④ D

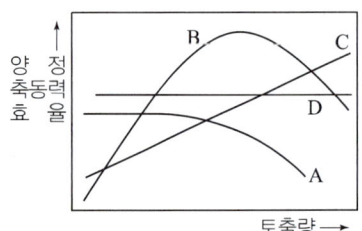

> N_s =100~250은 고양정 원심력 펌프로
> A : 전양정(동력), B : 효율, C : 축동력

□□□ 기 00,10②,22①
109 운전 중인 펌프의 토출량을 조절할 때 공동현상을 일으킬 우려가 있는 것은?

① 펌프의 회전수를 조절한다.
② 펌프의 운전대수를 조절한다.
③ 펌프의 흡입측 밸브를 조절한다.
④ 펌프의 토출측 밸브를 조절한다.

> ■ Pump의 양수량(토출량) 조절방법
> • 펌프의 회전수를 바꾸는 방법
> • 펌프의 운전대수의 제어
> • 펌프 토출밸브의 개폐제어
> ■ 운전 중인 펌프의 토출량을 조절하기 위하여 흡입측 밸브를 사용해서는 안 된다.
> 즉, 흡입측 밸브를 사용하면 공동현상이 발생할 우려가 있다.

□□□ 기 22①
110 다음 중 저농도 현탁입자의 침전형태는?

① 단독침전   ② 응집침전
③ 지역침전   ④ 압밀침전

> 독립침전
> • 1형 침전형태는 비응집성 입자의 단독침전이다.
> • 입자들이 상호간의 방해 없이 침전하며 stokes 법칙이 적용되는 침전형태

Remember

침전형태
① Ⅰ형 침전(독립, 자유 침전)
  입자들이 상호간의 방해 없이 침전하며, 보통 침전지에서 적용하고, stokes 법칙이 적용되는 침전형태
② Ⅱ형 침전(응집 침전)
  입자들이 응결, 응집하여 침전속도가 증가하여 약품침전지에서 적용
③ Ⅲ형 침전(지역, 간섭 침전)
  입자 간에 작용하는 힘에 의해 주변입자들의 침전을 방해하여 입자 서로 간의 상대적 위치를 변경시키려 하지 않고 침전하여 생물학적 2차 침전지에서 적용
④ Ⅳ형 침전(압밀, 압축 침전)
  입자들이 뭉쳐 생긴 floc 사이의 물이 짜져 나가는 압밀작용이 발생하며 농축시설에서 적용

정답 106 ③   107 ④   108 ①   109 ③   110 ①

기 15②,22①
111 하수도시설에서 펌프의 선정기준 중 틀린 것은?

① 전양정이 5m 이하이고 구경이 400mm 이상인 경우는 축류펌프를 선정한다.
② 전양정이 4m 이상이고 구경이 80mm 이상인 경우는 원심펌프를 선정한다.
③ 전양정이 5~20m이고 구경이 300mm 이상인 경우 원심사류펌프를 선정한다.
④ 전양정이 3~12m이고 구경이 400mm 이상인 경우는 원심펌프를 선정한다.

전양정에 대한 펌프의 형식

전양정(m)	형식	펌프구경(mm)
5m 이하	축류펌프	400 이상
3~12m	사류펌프	400 이상
5~20m	원심사류펌프	300 이상
4m 이상	원심펌프	80 이상

∴ 전양정이 3~12m 이고 구경이 400mm 이상인 경우는 사류펌프로 한다.

기 11,12①,16②,22①
112 주요 관로별 계획하수량으로서 틀린 것은?

① 오수관로 : 계획시간 최대오수량
② 차집관로 : 우천 시 계획오수량
③ 우수관로 : 계획우수량 + 계획오수량
④ 합류식 관로 : 계획시간 최대오수량 + 계획우수량

우수관로의 계획하수량은 계획우수량으로 한다.

기 07②,08①,12②,13②,14①④,19①,22①
113 수원의 구비요건으로 틀린 것은?

① 수질이 좋아야 한다.
② 수량이 풍부하여야 한다.
③ 가능한 한 낮은 곳에 위치하여야 한다.
④ 가능한 한 수돗물 소비지에서 가까운 곳에 위치하여야 한다.

가능한 한 높은 곳에 위치해야 한다.

기 22①
114 석회를 사용하여 하수를 응집 침전하고자 할 경우의 내용으로 틀린 것은?

① 콜로이드성 부유물질의 침전성이 향상된다.
② 알칼리도, 인산염, 마그네슘 등과도 결합하여 제거시킨다.
③ 석회첨가에 의한 인 제거는 황산반토보다 슬러지 발생량이 일반적으로 적다.
④ 알칼리제를 응집보조제로 첨가하여 응집침전의 효과가 향상되도록 pH를 조정한다.

석회첨가에 의한 인 제거는 황산반토보다 슬러지 발생량이 일반적으로 크다.

기 98,03,07,14②,18①②,19①,22①
115 양수량이 15.5m³/min이고 전양정이 24m일 때, 펌프의 축동력은? (단, 펌프의 효율은 80%로 가정한다.)

① 4.65kW
② 7.58kW
③ 46.57kW
④ 75.95kW

축동력 $P = \dfrac{1000QH_p}{102\eta}$

• $Q = 15.5\,\text{m}^3/\text{min} = 0.2583\,\text{m}^3/\text{sec}$

∴ $P = \dfrac{1000 \times 0.2583 \times 24}{102 \times 0.8} = 75.97\,\text{kW}$

기 13④,17②,22①
116 맨홀 설치 시 관경에 따라 맨홀의 최대간격에 차이가 있다. 관로 직선부에서 관경 600mm 초과 1000mm 이하에서 맨홀의 최대간격 표준은?

① 60m
② 75m
③ 90m
④ 100m

맨홀의 관경별 최대간격

관경(mm)	600 이하	600 초과 ~ 1000 이하	1000 초과 ~ 1500 이하	1650 이상
최대간격	75m	100m	150m	200m

□□□ 기 97,14②,22①
117 염소 소독 시 생성되는 염소성분 중 살균력이 가장 강한 것은?

① OCl^-
② $HOCl$
③ $NHCl_2$
④ NH_2Cl

> **염소의 살균효과**
> - 차아염소산($HOCl$) > 차아염소산이온(OCl^-) > 클로라민
> - 차아염소산($HOCl$)과 차아염소산이온(OCl^-)은 같은 유효염소지만, 살균력에 차이가 있으며 차아염소산($HOCl$)이 살균작용이 강하다.

□□□ 기 08,22①②
118 자연유하방식과 비교할 때 압송식 하수도에 관한 특징으로 틀린 것은?

① 불명수(지하수 등)의 침입이 없다.
② 하향식 경사를 필요로 하지 않는다.
③ 관로의 매설깊이를 낮게 할 수 있다.
④ 유지관리가 비교적 간편하고 관로점검이 용이하다.

수집 시스템의 특징

	자연유하방식	압송(압력)식
수집관리	하수를 중력에 의해 자연유하시킨다.	하수를 그라인더 펌프에 의해 압송한다.
유지관리 비용	유지관리가 비교적 간편하고 동력비도 불필요하며 일반적으로 저렴하다.	• 자연유하방식보다 일반적이더 고가이다. • 유지관리가 어렵다.

□□□ 기 15②,22①
119 계획우수량 산정 시 유입시간을 산정하는 일반적인 Kerby 식과 스에이시 식에서 각 계수와 유입시간의 관계로 틀린 것은?

① 유입시간과 지표면거리는 비례 관계이다.
② 유입시간과 지체계수는 반비례 관계이다.
③ 유입시간과 설계강우강도는 반비례 관계이다.
④ 유입시간과 지표면 평균경사는 반비례 관계이다.

> 유입시간(t_1)과 지체계수(n)는 비례관계이다.

> **Remember**
>
> **유입시간**
> - Kerby식 : $t_1 = 1.44\left(\dfrac{Ln}{S^{1/2}}\right)^{0.467}$
>   - t_1 : 유입시간
>   - L : 지표면 거리
>   - n : 조도계수와 유사한 지체계수
>   - S : 지표면의 평균경사
> - 스에이시 식 : $t_1 = \left(\dfrac{n_e \cdot L}{S^{1/2} \cdot I^{2/3}}\right)^{3/5}$
>   - n_e : 등가조도계수
>   - I : 설계강우강도

□□□ 기 22①
120 정수처리의 단위조작으로 사용되는 오존처리에 관한 설명으로 틀린 것은?

① 유기물질의 생분해성을 증가시킨다.
② 염소주입에 앞서 오존을 주입하면 염소의 소비량을 감소시킨다.
③ 오존은 자체의 높은 산화력으로 염소에 비하여 높은 살균력을 가지고 있다.
④ 인의 제거능력이 뛰어나고 수온이 높아져도 오존 소비량은 일정하게 유지된다.

> **오존처리**
> - 색도의 제거능력이 뛰어나고 수온이 높아지면 용해도가 감소하고 분해가 빨라진다.
> - 수온이 높아지면 오존소비량은 급격히 증가한다.

정답 117 ② 118 ④ 119 ② 120 ④

국가기술자격 필기시험문제

2022년도 기사 2회 필기시험

자격종목	시험시간	문제수	형 별
토목기사	3시간	120	A

※ 각 문제는 4지 택일형으로 질문에 가장 적합한 문제의 보기 번호를 클릭하거나 답안표기란의 번호를 클릭하여 입력하시면 됩니다.
※ 입력된 답안은 문제 화면 또는 답안 표기란의 보기 번호를 클릭하여 변경하실 수 있습니다.

제1과목 : 응용역학

□□□ 기 08②,09①,11①,15①②,20④,21③,22②

01 그림과 같이 이축응력을 받고 있는 요소의 체적변형률은? (단, 탄성계수(E)는 2×10^5MPa, 포아송비(ν)는 0.3이다.)

① 2.7×10^{-4}
② 3.0×10^{-4}
③ 3.7×10^{-4}
④ 4.0×10^{-4}

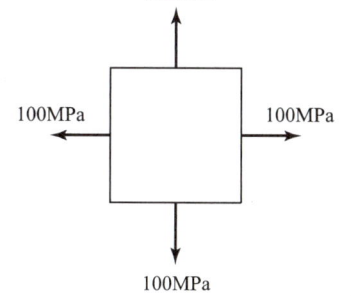

2축응력의 체적변형률
$$\varepsilon_v = \frac{\Delta V}{V} = \frac{(1-2\nu)}{E}(\sigma_x+\sigma_y)$$
$$= \frac{(1-2\times0.3)}{2\times10^5}(100+100) = 4.0\times10^{-4}$$

□□□ 기 09④,22②

02 그림과 같은 와렌(warren) 트러스에서 부재력이 '0(영)'인 부재는 몇 개인가?

① 0개
② 1개
③ 2개
④ 3개

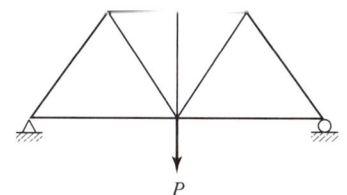

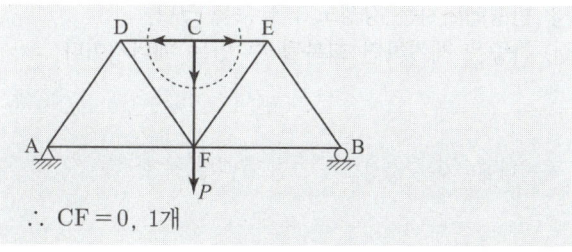

∴ CF = 0, 1개

□□□ 기 83,85,89,18①,22②

03 그림과 같은 구조물의 BD 부재에 작용하는 힘의 크기는?

① 100kN
② 125kN
③ 150kN
④ 200kN

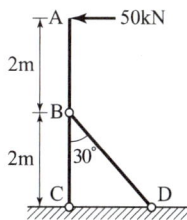

C점에서 $\sum M_C = 0$면
$\sum M_C = -50\times4 + \overline{BD}\sin30°\times2 = 0$
∴ $\overline{BD} = 200$kN

□□□ 기 09②,22②

04 그림과 같이 연결부에 두 힘 50kN과 20kN이 작용한다. 평형을 이루기 위한 두 힘 A와 B의 크기는?

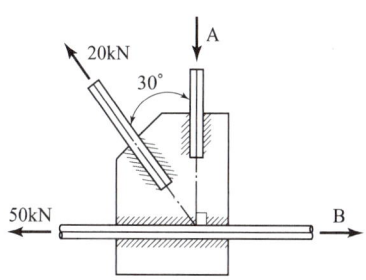

① A = 10kN, B = $50+\sqrt{3}$kN
② A = $50+\sqrt{3}$kN, B = 10kN
③ A = $10\sqrt{3}$kN, B = 60kN
④ A = 60kN, B = $10\sqrt{3}$kN

- $\sum V = 0 : 20\times\cos30° - A = 0$
  ∴ A = $10\sqrt{3}$ kN
- $\sum H = 0 : -20\times\sin30° - 50 + B = 0$
  ∴ B = 60kN

정답 01 ④ 02 ② 03 ④ 04 ③

□□□ 기 95③,10②,17④,22②

05 그림과 같은 단면의 단면 상승모멘트(I_{xy})는?

① 77500mm^4
② 92500mm^4
③ 122500mm^4
④ 157500mm^4

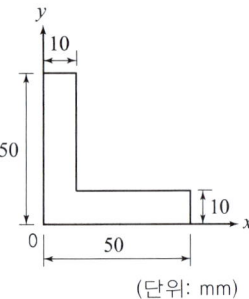
(단위: mm)

단면상승모멘트 $I_{xy} = A_1 x_1 y_1 - A_2 x_2 y_2$

- $A_1 = 50 \times 50 = 2500 \text{mm}^2$
  $x_1 = 25 \text{mm}, \ y_1 = 25 \text{mm}$
- $A_2 = 40 \times 40 = 1600 \text{mm}^2$
  $x_2 = 30 \text{mm}, \ y_2 = 30 \text{mm}$
- $\therefore I_{xy} = A_1 x_1 y_1 - A_2 x_2 y_2$
  $= 2500 \times 25 \times 25 - 1600 \times 30 \times 30$
  $= 122500 \text{mm}^4$

□□□ 기 22②

06 그림에서 중앙점(C점)의 휨모멘트(M_C)는?

① $\dfrac{1}{20} wL^2$
② $\dfrac{5}{96} wL^2$
③ $\dfrac{1}{6} wL^2$
④ $\dfrac{1}{12} wL^2$

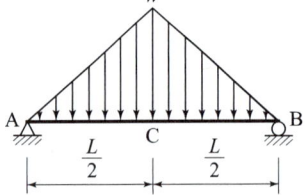

$R_A = R_B = w \times \dfrac{L}{2} \times \dfrac{1}{2} = \dfrac{wL}{4}$ (∵ 좌우 대칭)

$M_C = \dfrac{wL}{4} \times \dfrac{L}{2} - w \times \dfrac{L}{2} \times \dfrac{1}{2} \times \dfrac{L}{2} \times \dfrac{1}{3}$

$= \dfrac{wL^2}{8} - \dfrac{wL^2}{24} = \dfrac{2wL^2}{24} = \dfrac{1}{12} wL^2$

□□□ 기 09②,16②,22②

07 그림과 같이 봉에 작용하는 힘들에 의한 봉 전체의 수직처짐의 크기는?

① $\dfrac{PL}{A_1 E_1}$
② $\dfrac{2PL}{3A_1 E_1}$
③ $\dfrac{4PL}{3A_1 E_1}$
④ $\dfrac{3PL}{2A_1 E_1}$

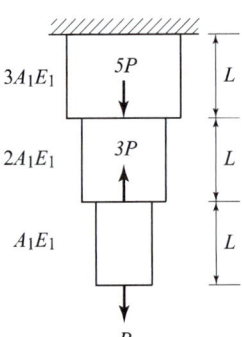

$\Delta l = \dfrac{PL}{EA}$

- $\Delta l_1 = \dfrac{PL}{EA} = \dfrac{3PL}{3A_1 E_1}$
- $\Delta l_2 = \dfrac{PL}{EA} = \dfrac{-2PL}{2A_1 E_1}$
- $\Delta l_3 = \dfrac{PL}{EA} = \dfrac{PL}{A_1 E_1}$

$\therefore \Delta l = \dfrac{3PL}{3A_1 E_1} - \dfrac{2PL}{2A_1 E_1} + \dfrac{PL}{A_1 E_1} = \dfrac{PL}{A_1 E_1}$

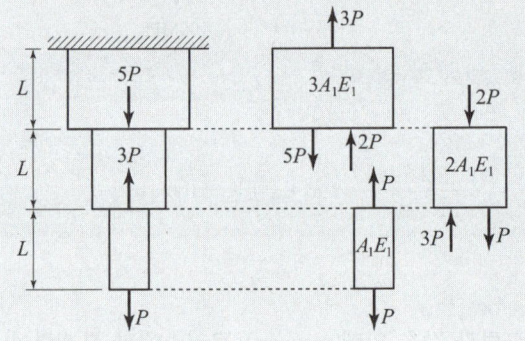

□□□ 기 22②

08 탄성변형에너지(Elastic Strain Energy)에 대한 설명으로 틀린 것은?

① 변형에너지는 내적인 일이다.
② 외부하중에 의한 일은 변형에너지와 같다.
③ 변형에너지는 강성도가 클수록 크다.
④ 하중을 제거하면 회복될 수 있는 에너지이다.

변형에너지는 강성도가 크면 클수록 적다.

정답 05 ③ 06 ④ 07 ① 08 ③

09 그림과 같은 3힌지 아치의 중간 힌지에 수평하중 P가 작용할 때 A지점의 수직반력(V_A)과 수평반력(H_A)은?

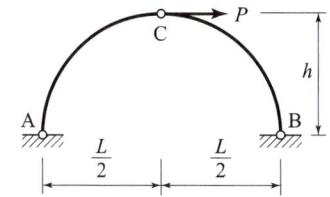

① $V_A = \dfrac{Ph}{L}(\uparrow)$, $H_A = \dfrac{P}{2h}(\leftarrow)$

② $V_A = \dfrac{Ph}{L}(\downarrow)$, $H_A = \dfrac{P}{2h}(\rightarrow)$

③ $V_A = \dfrac{Ph}{L}(\uparrow)$, $H_A = \dfrac{P}{2}(\rightarrow)$

④ $V_A = \dfrac{Ph}{L}(\downarrow)$, $H_A = \dfrac{P}{2}(\leftarrow)$

- $\sum M_B = 0 : V_A \times L + P \times h = 0$

  $\therefore V_A = -\dfrac{Ph}{L} = \dfrac{Ph}{L}(\downarrow)$

- $\sum M_c = 0 : V_A \times \dfrac{L}{2} + H_A \times h = 0$

  $-\dfrac{Ph}{L} \times \dfrac{L}{2} + H_A \times h = 0$

  $\therefore H_A = \dfrac{P}{2}(\leftarrow)$

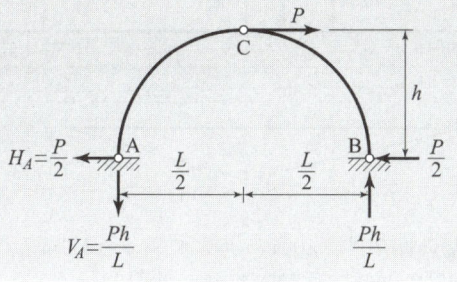

10 그림과 같은 2경간 연속보에 등분포하중 $w = 4\text{kN/m}$가 작용할 때 전단력이 "0"이 되는 위치는 지점 A로부터 얼마의 거리(x)에 있는가?

① 0.75m
② 0.85m
③ 0.95m
④ 1.05m

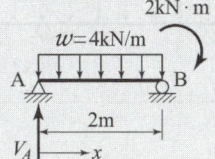

[방법1]
- 반력 $R_A = R_C = \dfrac{3wl}{8} = \dfrac{3 \times 4 \times 2}{8} = 3\text{kN}$
- 전단력 $S_x = 3 - 4 \times x = 0$

  $\therefore x = \dfrac{3}{4} = 0.75\text{m}$

[방법2]
- $M_B = -\dfrac{wl^2}{8} = -\dfrac{4 \times 2^2}{8} = -2\text{kN} \cdot \text{m}$
- $A - B$에서

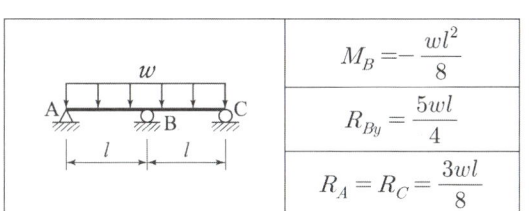

- $\sum M_B = 0 : V_A \times 2 - 4 \times 2 \times \dfrac{2}{2} + 2 = 0$

  $\therefore V_A = 3\text{kN}$

- 전단력 $S = 0$인 위치 : $S_x = 3 - 4 \times x = 0$

  $\therefore x = \dfrac{3}{4} = 0.75\text{m}$

Remember

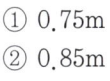	$M_B = -\dfrac{wl^2}{8}$
	$R_{By} = \dfrac{5wl}{4}$
	$R_A = R_C = \dfrac{3wl}{8}$

11 단면이 200mm×300mm인 압축부재가 있다. 부재의 길이가 2.9m일 때 이 압축부재의 세장비는 약 얼마인가? (단, 지지상태는 양단힌지이다.)

① 33
② 50
③ 60
④ 100

세장비 $\lambda = \dfrac{K \times \text{기둥의 길이}(l)}{\text{최소회전반지름}(r_{min})}$

- $r_{min} = \sqrt{\dfrac{I_{min}}{A}} = \sqrt{\dfrac{\dfrac{bh^3}{12}}{bh}} = \sqrt{\dfrac{\dfrac{300 \times 200^3}{12}}{200 \times 300}}$

  $= 57.7\text{mm}$ ($\because$ 직사각형)

- $\lambda = \dfrac{1.0 \times 2900}{57.7} = 50$ ($\because$ 양단힌지 $K = 1.0$)

□□□ 기 94①,07①,13①,19③,22②

12 그림과 같이 단순지지된 보에 등분포하중 q가 작용하고 있다. 지점 C의 부모멘트와 보의 중앙에 발생하는 정모멘트의 크기를 같게 하여 등분포하중 q의 크기를 제한하려고 한다. 지점 C와 D는 보의 대칭거동을 유지하기 위하여 각각 A와 B로부터 같은 거리에 배치하고자 한다. 이때 보의 A점으로부터 지점 C까지의 거리(x)는?

① $0.207L$
② $0.250L$
③ $0.333L$
④ $0.444L$

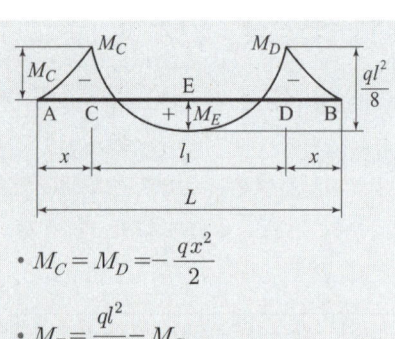

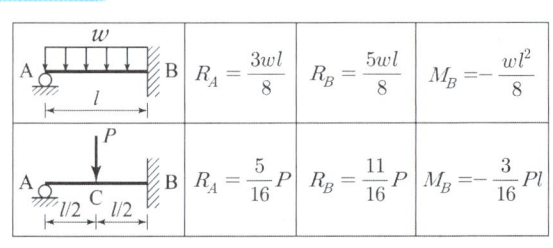

- $M_C = M_D = -\dfrac{qx^2}{2}$
- $M_E = \dfrac{ql^2}{8} - M_C$
- $M_E + M_C = \dfrac{ql^2}{8}$
- $2M_E = \dfrac{ql^2}{8}$
- $\therefore M_E = \dfrac{ql^2}{16}$ ($\because |M_E| = |M_C|$)
- $\dfrac{qx^2}{2} = \dfrac{ql^2}{16}$, $x^2 = \dfrac{l^2}{8}$, $l = 2\sqrt{2}\,x$
- $L = 2x + l = 2x + 2\sqrt{2}\,x = (2 + 2\sqrt{2})x$
- $\therefore x = \dfrac{L}{2 + 2\sqrt{2}} = 0.207L$

□□□ 기 96,07,12,22②

13 그림과 같은 부정정보의 A단에 작용하는 휨모멘트는?

① $-\dfrac{1}{4}wL^2$
② $-\dfrac{1}{8}wL^2$
③ $-\dfrac{1}{12}wL^2$
④ $-\dfrac{1}{24}wL^2$

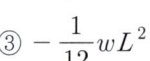

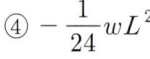

$M_A = R_B \times L - wL \times \dfrac{L}{2}$
$= \dfrac{3wL}{8} \times L - wL \times \dfrac{L}{2} = -\dfrac{wL^2}{8}$

Remember

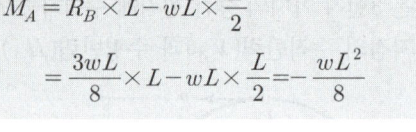

w 등분포 (A 힌지, B 고정), l	$R_A = \dfrac{3wl}{8}$	$R_B = \dfrac{5wl}{8}$	$M_B = -\dfrac{wl^2}{8}$
P 중앙집중 ($l/2$, $l/2$)	$R_A = \dfrac{5}{16}P$	$R_B = \dfrac{11}{16}P$	$M_B = -\dfrac{3}{16}Pl$

□□□ 기 97①,00①,01④,03②,11①,12④②,13②,16④,19①,20④,22②

14 그림과 같이 단순보에 이동하중이 작용할 때 절대최대휨모멘트는?

① $387.2\,\text{kN}\cdot\text{m}$
② $423.2\,\text{kN}\cdot\text{m}$
③ $478.4\,\text{kN}\cdot\text{m}$
④ $531.7\,\text{kN}\cdot\text{m}$

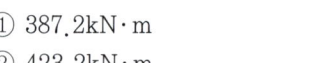

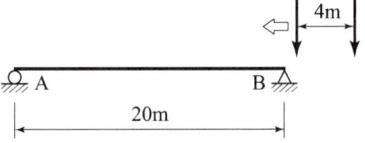

■ 절대최대모멘트 영향선도

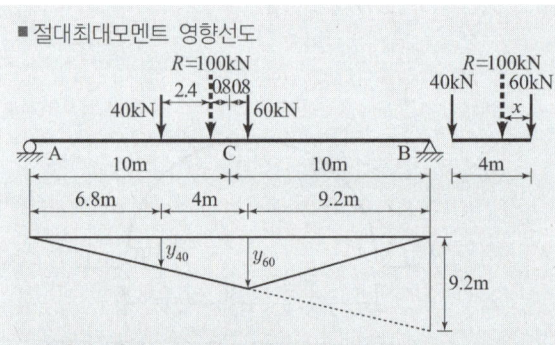

- 합력의 위치 : $100x = 40 \times 4$ $\therefore x = 1.6\,\text{m}$
- B점으로부터 절대최대모멘트 발생위치 :
  $x = \dfrac{20}{2} - \dfrac{1.6}{2} = 9.2\,\text{m}$
- B점으로부터의 60kN 거리 : 9.2 m
- A점으로부터의 40kN 거리 : $20 - (9.2 + 4) = 6.8\,\text{m}$
- $20 : 9.2 = 10.8 : y_{60}$
  $\therefore y_{60} = \dfrac{9.2 \times 10.8}{20} = 4.968$
- $20 : 9.2 = 6.8 : y_{40}$
  $\therefore y_{40} = \dfrac{9.2 \times 6.8}{20} = 3.128$
- $\therefore M_{\max} = P_{60} \times y_{60} + P_{40} \times y_{40}$
  $= 60 \times 4.968 + 40 \times 3.128 = 423.2\,\text{kN}\cdot\text{m}$

□□□ 기 08④,15①,22②

15 그림과 같이 한 변이 a인 정사각형 단면의 $\frac{1}{4}$을 절취한 나머지 부분의 도심(C)의 위치(y_o)는?

① $\frac{4}{12}a$

② $\frac{5}{12}a$

③ $\frac{6}{12}a$

④ $\frac{7}{12}a$

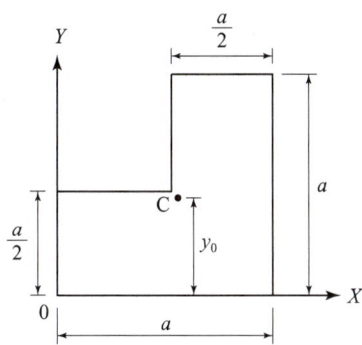

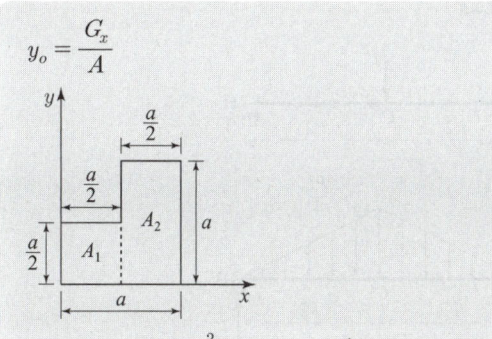

$y_o = \dfrac{G_x}{A}$

- $A_1 = \dfrac{a}{2} \times \dfrac{a}{2} = \dfrac{a^2}{4}$, $y_1 = \dfrac{a}{2} \times \dfrac{1}{2} = \dfrac{a}{4}$

- $A_2 = \dfrac{a}{2} \times a = \dfrac{a^2}{2}$, $y_2 = a \times \dfrac{1}{2} = \dfrac{a}{2}$

- $A = A_1 + A_2 = \dfrac{a^2}{4} + \dfrac{a^2}{2} = \dfrac{3a^2}{4}$

- $G_x = A_1 y_1 + A_2 y_2 = \dfrac{a^2}{4} \times \left(\dfrac{a}{4}\right) + \dfrac{a^2}{2} \times \dfrac{a}{2}$

   $= \dfrac{a^3}{16} + \dfrac{a^3}{4} = \dfrac{5a^3}{16}$

- $\therefore y_o = \dfrac{G_x}{A} = \dfrac{\frac{5a^3}{16}}{\frac{3a^2}{4}} = \dfrac{5}{12}a$

□□□ 기 04,05,06,08,13①,22②

16 그림과 같은 게르버보에서 A점의 반력은?

① 6kN(↓)
② 6kN(↑)
③ 30kN(↓)
④ 30kN(↑)

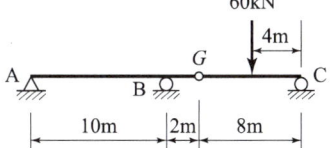

■ 게르버보를 두 개의 보로 분리

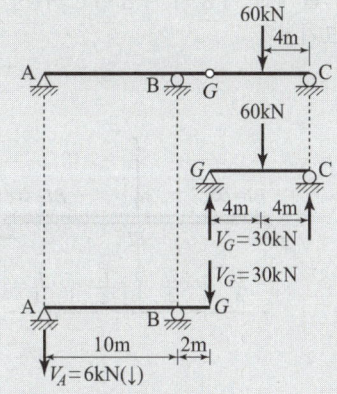

- GC 단순보에서
  $V_G = 30\text{kN}$ (∵ 대칭보)

- AG 내민보에서
  $\sum M_B = 0$
  $V_A \times 10 + 30 \times 2 = 0$
  $\therefore V_A = -\dfrac{60}{10} = -6\text{kN} = 6\text{kN}(\downarrow)$

□□□ 기 13④,16④,22②

17 바닥은 고정, 상단은 자유로운 기둥의 좌굴형상이 그림과 같을 때 임계하중은?

① $\dfrac{\pi^2 EI}{4L}$

② $\dfrac{9\pi^2 EI}{4L^2}$

③ $\dfrac{13\pi^2 EI}{4L^2}$

④ $\dfrac{25\pi^2 EI}{4L^2}$

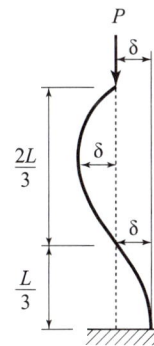

길이가 $\dfrac{2L}{3}$인 양단힌지 기둥 $\left(KL = \dfrac{2L}{3}\right)$

$P_{cr} = \dfrac{n\pi^2 EI}{L^2} = \dfrac{\pi^2 EI}{(KL)^2}$ $\left(\because n = \dfrac{1}{K^2}\right)$

$= \dfrac{\pi^2 EI}{\left(\dfrac{2L}{3}\right)^2} = \dfrac{9\pi^2 EI}{4L^2}$

$\left(\because n = 1,\ L = \dfrac{2L}{3}\right)$

정답 15 ② 16 ① 17 ②

□□□ 기 04①,06②,12①,15④,22②

18 그림과 같은 구조물에서 하중이 작용하는 위치에서 일어나는 처짐의 크기는?

① $\dfrac{PL^3}{48EI}$

② $\dfrac{PL^3}{96EI}$

③ $\dfrac{7PL^3}{384EI}$

④ $\dfrac{11PL^3}{384EI}$

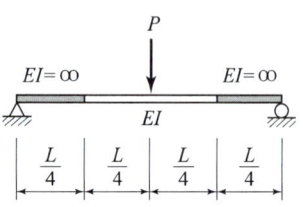

- 탄성하중법 사용

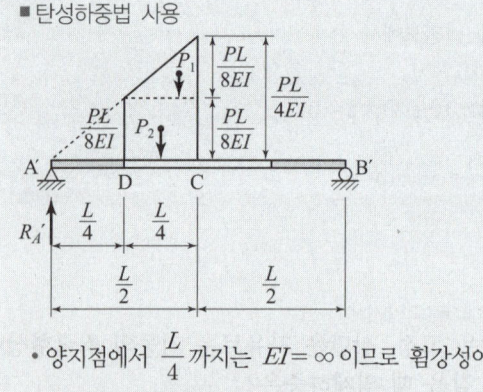

- 양지점에서 $\dfrac{L}{4}$까지는 $EI=\infty$이므로 휨강성이 매우 커서 처짐은 발생하지 않는다.
- D–C 부분의 면적을 구하여 P_1과 P_2로 표현하면

- $P_1 = \dfrac{PL}{8EI} \times \dfrac{L}{4} \times \dfrac{1}{2} = \dfrac{PL^2}{64EI}$

- $P_2 = \dfrac{PL}{8EI} \times \dfrac{L}{4} = \dfrac{PL^2}{32EI}$

  $\therefore R_A' = \dfrac{PL^2}{64EI} + \dfrac{PL^2}{32EI} = \dfrac{3PL^2}{64EI}$

- $\delta_C = M_C$
  $= \left(\dfrac{3PL^2}{64EI}\right)\left(\dfrac{L}{2}\right) - \left(\dfrac{PL^2}{64EI}\right)\left(\dfrac{L}{4} \times \dfrac{1}{3}\right) - \left(\dfrac{PL^2}{32EI}\right)\left(\dfrac{L}{4} \times \dfrac{1}{2}\right)$
  $= \dfrac{7PL^3}{384EI}$

□□□ 기 00②,11④,12①,15①,19①,22②

19 그림과 같은 내민보에서 A점의 처짐은?
(단, $I = 1.6 \times 10^8 \text{mm}^4$, $E = 2.0 \times 10^5 \text{MPa}$이다.)

① 22.5mm
② 27.5mm
③ 32.5mm
④ 37.5mm

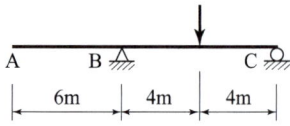

$\delta_A = \theta_B \times L$

- $l = 8000\text{mm}$, $L = 6000\text{mm}$

- $\theta_B = \dfrac{Pl^2}{16EI} = \dfrac{50 \times 10^3 \times 8000^2}{16 \times 2.0 \times 10^5 \times 1.6 \times 10^8}$
  $= 6.25 \times 10^{-3} \text{rad}$

  $\therefore \delta_A = 6.25 \times 10^{-3} \times 6000 = 37.5\text{mm}$

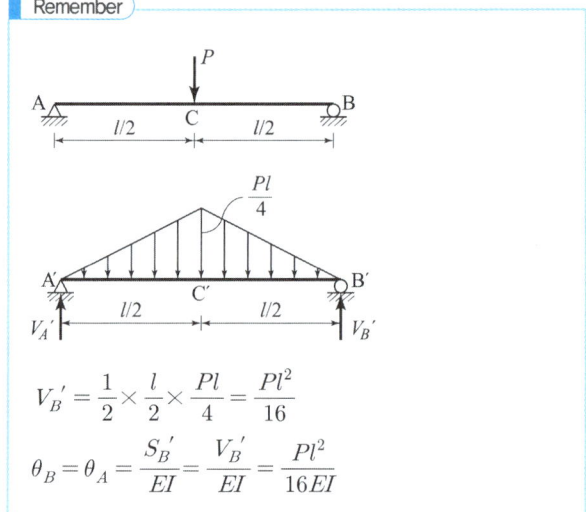

Remember

$V_B' = \dfrac{1}{2} \times \dfrac{l}{2} \times \dfrac{Pl}{4} = \dfrac{Pl^2}{16}$

$\theta_B = \theta_A = \dfrac{S_B'}{EI} = \dfrac{V_B'}{EI} = \dfrac{Pl^2}{16EI}$

□□□ 기 22②

20 전단응력도에 대한 설명으로 틀린 것은?

① 직사각형 단면에서는 중앙부의 전단응력도가 제일 크다.
② 원형 단면에서는 중앙부의 전단응력도가 제일 크다.
③ I형 단면에서는 상·하단의 전단응력도가 제일 크다.
④ 전단응력도는 전단력의 크기에 비례한다.

- 전단응력도의 크기
  I형 단면의 전단응력도는 상·하단에서는 0이고, 중앙에서 제일 크다.

- 보의 전단응력 $\tau = \dfrac{S \cdot G_x}{I \cdot b}$

정답 18 ③　19 ④　20 ③

제2과목 : 측량학

21 그림과 같은 관측결과 $\theta = 30°11'00''$, $S = 1000m$일 때 C점의 X좌표는? (단, AB의 방위각 $= 89°49'00''$, A점의 X좌표 $= 1200m$)

① 700.00m
② 1203.20m
③ 2064.42m
④ 2066.03m

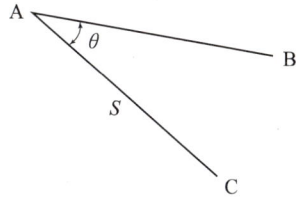

- AC의 방위각
  $\alpha = 89°49'00'' + 30°11'00'' = 120°$
- C점의 위거 $= S\cos\alpha = 1000\cos 120° = -500m$
- ∴ C점의 X좌표 $= 1200 - 500 = 700m$

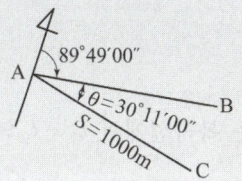

22 다각측량에서 각 측량의 기계적 오차 중 시준축과 수평축이 직교하지 않아 발생하는 오차를 처리하는 방법으로 옳은 것은?

① 망원경을 정위와 반위로 측정하여 평균값을 취한다.
② 배각법으로 관측을 한다.
③ 방향각법으로 관측을 한다.
④ 편심관측을 하여 귀심계산을 한다.

오차의 종류	원 인	처리방향
시준축 오차	시준축과 수평축이 직교하지 않는다.	망원경 正·反으로 관측하여 평균한다.
수평축 오차	수평축이 연직축에 직교하지 않는다.	
외심 오차	회전축에 대하여 망원경의 위치가 편심되어 있다.	
연직축 오차	연직축이 정확히 연직선에 있지 않다.	어떤 방법으로도 소거되지 않는다.

23 그림과 같은 수준망을 각각의 환에 따라 폐합오차를 구한 결과가 표와 같고 폐합오차의 한계가 $\pm 1.0\sqrt{S}$ cm일 때 우선적으로 재관측할 필요가 있는 노선은? (단, S : 거리[km])

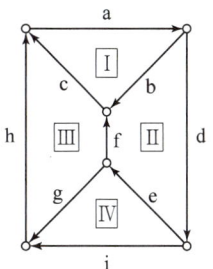

환	노선	거리 (km)	폐합오차 (m)
I	abc	8.7	-0.017
II	bdef	15.8	0.048
III	cfgh	10.9	-0.026
IV	eig	9.3	-0.083
외주	adih	15.9	-0.031

① e노선
② f노선
③ g노선
④ h노선

각 환의 거리 S_i를 구하고 폐합차의 제한조건을 계산한다.
- I환 : $S_1 = 8.7km$:
  $\pm 1.0\sqrt{8.7} = \pm 2.95cm > 1.7cm$
- II환 : $S_2 = 15.8km$:
  $\pm 1.0\sqrt{15.8} = \pm 3.97cm < 4.8cm$
- III환 : $S_3 = 10.9km$:
  $\pm 1.0\sqrt{10.9} = \pm 3.30cm > 2.6cm$
- IV환 : $S_4 = 9.3km$:
  $\pm 1.0\sqrt{9.3} = \pm 3.05cm < 8.3cm$
- 외주 환 : $S_{외} = 15.9km$:
  $\pm 1.0\sqrt{15.9} = \pm 3.99cm > 3.1cm$

∴ II환과 IV환의 폐합오차가 제한조건보다 크다. 따라서 II환과 IV환의 공통구간 e구간에서 재관측이 필요하다.

24 측점 간의 시통이 불필요하고 24시간 상시 높은 정밀도로 3차원 위치측정이 가능하며, 실시간 측정이 가능하여 항법용으로도 활용되는 측량방법은?

① NNSS 측량
② GNSS 측량
③ VLBI 측량
④ 토털스테이션 측량

GNSS 측량의 특징
- 3차원 측량을 동시에 할 수 있다.
- 하루 24시간 어느 시간에나 이용할 수 있다.
- 실시간 측정이 가능하여 항법용으로 활용된다.
- 기선 결정의 경우 두 측점 간의 시통과 관계가 없다.

☐☐☐ 기 95,00,12①,21②,22②

25 어떤 측선의 길이를 관측하여 다음 표와 같은 결과를 얻었다면 최확값은?

관측군	관측값(m)	관측횟수
1	40.532	5
2	40.537	4
3	40.529	6

① 40.530m   ② 40.531m
③ 40.532m   ④ 40.533m

- 최확값 $M_o = \dfrac{P_A l_A + P_B l_B + P_C l_C}{P_A + P_B + P_C}$
- 경중률은 관측횟수에 비례한다.
- $P_A : P_B : P_C = 5 : 4 : 6$

$$\therefore M_o = 40 + \dfrac{5 \times 0.532 + 4 \times 0.537 + 6 \times 0.529}{5 + 4 + 6}$$
$$= 40.532\text{m}$$

☐☐☐ 기 19①,22②

26 GNSS가 다중주파수(multi-frequency)를 채택하고 있는 가장 큰 이유는?

① 데이터 취득 속도의 향상을 위해
② 대류권 지연 효과를 제거하기 위해
③ 다중경로오차를 제거하기 위해
④ 전리층 지연 효과의 제거를 위해

다중주파수를 사용할 경우 GNSS신호가 전리층을 지나며 발생하는 전파지연에 따른 오차제거(보정)가 가능하다.

☐☐☐ 기 06,14①,22②

27 지형측량을 할 때 기본 삼각점만으로는 기준점이 부족하여 추가로 설치하는 기준점은?

① 방향전환점   ② 도근점
③ 이기점   ④ 중간점

도근점(圖根點)
지형을 측정하기 위한 기준점이 부족할 때, 보조로 설치하는 기준점이다.

☐☐☐ 기 92,98,02,03,04,22②

28 그림과 같은 구역을 심프슨 제1법칙으로 구한 면적은? (단, 각 구간의 지거는 1m로 동일하다.)

① 14.20m²
② 14.90m²
③ 15.50m²
④ 16.00m²

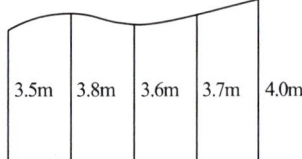

3.5m 3.8m 3.6m 3.7m 4.0m

$A_1 = \dfrac{d}{3}(y_1 + 4y_2 + y_3)$
$= \dfrac{1}{3}(3.5 + 4 \times 3.8 + 3.6) = 7.43\text{m}^2$

$A_2 = \dfrac{d}{3}(y_3 + 4y_4 + y_5)$
$= \dfrac{1}{3}(3.6 + 4 \times 3.7 + 4.0) = 7.47\text{m}^2$

$\therefore A = A_1 + A_2 = 7.43 + 7.47 = 14.90\text{m}^2$

☐☐☐ 기 93,00,09,11②,14④,22②

29 그림과 같은 복곡선에서 $t_1 + t_2$의 값은?

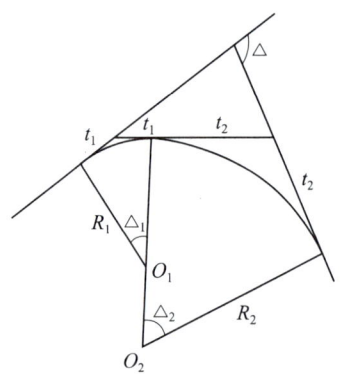

① $R_1(\tan\Delta_1 + \tan\Delta_2)$
② $R_2(\tan\Delta_1 + \tan\Delta_2)$
③ $R_1 \tan\Delta_1 + R_2 \tan\Delta_2$
④ $R_1 \tan\dfrac{\Delta_1}{2} + R_2 \tan\dfrac{\Delta_2}{2}$

t_1과 t_2는 원의 접선장

- $t_1 = T.L = R_1 \tan\dfrac{\Delta_1}{2}$
- $t_2 = T.L = R_2 \tan\dfrac{\Delta_2}{2}$

$\therefore t_1 + t_2 = R_1 \tan\dfrac{\Delta_1}{2} + R_2 \tan\dfrac{\Delta_2}{2}$

정답 25 ③ 26 ④ 27 ② 28 ② 29 ④

□□□ 기 85,95,98,07,17①,18①,19②,22①②

30 수심 h인 하천의 수면으로부터 $0.2h$, $0.4h$, $0.6h$, $0.8h$인 곳에서 각각의 유속을 측정하여 0.562m/s, 0.521m/s, 0.497m/s, 0.364m/s의 결과를 얻었다면 3점법을 이용한 평균유속은?

① 0.474m/s ② 0.480m/s
③ 0.486m/s ④ 0.492m/s

3점법
$$V_m = \frac{1}{4}(V_{0.2} + 2V_{0.6} + V_{0.8})$$
$$= \frac{1}{4}(0.562 + 2 \times 0.497 + 0.364) = 0.480\text{m/sec}$$

□□□ 기 03,22②

31 단곡선을 설치할 때 곡선반지름이 250m, 교각이 116°23′, 곡선시점까지의 추가거리가 1146m일 때 시단현의 편각은? (단, 중심말뚝 간격=20m)

① 0° 41′ 15″ ② 1° 15′ 36″
③ 1° 36′ 15″ ④ 2° 54′ 51″

시단현 길이 $l_1 = 1160 - 1146 = 14\text{m}$
$$\therefore \delta = 1718.87' \times \frac{l_1}{R}$$
$$= 1718.87' \times \frac{14}{250} = 1° 36' 15.4''$$

□□□ 기 94,96,98,00,03,06,07,11,22②

32 그림과 같은 트래버스에서 AL의 방위각이 29°40′15″, BM의 방위각이 320°27′12″, 교각의 총합이 1190°47′32″일 때 각관측 오차는?

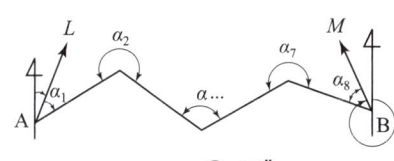

① 45″ ② 35″
③ 25″ ④ 15″

$\Delta\alpha = W_a + [\alpha] - (n-3)180° - W_b$
$= 29°40'15'' + [1190°47'32''] - (8-3)180°$
$\quad - 320°27'12''$
$= 35''$

□□□ 기 83,96,98,01,22②

33 그림과 같은 지형에서 각 등고선에 쌓인 부분의 면적이 표와 같을 때 각주공식에 의한 토량은? (단, 윗면은 평평한 것으로 가정한다.)

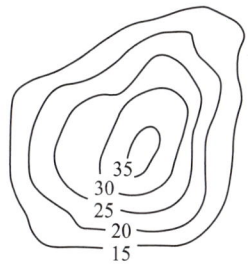

등고선(m)	면적(m²)
15	3800
20	2900
25	1800
30	900
35	200

① 11400m³ ② 22800m³
③ 33800m³ ④ 38000m³

$V = V_1 + V_2$

• $V_1 = \frac{h}{3}(A_{35} + 4A_{30} + A_{25})$
$= \frac{5}{3}(200 + 4 \times 900 + 1800) = 9333.33\text{m}^3$

• $V_2 = \frac{h}{3}(A_{25} + 4A_{20} + A_{15})$
$= \frac{5}{3}(1800 + 4 \times 2900 + 3800) = 28666.67\text{m}^3$

$\therefore V = 9333.33 + 28666.67 = 38000\text{m}^3$

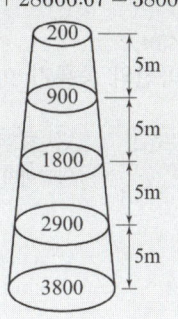

□□□ 기 82,88,95,08,13②,22②,24①

34 지구반지름이 6370km이고 거리의 허용오차가 $1/10^5$이면 평면측량으로 볼 수 있는 범위의 지름은?

① 약 69km ② 약 64km
③ 약 36km ④ 약 22km

$\dfrac{D^2}{12R^2} = \dfrac{\Delta D}{D} = \dfrac{1}{10^5}$ 에서

$\therefore D = \sqrt{\dfrac{12R^2}{10^5}} = \sqrt{\dfrac{12 \times 6370^2}{10^5}} = 69.78\text{km}$

기 11①,17①,22②

35 노선 설치 방법 중 좌표법에 의한 설치방법에 대한 설명으로 틀린 것은?

① 토털스테이션, GPS 등과 같은 장비를 이용하여 측점을 위치시킬 수 있다.
② 좌표법에 의한 노선의 설치는 다른 방법보다 지형의 굴곡이나 시통 등의 문제가 적다.
③ 좌표법은 평면곡선 및 종단곡선의 설치요소를 동시에 위치시킬 수 있다.
④ 평면적인 위치의 측설을 수행하고 지형표고를 관측하여 종단면도를 작성할 수 있다.

> **좌표법에 의한 설치방법**
> • 좌표법에 의해 노선을 설치하는 경우 곡선의 시점, 종점 및 교점 등과 같은 곡선의 요소들을 입력하여야 한다.
> • 좌표법은 평면곡선 및 종단곡선의 설치요소를 동시에 위치시킬 수가 없다.
> • 평면적인 위치의 측설을 수행하고 지형표고를 관측하여 종단면도를 작성할 수 있다.
> • 좌표법에 의한 노선의 설치는 다른 방법보다 지형의 굴곡이나 시통 등의 문제가 적다.

기 83,97,99,03,05,09,22②

36 다음 중 완화곡선의 종류가 아닌 것은?

① 렘니스케이트 곡선 ② 클로소이드 곡선
③ 3차 포물선 ④ 배향곡선

> **완화곡선**
>
> | 종 류 | 용 도 |
> |---|---|
> | 클로소이드 곡선 | 고속도로 IC |
> | 렘니스케이트 곡선 | 지하철 |
> | 3차 포물선 | 철도 이용 |
> | 반파장 sin 체감곡선 | 고속철도 |

기 98,03,16②,18①,22②

37 30m당 0.03m가 짧은 줄자를 사용하여 정사각형 토지의 한 변을 측정한 결과 150m이었다면 면적에 대한 오차는?

① 41m² ② 43m²
③ 45m² ④ 47m²

$A_o = A\left(1 - \dfrac{\Delta l}{l}\right)^2$

• 면적 $A = 150 \times 150 = 22500\,\text{m}^2$
• $A_o = 22500\left(1 - \dfrac{0.03}{30}\right)^2 = 22455.0225\,\text{m}^2$
∴ 면적오차 $\Delta A = A - A_o = 22500 - 22455.02$
  $= 44.98\,\text{m}^2 \fallingdotseq 45\,\text{m}^2$

기 03,11①,19①,22②

38 수준측량에서 발생하는 오차에 대한 설명으로 틀린 것은?

① 기계의 조정에 의해 발생하는 오차는 전시와 후시의 거리를 같게 하여 소거할 수 있다.
② 삼각수준측량은 대지역을 대상으로 하기 때문에 곡률오차와 굴절오차는 그 양이 상쇄되어 고려하지 않는다.
③ 표척의 영눈금 오차는 출발점의 표척을 도착점에서 사용하여 소거할 수 있다.
④ 기포의 수평조정이나 표척면의 읽기는 육안으로 한계가 있으나 이로 인한 오차는 일반적으로 허용오차 범위 안에 들 수 있다.

> • 삼각수준측량은 대지측량(측지측량)이다.
> • 대지(측지)측량은 넓은 범위의 측량이므로 곡률오차와 굴절오차는 무시하지 않고 보정해야 한다.

기 88,19③,22②

39 지성선에 관한 설명으로 옳지 않은 것은?

① 철(凸)선은 능선 또는 분수선이라고 한다.
② 경사변환선이란 동일 방향의 경사면에서 경사의 크기가 다른 두 면의 접합선이다.
③ 요(凹)선은 지표의 경사가 최대로 되는 방향을 표시한 선으로 유하선이라고 한다.
④ 지성선은 지표면이 다수의 평면으로 구성되었다고 할 때 평면 간 접합부, 즉 접선을 말하며 지세선이라고도 한다.

> • 최대경사선은 경사가 지표의 임의의 1점에서 최대가 되는 방향을 나타내는 선으로 유하선(流下線)이라고 한다.
> • 凹선은 지표면이 낮거나 움푹 패인 점을 연결한 선으로 합수선(계곡선)이라 한다.

정답 35 ③ 36 ④ 37 ③ 38 ② 39 ③

☐☐☐ 기 94,98,00,04,06,09,20④,21④,22②

40 그림과 같이 교호수준측량을 실시한 결과가 $a_1=0.63m$, $a_2=1.25m$, $b_1=1.15m$, $b_2=1.73m$이었다면, B점의 표고는? (단, A의 표고=50.00m)

① 49.50m
② 50.00m
③ 50.50m
④ 51.00m

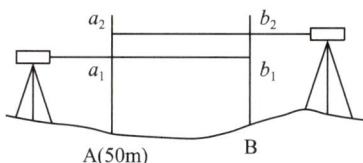

- 고저차 $H=\frac{1}{2}\{(a_1-b_1)+(a_2-b_2)\}$
  $=\frac{1}{2}\{(0.63-1.15)+(1.25-1.73)\}$
  $=-0.5m$
- B점의 지반고 $H_B=H_A+H$
  ∴ $H_B=50+(-0.5)=49.50m$

제3과목 : 수리학 및 수문학

☐☐☐ 기 81,83,87,92,95,03,05,09,14①,21①,22②

41 어떤 유역에 다음 표와 같이 30분간 집중호우가 계속되었을 때, 지속기간 15분인 최대강우강도는?

시간(분)	우량(mm)
0~5	2
5~10	4
10~15	6
15~20	4
20~25	8
25~30	6

① 64mm/h
② 48mm/h
③ 72mm/h
④ 80mm/h

30분간(10~25분)의 지속 최대강우량 : 6+4+8=18mm
∴ $I=N$ 지속시간 최대강우량 $\times \frac{60(min)}{N 지속시간}$
  $=18 \times \frac{60}{15}=72mm/hr$

☐☐☐ 기 90,10,12④,16①,22②

42 2개의 불투수층 사이에 있는 대수층 두께 a, 투수계수 k인 곳에 반지름 r_0인 굴착정(artesian well)을 설치하고 일정 양수량 Q를 양수하였더니, 양수 전 굴착정 내의 수위 H가 h_0로 강하하여 정상흐름이 되었다. 굴착정의 영향원 반지름을 R이라 할 때 $(H-h_0)$의 값은?

① $\frac{2Q}{\pi ak}ln\left(\frac{R}{r_0}\right)$
② $\frac{Q}{2\pi ak}ln\left(\frac{R}{r_0}\right)$
③ $\frac{2Q}{\pi ak}ln\left(\frac{r_0}{R}\right)$
④ $\frac{Q}{2\pi ak}ln\left(\frac{r_0}{R}\right)$

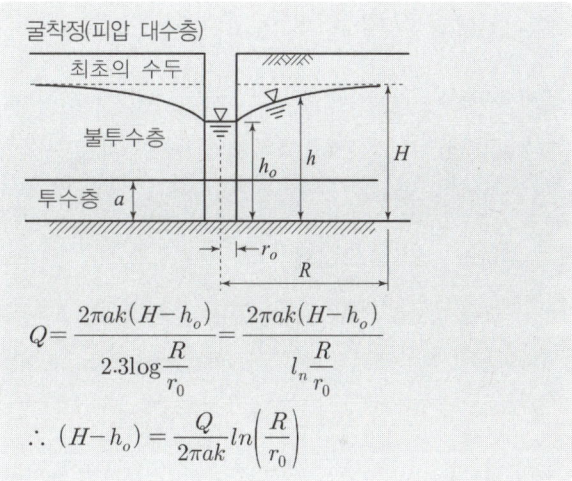

$Q=\frac{2\pi ak(H-h_o)}{2.3\log\frac{R}{r_0}}=\frac{2\pi ak(H-h_o)}{ln\frac{R}{r_0}}$

∴ $(H-h_o)=\frac{Q}{2\pi ak}ln\left(\frac{R}{r_0}\right)$

☐☐☐ 기 93,99,22②

43 단면 2m×2m, 높이 6m인 수조에 물이 가득 차 있을 때 이 수조의 바닥에 설치한 지름이 20cm인 오리피스로 배수시키고자 한다. 수심이 2m가 될 때까지 배수하는 데 필요한 시간은? (단, 오리피스 유량계수 $C=0.6$, 중력가속도 $g=9.8m/s^2$)

① 1분 39초
② 2분 36초
③ 2분 55초
④ 3분 45초

$T=\frac{2A}{C \cdot a\sqrt{2g}}\left(h_1^{\frac{1}{2}}-h_2^{\frac{1}{2}}\right)$
$=\frac{2\times(2\times2)}{0.6\times\frac{\pi\times0.2^2}{4}\times\sqrt{2\times9.8}}\left(6^{\frac{1}{2}}-2^{\frac{1}{2}}\right)$
$=99.25$ 초 $=1$분 39초

44 3차원 흐름의 연속방정식을 아래와 같은 형태로 나타낼 때 이에 알맞은 흐름의 상태는?

$$\frac{\partial u}{\partial x}+\frac{\partial v}{\partial y}+\frac{\partial w}{\partial z}=0$$

① 압축성 부정류
② 압축성 정상류
③ 비압축성 부정류
④ 비압축성 정상류

- 압축성 유체가 정류로 흐를 때의 연속방정식
  - 1차원 : $\frac{\partial(\rho u)}{\partial x}=0$
  - 2차원 : $\frac{\partial(\rho u)}{\partial x}+\frac{\partial(\rho v)}{\partial y}=0$
  - 3차원 : $\frac{\partial(\rho u)}{\partial x}+\frac{\partial(\rho v)}{\partial y}+\frac{\partial(\rho w)}{\partial z}=0$
- 비압축성 유체가 정류로 흐를 때의 연속방정식
  - 1차원 : $\frac{\partial u}{\partial x}=0$
  - 2차원 : $\frac{\partial u}{\partial x}+\frac{\partial v}{\partial y}=0$
  - 3차원 : $\frac{\partial u}{\partial x}+\frac{\partial v}{\partial y}+\frac{\partial w}{\partial z}=0$

45 단위유량도에 대한 설명으로 틀린 것은?

① 단위유량도의 정의에서 특정 단위시간은 1시간을 의미한다.
② 일정기저시간가정, 비례가정, 중첩가정은 단위유량도의 3대 기본가정이다.
③ 단위유량도의 정의에서 단위유효우량은 유역 전 면적상의 등가우량 깊이로 측정되는 특정량의 우량을 의미한다.
④ 단위 유효우량은 유출량의 형태로 단위유량도상에 표시되며, 단위유량도 아래의 면적은 부피의 차원을 가진다.

- 특정단위 시간은 강우의 지속시간이 특정시간으로 표시되는 유효강우의 지속시간을 뜻한다.
- 유효유량을 쓰는 이유는 직접유출의 근원이 되는 유량이기 때문이다.

46 그림과 같이 원형관 중심에서 V의 유속으로 물이 흐르는 경우에 대한 설명으로 틀린 것은? (단, 흐름은 층류로 가정한다.)

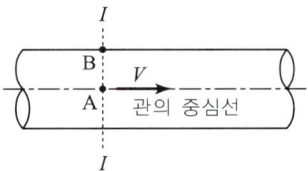

① 지점 A에서의 마찰력은 V^2에 비례한다.
② 지점 A에서의 유속은 단면 평균유속의 2배이다.
③ 지점 A에서 지점 B로 갈수록 마찰력은 커진다.
④ 유속은 지점 A에서 최대인 포물선 분포를 한다.

- 관의 A에서 마찰력 $V_A = 2V_m$ (∵ V_m : 평균유속)
- 관의 최대마찰력(A점) $V_{max} = 2V_m$
- 관벽의 마찰력 $\tau = \frac{wh_L}{2l}r$
- 관벽(B점)에서 최대마찰력 $\tau_{max} = \frac{wh_L}{2l}r_o$
  ∴ 지점의 A에서 마찰력은 $\tau = 0$이다.

관수로에서의 평균유속(V_m)은 최대유속(V_{max})의 $\frac{1}{2}$배이다.

∴ 평균유속 $V_m = \frac{1}{2}V_{max}$

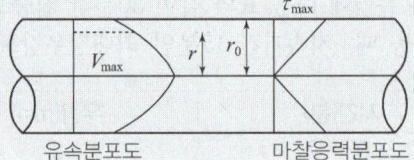

유속분포도   마찰응력분포도

47 침투능(infiltration capacity)에 관한 설명으로 틀린 것은?

① 침투능은 토양조건과는 무관하다.
② 침투능은 강우강도에 따라 변화한다.
③ 일반적으로 단위는 mm/h 또는 in/h로 표시된다.
④ 어떤 토양면을 통해 물이 침투할 수 있는 최대율을 말한다.

침투능은 토양의 종류, 토양의 함유수분, 토양의 다짐정도 등의 조건에 따라 변한다.

정답 44 ④   45 ①   46 ①   47 ①

기 04,05,08,10,11①,22②

48 지름 20cm의 원형단면 관수로에 물이 가득 차서 흐를 때의 동수반경은?

① 5cm ② 10cm
③ 15cm ④ 20cm

동수반경 $R = \dfrac{D}{4} = \dfrac{20}{4} = 5\,cm$

> **Remember**
> 동수반경 $R = \dfrac{\text{관의 단면적} A}{\text{윤변} P} = \dfrac{\frac{\pi D^2}{4}}{\pi D} = \dfrac{D}{4}$

기 92,98,22②

49 대수층의 두께 2.3m, 폭 1.0m일 때 지하수 유량은? (단, 지하수류의 상·하류 두 지점 사이의 수두차 1.6m, 두 지점 사이의 평균거리 360m, 투수계수 $k=$ 192m/day)

① 1.53m³/day ② 1.80m³/day
③ 1.96m³/day ④ 2.21m³/day

$Q = kiA = k\dfrac{h}{L}A$
$= 192 \times \dfrac{1.6}{360} \times 2.3 \times 1.0 = 1.96\,m^3/day$

기 99,11②,22②

50 그림과 같은 수조 벽면에 작은 구멍을 뚫고 구멍의 중심에서 수면까지 높이가 h일 때, 유출속도 V는? (단, 에너지 손실은 무시한다.)

① $\sqrt{2gh}$
② $\sqrt{gh}$
③ $2gh$
④ hg

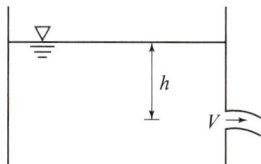

속도수두 $h = \dfrac{V^2}{2g}$ 에서
∴ 유출속도 $V = \sqrt{2gh}$

기 09,22②

51 한계수심에 대한 설명으로 옳지 않은 것은?

① 유량이 일정할 때 한계수심에서 비에너지가 최소가 된다.
② 직사각형 단면 수로의 한계수심은 최소 비에너지의 $\dfrac{2}{3}$이다.
③ 비에너지가 일정하면 한계수심으로 흐를 때 유량이 최대가 된다.
④ 한계수심보다 수심이 작은 흐름이 상류(常流)이고 큰 흐름이 사류(射流)이다.

한계수심(V_c)보다 수심이 작은 흐름이 사류이고 큰 흐름이 상류이다.
즉 상류 : $V < V_c$, 사류 : $V > V_c$

> **Remember**
>
> | 구분 | 상류 | 사류 | 공식 |
> |---|---|---|---|
> | 수심(h) | $h > h_c$ | $h < h_c$ | $h_c = \left(\dfrac{\alpha Q^2}{gb^2}\right)^{1/3}$ |
> | 유속(V) | $V < V_c$ | $V > V_c$ | $V_c = \sqrt{gh_c}$ |
> | Froude수(F_r) | $F_r < 1$ | $F_r > 1$ | $F_r = \dfrac{V}{\sqrt{gh}}$ |

기 86,91,92,04,14④,18①,22②,24②

52 하천의 수리모형실험에 주로 사용되는 상사법칙은?

① Weber의 상사법칙
② Cauchy의 상사법칙
③ Froude의 상사법칙
④ Reynolds의 상사법칙

특별상사 법칙
• Froude의 상사법칙 : 수심이 비교적 큰 자유수면을 가진 개수로(하천)의 중력이 흐름 지배
• Reynolds의 상사법칙 : 관수로의 유체가 흐르는 경우 점성력이 흐름 지배
• Weber의 상사법칙 : Weir의 월류수심이 극히 작을 때 표면장력이 흐름지배
• Cauchy의 상사법칙 : 압축성 유체가 유동할 때 탄력성이 흐름 지배

□□□ 기 93,97,14①,21②,22②
53 수중에 잠겨 있는 곡면에 작용하는 연직분력은?

① 곡면에 의해 배제된 물의 무게와 같다.
② 곡면중심의 압력에 물의 무게를 더한 값이다.
③ 곡면을 밑면으로 하는 물기둥의 무게와 같다.
④ 곡면을 연직면상에 투영했을 때 그 투영면이 작용하는 정수압과 같다.

- 연직분력 : 곡면을 밑면으로 하는 연직수주(물기둥)의 무게와 같다.
- 수평분력 : 곡면의 연직 투영면적에 작용하는 전수압과 같다.

□□□ 기 92,94,97,14④,22②
54 지하수의 연직분포를 크게 통기대와 포화대로 나눌 때, 통기대에 속하지 않는 것은?

① 모관수대   ② 중간수대
③ 지하수대   ④ 토양수대

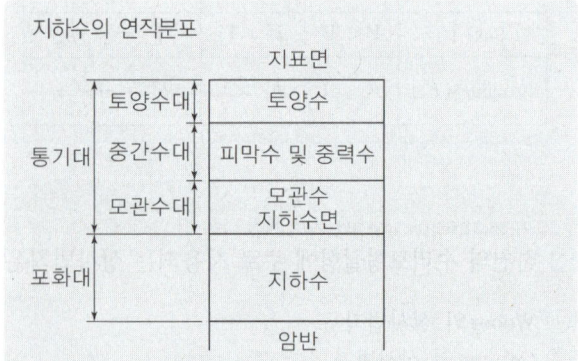

□□□ 기 97,22②
55 개수로 흐름의 도수현상에 대한 설명으로 틀린 것은?

① 비력과 비에너지가 최소인 수심은 근사적으로 같다.
② 도수 전·후의 수심 관계는 베르누이 정리로부터 구할 수 있다.
③ 도수는 흐름이 사류에서 상류로 바뀔 경우에만 발생된다.
④ 도수 전·후의 에너지 손실은 주로 불연속 수면 발생 때문이다.

- 사류에서 상류로 변할 때 불연속적으로 수면이 뛰는 현상을 도수라 한다.
- 도수 후의 상류의 수심은 운동량방정식을 적용하여 구한다.
$$\frac{h_2}{h_1} = \frac{1}{2}(-1+\sqrt{1+8F_r^2})$$
- 충력치가 최소가 되는 수심은 근사적으로 한계수심과 같다.

□□□ 기 09,22②,24②
56 수로의 단위폭에 대한 운동량방정식은? (단, 수로의 경사는 완만하며, 바닥 마찰저항은 무시한다.)

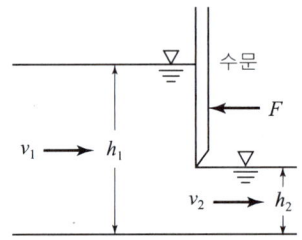

① $\dfrac{\gamma h_1^2}{2} - \dfrac{\gamma h_2^2}{2} - F = \rho Q(V_1 - V_2)$

② $\dfrac{\gamma h_1^2}{2} - \dfrac{\gamma h_2^2}{2} - F = \rho Q(V_2 - V_1)$

③ $\dfrac{\gamma h_1^2}{2} + \dfrac{\gamma h_2^2}{2} - F = \rho Q(V_2 - V_1)$

④ $\dfrac{\gamma h_1^2}{2} + \rho Q V_1 + F = \dfrac{\gamma h_2^2}{2} + \rho Q V_2$

$$P_1 - P_2 - F = \frac{\gamma Q(V_2 - V_1)}{g} = \rho Q(V_2 - V_1)$$
$$\left(\because 밀도\ \rho = \frac{\gamma}{g}\right)$$
- $P_1 = \gamma \times \dfrac{h_1}{2} \times (h_1 \times 1) = \dfrac{\gamma h_1^2}{2}$
- $P_2 = \gamma \times \dfrac{h_2}{2} \times (h_2 \times 1) = \dfrac{\gamma h_2^2}{2}$

$\therefore \dfrac{\gamma h_1^2}{2} - \dfrac{\gamma h_2^2}{2} - F = \rho Q(V_2 - V_1)$

정답 53 ③   54 ③   55 ②   56 ②

57 정상류에 관한 설명으로 옳지 않은 것은?

① 유선과 유적선이 일치한다.
② 흐름의 상태가 시간에 따라 변하지 않고 일정하다.
③ 실제 개수로 내 흐름의 상태는 정상류가 대부분이다.
④ 정상류 흐름의 연속방정식은 질량보존의 법칙으로 설명된다.

- 정상류 : 한 단면을 지나는 물이 시간에 따라 속도, 압력, 밀도 등 유동특성이 변하지 않는 흐름
- 개수로의 부등류 : 유량이 일정하고 유속이 흐름방향으로 변화하는 흐름으로 실제 개수로 내 흐름의 상태이다.

58 정지하고 있는 수중에 작용하는 정수압의 성질로 옳지 않은 것은?

① 정수압의 크기는 깊이에 비례한다.
② 정수압은 물체의 면에 수직으로 작용한다.
③ 정수압은 단위면적에 작용하는 힘의 크기로 나타낸다.
④ 한 점에 작용하는 정수압은 방향에 따라 크기가 다르다.

정지하는 수중의 한 점에 있어서 정수압은 면에 수직으로 작용하므로 1점에 작용하는 정수압은 방향에 관계없이 크기가 같다.

59 완경사 수로에서 배수곡선(backwater curve)에 해당하는 수면곡선은?

① 홍수 시 하천의 수면곡선
② 댐을 월류할 때의 수면곡선
③ 하천 단락부(段落部) 상류의 수면곡선
④ 상류 상태로 흐르는 하천에 댐을 구축했을 때 저수지 상류의 수면곡선

배수곡선
개수로의 흐름이 상류인 장소에 댐, 위어, 수문 등의 수리구조물에 의해 수면을 상승시키면 상류의 수면이 상승하는 수면곡선을 말한다.

60 속도분포를 $v = 4y^{\frac{2}{3}}$으로 나타낼 수 있을 때 바닥면에서 0.5m 떨어진 높이에서의 속도경사(Velocity gradient)는? (단, v : m/sec, y : m)

① $2.67 \sec^{-1}$
② $3.36 \sec^{-1}$
③ $2.67 \sec^{-2}$
④ $3.36 \sec^{-2}$

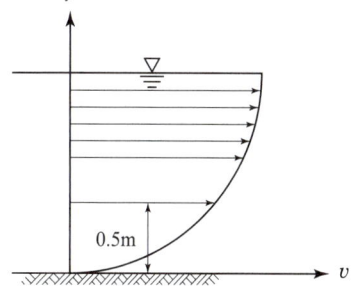

$\tau = \mu \dfrac{dv}{dy}$ 에서 속도경사 $\dfrac{dv}{dy}$

$\therefore \dfrac{dv}{dy} = 4y^{2/3} = 4 \times \dfrac{2}{3} y^{-1/3} = \dfrac{8}{3} \times 0.5^{-\frac{1}{3}}$
$= 3.36 \sec^{-1}$

제4과목 : 철근콘크리트 및 강구조

61 옹벽의 설계 및 구조해석에 대한 설명으로 틀린 것은?

① 지반에 유발되는 최대 지반반력은 지반의 허용지지력을 초과할 수 없다.
② 전도에 대한 저항휨모멘트는 횡토압에 의한 전도모멘트의 1.5배 이상이어야 한다.
③ 저판의 뒷굽판은 정확한 방법이 사용되지 않는 한, 뒷굽판 상부에 재하되는 모든 하중을 지지하도록 설계하여야 한다.
④ 캔틸레버식 옹벽의 저판은 전면벽과의 접합부를 고정단으로 간주한 캔틸레버로 가정하여 단면을 설계할 수 있다.

- 전도에 대한 저항휨모멘트는 횡토압에 의한 전도모멘트의 2.0배 이상이어야 한다.
- 활동에 대한 저항력은 옹벽에 작용하는 수평력의 1.5배 이상이어야 한다.

62 아래 그림과 같은 직사각형 단면의 단순보에 PS 강재가 포물선으로 배치되어 있다. 보의 중앙단면에서 일어나는 상연응력(㉠) 및 하연응력(㉡)은? (단, PS강재의 긴장력은 3300kN이고, 자중을 포함한 작용하중은 27kN/m이다.)

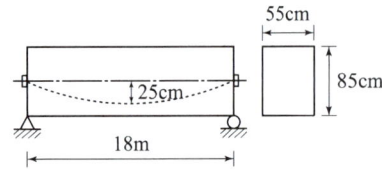

① ㉠ : 21.21MPa, ㉡ : 1.8MPa
② ㉠ : 12.07MPa, ㉡ : 0MPa
③ ㉠ : 11.11MPa, ㉡ : 3.00MPa
④ ㉠ : 8.6MPa, ㉡ : 2.45MPa

$$f = \frac{P_e}{A} \mp \frac{P_e \cdot e}{I}y \pm \frac{M}{I}y = \frac{P_c}{A_c} \mp \frac{P_c \cdot e_p}{Z_c} \pm \frac{M}{Z_c}$$

- $P_e = 3300\,\text{kN}$
- $A_c = bh = 0.55 \times 0.85 = 0.4675\,\text{m}^2$
- $Z_c = \dfrac{bh^2}{6} = \dfrac{0.55 \times 0.85^2}{6} = 0.06623\,\text{m}^3$
- $M = \dfrac{wl^2}{8} = \dfrac{27 \times 18^2}{8} = 1093.5\,\text{kN·m}$

$$f = \frac{3300}{0.4675} \mp \frac{3300 \times 0.25}{0.06623} \pm \frac{1093.5}{0.06623}$$
$$= (7058.82 \mp 12456.59 \pm 16510.64)\,\text{kN/m}^2$$
$$= (7.059 \mp 12.457 \pm 16.511)\,\text{N/mm}^2$$

∴ $f_{상} = 7.059 - 12.457 + 16.511 = 11.11\,\text{MPa}$
∴ $f_{하} = 7.059 + 12.453 - 16.511 = 3.00\,\text{MPa}$

63 프리텐션 PSC 부재의 단면적이 200000mm²인 콘크리트 도심에 PS 강선을 배치하여 초기의 긴장력(P_i)을 800kN 가하였다. 콘크리트의 탄성변형에 의한 프리스트레스의 감소량은? (단, 탄성계수비(n)는 6이다.)

① 12MPa　　② 18MPa
③ 20MPa　　④ 24MPa

$$\Delta f_p = n\frac{P_i}{A_c} = 6 \times \frac{800 \times 10^3}{200000} = 24\,\text{MPa}$$

64 경간이 8m인 단순 지지된 프리스트레스트 콘크리트보에서 등분포하중(고정하중과 활하중의 합)이 $w = 40\text{kN/m}$ 작용할 때 중앙 단면 콘크리트 하연에서의 응력이 0이 되려면 PS 강재에 작용되어야 할 프리스트레스 힘(P)은? (단, PS 강재는 단면 중심에 배치되어 있다.)

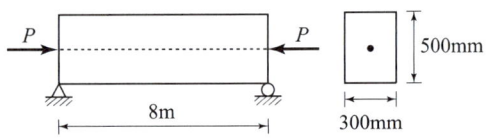

① 1250kN　　② 1880kN
③ 2650kN　　④ 3840kN

$$\sigma = \frac{P}{A} - \frac{M}{Z} = 0 \Rightarrow P = \frac{M}{Z} \times A$$

- $M = \dfrac{wl^2}{8} = \dfrac{40 \times 8^2}{8} = 320\,\text{kN·m}$
- $Z = \dfrac{bh^2}{6} = \dfrac{0.30 \times 0.50^2}{6} = 0.0125\,\text{m}^3$
- $A = 0.30 \times 0.50 = 0.15\,\text{m}^2$

∴ $P = \dfrac{320}{0.0125} \times 0.15 = 3840\,\text{kN}$

65 그림과 같은 띠철근 기둥에서 띠철근의 최대 수직 간격은? (단, D10의 공칭지름은 9.5mm, D32의 공칭지름은 31.8mm이다.)

① 400mm
② 456mm
③ 500mm
④ 509mm

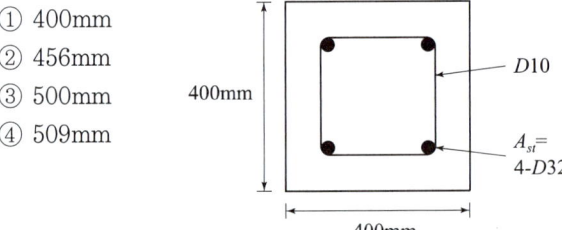

띠철근의 수직간격(가장 작은 값)
- 축방향 철근지름의 16배 이하
  $31.8 \times 16 = 509\,\text{mm}$ 이하
- 띠철근 지름의 48배 이하
  $9.5 \times 48 = 456\,\text{mm}$ 이하
- 기둥단면의 최소치수 이하
  400mm 이하
  ∴ 띠철근의 최대간격 : 400mm

66 2방향 슬래브 설계 시 직접설계법을 적용하기 위해 만족하여야 하는 사항으로 틀린 것은?

① 각 방향으로 3경간 이상이 연속되어야 한다.
② 슬래브판들은 단변경간에 대한 장변경간의 비가 2 이하인 직사각형이어야 한다.
③ 각 방향으로 연속한 받침부 중심간 경간 차이는 긴 경간의 1/3 이하이어야 한다.
④ 연속한 기둥 중심선을 기준으로 기둥의 어긋남은 그 방향 경간의 20% 이하이어야 한다.

> 연속한 기둥 중심선을 기준으로 기둥의 어긋남은 그 방향 경간의 최대 10%까지 허용할 수 있다.

67 강구조의 특징에 대한 설명으로 틀린 것은?

① 소성변형능력이 우수하다.
② 재료가 균질하여 좌굴의 영향이 낮다.
③ 인성이 커서 연성파괴를 유도할 수 있다.
④ 단위면적당 강도가 커서 자중을 줄일 수 있다.

> • 강재는 균일성을 가지고 있다.
> • 압축재로 사용한 강재는 강도가 높기 때문에 좌굴의 영향을 크게 받는다.

68 폭이 300mm, 유효깊이가 500mm인 단철근 직사각형보에서 인장철근 단면적이 1700mm²일 때 강도설계법에 의한 등가 직사각형 압축응력블록의 깊이(a)는? (단, $f_{ck}=20$MPa, $f_y=300$MPa이다.)

① 50mm   ② 100mm
③ 200mm   ④ 400mm

> $a = \dfrac{A_s f_y}{\eta(0.85 f_{ck})b}$
> $f_{ck} \leq 40$MPa일 때 $\eta=1.0$, $\beta_1=0.80$
> $\therefore a = \dfrac{1700 \times 300}{1 \times 0.85 \times 20 \times 300} = 100$mm

69 그림과 같은 L형강에서 인장응력 검토를 위한 순폭 계산에 대한 설명으로 틀린 것은?

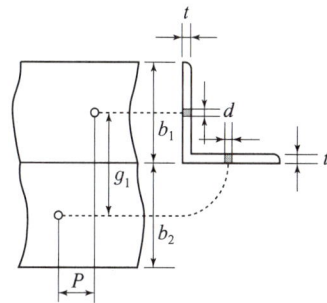

① 전개된 총폭(b)$= b_1 + b_2 - t$이다.
② 리벳선 간 거리(g)$= g_1 - t$이다.
③ $\dfrac{p^2}{4g} \geq d$ 인 경우 순폭(b_n)$= b - d$이다.
④ $\dfrac{p^2}{4g} < d$ 인 경우 순폭(b_n)$= b - d - \dfrac{p^2}{4g}$이다.

> • $\dfrac{p^2}{4g} < d$
> 순폭 : $b_n = b - d - w = b - d - \left(d - \dfrac{p^2}{4g}\right)$
> $\qquad\quad = b - 2d + \dfrac{p^2}{4g}$
> • $\dfrac{p^2}{4g} \geq d$인 경우
> 순폭 : $b_n = b - d$

70 콘크리트와 철근이 일체가 되어 외력에 저항하는 철근콘크리트 구조에 대한 설명으로 틀린 것은?

① 콘크리트와 철근의 부착강도가 크다.
② 콘크리트와 철근의 탄성계수는 거의 같다.
③ 콘크리트 속에 묻힌 철근은 거의 부식하지 않는다.
④ 콘크리트와 철근의 열에 대한 팽창계수는 거의 같다.

> 철근의 탄성계수 E_s는 콘크리트의 탄성계수 E_c보다 n배 크다.
> 즉, $n = \dfrac{E_s}{E_c}$, $nE_c = E_s$

71 아래에서 설명하는 용어는?

> 보나 지판이 없이 기둥으로 하중을 전달하는 2방향으로 철근이 배치된 콘크리트 슬래브

① 플랫 플레이트 ② 플랫 슬래브
③ 리브쉘 ④ 주열대

- 플랫 플레이트 : 보나 지판이 없이 기둥으로 하중을 전달하는 2방향으로 철근이 배치된 콘크리트 슬래브
- 플랫 슬래브 : 보 없이 지판에 의해 하중이 기둥으로 전달되며, 2방향으로 철근이 배치된 콘크리트 슬래브
- 리브쉘 : 리브선을 따라 리브를 배치하고 그 사이를 얇은 슬래브로 채우거나 또는 비워 둔 쉘 구조물
- 2방향 슬래브에서 기둥과 기둥을 잇는 슬래브의 중심선에서 양측으로 각각 $0.25l_1$과 $0.25l_2$ 중에서 작은 값과 같은 폭을 갖는 설계대

72 철근콘크리트보를 설계할 때 변화구간 단면에서 강도감소계수(ϕ)를 구하는 식은? (단, $f_{ck}=40$MPa, $f_y=400$MPa, 띠철근으로 보강된 부재이며, ϵ_t는 최외단 인장철근의 순인장변형률이다.)

① $\phi=0.65+(\epsilon_t-0.002)\dfrac{200}{3}$
② $\phi=0.70+(\epsilon_t-0.002)\dfrac{200}{3}$
③ $\phi=0.65+(\epsilon_t-0.002)\times 50$
④ $\phi=0.70+(\epsilon_t-0.002)\times 50$

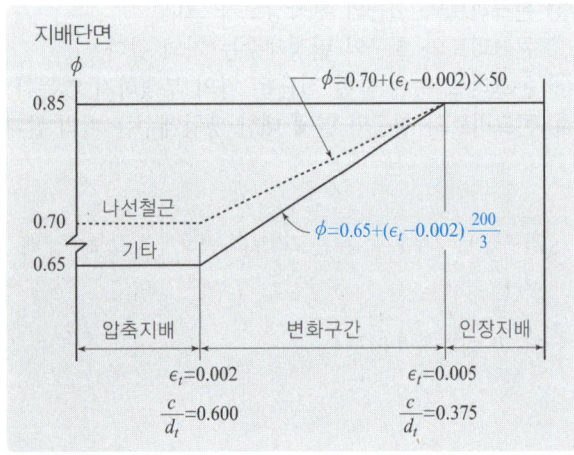

73 단변 : 장변 경간의 비가 1 : 2인 단순 지지된 2방향 슬래브의 중앙점에 집중하중 P가 작용할 때 단변과 장변이 부담하는 하중비($P_S : P_L$)는? (단, P_S : 단변이 부담하는 하중, P_L : 장변이 부담하는 하중)

① 1 : 8 ② 8 : 1
③ 1 : 16 ④ 16 : 1

$S : L = 1 : 2,\ L = 2S$

- $P_S = \dfrac{L^3}{L^3+S^3}P = \dfrac{L^3}{L^3+\left(\dfrac{L}{2}\right)^3}P = \dfrac{L^3}{\dfrac{9L^3}{8}}P = \dfrac{8}{9}P$
- $P_L = \dfrac{S^3}{L^3+S^3}P = \dfrac{S^3}{(2S)^3+S^3}P = \dfrac{S^3}{9S^3}P = \dfrac{1}{9}P$

∴ $P_S : P_L = \dfrac{8}{9}P : \dfrac{1}{9}P = 8 : 1$

74 단철근 직사각형보에서 $f_{ck}=32$MPa인 경우, 콘크리트 등가 직사각형 압축응력블록의 깊이를 나타내는 계수 β_1은?

① 0.74 ② 0.76
③ 0.80 ④ 0.85

> $f_{ck} \le 40$MPa일 때
> $\beta_1 = 0.80,\ \eta = 1.0$

75 철근콘크리트 부재의 전단철근에 대한 설명으로 틀린 것은?

① 전단철근의 설계기준항복강도는 300MPa을 초과할 수 없다.
② 주인장 철근에 30° 이상의 각도로 구부린 굽힘철근은 전단철근으로 사용할 수 있다.
③ 최소 전단철근량은 $\dfrac{0.35b_w s}{f_{yt}}$ 보다 작지 않아야 한다.
④ 부재축에 직각으로 배치된 전단철근의 간격은 d/2 이하, 또한 600mm 이하로 하여야 한다.

> 전단철근의 설계기준항복강도는 500MPa을 초과할 수 없다.

76 그림과 같이 지름 25mm의 구멍이 있는 판(plate)에서 인장응력 검토를 위한 순폭은?

① 160.4mm
② 150mm
③ 145.8mm
④ 130mm

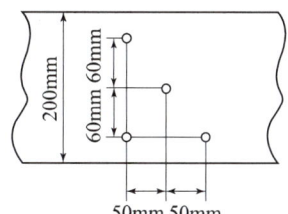

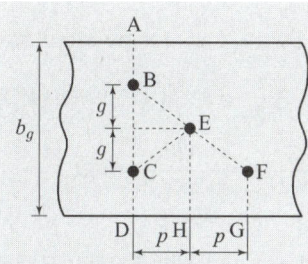

■ 지그재그형 배열 순폭
- ABCD 단면 : $b_n = b_g - 2d$
- ABEH 단면 : $b_n = b_g - d - \left(d - \dfrac{p^2}{4g}\right)$
- ABECD 단면 : $b_n = b_g - d - 2\left(d - \dfrac{p^2}{4g}\right)$
- ABEFG 단면 : $b_n = b_g - d - 2\left(d - \dfrac{p^2}{4g}\right)$

■ 순폭 계산
- $b_n = b_g - 2d = 200 - 2 \times 25 = 150\text{mm}$
- $b_n = b_g - d - \left(d - \dfrac{p^2}{4g}\right)$
  $= 200 - 25 - \left(25 - \dfrac{50^2}{4 \times 60}\right) = 160.4\text{mm}$
- $b_n = b_g - d - 2\left(d - \dfrac{p^2}{4g}\right)$
  $= 200 - 25 - 2\left(25 - \dfrac{50^2}{4 \times 60}\right) = 145.8\text{mm}$

∴ 순폭 $b_n = 145.8$mm (∵ 세 값 중 작은 값)

77 폭 350mm, 유효깊이 500mm인 보에 설계기준항복강도가 400MPa인 D13 철근을 인장 주철근에 대한 경사각(α)이 60°인 U형 경사 스터럽으로 설치했을 때 전단보강철근의 공칭강도(V_s)는? (단, 스터럽 간격 $s = 250$mm, D13 철근 1본의 단면적은 127mm^2이다.)

① 201.4kN
② 212.7kN
③ 243.2kN
④ 277.6kN

경사 스터럽을 전단철근으로 사용하는 경우의 단면의 공칭전단강도

$V_s = \dfrac{A_v f_y (\sin\alpha + \cos\alpha)d}{s}$
$= \dfrac{2 \times 127 \times 400(\sin 60° + \cos 60°) \times 500}{250}$
$= 277576\text{N} = 277.6\text{kN}$

78 폭이 350mm, 유효깊이가 550mm인 직사각형 단면의 보에서 지속하중에 의한 순간처짐이 16mm일 때 1년 후 총처짐량은? (단, 배근된 인장철근량(A_s)은 2246mm^2, 압축철근량(A_s')은 1284mm^2이다.)

① 20.5mm
② 26.5mm
③ 32.8mm
④ 42.1mm

■ $\lambda = \dfrac{\xi}{1 + 50\rho'}$
- $\rho' = \dfrac{A_s'}{bd} = \dfrac{1284}{350 \times 550} = 0.00667$
- 5년 이상 $\xi = 2.0$, 12개월 1.4, 6개월 1.2, 3개월 1.0
- ∴ $\lambda = \dfrac{1.4}{1 + 50 \times 0.00667} = 1.05$
- 장기처짐 = 순간처짐(탄성침하) × 장기처짐계수(λ)
  $= 16 \times 1.05 = 16.8\text{mm}$
- ∴ 총처짐량 = 순간처짐 + 장기처짐
  $= 16 + 16.8 = 32.8\text{mm}$

79 보통중량콘크리트에서 압축을 받는 이형철근 D29 (공칭지름 28.6mm)를 정착시키기 위해 소요되는 기본 정착길이(l_{db})는? (단, $f_{ck} = 35$MPa, $f_y = 400$MPa이다.)

① 491.92mm
② 483.43mm
③ 464.09mm
④ 450.38mm

압축이형철근의 기본정착 길이

$l_{db} = \dfrac{0.25 d_b f_y}{\lambda \sqrt{f_{ck}}} \geq 0.043 d_b f_y$

- $l_{db} = \dfrac{0.25 d_b f_y}{\lambda \sqrt{f_{ck}}} = \dfrac{0.25 \times 28.6 \times 400}{1 \times \sqrt{35}} = 483.43\text{mm}$
- $l_{db} \geq 0.043 d_b f_y = 0.043 \times 28.6 \times 400 = 491.92\text{mm}$

∴ $l_{db} = 491.92$mm (∵ 두 값 중 큰 값)

□□□ 기 11④,12①,15②,17①,19②,22②,24②

80 폭이 300mm, 유효깊이가 500mm인 단철근 직사각형 보에서 강도설계법으로 구한 균형 철근량은? (단, 등가 직사각형 압축응력블록을 사용하며, $f_{ck}=35$MPa, $f_y=350$MPa이다.)

① 5285mm² ② 5890mm²
③ 6665mm² ④ 7235mm²

철근량 $A_s = \rho_b bd$
- $f_{ck} \leq 40$MPa일 때
  $\beta_1 = 0.80, \eta = 1.0$
- $\rho_b = \dfrac{\eta(0.85f_{ck})\beta_1}{f_y} \cdot \dfrac{660}{660+f_y}$
  $= \dfrac{1.0 \times 0.85 \times 35 \times 0.80}{350} \times \dfrac{660}{660+350} = 0.044436$
  $\therefore A_s = 0.044436 \times 300 \times 500 = 6665$ mm²

제5과목 : 토질 및 기초

□□□ 기 84,86,91,93,00,08,09,12④,15④,19③,22②

81 접지압(또는 지반반력)이 그림과 같이 되는 경우는?

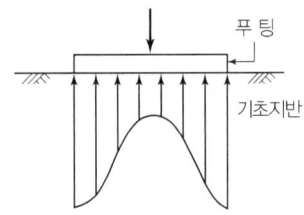

① 푸팅 : 강성, 기초지반 : 점토
② 푸팅 : 강성, 기초지반 : 모래
③ 푸팅 : 연성, 기초지반 : 점토
④ 푸팅 : 연성, 기초지반 : 모래

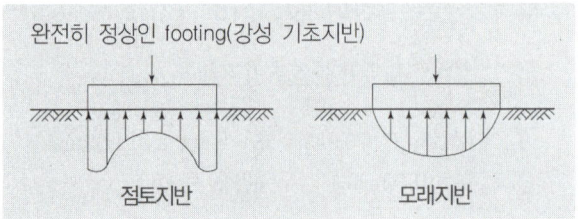
완전히 정상인 footing(강성 기초지반)
점토지반 / 모래지반

□□□ 기 02,10①,18①③,22②

82 4.75mm체(4번 체) 통과율이 90%, 0.075mm체(200번 체) 통과율이 4%이고, $D_{10}=0.25$mm, $D_{30}=0.6$mm, $D_{60}=2$mm인 흙을 통일분류법으로 분류하면?

① GP ② GW
③ SP ④ SW

- 1단계 : No.200(4%) < 50% (G나 S 조건)
- 2단계 : 4.75mm(No.4체) 통과량(90%) > 50% (S조건)
- 3단계 : SW($C_u > 6$, $1 < C_g < 3$)이면 SW 아니면 SP
  - 균등계수 $C_u = \dfrac{D_{60}}{D_{10}} = \dfrac{2}{0.25} = 8 > 6$: 입도양호(W)
  - 곡률계수 $C_g = \dfrac{D_{30}^2}{D_{10} \times D_{60}} = \dfrac{0.6^2}{0.25 \times 2} = 0.72$:
    $1 < C_g < 3$: 입도불량(P)
  $\therefore$ SP ($\because$ SW에 해당되는 두 조건을 만족시키지 못함.)

□□□ 기 98,07,10④,22②

83 그림과 같은 정사각형 기초에서 안전율을 3으로 할 때 Terzaghi의 공식을 사용하여 지지력을 구하고자 한다. 이때 한 변의 최소길이(B)는? (단, 물의 단위중량은 9.81kN/m³, 점착력(c)은 60kN/m², 내부마찰각(ϕ)은 0°이고, 지지력계수 $N_c=5.7$, $N_q=1.0$, $N_\gamma=0$이다.)

① 1.12m
② 1.43m
③ 1.51m
④ 1.62m

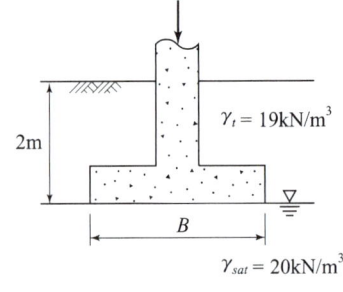

$q_a > \dfrac{Q}{B^2}$에서
- $q_{ult} = \alpha c N_c + \beta \gamma B N_\gamma + \gamma D_f N_q$
  $= 1.3 \times 60 \times 5.7 + 0.4 \times 19 \times 0 + 19 \times 2 \times 1.0$
  $= 482.6$ kN/m²
- $q_a = \dfrac{q_u}{F_s} = \dfrac{482.6}{3} = 160.87$ kN/m²
- $q_a = 160.87$ kN/m² $> \dfrac{Q}{B^2} = \dfrac{200}{B^2}$
  $B = 1.115$ $\therefore$ 1.12m

참고 SOLVE 사용

기 80,81,94,03,21②,22②

84 다음 지반 개량공법 중 연약한 점토지반에 적합하지 않은 것은?

① 프리로딩 공법
② 샌드 드레인 공법
③ 페이퍼 드레인 공법
④ 바이브로플로테이션 공법

연약지반 개량 공법	
점토질지반 개량	사질토지반 개량
• Sand drain 공법 • Paper drain 공법 • Preloading 공법 • 침투압 공법 • 전기침투공법 • 생석회 말뚝공법	• Vibroflotation 공법 • 폭파다짐공법 • 전기충격공법 • Compozer 공법 • 다짐말뚝공법 • 약액주입공법

바이브로플로테이션 공법 : 사질토 지반의 개량 공법

기 86,90,99,03,14,17④,21③,22②,24②

85 지표면이 수평이고 옹벽의 뒷면과 흙과의 마찰각이 0°인 연직옹벽에서 Coulomb 토압과 Rankine 토압은 어떤 관계가 있는가? (단, 점착력은 무시한다.)

① Coulomb 토압은 항상 Rankine 토압보다 크다.
② Coulomb 토압과 Rankine 토압은 같다.
③ Coulomb 토압이 Rankine 토압보다 작다.
④ 옹벽의 형상과 흙의 상태에 따라 클 때도 있고 작을 때도 있다.

지표면이 수평이고 벽면마찰각 $\delta=0$, $i=0$인 사질토의 경우 Coulomb의 토압과 Rankine의 토압은 같다.

기 90,97,03,06,09,16④,17①,20②,22②

86 다음 연약지반 개량공법 중 일시적인 개량공법은?

① 치환공법　　② 동결공법
③ 약액주입공법　④ 모래다짐말뚝공법

일시적인 지반 개량공법
Deep Well 공법, Well Point 공법, 진공공법(대기압공법), 동결공법

기 04,22②

87 도로의 평판재하시험에서 1.25mm 침하량에 해당하는 하중강도가 250kN/m²일 때 지반반력계수는?

① 100MN/m³　　② 200MN/m³
③ 1000MN/m³　　④ 2000MN/m³

지반반력계수(지지력계수)
$$K = \frac{\text{하중강도}(q)}{\text{침하량}(y)}$$
$$= \frac{250}{1.25 \times \frac{1}{1000}} = 200000 \text{kN/m}^3 = 200 \text{MN/m}^3$$
$(\because 1\text{MN} = 10^3\text{kN} = 10^6\text{N})$

기 95,02,05,08,18①,22②

88 그림과 같은 지반에서 하중으로 인하여 수직응력($\Delta\sigma_1$)이 100kN/m² 증가되고 수평응력($\Delta\sigma_3$)이 50kN/m² 증가되었다면 간극수압은 얼마나 증가되었는가? (단, 간극수압계수 $A=0.5$이고, $B=1$이다.)

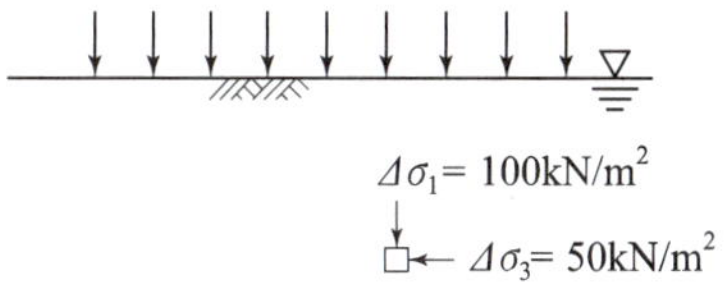

① 50kN/m²
② 75kN/m²
③ 100kN/m²
④ 125kN/m²

간극수압
$$\Delta U = B\{\Delta\sigma_3 + A(\Delta\sigma_1 - \Delta\sigma_3)\}$$
$$= 1 \times \{50 + 0.5(100-50)\} = 75 \text{kN/m}^2$$

기 80,81,84,11②,12②,17②,22②

89 연약지반에 구조물을 축조할 때 피에조미터를 설치하여 과잉간극수압의 변화를 측정한 결과 어떤 점에서 구조물 축조 직후 과잉간극수압이 100kN/m²이었고, 4년 후에 20kN/m²이었다. 이때의 압밀도는?

① 20%　　② 40%
③ 60%　　④ 80%

압밀도 $U = \left(1 - \dfrac{u_e}{u_i}\right) \times 100$
$= \left(1 - \dfrac{20}{100}\right) \times 100 = 80\%$

□□□ 기 07,09,15④,17①,20②,21④,22②

90 지표에 설치된 3m×3m의 정사각형 기초에 80kN/m²의 등분포하중이 작용할 때, 지표면 아래 5m 깊이에서의 연직응력의 증가량은? (단, 2 : 1 분포법을 사용한다.)

① 7.15kN/m²   ② 9.20kN/m²
③ 11.25kN/m² ④ 13.10kN/m²

$$\Delta\sigma_z = \frac{q \cdot B \cdot L}{(B+Z)(L+Z)} = \frac{80 \times 3 \times 3}{(3+5)(3+5)}$$
$$= 11.25\,\text{kN/m}^2$$

□□□ 기 93,98,00,05,09,17②,22②,24③

91 어떤 점토지반에서 베인시험을 실시하였다. 베인의 지름이 50mm, 높이가 100mm, 파괴 시 토크가 59N·m일 때 이 점토의 점착력은?

① 129kN/m²   ② 157kN/m²
③ 213kN/m²   ④ 276kN/m²

$$C_u = \frac{M_{max}}{\pi D^2 \left(\frac{H}{2}+\frac{D}{6}\right)} = \frac{59 \times 10^3}{\pi \times 50^2 \times \left(\frac{100}{2}+\frac{50}{6}\right)}$$
$$= 0.129\,\text{N/mm}^2 = 129\,\text{kN/m}^2$$

□□□ 기 14②,21②

92 Terzaghi의 1차 압밀에 대한 설명으로 틀린 것은?

① 압밀방정식은 점토 내에 발생하는 과잉간극수압의 변화를 시간과 배수거리에 따라 나타낸 것이다.
② 압밀방정식을 풀면 압밀도를 시간계수의 함수로 나타낼 수 있다.
③ 평균압밀도는 시간에 따른 압밀침하량을 최종압밀침하량으로 나누면 구할 수 있다.
④ 압밀도는 배수거리에 비례하고, 압밀계수에 반비례한다.

압밀도 $U = \int (T_v) = \int \left(\frac{C_v t}{H^2}\right)$
압밀도(U)는 배수거리(H)의 제곱에 반비례하고, 압밀계수(C_v)에 비례한다.

□□□ 기 11②,19②,22②,24③

93 그림과 같이 지표면에 집중하중이 작용할 때 A점에서 발생하는 연직응력의 증가량은?

① 0.21kN/m²
② 0.24kN/m²
③ 0.27kN/m²
④ 0.30kN/m²

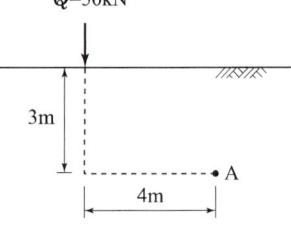

$$\Delta\sigma_z = \frac{3Q}{2\pi} \times \frac{Z^3}{R^5}$$
$$= \frac{3 \times 50}{2\pi} \times \frac{3^3}{\left(\sqrt{3^2+4^2}\right)^5} = 0.21\,\text{kN/m}^2$$

□□□ 기 95,01,06,10①,11④,14①,18②,21②,22①②

94 그림과 같이 동일한 두께의 3층으로 된 수평 모래층이 있을 때 토층에 수직한 방향의 평균투수계수(k_v)는?

① 2.38×10⁻³cm/s
② 3.01×10⁻⁴cm/s
③ 4.56×10⁻⁴cm/s
④ 5.60×10⁻⁴cm/s

3m $k_1=2.3\times10^{-4}$cm/s
3m $k_2=9.8\times10^{-3}$cm/s
3m $k_3=4.7\times10^{-4}$cm/s

$$k_v = \frac{H}{\frac{H_1}{k_1}+\frac{H_2}{k_2}+\frac{H_3}{k_3}}$$
$$= \frac{300+300+300}{\frac{300}{2.3\times10^{-4}}+\frac{300}{9.8\times10^{-3}}+\frac{300}{4.7\times10^{-4}}}$$
$$= 4.56\times10^{-4}\,\text{cm/sec}$$

□□□ 기 05,22②

95 3층 구조로 구조결합 사이에 치환성 양이온이 있어서 활성이 크고, 시트(sheet) 사이에 물이 들어가 팽창·수축이 크고, 공학적 안정성이 약한 점토광물은?

① sand   ② illite
③ kaolimite   ④ montmorillonite

• 몬모릴로나이트 : 3층 구조로 구조결합 사이에 치환성 양이온이 있어서 활성이 크고 시트 사이에 물이 들어가 팽창수축이 크고 공학적 안정성은 제일 약한 점토광물
• 일라이트 : 3층 구조로 구조결합 사이에 칼륨이온(K^+)이 있어서 수축팽창은 거의 없지만 안정성은 중간 정도의 점토광물

정답 90 ③   91 ①   92 ④   93 ①   94 ③   95 ④

□□□ 기 15①,22②

96 현장에서 완전히 포화되었던 시료라 할지라도 시료 채취 시 기포가 형성되어 포화도가 저하될 수 있다. 이 경우 생성된 기포를 원상태로 용해시키기 위해 작용시키는 압력을 무엇이라고 하는가?

① 배압(back pressure)
② 축차응력(deviator stress)
③ 구속압력(confined pressure)
④ 선행압밀압력(preconsolidation pressure)

> **배압**
> 지하수 위아래 흙을 채취하면 물속에 용해되어 있던 산소는 그 수압이 없어져 체적이 커지고 기포를 형성하므로 포화도는 100%보다 떨어진다. 이러한 시료는 불포화된 시료를 형성하여 올바른 값이 되지 않게 된다. 그러므로 이 기포가 다시 용해되도록 원상태의 압력을 받게 가하는 압력으로 삼축압축시험에 사용된다.

□□□ 기 15①,17④,22②

97 사면안정 해석방법에 대한 설명으로 틀린 것은?

① 일체법은 활동면 위에 있는 흙덩어리를 하나의 물체로 보고 해석하는 방법이다.
② 마찰원법은 점착력과 마찰각을 동시에 갖고 있는 균질한 지반에 적용된다.
③ 절편법은 활동면 위에 있는 흙을 여러 개의 절편으로 분할하여 해석하는 방법이다.
④ 절편법은 흙이 균질하지 않아도 적용이 가능하지만, 흙 속에 간극수압이 있을 경우 적용이 불가능하다.

> 절편법은 흙이 균질하지 않아도 적용이 가능하지만, 흙 속에 간극수압이 있을 때 적용한다.

□□□ 기 08②,13②,18③,21②,22①②

98 표준관입시험(S.P.T) 결과 N값이 25이었고, 이때 채취한 교란시료로 입도시험을 한 결과 입자가 둥글고, 입도분포가 불량할 때 Dunham의 공식으로 구한 내부마찰각(ϕ)은?

① 32.3°
② 37.3°
③ 42.3°
④ 48.3°

> **Dunham 공식**
>
> | 토립자의 조건 | 내부 마찰각 |
> |---|---|
> | • 토립자가 둥글고 입도분포가 불량 (균일) | $\phi = \sqrt{12N} + 15$ |
> | • 토질입자가 둥글고 입도분포가 양호
• 토립자가 모나고 입도분포가 불량 (균일) | $\phi = \sqrt{12N} + 20$ |
> | • 토립자가 모가 나고 입도분포가 양호 | $\phi = \sqrt{12N} + 25$ |
>
> ∴ 흙입자가 둥글고 입도분포가 불량
> $\phi = \sqrt{12N} + 15 = \sqrt{12 \times 25} + 15 = 32.3°$

□□□ 기 13②,16①,22②

99 흙의 다짐에 대한 설명으로 틀린 것은?

① 다짐에 의하여 간극이 작아지고 부착력이 커져서 역학적 강도 및 지지력은 증대하고, 압축성, 흡수성 및 투수성은 감소한다.
② 점토를 최적함수비보다 약간 건조측의 함수비로 다지면 면모구조를 가지게 된다.
③ 점토를 최적함수비보다 약간 습윤측에서 다지면 투수계수가 감소하게 된다.
④ 면모구조를 파괴시키지 못할 정도의 작은 압력으로 점토시료를 압밀할 경우 건조측 다짐을 한 시료가 습윤측 다짐을 한 시료보다 압축성이 크게 된다.

> 일반적으로 건조측 다짐을 실시할 경우 흙의 강도증가나 압축성이 감소된다.

□□□ 기 85,99,03,06,11④,17①,22②

100 간극비 $e_1 = 0.80$인 어떤 모래의 투수계수가 $k_1 = 8.5 \times 10^{-2}$cm/s일 때, 이 모래를 다져서 간극비를 $e_2 = 0.57$로 하면 투수계수 k_2는?

① 4.1×10^{-1}cm/s
② 8.1×10^{-2}cm/s
③ 3.5×10^{-2}cm/s
④ 8.5×10^{-3}cm/s

> $k_1 : k_2 = \dfrac{e_1^3}{1+e_1} : \dfrac{e_2^3}{1+e_2}$
>
> ∴ $k_2 = \dfrac{\dfrac{e_2^3}{1+e_2}}{\dfrac{e_1^3}{1+e_1}} \times k_1 = \dfrac{\dfrac{0.57^3}{1+0.57}}{\dfrac{0.80^3}{1+0.80}} \times 8.5 \times 10^{-2}$
> $= 0.035 = 3.5 \times 10^{-2}$ cm/sec

제6과목 : 상하수도공학

101 1인1일 평균급수량에 대한 일반적인 특징으로 옳지 않은 것은?

① 소도시는 대도시에 비해서 수량이 크다.
② 공업이 번성한 도시는 소도시보다 수량이 크다.
③ 기온이 높은 지방이 추운 지방보다 수량이 크다.
④ 정액급수의 수도는 계량급수의 수도보다 소비수량이 크다.

> 인구가 많은 대도시는 소도시에 비해 1인 1일 평균급수량이 증가한다.

102 침전지의 수심이 4m이고 체류시간이 1시간일 때 이 침전지의 표면부하율(Surface loading rate)은?

① $48 m^3/m^2 \cdot d$
② $72 m^3/m^2 \cdot d$
③ $96 m^3/m^2 \cdot d$
④ $108 m^3/m^2 \cdot d$

> $$V = \frac{Q}{A} = \frac{H}{t} = \frac{4}{1 \times \frac{1}{24}} = 96 m^3/m^2 \cdot day$$

103 슬러지 처리의 목표로 옳지 않은 것은?

① 중금속 처리
② 병원균의 처리
③ 슬러지의 생화학적 안정화
④ 최종 슬러시 부피의 감량화

> 슬러지 처리의 목표
> • 슬러지 중의 유기물을 무기물로 바꾸는 생화학적 안정화
> • 병원균을 제거하여 위생적인 안정화
> • 처리처분 대상량을 적게 하는 감량화
> • 처분의 확실성

104 인구가 10000명인 A시에 폐수 배출시설 1개소가 설치될 계획이다. 이 폐수 배출시설의 유량은 $200 m^3/d$이고 평균 BOD 배출농도는 $500 gBOD/m^3$이다. 이를 고려하여 A시에 하수종말처리장을 신설할 때 적합한 최소 계획인구수는? (단, 하수종말처리장 건설 시 1인 1일 BOD 부하량은 50 gBOD/인·d로 한다.)

① 10000명
② 12000명
③ 14000명
④ 16000명

> • 폐수의 BOD량 = 유량 × BOD 배출량
> $= 200 \times 500 = 100000 g/day$
> • BOD량당 인구수 = $\frac{폐수의 BOD량}{1인1일 BOD 부하량}$
> $= \frac{100000}{50} = 2000$명
> ∴ 최소 계획인구 = 2000 + 10000 = 12000명

105 우수관로 및 합류식관로 내에서의 부유물 침전을 막기 위하여 계획우수량에 대하여 요구되는 최소유속은?

① 0.3m/s
② 0.6m/s
③ 0.8m/s
④ 1.2m/s

> • 우수관거 및 합류관거는 계획우수량에 대하여 유속을 최소 0.8m/s, 최대 3.0m/s로 한다.
> • 오수관거 : 계획시간 최대오수량에 대하여 유속을 최소 0.6m/s, 최대 3.0m/s로 한다.

106 송수시설에 대한 설명으로 옳은 것은?

① 급수관, 계량기 등이 붙어 있는 시설
② 정수장에서 배수지까지 물을 보내는 시설
③ 수원에서 취수한 물을 정수장까지 운반하는 시설
④ 정수 처리된 물을 소요수량만큼 수요자에게 보내는 시설

> 송수시설은 정수장에서 배수지까지 송수하는 시설로서 송수관, 송수펌프, 조정지 및 밸브 등의 부속설비로 구성된다.

정답 101 ① 102 ③ 103 ① 104 ② 105 ③ 106 ②

기 09,14①,22②

107 하수도의 관로계획에 대한 설명으로 옳은 것은?

① 오수관로는 계획 1일 평균오수량을 기준으로 계획한다.
② 관로의 역사이펀을 많이 설치하여 유지관리 측면에서 유리하도록 계획한다.
③ 합류식에서 하수의 차집관로는 우천 시 계획오수량을 기준으로 계획한다.
④ 오수관로와 우수관로가 교차하여 역사이펀을 피할 수 없는 경우는 우수관로를 역사이펀으로 하는 것이 바람직하다.

- 오수관거 : 계획시간 최대오수량을 기준으로 한다.
- 오수관거와 우수관거가 교차하여 역사이펀을 피할 수 없는 경우에는 오수관거를 역사이펀으로 하는 것이 바람직하다.
- 하수도관리상 지장이 많으므로 관거의 역사이펀은 가능한 한 피하도록 한다.

기 18②,22②

108 정수처리 시 트리할로메탄 및 곰팡이 냄새의 생성을 최소화하기 위해 침전지와 여과지 사이에 염소제를 주입하는 방법은?

① 전염소처리   ② 중간염소처리
③ 후염소처리   ④ 이중염소처리

중간염소처리 방법
- 침전지와 여과지 사이에서 염소제를 주입하는 방법
- 응집과 침전으로 부식질을 어느 정도 제거한 다음 중간염소처리를 하는 것이 좋다.
- 정수처리 시 트리할로메탄 및 곰팡이 냄새의 생성을 최소화하기 위해 채택한다.

기 96,07,09,11②,13①,22②

109 어느 A시의 장래 2030년의 인구추정 결과 85000명으로 추산되었다. 계획년도의 1인 1일당 평균급수량을 380L, 급수보급률을 95%로 가정할 때 계획연도의 계획 1일 평균급수량은?

① 30685m³/d   ② 31205m³/d
③ 31555m³/d   ④ 32305m³/d

계획 1일 평균급수량
= 계획 급수인구×1인 1일 평균급수량×급수 보급율
= 85000×380×0.95
= 30685000 L/day
= 30685 m³/day
(∵ 1m³ = 1000L)

기 96,02,08,22①②

110 지름 400mm, 길이 1000m인 원형 철근콘크리트관에 물이 가득 차 흐르고 있다. 이 관로 시점의 수두가 50m라면 관로 종점의 수압(kgf/cm²)은? (단, 손실수두는 마찰손실 수두만을 고려하며 마찰계수(f)= 0.05, 유속은 Manning 공식을 이용하여 구하고 조도계수(n)= 0.013, 동수경사(I)= 0.001이다.)

① 2.92kgf/cm²   ② 3.28kgf/cm²
③ 4.83kgf/cm²   ④ 5.31kgf/cm²

$$h_L = f \frac{l}{D} \cdot \frac{V^2}{2g}$$

- $V = \frac{1}{n} R^{\frac{2}{3}} I^{\frac{1}{2}}$
  $= \frac{1}{0.013} \times \left(\frac{0.4}{4}\right)^{\frac{2}{3}} \times (0.001)^{\frac{1}{2}} = 0.524 \text{m/sec}$

- $h_L = 0.05 \times \frac{1000}{0.4} \times \frac{0.524^2}{2 \times 9.8}$
  $= 1.75\text{m}$ ∴ 0.175kg/cm^2

∵ 수주 10m는 1kg/cm²의 수압에 해당한다.
∴ 종점의 수압 = 5.0 − 0.175 = 4.83 kg/cm²

기 00,22②

111 교차연결(cross connection)에 대한 설명으로 옳은 것은?

① 2개의 하수도관이 90°로 서로 연결된 것을 말한다.
② 상수도관과 오염된 오수관이 서로 연결된 것을 말한다.
③ 두 개의 하수관로가 교차해서 지나가는 구조를 말한다.
④ 상수도관과 하수도관이 서로 교차해서 지나가는 것을 말한다.

교차연결(cross connection)
- 상수도관과 오염된 오수관이 서로 연결된 것
- 음용수관과 음용수로 사용될 수 없는 물을 수송하는 관이 연결된 것

□□□ 기 14②,16④,18①,20③,22②
112 하수처리계획 및 재이용계획을 위한 계획오수량에 대한 설명으로 옳은 것은?

① 지하수량은 계획 1일 평균오수량의 10~20%로 한다.
② 계획 1일 평균오수량은 계획 1일 최대오수량의 70~80%를 표준으로 한다.
③ 합류식에서 우천 시 계획오수량은 원칙적으로 계획 1일 평균오수량의 3배 이상으로 한다.
④ 계획 1일 최대오수량은 계획시간 최대오수량을 1일의 수량으로 환산하여 1.3~1.8배를 표준으로 한다.

- 지하수량은 1인 1일 최대오수량의 20% 이하로 한다.
- 계획시간 최대오수량은 계획 1일 최대오수량의 1시간당 수량의 1.3~1.8배를 표준으로 한다.
- 계획 1일 최대오수량은 1인 1일 최대오수량에 계획인구를 곱한 후, 여기에 공장폐수량, 지하수량 및 기타 배수량을 더한 것으로 한다.
- 합류식에서 우천 시 계획오수량은 원칙적으로 계획시간최대오수량의 3배 이상으로 한다.

□□□ 기 96,99,08,22②
113 정수장의 소독 시 처리수량이 10000m³/d인 정수장에서 염소를 5mg/L의 농도로 주입할 경우 잔류염소 농도가 0.2mg/L이었다. 염소요구량은? (단, 염소의 순도는 80%이다.)

① 24kg/d　　② 30kg/d
③ 48kg/d　　④ 60kg/d

염소요구량 = 염소주입농도 × 유량 × $\frac{1}{순도}$
= $(5-0.2) \times 10^{-6} \times 10000 \times 10^3 \times \frac{1}{0.80}$
= 60 kg/d

□□□ 기 00,22②
114 저수지에서 식물성 플랑크톤의 과도성장에 따라 부영양화가 발생될 수 있는데, 이에 대한 가장 일반적인 지표기준은?

① COD 농도
② 색도
③ BOD와 DO 농도
④ 투명도(Secchi disk depth)

- 투명도 : 지름 30cm의 투명도판을 사용하여 호소나 하천에 보이지 않는 깊이로 넣은 다음 이것을 천천히 끌어올리면서 보이기 시작한 깊이를 0.1m 단위로 읽어 투명도를 측정하는 방법으로, 투명도의 저하는 부영양화된 저수지의 특징이다.
- Chlorophylla : 식물성 플랑크톤의 과도성장(조류)으로 쓸모없는 저수지로 변하므로 모든 조류에 들어있는 녹색의 색소로 이를 측정함으로써 조류의 현존량을 알 수 있다.

□□□ 기 08,22①②
115 압력식 하수도 수집 시스템에 대한 특징으로 틀린 것은?

① 얕은 층으로 매설할 수 있다.
② 하수를 그라인더 펌프에 의해 압송한다.
③ 광범위한 지형 조건 등에 대응할 수 있다.
④ 유지관리가 비교적 간편하고, 일반적으로는 유지관리 비용이 저렴하다.

수집시스템의 특징

구분	자연유하방식	압력(압송)식
수집관리	하수를 중력에 의해 자연유하시킨다.	하수를 그라인더 펌프에 의해 압송한다.
유지관리 비용	유지관리가 비교적 간편하고 동력비도 불필요하며 일반적으로 저렴하다.	자연유하방식보다 일반적으로 고가이다.

□□□ 기 14②,17①④,22②
116 합류식과 분류식에 대한 설명으로 옳지 않은 것은?

① 분류식의 경우 관로 내 퇴적은 적으나 수세효과는 기대할 수 없다.
② 합류식의 경우 일정량 이상이 되면 우천 시 오수가 월류한다.
③ 합류식의 경우 관경이 커지기 때문에 2계통인 분류식보다 건설비용이 많이 든다.
④ 분류식의 경우 오수와 우수를 별개의 관로로 배제하기 때문에 오수의 배제계획이 합리적이다.

분류식은 2계통을 건설하는 경우, 합류식에 비하여 일반적으로 관거의 건설비용이 많이 든다.

기 01,15②,22②
117 슬러지 농축과 탈수에 대한 설명으로 틀린 것은?

① 탈수는 기계적 방법으로 진공여과, 가압여과 및 원심탈수법 등이 있다.
② 농축은 매립이나 해양투기를 하기 전에 슬러지 용적을 감소시켜 준다.
③ 농축은 자연의 중력에 의한 방법이 가장 간단하며 경제적인 처리방법이다.
④ 중력식 농축조에 슬러지 제거기 설치 시 탱크바닥의 기울기는 1/10 이상이 좋다.

> 중력식 농축조에 슬러지 제거기 설치 시 탱크바닥의 기울기는 5/100 이상이 좋다.

기 04,22②
118 pH가 5.6에서 4.3으로 변화할 때 수소이온 농도는 약 몇 배가 되는가?

① 약 13배
② 약 15배
③ 약 17배
④ 약 20배

> - $pH = \log \dfrac{1}{H^+} = 5.6$
> $\therefore H^+ = 2.51 \times 10^{-6}$
> - $pH = \log \dfrac{1}{H^+} = 4.3$
> $\therefore H^+ = 5.01 \times 10^{-5}$
>
> **참고** SOLVE 사용
> $\therefore \dfrac{5.01 \times 10^{-5}}{2.51 \times 10^{-6}} = 19.96 =$ 약 20배

기 13②,15②,22②
119 배수관망의 구성방식 중 격자식과 비교한 수지상식의 설명으로 틀린 것은?

① 수리계산이 간단하다.
② 사고 시 단수구간이 크다.
③ 제수밸브를 많이 설치해야 한다.
④ 관의 말단부에 물이 정체되기 쉽다.

> 제수밸브를 적게 설치해야 한다.

Remember

격자식 방식의 장단점

장점	단점
• 물이 정체하지 않는다. • 수압을 유지하기 쉽다. • 단수구역이 좁아진다. • 화재 시 사용량의 변화에 대처하기가 쉽다.	• 관망의 수리계산이 복잡하다. • 관거의 포설 시 건설비가 많이 소요된다.

기 00,22②
120 하수의 고도처리에 있어서 질소와 인을 동시에 제거하기 어려운 공법은?

① 수정 phostrip 공법
② 막분리 활성슬러지법
③ 혐기무산소 호기조합법
④ 응집제 병용형 생물학적 질소제거법

> 질소, 인 동시제거 공정
> • 수정 phostrip 공법
> • 혐기무산소 호기조합법
> • 응집제 병용형 생물학적 질소제거법
> • A^2/O(Anaerobic Anoxic Oxic)법
> ∴ 막분리 활성슬러지법 : 잔류 SS 및 잔류 용존유기물 제거방법

국가기술자격 필기시험문제

2022년도 기사 3회 필기시험

자격종목	시험시간	문제수	형 별
토목기사	3시간	120	A

※ 각 문제는 4지 택일형으로 질문에 가장 적합한 문제의 보기 번호를 클릭하거나 답안표기란의 번호를 클릭하여 입력하시면 됩니다.
※ 입력된 답안은 문제 화면 또는 답안 표기란의 보기 번호를 클릭하여 변경하실 수 있습니다.

제1과목 : 응용역학

□□□ 기 01②, 07④, 10①, 12①, 16②, 22③

01 평면응력을 받는 요소가 다음과 같이 응력을 받고 있다. 최대주응력은?

① 64MPa
② 36MPa
③ 136MPa
④ 164MPa

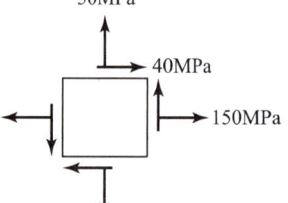

$$\sigma_{\max} = \frac{\sigma_x + \sigma_y}{2} + \sqrt{\left(\frac{\sigma_x - \sigma_y}{2}\right)^2 + \tau_{xy}^2}$$

- $\sigma_x = 150\text{MPa}, \sigma_y = 50\text{MPa}, \tau_{xy} = 40\text{MPa}$

$$\therefore \sigma_{\max} = \frac{150 + 50}{2} + \sqrt{\left(\frac{150 - 50}{2}\right)^2 + 40^2}$$
$$= 100 + 64.03 = 164.03\text{MPa}$$

□□□ 기 95③, 05②, 13①, 22③

02 그림과 같은 3힌지(hinge) 아치가 $P=100\text{kN}$의 하중을 받고 있다. B지점에서 수평반력은?

① 20kN
② 25kN
③ 30kN
④ 35kN

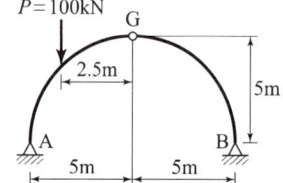

- $\Sigma M_A = 0$; $V_B \times 10 - 100 \times 2.5 = 0$
  $\therefore V_B = 25\text{kN}$
- $\Sigma M_G = 0$; $25 \times 5 - H_B \times 5 = 0$
  $\therefore H_B = 25\text{kN}(\leftarrow)$

□□□ 기 86, 94①, 96①, 01④, 03①, 06②, 10①, 14①, 22③

03 다음 그림에서 처음에 P_1이 작용했을 때 자유단의 처짐 δ_1이 생기고, 다음에 P_2를 가했을 때 자유단의 처짐이 δ_2만큼 증가되었다고 한다. 이때 외력 P_1이 행한 일은?

① $\frac{1}{2}P_1\delta_1 + P_1\delta_2$
② $\frac{1}{2}P_1\delta_1 + P_2\delta_2$
③ $\frac{1}{2}(P_1\delta_1 + P_1\delta_2)$
④ $\frac{1}{2}(P_1\delta_1 + P_2\delta_2)$

- 최초 P_1이 한 일 : $\frac{1}{2}P_1\delta_1$
- P_2가 작용할 때 P_1이 한 일 : $P_1\delta_2$
  $\therefore P_1$이 행한 일 $W = \frac{1}{2}P_1\delta_1 + P_1\delta_2$

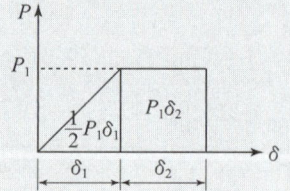

□□□ 기 22③

04 보의 단면 2차 모멘트(I)가 2배로 되면 처짐은 어떻게 되는가?

① 관계없이 일정하다.
② 2배 증가한다.
③ 4배 증가한다.
④ 1/2배로 줄어든다.

처짐은 EI(휨강성)에 반비례하므로 1/2배로 줄어든다.

정답 01 ④ 02 ② 03 ① 04 ④

□□□ 기 13①,17②,21③,22③

05 그림과 같은 2개의 캔틸레버보에 저장되는 변형에너지를 각각 $U_{(1)}$, $U_{(2)}$라고 할 때 $U_{(1)} : U_{(2)}$의 비는?

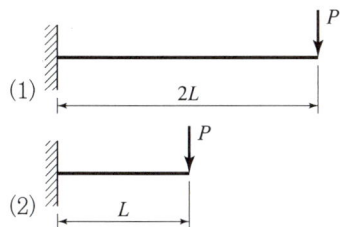

① 2 : 1　　② 4 : 1
③ 8 : 1　　④ 16 : 1

$U = \int \dfrac{M_x^2}{2EI}dx$, $M_x = -P \cdot x$

- $U_{(1)} = \int \dfrac{M_x^2}{2EI}dx = \dfrac{1}{2EI}\int_0^{2L}(-P \cdot x)^2 dx$
  $= \dfrac{P^2}{2EI}\left[\dfrac{1}{3}x^3\right]_0^{2L} = \dfrac{P^2(2L)^3}{6EI} = \dfrac{8P^2L^3}{6EI}$

- $U_{(2)} = \int \dfrac{M_x^2}{2EI}dx = \dfrac{1}{2EI}\int_0^{L}(-P \cdot x)^2 dx$
  $= \dfrac{P^2}{2EI}\left[\dfrac{1}{3}x^3\right]_0^{L} = \dfrac{P^2L^3}{6EI}$

∴ $U_{(1)} : U_{(2)} = \dfrac{8P^2L^3}{6EI} : \dfrac{P^2L^3}{6EI} = 8 : 1$

□□□ 기 84,08④,11②,17①,22③

06 다음 그림과 같이 강선 A와 B가 서로 평형상태를 이루고 있다. 이때 각도 θ의 값은?

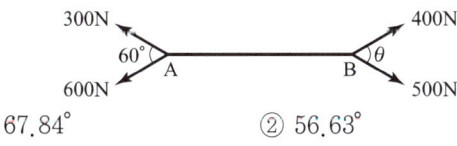

① 67.84°　　② 56.63°
③ 42.26°　　④ 28.35°

A, B점에서 합력의 크기는 같아야 한다.(방향반대)
- 합력 $R = \sqrt{P_1^2 + P_2^2 + 2P_1P_2\cos\alpha}$
- $\sqrt{300^2 + 600^2 + 2 \times 300 \times 600\cos 60°}$
  $= \sqrt{400^2 + 500^2 + 2 \times 400 \times 500\cos\theta}$

참고 SOLVE 사용
∴ $\theta = 56.63°$

□□□ 기 92②,01②,08②,13②,17④,21①,22③,24①

07 그림과 같이 밀도가 균일하고 무게가 W인 구(球)가 마찰이 없는 두 벽면 사이에 놓여 있을 때 반력 R_B의 크기는?

① 0.500W
② 0.577W
③ 0.866W
④ 1.155W

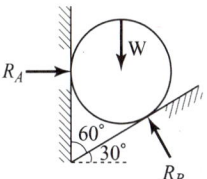

[방법1] · $\Sigma V = 0$
　$-W + R_B \times \cos 30° = 0$
　∴ $R_B = \dfrac{W}{\cos 30°} = 1.155W$

[방법2] 라미의 정리
　$\dfrac{W}{\sin 120°} = \dfrac{R_B}{\sin 90°}$
　∴ $R_B = \dfrac{\sin 90°}{\sin 120°} \times W = 1.155W$

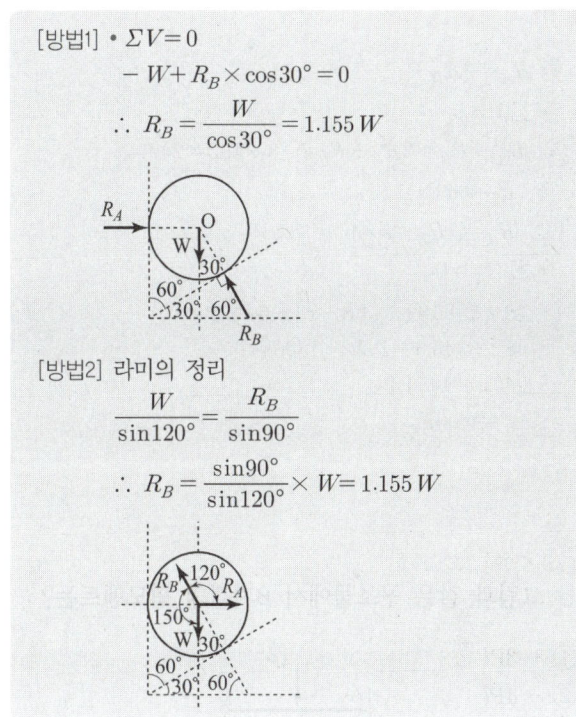

□□□ 기 03②,03④,12①,14④,17①,20④,22③

08 15cm×30cm의 직사각형 단면을 가진 길이가 5m인 양단힌지 기둥이 있다. 세장비 λ는?

① 57.7　　② 74.5
③ 115.5　　④ 149

세장비 $\lambda = \dfrac{K \times \text{기둥의 길이}(l)}{\text{최소회전반지름}(r_{\min})}$

- $r_{\min} = \sqrt{\dfrac{I_{\min}}{A}} = \sqrt{\dfrac{\frac{bh^3}{12}}{bh}} = \sqrt{\dfrac{\frac{30 \times 15^3}{12}}{15 \times 30}} = 4.33$cm
  (∵ 직사각형)

- $\lambda = \dfrac{1 \times 500}{4.33} = 115.5$ (∵ 양단힌지 $K = 1.0$)

□□□ 기 07②,08④,15②,16④,22③

09 다음의 단순보에서 A점의 반력이 B점의 반력의 3배가 되기 위한 거리 x는 얼마인가?

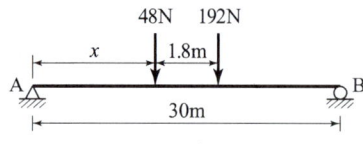

① 3.75m ② 5.04m
③ 6.06m ④ 6.66m

- $R_A = 3R_B$
- $\sum V = 0$
  $R_A + R_B = 3R_B + R_B = 48 + 192 = 240\text{N}$
  $\therefore R_B = 60\text{N}$
  $\therefore R_A = 3R_B = 3 \times 60 = 180\text{N}$
- $\sum M_A = 0$
  $48 \times x + 192 \times (1.8 + x) - 60 \times 30 = 0$
  $48x + 345.6 + 192x - 1800 = 0$
  $240x = 1454.4$
  $\therefore x = 6.06\text{m}$

□□□ 기 09①,13②,22③

10 그림과 같은 구조물에서 B지점의 휨모멘트는?

① $-3Pl$
② $-4Pl$
③ $-6Pl$
④ $-12Pl$

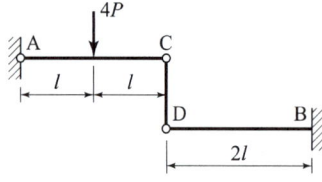

구조물의 분해도

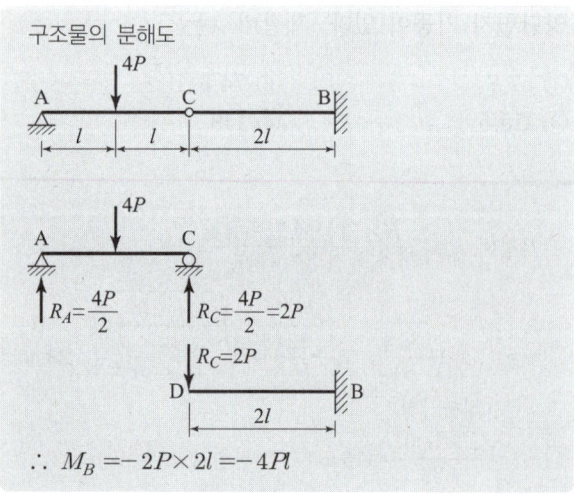

$\therefore M_B = -2P \times 2l = -4Pl$

□□□ 기 15④,21③,22③

11 그림과 같은 하중을 받는 보의 최대전단응력은?

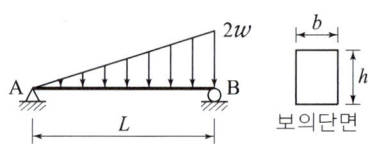

① $\dfrac{2}{3}\dfrac{wL}{bh}$ ② $\dfrac{3}{2}\dfrac{wL}{bh}$
③ $\dfrac{2wL}{bh}$ ④ $\dfrac{wL}{bh}$

- $\tau_{\max} = \dfrac{3}{2}\dfrac{S_{\max}}{A}$
- $S_{\max} = R_B = \dfrac{wL}{3} = \dfrac{2w \times L}{3} = \dfrac{2wL}{3}$
- $A = bh$

$\therefore \tau_{\max} = \dfrac{3}{2} \times \dfrac{\dfrac{2wL}{3}}{bh} = \dfrac{wL}{bh}$

Remember

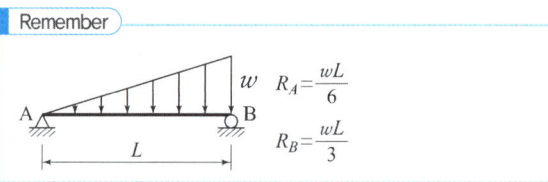

$R_A = \dfrac{wL}{6}$
$R_B = \dfrac{wL}{3}$

□□□ 기 13②,15④,17②,18②,22③

12 체적탄성계수 K를 탄성계수 E와 포아송비 ν로 옳게 표시한 것은?

① $K = \dfrac{E}{3(1-2\nu)}$ ② $K = \dfrac{E}{2(1-3\nu)}$
③ $K = \dfrac{2E}{3(1-2\nu)}$ ④ $K = \dfrac{3E}{2(1-3\nu)}$

- 전단탄성계수
  $G = \dfrac{mE}{2(m+1)} = \dfrac{E}{2\left(1+\dfrac{1}{m}\right)} = \dfrac{E}{2(1+\nu)}$
- 포아송비 $\nu = \dfrac{1}{\text{포아송수}(m)}$
- 체적탄성계수 $K = \dfrac{mE}{3(m-2)} = \dfrac{E}{3\left(1-\dfrac{2}{m}\right)}$
  $= \dfrac{E}{3(1-2\nu)}$

정답 09 ③ 10 ② 11 ④ 12 ①

□□□ 기 91②,99,03,07④,09②,16①,22③

13 절점 O는 이동하지 않으며, 재단 A, B, C가 고정일 때 M_{CO}의 크기는 얼마인가? (단, K는 강비이다.)

① 25kN·m
② 30kN·m
③ 35kN·m
④ 40kN·m

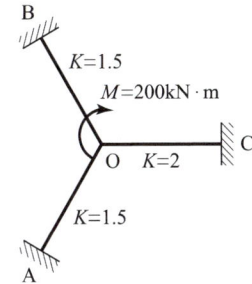

도달모멘트 $M_{CO} = \frac{1}{2} M_{OC}$

• 분배율 $DF_{OC} = \frac{K_{OC}}{K_{OA} + K_{OB} + K_{OC}}$
$= \frac{2}{1.5 + 1.5 + 2} = 0.4$

• 분배모멘트 M_{OC} = 작용모멘트 × 분배율
$= 200 \times 0.4 = 80 \text{kN} \cdot \text{m}$

∴ $M_{CO} = \frac{1}{2} M_{OC} = \frac{1}{2} \times 80 = 40 \text{kN} \cdot \text{m}$

□□□ 기 96④,01①,11④,14④,22③

14 다음 트러스에서 AB 부재의 부재력으로 옳은 것은?

① 1.179P(압축)
② 2.357P(압축)
③ 1.179P(인장)
④ 2.357P(인장)

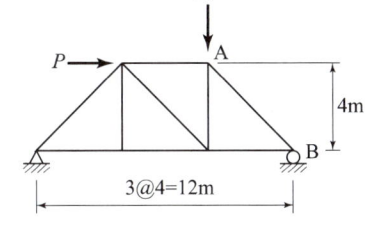

• $\Sigma M_C = 0 : R_B \times 12 - P \times 4 - 2P \times 8 = 0$

∴ $R_B = \frac{4P + 16P}{12} = \frac{20P}{12} = \frac{5P}{3}$

• $\Sigma V_B = 0 : R_B + AB\sin 45° = 0$

∴ $AB = -\frac{R_B}{\sin 45°} = -\frac{5P}{3\sin 45°}$
$= -2.357P = 2.357P$(압축)

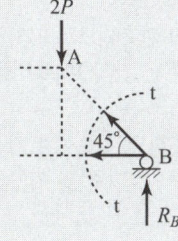
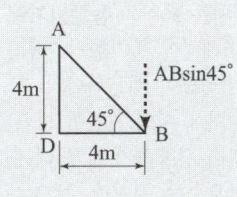

□□□ 기 22③

15 그림과 같은 포물선 아치의 중앙점 A의 휨모멘트는?

① 0
② $\frac{wl^2}{8}$
③ $\frac{wl^2}{16}$
④ $\frac{wl^2}{24}$

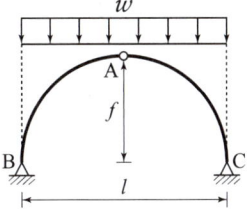

힌지(hinge)의 모멘트는 0이다.
∴ $M_A = 0$

□□□ 기 04④,22③

16 단면 1차 모멘트와 같은 차원을 갖는 것은?

① 회전반경
② 단면계수
③ 단면 2차 모멘트
④ 단면 상승모멘트

• 단면 1차 모멘트 : cm^3, m^3
• 회전반경 : cm, m
• 단면계수 : cm^3, m^3
• 단면 2차 모멘트 : cm^4, m^4
• 단면 상승모멘트 : cm^4, m^4

□□□ 기 83①,15④,17④,20④,22③

17 지름 D인 원형 단면 보에 휨모멘트 M이 작용할 때 최대휨응력은?

① $\frac{64M}{\pi D^3}$
② $\frac{32M}{\pi D^3}$
③ $\frac{16M}{\pi D^3}$
④ $\frac{8M}{\pi D^3}$

최대휨응력 $\sigma = \frac{M_{\max}}{Z}$

• 단면계수 $Z = \frac{\pi D^3}{32}$

∴ $\sigma = \frac{M_{\max}}{Z} = \frac{M}{\frac{\pi D^2}{32}} = \frac{32M}{\pi D^3}$

정답 13 ④ 14 ② 15 ① 16 ② 17 ②

18 트러스 해석 시 가정을 설명한 것 중 틀린 것은?

① 부재들은 양단에서 마찰이 없는 핀으로 연결되어진다.
② 하중과 반력은 모두 트러스의 격점에만 작용한다.
③ 부재의 도심축은 직선이며 연결핀의 중심을 지난다.
④ 하중으로 인한 트러스의 변형을 고려하여 부재력을 산출한다.

> **트러스의 해석상의 기본가정**
> • 격점을 연결하는 직선은 부재의 축과 일치한다.(실제와 대체로 잘 맞음.)
> • 각 부재들은 양단에서 마찰이 전혀 없는 핀(Pin, hinge)으로 연결되어 있으므로, 1개의 축방향력(인장 및 압축)만 존재한다.
> • 외력인 하중은 모두 격점에 집중하여 작용하므로 부재응력은 축력에만 생긴다.
> • 트러스의 변형은 미소하여 이것을 무시할 수 있고, 하중이 작용한 후에도 격점의 위치에는 변화가 생기지 않는다.

19 다음 정정보에서 전단력도(SFD)가 옳게 그려진 것은?

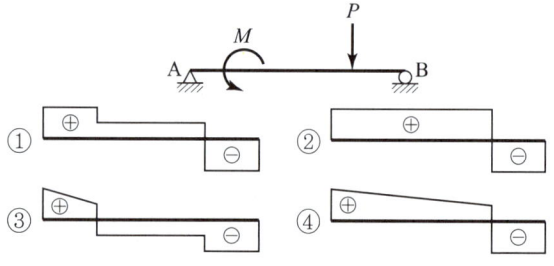

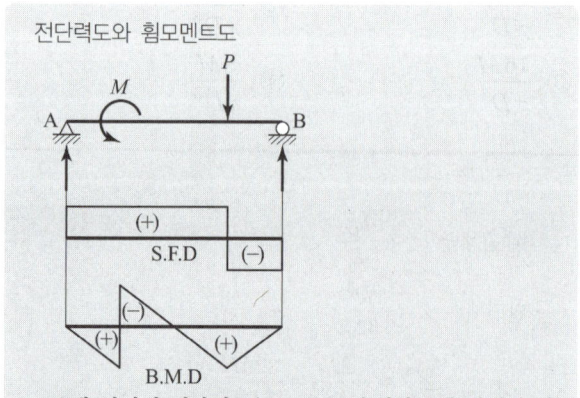

> **전단력도와 휨모멘트도**
> • 보에 있어서 전단력도(S.F.D)는 수직하중에 의해서 결정되고, 휨모멘트(M)의 영향을 받지 않는다.

20 다음과 같은 단면적 A, 탄성계수 E인 기둥에서 줄음량을 구한 값은?

① $\dfrac{2Pl}{EA}$

② $\dfrac{3Pl}{EA}$

③ $\dfrac{4Pl}{EA}$

④ $\dfrac{5Pl}{EA}$

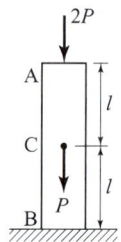

줄음량 $\Delta l = \dfrac{Pl}{EA}$ 에서

∴ $\Delta l = \dfrac{2Pl}{EA} + \dfrac{3Pl}{EA} = \dfrac{5Pl}{EA}$

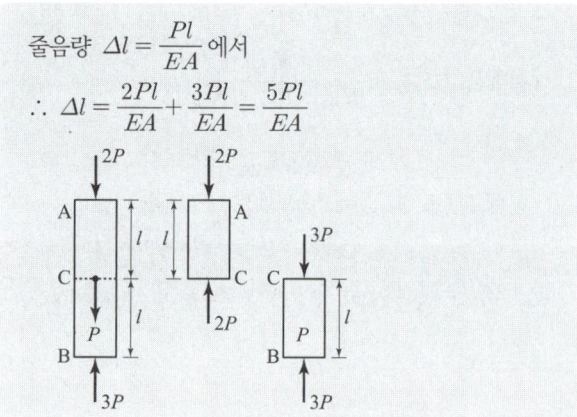

제2과목 : 측량학

---

21 수준측량에서 시준거리를 같게 함으로써 소거할 수 있는 오차에 대한 설명으로 틀린 것은?

① 기포관축과 시준선이 평행하지 않을 때 생기는 시준선 오차를 소거할 수 있다.
② 지구곡률오차를 소거할 수 있다.
③ 표척 시준 시 초점나사를 조정할 필요가 없으므로 이로 인한 오차인 시준오차를 줄일 수 있다.
④ 표척의 눈금 부정확으로 인한 오차를 소거할 수 있다.

> • 표척의 눈금이 정확하지 않을 때의 오차
> 고저차는 표척의 눈금읽기에 의하여 관측되므로 고저차에 비례하여 증가한다. 따라서 수준점 간의 비고(比高)에 비례하여 배분한다.
> • 전시와 후시의 거리를 되도록 같게 하면 시준선과 기포관축이 평행하지 않을 때 생기는 오차, 기차 및 지구의 곡률오차를 제거할 수 있다.

정답 18 ④ 19 ② 20 ④ 21 ④

기 02,03,10④,19①,22③

22 비행장이나 운동장과 같이 넓은 지형의 정지공사 시에 토량을 계산하고자 할 때 적당한 방법은?

① 점고법
② 등고선법
③ 중앙단면법
④ 양단면 평균법

> **점고 계산법**
> 운동장이나 비행장 같은 건설부지의 정지공사 시 토량 계산, 토취장 및 토사장의 용량측정과 같이 넓은 지역의 택지 공사 면적의 토량을 산정할 경우 적당하다.

기 04,06,22③

23 다각 측량의 각 관측방법 중 방위각법에 대한 설명이 아닌 것은?

① 각 측선이 일정한 기준선과 이루는 각을 우회로 관측하는 방법이다.
② 지역이 험준하고 복잡한 지역에서는 적합하지 않다.
③ 각각이 독립적으로 관측되므로 오차 발생 시 오차의 영향이 독립적이므로 이후의 측량에 영향이 없다.
④ 각 관측값의 계산과 제도가 편리하고 신속히 관측할 수 있다.

> 방위각법은 한번 오차가 생기면 그 영향이 끝까지 미치므로 관측에 주의를 요한다.

기 97,01,13②,19①,22③

24 지형측량에서 지성선(地性線)에 대한 설명으로 옳은 것은?

① 등고선이 수목에 가려져 불명확할 때 이어 주는 선을 의미한다.
② 지모(地貌)의 골격이 되는 선을 의미한다.
③ 등고선에 직각방향으로 내려 그은 선을 의미한다.
④ 곡선(谷線)이 합류되는 점들을 서로 연결한 선을 의미한다.

> - 지성선 : 지모의 골격을 나타내는 선
> - 지모를 나타내는 3가지 요소
>   - 능선(凸선) : 지표면의 높은 곳을 연결한 선
>   - 계곡선(凹선) : 지표면의 낮은 곳을 나타내는 선

기 03,07,19①,22③

25 삼각측량의 각 삼각점에 있어 모든 각의 관측 시 만족되어야 하는 조건이 아닌 것은?

① 하나의 측점을 둘러싸고 있는 각의 합은 360°가 되어야 한다.
② 삼각망 중에서 임의의 한 변의 길이는 계산의 순서에 관계없이 같아야 한다.
③ 삼각망 중 각각 삼각형 내각의 합은 180°가 되어야 한다.
④ 모든 삼각점의 포함면적은 각각 일정하여야 한다.

> **각관측 3조건**
> - 각조건 : 삼각망 중 각각 3각형 내각의 합은 180°가 될 것
> - 변조건 : 삼각망 중에서 임의 한변의 길이는 계산순서에 관계없이 동일할 것
> - 점조건 : 한 측점 주위에 있는 모든 각의 총합은 360°가 될 것

기 11,22③

26 직선 AB의 방위각이 128°30′30″이었다면 직선 BA의 방위각은?

① 128°30′00″
② 51°29′30″
③ 308°30′30″
④ 358°29′30″

> - 방위각과 역방위각은 180° 차가 난다.
>   ∴ BA의 방위각 : 128°30′30″+180°=308°30′30″

기 17④,22③

27 GNSS 측량에 대한 설명으로 틀린 것은?

① 다양한 항법위성을 이용한 3차원 측위방법으로 GPS, GLONASS, Galileo 등이 있다.
② VRS 측위는 수신기 1대를 이용한 절대 측위 방법이다.
③ 지구질량 중심을 원점으로 하는 3차원 지교좌표체계를 사용한다.
④ 정지측량, 신속정지측량, 이동측량 등으로 측위방법을 구분할 수 있다.

> VRS 측위는 2대 이상의 수신기를 동시에 사용하는 상대 측위방식에 의하여 기지점의 좌표를 기준으로 미지점의 좌표를 결정하는 측량이다.

정답 22 ① 23 ③ 24 ② 25 ④ 26 ③ 27 ②

☐☐☐ 기 82,00,08,16,22③

28 그림과 같은 도로 횡단면도의 단면적은?
(단, 0을 원점으로 하는 좌표(x, y)의 단위 : [m])

① 94m²
② 98m²
③ 102m²
④ 106m²

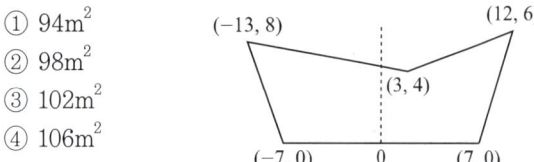

측점순	x	y	$(x_{i-1} - x_{i+1})y$
1	0	0	$(7-(-7)) \times 0 = 0$
2	-7	0	$(0-(-13)) \times 0 = 0$
3	-13	8	$(-7-3) \times 8 = -80$
4	3	4	$(-13-12) \times 4 = -100$
5	12	6	$(3-7) \times 6 = -24$
6	7	0	$(12-0) \times 0 = 0$
계			-204

$$\therefore A = \frac{|배면적|}{2} = \frac{|-204|}{2} = 102\,m^2$$

☐☐☐ 기 81,86,15,17①,19①,22③,25②

29 완화곡선에 대한 설명으로 옳지 않은 것은?

① 곡선반지름은 완화곡선의 시점에서 무한대, 종점에서 원곡선의 반지름으로 된다.
② 완화곡선의 접선은 시점에서 직선에, 종점에서 원호에 접한다.
③ 완화곡선에 연한 곡선반지름의 감소율은 캔트의 증가율의 2배가 된다.
④ 완화곡선 종점의 캔트는 원곡선의 캔트와 같다.

완화곡선에 연한 곡선반지름의 감소율은 캔트(cant)의 증가율과 같다.

☐☐☐ 기 04,08,18②,22③

30 클로소이드(clothoid)의 매개변수(A)가 60m, 곡선길이(L)가 30m일 때 반지름(R)은?

① 60m
② 90m
③ 120m
④ 150m

매개변수 $A^2 = R \cdot L$에서
$$R = \frac{A^2}{L} = \frac{60^2}{30} = 120\,m$$

☐☐☐ 기 17②,22③

31 수면으로부터 수심의 $\frac{2}{10}, \frac{4}{10}, \frac{6}{10}, \frac{8}{10}$인 곳에서 유속을 측정한 결과가 각각 1.2m/s, 1.0m/s, 0.7m/s, 0.3m/s이었다면 평균유속은? (단, 4점법 이용)

① 1.095m/s
② 1.005m/s
③ 0.895m/s
④ 0.775m/s

4점법
$$V_m = \frac{1}{5}(V_{0.2} + V_{0.4} + V_{0.6} + V_{0.8}) + \frac{1}{2}(V_{0.2} + \frac{1}{2}V_{0.8})$$
$$= \frac{1}{5}\left\{(1.2+1.0+0.7+0.3) + \frac{1}{2}(1.2 + \frac{1}{2} \times 0.3)\right\}$$
$$= 0.775\,m/sec$$

☐☐☐ 기 96,18②,22③

32 지구상에서 50km 떨어진 두 점의 거리를 지구곡률을 고려하지 않은 평면측량으로 수행한 경우의 거리오차는? (단, 지구의 지름은 6370km이다.)

① 0.257m
② 0.138m
③ 0.069m
④ 0.005m

$$\Delta l = \frac{D^3}{12R^2}$$
$$= \frac{50^3}{12 \times 6370^2} = 2.567 \times 10^{-4}\,km = 0.257\,m$$

☐☐☐ 기 99,22③

33 삼각 수준측량에 의하여 A점과 B점 간의 표고차를 측량하려고 한다. A–B점 간의 거리는 5km이다. 지구곡률 오차(球差)와 대기층(大氣層)의 굴절오차(氣差)를 합(合)한 오차의 조정량(調整量)은? (단, 기차의 K 치는 0.14이고 지구반지름은 6370km로 가정한다.)

① 196.2cm
② 168.8cm
③ 108.5cm
④ 27.5cm

양차 $h = \frac{D^2}{2R}(1-K)$
$$= \frac{5^2}{2 \times 6370} \times (1-0.14)$$
$$= 0.001688\,km = 1.688\,m = 168.8\,cm$$

정답 28 ③ 29 ③ 30 ③ 31 ④ 32 ① 33 ②

34. 다음 우리나라에서 사용되고 있는 좌표계에 대한 설명 중 옳지 않은 것은?

우리나라의 평면직각좌표는 ㉠ 4개의 평면직각좌표계(서부, 중부, 동부, 동해)를 사용하고 있다. 각 좌표계의 ㉡ 원점은 위도 38° 선과 경도 125°, 127°, 129°, 131° 선의 교점에 위치하며, ㉢ 투영법은 TM(Transverse Mercator)을 사용한다. 좌표의 음수 표기를 방지하기 위해 ㉣ 횡좌표에 200000m, 종좌표에 500000m를 가산한 가좌표를 사용한다.

① ㉠　　② ㉡
③ ㉢　　④ ㉣

평면직각좌표에서는 횡좌표(Y축)에 200000m, 종좌표(X축)에 600000m를 가산한 가좌표를 사용한다.

35. 토적곡선(mass curve)을 작성하는 목적으로 가장 거리가 먼 것은?

① 토량의 배분　　② 교통량 산정
③ 토공기계의 선정　　④ 토량의 운반거리 산출

토적곡선의 작성 목적
- 토량의 분배
- 평균운반거리 산출
- 토공기계의 선정
- 시공방법 결정

36. GPS 위성체계에서 이용하는 지구질량 중심을 원점으로 하는 좌표계는?

① 천문 좌표계　　② TUM 좌표계
③ WGS84 좌표계　　④ UPS 좌표계

GPS는 WGS84라고 하는 기준좌표계를 이용하며, 이는 여러 가지 관측장비를 가지고 전 세계적으로 측정해 온 지구의 중력장과 지구모양을 근거로 해서 만들어진 좌표이다.

37. 그림과 같이 수준측량을 실시하였다. A점의 표고는 300m이고, B와 C 구간은 교호수준측량을 실시하였다면, D점의 표고는?
(표고차 : A → B : +1.233m, B → C : +0.726m, C → B : −0.720m, C → D : −0.926m)

① 300.310m
② 301.030m
③ 302.153m
④ 302.882m

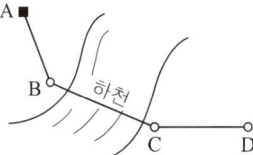

$H_D = H_A + h_{AB} \pm \left(\frac{1}{2}(h_{BC}+h_{CB})\right) + h_{CD}$

- $H_A = 300\text{m}$, $h_{AB} = 1.233\text{m}$, $h_{CD} = -0.926\text{m}$
- BC구간의 교호수준측량을 하였을 때 고저차
$h = \frac{1}{2}[0.726 - (-0.720)] = +0.723\text{m}$
- D점의 표고(H_D)
∴ $H_D = 300 + 1.233 + 0.723 - 0.926 = 301.030\text{m}$

38. 거리측량의 정확도가 $\frac{1}{10000}$ 일 때, 같은 정확도를 가지는 각 관측오차는?

① 18.6″　　② 19.6″
③ 20.6″　　④ 21.6″

$\frac{\Delta l}{l} = \frac{\Delta \alpha''}{\rho''}$ 에서

∴ $\Delta \alpha = \frac{\Delta l}{l} \rho'' = \frac{1}{10000} \times 206265'' = 20.6''$

39. 축척 1 : 600 지도상의 면적을 축척 1 : 500으로 계산하여 38.675m²를 얻었을 때 실제 면적은?

① 26.858m²　　② 32.229m²
③ 48.410m²　　④ 55.692m²

$\frac{A_o}{A} = \left(\frac{M_o}{M}\right)^2$ 에서

∴ $A_o = \left(\frac{M_o}{M}\right)^2 A = \left(\frac{600}{500}\right)^2 \times 38.675 = 55.692\text{m}^2$

정답　34 ④　35 ②　36 ③　37 ②　38 ③　39 ④

☐☐☐ 기 96,99,11,16①,20③,22③

40 직사각형의 두변의 길이를 $\frac{1}{100}$ 정밀도로 관측하여 면적을 산출할 경우 산출된 면적의 정밀도는?

① $\frac{1}{50}$ ② $\frac{1}{100}$

③ $\frac{1}{200}$ ④ $\frac{1}{300}$

> $A = l^2 \Rightarrow dA = 2ldl$
> ∴ 면적의 정도 $\frac{dA}{A} = \frac{2ldl}{l^2}$ $\frac{dA}{A} = 2\frac{dl}{l}$
> $= 2 \times \frac{1}{100} = \frac{1}{50}$

제3과목 : 수리학 및 수문학

☐☐☐ 기 94,99,00,03②,05④,07①,08②,11④,19①,22③

41 직사각형 단면의 위어에서 수두(h)를 측정함에 있어서 2%의 오차가 발생했다면 유량(Q)은 몇 %의 오차가 있겠는가?

① 1% ② 2%
③ 3% ④ 4%

> 구형 위어 $Q = kbh^{3/2}$에서
> $\frac{dQ}{Q} = \frac{3}{2}\frac{dh}{h}$
> $= \frac{3}{2} \times 2 = 3\%$

☐☐☐ 기 05,10,12②,22③

42 S-curve와 가장 관계가 먼 것은?

① 직접 유출 수문곡선 ② 단위도의 지속시간
③ 평형 유출량 ④ 등우선도

> • S-curve 방법 : 긴 강우 지속시간을 가진 단위도로부터 짧은 지속시간을 가진 단위도로 유도하기 위해 사용하는 방법
> • 등우선도 : 유역의 평균 강우량 산정방법이다.

☐☐☐ 기 81,92,07,09,12④,22③

43 다음 사항 중 옳지 않은 것은?

① 유량누가곡선의 경사가 급하면 홍수가 드물고 지하수의 하천방출이 크다.
② 수위-유량 관계곡선의 연장방법인 Stevens법은 Chezy의 유속공식을 이용한다.
③ 자연하천에서 대부분 동일 수위에 대한 수위 상승 시와 하강 시의 유량이 다르다.
④ 합리식은 어떤 배수영역에 발생한 강우강도와 첨두유량 간 관계를 나타낸다.

> 유량누가(빈도)곡선의 특성
> • 경사가 급하면 해당 하천은 홍수가 빈번하고, 지하수의 하천 방출이 미소하다.
> • 경사가 완만하면 홍수가 드물고 지하수의 하천 방출이 크다.

☐☐☐ 기 05,14①,22③

44 수리학적 완전상사를 이루기 위한 조건이 아닌 것은?

① 기하학적 상사(geometric similarity)
② 운동학적 상사(kineatic similarity)
③ 동역학적 상사(dynamic similarity)
④ 대수학적 상사(algebraic similarity)

> ■ 모형과 원형의 상사성
> • 기하학적 상사
> • 운동학적 상사
> • 동역학적 상사
> ■ 모형과 원형 사이에 3가지 상사성이 있으면 모형과 원형은 수리학적으로 완전한 상사성이 성립된다.

☐☐☐ 기 98,05,10,22③

45 Francis 공식으로 전폭 위어(weir)의 월류량을 구할 때 위어폭의 측정에 2% 오차가 있다면 유량에는 얼마의 오차가 있게 되는가?

① 1% ② 2%
③ 3% ④ 5%

> • Francis 공식 $Q = 1.84bh^{3/2}$
> • 위어폭(b)의 측정오차 : $\frac{dQ}{Q} = \frac{db_o}{b_o} = 2\%$

정답 40 ① 41 ③ 42 ④ 43 ① 44 ④ 45 ②

기 07,14,22③

46 원형 관수로 내의 층류 흐름에 관한 설명으로 옳은 것은?

① 속도분포는 포물선이며, 유량은 지름의 4제곱에 반비례한다.
② 속도분포는 대수분포 곡선이며, 유량은 압력강하량에 반비례한다.
③ 마찰응력 분포는 포물선이며, 유량은 점성계수와 관의 길이에 반비례한다.
④ 속도분포는 포물선이며, 유량은 압력강하량에 비례한다.

관수로 내의 층류 흐름
- 점성계수에 반비례한다.
- 속도분포는 포물선이다.
- 마찰응력 분포는 직선이다.
- 유속분포는 포물선 분포이다.
- 유량은 압력강하량에 비례한다.
- 유량은 관의 반지름의 4제곱에 비례한다.

기 94,10,13,16,22③,25①

47 x, y평면이 수면에 나란하고, 질량력의 x, y, z축 방향성분을 X, Y, Z라 할 때, 정지평형상태에 있는 액체 내부에 미소 육면체의 부피를 dx, dy, dz라 하면 등압면(等壓面)의 방정식은?

① $Xdx + Ydy + Zdz = 0$
② $\dfrac{X}{dx} + \dfrac{Y}{dy} + \dfrac{Z}{dz} = 0$
③ $\dfrac{dx}{X} + \dfrac{dy}{Y} + \dfrac{dz}{Z} = 0$
④ $\dfrac{X}{x}dx + \dfrac{Y}{y}dy + \dfrac{Z}{z}dz = 0$

액체의 평형조건
- 정수역학의 기본식 : $dp = \rho(Xdx + Ydy + Zdz)$
- 등압면의 방정식 : $Xdx + Ydy + Zdz = 0$

Remember
$dp = \rho(Xdx + Ydy + Zdz)$은 정수역학의 기본식이며, 압력이 같은 점을 연결한 면을 등압면이라 하여 등압면에서는 $p = \text{const}$이므로 $dp = 0$이다.

기 83,87,90,98,02,09,12①,18③,22③

48 기온 30℃에서의 포화증기압은 31.82mmHg, 실제 증기압은 19.42mmHg일 때 상대습도는?

① 51%
② 61%
③ 71%
④ 81%

상대습도
$h = \dfrac{\text{실제 증기압}(e)}{\text{포화 증기압}(e_s)} \times 100$
$= \dfrac{19.42}{31.82} \times 100 = 61\%$

기 05,12①,22③

49 폭 5m인 직사각형 수로에 유량 8m³/sec가 80cm의 수심으로 흐를 때, Froude수는? (단, 중력가속도 $g = 9.81\text{m/sec}^2$이다.)

① 0.26
② 0.71
③ 1.42
④ 2.11

- 프루드수 $F_r = \dfrac{V}{\sqrt{gh}}$
- $V = \dfrac{Q}{A} = \dfrac{8}{5 \times 0.80} = 2.00 \text{m/sec}$
$\therefore F_r = \dfrac{2.00}{\sqrt{9.81 \times 0.80}} = 0.71$

기 06,22③

50 그림과 같이 수면에서 5m 깊이에 연직으로 놓여 있는 전수압이 7000kN이다. 이 판의 폭은? (단, 물의 단위중량은 9.81kN/m³이다.)

① 7m
② 8m
③ 9m
④ 10m

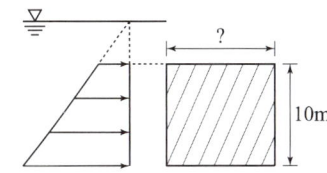

$P = wh_G A$에서
$7000 = 9.81 \times \left(5 + \dfrac{10}{2}\right) \times (b \times 10)$
$\therefore$ 폭 $b = 7$m

참고 SOLVE 사용

정답 46 ④ 47 ① 48 ② 49 ② 50 ①

□□□ 기 06,22③

51 지름 10cm의 원관 속에 비중이 0.85인 기름이 0.01m³/sec로 흐르고 있다. 이 기름의 동점성계수가 1×10^{-4}m²/sec일 때 이 흐름의 상태는?

① 층류의 흐름
② 난류의 흐름
③ 과도상태의 흐름
④ 부정류인 흐름

$R_e = \dfrac{VD}{\nu}$

• $V = \dfrac{Q}{A} = \dfrac{0.01}{\dfrac{\pi \times 0.1^2}{4}} = 1.27$ m/sec

∴ $R_e = \dfrac{1.27 \times 0.1}{1 \times 10^{-4}} = 1270 < 2000$ ∴ 층류의 흐름

□□□ 기 95,06,07,09,22③

52 안쪽지름 1.8m의 강관에 압력수두 100m의 물을 흐르게 하려면 강관의 필요 최소 두께는? (단, 강재의 허용 인장응력은 11000N/cm²이다.)

① 0.60cm
② 0.70cm
③ 0.80cm
④ 0.90cm

소요두께 $t = \dfrac{P \cdot d}{2\sigma_{ta}}$

• $P = \omega h = 9.81 \times 100 = 981$ kN/m²
• $\sigma_{ta} = 11000$ N/cm² $= 110000$ kN/m²

∴ $t = \dfrac{981 \times 180}{2 \times 110000} = 0.80$ cm

□□□ 기 03,22③

53 다음은 개수로 흐름의 운동량 방정식을 나타낸 것이다. 각 항들의 물리적 의미가 올바르지 못한 것은?

$$\dfrac{\partial V}{\partial t} + \dfrac{\partial V}{\partial x} + g\dfrac{\partial Y}{\partial x} - gS_o + gS_t = 0$$
(I)　(II)　(III)　(IV)　(V)

① Ⅰ항 : 대류 가속(convective acceleration)
② Ⅲ항 : 수심변화에 따른 압력 변화
③ Ⅰ항 및 Ⅱ항 : 흐름의 관성항
④ Ⅳ항 : 흐름에 대한 중력의 영향

Ⅰ항 : 시간 변화에 따른 가속항

□□□ 기 99,03,15④,22③

54 직사각형 단면의 수로에서 단위폭당 유량이 0.4m³/s/m이고 수심이 0.8m일 때 비에너지는?
(단, 에너지 보정계수는 1.0으로 함.)

① 0.801m
② 0.813m
③ 0.825m
④ 0.837m

$H_e = h + \alpha\dfrac{v^2}{2g} = h + \alpha\dfrac{Q^2}{2gA^2}$

• $v = \dfrac{Q}{A} = \dfrac{0.4}{1 \times 0.8} = 0.50$ m/s

∴ $H_e = 0.8 + \dfrac{1.0 \times 0.50^2}{2 \times 9.8} = 0.813$ m

□□□ 기 01,02,04,05,06,09,17①,22③,25①

55 개수로 내 흐름에 있어서 한계수심에 대한 설명으로 옳은 것은?

① 상류쪽의 저항이 하류쪽의 조건에 따라 변한다.
② 유량이 일정할 때 비력이 최대가 된다.
③ 유량이 일정할 때 비에너지가 최소가 된다.
④ 비에너지가 일정할 때 유량이 최소가 된다.

한계수심
• 비에너지(H_e)가 최소일 때 수심(H_c)을 말한다.
• 유량이 일정할 때 비에너지가 최소가 되는 수심이다.
• 일정한 비에너지에서 최대유량을 흐르게 할 수 있는 수심이다.

□□□ 기 04,08,11,22②③

56 지름 20cm의 원형단면 관수로에 물이 가득 차서 흐를 때의 동수반경은?

① 5cm
② 10cm
③ 15cm
④ 20cm

동수반경 $R = \dfrac{D}{4} = \dfrac{20}{4} = 5$ cm

Remember

동수반경 $R = \dfrac{\text{관의 단면적 } A}{\text{윤변 } P} = \dfrac{\dfrac{\pi D^2}{4}}{\pi D} = \dfrac{D}{4}$

□□□ 기 04,22③
57 미계측 유역에 대한 단위 유량도의 합성 방법이 아닌 것은?

① Clark 방법 ② Horton 방법
③ Snyder 방법 ④ SCS 방법

- 유량과 유량기록이 없는 경우, 다른 지역에서 얻은 자료를 토대로 단위도를 합성하여 미계측 유역에서 경험적으로 단위도를 구하는 방법을 합성단위유량도라 한다.
- 단위유량도의 합성방법 : Clark 방법, Snyder 방법, SCS 방법.
- 침투율 산정방법 : Horton 방법, Philip 방법, Green and Ampt 방법

□□□ 기 17④,22③
58 미소진폭파(small-amplitude wave) 이론을 가정할 때, 일정 수심 h의 해역을 전파하는 파장 L, 파고 H, 주기 T의 파랑에 대한 설명 중 틀린 것은?

① h/L이 0.05보다 작을 때, 천해파로 정의한다.
② h/L이 1.0보다 클 때, 심해파로 정의한다.
③ 분산관계식은 L, h 및 T 사이의 관계를 나타낸다.
④ 파랑의 에너지는 H^2에 비례한다.

- 심해파 : 파장의 $\frac{L}{2}$이 수심 h보다 작을 때
- 즉 $\frac{L}{2} < h \Rightarrow \frac{h}{L} > 0.5$
- ∴ h/L이 0.50보다 클 때, 심해파로 정의한다.

□□□ 기 90,12,16①,22③
59 2개의 불투수층 사이에 있는 대수층의 두께 a, 투수계수 k인 곳에 반지름 r_0인 굴착정(artesian well)을 설치하고 일정 양수량 Q를 양수하였더니, 양수 전 굴착정 내의 수위 H가 h_0로 하강하여 정상흐름이 되었다. 굴착정의 영향원 반지름을 R이라 할 때 $(H-h_0)$의 값은?

① $\dfrac{2Q}{\pi ak}\ln\left(\dfrac{R}{r_0}\right)$ ② $\dfrac{Q}{2\pi ak}\ln\left(\dfrac{R}{r_0}\right)$
③ $\dfrac{2Q}{\pi ak}\ln\left(\dfrac{r_0}{R}\right)$ ④ $\dfrac{Q}{2\pi ak}\ln\left(\dfrac{r_0}{R}\right)$

굴착정 $Q = \dfrac{2\pi ak(H-h_o)}{\ln\left(\dfrac{R}{r_o}\right)}$ 에서

∴ $H-h_o = \dfrac{Q}{2\pi ak}\ln\left(\dfrac{R}{r_0}\right)$

□□□ 기 93,97,14①,22③
60 물속에 잠긴 곡면에 작용하는 정수압의 연직방향 분력은?

① 곡면을 밑면으로 하는 물기둥 체적의 무게와 같다.
② 곡면 중심에서의 압력에 수직투영 면적을 곱한 것과 같다.
③ 곡면의 수직투영 면적에 작용하는 힘과 같다.
④ 수평분력의 크기와 같다.

- 수평분력 P_H : 곡면의 수직투영 면적에 작용하는 수압과 같다.
  $P_H = wh_G A$
- 연직분력 P_V : 곡면을 밑면으로 하는 연직 물기둥 체적의 무게와 같다.
  $P_V = wV$

제4과목 : 철근콘크리트 및 강구조

□□□ 기 01,08,09,18②,22③
61 철근콘크리트가 성립하는 이유에 대한 설명으로 잘못된 것은?

① 철근과 콘크리트와의 부착력이 크다.
② 콘크리트 속에 묻힌 철근은 녹슬지 않고 내구성을 갖는다.
③ 철근과 콘크리트의 무게가 거의 같고 내구성이 같다.
④ 철근과 콘크리트는 열에 대한 팽창계수가 거의 같다.

- 철근과 콘크리트와의 부착력이 크다.
- 철근과 콘크리트의 열팽창계수가 거의 같다.
- 철근은 콘크리트 속에서 녹이 슬지 않는다.
- 철근과 콘크리트는 단위중량이 다르므로 무게가 다르다.

□□□ 기 14,18①,22③

62 철근콘크리트보에 배치되는 철근의 순간격에 대한 설명으로 틀린 것은?

① 동일 평면에서 평행한 철근 사이의 수평 순간격은 25mm 이상이어야 한다.
② 상단과 하단에 2단 이상으로 배치된 경우 상하철근의 순간격은 25mm 이상으로 하여야 한다.
③ 철근의 순간격에 대한 규정은 서로 접촉된 겹침이음 철근과 인접된 이음철근 또는 연속철근 사이의 순간격에도 적용되어야 한다.
④ 벽체 또는 슬래브에서 휨 주철근의 간격은 벽체나 슬래브 두께의 2배 이하로 하여야 한다.

> 벽체 또는 슬래브에서 휨 주철근의 간격은 벽체나 슬래브 두께의 3배 이하로 하여야 하고 또한 450mm 이하로 하여야 한다.

□□□ 기 14④,17①,20②,21②,22③,24②

63 아래 그림과 같은 보의 단면에서 표피철근의 간격 s는 약 얼마인가? (단, 습윤환경에 노출되는 경우로서, 표피철근의 표면에서 부재 측면까지 최단거리(c_c)는 50mm, $f_{ck}=28$MPa, $f_y=400$MPa이다.)

① 170mm
② 200mm
③ 230mm
④ 260mm

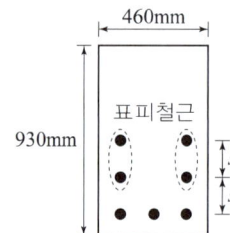

$s = 375\left(\dfrac{k_{cr}}{f_s}\right) - 2.5c_c$, $s = 300\left(\dfrac{k_{cr}}{f_s}\right)$ 두 계산값 중 작은 값 이하

- $k_{cr}=210$MPa(습윤환경), $k_{cr}=280$MPa(건조환경)
- 간략법 $f_s = \dfrac{2}{3}f_y = \dfrac{2}{3} \times 400 = 266.67$MPa

$s = 375\left(\dfrac{k_{cr}}{f_s}\right) - 2.5c_c$
$\quad = 375\left(\dfrac{210}{266.67}\right) - 2.5 \times 50 = 170$mm

$s = 300\left(\dfrac{k_{cr}}{f_s}\right) = 300 \times \dfrac{210}{266.67} = 236.25$mm

$\therefore s = 170$mm (작은 값)

□□□ 기 05,06,08,09,11,12①,16①,22③

64 $b=350$mm, $d=550$mm인 직사각형 단면의 보에서 지속하중에 의한 순간처짐이 16mm였다. 1년 후 총처짐량은 얼마인가? (단, $A_s=2,246$mm², $A_s'=1,284$mm², $\xi=1.4$)

① 20.5mm
② 32.8mm
③ 42.1mm
④ 26.5mm

- $\lambda = \dfrac{\xi}{1+50\rho'}$
- 12개월 이상 $\xi=1.4$ (5년 이상 $\xi=2.0$, 12개월=1.4, 6개월=1.2, 3개월=1.0)
- $\rho' = \dfrac{A_s'}{bd} = \dfrac{1,284}{350 \times 550} = 0.00667$

$\therefore \lambda = \dfrac{1.4}{1+50 \times 0.00667} = 1.05$

- 장기처짐 = 순간처짐(탄성침하) × 장기처짐계수(λ)
  $= 16 \times 1.05 = 16.8$mm

$\therefore$ 총처짐량 = 순간처짐 + 장기처짐
$= 16 + 16.8 = 32.8$mm

□□□ 기 93,96,02,03,11,22③

65 그림과 같이 긴장재를 포물선으로 배치하고 $P=2500$N으로 긴장했을 때 발생하는 등분포 상향력을 등가하중의 개념으로 구한 값은?

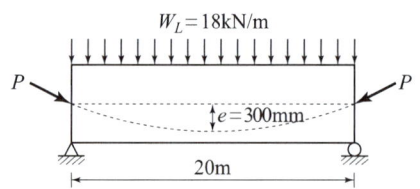

① 10kN/m
② 15kN/m
③ 20kN/m
④ 25kN/m

$P \cdot s = \dfrac{u \cdot l^2}{8}$ 에서

$\therefore u = \dfrac{8Ps}{l^2}$

$= \dfrac{8 \times 2500 \times 0.3}{20^2} = 15$kN/m

또는 $2500 \times 0.3 = \dfrac{u \cdot 20^2}{8}$

참고 SOLVE 사용
$\therefore u = 15$kN/m

정답 62 ④ 63 ① 64 ② 65 ②

66 강도설계법에서 $f_{ck}=21\text{MPa}$, $f_y=240\text{MPa}$일 때 단철근 직사각형보의 균형철근비(ρ_b)는?

① 0.039 ② 0.044
③ 0.053 ④ 0.056

균형철근비 $\rho_b = \dfrac{\eta(0.85f_{ck})\beta_1}{f_y} \cdot \dfrac{660}{660+f_y}$

$\eta \le 40\text{MPa}$일 때 $\eta=1.0$, $\beta_1=0.80$

$\rho_b = \dfrac{1.0\times 0.85\times 21\times 0.80}{240} \dfrac{660}{660+240} = 0.044$

67 보의 활하중은 17kN/m, 자중은 11kN/m인 등분포 하중을 받는 경간 12m인 단순 지지보의 계수휨모멘트(M_u)는?

① 684kN·m ② 727kN·m
③ 749kN·m ④ 754kN·m

계수휨모멘트 $M_u = \dfrac{w_u l^2}{8}$

$w_u = 1.2w_D + 1.6w_L$
$= 1.2\times 11 + 1.6\times 17 = 40.4\text{kN/m}$

$\therefore M_u = \dfrac{40.4\times 12^2}{8} = 727\text{kN}\cdot\text{m}$

68 균형철근량보다 적고 최소철근량보다 많은 인장철근을 가진 과소철근보가 휨에 의해 파괴될 때의 설명으로 옳은 것은?

① 인장측 철근이 먼저 항복한다.
② 압축측 콘크리트가 먼저 파괴된다.
③ 압축측 콘크리트와 인장측 철근이 동시에 항복한다.
④ 중립축이 인장측으로 내려오면서 철근이 먼저 파괴된다.

과소철근보
• 인장측 철근이 먼저 항복한다.
• 과소철근보는 철근이 먼저 항복하게 되지만 철근은 연성이 크기 때문에 파괴는 단계적으로 일어난다.

69 폭 $b=300\text{mm}$, 유효깊이 $d=500\text{mm}$, 철근단면적 $A_s=2200\text{mm}^2$을 갖는 단철근 콘크리트 직사각형보를 강도설계법으로 휨 설계할 때, 설계휨모멘트강도(ϕM_n)는? (단, 콘크리트 설계기준강도 $f_{ck}=27\text{MPa}$, 철근항복강도 $f_y=400\text{MPa}$)

① 186.6kN·m ② 234.7kN·m
③ 284.5kN·m ④ 326.2kN·m

$M_d = \phi M_n = \phi(A_s f_y)\left(d - \dfrac{a}{2}\right)$

• $f_{ck}\le 40\text{MPa}$일 때
  $\eta = 1.0$, $\beta_1 = 0.80$

• $a = \dfrac{A_s f_y}{\eta(0.85 f_{ck})b} = \dfrac{2200\times 400}{1\times 0.85\times 27\times 300}$
  $= 127.81\text{mm}$

• $c = \dfrac{a}{\beta_1} = \dfrac{127.81}{0.80} = 159.76\text{mm}$

• $\epsilon_t = \dfrac{(d-c)\times 0.0033}{c}$
  $= \dfrac{(500-159.76)\times 0.0033}{159.76} = 0.007028 > 0.005$

$\therefore \phi = 0.85$ (인장지배단면)

$\therefore \phi M_n = 0.85\times 2200\times 400\left(500 - \dfrac{127.81}{2}\right)$
$= 326199060\text{N}\cdot\text{mm} = 326.2\text{kN}\cdot\text{m}$
($\because 1\text{kN}\cdot\text{m} = 10^6\text{N}\cdot\text{mm}$)

70 아래 그림과 같은 단면을 가지는 단철근 직사각형보에서 최외단 인장철근의 순인장변형률(ϵ_t)이 0.0045일 때 설계휨강도를 구할 때 적용하는 강도감소계수(ϕ)는? (단, $f_{ck}=28\text{MPa}$, $f_y=400\text{MPa}$)

① 0.804
② 0.817
③ 0.826
④ 0.839

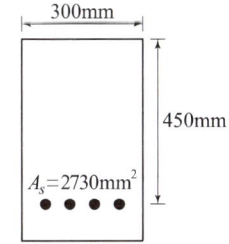

$f_y=400\text{MP}$인 철근에 대한 강도감소계수
$\phi = 0.65 + (\epsilon_t - 0.002)\dfrac{200}{3}$
$= 0.65 + (0.0045 - 0.002)\dfrac{200}{3} = 0.817$

☐☐☐ 기 08,12,16,17,21①,22③

71 옹벽의 설계에 대한 일반적인 설명으로 틀린 것은?

① 뒷부벽은 캔틸레버로 설계하여야 하며, 앞부벽은 T형보로 설계하여야 한다.
② 활동에 대한 저항력은 옹벽에 작용하는 수평력의 1.5배 이상이어야 한다.
③ 전도에 대한 저항휨모멘트는 횡토압에 의한 전도모멘트의 2.0배 이상이어야 한다.
④ 저판의 뒷굽판은 정확한 방법이 사용되지 않는 한, 뒷굽판 상부에 재하되는 모든 하중을 지지하도록 설계하여야 한다.

- 뒷부벽은 T형보로 설계 : 뒷부벽 철근(tension tie)은 인장력을 받으므로 인장철근
- 앞부벽은 직사각형보로 설계 : 앞부벽 철근은 압축력을 받으므로 압축철근

☐☐☐ 기 05,06,11,17④,21②,22③

72 폭(b)이 250mm이고, 전체높이(h)가 500mm인 직사각형 철근콘크리트보의 단면에 균열을 일으키는 비틀림모멘트(T_{cr})는 약 얼마인가? (단, 보통중량콘크리트이며, $f_{ck}=28$MPa이다.)

① 9.8kN·m ② 11.3kN·m
③ 12.5kN·m ④ 18.4kN·m

$T_{cr} = \frac{1}{3}\lambda\sqrt{f_{ck}}\left(\frac{A_{cp}^2}{p_{cp}}\right) = \frac{1}{3}\sqrt{f_{ck}}\left\{\frac{(bh)^2}{2(b+h)}\right\}$

- $A_{cp} = b \cdot h = 250 \times 500 = 125000 \text{mm}^2$
- $p_{cp} = 2(b+h) = 2(250+500) = 1500 \text{mm}$

$\therefore T_{cr} = \frac{1}{3} \times 1 \times \sqrt{28} \times \frac{(125000)^2}{1500}$
$= 18373273 \text{N} \cdot \text{mm}$
$= 18.4 \text{kN} \cdot \text{m}$

☐☐☐ 기 07,10,12,13,15②,22③

73 직사각형 기둥(300mm×450mm)인 띠철근 단주의 공칭축강도(P_n)는 얼마인가? (단, $f_{ck}=28$MPa, $f_y=400$MPa, $A_{st}=3854$mm²)

① 2611.2kN ② 3263.2kN
③ 3730.3kN ④ 3963.4kN

$P_n = \alpha\{0.85f_{ck}(A_g - A_{st}) + f_y \cdot A_{st}\}$
$= 0.80\{0.85 \times 28(300 \times 450 - 3854) + 400 \times 3854\}$
$= 3730300 \text{N} = 3730.3 \text{kN}$

Remember

보정계수

분류	보정계수 α	강도감소계수 ϕ
나선철근	0.85	0.70
띠철근	0.80	0.65

☐☐☐ 기 16①,17④,19①③,22③

74 설계기준압축강도(f_{ck})가 24MPa이고, 쪼갬인장강도(f_{sp})가 2.4MPa인 경량골재콘크리트에 적용하는 경량콘크리트계수(λ)는?

① 0.75 ② 0.81
③ 0.87 ④ 0.93

f_{sp}값이 주어진 경우
$\lambda = \frac{f_{sp}}{0.56\sqrt{f_{ck}}} \leq 1.0$
$= \frac{2.4}{0.56\sqrt{24}} = 0.87 \leq 1.0$

☐☐☐ 기 17②,22③

75 철근콘크리트 부재의 철근이음에 관한 설명 중 옳지 않은 것은?

① D35를 초과하는 철근은 겹침이음을 하지 않아야 한다.
② 인장 이형철근의 겹침이음에서 A급 이음은 $1.3l_d$ 이상, B급 이음은 $1.0l_d$ 이상 겹쳐야 한다. (단, l_d는 규정에 의해 계산된 인장 이형철근의 정착길이이다.)
③ 압축 이형철근의 이음에서 콘크리트의 설계기준압축강도가 21MPa 미만인 경우에는 겹침이음길이를 1/3 증가시켜야 한다.
④ 용접이음과 기계적 이음은 철근의 항복강도의 125% 이상을 발휘할 수 있어야 한다.

인장 이형철근의 겹침이음에서 A급 이음은 $1.0l_d$ 이상, B급 이음은 $1.3l_d$ 이상 겹쳐야 한다.

기 04,05,06,08,11,13,14,17④,18①②,22③

76 프리스트레스의 감소원인 중 프리스트레스 도입 후 시간이 경과함에 따라서 생기는 것은 어느 것인가?

① 콘크리트의 탄성수축
② 콘크리트의 크리프
③ PS 강재와 시스 사이의 마찰
④ 정착장치의 활동

프리스트레스의 손실원인	
도입 시 손실=즉시 손실	도입 후 손실=시간적 손실
• 정착 장치의 활동 • 포스트텐션 긴장재와 덕트 사이의 마찰 • 콘크리트의 탄성수축	• 콘크리트의 크리프 • 콘크리트의 건조수축 • PC 강재(긴장재 응력)의 릴랙세이션(relaxation)

기 06,15②,19②,21③,22③

77 그림과 같은 필렛용접의 유효목두께로 옳게 표시된 것은? (단, KDS 14 30 25 강구조 연결 설계기준(허용응력설계법)에 따른다.)

① S
② $0.9S$
③ $0.7S$
④ $0.5L$

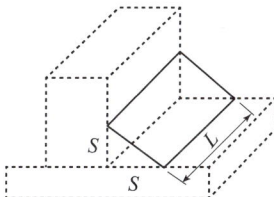

필렛용접(KDS 14 20 25 강구조 연결설계 기준)
필렛용접의 유효목두께는 모살치수의 0.7배로 한다.

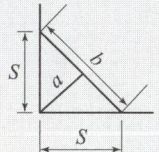

기 83,86,89,95,97,98,99,01,08,11,12,13,15②,16④,20④,22③

78 그림과 같은 용접이음에서 이음부의 응력은?

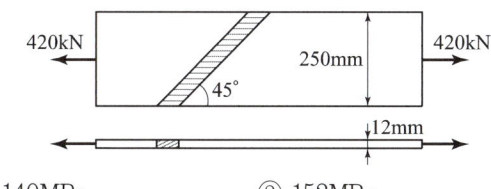

① 140MPa
② 152MPa
③ 168MPa
④ 180MPa

$$f = \frac{P}{\sum a l_e}$$

• $a = 12\text{mm}$, $l_e = 250\text{mm}$

$$\therefore f = \frac{420 \times 10^3}{12 \times 250} = 140\text{MPa}$$

기 97,00,01,03,04,08,10,12,13,15,22③

79 단철근 직사각형보에서 부재축에 직각인 전단 보강 철근이 부담해야 할 전단력 V_s가 350kN이라 할 때 전단 보강 철근의 간격 s는 얼마 이하이어야 하는가? (단, $A_v = 253\text{mm}^2$, $f_y = 400\text{MPa}$, $f_{ck} = 28\text{MPa}$, $b_w = 300\text{mm}$, $d = 600\text{mm}$)

① 150mm
② 173mm
③ 264mm
④ 300mm

전단철근의 간격제한

• $V_s \leq \frac{1}{3}\lambda\sqrt{f_{ck}}b_w d$: $s = \frac{d}{2}$ 이하 또는 600mm 이하

• $V_s > \frac{1}{3}\lambda\sqrt{f_{ck}}b_w d$: $s = \frac{d}{4}$ 이하 또는 300mm 이하

• $V_s = \frac{1}{3}\lambda\sqrt{f_{ck}}b_w d$

  $= \frac{1}{3} \times 1 \times \sqrt{28} \times 300 \times 600$

  $= 317490\text{N} = 318\text{kN} < V_s = 350\text{kN}$

∴ $s = \frac{d}{4}$ 이하 또는 300mm 이하

• $s = \frac{d}{4} = \frac{600}{4} = 150\text{mm}$

• 부재축에 직각인 전단철근을 사용하는 경우 간격

  $V_s = \frac{A_v f_y d}{s}$ 에서

• $s = \frac{A_v f_y d}{V_s} = \frac{253 \times 400 \times 600}{350 \times 10^3} = 173.5\text{mm}$

∴ $s = 150\text{mm}$ (∵ 가장 작은 값)

Remember

전단철근의 간격 제한

• $V_s \leq \frac{1}{3}\lambda\sqrt{f_{ck}}b_w d$ 일 경우 전단철근 간격(s)은 $\frac{d}{2}$ 이하 또는 600mm 이하

• $V_s > \lambda\frac{1}{3}\sqrt{f_{ck}}b_w d$ 일 경우 전단철근 간격(s)은 $\frac{d}{4}$ 이하 또는 300mm 이하

정답 76 ② 77 ③ 78 ① 79 ①

☐☐☐ 기 04,12,13④,16②,20④,22③

80 PSC 보를 RC보처럼 생각하여 콘크리트는 압축력을 받고 긴장재는 인장력을 받게 하여 두 힘의 우력모멘트로 외력에 의한 휨모멘트에 저항시킨다는 생각은 다음 중 어느 개념과 같은가?

① 응력개념(stress concept)
② 강도개념(strength concept)
③ 하중평형개념(load balancing concept)
④ 균등질보의 개념(homogeneous beam concept)

> **PSC의 기본개념**
> - 응력개념(등균질보의 개념) : 프리스트레스가 도입되면 콘크리트 부재를 탄성이론으로 해석할 수 있다는 개념
> - 하중평형개념(등가하중개념) 프리스트레스에 의한 작용과 부재에 작용하는 하중을 평형이 되도록 하는 개념
> - 강도개념(내력모멘트개념) : PSC보를 RC보처럼 생각하여 콘크리트는 압축력을 받고 긴장재는 인장력을 받게 하여 두 힘의 우력모멘트로 외력에 의한 휨모멘트에 저항시킨다는 개념

제5과목 : 토질 및 기초

☐☐☐ 기 84,97,98,09,11④,15②,18③,19②,22③

81 유선망의 특징을 설명한 것으로 옳지 않은 것은?

① 각 유로의 침투유량은 같다.
② 유선과 등수두선은 서로 직교한다.
③ 유선망으로 이루어지는 삼각형은 이론상 정사각형이다.
④ 침투속도 및 동수경사는 유선망의 폭에 비례한다.

> **유선망의 특성**
> - 각 유량의 침투유량은 같다.
> - 유선과 등수두선은 서로 직교한다.
> - 인접한 등수두선 간의 수두차는 모두 같다.
> - 인접한 두 등수두선 사이의 수두손실은 같다.
> - 유선망을 이루는 사각형은 이론상 정사각형이다. (폭과 길이는 같다.)
> - 침투속도 및 동수경사는 유선망의 폭에 반비례한다.

☐☐☐ 기 90,08,12②,16②,22③,24②

82 수평방향투수계수가 0.12cm/sec이고, 연직방향투수계수가 0.03cm/sec일 때 1일 침투유량은?

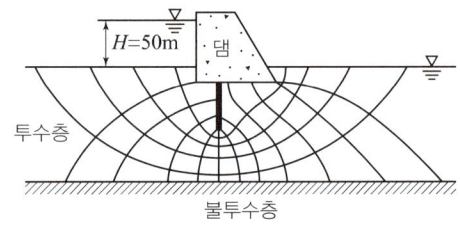

① 970m³/day/m
② 1080m³/day/m
③ 1220m³/day/m
④ 1410m³/day/m

> $Q = \sqrt{K_h K_v}\, H \dfrac{N_f}{N_d}$
> - $K = \sqrt{0.12 \times 0.03} = 0.060\,\text{cm/sec}$
> - $H = 50\,\text{m} = 5000\,\text{cm}$
> - $N_f = 5,\ N_d = 12$
> $\therefore Q = 0.060 \times 5000 \times \dfrac{5}{12}$
> $= 125.00\,\text{cm}^3/\text{sec/cm}$
> $= 1080\,\text{m}^3/\text{day/m}$

☐☐☐ 기 11,17④,22③

83 도로 연장 3km 건설구간에서 7개 지점의 시료를 채취하여 다음과 같은 CBR을 구하였다. 이때의 설계 CBR은 얼마인가?

- 7개 지점의 CBR : 5.3, 5.7, 7.6, 8.7, 7.4, 8.6, 7.2

【설계 CBR 계산용 계수】

개수 (n)	2	3	4	5	6	7	8	9	10 이상
d_2	1.41	1.91	2.24	2.48	2.67	2.83	2.96	3.08	3.18

① 4
② 5
③ 6
④ 7

> 설계 CBR
> $= \text{CBR 평균} - \dfrac{\text{CBR 최댓값} - \text{CBR 최솟값}}{d_2}$
> - CBR 평균 $= \dfrac{5.3+5.7+7.6+8.7+7.4+8.6+7.2}{7}$
> $= 7.21$
> $\therefore$ 설계 CBR $= 7.21 - \dfrac{8.7-5.3}{2.83} = 6$

84 흙의 다짐특성에 대한 설명으로 틀린 것은?

① 세립토는 다짐곡선의 모양이 완만하고 조립토는 급경사를 이룬다.
② 동일한 다짐에너지에서 점성토의 전단강도는 건조측이 습윤측보다 크다.
③ 다짐에너지가 커지면 최대건조밀도는 커지고 최적함수비는 작아진다.
④ 조립토에 가까울수록 최적함수비 및 최대건조밀도가 작아진다.

조립토일수록 최적함수비(OMC)는 작고 최대건조밀도($\gamma_{d\max}$)는 커진다.

85 그림과 같은 옹벽배면에 작용하는 토압의 크기를 Rankine의 토압공식으로 구하면?

① 32.2kN/m
② 36.7kN/m
③ 46.7kN/m
④ 52.0kN/m

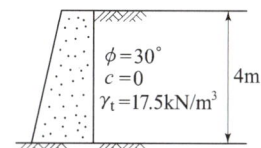

$$P_A = \frac{1}{2}\gamma H^2 \tan^2\left(45° - \frac{\phi}{2}\right)$$
$$= \frac{1}{2} \times 17.5 \times 4^2 \times \tan^2\left(45° - \frac{30°}{2}\right) = 46.7\text{kN/m}$$

86 어떤 흙의 입도분석 결과 입경가적곡선의 기울기가 급경사를 이룬 빈입도일 때 예측할 수 있는 사항으로 틀린 것은?

① 균등계수는 작다.
② 간극비는 크다.
③ 흙을 다지기가 힘들 것이다.
④ 투수계수는 작다.

입도분포가 나쁜 빈입도의 특성
• 균등계수가 작다.
• 간극비가 크다.
• 투수성이 크다.
• 다짐에 부적합하다.

87 그림에서 정사각형 독립기초 2.5m×2.5m가 실트질 모래 위에 시공되었다. 이때 근입깊이가 1.50m인 경우 허용지지력은 약 얼마인가? (단, $N_c = 35$, $N_\gamma = N_q = 20$, 안전율은 3)

① 250kN/m²
② 300kN/m²
③ 350kN/m²
④ 450kN/m²

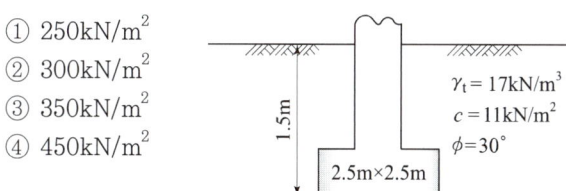

- $q_u = \alpha C N_c + \beta \gamma_1 B N_r + \gamma_2 D_f N_q$
- 정사각형 $\alpha = 1.3$, $\beta = 0.4$
- $q_u = 1.3 \times 11 \times 35 + 0.4 \times 17 \times 2.5 \times 20 + 17 \times 1.5 \times 20$
  $= 1350.5 \text{kN/m}^2$

∴ 허용지지력 $q_a = \dfrac{q_u}{F_s} = \dfrac{1350.5}{3} = 450\text{kN/m}^2$

88 어떤 흙 시료의 건조단위중량이 16kN/m³, 비중이 2.6일 때 이 흙의 간극률은? (단, 물의 단위중량은 9.81kN/m³이다.)

① 45.29%
② 23.83%
③ 37.27%
④ 25.87%

간극율 $n = \dfrac{e}{1+e} \times 100$

$e = \dfrac{\gamma_w}{\gamma_d} G_s - 1 = \dfrac{9.81}{16} \times 2.60 - 1 = 0.5941$

∴ $n = \dfrac{0.5941}{1+0.5941} \times 100 = 37.27\%$

89 동상 방지대책에 대한 설명 중 옳지 않은 것은?

① 배수구 등을 설치하여 지하수위를 저하시킨다.
② 모관수의 상승을 차단하기 위해 조립의 차단층을 지하수위보다 높은 위치에 설치한다.
③ 동결깊이보다 낮게 있는 흙을 동결하지 않는 흙으로 치환한다.
④ 지표의 흙을 화학약품으로 처리하여 동결온도를 내린다.

동결깊이보다 높게 있는 흙을 동결하지 않는 흙으로 치환한다.

기 95,07,15,18①,21①,22③

90 포화단위중량(γ_{sat})이 19.62kN/m³인 사질토로 된 무한사면이 20°로 경사져 있다. 지하수위가 지표면과 일치하는 경우 이 사면의 안전율이 1 이상이 되기 위해서는 흙의 내부마찰각이 최소 몇 도 이상이어야 하는가? (단, 물의 단위중량은 9.81kN/m³이다.)

① 18.21° ② 20.52°
③ 36.06° ④ 45.47°

- 반무한 사면에서 침투류가 지표면과 일치하는 경우(비점성토 $c=0$)

$$F_s = \frac{\gamma_{sub}}{\gamma_{sat}} \cdot \frac{\tan\phi}{\tan i} \geq 1$$

(∵ 사면이 안정하기 위해서는 $F_s \geq 1$ 이상)

$$1 = \frac{(19.62-9.81)}{19.62} \frac{\tan\phi}{\tan 20°} = \frac{1}{2} \frac{\tan\phi}{\tan 20°}$$

∴ $\phi = \tan^{-1}(2\tan 20°) = 36.06°$ 이상

참고 SOLVE 사용

기 03,07,17④,22③

91 다음 중 시료채취에 대한 설명으로 틀린 것은?

① 오거보링(Auger Boring)은 흐트러지지 않은 시료를 채취하는 데 적합하다.
② 교란된 흙은 자연상태의 흙보다 전단강도가 작다.
③ 액성한계 및 소성한계 시험에서 교란시료를 사용하여야 한다.
④ 입도분석시험에서는 교란시료를 사용하여도 괜찮다.

- Auger Boring : 현장에서 인력으로 교란된 시료채취에 적합.
- Auger Boring의 종류 : Post hole auger, Helical auger

기 11②,17②,20④,22③

92 두 개의 규소판 사이에 한 개의 알루미늄판이 결합된 3층 구조가 무수히 많이 연결되어 형성된 점토광물로서 각 3층 구조 사이에는 칼륨이온(K^+)으로 결합되어 있는 것은?

① 몬모릴로나이트(montmorillonite)
② 할로이사이트(halloysite)
③ 고령토(kaolinite)
④ 일라이트(illite)

- 일라이트 : 3층 구조로 구조결합 사이에 칼륨이온(K^+)이 있어서 수축팽창은 거의 없지만 안정성은 중간 정도의 점토광물
- 몬모릴로나이트 : 3층 구조로 구조결합 사이에 치환성 양이온이 있어서 활성이 크고 시트 사이에 물이 들어가 팽창수축이 크고 공학적 안정성은 제일 약한 점토광물

기 93,03,07,11,15①,17④,22③

93 아래 그림과 같은 지표면에 2개의 집중하중이 작용하고 있다. 30kN의 집중하중 작용점 하부 2m 지점 A에서의 연직하중의 증가량은 약 얼마인가? (단, 영향계수는 소수점 이하 셋째자리까지 구하여 계산하시오.)

① 3.71kN/m²
② 8.90kN/m²
③ 14.2kN/m²
④ 19.4kN/m²

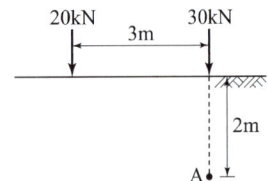

$$\sigma_{z1} = \frac{3Q}{2\pi} \frac{Z^3}{R^5}$$

$$= \frac{3 \times 20}{2\pi} \times \frac{2^3}{(\sqrt{3^2+2^2})^5} = 0.125 \, kN/m^2$$

$$\sigma_{z2} = \frac{3Q}{2\pi Z^2} = \frac{3 \times 30}{2\pi \times 2^2} = 3.581 \, kN/m^2$$

∴ $\sigma_z = \sigma_{z1} + \sigma_{z2} = 0.125 + 3.581 = 3.71 \, kN/m^2$

기 10,14①,17①,20④,22③

94 말뚝기초의 지반거동에 대한 설명으로 틀린 것은?

① 연약지반상에 타입되어 지반이 먼저 변형하고 그 결과 말뚝이 저항하는 말뚝을 주동말뚝이라 한다.
② 말뚝에 작용한 하중은 말뚝주변의 마찰력과 말뚝선단의 지지력에 의하여 주변 지반에 전달된다.
③ 기성말뚝을 타입하면 전단파괴를 일으키며 말뚝 주위의 지반은 교란된다.
④ 말뚝 타입 후 지지력의 증가 또는 감소 현상을 시간효과(time effect)라 한다.

- 연약지반상에 타입되어 지반이 먼저 변형하고 그 결과 말뚝이 저항하는 말뚝을 수동말뚝이라 한다.
- 말뚝이 지표면에서 수평력을 받는 경우 말뚝이 변형함에 따라 지반이 저항하는 말뚝을 주동말뚝이라 한다.

95
그림과 같은 조건에서 분사현상에 대한 안전율을 구하면? (단, 모래의 $\gamma_{sat}=19.62kN/m^3$, $\gamma_w=9.81kN/m^3$이다.)

① 1.0
② 2.0
③ 2.5
④ 3.0

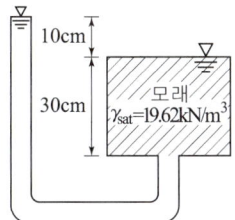

- $i_c = \dfrac{\gamma_{sub}}{\gamma_w} = \dfrac{(19.62-9.81)}{9.81} = 1$
- $i = \dfrac{h}{L} = \dfrac{10}{30} = \dfrac{1}{3}$
- ∴ 안전율 $F = \dfrac{i_c}{i} = \dfrac{1}{\frac{1}{3}} = 3$

96
Paper drain 설계 시 Drain paper의 폭이 10cm, 두께가 0.3cm일 때 Drain paper의 등치환산원의 지름이 약 얼마이면 Sand drain과 동등한 값으로 볼 수 있는가? (단, 형상계수(α)는 0.75이다.)

① 5cm
② 8cm
③ 10cm
④ 15cm

$D = \alpha \dfrac{2(A+B)}{\pi} = 0.75 \times \dfrac{2 \times (10+0.3)}{\pi} = 5cm$

97
Mohr 응력원에 대한 설명 중 옳지 않은 것은?

① 임의 평면의 응력상태를 나타내는 데 매우 편리하다.
② σ_1과 σ_3의 차의 벡터를 반지름으로 해서 그린 원이다.
③ 한 면에 응력이 작용하는 경우 전단력이 0이면, 그 연직응력을 주응력으로 가정한다.
④ 평면기점(O_p)은 최소주응력이 표시되는 좌표에서 최소주응력면과 평행하게 그은 선이 Mohr 원과 만나는 점이다.

Mohr응력원
σ_1과 σ_3의 차를 지름으로 해서 그린 원이다.

98
압밀이론에서 선행압밀하중에 대한 설명 중 옳지 않은 것은?

① 현재 지반 중에서 과거에 받았던 최대의 압밀하중이다.
② 압밀소요시간의 추정이 가능하여 압밀도 산정에 사용된다.
③ 주로 압밀시험으로부터 작도한 $e-\log P$ 곡선을 이용하여 구할 수 있다.
④ 현재의 지반응력 상태를 평가할 수 있는 과압밀비 산정 시 이용된다.

선행압밀하중(P_c)
- 시료가 과거에 받았던 최대의 압밀하중을 말한다.
- 간극비-하중곡선에서 선행압밀하중을 구하여 흙의 이력상태(stress history)를 파악할 수 있다.
- 간극비-하중곡선($e-\log P$ 곡선)에서는 선행압밀하중, 압축지수(a_v)를 구하여 침하량을 산정한다.

99
얕은 기초 아래의 접지압력 분포 및 침하량에 대한 설명으로 틀린 것은?

① 접지압력의 분포는 기초의 강성, 흙의 종류, 형태 및 깊이 등에 따라 다르다.
② 점성토지반에 강성기초 아래의 접지압 분포는 기초의 모서리 부분이 중앙 부분보다 작다.
③ 사질토지반에서 강성기초인 경우 중앙 부분이 모서리 부분보다 큰 접지압을 나타낸다.
④ 사질토 지반에서 유연성 기초인 경우 침하량은 중심부보다 모서리 부분이 더 크다.

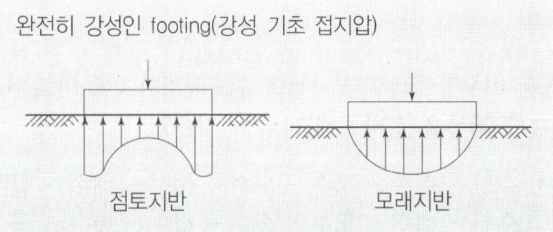

- 점성토지반 : 중앙 부분에서 침하가 크게 발생하므로 기초의 모서리 부분에서 최대응력이 발생한다.
- 사질토지반 : 기초의 모서리 부분에서 침하가 크게 발생하므로 기초의 중앙에서 최대응력이 발생한다.

□□□ 기 04,09,16①,20④,22③

100 사질토에 대한 직접 전단시험을 실시하여 다음과 같은 결과를 얻었다. 내부마찰각은 약 얼마인가?

수직응력(kN/m²)	30	60	90
최대전단응력(kN/m²)	17.3	34.6	51.9

① 25° ② 30°
③ 35° ④ 40°

[방법1] $\tau = c + \sigma \tan\phi$ 에서 (∵ 사질토 $c=0$)

∴ 내부마찰각 $\phi = \tan^{-1}\left(\dfrac{\tau}{\sigma}\right) = \tan^{-1}\left(\dfrac{17.3}{30}\right) = 30°$

[방법2] [SOLVE 사용] $1.73 = 3\tan\phi$

∴ 내부마찰각 $\phi = 30°$

제6과목 : 상하수도공학

□□□ 기 10,22③

101 수중 알칼리도가 부족한 원수에 적합하며 경도를 증가시키지 않는 응집제는?

① $Al_2(SO_4)_3$
② $Al_2(SO_4)_3 + Ca(OH)_2$
③ $Al_2(SO_4)_3 + Na_2CO_3$
④ $Al_2(SO_4)_3 + CaO$

수중 알칼리도가 부족한 원수에 적합하며 경도를 증가시키지 않는 응집제는 수도용 소다회(Na_2CO_3)이다.
즉 황산알루미늄($Al_2(SO_4)_3$)+수도용 소다회(Na_2CO_3)

□□□ 기 03,10④,11①,13④,15②,19③,22③,22③

102 취수장에서부터 가정의 수도꼭지까지에 이르는 상수도 계통을 올바르게 나열한 것은?

① 수원 – 취수 – 정수 – 도수 – 송수 – 배수 – 급수
② 수원 – 취수 – 도수 – 송수 – 정수 – 배수 – 급수
③ 수원 – 취수 – 도수 – 정수 – 송수 – 배수 – 급수
④ 수원 – 취수 – 도수 – 송수 – 배수 – 정수 – 급수

수원 – 취수 – 도수 – 정수 – 송수 – 배수 – 급수

□□□ 기 12②,22③

103 정수 중 암모니아성 질소가 있으면 염소 소독처리 시 클로라민이란 화합물이 생긴다. 이에 대한 설명으로 옳은 것은?

① 소독력이 떨어져 다량의 염소가 요구된다.
② 소독력이 증가하여 소량의 염소가 요구된다.
③ 소독력에는 거의 영향을 주지 않는다.
④ 경제적인 소독효과를 기대할 수 있다.

암모니아성질소는 소독용 염소와 반응하여 클로라민(결합잔류염소)이 생성되며 클로라민의 소독력은 유리염소의 소독력보다 약하므로 다량의 염소가 요구된다.

□□□ 기 11,12,16,17①,18①,22③

104 하수도시설기준에 의한 관거별 계획하수량에 대한 설명으로 틀린 것은?

① 오수관거에서는 계획 1일 최대오수량으로 한다.
② 우수관거에서는 계획우수량으로 한다.
③ 합류식 관거에서는 계획시간 최대오수량에 계획우수량을 합한 것으로 한다.
④ 차집관거에서는 우천 시 계획오수량으로 한다.

오수관거는 계획시간최대오수량으로 한다.

□□□ 기 00,08②,11①,13①,14④,15④,22③

105 펌프의 비속도(N_s)에 대한 설명으로 옳은 것은?

① N_s가 작게 되면 사류형으로 되고 계속 작아지면 축류형으로 된다.
② N_s가 커지면 임펠러 바깥지름에 대한 임펠러의 폭이 작아진다.
③ N_s가 작으면 일반적으로 토출량이 적은 고양정의 펌프를 의미한다.
④ 토출량과 전양정이 동일하면 회전속도가 클수록 N_s가 작아진다.

• N_s값이 작으면 유량(토출량)이 적은 고양정의 펌프로 된다.
• N_s값이 크면 유량(토출량)이 많은 저양정의 펌프로 된다.

106 하수고도처리에서 인을 제거하기 위한 방법이 아닌 것은?

① 응집제 첨가 활성슬러지법
② 활성탄흡착법
③ 정석 탈인법
④ 혐기호기조합법

> 하수고도처리에서 인제거 방법
> • 응집제 첨가 활성슬러지법
> • 정석탈인법
> • 혐기호기 조합법
> • 반송슬러지 탈인제거 공정

107 부영양화에 대한 설명으로 옳지 않은 것은?

① COD가 증가한다.
② 식물성 플랑크톤인 조류가 대량 번식한다.
③ 영양염류인 질소, 인 등의 감소로 발생한다.
④ 최종적으로 용존산소가 줄어든다.

> 부영양화
> 수중의 질소(N), 인(P)과 같은 조류번식의 양분농도가 높아져서 식물성 플랑크톤인 조류가 대량 번식되어 수질이 악화되는 것을 말한다.

108 급수방식에 대한 설명으로 틀린 것은?

① 급수방식은 급수전의 높이, 수요자가 필요로 하는 수량 등을 고려하여 결정한다.
② 직결식은 직결직압식과 직결가압식으로 구분할 수 있다.
③ 저수조식은 수돗물을 일단 저수조에 받아서 급수하는 방식으로 단수나 감수 시 물의 확보가 어렵다.
④ 직결식과 저수조식의 병용방식은 하나의 건물에 직결식과 저수조식의 양쪽 급수방식을 병용하는 것이다.

> 저수조식은 수돗물을 일단 저수조에 받아서 급수하는 방식으로 단수 시나 재해 시에도 물을 확보할 수 있다는 장점이 있다.

109 계획오수량에 대한 설명으로 옳은 것은?

① 계획 1일 최대오수량은 계획시간 최대오수량을 1일의 수량으로 환산하여 1.3∼1.8배를 표준으로 한다.
② 합류식에서 우천 시 계획오수량은 원칙적으로 계획 1일 평균오수량의 3배 이상으로 한다.
③ 계획 1일 평균오수량은 계획 1일 최대오수량의 70∼80%를 표준으로 한다.
④ 지하수량은 계획 1일 평균오수량의 10∼20%로 한다.

> • 계획 1일 최대오수량은 1인 1일 최대오수량에 계획인구를 곱한 후, 여기에 공장폐수량, 지하수량 및 기타 배수량을 더한 것으로 한다.
> • 합류식에서 우천 시 계획오수량은 원칙적으로 계획시간최대오수량의 3배 이상으로 한다.
> • 계획 1일 평균오수량은 계획 1일 최대오수량의 70∼80%를 표준으로 한다.
> • 지하수량은 1인 1일 최대오수량의 20% 이하로 한다.

110 활성슬러지법과 비교하여 생물막법의 특징으로 옳지 않은 것은?

① 운전조작이 간단하다.
② 다량의 슬러지 유출에 따른 처리수 수질악화가 발생하지 않는다.
③ 반응조를 다단화하여 반응효율과 처리안정성 향상이 도모된다.
④ 생물종 분포가 단순하여 처리효율을 높일 수 있다.

> 접촉산화법의 특징
> 생물종 분포가 다양하여 처리효율이 안정적이다

111 하수도 계획 중 계획우수량 산정 시 확률연수는 몇 년을 원칙으로 하는가?

① 5∼10년
② 10∼30년
③ 25∼30년
④ 10∼40년

> • 하수관거의 확률연수 10∼30년
> • 빗물펌프장의 확률연수 30∼50년

□□□ 기 14①,17②,22③

112 상수도의 도수 및 송수관로의 일부분이 동수경사선보다 높을 경우에 취할 수 있는 방법으로 옳은 것은?

① 접합정을 설치하는 방법
② 스크린을 설치하는 방법
③ 감압밸브를 설치하는 방법
④ 상류 측 관로의 관경(관지름)을 작게 하는 방법

> 도수 및 송수관로의 일부분이 동수경사선보다 높을 경우
> • 터널을 설치하는 방법
> • 접합정을 설치하는 방법
> • 상류측 관로의 관경(관지름)을 크게 하는 방법

□□□ 기 95,09,10,13①,22③

113 다음 하수배제 방식의 합류식과 분류식에 관한 설명 중 옳지 않은 것은?

① 분류식이 합류식에 비하여 일반적으로 관거의 부설비가 적게 든다.
② 합류식 하수관거는 인접한 오염물질의 유입에 따른 대책이 필요하다.
③ 하수관거 내의 유속의 변화폭은 합류식이 분류식보다 크다.
④ 합류식 하수관거는 단면이 커서 관거 내 유지관리가 분류식보다 쉽다.

> 분류식에서 오수관거과 우수관거를 별개로 매설해야 하므로 부설비가 많이 든다.

□□□ 기 00,22③

114 하수의 염소요구량이 1mg/L이었다. 0.2mg/L의 잔류 염소량을 유지하기 위하여 30000m³/day의 하수에 주입하여야 할 염소량은 얼마인가?

① 12kg/day
② 24kg/day
③ 36kg/day
④ 48kg/day

> 염소의 주입량 = 염소의 주입농도 × 유량
> $= (1+0.2) \times 30000 \times 10^{-3}$ (kg/g)
> $= 36$ kg/day

□□□ 기 97,99,06,22③

115 다음은 콘크리트 하수관의 내부 천정이 부식되는 현상에 대한 대응책이다. 틀린 것은?

① 하수 중의 유기물 농도를 낮춘다.
② 하수 중의 유황 함유량을 낮춘다.
③ 관내의 유속을 감소시킨다.
④ 하수에 염소를 주입한다.

> 관내의 유속을 증가시켜 하수관 내 유기물질의 퇴적을 방지한다.

□□□ 기 00,01,02,03,04,05,07,10,12,15,22③

116 배수면적 2km인 유역 내 강우의 하수거 유입시간이 6분, 유출계수가 0.70일 때 하수관거 내 유속이 2m/sec인 1km 길이의 하수관에서 유출된 우수량은? (단, 강우강도 $I = \dfrac{3500}{t+25}$ mm/hr임.)

① $0.3\text{m}^3/\text{sec}$
② $2.6\text{m}^3/\text{sec}$
③ $34.6\text{m}^3/\text{sec}$
④ $43.9\text{m}^3/\text{sec}$

> $Q = \dfrac{1}{360} C \cdot I \cdot A$
> • $T = t + \dfrac{L}{V} = 6 + \dfrac{1000}{2 \times 60} = 14.33$ 분
> • $I = \dfrac{3500}{t+25} = \dfrac{3500}{14.33+25} = 88.99$ mm/h
> • $A = 2\text{km}^2 = 200$ ha
> ∴ $Q = \dfrac{1}{360} \times 0.70 \times 88.99 \times 200 = 34.6\text{m}^3/\text{sec}$

□□□ 기 14④,15②,22③

117 상수도에 있어서 도·송수관거의 평균유속의 허용 최댓값은?

① 3m/s
② 4m/s
③ 5m/s
④ 6m/s

> • 자연유하식 도수관거의 평균유속의 허용최대한도 3.0m/s
> • 자연유하식인 경우에는 도수관의 평균유속의 최소한도 0.3m/s

□□□ 기 99,16②,17①,22③

118 BOD 농도 200mg/*l*, 하수량이 20000m³/day를 체류시간 8시간의 활성슬러지조에서 처리할 경우 폭기조의 BOD 용적부하는 얼마인가?
(단, 슬러지 반송률은 20%)

① 0.5kg/m³·day   ② 0.6kg/m³·day
③ 0.7kg/m³·day   ④ 0.8kg/m³·day

BOD 용적부하
$= \dfrac{\text{BOD 농도}(kg/m^3) \times \text{유입유량}(m^3/day)}{\text{폭기조 용적}(m^3)}$

• 폭기조 용적
$V = \text{체류시간} \times \text{유입유량} \times (1+r) \times \dfrac{1}{24}$
$= 8 \times 20000 \times (1+0.2) \times \dfrac{1}{24} = 8000\,m^3$

∴ BOD 용적부하 $= \dfrac{200 \times 10^{-3} \times 20000}{8000}$
$= 0.5\,kg/m^3 \cdot day$

□□□ 기 96,08,12①,22③

119 상수도 취수시설에 있어서 침사지의 유효수심은 얼마를 표준으로 하는가?

① 10~12m   ② 6~8m
③ 3~4m   ④ 0.5~2m

침사지의 유효수심은 경험적으로 사용되는 것이 3~4m를 표준으로 한다.

Remember

침사지의 구조
• 표면부하율 : 200~500mm/min을 표준
• 지내평균유속 : 2~7cm/sec
• 지의 길이 : 폭의 3~8배를 표준
• 지의 유효수심 : 3~4m
• 퇴사심도 : 0.5~1m
• 체류시간 : 10~20분

□□□ 기 22③

120 하천을 수원으로 하는 경우에 하천에 직접 설치할 수 있는 취수시설과 가장 거리가 먼 것은?

① 취수탑   ② 취수틀
③ 집수매거   ④ 취수문

집수매거는 하천부지의 하상 밑이나 구하천 부지 등의 땅속에 매설하여 집수기능을 갖는 관거이며 복류수나 자유수면을 갖는 지하수(자유지하수)를 취수하는 시설이다.

국가기술자격 필기시험문제

2023년도 기사 1회 필기시험

자격종목	시험시간	문제수	형 별
토목기사	3시간	120	A

※ 각 문제는 4지 택일형으로 질문에 가장 적합한 문제의 보기 번호를 클릭하거나 답안표기란의 번호를 클릭하여 입력하시면 됩니다.
※ 입력된 답안은 문제 화면 또는 답안 표기란의 보기 번호를 클릭하여 변경하실 수 있습니다.

제1과목 : 응용역학

□□□ 기 10②, 23①

01 축인장하중 $P=20\text{kN}$을 받고 있는 지름 100mm의 원형봉 속에 발생하는 최대전단응력은 얼마인가?

① 1.273MPa
② 1.515MPa
③ 1.756MPa
④ 1.998MPa

최대전단응력 $\tau_{\max} = \dfrac{\sigma_x}{2} = \dfrac{1}{2}\left(\dfrac{P}{A}\right)$

• 응력 $\sigma_x = \dfrac{P}{A} = \dfrac{P}{\dfrac{\pi d^2}{4}} = \dfrac{20 \times 10^3}{\dfrac{\pi \times 100^2}{4}} = 2.546\text{MPa}$

∴ $\tau_{\max} = \dfrac{2.546}{2} = 1.273\,\text{MPa}$

□□□ 기 16, 23①

02 아래 그림과 같은 보에서 A점의 휨 모멘트는?

① $\dfrac{PL}{8}$ (시계방향)
② $\dfrac{PL}{2}$ (시계방향)
③ $\dfrac{PL}{2}$ (반시계방향)
④ PL (시계방향)

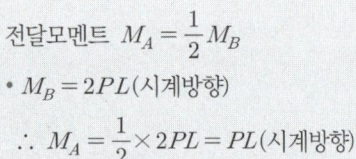

전달모멘트 $M_A = \dfrac{1}{2}M_B$

• $M_B = 2PL$(시계방향)

∴ $M_A = \dfrac{1}{2} \times 2PL = PL$(시계방향)

□□□ 기 12①, 23①

03 보의 단면에서 휨 모멘트로 인한 최대 휨응력이 생기는 위치는 어느 곳인가?

① 중립축
② 중립축과 상단의 중간점
③ 중립축과 하단의 중간점
④ 단면의 상·하단

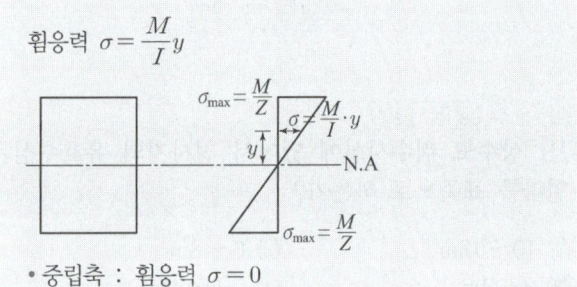

휨응력 $\sigma = \dfrac{M}{I}y$

• 중립축 : 휨응력 $\sigma = 0$
• 상·하단 : 휨응력 $\sigma = \max$(최대값)

□□□ 기 15, 17①, 22①, 23①

04 단면 2차모멘트의 특성에 대한 설명으로 옳지 않은 것은?

① 도심축에 대한 단면 2차모멘트는 0이다.
② 단면 2차모멘트는 항상 정(+)의 값을 갖는다.
③ 단면 2차모멘트가 큰 단면은 휨에 대한 강성이 크다.
④ 정다각형의 도심축에 대한 단면 2차모멘트는 축이 회전해도 일정하다.

• 단면 1차 모멘트의 최소값은 도심에 대한 것이며 그 값은 "0"이다.
• 단면 2차 모멘트의 최소값은 도심축에서 나타나고 그 값은 "0"이 아니다.

정답 01 ① 02 ④ 03 ④ 04 ①

□□□ 기 83,85,89,18①,22②,23①

05 그림과 같은 구조물의 BD 부재에 작용하는 힘의 크기는?

① 100kN
② 125kN
③ 150kN
④ 200kN

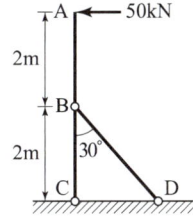

C점에서 $\sum M_C = 0$면
$\sum M_C = -50 \times 4 + \overline{BD}\sin 30° \times 2 = 0$
$\therefore \overline{BD} = 200\,\text{kN}$

□□□ 기 01①,06①,14④,20④,23①

06 탄성변형에너지는 외력을 받는 구조물에서 변형에 의해 구조물에 축적되는 에너지를 말한다. 탄성체이며 선형거동을 하는 길이 L인 캔틸레버 보의 끝단에 집중하중 P가 작용할 때 굽힘모멘트에 의한 탄성변형에너지는? (단, EI는 일정하다.)

① $\dfrac{P^2 L^2}{2EI}$
② $\dfrac{P^2 L^3}{2EI}$
③ $\dfrac{P^2 L^2}{6EI}$
④ $\dfrac{P^2 L^3}{6EI}$

굽힘모멘트에 의한 탄성변형에너지 $U = \int \dfrac{M_x^2}{2EI}dx$

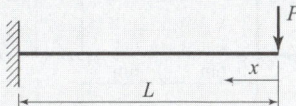

• $M_x = -P \cdot x$

$\therefore U = \int \dfrac{M_x^2}{2EI}dx = \dfrac{1}{2EI}\int_0^L (-P \cdot x)^2 dx$

$= \dfrac{P^2}{2EI}\left[\dfrac{1}{3}x^3\right]_0^L = \dfrac{P^2 L^3}{6EI}$

Remember
정적분의 기본정리 $\int_0^L x^2 dx = \left[\dfrac{1}{3}x^3\right]_0^L = \dfrac{L^3}{3}$

□□□ 기 07,08,09,15,23①

07 지름 5cm의 강봉을 80kN로 당길 때 지름은 약 얼마나 줄어들겠는가? (단, $G = 7.0 \times 10^4 \text{MPa}$, 포아송비 $\nu = 0.5$)

① 0.003mm
② 0.005mm
③ 0.007mm
④ 0.008mm

$\Delta d = \dfrac{d \cdot \Delta l \cdot \nu}{l} = d \cdot \nu \cdot \dfrac{\Delta l}{l} = d \cdot \nu \cdot \epsilon$

$= d \cdot \nu \cdot \dfrac{\sigma}{E} = d \cdot \nu \cdot \dfrac{P}{EA}$

• $d = 5\,\text{cm} = 50\,\text{mm}$, 포아송비 $\nu = 0.5$
• 전단탄성계수 $G = \dfrac{E}{2(1+\nu)}$에서
$E = 2G(1+\nu) = 2 \times 7.0 \times 10^4 (1+0.5)$
$= 2.1 \times 10^5 \text{MPa}$

$\therefore \Delta d = 50 \times 0.5 \times \dfrac{80 \times 10^3}{2.1 \times 10^5 \times \dfrac{\pi \times 50^2}{4}}$

$= 4.85 \times 10^{-3}\,\text{mm} = 0.005\,\text{mm}$

□□□ 기 01,05,09,11,14,23①

08 그림과 같이 가운데가 비어 있는 직사각형 단면 기둥의 길이가 $L = 10\text{m}$일 때, 이 기둥의 세장비는?

① 1.9
② 191.9
③ 2.2
④ 217.3

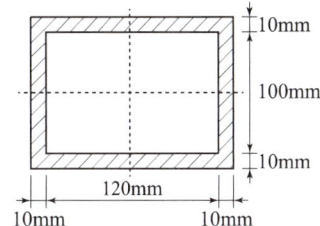

세장비 $\lambda = \dfrac{\text{기둥의 길이}(l)}{\text{최소 회전반지름}(r_{\min})}$

• $I_{\min} = \dfrac{BH^3}{12} - \dfrac{bh^3}{12} = \dfrac{1}{12}(140 \times 120^3 - 120 \times 100^3)$
$= 10160000\,\text{mm}^4$

• $A = 140 \times 120 - 120 \times 100 = 4800\,\text{mm}^2$

• $r_{\min} = \sqrt{\dfrac{I_{\min}}{A}}$
$= \sqrt{\dfrac{10160000}{4800}} = 46.0\,\text{mm}$

$\therefore$ 세장비 $\lambda = \dfrac{10000}{46.0} = 217.39$

기 03④,05④,23①

09 그림과 같은 단면에서 직사각형 단면의 최대 전단응력도는 원형단면의 최대 전단응력도의 몇 배인가? (단, 단면적과 작용하는 전단력의 크기는 같다.)

① $\dfrac{9}{8}$ 배

② $\dfrac{8}{9}$ 배

③ $\dfrac{6}{5}$ 배

④ $\dfrac{5}{6}$ 배

- 직사각형 단면 : $\tau_{max1} = \dfrac{3S}{2A} = 1.5\dfrac{S}{A}$
- 원형단면 : $\tau_{max2} = \dfrac{4S}{3A}$

$\therefore \dfrac{\tau_{max1}}{\tau_{max2}} = \dfrac{\dfrac{3S}{2A}}{\dfrac{4S}{3A}} = \dfrac{9}{8}$ 배

기 13,17②,23①

10 장주의 탄성좌굴하중(Elastic buckling Load) P_{cr}는 아래의 표와 같다. 기둥의 각 지지조건에 따른 n의 값으로 틀린 것은? (단, E : 탄성계수, I : 단면 2차 모멘트, l : 기둥의 높이)

$$\dfrac{n\pi^2 EI}{l^2}$$

① 일단고정 타단자유 : $n=1/4$
② 양단힌지 : $n=1$
③ 일단고정 타단힌지 : $n=1/2$
④ 양단고정 : $n=4$

$P_{cr} = \dfrac{n\pi^2 EI}{l^2} = \dfrac{\pi^2 EI}{(kl)^2}$

일단고정 타단자유	$n = \dfrac{1}{4}$	$k = 2.0$
양단힌지	$n = 1$	$k = 1.0$
일단고정 타단힌지	$n = 2$	$k = \dfrac{1}{\sqrt{2}}$
양단고정	$n = 4$	$k = \dfrac{1}{\sqrt{4}}$

기 16,23①

11 그림과 같은 게르버보의 E점(지점 C에서 오른쪽으로 10m 떨어진 점)에서의 휨모멘트값은?

① 6.0kN·m
② 6.4kN·m
③ 10kN·m
④ 16kN·m

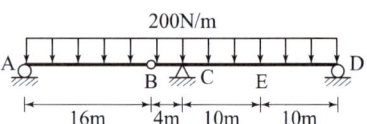

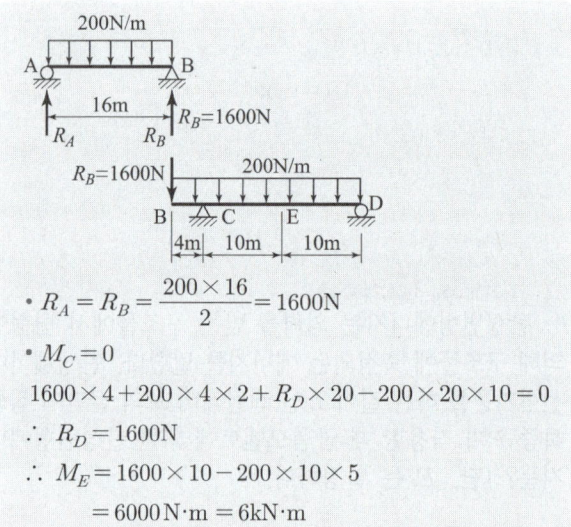

- $R_A = R_B = \dfrac{200 \times 16}{2} = 1600N$
- $M_C = 0$

$1600 \times 4 + 200 \times 4 \times 2 + R_D \times 20 - 200 \times 20 \times 10 = 0$

$\therefore R_D = 1600N$

$\therefore M_E = 1600 \times 10 - 200 \times 10 \times 5$
$= 6000 N \cdot m = 6kN \cdot m$

기 03④,07①,23①

12 그림의 라멘에서 수평반력 H를 구한 값은?

① 90kN
② 45kN
③ 30kN
④ 22.5kN

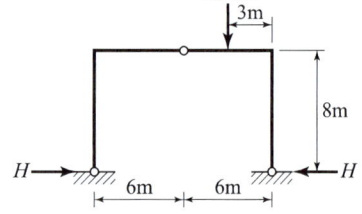

$\Sigma M_B = 0$
$V_A \times 12 - 120 \times 3 = 0$ $\therefore V_A = 30 kN$
$\Sigma M_C = 0$
$-H_A \times 8 + 30 \times 6 = 0$ $\therefore H_A = 22.5 kN$

□□□ 기 09②,16②,22②,23①

13 그림과 같이 봉에 작용하는 힘들에 의한 봉 전체의 수직 처짐의 크기는?

① $\dfrac{PL}{A_1E_1}$

② $\dfrac{2PL}{3A_1E_1}$

③ $\dfrac{4PL}{3A_1E_1}$

④ $\dfrac{3PL}{2A_1E_1}$

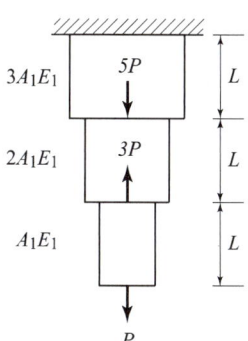

$\Delta l = \dfrac{PL}{EA}$

- $\Delta l_1 = \dfrac{PL}{EA} = \dfrac{3PL}{3A_1E_1}$
- $\Delta l_2 = \dfrac{PL}{EA} = \dfrac{-2PL}{2A_1E_1}$
- $\Delta l_3 = \dfrac{PL}{EA} = \dfrac{PL}{A_1E_1}$

$\therefore \Delta l = \dfrac{3PL}{3A_1E_1} - \dfrac{2PL}{2A_1E_1} + \dfrac{PL}{A_1E_1} = \dfrac{PL}{A_1E_1}$

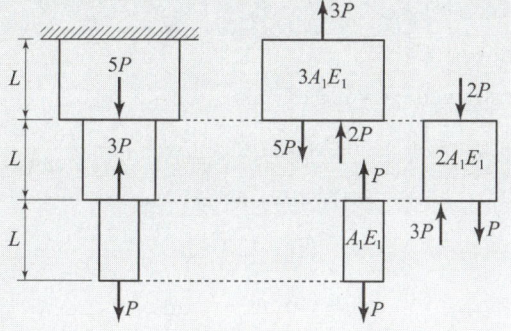

□□□ 기 03,07,09,11,17②,21③,23①

14 그림과 같은 단면에 600kN의 전단력이 작용할 때 최대 전단응력의 크기는?

① 12.71MPa
② 15.98MPa
③ 19.83MPa
④ 21.32MPa

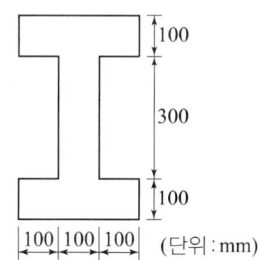

$\tau_{max} = \dfrac{G_x S}{I_x b}$

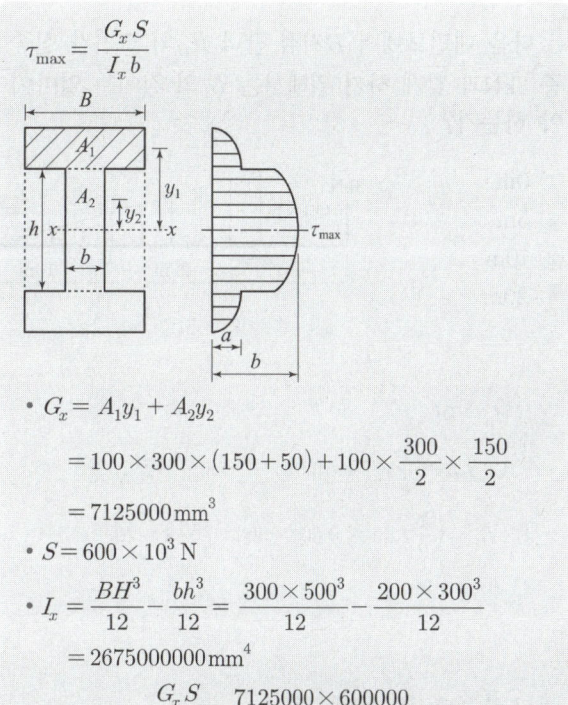

- $G_x = A_1 y_1 + A_2 y_2$
  $= 100 \times 300 \times (150+50) + 100 \times \dfrac{300}{2} \times \dfrac{150}{2}$
  $= 7125000 \text{mm}^3$
- $S = 600 \times 10^3 \text{N}$
- $I_x = \dfrac{BH^3}{12} - \dfrac{bh^3}{12} = \dfrac{300 \times 500^3}{12} - \dfrac{200 \times 300^3}{12}$
  $= 2675000000 \text{mm}^4$

$\therefore \tau_{max} = \dfrac{G_x S}{I_x b} = \dfrac{7125000 \times 600000}{2675000000 \times 100}$
$= 15.981 \text{N/mm}^2 = 15.98 \text{MPa}$

□□□ 기 83,95,00,06①,23①,24②

15 그림과 같은 지름 d인 원형 단면에서 최대 단면 계수를 갖는 직사각형 단면을 얻으려면 b/h는?

① 1
② 1/2
③ $1/\sqrt{2}$
④ $1/\sqrt{3}$

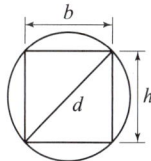

- 피타고라스의 정리 $h = \sqrt{d^2 - b^2}$
  $d^2 = b^2 + h^2 \rightarrow h^2 = d^2 - b^2$
- 단면계수 $Z = \dfrac{bh^2}{6} = \dfrac{1}{6}b(d^2 - b^2) = \dfrac{1}{6}(d^2 b - b^3)$
- $\dfrac{dZ}{db} = \dfrac{1}{6}(d^2 - 3b^2) = 0$, $d^2 - 3b^2 = 0$

$b = \dfrac{1}{\sqrt{3}}d$, $h = \sqrt{d^2 - \dfrac{d^2}{3}} = \sqrt{\dfrac{2}{3}}d$,

$b : h = \dfrac{1}{\sqrt{3}} : \sqrt{\dfrac{2}{3}}$

$\therefore \dfrac{b}{h} = \dfrac{1}{\sqrt{2}}$

□□□ 기 08①,23①

16 다음 내민보에서 B지점 반력 R_B의 크기가 집중하중 3kN과 같게 하기 위해서는 L_1의 길이는 얼마이어야 하는가?

① 0m
② 5m
③ 10m
④ 20m

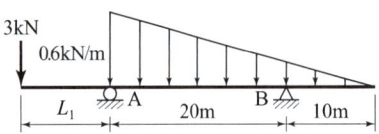

$\Sigma M_A = 0 (\curvearrowright)$

$-3 \times L_1 + (\frac{1}{2} \times 30 \times 0.60) \times 30 \times \frac{1}{3} - R_B \times 20 = 0$

$3 \times L_1 = (\frac{1}{2} \times 30 \times 0.60) \times 30 \times \frac{1}{3} - 3 \times 20$

$\therefore L_1 = 10m$

□□□ 기 95,04②,08①,15④,19①,23①

17 그림과 같은 트러스에서 부재 U의 부재력은?

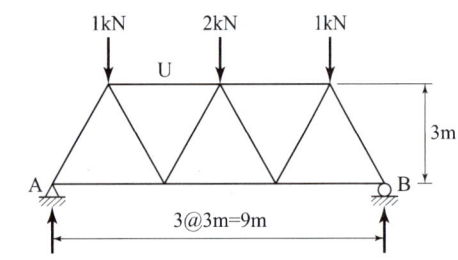

① 1.0kN(압축)
② 1.2kN(압축)
③ 1.3kN(압축)
④ 1.5kN(압축)

반력 $R_A = R_B = \frac{1+2+1}{2} = 2kN (\because 대칭)$

$t-t$ 절단면에서

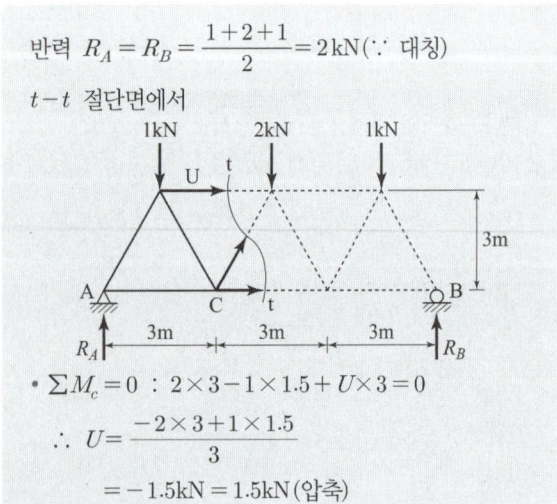

• $\Sigma M_C = 0 : 2 \times 3 - 1 \times 1.5 + U \times 3 = 0$

$\therefore U = \frac{-2 \times 3 + 1 \times 1.5}{3}$

$= -1.5kN = 1.5kN(압축)$

□□□ 기 18①,21①,23①

18 그림과 같은 단순보에서 최대휨모멘트가 발생하는 위치 x(A점으로부터의 거리)와 최대휨모멘트 M_x는?

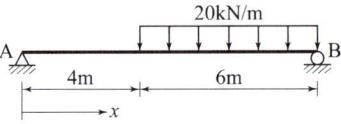

① $x = 4.0m$, $M_x = 180.2kN \cdot m$
② $x = 4.8m$, $M_x = 96kN \cdot m$
③ $x = 5.2m$, $M_x = 230.4kN \cdot m$
④ $x = 5.8m$, $M_x = 176.4kN \cdot m$

■ 반력

$\Sigma M_B = 0$에서 $R_A \times 10 - 20 \times 6 \times \frac{6}{2} = 0$

$\therefore R_A = 36kN$

$\therefore R_B = 20 \times 6 - 36 = 84kN$

■ 전단력

• $S_{A-C} = 36kN$
• $S_B = -84kN$
• $S_0 = 36 - 20(x-4) = 0$
$\therefore x = 5.8m$

■ 휨모멘트

• $M_c = 36 \times 4 = 144kN \cdot m$
• $M_x = M_{max} = 36 \times 5.8 - 20 \times (5.8-4) \times \frac{5.8-4}{2}$

$= 176.4kN \cdot m$

또는 $M_{max} = 84 \times (10-5.8) - 20 \times \frac{(10-5.8)^2}{2}$

$= 176.4kN \cdot m$

($\because$ 전단력이 0인 지점에서 최대휨모멘트가 발생한다.)

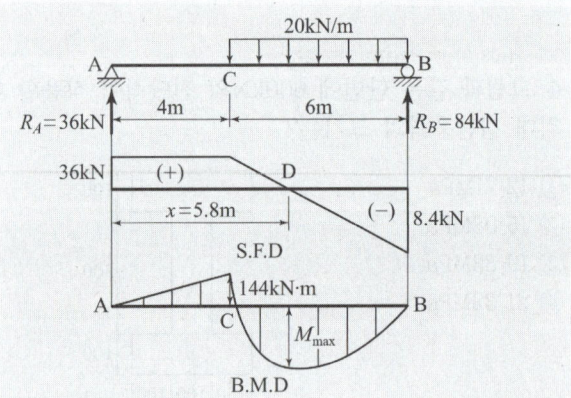

19 다음 그림과 같은 구조물에서 C점의 수직처짐은? (단, AC 및 BC 부재의 길이는 L, 단면적은 A, 탄성계수는 E이다.)

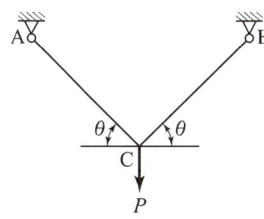

① $\dfrac{PL}{2AE\sin^2\theta}$ ② $\dfrac{PL}{2AE\cos^2\theta}$

③ $\dfrac{PL}{2AE\sin\theta\cos\theta}$ ④ $\dfrac{PL}{2AE\sin\theta}$

- $\sum V_c = 0$
  $-P + AC\sin\theta + BC\sin\theta = -P + L\sin\theta + L\sin\theta$
  $= -P + 2L\sin\theta = 0$
  $\therefore L = \dfrac{P}{2\sin\theta}$
- 가상일에 의한 AC 및 BC부재의 처짐
  (S : 축력, $\overline{S}$: $P=1$일 때의 축력)

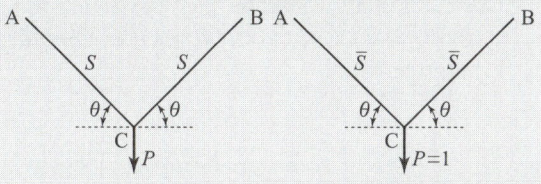

- $y_1 = y_2 = \sum \dfrac{L}{AE} S \cdot \overline{S}$
- $S = \dfrac{P}{2\sin\theta}$, $\overline{S} = \dfrac{1}{2\sin\theta}$
- $y_1 = y_2 = \dfrac{L}{AE}\left(\dfrac{P}{2\sin\theta} \cdot \dfrac{1}{2\sin\theta}\right) = \dfrac{PL}{4AE\sin^2\theta}$
- $\therefore \delta = y_1 + y_2$
  $= \dfrac{PL}{4AE\sin^2\theta} + \dfrac{PL}{4AE\sin^2\theta} = \dfrac{PL}{2AE\sin^2\theta}$

20 그림의 캔틸레버보에서 C점, B점의 처짐비($\delta_c : \delta_B$)는? (단, EI는 일정)

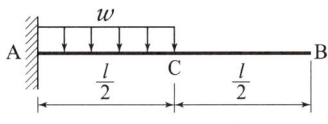

① 3 : 8 ② 3 : 7
③ 2 : 5 ④ 1 : 2

처짐 $\delta = \dfrac{M'}{EI}$

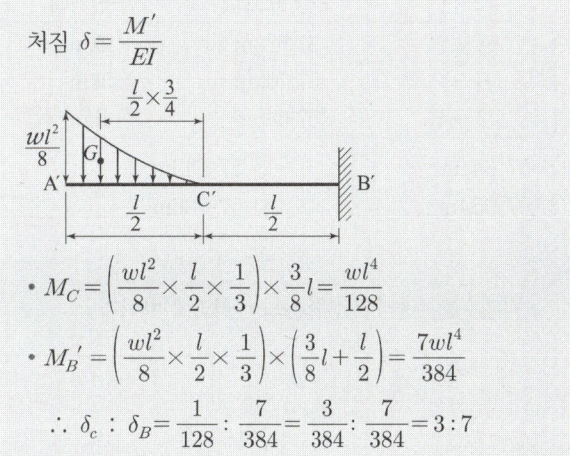

- $M_C = \left(\dfrac{wl^2}{8} \times \dfrac{l}{2} \times \dfrac{1}{3}\right) \times \dfrac{3}{8}l = \dfrac{wl^4}{128}$
- $M_{B'} = \left(\dfrac{wl^2}{8} \times \dfrac{l}{2} \times \dfrac{1}{3}\right) \times \left(\dfrac{3}{8}l + \dfrac{l}{2}\right) = \dfrac{7wl^4}{384}$
- $\therefore \delta_c : \delta_B = \dfrac{1}{128} : \dfrac{7}{384} = \dfrac{3}{384} : \dfrac{7}{384} = 3 : 7$

Remember

	θ_B	y_B
A⊨[W, l]B	$\dfrac{wl^3}{6EI}$	$\dfrac{wl^4}{8EI}$
A⊨[l/2 C l/2, W]B	$\theta_C = \theta_B = \dfrac{wl^3}{48EI}$	$y_B = \dfrac{7wl^4}{384EI}$, $y_C = \dfrac{3wl^4}{384EI}$
A⊨[l/2 C l/2, W]B	$\theta_B = 7\dfrac{wl^3}{48EI}$	$y_B = \dfrac{41wl^4}{384EI}$

제2과목 : 측량학

21 수준점 A, B, C에서 수준측량을 하여 P점의 표고를 얻었다. P점 표고의 최확값은?

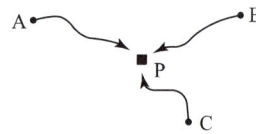

노선	P점 표고값	노선거리
A→P	57.583m	2km
B→P	57.700m	3km
C→P	57.680m	4km

① 57.641m ② 57.649m
③ 57.654m ④ 57.706m

- 직접수준측량의 경중률은 노선거리에 반비례
- $P_A : P_B : P_C = \dfrac{1}{S_A} : \dfrac{1}{S_B} : \dfrac{1}{S_C}$
  $= \dfrac{1}{2} : \dfrac{1}{3} : \dfrac{1}{4} = 6 : 4 : 3$
- $\therefore H_P = \dfrac{P_A H_A + P_B H_B + P_C H_C}{P_A + P_B + P_C}$
  $= 57 + \dfrac{6 \times 0.583 + 4 \times 0.700 + 3 \times 0.680}{6 + 4 + 3}$
  $= 57 + 0.641 = 57.641\text{m}$

22 100m의 측선을 20m 줄자로 관측하였다. 1회의 관측에 +4mm의 정오차와 ±3mm의 부정오차가 있었다면 측선의 거리는?

① 100.010±0.007m ② 100.010±0.015m
③ 100.020±0.007m ④ 100.020±0.015m

- 정오차는 측정 회수에 비례
  $\dfrac{100}{20} \times 4 = +20\text{mm} = +0.02\text{m}$
- 부정 오차는 측정 회수의 제곱근에 비례
  $\pm 3 \times \sqrt{\dfrac{100}{20}} = \pm 6.71\text{mm} = \pm 0.007\text{m}$
- $\therefore L_o = L + 정오차 \pm 부정오차(우연오차, 상차)$
  $= 100.020 \pm 0.007\text{m}$

23 위성측량의 DOP(Dilution of Precision)에 관한 설명 중 옳지 않은 것은?

① 기하학적 DOP(GDOP), 3차원위치 DOP(PDOP), 수직위치 DOP(VDOP), 평면위치 DOP(HDOP), 시간 DOP(TDOP) 등이 있다.
② DOP는 측량할 때 수신 가능한 위성의 궤도정보를 항법메시지에서 받아 계산할 수 있다.
③ 위성측량에서 DOP가 작으면 클 때보다 위성의 배치 상태가 좋은 것이다.
④ 3차원위치 DOP(PDOP)는 평면위치 DOP(HDOP)와 수직위치 DOP(VDOP)의 합으로 나타난다.

DOP(정밀도 저하율)Dilution of Precision)의 종류
- GDOP : 기하학적 정밀도 저하율
- PDOP : 위치정밀도 저하율(3차원 위치) : 3~5 정도가 적당
- HDOP : 수평위치 정밀도 저하율(수평 위치) : 2.5 이하 적당
- VDOP : 수직위치 정밀도 저하율(높이)
- TDOP : 시간 정밀도 저하율
- RDOP : 상대정밀도 저하율
  (∴ 3차원 위치 DOP는 PDOP(위치정밀도 저하율)로 나타낸다.)

24 직접고저측량을 실시한 결과가 그림과 같을 때, A점의 표고가 10m라면 C점의 표고는? (단, 그림은 개략도로 실제 치수와 다를 수 있음)

① 9.57m
② 9.66m
③ 10.57m
④ 10.66m

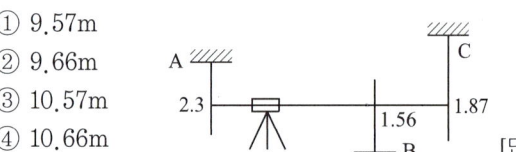

측점	후시	전시	기계고	표고(m)
A	-2.3		7.7	10
B		1.56		6.14
C		-1.87		9.57

- A점의 표고 $H_A = 10\text{m}$
- B점의 표고 $H_B = 10 - 2.3 - 1.56 = 6.14\text{m}$
- $\therefore$ C점의 표고 $H_C = 6.14 + 1.56 + 1.87 = 9.57\text{m}$

정답 21 ① 22 ③ 23 ④ 24 ①

☐☐☐ 기 00,14,23①

25 그림과 같은 삼각망에서 CD의 거리는?

① 1732m
② 1000m
③ 866m
④ 750m

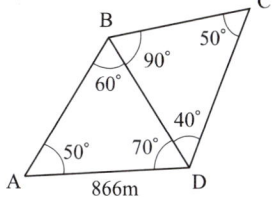

sin법칙에 의해서

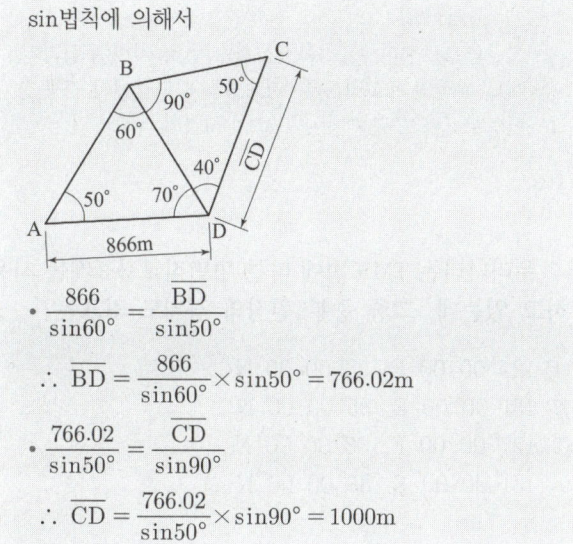

- $\dfrac{866}{\sin 60°} = \dfrac{\overline{BD}}{\sin 50°}$

  $\therefore \overline{BD} = \dfrac{866}{\sin 60°} \times \sin 50° = 766.02\text{m}$

- $\dfrac{766.02}{\sin 50°} = \dfrac{\overline{CD}}{\sin 90°}$

  $\therefore \overline{CD} = \dfrac{766.02}{\sin 50°} \times \sin 90° = 1000\text{m}$

☐☐☐ 기 21③,23①

26 GNSS 측량에 대한 설명으로 옳지 않은 것은?

① 상대측위기법을 이용하면 절대측위보다 높은 측위정확도의 확보가 가능하다.
② GNSS 측량을 위해서는 최소 4개의 가시위성(visible satellite)이 필요하다.
③ GNSS 측량을 통해 수신기의 좌표뿐만 아니라 시계오차도 계산할 수 있다.
④ 위성의 고도각(elevation angle)이 낮은 경우 상대적으로 높은 측위정확도의 확보가 가능하다.

낮은 위성 고도각
- 수평선을 기준으로 앙각 15° 미만에 배치된 낮은 고도각의 위성신호를 수신할 경우 정확도가 떨어지게 된다.
- 낮은 고도각의 위성신호는 전리층 통과시간이 길어지므로 오차가 증가한다.

☐☐☐ 기 01,18②,23①

27 다각 측량에 관한 설명 중 옳지 않은 것은?

① 각과 거리를 측정하여 점의 위치를 정한다.
② 근거리이고 조건식이 많아 삼각 측량에서 구한 위치보다 정밀도가 높다.
③ 선로와 같이 좁고 긴 지역의 측량에 편리하다.
④ 삼각측량에 비해 시가지 또는 복잡한 장애물이 있는 곳의 측량에 적합하다.

삼각 측량은 다각 측량 방법보다 관측작업량이 많으나 기하학적인 정확도는 우수하다.

☐☐☐ 기 95,01,04,07,14④,21③,23①

28 곡선 반지름이 500m인 단곡선의 종단현이 15.343m 이라면 종단현에 대한 편각은?

① 0° 31′ 37″
② 0° 43′ 19″
③ 0° 52′ 45″
④ 1° 04′ 26″

$\delta = 1718.87' \times \dfrac{l}{R}$

$= 1718.87' \times \dfrac{15.343}{500} = 52' 45''$

Remember

편각 $\delta = \dfrac{90°}{\pi} \times \dfrac{l}{R} = 1718.87' \times \dfrac{l}{R}$

☐☐☐ 기 98,05,20①④,23①

29 노선측량의 일반적인 작업 순서로 옳은 것은?

| A : 종·횡단측량 | B : 중심선 측량 |
| C : 공사측량 | D : 답사 |

① A→B→D→C
② A→C→D→B
③ D→B→A→C
④ D→C→A→B

노선측량의 순서
답사(D) → 노선 선정 → 중심선 측량(B) → 지형측량 → 종·횡단측량(A) → 공사측량(C)

정답 25 ② 26 ④ 27 ② 28 ③ 29 ③

□□□ 기 93,99,08,23①

30 폐합트래버스 측량에서 전체 측선 길이의 합이 900m일 때 폐합비를 1/5000로 하기 위해서는 축척 1/500의 도면에서 폐합오차는 얼마까지 허용되는가?

① 0.2mm   ② 0.25mm
③ 0.3mm   ④ 0.36mm

> • 축척(폐합비) $R = \dfrac{E}{\sum L} = \dfrac{1}{5000} = \dfrac{E}{900}$
>
> 폐합오차 $E = \dfrac{900}{5000} = 0.18\,\text{m} = 180\,\text{mm}$
>
> • 축척(폐합비) $= \dfrac{1}{500} = \dfrac{\text{도상거리}}{\text{실제거리}} = \dfrac{E}{180}$
>
> ∴ 폐합오차 $E = \dfrac{180}{500} = 0.36\,\text{mm}$

□□□ 기 81,86,15,17①,19①,22③,23①

31 완화곡선에 대한 설명으로 옳지 않은 것은?

① 곡선반지름은 완화곡선의 시점에서 무한대, 종점에서 원곡선의 반지름으로 된다.
② 완화곡선의 접선은 시점에서 직선에, 종점에서 원호에 접한다.
③ 완화곡선에 연한 곡선반지름의 감소율은 캔트의 증가율의 2배가 된다.
④ 완화곡선 종점의 캔트는 원곡선의 캔트와 같다.

> 완화곡선에 연한 곡선반지름의 감소율은 캔트(cant)의 증가율과 같다.

□□□ 기 97,00,01,04,05,08,10,14,19②,23①

32 캔트(cant)의 크기가 C인 노선의 곡선 반지름을 2배로 증가시키면 새로운 캔트 C'의 크기는?

① $0.5C$ ② C
③ $2C$ ④ $4C$

> 캔트 $C = \dfrac{bV^2}{gR} \Rightarrow C' = \dfrac{bV^2}{2gR}$
>
> ∴ 반경(R)이 2배로 증가하면 캔트(C)는 0.5배로 줄어든다.

□□□ 기 03,16①,19③,23①

33 기준면으로부터 어느 측점까지의 연직 거리를 의미하는 용어는?

① 수준선(level line)
② 표고(elevation)
③ 연직선(plumb line)
④ 수평면(horizontal plane)

> 표고(elevation)
> • 기준면으로부터 어느 측점까지의 연직 거리(수직거리)
> • 어느 지점의 표고라 함은 지표상의 임의점에서 지구 중력방향으로 수준면에 이르는 수직거리

□□□ 기 14,23①

34 우리나라는 TM도법에 따른 평면직교좌표계를 사용하고 있는데, 그중 중부 원점의 경위도 좌표는?

① 127° 00′ 00″ E, 35° 00′ 00″ N
② 131° 00′ 00″ E, 35° 00′ 00″ N
③ 127° 00′ 00″ E, 38° 00′ 00″ N
④ 131° 00′ 00″ E, 38° 00′ 00″ N

TM도법에 따른 평면직교좌표계

명칭	경도	위도
서부 원점	125° 00′ 00″ E	38° 00′ 00″ N
중부 원점	127° 00′ 00″ E	38° 00′ 00″ N
동부 원점	129° 00′ 00″ E	38° 00′ 00″ N
동해 원점	131° 00′ 00″ E	38° 00′ 00″ N

□□□ 기 05,12①,21①,23①,24①

35 그림과 같은 유토곡선(mass curve)에서 하향구간이 의미하는 것은?

① 성토구간
② 절토구간
③ 운반토량
④ 운반거리

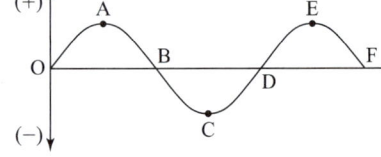

> 유토곡선에서 하향곡선╲(AC, EF)은 성토구간이며, 상향곡선╱(OA, CE)은 절토구간이다.

정답 30 ④ 31 ③ 32 ① 33 ② 34 ③ 35 ①

36 1 : 25000 지형도의 주곡선 간격은 10m이다. 지형도에서 10% 경사의 노선을 선정하고자 할 때 주곡선 사이의 도상수평거리는?

① 1mm ② 2mm
③ 3mm ④ 4mm

구배 $i = \dfrac{h}{D}$ 에서

• 수평거리 $D = \dfrac{h}{i} = \dfrac{10}{0.10} = 100m$

∴ 도상수평거리 $= \dfrac{D}{m} = \dfrac{100}{25000} = 0.004m = 4mm$

37 트래버스 측량에서 측점 A의 좌표가 (100m, 100m)이고 측선 AB의 길이가 50m일 때 B점의 좌표는? (단, AB측선의 방위각은 195°이다.)

① (51.7m, 87.1m)   ② (51.7m, 112.9m)
③ (148.3m, 87.1m) ④ (148.3m, 112.9m)

• $X_B = X_A + \overline{AB}\cos\theta$
  $= 100 + 50\cos 195°$
  $= 51.7m$
• $Y_B = Y_A + \overline{AB}\sin\theta$
  $= 100 + 50\sin 195°$
  $= 87.1m$
∴ B점의 좌표(51.7, 87.1)

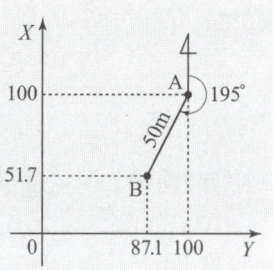

38 그림과 같은 삼각형은 직선 AP로 분할하여 m : n = 3 : 7의 면적비율로 나누기 위한 BP의 거리는? (단, BC의 거리 = 500m)

① 100m
② 150m
③ 200m
④ 250m

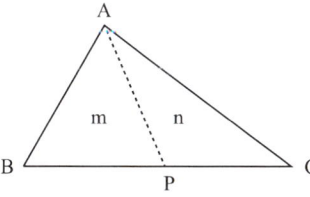

삼각형의 꼭지점(A)을 통한 분할
$BC : BP = m+n : m$
∴ $BP = BC \times \dfrac{m}{m+n} = 500 \times \dfrac{3}{3+7} = 150m$

39 지형을 표시하는 방법 중에서 짧은 선으로 지표의 기복을 나타내는 방법은?

① 점고법   ② 영선법
③ 단체법   ④ 등고선법

우모법
짧은선으로 지표의 기복을 나타내는 것으로 영선법이라고도 한다.

40 수애선의 기준이 되는 수위는?

① 평수위   ② 평균수위
③ 최고수위   ④ 최저수위

수애선
수면과 하애와의 경계선으로 하천 수위의 변화에 따라 다르며 평수위에 의하여 결정된다.

제3과목 : 수리학 및 수문학

41 베르누이 정리가 성립하기 위한 조건으로 틀린 것은?

① 압축성 유체에 성립한다.
② 유체의 흐름은 정상류이다.
③ 개수로 및 관수로 모두에 적용된다.
④ 하나의 유선에 대하여 성립한다.

베르누이 방정식의 기본 조건 및 가정 사항
• 유체의 흐름은 정상류이다.
• 유체는 비압축성 유체이다.
• 하나의 유선에 대해서 성립한다.
• 개수로 및 관수로 모두에 적용된다.
• 하나의 유선에 대해서는 총에너지가 일정하다.

□□□ 기 02,23①

42 해수면상의 체적이 1,205m³인 빙산 위에 무게가 300kg인 곰 10마리가 올라가 있을 경우 수면 아래 빙산의 체적은? (빙산의 비중은 0.92, 해수의 비중은 1.025이다.)

① 10558m³ ② 1112m³
③ 10587m³ ④ 5422m³

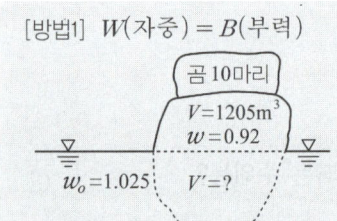

- 수면 아래 빙산의 체적 V'
- $0.92(1205 + V') + 0.300 \times 10 = 1.025 \times V'$
  [SOLVE 사용] ∴ $V' = 10587 m^3$

[방법2]
빙산의 전체적 V_t
= V(해수면상의 체적) + V'(수면아래 체적)
- $0.92 \times V_t + 0.300 \times 10 = 1.025(V_t - 1205)$
  [SOLVE 사용] ∴ $V_t = 11791.67 m^3$
- 수면 아래 빙산의 체적
  $V' = V_t - V = 11791.67 - 1205 = 10587 m^3$

□□□ 기 87,96,23①

43 큰 오리피스의 정의 중 가장 옳은 것은 어느 것인가?

① 직경이 큰 오리피스
② 수심이 큰 오리피스
③ 수면에서 오리피스 중심까지의 수심에 비해 직경이 작은 오리피스
④ 수면에서 오리피스 중심까지의 수심에 비해 직경이 큰 오리피스

큰 오리피스
- $H < 5d$
- 수면에서 오리피스 중심까지의 수심에 비해 직경이 큰 오리피스
- 유량계산시 오리피스 상단과 하단 사이의 압력변화를 고려

□□□ 기 11,16,23①

44 지속기간 2hr인 어느 단위유량도의 기저시간이 10hr이다. 강우강도가 각각 2.0, 3.0 및 5.0cm/hr이고 강우지속기간은 똑같이 모두 2hr인 3개의 유효강우가 연속에서 내릴 경우 이로 인한 직접유출수문곡선의 기저시간은?

① 2hr ② 10hr
③ 14hr ④ 16hr

기저시간
직접유출이 시작되는 시간에서 끝나는 시간까지의 시간폭
∴ 기저시간 = 10 + 2 + 2 = 14 hr

□□□ 기 03,23①

45 폭 8m의 구형판으로 물을 수직으로 막고 있을 때, 이 수직판에 작용하는 전수압이 1000kN이면 수직판의 높이 H는? (단, 물의 단위중량은 9.81kN/m³이다.)

① 3m
② 4m
③ 5m
④ 6m

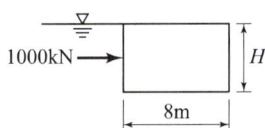

전수압
$P = w_o h_G A$
$= 9.81 \times \dfrac{H}{2} \times 8 \times H = 1000 kN$
[SOLVE 사용] ∴ $H = 5.048 m$

□□□ 기 94,99,23①

46 흐름 방향의 단면적이 1.0m²인 정사각형 평판이 유속 2.0m/s인 물속에서 받는 힘은? (단 항력계수 $C_D = 1.96$으로 가정한다.)

① 1.96kN ② 3.92kN
③ 19.6kN ④ 39.2kN

$D = C_D A \dfrac{wV^2}{2g}$
$= 1.96 \times 1.0 \times \dfrac{9.81 \times 2^2}{2 \times 9.8} = 3.92 kN$

47 다음 중 무차원량(無次元量)이 아닌 것은?

① 후르드수(Froude수) ② 에너지 보정계수
③ 동점성 계수 ④ 비중

동점성계수의 차원	
절대단위	cm²/sec
차원	[L^2T^{-1}]

48 용기에 물을 넣고 연직하향 방향으로 가속도 $\alpha = 4.9 m/sec^2$ 만큼 작용했을 때, 용기내 깊이 2m에서 물에 작용하는 압력 P는? (단, 물의 단위중량은 $9.81 kN/m^3$이다.)

① 4.9kPa ② 9.81kPa
③ 19.62kpa ④ 29.43kPa

$P = w_o h \left(1 - \dfrac{\alpha}{g}\right)$
$= 9.81 \times 2 \left(1 - \dfrac{4.9}{9.8}\right) = 9.81 \, kN/m^2 = 9.81 \, kPa$
(∵ 연직하향 : −)

49 그림과 같은 직사각형 수로에서 수로경사가 1/1000인 경우 수로바닥과 양벽면에 작용하는 평균마찰응력은?

① 11.76N/m²
② 10.29N/m²
③ 6.54N/m²
④ 8.04N/m²

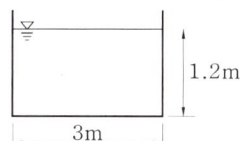

마찰응력 $\tau = wRI$
• 경심 $R = \dfrac{bh}{b+2h} = \dfrac{3 \times 1.2}{3 + 2 \times 1.2} = 0.667 m$
• 물의 단위중량 $w = 9.81 \, kN/m^3$
∴ $\tau = wRI = 9.81 \times 10^3 \times 0.667 \times \dfrac{1}{1000}$
$= 6.54 \, N/m^2$

50 대기의 온도 t_1, 상대습도 70%인 상태에서 증발이 진행되었다. 온도가 t_2로 상승하고 대기 중의 증기압이 20% 증가하였다면 온도 t_1 및 t_2에서의 증기압이 각각 10.0mHg 및 14.0mmHg라 할 때 온도 t_2에서의 상대습도는?

① 50% ② 60%
③ 70% ④ 80%

상대습도 $h = \dfrac{실제 증기압(e)}{포화 증기압(e_s)} \times 100$

• $t_1 ℃$일 때 실제 증기압
$e = \dfrac{h \cdot e_s}{100} = \dfrac{70 \times 10}{100} = 7 mmHg$

• $t_2 ℃$일 때 실제 증기압 $e = 7(1+0.2) = 8.4 mmHg$

∴ $h = \dfrac{8.4}{14} \times 100 = 60\%$

51 폭이 넓은 직사각형 수로에서 배수 곡선의 조건을 바르게 나타낸 것은? (단, i : 수로 경사, I_e : 에너지 경사, F_r : Froude 수)

① $i > I_e, \; F_r < 1$ ② $i < I_e, \; F_r < 1$
③ $i < I_e, \; F_r > 1$ ④ $i > I_e, \; F_r > 1$

배수곡선은 $h > h_o > h_c$의 영역에서 $\dfrac{dh}{dx} > 0$이므로 $i > I_e, \; F_r < 1$ 이다.

52 DAD 해석에 관련된 것으로 옳은 것은?

① 수심 − 단면적 − 홍수기간
② 적설량 − 분포면적 − 적설일수
③ 강우깊이 − 유역면적 − 강우기간
④ 강우깊이 − 유수단면적 − 최대수심

유역별로 평균강우깊이(Depth)−유역면적(Area)−지속기간(Duration)관계를 수립하는 작업을 DAD해석이라 한다.

□□□ 기 09,18①,23①

53 폭이 b인 직사각형 위어에서 접근유속이 작은 경우 월류수심이 h일 때 양단수축 조건에서 월류수맥에 대한 단수축 폭(b_o)은? (단, Francis 공식을 적용)

① $b_o = b - \dfrac{h}{5}$ ② $b_o = 2b - \dfrac{h}{5}$

③ $b_o = b - \dfrac{h}{10}$ ④ $b_o = 2b - \dfrac{h}{10}$

> $Q = 1.84 b_o h^{\frac{3}{2}} = 1.84\left(b - \dfrac{nh}{10}\right)h^{\frac{3}{2}}$ (Francis공식)
> ∴ $b_o = b - \dfrac{2h}{10} = b - \dfrac{h}{5}$ (양단수축 $n=2$)

□□□ 기 95,02,16,23①

54 유선(streamline)에 대한 설명으로 옳지 않은 것은?

① 유선이란 유체입자가 움직인 경로를 말한다.
② 비정상류에서는 시간에 따라 유선이 달라진다.
③ 정상류에서는 유적선(pathline)과 일치한다.
④ 하나의 유선은 다른 유선과 교차하지 않는다.

> • 유선 : 물분자가 어느 한 순간에 각 유체입자의 속도벡터에 접하는 접선
> • 정상류의 흐름에서 유선과 유적선은 일치한다.
> • 유적선 : 흐름 중의 한 물입자가 통과한 흔적의 연속적인 선
> • 부정류의 흐름에서 유선과 유적선은 일치하지 않는다.
> • 하나의 유선은 다른 유선과 교차하지 않는다.

□□□ 기 15,23①

55 Manning의 조도계수 n에 대한 설명으로 옳지 않은 것은?

① 콘크리트관이 유리관보다 일반적으로 값이 작다.
② Kutter의 조도계수보다 이후에 제안되었다.
③ Chezy의 C계수와는 $C = \dfrac{1}{n} R^{1/6}$의 관계가 성립한다.
④ n의 값은 대부분 1보다 작다.

> 조도계수는 표면의 거칠기 정도로 나타내므로 유리관보다 콘크리트관이 크다.

□□□ 기 88,07,17,23①

56 단위유량도 작성시 필요 없는 사항은?

① 유효우량의 지속시간   ② 직접유출량
③ 유역면적   ④ 투수계수

> 단위유량도
> • 특정 단위시간 동안 균일한 강도로 유역 전반에 걸쳐 균등하게 내린 단위유효우량으로 인하여 발생되는 직접유출의 수문곡선이다.
> • 단위유량도에 기저시간은 포함하지 않으며 단위도 작성시 투수계수는 필요치 않다.

□□□ 기 97,02,07,13,23①

57 그림은 정수위투수계에 의한 투수계수측정 모습이다. $h = 100\text{cm}$, $L = 20\text{cm}$, $Q = 45\text{cm}^3/\text{sec}$이고 시료의 단면적 $A = 300\text{cm}^2$ 일 때 투수계수?

① 0.004cm/sec
② 0.03cm/sec
③ 0.2cm/sec
④ 1.0cm/sec

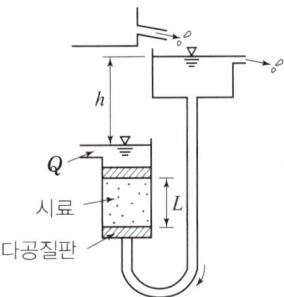

> $Q = KIA = K \cdot \dfrac{h}{L} \cdot A$ 에서
> ∴ $K = \dfrac{Q \cdot L}{A \cdot h} = \dfrac{45 \times 20}{300 \times 100} = 0.03\text{cm/sec}$
> $45 = K \times \dfrac{100}{20} \times 300$
> 참고 SOLVE 사용 ∴ $K = 0.03\text{cm/sec}$

□□□ 기 93,96,00,12,13②,19③,23①

58 $0.3\text{m}^3/\text{s}$의 물을 실양정 45m의 높이로 양수하는데 필요한 펌프의 동력은? (단, 마찰손실수두는 18.6m이다.)

① 186.98kW   ② 196.98kW
③ 214.4kW   ④ 224.4kW

> $E = 9.8 Q(H + \Sigma h)$
> $= 9.8 \times 0.3 \times (45 + 18.6) = 186.98\text{kW}$

정답 53 ① 54 ① 55 ① 56 ④ 57 ② 58 ①

59 수심이 0.4m, 하폭이 2m, 유량이 9m³/s인 직사각형 개수로에서 비력(충력치)은? (단, 운동량보정계수 $\eta=1.0$, 중력가속도 $g=9.81m/s^2$이다.)

① 8.78m³ ② 9.56m³
③ 10.48m³ ④ 11.12m³

비력 $M=\eta\dfrac{Q}{g}V+h_G A=\eta\dfrac{Q^2}{gA}+h_G A$

• 유속 $V=\dfrac{Q}{bh}=\dfrac{9}{2\times 0.4}=11.25\,m/sec$

∴ $M=1.0\times\dfrac{9^2}{9.81\times(2\times 0.4)}+\dfrac{0.4}{2}\times(2\times 0.4)$
   $=10.48\,m^3$

60 다르시(Darcy)의 법칙에 대한 설명으로 옳은 것은?

① 지하수 흐름이 층류일 경우 적용된다.
② 투수계수는 무차원의 계수이다.
③ 유속이 클 때에만 적용된다.
④ 유속이 동수경사에 반비례하는 경우에만 적용된다.

Darcy 법칙 가정 조건
• $R_e<4$인 층류에서 적용된다.
• 흙은 균질이며 흐름은 정상이다.
• 난류가 되면 실측치와 일치하지 않는다.
• 대수층내의 모관수대는 존재하지 않는다.
• 투수계수(K)는 유속(V)과 같은 차원(cm/sec)이다.

제4과목 : 철근콘크리트 및 강구조

61 다음 그림과 같이 $W=40kN/m$일 때 PS 강재가 단면 중심에서 긴장되며 인장측의 콘크리트 응력이 "0"이 되려면 PS 강재에 얼마의 긴장력이 작용하여야 하는가?

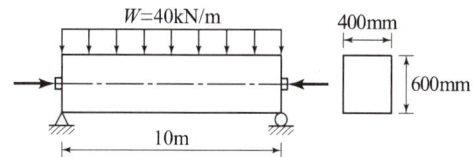

① 4605kN ② 5000kN
③ 5200kN ④ 5625kN

■ $f_t=\dfrac{P}{A}-\dfrac{M}{I}y=0$에서 $P=\dfrac{MAy}{I}$

• $M=\dfrac{wl^2}{8}=\dfrac{40\times 10^2}{8}=500\,kN\cdot m$

• $I=\dfrac{bh^3}{12}=\dfrac{0.4\times 0.6^3}{12}=0.0072\,m^4$

• $y=\dfrac{h}{2}=\dfrac{600}{2}=300\,mm=0.3\,m$

∴ $P=\dfrac{500\times 0.4\times 0.6\times 0.3}{0.0072}=5000\,kN$

■ 또는 $P=\dfrac{MAy}{I}=\left(\dfrac{wl^2}{8}\cdot bh\cdot\dfrac{h}{2}\right)\dfrac{12}{bh^3}=\dfrac{3wl^2}{4h}$

∴ $P=\dfrac{3\times 40\times 10^2}{4\times 0.6}=5000\,kN$

62 인장응력 검토를 위한 $L-150\times 90\times 12$인 형강(angle)의 전개한 총 폭(b_g)은?

① 228mm
② 232mm
③ 240mm
④ 252mm

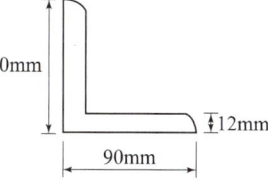

부등변 L형강
$b_g=b_1+b_2-t$
$=150+90-12=228\,mm$

정답 59 ③ 60 ① 61 ② 62 ①

□□□ 기 06,08,10,14②,18③,19①,23①

63 비틀림철근에 대한 설명으로 틀린 것은?
(단, A_{oh}는 가장 바깥의 비틀림 보강철근의 중심으로 닫혀진 단면적이고, P_h는 가장 바깥의 횡방향 폐쇄스터럽 중심선의 둘레이다.)

① 횡방향 비틀림철근은 종방향 철근 주위로 135° 표준 갈고리에 의해 정착하여야 한다.
② 비틀림모멘트를 받는 속빈 단면에서 횡방향 비틀림철근의 중심선으로부터 내부 벽면까지의 거리는 $0.5A_{oh}/P_h$ 이상이 되도록 설계하여야 한다.
③ 횡방향 비틀림철근의 간격은 $P_h/6$ 및 400mm보다 작아야 한다.
④ 종방향 비틀림철근은 양단에 정착하여야 한다.

> 횡방향 비틀림철근의 간격은 $P_h/8$ 작아야 하고, 또한 300mm 보다 작아야 한다.

□□□ 기 94,01,03,08,11①,16④,18①,19③,22①②,23①

64 단철근 직사각형 보에서 $f_{ck}=32$MPa인 경우, 콘크리트 등가 직사각형 압축응력블록의 깊이를 나타내는 계수 β_1은?

① 0.74 ② 0.76
③ 0.80 ④ 0.85

> $f_{ck} \leq 40$MPa일 때
> $\beta_1 = 0.80$, $\eta = 1.0$

□□□ 기 05,07,08,09,10,11,12,13,15,17④,18①,20②④,21①,23①

65 그림과 같은 용접부의 응력은?

① 115MPa
② 110MPa
③ 100MPa
④ 94MPa

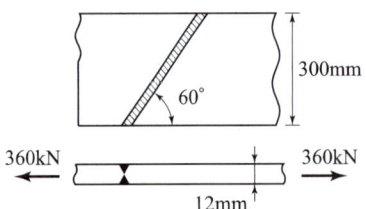

> $f = \dfrac{P}{\sum a \cdot l_e} = \dfrac{360 \times 10^3}{12 \times 300}$
> $= 100$N/mm² $= 100$MPa

□□□ 기 14,18①,22③,23①

66 철근 콘크리트보에 배치되는 철근의 순간격에 대한 설명으로 틀린 것은?

① 동일 평면에서 평행한 철근 사이의 수평 순간격은 25mm 이상이어야 한다.
② 상단과 하단에 2단 이상으로 배치된 경우 상하철근의 순간격은 25mm 이상으로 하여야 한다.
③ 철근의 순간격에 대한 규정은 서로 접촉된 겹침이음 철근과 인접된 이음철근 또는 연속철근 사이의 순간격에도 적용되어야 한다.
④ 벽체 또는 슬래브에서 휨 주철근의 간격은 벽체나 슬래브 두께의 2배 이하로 하여야 한다.

> 벽체 또는 슬래브에서 휨 주철근의 간격은 벽체나 슬래브 두께의 3배 이하로 하여야 하고 또한 450mm 이하로 하여야 한다.

□□□ 기 04,07,10,12,13,15,16,17②,20④,23①

67 $b=300$mm, $d=500$mm, $A_s=3-D25=1520$mm² 가 1열로 배치된 단철근 직사각형 보의 설계 휨강도 (ϕM_n)는? (단, $f_{ck}=28$MPa, $f_y=400$MPa이고, 인장지배단면이다.)

① 132.5kN·m ② 183.3kN·m
③ 236.4kN·m ④ 307.7kN·m

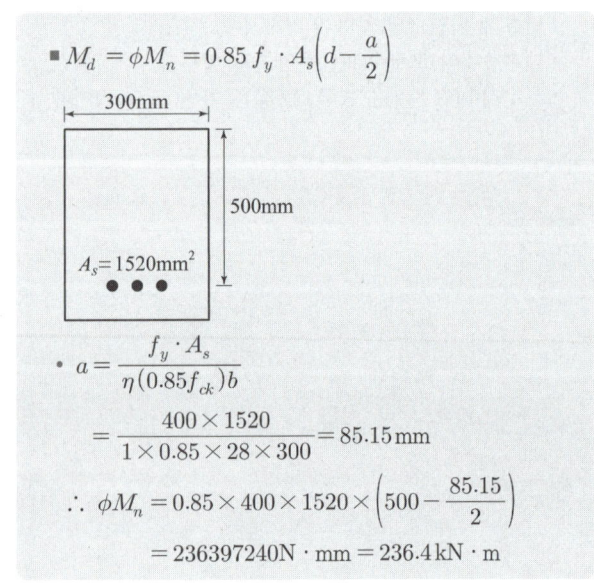

> ■ $M_d = \phi M_n = 0.85 f_y \cdot A_s \left(d - \dfrac{a}{2}\right)$
>
> • $a = \dfrac{f_y \cdot A_s}{\eta(0.85 f_{ck})b}$
> $= \dfrac{400 \times 1520}{1 \times 0.85 \times 28 \times 300} = 85.15$mm
>
> ∴ $\phi M_n = 0.85 \times 400 \times 1520 \times \left(500 - \dfrac{85.15}{2}\right)$
> $= 236397240$N·mm $= 236.4$kN·m

기 04,06,08,09,11,14,23①

68 아래 그림과 같은 두께 19mm 평판의 순단면적을 구하면? (단, 볼트 체결을 위한 강판구멍의 작은 직경은 25mm이다.)

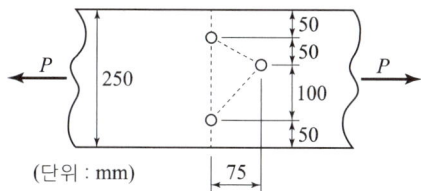

① 3270mm²
② 3800mm²
③ 3920mm²
④ 4530mm²

- 순단면적 $A_n = b_n \cdot t$
- 순폭은 세 값 중 작은 값

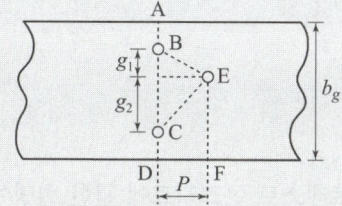

- ABCD단면 $b_n = b_g - 2d = 250 - 2 \times 25 = 200\,\text{mm}$
- ABEF단면 $b_n = b_g - d - \left(d - \dfrac{p^2}{4g_1}\right)$
  $= 250 - 25 - \left(25 - \dfrac{75^2}{4 \times 50}\right) = 228.13\,\text{mm}$
- ABECD단면 $b_n = b_g - d - (w_1 + w_2)$
  $= b_g - d - \left(d - \dfrac{p^2}{4g_1} + d - \dfrac{p^2}{4g_2}\right)$
  $= 250 - 25 - \left(25 - \dfrac{75^2}{4 \times 50} + 25 - \dfrac{75^2}{4 \times 100}\right)$
  $= 217.19\,\text{mm}$
- ∴ 순폭 $b_n = 200\,\text{mm}$
- ∴ $A_n = 200 \times 19 = 3800\,\text{mm}^2$

기 05,07,08,11,18③,21③,23①

69 그림과 같은 나선철근 단주의 강도설계법에 의한 공칭축강도(P_n)는? (단, D32 1개의 단면적=794mm², $f_{ck}=24\text{MPa}$, $f_y=400\text{MPa}$)

① 2648kN
② 3254kN
③ 3716kN
④ 3972kN

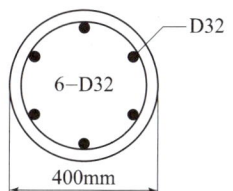

- $P_n = \alpha[0.85f_{ck}(A_g - A_{st}) + f_y \cdot A_{st}]$
- $A_g = \dfrac{\pi d^2}{4} = \dfrac{\pi \times 400^2}{4} = 125664\,\text{mm}^2$
- $A_s = 794 \times 6 = 4764\,\text{mm}^2$
- ∴ $P_n = 0.85[0.85 \times 24(125664 - 4764) + 400 \times 4764]$
  $= 3716166\,\text{N} = 3716\,\text{kN}$

분류	보정계수 α	강도감소계수 ϕ
나선철근	0.85	0.70
띠철근	0.80	0.65

기 00,06,21②,23①

70 콘크리트의 크리프에 대한 설명으로 틀린 것은?

① 고강도 콘크리트는 저강도 콘크리트보다 크리프가 크게 일어난다.
② 콘크리트가 놓이는 주위의 온도가 높을수록 크리프 변형은 크게 일어난다.
③ 물-시멘트비가 큰 콘크리트는 물-시멘트비가 작은 콘크리트보다 크리프가 크게 일어난다.
④ 일정한 응력이 장시간 계속하여 작용하고 있을 때 변형이 계속 진행되는 현상을 말한다.

고강도 콘크리트는 저강도 콘크리트보다 크리프가 적게 일어난다.

> **Remember**
>
> ■ 크리프가 큰 경우
> - 재하기간이 길수록
> - 재하 응력이 클수록
> - 콘크리트의 온도가 높을수록
> - 물-시멘트비가 큰 콘크리트일수록
> - 배합이 나쁠수록
> - 시멘트량이 많을수록
> - 부재의 단면적에 비하여 표면적이 큰 것일수록
> - 인공경량골재 콘크리트는 보통 콘크리트보다
>
> ■ 크리프가 작은 경우
> - 재령이 클수록
> - 고강도 콘크리트일수록
> - 습도가 높을수록
> - 조강시멘트는 보통 시멘트보다
> - 다짐을 실시한 콘크리트
> - 고온증기 양생하면

71 프리스트레스트콘크리트의 원리를 설명할 수 있는 기본 개념으로 옳지 않은 것은?

① 균등질 보의 개념　② 내력 모멘트의 개념
③ 하중평형의 개념　④ 변형도 개념

> PSC 기본개념
> • 응력개념(균등질보의 개념)
> • 강도개념(내력모멘트 개념)
> • 하중평형 개념(등가하중 개념)

72 $b_w = 250$mm, $d = 500$mm, $f_{ck} = 21$MPa, $f_y = 400$MPa인 직사각형보에서 콘크리트가 부담하는 설계전단강도(ϕV_c)는?

① 71.6kN　② 76.4kN
③ 82.2kN　④ 91.5kN

> 콘크리트의 설계전단강도
> $\phi V_c = \phi \dfrac{1}{6} \lambda \sqrt{f_{ck}} b_w d$
> $= 0.75 \times \dfrac{1}{6} \times 1 \times \sqrt{21} \times 250 \times 500 = 71603$ N
> $= 71.6$ kN

73 슬래브의 구조 상세에 대한 설명으로 틀린 것은?

① 1방향 슬래브의 두께는 최소 100mm 이상으로 하여야 한다.
② 1방향 슬래브의 정모멘트 철근 및 부모멘트 철근의 중심 간격은 위험단면에서는 슬래브 두께의 2배 이하이어야 하고, 또한 300mm 이하로 하여야 한다.
③ 1방향 슬래브의 수축·온도철근의 간격은 슬래브 두께의 3배 이하, 또한 400mm 이하로 하여야 한다.
④ 2방향 슬래브의 위험단면에서 철근 간격은 슬래브 두께의 2배 이하, 또한 300mm 이하로 하여야 한다.

> 1방향 슬래브의 수축·온도 철근 간격은 슬래브두께의 5배 이하, 또한 450mm 이하로 하여야 한다.

74 아래는 슬래브의 직접설계법에서 모멘트 분배에 대한 내용이다. 아래의 ( ) 안에 들어갈 ㉠, ㉡으로 옳은 것은?

> 내부 경간에서는 전체 정적 계수휨모멘트 M_o를 다음과 같은 비율로 분배하여야 한다.
> • 부계수휨모멘트　……………(㉠)
> • 정계수휨모멘트　……………(㉡)

① ㉠ : 0.65, ㉡ : 0.35　② ㉠ : 0.55, ㉡ : 0.45
③ ㉠ : 0.45, ㉡ : 0.55　④ ㉠ : 0.35, ㉡ : 0.65

> 정 및 부계수휨모멘트
> • 부계수휨모멘트 : 0.65
> • 정계수휨모멘트 : 0.35

75 다음은 프리스트레스트 콘크리트에 관한 설명이다. 옳지 않은 것은?

① 프리캐스트를 사용할 경우 거푸집 및 동바리공이 불필요하다.
② 콘크리트 전 단면을 유효하게 이용하여 RC부재보다 경간을 길게 할 수 있다.
③ RC에 비해 단면이 작아서 변형이 크고 진동하기 쉽다.
④ RC보다 내화성에 있어서 유리하다.

> 고강도 강재는 고온에 접하면 강도가 갑자기 감소되므로 RC보다 내화성에서 불리하다.

76 지간(L)이 6m인 단철근 직사각형 단순보에 고정하중(자중포함)이 15.5kN/m, 활하중이 35kN/m 작용할 때 최대모멘트가 발생하는 단면의 계수모멘트(M_u)는 얼마인가? (단, 하중조합을 고려할 것)

① 227.3kN·m　② 300.6kN·m
③ 335.7kN·m　④ 373.2kN·m

계수모멘트 $M_u = \dfrac{w_u l^2}{8}$

- 계수하중
$$w_u = 1.2M_D + 1.6M_L$$
$$= 1.2 \times 15.5 + 1.6 \times 35 = 74.6 \text{ kN/m}$$

- 계수휨모멘트
$$\therefore M_u = \dfrac{74.6 \times 6^2}{8} = 335.7 \text{ kN} \cdot \text{m}$$

기 03,06,21①,23①

77 깊은보는 한쪽 면이 하중을 받고 반대쪽 면이 지지되어 하중과 받침부 사이에 압축대가 형성되는 구조요소로서 아래의 (가) 또는 (나)에 해당하는 부재이다. 아래의 ( ) 안에 들어갈 ㉠, ㉡으로 옳은 것은?

(가) 순경간 l_n이 부재 깊이의 (㉠)배 이하인 부재
(나) 받침부 내면에서 부재 깊이의 (㉡)배 이하인 위치에 집중하중이 작용하는 경우는 집중하중과 받침부 사이의 구간

① ㉠ : 4, ㉡ : 2
② ㉠ : 3, ㉡ : 2
③ ㉠ : 2, ㉡ : 4
④ ㉠ : 2, ㉡ : 3

> 깊은보(deep beam)
> 순경간 l_n이 부재 깊이의 4배 이하이거나 하중이 받침부로부터 부재 깊이의 2배 이내에 작용하고 하중의 작용점과 받침부가 서로 반대면에 있어야 한다.

기 01,08,09,23①

78 철근콘크리트가 성립하는 이유에 대한 설명으로 잘못된 것은?

① 철근과 콘크리트와의 부착력이 크다.
② 콘크리트 속에 묻힌 철근은 녹슬지 않고 내구성을 갖는다.
③ 철근과 콘크리트의 무게가 거의 같고 내구성이 같다.
④ 철근과 콘크리트는 열에 대한 팽창계수가 거의 같다.

> - 철근과 콘크리트와의 부착력이 크다.
> - 철근과 콘크리트의 열팽창계수가 거의 같다.
> - 철근은 콘크리트 속에서 녹이 슬지 않는다.
> - 철근과 콘크리트는 단위중량이 다르므로 무게가 다르다.

기 15①,19②,22②,23①

79 옹벽의 설계 및 구조해석에 대한 설명으로 틀린 것은?

① 지반에 유발되는 최대 지반반력은 지반의 허용지지력을 초과할 수 없다.
② 전도에 대한 저항휨모멘트는 횡토압에 의한 전도모멘트의 1.5배 이상이어야 한다.
③ 저판의 뒷굽판은 정확한 방법이 사용되지 않는 한, 뒷굽판 상부에 재하되는 모든 하중을 지지하도록 설계하여야 한다.
④ 캔틸레버식 옹벽의 저판은 전면벽과의 접합부를 고정단으로 간주한 캔틸레버로 가정하여 단면을 설계할 수 있다.

> - 전도에 대한 저항휨모멘트는 횡토압에 의한 전도모멘트의 2.0배 이상이어야 한다.
> - 활동에 대한 저항력은 옹벽에 작용하는 수평력의 1.5배 이상이어야 한다.

기 03,06,09,23①

80 인장이형철근의 정착에 대한 설명으로 옳은 것은?

① 인장이형철근의 정착길이는 기본정착길이 l_{db}에 보정계수를 곱하여 구하며, 상부철근(정착길이 아래 300mm를 초과되게 굳지 않은 콘크리트를 친 수평철근)일 때 보정계수(α)는 1.2이다.
② 에폭시 도막철근으로 피복두께가 $3d_b$ 미만 또는 순간격이 $6d_b$ 미만인 경우 보정계수(β)는 1.5이다.
③ 동일한 철근량을 사용할 경우, 굵은 철근을 사용하는 것이 정착길이를 짧게 하며, 정착에 유리하다.
④ 콘크리트의 평균쪼갬인장강도(f_{sp})가 주어지지 않은 경량콘크리트의 보정계수(λ)는 보통중량콘크리트에서 1.3이다.

> - 인장이형철근의 정착길이는 상부철근일 때 보정계수 $\alpha = 1.3$이다.
> - 동일한 철근량일 때 가는 철근을 사용하는 것이 정착에 유리하다.
> - f_{sp}값이 규정되어 있지 않은 경우
>   - $\lambda = 0.75$: 전경량 콘크리트
>   - $\lambda = 0.85$: 모래경량 콘크리트

정답 77 ① 78 ③ 79 ② 80 ②

제5과목 : 토질 및 기초

기 00,01,03,04,06,09①,16④,19③,23①
81 흙의 다짐에 대한 설명으로 틀린 것은?

① 최적함수비는 흙의 종류와 다짐 에너지에 따라 다르다.
② 일반적으로 조립토일수록 다짐곡선의 기울기가 급하다.
③ 흙이 조립토에 가까울수록 최적함수비가 커지며 최대 건조단위중량은 작아진다.
④ 함수비의 변화에 따라 건조단위중량이 변하는데 건조단위중량이 가장 클 때의 함수비를 최적함수비라 한다.

- 세립토(점성토)가 많을수록 최대 건조밀도는 감소하고 최적 함수비(OMC)는 증가한다.
- 조립토(모래질)가 많을수록 최대건조밀도는 증가하고 최적 함수비(OMC)는 감소한다.

기 18,23①
82 다음 중 사면의 안정해석 방법이 아닌 것은?

① 마찰원법
② 비숍(Bishop)의 방법
③ 펠레니우스(Fellenius) 방법
④ 테르자기(Terzaghi)의 방법

- 사면의 안정 해석법 : 분할법(Fellenius법, Bishop의 간편법), 마찰원, Taylor의 해법
- Terzaghi은 얕은 기초의 극한 지지력 산정 공식

기 13,16,19④,21③
83 4m×4m 크기인 정사각형 기초를 내부마찰각 $\phi = 20°$, 점착력 $c = 30kN/m^2$인 지반에 설치하였다. 흙의 단위중량 $\gamma = 19kN/m^3$이고, 안전율(F_s)을 3으로 할 때 Terzaghi 지지력 공식으로 기초의 허용하중을 구하면? (단, 기초의 깊이는 1m이고, 전반전단파괴가 발생한다고 가정하며, 지지력계수 $N_c = 17.69$, $N_q = 7.44$, $N_r = 4.97$이다.)

① 3780kN
② 5239kN
③ 6750kN
④ 8140kN

허용하중 $Q_a = \dfrac{Q_u}{F_s} = \dfrac{q_u \times A}{F_s}$

$q_u = \alpha c N_c + \beta \gamma_1 B N_r + \gamma_2 D_f N_q$
$= 1.3 \times 30 \times 17.69 + 0.4 \times 19 \times 4 \times 4.97 + 19 \times 1 \times 7.44$
$= 982.36 \, kN/m^2$

$\therefore Q_a = \dfrac{982.36 \times (4 \times 4)}{3} = 5239 \, kN$

기 04,06,08,10,20④,21②,23①
84 다음 중 흙의 동상 피해를 막기 위한 대책으로 가장 적합한 것은?

① 동결심도 하부의 흙을 비동결성 흙(자갈, 쇄석)으로 치환한다.
② 구조물을 축조할 때 기초를 동결심도보다 얕게 설치한다.
③ 흙속에 단열재료(석탄재, 코크스 등)를 넣는다.
④ 하부로부터 물의 공급이 충분하도록 한다.

- 동결심도 상부의 흙을 비동결성 흙(자갈, 쇄석)으로 치환 한다.
- 구조물을 축조할 때 기초를 동결심도보다 깊게 설치한다.
- 하부로부터 물의 공급을 차단하도록 한다.

기 12,18③,23①
85 얕은기초의 지지력 계산에 적용하는 Terzaghi의 극한지지력 공식에 대한 설명으로 틀린 것은?

① 기초의 근입깊이가 증가하면 지지력도 증가한다.
② 기초의 폭이 증가하면 지지력도 증가한다.
③ 기초지반이 지하수에 의해 포화되면 지지력은 감소한다.
④ 국부전단 파괴가 일어나는 지반에서 내부마찰각(ϕ')은 $\dfrac{2}{3}\phi$를 적용한다.

지반이 연약한 국부전단파괴의 수정

- 수정 점착력 $c' = \dfrac{2}{3}c$

$\therefore$ 국부전단인 경우 점착력은 $\dfrac{2}{3}$배 값을 사용한다.

- 전단저항각 $\phi' = \tan^{-1}\left(\dfrac{2}{3}\tan\phi\right)$

정답 81 ③ 82 ④ 83 ② 84 ③ 85 ④

86
어떤 흙의 변수위투수시험 결과가 아래와 같을 때 이 흙의 투수계수는? (단, 시험시 온도는 15℃이다.)

- 흙 시료의 지름 = 10cm
- 흙 시료의 길이 = 20.0cm
- 스탠드 파이프의 지름 = 0.5cm
- 시험시간 = 10분
- 측정 개시시각(t_1) = 09시20분
- 측정 종료시각(t_2) = 09시30분
- 시각 t_1에 있어서의 수위차 = 30cm
- 시각 t_2에 있어서의 수위차 = 15cm

① 5.78×10^{-5} cm/s ② 4.95×10^{-4} cm/s
③ 5.45×10^{-4} cm/s ④ 7.39×10^{-5} cm/s

변수위투수시험 투수계수

$$k = 2.3 \frac{a \cdot L}{A \cdot t} \log_{10} \frac{h_1}{h_2}$$

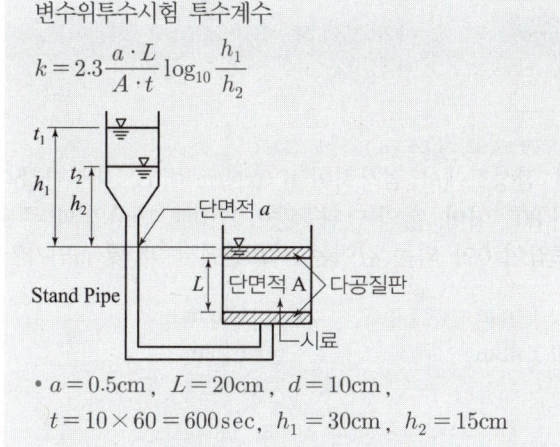

- $a = 0.5$cm, $L = 20$cm, $d = 10$cm,
  $t = 10 \times 60 = 600$ sec, $h_1 = 30$cm, $h_2 = 15$cm

$$\therefore k = 2.3 \frac{\frac{\pi \times 0.5^2}{4} \times 20}{\frac{\pi \times 10^2}{4} \times 600} \log_{10} \frac{30}{15}$$

$$= 5.77 \times 10^{-5} \text{ cm/sec}$$

87
페이퍼드레인 공법의 설명 중 틀린 것은?

① 압밀촉진 공법으로 시공속도가 빠르다.
② 장기간 사용시 열화현상이 생겨 배수효과가 감소한다.
③ 타설에 의하여 주위 지반을 심하게 교란시킨다.
④ 단면이 깊이에 대해 일정하다.

타설에 의해서 주변(주위) 지반을 교란하지 않는다.

88
아래와 같은 조건에서 AASHTO분류법에 따른 군지수(GI)는?

- 흙의 액성한계 : 45%
- 흙의 소성한계 : 25%
- 200번체 통과율 : 50%

① 7   ② 10
③ 13   ④ 16

군지수 $GI = 0.2a + 0.005ac + 0.01bd$
- $a = $ No.200체 통과량 $- 35 = 50 - 35 = 15\%$
  (0~40의 정수)
- $b = $ No.200체 통과량 $- 15 = 50 - 15 = 35\%$
  (0~40의 정수)
- $c = $ 액성 한계 $- 40 = 45 - 40 = 5$
- $d = $ 소성 지수 $- 10 = (45 - 25) - 10 = 10$
- $\therefore GI = 0.2 \times 15 + 0.005 \times 15 \times 5 + 0.01 \times 35 \times 10$
  $= 6.88 ≒ 7$

참고 GI값은 가장 가까운 정수로 반올림한다.

89
그림과 같은 5m 두께의 포화점토층이 100kN/m² 의 상재하중에 의하여 30cm의 침하가 발생하는 경우에 압밀도는 약 $U = 60\%$에 해당하는 것으로 추정되었다. 향후 몇 년이면 이 압밀도에 도달하겠는가?
(단, 압밀계수(C_v) = 3.6×10^{-4} cm²/sec)

U(%)	T_v
40	0.126
50	0.197
60	0.287
70	0.403

① 약 1.3년   ② 약 1.6년
③ 약 2.2년   ④ 약 2.4년

$$t_{60} = \frac{T_v \cdot H^2}{C_v}$$

$$= \frac{0.287 \times \left(\frac{500}{2}\right)^2}{3.6 \times 10^{-4}} \cdot \frac{1}{60 \times 60 \times 24 \times 365} = 1.6 \text{년}$$

($\because$ 1년 = $60 \times 60 \times 24 \times 365$ sec)

90 그림과 같은 지반에 등분포하중($q=60\text{kN/m}^2$)을 가하였다. 점토층의 1차 압밀에 의한 침하량은 얼마인가? (단, 지하수면은 지표면과 일치하고 물의 단위중량은 9.81kN/m^3이다.)

① 102.1cm
② 77.3cm
③ 51.4cm
④ 38.9cm

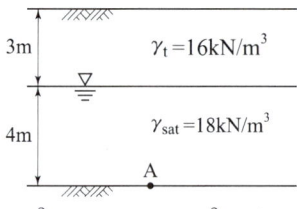

- 침하량 $\Delta H = \dfrac{C_c H}{1+e} \log\left(\dfrac{P_o + \Delta P}{P_o}\right)$
- 수중밀도 $\gamma_{\text{sub}} = \dfrac{G_s - 1}{1+e}\gamma_w$
- 모래 : $\gamma_{\text{sub}} = \dfrac{2.65-1}{1+0.7} \times 9.81 = 9.52\text{kN/m}^3$
- 점토 : $\gamma_{\text{sub}} = \dfrac{2.7-1}{1+2.0} \times 9.81 = 5.56\text{kN/m}^3$
- 점토의 유효과재하중
  $P_o = 2.5 \times 9.52 + \dfrac{8}{2} \times 5.56 = 46.04\text{kN/m}^2$
  ($\because \dfrac{8}{2}$: 점토의 중심)
$\therefore \Delta H = \dfrac{0.8 \times 8}{1+2.0}\log\left(\dfrac{46.04+60}{46.04}\right)$
$= 0.7730\text{m} = 77.30\text{cm}$

91 다음 설명 중 잘못된 것은 어느 것인가?

① 점착력과 내부마찰각은 파괴면에 작용하는 수직응력의 크기에 비례한다.
② 조밀한 모래는 (+) Dilatancy, 느슨한 모래는 (−) Dilatancy가 발생한다.
③ 전단응력이 전단강도를 넘으면 흙 내부에 파괴가 일어난다.
④ 조밀한 모래는 전단변형이 작을 때 전단파괴에 이른다.

- 전단강도 $\tau = c + \sigma\tan\phi$에서 내부마찰각($\phi$)은 파괴면에 작용하는 수직응력($\sigma$)의 크기에 반비례한다.
- 조밀한 모래 : (+)Dilatancy, (−) 간극수압
- 느슨한 모래 : (−)Dilatancy, (+) 간극수압

92 아래 그림과 같은 지반의 A점에서 전응력(σ), 간극수압(u), 유효응력(σ')을 구하면? (단, 물의 단위중량은 9.81kN/m^3이다.)

① $\sigma=100\text{kN/m}^2$, $u=9.8\text{kN/m}^2$, $\sigma'=90.2\text{kN/m}^2$
② $\sigma=100\text{kN/m}^2$, $u=29.4\text{kN/m}^2$, $\sigma'=70.6\text{kN/m}^2$
③ $\sigma=120\text{kN/m}^2$, $u=19.6\text{kN/m}^2$, $\sigma'=100.4\text{kN/m}^2$
④ $\sigma=120\text{kN/m}^2$, $u=39.2\text{kN/m}^2$, $\sigma'=80.8\text{kN/m}^2$

- $\sigma = h_1 \cdot \gamma_t + h_2 \cdot \gamma_{\text{sat}} = 3 \times 16 + 4 \times 18 = 120\text{kN/m}^2$
- $u = h_2 \cdot \gamma_w = 4 \times 9.18 = 39.2\text{kN/m}^2$
- $\sigma' = \sigma - u = 120 - 39.24 = 80.8\text{kN/m}^2$

93 점성토에서 점착력이 6.0kN/m^2이고, 내부마찰각이 30°이며, 흙의 단위중량이 17.06kN/m^3일 때 주동토압이 0이 되는 깊이는 지표면에서 약 몇 m인가?

① 1.52m ② 1.32m
③ 1.42m ④ 1.22m

- 인장균열깊이(Z_c)은 주동토압이 0이 되는 깊이
- $Z_C = \dfrac{2C}{\gamma}\tan\left(45° + \dfrac{\phi}{2}\right)$
  $= \dfrac{2 \times 6.0}{17.06}\tan\left(45° + \dfrac{30°}{2}\right) = 1.22\text{m}$

94 말뚝이 20개인 군항기초의 효율이 0.80이고, 단항으로 계산된 말뚝 1개의 허용지지력이 200kN일 때, 이 군항의 허용지지력은?

① 1600kN ② 2000kN
③ 3200kN ④ 4000kN

$R_{ag} = ENR_a = 0.80 \times 20 \times 200 = 3200\text{kN}$

□□□ 기 08②,14②,18③,19②,21②,22②,23①

95 토립자가 둥글고 입도분포가 나쁜 모래 지반에서 표준관입시험을 한 결과 N값은 10이었다. 이 모래의 내부 마찰각(ϕ)을 Dunham의 공식으로 구하면?

① 21° ② 26°
③ 31° ④ 36°

Dunham 공식

토립자의 조건	내부 마찰각
• 토립자가 둥글고 입도분포가 불량 (균일)	$\phi = \sqrt{12N} + 15$
• 토질입자가 둥글고 입도분포가 양호 • 토립자가 모나고 입도분포가 불량 (균일)	$\phi = \sqrt{12N} + 20$
• 토립자가 모가 나고 입도분포가 양호	$\phi = \sqrt{12N} + 25$

∴ 흙입자가 둥글고 입도분포가 나쁜(불량)모래
$\phi = \sqrt{12N} + 15 = \sqrt{12 \times 10} + 15 = 26°$

□□□ 기 94,03,12,20③,23①

96 표준관입시험(SPT)을 할 때 처음 150mm관입에 요하는 N값은 제외하고 그 후 300mm관입에 요하는 타격수로 N값을 구한다. 그 이유로 가장 타당한 것은?

① 흙은 보통 150mm밑부터 그 흙의 성질을 가장 잘 나타낸다.
② 관입봉의 길이가 정확히 450mm이므로 이에 맞도록 관입시키기 위함이다.
③ 정확히 300mm를 관입시키기가 어려워서 150mm관입에 요하는 N값을 제외한다.
④ 보링구멍 밑면 흙이 보링에 의하여 흐트러져 150mm 관입 후부터 N값을 측정한다.

보링구멍 밑면 흙이 보링에 의하여 흐트러져 불교란 지반에 도달시키기 위하여 150mm관입 후부터 N값을 측정한다.

□□□ 기 18③,23①

97 점성토를 다지면 함수비의 증가에 따라 입자의 배열이 달라진다. 최적함수비의 습윤측에서 다짐을 실시하면 흙은 어떤 구조로 되는가?

① 단립구조 ② 봉소구조
③ 이산구조 ④ 면모구조

• 점성토에서 흙은 최적함수비보다 큰 함수비로 다지면 이산구조를 보이고 작은 함수비로 다지면 면모구조를 보인다.
• 점토를 최적함수비의 습윤측에서 다짐을 실시하면 이산구조를 가지게 된다.
• 점토를 최적함수비보다 약간 건조측의 함수비로 다지면 면모구조를 가지게 된다.

□□□ 기 15①,22②,23①

98 현장에서 완전히 포화되었던 시료라 할지라도 시료 채취 시 기포가 형성되어 포화도가 저하될 수 있다. 이 경우 생성된 기포를 원상태로 용해시키기 위해 작용시키는 압력을 무엇이라고 하는가?

① 배압(back pressure)
② 축차응력(deviator stress)
③ 구속압력(confined pressure)
④ 선행압밀압력(preconsolidation pressure)

배압
지하수위아래 흙을 채취하면 물속에 용해되어 있던 산소는 그 수압이 없어져 체적이 커지고 기포를 형성하므로 포화도는 100% 보다 떨어진다. 이러한 시료는 불포화된 시료를 형성하여 올바른 값이 되지 않게 된다. 그러므로 이 기포가 다시 용해되도록 원 상태의 압력을 받게 가하는 압력으로 삼축 압축시험에 사용된다.

□□□ 기 86,90,96,99,23①

99 다음은 침윤선에 대한 설명이다. 틀린 것은 어느것인가?

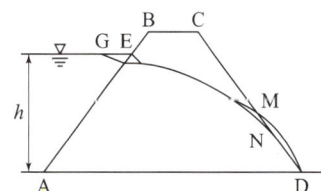

① AE는 등수두선이다.
② AD는 유선이다.
③ 침윤선은 E에서 AB에 직교한다.
④ CD는 등수두선이다.

• 유선 : AD, ED
• 등수두선 : AE
• 침윤선 : E에서 AB에 직교하도록 보정한 선
• CD : 등수두선, 유선이 아니고 하류측 사면이다.

정답 95 ② 96 ④ 97 ③ 98 ① 99 ④

□□□ 기 96,04,23①

100 간극비(e)가 0.6, 비중(G_s)이 2.64인 흙의 건조단위중량은? (단, 물의 단위중량은 9.81kN/m³이다.)

① 18.15kN/m³ ② 16.19kN/m³
③ 20.50kN/m³ ④ 13.93kN/m³

> 건조단위중량 $\gamma_d = \dfrac{G_s}{1+e}\gamma_w$
>
> $\therefore \gamma_d = \dfrac{2.64}{1+0.6} \times 9.81 = 16.19\,\text{kN/m}^3$

제6과목 : 상하수도공학

□□□ 기 98,00,15,18③,23①

101 하수관로의 접합 중에서 굴착 깊이를 얕게하여 공사비용을 줄일 수 있으며, 수위상승을 방지하고 양정고를 줄일 수 있어 펌프로 배수하는 지역에 적합한 방법은?

① 관정접합 ② 관저접합
③ 수면접합 ④ 관중심접합

> 관저접합
> 굴착깊이를 얕게 함으로 공사비용을 줄일 수 있으며 수위상승을 방지하고 양정고를 줄일 수 있어 펌프로 배수하는 지역에 적합하다.

Remember

관거의 접합

수면접합	수리학적으로 대개 계획수위를 일치시켜 접합시키는 것
관정접합	유수는 일정한 흐름이 되지만 굴착깊이가 증가됨으로 공사비가 증대된다.
관중심접합	수면접합과 관정접합의 중간적인 방법
관저접합	굴착깊이를 얕게 함으로 공사비용을 줄일 수 있다.
단차접합	지표의 경사가 급한 경우에 이용되는 방법
계단접합	통상대구경관거 또는 현장타설관거에 설치

□□□ 기 00,15④,19③,23①

102 어느 하천의 자정작용을 나타낸 아래 용존산소곡선을 보고 어떤 물질이 하천으로 유입되었다고 보는 것이 가장 타당한가?

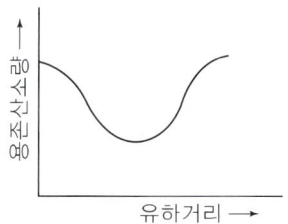

① 생활하수
② 질산성질소
③ 농도가 매우 낮은 폐알칼리
④ 농도가 매우 낮은 폐산(廢酸)

> 용존부족곡선은 하천에서 DO농도가 생활하수의 흐름에 따라 변화하는가를 나타낸 곡선으로 하천에서는 유하거리와 경과시간은 거의 같다.

□□□ 기 23①

103 다음 중 여과과정에서 발생하는 현상이 아닌 것은?

① Cross connection ② Mud ball
③ Air binding ④ Break through

> ■ 급속여과지에서 발생하는 현상
> • 공기장애(Air binding)
> • Mud ball현상
> • 탁질누출(Break through)
> ■ 교차연결(Cross connection)
>   관이 잘못 연결되어 있는 상태

□□□ 기 12,13,23①

104 펌프를 선택할 때에 반드시 고려해야 할 사항은?

① 양정 ② 지질
③ 무게 ④ 방향

> Pump 선정 시 고려사항
> 양정, 양수량, 회전수, 원동기의 종류, 설치조건, 사용목적, 전달방식, 가격

☐☐☐ 기 98,10①,13②,19③,20④,23①
105 지표수를 수원으로 하는 일반적인 상수도의 계통도로 옳은 것은?

① 취수탑 → 침사지 → 급속여과 → 보통침전지 → 소독 → 배수지 → 급수
② 침사지 → 취수탑 → 급속여과 → 응집침전지 → 소독 → 배수지 → 급수
③ 취수탑 → 침사지 → 보통침전지 → 급속여과 → 배수지 → 소독 → 급수
④ 취수탑 → 침사지 → 응집침전지 → 급속여과 → 소독 → 배수지 → 급수

> 지표수 → 취수(취수탑) → 정수(침사지 - 응집침전지 → 급속여과) → 정수지 → 배수지 → 급수

☐☐☐ 기 15①,18③,22①,23①
106 정수방법 선정 시의 고려사항(선정조건)으로 가장 거리가 먼 것은?

① 원수의 수질
② 도시발전 상황과 물 사용량
③ 정수수질의 관리목표
④ 정수시설의 규모

> 정수방법의 선정조건
> • 원수 수질
> • 정수 수질의 관리 목표
> • 정수시설의 규모
> • 정수시설의 운전제어와 유지관리기술의 수준

☐☐☐ 기 11,23①,23①
107 하수슬러지 탈수성을 개선하기 위한 슬러지 개량방법으로 이용되지 않는 것은?

① 오존처리
② 세정
③ 열처리
④ 약품첨가

> 슬러지의 개량 방법으로는 세정, 열처리, 동결, 약품처리 등이 있다.

☐☐☐ 기 96,23①,23①
108 정수시설 중 응집지의 플록형성지에서 계획정수량에 따른 표준 플록형성시간(체류시간)은?

① 10~30분
② 20~40분
③ 30~50분
④ 1시간 이상

> 플록(floc)형성지
>
> | 플록형성시간 | 20~40분 |
> |---|---|
> | 평균유속 | 15~30cm/sec |
> | 교반시간 | 10⁴~10⁵ |

☐☐☐ 기 13①,21②,23①
109 정수시설 내에서 조류를 제거하는 방법 중 약품으로 조류를 산화시켜 침전처리 등으로 제거하는 방법에 사용되는 것은?

① Zeolite
② 황산구리
③ 과망간산칼륨
④ 수산화나트륨

> 정수시설 내의 조류제거 방법
> • 약품처리 후 침전처리 등으로 제거하는 방법 : 염소제, 황산구리 등의 살조제로 처리하는 방법
> • 여과로 제거하는 방법 : 그물눈이 작은 그물망을 친 마이크로 스트레이너로 조류를 기계적으로 여과하여 제거하는 방법, 침전처리수에 응집제를 주입하여 여과층에서 제거하는 방법

☐☐☐ 기 11,14①,21②,23①
110 유출계수가 0.6이고, 유역면적 2km²에 강우강도 200mm/h의 강우가 있었다면 유출량은? (단, 합리식을 사용한다.)

① 24.0m³/s
② 66.7m³/s
③ 240m³/s
④ 667m³/s

> $Q = \dfrac{1}{360}CIA$
> • $A = 2\,km^2 = 200\,ha$
> ∴ $Q = \dfrac{1}{360} \times 0.6 \times 200 \times 200 = 66.67\,m^3/sec$

□□□ 기 23①
111 활성슬러지 공정에서 2차침전지 반송슬러지의 농도가 6,000mg/l였다. 폭기조의 MLSS 농도를 2,500mg/l, 유입수의 농도를 750mg/l로 유지하기 위한 반송율은?

① 30% ② 40%
③ 50% ④ 60%

$$\text{반송율 } r = \frac{\text{MLSS 농도} - \text{SS}}{\text{반송슬러지의 농도} - \text{MLSS 농도}} \times 100$$
$$= \frac{2500 - 750}{6000 - 2500} \times 100 = 50\%$$

□□□ 기 23①
112 상수도 배수관망 중 격자식 배수관망에 대한 설명으로 틀린 것은?

① 물이 정체하지 않는다.
② 사고시 단수구역이 작아진다.
③ 수리계산이 복잡하다.
④ 제수밸브가 적게 소요되며 시공이 용이하다.

수지상식의 장점
제수밸브가 적게 소요되며 시공이 용이하다.

Remember
격자식방식의 장단점

장점	단점
• 물이 정체하지 않는다. • 수압을 유지하기 쉽다. • 단수 구역이 좁아진다. • 화재시 사용량의 변화에 대처하기가 쉽다.	• 관망의 수리계산이 복잡하다. • 관거의 포설시 건설비가 많이 소요된다.

□□□ 기 13④,23①
113 하수처리시설의 펌프장시설에 설치되는 침사지에 대한 설명 중 틀린 것은?

① 견고하고 수밀성 있는 철근콘크리트 구조로 한다.
② 유입부는 편류를 방지하도록 고려한다.
③ 침사지의 평균유속은 3.0m/s를 표준으로 한다.
④ 체류시간은 30~60초를 표준으로 한다.

침사지의 평균유속은 0.3m/sec를 표준으로 한다.

□□□ 기 04,23①
114 활성슬러지 변법 중 포기조 위치에 따른 산소요구의 변화에 적합하도록 포기하는 방법은?

① 점감식 포기법(tapered aeration)
② 계단식 포기법(step aeration)
③ 장기 포기법(extended aeration)
④ 수정식 포기법(modified aeration)

점감식 포기법
표준활성슬러지공정의 단점인 유입부 부근에서의 산소부족현상을 보완하기 위하여 산소요구량의 변화에 따라 포기조 길이방향으로 공급하는 공기량을 달리한 것이다.

□□□ 기 09④,19①,23①
115 수격작용(Water Hammer)의 방지 또는 감소 대책에 대한 설명으로 틀린 것은?

① 펌프의 토출구에 완만히 닫을 수 있는 역지밸브를 설치하여 압력상승을 적게 한다.
② 펌프 설치 위치를 높게 하고 흡입양정을 크게 한다.
③ 펌프에 플라이휠(fly wheel)을 붙여 펌프의 관성을 증가시켜 급격한 압력강하를 완화한다.
④ 토출측 관로에 압력조절수조를 설치한다.

펌프 설치 위치를 낮게 하고 흡입양정을 적게 하여 압력강하를 완화 시켜준다.

□□□ 기 07,09,14①,22②,23①
116 다음 관거별 계획 하수량에 대한 사항으로서 틀린 것은?

① 오수관거는 계획시간 최대오수량으로 한다.
② 우수관거는 우천시 계획오수량으로 한다.
③ 합류식 관거는 계획시간 최대오수량에 계획우수량을 합한 것으로 한다.
④ 차집관거는 우천시 계획 오수량으로 한다.

• 오수관거의 계획 하수량 : 계획 시간 최대 오수량을 기준으로 한다.
• 우수관거의 계획 하수량 : 계획 우수량으로 한다.

117 양수량이 15.5m³/min이고, 전양정이 24m일 때, 펌프의 축동력은? (단, 펌프의 효율은 80%로 가정한다.)

① 75.88kW ② 7.58kW
③ 4.65kW ④ 46.57kW

축동력 $P = \dfrac{1000QH_p}{102\eta}$

- $Q = 15.5\text{m}^3/\text{min} = 0.258\text{m}^3/\text{sec}$

$\therefore P = \dfrac{1000 \times 0.258 \times 24}{102 \times 0.8} = 75.88\text{kW}$

---

118 하수의 배제방식 중 분류식 하수도에 대한 설명으로 틀린 것은?

① 우수관 및 오수관의 구별이 명확하지 않는 곳에서는 오접의 가능성이 있다.
② 우천시에 수세효과가 있다.
③ 우천시 월류의 우려가 없다.
④ 청천시 월류의 우려가 없다.

관거내의 퇴적이 적어 수세효과는 기대할 수 없다.

---

119 다음 급수량 중 크기(양)가 제일 큰 것은?

① 1일 평균급수량 ② 1일 최대평균급수량
③ 1일 최대급수량 ④ 시간 최대급수량

급수량의 크기

급수량 종류	연평균 1일 사용 수량에 대한 %
1일 평균급수량	100
1일 최대급수량	150
시간 최대급수량	225

---

120 슬러지 팽화(bulking)의 지표가 되는 것은?

① MLSS ② SVI
③ MLVSS ④ VSS

슬러지의 팽화(sludge bulking)
- 슬러지의 팽화(sludge bulking) 여부를 확인하는 지표로 사용한다.
- 최종침전지에서 활성 슬러지의 SVI가 크고 침강성이 악화되어 고액분리를 충분히 할 수 없는 경우를 슬러지 팽화라 한다.

국가기술자격 필기시험문제

2023년도 기사 2회 필기시험

자격종목	시험시간	문제수	형 별
토목기사	3시간	120	A

※ 각 문제는 4지 택일형으로 질문에 가장 적합한 문제의 보기 번호를 클릭하거나 답안표기란의 번호를 클릭하여 입력하시면 됩니다.
※ 입력된 답안은 문제 화면 또는 답안 표기란의 보기 번호를 클릭하여 변경하실 수 있습니다.

제1과목 : 응용역학

□□□ 기 01,07,08,10①,12①,23②

01 수직응력 $\sigma_x = 1\text{MPa}$, $\sigma_y = 2\text{MPa}$와 전단응력 $\tau_{xy} = 0.5\text{MPa}$을 받고 있는 아래 그림과 같은 평면응력 요소의 최대주응력을 구하면?

① 2.21MPa
② 2.31MPa
③ 2.41MPa
④ 2.51MPa

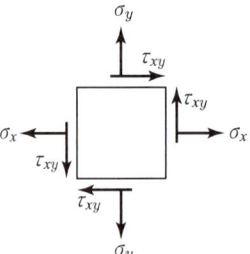

$$\sigma_{\max} = \frac{\sigma_x + \sigma_y}{2} + \sqrt{\left(\frac{\sigma_x - \sigma_y}{2}\right)^2 + \tau_{xy}^2}$$

$$= \frac{1+2}{2} + \sqrt{\left(\frac{1-2}{2}\right)^2 + 0.5^2}$$

$$= 1.5 + 0.707 = 2.21\,\text{MPa}$$

□□□ 기 05④,12②,22②,23②,24③

02 길이가 4m인 원형단면 기둥의 세장비가 100이 되기 위한 기둥의 지름은? (단, 지지상태는 양단 힌지로 가정한다.)

① 200mm
② 180mm
③ 160mm
④ 120mm

원형단면 기둥(양단힌지 $k = 1.0$)
- 세장비 $\lambda = \dfrac{l}{\sqrt{\dfrac{I}{A}}} = \dfrac{l}{\sqrt{\dfrac{\pi d^4/64}{\pi d^2/4}}} = \dfrac{l}{\dfrac{d}{4}} = 100$
- $\dfrac{d}{4} = \dfrac{l}{\lambda} = \dfrac{4000}{100}$ ∴ $d = 160\,\text{mm}$

□□□ 기 06④,19①,22③,23②

03 다음 정정보에서의 전단력도(SFD)로 옳은 것은?

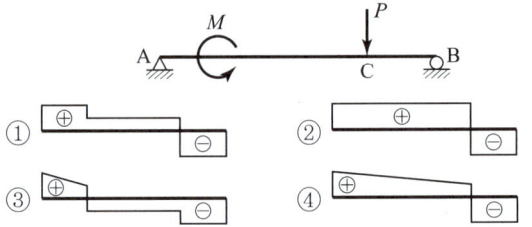

전단력도(S.F.D)는 휨모멘트(M)에는 영향이 없고 수직하중(P)에 의해서만 작도한다.

Remember

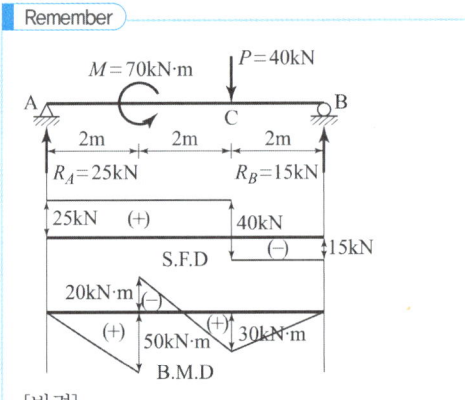

[반력]
$\sum M_B = 0$에서
$R_A \times 6 - 70 - 40 \times 2 = 0$ ∴ $R_A = 25\,\text{kN}$
$\sum M_A = 0$에서
$R_B \times 6 + 70 - 40 \times 4 = 0$ ∴ $R_B = 15\,\text{kN}$

[전단력]
$S_{A-D} = R_A = 25\,\text{kN}$
$S_{D-B} = R_A - 40 = 25 - 40 = -15\,\text{kN}$

[휨모멘트]
$M_A = 0$
$M_{C좌} = 25 \times 2 = 50\,\text{kN} \cdot \text{m}$
$M_{C우} = -70 + 50 = -20\,\text{kN} \cdot \text{m}$
$M_D = 25 \times 4 - 70 = 30\,\text{kN} \cdot \text{m}$
$M_B = 0$

정답 01 ① 02 ③ 03 ②

□□□ 기 86,94,96,01,03,06,10,14,22③,23②

04 다음 그림에서 처음에 P_1이 작용했을 때 자유단의 처짐 δ_1이 생기고, 다음에 P_2를 가했을 때 자유단의 처짐이 δ_2 만큼 증가되었다고 한다. 이때 외력 P_1이 행한 일은?

① $\dfrac{1}{2}P_1\delta_1 + P_1\delta_2$ ② $\dfrac{1}{2}P_1\delta_1 + P_2\delta_2$

③ $\dfrac{1}{2}(P_1\delta_1 + P_1\delta_2)$ ④ $\dfrac{1}{2}(P_1\delta_1 + P_2\delta_2)$

- 최초 P_1이 한 일 : $\dfrac{1}{2}P_1\delta_1$
- P_2가 작용할 때 P_1이 한 일 : $P_1\delta_2$
  ∴ P_1이 행한 일 $W = \dfrac{1}{2}P_1\delta_1 + P_1\delta_2$

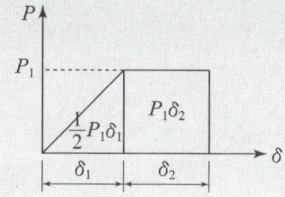

□□□ 기 05,11,15,23②

05 트러스 해석시 가정을 설명한 것 중 틀린 것은?

① 부재들은 양단에서 마찰이 없는 핀으로 연결되어진다.
② 하중과 반력은 모두 트러스의 격점에만 작용한다.
③ 부재의 도심축은 직선이며 연결핀의 중심을 지난다.
④ 하중으로 인한 트러스의 변형을 고려하여 부재력을 산출한다.

트러스의 해석상의 기본가정
- 격점을 연결하는 직선은 부재의 축과 일치한다.(실제와 대체로 잘 맞음)
- 각 부재들은 양단에서 마찰이 전혀 없는 핀(Pin, hinge)으로 연결되어 있으므로, 1개의 축방향력(인장 및 압축)만 존재한다.
- 외력인 하중은 모두 격점에 집중하여 작용하므로 부재 응력은 축력에만 생긴다.
- 트러스의 변형은 미소하여 이것을 무시할 수 있고, 하중이 작용한 후에도 격점의 위치에는 변화가 생기지 않는다.

□□□ 기 09,13,23②

06 그림과 같은 구조물에서 B지점의 휨모멘트는?

① $-3Pl$
② $-4Pl$
③ $-6Pl$
④ $-12Pl$

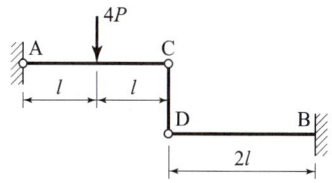

구조물의 분해도

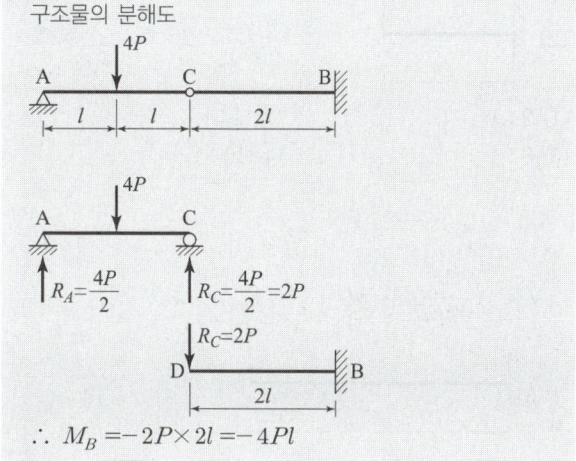

∴ $M_B = -2P \times 2l = -4Pl$

□□□ 기 82,18①,23②

07 다음과 같은 단면적 A, 탄성계수 E인 기둥에서 줄음량을 구한 값은?

① $\dfrac{2Pl}{EA}$
② $\dfrac{3Pl}{EA}$
③ $\dfrac{4Pl}{EA}$
④ $\dfrac{5Pl}{EA}$

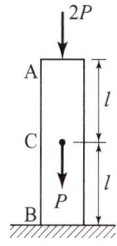

줄음량 $\Delta l = \dfrac{Pl}{EA}$ 에서

∴ $\Delta l = \dfrac{2Pl}{EA} + \dfrac{3Pl}{EA} = \dfrac{5Pl}{EA}$

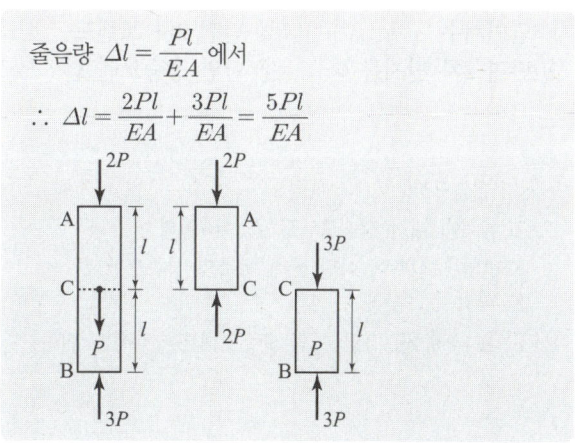

정답 04 ① 05 ④ 06 ② 07 ④

기 13①,17②,21③,23②

08 그림과 같은 2개의 캔틸레버 보에 저장되는 변형에너지를 각각 $U_{(1)}$, $U_{(2)}$ 라고 할 때 $U_{(1)} : U_{(2)}$의 비는? (단, EI는 일정하다.)

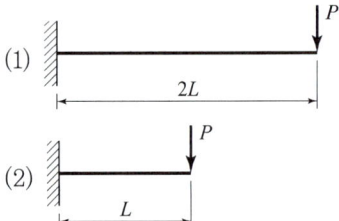

① 2 : 1 ② 4 : 1
③ 8 : 1 ④ 16 : 1

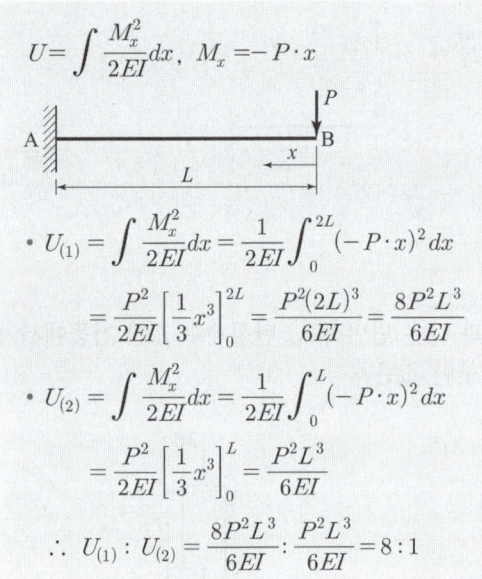

$U = \int \dfrac{M_x^2}{2EI} dx$, $M_x = -P \cdot x$

- $U_{(1)} = \int \dfrac{M_x^2}{2EI} dx = \dfrac{1}{2EI} \int_0^{2L} (-P \cdot x)^2 dx$
  $= \dfrac{P^2}{2EI} \left[\dfrac{1}{3} x^3 \right]_0^{2L} = \dfrac{P^2 (2L)^3}{6EI} = \dfrac{8P^2 L^3}{6EI}$

- $U_{(2)} = \int \dfrac{M_x^2}{2EI} dx = \dfrac{1}{2EI} \int_0^{L} (-P \cdot x)^2 dx$
  $= \dfrac{P^2}{2EI} \left[\dfrac{1}{3} x^3 \right]_0^{L} = \dfrac{P^2 L^3}{6EI}$

∴ $U_{(1)} : U_{(2)} = \dfrac{8P^2 L^3}{6EI} : \dfrac{P^2 L^3}{6EI} = 8 : 1$

기 17②,20②④,21③,23②

09 다음 중 정(+)과 부(−)의 값을 모두 갖는 것은?

① 단면계수 ② 단면 2차 모멘트
③ 단면 2차 반지름 ④ 단면 상승모멘트

단면 상승모멘트(I_{xy})의 특징
- 도심축에 대한 상승모멘트 $I_{xy} = 0$이다.
- 도면의 도심축이 아닌 x축, y축의 상승모멘트
  $I_{xy} = A \cdot x_o \cdot y_o$는
  x_o 또는 y_o가 (−)일 경우 상승모멘트는 (−)가 된다.

기 15④,21③,23②

10 그림과 같은 하중을 받는 보의 최대 전단응력은?

① $\dfrac{2}{3} \dfrac{wL}{bh}$

② $\dfrac{3}{2} \dfrac{wL}{bh}$

③ $\dfrac{2wL}{bh}$

④ $\dfrac{wL}{bh}$

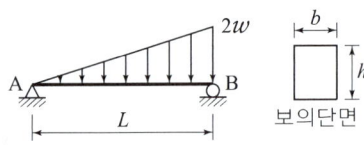

$\tau_{\max} = \dfrac{3}{2} \dfrac{S_{\max}}{A}$

- $S_{\max} = R_B = \dfrac{wL}{3} = \dfrac{2w \times L}{3} = \dfrac{2wL}{3}$
- $A = bh$

∴ $\tau_{\max} = \dfrac{3}{2} \times \dfrac{\frac{2wL}{3}}{bh} = \dfrac{wL}{bh}$

Remember

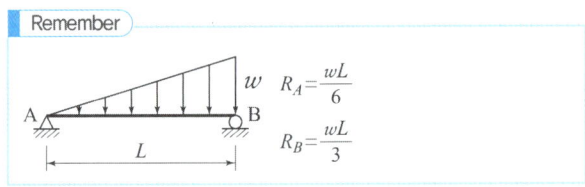 $R_A = \dfrac{wL}{6}$ $R_B = \dfrac{wL}{3}$

기 84,08,11,17①,22③,23②

11 다음 그림과 같이 강선 A와 B가 서로 평형상태를 이루고 있다. 이때 각도 θ의 값은?

① 67.84° ② 56.63°
③ 42.26° ④ 28.35°

A, B점에서 합력의 크기는 같아야 한다. (방향반대)
- 합력 $R = \sqrt{P_1^2 + P_2^2 + 2P_1 P_2 \cos \alpha}$
- $\sqrt{300^2 + 600^2 + 2 \times 300 \times 600 \cos 60°} = 793.725$N
  $= \sqrt{400^2 + 500^2 + 2 \times 400 \times 500 \cos \theta}$

참고 SOLVE 사용   ∴ $\theta = 56.63°$

정답 08 ③ 09 ④ 10 ④ 11 ②

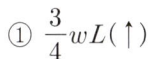 기 92,97,00,02,06,07,14①,17②,22①,23②
12 그림과 같은 부정정보에서 B점의 반력은?

① $\frac{3}{4}wL(↑)$

② $\frac{3}{8}wL(↑)$

③ $\frac{3}{16}wL(↑)$

④ $\frac{5}{16}wL(↑)$

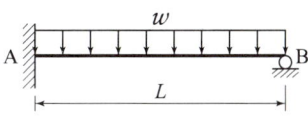

A점의 처짐은 0이다.
- $y_A = y_{A1} + y_{A2} = 0$

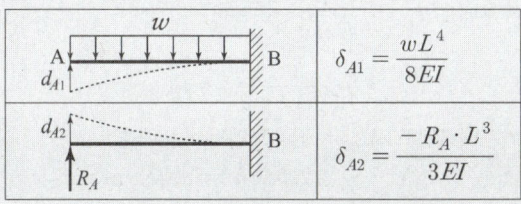

- $y_{A1} = \frac{wL^4}{8EI}$, $y_{A2} = \frac{-R_A L^3}{3EI}$

- $y_A = \frac{wL^4}{8EI} - \frac{R_A L^3}{3EI} = 0$ ∴ $R_A = \frac{3}{8}wL$

Remember

w, A-B, l	$R_A = \frac{3wl}{8}$	$R_B = \frac{5wl}{8}$	$M_{max} = \frac{9wl^2}{128}$	$M_B = \frac{wl^2}{8}$
P, A-C-B, l/2, l/2	$R_A = \frac{5P}{16}$	$R_B = \frac{11P}{16}$	$M_C = \frac{5Pl}{32}$	$M_B = \frac{3Pl}{16}$

□□□ 기 92②,01②,08②,13②,17④,21①,23②
13 그림과 같이 밀도가 균일하고 무게가 W인 구(球)가 마찰이 없는 두 벽면 사이에 놓여 있을 때 반력 R_B의 크기는?

① 0.500W
② 0.577W
③ 0.866W
④ 1.155W

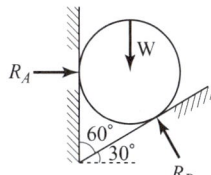

[방법1]
- $\Sigma V = 0$
  $-W + R_B \times \cos 30° = 0$
  ∴ $R_B = \frac{W}{\cos 30°} = 1.155W$

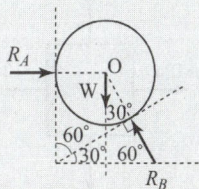

[방법2] 라미의 정리

$\frac{W}{\sin 120°} = \frac{R_B}{\sin 90°}$

∴ $R_B = \frac{\sin 90°}{\sin 120°} \times W = 1.155W$

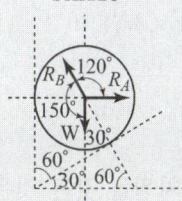

[방법3] 힘의 삼각형(연력도)

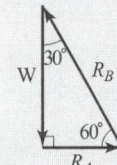

$\cos 30° = \frac{W}{R_B}$

∴ $R_B = \frac{W}{\cos 30°} = 1.155W$

$\tan 60° = \frac{W}{R_A}$

∴ $R_A = \frac{W}{\tan 60°} = 0.577W$

□□□ 기 99④,01④,03①,23②
14 그림과 같이 3활절(滑節) 아치에 등분포 하중이 작용할 때 C점의 휨모멘트는?

① $\frac{wL^2}{8}$

② $\frac{wL^2}{8h}$

③ $\frac{wh^2}{8L}$

④ 0

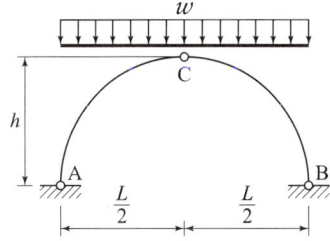

C점은 hinge, hinge에 작용하는 휨모멘트는 0이다.
∴ $M_C = 0$

□□□ 기 08②,09①,11①,15①②,20④,21③,22②,23②

15 그림과 같이 이축응력(二軸應力)을 받는 정사각형 요소의 체적변형률은? (단, 이 요소의 탄성계수 $E = 2.0 \times 10^5$MPa, 포아송비 $\nu = 0.3$이다.)

① 3.6×10^{-4}
② 4.4×10^{-4}
③ 5.2×10^{-4}
④ 6.4×10^{-4}

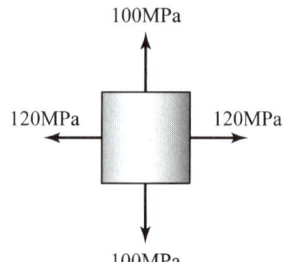

2축응력의 체적변형률
$$\varepsilon_v = \frac{\Delta V}{V} = \frac{(1-2\nu)}{E}(\sigma_x + \sigma_y)$$
$$= \frac{(1-2 \times 0.3)}{2 \times 10^5}(120+100) = 4.4 \times 10^{-4}$$

□□□ 기 04④,23②

16 단면 1차 모멘트와 같은 차원을 갖는 것은?

① 회전반경　② 단면계수
③ 단면 2차 모멘트　④ 단면 상승모멘트

- 단면 1차 모멘트 : cm³, m³
- 회전반경 : cm, m
- 단면계수 : cm³, m³
- 단면 2차 모멘트 : cm⁴, m⁴
- 단면 상승모멘트 : cm⁴, m⁴

□□□ 기 23②

17 보의 단면 2차모멘트 I가 2배로 커짐에 따라 보의 처짐은 어떻게 변화하는가?

① I는 처짐에 관계하지 않는다.
② 2배로 된다.
③ 절반으로 감소한다.
④ 변화없이 일정하다.

처짐 $\delta = \dfrac{M'}{EI} = \dfrac{M'}{E(2I)} = \dfrac{1}{2}\dfrac{M'}{EI}$

∴ 처짐(δ)은 $\dfrac{1}{2}$배 (절반)으로 감소한다.

□□□ 기 91,99,03,07,09,16,20④,23②

18 절점 O는 이동하지 않으며, 재단 A, B, C가 고정일 때 M_{CO}의 크기는 얼마인가? (단, K는 강비이다.)

① 25kN·m
② 30kN·m
③ 35kN·m
④ 40kN·m

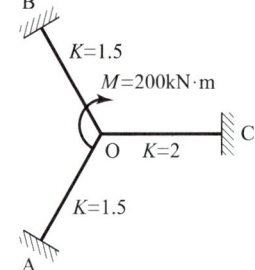

도달모멘트 $M_{CO} = \dfrac{1}{2}M_{OC}$

- 분배율 $f_{OC} = \dfrac{K_{OC}}{K_{OA}+K_{OB}+K_{OC}}$
$= \dfrac{2}{1.5+1.5+2} = 0.4$

- 분배모멘트 M_{OC} = 작용모멘트 × 분배율
$= 200 \times 0.4 = 80$kN·m

∴ $M_{CO} = \dfrac{1}{2}M_{OC} = \dfrac{1}{2} \times 80 = 40$kN·m

□□□ 기 07②,08④,15②,16④,21②,23②,24①

19 그림과 같은 보에서 두 지점의 반력이 같게 되는 하중의 위치(x)는 얼마인가?

① 0.33m
② 1.33m
③ 2.33m
④ 3.33m

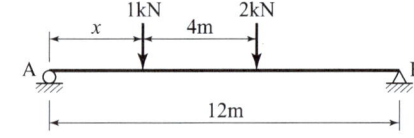

- $R_A = R_B$
- $\Sigma V = 0$
$R_A + R_B = 1 + 2 = 3$kN
∴ $R_A = R_B = 1.5$kN

- $\Sigma M_A = 0$
$1 \times x + 2 \times (4+x) - 1.5 \times 12 = 0$
$x + 8 + 2x - 18 = 0$
∴ $x = 3.33$m

기 83①,15④,17④,20④,23②

20 지름 D인 원형 단면 보에 휨모멘트 M이 작용할 때 최대 휨응력은?

① $\dfrac{64M}{\pi D^3}$ ② $\dfrac{32M}{\pi D^3}$

③ $\dfrac{16M}{\pi D^3}$ ④ $\dfrac{8M}{\pi D^3}$

> 최대휨응력 $\sigma = \dfrac{M_{max}}{Z}$
>
> • 단면계수 $Z = \dfrac{\pi D^3}{32}$
>
> ∴ $\sigma = \dfrac{M_{max}}{Z} = \dfrac{M}{\dfrac{\pi D^3}{32}} = \dfrac{32M}{\pi D^3}$

제2과목 : 측량학

기 89,95,99,00,02,09,14④,19①,23②

21 A, B 간의 고저차를 구하기 위해 (1), (2), (3) 경로에 대하여 직접수준측량을 실시하여 다음과 같은 결과를 얻었다. A, B간의 고저차의 최확값은?

노선	관측값	노선길이
(1)	52.243m	2km
(2)	52.245m	1km
(3)	52.252m	1km

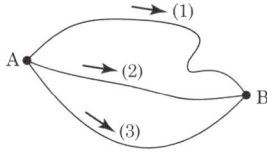

① 52.238m ② 52.245m
③ 52.247m ④ 52.250m

> 최확값 $H_M = \dfrac{P_1 H_1 + P_2 H_2 + P_3 H_3}{P_1 + P_2 + P_3}$
>
> • 직접수준측량의 경중률은 노선거리에 반비례
>
> $P_1 : P_2 : P_3 = \dfrac{1}{2} : \dfrac{1}{1} : \dfrac{1}{1} = 1 : 2 : 2$
>
> ∴ $H_M = 52 + \dfrac{1 \times 0.243 + 2 \times 0.245 + 2 \times 0.252}{1+2+2}$
>
> $= 52.247m$

기 94,04,14,23②

22 지구상의 △ABC를 측정한 결과, 두 변의 거리가 $a = 30km$, $b = 20km$이었고, 그 사잇각 80°이었다면 이때 발생하는 구과량은? (단, 지구의 곡선반지름은 6400km로 가정한다.)

① 1.49″ ② 1.62″
③ 2.04″ ④ 2.24″

> $E = \dfrac{1}{2} ab \sin \alpha$
>
> $= \dfrac{1}{2} \times 30 \times 20 \sin 80° = 295.44 km^2$
>
> ∴ 구과량 $\epsilon = \dfrac{F}{r^2} \rho'' = \dfrac{295.44}{6400^2} \times 206265'' = 1.49''$

기 15,23②

23 트래버스 측량에서 관측값의 계산은 편리하나 한번 오차가 생기면 그 영향이 끝까지 미치는 각관측 방법은?

① 교각법 ② 편각법
③ 협각법 ④ 방위각법

> 방위각법
> • 진북을 기준으로 어느 측선까지 시계방향으로 측정하는 방법이다.
> • 진북방향의 관측은 용이하지 않으므로 자북방향을 기준으로 할 때가 많다.
> • 각 관측의 계산과 제도를 신속하게 할 수 있다.
> • 한번 오차가 생기면 그 영향이 끝까지 미치므로 관측에 주의를 요한다.

기 04,17,23②

24 지성선에 해당하지 않는 것은?

① 구조선 ② 능선
③ 계곡선 ④ 경사변환선

> 지성선
> • 지모의 골격을 나타내는 선
> • 종류 : 凸선(능선, 분수선), 凹선(계곡선, 합수선), 경사변환선

정답 20 ② 21 ③ 22 ① 23 ④ 24 ①

□□□ 기 08,23②

25 도로설계에서 상향 종단 기울기 3%, 하향 종단 기울기 4%인 종단면에 종단 곡선을 2차 포물선으로 설치할 때 시점으로부터 장현을 따라 50m인 지점의 절토고(y : 종거)는 얼마인가? (단, 종단 곡선 거리 l = 180m)

① 0.436m ② 0.486m
③ 1.138m ④ 1.575m

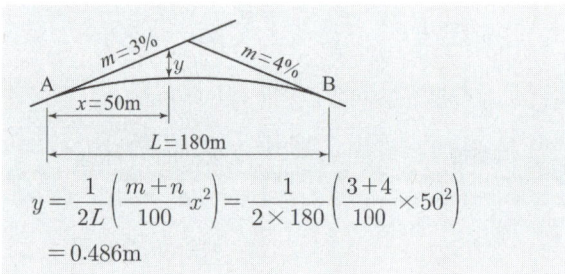

$$y = \frac{1}{2L}\left(\frac{m+n}{100}x^2\right) = \frac{1}{2\times 180}\left(\frac{3+4}{100}\times 50^2\right)$$
$$= 0.486\text{m}$$

□□□ 기 12②,16①,20②,23②,24②

26 삼각측량을 위한 삼각망 중에서 유심다각망에 대한 설명으로 틀린 것은?

① 농지측량에 많이 사용된다.
② 방대한 지역의 측량에 적합하다.
③ 삼각망 중에서 정확도가 가장 높다.
④ 동일측점 수에 비하여 포함면적이 가장 넓다.

유심 다각망의 특징
- 교차점을 측점으로 사용한다.
- 방대한 지역의 측량(농지측량)에 접합하다.
- 동일 측점수에 비해 피복 면적이 가장 넓다.
- 정도는 단열삼각망보다 높으나 사변형망보다 낮다.

□□□ 기 23②

27 4회 관측하여 최확값을 얻었다. 최확값의 정확도를 2배 높이려면 몇 회 관측하여야 하는가?

① 32회 ② 16회
③ 8회   ④ 2회

최확값 $M = \pm e\sqrt{n}$ 에서
- $M = \pm e\sqrt{4} \Rightarrow M = \pm 2e \times 2 = \pm 4e$
- $\pm 4e = \pm e\sqrt{n} \Rightarrow \sqrt{n} = 4$
- $\therefore n = 4^2 = 16$

□□□ 기 81,86,99,06,11,23②

28 완화곡선에 대한 설명으로 옳지 않은 것은?

① 완화곡선의 곡선 반지름은 시점에서 무한대, 종점에서 완곡선의 반지름 R로 한다.
② 클로소이드의 형식에는 S형, 복합형, 기본형 등이 있다.
③ 완화곡선의 접선은 시점에서 원호에, 종점에서 직선에 접한다.
④ 모든 클로소이드는 닮은 꼴이며 클로소이드 요소에는 길이의 단위를 가진 것과 단위가 없는 것이 있다.

완화 곡선의 접선은 시점에서 직선에, 종점에서 원호에 접한다.
- 클로소이드의 형식 : 기본형, S형, 복합형, 凸형, 유형

□□□ 기 93,98,03,09,11,23②

29 레벨로부터 60m 떨어진 표척을 시준한 값이 1.258m이며 이때 기포가 1 눈금 편위되어 있었다. 이것을 바로 잡고 다시 시준하여 1.267m를 읽었다면 기포의 감도는?

① 25″ ② 27″
③ 29″ ④ 31″

$$\theta'' = 206265'' \frac{l}{nD}$$
$$= 206265'' \times \frac{(1.267-1.258)}{1\times 60} = 31''$$

□□□ 기 93,07,10,12,23②

30 하천 양안의 고저차를 측정할 때 교호수준측량을 많이 이용하는 가장 큰 이유는 무엇인가?

① 개인 오차를 제거하기 위하여
② 스타프(함척)를 세우기 편하게 하기 위하여
③ 기계오차를 소거하기 위하여
④ 과실에 의한 오차를 제거하기 위하여

교호수준측량
- 목적 : 높은 정밀도를 필요로 할 경우
- 이유 : 하천을 횡단할 때 기계오차 및 광선의 굴절에 의한 오차를 소거하기 위하여

정답 25 ② 26 ③ 27 ② 28 ③ 29 ④ 30 ③

□□□ 기 04,23②
31 등고선의 성질에 대한 설명으로 옳지 않은 것은?

① 경사가 급할수록 등고선 간격이 좁다.
② 경사가 일정하면 등고선 간격이 일정하다.
③ 등고선은 분수선과 직교하고 합수선과 평행하다.
④ 등고선의 최단거리 방향은 최대경사방향을 나타낸다.

> • 등고선은 분수선과 직각으로 만난다.
> • 등고선은 합수선과 직각으로 만난다.
> • 최대경사의 방향은 등고선과 직각으로 교차한다.

□□□ 기 81,84,94,96,99,01,03,06④,10④,14②,19①,23②
32 교각(I) 60°, 외선 길이(E) 15m인 단곡선을 설치할 때 곡선길이는?

① 85.2m ② 91.3m
③ 97.0m ④ 101.5m

> ■ 곡선길이 $C.L = \dfrac{\pi}{180}RI$
> • 외선길이 $E = R\left(\sec\dfrac{\pi}{2} - 1\right) = 15\text{m}$ 에서
> • $R = \dfrac{E}{\sec\dfrac{\pi}{2} - 1} = \dfrac{15}{\dfrac{1}{\cos\dfrac{60°}{2}} - 1} = 96.96\text{m}$
> ∴ $C.L = \dfrac{\pi}{180} \times 96.96 \times 60° = 101.5\text{m}$

□□□ 기 97,05,21①,23②
33 노선측량에서 단곡선 설치시 필요한 교각이 95°30′, 곡선반지름이 200m일 때 장현(L)의 길이는?

① 296.087m ② 302.619m
③ 417.131m ④ 597.238m

> 장현(현의 길이)
> $L = 2R\sin\dfrac{I}{2}$
> $= 2 \times 200\sin\dfrac{95°30′}{2} = 296.087\text{m}$

□□□ 기 97,00,01,11,13,14,15,23②
34 하천의 수위관측소 설치를 위한 장소로 적합하지 않은 것은?

① 상하류의 길이가 100m 정도는 직선인 곳
② 홍수시 관측소가 유실 및 파손될 염려가 없는 곳
③ 수위표를 쉽게 읽을 수 있는 곳
④ 합류나 분류에 의해 수위가 민감하게 변화하여 다양한 수위의 관측이 가능한 곳

> 지천의 합류점 및 분류점으로 특별한 수위변화가 없는 곳이 하천의 수위관측소 설치를 위한 장소로 적합하다.

> **Remember**
> 수위관측소(양수표) 설치장소
> • 잠류, 역류, 저류가 일어나지 않는 곳
> • 홍수 때 유실, 이동, 파손의 염려가 없는 곳
> • 어떤 갈수시에도 양수표로 수위측정이 가능한 장소
> • 교각, 기타 구조물 등에 의한 수위변화가 없는 곳
> • 지천의 합류점 및 분류점으로 특별한 수위변화가 없는 곳
> • 유속의 대소가 적고 일정하며, 상하류 100m 정도 직선인 곳
> • 평수시 쉽게 읽을 수 있고, 홍수시에도 읽음이 곤란하지 않는 장소
> • 상하류의 상당한 범위까지 하상 및 하안에서 세굴이나 퇴적이 없는 안전한 곳

□□□ 기 23②
35 GNSS 측량에 대한 설명으로 틀린 것을 고르시오.

① 상대측위기법을 이용하면 절대측위보다 높은 측위정확도의 확보가 가능하다.
② GNSS 측량을 통해 수신기의 좌표뿐만 아니라 시계오차도 계산할 수 있다.
③ 지구질량중심을 원점으로 하는 3차원 직교좌표체계를 사용한다.
④ GNSS 측량은 고압선이나 고층건물이 있는 부분이 더 유리하다.

> GNSS측량시 철탑이나 대형 구조물, 고압선 직하 지점은 회피하여야 한다.

□□□ 기 18③,23②,24②

36 DGPS를 적용할 경우 기지점과 미지점에서 측정한 결과로부터 공통오차를 상쇄시킬 수 있기 때문에 측량의 정확도를 높일 수 있다. 이때 상쇄되는 오차요인이 아닌 것은?

① 위성의 궤도정보오차　② 다중경로오차
③ 전리층 신호지연　　　④ 대류권 신호지연

> 다중경로오차
> • GPS 위성으로부터 직접 수신된 전파 이외에 부가적으로 주위의 지형 지물에 의해 반사된 전파로 인해 발생하는 오차
> • GPS 측량의 정확도는 위성과 수신기 사이의 거리를 얼마나 정확하게 계산하는가로 결정된다.
> • 다중경로가 발생하는 경우는 위성에서 송신된 신호가 수신기 주변의 물체를 거쳐 수신기로 들어오기 때문에 거리의 오차를 발생시키게 된다.

Remember

GPS 측위오차 원인
• 위성궤도 오차 : 전달되는 위성궤도 정보 오차
• 위성시계 오차 : 전달되는 위성시각 정보 오차
• 전리층 오차 : GPS 신호의 전리층 통과 시 전달시간 지연 오차
• 대류권 오차 : GPS 신호의 대류권 통과 시 전달시간 지연 오차
• 다중경로 오차 : GPS 신호의 다중경로에 의한 오차
• 수신기 오차 : 열 잡음, 안테나 위상 오차, 채널 간 간섭오차, S/W 오차

□□□ 기 01,11,14,17,23②

37 도로공사에서 거리 20m인 성토구간에 대하여 시작 단면 $A_1 = 72m^2$, 끝 단면 $A_2 = 182m^2$, 중앙 단면 $A_m = 132m^2$라고 할 때 각주공식에 의한 성토량은?

① 2540.0m³　　② 2573.3m³
③ 2600.0m³　　④ 2606.7m³

$$V = \frac{h}{6}(A_1 + 4A_m + A_2)$$
$$= \frac{20}{6}(72 + 4 \times 132 + 182) = 2606.7m^3$$

□□□ 기 07,13,16,23②

38 A와 B의 좌표가 다음과 같을 때 측선 AB의 방위각은?

> A점의 좌표=(179847.1m, 76614.3m)
> B점의 좌표=(179964.5m, 76625.1m)

① 5° 23′ 15″　　② 185° 15′ 23″
③ 185° 23′ 15″　④ 5° 15′ 22″

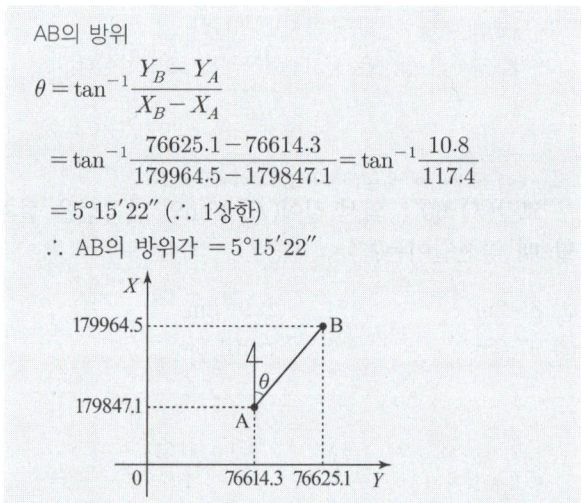

AB의 방위
$$\theta = \tan^{-1}\frac{Y_B - Y_A}{X_B - X_A}$$
$$= \tan^{-1}\frac{76625.1 - 76614.3}{179964.5 - 179847.1} = \tan^{-1}\frac{10.8}{117.4}$$
$$= 5°15'22'' (\therefore 1상한)$$
∴ AB의 방위각 = 5°15′22″

Remember

$\frac{y_B - y_X}{x_B - x_a}$의 부호	상한
$\frac{+}{+}$	제1상한
$\frac{+}{-}$	제2상한
$\frac{-}{-}$	제3상한
$\frac{-}{+}$	제4상한

□□□ 기 92,97,08,19③,23②

39 축척 1 : 2000의 도면에서 관측한 면적이 2500m² 이었다. 이때, 도면의 가로와 세로가 각각 1% 줄었다면 실제 면적은?

① 2451m²　　② 2475m²
③ 2525m²　　④ 2551m²

정답 36 ② 37 ④ 38 ④ 39 ④

$$A_o = A(1+\epsilon)^2 = 2500\left(1+\frac{1}{100}\right)^2 = 2550.25\text{m}^2$$
[도면이 줄면 면적이 늘고(+), 도면이 늘면 면적이 준다 (−)]

□□□ 기 89,03,23②
40 방위각 265°에 대한 측선의 방위는?

① S85° W ② E85° W
③ N85° E ④ E85° N

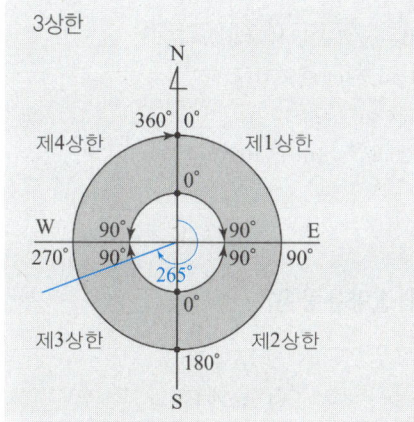

방위각	상 한	방 위
0°~90°	1상한	N0°~90°E
90°~180°	2상한	S0°~90°E
180°~270°	3상한	S0°~90°W
270°~360°	4상한	N0°~90°W

∴ S(265°~180°)W = S85°W

제3과목 : 수리학 및 수문학

□□□ 기 01,23②
41 작은 오리피스의 단면적을 a, 수축계수 C_a, 유속계수 C_v, 오리피스 중심에서 수면까지의 높이를 h, 중력가속도를 g라 할 때, 유량 공식은?

① $Q = a \cdot C_v \cdot C_a \cdot \sqrt{2gh}$
② $Q = a \cdot (C_v/C_a) \cdot \sqrt{2gh}$
③ $Q = a \cdot (C_v - C_a) \cdot \sqrt{2gh}$
④ $Q = a \cdot (C_v + C_a) \cdot \sqrt{2gh}$

$$Q = C \cdot a \cdot \sqrt{2gh} = a \cdot C_v \cdot C_a \sqrt{2gh}$$

□□□ 기 95,98,99,17,23②
42 정지한 담수에 잠겨 있는 평판에 작용하는 전수압 및 전수압의 작용점 위치 S_C를 구한 값 중 옳은 것은?

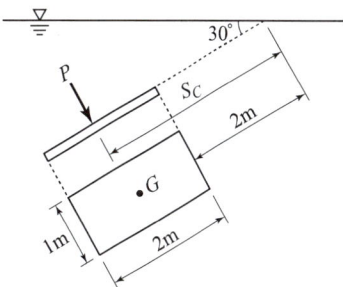

① $P = 18.4\text{kN}$, $S_C = 3.11\text{m}$
② $P = 18.4\text{kN}$, $S_C = 3.28\text{m}$
③ $P = 29.4\text{kN}$, $S_C = 3.11\text{m}$
④ $P = 29.4\text{kN}$, $S_C = 3.28\text{m}$

- 전수압 $P = wh_G A$
- $S_G = 2 + \frac{2}{2} = 3\text{m}$
- $h_G = S_G \sin\theta = 3\sin 30°$
- ∴ $P = 9.81 \times 3\sin 30° \times (1 \times 2) = 29.4\text{kN}$
- 작용점 $S_C = S_G + \dfrac{I_G}{S_G A}$
- $I_G = \dfrac{bh^3}{12} = \dfrac{1 \times 2^3}{12} = 0.667\text{m}^4$
- ∴ $S_C = 3 + \dfrac{0.667}{3 \times (1 \times 2)} = 3.11\text{m}$

□□□ 기 97,23②
43 내경이 50cm인 관에 800N/cm²의 수압에 견딜 수 있도록 하기 위한 관의 허용인장응력은? (단, 관의 두께는 30mm이다.)

① 5.32kN/cm² ② 6.67kN/cm²
③ 7.04kN/cm² ④ 8.15kN/cm²

허용인장응력 $\sigma = \dfrac{P \cdot d}{2t}$
- $t = 30\text{mm} = 3\text{cm}$
- ∴ $\sigma = \dfrac{800 \times 50}{2 \times 3} = 6666.67\text{N/cm}^2 = 6.67\text{kN/cm}^2$

44 지름 d인 모세관을 연직으로 세웠을 경우 이 모세관 내에 상승한 액체의 높이는? (단, T : 표면장력, θ : 접촉각)

① $h = \dfrac{4T\cos\theta}{\omega d^2}$ ② $h = \dfrac{2T\cos\theta}{\omega d}$

③ $h = \dfrac{2T\cos\theta}{\omega d^2}$ ④ $h = \dfrac{4T\cos\theta}{\omega d}$

> 모세관고 $h = \dfrac{4T\cos\theta}{w \cdot d}$
>
> • 물의 단위중량 : w

45 잠수함이 수면하 20m를 2m/sec의 속도로 진행하고 있을 때, 잠수함 선수에서의 압력은? (단, 물의 단위중량은 9.81kN/m^3)

① 136.2kN/m^2 ② 196.2kN/m^2
③ 198.2kN/m^2 ④ 258.2kN/m^2

> 총압력 = 정압력 + 동압력
>
> • $P_s = wh + \dfrac{wV^2}{2g}$
>
> $= 9.81 \times 20 + \dfrac{9.81 \times 2^2}{2 \times 9.8} = 198.20\text{kN/m}^2$

46 관의 지름과 유속이 다른 두 개의 병렬관수로(looping pipe line)에 대한 설명 중 옳은 것은?

① 각 관의 수두손실은 전손실을 구하기 위하여 합한다.
② 각 관에서의 유량은 같다고 본다.
③ 각 관에서의 손실수두는 같다고 본다.
④ 전 유량이 주어지면 각 관의 유량은 등분하여 결정한다.

> • 관수로 도중에 수개의 관으로 나뉘어진 것이 하류에서 다시 합쳐서 하나의 관수로로 된 것을 병렬관수로라 한다.
> • 병렬관수로에서 각각 관수로에 흐르는 유량의 비에 관계없이 각 관에서의 손실수두는 같다.

47 그림과 같은 수중 오리피스에서 단면적이 50cm^2일 때 유출량은? (단, 유량계수 $C = 0.62$임.)

① $9.7 \times 10^{-3}\text{m}^3/\text{s}$
② $9.7 \times 10^{-4}\text{m}^3/\text{s}$
③ $9.7 \times 10^{-5}\text{m}^3/\text{s}$
④ $9.7 \times 10^{-6}\text{m}^3/\text{s}$

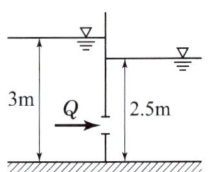

> • 완전 수중오리피스 공식
> $Q = CA\sqrt{2g(h_1 - h_2)}$
> $= 0.62 \times 50 \times \sqrt{2 \times 980 \times (300 - 250)}$
> $= 9,704.54\text{cm}^3/\text{sec} = 9.70\,l/\text{sec}$
> $= 9.70 \times 10^{-3}\text{m}^3/\text{sec}$
> ($\because 1l = 1000\text{cm}^3,\ 1\text{m}^3 = 1000l$)

48 다음 중에서 질량유량은?

① gAV ② ρAV
③ AV ④ wAV

> 질량유량(mass flow rate)
> • 관로나 개수로의 단면적에 단위 시간 동안 흐르는 질량
> • 질량유량(Q_m) = 유체밀도(ρ) × 체적질량(Q_v)
> $\therefore Q_m = \rho[\text{kg/m}^3] \times Q_v[\text{m}^3/\text{s}] = \rho AV = \rho Q[\text{kg/s}]$

49 지름 $d = 100\text{mm}$, 길이가 100m인 원관 내에 조도계수 $n = 0.013$의 관으로 물을 보낼 때, 마찰손실계수 f는? (단, Manning 공식을 적용할 것.)

① 0.0306 ② 0.0386
③ 0.0453 ④ 0.0526

> Manning의 마찰손실계수
> $f = 124.5n^2 d^{-\frac{1}{3}} = \dfrac{124.5n^2}{d^{\frac{1}{3}}}$
>
> $= \dfrac{124.5 \times 0.013^2}{0.100^{\frac{1}{3}}} = 0.0453$

□□□ 기 86,96,00,03,12,15②,19①,23②

50 그림과 같이 우물로부터 일정한 양수율로 양수를 하여 우물 속의 수위가 일정하게 유지되고 있다. 대수층은 균질하며 지하수의 흐름은 우물을 향한 방사상 정상류라 할 때 양수율(Q)를 구하는 식은?
(단, k는 투수계수임.)

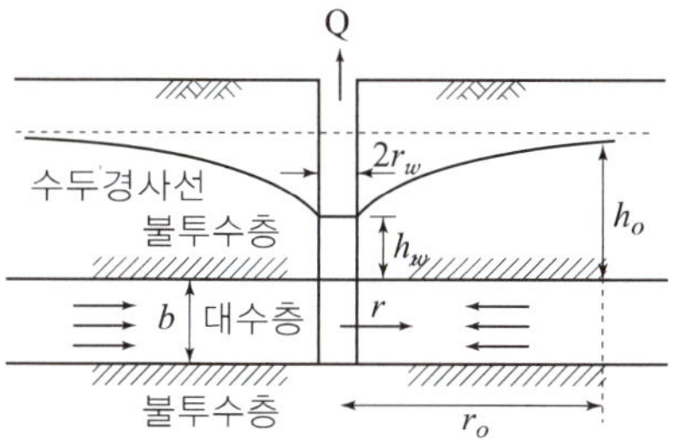

① $Q = 2\pi bk \dfrac{h_o - h_w}{\ln(r_o/r_w)}$ ② $Q = 2\pi bk \dfrac{\ln(r_o/r_w)}{h_o - h_w}$

③ $Q = 2\pi bk \dfrac{h_o^2 - h_w^2}{\ln(r_o/r_w)}$ ④ $Q = 2\pi bk \dfrac{\ln(r_o/r_w)}{h_o^2 - h_w^2}$

굴착정	깊은 우물(심정호)
$Q = 2\pi bk \dfrac{h_o - h_w}{\ln(r_o/r_w)}$	$Q = \pi k \dfrac{h_o^2 - h_w^2}{\ln(r_o/r_w)}$

□□□ 기 96,00,12,15,23②

51 원형댐의 월류량(Q_p)이 1000m³/s이고 수문을 개방하는 데 필요한 시간(T_p)이 40초라 할 때 1/50 모형(模形)에서의 유량(Q_m)과 개방시간(T_m)은?
(단, 중력가속도비(g_r)는 1로 가정한다.)

① $Q_m = 0.057$m³/s, $T_m = 5.657$s
② $Q_m = 1.623$m³/s, $T_m = 0.825$s
③ $Q_m = 56.56$m³/s, $T_m = 0.825$s
④ $Q_m = 115.00$m³/s, $T_m = 5.657$s

Froude의 상사법칙 적용
- 유량 $Q_m = Q_p L_r^{5/2} = 1000 \times \left(\dfrac{1}{50}\right)^{5/2}$
  $= 0.057$ m³/sec
- 시간 $T_m = T_p L_r^{1/2} = 40 \times \left(\dfrac{1}{50}\right)^{1/2} = 5.657$ sec

□□□ 기 08,10①,18②,23②

52 흐름의 단면적과 수로경사가 일정할 때 최대 유량이 흐르는 조건으로 옳은 것은?

① 윤변이 최소이거나 동수반경이 최대일 때
② 윤변이 최대이거나 동수반경이 최소일 때
③ 수심이 최소이거나 동수반경이 최대일 때
④ 수심이 최대이거나 수로 폭이 최소일 때

- $Q = AV = AC\sqrt{RI}$에서
  최대유량 Q_{max}는 동수반경 $R = \dfrac{A}{P}$에서 최대 동수반경 R_{max}이거나 최소 윤변 P_{min}일 때이다.

□□□ 기 93,08,18③,19①,23②

53 개수로의 상류(subcritical flow)에 대한 설명으로 옳은 것은?

① 유속과 수심이 일정한 흐름
② 수심이 한계수심보다 작은 흐름
③ 유속이 한계유속보다 작은 흐름
④ Froude수가 1보다 큰 흐름

개수로의 상류
- 상류의 유속은 한계 유속보다 작은 흐름이다.
- 상류의 수심은 한계 수심보다 크다.
- 상류의 수면곡선은 하류에서 상류로 향하여 계산한다.

□□□ 기 90,93,11,23②

54 물의 단위중량 w, 수면경사 I, 수리평균심 R 이라 할 때, 등류 내에서의 유수의 소류력 τ를 구하는 식으로 옳은 것은?

① wRI ② $\dfrac{RI}{w}$

③ $\dfrac{I}{Rw}$ ④ $\dfrac{Rw}{I}$

소류력 : 유수가 수로의 윤변에 작용시키는 마찰력
∴ $\tau = wRI = whI$
(∵ 수리평균심 R은 폭이 수심에 비해 아주 큰 경우 $R ≒ h$이다.)

□□□ 기 18①,23②

55 항만을 설계하기 위해 관측한 불규칙 파랑의 주기 및 파고가 다음 표와 같을 때, 유의파고($H_{1/3}$)는?

연번	파고(m)	주기(s)
1	9.5	9.8
2	8.9	9.0
3	7.4	8.0
4	7.3	7.4
5	6.5	7.5
6	5.8	6.5
7	4.2	6.2
8	3.3	4.3
9	3.2	5.6

① 9.0m ② 8.6m
③ 8.2m ④ 7.4m

- 유의파고($H_{1/3}$)
  특정시간 주기 내에서 일어나는 모든 파고 중 가장 높은 $\frac{1}{3}$에 해당하는 파고의 평균높이
- 9개의 실측치에서 $\frac{1}{3}$에 해당하는 파고 9.5, 8.9, 7.4
  ∴ 유의파고 $H_{1/3} = \frac{9.5 + 8.9 + 7.4}{3} = 8.6m$

□□□ 기 03,23②

56 수평으로 위치한 노즐로부터 물이 분출되고 있다. 직경이 4cm, 압력이 8.0kg/cm²인 노즐에 작용하는 힘은?

① 0.201ton ② 0.402ton
③ 2.01ton   ④ 4.02ton

$F = \frac{w}{g}QV = \frac{w}{g}AV^2$

- 압력 $P = 8.0 kg/cm^2 = 80 t/m^2$일 때
  $h = \frac{P}{w} = \frac{80(t/m^2)}{1(t/m^3)} = 80m \;(\because P = wh)$

  ∴ $F = \frac{1}{9.8} \times \frac{\pi \times 0.04^2}{4} \times (\sqrt{2 \times 9.80 \times 80})^2$
  $= 0.201 ton$
  $(\because V = \sqrt{2gh})$

□□□ 기 03,23②

57 수문곡선 중 기저시간(基底時間 : time base)의 정의로 가장 옳은 것은?

① 수문곡선의 상승시점에서 첨두까지의 시간폭
② 강우중심에서 첨두까지의 시간폭
③ 유출구에서 유역의 수리학적으로 가장 먼 지점의 물 입자가 유출구까지 유하하는 데 소요되는 시간
④ 직접유출이 시작되는 시간에서 끝나는 시간까지의 시간폭

기저시간
수문곡선의 상승기점에서 직접유출이 끝나는 지점까지의 시간

□□□ 기 96,01,03,23②

58 다음 중 침투능에 영향을 주는 인자 중 가장 거리가 먼 것은?

① 토양의 종류   ② 토양의 다짐정도
③ 지하수위   ④ 동결 및 융해

침투능에 영향을 주는 요소
- 토양의 종류
- 지면 보유수의 깊이와 포화층의 두께
- 토양의 함유수분, 지하수위
- 토양의 다짐정도
- 식생피복
- 토양의 동결과 기온

□□□ 기 92,95,97,99,00,16②,20②,23②

59 강우강도 공식형이 $I = \frac{4500}{t+30}$ (mm/hr)로 표시된 어떤 도시에 있어서 15분간의 강우량은? (단, t의 단위는 min이다.)

① 15mm ② 20mm
③ 25mm ④ 30mm

$I = \frac{5000}{t+40} [mm/hr] = \frac{4500}{15+30} = 100 mm/hr$

∴ $R_{20} = 100 \times \frac{15}{60} = 25 mm$

정답 55 ② 56 ① 57 ④ 58 ④ 59 ③

□□□ 기 90,23②

60 합리식 $Q=0.2778CIA$을 적용할 수 있는 유역면적의 범위는?

① $1km^2$ 이내 ② $10km^2$ 이내
③ $100km^2$ 이내 ④ $1,000km^2$ 이내

> 유역면적이 $0.4km^2$ 이상이 될 때는 주의해서 합리식을 적용하고, 면적이 $5km^2$ 이상일 때는 합리식 사용을 삼가야 하며 일반적으로 $1km^2$ 이내이다.

제4과목 : 철근콘크리트 및 강구조

□□□ 기 01,08,09,23①,23②

61 철근콘크리트가 성립하는 이유에 대한 설명으로 틀린 것은?

① 철근과 콘크리트와의 부착력이 크다.
② 콘크리트 속에 묻힌 철근은 부식하지 않는다.
③ 철근과 콘크리트의 탄성계수는 거의 같다.
④ 철근과 콘크리트는 온도에 대한 팽창계수가 거의 같다.

> • 철근과 콘크리트와의 부착력이 크다.
> • 철근과 콘크리트의 열팽창계수가 거의 같다.
> • 철근은 콘크리트 속에서 녹이 슬지 않는다.
> • 철근과 콘크리트는 단위중량이 다르므로 무게가 다르다.
> • 철근의 탄성계수는 콘크리트 탄성계수의 n배이다.
>   (즉, $E_s = nE_c$)

□□□ 기 95,02,11,22①,23②

62 뒷부벽식 옹벽에서 뒷부벽을 어떤 보로 설계하여야 하는가?

① T형보 ② 단순보
③ 연속보 ④ 직사각형보

> 뒷부벽식 및 앞부벽식 옹벽의 설계
> • 뒷부벽식 옹벽의 뒷부벽은 T형보로 설계
> • 앞부벽식 옹벽의 앞부벽은 직사각형 보로 설계

□□□ 기 04,05,14②,20②,23②,25①

63 콘크리트의 설계기준압축강도(f_{ck})가 50MPa인 경우 콘크리트 탄성계수 및 크리프 계산에 적용되는 콘크리트의 평균 압축강도(f_{cu})는?

① 54MPa ② 55MPa
③ 56MPa ④ 57MPa

> 평균압축강도 $f_{cu} = f_{ck} + \Delta f$
> ■ Δf 계산
>
> | f_{ck}(MPa) | 40 이하 | 40 초과 60 미만 | 60 이상 |
> |---|---|---|---|
> | Δf(MPa) | 4 | 직선 보간 | 6 |
>
> ■ 평균압축강도 $f_{cu} = 50 + 5 = 55 MPa$

□□□ 기 05,10,11,12,13,15,16②,19①,21①,23②

64 길이 6m의 단순지지 보통중량 철근콘크리트보의 처짐을 계산하지 않아도 되는 보의 최소두께는? (단, $f_{ck}=21MPa$, $f_y=350MPa$인 경우)

① 349mm ② 356mm
③ 375mm ④ 403mm

> • 단순지지보의 최소두께 $h = \dfrac{l}{16}$
> • $f_y = 400MPa$ 이외인 경우는 계산된 h값에 $\left(0.43 + \dfrac{f_y}{700}\right)$을 곱한다.
> $\therefore h = \dfrac{l}{16} \times \left(0.43 + \dfrac{f_y}{700}\right) = \dfrac{6000}{16} \times \left(0.43 + \dfrac{350}{700}\right)$
> $= 349 mm$

> **Remember**
> 처짐을 계산하지 않는 경우의 최소두께
>
> | 부재 | 단순지지 | 1단연속 | 양단연속 | 캔틸레버 |
> |---|---|---|---|---|
> | 1방향 슬래브 | $\dfrac{l}{20}$ | $\dfrac{l}{24}$ | $\dfrac{l}{28}$ | $\dfrac{l}{10}$ |
> | 보 또는 리브가 있는 1방향 슬래브 | $\dfrac{l}{16}$ | $\dfrac{l}{18.5}$ | $\dfrac{l}{21}$ | $\dfrac{l}{8}$ |
>
> • $f_y = 400MPa$ 이외인 경우는 계산된 h값에 $\left(0.43 + \dfrac{f_y}{700}\right)$을 곱한다.

□□□ 기 21③,23②

65 철근콘크리트 휨 부재설계에 대한 일반원칙을 설명한 것으로 틀린 것은?

① 인장철근이 설계기준항복강도에 대응하는 변형률에 도달하고 동시에 압축콘크리트가 가정된 극한변형률인 0.0033에 도달할 때, 그 단면이 균형변형률 상태에 있다고 본다.
② 철근의 항복강도가 400MPa 이하인 경우, 압축연단 콘크리트가 가정된 극한변형률인 0.0033에 도달할 때 최외단 인장철근 순인장변형률이 0.0015 이상인 단면을 인장지배단면이라고 한다.
③ 철근의 항복강도가 400MPa을 초과하는 경우, 인장지배변형률한계를 철근 항복변형률의 2.5배로 한다.
④ 순인장변형률이 압축지배변형률 한계와 인장지배변형률 한계 사이인 단면은 변화구간단면이라고 한다.

> 압축연단 콘크리트가 가정된 극단변형률에 도달할 때 최외단 인장철근의 순인장 변형률 ϵ_t이 0.005의 인장지배 변형률 한계 이상인 단면을 인장지배단면이라고 한다.

□□□ 기 93,06,09,14①,15④,18②,20②,22①②,23②

66 그림과 같은 띠철근 기둥에서 띠철근의 최대 간격은? (단, D10의 공칭지름은 9.5mm, D32의 공칭지름은 31.8mm)

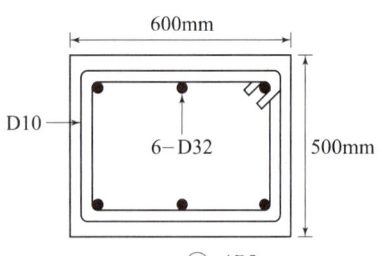

① 400mm
② 456mm
③ 500mm
④ 509mm

> 띠철근의 수직간격(가장 작은 값)
> • 축방향 철근지름의 16배 이하
> $31.8 \times 16 = 509mm$ 이하
> • 띠철근 지름의 48배 이하
> $9.5 \times 48 = 456mm$ 이하
> • 기둥단면의 최소치수 이하
>   500mm 이하
>   ∴ 띠철근의 최대간격 : 456mm 이하(∵ 가장 작은 값)

□□□ 기 01,03,04,05,08,11,12,17,23②

67 강도 설계법에서 그림과 같은 T형보의 응력 사각형 블록의 깊이(a)는 얼마인가? (단, $A_s = 14-D25 = 7094mm^2$, $f_{ck} = 21MPa$, $f_y = 300MPa$)

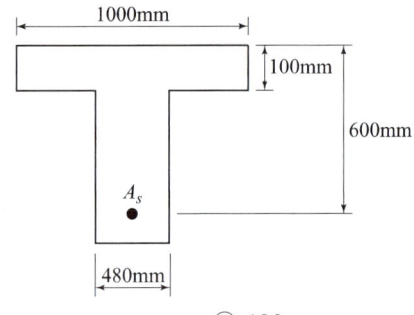

① 120mm
② 130mm
③ 140mm
④ 150mm

> ■ T형보의 판별
> • $a = \dfrac{A_s f_y}{\eta(0.85f_{ck})b} = \dfrac{7094 \times 300}{0.85 \times 21 \times 1000}$
> $= 119mm > t = 100mm$
>   ∴ T형보
> ■ 등가깊이(a) 산정
> • $A_{sf} = \dfrac{\eta(0.85f_{ck})(b-b_w)t}{f_y}$
> $= \dfrac{1 \times 0.85 \times 21(1000-480) \times 100}{300}$
> $= 3094mm^2$
> • $a = \dfrac{(A_s - A_{sf})f_y}{\eta(0.85f_{ck})b_w} = \dfrac{(7094-3094) \times 300}{1 \times 0.85 \times 21 \times 480}$
> $= 140mm$

□□□ 기 12,20④,21③,23②

68 전체깊이가 900mm를 초과하는 휨부재 복부의 양 측면에 부재 축방향으로 배근하는 철근의 명칭은?

① 배력철근
② 표피철근
③ 피복철근
④ 연결철근

> 표피철근(skin reinforcement)
> • 전체깊이가 900mm를 초과하는 휨부재 복부의 양 측면에 부재 축방향으로 배치하는 철근
> • 주철근이 단면의 일부에 집중 배치된 경우일 때 부재의 측면에 발생 가능한 균열을 제어하기 위한 목적으로 주철근 위치에서부터 중립축까지의 표면 근처에 배치하는 철근

정답 65 ② 66 ② 67 ③ 68 ②

기 08,09,11②,19②,23②

69 철근콘크리트 부재의 피복두께에 관한 설명으로 틀린 것은?

① 최소 피복두께를 제한하는 이유는 철근의 부식방지, 부착력의 증대, 내화성을 갖도록 하기 위해서이다.
② 현장치기 콘크리트로서, 흙에 접하거나 옥외의 공기에 직접 노출되는 콘크리트의 최소 피복두께는 D19 이상의 철근의 경우 40mm이다.
③ 현장치기 콘크리트로서, 흙에 접하여 콘크리트를 친 후 영구히 흙에 묻혀 있는 콘크리트의 최소 피복두께는 75mm이다.
④ 콘크리트 표면과 그와 가장 가까이 배치된 철근 표면 사이의 콘크리트 두께를 피복두께라 한다.

프리스트레스하지 않는 부재의 현장치기 콘크리트

철근의 외부조건		최소피복
흙에 접하여 콘크리트를 친 후 영구히 흙에 묻혀 있는 콘크리트		75mm
흙에 접하거나 옥외의 공기에 직접 노출되는 콘크리트	D19 이상의 철근	50mm
	D16 이하의 철근, 지름 16mm 이하의 철선	40mm

∴ 현장치기 콘크리트로서, 흙에 접하거나 옥외의 공기에 직접 노출되는 콘크리트의 최소 피복두께는 D19 이상의 철근의 경우 50mm이다.

기 07,23②

70 다음은 옹벽의 안정에 대한 규정이다. 옳지 않은 것은?

① 옹벽의 활동에 대한 저항력은 옹벽에 작용하는 수평력의 2.5배 이상이어야 한다.
② 전도 및 지반지지력에 대한 안정조건을 만족하며, 활동에 대한 안정조건만을 만족하지 못할 경우 활동방지벽을 설치하여 활동저항력을 증대시킬 수 있다.
③ 전도에 대한 저항모멘트는 횡토압에 의한 전도모멘트의 2.0배 이상이어야 한다.
④ 지지 지반에 작용되는 최대 압력이 지반의 허용지지력을 과하지 않아야 한다.

옹벽의 활동에 대한 저항력은 옹벽에 작용하는 수평력의 1.5배 이상이어야 한다.

기 06,08,12,23②

71 비틀림철근에 대한 설명 중 옳지 않은 것은? (단, P_h : 가장 바깥의 횡방향 폐쇄스터럽 중심선의 둘레(mm))

① 비틀림철근의 설계기준항복강도는 500MPa을 초과해서는 안된다.
② 횡방향 비틀림철근의 간격은 $P_h/8$ 보다 작아야 하고, 또한 300mm 보다 작아야 한다.
③ 비틀림에 요구되는 종방향철근은 폐쇄스터럽의 둘레를 따라 300mm 이하의 간격으로 분포시켜야 한다.
④ 스터럽의 각 모서리에 최소한 세 개 이상의 종방향 철근을 두어야 한다.

• 스터럽의 각 모서리에 최소한 하나의 종방향 철근이나 긴장재가 있어야 한다.
• 종방향 철근의 지름은 스터럽 간격의 1/24 이상이어야 하며, 또한 D10 이상의 철근이어야 한다.

기 12,23②

72 U형 스터럽의 정착방법 중 종방향철근을 둘러싸는 표준갈고리 만으로 정착이 가능한 철근의 범위는?

① D16 이하의 철근   ② D19 이하의 철근
③ D22 이하의 철근   ④ D25 이하의 철근

단일 U형 또는 다중 U형 스터럽의 단부
D16 이하 철근 또는 지름 16mm 이하 철선으로 종방향 철근을 둘러싸는 표준갈고리로 정착하여야 한다.

기 16,23②

73 프리스트레스트 콘크리트 구조물의 특징에 대한 설명으로 틀린 것은?

① 철근콘크리트의 구조물에 비해 진동에 대한 저항성이 우수하다.
② 설계하중하에서 균열이 생기지 않으므로 내구성이 크다.
③ 철근콘크리트 구조물에 비하여 복원성이 우수하다.
④ 공사가 복잡하여 고도의 기술을 요한다.

프리스트레스트 콘크리트 구조는 RC에 비하여 단면이 작기 때문에 변형이 크게 일어나고 진동하기 쉽다.

정답 69 ② 70 ① 71 ④ 72 ① 73 ①

기 07,23①,23②

74 1방향 철근콘크리트 슬래브에서 수축온도철근의 간격에 대한 설명으로 옳은 것은?

① 슬래브 두께의 3배 이하, 또한 300mm 이하로 하여야 한다.
② 슬래브 두께의 3배 이하, 또한 450mm 이하로 하여야 한다.
③ 슬래브 두께의 5배 이하, 또한 450mm 이하로 하여야 한다.
④ 슬래브 두께의 5배 이하, 또한 300mm 이하로 하여야 한다.

1방향 슬래브의 수축·온도 철근 간격은 슬래브두께의 5배 이하, 또한 450mm 이하로 하여야 한다.

기 21①,23②

75 용접이음에 관한 설명으로 틀린 것은?

① 내부 검사(X-선 검사)가 간단하지 않다.
② 작업의 소음이 적고 경비와 시간이 절약된다.
③ 리벳구멍으로 인한 단면 감소가 없어서 강도 저하가 없다.
④ 리벳이음에 비해 약하므로 응력 집중 현상이 일어나지 않는다.

리벳이음에 비해 강하므로 응력 집중 현상이 일어나기 쉽다.

기 02,07,09,11,14,17①④,19③,23②

76 순단면이 볼트의 구멍 하나를 제외한 단면(즉, A-B-C 단면)과 같도록 피치(s)를 결정하면?
(단, 구멍의 직경은 22mm이다.)

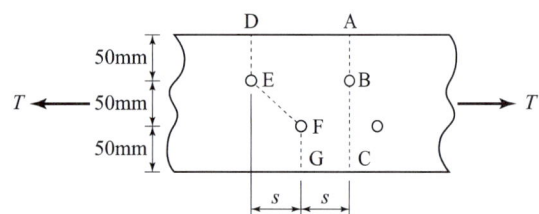

① 114.9mm ② 90.6mm
③ 66.3mm   ④ 50mm

단면 ABC의 순폭 = 단면 DEFG의 순폭
$b_n = b_g - d - \left(d - \dfrac{s^2}{4g}\right) = b_g - d$ 에서
$d - \dfrac{s^2}{4g} = 0$
∴ 피치 $s = \sqrt{4gd} = \sqrt{4 \times 50 \times 22} = 66.3\,\text{mm}$

기 96,00,02,03,11,13,14,17①,23②

77 단철근 직사각형보의 폭이 300mm, 유효깊이가 500mm, 높이가 600mm일 때, 외력에 의해 단면에서 휨균열을 일으키는 휨모멘트(M_{cr})를 구하면?
(단, $f_{ck}=24$MPa, 콘크리트의 파괴계수 $f_r = 0.63\sqrt{f_{ck}}$)

① 45.2kN·m ② 48.9kN·m
③ 52.1kN·m ④ 55.6kN·m

$M_{cr} = \dfrac{f_r}{y_t} I_g = \dfrac{f_r}{\dfrac{h}{2}} \times \dfrac{bh^3}{12} = f_r \dfrac{bh^2}{6}$

• $f_r = 0.63\sqrt{f_{ck}} = 0.63\sqrt{24} = 3.09\,\text{MPa}$
 $= 3.09\,\text{N/mm}^2 = 3.09 \times 10^3\,\text{kN/m}^2$
• $h = 600\,\text{mm}$
∴ $M_{cr} = 3.09 \times 10^3 \times \dfrac{0.3 \times 0.6^2}{6}$
 $= 55.62\,\text{kN}\cdot\text{m}$

기 83,86,89,95,97,98,99,01,08,11,12①,13①,20③,23②

78 그림과 같은 맞대기 용접의 용접부에 발생하는 인장응력은?

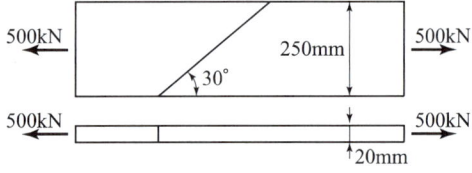

① 100MPa ② 150MPa
③ 200MPa ④ 220MPa

$f = \dfrac{P}{\sum a l_e}$
• $a = 20\,\text{mm}$, $l_e = 250\,\text{mm}$
∴ $f = \dfrac{500 \times 10^3}{20 \times 250} = 100\,\text{MPa}$

□□□ 기 00,06,10,13,14,23②

79 계수전단강도 $V_u = 60$kN을 받을 수 있는 직사각형 단면의 최소전단 철근 없이 견딜 수 있는 콘크리트의 유효깊이 d는 최소 얼마 이상이어야 하는가?
(단, $f_{ck} = 24$MPa, $b = 350$mm)

① 618mm ② 560mm
③ 434mm ④ 328mm

- 전단철근이 없는 경우
$V_u \leq \frac{1}{2}\phi V_c = \frac{1}{2}\phi\left(\frac{1}{6}\lambda\sqrt{f_{ck}}\right)b_w d$ 에서
$\therefore d = \frac{12 V_u}{\phi\lambda\sqrt{f_{ck}} \times b_w} = \frac{12 \times 60 \times 10^3}{0.75 \times 1 \times \sqrt{24} \times 350}$
$= 560$mm
($\because$ 전단력과 비틀림 모멘트 $\phi = 0.75$)

참고 SOLVE 사용하면 편리함

□□□ 기 91,97,23②

80 일단정착의 포스트텐션 부재에서 PS강재의 길이 30m, 초기 프리스트레스 1000MPa일 때 감소율 3%가 되기 위해서는 활동량이 얼마인가? (단, $E_p = 2.0 \times 10^5$MPa)

① 3.0mm ② 3.5mm
③ 4.0mm ④ 4.5mm

- 감소량 $\Delta\sigma_{pe} = E_p \cdot \frac{\Delta l}{l}$
- $\Delta\sigma_{pe} = \sigma_\pi \cdot r = 1000 \times 0.03 = 30$MPa
- $\Delta\sigma_{pe} = E_p \cdot \frac{\Delta l}{l} = 2 \times 10^5 \times \frac{\Delta l}{30000} = 30$MPa
SOLVE 사용
$\therefore$ 활동량 $\Delta l = 4.5$mm
또는 활동량 $\Delta l = \frac{\Delta\sigma_{pe} l}{E_p} = \frac{30 \times 30000}{2 \times 10^5} = 4.5$mm

제5과목 : 토질 및 기초

□□□ 기 05,10,23②

81 입도분석 시험결과가 아래 표와 같다. 이 흙을 통일 분류법에 의해 분류하면?

0.074mm체 통과율=3%, 2mm체 통과율=40%, 4.75mm체 통과율=65%, $D_{10} = 0.10$mm, $D_{30} = 0.13$mm, $D_{60} = 3.2$mm

① GW ② GP
③ SW ④ SP

- 1단계 : No.200(0.074)체 < 50% (G나 S)
- 2단계 : No.4(4.75)체(65%) > 50% (S조건)
- 3단계 : SP조건

- 균등계수 $C_u = \frac{D_{60}}{D_{10}} = \frac{3.2}{0.10} = 32 > 6$
($\because$ 균등계수 6 이상 : 만족)

- 곡률계수 $C_g = \frac{D_{30}^2}{D_{10} \times D_{60}} = \frac{0.13^2}{0.10 \times 3.2} = 0.05$
($\because$ 곡률계수 1~3 : 만족하지 못함)
$\therefore$ SP를 만족한다. ($\because$ SW에 해당되는 두 조건을 만족시키지 못함)

□□□ 기 93,03,07,11,15①,17④,23②

82 아래 그림과 같은 지표면에 2개의 집중하중이 작용하고 있다. 30kN의 집중하중 작용점 하부 2m 지점 A에서의 연직하중의 증가량은 약 얼마인가? (단, 영향계수는 소수점 이하 넷째자리까지 구하여 계산하시오.)

① 3.71kN/m²
② 8.90kN/m²
③ 14.2kN/m²
④ 19.4kN/m²

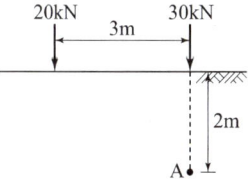

$\sigma_{z1} = \frac{3Q}{2\pi}\frac{Z^3}{R^5}$
$= \frac{3 \times 20}{2\pi} \times \frac{2^3}{(\sqrt{3^2 + 2^2})^5} = 0.125$kN/m²
$\sigma_{z2} = \frac{3Q}{2\pi Z^2} = \frac{3 \times 30}{2\pi \times 2^2} = 3.581$kN/m²
$\therefore \sigma_z = \sigma_{z1} + \sigma_{z2} = 0.125 + 3.581 = 3.71$kN/m²

기 11②,18②,23②
83 점토의 다짐에서 최적함수비보다 함수비가 적은 건조측 및 함수비가 많은 습윤측에 대한 설명으로 옳지 않은 것은?

① 다짐의 목적에 따라 습윤 및 건조측으로 구분하여 다짐 계획을 세우는 것이 효과적이다.
② 흙의 강도 증가가 목적인 경우, 건조측에서 다지는 것이 유리하다.
③ 습윤측에서 다지는 경우, 투수계수 증가 효과가 크다.
④ 다짐의 목적이 차수를 목적으로 하는 경우, 습윤측에서 다지는 것이 유리하다.

> 건조측이 투수계수가 더 크며 OMC보다 약간 습윤측에서 최소투수계수가 나타난다.

기 16①,23②
84 다음 그림에서 흙의 저면에 작용하는 단위 면적당 침투수압은? (단, $\gamma_w = 9.81 \text{kN/m}^3$)

① 79.2kN/m^2
② 49.2kN/m^2
③ 39.2kN/m^2
④ 29.2kN/m^2

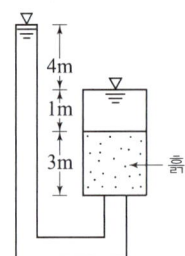

$$P = i\gamma_w Z = \frac{h}{L}\gamma_w Z = \frac{4}{3} \times 9.81 \times 3 = 39.24 \text{kN/m}^2$$

기 96,98,00,01,03,05,16②,23②
85 최대주응력이 100kN/m^2, 최소주응력이 40kN/m^2일 때 최소주응력 면과 $45°$를 이루는 평면에 일어나는 수직응력은?

① 70kN/m^2 ② 30kN/m^2
③ 60kN/m^2 ④ $40\sqrt{2} \text{ kN/m}^2$

$$\sigma = \frac{\sigma_1 + \sigma_3}{2} + \frac{\sigma_1 - \sigma_3}{2}\cos 2\theta$$
$$= \frac{100+40}{2} + \frac{100-40}{2}\cos(2\times 45°) = 70 \text{kN/m}^2$$

기 90,91,96,01,13,23②
86 어떤 퇴적층에서 수평방향의 투수계수는 4.0×10^{-4} cm/sec이고, 수직방향의 투수계수 3.0×10^{-4} cm/sec이다. 이 흙을 등방성으로 생각할 때, 등가의 평균투수계수는 얼마인가?

① 3.46×10^{-4} cm/sec ② 5.0×10^{-4} cm/sec
③ 6.0×10^{-4} cm/sec ④ 6.93×10^{-4} cm/sec

$$k = \sqrt{k_h \cdot k_v}$$
$$= \sqrt{4.0 \times 10^{-4} \times 3.0 \times 10^{-4}} = 3.46 \times 10^{-4} \text{ cm/sec}$$

기 81,83,99,06,23②
87 흙이 동상(凍上)을 일으키기 위한 조건으로 가장 중요하지 않는 것은?

① 아이스 렌즈를 형성하기 위한 충분한 물의 공급
② 양(+)이온의 다량 함유
③ 추운 날씨가 장기간 계속될 것
④ 동상이 일어나기 쉬운 토질

> 동상이 일어나는 조건
> • 동상을 받기 쉬운 흙이 존재
> • 0℃ 이하의 온도가 오랫동안 지속
> • 아이스렌즈를 형성할 수 있도록 물의 공급이 충분
> • 동결심도 하단에서 지하수면까지의 거리가 모관 상승고보다 작을 때

기 97,00,01,03,12①,16④,23②
88 연약 점토층을 관통하여 철근콘크리트 파일을 박았을 때 부마찰력(Negative friction)은? (단, 지반의 일축압축강도 $q_u = 20\text{kN/m}^2$, 파일직경 $D = 50\text{cm}$, 관입깊이 $l = 10\text{m}$이다)

① 157.1kN ② 185.3kN
③ 208.2kN ④ 242.4kN

> • 말뚝의 주변장 $U = \pi \cdot D = \pi \times 0.5 = 1.571\text{m}$
> • 평균 마찰력 $f_s = \dfrac{q_u}{2} = \dfrac{20}{2} = 10\text{kN/m}^2$
> • 부마찰력 $R_{nf} = U \cdot l_c \cdot f_s$
> $= 1.571 \times 10 \times 10 = 157.1\text{kN}$

정답 83 ③ 84 ③ 85 ① 86 ① 87 ② 88 ①

□□□ 기 00,08,16,23②

89 사면안정계산에 있어서 Fellenius법과 간편 Bishop법의 비교 설명으로 틀린 것은?

① Fellenius법은 간편 Bishop법보다 계산은 복잡하지만 계산결과는 더 안전측이다.
② 간편 Bishop법은 절편의 양쪽에 작용하는 연직 방향의 합력이 0(zero)이라고 가정한다.
③ Fellenius법은 절편의 양쪽에 작용하는 합력이 0(zero)이라고 가정한다.
④ 간편 Bishop법은 안전율을 시행착오법으로 구한다.

> Bishop의 간편법
> Fillenius 방법보다 계산이 훨씬 복잡하나 전산기 이용으로 근래 많이 적용하고 있다.

□□□ 기 03,04,08,09,12④,15④,23②

90 그림과 같은 옹벽배면에 작용하는 토압의 크기를 Rankine의 토압공식으로 구하면?

① 32.2kN/m
② 36.7kN/m
③ 46.7kN/m
④ 52.0kN/m

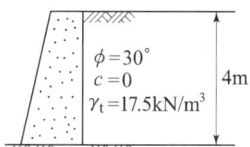

$P_A = \frac{1}{2}\gamma H^2 \tan^2\left(45° - \frac{\phi}{2}\right)$
$= \frac{1}{2} \times 17.5 \times 4^2 \times \tan^2\left(45° - \frac{30°}{2}\right) = 46.7 \text{ kN/m}$

□□□ 기 10②,18②,23②

91 토질조사에 대한 설명 중 옳지 않은 것은?

① 사운딩(Sounding)이란 지중에 저항체를 삽입하여 토층의 성상을 파악하는 현장 시험이다.
② 불교란시료를 얻기 위해서 Foil Sampler, Thin wall tube sampler 등이 사용된다.
③ 표준관입시험은 로드(Rod)의 길이가 길어질수록 N치가 작게 나온다.
④ 베인 시험은 정적인 사운딩이다.

> 로드(rod)의 길이가 길어지면 타격에너지 손실로 실제보다 크게 나오기 때문에 로드 길이에 대해 수정을 해야 한다.

□□□ 기 89,00,03,07,18③,23②

92 간극률이 50%, 함수비가 40%인 포화토에 있어서 지반의 분사현상에 대한 안전율이 3.5라고 할 때 이 지반에 허용되는 최대 동수경사는?

① 0.21   ② 0.51
③ 0.61   ④ 1.00

- $e = \dfrac{n}{100-n} = \dfrac{50}{100-50} = 1.0$
- $G_s = \dfrac{S \cdot e}{w} = \dfrac{100 \times 1}{40} = 2.5$
- $i_c = \dfrac{G_s - 1}{1+e} = \dfrac{2.50-1}{1+1} = 0.75$
- $F_s = \dfrac{i_c}{i} = \dfrac{0.75}{i} = 3.5 \quad \therefore i = 0.21$

□□□ 기 86,92,96,23②

93 (A)에서는 투수성이 크므로 충격에 의한 재하(載荷)를 제외하면 거의 (B)전단(剪斷)으로 볼 수 있는데 반하여 (C)에서는 전단 시험시 배수 조건에 따라 전단 강도가 크게 달라진다. ( )안에 들어갈 말은?

① (A) : 사질토, (B) : 배수, (C) : 점성토
② (A) : 점성토, (B) : 배수, (C) : 사질토
③ (A) : 사질토, (B) : 비배수, (C) : 점성토
④ (A) : 점성토, (B) : 비배수, (C) : 사질토

- 사질토 : 투수성(大) : 배수전단
- 점성토 : 투수성(小) : 배수 및 비배수전단

□□□ 기 17②,23②

94 단위중량이 18kN/m³인 점토지반의 지표면에서 5m 되는 곳의 시료를 채취하여 압밀시험을 실시한 결과 과압밀비(over consolidation ratio)가 2임을 알았다. 선행압밀압력은?

① 90kN/m²   ② 120kN/m²
③ 150kN/m²   ④ 180kN/m²

과압밀비 $OCR = \dfrac{\text{선행압밀압력}(P_c)}{\text{현재하중}(P_o)}$ 에서

- $P_o = \gamma_t h = 18 \times 5 = 90 \text{ kN/m}^2$
- $\therefore P_c = OCR \times P_o = 2 \times 90 = 180 \text{ kN/m}^2$

기 99,05④,10②,18②,19①,23②

95 Meyerhof의 일반 지지력 공식에 포함되는 계수가 아닌 것은?

① 국부전단계수 ② 근입깊이계수
③ 경사하중계수 ④ 형상계수

> Meyerhof는 기초에 하중이 경사되어 재하될 때 다음 요소로 보완한다.
> • 형상계수(De Beer에 의해 제안) : 구형 및 원형 기초의 지지력 계산을 위해
> • 깊이계수(Hansen 제안) : 기초저면의 위, 흙의 파괴면을 따라 발생하는 전단 저항에 대한 평가
> • 경사계수(Meyerhof제안) : 하중 작용선이 수직선과 일정각도로 경사진 기초의 지지력 계산을 위해

기 04,10,15,23②

96 어떤 점토지반의 표준관입실험 결과 N값이 2~4 이었다. 이 점토의 consistency는?

① 대단히 견고 ② 연약
③ 견고 ④ 대단히 연약

N치와 토질과의 관계

사질토		점질토	
상대밀도	N치	컨시스턴시	N치
대단히 느슨	< 4	대단히 연약	< 2
느슨	4~10	연약	2~4
중간	10~30	중간	4~8
조밀	30~50	견고	8~15
매우 조밀	50 이상	대단히 견고	15~30

기 20②,23②

97 그림과 같은 점토시반에서 안전수(m)가 0.1인 경우 높이 5m의 사면에 있어서 안전율은?

① 1.0
② 1.25
③ 1.50
④ 2.0

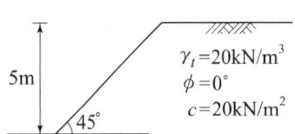

안전율 $F_s = \dfrac{H_c}{H}$

• $H = 5\text{m}$
• $H_c = \dfrac{c}{\gamma m} = \dfrac{20}{20 \times 0.1} = 10\text{m}$

∴ $F_s = \dfrac{10}{5} = 2.0$

기 10④,13①,23②

98 비배수점착력, 유효상재압력, 그리고 소성지수 사이의 관계는 $\dfrac{c_u}{p} = 0.11 + 0.0037(PI)$이다. 아래 그림에서 정규압밀점토의 두께는 15m, 소성지수(PI)가 40%일 때 점토층의 중간 깊이에서 비배수점착력은?

① 34.8kN/m²
② 31.7kN/m²
③ 26.5kN/m²
④ 22.7kN/m²

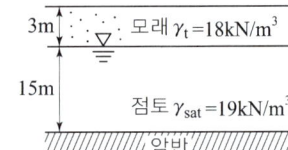

• 유효상재압
$p = h_1\gamma_1 + h_2\gamma_{sub}$
$= 3 \times 18 + \dfrac{15}{2} \times (19 - 9.81) = 122.925\text{kN/m}^2$

• 비배수점착력
$c_u = p\{0.11 + 0.0037(I_P)\}$
$= 122.925(0.11 + 0.0037 \times 40) = 31.7\text{kN/m}^2$

기 04,08,23②

99 토목 섬유의 주요기능 중 옳지 않은 것은?

① 보강(reinforcement) ② 배수(drainage)
③ 댐핑(Damping) ④ 분리(separation)

> 토목 섬유의 4가지 기능
> • 배수기능 : 투수성이 큰 토목섬유의 평면내부를 따라서 물을 이동시키는 기능
> • 여과기능 : 세립자의 이동을 막고 물만 통과시키는 기능
> • 분리기능 : 점토, 실트 등의 세립토 사이에 설치되어서 이들 재료가 서로 혼합되는 것을 막아주는 기능
> • 보강기능 : 토목 섬유의 인장강도에 의해 토류 구조물의 안전성을 증진시키는 기능

정답 95 ① 96 ② 97 ④ 98 ② 99 ③

☐☐☐ 기 93,99,03,05,13①,23②
100 체적이 $V=5.83cm^3$인 점토를 건조로에서 건조시킨 결과, 무게는 $W_s=11.26g$이었다. 이 점토의 비중이 $G_s=2.67$이라고 하면 이 점토의 수축한계값은 약 얼마인가?

① 28% ② 24%
③ 14% ④ 8%

- 수축비 $R = \dfrac{W_s}{V_o \rho_w} = \dfrac{11.26}{5.83 \times 1} = 1.93$
- 수축한계 $W_s = \left(\dfrac{1}{R} - \dfrac{1}{G_s}\right) \times 100(\%)$
  $= \left(\dfrac{1}{1.93} - \dfrac{1}{2.67}\right) \times 100 = 14.36\%$

제6과목 : 상하수도공학

☐☐☐ 기 07,23②
101 한 도시의 인구자료가 다음표와 같을 때 10년 후의 급수인구를 등비급수법을 이용하여 구하면 약 몇 명인가?

년도	인구(명)
2003	15470
2004	17130
2005	18740
2006	20450
2007	22100

① 약 53,800명 ② 약 54,200명
③ 약 54,600명 ④ 약 55,000명

- 등비급수법 $P_n = P_0(1+r)^n$
- 인구증가율 $r = \left(\dfrac{P_o}{P_t}\right)^{\frac{1}{t}} - 1$
- $t = 2007년 - 2003년 = 4$
- $r = \left(\dfrac{22,100}{15,470}\right)^{\frac{1}{4}} - 1 = 0.093$
- $\therefore P_n = 22,100(1+0.093)^{10} = 53,777$명

☐☐☐ 기 10,23②
102 수원과 취수방법의 연결이 옳지 않은 것은?

① 하천수 – 취수탑
② 용천수 – 집수매거
③ 복류수 – 취수관거
④ 피압지하수 – 심정호

- 용천수는 지층수, 암장수가 지표로 용출되는 특이한 지하수로 집수정으로 취수가 가능하다.
- 집수매거 : 하천부지의 하상 밑이나 구하천 부지 등의 땅속에 매설하여 집수기능을 갖는 관거이며 복류수나 자유수면을 갖는 지하수를 취수하는 시설이다.

☐☐☐ 기 03,08,09,15,17,23②
103 상수 취수시설인 집수매거에 관한 설명으로 틀린 것은?

① 철근콘크리트조의 유공관 또는 권선형 스크린관을 표준으로 한다.
② 집수매거의 경사는 수평 또는 흐름방향으로 향하여 완경사로 설치한다.
③ 집수매거의 유출단에서 매거내의 평균유속은 3m/s 이상으로 한다.
④ 집수매거는 가능한 직접 지표수의 영향을 받지 않도록 매설깊이는 5m 이상으로 하는 것이 바람직하다.

집수매거
- 수평 또는 흐름방향으로 향하여 완경사로 한다.
- 집수매거의 유속은 집수매거의 크기와 집수개구부에서의 유입속도 등과의 관계로부터 집수매거의 유출단에서 평균유속은 1m/s 이하로 한다.

☐☐☐ 기 23②
104 정수시설 중 소독(살균)설비에 사용되는 염소제에 대한 설명으로 틀린 것은?

① 잔류효과가 있는 것이 장점이다.
② 트리할로메탄 등의 유기염소화합물을 생성한다.
③ pH가 낮아질수록 소독효과는 커진다.
④ 수온이 낮아질수록 염소의 살균력은 증대된다.

수온이 높아질수록 염소의 살균력은 증대된다.

□□□ 기 96,09,13,19②,23②
105 다음 설명 중 옳지 않은 것은?

① BOD가 과도하게 높으면 DO는 감소하며 악취가 발생된다.
② BOD, COD는 오염의 지표로서 하수 중의 용존산소량을 나타낸다.
③ BOD는 유기물이 호기성 상태에서 분해·안정화 되는데 요구되는 산소량이다.
④ BOD는 보통 20℃에서 5일간 시료를 배양했을 때 소비된 용존산소량으로 표시된다.

- 생화학적 산소요구량(BOD)은 유기물을 미생물에 의하여 호기성 상태에서 분해 안정화시키는데 요구되는 산소량이다.
- 화학적 산소요구량(COD)는 유기물을 화학적으로 산화, 분해시킬 때 소요되는 산소량이다.
- BOD와 COD의 공통점은 소비된 산소의 양 측정으로 오염정도를 체크하는 방법이다.

□□□ 기 23②
106 다음 상수도 시설에 관한 설명 중 틀린 설명은?

① 계획취수량은 1일 최대급수량을 기준으로 설계한다.
② 계획도수량은 계획취수량을 기준으로 설계한다.
③ 계획정수량은 1일 최대급수량을 기준으로 설계한다.
④ 계획배수량은 1일 최대급수량을 기준으로 설계한다.

- 계획도수량 : 계획취수량을 기준으로 한다.
- 계획취수량 : 계획1일 최대급수량을 기준으로한다.
- 계획정수량 : 계획1일 최대급수량을 기준으로 한다.
- 계획배수량 : 계획 1시간 최대 급수량을 기준으로 한다.

□□□ 기 12,23②
107 관거별 계획 하수량에 대한 설명으로 틀린 것은?

① 우수관거는 계획우수량으로 한다.
② 오수관거는 계획시간 최대오수량으로 한다.
③ 차집관거에서는 우천시 계획우수량으로 한다.
④ 합류식관거는 계획시간 최대오수량에 계획우수량을 합한 것으로 한다.

차집관거는 우천시 계획오수량으로 한다.

□□□ 기 03,06,15,23②
108 하수배제 방식에 관한 설명 중 틀린 것은?

① 합류식과 분류식은 각각의 장단점이 있으므로 도시의 실정을 충분히 고려하여 선정할 필요가 있다.
② 합류식은 우천시 계획하수량 이상이 되면 오수가 우수에 섞여서 공공수역에 유출될 수 있기 때문에 수질보존대책이 필요하다.
③ 분류식은 우천시 우수가 전부 공공수역에 방류되기 때문에 우천시 오탁의 문제가 없다.
④ 분류식의 처리장에서는 시간에 따라 오수유입량의 변동이 크므로 조정지 등을 통하여 유입량을 조정하면 유지관리가 쉽다.

분류식의 문제점
- 강우초기에 비교적 오염된 노면배수가 우수관거를 통해 직접 공공수역에 방류되어 오탁의 문제가 발생한다.
- 도로폭이 좁고 여러 가지 지하매설물이 교차되어 있는 기존 시가지에서 우수관거와 오수관거를 모두 신설할 경우 곤란하다.
- 오수관거는 소구경이기 때문에 합류식에 비해 경사가 급해지고 매설깊이가 깊어지는 문제점이 있다.

□□□ 기 07,12,23②
109 하수도 기본계획에서 계획목표연도의 인구추정 방법이 아닌 것은?

① Stevens 모형에 의한 방법
② Logistic 곡선식에 의한 방법
③ 지수함수곡선식에 의한 방법
④ 생잔모형에 의한 조성법(Cohort method)

Stevens 모형에 의한 방법
수문학의 수위 – 유량관계곡선의 연장방법

Remember
계획 총인구의 추정법
- 연평균 증가수에 의한 방법
- 연평균 증가율에 의한 방법
- 지수함수곡선식에 의한 방법
- Logistic 곡선식에 의한 방법
- 생잔모형에 의한 조성법(Cohort method)

정답 105 ② 106 ④ 107 ③ 108 ③ 109 ①

□□□ 기 04,22②,23②
110 pH가 5.6에서 4.3으로 변화할 때 수소이온 농도는 약 몇 배가 되는가?

① 약 13배
② 약 15배
③ 약 17배
④ 약 20배

- $pH = \log \dfrac{1}{H^+} = 5.6$
  $\therefore H^+ = 2.51 \times 10^{-6}$
- $pH = \log \dfrac{1}{H^+} = 4.3$
  $\therefore H^+ = 5.01 \times 10^{-5}$

참고 SOLVE 사용

$\therefore \dfrac{5.01 \times 10^{-5}}{2.51 \times 10^{-6}} = 19.96 ≒ $ 약 20배

□□□ 기 96,03,05,14,23②
111 상수의 도수 및 송수에 관한 설명 중 틀린 것은?

① 도수 및 송수방식은 에너지의 공급원 및 지형에 따라 자연유하식과 펌프가압식으로 나눌 수 있다.
② 송수관로는 개수로식과 관수로식으로 분류할 수 있다.
③ 수원이 급수구역과 가까울 때나 지하수를 수원으로 할 때는 펌프가압식이 더 효율적이다.
④ 자연유하식은 평탄한 지형에서 유리한 방식이다.

자연 유하식은 시점과 종점간의 유효낙차가 충분히 있는 경우에는 안정상 용이하며 동력비가 불필요한 점에서 유리한 방식이다.

□□□ 기 00,23②
112 Marstoner 방법을 이용하여 직경 1000mm의 하수관을 매설 할 때 요구되는 폭(B)은?

① 150cm
② 180cm
③ 210cm
④ 250cm

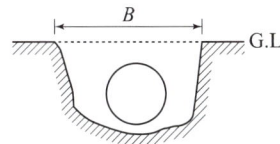

폭 $B = \dfrac{3}{2}d + 30 = \dfrac{3}{2} \times 100 + 30 = 180cm$

□□□ 기 12,23②
113 도수관에 대한 설명으로 틀린 것은?

① 자연유하식 도수관의 최소평균유속은 0.3m/s로 한다.
② 액상화의 우려가 있는 지반에서의 도수관 매설시 필요에 따라 지반을 개량한다.
③ 자연유하식 도수관의 허용 최대한도 유속은 3.0m/s로 한다.
④ 도수관의 노선은 관로가 항상 동수경사선 이상이 되도록 설정한다.

도수노선은 어떤 경우라도 최소동수경사선 이하가 되도록 노선을 선정한다.

□□□ 기 98,18①,23②
114 하수도의 목적에 관한 설명으로 가장 거리가 먼 것은?

① 하수도는 도시의 건전한 발전을 도모하기 위한 필수시설이다.
② 하수도는 공중위생의 향상에 기여한다.
③ 하수도는 공공용 수역의 수질을 보전함으로써 국민의 건강보호에 기여한다.
④ 하수도는 경제발전과 산업기반의 정비를 위하여 건설된 시설이다.

- 하수도는 지속발전 가능한 도시구축에 기어한다.
- 경제발전과 산업기반의 정비를 위한 건설된 시설과는 거리가 멀다.

□□□ 기 98,02,23②
115 다음 중 활성 슬리지법의 변법이 아닌 것은?

① 호기성 산화지(aerobic lagoon)
② 장시간 폭기법(extended aeration)
③ 산화구법(oxidation diton)
④ 계단식 폭기법(step aeration)

활성슬러지법은 여러 가지의 다른 활성 슬러지의 변법이 개발되었다.
- 표준 활성 슬러지법
- 단계식 폭기법
- 접촉 안정법
- 장기간 폭기법
- 산화구법
- 심층 폭기법

□□□ 기 08,12,20②,23②

116 배수관의 수압에 관한 사항으로 ㉠, ㉡에 들어갈 적정한 값은?

> 1. 급수관을 분기하는 지점에서 배수관내의 최소동수압은 (㉠)kPa 이상을 확보한다.
> 2. 급수관을 분기하는 지점에서 배수관내의 최대정수압은 (㉡)kPa를 초과하지 않아야 한다.

① ㉠ 150, ㉡ 700 ② ㉠ 150, ㉡ 600
③ ㉠ 200, ㉡ 700 ④ ㉠ 200, ㉡ 600

> 배수관의 수압
> • 급수관을 분기하는 지점에서 배수관내의 최소동수압은 150kPa(약 1.53kgf/cm²) 이상을 확보한다.
> • 급수관을 분기하는 지점에서 배수관내의 최대정수압은 700MPa(약 7.1kgf/cm²)을 초과하지 않아야 한다.

□□□ 기 10,16,23②

117 펌프의 분류 중 원심펌프의 특징에 대한 설명으로 옳은 것은?

① 일반적으로 효율이 높고, 적용 범위가 넓으며, 적은 유량을 가감하는 경우 소요동력이 적어도 운전에 지장이 없다.
② 양정변화에 대하여 수량의 변동이 적고 또 수량변동에 대해 동력의 변화도 적으므로 우수용 펌프 등 수위 변동이 큰 곳에 적합하다.
③ 회전수를 높게 할 수 있으므로, 소형으로 되며 전양정이 4m 이하인 경우에 경제적으로 유리하다.
④ 펌프와 전동기를 일체로 펌프흡입실 내에 설치하며, 유입수량이 적은 경우 펌프장의 크기에 제한을 받는 경우 등에 사용한다.

> ① 원심 펌프 ② 사류펌프 ③ 축류펌프 ④ 수중펌프

□□□ 기 07,11,23②

118 유입수량 100m³/min, 침전지 용량 4000m³, 폭 20m, 길이 50m, 수심 4m인 경우의 수면적 부하는?

① 720m³/m²·day ② 144m³/m²·day
③ 1800m³/m²·day ④ 6m³/m²·day

> 수면적 부하 = $\dfrac{\text{유입유량}(m^3/day)}{\text{수면적}(m^2)} = \dfrac{Q}{A}$
> • $Q = 100(m^3/min) \times 24(hr) \times 60(min)$
> $= 144000 m^3/day$
> • $A = 20 \times 50 = 1000 m^2$
> ∴ 수면적 부하 = $\dfrac{144000}{1000} = 144 m^3/m^2 \cdot day$

□□□ 기 99,00,08,11,15,23②

119 종말 침전지에서 유출되는 수량이 5000m³/day이다. 여기에 염소처리를 하기 위하여 유출수에 100kg/day의 염소를 주입한 후 잔류염소의 농도를 측정하였더니 0.5mg/L이었다면 염소요구량(농도)은? (단, 염소는 Cl_2 기준)

① 16.5mg/L ② 17.5mg/L
③ 18.5mg/L ④ 19.5mg/L

> 염소요구량 = 염소 주입농도 − 잔류염소량
> • 주입농도 = $\dfrac{\text{염소의 양}}{\text{유량}}$
> $= \dfrac{100(kg/day) \times 10^3(g/kg)}{5000(m^3/day)} = 20mg/L$
> ∴ 염소요구량 = $20 - 0.5 = 19.5mg/L$

□□□ 기 95,99,04,09,13①,15④,19①,23②

120 호기성 처리방법에 비해 혐기성 처리방법이 갖고 있는 특징에 대한 설명으로 틀린 것은?

① 슬러지 발생량이 적다.
② 유용한 자원인 메탄이 생성된다.
③ 운전조건의 변화에 적응하는 시간이 짧다.
④ 동력비 및 유지관리비가 적게 든다.

> 운전조건의 변화에 적응하는 시간이 길다.

> **Remember**
> 혐기성 처리방법의 특징
> • 슬러지가 적게 발생한다.
> • 영양소가 호기성보다 적게 소용된다.
> • 운전조건의 변화에 적응하는 시간이 길다.
> • 유기물 농도가 높은 하수의 처리에 적합하다.
> • 최종물질로 생성되는 메탄은 유용한 물질이다.

국가기술자격 필기시험문제

2023년도 기사 3회 필기시험

자격종목	시험시간	문제수	형 별
토목기사	3시간	120	A

※ 각 문제는 4지 택일형으로 질문에 가장 적합한 문제의 보기 번호를 클릭하거나 답안 표기란의 번호를 클릭하여 입력하시면 됩니다.
※ 입력된 답안은 문제 화면 또는 답안 표기란의 보기 번호를 클릭하여 변경하실 수 있습니다.

제1과목 : 응용역학

□□□ 기 97③,99②,07④,20②,23③

01 휨모멘트를 받는 보의 탄성 에너지(Strain Energy)를 나타내는 식은?

① $U = \int_0^L \dfrac{M^2}{2EI}dx$ ② $U = \int_0^L \dfrac{2EI}{M^2}dx$

③ $U = \int_0^L \dfrac{EI}{2M^2}dx$ ④ $U = \int_0^L \dfrac{M^2}{EI}dx$

- 보에 의한 변형에너지
$u = \int_0^L \dfrac{M^2}{2EI}dx + \int_0^L \dfrac{N^2}{2EA}dx + \int_0^L \dfrac{\alpha S^2}{2EA}dx$
- 모멘트에 의한 탄성변형(축방향력과 전단력 무시)
$u = \int_0^L \dfrac{M^2}{2EI}dx$

□□□ 기 98①,06④,07①,13②,23③

02 재질과 단면적과 길이가 같은 장주에서 양단 힌지 기둥의 좌굴하중과 양단 고정기둥의 좌굴하중과의 비는?

① 1 : 16 ② 1 : 8
③ 1 : 4 ④ 1 : 2

- 양단힌지 : $P_{cr} = \dfrac{n\pi^2 EI}{L^2} = 1\left(\dfrac{\pi^2 EI}{L^2}\right)$
- 양단고정 : $P_{cr} = \dfrac{n\pi^2 EI}{L^2} = 4\left(\dfrac{\pi^2 EI}{L^2}\right)$
∴ 양단힌지 : 양단고정 = 1 : 4 이다.

양단힌지	$n=1$	$K=1.0$
양단고정	$n=4$	$K=\dfrac{1}{\sqrt{4}}$

□□□ 기 02①,05②,12①,19③,23③

03 단면의 성질에 대한 다음 설명 중 잘못된 것은?

① 단면 2차 모멘트의 값은 항상 0보다 크다.
② 도심축에 관한 단면 1차 모멘트의 값은 항상 0이다.
③ 단면 상승모멘트의 값은 항상 0보다 크거나 같다.
④ 단면 2차 극모멘트의 값은 항상 극을 원점으로 하는 두 직교 좌표축에 대한 단면 2차 모멘트의 합과 같다.

단면상승모멘트
- 도면의 도심을 통과하는 축에 대한 상승모멘트 $I_{XY}=0$ 이다.
- 도면의 도심축이 아닌 x, y에 대한 상승모멘트 $I_{xy} = A \cdot x_o \cdot y_o$는 x_o 또는 y_o가 (−)일 경우 상승모멘트는 (−)가 된다.

□□□ 기 95②,98③,04④,23③

04 그림과 같은 삼각형 물체에 x방향으로 $P_x = 40\text{kN}$, y방향으로 $P_y = 10\sqrt{3}\,\text{kN}$ 만큼 잡아 당길 때 평형을 이루기 위한 BC면의 저항력 P 값은? (단, 물체는 단위 길이에 대하여 고려한다.)

① 35kN
② 15kN
③ 43kN
④ 55kN

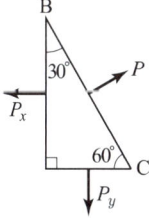

$\cos$법칙을 이용한다.
$P = P_x \cos\theta_1 + P_y \cos\theta_2$
$= 40 \times \cos 30° + 10\sqrt{3} \times \cos 60°$
$= 43.3\text{kN}$

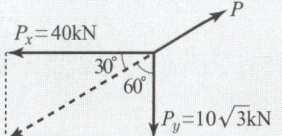

정답 01 ① 02 ③ 03 ③ 04 ③

□□□ 기 04④,08①,09④,19②,23③

05 다음의 부정정 구조물을 모멘트 분배법으로 해석하고자 한다. C점이 롤러 지점임을 고려한 수정강도계수에 의하여 B점에서 C점으로 분배되는 분배율 f_{BC}를 구하면?

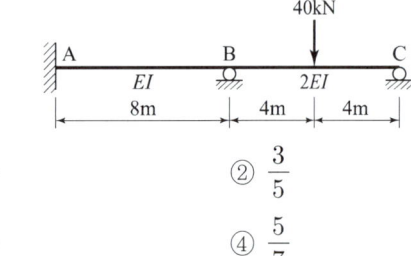

① $\dfrac{1}{2}$ ② $\dfrac{3}{5}$

③ $\dfrac{4}{7}$ ④ $\dfrac{5}{7}$

분배율 $f_{BC} = \dfrac{K_{BC}}{K_{BA} + K_{BC}}$

• $K_{BA} = \dfrac{I}{l} = \dfrac{I}{8}$

• $K_{BC} = \dfrac{I}{l} = \dfrac{2I}{8}$

• 강도비 $K_{BA} : K_{BC} = 1 : 2$

$\therefore f_{BC} = \dfrac{2 \times \dfrac{3}{4}}{1 + 2 \times \dfrac{3}{4}} = \dfrac{3}{5}$ (∵ 회전절점인 경우 $\dfrac{3}{4}K$)

□□□ 기 01②,06①,18①,20④,23③

06 그림과 같은 3힌지 아치에서 C점의 휨모멘트는?

① $32.5 \text{kN} \cdot \text{m}$
② $35.0 \text{kN} \cdot \text{m}$
③ $37.5 \text{kN} \cdot \text{m}$
④ $40.0 \text{kN} \cdot \text{m}$

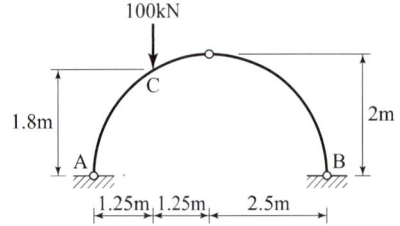

• $\sum M_B = 0 : V_A \times 5 - 100 \times 3.75 = 0$
  $\therefore V_A = 75 \text{kN}$
• $\sum M_{힌지} = 0 : V_A \times 2.5 - 100 \times 1.25 - H_A \times 2.0 = 0$
  $= 75 \times 2.5 - 100 \times 1.25 - H_A \times 2.0 = 0$
  $\therefore H_A = 31.25 \text{kN}$
  $\therefore M_C = 75 \times 1.25 - 31.25 \times 1.8 = 37.5 \text{kN} \cdot \text{m}$

□□□ 기 96③,00④,05④,23③

07 길이 L인 양단고정보 중간에 1kN의 집중하중이 작용하여 중간점의 처짐이 1mm 이하가 되려면 L는 얼마 이하이어야 하는가? (단, $E = 2 \times 10^5 \text{MPa}$, $I = 1 \times 10^8 \text{mm}^4$임)

① 7.2m ② 10m
③ 12.4m ④ 15.7m

$\delta_C = \dfrac{PL^3}{192EI} = 1 \text{mm}$

$= \dfrac{1 \times 10^3 \times L^3}{192 \times 2 \times 10^5 \times 1 \times 10^8} = 1\text{mm}$에서

[SOLVE 사용] $\therefore l = 15659 \text{mm} = 15.7 \text{m}$

Remember

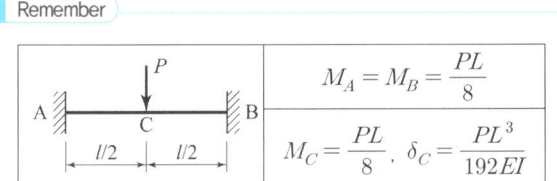

	$M_A = M_B = \dfrac{PL}{8}$
	$M_C = \dfrac{PL}{8}$, $\delta_C = \dfrac{PL^3}{192EI}$

□□□ 기 02②,06④,18①,23③

08 다음 단면에서 y축에 대한 회전반지름은?

① 3.07cm
② 3.20cm
③ 3.81cm
④ 4.24cm

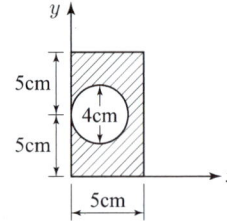

회전반지름 $r_y = \sqrt{\dfrac{I_y}{A}}$

• $A = bh - \dfrac{\pi d^2}{4} = 5 \times 10 - \dfrac{\pi \times 4^2}{4} = 37.434 \text{cm}^2$

• $I_y = \left[\dfrac{bh^3}{12} + bh \times \left(\dfrac{h}{2}\right)^2\right] - \left[\dfrac{\pi d^4}{64} + \dfrac{\pi d^2}{4} \times \left(\dfrac{d}{2}\right)^2\right]$

$= \dfrac{bh^3}{3} + \dfrac{5\pi d^4}{64} = \dfrac{10 \times 5^3}{3} - \dfrac{5 \times \pi \times 4^4}{64}$

$= 353.835 \text{cm}^4$

$\therefore r_y = \sqrt{\dfrac{I_y}{A}} = \sqrt{\dfrac{353.835}{37.434}} = 3.07 \text{cm}$

정답 05 ② 06 ③ 07 ④ 08 ①

□□□ 기 99,02,03,05,07,08,13,23③

09 그림과 같이 균일한 단면을 가진 캔틸레버보의 자유단에 집중하중 P가 작용한다. 보의 길이가 L일 때 자유단의 처짐이 Δ라면, 처짐이 4Δ가 되려면 보의 길이 L은 약 몇 배가 되어야 하는가?
(단, EI는 일정하다.)

① 1.6배
② 1.8배
③ 2.0배
④ 2.2배

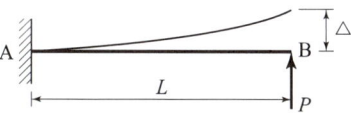

$$\Delta = \frac{PL^3}{3EI}, \quad 4\Delta = \frac{Px^3}{3EI}$$
$$4\left(\frac{PL^3}{3EI}\right) = \frac{Px^3}{3EI}, \quad 4L^3 = x^3$$
$$x = \sqrt[3]{4L^3} = \sqrt[3]{4}\,L = 1.6L \quad \therefore\ 1.6배$$

Remember

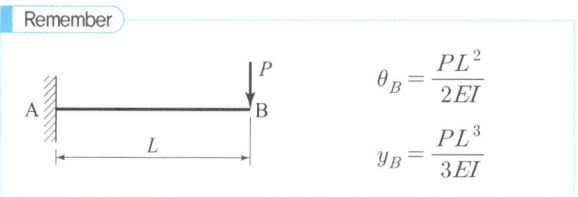

$$\theta_B = \frac{PL^2}{2EI}$$
$$y_B = \frac{PL^3}{3EI}$$

□□□ 기 96③,01④,23③,25②

10 그림의 각 중심을 통하는 $X-X$축에 대한 단면 2차 모멘트의 크기 순서가 옳은 것은?

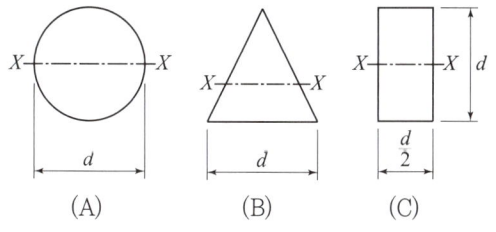

(A) (B) (C)

① A > B > C
② A > C > B
③ B > C > A
④ C > A > B

(A)	(B)	(C)
$\frac{\pi d^4}{64} \fallingdotseq \frac{d^4}{20}$	$\frac{bh^3}{36} = \frac{d^4}{36}$	$\frac{bh^3}{12} = \frac{d^4}{24}$

$\therefore A > C > B$

□□□ 기 03,05,11,15,23③,25②

11 다음과 같은 부재에서 AC 사이의 전체 길이의 변화량 δ는 얼마인가? (단, 보는 균일하며 단면적 A와 탄성계수 E는 일정하다고 가정한다.)

① $\frac{PL}{EA}$
② $\frac{1.5PL}{EA}$
③ $\frac{3PL}{EA}$
④ $\frac{4PL}{EA}$

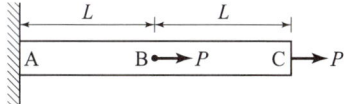

$\Delta l = \frac{PL}{EA}$

• 자유물체도

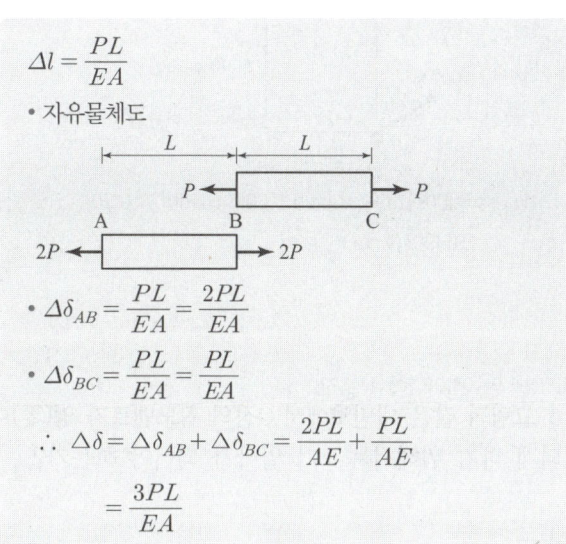

• $\Delta\delta_{AB} = \frac{PL}{EA} = \frac{2PL}{EA}$

• $\Delta\delta_{BC} = \frac{PL}{EA} = \frac{PL}{EA}$

$\therefore \Delta\delta = \Delta\delta_{AB} + \Delta\delta_{BC} = \frac{2PL}{AE} + \frac{PL}{AE}$
$= \frac{3PL}{EA}$

□□□ 기 03,09,10,12,14,17①,20④,23③

12 15cm×30cm의 직사각형 단면을 가진 길이 5m인 양단힌지 기둥이 있다. 세장비 λ는?

① 57.7
② 74.5
③ 115.5
④ 149

세장비 $\lambda = \dfrac{K \times 기둥의 길이(l)}{최소 회전반지름(r_{min})}$

• $r_{min} = \sqrt{\dfrac{I_{min}}{A}} = \sqrt{\dfrac{\frac{bh^3}{12}}{bh}} = \sqrt{\dfrac{\frac{30 \times 15^3}{12}}{15 \times 30}} = 4.33\text{cm}$
(∵ 직사각형)

$\therefore \lambda = \dfrac{1 \times 500}{4.33} = 115.5$ (∵ 양단힌지 $K=1.0$)

□□□ 기 14②,23③
13 6000N의 힘이 그림과 같이 A와 C의 모서리에 작용하고 있다. 이 두 힘에 의해서 발생하는 모멘트는?

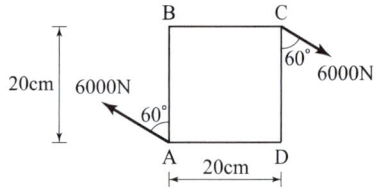

① 1639N·m
② 1697N·m
③ 1739N·m
④ 1797N·m

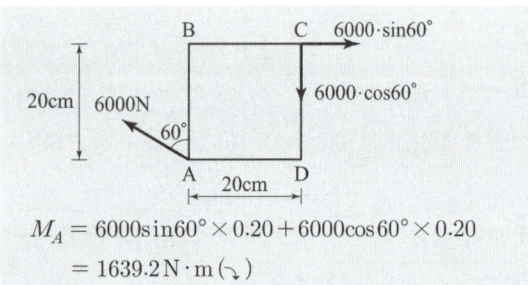

$M_A = 6000\sin 60° \times 0.20 + 6000\cos 60° \times 0.20$
$= 1639.2 \text{N·m} (\curvearrowright)$

□□□ 기 03,08,09,14①,17④,23③
14 그림과 같은 내민보에서 C점의 휨모멘트가 영(零)이 되게 하기 위해서는 x가 얼마가 되어야 하는가?

① $x = \dfrac{l}{4}$
② $x = \dfrac{l}{3}$
③ $x = \dfrac{l}{2}$
④ $x = \dfrac{2l}{3}$

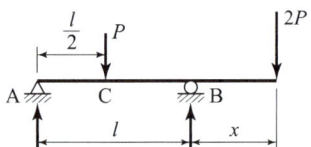

$\Sigma M_B = 0: +(V_A)(l) - (P)\left(\dfrac{l}{2}\right) + (2P)(x) = 0$

$\therefore V_A = +\dfrac{P}{2} - \dfrac{2P}{l} \cdot x (\uparrow)$

$M_C = \left(\dfrac{P}{2} - \dfrac{2P}{l} \cdot x\right)\left(\dfrac{l}{2}\right) = 0$ 이라는 조건에서

$\dfrac{P}{2} - \dfrac{2P}{l} \cdot x = 0$ 이므로

$\therefore x = \dfrac{l}{4}$

□□□ 기 11,17④,23③
15 그림과 같은 부정정보에 집중하중이 작용할 때 A점의 휨모멘트 M_A를 구한 값은?

① -57kN·m
② -36kN·m
③ -42kN·m
④ -26kN·m

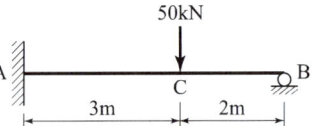

[방법1] $R_B = \dfrac{Pa^2(3l-a)}{2l^3} = \dfrac{50 \times 3^2 \times (3 \times 5 - 3)}{2 \times 5^3}$
$= 21.6\text{kN}$
$\therefore M_A = R_B \times 5 - 50 \times 3 = 21.6 \times 5 - 150$
$= -42\text{kN·m}$

[방법2] $M_A = -\dfrac{Pab(l+b)}{2l^2} = -\dfrac{50 \times 3 \times 2 \times (5+2)}{2 \times 5^2}$
$= -42\text{kN·m}$

Remember

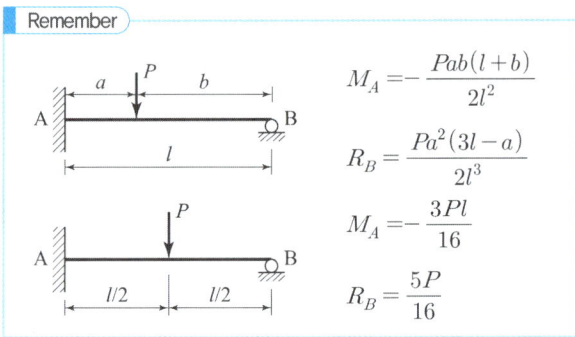

□□□ 기 10④,19③,23③
16 길이 5m, 단면적 10cm²의 강봉을 0.5mm 늘이는데 필요한 인장력은? (단, 탄성계수 $E = 2 \times 10^5 \text{MPa}$)

① 20kN
② 30kN
③ 40kN
④ 50kN

$E = \dfrac{\sigma}{\epsilon} = \dfrac{\dfrac{P}{A}}{\dfrac{\Delta l}{l}} = \dfrac{Pl}{A\Delta l}$ 에서

• $l = 5\text{m} = 5000\text{mm}$
• $A = 10\text{cm}^2 = 1000\text{mm}^2$

$\therefore P = \dfrac{EA\Delta l}{l}$

$= \dfrac{2 \times 10^5 \times 1000 \times 0.5}{5000} = 20000\text{N} = 20\text{kN}$

□□□ 기 07,12,23③

17 다음과 같은 단면의 지름이 $2d$에서 d로 선형적으로 변하는 원형단면부재에 하중 P가 작용할 때, 전체 축방향 변위를 구하면? (단, 탄성계수 E는 일정하다.)

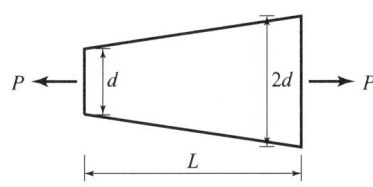

① $\dfrac{2PL}{3\pi d^2 E}$ ② $\dfrac{3PL}{2\pi d^2 E}$

③ $\dfrac{2PL}{\pi d^2 E}$ ④ $\dfrac{3PL}{\pi d^2 E}$

$$\Delta L = \frac{PL}{AE} = \frac{PL}{\frac{\pi d^2}{4}E} = \frac{PL}{\frac{\pi(d_1 \times d_2)}{4}E} = \frac{PL}{\frac{\pi(d \times 2d)}{4}E}$$

$$= \frac{4PL}{\pi(d \times 2d)E} = \frac{2PL}{\pi d^2 E}$$

Remember

$\triangle L = \Delta L_1 + \Delta L_2 = \dfrac{PL_1}{E_1 A_1} + \dfrac{PL_2}{E_2 A_2}$

□□□ 기 13①,23③

18 다음의 단순보의 C점의 곡률반경을 구하면 얼마인가? (단, $E = 1000\text{MPa}$, $I = 40000\text{cm}^4$)

① 350cm
② 400cm
③ 450cm
④ 500cm

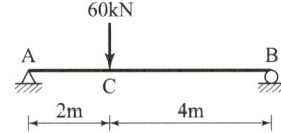

곡률반경 $R = \dfrac{EI}{M_c}$

- $\sum M_B = 0$
  $R_A \times 6 - 60 \times 4 = 0$ ∴ $R_A = 40\text{kN}(\uparrow)$
- $M_C = 40 \times 2 = 80\text{kN·m} = 80 \times 10^6\text{N·mm}$
  ∴ $R = \dfrac{1000 \times 40000 \times 10^4}{80 \times 10^6} = 5000\text{mm} = 500\text{cm}$

□□□ 기 11,14,17,18①,23③

19 그림과 같은 단주에 편심하중이 작용할 때 최대압축응력은?

① 13.875MPa
② 17.265MPa
③ 24.575MPa
④ 31.765MPa

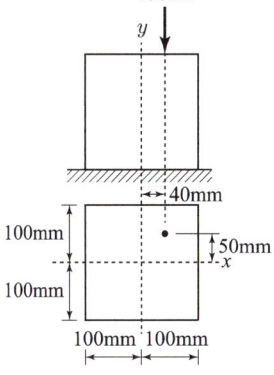

$\sigma_{\max} = -\dfrac{P}{A} - \dfrac{P \cdot e_y}{Z_x} - \dfrac{P \cdot e_x}{Z_y}$

- $P = 150\text{kN} = 150 \times 10^3\text{N}$, $Z = \dfrac{bh^2}{6}$

∴ $\sigma_{\max} = -\dfrac{150 \times 10^3}{200 \times 200} - \dfrac{150 \times 10^3 \times 50}{\dfrac{200 \times 200^2}{6}}$

$\qquad -\dfrac{150 \times 10^3 \times 40}{\dfrac{200 \times 200^2}{6}}$

$= -3.75 - 5.625 - 4.5 = -13.875\text{N/mm}^2$(압축)

□□□ 기 82,83,89,16④,23③

20 그림의 트러스에서 a부재의 부재력은?

① 135kN(인장)
② 175kN(인장)
③ 135kN(압축)
④ 175kN(압축)

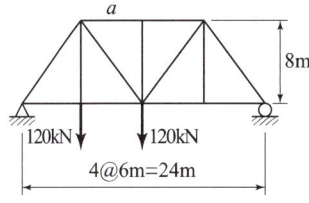

$t-t$의 절단에서

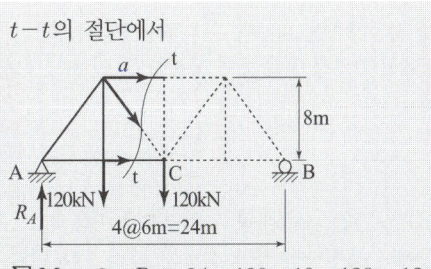

$\sum M_B = 0 : R_A \times 24 - 120 \times 18 - 120 \times 12 = 0$
∴ $R_A = 150\text{kN}$
$\sum M_C = 0 : 150 \times 12 - 120 \times 6 + a \times 8 = 0$
∴ $a = -135\text{kN}$, 즉 $a = 135\text{kN}$(압축)

정답 17 ③ 18 ④ 19 ① 20 ③

제2과목 : 측량학

□□□ 기 81,86,15②,18②,20④,23③
21 완화곡선에 대한 설명으로 옳지 않은 것은?

① 완화곡선은 모든 부분에서 곡률이 동일하지 않다.
② 완화곡선의 반지름은 무한대에서 시작한 후 점차 감소되어 원곡선의 반지름과 같게 된다.
③ 완화곡선의 접선은 시점에서 원호에 접한다.
④ 완화곡선에 연한 곡선 반지름의 감소율은 캔트의 증가율과 같다.

> 완화곡선의 성질
> • 완화곡선의 접선은 시점에서 직선에, 종점에서 원호에 접한다.
> • 완화곡선의 반지름은 그 시점에서 무한대, 종점에서는 원곡선과 같다.

□□□ 기 15④,23③
22 좌표를 알고 있는 기지점에 고정용 수신기를 설치하여 보정자료를 생성하고 동시에 미지점에 또 다른 수신기를 설치하여 고정점에서 생성된 보정자료를 이용해 미지점의 관측자료를 보정함으로써 높은 정확도를 확보하는 GPS 측위방법은?

① KINEMATIC ② STATIC
③ SPOT   ④ DGPS

> DGPS(differential GPS)
> • 미지점의 위치를 기지점의 위치에 연관하여 결정하는 방법이다.
> • 두 점 간의 거리, 즉 기선을 결정하는 데 목적이 있다.
> • 단독위치 결정방법에 비하여 위치정확도를 상당히 개선시킴으로써 기준점 측량 등에 사용할 수 있게 되었다.

> **Remember**
> • KINEMATIC 측량 : 이동차량 위치결정에 이용되고 공사측량 등에 응용이 가능하며 정도는 10cm 정도이다.
> • STATIC 측량 : VLBI의 보완 또는 대체 가능하며 수신 완료 후 컴퓨터로 각 수신기의 위치, 거리를 계산 할 수 있다.

□□□ 기 14,17①,23③
23 지구의 형상에 대한 설명으로 틀린 것은?

① 회전타원체는 지구의 형상을 수학적으로 정의한 것이고, 어느 하나의 국가에 기준으로 채택한 타원체를 기준타원체라 한다.
② 지오이드는 물리적인 형상을 고려하여 만든 불규칙한 곡면이며, 높이 측정의 기준이 된다.
③ 지오이드 상에서 중력 포텐셜의 크기는 중력이상에 의하여 달라진다.
④ 임의 지점에서 회전타원체에 내린 법선이 적도면과 만나는 각도를 측지위도라 한다.

> 지오이드에서는 위치에너지가 0이므로 지오이드를 등 포텐셜면이라 한다. 따라서 지오이드상에서는 중력이상에 의한 중력 포텐셜은 변동이 없다.

□□□ 기 80,84,00,03,17②,23③
24 도로 기점으로부터 교점(I.P)까지의 추가거리가 400m, 곡선반지름 $R=200$m, 교각 $I=90°$인 원곡선을 설치할 경우, 곡선시점(B.C)은? (단, 중심말뚝거리 =20m)

① NO.9   ② NO.9+10m
③ NO.10   ④ NO.10+10m

> 곡선시점 $B.C = I.P - T.L$
> • $T.L = R \tan \dfrac{I}{2}$
> $= 200 \tan \dfrac{90°}{2} = 200$m
> ∴ $B.C = I.P - T.L = 400 - 200 = 200$m
> $= No.10\left(\dfrac{200}{20}\right) + 0$

□□□ 기 11,23③
25 직선 AB의 방위각이 128° 30′ 30″이었다면 직선 BA의 방위각은?

① 128° 30′ 00″   ② 51° 29′ 30″
③ 308° 30′ 30″   ④ 358° 29′ 30″

> 방위각과 역방위각은 180° 차가 난다.
> ∴ BA의 방위각 : 128°30′30″ + 180° = 308° 30′ 30″

정답 21 ③ 22 ④ 23 ③ 24 ③ 25 ③

□□□ 기 14,23③

26 두 점 간의 고저차를 정밀하게 측정하기 위하여 A, B 두 사람이 각각 다른 레벨과 표척을 사용하여 왕복 관측한 결과가 다음과 같다. 두 점간 고저차의 최확값은?

> – A의 결과값 : 25.447m ± 0.006m
> – B의 결과값 : 25.609m ± 0.003m

① 25.621m ② 25.577m
③ 25.498m ④ 25.449m

최확값 $H_o = \dfrac{P_A H_A + P_B H_B}{P_A + P_B}$

• 경중률은 측정오차의 제곱에 반비례한다.

$P_A : P_B = \dfrac{1}{(0.006)^2} : \dfrac{1}{(0.003)^2} = \dfrac{1}{6^2} : \dfrac{1}{3^2} = 1 : 4$

∴ $H_o = 25 + \dfrac{1 \times 0.447 + 4 \times 0.609}{1 + 4}$

$= 25.577\text{m}$

□□□ 기 13①,20②,23③

27 삼변측량에서 △ABC에서 세 변의 길이가 $a = 1200.00\text{m}$, $b = 1600.00\text{m}$, $c = 1442.22\text{m}$라면 변 c의 대각인 $\angle C$는?

① 45° ② 60°
③ 75° ④ 90°

$\cos \angle C = \dfrac{a^2 + b^2 - c^2}{2ab}$

$\angle C = \cos^{-1} \dfrac{1200^2 + 1600^2 - 1442.2^2}{2 \times 1200 \times 1600}$

$= 60°$

Remember

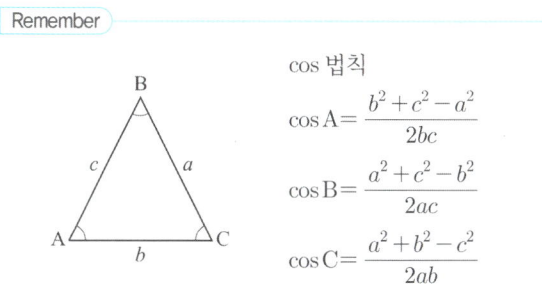

cos 법칙

$\cos A = \dfrac{b^2 + c^2 - a^2}{2bc}$

$\cos B = \dfrac{a^2 + c^2 - b^2}{2ac}$

$\cos C = \dfrac{a^2 + b^2 - c^2}{2ab}$

□□□ 기 00,13②,18①,23③

28 삼각망의 종류 중 유심삼각망에 대한 설명으로 옳은 것은?

① 삼각망 가운데 가장 간단한 형태이며 측량의 정확도를 얻기 위한 조건이 부족하므로 특수한 경우 외에는 사용하지 않는다.
② 가장 높은 정확도를 얻을 수 있으나 조정이 복잡하고 포함된 면적이 작으며 특히 기선을 확대할 때 주로 사용한다.
③ 거리에 비하여 측점수가 가장 적으므로 측량이 간단하며 조건식의 수가 적어 정도가 낮다.
④ 광대한 지역의 측량에 적합하며 정확도가 비교적 높은 편이다.

유심삼각망
• 동일 측점수에 비하여 피복 면적이 가장 넓기 때문에 광대한 지역의 측량에는 유심 삼각망으로 한다.
• 넓은 지역에 적당하고, 정확도는 단열 삼각망과 사변형 삼각망의 중간 정도이다.

□□□ 기 94,96,00,09,23③

29 그림과 같이 표고가 각각 112m, 142m 인 A, B 두 점이 있다. 두 점 사이에 130m의 등고선을 삽입할 때 이 등고선의 위치는 A점으로부터 $\overline{AB}$ 선상 몇 m 에 위치하는가? (단, AB의 직선거리는 200m이고, AB 구간은 등경사이다.)

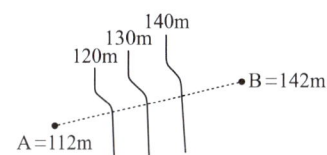

① 120m ② 125m
③ 130m ④ 135m

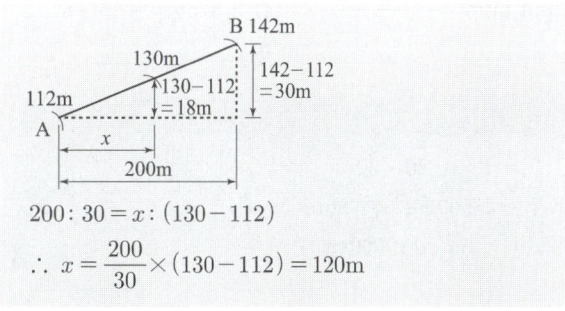

$200 : 30 = x : (130 - 112)$

∴ $x = \dfrac{200}{30} \times (130 - 112) = 120\text{m}$

정답 26 ② 27 ② 28 ④ 29 ①

30 지형의 표시방법 중 하천, 항만, 해안측량 등에서 심천측량을 할 때 측점에 숫자로 기입하여 고저를 표시하는 방법은?

① 점고법 ② 음영법
③ 연선법 ④ 등고선법

> **점고법**
> 하천, 항만, 해안 측량에서 심천 측량을 한 측점에 숫자로 기입하는 방법

31 그림에서 두 각이 ∠AOB = 15° 32′ 18.9″ ±5″, ∠BOC = 67° 17′ 45″ ±15″로 표시될 때 두 각의 합 ∠AOC는?

① 82° 50′ 3.9″ ±5.5″
② 82° 50′ 3.9″ ±10.1″
③ 82° 50′ 3.9″ ±15.4″
④ 82° 50′ 3.9″ ±15.8″

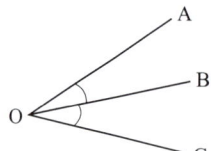

> ∠AOC = ∠AOB + ∠BOC ± M
> • 오차전파법칙: $M = \sqrt{m_1^2 + m_2^2} = \pm m\sqrt{n}$
> $= \pm\sqrt{5^2 + 15^2} = \pm 15.8″$
> ∴ ∠AOC = 15° 32′ 18.9″ + 67° 17′ 45″ ± 15.8″
> = 82° 50′ 3.9″ ± 15.8″

32 어떤 화단 면적의 도상 면적이 40.5cm²이었다. 가로 축척이 1/20, 세로 축척이 1/60이었다면 실제 면적은 얼마인가?

① 48.6m² ② 33.75m²
③ 4.86m² ④ 3.375m²

> $A = am_1 m_2$
> $= 40.5 \times 20 \times 60$
> $= 48600\,cm^2 = 4.86\,m^2$
> (∵ $1m^2 = 10000\,cm^2$)

33 전리층 오차를 보정할 수 있는 방법으로 가장 적합한 것은?

① 2주파 수신기를 사용한다.
② 고층 빌딩을 피하여 설치한다.
③ 안테나고를 높인다.
④ 위성 수신각을 높인다.

> 전리층 굴절오차는 2주파 수신기의 사용자가 L1신호와 L2신호의 굴절비율의 상이함을 이용하여 L1/L2의 선형 조합을 통해 전리층 굴절을 보정할 수 있다.

34 20m 줄자로 두 지점의 거리를 측정한 결과 320m이었다. 1회 측정마다 ±3mm의 우연오차가 발생하였다면 두 지점간의 우연오차는?

① ±12mm ② ±14mm
③ ±24mm ④ ±48mm

> 우연오차는 측정횟수의 제곱근($\sqrt{\ }$)에 비례
> ∴ $E = \pm e\sqrt{n} = \pm 3\sqrt{\dfrac{320}{20}} = \pm 12mm$

35 한 변의 길이가 10m인 정사각형 토지를 축척 1:600도상에서 관측한 결과, 도상의 변 관측 오차가 0.2mm씩 발생하였다면 실제 면적에 대한 오차 비율(%)은?

① 1.2% ② 2.4%
③ 4.8% ④ 6.0%

> • $A = l^2 \Rightarrow dA = 2l\,dl$
> $\dfrac{dA}{A} = \dfrac{2l\,dl}{l^2} = 2\dfrac{dl}{l}$
> • $dA = 2\dfrac{dl}{l}A$
> $= 2 \times \dfrac{0.0002 \times 600}{10} \times (10 \times 10) = 2.4\,m^2$
> ∴ $\dfrac{dA}{A} \times 100 = \dfrac{2.4}{10 \times 10} \times 100 = 2.4\%$

☐☐☐ 기 16①,20④,23③
36 트래버스 측량의 일반적인 사항에 대한 설명으로 옳지 않은 것은?

① 트래버스 종류 중 결합트래버스는 가장 높은 정확도를 얻을 수 있다.
② 각관측 방법 중 방위각법은 한번 오차가 발생하면 그 영향은 끝까지 미친다.
③ 폐합오차 조정방법 중 컴퍼스 법칙은 각관측의 정밀도가 거리관측의 정밀도보다 높을 때 실시한다.
④ 폐합트래버스에서 편각의 총합은 반드시 360°가 되어야 한다.

- 트랜싯 법칙 : 각 관측의 정도가 거리관측의 정도보다 높을 때
- 컴퍼스 법칙 : 각 관측의 정도와 거리관측의 정도가 같을 때

☐☐☐ 기 95,98,07,15,17①,23③,24②
37 수심이 h인 하천의 평균유속을 구하기 위하여 수면으로부터 $0.2h$, $0.6h$, $0.8h$가 되는 깊이에서 유속을 측량한 결과 초당 0.8m, 1.5m, 1.0m이었다. 3점법에 의한 평균유속은?

① 0.9m/s ② 1.0m/s
③ 1.1m/s ④ 1.2m/s

3점법 : $V_m = \frac{1}{4}(V_{0.2} + 2V_{0.6} + V_{0.8})$

∴ $V_m = \frac{1}{4}(0.8 + 2 \times 1.5 + 1.0) = 1.2 \text{m/sec}$

☐☐☐ 기 93,95,01,07,11,15④,23③
38 지구표면의 거리 35km까지를 평면으로 간주했다면 허용정밀도는 약 얼마인가? (단, 지구의 반지름은 6370km이다.)

① 1/300000 ② 1/400000
③ 1/500000 ④ 1/600000

$\frac{d-D}{D} = \frac{D^2}{12R^2} = \frac{1}{12}\left(\frac{D}{R}\right)^2$ 에서

∴ $\frac{d-D}{D} = \frac{1}{12}\left(\frac{35}{6370}\right)^2 = \frac{1}{397488} ≒ \frac{1}{400000}$

☐☐☐ 기 05,08,13②,21①,23③
39 교호수준측량의 결과가 아래와 같고, A점의 표고가 10m일 때 B점의 표고는?

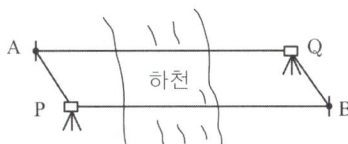

레벨 P에서 A → B 관측 표고차 : $\Delta h = -1.256$m
레벨 Q에서 B → A 관측 표고차 : $\Delta h = +1.238$m

① 8.753m ② 9.753m
③ 11.238m ④ 11.247m

$H_B = H_A \pm \frac{1}{2}(H_1 - H_2)$

$= 10 + \frac{1}{2}(-1.256 - (+1.238)) = 8.753\text{m}$

(∵ B점이 낮다.)

☐☐☐ 기 10,23③
40 기차와 구차에 대한 설명 중 옳지 않은 것은?

① 삼각형 상호간의 고저차를 구하고자 할 때와 같이 거리가 상당히 떨어져 있을 때 지구의 표면이 구상이므로 일어나는 오차를 구차라 한다.
② 구차는 시준거리의 제곱에 비례한다.
③ 공기의 온도, 기압 등에 의하여 시준선에 생기는 오차를 기차라 하며 대략 구차의 1/7정도이다.
④ 기차 $= \frac{L^2}{2R}$, 구차 $= K\frac{L^2}{2R}$의 식으로 구할 수 있다.
(여기서, L : 2점간의 거리, R : 지구의 반경 (6370km), K : 굴절계수)

- 지구표면의 곡률 때문에 생기는 오차는 구차 : $+\frac{L^2}{2R}$
- 대기 때문에 생기는 오차는 기차 : $-K\frac{L^2}{2R}$
- 기차는 낮게(−), 구차는 높게(+) 조정한다.

제3과목 : 수리학 및 수문학

☐☐☐ 기 87,92,97,99,09,23③

41 안지름 2m의 강관에 압력수두 500m되는 물을 흐르도록 할 때 적당한 강관의 두께는?(단, 물의 단위중량 9.81kN/m³, 강재의 허용인장응력은 12000N/cm²이다.)

① 21mm ② 31mm
③ 41mm ④ 51mm

$$t = \frac{Pd}{2\sigma_{ta}}$$

• 수압강도
$P = wh = 9.81 \times 500 = 4905\,kN/m^2 = 491\,N/cm^2$

$\therefore t = \dfrac{491 \times 200}{2 \times 12000} = 4.09\,cm = 41\,mm$

☐☐☐ 기 91,19②,23③

42 폭이 4m 길이가 8m이고 무게가 650kN인 직육면체의 배가 바다를 운항하는데 필요한 최소수심은? (단, 바닷물의 단위중량은 10.055kN/m³이다.)

① 1.88m ② 1.95m
③ 2.02m ④ 2.09m

• 무게 W = 부력 $B = w_o b d l$
• 흘수 = 최소수심 $d = \dfrac{W}{w_o b l}$

$\therefore d = \dfrac{650}{10.055 \times 4 \times 8} = 2.02\,m$

☐☐☐ 기 09,14,18②,21③,23③

43 속도변화를 Δv, 질량을 m이라 할 때, Δt 시간 동안 이 물체에 작용하는 외력 F에 대한 운동량방정식은?

① $\dfrac{m \cdot \Delta t}{\Delta v}$ ② $m \cdot \Delta v \cdot \Delta t$

③ $\dfrac{m \cdot \Delta v}{\Delta t}$ ④ $m \cdot \Delta t$

운동량방정식 $F = \dfrac{m}{\Delta t}(v_2 - v_1) = \dfrac{m \cdot \Delta v}{\Delta t}$

☐☐☐ 기 23③

44 다음 중 연속방정식이란 무엇인가?

① 운동량방정식이다.
② 에너지방정식이다.
③ 질량보존의 법칙이다.
④ 오리피스 법칙이다.

• 연속방정식 : 질량보존의 법칙을 표시해 주는 방정식
• 베르누이정리 : 에너지 보존의 법칙을 표시해 주는 방정식

☐☐☐ 기 17④,23③

45 차원계를 [MLT]에서 [FLT]로 변환할 때 사용하는 식으로 옳은 것은?

① [M] = [LFT]   ② [M] = [L⁻¹FT²]
③ [M] = [LFT²] ④ [M] = [L²FT]

절대단위계와 공학단위계의 상호 교환인자
$M = FT^2L^{-1} = L^{-1}FT^2$, $F = MLT^{-2}$

☐☐☐ 기 94,99,13,16,23③

46 폭이 2m, 높이가 9.8m인 평판이 정지수중에서 5m/sec의 속도로 움직일 때 항력계수가 $C_D = 0.2$라면 평판에 작용하는 항력(抗力)은?
(단, 무게 1kg = 10N)

① 10kN(1t)   ② 25kN(2.5t)
③ 30kN(3t)   ④ 50kN(5t)

$D = C_D A \dfrac{wV^2}{2g}$

$= 0.2 \times (2 \times 9.8) \times \dfrac{1 \times 5^2}{2 \times 9.8}$

$= 5t = 5000kg = 50000N = 50kN$

Remember

$D = C_D A \dfrac{wV^2}{2g} = C_D A \dfrac{\rho g V^2}{2g} = C_D A \dfrac{\rho V^2}{2}$

정답 41 ③ 42 ③ 43 ③ 44 ③ 45 ② 46 ④

47 수두 2m 되는 곳에 직경 10cm의 오리피스를 만들어 물을 분출시킬 경우, 유속계수 $C_v=0.95$, 수축계수 $C_a=0.70$라고 하면 실제 유량은?

① $1.232 \text{m}^3/\text{s}$ ② $0.002 \text{m}^3/\text{s}$
③ $0.973 \text{m}^3/\text{s}$ ④ $0.033 \text{m}^3/\text{s}$

$$Q = C_a C_v A\sqrt{2gh}$$
$$= 0.70 \times 0.95 \times \frac{\pi \times 0.10^2}{4} \times \sqrt{2 \times 9.8 \times 2}$$
$$= 0.033 \text{m}^3/\text{sec}$$

48 상업용 관의 마찰손실계수의 특성 중 옳은 것은?

① Moody 도표로 표시되며 레이놀즈수와 절대조도의 함수이다.
② Moody 도표로 표시되며 레이놀즈수와 상대조도의 함수이다.
③ Stanton 도표로 표시되며 레이놀즈수와 상대조도의 함수이다.
④ Stanton 도표로 표시되며 레이놀즈수와 절대조도의 함수이다.

실제의 상업용 관에 대해서는 Moody 도표를 이용하면 편리하다.
즉 마찰손실계수 $f = \phi''\left(\frac{1}{R_e}, \frac{e}{D}\right)$, $\frac{e}{D}$: 상대조도

49 개수로에서 지배단면이란 무엇을 뜻하는가?

① 사류에서 상류로 변하는 지점의 단면
② 비에너지가 최대로 되는 지점의 단면
③ 상류에서 사류로 변하는 지점의 단면
④ 층류에서 난류로 변하는 지점의 단면

지배단면
개수로에서 한계수심이 생기는 단면으로 상류로부터 사류로 연속적으로 흐름이 변화할 때 발생한다.

50 그림과 같이 단위폭당 자중이 3.5×10^6 N/m인 직립식 방파제에 1.5×10^6 N/m의 수평 파력이 작용할 때, 방파제의 활동 안전율은? (단, 중력가속도=100m/s^2, 방파제와 바닥의 마찰계수=0.7, 해수의 단위중량=10kN/m^3로 가정하며, 파랑에 의한 양압력은 무시하고, 부력은 고려한다.)

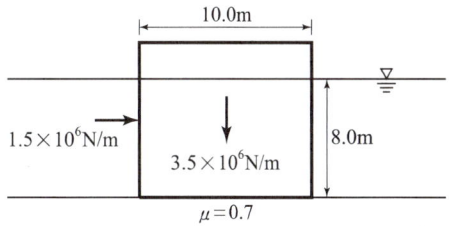

① 1.20 ② 1.22
③ 1.24 ④ 1.26

안전율 $F_s = \dfrac{f \cdot W}{P_h}$

· 수평력 P_h = 파압×케이슨 높이 = 1.5×10^6 N/m
· 연직력 W = 케이슨의 자중 − 케이슨의 부력
$= 3.5 \times 10^6 (\text{N/m}) - (8 \times 10 \text{m}^2) \times 10000 (\text{N/m}^3)$
$= 3.5 \times 10^6 (\text{N/m}) - 800000 (\text{N/m})$
$= 2700000 \text{N/m}$
(∵ 해수의 비중 = 1 = 1t/m^3 = 10000N/m^3)
∴ 안전율 $F_s = \dfrac{0.7 \times 2700000}{1.5 \times 10^6} = 1.26$

51 개수로 내의 흐름에 가장 많이 적용되는 수류상사 법칙은?

① Reynolds의 상사법칙 ② Froude의 상사법칙
③ Mach의 상사법칙 ④ Weber의 상사법칙

개수로 내의 흐름에 가장 많이 적용되는 상사법칙은 Froude의 상사법칙이다.

상사법칙	흐름의 지배
Froude의 상사법칙	개수로(중력과 관성력)
Reynolds의 상사법칙	관수로(점성력의 흐름)
Weber의 상사법칙	표면장력의 흐름
Cauchy의 상사법칙	탄성력의 흐름

52 1시간 간격의 강우량이 15.2mm, 25.4mm, 20.3mm, 7.6mm이고, 지표 유출량이 47.9mm일 때 ϕ-index는?

① 5.15mm/hr ② 2.58mm/hr
③ 6.25mm/hr ④ 4.25mm/hr

$$\phi\text{-index} = \frac{\text{총침투량}}{\text{침투시간}}$$

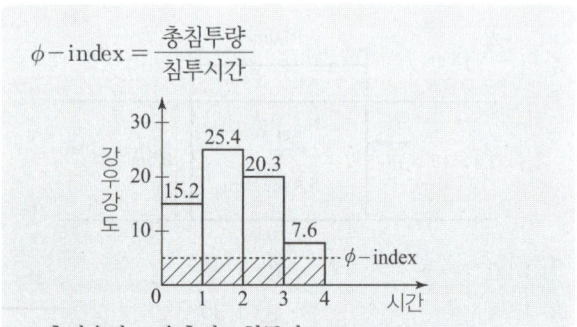

- 총강우량 = 유출량 + 침투량
  = 15.2 + 25.4 + 20.3 + 7.6
  = 68.5mm/hr
- 침투량 = 총강우량 − 지표유출량
  = 68.5 − 47.9
  = 20.6mm/hr
- 침투시간은 4시간 동안 강우량이 측정되었다.

$$\therefore \phi\text{-index} = \frac{20.6}{4} = 5.15 \text{mm/hr}$$

53 프루드수(Froude number)가 1보다 큰 흐름의 상태는?

① 상류(常流) ② 사류(射流)
③ 층류(層流) ④ 난류(亂流)

프루드수 $F_r = \frac{V}{\sqrt{gh}}$, $F_r < 1$: 상류, $F_r > 1$: 사류,
$F_r = 1$: 한계류

54 지하수의 흐름에서 Darcy법칙이 적용되는 일반적인 레이놀즈(Reynolds)수 (Re)의 범위는?

① Re < 4 ② Re < 200
③ Re < 400 ④ Re < 2000

Reynolds는 Re < 4 일 때 층류에 Darcy 법칙을 적용한다.

55 어느 지역의 증발접시에 의한 연증발량이 750mm이다. 증발접시계수가 0.7일 때 저수지의 연증발량을 구한 값은?

① 525mm ② 535mm
③ 750mm ④ 1071mm

증발접시계수 = $\frac{\text{저수지의 증발량}}{\text{접시의 증발량}}$ 에서

∴ 저수지의 연증발량 = 접시의 증발량 × 증발접시계수
= 750 × 0.7 = 525mm

56 유역면적이 1.5km²인 유역에 강우강도가 30mm/hr이고 두 영역 즉, 유역면적 $A_1 = 1.5\text{km}^2$, $A_2 = 1.0\text{km}^2$과 유출계수 $C_1 = 0.7$, $C_2 = 0.3$으로 나누어 질 때 총유출량은?

① 7.25m³/sec ② 9.25m³/sec
③ 11.25m³/sec ④ 13.25m³/sec

$Q = 0.2778 CIA$
$= 0.2778 \times (1.5 \times 0.7 + 1.0 \times 0.3) \times 30$
$= 11.25 \text{m}^3/\text{sec}$

57 위어(weir)에 관한 설명으로 옳지 않은 것은?

① 위어를 월류하는 흐름은 일반적으로 상류에서 사류로 변한다.
② 위어를 월류하는 흐름이 사류일 경우(완전월류) 유량은 하류수위의 영향을 받는다.
③ 위어는 개수로의 유량측정, 취수를 위한 수위증가 등의 목적으로 설치된다.
④ 작은 유량을 측정할 경우 삼각위어가 효과적이다.

위어를 넘어서 흐르는 수맥이 사류가 되면 하류부의 영향을 받지 않으므로 유량은 월류수심에 의해서 결정된다.

정답 52 ① 53 ② 54 ① 55 ① 56 ③ 57 ②

58 사류(射流)인 흐름의 수면형 계산은?

① 하류로부터 상류로 계산해 나간다.
② 일반적으로 상류(常流)와 사류(射流)의 구분 없이 하류로 계산한다.
③ 상류(常流)로부터 사류(射流)쪽으로 계산해 간다.
④ 지배단면에서 하류로 계산한다.

> • 사류의 수면곡선은 상류에서 하류쪽을 향하여 계산한다.
> • 상류의 수면곡선은 하류에서 상류로 향하여 계산한다.

59 다음 유역홍수추적 기법 중 비선형을 고려한 것은?

① Muskingum의 유역추적 방법
② Nash의 유역추적 방법
③ Clark의 유역추적 방법
④ 저류함수법

> Muskingum의 유역추적 방법
> 선형지수개념을 가장 단순화하여 하나의 저수지로 보는 경우가 $X=0$일 때의 Muskingum의 유역추적 방법이다.

60 유역의 평균강우량을 계산하기 위하여 사용되는 Thiessen 방법의 단점으로 옳은 것은?

① 지형의 영향(산악효과)을 고려할 수 없다.
② 지형의 영향은 고려되나 강우형태는 고려되지 않는다.
③ 우량계의 종류에 따라 크게 영향을 받는다.
④ 계산은 간편하나 산술평균법보다 부정확하다.

> Thiessen 방법은 유역 내의 우량관측소의 상대적인 위치와 관측망의 상대적인 밀도 등을 고려하고 있어 산술평균법보다는 좋은 결과를 얻지만 강수의 변화, 즉 산악효과를 고려하지는 못한다.

제4과목 : 철근콘크리트 및 강구조

61 옹벽의 구조해석에 대한 설명으로 틀린 것은?

① 저판의 뒷굽판은 정확한 방법이 사용되지 않는 한, 뒷굽판 상부에 재하되는 모든 하중을 지지하도록 설계하여야 한다.
② 부벽식 옹벽의 추가철근은 2변 지지된 1방향 슬래브로 설계하여야 한다.
③ 캔틸레버식 옹벽의 저판은 추가철근과의 접합부를 고정단으로 간주한 캔틸레버로 가정하여 단면을 설계할 수 있다.
④ 뒷부벽은 T형보로 설계하여야 하며, 앞부벽은 직사각형보로 설계하여야 한다.

> 부벽식 옹벽의 추가철근은 3변 지지된 2방향 슬래브로 설계하여야 한다.

62 초기 프리스트레스가 1200MPa이고, 콘크리트의 건조수축변형률 $\epsilon_{sh}=1.8\times10^{-4}$일 때 긴장재의 인장응력의 감소는? (단, PS강재의 탄성계수 $E_P=2.0\times10^5$MPa)

① 12MPa
② 24MPa
③ 36MPa
④ 48MPa

> $\Delta f_p = E_p \cdot \epsilon_p$
> $= 2.0\times10^5 \times 1.8\times10^{-4}$
> $= 36\,\text{MPa}$

63 다음 중 필렛용접의 형상에서 $s=9$mm일 때 목두께 a의 값으로 적당한 것은?

① 5.4mm
② 6.3mm
③ 7.2mm
④ 8.1mm

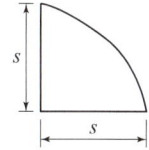

> 목두께 $a = 0.7s = 0.7\times9 = 6.3\,\text{mm}$

64 그림과 같은 필릿 용접에서 일어나는 응력으로 옳은 것은? (단, KDS 14 30 25 강구조 연결 설계기준(허용응력설계법)에 따른다.)

① 82.3MPa
② 95.05MPa
③ 109.02MPa
④ 130.25MPa

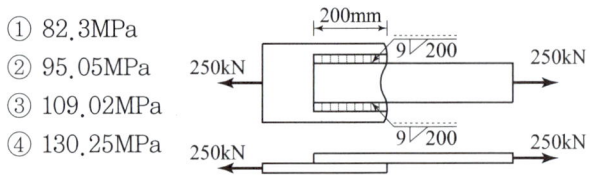

$$v = \frac{P}{\sum a \cdot l_e} = \frac{P}{\sum a \cdot (l - 2 \times \text{모살치수})}$$

• $a = 9 \times 0.7 = 6.3\text{mm}$, $l_e = 200 - 2 \times 9 = 182\text{mm}$

$$\therefore v = \frac{250 \times 10^3}{6.3 \times 2 \times 182} = 109.02\text{MPa}$$

(∵ 2면이 필릿용접)

65 강도설계법에서 구조의 안전을 확보하기 위해 사용되는 강도감소계수 ϕ에 대한 설명으로 틀린 것은?

① 인장지배단면 $\phi = 0.85$
② 압축지배단면에서 띠철근 콘크리트의 부재 $\phi = 0.65$
③ 전단과 비틀림 모멘트 $\phi = 0.70$
④ 콘크리트의 지압력(포스트텐션 정착부나 스트럿-타이모델은 제외) $\phi = 0.65$

전단력과 비틀림모멘트 : $\phi = 0.75$

Remember

강도감소계수 ϕ

부재		강도감소계수
인장지배단면		0.85
압축지배단면	나선철근으로 보강된 철근 콘크리트 부재	0.70
	그 외의 철근콘크리트 부재	0.65
전단력과 비틀림 모멘트		0.75
콘크리트의 지압력 (포스트텐션 정착부나 스트럿-타이 모델은 제외)		0.65

66 철근 콘크리트보에 스터럽을 배근하는 가장 중요한 이유는?

① 주철근 상호간의 위치를 바르게 하기 위하여
② 보에 작용하는 사인장 응력에 의한 균열을 막기 위하여
③ 콘크리트와 철근과의 부착강도를 높이기 위하여
④ 압축측 콘크리트의 좌굴을 방지하기 위하여

전단철근(스터럽, 절곡철근)을 두는 이유는 보의 사인장 응력(전단응력)에 의한 균열을 막기 위해서다.

67 2방향 슬래브의 설계에서 직접설계법을 적용할 수 있는 제한조건으로 틀린 것은?

① 각 방향으로 3경간 이상이 연속되어야 한다.
② 슬래브판들은 단변경간에 대한 장변경간의 비가 2 이하인 직사각형이어야 한다.
③ 각 방향으로 연속한 받침부 중심간 경간 차이는 긴 경간의 1/3 이하이어야 한다.
④ 모든 하중은 연직하중으로 슬래브판 전체에 등분포이고, 활하중은 고정하중의 3배 이상이어야 한다.

모든 하중은 연직하중으로 슬래브판 전체에 등분포이고, 활하중은 고정하중의 2배 이상이어야 한다.

68 콘크리트의 크리프에 대한 설명으로 틀린 것은?

① 일정한 응력이 장시간 계속하여 작용하고 있을 때 변형이 계속 진행되는 현상을 말한다.
② 물-결합재비가 큰 콘크리트가 물-결합재비가 작은 콘크리트보다 크리프가 크게 일어난다.
③ 고강도 콘크리트는 저강도 콘크리트보다 크리프가 크게 일어난다.
④ 콘크리트가 놓이는 주위의 온도가 높을수록 크리프 변형은 크게 일어난다.

고강도 콘크리트는 저강도 콘크리트보다 크리프가 적게 일어난다.

☐☐☐ 기 17①,18③,23③

69 길이가 7m인 양단연속보에서 처짐을 계산하지 않는 경우 보의 최소두께로 옳은 것은? (단, $f_{ck}=28$MPa, $f_y=400$MPa)

① 275mm　　　　② 334mm
③ 379mm　　　　④ 438mm

양단연속보의 처짐

최소두께 $h = \dfrac{l}{21} = \dfrac{7000}{21} = 334\,mm$

Remember

처짐을 계산하지 않는 경우의 최소두께

부재	단순지지	1단연속	양단연속	캔틸레버
1방향 슬래브	$\dfrac{l}{20}$	$\dfrac{l}{24}$	$\dfrac{l}{28}$	$\dfrac{l}{10}$
보 또는 리브가 있는 1방향 슬래브	$\dfrac{l}{16}$	$\dfrac{l}{18.5}$	$\dfrac{l}{21}$	$\dfrac{l}{8}$

- $f_y = 400$MPa 이외인 경우는 계산된 h 값에 $\left(0.43 + \dfrac{f_y}{700}\right)$을 곱한다.

☐☐☐ 기 15①,20②,23③

70 프리스트레스트 콘크리트의 경우 흙에 접하여 콘크리트를 친 후 영구히 흙에 묻혀 있는 콘크리트의 최소 피복두께는?

① 40mm　　　　② 60mm
③ 75mm　　　　④ 100mm

프리스트레스하는 부재의 현장치기 콘크리트

철근의 외부조건			최소 피복두께
흙에 접하여 콘크리트를 친 후에 영구히 흙에 묻혀 있는 콘크리트			75mm
흙에 접하거나 옥외의 공기에 직접 노출되는 콘크리트	벽체, 슬래브, 장선 구조		30mm
	기타 부재		40mm
옥외의 공기나 흙에 직접 접하지 않은 콘크리트	슬래브, 벽체, 장선		20mm
	보, 기둥	주철근	40mm
		띠철근, 스터럽, 나선철근	30mm

☐☐☐ 기 12①,18②,20③,23③

71 철근의 겹침이음에서 A급 이음의 조건에 대한 설명으로 옳은 것은?

① 배근된 철근량이 이음부 전체 구간에서 해석결과 요구되는 소요철근량의 2배 이상이고 소요겹침이음길이 내 겹침이음된 철근량이 전체 철근량의 1/2 이하인 경우
② 배근된 철근량이 이음부 전체 구간에서 해석결과 요구되는 소요철근량의 1.5배 이상이고 소요 겹침이음길이 내 겹침이음된 철근량이 전체 철근량의 1/2 이상인 경우
③ 배근된 철근량이 이음부 전체 구간에서 해석결과 요구되는 소요철근량의 2배 이상이고 소요겹침이음길이 내 겹침이음된 철근량이 전체 철근량의 1/3 이하인 경우
④ 배근된 철근량이 이음부 전체 구간에서 해석결과 요구되는 소요철근량의 1.5배 이상이고 소요겹침이음길이 내 겹침이음된 철근량이 전체 철근량의 1/3 이상인 경우

- A급 이음 : 배치된 철근량이 이음부 전체 구간에서 해석결과 요구되는 소요철근량의 2배 이상이고 소요겹침이음길이 내 겹침이음된 철근량이 전체 철근량의 1/2 이하인 경우
- B급 이음 : A급 이음에 해당되지 않는 경우

☐☐☐ 기 11,12,14,15②,17①,19②,22②,23③

72 $b_w = 300$mm, $d = 450$mm인 단철근 직사각형 보의 균형철근량은 약 얼마인가?
(단, $f_{ck}=35$MPa, $f_y=300$MPa)

① 7590mm²　　　　② 7363mm²
③ 7150mm²　　　　④ 7010mm²

철근량 $A_s = \rho_b b d$

- β_1 계산
$f_{ck} = 35$MPa ≤ 40MPa일 때
$\eta = 1.0$, $\beta_1 = 0.80$

- $\rho_b = \dfrac{\eta(0.85 f_{ck})\beta_1}{f_y} \cdot \dfrac{660}{660 + f_y}$

$= \dfrac{1 \times 0.85 \times 35 \times 0.80}{300} \times \dfrac{660}{660+300} = 0.05454$

∴ $A_s = 0.05454 \times 300 \times 450 = 7363\,mm^2$

73 $b_w = 400mm$, $d = 700mm$인 보에 설계기준항복강도 $f_y = 400MPa$인 D16 철근을 인장 주철근에 대한 경사각 $\alpha = 60°$인 U형 경사 스트럽으로 설치했을 때 전단보강철근의 공칭강도(V_s)는? (단, 스트럽 간격 $s = 300mm$, D16 철근 1본의 단면적은 $199mm^2$이다.)

① 253.7kN ② 321.7kN
③ 371.5kN ④ 507.4kN

경사스트럽을 전단철근으로 사용하는 경우, 단면의 공칭 전단강도

$$V_s = \frac{A_v f_y (\sin\alpha + \cos\alpha)d}{s}$$
$$= \frac{(2 \times 199) \times 400(\sin 60° + \cos 60°) \times 700}{300}$$
$$= 507433N = 507.4kN$$

74 그림과 같은 정사각형 독립확대 기초저면에 작용하는 지압력이 $q = 100kPa$일 때, 휨에 대한 위험단면의 휨모멘트강도는 얼마인가?

① 216kN·m
② 360kN·m
③ 260kN·m
④ 316kN·m

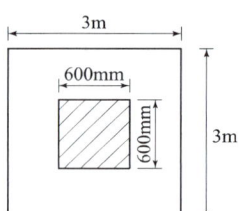

$$M_a = q\left(\frac{L-t}{2}S\right)\left(\frac{L-t}{4}\right) = \frac{q \cdot S}{8}(L-t)^2$$
$$= \frac{100 \times 3}{8}(3-0.6)^2 = 216kN \cdot m$$

참고 $1kPa = 1kN/m^2$

75 T형보에서 주철근이 보의 방향과 같은 방향일 때 하중이 직접적으로 플랜지에 작용하게 되면 플랜지가 아래로 휘면서 파괴될 수 있다. 이 휨파괴를 방지하기 위해서 배치하는 철근은?

① 연결철근 ② 표피철근
③ 종방향 철근 ④ 횡방향 철근

횡방향 철근
- 콘크리트를 구속시키고, 축방향 철근의 항복이 예상되는 부위에서 축방향 철근을 횡지지하는 데 주로 사용된다.
- T형보에서 주철근이 보의 방향과 같은 방향일 때 하중이 직접적으로 플랜지에 작용하게 되면 플랜지가 아래로 휘면서 파괴될 때 이 휨파괴를 방지하기 위해서 배치하는 철근이다.

76 횡구속 골조구조물에서 세장비 $\left(\frac{kl_u}{r}\right)$가 얼마를 초과할 때 장주로 취급하는가? (단, M_1: 압축부재의 단부 계수휨모멘트 중 작은 값, M_2: 압축부재의 단부 계수 휨모멘트 중 큰 값)

① $22 - 12\frac{M_1}{M_2}$ ② $34 - 12\frac{M_1}{M_2}$
③ $34 + 12\frac{M_1}{M_2}$ ④ $22 + 12\frac{M_1}{M_2}$

압축부재의 장주효과를 무시할 수 있는 경우
- 비횡구속 골조의 압축부재의 경우
$$\frac{kl_u}{r} \leq 22$$
- 횡구속 골조의 압축부재의 경우
$$\frac{kl_u}{r} \leq 34 - 12\frac{M_1}{M_2}$$

77 다음 중 적합비틀림에 대한 설명으로 옳은 것은?

① 균열의 발생 후 비틀림모멘트의 재분배가 일어날 수 없는 비틀림
② 균열의 발생 후 비틀림모멘트의 재분배가 일어날 수 있는 비틀림
③ 균열의 발생 전 비틀림모멘트의 재분배가 일어날 수 없는 비틀림
④ 균열의 발생 전 비틀림모멘트의 재분배가 일어날 수 있는 비틀림

적합비틀림(compatibility torsion)
- 균열의 발생 후 비틀림모멘트의 재분배가 일어날 수 있는 비틀림
- 재분배된 비틀림모멘트가 다른 하중 전달경로에 의하여 지지될 수 있는 경우를 가리킨다.

기 98,04,07,17①,23③

78 처짐과 균열에 대한 다음 설명 중 틀린 것은?

① 처짐에 영향을 미치는 인자로는 하중, 온도, 습도, 재령, 함수량, 압축철근의 단면적 등이다.
② 크리프, 건조수축 등으로 인하여 시간의 경과와 더불어 진행되는 처짐이 탄성처짐이다.
③ 균열폭을 최소화하기 위해서는 적은 수의 굵은 철근보다는 많은 수의 가는 철근을 인장축에 잘 분포시켜야 한다.
④ 콘크리트 표면의 균열폭은 피복두께의 영향을 받는다.

- 장기처짐 : 콘크리트의 건조수축과 크리프로 인하여 시간의 경과와 더불어 진행되는 처짐
- 탄성처짐(즉시처짐) : 하중이 작용하자마자 발생하는 처짐

기 05,17①,23③

79 철근콘크리트 휨부재에서 최소철근비를 규정한 이유로 가장 적당한 것은?

① 부재의 경제적인 단면 설계를 위해서
② 부재의 사용성을 증진시키기 위해서
③ 부재의 시공 편의를 위해서
④ 부재의 급작스런 파괴를 방지하기 위해서

최소철근비를 규정하는 이유
인장측의 철근이 먼저 항복한 다음 압축측 콘크리트가 극한상태에 도달하여 연성파괴로 유도하기 위해서이다.

기 15①,23③

80 이형철근의 최소정착길이를 나타낸 것으로 틀린 것은? (단, d_b = 철근의 공칭지름)

① 표준갈고리가 있는 인장이형철근 : $10d_b$, 또한 200mm
② 인장이형철근 : 300mm
③ 압축이형철근 : 200mm
④ 확대머리 인장이형철근 : $8d_b$, 또한 150mm

표준갈고리가 있는 인장이형철근 : $8d_b$, 또한 150mm

제5과목 : 토질 및 기초

기 82,17①,23③

81 유선망은 이론상 정사각형으로 이루어진다. 동수경사가 가장 큰 곳은?

① 어느 곳이나 동일함
② 땅속 제일 깊은 곳
③ 정사각형이 가장 큰 곳
④ 정사각형이 가장 작은 곳

유선망
- 유선망으로 이루어진 사각형은 정사각형으로 이루어진다.
- 동수경사 $i = \dfrac{h}{L}$ 이므로 동수경사(i)가 크면 등압선의 폭(L)은 작으므로 정사각형이 가장 작은 곳이다.

기 09,18①,20④,23③

82 어떤 점토의 압밀계수는 $1.92 \times 10^{-7} \text{m}^2/\text{s}$, 압축계수는 $2.86 \times 10^{-1} \text{m}^2/\text{kN}$이었다. 이 점토의 투수계수는? (단, 이 점토의 초기간극비는 0.8이고, 물의 단위중량은 9.81kN/m^3이다.)

① 0.99×10^{-5} cm/s
② 1.99×10^{-5} cm/s
③ 2.99×10^{-5} cm/s
④ 3.99×10^{-5} cm/s

투수계수 $k = C_v m_v \gamma_w$
- 체적변화계수
$$m_v = \frac{a_v}{1+e} = \frac{2.86 \times 10^{-1}}{1+0.8} = 1.589 \times 10^{-1} \text{m}^2/\text{kN}$$
$\therefore k = C_v m_v \gamma_w$
$= 1.589 \times 10^{-1} \times 1.92 \times 10^{-3} \times 9.81 \times 10^{-2}$
$= 2.99 \times 10^{-5} \text{cm/sec}$

기 80,84,97,98,03,23③

83 물의 온도 15℃에서 표면장력은 0.075g/cm이다. 이 물이 안지름 0.20mm의 유리관 속을 상승하는 높이는 몇 cm인가?(단, 여기서 접촉각은 0으로 한다.)

① 5cm
② 10cm
③ 15cm
④ 20cm

$$h_c = \frac{4T\cos\alpha}{D \cdot \rho_w} = \frac{4 \times 0.075 \cos 0°}{0.02 \times 1} = 15 \text{ cm}$$

□□□ 기 02,04,08,21①,23③

84 흙의 내부마찰각이 20°, 점착력이 50kN/m², 습윤 단위중량이 17kN/m³, 지하수위 아래 흙의 포화단위중량이 19kN/m³일 때 3m×3m 크기의 정사각형 기초의 극한지지력을 Terzaghi의 공식으로 구하면? (단, 지하수위는 기초바닥 깊이와 같으며 물의 단위중량은 9.81kN/m³이고, 지지력계수 $N_c = 18$, $N_r = 5$, $N_q = 7.5$이다.)

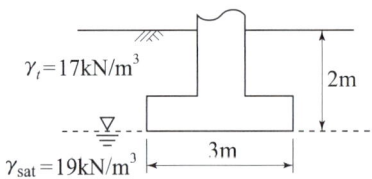

① 1231.24kN/m² ② 1337.31kN/m²
③ 1480.14kN/m² ④ 1540.42kN/m²

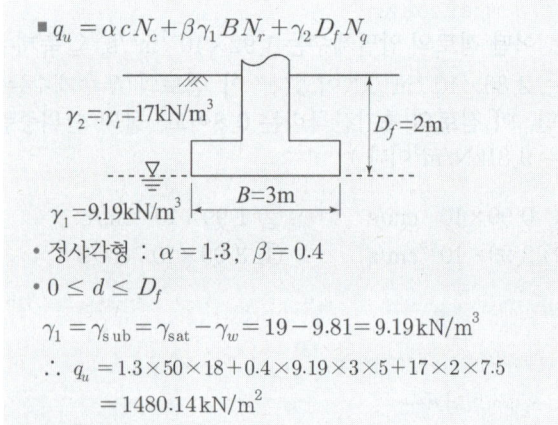

- 정사각형 : $\alpha = 1.3$, $\beta = 0.4$
- $0 \leq d \leq D_f$

$\gamma_1 = \gamma_{sub} = \gamma_{sat} - \gamma_w = 19 - 9.81 = 9.19 \text{kN/m}^3$

$\therefore q_u = 1.3 \times 50 \times 18 + 0.4 \times 9.19 \times 3 \times 5 + 17 \times 2 \times 7.5$
$= 1480.14 \text{kN/m}^2$

□□□ 기 02,04,06,08,10②,17④,23③

85 어떤 지반의 미소한 흙요소에 최대 및 최소 주응력이 각각 100kN/m² 및 60kN/m²일 때, 최소 주응력면과 60°를 이루는 평면상의 전단응력은?

① 10kN/m² ② 17kN/m²
③ 20kN/m² ④ 27kN/m²

$\tau = \dfrac{\sigma_1 - \sigma_3}{2}\sin 2\theta$

$\theta = 90° -$ 최소주응력면과 이루는 각
$= 90° - 60° = 30°$

$\therefore \tau = \dfrac{100-60}{2}\sin(2\times 30°)$
$= 17.3 \text{kN/m}^2$

□□□ 기 15①,20④,23③

86 사운딩에 대한 설명으로 틀린 것은?

① 로드 선단에 지중저항체를 설치하고 지반 내 관입, 압입, 또는 회전하거나 인발하여 그 저항치로부터 지반의 특성을 파악하는 지반조사방법이다.
② 정적사운딩과 동적사운딩이 있다.
③ 압입식 사운딩의 대표적인 방법은 Standard Penetration Test(SPT)이다.
④ 특수사운딩 중 측압사운딩의 공내 횡방향 재하시험은 보링공을 기계적으로 수평으로 확장시키면서 측압과 수평변위를 측정한다.

압입식 사운딩의 대표적인 방법은 콘관입시험(CPT ; Cone Penetration Test)이다.

□□□ 기 03,07,17④,23③

87 다음 중 시료채취에 대한 설명으로 틀린 것은?

① 오거보링(Auger Boring)은 흐트러지지 않은 시료를 채취하는데 적합하다.
② 교란된 흙은 자연상태의 흙보다 전단강도가 작다.
③ 액성한계 및 소성한계 시험에서 교란시료를 사용하여도 괜찮다.
④ 입도분석시험에서는 교란시료를 사용하여도 괜찮다.

- Auger Boring : 현장에서 인력으로 교란된 시료 채취에 적합
- Auger Boring의 종류 : post hole auger, Helical auger

□□□ 기 12②,15①,17①,23③

88 지름 30cm의 평판재하시험에서 작용압력이 300kN/m²일 때 평판의 침하량이 30mm이었다면, 지름 3m의 실제 기초에 300kN/m²의 압력이 작용할 때의 침하량은? (단, 지반은 사질토지반이다.)

① 30mm ② 99.2mm
③ 187.4mm ④ 300mm

$S_F = S_P \left(\dfrac{2B_F}{B_F + B_P}\right)^2 = 30 \times \left(\dfrac{2\times 3}{3 + 0.3}\right)^2 = 99.2 \text{mm}$

□□□ 기 00,08,16①,23③
89 사면안정계산에 있어서 Fellenius법과 간편 Bishop법의 비교 설명으로 틀린 것은?

① Fellenius법은 간편 Bishop법보다 계산은 복잡하지만 계산결과는 더 안전측이다.
② 간편 Bishop법은 절편의 양쪽에 작용하는 연직방향의 합력이 0(zero)이라고 가정한다.
③ Fellenius법은 절편의 양쪽에 작용하는 합력이 0(zero)이라고 가정한다.
④ 간편 Bishop법은 안전율을 시행착오법으로 구한다.

> Bishop의 간편법
> Fillenius 방법보다 계산이 훨씬 복잡하나 전산기 이용으로 근래 많이 적용하고 있다.

□□□ 기 02,06,23③
90 간극비 0.8, 포화도 87.5%, 함수비 25%인 사질점토에서 한계동수경사는?

① 1.5 ② 2.0
③ 1.0 ④ 0.8

- 한계동수경사 $i_c = \dfrac{G_s - 1}{1 + e}$
- 비중 $G_s = \dfrac{S \cdot e}{w} = \dfrac{87.5 \times 0.8}{25} = 2.80$
- $\therefore i_c = \dfrac{2.80 - 1}{1 + 0.8} = 1.0$

□□□ 기 85,23③
91 지반의 지지력에 관하여 틀린 것은?

① 기초의 지지력은 흙의 단위중량, 내부마찰각, 점착력 등에 관계된다.
② 극한 지지력에 안전율을 곱하면 허용지지력이 나온다.
③ 지반의 허용지지력은 결국 허용하중강도와 같다.
④ 허용지지력은 극한지지력의 1/3을 취해서 사용함이 보통이다.

허용지지력 $Q_a = \dfrac{\text{극한지지력}(Q_u)}{\text{안전율}(F_s)}$

□□□ 기 03,04,08,10,14④,23③
92 지표가 수평인 곳에 높이 5m의 연직옹벽이 있다. 흙의 단위중량이 18kN/m^3, 내부 마찰각이 $30°$이고 점착력이 없을 때 주동토압은 얼마인가?

① 45kN/m ② 55kN/m
③ 65kN/m ④ 75kN/m

$$P_A = \frac{1}{2}\gamma H^2 \tan^2\left(45° - \frac{\phi}{2}\right)$$
$$= \frac{1}{2} \times 18 \times 5^2 \times \tan^2\left(45° - \frac{30°}{2}\right) = 75\,\text{kN/m}$$

□□□ 기 82,91,99,03,06,07,11①,13④,15②,16②,17①②,20③,23③
93 아래 그림에서 A점 흙의 강도정수가 $c = 30\text{kN/m}^2$, $\phi = 30°$일 때 A점의 전단강도는?

① 69.3kN/m^2
② 74.3kN/m^2
③ 99.3kN/m^2
④ 103.9kN/m^2

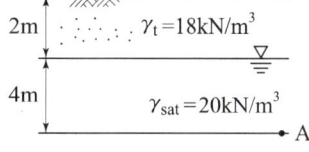

- 전단강도 $\tau = c + \bar{\sigma}\tan\phi$
- 유효응력 $\bar{\sigma} = \gamma_t h_1 + \gamma_{sub} h_2$
  $= 18 \times 2 + (20 - 9.81) \times 4 = 76.76\,\text{kN/m}^2$
- $\therefore \tau = 30 + 76.76\tan 30° = 74.32\,\text{kN/m}^2$

□□□ 기 98,07,12,15②,23③
94 어느 점토의 체가름시험과 액·소성시험 결과 0.002mm($2\mu m$) 이하의 입경이 전시료 중량의 90%, 액성한계 60%, 소성한계 20%이었다. 이 점토광물의 주성분은 어느 것으로 추정되는가?

① Kaolinite ② Illite
③ Calcite   ④ Montmorillonite

- 활성도 $A = \dfrac{\text{소성지수}\,I_P}{2\mu m\,\text{이하의 점토함유율}(\%)}$
  $= \dfrac{60 - 20}{90} = 0.44$
- $A = 0.44 < 0.75$: Kaolinite

기 09,10②,11④,16①,19③,23③

95 모래치환법에 의한 밀도시험을 수행한 결과 파낸 흙의 체적과 질량이 각각 365.0cm³, 745g이었으며, 함수비는 12.5%였다. 흙의 비중이 2.65이며, 실내표준다짐 시 최대건조밀도가 1.90g/cm³ 일 때 상대다짐도는?

① 88.7% ② 93.1%
③ 95.3% ④ 97.8%

다짐도 $C_d = \dfrac{\rho_d}{\rho_{d\max}} \times 100$

- $\rho_t = \dfrac{W}{V} = \dfrac{745}{365.0} = 2.04\text{g/cm}^3$
  $= 2.04\text{t/m}^3 = 20.4\text{kN/m}^3$
- $\rho_d = \dfrac{\rho_t}{1+w} = \dfrac{2.04}{1+0.125} = 1.81\text{g/cm}^3$

∴ 다짐도 $C_d = \dfrac{1.81}{1.90} \times 100 = 95.3\%$

기 09,18①,23③

96 깊은기초의 지지력 평가에 관한 설명 중 잘못된 것은?

① 현장타설 콘크리트 말뚝기초는 동역학적 방법으로 지지력을 추정한다.
② 말뚝항타분석기(PDA)는 말뚝의 응력분포, 경사효과 및 해머효율을 파악할 수 있다.
③ 정역학적 지지력 추정방법은 논리적으로 타당하나 강도정수를 추정하는데 한계성을 내포하고 있다.
④ 동역학적 방법은 항타장비, 말뚝과 지반 조건이 고려된 방법으로 해머효율의 측정이 필요하다.

현장타설 콘크리트 말뚝기초는 정역학적 방법으로 지지력을 추정한다.

기 08,14②,23③

97 점토광물에서 점토입자의 동형치환(同形置換)의 결과로 나타나는 현상은?

① 점토입자의 모양이 변화되면서 특성도 변하게 된다.
② 점토입자가 음(-)으로 대전된다.
③ 점토입자의 풍화가 빨리 진행된다.
④ 점토입자의 화학성분이 변화되었으므로 다른 물질로 변한다.

동형치환
점토가 생성될 때 고차원의 양(+)이온이 음(-)이온과 직접 결합하지 않고 상대적으로 저차원의 양이온이 고차원의 양이온을 대신하여 음(-)이온과 결합하는 것을 말한다.

기 97,23③

98 두께 H(m) 되는 점토층에서 압밀 하중을 가하여 90% 압밀이 일어나는데 424일이 소요되었다. 같은 조건 하에서 50%에 달하는 데 몇 일이 걸리겠는가?

① 260일 ② 212일
③ 199일 ④ 98.5일

[1방법] $C_v = \dfrac{0.848H^2}{t_{90}} = \dfrac{0.197H^2}{t_{50}}$ 에서

- $t_{50} = \dfrac{0.197}{0.848} \times t_{90}$
  $= \dfrac{0.197}{0.848} \times 424 = 98.5$일

[방법2] $t_{90} = \dfrac{0.848H^2}{C_v} = 424$일

- $424 = 0.848\left(\dfrac{H^2}{C_v}\right) \Rightarrow \dfrac{H^2}{C_v} = \dfrac{424}{0.848} = 500$

∴ $t_{50} = \dfrac{0.197H^2}{C_v} = 0.197\dfrac{H^2}{C_v}$
  $= 0.197 \times 500 = 98.5$일

기 10,14①,23③

99 연약지반 개량공법 중 프리로딩 공법에 대한 설명으로 틀린 것은?

① 압밀침하를 미리 끝나게 하여 구조물에 잔류침하를 남기지 않게 하기 위한 공법이다.
② 도로의 성토나 항만의 방파제와 같이 구조물 자체의 일부를 상재하중으로 이용하여 개량 후 하중을 제거할 필요가 없을 때 유리하다.
③ 압밀계수가 작고 압밀토층 두께가 큰 경우에 주로 적용한다.
④ 압밀을 끝내기 위해서는 많은 시간이 소요되므로 공사기간이 충분해야 한다.

Pre-loading 공법
압밀계수가 크고 점성토층의 두께가 얇은 경우에 적용

☐☐☐ 기 95,00,03,05,12④,16④,16①,17①,23③

100 지름 $d=20cm$인 나무말뚝을 25본 박아서 기초상판을 차지하고 있다. 말뚝의 배치를 5열로 하고 각 열은 등간격으로 5본씩 박혀 있다. 말뚝의 중심간격 $S=1m$이고 1본의 말뚝이 단독으로 100kN의 지지력을 가졌다고 하면 이 무리말뚝은 전체로 얼마의 하중을 견딜 수 있는가? (단, Converse Labbarre식을 사용한다.)

① 1000kN
② 2000kN
③ 3000kN
④ 4000kN

- $\phi = \tan^{-1}\dfrac{d}{S} = \tan^{-1}\dfrac{20}{100} = 11.31°$
- 효율 $E = 1 - \phi\dfrac{m(n-1)+n(m-1)}{90mn}$

$= 1 - 11.31° \times \dfrac{5(5-1)+5(5-1)}{90\times5\times5} = 0.799$

$\therefore R_{ag} = ENR_a = 0.799 \times 25 \times 100 = 2000\ kN$

제6과목 : 상하수도공학

☐☐☐ 기 09,23③

101 다음 중 호소나 저수지가 수원일 경우에 적합하지 않은 취수시설은?

① 취수관거
② 취수탑
③ 취수틀
④ 취수문

취수관거
유황이 안정되고 유량변화가 작은 하천에서의 취수에 적합하다.

Remember

취수탑	• 호소나 댐의 대량취수시설로서 많이 사용 • 저수지 등에서도 안정되게 취수할 수 있다.
취수틀	• 호소의 중소량 취수시설로 많이 사용 • 비교적 소량취수에 사용된다.
취수문	• 일반적으로 소규모 호소 등에 사용 • 수위변동이 작은 호소 등에 알맞다.

☐☐☐ 기 97,99,00,09②,11①,17④,19①,23③

102 도수 및 송수 관로 내의 최소유속을 정하는 주요 이유는?

① 관로 내면의 마모를 방지하기 위하여
② 관로 내 침전물의 퇴적을 방지하기 위하여
③ 양정에 소모되는 전력비를 절감하기 위하여
④ 수격작용이 발생할 가능성을 낮추기 위하여

도송수관의 관내면 유속
- 모래입자의 침전을 방지하기 위해서 최소유속은 0.3m/s로 한다.
- 도수관 내면이 마멸되지 않도록 가능한 평균 최대 한도는 3.0m/s 정도이다.

☐☐☐ 기 17②,23③

103 급수방법에는 고가수조식과 압력수조식이 있다. 압력수조식을 고가수조식과 비교한 설명으로 옳지 않은 것은?

① 조작상에 최고·최저의 압력차가 적고, 급수압의 변동 폭이 적다.
② 큰 설비에는 공기 압축기를 설치해서 때때로 공기를 보급하는 것이 필요하다.
③ 취급이 비교적 어렵고 고장이 많다.
④ 저수량이 비교적 적다.

- 압력수조식 : 조작상에 최고·최저의 압력차가 크고, 급수압의 변동 폭이 크다.
- 고가수조식 : 저수조에 물을 받은 다음 펌프로 양수하여 고가수조에 저류하였다가 자연유하로 급수하는 방식이다.

☐☐☐ 기 96,12,23③

104 상수시설 중 침사지의 체류시간은 계획 취수량의 몇 분을 표준으로 하는가?

① 10~20분
② 30~60분
③ 60~90분
④ 90~120분

침사지의 체류시간
계획 취수량은 10~20분을 표준으로 한다.

□□□ 기 13,23③
105 부영양화에 대한 설명으로 옳지 않은 것은?

① COD가 증가한다.
② 식물성 플랑크톤인 조류가 대량 번식한다.
③ 영양 염류인 질소, 인 등의 감소로 발생한다.
④ 최종적으로 용존산소가 줄어든다.

> 부영양화
> 수중의 질소(N), 인(P)과 같은 조류번식의 양분농도가 높아져서 식물성 플랑크톤인 조류가 대량 번식되어 수질이 악화되는 것을 말한다.

□□□ 기 12,23③
106 정수 중 암모니아성 질소가 있으면 염소 소독처리 시 클로라민이란 화합물이 생긴다. 이에 대한 설명으로 옳은 것은?

① 소독력이 떨어져 다량의 염소가 요구된다.
② 소독력이 증가하여 소량의 염소가 요구된다.
③ 소독력에는 거의 영향을 주지 않는다.
④ 경제적인 소독효과를 기대할 수 있다.

> 암모니아성 질소는 소독용 염소와 반응하여 클로라민(결합잔류염소)이 생성되며 클로라민의 소독력은 유리염소의 소독력보다 약하므로 다량의 염소가 요구된다.

□□□ 기 09,14,18③,19①,23③
107 하수배제 방식에 대한 설명 중 틀린 것은?

① 분류식 하수관거는 청천 시 관로 내 퇴적량이 합류식 하수관거에 비하여 많다.
② 합류식 하수배제 방식은 폐쇄의 염려가 없고 검사 및 수리가 비교적 용이하다.
③ 합류식 하수관거에서는 우천 시 일정유량 이상이 되면 하수가 직접 수역으로 방류될 수 있다.
④ 분류식 하수배제 방식은 강우초기에 도로 위의 오염물질이 직접 하천으로 유입되는 단점이 있다.

> 합류식 하수관거는 청천 시(晴天時) 관거 내 퇴적량이 분류식 하수관거에 비하여 많다.

□□□ 기 95,98,99,00,01,02,04,09,10,11,13,14,17①④,23③
108 어떤 도시에서 강우강도 $I = \dfrac{289}{\sqrt{t}-1.25}$ mm/h, 유역면적 1.5km², 유입시간 7분, 유출계수 $C=0.7$, 하수관내의 평균유속이 1m/s인 경우, 길이가 500m인 하수관에서 흘러나오는 우수량은 몇 m³/s인가? (단, 합리식으로 구하고, t의 단위는 분이다.)

① 24.8m³/s
② 31.7m³/s
③ 61.4m³/s
④ 114.0m³/s

> $Q = \dfrac{1}{360} C \cdot I \cdot A$
>
> • $T = t_1 + \dfrac{L}{V} = 7 + \dfrac{500}{1 \times 60} = 15.33$ 분
>
> • $I = \dfrac{289}{\sqrt{t}-1.25}$
> $= \dfrac{289}{\sqrt{15.33}-1.25} = 108.43$ mm/hr
>
> ∴ $Q = \dfrac{1}{360} \times 0.7 \times 108.43 \times (1.5 \times 100)$
> $= 31.63$ m³/sec

□□□ 기 01,04,23③
109 다음은 수원지에서부터 각 가정까지의 상수 계통도를 나타낸 것이다. 옳은 것은?

① 수원 – 취수 – 도수 – 배수 – 정수 – 송수 – 급수
② 수원 – 취수 – 배수 – 정수 – 도수 – 송수 – 급수
③ 수원 – 취수 – 도수 – 송수 – 정수 – 배수 – 급수
④ 수원 – 취수 – 도수 – 정수 – 송수 – 배수 – 급수

> 수원 – 취수 – 도수 – 정수 – 송수 – 배수 – 급수

□□□ 기 12,23③
110 하수도 계획 중 계획 우수량 산정 시 확률년수는 몇 년을 원칙으로 하는가?

① 하수관거 5~10년
② 하수관거 10~30년
③ 빗물 펌프장 25~30년
④ 빗물 펌프장 10~30년

> • 하수관거의 확률연수 10~30년
> • 빗물펌프장의 확률연수 30~50년

정답 105 ③ 106 ① 107 ① 108 ② 109 ④ 110 ②

111 소화조에 함수율 96%인 슬러지 1000kg이 유입되었다. 소화를 통하여 유입 슬러지내 고형물 중 유기성분의 60%가 분해된다고 가정한다면 소화 후 슬러지의 건조질량은? (단, 유입슬러지내 고형물 중 유기성분의 비율은 70%, 슬러지 비중 1.0)

① 23.2kg ② 25.6kg
③ 28.4kg ④ 30.5kg

> 소화후 슬러지의 건조질량 $W_s = W(1-w_1)(1-w_2)$
> ∴ $W_s = 1000 \times (1-0.96)(1-0.6 \times 0.70) = 23.2 \text{kg}$

112 정수시설의 응집용 약품에 대한 설명으로 틀린 것은?

① 응집제로는 황산알루미늄 등이 있다.
② pH 조정제로는 소다회 등이 있다.
③ 응집보조제로는 활성규산 등이 있다.
④ 첨가제로는 염화나트륨 등이 있다.

> 응집제 약품의 구분
> • 응집제 : 황산알루미늄(Alum), 폴리염화알루미늄(PAC)
> • pH 조정제 : 소다회, 소석회, 액체수산화나트륨
> • 응집보조제 : 규산나트륨, 알긴산나트륨, 활성규산

113 계획오수량 산정 시 고려사항에 대한 설명으로 옳지 않은 것은?

① 지하수량은 1인 1일 최대오수량의 20% 이하로 한다.
② 계획 1일 평균오수량은 계획 1일 최대오수량의 70~80%를 표준으로 한다.
③ 계획시간 최대오수량은 계획 1일 평균오수량의 1시간당 수량의 0.9~1.2배를 표준으로 한다.
④ 계획 1일 최대오수량은 1인 1일 최대오수량에 계획인구를 곱한 후 공장폐수량, 지하수량 및 기타 배수량을 더한 값으로 한다.

> 계획시간 최대오수량은 계획 1일 최대오수량의 1시간당 수량의 1.3~1.8배를 표준으로 한다.

114 고도처리 및 3차처리시설의 계획하수량 표준에 관한 아래 표에서 빈칸에 알맞은 것으로 짝지어진 것은?

구 분		계획하수량
		합류식하수도
고도처리 및 3차처리	처리시설	(가)
	처리장 내 연결관거	(나)

① (가) - 계획시간 최대오수량, (나) - 계획 1일 최대오수량
② (가) - 계획시간 최대오수량, (나) - 우천 시 계획오수량
③ (가) - 계획 1일 최대오수량, (나) - 계획시간 최대오수량
④ (가) - 계획 1일 최대오수량, (나) - 우천 시 계획오수량

> 고도처리 및 3차처리
> • 처리시설 : 계획 1일 최대오수량
> • 처리장 내 연결관거 : 계획시간 최대오수량

115 콘크리트 하수관의 내부 천정이 부식되는 현상에 대한 대응책으로 틀린 것은?

① 하수 중의 유기물 농도를 낮춘다.
② 하수 중의 유황 함수량을 낮춘다.
③ 관내의 유속을 감소시킨다.
④ 하수에 염소를 주입하여 박테리아 번식을 억제한다.

> 하수관의 내부 천정부식
> 관내의 유속을 증가시켜 하수관 내 유기물질의 퇴적을 방지한다.

116 생물막을 이용한 하수처리방법은?

① 산화구법
② 장기포기법
③ 살수여상법
④ 연속회분식 반응조(SBR)

> 생물막법은 대기, 하수 및 생물막의 상호 접촉양식에 따라 살수여상법, 회전원판법, 접촉산화법 및 침전여과형의 호기성 여상법으로 분류된다.

□□□ 기 14④,23③

117 펌프장시설 중 오수침사지의 평균유속과 표면부하율의 설계기준은?

① 0.6m/s, 1800m³/m²·day
② 0.6m/s, 3600m³/m²·day
③ 0.3m/s, 1800m³/m²·day
④ 0.3m/s, 3600m³/m²·day

> 침사지
> • 침사지의 평균유속은 0.3m/s를 표준으로 한다.
> • 표면부하율은 오수침사지의 경우 1800m³/m²·day 정도로 한다.

□□□ 기 00,10,12,13,16,23③

118 하수량 1000m³/day, BOD 200mg/L인 하수를 250m³ 유효용량의 폭기조로 처리할 경우 BOD 용적부하는?

① 0.8kgBOD/m³·day
② 1.25kgBOD/m³·day
③ 8kgBOD/mm³·day
④ 12.5kgBOD/m³·day

> BOD 용적부하(kgBOD/m³·d)
> $= \dfrac{1일\ BOD\ 유입량(kgBOD/d)}{폭기조\ 부피(m^3)}$
> $= \dfrac{하수량 \times 하수의\ BOD}{폭기조\ 부피}$
> $= \dfrac{1000 \times 200 \times 10^{-3}}{250} = 0.8\,kgBOD/m^3 \cdot day$

□□□ 기 17,23③

119 다음 중 하수 고도처리의 주요 처리대상 물질에 해당하는 것은?

① 질소, 인
② 유기물
③ 소독부산물
④ 미생물

> 고도처리의 질소, 인 동시 제거공정
> • 혐기무산소호기조합법
> • 응집제병용형 순환식 질산화탈질법
> • 응집제병용형 질산화내생탈질법
> • 반송슬러지 탈질탈인 질소인동시제거법
> • 생물학적인 질소, 인 동시제거공정
> • 기타 공법

□□□ 기 14④,23③

120 먹는 물의 수질기준에서 탁도의 기준단위는?

① ‰(permil)
② ppm(parts per million)
③ JTU(Jackson Turbidity Unit)
④ NTU(Nephelometric Turbidity Unit)

> 탁도의 단위 : NTU(Nephelometric Turbidity Unit)

Remember

탁도의 수질기준

수돗물	먹는 샘물	먹는 물 공동시설
1NUT	0.5NUT	0.5NUT

정답 117 ③ 118 ① 119 ① 120 ④

국가기술자격 필기시험문제

2024년도 기사 1회 필기시험

자격종목	시험시간	문제수	형 별
토목기사	3시간	120	A

※ 각 문제는 4지 택일형으로 질문에 가장 적합한 문제의 보기 번호를 클릭하거나 답안표기란의 번호를 클릭하여 입력하시면 됩니다.
※ 입력된 답안은 문제 화면 또는 답안 표기란의 보기 번호를 클릭하여 변경하실 수 있습니다.

제1과목 : 응용역학

□□□ 기 06, 09, 11, 14②③, 24①

01 균질한 균일 단면봉이 그림과 같이 P_1, P_2, P_3의 하중을 B, C, D점에서 받고 있다. 각 구간의 거리 $a = 1.0\text{m}$, $b = 0.4\text{m}$, $c = 0.6\text{m}$이고 $P_2 = 100\text{kN}$, $P_3 = 50\text{kN}$의 하중이 작용할 때 D점에서의 수직방향 변위가 일어나지 않기 위한 하중 P_1은 얼마인가?

① 50kN
② 60kN
③ 80kN
④ 240kN

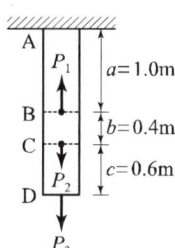

$\Delta l_{AB} + \Delta l_{BC} + \Delta l_{CD} = 0$

- $-P_1 + P_2 + P_3 = P$, $-P_1 + 100 + 50 = P$
  ∴ $150 - P_1 = P$
- $\Delta l_{AB} = \dfrac{PL}{EA} = \dfrac{(150 - P_1) \times 1.0}{EA} = \dfrac{150 - P_1}{EA}$
- $\Delta l_{BC} = \dfrac{PL}{EA} = \dfrac{150 \times 0.4}{EA} = \dfrac{60}{EA}$
- $\Delta l_{CD} = \dfrac{P_3 L}{EA} = \dfrac{50 \times 0.6}{EA} = \dfrac{30}{EA}$
- $\dfrac{150 - P_1}{EA} + \dfrac{60}{EA} + \dfrac{30}{EA} = 0$

∴ $P_1 = 240\text{kN}$

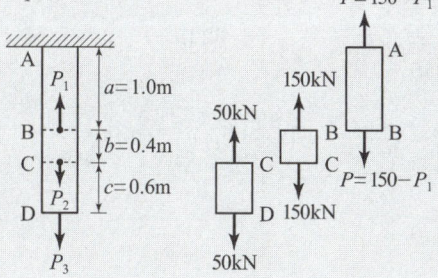

□□□ 기 85, 24①

02 그림과 같은 원형 힌지 아치의 수평반력 H_A는?

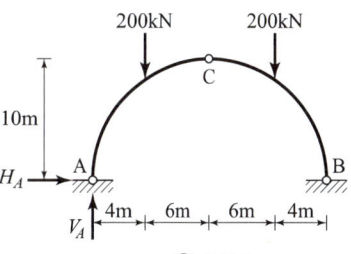

① 40N
② 60N
③ 80N
④ 100N

$\Sigma M_B = 0$
- $V_A \times 20 - 200 \times 16 - 200 \times 4 = 0$
  ∴ $V_A = 200\text{kN}$
- $\Sigma M_C = 0$
  $V_A \times 10 - H_A \times 10 - 200 \times 6 = 0$
  $H_A = \dfrac{1}{10}(200 \times 10 - 200 \times 6)$
  ∴ $H_A = 80\text{kN}$

□□□ 기 22①, 24①

03 전단탄성계수(G)가 81000MPa, 전단응력(τ)이 81MPa이면 전단변형률(γ)의 값은?

① 0.1
② 0.01
③ 0.001
④ 0.0001

전단응력 $\tau = \dfrac{S}{A} = G \cdot \gamma$

전단변형률 $\gamma = \dfrac{\text{전단응력}}{\text{전단탄성계수}} = \dfrac{\tau}{G}$

∴ $\gamma = \dfrac{81}{81000} = 1 \times 10^{-3} = 0.001$

정답 01 ④ 02 ③ 03 ③

☐☐☐ 기 92,97,00,02,06,07,14,17,22①,24①

04 아래 그림과 같은 부정정보에서 B점의 연직반력 (R_B)은?

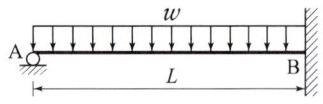

① $\frac{3}{8}wL$ ② $\frac{1}{2}wL$
③ $\frac{5}{8}wL$ ④ $\frac{6}{8}wL$

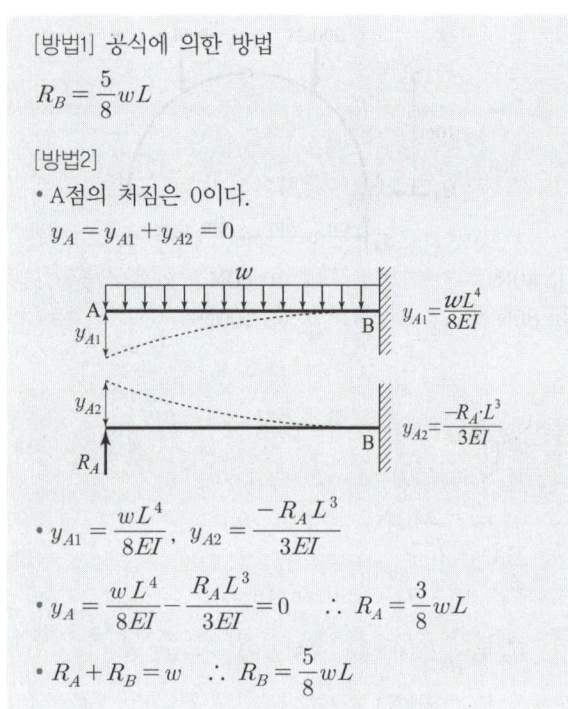

☐☐☐ 기 93①, 24①

05 연행하중이 절대최대 휨모멘트가 생기는 위치에 왔을 때 지점A에서 하중 10kN까지의 거리는?

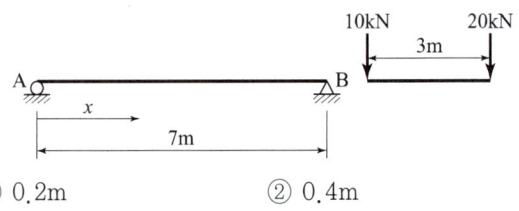

① 0.2m ② 0.4m
③ 0.8m ④ 1.0m

합력의 위치
$R \times x = 10 \times 3$
$\therefore x = \frac{30}{R} = \frac{30}{30} = 1m$

- B점으로 부터의 거리 : $\frac{7}{2} - \frac{1}{2} = 3m$
- A점으로부터 10kN의 위치 : $3.5 - (0.5 + 2) = 1m$

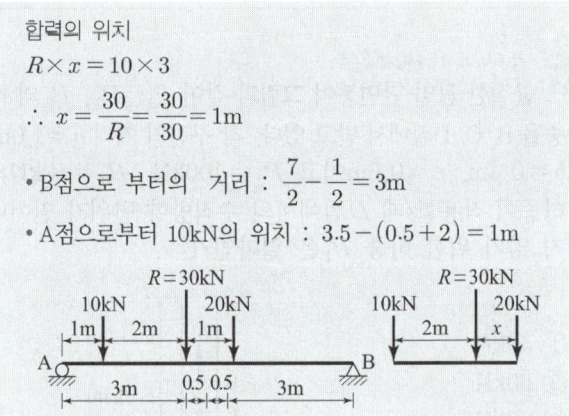

☐☐☐ 기 93③, 02②, 24①

06 휨모멘트 M을 받고 있는 원형단면의 보를 설계하려고 한다. 이 보의 허용응력을 σ_a라 할 때 단면의 지름 d는?

① $d = 10.19\left(\frac{M}{\sigma_a}\right)$ ② $d = 3.19\sqrt{\frac{M}{\sigma_a}}$
③ $d = 2.17\sqrt[3]{\frac{M}{\sigma_a}}$ ④ $d = 1.79\sqrt[4]{\frac{M}{\sigma_a}}$

허용응력 $\sigma_a = \frac{M}{Z}$ 에서
- 원형단면의 단면계수
$Z = \frac{M}{\sigma_a} = \frac{\pi d^3}{32} \Rightarrow d^3 = \frac{32M}{\pi \sigma_a}$
$\therefore d = \sqrt[3]{\frac{32M}{\pi \sigma_a}} = \left(\frac{32}{\pi}\right)^{\frac{1}{3}} \sqrt[3]{\frac{M}{\sigma_a}} = 2.17 \sqrt[3]{\frac{M}{\sigma_a}}$

07 다음 도형의 도심축에 관한 단면2차 모멘트를 I_g, 밑변을 지나는 축에 관한 단면2차 모멘트를 I_x 라 하면 I_x/I_g 값은?

① 1
② 2
③ 3
④ 4

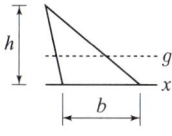

- $I_g = \dfrac{bh^3}{36}$
- $I_x = \dfrac{bh^3}{36} + \dfrac{bh}{2} \times \left(\dfrac{h}{3}\right)^2 = \dfrac{bh^3}{12}$
- $\therefore \dfrac{I_x}{I_g} = \dfrac{\dfrac{bh^3}{12}}{\dfrac{bh^3}{36}} = 3$

08 그림과 같은 단순보에 등분포하중(q)이 작용할 때 보의 최대처짐은? (단, EI는 일정하다.)

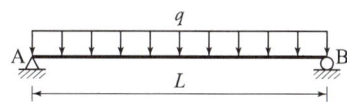

① $\dfrac{qL^4}{128EI}$
② $\dfrac{qL^4}{64EI}$
③ $\dfrac{qL^4}{38EI}$
④ $\dfrac{5qL^4}{384EI}$

- $\delta_{max} = \delta_c = \dfrac{5wL^4}{384EI} = \dfrac{5qL^4}{384EI}$
- $\theta_A = \theta_B = \dfrac{wL^3}{24EI} = \dfrac{qL^3}{24EI}$

Remember

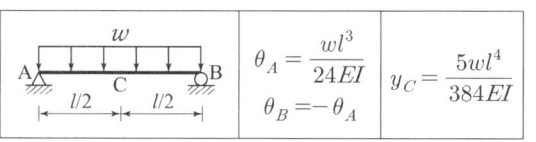

	$\theta_A = \dfrac{wl^3}{24EI}$
	$\theta_B = -\theta_A$
	$y_C = \dfrac{5wl^4}{384EI}$

09 그림과 같은 부정정보에서 지점 A의 휨모멘트값을 옳게 나타낸 것은? (단, EI는 일정)

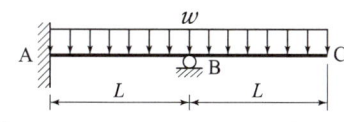

① $+\dfrac{wL^2}{8}$
② $-\dfrac{wL^2}{8}$
③ $+\dfrac{3wL^2}{8}$
④ $-\dfrac{3wL^2}{8}$

$M_A = M_{A1} + M_{A2}$

- $M_B = wL \times \dfrac{L}{2} = \dfrac{wL^2}{2}$ (작용(분배)모멘트)
- $M_{A1} = \dfrac{M_B}{2} = \dfrac{1}{2} \times \dfrac{wL^2}{2} = \dfrac{wL^2}{4}$ (전달모멘트)
- AB 고정보에서 A점의 하중항(한쪽이 힌지일 때)
  $H_{AB} = M_{A2} = -\dfrac{wL^2}{8}$

$\therefore M_A = M_{A1} + M_{A2} = \dfrac{wL^2}{4} - \dfrac{wL^2}{8} = \dfrac{wL^2}{8}$

Remember

하중상태	하중항
	$H_{AB} = -\dfrac{wL^2}{8}$

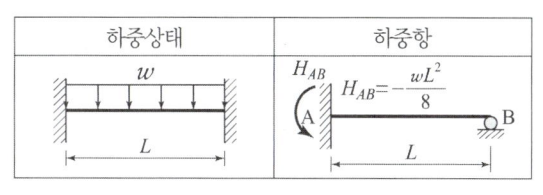

10 반지름이 250mm인 원형 단면을 가지는 단주에서 핵의 면적은 약 얼마인가?

① 12272mm²
② 16840mm²
③ 25440mm²
④ 33682mm²

원형단면의 핵거리(반지름)

$e = \dfrac{Z}{A} = \dfrac{\dfrac{\pi d^3}{32}}{\dfrac{\pi d^2}{4}} = \dfrac{d}{8} = \dfrac{250 \times 2}{8} = 62.5\,\text{mm}$

$\therefore A = \pi e^2 = \pi r^2 = \pi \times 62.5^2 = 12272\,\text{mm}^2$

기 85,91④,98②,99④,05①,21②,24①

11 그림과 같은 캔틸레버보에서 B점의 처짐각은? (단, EI는 일정하다.)

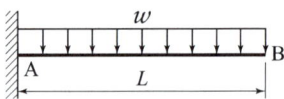

① $\dfrac{wL^3}{3EI}$ ② $\dfrac{wL^3}{6EI}$

③ $\dfrac{wL^3}{8EI}$ ④ $\dfrac{2wL^3}{3EI}$

- 공액보

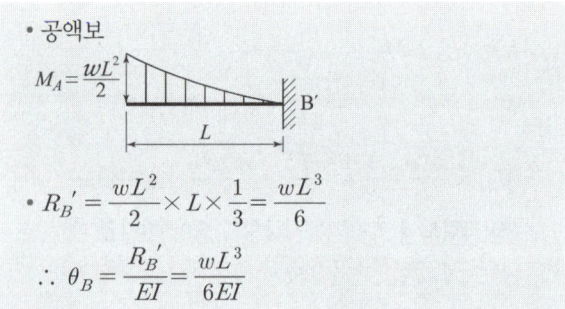

- $R_B' = \dfrac{wL^2}{2} \times L \times \dfrac{1}{3} = \dfrac{wL^3}{6}$

∴ $\theta_B = \dfrac{R_B'}{EI} = \dfrac{wL^3}{6EI}$

기 02②,04①,05④,10①,14④,18③,24①

12 다음 내민보에서 B점의 모멘트와 C점의 모멘트의 절댓값의 크기를 같게 하기 위한 $\dfrac{L}{a}$ 의 값을 구하면?

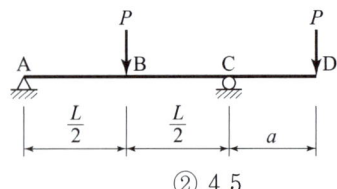

① 6 ② 4.5
③ 4 ④ 3

- $\Sigma M_C = 0 (\curvearrowright)$

  $R_A \times L - P \times \dfrac{L}{2} + P \times a = 0$

  ∴ $R_A = \dfrac{P}{2} - \dfrac{Pa}{L}$

- $M_B = R_A \times \dfrac{L}{2} = \left(\dfrac{P}{2} - \dfrac{Pa}{L}\right) \times \dfrac{L}{2} = \dfrac{PL}{4} - \dfrac{Pa}{2}$

- $M_C = -Pa$

- $|M_B| = |M_C|$

  $\dfrac{PL}{4} - \dfrac{Pa}{2} = Pa \Rightarrow \dfrac{PL}{4} = \dfrac{3Pa}{2}$

  ∴ $\dfrac{L}{a} = 6$

기 92②,01②,08②,13②,17④,21①,22③,24①

13 그림과 같이 밀도가 균일하고 무게가 W인 구(球)가 마찰이 없는 두 벽면 사이에 놓여 있을 때 반력 R_B의 크기는?

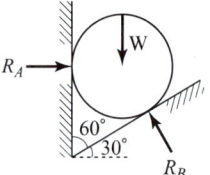

① 0.500W
② 0.577W
③ 0.866W
④ 1.155W

[방법1]

- $\Sigma V = 0$

  $-W + R_B \times \cos 30° = 0$

  ∴ $R_B = \dfrac{W}{\cos 30°} = 1.155W$

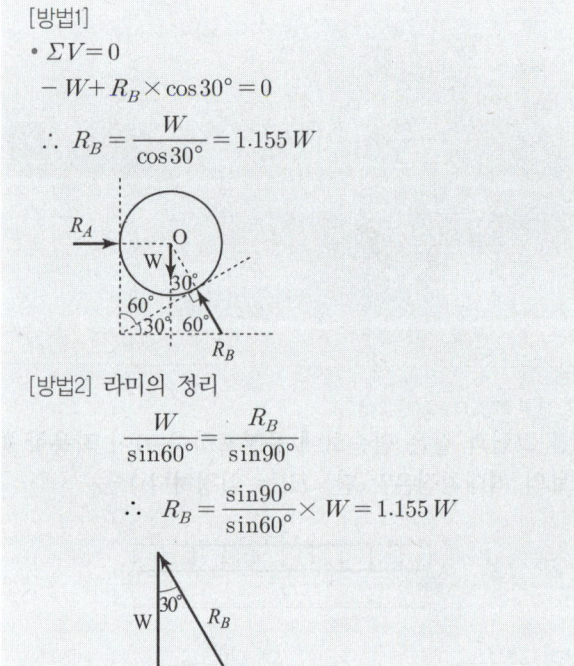

[방법2] 라미의 정리

$\dfrac{W}{\sin 60°} = \dfrac{R_B}{\sin 90°}$

∴ $R_B = \dfrac{\sin 90°}{\sin 60°} \times W = 1.155W$

기 13④,19②,24①

14 그림과 같이 폭(b)와 높이(h)가 모두 120mm인 이등변삼각형의 x, y축에 대한 단면상승모멘트 I_{xy}는?

① $6.42 \times 10^6 \text{mm}^4$
② $8.64 \times 10^6 \text{mm}^4$
③ $10.72 \times 10^6 \text{mm}^4$
④ $11.52 \times 10^6 \text{mm}^4$

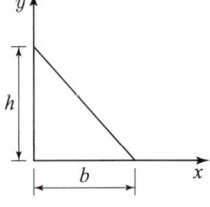

2등변삼각형의 단면상승모멘트

$I_{xy} = \dfrac{b^2 h^2}{24} = \dfrac{120^2 \times 120^2}{24}$

$= 8640000 \text{mm}^4 = 8.64 \times 10^6 \text{mm}^4$

□□□ 기 83,84,86,18②,24①

15 그림 (b)는 그림 (a)와 같은 게르버보에 대한 영향선이다. 다음 설명 중 옳은 것은?

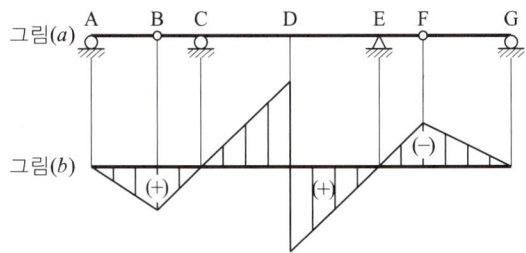

① 힌지점 B의 전단력에 대한 영향선이다.
② D점의 전단력에 대한 영향선이다.
③ D점의 휨모멘트에 대한 영향선이다.
④ C지점의 반력에 대한 영향선이다.

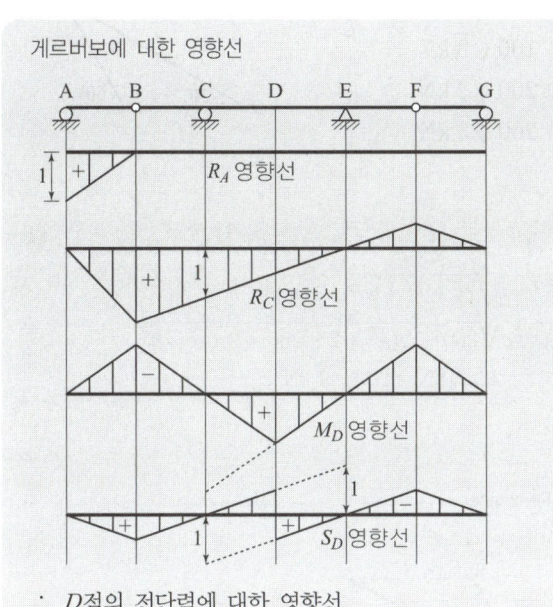

∴ D점의 전단력에 대한 영향선

□□□ 기 01,06,07,14,18①,20④,24①

16 그림과 같은 캔틸레버보에서 휨모멘트에 의한 탄성변형에너지는? (단, EI는 일정)

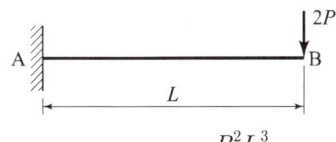

① $\dfrac{2P^2L^3}{3EI}$ ② $\dfrac{P^2L^3}{3EI}$

③ $\dfrac{P^2L^3}{6EI}$ ④ $\dfrac{P^2L^3}{2EI}$

굽힘모멘트에 의한 탄성변형에너지 $U=\int \dfrac{M_x^2}{2EI}dx$

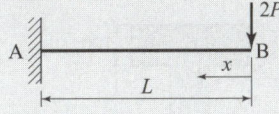

- $M_x = -2P \cdot x$

$\therefore U = \int \dfrac{M_x^2}{2EI}dx$
$= \dfrac{1}{2EI}\int_0^L (-2P \cdot x)^2 dx$
$= \dfrac{4P^2}{2EI}\left[\dfrac{1}{3}x^3\right]_0^L$
$= \dfrac{4P^2L^3}{6EI} = \dfrac{2P^2L^3}{3EI}$

□□□ 기 12④,15④,21③,24①

17 단면이 100mm×200mm인 장주의 길이가 3m일 때 이 기둥의 좌굴하중은? (단, 기둥의 $E=2.0 \times 10^4$ MPa, 지지상태는 일단고정, 타단자유이다.)

① 45.8kN ② 91.4kN
③ 182.8kN ④ 365.6kN

$P_{cr} = \dfrac{n\pi^2 EI}{L^2} = \dfrac{\pi^2 EI}{(kL)^2}$

- $I_{\min} = \dfrac{bh^3}{12} = \dfrac{200 \times 100^3}{12} = 16666666.67 \text{ mm}^4$
- $L = 3\text{m} = 3000\text{mm}$

$\therefore P_{cr} = \dfrac{\pi^2 \times 2 \times 10^4 \times 16666666.67}{(2 \times 3000)^2}$
$= 91385 \text{ N} = 91.4 \text{ kN}$

일단고정 타단자유	$n = \dfrac{1}{4}$	$k = 2.0$
양단힌지	$n = 1$	$k = 1.0$
일단힌지 타단고정	$n = 2$	$k = \dfrac{1}{\sqrt{2}}$
양단고정	$n = 4$	$k = \dfrac{1}{\sqrt{4}}$

□□□ 기 03,07,09,11,17②,21③,24①

18 그림과 같은 단면에 600kN의 전단력이 작용할 때 최대전단응력의 크기는?

① 12.71MPa
② 15.98MPa
③ 19.83MPa
④ 21.32MPa

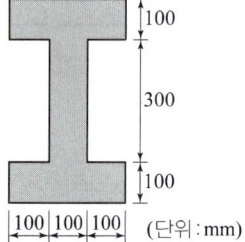

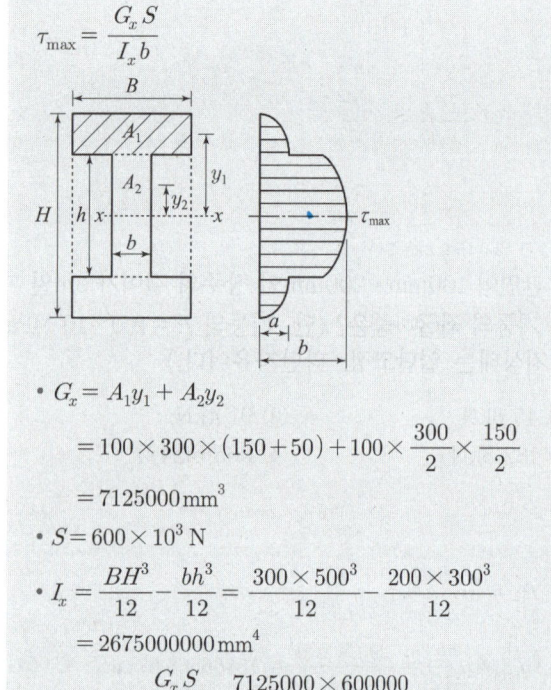

- $G_x = A_1 y_1 + A_2 y_2$

  $= 100 \times 300 \times (150 + 50) + 100 \times \dfrac{300}{2} \times \dfrac{150}{2}$

  $= 7125000 \, \text{mm}^3$

- $S = 600 \times 10^3 \, \text{N}$

- $I_x = \dfrac{BH^3}{12} - \dfrac{bh^3}{12} = \dfrac{300 \times 500^3}{12} - \dfrac{200 \times 300^3}{12}$

  $= 2675000000 \, \text{mm}^4$

- $\therefore \tau_{max} = \dfrac{G_x S}{I_x b} = \dfrac{7125000 \times 600000}{2675000000 \times 100}$

  $= 15.981 \, \text{N/mm}^2 = 15.98 \, \text{MPa}$

□□□ 기 14①,24①

19 아래 그림과 같은 트러스에서 응력이 발생하지 않는 부재는?

① DE 및 DF
② DE 및 DB
③ AD 및 DC
④ DB 및 DC

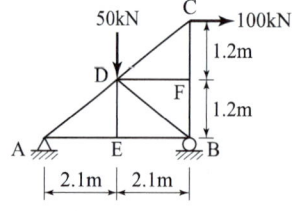

격점법에 의해, 격점 E : $\overline{DE} = 0$, 격점 F : $\overline{DF} = 0$

$\therefore \overline{DE} = 0, \overline{DF} = 0$

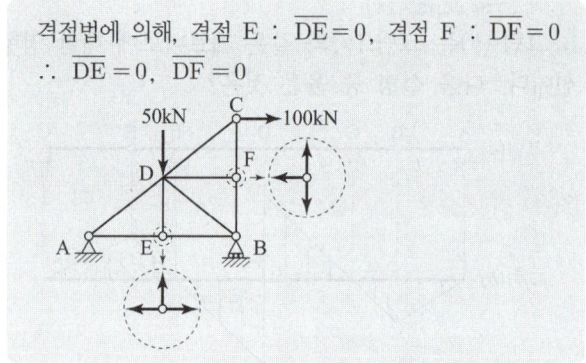

□□□ 기 02②, 24①

20 아래 그림과 같이 $P_1 = 200$kN, $P_2 = 200$kN일 때 P_1, P_2의 합력 R의 크기는?

① $100\sqrt{2}$ kN
② $100\sqrt{3}$ kN
③ $200\sqrt{2}$ kN
④ $200\sqrt{3}$ kN

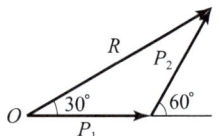

한 점에 작용하는 두 힘의 합성

$R = \sqrt{P_1^2 + P_2^2 + 2P_1 P_2 \cos\alpha}$

$= \sqrt{200^2 + 200^2 + 2 \times 200 \times 200 \cos 60°}$

$= 364.4 \, \text{kN} = 200\sqrt{3} \, \text{kN}$

Remember

힘의 합성

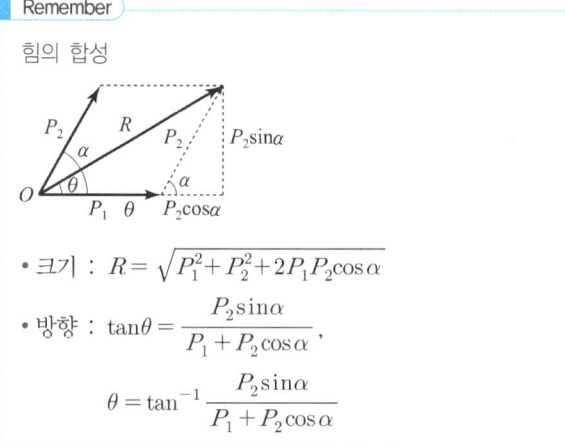

- 크기 : $R = \sqrt{P_1^2 + P_2^2 + 2P_1 P_2 \cos\alpha}$
- 방향 : $\tan\theta = \dfrac{P_2 \sin\alpha}{P_1 + P_2 \cos\alpha}$,

  $\theta = \tan^{-1} \dfrac{P_2 \sin\alpha}{P_1 + P_2 \cos\alpha}$

정답 18 ② 19 ① 20 ④

제2과목 : 측량학

21 곡선반지름 R, 교각 I인 단곡선을 설치할 때 사용되는 공식으로 틀린 것은?

① $T.L = R\tan\dfrac{I}{2}$
② $C.L = \dfrac{\pi}{180°}RI°$
③ $E = R\left(\sec\dfrac{I}{2} - 1\right)$
④ $M = R\left(1 - \sin\dfrac{I}{2}\right)$

중앙종거 $M = R\left(1 - \cos\dfrac{I}{2}\right)$

Remember
- 접선장 $T.L = R\tan\dfrac{I}{2}$
- 곡선장 $C.L = \dfrac{\pi}{180°}RI = 0.01745RI°$
- 외선장 $E = R\left(\sec\dfrac{I}{2} - 1\right) = R\left(\dfrac{1}{\cos\dfrac{I}{2}} - 1\right)$

22 하천의 평균유속(V_m)을 구하는 방법 중 3점법으로 옳은 것은? (단, V_2, V_4, V_6, V_8은 각각 수면으로부터 수심(h)의 $0.2h$, $0.4h$, $0.6h$, $0.8h$인 곳의 유속이다.)

① $V_m = \dfrac{V_2 + V_4 + V_8}{3}$
② $V_m = \dfrac{V_2 + V_6 + V_8}{3}$
③ $V_m = \dfrac{V_2 + 2V_4 + V_8}{4}$
④ $V_m = \dfrac{V_2 + 2V_6 + V_8}{4}$

3점법
- 수심 0.2H, 0.6H, 0.8H가 되는 곳의 유속을 평균유속
- 3점법 $V_m = \dfrac{1}{4}(V_2 + 2V_6 + V_8)$

23 거리와 각을 동일한 정밀도로 관측하여 다각측량을 하려고 한다. 이때 각 측량기의 정밀도가 10″라면 거리측량기의 정밀도는 약 얼마 정도이어야 하는가?

① $\dfrac{1}{15000}$
② $\dfrac{1}{18000}$
③ $\dfrac{1}{21000}$
④ $\dfrac{1}{25000}$

$\dfrac{1}{M} = \dfrac{\Delta\alpha}{\rho}$
$= \dfrac{10″}{206265″} = \dfrac{1}{20627} = 약 \dfrac{1}{21000}$

24 L1과 L2의 두 개 주파수 수신이 가능한 2주파 GNSS 수신기에 의하여 제거가 가능한 오차는?

① 위성의 기하학적 위치에 따른 오차
② 다중경로 오차
③ 수신기 오차
④ 전리층 오차

전리층 오차
- 지상으로부터 약 50km 이상에서 1000km 사이에 존재하는 전자·양이온층을 전리층이라 하며, GNSS 신호의 전리층 통과 시 전달시간 지연오차이다.
- 전리층 오차인 전리층 굴절문제는 L1, L2 두 개의 주파수를 사용하여 제거할 수 있다.

25 해도와 같은 지도에 이용되며, 주로 하천이나 항만 등의 심천측량을 한 결과를 표시하는 방법으로 가장 적당한 것은?

① 채색법
② 영선법
③ 점고법
④ 음영법

점고법
하천, 항만, 해양 등에서 심천측량을 한 측점에 숫자를 기입하여 높이를 표시하는 방법

기 16①,20④,23③,24①

26 트래버스 측량의 일반적인 사항에 대한 설명으로 옳지 않은 것은?

① 트래버스 종류 중 결합트래버스는 가장 높은 정확도를 얻을 수 있다.
② 각관측 방법 중 방위각법은 한번 오차가 발생하면 그 영향은 끝까지 미친다.
③ 폐합오차 조정방법 중 컴퍼스 법칙은 각관측의 정밀도가 거리관측의 정밀도보다 높을 때 실시한다.
④ 폐합트래버스에서 편각의 총합은 반드시 360°가 되어야 한다.

- 트랜싯 법칙 : 각 관측의 정도가 거리관측의 정도보다 높을 때
- 컴퍼스 법칙 : 각 관측의 정도와 거리관측의 정도가 같을 때

기 15④,21①,24①

27 그림과 같이 한 점 O에서 A, B, C 방향의 각관측을 실시한 결과가 다음과 같을 때 ∠BOC의 최확값은?

∠AOB 2회 관측 결과 40° 30′ 25″
　　　 3회 관측 결과 40° 30′ 20″
∠AOC 6회 관측 결과 85° 30′ 20″
　　　 4회 관측 결과 85° 30′ 25″

① 45° 00′ 05″
② 45° 00′ 02″
③ 45° 00′ 03″
④ 45° 00′ 00″

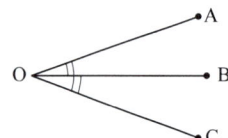

- 같은 각을 관측횟수가 다르게 측정했으므로 경중률은 관측횟수에 비례한다.
- ∠AOB의 최확값
  $= 40°30' + \dfrac{25'' \times 2 + 20'' \times 3}{2+3} = 40°30'22''$
- ∠AOC의 최확값
  $= 85°30' + \dfrac{20'' \times 6 + 25'' \times 4}{6+4} = 85°30'22''$
- ∴ ∠BOC = ∠AOC − ∠AOB
  $= 85°30'22'' - 40°30'22'' = 45°00'00''$

기 98,01,10④,21①,24①

28 기지점의 지반고가 100m이고, 기지점에 대한 후시는 2.75m, 미지점에 대한 전시가 1.40m일 때 미지점의 지반고는?

① 98.65m
② 101.35m
③ 102.75m
④ 104.15m

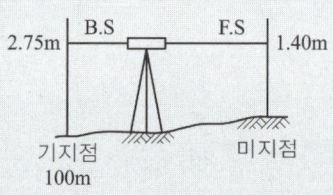

어느 측점의 지반고 = 기지점의 지반고 + (∑후시 − ∑전시)

∴ 미지점 G.H = 100 + 2.75 − 1.40 = 101.35 m

기 82,98,07,19③,24①

29 삼각점 C에 기계를 세울 수 없어서 2.5m를 편심하여 B에 기계를 설치하고 $T' = 31°15'40''$를 얻었다면 T는? (단, $\phi = 300°20'$, $S_1 = 2km$, $S_2 = 3km$)

① 31° 14′ 49″
② 31° 15′ 18″
③ 31° 15′ 29″
④ 31° 15′ 41″

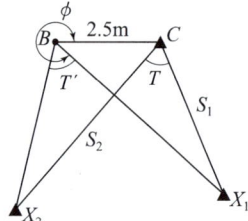

- ΔBX_1C에서 $\dfrac{e}{\sin x_1} = \dfrac{S_1}{\sin(360° - \phi)}$
- ΔBX_2C에서 $\dfrac{e}{\sin x_2} = \dfrac{S_2}{\sin(360° - \phi + T')}$
- $x_1 = \dfrac{e}{S_1} \sin(360° - \phi) \rho''$
  $= \dfrac{2.5}{2000} \sin(360° - 300°20') \times 206265'' = 3'43''$
- $x_2 = \dfrac{e}{S_2} \sin(360° - \phi + T') \rho''$
  $= \dfrac{2.5}{3000} \sin(360° - 300°20' + 31°15'40'')$
  $\times 206265''$
  $= 2'52''$

∴ $T = T' + x_2 - x_1$
$= 31°15'40'' + 2'52'' - 3'43'' = 31°14'49''$

정답 26 ③ 27 ④ 28 ② 29 ①

□□□ 기 97,02,08,10,12②,13①②,19③,24①
30 100m의 측선을 20m 줄자로 관측하였다. 1회의 관측에 +4mm의 정오차와 ±3mm의 부정오차가 있었다면 측선의 거리는?

① 100.010±0.007m   ② 100.010±0.015m
③ 100.020±0.007m   ④ 100.020±0.015m

- 정오차는 측정횟수에 비례
  $\frac{100}{20} \times 4 = +20mm = +0.02m$
- 부정오차는 측정횟수의 제곱근에 비례
  $\pm 3 \times \sqrt{\frac{100}{20}} = \pm 6.71mm = \pm 0.007m$
  $\therefore L_o = L + 정오차 \pm 부정오차(우연오차, 상차)$
  $= 100.020 \pm 0.007m$

□□□ 기 09,12,16,17④,20③,24①
31 하천측량에 대한 설명으로 옳지 않은 것은?
① 수위관측소의 위치는 지천의 합류점 및 분류점으로서 수위의 변화가 일어나기 쉬운 곳이 적당하다.
② 하천측량에서 수준측량을 할 때의 거리표는 하천의 중심에 직각방향으로 설치한다.
③ 심천측량은 하천의 수심 및 유수부분의 하저상황을 조사하고 횡단면도를 제작하는 측량을 말한다.
④ 하천측량 시 처음에 할 일은 도상조사로서 유로상황, 지역면적, 지형, 토지이용 상황 등을 조사하여야 한다.

수위관측소의 위치는 지천의 합류점 및 분류점으로 특별한 수위변화가 없는 곳이어야 한다.

□□□ 기 82,88,95,08,13②,22②,24①
32 지구반지름이 6370km이고 거리의 허용오차가 $1/10^5$이면 평면측량으로 볼 수 있는 범위의 지름은?

① 약 69km   ② 약 64km
③ 약 36km   ④ 약 22km

$\frac{D^2}{12R^2} = \frac{\Delta D}{D} = \frac{1}{10^5}$ 에서
$\therefore D = \sqrt{\frac{12R^2}{10^5}} = \sqrt{\frac{12 \times 6370^2}{10^5}} = 69.78km$

□□□ 기 20④,24①
33 GNSS 데이터의 교환 등에 필요한 공통적인 형식으로 원시데이터에서 측량에 필요한 데이터를 추출하여 보기 쉽게 표현한 것은?

① Bernese   ② RINEX
③ Ambiguity   ④ Binary

RINEX
정지측량 시 기종이 서로 다른 GPS 수신기를 혼합하여 관측을 하였을 경우 어떤 종류의 후처리 소프트웨어를 사용하더라도 수집된 GPS 데이터의 기선 해석이 용이하도록 고안된 세계 표준의 GPS 데이터 포맷이다.

□□□ 기 22①,24①
34 어떤 노선을 수준측량하여 작성된 기고식 야장의 일부 중 지반고 값이 틀린 측점은? (단, 단위 : m)

측점	B.S	F.S T.P	F.S I.P	기계고	지반고
0	3.121				123.567
1			2.586		124.102
2	2.428	4.065			122.623
3			−0.664		124.387
4		2.321			122.730

① 측점 1   ② 측점 2
③ 측점 3   ④ 측점 4

지반고 계산

측점	B.S	F.S T.P	F.S I.P	기계고	지반고
0	3.121			126.688	123.567
1			2.586		124.102
2	2.428	4.065		125.051	122.623
3			−0.664		125.715
4		2.321			122.730

- 측점 0의 기계고 = 123.567 + 3.121 = 126.688
- 측점 1의 지반고 = 126.688 − 2.586 = 124.102
- 측점 2의 기계고 = 122.623 + 2.428 = 125.051
- 측점 2의 지반고 = 126.688 − 4.065 = 122.623
- 측점 3의 지반고 = 125.051 − (−0.664) = 125.715
- 측점 4의 지반고 = 125.051 − 2.321 = 122.730

정답 30 ③   31 ①   32 ①   33 ②   34 ③

□□□ 기 17①,21①,24①

35 원격탐사(remote sensing)의 정의로 옳은 것은?

① 지상에서 대상 물체에 전파를 발생시켜 그 반사파를 이용하여 측정하는 방법
② 센서를 이용하여 지표의 대상물에서 반사 또는 방사된 전자 스펙트럼을 측정하고 이들의 자료를 이용하여 대상물이나 현상에 관한 정보를 얻는 기법
③ 우주에 산재해 있는 물체의 고유스펙트럼을 이용하여 각각의 구성성분을 지상의 레이더망으로 수집하여 처리하는 방법
④ 우주선에서 찍은 중복된 사진을 이용하여 지상에서 항공사진의 처리와 같은 방법으로 판독하는 작업

원격탐사(remote sensing ; 遠隔探査)
센서(senser)를 이용하여 지표의 대상물에서 반사 또는 방사된 전자 스펙트럼을 관측하고 이들의 자료를 이용하여 대상물이나 현상에 관한 정보를 얻는 기법

□□□ 기 95,99,12④,20②,24①

36 그림과 같은 토지의 $\overline{BC}$에 평행한 $\overline{XY}$로 m:n=1:2.5의 비율로 면적을 분할하고자 한다. $\overline{AB}=35m$일 때 $\overline{AX}$는?

① 17.7m
② 18.1m
③ 18.7m
④ 19.1m

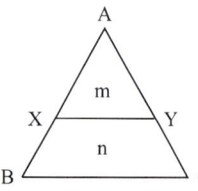

$$AX = AB\sqrt{\frac{m}{m+n}}$$
$$= 35\sqrt{\frac{1}{1+2.5}} = 18.7m$$

□□□ 기 04,06,08,10①,24①

37 클로소이드 곡선에서 $R=450m$, 매개변수 $A=300m$일 때 곡선의 시점으로부터 100m 지점의 곡률반경은?

① 450m
② 900m
③ 1350m
④ 1800m

- $A^2 = R \cdot L$에서
  $300^2 = 450 \times L$
  ∴ 클로소이드의 길이 $L = 200m$
- 곡률반경 $\rho = R \cdot L \cdot \frac{1}{x}$
  $= 450 \times 200 \times \frac{1}{100} = 900m$

□□□ 기 81,84,94,96,99,01,03,06④,10④,14②,19①,24①

38 교각(I) 60°, 외선길이(E) 15m인 단곡선을 설치할 때 곡선길이는?

① 85.2m
② 91.3m
③ 97.0m
④ 101.5m

- 곡선길이 $C.L = \frac{\pi}{180} RI$
- 외선길이 $E = R\left(\sec\frac{\pi}{2} - 1\right) = 15m$에서
- $R = \dfrac{E}{\sec\frac{\pi}{2}-1} = \dfrac{15}{\frac{1}{\cos\frac{60°}{2}}-1} = 96.96m$
- ∴ $C.L = \frac{\pi}{180} \times 96.96 \times 60° = 101.5m$

□□□ 기 21②,24①

39 표척이 앞으로 3° 기울어져 있는 표척의 읽음값이 3.645m이었다면 높이의 보정량은?

① 5mm
② -5mm
③ 10mm
④ -10mm

높이의 보정량 Δh

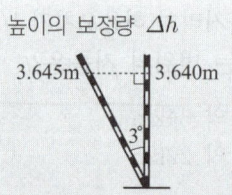

- 3° 기울어진 표척의 읽음값 : $H = 3.645m$
- 표척의 실제 높이 $h = 3.645\cos3° = 3.640m$
- 보정량 $\Delta h = h - H$
  ∴ $\Delta h = 3.640 - 3.645 = -0.005m = -5mm$

40 100m²의 정방형 토지의 면적을 0.1m²까지 정확하게 구하고자 할 때 관측의 조건으로 옳은 것은?

① 한 변의 길이를 5mm까지 정확하게 읽어야 한다.
② 한 변의 길이를 5cm까지 정확하게 읽어야 한다.
③ 한 변의 길이를 10mm까지 정확하게 읽어야 한다.
④ 한 변의 길이를 10cm까지 정확하게 읽어야 한다.

- $A = a^2$에서 $\dfrac{dA}{A} = 2\dfrac{da}{a}$
- 한 변의 길이 $a = \sqrt{100} = 10\text{m}$
- 한 변길이의 최대 허용오차 $da = a\dfrac{dA}{2A}$

$da = 10 \times \dfrac{0.1}{2 \times 100} = 0.005\,\text{m} = 5\,\text{mm}$

∴ 한 변의 길이를 5mm까지 정확하게 읽어야 한다.

제3과목 : 수리학 및 수문학

41 지름 1m의 원통 수조에서 지름 2cm의 관으로 물이 유출되고 있다. 관내의 유속이 2.0m/s일 때, 수조의 수면이 저하되는 속도는?

① 0.4cm/s   ② 0.3cm/s
③ 0.08cm/s   ④ 0.06cm/s

$A_1 V_1 = A_2 V_2$에서

$V_1 = \left(\dfrac{d_2}{d_1}\right)^2 V_2$

∴ $V_1 = \left(\dfrac{2}{100}\right)^2 \times 200 = 0.08\,\text{cm/sec}$

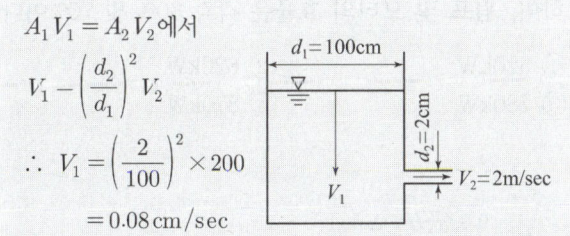

Remember

$V_1 = \dfrac{A_2}{A_1} V_2 = \dfrac{\dfrac{\pi d_2^2}{4}}{\dfrac{\pi d_1^2}{4}} = \left(\dfrac{d_2}{d_1}\right)^2 \times V_2$

---

42 뉴턴의 점성법칙(粘性法則)에서 점성계수 μ의 차원(次元)으로 옳은 것은?

① $[FL^{-1}T^{-1}]$ ② $[FL^{-1}T]$
③ $[FL^{-2}T]$ ④ $[FL^{-1}T^2]$

점성계수(μ)의 단위와 차원

공학단위	kg·sec/m²	$[FL^{-2}T]$
절대단위	g/cm·sec	$[ML^{-1}T^{-1}]$

---

43 2차원 비압축성 정류의 유속성분 u, v가 보기와 같을 때, 연속방정식을 만족하는 것은?

① $u = 4x$, $v = 4y$ ② $u = 4x$, $v = -4y$
③ $u = 4x$, $v = 6y$ ④ $u = 4x$, $v = -6y$

- $\dfrac{\partial u}{\partial x} + \dfrac{\partial v}{\partial y} = 0$

$u = 4x$: $\dfrac{\partial}{\partial x}(4x) = 4$

$v = -4y$: $\dfrac{\partial}{\partial y}(-4y) = -4$

∴ $\dfrac{\partial}{\partial x}(4x) + \dfrac{\partial}{\partial y}(-4y) = 4 - 4 = 0$

- 2차원 연속방정식이 성립되므로 이러한 흐름은 물리적으로 존재가능하다.

---

44 단위무게 5.88kN/m³, 단면 40cm×40cm, 길이 4m인 물체를 물속에 완선히 가라앉히려 할 때 필요한 최소 힘은? (단, 물의 단위중량 9.8kN/m³)

① 2.51kN   ② 3.76kN
③ 5.88kN   ④ 6.27kN

- 가할 힘(F) + 물체의 무게(W) > 부력($B(w_o V)$)
- 물의 단위중량 $w_o = 9.8\,\text{kN/m}^3$
- $B = w_o V = 9.8 \times 0.4 \times 0.4 \times 4 = 6.272\,\text{kN}$
- $W = 0.4 \times 0.4 \times 4 \times 5.88 = 3.763\,\text{kN}$

∴ $F = B - W = 6.27 - 3.76 = 2.51\,\text{kN}$

☐☐☐ 기 81,84,95,97,98,01,10,12,15,18③,24①

45 지름 d의 구(球)가 밀도 ρ의 유체 속을 유속 V로서 침강할 때 구(球)의 항력(D)은?
(단, C_D : 항력계수)

① $D = C_D \pi d^2 \dfrac{V^2}{2g}$ ② $D = \dfrac{1}{4} C_D \cdot \pi d^2 \rho V^2$

③ $D = \dfrac{1}{8} C_D \pi d^2 \rho V^2$ ④ $D = \dfrac{1}{16} C_D \pi d^2 \rho V^2$

> 항력=항력계수×투영단면적×동압력
> $\therefore D = C_D A \dfrac{1}{2}\rho V^2 = C_D \cdot \dfrac{\pi d^2}{4} \cdot \dfrac{1}{2}\rho \cdot V^2$
> $= \dfrac{1}{8} C_D \pi d^2 \rho V^2$

> **Remember**
> $D = C_D A \dfrac{w V^2}{2g} = C_D A \dfrac{\rho g V^2}{2g} = C_D \cdot A \cdot \dfrac{1}{2}\rho V^2$

☐☐☐ 기 95,13,14,17②,24①

46 기계적 에너지와 마찰손실을 고려하는 베르누이 정리에 관한 표현식은? (단, E_P 및 E_T는 각각 펌프 및 터빈에 의한 수두를 의미하며, 유체는 점 1에서 점 2로 흐른다.)

① $\dfrac{v_1^2}{2g} + \dfrac{p_1}{\gamma} + z_1 = \dfrac{v_2^2}{2g} + \dfrac{p_2}{\gamma} + z_2 + E_P + E_T + h_L$

② $\dfrac{v_1^2}{2g} + \dfrac{p_1}{\gamma} + z_1 = \dfrac{v_2^2}{2g} + \dfrac{p_2}{\gamma} + z_2 - E_P - E_T - h_L$

③ $\dfrac{v_1^2}{2g} + \dfrac{p_1}{\gamma} + z_1 = \dfrac{v_2^2}{2g} + \dfrac{p_2}{\gamma} + z_2 - E_P + E_T + h_L$

④ $\dfrac{v_1^2}{2g} + \dfrac{p_1}{\gamma} + z_1 = \dfrac{v_2^2}{2g} + \dfrac{p_2}{\gamma} + z_2 + E_P - E_T + h_L$

> 펌프와 터빈에 의해 유체흐름에 에너지가 가해진 경우의 베르누이 정리
> $\dfrac{v_1^2}{2g} + \dfrac{p_1}{\gamma} + z_1 + E_P - E_T - h_L = \dfrac{v_2^2}{2g} + \dfrac{p_2}{\gamma} + z_2$
> $\therefore \dfrac{v_1^2}{2g} + \dfrac{p_1}{\gamma} + z_1 = \dfrac{v_2^2}{2g} + \dfrac{p_2}{\gamma} + z_2 - E_P + E_T + h_L$

☐☐☐ 기 95,02,07,09,11②,19②,20②,24①

47 오리피스(orifice)로부터의 유량을 측정한 경우 수두 H를 추정함에 1%의 오차가 있었다면 유량 Q에는 몇 %의 오차가 생기는가?

① 1% ② 0.5%
③ 1.5% ④ 2%

> 오리피스의 유량
> $Q = CA\sqrt{2g}\, H^{1/2}$
> $\therefore \dfrac{dQ}{Q} = \dfrac{1}{2}\dfrac{dh}{H} = \dfrac{1}{2} \times 1 = 0.5\%$

☐☐☐ 기 12①,19①,24①

48 물체의 공기 중 무게가 750N이고 물속에서의 무게는 250N일 때 이 물체의 체적은? (단, 무게 1kg=10N)

① 0.05m³ ② 0.06m³
③ 0.50m³ ④ 0.60m³

> • 물체의 부력 $B = 750 - 250 = 500\text{N} = 50\text{kg} = 0.05\text{t}$
> $\therefore$ 물체의 체적 $V = \dfrac{W}{w_o} = \dfrac{0.050\text{t}}{1\text{t/m}^3} = 0.05\,\text{m}^3$

☐☐☐ 기 93,00,08,11,14①,24①

49 수면표고가 18m인 정수장에서 직경 600mm인 강관 900m를 이용하여 수면표고 39m인 배수지로 양수하려고 한다. 유량이 1.0m³/s이고 관로의 마찰손실계수가 0.03일 때 모터의 소요 동력은? (단, 마찰손실만 고려하며, 펌프 및 모터의 효율은 각각 80% 및 70%이다.)

① 520kW ② 620kW
③ 780kW ④ 870kW

> $E = \dfrac{9.8\,Q(H + \Sigma h_L)}{\eta}$
> • $V = \dfrac{Q}{A} = \dfrac{1.0}{\dfrac{\pi \times 0.6^2}{4}} = 3.54\,\text{m/s}$
> • $h_L = f\dfrac{l}{D}\dfrac{V^2}{2g} = 0.03 \times \dfrac{900}{0.6} \times \dfrac{3.54^2}{2 \times 9.8} = 28.77\,\text{m}$
> $\therefore E = \dfrac{9.8 \times 1.0\,((39-18) + 28.77)}{0.80 \times 0.70} = 870.98\,\text{kW}$

정답 45 ③ 46 ③ 47 ② 48 ① 49 ④

50 오리피스(Orifice)의 이론과 가장 관계가 먼 것은?

① 토리첼리(Torricelli) 정리
② 베르누이(Bernoulli) 정리
③ 베나콘트랙타(Vena Contracta)
④ 모세관현상의 원리

> • 토리첼리 정리, 베르누이 정리, 베나콘트랙타는 오리피스 이론과 밀접한 관계가 있다.
> • 모세관현상의 원리 : 부착력과 표면장력에 의해 액체가 가는 관을 따라 상승 또는 하강하는 현상

51 다음 중 한계 수심에 대한 설명 중 옳지 않은 것은?

① 한계 수심에서 비에너지가 최고가 된다.
② 한계 수심보다 수심이 작은 흐름이 상류이고, 큰 흐름이 사류이다.
③ 한계 수심으로 흐를 때 유량이 최대가 된다.
④ 유량이 일정할 때 한계 수심은 비에너지의 2/3이다.

> 한계 수심보다 수심이 작은 흐름이 사류이고, 큰 흐름이 상류이다.

52 강수량 자료를 분석하는 방법 중 2중 누가우량곡선법(double mass curve)이 많이 이용되고 있다. 다음 설명 중 맞는 것은?

① 평균 강수량을 계산하기 위하여 사용한다.
② 강수의 지속기간을 알기 위하여 사용한다.
③ 결측자료를 보완하기 위하여 사용한다.
④ 강수량 자료의 일관성을 검증하기 위하여 사용한다.

> 2중 누가우량곡선법
> 우량계의 위치, 노출상태, 우량계의 형, 관측방법 및 주위 환경에 변화가 생겼을 경우엔 이들 변화 요소가 자료에 직접적인 영향을 주기 때문에 전반적인 자료의 일관성이 없어지며 무의미한 기록치가 될 수가 있기 때문에 이 자료의 일관성을 검증하기 위한 방법이다.

53 수평면상 곡선수로의 상류에서 비회전흐름인 경우, 유속 V와 곡률반지름 R의 관계로 옳은 것은? (단, C는 상수)

① $V = CR$
② $VR = C$
③ $R + \dfrac{V^2}{2g} = C$
④ $\dfrac{V^2}{2g} + CR$

> 곡선수로의 상류 : $C = V \cdot R =$ 일정
> 수평면상의 곡률 반지름 R은 유속 V에 반비례한다.

54 수심이 50m로 일정하고 무한히 넓은 해역에서 주태양반일주조(S_2)의 파장은? (단, 주태양반일주조의 주기는 12시간, 중력가속도 $g = 9.81\text{m/s}^2$이다.)

① 9.56km
② 95.6km
③ 956km
④ 9560km

> 파장 $L = T\sqrt{g \cdot h}$
> ∴ $L = 12 \times 60 \times 60 \times \sqrt{9.81 \times 50}$
> $= 956761\text{m} = 956.76\text{km}$

55 다음과 같은 집중호우가 자기기록지에 기록되었다. 지속기간 20분 동안의 최대 강우강도를 구한 값은?

시 간(분)	5	10	15	20	25	30	35	40
누가우량(mm)	2	5	10	20	35	40	43	45

① 35mm/hr
② 75mm/hr
③ 95mm/hr
④ 105mm/hr

> • 20분 지속 최대강우량은 15~30분 사이다.
>
> | 시각(분) | 5 | 10 | 15 | 20 | 25 | 30 | 35 | 40 |
> |---|---|---|---|---|---|---|---|---|
> | 우량(mm) | 2 | 3 | 5 | 10 | 15 | 5 | 3 | 2 |
>
> ∴ 20분 지속 최대 강우량은 15~30분인 5+10+15+5
> = 35mm이다.
> • 강우강도 $I = 35 \times \dfrac{60}{20} = 105\text{mm/hr}$

□□□ 기 10,13②,18①,20①,24①

56 Darcy의 법칙에 대한 설명으로 옳지 않은 것은?

① Darcy의 법칙은 지하수의 흐름에 대한 공식이다.
② 투수계수는 물의 점성계수에 따라서도 변화한다.
③ Reynolds수가 클수록 안심하고 적용할 수 있다.
④ 평균유속이 동수경사와 비례관계를 가지고 있는 흐름에 적용될 수 있다.

> Darcy의 법칙
> • Reynolds수 $R_e < 4$인 층류에서 적용된다.
> • Darcy의 법칙은 지하수의 층류흐름에 대한 마찰저항공식이다.

□□□ 기 92,99,02,04,16①,19②,22①,24①

57 여과량이 $2m^3/s$, 동수경사가 0.2, 투수계수가 1cm/s일 때 필요한 여과지 면적은?

① $1000m^2$ ② $1500m^2$
③ $2000m^2$ ④ $2500m^2$

> Darcy의 법칙 : $Q=kiA$에서
> ∴ $A = \dfrac{Q}{ki} = \dfrac{2}{1 \times \dfrac{1}{100} \times 0.2} = 1000m^2$

□□□ 기 98,99,02,20③,24①

58 배수면적이 500ha, 유출계수가 0.70인 어느 유역에 연평균강우량이 1300mm 내렸다. 이때 유역 내에서 발생한 최대유출량은?

① $0.1443m^3/s$ ② $12.64m^3/s$
③ $14.43m^3/s$ ④ $1264m^3/s$

> $Q = 0.2778 CIA$
> • $C = 0.70$
> • $I = \dfrac{1300}{365 \times 24} = 0.1484 mm/hr$
> • $A = 500ha = 500 \times 10^{-2} km^2$
> ∴ $Q = 0.2778 \times 0.70 \times 0.1484 \times (500 \times 10^{-2})$
> $= 0.1443\ m^3/sec$

□□□ 기 99, 24①

59 그림과 같은 정사각형 모양의 유역에 호우가 발생하여 유역 내 우량 관측점에 기록된 우량이 다음과 같을 때 Thiessen법을 사용하여 유역 평균우량을 구한 값은? (단, 그림에서 $\overline{AE}=\overline{CE}=\overline{BE}=\overline{DE}=10km$이고, 강우량은 $P_A=80mm$, $P_B=60mm$, $P_C=90mm$, $P_D=70mm$, $P_E=100mm$임.)

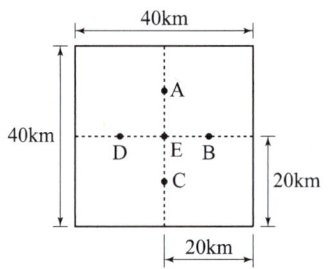

① 80.00mm ② 40.28mm
③ 70.56mm ④ 76.56mm

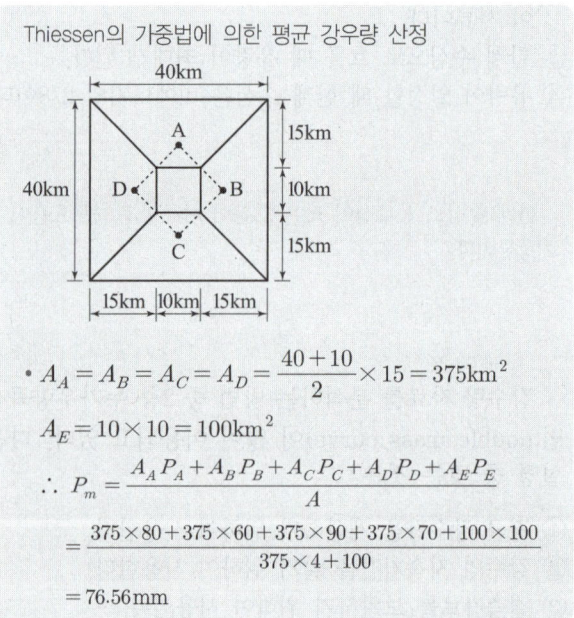

> Thiessen의 가중법에 의한 평균 강우량 산정
>
> • $A_A = A_B = A_C = A_D = \dfrac{40+10}{2} \times 15 = 375km^2$
> $A_E = 10 \times 10 = 100km^2$
> ∴ $P_m = \dfrac{A_A P_A + A_B P_B + A_C P_C + A_D P_D + A_E P_E}{A}$
> $= \dfrac{375 \times 80 + 375 \times 60 + 375 \times 90 + 375 \times 70 + 100 \times 100}{375 \times 4 + 100}$
> $= 76.56mm$

정답 56 ③ 57 ① 58 ① 59 ④

60 단위유량도 이론의 기본가정에 충실한 호우사상을 선별하여 분석하기 위해 선별시 고려해야 할 사항으로 적당하지 않은 것은?

① 가급적 단순호우사상을 택한다.
② 강우지속기간 동안 강우강도의 변화가 가급적 큰 분포를 택한다.
③ 유역 전반에 걸쳐 강우의 공간적 분포가 가급적 균일한 것을 택한다.
④ 강우의 지속기간이 비교적 짧은 호우사상을 택한다.

> 호우사상 선별시 고려사항
> • 가급적 단순호우사상을 택한다.
> • 유역 전반에 걸쳐 강우의 공간적 분포가 가급적 균일한 것을 택한다.
> • 강우지속기간 동안 강우강도의 변화가 가급적 균일한 분포를 선택한다.
> • 강우의 지속기간이 유역전체시간의 10~30% 정도의 짧은 호우사상을 택한다.

제4과목 : 철근콘크리트 및 강구조

61 다음 필렛용접의 전단응력은 얼마인가?

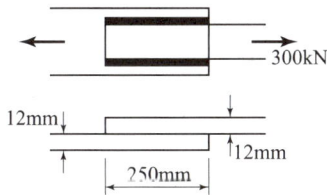

① 67.72MPa   ② 79.01MPa
③ 72.72MPa   ④ 75.72MPa

> $v = \dfrac{P}{\sum a \cdot l_e} = \dfrac{P}{\sum a \cdot (l - 2 \times 모살치수)}$
> • $a = 12 \times 0.7(배) = 8.4\text{mm}$
> $l_e = 250 - 2 \times 12 = 226\text{mm}$
> ∴ $v = \dfrac{300 \times 10^3}{8.4 \times (2 \times 226)}$ (∵ 2면이 필렛용접)
> $= 79.01\text{MPa}$

62 직접설계법에 의한 2방향 슬래브 설계에서 전체 정적계수 휨모멘트(M_o)가 340kN·m로 계산되었을 때, 내부 경간의 부계수 휨모멘트는?

① 102kN·m   ② 119kN·m
③ 204kN·m   ④ 221kN·m

> 부계수 모멘트 $= 0.65 M_0$
> $= 0.65 \times 340 = 221\text{kN} \cdot \text{m}$

63 정착구와 커플러의 위치에서 프리스트레스 도입 직후 포스트텐션 긴장재의 응력은 얼마 이하로 하여야 하는가? (단, f_{pu}는 긴장재의 설계기준인장강도)

① $0.6 f_{pu}$ ② $0.74 f_{pu}$
③ $0.70 f_{pu}$ ④ $0.85 f_{pu}$

> 정착구와 커플러의 위치에서 프리스트레스 도입 직후 포스트텐션 긴장재의 응력은 $0.70 f_{pu}$ 이하로 하여야 한다.

64 표준갈고리를 갖는 인장이형철근의 정착에 대한 설명으로 틀린 것은? (단, d_b은 철근의 공칭지름이다.)

① 갈고리는 압축을 받는 경우 철근정착에 유효하지 않은 것으로 보아야 한다.
② 정착길이는 위험단면부터 갈고리의 외측단부까지 거리를 나타낸다.
③ D35 이하 180° 갈고리 철근에서 정착길이 구간을 $3d_b$ 이하 간격으로 띠철근 또는 스터럽이 정착되는 철근을 수직으로 둘러싼 경우에 보정계수는 0.7이다.
④ 기본정착길이에 보정계수를 곱하여 정착길이를 계산하는 데 이렇게 구한 정착길이는 항상 $8d_b$ 이상, 또한 150mm 이상이어야 한다.

> 표준갈고리를 갖는 인장이형철근의 기본정착길이
> D35 이하 180° 갈고리 철근에서 정착길이 구간을 $3d_b$ 이하 간격으로 띠철근 또는 스터럽이 정착되는 철근을 수직으로 둘러싼 경우에 보정계수는 0.8이다.

기 07,09,10,13,18①,24①

65 아래의 표와 같은 조건에서 경량콘크리트를 사용하고, 설계기준항복강도가 400MPa인 D25(공칭지름 : 25.4mm) 철근을 인장철근으로 사용하는 경우 기본정착길이(l_{db})는?

【조 건】
- 콘크리트 설계기준 압축강도(f_{ck}) : 24MPa
- 콘크리트의 인장강도(f_{sp}) : 2.17MPa

① 1430mm   ② 1515mm
③ 1535mm   ④ 1575mm

$$l_{db} = \frac{0.6 d_b f_y}{\lambda \sqrt{f_{ck}}}$$

- f_{sp} 값이 주어진 경우

$$\lambda = \frac{f_{sp}}{0.56\sqrt{f_{ck}}} = \frac{2.17}{0.56\sqrt{24}} = 0.79 \le 1.0$$

$$\therefore l_{db} = \frac{0.6 \times 25.4 \times 400}{0.79\sqrt{24}} = 1575 \text{mm}$$

기 95,96,99,07,20④,24①

66 그림과 같은 강재의 이음에서 $P = 600$kN이 작용할 때 필요한 리벳의 수는? (단, 리벳의 지름은 19mm, 허용전단응력은 110MPa, 허용지압응력은 240MPa이다.)

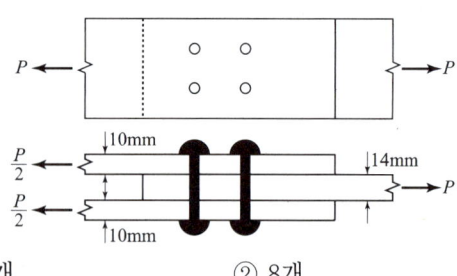

① 6개   ② 8개
③ 10개   ④ 12개

리벳수 $n = \dfrac{P}{\rho}$ (ρ는 ρ_s와 ρ_b 중 작은 값 사용)

- 복전단 $\rho_s = V_a \cdot \dfrac{\pi d^2}{4} \cdot 2$
  $= 110 \times \dfrac{\pi \times 19^2}{4} \times 2 = 62376$ N
- 지압 강도 $\rho_b = f_b \cdot d \cdot t = 240 \times 19 \times 14 = 63840$ N

$\therefore$ 리벳수 $n = \dfrac{600 \times 10^3}{62376} = 9.6 = 10$개

기 04,10,11,12,13,16①,24①

67 PS콘크리트의 균등질보의 개념(homogeneous beam concept)을 설명한 것으로 가장 적당한 것은?

① 콘크리트에 프리스트레스가 가해지면 PSC부재는 탄성재료로 전환되고 이의 해석은 탄성이론으로 가능하다는 개념
② PSC보를 RC보처럼 생각하여, 콘크리트는 압축력을 받고 긴장재는 인장력을 받게 하여 두 힘의 우력모멘트로 외력에 의한 휨모멘트에 저항시킨다는 개념
③ PS콘크리트는 결국 부재에 작용하는 하중의 일부 또는 전부를 미리 가해진 프리스트레스와 평형이 되도록 하는 개념
④ PS콘크리트는 강도가 크기 때문에 보의 단면을 강재의 단면으로 가정하여 압축 및 인장을 단면 전체가 부담할 수 있다는 개념

PSC의 기본개념
- 응력개념(균등질보의 개념) : 프리스트레스가 도입되면 콘크리트 부재를 탄성이론으로 해석할 수 있다는 개념
- 하중평형개념(등가하중개념) : 프리스트레스에 의한 작용과 부재에 작용하는 하중을 평형이 되도록 하는 개념
- 강도개념(내력모멘트개념) : PSC보를 RC보처럼 생각하여 콘크리트는 압축력을 받고 긴장재는 인장력을 받게 하여 두 힘의 우력모멘트로 외력에 의한 휨모멘트에 저항시킨다는 개념

기 04,05,09,12,17②,24①

68 강도설계에서 $f_{ck} = 29$MPa, $f_y = 300$MPa일 때 단철근 직사각형보의 균형철근비(ρ_b)는?

① 0.034   ② 0.045
③ 0.051   ④ 0.067

균형철근비 $\rho_b = \dfrac{\eta(0.85 f_{ck})\beta_1}{f_y} \cdot \dfrac{660}{660 + f_y}$

- β_1 계산
  $f_{ck} = 29$MPa ≤ 40MPa일 때
  $\eta = 1.0$, $\beta_1 = 0.80$

$\therefore \rho_b = \dfrac{1 \times 0.85 \times 29 \times 0.80}{300} \times \dfrac{660}{660 + 300} = 0.0452$

69 철근콘크리트 부재의 전단철근에 대한 설명으로 틀린 것은?

① 전단철근의 설계기준항복강도는 300MPa을 초과할 수 없다.
② 주인장 철근에 30° 이상의 각도로 구부린 굽힘철근은 전단철근으로 사용할 수 있다.
③ 최소 전단철근량은 $\dfrac{0.35 b_w s}{f_{yt}}$ 보다 작지 않아야 한다.
④ 부재축에 직각으로 배치된 전단철근의 간격은 d/2 이하, 또한 600mm 이하로 하여야 한다.

전단철근의 설계기준항복강도는 500MPa을 초과할 수 없다.

---

70 아래 그림과 같은 보통중량콘크리트 직사각형 단면의 보에서 균열모멘트(M_{cr})은?
(단, $f_{ck}=24$MPa이다.)

① 46.7kN·m
② 52.3kN·m
③ 56.4kN·m
④ 62.1kN·m

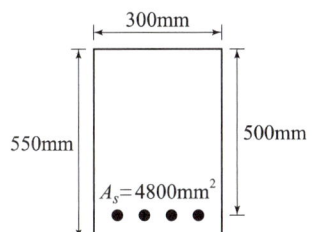

[방법1] 균열모멘트 $M_{cr} = \dfrac{f_r}{y_t} I_g$

• $f_r = 0.63 \lambda \sqrt{f_{ck}} = 0.63 \times 1 \times \sqrt{24} = 3.09$ MPa
• $I_g = \dfrac{bh^3}{12} = \dfrac{300 \times 550^3}{12} = 4159375 \times 10^3 \text{mm}^4$

$\therefore M_{cr} = \dfrac{3.09}{\frac{550}{2}} \times 4159375 \times 10^3$

$= 46736250 \text{N} \cdot \text{mm} = 46.7 \text{kN} \cdot \text{m}$
$(\because 1 \text{kN} \cdot \text{m} = 10^6 \text{N} \cdot \text{mm})$

[방법2] $M_{cr} = \dfrac{f_r}{y_t} I_g = \dfrac{f_r}{\frac{h}{2}} \times \dfrac{bh^3}{12} = f_r \dfrac{bh^2}{6}$

$= 3.09 \times \dfrac{300 \times 550^2}{6}$

$= 46736250 \text{N} \cdot \text{mm} = 46.7 \text{kN} \cdot \text{m}$

---

71 사용 고정하중(D)과 활하중(L)을 작용시켜서 단면에서 구한 휨모멘트는 각각 $M_D=30$kN·m, $M_L=3$kN·m이었다. 주어진 단면에 대해서 현행 콘크리트 구조설계기준에 따라 최대소요강도를 구하면?

① 30kN·m
② 40.8kN·m
③ 42kN·m
④ 48.2kN·m

$M_u = 1.2 M_D + 1.6 M_L$와
$M_u = 1.4 M_D$ 두 값 중 큰 값

• $M_u = 1.2 \times 30 + 1.6 \times 3 = 40.8$ kN·m
• $M_u = 1.4 \times 30 = 42$ kN·m
$\therefore M_u = 42$ kN·m

---

72 계수전단강도 $V_u = 60$kN을 받을 수 있는 직사각형 단면이 최소전단철근 없이 견딜 수 있는 콘크리트의 유효깊이 d는 최소 얼마 이상이어야 하는가?
(단, $f_{ck}=24$MPa, 단면의 폭(b)=350mm)

① 560mm
② 525mm
③ 434mm
④ 328mm

전단철근이 없는 경우
$V_u \leq \dfrac{1}{2} \phi V_c = \dfrac{1}{2} \phi \left(\dfrac{1}{6} \lambda \sqrt{f_{ck}} \right) b_w d$ 에서

$\therefore d = \dfrac{12 V_u}{\phi \lambda \sqrt{f_{ck}} \times b_w} = \dfrac{12 \times 60 \times 10^3}{0.75 \times 1 \times \sqrt{24} \times 350}$

$= 560$ mm
(∵ 전단력과 비틀림 모멘트 $\phi = 0.75$)

Remember

■ [계산기 f_x 570] SOLVE 사용법

$V_u = \dfrac{1}{2} \phi \left(\dfrac{1}{6} \lambda \sqrt{f_{ck}} \right) b_w d$

$60 \times 10^3 = \dfrac{1}{2} \times 0.75 \times \left(\dfrac{1}{6} \times 1 \times \sqrt{24} \right) \times 350 \times d$

먼저 60×10^3 ☞ ALPHA ☞ SOLVE = ☞
$\dfrac{1}{2} \times 0.75 \times \left(\dfrac{1}{6} \times 1 \times \sqrt{24} \right) \times 350 \times$
☞ ALPHA X ☞ SHIFT ☞
SOLVE ☞ = ☞ 잠시 기다리면
$X = 559.88$ $\therefore d = 560$ mm

□□□ 기 93,02,04,10,11,14①,16②,18③,22①,24①

73 인장응력 검토를 위한 $L-150\times90\times12$인 형강(angle)의 전개한 총 폭(b_g)은?

① 228mm
② 232mm
③ 240mm
④ 252mm

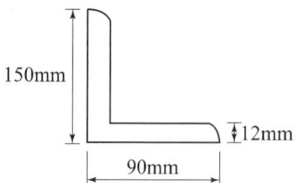

> 부등변 L형강
> $b_g = b_1 + b_2 - t$
> $\quad = 150 + 90 - 12 = 228$mm

□□□ 기 16②,24①

74 1방향 철근콘크리트 슬래브의 전체 단면적이 2000000mm²이고, 사용한 이형철근의 설계기준항복강도가 500MPa인 경우, 수축 및 온도철근량의 최솟값은?

① 1800mm²
② 2400mm²
③ 3200mm²
④ 3800mm²

> 수축온도철근 단면적의 비(설계기준항복강도 400MPa을 초과하는 경우)
> $0.0020 \times \dfrac{400}{f_y} = 0.0020 \times \dfrac{400}{500} = 0.00160$
> $\therefore 0.00160 \times 2000000 = 3200\text{mm}^2$

□□□ 기 82,96,99,02,04,08,10,11,12,13,14,24①

75 복철근 직사각형보에서 다음 주어진 조건에 대하여 등가압축응력의 깊이 a는 약 얼마인가? (단, $b_w = 350$mm, $d = 550$mm, $A_s = 1935$mm², $A_s' = 860$mm², $f_{ck} = 21$MPa, $f_y = 300$MPa)

① 39mm
② 45mm
③ 52mm
④ 64mm

> $a = \dfrac{f_y(A_s - A_s')}{\eta(0.85f_{ck}) \cdot b}$
> • $f_{ck} = 21$MPa ≤ 40MPa일 때 $\eta = 1.0$
> $\therefore a = \dfrac{300(1935-860)}{1 \times 0.85 \times 21 \times 350} = 52$mm

□□□ 기 14④,24①

76 다음 중 철근의 피복두께를 필요로 하는 이유로 옳지 않은 것은?

① 철근이 산화되지 않도록 한다.
② 화재에 의한 직접적인 피해를 받지 않도록 한다.
③ 부착응력을 확보한다.
④ 인장강도를 보강한다.

> 피복두께를 두는 이유
> • 철근과 콘크리트의 부착력을 확보한다.
> • 내화적인 구조로 만들기 위하여 피복두께를 설치한다.
> • 철근의 부식을 방지할 수 있도록 충분한 두께가 필요하다.

□□□ 기 96,00,05,10,14④,21②,24①

77 강합성 교량에서 콘크리트 슬래브와 강(鋼)주형 상부 플랜지를 구조적으로 일체가 되도록 결합시키는 요소는?

① 볼트
② 접착제
③ 전단연결재
④ 합성철근

> 전단연결재
> 접합면의 수평전단응력에 저항하여 판형과 슬래브가 일체로 작용하도록 하기 위하여 설치한 것으로 판형의 상부 플랜지에 소요의 간격으로 용접하여 설치한다.

□□□ 기 02,24①

78 강도설계법에 있어서의 안전규정에 강도감소계수(ϕ계수)를 규정하는 목적이 되지 않는 것은?

① 재료강도와 치수가 변동할 수 있으므로 부재의 강도 저하 확률에 대비한 여유
② 구조물에서 차지하는 부재의 중요도 등을 반영하기 위해서
③ 주어진 하중 조건에 대한 부재의 연성도와 소요 신뢰도
④ 초과하중의 재하에 대비하기 위한 여유

> 부정확한 설계 방정식에 대비한 여유

기 03,19①,24①

79 캔틸레버식 옹벽(역T형 옹벽)에서 뒷굽판의 길이를 결정할 때 가장 주가 되는 것은?

① 전도에 대한 안정
② 침하에 대한 안정
③ 활동에 대한 안정
④ 지반지지력에 대한 안정

캔틸레버식 옹벽(역T형 옹벽)
- 저판의 뒷굽판(heel)은 주로 저판 위의 활하중, 흙의 자중에 의해서 설계한다.
- 옹벽의 뒷면에서 작용하는 횡토압의 수평력에 의하여 활동하려고 한다.

기 06,07,24①

80 $b=200mm$, $d=380mm$, $A_s=3-D25(1520mm^2)$, $f_{ck}=21MPa$, $f_y=300MPa$인 단철근 직사각형 보의 설계 휨모멘트 강도(ϕM_n)는?

① 103kN·m
② 118kN·m
③ 154kN·m
④ 201kN·m

$M_d = \phi M_n = \phi A_s f_y \left(d - \dfrac{a}{2} \right)$

- $a = \dfrac{A_s f_y}{\eta(0.85 f_{ck})b}$
  $= \dfrac{1520 \times 300}{1.0 \times 0.85 \times 21 \times 200} = 127.73 mm$

- $c = \dfrac{a}{\beta_1} = \dfrac{127.73}{0.80} = 159.66 mm$

- 순인장 변형률
  $\epsilon_t = \dfrac{(d_t - c) \times 0.0033}{c}$
  $= \dfrac{(380 - 159.66) \times 0.0033}{159.66} = 0.00455 < 0.005$

- $\phi = 0.65 + \dfrac{\epsilon_t - \epsilon_y}{\epsilon_{td} - \epsilon_y}(0.85 - 0.65)$

  $\therefore \phi = 0.65 + \dfrac{0.00455 - 0.002}{0.005 - 0.002} \times (0.85 - 0.65) = 0.82$

$\therefore \phi M_n = 0.82 \times 1520 \times 300 \left(380 - \dfrac{127.73}{2} \right)$
  $= 118209199 N \cdot mm = 118.21 kN \cdot m$

제5과목 : 토질 및 기초

기 95,13①,18③,19③,21②,24①

81 흙의 포화단위중량이 $20kN/m^3$인 포화점토층을 $45°$ 경사로 8m를 굴착하였다. 흙의 강도정수 $c_u = 65kN/m^2$, $\phi = 0°$이다. 그림과 같은 파괴면에 대하여 사면의 안전율은? (단, ABCD의 면적은 $70m^2$이고 O점에 ABCD의 무게중심까지의 수직거리는 4.5m이다.)

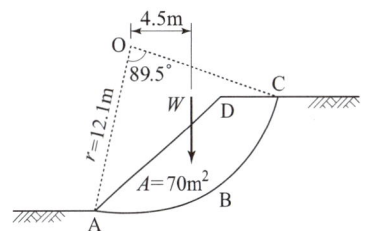

① 4.72
② 4.21
③ 2.67
④ 2.36

$\phi_u = 0$일 때의 사면의 안전율

$F_s = \dfrac{L_a \cdot c_u \cdot r}{W \cdot x}$

- 호의 길이 ABC = L_a
  $L_a : 89.5° = 2\pi \cdot r : 360°$
  $L_a = \dfrac{89.5° \times 2\pi \times 12.1}{360°} = 18.89 m$

- ABCD단면의 총중량
  $W = 70 \times 20 = 1400 kN/m$

  $\therefore F_s = \dfrac{18.89 \times 65 \times 12.1}{1400 \times 4.5} = 2.36$

기 96,04,08,14②,15④,24①

82 무게 3kN의 드롭해머로 3m 높이에서 말뚝을 타입할 때 1회 타격당 최종침하량이 1.5cm 발생하였다. Sander 공식을 이용하여 산정한 말뚝의 허용지지력은?

① 75.0kN
② 86.1kN
③ 93.7kN
④ 156.7kN

$Q = \dfrac{W \cdot H}{8S} = \dfrac{3 \times 300}{8 \times 1.5}$
  $= 75.0 kN$

□□□ 기 89,11④,18③,22①,24①

83 그림과 같이 폭이 2m, 길이가 3m인 기초에 $100kN/m^2$의 등분포하중이 작용할 때, A점 아래 4m 깊이에서의 연직응력 증가량은? (단, 아래 표의 영향계수값을 활용하여 구하며, $m = \dfrac{B}{z}$, $n = \dfrac{L}{z}$이고, B는 직사각형 단면의 폭, L은 직사각형 단면의 길이, z는 토층의 깊이이다.)

【영향계수(I) 값】

m	0.25	0.5	0.5	0.5
n	0.5	0.25	0.75	1.0
I	0.048	0.048	0.115	0.122

① $6.7kN/m^2$
② $7.4kN/m^2$
③ $12.2kN/m^2$
④ $17.0kN/m^2$

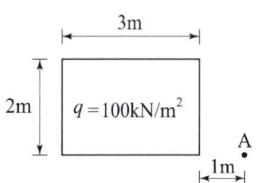

- 연직응력 증가량
  $\Delta\sigma_z = q \cdot I_\sigma = q(I\sigma_1 - I\sigma_2)$
- 직사각형[(3+1)m×2m]
  $m = \dfrac{B}{z} = \dfrac{2}{4} = 0.5$
  $n = \dfrac{L}{z} = \dfrac{3+1}{4} = 1$
  $\therefore I_\sigma(m.n) = 0.122$ (∵ 표에서 찾음)
- 직사각형[1m×2m]에서
  $m = \dfrac{B}{z} = \dfrac{1}{4} = 0.25$
  $n = \dfrac{L}{z} = \dfrac{2}{4} = 0.5$
  $\therefore I_\sigma(m.n) = 0.048$ (∵ 표에서 찾음)
  $\therefore \Delta\sigma_v = 100 \times (0.122 - 0.048) = 7.4kN/m^2$

□□□ 기 99,07,09,13,15,16,21②,24①

84 다음 중 사운딩 시험이 아닌 것은?

① 표준관입시험　② 평판재하시험
③ 콘관입시험　　④ 베인시험

평판재하시험(PBT)
현장에서 지반의 지지력을 측정하기 위해 실시하는 시험으로 주로 강성포장의 포장설계를 위하여 지지력계수 K를 결정한다.

□□□ 기 97,98,01,05,07,11①,14①,18②,22③,24①

85 다음 그림과 같이 점토질 지반에 연속기초가 설치되어 있다. Terzaghi 공식에 의한 이 기초의 허용 지지력 q_a은? (단, $\phi = 0$이며, 폭(B)=2m, $N_c = 5.14$, $N_q = 1.0$, $N_r = 0$, 안전율 $F_s = 3$이다.)

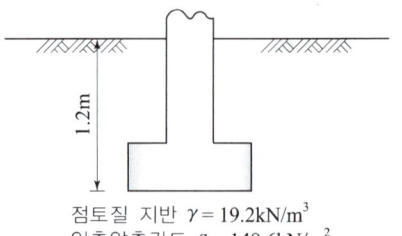

점토질 지반 $\gamma = 19.2kN/m^3$
일축압축강도 $q_u = 148.6kN/m^2$

① $64kN/m^2$　② $135kN/m^2$
③ $185kN/m^2$　④ $405kN/m^2$

극한지지력 $q_u = \alpha c N_c + \beta\gamma_1 B N_r + \gamma_2 D_f N_q$
- $\phi = 0$일 때
  $c = \dfrac{일축압축강도(q_u)}{2} = \dfrac{148.6}{2} = 74.3kN/m^2$
- 연속기초 $\alpha = 1.0$, $\beta = 0.5$
- $q_u = 1.0 \times 74.3 \times 5.14 + 0.5 \times 19.2 \times 2 \times 0$
  $+ 19.2 \times 1.2 \times 1.0$
  $= 404.94kN/m^2$
  $\therefore$ 허용지지력 $q_a = \dfrac{404.94}{3} = 135kN/m^2$

□□□ 기 11②,17②,20④,22②,24①

86 두 개의 규소판 사이에 한 개의 알루미늄판이 결합된 3층 구조가 무수히 많이 연결되어 형성된 점토광물로서 각 3층 구조 사이에는 칼륨이온(K^+)으로 결합되어 있는 것은?

① 일라이트(illite)
② 카올리나이트(kaolinite)
③ 할로이사이트(halloysite)
④ 몬모릴로나이트(montmorillonite)

- 일라이트 : 3층구조로 구조결합 사이에 칼륨이온(K^+)이 있어서 수축팽창은 거의 없지만 안정성은 중간 정도의 점토광물
- 몬모릴로나이트 : 3층 구조로 구조결합 사이에 치환성 양이온이 있어서 활성이 크고 시트 사이에 물이 들어가 팽창수축이 크고 공학적 안정성은 제일 약한 점토광물

정답　83 ②　84 ②　85 ②　86 ①

□□□ 기 07,21③,24①

87 다짐곡선에 대한 설명으로 틀린 것은?

① 다짐에너지를 증가시키면 다짐곡선은 왼쪽 위로 이동하게 된다.
② 사질성분이 많은 시료일수록 다짐곡선은 오른쪽 위에 위치하게 된다.
③ 점성분이 많은 흙일수록 다짐곡선은 넓게 퍼지는 형태를 가지게 된다.
④ 점성분이 많은 흙일수록 오른쪽 아래에 위치하게 된다.

> 사질성분이 많이 내포된 흙은 점성토보다도 다짐곡선의 기울기가 급하여 다짐곡선은 왼쪽에 위치하여 최대건조밀도는 증가하고 최적함수비(OMC)는 감소한다.

□□□ 기 99,01,03,04,11②,12②,17①,24①

88 어떤 흙의 습윤 단위중량이 19.62kN/m^3, 함수비 20%, 비중 $G_s = 2.7$인 경우 포화도는 얼마인가? (단, 물의 단위중량은 9.81kN/m^3이다.)

① 86.1% ② 87.1%
③ 95.6% ④ 100%

> 포화도 $S = \dfrac{G_s \cdot w}{e}$ ($\because S \cdot e = G_s \cdot w$)
>
> • 건조 단위중량
> $\gamma_d = \dfrac{\gamma_t}{1 + \dfrac{w}{100}} = \dfrac{19.62}{1 + \dfrac{20}{100}} = 16.35 \text{kN/m}^3$
>
> • 간극비 $e = \dfrac{\gamma_w G_s}{\gamma_d} - 1 = \dfrac{9.81 \times 2.7}{16.35} - 1 = 0.62$
>
> $\left(\gamma_d = \dfrac{G_s}{1+e} \gamma_w \right)$
>
> $\therefore$ 포화도 $S = \dfrac{2.70 \times 20}{0.62} = 87.1\%$

□□□ 기 83,15①,24①

89 지표면에 40kN/m^2의 성토를 시행하였다. 압밀이 70% 진행되었다고 할 때, 현재의 과잉간극수압은?

① 8kN/m^2 ② 12kN/m^2
③ 22kN/m^2 ④ 28kN/m^2

> 압밀도 $U = \dfrac{u_i - u_e}{u_i} = 1 - \dfrac{u_e}{u_i}$ 에서
>
> $\therefore u_e = u_i(1 - U)$
> $= 40(1 - 0.70) = 12 \text{kN/m}^2$

□□□ 기 96,02,05,24①

90 다음은 흙 시료 채취에 대한 설명이다. 틀린 것은?

① 교란의 효과는 소성이 낮은 흙이 소성이 높은 흙보다 크다.
② 교란된 흙은 사면상태의 흙보다 압축강도가 적다.
③ 교란된 흙은 자연상태의 흙보다 전단강도가 작다.
④ 흙시료 채취 직후에 비교적 교란 되지 않은 코어(Core)의 과잉 간극 수압은 부(負)이다.

> 소성이 낮은 흙이 소성이 높은 흙보다 교란의 효과는 적다.

□□□ 기 09,16①,20④,24①

91 그림과 같은 모래시료의 분사현상에 대한 안전율을 3.0 이상이 되도록 하려면 수두차 h를 최대 얼마 이하로 하여야 하는가?

① 12.75cm
② 9.75cm
③ 4.25cm
④ 3.25cm

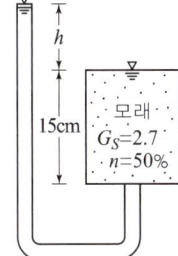

> $F_s = \dfrac{\dfrac{G_s - 1}{1 + e}}{\dfrac{h}{15}}$
>
> • 간극비 $e = \dfrac{n}{100 - n} = \dfrac{50}{100 - 50} = 1.0$
>
> • 한계동수 경사 $i_c = \dfrac{G_s - 1}{1 + e} = \dfrac{2.7 - 1}{1 + 1.0} = 0.85$
>
> • $F_s = \dfrac{0.85}{\dfrac{h}{15}} = 3$
>
> $\therefore h = 4.25 \text{cm}$

□□□ 기 05,18①,24①

92 다음 중 부마찰력이 발생할 수 있는 경우가 아닌 것은?

① 매립된 생활쓰레기 중에 시공된 관측정
② 붕적토에 시공된 말뚝기초
③ 성토한 연약점토지반에 시공된 말뚝기초
④ 다짐된 사질지반에 시공된 말뚝기초

- 말뚝이 점토층 위에 타입되어 있고 성토층이 압밀될 때 부마찰력이 발생한다.
- 다짐된 사질토지반에 시공된 말뚝기초는 부마찰력이 발생하지 않는다.

□□□ 기 02,05,15,24①

93 점성토시료를 교란시켜 재성형을 한 경우 시간이 지남에 따라 강도가 증가하는 현상을 나타내는 용어는?

① 크립(creep)
② 틱소트로피(thixotropy)
③ 이방성(anisotropy)
④ 아이소크론(isocron)

- Thixotropy : 교란된 점토지반이 시간이 지남에 따라 손실된 강도의 일부를 회복하는 현상
- Dilatancy : 조밀한 모래에서 전단이 진행됨에 따라 부피가 증가되는 현상

□□□ 기 84,86,91,93,00,08,09,12④,15④,19③,22②,24①

94 접지압(또는 지반반력)이 그림과 같이 되는 경우는?

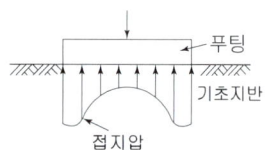

① 푸팅 : 강성, 기초지반 : 점토
② 푸팅 : 강성, 기초지반 : 모래
③ 푸팅 : 연성, 기초지반 : 점토
④ 푸팅 : 연성, 기초지반 : 모래

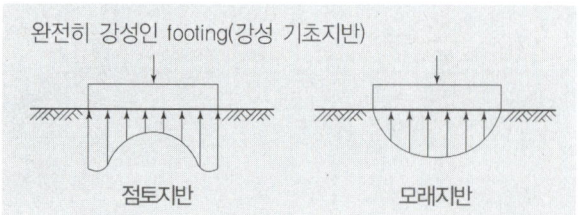

□□□ 기 10,12④,24①

95 흙의 분류법인 AASHTO 분류법과 통일분류법을 비교·분석한 내용으로 틀린 것은?

① 통일분류법은 0.075mm 체 통과율을 35%를 기준으로 조립토와 세립토로 분류하는데, 이것은 AASHTO 분류법보다 적절하다.
② 통일분류법은 입도분포, 액성한계, 소성지수 등을 주요 분류인자로 한 분류법이다.
③ AASHTO 분류법은 입도분포, 군지수 등을 주요 분류인자로 한 분류법이다.
④ 통일분류법은 유기질토 분류방법이 있으나 AASHTO 분류법은 없다.

- 통일분류법 : 0.075mm(No. 200)체 통과율이 50% 미만이면 조립토, 그 이상이면 세립토이다.
- AASHTO : 0.075mm(NO. 200)체 통과율이 35% 미만이면 조립토, 그 이상이면 세립토이다.

□□□ 기 08,18③,21②,22①②,24①

96 토립자가 둥글고 입도분포가 양호한 모래지반에서 N치를 측정한 결과 $N=19$가 되었을 경우, Dunham의 공식에 의한 이 모래의 내부마찰각 ϕ는?

① 20°
② 25°
③ 30°
④ 35°

Dunham 공식	
토립자의 조건	내부 마찰각
• 토립자가 둥글고 입도분포가 불량 (균일)	$\phi = \sqrt{12N} + 15$
• 토질입자가 둥글고 입도분포도가 양호 • 토립자가 모나고 입도분포가 불량 (균일)	$\phi = \sqrt{12N} + 20$
• 토립자가 모가 나고 입도분포가 양호	$\phi = \sqrt{12N} + 25$

∴ 흙입자가 둥글고 입도분포가 양호
$\phi = \sqrt{12N} + 20 = \sqrt{12 \times 19} + 20 = 35°$

정답 92 ④ 93 ② 94 ① 95 ① 96 ④

97 그림과 같은 지층단면에서 지표면에 가해진 50kN/m^2의 상재하중으로 인한 점토층(정규압밀점토)의 1차압밀 최종침하량(S)을 구하고, 침하량이 5cm일 때 평균압밀도(U)를 구하면? (단, $\gamma_w=9.81\text{kN/m}^3$이다.)

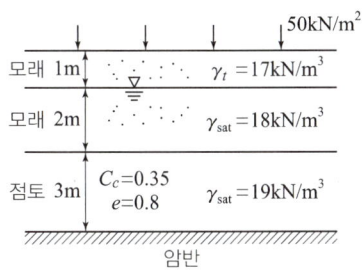

① $S=18.3\text{cm},\ U=27\%$
② $S=14.7\text{cm},\ U=22\%$
③ $S=18.5\text{cm},\ U=22\%$
④ $S=14.7\text{cm},\ U=27\%$

- 점토층의 중앙부분에서 받고 있는 유효연직응력
$P_o = \gamma_t H_1 + \gamma_{sub} H_2 + \gamma_{sub}\dfrac{H_3}{2}$
$= 17 \times 1 + (18-9.81) \times 2 + (19-9.81) \times \dfrac{3}{2}$
$= 47.17\text{kN/m}^2$

∴ 침하량 $S = \dfrac{C_c H}{1+e} \log\left(\dfrac{P_o + \Delta P}{P_o}\right)$
$= \dfrac{0.35 \times 3}{1+0.8} \log\left(\dfrac{47.17+50}{47.17}\right)$
$= 0.1831\text{m} = 18.3\text{cm}$

- 평균압밀도(침하량 5cm일 때)
$U = \dfrac{\text{임의시간 압밀침하량}}{\text{1차압밀침하량}} \times 100$
$= \dfrac{5}{18.3} \times 100 = 27\%$

98 그림과 같은 점토지반에서 안정수(m)가 0.1인 경우 높이 5m의 사면에 있어서 안전율은?

① 1.0
② 1.25
③ 1.50
④ 2.0

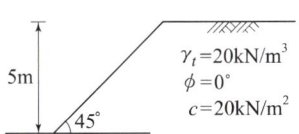

안전율 $F_s = \dfrac{H_c}{H}$

- $H = 5\text{m}$
- $H_c = \dfrac{c}{\gamma m} = \dfrac{20}{20 \times 0.1} = 10\text{m}$

∴ $F_s = \dfrac{10}{5} = 2.0$

99 압밀시험에서 얻은 $e-\log P$ 곡선으로 구할 수 있는 것이 아닌 것은?

① 선행압밀압력
② 팽창지수
③ 압축지수
④ 압밀계수

압밀시험 성과표	
시간−압축량(침하) 곡선	$e-\log P$ 곡선
• 초기압축비 • 압밀계수(C_v) • 1차 압밀비(γ_p) • 체적변화계수(m_v) • 투수계수(k)	• 압축지수(C_c) • 압축계수(a_v) • 선행압밀하중(P_c) • 팽창지수(C_s)

- 압밀계수 C_v : 시간−침하 곡선인 $\sqrt{t}$ 방법, $\log t$ 법에서 구한다.

100 점성토에서 점착력이 6.0kN/m^2이고 내부마찰각이 30°이며, 흙의 단위중량이 17.0kN/m^3일 때 주동토압이 0이 되는 깊이는 지표면에서 약 몇 m인가?

① 1.52m
② 1.42m
③ 1.32m
④ 1.22m

인장균열깊이(Z_c)은 주동토압이 0이 되는 깊이
$Z_c = \dfrac{2c}{\gamma_t} \tan\left(45° + \dfrac{\phi}{2}\right)$
$= \dfrac{2 \times 6}{17.0} \tan\left(45° + \dfrac{30°}{2}\right)$
$= 1.22\text{m}$

제6과목 : 상하수도공학

☐☐☐ 기 08,11②,18①,24①

101 정수장으로부터 배수지까지 정수를 수송하는 시설은?

① 도수시설　　② 송수시설
③ 정수시설　　④ 배수시설

> • 송수시설 : 정수장에서 정수된 물을 배수지까지 송수하는 시설
> • 취수시설 $\xrightarrow{\text{도수시설}}_{\text{도수관}}$ 정수시설 $\xrightarrow{\text{송수시설}}_{\text{송수관}}$ 배수시설

☐☐☐ 기 95,04,12②,24①

102 어느 도시의 장래 인구 증가 현황을 조사한 결과 현재인구가 90000명이고 연평균 인구증가율이 2.5%일 때 25년 후의 예상인구는?

① 약 167000명　　② 약 163000명
③ 약 160000명　　④ 약 156000명

> $P_n = P_o(1+r)^n$
> $= 90000(1+0.025)^{25}$
> $= 166855$명 ≒ 167000명

☐☐☐ 기 17④,21①,24①

103 완속여과지와 비교할 때, 급속여과지에 대한 설명으로 틀린 것은?

① 대규모처리에 적합하다.
② 세균처리에 있어 확실성이 적다.
③ 유입수가 고탁도인 경우에 적합하다.
④ 유지관리비가 적게 들고 특별한 관리기술이 필요치 않다.

> 급속여과지
> • 약품을 사용하므로 유지관리비가 많이 든다.
> • 약품처리의 유무는 급속여과법에서는 필수조건이다.
> • 완속여과는 관리기술이 별로 필요치 않으나 급속여과는 필요하다.

☐☐☐ 기 20③,24①

104 알칼리도가 30mg/L의 물에 황산알루미늄을 첨가했더니 20mg/L의 알칼리도가 소비되었다. 여기에 $Ca(OH)_2$를 주입하여 알칼리도를 15mg/L로 유지하기 위해 필요한 $Ca(OH)_2$는?
(단, $Ca(OH)_2$ 분자량 74, $CaCO_3$ 분자량 100)

① 1.2mg/L　　② 3.7mg/L
③ 6.2mg/L　　④ 7.4mg/L

> $Ca(CH)_2$
> =(소비된 알칼리도−주입된 알칼리도)× $\dfrac{Ca(OH)_2}{CaCO_3}$
> $=(20-15) \times \dfrac{74}{100} = 3.7\,\text{mg/L}$

☐☐☐ 기 05,08,13②,18①,24①

105 배수관망의 구성방식 중 격자식과 비교한 수지상식의 설명으로 틀린 것은?

① 수리계산이 간단하다.
② 사고 시 단수구간이 크다.
③ 제수밸브를 많이 설치해야 한다.
④ 관의 말단부에 물이 정체되기 쉽다.

> 제수밸브를 적게 설치해도 된다.

Remember

배수관망의 장단점

구 분	장점	단점
격자식	• 물이 정체하지 않는다. • 수압을 유지하기 쉽다. • 단수구역이 좁아진다. • 화재 시 등 사용량의 변화에 대처하기가 쉽다.	• 관망의 수리계산이 복잡하다. • 관거의 포설 시 건설비가 많이 소요된다.
수지상식	• 관망의 수리계산이 간단하다. • 제수밸브가 적게 설치된다. • 시공이 쉽다.	• 수량을 서로 보충할 수 없다. • 관의 말단에 물이 정체하여 수질을 악화시킨다. • 관경이 커야 하므로 비경제적이다.

정답 101 ②　102 ①　103 ④　104 ②　105 ③

106 오수 및 우수의 배제방식인 분류식과 합류식에 대한 설명으로 틀린 것은?

① 합류식은 관의 단면적이 크기 때문에 폐쇄의 염려가 적다.
② 합류식은 일정량 이상이 되면 우천시 오수가 월류할 수 있다.
③ 분류식은 합류식에 비하여 일반적으로 관거의 부설비가 많이 든다.
④ 분류식은 별도의 시설 없이 오염도가 심한 초기우수를 유입시켜 처리한다.

> 분류식은 강우초기의 노면 세정수가 노면의 오염물질이 포함된 세정수가 직접 하천 등으로 유입된다.

Remember

배제방식의 비교

	분류식	합류식
	단면이 소구경으로 폐쇄될 염려가 있다.	단면이 분류식보다는 대구경으로 폐쇄될 염려가 없다.
	오수관거와 우수관거의 2계통을 부설하므로 비싸다.	1계통으로 부설하므로 저렴하다.
	우천시 월류할 수 없다.	일정량 이상이 되면 우천시 오수가 월류한다.
	노면의 오염물질이 포함된 세정수가 직접 하천 등으로 유입된다.	시설의 일부를 개선·개량하면 강우초기에 오염된 오수를 수용해서 처리할 수 있다.

107 혐기성 소화에서 탄산염 완충시스템의 관여하는 알칼리도의 종류가 아닌 것은?

① HCO_3^- ② CO_3^{2-}
③ OH^- ④ HPO_4^-

> 알칼리도를 구하기 위한 적정식
> • $HCO_3^- + H^+ \rightarrow H_2CO_3$
> • $CO_3^{2-} + H^+ \rightarrow HCO_3^-$
> • $OH^- + H \rightarrow H_2O$

108 어떤 지역의 강우지속시간(t)과 강우강도 역수($1/I$)와의 관계를 구해 보니 그림과 같이 기울기가 1/3000, 절편이 1/150이 되었다. 이 지역의 강우강도(I)를 Talbot형 $\left(I = \dfrac{a}{t+b}\right)$으로 표시한 것으로 옳은 것은?

① $\dfrac{3000}{t+20}$
② $\dfrac{10}{t+1500}$
③ $\dfrac{1500}{t+10}$
④ $\dfrac{20}{t+3000}$

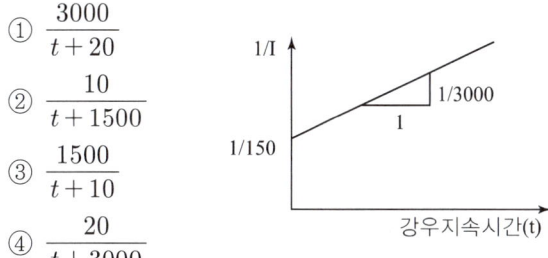

> 강우강도 $I = \dfrac{a}{t+b}$
>
> • $a = \dfrac{1}{\dfrac{1}{3000}} = 3000$
>
> • $b = \dfrac{\dfrac{1}{150}}{\dfrac{1}{3000}} = 20$
>
> ∴ 강우강도 $I = \dfrac{3000}{t+20}$

109 우수가 하수관로로 유입하는 시간이 4분, 하수관로에서의 유하시간이 15분, 이 유역의 유역면적이 $4km^2$, 유출계수는 0.6, 강우강도식 $I = \dfrac{6500}{t+40}$ mm/h일 때 첨두유량은? (단, t의 단위 : [분])

① $73.4 m^3/s$ ② $78.8 m^3/s$
③ $85.0 m^3/s$ ④ $98.5 m^3/s$

> ■ 첨두유량 $Q = \dfrac{1}{360}CIA$
> • $T = t + \dfrac{L}{V} = $ 유입시간 + 유하시간 $= 4+15 = 19$분
> • $I = \dfrac{6500}{t+40} = \dfrac{6500}{19+40} = 110.17 mm$
> • $A = 4km^2 = 400ha$
> ∴ $Q = \dfrac{1}{360} \times 0.6 \times 110.17 \times 400 = 73.45 m^3/sec$

정답 106 ④ 107 ④ 108 ① 109 ①

☐☐☐ 기 97,00,08,15,17,18②,24①

110 계획오수량 중 계획시간 최대오수량에 대한 설명으로 옳은 것은?

① 계획 1일 최대오수량의 1시간당 수량의 1.3~1.8배를 표준으로 한다.
② 계획 1일 최대오수량의 70~80%를 표준으로 한다.
③ 1인 1일 최대오수량의 10~20%를 원칙으로 한다.
④ 계획 1일 평균오수량의 3배 이상으로 한다.

- 계획 1일 평균오수량은 계획 1일 최대오수량의 70~80%를 표준으로 한다.
- 지하수량은 1인 1일 최대오수량의 20% 이하를 원칙으로 한다.
- 계획시간 최대오수량은 계획 1일 최대오수량의 1시간당 수량의 1.3~1.8배를 표준으로 한다.

☐☐☐ 기 04,05,16②,24①

111 BOD_5가 155mg/L인 폐수에서 탈산소계수(k_1)가 0.2/day일 때 4일 후에 남아 있는 BOD는? (단, 탈산소계수는 상용대수 기준)

① 27.3mg/L
② 56.4mg/L
③ 127.5mg/L
④ 172.2mg/L

잔존 $BOD = BOD_u \times 10^{-k_1 \cdot t}$

- $BOD_u = \dfrac{BOD_5}{1-10^{-k_1 \cdot t}}$

$= \dfrac{155}{1-10^{-0.2 \times 5}} = 172.22 \, mg/L$

∴ 잔존 $BOD = 172.22 \times 10^{-0.2 \times 4} = 27.3 \, mg/L$

☐☐☐ 기 06,12,17①,24①

112 계획우수량 산정에 있어서 하수관거의 확률연수는 원칙적으로 몇 년으로 하는가?

① 2~3년
② 3~5년
③ 10~30년
④ 30~50년

- 하수관거의 확률연수 10~30년
- 빗물펌프장의 확률연수 30~50년

☐☐☐ 기 07,09,14,15④,24①

113 급수방식에 대한 설명으로 틀린 것은?

① 급수방식은 직결식과 저수조식으로 나누며 이를 병용하기도 한다.
② 저수조식은 급수관으로부터 수돗물을 일단 저수조에 받아서 급수하는 방식이다.
③ 배수관의 압력변동에 관계없이 상시 일정한 수량과 압력을 필요로 하는 경우는 저수조식으로 한다.
④ 재해 시나 사고 등에 의한 수도의 단수나 감수 시에도 물을 반드시 확보해야 할 경우는 직결식으로 한다.

저수조식의 적용이 바람직한 경우
- 재해시나 사고 등에 의한 수도의 단수나 감수 시에도 물을 반드시 확보해야 할 경우
- 배수관의 압력변동에 관계없이 상시 일정한 수량과 압력을 필요로 하는 경우
- 일시에 다량의 물을 사용할 경우 또는 사용수량의 변동이 클 경우 등 직결급수로 하면 배수관의 압력저하를 야기할 우려가 있는 경우
- 약품을 사용하는 공장 등으로부터 역류에 의하여 배수관의 수질을 오염시킬 우려가 있는 경우

☐☐☐ 기 00,01,03,06,09,10,12,15②,24①

114 하수 관거내에 황화수소(H_2S)가 존재하는 이유에 대한 설명으로 옳은 것은?

① 용존산소로 인해 유황이 산화하기 때문이다.
② 용존산소 결핍으로 박테리아가 메탄가스를 환원시키기 때문이다.
③ 용존산소 결핍으로 박테리아가 황산염을 환원시키기 때문이다.
④ 용존산소로 인해 박테리아가 메탄가스를 환원시키기 때문이다.

관정부식(crown corrosion)
하수관내의 용존산소가 결핍되면 하수내 황화합물(S)이 혐기성미생물(박테리아) 상태에서 분해되어 생성되는 황화수소(H_2S)가 하수관내의 공기 중으로 솟아오르면서 호기성미생물에 의해 관정부의 물방울에 의해 녹아서 콘크리트관을 부식·파괴하는 현상

정답 110 ① 111 ① 112 ③ 113 ④ 114 ③

□□□ 기 97,16②,21③,24①
115 맨홀에 인버트(invert)를 설치하지 않았을 때의 문제점이 아닌 것은?

① 맨홀 내에 퇴적물이 쌓이게 된다.
② 환기가 되지 않아 냄새가 발생한다.
③ 퇴적물이 부패되어 악취가 발생한다.
④ 맨홀 내에 물기가 있어 작업이 불편하다.

> • 인버트 : 바닥에 인버트를 설치하면 하수의 흐름이 원활하고 유지관리가 편리하다.
> • 맨홀 : 관거 내의 점검, 청소 및 장해물의 제거, 보수를 위한 기계 및 사람의 출입을 가능하게 하고, 악취, 부패성 가스의 환기 등을 위해 필요할 뿐 아니라 관거의 접합을 위해 반드시 설치한다.

□□□ 기 08,11,17④,22③,24①
116 활성슬러지법과 비교하여 생물막법의 특징으로 옳지 않은 것은?

① 운전조작이 간단하다.
② 다량의 슬러지 유출에 따른 처리수 수질악화가 발생하지 않는다.
③ 반응조를 다단화하여 반응효율과 처리안정성 향상이 도모된다.
④ 생물종 분포가 단순하여 처리효율을 높일 수 있다.

> 접촉산화법의 특징
> 생물종 분포가 다양하여 처리효율이 안정적이다.

□□□ 기 06②,11④,16④,19①,21③,24①
117 반송찌꺼기(슬러지)의 SS 농도가 6000mg/L이다. MLSS 농도를 2500mg/L로 유지하기 위한 찌꺼기(슬러지) 반송비는?

① 25%   ② 55%
③ 71%   ④ 100%

> $r = \dfrac{\text{MLSS 농도} - \text{SS}}{\text{반송슬러지 농도} - \text{MLSS 농도}} \times 100$
> $= \dfrac{2500 - 0}{6000 - 2500} \times 100 = 71\%$

□□□ 기 07,15①,20④,24①
118 원형 하수관에서 유량이 최대가 되는 때는?

① 수심비가 72~78% 차서 흐를 때
② 수심비가 80~85% 차서 흐를 때
③ 수심비가 92~94% 차서 흐를 때
④ 가득 차서 흐를 때

> 원형 하수관의 유속은 수심이 80%일 때 최대이며, 유량(통수량)은 수심이 94%일 때 최대가 된다.

□□□ 기 00,10,12,13,17①,22③,24①
119 BOD가 200mg/L인 하수를 1000m³의 유효용량을 가진 포기조로 처리할 경우 유량이 20000m³/day이면 BOD 용적부하량은?

① $2.0\text{kg/m}^3 \cdot \text{day}$ ② $4.0\text{kg/m}^3 \cdot \text{day}$
③ $5.0\text{kg/m}^3 \cdot \text{day}$ ④ $8.0\text{kg/m}^3 \cdot \text{day}$

> BOD 용적부하량$(\text{kgBOD/m}^3 \cdot \text{day})$
> $= \dfrac{\text{BOD 농도}(\text{kg/m}^3) \times \text{유량}(\text{m}^3/\text{day})}{\text{포기조 용적}(\text{m}^3)}$
> • BOD 농도 $= 200(\text{mg/L}) \times 10^{-3}$
> $= 200 \times 10^{-3} \text{kg/m}^3$
> • 유량 $Q = 20000 \text{m}^3/\text{day}$
> • 포기조 용량 $V = 1000 \text{m}^3$
> ∴ BOD 용적부하량 $= \dfrac{200 \times 10^{-3} \times 20000}{1000}$
> $= 4.0 \text{kg/m}^3 \cdot \text{day}$

□□□ 기 14④,18①,24①
120 고도처리를 도입하는 이유와 거리가 먼 것은?

① 잔류 용존유기물의 제거
② 잔류염소의 제거
③ 질소의 제거
④ 인의 제거

> 고도처리
> • 통상 유기물 제거를 주목적으로 하는 2차 처리에서 얻어지는 처리수질 이상의 수질을 얻기 위하여 행하는 처리이다.
> • 잔류 SS 및 잔류 용존유기물 제거공정이다.
> • 질소(N), 인(P) 등은 제거에 이용한다.

국가기술자격 필기시험문제

2024년도 기사 2회 필기시험

자격종목	시험시간	문제수	형 별
토목기사	3시간	120	A

※ 각 문제는 4지 택일형으로 질문에 가장 적합한 문제의 보기 번호를 클릭하거나 답안표기란의 번호를 클릭하여 입력하시면 됩니다.
※ 입력된 답안은 문제 화면 또는 답안 표기란의 보기 번호를 클릭하여 변경하실 수 있습니다.

제1과목 : 응용역학

□□□ 기 97①, 00①, 01④, 03②, 11①, 12④, 12②, 13②, 16④, 20④, 22①, 24②

01 그림과 같이 단순보에 이동하중이 작용하는 경우 절대최대휨모멘트는?

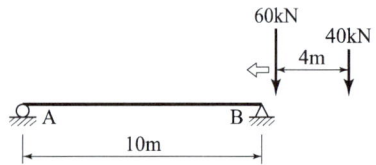

① 176.4kN·m
② 167.2kN·m
③ 162.0kN·m
④ 125.1kN·m

■ 절대최대모멘트 영향선도

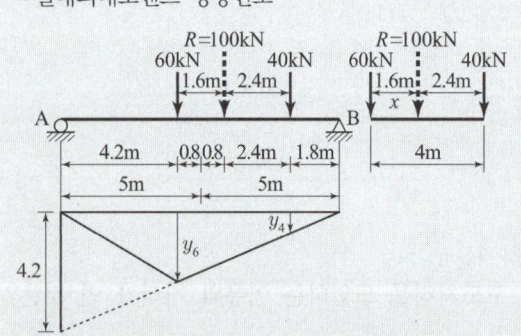

- 합력의 위치 : $100x = 40 \times 4$ ∴ $x = 1.6$m
- A점으로부터의 거리 : $\dfrac{10}{2} - \dfrac{1.6}{2} = 4.2$m
- B점으로부터의 60kN 거리 : $10 - 4.2 = 5.8$m
- B점으로부터의 40kN 거리 : $5.8 - 4 = 1.8$m
- $10 : 4.2 = 5.8 : y_6$ ∴ $y_6 = \dfrac{4.2 \times 5.8}{10} = 2.436$
- $10 : 4.2 = 1.8 : y_4$ ∴ $y_4 = \dfrac{4.2 \times 1.8}{10} = 0.756$
- ∴ $M_{max} = P_1 \times y_4 + P_2 \times y_6$
  $= 40 \times 0.756 + 60 \times 2.436 = 176.4$kN·m

□□□ 기 12②, 14④, 24②

02 그림과 같이 단면적이 $A_1 = 10000\text{mm}^2$이고, $A_2 = 500\text{mm}^2$인 부재가 있다. 부재 양끝은 고정되어 있고 온도가 10℃ 내려갔다. 온도 저하로 인해 유발되는 단면력은? (단, $E = 2.1 \times 10^5$MPa, 선팽창계수$(\alpha) = 1 \times 10^{-5}$/℃)

① 105.0kN
② 140.0kN
③ 157.5kN
④ 210.0kN

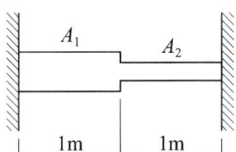

- 온도에 의한 변화량
  $\Delta \delta_T = \Delta L_1 + \Delta L_2$
  $= \alpha \Delta T (L_1 + L_2)$
  $= 1 \times 10^{-5} \times 10 \times (1000 + 1000)$
  $= 0.2$mm

- 하중에 의한 변화량
  $\Delta \delta_P = \Delta L_{P1} + \Delta L_{P2} = \dfrac{PL_1}{E_1 A_1} + \dfrac{PL_2}{E_2 A_2}$
  $= \dfrac{P}{E}\left(\dfrac{L_1}{A_1} + \dfrac{L_2}{A_2}\right)$
  $= \dfrac{P}{2.1 \times 10^5}\left(\dfrac{1000}{10000} + \dfrac{1000}{5000}\right)$
  $= 1.429 \times 10^{-6} P$ mm

- $\Delta \delta_T = \Delta \delta_P$ (∵ 고정단은 변형이 움직이지 않으므로)
  $0.2 = 1.429 \times 10^{-6} P$
  ∴ $P = \dfrac{0.2}{1.429 \times 10^{-6}} = 139958\text{N} = 140$kN

> **Remember**
> $\Delta L = \Delta L_1 + \Delta L_2 = \dfrac{PL_1}{E_1 A_1} + \dfrac{PL_2}{E_2 A_2}$

정답 01 ① 02 ②

□□□ 기 05②,10④,14②,20②,24②

03 양단고정의 장주에 중심축하중이 작용할 때 이 기둥의 좌굴응력은? (단, $E=2.1 \times 10^5$MPa이고, 기둥은 지름이 4cm인 원형기둥이다.)

① 3.35MPa
② 6.72MPa
③ 12.95MPa
④ 25.91MPa

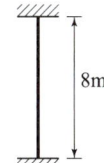

$P_{cr} = \dfrac{n\pi^2 EI}{l^2}$ (양단고정 $n=4$)

- $I = \dfrac{\pi d^4}{64} = \dfrac{\pi \times 40^4}{64} = 40000\pi \text{ mm}^4$
- $A = \dfrac{\pi d^2}{4} = \dfrac{\pi \times 40^2}{4} = 400\pi \text{ mm}^2$
- $P_{cr} = \dfrac{4 \times \pi^2 \times 2.1 \times 10^5 \times 40000\pi}{8000^2} = 16278.30 \text{ N}$

$\therefore \sigma_{cr} = \dfrac{P_{cr}}{A} = \dfrac{16278.30}{400\pi} = 12.95 \text{ N/mm}^2$
$= 12.95 \text{ MPa}$

□□□ 기 00①,09①,24②

04 휨 모멘트가 M인 다음과 같은 직사각형 단면에서 $A-A$에서의 휨응력은?

① $\dfrac{3M}{bh^2}$
② $\dfrac{3M}{4bh^2}$
③ $\dfrac{3M}{2bh^2}$
④ $\dfrac{M}{4b^2h^2}$

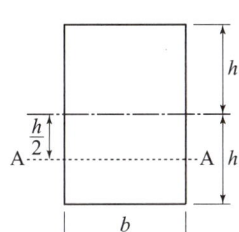

휨응력 $\sigma = \dfrac{M}{I}y$

- $I = \dfrac{bh^3}{12} = \dfrac{b(2h)^3}{12} = \dfrac{2bh^3}{3}$

$\therefore \sigma = \dfrac{M}{I}y = \dfrac{M}{\frac{2bh^3}{3}} \times \dfrac{h}{2} = \dfrac{3M}{2bh^3} \times \dfrac{h}{2} = \dfrac{3M}{4bh^2}$

□□□ 기 12①,16④,19③,21①,24②

05 그림과 같은 라멘 구조물에서 A점의 수직반력(R_A)은?

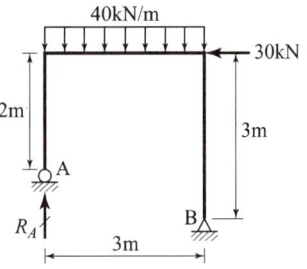

① 30kN
② 45kN
③ 60kN
④ 90kN

$\Sigma M_B = 0 : R_A \times 3 - 40 \times 3 \times \dfrac{3}{2} - 30 \times 3 = 0$

$\therefore R_A = 90 \text{kN}(\uparrow)$

□□□ 기 97,14②,20④,24①②

06 그림과 같은 단순보에 등분포하중 q가 작용할 때 보의 최대처짐은? (단, EI는 일정하다.)

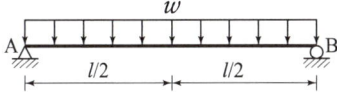

① $\dfrac{wl^4}{128EI}$
② $\dfrac{wl^4}{64EI}$
③ $\dfrac{wl^4}{38EI}$
④ $\dfrac{5wl^4}{384EI}$

- $\delta_{max} = \delta_c = \dfrac{5wl^4}{384EI}$
- $\theta_A = \theta_B = \dfrac{wl^3}{24EI}$

Remember

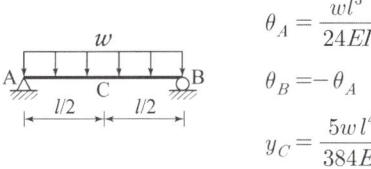

$\theta_A = \dfrac{wl^3}{24EI}$

$\theta_B = -\theta_A$

$y_C = \dfrac{5wl^4}{384EI}$

☐☐☐ 기 01,06,07,14,18①,20④,24②

07 탄성변형에너지는 외력을 받는 구조물에서 변형에 의해 구조물에 축적되는 에너지를 말한다. 탄성체이며 선형거동을 하는 길이가 L인 캔틸레버보의 끝단에 집중하중 P가 작용할 때 굽힘모멘트에 의한 탄성변형에너지는? (단, EI는 일정)

① $\dfrac{P^2L^2}{6EI}$ ② $\dfrac{P^2L^2}{2EI}$

③ $\dfrac{P^2L^3}{6EI}$ ④ $\dfrac{P^2L^3}{2EI}$

> 굽힘모멘트에 의한 탄성변형에너지 $U = \int \dfrac{M_x^2}{2EI} dx$
>
>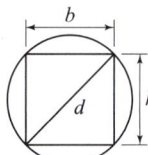
>
> $M_x = -P \cdot x$
>
> $\therefore U = \int \dfrac{M_x^2}{2EI} dx = \dfrac{1}{2EI}\int_0^L (-P \cdot x)^2 dx$
>
> $= \dfrac{P^2}{2EI}\left[\dfrac{1}{3}x^3\right]_0^L = \dfrac{P^2L^3}{6EI}$

> **Remember**
>
> 정적분의 기본정리 $\int_0^L x^2 dx = \left[\dfrac{1}{3}x^3\right]_0^L = \dfrac{L^3}{3}$

☐☐☐ 기 78,80,97,98,24②

08 그림과 같은 양단고정보에 등분포하중이 작용할 때 A점에 발생하는 휨모멘트는?

① $-\dfrac{wL^2}{12}$

② $-\dfrac{wL^2}{16}$

③ $-\dfrac{wL^2}{24}$

④ $-\dfrac{wL^2}{48}$

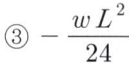

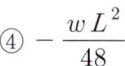

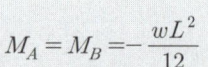

$M_A = M_B = -\dfrac{wL^2}{12}$

> **Remember**
>
> 양단고정보의 등분포하중
>
> $M_A = M_B = -\dfrac{wL^2}{12}$
>
> $M_C = \dfrac{wL^2}{24}$
>
> $y_c = \dfrac{wL^4}{384EI}$
>
>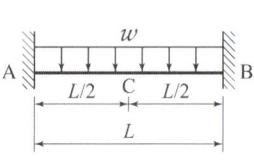

☐☐☐ 기 83,95,00,06①,23①,24②

09 그림과 같은 지름 d인 원형 단면에서 최대 단면계수를 갖는 직사각형 단면을 얻으려면 b/h는?

① 1
② $1/2$
③ $1/\sqrt{2}$
④ $1/\sqrt{3}$

- 피타고라스의 정리 $h = \sqrt{d^2 - b^2}$
  $d^2 = b^2 + h^2 \rightarrow h^2 = d^2 - b^2$
- 단면계수 $Z = \dfrac{bh^2}{6} = \dfrac{1}{6}b(d^2 - b^2) = \dfrac{1}{6}(d^2 b - b^3)$
- $\dfrac{dZ}{db} = \dfrac{1}{6}(d^2 - 3b^2) = 0$, $d^2 - 3b^2 = 0$

  $b = \dfrac{1}{\sqrt{3}}d$, $h = \sqrt{d^2 - \dfrac{d^2}{3}} = \sqrt{\dfrac{2}{3}}d$,

  $b : h = \dfrac{1}{\sqrt{3}} : \sqrt{\dfrac{2}{3}}$

  $\therefore \dfrac{b}{h} = \dfrac{\dfrac{1}{\sqrt{3}}}{\sqrt{\dfrac{2}{3}}} = \dfrac{1}{\sqrt{2}}$

> **Remember**
>
> 직경 D인 원의 단면계수가 최대로 되기 위한 조건
>
> 조건 : $b : h : D = 1 : \sqrt{2} : \sqrt{3}$
>
> - $b : h = 1 : \sqrt{2}$ $\therefore \dfrac{b}{h} = \dfrac{1}{\sqrt{2}}$
> - $b : D = 1 : \sqrt{3}$ $\therefore \dfrac{b}{D} = \dfrac{1}{\sqrt{3}}$
> - $h : D = \sqrt{2} : \sqrt{3}$ $\therefore \dfrac{h}{D} = \dfrac{\sqrt{2}}{\sqrt{3}}$
>
>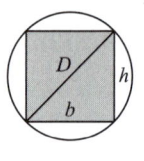

□□□ 기 05,11,15,23②,24②

10 트러스 해석 시 가정을 설명한 것 중 틀린 것은?

① 부재들은 양단에서 마찰이 없는 핀으로 연결되어진다.
② 하중과 반력은 모두 트러스의 격점에만 작용한다.
③ 부재의 도심축은 직선이며 연결핀의 중심을 지난다.
④ 하중으로 인한 트러스의 변형을 고려하여 부재력을 산출한다.

> **트러스 해석상의 기본가정**
> • 격점을 연결하는 직선은 부재의 축과 일치한다.(실제와 대체로 잘 맞음)
> • 각 부재들은 양단에서 마찰이 전혀 없는 핀(Pin, hinge)으로 연결되어 있으므로, 1개의 축방향력(인장 및 압축)만 존재한다.
> • 외력인 하중은 모두 격점에 집중하여 작용하므로 부재응력은 축력에만 생긴다.
> • 트러스의 변형은 미소하여 이것을 무시할 수 있고, 하중이 작용한 후에도 격점의 위치에는 변화가 생기지 않는다.

□□□ 기 82,88,95①,00①,02④,06①,21①,24②

11 그림과 같은 라멘의 부정정 차수는?

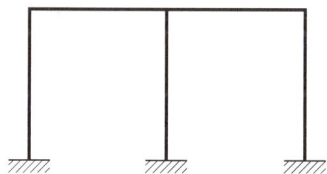

① 3차 ② 5차
③ 6차 ④ 7차

> $N = R + m + S - 2P$
> • 반력수 $R = 9$
> • 부재수 $m = 5$
> • 강접합수 $S = 4$
> • 절점수 $p = 6$
> ∴ $N = 9 + 5 + 4 - 2 \times 6 = 6$차 부정정

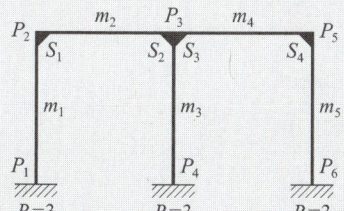

□□□ 기 24②

12 그림과 같은 보의 A점의 휨모멘트는?

① $-52.5 \text{kN} \cdot \text{m}$
② $-67.5 \text{kN} \cdot \text{m}$
③ $-90.0 \text{kN} \cdot \text{m}$
④ $-120.0 \text{kN} \cdot \text{m}$

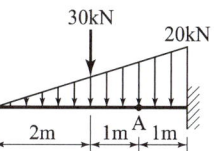

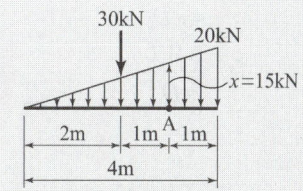

• $20(\text{kN}) : 4(\text{m}) = x : 3(\text{m})$
 ∴ $x = \dfrac{20 \times 3}{4} = 15(\text{kN})$

• $M_A = -\dfrac{1}{2}(15 \times 3) \times \left(3 \times \dfrac{1}{3}\right) - 30 \times 1$
 $= -52.5 \text{kN} \cdot \text{m}$

□□□ 기 08,10,12②,24②

13 그림과 같이 원($D = 400\text{mm}$)과 반원($r = 40\text{mm}$)으로 이루어진 단면의 도심거리 y값은?

① 175.8mm
② 179.8mm
③ 494.8mm
④ 446.5mm

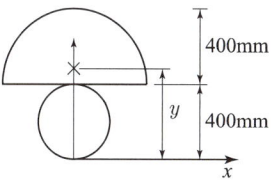

> $y = \dfrac{G_x}{A}$
>
> • $G_x = A_1 y_1 + A_2 y_2$
> $= \dfrac{\pi d^2}{4} \times \dfrac{d}{2} + \dfrac{\pi r^2}{2} \times \left(40 + \dfrac{4r}{3\pi}\right)$
> $= \dfrac{\pi \times 400^2}{4} \times 200 + \dfrac{\pi \times 400^2}{2} \times \left(400 + \dfrac{4 \times 400}{3\pi}\right)$
> $= 168330373 \text{mm}^3$
>
> • $A = A_1 + A_2$
> $= \dfrac{\pi d^2}{4} + \dfrac{\pi r^2}{2}$
> $= \dfrac{\pi \times 400^2}{4} + \dfrac{\pi \times 400^2}{2}$
> $= 125664 + 251327 = 376991 \text{mm}^2$
>
> ∴ $y = \dfrac{168330373}{376991} = 446.5 \text{mm}$

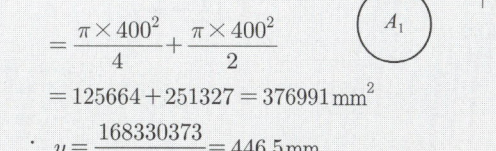

□□□ 기 16②,21②,24②

14 그림과 같은 단순보의 최대전단응력 τ_{max}를 구하면? (단, 보의 단면은 지름이 D인 원이다.)

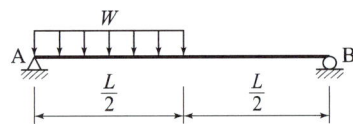

① $\dfrac{WL}{2\pi D^2}$ ② $\dfrac{9WL}{4\pi D^2}$

③ $\dfrac{3WL}{2\pi D^2}$ ④ $\dfrac{2WL}{\pi D^2}$

$\tau_{max} = \dfrac{4}{3}\dfrac{S_{max}}{A}$ (원형단면의 최대전단응력)

- $\sum M_B = 0$

  $R_A \times L - W \times \dfrac{L}{2}\left(\dfrac{L}{2} \times \dfrac{1}{2} + \dfrac{L}{2}\right) = 0$

  $\therefore R_A = \dfrac{W}{2}\left(\dfrac{L}{4} + \dfrac{L}{2}\right) = \dfrac{3W \cdot L}{8}$

- 최대전단력 $S_{max} = R_A$

  $\therefore \tau_{max} = \dfrac{4}{3}\dfrac{\dfrac{3WL}{8}}{\dfrac{\pi D^2}{4}} = \dfrac{2WL}{\pi D^2}$

Remember

단면의 최대전단응력 τ_{max}	
구형단면	원형단면
$\dfrac{3}{2}\dfrac{S}{A}$	$\dfrac{4}{3}\dfrac{S}{A}$

□□□ 기 82,00⑤,06①,15②,17②,18③,24②

15 다음 그림에서 블록 A를 뽑아내는 데 필요한 힘 P는 최소 얼마 이상이어야 하는가? (단, 블록과 접촉면과의 마찰계수 $\mu = 0.3$)

① 60N
② 90N
③ 150N
④ 180N

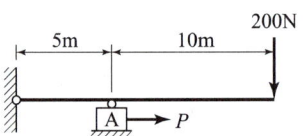

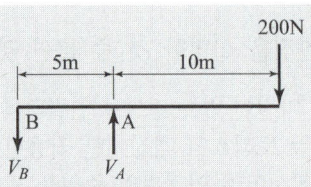

- 마찰면에 작용하는 수직력 V_A

  $\sum M_B = 0 : -V_A \times 5 + 200 \times (5+10) = 0$

  $\therefore V_A = 600N$

- 최대 마찰력 $F_{max} = \mu V_A = 0.3 \times 600 = 180N$

- 힘 $P_{min} > F_{max} = 180N$

  $\therefore P_{min} = 180N$ 이상

□□□ 기 94,98,00,06,17,21②,24②

16 그림과 같이 케이블(cable)에 5000N의 추가 매달려 있다. 이 추의 중심을 수평으로 3m 이동시키기 위해 케이블 길이 5m 지점인 A점에 수평력 P를 가하고자 한다. 이 때 힘 P의 크기는?

① 3.75kN
② 4.00kN
③ 4.25kN
④ 4.50kN

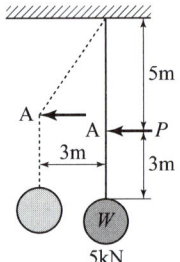

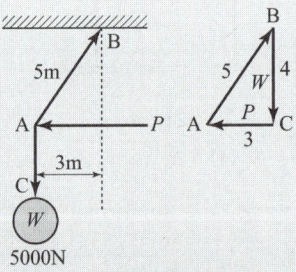

- $\dfrac{\overline{AC}}{\sin \angle B} = \dfrac{\overline{BC}}{\sin \angle A}$ 에서

  $\sin \angle B = \dfrac{3}{5}$, $\sin \angle A = \dfrac{4}{5}$

- $\dfrac{\overline{AC}}{\sin \angle B} = \dfrac{\overline{BC}}{\sin \angle A} = \dfrac{P}{\dfrac{3}{5}} = \dfrac{5000}{\dfrac{4}{5}}$

  $\therefore P = \dfrac{5000 \times \dfrac{3}{5}}{\dfrac{4}{5}} = 3750N = 3.75kN$

정답 14 ④ 15 ④ 16 ①

17 그림과 같은 4각형 단면의 단주에 있어서 핵거리 e는?

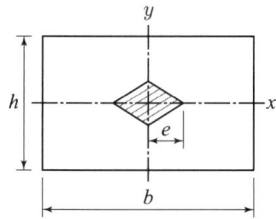

① $b/3$ ② $b/6$
③ $h/3$ ④ $h/5$

- $\sigma = \dfrac{P}{A} - \dfrac{M}{Z} = \dfrac{P}{A} - \dfrac{P \cdot e}{\dfrac{hb^2}{6}}$

  $= \dfrac{P}{A} - \dfrac{6P \cdot e}{hb^2} = \dfrac{P}{A}\left(1 - \dfrac{6e}{b}\right) = 0$

- $1 - \dfrac{6e}{b} = 0$ ∴ $e = \dfrac{b}{6}$

18 탄성계수 $E = 2.1 \times 10^5 \text{MPa}$, 포아송비 $\nu = 0.25$일 때 전단탄성계수의 값으로 옳은 것은?

① $8.4 \times 10^4 \text{MPa}$ ② $9.8 \times 10^4 \text{MPa}$
③ $1.7 \times 10^5 \text{MPa}$ ④ $2.1 \times 10^5 \text{MPa}$

$G = \dfrac{E}{2(1+\nu)}$

$= \dfrac{2.1 \times 10^5}{2(1+0.25)} = 8.4 \times 10^4 \text{MPa}$

19 그림과 같은 트러스에서 A점에 연직하중 P가 작용할 때 A점의 연직처짐? (단, 부재의 축 강도는 모두 EA이고, 부재의 길이는 AB = $3l$, AC = $5l$이며, 지점 B와 C의 거리는 $4l$이다.)

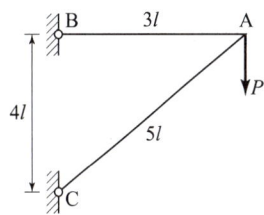

① $8.0\dfrac{Pl}{EA}$ ② $8.5\dfrac{Pl}{EA}$
③ $9.0\dfrac{Pl}{EA}$ ④ $9.5\dfrac{Pl}{EA}$

- A점의 처짐 $\delta_A = \sum \dfrac{S \cdot \overline{S} \cdot L}{EA}$

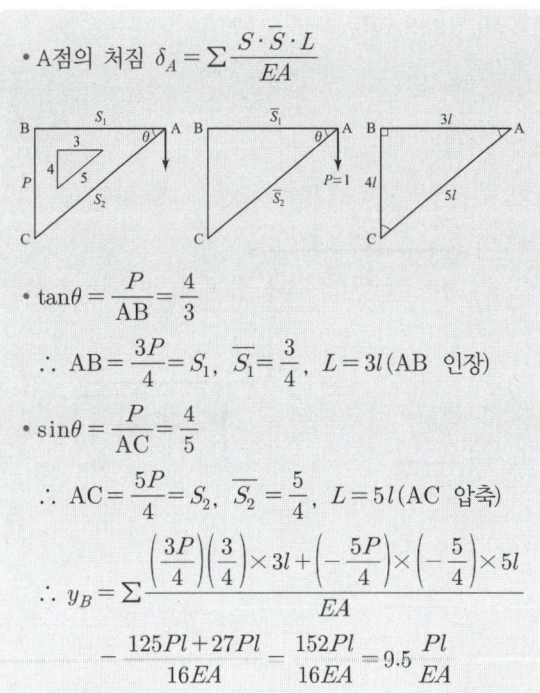

- $\tan\theta = \dfrac{P}{\text{AB}} = \dfrac{4}{3}$

  ∴ $\text{AB} = \dfrac{3P}{4} = S_1$, $\overline{S_1} = \dfrac{3}{4}$, $L = 3l$ (AB 인장)

- $\sin\theta = \dfrac{P}{\text{AC}} = \dfrac{4}{5}$

  ∴ $\text{AC} = \dfrac{5P}{4} = S_2$, $\overline{S_2} = \dfrac{5}{4}$, $L = 5l$ (AC 압축)

∴ $y_B = \sum \dfrac{\left(\dfrac{3P}{4}\right)\left(\dfrac{3}{4}\right) \times 3l + \left(-\dfrac{5P}{4}\right) \times \left(-\dfrac{5}{4}\right) \times 5l}{EA}$

$= \dfrac{125Pl + 27Pl}{16EA} = \dfrac{152Pl}{16EA} = 9.5\dfrac{Pl}{EA}$

□□□ 기 96,24②

20 그림과 같은 구조물에서 C점의 연직 반력이 작용력 P의 2배가 되려면 $\dfrac{a}{b}$의 비는?

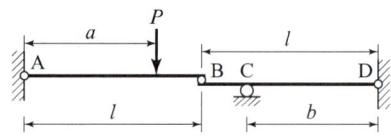

① $\dfrac{a}{b}=\dfrac{1}{2}$ ② $\dfrac{a}{b}=1$

③ $\dfrac{a}{b}=2$ ④ $\dfrac{a}{b}=1$이고, $a=b=1$

문제의 조건 $R_C = 2P$

$R_B = -\dfrac{P \cdot a}{l}$

$\sum M_D = 0$; $-R_B \cdot l + R_C \cdot b = 0$

$\dfrac{P \cdot a}{l}l + 2P \cdot b = 0 \Rightarrow P \cdot a = 2P \cdot b$

∴ $\dfrac{a}{b} = 2$

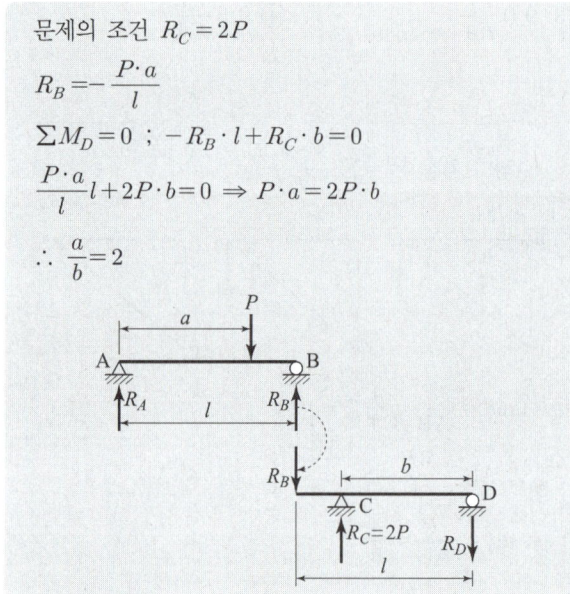

제2과목 : 측량학

□□□ 기 03,07④,24②

21 원곡선에서 반지름 $R=200$m, 시점으로부터 교점(I.P)까지의 추가거리 423.26m, 교각 $I=42°20'$일 때 시단현의 편각은 얼마인가? (단, 중심말뚝간격은 20m임)

① $0°50'00''$ ② $2°01'52''$
③ $2°03'11''$ ④ $2°51'47''$

시단현 편각 $\delta_1 = \dfrac{90°}{\pi} \dfrac{l_1}{R}$

• T.L $= R\tan\dfrac{I}{2}$
  $= 200\tan\dfrac{42°20'}{2} = 77.44$m

• BC $=$ IP의 거리 $-$ TL
  $= 423.26 - 77.44 = 345.82$m

• 시단현 길이 $l_1 =$ BC앞말뚝 $-$ BC
  $= 360 - 345.82 = 14.18$m

∴ 시단현 편각 $\delta_1 = \dfrac{90°}{\pi}\dfrac{14.18}{200} = 2°01'52''$

□□□ 기 81,86,15②,17①,21③,24②

22 완화곡선에 대한 설명으로 옳지 않은 것은?

① 완화곡선의 곡선 반지름은 시점에서 무한대, 종점에서 원곡선의 반지름 R로 된다.
② 클로소이드의 형식에는 S형, 복합형, 기본형 등이 있다.
③ 완화곡선의 접선은 시점에서 원호에, 종점에서 직선에 접한다.
④ 모든 클로소이드는 닮은꼴이며 클로소이드 요소에는 길이의 단위를 가진 것과 단위가 없는 것이 있다.

완화곡선의 성질
• 완화곡선의 접선은 시점에서 직선에, 종점에서 원호에 접한다.
• 클로소이드의 형식 : 기본형, S형, 복합형, 凸형, 유형
• 완화곡선의 반지름은 그 시점에서 무한대, 종점에서는 원곡선과 같다.

정답 20 ③   21 ②   22 ③

□□□ 기 12②,21②,24②

23 그림과 같이 각 격자의 크기가 10m×10m로 동일한 지역의 전체 토량은?

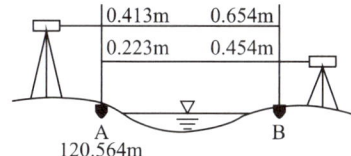

[단위:m]

① 877.5m³ ② 893.6m³
③ 913.7m³ ④ 926.1m³

$V = \dfrac{a \times b}{4}(\sum h_1 + 2\sum h_2 + 3\sum h_3 + 4\sum h_4)$

- $\sum h_1 = 1.2 + 2.1 + 1.4 + 1.8 + 1.2 = 7.7$m
- $\sum h_2 = 1.4 + 1.8 + 1.2 + 1.5 = 5.9$m
- $\sum h_3 = 2.4$m
- $\sum h_4 = 2.1$m
- $\therefore V = \dfrac{10 \times 10}{4}(7.7 + 2 \times 5.9 + 3 \times 2.4 + 4 \times 2.1)$
  $= 877.5$m³

□□□ 기 83,04,06,09③,20④,24②

24 교호 수준 측량을 하여 다음과 같은 결과를 얻었다. A점의 표고가 120.564m이면 B점의 표고는?

① 120.759m ② 120.672m
③ 120.524m ④ 120.328m

- 고저차 $H = \dfrac{1}{2}[(a_1 - b_1) + (a_2 - b_2)]$
  $= \dfrac{1}{2}[(0.413 - 0.654) + (0.223 - 0.454)]$
  $= -0.236$m
- B점의 지반고 $H_B = H_A + H$
  $\therefore H_B = 120.564 + (-0.236) = 120.328$m

□□□ 기 05,12①,21①,23①,24②

25 그림과 같은 유토곡선(mass curve)에서 하향구간이 의미하는 것은?

① 성토구간
② 절토구간
③ 운반토량
④ 운반거리

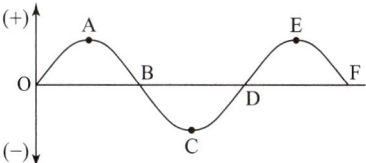

유토곡선에서 하향곡선↘(AC, EF)은 성토구간이며, 상향곡선↗(OA, CE)은 절토구간이다.

□□□ 기 83,06,24②

26 아래 그림과 같이 M점의 표고를 구하기 위하여 수준점(A, B, C)들로부터 고저 측량을 실시하여 아래 표와 같은 결과를 얻었다. 이 때 M점의 평균 표고는 얼마인가?

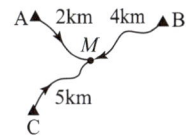

측점	표고(m)	측정 방향	고저차(m)
A	11.03	A→M	+2.10
B	13.60	B→M	-0.50
C	11.64	C→M	+1.45

① 13.07m ② 13.09m
③ 13.11m ④ 13.13m

- 직접 수준 측량의 경중률은 노선 거리에 반비례
- $P_A : P_B : P_C = \dfrac{1}{2} : \dfrac{1}{4} : \dfrac{1}{5} = 10 : 5 : 4$
- M점의 표고
  - A점으로부터 $M = 11.03 + 2.10 = 13.13$m
  - B점으로부터 $M = 13.60 - 0.50 = 13.10$m
  - C점으로부터 $M = 11.64 + 1.45 = 13.09$m
- 평균표고
- $H_M = \dfrac{P_A H_A + P_B H_B + P_C H_C}{P_A + P_B + P_C}$
  $= 13 + \dfrac{10 \times 0.13 + 5 \times 0.10 + 4 \times 0.09}{10 + 5 + 4}$
  $= 13.11$m

27 80m의 측선을 20m 줄자로 관측하였다. 만약 1회의 관측에 +4mm의 정오차와 ±3mm의 부정오차가 있었다면 이 측선의 거리는?

① 80.006±0.006m ② 80.006±0.016m
③ 80.016±0.006m ④ 80.016±0.016m

> 실제거리 = 관측거리+정오차±우연오차
> • 정오차 : $+4n = +4 \times \frac{80}{20} = +16mm = +0.016m$
> • 우연오차 : $\pm 3\sqrt{n} = \pm 3\sqrt{\frac{80}{20}} = \pm 6mm = \pm 0.006m$
> ∴ 실제거리 $= 80m + 0.016m \pm 0.006m$
> $= 80.016 \pm 0.006m$

28 수준측량에서 전·후시 거리를 같게 함으로써 제거되는 오차가 아닌 것은?

① 빛의 굴절오차
② 지구의 곡률오차
③ 시준선이 기포관축과 평행하지 않아 생기는 오차
④ 표척눈금의 부정확에서 오는 오차

> • 표척의 눈금오차는 정오차로 레벨의 정치수를 짝수횟수로 하면 제거할 수 있다.
> • 시준선과 기포관축이 평행하지 않기 때문에 일어나는 오차를 없애기 위하여 전·후의 시준 거리를 같게 한다.

29 수심이 h인 하천의 평균유속을 구하기 위하여 수면으로부터 $0.2h$, $0.6h$, $0.8h$가 되는 깊이에서 유속을 측량한 결과 초당 0.8m, 1.5m, 1.0m이었다. 3점법에 의한 평균유속은?

① 0.9m/s ② 1.0m/s
③ 1.1m/s ④ 1.2m/s

> 3점법 : $V_m = \frac{1}{4}(V_{0.2} + 2V_{0.6} + V_{0.8})$
> ∴ $V_m = \frac{1}{4}(0.8 + 2 \times 1.5 + 1.0) = 1.2 m/sec$

30 그림과 같은 도로 횡단면도의 단면적은? (단, 0을 원점으로 하는 좌표(x, y)의 단위 : [m])

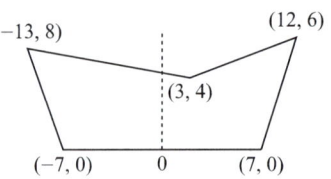

① 94m² ② 98m²
③ 102m² ④ 106m²

측점순	x	y	$(x_{i-1} - x_{i+1})y$
1	0	0	$(7-(-7)) \times 0 = 0$
2	-7	0	$(0-(-13)) \times 0 = 0$
3	-13	8	$(-7-3) \times 8 = -80$
4	3	4	$(-13-12) \times 4 = -100$
5	12	6	$(3-7) \times 6 = -24$
6	7	0	$(12-0) \times 0 = 0$
계			-204

∴ $A = \frac{|배면적|}{2} = \frac{|-204|}{2} = 102 m^2$

31 지구상의 △ABC를 측정한 결과, 두 변의 거리가 $a = 30km$, $b = 20km$이었고, 그 사잇각 80°이었다면 이때 발생하는 구과량은? (단, 지구의 곡선반지름은 6400km로 가정한다.)

① 1.49″ ② 1.62″
③ 2.04″ ④ 2.24″

> 구면 삼각형 면적
> $F = \frac{1}{2}ab\sin\alpha$
> $= \frac{1}{2} \times 30 \times 20 \times \sin 80°$
> $= 295.44 km^2$
> ∴ 구과량 $\epsilon = \frac{F}{r^2}\rho''$
> $= \frac{295.44}{6400^2} \times 206265'' = 1.49''$

□□□ 기 18③, 23②, 24②

32 DGPS를 적용할 경우 기지점과 미지점에서 측정한 결과로부터 공통오차를 상쇄시킬 수 있기 때문에 측량의 정확도를 높일 수 있다. 이때 상쇄되는 오차요인이 아닌 것은?

① 위성의 궤도정보오차
② 다중경로오차
③ 전리층 신호지연
④ 대류권 신호지연

> 다중경로오차
> • GPS 위성으로부터 직접 수신된 전파 이외에 부가적으로 주위의 지형 지물에 의해 반사된 전파로 인해 발생하는 오차
> • GPS 측량의 정확도는 위성과 수신기 사이의 거리를 얼마나 정확하게 계산하는가로 결정된다.
> • 다중경로가 발생하는 경우는 위성에서 송신된 신호가 수신기 주변의 물체를 거쳐 수신기로 들어오기 때문에 거리의 오차를 발생시키게 된다.

Remember

GPS 측위오차 원인
• 위성궤도 오차 : 전달되는 위성궤도 정보 오차
• 위성시계 오차 : 전달되는 위성시각 정보 오차
• 전리층 오차 : GPS 신호의 전리층 통과 시 전달시간 지연 오차
• 대류권 오차 : GPS 신호의 대류권 통과 시 전달시간 지연 오차
• 다중경로 오차 : GPS 신호의 다중경로에 의한 오차
• 수신기 오차 : 열 잡음, 안테나 위상 오차, 채널 간 간섭 오차, S/W 오차

□□□ 기 01, 04, 07④, 24②

33 노선의 곡률반경이 100m, 곡선길이가 20m일 경우 클로소이드(clothoid)의 매개변수(A)는 약 얼마인가?

① 22m ② 40m
③ 45m ④ 60m

$A^2 = RL$ 에서
$A = \sqrt{RL} = \sqrt{100 \times 20} = 45\,m$

□□□ 기 12②, 16①, 20②, 23②, 24②

34 삼각측량을 위한 삼각망 중에서 유심다각망에 대한 설명으로 틀린 것은?

① 농지측량에 많이 사용된다.
② 방대한 지역의 측량에 적합하다.
③ 삼각망 중에서 정확도가 가장 높다.
④ 동일측점 수에 비하여 포함면적이 가장 넓다.

> 유심 다각망의 특징
> • 교차점을 측점으로 사용한다.
> • 방대한 지역의 측량(농지측량)에 적합하다.
> • 동일 측점수에 비해 피복 면적이 가장 넓다.
> • 정도는 단열삼각망보다 높으나 사변형망보다 낮다.

□□□ 기 99, 07, 11, 15, 22①, 24②

35 삼변측량에 대한 설명으로 틀린 것은?

① 전자파거리측량기(EDM)의 출현으로 그 이용이 활성화되었다.
② 관측값의 수에 비해 조건식이 많은 것이 장점이다.
③ 코사인 제2법칙과 반각공식을 이용하여 각을 구한다.
④ 조정방법에는 조건방정식에 의한 조정과 관측방정식에 의한 조정방법이 있다.

> 관측값의 수에 비해 조건식이 적은 단점이 있다.

□□□ 기 24②

36 $\overline{AB}$ 측선의 방위각이 50°30′이고 그림과 같이 각 관측을 실시하였다. $\overline{CD}$ 측선의 방위각은?

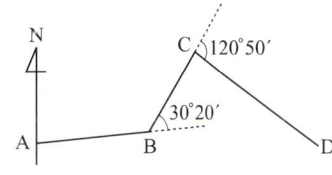

① 139°00′ ② 141°00′
③ 151°40′ ④ 201°40′

> • $\overline{AB}$ 측선의 방위각 : 50°30′
> • $\overline{BC}$ 측선의 방위각 : 50°30′ − 30°20′ = 20°10′
> • $\overline{CD}$ 측선의 방위각 : 20°10′ + 120°50′ = 141°00′

□□□ 기 21③, 24②

37 GNSS 측량에 대한 설명으로 옳지 않은 것은?

① 상대측위기법을 이용하면 절대측위보다 높은 측위정확도의 확보가 가능하다.
② GNSS 측량을 위해서는 최소 4개의 가시위성(visible satellite)이 필요하다.
③ GNSS 측량을 통해 수신기의 좌표뿐만 아니라 시계오차도 계산할 수 있다.
④ 위성의 고도각(elevation angle)이 낮은 경우 상대적으로 높은 측위정확도의 확보가 가능하다.

> 낮은 위성 고도각
> • 수평선을 기준으로 앙각 15° 미만에 배치된 낮은 고도각의 위성신호를 수신할 경우 정확도가 떨어지게 된다.
> • 낮은 고도각의 위성신호는 전리층 통과시간이 길어지므로 오차가 증가한다.

□□□ 기 98, 02, 07, 12, 15①, 24②

38 지성선에 관한 설명으로 옳지 않은 것은?

① 지성선은 지표면이 다수의 평면으로 구성되었다고 할 때 평면간 접합부, 즉 접선을 말하며 지세선이라고도 한다.
② 철(凸)선을 능선 또는 분수선이라 한다.
③ 경사변환선이란 동일 방향의 경사면에서 경사의 크기가 다른 두 면의 접합선이다.
④ 요(凹)선은 지표의 경사가 최대로 되는 방향을 표시한 선으로 유하선이라고 한다.

> • 계곡선(凹선) : 지표면이 낮거나 움푹 패인 점을 연결한 선이다.
> • 최대경사선 : 경사 지표의 임의의 1점에서 최대가 되는 방향으로 나타내는 선으로 유하선이라고도 한다.

□□□ 기 93, 99, 03, 06, 08, 11①, 12①, 14④, 18②, 22③, 24②

39 축척 1 : 600 지도상의 면적을 축척 1 : 500으로 계산하여 38.675m²를 얻었을 때 실제 면적은?

① 26.858m² ② 32.229m²
③ 48.410m² ④ 55.692m²

$$\frac{A_o}{A} = \left(\frac{M_o}{M}\right)^2 \text{에서}$$
$$\therefore A_o = \left(\frac{M_o}{M}\right)^2 A$$
$$= \left(\frac{600}{500}\right)^2 \times 38.675 = 55.692 \text{m}^2$$

□□□ 기 12①, 24②

40 다각측량의 폐합오차 조정방법 중 트랜싯 법칙에 대한 설명으로 옳은 것은?

① 각과 거리의 정밀도가 비슷할 때 실시하는 방법이다.
② 각 측선의 길이에 비례하여 폐합오차를 배분한다.
③ 각 측선의 길이에 반비례하여 폐합오차를 배분한다.
④ 거리보다는 각의 정밀도가 높을 때 활용하는 방법이다.

> • 트랜싯 법칙 : 각 관측의 정도가 거리관측의 정도보다 높을 때
> • 컴퍼스 법칙 : 각 관측의 정도와 거리관측의 정도가 같을 때

제3과목 : 수리학 및 수문학

41 물속에 존재하는 임의의 면에 작용하는 정수압의 작용방향에 대한 설명으로 옳은 것은?

① 정수압은 수면에 대하여 수평방향으로 작용한다.
② 정수압은 수면에 대하여 수직방향으로 작용한다.
③ 정수압은 임의의 면에 직각으로 작용한다.
④ 정수압의 수직압은 존재하지 않는다.

> 물체에 작용하는 정수압의 방향은 물체 표면에 직각으로 작용한다.

42 길이 13m, 높이 2m, 폭 3m, 무게 20ton인 바지선의 홀수는?

① 0.51m ② 0.56m
③ 0.58m ④ 0.46m

> 무게 W = 부력 $B = w_o b d l$
> ∴ 홀수 $d = \dfrac{W}{w_o b l} = \dfrac{20}{1 \times 3 \times 13} = 0.51\text{m}$

43 원형 단면의 수맥이 그림과 같이 곡면을 따라 유량 $0.018\text{m}^3/\text{s}$가 흐를 때 x 방향의 분력은? (단, 관내의 유속은 9.8m/s, 마찰은 무시한다.)

① −18.25N
② 37.83N
③ −64.56N
④ 17.64N

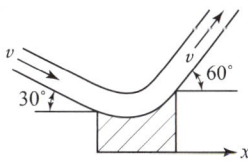

> $F_x = \dfrac{wQ}{g}(V\cos\theta_2 - V\cos\theta_1)$
> $= \dfrac{1 \times 0.018}{9.8} \times (9.8\cos 60° - 9.8\cos 30°)$
> $= 0.006588\text{t} = -6.588\text{kg}$
> $= -6.588 \times 9.8\text{N} = -64.56\text{N}$ ($\because$ 1kg = 9.8N)

44 부체의 안정에 관한 설명으로 옳지 않은 것은?

① 경심(M)이 무게중심(G)보다 낮을 경우 안정하다.
② 무게중심(G)이 부심(B)보다 아래쪽에 있으면 안정하다.
③ 경심(M)이 무게중심(G)보다 높을 경우 복원모멘트가 작용한다.
④ 부심(B)과 무게중심(G)이 동일 연직선상에 위치할 때 안정을 유지한다.

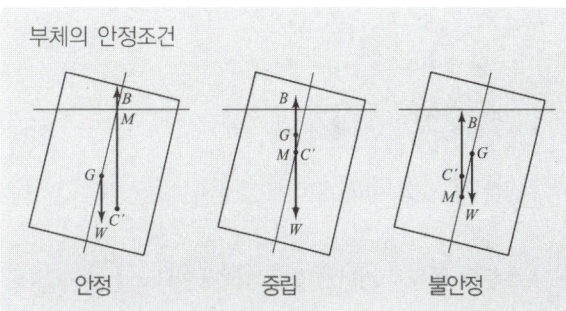

부체의 안정조건

안정 / 중립 / 불안정

∴ 경심(M)이 무게중심(G)보다 낮을 경우 부체는 불안정하다.

45 도수(hydraulic jump) 전후의 수심 h_1, h_2의 관계를 도수 전의 Froude 수 Fr_1의 함수로 표시한 것으로 옳은 것은?

① $\dfrac{h_2}{h_1} = \dfrac{1}{2}(\sqrt{8Fr_1^2 + 1} - 1)$

② $\dfrac{h_1}{h_2} = \dfrac{1}{2}(\sqrt{8Fr_1^2 + 1} + 1)$

③ $\dfrac{h_2}{h_1} = \dfrac{1}{2}(\sqrt{8Fr_1^2 + 1} + 1)$

④ $\dfrac{h_1}{h_2} = \dfrac{1}{2}(\sqrt{8Fr_1^2 + 1} - 1)$

> 도수 전·후의 수심을 h_1, h_2라 할 때 운동량방정식에 의해 도수를 구한다.
> • $\dfrac{h_2}{h_1} = \dfrac{1}{2}(\sqrt{8Fr_1^2 + 1} - 1)$
> • $\dfrac{h_2}{h_1} = -\dfrac{1}{2}(1 - \sqrt{8Fr_1^2 + 1})$

정답 41 ③ 42 ① 43 ③ 44 ① 45 ①

□□□ 기 92,93,00,06②,15①,19③,20②,24②

46 유선 위 한 점의 x, y, z축에 대한 좌표를 (x, y, z), x, y, z축 방향 속도성분을 각각 u, v, w라 할 때 서로의 관계가 $\dfrac{dx}{u}=\dfrac{dy}{v}=\dfrac{dz}{w}$, $u=-ky$, $v=kx$, $w=0$인 흐름에서 유선의 형태는? (단, k는 상수)

① 원
② 직선
③ 타원
④ 쌍곡선

- 유선방정식 $\dfrac{dx}{u}=\dfrac{dy}{v}=\dfrac{dz}{w}$ 에서 x, y 방향의 2차원 흐름은 $\dfrac{dx}{u}=\dfrac{dy}{v}$ 이다.
- $\dfrac{dx}{-ky}=\dfrac{dy}{kx}$ ∴ $xdx+ydy=0$
- 적분 $\int xdx+ydy=0$
  ∴ $x^2+y^2=\text{const}$ (원의 형태)
- 유선은 원을 그리며 흐름은 원운동이다.

Remember
- 원 : $x^2+y^2=C$
- 타원 : $\dfrac{x^2}{a}+\dfrac{y^2}{b}=1\,(a\ne b)$
- 쌍곡선 : $x^2-y^2=C$ or $xy=C$
- 포물선 : $y^2=Cx$ or $x^2=Cy$

□□□ 기 08①,14②,19③,24②

47 오리피스에서 수축계수의 정의와 그 크기로 옳은 것은? (단, a_o : 수축단면적, a : 오리피스 단면적, V_o : 수축단면의 유속, V : 이론유속)

① $C_a=\dfrac{a_o}{a}$, 1.0~1.1

② $C_a=\dfrac{V_o}{V}$, 1.0~1.1

③ $C_a=\dfrac{a_o}{a}$, 0.6~0.7

④ $C_a=\dfrac{V_o}{V}$, 0.6~0.7

수축계수 $C_a=\dfrac{a_o}{a}≒0.612$~0.72(보통 0.64)

□□□ 기 91,98,01,21①,24②

48 유속을 V, 물의 단위중량을 γ_w, 물의 밀도를 ρ, 중력가속도를 g라 할 때 동수압(動水壓)을 바르게 표시한 것은?

① $\dfrac{V^2}{2g}$

② $\dfrac{\gamma_w V^2}{2g}$

③ $\dfrac{\gamma_w V}{2g}$

④ $\dfrac{\rho V^2}{2g}$

$H=\dfrac{V^2}{2g}+\dfrac{P}{\gamma_w}+Z$에 γ_w를 곱하여 주면 ($\because \gamma_w=\rho g$)

$=\dfrac{\gamma_w V^2}{2g}+P+\gamma_w Z=\dfrac{1}{2}\rho V^2+P+\rho g Z$

여기서, $\dfrac{\gamma_w V^2}{2g}=\dfrac{1}{2}\rho V^2$: 동수압(동압력)

P : 정압력(정수압)

$\rho g Z$: 위치압력

□□□ 기 18③,22①,24②

49 수문자료 해석에 사용되는 확률분포형의 매개변수를 추정하는 방법이 아닌 것은?

① 모멘트법(method of moments)
② 회선적분법(convolution integral method)
③ 최우도법(method of maximum likelihood)
④ 확률가중모멘트법(method of probability weighted moments)

확률분포형의 매개변수 추정방법
- 모멘트법 : 표본자료, 즉 관측자료의 모멘트와 모집단의 모멘트가 같다고 정하여 모집단의 모멘트로부터 관측자료의 매개변수를 추정하는 것
- 최우도법 : 매개변수를 추정하기 위해 광범위하게 사용되는 방법으로 기본개념은 관측된 표본에 가장 적합한 모집단의 매개변수를 구하는 것
- 확률가중모멘트법 : 관측자료를 크기 순으로 작은 것부터 큰 순서로 재배열하여 작은 값에는 작은 가중치를 큰 값에는 큰 가중치를 부여하여 매개변수를 추정하는 방법으로 최근에 많이 사용되는 방법
- L-모멘트법 : 매개변수 추정치는 앞에서 소개한 확률가중모멘트법으로 추정하는 매개변수와 동일하다.

정답 46 ① 47 ③ 48 ② 49 ②

기 08,10,17,24②

50 지하수 흐름과 관련된 Dupuit의 공식으로 옳은 것은? (단, q=단위폭당의 유량, l=침윤선 길이, k=투수계수)

① $q = \dfrac{k}{2l}(h_1^2 - h_2^2)$ ② $q = \dfrac{k}{2l}(h_1^2 + h_2^2)$

③ $q = \dfrac{k}{l}\left(h_1^{\frac{3}{2}} - h_2^{\frac{3}{2}}\right)$ ④ $q = \dfrac{k}{l}\left(h_1^{\frac{3}{2}} + h_2^{\frac{3}{2}}\right)$

Dupuit의 침윤선 공식 $q = kIA$
- $I = \dfrac{\Delta h}{l} = \dfrac{(h_1 - h_2)}{l}$
- $A = \dfrac{(h_1 + h_2)}{2} \times 1$
- $\therefore q = k\dfrac{(h_1 - h_2)}{l}\dfrac{(h_1 + h_2)}{2} \times 1$
  $= \dfrac{k}{2l}(h_1^2 - h_2^2)$

Remember
$(a+b)(a-b) = a^2 - b^2$

기 19①,24②

51 그림과 같은 병렬관수로 ㉠, ㉡, ㉢에서 각관의 지름과 관의 길이를 각각 $D_1, D_2, D_3, L_1, L_2, L_3$라 할 때 $D_1 > D_2 > D_3$ 이고 $L_1 > L_2 > L_3$이면 A점과 B점 사이의 손실수두는?

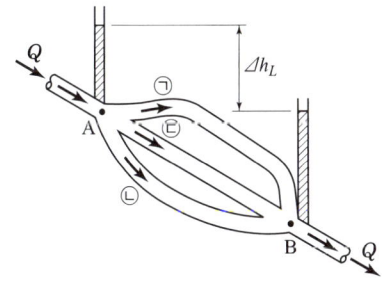

① ㉠의 손실수두가 가장 크다.
② ㉡의 손실수두가 가장 크다.
③ ㉢에서만 손실수두가 발생한다.
④ 모든 관의 손실수두가 같다.

병렬관수로
- 연속방정식
  $Q_A = Q_㉠ + Q_㉡ + Q_㉢ = Q_B$
- 베르누이방정식

$h_A = f_1 \dfrac{L_A}{D_A} \dfrac{V_A^2}{2g}$

$h_1 = f_1 \dfrac{L_1}{D_1} \dfrac{V_1^2}{2g}$

$h_2 = f_2 \dfrac{L_2}{D_2} \dfrac{V_2^2}{2g}$

$h_3 = f_3 \dfrac{L_3}{D_3} \dfrac{V_3^2}{2g}$

$h_B = f_B \dfrac{L_B}{D_B} \dfrac{V_B^2}{2g}$

$\therefore \sum h_L = h_A + h_1 + h_B = h_A + h_2 + h_B = h_A + h_3 + h_B$
($\because h_1 = h_2 = h_3$)

- 병렬관수로에서 모든 관의 손실수두는 같다.

기 11,17②,22②,24②

52 그림과 같은 관(管)에서 V의 유속으로 물이 흐르고 있을 경우에 대한 설명으로 옳지 않은 것은?

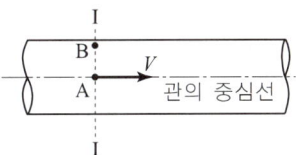

① 흐름이 층류인 경우 A점에서의 유속(流速)은 단면(斷面) I의 평균유속의 2배다.
② A점에서의 마찰저항력은 V^2에 비례한다.
③ A점에서 B점(管壁)으로 갈수록 마찰저항력은 커진다.
④ 유속은 A점에서 최대인 포물선 분포를 한다.

- 유속 V는 반지름 r의 2승에 비례하며, 관의 중심축(A)에서는 최대유속 $V_{\max}$이며, 관벽에서는 $V=0$인 포물선이다.
- A점에서의 마찰저항력은 0이다.
- 최대유속 $\dfrac{V_{\max}}{V_m} = 2$이다.

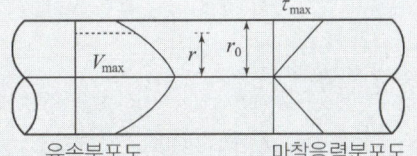

유속분포도   마찰응력분포도

□□□ 기 95,02,13,22①,24②
53 다음 사다리꼴 수로의 윤변은?

① 8.02m
② 7.02m
③ 6.02m
④ 9.02m

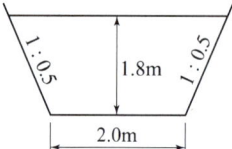

- 윤변(P) : 유수단면이 수로 주벽과 접하는 길이
- 경사면 길이
$S = \sqrt{(nh)^2 + h^2}$
  $= \sqrt{(0.5 \times 1.8)^2 + 1.8^2} = 2.01$
∴ 윤변 $P = 2.01 + 2.0 + 2.01 = 6.02\,m$

□□□ 기 09,22②,24②
54 수로의 단위폭에 대한 운동량방정식은? (단, 수로의 경사는 완만하며, 바닥 마찰저항은 무시한다.)

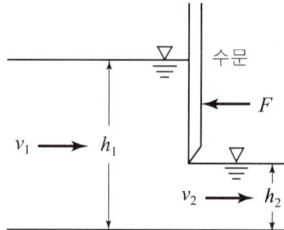

① $\dfrac{\gamma h_1^2}{2} - \dfrac{\gamma h_2^2}{2} - F = \rho Q(V_1 - V_2)$

② $\dfrac{\gamma h_1^2}{2} - \dfrac{\gamma h_2^2}{2} - F = \rho Q(V_2 - V_1)$

③ $\dfrac{\gamma h_1^2}{2} + \dfrac{\gamma h_2^2}{2} - F = \rho Q(V_2 - V_1)$

④ $\dfrac{\gamma h_1^2}{2} + \rho Q V_1 + F = \dfrac{\gamma h_2^2}{2} + \rho Q V_2$

$P_1 - P_2 - F = \dfrac{\gamma Q(V_2 - V_1)}{g} = \rho Q(V_2 - V_1)$

$\left(\because 밀도\ \rho = \dfrac{\gamma}{g} \right)$

- $P_1 = \gamma \times \dfrac{h_1}{2} \times (h_1 \times 1) = \dfrac{\gamma h_1^2}{2}$
- $P_2 = \gamma \times \dfrac{h_2}{2} \times (h_2 \times 1) = \dfrac{\gamma h_2^2}{2}$

∴ $\dfrac{\gamma h_1^2}{2} - \dfrac{\gamma h_2^2}{2} - F = \rho Q(V_2 - V_1)$

□□□ 기 05,24②
55 관측점 X의 우량계 고장으로 1개월 동안 강우량 관측을 할 수 없었다. 이 기간 동안 집중호우가 발생하여 인접관 측점 A, B, C에 다음과 같이 강우량이 측정되었다면 결측 기간 동안 X 관측점의 강우량은?

관측점	강우량(mm)	정상 연평균 강우량(mm)
X	?	951
A	103	1,010
B	90	920
C	118	1,208

① 91.3mm ② 92.3mm
③ 93.3mm ④ 94.3mm

- 정상 연강수량 비율법 : 3개 관측점 중에서 1개라도 10% 이상의 차가 있을 경우, 강수 현상이 산악의 영향을 많이 받는 지역에서 효과적이다.
- 결측지점의 연평균 강우량 951mm와 차이가 가장 크게 나는 1208mm와 비교
$\dfrac{N_C - N_x}{N_x} = \dfrac{1208 - 951}{951} \times 100 = 27.02\% > 10\%$
∴ 정상 연강수량 비율법을 사용한다.
- X지점의 결측 강우량
$P_x = \dfrac{N_x}{3}\left(\dfrac{P_A}{N_A} + \dfrac{P_B}{N_B} + \dfrac{P_C}{N_C} \right)$
$= \dfrac{951}{3}\left(\dfrac{103}{1010} + \dfrac{90}{920} + \dfrac{118}{1208} \right) = 94.30\,mm$

□□□ 기 83,90,97,02,09,11,15,24②
56 유역의 평균강우량 산정방법이 아닌 것은?

① 산술평균법 ② 등우선법
③ Thiessen 가중법 ④ 기하평균법

유역의 평균강우량 산정법		
산정방법	유역면적(km²)	특 징
산술평균법	500	· 평야지역에서 강우분포가 균일
Thiessen 가중법	500~5000	· 산악효과가 비교적 적음
등우선법	5000 이상	· 강우에 대한 산악의 영향을 고려

정답 53 ③ 54 ② 55 ④ 56 ④

□□□ 기 93,10,13②,19①,22①,24②

57 댐의 상류부에서 발생되는 수면곡선으로 흐름방향으로 수심이 증가함을 뜻하는 곡선은?

① 배수곡선
② 저하곡선
③ 유사량 곡선
④ 수리특성 곡선

> **배수곡선**
> 개수로의 흐름이 상류인 장소에 댐, 위어 또는 수문 등의 수리구조물을 만들어 수면을 상승시키면 그 영향이 상류로 미치고 수면이 상승하는 현상을 배수라 하고 배수에 의해 생기는 곡선을 배수곡선이라 한다.

□□□ 기 06,10②,24②

58 흐름을 지배하는 가장 큰 요인이 점성일 때 흐름의 상태를 구분하는 방법으로 쓰이는 무차원수는?

① Froude 수
② Reynolds 수
③ Weber 수
④ Cauchy 수

> ■ 관수로의 레이놀즈(Reynolds) 수
> • 흐름을 지배하는 가장 큰 요인이 점성력일 때 흐름의 상태를 구분하는 방법으로 쓰이는 무차원 수로 흐름상태를 구분하는 지표이다.
> • $R_e < 2000$: 층류, $R_e > 4000$: 난류, $2000 < R_e < 4000$: 천이영역
> ■ Reynolds 수 $F_r = \dfrac{V}{\sqrt{gh}}$
> • 상류 : $F_r < 1$, 사류 : $F_r > 1$

□□□ 기 01,03,24②

59 침투능에 관한 다음 설명 중 틀린 것은?

① 어떤 토양면을 통해 물이 침투할 수 있는 최대율을 말한다.
② 단위는 통상 mm/hr 또는 in/hr로 표시된다.
③ 침투능은 강우강도에 따라 변화한다.
④ 침투능은 토양 조건과는 무관하다.

> 침투능은 토양의 종류, 토양의 함유수분, 토양의 다짐정도 등의 조건에 따라 변한다.

□□□ 기 91,98,00,07,09,18②,21②,24②

60 유역면적이 $4km^2$이고 유출계수가 0.8인 산지하천에서 강우강도가 80mm/h이다. 합리식을 사용한 유역출구에서의 첨두홍수량은?

① $35.5m^3/s$
② $71.1m^3/s$
③ $128m^3/s$
④ $256m^3/s$

> $Q = 0.2778 CIA$ (합리식)
> $= 0.2778 \times 0.8 \times 80 \times 4 = 71.1 m^3/s$
> 여기서, Q : 첨두유량(m^3/sec)
> C : 유출계수
> I : 강우강도(mm/hr)
> A : 유역면적(km^2)

제4과목 : 철근콘크리트 및 강구조

□□□ 기 08,09,11②,19②,24②

61 철근콘크리트 부재의 피복두께에 관한 설명으로 틀린 것은?

① 최소 피복두께를 제한하는 이유는 철근의 부식방지, 부착력의 증대, 내화성을 갖도록 하기 위해서이다.
② 현장치기 콘크리트로서, 흙에 접하거나 옥외의 공기에 직접 노출되는 콘크리트의 최소 피복두께는 D19 이상의 철근의 경우 40mm이다.
③ 현장치기 콘크리트로서, 흙에 접하여 콘크리트를 친 후 영구히 흙에 묻혀 있는 콘크리트의 최소 피복두께는 75mm이다.
④ 콘크리트 표면과 그와 가장 가까이 배치된 철근 표면 사이의 콘크리트 두께를 피복두께라 한다.

> 프리스트레스하지 않는 부재의 현장치기 콘크리트
>
> | 철근의 외부조건 | | 최소피복 |
> |---|---|---|
> | 흙에 접하여 콘크리트를 친 후 영구히 흙에 묻혀 있는 콘크리트 | | 75mm |
> | 흙에 접하거나 옥외의 공기에 직접 노출되는 콘크리트 | D19 이상의 철근 | 50mm |
> | | D16 이하의 철근, 지름 16mm 이하의 철선 | 40mm |
>
> ∴ 현장치기 콘크리트로서, 흙에 접하거나 옥외의 공기에 직접 노출되는 콘크리트의 최소 피복두께는 D19 이상의 철근의 경우 50mm이다.

정답 57 ① 58 ② 59 ④ 60 ② 61 ②

□□□ 기 06,09,11,17,18①,19①,24②

62 다음 그림과 같은 복철근보의 유효깊이(d)는? (단, 철근 1개의 단면적은 250mm²이다.)

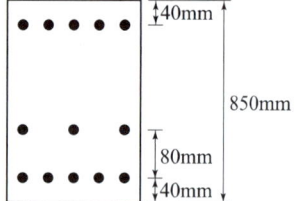

① 730mm
② 740mm
③ 760mm
④ 780mm

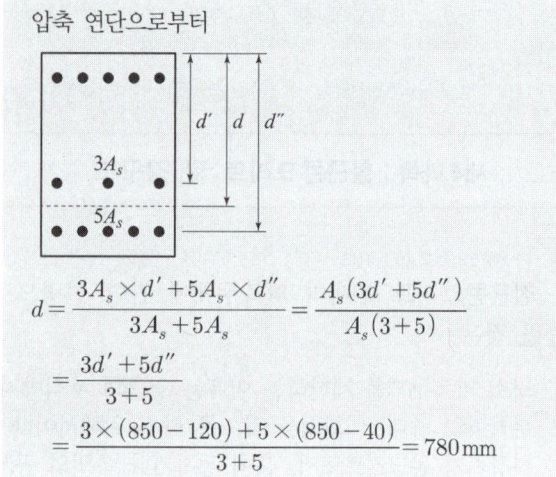

압축 연단으로부터

$$d = \frac{3A_s \times d' + 5A_s \times d''}{3A_s + 5A_s} = \frac{A_s(3d' + 5d'')}{A_s(3+5)}$$

$$= \frac{3d' + 5d''}{3+5}$$

$$= \frac{3 \times (850-120) + 5 \times (850-40)}{3+5} = 780\,mm$$

□□□ 기 11,12,14,15,17①,19②,24②

63 $b_w = 300mm$, $d = 450mm$인 단철근 직사각형 보의 균형철근량은 약 얼마인가? (단, $f_{ck} = 35MPa$, $f_y = 300MPa$)

① 7590mm²
② 7363mm²
③ 7150mm²
④ 7010mm²

철근량 $A_s = \rho_b b d$

- $f_{ck} = 35MPa \le 40MPa$일 때
  $\eta = 1.0$, $\beta_1 = 0.80$

- $\rho_b = \frac{\eta(0.85f_{ck})\beta_1}{f_y} \cdot \frac{660}{660 + f_y}$

$$= \frac{1 \times 0.85 \times 35 \times 0.80}{300} \times \frac{660}{660+300} = 0.05454$$

$$\therefore A_s = 0.05454 \times 300 \times 450 = 7363\,mm^2$$

□□□ 기 05,06,11,17④,21②,24②

64 폭(b)이 250mm이고, 전체높이(h)가 500mm인 직사각형 철근콘크리트보의 단면에 균열을 일으키는 비틀림모멘트(T_{cr})는 약 얼마인가? (단, 보통중량콘크리트이며, $f_{ck} = 28MPa$이다.)

① 9.8kN·m
② 11.3kN·m
③ 12.5kN·m
④ 18.4kN·m

$$T_{cr} = \frac{1}{3}\lambda\sqrt{f_{ck}}\left(\frac{A_{cp}^2}{p_{cp}}\right) = \frac{1}{3}\lambda\sqrt{f_{ck}}\left\{\frac{(bh)^2}{2(b+h)}\right\}$$

- $A_{cp} = b \cdot h = 250 \times 500 = 125000\,mm^2$
- $p_{cp} = 2(b+h) = 2(250+500) = 1500\,mm$

$$\therefore T_{cr} = \frac{1}{3} \times 1 \times \sqrt{28} \times \frac{125000^2}{1500}$$

$$= 18373273\,N \cdot mm$$

$$= 18.4\,kN \cdot m$$

□□□ 기 14④,17①,20②,21②,22③,24②

65 아래 그림과 같은 보의 단면에서 표피철근의 간격 s는 약 얼마인가? (단, 습윤환경에 노출되는 경우로서, 표피철근의 표면에서 부재 측면까지 최단거리(c_c)는 50mm, $f_{ck} = 28MPa$, $f_y = 400MPa$이다.)

① 170mm
② 200mm
③ 230mm
④ 260mm

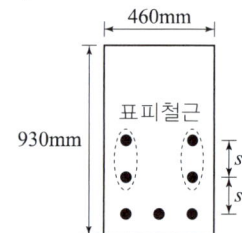

$$s = 375\left(\frac{k_{cr}}{f_s}\right) - 2.5c_c, \quad s = 300\left(\frac{k_{cr}}{f_s}\right)$$

두 계산 값 중 작은 값 이하

- $k_{cr} = 210MPa$(습윤환경), $k_{cr} = 280MPa$(건조환경)

- 간략법 $f_s = \frac{2}{3}f_y = \frac{2}{3} \times 400 = 266.67MPa$

$$s = 375\left(\frac{k_{cr}}{f_s}\right) - 2.5c_c$$

$$= 375\left(\frac{210}{266.67}\right) - 2.5 \times 50 = 170\,mm$$

$$s = 300\left(\frac{k_{cr}}{f_s}\right) = 300 \times \frac{210}{266.67} = 236.25\,mm$$

$$\therefore s = 170\,mm \text{ (작은 값)}$$

정답 62 ④ 63 ② 64 ④ 65 ①

□□□ 기 05,08,14④,17②,18③,22①,24②

66 철근콘크리트의 강도설계법을 적용하기 위한 설계 가정으로 틀린 것은?

① 철근 및 콘크리트의 변형률은 중립축으로부터의 거리에 비례한다.
② 인장 측 연단에서 철근의 극한변형률은 0.003으로 가정한다.
③ 콘크리트 압축연단의 극한변형률은 콘크리트의 설계기준압축강도가 40MPa 이하인 경우에는 0.0033으로 가정한다.
④ 철근의 응력이 설계기준항복강도(f_y) 이하일 때 철근의 응력은 그 변형률에 철근의 탄성계수(E_s)를 곱한 값으로 한다.

- 인장측 변형률 $\epsilon_s = \dfrac{f_y}{E_s}$
- 휨모멘트 또는 휨모멘트와 축력을 동시에 받는 부재의 콘크리트 압축연단의 극한변형률은 콘크리트의 설계기준압축강도가 40MPa 이하인 경우에는 0.0033으로 가정한다.

□□□ 기 11①,16②,24②

67 철근콘크리트 1방향 슬래브의 설계에 대한 설명 중 틀린 것은?

① 1방향 슬래브의 두께는 최소 100mm 이상으로 하여야 한다.
② 4변에 의해 지지되는 2방향 슬래브 중에서 단변에 대한 장변의 비가 2배를 넘으면 1방향 슬래브로 해석한다.
③ 슬래브의 정모멘트 및 부모멘트 철근의 중심간격은 위험단면에서는 슬래브 두께의 3배 이하이어야 하고, 또한 450mm 이하로 하여야 한다.
④ 슬래브의 단변방향 보의 상부에 부모멘트로 인해 발생하는 균열을 방지하기 위하여 슬래브의 장변방향으로 슬래브 상부에 철근을 배치하여야 한다.

- 슬래브의 정모멘트 철근 및 부모멘트 철근의 중심간격은 위험단면에서 슬래브 두께의 2배 이하, 300mm 이하로 한다.
- 기타의 단면에서는 슬래브 두께의 3배 이하 또는 450mm 이하로 한다.

□□□ 기 88,01,03,04,07,09,20③,21②,22②,24②

68 철근콘크리트가 성립되는 조건으로 틀린 것은?

① 철근과 콘크리트 사이의 부착강도가 크다.
② 철근과 콘크리트의 탄성계수가 거의 같다.
③ 철근은 콘크리트 속에서 녹이 슬지 않는다.
④ 철근과 콘크리트의 열팽창계수가 거의 같다.

$n = \dfrac{E_s}{E_c}$, 즉 $nE_c = E_s$

∴ 철근의 탄성계수(E_s)는 콘크리트의 탄성계수(E_c)의 n배이다.

□□□ 기 24②

69 균형철근량보다 적고 최소철근량보다는 많은 인장철근량을 가진 보가 휨에 의해 파괴되는 경우에 대한 설명으로 옳은 것은?

① 취성파괴를 한다.
② 연성파괴를 한다.
③ 사용철근량이 균형철근량보다 적은 경우는 보로서 의미가 없다.
④ 중립축이 인장측으로 내려오면서 철근이 먼저 파괴한다.

철근량이 균형 철근량보다 작으면 보의 파괴는 철근의 항복으로 시작되어 항복 이후에도 상당한 변형을 동반하여 사전에 붕괴의 징조를 보이는 연성파괴를 한다.

□□□ 기 93,01,04,07,10,14,15,18②,21③,24②

70 옹벽에서 T형보로 설계하여야 하는 부분은?

① 뒷부벽식 옹벽의 전면벽
② 뒷부벽식 옹벽의 뒷부벽
③ 앞부벽식 옹벽의 저판
④ 앞부벽식 옹벽의 앞부벽

뒷부벽식 및 앞부벽식 옹벽의 설계
- 뒷부벽식 옹벽의 뒷부벽은 T형보로 설계
- 앞부벽식 옹벽의 앞부벽은 직사각형보로 설계

□□□ 기 09,24②

71 인장이형철근의 정착길이 산정 시 필요한 보정계수에 대한 설명 중 틀린 것은? (단, 보통 중량콘크리트 사용)

① 피복두께가 $3d_b$ 미만 또는 순간격이 $6d_b$ 미만인 에폭시 도막철근일 때 철근 도막계수(β)는 1.5를 적용한다.
② 상부철근(정착길이 또는 겹침이음부 아래 300mm를 초과되게 굳지 않은 콘크리트를 친 수평철근)인 경우, 철근배근 위치에 따른 보정계수(α)는 1.3을 적용한다.
③ 아연도금 철근은 철근 도막계수를 1.0으로 적용한다.
④ 에폭시 도막철근이 상부철근인 경우 상부철근의 위치계수와 철근 도막계수의 곱($\alpha \cdot \beta$)한 값이 1.6보다 크지 않아야 한다.

> 에폭시 도막철근이 상부철근인 경우, 보정계수끼리 곱 ($\alpha \cdot \beta$)한 값이 1.7보다 클 필요는 없다.

□□□ 기 09,14④,17①,22①,24②

72 그림과 같은 단면을 갖는 지간 10m의 PSC보에 PS 강재가 100mm의 편심거리를 가지고 직선 배치되어 있다. 자중을 포함한 계수등분포하중 16kN/m가 보에 작용할 때, 보 중앙단면 콘크리트 상연응력은 얼마인가? (단, 유효 프리스트레스 힘 $P_e = 2400$kN)

① 11.2MPa
② 12.8MPa
③ 13.6MPa
④ 14.9MPa

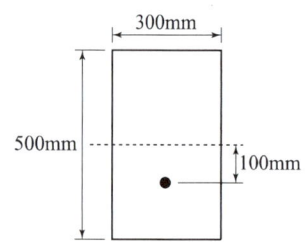

$$f_c = \frac{P_e}{A} - \frac{P_e \cdot e}{I}y + \frac{M}{I}y = \frac{P_c}{A_c} - \frac{P_e \cdot e_p}{Z_c} + \frac{M}{Z_c}$$

• $P_e = 2400 \times 10^3$
• $A_c = 300 \times 500 = 15 \times 10^4 \text{mm}^2$
• $Z_c = \frac{bh^2}{6} = \frac{300 \times 500^2}{6} = 12500000 \text{mm}^3$
• $M = \frac{wl^2}{8} = \frac{16 \times 10000^2}{8} = 2 \times 10^8 \text{N} \cdot \text{mm}$

$$\therefore f_c = \frac{2400 \times 10^3}{15 \times 10^4} - \frac{2400 \times 10^3 \times 100}{12500000} + \frac{2 \times 10^8}{12500000}$$
$$= 16 - 19.2 + 16 = 12.8 \text{MPa}$$

□□□ 기 00,04,06,08,09,10,13,14,15,17②,18②,24②

73 직사각형보에서 계수전단력 $V_u = 70$kN을 전단철근 없이 지지하고자 할 경우 필요한 최소유효깊이 d는 약 얼마인가? (단, $b_w = 400$mm, $f_{ck} = 21$MPa, $f_y = 350$MPa)

① $d = 426$mm
② $d = 556$mm
③ $d = 611$mm
④ $d = 751$mm

> 전단철근이 없는 경우
> • $V_u \leq \frac{1}{2}\phi V_c = \frac{1}{2}\phi\left(\frac{1}{6}\lambda\sqrt{f_{ck}}\right)b_w d$ 에서
> $\therefore d = \frac{12 V_u}{\phi \lambda \sqrt{f_{ck}} \times b_w} = \frac{12 \times 70 \times 10^3}{0.75 \times 1 \times \sqrt{21} \times 400}$
> $= 611$mm
> ($\because$ 전단력과 비틀림모멘트 $\phi = 0.75$)
>
> ■ [계산기 f_x570 ES] SOLVE 사용법
> $V_u = \frac{1}{2}\phi\left(\frac{1}{6}\lambda\sqrt{f_{ck}}\right)b_w d$
> $70 \times 10^3 = \frac{1}{2} \times 0.75 \times \left(\frac{1}{6} \times 1 \times \sqrt{21}\right) \times 400 \times d$
> 먼저 70×10^3 ☞ ALPHA ☞ SOLVE = ☞
> $\frac{1}{2} \times 0.75 \times \left(\frac{1}{6} \times 1 \times \sqrt{21}\right) \times 400 \times$ ☞ ALPHA X
> ☞ SHIFT ☞ SOLVE ☞ = ☞ 잠시 기다리면
> $X = 611.01$ $\therefore d = 611$mm

□□□ 기 11,13,14,20④,21②,22①,24②

74 프리스트레스 손실 원인 중 프리스트레스 도입 후 시간의 경과에 따라 생기는 것이 아닌 것은?

① 콘크리트의 크리프
② 콘크리트의 건조수축
③ 정착 장치의 활동
④ 긴장재 응력의 릴랙세이션

프리스트레스의 손실원인	
도입 시 손실=즉시 손실	도입 후 손실=시간적 손실
• 정착장치의 활동 • 포스트텐션 긴장재와 덕트 사이의 마찰 • 콘크리트의 탄성수축	• 콘크리트의 크리프 • 콘크리트의 건조수축 • PC 강재(긴장재 응력)의 릴랙세이션(relaxation)

정답 71 ④ 72 ② 73 ③ 74 ③

기 05,07,08,11,18③,21③,24②

75 그림과 같은 나선철근 단주의 강도설계법에 의한 공칭축강도(P_n)는? (단, D32 1개의 단면적=794mm², $f_{ck}=24\text{MPa}$, $f_y=400\text{MPa}$)

① 2648kN
② 3254kN
③ 3716kN
④ 3972kN

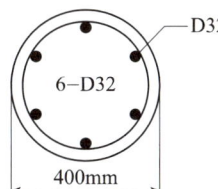

- $P_n = \alpha\{0.85f_{ck}(A_g - A_{st}) + f_y \cdot A_{st}\}$
- $A_g = \dfrac{\pi d^2}{4} = \dfrac{\pi \times 400^2}{4} = 125664\text{mm}^2$
- $A_s = 794 \times 6 = 4764\text{mm}^2$
- $\therefore P_n = 0.85\{0.85 \times 24(125664 - 4764) + 400 \times 4764\}$
  $= 3716166\text{N} = 3716\text{kN}$

분류	보정계수 α	강도감소계수 ϕ
나선철근	0.85	0.70
띠철근	0.80	0.65

기 94,10,11,12,13,24②

76 단면의 폭 400mm, 보의 유효깊이 600mm, 콘크리트의 설계기준압축강도 25MPa로 설계된 전단철근이 있는 보가 있다. 이 보에 계수전단력 $V_u=300\text{kN}$이 작용할 경우, 전단철근이 부담하여야 할 전단력 V_s는? (단, 보통중량콘크리트 사용)

① 75kN
② 100kN
③ 150kN
④ 200kN

계수전단력이 주어졌음
- 콘크리트의 전단강도
  $V_c = \dfrac{1}{6}\lambda\sqrt{f_{ck}}b_w d$
  $= \dfrac{1}{6} \times 1 \times \sqrt{25} \times 400 \times 600 \times 10^{-3}$
  $= 200\text{kN}$
- 전단철근의 전단강도
  $V_u = \phi(V_c + V_s)$에서
  $\therefore V_s = \dfrac{V_u}{\phi} - V_c = \dfrac{300}{0.75} - 200 = 200\text{kN}$

기 99,07,11,14②,18①,20④,24②

77 그림의 T형보에서 $f_{ck}=28\text{MPa}$, $f_y=400\text{MPa}$일 때 공칭모멘트강도(M_n)를 구하면? (단, $A_s=5000\text{mm}^2$)

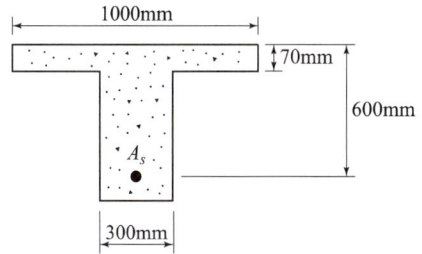

① 1110.5kN·m
② 1251.0kN·m
③ 1372.5kN·m
④ 1434.0kN·m

- $M_n = \left\{A_{sf}f_y\left(d - \dfrac{t}{2}\right) + (A_s - A_{sf})f_y\left(d - \dfrac{a}{2}\right)\right\}$
- T형보의 판별
  $a = \dfrac{A_s f_y}{\eta(0.85f_{ck})b} = \dfrac{5000 \times 400}{1 \times 0.85 \times 28 \times 1000}$
  $= 84.03\text{mm} > t = 70\text{mm}$
  $\therefore$ T형보로 해석
- 등가깊이(a) 산정
  $A_{sf} = \dfrac{\eta(0.85f_{ck})(b-b_w)t}{f_y}$
  $= \dfrac{1 \times 0.85 \times 28 \times (1000-300) \times 70}{400}$
  $= 2915.5\text{mm}^2$
  $a = \dfrac{(A_s - A_{sf})f_y}{\eta(0.85f_{ck})b_w} = \dfrac{(5000-2915.5) \times 400}{1 \times 0.85 \times 28 \times 300}$
  $= 116.78\text{mm}$
- 공칭휨강도(M_n) 계산
  $M_n = 2915.5 \times 400 \times \left(600 - \dfrac{70}{2}\right)$
  $\quad + (5000 - 2915.5) \times 400 \times \left(600 - \dfrac{116.78}{2}\right)$
  $= 658903000 + 451594418$
  $= 1110497418\text{N}\cdot\text{mm} = 1110.5\text{kN}\cdot\text{m}$

☐☐☐ 기 05,06,08,09,11,12,16①,22①,24②

78 순간처짐이 20mm 발생한 캔틸레버보에서 5년 이상의 지속하중에 의한 총처짐은? (단, 보의 인장 철근비는 0.02, 받침부의 압축철근비는 0.01이다.)

① 26.7mm ② 36.7mm
③ 46.7mm ④ 56.7mm

- $\lambda = \dfrac{\xi}{1+50\rho'}$
- 5년 이상 $\xi = 2.0$
  (12개월=1.4, 6개월=1.2, 3개월=1.0)
- 압축철근비 $\rho' = 0.01$
- $\therefore \lambda = \dfrac{2.0}{1+50\times 0.01} = 1.333$
- 장기처짐=순간처짐(탄성침하)×장기처짐계수(λ)
  $=20\times 1.333 = 26.7$mm
- $\therefore$ 총처짐량=순간처짐+장기처짐
  $=20+26.7=46.7$mm

☐☐☐ 기 96,02,03,08,19①,21③,22①,24②

79 아래와 같은 맞대기이음부에 발생하는 응력의 크기는? (단, $P=360$kN, 강판두께 : 12mm)

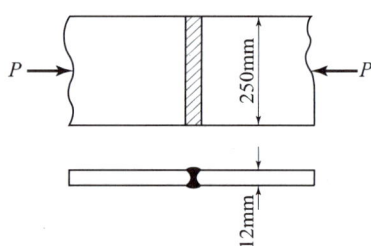

① 압축응력 : $f_c = 14.4$MPa
② 인장응력 : $f_t = 3000$MPa
③ 전단응력 : $\tau = 150$MPa
④ 압축응력 : $f_c = 120$MPa

$f_c = \dfrac{P}{A}$
$= \dfrac{360\times 10^3}{250\times 12} = 120$N/mm² $= 120$MPa

☐☐☐ 기 06,15②,19②,21③,22③,24②

80 그림과 같은 필렛용접의 유효목두께로 옳게 표시된 것은? (단, KDS 14 30 25 강구조 연결설계 기준(허용응력설계법)에 따른다.)

① S
② 0.9S
③ 0.7S
④ 0.5L

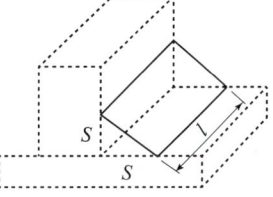

필렛용접(KDS 14 20 25 강구조 연결설계 기준)
- 필렛용접의 유효목두께는 모살치수의 0.7배로 한다.
  $\therefore a = 0.7S$

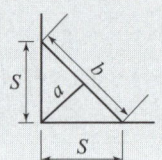

제5과목 : 토질 및 기초

☐☐☐ 기 97,13,16②,24②

81 다음 그림에서 C점의 압력수두 및 전수두 값은 얼마인가?

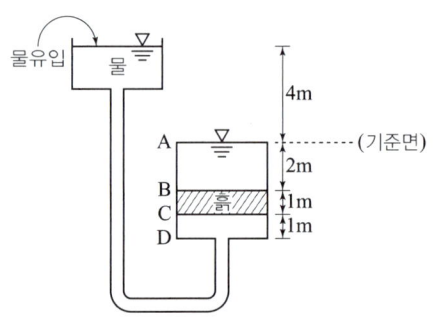

① 압력수두 3m, 전수두 2m
② 압력수두 7m, 전수두 0m
③ 압력수두 3m, 전수두 3m
④ 압력수두 7m, 전수두 4m

- C점의 압력수두 $= 4+2+1 = 7$m
- C점의 위치수두 $= -(2+1) = -3$m
- C점의 전수두 $= 7+(-3) = 4$m

기 09,15,24②

82 다음 표는 흙의 다짐에 대해 설명한 것이다. 옳게 설명한 것을 모두 고른 것은?

> (1) 사질토에서 다짐에너지가 클수록 최대건조단위중량은 커지고 최적함수비는 줄어든다.
> (2) 입도분포가 좋은 사질토가 입도분포가 균등한 사질토보다 더 잘 다져진다.
> (3) 다짐곡선은 반드시 영공기간극곡선의 왼쪽에 그려진다.
> (4) 양족롤러(Sheep's foot roller)는 점성토를 다지는 데 적합하다.
> (5) 점성토에서 흙은 최적함수비보다 큰 함수비로 다지면 면모구조를 보이고 작은 함수비로 다지면 이산구조를 보인다.

① (1), (2), (3), (4)   ② (1), (2), (3), (5)
③ (1), (4), (5)   ④ (2), (4), (5)

> 점성토에서 흙은 최적함수비보다 큰 함수비로 다지면 이산구조를 보이고 작은 함수비로 다지면 면모구조를 보인다.

기 17①,24②

83 아래 그림과 같은 무한사면이 있다. 흙과 암반의 경계면에서 흙의 강도정수 $c=18kN/m^2$, $\phi=25°$ 이고, 흙의 단위중량 $\gamma=19kN/m^3$인 경우 경계면에서 활동에 대한 안전율을 구하면?

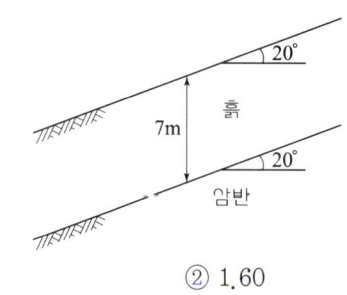

① 1.55   ② 1.60
③ 1.65   ④ 1.70

> 무한사면의 경계면에서 활동에 대한 안전율
> $$F_s = \frac{c}{\gamma Z \sin i \cos i} + \frac{\tan\phi}{\tan i}$$
> $$= \frac{18}{19 \times 7 \sin 20° \cos 20°} + \frac{\tan 25°}{\tan 20°} = 1.70$$

기 82,00,04,10②,12①,13①,15④,19③,20②,24②

84 함수비 15%인 흙 2300g이 있다. 이 흙의 함수비를 25%가 되도록 증가시키려면 얼마의 물을 가해야 하는가?

① 200g   ② 230g
③ 345g   ④ 575g

> • $W_W = \frac{w \cdot W}{100+w} = \frac{15 \times 2300}{100+15} = 300g$
> • $15\% : 300 = (25-15) : x$
> ∴ $x = \frac{300 \times (25-15)}{15} = 200g$

기 99,06,10①,15②,24②

85 2m×2m 정방형 기초가 1.5m 깊이에 있다. 이 흙의 단위중량 $\gamma=17kN/m^3$, 점착력 $c=0$이며 $N_r=19$, $N_q=22$이다. Terzaghi의 공식을 이용하여 전허용하중(Q_{all})을 구한 값은? (단, 안전율 $F_s=3$으로 한다)

① 273kN   ② 546kN
③ 819kN   ④ 1093kN

> • $q_u = \alpha c N_c + \beta \gamma_1 B N_r + \gamma_2 D_f N_q$
> $= 0 + 0.4 \times 17 \times 2 \times 19 + 17 \times 1.5 \times 22$
> $= 819.4kN$ (∵ 정방형 $\alpha=1.3$, $\beta=0.4$)
> • $q_a = \frac{q_u}{F_a} = \frac{819.4}{3} = 273.13kN/m^2$
> • $Q_{all} = q_a \cdot A = 273.13 \times 2 \times 2 = 1093kN$

기 14④,17①,19③,24②

86 예민비가 매우 큰 연약점토지반에 대해서 현장의 비배수 전단강도를 측정하기 위한 시험방법으로 가장 적합한 것은?

① 압밀비배수시험   ② 표준관입시험
③ 직접전단시험   ④ 현장베인시험

> 베인전단시험(vane shear test)
> • 연약점토지반의 비배수 강도를 측정하는 데 이용
> • 비배수 조건하에서의 사면안정해석이나 구조물의 기초에서 지지력 산정에 이용
> • Vane 시험 시 회전모멘트를 측정하여 비배수 강도를 구한다.

기 01,08,14①,24②

87 통일분류법(統一分類法)에 의해 SP로 분류된 흙의 설명으로 옳은 것은?

① 모래질 실트를 말한다.
② 모래질 점토를 말한다.
③ 압축성이 큰 모래를 말한다.
④ 입도분포가 나쁜 모래를 말한다.

- SP : 입도분포가 불량한 모래(sand poor)
- SM : 실트질 모래
- SC : 점토질의 모래

기 99,03,06,10,19③,20②,24②

88 Terzaghi는 포화점토에 대한 1차 압밀이론에서 수학적 해를 구하기 위하여 다음과 같은 가정을 하였다. 이 중 옳지 않은 것은?

① 흙은 균질하다.
② 흙은 완전히 포화되어 있다.
③ 흙 입자와 물의 압축성을 고려한다.
④ 흙 속에서의 물의 이동은 Darcy 법칙을 따른다.

Terzaghi의 압밀이론
- 흙은 균질하고 포화되어 있다.
- 흙입자와 물의 압축성은 무시한다.
- 흙의 압축은 1축 압축으로 행하여진다.
- 유효응력이 증가할수록 압축토층의 간극비는 감소한다.
- 흙 속의 물의 이동은 Darcy의 법칙에 따르며 투수계수는 일정하다.

기 96,02,07,09,16②,20②,24②

89 폭 10cm, 두께 3mm인 Paper Drain 설계 시 Sand drain의 지름과 동등한 값(등치환산원의 지름)으로 볼 수 있는 것은?

① 2.5cm   ② 5.0cm
③ 7.5cm   ④ 10.0cm

$$D = \alpha \frac{2(A+B)}{\pi} = 0.75 \times \frac{2(10+0.3)}{\pi} = 5.0\,\text{cm}$$

기 86,90,99,03,14,17④,21③,22②,24②

90 지표면이 수평이고 옹벽의 뒷면과 흙과의 마찰각이 0°인 연직옹벽에서 Coulomb 토압과 Rankine 토압은 어떤 관계가 있는가? (단, 점착력은 무시한다.)

① Coulomb 토압은 항상 Rankine 토압보다 크다.
② Coulomb 토압과 Rankine 토압은 같다.
③ Coulomb 토압이 Rankine 토압보다 작다.
④ 옹벽의 형상과 흙의 상태에 따라 클 때도 있고 작을 때도 있다.

지표면이 수평이고 벽면 마찰각 $\delta = 0$, $i = 0$인 사질토의 경우 Coulomb의 토압과 Rankine의 토압은 같다.

기 08②,18③,21②,22①②,24②

91 토립자가 둥글고 입도분포가 양호한 모래지반에서 N치를 측정한 결과 $N = 19$가 되었을 경우, Dunham의 공식에 의한 이 모래의 내부마찰각(ϕ)은?

① 20°   ② 25°
③ 30°   ④ 35°

Dunham 공식

토립자의 조건	내부마찰각
토립자가 둥글고 입도분포가 불량(균일)	$\phi = \sqrt{12N} + 15$
토질입자가 둥글고 입도분포가 양호	$\phi = \sqrt{12N} + 20$
토립자가 모나고 입도분포가 불량(균일)	$\phi = \sqrt{12N} + 20$
토립자가 모가 나고 입도분포가 양호	$\phi = \sqrt{12N} + 25$

∴ 흙입자가 둥글고 입도분포가 양호
$\phi = \sqrt{12N} + 20 = \sqrt{12 \times 19} + 20 = 35°$

기 08,13②,19④,24②

92 말뚝이 20개인 군항 기초에 있어서 효율이 0.75이고, 단항으로 계산된 말뚝 한 개의 허용지지력이 150kN일 때 군항의 허용지지력은 얼마인가?

① 1125kN   ② 2250kN
③ 3000kN   ④ 4000kN

$$R_{ag} = ENR_a = 0.75 \times 20 \times 150 = 2250\,\text{kN}$$

정답 87 ④   88 ③   89 ②   90 ②   91 ④   92 ②

☐☐☐ 기 99,04,13,20③,24②

93 그림에서 흙의 단면적이 40cm²이고 투수계수가 0.1cm/sec일 때 흙 속을 통과하는 유량은?

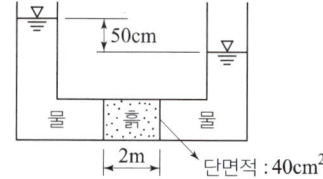

① 1m³/hr
② 1cm³/s
③ 100m³/hr
④ 100cm³/s

$$Q = kiA = k\frac{h}{L}A$$
$$= 0.1 \times \frac{50}{200} \times 40 = 1\,cm^3/sec$$

☐☐☐ 기 80,81,94,03,21②,22②,24②

94 다음 중 연약점토지반 개량공법이 아닌 것은?

① 프리로딩(Pre-loading) 공법
② 샌드 드레인(Sand drain) 공법
③ 페이퍼 드레인(Paper drain) 공법
④ 바이브로 플로테이션(Vibro flotation) 공법

연약지반 공법	
점토질지반 개량	사질토지반 개량
• Sand drain 공법 • Paper drain 공법 • Preloading 공법 • 침투압공법 • 전기침투공법 • 생석회 말뚝공법	• Vibro flotation 공법 • 폭파다짐 공법 • 전기충격 공법 • Compozer 공법 • 다짐말뚝공법 • 약액주입공법

• 바이브로플로테이션 공법 : 사질토 지반의 개량공법

☐☐☐ 기11①,24②

95 흙 시료의 전단파괴면을 미리 정해 놓고 흙의 강도를 구하는 시험은?

① 일축압축시험
② 삼축압축시험
③ 직접전단시험
④ 평판재하시험

직접전단시험
상하로 분리된 전단상자 속에 시료를 넣고 수직하중을 가한 상태로 수평력을 가하여 전단상자 상하단부의 분리면을 따라 강제로 파괴를 일으켜서 지반의 강도정수를 결정하는 시험방법이다.

☐☐☐ 기 18④,19③,24②

96 Mohr의 응력원에 대한 설명 중 틀린 것은?

① Mohr의 응력원에서 응력상태는 파괴포락선 위쪽에 존재할 수 없다.
② Mohr의 응력원이 파괴포락선과 접하지 않을 경우 전단파괴가 발생됨을 뜻한다.
③ 비압밀비배수 시험조건에서 Mohr의 응력원은 수평축과 평행한 형상이 된다.
④ Mohr의 응력원에 접선을 그었을 때 종축과 만나는 점이 점착력 c이고, 그 접선의 기울기가 내부마찰각 ϕ이다.

• Mohr의 응력원이 파괴포락선과 접할 때에만 그 재료는 파괴된다.
• Mohr의 응력원이 파괴포락선 아래에 그려지면 그 재료는 아직 파괴에 이르지 않았다는 것을 의미한다.

☐☐☐ 기 93,03,07,11,15①,17④,22②,24②

97 아래 그림과 같은 지표면에 2개의 집중하중이 작용하고 있다. 30kN의 집중하중 작용점 하부 2m 지점 A에서의 연직하중의 증가량은 약 얼마인가? (단, 영향계수는 소수점 이하 넷째자리까지 구하여 계산하시오.)

① 3.71kN/m²
② 8.90kN/m²
③ 14.2kN/m²
④ 19.4kN/m²

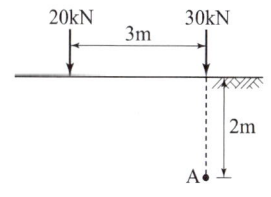

$$\sigma_{z1} = \frac{3Q}{2\pi}\frac{Z^3}{R^5}$$
$$= \frac{3\times 20}{2\pi} \times \frac{2^3}{(\sqrt{3^2+2^2})^5} = 0.125\,kN/m^2$$
$$\sigma_{z2} = \frac{3Q}{2\pi Z^2} = \frac{3\times 30}{2\pi \times 2^2} = 3.581\,kN/m^2$$
$$\therefore\ \sigma_z = \sigma_{z1} + \sigma_{z2} = 0.125 + 3.581 = 3.71\,kN/m^2$$

정답 93 ② 94 ④ 95 ③ 96 ② 97 ①

기 84,97,98,02,20②,24②

98 흙의 투수성에서 사용되는 Darcy의 법칙 $\left(Q = k \cdot \dfrac{\Delta h}{L} \cdot A\right)$에 대한 설명으로 틀린 것은?

① Δh는 수두차이다.
② 투수계수(k)의 차원은 속도의 차원(cm/s)과 같다.
③ A는 실제로 물이 통하는 공극부분의 단면적이다.
④ 물의 흐름이 난류인 경우에는 Darcy의 법칙이 성립하지 않는다.

- A는 시료의 전체 단면적이다.
- Darcy의 법칙은 층류일 때만 성립한다.

기 07,12,20③,24②

99 흙의 동상에 영향을 미치는 요소가 아닌 것은?

① 모관 상승고
② 흙의 투수계수
③ 흙의 전단강도
④ 동결온도의 계속시간

동상량을 지배하는 주된 요소
- 동결심도 하단에서 지하수면까지의 거리가 모관 상승고보다 작을 때
- 동결온도의 계속기간
- 모관 상승고의 크기
- 흙의 투수계수

기 81,82,97,99,02,24②

100 A, B 두 종류의 흙에 관한 토질시험 결과가 표와 같다. 다음 내용 설명 중 옳은 것은?

구분	A	B
액성한계	30%	10%
소성한계	15%	5%
함수비	23%	12%
비중	2.73	2.67

① A는 B보다 간극비가 크다.
② A는 B보다 점토분을 많이 함유 하고 있다.
③ A는 B보다 습윤밀도가 크다.
④ A는 B보다 건조밀도가 크다.

- 액성한계(W_L)와 소성지수(I_p)가 클수록 점토의 함유율이 크다.
  ∴ A > B
- 액성한계가 크면 습윤밀도, 건조밀도는 작아진다.

제6과목 : 상하수도공학

기 08,11,17②,24②

101 계획급수인구를 추정하는 이론곡선식이 $y = \dfrac{K}{1+e^{a-bx}}$로 표현될 때, 식 중의 K가 의미하는 것은? (단, y : x년 후의 인구, x : 기준년부터의 경과년수, e : 자연대수의 밑, a, b : 상수)

① 현재인구
② 포화인구
③ 증가인구
④ 상주인구

로지스틱 곡선법 $y = \dfrac{K}{1+e^{a-bx}}$
K : 포화인구(인구의 극한치)

기 95,02,24②

102 하천에서의 용존산소의 값을 높이기 위한 공학적인 제어방법 중 옳지 못한 것은?

① 하천의 유량증가
② 수중의 폭기시설 설치
③ 유속감소에 따른 퇴적의 촉진
④ 비점원 오염원의 감소

유속증가에 따른 퇴적이 감소하여 용존산소의 값을 높일 수 있다.

기 13,24②

103 배수지의 유효수심은 얼마를 표준으로 하는가?

① 1~2m
② 2~3m
③ 3~6m
④ 6~8m

배수지의 유효수심은 3~6m 정도를 표준으로 한다.

□□□ 기 16,24②

104 계획 1일 최대급수량을 시설기준으로 하지 않는 것은?

① 배수시설
② 정수시설
③ 취수시설
④ 송수시설

■ 계획 1일 최대급수량
상수도 시설의 규모결정 및 취수, 도수, 정수, 송수 시설 기준이 된다.

■ 계획시간 최대급수량
배수시설 기준이 된다.

Remember

계획급수량	설 계 기 준
1일 평균 급수량	• 정수를 위한 약품, 전력 등의 사용량의 산정 • 유지관리비, 수도요금의 산정 등의 수도재정계획
계획 1일 최대급수량	• 취수, 도수, 정수, 송수시설 등 상수도의 설계기준
계획시간 최대급수량	• 배수관 계산 설계에 사용

□□□ 기 12,24②

105 하수의 배제방식의 분류식과 합류식에 대한 설명으로 옳지 않은 것은?

① 분류식은 오수만을 처리장으로 수송하는 방식으로 우천시에 오수를 수역으로 방류하는 일이 없으므로 수질오염 방지상 유리하다.
② 분류식의 오수관거는 소구경이기 때문에 합류식에 비해 경사가 완만하고 매설깊이가 적어지는 장점이 있다.
③ 합류식은 단일관거로 오수와 우수를 배제하기 때문에 침수피해의 다발지역이나 우수배제시설이 정비되어 있지 않은 지역에서 유리하다.
④ 합류식은 분류식에 비해 시공이 용이하나 우천시에 관거내의 침전물이 일시로 유출되어 처리장에 큰 부담을 줄 수 있다.

분류식의 오수관거는 소구경이기 때문에 합류식에 비해 경사가 급해지고 매설깊이가 깊어지는 등의 문제점이 있다.

□□□ 기 03,12,16,20④,24②

106 하천 및 저수지의 수질해석을 위한 수학적 모형을 구성하고자 할 때, 가장 기본이 되는 수학적 방정식은?

① 에너지보존의 식
② 질량보존의 식
③ 운동량보존의 식
④ 난류의 운동방정식

호수 및 저수지의 수질해석 수학적 방정식은 유량이 일정하고, 오염물질의 감소는 일차반응식에 따른다고 보고 물질수지식을 세우기 위해 질량불변의 법칙을 적용한다.

□□□ 기 14,17②,24②

107 도수 및 송수관로 중 일부분이 동수경사선보다 높은 경우 조치할 수 있는 방법으로 옳은 것은?

① 상류측에 대해서는 관경(관지름)을 작게 하고, 하류측에 대해서는 관경을 크게 한다.
② 상류측에 대해서는 관경을 작게 하고, 하류측에 대해서는 접합정을 설치한다.
③ 상류측에 대해서는 관경을 크게 하고, 하류측에 대해서는 관경을 작게 한다.
④ 상류측에 대해서는 접합정을 설치하고, 하류측에 대해서는 관경을 크게 한다.

단일 동수경사를 경계로 해서 관경(관지름)을 상류측은 크게, 하류측은 작게 해서 동수경사선이 상승이 되도록 한다.

□□□ 기 16,24②

108 하천, 수로, 철도 및 이설이 불가능한 지하매설물의 아래에 하수관을 통과시킬 경우 필요한 하수관로 시설은?

① 간선
② 관정접합
③ 맨홀
④ 역사이펀

역사이펀
하수관거가 하천, 궤도, 지하철 등 이설 불가능한 지하매설물을 횡단하는 경우 역사이펀이라 한다.

□□□ 기 00,13,24②

109 어느 지역에 비가 내려 배수구역내 가장 먼 지점에서 하수거의 입구까지 빗물이 유하하는 데 5분이 소요되었다. 하수거의 길이가 1200m, 관내 유속이 2m/sec일 때 유달시간은?

① 5분 ② 11분
③ 15분 ④ 20분

> 유달시간 $T = t + \dfrac{L}{V}$
> • $V = 2\,\text{m/sec} = 120\,\text{m/min}$
> ∴ $T = 5 + \dfrac{1200}{120} = 15$분

□□□ 기 95,99,06④,09②,13①,15④,19①,24②

110 호기성 처리방법과 비교하여 혐기성 처리방법의 특징에 대한 설명으로 틀린 것은?

① 유용한 자원인 메탄이 생성된다.
② 동력비 및 유지관리비가 적게 든다.
③ 하수찌꺼기(슬러지) 발생량이 적다.
④ 운전조건의 변화에 적응하는 시간이 짧다.

> 혐기성 처리방법의 특징
> • 슬러지가 적게 발생한다.
> • 영양소가 호기성보다 적게 소용된다.
> • 운전조건의 변화에 적응하는 시간이 길다.
> • 유기물 농도가 높은 하수의 처리에 적합하다.
> • 최종물질로 생성되는 메탄은 유용한 물질이다.

□□□ 기 19②,24②

111 하수 슬러지처리 과정과 목적이 옳지 않은 것은?

① 소각 – 고형물의 감소, 슬러지 용적의 감소
② 소화 – 유기물과 분해하여 고형물 감소, 질적 안정화
③ 탈수 – 수분제거를 통해 함수율 85% 이하로 양의 감소
④ 농축 – 중간 슬러지 처리공정으로 고형물 농도의 감소

> 농축
> 함수율을 감소시켜 고형물 농도를 증가시킴으로써 부피를 감소시키는 방법

□□□ 기 11,20④,24②

112 오수 및 우수관로의 설계에 대한 설명으로 옳지 않은 것은?

① 우수 관경(관지름)의 결정을 위해서는 합리식을 적용한다.
② 오수관로의 최소관경은 200mm를 표준으로 한다.
③ 우수관로 내의 유속은 가능한 사류상태가 되도록 한다.
④ 오수관로의 계획하수량은 계획시간 최대오수량으로 한다.

> • 우수관로 내의 유속은 가능한 한 상류(常流) 상태가 되도록 한다.
> • 우수관로 내의 유속을 0.8~3.0cm/sec를 표준으로 한다.
> • 오수관로 내의 유속을 0.6~3.0cm/sec를 표준으로 한다.

□□□ 기 95,09,14,17②,24②

113 우수조정지 설치에 대한 설명으로 옳지 않은 것은?

① 합류식 하수도에만 설치한다.
② 하류관거 유하능력이 부족한 곳에 설치한다.
③ 하류지역 펌프장 능력이 부족한 곳에 설치한다.
④ 우수조정지로부터의 우수방류방식은 자연유하를 원칙으로 한다.

> 우수조정지의 설치 목적
> • 하류지역 펌프장 능력이 부족한 곳
> • 하류관거의 유하능력이 부족한 곳
> • 방류수로 유하능력이 부족한 곳
> • 우수유출량의 증대로 침수방지가 필요한 곳
> • 분류식과 합류식 하수도에 설치

□□□ 기 00,01,06,24②

114 어느 하수처리장에서 600m³/day의 하수를 처리한다. 펌프장 습정의 부피는 얼마 정도로 하면 적당한가? (단, 습정의 체류시간은 40분 정도로 가정)

① 16.7m³ ② 25.0m³
③ 400m³ ④ 600m³

> $V = Q \cdot t$
> $= 600\,(\text{m}^3/\text{d}) \times 40\,(\text{min}) \times \dfrac{1}{60\,(\text{min}) \times 24\,(\text{hr})}$
> $= 16.7\,\text{m}^3$

정답 109 ③ 110 ④ 111 ④ 112 ③ 113 ① 114 ①

□□□ 기 06,09,24②
115 슬러지 용적지수(SVI)에 관한 설명 중 옳지 않은 것은?

① 폭기조 내 혼합물을 30분간 정치한 후 침강한 1g의 슬러지가 차지하는 부피(ml)로 나타낸다.
② 정상적으로 운전되는 폭기조의 SVI는 50~150범위이다.
③ SVI는 슬러지 밀도지수(SDI)에 100을 곱한 값을 의미한다.
④ SVI는 폭기시간, BOD농도, 수온 등에 영향을 받는다.

슬러지 밀도지수 $SDI = \dfrac{100}{SVI}$

□□□ 기 10,13,17①,24②
116 하수도시설에서 펌프장시설의 계획하수량과 설치대수에 대한 설명으로 옳지 않은 것은?

① 오수펌프의 용량은 분류식의 경우, 계획시간 최대오수량으로 계획한다.
② 펌프의 설치대수는 계획오수량과 계획우수량에 대하여 각 2대 이하를 표준으로 한다.
③ 합류식의 경우, 오수펌프의 용량은 우천시 계획오수량으로 계획한다.
④ 빗물펌프는 예비기를 설치하지 않는 것을 원칙으로 하지만, 필요에 따라 설치를 검토한다.

펌프의 설치대수는 계획오수량과 계획우수량에 대하여 각각 2~6대를 표준으로 한다.

□□□ 기 17①,24②
117 깊이 3m, 폭(너비) 10m, 길이 50m인 어느 수평류 침전지에 1000m³/hr의 유량이 유입된다. 이상적인 침전지임을 가정할 때, 표면부하율은?

① 0.5m/hr
② 1.0m/hr
③ 2.0m/hr
④ 2.5m/hr

표면부하율 $= \dfrac{\text{유입유량}}{\text{수면적}}$
$= \dfrac{1000(\text{m}^3/\text{hr})}{10 \times 50(\text{m}^2)} = 2.0\text{m/hr}$

□□□ 기 17④,20③,24②
118 상수도 배수관에 사용하는 관 종류와 특징으로 옳지 않은 것은?

① 경질폴리염화비닐(PVC)관은 내식성이 크고 유기용제, 열 및 자외선에 강하다.
② 덕타일주철관은 강도가 커서 충격에 강하나 비교적 무겁다.
③ 강관은 내압 및 충격에 강하나 부식에 약하며 처짐이 크다.
④ 스테인리스강관은 강도가 크지만 다른 금속과의 절연처리가 필요하다.

경질폴리염화비닐(PVC)관
■ 장점
• 내식성, 내전식성이 크다.
• 가볍고 시공이 용이하다.
• 가격이 저렴하다.

■ 단점
• 강도가 작다.
• 충격에 약하다.
• 유기용제, 열, 자외선에 약하다.

□□□ 기 98,24②
119 유입하수량 1000m³/day, 유입하수의 BOD농도 200mg/l인 오수를 활성슬러지법으로 처리하기 위하여 설계하려고 한다. 폭기조의 MLSS농도를 2,000mg/l 유지하고, F/M비를 0.2로 운전할 경우 폭기조의 수리학적 체류 시간은 얼마인가?

① 4hr
② 6hr
③ 8hr
④ 12hr

• BOD용적부하 $= F/M \times MLSS$농도 $\times 10^{-3}$
$= 0.2 \times 2000 \times 10^{-3}$
$= 0.4\text{kg/m}^3 \cdot \text{day}$

• $T = \dfrac{L_o \times 10^{-3}}{\text{BOD 용적부하}}$
$= \dfrac{200 \times 10^{-3}}{0.4} \times 24(\text{hr}) = 12\text{ hr}$

□□□ 기 00,08②,11①,12④,13①,14④,15④,19①,24②

120 펌프의 비속도(비교회전도, N_s)에 대한 설명으로 틀린 것은?

① N_s가 작으면 유량이 많은 저양정의 펌프가 된다.
② 수량 및 전양정이 같다면 회전수가 클수록 N_s가 크게 된다.
③ 1m³/min의 유량을 1m 양수하는데 필요한 회전수를 의미한다.
④ N_s가 크게 되면 사류형으로 되고 계속 커지면 축류형으로 된다.

- N_s값이 작으면 유량(토출량)이 적은 고양정의 펌프로 된다.
- N_s값이 클수록 유량(토출량)이 많은 저양정의 펌프로 된다.

정답 120 ①

국가기술자격 필기시험문제

2024년도 기사 3회 필기시험

자격종목	시험시간	문제수	형 별
토목기사	3시간	120	A

※ 각 문제는 4지 택일형으로 질문에 가장 적합한 문제의 보기 번호를 클릭하거나 답안표기란의 번호를 클릭하여 입력하시면 됩니다.
※ 입력된 답안은 문제 화면 또는 답안 표기란의 보기 번호를 클릭하여 변경하실 수 있습니다.

제1과목 : 응용역학

□□□ 기 84,13②,18②,21②,24③

01 그림과 같은 부정정보에서 A점의 처짐각(θ_A)은? (단, 보의 휨강성은 EI이다.)

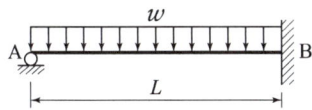

① $\dfrac{wL^3}{12EI}$ ② $\dfrac{wL^3}{24EI}$

③ $\dfrac{wL^3}{36EI}$ ④ $\dfrac{wL^3}{48EI}$

공액보의 수직반력

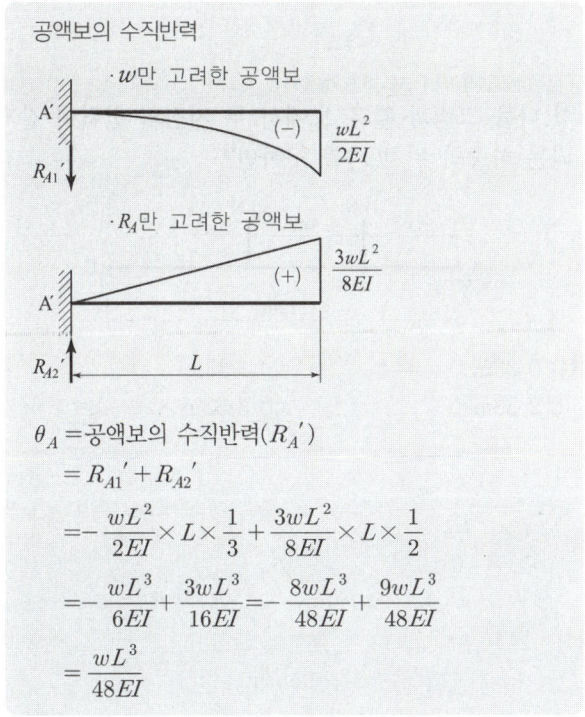

θ_A = 공액보의 수직반력(R_A')
$= R_{A1}' + R_{A2}'$
$= -\dfrac{wL^2}{2EI} \times L \times \dfrac{1}{3} + \dfrac{3wL^2}{8EI} \times L \times \dfrac{1}{2}$
$= -\dfrac{wL^3}{6EI} + \dfrac{3wL^3}{16EI} = -\dfrac{8wL^3}{48EI} + \dfrac{9wL^3}{48EI}$
$= \dfrac{wL^3}{48EI}$

□□□ 기 14①,19②,24③

02 다음 그림과 같은 단순보의 중앙점 C에 집중하중 P가 작용하여 중앙점의 처짐 δ가 발생했다. δ가 0이 되도록 양쪽지점에 모멘트 M을 작용시키려고 할 때, 이 모멘트의 크기 M을 하중 P와 지간 L로 나타낸 것으로 옳은 것은? (단, EI는 일정하다.)

① $M = \dfrac{PL}{2}$

② $M = \dfrac{PL}{4}$

③ $M = \dfrac{PL}{6}$

④ $M = \dfrac{PL}{8}$

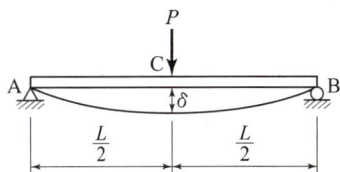

$\delta_{c1} = \delta_{c2}$

• $\delta_{c1} = \dfrac{PL^3}{48EI}$, $\delta_{c2} = \dfrac{ML^2}{8EI}$

$\dfrac{PL^3}{48EI} = \dfrac{ML^2}{8EI}$ 에서

∴ $M = \dfrac{PL}{6}$

Remember

하중상태	처짐각	처짐
(그림: 단순보 중앙 집중하중 P, 지간 L)	$\theta_A = -\theta_B$ $= \dfrac{PL^2}{16EI}$	$y_{max} = \dfrac{PL^3}{48EI}$
(그림: 양단모멘트 M_A, M_B, 지간 L)	$\theta_A = \dfrac{L}{6EI}(2M_A + M_B)$ $\theta_B = \dfrac{L}{6EI}(M_A + 2M_B)$	$M_A = M_B = M$ $y_{max} = \dfrac{ML^2}{8EI}$

정답 01 ④ 02 ③

□□□ 기 90,19③,20③,24③

03 그림에서 합력 R과 P_1 사이의 각을 α라고 할 때 $\tan\alpha$를 나타낸 식으로 옳은 것은?

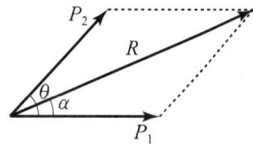

① $\tan\alpha = \dfrac{P_2\sin\theta}{P_1 + P_2\cos\theta}$

② $\tan\alpha = \dfrac{P_1\sin\theta}{P_1 + P_2\cos\theta}$

③ $\tan\alpha = \dfrac{P_2\cos\theta}{P_1 + P_2\sin\theta}$

④ $\tan\alpha = \dfrac{P_1\cos\theta}{P_1 + P_2\sin\theta}$

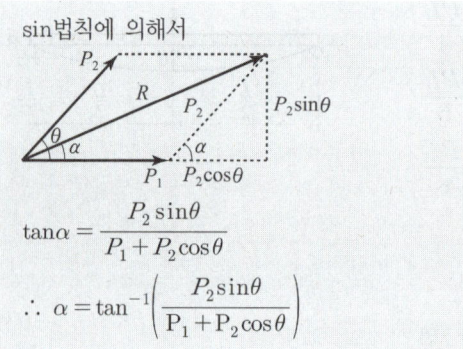

sin법칙에 의해서

$\tan\alpha = \dfrac{P_2\sin\theta}{P_1 + P_2\cos\theta}$

$\therefore \alpha = \tan^{-1}\left(\dfrac{P_2\sin\theta}{P_1 + P_2\cos\theta}\right)$

□□□ 기 94③,01①,24③

04 등질성 등방성 탄성체에서 종탄성 계수(縱彈性 係數) E, 전단(煎斷)탄성계수 G, 포와송비 v간의 관계식을 옳게 나타낸 것은?

① $G = \dfrac{E}{1+v}$ ② $G = \dfrac{E}{1+2v}$

③ $G = \dfrac{E}{2+v}$ ④ $G = \dfrac{E}{2(1+v)}$

전단탄성계수

$G = \dfrac{E}{2\left(1+\dfrac{1}{m}\right)} = \dfrac{E}{2\left(\dfrac{m+1}{m}\right)} = \dfrac{mE}{2(m+1)} = \dfrac{E}{2(1+v)}$

• 포아송수 $m = \dfrac{1}{\text{포아송비 } v}$

□□□ 기 92②,05④,08②,19①,24③

05 아래 그림과 같은 기둥에서 좌굴하중의 비 (a) : (b) : (c) : (d)는? (단, EI와 기둥의 길이(l)는 모두 같다.)

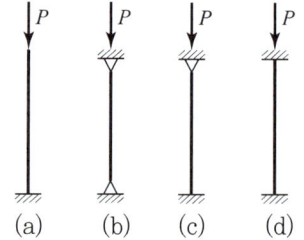

① $1 : 2 : 3 : 4$ ② $1 : 4 : 8 : 12$

③ $\dfrac{1}{4} : 2 : 4 : 8$ ④ $1 : 4 : 8 : 16$

좌굴하중 $P = \dfrac{n\pi^2 EI}{l^2}$ ($\dfrac{\pi^2 EI}{l^2}$는 동일)

양단지지 상태의 강도(n)

1단고정 타단자유	$n = \dfrac{1}{4}$	1
양단힌지	$n = 1$	4
일단힌지 타단고정	$n = 2$	8
양단고정	$n = 4$	16

$\therefore \dfrac{1}{4} : 1 : 2 : 4 = 1 : 4 : 8 : 16$

□□□ 기 07,08,10,11,15,18①,21②,24③

06 다음 그림과 같은 보에서 두 지점의 반력이 같게 되는 하중의 위치(x)를 구하면?

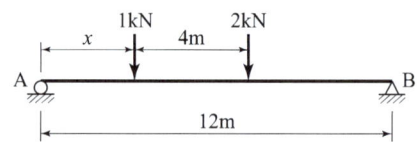

① 0.33m ② 1.33m
③ 2.33m ④ 3.33m

• $R_A = R_B$
• $\sum V = 0$
  $R_A + R_B = 1 + 2 = 3\,\text{kN}$ $\therefore R_A = R_B = 1.5\,\text{kN}$
• $\sum M_A = 0$
  $1 \times x + 2 \times (4+x) - 1.5 \times 12 = 0$
  $1x + 8 + 2x - 18 = 0$
  $3x = 10$ $\therefore x = 3.33\,\text{m}$

정답 03 ① 04 ④ 05 ④ 06 ④

07 탄성계수 $2.0 \times 10^5 \text{N/mm}^2$인 재료로 된 경간 10m의 캔틸레버보에 $w = 1.2 \text{kN/m}$의 등분포하중이 작용할 때, 자유단의 처짐각은? (단, $I_N (\text{mm}^4)$: 중립축에 대한 단면2차모멘트)

① $\theta = \dfrac{10^2}{I_N}$ ② $\theta = \dfrac{10^3}{I_N}$

③ $\theta = 1.5 \times \dfrac{10^6}{I_N}$ ④ $\theta = \dfrac{10^6}{I_N}$

등분포하중의 캔틸레버보

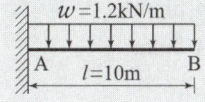

- $\theta_B = \dfrac{wl^3}{6EI}$
- 등분포하중 $w = 1.2 \text{kN/m} = 1.2 \text{N/mm}$
- 탄성계수 $E = 2.0 \times 10^5 \text{N/mm}^2$
- 지간 $l = 10\text{m} = 10000\text{mm}$

$\therefore \theta_B = \dfrac{wl^3}{6EI} = \dfrac{1.2 \times 10000^3}{6 \times 2 \times 10^5 I_N (\text{mm}^4)}$

$= \dfrac{1000000}{I_N} = \dfrac{10^6}{I_N}$

---

08 그림과 같은 3힌지 아치의 C점에 연직하중(P) 400kN이 작용한다면 A점에 작용하는 수평반력(H_A)은?

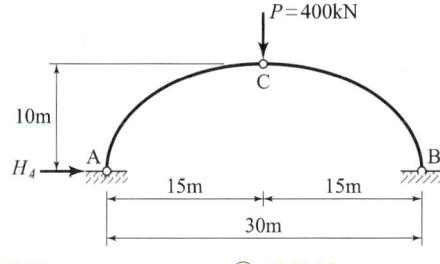

① 100kN   ② 150kN
③ 200kN   ④ 300kN

- $V_A = V_B = \dfrac{P}{2}$ (∵ 대칭구조)
- $\therefore V_A = \dfrac{400}{2} = 200\text{kN}$
- $\Sigma M_C = 0$ (C점의 좌측)

  $200 \times 15 - H_A \times 10 = 0$ $\therefore H_A = 300\text{kN}$

---

09 다음 트러스에서 AB부재의 부재력으로 옳은 것은?

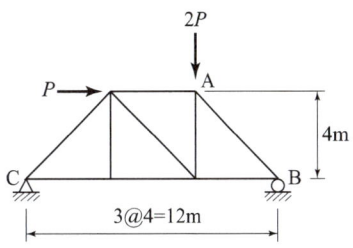

① $1.179P$ (압축)   ② $2.357P$ (압축)
③ $1.179P$ (인장)   ④ $2.357P$ (인장)

- $\Sigma M_C = 0$: $R_B \times 12 - P \times 4 - 2P \times 8 = 0$

  $\therefore R_B = \dfrac{4P + 16P}{12} = \dfrac{20P}{12} = \dfrac{5P}{3}$

- $\Sigma V_B = 0$: $R_B + AB \sin 45° = 0$

  $\therefore AB = -\dfrac{R_B}{\sin 45°} = -\dfrac{5P}{3\sin 45°}$

  $= -2.357P = 2.357P$ (압축)

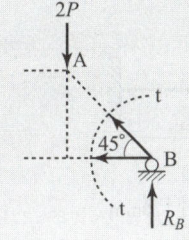 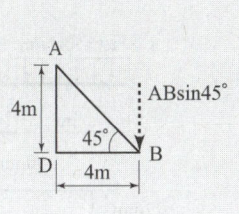

---

10 단면 1차 모멘트와 같은 차원을 갖는 것은?

① 회전 반경   ② 단면 계수
③ 단면 2차 모멘트   ④ 단면 상승 모멘트

차원의 단위

단 면	차 원
단면 1차 모멘트	cm^3, m^3
회전 반경	cm, m
단면 계수	cm^3, m^3
단면 2차 모멘트	cm^4, m^4
단면 상승 모멘트	cm^4, m^4

정답 07 ④ 08 ④ 09 ② 10 ②

□□□ 기 05④,12②,22①,23②,24③

11 길이가 4m인 원형단면 기둥의 세장비가 100이 되기 위한 기둥의 지름은? (단, 지지상태는 양단 힌지로 가정한다.)

① 200mm ② 180mm
③ 160mm ④ 120mm

원형단면 기둥(양단힌지) $k = 1.0$)

• 세장비 $\lambda = \dfrac{l}{\sqrt{\dfrac{I}{A}}} = \dfrac{l}{\sqrt{\dfrac{\pi d^4/64}{\pi d^2/4}}} = \dfrac{l}{\dfrac{d}{4}} = 100$

• $\dfrac{d}{4} = \dfrac{l}{\lambda} = \dfrac{4000}{100}$

∴ $d = 160\,\text{mm}$

□□□ 기 07,11,15,17④,24③

12 주어진 T형 단면의 캔틸레버보에서 최대전단응력을 구하면 얼마인가? (단, T형보 단면의 $I_{N.A} = 8.68 \times 10^5\,\text{mm}^4$이다.)

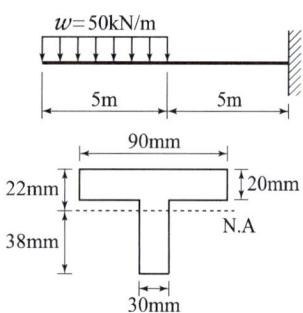

① 125.68MPa ② 179.72MPa
③ 207.95MPa ④ 243.32MPa

$\tau_{max} = \dfrac{G_{N.A}S}{I_{N.A}b}$

• 지점에서의 반력 $R_B = 50 \times 5 = 250\,\text{kN}$
• 지점에서의 최대전단력 $S_B = 250\,\text{kN} = 250000\,\text{N}$
• $I_{N.A} = 8.68 \times 10^5\,\text{mm}^4$
• $G_{N.A} = 30 \times 38 \times \dfrac{38}{2} = 21660\,\text{mm}^3$

∴ $\tau_{max} = \dfrac{G_{N.A}S}{I_{N.A}b} = \dfrac{21660 \times 250000}{8.68 \times 10^5 \times 30}$
$= 207.95\,\text{N/mm}^2 = 207.95\,\text{MPa}$

□□□ 기 91④,02①,24③

13 그림과 같은 2개의 마찰이 없는 도르래에 로프를 걸고 그 양단에 5kN 씩 하중을 달고난 다음 도르래 사이 간격이 중앙점인 C점에 4kN의 무게를 달았더니 C점이 D점까지 내려와서 평형이 되고 있다. 이 때 C점과 D점간의 거리 y는 얼마인가?

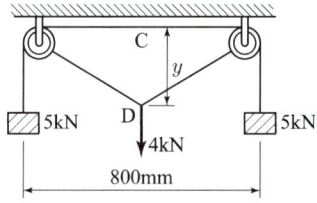

① 344.5mm ② 254.5mm
③ 174.5mm ④ 474.5mm

• $4 = (5\cos\alpha) \times 2$

∴ $\alpha = \cos^{-1}\dfrac{4}{5 \times 2} = 66°25'18.56''$

• $\tan\alpha = \dfrac{400}{y}$

∴ $y = \dfrac{400}{\tan\alpha}$

$= \dfrac{400}{\tan 66°25'18.56''} = 174.57\,\text{mm}$

□□□ 기 13,24③

14 지름 40mm, 길이 1m의 둥근 막대가 인장력을 받아서 길이가 6mm 늘어나고 동시에 지름이 0.08mm 만큼 줄었을 때 이 재료의 포아송수는?

① 1.5 ② 2.0
③ 2.5 ④ 3.0

포아송수 $m = \dfrac{1}{\nu} = \dfrac{\epsilon}{\beta} = \dfrac{\dfrac{\Delta l}{l}}{\dfrac{\Delta d}{d}} = \dfrac{d \cdot \Delta l}{l \cdot \Delta d}$

$= \dfrac{40 \times 6}{1000 \times 0.08} = 3.0$

□□□ 기 82,84,08①,10①,15②,24③

15 봉 AB는 양단에 고정되어 있고 축하중 P가 C점에 작용하고 있다. 이 때 B점에 작용하는 반력 R_B는?

① $\dfrac{Pa}{l}$
② $\dfrac{Pb}{l}$
③ $\dfrac{P(2a+b)}{l}$
④ $\dfrac{P(a+2b)}{l}$

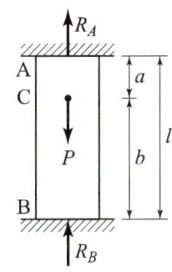

AC, CB부재의 변형량의 합은 0이다.

- AB부재 $\Delta l = \dfrac{R_A \cdot a}{AE}$
- BC부재 $\Delta l = \dfrac{R_B \cdot b}{AE}$

$\therefore \dfrac{R_A \cdot a}{AE} = \dfrac{R_B \cdot b}{AE} \Rightarrow R_A \cdot a = R_B \cdot b$

- $P = R_A + R_B \Rightarrow R_A = P - R_B$
- $R_B \cdot b = R_A \cdot a = a(P - R_B) = P \cdot a - R_B \cdot a$
- $R_B \cdot b + R_B \cdot a = P \cdot a$

$\therefore R_B = \dfrac{P \cdot a}{a+b} = \dfrac{P \cdot a}{l}$

□□□ 기 24③

16 그림과 같이 b가 200mm, h가 300mm인 직사각형 단면의 최소 회전반지름 r은?

① 57.7mm
② 75.7mm
③ 86.6mm
④ 96.6mm

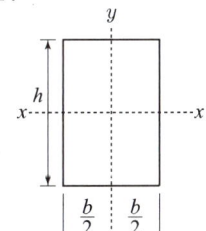

최소 회전반지름

$r = \sqrt{\dfrac{I}{A}} = \sqrt{\dfrac{\frac{bh^3}{12}}{bh}} = \dfrac{h}{\sqrt{12}}$

- 단면이 약한 쪽이 휘게되므로 높이는 $h = 200$mm이다.

$\therefore r = \dfrac{200}{\sqrt{12}} = 57.74$mm

□□□ 기 00,05,11,15,24③

17 『재료가 탄성적이고 Hooke의 법칙을 따르는 구조물에서 지점침하와 온도변화가 없을 때, 한 역계 P_n에 의해 변형되는 동안에 다른 역계 P_m이 하는 외적인 가상일은 P_m 역계에 의해 변형하는 동안에 P_n 역계가 하는 외적인 가상일과 같다.』 이것을 무엇이라 하는가?

① 가상일의 원리
② 카스틸리아노의 정리
③ 최소일의 정리
④ 베티의 법칙

이를 베티(Betti)의 법칙이라 한다.
즉, Betti의 법칙 : $P_1 \delta_{12} = P_2 \delta_{21}$

□□□ 기 83①,15④,18②,24③

18 단면이 원형(반지름 R)인 보에 휨모멘트 M이 작용할 때 이 보에 작용하는 최대휨응력은?

① $\dfrac{4M}{\pi R^3}$
② $\dfrac{12M}{\pi R^3}$
③ $\dfrac{16M}{\pi R^3}$
④ $\dfrac{32M}{\pi R^3}$

최대휨응력 $\sigma = \dfrac{M_{\max}}{Z}$

- 단면계수 $Z = \dfrac{\pi D^3}{32} = \dfrac{\pi (2R)^3}{32} = \dfrac{\pi R^3}{4}$

$\therefore \sigma = \dfrac{M_{\max}}{Z} = \dfrac{M}{\dfrac{\pi R^3}{4}} = \dfrac{4M}{\pi R^3}$

Remember

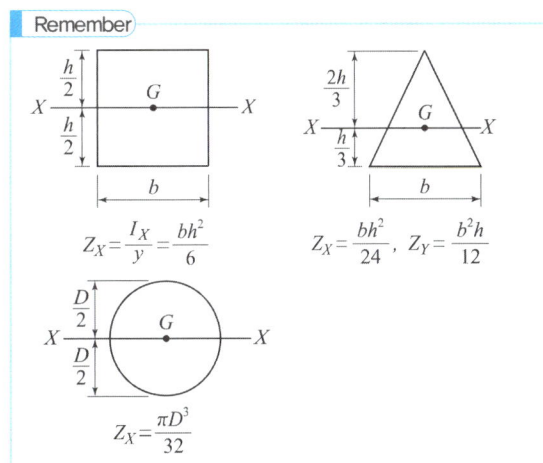

정답 15 ① 16 ① 17 ④ 18 ①

□□□ 기 14,17,24③

19 단순보 AB 위에 그림과 같은 이동하중이 지날 때 A점으로부터 10m 떨어진 C점의 최대휨모멘트는?

① 850kN·m
② 950kN·m
③ 1000kN·m
④ 1150kN·m

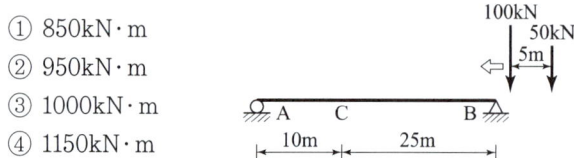

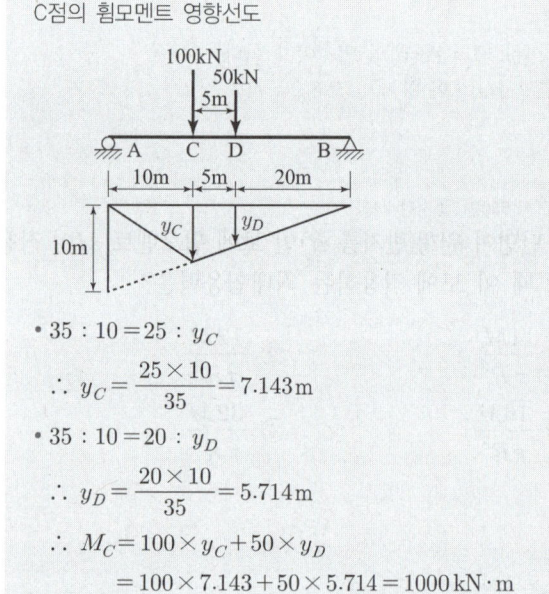

- $35 : 10 = 25 : y_C$
  $\therefore y_C = \dfrac{25 \times 10}{35} = 7.143\text{m}$
- $35 : 10 = 20 : y_D$
  $\therefore y_D = \dfrac{20 \times 10}{35} = 5.714\text{m}$
  $\therefore M_C = 100 \times y_C + 50 \times y_D$
  $= 100 \times 7.143 + 50 \times 5.714 = 1000\text{kN} \cdot \text{m}$

□□□ 기 14②,20③,24③

20 전단중심(shear center)에 대한 설명으로 틀린 것은?

① 1축이 대칭인 단면의 전단중심은 도심과 일치한다.
② 1축이 대칭인 단면의 전단중심은 그 대칭축 선상에 있다.
③ 하중이 전단중심 점을 통과하지 않으면 보는 비틀린다.
④ 전단중심이란 단면이 받아내는 전단력의 합력점의 위치를 말한다.

전단중심의 특성
- 양측에 대칭인 단면의 전단중심은 도심과 일치한다.
- 1축이 대칭인 단면의 전단중심은 그 대칭축 선상에 있다.

제2과목 : 측량학

□□□ 기 04,20④,24③

21 삼변측량을 실시하여 길이가 각각 $a=1200\text{m}$, $b=1300\text{m}$, $c=1500\text{m}$이었다면 ∠ACB는?

① 73°31′02″
② 73°33′02″
③ 73°35′02″
④ 73°37′02″

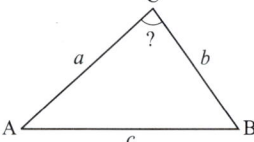

코사인 제2법칙
- $\cos C = \dfrac{a^2 + b^2 - c^2}{2ab}$

$\therefore \angle C = \cos^{-1} \dfrac{1200^2 + 1300^2 - 1500^2}{2 \times 1200 \times 1300}$
$= 73°37′2.39″$

Remember

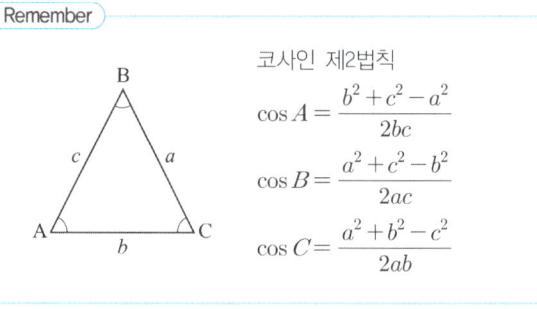

코사인 제2법칙
$\cos A = \dfrac{b^2 + c^2 - a^2}{2bc}$
$\cos B = \dfrac{a^2 + c^2 - b^2}{2ac}$
$\cos C = \dfrac{a^2 + b^2 - c^2}{2ab}$

□□□ 기 96,99,11,16①,20③,22③,24③

22 직사각형 두 변의 길이를 $\dfrac{1}{100}$ 정밀도로 관측하여 면적을 산출할 경우 산출된 면적의 정밀도는?

① $\dfrac{1}{50}$
② $\dfrac{1}{100}$
③ $\dfrac{1}{200}$
④ $\dfrac{1}{300}$

$A = l^2 \Rightarrow dA = 2ldl$
$\therefore$ 면적의 정도 $\dfrac{dA}{A} = \dfrac{2ldl}{l^2}$
$\dfrac{dA}{A} = 2\dfrac{dl}{l} = 2 \times \dfrac{1}{100} = \dfrac{1}{50}$

정답 19 ③ 20 ① 21 ④ 22 ①

23 30m에 대하여 3mm 늘어나 있는 줄자로서 정사각형의 지역을 측정한 결과 80000m²이었다면 실제의 면적은?

① 80016m² ② 80008m²
③ 79984m² ④ 79992m²

$$A_0 = A\left(1 + \frac{\Delta l}{l}\right)^2$$
$$= 80000\left(1 + \frac{0.003}{30}\right)^2 = 80016\,\text{m}^2$$

24 그림과 같은 편심측량에서 ∠ABC는?
(단, $\overline{AB}=2.0$km, $\overline{BC}=1.5$km, $e=0.5$m, $t=54°30'$, $\rho=300°30'$)

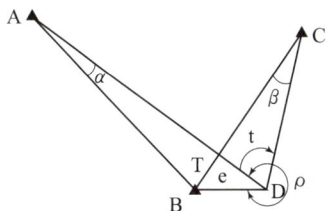

① 54°28′45″ ② 54°30′19″
③ 54°31′58″ ④ 54°33′14″

∠ABC = $t - \beta - \alpha$

- $\dfrac{e}{\sin\alpha} = \dfrac{\overline{AB}}{\sin(360°-\rho)}$ 에서
- $\alpha = \sin^{-1}\dfrac{e}{\overline{AB}}\sin(360°-\rho)$
  $= \sin^{-1}\dfrac{0.5}{2000}\sin(360°-300°30') = 44.43″$

- $\dfrac{e}{\sin\beta} = \dfrac{\overline{BC}}{\sin(360°-\rho+t)}$ 에서
- $\beta = \sin^{-1}\dfrac{e}{\overline{BC}}\sin(360°-\rho+t)$
  $= \sin^{-1}\dfrac{0.5}{1500}\sin(360°-300°30'+54°30')$
  $= 1'2.81″$

∴ ∠ABC = 54°30′ + 1′2.81″ − 44.43″
         = 54°30′19″

25 다음의 다각망에서 C점의 좌표는 얼마인가?
(단, $\overline{AB} = \overline{BC} = 100$m)

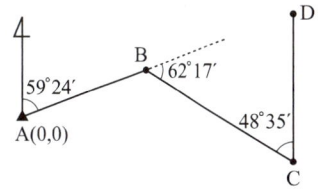

① $X_c = -5.31$m, $Y_c = 160.45$m
② $X_c = -1.62$m, $Y_c = 171.17$m
③ $X_c = -10.27$m, $Y_c = 89.25$m
④ $X_c = 50.90$m, $Y_c = 86.07$m

■ 방위각 계산
- AB = 59°24′
- BC = 59°24′ + 62°17′ = 121°41′
- CD = 121°41′ + 180° + 48°35′ = 350°16′

■ B점의 위·경거 계산
- B점의 위거 = $l\cos\theta = 100\cos 59°24' = 50.90$m
- B점의 경거 = $l\sin\theta = 100\sin 59°24' = 86.07$m

■ C점의 위·경거 계산
- C점의 위거 = $l\cos\theta = 100\cos 121°41' = -52.52$m
- C점의 경거 = $l\sin\theta = 100\sin 121°41' = 85.10$m

■ 합위거 및 합경거

측점	위거	경거	합위거(X)	합경거(Y)
A			0	0
B	+50.90	+86.07	0+50.90 =50.90	0+86.07 =86.07
C	−52.52	85.10	50.90−52.52 =−1.62	86.07+85.10 =171.17

26 하천에서 수애선 결정에 관계되는 수위는?

① 갈수위(DWL) ② 최저수위(HWL)
③ 평균최저수위(NLWL) ④ 평수위(OWL)

수애선(水涯線)
수면과 하애와의 경계선으로 하천 수위의 변화에 따라 다르며 평수위(평균 평수위)에 의하여 결정된다.

□□□ 기 93,05,05,06,11,14④,17②,19③,24③

27 시가지에서 25변형 트래버스 측량을 실시하여 2′50″의 각관측 오차가 발생하였다면 오차의 처리방법으로 옳은 것은? (단, 시가지의 측각 허용범위 $=\pm 20''\sqrt{n} \sim 30''\sqrt{n}$, 여기서 n은 트래버스의 측점 수)

① 오차가 허용오차 이상이므로 다시 관측하여야 한다.
② 변의 길이의 역수에 비례하여 배분한다.
③ 변의 길이에 비례하여 배분한다.
④ 각의 크기에 따라 배분한다.

$20\sqrt{25} \sim 30\sqrt{25}$ 초
$= 100''(1'40'') \sim 150''(2'30'') < 2'50''$
∴ 오차가 허용오차 이상이므로 다시 관측하여야 한다.

Remember

지형	허용오차 범위
시가지	$20\sqrt{n} \sim 30\sqrt{n}$ 초
평지	$30\sqrt{n} \sim 60\sqrt{n}$ 초
산림지, 복잡한 지형	$90\sqrt{n}$ 초

□□□ 기 03,07,19①,24③

28 삼각측량의 각 삼각점에 있어 모든 각의 관측 시 만족되어야 하는 조건이 아닌 것은?

① 하나의 측점을 둘러싸고 있는 각의 합은 360°가 되어야 한다.
② 삼각망 중에서 임의의 한 변의 길이는 계산의 순서에 관계없이 같아야 한다.
③ 삼각망 중 각각 삼각형 내각의 합은 180°가 되어야 한다.
④ 모든 삼각점의 포함면적은 각각 일정하여야 한다.

각관측 3조건
• 각조건 : 삼각망 중 각각 3각형 내각의 합은 180°가 될 것
• 변조건 : 삼각망 중에서 임의 한 변의 길이는 계산순서에 관계없이 동일할 것
• 점조건 : 한 측점 주위에 있는 모든 각의 총합은 360°가 될 것

□□□ 기 98,05,20①④,24③

29 노선 측량의 일반적인 작업 순서로 옳은 것은?

A : 종 · 횡단측량   B : 중심선 측량
C : 공사측량   D : 답사

① A→B→D→C   ② A→C→D→B
③ D→B→A→C   ④ D→C→A→B

노선측량의 순서
답사(D) → 노선 선정 → 중심선 측량(B) → 지형측량 → 종·횡단측량(A) → 공사측량(C)

□□□ 기 99,06,10②,24③

30 지형의 표시방법으로 옳지 않은 것은?

① 지성선은 능선, 계곡선 및 경사변환선 등으로 표시된다.
② 등고선의 간격은 일반적으로 주곡선의 간격을 말한다.
③ 부호적 도법에는 영선법과 음영법이 있고 자연적 도법에는 점고법, 등고선법과 채색법 등이 있다.
④ 지성선이란 지형의 골격을 나타내는 선이다.

• 자연적 도법 : 우모법(영선법), 음영법
• 부호적 도법 : 채색법, 점고법, 등고선법

□□□ 기 09③,20②,24③

31 트래버스 측량에서 선점 시 주의하여야 할 사항이 아닌 것은?

① 트래버스의 노선은 가능한 폐합 또는 결합이 되게 한다.
② 결합 트래버스의 출발점과 결합점 간의 거리는 가능한 단거리로 한다.
③ 거리측량과 각측량의 정확도가 균형을 이루게 한다.
④ 측점 간 거리는 다양하게 신징하여 부정오차를 소거한다.

측점 간의 거리는 될 수 있는 한 등거리로 하고 두 점 간에는 큰 고저차가 없게 해야 한다.

정답 27 ① 28 ④ 29 ③ 30 ③ 31 ④

□□□ 기 00,16②,24③

32 그림과 같이 2회 관측한 ∠AOB의 크기는 21°36′28″, 3회 관측한 ∠BOC는 63°18′45″, 6회 관측한 ∠AOC는 84°54′37″일 때 ∠AOC의 최확값은?

① 84°54′25″
② 84°54′31″
③ 84°54′43″
④ 84°54′49″

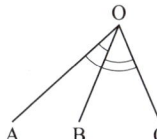

- 경중률(P)은 관측횟수(N)에 비례하고 오차(C)는 경중률(P)에 반비례하여 조정한다.
  $P_1 : P_2 : P_3 = 2 : 3 : 6$
  $C_1 : C_2 : C_3 = \dfrac{1}{2} : \dfrac{1}{3} : \dfrac{1}{6} = 3 : 2 : 1$
- 조정량
  - $21°36′28″ + 63°18′45″ - 84°54′37″ = +36″$
  - $\angle AOB = 36″ \times \dfrac{3}{(3+2+1)} = -18″$
  - $\angle BOC = 36″ \times \dfrac{2}{(3+2+1)} = -12″$
  - $\angle AOC = 36″ \times \dfrac{1}{(3+2+1)} = +6″$
  - $\therefore \angle AOC = 84°54′37″ + 6 = 84°54′43″$

□□□ 기 80,84,00,03,17②,23③,24③

33 도로 기점으로부터 교점(I.P)까지의 추가거리가 400m, 곡선반지름 $R = 200$m, 교각 $I = 90°$인 원곡선을 설치할 경우, 곡선시점(B.C)은? (단, 중심말뚝거리 = 20m)

① NO.9
② NO.9+10m
③ NO.10
④ NO.10+10m

곡선시점 B.C = I.P - T.L
- $T.L = R \tan \dfrac{I}{2}$
  $= 200 \tan \dfrac{90°}{2} = 200$m
- $\therefore$ B.C = I.P - T.L = 400 - 200 = 200m
  $= $ No.10 $\left(\dfrac{200}{20}\right) + 0$

□□□ 기 97,06,16②,19①,24③

34 지오이드(Geoid)에 대한 설명으로 옳은 것은?

① 육지와 해양의 지형면을 말한다.
② 육지 및 해저의 요철(凹凸)을 평균한 매끈한 곡면이다.
③ 회전타원체와 같은 것으로서 지구의 형상이 되는 곡면이다.
④ 평균해수면을 육지내부까지 연장했을 때의 가상적인 곡면이다.

지오이드
정지된 평균해수면을 육지로 연장하여 지구 전체를 둘러싸고 있다고 가정한 곡면

□□□ 기 15④,24③

35 좌표를 알고 있는 기지점에 고정용 수신기를 설치하여 보정자료를 생성하고 동시에 미지점에 또 다른 수신기를 설치하여 고정점에서 생성된 보정자료를 이용해 미지점의 관측자료를 보정함으로써 높은 정확도를 확보하는 GPS 측위방법은?

① KINEMATIC
② STATIC
③ SPOT
④ DGPS

DGPS(differential GPS)
- 미지점의 위치를 기지점의 위치에 연관하여 결정하는 방법이다.
- 두 점 간의 거리, 즉 기선을 결정하는 데 목적이 있다.
- 단독위치 결정방법에 비하여 위치정확도를 상당히 개선시킴으로써 기준점 측량 등에 사용할 수 있게 되었다.

Remember
- KINEMATIC 측량 : VLBI의 보완 또는 대체 가능하며 수신완료 후 컴퓨터로 각 수신기의 위치, 거리를 계산할 수 있다.
- STATIC 측량 : 이동차량 위치결정에 이용되고 공사측량 등에 응용이 가능하며 정도는 10cm 정도이다.

기 20②, 24③

36 위성측량의 DOP(Dilution of Precision)에 관한 설명으로 옳지 않은 것은?

① DOP는 위성의 기하학적 분포에 따른 오차이다.
② 일반적으로 위성들 간의 공간이 더 크면 위치정밀도가 낮아진다.
③ DOP를 이용하여 실제 측량 전에 위성측량의 정확도를 예측할 수 있다.
④ DOP값이 클수록 정확도가 좋지 않은 상태이다.

위성측량의 DOP
- 위성의 기하학적 배치에 의한 GPS 위치측정 계산의 정확도에 직접적으로 영향을 주는 오차
- DOP값이 작을수록 정확하며, 지표에서 가장 좋은 배치 상태를 1로 한다.
- DOP를 이용하여 실제 측량 전에 위성측량의 정확도를 예측할 수 있다.
- 일반적으로 위성들 간의 공간이 더 크면 위치정밀도가 양호해진다.
- 양호한 DOP

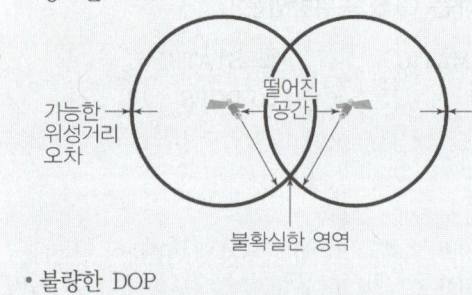

- 불량한 DOP

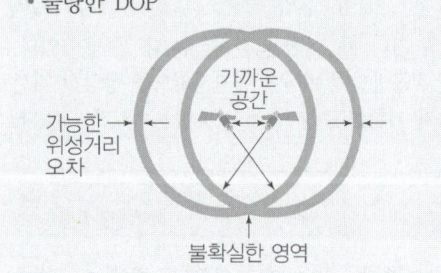

기 80, 02, 06, 10④, 13①, 19③, 24③

37 곡선반지름이 400m인 원곡선을 설계속도 70km/h로 하려고 할 때 캔트(cant)는? (단, 궤간 $b=1.065$m)

① 73mm ② 83mm
③ 93mm ④ 103mm

캔트 $C = \dfrac{bV^2}{gR} = \dfrac{1.065 \times \left(\dfrac{70000}{60 \times 60}\right)^2}{9.8 \times 400}$
$= 0.103\text{m} = 103\text{mm}$

기 86, 04, 13④, 24③

38 A, B 두 점 간의 비고를 구하기 위해 (1), (2), (3) 경로에 대하여 직접고저측량을 실시하여 다음과 같은 결과를 얻었다. A, B 두 점간의 고저차의 최확값은?

노선	관측값	노선길이
(1)	32.234m	2km
(2)	32.245m	1km
(3)	32.240m	1km

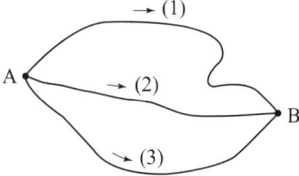

① 32.236m ② 32.238m
③ 32.241m ④ 32.243m

최확값 $H_P = \dfrac{P_1H_1 + P_2H_2 + P_3H_3}{P_1 + P_2 + P_3}$

- 직접수준측량의 경중률은 노선거리에 반비례
$P_1 : P_2 : P_3 = \dfrac{1}{2} : \dfrac{1}{1} : \dfrac{1}{1} = 0.5 : 1 : 1$

∴ 최확값 $= 32.2 + \dfrac{0.5 \times 0.034 + 1 \times 0.045 + 1 \times 0.040}{0.5 + 1 + 1}$
$= 32.241\text{m}$

(고저차는 최확치를 구하면 되고, 32.2은 공통)

기 81, 99, 16②, 24③

39 다음 설명 중 틀린 것은?

① 측지학이란 지구 내부의 특성, 지구의 형상 및 운동을 결정하는 측량과 지구 표면상 모든 점들 간의 상호위치 관계를 산정하는 측량을 위한 학문이다.
② 측지측량은 지구의 곡률을 고려한 정밀측량이다.
③ 지각변동의 관측, 항로 등의 측량은 평면측량으로 한다.
④ 측지학의 구분은 물리측지학과 기하측지학으로 크게 나눌 수 있다.

지각변동의 측정, 항로 등의 측량은 측지(대지)측량이다.

□□□ 기 12④,24③
40 지자기측량을 위한 관측요소가 아닌 것은?

① 지자기의 방향과 자오선과의 각
② 지자기의 방향과 수평면과의 각
③ 자오선으로부터 좌표북 사이의 각
④ 수평면내에서의 자기장의 크기

> 지자기 측량을 위한 3요소
> • 편각 : 지자기의 방향과 자오선과의 각
> • 복각 : 지자기의 방향과 수평면과의 각
> • 수평분력 : 수평면내에서의 자기장의 크기

제3과목 : 수리학 및 수문학

□□□ 기 01,19②,24③
41 다음 물의 흐름에 대한 설명 중 옳은 것은?

① 수심은 깊으나 유속이 느린 흐름을 사류라 한다.
② 물의 분자가 흩어지지 않고 질서 정연히 흐르는 흐름을 난류라 한다.
③ 모든 단면에 있어 유적과 유속이 시간에 따라 변하는 것을 정류라 한다.
④ 에너지선과 동수 경사선의 높이의 차는 일반적으로 $\dfrac{V^2}{2g}$이다.

> • 사류 : 수심이 한계수심보다 작은 흐름
> • 난류 : 유체의 흐름이 일정한 방향이 아니고 좌우방향으로 이동하면서 흐트러지는 흐름
> • 정류 : 모든 점에서의 흐름 특성이 시간에 따라 변하지 않는 흐름
> • 에너지선 : $\dfrac{V^2}{2g}+\dfrac{P}{w}+Z=E$를 연결한 선이다
> • 동수경사선(수두경사선) : $\dfrac{P}{w}+Z=E$을 연결한 선이다.
> ∴ 동수경사선이 에너지선보다 유속수두$\left(\dfrac{V^2}{2g}\right)$만큼 아래에 있다.

□□□ 기 03,17④,24③
42 그림과 같이 정수 중에 있는 판에 작용하는 전수압을 계산하는 식은?

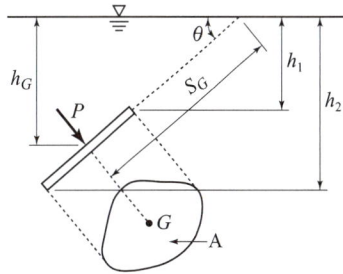

① $P=\gamma S_G A$
② $P=\gamma \dfrac{h_1+h_2}{2}A$
③ $P=\gamma h_G A$
④ $P=\gamma h_G A \sin\theta$

> 경사진 평면에 작용하는 전수압
> • $P=\gamma S_G \sin\theta \cdot A$
> • $S_G \sin\theta = h_G$
> ∴ 전수압 $P=\gamma h_G A$

□□□ 기 82,16,19②,24③
43 그림과 같이 물속에 수직으로 설치된 넓이 2m×3m의 수문을 올리는 데 필요한 힘은?
(단, 수문의 물속 무게는 1960N이고, 수문과 벽면사이의 마찰계수는 0.25이다.)

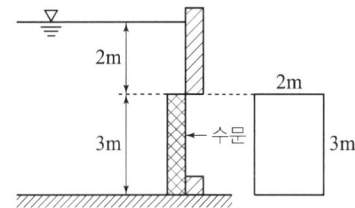

① 5.45kN
② 53.4kN
③ 126.7kN
④ 271.2kN

> $T=w_o h_G A\mu + W'$
> • 수압 $P=w_o h_G A=9.8\times\left(2+\dfrac{3}{2}\right)\times 2\times 3=205.8$kN
> • 수압에 의한 마찰력 : $205.8\times 0.25=51.45$kN
> ∴ $F=51.45+1.960=53.41$kN
>   (∵ 1.960kN)

□□□ 기 98,13,18③,24③

44 빙산(氷山)의 부피가 V, 비중이 0.92이고, 바닷물의 비중은 1.025라 할 때 바닷물 속에 잠겨 있는 빙산의 부피는?

① $1.1V$　　　② $0.9V$
③ $0.8V$　　　④ $0.7V$

Archimedes원리(빙산의 체적 V, 바닷물에 잠긴 체적 V')
$0.92 \times V = 1.025 \times V'$
$\therefore V' = \dfrac{0.92}{1.025}V = 0.90V$

□□□ 기 98,03,08,14,16④,24③

45 오리피스에서 C_c를 수축계수, C_v를 유속계수라 할 때 실제 유량과 이론 유량과의 비(C)는?

① $C = C_c$　　　② $C = C_v$
③ $C = C_c/C_v$　　　④ $C = C_c \cdot C_v$

유량계수 $C = \dfrac{\text{실제 유량}}{\text{이론 유량}}$
$= \text{수축계수}(C_c) \times \text{유속계수}(C_v)$

□□□ 기 01,04,10②,17④,18②,24③

46 폭 2.5m, 월류수심 0.4m인 사각형 위어(weir)의 유량은? (단, Francis 공식: $Q = 1.84B_o h^{3/2}$에 의하며, B_o: 유효폭, h: 월류수심, 접근유속은 무시하며 양단수축이다.)

① $1.117\text{m}^3/\text{sec}$　　　② $1.126\text{m}^3/\text{sec}$
③ $1.145\text{m}^3/\text{sec}$　　　④ $1.164\text{m}^3/\text{sec}$

$Q = 1.84\left(b - \dfrac{nb}{10}\right)h^{\frac{3}{2}}$ (Francis 공식)
$= 1.84 \times \left(2.5 - \dfrac{2 \times 0.4}{10}\right) \times 0.4^{\frac{3}{2}} = 1.126\,\text{m}^3/\text{sec}$
($\because$ 양단수축 $n=2$)

□□□ 기 05,10,11,13,16④,24③

47 지름 D인 원관에 물이 반만 차서 흐를 때 경심은?

① $D/4$　　　② $D/3$
③ $D/2$　　　④ $D/5$

경심 $R = \dfrac{A}{P} = \dfrac{\dfrac{\pi D^2}{4} \times \dfrac{1}{2}}{\pi D \times \dfrac{1}{2}} = \dfrac{D}{4}$

□□□ 기 07,15①,17①④,24③

48 수위차가 3m인 2개의 저수지를 지름 50cm, 길이 80m의 직선관으로 연결하였을 때의 유량은? (단, 입구손실계수 = 0.5, 관의 마찰손실계수 = 0.0265, 출구손실계수 = 1.0, 이외의 손실은 없다고 한다.)

① $0.124\text{m}^3/\text{s}$　　　② $0.314\text{m}^3/\text{s}$
③ $0.628\text{m}^3/\text{s}$　　　④ $1.280\text{m}^3/\text{s}$

유량 $Q = AV$

$V = \sqrt{\dfrac{2gh}{f_i + f\dfrac{l}{D} + f_o}}$
$= \sqrt{\dfrac{2 \times 9.8 \times 3}{0.5 + 0.0265 \times \dfrac{80}{0.5} + 1.0}} = 3.20\,\text{m/sec}$

$\therefore Q = \dfrac{\pi \times 0.5^2}{4} \times 3.20$
$= 0.628\,\text{m}^3/\text{sec}$

□□□ 기 94,00,02,09,14②,19②,24③

49 도수 전후의 수심이 각각 2m, 4m일 때 도수로 인한 에너지 손실(수두)은?

① 0.1m　　　② 0.2m
③ 0.25m　　　④ 0.5m

도수에 의한 에너지 손실(수두)
$\Delta H_e = \dfrac{(h_2 - h_1)^3}{4h_1 h_2}$
$= \dfrac{(4-2)^3}{4 \times 2 \times 4} = 0.25\,\text{m}$

정답　44 ②　45 ④　46 ②　47 ①　48 ③　49 ③

□□□ 기 93,97,17④,24③

50 다음 중에서 차원이 다른 것은?

① 증발량　　　② 침투율
③ 강우강도　　④ 유출량

강우강도	증발량	침투율	유출량
mm/hr	mm/hr	mm/hr	m³/hr
$[LT^{-1}]$	$[LT^{-1}]$	$[LT^{-1}]$	$[L^3T^{-1}]$

□□□ 기 04,05,06,13④,18①,24③

51 비에너지와 한계수심에 관한 설명으로 옳지 않은 것은?

① 비에너지가 일정할 때 한계수심으로 흐르면 유량이 최소가 된다.
② 유량이 일정할 때 비에너지가 최소가 되는 수심이 한계수심이다.
③ 비에너지는 수로바닥을 기준으로 하는 단위무게당 흐름에너지이다.
④ 유량이 일정할 때 직사각형단면 수로 내 한계수심은 최소 비에너지의 $\dfrac{2}{3}$이다.

비에너지가 일정하면 한계수심으로 흐를 때 유량이 최대가 된다.

□□□ 기 02,16④,24③

52 관수로에서의 미소 손실(Minor Loss)는?

① 위치수두에 비례한다.
② 압력수두에 비례한다.
③ 속도수두에 비례한다.
④ 레이놀즈수의 제곱에 반비례한다.

미소손실
관로에서 마찰 이외에 단면변화, 방향변화, 장애물 등에 의하여 일어나는 와류에 의한 국부적인 손실로 에너지손실은 속도수두에 비례한다.

즉, $h_n = f_n \dfrac{V^2}{2g}$

□□□ 기 96,04,15①,24③

53 어떤 유역에 70mm의 강우량이 그림과 같은 분포로 내렸을 때 유역의 직접유출량이 30mm이었다면 이때의 $\phi-\text{index}$는?

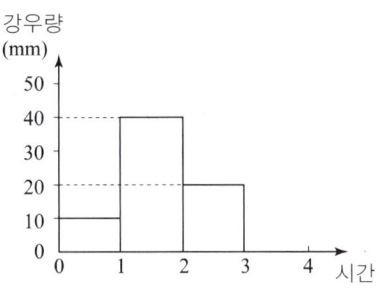

① 10mm/h　　② 12.5mm/h
③ 15mm/h　　④ 20mm/h

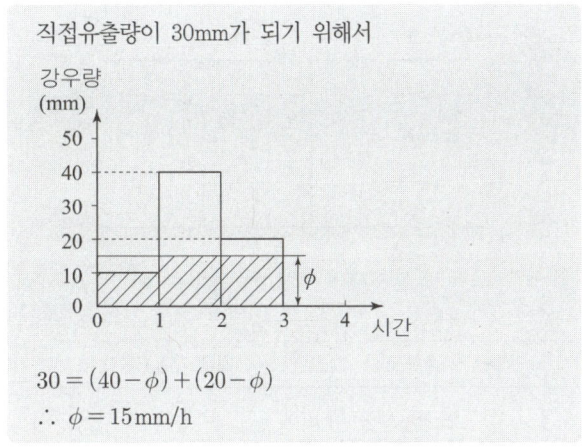

직접유출량이 30mm가 되기 위해서

$30 = (40-\phi) + (20-\phi)$
$\therefore \phi = 15\text{mm/h}$

□□□ 기 94,05,08,12④,17①,19①,24③

54 단위도(단위 유량도)에 대한 설명으로 옳지 않은 것은?

① 단위도의 3가지 가정은 일정기저시간가정, 비례가정, 중첩가정이다.
② 단위도는 기저유량과 직접유출량을 포함하는 수문곡선이다.
③ S-Curve를 이용하여 단위도의 단위시간을 변경할 수 있다.
④ Snyder는 합성단위도법을 연구 발표하였다.

단위도(단위유량도)
• 단위유량도의 기본가정 : 일정기저시간가정, 비례가정, 중첩가정
• 단위도는 유역 전체에 내린 유효우량(1cm)으로 인한 직접유출수문곡선이다.

□□□ 기 93,98,06,14②,24③

55 자유수면을 가지고 있는 깊은 우물에서 양수량 Q를 일정하게 퍼냈더니 최소의 수위 H가 h_o로 강하하여 정상흐름이 되었다. 이때의 양수량은? (단, 우물의 반지름 = r_o, 영향원의 반지름 = R, 투수계수 = k)

① $Q = \dfrac{\pi k(H^2 - h_o^2)}{\ln\dfrac{R}{r_o}}$
② $Q = \dfrac{2\pi k(H^2 - h_o^2)}{\ln\dfrac{R}{r_o}}$

③ $Q = \dfrac{\pi k(H^2 - h_o^2)}{2\ln\dfrac{R}{r_o}}$
④ $Q = \dfrac{\pi k(H^2 - h_o^2)}{2\ln\dfrac{r_o}{R}}$

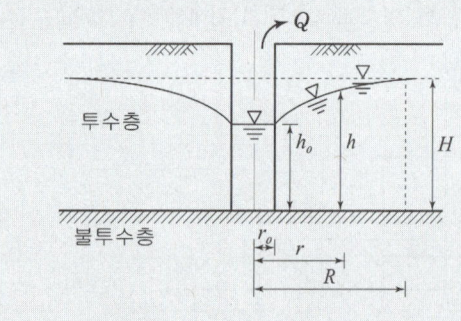

굴착정	깊은 우물(심정호)
$Q = \dfrac{2\pi bk(H - h_o)}{\ln\dfrac{R}{r_o}}$	$Q = \dfrac{\pi k(H^2 - h_o^2)}{\ln\dfrac{R}{r_o}}$

□□□ 기 99,14②,24③

56 수심에 비해 수로폭이 매우 큰 사각형 수로에 유량 Q가 흐르고 있다. 동수경사를 I, 평균유속계수를 C라고 할 때, Chezy 공식에 의한 수심은?
(단, h : 수심, B : 수로폭)

① $h = \dfrac{3}{2}\left(\dfrac{Q}{C^2 B^2 I}\right)^{1/3}$
② $h = \left(\dfrac{Q^2}{C^2 B^2 I}\right)^{1/3}$

③ $h = \left(\dfrac{Q}{C^2 B^2 I}\right)^{2/3}$
④ $h = \left(\dfrac{Q^2}{C^2 B^2 I}\right)^{7/10}$

- $Q = AV = AC\sqrt{RI} = AC\sqrt{hI}$ 에서
  ($\because$ Chezy공식 $V = C\sqrt{RI}$, 경심 $R \fallingdotseq h$이다.)
- $Q^2 = A^2 C^2 RI = B^2 h^2 C^2 hI = B^2 h^3 C^2 I$ 에서
  ($\because$ 양변을 제곱)
- $h^3 = \dfrac{Q^2}{C^2 B^2 I}$ $\therefore h = \left(\dfrac{Q^2}{C^2 B^2 I}\right)^{1/3}$

□□□ 기 04,06,24③

57 다음 그림은 개수로에서 동점성계수가 일정하다고 할 때, 수심 h와 유속 V에 대한 한계 레이놀즈수(R_e)와 후르드수(F_r)를 전대수지에 나타낸 것이다. 그림에서 4개의 영역으로 나눌 때 난류인 상류를 나타내는 영역은?

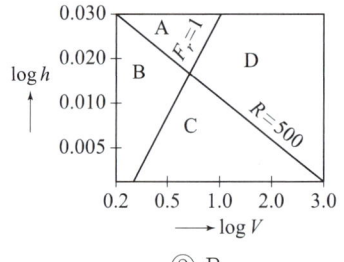

① A
② B
③ C
④ D

$R_e > 500$: 난류(A, D), $F_r < 1$: 상류(A)
A : 난류-상류

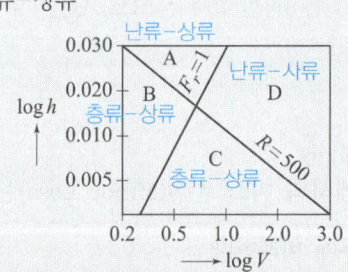

□□□ 기 00,04,06,09④,24③

58 개수로의 흐름에 가장 지배적인 영향을 미치는 것은?

① 유체의 밀도
② 관성력
③ 중력
④ 점성력

개수로
자유수면을 가지고 흐르는 흐름으로 중력에 의해서 흐름이 지배된다.

☐☐☐ 기 95,00,10,17④,24③

59 Thiessen 다각형에서 각각의 면적이 20km², 30km², 50km²이고, 이에 대응하는 강우량이 각각 40mm, 30mm, 20mm일 때, 이 지역의 면적 평균 강우량은 얼마인가?

① 25mm
② 27mm
③ 30mm
④ 32mm

Thiessen의 가중법에 의한 평균강우량 산정

지배면적(km²)	20	30	50
강우량(mm)	40	30	20

$$P_m = \frac{A_A P_A + A_B P_B + A_C P_C}{A_A + A_B + A_C}$$
$$= \frac{20 \times 40 + 30 \times 30 + 50 \times 20}{20 + 30 + 50} = 27\,mm$$

☐☐☐ 기 86,91,92,04,14④,18①,22②,24③

60 하천의 수리모형실험에 주로 사용되는 상사법칙은?

① Weber의 상사법칙
② Cauchy의 상사법칙
③ Froude의 상사법칙
④ Reynolds의 상사법칙

특별상사 법칙
• Froude의 상사법칙 : 수심이 비교적 큰 자유수면을 가진 개수로(하천)의 중력이 흐름 지배
• Reynolds의 상사법칙 : 관수로의 유체가 흐르는 경우 점성력이 흐름 지배
• Weber의 상사법칙 : Weir의 월류수심이 극히 작을 때 표면장력이 흐름지배
• Cauchy의 상사법칙 : 압축성 유체가 유동할 때 탄성력이 흐름 지배

제4과목 : 철근콘크리트 및 강구조

☐☐☐ 기 09,11,18③,21③,24③

61 전단철근에 대한 설명으로 틀린 것은?

① 철근콘크리트 부재의 경우 주인장 철근에 45° 이상의 각도로 설치되는 스터럽을 전단철근으로 사용할 수 있다.
② 철근콘크리트 부재의 경우 주인장 철근에 30° 이상의 각도로 구부린 굽힘철근을 전단철근으로 사용할 수 있다.
③ 전단철근으로 사용하는 스터럽과 기타 철근 또는 철선은 콘크리트 압축연단부터 거리 d만큼 연장하여야 한다.
④ 용접 이형철망을 사용할 경우 전단철근의 설계기준항복강도는 500MPa을 초과할 수 없다.

전단철근의 설계기준항복강도
• 전단철근의 설계기준항복강도는 500MPa을 초과할 수 없다.
• 다만, 벽체의 전단철근 또는 용접 이형철망을 사용할 경우 전단철근의 설계기준항복강도는 600MPa을 초과할 수 없다.

☐☐☐ 기 93,96,02,03,05,07,09,11,14,16②,24③

62 경간 25m인 PS 콘크리트보에 계수하중 40kN/m이 작용하고, $P=2500$kN의 프리스트레스가 주어질 때 등분포상향력 u를 하중평형(Balanced Load) 개념에 의해 계산하여 이 보에 작용하는 순수하향 분포하중을 구하면?

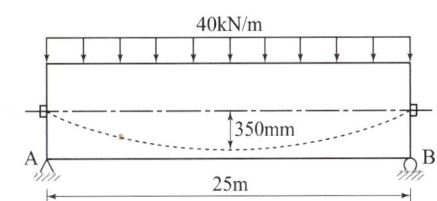

① 26.5kN/m
② 27.3kN/m
③ 28.8kN/m
④ 29.6kN/m

• 상향력 $u = \dfrac{8Ps}{l^2}$
$= \dfrac{8 \times 2500 \times 0.35}{25^2} = 11.2\,kN/m$
• 순하향 하중 $= w - u = 40 - 11.2 = 28.8\,kN/m$

기 96,98,04,05,10,12,15,16②,24③

63 그림과 같은 원형철근기둥에서 콘크리트구조설계기준에서 요구하는 최대 나선철근의 간격은 약 얼마인가? (단, $f_{ck}=24$MPa, $f_{yt}=400$MPa, D10철근의 공칭단면적은 71.3mm²이다.)

① 35mm
② 38mm
③ 42mm
④ 45mm

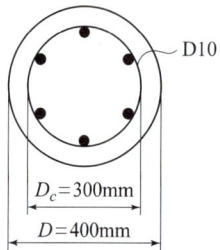

$$\rho_s = \frac{\text{나선철근의 총체적}}{\text{심부 체적}}$$
$$= 0.45\left(\frac{A_g}{A_c}-1\right)\frac{f_{ck}}{f_{yt}} = 0.45\left(\frac{D_g^2}{D_c^2}-1\right)\frac{f_{ck}}{f_{yt}}$$
$$= 0.45\left(\frac{400^2}{300^2}-1\right)\times\frac{24}{400}=0.021$$
$$p = \frac{\pi D_c \cdot a_c}{\frac{\pi D_c^2}{4}\cdot\rho_s} = \frac{4a_c}{D_c\cdot\rho_s} \quad (\because a_c : \text{나선철근 단면적})$$
$$\therefore \text{간격 } p = \frac{4a_c}{D_c\cdot\rho_s} = \frac{4\times 71.3}{300\times 0.021} = 45\text{mm}$$

기 10②,18②,22②,24③

64 단순 지지된 2방향 슬래브의 중앙점에 집중하중 P가 작용할 때 경간비가 1 : 2라면 단변과 장변이 부담하는 하중비($P_S : P_L$)는? (단, P_S : 단변이 부담하는 하중, P_L : 장변이 부담하는 하중)

① 1 : 8
② 8 : 1
③ 1 : 16
④ 16 : 1

$S : L = 1 : 2, \ L = 2S$

- $P_S = \dfrac{L^3}{L^3+S^3}P = \dfrac{L^3}{L^3+\left(\frac{L}{2}\right)^3}P = \dfrac{L^3}{\frac{9L^3}{8}}P = \dfrac{8}{9}P$

- $P_L = \dfrac{S^3}{L^3+S^3}P$
$= \dfrac{S^3}{(2S)^3+S^3}P = \dfrac{S^3}{9S^3}P = \dfrac{1}{9}P$

$\therefore P_S : P_L = \dfrac{8}{9}P : \dfrac{1}{9}P = 8 : 1$

기 04,06,08,09,11,14②,24③

65 아래 그림과 같은 두께 19mm 평판의 순단면적을 구하면? (단, 볼트 체결을 위한 강판구멍의 작은 직경은 25mm이다.)

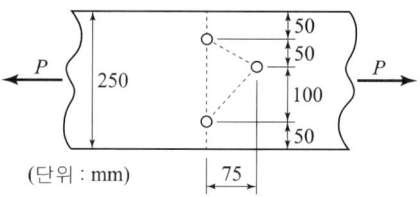

① 3270mm²
② 3800mm²
③ 3920mm²
④ 4530mm²

- 순단면적 $A_n = b_n \cdot t$
- 순폭은 세 값 중 작은 값

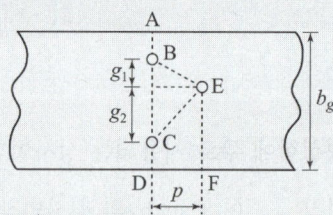

- ABCD단면 $b_n = b_g - 2d = 250 - 2\times 25 = 200$mm
- ABEF단면 $b_n = b_g - d - \left(d - \dfrac{p^2}{4g_1}\right)$
$= 250 - 25 - \left(25 - \dfrac{75^2}{4\times 50}\right) = 228.13$mm
- ABECD단면 $b_n = b_g - d - (w_1+w_2)$
$= b_g - d - \left(d - \dfrac{p^2}{4g_1} + d - \dfrac{p^2}{4g_2}\right)$
$= 250 - 25 - \left(25 - \dfrac{75^2}{4\times 50} + 25 - \dfrac{75^2}{4\times 100}\right)$
$= 217.19$mm

$\therefore$ 순폭 $b_n = 200$mm
$\therefore A_n = 200\times 19 = 3800$mm²

기 15④,24③

66 강도설계법에서 사용성 검토에 해당하지 않는 사항은?

① 철근의 피로
② 처짐
③ 균열
④ 투수성

사용성 검토는 균열, 처짐, 피로의 영향 등을 고려하여 이루어져야 한다.

67 단면이 400mm×500mm인 직사각형이고, 길이가 6m인 철근콘크리트 부재가 있다. 철근은 단면 도심에 대하여 대칭으로 배치하였으며, 단면적은 $A_s = 2000\text{mm}^2$이다. 콘크리트의 건조수축으로 인한 콘크리트의 수축응력은? (단, 콘크리트의 건조수축률은 0.00015이고, 콘크리트 및 철근의 탄성계수는 각각 $E_c = 2.85 \times 10^4 \text{MPa}$, $E_s = 2.0 \times 10^5 \text{MPa}$이며, 이 부재의 변형은 구속되어 있지 않다.)

① 0.14MPa ② 0.28MPa
③ 14MPa   ④ 28MPa

건조수축에 의한 수축응력
$$f_{ct} = \frac{\epsilon_{sh} E_c}{1 + \frac{A_c}{nA_s}}$$

- $n = \dfrac{E_s}{E_c} = \dfrac{2.0 \times 10^5}{2.85 \times 10^4} = 7.0$

$$\therefore f_{ct} = \frac{0.00015 \times 2.85 \times 10^4}{1 + \dfrac{400 \times 500}{7.0 \times 2000}} = 0.28 \text{MPa}$$

68 그림과 같이 보의 단면은 휨모멘트에 대해서만 보강되어 있다. 설계기준에 따라 단면에 허용되는 최대계수전단력 V_u는 얼마인가?
(단, $f_{ck} = 22\text{MPa}$, $f_y = 400\text{MPa}$)

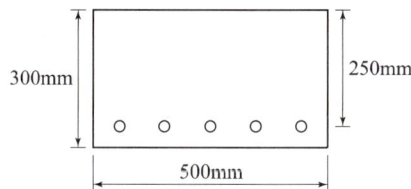

① 32.5kN   ② 36.6kN
③ 42.7kN   ④ 43.3kN

전단철근이 없는 경우, 휨모멘트에 대해서만 보강한다.
- 계수전단력
$$V_u = \frac{1}{2}\phi V_c = \frac{1}{2}\phi \frac{1}{6}\lambda \sqrt{f_{ck}} b_w d$$
$$= \frac{1}{2} \times 0.75 \times \frac{1}{6} \times 1 \times \sqrt{22} \times 500 \times 250$$
$$= 36643\text{N} = 36.64\text{kN}$$

Remember

전단철근이 있는 경우
계수전단력 $V_u = \phi V_n = \phi(V_c + V_s)$

- $V_c = \dfrac{1}{6}\lambda \sqrt{f_{ck}} b_w d$
$= \dfrac{1}{6} \times 1 \times \sqrt{22} \times 250 \times 500$
$= 97717\text{N} = 97.7\text{kN}$

- $V_s = \dfrac{2}{3}\lambda \sqrt{f_{ck}} b_w d$
$= \dfrac{2}{3} \times 1 \times \sqrt{22} \times 250 \times 500$
$= 390867\text{N} = 390.87\text{kN}$

$\therefore V_u = 0.75(97.7 + 390.87)$
$= 366\text{kN}$

69 철근콘크리트보에 배치하는 복부철근에 대한 설명으로 틀린 것은?

① 복부철근은 사인장응력에 대하여 배치하는 철근이다.
② 복부철근은 휨 모멘트가 가장 크게 작용하는 곳에 배치하는 철근이다.
③ 굽힘철근은 복부철근의 한 종류이다.
④ 스터럽은 복부철근의 한 종류이다.

- 복부철근은 휨 모멘트가 가장 작게 작용하는 곳에 배치하는 철근이다.
- 단철근보에 의한 휨모멘트가 외력에 의한 휨모멘트보다 작으면 복철근보로 만들어 모자라는 휨모멘트를 생성시킨다.

70 철근콘크리트 보에서 스터럽을 배근하는 주 목적은?

① 철근의 인장강도가 부족하기 때문에
② 콘크리트의 사인장강도가 부족하기 때문에
③ 콘크리트의 탄성이 부족하기 때문에
④ 철근과 콘크리트의 부착강도가 부족하기 때문에

전단철근(스터럽, 절곡철근)을 배근하는 이유는 보의 사인장응력(전단응력)에 의한 균열을 막기 위해서다.

□□□ 기 04,06,07,08,10,13②,19②,20③,24③

71 경간 $l=10m$인 대칭 T형보에서 양쪽 슬래브의 중심 간격 2100mm, 슬래브의 두께(t) 100mm, 복부의 폭 (b_w) 400mm일 때 플랜지의 유효폭은 얼마인가?

① 2000mm
② 2100mm
③ 2300mm
④ 2500mm

> T형보(대칭)의 유효폭(b_e) 결정
> • $16t+b_w = 16 \times 100 + 400 = 2000mm$
> • 양쪽 슬래브의 중심간 거리 : $b_c = 2100mm$
> • 보의 경간 $\times \dfrac{1}{4}$: $10000 \times \dfrac{1}{4} = 2500mm$
> ∴ $b_e = 2000mm$ (∵ 최소값)

□□□ 기 82,96,99,02,04,08,10,11,12,14,16④,24③

72 그림과 같은 복철근 직사각형 단면에서 응력 사각형의 깊이 a의 값은 얼마인가? (단, $f_{ck}=24MPa$, $f_y=350MPa$, $A_s=5730mm^2$, $A_s'=1980mm^2$)

① 227.2mm
② 199.6mm
③ 217.4mm
④ 183.8mm

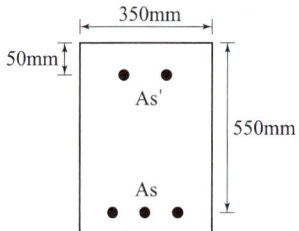

> $a = \dfrac{f_y(A_s - A_s')}{\eta(0.85f_{ck}) \cdot b}$
> $= \dfrac{350(5730-1980)}{1 \times 0.85 \times 24 \times 350} = 183.8mm$

□□□ 기 95,10,16①,24③

73 초기 프리스트레스가 1200MPa이고, 콘크리트의 건조수축변형률 $\epsilon_{sh} = 1.8 \times 10^{-4}$일 때 긴장재의 인장응력의 감소는? (단, PS 강재의 탄성계수 $E_P = 2.0 \times 10^5 MPa$)

① 12MPa
② 24MPa
③ 36MPa
④ 48MPa

> $\Delta f_p = E_p \cdot \epsilon_p$
> $= 2.0 \times 10^5 \times 1.8 \times 10^{-4}$
> $= 36MPa$

□□□ 기 06,07,12,13,15,24③

74 강도설계에 있어서 안전율을 위한 강도 감소계수 ϕ의 값으로 틀린 것은?

① 인장지배단면 : 0.85
② 전단 : 0.75
③ 비틀림모멘트 : 0.75
④ 나선철근으로 보강된 압축지배단면 : 0.65

> 나선철근으로 보강된 압축지배 단면 : 0.70

Remember
강도감소계수 ϕ

부재		강도감소계수
인장지배단면		0.85
압축지배단면	나선철근으로 보강된 철근콘크리트 부재	0.70
	그 외의 철근콘크리트 부재	0.65
전단력과 비틀림모멘트		0.75
콘크리트의 지압력 (포스트텐션 정착부나 스트럿-타이 모델은 제외)		0.65

□□□ 기 15①,24③

75 다음 중 플랫 슬래브(flat slab)에 대한 설명으로 옳은 것은?

① 보 없이 지판에 의해 하중이 기둥으로 전달되며, 2방향으로 철근이 배치된 콘크리트 슬래브
② 보나 지판이 없이 기둥으로 하중을 전달하는 2방향으로 철근이 배치된 콘크리트 슬래브
③ 상부 수직하중을 하부지반에 분산시키기 위해 저면을 확대시킨 철근콘크리트판
④ 기초 위에 돌출된 압축부재로서 단면의 평균최소치수에 대한 높이의 비율이 3 이하인 부재

> • 플랫 슬래브 : 보 없이 지판에 의해 하중이 기둥으로 전달되며, 2방향으로 철근이 배치된 콘크리트 슬래브
> • 플랫 플레이트 : 보나 지판이 없이 기둥으로 하중을 전달하는 2방향으로 철근이 배치된 콘크리트 슬래브

□□□ 기 94,07,10,13②,17①,24③

76 플레이트보(plate girder)의 경제적인 높이는 다음 중 어느 것에 의해 구해지는가?

① 휨모멘트　　② 전단력
③ 비틀림모멘트　④ 지압력

- 판형의 높이 $h = 1.1\sqrt{\dfrac{M}{f_a \cdot t}}$

　M : 최대휨모멘트,　f_a : 허용휨응력
　t : 복부판의 두께

- 경제적인 판형의 높이는 휨모멘트 M이 주어졌을 때 강재의 중량이 최소가 된다고 하는 조건이다.

□□□ 기 92,96,98,00,02,03,08,11,13,16,18①,24③

77 그림과 같은 단면의 균열모멘트 M_{cr}은?
(단, $f_{ck} = 24\text{MPa}$, $f_y = 400\text{MPa}$)

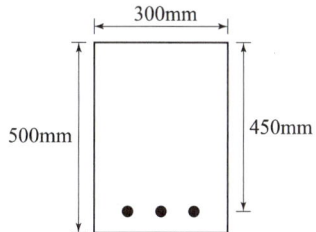

① 30.8kN·m　　② 38.6kN·m
③ 28.2kN·m　　④ 22.4kN·m

[방법1] 균열모멘트 $M_{cr} = \dfrac{f_r}{y_t} I_g$

- $f_r = 0.63\lambda\sqrt{f_{ck}} = 0.63 \times 1 \times \sqrt{24} = 3.09\,\text{MPa}$
- $I_g = \dfrac{bh^3}{12} = \dfrac{300 \times 500^3}{12} = 31.25 \times 10^8\,\text{mm}^4$

$\therefore M_{cr} = \dfrac{3.09}{\dfrac{500}{2}} \times 31.25 \times 10^8$

$= 38625000\,\text{N}\cdot\text{mm} = 38.6\,\text{kN}\cdot\text{m}$
($\because \text{kN}\cdot\text{m} = 10^6\,\text{N}\cdot\text{mm}$)

[방법2] $M_{cr} = \dfrac{f_r}{y_t} I_g = \dfrac{f_r}{\dfrac{h}{2}} \times \dfrac{bh^3}{12} = f_r \dfrac{bh^2}{6}$

$= 3.09 \times \dfrac{300 \times 500^2}{6}$

$= 38625000\,\text{N}\cdot\text{mm} = 38.6\,\text{kN}\cdot\text{m}$

□□□ 기 87,02,04,19①,24③

78 철근콘크리트에서 콘크리트의 탄성계수로 쓰이며, 철근콘크리트 단면의 결정이나 응력을 계산할 때 쓰이는 것은?

① 전단 탄성계수　　② 할선 탄성계수
③ 접선 탄성계수　　④ 초기접선 탄성계수

탄성계수
- 할선 탄성계수 : 철근콘크리트의 단면결정이나 응력계산에 사용
- 초기접선 탄성계수 : 탄성변형(크리프변형)을 계산하기 위해 사용

□□□ 기 11,12,16④,20④,22①,24③

79 처짐을 계산하지 않는 경우 단순 지지된 보의 최소 두께(h)로 옳은 것은? (단, 보통콘크리트($m_c = 2300\text{kg/m}^3$) 및 $f_y = 300\text{MPa}$인 철근을 사용한 부재의 길이가 10m인 보)

① 429mm　　② 500mm
③ 537mm　　④ 625mm

- 단순지지보의 최소두께 $h = \dfrac{l}{16}$
- $f_y = 400\,\text{MPa}$ 이외인 경우는 계산된 h값에 $\left(0.43 + \dfrac{f_y}{700}\right)$을 곱한다.

$\therefore h = \dfrac{l}{16} \times \left(0.43 + \dfrac{f_y}{700}\right) = \dfrac{10000}{16} \times \left(0.43 + \dfrac{300}{700}\right)$

$= 537\,\text{mm}$

Remember

처짐을 계산하지 않는 경우의 최소두께

부재	단순지지	1단연속	양단연속	캔틸레버
1방향슬래브	$\dfrac{l}{20}$	$\dfrac{l}{24}$	$\dfrac{l}{28}$	$\dfrac{l}{10}$
보 또는 리브가 있는 1방향 슬래브	$\dfrac{l}{16}$	$\dfrac{l}{18.5}$	$\dfrac{l}{21}$	$\dfrac{l}{8}$

$f_y = 400\,\text{MPa}$ 이외인 경우는 계산된 h값에 $\left(0.43 + \dfrac{f_y}{700}\right)$을 곱한다.

정답　76 ①　77 ②　78 ②　79 ③

☐☐☐ 기 87,01,03,06,07,08,09,10,12,13,17②④,18①,20②,24③

80 $A_s = 4000\text{mm}^2$, $A_s' = 1500\text{mm}^2$로 배근된 그림과 같은 복철근보의 탄성처짐이 15mm이다. 5년 이상의 지속하중에 의해 유발되는 장기처짐은 얼마인가?

① 15mm
② 20mm
③ 25mm
④ 30mm

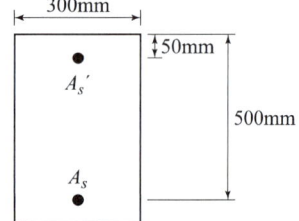

$$\lambda = \frac{\xi}{1+50\rho'}$$

- $\rho' = \dfrac{A_s'}{bd} = \dfrac{1500}{300 \times 500} = 0.01$
- 5년 이상 $\xi = 2.0$
  (12개월=1.4, 6개월=1.2, 3개월=1.0)

$\therefore \lambda = \dfrac{2.0}{1+50 \times 0.01} = 1.33$

$\therefore$ 장기처짐=순간처짐(탄성침하)×장기처짐계수(λ)
$= 15 \times 1.33 = 19.95\text{mm}$

$\therefore$ 20mm

제5과목 : 토질 및 기초

☐☐☐ 기 10②,12②,18②,24③

81 전단마찰각이 25°인 점토의 현장에 작용하는 수직응력이 50kN/m²이다. 과거 작용했던 최대하중이 100kN/m²이라고 할 때 대상지반의 정지토압계수를 추정하면?

① 0.40
② 0.57
③ 0.82
④ 1.14

과압밀 점토에 대한 정지토압계수
$K_o = (1-\sin\phi) \times \sqrt{OCR}$

- $OCR = \sqrt{\dfrac{\text{선행압밀하중}}{\text{현재 작용하는 유효상재하중}}}$
  $= \sqrt{\dfrac{100}{50}} = \sqrt{2}$

$\therefore K_o = (1-\sin\phi) \times \sqrt{OCR}$
$= (1-\sin 25°) \times \sqrt{2} = 0.82$

☐☐☐ 기 90,08,12②,16②,22③,24③

82 수평방향투수계수가 0.12cm/sec이고, 연직방향투수계수가 0.03cm/sec일 때 1일 침투유량은?

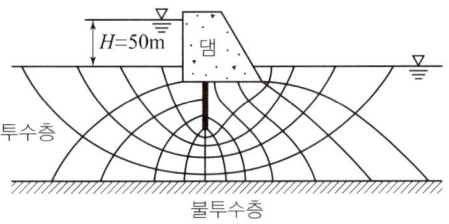

① 970m³/day/m
② 1080m³/day/m
③ 1220m³/day/m
④ 1410m³/day/m

$$Q = \sqrt{K_h K_v}\, H\, \dfrac{N_f}{N_d}$$

- $K = \sqrt{0.12 \times 0.03} = 0.060\text{cm/sec}$
- $H = 50\text{m} = 5000\text{cm}$
- $N_f = 5$, $N_d = 12$

$\therefore Q = 0.060 \times 5000 \times \dfrac{5}{12}$
$= 125.00\text{cm}^3/\text{sec/cm}$
$= 1080\text{m}^3/\text{day/m}$

☐☐☐ 기 03,20④,24③

83 습윤단위중량이 19kN/m³, 함수비 25%, 비중이 2.7인 경우 건조단위중량과 포화도는? (단, 물의 단위중량은 9.81kN/m³이다.)

① 17.3kN/m³, 97.8%
② 17.3kN/m³, 90.9%
③ 15.2kN/m³, 97.8%
④ 15.2kN/m³, 90.9%

- 건조 단위중량 $\gamma_d = \dfrac{\gamma_t}{1+\dfrac{w}{100}} = \dfrac{19}{1+\dfrac{25}{100}}$
  $= 15.2\text{kN/m}^3$

- 간극비 $e = \dfrac{\gamma_w}{\gamma_d}G_s - 1 = \dfrac{9.81}{15.2} \times 2.7 - 1 = 0.743$
  $\left(\because \gamma_d = \dfrac{G_s}{1+e}\gamma_w\right)$

- 포화도 $S = \dfrac{G_s \cdot w}{e} = \dfrac{2.7 \times 25}{0.743} = 90.9\%$
  $(\because S \cdot e = G_s \cdot w)$

□□□ 기 90,96,00,02,11①,14②,24③

84 그림에서 정사각형 독립기초 2.5m×2.5m가 실트질 모래 위에 시공되었다. 이때 근입깊이가 1.50m인 경우 허용지지력은 약 얼마인가? (단, $N_c=35$, $N_r=N_q=20$, 안전율은 3)

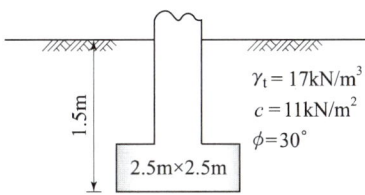

① $250\,kN/m^2$ ② $300\,kN/m^2$
③ $350\,kN/m^2$ ④ $450\,kN/m^2$

$q_u = \alpha c N_c + \beta \gamma_1 B N_r + \gamma_2 D_f N_q$
• 정사각형 : $\alpha=1.3$, $\beta=0.4$
• $q_u = 1.3 \times 11 \times 35 + 0.4 \times 17 \times 2.5 \times 20$
  $\quad + 17 \times 1.5 \times 20$
  $= 1350.5\,kN/m^2$
∴ 허용지지력 $q_a = \dfrac{q_u}{F_s} = \dfrac{1350.5}{3} = 450\,kN/m^2$

□□□ 기 82,91,99,03,06,07,11,13,15,16,17①②,20③,24③

85 그림과 같은 지반에서 유효응력에 대한 점착력 및 마찰각이 각각 $c'=10\,kN/m^2$, $\phi'=20°$일 때, A점에서의 전단강도는? (단, 물의 단위중량은 $9.81\,kN/m^3$이다.)

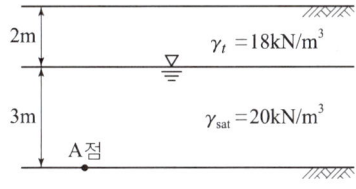

① $34.23\,kN/m^2$ ② $44.94\,kN/m^2$
③ $54.25\,kN/m^2$ ④ $66.17\,kN/m^2$

전단강도 $\tau = c' + \overline{\sigma}\tan\phi$
• $\overline{\sigma} = \gamma_t h_1 + \gamma_{sub} h_2$
  $= 18 \times 2 + (20-9.81) \times 3$
  $= 66.57\,kN/m^2$
∴ $\tau = 10 + 66.57 \tan 20° = 34.23\,kN/m^2$

□□□ 기 16②,24③

86 흙의 분류에 사용되는 Casagrande 소성도에 대한 설명으로 틀린 것은?

① 세립토를 분류하는 데 이용한다.
② U선은 액성한계와 소성지수의 상한선으로 U선 위쪽으로는 측점이 있을 수 없다.
③ 액성한계 50%를 기준으로 저소성(L) 흙과 고소성(H) 흙으로 분류한다.
④ A선 위의 흙은 실트(M) 또는 유기질토(O)이며, A선 아래의 흙은 점토(C)이다.

• A선 : 점토(C), 유기질 점토(O)
• A선 위쪽 : 실트질 점토(CL-ML), 유기질 점토(O)
• A선 아래 : 실트(M), 유기질 실트(O)

> **Remember**
> Casagrande의 소성도
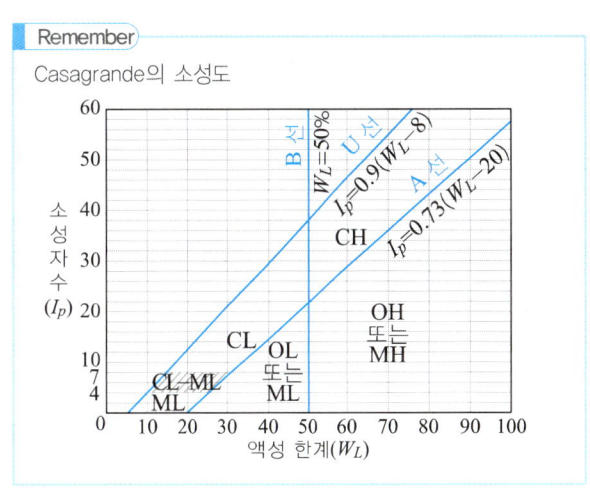

□□□ 기 18③,24③

87 점성토를 다지면 함수비의 증가에 따라 입자의 배열이 달라진다. 최적함수비의 습윤측에서 다짐을 실시하면 흙은 어떤 구조로 되는가?

① 단립구조 ② 봉소구조
③ 이산구조 ④ 면모구조

• 점성토에서 흙은 최적함수비보다 큰 함수비로 다지면 이산구조를 보이고 작은 함수비로 다지면 면모구조를 보인다.
• 점토를 최적함수비의 습윤측에서 다짐을 실시하면 이산구조를 가지게 된다.
• 점토를 최적함수비보다 약간 건조측의 함수비로 다지면 면모구조를 가지게 된다.

□□□ 기 80,81,86,91,92,94,04,06,07,17,19,20,22①,24③

88 지반개량공법 중 주로 모래질 지반을 개량하는데 사용되는 공법은?

① 프리로딩 공법
② 생석회 말뚝 공법
③ 페이퍼 드레인 공법
④ 바이브로 플로테이션 공법

바이브로 플로테이션 공법 : 느슨한 모래지반을 개량하는 공법이다.	
점성토 지반	사질토 지반
• 치환공법 • Pre-loading공법 • Sand drain공법 • Paper drain공법 • 전기 침투공법 • 생석회 말뚝공법	• 다짐 말뚝공법 • Compozer공법 • Vibro flotation공법 • 폭파 다짐공법 • 전기 충격공법 • 약액 주입공법

□□□ 기 10①,14④,20④,24③

89 그림과 같이 $c=0$인 모래로 이루어진 무한사면이 안정을 유지(안전율≥1)하기 위한 경사각(β)의 크기로 옳은 것은? (단, 물의 단위중량은 $9.81 kN/m^3$이다.)

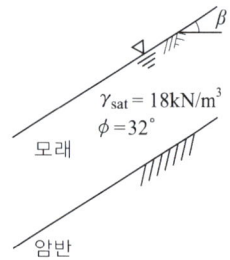

① $\beta \leq 7.94°$
② $\beta \leq 15.87°$
③ $\beta \leq 23.79°$
④ $\beta \leq 31.76°$

점착력 $c=0$ 이고 침투류가 지표면과 일치되어 있을 때

$F = \dfrac{\gamma_{sub}}{\gamma_{sat}} \cdot \dfrac{\tan\phi'}{\tan\beta} \geq 1$ 에서

$= \dfrac{18-9.81}{18} \cdot \dfrac{\tan 32°}{\tan \beta} \geq 1$

$\Rightarrow 0.2843 \geq \tan\beta$

$\beta = \tan^{-1}(0.2843) = 15.87°$

∴ $\beta \leq 15.87°$

□□□ 기 11②,19②,22②,24③

90 그림과 같이 지표면에 집중하중이 작용할 때 A점에서 발생하는 연직응력의 증가량은?

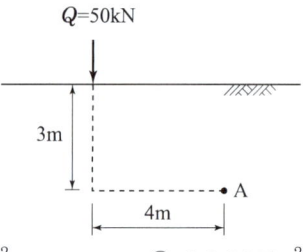

① $0.21 kN/m^2$
② $0.24 kN/m^2$
③ $0.27 kN/m^2$
④ $0.30 kN/m^2$

$\Delta\sigma_z = \dfrac{3Q}{2\pi} \times \dfrac{Z^3}{R^5} = \dfrac{3 \times 50}{2\pi} \times \dfrac{3^3}{(\sqrt{3^2+4^2})^5}$

$= 0.21 kN/m^2$

□□□ 기 16②,24③

91 연약한 점성토의 지반특성을 파악하기 위한 현장조사 시험방법에 대한 설명 중 틀린 것은?

① 현장베인시험은 연약한 점토층에서 비배수전단강도를 직접 산정할 수 있다.
② 정적콘관입시험(CPT)은 콘지수를 이용하여 비배수전단강도 추정이 가능하다.
③ 표준관입시험에서의 N값은 연약한 점성토지반 특성을 잘 반영해 준다.
④ 정적콘관입시험(CPT)은 연속적인 지층분류 및 전단강도 추정 등 연약점토 특성분석에 매우 효과적이다.

표준관입시험기(SPT)
• 사질토에 가장 적합하나 점토지반의 N치에 의한 강도 판정과 지지력을 추정할 수 있다.
• N치로 추정할 수 있는 사항

구분	판정 및 추정사항
조사결과로 파악할 수 있는 사항	• 지반내 토층분포 및 토질의 종류 • 지지층 분포심도 • 연약층의 유무(압밀침하층의 두께)
사질토	• 상대밀도, 내부마찰각 • 기초지반의 탄성침하 및 허용지지력 • 액상화 가능성 파악
점성토	• 일축압축강도, 비배수 점착력 • 기초지반의 허용지지력 • 연·경정도

□□□ 기 93,98,00,05,09,17②,22②,24③

92 어떤 점토지반에서 베인시험을 실시하였다. 베인의 지름이 50mm, 높이가 100mm, 파괴 시 토크가 59N·m일 때 이 점토의 점착력은?

① 129kN/m² ② 157kN/m²
③ 213kN/m² ④ 276kN/m²

$$C_u = \frac{M_{max}}{\pi D^2 \left(\frac{H}{2}+\frac{D}{6}\right)} = \frac{59 \times 10^3}{\pi \times 50^2 \times \left(\frac{100}{2}+\frac{50}{6}\right)}$$
$$= 0.129\,\text{N/mm}^2 = 129\,\text{kN/m}^2$$

□□□ 기 12②,24③

93 다음 점성토의 교란에 관련된 사항 중 잘못된 것은?

① 교란 정도가 클수록 $e - \log P$ 곡선의 기울기가 급해진다.
② 교란될수록 압밀계수는 작게 나타낸다.
③ 교란을 최소화하려면 면적비가 작은 샘플러를 사용한다.
④ 교란의 영향을 제거한 SHANSEP 방법을 적용하면 효과적이다.

$e - \log P$ 곡선의 기울기는 불교란 시료보다 교란된 시료일수록 경사가 완만하여 압축지수가 실제보다 작게 구해져 실제보다 작은 침하량이 계산된다.

□□□ 기 95,98,99,00,17①,24③

94 흙의 다짐에 관한 설명 중 옳지 않은 것은?

① 조립토는 세립토보다 최적함수비가 작다.
② 최대건조단위중량이 큰 흙일수록 최적함수비는 작은 것이 보통이다.
③ 점성토지반을 다질 때는 진동 롤러로 다지는 것이 유리하다.
④ 일반적으로 다짐에너지를 크게 할수록 최대건조단위중량은 커지고 최적함수비는 줄어든다.

점성토지반을 다질 때는 탬핑 롤러, 사질토지반을 다질 때는 진동 롤러로 다진다.

□□□ 기 16②,24③

95 콘크리트말뚝을 마찰말뚝으로 보고 설계할 때, 총 연직하중을 2000kN, 말뚝 1개의 극한지지력을 980kN, 안전율을 2.0으로 하면 소요말뚝의 수는?

① 6개 ② 5개
③ 3개 ④ 2개

소요말뚝의 수 $n = \frac{\text{연직하중}}{\text{허용지지력}} = \frac{Q}{Q_a}$

• $F_s = \frac{Q_u}{Q_a} = \frac{980}{Q_a} = 2.0$ ∴ $Q_a = \frac{980}{2.0} = 490\,\text{kN}$

∴ $n = \frac{2000}{490} = 4.1$ ∴ 5개

□□□ 기 01,06,09,14①,18①,19③,24③

96 크기가 30cm×30cm의 평판을 이용하여 사질토 위에서 평판재하시험을 실시하고 극한지지력 200kN/m²을 얻었다. 크기가 1.8m×1.8m인 정사각형 기초의 총 허용하중은 약 얼마인가? (단, 안전율 3을 사용)

① 220kN ② 660kN
③ 1296kN ④ 1500kN

• 모래질의 지지력은 재하판의 폭에 비례한다.
  $0.3 : 200 = 1.8 : q_u$
  ∴ 극한지지력 $q_u = \frac{1.8 \times 200}{0.3} = 1200\,\text{kN/m}^2$
• 극한하중 $Q_u = q_u \times A = 1200 \times 1.8 \times 1.8 = 3888\,\text{kN}$
  ∴ 총허용하중 $Q_a = \frac{Q_u}{F_s} = \frac{3888}{3} = 1296\,\text{kN}$

□□□ 기 90,91,96,01,13①,16④,24③

97 어떤 퇴적층에서 수평방향의 투수계수는 $4.0 \times 10^{-4}\,\text{cm/sec}$이고, 수직방향의 투수계수는 $3.0 \times 10^{-4}\,\text{cm/sec}$이다. 이 흙을 등방성으로 생각할 때, 등가의 평균투수계수는 얼마인가?

① $3.46 \times 10^{-4}\,\text{cm/sec}$ ② $5.0 \times 10^{-4}\,\text{cm/sec}$
③ $6.0 \times 10^{-4}\,\text{cm/sec}$ ④ $6.93 \times 10^{-4}\,\text{cm/sec}$

$$K = \sqrt{K_h K_v}$$
$$= \sqrt{4.0 \times 10^{-4} \times 3.0 \times 10^{-4}}$$
$$= 3.46 \times 10^{-4}\,\text{cm/sec}$$

정답 92 ① 93 ① 94 ③ 95 ② 96 ③ 97 ①

□□□ 기 84,01,03,07,13②,18①,20④,24③

98 그림과 같이 옹벽 배면의 지표면에 등분포 하중이 작용할 때, 옹벽에 작용하는 전체 주동토압의 합력(P_a)과 옹벽 저면으로부터 합력의 작용점까지의 높이(h)는?

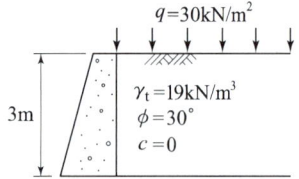

① $P_a = 28.5$kN/m, $h = 1.26$m
② $P_a = 28.5$kN/m, $h = 1.38$m
③ $P_a = 58.5$kN/m, $h = 1.26$m
④ $P_a = 58.5$kN/m, $h = 1.38$m

■ 주동토합의 합력

$P_a = qHK_a + \frac{1}{2}\gamma_t H^2 K_a$

• $K_a = \tan^2\left(45° - \frac{30°}{2}\right) = \frac{1}{3}$

• $P_a = 30 \times 3 \times \frac{1}{3} + \frac{1}{2} \times 19 \times 3^2 \times \frac{1}{3} = 58.5$kN/m

■ 합력의 작용점까지의 높이

$h = \frac{H}{3} \cdot \frac{3q + \gamma_t H}{2q + \gamma_t H}$

$= \frac{3}{3} \times \frac{3 \times 30 + 19 \times 3}{2 \times 30 + 19 \times 3} = 1.26$m

□□□ 기 09,11①,16①,24③

99 점착력이 50kN/m², $\gamma_t = 18$kN/m³의 비배수 상태($\phi = 0$)인 포화된 점성토지반에 지름 40cm, 길이 10m의 PHC말뚝이 항타시공되었다. 이 말뚝의 선단지지력은? (단, Meyerhof 방법을 사용)

① 15.7kN ② 32.3kN
③ 56.5kN ④ 450kN

선단지지력(Meyerhof 방법)
$Q_p = (c \cdot N_c + \gamma \cdot l \cdot N_q) A_p = 9c \times A_p$
$= 9 \times 50 \times \frac{\pi \times 0.4^2}{4} = 56.5$kN

(∵ 비배수 상태($\phi = 0$)인 포화된 점성토지반 : $N_c = 9$, $N_q = 0$)

□□□ 기 16①,24③

100 다음 그림에서 흙의 저면에 작용하는 단위 면적당 침투수압은? (단, $\gamma_w = 9.81$kN/m³)

① 79.2kN/m²
② 49.2kN/m²
③ 39.2kN/m²
④ 29.2kN/m²

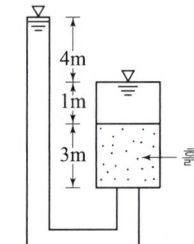

$P = i\gamma_w Z = \frac{h}{L}\gamma_w Z$
$= \frac{4}{3} \times 9.81 \times 3 = 39.24$kN/m²

제6과목 : 상하수도공학

기 17②, 24③

101 수질시험 항목에 관한 설명으로 옳지 않은 것은?

① DO(용존산소)는 물속에 용해되어 있는 분자상의 산소를 말하며 온도가 높을수록 DO 농도는 감소한다.
② COD(화학적 산소요구량)는 수중의 산화 가능한 유기물이 일정 조건에서 산화제에 의해 산화되는 데 요구되는 산소량을 말한다.
③ 잔류염소는 처리수를 염소소독하고 남은 염소로 차아염소산이온과 같은 유리잔류염소와 클로라민 같은 결합잔류염소를 말한다.
④ BOD(생물화학적 산소요구량)는 수중 유기물이 혐기성 미생물에 의해 3일간 분해될 때 소비되는 산소량을 ppm으로 표시한 것이다.

> 생물화학적 산소요구량(BOD)
> • 유기물을 미생물에 의하여 호기성 상태에서 분해 안정화시키는 데 요구되는 산소량이다.
> • BOD는 보통 20℃에서 5일간 시료를 배양했을 때 소비된 용존산소량으로 표시된다.

기 12①, 24③

102 하수도시설 설계시 우수유출량의 산정을 합리식으로 할 때, 토지이용도별 기초유출계수의 표준값이 가장 작은 것은?

① 지붕
② 수면
③ 경사가 급한 산지
④ 잔디, 수목이 많은 공원

토지이용도별 기초유출계수의 표준값	
표면형태	유출계수
지붕	0.86 ~ 0.95
수면	1.00
경사가 급한 산지	0.40 ~ 0.60
경사가 완만한 산지	0.20 ~ 0.40
잔디, 수목이 많은 공원	0.05 ~ 0.25

기 96, 07, 09, 11, 13, 17④, 24③

103 인구 30만의 도시에 급수계획을 하고자 한다. 계획 1인 1일 최대 급수량을 350L로 하고 계획급수 보급률을 80%라 할 때 계획 1일 평균급수량은? (단, 이 도시는 중소도시로 계획첨두율은 1.5로 가정한다.)

① $126000 m^3/day$
② $84000 m^3/day$
③ $73500 m^3/day$
④ $56000 m^3/day$

> • 계획 1일 평균급수량 $= \dfrac{\text{계획 1일 최대급수량}}{\text{첨두율}}$
> $= \dfrac{1인1일 \text{ 최대급수량} \times \text{계획급수인구} \times \text{급수보급율}}{\text{첨두율}}$
> $= \dfrac{350 \times 10^{-3} \times 300000 \times 0.80}{1.5} = 56000 m^3/day$
> ($\because 1L = 10^{-3} m^3$)

기 13, 21①, 24③

104 보통 상수도의 기본계획에서 대상이 되는 기간인 계획(목표)연도는 계획수립 시부터 몇 년간을 표준으로 하는가?

① 3 ~ 5년간
② 5 ~ 10년간
③ 15 ~ 20년간
④ 25 ~ 30년간

> 계획(목표)연도
> 기본계획에서 대상이 되는 기간으로 계획 수립 시부터 15 ~ 20년간을 표준으로 한다.

기 10, 24③

105 다음 중 계획 급수인구의 추정법이 아닌 것은?

① 등차급수법
② 등비급수법
③ 최소자승법
④ 누가곡선법

> 계획 급수인구 추정 방법
> • 등차급수 방법
> • 등비급수 방법
> • 감소율 성장방법
> • 로지스틱 S방법
> • 최소자승법에 의한 방법

정답 101 ④ 102 ④ 103 ④ 104 ③ 105 ④

□□□ 기 16④,24③
106 정수처리 시 생성되는 발암물질인 트리할로메탄(THM)에 대한 대책으로 적합하지 않은 것은?

① 오존, 이산화염소 등의 대체 소독제 사용
② 염소소독의 강화
③ 중간염소처리
④ 활성탄흡착

> • 트리할로메탄(THM : Trihalomethane)은 전염소처리를 하지 않고 약품 침전과 침전 및 활성탄 흡착으로 처리함이 좋다.
> • 염소소독 공정에서 생성되는 것이 발암성 물질인 THM이 생성되며, 오존, 이산화염소, 활성탄 흡착으로 제거가 가능하다.

□□□ 기 16①,20②,24③
107 저수시설의 유효저수량 결정방법이 아닌 것은?

① 합리식
② 물수지계산
③ 유량도표에 의한 방법
④ 유량누가곡선도표에 의한 방법

> 저수시설의 유효저수량 결정
> • 계획기준년의 경우 : 물수지를 계산하여 결정
> • 예비검토를 하는 경우 : 유량도표에 의한 방법, 유량누가곡선도표에 의한 방법(Ripple's method)

□□□ 기 19②,24③
108 호수나 저수지에 대한 설명으로 틀린 것은?

① 여름에는 성층을 이룬다.
② 가을에는 순환(turn over)을 한다.
③ 성층은 연직방향의 밀도차에 의해 구분된다.
④ 성층현상이 지속되면 하층부의 용존산소량이 증가한다.

> • 성층현상은 표수층과 저층의 온도차가 심한 겨울과 여름에 일어나며 특히 여름철에는 현저한 성층현상이 나타낸다.
> • 성층현상이 지속되면 하층부의 용존산소량이 감소한다.

□□□ 기 96,00,04,06,14①,24③
109 다음 지형도의 상수계통도에 관한 사항 중 옳은 것은?

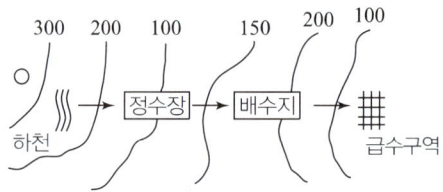

① 도수는 펌프가압식으로 해야 한다.
② 수질을 생각하여 도수로는 개수로를 택하여야 한다.
③ 정수장에서 배수지는 펌프가압식으로 송수한다.
④ 도수와 송수를 자연유하식으로 하여 동력비를 절감한다.

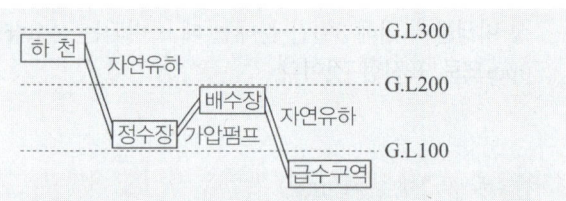

> • 도수(하천 → 정수장) : 자연유하식으로 도수
> • 송수(정수장 → 배수장) : 펌프가압식으로 송수
> • 배수장 → 급수구역 : 자연유하식으로 급수

□□□ 기 95,96,98,12,18③,24③
110 부유물 농도 200mg/L, 유량 3000m³/day인 하수가 침전지에서 70% 제거된다. 이때 슬러지의 함수율이 95%, 비중 1.1일 때 슬러지의 양은?

① $5.9m^3/day$
② $6.1m^3/day$
③ $7.6m^3/day$
④ $8.5m^3/day$

> 슬러지의 양
> $= \dfrac{오수량(Q) \times 부유물농도(SS) \times SS제거율(E)}{비중(1-w)}$
> • $Q = 3000\,m^3/day$
> • 부유물농도 $SS = 200\,mg/L = 200 \times 10^6\,t/m^3$
> • SS제거율 $E = \dfrac{70}{100} = 0.70$
> • 슬러지의 함수율 $w = 95\% = 0.95$
> ∴ $\dfrac{3000(m^3/day) \times 200 \times 10^{-6}(t/m^3) \times 0.70}{1.1 \times (1-0.95)}$
> $= 7.64\,t/day = 7.64\,m^3/day$
> (∵ $1mg/L = 1g/m^3 = 10^{-3}kg/m^3 = 10^{-6}t/m^3$
> $1ton = 1m^3$)

□□□ 기 15②, 24③
111 관거별 계획하수량 선정시 고려해야 할 사항으로 적합하지 않은 것은?

① 오수관거는 계획시간 최대오수량을 기준으로 한다.
② 우수관거에서는 계획우수량을 기준으로 한다.
③ 합류식 관거는 계획시간 최대오수량에 계획우수량을 합한 것을 기준으로 한다.
④ 차집관거는 계획시간 최대오수량에 우천시 계획우수량을 합한 것을 기준으로 한다.

> 차집관거는 우천시 계획오수량으로 한다.

□□□ 기 14②, 17④, 24③
112 합류식과 분류식에 대한 설명으로 옳지 않은 것은?

① 합류식의 경우 관경(관지름)이 커지기 때문에 2계통인 분류식보다 건설비용이 많이 든다.
② 분류식의 경우 오수와 우수를 별개의 관로로 배제하기 때문에 오수의 배제계획이 합리적이 된다.
③ 분류식의 경우 관거 내 퇴적은 적으나 수세효과는 기대할 수 없다.
④ 합류식의 경우 일정량 이상이 되면 우천 시 오수가 월류한다.

> 분류식은 2계통을 건설하는 경우, 합류식에 비하여 일반적으로 관거의 건설비용이 많이 든다.

□□□ 기 98, 02, 24③
113 다음 중 활성 슬리지법의 변법이 아닌 것은?

① 호기성 산화지(aerobic lagoon)
② 장시간 폭기법(extended aeration)
③ 산화구법(oxidation diton)
④ 계단식 폭기법(step aeration)

> 활성슬러지법은 여러 가지의 다른 활성 슬러지의 변법이 개발되었다.
> • 표준 활성 슬러지법, 단계식 폭기법, 접촉 안정법, 장기간 폭기법, 산화구법, 심층 폭기법

□□□ 기 18③, 24③
114 침전지 내에서 비중이 0.7인 입자의 부상속도를 V라 할 때, 비중이 0.4인 입자의 부상속도는? (단, 기타의 모든 조건은 같다.)

① $0.5V$
② $1.25V$
③ $1.75V$
④ $2V$

> $$\frac{V_{0.4}}{V} = \frac{(1-\rho_{0.4})}{(1-\rho_{0.7})}$$
> $$\therefore V_{0.4} = \frac{1-0.4}{1-0.7}V = 2V$$

□□□ 기 99, 08, 12②, 18③, 24③
115 $Q = \frac{1}{360}CIA$는 합리식으로서 첨두유량을 산정할 때 사용된다. 이 식에 대한 설명으로 옳지 않은 것은?

① C는 유출계수로 무차원이다.
② I는 도달시간 내의 강우강도로 단위는 mm/hr이다.
③ A는 유역면적으로 단위는 km²이다.
④ Q는 첨두유출량으로 단위는 m³/sec이다.

> A는 배수면적으로 단위는 ha이다.

□□□ 기 02, 03, 04, 13, 15, 24③
116 수격작용을 방지하기 위한 방법으로 옳지 않은 것은?

① 펌프에 플라이휠(fly-wheel)을 붙여 펌프의 관성을 증가시킨다.
② 토출측 관로에 조압수조(surge tank)를 설치한다.
③ 압력수조(air-chamber)를 설치한다.
④ 펌프 흡입측에 완폐형 역지밸브를 단다.

> ■ 부압(수주분리)발생의 방지법
> • 펌프에 플라이휠(fly-wheel)을 붙인다.
> • 토출측 관로에 조압수조(surge tank)를 설치한다.
> • 토출측 관로에 한방향 조압수조를 설치한다.
> • 압력수조(air-chamber)를 설치한다.
> ■ 압력상승 경감방법
> • 완폐식 체크밸브에 의한 방법
> • 급폐식 체크밸브에 의한 방법
> • 콘밸브 또는 니들밸브나 볼밸브에 의한 방법

정답 111 ④ 112 ① 113 ③ 114 ④ 115 ③ 116 ④

□□□ 기 97,05①,24③

117 생물학적 처리를 위한 영양조건으로 하수의 일반적인 BOD : N : P비는 다음 중 어느 것이 가장 적합한가?

① BOD : N : P = 100 : 50 : 10
② BOD : N : P = 100 : 10 : 1
③ BOD : N : P = 100 : 10 : 5
④ BOD : N : P = 100 : 5 : 1

> 생물학적 처리법에서 박테리아의 구성 성분비
> • BOD : N : P = 100 : 5 : 1

□□□ 기 97,98,01,08,11,13,14④,24③

118 수분 97%의 슬러지 15m³를 수분 70%로 농축하면 그 부피는? (단, 비중은 모두 1.0으로 가정)

① 0.5m³
② 1.5m³
③ 2.5m³
④ 3.5m³

> $\dfrac{V_1}{V_2} = \dfrac{100 - W_2}{100 - W_1}$ 에서
> $V_2 = \dfrac{V_1(100 - W_1)}{100 - W_2} = \dfrac{15(100 - 97)}{100 - 70} = 1.5\,\text{m}^3$

□□□ 기 00,14②,24③

119 유입수량이 50m³/min, 침전지 용량이 3000m³, 침전지 유효수심이 6m일 때 수면부하율(m³/m²·day)은?

① 115.2
② 125.2
③ 144.0
④ 154.0

> 수면부하율 $V = \dfrac{Q(\text{m}^3)}{A(\text{m}^2)}$
> ∴ $V = \dfrac{50}{\frac{3000}{6}} = 0.1\,\text{m}^3/\text{m}^2\cdot\text{min}$
> $= 144.0\,\text{m}^3/\text{m}^2\cdot\text{day}$

□□□ 기 16①,19③,24③

120 호수의 부영양화에 대한 설명으로 옳지 않은 것은?

① 부영양화의 주된 원인물질은 질소와 인이다.
② 조류의 이상증식으로 인하여 물의 투명도가 저하된다.
③ 조류의 발생이 과다하면 정수공정에서 여과지를 폐색시킨다.
④ 조류제거 약품으로는 일반적으로 황산알루미늄을 사용한다.

> 황산알루미늄($Al_2(SO_4)_3$)은 응집처리를 위한 응집제이다.

정답 117 ④ 118 ② 119 ③ 120 ④

국가기술자격 필기시험문제

2025년도 기사 1회 필기시험

자격종목	시험시간	문제수	형 별	수험번호	성 명
토목기사	3시간	120	A		

※ 각 문제는 4지 택일형으로 질문에 가장 적합한 문제의 보기 번호를 클릭하거나 답안표기란의 번호를 클릭하여 입력하시면 됩니다.
※ 입력된 답안은 문제 화면 또는 답안 표기란의 보기 번호를 클릭하여 변경하실 수 있습니다.

제1과목 : 응용역학

□□□ 기 06①,14②④,18②,19②,20③,25①

01 아래 그림과 같은 캔틸레버보에서 휨에 의한 탄성변형에너지는? (단, EI는 일정)

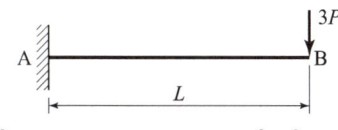

① $\dfrac{2P^2L^3}{3EI}$ ② $\dfrac{3P^2L^3}{2EI}$

③ $\dfrac{2P^2L^3}{9EI}$ ④ $\dfrac{9P^2L^3}{2EI}$

굽힘모멘트에 의한 탄성변형에너지 $U=\int \dfrac{M_x^2}{2EI}dx$

- $M_x = -3P \cdot x$

$\therefore U = \int \dfrac{M_x^2}{2EI}dx = \dfrac{1}{2EI}\int_0^L (-3P\cdot x)^2 dx$

$= \dfrac{9P^2}{2EI}\left[\dfrac{1}{3}x^3\right]_0^L = \dfrac{9P^2L^3}{6EI} = \dfrac{3P^2L^3}{2EI}$

Remember

정적분의 기본정리 $\int_0^L x^2 dx = \left[\dfrac{1}{3}x^3\right]_0^L = \dfrac{L^3}{3}$

□□□ 기 90,17②,25①

02 아래 그림과 같은 양단고정보에 30kN/m의 등분포하중과 100kN의 집중하중이 작용할 때 A점의 휨모멘트는?

① $-316\text{kN}\cdot\text{m}$
② $-328\text{kN}\cdot\text{m}$
③ $-346\text{kN}\cdot\text{m}$
④ $-368\text{kN}\cdot\text{m}$

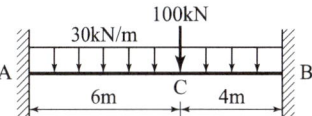

$M_A = -\left(\dfrac{wl^2}{12}+\dfrac{Pab^2}{l^2}\right)$

$= -\left(\dfrac{30\times 10^2}{12}+\dfrac{100\times 6\times 4^2}{10^2}\right)$

$= -346\,\text{kN}\cdot\text{m}$

참고 $M_B = -\left(\dfrac{wl^2}{12}+\dfrac{Pba^2}{l^2}\right)$

Remember

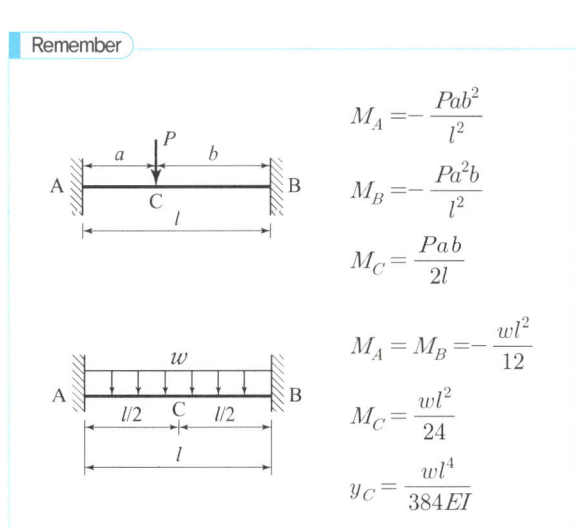

$M_A = -\dfrac{Pab^2}{l^2}$

$M_B = -\dfrac{Pa^2b}{l^2}$

$M_C = \dfrac{Pab}{2l}$

$M_A = M_B = -\dfrac{wl^2}{12}$

$M_C = \dfrac{wl^2}{24}$

$y_C = \dfrac{wl^4}{384EI}$

□□□ 기 02,08,10,12①,25①

03 다음 그림과 같이 2경간 연속보의 첫 경간에 등분포하중이 작용한다. 중앙지점 B의 휨모멘트는?

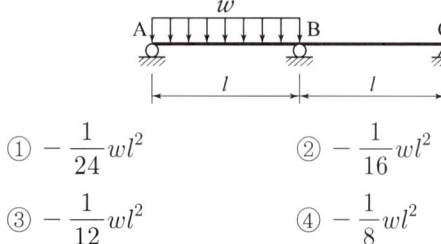

① $-\dfrac{1}{24}wl^2$ ② $-\dfrac{1}{16}wl^2$

③ $-\dfrac{1}{12}wl^2$ ④ $-\dfrac{1}{8}wl^2$

- 연속보의 모멘트분배법 적용(지점 B를 고정단으로 가정)

$M_B = -\dfrac{wl^2}{8}$

$\therefore M_{BC} = -\dfrac{1}{2} \times \dfrac{wl^2}{8} = -\dfrac{wl^2}{16}$

$\left(\because \text{AB와 BC가 동일하므로 분배율은 } \dfrac{1}{2} \text{이 된다.}\right)$

- 3연 모멘트법 적용
  - 양단 A, C 지점에서의 휨모멘트 $M_A = M_C = 0$
  - $\dfrac{l}{I}M_A + 2\left(\dfrac{l}{I} + \dfrac{l}{I}\right)M_B + \left(\dfrac{l}{I}\right)M_C$
    $= 6E(\theta_{BA} - \theta_{BC})$
  - $M_A = M_C = 0$, $l_1 = l_2 = l$, $I_1 = I_2 = I$,
    $-\theta_{BA} = \dfrac{wl^3}{24EI}$, $\theta_{BC} = 0$
  - $0 + 2\left(\dfrac{l}{I} + \dfrac{l}{I}\right)M_B + 0 = 2\dfrac{2l}{I}M_B = \dfrac{4l}{I}M_B$
    $= 6E\left(-\dfrac{wl^3}{24EI}\right) = -\dfrac{wl^3}{4I}$
  - $\therefore M_B = -\dfrac{wl^3}{4I} \times \dfrac{I}{4l} = -\dfrac{wl^2}{16}$

Remember

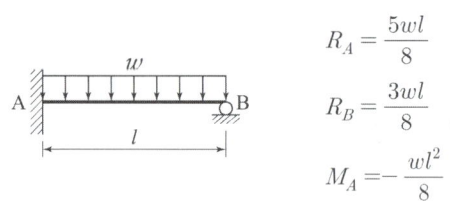

$R_A = \dfrac{5wl}{8}$

$R_B = \dfrac{3wl}{8}$

$M_A = -\dfrac{wl^2}{8}$

□□□ 기 95,05,13,17,25①

04 다음 그림과 같은 3힌지 아치에 집중하중 P가 가해질 때 지점 B에서의 수평반력은?

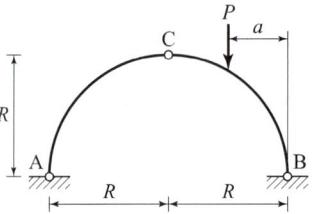

① $\dfrac{Pa}{4R}$

② $\dfrac{P(R-a)}{2R}$

③ $\dfrac{P(R-a)}{4R}$

④ $\dfrac{Pa}{2R}$

- $\sum M_A = 0$: $R_B \times 2R - P \times (2R-a) = 0$

  $\therefore R_B = \dfrac{P(2R-a)}{2R}$

- $\sum M_C = 0$: $R_B \times R - P(R-a) - H_B \times R = 0$

  $\dfrac{PR(2R-a)}{2R} - P(R-a) = H_B R$

  $\dfrac{P(2R-a)}{2R} - \dfrac{P(R-a)}{R} = H_B$

  $\therefore H_B = \dfrac{2PR - Pa - 2PR + 2Pa}{2R} = \dfrac{Pa}{2R}$

□□□ 기 86,97,00,19①,25①

05 분포하중(w), 전단력(S) 및 굽힘모멘트(M) 사이의 관계가 옳은 것은?

① $-W = \dfrac{dS}{dx} = \dfrac{d^2M}{dx^2}$ ② $-W = \dfrac{dM}{dx} = \dfrac{d^2S}{dx^2}$

③ $W = \dfrac{dM}{dx} = \dfrac{d^2S}{dx^2}$ ④ $W = \dfrac{dS}{dx} = \dfrac{d^2M}{dx^2}$

- 전단력(S)을 거리로 미분하면 ($-$)분포하중($-W$)이 된다.
- 휨모멘트(M)를 거리로 미분하면 전단력(S)이 된다.
- 휨모멘트(M)를 거리로 두 번 미분하면 ($-$)분포하중 ($-W$)이 된다.

$\therefore \dfrac{dS}{dx} = -W$, $\dfrac{dM}{dx} = S$, $\dfrac{d^2M}{dx^2} = -W$,

$\dfrac{dS}{dx} = \dfrac{d^2M}{dx^2} = -W$

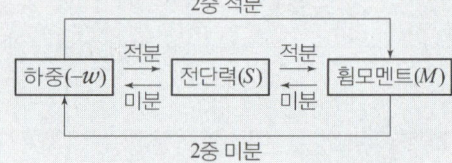

06 그림과 같이 단순보의 A점에 휨모멘트가 작용하고 있을 경우 A점에서의 전단력의 절대값 크기는?

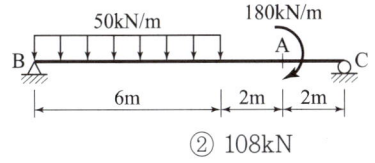

① 72kN
② 108kN
③ 126kN
④ 252kN

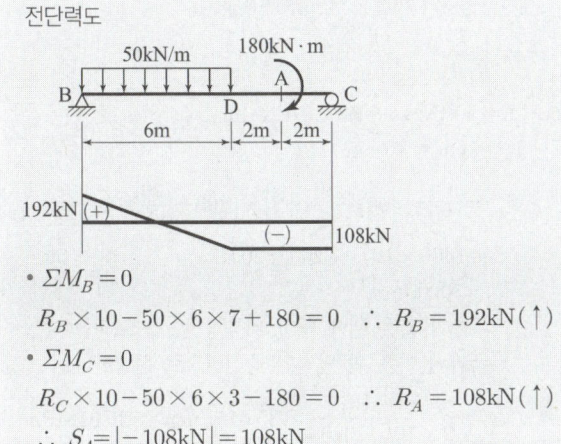

- $\Sigma M_B = 0$
  $R_B \times 10 - 50 \times 6 \times 7 + 180 = 0$ ∴ $R_B = 192\text{kN}(\uparrow)$
- $\Sigma M_C = 0$
  $R_C \times 10 - 50 \times 6 \times 3 - 180 = 0$ ∴ $R_A = 108\text{kN}(\uparrow)$
- ∴ $S_A = |-108\text{kN}| = 108\text{kN}$

07 그림과 같이 A점과 B점에 모멘트하중(M_o)이 작용할 때 생기는 전단력도의 모양은 어떤 형태인가?

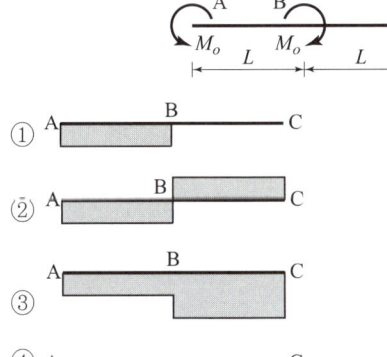

지점반력 $\Sigma V = 0 : V_C = 0$
∴ 전단력: $S_C = 0$
(∵ 캔틸레버의 모멘트 하중에 의한 수직력은 존재하지 않으므로 전단력은 0이다.)

08 다음의 보에서 점 C의 처짐은? (단, EI는 일정하다.)

① $\dfrac{5Pl^3}{48EI}$
② $\dfrac{Pl^3}{48EI}$
③ $\dfrac{Pl^3}{24EI}$
④ $\dfrac{Pl^3}{12EI}$

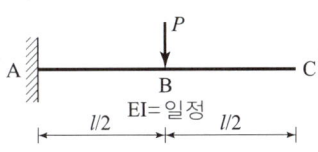

B.M.D에 의한 공액보

- $M_A = P \times \dfrac{L}{2} = \dfrac{PL}{2}$

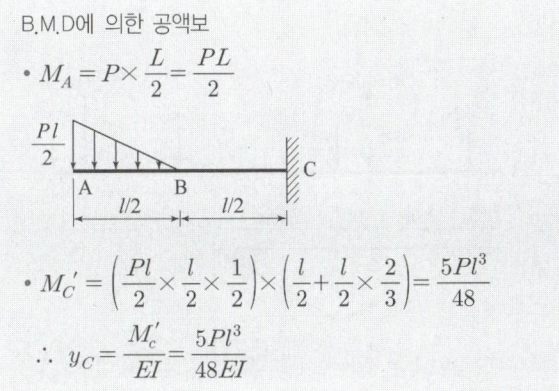

- $M_C' = \left(\dfrac{Pl}{2} \times \dfrac{l}{2} \times \dfrac{1}{2}\right) \times \left(\dfrac{l}{2} + \dfrac{l}{2} \times \dfrac{2}{3}\right) = \dfrac{5Pl^3}{48}$

∴ $y_C = \dfrac{M_C'}{EI} = \dfrac{5Pl^3}{48EI}$

Remember

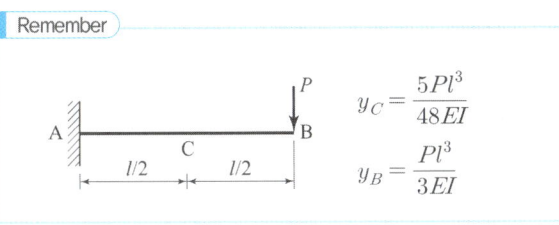

$y_C = \dfrac{5Pl^3}{48EI}$
$y_B = \dfrac{Pl^3}{3EI}$

09 다음 그림과 같은 구조물의 BD부재에 작용하는 힘의 크기는?

① 100kN
② 125kN
③ 150kN
④ 200kN

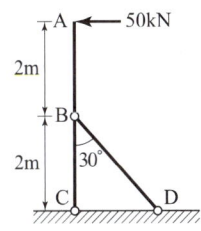

C점에서 $\Sigma M_C = 0$면
$\Sigma M_C = -50 \times 4 + \overline{BD}\sin 30° \times 2 = 0$
∴ $\overline{BD} = 200\text{kN}$

정답 06 ② 07 ④ 08 ① 09 ④

10 지간(span) 8m인 단순보에 그림과 같은 연행 하중이 작용할 때 절대 최대모멘트는 어디에서 생기는가?

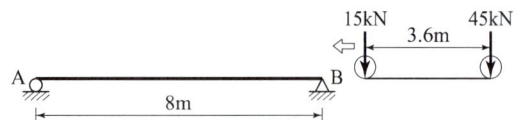

① A지점에서 오른쪽으로 4m 되는 점에 45kN의 재하점
② A지점에서 오른쪽으로 4.45m 되는 점에 45kN의 재하점
③ B지점에서 왼쪽으로 4m 되는 점에 15kN의 재하점
④ B지점에서 왼쪽으로 3.55m 떨어져서 합력의 재하점

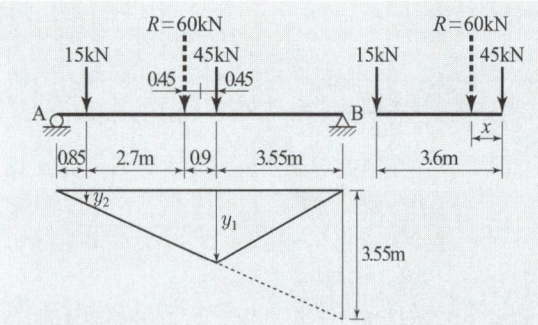

- 합력 $R = 15 + 45 = 60\,kN$
- 합력위치 : $60x = 15 \times 3.6$ ∴ $x = 0.9\,m$
- B점으로 부터의 거리 : $\dfrac{8}{2} - \dfrac{0.9}{2} = 3.55\,m$

∴ B지점에서 왼쪽으로 3.55m 되는 점에 45kN의 재하점
즉, A지점에서 왼쪽으로 4.45m 되는 점에 45kN의 재하점

11 직사각형 단면으로 된 보의 단면적을 A, 전단력을 S라 하면 최대 전단응력을 구한 값은?

① $\dfrac{2}{3}\dfrac{S}{A} = \tau_{max}$
② $\dfrac{3}{2}\dfrac{S}{A} = \tau_{max}$
③ $\dfrac{3}{4}\dfrac{S}{A} = \tau_{max}$
④ $\dfrac{4}{3}\dfrac{S}{A} = \tau_{max}$

최대 전단응력	
직사각형 단면	$\tau_{max} = \dfrac{3}{2}\dfrac{S}{A} = 1.5\dfrac{S}{A}$
원형 단면	$\tau_{max} = \dfrac{4}{3}\dfrac{S}{A} = \dfrac{4}{3}\dfrac{S}{\pi r^2}$
삼각형 단면	$\tau_{max} = \dfrac{3}{2}\dfrac{S}{A} = 3\dfrac{S}{b \cdot h}$

12 그림과 같이 x, y축에 대칭인 빗금친 단면에 비틀림 우력 50kN·m가 작용할 때 최대전단응력은?

① 35.61MPa
② 43.55MPa
③ 52.43MPa
④ 60.27MPa

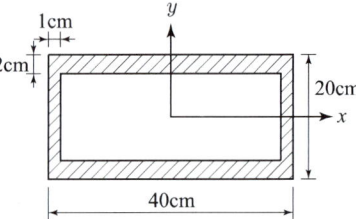

직사각형관의 비틀림전단응력
$\tau = \dfrac{T}{2t_1 A_m}$

- $T = 50\,kN \cdot m = 50 \times 10^6\,N \cdot mm$
- $t_1 = 1\,cm = 10\,mm$
- $A_m = bh = \left(400 - \dfrac{10}{2} \times 2\right) \times \left(200 - \dfrac{20}{2} \times 2\right)$
  $= (400 - 10) \times (200 - 20)$
  $= 70200\,mm^2$

(∵ 두께가 얇은 관에 대한 비틀림전단을 고려할 때, 폭과 높이는 관 단면의 중심선으로 산정한다.)

∴ $\tau = \dfrac{50 \times 10^6}{2 \times 10 \times 70200} = 35.61\,N/mm^2 = 35.61\,MPa$

13 다음 그림은 단면의 핵심(core)을 나타낸 것이다. x, y값으로 옳은 것은?

① $x = \dfrac{h}{6},\ y = \dfrac{b}{6}$
② $x = \dfrac{h}{6},\ y = \dfrac{b}{3}$
③ $x = \dfrac{h}{3},\ y = \dfrac{b}{6}$
④ $x = \dfrac{h}{3},\ y = \dfrac{b}{3}$

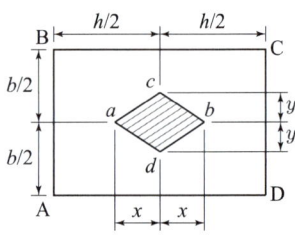

직사각형 단면의 핵은 중앙 $\dfrac{1}{3}$점에 있다.

- $\dfrac{2x}{\dfrac{h}{2} \times 2} = \dfrac{2x}{h} = \dfrac{1}{3}$ ∴ $x = \dfrac{h}{6}$
- $\dfrac{2y}{\dfrac{b}{2} \times 2} = \dfrac{2y}{b} = \dfrac{1}{3}$ ∴ $y = \dfrac{b}{6}$

정답 10 ② 11 ② 12 ① 13 ①

14 그림과 같은 T형 단면의 $x-x$축에 대한 회전 반경은 얼마인가?

① 71.6mm
② 79.7mm
③ 86.2mm
④ 96.2mm

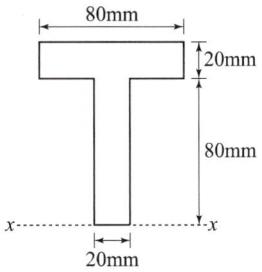

회전반경 $r_x = \sqrt{\dfrac{I_x}{A}}$

- $I_x = \dfrac{bh^3}{12} + A_1 y_1^2 + \dfrac{bh^3}{12} + A_2 y_2^2$

$= \dfrac{80 \times 20^3}{12} + 80 \times 20 \times 90^2 + \dfrac{20 \times 80^3}{12} + 20 \times 80 \times 40^2$

$= 16426666.67 \, \text{mm}^4$

- $A = A_1 + A_2 = 20 \times 80 + 80 \times 20 = 3200 \, \text{mm}^2$

$\therefore r_x = \sqrt{\dfrac{16426666.67}{3200}} = 71.65 \, \text{mm}$

15 그림과 같은 직사각형 단면의 x축에 대한 단면2차 모멘트는?

① $24bh^3$
② $36bh^3$
③ $48bh^3$
④ $60bh^3$

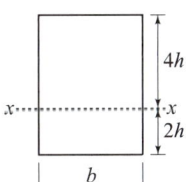

단면 2차 모멘트
$I_x = $ 도심 $I_X +$ 면적 $\times$ (도심까지의 거리)^2

$= \dfrac{b(6h)^3}{12} + (b \times 6h) \times \left(\dfrac{6h}{2} - 2h\right)^2$

$= \dfrac{216bh^3}{12} + 6bh \times h^2$

$= \dfrac{216bh^3}{12} + 6bh^3 = 18bh^3 + 6bh^3 = 24bh^3$

16 그림과 같은 트러스에서 D_2의 부재력은?

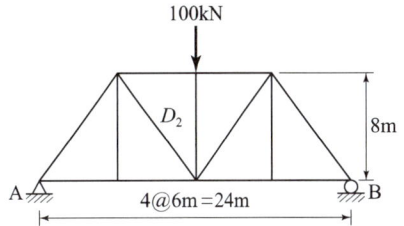

① 62.5kN(인장)
② 80kN(인장)
③ 62.5MPa(압축)
④ 80kN(압축)

- $t-t$의 절단법으로

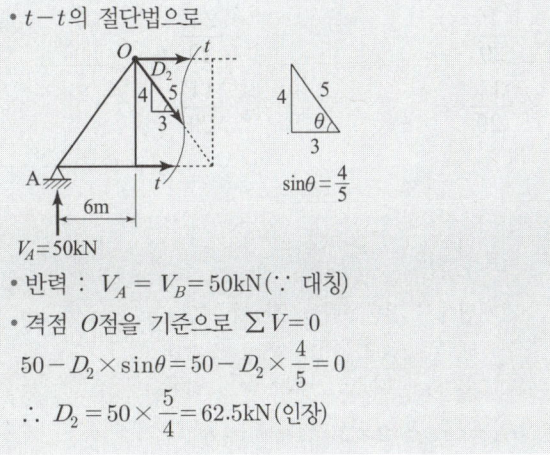

$\sin\theta = \dfrac{4}{5}$

- 반력 : $V_A = V_B = 50\text{kN}(\because \text{대칭})$
- 격점 O점을 기준으로 $\sum V = 0$

$50 - D_2 \times \sin\theta = 50 - D_2 \times \dfrac{4}{5} = 0$

$\therefore D_2 = 50 \times \dfrac{5}{4} = 62.5 \, \text{kN}(\text{인장})$

17 단면이 100mm×200mm인 장주의 길이가 3m일 때 이 기둥의 좌굴하중은? (단, 기둥의 $E = 2.0 \times 10^4$ MPa, 지지상태는 일단고정, 타단자유이다.)

① 45.8kN
② 91.4kN
③ 182.8kN
④ 365.6kN

$P_{cr} = \dfrac{n\pi^2 EI}{L^2} = \dfrac{\pi^2 EI}{(kL)^2}$

- $I_{\min} = \dfrac{bh^3}{12} = \dfrac{200 \times 100^3}{12} = 16666666.67 \, \text{mm}^4$
- $L = 3\text{m} = 3000\text{mm}$

$\therefore P_{cr} = \dfrac{\pi^2 \times 2 \times 10^4 \times 16666666.67}{(2 \times 3000)^2}$

$= 91385 \, \text{N} \approx 91.4 \, \text{kN}$

일단고정 타단자유	$n = \dfrac{1}{4}$	$k = 2.0$
양단힌지	$n = 1$	$k = 1.0$
일단힌지 타단고정	$n = 2$	$k = \dfrac{1}{\sqrt{2}}$
양단고정	$n = 4$	$k = \dfrac{1}{\sqrt{4}}$

기 13④,25①

18 전단력 V가 작용하고 있는 그림과 같은 보의 단면에서 $\tau_1 - \tau_2$의 값으로 옳은 것은?

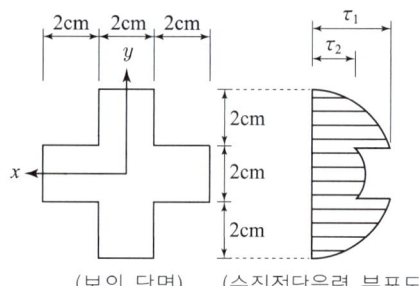

(보의 단면)   (수직전단응력 분포도)

① $\dfrac{V}{29}$ ② $\dfrac{2V}{29}$

③ $\dfrac{3V}{29}$ ④ $\dfrac{4V}{29}$

$\tau = \dfrac{V}{I \cdot b} G_x = \dfrac{V}{I} \cdot \dfrac{G_x}{b}$

경계면에서 전단응력을 구하여 보면

$I = \dfrac{bh^3}{12} = \dfrac{2 \times 6^3}{12} + \dfrac{2 \times 2^3}{12} \times 2 = \dfrac{116}{3}$

$G_x = A \cdot y = 2 \times 2 \times \left(1 + \dfrac{2}{2}\right) = 8\text{m}^3$

$b = 2\text{cm}$ 일 때 $\tau_1 = \dfrac{V}{\frac{116}{3}} \cdot \dfrac{8}{2} = \dfrac{12V}{116}$

$b = 6\text{cm}$ 일 때 $\tau_2 = \dfrac{V}{\frac{116}{3}} \cdot \dfrac{8}{6} = \dfrac{4V}{116}$

$\therefore \tau_1 - \tau_2 = \dfrac{12V}{116} - \dfrac{4V}{116} = \dfrac{8V}{116} = \dfrac{2V}{29}$

기 14②,25①

19 그림과 같은 4개의 힘이 작용할 때 G점에 대한 모멘트는?

① 38250kN·m
② 20250kN·m
③ 21750kN·m
④ 16500kN·m

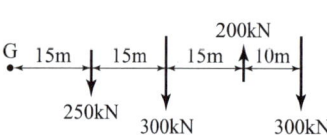

$M_G = 250 \times 15 + 300 \times (15 + 15)$
$\quad - 200 \times (15 \times 3) + 300 \times (15 \times 3 + 10)$
$\quad = 20250 \text{ kN} \cdot \text{m}(\curvearrowright)$

기 05④,07①,13②,17②,20②,25①

20 그림과 같은 단순보에서 B단에 모멘트 하중 M이 작용할 때 경간 AB 중에서 수직처짐이 최대가 되는 곳의 거리 x는? (단, EI는 일정하다.)

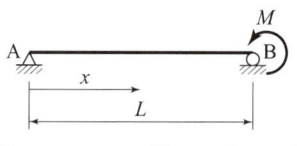

① $x = 0.500L$ ② $x = 0.577L$
③ $x = 0.667L$ ④ $x = 0.750L$

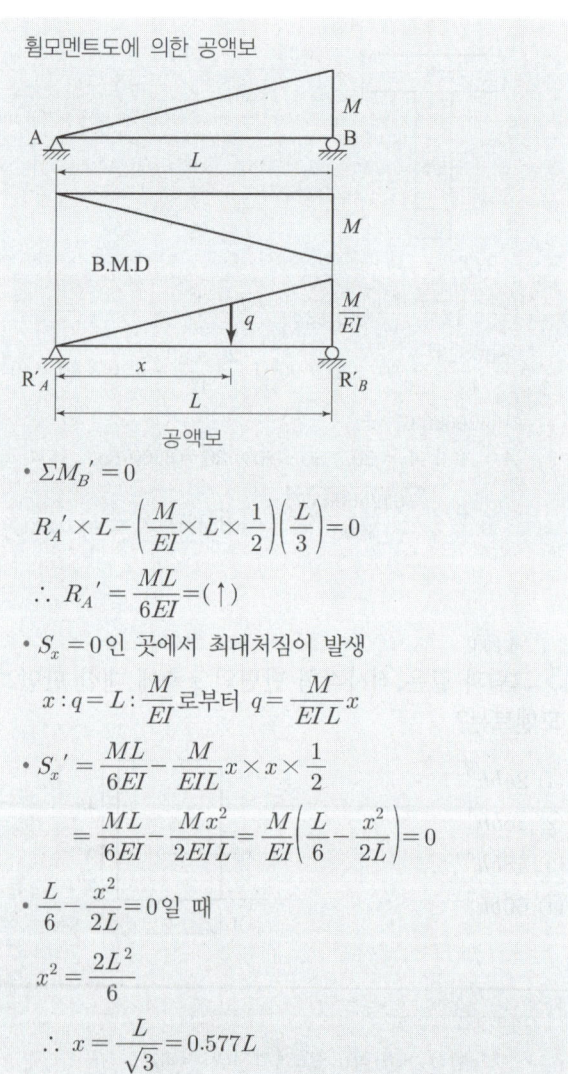

휨모멘트도에 의한 공액보

B.M.D

공액보

• $\Sigma M_B' = 0$

$R_A' \times L - \left(\dfrac{M}{EI} \times L \times \dfrac{1}{2}\right)\left(\dfrac{L}{3}\right) = 0$

$\therefore R_A' = \dfrac{ML}{6EI} = (\uparrow)$

• $S_x = 0$인 곳에서 최대처짐이 발생

$x : q = L : \dfrac{M}{EI}$ 로부터 $q = \dfrac{M}{EIL}x$

• $S_x' = \dfrac{ML}{6EI} - \dfrac{M}{EIL}x \times x \times \dfrac{1}{2}$

$= \dfrac{ML}{6EI} - \dfrac{Mx^2}{2EIL} = \dfrac{M}{EI}\left(\dfrac{L}{6} - \dfrac{x^2}{2L}\right) = 0$

• $\dfrac{L}{6} - \dfrac{x^2}{2L} = 0$일 때

$x^2 = \dfrac{2L^2}{6}$

$\therefore x = \dfrac{L}{\sqrt{3}} = 0.577L$

정답 18 ② 19 ② 20 ②

제2과목 : 측량학

21 하천에서 2점법으로 평균유속을 구할 경우 관측하여야 할 두 지점의 위치는?

① 수면으로부터 수심의 $\frac{1}{5}$, $\frac{3}{5}$ 지점
② 수면으로부터 수심의 $\frac{1}{5}$, $\frac{4}{5}$ 지점
③ 수면으로부터 수심의 $\frac{2}{5}$, $\frac{3}{5}$ 지점
④ 수면으로부터 수심의 $\frac{2}{5}$, $\frac{4}{5}$ 지점

- 2점법
  - $V_m = \dfrac{V_{0.2} + V_{0.8}}{2}$
  - 수면에서 $\frac{1}{5}H$, $\frac{4}{5}H$가 되는 곳의 유속을 평균유속으로 한다.
- 3점법
  - $V_m = \dfrac{V_{0.2} + 2V_{0.6} + V_{0.8}}{4}$
  - 수면에서 $\frac{1}{5}H$, $\frac{3}{5}H$, $\frac{4}{5}H$ 되는 곳의 유속을 평균유속으로 한다.

22 직접 수준측량을 실시한 결과가 다음과 같다. C점의 지반고가 50.000m일 때 A점의 지반고는?

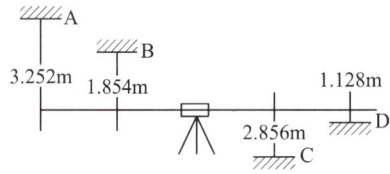

① 51.398m ② 54.710m
③ 56.108m ④ 57.236m

$H_A = H_C + 후시(\sum B.C) - 전시(F.S)$
$= 50.000 + 2.856 - (-3.252) = 56.108m$
(∵ A점의 스타프는 천장에 있기에 −이다.)

23 지형의 표시법에 대한 설명으로 틀린 것은?

① 영선법은 짧고 거의 평행한 선을 이용하여 경사가 급하면 가늘고 길게, 경사가 완만하면 굵고 짧게 표시하는 방법이다.
② 음영법은 태양광선이 서북쪽에서 45도 각도로 비친다고 가정하고 지표의 기복에 대하여 그 명암을 2~3색 이상으로 채색하여 기복의 모양을 표시하는 방법이다.
③ 채색법은 등고선의 사이를 색으로 채색, 색채의 농도를 변화시켜 표고를 구분하는 방법이다.
④ 점고법은 하천, 항만, 해양측량 등에서 수심을 나타낼 때 측점에 숫자를 기입하여 수심 등을 나타내는 방법이다.

영선법은 짧고 거의 평행한 선을 이용하여 경사가 급하면 굵고 짧게, 경사가 완만하면 가늘고 길게 표시하는 방법이다.

Remember

지형도의 표시방법

채색법	등고선의 사이를 색으로 채색, 색채의 농도를 변화시켜 표고를 구분하는 방법
영선법	짧고 거의 평행한 선을 이용하여 경사가 급하면 굵고 짧게, 경사가 완만하면 가늘고 길게 표시하는 방법
점고법	하천, 항만, 해안 측량에서 심천 측량을 한 측점에 숫자로 기입하는 방법
음영법	태양광선이 서북쪽에서 45도 각도로 비친다고 가정하고 지표의 기복에 대하여 그 명암을 2~3색 이상으로 채색하여 기복의 모양을 표시하는 방법

24 GNSS 위성측량시스템으로 틀린 것은?

① GPS   ② GSIS
③ QZSS   ④ GALILEO

GNSS 위성측량시스템
미국의 GPS, 러시아의 GLONASS, 유럽의 GALILEO, 일본의 QZSS 등이 이에 속한다.

25 다각 측량성과에서 C점의 좌표는 얼마인가?
(단, $\overline{AB} = \overline{BC} = 100m$이고, 좌표단위는 m이다.)

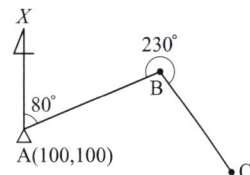

① $X = 48.27m$, $Y = 256.28m$
② $X = 53.08m$, $Y = 275.08m$
③ $X = 62.31m$, $Y = 281.31m$
④ $X = 69.49m$, $Y = 287.49m$

- 방위각 계산
  AB = 80°
  BC = 80° + 180° + 230° = 490°
      = 490° − 360° = 130°
- B점의 위거 계산
  B점의 위거 = $l\cos\theta$ = $100\cos 80°$ = 17.36m
  B점의 경거 = $l\sin\theta$ = $100\sin 80°$ = 98.48m
- C점의 경거 계산
  C점의 위거 = $l\cos\theta$ = $100\cos 130°$ = −64.28m
  C점의 경거 = $l\sin\theta$ = $100\sin 130°$ = 76.60m
- 합위거 및 합경거

측점	위거	경거	합위거(X)	합경거(Y)
A			100	100
B	+17.36	+98.48	100+17.36 =117.36	100+98.48 =198.48
C	−64.28	+76.60	117.36−64.28 =53.08	198.48+76.60 =275.08

∴ C(53.08, 275.08)

26 노선측량에서 교각이 32°15′00″, 곡선 반지름이 600m일 때의 곡선장(C.L)은?

① 355.52m   ② 337.72m
③ 328.75m   ④ 315.35m

$$C.L = \frac{\pi}{180°}RI° = 0.0174533 RI°$$
$$= \frac{\pi}{180°} \times 600 \times 32°15′00″ = 337.72m$$

27 그림과 같이 수준측량을 실시하였다. A점의 표고는 300m이고, B와 C 구간은 교호수준측량을 실시하였다면, D점의 표고는?
(표고차 : A → B : +1.233m, B → C : +0.726m,
C → B : −0.720m, C → D : −0.926m)

① 300.310m
② 301.030m
③ 302.153m
④ 302.882m

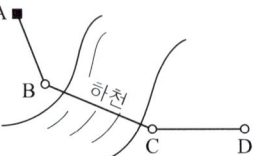

$$H_D = H_A + h_{AB} \pm \left(\frac{1}{2}(h_{BC} + h_{CB})\right) + h_{CD}$$

- $H_A = 300m$, $h_{AB} = 1.233m$, $h_{CD} = -0.926m$
- BC구간의 교호수준측량을 하였을 때 고저차
$$h = \frac{1}{2}[0.726 - (-0.720)] = +0.723m$$
- D점의 표고(H_D)
∴ $H_D = 300 + 1.233 + 0.723 - 0.926 = 301.030m$

28 그림과 같이 $\Delta P_1 P_2 C$는 동일 평면상에서 $\alpha_1 = 62°8′$, $\alpha_2 = 56°27′$, $B = 60.00m$이고 연직각 $v_1 = 20°46′$일 때 C로부터 P까지의 높이 H는?

① 24.23m
② 22.90m
③ 21.59m
④ 20.58m

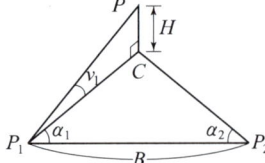

$\Delta P_1 P_2 C$에서 sin법칙 적용

$$\frac{B}{\sin C} = \frac{\overline{P_1 C}}{\sin \alpha_2}$$
$$= \frac{\overline{P_1 P_2}}{\sin[180° - (\alpha_1 + \alpha_2)]} = \frac{B}{\sin(\alpha_1 + \alpha_2)}$$
($\because \sin(180° - \alpha) = \sin\alpha$)

$$\frac{\overline{P_1 C}}{\sin 56°27′} = \frac{60}{\sin(62°8′ + 56°27′)}$$

∴ $\overline{P_1 C} = 56.945m$
∴ $H = \overline{P_1 C} \tan v_1 = 56.945 \tan 20°46′ = 21.59m$

정답 25 ② 26 ② 27 ② 28 ③

□□□ 기 06,09,14②,19②,25①

29 그림과 같은 유심삼각망에서 만족하여야 할 조건이 아닌 것은?

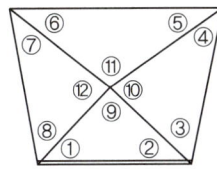

① (①+②+⑨)−180°=0
② (①+②)−(⑤+⑥)=0
③ (⑨+⑩+⑪+⑫)−360°=0
④ (①+②+③+④+⑤+⑥+⑦+⑧)−360°=0

> • 측점조건 : 한 측점의 둘레에 있는 모든 각을 합한 것은 360°이다.
> • 각조건 : 삼각형 내각의 합은 180°이다.
> • (①+②)−(⑤+⑥)≠0

□□□ 기 00,03,05,15②,25①

30 등고선에 관한 설명으로 옳지 않은 것은?

① 높이가 다른 등고선은 절대 교차하지 않는다.
② 등고선간의 최단거리방향은 최급경사방향을 나타낸다.
③ 지도의 도면내에서 폐합되는 경우 등고선의 내부에는 산꼭대기 또는 분지가 있다.
④ 동일한 경사의 지표에서 등고선간의 수평거리는 같다.

> 높이가 다른 두 등고선은 절벽이나 동굴의 지형을 제외하고는 교차하거나 만나지 않는다.

□□□ 기 80,02,06,10④,13①②,19①,25①

31 철도의 궤도간격 $b=1.067m$, 곡선반지름 $R=600m$인 원곡선상을 열차가 100km/hr로 주행하려고 할 때 cant는?

① 100mm   ② 140mm
③ 180mm   ④ 220mm

> 캔트 $C=\dfrac{bV^2}{gR}$
> $=\dfrac{1.067\times\left(\dfrac{100000}{60\times60}\right)^2}{9.8\times600}=0.140m=140mm$

□□□ 기 25①

32 다각측량에서 어떤 폐합다각망을 측량하여 위거 및 경거의 오차를 구하였다. 거리와 각을 유사한 정밀도로 관측하였다면 위거 및 경거의 폐합오차를 배분하는 방법으로 가장 적합한 것은?

① 측선의 길이에 비례하여 분배한다.
② 각각의 위거 및 경거에 등분배한다.
③ 위거 및 경거의 크기에 비례하여 배분한다.
④ 위거 및 경거 절댓값의 총합에 대한 위거 및 경거 크기에 비례하여 배분한다.

> • 트랜싯 법칙 : 각 측량의 정밀도가 거리측량의 정도보다 높을 때 이용되며, 위거 및 경거의 폐합오차를 각 측선의 위거 및 경거의 크기에 비례배분하여 보정하는 방법
> • 컴퍼스 법칙 : 각 측량과 거리 측량의 정밀도가 대략 같을 때 이용되며, 위거 및 경거의 폐합오차를 각 측선의 길이에 비례배분하여 보정하는 방법

□□□ 기 93,99,20②,25①

33 토량 계산공식 중 양단면의 면적차가 클 때 산출된 토량의 일반적인 대소관계로 옳은 것은? (단, 중앙단면법 : A, 양단면평균법 : B, 각주공식 : C)

① A=C<B   ② A<C=B
③ A<C<B   ④ A>C>B

> | 각주공식 | 실제토량과 거의 근삿값 |
> |---|---|
> | 양단면 평균법 | 실제토량보다 크다. |
> | 중앙단면적법 | 실제토량보다 작다. |
>
> ∴ A<C<B

□□□ 기 11,22③,25①

34 직선 AB의 방위각이 128°30′30″이었다면 직선 BA의 방위각은?

① 128°30′00″   ② 51°29′30″
③ 308°30′30″   ④ 358°29′30″

> • 방위각과 역방위각은 180° 차가 난다.
> ∴ BA의 방위각 : 128°30′30″+180°=308°30′30″

□□□ 기 21②,25①

35 지오이드(Geoid)에 대한 설명으로 옳지 않은 것은?

① 평균해수면을 육지까지 연장하여 지구 전체를 둘러싼 곡면이다.
② 지오이드면은 등포텐셜면으로 중력방향은 이 면에 수직이다.
③ 지표 위 모든 점의 위치를 결정하기 위해 수학적으로 정의된 타원체이다.
④ 실제로 지오이드면은 굴곡이 심하므로 측지측량의 기준으로 채택하기 어렵다.

- 회전타원체는 지구의 형상을 수학적으로 정의한 것이고, 어느 하나의 국가에 기준으로 채택한 타원체를 기준타원체라 한다.
- 지오이드는 물리적인 형상을 고려하여 만든 불규칙한 곡면이며, 높이 측정의 기준이 된다.

□□□ 기 06,12②,25①

36 1변의 거리가 30km인 정삼각형의 내각을 오차 없이 측량하였을 때에 내각의 합은? (단, 지구곡률반지름=6370km)

① $180° + 2''$
② $180° - 2''$
③ $180° + 1''$
④ $180° - 1''$

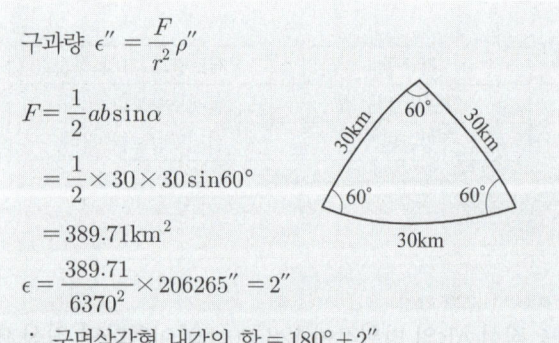

구과량 $\epsilon'' = \dfrac{F}{r^2}\rho''$

$F = \dfrac{1}{2}ab\sin\alpha$
$= \dfrac{1}{2} \times 30 \times 30 \sin 60°$
$= 389.71 \text{km}^2$

$\epsilon = \dfrac{389.71}{6370^2} \times 206265'' = 2''$

∴ 구면삼각형 내각의 합 $= 180° + 2''$

□□□ 기 95,01,04,07,14④,21③,25①

37 곡선반지름이 500m인 단곡선의 종단현이 15.343m 이라면 종단현에 대한 편각은?

① $0°31'37''$
② $0°43'19''$
③ $0°52'45''$
④ $1°04'26''$

$\delta = 1718.87' \times \dfrac{l}{R}$
$= 1718.87' \times \dfrac{15.343}{500} = 52'45''$

Remember

편각 $\delta = \dfrac{90°}{\pi} \times \dfrac{l}{R} = 1718.87' \times \dfrac{l}{R}$

□□□ 기 04,25①

38 다음 위성 중에서 가장 높은 해상력(Resolution)을 가진 영상 감지기를 탑재한 위성은?

① IKONOS
② SPOT
③ LANDSAT
④ NOAA

- IKONOS위성 : 고해상도의 팬크로매틱 영상으로 상업, 지형도 제작, 도시계획, 군사, 농업 등에 이용
- SPOT위성 : 지구관측시스템을 의미하며 흑백영상과 다중분광대영상의 기능을 갖고 있다.
- LANDSAT위성 : 지구자원 탐사위성으로 MSS라는 다중분광센서를 탑재하고 있다.
- NOAA : 해상력이 높은 기상관측 위성

□□□ 기 92,98,08,13,17④,20③,25①

39 한점 A에서 다각측량을 실시하여 A점에 돌아왔더니 위거오차 30cm, 경거오차 40cm 였다. 다각측량의 전 길이가 500m 일때 이 다각형의 폐합오차와 폐합비는?

① 폐합오차 0.055m, 폐합비 1/100
② 폐합오차 0.5m, 폐합비 1/1000
③ 폐합오차 0.05m, 폐합비 1/1000
④ 폐합오차 0.5m, 폐합비 1/100

폐합오차

$E = \sqrt{(\text{위거오차량})^2 + (\text{경거오차량})^2}$
$= \sqrt{(E_L)^2 + (E_D)^2}$

- 폐합오차 : $E = \sqrt{(0.30)^2 + (0.40)^2} = 0.5\text{m}$
- 폐합비 : $R = \dfrac{E}{\sum l} = \dfrac{1}{m} = \dfrac{0.5}{500} = \dfrac{1}{1000}$

40 직사각형의 가로, 세로의 거리가 그림과 같다. 면적 A의 표현으로 가장 적절한 것은?

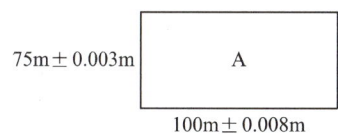

① $7500m^2 \pm 0.67m^2$
② $7500m^2 \pm 0.41m^2$
③ $7500.9m^2 \pm 0.67m^2$
④ $7500.9m^2 \pm 0.41m^2$

- 면적 $A' = 75 \times 100 = 7500m^2$
- 면적오차 $R = \sqrt{(xdy)^2 + (ydx)^2}$
  $= \sqrt{(75 \times 0.008)^2 + (100 \times 0.003)^2}$
  $= \pm 0.67m^2$
- $\therefore A = A' \pm R = 7500m^2 \pm 0.67m^2$

제3과목 : 수리학 및 수문학

41 2개의 불투수층 사이에 있는 대수층의 두께 a, 투수계수 k인 곳에 반지름 r_0인 굴착정(artesian well)을 설치하고 일정 양수량 Q를 양수하였더니, 양수 전 굴착정 내의 수위 H가 h_0로 하강하여 정상흐름이 되었다. 굴착정의 영향원 반지름을 R이라 할 때 $(H-h_0)$의 값은?

① $\dfrac{2Q}{\pi ak}\ln\left(\dfrac{R}{r_0}\right)$
② $\dfrac{Q}{2\pi ak}\ln\left(\dfrac{R}{r_0}\right)$
③ $\dfrac{2Q}{\pi ak}\ln\left(\dfrac{r_0}{R}\right)$
④ $\dfrac{Q}{2\pi ak}\ln\left(\dfrac{r_0}{R}\right)$

굴착정 $Q = \dfrac{2\pi ak(H-h_0)}{\ln\left(\dfrac{R}{r_0}\right)}$ 에서

$\therefore H - h_0 = \dfrac{Q}{2\pi ak}\ln\left(\dfrac{R}{r_0}\right)$

42 x, y 평면이 수면에 나란하고, 질량력의 x, y, z축 방향성분을 X, Y, Z라 할 때, 정지평형상태에 있는 액체 내부에 미소 육면체의 부피를 dx, dy, dz라 하면 등압면(等壓面)의 방정식은?

① $Xdx + Ydy + Zdz = 0$
② $\dfrac{X}{dx} + \dfrac{Y}{dy} + \dfrac{Z}{dz} = 0$
③ $\dfrac{dx}{X} + \dfrac{dy}{Y} + \dfrac{dz}{Z} = 0$
④ $\dfrac{X}{x}dx + \dfrac{Y}{y}dy + \dfrac{Z}{z}dz = 0$

액체의 평형조건
- 정수역학의 기본식 : $dp = \rho(Xdx + Ydy + Zdz)$
- 등압면의 방정식 : $Xdx + Ydy + Zdz = 0$

Remember
$dp = \rho(Xdx + Ydy + Zdz)$은 정수역학의 기본식이며, 압력이 같은 점을 연결한 면을 등압면이라 하여 등압면에서는 $p = \text{const}$이므로 $dp = 0$이다.

43 대기의 온도 t_1, 상대습도 70%인 상태에서 증발이 진행되었다. 온도가 t_2로 상승하고 대기 중의 증기압이 20% 증가하였다면 온도 t_1 및 t_2에서의 증기압이 각각 10.0mHg 및 14.0mmHg라 할 때 온도 t_2에서의 상대습도는?

① 50%
② 60%
③ 70%
④ 80%

상대습도 $h = \dfrac{\text{실제 증기압}(e)}{\text{포화 증기압}(e_s)} \times 100$

- t_1℃일 때 실제 증기압
  $e = \dfrac{h \cdot e_s}{100} = \dfrac{70 \times 10}{100} = 7\text{mmHg}$
- t_2℃일 때 실제 증기압 $e = 7(1+0.2) = 8.4\text{mmHg}$
- $\therefore h = \dfrac{8.4}{14} \times 100 = 60\%$

44 개수로 내 흐름에 있어서 한계수심에 대한 설명으로 옳은 것은?

① 상류쪽의 저항이 하류쪽의 조건에 따라 변한다.
② 유량이 일정할 때 비력이 최대가 된다.
③ 유량이 일정할 때 비에너지가 최소가 된다.
④ 비에너지가 일정할 때 유량이 최소가 된다.

> 한계수심
> - 비에너지(H_e)가 최소일 때 수심(H_c)을 말한다.
> - 유량이 일정할 때 비에너지가 최소가 되는 수심이다.
> - 일정한 비에너지에서 최대유량을 흐르게 할 수 있는 수심이다.

45 직사각형 단면의 위어에서 수두(h)를 측정함에 있어서 2%의 오차가 발생했다면 유량(Q)은 몇 %의 오차가 있겠는가?

① 1%   ② 2%
③ 3%   ④ 4%

> 구형 위어 $Q=kbh^{3/2}$에서
> $\dfrac{dQ}{Q} = \dfrac{3}{2}\dfrac{dh}{h} = \dfrac{3}{2}\times 2 = 3\%$

46 빙산의 비중이 0.92이고 바닷물의 비중은 1.025일 때, 빙산이 바닷물 속에 잠겨 있는 부분의 부피는 수면 위에 나와 있는 부분의 약 몇 배인가?

① 10.8배   ② 8.8배
③ 4.8배   ④ 0.8배

> - 바닷물에 잠겨 있는 부피적 V', 수면에 나와 있는 부피 V
> $0.92\times(V+V') = 1.025\times V'$
> $V' = \dfrac{0.92}{1.025-0.92}V = 8.8V$ ∴ 8.8배

47 탱크 속에 깊이 2m의 물과 그 위에 비중 0.85의 기름이 4m 들어 있다. 탱크 바닥에서 받는 압력을 구한 값은? (단, 물의 단위중량은 9.81kN/m³이다.)

① 52.974kN/m²
② 53.974kN/m²
③ 54.974kN/m²
④ 55.974kN/m²

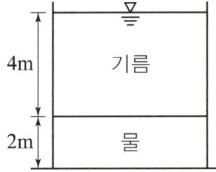

> $P = P_1 + P_2$
> $\quad = w_1 h_1 + w_2 h_2$
> - 기름의 단위중량 $w_2 = 0.85 \times 9.81\,\text{kN/m}^3$
> ∴ $P = 9.81\times 2 + (0.85\times 9.81)\times 4 = 52.974\,\text{kN/m}^3$

48 Bernoulli 정리가 성립하기 위한 조건으로 틀린 것은?

① 완전 유체의 하나의 유선에 대하여 성립한다.
② 흐름은 정류이다.
③ 압축성 유체에 성립한다.
④ 외력은 중력만 작용한다.

> 베르누이 방정식의 기본조건 및 가정사항
> - 유체의 흐름은 정상류이다.
> - 유체는 비압축성 유체이다.
> - 하나의 유선에 대해서만 성립한다.
> - 개수로 및 관수로 모두에 적용된다.
> - 하나의 유선에 대해서는 총 에너지가 일정하다.

49 DAD 해석에 관련된 것으로 옳은 것은?

① 수심 – 단면적 – 홍수기간
② 적설량 – 분포면적 – 적설일수
③ 강우깊이 – 유역면적 – 강우기간
④ 강우깊이 – 유수단면적 – 최대수심

> 유역별로 평균강우깊이(Depth)-유역면적(Area)-지속기간(Duration) 관계를 수립하는 작업을 DAD 해석이라 한다.

정답 44 ③ 45 ③ 46 ② 47 ① 48 ③ 49 ③

□□□ 기 83,99,14②,25①

50 그림과 같이 일정한 수위차가 계속 유지되는 두 수조를 서로 연결하는 관내를 흐르는 유속의 근사값은? (단, 관의 마찰손실계수=0.03, 관의 지름 $D=0.3m$, 관의 길이 $l=300m$이고 관의 유입 및 유출 손실수두는 무시한다.)

① 1.6m/s
② 2.3m/s
③ 16m/s
④ 23m/s

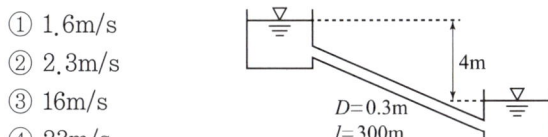

일반적인 손실수두 $H = \left(f_e + f_o + f\dfrac{l}{D}\right)\dfrac{V^2}{2g}$ 에서

$$\therefore V = \sqrt{\dfrac{2gH}{f_e + f_o + f\dfrac{l}{D}}} = \sqrt{\dfrac{2 \times 9.8 \times 4}{0 + 0 + 0.03 \times \dfrac{300}{0.3}}}$$

$= 1.62 \, m/sec$

□□□ 기 09,18①,25①

51 폭이 b인 직사각형 위어에서 접근유속이 작은 경우 월류수심이 h일 때 양단수축 조건에서 월류수맥에 대한 단수축 폭(b_o)은? (단, Francis 공식을 적용)

① $b_o = b - \dfrac{h}{5}$
② $b_o = 2b - \dfrac{h}{5}$
③ $b_o = b - \dfrac{h}{10}$
④ $b_o = 2b - \dfrac{h}{10}$

$Q = 1.84 b_o h^{\frac{3}{2}} = 1.84\left(b - \dfrac{nh}{10}\right)h^{\frac{3}{2}}$ (Francis공식)

$\therefore b_o = b - \dfrac{2h}{10} = b - \dfrac{h}{5}$ (양단수축 $n=2$)

□□□ 기 91,13,18,25①

52 물리량의 차원을 표시한 것으로 옳지 않은 것은?

① 각 가속도 : $[T^{-2}]$
② 힘 : $[MLT^{-2}]$
③ 점성계수 : $[ML^{-1}T^{-1}]$
④ 탄성계수 : $[MLT^{-2}]$

탄성계수 : $[ML^{-1}T^{-2}]$

□□□ 기 17,21③,25①

53 원형관 내 층류영역에서 사용 가능한 마찰손실계수의 산정식은? (단, Re : Reynolds수)

① $\dfrac{1}{Re}$
② $\dfrac{4}{Re}$
③ $\dfrac{24}{Re}$
④ $\dfrac{64}{Re}$

- 층류영역의 마찰손실계수
  $f = \dfrac{64}{R_e}$
- 난류영역의 마찰손실계수
  $f = \phi\left(\dfrac{1}{R_e}\, \dfrac{e}{D}\right)$
  Blausuis식 : $f = 0.316 R_e^{-1/4}$

□□□ 기 13,25①

54 댐 여수로 설계시 중요한 사항으로 국부적인 저압부가 발생하여 여수로 표면에 심각한 손상을 발생시키는 현상을 무엇이라 하는가?

① 수격작용
② 공동현상
③ 서징(surging)
④ 도수현상

공동현상
유수 중에 국부적으로 저압부분이 생겨 압력이 증기압 상태가 되어 물속에 있던 공기가 분리되어 물속에 공기덩어리가 생겨 여수로 부분에 손상을 발생시키는 현상

□□□ 기 05,13④,25①

55 직경 1mm인 모세관의 모관상승 높이는? (단, 물의 표면장력은 74dyne/cm, 접촉각은 8°)

① 15mm
② 20mm
③ 25mm
④ 30mm

$h_c = \dfrac{4T\cos\theta}{wd}$

- $1\,dyne = \dfrac{1}{980}g$, $1g = 980\,dyne$

$\therefore h_c = \dfrac{4 \times \dfrac{74}{980} \times \cos 8°}{1 \times 0.1} = 3\,cm = 30\,mm$

정답 50 ① 51 ① 52 ④ 53 ④ 54 ② 55 ④

☐☐☐ 기 94,99,13,16④,25①

56 하천의 임의 단면에 교량을 설치하고자 한다. 원통형 교각 상류(전면)에 2m/s의 유속으로 물이 흘러간다면 교각에 가해지는 항력은? (단, 수심은 4m, 교각의 지름은 2m, 항력계수는 1.5이다.)

① 16kN ② 24kN
③ 43kN ④ 62kN

$$D = C_D A \frac{wV^2}{2g}$$
$$= 1.5 \times (4 \times 2) \times \frac{1 \times 2^2}{2 \times 9.8}$$
$$= 2.449t = 2449kg = 2449 \times 9.8N$$
$$= 24000N = 24kN$$
$$(\because 1kg = 9.8N)$$

☐☐☐ 기 83,99,00,01,03,05,06,09,16,17①,21①,22①,25①

57 우량관측소에서 측정된 5분단위 강우량 자료가 표와 같을 때 10분 지속 최대강우강도는?

시각(분)	0	5	10	15	20
누가우량(mm)	0	2	8	18	25

① 17mm/hr ② 48mm/hr
③ 102mm/hr ④ 120mm/hr

- 10분 지속 최대강우량은 15~20분 사이이다.

시각(분)	0	5	10	15	20
우량(mm)	0	2	6	10	7

∴ 10분 지속 최대강우량은 15~20분인 10+7=17mm 이다.
- 강우강도 $I = 17 \times \frac{60}{10} = 102\,mm/hr$

☐☐☐ 기 94,16,19②,25①

58 다음 중 부정류 흐름의 지하수를 해석하는 방법은?

① Theis 방법 ② Dupuit 방법
③ Thiem 방법 ④ Laplace 방법

부정류 흐름의 지하수 해석방법
Theis 방법, Jacob법, Chow법

Remember

지하수 흐름에 따른 해석방법

층류 흐름	정류 흐름	부정류 흐름
Darcy 법칙	Laplace 방법	Theis 방법

☐☐☐ 기 17②,25①

59 벤츄리미터(Venturi meter)의 일반적인 용도로 옳은 것은?

① 수심 측정 ② 압력 측정
③ 유속 측정 ④ 단면 측정

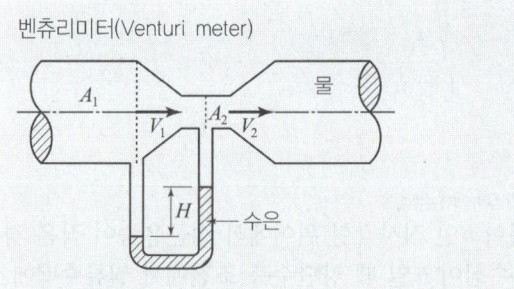

- 정상관로 부분과 수축부의 압력차 H를 측정하여 유량을 측정하는 계기
- 유량 $Q = C \dfrac{A_1 - A_2}{\sqrt{A_1^2 - A_2^2}} \sqrt{2gH}$

☐☐☐ 기 96,00,15①,25①

60 그림과 같이 일정한 수위가 유지되는 충분히 넓은 두 수조의 수중 오리피스에서 오리피스의 직경 $d = 20cm$일 때, 유출량 Q는? (단, 유량계수 $C=1$이다.)

① 0.314m³/s
② 0.628m³/s
③ 3.14m³/s
④ 6.28m³/s

완전 수중오리피스 공식
$$Q = CA\sqrt{2g(h_1 - h_2)}$$
$$= 1 \times \frac{\pi \times 0.2^2}{4} \times \sqrt{2 \times 9.8 \times (9 - 3.9)}$$
$$= 0.314\,m^3/sec$$

정답 56 ② 57 ③ 58 ① 59 ③ 60 ①

제4과목 : 철근콘크리트 및 강구조

기 07,09,19②,25①

61 옹벽의 토압 및 설계일반에 대한 설명 중 옳지 않은 것은?

① 활동에 대한 저항력은 옹벽에 작용하는 수평력의 1.5배 이상이어야 한다.
② 뒷부벽식 옹벽의 저판은 정밀한 해석이 사용되지 않는 한, 3변 지지된 2방향 슬래브로 설계하여야 한다.
③ 뒷부벽은 T형보로 설계하여야 하며, 앞부벽은 직사각형보로 설계하여야 한다.
④ 지반에 유발되는 최대 지반반력이 지반의 허용지지력을 초과하지 않아야 한다.

- 부벽식 옹벽의 저판은 정밀한 해석이 사용하지 않는 한, 부벽 사이의 거리를 경간으로 가정한 고정보 또는 연속보로 설계할 수 있다.
- 부벽식 옹벽의 전면벽은 3변 지지된 2방향 슬래브로 설계할 수 있다.

기 92,96,98,00,02,03,11,13,16④,20③,25①

62 그림과 같은 단면의 균열모멘트 M_{cr}은? (단, f_{ck} = 24MPa, f_y = 400MPa, 보통중량콘크리트이다.)

① 22.46kN·m
② 28.24kN·m
③ 30.81kN·m
④ 38.58kN·m

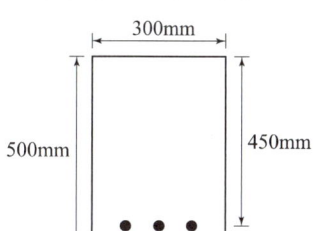

균열모멘트 $M_{cr} = \dfrac{f_r}{y_t} I_g$

- $f_r = 0.63\lambda\sqrt{f_{ck}}$
  $= 0.63 \times 1 \times \sqrt{24} = 0.63\sqrt{24}$ MPa
- $I_g = \dfrac{bh^3}{12} = \dfrac{300 \times 500^3}{12} = 3125 \times 10^6 \text{mm}^4$

∴ $M_{cr} = \dfrac{0.63\sqrt{24}}{\dfrac{500}{2}} \times 3125 \times 10^6$

$= 38579463 \text{N} \cdot \text{mm} = 38.58 \text{kN} \cdot \text{m}$

(∵ kN·m = 10^6N·mm)

기 05,10,11,12,13,15,16②,19①,21①,25①

63 길이 6m의 단순지지 보통중량 철근콘크리트보의 처짐을 계산하지 않아도 되는 보의 최소두께는? (단, f_{ck} = 21MPa, f_y = 350MPa인 경우)

① 349mm
② 356mm
③ 375mm
④ 403mm

- 단순지지보의 최소두께 $h = \dfrac{l}{16}$
- $f_y = 400$MPa 이외인 경우는 계산된 h값에 $\left(0.43 + \dfrac{f_y}{700}\right)$을 곱한다.

∴ $h = \dfrac{l}{16} \times \left(0.43 + \dfrac{f_y}{700}\right) = \dfrac{6000}{16} \times \left(0.43 + \dfrac{350}{700}\right)$
$= 349$mm

Remember

처짐을 계산하지 않는 경우의 최소두께

부재	단순지지	1단연속	양단연속	캔틸레버
1방향 슬래브	$\dfrac{l}{20}$	$\dfrac{l}{24}$	$\dfrac{l}{28}$	$\dfrac{l}{10}$
보 또는 리브가 있는 1방향 슬래브	$\dfrac{l}{16}$	$\dfrac{l}{18.5}$	$\dfrac{l}{21}$	$\dfrac{l}{8}$

- $f_y = 400$MPa 이외인 경우는 계산된 h값에 $\left(0.43 + \dfrac{f_y}{700}\right)$을 곱한다.

기 93,01,04,07,10,14,15,18②,21③,24②,25①

64 옹벽에서 T형보로 설계하여야 하는 부분은 어느 것인가?

① 앞부벽식 옹벽의 앞부벽
② 뒷부벽식 옹벽의 전면벽
③ 앞부벽식 옹벽의 저판
④ 뒷부벽식 옹벽의 뒷부벽

뒷부벽식 및 앞부벽식 옹벽의 설계
- 뒷부벽식 옹벽의 뒷부벽은 T형보로 설계
- 앞부벽식 옹벽의 앞부벽은 직사각형 보로 설계

정답 61 ② 62 ④ 63 ① 64 ④

기 07①,09③,10,11②,16①,19①③,25①

65 2방향 슬래브 설계에 사용되는 직접설계법의 제한사항으로 틀린 것은?

① 각 방향으로 2경간 이상 연속되어야 한다.
② 각 방향으로 연속한 받침부 중심간 경간 차이는 긴 경간의 1/3 이하이어야 한다.
③ 연속한 기둥 중심선을 기준으로 기둥의 어긋남은 그 방향 경간의 10% 이하이어야 한다.
④ 모든 하중은 슬래브판 전체에 걸쳐 등분포된 연직하중이어야 하며, 활하중은 고정하중의 2배 이하이어야 한다.

각 방향으로 3경간 이상이 연속되어야 한다.

Remember

콘크리트 슬래브 설계 시 직접설계법을 적용할 수 있는 제한사항
- 각 방향으로 3경간 이상 연속되어야 한다.
- 각 방향으로 연속한 받침부 중심간 경간 차이는 긴 경간의 1/3 이하이어야 한다.
- 슬래브판들은 단변경간에 대한 장변경간의 비가 2 이하인 직사각형이어야 한다.
- 연속한 기둥 중심선을 기준으로 기둥의 어긋남은 그 방향 경간의 10% 이하이어야 한다.
- 모든 하중은 연직 하중으로서 슬래브판 전체에 등분포되어야 한다.

기 00,04,06,08,09,10,13,14,15,17②,18②,25①

66 직사각형보에서 계수전단력 $V_u=70\text{kN}$을 전단철근 없이 지지하고자 할 경우 필요한 최소 유효깊이 d는 약 얼마인가? (단, $b_w=400\text{mm}$, $f_{ck}=21\text{MPa}$, $f_y=350\text{MPa}$)

① $d=426\text{mm}$
② $d=556\text{mm}$
③ $d=611\text{mm}$
④ $d=751\text{mm}$

전단철근이 없는 경우

$V_u \le \frac{1}{2}\phi V_c = \frac{1}{2}\phi\left(\frac{1}{6}\lambda\sqrt{f_{ck}}\right)b_w d$ 에서

$\therefore d = \frac{12V_u}{\phi\lambda\sqrt{f_{ck}}\times b_w} = \frac{12\times 70\times 10^3}{0.75\times 1\times \sqrt{21}\times 400}$

$= 611\text{mm}$ (∵ 전단력과 비틀림모멘트 $\phi=0.75$)

기 93,06,09,14①,15④,18②,20②,22①②,23②,25①

67 그림과 같은 띠철근 기둥에서 띠철근의 최대 간격은? (단, D10의 공칭지름은 9.5mm, D32의 공칭지름은 31.8mm)

① 400mm
② 456mm
③ 500mm
④ 509mm

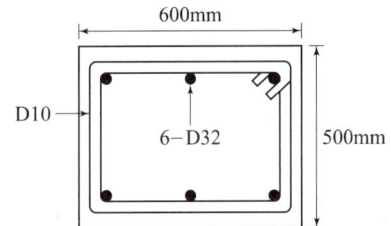

띠철근의 수직간격(가장 작은 값)
- 축방향 철근지름의 16배 이하
  $31.8\times 16=509\text{mm}$ 이하
- 띠철근 지름의 48배 이하
  $9.5\times 48=456\text{mm}$ 이하
- 기둥단면의 최소치수 이하
  500mm 이하
  ∴ 띠철근의 최대간격 : 456mm 이하(∵ 가장 작은 값)

기 02,03,14④,25①

68 강교의 부재에 사용되는 고장력 볼트의 이음은 어떤 이음을 원칙으로 하는가?

① 마찰이음
② 지압이음
③ 인장이음
④ 압축이음

마찰이음
- 하중전달이 볼트체결에 의해서 발생하는 연결부재간의 마찰에 의해서만 이루어지는 연결이음 방식
- 고장력 볼트의 이음은 마찰에 의해 지배되기 때문에 마찰이음을 주로 사용한다.

기 21①,25①

69 용접이음에 관한 설명으로 틀린 것은?

① 내부 검사(X-선 검사)가 간단하지 않다.
② 작업의 소음이 적고 경비와 시간이 절약된다.
③ 리벳구멍으로 인한 단면 감소가 없어서 강도저하가 없다.
④ 리벳이음에 비해 약하므로 응력집중 현상이 일어나지 않는다.

리벳이음에 비해 강하므로 응력집중 현상이 일어나기 쉽다.

□□□ 기 99,07,11,14,18,20④,25①

70 강도설계법에서 그림과 같은 단철근 T형보의 공칭휨강도(M_n)는? (단, $A_s = 5000mm^2$, $f_{ck} = 21MPa$, $f_y = 300MPa$, 그림의 단위는 mm이다.)

① 711.3kN·m
② 836.8kN·m
③ 947.5kN·m
④ 1084.6kN·m

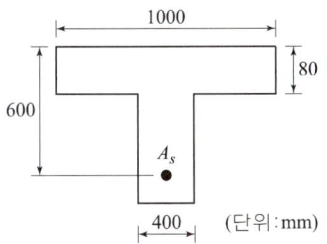

- $M_n = \left\{ A_{sf} f_y \left(d - \dfrac{t}{2}\right) + (A_s - A_{sf}) f_y \left(d - \dfrac{a}{2}\right) \right\}$

• T형보의 판별

$a = \dfrac{A_s f_y}{\eta(0.85 f_{ck}) b} = \dfrac{5000 \times 300}{1 \times 0.85 \times 21 \times 1000}$

$= 84.03mm > t = 80mm$

∴ T형보로 해석

• 등가깊이(a) 산정

$A_{sf} = \dfrac{\eta(0.85 f_{ck})(b - b_w) t}{f_y}$

$= \dfrac{1 \times 0.85 \times 21 \times (1000 - 400) \times 80}{300}$

$= 2856 mm^2$

$a = \dfrac{(A_s - A_{sf}) f_y}{\eta(0.85 f_{ck}) b_w} = \dfrac{(5000 - 2856) \times 300}{1 \times 0.85 \times 21 \times 400}$

$= 90.08 mm$

• 공칭휨강도(M_n) 계산

$M_n = 2856 \times 300 \times \left(600 - \dfrac{80}{2}\right)$
$\quad + (5000 - 2856) \times 300 \times \left(600 - \dfrac{90.08}{2}\right)$

$= 479808000 + 356950272$

$= 836758272 N \cdot mm ≒ 836.8 kN \cdot m$

□□□ 기 02,07,09,15②,18①,20③,25①

71 그림의 보에서 계수전단력 $V_u = 262.5kN$에 대한 가장 적당한 스터럽 간격은? (단, 사용된 스터럽은 D13철근이다. 철근 D13의 단면적은 $127mm^2$, $f_{ck} = 24MPa$, $f_{yt} = 350MPa$이다.)

① 125mm
② 195mm
③ 210mm
④ 250mm

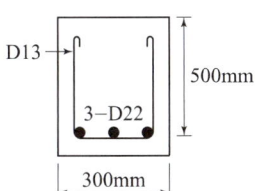

■ 콘크리트의 공칭전단강도

$V_c = \dfrac{1}{6} \lambda \sqrt{f_{ck}} b_w d = \dfrac{1}{6} \times 1 \times \sqrt{24} \times 300 \times 500$

$= 122474.49 N ≒ 122.47 kN$

■ 전단철근이 부담하는 전단강도

$V_u = \phi(V_c + V_s)$에서

∴ $V_s = \dfrac{V_u}{\phi} - V_c = \dfrac{262.5}{0.75} - 122.47 = 227.53 kN$

■ 전단철근의 간격제한

• $V_s \leq \dfrac{1}{3} \lambda \sqrt{f_{ck}} b_w d$: $s = \dfrac{d}{2}$ 이하 또는 600mm 이하

• $V_s > \dfrac{1}{3} \lambda \sqrt{f_{ck}} b_w d$: $s = \dfrac{d}{4}$ 이하 또는 300mm 이하

• $V_s = \dfrac{1}{3} \lambda \sqrt{f_{ck}} b_w d$

$= \dfrac{1}{3} \times 1 \times \sqrt{24} \times 300 \times 500$

$= 244949 N = 245 kN \geq V_s = 227.53 kN$

∴ $s = \dfrac{d}{2}$ 이하 또는 600mm 이하

• $s = \dfrac{d}{2} = \dfrac{500}{2} = 250 mm$

■ 부재축에 직각인 전단철근을 사용하는 경우 간격

$V_s = \dfrac{A_v f_y d}{s}$에서

$s = \dfrac{A_v f_y d}{V_s} = \dfrac{127 \times 2 \times 350 \times 500}{227.53 \times 10^3} = 195.36 mm$

∴ $s = 195 mm$(∵ 가장 작은 값)

□□□ 기 09,15②,25①

72 철근의 정착에 대한 다음 설명 중 옳지 않은 것은?

① 휨철근을 정착할 때 절단점에서 V_u가 (3/4) V_n을 초과하지 않을 경우 휨철근을 인장구역에서 절단해도 좋다.
② 갈고리는 압축을 받는 구역에서 철근정착에 유효하지 않은 것으로 보아야 한다.
③ 철근의 인장력을 부착만으로 전달할 수 없는 경우에은 표준갈고리를 병용한다.
④ 단순부재에서는 정모멘트 철근의 1/3 이상, 연속부재에서는 정모멘트 철근의 1/4 이상을 부재의 같은 면을 따라 받침부까지 연장하여야 한다.

휨철근을 정착할 때 절단점에서 V_u가 (2/3) V_n을 초과하지 않을 경우 휨철근을 인장구역에서 절단할 수 없으며, 원칙적으로 전체 철근량의 50%를 초과하여 한 단면에서 절단할 수 없다.

□□□ 기 08,09,12,13④,20③,25①

73 아래 그림과 같은 독립확대기초에서 1방향 전단에 대해 고려할 경우 위험단면의 계수전단력(V_u)는? (단, 계수하중 $P_u = 1500$kN이다.)

① 255kN
② 387kN
③ 897kN
④ 1210kN

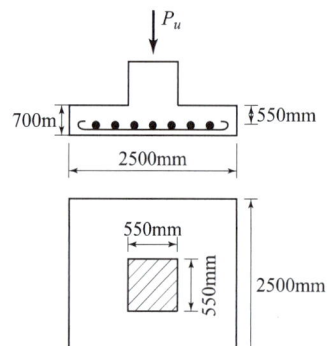

$V_u = q_u \left(\dfrac{L-t}{2} - d \right) S$

- $q_u = \dfrac{P}{A_f} = \dfrac{1500}{2.5 \times 2.5} = 240 \text{kN/m}^2$
- $L = S = 2.5\text{m}$
- $t = 0.55\text{m},\ d = 0.55\text{m}$

$\therefore V_u = 240 \left(\dfrac{2.5 - 0.55}{2} - 0.55 \right) \times 2.5 = 255\ \text{kN}$

□□□ 기 04,05,14②,20②,23②,25①

74 콘크리트의 설계기준압축강도(f_{ck})가 50MPa인 경우 콘크리트 탄성계수 및 크리프 계산에 적용되는 콘크리트의 평균압축강도(f_{cu})는?

① 54MPa   ② 55MPa
③ 56MPa   ④ 57MPa

평균압축강도 $f_{cu} = f_{ck} + \Delta f$
- Δf 계산

f_{ck}(MPa)	40 이하	40 초과 60 미만	60 이상
Δf(MPa)	4	직선 보간	6

- 평균압축강도 $f_{cu} = 50 + 5 = 55\ \text{MPa}$

□□□ 기 13,14,17②,25①

75 활하중 20kN/m, 고정하중 30kN/m를 지지하는 지간 8m의 단순보에서 계수모멘트(M_u)는 얼마인가? (단, 하중계수와 하중조합을 고려할 것)

① 512kN·m   ② 544kN·m
③ 576kN·m   ④ 605kN·m

- 계수하중
$w_u = 1.2M_D + 1.6M_L$
$= 1.2 \times 30 + 1.6 \times 20 = 68\ \text{kN/m}$

- 계수휨모멘트
$M_u = \dfrac{w_u l^2}{8} = \dfrac{68 \times 8^2}{8} = 544\ \text{kN·m}$

□□□ 기 02,07,09,11,14,17①④,19③,20③,25①

76 순단면이 볼트의 구멍 하나를 제외한 단면(즉, A-B-C 단면)과 같도록 피치(s)를 결정하면? (단, 구멍의 지름은 22mm이다.)

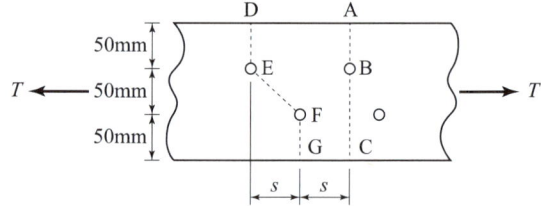

① 114.9mm   ② 90.6mm
③ 66.3mm   ④ 50mm

단면 ABC의 순폭 = 단면 DEFG의 순폭

$b_n = b_g - d - \left(d - \dfrac{s^2}{4g} \right) = b_g - d$ 에서 $d - \dfrac{s^2}{4g} = 0$

$\therefore$ 피치 $s = \sqrt{4gd} = \sqrt{4 \times 50 \times 22} = 66.3\ \text{mm}$

□□□ 기 95,97,98,99,01,08,11④,12①,13①,15②,17④,18①,20②,21①,25①

77 그림과 같은 맞대기 용접의 용접부에 생기는 인장응력은?

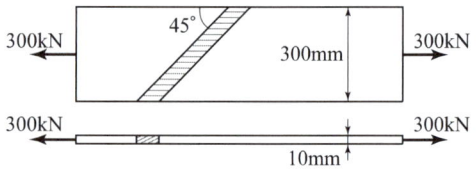

① 50MPa   ② 70.7MPa
③ 100MPa   ④ 141.4MPa

$f = \dfrac{P}{\sum a l_e}$

$a = 10\text{mm},\ l_e = 300\text{mm}$

$\therefore f = \dfrac{300 \times 10^3}{10 \times 300} = 100\ \text{N/mm}^2 = 100\ \text{MPa}$

기 04,14④,18②,25①

78 철근콘크리트 부재의 전단철근에 관한 다음 설명 중 옳지 않은 것은?

① 주인장철근에 30° 이상의 각도로 구부린 굽힘철근도 전단철근으로 사용할 수 있다.
② 부재축에 직각으로 배치된 전단철근의 간격은 $d/2$ 이하, 600mm 이하로 하여야 한다.
③ 최소 전단철근량은 $0.35\dfrac{b_w \cdot s}{f_{yt}}$ 보다 작지 않아야 한다.
④ 전단철근의 설계기준항복강도는 300MPa을 초과할 수 없다.

전단철근의 설계기준항복강도는 500MPa을 초과할 수 없다.

기 95,96,02,03,04,05,06,08,11,13,14,19②,25①

79 프리스트레스의 도입 후 일어나는 손실의 원인이 아닌 것은?

① 콘크리트의 크리프
② PS 강재와 시스 사이의 마찰
③ 콘크리트의 건조수축
④ PS강재의 릴랙세이션

프리스트레스의 감소	
도입 시 손실	도입 후 손실
• 정착장치의 활동 • PC 강재와 시스 사이의 마찰 • 콘크리트의 탄성 수축	• 콘크리트의 크리프 • 콘크리트의 건조수축 • PC 강재의 릴랙세이션

기 92,97,00,04,06,08,20②,22②,25①

80 아래 그림과 같은 직사각형보를 강도설계이론으로 해석할 때 콘크리트의 등가사각형 깊이 a는? (단, $f_{ck}=21\text{MPa}$, $f_y=300\text{MPa}$이다.)

① 109.9mm
② 121.6mm
③ 129.9mm
④ 190.5mm

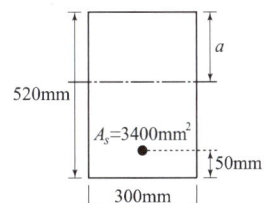

$$a = \dfrac{A_s f_y}{\eta(0.85 f_{ck})b} = \dfrac{3400 \times 300}{1 \times 0.85 \times 21 \times 300} = 190.5\text{mm}$$

제5과목 : 토질 및 기초

기 09,10②,11④,16①,19③,25①

81 모래치환법에 의한 밀도 시험을 수행한 결과 파낸 흙의 체적과 질량이 각각 365.0cm³, 745g이었으며, 함수비는 12.5%였다. 흙의 비중이 2.65이며, 실내표준다짐 시 최대건조밀도가 1.90g/cm³일 때 상대다짐도는?

① 88.7% ② 93.1%
③ 95.3% ④ 97.8%

다짐도 $C_d = \dfrac{\rho_d}{\rho_{d\max}} \times 100$

• $\rho_t = \dfrac{W}{V} = \dfrac{745}{365.0} = 2.04\text{g/cm}^3$

• $\rho_d = \dfrac{\rho_t}{1+w} = \dfrac{2.04}{1+0.125} = 1.81\text{g/cm}^3$

∴ 다짐도 $C_d = \dfrac{1.81}{1.90} \times 100 = 95.3\%$

기 82,84,17②,21①,25①

82 연약지반 위에 성토를 실시한 다음, 말뚝을 시공하였다. 시공 후 발생될 수 있는 현상에 대한 설명으로 옳은 것은?

① 성토를 실시하였으므로 말뚝의 지지력은 점차 증가한다.
② 말뚝을 암반층 상단에 위치하도록 시공하였다면 말뚝의 지지력에는 변함이 없다.
③ 압밀이 진행됨에 따라 지반의 전단강도가 증가되므로 말뚝의 지지력은 점차 증가된다.
④ 압밀로 인해 부의 주면마찰력이 발생되므로 말뚝의 지지력은 감소된다.

• 성토로 인하여 시간이 지남에 따라 말뚝의 지지력은 크게 감소한다.
• 연약지반을 관통하여 암반까지 말뚝을 박은 경우 부마찰력이 발생하여 지지력은 감소한다.
• 압밀이 진행되므로 연약 지반이 팽창하여 말뚝의 지지력은 크게 감소한다.
• 압밀로 인하여 부마찰력이 발생하여 말뚝의 지지력은 크게 감소한다.

정답 78 ④   79 ②   80 ④   81 ③   82 ④

□□□ 기 95,13①,18③,19③,21②,25①

83 그림과 같은 사면에서 활동에 대한 안전율은?

① 1.30
② 1.50
③ 1.70
④ 1.90

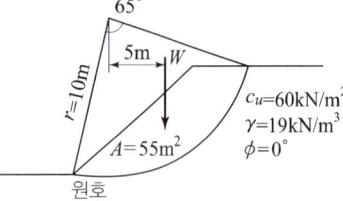

$\phi_u = 0$ 일 때 사면의 안전율

$$F_s = \frac{L_a \cdot c_u \cdot r}{W \cdot x}$$

• W = 면적 × 단위중량 = $55 \times 19 = 1045$ kN/m
• $L_a : 65° = 2\pi r : 360°$

$$L_a = \frac{2\pi \times 10 \times 65°}{360°} = 11.34 \text{m}$$

$$\therefore F_s = \frac{11.34 \times 60 \times 10}{1045 \times 5} = 1.30$$

□□□ 기 05,10,18①③,22②,25①

84 입도분석시험 결과가 아래 표와 같다. 이 흙을 통일분류법에 의해 분류하면?

- 0.075mm체 통과율 = 3%
- 2mm체 통과율 = 40%
- 4.75mm체 통과율 = 65%
- $D_{10} = 0.10$mm
- $D_{30} = 0.13$mm
- $D_{60} = 3.2$mm

① GW
② GP
③ SW
④ SP

• 조립토 : #200(0.075)체 통과량이 50% 미만(3%)
• 모래(S) : #4(4.75)체 통과량이 50% 이상(65%)
• SP 조건
• #200체 통과량이 5% 이하(3%)

• $C_u = \dfrac{D_{60}}{D_{10}} = \dfrac{3.2}{0.10} = 32 > 6$ (∴ 균등계수 6 이상)

• $C_g = \dfrac{D_{30}^2}{D_{10} \times D_{60}} = \dfrac{0.13^2}{0.10 \times 3.2} = 0.05 < 1\sim3$

(∴ SW에 해당되는 두 조건을 만족시키지 못함)
∴ SP를 만족한다.

□□□ 기 95,00,03,05,12,14,17①,20③,25①

85 중심간격이 2.0m, 지름 40cm인 말뚝을 가로 4개, 세로 5개씩 전체 20개의 말뚝을 박았다. 말뚝 한 개의 허용지지력이 150kN이라면 이 군항의 허용지지력은 약 얼마인가? (단, 군말뚝의 효율은 Converse-Labarre 공식을 사용)

① 4500kN
② 3000kN
③ 2415kN
④ 1215kN

• $\phi = \tan^{-1}\dfrac{d}{S} = \tan^{-1}\dfrac{40}{200} = 11.3°$

• 효율 $E = 1 - \phi\left(\dfrac{m(n-1)+n(m-1)}{90mn}\right)$

$= 1 - 11.3°\left(\dfrac{4(5-1)+5(4-1)}{90 \times 4 \times 5}\right) = 0.805$

∴ $R_{ag} = ENR_a = 0.805 \times 20 \times 150 = 2415$ kN

□□□ 기 95,98,02,16①,21②,25①

86 점토층 지반 위에 성토를 급속히 하려 한다. 성토 직후에 있어서 이 점토의 안정성을 검토하는 데 필요한 강도정수를 구하는 합리적인 시험은?

① 비압밀 비배수 시험(UU-test)
② 압밀 비배수 시험(CU-test)
③ 압밀 배수 시험(CD-test)
④ 투수시험

• 비압밀 비배수 시험(UU-test) : 점토지반의 단기간 안정검토
• 압밀 배수 시험(CD-test) : 점토지반의 장기간 안정검토

배수방법	적요
비압밀 비배수 시험 UU-test	• 포화점토가 성토 직후 급속한 파괴가 예상될 때 • 점토의 단기간 안정검토 시
압밀 비배수 시험 CU-test	• Pre-loading후(압밀진행 후) 갑자기 파괴 예상될 때 • 제방, 흙댐에서 수위가 급강하할 때 안정검토 시
압밀 배수 시험 CD-test	• 점토지반의 장기간 안정검토 시 • 압밀이 서서히 진행되고 파괴도 완만하게 진행될 때

□□□ 기 15①,20④,25①

87 사운딩에 대한 설명으로 틀린 것은?

① 로드 선단에 지중저항체를 설치하고 지반 내 관입, 압입, 또는 회전하거나 인발하여 그 저항치로부터 지반의 특성을 파악하는 지반조사방법이다.
② 정적사운딩과 동적사운딩이 있다.
③ 압입식 사운딩의 대표적인 방법은 Standard Penetration Test(SPT)이다.
④ 특수사운딩 중 측압사운딩의 공내 횡방향 재하시험은 보링공을 기계적으로 수평으로 확장시키면서 측압과 수평변위를 측정한다.

> 압입식 사운딩의 대표적인 방법은 콘관입시험(CPT ; Cone Penetration Test)이다.

□□□ 기 01,04,16②,25①

88 두께가 4미터인 점토층이 모래층 사이에 끼어 있다. 점토층에 30kN/m²의 유효응력이 작용하여 최종침하량이 10cm가 발생하였다. 실내압밀시험결과 측정된 압밀계수(C_v) = 2×10^{-4} cm²/sec라고 할 때 평균압밀도 50%가 될 때까지 소요일수는?

① 288일 ② 312일
③ 388일 ④ 456일

> $t_{50} = \dfrac{0.197 H^2}{C_v} = \dfrac{0.197 \times \left(\dfrac{400}{2}\right)^2}{2.0 \times 10^{-4}} \times \dfrac{1}{60 \times 60 \times 24}$
> = 456일

□□□ 기 84,91,03,12①,13②,20②,25①

89 어느 모래층의 간극률이 35%, 비중이 2.66이다. 이 모래의 분사현상(Quick Sand)에 대한 한계동수경사는 얼마인가?

① 0.99 ② 1.08
③ 1.16 ④ 1.32

> 간극비 $e = \dfrac{n}{100-n} = \dfrac{35}{100-35} = 0.54$
> ∴ $i_c = \dfrac{G_s - 1}{1+e} = \dfrac{2.66-1}{1+0.54} = 1.08$

□□□ 기 84,01,03,07,13②,18①,24③,25①

90 그림과 같이 옹벽 배면의 지표면에 등분포 하중이 작용할 때, 옹벽에 작용하는 전체 주동토압의 합력(P_a)과 옹벽 저면으로부터 합력의 작용점까지의 높이(h)는?

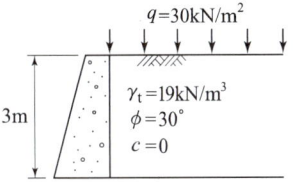

① $P_a = 28.5$ kN/m, $h = 1.26$m
② $P_a = 28.5$ kN/m, $h = 1.38$m
③ $P_a = 58.5$ kN/m, $h = 1.26$m
④ $P_a = 58.5$ kN/m, $h = 1.38$m

> ■ 주동토압의 합력
> $P_a = P_{a1} + P_{a2} = qHK_a + \dfrac{1}{2}\gamma_t H^2 K_a$
> • $K_a = \tan^2\left(45° - \dfrac{30°}{2}\right) = \dfrac{1}{3}$
> • $P_a = 30 \times 3 \times \dfrac{1}{3} + \dfrac{1}{2} \times 19 \times 3^2 \times \dfrac{1}{3} = 58.5$ kN/m
> ■ 합력의 작용점까지의 높이
> $h = \dfrac{H}{3} \cdot \dfrac{3q + \gamma_t H}{2q + \gamma_t H}$
> $= \dfrac{3}{3} \times \dfrac{3 \times 30 + 19 \times 3}{2 \times 30 + 19 \times 3} = 1.26$m

---

□□□ 기 86,90,19①,25①

91 세립토를 비중계법으로 입도분석을 할 때 반드시 분산제를 쓴다. 다음 설명 중 옳지 않은 것은?

① 입자의 면모화를 방지하기 위하여 사용한다.
② 분산제의 종류는 소성지수에 따라 달라진다.
③ 현탁액이 산성이면 알칼리성의 분산제를 쓴다.
④ 시험 도중 물의 변질을 방지하기 위하여 분산제를 사용한다.

> 분산제 사용 이유
> 입자의 면모화를 방지하고 이산화를 촉진시키기 위해 소성지수(I_p) 20을 기준으로 분산제(규산 나트륨, 과산화수소)를 사용한다.

☐☐☐ 기 82,95,99,03,19①,25①

92 비중이 2.67, 함수비 35%이며, 두께 10m인 포화점토층이 압밀 후에 함수비가 25%로 되었다면, 이 토층 높이의 변화량은 얼마인가?

① 113cm
② 128cm
③ 135cm
④ 155cm

> 높이 변화량 $\Delta H = \dfrac{e_1 - e_2}{1 + e_1} H$
>
> • $e_1 = \dfrac{G_s \cdot w}{S} = \dfrac{2.67 \times 35}{100} = 0.93$
> • $e_2 = \dfrac{G_s \cdot w}{S} = \dfrac{2.67 \times 25}{100} = 0.67$
>
> ∴ $\Delta H = \dfrac{0.93 - 0.67}{1 + 0.93} \times 10 = 1.35\text{m} = 135\text{cm}$

☐☐☐ 기 82,91,99,03,06,07,11①,13④,15②,16②,17①②,20③,23③,25①

93 아래 그림에서 A점 흙의 강도정수가 $c = 30\text{kN/m}^2$, $\phi = 30°$일 때 A점의 전단강도는?

① 69.3kN/m^2
② 74.3kN/m^2
③ 99.3kN/m^2
④ 103.9kN/m^2

2m, $\gamma_t = 18\text{kN/m}^3$
4m, $\gamma_{sat} = 20\text{kN/m}^3$
A

> • 전단강도 $\tau = c + \bar{\sigma} \tan\phi$
> • 유효응력 $\bar{\sigma} = \gamma_t h_1 + \gamma_{sub} h_2$
> $= 18 \times 2 + (20 - 9.81) \times 4 = 76.76\text{kN/m}^2$
> ∴ $\tau = 30 + 76.76 \tan 30° = 74.32\text{kN/m}^2$

☐☐☐ 기 90,97,98,07,11,18②,19②,25①

94 단동식 증기해머로 말뚝을 박았다. 해머의 무게 25kN, 낙하고 3m, 타격당 말뚝의 평균관입량 1cm, 안전율 6일 때 Engineering-News 공식으로 허용지지력을 구하면?

① 2500kN
② 2000kN
③ 1000kN
④ 500kN

> $R_a = \dfrac{W \cdot H}{F_s(S + 0.25)} = \dfrac{25 \times 300}{6(1 + 0.25)} = 1000\text{kN}$

☐☐☐ 기 88,18③,25①

95 흙의 다짐에 대한 일반적인 설명으로 틀린 것은?

① 다진 흙의 최대건조밀도와 최적함수비는 어떻게 다짐하더라도 일정한 값이다.
② 사질토의 최대건조밀도는 점성토의 최대건조밀도보다 크다.
③ 점성토의 최적함수비는 사질토보다 크다.
④ 다짐에너지가 크면 일반적으로 밀도는 높아진다.

> 흙의 종류와 다짐 방법에 따라 최대 건조밀도와 최적 함수비(OMC) 값은 다르다.

☐☐☐ 기 82,97,02,04,06,08,13,16,20③,25①

96 5m×10m의 장방형 기초 위에 $q = 60\text{kN/m}^2$의 등분포하중이 작용할 때, 지표면 아래 10m에서의 수직응력을 2:1법으로 구한 값은?

① 10kN/m^2
② 20kN/m^2
③ 30kN/m^2
④ 40kN/m^2

$\Delta\sigma_z = \dfrac{q_s \cdot B \cdot L}{(B+Z)(L+Z)}$
$= \dfrac{60 \times 5 \times 10}{(5+10)(10+10)} = 10\text{kN/m}^2$

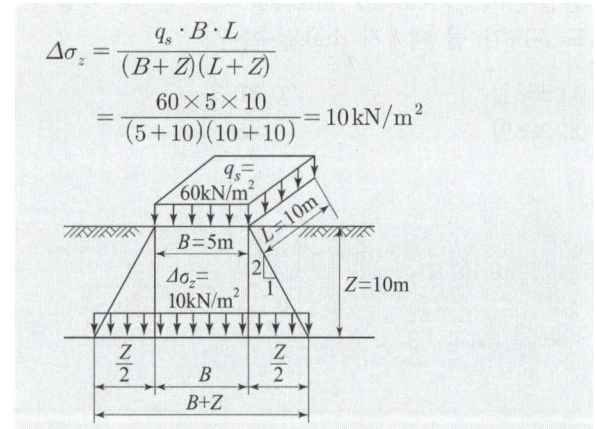

☐☐☐ 기 97,06,09,15,18①,25①

97 유선망(Flow Net)의 성질에 대한 설명으로 틀린 것은?

① 유선과 등수두선은 서로 직교한다.
② 동수경사(i)는 등수두선의 폭에 비례한다.
③ 유선망으로 되는 사각형은 이론상 정사각형이다.
④ 인접한 두 유선 사이, 즉 유로를 흐르는 침투유량은 동일하다.

> 침투속도 및 동수경사(i)는 등수두선의 폭에 반비례한다.

정답 92 ③ 93 ② 94 ③ 95 ① 96 ① 97 ②

□□□ 기 08②,13②,18③,21②,22①②,25①

98 표준관입시험(S.P.T) 결과 N값이 25이었고, 이때 채취한 교란시료로 입도시험을 한 결과 입자가 둥글고, 입도분포가 불량할 때 Dunham의 공식으로 구한 내부마찰각(ϕ)은?

① 32.3° ② 37.3°
③ 42.3° ④ 48.3°

Dunham 공식

토립자의 조건	내부 마찰각
• 토립자가 둥글고 입도분포가 불량 (균일)	$\phi = \sqrt{12N} + 15$
• 토질입자가 둥글고 입도분포가 양호 • 토립자가 모나고 입도분포가 불량 (균일)	$\phi = \sqrt{12N} + 20$
• 토립자가 모가 나고 입도분포가 양호	$\phi = \sqrt{12N} + 25$

∴ 흙입자가 둥글고 입도분포가 불량
$\phi = \sqrt{12N} + 15 = \sqrt{12 \times 25} + 15 = 32.3°$

□□□ 기 96,10,15④,21①,25①

99 그림의 유선망에 대한 설명 중 틀린 것은? (단, 흙의 투수계수는 2.5×10^{-3} cm/sec)

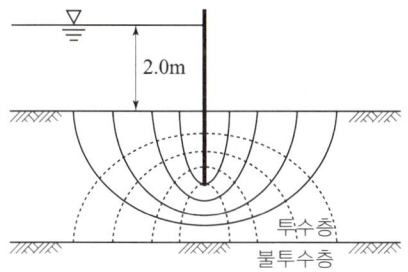

① 유선의 수 = 6
② 등수두선의 수 = 6
③ 유로의 수 = 5
④ 전침투유량 $Q = 0.278$ cm³/sec

• 유선의 수 = 6, 유로의 수 $N_f = 5$
∴ 등수두선의 수 = 10
• 등수두면의 수 $N_d = 9$
• $Q = kH\dfrac{N_f}{N_d} = 2.5 \times 10^{-3} \times 200 \times \dfrac{5}{9} = 0.278$ cm³/sec

□□□ 기 09,18②,25①

100 노건조한 흙 시료의 부피가 1000cm³, 무게가 1700g, 비중이 2.65이었다면 간극비는?

① 0.71 ② 0.43
③ 0.65 ④ 0.56

간극비 $e = \dfrac{G_s \cdot \rho_w}{\rho_d} - 1$

• 건조밀도 $\rho_d = \dfrac{W_s}{V} = \dfrac{1700}{1000} = 1.70$ g/cm³

∴ $e = \dfrac{2.65 \times 1}{1.70} - 1 = 0.56$

제6과목 : 상하수도공학

□□□ 기 99,09,11,14①,17④,21①,25①

101 유출계수가 0.5인 계획구역의 배수면적이 90km²이고 유달시간 내 평균 강우강도가 16mm/hr일 때 합리식에 의한 최대 계획 우수유출량은?

① 100m³/sec ② 200m³/sec
③ 1000m³/sec ④ 2000m³/sec

$Q = \dfrac{1}{360}CIA$

• $A = 90$ km² = 9000 ha
∴ $Q = \dfrac{1}{360} \times 0.5 \times 16 \times 9000 = 200$ m³/sec

□□□ 기 14④,25①

102 먹는 물의 수질기준에서 탁도의 기준단위는?

① ‰(permil)
② ppm(parts per million)
③ JTU(Jackson Turbidity Unit)
④ NTU(Nephelometric Turbidity Unit)

탁도의 단위 : NTU(Nephelometric Turbidity Unit)

☐☐☐ 기 15②,22①,25①

103 혐기성 소화에서 탄산염 완충시스템의 관여하는 알칼리도의 종류가 아닌 것은?

① HCO_3^-
② CO_3^{2-}
③ OH^-
④ HPO_4^-

알칼리도를 구하기 위한 적정식
- $HCO_3^- + H^+ \rightarrow H_2CO_3$
- $CO_3^{2-} + H^+ \rightarrow HCO_3^-$
- $OH^- + H \rightarrow H_2O$

☐☐☐ 기 09,15①,20②,25①

104 상수도 취수시설 중 침사지에 관한 시설기준으로 틀린 것은?

① 길이는 폭의 3~8배를 표준으로 한다.
② 침사지의 체류시간은 계획취수량의 10~20분을 표준으로 한다.
③ 침사지의 유효수심은 3~4m를 표준으로 한다.
④ 침사지 내의 평균유속은 20~30cm/s를 표준으로 한다.

침사지 제원

구분	기준
체류시간	10~20분
평균유속	2~7cm/sec
유효수심	3~4m
침사지 길이	폭의 3~8배
퇴사층	0.5~1.0m

∴ 침사지 내에서의 유속은 2~7cm/sec가 되도록 한다.

☐☐☐ 기 97,99,06,14①,18②,25①

105 콘크리트 하수관의 내부 천정이 부식되는 현상에 대한 대응책으로 틀린 것은?

① 방식재료를 사용하여 관을 방호한다.
② 하수 중의 유황 함수량을 낮춘다.
③ 관내의 유속을 감소시킨다.
④ 하수에 염소를 주입하여 박테리아 번식을 억제한다.

관내의 유속을 증가시켜 하수관 내 유기물질의 퇴적을 방지한다.

☐☐☐ 기 98,10,13,15,19,20④,25①

106 지표수를 수원으로 하는 일반적인 상수도의 계통도로 옳은 것은?

① 취수탑 → 침사지 → 급속여과 → 보통침전지 → 소독 → 배수지 → 급수
② 침사지 → 취수탑 → 급속여과 → 응집침전지 → 소독 → 배수지 → 급수
③ 취수탑 → 침사지 → 보통침전지 → 급속여과 → 배수지 → 소독 → 급수
④ 취수탑 → 침사지 → 응집침전지 → 급속여과 → 소독 → 배수지 → 급수

지표수 → 취수(취수탑) → 정수시설(침사지 → 응집침전지 → 급속여과) → 정수지 → 배수지 → 급수

☐☐☐ 기 97,04,06,15④,25①

107 염소 소독을 위한 염소투입량 시험결과가 그림과 같다. 결합염소(클로라민류)가 분해되는 구간과 파괴점(break point)으로 옳은 것은?

① AB, C
② BC, C
③ CD, D
④ AB, D

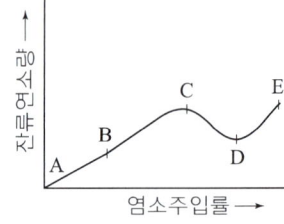

- AB : 환원성 무기유기성분에 의한 염소 소비
- BC : 클로라민 형성(결합 잔류염소가 형성)
- CD : 클로라민 산화
- DE : 주입에 비례한 유리염소량의 증가
- D점 : 파괴점 또는 불연속점

☐☐☐ 기 00,22③,25①

108 하수의 염소요구량이 1mg/L이었다. 0.2mg/L의 잔류 염소량을 유지하기 위하여 30000m³/day의 하수에 주입하여야 할 염소량은 얼마인가?

① 12kg/day
② 24kg/day
③ 36kg/day
④ 48kg/day

염소의 주입량 = 염소의 주입농도 × 유량
= $(1+0.2) \times 30000 \times 10^{-3}$ (kg/g)
= 36 kg/day

□□□ 기 14②, 25①
109 상수도의 정수공정에서 염소소독에 대한 설명으로 틀린 것은?

① 염소살균력은 HOCl < OCl⁻ < 클로라민의 순서이다.
② 염소소독의 부산물로 생성되는 THM은 발암성이 있다.
③ 암모니아성질소가 많은 경우에는 클로라민이 형성된다.
④ 염소살균은 오존살균에 비해 가격이 저렴하다.

> 염소의 살균효과
> • 차아염소산(HOCl) > 차아염소산이온(OCl⁻) > 클로라민
> • 차아염소산(HOCl)과 차아염소산이온(OCl⁻)은 같은 유효염소지만, 살균력에 차이가 있으며 차아염소산(HOCl)이 살균작용이 강하다.

□□□ 기 06, 14①, 25①
110 부영양화된 호수나 저수지에서 나타나는 현상으로 옳은 것은?

① 각종 조류의 광합성 증가로 인하여 호수 심층의 용존산소가 증가한다.
② 조류사멸에 의해 물이 맑아진다.
③ 바다에 인, 질소 등 영양염류의 증가로 송어, 연어 등 어종이 증가한다.
④ 냄새, 맛을 유발하는 물질이 증가한다.

> 부영양화된 호수나 저수지의 현상
> • 조류의 영향으로 물에 맛과 냄새가 발생되어 정수에 어려움을 유발시킨다.
> • 부영양화 영향으로 정수장의 여과지를 폐쇄시켜 정수작업을 곤란하게 한다.

□□□ 기 12, 23③, 25①
111 정수 중 암모니아성 질소가 있으면 염소 소독처리 시 클로라민이란 화합물이 생긴다. 이에 대한 설명으로 옳은 것은?

① 소독력이 떨어져 다량의 염소가 요구된다.
② 소독력이 증가하여 소량의 염소가 요구된다.
③ 소독력에는 거의 영향을 주지 않는다.
④ 경제적인 소독효과를 기대할 수 있다.

> 암모니아성 질소는 소독용 염소와 반응하여 클로라민(결합잔류염소)이 생성되며 클로라민의 소독력은 유리염소의 소독력보다 약하므로 다량의 염소가 요구된다.

□□□ 기 00, 07, 09, 13④, 25①
112 계획오수량에 대한 설명 중 옳지 않은 것은?

① 계획 1일 최대오수량은 1인 1일 최대오수량에 계획인구를 곱한 후, 공장폐수량, 지하수량 및 기타 배수량을 더한 것으로 한다.
② 계획오수량은 생활오수량, 공장폐수량, 지하수량으로 구분한다.
③ 지하수량은 1인 1일 최대오수량의 20% 이하로 한다.
④ 계획시간 최대오수량은 계획 1일 평균오수량의 1시간당 수량의 2~3배를 표준으로 한다.

> 계획시간 최대오수량은 계획 1일 최대오수량의 1시간당 수량의 1.3~1.8배를 표준으로 한다.

□□□ 기 13②, 25①
113 COD/BOD의 비가 큰 폐수처리에 일반적으로 적용하기 어려운 공법은?

① 응집침전처리   ② 물리적 처리
③ 생물학적 처리   ④ 화학적 처리

> 생물학적 처리방법
> • 폐수 중에 흡착되거나 흡수된 유기물은 미생물의 정화작용에 의해 일부는 탄산가스와 물로 분해(생물산화)되고, 나머지 일부는 생물체(미생물 증식)로 변하는 과정이다.
> • COD/BOD의 비가 매우 큰 폐수처리는 생물학적으로 분해가 불가능한 유기물 때문에 적용하기 어렵다.

□□□ 기 15①, 25①
114 송수시설에 대한 설명으로 옳은 것은?

① 정수 처리된 물을 소요 수량만큼 수요자에게 보내는 시설
② 수원에서 취수한 물을 정수장까지 운반하는 시설
③ 정수장에서 배수지까지 물을 보내는 시설
④ 급수관, 계량기 등이 붙어 있는 시설

> 송수시설은 정수장에서 배수지까지 송수하는 시설로서 송수관, 송수펌프, 조정지 및 밸브 등의 부속설비로 구성된다.

정답 109 ①   110 ④   111 ①   112 ④   113 ③   114 ③

□□□ 기 00,13①,14④,25①

115 펌프의 비속도(N_s)에 대한 설명으로 옳지 않은 것은?

① N_s가 작아짐에 따라 소형이 되어 펌프의 값이 저렴해진다.
② 유량과 양정이 동일하다면 회전속도가 클수록 N_s가 커진다.
③ N_s가 클수록 유량은 많고 양정은 작은 펌프를 의미한다.
④ N_s가 같으면 펌프의 크고 작은 것에 관계없이 모두 같은 형식으로 되며 특성도 대체로 같다.

- 펌프의 비속도 $N_s = N\dfrac{Q^{1/2}}{H^{3/4}}$
- N_s가 작아짐에 따라 유량이 작고 양정이 큰 펌프로 값이 고가이다.

□□□ 기 16①,25①

116 관거의 보호 및 기초공에 대한 설명으로 옳지 않은 것은?

① 관거의 부등침하는 최악의 경우 관거의 파손을 유발할 수 있다.
② 관거가 철도 밑을 횡단하는 경우 외압에 대한 관거 보호를 고려한다.
③ 경질염화비닐관 등의 연성관거는 콘크리트기초를 원칙으로 한다.
④ 강성관거의 기초공사에서는 지반이 양호한 경우 기초를 생략할 수 있다.

경질염화비닐관 등의 연성관거는 자유받침 모래기초를 원칙으로 하며, 조건에 따라 말뚝기초 등을 설치한다.

□□□ 기 17④,21②,25①

117 하수처리장 유입수의 SS 농도는 200mg/L이다. 1차 침전지에서 30% 정도가 제거되고 2차 침전지에서 85%의 제거효율을 갖고 있다. 하루 처리용량이 3000m³/day일 때 방류되는 총 SS량은?

① 6300kg/day
② 6300mg/day
③ 63kg/day
④ 2800mg/day

방류되는 총 SS량
= 처리용량 × SS 농도 × (1-1차 제거 효율) × (1-2차 제거효율)
= $3000 \times 200 \times 10^{-3} \times (1-0.3) \times (1-0.85)$
= 63kg/day

□□□ 기 18②,22③,25①

118 하수 고도처리에서 인을 제거하기 위한 방법이 아닌 것은?

① 응집제 첨가 활성슬러지법
② 활성탄 흡착법
③ 정석 탈인법
④ 혐기호기 조합법

하수 고도처리에서 인제거 방법
- 응집제 첨가 활성슬러지법
- 정석 탈인법
- 혐기호기 조합법
- 반송슬러지 탈인제거 공정

□□□ 기 00,01,02,03,04,05,07,10,12,15,22③,25①

119 배수면적 2km인 유역 내 강우의 하수거 유입시간이 6분, 유출계수가 0.70일 때 하수관거 내 유속이 2m/sec인 1km 길이의 하수관에서 유출된 우수량은? (단, 강우강도 $I = \dfrac{3500}{t+25}$ mm/hr임)

① 0.3m³/sec
② 2.6m³/sec
③ 34.6m³/sec
④ 43.9m³/sec

$Q = \dfrac{1}{360} C \cdot I \cdot A$

- $T = t + \dfrac{L}{V} = 6 + \dfrac{1000}{2 \times 60} = 14.33$ 분
- $I = \dfrac{3500}{t+25} = \dfrac{3500}{14.33+25} = 88.99$ mm/h
- $A = 2$km² = 200ha

∴ $Q = \dfrac{1}{360} \times 0.70 \times 88.99 \times 200 = 34.6$ m³/sec

정답 115 ① 116 ③ 117 ③ 118 ② 119 ③

기 07,09,14①,15④,25①

120 급수방식에 대한 설명으로 틀린 것은?

① 급수방식은 급수전의 높이, 수요자가 필요로 하는 수량 등을 고려하여 결정한다.
② 직결식은 직결 직압식과 직결 가압식으로 구분할 수 있다.
③ 저수조식은 수돗물을 일단 저수조에 받아서 급수하는 방식으로 단수시나 감수시 물의 확보가 어렵다.
④ 직결식과 저수조식의 병용방식은 하나의 건물에 직결식과 저수조식의 양쪽 급수방식을 병용하는 것이다.

> 저수조식은 수돗물을 일단 저수조에 받아서 급수하는 방식으로 단수시나 재해시에도 물을 확보할 수 있다는 장점이 있다.

정답 120 ③

국가기술자격 필기시험문제

2025년도 기사 2회 필기시험

자격종목	시험시간	문제수	형 별	수험번호	성 명
토목기사	3시간	120	A		

※ 각 문제는 4지 택일형으로 질문에 가장 적합한 문제의 보기 번호를 클릭하거나 답안표기란의 번호를 클릭하여 입력하시면 됩니다.
※ 입력된 답안은 문제 화면 또는 답안 표기란의 보기 번호를 클릭하여 변경하실 수 있습니다.

제1과목 : 응용역학

□□□ 기 12②,16①,19③,25②

01 아래 그림과 같은 캔틸레버보에서 B점의 연직변위 (δ_B)는? (단, $M_o = 4\text{kN}\cdot\text{m}$, $P = 16\text{kN}$, $L = 2.4\text{m}$, $EI = 6000\text{kN}\cdot\text{m}^2$이다.)

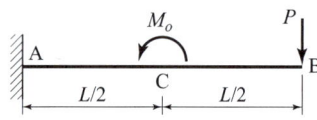

① 1.08cm(↓) ② 1.08cm(↑)
③ 1.37cm(↓) ④ 1.37cm(↑)

- 집중하중 P에 의한 B점의 처짐
$$\delta_{B1} = \frac{PL^3}{3EI} = \frac{16 \times 2.4^3}{3 \times 6000} = 0.01229\text{m} = 1.229\text{cm}(\downarrow)$$
- 모멘트하중 M_0에 의한 B점의 처짐
$$\delta_{B2} = \left(\frac{M_0}{EI} \cdot \frac{L}{2}\right) \times \frac{3L}{4} = \frac{3M_0 L^2}{8EI} = \frac{3 \times 4 \times 2.4^2}{8 \times 6000}$$
$$= 0.00144\text{m} = 0.144\text{cm}(\uparrow)$$
$$\therefore \delta_B = \delta_{B1} + \delta_{B2} = 1.229 - 0.144 = 1.085\text{cm}(\downarrow)$$

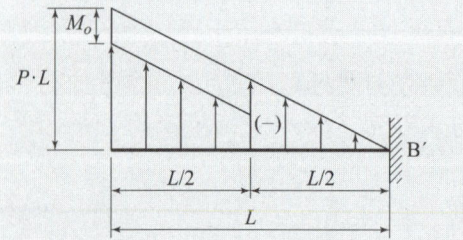

Remember

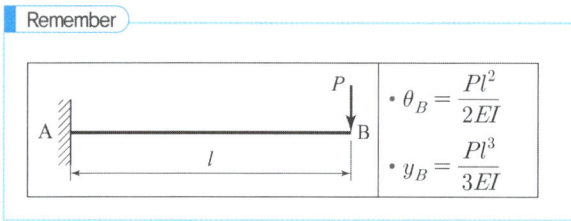

$$\cdot \theta_B = \frac{Pl^2}{2EI}$$
$$\cdot y_B = \frac{Pl^3}{3EI}$$

□□□ 기 10②,25②

02 축인장하중 $P = 20\text{kN}$을 받고 있는 지름 100mm의 원형봉 속에 발생하는 최대 전단응력은 얼마인가?

① 1.273MPa ② 1.515MPa
③ 1.756MPa ④ 1.998MPa

최대전단응력 $\tau_{\max} = \dfrac{\sigma_x}{2}$

$$\sigma_x = \frac{P}{A} = \frac{P}{\dfrac{\pi d^2}{4}} = \frac{20 \times 1000}{\dfrac{\pi \times 100^2}{4}} = 2.546\text{N/mm}^2$$
$$= 2.546\text{MPa}$$
$$\therefore \tau_{\max} = \frac{2.546}{2} = 1.273\text{MPa}$$

□□□ 기 08,15②,25②

03 길이가 6m인 양단힌지 기둥 $I-250 \times 125 \times 10 \times 19$ (mm)의 단면으로 세워졌다. 이 기둥이 좌굴에 대해서 지지하는 임계하중(Critical Load)은 얼마인가? (단, I형강의 I_1과 I_2는 각각 7340cm^4과 560cm^4이며, 탄성계수 $E = 2 \times 10^5$MPa이다.)

① 307kN
② 426kN
③ 3070kN
④ 4025kN

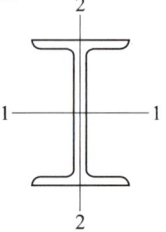

$$P_{cr} = \frac{n\pi^2 EI}{l^2} = \frac{\pi^2 EI}{(kl)^2} (\text{양단힌지 } n=1)$$
- $I_{\min} = \dfrac{bh^3}{12} = 560\text{cm}^4 = 560 \times 10^4 \text{mm}^4$
$$\therefore P_{cr} = \frac{1 \times \pi^2 \times 2 \times 10^5 \times 560 \times 10^4}{6000^2}$$
$$= 307054\text{N} = 307.05\text{kN}$$

정답 01 ① 02 ① 03 ①

□□□ 기 82,83,13①,16②,17②,20①,21②,25②

04 아래 그림과 같은 하중을 받는 단순보에 발생하는 최대 전단응력은?

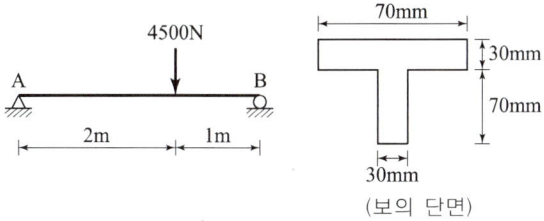

① 4.48MPa
② 3.48MPa
③ 2.48MPa
④ 1.48MPa

$\tau_{max} = \dfrac{S_{max} \cdot G_x}{I_x \cdot b}$

• 도심 $\overline{y} = \dfrac{G_x}{A} = \dfrac{70 \times 30 \times 85 + 30 \times 70 \times 35}{70 \times 30 + 30 \times 70}$

$= 60\,mm$ (밑변에서)

• $I_x = \dfrac{70 \times 30^3}{12} + 70 \times 30 \times (15+10)^2 + \dfrac{30 \times 70^3}{12}$
$\quad + 30 \times 70 \times (35-10)^2$
$= 3640000\,mm^4$

• $G_x = 60 \times 30 \times 30 = 54000\,mm^3$

• 전단력 $S_{max} = 3000\,N$
  $(\because R_B = 4500 \times \dfrac{2}{3} = 3000\,N)$

$\therefore \tau_{max} = \dfrac{3000 \times 54000}{3640000 \times 30} = 1.48\,N/mm^2 = 1.48\,MPa$

□□□ 기 91,19①,25②

05 20cm×30cm인 단면의 저항모멘트는?
(단, 재료의 허용휨응력은 7MPa이다)

① 21kN·m
② 30kN·m
③ 45kN·m
④ 60kN·m

허용휨응력 $\sigma_a = \dfrac{M}{Z} = \dfrac{M}{\dfrac{bh^2}{6}}$에서

$\therefore M = \sigma_a \cdot Z = \sigma_a \cdot \dfrac{bh^2}{6} = 7 \times \dfrac{200 \times 300^2}{6}$
$= 21000000\,N \cdot mm = 21\,kN \cdot m$

□□□ 기 19③,25②

06 자중이 4kN/m인 그림 (a)와 같은 단순보에 그림 (b)와 같은 차륜하중이 통과할 때 이 보에 일어나는 최대 전단력의 절댓값은?

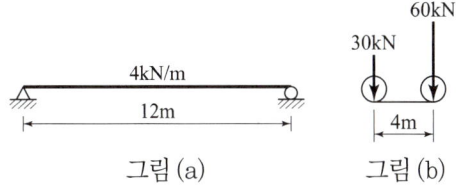

① 74kN
② 80kN
③ 94kN
④ 104kN

최대전단력은 재하된 하중 중에서 큰 하중이 지점에 실린 곳에서 발생된다.
∴ B지점에 60kN이 작용할 때

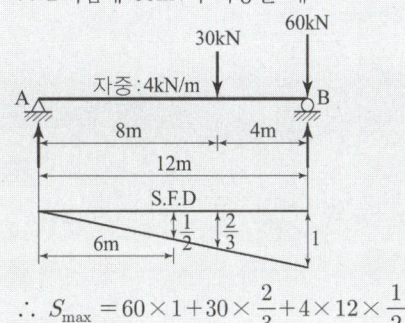

$\therefore S_{max} = 60 \times 1 + 30 \times \dfrac{2}{3} + 4 \times 12 \times \dfrac{1}{2} = 104\,kN$
(∵ 자중 4kN)

□□□ 기 96③,01④,23③,25②

07 그림의 각 중심을 통하는 $X-X$축에 대한 단면 2차 모멘트의 크기 순서가 옳은 것은?

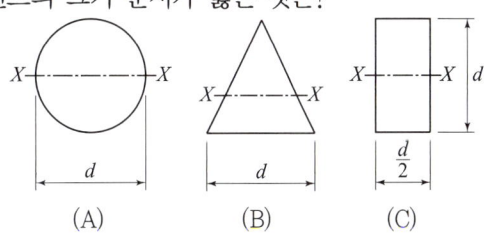

① A > B > C
② A > C > B
③ B > C > A
④ C > A > B

(A)	(B)	(C)
$\dfrac{\pi d^4}{64} \fallingdotseq \dfrac{d^4}{20}$	$\dfrac{bh^3}{36} = \dfrac{d^4}{36}$	$\dfrac{bh^3}{12} = \dfrac{d^4}{24}$

∴ A > C > B

□□□ 기 85,25②

08 그림의 캔틸레버보에서 C점, B점의 처짐비($\delta_C : \delta_B$)는? (단, EI는 일정하다.)

① 3 : 8
② 3 : 7
③ 2 : 5
④ 1 : 2

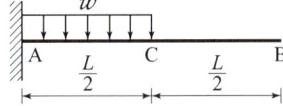

처짐량 $\delta = \dfrac{M'}{EI}$

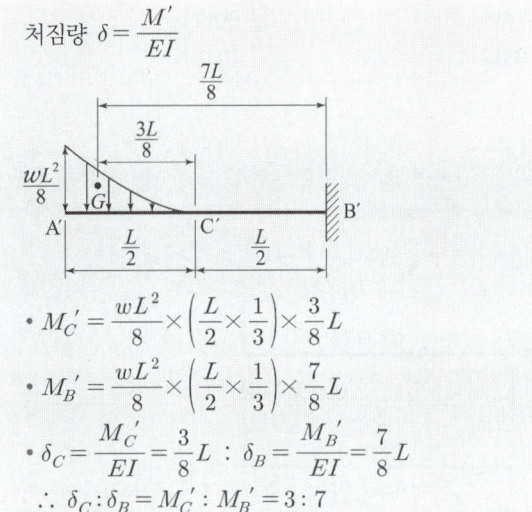

- $M_C' = \dfrac{wL^2}{8} \times \left(\dfrac{L}{2} \times \dfrac{1}{3}\right) \times \dfrac{3}{8}L$

- $M_B' = \dfrac{wL^2}{8} \times \left(\dfrac{L}{2} \times \dfrac{1}{3}\right) \times \dfrac{7}{8}L$

- $\delta_C = \dfrac{M_C'}{EI} = \dfrac{3}{8}L \; : \; \delta_B = \dfrac{M_B'}{EI} = \dfrac{7}{8}L$

  $\therefore \delta_C : \delta_B = M_C' : M_B' = 3 : 7$

□□□ 기 16①,19①,25②

09 다음에서 부재 BC에 걸리는 응력의 크기는?

① $\dfrac{20}{3}$ kN/cm²
② 10 kN/cm²
③ $\dfrac{3}{2}$ kN/cm²
④ 20 kN/cm²

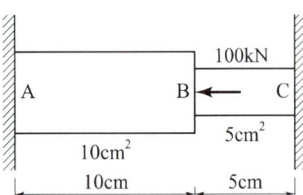

평형방정식 $R_1 + R_2 = P$

- $R_1 = \dfrac{EA_1}{L_1}\delta_1 = \dfrac{5E}{5}\delta_1 = E\delta_1$

- $R_2 = \dfrac{EA_2}{L_2}\delta_2 = \dfrac{10E}{10}\delta_2 = E\delta_2$ ·········(1)

- $\dfrac{EA_1}{L_1}\delta_c + \dfrac{EA_2}{L_2}\delta_c = \delta_c(2E) = P$ ·········(2)

  ($\because \delta_1 = \delta_2 = \delta_c$) $\therefore \delta_c = \dfrac{P}{2E}$

  (2)를 (1)에 대입

- $R_1 = E \times \dfrac{P}{2E} = \dfrac{P}{2} = \dfrac{100}{2} = 50$ kN

  $\therefore \sigma = \dfrac{R_1}{A_1} = \dfrac{50}{5} = 10$ kN/cm²

□□□ 기 10④,17①,19②,25②

10 L이 10m인 그림과 같은 내민보의 자유단에 $P = 20$kN의 연직하중이 작용할 때 지점 B와 중앙부 C점에 발생되는 모멘트는?

① $M_B = -80$kN·m, $M_C = -50$kN·m
② $M_B = -100$kN·m, $M_C = -40$kN·m
③ $M_B = -100$kN·m, $M_C = -50$kN·m
④ $M_B = -80$kN·m, $M_C = -40$kN·m

- $M_B = -P \times \dfrac{L}{2} = -20 \times \dfrac{10}{2} = -100$ kN·m

- $\sum M_D = 0$

  $-20 \times 15 + R_B \times 10 = 0$ $\therefore R_B = 30$ kN(↑)

- $M_C = -P \times \left(\dfrac{L}{2} + \dfrac{L}{2}\right) + R_B \times \dfrac{L}{2}$

  $= -20 \times \left(\dfrac{10}{2} + \dfrac{10}{2}\right) + 30 \times \dfrac{10}{2} = -50$ kN·m

□□□ 기 00①,06②,09①,17①,19③,25②

11 외반경 R_1, 내반경 R_2인 중공(中空)원형단면의 핵은? (단, 핵의 반경을 e로 표시함.)

① $e = \dfrac{(R_1^2 + R_2^2)}{4R_1}$
② $e = \dfrac{(R_1^2 + R_2^2)}{4R_1^2}$
③ $e = \dfrac{(R_1^2 - R_2^2)}{4R_1}$
④ $e = \dfrac{(R_1^2 - R_2^2)}{4R_1^2}$

핵의 반경 $e = \dfrac{Z}{A} = \dfrac{\frac{I}{y}}{A} = \dfrac{I}{A \cdot y}$

- $I = \dfrac{\pi D^4}{64} = \dfrac{\pi R^4}{4} = \dfrac{\pi}{4}(R_1^4 - R_2^4)$

- $R_1^4 - R_2^4 = (R_1^2 - R_2^2)(R_1^2 + R_2^2)$

- $A = \pi(R_1^2 - R_2^2)$

- $y = R_1$

  $\therefore e = \dfrac{I}{A \cdot y} = \dfrac{\frac{\pi}{4}(R_1^4 - R_2^4)}{\pi(R_1^2 - R_2^2) \cdot R_1}$

  $= \dfrac{\pi(R_1^2 - R_2^2)(R_1^2 + R_2^2)}{4\pi(R_1^2 - R_2^2)R_1} = \dfrac{(R_1^2 + R_2^2)}{4R_1}$

정답 08 ②   09 ②   10 ③   11 ①

□□□ 기 95,05,13,17②,25②

12 다음 그림과 같은 3힌지 아치에 집중하중 P가 가해질 때 지점 B에서의 수평반력은?

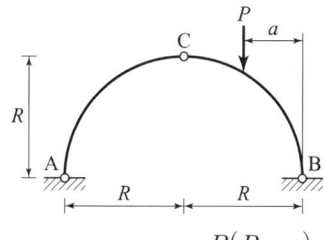

① $\dfrac{Pa}{4R}$ ② $\dfrac{P(R-a)}{2R}$

③ $\dfrac{P(R-a)}{4R}$ ④ $\dfrac{Pa}{2R}$

- $\sum M_A = 0$: $R_B \times 2R - P \times (2R-a) = 0$
  $\therefore R_B = \dfrac{P(2R-a)}{2R}$
- $\sum M_C = 0$: $R_B \times R - P(R-a) - H_B \times R = 0$
  $\dfrac{PR(2R-a)}{2R} - P(R-a) = H_B R$
  $\dfrac{P(2R-a)}{2R} - \dfrac{P(R-a)}{R} = H_B$
  $\therefore H_B = \dfrac{2PR - Pa - 2PR + 2Pa}{2R} = \dfrac{Pa}{2R}$

□□□ 기 82,83,89,16④,25②

13 그림의 트러스에서 a부재의 부재력은?

① 135kN(인장)
② 175kN(인장)
③ 135kN(압축)
④ 175kN(압축)

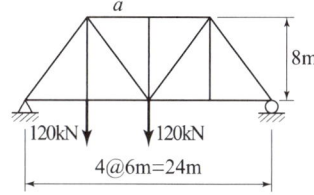

$t-t$의 절단에서

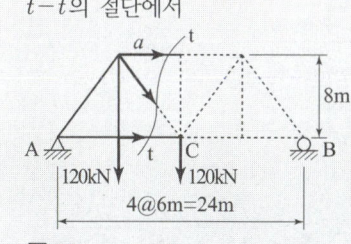

$\sum M_B = 0$: $R_A \times 24 - 120 \times 18 - 120 \times 12 = 0$
$\therefore R_A = 150\text{kN}$
$\sum M_C = 0$: $150 \times 12 - 120 \times 6 + a \times 8 = 0$
$\therefore a = -135\text{kN}$, 즉 $a = 135\text{kN}$(압축)

□□□ 기 01,06,07,14,18①,25②

14 탄성변형에너지는 외력을 받는 구조물에서 변형에 의해 구조물에 축적되는 에너지를 말한다. 탄성체이며 선형거동을 하는 길이가 L인 캔틸레버보의 끝단에 집중하중 P가 작용할 때 굽힘모멘트에 의한 탄성변형에너지는? (단, EI는 일정)

① $\dfrac{P^2 L^2}{6EI}$ ② $\dfrac{P^2 L^2}{2EI}$

③ $\dfrac{P^2 L^3}{6EI}$ ④ $\dfrac{P^2 L^3}{2EI}$

굽힘모멘트에 의한 탄성변형에너지 $U = \int \dfrac{M_x^2}{2EI} dx$

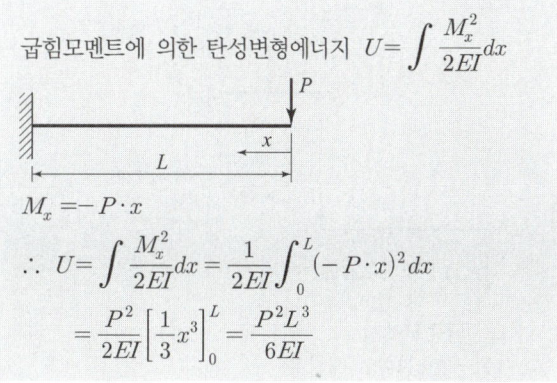

$M_x = -P \cdot x$

$\therefore U = \int \dfrac{M_x^2}{2EI} dx = \dfrac{1}{2EI} \int_0^L (-P \cdot x)^2 dx$
$= \dfrac{P^2}{2EI} \left[\dfrac{1}{3} x^3 \right]_0^L = \dfrac{P^2 L^3}{6EI}$

Remember

정적분의 기본정리 $\int_0^L x^2 dx = \left[\dfrac{1}{3}x^3\right]_0^L = \dfrac{L^3}{3}$

□□□ 기 01④,03②,16④,17②,20③,25②

15 길이가 3m이고 가로 200mm, 세로 300mm인 직사각형 단면의 기둥이 있다. 지지상태가 양단힌지인 경우 좌굴응력을 구하기 위한 이 기둥의 세장비는?

① 34.6 ② 43.3
③ 52.0 ④ 60.7

세장비 $\lambda = \dfrac{\text{기둥의 길이}(l)}{\text{최소 회전반지름}(r_{\min})}$

- $r_{\min} = \sqrt{\dfrac{I_{\min}}{A}} = \sqrt{\dfrac{\frac{bh^3}{12}}{bh}} = \sqrt{\dfrac{\frac{30 \times 20^3}{12}}{20 \times 30}}$
  $= 5.77\text{cm}$ ($\because$ 직사각형)
  $\therefore \lambda = \dfrac{300}{5.77} = 52.0$

정답 12 ④ 13 ③ 14 ③ 15 ③

□□□ 기 04,05,06,08,13①,22②,25②

16 그림과 같은 게르버보에서 A점의 반력은?

① 6kN(↓)
② 6kN(↑)
③ 30kN(↓)
④ 30kN(↑)

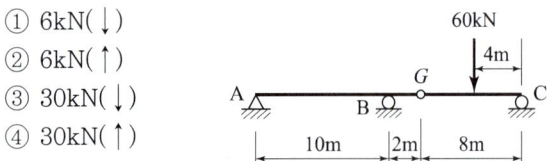

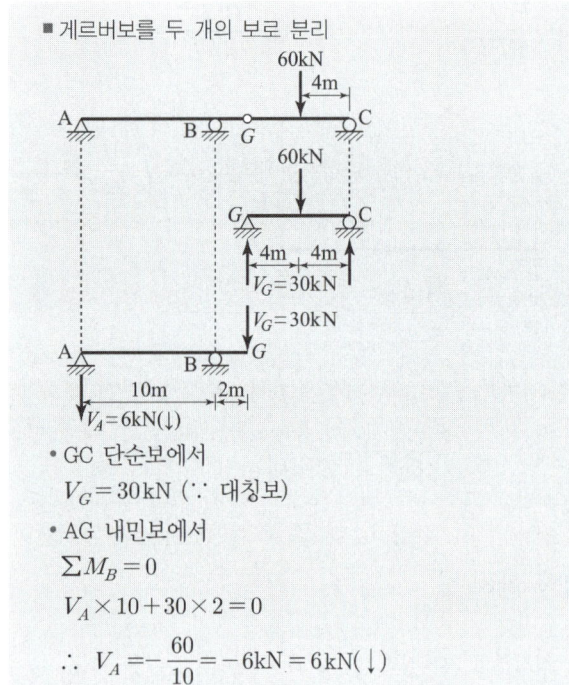

- GC 단순보에서
  $V_G = 30\,\text{kN}$ (∵ 대칭보)
- AG 내민보에서
  $\sum M_B = 0$
  $V_A \times 10 + 30 \times 2 = 0$
  $\therefore V_A = -\dfrac{60}{10} = -6\,\text{kN} = 6\,\text{kN}(\downarrow)$

□□□ 기 11,17④,23③,25②

17 그림과 같은 부정정보에 집중하중이 작용할 때 A점의 휨모멘트 M_A를 구한 값은?

① $-57\,\text{kN}\cdot\text{m}$
② $-36\,\text{kN}\cdot\text{m}$
③ $-42\,\text{kN}\cdot\text{m}$
④ $-26\,\text{kN}\cdot\text{m}$

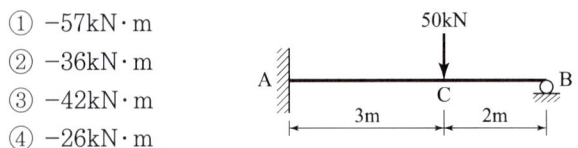

[방법1] $R_B = \dfrac{Pa^2(3l-a)}{2l^3} = \dfrac{50 \times 3^2 \times (3 \times 5 - 3)}{2 \times 5^3}$
$= 21.6\,\text{kN}$
$\therefore M_A = R_B \times 5 - 50 \times 3 = 21.6 \times 5 - 150$
$= -42\,\text{kN}\cdot\text{m}$

[방법2] $M_A = -\dfrac{Pab(l+b)}{2l^2} = -\dfrac{50 \times 3 \times 2 \times (5+2)}{2 \times 5^2}$
$= -42\,\text{kN}\cdot\text{m}$

Remember

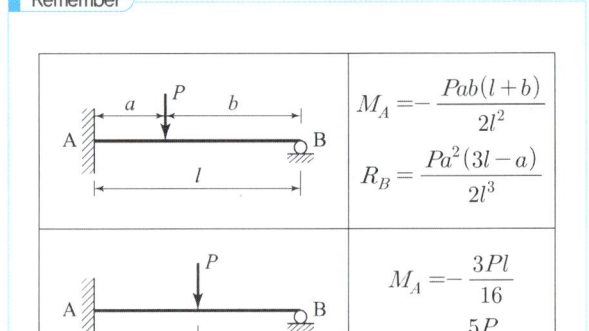

$M_A = -\dfrac{Pab(l+b)}{2l^2}$

$R_B = \dfrac{Pa^2(3l-a)}{2l^3}$

$M_A = -\dfrac{3Pl}{16}$

$R_B = \dfrac{5P}{16}$

□□□ 기 03,05,11,15,23③,25②

18 다음과 같은 부재에서 AC 사이의 전체 길이의 변화량 δ는 얼마인가? (단, 보는 균일하며 단면적 A와 탄성계수 E는 일정하다고 가정한다.)

① $\dfrac{PL}{EA}$
② $\dfrac{1.5PL}{EA}$
③ $\dfrac{3PL}{EA}$
④ $\dfrac{4PL}{EA}$

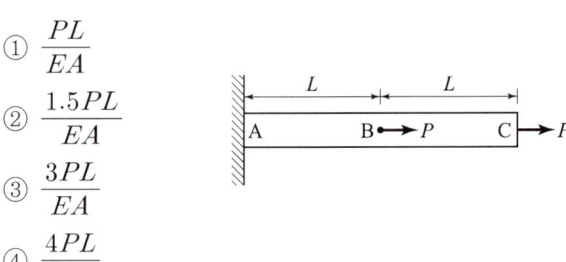

$\Delta l = \dfrac{PL}{EA}$

- 자유물체도

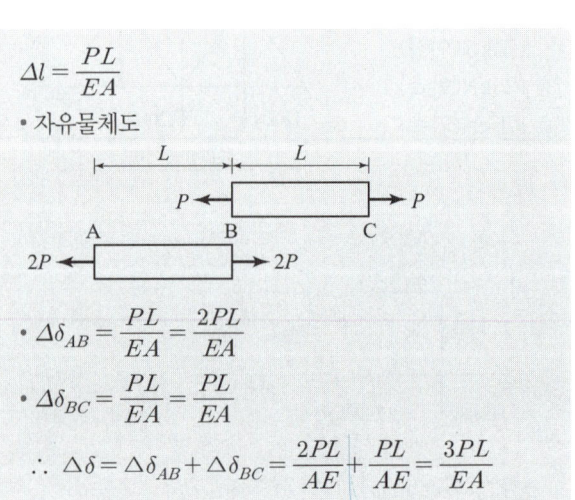

- $\Delta\delta_{AB} = \dfrac{PL}{EA} = \dfrac{2PL}{EA}$
- $\Delta\delta_{BC} = \dfrac{PL}{EA} = \dfrac{PL}{EA}$

$\therefore \Delta\delta = \Delta\delta_{AB} + \Delta\delta_{BC} = \dfrac{2PL}{AE} + \dfrac{PL}{AE} = \dfrac{3PL}{EA}$

□□□ 기 98,25②

19 그림과 같은 구조물이 평형이 되도록 한다면 A점에 필요한 하중 P의 크기는?

① 15kN
② 25kN
③ 30kN
④ 35kN

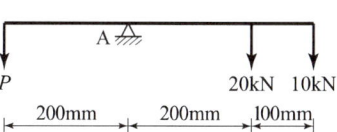

A점을 중심으로 좌우의 모멘트를 구하면
$P \times 200 = 20 \times 200 + 10 \times (200+100)$
$\therefore P = \dfrac{20 \times 200 + 10 \times 300}{200} = 35\text{kN}$

□□□ 기 22①,25②

20 그림과 같은 구조에서 절댓값이 최대로 되는 휨모멘트의 값은?

① 80kN·m
② 50kN·m
③ 40kN·m
④ 30kN·m

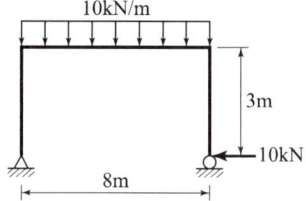

$\sum M_A = 0 : V_B \times 8 - 10 \times 8 \times \dfrac{8}{2} = 0$

$\therefore V_B = 40\text{kN}(\uparrow)$

• 우측으로부터 전단력 $S_x = 0$인 곳이 최대휨모멘트가 발생

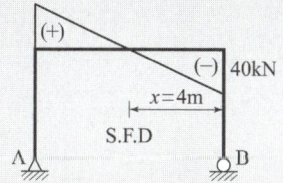

$S_{우측} = -40 + 10x = 0$
$\therefore x = 4\text{m}$ (중앙점에서 최대휨모멘트 발생)

• 최대휨모멘트
$M_{\max} = 40 \times 4 - 10 \times 4 \times \dfrac{4}{2} - 10 \times 3 = 50\text{kN} \cdot \text{m}$

제2과목 : 측량학

□□□ 기 84,08,10,15①,25②

21 트래버스 ABCD에서 각 측선에 대한 위거와 경거 값이 아래 표와 같을 때, 측선 BC의 배횡거는?

측선	위거(m)	경거(m)
AB	+75.39	+81.57
BC	-33.57	+18.78
CD	-61.43	-45.60
DA	+44.61	-52.65

① 81.57m
② 155.10m
③ 163.14m
④ 181.92m

측선	경거(m)	배횡거(m)
AB	+81.57	81.57
BC	+18.78	81.57+81.57+18.78 = 181.92

Remember

• 제1측선의 배횡거 = 그 측선의 경거
• 제2측선 이하의 배횡거 = 하나 앞 측선의 배횡거+하나 앞 측선의 경거+그 측선의 경거
• 마지막 측선의 배횡거 = 그 측선의 경거에 부호는 반대

□□□ 기 99,04,05,18②,25②

22 하천측량에 대한 설명으로 틀린 것은?

① 제방중심선 및 종단측량은 레벨을 사용하여 직접수준측량 방식으로 실시한다.
② 심천측량은 하천의 수심 및 유수부분의 하저상황을 조사하고 횡단면도를 제작하는 측량이다.
③ 하천의 수위경계선인 수애선은 평균수위를 기준으로 한다.
④ 수위 관측은 지천의 합류점이나 분류점 등 수위 변화가 생기지 않는 곳을 선택한다.

수애선
수면과 하애와의 경계선으로 하천 수위의 변화에 따라 다르며 평수위에 의하여 결정된다.

□□□ 기 99,06,09,00,12,14①,17①,19①②③,22①,25②

23 수준점 A, B, C에서 P점까지 수준측량을 한 결과가 표와 같다. 관측거리에 대한 경중률을 고려한 P점의 표고는?

측량경로	거리	P점의 표고
A→P	1km	135.487m
B→P	2km	135.563m
C→P	3km	135.603m

① 135.529m ② 135.551m
③ 135.563m ④ 135.570m

- 직접수준측량의 경중률은 노선거리에 반비례
$$P_A : P_B : P_C = \frac{1}{1} : \frac{1}{2} : \frac{1}{3} = 6 : 3 : 2$$
- P점의 표고
$$H_P = \frac{P_A H_A + P_B H_B + P_C H_C}{P_A + P_B + P_C}$$
$$= 135 + \frac{0.487 \times 6 + 0.563 \times 3 + 0.603 \times 2}{6+3+2}$$
$$= 135.529m$$

□□□ 기 13①,19③,25②

24 고속도로 공사에서 각 측점의 단면적이 표와 같을 때, 측점 10에서 측점 12까지의 토량은? (단, 양단면평균법에 의해 계산한다.)

측점	단면적(m²)	비고
NO.10	318	측점 간의 거리 $= 20m$
NO.11	512	
NO.12	682	

① 15120m³ ② 20160m³
③ 20240m³ ④ 30240m³

양단면법 $V = \frac{A_1 + A_2}{2} \times L$

- $V_1 = \frac{318+512}{2} \times 20 = 8300m^3$
- $V_2 = \frac{512+682}{2} \times 20 = 11940m^3$
- $\therefore V = V_1 + V_2 = 8300 + 11940 = 20240m^3$

□□□ 기 81,86,15,17①,19①,22③,25②

25 완화곡선에 대한 설명으로 옳지 않은 것은?

① 곡선반지름은 완화곡선의 시점에서 무한대, 종점에서 원곡선의 반지름으로 된다.
② 완화곡선의 접선은 시점에서 직선에, 종점에서 원호에 접한다.
③ 완화곡선에 연한 곡선반지름의 감소율은 캔트의 증가율의 2배가 된다.
④ 완화곡선 종점의 캔트는 원곡선의 캔트와 같다.

완화곡선에 연한 곡선반지름의 감소율은 캔트(cant)의 증가율과 같다.

□□□ 기 10,18③,25②

26 측량성과표에 측점 A의 진북 방향각은 0°6′17″이고, 측점 A에서 측점 B에 대한 평균 방향각은 263°38′26″로 되어 있을 때에 측점 A에서 측점 B에 대한 역방위각은?

① 83°32′09″ ② 83°44′43″
③ 263°32′09″ ④ 263°44′43″

- 방위각 : 진북 방향과 측선과 이루는 각
- 방위각과 역방위각은 180° 차가 난다.
- AB 방위각 = 방향각 − 진북 방향각
  $= 263°38′26″ − 0°06′17″ = 263°32′09″$
- BA 방위각 $= 263°32′09″ + 180°$
  $= 443°32′09″ − 360°$
  $= 83°32′09″$

□□□ 기 82,86,93,96,00,05,12,13,19②,25②

27 표고 또는 수심을 숫자로 기입하는 방법으로 하천이나 항만 등에서 수심을 표시하는데 주로 사용되는 방법은?

① 영선법 ② 채색법
③ 음영법 ④ 점고법

점고법
하천, 항만, 해양 등에서 심천측량을 한 측점에 숫자를 기입하여 높이를 표시하는 방법

정답 23 ① 24 ③ 25 ③ 26 ① 27 ④

□□□ 기 11①,17①,22②,25②

28 노선 설치 방법 중 좌표법에 의한 설치방법에 대한 설명으로 틀린 것은?

① 토털스테이션, GPS 등과 같은 장비를 이용하여 측점을 위치시킬 수 있다.
② 좌표법에 의한 노선의 설치는 다른 방법보다 지형의 굴곡이나 시통 등의 문제가 적다.
③ 좌표법은 평면곡선 및 종단곡선의 설치요소를 동시에 위치시킬 수 있다.
④ 평면적인 위치의 측설을 수행하고 지형표고를 관측하여 종단면도를 작성할 수 있다.

좌표법에 의한 설치방법
• 좌표법에 의해 노선을 설치하는 경우 곡선의 시점, 종점 및 교점 등과 같은 곡선의 요소들을 입력하여야 한다.
• 좌표법은 평면곡선 및 종단곡선의 설치요소를 동시에 위치시킬 수가 없다.
• 평면적인 위치의 측설을 수행하고 지형표고를 관측하여 종단면도를 작성할 수 있다.
• 좌표법에 의한 노선의 설치는 다른 방법보다 지형의 굴곡이나 시통 등의 문제가 적다.

□□□ 기 93,04,15②,25②

29 기선 $D=30m$, 수평각 $\alpha=80°$, $\beta=70°$, 연직각 $V=40°$를 관측하였다면 높이 H는? (단, A, B, C점은 동일평면임.)

① 31.54m
② 32.42m
③ 47.31m
④ 55.32m

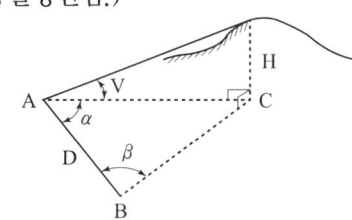

• $\dfrac{\overline{AB}}{\sin\angle 180°-(\alpha+\beta)}=\dfrac{\overline{AC}}{\sin\angle\beta}$ 에서

$\dfrac{30}{\sin\angle\{180°-(80°+70°)\}}=\dfrac{\overline{AC}}{\sin 70°}$

• $\overline{AC}=\dfrac{30}{\sin 30°}\times\sin 70°=56.38m$

∴ $H=\overline{AC}\tan V=56.38\tan 40°=47.31m$

$\left(∵ \tan V=\dfrac{H}{\overline{AC}}\right)$

□□□ 기 10,15①,25②

30 수준측량에서 수준 노선의 거리와 무게(경중률)의 관계로 옳은 것은?

① 노선거리에 비례한다.
② 노선거리에 반비례한다.
③ 노선거리의 제곱근에 비례한다.
④ 노선거리의 제곱근에 반비례한다.

경중률은 노선거리에 반비례한다.

□□□ 기 98,02,07,12,15①,25②

31 지성선에 관한 설명으로 옳지 않은 것은?

① 지성선은 지표면이 다수의 평면으로 구성되었다고 할 때 평면간 접합부, 즉 접선을 말하며 지세선이라고도 한다.
② 철(凸)선을 능선 또는 분수선이라 한다.
③ 경사변환선이란 동일 방향의 경사면에서 경사의 크기가 다른 두 면의 접합선이다.
④ 요(凹)선은 지표의 경사가 최대로 되는 방향을 표시한 선으로 유하선이라고 한다.

• 계곡선(凹선) : 지표면이 낮거나 움푹 패인 점을 연결한 선이다.
• 최대경사선 : 경사 지표의 임의의 1점에서 최대가 되는 방향으로 나타내는 선으로 유하선이라고도 한다.

□□□ 기 16②,25②

32 GPS 구성부문 중 위성의 신호상태를 점검하고, 궤도위치에 대한 정보를 모니터링하는 임무를 수행하는 부문은?

① 우주부문
② 제어부문
③ 사용자부문
④ 개발부문

제어부분
• GPS 측량에서는 위성의 전파를 수신하기만 하면, 최신 정보에 의한 정확한 위성궤도의 정보를 얻을 수 있게 되어 있다.
• 위성의 신호상태를 점검하고, 궤도위치에 대한 정보를 모니터링하는 임무를 수행하는 부문

정답 28 ③ 29 ③ 30 ② 31 ④ 32 ②

33 그림과 같은 터널 내 수준측량의 관측결과에서 A점의 지반고가 20.32m일 때 C점의 지반고는? (단, 관측값의 단위는 m이다.)

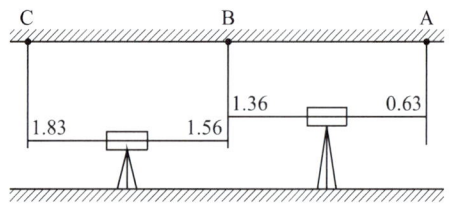

① 21.32m ② 21.49m
③ 16.32m ④ 16.49m

측점	후시	전시	기계고	지반고
A	−0.63		19.69	20.32
B	−1.56	−1.36	19.49	21.05
C		−1.83		21.32

- 기계고(I.H)=지반고+후시(B.S)
- 지반고(G.H)=기계고−전시(F.S)
- 측점 A 기계고 : 20.32+(−0.63)=19.69m
- 측점 B 지반고 : 19.69−(−1.36)=21.05m
- 측점 B 기계고 : 21.05+(−1.56)=19.49m
- 측점 C 지반고 : 19.49−(−1.83)=21.32m
  ∵ 터널측량에서 표척의 읽음값은 (−)이다.

34 어느 각을 관측한 결과가 다음과 같을 때, 최확값은? (단, 괄호 안의 숫자는 경중률)

| 73°40′12″(2), 73°40′10″(1) |
| 73°40′15″(3), 73°40′18″(1) |
| 73°40′09″(1), 73°40′16″(2) |
| 73°40′14″(4), 73°40′13″(3) |

① 73°40′10.2″ ② 73°40′11.6″
③ 73°40′13.7″ ④ 73°40′15.1″

관측 회수를 달리하였을 경우의 최확값 경중률은 관측회수에 비례한다.
∴ $\mu = 73°40′ + \dfrac{12″×2+15″×3+09″×1+14″×4+10″×1+18″×1+16″×2+13″×3}{2+3+1+4+1+1+2+3}$
$= 73°40′13.7″$

35 A, B 두 점 간의 거리를 관측하기 위하여 그림과 같이 세 구간으로 나누어 측량하였다. 측선 $\overline{AB}$의 거리는? (단, Ⅰ: 10m±0.01m, Ⅱ: 20m±0.03m, Ⅲ: 30m±0.05m이다.)

① 60m±0.09m ② 30m±0.06m
③ 60m±0.06m ④ 30m±0.09m

$\overline{AB} = L ± M$
- 오차 전파 법칙
$M = ±\sqrt{m_1^2 + m_2^2 + m_3^2}$
$= ±\sqrt{0.01^2 + 0.03^2 + 0.05^2} = ±0.06m$
- $L = 10+20+30 = 60m$
∴ $\overline{AB} = 60m ± 0.06m$

36 평균표고 730m인 지형에서 $\overline{AB}$ 측선의 수평거리를 측정한 결과 5000m이었다면 평균해수면에서의 환산거리는? (단, 지구의 반지름은 6370km)

① 5000.57m ② 5000.66m
③ 4999.34m ④ 4999.43m

$C_h = -\dfrac{D·h}{R} = -\dfrac{5000×730}{6370×10^3} = -0.57m$
∴ $L_o - C_h = 5000 - 0.57 = 4999.43m$

37 2000m의 거리를 50m씩 끊어서 40회 관측하였다. 관측결과 오차가 ±0.14m이었고, 40회 관측의 정밀도가 동일하다면, 50m 거리관측의 오차는?

① ±0.022m ② ±0.019m
③ ±0.016m ④ ±0.013m

우연오차는 측정거리의 제곱근에 비례
오차 $e = ±0.14\dfrac{\sqrt{50}}{\sqrt{2000}} = ±0.022m$

정답 33 ① 34 ③ 35 ③ 36 ④ 37 ①

□□□ 기 80,84,04,25②

38 그림에서 AD, BD 간에 단곡선을 설치 할 때 ∠ADB의 2등분선 상의 C점을 곡선의 중점으로 선택하였을 때 이 곡선의 접선 길이를 구한 값은?
(단, $DC=10.0m$, $I=80°20'$ 이다.)

① 34.05m
② 32.41m
③ 27.35m
④ 15.31m

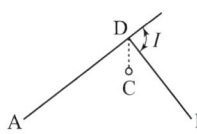

외할(DC) : $E=R\left(\sec\dfrac{I}{2}-1\right)$ 에서

$R=\dfrac{E}{\sec\dfrac{I}{2}-1}=\dfrac{10}{\dfrac{1}{\cos\dfrac{80°20'}{2}}-1}=32.40m$

∴ 접선장 $T.L = R\tan\dfrac{I}{2}$
$=32.40\tan\dfrac{80°20'}{2}=27.35m$

□□□ 기 97,00,07,10,15①,25②

39 100m²인 정사각형 토지의 면적을 0.1m²까지 정확하게 구하고자 한다면 이에 필요한 거리관측의 정확도는?

① 1/2000
② 1/1000
③ 1/500
④ 1/300

$A=a^2$ 에서 미분
• $dA=2a\,da$
∴ $da=\dfrac{dA}{2a}=\dfrac{0.1}{2\times 100}=\dfrac{1}{2000}$

□□□ 기 88,06,12,15,16,20④,25②

40 30m에 대하여 3mm 늘어나 있는 줄자로서 정사각형의 지역을 측정한 결과 80000m²이었다면 실제의 면적은?

① 80016m²
② 80008m²
③ 79984m²
④ 79992m²

$A_0=A\left(1+\dfrac{\Delta l}{l}\right)^2$
$=80000\left(1+\dfrac{0.003}{30}\right)^2=80016\,m^2$

제3과목 : 수리학 및 수문학

□□□ 기 01,07,21①,25②

41 수두차가 10m인 두 저수지를 지름이 30cm, 길이가 300m, 조도계수가 0.013m$^{-1/3}$·s인 주철관으로 연결하여 송수할 때, 관을 흐르는 유량(Q)은? (단, 관의 유입손실계수 $f_e=0.5$, 유출손실계수 $f_c=1.0$이다.)

① 0.02m³/s
② 0.08m³/s
③ 0.17m³/s
④ 0.19m³/s

• $f=\dfrac{124.5n^2}{D^{1/3}}$ (마찰손실계수)
$=\dfrac{124.5\times 0.013^2}{0.3^{1/3}}=0.0314$

• $V=\sqrt{\dfrac{2gh}{f_e+f\dfrac{l}{D}+f_c}}$
$=\sqrt{\dfrac{2\times 9.8\times 10}{0.5+0.0314\times\dfrac{300}{0.3}+1.0}}=2.441\,m/sec$

∴ 유량 $Q=AV=\dfrac{\pi\times 0.3^2}{4}\times 2.441=0.173\,m^3/sec$

□□□ 기 91,97,10,13,25②

42 Chezy의 평균유속공식에서 평균유속계수 C를 Manning의 평균유속공식을 이용하여 표현한 것으로 옳은 것은?

① $\dfrac{R^{1/2}}{n}$
② $\dfrac{R^{1/6}}{n}$
③ $\sqrt{\dfrac{f}{8g}}$
④ $\sqrt{\dfrac{8g}{f}}$

• Chezy : $V=C\sqrt{RI}$
• Manning : $V=\dfrac{1}{n}R^{\frac{2}{3}}I^{\frac{1}{2}}$

∴ $C=\dfrac{V}{\sqrt{RI}}=\dfrac{R^{\frac{2}{3}}I^{\frac{1}{2}}}{n\sqrt{RI}}$
$=\dfrac{R^{\frac{2}{3}}I^{\frac{1}{2}}}{nR^{\frac{1}{2}}I^{\frac{1}{2}}}=\dfrac{R^{\frac{2}{3}}R^{-\frac{1}{2}}}{n}=\dfrac{R^{\frac{1}{6}}}{n}$

□□□ 기 03,13,17④,22①,25②

43 두께 3m인 피압대수층에서 반지름 1m인 우물로 양수한 결과, 수면강하 10m일 때 정상상태로 되었다. 투수계수 0.3m/hr, 영향권 반지름 400m라면 이때의 양수량은?

① $2.6 \times 10^{-3} \text{m}^3/\text{s}$
② $6.0 \times 10^{-3} \text{m}^3/\text{s}$
③ $9.4 \text{m}^3/\text{s}$
④ $21.6 \text{m}^3/\text{s}$

$$Q = \frac{2\pi ck(H-h_o)}{2.3\log\left(\frac{R}{r_o}\right)} = \frac{2 \times \pi \times 3 \times 0.3 \times 10}{2.3\log\left(\frac{400}{1}\right)}$$
$$= 9.4 \text{m}^3/\text{hr} = 9.4 \times \frac{1}{60 \times 60} = 2.61 \times 10^{-3} \text{m}^3/\text{s}$$

□□□ 기 00,10,16②,25②

44 유선(stream line)에 대한 설명으로 옳지 않은 것은?

① 유선에 수직한 방향으로 속도 성분이 존재한다.
② 유선은 어느 순간의 속도 벡터에 접하는 곡선이다.
③ 흐름이 정상류일 때는 유선과 유적선이 일치한다.
④ 유선방정식은 $\frac{dx}{u} = \frac{dy}{v} = \frac{dz}{w}$ 이다.

유선
물 또는 다른 액체가 연속으로 운동할 때 어느 순간에 있어서 물 입자의 운동을 벡터로 나타낼 수 있으며 이 속도 벡터가 접선되는 가상의 곡선을 말한다.

□□□ 기 98,99,04,14,15①,22①,25②

45 비중이 0.9인 목재가 물에 떠 있다. 수면 위에 노출된 체적이 1.0m³이라면 목재 전체의 체적은? (단, 물의 비중은 1.0이다.)

① 1.9m^3
② 2.0m^3
③ 9.0m^3
④ 10.0m^3

Archimedes 원리(목재 전체의 체적 V)
$0.9 \times V = 1.0 \times (V-1)$
$\therefore V = 10 \text{m}^3$

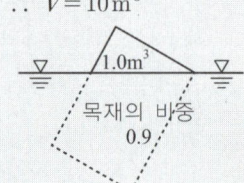

Remember

Archimedes 원리
유체 속에 잠겨 있는 물체는 그 물체에 의해서 배제된 유체의 질량만큼 부력(B)을 받는다.
즉 $W' = W - B = W - w_o V$
여기서, W : 물체의 공기 중의 질량
W' : 수중에서의 질량

□□□ 기 10,16,25②

46 저수지의 물을 방류하는 데 1 : 225로 축소된 모형에서 4분이 소요되었다면, 원형에서의 소요시간은?

① 60분
② 120분
③ 900분
④ 3375분

시간비 $T_r = \frac{T_m}{T_p} = \sqrt{\frac{L_r}{g_r}}$ 에서
$\therefore T_p = \frac{T_m}{\sqrt{\frac{L_r}{g_r}}} = \frac{4}{\sqrt{\frac{1}{225}}} = 60$분

□□□ 기 17④,22③,25②

47 미소진폭파(small-amplitude wave) 이론을 가정할 때, 일정 수심 h의 해역을 전파하는 파장 L, 파고 H, 주기 T의 파랑에 대한 설명 중 틀린 것은?

① h/L이 0.05보다 작을 때, 천해파로 정의한다.
② h/L이 1.0보다 클 때, 심해파로 정의한다.
③ 분산관계식은 L, h 및 T 사이의 관계를 나타낸다.
④ 파랑의 에너지는 H^2에 비례한다.

• 천해파 : 파장의 $\frac{L}{20}$이 수심 h보다 클 때
즉, $\frac{L}{20} > h \Rightarrow \frac{h}{L} < 0.05$
∴ h/L이 0.05보다 작을 때, 천해파로 정의한다.
• 심해파 : 파장의 $\frac{L}{2}$이 수심 h보다 작을 때
즉, $\frac{L}{2} < h \Rightarrow \frac{h}{L} > 0.5$
∴ h/L이 0.50보다 클 때, 심해파로 정의한다.

정답 43 ① 44 ① 45 ④ 46 ① 47 ②

□□□ 기 00,05,17①,25②

48 저수지의 측벽에 폭 20cm, 높이 5cm의 직사각형 오리피스를 설치하여 유량 200L/s를 유출시키려고 할 때 수면으로부터의 오리피스 설치 위치는? (단, 유량계수 $C=0.62$)

① 33m
② 43m
③ 53m
④ 63m

$Q = Ca\sqrt{2gh}$ 에서

$h = \dfrac{Q^2}{2g(C \cdot a)^2} = \dfrac{(200 \times 10^{-3})^2}{2 \times 9.80 \times (0.62 \times 0.20 \times 0.05)^2}$

$= 53\text{m}$

∴ 오리피스의 설치위치 $h = 53\text{m}$

□□□ 기 18②,25②

49 지하수의 투수계수에 관한 설명으로 틀린 것은?

① 같은 종류의 토사라 할지라도 그 간극률에 따라 변한다.
② 흙입자의 구성, 지하수의 점성계수에 따라 변한다.
③ 지하수의 유량을 결정하는 데 사용된다.
④ 지역 특성에 따른 무차원 상수이다.

속도 $V = Ki$

∴ 투수계수(K)는 속도(V)과 같은 차원(cm/sec)이다.

□□□ 기 09,18①,21②,25②

50 레이놀즈(Reynolds)수에 대한 설명으로 옳은 것은?

① 중력에 대한 점성력의 상대적인 크기
② 관성력에 대한 점성력의 상대적인 크기
③ 관성력에 대한 중력의 상대적인 크기
④ 압력에 대한 탄성력의 상대적인 크기

레이놀즈(Reynolds)수
- 관성에 의한 힘과 점성에 의한 힘의 비이다.
- 무차원의 수로 흐름상태를 구분하는 지표가 된다.
- 레이놀즈수에 의해 흐름상태가 층류, 천이영역, 난류로 분류할 수 있다.
- 레이놀즈수 $R_e = \dfrac{VD}{\nu}$ 로서 관성력에 대한 점성력의 상대적인 크기이다.

□□□ 기 94,20④,25②

51 수리학적으로 유리한 단면에 관한 내용으로 옳지 않은 것은?

① 동수반경을 최대로 하는 단면이다.
② 구형에서는 수심이 폭의 반과 같다.
③ 사다리꼴에서는 동수반경이 수심의 반과 같다.
④ 수리학적으로 가장 유리한 단면의 형태는 이등변직각삼각형이다.

수리학적으로 유리한 단면
- 윤변(S)이 최소이거나 동수반경(경심 : R)이 최대인 단면
- 동일 단면에 최대 유량이 흐를 수 있는 단면
- 반원에 외접한 단면
- 구형 : $B = 2h$, $R = \dfrac{h}{2}$
- 사다리꼴 : $R = \dfrac{h}{2}$

□□□ 기 14①,25②

52 개수로 흐름에 대한 Manning 공식의 조도계수값의 결정요소로 가장 거리가 먼 것은?

① 동수경사
② 하상물질
③ 하도 형상 및 선형
④ 식생

Manning의 평균유속 공식 $V = \dfrac{1}{n} R^{2/3} I^{1/2}$
- 조도계수 n에는 하도의 형상과 선형, 하상의 물질, 곡류, 식생 등에 의한 저항도 포함되어 있다.
- I는 수면경사이다.

□□□ 기 98,11,13,17②,25②

53 삼각위어에서 수두를 H라 할 때 위어를 통해 흐르는 유량 Q와 비례하는 것은?

① $H^{-1/2}$
② $H^{1/2}$
③ $H^{3/2}$
④ $H^{5/2}$

유량 $Q = \dfrac{8}{15} C \tan\dfrac{\theta}{2} \sqrt{2g}\, H^{5/2}$

∴ 유량 Q는 수심 H의 5/2승에 비례한다.

□□□ 기 06,22③,25②

54 그림과 같이 수면에서 5m 깊이에 연직으로 놓여 있는 전수압이 7000kN이다. 이 판의 폭은? (단, 물의 단위중량은 9.81kN/m³이다.)

① 7m
② 8m
③ 9m
④ 10m

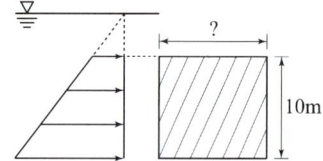

$P = wh_G A$ 에서
$7000 = 9.81 \times \left(5 + \dfrac{10}{2}\right) \times (b \times 10)$
∴ 폭 $b = 7m$

참고 SOLVE 사용

□□□ 기 14②,25②

55 다음 중 증발량 산정방법이 아닌 것은?

① 에너지수지(energy budget) 방법
② 물수지(water budget) 방법
③ IDF 곡선방법
④ Penman 방법

증발량 산정방법
• 물수지(water budget) 방정식에 의한 방법
• 에너지수지(energy budget) 방법
• 공기동역학법칙에 의한 방법
• 경험공식에 의한 방법
• Penman 이론방법

□□□ 기 82,97,11,15②,25②

56 보기의 가정 중 방정식 $\Sigma F_x = \rho Q(v_2 - v_1)$에서 성립되는 가정으로 옳은 것은?

(1) 유속은 단면내에서 일정하다.
(2) 흐름은 정류(定流)이다.
(3) 흐름은 등류(等流)이다.
(4) 유체는 압축성이며 비점성 유체이다.

① (1), (2)
② (1), (4)
③ (2), (4)
④ (3), (4)

• 흐름은 정상류(Steady Flow)이다.
• 유체는 비압축성이다.
• 마찰이 있는 유체이다.
• 정상류에서 유관의 모든 단면을 지나는 질량 유량은 항상 일정하다.

□□□ 기 15②,19①,20④,25②

57 유출(run off)에 대한 설명으로 옳지 않은 것은?

① 비가 오기 전의 유출을 기저유출이라 한다.
② 우량은 별도의 손실 없이 그 전량이 하천으로 유출된다.
③ 일정기간에 하천으로 유출되는 수량의 합을 유출량(流出量)이라 한다.
④ 유출량과 그 기간의 강수량과의 비(比)를 유출계수 또는 유출률(流出率)이라 한다.

유출(流出)
• 강수의 일부분이 지표상의 각종 수로에 도달하여 하천수를 형성하는 현상을 말한다.
• 유출현상을 양적으로 표시하기 위한 수단을 유출률 또는 유량이라 한다.
• 비가 오기 전의 건조 시 유출을 기저유출이라 한다.
• 기저유출은 지하수 유출과 지면 지표하 유출에 의해 형성된다.
• 유출계수 = $\dfrac{\text{하천유량}}{\text{강수량}}$

□□□ 기 05,13,25②

58 수심에 대한 측정오차(%)가 같을 때 사각형위어 : 삼각형위어 : 오리피스의 유량오차(%) 비는?

① 2 : 1 : 3
② 1 : 3 : 5
③ 2 : 3 : 5
④ 3 : 5 : 1

수심에 대한 측정오차
• 사각형 위어 $\dfrac{dQ}{Q} = \dfrac{3}{2}\dfrac{dh}{h}$
• 삼각형 위어 $\dfrac{dQ}{Q} = \dfrac{5}{2}\dfrac{dh}{h}$
• 오리피스 $\dfrac{dQ}{Q} = \dfrac{1}{2}\dfrac{dh}{h}$
∴ 사각형 위어 : 삼각형 위어 : 오리피스 = 3 : 5 : 1

□□□ 기 92,98,03,05,06,13,14,25②

59 폭 10m인 직사각형 단면수로에서 유량 16m³/sec가 수심 80cm로 흐를 때 비에너지는? (단, 에너지 보정계수 $\alpha = 1.1$)

① 0.82m
② 1.02m
③ 1.52m
④ 2.02m

$$H_e = h + \alpha \frac{v^2}{2g}$$
- $h = 80\,cm = 0.80\,m$
- $v = \dfrac{Q}{A} = \dfrac{16}{10 \times 0.80} = 2\,m/sec$

$$\therefore H_e = 0.80 + 1.1 \times \frac{2^2}{2 \times 9.8} = 1.02\,m$$

□□□ 기 01,03,16①,25②

60 합성 단위유량도의 모양을 결정하는 인자가 아닌 것은?

① 기저시간
② 첨두유량
③ 지체시간
④ 강우강도

합성 단위유량도의 모양을 결정하는 인자
- 단위도의 기저시간
- 첨두유량(peak flow)
- 유역의 지체시간

제4과목 : 철근콘크리트 및 강구조

□□□ 기 21③,25②

61 강도설계법에 의한 콘크리트구조 설계에서 변형률 및 지배단면에 대한 설명으로 틀린 것은?

① 인장철근의 설계기준항복강도 f_y에 대응하는 변형률에 도달하고 동시에 압축콘크리트가 가정된 극한변형률에 도달할 때, 그 단면이 균형변형률 상태에 있다고 본다.
② 압축연단 콘크리트가 가정된 극한변형률에 도달할 때 최외단 인장철근의 순인장변형률에 도달할 때 최외단 인장철근의 순인장변형률 ϵ_t가 0.0025의 인장지배변형률 한계 이상인 단면을 인장지배단면이라고 한다.
③ 압축연단 콘크리트가 가정된 극한변형률에 도달할 때 최외단 인장철근의 순인장변형률 ϵ_t가 압축지배변형률 한계 이하인 단면을 압축지배단면이라고 한다.
④ 순인장변형률 ϵ_t가 압축지배변형률 한계와 인장지배변형률 한계 사이인 단면은 변화구간 단면이라고 한다.

압축연단 콘크리트가 가정된 극한변형률에 도달할 때 최외단 인장철근의 순인장변형률에 도달할 때 최외단 인장철근의 순인장변형률 ϵ_t가 0.005의 인장지배변형률 한계 이상인 단면을 인장지배단면이라고 한다.

□□□ 기 02,16④,25②

62 압축 이형철근의 겹침이음길이에 대한 다음 설명으로 틀린 것은? (단, d_b는 철근의 공칭지름)

① 겹침이음길이는 300mm 이상이어야 한다.
② 철근의 항복강도(f_y)가 400MPa 이하인 경우의 겹침이음길이는 $0.072f_y d_b$ 보다 길 필요가 없다.
③ 서로 다른 크기의 철근을 압축부에서 겹침이음하는 경우, 이음길이는 크기가 큰 철근의 정착길이와 크기가 작은 철근의 겹침이음길이 중 큰 값 이상이어야 한다.
④ 압축철근의 겹침이음길이는 인장철근의 겹침이음길이보다 길어야 한다.

인장철근의 겹침이음 길이는 압축철근의 겹침이음 길이보다 길게하여야 한다.

☐☐☐ 기 09,11,14,17①,18①,25②

63 $M_u = 200\text{kN}\cdot\text{m}$의 계수모멘트가 작용하는 단철근 직사각형보에서 필요한 철근량(A_s)은 약 얼마인가? (단, $b=300\text{mm}$, $d=500\text{mm}$, $f_{ck}=28\text{MPa}$, $f_y=400\text{MPa}$, $\phi=0.85$이다.)

① 1072.7mm²
② 1266.3mm²
③ 1524.6mm²
④ 1785.4mm²

- $A_s = \dfrac{M_u}{\phi f_y\left(d-\dfrac{a}{2}\right)}$, $a = \dfrac{A_s f_y}{\eta(0.85 f_{ck})b}$

- $A_s = \dfrac{M_u}{\phi f_y\left(d-\dfrac{1}{2}\dfrac{A_s f_y}{\eta(0.85 f_{ck})b}\right)}$

$A_s = \dfrac{200\times 10^6}{0.85\times 400\left(500-\dfrac{1}{2}\times\dfrac{A_s\times 400}{1\times 0.85\times 28\times 300}\right)}$

- [계산기 f_x570 ES] SOLVE 사용법
먼저 ALPHA ☞ X ☞ ALPHA ☞ SOLVE = ☞
$\dfrac{200\times 10^6}{0.85\times 400\times\left(500-\dfrac{1}{2}\times\dfrac{\text{ALPHA }X\times 400}{1\times 0.85\times 28\times 300}\right)}$
SHIFT ☞ SOLVE ☞ = ☞ 잠시 기다리면
$X=1266.30$ ∴ $A_s = 1266.3\text{mm}^2$

☐☐☐ 기 08,12,15,19③,25②

64 옹벽의 구조해석에 대한 설명으로 틀린 것은? (단, 기타 콘크리트구조 설계기준에 따른다.)

① 부벽식 옹벽의 전면벽은 2변 지지된 1방향 슬래브로 설계하여야 한다.
② 뒷부벽은 T형보로 설계하여야 하며, 앞부벽은 직사각형보로 설계하여야 한다.
③ 저판의 뒷굽판은 정확한 방법이 사용되지 않는 한, 뒷굽판 상부에 재하되는 모든 하중을 지지하도록 설계하여야 한다.
④ 캔틸레버식 옹벽의 저판은 전면벽과의 접합부를 고정단으로 간주한 캔틸레버로 가정하여 단면을 설계할 수 있다.

부벽식 옹벽의 추가철근은 3변 지지된 2방향 슬래브로 설계하여야 한다.

☐☐☐ 기 01,07,12①,17②,22②,25②

65 그림과 같은 L형강에서 인장응력 검토를 위한 순폭 계산에 대한 설명으로 틀린 것은?

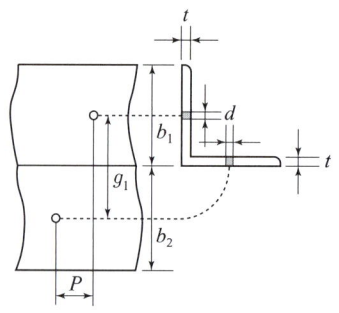

① 전개된 총폭(b) $= b_1 + b_2 - t$이다.
② 리벳선 간 거리(g) $= g_1 - t$이다.
③ $\dfrac{p^2}{4g} \geq d$인 경우 순폭(b_n) $= b - d$이다.
④ $\dfrac{p^2}{4g} < d$인 경우 순폭(b_n) $= b - d - \dfrac{p^2}{4g}$이다.

- $\dfrac{p^2}{4g} < d$
순폭 : $b_n = b - d - w = b - d - \left(d - \dfrac{p^2}{4g}\right)$
$= b - 2d + \dfrac{p^2}{4g}$

- $\dfrac{p^2}{4g} \geq d$인 경우
순폭 : $b_n = b - d$

☐☐☐ 기 94,07,10,13,17①,25②

66 플레이트 보(plate girder)의 경제적인 높이는 다음 중 어느 것에 의해 구해지는가?

① 전단력
② 지압력
③ 휨모멘트
④ 비틀림모멘트

- 판형의 높이 $h = 1.1\sqrt{\dfrac{M}{f_a\cdot t}}$
  M : 최대휨모멘트
  f_a : 허용휨응력
  t : 복부판의 두께
- 경제적인 판형의 높이는 휨모멘트 M이 주어졌을 때 강재의 중량이 최소가 된다고 하는 조건이다.

정답 63 ② 64 ① 65 ④ 66 ③

□□□ 기 17①,18③,22①,25②

67 지간이 4m이고 단순지지된 1방향 슬래브에서 처짐을 계산하지 않는 경우 슬래브의 최소두께로 옳은 것은? (단, 보통중량 콘크리트를 사용하고, $f_{ck}=28$MPa, $f_y=400$MPa인 경우)

① 100mm ② 150mm
③ 200mm ④ 250mm

단순지지된 1방향 슬래브의 최소두께
$$h=\frac{l}{20}=\frac{4000}{20}=200\,mm$$

Remember

처짐을 계산하지 않는 경우의 최소두께

부재	단순지지	1단연속	양단연속	캔틸레버
1방향슬래브	$\frac{l}{20}$	$\frac{l}{24}$	$\frac{l}{28}$	$\frac{l}{10}$
보 또는 리브가 있는 1방향 슬래브	$\frac{l}{16}$	$\frac{l}{18.5}$	$\frac{l}{21}$	$\frac{l}{8}$

$f_y=400$MPa 이외인 경우는 계산된 h값에 $\left(0.43+\dfrac{f_y}{700}\right)$을 곱한다.

□□□ 기 91,11,16①,25②

68 사용 고정하중(D)과 활하중(L)을 작용시켜서 단면에서 구한 휨모멘트는 각각 $M_D=30$kN·m, $M_L=3$ kN·m이었다. 주어진 단면에 대해서 현행 콘크리트 구조설계기준에 따라 최대소요강도를 구하면?

① 30kN·m ② 40.8kN·m
③ 42kN·m ④ 48.2kN·m

$M_u=1.2M_D+1.6M_L$와
$M_u=1.4M_D$ 두 값 중 큰 값
• $M_u=1.2\times30+1.6\times3=40.8\,kN\cdot m$
• $M_u=1.4\times30=42\,kN\cdot m$
∴ $M_u=42\,kN\cdot m$

□□□ 기 11,12,14,15②,17①,19②,22②,24②,25②

69 폭이 300mm, 유효깊이가 500mm인 단철근 직사각형보 단면에서 $f_{ck}=35$MPa, $f_y=350$MPa일 때, 강도설계법으로 구한 균형철근량은 약 얼마인가?

① 5285mm² ② 5890mm²
③ 6600mm² ④ 7235mm²

철근량 $A_s=\rho_b bd$
• $f_{ck}=35\,MPa\leq 40\,MPa$
  $\eta=1.0,\ \beta_1=0.80$
• $\rho_b=\dfrac{\eta(0.85f_{ck})\beta_1}{f_y}\cdot\dfrac{660}{660+f_y}$
  $=\dfrac{1\times0.85\times35\times0.80}{350}\times\dfrac{660}{660+350}=0.044$
∴ $A_s=0.044\times300\times500$
$=6600\,mm^2$

□□□ 기 01,03,04,05,08,11,12,17②,25②

70 강도설계법에서 그림과 같은 T형보의 응력 사각형 블록의 깊이(a)는 얼마인가? (단, $A_s=14-D25=7094\,mm^2$, $f_{ck}=21$MPa, $f_y=300$MPa)

① 120mm
② 130mm
③ 140mm
④ 150mm

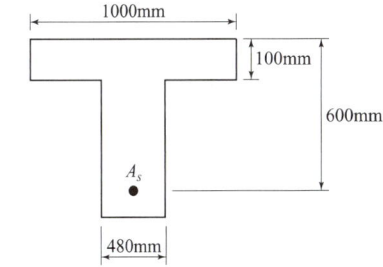

■ T형보의 판별
• $a=\dfrac{A_s f_y}{\eta(0.85f_{ck})b}=\dfrac{7094\times300}{0.85\times21\times1000}$
  $=119\,mm>t-100\,mm$
∴ T형보
■ 등가깊이(a) 산정
• $A_{sf}=\dfrac{\eta(0.85f_{ck})(b-b_w)t}{f_y}$
  $=\dfrac{1\times0.85\times21(1000-480)\times100}{300}=3094\,mm^2$
• $a=\dfrac{(A_s-A_{sf})f_y}{\eta(0.85f_{ck})b_w}=\dfrac{(7094-3094)\times300}{1\times0.85\times21\times480}$
  $=140\,mm$

□□□ 기 96,00,02,03,11,13,14,17①,21①,25②

71 단철근 직사각형보의 폭이 300mm, 유효깊이가 500mm, 높이가 600mm일 때, 외력에 의해 단면에서 휨균열을 일으키는 휨모멘트(M_{cr})는? (단, $f_{ck}=$ 28MPa, 보통중량콘크리트이다.)

① 58kN·m ② 60kN·m
③ 62kN·m ④ 64kN·m

[방법1] 균열모멘트 $M_{cr} = \dfrac{f_r}{y_t} I_g$

• $f_r = 0.63\lambda\sqrt{f_{ck}} = 0.63 \times 1 \times \sqrt{28} = 3.33\,\text{MPa}$
• $I_g = \dfrac{bh^3}{12} = \dfrac{300 \times 600^3}{12} = 54 \times 10^8\,\text{mm}^4$

∴ $M_{cr} = \dfrac{3.33}{\frac{600}{2}} \times 54 \times 10^8$

$= 59940000\,\text{N·mm} = 60.0\,\text{kN·m}$

[방법2] $M_{cr} = \dfrac{f_r}{y_t} I_g = \dfrac{f_r}{\frac{h}{2}} \times \dfrac{bh^3}{12} = f_r \dfrac{bh^2}{6}$

$= 3.33 \times \dfrac{300 \times 600^2}{6}$

$= 59940000\,\text{N·mm} = 60.0\,\text{kN·m}$

□□□ 기 04,08,10,13,14,18②,25②

72 복철근으로 설계해야 할 경우를 설명한 것으로 잘못된 것은?

① 단면이 넓어서 철근을 고루 분산시키기 위해
② 정, 부 모멘트를 교대로 받는 경우
③ 크리프에 의해 발생하는 장기처짐을 최소화하기 위해
④ 보의 높이가 제한되어 철근의 증가로 휨강도를 증가시키기 위해

복철근으로 설계하는 이유
• 연성을 증대시키기 위한 경우
• 철근의 조립을 쉽게 하기 위한 경우
• 지속하중에 의한 처짐을 최소화하기 위한 경우
• 정(+), 부(−) 모멘트가 한 단면에서 반복되는 경우
• 보의 높이가 제한되어 단철근 단면으로는 설계모멘트를 견딜 수 없는 경우

□□□ 기 07,11,15,16,25②

73 프리스트레스트 콘크리트의 원리를 설명할 수 있는 기본개념으로 옳지 않은 것은?

① 균등질보의 개념 ② 내력모멘트의 개념
③ 하중평형의 개념 ④ 변형도 개념

PSC 기본개념
• 응력 개념(균등질보의 개념)
• 강도 개념(내력모멘트 개념)
• 하중 평형개념(등가하중 개념)

□□□ 기 05,17①,25②

74 철근콘크리트 휨부재에서 최소철근비를 규정한 이유로 가장 적당한 것은?

① 부재의 경제적인 단면 설계를 위해서
② 부재의 사용성을 증진시키기 위해서
③ 부재의 시공 편의를 위해서
④ 부재의 급작스런 파괴를 방지하기 위해서

최소철근비를 규정하는 이유는 인장측의 철근이 먼저 항복한 다음 압축측 콘크리트가 극한상태에 도달하여 연성파괴로 유도하기 위해서이다.

□□□ 기 01,05,06,07,08,11,16,17②,25②

75 $A_g = 180000\,\text{mm}^2$, $f_{ck}=24\,\text{MPa}$, $f_y=350\,\text{MPa}$이고, 종방향 철근의 전체 단면적(A_{st})=4500mm²인 나선철근기둥(단주)의 공칭축강도(P_n)는?

① 2987.7kN ② 3067.4kN
③ 3873.2kN ④ 4381.9kN

$P_n = 0.85(0.85 f_{ck} A_c + f_y A_{st})$
$= 0.85[0.85 f_{ck}(A_g - A_{st}) + f_y A_{st}]$
$= 0.85[0.85 \times 24(180000 - 4500) + 350 \times 4500]$
$= 4381920\,\text{N}$
$= 4381.9\,\text{kN}$

분류	보정계수 α	강도감소계수 ϕ
나선철근	0.85	0.70
띠철근	0.80	0.65

정답 71 ② 72 ① 73 ④ 74 ④ 75 ④

□□□ 기 17④,25②

76 이형철근의 정착길이에 대한 설명으로 틀린 것은? (단, d_b : 철근의 공칭지름)

① 표준갈고리가 있는 인장이형철근 : $10d_b$ 이상, 또한 200mm 이상
② 인장 이형철근 : 300mm 이상
③ 압축 이형철근 : 200mm 이상
④ 확대머리 인장 이형철근 : $8d_b$ 이상 또한 150mm 이상

표준갈고리를 갖는 인장 이형철근의 정착
- 정착길이 $l_{hb} = \dfrac{0.24\beta d_b f_y}{\lambda\sqrt{f_{ck}}}$
- 정착길이 조건 : $8d_b$ 이상 및 150mm 이상

Remember

정착방법에 따른 기본정착길이

정착 종류	기본정착길이	정착길이 조건
인장 이형철근의 정착	$l_{db} = \dfrac{0.6d_b f_y}{\lambda\sqrt{f_{ck}}}$	300mm 이상
압축 이형철근의 정착	$l_{db} = \dfrac{0.25d_b f_y}{\lambda\sqrt{f_{ck}}}$	200mm 이상 및 $0.043\,d_b f_y$ 이상
표준갈고리를 갖는 인장 이형철근의 정착	$l_{hb} = \dfrac{0.24\beta d_b f_y}{\lambda\sqrt{f_{ck}}}$	$8d_b$ 이상 및 150mm 이상
확대머리 이형철근의 정착	$l_{ht} = 0.22\dfrac{\beta f_y d_b}{\psi\sqrt{f_{ck}}}$	• 순피복두께는 $1.35d_b$ 이상 • 철근 순간격은 $2d_b$ 이상

□□□ 기 03,10,16①,19③,25②

77 철골 압축재의 좌굴안정성에 대한 설명으로 틀린 것은?

① 좌굴길이가 길수록 유리하다.
② 힌지지지보다 고정지지가 유리하다.
③ 단면2차모멘트 값이 클수록 유리하다.
④ 단면2차반지름이 클수록 유리하다.

세장비 $\lambda = \dfrac{kl}{r}$: 세장비가 작을수록 안정한다.
즉, 좌굴길이(l)가 짧을수록 유리하다.

□□□ 기 09,11,16,19②,25②

78 아래 그림과 같은 두께 12mm 평판의 순단면적을 구하면? (단, 구멍의 직경은 23mm이다.)

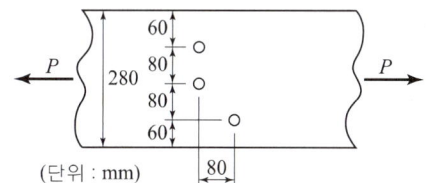

① 2310mm^2
② 2340mm^2
③ 2772mm^2
④ 2928mm^2

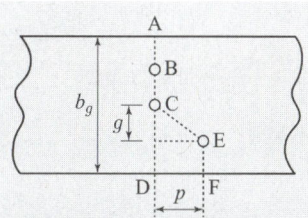

- 순단면적 $A_n = b_n t$
- 지그재그형 배열 순폭
- 순폭(b_n) : 두 값 중 작은 값
- ABCD단면 $b_n = b_g - 2d = 280 - 2 \times 23 = 234\text{mm}$
- ABCEF단면 $b_n = b_g - 2d - \left(d - \dfrac{p^2}{4g}\right)$

$$= 280 - 2 \times 23 - \left(23 - \dfrac{80^2}{4 \times 80}\right)$$

$$= 231\text{mm}$$

∴ $A_n = b_n t = 231 \times 12 = 2772\text{mm}^2$

□□□ 기 92,93,96,97,99,05,13,16②,25②

79 직사각형 단면(300mm×400mm)인 프리텐션 부재에 550mm²의 단면적을 가진 PS강선을 콘크리트 단면 도심에 일치하도록 배치하였다. 이때 1350MPa의 인장응력이 되도록 긴장한 후 콘크리트에 프리스트레스를 도입한 경우 도입직후 생기는 PS강선의 응력은? (단, $n=6$, 단면적은 총단면적 사용)

① 371MPa
② 398MPa
③ 1313MPa
④ 1321MPa

$$f_{pe} = f_p - \Delta f_{pe} = f_p - n\dfrac{P}{A}$$

$$= 1350 - 6 \times \dfrac{1350 \times 550}{300 \times 400} = 1313\text{MPa}$$

기 00,04,06,08,09,10,13,14,15①,17②,25②

80 계수전단력 $V_u = 75kN$에 대하여 규정에 의한 최소 전단철근을 배근하여야 하는 직사각형 철근콘크리트 보가 있다. 이 보의 폭이 300mm일 경우 유효깊이(d)의 최소값은? (단, $f_{ck} = 24MPa$, $f_y = 350MPa$)

① 375mm ② 387mm
③ 394mm ④ 409mm

전단철근이 있는 경우
계수전단력 $V_u = \phi V_c = \phi \frac{1}{6} \lambda \sqrt{f_{ck}} b_w d$ 에서

$$\therefore d = \frac{6V_u}{\phi \lambda \sqrt{f_{ck}} b_w}$$

$$= \frac{6 \times 75 \times 10^3}{0.75 \times 1 \times \sqrt{24} \times 300} = 408.25 mm$$

(∵ 전단력과 비틀림모멘트 $\phi = 0.75$)

제5과목 : 토질 및 기초

기 82,00,04,13④,25②

81 함수비 15%인 흙 2300g이 있다. 이 흙의 함수비를 25%로 증가시키려면 얼마의 물을 가해야 하는가?

① 200g ② 230g
③ 345g ④ 575g

• 함수비 15%일 때, 물의 양 W_w
$$W_w = \frac{wW}{100+w} = \frac{15 \times 2300}{100+15} = 300(g)$$
• 함수비 15%에서 25%일 때 증가된 물의 양 W_w
$300(g) : 15(\%) = W_{w1} : (25-15)\%$
$$\therefore W_{w1} = \frac{300 \times (25-10)}{15} = 200(g)$$

기 97,14④,15②,19③,25②

82 아래의 그림에서 각층의 손실수두 Δh_1, Δh_2, Δh_3를 각각 구한 값으로 옳은 것은?

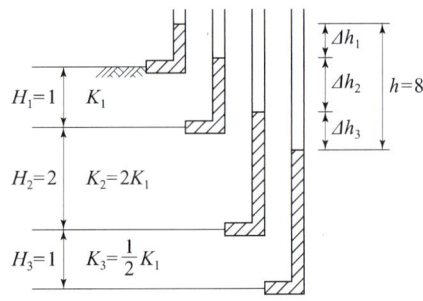

① $\Delta h_1 = 2$, $\Delta h_2 = 2$, $\Delta h_3 = 4$
② $\Delta h_1 = 2$, $\Delta h_2 = 3$, $\Delta h_3 = 3$
③ $\Delta h_1 = 2$, $\Delta h_2 = 4$, $\Delta h_3 = 2$
④ $\Delta h_1 = 2$, $\Delta h_2 = 5$, $\Delta h_3 = 1$

각 층의 침투속도는 동일

$$V = Ki = K_1 \frac{\Delta h_1}{l_1} = K_2 \frac{\Delta h_2}{l_2} = K_3 \frac{\Delta h_3}{l_3}$$

$$= K_1 \frac{\Delta h_1}{1} = 2K_1 \frac{\Delta h_2}{2} = \frac{1}{2} K_1 \frac{\Delta h_3}{1}$$

$$\therefore \Delta h_1 = \Delta h_2 = \frac{\Delta h_3}{2}$$

• $H = \Delta h_1 + \Delta h_2 + \Delta h_3 = 8$
$\therefore \Delta h_1 = 2$, $\Delta h_2 = 2$, $\Delta h_3 = 4$

기 07,09,11,18③,25②

83 실내시험에 의한 점토의 강도증가율(Cu/P) 산정 방법이 아닌 것은?

① 소성지수에 의한 방법
② 비배수 전단강도에 의한 방법
③ 압밀 비배수 삼축압축시험에 의한 방법
④ 직접전단시험에 의한 방법

점토의 강도증가율(Cu/P) 산정방법
• 소성지수에 의한 방법
• 비배수 전단강도에 의한 방법
• 압밀 비배수 삼축압축시험에 의한 방법
• 액성한계에 의한 방법

□□□ 기 96,00,01,08,11,21①,25②

84 그림에서 $a-a'$면 바로 아래의 유효응력은? (단, 흙의 간극비(e)는 0.4, 비중(G_s)은 2.65, 물의 단위중량은 $9.81kN/m^3$이다.)

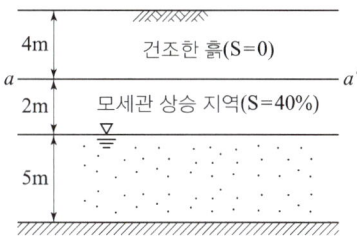

① $68.2kN/m^2$
② $82.1kN/m^2$
③ $97.4kN/m^2$
④ $102.1kN/m^2$

유효응력 $\bar{\sigma} = \sigma - u$

- $\gamma_d = \dfrac{G_s}{1+e}\gamma_w = \dfrac{2.65}{1+0.4} \times 9.81 = 18.57 kN/m^3$
- $\sigma = \gamma_d h = 18.57 \times 4 = 74.28 kN/m^2$
- $u = -\gamma_w h_c S = -9.81 \times 2 \times \dfrac{40}{100} = -7.85 kN/m^2$

$\left(\because \text{부분적으로 포화된 흙의 모관포텐셜} \right.$

$\left. u = -\gamma_w \cdot h_c \cdot \dfrac{S}{100}\right)$

$\therefore \bar{\sigma} = \sigma - u = 74.28 - (-7.85) = 82.13 kN/m^2$

□□□ 기 10,14①,25②

85 연약지반 개량공법 중 프리로딩 공법에 대한 설명으로 틀린 것은?

① 압밀침하를 미리 끝나게 하여 구조물에 잔류침하를 남기지 않게 하기 위한 공법이다.
② 도로의 성토나 항만의 방파제와 같이 구조물 자체의 일부를 상재하중으로 이용하여 개량 후 하중을 제거할 필요가 없을 때 유리하다.
③ 압밀계수가 작고 압밀토층 두께가 큰 경우에 주로 적용한다.
④ 압밀을 끝내기 위해서는 많은 시간이 소요되므로, 공사기간이 충분해야 한다.

Pre-loading 공법
압밀계수가 크고 점성토층의 두께가 얇은 경우에 적용

□□□ 기 02,04,08,21①,25②

86 흙의 내부마찰각이 20°, 점착력이 $50kN/m^2$, 습윤단위중량이 $17kN/m^3$, 지하수위 아래 흙의 포화단위중량이 $19kN/m^3$일 때 $3m \times 3m$ 크기의 정사각형 기초의 극한지지력을 Terzaghi의 공식으로 구하면? (단, 지하수위는 기초바닥 깊이와 같으며 물의 단위중량은 $9.81kN/m^3$이고, 지지력계수 $N_c=18$, $N_\gamma=5$, $N_q=7.5$이다.)

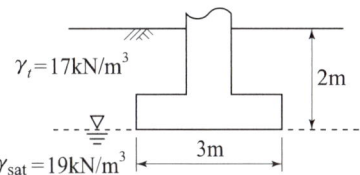

① $1231.24kN/m^2$
② $1337.31kN/m^2$
③ $1480.14kN/m^2$
④ $1540.42kN/m^2$

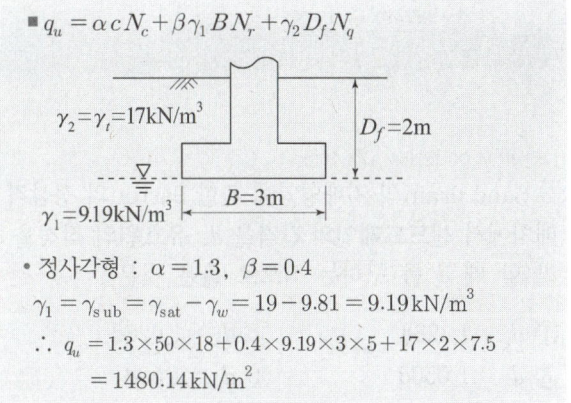

- 정사각형 : $\alpha = 1.3$, $\beta = 0.4$
$\gamma_1 = \gamma_{sub} = \gamma_{sat} - \gamma_w = 19 - 9.81 = 9.19 kN/m^3$
$\therefore q_u = 1.3 \times 50 \times 18 + 0.4 \times 9.19 \times 3 \times 5 + 17 \times 2 \times 7.5$
$= 1480.14 kN/m^2$

□□□ 기 95,02,05,08,18①,22②,25②

87 그림과 같은 지반에서 하중으로 인하여 수직응력($\Delta\sigma_1$)이 $100kN/m^2$ 증가되고 수평응력($\Delta\sigma_3$)이 $50kN/m^2$ 증가되었다면 간극수압은 얼마나 증가되었는가? (단, 간극수압계수 $A=0.5$이고, $B=1$이다.)

① $50kN/m^2$
② $75kN/m^2$
③ $100kN/m^2$
④ $125kN/m^2$

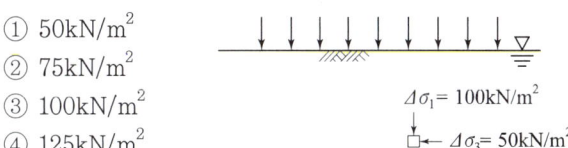

간극 수압
$\Delta U = B\{\Delta\sigma_3 + A(\Delta\sigma_1 - \Delta\sigma_3)\}$
$= 1 \times \{50 + 0.5(100-50)\} = 75 kN/m^2$

□□□ 기 13,16,19④,21③,25②

88 4m×4m 크기인 정사각형 기초를 내부마찰각 $\phi = 20°$, 점착력 $c = 30kN/m^2$인 지반에 설치하였다. 흙의 단위중량 $\gamma = 19kN/m^3$이고, 안전율(F_S)을 3으로 할 때 Terzaghi 지지력 공식으로 기초의 허용하중을 구하면? (단, 기초의 깊이는 1m이고, 전반전단파괴가 발생한다고 가정하며, 지지력계수 $N_c = 17.69$, $N_q = 7.44$, $N_r = 4.97$이다.)

① 3780kN ② 5239kN
③ 6750kN ④ 8140kN

허용하중 $Q_a = \dfrac{Q_u}{F_s} = \dfrac{q_u \times A}{F_s}$
$q_u = \alpha c N_c + \beta \gamma_1 B N_r + \gamma_2 D_f N_q$
$= 1.3 \times 30 \times 17.69 + 0.4 \times 19 \times 4 \times 4.97 + 19 \times 1 \times 7.44$
$= 982.36 kN/m^2$
$\therefore Q_a = \dfrac{982.36 \times (4 \times 4)}{3} = 5239 kN$

□□□ 기 94,08,12,15②,17④,25②

89 Sand drain의 지배영역에 관한 Barron의 정삼각형 배치에서 샌드드레인의 간격을 d, 유효원의 직경을 d_e라 할 때 d_e를 구하는 식으로 옳은 것은?

① $d_e = 1.128d$ ② $d_e = 1.028d$
③ $d_e = 1.050d$ ④ $d_e = 1.50d$

정삼각형 배치 : $d_e = 1.050 d$
정사각형 배치 : $d_e = 1.128 d ≒ 1.13 d$

□□□ 기 14②,16④,25②

90 흙의 내부마찰각(ϕ)은 20°, 점착력(c)이 24kN/m²이고, 단위중량(γ_t)은 19.3kN/m³인 사면의 경사각이 45°일 때 임계높이는 약 얼마인가? (단, 안정수 $m = 0.06$)

① 15m ② 18m
③ 21m ④ 24m

임계높이 $H = \dfrac{c}{\gamma} N_s = \dfrac{c}{\gamma \cdot m} = \dfrac{24}{19.3 \times 0.06} = 21m$

□□□ 기 10,12④,25②

91 흙의 분류법인 AASHTO 분류법과 통일분류법을 비교·분석한 내용으로 틀린 것은?

① 통일분류법은 0.075mm체 통과율을 35%를 기준으로 조립토와 세립토로 분류하는데, 이것은 AASHTO 분류법보다 적절하다.
② 통일분류법은 입도분포, 액성한계, 소성지수 등을 주요 분류인자로 한 분류법이다.
③ AASHTO 분류법은 입도분포, 군지수 등을 주요 분류인자로 한 분류법이다.
④ 통일분류법은 유기질토 분류방법이 있으나 AASHTO 분류법은 없다.

• 통일분류법 : 0.075mm(No. 200)체 통과율이 50% 미만이면 조립토, 그 이상이면 세립토이다.
• AASHTO : 0.075mm(NO. 200)체 통과율이 35% 미만이면 조립토, 그 이상이면 세립토이다.

□□□ 기 99,07,09,13,15,16,21②,25②

92 다음 중 사운딩 시험이 아닌 것은?

① 표준관입시험 ② 평판재하시험
③ 콘관입시험 ④ 베인시험

평판재하시험(PBT)
현장에서 지반의 지지력을 측정하기 위해 실시하는 시험으로 주로 강성포장의 포장설계를 위하여 지지력계수 K를 결정한다.

□□□ 기 12②,15①,17①,25②

93 사질토지반에서 지름 30cm의 평판재하시험 결과 300kN/m²의 압력이 작용할 때 침하량이 10mm라면, 지름 1.5m의 실제 기초에 300kN/m²의 하중이 작용할 때 침하량의 크기는?

① 14mm ② 25mm
③ 28mm ④ 35mm

$S_F = S_P \left(\dfrac{2B_F}{B_F + B_P} \right)^2 = 10 \times \left(\dfrac{2 \times 1.5}{1.5 + 0.3} \right)^2 = 28mm$

94 단면적 100cm², 길이 30cm인 모래시료에 대한 정수두 투수시험 결과가 아래의 표와 같을 때 이 흙의 투수계수는?

- 수두차 : 500cm
- 물을 모은 시간 : 5분
- 모은 물의 부피 : 500cm³

① 0.001cm/sec ② 0.005cm/sec
③ 0.01cm/sec   ④ 0.05cm/sec

$$k = \frac{Q \cdot L}{h \cdot A \cdot t} = \frac{500 \times 30}{500 \times 100 \times 5 \times 60} = 0.001 cm/sec$$

95 활동면 위의 흙을 몇 개의 연직평행한 절편으로 나누어 사면의 안정을 해석하는 방법이 아닌 것은?

① Fellenius 방법   ② 마찰원법
③ Spencer 방법   ④ Bishop의 간편법

■ 절편법 : 토질 조건이 다를 때 사면의 안정해석
• 절편법의 종류 : Fellenius 방법, Bishop 간편법, Janbu 간편법, Spencer 방법(1967년)
■ 마찰원법 : 동일한 토층 중의 원호 활동에 적용한 것

96 지표면에 집중하중이 작용할 때, 지중연직응력 증가량($\Delta\sigma_z$)에 관한 설명 중 옳은 것은?
(단, Boussinesq 이론을 사용)

① 탄성계수 E에 무관하다.
② 탄성계수 E에 정비례한다.
③ 탄성계수 E의 제곱에 정비례한다.
④ 탄성계수 E의 제곱에 반비례한다.

Boussinesq의 지중연직응력
$$\Delta\sigma_z = \frac{3P}{2\pi Z^2} \frac{1}{\left\{1+\left(\frac{r}{Z}\right)^2\right\}^{5/2}}$$

∴ 지중연직응력의 증가는 탄성계수(E)를 고려하지 않는다.

97 두 개의 규소판 사이에 한 개의 알루미늄판이 결합된 3층 구조가 무수히 많이 연결되어 형성된 점토광물로서 각 3층 구조 사이에는 칼륨이온(K^+)으로 결합되어 있는 것은?

① 일라이트(illite)
② 카올리나이트(kaolinite)
③ 할로이사이트(halloysite)
④ 몬모릴로나이트(montmorillonite)

• 일라이트 : 3층구조로 구조결합 사이에 칼륨이온(K^+)이 있어서 수축팽창은 거의 없지만 안정성은 중간 정도의 점토광물
• 몬모릴로나이트 : 3층 구조로 구조결합 사이에 치환성 양이온이 있어서 활성이 크고 시트 사이에 물이 들어가 팽창수축이 크고 공학적 안정성은 제일 약한 점토광물

98 다음 그림에서 흙의 저면에 작용하는 단위 면적당 침투수압은? (단, $\gamma_w = 9.81 kN/m^3$)

① 79.2kN/m²
② 49.2kN/m²
③ 39.2kN/m²
④ 29.2kN/m²

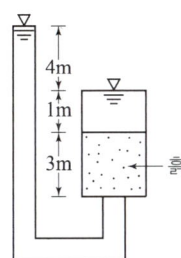

$$P = i\gamma_w Z = \frac{\Delta h}{L}\gamma_w Z = \frac{4}{3} \times 9.81 \times 3 = 39.24 kN/m^2$$

99 최대주응력이 100kN/m², 최소주응력이 40kN/m²일 때 최소주응력면과 45°를 이루는 평면에 일어나는 수직응력은?

① 70kN/m²   ② 30kN/m²
③ 60kN/m²   ④ $40\sqrt{2}$ kN/m²

$$\sigma = \frac{\sigma_1+\sigma_3}{2} + \frac{\sigma_1-\sigma_3}{2}\cos 2\theta$$
$$= \frac{100+40}{2} + \frac{100-40}{2}\cos(2\times 45°) = 70 kN/m^2$$

□□□ 기 99,05,10②,18②,19①,25②
100 Meyerhof의 극한지지력 공식에서 사용하지 않는 계수는?

① 형상계수　　② 깊이계수
③ 시간계수　　④ 하중 경사계수

> • 형상계수(De Beer에 의해 제안) : 구형 및 원형 기초의 지지력 계산을 위해
> • 깊이계수(Hansen 제안) : 기초저면의 위, 흙의 파괴면을 따라 발생하는 전단 저항에 대한 평가
> • 경사계수(Meyerhof제안) : 하중 작용선이 수직선과 일정각도로 경사진 기초의 지지력 계산을 위해

제6과목 : 상하수도공학

□□□ 기 16②,25②
101 합류식 하수도는 강우시에 처리되지 않은 오수의 일부가 하천 등의 공공수역에 방류되는 문제점을 갖고 있다. 이에 대한 대책으로 적합하지 않은 것은?

① 차집관거의 축소
② 실시간 제어방법
③ 스월조절조(swirl regulator) 설치
④ 우수저류지 설치

> 대책으로는 차집관거의 확대, 스월조절조(swirl regulator) 설치, 우수저류지 설치가 있다.

□□□ 기 01,09,15,16④,25②
102 상수원수에 포함된 색도제거를 위한 단위조작으로 거리가 먼 것은?

① 폭기처리　　② 응집침전처리
③ 활성탄처리　　④ 오존처리

> 색도를 제거하기 위한 방법
> 응집침전처리, 활성탄처리, 오존처리

□□□ 기 17④,20③,25②
103 다음 상수도관의 관종 중 내식성이 크고 중량이 가벼우며 손실수두가 적으나 저온에서 강도가 낮고 열이나 유기용제에 약한 것은?

① 흄관　　② 강관
③ PVC관　　④ 석면 시멘트관

> 경질폴리염화비닐(PVC)관
> ■ 장점
> • 내식성, 내전식성이 크다.
> • 가볍고 시공이 용이하다.
> • 가격이 저렴하다.
> ■ 단점
> • 강도가 낮다.
> • 충격에 약하다.
> • 유기용제, 열, 자외선에 약하다.

□□□ 기 16①,25②
104 하수관거 설계시 계획하수량에서 고려하여야 할 사항으로 옳은 것은?

① 오수관거에서는 계획최대오수량으로 한다.
② 우수관거에서는 계획시간 최대우수량으로 한다.
③ 합류식 관거에서는 계획시간 최대오수량에 계획우수량을 합한 것으로 한다.
④ 지역의 설정에 따른 계획하수량의 여유는 고려하지 않는다.

> • 오수관거에서는 계획시간 최대오수량으로 한다.
> • 우수관거에서는 계획우수량으로 한다.
> • 지역의 설정에 따른 계획하수량에 여유를 둘 수 있다.

□□□ 기 04,06,25②
105 MLSS 농도 2,000mg/L의 혼합액을 1L 시험관에 취해 30분간 정치시켰을 때 침강슬러지가 차지하는 부피가 200mL이었다. 이 슬러지의 SVI는?

① 120　　② 100
③ 80　　④ 60

> $$SVI = \frac{30분\ 침전후의\ 슬러지\ 부피(mL/L)}{MLSS농도(mg/L)} \times 1000$$
> $$= \frac{200}{2000} \times 1000 = 100$$

정답 100 ③　101 ①　102 ①　103 ③　104 ③　105 ②

□□□ 기 96,08,12①,22③,25②
106 상수도 취수시설에 있어서 침사지의 유효수심은 얼마를 표준으로 하는가?

① 10~12m
② 6~8m
③ 3~4m
④ 0.5~2m

> 침사지의 유효수심은 경험적으로 사용되는 것이 3~4m를 표준으로 한다.

> **Remember**
> 침사지의 구조
> • 표면부하율 : 200~500mm/min을 표준
> • 지내평균유속 : 2~7cm/sec
> • 지의 길이 : 폭의 3~8배를 표준
> • 지의 유효수심 : 3~4m
> • 퇴사심도 : 0.5~1m
> • 체류시간 : 10~20분

□□□ 기 98,03,07,14②,18①②,19①,25②
107 양수량이 15.5m³/min이고, 전양정이 24m일 때, 펌프의 축동력은? (단, 펌프의 효율은 80%로 가정한다.)

① 75.88kW
② 7.58kW
③ 4.65kW
④ 46.57kW

> 축동력 $P = \dfrac{1000QH_p}{102\eta}$
> • $Q = 15.5\,\text{m}^3/\text{min} = 0.258\,\text{m}^3/\text{sec}$
> ∴ $P = \dfrac{1000 \times 0.258 \times 24}{102 \times 0.8} = 75.88\,\text{kW}$

□□□ 기 99,18③,25②
108 상수도의 구성이나 계통에서 상수원의 부영양화가 가장 큰 영향을 미칠 수 있는 시설은?

① 취수시설
② 정수시설
③ 송수시설
④ 배·급수시설

> 부영양화 영향으로 정수장의 여과지를 폐쇄시켜 정수작업을 곤란하게 한다.

□□□ 기 03,10④,11①,13④,15②,19③,21①,25②
109 일반적인 상수도 계통도를 올바르게 나열한 것은?

① 수원 및 저수 시설 → 취수 → 배수 → 송수 → 정수 → 도수 → 급수
② 수원 및 저수 시설 → 취수 → 도수 → 정수 → 송수 → 배수 → 급수
③ 수원 및 저수 시설 → 취수 → 배수 → 정수 → 급수 → 도수 → 송수
④ 수원 및 저수 시설 → 취수 → 도수 → 정수 → 급수 → 배수 → 송수

> 수원 및 저수 시설 → 취수 → 도수 → 정수 → 송수 → 배수 → 급수

□□□ 기 99,07,16①,25②
110 슬러지의 처분에 관한 일반적인 계통도로 알맞은 것은?

① 생슬러지 - 개량 - 농축 - 소화 - 탈수 - 최종처분
② 생슬러지 - 농축 - 소화 - 개량 - 탈수 - 최종처분
③ 생슬러지 - 농축 - 탈수 - 개량 - 소각 - 최종처분
④ 생슬러지 - 농축 - 탈수 - 소각 - 개량 - 최종처분

> 슬러지 처리공정
> 슬러지 - 농축 - 소화 - 개량 - 탈수 및 건조 - 연소 - 최종처리

□□□ 기 07,09,13①,18①,25②
111 Jar-Test는 적정 응집제의 주입량과 적정 pH를 결정하기 위한 시험이다. Jar-Test 시 응집제를 주입한 후 급속교반 후 완속교반을 하는 이유는?

① 응집제를 용해시키기 위해서
② 응집제를 고르게 섞기 위해서
③ 플록이 고르게 퍼지게 하기 위해서
④ 플록을 깨뜨리지 않고 성장시키기 위해서

> Jar-Test에서 약 3분간 100rpm로 급속교반 후 40rpm으로 약 15분간 완속교반하는 것은 플록을 손상시키지 않고 증가시켜 응집을 촉진시키기 위해서이다.

정답 106 ③ 107 ① 108 ② 109 ② 110 ② 111 ④

□□□ 기 25②
112 흡착에 의한 시설에서 활성탄을 사용하는 이유가 아닌 것은?

① 냄새 제거
② 오염 물질 제거
③ 트리클로로에틸렌 제거
④ 암모니아성 질소

> 활성탄을 사용하는 이유
> • 냄새 제거 : 활성탄은 냄새분자를 흡착하여 공기나 물로부터 냄새를 제거하는 데 효과적이다.
> • 물질 제거 : 활성탄은 먼지, 오염물질, 독소 등을 효과적으로 흡착하여 공기나 물로부터 이를 제거한다.
> • 가스 제거 : 활성탄은 트리클로로에틸렌인 VOC_s(휘발성 유기 화합물)을 제거하는데 사용된다.

□□□ 기 14①,17①,25②
113 오존을 사용하여 살균처리를 할 경우의 장점에 대한 설명 중 틀린 것은?

① 살균효과가 염소보다 뛰어나다.
② 유기물질의 생분해성을 증가시킨다.
③ 맛, 냄새물질과 색도 제거의 효과가 우수하다.
④ 오존이 수중 유기물과 작용하여 다른 물질로 잔류하게 되므로 잔류효과가 크다.

> 오존은 자체의 높은 산화력으로 염소에 비하여 높은 살균력을 가지고 있으나 잔류효과(지속효과)는 없다.

□□□ 기 96,03,05,14④,25②
114 상수의 도수 및 송수에 관한 설명 중 틀린 것은?

① 도수 및 송수방식은 에너지의 공급원 및 지형에 따라 자연유하식과 펌프가압식으로 나눌 수 있다.
② 송수관로는 개수로식과 관수로식으로 분류할 수 있다.
③ 수원이 급수구역과 가까울 때나 지하수를 수원으로 할 때는 펌프가압식이 더 효율적이다.
④ 자연유하식은 평탄한 지형에서 유리한 방식이다.

> 자연유하식은 시점과 종점간의 유효낙차가 충분히 있는 경우에는 안정성이 용이하며 동력비가 불필요한 점에서 유리한 방식이다.

□□□ 기 97,06,08,15①,25②
115 동일한 조건에서 비중 2.5인 입자의 침전속도는 비중 2.0인 입자의 몇 배인가? (단, stoke's 법칙 기준)

① 1.25배
② 1.5배
③ 1.6배
④ 2.5배

> 침전속도 $V_s = \dfrac{g(\rho_o - \rho_w)d^2}{18\mu}$
>
> ∴ 침전속도비 $= \dfrac{\rho_{o1} - \rho_w}{\rho_{o2} - \rho_w} = \dfrac{2.5-1}{2.0-1} = 1.5$배

□□□ 기 06,00,15②,25②
116 하수관으로 폐수를 운반할 때 하수관의 직경이 0.5m에서 0.3m로 변환되었을 경우, 직경이 0.5m인 하수관내의 유속이 2m/s이었다면 직경이 0.3m인 하수관내의 유속은?

① 0.72m/s
② 1.20m/s
③ 3.33m/s
④ 5.56m/s

> $A_1 V_1 = A_2 V_2$ 에서
>
> ∴ $V_2 = \left(\dfrac{d_1}{d_2}\right)^2 \times V_1 = \left(\dfrac{0.5}{0.3}\right)^2 \times 2 = 5.56 \, m/s$

□□□ 기 16④,25②
117 정수처리 시 생성되는 발암물질인 트리할로메탄(THM)에 대한 대책으로 적합하지 않은 것은?

① 오존, 이산화염소 등의 대체 소독제 사용
② 염소소독의 강화
③ 중간염소처리
④ 활성탄흡착

> • 트리할로메탄(Trihalomethane : THM)은 전염소처리를 하지 않고 약품 침전과 침전 및 활성탄 흡착으로 처리함이 좋다.
> • 염소처리에서 생성되는 것이 발암성 물질인 THM이 생성되며, 오존, 이산화 염소, 활성탄 흡착으로 제거가 가능하다.

□□□ 기 00,01,03,06,09,10,12,15②,25②

118 하수 관거 내에 황화수소(H_2S)가 통상 존재하는 이유에 대한 설명으로 옳은 것은?

① 용존산소로 인해 유황이 산화하기 때문이다.
② 용존산소 결핍으로 박테리아가 메탄가스를 환원시키기 때문이다.
③ 용존산소 결핍으로 박테리아가 황산염을 환원시키기 때문이다.
④ 용존산소로 인해 박테리아가 메탄가스를 환원시키기 때문이다.

관정부식(crown corrosion)
하수관내의 용존산소가 결핍되면 하수내 황화합물(S)이 혐기성 미생물(박테리아) 상태에서 분해되어 생성되는 황하수소(H_2S)가 하수관내의 공기 중으로 솟아오르면서 호기성 미생물에 의해 관정부의 물방울에 의해 녹아서 콘크리트관을 부식·파괴하는 현상

□□□ 기 03,06,10②,11④,20②,25②

119 먹는 물에 대장균이 검출될 경우 오염수로 판정되는 이유로 옳은 것은?

① 대장균은 병원균이기 때문이다.
② 대장균은 반드시 병원균과 공존하기 때문이다.
③ 대장균은 번식 시 독소를 분비하여 인체에 해를 끼치기 때문이다.
④ 사람이나 동물의 체내에 서식하므로 병원성 세균의 존재 추정이 가능하기 때문이다.

대장균군
• 소화기 계통의 전염병은 항상 대장균군과 함께 존재하며 검출이 쉽다.
• 인체의 배설물 중에 대량으로 존재하며 병원균보다 저항력이 강하다.
• 검사법이 다른 이화학적 검사법보다 간편하고 정확하다.

□□□ 기 97,15④,25②

120 어떤 하수의 5일 BOD 농도가 300mg/L, 탈산소계수(상용 대수)값이 0.2day^{-1}일 때, 최종 BOD 농도는?

① 310.0mg/L
② 333.3mg/L
③ 366.7mg/L
④ 375.5mg/L

$L_t = L_a(1-10^{-k_1 \cdot t})$ 에서
$L_a = \dfrac{L_t}{1-10^{-k_1 \cdot t}} = \dfrac{300}{1-10^{-0.2 \times 5}} = 333.3\,\text{mg/L}$

국가기술자격 필기시험문제

2025년도 기사 3회 필기시험

자격종목	시험시간	문제수	형별
토목기사	3시간	120	A

※ 각 문제는 4지 택일형으로 질문에 가장 적합한 문제의 보기 번호를 클릭하거나 답안표기란의 번호를 클릭하여 입력하시면 됩니다.
※ 입력된 답안은 문제 화면 또는 답안 표기란의 보기 번호를 클릭하여 변경하실 수 있습니다.

제1과목 : 응용역학

□□□ 기 92②,95②,98③,99③,00③,04④,07④,20②,25③

01 그림과 같은 삼각형 물체에 작용하는 힘 P_1, P_2를 AC 면에 수직한 방향의 성분으로 변환할 경우 힘 P의 크기는?

① 1000kN
② 1200kN
③ 1400kN
④ 1600kN

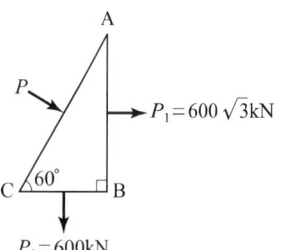

- cos법칙을 이용

$$P = P_1\cos\theta_1 + P_2\cos\theta_2$$
$$= 600\sqrt{3} \times \cos30° + 600 \times \cos60°$$
$$= 1200\text{kN}$$

- 라미의 정리

$$\frac{P}{\sin90°} = \frac{600\sqrt{3}}{\sin120°}$$

$$\therefore P = \frac{\sin90°}{\sin120°} \times 600\sqrt{3} = 1200\text{kN}$$

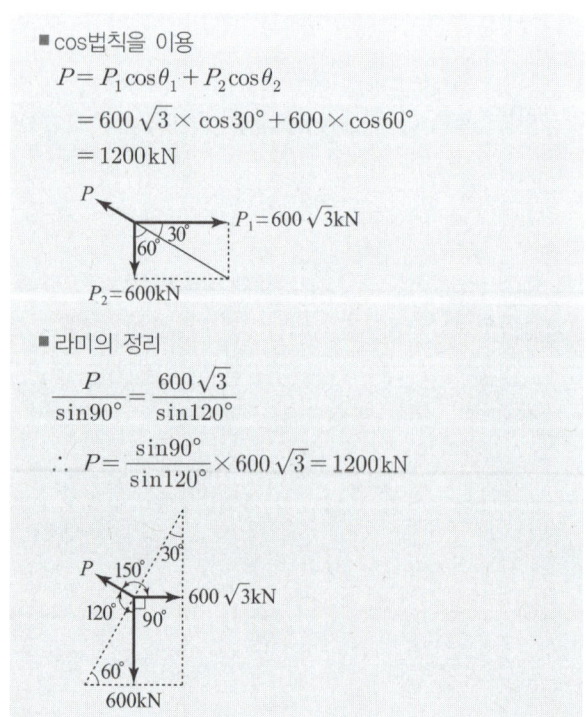

□□□ 기 02④,11①,19①,25③

02 각 변의 길이가 a로 동일한 그림 A, B 단면의 성질에 관한 내용으로 옳은 것은?

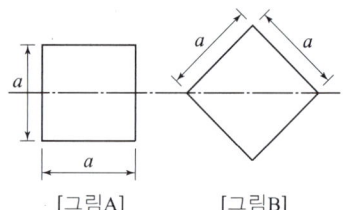

[그림A]   [그림B]

① 그림 A는 그림 B보다 단면계수는 작고, 단면 2차 모멘트는 크다.
② 그림 A는 그림 B보다 단면계수는 크고, 단면 2차 모멘트는 작다.
③ 그림 A는 그림 B보다 단면계수는 크고, 단면 2차 모멘트는 같다.
④ 그림 A는 그림 B보다 단면계수는 작고, 단면 2차 모멘트는 크다.

[그림 A] : 단면 2차 모멘트 $I = \dfrac{a^4}{12}$

단면계수 $Z = \dfrac{a^4/12}{a/2} = \dfrac{a^3}{6}$

[그림 B] : 단면 2차 모멘트

$$I = \frac{\sqrt{2}a\left(\dfrac{a}{\sqrt{2}}\right)^3}{12} \times 2 = \frac{a^4}{12}$$

단면계수 $Z = \dfrac{a^4/12}{a/\sqrt{2}} = \dfrac{\sqrt{2}\,a^3}{12}$

∴ 단면계수는 [그림 A]가 크고, 단면 2차 모멘트는 같다.

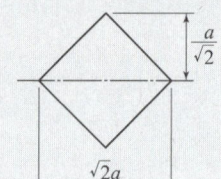

정답 01 ②   02 ③

기 92,93,99,05,06,16,25③

03 그림과 같은 구조물에 하중 W가 작용할 때 P의 크기는? (단, $0° < \alpha < 180°$ 이다.)

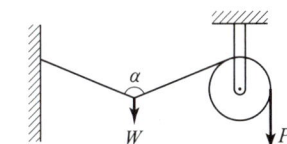

① $P = \dfrac{W}{2\cos\dfrac{\alpha}{2}}$ ② $P = \dfrac{W}{2\cos\alpha}$

③ $P = \dfrac{W}{\cos\dfrac{\alpha}{2}}$ ④ $P = \dfrac{2W}{\cos\dfrac{\alpha}{2}}$

$\sum V = 0 : -W + P \times \cos\dfrac{\alpha}{2} + P \times \cos\dfrac{\alpha}{2} = 0$

$W = 2P\cos\dfrac{\alpha}{2}$

$\therefore P = T = \dfrac{W}{2\cos\dfrac{\alpha}{2}} = \dfrac{W}{2}\sec\dfrac{\alpha}{2}$

$(\because \dfrac{1}{\cos\dfrac{\alpha}{2}} = \sec\dfrac{\alpha}{2})$

기 25③

04 그림과 같은 보에서 휨모멘트가 가장 큰 곳은?

① B점
② C점
③ D점
④ E점

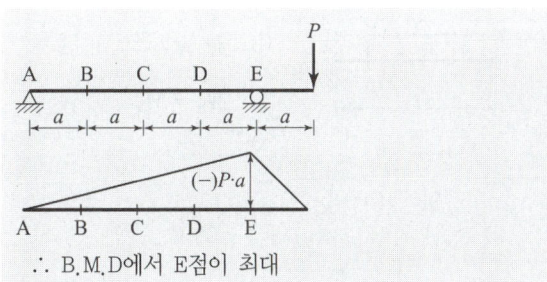

∴ B.M.D에서 E점이 최대

기 16②,21①,25③

05 그림과 같은 보에서 최대처짐이 발생하는 위치는? (단, 부재의 EI는 일정하다.)

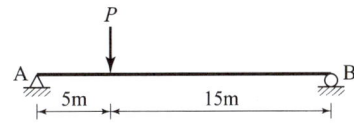

① A점으로부터 5.00m 떨어진 곳
② A점으로부터 6.18m 떨어진 곳
③ A점으로부터 8.82m 떨어진 곳
④ A점으로부터 10.00m 떨어진 곳

• 공액보

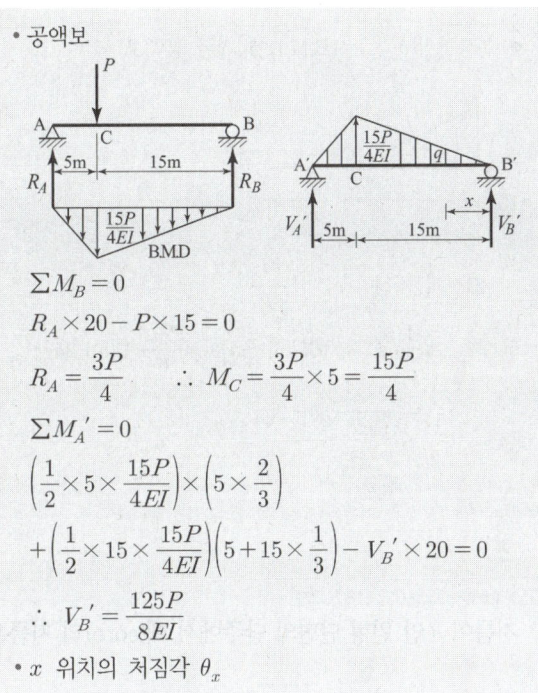

$\sum M_B = 0$

$R_A \times 20 - P \times 15 = 0$

$R_A = \dfrac{3P}{4}$ $\therefore M_C = \dfrac{3P}{4} \times 5 = \dfrac{15P}{4}$

$\sum M_{A'} = 0$

$\left(\dfrac{1}{2} \times 5 \times \dfrac{15P}{4EI}\right) \times \left(5 \times \dfrac{2}{3}\right)$
$+ \left(\dfrac{1}{2} \times 15 \times \dfrac{15P}{4EI}\right)\left(5 + 15 \times \dfrac{1}{3}\right) - V_B' \times 20 = 0$

$\therefore V_B' = \dfrac{125P}{8EI}$

• x 위치의 처짐각 θ_x

$x : 15 = q_x : \dfrac{15P}{4EI}$ 에서 $\therefore q_x = \dfrac{P}{4EI}x$

• $\theta_x = 0$ 일 때 최대 처짐 δ_{max}이 된다.

$\theta_x = V_x' = \dfrac{125P}{8EI} - \left(\dfrac{1}{2} x \times \dfrac{P \cdot x}{4EI}\right) = 0$

$= \dfrac{P}{8EI}(125 - x^2) = 0$

$\therefore x = \sqrt{125} = 11.18\text{m}$

∴ A점으로 부터의 거리 $20 - 11.18 = 8.82\text{m}$

Remember

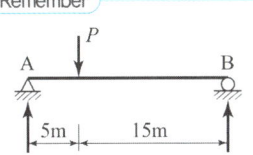

$V_A = \dfrac{3P}{4}$

$V_B = \dfrac{P}{4}$

기 93②,94③,97①,99②,07①,25③

06 다음 캔틸레버보에서 자유단 B점의 처짐은?
(단, EI는 일정)(단, EI는 일정하다.)

① $\dfrac{Pb^2}{6EI}(2b+3a)$

② $\dfrac{P^2a}{6EI}(3b+2a)$

③ $\dfrac{Pa^2}{6EI}(2b+3a)$

④ $\dfrac{Pa^2}{6EI}(3b+2a)$

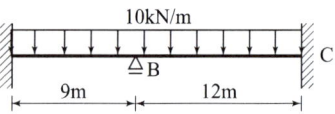

■ 수직처짐(δ_{max}) : B.M.D에 의한 공액보

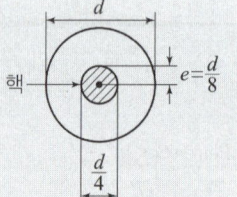

B점의 처짐 : $\delta_B' = \dfrac{M_B'}{EI}$

$M_B' = \dfrac{1}{2}(P \cdot a \cdot a)\left(b + \dfrac{2}{3}a\right) = \dfrac{P \cdot a^2}{6}(3b+2a)$

$\therefore \delta_B' = \dfrac{P \cdot a^2}{6EI}(3b+2a)$

$= \dfrac{P \cdot a^2}{6EI}(3L-a)$

기 91②,05①,07②,18②,25③

07 지름이 d인 원형 단면의 단주에서 핵(core)의 지름은?

① $\dfrac{d}{2}$ ② $\dfrac{d}{3}$

③ $\dfrac{d}{4}$ ④ $\dfrac{d}{8}$

원형단면의 핵거리(반지름)

$\sigma = \dfrac{P}{A} - \dfrac{M}{Z} = 0$

$= \dfrac{P}{A} - \dfrac{e \cdot P}{Z} = 0$

$e = \dfrac{Z}{A} = \dfrac{\dfrac{\pi d^3}{32}}{\dfrac{\pi d^2}{4}} = \dfrac{d}{8}$

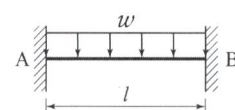

$\therefore$ 핵의 지름 $= \dfrac{d}{8} \times 2 = \dfrac{d}{4}$

기 08,10,16,21①,25③

08 그림의 보에서 지점 B의 휨모멘트는?
(단, EI는 일정하다.)

① $67.5\text{kN}\cdot\text{m}$
② $-97.5\text{kN}\cdot\text{m}$
③ $12.0\text{kN}\cdot\text{m}$
④ $-165\text{kN}\cdot\text{m}$

처짐각방정식

• $M_{BA} = 2E\left(\dfrac{I}{l}\right)(2\theta_B + \theta_A - 3R) + \dfrac{wl^2}{12}$

$\theta_A = 0,\ \theta_C = 0,\ R = 0$

$M_{BA} = 2E\left(\dfrac{I}{9}\right)(2\theta_B + \theta_A - 3R) + \dfrac{10 \times 9^2}{12}$

$= \dfrac{4}{9}EI\theta_B + 67.5$

• $M_{BC} = 2E\left(\dfrac{I}{l}\right)(2\theta_B + \theta_A - 3R) - \dfrac{wl^2}{12}$

$= 2E\left(\dfrac{I}{12}\right)(2\theta_B + \theta_A - 3R) - \dfrac{10 \times 12^2}{12}$

$= \dfrac{4}{12}EI\theta_B - 120 = \dfrac{1}{3}EI\theta_B - 120$

• 절점방정식

$M_B = M_{BA} + M_{BC}$

$= \dfrac{4}{9}EI\theta_B + 67.5 + \dfrac{1}{3}EI\theta_B - 120$

$= \dfrac{7}{9}EI\theta_B - 52.5 = 0$

$\therefore EI\theta_B = 67.5$

$\therefore M_{BA} = \dfrac{4}{9} \times 67.5 + 67.5$

$= 97.5\text{kN}\cdot\text{m}$

$\therefore M_{BC} = \dfrac{1}{3} \times 67.5 - 120$

$= -97.5\text{kN}\cdot\text{m}$

Remember

$M_A = -\dfrac{wl^2}{12}$

$M_B = M_A$

정답 06 ④ 07 ③ 08 ②

□□□ 기 09,12,16,17,21①,22①,25③

09 그림과 같은 단순보에서 휨모멘트에 의한 탄성변형에너지는? (단, EI는 일정하다.)

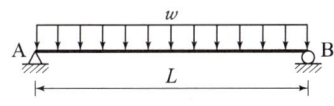

① $\dfrac{w^2 L^5}{40 EI}$ ② $\dfrac{w^2 L^5}{96 EI}$

③ $\dfrac{w^2 L^5}{240 EI}$ ④ $\dfrac{w^2 L^5}{384 EI}$

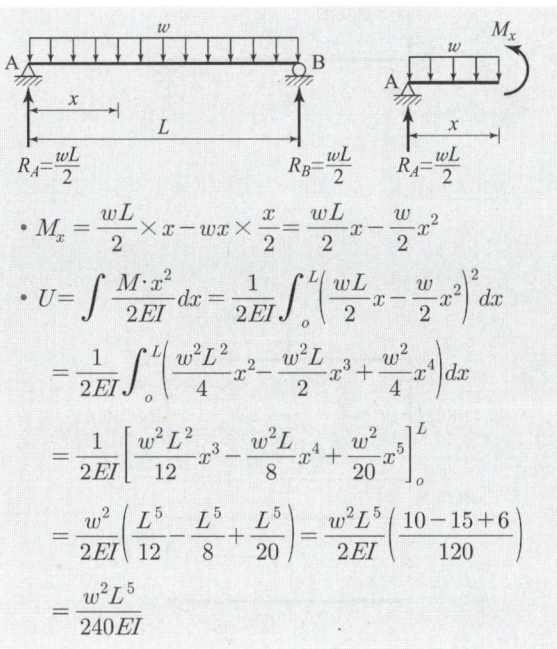

- $M_x = \dfrac{wL}{2} \times x - wx \times \dfrac{x}{2} = \dfrac{wL}{2}x - \dfrac{w}{2}x^2$

- $U = \int \dfrac{M \cdot x^2}{2EI} dx = \dfrac{1}{2EI} \int_0^L \left(\dfrac{wL}{2}x - \dfrac{w}{2}x^2\right)^2 dx$

$= \dfrac{1}{2EI} \int_0^L \left(\dfrac{w^2 L^2}{4}x^2 - \dfrac{w^2 L}{2}x^3 + \dfrac{w^2}{4}x^4\right) dx$

$= \dfrac{1}{2EI} \left[\dfrac{w^2 L^2}{12}x^3 - \dfrac{w^2 L}{8}x^4 + \dfrac{w^2}{20}x^5\right]_0^L$

$= \dfrac{w^2}{2EI}\left(\dfrac{L^5}{12} - \dfrac{L^5}{8} + \dfrac{L^5}{20}\right) = \dfrac{w^2 L^5}{2EI}\left(\dfrac{10-15+6}{120}\right)$

$= \dfrac{w^2 L^5}{240 EI}$

Remember

정적분의 기본정리 $\int_0^L x^2 dx = \left[\dfrac{1}{3}x^3\right]_0^L = \dfrac{L^3}{3}$

□□□ 기 09,16①,25③

10 아래 그림과 같은 단순보의 B점에 하중 50kN이 연직방향으로 작용하면 C점에서의 휨모멘트는?

① 33.3kN·m
② 54kN·m
③ 66.7kN·m
④ 100kN·m

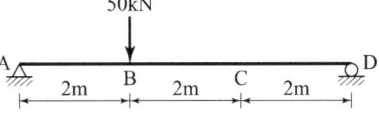

- $\sum M_A = 0$
  $R_D \times 6 - 50 \times 2 = 0$
  $\therefore R_D = 16.7\text{kN}(\uparrow)$
- $M_C = 16.7 \times 2 = 33.4\text{kN} \cdot \text{m}$

□□□ 기 13①,20④,25③

11 그림과 같은 구조물에서 단부 A, B는 고정, C지점은 힌지일 때 OA, OB, OC 부재의 분배율로 옳은 것은?

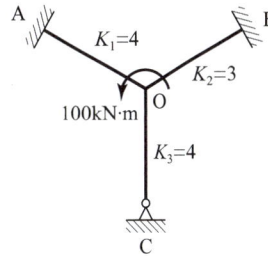

① $DF_{OA} = \dfrac{4}{10}$, $DF_{OB} = \dfrac{3}{10}$, $DF_{OC} = \dfrac{4}{10}$

② $DF_{OA} = \dfrac{4}{10}$, $DF_{OB} = \dfrac{3}{10}$, $DF_{OC} = \dfrac{3}{10}$

③ $DF_{OA} = \dfrac{4}{11}$, $DF_{OB} = \dfrac{3}{11}$, $DF_{OC} = \dfrac{4}{11}$

④ $DF_{OA} = \dfrac{4}{11}$, $DF_{OB} = \dfrac{3}{11}$, $DF_{OC} = \dfrac{3}{11}$

$DF = \dfrac{K_n}{K_1 + K_2 + \dfrac{3}{4}K_3}$

- 힌지 C점에서 수정강도계수 : $\dfrac{3}{4} \times K_3$

- $DF_{OA} = \dfrac{K_1}{K_1 + K_2 + \dfrac{3}{4}K_3} = \dfrac{4}{4+3+\dfrac{3}{4}\times 4} = \dfrac{4}{10}$

- $DF_{OB} = \dfrac{K_1}{K_1 + K_2 + \dfrac{3}{4}K_3} = \dfrac{3}{4+3+\dfrac{3}{4}\times 4} = \dfrac{3}{10}$

- $DF_{OC} = \dfrac{\dfrac{3}{4}K_3}{K_1 + K_2 + \dfrac{3}{4}K_3} = \dfrac{4\times\dfrac{3}{4}}{4+3+\dfrac{3}{4}\times 4} = \dfrac{3}{10}$

조건	등가강비	모멘트 도달율
타단고정	K	$\dfrac{1}{2}$
타단힌지	$\dfrac{3}{4}K$	0

□□□ 기 25③

12 그림과 같은 T형 단면의 x축에 대한 단면2차모멘트는?

① $5.833 \times 10^9 \text{mm}^4$
② $7.833 \times 10^9 \text{mm}^4$
③ $6.833 \times 10^9 \text{mm}^4$
④ $8.833 \times 10^9 \text{mm}^4$

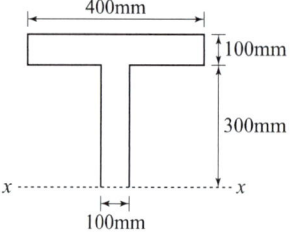

- x축에 대해 A와 B로 분리하여 단면 2차 모멘트 계산

- $I_x = \dfrac{bh^3}{12} + Ay^2$

$= \dfrac{400 \times 100^3}{12} + (400 \times 100) \times \left(300 + \dfrac{100}{2}\right)^2$

$+ \dfrac{100 \times 300^3}{12} + (100 \times 300) \times 150^2$

$= 4933333333 + 900000000$

$= 5833333333 = 5.833 \times 10^9 \text{mm}^3$

□□□ 기 90,98,03,16①,18②,25③

13 무게 10N의 물체를 두 끈으로 늘어 뜨렸을 때 한 끈이 받는 힘의 크기 순서가 옳은 것은?

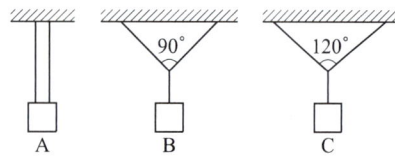

① B > A > C
② C > A > B
③ A > B > C
④ C > B > A

한 끈이 받는 힘을 T라 하면
- A의 경우 : $2T = 10$ ∴ $T = 5\text{N}$
- B의 경우 : $2T\cos 45° = 10$ ∴ $T = 7.07\text{N}$
- C의 경우 : $2T\cos 60° = 10$ ∴ $T = 10\text{N}$

∴ C > B > A

□□□ 기 07②,17②,20②,25③

14 지간 10m인 단순보 위를 1개의 집중하중 $P = 200\text{kN}$이 통과할 때 이 보에 생기는 최대전단력(S)과 최대휨모멘트(M)는?

① $S = 100\text{kN}$, $M = 500\text{kN} \cdot \text{m}$
② $S = 100\text{kN}$, $M = 1000\text{kN} \cdot \text{m}$
③ $S = 200\text{kN}$, $M = 500\text{kN} \cdot \text{m}$
④ $S = 200\text{kN}$, $M = 1000\text{kN} \cdot \text{m}$

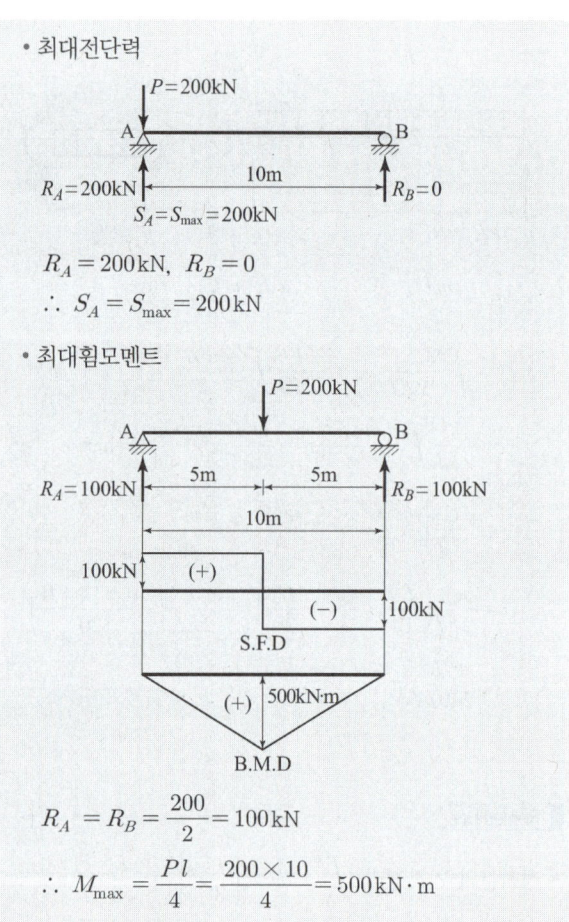

- 최대전단력

$R_A = 200\text{kN}$, $R_B = 0$
∴ $S_A = S_{\max} = 200\text{kN}$

- 최대휨모멘트

$R_A = R_B = \dfrac{200}{2} = 100\text{kN}$

∴ $M_{\max} = \dfrac{Pl}{4} = \dfrac{200 \times 10}{4} = 500\text{kN} \cdot \text{m}$

Remember

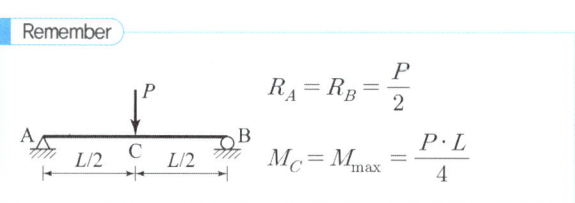

$R_A = R_B = \dfrac{P}{2}$

$M_C = M_{\max} = \dfrac{P \cdot L}{4}$

15 그림과 같은 단순보의 최대 휨응력은?

① 8.333MPa
② 6.333MPa
③ 7.333MPa
④ 5.333MPa

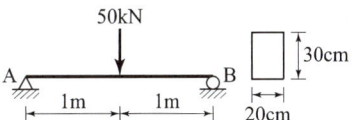

- 단순보의 최대 휨응력
$$\sigma_{max} = \frac{M_{max}}{Z} = \frac{\frac{PL}{4}}{\frac{bh^2}{6}}$$

- 단순보의 중앙에 집중하중이 작용하는 최대휨모멘트
$$M_{max} = \frac{PL}{4} = \frac{50 \times 10^3 \times 2 \times 10^3}{4} = 25 \times 10^6 \text{N} \cdot \text{mm}$$

- 직사각형의 단면계수
$$Z = \frac{bh^2}{6} = \frac{200 \times 300^2}{6} = 3000000 \text{mm}^3$$

$$\therefore \sigma_{max} = \frac{M_{max}}{Z} = \frac{25 \times 10^6}{3000000} = 8.333\text{MPa}$$

16 길이 20cm, 단면 20cm×20cm인 부재에 1000kN의 전단력이 가해졌을 때 전단변형량은? (단, 전단탄성계수 $G = 8000$MPa이다.)

① 0.0625cm
② 0.00625cm
③ 0.0725cm
④ 0.00725cm

$$\tau = \frac{S}{A} = G \cdot \gamma = G \frac{\lambda}{l} \text{에서}$$

- 전단변형량 $\lambda = \frac{Sl}{GA}$ (∵ 단위 MPa=N/mm² 통일)

$$\therefore \lambda = \frac{1000 \times 10^3 \times 200}{8000 \times (200 \times 200)} = 0.625\text{mm} = 0.0625\text{cm}$$

17 길이가 4m인 원형단면 기둥의 세장비가 100이 되기 위한 기둥의 지름은? (단, 지지상태는 양단 힌지로 가정한다.)

① 200mm
② 180mm
③ 160mm
④ 120mm

원형단면 기둥(양단힌지 $k = 1.0$)
- 세장비 $\lambda = \frac{l}{\sqrt{\frac{I}{A}}} = \frac{l}{\sqrt{\frac{\pi d^4/64}{\pi d^2/4}}} = \frac{l}{\frac{d}{4}} = 100$

- $\frac{d}{4} = \frac{l}{\lambda} = \frac{4000}{100}$ ∴ $d = 160$mm

18 휨모멘트 M을 받고 있는 원형단면의 보를 설계하려고 한다. 이 보의 허용응력을 σ_a라 할 때 단면의 지름 d는?

① $d = 10.19\left(\frac{M}{\sigma_a}\right)$
② $d = 3.19\sqrt{\frac{M}{\sigma_a}}$
③ $d = 2.17\sqrt[3]{\frac{M}{\sigma_a}}$
④ $d = 1.79\sqrt[4]{\frac{M}{\sigma_a}}$

허용응력 $\sigma_a = \frac{M}{Z}$에서

- 원형단면의 단면계수
$$Z = \frac{M}{\sigma_a} = \frac{\pi d^3}{32} \Rightarrow d^3 = \frac{32M}{\pi \sigma_a}$$

$$\therefore d = \sqrt[3]{\frac{32M}{\pi \sigma_a}} = \left(\frac{32}{\pi}\right)^{\frac{1}{3}} \sqrt[3]{\frac{M}{\sigma_a}} = 2.17\sqrt[3]{\frac{M}{\sigma_a}}$$

19 탄성계수가 E, 포아송비가 ν인 재료의 체적 탄성계수 K는?

① $K = \frac{E}{2(1-\nu)}$
② $K = \frac{E}{2(1-2\nu)}$
③ $K = \frac{E}{3(1-\nu)}$
④ $K = \frac{E}{3(1-2\nu)}$

- 전단탄성계수
$$G = \frac{mE}{2(m+1)} = \frac{E}{2\left(1+\frac{1}{m}\right)} = \frac{E}{2(1+\nu)}$$

- 포아송비 $\nu = \frac{1}{\text{포아송수}(m)}$

- 체적탄성계수
$$K = \frac{mE}{3(m-2)} = \frac{E}{3\left(1-\frac{2}{m}\right)} = \frac{E}{3(1-2\nu)}$$

□□□ 기 82,83,11④,19②,25③

20 아래 그림과 같은 트러스에서 U부재에 일어나는 부재내력은?

① 90kN(압축)
② 90kN(인장)
③ 150kN(압축)
④ 150kN(인장)

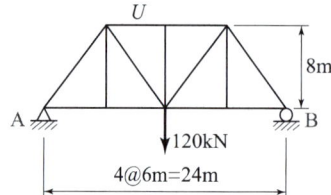

$t-t$의 절단에서

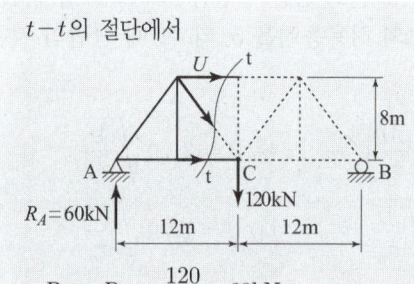

- $R_A = R_B = \dfrac{120}{2} = 60\text{kN}$
- $\sum M_C = 0\ ;\ 60 \times 12 + U \times 8 = 0$
- $\therefore U = -90\text{kN} = 90\text{kN}(\text{압축})$

제2과목 : 측량학

□□□ 기 01,11,15②,25③

21 삼각형 토지의 3변 길이가 각각 25.4m, 40.8m, 50.6m일 때, 축척 1/600 도면상의 면적은?

① 14.3cm²
② 12.8cm²
③ 0.86cm²
④ 0.74cm²

헤론의 공식 적용
$A = \sqrt{S(S-a)(S-b)(S-c)}$
여기서, $S = \dfrac{a+b+c}{2}$

- $S = \dfrac{25.4 + 40.8 + 50.6}{2} = 58.4\text{m}$
- $A = \sqrt{58.4(58.4-25.4)(58.4-40.8)(58.4-50.6)}$
   $= 514.36\text{m}^2$
- $\therefore A_0 = A \cdot m^2 = 514.36 \times \left(\dfrac{1}{600}\right)^2$
   $= 1.43 \times 10^{-3}\text{m}^2 = 14.3\text{cm}^2$

□□□ 기 12,14,19②,25③

22 대상구역을 삼각형으로 분할하여 각 교점의 표고를 측량한 결과가 그림과 같을 때 토공량은?

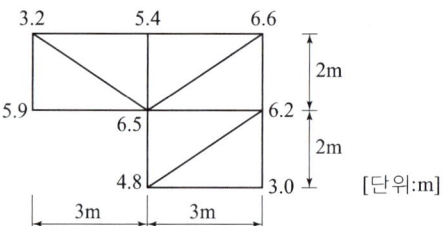

① 98m³
② 100m³
③ 102m³
④ 104m³

$V = \dfrac{a \cdot b}{6}(\sum h_1 + 2\sum h_2 + 3\sum h_3$
　　　　$+ 4\sum h_4 + 5\sum h_5 + 6\sum h_6)$

- $\sum h_1 = 5.9 + 3.0 = 8.9\text{m}$
- $\sum h_2 = 3.2 + 5.4 + 6.6 + 4.8 = 20\text{m}$
- $\sum h_3 = 6.2\text{m}$
- $\sum h_4 = 0\text{m}$
- $\sum h_5 = 6.5\text{m}$
- $\therefore V = \dfrac{2 \times 3}{6}(8.9 + 2 \times 20 + 3 \times 6.2 + 4 \times 0 + 5 \times 6.5)$
   $= 100\text{m}^3$

□□□ 기 96,07,11,15,22②,25③

23 그림과 같은 트래버스에서 AL의 방위각이 19°48′26″, BM의 방위각이 310°36′43″, 관측한 교각의 총합이 1190°47′22″일 때 측각오차의 크기는?

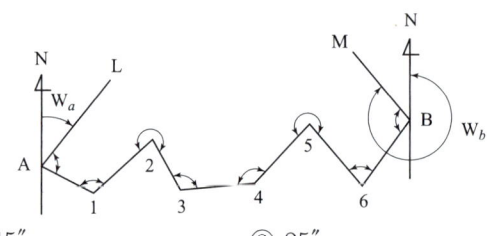

① 15″
② 25″
③ 47″
④ 55″

$\Delta\alpha = W_a + [\alpha] - (n-3)180° - W_b$
$= 19°48′26″ + 1190°47′22″ - (8-3)180° - 310°36′43″$
$= 55″$

□□□ 기 96,04,08,11,14,15④,25③

24 축척 1:25000의 수치지형도에서 경사가 10%인 등경사 지형의 주곡선간 도상거리는?

① 2mm ② 4mm
③ 6mm ④ 8mm

- 구배 $i = \dfrac{h}{D} = 10\%$에서
- 수평거리 $D = \dfrac{h}{i} = \dfrac{10}{0.10} = 100\,m$
  (∵ 1/25000지형도의 주곡선 간격은 10m이다.)
- ∴ 도상거리 $l = \dfrac{D}{m} = \dfrac{100}{25000} = 0.004\,m = 4\,mm$

Remember

등고선의 종류

곡선의 종류	1/10000	1/25000	1/50000
계곡선	25m	50m	100m
주곡선	5m	10m	20m
간곡선	2.5m	5m	10m
조곡선	1.25m	2.5m	5m

□□□ 기 94,04,14②,25③

25 지구상의 △ABC를 측정한 결과, 두 변의 거리가 $a = 30km$, $b = 20km$이었고, 그 사잇각 80°이었다면 이때 발생하는 구과량은? (단, 지구의 곡선반지름은 6400km로 가정한다.)

① 1.49″ ② 1.62″
③ 2.04″ ④ 2.24″

구면삼각형 면적 $F = \dfrac{1}{2}ab\sin\alpha$
$= \dfrac{1}{2} \times 30 \times 20 \times \sin 80°$
$= 295.44\,km^2$

∴ 구과량 $\epsilon = \dfrac{F}{r^2}\rho''$
$= \dfrac{295.44}{6400^2} \times 206265'' = 1.49''$

□□□ 기 97,02,16①,25③

26 그림과 같은 복곡선(Compound Curve)에서 관계식으로 틀린 것은?

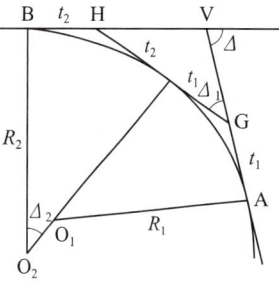

① $\Delta_1 = \Delta - \Delta_2$

② $t_2 = R_2 \tan\dfrac{\Delta_2}{2}$

③ $VG = (\sin\Delta_2)\left(\dfrac{GH}{\sin\Delta}\right)$

④ $VB = (\sin\Delta_2)\left(\dfrac{GH}{\sin\Delta}\right) + t_2$

$\Delta = \Delta_1 + \Delta_2$ ∴ $\Delta_1 = \Delta - \Delta_2$
ΔVHG에서 sin법칙 적용
$\dfrac{VH}{\sin\Delta_1} = \dfrac{VG}{\sin\Delta_2} = \dfrac{GH}{\sin\Delta}$ 에서
$VH = \dfrac{\sin\Delta_1}{\sin\Delta}GH = \sin\Delta_1\dfrac{GH}{\sin\Delta}$
∴ $VB = VH + HB = \sin\Delta_1\left(\dfrac{GH}{\sin\Delta}\right) + t_2$

□□□ 기 16①,25③

27 다각측량을 위한 수평각 측정방법 중 어느 측선의 바로 앞 측선의 연장선과 이루는 각을 측정하여 각을 측정하는 방법은?

① 편각법 ② 교각법
③ 방위각법 ④ 전진법

수평각 관측법
- 편각법 : 측선의 연장선과 그 다음 측선이 이루는 각을 편각이라 한다.
- 교각법 : 서로 이웃하는 두 개의 측선이 만나 이루는 각을 교각이라 한다.
- 방위각법 : 진북을 기준으로 어느 측선까지의 각을 시계방향으로 각 관측하는 방법

☐☐☐ 기 07,13,16④,25③

28 A와 B의 좌표가 다음과 같을 때 측선 AB의 방위각은?

A점의 좌표 = (179847.1m, 76614.3m)
B점의 좌표 = (179964.5m, 76625.1m)

① 5°23′15″ ② 185°15′23″
③ 185°23′15″ ④ 5°15′22″

AB의 방위

$$\theta = \tan^{-1} \frac{Y_B - Y_A}{X_B - X_A}$$
$$= \tan^{-1} \frac{76625.1 - 76614.3}{179964.5 - 179847.1} = \tan^{-1} \frac{10.8}{117.4}$$
$$= 5°15′22″ (\therefore 1상한)$$

∴ AB의 방위각 = 5°15′22″

Remember

$\dfrac{y_B - y_X}{x_B - x_a}$의 부호	상한
$\dfrac{+}{+}$	제1상한
$\dfrac{+}{-}$	제2상한
$\dfrac{-}{-}$	제3상한
$\dfrac{-}{+}$	제4상한

☐☐☐ 기 99,16②,25③

29 거리 2.0km에 대한 양차는? (단, 굴절계수 K는 0.14, 지구의 반지름은 6370km이다.)

① 0.27m ② 0.29m
③ 0.31m ④ 0.33m

양차 $h = \dfrac{D^2}{2R}(1-K)$
$= \dfrac{2^2}{2 \times 6370}(1-0.14) \times 10^3 = 0.270\text{m}$
(∴ 1km = 10^3m)

☐☐☐ 기 00,13②,18①,25③

30 삼각망의 종류 중 유심삼각망에 대한 설명으로 옳은 것은?

① 삼각망 가운데 가장 간단한 형태이며 측량의 정확도를 얻기 위한 조건이 부족하므로 특수한 경우 외에는 사용하지 않는다.
② 가장 높은 정확도를 얻을 수 있으나 조정이 복잡하고 포함된 면적이 작으며 특히 기선을 확대할 때 주로 사용한다.
③ 거리에 비하여 측점수가 가장 적으므로 측량이 간단하며 조건식의 수가 적어 정도가 낮다.
④ 광대한 지역의 측량에 적합하며 정확도가 비교적 높은 편이다.

유심삼각망
• 동일 측점수에 비하여 피복면적이 가장 넓기 때문에 광대한 지역의 측량에는 유심삼각망으로 한다.
• 넓은 지역에 적당하고, 정확도는 단열삼각망과 사변형삼각망의 중간 정도이다.

☐☐☐ 기 20②,25③

31 아래 종단수준측량의 야장에서 ㉠, ㉡, ㉢에 들어갈 값으로 옳은 것은? (단위 : m)

측점	후시	기계고	전시 전환점	전시 이기점	지반고
BM	0.175	㉠			37.133
No. 1				0.154	
No. 2				1.569	
No. 3				1.143	
No. 4	1.098	㉡	1.237		㉢
No. 5				0.948	
No. 6				1.175	

① ㉠ : 37.308, ㉡ : 37.169, ㉢ : 36.071
② ㉠ : 37.308, ㉡ : 36.071, ㉢ : 37.169
③ ㉠ : 36.958, ㉡ : 35.860, ㉢ : 37.097
④ ㉠ : 36.958, ㉡ : 37.097, ㉢ : 35.860

㉠ 기계고=지반고+후시=37.133+0.175=37.308m
㉢ 지반고=기계고−전시=37.308−1.237=36.071m
㉡ 기계고=지반고+후시=36.071+1.098=37.169m

32
수평각관측방법에서 그림과 같이 각을 관측하는 방법은?

① 방향각관측법
② 반복관측법
③ 배각관측법
④ 조합각관측법

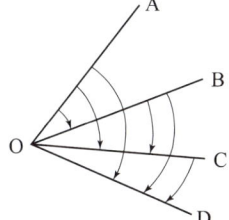

조합각관측법(각관측법)
수평각 관측방법 중 가장 정확한 값을 얻을 수 있으며, 1등 삼각측량에 주로 사용하며 정도가 가장 높다.

33
별을 이용한 천문측량시 보정해야 할 사항이 아닌 것은?

① 부게보정
② 시차보정
③ 기차보정
④ 광행차보정

부게보정
지오이드면과 높이 h인 면 사이의 물질을 고려하는 보정

34
어떤 측선의 길이를 3인(A, B, C)이 관측하여 아래와 같은 결과를 얻었을 때 최확값은?

A : 100.287m(5회 관측)
B : 100.376m(3회 관측)
C : 100.432m(2회 관측)

① 100.298m
② 100.312m
③ 100.343m
④ 100.376m

- 경중률은 관측횟수에 비례한다.
- $P_a : P_b : P_c = 5 : 3 : 2$
- 단측법으로 측각했으므로 경중률은 관측횟수에 비례
- 최확치 $M_o = \dfrac{P_A l_A + P_B l_B + P_C l_C}{P_A + P_B + P_C}$
  $= 100 + \dfrac{5 \times 0.287 + 3 \times 0.376 + 2 \times 0.432}{5+3+2}$
  $= 100.343\text{m}$

35
$\triangle ABC$의 꼭지점에 대한 좌표값이 (30, 50), (20, 90), (60, 100)일 때 삼각형 토지의 면적은? (단, 좌표의 단위 : m)

① 500m²
② 750m²
③ 850m²
④ 960m²

측점순	x	y	$(x_{i-1} - x_{i+1})y$
1	30	50	$(60-20) \times 50 = 2000$
2	20	90	$(30-60) \times 90 = -2700$
3	60	100	$(20-30) \times 100 = -1000$
계			-1700

$\therefore A = \dfrac{|\text{배면적}|}{2} = \dfrac{|-1700|}{2} = 850\text{m}^2$

36
도로 설계 시에 단곡선의 외할(E)은 10m, 교각은 60°일 때, 접선길이($T.L$)은?

① 42.4m
② 37.3m
③ 32.4m
④ 27.3m

접선길이 $T.L = R \tan \dfrac{I}{2}$

- 외선길이(외할) $E = R\left(\sec \dfrac{I}{2} - 1\right)$에서

$R = \dfrac{E}{\sec \dfrac{I}{2} - 1} = \dfrac{10}{\dfrac{1}{\cos \dfrac{60°}{2}} - 1} = 64.641\text{m}$

$\therefore T.L = 64.641 \times \tan \dfrac{60}{2} = 37.3\text{m}$

37
노선측량에서 단곡선 설치 시 필요한 교각 $I = 95°30'$, 곡선반지름 $R = 300$m일 때 장현(long chord : L)은?

① 222.065m
② 298.619m
③ 444.131m
④ 597.238m

장현 $L = 2R \sin \dfrac{I}{2} = 2 \times 300 \sin \dfrac{95°30'}{2} = 444.131\text{m}$

□□□ 기 20③,22③,25③

38 다음 우리나라에서 사용되고 있는 좌표계에 대한 설명 중 옳지 않은 것은?

> 우리나라의 평면직각좌표는 ㉠ 4개의 평면직각좌표계(서부, 중부, 동부, 동해)를 사용하고 있다. 각 좌표계의 ㉡ 원점은 위도 38°선과 경도 125°, 127°, 129°, 131° 선의 교점에 위치하며, ㉢ 투영법은 TM(Transverse Mercator)을 사용한다. 좌표의 음수 표기를 방지하기 위해 ㉣ 횡좌표에 200000m, 종좌표에 500000m를 가산한 가좌표를 사용한다.

① ㉠
② ㉡
③ ㉢
④ ㉣

> 평면직각좌표에서는 횡좌표(Y축)에 200000m, 종좌표(X축)에 600000m를 가산한 가좌표를 사용한다.

□□□ 기 80,88,94,98,13,17②,25③

39 측지학과 관련된 설명으로 옳은 것은? (단, N : 지구의 횡곡률반지름, R : 지구의 자오선 곡률반지름, a : 타원지구의 적도반지름, b : 타원지구의 극반지름)

① 측량의 원점에서의 평균 곡률반지름은 $\dfrac{a+2b}{3}$ 이다.

② 타원에 대한 지구의 곡률반지름은 $\dfrac{a-b}{a}$ 로 표시된다.

③ 지구의 편평률은 $\sqrt{N \cdot R}$ 로 표시된다.

④ 지구의 이심률(편심률)은 $\dfrac{\sqrt{a^2-b^2}}{a}$ 로 표시된다.

> • 3축반경 : $R = \dfrac{2a+b}{3}$
>
> • 지구의 편평률 : $P = \dfrac{a-b}{a}$
>
> • 평균 곡률반지름 : $R = \sqrt{MN}$
>
> • 지구의 편심률 : $e = \sqrt{\dfrac{a^2-b^2}{a^2}} = \dfrac{\sqrt{a^2-b^2}}{a}$

□□□ 기 12,17①,25③

40 지자기측량을 위한 관측요소가 아닌 것은?

① 지자기의 방향과 자오선과의 각
② 지자기의 방향과 수평면과의 각
③ 자오선으로부터 좌표북 사이의 각
④ 수평면내에서의 자기장의 크기

> 지자기 측량을 위한 3요소
> • 편각 : 지자기의 방향과 자오선과의 각
> • 복각 : 지자기의 방향과 수평면과의 각
> • 수평분력 : 수평면내에서의 자기장의 크기

제3과목 : 수리학 및 수문학

□□□ 기 82,95,07,18③,25③

41 수리실험에서 점성력이 지배적인 힘이 될 때 사용할 수 있는 모형법칙은?

① Reynolds 모형법칙
② Froude 모형법칙
③ Weber 모형법칙
④ Cauchy 모형법칙

> 수리모형법칙과 지배인자
>
> | 모형법칙 | 지배인자 |
> | --- | --- |
> | Cauchy 모형법칙 | 탄성력 |
> | Reynolds 모형법칙 | 점성력 |
> | Froude 모형법칙 | 중력이 흐름을 지배 |
> | Weber 모형법칙 | 표면장력이 흐름지배 |

□□□ 기 97,18①,25③

42 수리학에서 취급되는 다음 여러 가지 양에 대한 차원이 옳은 것은?

① 유량 = $[L^3 T^{-1}]$
② 힘 = $[MLT^{-3}]$
③ 동점성계수 = $[L^3 T^{-1}]$
④ 운동량 = $[MLT^{-2}]$

> • 힘 = $[MLT^{-2}]$
> • 동점성계수 = $[L^2 T^{-1}]$
> • 운동량 = $[MLT^{-1}]$

정답 38 ④ 39 ④ 40 ③ 41 ① 42 ①

☐☐☐ 기 06,14①,17④,25③

43 수표면적이 10km²되는 어떤 저수지 수면으로부터 2m 위에서 측정된 대기의 평균온도가 25℃, 상대습도가 65%이고, 저수지 수면 6m 위에서 측정한 풍속이 4m/s, 증발률(E_o)이 1.44mm/day이었다면 이 저수지 수면으로부터의 일증발량(E_{day})은?

① 42300m³/day ② 32900m³/day
③ 27300m³/day ④ 14400m³/day

> 일증발량 = 증발률×수표면적
> $E_{day} = 1.44 \times 10^{-3} \times 10 \times 10^6 = 14400 \text{m}^3/\text{day}$

☐☐☐ 기 93,98,14②,18①,25③

44 비력(special force)에 대한 설명으로 옳은 것은?

① 물의 충격에 의해 생기는 힘의 크기
② 비에너지가 최대가 되는 수심에서의 에너지
③ 한계수심으로 흐를 때 한 단면에서의 총에너지 크기
④ 개수로의 어떤 단면에서 단위중량당 동수압과 정수압의 합계

> 비력(충력치) : 개수로의 한 단면에서 동수압(운동량)과 정수압의 합을 물의 단위중량으로 나눈값을 말한다.
> $\therefore M = \eta \dfrac{Q}{g} v + h_g A = \text{const}$

☐☐☐ 기 09,10,17①,25③

45 중량이 600N, 비중이 3.0인 물체를 물(담수)속에 넣었을 때 물속에서의 중량은?

① 100N ② 200N
③ 300N ④ 400N

> • 물속에서의 중량 $W' = W - w'V$
> • 물속에서의 부피
> $V = \dfrac{W}{w} = \dfrac{600\text{N}}{3(\text{N/cm}^3)} = 200 \text{cm}^3$
> $\therefore$ 수중중량 $W' = W - w'V = 600 - 1 \times 200 = 400\text{N}$

☐☐☐ 기 96,00,01,14④,15①,25③

46 직각삼각형 예연 위어의 월류수심이 30cm일 때 이 위어를 통과하여 1시간 동안 방출된 수량은?
(단, 유량계수(C)=0.6)

① 0.069m³ ② 0.091m³
③ 251.3m³ ④ 318.8m³

> $Q = \dfrac{8}{15} C \tan\dfrac{\theta}{2} \sqrt{2g} h^{5/2}$
> $= \dfrac{8}{15} \times 0.6 \times \tan\dfrac{90°}{2} \times \sqrt{2 \times 9.8} \times 0.30^{5/2}$
> $= 0.0699 \text{m}^3/\text{sec} = 251.3 \text{m}^3/\text{hr}$
> $\therefore Q = 251.3 \text{m}^3/\text{hr} \times 1\text{hr} = 251.3 \text{m}^3$

☐☐☐ 기 01,06,08,15①,25③

47 자연하천에서 수위-유량관계곡선이 loop형을 이루게 되는 이유가 아닌 것은?

① 배수 및 저수 효과
② 하도의 인공적 변화
③ 홍수 시 수위의 급변화
④ 조류 발생

> 자연하천의 경우, 수위-유량곡선은 수위가 상승할 때와 하강할 때 다른 모양으로 loop형이 되는데, 그 이유는 준설, 세굴, 퇴적 등에 의한 하천의 변화, 하도의 인공적 변화, 배수 및 저하 효과, 홍수시 수위의 급상승 또는 하강 등의 효과 때문이다.

☐☐☐ 기 07,10①,14②,17②,18②,25③

48 강우자료의 일관성을 분석하기 위해 사용하는 방법은?

① 합리식
② DAD 해석법
③ 누가우량곡선법
④ SCS(Soil Conservation Service) 방법

> 이중누가우량곡석법
> 우량계의 위치, 노출 상태, 관측 방법 및 주위 환경 변화가 생겼을 때 이들 자료의 일관성을 검사 및 교정하기 위한 방법이다.

정답 43 ④ 44 ④ 45 ④ 46 ③ 47 ④ 48 ③

기 00,16②,19③,25③

49 개수로에서 일정한 단면적에 대하여 최대유량이 흐르는 조건은?

① 수심이 최대이거나 수로폭이 최소일 때
② 수심이 최소이거나 수로폭이 최대일 때
③ 윤변이 최소이거나 경심이 최대일 때
④ 윤변이 최대이거나 경심이 최소일 때

- $Q = AV = AC\sqrt{RI}$ 에서 경심 $R = \dfrac{A}{P}$
∴ 윤변 P_{min} 가 최소이고 경심 R_{max} 이 최대일 때 Q_{max} 가 된다.

기 96,00,12,15②,23②,25③

50 원형댐의 월류량(Q_p)이 1000m³/s이고 수문을 개방하는 데 필요한 시간(T_p)이 40초라 할 때 1/50 모형(模型)에서의 유량(Q_m)과 개방시간(T_m)은? (단, 중력가속도비(g_r)는 1로 가정한다.)

① $Q_m = 0.057\text{m}^3/\text{s}, \ T_m = 5.657\text{s}$
② $Q_m = 1.623\text{m}^3/\text{s}, \ T_m = 0.825\text{s}$
③ $Q_m = 56.56\text{m}^3/\text{s}, \ T_m = 0.825\text{s}$
④ $Q_m = 115.00\text{m}^3/\text{s}, \ T_m = 5.657\text{s}$

Froude의 상사법칙 적용
- 유량 $Q_m = Q_p L_r^{5/2} = 1000 \times \left(\dfrac{1}{50}\right)^{5/2}$
$= 0.057 \text{m}^3/\text{sec}$
- 시간 $T_m = T_p L_r^{1/2} = 40 \times \left(\dfrac{1}{50}\right)^{1/2} = 5.657 \text{sec}$

기 95,08,11,14,16①,25③

51 개수로 지배단면의 특성으로 옳은 것은?

① 하천흐름이 부정류인 경우에 발생한다.
② 완경사의 흐름에서 배수곡선이 나타나면 발생한다.
③ 상류흐름에서 사류흐름으로 변화할 때 발생한다.
④ 사류인 흐름에서 도수가 발생할 때 발생한다.

상류에서 사류로 변화하는 흐름에서는 한계수심이 되는 단면에서 수심과 유량과의 관계가 일시적으로 정하여지므로 이 단면을 지배단면이라 한다.

기 97,08,17④,25③

52 수심 H에 위치한 작은 오리피스(orifice)에서 물이 분출할 때 일어나는 손실수두(Δh)의 계산식으로 틀린 것은? (단, V_a는 오리피스에서 측정된 유속이며 C_v는 유속계수이다.)

① $\Delta h = H - \dfrac{V_a^2}{2g}$
② $\Delta h = H(1 - C_v^2)$
③ $\Delta h = \dfrac{V_a^2}{2g}\left(\dfrac{1}{C_v^2} - 1\right)$
④ $\Delta h = \dfrac{V_a^2}{2g}\left(\dfrac{1}{C_v^2 + 1}\right)$

오리피스에서 일어나는 손실수두
- $V = \sqrt{2gH}$ 에서 실제 유속은 $V_a = C_v\sqrt{2gH}$ 이다.
- $V_a^2 = C_v^2 \cdot 2gH$ 에서 $H = \dfrac{1}{C_v^2} \dfrac{V^2}{2g}$
- 손실수두=전수두−유속수두
$\Delta h = H - \dfrac{V_a^2}{2g} = \dfrac{1}{C_v^2}\dfrac{V_o^2}{2g} - \dfrac{V_o^2}{2g} = \dfrac{V_o^2}{2g}\left(\dfrac{1}{C_v^2} - 1\right)$
$= \left(\dfrac{1}{C_v^2} - 1\right)\dfrac{C_v^2 \cdot 2gH}{2g}$
$= \dfrac{1 - C_v^2}{C_v^2} \cdot \dfrac{C_v^2 \cdot 2gH}{2g}$
$= (1 - C_v^2)H = H(1 - C_v^2)$

기 16①,25③

53 베르누이 정리를 $\dfrac{\rho}{2}V^2 + wZ + P = H$로 표현할 때, 이 식에서 정체압(stagnation pressure)은?

① $\dfrac{\rho}{2}V^2 + wZ$로 표시한다.
② $\dfrac{\rho}{2}V^2 + P$로 표시한다.
③ $wZ + P$로 표시한다.
④ P로 표시한다.

- 정체압 : $\dfrac{\rho}{2}V^2 + P$
- 동압력 : $\dfrac{\rho}{2}V^2$
- 정압력 : P

54 그림과 같이 $d_1 = 1$m인 원통형 수조의 측벽에 안지름 $d_2 = 10$cm의 관으로 송수할 때의 평균유속(V_2)이 2m/s이었다면 이때의 유량 Q와 수조의 수면이 강하하는 유속 V_1은?

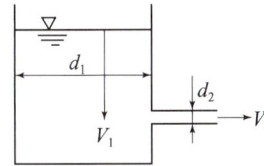

① $Q = 1.57$L/s, $V_1 = 2$cm/s
② $Q = 1.57$L/s, $V_1 = 3$cm/s
③ $Q = 15.7$L/s, $V_1 = 2$cm/s
④ $Q = 15.7$L/s, $V_1 = 3$cm/s

$Q = A_1 V_1 = A_2 V_2$

$\dfrac{\pi \times 100^2}{4} V_1 = \dfrac{\pi \times 10^2}{4} \times 200$

$\therefore V_1 = 2$cm/sec

$\therefore Q = \dfrac{\pi \times 100^2}{4} \times 2 = 15708$ cm³/sec $= 15.7$L/s

($\because 1$L $= 1000$cm³)

---

55 Hardy-Cross의 관망계산 시 가정조건에 대한 설명으로 옳은 것은?

① 합류점에 유입하는 유량은 그 점에서 1/2만 유출된다.
② 각 분기점에 유입하는 유량은 그 점에서 정지하지 않고 전부 유출한다.
③ 폐합관에서 시계방향 또는 반시계방향으로 흐르는 관로의 손실수두의 합은 0이 될 수 없다.
④ Hardy-Cross 방법은 관경에 관계없이 관수로의 분할 개수에 의해 유량분배를 하면 된다.

Hardy-Cross의 가정조건
• 각 분기점 또는 합류점에 유입하는 수량은 그 점에서 정지하지 않고 전부 유출한다.
• 각 폐합관에서 시계방향 또는 반시계방향으로 흐르는 관로의 손실수두의 합은 흐름의 방향에 관계없이 0이다.
• 초기 유량을 가정하며 마찰손실만을 고려한다.
• 보정량은 +, - 값 모두를 갖는다.

---

56 대규모 수공구조물의 설계우량으로 가장 적합한 것은?

① 평균면적 우량
② 발생 가능 최대강수량(PMP)
③ 기록상의 최대우량
④ 재현기간 100년에 해당하는 강우량

가능 최대강우량(PMP ; probable maximum precipitation)
• 어떤 지역에 태풍이나 호우 등 최악의 기상조건이 발생한 경우 유역에 내릴 수 있는 가상의 최대강우량이다.
• 대규모 수공구조물을 설계할 때 기준하는 우량이다.
• 발생 가능 최대강수량은 가능 최대홍수량을 결정하는 기준으로 사용된다.
• 강우-유출모형에서 홍수량을 환산하여 수공구조물의 크기를 결정한다.

---

57 유역면적 20km² 지역에서 수공구조물의 축조를 위해 다음 아래의 수문곡선을 얻었을 때, 총유출량은?

① 108m³
② 108×10^4m³
③ 300m³
④ 300×10^4m³

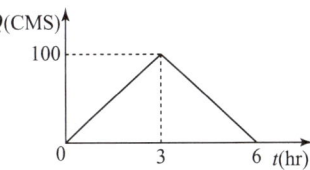

총유출량 $V = \dfrac{1}{2} Q(\text{m}^3/\text{s}) \cdot t(\text{sec})$

• $Q = 100$m³/sec
• $t = 6$(hr)$\times 60 \times 60 = 21600$sec

$\therefore V = \dfrac{1}{2} \times 100 \times 21600$
$\qquad = 1080000$m³ $= 108 \times 10^4$m³

Remember

유출깊이
$h = \dfrac{V}{A} = \dfrac{1080000}{20 \times 10^6} = 0.054$m $= 54$mm
($\because 1$km² $= 10^6$m²)

□□□ 기 94,01,07,13,15④,16①,25③

58 그림에서 $h=25\text{cm}$, $H=40\text{cm}$이다. A, B 두 점의 압력차는 얼마인가?

① 1N/cm^2
② 3N/cm^2
③ 49N/cm^2
④ 100N/cm^2

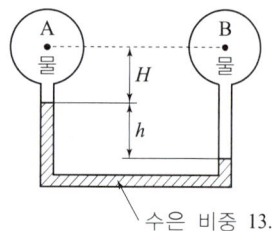

수은 비중 13.55

$P_A + wH + w_o h = P_B + w(H+h)$에서
(∵ 관이 수평이므로 높이차만 고려함)
- $P_A + w_o h = P_B + wh$
  $P_A + 13.55 \times 25 = P_B + 1 \times 25$
  ∴ $P_B - P_A = (13.55 - 1) \times 25$
  $= 313.75 \text{g/cm}^2 = 0.31375 \text{kg/cm}^2$
  $= 0.31375 \times 9.8 = 3.07 \text{N/cm}^2 \fallingdotseq 3\text{N/cm}^2$

Remember

$1 \text{kg/cm}^2 = 9.8 \text{N/cm}^2 = 98 \text{kPa}$

□□□ 기 10,17②,25③

59 그림과 같은 관로의 흐름에 대한 설명으로 옳지 않은 것은? (단, h_1, h_2는 위치 1, 2에서의 수두, h_{LA}, h_{LB}는 각각 관로 A 및 B에서의 손실수두이다.)

① $h_{LA} = h_{LB}$
② $Q = Q_A + Q_B$
③ $Q_A = Q_B$
④ $h_2 = h_1 + h_{LA}$

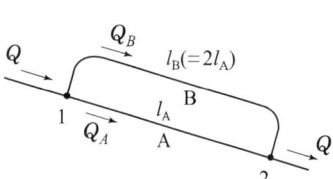

한 개의 관이 분기된 후 합류하는 경우 두관 사이의 손실수두는 동일하다.
- 병렬관수로 $Q = Q_A + Q_B$
- $h_2 = h_1 + h_{LA} = h_1 + h_{LB}$
- $h_{LA} = h_{LB}$

□□□ 기 01,10②,19③,25③

60 관수로에 물이 흐를 때 층류가 되는 레이놀즈수(Re, Reynolds Number)의 범위는?

① Re < 2000
② 2000 < Re < 3000
③ 3000 < Re < 4000
④ Re > 4000

레이놀즈(Reynolds)수
- 무차원의 수로 흐름상태를 구분하는 지표이다.
- Re < 2000 : 층류
- Re < 4000 : 난류
- 2000 < Re < 4000 : 천이영역

제4과목 : 철근콘크리트 및 강구조

□□□ 기 09,10,11,13,18①,19②,25③

61 그림과 같은 철근콘크리트 보 단면이 파괴 시 인장 철근의 변형률은? (단, $f_{ck} = 28\text{MPa}$, $f_y = 350\text{MPa}$, $A_s = 1520\text{mm}^2$)

① 0.004
② 0.008
③ 0.011
④ 0.015

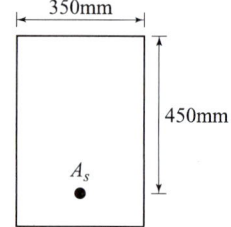

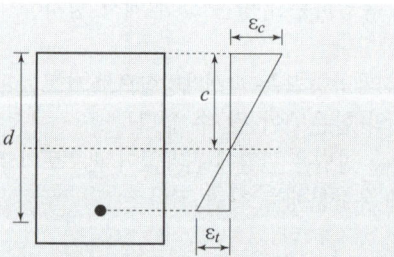

$c : \epsilon_c = (d-c) : \epsilon_t$에서 변형률 $\epsilon_t = \dfrac{(d-c) \times 0.0033}{c}$

- $a = \dfrac{A_s f_y}{\eta(0.85 f_{ck})b} = \dfrac{1520 \times 350}{1 \times 0.85 \times 28 \times 350} = 64\text{mm}$

- $c = \dfrac{a}{\beta_1} = \dfrac{64}{0.80} = 80\text{mm}$

- ∴ $\epsilon_t = \dfrac{(450-80) \times 0.0033}{80} = 0.015$

☐☐☐ 기 06,09,10,14,16,19②,25③

62 그림과 같은 단면의 중간 높이에 초기 프리스트레스 900kN을 작용시켰다. 20%의 손실을 가정하여 하단 또는 상단의 응력이 영(零)이 되도록 이 단면에 가할 수 있는 모멘트의 크기는?

① 90kN·m
② 84kN·m
③ 72kN·m
④ 65kN·m

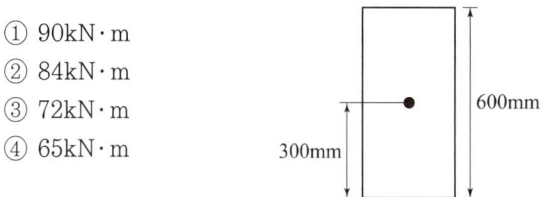

$f = \dfrac{P}{A} - \dfrac{M}{I}y = 0$ 에서

$M = \dfrac{P_e \cdot I}{A \cdot y} = \dfrac{P_e bh^2}{6bh}$

$= \dfrac{P_e \cdot h}{6}$

• $P_e = P_i - \Delta P = 900 - 900 \times 0.20 = 720\,\text{kN}$

∴ $M = \dfrac{720 \times 0.6}{6}$

$= 72\,\text{kN·m}$

☐☐☐ 기 13,15④,25③

63 그림과 같은 리벳 연결에서 리벳의 허용력은? (단, 리벳 지름은 12mm이며, 리벳의 허용전단응력은 200MPa, 허용지압응력은 400MPa이다.)

① 60.2kN
② 55.2kN
③ 45.2kN
④ 40.2kN

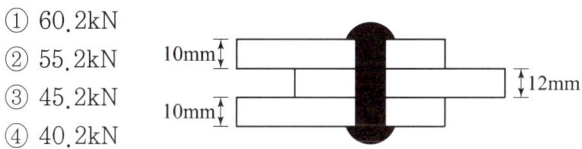

• 전단세기 $\rho_s = v_a \dfrac{\pi d^2}{4} \times 2$

$= 200 \times \dfrac{\pi \times 12^2}{4} \times 2 = 45239\,\text{N}$

$= 45.2\,\text{kN}$

• 지압세기 $\rho_b = f_{ba} \cdot d \cdot t$

$= 400 \times 12 \times 12 = 57600\,\text{N} = 57.6\,\text{kN}$

∴ 리벳의 허용력 $= 45.2\,\text{kN}$ (∵ 작은 값)

☐☐☐ 기 10,16①,25③

64 깊은보에 대한 전단설계의 규정내용으로 틀린 것은?

단, l_n : 받침부 내면 사이의 순경간
  λ : 경량콘크리트 계수
  b_w : 복부의 폭
  d : 유효깊이
  s : 종방향 철근에 평행한 방향으로 전단철근의 간격
  s_h : 종방향 철근에 수직방향으로 전단철근의 간격

① l_n이 부재 깊이의 3배 이상인 경우 깊은보로서 설계한다.
② 깊은보의 V_n은 $(5\lambda\sqrt{f_{ck}}/6)b_w d$ 이하이어야 한다.
③ 휨인장철근과 직각인 수직전단철근의 단면적 A_v를 $0.0025b_w s$ 이상으로 하여야 한다.
④ 휨인장철근과 평행한 수평전단철근의 단면적 A_{vh}를 $0.0015b_w s_h$ 이상으로 하여야 한다.

순경간 l_n이 부재 깊이 h의 4배 이하인 경우 깊은보로서 설계한다.

☐☐☐ 기 22①,24②,25③

65 표준갈고리를 갖는 인장이형철근의 정착에 대한 설명으로 틀린 것은? (단, d_b은 철근의 공칭지름이다.)

① 갈고리는 압축을 받는 경우 철근정착에 유효하지 않은 것으로 보아야 한다.
② 정착길이는 위험단면부터 갈고리의 외측단부까지 거리를 나타낸다.
③ D35 이하 180° 갈고리 철근에서 정착길이 구간을 $3d_b$ 이하 간격으로 띠철근 또는 스터럽이 정착되는 철근을 수직으로 둘러싼 경우에 보정계수는 0.7이다.
④ 기본정착길이에 보정계수를 곱하여 정착길이를 계산하는 데 이렇게 구한 정착길이는 항상 $8d_b$ 이상, 또한 150mm 이상이어야 한다.

표준갈고리를 갖는 인장이형철근의 기본정착길이 D35 이하 180° 갈고리 철근에서 정착길이 구간을 $3d_b$이하 간격으로 띠철근 또는 스터럽이 정착되는 철근을 수직으로 둘러싼 경우에 보정계수는 0.8이다.

□□□ 기 07,10,13,15,16①,25③

66 그림과 같은 복철근 직사각형보에서 공칭모멘트 강도 (M_n)는? (단, $f_{ck}=24$MPa, $f_y=350$MPa, $A_s=5730$mm², $A_s{'}=1980$mm²)

① 947.7kN·m
② 886.5kN·m
③ 805.6kN·m
④ 725.3kN·m

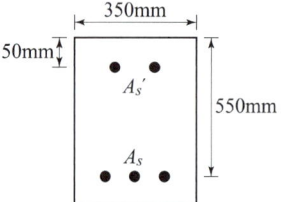

$$M_n = (A_s - A_s{'})f_y\left(d - \frac{a}{2}\right) + A_s{'}f_y(d - d')$$

• $a = \dfrac{(A_s - A_s{'})f_y}{\eta(0.85f_{ck})b}$

$= \dfrac{(5730-1980)\times 350}{1\times 0.85 \times 24 \times 350} = 183.82$mm

∴ $M_n = (5730-1980)\times 350 \times \left(550 - \dfrac{183.82}{2}\right)$
  $+ 1980 \times 350 \times (550 - 50)$
  $= 601243125 + 346500000$
  $= 947743125$N·mm $= 947.74$kN·m
  $(\because 1$kN·m $= 10^6$N·mm$)$

□□□ 기 04,09,14,17②,25③

67 T형 PSC보에 설계하중을 작용시킨 결과 보의 처짐은 0이었으며, 프리스트레스 도입단계부터 부착된 계측장치로부터 상부 탄성변형률 $\epsilon = 3.5\times 10^{-4}$을 얻었다. 콘크리트 탄성계수 $E_c = 26000$MPa, T형보의 단면적 $A_g = 150000$mm², 유효율 $R = 0.85$일 때, 강재의 초기 긴장력 P_i를 구하면?

① 1606kN
② 1365kN
③ 1160kN
④ 2269kN

유효 프리스트레스 $P_e = R \cdot P_i$에서

• 초기 긴장력 $P_i = \dfrac{P_e}{R}$

• $P_e = f \cdot A = A_g \cdot E_c \cdot \epsilon_c$
  $= 150000 \times 26000 \times 3.5 \times 10^{-4} = 1365000$N
  $= 1365$kN

∴ $P_i = \dfrac{1365}{0.85} = 1606$kN $(\because R = 0.85)$

□□□ 기 91,00,03,06,10,12,14②,19③,25③

68 부분적 프리스트레싱(Partial Prestressing)에 대한 설명으로 옳은 것은?

① 구조물에 부분적으로 PSC 부재를 사용하는 것
② 부재단면의 일부에만 프리스트레스를 도입하는 것
③ 설계하중의 일부만 프리스트레스에 부담시키고 나머지는 긴장재에 부담시키는 것
④ 설계하중이 작용할 때 PSC 부재 단면의 일부에 인장응력이 생기는 것

부분 프리스트레싱
사용하중 재하 시 부재 내에 허용범위 내에서 인장응력의 발생을 허용하며, 인장받는 부분에 철근을 사용하도록 설계하는 프리스트레싱 방법

□□□ 기 93,96,02,03,05,06,07,09,11,14④,18①,19③,25③

69 그림과 같이 긴장재를 포물선으로 배치하고 $P=2500$kN으로 긴장했을 때 발생하는 등분포상향력을 등가하중의 개념으로 구한 값은?

① 10kN/m
② 15kN/m
③ 20kN/m
④ 25kN/m

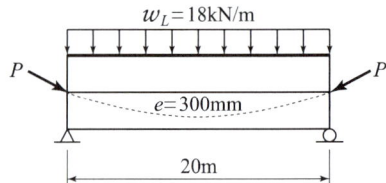

긴장재를 포물선으로 배치한 경우

$P \cdot s = \dfrac{u \cdot l^2}{8}$에서

∴ $u = \dfrac{8P \cdot s}{l^2} = \dfrac{8 \times 2500 \times 0.3}{20^2} = 15$kN/m

□□□ 기 05,07,09,10,13,16②,25③

70 강도설계법에서 인장철근 D29(공칭직경 $d_b = 28.6$mm)을 정착시키는 데 소요되는 기본정착길이는? (단, $f_{ck}=24$MPa, $f_y=300$MPa으로 한다.)

① 682mm
② 785mm
③ 827mm
④ 1051mm

$l_{db} = \dfrac{0.6 d_b f_y}{\lambda \sqrt{f_{ck}}} = \dfrac{0.6 \times 28.6 \times 300}{1 \times \sqrt{24}} = 1051$mm

□□□ 기 97,00,03,19①,22②,25③

71 아래 그림과 같은 직사각형 단면의 단순보에 PS 강재가 포물선으로 배치되어 있다. 보의 중앙단면에서 일어나는 상연응력(㉠) 및 하연응력(㉡)은? (단, PS강재의 긴장력은 3300kN이고, 자중을 포함한 작용하중은 27kN/m이다.)

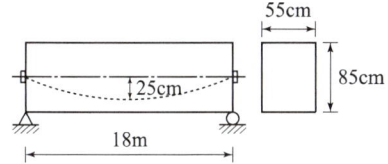

① ㉠ : 21.21MPa, ㉡ : 1.8MPa
② ㉠ : 12.07MPa, ㉡ : 0MPa
③ ㉠ : 11.11MPa, ㉡ : 3.00MPa
④ ㉠ : 8.6MPa, ㉡ : 2.45MPa

$$f = \frac{P_e}{A} \mp \frac{P_e \cdot e}{I} y \pm \frac{M}{I} y = \frac{P_c}{A_c} \mp \frac{P_e \cdot e_p}{Z_c} \pm \frac{M}{Z_c}$$

- $P_e = 3300\,kN$
- $A_c = bh = 0.55 \times 0.85 = 0.4675\,m^2$
- $Z_c = \frac{bh^2}{6} = \frac{0.55 \times 0.85^2}{6} = 0.06623\,m^3$
- $M = \frac{wl^2}{8} = \frac{27 \times 18^2}{8} = 1093.5\,kN \cdot m$

$$f = \frac{3300}{0.4675} \mp \frac{3300 \times 0.25}{0.06623} \pm \frac{1093.5}{0.06623}$$
$= (7058.82 \mp 12456.59 \pm 16510.64)\,kN/m^2$
$= (7.059 \mp 12.457 \pm 16.511)\,N/mm^2$

∴ $f_\text{상} = 7.059 - 12.457 + 16.511 = 11.11\,MPa$
∴ $f_\text{하} = 7.059 + 12.453 - 16.511 = 3.00\,MPa$

□□□ 기 11,17①,25③

72 나선철근으로 둘러싸인 압축부재의 축방향 주철근의 최소 개수는?

① 3개
② 4개
③ 5개
④ 6개

압축부재의 축방향 주철근 최소 개수

기둥 종류	단면	주철근 최소 개수
나선철근 기둥	원형	6개
띠철근 기둥	사각형, 원형	4개
	삼각형	3개

□□□ 기 08,11,12,17②,22①,25③

73 슬래브와 보가 일체로 타설된 비대칭 T형보(반 T형보)의 유효폭은? (단, 플랜지 두께=100mm, 복부 폭=300mm, 인접보와의 내측거리=1600mm, 보의 경간=6.0m)

① 800mm
② 900mm
③ 1000mm
④ 1100mm

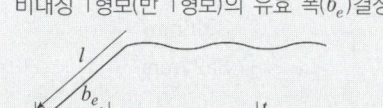
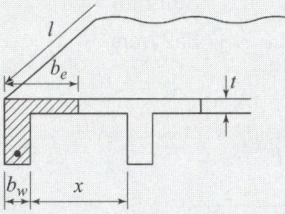

- $6t_f + b_w = 6 \times 100 + 300 = 900\,mm$
- 인접보와의 내측거리의 $\frac{1}{2} + b_w = \frac{x}{2} + b_w$
  $= \frac{1600}{2} + 300 = 1100\,mm$
- 보 경간의 $\frac{1}{12} + b_w = \frac{l}{12} + b_w$
  $= \frac{6000}{12} + 300 = 800\,mm$

∴ $b_e = 800\,mm$ (∵ 가장 작은 값)

□□□ 기 18②,25③

74 다음 중 콘크리트구조물을 설계할 때 사용하는 하중인 "활하중(live load)"에 속하지 않는 것은?

① 건물이나 다른 구조물의 사용 및 점용에 의해 발생되는 하중으로서 사람, 기구, 이동칸막이 등의 하중
② 적설하중
③ 교량 등에서 차량에 의한 하중
④ 풍하중

활하중(live load)
- 풍하중, 지진하중과 같은 환경하중이나 고정하중을 포함하지 않는다.
- 건물이나 다른 구조물의 사용 및 점용에 의해 발생되는 하중
- 사람, 가구, 이동칸막이, 창고의 저장물, 설비기계 등의 하중
- 적설하중 또는 교량 등에서 차량에 의한 하중

정답 71 ③ 72 ④ 73 ① 74 ④

□□□ 기 12②,15①,18②,25③

75 그림과 같은 두께 13mm의 플레이트에 4개의 볼트 구멍이 배치되어 있을 때 부재의 순단면적은? (단, 볼트구멍의 지름은 24mm이다.)

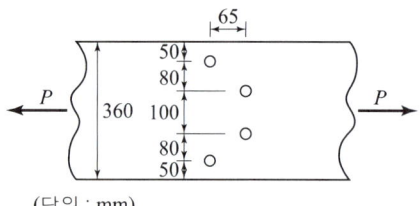

① 4056mm²
② 3916mm²
③ 3775mm²
④ 3524mm²

- 순단면적 $A_n = b_n \cdot t$

- 순폭은 세 값 중 작은 값
- ABCD 단면 : $b_n = b_g - 2d = 360 - 2 \times 24 = 312\text{mm}$
- ABEFG 단면 : $b_n = b_g - 2d - \left(d - \dfrac{p^2}{4g}\right)$
  $= 360 - 2 \times 24 - \left(24 - \dfrac{65^2}{4 \times 80}\right) = 301.20\text{mm}$
- ABEFCD 단면 : $b_n = b_g - 2d - 2\left(d - \dfrac{p^2}{4g}\right)$
  $= 360 - 2 \times 24 - 2\left(24 - \dfrac{65^2}{4 \times 80}\right) = 290.41\text{mm}$

∴ 순폭 $b_n = 290.41\text{mm}$
∴ $A_n = 290.41 \times 13 = 3775\text{mm}^2$

□□□ 기 09,12,13,17④,25③

76 다음과 같은 띠철근 단주 단면의 공칭축하중 강도(P_n)는? (단, 종방향 철근(A_{st})=4-D29=2570mm², f_{ck}=21MPa, f_y=400MPa)

① 3331.7kN
② 3070.5kN
③ 2499.3kN
④ 2187.2kN

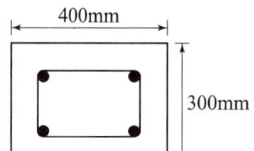

$P_n = \alpha\{0.85f_{ck}(A_g - A_{st}) + f_y \cdot A_{st}\}$
$= 0.80[0.85 \times 21(400 \times 300 - 2570) + 400 \times 2570]$
$= 2499300\text{N} = 2499.3\text{kN}$

분류	보정계수 α	강도감소계수 ϕ
나선철근	0.85	0.70
띠철근	0.80	0.65

□□□ 기 98,04,07,17①,25③

77 처짐과 균열에 대한 다음 설명 중 틀린 것은?

① 처짐에 영향을 미치는 인자로는 하중, 온도, 습도, 재령, 함수량, 압축철근의 단면적 등이다.
② 크리프, 건조수축 등으로 인하여 시간의 경과와 더불어 진행되는 처짐이 탄성처짐이다.
③ 균열폭을 최소화하기 위해서는 적은 수의 굵은 철근보다는 많은 수의 가는 철근을 인장축에 잘 분포시켜야 한다.
④ 콘크리트 표면의 균열폭은 피복두께의 영향을 받는다.

- 장기처짐 : 콘크리트의 건조 수축과 크리프로 인하여 시간의 경과와 더불어 진행되는 처짐
- 탄성처짐(즉시처짐) : 하중이 작용하자마자 발생하는 처짐

□□□ 기 93,04,11,15①,19①,20④,25③

78 그림과 같은 직사각형 단면의 프리텐션 부재의 편심 배치한 직선 PS강재를 820kN으로 긴장했을 때 탄성변형으로 인한 프리스트레스의 감소량은? (단, $I=3.125\times10^9\text{mm}^4$, $n=6$이고, 자중에 의한 영향은 무시한다.)

① 44.5MPa
② 46.5MPa
③ 48.5MPa
④ 50.5MPa

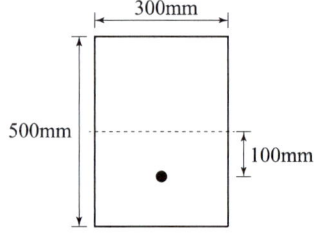

$\Delta f_p = nf_c = n\left(\dfrac{P}{A} + \dfrac{M}{I}y\right) = n\left(\dfrac{P}{A} + \dfrac{P \cdot e}{I}e\right)$
$= 6 \times \left(\dfrac{820000}{300 \times 500} + \dfrac{820000 \times 100}{3.125 \times 10^9} \times 100\right)$
$= 6 \times (5.47 + 2.62) = 48.5\text{MPa}$

□□□ 기 97,04,18③,25③

79 휨부재에서 철근의 정착에 대한 안전을 검토하여야 하는 곳으로 거리가 먼 것은?

① 최대응력점
② 경간 내에서 인장철근이 끝나는 곳
③ 경간 내에서 인장철근이 굽혀진 곳
④ 집중하중이 재하되는 점

- 정착에 대한 위험단면의 안전검토
  - 휨부재에서 최대응력점
  - 경간 내에서 인장철근이 끝나거나 굽혀진 곳
  - 모멘트 부호가 바뀌는 반곡점
- 전단에 대한 위험단면
  - 지지점에서 $d/2$ 떨어진 단면

□□□ 기 19③,25③

80 다음 설명 중 옳지 않은 것은?

① 과소철근 단면에서는 파괴 시 중립축은 위로 조금 올라간다.
② 과다철근 단면인 경우 강도설계에서 철근의 응력은 철근의 변형률에 비례한다.
③ 과소철근 단면인 보는 철근량이 적어 변형이 갑자기 증가하면서 취성파괴를 일으킨다.
④ 과소철근 단면에서는 계수하중에 의해 철근의 인장응력이 먼저 항복강도에 도달된 후 파괴된다.

과소철근 단면에서는 철근량이 적어 먼저 항복하게 되지만 철근은 연성이 크기 때문에 파괴는 단계적으로 일어나는 연성파괴를 일으킨다.

제5과목 : 토질 및 기초

□□□ 기 04,10,11,17②,25③

81 사질토지반에 축조되는 강성기초의 접지압 분포에 대한 설명 중 맞는 것은?

① 기초 모서리 부분에서 최대응력이 발생한다.
② 기초에 작용하는 접지압 분포는 토질에 관계없이 일정하다.
③ 기초의 중앙 부분에서 최대응력이 발생한다.
④ 기초 밑면의 응력은 어느 부분이나 동일하다.

- 강성기초 : 점토질지반 ; 중앙부분에서 침하가 크게 발생하므로 기초의 모서리 부분에서 최대응력이 발생한다.
- 강성기초 : 사질토지반 ; 기초의 모서리 부분에서 침하가 크게 발생하므로 기초의 중앙에서 최대응력이 발생한다.

- 완전히 강성인 footing(강성기초지반)

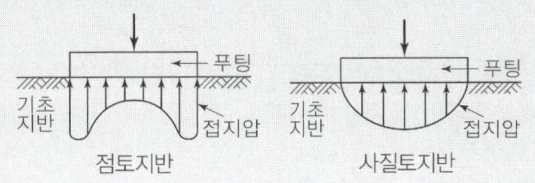

□□□ 기 84,94,13①,14①,20②,25③

82 압밀시험결과 시간 – 침하량 곡선에서 구할 수 없는 값은?

① 초기압축비
② 압밀계수
③ 1차 압밀비
④ 선행압밀압력

압밀시험 성과표

하중단계	그래프 곡선	구하는 계수
각 하중 단계	시간–침하 곡선	압밀계수(C_v)
		일차 압밀비(γ)
		체적 변화계수(m_v)
		투수계수(K)
전 하중 단계	$e-\log P$ 곡선	압축지수(C_c)
		선행압밀하중(P_o)

□□□ 기 98,00,03,05,12,14②,17④,25③

83 아래 그림에서 투수계수 $K=4.8\times 10^{-3}$cm/sec일 때 Darcy 유출속도 v와 실제 물의 속도(침투속도) v_s는?

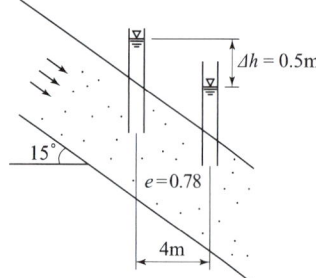

① $v=3.4\times 10^{-4}$cm/sec, $v_s=5.6\times 10^{-4}$cm/sec
② $v=3.4\times 10^{-4}$cm/sec, $v_s=9.4\times 10^{-4}$cm/sec
③ $v=5.8\times 10^{-4}$cm/sec, $v_s=10.8\times 10^{-4}$cm/sec
④ $v=5.8\times 10^{-4}$cm/sec, $v_s=13.2\times 10^{-4}$cm/sec

- Darcy의 유출속도
$$v=Ki=K\frac{\Delta h}{l}$$
$$=4.8\times 10^{-3}\times \frac{0.5}{\frac{400}{\cos 15°}}=5.8\times 10^{-4} \text{cm/sec}$$

- 침투속도
$$v_s=\frac{v}{n}=\frac{5.8\times 10^{-4}}{0.44}=13.2\times 10^{-4} \text{cm/sec}$$
$$\left(\because n=\frac{e}{1+e}=\frac{0.78}{1+0.78}=0.44\right)$$

□□□ 기 04,15①,25③

84 어떤 흙의 변수위투수시험을 한 결과 시료의 직경과 길이가 각각 5.0cm, 2.0cm이었으며, 유리관의 내경이 4.5mm, 1분 10초 동안에 수두가 40cm에서 20cm로 내렸다. 이 시료의 투수계수는?

① 4.95×10^{-4}cm/s
② 5.45×10^{-4}cm/s
③ 1.60×10^{-4}cm/s
④ 7.39×10^{-4}cm/s

$$K=2.3\frac{a\cdot l}{A\cdot t}\log\frac{H_1}{H_2}$$
$$=2.3\frac{\frac{\pi\times 0.45^2}{4}\times 2}{\frac{\pi\times 5^2}{4}\times 70}\log\frac{40}{20}=1.60\times 10^{-4} \text{cm/sec}$$

□□□ 기 00,06,08,14①,16④,25③

85 암질을 나타내는 항목과 직접 관계가 없는 것은?

① N치
② RQD값
③ 탄성파 속도
④ 균열의 간격

- 암반의 분류(RMR 분류)
  - 암석강도
  - 암질지수(RQD)
  - 절리와 층리의 간격
  - 절리상태
  - 지하수
- N치 : 흙의 성질을 판정
- 사질토 또는 점토지반에서 표준 관입시험 시 저항체를 30cm 관입할 때 타격횟수

□□□ 기 12①,14①,25③

86 어떤 모래의 건조단위중량이 17kN/m³이고, 이 모래의 $\gamma_{d\max}=18$kN/m³, $\gamma_{d\min}=16$kN/m³라면, 상대밀도는?

① 47%
② 49%
③ 51%
④ 53%

$$D_r=\frac{\gamma_d-\gamma_{d\min}}{\gamma_{d\max}-\gamma_{d\min}}\times\frac{\gamma_{d\max}}{\gamma_d}\times 100$$
$$=\frac{17-16}{18-16}\times\frac{18}{17}\times 100=53\%$$

□□□ 기 20②,25③

87 그림과 같은 점토지반에서 안정수(m)가 0.1인 경우 높이 5m의 사면에 있어서 안전율은?

① 1.0
② 1.25
③ 1.50
④ 2.0

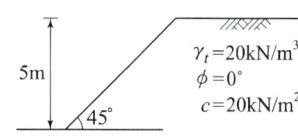

안전율 $F_s=\dfrac{H_c}{H}$
- $H=5$m
- $H_c=\dfrac{c}{\gamma m}=\dfrac{20}{20\times 0.1}=10$m
$$\therefore F_s=\frac{10}{5}=2.0$$

정답 83 ④ 84 ③ 85 ① 86 ④ 87 ④

□□□ 기 95,01,06,12①,16④,25③

88 다음은 정규압밀점토의 삼축압축 시험결과를 나타낸 것이다. 파괴시의 전단응력 τ와 수직응력 σ를 구하면?

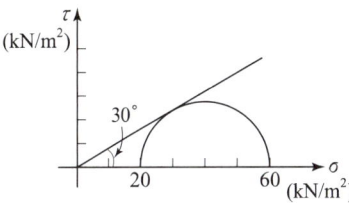

① $\tau = 17.3 \text{kN/m}^2$, $\sigma = 25.0 \text{kN/m}^2$
② $\tau = 14.1 \text{kN/m}^2$, $\sigma = 30.0 \text{kN/m}^2$
③ $\tau = 14.1 \text{kN/m}^2$, $\sigma = 25.0 \text{kN/m}^2$
④ $\tau = 17.3 \text{kN/m}^2$, $\sigma = 30.0 \text{kN/m}^2$

- $\theta = 45° + \dfrac{\phi}{2} = 45° + \dfrac{30}{2} = 60°$
- $\tau = \dfrac{\sigma_1 - \sigma_3}{2}\sin2\theta = \dfrac{60-20}{2}\sin(2 \times 60°)$
  $= 17.3 \text{kN/m}^2$
- $\sigma = \dfrac{\sigma_1 + \sigma_3}{2} + \dfrac{\sigma_1 - \sigma_3}{2}\cos2\theta$
  $= \dfrac{60+20}{2} + \dfrac{60-20}{2}\cos(2 \times 60°) = 30 \text{kN/m}^2$

□□□ 기 10②,11④,14②,17②,25③

89 $\phi = 33°$인 사질토에 $25°$ 경사의 사면을 조성하려고 한다. 이 비탈면의 지표까지 포화되었을 때 안전율을 계산하면? (단, 사면 흙의 $\gamma_{sat} = 18\text{kN/m}^3$, $\gamma_w = 9.81\text{kN/m}^3$이다.)

① 0.63   ② 0.70
③ 1.12   ④ 1.41

침투류가 지표면과 일치하는 경우

$\therefore F_S = \dfrac{\gamma_{sub}\tan\phi}{\gamma_{sat}\tan i} = \dfrac{(18-9.81) \times \tan33°}{18 \times \tan25°} = 0.63$

□□□ 기 98,14②,16④,25③

90 그림과 같이 6m 두께의 모래층 밑에 2m 두께의 점토층이 존재한다. 지하수면은 지표아래 2m 지점에 존재한다. 이 때, 지표면에 $\Delta P = 50\text{kN/m}^2$의 등분포하중이 작용하여 상당한 시간이 경과한 후, 점토층의 중간높이 A점에 피에조미터를 세워 수두를 측정한 결과, $h = 4.0\text{m}$로 나타났다면 A점의 압밀도는? (단, $\gamma_w = 9.81\text{kN/m}^3$이다.)

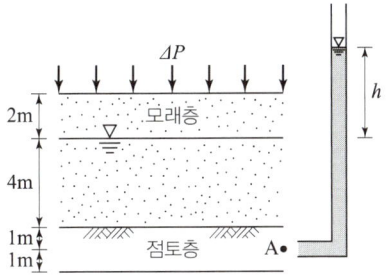

① 22%   ② 32%
③ 52%   ④ 82%

$u = \dfrac{u_i - u_e}{u_i} \times 100 = \left(1 - \dfrac{u_e}{u_i}\right) \times 100$

- 초기간극수압 $u_i = 50 \text{kN/m}^2$
- 과잉간극수압 $u_e = \gamma_w h = 9.81 \times 4 = 39.24 \text{kN/m}^2$
- $\therefore$ 압밀도 $u = \left(1 - \dfrac{39.24}{50}\right) \times 100 = 22\%$

□□□ 기 15①,18①,25③

91 아래 그림과 같은 폭(B) 1.2m, 길이(L) 1.5m인 사각형 얕은 기초에 폭(B) 방향에 대한 편심이 작용하는 경우 지반에 작용하는 최대압축응력은?

① 292kN/m^2
② 385kN/m^2
③ 397kN/m^2
④ 415kN/m^2

편심거리 $e = \dfrac{M}{Q} = \dfrac{45}{300} = 0.15\text{m}$

$e \leq \dfrac{B}{6} = \dfrac{1.2}{6} = 0.20\text{m}$일 때

$q_{max} = \dfrac{Q}{B \cdot L}\left(1 + \dfrac{6e}{1.2}\right) = \dfrac{300}{1.2 \times 1.5}\left(1 + \dfrac{6 \times 0.15}{1.2}\right)$
$= 292 \text{kN/m}^2$

□□□ 기 98,07,12,15②,25③

92 어느 점토의 체가름시험과 액·소성시험 결과 0.002mm(2μm) 이하의 입경이 전시료 중량의 90%, 액성한계 60%, 소성한계 20%이었다. 이 점토광물의 주성분은 어느 것으로 추정되는가?

① Kaolinite ② Illite
③ Calcite ④ Montmorillonite

- 활성도 $A = \dfrac{\text{소성지수 } I_P}{2\mu m \text{ 이하의 점토함유율(\%)}}$
  $= \dfrac{60-20}{90} = 0.44$
- $A = 0.44 < 0.75$: Kaolinite

□□□ 기 13④,16①,25③

93 그림과 같은 20m×30m 전면기초인 부분보상기초(partially compensated foundation)의 지지력파괴에 대한 안전율은?

① 3.0
② 2.5
③ 2.0
④ 1.5

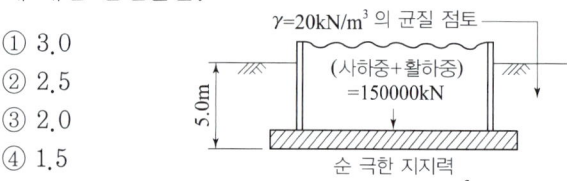

$F_s = \dfrac{q_{u(net)}}{\dfrac{Q}{A} - \gamma \cdot D_f} = \dfrac{225}{\dfrac{150000}{20 \times 30} - 20 \times 5} = 1.5$

□□□ 기 03,09,16②,19③,25③

94 말뚝재하시험시 연약점토지반인 경우는 pile 타입 후 20여 일이 지난 다음 말뚝재하시험을 한다. 그 이유는?

① 주면마찰력이 너무 크게 작용하기 때문에
② 부마찰력이 생겼기 때문에
③ 타입시 주변이 교란되었기 때문에
④ 주위가 압축되었기 때문에

연약점토지반에 말뚝을 타입하면 지반이 교란되어 강도가 저하되므로 이 강도가 회복(thixotropy)되는 20일 이상 지난 후 말뚝재하시험을 실시한다.

□□□ 기 00,08,16①,25③

95 사면안정계산에 있어서 Fellenius법과 간편 Bishop법의 비교 설명으로 틀린 것은?

① Fellenius법은 간편 Bishop법보다 계산은 복잡하지만 계산결과는 더 안전측이다.
② 간편 Bishop법은 절편의 양쪽에 작용하는 연직 방향의 합력이 0(zero)이라고 가정한다.
③ Fellenius법은 절편의 양쪽에 작용하는 합력이 0(zero)이라고 가정한다.
④ 간편 Bishop법은 안전율을 시행착오법으로 구한다.

Bishop의 간편법
Fillenius 방법보다 계산이 훨씬 복잡하나 전산기 이용으로 근래 많이 적용하고 있다.

□□□ 기 91,96,01,05,07,11④,16②,25③

96 흙의 다짐에 있어 래머의 중량이 25N, 낙하고 30cm, 3층으로 각층 다짐횟수가 25회일 때 다짐에너지는? (단, 몰드의 체적은 1000cm³이다.)

① $56.25 N \cdot cm/cm^3$ ② $59.65 N \cdot cm/cm^3$
③ $104.55 N \cdot cm/cm^3$ ④ $6.65 N \cdot cm/cm^3$

$E_c = \dfrac{W \cdot H \cdot N \cdot N_L}{V}$

- $W = 25N$ • $H = 30cm$ • $V = 1000 cm^3$

$\therefore E_c = \dfrac{25 \times 30 \times 25 \times 3}{1000} = 56.25 N \cdot cm/cm^3$

$= 56.25 \times 10^{-3} \times 10^4 = 562.5 kN \cdot m/m^3$

□□□ 기 11①,18①,25③

97 흙 시료의 전단파괴면을 미리 정해 놓고 흙의 강도를 구하는 시험은?

① 직접전단시험 ② 평판재하시험
③ 일축압축시험 ④ 삼축압축시험

직접전단시험
상하로 분리된 전단상자 속에 시료를 넣고 수직하중을 가한 상태로 수평력을 가하여 전단상자 상하단부의 분리면을 따라 강제로 파괴를 일으켜서 지반의 강도정수를 결정할 수 있는 방법이다.

정답 92 ① 93 ④ 94 ③ 95 ① 96 ① 97 ①

기 12①,14②,17①,25③

98 정규압밀점토에 대하여 구속응력 100kN/m²로 압밀배수 시험한 결과 파괴 시 축차응력이 200kN/m²이었다. 이 흙의 내부마찰각은?

① 20° ② 25°
③ 30° ④ 45°

- 내부마찰각 $\phi = \sin^{-1}\dfrac{\sigma_1 - \sigma_3}{\sigma_1 + \sigma_3}$
- $\sigma_1 = \sigma_{df} + \sigma_3 = 200 + 100 = 300\,\text{kN/m}^2$
- $\sigma_3 = 100\,\text{kN/m}^2$
- $\therefore \phi = \sin^{-1}\left(\dfrac{300-100}{300+100}\right) = 30°$

기 01,03,06,16,17②,25③

99 평판재하시험 결과로부터 지반의 허용지지력값은 어떻게 결정하는가?

① 항복강도의 $\dfrac{1}{2}$, 극한강도의 $\dfrac{1}{3}$ 중 작은 값
② 항복강도의 $\dfrac{1}{2}$, 극한강도의 $\dfrac{1}{3}$ 중 큰 값
③ 항복강도의 $\dfrac{1}{3}$, 극한강도의 $\dfrac{1}{2}$ 중 작은 값
④ 항복강도의 $\dfrac{1}{3}$, 극한강도의 $\dfrac{1}{2}$ 중 큰 값

평판재하시험에 의한 지반의 허용 지지력 q_t

$q_t = \dfrac{\text{항복강도}(q_y)}{2}$
$q_t = \dfrac{\text{극한강도}(q_u)}{3}$ 중 작은 값

> **Remember**
> 허용지지력
> - 단기 허용지지력 $q_a = 2q_t + \dfrac{1}{3}\gamma D_f N_g$
> - 장기 허용지지력 $q_a = q_t + \dfrac{1}{3}\gamma D_f N_g$

기 91,00,10,12②,14①,17①,25③

100 흐트러지지 않은 연약한 점토시료를 채취하여 일축압축시험을 실시하였다. 공시체의 지름이 35mm, 높이가 100mm이고 파괴 시의 하중계의 읽음값이 20N, 축방향의 변형량이 12mm일 때 이 시료의 전단강도는?

① 4kN/m² ② 6kN/m²
③ 9kN/m² ④ 12kN/m²

- $A = \dfrac{A_o}{1-\epsilon} = \dfrac{A_o}{1-\dfrac{\Delta h}{h}} = \dfrac{\dfrac{\pi \times 35^2}{4}}{1-\dfrac{12}{100}} = 1093.31\,\text{mm}^2$
- $q_u = \dfrac{P}{A} = \dfrac{20}{1093.31} = 0.01829\,\text{N/mm}^2$
- $\therefore S = \dfrac{q_u}{2} = \dfrac{0.01829}{2} = 0.009\,\text{N/mm}^2$
  $= 0.009\,\text{MPa} = 9\,\text{kN/m}^2$

제6과목 : 상하수도공학

기 04,08,10,17②,25③

101 용존산소 부족곡선(DO Sag Curve)에서 산소의 복귀율(회복속도)이 최대로 되었다가 감소하기 시작하는 점은?

① 임계점 ② 변곡점
③ 오염 직후 점 ④ 포화 직전 점

- 변곡점 : 산소 복귀율이 최대로 되었다가 감소하기 시작하는 점
- 임계점 : 용존 산소(DO)의 농도가 가장 부족한 지점

> **Remember**
> 용존산소 부족곡선

□□□ 기 99,15④,25③

102 상수도의 도수, 취수, 송수, 정수시설의 용량산정에 기준이 되는 수량은?

① 계획 1일 평균급수량
② 계획 1일 최대급수량
③ 계획 1인 1일 평균급수량
④ 계획 1인 1일 최대급수량

> 상수도시설의 설계기준 및 용량 산정은 계획 1일 최대급수량으로 한다.

> **Remember**
> 계획급수량의 설계기준
>
> | 계획급수량 | 설계기준 |
> |---|---|
> | 1일 평균 급수량 | • 정수를 위한 약품, 전력 등의 사용량의 산정
• 유지관비 수도요금의 산정 등의 수도 재정계획 |
> | 계획 1일 최대급수량 | • 취수, 도수, 정수, 송수시설 등 상수도의 설계기준 |
> | 계획시간 최대급수량 | • 배수시설 규모결정에 사용 |

□□□ 기 95,96,98,04,08,17④,25③

103 펌프의 토출량이 0.94m³/min이고, 흡입구의 유속이 2m/s라 가정할 때 펌프의 흡입구경은?

① 100mm   ② 200mm
③ 250mm   ④ 300mm

> $D = 146\sqrt{\dfrac{Q}{V}} = 146\sqrt{\dfrac{0.94}{2}} = 100.09\,\text{mm}$

□□□ 기 95,96,97,98,01,06,07,09,17②,25③

104 하수도계획의 원칙적인 목표년도로 옳은 것은?

① 10년   ② 20년
③ 50년   ④ 100년

> 하수도 계획의 목표년도는 원칙적으로 20년으로 한다.

□□□ 기 11,14②,25③

105 계획하수량을 수용하기 위한 관거의 단면과 경사를 결정함에 있어 고려할 사항으로 틀린 것은?

① 관거의 경사는 일반적으로 지표경사에 따라 결정하며, 경제성 등을 고려하여 적당한 경사를 정한다.
② 오수관거의 최소 관지름은 200mm를 표준으로 한다.
③ 관거의 단면은 수리학적으로 유리하도록 결정한다.
④ 경사는 하류로 갈수록 점차 급해지도록 한다.

> 하수 중의 오물이 차례로 관거에 침전되는 것을 막기 위하여 하류방향으로 내려감에 따라 유속을 점차 증가하도록 해야 한다. 그러나 경사는 하류로 갈수록 감소시켜야 한다.

□□□ 기 03,15④,25③

106 MLSS 농도 3000mg/L의 혼합액을 1L 매스실린더에 취해 30분간 정치했을 때 침강슬러지가 차지하는 용적이 440mL이었다면 이 슬러지의 슬러지밀도지수(SDI)는?

① 0.68   ② 0.97
③ 78.5   ④ 89.8

> 슬러지밀도지수 $\text{SDI} = \dfrac{100}{\text{SVI}}$
>
> • $\text{SVI} = \dfrac{30\text{분 침전 후의 슬러지 부피(mL/L)}}{\text{MLSS농도(mg/L)}} \times 1000$
>
> $= \dfrac{440}{3000} \times 1000 = 146.67$
>
> ∴ $\text{SDI} = \dfrac{100}{146.67} = 0.68$

□□□ 기 97,98,01,08,11,13,14④,25③

107 수분 97%의 슬러지 15m³를 수분 70%로 농축하면 그 부피는? (단, 비중은 모두 1.0으로 가정)

① 0.5m³   ② 1.5m³
③ 2.5m³   ④ 3.5m³

> $\dfrac{V_1}{V_2} = \dfrac{100 - W_2}{100 - W_1}$ 에서
>
> $V_2 = \dfrac{V_1(100 - W_1)}{100 - W_2} = \dfrac{15(100 - 97)}{100 - 70} = 1.5\,\text{m}^3$

□□□ 기 08,14①,25③

108 어떤 상수원수의 Jar-test 실험결과 원수시료 200mL에 대해 0.1% PAC 용액 12mL를 첨가하는 것이 가장 응집효율이 좋았다. 이 경우 상수원수에 대해 PAC 용액 사용량은 몇 mg/L인가?

① 40mg/L ② 50mg/L
③ 60mg/L ④ 70mg/L

$$PAC = \frac{PAC\ 주입량}{원수량}$$

- PAC 주입량 $= 12(mL) \times 0.1(\%)$
  $= 12000(mg) \times \frac{0.1}{100} = 12.0\,mg$

∴ $PAC = \frac{12.0}{200 \times 10^{-3}} = 60\,mg/L$

□□□ 기 07,14①,25③

109 5일의 BOD값이 100mg/L인 오수의 최종 BOD_u 값은? (단, 탈산소계수(자연대수) $= 0.25\,day^{-1}$)

① 약 140mg/L ② 약 349mg/L
③ 약 240mg/L ④ 약 340mg/L

$BOD_5 = BOD_u(1-e^{-k_1 \cdot t})$ 에서

최종 $BOD_u = \frac{BOD_5}{1-e^{-k_1 \cdot t}}$

$= \frac{100}{1-2.72^{-0.25 \times 5}} = 140\,mg/L$

(자연대수 $e = 2.71828$)

□□□ 기 03,15①,25③

110 1일 22000m³을 정수처리를 하는 정수장에서 고형 황산알루미늄을 평균 25mg/L씩 주입할 때 필요한 응집제의 양은?

① 250kg/day ② 320kg/day
③ 480kg/day ④ 550kg/day

응집제의 양 = 유량 × 황산알루미늄 주입량 농도
$= 22000 \times 25 \times 10^{-3} = 550\,kg/day$

□□□ 기 99,06,09,14④,25③

111 정수과정의 전염소처리 목적과 거리가 먼 것은?

① 철과 망간의 제거
② 맛과 냄새의 제거
③ 트리할로메탄의 제거
④ 암모니아성 질소와 유기물의 처리

전염소처리로 제거할 수 있는 오염물질
- 철과 망간의 제거 : 불용해성 산화물로 존재 형태를 바꾸어 후속공정에서 제거
- 맛과 냄새의 제거 : 황화수소의 냄새, 하수의 냄새, 조류 등의 냄새 등을 제거
- 암모니아성질소와 유기물 등의 처리 : 암모니아성 질소, 아질산성질소, 황화수소, 페놀류, 기타 유기물 등을 산화
- 세균제거 : 여과 전에 세균을 감소시켜 안전성을 높인다.
- 생물처리 : 조류, 소형동물, 철박테리아 등의 사멸과 번식 방지
- ■트리할로메탄 : 정수처리나 폐수처리의 염소주입공정에서 발생하는 발암물질

□□□ 기 06,10,11,12,15,17①,25③

112 상수도의 펌프설비에서 캐비테이션(공동현상)의 대책에 대한 설명으로 옳은 것은?

① 펌프의 설치위치를 높게 한다.
② 펌프의 회전속도를 낮게 선정한다.
③ 펌프를 운전할 때 흡입측 밸브를 완전히 개방하지 않도록 한다.
④ 동일한 토출량과 회전속도이면 한쪽흡입펌프가 양쪽 흡입펌프보다 유리하다.

캐비테이션현상의 방지 대책
- 펌프의 설치위치를 가능한 한 낮추어 가용 유효흡수두를 크게 한다.
- 펌프의 회전속도를 낮게 선정하여 펌프의 필요 유효흡입수두를 작게 한다.
- 흡입관의 손실을 가능한 한 작게 하여 가용 유효흡수두를 크게 한다.
- 동일한 토출량과 동일한 회전속도이면 일반적으로 양쪽 흡입펌프가 한쪽흡입펌프보다 캐비테이션현상에서 유리하다.
- 흡입측 밸브를 완전히 개방하고 펌프를 운전한다.

정답 108 ③ 109 ① 110 ④ 111 ③ 112 ②

113. 인구 200000명인 도시에서 1인당 하루 300L를 급수할 경우, 급속여과지의 표면적은? (단, 여과속도는 150m/day이다.)

① 150m² ② 300m²
③ 400m² ④ 600m²

$$A = \frac{1인\ 1일\ 최대급수량 \times 계획급수인구}{여과속도}$$

• 1인 1일 최대급수량 = 300×10^{-3} m³/day

$$\therefore A = \frac{300 \times 10^{-3} \times 200000}{150} = 400\,\text{m}^2$$

114. 장기폭기법에 관한 설명으로 옳은 것은?

① F/M비가 크다.
② 슬러지 발생량이 적다.
③ 부지가 적게 소요된다.
④ 대규모 처리장에 많이 이용된다.

장기폭기법의 특징
• 잉여슬러지량의 발생을 현저히 감소시키고 처리를 용이하게 하기 위해 개발된 공법이다.
• 낮은 F/M비로 운전한다.
• 폭기조 용적이 커야 하고 운전비용도 많이 들어 주로 소규모처리장에서 사용된다.

115. 물의 흐름을 원활히 하고 관로의 수압을 조절할 목적으로 수로의 분기, 합류 및 관수로로 변하는 곳에 설치하는 것은?

① 맨홀 ② 우수토실
③ 접합정 ④ 여수토구

접합정(接合井 ; Junction well)
• 도수·송수관에서 관로의 물의 흐름을 원활히 하고 관로의 수압을 조절할 목적으로 접합정을 설치한다.
• 관로의 동수경사나 정수압의 조정, 분기, 합류 및 관수로로 변하는 곳의 접합부에 접합정을 설치한다.

116. 상수 취수시설인 집수매거에 관한 설명으로 틀린 것은?

① 철근콘크리트조의 유공관 또는 권선형 스크린관을 표준으로 한다.
② 집수매거의 경사는 수평 또는 흐름방향으로 향하여 완경사로 설치한다.
③ 집수매거의 유출단에서 매거내의 평균유속은 3m/s 이상으로 한다.
④ 집수매거는 가능한 직접 지표수의 영향을 받지 않도록 매설깊이는 5m 이상으로 하는 것이 바람직하다.

집수매거
• 수평 또는 흐름방향으로 향하여 완경사로 한다.
• 집수매거의 유속은 집수매거의 크기와 집수개구부에서의 유입속도 등과의 관계로부터 집수매거의 유출단에서 평균유속은 1m/s 이하로 한다.

117. 다음 중 일반적으로 적용되는 펌프의 특성곡선에 포함되지 않는 것은?

① 토출량 – 양정 곡선 ② 토출량 – 효율 곡선
③ 토출량 – 축동력 곡선 ④ 토출량 – 회전도 곡선

펌프의 특성곡선
양정(H), 효율(η), 축동력(P)이 펌프 용량(Q)의 변화에 따라 변하는 관계를 각기의 최대 효율점에 대한 비율로 나타낸 곡선

118. 지표수를 수원으로 하는 경우의 상수시설 배치순서로 가장 적합한 것은?

① 취수탑 – 침사지 – 응집침전지 – 여과지 – 배수지
② 집수매거 – 응집침전지 – 침사지 – 여과지 – 배수지
③ 취수문 – 여과지 – 보통침전지 – 배수탑 – 배수관망
④ 취수구 – 약품침전지 – 혼화지 – 여과지 – 배수지

지표수 → 취수(취수탑) → 정수시설(침사지 → 응집침전지 → 여과지) → 정수지 → 배수지 → 급수

□□□ 기 98,00,15②,25③
119 하수관거의 접합 중에서 굴착깊이를 얕게 함으로 공사비용을 줄일 수 있으며, 수위상승을 방지하고 양정고를 줄일 수 있어 펌프로 배수하는 지역에 적합한 방법은?

① 관정접합 ② 관저접합
③ 수면접합 ④ 관중심접합

> 관저접합
> 굴착깊이를 얕게 함으로 공사비용을 줄일 수 있으며 수위상승을 방지하고 양정고를 줄일 수 있어 펌프로 배수하는 지역에 적합하다.

Remember

관거의 접합

수면접합	수리학적으로 대개 계획수위를 일치시켜 접합시키는 것
관정접합	유수는 일정한 흐름이 되지만 굴착깊이가 증가됨으로 공사비가 증대된다.
관중심접합	수면접합과 관정접합의 중간적인 방법
관저접합	굴착깊이를 얕게 함으로 공사비용을 줄일 수 있다.
단차접합	지표의 경사가 급한 경우에 이용되는 방법
계단접합	통상 대구경관거 또는 현장타설관거에 설치

□□□ 기 96,97,16①,25③
120 상수도에서 배수지의 용량으로 기준이 되는 것은?

① 계획시간 최대급수량의 12시간분 이상
② 계획시간 최대급수량의 24시간분 이상
③ 계획 1일 최대급수량의 12시간분 이상
④ 계획 1일 최대급수량의 24시간분 이상

> 배수지의 용량
> 계획 1일 최대급수량의 12시간분 이상을 표준으로 한다.

정답 119 ② 120 ③

| memo |

Speed Master
토목기사 4주완성

定價 45,000원

저 자 이상도 · 고길용
       안광호 · 한웅규
       홍성협 · 김지우

발행인 이 종 권

2017年 1月 2日 초 판 발 행
2018年 1月 9日 2차개정1쇄발행
2018年 2月 2日 2차개정2쇄발행
2018年 11月 13日 3차개정발행
2020年 1月 20日 4차개정발행
2021年 1月 7日 5차개정발행
2022年 1月 10日 6차개정발행
2023年 1月 18日 7차개정1쇄발행
2023年 3月 29日 7차개정2쇄발행
2024年 1月 4日 8차개정1쇄발행
2024年 2月 21日 8차개정2쇄발행
2025年 1月 9日 9차개정1쇄발행
2026年 1月 7日 10차개정1쇄발행

發行處 (주)한솔아카데미

(우)06775 서울시 서초구 마방로10길 25 트윈타워 A동 2002호
TEL : (02)575-6144/5   FAX : (02)529-1130
〈1998. 2. 19 登錄 第16-1608號〉

※ 본 교재의 내용 중에서 오타, 오류 등은 발견되는 대로 한솔아
카데미 인터넷 홈페이지를 통해 공지하여 드리며 보다 완벽한
교재를 위해 끊임없이 최선의 노력을 다하겠습니다.
※ 파본은 구입하신 서점에서 교환해 드립니다.
www.inup.co.kr / www.bestbook.co.kr

ISBN 979-11-6654-746-1 13530

한솔아카데미 BEST BOOKS

한솔 PICK REMEMBER
토목 스피드 마스터 시리즈

토목기사 실기(전 3권)
각 과목별 핵심정리 과년도문제 분석

1권 : 지반공학 | 2권 : 토목시공학 | 3권 : 과년도 기출문제

- 토질역학을 토대로 공학적인 문제 취급
- 국제단위 SI단위와 계산기 SOLVE 이용
- Chapter마다 핵심정리 과년도문제 분석
- 년도별, 회별로 표시하여 중요도 인지

페이지 1,540쪽 | 정가 52,000원

토목기사 실기
15개년 과년도문제해설

- KCS 콘크리트표준시방서 규정적용
- 계산문제 해법은 SOLVE기법 이용
- 별책부록 PICK REMEMBER 158

페이지 840쪽 | 정가 38,000원

토목기사
4주완성(필기)

- 핵심요약 핵심문제 스피드 마스터
- 과목별 과년도문제 스피드 마스터
- 전과목 과년도 실전 스피드 마스터
- 별책부록 PICK REMEMBER 720

페이지 1,348쪽 | 정가 45,000원

토목산업기사
4주완성(필기)

- 핵심요약 핵심문제 스피드 마스터
- 과목별 과년도문제 스피드 마스터
- 전과목 과년도 실전 스피드 마스터
- PICK REMEMBER CBT 실전테스트

페이지 752쪽 | 정가 42,000원

한솔 기출 복원방 "기사 치트키"

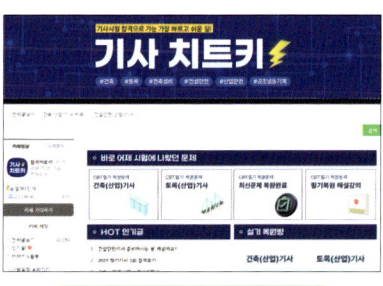

한솔아카데미 BEST BOOKS

한솔 PICK REMEMBER
토목기사·토목산업기사 시리즈

응용역학+ 핵심정리 120제

- 출제경향분석 동영상 강의 무료제공
- 최근 기출문제 동영상 강의 무료제공
- CBT시험과 동일한 환경 CBT실전테스트
- 전국모의고사 실시

페이지 540쪽 | 정가 28,000원

측량학+ 핵심정리 120제

- 출제경향분석 동영상 강의 무료제공
- 최근 기출문제 동영상 강의 무료제공
- CBT시험과 동일한 환경 CBT실전테스트
- 전국모의고사 실시

페이지 392쪽 | 정가 28,000원

수리학 및 수문학+ 핵심정리 120제

- 출제경향분석 동영상 강의 무료제공
- 최근 기출문제 동영상 강의 무료제공
- CBT시험과 동일한 환경 CBT실전테스트
- 전국모의고사 실시

페이지 396쪽 | 정가 28,000원

철근콘크리트 및 강구조+ 핵심정리 120제

- 출제경향분석 동영상 강의 무료제공
- 최근 기출문제 동영상 강의 무료제공
- CBT시험과 동일한 환경 CBT실전테스트
- 전국모의고사 실시

페이지 464쪽 | 정가 28,000원

토질 및 기초+ 핵심정리 120제

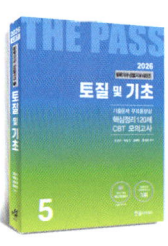

- 출제경향분석 동영상 강의 무료제공
- 최근 기출문제 동영상 강의 무료제공
- CBT시험과 동일한 환경 CBT실전테스트
- 전국모의고사 실시

페이지 588쪽 | 정가 28,000원

상하수도공학+ 핵심정리 120제

- 출제경향분석 동영상 강의 무료제공
- 최근 기출문제 동영상 강의 무료제공
- CBT시험과 동일한 환경 CBT실전테스트
- 전국모의고사 실시

페이지 544쪽 | 정가 28,000원

한솔아카데미 BEST BOOKS

한솔 PICK REMEMBER
토목 기능사 시리즈

측량기능사
필기+실기 3주완성

- 새롭게 변경된 출제기준 적용
- PICK REMEMBER 180선
- 측량실기 답안작성 상세 해설
- CBT 시험대비 실전테스트 제공

페이지 660쪽 | 정가 29,000원

전산응용토목제도기능사
필기+실기 3주완성

- PICK REMEMBER 요약정리
- 도로 횡/종단면도 작성법
- 기출문제를 연도별, 회별로 중요도 표시
- CBT 시험대비 실전테스트 제공

페이지 644쪽 | 정가 29,000원

콘크리트기능사
필기+실기 3주완성

- 필기, 실기를 연속적으로 학습 가능
- CBT 시험 전 모든 문제 분류 및 분석
- 기출문제를 연도별, 회별로 중요도 표시
- CBT 시험대비 실전테스트 제공

페이지 538쪽 | 정가 27,000원

지적기능사
필기+실기 3주완성

- 최근 출제된 모든 문제 분류 및 분석
- 1차 필기, 2차 실기를 연속성 있게 구성
- 실기시험 출제문제 유형 수록
- CBT 시험대비 실전테스트 제공

페이지 640쪽 | 정가 30,000원

측량학(기술직 공무원)
경력경쟁 임용시험

- 경력경쟁 기술직 공무원 임용시험 대비서
- 고졸 공무원보다 난이도를 높여 실전 대비
- 공무원 시험 필수 항목 단원 초입부 명시

페이지 756쪽 | 정가 29,000원

토목 기능사
오류 제보하기

한솔아카데미 교재를 보시다가 오답 또는 오탈자라고 여겨지는 부분이 생긴다면 오류 제보를 부탁드립니다. 제보하신 내용은 최대한 빠르고 정확하게 검토하여 발견된 오류는 즉시 정오표에 공지하여 드리겠습니다.

한솔아카데미 BEST BOOKS

한솔 PICK REMEMBER
건설재료 | 콘크리트 기사 시리즈

건설재료시험기사
4주완성(필기)

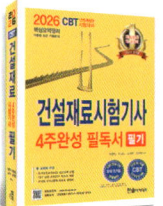

- 한국산업표준(KS)규격 적용
- CBT 실전모의고사 테스트 제공
- 과년도 7개년 문제 테스트 총정리

페이지 742쪽 | 정가 39,000원

콘크리트기사·산업기사
4주완성(필기)

- 21개년 기출문제 완전 연구 분석
- 최신 한국산업표준(KS)규격 적용
- KCS시공 및 KDS설계 코드 적용
- CBT 시험대비 실전테스트 제공

페이지 856쪽 | 정가 39,000원

건설재료시험기사
16개년 과년도문제해설

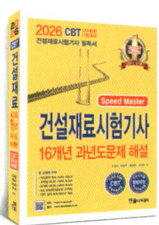

- 핵심요약 정리 스피드 마스터
- 과목별 과년도 스피드 마스터
- 전과목 과년도 스피드 마스터
- CBT 실전 모의 테스트 제공

페이지 692쪽 | 정가 32,000원

콘크리트기사
16개년 과년도문제해설

- PICK REMEMBER 스피드 마스터
- 과목별 과년도 스피드 마스터
- 전과목 과년도 스피드 마스터
- 최신 한국산업표준(KS)규격 적용

페이지 684쪽 | 정가 30,000원

건설재료시험기사·산업기사
3주완성(실기)

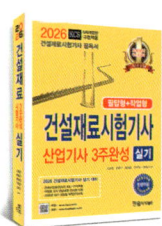

- 한국산업표준(KS) 최신 규격적용
- 작업형 실기 변경내용 전 과정 반영
- 실기 필답형 복원문제 수록

페이지 728쪽 | 정가 33,000원

콘크리트기사·산업기사
3주완성(실기)

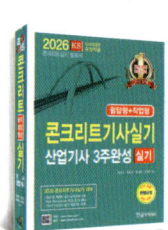

- KCS 콘크리트표준시방서 규정적용
- PICK REMEMBER 핵심 요약 정리
- 실기 필답형 수록

페이지 784쪽 | 정가 33,000원